原核微生物资源和分类学词典

万云洋 编著

石油工业出版社

内 容 提 要

本词典并非微生物拉丁文的简单翻译,从拉丁文直译出发,首创中文微生物名的词源,全面标准化中文微生物名,首次建立起适用于中文文字特点及微生物的菌名系统,是对独立于拉丁文菌名之外的首次标准化尝试,第一次真正让微生物走入寻常巷陌。

本词典可作为微生物学、地质微生物学、微生物地质学、生态学、生物学、环境学等相关领域的学生、教师、科研工作者的参考用书。

图书在版编目(CIP)数据

原核微生物资源和分类学词典 / 万云洋编著. —北京:石油工业出版社,2017.1
ISBN 978-7-5183-2122-3

Ⅰ.①原… Ⅱ.①万… Ⅲ.①原核生物-微生物分类学-词典 Ⅳ.①Q939-6

中国版本图书馆 CIP 数据核字(2017)第 226616 号

出版发行:石油工业出版社
(北京安定门外安华里2区1号　100011)
网　　址:www.petropub.com
编辑部:(010)64523707　图书营销中心:(010)64523633
经　　销:全国新华书店
印　　刷:北京晨旭印刷厂

2017年1月第1版　2017年1月第1次印刷
787×1092毫米　开本:1/16　印张:79
字数:1720千字

定价:380.00元
(如出现印装质量问题,我社图书营销中心负责调换)
版权所有,翻印必究

专家序（一）

在我推荐的《环境地质微生物学实验指导》一书出版后，中国石油大学（北京）年轻教授万云洋的另一本专著《原核微生物资源和分类学词典》一书又将面世。

由于微生物命名在国际上也不是官方的行为，我国迄今也没有一种统一的翻译及命名体系。在中文书籍中，夹带着外国文字，总归是十分生硬的事情，更何况是拉丁文这种已经不常用的外文，对于推动我国微生物学教学和研究十分不利。随着高通量测序等新的分子生物学技术的发展，微生物分类学也正在经历一次大发展，中文书籍《原核微生物资源和分类学词典》十分及时地引进和介绍了这种大发展。更加难能可贵的是，由于作者通略拉丁文、德文、日文、韩文和英文等，在全球化的拉丁文直译中做出可信的尝试。该书结合中文特点，在翻译的基础上自觉地发展出一套中文命名体系，规范了拉丁文翻译，规范了微生物中文命名，提出中文—拉丁文的互译方式，基本上使得中文微生物命名体系成为继拉丁文命名体系之后的又一种独立命名方式，是中国微生物分类学发展的重要事件。

我相信这本著作对于推动我国微生物学教学和研究的发展，必会做出新贡献。

中国科学院院士：

2016 年 7 月

专家序（二）

微生物技术已经得到了较为广泛的应用，在生命科学、海洋科学、环境和资源科学、地球科学、石油石化工程、油气田开发工程等诸多领域，学者们都在关注与开拓微生物学的学科进展及其应用。但是我国在有关微生物分类、命名方面尚未建立起本土化、普及化的分类标准和命名规则，依然以濒临消逝的拉丁文命名为主，中文—拉丁文—英文各行其道，导致国内学者在不同学科、不同领域的交流和渗透的困难。

中国石油大学（北京）年轻教授万云洋编著的《原核微生物资源和分类学词典》对全球现有微生物的门、纲、目、科、属、种和亚种进行了系统的梳理，全面标准化微生物中文名称，是国内第一次系统整理原核微生物资源的书籍，也是国内外第一本中文—拉丁文—英文三语词典，实现菌名的中文/拉丁文对译，从而实现了全球微生物命名的中/英/拉三大语系的互通。

当前我国在微生物资源与分类学研究方面存在诸多缺陷。万云洋教授的这部著作，是对微生物命名权的一种有益尝试，弥补了我国在微生物分类、命名方面的不足，将对我国微生物学及资源学的发展起到不可估量的推动作用。

是为之序。

中国工程院院士：

2016 年 7 月

前　言

　　中文对生物的命名往往诗意有加，严谨性稍逊。从葛洪发现的葛仙米（念珠藻）即可见一斑。始于列文虎克的现代微生物研究已约350年，国际上始于1980年的唯一性命名也近40年，但中国迄今未有统一规范的微生物命名。而今微生物的新属种鉴定分析早已今非昔比，一日千里地快速发展。与此相对的，中国学者对于微生物的命名明显不足了，即使近年来中国学者在微生物资源挖掘和鉴定中，已跃居世界前列，但是命名的属种却存在较多不规范和问题，甚或无中文名，这对于师生教学或公民地位十分微妙，亦可能违反《中华人民共和国教育法》（1995）和《中华人民共和国国家通用语言文字法》（2000）。

　　中文微生物命名，离不开借鉴拉丁文命名。240多年前林奈（Linné 或 Linnæus 或 Linnaeus，其姓氏在植物学中，简写为"L."）制定的植物拉丁文双名法，同样在微生物命名中延续。这种延续很有意思，因为当今世界交流语言中，拉丁文基本被废除，拉丁文已是一种濒临消亡语种，而这种双名法却在动植物和微生物中依然顽强地存在并不断演化。我们分析认为，严谨性和简洁性都很重要，更重要的却是其唯一性原则，即一一对应，单菌种都有唯一的体现其基本物性的名字，比人类命名自己的姓名还要严格的规则。而让这种陌生的语言被现代人理解，释义已是必要件。

　　本书在原核生物的中文命名中，力求唯一性、延续性和简洁性，逐步实现全面科学性。从实践来看，要对译好已有拉丁文菌名，建立属于中国的微生物命名分类体系，并能被外界所理解和掌握，几乎需要同时涉及掌握微生物语言、微生物生境和源属性、人名和机构名、化学、生物学、地理学和地质学等基本要求，不亚于编辑一部小型的百科全书。

　　原计划完成一本，随着大家的重视，此书最后一分为二，一为《原核微生物资源和分类学词典》，一为《原核微生物资源和分类学》（待版）。

　　本书的排列中仍然以拉丁文的字母顺序排列。基本上以对译为主，绝大部分遵守名从其主的原则。所谓对译，而不是翻译，是因为强调中文和拉丁文之间的双向互动（一些拉丁文也是源自中文），而非仅仅是一种被动的接受。本词典对中文微生物菌名，首次给出中文词源，加粗显示，也是为了强调不仅是翻译，实际上更是建立一种中文微生物命名的标准。中文菌名除了标点，字词之间没有分割符，不给出词源，将产生很多的歧义，也不容易标准化，尝试建立中文微生物命名标准，这也是本书的一项原创。

　　当然更重要的是让神秘的拉丁文直译为中文，而不是反复从其他语种倒译；更重要的建立起独立于其他语言的中国微生物分类命名学标准，这应当是拉丁文命名体系之外，第一种单语种微生物命名体系，完成从跟踪到创新的跨越。当然在英语化的今天，这一定程度上是逆潮流的，但这是一本公众和科学工作者的科普读本，最为重要的，是期望本书的出版，能让微生物资源和分类学如同微生物其本身已经存在一样，走入寻常巷陌。

诚挚感谢陈文新院士，她年事已高，仍每次有求必应，细心回答每一个问题，亲为作序，提携后学不遗余力。陶天申教授无论在何时，甚至身体不适都亲自敦促书稿和相关研究的进展，不一而足，让后辈受益无穷。李阳院士，百忙之中欣然提笔作序，为本书增色添彩。

感谢中国石油大学（北京）的同仁对此书的关注和帮助。王铁冠院士、钟宁宁教授等对此书的编著出版给予了很大的关心和支持。林壬子教授和楚泽涵教授强烈地推荐此书的出版，他们提出的微言大义令人受益终身。

特别感谢赵国屏院士。赵院士在十分繁忙的工作中，亲自到访我校指导，毫无保留地热情指点、反复指导、推荐和支持，赵院士心胸气度宽广非凡，涉猎广泛，功力深厚，乃吾辈学习之楷模。

感谢油源恒业王伟洪给予极大支持并亲力推动手机版APP的正式面世。费佳佳收集了大部分菌属种拉丁文的英文注释，并参与整理了附录四。许多审阅人、读者、学生和同行给出了很好的建议，在此无法一一提及，一并表示衷心感谢。

本书内容研究与出版受到国家自然科学基金（41373086，41373126）、国家"十三五"科技重大专项（2016ZX05050011，2016ZX05040002）、北京市科技新星与领军人才培养项目（Z161100004916033）、北京市青年英才计划（YETP0670）、霍英东高等学校教育基金（133014）、石油工业出版社出版基金，以及多项油气资源与探测国家重点实验室、油气污染防治北京市重点实验室以及中国石油大学（北京）基金（如 KYJJ 2012-01-10，2013-2-8）等的支持。

需要说明的是，本书中所提及的中外"微生物学家"，也可以称为"微生物学者"；其次，目前尚不清楚首个翻译拉丁文菌名的中国人是谁，或可以肯定其没弄清拉丁文菌名的双名"属名＋种名"＝中文的"姓＋名"，即使翻译也无需类似英文姓氏的倒置，但现在中文中对拉丁文菌名的惯例译名是"名＋姓"，而且是不完整的倒译，本书有意改正之；再者，笔者反对将"earthworm"称为"地虫"而不是蚯蚓，也已经先期发表了一些论文，但也许本书中就存在此类的错误。基于形态、颜色、生境、性状、功能和分子生物学等的科学命名和分类方法也很初步。不足之处，特请各位批评指正。邮箱：wswdzx@yeah.net。谢谢！

笔者于北京水蟒风景
2015 年 7 月 15 日

凡 例

一、属和模式种的著入体例

(1)勿生营菌属(2)(*Abiotrophia*)(3)Kawamura(4)等,(5)1995,(6)新属。(7)此属已定4种。

(8)词源 勿:无或非,表示否定;生:生命;营:营养,营生;菌:表示微小的事物,微生物(细菌、古菌、真菌);勿生营菌属:没有生命营养的,生命营养贫乏的细菌。

(9)Etymology Gr. prefix *a-*, negative (un-); Gr. n. *bios*, life; Gr. n. *trophe*, nutrition; N.L. fem. n. *Abiotrophia*, life-nutrition-deficiency.

(10)模式种(11)贫勿生营菌(12)(*Abiotrophia defectiva*)(13)(Bouvet等,1989)(14)Kawamura(4)等,(5)1995,(15)新合并。

(16)词源 贫:不足,缺乏,贫穷,贫乏。

(17)Etymology L. fem. adj. *defectiva*, deficient.

（1）微生物的中文属名,黑体字显示(但对于已经被归属、归种为其他属种的菌名,不用黑体字)。"菌"或"体"是中文命名中专有词,以示微生物特性,在现行中文命名中,与菌名中的"**菌"共用,同义;"属"表示属性分类级,尾词;在本书中"**菌属""**体属"与"**属"等义,可互为取代。

（2）括号中的斜体拉丁文是对应于（1）中文属名的科学属名,拉丁文属名首字母大写。

（3）以第一作者代表的此属名的命名者。

（4）等或等人。三位及以上的作者共同发表,一般只写第一作者,其他作者在正文引用中为了书写的便利省略。

（5）年,表示在 IJSB/IJSEM 中正式合格发表的年份。

（6）新属,表示此属在该年由作者最新正式定名。"新"又是相对于《1980年细菌名确认单》而言的,在之前的都定义为基准种属科目纲,之后即定义为"新*";一般还会对此新属有多次修改,如果有修改,新属后的句号变为分号,修改次数越多表示此属的不确定性和研究程度越高。

（7）表示此属迄今已经合格发表的种数。

（8）中文属名的中文词源,黑体字显示,这是本书的一大原创。因为中文词义的多解性(实际上任何一种语言都有这种情况),为了保证命名菌名的唯一性,必须要有词源,其一说明这些词汇出处的原创性,其二对此进行唯一性释义,这也是科学性的特征之一。

（9）拉丁文属名的英文词源。

（10）此属的模式种,黑体字显示。每一个新属的确定,必须要有一个种,这个种即为模式种;在本书中,"模式种"与"模式菌"同义。

（11）此属的模式种的中文菌名（种名+属名）。在中文书写方式中，种名和属名是不分隔的。

（12）括号中的斜体拉丁文是对应于（11）中文菌名的科学菌名（属名+种名）。拉丁文书写中，属名和种名之间用空格分隔；拉丁文菌名中的种名不大写。

（13）括号中的作者+年表示此菌的最早发现者和发表年。

（14）此菌的特性新表征者，也是此菌的新命名者，一般来说，此模式种命名者与新属（2）的命名者相同。

（15）表示此菌名是从原来命名（13）合并来的；此菌作者（13）曾命名为贫链果菌（*Streptococcus defectivus*）。

（16）中文种名的中文词源，黑体字显示，这是本书的一大原创。因为中文词义的多解性（实际上任何一种语言都有这种情况），为了保证命名菌名的唯一性，必须要有词源，其一说明这些词汇出处的原创性，其二对此进行唯一性释义，这也是科学性的特征之一。

（17）拉丁文种名的英文词源。

二、属以上分类著入体例

$^{(1)}$**甲壳杆菌目**$^{(2)}$（*Acanthopleuribacterales*）$^{(3)}$Fukunaga$^{(4)}$等，$^{(5)}$2008，$^{(6)}$新目。

$^{(12)}$**词源** 甲壳杆菌属是此目的模式属；在中文科和目的命名中，把模式属属名中的尾字"属"代换为尾字"科"或"目"，即为模式属所对应的科或目；甲壳杆菌目：甲壳杆菌属的目。

$^{(13)}$Etymology N.L. masc. n. *Acanthopleuribacter*, type genus of the order; suff. *-ales*, ending to denote an order; N.L. fem. pl. n. *Acanthopleuribacterales*, the order of genus *Acanthopleuribacter*.

$^{(7)}$**模式属**$^{(8)}$**甲壳杆菌属**$^{(9)}$（*Acanthopleuribacter*）$^{(10)}$Fukunaga$^{(4)}$等，$^{(5)}$2008，$^{(11)}$新属。

（1）微生物的中文目名，黑体字显示。"菌"或"体"是中文命名中专有词，以示微生物特性，在现行中文命名中，与菌名中的"**菌"共用，同义；"目"表示目性分类级，尾词；在本书中，"**菌科""**体科"和"**科"、"**菌目""**体目"和"**目"、"**菌纲""**体纲"和"**纲"、"**菌门""**体门"和"**门"同义。

（2）括号中的斜体拉丁文是对应于（1）中文目名的科学目名。

（3）以第一作者代表的此目名的命名者。

（4）等或等人。三名及以上的作者共同发表，只写第一位作者，其他作者在引用中为了书写的便利省略。

（5）年，表示在 IJSB/IJSEM 中正式合格发表的年份。

（6）新目，表示此属在该年正式最新定名。"新"又是相对于《1980年细菌名确认单》而言的，在之前的都定义为基准种属科目纲，之后即定义为"新*"。

（7）此目的模式属。每一个目或科的确定，必须有一个模式属；纲的定名必须有一个模式目；2014年起，对于属以上模式属、模式科、模式目等统一称为命名模式（Nomenclatural type）。

（8）此目的模式属的中文属名，黑体字显示。

（9）括号中的斜体拉丁文是对应于（8）中文属名的科学属名。

（10）此模式属的命名作者。为了书写的方便，三位及以上作者共同发表，在正文引用中，一般只写第一位作者，省略其他作者；模式属的命名作者与目的命名作者不一定相同。

（11）新属，表示此属在该年由作者最新正式定名。

（12）中文目名的中文词源，黑体字显示，这是本书的一大原创。因为中文词义的多解性(实际上任何一种语言都有这种情况)，为了保证命名菌名的唯一性，必须要有词源，其一说明这些词汇出处的原创性，其二对此进行唯一性释义，这也是科学性的特征之一。

（13）拉丁文目名的英文词源。

目 录

A 部

Ab ··· 1
  勿生营菌属（*Abiotrophia*） ··· 1
Ac ··· 1
  甲壳杆菌属（*Acanthopleuribacter*） ································· 1
  甲壳杆菌科（*Acanthopleuribacteraceae*） ························ 1
  甲壳杆菌目（*Acanthopleuribacterales*） ·························· 2
  螨伴菌属（*Acaricomes*） ··· 2
  醋厌氧小杆菌属（*Acetanaerobacterium*） ······················· 2
  产醋菌属（*Acetatifactor*） ··· 3
  醋肠菌属（*Acetitomaculum*） ··· 3
  醋弧菌属（*Acetivibrio*） ··· 3
  醋厌氧菌属（*Acetoanaerobium*） ····································· 3
  醋杆菌属（*Acetobacter*） ··· 4
  醋杆菌属（醋杆菌亚属）［*Acetobacter*（subgen. *Acetobacter*）］ ··· 4
  醋杆菌属（葡糖酸杆菌亚属）［*Acetobacter*（subgen. *Gluconoacetobacter*）］ ··· 5
  醋杆菌科（*Acetobacteraceae*） ··· 5
  醋杆菌族（*Acetobactereae*） ··· 5
  醋小杆菌属（*Acetobacterium*） ··· 6
  醋杆状菌属（*Acetobacteroides*） ······································ 6
  醋丝菌属（*Acetofilamentum*） ·· 6
  醋生菌属（*Acetogenium*） ··· 6
  醋卤菌属（*Acetohalobium*） ··· 7
  醋微菌属（*Acetomicrobium*） ··· 7
  醋线体属（*Acetonema*） ··· 7
  醋热菌属（*Acetothermus*） ··· 8
  勿胆原体属（*Acholeplasma*） ··· 8
  勿胆原体科（*Acholeplasmataceae*） ································ 8
  勿胆原体目（*Acholeplasmatales*） ··································· 9
  勿色菌科（*Achromatiaceae*） ··· 9
  勿色菌属（*Achromatium*） ·· 9
  勿色杆菌属（*Achromobacter*） ··· 9
  胺酸杆菌属（*Acidaminobacter*） ···································· 10
  胺酸果菌科（*Acidaminococcaceae*） ···························· 10
  胺酸果菌属（*Acidaminococcus*） ·································· 10

中文名	拉丁名	页码
酸双面菌属	(*Acidianus*)	11
酸烫菌属	(*Acidicaldus*)	11
酸胶囊菌属	(*Acidicapsa*)	12
酸铁杆菌属	(*Acidiferrobacter*)	12
酸叶菌科	(*Acidilobaceae*)	12
酸叶菌目	(*Acidilobales*)	12
酸叶菌属	(*Acidilobus*)	13
酸微菌科	(*Acidimicrobiaceae*)	13
酸微菌目	(*Acidimicrobiales*)	13
酸微菌亚纲	(*Acidimicrobidae*)	14
酸微菌纲	(*Acidimicrobiia*)	14
酸微菌属	(*Acidimicrobium*)	14
嗜酸菌属	(*Acidiphilium*)	14
酸原体属	(*Acidiplasma*)	15
酸体属	(*Acidisoma*)	15
酸球菌属	(*Acidisphaera*)	15
酸土单胞菌属	(*Aciditerrimonas*)	16
酸磺竿菌科	(*Acidithiobacillaceae*)	16
酸磺竿菌目	(*Acidithiobacillales*)	16
酸磺竿菌纲	(*Acidithiobacillia*)	16
酸磺竿菌属	(*Acidithiobacillus*)	17
酸杆菌纲	(*Acidobacteria*)	17
酸小杆菌科	(*Acidobacteriaceae*)	17
酸小杆菌目	(*Acidobacteriales*)	18
酸小杆菌属	(*Acidobacterium*)	18
酸胞菌属	(*Acidocella*)	18
酸单胞菌属	(*Acidomonas*)	19
酸热菌科	(*Acidothermaceae*)	19
酸热菌目	(*Acidothermales*)	19
酸热菌属	(*Acidothermus*)	19
吞酸菌属	(*Acidovorax*)	20
不运杆菌属	(*Acinetobacter*)	20
端果孢菌属	(*Acrocarpospora*)	20
海边杆菌属	(*Actibacter*)	21
海边小杆菌属	(*Actibacterium*)	21
放线金孢菌属	(*Actinaurispora*)	21
放线异墙菌属	(*Actinoallomurus*)	22
放线异垒菌属	(*Actinoalloteichus*)	22
放线竿菌属	(*Actinobacillus*)	22

放线杆菌纲（*Actinobacteria*） ……………………………………………… 23
放线杆菌亚纲（*Actinobacteridae*） …………………………………………… 23
放线茎菌属（*Actinobaculum*） ………………………………………………… 23
放线双孢菌属（*Actinobispora*） ……………………………………………… 24
放线链孢菌属（*Actinocatenispora*） ………………………………………… 24
放线珊菌属（*Actinocorallia*） ………………………………………………… 24
放线运孢菌属（*Actinokineospora*） ………………………………………… 24
放线马杜拉菌属（*Actinomadura*） …………………………………………… 25
放线菌属（*Actinomyces*） ……………………………………………………… 25
放线菌科（*Actinomycetaceae*） ……………………………………………… 26
放线菌目（*Actinomycetales*） ………………………………………………… 26
放线菌纲（*Actinomycetes*） …………………………………………………… 26
放线孢菌属（*Actinomycetospora*） …………………………………………… 27
放线菌亚目（*Actinomycineae*） ……………………………………………… 27
放线植栖菌属（*Actinophytocola*） …………………………………………… 27
放线浮菌科（*Actinoplanaceae*） ……………………………………………… 28
放线浮菌目（*Actinoplanales*） ………………………………………………… 28
放线浮菌属（*Actinoplanes*） …………………………………………………… 28
放线多形菌属（*Actinopolymorpha*） ………………………………………… 28
放线多孢菌属（*Actinopolyspora*） …………………………………………… 29
放线多孢菌科（*Actinopolysporaceae*） ……………………………………… 29
放线多孢菌亚目（*Actinopolysporineae*） …………………………………… 29
放线孢器菌属（*Actinopycnidium*） …………………………………………… 30
放线簇菌属（*Actinospica*） …………………………………………………… 30
放线簇菌科（*Actinospicaceae*） ……………………………………………… 30
放线孢囊菌属（*Actinosporangium*） ………………………………………… 30
放线伴线体属（*Actinosynnema*） …………………………………………… 31
放线伴线体科（*Actinosynnemataceae*） …………………………………… 31
放线针菌属（*Actinotalea*） …………………………………………………… 32

Ad …………………………………………………………………………………… 32

黏杆菌属（*Adhaeribacter*） …………………………………………………… 32
阿德勒氏菌属（*Adlercreutzia*） ……………………………………………… 32
陌小菌属（*Advenella*） ………………………………………………………… 32

Ae …………………………………………………………………………………… 33

埃及小体属（*Aegyptianella*） ………………………………………………… 33
水平生菌属（*Aequorivita*） …………………………………………………… 33
气竿菌属（*Aeribacillus*） ……………………………………………………… 33
气斯卡多维氏菌属（*Aeriscardovia*） ………………………………………… 34
气果菌科（*Aerococcaceae*） ………………………………………………… 34

气果菌属（*Aerococcus*） …………………………………………………………… 34
　　气微菌属（*Aeromicrobium*） ………………………………………………………… 35
　　气单胞菌科（*Aeromonadaceae*） …………………………………………………… 35
　　气单胞菌目（*Aeromonadales*） ……………………………………………………… 35
　　气单胞菌属（*Aeromonas*） …………………………………………………………… 36
　　气火菌属（*Aeropyrum*） ……………………………………………………………… 36
　　潮滩杆菌属（*Aestuariibacter*） ……………………………………………………… 36
　　潮滩茎菌属（*Aestuariibaculum*） …………………………………………………… 37
　　潮滩栖菌属（*Aestuariicola*） ………………………………………………………… 37
　　潮滩居菌属（*Aestuariihabitans*） …………………………………………………… 37
　　潮滩微菌属（*Aestuariimicrobium*） ………………………………………………… 38
　　潮滩螺体属（*Aestuariispira*） ………………………………………………………… 38
　　潮滩生菌属（*Aestuariivita*） ………………………………………………………… 38
Af ……………………………………………………………………………………………… 39
　　阿费夫姓菌属（*Afifella*） …………………………………………………………… 39
　　美军所菌属（*Afipia*） ………………………………………………………………… 39
Ag ……………………………………………………………………………………………… 39
　　琼杆菌属（*Agaribacter*） …………………………………………………………… 39
　　蕈栖菌属（*Agaricicola*） …………………………………………………………… 40
　　吞琼菌属（*Agarivorans*） …………………………………………………………… 40
　　聚杆菌属（*Aggregatibacter*） ……………………………………………………… 40
　　摇果菌属（*Agitococcus*） …………………………………………………………… 41
　　阿格蕾氏菌属（*Agreia*） …………………………………………………………… 41
　　农小杆菌属（*Agrobacterium*） ……………………………………………………… 41
　　农果菌属（*Agrococcus*） …………………………………………………………… 42
　　农单胞菌属（*Agromonas*） ………………………………………………………… 42
　　农霉菌属（*Agromyces*） …………………………………………………………… 42
Ah ……………………………………………………………………………………………… 43
　　阿伦斯氏菌属（*Ahrensia*） ………………………………………………………… 43
Ai ……………………………………………………………………………………………… 43
　　艾丁单胞菌属（*Aidingimonas*） …………………………………………………… 43
Ak ……………………………………………………………………………………………… 43
　　阿克曼氏菌属（*Akkermansia*） …………………………………………………… 43
　　阿克曼氏菌科（*Akkermansiaceae*） ………………………………………………… 44
Al ……………………………………………………………………………………………… 44
　　素杆菌属（*Albibacter*） ……………………………………………………………… 44
　　素沃菌属（*Albidiferax*） …………………………………………………………… 44
　　素小卵菌属（*Albidovulum*） ………………………………………………………… 45
　　素单胞菌属（*Albimonas*） ………………………………………………………… 45

碱生菌科（*Alcaligenaceae*）··45
碱生菌属（*Alcaligenes*）··46
碱池栖菌属（*Alcalilimnicola*）··46
吞烷菌科（*Alcanivoracaceae*）···46
吞烷菌属（*Alcanivorax*）···46
藻杆菌属（*Algibacter*）··47
藻栖菌属（*Algicola*）··47
藻单胞菌属（*Algimonas*）···47
嗜藻菌科（*Algiphilaceae*）···48
嗜藻菌属（*Algiphilus*）··48
藻球菌属（*Algisphaera*）···48
冰贪菌属（*Algoriphagus*）··48
异吞琼菌属（*Aliagarivorans*）··49
嗜脂环菌属（*Alicycliphilus*）··49
脂环竿菌科（*Alicyclobacillaceae*）···50
脂环竿菌属（*Alicyclobacillus*）··50
异果菌属（*Aliicoccus*）··50
异海源菌属（*Aliidiomarina*）···51
异矿菌属（*Aliifodinibius*）··51
异冰栖菌属（*Aliiglaciecola*）··51
异弧菌属（*Aliivibrio*）··51
异希万姓菌属（*Alishewanella*）···52
异柄菌属（*Alistipes*）···52
碱竿菌属（*Alkalibacillus*）··52
碱杆菌属（*Alkalibacter*）··53
碱小杆菌属（*Alkalibacterium*）···53
碱茎菌属（*Alkalibaculum*）···53
碱屈菌属（*Alkaliflexus*）··54
碱池栖菌属（*Alkalilimnicola*）···54
碱单胞菌属（*Alkalimonas*）···54
碱线休属（*Alkalinema*）··55
嗜碱菌属（*Alkaliphilus*）··55
碱小螺体属（*Alkalispirillum*）···55
碱针菌属（*Alkalitalea*）···56
烷杆菌属（*Alkanibacter*）··56
需烷菌属（*Alkanindiges*）··56
阿利逊姓菌属（*Allisonella*）···57
异放线伴线体属（*Alloactinosynnema*）·······································57
异竿菌属（*Allobacillus*）··57
异茎菌属（*Allobaculum*）···58

异小链璆孢菌属（*Allocatelliglobosispora*） 58
异色菌属（*Allochromatium*） 58
异棒菌属（*Allofustis*） 58
差果菌属（*Alloiococcus*） 59
异库茨纳尔氏菌属（*Allokutzneria*） 59
异单胞菌属（*Allomonas*） 59
异拟诺卡氏菌属（*Allonocardiopsis*） 60
异普雷沃特姓菌属（*Alloprevotella*） 60
异根瘤菌属（*Allorhizobium*） 60
异盐放线孢菌属（*Allosalinactinospora*） 61
异斯卡多维氏菌属（*Alloscardovia*） 61
阿尔法杆菌纲（*Alphabacteria*） 61
阿尔法变形杆菌纲（*Alphaproteobacteria*） 62
阿尔卑斯单胞菌属（*Alpinimonas*） 62
林杆菌属（*Alsobacter*） 62
另赤杆菌属（*Altererythrobacter*） 63
另竿菌属（*Alteribacillus*） 63
另果菌属（*Alterococcus*） 63
另单胞菌科（*Alteromonadaceae*） 64
另单胞菌目（*Alteromonadales*） 64
另单胞菌属（*Alteromonas*） 64
小链菌属（*Alysiella*） 65

Am 65

喜甲壳素菌属（*Amantichitinum*） 65
沟果菌属（*Amaricoccus*） 65
雨山氏菌属（*Ameyamaea*） 66
嗜胺菌属（*Aminiphilus*） 66
胺弧菌属（*Aminivibrio*） 66
胺杆菌属（*Aminobacter*） 66
胺小杆菌属（*Aminobacterium*） 67
胺单胞菌属（*Aminomonas*） 67
氨化菌属（*Ammonifex*） 67
嗜氨菌属（*Ammoniphilus*） 68
河小杆菌属（*Amnibacterium*） 68
变杆菌属（*Amoebobacter*） 68
无形孢囊菌属（*Amorphosporangium*） 69
无形菌属（*Amorphus*） 69
兼性竿菌属（*Amphibacillus*） 69
双折菌属（*Amphiplicatus*） 70

洋仙女菌属（*Amphritea*） ……………………………………………… 70
小安瓿菌属（*Ampullariella*） …………………………………………… 70
无蕈酸菌属（*Amycolata*） ……………………………………………… 71
拟无蕈酸菌属（*Amycolatopsis*） ………………………………………… 71
无蕈酸果菌属（*Amycolicicoccus*） ……………………………………… 71
淀杆菌属（*Amylibacter*） ………………………………………………… 72

An
厌氧弓菌属（*Anaeroarcus*） …………………………………………… 72
厌氧竿菌属（*Anaerobacillus*） ………………………………………… 72
厌氧杆菌属（*Anaerobacter*） …………………………………………… 73
厌氧小杆菌属（*Anaerobacterium*） …………………………………… 73
厌氧茎菌属（*Anaerobaculum*） ………………………………………… 73
厌氧生小螺体属（*Anaerobiospirillum*） ……………………………… 74
厌氧爪菌属（*Anaerobranca*） ………………………………………… 74
厌氧胞菌属（*Anaerocella*） …………………………………………… 74
厌氧果菌属（*Anaerococcus*） …………………………………………… 75
厌氧丝菌属（*Anaerofilum*） …………………………………………… 75
厌氧棒菌属（*Anaerofustis*） …………………………………………… 75
厌氧璆菌属（*Anaeroglobus*） …………………………………………… 76
厌氧缕菌属（*Anaerolinea*） …………………………………………… 76
厌氧缕菌科（*Anaerolineaceae*） ……………………………………… 76
厌氧缕菌纲（*Anaerolineae*） …………………………………………… 76
厌氧缕菌目（*Anaerolineales*） ………………………………………… 77
厌氧芭蕉菌属（*Anaeromusa*） ………………………………………… 77
厌氧黏杆菌属（*Anaeromyxobacter*） ………………………………… 77
厌氧黏杆菌科（*Anaeromyxobacteraceae*） …………………………… 78
厌氧噬菌属（*Anaerophaga*） …………………………………………… 78
厌氧原体属（*Anaeroplasma*） ………………………………………… 78
厌氧原体科（*Anaeroplasmataceae*） …………………………………… 79
厌氧原体目（*Anaeroplasmatales*） …………………………………… 79
厌氧杵菌属（*Anaerorhabdus*） ………………………………………… 79
厌氧盐杆菌属（*Anaerosalibacter*） …………………………………… 79
厌氧弯菌属（*Anaerosinus*） …………………………………………… 80
厌氧球菌属（*Anaerosphaera*） ………………………………………… 80
厌氧孢杆菌属（*Anaerosporobacter*） ………………………………… 80
厌氧柄菌属（*Anaerostipes*） …………………………………………… 81
厌氧干菌属（*Anaerotruncus*） ………………………………………… 81
厌氧弧菌属（*Anaerovibrio*） …………………………………………… 81
厌氧小幡菌属（*Anaerovirgula*） ……………………………………… 81

厌氧吞菌属（*Anaerovorax*） ······ 82
无原体属（*Anaplasma*） ······ 82
无原体科（*Anaplasmataceae*） ······ 82
臂绿菌属（*Ancalochloris*） ······ 83
臂微菌属（*Ancalomicrobium*） ······ 83
麯杆菌属（*Ancylobacter*） ······ 83
安德荪姓菌属（*Anderseniella*） ······ 84
安德雷普雷沃特氏菌属（*Andreprevotia*） ······ 84
硫胺竿菌属（*Aneurinibacillus*） ······ 84
囊果菌属（*Angiococcus*） ······ 85
角微菌属（*Angulomicrobium*） ······ 85
窄杆菌属（*Angustibacter*） ······ 85
无氧竿菌属（*Anoxybacillus*） ······ 85
无氧泡碱菌属（*Anoxynatronum*） ······ 86
无氧光杆菌纲（*Anoxyphotobacteria*） ······ 86
无氧光杆菌亚纲（*Anoxyphotobacteriae*） ······ 87
南极单胞菌属（*Antarcticimonas*） ······ 87
南极杆菌属（*Antarctobacter*） ······ 87

Aq ······ 88

水杆菌属（*Aquabacter*） ······ 88
水小杆菌属（*Aquabacterium*） ······ 88
水微菌属（*Aquamicrobium*） ······ 88
水小螺体属（*Aquaspirillum*） ······ 89
水竿菌属（*Aquibacillus*） ······ 89
水杆菌属（*Aquibacter*） ······ 89
水胞菌属（*Aquicella*） ······ 90
水化菌属（*Aquifex*） ······ 90
水化菌科（*Aquificaceae*） ······ 90
水化菌纲（*Aquificae*） ······ 91
水化菌目（*Aquificales*） ······ 91
水屈菌属（*Aquiflexum*） ······ 91
水居菌属（*Aquihabitans*） ······ 91
海水菌属（*Aquimarina*） ······ 92
水单胞菌属（*Aquimonas*） ······ 92
水栖菌属（*Aquincola*） ······ 92
纯水杆菌属（*Aquipuribacter*） ······ 93
盐水竿菌属（*Aquisalibacillus*） ······ 93
盐水单胞菌属（*Aquisalimonas*） ······ 93
水球菌属（*Aquisphaera*） ······ 94

水针菌属（*Aquitalea*） ……………………………………………………… 94

Ar ……………………………………………………………………………… 94

阿拉伯小杆菌纲（*Arabobacteria*） ………………………………………… 94
蛛网菌属（*Arachnia*） ……………………………………………………… 95
秘小杆菌属（*Arcanobacterium*） …………………………………………… 95
古杆菌纲（*Archaeobacteria*） ……………………………………………… 96
古璆菌科（*Archaeoglobaceae*） …………………………………………… 96
古璆菌目（*Archaeoglobales*） ……………………………………………… 96
古璆菌纲（*Archaeoglobea*） ………………………………………………… 96
古璆菌纲（*Archaeoglobi*） ………………………………………………… 96
古璆菌属（*Archaeoglobus*） ………………………………………………… 97
古囊菌科（*Archangiaceae*） ………………………………………………… 97
首囊菌属（*Archangium*） …………………………………………………… 97
弓胞菌属（*Arcicella*） ……………………………………………………… 98
弓杆菌属（*Arcobacter*） …………………………………………………… 98
北极杆菌属（*Arcticibacter*） ……………………………………………… 98
烫链菌属（*Ardenticatena*） ………………………………………………… 99
烫链菌科（*Ardenticatenaceae*） …………………………………………… 99
烫链菌目（*Ardenticatenales*） ……………………………………………… 99
烫链菌纲（*Ardenticatenia*） ………………………………………………… 99
沙杆菌属（*Arenibacter*） …………………………………………………… 100
沙胞菌属（*Arenicella*） …………………………………………………… 100
沙单胞菌属（*Arenimonas*） ………………………………………………… 100
沙针菌属（*Arenitalea*） …………………………………………………… 101
勿玫单胞菌属（*Arhodomonas*） …………………………………………… 101
旱杆菌属（*Aridibacter*） …………………………………………………… 101
铠单胞菌属（*Armatimonas*） ……………………………………………… 101
砷果菌属（*Arsenicicoccus*） ……………………………………………… 102
灭雄菌属（*Arsenophonus*） ………………………………………………… 102
节杆菌属（*Arthrobacter*） ………………………………………………… 102
节杆菌纲（*Arthrobacteria*） ……………………………………………… 103

As ……………………………………………………………………………… 103

勿糖杆菌属（*Asaccharobacter*） …………………………………………… 103
朝井氏菌属（*Asaia*） ……………………………………………………… 103
浅野氏菌属（*Asanoa*） ……………………………………………………… 104
海鞘纲居菌属（*Ascidiaceihabitans*） ……………………………………… 104
驴小杆菌属（*Asinibacterium*） …………………………………………… 104
素单胞菌属（*Aspromonas*） ………………………………………………… 104
无固醇原体属（*Asteroleplasma*） ………………………………………… 105

· 9 ·

不黏柄菌属（*Asticcacaulis*） …… 105
At …… 105
　　陌杆菌属（*Atopobacter*） …… 105
　　陌菌科（*Atopobiaceae*） …… 106
　　陌菌属（*Atopobium*） …… 106
　　陌果菌属（*Atopococcus*） …… 106
　　陌柄菌属（*Atopostipes*） …… 106
Au …… 107
　　金橙单胞菌属（*Aurantimonas*） …… 107
　　金橙果菌属（*Auraticoccus*） …… 107
　　金杆菌属（*Aureibacter*） …… 107
　　金果菌属（*Aureicoccus*） …… 108
　　金单胞菌属（*Aureimonas*） …… 108
　　金螺体属（*Aureispira*） …… 108
　　金针菌属（*Aureitalea*） …… 108
　　金幡菌属（*Aureivirga*） …… 109
　　金小杆菌属（*Aureobacterium*） …… 109
　　耳炎杆菌属（*Auritidibacter*） …… 109
　　奥斯特维克氏菌属（*Austwickia*） …… 110
Av …… 110
　　鸟小杆菌属（*Avibacterium*） …… 110
Az …… 110
　　氮弓菌属（*Azoarcus*） …… 110
　　氮氢单胞菌属（*Azohydromonas*） …… 111
　　氮单胞菌属（*Azomonas*） …… 111
　　氮单发菌属（*Azomonotrichon*） …… 111
　　氮圈菌属（*Azonexus*） …… 112
　　氮根瘤菌属（*Azorhizobium*） …… 112
　　嗜氮根菌属（*Azorhizophilus*） …… 113
　　氮螺体属（*Azospira*） …… 113
　　氮小螺体属（*Azospirillum*） …… 113
　　氮杆菌属（*Azotobacter*） …… 114
　　氮杆菌科（*Azotobacteraceae*） …… 114
　　氮弧菌属（*Azovibrio*） …… 114

B 部

Ba …… 116
　　竿菌科（*Bacillaceae*） …… 116
　　竿菌目（*Bacillales*） …… 116

杆菌纲（*Bacilli*） ... 116
杆菌属（*Bacillus*） ... 116
小杆菌纲（*Bacteria*） ... 117
解杆菌属（*Bacteriolyticum*） ... 117
杆线体属（*Bacterionema*） ... 118
吞小杆菌科（*Bacteriovoracaceae*） ... 118
吞小杆菌属（*Bacteriovorax*） ... 118
杆状菌科（*Bacteroidaceae*） ... 119
杆状菌目（*Bacteroidales*） ... 119
杆状菌族（*Bacteroideae*） ... 119
杆状菌属（*Bacteroides*） ... 119
杆状菌纲（*Bacteroidia*） ... 120
皮肤杆菌属（*Bactoderma*） ... 120
浴室菌属（*Balnearium*） ... 120
浴工菌属（*Balneatrix*） ... 120
浴室单胞菌属（*Balneimonas*） ... 121
巴牛拉菌属（*Balneola*） ... 121
巴恩斯姓菌属（*Barnesiella*） ... 121
巴里恩托斯岛单胞菌属（*Barrientosiimonas*） ... 122
巴通姓菌属（*Bartonella*） ... 122
巴通姓菌科（*Bartonellaceae*） ... 122
巴斯夫厂菌属（*Basfia*） ... 123
巴塞尔菌属（*Basilea*） ... 123
葆尔得氏菌属（*Bauldia*） ... 123
巴伐利亚果菌属（*Bavariicoccus*） ... 124

Bd ... 124
蛭弧菌属（*Bdellovibrio*） ... 124
蛭弧菌科（*Bdellovibrionaceae*） ... 124
蛭弧菌目（*Bdellovibrionales*） ... 125

Be ... 125
贝日阿托氏菌属（*Beggiatoa*） ... 125
贝日阿托氏菌科（*Beggiatoaceae*） ... 125
贝日阿托氏菌目（*Beggiatoales*） ... 126
拜叶林氏菌属（*Beijerinckia*） ... 126
拜叶林氏菌科（*Beijerinckiaceae*） ... 126
贝尔姓菌属（*Belliella*） ... 126
美缕菌属（*Bellilinea*） ... 127
贝尔纳普氏菌属（*Belnapia*） ... 127
贝纳克氏菌属（*Beneckea*） ... 127

贝尔格姓菌属（*Bergeriella*） ………………………………………… 128
伯杰姓菌属（*Bergeyella*） …………………………………………… 128
伯曼姓菌属（*Bermanella*） …………………………………………… 129
贝塔变形杆菌纲（*Betaproteobacteria*） …………………………… 129
宝腾堡菌属（*Beutenbergia*） ………………………………………… 129
宝腾堡菌科（*Beutenbergiaceae*） …………………………………… 130

Bh ……………………………………………………………………………… 130
布哈加瓦氏菌属（*Bhargavaea*） ……………………………………… 130

Bi ……………………………………………………………………………… 130
比贝尔斯泰氏菌属（*Bibersteinia*） ………………………………… 130
岐小杆菌科（*Bifidobacteriaceae*） ………………………………… 131
岐小杆菌目（*Bifidobacteriales*） …………………………………… 131
岐小杆菌属（*Bifidobacterium*） ……………………………………… 131
嗜胆菌属（*Bilophila*） ………………………………………………… 132
生膜栖菌属（*Biostraticola*） ………………………………………… 132
比斯高氏菌属（*Bisgaardia*） ………………………………………… 132
比其奥氏菌属（*Bizionia*） …………………………………………… 133

Bl ……………………………………………………………………………… 133
芽杆菌属（*Blastobacter*） …………………………………………… 133
芽小链菌属（*Blastocatella*） ………………………………………… 133
芽绿菌属（*Blastochloris*） …………………………………………… 134
芽果菌属（*Blastococcus*） …………………………………………… 134
芽单胞菌属（*Blastomonas*） ………………………………………… 134
芽小梨菌属（*Blastopirellula*） ……………………………………… 135
昆虫小杆菌科（*Blattabacteriaceae*） ……………………………… 135
昆虫小杆菌属（*Blattabacterium*） ………………………………… 135
布劳特氏菌属（*Blautia*） ……………………………………………… 136

Bo ……………………………………………………………………………… 136
博高利尔菌属（*Bogoriella*） ………………………………………… 136
博高利尔菌科（*Bogoriellaceae*） …………………………………… 137
熊蜂菌属（*Bombella*） ………………………………………………… 137
熊蜂斯卡多维氏菌属（*Bombiscardovia*） ………………………… 137
博尔代姓菌属（*Bordetella*） ………………………………………… 138
宝莱氏菌属（*Borrelia*） ……………………………………………… 138
宝莱氏菌科（*Borreliaceae*） ………………………………………… 138
博斯氏菌属（*Bosea*） …………………………………………………… 138
宝城栖菌属（*Boseongicola*） ………………………………………… 139
苞曼姓菌属（*Bowmanella*） …………………………………………… 139

Br
- 矮小杆菌属（*Brachybacterium*） ... 139
- 矮单胞菌属（*Brachymonas*） ... 140
- 矮螺体属（*Brachyspira*） ... 140
- 矮螺体目（*Brachyspirales*） ... 140
- 布拉克姓菌属（*Brackiella*） ... 141
- 慢根瘤菌科（*Bradyrhizobiaceae*） ... 141
- 慢生根瘤菌属（*Bradyrhizobium*） ... 141
- 鳃菌属（*Branchiibius*） ... 141
- 布兰姆姓菌科（*Branhamaceae*） ... 142
- 布兰姆姓菌属（*Branhamella*） ... 142
- 芸苔杆菌属（*Brassicibacter*） ... 142
- 布伦纳氏菌属（*Brenneria*） ... 143
- 布雷奥干菌属（*Breoghania*） ... 143
- 短竿菌属（*Brevibacillus*） ... 143
- 短小杆菌科（*Brevibacteriaceae*） ... 144
- 短小杆菌族（*Brevibacterieae*） ... 144
- 短小杆菌属（*Brevibacterium*） ... 144
- 短卵菌属（*Brevifollis*） ... 145
- 短线体属（*Brevinema*） ... 145
- 短线体科（*Brevinemataceae*） ... 145
- 短线体目（*Brevinematales*） ... 145
- 短波单胞菌属（*Brevundimonas*） ... 146
- 索发菌属（*Brochothrix*） ... 146
- 布劳克氏菌属（*Brockia*） ... 146
- 布鲁克劳菌属（*Brooklawnia*） ... 147
- 布鲁斯姓菌属（*Brucella*） ... 147
- 布鲁斯氏菌科（*Brucellaceae*） ... 148
- 布鲁斯氏菌族（*Brucelleae*） ... 148
- 冬微菌属（*Brumimicrobium*） ... 148
- 布莱恩特氏菌属（*Bryantella*） ... 148
- 藓杆菌属（*Bryobacter*） ... 149
- 藓胞菌属（*Bryocella*） ... 149

Bu
- 布赫纳氏菌属（*Buchnera*） ... 149
- 布德韦斯菌属（*Budvicia*） ... 150
- 布雷德氏菌属（*Bulleidia*） ... 150
- 伯克氏菌属（*Burkholderia*） ... 150
- 伯克氏菌科（*Burkholderiaceae*） ... 151
- 伯克氏菌目（*Burkholderiales*） ... 151

布丘姓菌属（*Buttiauxella*） ……………………………………………… 151
　　丁酸果菌属（*Butyricicoccus*） ………………………………………… 151
　　丁酸单胞菌属（*Butyricimonas*） ……………………………………… 152
　　丁酸弧菌属（*Butyrivibrio*） …………………………………………… 152
By
　　吞缌菌属（*Byssovorax*） ………………………………………………… 153

C 部

Ca …………………………………………………………………………………… 154
　　屠杆菌属（*Caedibacter*） ……………………………………………… 154
　　淤小杆菌属（*Caenibacterium*） ………………………………………… 154
　　淤单胞菌属（*Caenimonas*） …………………………………………… 154
　　淤小螺体属（*Caenispirillum*） ………………………………………… 155
　　烫碱竿菌属（*Caldalkalibacillus*） ……………………………………… 155
　　烫厌氧杆菌属（*Caldanaerobacter*） …………………………………… 155
　　烫厌氧菌属（*Caldanaerobius*） ………………………………………… 156
　　烫厌氧幡菌属（*Caldanaerovirga*） …………………………………… 156
　　釜居菌属（*Calderihabitans*） …………………………………………… 156
　　釜小杆菌属（*Calderobacterium*） ……………………………………… 157
　　烫竿菌属（*Caldibacillus*） ……………………………………………… 157
　　烫纤维破解菌属（*Caldicellulosiruptor*） ……………………………… 158
　　烫粪杆菌属（*Caldicoprobacter*） ……………………………………… 158
　　烫粪杆菌科（*Caldicoprobacteraceae*） ………………………………… 158
　　烫缕菌属（*Caldilinea*） ………………………………………………… 159
　　烫缕菌科（*Caldilineaceae*） …………………………………………… 159
　　烫缕菌纲（*Caldilineae*） ………………………………………………… 159
　　烫缕菌目（*Caldilineales*） ……………………………………………… 159
　　烫微菌属（*Caldimicrobium*） …………………………………………… 160
　　烫单胞菌属（*Caldimonas*） …………………………………………… 160
　　烫丝菌科（*Caldisericaceae*） …………………………………………… 160
　　烫丝菌目（*Caldisericales*） ……………………………………………… 160
　　烫丝菌纲（*Caldisericia*） ……………………………………………… 161
　　烫丝菌属（*Caldisericum*） ……………………………………………… 161
　　烫球菌属（*Caldisphaera*） ……………………………………………… 161
　　烫球菌科（*Caldisphaeraceae*） ………………………………………… 161
　　烫土栖菌属（*Calditerricola*） …………………………………………… 162
　　烫土弧菌属（*Calditerrivibrio*） ………………………………………… 162
　　烫发菌属（*Caldithrix*） ………………………………………………… 162
　　烫幡菌属（*Caldivirga*） ………………………………………………… 163

烫泉杆菌属（*Calidifontibacter*） 163
灼爱菌属（*Caloramator*） 163
灼厌氧杆菌属（*Caloranaerobacter*） 163
灼小杆菌属（*Caloribacterium*） 164
鞘小杆菌属（*Calymmatobacterium*） 164
驼单胞菌属（*Camelimonas*） 165
炉杆菌属（*Caminibacter*） 165
炉胞菌属（*Caminicella*） 165
弯曲杆菌属（*Campylobacter*） 166
弯曲杆菌科（*Campylobacteraceae*） 166
弯曲杆菌目（*Campylobacterales*） 166
犬杆菌属（*Canibacter*） 166
白单胞菌属（*Candidimonas*） 167
烟噬胞菌属（*Capnocytophaga*） 167
胶囊形菌属（*Capsularis*） 167
嗜炭菌属（*Carbophilus*） 168
碳氧枝菌属（*Carboxydibrachium*） 168
碳氧胞菌属（*Carboxydocella*） 169
碳氧热菌属（*Carboxydothermus*） 169
羧酸幡菌属（*Carboxylicivirga*） 170
心小杆菌科（*Cardiobacteriaceae*） 170
心小杆菌目（*Cardiobacteriales*） 170
心小杆菌属（*Cardiobacterium*） 170
肉单胞菌属（*Carnimonas*） 171
肉小杆菌科（*Carnobacteriaceae*） 171
肉小杆菌属（*Carnobacterium*） 171
显核菌科（*Caryophanaceae*） 172
显核菌目（*Caryophanales*） 172
显核菌属（*Caryophanon*） 172
奶酪杆菌属（*Caseobacter*） 172
卡斯特兰尼姓菌属（*Castelluniella*） 173
过氧化氢酶杆菌属（*Catabacter*） 173
卡塔利娜单胞菌科（*Catalimonadaceae*） 173
卡塔利娜单胞菌属（*Catalinimonas*） 174
小链孢菌属（*Catellatospora*） 174
小链小杆菌属（*Catellibacterium*） 174
小链果菌属（*Catellicoccus*） 175
小链璆孢菌属（*Catelliglobosispora*） 175
链小杆菌属（*Catenibacterium*） 175
链果菌属（*Catenococcus*） 176

链小卵菌属（*Catenovulum*） ………………………………………………………… 176
　　薄链孢菌属（*Catenulispora*） ………………………………………………………… 176
　　薄链孢菌科（*Catenulisporaceae*） …………………………………………………… 177
　　薄链孢菌亚目（*Catenulisporineae*） ………………………………………………… 177
　　薄链浮菌属（*Catenuloplanes*） ……………………………………………………… 177
　　加图姓菌属（*Catonella*） …………………………………………………………… 177
　　柄杆菌属（*Caulobacter*） …………………………………………………………… 178
　　柄杆菌科（*Caulobacteraceae*） ……………………………………………………… 178
　　柄杆菌目（*Caulobacterales*） ………………………………………………………… 179
　　柄杆菌亚目（*Caulobacterineae*） …………………………………………………… 179
Ce ……………………………………………………………………………………………… 179
　　印细分菌属（*Cecembia*） …………………………………………………………… 179
　　美疾控菌属（*Cedecea*） ……………………………………………………………… 179
　　快杆菌属（*Celeribacter*） …………………………………………………………… 180
　　快游单胞菌科（*Celerinatantimonadaceae*） ………………………………………… 180
　　快游单胞菌属（*Celerinatantimonas*） ……………………………………………… 180
　　纤维单胞菌科（*Cellulomonadaceae*） ……………………………………………… 181
　　纤维单胞菌属（*Cellulomonas*） ……………………………………………………… 181
　　噬纤维菌属（*Cellulophaga*） ………………………………………………………… 181
　　纤维杆菌属（*Cellulosibacter*） ……………………………………………………… 182
　　解纤维菌属（*Cellulosilyticum*） ……………………………………………………… 182
　　纤维微菌属（*Cellulosimicrobium*） ………………………………………………… 182
　　纤维弧菌属（*Cellvibrio*） …………………………………………………………… 183
　　海绵古菌目（*Cenarchaeales*） ……………………………………………………… 183
　　蜈蚣菌属（*Centipeda*） ……………………………………………………………… 183
　　樱桃竿菌属（*Cerasibacillus*） ………………………………………………………… 183
　　樱桃果菌属（*Cerasicoccus*） ………………………………………………………… 184
　　印科工杆菌属（*Cesiribacter*） ……………………………………………………… 184
　　鲸小杆菌属（*Cetobacterium*） ……………………………………………………… 184
Ch ……………………………………………………………………………………………… 185
　　骞恩氏菌属（*Chainia*） ……………………………………………………………… 185
　　吞螯菌属（*Chelativorans*） ………………………………………………………… 185
　　螯杆菌属（*Chelatobacter*） ………………………………………………………… 185
　　螯果菌属（*Chelatococcus*） ………………………………………………………… 186
　　乌龟杆菌属（*Chelonobacter*） ……………………………………………………… 186
　　嘉义幡菌属（*Chiayiivirga*） ………………………………………………………… 186
　　喀迈拉胞菌属（*Chimaereicella*） …………………………………………………… 187
　　赤水菌属（*Chishuiella*） …………………………………………………………… 187
　　几丁杆菌属（*Chitinibacter*） ………………………………………………………… 188

解几丁菌属（*Chitinilyticum*）	188
几丁单胞菌属（*Chitinimonas*）	188
嗜几丁菌属（*Chitiniphilus*）	189
几丁弧菌属（*Chitinivibrio*）	189
几丁弧菌科（*Chitinivibrionaceae*）	189
几丁弧菌目（*Chitinivibrionales*）	189
几丁弧菌纲（*Chitinivibrionia*）	190
吞几丁菌属（*Chitinivorax*）	190
噬几丁菌属（*Chitinophaga*）	190
噬几丁菌科（*Chitinophagaceae*）	190
衣原体属（*Chlamydia*）	191
衣原体科（*Chlamydiaceae*）	191
衣原体纲（*Chlamydiae*）	191
衣原体目（*Chlamydiales*）	191
嗜衣原体属（*Chlamydophila*）	192
绿杆菌纲（*Chlorobacteria*）	192
绿茎菌属（*Chlorobaculum*）	192
绿菌纲（*Chlorobea*）	193
绿菌科（*Chlorobiaceae*）	193
绿菌目（*Chlorobiales*）	193
绿菌属（*Chlorobium*）	193
绿屈菌科（*Chloroflexaceae*）	194
绿屈菌目（*Chloroflexales*）	194
绿屈菌纲（*Chloroflexia*）	194
绿屈菌亚目（*Chloroflexineae*）	195
绿屈菌属（*Chloroflexus*）	195
绿滑菌属（*Chloroherpeton*）	195
绿线体属（*Chloronema*）	196
软骨霉菌属（*Chondromyces*）	196
克里斯滕森姓菌属（*Christensenella*）	196
克里斯滕森姓菌科（*Christensenellaceae*）	197
色菌科（*Chromatiaceae*）	197
色菌目（*Chromatiales*）	197
色杆菌纲（*Chromatibacteria*）	197
色菌属（*Chromatium*）	197
色曲菌属（*Chromatocurvus*）	198
色小杆菌科（*Chromobacteriaceae*）	198
色小杆菌族（*Chromobacterieae*）	198
色小杆菌属（*Chromobacterium*）	199

色卤杆菌属（*Chromohalobacter*） ··· 199
色杆菌纲（*Chroobacteria*） ··· 199
色果藻目（*Chroococcales*） ··· 200
金小杆菌属（*Chryseobacterium*） ··· 200
金璆菌属（*Chryseoglobus*） ··· 200
金线菌属（*Chryseolinea*） ··· 201
金微菌属（*Chryseomicrobium*） ··· 201
金单胞菌属（*Chryseomonas*） ··· 201
金生菌科（*Chrysiogenaceae*） ··· 202
金生菌目（*Chrysiogenales*） ··· 202
金生菌属（*Chrysiogenes*） ··· 202
金生菌纲（*Chrysiogenetes*） ··· 202
土壤单胞菌属（*Chthonomonas*） ··· 203
土壤单胞菌科（*Chthonomonadaceae*） ··· 203
土壤单胞菌目（*Chthonomonadales*） ··· 203
土壤单胞菌纲（*Chthonomonadetes*） ··· 203
中央菌属（*Chungangia*） ··· 204

Ci ··· 204

柠檬胞菌属（*Citreicella*） ··· 204
柠檬单胞菌属（*Citreimonas*） ··· 204
柠檬果菌属（*Citricoccus*） ··· 204
柠檬针菌属（*Citreitalea*） ··· 205
柠檬杆菌属（*Citrobacter*） ··· 205

Cl ··· 205

槌杆菌属（*Clavibacter*） ··· 205
克利夫兰氏菌属（*Clevelandina*） ··· 206
排污管竿菌属（*Cloacibacillus*） ··· 206
排污管小杆菌属（*Cloacibacterium*） ··· 206
梭菌纲（*Clostridia*） ··· 207
梭菌科（*Clostridiaceae*） ··· 207
梭菌目（*Clostridiales*） ··· 207
梭菌盐杆菌属（*Clostridiisalibacter*） ··· 207
梭菌属（*Clostridium*） ··· 208

Cn ··· 208

首师大菌属（*Cnuella*） ··· 208

Co ··· 208

科贝特氏菌属（*Cobetia*） ··· 208
蜗牛单胞菌属（*Cocleimonas*） ··· 209
联合菌属（*Coenonia*） ··· 209

黏杆菌属（*Cohaesibacter*） 209
黏杆菌科（*Cohaesibacteraceae*） 210
科恩姓菌属（*Cohnella*） 210
山岗单胞菌属（*Collimonas*） 210
柯林斯姓菌属（*Collinsella*） 210
科维尔氏菌属（*Colwellia*） 211
科维尔氏菌科（*Colwelliaceae*） 211
丛毛单胞菌科（*Comamonadaceae*） 211
丛毛单胞菌属（*Comamonas*） 212
堆肥单胞菌属（*Compostimonas*） 212
壳形菌属（*Conchiformibius*） 212
缚杆菌属（*Conexibacter*） 213
缚杆菌科（*Conexibacteraceae*） 213
聚单胞菌属（*Conglomeromonas*） 213
团杆菌属（*Congregibacter*） 214
缩杆菌属（*Constrictibacter*） 214
小蓬草栖菌属（*Conyzicola*） 214
粪竿菌属（*Coprobacillus*） 214
粪杆菌属（*Coprobacter*） 215
粪果菌属（*Coprococcus*） 215
粪热杆菌属（*Coprothermobacter*） 215
珊珠菌属（*Coraliomargarita*） 216
珊杆菌属（*Corallibacter*） 216
珊果菌属（*Corallococcus*） 216
珊单胞菌属（*Corallomonas*） 217
虫小杆菌科（*Coriobacteriaceae*） 217
虫小杆菌目（*Coriobacteriales*） 217
虫小杆菌亚纲（*Coriobacteridae*） 217
虫小杆菌纲（*Coriobacteriia*） 218
虫小杆菌属（*Coriobacterium*） 218
棒小杆菌科（*Corynebacteriaceae*） 218
棒小杆菌亚目（*Corynebacterineae*） 219
棒小杆菌属（*Corynebacterium*） 219
科森扎氏菌属（*Cosenzaea*） 219
科斯特通氏菌属（*Costertonia*） 220
科奇氏浮菌属（*Couchioplanes*） 220
考德里氏体属（*Cowdria*） 220
考克斯姓体属（*Coxiella*） 221
考克斯姓体科（*Coxiellaceae*） 221

Cr ... 222

 克拉布特里姓菌属（*Crabtreella*） ... 222
 脆果菌属（*Craurococcus*） ... 222
 泊古菌纲（*Crenarchaeota*） ... 222
 泊杆菌属（*Crenobacter*） ... 223
 泊针菌属（*Crenotalea*） ... 223
 泊发菌属（*Crenothrix*） ... 223
 泊发菌科（*Crenotrichaceae*） ... 223
 筛居菌属（*Cribrihabitans*） ... 224
 仓鼠属杆菌属（*Cricetibacter*） ... 224
 小头发藻属（*Crinalium*） ... 224
 脊螺体属（*Cristispira*） ... 225
 藏红杆菌属（*Croceibacter*） ... 225
 藏红果菌属（*Croceicoccus*） ... 225
 藏红针菌属（*Croceitalea*） ... 225
 藏红绳菌属（*Crocinitomix*） ... 226
 克洛诺斯杆菌属（*Cronobacter*） ... 226
 克洛斯姓菌属（*Crossiella*） ... 226
 猎血菌属（*Cruoricaptor*） ... 227
 冰小杆菌属（*Cryobacterium*） ... 227
 冰形菌属（*Cryomorpha*） ... 227
 冰形菌科（*Cryomorphaceae*） ... 228
 隐厌氧杆菌属（*Cryptanaerobacter*） ... 228
 隐孢囊菌科（*Cryptosporangiaceae*） ... 228
 隐小杆菌属（*Cryptobacterium*） ... 228
 隐孢囊菌属（*Cryptosporangium*） ... 229

Cu ... 229

 黄瓜杆菌属（*Cucumibacter*） ... 229
 喜铜菌属（*Cupriavidus*） ... 229
 矬小杆菌属（*Curtobacterium*） ... 230
 曲杆菌属（*Curvibacter*） ... 230

Cy ... 230

 轮小杆菌科（*Cyclobacteriaceae*） ... 230
 轮小杆菌属（*Cyclobacterium*） ... 231
 劈轮菌属（*Cycloclasticus*） ... 231
 腺杆菌属（*Cystobacter*） ... 231
 腺杆菌科（*Cystobacteraceae*） ... 232
 腺杆菌亚目（*Cystobacterineae*） ... 232
 噬胞菌属（*Cytophaga*） ... 232

噬胞菌科（*Cytophagaceae*） 233
噬胞菌目（*Cytophagales*） 233
噬胞菌纲（*Cytophagia*） 233

D 部

Da
指孢囊菌属（*Dactylosporangium*） 234
大邱菌属（*Daeguia*） 234
茶山菌属（*Dasania*） 234

De
脱氯单胞菌属（*Dechloromonas*） 235
脱氯体属（*Dechlorosoma*） 235
德科基菌属（*Deefgea*） 235
脱铁杆菌属（*Deferribacter*） 236
脱铁杆菌科（*Deferribacteraceae*） 236
脱铁杆菌目（*Deferribacterales*） 236
脱铁杆菌纲（*Deferribacteres*） 236
脱铁体属（*Deferrisoma*） 237
污水杆菌属（*Defluvibacter*） 237
污水果菌属（*Defluvicoccus*） 237
污水单胞菌属（*Defluviimonas*） 238
污水针菌属（*Defluviitalea*） 238
污水针菌科（*Defluviitaleaceae*） 238
污水袍菌属（*Defluviitoga*） 238
脱卤杆菌属（*Dehalobacter*） 239
脱卤果状菌科（*Dehalococcoidaceae*） 239
脱卤果状菌目（*Dehalococcoidales*） 239
脱卤果状菌属（*Dehalococcoides*） 239
脱卤果状菌纲（*Dehalococcoidia*） 240
脱卤单胞菌属（*Dehalogenimonas*） 240
脱卤小螺体属（*Dehalospirillum*） 241
奇杆菌属（*Deinobacter*） 241
奇小杆菌属（*Deinobacterium*） 241
奇果菌科（*Deinococcaceae*） 242
奇果菌目（*Deinococcales*） 242
奇果菌纲（*Deinococci*） 242
奇果菌属（*Deinococcus*） 242
德莱氏菌属（*Deleya*） 243
代夫特菌属（*Delftia*） 243

德尔塔杆菌纲（*Deltabacteria*） ……………………………………………………………… 244
德尔塔变形杆菌纲（*Deltaproteobacteria*） …………………………………………………… 244
异戊二烯醌菌属（*Demequina*） ………………………………………………………………… 244
异戊二烯醌菌科（*Demequinaceae*） …………………………………………………………… 245
得墨忒耳菌属（*Demetria*） ……………………………………………………………………… 245
树孢杆菌属（*Dendrosporobacter*） …………………………………………………………… 245
脱硝体属（*Denitratisoma*） ……………………………………………………………………… 245
脱氮小杆菌属（*Denitrobacterium*） …………………………………………………………… 246
脱硝弧菌属（*Denitrovibrio*） …………………………………………………………………… 246
肤杆菌属（*Dermabacter*） ……………………………………………………………………… 246
肤杆菌科（*Dermabacteraceae*） ………………………………………………………………… 247
肤果菌科（*Dermacoccaceae*） …………………………………………………………………… 247
肤果菌属（*Dermacoccus*） ……………………………………………………………………… 247
嗜肤菌科（*Dermatophilaceae*） ………………………………………………………………… 247
嗜肤菌属（*Dermatophilus*） …………………………………………………………………… 248
德克斯氏菌属（*Derxia*） ………………………………………………………………………… 248
德典培菌属（*Desemzia*） ………………………………………………………………………… 248
漠杆菌属（*Desertibacter*） ……………………………………………………………………… 249
链孢菌属（*Desmospora*） ………………………………………………………………………… 249
脱硫葡菌属（*Desulfacinum*） …………………………………………………………………… 249
脱硫小弓菌科（*Desulfarculaceae*） …………………………………………………………… 250
脱硫小弓菌目（*Desulfarculales*） ……………………………………………………………… 250
脱硫小弓菌属（*Desulfarculus*） ………………………………………………………………… 250
脱硫酸盐竿菌属（*Desulfatibacillum*） ………………………………………………………… 250
脱硫酸盐杖菌属（*Desulfatiferula*） …………………………………………………………… 251
脱硫酸盐橡菌属（*Desulfatiglans*） …………………………………………………………… 251
脱硫酸盐杵菌属（*Desulfatirhabdium*） ……………………………………………………… 251
脱硫酸盐针菌属（*Desulfatitalea*） …………………………………………………………… 252
脱亚硫酸盐杆菌属（*Desulfitibacter*） ………………………………………………………… 252
脱亚硫酸盐孢菌属（*Desulfitispora*） ………………………………………………………… 252
脱亚硫酸盐小杆菌属（*Desulfitobacterium*） ………………………………………………… 253
脱硫化橄菌属（*Desulfobacca*） ………………………………………………………………… 253
脱硫化杆菌属（*Desulfobacter*） ………………………………………………………………… 254
脱硫化杆菌科（*Desulfobacteraceae*） ………………………………………………………… 254
脱硫化杆菌目（*Desulfobacterales*） …………………………………………………………… 254
脱硫化小杆菌属（*Desulfobacterium*） ………………………………………………………… 254
脱硫化小橄菌属（*Desulfobacula*） …………………………………………………………… 255
脱硫化茎菌属（*Desulfobaculum*） ……………………………………………………………… 255
脱硫化香肠菌属（*Desulfobotulus*） …………………………………………………………… 256
脱硫化球茎菌科（*Desulfobulbaceae*） ………………………………………………………… 256

脱硫化球茎菌属（*Desulfobulbus*）	256
脱硫化胶囊菌属（*Desulfocapsa*）	257
脱硫化煤菌属（*Desulfocarbo*）	257
脱硫化胞菌属（*Desulfocella*）	257
脱硫化果菌属（*Desulfococcus*）	258
脱硫化凸菌属（*Desulfoconvexum*）	258
脱硫化曲菌属（*Desulfocurvus*）	258
脱硫化豆菌属（*Desulfofaba*）	259
脱硫化冻菌属（*Desulfofrigus*）	259
脱硫化棒菌属（*Desulfofustis*）	259
脱硫化集菌属（*Desulfoglaeba*）	260
脱硫化卤菌科（*Desulfohalobiaceae*）	260
脱硫化卤菌属（*Desulfohalobium*）	260
脱硫化月芽菌属（*Desulfoluna*）	261
脱硫化微菌科（*Desulfomicrobiaceae*）	261
脱硫化微菌属（*Desulfomicrobium*）	261
脱硫化单胞菌属（*Desulfomonas*）	262
脱硫化念珠菌属（*Desulfomonile*）	262
脱硫化芭蕉菌属（*Desulfomusa*）	263
脱硫化泡碱菌科（*Desulfonatronaceae*）	263
脱硫化泡碱杆菌属（*Desulfonatronobacter*）	263
脱硫化泡碱螺体属（*Desulfonatronospira*）	264
脱硫化泡碱弧菌属（*Desulfonatronovibrio*）	264
脱硫化泡碱菌属（*Desulfonatronum*）	265
脱硫化航海菌属（*Desulfonauticus*）	265
脱硫化线体属（*Desulfonema*）	266
脱磺化孢菌属（*Desulfonispora*）	266
脱硫化柱菌属（*Desulfopila*）	266
脱硫化李子菌属（*Desulfoprunum*）	267
脱硫化尺菌属（*Desulforegula*）	267
脱硫化杵菌属（*Desulforhabdus*）	268
脱硫化秆菌属（*Desulforhopalus*）	268
脱硫化盐单胞菌属（*Desulfosalsimonas*）	268
脱硫化八球菌属（*Desulfosarcina*）	269
脱硫化体属（*Desulfosoma*）	269
脱硫化螺体属（*Desulfospira*）	269
脱硫化孢弯菌属（*Desulfosporosinus*）	270
脱硫化针菌属（*Desulfotalea*）	270
脱硫化热菌属（*Desulfothermus*）	270
脱硫化枝菌属（*Desulfotignum*）	271

脱硫化肠菌属（*Desulfotomaculum*） 271
脱硫化蠕菌属（*Desulfovermiculus*） 271
脱硫化弧菌属（*Desulfovibrio*） 272
脱硫化弧菌科（*Desulfovibrionaceae*） 272
脱硫化弧菌目（*Desulfovibrionales*） 273
脱硫化幡菌属（*Desulfovirga*） 273
脱硫化小幡菌属（*Desulfovirgula*） 273
脱硫菌属（*Desulfurella*） 274
脱硫菌科（*Desulfurellaceae*） 274
脱硫菌目（*Desulfurellales*） 274
脱硫竿菌属（*Desulfuribacillus*） 274
脱硫螺体属（*Desulfurispira*） 275
脱硫小螺体属（*Desulfurispirillum*） 275
脱硫孢菌属（*Desulfurispora*） 276
脱硫弧菌属（*Desulfurivibrio*） 276
脱硫小杆菌科（*Desulfurobacteriaceae*） 276
脱硫小杆菌目（*Desulfurobacteriales*） 276
脱硫小杆菌属（*Desulfurobacterium*） 277
脱硫果菌科（*Desulfurococcaceae*） 277
脱硫果菌目（*Desulfurococcales*） 277
脱硫果菌属（*Desulfurococcus*） 278
脱硫璆菌属（*Desulfuroglobus*） 278
脱硫单胞菌科（*Desulfuromonadaceae*） 278
脱硫单胞菌目（*Desulfuromonadales*） 279
脱硫单胞菌属（*Desulfuromonas*） 279
脱硫芭蕉菌属（*Desulfuromusa*） 279
脱磲杆菌属（*Dethiobacter*） 280
脱磲代硫酸盐杆菌属（*Dethiosulfatibacter*） 280
脱磲代硫酸盐弧菌属（*Dethiosulfovibrio*） 280
德沃斯氏菌属（*Devosia*） 281
德弗里西氏菌属（*Devriesea*） 281
Di 281
岱阿里斯特菌属（*Dialister*） 281
二氨基丁酸杆菌属（*Diaminobutyricibacter*） 282
二氨基丁酸单胞菌属（*Diaminobutyricimonas*） 282
益杆菌属（*Diaphorobacter*） 282
腐蹄杆菌属（*Dichelobacter*） 283
叉微菌属（*Dichotomicrobium*） 283

迪克氏菌属（*Dickeya*） ········· 284
网球菌科（*Dictyoglomaceae*） ········· 284
网球菌目（*Dictyoglomales*） ········· 284
网球菌纲（*Dictyoglomia*） ········· 284
网球菌属（*Dictyoglomus*） ········· 285
迪茨氏菌属（*Dietzia*） ········· 285
迪茨氏菌科（*Dietziaceae*） ········· 285
沟鞭玫杆菌属（*Dinoroseobacter*） ········· 285
双罩菌属（*Diplocalyx*） ········· 286
双立克次体（*Diplorickettsia*） ········· 286
歧硫杆菌属（*Dissulfuribacter*） ········· 287

Do ········· 287
  独岛菌属（*Dokdonella*） ········· 287
  独岛姓菌属（*Dokdonia*） ········· 287
  诡果菌属（*Dolosicoccus*） ········· 288
  诡小粒菌属（*Dolosigranulum*） ········· 288
  房竿菌属（*Domibacillus*） ········· 288
  东海菌属（*Donghaeana*） ········· 288
  东氏菌属（*Dongia*） ········· 289
  东海栖菌属（*Donghicola*） ········· 289
  多尔氏菌属（*Dorea*） ········· 290

Dr ········· 290
  龙小杆菌科（*Draconibacteriaceae*） ········· 290
  龙小杆菌属（*Draconibacterium*） ········· 290

Du ········· 291
  芊擀氏菌属（*Duganella*） ········· 291

Dy ········· 291
  双杆菌属（*Dyadobacter*） ········· 291
  带姓菌属（*Dyella*） ········· 291
  难生单胞菌属（*Dysgonomonas*） ········· 292

E 部

Ec ········· 293
  海胆栖菌属（*Echinicola*） ········· 293
  海胆单胞菌属（*Echinimonas*） ········· 293
  外磠玫弯菌属（*Ectothiorhodosinus*） ········· 293
  外磠玫螺体属（*Ectothiorhodospira*） ········· 294
  外磠玫螺体科（*Ectothiorhodospiraceae*） ········· 294

Ed ... 294
- 土壤杆菌属（*Edaphobacter*） ... 294
- 爱德华姓菌属（*Edwardsiella*） ... 295

Ef ... 295
- 流出杆菌属（*Effluviibacter*） ... 295
- 杂竿菌属（*Effusibacillus*） ... 295

Eg ... 296
- 爱格士姓菌（*Eggerthella*） ... 296
- 爱格士姓菌科（*Eggerthellaceae*） ... 296
- 爱格士姓菌目（*Eggerthellales*） ... 296
- 爱格士氏菌属（*Eggerthia*） ... 297

Eh ... 297
- 埃里希氏体属（*Ehrlichia*） ... 297
- 埃里希氏体科（*Ehrlichiaceae*） ... 297
- 埃里希氏体族（*Ehrlichieae*） ... 298

Ei ... 298
- 艾肯姓菌属（*Eikenella*） ... 298
- 埃拉特单胞菌属（*Eilatimonas*） ... 298
- 艾欧尼亚属（*Eionea*） ... 298
- 艾森堡氏菌属（*Eisenbergiella*） ... 299

Ek ... 299
- 伊吉娜菌属（*Ekhidna*） ... 299

El ... 299
- 伊洛拉氏菌属（*Elioraea*） ... 299
- 伊丽莎白琼氏菌属（*Elizabethkingia*） ... 300
- 埃尔斯特氏菌属（*Elstera*） ... 300
- 诈微菌纲（*Elusimicrobia*） ... 301
- 诈微菌科（*Elusimicrobiaceae*） ... 301
- 诈微菌目（*Elusimicrobiales*） ... 301
- 诈微菌属（*Elusimicrobium*） ... 301
- 鞘孢囊菌属（*Elytrosporangium*） ... 302

Em ... 302
- 固杆菌属（*Empedobacter*） ... 302
- 印典基菌属（*Emticicia*） ... 302

En ... 303
- 内杆菌属（*Endobacter*） ... 303
- 兽内单胞菌属（*Endozoicomonas*） ... 303
- 水生杆菌属（*Enhydrobacter*） ... 303
- 水生黏菌属（*Enhygromyxa*） ... 304
- 剑菌属（*Ensifer*） ... 304

肠放线果菌属（*Enteractinococcus*） 304
　　肠杆菌属（*Enterobacter*） 304
　　肠杆菌科（*Enterobacteraceae*） 305
　　肠小杆菌科（*Enterobacteriaceae*） 305
　　肠果菌科（*Enterococcaceae*） 306
　　肠果菌属（*Enterococcus*） 306
　　肠杵菌属（*Enterorhabdus*） 306
　　肠弧菌属（*Enterovibrio*） 307
　　昆虫原体属（*Entomoplasma*） 307
　　昆虫原体科（*Entomoplasmataceae*） 307
　　昆虫原体目（*Entomoplasmatales*） 308
Eo 308
　　厄缶氏菌属（*Eoetvoesia*） 308
Ep 308
　　附赤兽体属（*Eperythrozoon*） 308
　　附小杆菌属（*Epibacterium*） 308
　　附岩单胞菌属（*Epilithonimonas*） 309
　　埃普西隆杆菌纲（*Epsilobacteria*） 309
　　埃普西隆变形杆菌纲（*Epsilonproteobacteria*） 309
Er 310
　　欧研委菌属（*Ercella*） 310
　　孤果菌属（*Eremococcus*） 310
　　欧文氏菌属（*Erwinia*） 310
　　欧文氏菌族（*Erwinieae*） 311
　　丹毒发菌属（*Erysipelothrix*） 311
　　丹毒发菌科（*Erysipelotrichaceae*） 311
　　丹毒发菌目（*Erysipelotrichales*） 312
　　丹毒发菌纲（*Erysipelotrichia*） 312
　　赤杆菌属（*Erythrobacter*） 312
　　赤杆菌科（*Erythrobacteraceae*） 312
　　赤微菌属（*Erythromicrobium*） 313
　　赤单胞菌属（*Erythromonas*） 313
Es 313
　　埃希氏菌属（*Escherichia*） 313
　　埃希氏菌族（*Escherichieae*） 314
Et 314
　　乙醇生菌属（*Ethanoligenens*） 314
Eu 314
　　优小杆菌科（*Eubacteriaceae*） 314

优小杆菌目（*Eubacteriales*） ... 315
优小杆菌族（*Eubacterieae*） ... 315
优小杆菌亚目（*Eubacteriineae*） ... 315
优小杆菌属（*Eubacterium*） ... 315
尤朵拉菌属（*Eudoraea*） ... 316
尤泽柏女氏菌属（*Euzebya*） ... 316
尤泽柏女氏菌科（*Euzebyaceae*） ... 316
尤泽柏女氏菌目（*Euzebyales*） ... 317
尤泽柏氏菌属（*Euzebyella*） ... 317

Ew ... 317
 埃尔文姓菌属（*Ewingella*） ... 317

Ex ... 318
 卓孢菌属（*Excellospora*） ... 318
 毫小杆菌属（*Exiguobacterium*） ... 318
 纤细螺体属（*Exilispira*） ... 318
 延单胞菌属（*Extensimonas*） ... 319

F 部

Fa ... 320
 豆杆菌属（*Fabibacter*） ... 320
 法克兰氏菌属（*Facklamia*） ... 320
 渣小杆菌属（*Faecalibacterium*） ... 320
 渣果菌属（*Faecalicoccus*） ... 321
 渣针菌属（*Faecalitalea*） ... 321
 干草菌属（*Faenia*） ... 322
 镰弧菌属（*Falcivibrio*） ... 322
 错竿菌属（*Falsibacillus*） ... 322
 错玫杆菌属（*Falsirhodobacter*） ... 323
 错卟单胞菌属（*Falsiporphyromonas*） ... 323
 错苍棍菌属（*Falsochrobactrum*） ... 323
 方氏菌属（*Fangia*） ... 323
 苛柱菌属（*Fastidiosipila*） ... 324
 喉栖菌属（*Faucicola*） ... 324

Fe ... 324
 铁小杆菌属（*Ferribacterium*） ... 324
 铁微菌属（*Ferrimicrobium*） ... 325
 铁单胞菌科（*Ferrimonadaceae*） ... 325
 铁单胞菌属（*Ferrimonas*） ... 325
 铁豆菌属（*Ferriphaselus*） ... 326

铁发菌属（*Ferrithrix*） …… 326
铁杆菌纲（*Ferrobacteria*） …… 326
铁璆菌属（*Ferroglobus*） …… 326
亚铁原体属（*Ferroplasma*） …… 327
亚铁原体科（*Ferroplasmaceae*） …… 327
铁弧菌属（*Ferrovibrio*） …… 327
铁锈杆菌属（*Ferruginibacter*） …… 328
炽胞菌属（*Fervidicella*） …… 328
炽果菌科（*Fervidicoccaceae*） …… 328
炽果菌目（*Fervidicoccales*） …… 328
炽果菌属（*Fervidicoccus*） …… 329
炽栖菌属（*Fervidicola*） …… 329
炽小杆菌属（*Fervidobacterium*） …… 329

Fi …… 330

纤菌属（*Fibrella*） …… 330
纤体属（*Fibrisoma*） …… 330
纤杆菌属（*Fibrobacter*） …… 330
纤杆菌科（*Fibrobacteraceae*） …… 331
纤杆菌目（*Fibrobacterales*） …… 331
纤杆菌纲（*Fibrobacteria*） …… 331
伪竿菌属（*Fictibacillus*） …… 331
丝杆菌属（*Filibacter*） …… 332
产丝菌属（*Filifactor*） …… 332
丝单胞菌属（*Filimonas*） …… 332
丝竿菌属（*Filobacillus*） …… 333
丝微菌属（*Filomicrobium*） …… 333
伞单胞菌科（*Fimbriimonadaceae*） …… 333
伞单胞菌目（*Fimbriimonadales*） …… 333
伞单胞菌纲（*Fimbriimonadia*） …… 334
伞单胞菌属（*Fimbriimonas*） …… 334
芬戈尔德氏菌属（*Finegoldia*） …… 334
厚杆菌纲（*Firmibacteria*） …… 335

Fl …… 335

鞭单胞菌属（*Flagellimonas*） …… 335
焰幡菌属（*Flammeovirga*） …… 335
焰幡菌科（*Flammeovirgaceae*） …… 335
黄屈菌属（*Flaviflexus*） …… 336
黄腐土杆菌属（*Flavihumibacter*） …… 336
黄单胞菌属（*Flavimonas*） …… 336

黄枝菌属（*Flaviramulus*） ... 337
黄壤杆菌属（*Flavisolibacter*） ... 337
黄针菌属（*Flavitalea*） ... 337
黄幡菌属（*Flavivirga*） ... 338
黄杆菌纲（*Flavobacteria*） ... 338
黄小杆菌科（*Flavobacteriaceae*） ... 338
黄小杆菌目（*Flavobacteriales*） ... 338
黄小杆菌纲（*Flavobacteriia*） ... 339
黄小杆菌属（*Flavobacterium*） ... 339
破黄酮菌属（*Flavonifractor*） ... 339
屈竿菌属（*Flectobacillus*） ... 339
屈杆菌属（*Flexibacter*） ... 340
屈柄菌属（*Flexistipes*） ... 340
屈发菌属（*Flexithrix*） ... 340
屈幡菌属（*Flexivirga*） ... 341
弗林德斯菌属（*Flindersiella*） ... 341
荧杆菌属（*Fluoribacter*） ... 341
流栖菌属（*Fluviicola*） ... 341
流单胞菌属（*Fluviimonas*） ... 342

Fo ... 342
矿杆菌属（*Fodinibacter*） ... 342
矿菌属（*Fodinibius*） ... 342
矿栖菌属（*Fodinicola*） ... 343
矿曲菌属（*Fodinicurvata*） ... 343
泉竿菌属（*Fontibacillus*） ... 343
泉杆菌属（*Fontibacter*） ... 343
泉胞菌属（*Fonticella*） ... 344
泉单胞菌属（*Fontimonas*） ... 344
蚁酸弧菌属（*Formivibrio*） ... 344
福摩萨菌属（*Formosa*） ... 345

Fr ... 345
弗朗西斯姓菌属（*Francisella*） ... 345
弗朗西斯姓菌科（*Francisellaceae*） ... 345
弗朗克氏杆菌属（*Franconibacter*） ... 345
弗兰克氏菌属（*Frankia*） ... 346
弗兰克氏菌科（*Frankiaceae*） ... 346
弗兰克氏菌目（*Frankiales*） ... 347
弗兰克氏菌亚目（*Frankineae*） ... 347
弗拉特氏菌属（*Frateuria*） ... 347

弗里德里克森氏菌属（*Frederiksenia*） 347
傍小杆菌属（*Fretibacterium*） 348
弗里德曼氏菌属（*Friedmanniella*） 348
冻小杆菌属（*Frigoribacterium*） 348
弗里希姓菌属（*Frischella*） 349
树叶栖菌属（*Frondicola*） 349
树叶居菌属（*Frondihabitans*） 349
果糖竿属（*Fructobacillus*） 350

Fu 350

富克斯姓菌属（*Fuchsiella*） 350
黄棕杆菌属（*Fulvibacter*） 350
黄棕海菌属（*Fulvimarina*） 351
黄棕单胞菌属（*Fulvimonas*） 351
黄棕针菌属（*Fulvitalea*） 351
黄棕幡菌属（*Fulvivirga*） 351
底杆菌属（*Fundibacter*） 352
纺锤杆菌属（*Fusibacter*） 352
纺锤鏈杆菌属（*Fusicatenibacter*） 352
纺锤小杆菌科（*Fusobacteriaceae*） 353
纺锤小杆菌目（*Fusobacteriales*） 353
纺锤小杆菌纲（*Fusobacteriia*） 353
纺锤小杆菌属（*Fusobacterium*） 354

G 部

Ga 355

潮坪杆菌属（*Gaetbulibacter*） 355
潮坪栖菌属（*Gaetbulicola*） 355
潮坪微菌属（*Gaetbulimicrobium*） 355
盖亚菌属（*Gaiella*） 356
盖亚菌科（*Gaiellaceae*） 356
盖亚菌目（*Gaiellales*） 356
鲜黄杆菌属（*Galbibacter*） 356
鲜黄针菌属（*Galbitalea*） 357
葭伦妮菌属（*Galenea*） 357
加叻西单胞菌属（*Gallaecimonas*） 357
鸡小杆菌属（*Gallibacterium*） 358
鸡栖菌属（*Gallicola*） 358
嘉利温姓菌属（*Gallionella*） 358
嘉利温姓菌科（*Gallionellaceae*） 359

伽马变形菌纲（Gammaproteobacteria） …………………………………… 359
康津菌属（Gangjinia） …………………………………………………… 359
加西亚姓菌属（Garciella） ……………………………………………… 360
加德纳姓菌属（Gardnerella） …………………………………………… 360
Ge …………………………………………………………………………… 360
冰冷杆菌属（Gelidibacter） ……………………………………………… 360
格尔菌属（Gelria） ……………………………………………………… 361
小孪菌属（Gemella） …………………………………………………… 361
孪果菌属（Geminicoccus） ……………………………………………… 361
芽殖菌属（Gemmata） …………………………………………………… 362
芽殖单胞菌科（Gemmatimonadaceae） ………………………………… 362
芽殖单胞菌目（Gemmatimonadales） …………………………………… 362
芽殖单胞菌纲（Gemmatimonadetes） …………………………………… 362
芽殖单胞菌属（Gemmatimonas） ………………………………………… 363
芽携菌属（Gemmiger） …………………………………………………… 363
芽杆菌属（Gemmobacter） ………………………………………………… 363
地碱杆菌属（Geoalkalibacter） …………………………………………… 364
地竿菌属（Geobacillus） ………………………………………………… 364
地杆菌属（Geobacter） …………………………………………………… 364
地杆菌科（Geobacteraceae） ……………………………………………… 365
嗜地肤菌科（Geodermatophilaceae） …………………………………… 365
嗜地肤菌目（Geodermatophilales） ……………………………………… 365
嗜地肤菌属（Geodermatophilus） ………………………………………… 366
地丝菌属（Geofilum） …………………………………………………… 366
地璆菌属（Geoglobus） …………………………………………………… 366
巨济岛菌属（Geojedonia） ………………………………………………… 367
地微菌属（Geomicrobium） ……………………………………………… 367
地冷杆菌属（Geopsychrobacter） ………………………………………… 367
格奥富克斯氏菌属（Georgfuchsia） ……………………………………… 368
格奥根菌属（Georgenia） ………………………………………………… 368
地孢杆菌属（Geosporobacter） …………………………………………… 368
地热杆菌属（Geothermobacter） ………………………………………… 369
地热微菌属（Geothermomicrobium） …………………………………… 369
地发菌属（Geothrix） …………………………………………………… 369
地袍菌属（Geotoga） ……………………………………………………… 369
地弧菌目（Geovibriales） ………………………………………………… 370
地弧菌属（Geovibrio） …………………………………………………… 370
Gi …………………………………………………………………………… 370
吉布斯氏菌属（Gibbsiella） ……………………………………………… 370

· 32 ·

吉斯伯格氏菌属（*Giesbergeria*） ……… 371
吉列姆姓菌属（*Gilliamella*） ……… 371
吉利斯氏菌属（*Gillisia*） ……… 371
褐杆菌属（*Gilvibacter*） ……… 372
黄海菌属（*Gilvimarinus*） ……… 372

Gl ……… 372

冰栖菌属（*Glaciecola*） ……… 372
冰杆菌属（*Glaciibacter*） ……… 373
冰居菌属（*Glaciihabitans*） ……… 373
冰单胞菌属（*Glaciimonas*） ……… 373
璆小链菌属（*Globicatella*） ……… 373
璆杆菌目（*Gloeobacterales*） ……… 374
璆杆菌纲（*Gloeobacteria*） ……… 374
葡糖酸醋杆菌属（*Gluconacetobacter*） ……… 374
葡糖酸杆菌属（*Gluconobacter*） ……… 375
糖柄菌属（*Glycocaulis*） ……… 375
糖霉菌属（*Glycomyces*） ……… 375
糖霉菌科（*Glycomycetaceae*） ……… 376
糖霉菌亚目（*Glycomycineae*） ……… 376

Go ……… 376

古德菲洛氏菌属（*Goodfellowia*） ……… 376
古德菲洛姓菌属（*Goodfellowiella*） ……… 377
戈登氏菌属（*Gordonia*） ……… 377
戈登氏杆菌属（*Gordonibacter*） ……… 378
戈登氏菌科（*Gordoniaceae*） ……… 378

Gr ……… 378

瘦竿菌属（*Gracilibacillus*） ……… 378
瘦杆菌属（*Gracilibacter*） ……… 379
瘦杆菌科（*Gracilibacteraceae*） ……… 379
瘦单胞菌属（*Gracilimonas*） ……… 379
格拉汉姆氏菌属（*Grahamella*） ……… 379
革兰姓菌属（*Gramella*） ……… 380
小粒杆菌属（*Granulibacter*） ……… 380
小粒小链菌属（*Granulicatella*） ……… 381
小粒胞菌属（*Granulicella*） ……… 381
小粒果菌属（*Granulicoccus*） ……… 381
粒果菌科（*Granulosicoccaceae*） ……… 382
粒果菌属（*Granulosicoccus*） ……… 382
格里蒙特氏菌属（*Grimontia*） ……… 382

  蝼蛄栖菌属（*Gryllotalpicola*） ……………………………………………………… 382
Gu ………………………………………………………………………………………… 383
  古根海姆姓菌属（*Guggenheimella*） …………………………………………… 383
  古本荘氏菌属（*Gulbenkiania*） ………………………………………………… 383
  精料杆菌属（*Gulosibacter*） …………………………………………………… 383

H 部

Ha ………………………………………………………………………………………… 385
  地狱杆菌纲（*Hadobacteria*） …………………………………………………… 385
  血杆菌属（*Haematobacter*） ……………………………………………………… 385
  血巴通氏菌属（*Haemobartonella*） ……………………………………………… 385
  嗜血菌族（*Haemophileae*） ……………………………………………………… 386
  嗜血菌属（*Haemophilus*） ……………………………………………………… 386
  哈夫尼亚菌属（*Hafnia*） ………………………………………………………… 386
  河姓菌属（*Hahella*） …………………………………………………………… 387
  河姓菌科（*Hahellaceae*） ………………………………………………………… 387
  卤适菌属（*Haladaptatus*） ……………………………………………………… 387
  卤碱竿菌属（*Halalkalibacillus*） ……………………………………………… 387
  卤碱果菌属（*Halalkalicoccus*） ………………………………………………… 388
  卤厌氧杆菌属（*Halanaerobacter*） ……………………………………………… 388
  卤厌氧茎菌属（*Halanaerobaculum*） …………………………………………… 389
  卤厌氧菌科（*Halanaerobiaceae*） ……………………………………………… 389
  卤厌氧菌目（*Halanaerobiales*） ………………………………………………… 389
  卤厌氧菌属（*Halanaerobium*） ………………………………………………… 389
  卤阳菌属（*Halapricum*） ………………………………………………………… 390
  卤古菌属（*Halarchaeum*） ……………………………………………………… 390
  卤砷酸盐杆菌属（*Halarsenatibacter*） ………………………………………… 390
  哈莉囊菌属（*Haliangium*） ……………………………………………………… 391
  哈莉菌属（*Haliea*） ……………………………………………………………… 391
  哈莉璆菌属（*Halioglobus*） ……………………………………………………… 391
  束缚杆菌属（*Haliscomenobacter*） ……………………………………………… 391
  豪尔姓菌属（*Hallella*） ………………………………………………………… 392
  卤放线小杆菌属（*Haloactinobacterium*） ……………………………………… 392
  卤放线多孢菌属（*Haloactinopolyspora*） ……………………………………… 392
  卤放线孢菌属（*Haloactinospora*） ……………………………………………… 393
  卤古生菌属（*Haloarchaeobius*） ………………………………………………… 393
  卤盒菌属（*Haloarcula*） ………………………………………………………… 393
  卤竿菌属（*Halobacillus*） ……………………………………………………… 394
  卤杆菌纲（*Halobacteria*） ……………………………………………………… 394

卤小杆菌科（*Halobacteriaceae*） ……………………………………………… 394
卤小杆菌目（*Halobacteriales*） ………………………………………………… 394
卤小杆菌属（*Halobacterium*） ………………………………………………… 395
卤杆状菌科（*Halobacteroidaceae*） …………………………………………… 395
卤杆状菌属（*Halobacteroides*） ……………………………………………… 396
卤茎菌属（*Halobaculum*） …………………………………………………… 396
卤美菌属（*Halobellus*） ……………………………………………………… 396
卤双形菌属（*Halobiforma*） ………………………………………………… 396
卤胞菌属（*Halocella*） ………………………………………………………… 397
卤色菌属（*Halochromatium*） ………………………………………………… 397
卤果菌属（*Halococcus*） ……………………………………………………… 397
海鞘杆菌属（*Halocynthiibacter*） …………………………………………… 398
卤脱硫化菌属（*Halodesulfovibrio*） ………………………………………… 398
卤刺发菌属（*Haloechinothrix*） ……………………………………………… 398
卤肥菌属（*Haloferax*） ……………………………………………………… 399
卤杖菌属（*Haloferula*） ……………………………………………………… 399
卤几何菌属（*Halogeometricum*） …………………………………………… 399
卤糖霉菌属（*Haloglycomyces*） ……………………………………………… 400
卤粒菌属（*Halogranum*） …………………………………………………… 400
卤秸菌属（*Halohasta*） ……………………………………………………… 400
卤栖菌属（*Haloincola*） ……………………………………………………… 400
卤乳竿菌属（*Halolactibacillus*） ……………………………………………… 401
卤薄片菌属（*Halolamina*） …………………………………………………… 401
卤海菌属（*Halomarina*） …………………………………………………… 401
卤甲烷杆菌纲（*Halomebacteria*） …………………………………………… 402
卤甲烷果菌属（*Halomethanococcus*） ……………………………………… 402
卤微盒菌属（*Halomicroarcula*） …………………………………………… 402
卤微菌属（*Halomicrobium*） ………………………………………………… 403
卤单胞菌科（*Halomonadaceae*） …………………………………………… 403
卤单胞菌属（*Halomonas*） …………………………………………………… 403
卤泡碱菌属（*Halonatronum*） ……………………………………………… 404
卤南方菌属（*Halonotius*） …………………………………………………… 404
卤远海菌属（*Halopelagius*） ………………………………………………… 404
卤内陆菌属（*Halopenitus*） ………………………………………………… 405
卤懒菌属（*Halopiger*） ……………………………………………………… 405
卤平菌属（*Haloplanus*） …………………………………………………… 405
卤原体属（*Haloplasma*） …………………………………………………… 406
卤原体科（*Haloplasmataceae*） ……………………………………………… 406
卤原体目（*Haloplasmatales*） ……………………………………………… 406
卤多孢菌属（*Halopolyspora*） ……………………………………………… 406

卤方菌属（*Haloquadratum*） 407
卤杵菌属（*Halorhabdus*） 407
卤玫螺体属（*Halorhodospira*） 407
卤东方菌属（*Halorientalis*） 408
卤淡红菌属（*Halorubellus*） 408
卤红小杆菌属（*Halorubrobacterium*） 408
卤红菌属（*Halorubrum*） 409
卤丹菌属（*Halorussus*） 409
卤八球菌属（*Halosarcina*） 410
卤简菌属（*Halosimplex*） 410
卤脊菌属（*Halospina*） 410
卤小螺线菌属（*Halospirulina*） 410
卤湖栖菌属（*Halostagnicola*） 411
卤针菌属（*Halotalea*） 411
卤土生菌属（*Haloterrigena*） 411
卤热发菌属（*Halothermothrix*） 412
卤磻竿菌科（*Halothiobacillaceae*） 412
卤磻竿菌属（*Halothiobacillus*） 412
卤雅菌属（*Halovenus*） 413
卤弧菌属（*Halovibrio*） 413
卤旺菌属（*Halovivax*） 414
滨田氏菌属（*Hamadaea*） 414
汉斯希里戈尔氏菌属（*Hansschlegelia*） 414
哈特曼氏杆菌属（*Hartmannibacter*） 415
阿瑟罗杆菌属（*Hasllibacter*） 415
黑曾姓菌属（*Hazenella*） 415
He 416
创伤竿菌属（*Helcobacillus*） 416
创伤果菌属（*Helcococcus*） 416
蛳杆菌属（*Helicobacter*） 416
蛳杆菌科（*Helicobacteraceae*） 417
阳竿菌属（*Heliobacillus*） 417
阳小杆菌科（*Heliobacteriaceae*） 417
阳小杆菌属（*Heliobacterium*） 418
嗜阳菌属（*Heliophilum*） 418
阳索菌属（*Heliorestis*） 418
阳发菌属（*Heliothrix*） 419
赫勒菌属（*Hellea*） 419
亨里赛姓菌属（*Henriciella*） 419

赫菲斯托斯菌属（*Hephaestia*） ... 419
草小螺体属（*Herbaspirillum*） ... 420
草妻菌属（*Herbiconiux*） ... 420
草孢菌属（*Herbidospora*） ... 420
赫米尼乌斯单胞菌属（*Herminiimonas*） ... 421
滑管菌属（*Herpetosiphon*） ... 421
滑管菌科（*Herpetosiphonaceae*） ... 421
滑管菌目（*Herpetosiphonales*） ... 422
赫斯佩尔氏菌属（*Hespellia*） ... 422

Hi ... 422

希普氏菌属（*Hippea*） ... 422
赫希氏菌属（*Hirschia*） ... 423
嗜组织菌属（*Histophilus*） ... 423

Ho ... 423

赫缶氏菌属（*Hoeflea*） ... 423
霍尔德曼姓菌属（*Holdemanella*） ... 423
霍尔德曼氏菌属（*Holdemania*） ... 424
霍兰德氏菌属（*Hollandina*） ... 424
全噬菌属（*Holophaga*） ... 425
全噬菌科（*Holophagaceae*） ... 425
全噬菌纲（*Holophagae*） ... 425
全噬菌目（*Holophagales*） ... 425
全孢菌属（*Holospora*） ... 426
全孢菌科（*Holosporaceae*） ... 426
同丝氨酸杆菌属（*Homoserinibacter*） ... 426
同丝氨酸单胞菌属（*Homoserinimonas*） ... 426
洪氏菌属（*Hongia*） ... 427
洪姓菌属（*Hongiella*） ... 427
霍普氏菌属（*Hoppeia*） ... 428
藻殖体纲（*Hormogoneae*） ... 428
霍华德姓菌属（*Howardella*） ... 428
奥约斯姓菌属（*Hoyosella*） ... 429

Hu ... 429

怀恕氏菌属（*Huaishuia*） ... 429
黄河菌属（*Huanghella*） ... 429
腐土竿菌属（*Humibacillus*） ... 429
腐土杆菌属（*Humibacter*） ... 430
腐土果菌属（*Humicoccus*） ... 430
腐土居菌属（*Humihabitans*） ... 430

腐土针菌属（*Humitalea*） ……………………………………………………………… 431
亨盖特姓菌属（*Hungatella*） …………………………………………………………… 431

Hw …………………………………………………………………………………………… 431
黄岛菌属（*Hwangdonia*） ……………………………………………………………… 431
黄海栖菌属（*Hwanghaeicola*） ………………………………………………………… 432

Hy …………………………………………………………………………………………… 432
玻囊菌属（*Hyalangium*） ……………………………………………………………… 432
噬烃菌属（*Hydrocarboniphaga*） ……………………………………………………… 432
氢竿菌属（*Hydrogenibacillus*） ………………………………………………………… 432
氢单胞菌属（*Hydrogenimonas*） ……………………………………………………… 433
氢孢菌属（*Hydrogenispora*） …………………………………………………………… 433
氢幡菌属（*Hydrogenivirga*） …………………………………………………………… 433
氢厌氧小杆菌属（*Hydrogenoanaerobacterium*） ……………………………………… 434
氢杆菌属（*Hydrogenobacter*） ………………………………………………………… 434
氢茎菌属（*Hydrogenobaculum*） ……………………………………………………… 434
噬氢菌属（*Hydrogenophaga*） ………………………………………………………… 435
嗜氢菌科（*Hydrogenophilaceae*） ……………………………………………………… 435
嗜氢菌目（*Hydrogenophilales*） ………………………………………………………… 435
嗜氢菌属（*Hydrogenophilus*） ………………………………………………………… 436
氢热菌科（*Hydrogenothermaceae*） …………………………………………………… 436
氢热菌属（*Hydrogenothermus*） ……………………………………………………… 436
氢弧菌属（*Hydrogenovibrio*） ………………………………………………………… 437
水针菌属（*Hydrotalea*） ………………………………………………………………… 437
哈利蒙姓属（*Hylemonella*） …………………………………………………………… 437
薄层杆菌属（*Hymenobacter*） ………………………………………………………… 438
超热菌属（*Hyperthermus*） …………………………………………………………… 438
网线微菌科（*Hyphomicrobiaceae*） …………………………………………………… 438
网线微菌目（*Hyphomicrobiales*） ……………………………………………………… 438
网线微菌属（*Hyphomicrobium*） ……………………………………………………… 439
网线单胞菌科（*Hyphomonadaceae*） ………………………………………………… 439
网线单胞菌属（*Hyphomonas*） ………………………………………………………… 439
玄顺氏菌属（*Hyunsoonleella*） ………………………………………………………… 440

I 部

Ia …………………………………………………………………………………………… 441
日应微所菌属（*Iamia*） ………………………………………………………………… 441
日应微所菌科（*Iamiaceae*） …………………………………………………………… 441

Id …………………………………………………………………………………………… 441
伊叮菌属（*Ideonella*） …………………………………………………………………… 441
海源菌属（*Idiomarina*） ………………………………………………………………… 442

海源菌科（*Idiomarinaceae*） ……………………………………………………… 442
Ig ……………………………………………………………………………………… 442
  伊格纳兹希纳氏菌属（*Ignatzschineria*） ……………………………………… 442
  懒小杆菌纲（*Ignavibacteria*） ………………………………………………… 443
  懒小杆菌科（*Ignavibacteriaceae*） …………………………………………… 443
  懒小杆菌门（*Ignavibacteriae*） ………………………………………………… 443
  懒小杆菌目（*Ignavibacteriales*） ……………………………………………… 443
  懒小杆菌属（*Ignavibacterium*） ……………………………………………… 444
  懒粒菌属（*Ignavigranum*） …………………………………………………… 444
  焱果菌属（*Ignicoccus*） ………………………………………………………… 444
  焱球菌属（*Ignisphaera*） ……………………………………………………… 445
Il ……………………………………………………………………………………… 445
  水沉积杆菌属（*Ilumatobacter*） ……………………………………………… 445
  泥杆菌属（*Ilyobacter*） ………………………………………………………… 445
Im ……………………………………………………………………………………… 445
  因皮里尔杆菌属（*Imperialibacter*） ………………………………………… 445
  印微技所菌属（*Imtechella*） ………………………………………………… 446
In ……………………………………………………………………………………… 446
  印度杆菌属（*Indibacter*） ……………………………………………………… 446
  仁荷菌属（*Inhella*） …………………………………………………………… 447
  寄居菌属（*Inquilinus*） ………………………………………………………… 447
  异常小螺体属（*Insolitispirillum*） …………………………………………… 447
  间孢囊菌科（*Intrasporangiaceae*） …………………………………………… 447
  间孢囊菌属（*Intrasporangium*） ……………………………………………… 448
Io ……………………………………………………………………………………… 448
  紫杆菌属（*Iodobacter*） ……………………………………………………… 448
Is ……………………………………………………………………………………… 448
  等茎菌属（*Isobaculum*） ……………………………………………………… 448
  等色菌属（*Isochromatium*） ………………………………………………… 449
  等翅目栖菌属（*Isoptericola*） ………………………………………………… 449
  等球菌属（*Isosphaera*） ……………………………………………………… 449

J 部

Ja ……………………………………………………………………………………… 450
  扬姓菌属（*Jahnella*） ………………………………………………………… 450
  雅努斯杆菌属（*Janibacter*） ………………………………………………… 450
  亚纳希氏菌属（*Jannaschia*） ………………………………………………… 450
  紫小杆菌属（*Janthinobacterium*） …………………………………………… 451
  麻风树属居菌属（*Jatrophihabitans*） ………………………………………… 451

Je
- 济州岛菌属（*Jejudonia*） ... 451
- 济州菌属（*Jejuia*） ... 452
- 井邑菌属（*Jeongeupia*） ... 452
- 鲊橄菌属（*Jeotgalibaca*） ... 452
- 鲊竿菌属（*Jeotgalibacillus*） ... 453
- 鲊果菌属（*Jeotgalicoccus*） ... 453

Jh
- 朝日小菌属（*Jhaorihella*） ... 453

Ji
- 姜氏菌属（*Jiangella*） ... 454
- 姜氏菌科（*Jiangellaceae*） ... 454
- 姜氏菌亚目（*Jiangellineae*） ... 454
- 继生姓菌属（*Jishengella*） ... 455

Jo
- 约翰逊姓菌属（*Johnsonella*） ... 455
- 琼斯氏菌属（*Jonesia*） ... 455
- 琼斯氏菌科（*Jonesiaceae*） ... 455
- 荣凯姓菌属（*Jonquetella*） ... 456
- 巨思特姓菌属（*Joostella*） ... 456

K 部

Ka
- 韩高科所小菌属（*Kaistella*） ... 457
- 韩高科所菌属（*Kaistia*） ... 457
- 坎德勒氏菌属（*Kandleria*） ... 457
- 姜姓菌属（*Kangiella*） ... 458

Ke
- 克斯特氏菌属（*Kerstersia*） ... 458
- 酮古洛糖酸生菌属（*Ketogulonicigenium*） ... 458

Ki
- 类孢囊菌属（*Kibdelosporangium*） ... 459
- 基泷菌属（*Kiloniella*） ... 459
- 基泷菌科（*Kiloniellaceae*） ... 460
- 基泷菌目（*Kiloniellales*） ... 460
- 运果菌属（*Kineococcus*） ... 460
- 运球菌属（*Kineosphaera*） ... 460
- 运孢菌属（*Kineosporia*） ... 461
- 运孢菌科（*Kineosporiaceae*） ... 461

运孢菌亚目（*Kineosporiineae*） ……………………………………………………… 461
琻姓菌属（*Kingella*） ………………………………………………………………… 461
琻呢勒特菌属（*Kinneretia*） ………………………………………………………… 462
韩科技所单胞菌属（*Kistimonas*） …………………………………………………… 462
北里氏菌属（*Kitasatoa*） …………………………………………………………… 462
北里氏孢菌属（*Kitasatospora*） ……………………………………………………… 463

Kl ……………………………………………………………………………………… 463

克雷伯姓菌属（*Klebsiella*） …………………………………………………………… 463
克鲁格姓菌属（*Klugiella*） …………………………………………………………… 464
克鲁瓦尔氏菌属（*Kluyvera*） ………………………………………………………… 464

Kn ……………………………………………………………………………………… 464

克诺氏菌属（*Knoellia*） ……………………………………………………………… 464

Ko ……………………………………………………………………………………… 465

考克氏菌属（*Kocuria*） ……………………………………………………………… 465
考夫勒氏菌属（*Kofleria*） …………………………………………………………… 465
考夫勒氏菌科（*Kofleriaceae*） ……………………………………………………… 465
驹形氏杆菌属（*Komagataeibacter*） ………………………………………………… 466
韩海发所菌属（*Kordia*） ……………………………………………………………… 466
韩海发所单胞菌目（*Kordiimonadales*） …………………………………………… 466
韩海发所单胞菌属（*Kordiimonas*） ………………………………………………… 467
韩国杆菌属（*Koreibacter*） …………………………………………………………… 467
小佐古姓菌属（*Kosakonia*） ………………………………………………………… 467
科泽姓菌属（*Koserella*） ……………………………………………………………… 468
宇袍菌属（*Kosmotoga*） ……………………………………………………………… 468
木崎氏菌属（*Kozakia*） ……………………………………………………………… 469

Kr ……………………………………………………………………………………… 469

克拉希尼可夫氏菌属（*Krasilnikovia*） ……………………………………………… 469
韩生科所小菌属（*Kribbella*） ………………………………………………………… 469
韩生科所菌属（*Kribbia*） …………………………………………………………… 470
克里格姓菌属（*Kriegella*） …………………………………………………………… 470
黄色杆菌属（*Krokinobacter*） ……………………………………………………… 470
克昊彭希泰特氏菌属（*Kroppenstedtia*） …………………………………………… 471

Kt ……………………………………………………………………………………… 471

维杆菌属（*Ktedonobacter*） ………………………………………………………… 471
维杆菌科（*Ktedonobacteraceae*） …………………………………………………… 471
维杆菌目（*Ktedonobacterales*） ……………………………………………………… 472
维杆菌纲（*Ktedonobacteria*） ………………………………………………………… 472

Ku ……………………………………………………………………………………… 472

库尔氏菌属（*Kurthia*） ……………………………………………………………… 472

库什纳氏菌属（*Kushneria*） …… 472
库茨纳尔氏菌属（*Kutzneria*） …… 473

Ky …… 473
丘比德氏菌属（*Kyrpidia*） …… 473
皮果菌属（*Kytococcus*） …… 473

L 部

La …… 475
拉比达氏菌属（*Labedaea*） …… 475
拉比达姓菌属（*Labedella*） …… 475
滑发菌属（*Labilithrix*） …… 475
拉布亨氏菌属（*Labrenzia*） …… 476
双头斧菌属（*Labrys*） …… 476
莱希姓菌属（*Laceyella*） …… 476
羊毛厌氧茎菌属（*Lachnoanaerobaculum*） …… 477
羊毛小杆菌属（*Lachnobacterium*） …… 477
羊毛螺体属（*Lachnospira*） …… 477
羊毛螺体科（*Lachnospiraceae*） …… 477
湖杆菌属（*Lacibacter*） …… 478
湖营养菌属（*Lacinutrix*） …… 478
乳酸生菌属（*Lacticigenium*） …… 478
乳弧菌属（*Lactivibrio*） …… 479
乳竿菌科（*Lactobacillaceae*） …… 479
乳竿菌目（*Lactobacillales*） …… 479
乳竿菌族（*Lactobacilleae*） …… 479
乳竿菌属（*Lactobacillus*） …… 480
乳果菌属（*Lactococcus*） …… 480
产内酯菌属（*Lactonifactor*） …… 480
乳球菌属（*Lactosphaera*） …… 481
乳卵菌属（*Lactovum*） …… 481
亮杆菌属（*Lamprobacter*） …… 481
亮腺菌属（*Lamprocystis*） …… 482
亮片菌属（*Lampropedia*） …… 482
小石果菌属（*Lapillicoccus*） …… 482
海鸥杆菌属（*Laribacter*） …… 483
拉瑢姓菌属（*Larkinella*） …… 483
劳韬普氏菌属（*Lautropia*） …… 483
劳逊氏菌属（*Lawsonia*） …… 484

Le …… 484
莱德贝特姓菌属（*Leadbetterella*） …… 484

铜锅单胞菌属（*Lebetimonas*）	484
列契瓦尼尔氏菌属（*Lechevalieria*）	485
勒克勒氏菌属（*Leclercia*）	485
李氏菌属（*Leeia*）	486
列文虎克姓菌属（*Leeuwenhoekiella*）	486
军团菌属（*Legionella*）	486
军团菌科（*Legionellaceae*）	487
军团菌目（*Legionellales*）	487
莱夫逊氏菌属（*Leifsonia*）	487
莱辛格氏菌属（*Leisingera*）	487
莱利奥特氏菌属（*Lelliottia*）	488
里米诺姓菌属（*Leminorella*）	488
慢竿菌属（*Lentibacillus*）	489
慢杆菌属（*Lentibacter*）	489
慢岸杆菌属（*Lentilitoribacter*）	489
慢球菌属（*Lentisphaera*）	490
慢球菌科（*Lentisphaeraceae*）	490
慢球菌目（*Lentisphaerales*）	490
慢球菌纲（*Lentisphaeria*）	491
伦策氏菌属（*Lentzea*）	491
细小杆菌属（*Leptobacterium*）	491
细线菌属（*Leptolinea*）	491
细线体属（*Leptonema*）	492
细螺体属（*Leptospira*）	492
细螺体科（*Leptospiraceae*）	492
细螺体目（*Leptospirales*）	493
细小螺体属（*Leptospirillum*）	493
细发菌属（*Leptothrix*）	493
细发丝菌属（*Leptotrichia*）	494
细发丝菌科（*Leptotrichiaceae*）	494
明杆菌属（*Leucobacter*）	494
明念珠菌属（*Leuconostoc*）	494
明念珠菌科（*Leuconostocaceae*）	495
明发菌属（*Leucothrix*）	495
明发菌科（*Leucotrichaceae*）	495
滑缕菌属（*Levilinea*）	496
莱文氏菌属（*Levinea*）	496
勒温姓菌属（*Lewinella*）	496

Li 497

| 游离杆菌属（*Liberibacter*） | 497 |

徐丽华姓菌属（*Lihuaxuella*）	497
泥杆菌属（*Limibacter*）	497
泥单胞菌属（*Limimonas*）	498
池杆菌属（*Limnobacter*）	498
池居菌属（*Limnohabitans*）	498
李时珍氏菌属（*Lishizhenia*）	499
里斯特氏菌属（*Listeria*）	499
里斯特氏菌科（*Listeriaceae*）	499
利斯顿姓菌属（*Listonella*）	500
滨杆菌属（*Litoreibacter*）	500
岸杆菌属（*Litoribacter*）	500
岸竿菌属（*Litoribacillus*）	501
岸栖菌属（*Litoricola*）	501
岸栖菌科（*Litoricolaceae*）	501
岸缕菌属（*Litorilinea*）	501
岸微菌属（*Litorimicrobium*）	502
岸单胞菌属（*Litorimonas*）	502
岸沉积栖菌属（*Litorisediminicola*）	502
岸生菌属（*Litorivivens*）	503

Lo

洛克姓菌属（*Loktanella*）	503
龙帕恩菌属（*Lonepinella*）	503
长缕菌属（*Longilinea*）	504
长菌丝体属（*Longimycelium*）	504
长孢菌属（*Longispora*）	504
朗斯代尔氏菌属（*Lonsdalea*）	505

Lu

光小杆菌属（*Lucibacterium*）	505
路德曼姓菌属（*Luedemannella*）	505
嗜光菌属（*Luminiphilus*）	506
绿岛小菌属（*Lutaonella*）	506
橙黄杆菌属（*Luteibacter*）	506
橙黄微菌属（*Luteimicrobium*）	507
橙黄单胞菌属（*Luteimonas*）	507
橙黄粉尘菌属（*Luteipulveratus*）	507
橙黄幡菌属（*Luteivirga*）	507
橙黄果菌属（*Luteococcus*）	508
淡黄杆菌属（*Luteolibacter*）	508
泞杆菌属（*Lutibacter*）	508

泞茎菌属（*Lutibaculum*） 509
泞海杆菌属（*Lutimaribacter*） 509
泞单胞菌属（*Lutimonas*） 509
泞孢菌属（*Lutispora*） 509

Ly 510
赖氨酸竿菌属（*Lysinibacillus*） 510
赖氨酸微菌属（*Lysinimicrobium*） 510
赖氨酸单胞菌属（*Lysinimonas*） 510
松散杆菌属（*Lysobacter*） 511
松散杆菌科（*Lysobacteraceae*） 511
松散杆菌目（*Lysobacterales*） 511
解菌属（*Lyticum*） 512

M 部

Ma 513
屠场杆状菌属（*Macellibacteroides*） 513
大果菌属（*Macrococcus*） 513
大单胞菌属（*Macromonas*） 513
磁果菌科（*Magnetococcaceae*） 514
磁果菌目（*Magnetococcales*） 514
磁果菌属（*Magnetococcus*） 514
磁螺体属（*Magnetospira*） 514
磁小螺体属（*Magnetospirillum*） 515
磁弧菌属（*Magnetovibrio*） 515
玛姓菌属（*Mahella*） 516
玛利克氏菌属（*Malikia*） 516
丙二酸单胞菌属（*Malonomonas*） 516
海微生室菌属（*Mameliella*） 517
红树杆菌属（*Mangrovibacter*） 517
红树小杆菌属（*Mangrovibacterium*） 517
红树屈菌属（*Mangroviflexus*） 518
红树单胞菌属（*Mangrovimonas*） 518
曼海姆氏菌属（*Mannheimia*） 518
海杆菌属（*Maribacter*） 519
海茎菌属（*Maribaculum*） 519
海菌属（*Maribius*） 519
海柄菌属（*Maricaulis*） 520
海色菌属（*Marichromatium*） 520
海曲菌属（*Maricurvus*） 520
海居菌属（*Marihabitans*） 520

海放线孢菌属（*Marinactinospora*） ……… 521
海竿菌属（*Marinibacillus*） ……… 521
海尾菌属（*Marinicauda*） ……… 521
海胞菌属（*Marinicella*） ……… 522
海栖菌属（*Marinicola*） ……… 522
海丝菌科（*Marinifilaceae*） ……… 522
海丝菌属（*Marinifilum*） ……… 523
海弯菌属（*Mariniflexile*） ……… 523
海滑菌属（*Marinilabilia*） ……… 523
海滑菌科（*Marinilabiliaceae*） ……… 524
海乳竿菌属（*Marinilactibacillus*） ……… 524
海橙黄果菌属（*Mariniluteicoccus*） ……… 524
海微菌属（*Marinimicrobium*） ……… 524
海线体属（*Marininema*） ……… 525
海噬菌属（*Mariniphaga*） ……… 525
海径菌属（*Mariniradius*） ……… 525
海热菌属（*Marinithermus*） ……… 526
海袍菌属（*Marinitoga*） ……… 526
海之幡菌属（*Marinivirga*） ……… 526
海之杆菌属（*Marinobacter*） ……… 527
海小杆菌属（*Marinobacterium*） ……… 527
海果菌属（*Marinococcus*） ……… 527
海单胞菌属（*Marinomonas*） ……… 528
海摇摆菌属（*Marinoscillum*） ……… 528
海小螺体属（*Marinospirillum*） ……… 528
海卵菌属（*Marinovum*） ……… 528
深海菌属（*Mariprofundus*） ……… 529
海沉积栖菌属（*Marisediminicola*） ……… 529
海小螺体属（*Marispirillum*） ……… 529
海针菌属（*Maritalea*） ……… 530
海中杆菌属（*Maritimibacter*） ……… 530
海中单胞菌属（*Maritimimonas*） ……… 530
海幡菌属（*Marivirga*） ……… 531
海维生菌属（*Marivita*） ……… 531
海黄单胞菌属（*Marixanthomonas*） ……… 531
大理石栖菌属（*Marmoricola*） ……… 532
马特尔姓菌属（*Martelella*） ……… 532
玛文布莱恩特氏菌属（*Marvinbryantia*） ……… 532
马西利亚菌属（*Massilia*） ……… 533

Me ... 533

美屈岔霉菌属（*Mechercharimyces*） ... 533
巨单胞菌属（*Megamonas*） ... 534
巨线体属（*Meganema*） ... 534
巨球菌属（*Megasphaera*） ... 534
稍热菌属（*Meiothermus*） ... 534
吞三聚氰胺菌属（*Melaminivora*） ... 535
迈勒吉尔霉菌属（*Melghirimyces*） ... 535
超杆菌属（*Melioribacter*） ... 535
蜜蜂果菌属（*Melissococcus*） ... 536
墨利忒菌属（*Melitea*） ... 536
蜂囊菌属（*Melittangium*） ... 536
新月菌属（*Meniscus*） ... 537
南海杆菌属（*Meridianimaribacter*） ... 537
中仓鼠杆菌属（*Mesocricetibacter*） ... 537
中黄杆菌属（*Mesoflavibacter*） ... 538
俄海平台菌属（*Mesonia*） ... 538
嗜中杆菌属（*Mesophilobacter*） ... 538
中原体属（*Mesoplasma*） ... 539
中慢生根瘤菌属（*Mesorhizobium*） ... 539
中袍菌属（*Mesotoga*） ... 539
金属小杆菌属（*Metallibacterium*） ... 540
金属球菌属（*Metallosphaera*） ... 540
近斯卡多维氏菌属（*Metascardovia*） ... 540
甲烷微果菌属（*Methanimicrococcus*） ... 540
甲烷杆菌纲（*Methanobacteria*） ... 541
甲烷小杆菌科（*Methanobacteriaceae*） ... 541
甲烷小杆菌目（*Methanobacteriales*） ... 541
甲烷小杆菌属（*Methanobacterium*） ... 542
甲烷短杆菌属（*Methanobrevibacter*） ... 542
甲烷卵石菌属（*Methanocalculus*） ... 542
甲烷卵石菌科（*Methanocalculaceae*） ... 543
甲烷烫果菌科（*Methanocaldococcaceae*） ... 543
甲烷烫果菌属（*Methanocaldococcus*） ... 543
甲烷胞菌属（*Methanocella*） ... 544
甲烷胞菌科（*Methanocellaceae*） ... 544
甲烷胞菌目（*Methanocellales*） ... 544
甲烷果菌科（*Methanococcaceae*） ... 544
甲烷果菌目（*Methanococcales*） ... 545

甲烷果菌纲（Methanococci） …… 545
甲烷果状菌属（Methanococcoides） …… 545
甲烷果菌属（Methanococcus） …… 546
甲烷小体科（Methanocorpusculaceae） …… 546
甲烷小体属（Methanocorpusculum） …… 546
甲烷袋菌属（Methanoculleus） …… 547
甲烷垫菌属（Methanofollis） …… 547
甲烷生菌属（Methanogenium） …… 547
甲烷卤菌属（Methanohalobium） …… 548
甲烷嗜卤菌属（Methanohalophilus） …… 548
甲烷衣襟菌属（Methanolacinia） …… 548
甲烷缕菌属（Methanolinea） …… 549
甲烷叶菌属（Methanolobus） …… 549
甲烷马西利亚果菌科（Methanomassiliicoccaceae） …… 549
甲烷马西利亚果菌目（Methanomassiliicoccales） …… 550
甲烷马西利亚果菌属（Methanomassiliicoccus） …… 550
甲烷吞甲基菌属（Methanomethylovorans） …… 550
甲烷微菌科（Methanomicrobiaceae） …… 551
甲烷微菌目（Methanomicrobiales） …… 551
甲烷微菌属（Methanomicrobium） …… 551
甲烷平菌科（Methanoplanaceae） …… 552
甲烷平菌属（Methanoplanus） …… 552
甲烷火菌科（Methanopyraceae） …… 552
甲烷火菌目（Methanopyrales） …… 552
甲烷火菌纲（Methanopyri） …… 553
甲烷火菌属（Methanopyrus） …… 553
甲烷尺菌属（Methanoregula） …… 553
甲烷尺菌科（Methanoregulaceae） …… 554
甲烷鬃菌属（Methanosaeta） …… 554
甲烷鬃菌科（Methanosaetaceae） …… 554
甲烷盐菌属（Methanosalsum） …… 555
甲烷八球菌属（Methanosarcina） …… 555
甲烷八球菌科（Methanosarcinaceae） …… 556
甲烷八球菌目（Methanosarcinales） …… 556
甲烷球菌属（Methanosphaera） …… 556
甲烷小球菌属（Methanosphaerula） …… 557
甲烷小螺体科（Methanospirillaceae） …… 557
甲烷小螺体属（Methanospirillum） …… 557
甲烷热菌科（Methanothermaceae） …… 558
甲烷热菌纲（Methanothermea） …… 558

甲烷热杆菌属（Methanothermobacter） …… 558
甲烷热果菌属（Methanothermococcus） …… 558
甲烷热菌属（Methanothermus） …… 559
甲烷发菌属（Methanothrix） …… 559
甲烷烙菌属（Methanotorris） …… 560
甲热果菌科（Methermicoccaceae） …… 560
甲热果菌属（Methermicoccus） …… 560
甲基盒菌属（Methylarcula） …… 561
甲基菌属（Methylibium） …… 561
甲基竿菌属（Methylobacillus） …… 561
甲基杆菌属（Methylobacter） …… 562
甲基小杆菌科（Methylobacteriaceae） …… 562
甲基小杆菌属（Methylobacterium） …… 562
甲基烫菌属（Methylocaldum） …… 563
甲基胶囊菌属（Methylocapsa） …… 563
甲基洋杆菌属（Methyloceanibacter） …… 564
甲基胞菌属（Methylocella） …… 564
甲基果菌科（Methylococcaceae） …… 564
甲基果菌目（Methylococcales） …… 565
甲基果菌属（Methylococcus） …… 565
甲基腺菌科（Methylocystaceae） …… 565
甲基腺菌属（Methylocystis） …… 566
甲基杖菌属（Methyloferula） …… 566
甲基盖亚菌属（Methylogaea） …… 566
甲基卤菌属（Methylohalobius） …… 567
甲基卤单胞菌属（Methylohalomonas） …… 567
甲基海卵菌属（Methylomarinovum） …… 567
甲基海菌属（Methylomarinum） …… 568
甲基微菌属（Methylomicrobium） …… 568
甲基单胞菌属（Methylomonas） …… 569
甲基泡碱菌属（Methylonatrum） …… 569
甲基副果菌属（Methyloparacoccus） …… 569
嗜甲基菌属（Methylophaga） …… 570
嗜甲基菌科（Methylophilaceae） …… 570
嗜甲基菌目（Methylophilales） …… 570
嗜甲基菌属（Methylophilus） …… 571
甲基柱菌属（Methylopila） …… 571
甲基深渊菌属（Methyloprofundus） …… 571
甲基杵菌属（Methylorhabdus） …… 572
甲基小玫菌属（Methylorosula） …… 572

甲基八球菌属（*Methylosarcina*） ……………………………………………… 572
甲基弯菌属（*Methylosinus*） ………………………………………………… 573
甲基体属（*Methylosoma*） …………………………………………………… 573
甲基球菌属（*Methylosphaera*） ……………………………………………… 574
甲基精细菌属（*Methylotenera*） ……………………………………………… 574
甲基热菌科（*Methylothermaceae*） …………………………………………… 574
甲基热菌属（*Methylothermus*） ……………………………………………… 575
甲基多样菌属（*Methyloversatilis*） …………………………………………… 575
甲基小幡菌属（*Methylovirgula*） ……………………………………………… 575
吞甲基菌属（*Methylovorus*） ………………………………………………… 576
甲基小卵菌属（*Methylovulum*） ……………………………………………… 576

Mi ……………………………………………………………………………… 576

微弧菌属（*Micavibrio*） ……………………………………………………… 576
微气杆菌属（*Microaerobacter*） ……………………………………………… 577
微杆菌属（*Microbacter*） ……………………………………………………… 577
微小杆菌科（*Microbacteriaceae*） …………………………………………… 577
微小杆菌属（*Microbacterium*） ……………………………………………… 578
微双孢菌属（*Microbispora*） ………………………………………………… 578
微携球茎菌属（*Microbulbifer*） ……………………………………………… 579
微胞菌属（*Microcella*） ……………………………………………………… 579
微果菌科（*Micrococcaceae*） ………………………………………………… 579
微果菌目（*Micrococcales*） …………………………………………………… 579
微果菌族（*Micrococceae*） …………………………………………………… 580
微果菌亚目（*Micrococcineae*） ……………………………………………… 580
微果菌属（*Micrococcus*） ……………………………………………………… 580
微环菌属（*Microcyclus*） ……………………………………………………… 580
微腺藻属（"*Microcystis*"） …………………………………………………… 581
微荚囊孢菌属（*Microellobosporia*） ………………………………………… 581
微月菌属（*Microlunatus*） …………………………………………………… 581
微单胞菌属（*Micromonas*） ………………………………………………… 582
微单孢菌属（*Micromonospora*） ……………………………………………… 582
微单孢菌科（*Micromonosporaceae*） ………………………………………… 583
微单孢菌亚目（*Micromonosporineae*） ……………………………………… 583
微多孢菌属（*Micropolyspora*） ……………………………………………… 583
微霜菌属（*Micropruina*） …………………………………………………… 584
微摇摆菌属（*Microscilla*） …………………………………………………… 584
微球菌属（*Microsphaera*） …………………………………………………… 584
微球菌科（*Microsphaeraceae*） ……………………………………………… 585
微菌纲（*Microtatobiotes*） …………………………………………………… 585

微土栖菌属（*Microterricola*） 585
微四孢菌属（*Microtetraspora*） 586
微幡菌属（*Microvirga*） 586
微小幡菌属（*Microvirgula*） 586
米利斯氏菌属（*Millisia*） 586
蕞腺菌属（*Minicystis*） 587
丹单胞菌属（*Miniimonas*） 587
松江市菌属（*Mitsuaria*） 587
光冈姓菌属（*Mitsuokella*） 588
水恒杆菌属（*Mizugakiibacter*） 588

Mo 588

动果菌属（*Mobilicoccus*） 588
动针菌属（*Mobilitalea*） 589
动钩菌属（*Mobiluncus*） 589
适杆菌属（*Modestobacter*） 589
适盐杆菌属（*Modicisalibacter*） 590
莫勒姓菌属（*Moellerella*） 590
难养小杆菌属（*Mogibacterium*） 590
漠河杆菌属（*Moheibacter*） 590
柔膜菌纲（*Mollicutes*） 591
蒙古果菌属（*Mongoliicoccus*） 591
蒙古针菌属（*Mongoliitalea*） 591
摩尔氏菌属（*Mooreia*） 592
摩尔氏菌科（*Mooreiaceae*） 592
摩尔姓菌属（*Moorella*） 592
莫拉姓菌属（*Moraxella*） 593
莫拉姓菌科（*Moraxellaceae*） 593
摩根姓菌属（*Morganella*） 593
莫里塔姓菌属（*Moritella*） 594
莫里塔姓菌科（*Moritellaceae*） 594
桑果菌属（*Morococcus*） 594
莫里姓菌属（*Moryella*） 594
移杆菌属（*Motilibacter*） 595

Mu 595

黏液杆菌属（*Mucilaginibacter*） 595
黏小螺体属（*Mucispirillum*） 595
莫大马菌属（*Mumia*） 596
默多克姓菌属（*Murdochiella*） 596
鼠尾菌属（*Muricauda*） 596

· 51 ·

墙果菌属（*Muricoccus*） ……………………………………………………… 597
盐液栖菌属（*Muriicola*） ……………………………………………………… 597
墙拟诺卡氏菌属（*Murinocardiopsis*） ……………………………………… 597

My ……………………………………………………………………………… 598

菌丝生菌属（*Myceligenerans*） ……………………………………………… 598
蕈栖菌属（*Mycetocola*） ……………………………………………………… 598
分枝小杆菌科（*Mycobacteriaceae*） ………………………………………… 598
分枝小杆菌目（*Mycobacteriales*） …………………………………………… 599
分枝小杆菌属（*Mycobacterium*） …………………………………………… 599
分枝浮菌属（*Mycoplana*） …………………………………………………… 600
支原体属（*Mycoplasma*） …………………………………………………… 600
支原体科（*Mycoplasmataceae*） …………………………………………… 600
支原体目（*Mycoplasmatales*） ……………………………………………… 601
香味状菌属（*Myroides*） ……………………………………………………… 601
黏果菌科（*Myxococcaceae*） ………………………………………………… 601
黏果菌目（*Myxococcales*） …………………………………………………… 602
黏果菌属（*Myxococcus*） …………………………………………………… 602

N 部

Na ……………………………………………………………………………… 603

韩农科院菌属（*Naasia*） ……………………………………………………… 603
西北农大菌属（*Nafulsella*） ………………………………………………… 603
中村姓菌属（*Nakamurella*） ………………………………………………… 603
中村姓菌科（*Nakamurellaceae*） …………………………………………… 604
南海栖属（*Namhaeicola*） …………………………………………………… 604
侏腺菌科（*Nannocystaceae*） ………………………………………………… 604
侏腺菌亚目（*Nannocystineae*） ……………………………………………… 605
侏腺菌属（*Nannocystis*） …………………………………………………… 605
泡碱厌氧菌科（*Natranaerobiaceae*） ……………………………………… 605
泡碱厌氧菌目（*Natranaerobiales*） ………………………………………… 605
泡碱厌氧菌属（*Natranaerobius*） …………………………………………… 606
泡碱厌氧幡菌属（*Natranaerovirga*） ………………………………………… 606
泡碱素菌属（*Natrialba*） ……………………………………………………… 606
泡城竿菌属（*Natribacillus*） ………………………………………………… 607
泡碱线体属（*Natrinema*） …………………………………………………… 607
泡碱菌属（*Natroniella*） ……………………………………………………… 607
泡碱栖菌属（*Natronincola*） ………………………………………………… 608
泡碱古菌属（*Natronoarchaeum*） …………………………………………… 608
泡碱竿菌属（*Natronobacillus*） ……………………………………………… 608

泡碱小杆菌属（*Natronobacterium*） ……………………………………………… 609
泡碱胞菌属（*Natronocella*） …………………………………………………… 609
泡碱果菌属（*Natronococcus*） ………………………………………………… 610
泡碱屈菌属（*Natronoflexus*） ………………………………………………… 610
泡碱池菌属（*Natronolimnobius*） ……………………………………………… 610
泡碱单胞菌属（*Natronomonas*） ……………………………………………… 611
泡碱红菌属（*Natronorubrum*） ………………………………………………… 611
泡碱幡菌属（*Natronovirga*） …………………………………………………… 612
瑙曼姓菌属（*Naumannella*） …………………………………………………… 612
小海员菌属（*Nautella*） ………………………………………………………… 612
鹦鹉螺号菌属（*Nautilia*） ……………………………………………………… 612
鹦鹉螺号菌科（*Nautiliaceae*） ………………………………………………… 613
鹦鹉螺号菌目（*Nautiliales*） …………………………………………………… 613
纳西杆菌属（*Naxibacter*） ……………………………………………………… 613

Ne ………………………………………………………………………………… 614
拟尸杆菌属（*Necropsobacter*） ………………………………………………… 614
阴性果菌属（*Negativicoccus*） ………………………………………………… 614
阴皮菌纲（*Negativicutes*） ……………………………………………………… 614
根井姓菌属（*Neiella*） …………………………………………………………… 615
奈瑟氏菌属（*Neisseria*） ………………………………………………………… 615
奈瑟氏菌科（*Neisseriaceae*） …………………………………………………… 615
奈瑟氏菌目（*Neisseriales*） ……………………………………………………… 616
新朝井氏菌属（*Neoasaia*） ……………………………………………………… 616
新衣原体属（*Neochlamydia*） …………………………………………………… 616
新驹形氏菌属（*Neokomagataea*） ……………………………………………… 616
新立克次氏体属（*Neorickettsia*） ……………………………………………… 617
尼普顿杆菌属（*Neptuniibacter*） ……………………………………………… 617
尼普顿单胞菌属（*Neptunomonas*） …………………………………………… 617
涅瑞伊得菌属（*Nereida*） ……………………………………………………… 618
岛杆菌属（*Nesiotobacter*） ……………………………………………………… 618
涅斯特伦科氏菌属（*Nesterenkonia*） …………………………………………… 618
涅瓦河菌属（*Nevskia*） ………………………………………………………… 619
涅瓦河菌科（*Nevskiaceae*） …………………………………………………… 619

Ng ………………………………………………………………………………… 619
阮氏杆菌属（*Nguyenibacter*） ………………………………………………… 619

Ni ………………………………………………………………………………… 620
韩农生所菌属（*Niabella*） ……………………………………………………… 620
韩农科技所菌属（*Niastella*） …………………………………………………… 620
尼科利特姓菌属（*Nicoletella*） ………………………………………………… 620

尼萨亚菌属（*Nisaea*） ……………………………………………………………… 621
硝酸盐裂解菌属（*Nitratifractor*） …………………………………………………… 621
硝酸盐还原菌属（*Nitratireductor*） ………………………………………………… 621
硝酸盐破解菌属（*Nitratiruptor*） …………………………………………………… 621
腈破解菌属（*Nitriliruptor*） ………………………………………………………… 622
腈破解菌科（*Nitriliruptoraceae*） …………………………………………………… 622
腈破解菌目（*Nitriliruptorales*） ……………………………………………………… 622
腈破解菌纲（*Nitriliruptoria*） ……………………………………………………… 623
腈破解菌亚纲（*Nitriliruptoridae*） ………………………………………………… 623
苏打栖菌属（*Nitrincola*） …………………………………………………………… 623
苏打针菌属（*Nitritalea*） …………………………………………………………… 624
硝化杆菌属（*Nitrobacter*） ………………………………………………………… 624
硝化杆菌科（*Nitrobacteraceae*） …………………………………………………… 624
硝化果菌属（*Nitrococcus*） ………………………………………………………… 625
硝化矛菌属（*Nitrolancea*） ………………………………………………………… 625
亚硝化果菌属（*Nitrosococcus*） …………………………………………………… 625
亚硝化叶菌属（*Nitrosolobus*） ……………………………………………………… 626
亚硝化单胞菌科（*Nitrosomonadaceae*） …………………………………………… 626
亚硝化单胞菌目（*Nitrosomonadales*） ……………………………………………… 626
亚硝化单胞菌属（*Nitrosomonas*） …………………………………………………… 627
亚硝化球菌属（*Nitrososphaera*） …………………………………………………… 627
亚硝化球菌科（*Nitrososphaeraceae*） ……………………………………………… 627
亚硝酸球菌纲（*Nitrososphaeria*） …………………………………………………… 628
亚硝化螺体属（*Nitrosospira*） ……………………………………………………… 628
硝化刺菌属（*Nitrospina*） …………………………………………………………… 628
硝化刺菌科（*Nitrospinaceae*） ……………………………………………………… 628
硝化螺体属（*Nitrospira*） …………………………………………………………… 629
硝化小螺体属（*Nitrospirillum*） …………………………………………………… 629
雪白小螺体属（*Niveispirillum*） …………………………………………………… 629
No ……………………………………………………………………………………… 630
诺卡氏菌属（*Nocardia*） …………………………………………………………… 630
诺卡氏菌科（*Nocardiaceae*） ………………………………………………………… 630
诺卡氏状菌科（*Nocardioidaceae*） ………………………………………………… 630
诺卡氏状菌属（*Nocardioides*） ……………………………………………………… 631
拟诺卡氏菌科（*Nocardiopsaceae*） ………………………………………………… 631
拟诺卡氏菌属（*Nocardiopsis*） ……………………………………………………… 631
非滑菌属（*Nonlabens*） ……………………………………………………………… 632
野村氏菌属（*Nonomuraea*） ………………………………………………………… 632
医院果菌属（*Nosocomiicoccus*） …………………………………………………… 632

念珠藻目（*Nostocales*） ……………………………………………………………… 633
　　新草小螺体属（*Noviherbaspirillum*） ………………………………………………… 633
　　新小螺体属（*Novispirillum*） …………………………………………………………… 633
　　新鞘氨醇菌属（*Novosphingobium*） …………………………………………………… 634
Nu ……………………………………………………………………………………………… 634
　　日大生科菌属（*Nubsella*） ……………………………………………………………… 634

O 部

Ob ……………………………………………………………………………………………… 635
　　肥小杆菌属（*Obesumbacterium*） ……………………………………………………… 635
Oc ……………………………………………………………………………………………… 635
　　洋小杆菌属（*Oceanibacterium*） ……………………………………………………… 635
　　洋茎菌属（*Oceanibaculum*） …………………………………………………………… 635
　　洋球茎菌属（*Oceanibulbus*） …………………………………………………………… 636
　　洋柄菌属（*Oceanicaulis*） ……………………………………………………………… 636
　　洋胞菌属（*Oceanicella*） ………………………………………………………………… 636
　　洋栖菌属（*Oceanicola*） ………………………………………………………………… 637
　　洋单胞菌属（*Oceanimonas*） …………………………………………………………… 637
　　洋杵菌属（*Oceanirhabdus*） …………………………………………………………… 637
　　洋小蛇菌属（*Oceaniserpentilla*） ……………………………………………………… 638
　　洋球菌属（*Oceanisphaera*） …………………………………………………………… 638
　　洋针菌属（*Oceanitalea*） ……………………………………………………………… 638
　　洋热菌属（*Oceanithermus*） …………………………………………………………… 638
　　洋竿菌属（*Oceanobacillus*） …………………………………………………………… 639
　　洋果菌属（*Oceanococcus*） ……………………………………………………………… 639
　　洋杆菌属（*Oceanobacter*） ……………………………………………………………… 639
　　洋小螺体科（*Oceanospirillaceae*） …………………………………………………… 640
　　洋小螺体目（*Oceanospirillales*） ……………………………………………………… 640
　　洋小螺体属（*Oceanospirillum*） ……………………………………………………… 640
　　洋袍菌属（*Oceanotoga*） ……………………………………………………………… 641
　　苍棍菌属（*Ochrobactrum*） …………………………………………………………… 641
　　十八杆菌属（*Octadecabacter*） ………………………………………………………… 641
Od ……………………………………………………………………………………………… 642
　　气味杆菌属（*Odoribacter*） …………………………………………………………… 642
Oe ……………………………………………………………………………………………… 642
　　酒果菌属（*Oenococcus*） ……………………………………………………………… 642
　　厄斯考维氏菌属（*Oerskovia*） ………………………………………………………… 642
Oh ……………………………………………………………………………………………… 643
　　吴大光氏菌属（*Ohtaekwangia*） ……………………………………………………… 643

Ok
奥卡小杆菌属（*Okibacterium*） 643

Ol
油杆菌属（*Oleibacter*） 643
嗜油菌科（*Oleiphilaceae*） 644
嗜油菌属（*Oleiphilus*） 644
油螺体属（*Oleispira*） 644
寡少菌属（*Oligella*） 644
寡屈菌科（*Oligoflexaceae*） 645
寡屈菌目（*Oligoflexales*） 645
寡屈菌纲（*Oligoflexia*） 645
寡屈菌属（*Oligoflexus*） 645
寡球菌属（*Oligosphaera*） 646
寡球菌科（*Oligosphaeraceae*） 646
寡球菌目（*Oligosphaerales*） 646
寡球菌纲（*Oligosphaeria*） 646
寡营菌属（*Oligotropha*） 647
橄榄杆菌属（*Olivibacter*） 647
奥利氏菌属（*Olleya*） 647
奥尔森姓菌属（*Olsenella*） 648

Op
奥普丝祐菌科（*Opitutaceae*） 648
奥普丝祐菌纲（*Opitutae*） 648
奥普丝祐菌目（*Opitutales*） 648
奥普丝祐菌属（*Opitutus*） 649

Or
孤儿菌科（*Orbaceae*） 649
孤儿菌目（*Orbales*） 649
孤儿菌属（*Orbus*） 649
奥伦氏菌属（*Orenia*） 650
口小杆菌属（*Oribacterium*） 650
口茎菌属（*Oribaculum*） 650
东方体属（*Orientia*） 651
帅缕菌属（*Ornatilinea*） 651
鸟氨酸竿菌属（*Ornithinibacillus*） 651
鸟氨酸杆菌属（*Ornithinibacter*） 652
鸟氨酸果菌属（*Ornithinicoccus*） 652
鸟氨酸微菌属（*Ornithinimicrobium*） 652
鸟小杆菌属（*Ornithobacterium*） 653

稻腐土菌属（*Oryzihumus*） ……………………………………………………… 653
Os …………………………………………………………………………………… 653
颤菌目（*Oscillatoriales*） ………………………………………………………… 653
颤杆菌属（*Oscillibacter*） ………………………………………………………… 654
颤绿菌科（*Oscillochloridaceae*） ………………………………………………… 654
颤绿菌属（*Oscillochloris*） ……………………………………………………… 654
颤螺体属（*Oscillospira*） ………………………………………………………… 655
颤螺体科（*Oscillospiraceae*） …………………………………………………… 655
Ot …………………………………………………………………………………… 655
海象狮科杆菌属（*Otariodibacter*） ……………………………………………… 655
奥拓氏菌属（*Ottowia*） …………………………………………………………… 656
Ow …………………………………………………………………………………… 656
欧文维克氏菌属（*Owenweeksia*） ……………………………………………… 656
Ox …………………………………………………………………………………… 656
草酸小杆菌属（*Oxalicibacterium*） ……………………………………………… 656
草酸盐杆菌属（*Oxalobacter*） …………………………………………………… 657
草酸盐杆菌科（*Oxalobacteraceae*） …………………………………………… 657
噬草酸盐菌属（*Oxalophagus*） ………………………………………………… 657
醋杆菌属（*Oxobacter*） …………………………………………………………… 658
氧光杆菌纲（*Oxyphotobacteria*） ……………………………………………… 658

P 部

Pa …………………………………………………………………………………… 659
太平杆菌属（*Pacificibacter*） …………………………………………………… 659
似碱生菌属（*Paenalcaligenes*） ………………………………………………… 659
似竿菌科（*Paenibacillaceae*） …………………………………………………… 659
似竿菌属（*Paenibacillus*） ……………………………………………………… 659
似玫杆菌属（*Paenirhodobacter*） ……………………………………………… 660
似孢八球属（*Paenisporosarcina*） ……………………………………………… 660
似苍棍菌属（*Paenochrobactrum*） ……………………………………………… 661
古果菌属（*Palaeococcus*） ……………………………………………………… 661
帕勒隆尼氏菌属（*Palleronia*） …………………………………………………… 661
沼杆菌属（*Paludibacter*） ………………………………………………………… 662
沼小杆菌属（*Paludibacterium*） ………………………………………………… 662
沼茎菌属（*Paludibaculum*） ……………………………………………………… 662
参农单胞菌属（*Panacagrimonas*） ……………………………………………… 663
潘多拉菌属（*Pandoraea*） ……………………………………………………… 663
潘浓杆菌属（*Pannonibacter*） …………………………………………………… 663
潘塔纳线体属（*Pantanalinema*） ………………………………………………… 663

泛菌属（*Pantoea*）	664
乳头杆菌属（*Papillibacter*）	664
副杆状菌属（*Parabacteroides*）	665
副芽单胞菌属（*Parablastomonas*）	665
副衣原体属（*Parachlamydia*）	665
副衣原体科（*Parachlamydiaceae*）	665
副果菌属（*Paracoccus*）	666
副脆果菌属（*Paracraurococcus*）	666
副爱格士姓菌属（*Paraeggerthella*）	666
副铁单胞菌属（*Paraferrimonas*）	667
副丝单胞菌属（*Parafilimonas*）	667
副冰栖菌属（*Paraglaciecola*）	667
副草小螺体属（*Paraherbaspirillum*）	668
副乳竿菌属（*Paralactobacillus*）	668
副碱生菌属（*Paralcaligenes*）	668
海岸竿菌属（*Paraliobacillus*）	669
副莫里塔姓菌属（*Paramoritella*）	669
副厄斯考维氏菌属（*Paraoerskovia*）	669
副基地杆菌属（*Parapedobacter*）	670
副透橄菌属（*Paraperlucidibaca*）	670
副普雷沃特姓菌属（*Paraprevotella*）	670
副纳单胞菌属（*Parapusillimonas*）	670
副玫杆菌属（*Pararhodobacter*）	671
副玫小螺体属（*Pararhodospirillum*）	671
副斯卡多维氏菌属（*Parascardovia*）	671
副壤杆菌属（*Parasegetibacter*）	672
副鞘氨醇盒菌属（*Parasphingopyxis*）	672
副孢小杆菌属（*Parasporobacterium*）	672
副萨特姓菌属（*Parasutterella*）	673
渺杆菌属（*Parvibacter*）	673
渺茎菌属（*Parvibaculum*）	673
渺单胞菌属（*Parvimonas*）	673
渺框菌属（*Parvularcula*）	674
巴斯德姓菌属（*Pasteurella*）	674
巴斯德姓菌科（*Pasteurellaceae*）	674
巴斯德姓菌目（*Pasteurellales*）	675
巴斯德姓菌族（*Pasteurelleae*）	675
巴斯德氏菌属（*Pasteuria*）	675
巴斯德氏菌科（*Pasteuriaceae*）	675
传播杆菌属（*Patulibacter*）	676

传播杆菌科（*Patulibacteraceae*） 676
绸杆菌属（*Paucibacter*） 676
绸单胞菌属（*Paucimonas*） 676
绸盐竿菌属（*Paucisalibacillus*） 677

Pe
677
精梳属（*Pectinatus*） 677
果胶小杆菌属（*Pectobacterium*） 677
平面果菌属（*Pediococcus*） 678
基地杆菌属（*Pedobacter*） 678
基地微菌属（*Pedomicrobium*） 678
外海橄菌属（*Pelagibaca*） 679
外海竿菌属（*Pelagibacillus*） 679
外海小杆菌属（*Pelagibacterium*） 679
外海菌属（*Pelagibius*） 680
外海果菌属（*Pelagicoccus*） 680
外海栖菌属（*Pelagicola*） 680
外海单胞菌属（*Pelagimonas*） 680
佩克查氏菌属（*Pelczaria*） 681
鸽笼菌属（*Pelistega*） 681
淖杆菌属（*Pelobacter*） 681
淖网菌属（*Pelodictyon*） 682
淖缕菌属（*Pelolinea*） 682
淖单胞菌属（*Pelomonas*） 683
淖弯菌属（*Pelosinus*） 683
淖孢菌属（*Pelospora*） 683
淖肠菌属（*Pelotomaculum*） 684
消果菌科（*Peptococcaceae*） 684
消果菌属（*Peptococcus*） 684
嗜胨菌科（*Peptoniphilaceae*） 684
嗜胨菌属（*Peptoniphilus*） 685
消链果菌科（*Pcptostreptococcaceae*） 685
消链果菌属（*Peptostreptococcus*） 685
饕杆菌属（*Peredibacter*） 686
饕杆菌科（*Peredibacteraceae*） 686
过纤细杆菌属（*Perexilibacter*） 686
透橄菌属（*Perlucidibaca*） 687
二叠纪杆菌属（*Permianibacter*） 687
小珀耳塞福涅菌属（*Persephonella*） 687
桃杵菌属（*Persicirhabdus*） 688

桃针菌属（*Persicitalea*） ………………………………………………………… 688
桃幡菌属（*Persicivirga*） ………………………………………………………… 688
桃杆菌属（*Persicobacter*） ……………………………………………………… 689
石单胞菌属（*Petrimonas*） ……………………………………………………… 689
石杆菌属（*Petrobacter*） ………………………………………………………… 689
石袍菌属（*Petrotoga*） …………………………………………………………… 689

Pf …………………………………………………………………………………………… 690
 芬尼氏菌属（*Pfennigia*） ………………………………………………………… 690

Ph …………………………………………………………………………………………… 690
 棕杆菌属（*Phaeobacter*） ………………………………………………………… 690
 棕色菌属（*Phaeochromatium*） …………………………………………………… 691
 棕腺藻属杆菌属（*Phaeocystidibacter*） …………………………………………… 691
 棕指藻属杆菌属（*Phaeodactylibacter*） …………………………………………… 691
 棕小螺体属（*Phaeospirillum*） …………………………………………………… 691
 棕弧菌属（*Phaeovibrio*） ………………………………………………………… 692
 树袋熊属小杆菌属（*Phascolarctobacterium*） ……………………………………… 692
 菜豆腺菌科（*Phaselicystidaceae*） ………………………………………………… 692
 菜豆腺菌属（*Phaselicystis*） ……………………………………………………… 693
 菜豆杆菌属（*Phaseolibacter*） …………………………………………………… 693
 苯基小杆菌属（*Phenylobacterium*） ……………………………………………… 693
 福西亚栖菌属（*Phocaeicola*） …………………………………………………… 694
 鼠海豚杆菌属（*Phocoenobacter*） ……………………………………………… 694
 佛撒西亚菌属（*Phorcysia*） ……………………………………………………… 694
 光杆菌纲（*Photobacteria*） ……………………………………………………… 695
 光小杆菌属（*Photobacterium*） ………………………………………………… 695
 光杵菌属（*Photorhabdus*） ……………………………………………………… 695
 井杆菌属（*Phreatobacter*） ……………………………………………………… 695
 海草果菌属（*Phycicoccus*） ……………………………………………………… 696
 海草栖菌属（*Phycicola*） ………………………………………………………… 696
 海草球菌属（*Phycisphaera*） …………………………………………………… 696
 海草球菌科（*Phycisphaeraceae*） ……………………………………………… 697
 海草球菌纲（*Phycisphaerae*） …………………………………………………… 697
 海草球菌目（*Phycisphaerales*） ………………………………………………… 697
 叶小杆菌科（*Phyllobacteriaceae*） ……………………………………………… 697
 叶小杆菌属（*Phyllobacterium*） ………………………………………………… 698
 植居菌属（*Phytohabitans*） ……………………………………………………… 698
 植单孢菌属（*Phytomonospora*） ………………………………………………… 698

Pi …………………………………………………………………………………………… 699
 俄太生化菌属（*Pibocella*） ……………………………………………………… 699

嗜苦菌科（*Picrophilaceae*） …… 699
嗜苦菌目（*Picrophilales*） …… 699
嗜苦菌纲（*Picrophilea*） …… 699
嗜苦菌属（*Picrophilus*） …… 700
噬染料菌属（*Pigmentiphaga*） …… 700
镖杆菌属（*Pilibacter*） …… 700
墨利埃发菌属（*Pilimelia*） …… 701
皮洛氏菌属（*Pillotina*） …… 701
猪油杆菌属（*Pimelobacter*） …… 701
梨菌属（*Pirella*） …… 702
小梨菌属（*Pirellula*） …… 702
鱼竿菌属（*Piscibacillus*） …… 702
鱼果菌属（*Piscicoccus*） …… 703
鱼璆菌属（*Pisciglobus*） …… 703
塘杆菌属（*Piscinibacter*） …… 703
鱼立克次体属（*Piscirickettsia*） …… 704
鱼立克次体科（*Piscirickettsiaceae*） …… 704

Pl …… 704

浮霉菌纲（*Planctomycea*） …… 704
浮霉菌属（*Planctomyces*） …… 704
浮霉菌科（*Planctomycetaceae*） …… 705
浮霉菌目（*Planctomycetales*） …… 705
平丝菌属（*Planifilum*） …… 705
浮海菌属（*Planktomarina*） …… 706
浮针菌属（*Planktotalea*） …… 706
浮发状藻属（*Planktothricoides*） …… 706
浮发藻属（"*Planktothrix*"） …… 707
浮小杆菌属（*Planobacterium*） …… 707
浮双孢菌属（*Planobispora*） …… 708
浮果菌科（*Planococcaceae*） …… 708
浮果菌属（*Planococcus*） …… 708
浮微菌属（*Planomicrobium*） …… 708
浮单孢菌属（*Planomonospora*） …… 709
浮多孢菌属（*Planopolyspora*） …… 709
浮孢囊菌属（*Planosporangium*） …… 709
浮四孢菌属（*Planotetraspora*） …… 710
植放线孢菌属（*Plantactinospora*） …… 710
植杆菌属（*Plantibacter*） …… 710
塑聚菌属（*Plasticicumulans*） …… 711

普勒俄涅菌属（*Pleionea*） 711
多形小杆菌属（*Pleomorphobacterium*） 711
多形单胞菌属（*Pleomorphomonas*） 711
邻腺菌属（*Plesiocystis*） 712
邻单胞菌属（*Plesiomonas*） 712
宽胶囊藻目（*Pleurocapsales*） 712
多杆菌属（*Pluralibacter*） 713

Po 713
极杆菌属（*Polaribacter*） 713
极单胞菌属（*Polaromonas*） 713
多囊菌科（*Polyangiaceae*） 714
多囊菌属（*Polyangium*） 714
多枝霉菌属（*Polycladomyces*） 714
多形杆菌属（*Polymorphobacter*） 714
多形孢菌属（*Polymorphospora*） 715
多核杆菌属（*Polynucleobacter*） 715
夷橄菌属（*Pontibaca*） 715
夷竿菌属（*Pontibacillus*） 716
夷杆菌属（*Pontibacter*） 716
夷柄菌属（*Ponticaulis*） 716
夷果菌属（*Ponticoccus*） 717
夷单胞菌属（*Pontimonas*） 717
夷杵菌属（*Pontirhabdus*） 717
卟杆菌属（*Porphyrobacter*） 718
卟单胞菌科（*Porphyromonadaceae*） 718
卟单胞菌属（*Porphyromonas*） 718
港杆菌属（*Portibacter*） 719
港果菌属（*Porticoccus*） 719
波西登胞菌属（*Poseidonocella*） 719
浦工大菌属（*Postechiella*） 720
聚乙烯醇杆菌属（*Povalibacter*） 720

Pr 720
布拉格菌属（*Pragia*） 720
普劳塞姓菌属（*Prauserella*） 720
普雷沃特姓菌属（*Prevotella*） 721
普雷沃特姓菌科（*Prevotellaceae*） 721
极研所菌属（*Pricia*） 721
滨海边疆杆菌属（*Primorskyibacter*） 722
原绿藻科（*Prochloraceae*） 722

原绿藻目（*Prochlorales*）	722
原绿果藻属（*Prochlorococcus*）	723
原绿藻属（*Prochloron*）	723
原绿发藻属（*Prochlorothrix*）	723
原绿发藻科（*Prochlorotrichaceae*）	724
深渊小杆菌属（*Profundibacterium*）	724
脯氨酸饕菌属（*Prolinoborus*）	724
涨杆菌属（*Prolixibacter*）	724
涨杆菌科（*Prolixibacteraceae*）	725
原微单孢菌属（*Promicromonospora*）	725
原微单孢菌科（*Promicromonosporaceae*）	725
丙酸杆菌属（*Propionibacter*）	726
丙酸小杆菌科（*Propionibacteriaceae*）	726
丙酸小杆菌亚目（*Propionibacterineae*）	726
丙酸小杆菌属（*Propionibacterium*）	727
丙酸胞菌属（*Propionicicella*）	727
丙酸槌菌属（*Propioniciclava*）	727
丙酸单胞菌属（*Propionicimonas*）	728
丙酸肥菌属（*Propioniferax*）	728
丙酸生菌属（*Propionigenium*）	728
丙酸微菌属（*Propionimicrobium*）	729
丙酸螺体属（*Propionispira*）	729
丙酸孢菌属（*Propionispora*）	729
丙酸弧菌属（*Propionivibrio*）	730
突柄杆菌属（*Prosthecobacter*）	730
突柄绿菌属（*Prosthecochloris*）	730
突柄微菌属（*Prosthecomicrobium*）	731
变形菌族（*Proteeae*）	731
朊饕菌属（*Proteiniborus*）	731
朊碎菌属（*Proteiniclasticum*）	732
嗜朊菌属（*Proteiniphilum*）	732
吞朊菌科（*Proteinivoraceae*）	732
吞朊菌属（*Proteinivorax*）	732
变形杆菌纲（*Proteobacteria*）	733
朊小链菌属（*Proteocatella*）	733
变形菌属（*Proteus*）	733
原古菌纲（*Protoarchaea*）	734
原单胞菌属（*Protomonas*）	734
普罗维登斯菌属（*Providencia*）	734

Ps ... 735

- 假吞酸菌属（*Pseudacidovorax*） ... 735
- 假阿伦斯氏菌属（*Pseudahrensia*） ... 735
- 假胺杆菌属（*Pseudaminobacter*） ... 735
- 假弓胞菌属（*Pseudarcicella*） ... 736
- 假水生黏菌属（*Pseudenhygromyxa*） ... 736
- 假海源菌属（*Pseudidiomarina*） ... 736
- 假另单胞菌科（*Pseudoalteromonadaceae*） ... 737
- 假另单胞菌属（*Pseudoalteromonas*） ... 737
- 假无覃酸菌属（*Pseudoamycolata*） ... 737
- 假杆菌属（*Pseudobacter*） ... 738
- 假杆状菌属（*Pseudobacteroides*） ... 738
- 假丁酸弧菌属（*Pseudobutyrivibrio*） ... 738
- 假屠杆菌属（*Pseudocaedibacter*） ... 738
- 假螯果菌属（*Pseudochelatococcus*） ... 739
- 假苍棍菌属（*Pseudochrobactrum*） ... 739
- 假柠檬杆菌属（*Pseudocitrobacter*） ... 739
- 假槌杆菌属（*Pseudoclavibacter*） ... 740
- 假脱硫化弧菌属（*Pseudodesulfovibrio*） ... 740
- 假东海栖菌属（*Pseudodonghicola*） ... 740
- 假芏擀姓菌属（*Pseudoduganella*） ... 740
- 假破黄酮菌属（*Pseudoflavonifractor*） ... 740
- 假黄棕杆菌属（*Pseudofulvibacter*） ... 741
- 假黄棕单胞菌属（*Pseudofulvimonas*） ... 741
- 假瘦竿菌属（*Pseudogracilibacillus*） ... 741
- 假古本茌氏菌属（*Pseudogulbenkiania*） ... 741
- 假哈莉菌属（*Pseudohaliea*） ... 742
- 假运果菌属（*Pseudokineococcus*） ... 742
- 假双头斧菌属（*Pseudolabrys*） ... 742
- 假海曲菌属（*Pseudomaricurvus*） ... 743
- 假单胞菌科（*Pseudomonadaceae*） ... 743
- 假单胞菌目（*Pseudomonadales*） ... 743
- 假单胞菌族（*Pseudomonadeae*） ... 743
- 假单胞菌亚目（*Pseudomonadineae*） ... 744
- 假单胞菌属（*Pseudomonas*） ... 744
- 假诺卡氏菌属（*Pseudonocardia*） ... 744
- 假诺卡氏菌科（*Pseudonocardiaceae*） ... 745
- 假诺卡氏菌亚目（*Pseudonocardineae*） ... 745
- 假基地杆菌属（*Pseudopedobacter*） ... 745

假外海栖菌属（*Pseudopelagicola*) ……745
假棕杆菌属（*Pseudophaeobacter*) ……746
假枝杆菌属（*Pseudoramibacter*) ……746
假玫杆菌属（*Pseudorhodobacter*) ……746
假玫肥菌属（*Pseudorhodoferax*) ……747
假鲁戈氏菌属（*Pseudoruegeria*) ……747
假斯卡多维氏菌属（*Pseudoscardovia*) ……747
假鞘氨醇小杆菌属（*Pseudosphingobacterium*) ……748
假小螺体属（*Pseudospirillum*) ……748
假孢囊菌属（*Pseudosporangium*) ……748
假船蛆科杆菌属（*Pseudoteredinibacter*) ……748
假热袍菌属（*Pseudothermotoga*) ……749
假弧菌属（*Pseudovibrio*) ……749
假黄杆菌属（*Pseudoxanthobacter*) ……749
假黄单胞菌属（*Pseudoxanthomonas*) ……750
假佐贝尔氏菌属（*Pseudozobellia*) ……750
冷泥杆菌属（*Psychrilyobacter*) ……750
冷竿菌属（*Psychrobacillus*) ……750
冷杆菌属（*Psychrobacter*) ……751
冷屈菌属（*Psychroflexus*) ……751
冷冰栖菌属（*Psychroglaciecola*) ……751
冷单胞菌科（*Psychromonadaceae*) ……752
冷单胞菌属（*Psychromonas*) ……752
冷蛇菌属（*Psychroserpens*) ……752
冷球菌属（*Psychrosphaera*) ……752
Pu ……753
普鲁兰竿菌属（*Pullulanibacillus*) ……753
桃红小杆菌属（*Puniceibacterium*) ……753
桃红果菌科（*Puniceicoccaceae*) ……753
桃红果菌目（*Puniceicoccales*) ……754
桃红果菌属（*Puniceicoccus*) ……754
纳单胞菌属（*Pusillimonas*) ……754
疱小杆菌属（*Pustulibacterium*) ……755
Py ……755
金字塔杆菌属（*Pyramidobacter*) ……755
火单胞菌属（*Pyrinomonas*) ……755
火茎菌属（*Pyrobaculum*) ……756
火果菌属（*Pyrococcus*) ……756
火网菌科（*Pyrodictiaceae*) ……756

火网菌属（*Pyrodictium*） ………………………………………………………… 756
火叶菌属（*Pyrolobus*） …………………………………………………………… 757
匣果菌属（*Pyxidicoccus*） ………………………………………………………… 757

Q 部

Qu …………………………………………………………………………………… 758
方果菌属（*Quadricoccus*） ………………………………………………………… 758
方球菌属（*Quadrisphaera*） ……………………………………………………… 758
方果菌属（*Quatrionicoccus*） …………………………………………………… 758
奎因姓菌属（*Quinella*） …………………………………………………………… 759

R 部

Ra …………………………………………………………………………………… 760
拉恩姓菌属（*Rahnella*） …………………………………………………………… 760
罗尔斯顿氏菌属（*Ralstonia*） …………………………………………………… 760
沙杆菌属（*Ramlibacter*） ………………………………………………………… 760
劳尔特姓菌属（*Raoultella*） ……………………………………………………… 761
迅发菌属（*Rapidithrix*） ………………………………………………………… 761
罕杆菌属（*Rarobacter*） …………………………………………………………… 761
罕杆菌科（*Rarobacteraceae*） …………………………………………………… 762
拉特黑氏杆菌属（*Rathayibacter*） ……………………………………………… 762

Re …………………………………………………………………………………… 762
热海小杆菌属（*Rehaibacterium*） ……………………………………………… 762
赖兴巴赫氏菌属（*Reichenbachia*） ……………………………………………… 763
赖兴巴赫姓菌属（*Reichenbachiella*） …………………………………………… 763
瑞英克岛菌属（*Reinekea*） ……………………………………………………… 764
肾小杆菌属（*Renibacterium*） …………………………………………………… 764
莱朗河菌属（*Reyranella*） ………………………………………………………… 764

Rh …………………………………………………………………………………… 765
杵色菌属（*Rhabdochromatium*） ………………………………………………… 765
杵热菌属（*Rhabdothermus*） …………………………………………………… 765
莱茵海默氏菌属（*Rheinheimera*） ……………………………………………… 765
根杆菌属（*Rhizobacter*） ………………………………………………………… 766
根瘤菌科（*Rhizobiaceae*） ……………………………………………………… 766
根瘤菌目（*Rhizobiales*） ………………………………………………………… 766
根瘤菌族（*Rhizobieae*） …………………………………………………………… 767
根瘤菌属（*Rhizobium*） …………………………………………………………… 767
根栖菌属（*Rhizocola*） …………………………………………………………… 767
根微菌属（*Rhizomicrobium*） …………………………………………………… 767

根单胞菌属（*Rhizomonas*） ……………………………………… 768
根杵菌属（*Rhizorhabdus*） ……………………………………… 768
根秆菌属（*Rhizorhapis*） ………………………………………… 768
隆河杆菌属（*Rhodanobacter*） ………………………………… 768
玫橄菌属（*Rhodobaca*） ………………………………………… 769
玫杆菌属（*Rhodobacter*） ……………………………………… 769
玫杆菌科（*Rhodobacteraceae*） ………………………………… 770
玫杆菌目（*Rhodobacterales*） …………………………………… 770
玫菌科（*Rhodobiaceae*） ………………………………………… 770
玫菌属（*Rhodobium*） …………………………………………… 770
玫芽菌属（*Rhodoblastus*） ……………………………………… 771
玫篓菌属（*Rhodocista*） ………………………………………… 771
玫果菌属（*Rhodococcus*） ……………………………………… 771
玫环菌科（*Rhodocyclaceae*） …………………………………… 771
玫环菌目（*Rhodocyclales*） …………………………………… 772
玫环菌属（*Rhodocyclus*） ……………………………………… 772
玫噬胞菌属（*Rhodocytophaga*） ……………………………… 772
玫肥菌属（*Rhodoferax*） ………………………………………… 773
玫璆菌属（*Rhodoglobus*） ……………………………………… 773
玫寡营菌属（*Rhodoligotrophos*） ……………………………… 773
玫月菌属（*Rhodoluna*） ………………………………………… 774
玫微菌属（*Rhodomicrobium*） ………………………………… 774
小玫菌属（*Rhodonellum*） ……………………………………… 774
玫柱菌属（*Rhodopila*） ………………………………………… 775
玫小梨菌属（*Rhodopirellula*） ………………………………… 775
玫浮菌属（*Rhodoplanes*） ……………………………………… 775
玫假单胞菌属（*Rhodopseudomonas*） ………………………… 775
玫螺体属（*Rhodospira*） ………………………………………… 776
玫小螺体科（*Rhodospirillaceae*） ……………………………… 776
玫小螺体目（*Rhodospirillales*） ………………………………… 776
玫小螺体属（*Rhodospirillum*） ………………………………… 777
玫塔拉萨菌科（*Rhodothalassiaceae*） ………………………… 777
玫塔拉萨菌目（*Rhodothalassiales*） …………………………… 777
玫塔拉萨菌属（*Rhodothalassium*） …………………………… 778
玫热菌科（*Rhodothermaceae*） ………………………………… 778
玫热菌属（*Rhodothermus*） …………………………………… 778
玫变菌属（*Rhodovarius*） ……………………………………… 779
玫弧菌属（*Rhodovibrio*） ……………………………………… 779
玫小卵菌属（*Rhodovulum*） …………………………………… 779

Ri ... 780

- 立克次氏体属（*Rickettsia*） ... 780
- 立克次氏体科（*Rickettsiaceae*） ... 780
- 立克次氏体目（*Rickettsiales*） ... 780
- 立克次氏体族（*Rickettsieae*） ... 781
- 立克次姓体属（*Rickettsiella*） ... 781
- 里默姓菌属（*Riemerella*） ... 781
- 理研所菌属（*Rikenella*） ... 782
- 理研所菌科（*Rikenellaceae*） ... 782
- 河杆菌属（*Rivibacter*） ... 782
- 河栖菌属（*Rivicola*） ... 783

Ro ... 783

- 罗伯特科赫氏菌属（*Robertkochia*） ... 783
- 锈针菌属（*Robiginitalea*） ... 783
- 锈肠菌属（*Robiginitomaculum*） ... 784
- 罗宾逊姓菌属（*Robinsoniella*） ... 784
- 罗刹利马氏菌属（*Rochalimaea*） ... 784
- 玫瑰缺菌属（*Roseateles*） ... 785
- 锣西白离氏菌属（*Roseburia*） ... 785
- 玫瑰弓菌科（*Roseiarcaceae*） ... 785
- 玫瑰弓菌属（*Roseiarcus*） ... 786
- 玫瑰橄菌属（*Roseibaca*） ... 786
- 玫瑰竿菌属（*Roseibacillus*） ... 786
- 玫瑰小杆菌属（*Roseibacterium*） ... 787
- 玫瑰菌属（*Roseibium*） ... 787
- 玫瑰柠檬菌属（*Roseicitreum*） ... 787
- 玫瑰环菌属（*Roseicyclus*） ... 788
- 玫瑰屈菌科（*Roseiflexaceae*） ... 788
- 玫瑰屈菌亚目（*Roseiflexineae*） ... 788
- 玫瑰屈菌属（*Roseiflexus*） ... 788
- 玫瑰微菌属（*Roseimicrobium*） ... 789
- 玫瑰泡碱杆菌属（*Roseinatronobacter*） ... 789
- 玫瑰盐菌属（*Roseisalinus*） ... 790
- 玫瑰幡菌属（*Roseivirga*） ... 790
- 玫瑰旺菌属（*Roseivivax*） ... 791
- 罗森堡氏菌属（*Rosenbergiella*） ... 791
- 玫瑰杆菌属（*Roseobacter*） ... 791
- 玫瑰果菌属（*Roseococcus*） ... 792
- 玫瑰单胞菌属（*Roseomonas*） ... 792

玫瑰螺体属（*Roseospira*） 792
玫瑰小螺体属（*Roseospirillum*） 793
玫瑰变菌属（*Roseovarius*） 793
逻丝氏菌属（*Rothia*） 793
Ru 794
阮氏菌属（*Ruania*） 794
阮氏菌科（*Ruaniaceae*） 794
淡红微菌属（*Rubellimicrobium*） 794
浅红杆菌属（*Rubidibacter*） 795
红小杆菌属（*Rubribacterium*） 795
红果菌属（*Rubricoccus*） 795
红单胞菌属（*Rubrimonas*） 795
红针菌属（*Rubritalea*） 796
红针菌科（*Rubritaleaceae*） 796
红暖菌属（*Rubritepida*） 796
红幡菌属（*Rubrivirga*） 797
红旺菌属（*Rubrivivax*） 797
红杆菌属（*Rubrobacter*） 797
红杆菌科（*Rubrobacteraceae*） 798
红杆菌目（*Rubrobacterales*） 798
红杆菌纲（*Rubrobacteria*） 798
红杆菌亚纲（*Rubrobacteridae*） 798
韩农发局菌属（*Rudaea*） 799
韩农发局果菌属（*Rudaeicoccus*） 799
韩农发局杆菌属（*Rudaibacter*） 799
韩农发局小菌属（*Rudanella*） 799
鲁戈氏菌属（*Ruegeria*） 800
赤杆菌属（*Rufibacter*） 800
皱单胞菌属（*Rugamonas*） 800
皱单孢菌属（*Rugosimonospora*） 801
瘤胃杆菌属（*Ruminobacter*） 801
瘤胃果菌科（*Ruminococcaceae*） 801
瘤胃果菌属（*Ruminococcus*） 802
拉梅尔氏竿菌属（*Rummeliibacillus*） 802
尼文菌属（*Runella*） 802

S 部

Sa 804
沙岸杆菌属（*Sabulilitoribacter*） 804

甘蔗竿菌属（*Saccharibacillus*） ……………………………………… 804
甘蔗杆菌属（*Saccharibacter*） ………………………………………… 805
甘蔗毛菌属（*Saccharicrinis*） ………………………………………… 805
糖杆菌属（*Saccharobacter*） …………………………………………… 805
糖果菌属（*Saccharococcus*） …………………………………………… 805
糖发酵菌属（*Saccharofermentans*） ……………………………………… 806
糖单孢菌属（*Saccharomonospora*） ……………………………………… 806
噬糖菌属（*Saccharophagus*） …………………………………………… 807
甘蔗多孢菌属（*Saccharopolyspora*） …………………………………… 807
糖小螺体属（*Saccharospirillum*） ……………………………………… 807
糖发菌属（*Saccharothrix*） ……………………………………………… 808
箭头菌属（*Sagittula*） …………………………………………………… 808
萨勒河菌属（*Salana*） …………………………………………………… 808
盐古菌属（*Salarchaeum*） ……………………………………………… 809
需盐杆菌属（*Salegentibacter*） ………………………………………… 809
盐竿菌属（*Salibacillus*） ……………………………………………… 809
盐栖菌属（*Salicola*） …………………………………………………… 810
盐中嗜杆菌属（*Salimesophilobacter*） ………………………………… 810
盐微菌属（*Salimicrobium*） ……………………………………………… 810
盐放线孢菌属（*Salinactinospora*） ……………………………………… 810
盐场古菌属（*Salinarchaeum*） …………………………………………… 811
盐場单胞菌属（*Salinarimonas*） ………………………………………… 811
盐场竿菌属（*Salinibacillus*） …………………………………………… 811
盐场杆菌属（*Salinibacter*） ……………………………………………… 812
盐场小杆菌属（*Salinibacterium*） ……………………………………… 812
盐果菌属（*Salinicoccus*） ………………………………………………… 812
盐场栖菌属（*Salinicola*） ………………………………………………… 813
盐场粒菌属（*Salinigranum*） ……………………………………………… 813
盐场居菌属（*Salinihabitans*） …………………………………………… 813
盐场微菌属（*Salinimicrobium*） ………………………………………… 813
盐场单胞菌属（*Salinimonas*） …………………………………………… 814
盐爬菌属（*Salinirepens*） ………………………………………………… 814
盐球菌属（*Salinisphaera*） ……………………………………………… 814
盐场小螺体属（*Salinispirillum*） ………………………………………… 815
盐孢菌属（*Salinispora*） ………………………………………………… 815
盐弧菌属（*Salinivibrio*） ………………………………………………… 815
盐懒菌属（*Salipiger*） …………………………………………………… 816
盐杵菌属（*Salirhabdus*） ………………………………………………… 816
盐鬃菌属（*Salisaeta*） …………………………………………………… 816
盐沉积小杆菌属（*Salisediminibacterium*） ……………………………… 816

中文名	学名	页码
盐土竿菌属	(*Saliterribacillus*)	817
沙门姓菌属	(*Salmonella*)	817
沙门姓菌族	(*Salmonelleae*)	818
盐水竿菌属	(*Salsuginibacillus*)	818
叁逊氏菌属	(*Samsonia*)	818
橙色菌科	(*Sandaracinaceae*)	818
橙色杆菌属	(*Sandaracinobacter*)	819
橙色菌属	(*Sandaracinus*)	819
橙色杵菌属	(*Sandarakinorhabdus*)	819
橙色针菌属	(*Sandarakinotalea*)	820
血杆菌属	(*Sanguibacter*)	820
血杆菌科	(*Sanguibacteraceae*)	820
腐螺体属	(*Saprospira*)	821
腐螺体科	(*Saprospiraceae*)	821
八球菌属	(*Sarcina*)	821
肉菌属	(*Sarcobium*)	821
岩杆菌属	(*Saxeibacter*)	822

Sc ······ 822

斯卡多维氏菌属	(*Scardovia*)	822
席讷氏菌属	(*Schineria*)	822
裂霉菌纲	(*Schizomycetes*)	823
席乐阁姓菌属	(*Schlegelella*)	823
西拉福氏菌属	(*Schleiferia*)	823
西拉福氏菌科	(*Schleiferiaceae*)	824
席勒斯讷氏菌属	(*Schlesneria*)	824
舒曼姓菌属	(*Schumannella*)	824
西瓦茨氏菌属	(*Schwartzia*)	824
南海所菌属	(*Sciscionella*)	825
暗杆菌纲	(*Scotobacteria*)	825

Se ······ 825

西博尔德姓菌属	(*Sebaldella*)	825
沉淀杆菌属	(*Sedimentibacter*)	826
沉淀栖菌属	(*Sedimenticola*)	826
沉淀针菌属	(*Sedimentitalea*)	826
沉积竿菌属	(*Sediminibacillus*)	827
沉积杆菌属	(*Sediminibacter*)	827
沉积小杆菌属	(*Sediminibacterium*)	827
沉积栖菌属	(*Sediminicola*)	828
沉积居菌属	(*Sediminihabitans*)	828

沉积单胞菌属（*Sediminimonas*） 828
沉积绳菌属（*Sediminitomix*） 828
壤杆菌属（*Segetibacter*） 829
慢脂菌科（*Segniliparaceae*） 829
慢脂菌属（*Segniliparus*） 829
清野姓菌属（*Seinonella*） 830
世宗菌属（*Sejongia*） 830
硒卤厌氧杆菌属（*Selenihalanaerobacter*） 830
硒弧菌属（*Seleniivibrio*） 831
月单胞菌目（*Selenomonadales*） 831
月单胞菌属（*Selenomonas*） 831
塞里伯氏菌属（*Seliberia*） 832
塞内加尔马西利亚菌属（*Senegalimassilia*） 832
黄海栖菌属（*Seohaeicola*） 832
西南海栖菌属（*Seonamhaeicola*） 833
丝氨酸杆菌属（*Serinibacter*） 833
丝氨酸果菌属（*Serinicoccus*） 833
蛇菌属（*Serpens*） 834
小蛇菌属（*Serpula*） 834
小蛇般菌属（*Serpulina*） 834
沙雷氏菌属（*Serratia*） 835
沙雷氏菌族（*Serratieae*） 835

Sh 835

夏普氏菌属（*Sharpea*） 835
希万姓菌属（*Shewanella*） 836
希万姓菌科（*Shewanellaceae*） 836
志贺姓菌属（*Shigella*） 836
岛津姓菌属（*Shimazuella*） 837
沈氏菌属（*Shimia*） 837
辛威尔氏菌属（*Shimwellia*） 837
申姓菌属（*Shinella*） 838
希瓦吉姓菌属（*Shivajiella*） 838
沙特尔沃斯氏菌属（*Shuttleworthia*） 838

Si 838

线西幡菌属（*Siansivirga*） 838
干杆菌属（*Siccibacter*） 839
喷泉单胞菌属（*Silanimonas*） 839
硅杆菌属（*Silicibacter*） 839
森林单胞菌属（*Silvimonas*） 840

志津氏菌属（*Simiduia*） ……………………………………………………………… 840
西蒙卡氏菌属（*Simkania*） …………………………………………………………… 840
西蒙卡氏菌科（*Simkaniaceae*） ……………………………………………………… 841
西蒙姓菌属（*Simonsiella*） …………………………………………………………… 841
西蒙姓菌科（*Simonsiellaceae*） ……………………………………………………… 841
简螺体属（*Simplicispira*） …………………………………………………………… 841
奇单胞菌属（*Singularimonas*） ……………………………………………………… 842
单球菌属（*Singulisphaera*） ………………………………………………………… 842
中华竿菌属（*Sinibacillus*） …………………………………………………………… 842
中华橄菌属（*Sinobaca*） ……………………………………………………………… 842
中华杆菌属（*Sinobacter*） …………………………………………………………… 843
中华杆菌科（*Sinobacteraceae*） ……………………………………………………… 843
中华小杆菌属（*Sinobacterium*） ……………………………………………………… 843
中华果菌属（*Sinococcus*） …………………………………………………………… 844
中华微菌属（*Sinomicrobium*） ……………………………………………………… 844
中华单胞菌属（*Sinomonas*） ………………………………………………………… 844
中华根瘤菌属（*Sinorhizobium*） ……………………………………………………… 845
中华孢囊菌属（*Sinosporangium*） …………………………………………………… 845
管杆菌属（*Siphonobacter*） ………………………………………………………… 845
Sk ……………………………………………………………………………………………… 846
斯克曼姓菌属（*Skermanella*） ……………………………………………………… 846
斯克曼氏菌属（*Skermania*） ………………………………………………………… 846
Sl ……………………………………………………………………………………………… 847
斯奈克氏菌属（*Slackia*） …………………………………………………………… 847
Sm ……………………………………………………………………………………………… 847
孔雀石果菌属（*Smaragdicoccus*） …………………………………………………… 847
史密斯姓菌属（*Smithella*） ………………………………………………………… 847
Sn ……………………………………………………………………………………………… 848
斯尼思氏菌属（*Sneathia*） …………………………………………………………… 848
斯尼思姓菌属（*Sneathiella*） ………………………………………………………… 848
斯尼思姓菌科（*Sneathiellaceae*） …………………………………………………… 848
斯尼思姓菌目（*Sneathiellales*） ……………………………………………………… 849
斯诺德格拉斯姓菌属（*Snodgrassella*） ……………………………………………… 849
首尔大菌属（*Snuella*） ……………………………………………………………… 849
So ……………………………………………………………………………………………… 849
同伴菌属（*Sodalis*） ………………………………………………………………… 849
泽恩根氏菌属（*Soehngenia*） ……………………………………………………… 850
壤竿菌属（*Solibacillus*） …………………………………………………………… 850
壤单胞菌科（*Solimonadaceae*） ……………………………………………………… 850

壤单胞菌属（*Solimonas*） ……… 851
壤红杆菌属（*Solirubrobacter*） ……… 851
壤红杆菌科（*Solirubrobacteraceae*） ……… 851
壤红杆菌目（*Solirubrobacterales*） ……… 851
壤针菌属（*Solitalea*） ……… 852
惟小杆菌属（*Solobacterium*） ……… 852
顺禹氏菌属（*Soonwooa*） ……… 852
堆囊菌亚目（*Sorangiineae*） ……… 853
堆囊菌属（*Sorangium*） ……… 853
Sp ……… 853
穴果菌属（*Spelaeicoccus*） ……… 853
球孢囊菌属（*Sphaerisporangium*） ……… 853
球杆菌属（*Sphaerobacter*） ……… 854
球杆菌科（*Sphaerobacteraceae*） ……… 854
球杆菌目（*Sphaerobacterales*） ……… 854
球杆菌亚纲（*Sphaerobacteridae*） ……… 854
球旋体属（*Sphaerochaeta*） ……… 855
球尘菌属（*Sphaerotilus*） ……… 855
鞘氨醇小杆菌科（*Sphingobacteriaceae*） ……… 855
鞘氨醇小杆菌目（*Sphingobacteriales*） ……… 856
鞘氨醇小杆菌纲（*Sphingobacteriia*） ……… 856
鞘氨醇小杆菌属（*Sphingobacterium*） ……… 856
鞘氨醇菌属（*Sphingobium*） ……… 857
鞘氨醇微菌属（*Sphingomicrobium*） ……… 857
鞘氨醇单胞菌科（*Sphingomonadaceae*） ……… 858
鞘氨醇单胞菌目（*Sphingomonadales*） ……… 858
鞘氨醇单胞菌属（*Sphingomonas*） ……… 858
鞘氨醇盒菌属（*Sphingopyxis*） ……… 858
鞘氨醇杵菌属（*Sphingorhabdus*） ……… 859
鞘氨醇胞菌属（*Sphingosinicella*） ……… 859
脊孢菌属（*Spinactinospora*） ……… 860
螺杆菌属（*Spiribacter*） ……… 860
小螺体科（*Spirillaceae*） ……… 860
小螺体目（*Spirillales*） ……… 860
小螺体族（*Spirilleae*） ……… 861
小螺浮菌属（*Spirilliplanes*） ……… 861
螺孢菌属（*Spirillospora*） ……… 861
小螺体属（*Spirillum*） ……… 861
螺旋体属（*Spirochaeta*） ……… 862

螺旋体科（*Spirochaetaceae*） ……………………………………………… 863
螺旋体目（*Spirochaetales*） ……………………………………………… 863
螺旋体纲（*Spirochaetes*） ………………………………………………… 863
螺原体属（*Spiroplasma*） ………………………………………………… 863
螺原体科（*Spiroplasmataceae*） ………………………………………… 864
螺体属（*Spirosoma*） ……………………………………………………… 864
螺体科（*Spirosomaceae*） ………………………………………………… 864
海绵杆菌属（*Spongiibacter*） …………………………………………… 864
海绵小杆菌属（*Spongiibacterium*） …………………………………… 865
海绵单胞菌属（*Spongiimonas*） ………………………………………… 865
海绵螺体属（*Spongiispira*） …………………………………………… 865
孢醋生菌属（*Sporacetigenium*） ………………………………………… 865
孢厌氧杆菌属（*Sporanaerobacter*） …………………………………… 866
鱼孢菌属（*Sporichthya*） ………………………………………………… 866
鱼孢菌科（*Sporichthyaceae*） …………………………………………… 866
孢杆菌属（*Sporobacter*） ………………………………………………… 867
孢小杆菌属（*Sporobacterium*） ………………………………………… 867
孢噬胞菌属（*Sporocytophaga*） ………………………………………… 867
孢卤杆菌属（*Sporohalobacter*） ………………………………………… 868
孢乳竿菌科（*Sporolactobacillaceae*） ………………………………… 868
孢乳竿菌属（*Sporolactobacillus*） ……………………………………… 868
孢曲棒菌属（*Sporolituus*） ……………………………………………… 868
孢芭蕉菌属（*Sporomusa*） ……………………………………………… 869
孢盐小杆菌属（*Sporosalibacterium*） ………………………………… 869
孢八球菌属（*Sporosarcina*） …………………………………………… 869
孢针菌属（*Sporotalea*） ………………………………………………… 870
孢肠菌属（*Sporotomaculum*） …………………………………………… 870
St ……………………………………………………………………………… 870
　斯塔克布兰德氏菌属（*Stackebrandtia*） …………………………… 870
　海环国重菌属（*Stakelama*） ………………………………………… 871
　斯特利氏菌属（*Staleya*） ……………………………………………… 871
　斯塔尼尔姓菌属（*Stanierella*） ……………………………………… 872
　葡萄果菌科（*Staphylococcaceae*） …………………………………… 872
　葡萄果菌族（*Staphylococceae*） ……………………………………… 872
　葡萄果菌属（*Staphylococcus*） ………………………………………… 872
　葡萄热菌属（*Staphylothermus*） ……………………………………… 873
　斯塔普氏菌属（*Stappia*） ……………………………………………… 873
　斯塔基氏菌属（*Starkeya*） …………………………………………… 873
　星菌属（*Stella*） ………………………………………………………… 874

窄热杆菌属（Stenothermobacter）……874
窄营单胞菌属（Stenotrophomonas）……874
窄氧杆菌属（Stenoxybacter）……875
甾类杆菌属（Steroidobacter）……875
甾酮小杆菌属（Sterolibacterium）……875
斯泰特氏菌属（Stetteria）……876
锑杆菌属（Stibiobacter）……876
斑菌属（Stigmatella）……876
真线藻目（Stigonematales）……876
口茎菌属（Stomatobaculum）……877
口果菌属（Stomatococcus）……877
链嗜酸菌属（Streptacidiphilus）……877
链异垒菌属（Streptoalloteichus）……878
链竿菌属（Streptobacillus）……878
链果菌科（Streptococcaceae）……879
链果菌族（Streptococceae）……879
链果菌属（Streptococcus）……879
链卤竿菌属（Streptohalobacillus）……879
链单孢菌属（Streptomonospora）……880
链霉菌属（Streptomyces）……880
链霉菌科（Streptomycetaceae）……881
链霉菌目（Streptomycetales）……881
链霉菌纲（Streptomycetes）……881
链霉菌亚目（Streptomycineae）……881
链孢囊菌科（Streptosporangiaceae）……882
链孢囊菌亚目（Streptosporangineae）……882
链孢囊菌属（Streptosporangium）……882
链螺体属（Streptoverticillium）……883
冥河叶菌属（Stygiolobus）……883

Su ……883

迷小粒菌属（Subdoligranulum）……883
石下杆菌属（Subsaxibacter）……884
石下微菌属（Subsaximicrobium）……884
低栖菌属（Subtercola）……884
琥珀酸盐单胞菌属（Succinatimonas）……885
劈琥珀酸菌属（Succiniclasticum）……885
琥珀酸单胞菌属（Succinimonas）……885
琥珀酸螺体属（Succinispira）……886
琥珀酸弧菌属（Succinivibrio）……886

琥珀酸弧菌科（*Succinivibrionaceae*） …… 886
亚硫酸盐杆菌属（*Sulfitobacter*） …… 887
硫化竿菌属（*Sulfobacillus*） …… 887
硫叶菌科（*Sulfolobaceae*） …… 887
硫叶菌目（*Sulfolobales*） …… 888
硫叶菌属（*Sulfolobus*） …… 888
恐硫果菌属（*Sulfophobococcus*） …… 888
硫胞菌属（*Sulfuricella*） …… 889
硫曲菌属（*Sulfuricurvum*） …… 889
硫氢菌属（*Sulfurihydrogenibium*） …… 889
硫单胞菌属（*Sulfurimonas*） …… 889
硫体属（*Sulfurisoma*） …… 890
硫球菌属（*Sulfurisphaera*） …… 890
硫针菌属（*Sulfuritalea*） …… 890
硫幡菌属（*Sulfurivirga*） …… 891
硫果菌属（*Sulfurococcus*） …… 891
硫小螺体属（*Sulfurospirillum*） …… 891
硫卵菌属（*Sulfurovum*） …… 892
成均馆菌属（*Sungkyunkwania*） …… 892
孙修勤氏菌属（*Sunxiuqinia*） …… 892
萨特姓菌属（*Sutterella*） …… 893
萨特姓菌科（*Sutterellaceae*） …… 893
萨顿姓菌属（*Suttonella*） …… 893

Sw …… 894
斯瓦米纳坦氏菌属（*Swaminathania*） …… 894
斯温斯氏菌属（*Swingsia*） …… 894

Sy …… 894
共生小杆菌科（*Symbiobacteriaceae*） …… 894
共生小杆菌属（*Symbiobacterium*） …… 894
共生菌属（*Symbiotes*） …… 895
协生菌科（*Synergistaceae*） …… 895
协生菌目（*Synergistales*） …… 895
协生菌属（*Synergistes*） …… 896
协生菌纲（*Synergistia*） …… 896
互营醋菌科（*Syntrophaceae*） …… 896
互营醋菌属（*Syntrophaceticus*） …… 897
互营杆菌属（*Syntrophobacter*） …… 897
互营杆菌科（*Syntrophobacteraceae*） …… 897
互营杆菌目（*Syntrophobacterales*） …… 898

条目	页码
互营肠菌属（*Syntrophobotulus*）	898
互营果菌属（*Syntrophococcus*）	898
互营单胞菌科（*Syntrophomonadaceae*）	899
互营单胞菌属（*Syntrophomonas*）	899
互营杆菌科（*Syntrophorhabdaceae*）	899
互营杆菌属（*Syntrophorhabdus*）	899
互营孢菌属（*Syntrophospora*）	900
互营热菌属（*Syntrophothermus*）	900
互营菌属（*Syntrophus*）	901

T 部

Ta
条目	页码
大不里士栖菌属（*Tabrizicola*）	902
沓黑杆菌属（*Tahibacter*）	902
太白菌属（*Taibaiella*）	902
耽罗菌属（*Tamlana*）	903
耽罗果菌属（*Tamlicoccus*）	903
汤飞凡氏菌属（*Tangfeifania*）	903
坦纳姓菌属（*Tannerella*）	904
坦偍查隆氏菌属（*Tanticharoenia*）	904
陶姓菌属（*Taonella*）	904
慢噬菌属（*Tardiphaga*）	905
立山菌属（*Tateyamaria*）	905
塔特洛克氏菌属（*Tatlockia*）	905
塔特姆姓菌属（*Tatumella*）	905
泰勒姓菌属（*Taylorella*）	906

Te
条目	页码
罩杆菌属（*Tectibacter*）	906
垒杆菌纲（*Teichobacteria*）	906
垒果菌属（*Teichococcus*）	907
忒耳斯菌属（*Telluria*）	907
泽杆菌属（*Telmatobacter*）	907
泽栖菌属（*Telmatocola*）	908
泽小螺体属（*Telmatospirillum*）	908
温杆菌属（*Temperatibacter*）	908
温杆菌科（*Temperatibacteraceae*）	908
黏茎菌属（*Tenacibaculum*）	909
修竿菌属（*Tenuibacillus*）	909
暖无形菌属（*Tepidamorphus*）	909

· 78 ·

暖厌氧杆菌属（*Tepidanaerobacter*） ………………………………………………………… 910
暖竿菌属（*Tepidibacillus*） ………………………………………………………………… 910
暖杆菌属（*Tepidibacter*） …………………………………………………………………… 910
暖胞菌属（*Tepidicella*） ……………………………………………………………………… 911
暖微菌属（*Tepidimicrobium*） ……………………………………………………………… 911
暖单胞菌属（*Tepidimonas*） ………………………………………………………………… 911
嗜暖菌属（*Tepidiphilus*） …………………………………………………………………… 912
寺崎姓菌属（*Terasakiella*） ………………………………………………………………… 912
船蛆科杆菌属（*Teredinibacter*） …………………………………………………………… 912
土杆菌属（*Terrabacter*） …………………………………………………………………… 912
土果菌属（*Terracoccus*） …………………………………………………………………… 913
土竿菌属（*Terribacillus*） …………………………………………………………………… 913
土璆菌属（*Terriglobus*） …………………………………………………………………… 913
土微菌属（*Terrimicrobium*） ……………………………………………………………… 914
土单胞菌属（*Terrimonas*） ………………………………………………………………… 914
土孢杆菌属（*Terrisporobacter*） …………………………………………………………… 914
净果菌属（*Tersicoccus*） …………………………………………………………………… 915
肆果菌属（*Tessaracoccus*） ………………………………………………………………… 915
四生果菌属（*Tetragenococcus*） …………………………………………………………… 915
四球菌属（*Tetrasphaera*） ………………………………………………………………… 916
四磺杆菌属（*Tetrathiobacter*） …………………………………………………………… 916
特斯科科竿菌属（*Texcoconibacillus*） …………………………………………………… 916
Th ……………………………………………………………………………………………… 917
  塔拉萨竿菌属（*Thalassobacillus*） ……………………………………………………… 917
  塔拉萨杆菌属（*Thalassobacter*） ………………………………………………………… 917
  塔拉萨茎菌属（*Thalassobaculum*） ……………………………………………………… 918
  塔拉萨菌属（*Thalassobius*） ……………………………………………………………… 918
  塔拉萨果菌属（*Thalassococcus*） ………………………………………………………… 918
  塔拉萨枊菌属（*Thalassolituus*） ………………………………………………………… 919
  塔拉萨单胞菌属（*Thalassomonas*） ……………………………………………………… 919
  塔拉萨螺体属（*Thalassospira*） …………………………………………………………… 920
  塔拉萨针菌属（*Thalassotalea*） …………………………………………………………… 920
  索氏菌属（*Thauera*） ……………………………………………………………………… 920
  热菌科（*Thermaceae*） …………………………………………………………………… 921
  热醋生菌属（*Thermacetogenium*） ……………………………………………………… 921
  热气杆菌属（*Thermaerobacter*） ………………………………………………………… 921
  热菌目（*Thermales*） ……………………………………………………………………… 922
  热厌氧单胞菌属（*Thermanaeromonas*） ………………………………………………… 922
  热厌氧弧菌属（*Thermanaerovibrio*） …………………………………………………… 922

热勿孢霉菌属（*Thermasporomyces*） ……………………………………………… 923
热能菌属（*Thermicanus*） ………………………………………………………… 923
热栖菌属（*Thermincola*） ………………………………………………………… 923
热磠竿菌科（*Thermithiobacillaceae*） …………………………………………… 923
热磠竿菌属（*Thermithiobacillus*） ……………………………………………… 924
热放线菌属（*Thermoactinomyces*） ……………………………………………… 924
热放线菌科（*Thermoactinomycetaceae*） ……………………………………… 924
热放线孢菌属（*Thermoactinospora*） …………………………………………… 925
热厌氧杆菌属（*Thermoanaerobacter*） ………………………………………… 925
热厌氧杆菌科（*Thermoanaerobacteraceae*） ………………………………… 925
热厌氧杆菌目（*Thermoanaerobacterales*） …………………………………… 926
热厌氧小杆菌属（*Thermoanaerobacterium*） ………………………………… 926
热厌氧茎菌属（*Thermoanaerobaculum*） ……………………………………… 926
热厌氧菌属（*Thermoanaerobium*） ……………………………………………… 926
热竿菌属（*Thermobacillus*） ……………………………………………………… 927
热杆状菌属（*Thermobacteroides*） ……………………………………………… 927
热岐菌属（*Thermobifida*） ………………………………………………………… 928
热双孢菌属（*Thermobispora*） …………………………………………………… 928
热枝菌属（*Thermobrachium*） …………………………………………………… 928
热小链孢菌属（*Thermocatellispora*） …………………………………………… 928
热色菌属（*Thermochromatium*） ………………………………………………… 929
热苗菌属（*Thermocladium*） ……………………………………………………… 929
热果菌科（*Thermococcaceae*） …………………………………………………… 929
热果菌目（*Thermococcales*） ……………………………………………………… 930
热果菌纲（*Thermococci*） ………………………………………………………… 930
热果状菌属（*Thermococcoides*） ………………………………………………… 930
热果菌属（*Thermococcus*） ………………………………………………………… 930
热毛菌属（*Thermocrinis*） ………………………………………………………… 931
热卷毛菌属（*Thermocrispum*） …………………………………………………… 931
热脱硫酸盐菌属（*Thermodesulfatator*） ………………………………………… 931
热脱硫化小杆菌纲（*Thermodesulfobacteria*） ………………………………… 932
热脱硫化小杆菌科（*Thermodesulfobacteriaceae*） …………………………… 932
热脱硫化小杆菌目（*Thermodesulfobacteriales*） ……………………………… 932
热脱硫化小杆菌属（*Thermodesulfobacterium*） ……………………………… 932
热脱硫化菌科（*Thermodesulfobiaceae*） ……………………………………… 933
热脱硫化菌属（*Thermodesulfobium*） ………………………………………… 933
热脱硫化杵菌属（*Thermodesulforhabdus*） …………………………………… 933
热脱硫化弧菌属（*Thermodesulfovibrio*） ……………………………………… 934
热盘菌属（*Thermodiscus*） ………………………………………………………… 934
热丝菌科（*Thermofilaceae*） ……………………………………………………… 934

热丝菌属（*Thermofilum*） 935
热黄丝菌属（*Thermoflavifilum*） 935
热黄微菌属（*Thermoflavimicrobium*） 935
热屈菌科（*Thermoflexaceae*） 935
热屈菌目（*Thermoflexales*） 936
热屈菌纲（*Thermoflexia*） 936
热屈菌属（*Thermoflexus*） 936
热出芽孢菌属（*Thermogemmatispora*） 936
热出芽孢菌科（*Thermogemmatisporaceae*） 937
热出芽孢菌目（*Thermogemmatisporales*） 937
热裸单胞菌属（*Thermogymnomonas*） 937
热卤杆菌属（*Thermohalobacter*） 938
热氢菌属（*Thermohydrogenium*） 938
嗜热油菌科（*Thermoleophilaceae*） 938
嗜热油菌目（*Thermoleophilales*） 939
嗜热油菌纲（*Thermoleophilia*） 939
嗜热油菌属（*Thermoleophilum*） 939
热石杆菌属（*Thermolithobacter*） 939
热石杆菌科（*Thermolithobacteraceae*） 940
热石杆菌目（*Thermolithobacterales*） 940
热石杆菌纲（*Thermolithobacteria*） 940
热长竿菌属（*Thermolongibacillus*） 940
热海缕菌属（*Thermomarinilinea*） 941
热微菌纲（*Thermomicrobia*） 941
热微菌科（*Thermomicrobiaceae*） 941
热微菌目（*Thermomicrobiales*） 942
热微菌属（*Thermomicrobium*） 942
热单胞菌属（*Thermomonas*） 942
热单孢菌属（*Thermomonospora*） 943
热单孢菌科（*Thermomonosporaceae*） 943
热线体属（*Thermonema*） 943
热噬菌属（*Thermophagus*） 943
热原体属（*Thermoplasma*） 944
热原体纲（*Thermoplasmata*） 944
热原体科（*Thermoplasmataceae*） 944
热原体目（*Thermoplasmatales*） 944
热多孢菌属（*Thermopolyspora*） 945
热变形菌科（*Thermoproteaceae*） 945
热变形菌目（*Thermoproteales*） 945
热变形菌纲（*Thermoprotei*） 946

热变形菌属（*Thermoproteus*） ……………………………… 946
热橹菌属（*Thermorudis*） ……………………………… 946
热沉积杆菌属（*Thermosediminibacter*） ……………………………… 946
热弯菌属（*Thermosinus*） ……………………………… 947
热吸管菌属（*Thermosipho*） ……………………………… 947
热球菌属（*Thermosphaera*） ……………………………… 947
热孢发菌属（*Thermosporothrix*） ……………………………… 948
热孢发菌科（*Thermosporotrichaceae*） ……………………………… 948
热硫化物杆菌属（*Thermosulfidibacter*） ……………………………… 948
热硫单胞菌属（*Thermosulfurimonas*） ……………………………… 949
热互营菌属（*Thermosyntropha*） ……………………………… 949
热针菌属（*Thermotalea*） ……………………………… 949
热土小杆菌属（*Thermoterrabacterium*） ……………………………… 950
热发菌属（*Thermothrix*） ……………………………… 950
热袍菌属（*Thermotoga*） ……………………………… 950
热袍菌科（*Thermotogaceae*） ……………………………… 950
热袍菌纲（*Thermotogae*） ……………………………… 951
热袍菌目（*Thermotogales*） ……………………………… 951
热膜皮菌属（*Thermotunica*） ……………………………… 951
热矛菌属（*Thermovenabulum*） ……………………………… 951
热弧菌属（*Thermovibrio*） ……………………………… 952
热幡菌属（*Thermovirga*） ……………………………… 952
热吞菌属（*Thermovorax*） ……………………………… 952
热卵菌属（*Thermovum*） ……………………………… 953
热菌属（*Thermus*） ……………………………… 953
磠素菌属（*Thioalbus*） ……………………………… 953
磠碱杆菌属（*Thioalkalibacter*） ……………………………… 954
磠碱果菌属（*Thioalkalicoccus*） ……………………………… 954
磠碱微菌属（*Thioalkalimicrobium*） ……………………………… 954
磠碱螺体属（*Thioalkalispira*） ……………………………… 955
磠碱螺体科（*Thioalkalispiraceae*） ……………………………… 955
磠碱弧菌属（*Thioalkalivibrio*） ……………………………… 955
磠橄菌属（*Thiobaca*） ……………………………… 956
磠竿菌科（*Thiobacilleae*） ……………………………… 956
磠竿菌属（*Thiobacillus*） ……………………………… 956
磠杆菌属（*Thiobacter*） ……………………………… 957
磠小杆菌属（*Thiobacterium*） ……………………………… 957
磠胶囊菌属（*Thiocapsa*） ……………………………… 958
磠胶囊菌科（*Thiocapsaceae*） ……………………………… 958
磠槌菌属（*Thioclava*） ……………………………… 958

硫果菌属（*Thiococcus*） 959
硫腺菌属（*Thiocystis*） 959
硫网菌属（*Thiodictyon*） 959
硫豆菌属（*Thiofaba*） 960
硫黄果菌属（*Thioflavicoccus*） 960
硫粒菌属（*Thiogranum*） 960
硫卤杆菌属（*Thiohalobacter*） 961
硫卤胶囊菌属（*Thiohalocapsa*） 961
硫卤单胞菌属（*Thiohalomonas*） 961
嗜硫卤菌属（*Thiohalophilus*） 962
硫卤杆菌属（*Thiohalorhabdus*） 962
硫卤螺体属（*Thiohalospira*） 962
硫亮卵菌属（*Thiolamprovum*） 963
硫珍珠菌属（*Thiomargarita*） 963
硫微螺体属（*Thiomicrospira*） 963
硫单胞菌属（*Thiomonas*） 964
硫平菌属（*Thiopedia*） 964
硫棕果菌属（*Thiophaeococcus*） 964
硫瓣菌属（*Thioploca*） 965
硫深渊菌属（*Thioprofundum*） 965
硫还原菌属（*Thioreductor*） 965
硫玫果菌属（*Thiorhodococcus*） 966
硫玫螺体属（*Thiorhodospira*） 966
硫玫弧菌属（*Thiorhodovibrio*） 966
硫球菌属（*Thiosphaera*） 967
硫螺体属（*Thiospira*） 967
硫小螺体属（*Thiospirillum*） 968
硫发菌属（*Thiothrix*） 968
硫发菌科（*Thiotrichaceae*） 968
硫发菌目（*Thiotrichales*） 968
硫幡菌属（*Thiovirga*） 969
硫小卵菌属（*Thiovulum*） 969
托塞尔氏菌属（*Thorsellia*） 969

Ti 970

廷德尔氏菌属（*Tindallia*） 970
蒂西耶姓菌属（*Tissierella*） 970
提斯特氏菌属（*Tistlia*） 970
泰科技所菌属（*Tistrella*） 971

To 971

袍杆菌纲（*Togobacteria*） 971

甲苯单胞菌属（*Tolumonas*） 971
　　富田姓菌属（*Tomitella*） 971
　　嗜扁桃体菌属（*Tonsilliphilus*） 972
　　卷发菌属（*Toxothrix*） 972
Tr 972
　　特拉布斯姓菌属（*Trabulsiella*） 972
　　静单胞菌属（*Tranquillimonas*） 973
　　旋线体属（*Treponema*） 973
　　旋线体科（*Treponemataceae*） 973
　　三氯杆菌属（*Trichlorobacter*） 974
　　发果菌属（*Trichococcus*） 974
　　营障菌属（*Tropheryma*） 974
　　热带杆菌属（*Tropicibacter*） 975
　　热带单胞菌属（*Tropicimonas*） 975
　　图颇氏菌属（*Truepera*） 975
　　图颇氏菌科（*Trueperaceae*） 976
　　图颇姓菌属（*Trueperella*） 976
Ts 976
　　束村姓菌属（*Tsukamurella*） 976
　　束村姓菌科（*Tsukamurellaceae*） 977
Tu 977
　　肿竿菌属（*Tuberibacillus*） 977
　　胀竿菌属（*Tumebacillus*） 977
　　苏黎士菌属（*Turicella*） 978
　　苏黎士杆菌属（*Turicibacter*） 978
　　特纳姓体属（*Turneriella*） 978
Ty 979
　　常线藻属（*Tychonema*） 979

U 部

Ul 980
　　湿沼小杆菌属（*Uliginosibacterium*） 980
　　石莼杆菌属（*Ulvibacter*） 980
Um 980
　　昌螺杆菌属（*Umboniibacter*） 980
　　梅泽氏菌属（*Umezawaea*） 981
Un 981
　　水小杆菌属（*Undibacterium*） 981
Ur 981
　　脲原体属（*Ureaplasma*） 981

脲竿菌属（*Ureibacillus*） ……………………………………………………………… 982
乌鲁布鲁姓菌属（*Uruburuella*） ………………………………………………………… 982

V 部

Va ……………………………………………………………………………………………… 983
  浅胞菌属（*Vadicella*） …………………………………………………………………… 983
  游果菌属（*Vagococcus*） ………………………………………………………………… 983
  谷针菌属（*Vallitalea*） …………………………………………………………………… 983
  吸吮弧菌属（*Vampirovibrio*） …………………………………………………………… 983
  曲茎菌属（*Varibaculum*） ………………………………………………………………… 984
  变杆菌属（*Variibacter*） ………………………………………………………………… 984
  吞裕菌属（*Variovorax*） ………………………………………………………………… 984
  瓦西里耶娃氏菌属（*Vasilyevaea*） ……………………………………………………… 985
Ve ……………………………………………………………………………………………… 985
  韦荣姓菌属（*Veillonella*） ……………………………………………………………… 985
  韦荣姓菌科（*Veillonellaceae*） ………………………………………………………… 986
  毒弧菌属（*Venenivibrio*） ……………………………………………………………… 986
  虫肾杆菌属（*Verminephrobacter*） …………………………………………………… 986
  疣微菌科（*Verrucomicrobiaceae*） …………………………………………………… 986
  疣微菌纲（*Verrucomicrobiae*） ………………………………………………………… 987
  疣微菌目（*Verrucomicrobiales*） ……………………………………………………… 987
  疣微菌属（*Verrucomicrobium*） ………………………………………………………… 987
  疣孢菌属（*Verrucosispora*） …………………………………………………………… 987
  蝙蝠科杆菌属（*Vespertiliibacter*） …………………………………………………… 988
Vi ……………………………………………………………………………………………… 988
  弧菌属（*Vibrio*） ………………………………………………………………………… 988
  弧菌科（*Vibrionaceae*） ………………………………………………………………… 988
  弧单胞菌属（*Vibrionimonas*） ………………………………………………………… 989
  食谷菌科（*Victivallaceae*） …………………………………………………………… 989
  食谷菌目（*Victivallales*） ……………………………………………………………… 989
  食谷菌属（*Victivallis*） ………………………………………………………………… 989
  幡竿菌属（*Virgibacillus*） ……………………………………………………………… 990
  幡孢囊菌属（*Virgisporangium*） ……………………………………………………… 990
  绿竿菌属（*Viridibacillus*） …………………………………………………………… 991
  卵黄杆菌属（*Vitellibacter*） …………………………………………………………… 991
  透颤菌属（*Vitreoscilla*） ……………………………………………………………… 991
  透颤菌科（*Vitreoscillaceae*） ………………………………………………………… 992
Vo ……………………………………………………………………………………………… 992
  福格斯姓菌属（*Vogesella*） …………………………………………………………… 992

沃坎尼姓菌属（*Volcaniella*） ······ 992
鸟杆菌属（*Volucribacter*） ······ 993
Vu ······ 993
火山竿菌属（*Vulcanibacillus*） ······ 993
火山小杆菌属（*Vulcaniibacterium*） ······ 993
火山鬃菌属（*Vulcanisaeta*） ······ 994
火山热菌属（*Vulcanithermus*） ······ 994
流行杆菌属（*Vulgatibacter*） ······ 994

W 部

Wa ······ 996
华诊体属（*Waddlia*） ······ 996
华诊体科（*Waddliaceae*） ······ 996
莞岛菌属（*Wandonia*） ······ 996
沃特斯氏菌属（*Wautersia*） ······ 997
沃特斯姓菌属（*Wautersiella*） ······ 997
We ······ 997
维克姓菌属（*Weeksella*） ······ 997
维斯姓菌属（*Weissella*） ······ 998
文新氏菌属（*Wenxinia*） ······ 998
庄文颖氏菌属（*Wenyingzhuangia*） ······ 998
Wi ······ 999
维格尔斯沃斯氏菌属（*Wigglesworthia*） ······ 999
威廉斯氏菌属（*Williamsia*） ······ 999
维诺格拉德斯基姓菌属（*Winogradskyella*） ······ 999
Wo ······ 1000
污蝇单胞菌属（*Wohlfahrtiimonas*） ······ 1000
沃尔巴克氏菌属（*Wolbachia*） ······ 1000
沃尔巴克氏菌族（*Wolbachieae*） ······ 1001
沃林姓菌属（*Wolinella*） ······ 1001
木洞所菌属（*Woodsholea*） ······ 1001

X 部

Xa ······ 1002
黄杆菌属（*Xanthobacter*） ······ 1002
黄杆菌科（*Xanthobacteraceae*） ······ 1002
黄单胞菌科（*Xanthomonadaceae*） ······ 1002
黄单胞菌目（*Xanthomonadales*） ······ 1003
黄单胞菌属（*Xanthomonas*） ······ 1003

Xe ··· 1003
 嗜外菌属（*Xenophilus*） ·· 1003
 外杆菌属（*Xenorhabdus*） ··· 1004
Xi ·· 1004
 向姓菌属（*Xiangella*） ··· 1004
Xy ··· 1004
 木聚糖杆菌属（*Xylanibacter*） ·· 1004
 木聚糖小杆菌属（*Xylanibacterium*） ··· 1005
 木聚糖微菌属（*Xylanimicrobium*） ·· 1005
 木聚糖单胞菌属（*Xylanimonas*） ·· 1005
 小木菌属（*Xylella*） ·· 1005
 嗜木菌属（*Xylophilus*） ··· 1006

Y 部

Ya ··· 1007
 杨氏菌属（*Yangia*） ·· 1007
 阎氏菌属（*Yania*） ·· 1007
 阎氏菌科（*Yaniaceae*） ·· 1007
 阎姓菌属（*Yaniella*） ·· 1008
 阎姓菌科（*Yaniellaceae*） ·· 1008
Ye ··· 1009
 丽水菌属（*Yeosuana*） ·· 1009
 耶尔森氏菌属（*Yersinia*） ·· 1009
Yi ·· 1009
 云微所菌属（*Yimella*） ··· 1009
Yo ··· 1010
 预研菌属（*Yokenella*） ·· 1010
 朴龙河氏菌属（*Yonghaparkia*） ·· 1010
 杨氏杆菌属（*Youngiibacter*） ·· 1010
 杨氏单胞菌属（*Youngimonas*） ·· 1011
Yu ··· 1011
 石玉湖姓菌属（*Yuhushiella*） ·· 1011

Z 部

Za ··· 1012
 扎瓦尔金姓菌属（*Zavarzinella*） ··· 1012
 扎瓦尔金氏菌属（*Zavarzinia*） ··· 1012
Ze ··· 1012
 黍黄素杆菌属（*Zeaxanthinibacter*） ·· 1012

Zh ... 1013
- 张姓菌属（*Zhangella*） ... 1013
- 刘志恒姓菌属（*Zhihengliuella*） ... 1013
- 何志忠姓菌属（*Zhizhongheella*） ... 1014
- 中山菌属（*Zhongshania*） ... 1014
- 周氏菌属（*Zhouia*） ... 1014

Zi ... 1015
- 齐摩尔曼姓菌属（*Zimmermannella*） ... 1015

Zo ... 1015
- 佐贝尔姓菌属（*Zobellella*） ... 1015
- 佐贝尔氏菌属（*Zobellia*） ... 1015
- 活胶菌属（*Zoogloea*） ... 1016
- 宗植姓菌属（*Zooshikella*） ... 1016

Zu ... 1016
- 王祖农氏菌属（*Zunongwangia*） ... 1016

Zy ... 1017
- 酵杆菌属（*Zymobacter*） ... 1017
- 酵单胞属（*Zymomonas*） ... 1017
- 嗜酵菌属（*Zymophilus*） ... 1017

参考文献 ... 1018

附录一　中拉对译命名规则 ... 1019

附录二　命名规则：菌名命名 ... 1076

附录三　属名简写 ... 1081

附录四　域和门分类——原核微生物（细菌和古菌）分类等级 ... 1086

附录五　中文名索引 ... 1128

A 部

Ab

勿生营菌属（*Abiotrophia*）Kawamura 等,1995,新属。此属已定 4 种。

词源　勿:无或非,表示否定;生:生命;营:营养,营生;菌:表示微小的事物,微生物(细菌、古菌、真菌),中文命名中独有字;属:属名的尾词;勿生营菌属:没有生命营养的,生命营养贫乏的细菌。

Etymology　Gr. prefix *a-*, negative (un-); Gr. n. *bios*, life; Gr. n. *trophe*, nutrition; N.L. fem. n. *Abiotrophia*, life-nutrition-deficiency.

模式种　贫勿生营菌（*Abiotrophia defectiva*）(Bouvet 等,1989)Kawamura 等,1995,新合并。

词源　贫:不足,缺乏,贫穷,贫乏。

Etymology　L. fem. adj. *defectiva*, deficient.

Ac

甲壳杆菌属（*Acanthopleuribacter*）Fukunaga 等,2008,新属。此属已定 1 种。

此属为甲壳杆菌目（*Acanthopleuribacterales*）Fukunaga 等,2008 和甲壳杆菌科（*Acanthopleuribacteraceae*）Fukunaga 等,2008 的模式属。

词源　甲壳:动物贝壳的属名;杆:棒;甲壳杆:分离自甲壳动物的棒;菌:表示微小的事物,微生物(细菌、古菌、真菌);属:中文分类学中的专有词,表示某属的尾词;甲壳杆菌属:来自甲壳属动物的棒形生物,指的是此菌株首次分离自日本甲壳（*Acanthopleura japonica*）动物。

Etymology　N.L. n. *Acanthopleura*, a zoological genus name of shellfish; N.L. masc. n. *bacter*, a rod; N.L. masc. n. *Acanthopleuribacter*, a rod from *Acanthopleura*, referring to the isolation of the first strain from the chiton *Acanthopleura japonica*.

模式种　足甲壳杆菌（*Acanthopleuribacter pedis*）Fukunaga 等,2008,新种。

词源　足:足部的,指的是此模式株分离自甲壳动物衬衣足部的菌。

Etymology　L. gen. n. *pedis*, of the foot, referring to the isolation of the type strain from the foot of a chiton.

注:衬衣:甲壳多板纲的一类,附着于岩石上的一类海软体动物。

甲壳杆菌科（*Acanthopleuribacteraceae*）Fukunaga 等,2008,新科。

模式属　甲壳杆菌属（*Acanthopleuribacter*）Fukunaga 等,2008,新属。

词源　甲壳杆菌属是此科之模式属;科:用于定义一个比属高、比目低的分类级和尾词,在中文科的命名中,把模式属属名中的尾字"属"代换为尾字"科",即为模式属所在的科名;甲壳杆菌科:甲壳杆菌属之科。

Etymology　N.L. masc. n. *Acanthopleuribacter*, type genus of the family; suff. *-aceae*, ending to donate a family; N.L. fem. pl. n. *Acanthopleuribacteraceae*, the family of the genus *Acanthopleuribacter*.

甲壳杆菌目(*Acanthopleuribacterales*)Fukunaga 等,2008,新目。

模式属　**甲壳杆菌属**(*Acanthopleuribacter*)Fukunaga 等,2008,新属。

词源　甲壳杆菌属:此目之模式属;目:用于定义一个比科高、比纲低的分类级和尾词;在中文目的命名中,把模式属属名中的尾字"属"代换为尾字"目",即为模式属所在的目名;甲壳杆菌目:甲壳杆菌属之目。

Etymology　N.L. masc. n. *Acanthopleuribacter*, type genus of the order; suff. *-ales*, ending to denote an order; N.L. fem. pl. n. *Acanthopleuribacterales*, the order of genus *Acanthopleuribacter*.

螨伴菌属(*Acaricomes*)Pukall 等,2006,新属。此属已定 1 种。

词源　螨:螨类,螨虫;伴:伙伴,伴侣;螨伴:螨类的伙伴;菌:表示微小的事物,微生物(细菌、古菌、真菌);属:属名的尾词;螨伴菌属:螨虫伴侣(生物)。

Etymology　N.L. masc. pl. n. *acari*, the mites; L. masc. n. *comes*, companion; N.L. masc. n. *Acaricomes*, companion of mites.

模式种　**植绥螨螨伴菌**(*Acaricomes phytoseiuli*)Pukall 等,2006,新种。

词源　植绥螨:此菌宿主螨的属名。

Etymology　N.L. gen. masc. n. *phytoseiuli*, of *Phytoseiulus*, the nomenclatural genus name of the host mite.

醋厌氧小杆菌属(*Acetanaerobacterium*)Chen and Dong,2004,新属。此属已定 1 种。

词源　醋:醋酸,乙酸;厌:无,非;氧:空气,氧气;小杆:小棒(形);醋厌氧小杆:(产)醋厌氧(生长的)小杆;菌:表示微小的事物,微生物(细菌、古菌、真菌);属:属名的尾词;醋厌氧小杆菌属:(产)醋的厌氧小棒型生物。

Etymology　L. n. *acetum*, vinegar; Gr. pref. *an*, not; Gr. n. *aêr*, air; L. neut. n. *bacterium*, a small rod; N.L. neut. n. *Acetanaerobacterium*, vinegar-[producing]anaerobic small rod.

模式种　**延长醋厌氧小杆菌**(*Acetanaerobacterium elongatum*)Chen and Dong,2004,新种。

词源　延长:延长的,伸长的,加长的。

Etymology　L. part. adj. *elongatum*, elongated.

产醋菌属（*Acetatifactor*）Pfeiffer 等，2013，新属。此属已定 1 种。

词源 产：生产(者)，制造(者)；醋：醋酸/乙酸(-盐，-基)；产醋：生产乙酸(者)；菌：表示微小的事物，微生物(细菌、古菌、真菌)；属：属名的尾词；产醋菌属：乙酸的生产者。

Etymology   N.L. n. *acetas -atis*, acetate；L. masc. n. *factor*, a maker；N.L. masc. n. *acetatifactor*, acetate-maker.

模式种 鼠产醋菌（*Acetatifactor muris*）Pfeiffer 等，2013，新种。

词源 鼠：老鼠，分离自老鼠的。

Etymology   L. n. *mus muris*, a mouse；L. gen. n. *muris*, of a mouse.

醋肠菌属（*Acetitomaculum*）Greening and Leedle，1995，新属。此属已定 1 种。

词源 醋：醋酸，乙酸；肠：香肠，腊肠，灌肠，一类香肠；醋肠：醋酸香肠；菌：表示微小的事物，微生物(细菌、古菌、真菌)；中文特有字；属：属名的尾词；醋肠菌属：醋酸香肠形生物。

Etymology   L. n. *acetum*, vinegar；L. n. *tomaculum*, a kind of sausage；N.L. neut. n. *Acetitomaculum*, vinegar sausage.

模式种 瘤胃醋肠菌（*Acetitomaculum ruminis*）Greening and Leedle，1995，新种。

词源 瘤胃：瘤胃的，此细菌的分离源，分离自瘤胃的。瘤胃：反刍动物消化道第一室，网状瘤胃最大的一部分，消化食料微生物发酵的最大场所。

Etymology   L. gen. n. *ruminis*, of the rumen, the source of the bacterium.

醋弧菌属（*Acetivibrio*）Patel 等，1980，新属；Robinson and Ritchie，1981 修改，Khan 等，1984 修改，Murray，1986，修改。此属已定 4 种。

词源 醋：醋酸，乙酸；弧：作动词表示弧动，像手中舞动的绳子状振动；弧：作名词也表示细菌的一个属名，表示弧状的菌，弧菌属；醋弧：醋酸(乙酸)弧；菌：表示微小的事物，微生物(细菌、古菌、真菌)；属：属名的尾词；醋弧菌属：醋酸(乙酸)弧菌。

Etymology   L. n. *acetum*, vinegar；L. v. *vibro*, to set in tremulous motion, move to and fro, vibrate；N.L. *vibrio*, that which vibrates, and also a bacterial genus name of bacteria possessing a curved rod shape（*Vibrio*）；N.L. masc. n. *Acetivibrio*, vinegar (acetic) vibrio.

模式种 解纤维醋弧菌（*Acetivibrio cellulolyticus*）Patel 等，1980，新种。Murray（1986）认为此模式种可能同溶纤维醋弧菌（*Acetivibrio cellulosolvens*）Khan 等，1984 是异名同物。

词源 解：分解的，溶解的，破解的；纤维：纤维素；解纤维：溶解(分解)纤维素的。

Etymology   N.L. n. *cellulosum*, cellulose；N.L. masc. adj. *lyticus*（from Gr. masc. adj. *lutikos*），able to loosen, able to dissolve；N.L. masc. adj. *cellulolyticus*, cellulose-dissolving.

醋厌氧菌属（*Acetoanaerobium*）Sleat 等，1985，新属。此属已定 1 种。

词源 醋：醋酸，乙酸；厌：无，非；氧：空气，氧气；菌：表示微小的事物，微生物(细菌、古菌、真菌）；属：属名的尾词；醋厌氧菌属：醋酸厌氧细菌。

Etymology L. n. *acetum*, vinegar; Gr. pref. *an*, not; Gr. n. *aer aeros*, air; Gr. n. *bios*, life; N.L. neut. n. *Acetoanaerobium*, vinegar anaerobe.

模式种 诺特拉醋厌氧菌（*Acetoanaerobium noterae*）Sleat 等，1985，新种。

词源 诺特拉：诺特拉的，以此菌的分离源，以色列的诺特拉油田命名。

Etymology N.L. gen. n. *noterae*, of Notera; named for its source, the Notera oil exploration site in Israel.

醋杆菌属（*Acetobacter*）Beijerinck, 1898, 属。此属已定 34 种，11 亚种。

此属是醋杆菌科（*Acetobacteraceae*）（ex Henrici, 1939）Gillis and De Ley, 1980 和醋杆菌族（*Acetobactereae*）Pribram, 1929，《1980 年细菌名确认单》的模式属。

词源 醋：醋酸，乙酸；杆：棒（形）；菌：表示微小的事物，微生物（细菌、古菌、真菌）；属：属名的尾词；醋杆菌属：醋酸棒（形）生物。

Etymology L. n. *acetum*, vinegar; N.L. masc. n. *bacter*, rod; N.L. masc. n. *Acetobacter*, vinegar rod.

模式种 醋醋杆菌（*Acetobacter aceti*）（Pasteur, 1864）Beijerinck, 1898, 《1980 年细菌名确认单》，种。

词源 醋：醋酸，乙酸。

Etymology L. n. *acetum*, vinegar; L. gen. n. *aceti*, of vinegar.

同义词（异名同物） "*Ulvina*" Kützing, 1834, "*Mycoderma*" Thompson, 1852, "*Termobacterium*" Zeidler, 1896（not Lindner, 1895），"*Acetobacterium*" Ludwig, 1898, "*Acetimonas*" Orla-Jensen, 1909。

醋杆菌属（醋杆菌亚属）[*Acetobacter*（subgen. *Acetobacter*）] Beijerinck, 1898, 新亚属。此亚属已定 1 亚种。

词源 醋：醋酸，乙酸；杆：棒（形）；菌：表示微小的事物，微生物（细菌、古菌、真菌）；亚属：亚属名的尾词，属的二级分类；醋杆菌属（醋杆菌亚属）：醋酸棒形生物。

Etymology L. n. *acetum*, vinegar; N.L. masc. n. *bacter*, rod; N.L. masc. n. *Acetobacter*, vinegar rod.

模式种 醋（醋杆菌亚属）醋杆菌[*Acetobacter*（subgen. *Acetobacter* Beijerinck, 1898）*aceti*]（Pasteur, 1864）Beijerinck, 1898, 新合并。

词源 醋：醋酸，乙酸。

Etymology L. n. *acetum*, vinegar; L. gen. n. *aceti*, of vinegar.

基名 醋醋杆菌（*Acetobacter aceti*）（Pasteur, 1864）Beijerinck, 1898, 《1980 年细菌名确认单》，种。

同义词（异名同物） "*Mycoderma aceti* souches non visqueuses（membraneuses）" Pasteur,

1864,"*Bacterium aceti*"(Pasteur,1864)Lanzi,1876,"*Bacteriopsis aceti*"(Pasteur,1864) Trevisan,1885,"*Micrococcus aceti*"(Pasteur,1864)Maggi,1886,"*Bacillus aceticus*" Flügge,1886,"*Bacterium hansenianum*" Chester,1901,"*Acetimonas aceti*"(Pasteur,1864) Orla-Jensen,1909,"*Bacterium acetigenoidum*" Krehan,1930,"*Acetobacter ketogenum*"(sic) Walker and Thomas *in* Bousfield *et al*,1947,"*Acetobacter lafarianum*"(sic)Janke,1950, "*Acetobacter aceti* var. *muciparum*"(sic)(Hoyer)Frateur,1950.

醋杆菌属(葡糖酸杆菌亚属)[*Acetobacter*(subgen. *Gluconoacetobacter*)]Yamada and Kondo, 1985,新亚属。此亚属已定1亚种。

此模式亚种1998年已归种到**液化葡糖酸杆菌**(*Gluconacetobacter liquefaciens*)勘误,(Asai, 1935)Yamada等,1998,新合并。

词源　葡糖酸:葡萄糖酸;醋:醋酸、乙酸;杆:棒(形);菌:表示微小的事物,微生物(细菌、古菌、真菌);属:属名的尾词;葡糖酸杆菌亚属:葡萄糖酸盐醋化棒形生物。

Etymology　N.L. n. *acidum gluconicum*, gluconic acid; L. n. *acetum*, vinegar; N.L. masc. n. *bacter*, rod; N.L. masc. n. *Gluconacetobacter*, gluconate-vinegar rod.

模式种　液化醋杆菌(葡糖酸杆菌亚种){*Acetobacter*[(subgen. *Gluconoacetobacter*)Yamada and Kondo,1985]}*liquefaciens*(Asai,1935)Yamada and Kondo,1985,新合并。

词源　液:液体;化:变化,制造,产生;液化:化作液体的,变成液体的,溶解的。

Etymology　L. part. adj. *liquefaciens*(from L. v. *liquefacio*), liquefying.

醋杆菌科(*Acetobacteraceae*)(*ex* Henrici,1939)Gillis and De Ley,1980,科。

词源　醋杆菌属是此科之模式属;科:用于定义一个比属高、比目低的分类级和尾词,在中文科的命名中,把模式属属名中的尾字"属"代换为尾字"科",即为模式属所在的科名;醋杆菌科:醋杆菌属之科。

Etymology　N.L. masc. n. *Acetobacter*, type genus of the family; suff. -*aceae*, ending to denote a family; N.L. fem. pl. n. *Acetobacteraceae*, the *Acetobacter* family.

模式属　醋杆菌属(*Acetobacter*)Beijerinck,1898,《1980年细菌名确认单》,属。

同义词　"*Acetobacteraceae*" Henrici,1939。

醋杆菌族(*Acetobactereae*)Pribram,1929,族。

模式属　醋杆菌属(*Acetobacter*)Beijerinck,1898,《1980年细菌名确认单》,属。

词源　醋杆菌属:此族之模式属;族:原核生物分类的一个级别,现已停用;醋杆菌族:醋杆菌属之族。

Etymology　N.L. masc. n. *Acetobacter*, type genus of the tribe; suff. -*eae*, ending to denote a tribe; N.L. fem. pl. n. *Acetobactereae*, the *Acetobacter* tribe.

醋小杆菌属(*Acetobacterium*)Balch 等,1977,属。此属已定 8 种。

词源　醋:醋酸,乙酸;小杆:小棒;菌:表示微小的事物,微生物(细菌、古菌、真菌);属:属名的尾词;醋小杆菌属:醋棒形的小生物。

Etymology　L. n. *acetum*, vinegar; L. neut. n. *bacterium*, small rod; N.L. neut. n. *Acetobacterium*, vinegar small rod.

模式种　伍德氏醋小杆菌(*Acetobacterium woodii*)Balch 等,1977,《1980 年细菌名确认单》,种。

词源　氏:姓氏;伍德氏:伍德的,以 H.G.伍德的姓氏命名,他是利用细菌把二氧化碳(CO_2)合成醋酸的先锋。

Etymology　N.L. gen. n. *woodii*, of Wood, named for H. G. Wood for his pioneering work on the total synthesis of acetate from CO_2 by bacteria.

醋杆状菌属(*Acetobacteroides*)Su 等,2014,新属。此属已定 1 种。

词源　醋:醋酸,乙酸;杆:棒(形);状:拟似,形似,类似,像;杆状:棒形;菌:表示微小的事物,微生物(细菌、古菌、真菌);属:属名的尾词;醋杆状菌属:一种棒形的产乙酸菌。

Etymology　L. n. *acetum*, vinegar; N.L. n. *bacter*, a rod; L. suff. -*oides* (from Gr. suff. -*eides*, from Gr. n. *eidos*, that which is seen, form, shape, figure), resembling, similar; N.L. masc. n. *Acetobacteroides*, a rod-shaped micro-organism producing acetic acid.

模式种　氢生醋杆状菌(*Acetobacteroides hydrogenigenes*)Su 等,2014,新种。

词源　氢:一种气体元素氢,H,氢气,产水(因为氢与氧结合产生水,因此新拉丁文的本意即为产水);生:产,生产,制造;氢生:产生氢气,指的是此种的代谢特性。

Etymology　N.L. neut. n. *hydrogenum*, hydrogen; Gr. *gennaio*, produce; N.L. part. adj. *hydrogenigenes*, hydrogen-producing, referring to the metabolic property of the species.

醋丝菌属(*Acetofilamentum*)Dietrich 等,1989,新属。此属已定 1 种。

词源　醋:醋酸,乙酸;丝:线,纺丝/线,丝状(物),线形(物);菌:表示微小的事物,微生物(细菌、古菌、真菌);属:属名的尾词;醋丝菌属:一种产醋酸的,丝状的,线般的细菌。

Etymology　L. n. *acetum*, vinegar; L. neut. n. *filamentum*, a spun thread; N.L. neut. n. *Acetofilamentum*, an acetate-producing, filamentous, threadlike bacterium.

模式种　硬醋丝菌(*Acetofilamentum rigidum*)Dietrich 等,1989,新种。

词源　硬:刚硬,僵硬。

Etymology　L. neut. adj. *rigidum*, stiff, rigid.

醋生菌属(*Acetogenium*)Leigh and Wolfe,1983,新属。此属已定 1 种。

词源　醋:醋酸,乙酸;生:产,生产,制造;菌:表示微小的事物,微生物(细菌、古菌、真菌);

醋生菌属：醋酸生成的细菌。
Etymology　L. n. *acetum*, vinegar; L. suff. *genius -a -um*（from L. v. *gigno*, to produce）, producing; N.L. neut. n. *acetogenium*, vinegar producing.

模式种　基伍醋生菌（*Acetogenium kivui*）Leigh and Wolfe, 1983, 新种。

词源　基伍：基伍湖（Lake Kivu），在刚果和卢旺达边界，表示此菌分离来源。
Etymology　N.L. gen. n. *kivui*, pertaining to Kivu, named for its source, Lake Kivu.

醋卤菌属（*Acetohalobium*）Zhilina and Zavarzin, 1990, 新属。此属已定 1 种。

词源　醋：醋酸，乙酸；卤：盐；菌：表示微小的事物，微生物（细菌、古菌、真菌）；属：属名的尾词；醋卤菌属：产醋酸的生长在盐中的生物。
Etymology　L. n. *acetum*, vinegar; Gr. n. *hals halos*, salt; Gr. n. *bios*, life; N.L. neut. n. *Acetohalobium*, acetate-producing organism living in salt.

模式种　阿拉巴特醋卤菌（*Acetohalobium arabaticum*）Zhilina and Zavarzin, 1990, 新种。

词源　阿拉巴特：一个半岛，在亚速海（Azov）和希瓦西海（sivash 或 syvash）之间。
Etymology　N.L. neut. adj. *arabaticum*, from Arabat, a peninsula between the Sea of Azov and Sivash.

醋微菌属（*Acetomicrobium*）Soutschek 等, 1985, 新属。此属已定 2 种。

词源　醋：醋酸，乙酸；微：微小的，微生物；菌：表示微小的事物，微生物（细菌、古菌、真菌）；微菌：微生物；属：属名的尾词；醋微菌属：产醋酸的微生物。
Etymology　L. n. *acetum*, vinegar; N.L. neut. n. *microbium*（from Gr. adj. *mikros*, small and Gr. n. *bios*, life）, a microbe; N.L. neut. n. *Aacetomicrobium*, a microorganism producing acetic acid.

模式种　苍黄色醋微菌（*Acetomicrobium flavidum*）Soutschek 等, 1985, 新种。

词源　苍黄色：浅黄色的，浅黄颜色的，略带苍白的黄色。
Etymology　L. neut. adj. *flavidum*, yellowish.

醋线体属（*Acetonema*）Kane and Breznak, 1992, 新属。此属已定 1 种。

词源　醋：醋酸，乙酸；线：线条，线状物；体：整体，身体，菌体，在微生物学属名中的作用与"菌"类似；属：属名的尾词；醋线体属：形成醋酸的线形生物。
Etymology　L. n. *acetum*, vinegar; Gr. n. *nema*, thread; N.L. neut. n. *Acetonema*, vinegar-forming thread.

模式种　长醋线菌（*Acetonema longum*）Kane and Breznak, 1992, 新种。

词源　长：长的，形态（尺寸）长的。
Etymology　L. neut. adj. *longum*, long（in shape）.

醋热菌属（*Acetothermus*）Dietrich 等，1988，新属。此属已定 1 种。

词源　醋：醋酸，乙酸；热：高温的，烫的；菌：表示微小的事物，微生物（细菌、古菌、真菌）；属：属名的尾词；醋热菌属：一类产醋酸的嗜热微生物。

Etymology　L. n. *acetum*, vinegar; Gr. adj. *thermos*, hot; N.L. masc. n. *Acetothermus*, a thermophilic microorganism producing acetic acid.

模式种　缈吞醋热菌（*Acetothermus paucivorans*）Dietrich 等，1988，新种。

词源　缈：缥缈的，虚无的，稀少的，寡的，不多的，一点点的；吞：吞食的，吞噬的，吞吃的；缈吞：吃的很少的（仅利用所供给的很少数量的底物）。

Etymology　L. adj. *paucus*, few, little; L. part. adj. *vorans*, eating, devouring; N.L part. adj. *paucivorans*, eating little（utilizing only a very restricted number of the supplied substrates）.

勿胆原体属（*Acholeplasma*）Edward and Freundt，1970，属。此属已定 18 种。

此属是勿胆原体目（*Acholeplasmatales*）Freundt 等，1984 和勿胆原体科（*Acholeplasmataceae*）Edward and Freundt，1970，《1980 年细菌名确认单》的模式属。

词源　勿：不，非，不用，勿要，表示否定；胆：胆汁；原体：任何原始形成或模塑的东西，图形；属：属名的尾词；勿胆原体属：此处是表示（此属菌对）胆固醇，胆汁的一种组分，是不需要的。

Etymology　Gr. pref. *a-*, not, without; Gr. n. *cholê*, bile; Gr. neut. n. *plasma*, anything formed or moulded, image, figure; N.L. neut. n. *Acholeplasma*, intended to mean that cholesterol, a constituent of bile, is not required.

模式种　莱德劳氏勿胆原体（*Acholeplasma laidlawii*）（Freundt，1955）Edward and Freundt，1970，《1980 年细菌名确认单》，属。

词源　氏：姓氏；莱德劳氏：以微生物学家 P. 莱德劳的姓氏命名，其首先分离到此种。

Etymology　N.L. gen. masc. n. *laidlawii*, of Laidlaw, named after P. Laidlaw, one of the microbiologists who first isolated this species.

同义词　"*Sapromyces*" Sabin，1941.

注：以往常见属名无胆原体属等。

勿胆原体科（*Acholeplasmataceae*）Edward and Freundt，1970，科。或无胆体科。

模式属　勿胆原体属（*Acholeplasma*）Edward and Freundt，1970，《1980 年细菌名确认单》，属。

同义词　"*Saprophytaceae*" Sabin，1941，"*Sapromycetaceae*" Sabin，1941.

词源　勿胆原体属：此科之模式属；科：用于定义一个比属高、比目低的分类级和尾词；在中文科的命名中，把属名中的尾字"属"代换为尾字"科"，即为模式属所对应的科；勿胆原体科：勿胆原体属之科。

Etymology　N.L. neut. n. *Acholeplasma -atos*, type genus of the family; suff. *-aceae*, ending to denote a family; N.L. fem. pl. n. *Acholeplasmataceae*, the *Acholeplasma* family.

勿胆原体目（*Acholeplasmatales*）Freundt 等，1984，新目。或无胆体目。

模式属　勿胆原体属（*Acholeplasma*）Edward and Freundt，1970，（Approved Lists，1980），属。

词源　勿胆原体属：此目之模式属；目：用于定义一个比科高、比纲低的分类级和尾词；在中文目的命名中，把属名中的尾字"属"代换为尾字"目"，即为模式属所对应的目；勿胆原体目：勿胆原体属之目。

Etymology　N.L. neut. n. *Acholeplasma -atos*, type genus of the order; suff. *-ales*, ending denoting an order; N.L. fem. pl. n. *Acholeplasmatales*, the *Acholeplasma* order.

勿色菌科（*Achromatiaceae*）Massart，1901，科。

模式属　勿色菌属（*Achromatium*）Schewiakoff，1893，《1980年细菌名确认单》，属。

词源　勿色菌属：此科之模式属；科：用于定义一个比属高、比目低的分类级和尾词；在中文科的命名中，把模式属属名中的尾字"属"代换为尾字"科"，即为模式属所在的科名；勿色菌科：勿色菌属之科。

Etymology　N.L. neut. n. *Achromatium*, type genus of the family; suff. *-aceae*, ending to denote a family; N.L. fem. pl. n. *Achromatiaceae*, the *Achromatium* family.

勿色菌属（*Achromatium*）Schewiakoff，1893，属。此属已定1种。

此属是勿色菌科（*Achromatiaceae*）Massart，1901，《1980年细菌名确认单》的模式属。

词源　勿：无，不，非，没，表示否定；色：颜色，涂画；菌：表示微小的事物，微生物（细菌、古菌、真菌）；属：属名的尾词；勿色菌属：没有颜色的生物。

Etymology　Gr. pref. *a-*, not, without; Gr. n. *chroma*, color, paint; N.L. neut. n. *Achromatium*, that which is not colored.

模式种　含草酸勿色菌（*Achromatium oxaliferum*）Schewiakoff，1893，《1980年细菌名确认单》，属。

词源　含：携带，携有；草酸：乙二酸；含草酸：含有草酸，表示分离自含草酸的酸叶（酸模属草本植物）。

Etymology　Gr. n. *oxalis*, sorrel, *Rumex* spp.（whose leaves contain oxalic acid）; L. v. *fero*, to carry; N.L. neut. adj. *oxaliferum*（*sic*）, oxalate-containing.

注：以往常见属名无色菌属。

勿色杆菌属（*Achromobacter*）Yabuuchi and Yano，1981，（非"*Achromobacter*" Bergey 等，1923），新属。此属已定16种和2亚种。

词源　勿色：没有颜色的；杆：棒或杖；勿色杆：没有颜色的小杆/小棒；菌：表示微小的事物，微生物（细菌、古菌、真菌）；属：属名的尾词；勿色杆菌属：没有颜色的小棒形生物。

Etymology　Gr. adj. *achrômos*, colorless; N.L. masc. n. *bacter*, a rod or staff; N.L. masc. n.

Achromobacter, colorless rodlet.

模式种 木糖氧化勿色杆菌（*Achromobacter xylosoxidans*）（*ex* Yabuuchi and Ohyama, 1971）Yabuuchi and Yano, 1981, 新种。

词源 木糖：最初分离自木头的单糖，戊醛糖的一种，五个碳加一个氧形成的内酯环状化合物；氧化：氧化，物质（原子、分子、离子）失去电子或增加氧化态的过程，一般就是与氧结合的过程；木糖氧化：氧化木糖的。

Etymology N.L. n. *xylosum*（from Gr. n. *xulon*, wood）, xylose, wood sugar; N.L. v. *oxido*（from Gr. adj. *oxus*, sour, acid）, to oxidize; N.L. part. adj. *xylosoxidans*, oxidizing xylose.

同义词 与"*Achromobacter*" Bergey 等, 1923 不同。

胺酸杆菌属（*Acidaminobacter*）Stams and Hansen, 1985, 新属。此属已定 1 种。

词源 胺：氨分子（NH_3）中部分或全部氢原子被烃基取代后而成的有机化合物，胺类；酸：醋，像醋一样的味道，酸味，化学中在水溶液中能产生氢离子的化合物；胺酸：氨基酸；杆：杖或棒；菌：表示微小的事物，微生物（细菌、古菌、真菌）；属：属名的尾词；胺酸杆菌属：氨基酸杆菌，指的是发酵谷氨酸盐等有机化合物，产生氢气的生物。

Etymology N.L. n. *acidum aminum*, amino acid; N.L. masc. n. *bacter*, a staff or rod; N.L. masc. n. *Acidaminobacter*, the amino acid rod.

模式种 成氢胺酸杆菌（*Acidaminobacter hydrogenoformans*）Stams and Hansen, 1985, 新种。

词源 成：形成，成为；氢：元素氢，氢气，产水（因为氢与氧结合产生水，因此新拉丁文的本意即为产水）；成氢：形成氢气。

Etymology N.L. n. *hydrogenum*（from Gr. n. *hudôr*, water; and Gr. v. *gennaô*, to produce）, hydrogen（that which produces water, so called because it forms water when exposed to oxygen）; L. part. adj. *formans*, forming; N.L. part. adj. *hydrogenoformans*, hydrogen-forming.

胺酸果菌科（*Acidaminococcaceae*）Marchandin 等, 2010, 新科。

模式属 胺酸果菌属（*Acidaminococcus*）Rogosa, 1969,《1980 年细菌名确认单》, 属。

词源 胺酸果菌属：此科之模式属；科：用于定义一个比属高、比目低的分类级和尾词，在中文科的命名中，把模式属属名中的尾字"属"代换为尾字"科"，即为模式属所在的科名；胺酸果菌科：胺酸果菌属之科。

Etymology N.L. masc. n. *Acidaminococcus*, type genus of the family; suff. -*aceae*, ending to denote a family; N.L. fem. pl. n. *Acidaminococcaceae*, the *Acidaminococcus* family.

胺酸果菌属（*Acidaminococcus*）Rogosa, 1969, 属; Jumas-Bilak 等, 2007 修改。此属已定 2 种。

此属是胺酸果菌科（*Acidaminococcaceae*）Marchandin 等, 2010 的模式属。

词源 胺：氨（NH_3）分子中的氢部分或全部被烃基取代形成 N–C 键的有机化合物；胺酸：氨基酸；果：浆果，表示浆果形（圆球或椭球）；菌：表示微小的事物，微生物（细菌、古菌、真菌）；属：属名的尾词；胺酸果菌属：氨基酸浆果形生物。

Etymology　N.L. n. *acidum*（from L. adj. *acidus*, sour）, an acid; N.L. adj. *aminus*, amino; N.L. masc. n. *coccus*（from Gr. masc. n. *kokkos*, grain, seed）, coccus; N.L. masc. n. *Acidaminococcus*, the amino acid coccus.

模式种　发酵胺酸果菌（*Acidaminococcus fermentans*）Rogosa, 1969, 种。

词源　发酵：发酵的定义广泛，在微生物学中可指微生物在培养基上的大量生长，一般是指（在厌氧条件下）将糖转变为酸、醇和气体。

Etymology　L. part. adj. *fermentans*, fermenting.

酸双面菌属（*Acidianus*）Segerer 等, 1986, 新属。或酸亚纳斯菌属。此属已定 4 种。

词源　酸：醋，像醋一样的味道，酸味，化学中在水溶液中能产生氢离子的化合物；双面：罗马神话中的亚纳斯（**Ianus** 或 **Janus**）有正反两张脸；菌：表示微小的事物，微生物（细菌、古菌、真菌）；属：属名的尾词；酸双面菌属：酸性双面细菌，指的是这些细菌的生长条件和代谢。

Etymology　L. adj. *acidus*, acide; L. masc. n. *Ianus*, a mythical Roman figure with two faces looking in opposite directions; N.L. masc. n. *acidianus*, acidic bifaced（bacterium）, reflecting the growth conditions and the metabolism of the organisms.

模式种　地狱酸双面菌（*Acidianus infernus*）Segerer 等, 1986, 新种。

词源　地狱：属于地下区域的，属于哈德斯（希腊神话中的冥王，相当于中国神话中的阎罗王，主管地下），指的是意大利那不勒斯波佐利（Pozzuoli）郊区喷硫火山口（Solfatara Crater），此地是但丁《神曲》中记述的地狱之门。

Etymology　L. masc. adj. *infernus*, belonging to the Lower Regions, belonging to Hades, referring to the locus typicus at the Solfatara Crater, where Dante placed the gate to hell in his *Divina Commedia*.

酸烫菌属（*Acidicaldus*）Johnson 等, 2006, 新属。此属已定 1 种。

词源　酸：醋，像醋一样的味道，酸味，化学中在水溶液中能产生氢离子的化合物；烫：热的，暖的，高温的；菌：表示微小的事物，微生物（细菌、古菌、真菌）；属：属名的尾词；酸烫菌属：一种（适度）嗜热的需酸微生物。

Etymology　N.L. n. *acidum*（from L. adj. *acidus*, sour）, an acid; L. adj. *caldus*, warm, hot; N.L. masc. n. *Acidicaldus*, a（moderately）thermophilic acid-requiring microorganism.

模式种　吞有机酸烫菌（*Acidicaldus organivorans*）勘误, Johnson 等, 2006, 新种。

词源　吞：吞食的，吞噬的，吞吃的，吞没的；有机：有机化合物；吞有机：吞食有机化合物的。

Etymology　N.L. n. *organum*, organic compound; L. part. adj. *vorans*, devouring; N.L. part. adj. *organivorans*, devouring organic compounds.

酸胶囊菌属（*Acidicapsa*）Kulichevskaya 等，2012，新属。此属已定 2 种。

词源 酸：醋，像醋一样的味道，酸味，化学中在水溶液中能产生氢离子的化合物；胶囊：装药的一种胶质小囊，两端圆滑的小棍，盒子，荚膜；菌：表示微小的事物，微生物（细菌、古菌、真菌）；属：属名的尾词；酸胶囊菌属：（需）酸的、披覆胶囊的细胞。

Etymology N.L. n. *acidum*（from L. adj. *acidus*, sour）, an acid；L. fem. n. *capsa*, a box, here intended to mean a capsule；N.L. fem. n. *Acidicapsa*, an acid（-requiring）cell covered by a capsule.

模式种 北方酸胶囊菌（*Acidicapsa borealis*）Kulichevskaya 等，2012，新种。

词源 北方：北的，北方的，与北方有关的。

Etymology L. fem. adj. *borealis*, pertaining to the north, boreal.

酸铁杆菌属（*Acidiferrobacter*）Hallberg 等，2011，新属。此属已定 1 种。

词源 酸：醋，像醋一样的味道，酸味，化学中在水溶液中能产生氢离子的化合物；铁：铁元素，铁；杆：棒；菌：表示微小的事物，微生物（细菌、古菌、真菌）；属：属名的尾词；酸铁杆菌属：一种喜酸的、亚铁氧化的棒形细菌。

Etymology N.L. n. *acidum*（from L. adj. *acidus*, sour）, an acid；L. n. *ferrum*, iron；N.L. masc. n. *bacter*, rod；N.L. masc. n. *Acidiferrobacter*, an acid-loving, ferrous iron-oxidizing rod.

模式种 硫氧化酸铁杆菌（*Acidiferrobacter thiooxydans*）Hallberg 等，2011，新种。

词源 硫：硫，硫磺，硫黄，硫元素；氧化：氧化，物质（原子、分子、离子）失去电子或增加氧化态的过程，一般就是与氧结合的过程；硫氧化：氧化硫的（硫与氧的结合）。

Etymology Gr. n. *theion*（Latin transliteration *thium*）, sulfur；N.L. v. *oxydo*（from Gr. adj. *oxus*, sharp）, to make acid, to oxidize；N.L. part. adj. *thiooxydans*, oxidizing sulfur.

酸叶菌科（*Acidilobaceae*）Prokofeva 等，2009，新科。

模式属 酸叶菌属（*Acidilobus*）Prokofeva 等，2000，新属。

词源 酸叶菌属：此科之模式属；科：用于定义一个比属高、比目低的分类级和尾词，在中文科的命名中，把模式属属名中的尾字"属"代换为尾字"科"，即为模式属所在的科名；酸叶菌科：酸叶菌属之科。

Etymology N.L. masc. n. *Acidilobus*, the type genus of the family；suff. -*aceae*, ending denoting a family；N.L. fem. pl. n. *Acidilobaceae*, the family of *Acidilobus*.

酸叶菌目（*Acidilobales*）Prokofeva 等，2009，新目。

模式属 酸叶菌属（*Acidilobus*）Prokofeva 等，2000，新属。

词源 酸叶菌属：此目之模式属；目：用于定义一个比科高、比纲低的分类级和尾词；在中文目的命名中，把模式属属名中的尾字"属"代换为尾字"目"，即为模式属所在的目名；酸叶菌目：酸叶菌属之目。

Etymology　N.L. masc. n. *Acidilobus*, the type genus of the order; suff. *-ales*, ending denoting an order; N.L. fem. pl. n. *Acidilobales*, the order of *Acidilobus*.

酸叶菌属(*Acidilobus*)Prokofeva 等, 2000, 新属。此属已定 2 种。

此属是**酸叶菌目**(*Acidilobales*)Prokofeva 等, 2009 和**酸叶菌科**(*Acidilobaceae*)Prokofeva 等, 2009 的模式属。

词源　酸: 醋, 像醋一样的味道, 酸味, 化学中在水溶液中能产生氢离子的化合物; 叶: 器官易区分的部分; 菌: 表示微小的事物, 微生物(细菌、古菌、真菌); 属: 属名的尾词; 酸叶菌属: 酸环境(碎片状)生物。

Etymology　L. adj. *acidus -a -um*, sour, acid; L. masc. n. *lobus*, lobe; N.L. masc. n. *Acidilobus*, acid lobe.

模式种　醋滋叶菌(*Acidilobus aceticus*)Prokofeva 等, 2000, 新种。

词源　醋: 醋酸, 乙酸; 滋: 滋生, 滋润, 与……有关的, 尾词; 醋滋: 与醋酸有关的, 滋生醋酸的, 产生乙酸(盐)的。

Etymology　L. n. *acetum*, vinegar; L. masc. suff. *-icus*, suffix used with the sense of pertaining to; N.L. masc. adj. *aceticus*, pertaining to vinegar; intended to mean producing acetate.

酸微菌科(*Acidimicrobiaceae*)Stackebrandt 等, 1997, 新科; Zhi 等, 2009 修改。

模式属　酸微菌属(*Acidimicrobium*)Clark and Norris, 1996, 新属。

词源　酸微菌属: 酸微菌科之模式属; 科: 用于定义一个比属高、比目低的分类级和尾词, 在中文科的命名中, 把模式属属名中的尾字"属"代换为尾字"科", 即为模式属所在的科名; 酸微菌科: 酸微菌属之科。

Etymology　N.L. neut. n. *Acidimicrobium*, type genus of the family; suff. *-aceae*, ending to denote a family; N.L. fem. pl. n. *Acidimicrobiaceae*, the *Acidimicrobium* family.

酸微菌目(*Acidimicrobiales*)Stackebrandt 等, 1997, 新目; Zhi 等, 2009 修改。

此目是**酸微菌纲**(*Acidimicrobiia*)Norris, 2013 和**酸微菌亚纲**(*Acidimicrobidae*)Stackebrandt 等, 1997 的模式属。

模式属　酸微菌属(*Acidimicrobium*)Clark and Norris, 1996, 新属。

词源　酸微菌属: 此目之模式属; 目: 用于定义一个比科高、比纲低的分类级和尾词; 在中文目的命名中, 把模式属属名中的尾字"属"代换为尾字"目", 即为模式属所在的目名; 酸微菌目: 酸微菌属之目。

Etymology　N.L. neut. n. *Acidimicrobium*, type genus of the order; suff. *-ales*, ending denoting an order; N.L. fem. pl. n. *Acidimicrobiales*, the *Acidimicrobium* order.

酸微菌亚纲(*Acidimicrobidae*)Stackebrandt 等,1997,新属;Zhi 等,2009 修改。

模式目 酸微菌目(*Acidimicrobiales*)Stackebrandt 等,1997,新目。

词源 酸微菌目:此亚纲之模式目;亚纲:亚纲的尾词,纲之下,目之上的一个分类级,纲的二级分类;酸微菌亚纲:酸微菌目之亚纲。

Etymology N.L. fem. pl. n. *Acidimicrobiales*, type order of the subclass; suff. *-idae*, ending to denote a subclass; N.L. fem. pl. n. *Acidimicrobidae*, the *Acidimicrobiales* subclass.

酸微菌纲(*Acidimicrobiia*)Norris,2013,新纲。

模式目 酸微菌目(*Acidimicrobiales*)Stackebrandt 等,1997,新目。

词源 酸微菌属:此纲之模式目之模式属;纲:(原核)生物分类的一个级别,门之下,目之上的一个分类级;酸微菌纲:酸微菌目之纲。

Etymology N.L. n. *Acidimicrobium*, type genus of the type order of the class; suff. *-ia*, ending to denote a class; N.L. neut. pl. n. *Acidimicrobiia*, class of the order *Acidimicrobiales*.

注:2013 年之前,此纲名有时为(原文如此)酸微菌目(*Acidimicrobiales*)或酸微菌属[*Acidimicrobium*(*sic*)],显然是混乱的。

酸微菌属(*Acidimicrobium*)Clark and Norris,1996,新属。此属已定 1 种。

此属是酸微菌目(*Acidimicrobiales*)Stackebrandt 等,1997 和酸微菌科(*Acidimicrobiaceae*)Stackebrandt 等,1997 的模式属。

词源 酸:醋,像醋一样的味道,酸味,化学中在水溶液中能产生氢离子的化合物;微:微小的,微生物;菌:表示微小的事物,微生物(细菌、古菌、真菌);微菌:微生物;属:属名的尾词;酸微菌属:来自酸性环境的小细菌(微生物)。

Etymology N.L. neut. n. *acidum* (from L. adj. *acidus*, sour), an acid; N.L. neut. n. *microbium* (from Gr. adj. *mikros*, small; and Gr. masc. n. *bios*, life), a microbe; N.L. neut. n. *Acidimicrobium*, a small bacterium (microbes) from acidic environments.

模式种 铁氧化酸微菌(*Acidimicrobium ferrooxidans*)Clark and Norris,1996,新种。

词源 铁:铁元素,铁;氧化:氧化,物质(分子、原子或离子)失去电子或增加氧化态;铁氧化:铁的氧化。

Etymology L. n. *ferrum*, iron; N.L. v. *oxido*, to oxidize; N.L. part. adj. *ferrooxidans*, iron-oxidizing.

嗜酸菌属(*Acidiphilium*)Harrison,1981,新属;Kishimoto 等,1996 修改。此属已定 9 种。

词源 嗜:友好的,爱好的,喜好的,嗜好的;酸:醋,像醋一样的味道,酸味,化学中在水溶液中能产生氢离子的化合物;菌:表示微小的事物,微生物(细菌、古菌、真菌);属:属名的尾词;嗜酸菌属:嗜好酸的菌。

Etymology N.L. n. *acidum* (from L. adj. *acidus*, sour), an acid; N.L. neut. adj. *philum* (from Gr. neut. adj. *philon*), friend, loving; N.L. neut. n. *Acidiphilium* (*sic*), acid lover.

模式种　隐嗜酸菌（*Acidiphilium cryptum*）Harrison，1981，新种。
词源　隐：隐秘的，隐藏的。
Etymology　N.L. neut. adj. *cryptum*（from Gr. n. adj. *krupton*），hidden.
推荐的属名三字母简写　*Acp.*（见"命名规则：属名简写"）。

酸原体属（*Acidiplasma*）Golyshina 等，2009，新属。此属已定 2 种。

词源　酸：醋，像醋一样的味道，酸味，化学中在水溶液中能产生氢离子的化合物；原体：任何形成或模塑的东西，图，形；属：属名的尾词；酸原体属：生活在酸中的原体/形体。
Etymology　N.L. neut. n *acidum*, an acid; Gr. neut. n. *plasma*, something shaped or moulded; N.L. neut. n. *Acidiplasma*, an acid-living form.
模式种　风神岛酸原体（*Acidiplasma aeolicum*）Golyshina 等，2009，新种。
词源　风神岛：希腊风神群岛（**Aeolian archipelago**）的风神岛中分离出来的。
Etymology　L. neut. adj. *aeolicum*, from the Aeolian archipelago, to which Vulcano Island belongs, where the type strain was isolated.

酸体属（*Acidisoma*）Belova 等，2009，新属。此属已定 2 种。

词源　酸：醋，像醋一样的味道，酸味，化学中在水溶液中能产生氢离子的化合物；体：体（形），身体，整体；属：属名的尾词；酸体属：（需）酸的菌体。
Etymology　N.L. n. *acidum*（from L. adj. *acidus -a -um*, sour, tart, acid），an acid; Gr. neut. n. *soma*, body; N.L. neut. n. *Acidisoma*, an acid（-requiring）body.
模式种　冻土酸体（*Acidisoma tundrae*）Belova 等，2009，新种。
词源　冻土：冻土带（分离的），属于或来自冻土带的，欧亚大陆和北美的北部区域。
Etymology　N.L. gen. n. *tundrae*, of/from the tundra, of the northern zone of Eurasia and North America.

酸球菌属（*Acidisphaera*）Hiraishi 等，2000，新属。此属已定 1 种。

词源　酸：醋，像醋一样的味道，酸味，化学中在水溶液中能产生氢离子的化合物；球：球体，球形，地球；菌：表示微小的事物，微生物（细菌、古菌、真菌）；属：属名的尾词；酸球菌属：（需）酸的浆果形（球形）微生物。
Etymology　N.L. n. *acidum*（from L. adj. *acidus*, sour），an acid; L. fem. n. *sphaera*, a ball, globe, sphere; N.L. fem. n. *Acidisphaera*, acid（-requiring）coccoid microorganism.
模式种　红化酸球菌（*Acidisphaera rubrifaciens*）Hiraishi 等，2000，新种。
词源　红：红色的，赤色的；化：变化，产生；红化：化作红色的，产生赤色的，变成红色的。
Etymology　L. adj. *ruber -bra -brum*, red; L. v. *facio*, to make; N.L. part. adj. *rubrifaciens*, red-producing.
推荐的属名三字母简写　*Acs.* 见"命名规则：属名简写"[属名简写三字母准则（Three-letter code for abbreviations of generic names）]。

酸土单胞菌属（*Aciditerrimonas*）Itoh 等，2011，新属。此属已定 1 种。

词源　酸：醋，像醋一样的味道，酸味，化学中在水溶液中能产生氢离子的化合物；土：土壤；单胞：一个细胞，一个单元；菌：表示微小的事物，微生物（细菌、古菌、真菌）；属：属名的尾词；酸土单胞菌属：酸性土壤单细胞细菌。

Etymology　N.L. neut. n. *acidum*（from L. adj. *acidus -a -um*, sour）an acid; L. n. *terra*, soil; L. fem. n. *monas*, a unit, monad; N.L. fem. n. *Aciditerrimonas*, acidic soil monad.

模式种　铁还原酸土单胞菌（*Aciditerrimonas ferrireducens*）Itoh 等，2011，新种。

词源　铁：铁元素，铁；还原：返回，回到某种状态或条件，在化学中，（分子、原子或离子）获得电子或降低氧化态，转变为一种还原的氧化态；铁还原：铁的还原。

Etymology　L. n. *ferrum*, iron; L. part. adj. *reducens*, leading back, bringing back to a state or condition and, in chemistry, converting to a reduced oxidation state; N.L. part. adj. *ferrireducens*, iron-reducing.

酸硫杆菌科（*Acidithiobacillaceae*）Garrity 等，2005，新科。

模式属　酸硫杆菌属（*Acidithiobacillus*）Kelly and Wood，2000，新属。

词源　酸硫杆菌属：此科之模式属；科：用于定义一个比属高、比目低的分类级和尾词，在中文科的命名中，把模式属属名中的尾字"属"代换为尾字"科"，即为模式属所在的科名；酸硫杆菌科：酸硫杆菌属之科。

Etymology　N.L. masc. n. *Acidithiobacillus*, type genus of the family; suff. *-aceae*, ending to denote family; N.L. fem. pl. n. *Acidithiobacillaceae*, the *Acidithiobacillus* family.

酸硫杆菌目（*Acidithiobacillales*）Garrity 等，2005，新目。

此目是酸硫杆菌纲（*Acidithiobacillia*）的模式目。

模式属　酸硫杆菌属（*Acidithiobacillus*）Kelly and Wood，2000，新属。

词源　酸硫杆菌属：此目之模式属；目：用于定义一个比科高、比纲低的分类级和尾词；在中文目的命名中，把模式属属名中的尾字"属"代换为尾字"目"，即为模式属所在的目名；酸硫杆菌目：酸硫杆菌属之目。

Etymology　N.L. masc. n. *Acidithiobacillus*, type genus of the order; suff. *-ales*, ending to denote order; N.L. fem. pl. n. *Acidithiobacillales*, the *Acidithiobacillus* order.

酸硫杆菌纲（*Acidithiobacillia*）Williams and Kelly，2013，新纲。

模式目　酸硫杆菌目（*Acidithiobacillales*）Williams and Kelly，2013，新目。

词源　酸硫杆菌属：此纲之模式目——酸硫杆菌目之模式属；纲：（原核）生物分类的一个级别，门之下，目之上的一个分类级，纲之尾词；酸硫杆菌纲：酸硫杆菌目之纲。

Etymology　N.L. n. *Acidithiobacillus*, type genus of the order *Acidithiobacillales*, the type order of the class; *-ia* suffix used to designate a class; N.L. neut. pl. n. *Acidithiobacillia* the class of the order *Acidithiobacillales*.

酸瑠竿菌属（*Acidithiobacillus*）Kelly and Wood，2000，新属。此属已定 6 种。

此属是酸瑠竿菌目（*Acidithiobacillales*）Garrity 等，2005 和酸瑠竿菌科（*Acidithiobacillaceae*）Garrity 等，2005 的模式种。

词源　酸：醋，像醋一样的味道，酸味，化学中在水溶液中能产生氢离子的化合物；瑠：硫，硫磺，硫黄，元素 S；竿：在本书中对译于拉丁文 *bacillus*，表示棒，以示与常见的"杆"的区别，表示以出芽孢为特征的棒形；菌：表示微小的事物，微生物（细菌、古菌、真菌）；属：属名的尾词；酸瑠竿菌属：小的、喜酸的硫棒形菌，以在一定条件下产芽孢为特征。

Etymology　N.L. n. *acidum*（from L. adj. *acidus*，sour）an acid；Gr. n. *theion*（Latin transliteration *thium*），sulfur；L. masc. n. *bacillus*，a small rod；N.L. masc. n. *Thiobacillus*，small acid-loving sulfur rod.

模式种　瑠氧化酸瑠竿菌（*Acidithiobacillus thiooxidans*）（Waksman and Joffe，1922）Kelly and Wood，2000，新合并。

词源　瑠：硫，硫磺，硫黄，硫元素；氧化：物质（分子、原子或离子）失去电子或增加氧化态；瑠氧化：氧化硫的，硫氧化的。

Etymology　Gr. n. *theion*（Latin transliteration *thium*），sulfur；N.L. part. adj. *oxidans*，oxidizing；N.L. part. adj. *thiooxidans*，oxidizing sulfur.

注 1：芽孢：以出芽产孢形式繁殖的一种方式。竿：在某种程度上，竹子出叶开花和笋都是在特定情况下的行为，像芽孢及其的生长方式，在某种情况下才生长，因此（竹）竿形象的表示出芽孢的棒形。

注 2：此属模式种和其他几种，如烫酸瑠竿菌（*Acidithiobacillus caldus*）、艾伯塔酸瑠竿菌（*Acidithiobacillus albertensis*）和铁氧化酸瑠竿菌（*Acidithiobacillus ferrooxidans*）是孢瑠竿菌属中重新合并出来的。

注 3：2010 年定的新种吞铁酸瑠竿菌（*Acidithiobacillus ferrivorans*）在 pH 值为 1.9～3.4 的高酸环境中及温度在条件下 4～37℃生长。

酸杆菌纲（*Acidobacteria*）Cavalier-Smith，2002，新纲。

模式目　酸小杆菌目（*Acidobacteriales*）Cavalier-Smith，2002，新目。

词源　酸杆菌目：酸杆菌纲的模式目；纲：（原核）生物分类的一个级别，门之下、目之上的一个分类级，纲之尾词；酸杆菌纲：酸小杆菌目之纲。

Etymology　N.L. fem. pl. n. *Acidobacteriales*，type order of the class；suff. *-ia*，ending to denote a class；N.L. neut. pl. n. *Acidobacteria*，the *Acidobacteriales* class.

注：按照命名的规则，此纲名应为酸小杆菌纲（*Acidobacteriia*）。

酸小杆菌科（*Acidobacteriaceae*）Thrash and Coates，2012，新科。

模式属　酸小杆菌属（*Acidobacterium*）Kishimoto 等，1991，新种。

词源　酸小杆菌科：此科之模式属；科：用于定义一个比属高、比目低的分类级和尾词，在中文科的命名中,把模式属属名中的尾字"属"代换为尾字"科",即为模式属所在的科名;酸小杆菌科:酸小杆菌属之科。

Etymology　　N.L. neut. n. *Acidobacterium*, type genus of the family; suff. -*aceae*, ending to denote a family; N.L. fem. pl. n. *Acidobacteriaceae*, the *Acidobacterium* family.

酸小杆菌目(*Acidobacteriales*)Cavalier-Smith,2002,新目。

此目是酸杆菌纲(*Acidobacteria*)Cavalier-Smith,2002 的模式目。

模式属　酸小杆菌属(*Acidobacterium*)Kishimoto 等,1991,新属。

词源　酸小杆菌属:此目之模式属;目:用于定义一个比科高、比纲低的分类级和尾词;在中文目的命名中,把模式属属名中的尾字"属"代换为尾字"目",即为模式属所在的目名;酸小杆菌目:酸小杆菌属之目。

Etymology　　N.L. neut. n. *Acidobacterium*, type genus of the order; suff. -*ales*, ending denoting an order; N.L. fem. pl. n. *Acidobacteriales*, the *Acidobacterium* order.

酸小杆菌属(*Acidobacterium*)Kishimoto 等,1991,新属。此属已定 1 种。

此属是酸小杆菌目(*Acidobacteriales*)Cavalier-Smith,2002 和酸小杆菌科(*Acidobacteriaceae*)Thrash and Coates,2012 的模式属。

词源　酸:醋,像醋一样的味道,酸味,化学中在水溶液中能产生氢离子的化合物;小杆:小棒;菌:表示微小的事物,微生物(细菌、古菌、真菌);属:属名的尾词;酸小杆菌属:喜酸的棒形生物。

Etymology　　N.L. n. *acidum* (from L. adj. *acidus*, sour), an acid; L. neut. n. *bacterium*, small rod; N.L. neut. n. *Acidobacterium*, an acid-loving rod.

模式种　胶囊酸小杆菌(*Acidobacterium capsulatum*)Kishimoto 等,1991,新种。

词源　胶囊:盒,箱,袋,这里指的是具有胶囊形结构的,带盒子的,包覆胶囊状物的。

Etymology　　L. n. *capsula*, a small box or chest; L. neut. suff. -*atum*, suffix denoting provided with; N.L. neut. adj. *capsulatum*, with a chest, capsuled.

酸胞菌属(*Acidocella*)Kishimoto 等,1996,新属。此属已定 3 种。

词源　酸:醋,像醋一样的味道,酸味,化学中在水溶液中能产生氢离子的化合物;胞:细胞;菌:表示微小的事物,微生物(细菌、古菌、真菌);属:属名的尾词;酸胞菌属:(需)酸的细胞(生物)。

Etymology　　N.L. n. *acidum* (from L. adj. *acidus*, sour), an acid; L. fem. n. *cella*, a storeroom, a chamber and, in biology, a cell; N.L. fem. n. *Acidocella*, acid (-requiring) cell.

模式种　易酸胞菌(*Acidocella facilis*)(Wichlacz 等,1986)Kishimoto 等,1996,新合并。

词源　易:细胞生长容易的,迅速的,指的是细胞培养的一种特征。

Etymology　　L. fem. adj. *facilis*, easy, without difficulty, quick, with respect to growth.

酸单胞菌属(*Acidomonas*) Urakami 等,1989,新属;Yamashita 等,2004 修改。此属已定 1 种。

词源　酸:醋,像醋一样的味道,酸味,化学中在水溶液中能产生氢离子的化合物;单胞:单细胞,单元;菌:表示微小的事物,微生物(细菌、古菌、真菌);属:属名的尾词;酸单胞菌属:嗜酸的单细胞生物。

Etymology　L. adj. *acidus*, sour, acid; L. fem. n. *monas*, a unit, monad; N.L. fem. n. *acidomonas*, acidophilic monad.

模式种　甲醇酸单胞菌(*Acidomonas methanolica*)(Uhlig 等,1986)Urakami 等,1989,新合并。

词源　甲醇:CH_3OH,与甲醇相关的。

Etymology　N.L. neut. n. *methanol*, methanol; L. suff. *-icus -a -um*, suffix used in adjectives with the sense of belonging to; N.L. fem. adj. *methanolica*, relating to methanol.

酸热菌科(*Acidothermaceae*) Rainey 等,1997(全部作者名单 Rainey, Ward-Rainey and Stackebrandt),新科。

模式属　酸热菌属(*Acidothermus*) Mohagheghi 等,1986,新属。

词源　酸热菌属:此科之模式属;科:用于定义一个比属高、比目低的分类级和尾词,在中文科的命名中,把模式属属名中的尾字"属"代换为尾字"科",即为模式属所在的科名;酸热菌科:酸热菌属之科。

Etymology　N.L. masc. n. *Acidothermus*, type genus of the family; suff. *-aceae*, ending to denote a family; N.L. fem. pl. n. *Acidothermaceae*, the *Acidothermus* family.

酸热菌目(*Acidothermales*) Sen 等,2014,新目。

命名模式　酸热菌属(*Acidothermus*)(此文描述中并无规定)Mohagheghi 等,1986,新属。

词源　酸热菌属:此目之模式属;目:用于定义一个比科高、比纲低的分类级和尾词;在中文目的命名中,把模式属属名中的尾字"属"代换为尾字"目",即为模式属所在的目名;酸热菌目:酸热菌属之目。

Etymology　N.L. masc. n. *Acidothermus*, type genus of the order; suff. *-ales*, ending to denote order; N.L. fem. pl. n. *Acidothermales*, the *Acidothermus* order.

酸热菌属(*Acidothermus*) Mohagheghi 等,1986,新属。此属已定 1 种。

此属是酸热菌科(*Acidothermaceae*) Rainey 等,1997 的模式属。

词源　酸:醋,像醋一样的味道,酸味,化学中在水溶液中能产生氢离子的化合物;热:高温的,烫的;菌:表示微小的事物,微生物(细菌、古菌、真菌);属:属名的尾词;酸热菌属:(喜)酸和高温的菌。

Etymology　L. adj. *acidus*, sour, acid; Gr. adj. *thermos*, hot; N.L. masc. n. *Acidothermus*, acid and hot（loving）。

模式种 解纤维酸热菌（*Acidothermus cellulolyticus*）Mohagheghi 等，1986，新种。

词源 解：分解的，溶解的，破解的；纤维：纤维，纤维素；解纤维：溶解/分解纤维素的。

Etymology　N.L. n. *cellulosum*, cellulose; N.L. masc. adj. *lyticus*（from Gr. masc. adj. *lutikos*）, able to loosen, able to dissolve; N.L. masc. adj. *cellulolyticus*, cellulose-dissolving.

吞酸菌属（*Acidovorax*）Willems 等，1990，新属。此属已定 15 种，3 亚种。

词源 吞：吞噬的，狼吞虎咽的，贪吃的；酸：醋，像醋一样的味道，酸味，化学中在水溶液中能产生氢离子的化合物；菌：表示微小的事物，微生物（细菌、古菌、真菌）；属：属名的尾词；吞酸菌属：吞噬酸的细菌。

Etymology　N.L. neut. n. *acidum*（from L. adj. *acidus*, sour）an acid; L. adj. *vorax*, voracious; N.L. masc. n. *Acidovorax*, acid-devouring（bacteria）。

模式种 易吞酸菌（*Acidovorax facilis*）（Schatz and Bovell, 1952）Willems 等，1990，新合并。

词源 易：容易的，没有困难的，指的是细胞培养的一种特征。

Etymology　L. masc. adj. *facilis*, easy, without difficulty.

不运杆菌属（*Acinetobacter*）Brisou and Prévot, 1954, 属。此属已定 39 种。

词源 不：非，无；运：动，运动，活动，运力；不运：不运动的，不移动的；杆：棒；菌：表示微小的事物，微生物（细菌、古菌、真菌）；属：属名的尾词；不运杆菌属：不运动的杆状细菌。

Etymology　Gr. prep *a*, not; Gr. v. *kineô*, to set in motion, move; N.L. adj. *acinetus*, unable to move; N.L. masc. n. *bacter*, rod; N.L. masc. n. *Acinetobacter*, nonmotile rod.

模式种 乙酸钙滋不运杆菌（*Acinetobacter calcoaceticus*）（Beijerinck, 1911）Baumann 等，1968，《1980 年细菌名确认单》，种。

词源 乙酸钙：醋酸钙；滋：滋生，滋润，与……有关的，尾词；乙酸钙滋：与乙酸钙有关的，醋酸钙滋润的，拜叶林（**Beijerinck**）用乙酸钙富集培养基分离出此生物。

Etymology　L. n. *calx -cis*, limestone, chalk; N.L. n. *acidum aceticum*, acetic acid; N.L. masc. adj. *calcoaceticus*, pertaining to calcium acetate, which was used by Beijerinck in the enrichment medium from which he isolated the organism.

注："滋"字在中文中一般不译，一般直接写化合物名称即可，译出的好处是明确乙酸钙在其中的功能。

端果孢菌属（*Acrocarpospora*）Tamura 等，2000，新属。此属已定 4 种。

词源 端：顶端，最高处，末端；果：水果，浆果；孢：孢子；菌：表示微小的事物，微生物（细菌、古菌、真菌）；属：属名的尾词；端果孢菌属：像水果那样在顶端菌丝形成孢子的微生物。

Etymology　Gr. adj. *akros*, uttermost, topmost, highest, at the top, end; Gr. n. *karpos*, fruit; Gr. fem. n. *spora*, a seed, and in biology a spore; N.L. fem. n. *Acrocarpospora*, an organism

forming spores like fruits on the terminal mycelium.
模式种 全形端果孢菌(*Acrocarpospora pleiomorpha*)Tamura 等,2000,新种。
词源 全:全部,完整,丰富;形:形态,形状;全形:各种形态/形状的。
Etymology Gr. adj. *pleios*, full; Gr. n. *morphê*, form, shape; N.L. fem. adj. *pleiomorpha*, pleiomorphic, in various shapes.

海边杆菌属(*Actibacter*)Kim 等,2008,新属;Hyun 等,2015 修改。此属已定 2 种。
词源 海边:海边的,海岸的,滨海的;杆:棒;菌:表示微小的事物,微生物(细菌、古菌、真菌);属:属名的尾词;海边杆菌属:来自海边的棒形细菌。
Etymology L. n. *acta*, seaside; N.L. masc. n. *bacter*, rod; N.L. masc. n. *Actibacter*, rod from the seaside.
模式种 沉积物海边杆菌(*Actibacter sediminis*)Kim 等,2008,新种。
词源 沉积:沉积物的,沉积作用的,属于或来自沉积物的;物:物质;沉积物:自然(通常是水、风、冰川等)作用下,天然物质通过风蚀、侵蚀、腐蚀和运输作用,沉积形成的物质。
Etymology L. gen. n. *sediminis*, of a sediment.

海边小杆菌属(*Actibacterium*)Lucena 等,2012,新属。此属已定 1 种。
词源 海边:海边的,海岸的,滨海的;小杆:小棒;菌:表示微小的事物,微生物(细菌、古菌、真菌);属:属名的尾词;海边小杆菌属:来自海边的小棒形菌。
Etymology L. n. *acta -ae*, seaside, shore; L. neut. n. *bacterium*, small rod; N.L. neut. n. *Actibacterium*, a rod from the seaside.
模式种 黏液海边小杆菌(*Actibacterium mucosum*)Lucena 等,2012,新种。
词源 黏液:黏液的,似黏液的,黏滑的,此菌落的一种特征。
Etymology L. neut. adj. *mucosum*, slimy, mucous, a property of the colonies.

放线金孢菌属(*Actinaurispora*)Thawai 等,2010,新属。
词源 放线:射线,阵列;金:金色,金黄色;孢:孢子;菌:表示微小的事物,微生物(细菌、古菌、真菌);属:属名的尾词;放线金孢菌属:射线状(真菌)产生金黄色的孢子(生物)。
Etymology Gr. n. *actis actinos*, ray; L. n. *aurum*, gold, the colour of gold; N.L. fem. n. *spora*,(from Gr. n. *spora*, seed)a spore; N.L. fem. n. *Actinaurispora*, ray(fungus)producing orange spores.
模式种 暹罗放线金孢菌(*Actinaurispora siamensis*)Thawai 等,2010,新种。
词源 暹罗:属于或来自暹罗,**1949** 年改称泰国,此模式株分离源—土壤的来源国。
Etymology N.L. fem. adj. *siamensis*, of or pertaining to Siam, the old name for Thailand, the country of origin of the soil from which the type strain was isolated.

放线异墙菌属(*Actinoallomurus*)Tamura 等,2009,新属。此属已定 15 种。

词源 此词在解释上同"放线异壁菌属"一样,用"墙"取代习惯用字"壁"是为了避免重词。放线:射线,习惯上就指放线菌;异:不同的;墙:拉丁文阳性名词 *murus* 表示墙壁,这里指细胞壁;菌:表示微小的事物,微生物(细菌、古菌、真菌);属:属名的尾词;放线异墙菌属:具有不同细胞壁的放线菌。

Etymology　Gr. n. *actis actinos*, ray, used to refer to actinomycetes; Gr. adj. *allos*, different; L. masc. n. *murus*, wall; N.L. masc. n. *Actinoallomurus*, actinomycetes with a different wall.

模式种　栗褐色放线异壁菌(*Actinoallomurus spadix*)(Nonomura and Ohara,1971)Tamura 等,2009,新合并。

词源　栗褐色:像栗子样的褐色。

Etymology　L. masc. adj. *spadix*, chestnut-brown.

放线异垒菌属(*Actinoalloteichus*)Tamura 等,2000,新属。此属已定 4 种。

词源　放线:射线(习惯上就指放线菌);异:不同的;垒:城墙,强化的墙壁,这里指细胞壁;放线:射线,现在习惯于指放线菌属;菌:表示微小的事物,微生物(细菌、古菌、真菌);属:属名的尾词;放线异垒菌属:具有不同细胞壁的放线菌。

Etymology　Gr. n. *actis actinos*, ray (used to refer to actinomycetes); Gr. adj. *allos*, another, the other; Gr. masc. n. *teichos*, wall; N.L. masc. n. *Actinoalloteichus*, actinomycete with a different wall.

模式种　青灰色放线异垒菌(*Actinoalloteichus cyanogriseus*)Tamura 等,2000,新种。

词源　青:青色,靛蓝色;灰:灰色;色:颜色;青灰色:灰蓝色。

Etymology　L. adj. *cyaneus*, dark blue; N.L. adj. *griseus*, grey; N.L. masc. adj. *cyanogriseus*, blue-grey.

注:希腊文阳性名词 *teichos* 表示强化的墙壁。该词来自希腊文 τεῖχος 即 *teîkhos*,表示比 wall 更强的墙壁,即强化后的墙壁,即垒(城墙)。一定要指出的是 τεῖχος 即 *teîkhos*,该词与希腊文 τοῖχος 即 *toîkhos*(一种普通的 wall 墙壁)不同。但由于这两个词仅相差一个字母,因此以往中文在翻译 teichoic acid(垒酸)和 lipoteichoic acids(磷垒酸)时,都没有注意到差异,以至于现今都用壁酸和磷壁酸,这就体现不出磷垒酸具有加强细胞壁的意思了,让人误解以为仅是细胞壁的酸。

放线竿菌属(*Actinobacillus*)Brumpt,1910,属。此属已定 19 种,2 亚种。

词源　放线:射线(习惯上就指放线菌);竿:对译于拉丁文 ***bacillus***,在本书中表示棒形,以示与常见的"杆"的区别,表示出芽孢为特征的棒形;菌:表示微小的事物,微生物(细菌、古菌、真菌);属:属名的尾词;放线竿菌属:呈射线状的(芽孢)棒形细菌。

Etymology　Gr. n. *aktis -inos*, a ray; L. dim. masc. n. *bacillus*, a small staff or rod; N.L. masc. n. *Actinobacillus*, ray bacillus or rod.

模式种　利格尼埃氏放线竿菌(*Actinobacillus lignieresii*)Brumpt,1910,《1980 年细菌名确

认单》,种。

词源 氏:姓氏;利格尼埃氏:以细菌学家 J. 利格尼埃的姓氏命名,其首次分离到这种生物。

Etymology　N.L. gen. masc. n. *lignieresii*, of Lignières, named for J. Lignières, one of the bacteriologists who first isolated this organism.

注:此属中文以往常见的同义词有:放线芽孢杆菌属、放线杆菌属。

放线杆菌纲(*Actinobacteria*)Stackebrandt 等,1997,新纲。或放线细菌纲。

词源　放线:射线,(光)线、(光)束状;杆:杖,茎,棒;菌:表示微小的事物,微生物(细菌、古菌、真菌);纲:(原核)生物分类的一个级别,门之下,目之上的一个分类级,纲之尾词;放线杆菌纲:形态多样的放线菌类。

Etymology　Gr. n. *aktis -inos*, a ray, beam; Gr. n. *baktêria*, staff, cane; suff. *-ia*, ending to denote a class; N.L. neut. pl. n. *Actinobacteria*, actinomycete group of bacteria of diverse morphological properties.

模式目　未给出。

注:根据规则 15,22 和 27(3),放线杆菌纲(*Actinobacteria*)是不合规的,因为命名时没有指定一个命名模式(nomenclatural type)。

放线杆菌亚纲(*Actinobacteridae*)Stackebrandt 等,1997,新亚纲;Zhi 等,2009 修改。或放线细菌亚纲。

模式目　放线菌目(*Actinomycetales*)Buchanan,1917,《1980 年细菌名确认单》,属;Stackebrandt 等,1997 修改。

词源　放线菌目:此亚纲之模式目;亚纲:亚纲的尾词,纲之下,目之上的一个分类级,纲的二级分类;放线杆菌亚纲:放线菌目之亚纲。

Etymology　N.L. fem. pl. n. *Actinomycetales*, type order of the subclass; suff. *-idae*, ending to denote a subclass; N.L. fem. pl. n. *Actinobacteridae*, the *Actinomycetales* subclass.

放线茎菌属(*Actinobaculum*)Lawson 等,1997,新属。此属已定 4 种。

词源　放线:射线(习惯上就指放线菌);茎:棒,杖;菌:表示微小的事物,微生物(细菌、古菌、真菌);属:属名的尾词;放线茎菌属:射线茎棒形的生物。

Etymology　Gr. n. *aktis aktinos*, ray; L. neut. n. *baculum*, rod, stick; N.L. neut. n. *Actinobaculum* ray stick.

模式种　猪放线茎菌(*Actinobaculum suis*)(Wegienek and Reddy,1982)Lawson 等,1997,新合并。

词源　猪:一种动物,豕,彘。

Etymology　L. gen. n. *suis*, of a hog, of a pig.

放线双孢菌属（*Actinobispora*）Jiang 等,1991,新属。此属已定 4 种。

此属 2002 年已归属到→假诺卡氏菌属（*Pseudonocardia*）Henssen,1957,（Approved Lists,1980）Huang 等,2002 修改。

词源　放线:射线(习惯上就指放线菌);双:两个;孢:孢子;菌:表示微小的事物,微生物(细菌、古菌、真菌);属:属名的尾词;放线双孢菌属:表明形成两个孢子的放线菌。

Etymology　Gr. n. *aktis -inos*, a ray; L. adv. num. *bis*, twice; Gr. fem. n. *spora*, a seed and, in biology, a spore; N.L. fem. n. *Actinobispora*, indicates the actinomycete forming two spores.

模式种　云南放线双孢菌（*Actinobispora yunnanensis*）Jiang 等,1991,新种。

此种 2002 年已归种到→云南假诺卡氏菌（*Pseudonocardia yunnanensis*）（Jiang 等,1991）Huang 等,2002,新合并。

词源　云南:与中国南部云南省有关的,来自云南的。

Etymology　N.L. fem. adj. *yunnanensis*, pertaining to Yunnan, a province of south China.

放线链孢菌属（*Actinocatenispora*）Thawai 等,2006,新属。此属已定 3 种。

词源　放线:射线(习惯上就指放线菌);链:链,链子,链条;孢:孢子;菌:表示微小的事物,微生物(细菌、古菌、真菌);属:属名的尾词;放线链孢菌属:产生孢子链的射线(真菌)。

Etymology　Gr. n. *aktis -inos*, ray; L. n. *catena*, chain; Gr. fem. n. *spora*, seed, and in biology a spore; N.L. fem. n. *Actinocatenispora*, spore chain-producing ray（fungus）.

模式种　泰国放线链孢菌（*Actinocatenispora thailandica*）Thawai 等,2006,新种。

词源　泰国:1949 年前称暹罗,中国的一个邻邦,属于或来自泰国的,此模式菌株的分离地。

Etymology　N.L. fem. adj. *thailandica*, of or belonging to Thailand, where the type strain was isolated.

放线珊菌属（*Actinocorallia*）Iinuma 等,1994,新属。此属已定 7 种。

词源　放线:射线(习惯上就指放线菌);珊:珊瑚,珊瑚虫的骨骼聚集物;菌:表示微小的事物,微生物(细菌、古菌、真菌);属:属名的尾词;放线珊菌属:意指此属微生物(放线菌)形成的孢子形状像珊瑚。

Etymology　Gr. n. *actis actinos*, a ray; L. n. *corallium*, coral; N.L. fem. n. *Actinocorallia*（sic）, intended to mean a microorganism（actinomycete）that forms sporophores resembling coral.

模式种　草状放线珊菌（*Actinocorallia herbida*）Iinuma 等,1994,新种。

词源　草状:像草一样的,指的是此气生菌丝像草一样。

Etymology　L. fem. adj. *herbida*, like grass, grassy, referring to the formation of aerial mycelia like grass.

放线运孢菌属（*Actinokineospora*）Hasegawa,1988,新属。此属已定 12 种。

词源　放线:射线(习惯上就指放线菌);运:运动,活动,运力;孢:孢子;菌:表示微小的事物,微生物(细菌、古菌、真菌);属:属名的尾词;放线运孢菌属:带有游走(运动)孢子的放线菌。

Etymology　Gr. n. *aktis -inos*, ray; Gr. v. *kineo*, to set in motion; Gr. fem. n. *spora*, seed and in biology a spore; N.L. fem. n *Actinokineospora*, actinomycete bearing zoospores.

模式种　河岸放线运孢菌属(*Actinokineospora riparia*)Hasegawa,1988,新种。

词源　河岸:河边,河岸,指的是分离此模式株的土壤采集场所,沿着日本的阿土川(ado)。

Etymology　L. fem. adj. *riparia*, that frequents the banks of rivers, riverside, referring to the collection site of the soil sample from which the type strain was isolated, along the Ado River, Japan.

放线马杜拉菌属(*Actinomadura*)Lechevalier and Lechevalier,1968(对此年份见注1),属。此属已定75种,2亚种。

词源　放线:射线(习惯上就指放线菌);马杜拉:印度的一个省名;菌:表示微小的事物,微生物(细菌、古菌、真菌);属:属名的尾词;马杜拉菌属:指此微生物是第一株分离出来的导致"马杜拉足"病的致病体。

Etymology　Gr. n. *actis actinos*, a ray; N.L. n. *Madura*, Madura, name of a province in India; N.L. fem. n. *Actinomadura*, referring to a micro-organism first described as the causative agent of "Madura foot" disease.

模式种　马杜拉放线马杜拉菌(*Actinomadura madurae*)(Vincent,1894)Lechevalier and Lechevalier,1968,《1980年细菌名确认单》,种。

词源　马杜拉:印度的一个省名。

Etymology　N.L. gen. n. *madurae*, of Madura, name of a district in India.

注1:在《细菌名确认单》中,放线马杜拉菌属(*Actinomadura*)Lechevalier and Lechevalier,1968就是这样引用的,标注的参考文献是 Lechevalier, H A and M P Lechevalier,1968 in Prauser, H.(editor). The actinomycetales. Sept.1968. VEB Gustav Fischer Verlag, Jena. pp.393-405。但问题是,这本预计出版的会议论文集并没有如期出版,直到1970年才正式出版。根据《细菌学准则》(1975年修改版)和(1990年修改版),在会议上或在小型会议上以快讯的方式发表一个新名是不被接受为有效的(communication of a new name at a meeting or in minutes of a meeting is not accepted as effective)。因此,《细菌门批准清单》有误,应当列年为1970年。但根据规则23a注释4,只有IJSB或IJSEM的裁决委员会(the Judicial Commission)才能改正此清单,因此这里就沿用1968年。换句话说,即使发表在中文期刊中,只要提供有效的证据,新菌名理当是有效的。

注2:马杜拉足(Madura foot):又名真足菌肿(Eumycetoma),或更加通俗的为真菌瘤(但现在放线菌被归到了细菌),一种足部的慢性肉芽肿真菌类疾病。

放线菌属(*Actinomyces*)Harz,1877,属。此属已定47种,2亚种。

此属是放线菌目(*Actinomycetales*)Buchanan,1917,《1980年细菌名确认单》,放线菌亚目(*Actinomycineae*)Stackebrandt等,1997和放线菌科(*Actinomycetaceae*)Buchanan,1918,《1980

年细菌名确认单》，模式属。

词源 放线：射线（习惯上就指放线菌）；菌：表示微小的事物，微生物（细菌、古菌、真菌）；属：属名的尾词；放线菌属：射线真菌，指在牛放线菌硫粒中菌丝的放射排列。

Etymology   Gr. n. *aktis aktinos*, ray; Gr. masc. n. *mukês*, fungus; N.L. masc. n. *Actinomyces*, ray fungus, referring to the radial arrangement of filaments in *Actinomyces bovis* sulfur granules.

模式种   牛放线菌（*Actinomyces bovis*）Harz,1877,《1980年细菌名确认单》，种。

词源   牛：公牛，奶牛；属于或来自公牛/母牛的。

Etymology   L. n. *bos bovis*, an ox, cow; L. gen. n. *bovis*, of/from the ox/cow.

同义词   Not "*Actinomyce*"（*sic*）Meyen,1827, "*Discomyces*" Rivolta,1878, "*Actinocladothrix*" Affanassieff and Schulz,1889。

放线菌科（*Actinomycetaceae*）Buchanan,1918,属;Stackebrandt 等,1997 修改,Zhi 等,2009 修改。

模式属   放线菌属（*Actinomyces*）Harz,1877,《1980年细菌名确认单》，属。

词源   放线菌属：此科之模式属；科：用于定义一个比属高、比目低的分类级和尾词，在中文科的命名中，把模式属属名中的尾字"属"代换为尾字"科"，即为模式属所在的科；放线菌科：放线菌属之科。

Etymology   N.L. masc. n. *Actinomyces*, type genus of the family; suff. *-aceae*, ending to denote a family; N.L. fem. pl. n. *Actinomycetaceae*, the *Actinomyces* family.

放线菌目（*Actinomycetales*）Buchanan,1917,目。

此目是**节杆菌纲**（*Arthrobacteria*）Cavalier-Smith,2002 和放线杆菌亚纲［（*Actinobacteridae*）Stackebrandt 等,1997］的模式目。

模式属   放线菌属（*Actinomyces*）Harz,1877,《1980年细菌名确认单》，属。

词源   放线菌属：此目之模式属；目：用于定义一个比科高、比纲低的分类级和尾词；在中文目的命名中，把模式属属名中的尾字"属"代换为尾字"目"，即为模式属所在的目名；放线菌目：放线菌属之目。

Etymology   N.L. masc. n. *Actinomyces*, type genus of the order; suff. *-ales*, ending denoting an order; N.L. fem. pl. n. *Actinomycetales*, the *Actinomyces* order.

放线菌纲（*Actinomycetes*）Krasil'nikov,1949,纲。

模式目   未给出。

词源   放线菌属：此纲的一个属；纲：（原核）生物分类的一个级别，门之下，目之上的一个分类级，纲之尾词；放线菌纲：放线菌属之纲。

Etymology   N.L. masc. n. *Actinomyces*, one genus of the class; N.L. pl. n. *Actinomycetes*, the

Actinomyces class.

注：根据规则15、22和27（3），放线菌纲（*Actinomycetes*）是不合规的，因为命名时没有推荐指定一个命名模式（nomenclatural type）。

放线孢菌属（*Actinomycetospora*）Jiang等，2008，新属；Tamura等，2011修改，Zhang等，2014修改。此属已定11种。

词源　放线：射线（习惯上就指放线菌）；孢：孢子；菌：表示微小的事物，微生物（细菌、古菌、真菌）；属：属名的尾词；放线孢菌属：指的是一种有孢子链的放线菌。

Etymology　N.L. n. *actinomyces -etis*（from Gr. n. *aktis -inos*, ray, beam and Gr. n. *mukês -êtos*, mushroom or other fungus）, an actinomycete; Gr. fem. n. *spora*, a seed and, in biology, a spore; N.L. fem. n. *Actinomycetospora*, referring to an actinomycete with spore chains.

模式种　清迈放线孢菌（*Actinomycetospora chiangmaiensis*）Jiang等，2008，新种。

词源　清迈：泰国北部的一个城市，与清迈有关的，此模式株就是在此地附近发现的。

Etymology　N.L. fem. adj. *chiangmaiensis*, pertaining to Chiang Mai, a city in the north of Thailand in the vicinity of which the type strain was found.

放线菌亚目（*Actinomycineae*）Stackebrandt等，1997，新亚目；Zhi等，2009修改。

模式属　放线菌属（*Actinomyces*）Harz，1877，属。

词源　放线菌属：此亚目之模式属；亚目：用于定义一个比科高、比目低的分类级和尾词，目的二级分类级；在中文目的命名中，把属名中的尾字"属"代换为尾字"亚目"，即为模式属所对应的亚目；放线菌亚目：放线菌属之亚目。

Etymology　N.L. masc. n. *Actinomyces*, type genus of the suborder; suff. *-ineae*, ending denoting a suborder; N.L. fem. pl. n. *Actinomycineae*, the *Actinomyces* suborder.

放线植栖菌属（*Actinophytocola*）Indananda等，2010，新属。此属已定7种。

词源　放线：射线（习惯上就指放线菌）；植：植物；栖：栖居，栖息，栖居者，栖息者；菌：表示微小的事物，微生物（细菌、古菌、真菌）；属：属名的尾词；放线植栖菌属：居住在植物中的放线菌。

Etymology　Gr. n. *actis actinos*, a ray, beam; Gr. n. *phuton*, a plant; L. masc. suff. *-cola*（from L. n. *incola*）, a dweller, inhabitant; N.L. masc. n. *Actinophytocola*, actinobacterial dweller inside a plant.

模式种　稻放线植栖菌（*Actinophytocola oryzae*）Indananda等，2010，新种。

词源　稻：稻属，水稻的，稻米的，此模式株分离自泰国糯稻根部的。

Etymology　L. n. *oryza*, rice and also the name of a botanical genus; L. gen. n. *oryzae*, of rice, denoting the isolation of the type strain from roots of Thai glutinous rice plants.

放线浮菌科（*Actinoplanaceae*）Couch,1955,科。

模式属 放线浮菌属（*Actinoplanes*）Couch,1950,《1980 年细菌名确认单》,属。

词源 放线浮菌属：此科之模式属；科：用于定义一个比属高、比目低的分类级和尾词,在中文科的命名中,把模式属属名中的尾字"属"代换为尾字"科",即为模式属所在的科名；放线浮菌科：放线浮菌属之科。

Etymology　N.L. masc. n. *Actinoplanes*, type genus of the family; suff. -*aceae*, ending to denote a family; N.L. fem. pl. n. *Actinoplanaceae*, the *Actinoplanes* family.

放线浮菌目（*Actinoplanales*）Cavalier-Smith,2002,新目。

模式属 放线浮菌属（*Actinoplanes*）Couch,1950,《1980 年细菌名确认单》,属。

词源 放线浮菌属：此目之模式属；目：用于定义一个比科高、比纲低的分类级和尾词；在中文目的命名中,把模式属属名中的尾字"属"代换为尾字"目",即为模式属所在的目名；放线浮菌目：放线菌属之目。

Etymology　N.L. masc. n. *Actinoplanes*, type genus of the order; suff. -*ales*, ending denoting an order; N.L. fem. pl. n. *Actinoplanales*, the *Actinoplanes* order.

放线浮菌属（*Actinoplanes*）Couch,1950,属。或放线游孢菌属。此属已定 40 种。

此属是放线浮菌目（*Actinoplanales*）Cavalier-Smith,2002 和放线浮菌科（*Actinoplanaceae*）Couch,1955,《1980 年细菌名确认单》,模式属。

词源 放线：射线（习惯上就指放线菌）；浮：浮游者,漂泊者,流浪者,漫无目的者；菌：表示微小的事物,微生物（细菌、古菌、真菌）；属：属名的尾词；放线浮菌属：字面意义是属射线状的浮游菌,此处强调具有游动能力孢子的放线菌。

Etymology　Gr. n. *aktis -inos*, ray, beam; Gr. masc. n. *planes*, a wanderer, roamer; N.L. masc. n. *Actinoplanes* literally, a ray wanderer; intended to signify an actinomycete with swimming spores.

模式种 菲律宾放线游孢菌（*Actinoplanes philippinensis*）Couch,1950,《1980 年细菌名确认单》。

词源 菲律宾：属于或与菲律宾有关的。

Etymology　N.L. masc. adj. *philippinensis*, of or pertaining to the Philippines.

放线多形菌属（*Actinopolymorpha*）Wang 等,2001,新属。此属已定 5 种。

词源 放线：射线（习惯上就指放线菌）；多形：多态,多姿,微生物具有许多形态；菌：表示微小的事物,微生物（细菌、古菌、真菌）；属：属名的尾词；放线多形菌属：具有多种形态的放线菌。

Etymology　Gr. n. *actis actinos*, a ray; Gr. adj. *polumorphos*, multiform, manifold; N.L. fem. n. (N.L. fem. adj. used as a substantive) *Actinopolymorpha*, actinomycete of many shapes.

模式种 新加坡放线多形菌（*Actinopolymorpha singaporensis*）Wang 等，2001，新种。
词源 新加坡：属于或与新加坡有关的，强调的是此模式株的分离国。
Etymology N.L. fem. adj. *singaporensis*, of or belonging to Singapore, signifying the country where the type strain was isolated.

放线多孢菌属（*Actinopolyspora*）Gochnauer 等，1975，属；Approved Lists，1980，Tang 等，2011修改。此属已定11种。

此属是放线多孢菌亚目（*Actinopolysporineae*）Zhi 等，2009 和放线多孢菌科（*Actinopolysporaceae*）Zhi 等，2009 的模式属。

词源 放线：射线（习惯上就指放线菌）；多：很多，许多；孢：孢子；菌：表示微小的事物，微生物（细菌、古菌、真菌）；属：属名的尾词；放线多孢菌属：许多孢子并呈放射状排列的（真菌）。

Etymology Gr. n. *aktis -inos*, ray; Gr. adj. *polus*, many; Gr. fem. n. *spora*, seed and in biology a spore; N.L. fem. n. *Actinopolyspora*, the many-spored ray（fungus）.

模式种 嗜卤放线多孢菌（*Actinopolyspora halophila*）Gochnauer 等，1975，《1980年细菌名确认单》，种。

词源 卤：盐，卤素；嗜：喜的，爱的，爱好的，喜好的，嗜好的，友好的；嗜卤：喜好盐的。

Etymology Gr. n. *hals halos*, salt; N.L. adj. *philus -a -um*（from Gr. adj. *philos -ê -on*），friend, loving; N.L. fem. adj. *halophila*, salt-loving.

放线多孢菌科（*Actinopolysporaceae*）Zhi 等，2009，新科。

模式属 放线多孢菌属（*Actinopolyspora*）Gochnauer 等，1975，《1980年细菌名确认单》，属。

词源 放线多孢菌属：此科之模式属；科：用于定义一个比属高、比目低的分类级和尾词，在中文科的命名中，把模式属属名中的尾字"属"代换为尾字"科"，即为模式属所在的科名；放线多孢菌科：放线多孢菌属之科。

Etymology N.L. fem. n. *Actinopolyspora*, type genus of the family; suff. *-aceae* ending to denote a family; N.L. fem. pl. n. *Actinopolysporaceae*, the *Actinopolyspora* family.

放线多孢菌亚目（*Actinopolysporineae*）Zhi 等，2009，新亚目。

模式属 放线多孢菌属（*Actinopolyspora*）Gochnauer 等，1975，《1980年细菌名确认单》，属。

词源 放线多孢菌属：此亚目之模式属；亚目：表示原核生物分类的一个级别，用于定义一个比科高、比目低的分类级和尾词，目的二级分类级；在中文目的命名中，把属名中的尾字"属"代换为尾字"亚目"，即为模式属所对应的亚目；放线多孢菌亚目：放线多孢菌属之亚目。

Etymology N.L. fem. n. *Actinopolyspora*, type genus of the suborder; suff. *-ineae*, ending to denote a suborder; N.L. fem. pl. n. *Actinopolysporineae*, the *Actinopolyspora* suborder.

放线孢器菌属(*Actinopycnidium*)Krasil'nikov,1962,属。此属已定 1 种。

此属 1986 年已被归属到**链霉菌属**(*Streptomyces*)Waksman and Henrici,1943,《1980 年细菌名确认单》。

词源　放线：射线（习惯上就指放线菌）；孢器：孢子器囊；菌：表示微小的事物，微生物（细菌、古菌、真菌）；属：属名的尾词；放线孢器菌属：有孢子器囊的放线菌。

Etymology　not found。

模式种　**蓝色放线孢器菌**(*Actinopycnidium caeruleum*)Krasil'nikov,1962,《1980 年细菌名确认单》。

此菌已被归种为→**腐殖质链霉菌**(*Streptomyces humiferus*)Goodfellow 等,1986,新种。

词源　蓝色：蓝色的,青蓝色的,暗蓝色的。

Etymology　L. neut. adj. *caeruleum*, blue, dark blue.

放线簇菌属(*Actinospica*)Cavaletti 等,2006,新属。此属已定 2 种。

此属是**放线簇菌科**(*Actinospicaceae*)Cavaletti 等,2006 的模式属。

词源　放线：射线（习惯上就指放线菌）；簇：一簇,簇状；菌：表示微小的事物,微生物（细菌、古菌、真菌）；属：属名的尾词；放线簇菌属：气丝呈簇状的放线菌。

Etymology　Gr. n. *aktis -inos*, a ray; L. fem. n. *spica*, tuft; N.L. fem. n. *Actinospica*, an actinomycete with tufts of aerial hyphae.

模式种　**刺槐放线簇菌**(*Actinospica robiniae*)Cavaletti 等,2006,新种。

词源　刺槐：洋槐,刺槐属,表示微生物分离自刺槐的木头。

Etymology　N.L. fem. n. *Robinia*, scientific name of a genus of tree; N.L. fem. gen. n. *robiniae*, of *Robinia*, isolated from a wood of *Robinia pseudoacacia*.

放线簇菌科(*Actinospicaceae*)Cavaletti 等,2006,新科。

模式属　**放线簇菌属**(*Actinospica*)Cavaletti 等,2006,新属。

词源　放线簇菌属：此科之模式属；科：用于定义一个比属高、比目低的分类级和尾词,在中文科的命名中,把模式属属名中的尾字"属"代换为尾字"科",即为模式属所在的科名；放线簇菌科：放线簇菌属之科。

Etymology　N.L. fem. n. *Actinospica*, type genus of the family; suff. *-aceae*, ending to denote a family; N.L. fem. pl. n. *Actinospicaceae*, the *Actinospica* family.

放线孢囊菌属(*Actinosporangium*)Krasil'nikov and Yuan,1961,新属。或孢囊放线菌属。此属已定 2 种。

此属 1986 年已归属到→**链霉菌属**(*Streptomyces*)Waksman and Henrici,1943,《1980 年细菌名确认单》,属。

词源　放线：射线（习惯上就指放线菌）；孢：孢子；菌：表示微小的事物，微生物（细菌、古菌、真菌）；属：属名的尾词；放线孢囊菌属：具有孢子囊的放线菌。

Etymology　Gr. n. *aktis -inos*, ray（used to refer to actinomycetes）；N.L. n. *sporangium* [from Gr. n. *spora*, a seed（and in biology a spore）, and Gr. n. *angeion*（Latin transliteration *angium*）, vessel], sporangium；N.L. neut. n. *Actinosporangium*, an actinomyces with sporangium.

模式种　紫色放线孢囊菌（*Actinosporangium violaceum*）Krasil′nikov and Yuan，1961，《1980年细菌名确认单》，种。此种1986年已归到新种→诡异链霉菌（*Streptomyces paradoxus*）Goodfellow等，1986，新种。

词源　紫色：紫色的或紫颜色的。

Etymology　L. neut. adj. *violaceum*, violet colored.

放线伴线体属（*Actinosynnema*）Hasegawa等，1978，属。此属已定2种，2亚种。

此属是**放线伴线体科**（*Actinosynnemataceae*）Labeda and Kroppenstedt，2000的模式属。

词源　放线：射线（习惯上就指放线菌）；伴：一起，伴随；线：线形，线状物；伴线：缠绕在一起的线；体：整体，身体，菌体，在微生物学属名中的作用与"菌"类似；属：属名的尾词；放线伴线体属：伴线形的放线菌。

Etymology　Gr. n. *actis actinos*, ray；Gr. prep. *syn*, in company with, together with；Gr. n. *nema*, thread；N.Gr. n. *synnema*, threads wrapping together, synnema；N.L. neut. n. *Actinosynnema*, indicates a synnema-forming actinomycete.

模式种　奇迹放线伴线体（*Actinosynnema mirum*）Hasegawa等，1978，《1980年细菌名确认单》，种。

词源　奇迹：不可思议的，惊奇的，精彩的。

Etymology　L. neut. adj. *mirum*, marvellous, wonderful.

注：或放线束丝菌属。

放线伴线体科（*Actinosynnemataceae*）Labeda and Kroppenstedt，2000，新科。

模式属　放线伴线体属（*Actinosynnema*）Hasegawa等，1978，《1980年细菌名确认单》，属。

词源　放线伴线体属：此科之模式属；科：用于定义一个比属高、比目低的分类级和尾词；在中文科的命名中，把属名中的尾字"属"代换为尾字"科"，即为模式属所对应的科；放线伴线体科：放线伴线体属之科。

Etymology　N.L. neut. n. *Actinosynnema -atos*, type genus of the family；suff. *-aceae*, ending to denote a family；N.L. fem. pl. n. *Actinosynnemataceae*, the *Actinosynnema* family.

注：根据2011年拉比达（Labeda）等人的论文，放线伴线体科（*Actinosynnemataceae*）Labeda and Kroppenstedt，2000，新科，Zhi等，2009修改，是假诺卡氏菌科[（*Pseudonocardiaceae*）Embley等，1989，新科，Labeda等，2011修改]的一种后期异名同物（a later heterotypic synonym）。

放线针菌属（*Actinotalea*）Yi 等，2007，新属。此属已定 2 种。

词源　放线：射线（习惯上就指放线菌）；针：（纤细的）杖，棒；菌：表示微小的事物，微生物（细菌、古菌、真菌）；属：属名的尾词；放线针菌属：射线状的纤细的棒形菌。

Etymology　Gr. n. *aktis -inos*, ray; L. fem. n. *talea*, a slender staff, rod, stick; N.L. fem. n. *Actinotalea*, ray stick.

模式种　发酵放线针菌（*Actinotalea fermentans*）（Bagnara 等，1985）Yi 等，2007，新种。

词源　发酵：发酵的定义广泛，在微生物学中可指微生物在培养基上的大量生长，一般是指（在厌氧条件下）将糖转变为酸、醇和气体。

Etymology　L. part. adj. *fermentans*, fermenting.

Ad

黏杆菌属（*Adhaeribacter*）Rickard 等，2005，新属。此属已定 4 种。

词源　黏：粘附，黏附，附着；杆：棒；菌：表示微小的事物，微生物（细菌、古菌、真菌）；属：属名的尾词；黏杆菌属：具有黏附性的棒形微生物类。

Etymology　L. v. *adhaereo -ere*, to adhere to, stick to; N.L. masc. n. *bacter*, rod; N.L. masc. n. *Adhaeribacter*, sticky rod.

模式种　水生黏杆菌（*Adhaeribacter aquaticus*）Rickard 等，2005，新种。

词源　水生：生活、生长或发现在水中或水域。

Etymology　L. masc. adj. *aquaticus*, living, growing, or found in or by water, aquatic.

阿德勒氏菌属（*Adlercreutzia*）Maruo 等，2008，新属。

词源　氏：姓氏；阿德勒氏：芬兰赫尔辛基大学荣休教授 H. 阿德勒，他在植物源雌激素对人类健康效应的研究中有贡献；菌：表示微小的事物，微生物（细菌、古菌、真菌）；属：属名的尾词；阿德勒氏菌属：以阿德勒姓氏命名的菌属。

Etymology　N.L. fem. n. *Adlercreutzia*, named after H. Adlercreutz（Emeritus Professor, University of Helsinki, Finland）, for his contributions to research on the effects of phyto-oestrogens on human health.

模式种　雌马酚化阿德勒氏菌（*Adlercreutzia equolifaciens*）Maruo 等，2008，新种。

词源　雌马酚：4',7-异黄烷二醇；化：变化，产生；雌马酚化：化作雌马酚的，产生雌马酚的。

Etymology　N.L. n. *equol -olis*, equol; L. part. adj. *faciens*, making; N.L. part. adj. *equolifaciens*, equol-producing.

陌小菌属（*Advenella*）Coenye 等，2005，新属；Gibello 等，2009 修改。此属已定 4 种。

词源　陌：陌生，未知；小：小东西；菌：表示微小的事物，微生物（细菌、古菌、真菌）；属：属名的尾词；陌小菌属：陌生的小生物，指的是这些不寻常生物的来源不为人知。

Etymology　L. fem. n. *advena*, a stranger, a foreigner; L. fem. dim. suff. *-ella*; N.L. fem. n. *Advenella*, the little stranger, referring to the fact that the source of these unusual organisms is unknown.

模式种　禁食陌小菌（*Advenella incenata*）Coenye 等，2005，新种。

词源　禁食：不吃东西，即生化活性很低。

Etymology　L. fem. adj. *incenata*, that has not dined or eaten, dinnerless, fasting, referring to the fact that this organism shows little biochemical activity.

Ae

埃及小体属（*Aegyptianella*）Carpano，1929，属。此属已定 1 种。

词源　埃及：1929 年首先描述的菌在埃及；小体：小的菌体，体在微生物学属名中的作用与"菌"类似；埃及小体属；1929 年此生物从埃及分离获得，并以此得名。

Etymology　N.L. fem. dim. n. *Aegyptianella*（from L. n. *Aegyptus*）, named after Egypt where the organism was described in 1929.

模式种　雏埃及小体（*Aegyptianella pullorum*）Carpano，1929，《1980 年细菌名确认单》。

词源　雏：幼小的鸟，小鸡。

Etymology　L. n. *pullus*, a young fowl, chicken; L. gen. pl. n. *pullorum*, of young fowls.

水平生菌属（*Aequorivita*）Bowman and Nichols，2002，新属。此属已定 6 种。

词源　水平生：海水处于静态时的平静水面的生命，水平面生命；菌：表示微小的事物，微生物（细菌、古菌、真菌）；属：属名的尾词；水平生菌属：在海平面（海处于平静状态）的生命，生物。

Etymology　L. n. *aequor -oris*, the even surface of the sea in its quiet state; L. fem. n. *vita*, life; N.L. fem. n. *Aequorivita*, life（living being）at the sea surface.

模式种　南极水平生菌（*Aequorivita antarctica*）Bowman and Nichols，2002，新种。

词源　南极：最南端的，最南部的，指的是南极洲。

Etymology　L. fem. adj. *antarctica*, southern; here pertaining to Antarctica.

注：维生素中文名是对 vitamin 该词的音译加意译，表示维持生命的要素，但实际上该词是 1920 年由波兰生物化学家卡什米尔·芬克（Casimir Funk，1884—1967）从拉丁文 *vita*（生）+ *amine*（氨基酸）组成的，因为维生素中含有氨基酸，直译生氨素。

气竿菌属（*Aeribacillus*）Miñana-Galbis 等，2010，新属。此属已定 1 种。

词源　气：空气；竿：对译于拉丁文 *bacillus*，在本书中表示棒形，以示与常见的"杆"的区别，表示出芽孢为特征的棒形；菌：表示微小的事物，微生物（细菌、古菌、真菌）；属：属名的尾词；气竿菌属：空气（需氧的）小棒细菌。

Etymology　L. n. *aer aeris*, air; L. masc. n. *bacillus*, a small rod; N.L. masc. n. *Aeribacillus*, aerobic small rod.

模式种　苍白色气竿菌（*Aeribacillus pallidus*）（Scholz 等，1988）Miñana-Galbis 等，2010，新合并。

此菌的有效名／基名　苍白色竿菌（*Bacillus pallidus*）Scholz 等，1988，新种。

词源　苍白色：指的是苍白的菌落的颜色。

Etymology　L. masc. adj. *pallidus*, pale, pallid, referring to the pale colony colour.

注：以往中文常见用语：气芽孢杆菌属或气芽胞杆菌属。

气斯卡多维氏菌属（*Aeriscardovia*）Simpson 等，2004，新属。此属已定 1 种。

词源　气：空气；氏：姓氏；斯卡多维氏：以意大利微生物学家维托里奥·斯卡多维的姓氏命名；斯卡多维氏菌属：斯卡多维氏菌属，一个细菌的属名；气斯卡多维氏菌属：类似斯卡多维氏菌属、能够在空气中生长的细胞。

Etymology　L. masc. n. *aer aeris*, air; N.L. fem. n. *Scardovia*, a bacterial generic name to honour Vittorio Scardovi, an Italian microbiologist; N.L. fem. n. *Aeriscardovia*, cells similar to the genus *Scardovia* that can grow in air.

模式种　嗜气气斯卡多维（*Aeriscardovia aeriphila*）Simpson 等，2004，新种。

词源　嗜：喜的，爱的，爱好的，喜好的，嗜好的，友好的；气：空气；嗜好：喜好空气（以耗氧生长的）。

Etymology　L. masc. n. *aer aeris*, air; N.L. adj. *philus -a -um*（from Gr. adj. *philos -ê -on*）, friend, loving; N.L. fem. adj. *aeriphila*, air-loving.

气果菌科（*Aerococcaceae*）Ludwig 等，2010，新科。

模式属　气果菌属（*Aerococcus*）Williams 等，1953，《1980 年细菌名确认单》，属。

词源　气果菌属：此科之模式属；科：用于定义一个比属高、比目低的分类级和尾词；在中文科的命名中，把模式属属名中的尾字"属"代换为尾字"科"，即为模式属所在的科名；气果菌科：气果菌属之科。

Etymology　N.L. masc. n. *Aerococcus*, type genus of the family; suff. -*aceae*, ending to denote a family; N.L. fem. pl. n. *Aerococcaceae*, family of the genus *Aerococcus*.

气果菌属（*Aerococcus*）Williams 等，1953，属。此属已定 8 种。

此属是奇果菌科（*Aerococcaceae*）Ludwig 等，2010，模式属。

词源　气：空气，氧气；果：浆果，表示浆果形（圆球或椭球）；菌：表示微小的事物，微生物（细菌、古菌、真菌）；属：属名的尾词；气果菌属：空气果形生物。

Etymology　Gr. masc. n. *aer*, air, gas; N.L. masc. n. *coccus*（from Gr. n. *kokkos*）, a berry; N.L.

masc. n. *Aerococcus*, air coccus.

模式种 绿化气果菌(*Aerococcus viridans*)Williams 等,1953,《1980 年细菌名确认单》,Tohno 等,2014 修改。

此菌名同义词 "*Gaffkya homari*" Hitchner and Snieszko,1947;"*Pediococcus homari*" Deibel and Niven,1960。

词源 产绿:产生绿色的。

Etymology　L. part. adj. *viridans*, making green, producing a green color.

气微菌属(*Aeromicrobium*)Miller 等,1991,新属;Yoon 等,2005 修改。此属已定 11 种。

词源 气:空气;微:微小的,微生物;菌:表示微小的事物,微生物(细菌、古菌、真菌);微菌:微生物;属:属名的尾词;气微菌属:空气(需氧的)微生物。

Etymology　Gr. n. *aer aeros*, air; N.L. neut. n. *microbium*, microbe; N.L. neut. n. *aeromicrobium*, aerobic microbe.

模式种 赤色气微菌(*Aeromicrobium erythreum*)Miller 等,1991,新种。或红霉素气微菌。

词源 赤色:这里指的是红霉素;表示产生红霉素的。

Etymology　N.L. neut. adj. *erythreum*, intended to mean erythromycin-producing.

注:这里直接称为红霉素(erythromycin),是因为其称谓在中文中已经约定俗成了。区别于赤霉素(Gibberellin)作为植物生长调节剂,来自于一种真菌,稻傻苗病菌(*Gibberella fujikuroi*),日本人在 20 世纪 30 年代研究水稻时发现的,在日本称为稻马鹿苗病菌,意即傻瓜稻,只长苗不长穗。

气单胞菌科(*Aeromonadaceae*)Colwell 等,1986,新科。

模式属 气单胞菌属(*Aeromonas*)Stanier,1943,属,《1980 年细菌名确认单》。

词源 气单胞菌属:此科之模式属;科:用于定义一个比属高、比目低的分类级和尾词;在中文科的命名中,把模式属属名中的尾字"属"代换为尾字"科",即为模式属所在的科名;气单胞菌科:气单胞菌属之科。

Etymology　N.L. fem. n. *Aeromonas*, type genus of the family; suff. -aceae, ending to denote a family; N.L. fem. pl. n. *Aeromonadaceae*, the *Aeromonas* family.

气单胞菌目(*Aeromonadales*)Martin-Carnahan and Joseph,2005,新目。

模式属 气单胞菌属(*Aeromonas*)Stanier,1943,《1980 年细菌名确认单》,属。

词源 气单胞菌属:此目之模式属;目:用于定义一个比科高、比纲低的分类级和尾词;在中文目的命名中,把模式属属名中的尾字"属"代换为尾字"目",即为模式属所在的目名;气单胞菌目:气单胞菌属之目。

Etymology　N.L. fem. n. *Aeromonas -adis*, type genus of the order; suff. -ales, ending to denote order; N.L. fem. pl. n. *Aeromonadales*, the *Aeromonas* order.

气单胞菌属(*Aeromonas*)Stanier,1943,属。此属已定32种,12亚种。

此属是气单胞菌目(*Aeromonadales*)Martin-Carnahan and Joseph,2005和气单胞菌科(*Aeromonadaceae*)Colwell等,1986的模式属。

词源　气:空气,气体;单胞:单细胞,单元;菌:表示微小的事物,微生物(细菌、古菌、真菌);属:属名的尾词;气单胞菌属:(产)气体的单细胞(生物)。

Etymology　Gr. n. *aer aeros*, air, gas; Gr. fem. n. *monas*, unit, monad; N.L. fem. n. *Aeromonas*, gas (-producing) monad.

模式种　嗜水气单胞菌(*Aeromonas hydrophila*)(Chester,1901)Stanier,1943,《1980年细菌名确认单》,种。

词源　嗜:嗜好的,喜好的,友好的,爱好的;水:水(分子),水(域),水(体),H_2O;嗜水:喜好水的。

Etymology　Gr. n. *hudôr*, water; N.L. fem. adj. *phila* (from Gr. fem. adj. *philê*), friend, loving; N.L. fem. adj. *hydrophila*, water-loving.

气火菌属(*Aeropyrum*)Sako等,1996,新属。此属已定2种。

词源　气:空气;火:火焰,火源,燃烧;菌:表示微小的事物,微生物(细菌、古菌、真菌);属:属名的尾词;气火菌属:指的是嗜好水热(高温)呼吸的细菌。

Etymology　Gr. n. *aer aeros*, air; Gr. neut. n. *pur*, fire; N.L. neut. n. *Aeropyrum*, air fire, referring to the hyperthermophilic respirative character of the organism.

模式种　敏捷气火菌(*Aeropyrum pernix*)Sako等,1996,新种。

词源　敏捷:敏捷的,灵巧的,活泼的,表示其在显微镜观察时的高移动性。

Etymology　L. neut. adj. *pernix*, nimble, active, agile, indicating high motility in microscopic inspection.

注:此属是古菌域的一属。敏捷气火菌是一种嗜超热生物。

潮滩杆菌属(*Aestuariibacter*)Yi等,2004,新属。此属已定4种。

词源　潮滩:潮汐(形成的)滩,潮汐地,潮汐坪,海滩,江河入海口(形成的)滩地;杆:棒;菌:表示微小的事物,微生物(细菌、古菌、真菌);属:属名的尾词;潮滩杆菌属:来自潮汐地(海滩)的棒形细菌。

Etymology　L. neut. n. *aestuarium -i*, tidal flat; N.L. masc. n. *bacter*, rod; N.L. masc. n. *Aestuariibacter*, rod-shaped bacterium from tidal flat.

模式种　需盐潮滩杆菌(*Aestuariibacter salexigens*)Yi等,2004,新种。

词源　需:需求,需要;盐:食盐,氯化钠,**NaCl**,海水;需盐:需要海水的。

Etymology　L. n. *sal salis*, salt, sea water; L. v. *exigo*, to demand; N.L. part. adj. *salexigens*, sea water-demanding.

潮滩茎菌属（*Aestuariibaculum*）Jeong 等，2013，新属；Hameed 等，2014 修改。此属已定 1 种。

词源　潮滩：潮汐（形成的）滩，潮汐地，潮汐坪，海滩，江河入海口（形成的）滩地；茎：棒，小棒；菌：表示微小的事物，微生物（细菌、古菌、真菌）；属：属名的尾词；潮滩茎菌属：分离自潮汐滩的棒形细菌。

Etymology　L. neut. n. *aestuarium* -i, tidal flat；L. neut. n. *baculum*, stick；N.L. neut. n. *Aestuariibaculum*, a rod-shaped bacterium isolated from a tidal flat.

模式种　顺天潮滩茎菌（*Aestuariibaculum suncheonense*）Jeong 等，2013，新种。

词源　顺天：韩国地名，属于或与顺天有关的，此模式株的分离地。

Etymology　N.L. neut. adj. *suncheonense*, of or pertaining to Suncheon, South Korea, from where the type strain was isolated.

潮滩栖菌属（*Aestuariicola*）Yoon 等，2008，新属。此属已定 1 种。

此属 2014 年以归属到→泞单胞菌属（*Lutimonas*）。

词源　潮滩：潮汐（形成的）滩，潮汐地，潮汐坪，海滩，潮涨潮落后由淤泥或泥沙覆盖的滨海部分；栖：栖居，栖息，栖居者，栖息者；菌：表示微小的事物，微生物（细菌、古菌、真菌）；属：属名的尾词；潮滩栖菌属：潮滩上的栖息生物。

Etymology　L. n. *aestuarium*, part of the coast that overflows with seawater during a flood-tide and is left covered with mud or slime at ebb-tide, a tidal flat；L. suff. *-cola*（from L. n. *incola*），a dweller, inhabitant；N.L. masc. n. *Aestuariicola*, a dweller in a tidal flat.

模式种　新万景潮滩栖菌（*Aestuariicola saemankumensis*）Yoon 等，2008，新种。

此种 2014 年已归种到→新万景泞单胞菌（*Lutimonas saemankumensis*）（Yoon 等，2008）Kim 等，2014，新合并。

词源　新万景：韩国地名，一个潮汐滩地，属于或来自新万景的，此生物的分离地。

Etymology　N.L. masc. adj. *saemankumensis*, of Saemankum, from where the organism was isolated.

潮滩居菌属（*Aestuariihabitans*）Yoon 等，2014，新属。此属已定 1 种。

词源　潮滩：潮汐（形成的）滩，潮汐地，潮汐坪，海滩，江河入海口（形成的）滩地；居：居民，居住者，栖居者；菌：表示微小的事物，微生物（细菌、古菌、真菌）；属：属名的尾词；潮滩居菌属：在潮滩（海滩）上生活居住的生物。

Etymology　L. n. *aestuarium*, an estuary；L. part. adj. *habitans*, a dweller, an inhabitant；N.L. masc. n. *Aestuariihabitans*, an inhabitant of an estuary tidal flat.

模式种　筏桥潮滩居菌（*Aestuariihabitans beolgyonensis*）Yoon 等，2014，新种。

词源　筏桥：韩国的一个地名，全罗南道宝城郡筏桥邑，此模式株的分离源。

Etymology　N.L. masc. adj. *beolgyonensis*, of Beolgyo, from where the type strain was isolated.

潮滩微菌属（*Aestuariimicrobium*）Jung 等,2007,新属。此属已定 1 种。

词源　潮滩:潮汐(形成的)滩,潮汐地,潮汐坪,海滩,潮涨潮落后由淤泥或泥沙覆盖的滨海部分;微:微小的,微生物;菌:表示微小的事物,微生物(细菌、古菌、真菌);属:属名的尾词;潮滩微菌:分离自潮滩地的微生物。

Etymology　L. n. *aestuarium*, part of the sea coast which, during the flood-tide, is overflowed, but at ebb-tide is left covered with mud or slime, a tidal flat; N.L. neut. n. *microbium*, microbe; N.L. neut. n. *Aestuariimicrobium*, a microbe isolated from tidal flat.

模式种　光阳潮滩微菌(*Aestuariimicrobium kwangyangense*)Jung 等,2007,新种。

词源　光阳:韩国一地名,一港口,光阳的,或与光阳有关的。

Etymology　N.L. neut. adj. *kwangyangense*, of or pertaining to Kwangyang, Korea, from where the type strain was isolated.

注:把 Korea 译为韩国是不严谨的,因为朝鲜也是该词。韩国称朝鲜为北韩,朝鲜称韩国为南朝,因此是否直译为"高丽"更妥。但现阶段大概发表微生物鉴定方面文章的,都是韩国,而不是朝鲜学者,这样译也暂时可以接受。

潮滩螺体属(*Aestuariispira*)Park 等,2014,新属。此属已定 1 种。

词源　潮滩:潮汐(形成的)滩,潮汐地,潮汐坪,海滩,江河入海口(形成的)滩地;螺:螺形,螺旋,螺纹;菌:表示微小的事物,微生物(细菌、古菌、真菌);属:属名的尾词;潮滩螺体属:来自潮滩的螺形生物。

Etymology　L. neut. n. *aestuarium* -i, tidal flat; L. fem. n. *spira*, a spiral; N.L. fem. n. *Aestuariispira*, a spiral from a tidal flat.

模式种　岛潮滩螺体(*Aestuariispira insulae*)Park 等,2014,新种。

词源　岛:某个岛,指的是此模式菌株分离自某岛的,该模式菌株的分离源。

Etymology　L. fem. gen. n. *insulae*, of an island, referring to the source of isolation of the type strain.

来源　环境——海(Source:Environmental—marine)。

注:这里的岛,具体指的是韩国全罗南道的押海岛。

潮滩生菌属(*Aestuariivita*)Park 等,2014,新属。此属已定 1 种。

词源　潮滩:潮汐(形成的)滩,潮汐地,潮汐坪,海滩,江河入海口;生:生命;菌:表示微小的事物,微生物(细菌、古菌、真菌);属:属名的尾词;潮滩生菌属:来自潮滩地(海滩)的生命,生物。

Etymology　L. neut. n. *aestuarium*, -i, tidal flat; L. fem. n. *vita*, life; N.L. fem. n. *Aestuariivita*, a life of tidal flat.

模式种　宝城潮滩生菌(*Aestuariivita boseongensis*)Park 等,2014,新种。

词源　宝城:韩国地名,与宝城有关的,此模式株的分离地。

Etymology   N.L. fem. adj. *boseongensis*, pertaining to Boseong, where the type strain was isolated.

Af

阿费夫姓菌属(*Afifella*)Urdiain 等,2009,新属。此属已定 2 种。

词源　姓:姓氏;阿费夫:以英国哲学家和画家 S. 阿费夫的姓氏命名,以记述他在结构主义哲学倾向学科中专业性和引导性,特别是对于分类学作为一门科学的发展和理解中的贡献;菌:表示微小的事物,微生物(细菌、古菌、真菌);属:属名的尾词;阿费夫姓菌属:以阿费夫的姓氏命名的菌属。

Etymology   N.L. fem. dim. n. *Afifella*, named after S. Afif, British philosopher and painter in recognition of his expertise and guidance in the subject of the philosophical tendency of structuralism, essential for the development and understanding of taxonomy as a science.

模式种　海阿费夫姓菌(*Afifella marina*)(Imhoff,1984)Urdiain 等,2009,新种。

词源　海:海的,属于或来自海的,大海的,海洋的。

Etymology   L. fem. adj. *marina*, of or belonging to the sea, marine.

美军所菌属(*Afipia*)Brenner 等,1992,新属;La Scola 等,2002 修改。此属已定 5 种。

词源　美军所:美国军队病理研究所的简称,此模式种模式菌株的分离地;菌:表示微小的事物,微生物(细菌、古菌、真菌);属:属名的尾词;美军所菌属:与美国军队病理研究所有关的菌属。

Etymology   N.L. fem. n. *Afipia*, derived from the abbreviation AFIP, for the Armed Forces Institute of Pathology, where the type strain of the type species was isolated.

模式种　猫美军所菌(*Afipia felis*)Brenner 等,1992,新种。

词源　猫:猫的。

Etymology   L. gen. n. *felis*, of the cat.

Ag

琼杆菌属(*Agaribacter*)Teramoto and Nishijima,2014,新属。此属已定 1 种。

词源　琼:琼胶,琼脂,由琼脂糖和琼脂胶构成,是目前配制固体培养基最好的凝固剂,因最早来自海南而得名;杆:棒;菌:表示微小的事物,微生物(细菌、古菌、真菌);属:属名的尾词;琼杆菌属:一种(降解)琼脂的棒细菌,因为这种菌分解琼脂。

Etymology   N.L. neut. n. *agarum*, agar; N.L. masc. n. *bacter*, rod; N.L. masc. n. *Agaribacter*, an agar (-degrading) rod, because the type species degrades agar.

模式种　海琼脂杆菌(*Agaribacter marinus*)Teramoto and Nishijima,2014,新种。

词源　海：海的，大海的，海洋的。
Etymology　L. masc. adj. *marinus*, of the sea, marine.
来源　环境——海（Source：Environmental—marine）。

蕈栖菌属（*Agaricicola*）Chu 等，2010，新属。此属已定 1 种。

词源　蕈：蘑，菇，蘑菇；栖：居住，栖居，栖居者，栖息者；菌：表示微小的事物，微生物（细菌、古菌、真菌）；属：属名的尾词；蕈栖菌属：居住在蕈（蘑菇）中的细菌，指的是分离的第一株菌来自松蕈。
Etymology　N.L. n. *Agaricus*, generic name of a mushroom; L. suff. -*cola* (from L. masc. or fem. n. *incola*), dweller; N.L. masc. n. *Agaricicola*, *Agaricus*-dweller, reflecting isolation of the first strain from *Agaricus blazei* (Murrill).
模式种　台湾蕈栖菌（*Agaricicola taiwanensis*）Chu 等，2010，新种。
词源　台湾：中国台湾，与台湾有关的，来自台湾的，此模式菌株的分离地。
Etymology　N.L. masc. adj. *taiwanensis*, pertaining to Taiwan, where the type strain was isolated.

吞琼菌属（*Agarivorans*）Kurahashi and Yokota，2004，新属。此属已定 2 种。

词源　吞：吞噬的，吞食的，吞吃的，吞没的；琼：琼胶，琼脂，由琼脂糖和琼脂胶构成，是目前配制固体培养基最好的凝固剂，因最早来自海南而得名；菌：表示微小的事物，微生物（细菌、古菌、真菌）；属：属名的尾词；吞琼菌属：吞食琼脂的细菌。
Etymology　N.L. neut. n. *agarum*, agar; L. part. adj. *vorans*, devouring; N.L. masc. n. (N.L. masc. part. adj. used as a substantive) *agarivorans*, agar-devouring.
模式种　素色吞琼菌（*Agarivorans albus*）Kurahashi and Yokota，2004，新种。
词源　素色：素色的，白色的，指的是菌落的颜色。
Etymology　L. masc. adj. *albus*, white.

聚杆菌属（*Aggregatibacter*）Nørskov-Lauritsen and Kilian，2006，新属。此属已定 3 种。

词源　聚：聚集，汇集；杆：棒；菌：表示微小的事物，微生物（细菌、古菌、真菌）；属：属名的尾词；聚杆菌属：与其他生物聚集在一起的棒形细菌。
Etymology　L. v. *aggregare*, to come together, aggregate; N.L. masc. n. *bacter*, bacterial rod; N.L. masc. n. *Aggregatibacter*, rod-shaped bacterium that aggregates with others.
模式种　放线菌伴聚杆菌（*Aggregatibacter actinomycetemcomitans*）（Klinger，1912）Nørskov-Lauritsen and Kilian，2006，新合并。
词源　放线菌：形态上呈射线状的一大类菌，放线菌；伴：陪伴；放线菌伴：伴随放线菌的，与放线菌一起（出现，生存）。

Etymology　Gr. n. *aktis -inos*, a ray; Gr. n. *mukês -êtos*, mushroom or other fungus; N.L. n. *actinomyces -etis*, an actinomycete; L. part. adj. *comitans*, accompanying; N.L. part. adj. *actinomycetemcomitans*, accompanying an actinomycete.

摇果菌属(*Agitococcus*)Franzmann and Skerman,1981,新属。此属已定1种。

词源　摇:摇动,摇晃;果:浆果,表示浆果形(圆球或椭球);菌:表示微小的事物,微生物(细菌、古菌、真菌);属:属名的尾词;摇果菌属:摇动的浆果形生物。

Etymology　L. verb. *agito*, to shake; N.L. masc. n. *coccus*(from Gr. masc. n. *kokkos*, a berry), coccus; N.L. masc. n. *Agitococcus*, shaking coccus.

模式种　狡摇果菌(*Agitococcus lubricus*)Franzmann and Skerman,1981,新种。

词源　狡:狡黠。

Etymology　L. masc. adj. *lubricus*, slippery.

阿格蕾氏菌属(*Agreia*)Evtushenko 等,2001,新属。

词源　氏:姓氏;阿格蕾氏:俄罗斯微生物学家妮娜·S.阿格蕾;菌:表示微小的事物,微生物(细菌、古菌、真菌);属:属名的尾词;阿格蕾氏菌属:以阿格蕾姓氏命名的菌属。

Etymology　N.L. fem. n. *Agreia*, named to honour Nina S. Agre, a Russian microbiologist.

模式种　双色阿格蕾氏菌(*Agreia bicolorata*)Evtushenko 等,2001,新种。

词源　双:两,二;色:颜色;双色:两种颜色。

Etymology　L. adv. num. *bis*, twice; L. part. adj. *coloratus -a -um*, coloured; N.L. fem. part. adj. *bicolorata*, two-coloured.

农小杆菌属(*Agrobacterium*)Conn,1942,属;《1980 年细菌名确认单》,Sawada 等,1993 修改。此属已定 11 种。

此属 2001 年已归属到→根瘤菌属(*Rhizobium*)Frank,1889,属;《1980 年细菌名确认单》,Young 等,2001 修改。

词源　农:农业,农田,田地,田野,耕地;小杆:小杆/棒;菌:表示微小的事物,微生物(细菌、古菌、真菌);属:属名的尾词;农小杆菌属:(来自)田地的小棒形生物。

Etymology　Gr. n. *agros*, a field; L. neut. n. *bacterium*, small rod; N.L. neut. n. *Agrobacterium*, a small field rod.

模式种　瘤化农小杆菌(*Agrobacterium tumefaciens*)(Smith and Townsend,1907)Conn,1942,种;《1980 年细菌名确认单》。

此模式种 2001 年已归种到→射线杆根瘤菌(*Rhizobium radiobacter*)(Beijerinck and van Delden,1902)Young 等,2001,新合并。

词源　瘤:肿,肉凸,赘生物;化:变化,制造,产生;瘤化:导致肿胀的,化作肿瘤的,产生肿瘤的。

Etymology　L. v. *tumefacio*, to cause to swell, to tumefy; L. part. adj. *tumefaciens*, causing to swell, tumor producing.

同义词　"*Polymonas*" Lieske, 1928（nom. rejic. Opinion 33）。

农果菌属（*Agrococcus*）Groth 等,1996,新属。此属已定 9 种。

词源　农:农业,农田,田地,田野,耕地;果:浆果,表示浆果形(圆球或椭球);菌:表示微小的事物,微生物(细菌、古菌、真菌);属:属名的尾词;农果菌属:来自土壤的浆果形生物。

Etymology　Gr. n. *agros*, field or soil; N.L. masc. n. *coccus*（from Gr. masc. n. *kokkos*, grain, seed）, coccus; N.L. masc. n. *Agrococcus* a coccus from soil.

模式种　耶拿农果菌（*Agrococcus jenensis*）Groth 等,1996,新种。

词源　耶拿:属于或来自德国图林根州的耶拿市,此生物的分离地。

Etymology　N.L. masc. adj. *jenensis*, of or belonging to the Thuringian town Jena, where the organism was isolated.

农单胞菌属（*Agromonas*）Ohta and Hattori, 1985,新属。此属已定 1 种。

词源　农:农业,农田,田地,田野,耕地;单胞:单细胞;菌:表示微小的事物,微生物(细菌、古菌、真菌);属:属名的尾词;农单胞菌属:来自田野的单细胞菌。

Etymology　Gr. n. *agros*, a field; Gr. fem. n. *monas*, a unit, monad; N.L. fem. n. *Agromonas*, field monad.

模式种　寡营农单胞菌（*Agromonas oligotrophica*）Ohta and Hattori, 1985,新种。

词源　寡:少的,小的,不多的,贫乏的;营:养,营养,喂养的;寡营:吃很少的营养物质,贫瘠养分营生。

Etymology　Gr. adj. *oligos*, little, small, few; N.L. fem. adj. *trophica*（from Gr. fem. adj. *trophikê*）, nursing, tending or feeding; N.L. fem. adj. *oligotrophica*, eating low nutrients.

农霉菌属（*Agromyces*）Gledhill and Casida, 1969,属。此属已定 27 种,4 亚种。

词源　农:农业,农田,田地,田野,耕地;霉:霉菌(真菌);菌:表示微小的事物,微生物(细菌、古菌、真菌);属:属名的尾词;农霉菌属:土壤霉菌(真菌)。

Etymology　Gr. n. *agros*, field or soil; N.L. masc. n. *myces*（from Gr. masc. n. *mukês -etis*）, fungus; N.L. masc. n. *Agromyces*, soil fungus.

模式种　分枝农霉菌（*Agromyces ramosus*）Gledhill and Casida, 1969,种;《1980 年细菌名确认单》,种。

词源　分枝:分枝的,有许多树枝的,分叉的。

Etymology　L. masc. adj. *ramosus*, having many branches, much-branched.

Ah

阿伦斯氏菌属(*Ahrensia*)Uchino 等,1999,新属。此属已定 1 种。

词源　氏:姓氏;阿伦斯氏:德国微生物学家 R. 阿伦斯,他对海洋农小杆菌属的种类分类学有贡献;菌:表示微小的事物,微生物(细菌、古菌、真菌);属:属名的尾词;阿伦斯氏菌属:以阿伦斯的姓氏命名的菌属。

Etymology　N.L. fem. n. *Ahrensia*, named after R. Ahrens, a German microbiologist, who contributed to the taxonomy of marine species of *Agrobacterium*.

模式种　基尔阿伦斯氏菌(*Ahrensia kielensis*)勘误,(*ex* Ahrens,1968)Uchino 等,1999,命名修改,新种。

词源　基尔:德国北部港市,基尔市,与基尔有关的。

Etymology　N.L. fem. adj. *kielensis*, pertaining to Kiel, Germany.

Ai

艾丁单胞菌属(*Aidingimonas*)Wang 等,2009,新属。此属已定 1 种。

词源　艾丁:中国新疆的一个盐湖;单胞:单细胞;菌:表示微小的事物,微生物(细菌、古菌、真菌);属:属名的尾词;艾丁单胞菌属:表示首株单细胞菌分离自艾丁湖。

Etymology　N.L. n. *Aidingum*, Aiding (a lake located in Xinjiang province of north-west China); L. fem. n. *monas*, monad a unit, a monad; N.L. fem. n. *Aidingimonas*, a monad from Aiding Lake.

模式种　嗜卤艾丁单胞菌(*Aidingimonas halophila*)Wang 等,2009,新种。

词源　嗜:嗜好的,喜好的,友好的,爱好的;卤:卤素,盐;嗜卤:喜好盐的。

Etymology　Gr. n. *hals halos*, salt; N.L. fem. adj. *phila* (from Gr. fem. adj. *philê*), friend, loving; N.L. fem. adj. *halophila*, salt-loving.

Ak

阿克曼氏菌属(*Akkermansia*)Derrien 等,2004,新属。此属已定 1 种。

此属是阿克曼氏菌科(*Akkermansiaceae*)Hedlund and Derrien,2012 的模式属。

词源　氏:姓氏;阿克曼氏:荷兰微生物学家安东·阿克曼,对微生物生态学有贡献;菌:表示微小的事物,微生物(细菌、古菌、真菌);属:属名的尾词;阿克曼氏菌属:以阿克曼的姓氏命名的菌属。

Etymology　N.L. fem. n. *Akkermansia*, named after Antoon Akkermans, a Dutch microbiologist recognized for his contribution to microbial ecology.

模式种　嗜黏朊阿克曼氏菌(*Akkermansia muciniphila*)Derrien 等,2004,新种。

词源 嗜：喜的，爱的，爱好的，喜好的，嗜好的，友好的；黏肬：黏液素；嗜黏肬：喜好黏液素的。

Etymology N.L. neut. n. *mucinum*, mucin；N.L. adj. *philus -a -um*（from Gr. adj. *philos -ê -on*），friend, loving；N.L. fem. adj. *muciniphila*, mucin-loving.

注：黏肬：又称黏液素，是绝大多数动物的上皮组织都能分泌产生的一大类高分子，高度糖基化的肬（糖肬）。

阿克曼氏菌科（*Akkermansiaceae*）Hedlund and Derrien, 2012, 新科。

模式属 阿克曼氏菌属（*Akkermansia*）Derrien 等, 2004, 新属。

词源 阿克曼氏菌属：阿克曼氏菌科的模式属；科：用于定义一个比属高、比目低的分类级和尾词；在中文科的命名中，把模式属属名中的尾字"属"代换为尾字"科"，即为模式属所在的科名；阿克曼氏菌科：阿克曼氏菌属之科。

Etymology N.L. fem. n. *Akkermansia*, type genus of the family；suff. -*aceae*, ending to denote a family；N.L. fem. pl. n. *Akkermansiaceae*, the *Akkermansia* family.

Al

素杆菌属（*Albibacter*）Doronina 等, 2001, 新属。此属已定1种。

词源 素：素色的，白色的；杆：杆/棒；菌：表示微小的事物，微生物（细菌、古菌、真菌）；属：属名的尾词；素杆菌属：白色的杆形生物。

Etymology L. adj. *albus*, white；N.L. masc. n. *bacter*, rod；N.L. masc. n. *Albibacter*, white rod.

模式种 吞甲基素杆菌（*Albibacter methylovorans*）Doronina 等, 2001, 新种。

词源 吞：吞噬的，吞食的，大吃的，吞没的；甲基：基团 CH_3^-，与甲基自由基有关的；吞甲基：消解甲基基团的。

Etymology N.L. n. *methylum*（from French *méthyle*, back-formation from French *méthylène*, coined from Gr. n. *methu*, wine and Gr. n. *hulê*, wood）, the methyl group；N.L. pref. *methylo-*, pertaining to the methyl radical；L. part. adj. *vorans*, devouring, eating；N.L. part. adj. *methylovorans*, digesting methyl groups.

素沃菌属（*Albidiferax*）勘误，Ramana and Sasikala, 2009, 新属。此属已定1种。

词源 素：素色的，白色的；沃：肥沃的，繁殖力强的；菌：表示微小的事物，微生物（细菌、古菌、真菌）；属：属名的尾词；素沃菌属：白色的和肥沃（强繁殖率）的细菌。

Etymology L. adj. *albidus*, whitish, white；L. adj. *ferax*, fertile；N.L. masc. n. *Albidiferax*, whitish and fertile.

模式种 铁还原素沃菌（*Albidiferax ferrireducens*）勘误，（Finneran 等, 2003）Ramana and Sasikala, 2009, 新合并。

词源 铁:一种金属元素,**Fe**,铁;还原:返回,回到某种状态或条件,在化学中,(分子、原子或离子)获得电子或降低氧化态,转变为一种还原的氧化态;铁还原:铁的还原,即使铁的氧化态下降的过程。

Etymology　L. n. *ferrum*, iron; L. part. adj. *reducens* (from L. v. *reducere*), leading back, bringing back and in chemistry converting to a different oxidation state; N.L. part. adj. *ferrireducens*, iron-reducing (converting iron to a reduced oxidation state).

素小卵菌属(*Albidovulum*)Albuquerque 等,2003,新属。此属已定 2 种。

词源　素:素色的,白色的;卵:蛋;小卵:小蛋,小型卵(状);菌:表示微小的事物,微生物(细菌、古菌、真菌);属:属名的尾词;素小卵菌属:白色的小型卵形生物。

Etymology　L. adj. *albidus*, whitish, white; L neut. n. *ovum*, egg; N.L. neut. n. *ovulum*, small egg; N.L. neut. n. *Albidovulum*, small whitish egg.

模式种　未期素小卵菌(*Albidovulum inexpectatum*)Albuquerque 等,2003,新种。

词源　未期:没有想到的,指的是这种菌的特征是没有预料到的。

Etymology　L. neut. adj. *inexpectatum*, unexpected, because the organism has characteristics that are unexpected.

素单胞菌属(*Albimonas*)Lim 等,2008,新属。此属已定 2 种。

词源　素:素色的,白色的;单胞:单细胞;菌:表示微小的事物,微生物(细菌、古菌、真菌);属:属名的尾词;素单胞菌属:白色的单细胞生物。

Etymology　L. adj. *albus*, white; Gr. fem. n. *monas*, monad, unit; N.L. fem. n. *Albimonas*, white monad.

模式种　东海素单胞菌(*Albimonas donghaensis*)Lim 等,2008,新种。

词源　东海:属于东海的,此生物的分离地。

Etymology　N.L. fem. adj. *donghaensis*, belonging to Donghae, where the organism was isolated.

碱生菌科(*Alcaligenaceae*)De Ley 等,1986,新科。

模式属　碱生菌属(*Alcaligenes*)Castellani and Chalmers,1919,《1980年细菌名确认单》,属。

词源　碱生菌属:此科之模式属;科:用于定义一个比属高、比目低的分类级和尾词;在中文科的命名中,把模式属属名中的尾字"属"代换为尾字"科",即为模式属所在的科名;碱生菌科:碱生菌属之科。

Etymology　N.L. masc. n. *Alcaligenes*, type genus of the family; suff. -*aceae*, ending to denote a family; N.L. fem. pl. n. *Alcaligenaceae*, the *Alcaligenes* family.

碱生菌属（*Alcaligenes*）Castellani and Chalmers,1919,属。此属已定15种,8亚种。

此属是碱生菌科（*Alcaligenaceae*）De Ley等,1986的模式属。

词源　碱:盐碱植物的灰分,碱性;生:产,生产,生成,产生,导致,制造;菌:表示微小的事物,微生物（细菌、古菌、真菌）;属:属名的尾词;碱生菌属:产生碱性物质的细菌。

Etymology　N.L. n. *alcali*（from Arabic article *al*, the; Arabic n. *qaliy*, ashes of saltwort）, alcali; N.L. suff. *-genes*（from Gr. v. *gennaô*, to produce）, producing; N.L. masc. n. *Alcaligenes*, alkali-producing（bacteria）.

模式种　渣碱生菌（*Alcaligenes faecalis*）Castellani and Chalmers,1919,《1980年细菌名确认单》,种。

词源　渣:渣滓的,残渣的,表示与粪便相关的,粪渣的,排泄物。

Etymology　L. n. *faex faecis*, dregs, faeces; L. masc. suff. *-alis*, suffix denoting pertaining to; N.L. masc. adj. *faecalis*, pertaining to faeces, fecal.

注:盐碱植物可能仍然是一个比较模糊的概念,泛指海岸带、碱土等特殊环境中的植物,不过大体上指的是苋科（Amaranthaceae）包括盐生草属（*Halogeton*）、猪毛菜属（*Salsola*）、盐角草属（*Salicornia*）、海蓬子属或肉角草属（*Sarcocornia*）、罩角属（*Tecticornia*）（这种植物生长在澳大利亚海岸盐碱性的地带）、碱蓬属（*Suaeda*）和藜木科或肉穗果科（Bataceae）的藜木属（*Batis*）等。

碱池栖菌属（*Alcalilimnicola*）– 见:碱池栖菌属（*Alkalilimnicola*）勘误,Yakimov等,2001,新属。此属已定2种。

吞烷菌科（*Alcanivoracaceae*）勘误,Golyshin等,2005,新科。

模式属　吞烷菌属（*Alcanivorax*）Yakimov等,1998,新属。

词源　吞烷菌属:此科之模式属;科:用于定义一个比属高、比目低的分类级和尾词;在中文科的命名中,把模式属属名中的尾字"属"代换为尾字"科",即为模式属所在的科名;吞烷菌科:吞烷菌属之科。

Etymology　N.L. masc. n. *Alcanivorax -acis*, type genus of the family; suff. *-aceae*, ending to denote family; N.L. fem. pl. n. *Alcanivoracaceae*, the *Alcanivorax* family.

吞烷菌属（*Alcanivorax*）Yakimov等,1998,新属;Fernández-Martínez等,2003修改。此属已定9种。

此属是此属是吞烷菌科（*Alcanivoracaceae*）勘误,Golyshin等,2005的模式属。

词源　吞:吞噬,吞食,吃;烷:烷烃,烷链;菌:表示微小的事物,微生物（细菌、古菌、真菌）;属:属名的尾词;吞烷菌属:吞噬烷烃的细菌。

Etymology　N.L. masc. n. *alcanum*, alkane, aliphatic hydrocarbon; L. adj. *vorax*, devouring, ravenous, voracious; N.L. masc. n. *Alcanivorax*, alkane-devouring.

模式种　博尔库姆吞烷菌（*Alcanivorax borkumensis*）Yakimov等,1998,新种。

词源　博尔库姆：博尔库姆岛，北海西埃尔默港的一个小岛，靠近德国—荷兰边界附近（属于德国），与博尔库姆岛有关的，表示从这个岛中分离出来的细菌。
Etymology　N.L. masc. adj. *borkumensis*, pertaining to the island of Borkum, a small island in Western-Elms harbor in the North Sea, located close to the German-Dutch border.

藻杆菌属（*Algibacter*）Nedashkovskaya 等，2004，新属；Nedashkovskaya 等，2007 修改，Park 等，2013 修改。此属已定 12 种。

词源　藻：海草；杆：棒；菌：表示微小的事物，微生物（细菌、古菌、真菌）；属：属名的尾词；藻杆菌属：分离自藻类（海草）的杆形生物。
Etymology　L. fem. n. *alga*, seaweed；N.L. masc. n. *bacter*, rod；N.L. masc. n. *Algibacter*, rod isolated from seaweed.

模式种　优选海草杆菌（*Algibacter lectus*）Nedashkovskaya 等，2004，新种。
词源　优选：优选的，精选的，指的是此细菌形成精挑细选的、美丽的菌落。
Etymology　L. masc. adj. *lectus*, chosen, selected, referring to a bacterium that forms select, beautiful colonies.

藻栖菌属（*Algicola*）Ivanova 等，2004，新属。此属已定 2 种。

词源　藻：水藻，藻类，海草；栖：居住，栖居，栖居者，栖息者；菌：表示微小的事物，微生物（细菌、古菌、真菌）；属：属名的尾词；藻栖菌属：栖居在藻类中的生物。
Etymology　L. fem. n. *alga*, a seaweed；L. suff. *-cola*（from L. masc. or fem. n. *incola*），an inhabitant, dweller；N.L. fem. n. *Algicola*, inhabitant of algae.

模式种　解细菌藻栖菌（*Algicola bacteriolytica*）（Sawabe 等，1998）Ivanova 等，2004，新合并。
词源　解：分解的，溶解的，降解的；细菌：最初指棒形或杖形的生物，久而久之在生物学中就是细菌的特称了。解细菌：溶解细菌的。
Etymology　L. n. *bacterium*, rod or staff and in biology a bacterium（so called because the first ones observed were rod-shaped）；N.L. fem. adj. *lytica*（from Gr. fem. adj. *lutikê*），able to loosen, able to dissolve；N.L. fem. adj. *bacteriolytica*, bacteria-dissolving.

藻单胞菌属（*Algimonas*）Fukui 等，2013，新属。此属已定 2 种。

词源　藻：海草，水藻，藻类；单胞：单细胞，单元；菌：表示微小的事物，微生物（细菌、古菌、真菌）；属：属名的尾词；藻单胞菌属：分离自海草（水藻）的单细胞生物。
Etymology　L. n. *alga*, seaweed；L. fem. n. *monas*, a monad, a unit；N.L. fem. n. *Algimonas*, a monad isolated from seaweed.

模式种　紫菜海草单胞菌（*Algimonas porphyrae*）Fukui 等，2013，新种。
词源　紫菜：一类红藻，这里指的是此首株菌株分离自红藻，条斑紫菜（*Porphyra yezoensis*）。

Etymology N.L. gen. n. *porphyrae*, of *Porphyra*, referring to the isolation of the first strains from the red alga *Porphyra yezoensis*.

嗜藻菌科（*Algiphilaceae*）Gutierrez 等，2012，新科。

模式属 嗜藻菌属（*Algiphilus*）Gutierrez 等，2012，新种。

词源 嗜藻菌属：此科之模式属；科：用于定义一个比属高、比目低的分类级和尾词；在中文科的命名中，把模式属属名中的尾字"属"代换为尾字"科"，即为模式属所在的科名；嗜藻菌科：嗜藻菌属之科。

Etymology N.L. masc. n. *Algiphilus*, type genus of the family; suff. *-aceae*, ending to denote family; N.L. fem. pl. n. *Algiphilaceae*, the *Algiphilus* family.

嗜藻菌属（*Algiphilus*）Gutierrez 等，2012，新属。

此属是嗜藻菌科（*Algiphilaceae*）Gutierrez 等，2012 的模式属。此属已定 1 种。

词源 嗜：喜的，爱的，爱好的，喜好的，嗜好的，友好的；藻：藻类；菌：表示微小的事物，微生物（细菌、古菌、真菌）；属：属名的尾词；嗜藻菌属：藻类的喜好细菌，喜好与藻类一起生活。

Etymology L. n. *alga*, alga or seaweed; N.L. adj *philos –a –um*（from Gr. adj. *philos –ê –on*）, friend, loving; N.L. masc. n. *Algiphilus*, alga lover, liking to live with algae.

模式种 吞芳嗜藻菌（*Algiphilus aromaticivorans*）Gutierrez 等，2012，新种。

词源 吞：吞噬的，吞食的，大吃的，吞没的；芳：芳香，芳烃；吞芳：吞噬分解芳香化合物的。

Etymology L. adj. *aromaticus*, aromatic, fragrant; L. part. adj. *vorans*, devouring; N.L. part. adj. *aromaticivorans*, devouring aromatic（compounds）.

藻球菌属（*Algisphaera*）Yoon 等，2014，新属。此属已定 1 种。

词源 藻：海藻，海草；球：球体，球形，地球；菌：表示微小的事物，微生物（细菌、古菌、真菌）；属：属名的尾词；藻球菌属：来自海藻的球形生物。

Etymology N.L. n. *alga*, a seagrass; -i- connecting vowel; Gr. n. *sphaira*, a sphere, N.L. fem. n. *Algisphaera*, a sphere from algae.

模式种 解琼藻球菌（*Algisphaera agarilytica*）Yoon 等，2014，新种。

词源 解：分解的，溶解的，降解的；琼：琼胶，琼脂，由琼脂糖和琼脂胶构成，是目前配制固体培养基最好的凝固剂，因最早来自海南而得名；解琼：分解琼脂的。

Etymology N.L. n. *agarum*, agar; -i- connecting vowel; Gr. adj. *lytikos*, dissolving; N.L. fem. adj. *agarilytica*, agar-dissolving.

来源 植物（Source：plant）。

冰贪菌属（*Algoriphagus*）Bowman 等，2003，新属；Kang 等，2013 修改。此属已定 29 种。

词源 冰：冷，冰冷，（喜）冷；贪：贪噬，贪食，贪吃；菌：表示微小的事物，微生物（细菌、古菌、真菌）；属：属名的尾词；并贪菌属：贪婪（喜）冰冷的生物。

Etymology　L. masc. n. *algor -oris*, cold; Gr. masc. n. *phagos*, glutton; N.L. masc. n. *Algoriphagus*, the cold eater.

模式种　拉特科斯基氏冰贪菌（*Algoriphagus ratkowskyi*）Bowman 等，2003，新种。

词源　氏：姓氏；拉特科斯基氏：以大卫·A. 拉特科斯基的姓氏命名，其对细菌，包括嗜冷细菌的生长模式做出重要贡献。

Etymology　N.L. gen. masc. n. *ratkowskyi*, of Ratkowsky, in honour of David A. Ratkowsky, who made significant contributions to growth-modelling of bacteria, including psychrophilic bacteria.

异吞琼菌属（*Aliagarivorans*）Jean 等，2009，新属。此属已定 2 种。

词源　异：不同，其他；吞琼菌属：一个吞噬琼脂的菌属，一个细菌属分类；异吞琼菌：其他的吞琼脂菌。

Etymology　L. adj. and pronoun *alius*, other, another, different; N.L. n. *Agarivorans*, a name of a bacterial genus; N.L. masc. n. *Aliagarivorans*, the other *Agarivorans*.

模式种　海异吞琼菌（*Aliagarivorans marinus*）Jean 等，2009，新种。

词源　海：海的，大海的，海洋的。

Etymology　L. masc. adj. *marinus*, of the sea, marine.

嗜脂环菌属（*Alicycliphilus*）Mechichi 等，2003，新属。此属已定 1 种。

词源　嗜：喜的，爱的，爱好的，喜好的，嗜好的，友好的；菌：表示微小的事物，微生物（细菌、古菌、真菌）；属：属名的尾词；嗜脂环菌属：指的是用于分离此生物所使用的底物是脂环状化合物。

Etymology　Gr. adj. *aliphos*, fat; L. n. *cyclus*, circle or ring; N.L. pref. *alicycli-*, referring to circular fat-like organic compounds; N.L. adj. *philus -a -um*（from Gr. adj. *philos -ê -on*）, friend, loving; N.L. masc. adj. *Alicycliphilus*, alicyclic compound-liking, referring to the substrates used for the isolation of this organism.

模式种　脱硝嗜脂环菌（*Alicycliphilus denitrificans*）Mechichi 等，2003，新种。

词源　脱硝：反硝化，硝化的一种反过程。

Etymology　N.L. part. adj. *denitrificans*, denitrifying.

注：在自然界，脱硝或反硝化（denitrification）本质上是微生物（主要是一大类异营/异养兼性厌氧细菌）推动下的硝酸盐还原作用，在中文中有时与脱氮、除氮或脱除氮（denitrogenation）同义或混用，但脱硝或反硝化实际上是一连串生化反应，可以是处于亚硝酸盐（NO_2^-），一氧化氮（NO）和/或一氧化二氮（N_2O），最后才是变成氮气（N_2）完成氮循环。因此，用脱硝或反硝化比脱氮、除氮或脱除氮等用词来的更加严谨。只有在一类细菌直接把硝酸盐还原为氮气的情况下，才有脱硝＝脱氮或除氮。还有一种硝酸盐还原方式，即在含有 nrf 基因的微生物作用下，硝酸盐被异化还原为氨（NH_3）。在自然生态系统中，这种作用方式尽管比脱

硝作用少,但也是一种重要的硝酸盐还原方式。因此,从内涵概念的广泛性来说,硝酸盐还原可以包括脱硝或反硝化,后者又可以包括脱氮或除氮,不宜混用。

脂环竿菌科(*Alicyclobacillaceae*)da Costa and Rainey,2010,新科。

模式属 脂环竿菌属(*Alicyclobacillus*)Wisotzkey 等,1992,新属。

词源 脂环竿菌属:此科之模式属;科:用于定义一个比属高、比目低的分类级和尾词;在中文科的命名中,把模式属属名中的尾字"属"代换为尾字"科",即为模式属所在的科名;脂环竿菌科:脂环竿菌属之科。

Etymology N.L. masc. n. *Alicyclobacillus*, type genus of the family; suff. *-aceae*, ending to denote a family; N.L. fem. pl. n. *Alicyclobacillaceae*, family of the genus *Alicyclobacillus*.

脂环竿菌属(*Alicyclobacillus*)Wisotzkey 等,1992,新属;Karavaiko 等,2005 修改。此属已定 22 种,2 亚种。

此属是此属是脂环竿菌科(*Alicyclobacillaceae*)da Costa and Rainey,2010 的模式属。

词源 脂:脂肪;环:圆,圈;竿:在本书中对译于拉丁文 *bacillus*,表示棒形,以示与常见的"杆"的区别,表示以出芽孢为特征的棒形;菌:表示微小的事物,微生物(细菌、古菌、真菌);属:属名的尾词;脂环竿菌属:含环形脂肪酸(ω-脂环族脂肪酸)的小棒形生物。

Etymology Gr. adj. *aliphos*, fat; Gr. n. *kuklos*, circle; L. masc. n. *bacillus*, a little staff, rod; N.L. masc. n. *Alicyclobacillus*, small rod containing circular fatty acids (ω-alicyclic fatty acids).

模式种 烫酸脂环杆菌(*Alicyclobacillus acidocaldarius*)(Darland and Brock,1971)Wisotzkey 等,1992,新合并。

词源 烫:热的,暖的,与高温有关的;烫酸:与酸性高温栖居地有关的。

Etymology N.L. n. *acidum* (from L. adj. *acidus*, sour), an acid; L. adj. *caldarius -a -um*, pertaining to warm or hot; N.L. masc. adj. *acidocaldarius*, pertaining to acid thermal habitats.

异果菌属(*Aliicoccus*)Amoozegar 等,2014,新属。此属已定 1 种。

词源 异:另外,其他,不同;果:浆果,表示浆果形(圆球或椭球);菌:表示微小的事物,微生物(细菌、古菌、真菌);属:属名的尾词;异果菌属:其他的浆果形生物。

Etymology L. n. *alius*, other, another; N.L. masc. n. *coccus*, a coccus (from Gr. n. *kokkos*, a grain, berry); N.L. masc. n. *Aliicoccus*, the other coccus.

模式种 波斯异果菌(*Aliicoccus persicus*)Amoozegar 等,2014,新种。

词源 波斯:波斯的,大致上是现在的伊朗。

Etymology L. masc. adj. *persicus*, of Persia.

来源 环境(Source:Environmental)。

异海源菌属(*Aliidiomarina*)Huang 等,2012,新属。此属已定 3 种。

词源　异:不同,其他;海源菌属:细菌的一个属名;异海源菌属:有别于或有异于海源菌属的菌属,其他海源菌属。

Etymology　L. pronoun. *alius*, other, another; N.L. fem. n. *Idiomarina*, a name of a bacterial genus; N.L. fem. n. *Aliidiomarina*, the other *Idiomarina*.

模式种　台湾异海源菌(*Aliidiomarina taiwanensis*)Huang 等,2012,新种。

词源　台湾:与台湾有关的,此模式菌株的分离地。

Etymology　N.L. fem. adj. *taiwanensis*, pertaining to Taiwan, where the type strain was isolated.

异矿菌属(*Aliifodinibius*)Wang 等,2013,新属。此属已定 2 种。

词源　异:不同,其他;矿菌属:细菌的一个属名;异矿菌属:其他的/另外的矿菌属。

Etymology　L. pronoun. *alius*, other, another; N.L. masc. n. *Fodinibius*, the name of a bacterial genus; N.L. masc. n. *Aliifodinibius*, the other *Fodinibius*.

模式种　玫色异矿菌(*Aliifodinibius roseus*)Wang 等,2013,新种。

词源　玫色:玫色的,玫瑰色的,粉色的,粉红色的。

Etymology　L. masc. adj. *roseus* rose-coloured, pink.

异冰栖菌属(*Aliiglaciecola*)Jean 等,2013,新属。此属已定 3 种。

词源　异:不同,其他;冰栖菌属:细菌的一个属名;异冰栖菌属:其他的/其他的冰栖菌属。

Etymology　L. pronoun *alius*, other, another; N.L. fem. n. *Glaciecola*, a name of a bacterial genus; N.L. fem. n. *Aliiglaciecola* the other *Glaciecola*.

模式种　解脂异冰栖菌(*Aliiglaciecola lipolytica*)(Chen 等,2009)Jean 等,2013,新合并。

词源　解:溶解的,分解的,降解的;脂:脂肪;解脂:溶解脂肪的。

Etymology　Gr. n. *lipos*, fat; N.L. fem. adj. *lytica* from Gr. adj. *lutikos -ê -on* able to loosen, able to dissolve; N.L. fem. adj. *lipolytica* fat-dissolving, referring to the property of being able to hydrolyse lipid.

来源　环境——海(Source:Environmental—marine)

异弧菌属(*Aliivibrio*)Urbanczyk 等,2007,新属;Beaz-Hidalgo 等,2010 修改。此属已定 6 种。

词源　异:不同,其他;弧菌属:细菌的一个属名;异弧菌属:其他的/不同的弧菌属。

Etymology　L. adj. and pronoun *alius*, other, another, different; N.L. masc. n. *Vibrio*, a bacterial genus name; N.L. masc. n. *Aliivibrio* the other *Vibrio*.

模式种　费希尔氏异弧菌(*Aliivibrio fischeri*)(Beijerinck,1889)Urbanczyk 等,2007,新种。

词源　氏:姓氏;费希尔氏:费希尔的,以伯恩哈德·费希尔的姓氏命名,最早研究发冷光细菌的学者之一。

Etymology　　N.L. gen. n. *fischeri*, of Fischer, named after Bernhard Fischer, one of the earliest students of luminescent bacteria.

注：发冷光（发光）的种类很多，如化学发光（Chemiluminescence）如生物发光（Bioluminescence）和电化学发光（Electrochemiluminescence）、结晶发光（Crystalloluminescence）和光致发光（photoluminescence）如荧光和磷光等。发冷光细菌是发光生物的一类，由细菌萤光酶（luciferase）作用产生发光，以共生 [如费希尔氏异弧菌（*Aliivibrio fischeri*）] 或独立生存 [如哈维氏弧菌（*Vibrio harveyi*）] 的方式在海洋沉积物、海水、海洋动物肠道和表面大量的存在。弧菌属、光杆菌属（*Photorhabdus*）都是发冷光细菌。

异希万姓菌属（*Alishewanella*）Fonnesbech Vogel 等，2000，新属；Roh 等，2009 修改，Kim 等，2009 修改。此属已定 6 种。

词源　　异：不同，其他；希万姓菌属：细菌的一个属名；异希万姓菌属：其他的/不同的希万姓菌属。

Etymology　　L. adj. and pronoun *alius*, other, another, different; N.L. fem. n. *Shewanella*, a bacterial genus name; N.L. fem. n. *Alishewanella*, the other *Shewanella*.

模式种　　胎儿异希万姓菌（*Alishewanella fetalis*）Fonnesbech Vogel 等，2000，新种。

词源　　胎儿：与胎儿有关的，此生物分离自胎儿的。

Etymology　　L. n. *fetus -us*, young, offspring; L. fem. suff. *-alis*, suffix denoting pertaining to; N.L. fem. adj. *fetalis*, pertaining to the fetus, from which the organism was isolated.

异柄菌属（*Alistipes*）Rautio 等，2003，新属。此属已定 6 种。

词源　　异：不同，其他；柄：原木，树干，树杆，棍棒；菌：表示微小的事物，微生物（细菌、古菌、真菌）；属：属名的尾词；异柄菌属：不同的、其他类型的棍棒形生物。

Etymology　　L. adj. *alius*, other; L. masc. n. *stipes*, a log, stock, post, trunk of a tree, stick; N.L. masc. n. *alistipes*, the other stick.

模式种　　腐烂异柄菌（*Alistipes putredinis*）（Weinberg 等，1937）Rautio 等，2003，新种。

词源　　腐烂：腐败，霉，败坏。

Etymology　　L. n. *putredo -inis*, rottenness, putridity; L. gen. n. *putredinis*, of putridity.

碱竿菌属（*Alkalibacillus*）Jeon 等，2005，新属。此属已定 7 种。

词源　　碱：盐碱植物的灰分，碱性，碱类（阴离子全为氢氧根）；竿：在本书中对译于拉丁文 ***bacillus***，表示棒形，以示与常见的"杆"的区别，表示以出芽孢为特征的棒形；菌：表示微小的事物，微生物（细菌、古菌、真菌）；属：属名的尾词；碱竿菌属：生活在碱性条件下的竿菌。

Etymology　　N.L. n. *alkali* (from Arabic article *al*, the; Arabic n. *qaliy*, ashes of saltwort), alkali; L. masc. n. *bacillus*, rod; N.L. masc. n. *Alkalibacillus*, bacillus living under alkaline conditions.

模式种　　嗜卤碱碱竿菌（*Alkalibacillus haloalkaliphilus*）（Fritze, 1996）Jeon 等，2005，新合并。

词源　　嗜：喜的，爱的，爱好的，喜好的，嗜好的，友好的。

Etymology　Gr. n. *hals halos*, salt; N.L. n. *alkali*（from Arabic article *al*, the; Arabic n. *qaliy*, ashes of saltwort）, alkali; Gr. adj. *philos* loving; N.L. masc. adj. *haloalkaliphilus*, loving briny and alkaline media.

注：中文以往常见的用词：碱芽孢杆菌属或碱芽胞杆菌属。

碱杆菌属（*Alkalibacter*）Garnova 等，2005，新属。此属已定 1 种。

词源　碱：盐碱植物的灰分，碱性，碱类（阴离子全为氢氧根）；杆：棒；菌：表示微小的事物，微生物（细菌、古菌、真菌）；属：属名的尾词；碱杆菌属：嗜碱的棒形细胞。

Etymology　Arabic article *al*, the; Arabic n. *qaliy*, ashes of saltwort; N.L. masc. n. *bacter*, a rod; N.L. masc. n. *Alkalibacter*, alkaliphilic rod-shaped cells.

模式种　糖发酵碱杆菌（*Alkalibacter saccharofermentans*）Garnova 等，2005，新种。

词源　糖：一般性名词，通常指的是甜的、短链的、可溶解的和由碳氢氧元素构成的碳水化合物，日常用语中即指食糖（蔗糖，一种二糖），生物化学中进一步细分为单糖（葡萄糖、果糖和半乳糖等）、二糖（麦芽糖、乳糖和蔗糖等）、寡糖和多糖等；发酵：发酵的定义广泛，在微生物学中可指微生物在培养基上的大量生长，一般是指（在厌氧条件下）将糖转变为酸、醇和气体；糖发酵：糖的发酵。

Etymology　Gr. n. *sakchâr*, sugar; L. v. *fermento*, to ferment; N.L. part. adj. *saccharofermentans*, sugar-fermenting.

碱小杆菌属（*Alkalibacterium*）Ntougias and Russell，2001，新属。此属已定 10 种。

词源　碱：盐碱植物的灰分，碱性，碱类（阴离子全为氢氧根）；小杆：小棒；菌：表示微小的事物，微生物（细菌、古菌、真菌）；属：属名的尾词；碱小杆菌属：在碱性条件下生活的小棒形生物。

Etymology　N.L. n. *alkali*（from Arabic article *al*, the; Arabic n. *qaliy*, ashes of saltwort）alkali; L. neut. n. *bacterium*, a small rod; N.L. neut. n. *Alkalibacterium*, bacterium living under alkaline conditions.

模式种　橄榄废物滋碱小杆菌（*Alkalibacterium olivapovliticus*）勘误，Ntougias and Russell，2001，新种。

词源　橄榄：原产中国的一种常绿乔木，果实呈椭圆形，带芳香味略苦涩；滋：滋生，滋润，与……有关的，尾词；橄榄废物滋：与橄榄废物有关的，从橄榄废物中分离的。

Etymology　L. n. *oliva*, olive; Gr. n. *apovlito*（sic）, waste disposal; L. masc. suff. *-icus*, suffix used with the sense of belonging to; N.L. masc. adj. *olivapovliticus*, pertaining to the waste of the olives.

碱茎菌属（*Alkalibaculum*）Allen 等，2010，新属。此属已定 1 种。

词源　碱：盐碱植物的灰分，碱性，碱类（阴离子全为氢氧根）；茎：棒，小棒；菌：表示微小的事物，微生物（细菌、古菌、真菌）；属：属名的尾词；碱茎菌属：碱性的茎形生物。

Etymology　Arabic n. *al-qaliy*, the ashes of saltwort; N.L. n. *alkali*, alkali; L. neut. n. *baculum*, stick; N.L. neut. n. *Alkalibaculum*, alkali stick.

模式种　巴克斯碱茎菌(*Alkalibaculum bacchi*)Allen 等,2010,新种。
词源　巴克斯:罗马酒神,指的是此菌能产乙醇。
Etymology　L. gen. n. *bacchi*, of Bacchus, Roman god of wine, referring to the production of ethanol by this organism.

碱屈菌属(*Alkaliflexus*)Zhilina 等,2005,新属。此属已定1种。

词源　碱:盐碱植物的灰分,碱性,碱类(阴离子全为氢氧根);屈:使弯曲的,与"伸"相对;菌:表示微小的事物,微生物(细菌、古菌、真菌);属:属名的尾词;碱屈菌属:指的是在碱性环境中的弯曲的细胞生命。
Etymology　N.L. n. *alkali*(from Arabic *al-qalyi*, the ashes of saltwort), soda ash; L. part. adj. *flexus*, bent; N.L. masc. n. *Alkaliflexus*, referring to life in basic surroundings and to bending/flexible cells.

模式种　伊姆谢内特斯基氏碱屈菌(*Alkaliflexus imshenetskii*)Zhilina 等,2005,新种。
词源　氏:姓氏;伊姆谢内特斯基氏:或简称伊姆氏,以苏联微生物学阿勒科三德·A. 伊姆谢内特斯基(1905—1992)的姓氏命名,他的很多工作是研究纤维素的微生物降解和滑行细菌。
Etymology　N.L. gen. masc. n. *imshenetskii*, of Imshenetskii, named after Aleksandr A. Imshenetskii(1905—1992),a microbiologist who devoted much of his research to the microbial degradation of cellulose, and gliding bacteria.

碱池栖菌属(*Alkalilimnicola*)勘误,Yakimov 等,2001,新属。此属已定2种。

词源　碱:苏打灰;池:静水的池塘,湖,暗指淡水小湖泊;碱池:碱性的池塘,碱性的湖;栖:居住,栖居,栖居者,栖息者;菌:表示微小的事物,微生物(细菌、古菌、真菌);属:属名的尾词;碱池栖菌:生活或居住在碱湖/池中的生物。
Etymology　N.L. n. *alkali*(from Arabic *al-qalyi*, the ashes of saltwort), soda ash; Gr. n. *limnos*, pool of standing water, lake; L. suffix *-cola*(from L. n. *incola*)a dweller, inhabitant; N.L. masc. n. *Alkalilimnicola*, a dweller of alkaline lakes.

模式种　耐卤碱池栖菌(*Alkalilimnicola halodurans*)勘误,Yakimov 等,2001,新种。
词源　耐:耐力的,耐性的,忍耐的;卤:卤素,盐;耐卤:耐盐,对盐有耐受的。
Etymology　Gr. n. *hals halos*, salt; L. part. adj. *durans*, enduring; N.L. part. adj. *halodurans*, salt-enduring.
注:对于此属菌名的修改似乎并没有彻底,原文词源注释中,仍然是"N.L. masc. n. *Alcalilimnicola*"。

碱单胞菌属(*Alkalimonas*)Ma 等,2007,新属。此属已定3种。

词源　碱:盐碱植物的灰分,碱性,碱类(阴离子全为氢氧根);单胞:单细胞,单元;菌:表示微小的事物,微生物(细菌、古菌、真菌);属:属名的尾词;碱单胞菌属:碱性的单细胞生物。

Etymology N.L. n. *alkali* (from Arabic *al-qaliy*), ashes of salt wort; Gr. fem. n. *monas*, a unit, monad; N.L. fem. n. *Alkalimonas*, alkaline monad.

模式种 解淀粉碱单胞菌(*Alkalimonas amylolytica*)Ma等,2007,新种。

词源 解:分解的,溶解的,破解的;淀粉:大量的葡萄糖单元通过糖苷键链接而成的天然高分子多糖(碳水化合物),大部分绿色植物的能量储存方式;解淀粉:溶解淀粉的。

Etymology Gr. n. *amulon*, starch; N.L. adj. *lyticus -a -um* (from Gr. adj. *lutikos -ê -on*), able to loosen, able to dissolve; N.L. fem. adj. *amylolytica*, starch dissolving.

碱线体属(*Alkalinema*)Vaz等,2015,新属。此属已定1种。

词源 碱:盐碱植物的灰分,碱性,碱类(阴离子全为氢氧根);体:整体,身体,菌体,在微生物学属名中的作用与"菌"类似;属:属名的尾词;碱线体属:来自碱湖的丝线形生物。

Etymology N.L. n. *alkali*, alkali, from Arabic n. *al qaliy*, the ashes of saltwort; Gr. neut. n. *nema*, thread, filament; N.L. neut. n. *Alkalinema*, a filament from alkaline lakes.

模式种 潘塔纳尔碱线体(*Alkalinema pantanalense*)Vaz等,2015,新种。

词源 潘塔纳尔:巴西的一个湿地。

Etymology N.L. neut. adj. *pantanalense*, pertaining to the Pantanal, a Brazilian wetland.

注:此属为蓝细菌门。

嗜碱菌属(*Alkaliphilus*)Takai等,2001,新属;Cao等,2003修改,Wu等,2010修改。此属已定5种。

词源 嗜:嗜好的,喜好的,友好的,爱好的;碱:盐碱植物的灰分,碱性,碱类(阴离子全为氢氧根);嗜碱:嗜好碱的,喜好碱的;菌:表示微小的事物,微生物(细菌、古菌、真菌);属:属名的尾词;嗜碱菌属:喜好碱性环境的细菌。

Etymology N.L. n. *alkali* (from Arabic article *al*, the; Arabic n. *qaliy*, ashes of saltwort), alkali; N.L. adj. *philus -a -um* (from Gr. adj. *philos -ê -on*), friend, loving; N.L. masc. n. *alkaliphilus*, bacterium liking alkaline environments.

模式种 德兰士瓦嗜碱菌(*Alkaliphilus transvaalensis*)Takai等,2001,新种。

词源 德兰士瓦:南非的一个省名。

Etymology N.L. masc. adj. *transvaalensis*, of Transvaal, a region of South Africa.

碱小螺体属(*Alkalispirillum*)Rijkenberg等,2002,新属。此属已定1种。

词源 碱:盐碱植物的灰分,碱性,碱类(阴离子全为氢氧根);螺:螺形,螺纹,螺旋;小螺:与螺相对,表示尺寸小,小螺形,小螺旋;菌:表示微小的事物,微生物(细菌、古菌、真菌);属:属名的尾词;碱小螺体属:在碱性条件中生活的小螺形生物。

Etymology N.L. n. *alkali* (from Arabic article *al*, the; Arabic n. *qaliy*, ashes of saltwort), alkali; L. n. *spira*, a spiral; N.L. dim. neut. n. *spirillum*, a small spiral; N.L. neut. n. *Alkalispirillum*, a small spiral living under alkaline conditions.

模式种 动碱小螺体（*Alkalispirillum mobile*）Rijkenberg 等，2002，新种。

词源 动：运动的，移动的，活动的，游动的。

Etymology L. neut. adj. *mobile*, motile, movable.

碱针菌属（*Alkalitalea*）Zhao and Chen，2012，新属。此属已定 1 种。

词源 碱：盐碱植物的灰分，碱性，碱类（阴离子全为氢氧根）；菌：表示微小的事物，微生物（细菌、古菌、真菌）；属：属名的尾词；碱针菌属：生活在碱性环境中的棒形生物。

Etymology N.L. n. *alkali* (from Arabic article *al*, the; Arabic n. *qaliy*, ashes of saltwort), alkali; L. fem. n. *talea*, a rod; N.L. fem. n. *Alkalitalea*, a rod living in basic surroundings.

模式种 肥皂湖碱针菌（*Alkalitalea saponilacus*）Zhao and Chen，2012，新种。

词源 肥皂：皂，香皂，脂肪酸盐；湖：湖泊；肥皂湖：美国华盛顿州肥皂湖。

Etymology L. n. *sapo -onis*, soap; L. n. *lacus -us*, a lake; N.L. gen. n. *saponilacus*, from Soap Lake, WA, USA, where the type strain was isolated.

注1：肥皂湖（Soap Lake），中文有时译为索普莱克，或索普湖。

注2：此处对肥皂湖的拉丁化与肥皂湖泡碱栖菌（*Nitrincola lacisaponensis*）命名方式不同。

烷杆菌属（*Alkanibacter*）Friedrich and Lipski，2008，新属。此属已定 1 种。

词源 烷：烷烃，饱和烃；杆：棒；菌：表示微小的事物，微生物（细菌、古菌、真菌）；属：属名的尾词；烷杆菌属：同化烷烃的棒形生物。

Etymology N.L. n. *alkanum*, saturated hydrocarbon; N.L. masc. n. *bacter*, rod; N.L. masc. n. *Alkanibacter*, rod assimilating alkanes.

模式种 难养烷烃杆菌（*Alkanibacter difficilis*）Friedrich and Lipski，2008，新种。

词源 难养：难以培养的，指的是此菌株在培养过程中很难。

Etymology L. masc. adj. *difficilis*, difficult, because it is difficult to cultivate.

需烷菌属（*Alkanindiges*）Bogan 等，2003，新属。此属已定 1 种。

词源 需：需要；烷：烷烃；菌：表示微小的事物，微生物（细菌、古菌、真菌）；属：属名的尾词；需烷菌属：需要烷烃的生物，意即此细菌的生长需要这样的烃类物质。

Etymology N.L. neut. n. *alkanum*, alkane; L. adj. *indiges*, in need; N.L. masc. n. *Alkanindiges*, the alkane-requiring one, indicating the bacterium's growth requirement for such hydrocarbons.

模式种 伊利诺伊需烷菌（*Alkanindiges illinoisensis*）Bogan 等，2003，新种。

词源 伊利诺伊：美国伊利诺伊州，此菌分离自此州。

Etymology N.L. masc. adj. *illinoisensis*, pertaining to Illinois, the state from which the type strain was isolated.

阿利逊姓菌属（*Allisonella*）Garner 等，2003，新属。此属已定 1 种。

词源　姓：姓氏；阿利逊：以美国微生物学米尔顿·J. 阿利逊的姓氏命名，他是美国著名的瘤胃微生物学家，其分离到蚁酸生草酸盐杆菌（*Oxalobacter formigenes*），一种瘤胃细菌；菌：表示微小的事物，微生物（细菌、古菌、真菌）；属：属名的尾词；阿利逊姓菌属：以阿利逊的姓氏命名的菌属。

Etymology　N.L. fem. dim. n. *Allisonella*, named after the American microbiologist Milton J.Allison, a prominent rumen microbiologist who isolated *Oxalobacter formigenes*, a ruminal bacterium that decarboxylates oxalate.

模式种　成组胺阿里逊姓菌（*Allisonella histaminiformans*）Garner 等，2003，新种。

词源　成：形成，产生；组胺：**1*H*-** 咪唑 -4- 乙胺。

Etymology　N.L. n. *histaminum*, histamine; L. part. adj. *formans*, forming; N.L. part. adj. *histaminiformans*, histamine forming.

注：阿利逊来自父名阿利或阿伦（Allen），表示阿利或阿伦的子孙。"son" 这里译为 "逊" 表示……之子孙（后代）。

异放线伴线体属（*Alloactinosynnema*）Yuan 等，2010，新属。此属已定 2 种。

词源　异：不同的，其他的；放线伴线体属：细菌的一个属名；异放线伴线体属：另一属放线伴线体属，指的是此属生物的形态类似于放线伴线体属，但化学分类和系统发育差异显著的一属生物。

Etymology　Gr. adj. *allos*, other; N.L. neut. n. *Actinosynnema*, a bacterial generic name; N.L. neut. n. *Alloactinosynnema*, the other *Actinosynnema*, referring to the fact that it is morphologically similar to *Actinosynnema* but chemotaxonomically and phylogenetically distinct.

模式种　素色异放线伴线体（*Alloactinosynnema album*）Yuan 等，2010，新种。

词源　素色：素色的，白色的。

Etymology　L. neut. adj. *album*, white.

异竿菌属（*Allobacillus*）Sheu 等，2011，新属。此属已定 1 种。

词源　异：不同的，其他的；竿：在本书中对译于拉丁文 ***bacillus***，表示棒形，以示与常见的 "杆" 的区别，表示以出芽孢为特征的棒形；菌：表示微小的事物，微生物（细菌、古菌、真菌）；属：属名的尾词；异竿菌属：其他的 / 不同的竿菌。

Etymology　Gr. pref. -*allos*, another; L. masc. n. *bacillus*, a small staff or rod; N.L. masc. n. *Allobacillus*, another bacillus or rod.

模式种　耐卤异竿菌（*Allobacillus halotolerans*）Sheu 等，2011，新种。

词源　耐：耐力的，耐性的，忍耐的；卤：卤素，盐；耐卤：耐盐，对盐有耐受的。

Etymology　Gr. n. *hals halos*, salt; L. part. adj. *tolerans*, tolerating; N.L. part. adj. *halotolerans*, salt-tolerating.

注：常见中文用词：异芽孢杆菌属或异芽胞杆菌属。

异茎菌属（*Allobaculum*）Greetham 等，2006，新属。此属已定 1 种。

词源　异：不同的，其他的；茎：棒，小棒；菌：表示微小的事物，微生物（细菌、古菌、真菌）；属：属名的尾词；异茎菌属：其他的小棒形生物。

Etymology　Gr. pref. -*allos*, the other; L. neut. n. *baculum*, a stick, staff, rod; N.L. neut. n. *Allobaculum*, the other small rod.

模式种　犬便异茎菌（*Allobaculum stercoricanis*）Greetham 等，2006，新种。

词源　犬：狗；便：粪，屎，排泄物，污物，粪便；犬便：狗屎，狗便，来自狗粪便的。

Etymology　L. n. *stercus -oris*, feces; L. gen. n. *canis*, of a dog; N.L. gen. n. *stercoricanis*, from dog feces.

异小链珠孢菌属（*Allocatelliglobosispora*）Lee and Lee，2011，新属。此属已定 1 种。

词源　异：不同的，其他的；小链珠球孢菌属：细菌的一个属名；异小链珠孢菌属：不同的/其他的小链珠孢菌属，系统发育上近似小链珠孢菌属，但化学分类学差异显著。

Etymology　Gr. adj. *allos*, another, the other; N.L. fem. n. *Catelliglobosispora*, a bacterial generic name; N.L. fem. n. *Allocatelliglobosispora*, the other *Catelliglobosispora*, an organism that is phylogenetically close to *Catelliglobosispora* but chemotaxonomically distinct.

模式种　铁渣异链珠孢菌（*Allocatelliglobosispora scoriae*）Lee and Lee，2011，新种。

词源　铁渣：火山渣，火山灰（火山岩）的一种，指的是此模式株分离位。

Etymology　L. gen. n. *scoriae*, of scoria, a type of volcanic ash, referring to the site at which the type strain was isolated.

注：这里的拉丁文属性名词 *scoriae* 和英文 scoria 来自希腊文 *skōria*，表示铁锈，此处铁渣（铁渣岩）指的是火山岩的一种，多孔，暗灰色，由玄武岩或安山岩组成。

异色菌属（*Allochromatium*）Imhoff 等，1998，新属。此属已定 5 种。

词源　异：不同的，其他的；色菌属：细菌的一个属名；异色菌属：不同的/其他的色菌属。

Etymology　Gr. adj. *allos*, another, the other; N.L. neut. n. *Chromatium*, a genus name; N.L. neut. n. *Allochromatium*, the other *Chromatium*.

模式种　葡萄酒异色菌（*Allochromatium vinosum*）（Ehrenberg，1838）Imhoff 等，1998，新合并。

词源　葡萄酒：满是葡萄酒的，全是葡萄酒的。

Etymology　L. neut. adj. *vinosum*, full of wine.

推荐的属名三字母简写　*Alc*. 见"命名规则：属名简写"[属名简写三字母准则（Three-letter code for abbreviations of generic names）]。

异棒菌属（*Allofustis*）Collins 等，2003，新属。此属已定 1 种。

词源　异：不同的，其他的；棒：棍棒；菌：表示微小的事物，微生物（细菌、古菌、真菌）；属：属名的尾词；异棒菌属：其他的棍棒形生物。

Etymology　　Gr. adj. *allos*, another; L. masc. n. *fustis*, stick; N.L. masc. n. *Allofustis*, the other stick or rod.

模式种　精液异棒菌(*Allofustis seminis*)Collins 等,2003,新种。

词源　精液:雄性生物中可能含有精子的有机液体。

Etymology　　N.L. gen. n. *seminis*, of semen.

差果菌属(*Alloiococcus*)Aguirre and Collins,1992,新属。此属已定1种。

词源　差:不同的,差异的;果:浆果,表示浆果形(圆球或椭球);菌:表示微小的事物,微生物(细菌、古菌、真菌);属:属名的尾词;差果菌属:不同的浆果形细菌,指的是形态上相似但系统发育上不同的微生物。

Etymology　　Gr. adj. *alloios*, different; N.L. masc. n. *coccus*(from Gr. masc. n. *kokkos*, grain, seed), coccus; N.L. masc. n. *Alloiococcus*, different coccus, referring to the phylogenetic distinctiveness of the organism.

模式种　耳炎差果菌(*Alloiococcus otitis*)Aguirre and Collins,1992,新种。

词源　耳炎:耳朵炎症产生的。

Etymology　　N.L. gen. n. *otitis*(sic), of ear inflammation.

异库茨纳尔氏菌属(*Allokutzneria*)Labeda and Kroppenstedt,2008,新属。或异库茨氏菌属。此属已定3种。

词源　异:不同的;库茨纳尔氏菌属:一个细菌的属名;异库茨纳尔氏菌属:指的是与库茨纳尔氏菌属系统发育上近似,但化学分类学上差异明显。

Etymology　　Gr. adj. *allos*, other; N.L. fem. n. *Kutzneria*, a bacterial generic name; N.L. fem. n. *Allokutzneria*, the other *Kutzneria*, referring to the fact that it is phylogenetically close to *Kutzneria* but chemotaxonomically distinct.

模式种　素衣异库茨纳尔氏菌(*Allokutzneria albata*)(Tomita 等,1993)Labeda and Kroppenstedt,2008,新合并。

词源　素衣:白色的衣服,穿着白色,指的是此生物的气生菌丝体和非产色素性。

Etymology　　L. fem. adj. *albata*, clothed in white, referring to the colour of the aerial mycelium and the non-chromogenicity of the organism.

异单胞菌属(*Allomonas*)Kalina 等,1984,新属。此属已定1种。

此属1989年已合并(归属)为→**弧菌属**(*Vibrio*)Pacini,1854。

词源　异:不同的,其他的;单胞:单细胞;菌:表示微小的事物,微生物(细菌、古菌、真菌);属:属名的尾词;异单胞菌属:气单胞菌属之外的一个单细胞细菌属。

Etymology　　Gr. adj. *allos*, another, other, different; Gr. fem. n. *monas*, unit, monad; N.L. fem. n. *Allomonas*, a monad or unit in addition to *Aeromonas*.

模式种　肠异单胞菌（*Allomonas enterica*）Kalina 等,1984,新种。

此种 1989 年已归种为→河弧菌（*Vibrio fluvialis*）Lee 等,1981.

词源　肠:肠,内脏,肠道,与肠有关的。

Etymology　Gr. n. *enteron*, gut, bowel, intestine; L. fem. suff. *-ica*, suffix used with the sense of pertaining to; N.L. fem. adj. *enterica*, pertaining to intestine.

注:因为此模式种是晚于河弧菌的异名同物。

异拟诺卡氏菌属（*Allonocardiopsis*）Du 等,2013,新属。此属已定 1 种。

词源　异:不同的,其他的;拟诺卡氏菌属:细菌的一个属名;异拟诺卡氏菌属:其他的/不同的拟诺卡氏菌属,指的是系统发育与拟诺卡氏菌属相关的。

Etymology　Gr. adj. *allos*, another, the other, different; N.L. fem. n. *Nocardiopsis*, a bacterial genus name; N.L. fem. n. *Allonocardiopsis*, the other *Nocardiopsis*, referring to the fact that it is phylogenetically related to *Nocardiopsis*.

模式种　乳素异拟诺卡氏菌（*Allonocardiopsis opalescens*）Du 等,2013,新种。

词源　乳素:乳白色的,指的是气生菌丝体的颜色。

Etymology　L. part. adj. *opalescens*, opalescent, referring to the colour of the aerial mycelium.

异普雷沃特姓菌属（*Alloprevotella*）Downes 等,2013,新属。此属已定 2 种。

词源　异:不同的,其他的;普雷沃特姓菌属:细菌的一个属;异普雷沃特姓菌属:不同于普雷沃特姓菌属,但与此有关的菌属。

Etymology　Gr. adj. *allos*, different; N.L. fem. n. *Prevotella*, a bacterial generic name; N.L. fem. n. *Alloprevotella*, organism different from, but related to, the genus *Prevotella*.

模式种　坦纳氏异普雷沃特姓菌（*Alloprevotella tannerae*）（Moore 等,1994）Downes 等,2013,新合并。

词源　氏:姓氏;坦纳氏:以纪念美国微生物学家安妮·C.R. 坦纳(女)。

Etymology　N.L. gen. fem. n. *tannerae*, of Tanner, in honor of Anne C.R.Tanner, a United States microbiologist.

注:建议新造汉字"女氏",给予女氏的姓氏。

异根瘤菌属（*Allorhizobium*）de Lajudie 等,1998,新属。此属已定 1 种。

此属 2001 年已归属到→根瘤菌属（*Rhizobium*）Frank,1889,（Approved Lists,1980），Young 等,2001 修改。

词源　异:不同的,其他的;根瘤菌属:细菌的一个属名;异根瘤菌属:其他的/不同的根瘤菌属,指的是系统发育与其他根瘤菌属种不同的。

Etymology　Gr. adj. *allos*, another, other, different; N.L. neut. n. *Rhizobium*, a bacterial generic name; N.L. neut. n. *Allorhizobium*, the other *Rhizobium*, to refer to the fact that it is phylogenetically separate from other *Rhizobium* species.

模式种　水栖异根瘤菌（*Allorhizobium undicola*）de Lajudie 等,1998,新种。此种 2001 年已归种到→水栖根瘤菌（*Rhizobium undicola*）（de Lajudie 等,1998）Young 等,2001,新合并。

词源　水:水(分子),水(域),水(体),H_2O;栖:居住,栖居,栖居者,栖息者;水栖:依靠水生活的,居住在水中的,指的是这些菌株的分离是从水生植物叶萍尼普顿（*Neptunia natans*）节结(根瘤)中分离的。叶萍尼普顿可能等同于水含羞草。尼普顿是罗马神话中的海神,用于表示植物的海水生活环境属性。

Etymology　L. n. *unda*, water; L. suff. *-cola*（from L. n. *incola*）dweller; N.L. n. *undicola*, water dweller, referring to the isolation of these strains from nodules of the aquatic plant *Neptunia natans*.

异盐放线孢菌属（*Allosalinactinospora*）Guo 等,2015,新属。此属已定 1 种。

词源　异:不同的,其他的;盐放线孢菌属:细菌的一个属名;异盐放线孢菌属:不同的/其他的盐放线孢菌属,指的是此属与盐放线孢菌属的系统发育相关性。

Etymology　Gr. adj. *allos*, another, the other, different; N.L. fem. n. *Salinactinospora*, a bacterial genus name; N.L. fem. n. *Allosalinactinospora*, the other *Salinactinospora*, referring to the fact that the genus is related phylogenetically to *Salinactinospora*.

模式种　罗布泊异盐放线孢子菌（*Allosalinactinospora lopnorensis*）Guo 等,2015,新种。

来源　环境——土壤。

词源　罗布泊:中国西北新疆维吾尔自治区的一个地区,此模式株的分离源。

Etymology　N.L. fem. adj. *lopnorensis*, pertaining to the Lop Nor region of Xinjiang, northwest China, the source of the type strain.

异斯卡多维氏菌属（*Alloscardovia*）Huys 等,2007,新属;Killer 等,2013 修改。此属已定 3 种。

词源　异:不同的,其他的;斯卡多维氏菌属:细菌的一个属名;异斯卡多维氏菌属:不同的斯卡多维氏菌属,与斯卡多维氏菌属及其相关菌属有关但不同的生物。

Etymology　Gr. adj. *allos*, different; N.L. fem. n. *Scardovia*, a bacterial generic name; N.L. fem. n. *Alloscardovia*, organism related to, but different from, *Scardovia* and related genera.

模式种　通栖异斯卡多维氏菌（*Alloscardovia omnicolens*）Huys 等,2007,新种。

词源　通:表示通身,全身;栖:居住,生活,栖息;通栖:栖居在人体全身的。

Etymology　L. adj. *omnis*, every; L. v. *colere*, to dwell; L. part. adj. *colens*, dwelling; N.L. part. adj. *omnicolens*, dwelling everywhere in the human body.

阿尔法杆菌纲（*Alphabacteria*）Cavalier-Smith,2002,新纲。或阿尔法细菌纲。

模式目　立克次体目（*Rickettsiales*）Gieszczykiewicz,1939,《1980 年细菌名确认单》,目。

词源　阿尔法：α，希腊字母表中的第一个字母，英文中对应字母 a；杆：棒；菌：表示微小的事物，微生物(细菌、古菌、真菌)；纲：(原核)生物分类的一个级别，门之下，目之上的一个分类级，纲之尾词；阿尔法杆菌纲：此名的推荐目的是为了正式化早期非正式名称，即 α—变形菌纲。

Etymology　Gr. *alpha*, the letter a; N.L. masc. n. *bacter*, a small rod; suff. *-ia*, ending to denote a class; N.L. neut. pl. n. *Alphabacteria*, name proposed to formalize the earlier informal designation as α-proteobacteria.

阿尔法变形杆菌纲(*Alphaproteobacteria*) Garrity 等,2006,新纲。或阿尔法变形菌纲，α—变形杆菌纲，α—变形菌纲。

模式目　柄杆菌目(*Caulobacterales*) Henrici and Johnson,1935,《1980 年细菌名确认单》,目。

词源　阿尔法：α，希腊字母表中的第一个字母，英文中对应字母 a；变形：希腊神话中的海神普罗狄斯，能够(像中国神话中的孙悟空)随意改变形态或外形；杆：棒；菌：表示微小的事物，微生物(细菌、古菌、真菌)；纲：(原核)生物分类的一个级别，门之下，目之上的一个分类级，纲之尾词；阿尔法变形杆菌纲：包括在变形菌门(或变形杆菌门)中的一个细菌纲，**16S rRNA** 基因序列与柄杆菌目的菌类有关。

Etymology　Gr. n. *alpha*, name of the first letter of Greek alphabet; Gr. or L. n. *Proteus*, Greek god of the sea, capable of assuming many different shapes; N.L. n. *bacter*, a rod; suff. *-ia*, ending to denote a class; N.L. neut. pl. n. *Alphaproteobacteria*, a class of bacteria included in the phylum "*Proteobacteria*" and having 16S rRNA gene sequences related to those of the members of the order *Caulobacterales*.

阿尔卑斯单胞菌属(*Alpinimonas*) Schumann 等,2012,新属。此属已定 1 种。

词源　阿尔卑斯：属于或与阿尔卑斯山有关的，阿尔卑斯山区；单胞：单细胞，单元；菌：表示微小的事物，微生物(细菌、古菌、真菌)；属：属名的尾词；阿尔卑斯单胞菌属：分离自阿尔卑斯山的细菌。

Etymology　L. adj. *alpinus*, of or pertaining to the Alps, Alpine; L. fem. n. *monas*, a unit, monad; N.L. fem. n. *Alpinimonas*, an Alpine unit (bacterium), a bacterium isolated from the Alps.

模式种　嗜冷阿尔卑斯单胞菌(*Alpinimonas psychrophila*) Schumann 等,2012,新种。

词源　嗜：喜好，爱好，嗜好；冷：低温，寒冷；嗜冷：喜好低温的。

Etymology　Gr. adj. *psuchros*, cold; Gr. fem. adj. *philê*, liking, loving; N.L. fem. adj. *psychrophila*, cold-loving.

林杆菌属(*Alsobacter*) Bao 等,2014,新属。此属已定 1 种。

词源　林：树林,小树林,果园；杆：杆/棒(形,状)；菌：表示微小的事物,微生物(细菌、古菌、真菌）；属：属名的尾词；林杆菌属：分离自树林的杆形细菌。

Etymology　Gr. n. *alsos*, a grove; N.L. masc. n. *bacter*, a rod; N.L. masc. n. *Alsobacter*, a rod isolated from a grove.

模式种　耐金属林杆菌（*Alsobacter metallidurans*）Bao 等，2014，新种。

词源　耐：耐受的，忍耐的，持久的；金属：金属物质；耐金属：对金属具有耐受性的。

Etymology　L. n. *metallum*, metal; L. part. adj. *durans*, enduring, tolerating; N.L. part. adj. *metallidurans*, metal-tolerant.

来源　环境——土壤（Source：Environmental—soil）。

另赤杆菌属（*Altererythrobacter*）Kwon 等，2007，新属；Xue 等，2012 修改。此属已定 15 种。

词源　另：另外的，不同的；赤杆菌属：细菌的一个属名；另赤杆菌属：另一个或不同的赤杆菌属，因为此属显示与赤杆菌属高度的相似性，但在系统线中并不相同。

Etymology　L. adj. *alter -tera -terum*, another, other, different; N.L. masc. n. *Erythrobacter*, a genus name; N.L. masc. n. *Altererythrobacter*, another or different *Erythrobacter*, because the genus shows high similarity to the genus *Erythrobacter* but does not share its phyletic line.

模式种　吞环氧另赤杆菌（*Altererythrobacter epoxidivorans*）Kwon 等，2007，新种。

词源　吞：吞噬的，狼吞虎咽的，贪吃的，吞食的，大吃的；环氧：环氧化物；吞环氧：吞噬环氧化合物的。

Etymology　N.L. n. *epoxidum*, epoxide; L. part. adj. *vorans*, devouring; N.L. part. adj. *epoxidivorans*, epoxide-devouring.

另竿菌属（*Alteribacillus*）Didari 等，2012，新属。此属已定 2 种。

词源　竿：在本书中对译于拉丁文 ***bacillus***，表示棒形，以示与常见的"杆"的区别，表示以出芽孢为特征的棒形，竿菌属也是细菌的一个属名；另竿菌属：不同的／其他的竿菌。

Etymology　L. adj. *alter –tera -terum*, another, the other; L. masc. n. *bacillus*, a rod and also a bacterial generic name（*Bacillus*）Cohn, 1872; N.L. masc. n. *Alteribacillus*, another *Bacillus*.

模式种　比道沟另竿菌（*Alteribacillus bidgolensis*）Didari 等，2012，新种。

词源　比道沟：指的是阿兰—比道沟盐湖，表示与此有关的。

Etymology　N.L. masc. adj. *bidgolensis*, of or belonging to Aran-Bidgol salt lake.

另果菌属（*Alterococcus*）Shieh and Jean，1999，新属。此属已定 1 种。

词源　另：另外，其他；果：浆果，表示浆果形（圆球或椭球）；菌：表示微小的事物，微生物（细菌、古菌、真菌）；属：属名的尾词；另果菌属：另一种浆果形生物。

Etymology　L. adj. *alter -tera -terum*, another, different; N.L. masc. n. *coccus*（from Gr. masc. n. *kokkos*, grain, seed）, coccus; N.L. masc. n. *Alterococcus*, another coccus.

模式种 解琼另果菌(*Alterococcus agarolyticus*)Shieh and Jean,1999,新种。

词源 解:分解的,溶解的,降解的;琼:琼胶,琼脂,由琼脂糖和琼脂胶构成,是目前配制固体培养基最好的凝固剂,因最早来自海南而得名;解琼:溶解或分解琼脂的。

Etymology　N.L. n. *agarum*（from Malayan n. *agar*）, agar, a complex gelling polysaccharide from marine red algae; N.L. masc. adj. *lyticus*（from Gr. masc. adj. *lutikos*）, able to loosen, able to dissolve; N.L. masc. adj. *agarolyticus*, agar-dissolving.

另单胞菌科(*Alteromonadaceae*)Ivanova and Mikhailov,2001,新科。

模式属 另单胞菌属(*Alteromonas*)Baumann 等,1972,《1980 年细菌名确认单》。

词源 另单胞菌属:此科之模式属;科:用于定义一个比属高、比目低的分类级和尾词;在中文科的命名中,把模式属属名中的尾字"属"代换为尾字"科",即为模式属所在的科名;另单胞菌科:另单胞菌属之科。

Etymology　N.L. fem. n. *Alteromonas -adis*, type genus of the family; suff. *-aceae*, ending to denote a family; N.L. fem. pl. n. *Alteromonadaceae*, the *Alteromonas* family.

另单胞菌目(*Alteromonadales*)Bowman and McMeekin,2005,新目。

模式属 另单胞菌属(*Alteromonas*)Baumann 等,1972,《1980 年细菌名确认单》。

词源 另单胞菌属:此目之模式属;目:用于定义一个比科高、比纲低的分类级和尾词;在中文目的命名中,把模式属属名中的尾字"属"代换为尾字"目",即为模式属所在的目名;另单胞菌目:另单胞菌属之目。

Etymology　N.L. fem. n. *Alteromonas -adis*, type genus of the order; suff. *-ales*, ending to denote order; N.L. fem. pl. n. *Alteromonadales*, the *Alteromonas* order.

另单胞菌属(*Alteromonas*)Baumann 等,1972,属;Novick and Tyler,1985 修改,Gauthier 等,1995 修改,Van Trappen 等,2004 修改。此属已定 31 种。

此属是**另单胞菌目**(*Alteromonadales*)Bowman and McMeekin,2005 和**另单胞菌科**(*Alteromonadaceae*)Ivanova and Mikhailov,2001 的模式属。

词源 另:另外,其他;单胞:单细胞,单元;菌:表示微小的事物,微生物(细菌、古菌、真菌);属:属名的尾词;另单胞菌属:另外的单细胞生物。

Etymology　L. adj. *alter -tera -terum*, another, different; L. fem. n. *monas*, a monad, unit; N.L. fem. n. *Alteromonas*, another monad.

模式种 麦克劳德氏另单胞菌(*Alteromonas macleodii*)Baumann 等,1972,属;《1980 年细菌名确认单》。

词源 氏:姓氏;麦克劳德氏:以加拿大微生物学家 R.A. 麦克劳德的姓氏命名,其是研究海洋细菌 Na^+ 需求生化基础的先锋。

Etymology　N.L. gen. n. *macleodii*, of MacLeod, named after R.A. MacLeod, a Canadian microbiologist who pionnnered studies on the biochemical bases of the Na⁺ requirement of marine bacteria.

小链菌属（*Alysiella*）Langeron，1923，属。此属已定 2 种。

词源　小链：小链条；菌：表示微小的事物，微生物（细菌、古菌、真菌）；属：属名的尾词；小链菌属：小型链状（排列）细菌。

Etymology　Gr. n. *alusion -on*, a small chain; L. dim. ending *-ella*; N.L. fem. dim. n. *Alysiella*, small chain.

模式种　丝形小链菌（*Alysiella filiformis*）（Schmid，1922）Langeron，1923，属；《1980 年细菌名确认单》。

词源　丝：线，线形（物）；形：状，形状，外形，外貌，形容某物在外貌上像……；丝形：线形的，丝线形的，丝状的。

Etymology　L. n. *filum*, thread; L. adj. suffix *-formis -is -e*, -like, in the shape of; N.L. fem. adj. *filiformis*, thread shaped, filiform.

Am

喜甲壳素菌属（*Amantichitinum*）Moß 等，2013，新属。此属已定 1 种。

词源　甲壳素：几丁质；菌：表示微小的事物，微生物（细菌、古菌、真菌）；属：属名的尾词；喜甲壳素菌属：喜好几丁质的细菌。

Etymology　L. part. adj. *amans –antis*, loving; N.L. *chitinum*, chitin; N.L. neut. n. *Amantichitinum*, loving-chitin（bacterium）.

模式种　熊湖喜甲壳素菌（*Amantichitinum ursilacus*）Moß 等，2013，新种。

词源　熊湖：此菌株分离自德国斯图加特熊湖（**Bärensee**）湖边。

Etymology　L. n. *ursus*, a bear; L. n. *lacus*, a lake; N.L. gen. n. *ursilacus*, of Bear Lake（Bärensee）, a lake nearby Stuttgart, Germany, on the edge of which the strain was isolated.

沟果菌属（*Amaricoccus*）Maszenan 等，1997，新属。此属已定 4 种。

词源　沟：沟渠，这里指污水管；果：浆果，表示浆果形（圆球或椭球）；菌：表示微小的事物，微生物（细菌、古菌、真菌）；属：属名的尾词；沟果菌属：从污水管分离到的球形细胞。

Etymology　Gr. n. *amara*, trench, conduit, channel; here, a sewage duct; N.L. masc. n. *coccus*（from Gr. masc. n. *kokkos*, grain, seed）, coccus; N.L. masc. n. *Amaricoccus*, spherical cells from sewage ducts.

模式种　卡普利采沟果菌（*Amaricoccus kaplicensis*）Maszenan 等，1997，新种。

词源　卡普利采：捷克共和国的一个地名，此菌从这里分离得到。

Etymology　N.L. masc. adj. *kaplicensis*, pertaining to Kaplice, Czech Republic, the source of the type strain.

雨山氏菌属(*Ameyamaea*)Yukphan 等,2010,新属。此属已定 1 种。

词源　氏:姓氏;雨山氏:日本国山口大学的荣休教授,对乙酸细菌的研究,特别是对其生化和分类学研究有贡献;菌:表示微小的事物,微生物(细菌、古菌、真菌);属:属名的尾词;雨山氏菌属:以雨山的姓氏命名的菌属。

Etymology　N.L. fem. n. *Ameyamaea*, named after Dr. Minoru Ameyama, Professor Emeritus of Yamaguchi University, Yamaguchi, Japan, who contributed to studies of acetic acid bacteria, especially their biochemical and systematic studies.

模式种　清迈雨山氏菌(*Ameyamaea chiangmaiensis*)Yukphan 等,2010,新种。

词源　清迈:指的是泰国的第二大城市清迈,属于或来自清迈的,此模式菌株的分离地。

Etymology　N.L. fem. adj. *chiangmaiensis*, of or belonging to Chiang Mai, Thailand, where the type strain was isolated.

注:对人物评论来自作者原文,不表示本书观点。凡本书中"我们(作者)"的表述均为原文作者,不表示本书支持或否定此观点,本书同。

嗜胺菌属(*Aminiphilus*)Díaz 等,2007,新属。此属已定 1 种。

词源　嗜:嗜好的,喜好的,友好的,爱好的;胺:氨分子(NH_3)中部分或全部氢原子被烃基取代后而成的有机化合物,胺类;菌:表示微小的事物,微生物(细菌、古菌、真菌);属:属名的尾词;嗜胺菌属:喜欢胺类物质的生物。

Etymology　N.L. n. *aminum*, amine; N.L. adj. *philus -a -um* (from Gr. adj. *philos -ê -on*), friend, loving; N.L. masc. n. *Aminiphilus*, amine lover.

模式种　圆嗜胺菌(*Aminiphilus circumscriptus*)Díaz 等,2007,新种。

词源　圆:圆形的,周期的,约束的,受限的。

Etymology　L. masc. part. adj. *circumscriptus*, rounded, periodic, restricted, limited.

胺弧菌属(*Aminivibrio*)Honda 等,2013,新属。此属已定 1 种。

词源　胺:氨分子(NH_3)中部分或全部氢原子被烃基取代后而成的有机化合物,胺类;弧:弧形;弧菌:弧形细菌;属:属名的尾词;胺弧菌属:降解胺的弧菌。

Etymology　N.L. n. *aminum*, amine; N.L. masc. n. *vibrio*, a vibrio; N.L. masc. n. *Aminivibrio*, a vibrio that degrades amines.

模式种　嗜丙酮酸盐胺弧菌(*Aminivibrio pyruvatiphilus*)Honda 等,2013,新种。

词源　嗜:嗜好的,喜好的,友好的,爱好的;丙酮酸:丙酮酸盐或酯,$CH_3COCOO-$,是结构最简单的 α—酮酸盐或酯,是几种代谢途径的关键中间体;嗜丙酮酸:喜好丙酮酸(盐/酯)。

Etymology　N.L. n. *pyruvatum*, pyruvate; N.L. masc. adj. *philus* (from Gr. neut. adj. *philôn*), friend to, loving; N.L. masc. adj. *pyruvatiphilus* pyruvate-loving.

胺杆菌属(*Aminobacter*)Urakami 等,1992,新属;Kämpfer 等,2002 修改。此属已定 6 种。

词源　胺:氨分子(NH_3)中部分或全部氢原子被烃基取代后而成的有机化合物,胺类;杆:

棒或杖；菌：表示微小的事物，微生物（细菌、古菌、真菌）；属：属名的尾词；胺杆菌属：氨基酸或胺类杆菌。

Etymology　N.L. n. *aminum*, amine; N.L. masc. n. *bacter*, rod, staff; N.L. masc. n. *Aminobacter*, amine rod.

模式种　吞胺胺杆菌（*Aminobacter aminovorans*）（den Dooren de Jong, 1926）Urakami 等，1992，新合并。

词源　吞：吞噬，吞食，食用，吃；胺：氨分子（NH_3）中部分或全部氢原子被烃基取代后而成的有机化合物，胺类；吞胺：吞食胺类的，消解胺类的。

Etymology　N.L. n. *aminum*, amine; L. v. *voro*, to eat, to devour; N.L. part. adj. *aminovorans*, amine-devouring, digesting.

胺小杆菌属（*Aminobacterium*）Baena 等，1999，新属。此属已定 2 种。

词源　胺：氨分子（NH_3）中部分或全部氢原子被烃基取代后而成的氨基类有机化合物，胺类；小杆：小棒或杖；菌：表示微小的事物，微生物（细菌、古菌、真菌）；属：属名的尾词；胺小杆菌属：氨基酸小棒形生物。

Etymology　N.L. n. *aminum* (amino in compound words involving chemicals), amine; L. neut. n. *bacterium*, a small rod; N.L. neut. n. *Aminobacterium*, the amino acid rod.

模式种　哥伦比亚胺小杆菌（*Aminobacterium colombiense*）Baena 等，1999，新种。

词源　哥伦比亚：与哥伦比亚有关的，此分离物的来源地。

Etymology　N.L. neut. adj. *colombiense*, pertaining to Columbia, the origin of the isolate.

胺单胞菌属（*Aminomonas*）Baena 等，1999，新属。此属已定 1 种。

词源　胺：胺类，氨分子中氢原子一个或全部被烃基取代的有机化合物；单胞：单细胞，单元；菌：表示微小的事物，微生物（细菌、古菌、真菌）；属：属名的尾词；胺单胞菌属：降解胺类的单细胞生物。

Etymology　N.L. n. *aminum* (amino in compound words involving chemicals), amine; L. fem. n. *monas*, a unit, monad; N.L. fem. n. *aminomonas*, amine-degrading monads.

模式种　缈吞胺单胞菌（*Aminomonas paucivorans*）Baena 等，1999，新种。

词源　缈：缥缈的，虚无的，稀少的，寡的，不多的，一点点的；吞：吞食的，吞噬的，吞吃的；缈吞：吃的很少的（仅利用所供给的很少数量的底物）。

Etymology　L. adj. *paucus*, few, little; L. part. adj. *vorans*, devouring, eating; N.L. part. adj. *paucivorans*, devouring little.

氨化菌属（*Ammonifex*）Huber and Stetter, 1996，新属；Miroshnichenko 等，2008。此属已定 2 种。

词源　氨：氨气，NH_3；化：变化，制备，制造，产生；菌：表示微小的事物，微生物（细菌、古菌、真菌）；属：属名的尾词；氨化菌属：产水氨气的生物，制造氨气的生物。

Etymology　N.L. n. *ammonium*, ammonium；L. suff. *-fex*（from L. v. *facere*, to make），maker；N.L. masc. n. *Ammonifex*, the ammonium-maker.

模式种　迪更斯氏制氨菌（*Ammonifex degensii*）Huber and Stetter, 1996，新种。

词源　氏：姓氏；迪更斯氏：以埃贡 T. 迪更斯的姓氏命名。

Etymology　N.L. gen. n. *degensii*, of Degens, honoring Egon T. Degens.

嗜氨菌属（*Ammoniphilus*）Zaitsev 等，1998，新属。此属已定 2 种。

词源　嗜：嗜好的，喜好的，友好的，爱好的；氨：氨气，NH_3；菌：表示微小的事物，微生物（细菌、古菌、真菌）；属：属名的尾词；嗜氨菌属：喜好氨的细菌。

Etymology　N.L. neut. n. *ammonium*, ammonia（NH_3）；N.L. adj. *philus -a -um*（from Gr. adj. *philos -ê -on*），friend, loving；N.L. masc. n. *Ammoniphilus*, ammonia lover.

模式种　草酸盐：草酸，草酸盐或酯，与草酸盐或酯有关的。

词源　滋：滋生，滋润，与……有关的，尾词。

Etymology　N.L. masc. adj. *oxalaticus*, pertaining to oxalate.

河小杆菌属（*Amnibacterium*）Kim and Lee, 2011，新属。此属已定 2 种。

词源　河：河流；小杆：小杆／棒（形）；菌：表示微小的事物，微生物（细菌、古菌、真菌）；属：属名的尾词；河小杆菌属：与河流有关的小棒生物。

Etymology　L. n. *amnis -is*, a river；L. neut. n. *bacterium*, a staff, rod；N.L. neut. n. *Amnibacterium*, a rod associated with a river.

模式种　京畿河小杆菌（*Amnibacterium kyonggiense*）Kim and Lee, 2011，新种。

词源　京畿：韩国京畿大学，属于或来自京畿大学的。

Etymology　N.L. neut. adj. *kyonggiense*, of or belonging to Kyonggi University, Republic of Korea.

变杆菌属（*Amoebobacter*）Winogradsky, 1888，属；Guyoneaud 等，1998 修改。此属已定 4 种。

词源　变：变化的，可变的；杆：棒；菌：表示微小的事物，微生物（细菌、古菌、真菌）；属：属名的尾词；变杆菌属：可变化的棒形生物。

Etymology　Gr. n. *amoibê*（Latin transliteration *amoeba*），change, transformation；N.L. masc. n. *bacter*, rod；N.L. masc. n. *Amoebobacter*, changeable rod.

模式种　玫色变杆菌（*Amoebobacter roseus*）Winogradsky, 1888，《1980 年细菌名确认单》，种。

词源　玫色：玫色的，玫瑰色的，粉色的，粉红色的。

Etymology　L. masc. adj. *roseus*, rosy, rose-colored, pink.

推荐的属名三字母简写　Amb. 见"命名规则：属名简写"［属名简写三字母准则（Three-letter code for abbreviations of generic names）］。

无形孢囊菌属（*Amorphosporangium*）Couch，1963，属。此属已定2种。

此属1988年已归属到→放线浮菌属（*Actinoplanes*）Couch，1950，《1980年细菌名确认单》，属。

词源　无形：没有形状，无形的，无定形；孢：孢子；囊：器皿，袋子；孢囊：孢子袋，盛装孢子的组织；菌：表示微小的事物，微生物（细菌、古菌、真菌）；属：属名的尾词。

Etymology　Gr. adj. *amorphos*, without form, shapeless; N.L. neut. n. *sporangium*（from Gr. n. *spora*, a seed and, in biology, a spore; Gr. n. *angeion*, vessel）, sporangium; N.L. neut. n. *Amorphosporangium*, irregularly shaped sporangium.

模式种　橙色无形孢囊菌（*Amorphosporangium auranticolor*）Couch，1963，《1980年细菌名确认单》。此种1988年已归种到→橙色放线浮菌（*Actinoplanes auranticolor*）（Couch，1963）Stackebrandt and Kroppenstedt，1988，新合并。

词源　橙：橙子，桔子；色：颜色；橙色：橙色的，橙黄色的。

Etymology　N.L. n. *Aurantium*, generic name of the orange; L. n. *color*, color, tin; N.L. adj. *auranticolor* orange colored.

无形菌属（*Amorphus*）Zeevi Ben Yosef等，2008，新属。此属已定3种。

词源　无形：没有形态；菌：表示微小的事物，微生物（细菌、古菌、真菌）；属：属名的尾词；无形菌属：没有固定形态的细菌。

Etymology　N.L. masc. n. *Amorphus*（from Gr. adj. *amorphos*, without form, shapeless）, a bacterium without defined shape.

模式种　珊瑚无形菌（*Amorphus coralli*）Zeevi Ben Yosef等，2008，新种。

词源　珊瑚：珊瑚虫的骨骼聚集物，珊瑚的，此生物的分离源。

Etymology　L. gen. n. *coralli*, of coral, from which the organism was isolated.

兼性竿菌属（*Amphibacillus*）Niimura等，1990，新属；An等，2007修改，Hirota等，2013修改，Ren等，2013修改。此属已定9种。

词源　兼性：两面性；竿：在本书中对译于拉丁文 *bacillus*，表示棒形，以示与常见的"杆"的区别，表示以出芽孢为特征的棒形；菌：表示微小的事物，微生物（细菌、古菌、真菌）；属：属名的尾词；兼性竿菌属：两面性，即既能在耗氧又能在厌氧中生长的竿棒形生物。

Etymology　Gr. pref. *amphi*, both sides or double; L. dim. n. *bacillus*, a small rod; N.L. masc. n. *Amphibacillus*, rod capable of both aerobic and anaerobic growth.

模式种　木糖兼性竿菌（*Amphibacillus xylanus*）Niimura等，1990，新种。

词源　木糖：最初分离自木头的单糖，戊醛糖的一种，五个碳加一个氧形成的内酯环状化合物。

Etymology　N.L. masc. adj. *xylanus*, pertaining to xylan.

注：中文以往菌属同义词：兼性芽孢杆菌属。

双折菌属（*Amphiplicatus*）Zhen-li 等，2014，新属。此属已定 1 种。

词源　双：两面，双倍；折：折叠；双折：两面都折叠；菌：表示微小的事物，微生物（细菌、古菌、真菌）；属：属名的尾词；双折菌属：两面折叠，指的是此细胞菌柄的长扁状。

Etymology　Gr. pref. *amphi*, both sides or double; L. part. adj. *plicatus*, folded; N.L. masc. n. *Amphiplicatus*, folded on both sides, referring to the long plate-like prosthecae of the cells.

模式种　嗜中热双折菌（*Amphiplicatus metriothermophilus*）Zhen-li 等，2014，新种。

词源　嗜：嗜好的，喜好的，友好的，爱好的；中：中间的（温度），温和的，中等，不高不低的（温度）；热：高温；嗜中热：嗜中温的，喜好不高不低温度的。

Etymology　Gr. adj. *metrios*, modest; Gr. n. *therme*, heat; Gr. adj. *philos*, friend, loving; N.L. masc. adj. *metriothermophilus*, modestly heat-loving.

来源　环境——淡水（Source：Environmental—freshwater）。

洋仙女菌属（*Amphritea*）Gärtner 等，2008，新属。此属已定 4 种。

词源　洋：大洋，海洋；洋仙女：希腊神话中的大洋仙女安菲莉特；菌：表示微小的事物，微生物（细菌、古菌、真菌）；属：属名的尾词；洋仙女菌属：来自大洋的细菌，指的是此菌的生长环境。

Etymology　N.L. fem. n. *Amphritea*, from Gr. fem. n. *Amphrite*, a nymph of the ocean in Greek mythology, referring to the habitat of the bacteria.

模式种　大西洋洋仙女菌（*Amphritea atlantica*）Gärtner 等，2008，新种。

词源　大西洋：大西洋的，属于或与大西洋有关的。

Etymology　L. fem. adj. *atlantica*, of or pertaining to the Atlantic Ocean.

小安瓿菌属（*Ampullariella*）Couch，1964，属。此属已定 4 种。

此属已经归属到→放线浮菌属（*Actinoplanes*）Couch，1950，属；《1980 年细菌名确认单》，Stackebrandt and Kroppenstedt，1988，新合并。

词源　小：小的；安瓿：安瓿瓶；菌：表示微小的事物，微生物（细菌、古菌、真菌）；属：属名的尾词；小安瓿菌属：像小安瓿瓶型的孢囊菌。

Etymology　L. n. *ampulla*, flask, bottle; L. fem. suff. *-ella*, diminutive ending; N.L. fem. dim. n. *Ampullariella*（sic）, a small bottle, to indicate bottle-shaped sporangia.

模式种　尺安瓿瓶菌（*Ampullariella regularis*）（Couch，1963）Couch，1964，属；《1980 年细菌名确认单》。

此种 1988 年已归种到→尺放线浮菌（*Actinoplanes regularis*）（Couch，1963）Stackebrandt and Kroppenstedt，1988，新合并。

词源　尺：尺子，尺子的，属于或与尺子有关的。

Etymology　L. fem. adj. *regularis*, of or belonging to a bar, regular.

同义词　"*Ampullaria*" Couch，1963。

无薹酸菌属(*Amycolata*)Lechevalier 等,1986,新属。此属已定 4 种。或无分枝酸菌属。

此属 1994 年已归属到→**假诺卡氏菌属**(*Pseudonocardia*)Henssen,1957,《1980 年细菌名确认单》,属;Warwick 等,1994 修改,新合并。

词源　无:没有;薹酸:分枝酸,真菌酸,分枝杆菌分泌的(-阿尔法支链、-贝塔羟基、-甲氧基、-和酮基等)长链脂肪酸,构成分枝杆菌类细菌的细胞壁主要成分;菌:表示微小的事物,微生物(细菌、古菌、真菌);属:属名的尾词;无薹酸菌属:没有分枝酸的生物。

Etymology　Gr. prefix *a*, not; Gr. n. *mukês -êtos*, mushroom or other fungus; L. fem. *-ata*, suffix used in adjectives meaning provided with; N.L. fem. n. *Amycolata*, not having mycolates (α-branched, β-hydroxy long-chain fatty acids).

模式种　自营无薹酸菌(*Amycolata autotrophica*)(Takamiya and Tubaki,1956)Lechevalier 等,1986,新种。此种 1994 年已归种到→**自营假诺卡氏菌**(*Pseudonocardia autotrophica*)(Takamiya and Tubaki,1956)Warwick 等,1994,新合并。

词源　自:自己;营:营养,营生,养育,抚育;自营:自我营生,指的是此菌能利用氢气和二氧化碳生长(无需其他营养)。

Etymology　Gr. pron. *autos*, himself; N.L. fem. adj. *trophica*(from Gr. fem. adj. *trophikê*), nursing, tending or feeding; N.L. fem. adj. *autotrophica*, self-nourishing, referring to the ability to grow at the expense of H_2 and CO_2.

拟无薹酸菌属(*Amycolatopsis*)Lechevalier 等,1986,新属;Lee,2009 修改,Tang 等,2010 修改。或拟无分枝酸菌属。此属已定 65 种,4 亚种。

词源　拟:类似;无薹酸菌属:一个细菌的属名;拟无薹酸菌属:(外貌)类似无薹酸菌属的属。

Etymology　N.L. fem. n. *Amycolata*, genus belonging to the order *Actinomycetales*; Gr. fem. n. *opsis*, aspect, appearance; N.L. fem. n. *Amycolatopsis*, that which appears similar to *Amycolata*.

模式种　东方拟无薹酸菌(*Amycolatopsis orientalis*)(Pittenger and Brigham,1956)Lechevalier 等,1986,新种。

词源　东:东,方位词;方:方向;东方:属于或来自东方的,东边的,与西方相对的一个模糊地理称谓。

Etymology　L. fem. adj. *orientalis*, of or belonging to the East, Eastern, Oriental.

无薹酸果菌属(*Amycolicicoccus*)Wang 等,2010,新属。此属已定 1 种。

词源　无:没有;薹酸:分枝酸,支酸,分枝菌酸,薹菌酸(在微生物学中文中,薹菌并非说在生物学上与真菌有关,而是其细胞形态在放大后看起来很像真菌),一类长链脂肪酸,来自薹杆菌(分枝杆菌)类;果:浆果,表示浆果形(圆球或椭球);菌:表示微小的事物,微生物(细菌、古菌、真菌);属:属名的尾词;无支酸果菌属:没有分枝酸的浆果形生物。

Etymology Gr. pref. *a-* not; N.L. n. *acidum mycolicum*, mycolic acid; N.L. masc. n. *coccus* (from Gr. n. *kokkos*) a grain, berry; N.L. masc. n. *Amycolicicoccus*, a coccus without mycolic acids.

模式种　淡黄无蕈酸果菌(*Amycolicicoccus subflavus*)Wang 等,2010,新种。

词源　淡黄:淡黄色的。

Etymology L. masc. adj. *subflavus*, yellowish.

淀杆菌属(*Amylibacter*)Teramoto and Nishijima,2014,新属。此属已定 1 种。

词源　淀:淀粉,淀粉是大量的葡萄糖单元通过糖苷键链接而成的天然高分子多糖(碳水化合物),大部分绿色植物的能量储存方式;杆:棒;菌:表示微小的事物,微生物(细菌、古菌、真菌);属:属名的尾词;淀杆菌属:用淀粉培养生长良好的棒形生物。

Etymology L. n. *amylum*, starch; N.L. masc. n. *bacter*, rod; N.L. masc. n. *Amylibacter*, a rod growing well with starch.

模式种　海淀杆菌(*Amylibacter marinus*)Teramoto and Nishijima,2014,新种。

词源　海:海的,大海的,海洋的。

Etymology L. masc. adj. *marinus*, of the sea, marine.

来源　表层海水。

An

厌氧弓菌属(*Anaeroarcus*)Strömpl 等,1999,新属。此属已定 1 种。

词源　厌:无,非;氧:空气,氧气;弓:弓,弧,穹,弓形,弧形;菌:表示微小的事物,微生物(细菌、古菌、真菌);属:属名的尾词;厌氧弓菌属:不在空气中生长的弓形生物。

Etymology Gr. pref. *an*, not; Gr. n. *aer aeros*, air; L. masc. n. *arcus*, a bow, arc; N.L. masc. n. *Anaeroarcus*, a bow not living in air.

模式种　布基纳厌氧弓菌(*Anaeroarcus burkinensis*)勘误,(Ouattara 等,1992)Strömpl 等,1999,新合并。

词源　布基纳:与布基纳法索有关的,此生物的分离地。

Etymology N.L. masc. adj. *burkinensis*, pertaining to Burkina Faso, the place from which the organism was isolated.

注:布基纳法索(法语 Burkina Faso)是位于非洲西部沃尔特河上游的一个内陆国。东邻贝宁、尼日尔,南与科特迪瓦、加纳、多哥交界,西、北与马里接壤,面积约 $27.42 \times 10^4 km^2$。

厌氧竿菌属(*Anaerobacillus*)Zavarzina 等,2010,新属。此属已定 3 种。

词源　厌:无,非;氧:空气,氧气;竿:在本书中对译于拉丁文 ***bacillus***,表示棒形,以示与常见的"杆"的区别,表示以出芽孢为特征的棒形;菌:表示微小的事物,微生物(细菌、古菌、真菌);属:属名的尾词;厌氧竿菌属:厌氧的竿形生物。

Etymology　Gr. pref. *an-*, not；Gr. n. *aer*, air；L. masc. n. *bacillus*, a rod；N.L. masc. n. *Anaerobacillus*, anaerobic rod.

模式种　砷硒酸盐厌氧竿菌(*Anaerobacillus arseniciselenatis*)勘误,(Switzer Blum 等,2001) Zavarzina 等,2010,新合并。

词源　砷：砷的,砒霜；硒酸盐：具有 SeO_4^{2-} 离子,与硫酸盐具有类似的化学性质；砷硒酸盐：砷(砒霜)和硒酸盐的。

Etymology　L. n. *arsenicum*, arsenic；N.L. n. *selenas -atis*, selenate；N.L. gen. n. *arseniciselenatis*, of arsenic (and) selenate.

厌氧杆菌属(*Anaerobacter*)Duda 等,1996,新属。此属已定 1 种。

词源　厌：无,非；氧：空气,氧气；杆：棒；菌：表示微小的事物,微生物(细菌、古菌、真菌)；属：属名的尾词；厌氧杆菌属：不生活在空气中的棒形生物。

Etymology　Gr. pref. *an-*, not；Gr. masc. n. *aer*, air；N.L. masc. n. *bacter*, rod, staff；N.L. masc. n. *anaerobacter*, rod not [living] in air.

模式种　多芽孢厌氧杆菌(*Anaerobacter polyendosporus*)Duda 等,1996,新种。

词源　多：许多,很多；芽孢：内生孢子；多芽孢：形成许多芽孢的。

Etymology　Gr. pref. *polu*, many；Gr. pref. *endo*, within；Gr. n. *spora*, spore；N.L. masc. adj. *polyendosporus*, (forming) several endospores.

厌氧小杆菌属(*Anaerobacterium*)Horino 等,2014,新属。此属已定 1 种。

词源　厌：无,非；氧：空气,氧气；小杆：小棒；菌：表示微小的事物,微生物(细菌、古菌、真菌)；属：属名的尾词；厌氧小杆菌属：厌氧的小棒形生物。

Etymology　Gr. pref. *an-*, not；Gr. masc. n. *aer*, air；N.L. neut. n. bacterium rod；N.L. neut. n. *Anaerobacterium*, an anaerobic rod.

模式种　溶纸厌氧小杆菌(*Anaerobacterium chartisolvens*)Horino 等,2014,新种。

词源　溶：溶解的；纸：纸张,表示纤维；溶纸：溶解纸张的,溶解纤维的。

Etymology　L. fem. n. *charta*, paper；L. part. adj. *solvens*, dissolving；N.L. part. adj. *chartisolvens*, paper-dissolving, indicating the ability of the organism to solubilize filter paper.

来源　环境——土壤(Source：Environmental—soil)。

厌氧茎菌属(*Anaerobaculum*)Rees 等,1997,新属；Menes and Muxí,2002 修改, Maune and Tanner,2012 修改。此属已定 3 种。

词源　厌：无,非；氧：空气,氧气；茎：棒,小棒；菌：表示微小的事物,微生物(细菌、古菌、真菌)；属：属名的尾词；厌氧茎菌属：在无空气环境中生长的棒形生物。

Etymology　Gr. pref. *an*, not；Gr. n. *aer aeros*, air；L. neut. n. *baculum*, small stick；N.L.

neut. n. *Anaerobaculum*, rod which grows in the absence of air.

模式种　热土厌氧茎菌(*Anaerobaculum thermoterrenum*)Rees 等,1997,新种。

词源　热:热的,高温的;土:属于或来自土地的;热土:来自热的土地,描述的是分离场地的高温特性。

Etymology　Gr. adj. *thermos*, warm, hot; L. adj. *terrenus*, of or belonging to the earth; N.L. neut. adj. *thermoterrenum*, from hot earth, describing the site of isolation.

厌氧生小螺体属(*Anaerobiospirillum*)Davis 等,1976,属;Malnick,1997 修改。此属已定 2 种。

词源　厌:无,非;氧:空气,氧气;生:生命,生物;小螺:小螺形,小螺旋,小螺纹;菌:表示微小的事物,微生物(细菌、古菌、真菌);属:属名的尾词;厌氧生小螺体属:厌氧的小螺形生物。

Etymology　Gr. prefix *an*, not; Gr. n. *aer aeros*, air; Gr. n. *bios*, life; N.L. dim. neut. n. *spirillum*, a small spiral; N.L. neut. n. *Anaerobiospirillum*, anaerobic small spiral.

模式种　造琥珀酸厌氧生小螺体(*Anaerobiospirillum succiniciproducens*)Davis 等,1976,《1980 年细菌名确认单》,种。

词源　造:制造,产生;琥珀酸:丁二酸;造琥珀酸:制造、产生或生产琥珀酸。

Etymology　N.L. n. *acidum succinicum*, succinic acid; L. part. adj. *producens*, producing; N.L. part. adj. *succiniciproducens*, producing succinic acid.

注:或简写为厌氧小螺体属。

厌氧爪菌属(*Anaerobranca*)Engle 等,1995,新属。此属已定 4 种。

词源　厌氧:无氧的,无空气的;爪:爪(状),分枝状,指的是从主杆中延伸出来的手臂状分枝;菌:表示微小的事物,微生物(细菌、古菌、真菌);属:属名的尾词;厌氧爪菌属:严格无氧生长的分枝状细胞。

Etymology　Gr. pref. *an*, not; Gr. n. *aer aeros*, air; N.L. fem. n. *branca*, claw, paw, the root of the English word branch, an arm-like part diverging from a main axis; N.L. fem. n. *Anaerobranca*, referring to the branched cell shape of the obligately anaerobic bacterium.

模式种　堀越氏厌氧爪菌(*Anaerobranca horikoshii*)Engle 等,1995,新种。

词源　氏:姓氏;堀越氏:以日本嗜碱细菌微生物学研究的先锋堀越的姓氏命名。

Etymology　N.L. gen. n. *horikoshii*, of Horikoshi, in honor of Koki Horikoshi, a pioneer in the study of the microbiology of alkaliphilic bacteria.

厌氧胞菌属(*Anaerocella*)Abe 等,2013,新属。此属已定 1 种。

词源　厌:无,非;氧:空气,氧气;胞:细胞;菌:表示微小的事物,微生物(细菌、古菌、真菌);属:属名的尾词;厌氧胞菌属:厌氧的细胞(生物)。

Etymology　Gr. pref. *an-*, not; Gr. n. *aer*, air; L. fem. n. *cella*, a store-room and in biology a

cell; N.L. fem. n. *Anaerocella*, an anaerobic cell.
模式种　纤弱厌氧胞菌(*Anaerocella delicata*)Abe等,2013,新种。
词源　纤弱:纤细而较弱,纤弱的生长,指的是此模式菌株稀疏和不稳定的生长。
Etymology　L. fem. adj. *delicata*, delicate, i.e., growing delicately, referring to the scanty and unstable growth of the type strain.

厌氧果菌属(*Anaerococcus*)Ezaki等,2001,新属。此属已定8种。

词源　厌:无,非;氧:空气,氧气;果:浆果,表示浆果形(圆球或椭球);菌:表示微小的事物,微生物(细菌、古菌、真菌);属:属名的尾词;厌氧果菌属:厌氧的浆果形生物。
Etymology　Gr. prep. *an*, not; Gr. n. *aer aeros*, air; N.L. masc. n. *coccus* (from Gr. masc. n. *kokkos*), berry, coccus; N.L. masc. n. *Anaerococcus*, anaerobic coccus.
模式种　普雷沃特氏厌氧果菌(*Anaerococcus prevotii*)(Foubert and Douglas,1948)Ezaki等,2001,新合并。
词源　氏:姓氏;普雷沃特氏:以法国微生物学家普雷沃特(1894—1982)的姓氏命名。
Etymology　N.L. gen. masc. n. *prevotii*, of Prévot, named after André Romain Prévot, a French microbiologist.

厌氧丝菌属(*Anaerofilum*)Zellner等,1996,新属。此属已定2种。

词源　厌:无,非;氧:空气,氧气;丝:线,丝状(物),线形(物),极细小的纤维状,指的是细小的棒形细胞;菌:表示微小的事物,微生物(细菌、古菌、真菌);属:属名的尾词;厌氧丝菌属:厌氧的纤细的棒形生物。
Etymology　Gr. pref. *an*, not; Gr. n. *aer aeros*, air; L. neut. n. *filum*, thread, referring to the very thin rod-shaped cells; N.L. neut. n. *Anaerofilum*, anaerobic thin rods.
模式种　吞戊糖厌氧丝菌(*Anaerofilum pentosovorans*)Zellner等,1996,新种。
词源　吞:吞噬的,吞食的,大吃的,吞没的;戊糖:五个碳原子的糖;吞戊糖:吞噬戊糖的,发酵戊糖的。
Etymology　N.L. n. *pentosum*, sugar with five carbon atoms; L. part. adj. *vorans*, devouring, eating; L. part. adj. *pentosovorans*, pentose-devouring, fermenting pentose.

厌氧棒菌属(*Anaerofustis*)Finegold等,2004,新属。此属已定1种。

词源　厌:无,非;氧:空气,氧气;菌:表示微小的事物,微生物(细菌、古菌、真菌);属:属名的尾词;厌氧棒菌属:没有空气环境下生长的棒形生物。
Etymology　Gr. pref. *an-*, without; Gr. masc. n. *aer*, air; L. masc. n. *fustis*, stick; N.L. masc. n. *Anaerofustis*, stick living without air.
模式种　人便厌氧棒菌(*Anaerofustis stercorihominis*)Finegold等,2004,新种。
词源　人:人类;便:粪,屎,排泄物,污物,粪便;人便:人的大便/粪便。

Etymology L. neut. n. *stercus -oris*, dung, excrements, ordure; L. gen. n. *hominis*, of human; N.L. gen. n. *stercorihominis*, of human feces.

厌氧璆菌属(*Anaeroglobus*) Carlier 等, 2002, 新属。此属已定1种。

词源 厌: 无, 非; 氧: 空气, 氧气; 璆: 通球, 球形, 球体, 圆球; 菌: 表示微小的事物, 微生物(细菌、古菌、真菌); 属: 属名的尾词; 厌氧璆菌属: 不在空气(氧气)中生长的球形生物。

Etymology Gr. pref. *an*, not; Gr. n. *aer aeros*, air; L. masc. n. *globus*, globe, sphere; N.L. masc. n. *Anaeroglobus*, a sphere not living in air.

模式种 孪厌氧璆菌(*Anaeroglobus geminatus*) Carlier 等, 2002, 新种。

词源 孪: 成对的, 成双的, 孪生的, 指的是此生物的双细胞。

Etymology L. masc. adj. *geminatus*, paired, twinned, referring to twin cells of this organism.

厌氧缕菌属(*Anaerolinea*) Sekiguchi 等, 2003, 新属。此属已定2种。

此属是厌氧缕菌科(*Anaerolineaceae*) Yamada 等, 2006 和厌氧缕菌目(*Anaerolineales*) Yamada 等, 2006 的模式属。

词源 厌: 无, 非; 氧: 空气, 氧气; 线: 线条; 菌: 表示微小的事物, 微生物(细菌、古菌、真菌); 属: 属名的尾词; 厌氧缕菌属: 不在空气中生长的线形生物。

Etymology Gr. pref. *an*, not; Gr. masc. n. *aer*, air; L. fem. n. *linea*, line; N.L. fem. n. *Anaerolinea*, line-shaped not living in air.

模式种 嗜热厌氧缕菌(*Anaerolinea thermophila*) Sekiguchi 等, 2003, 新种。

词源 嗜: 嗜好的, 喜好的, 友好的, 爱好的; 热: 热的, 高温的, 温暖的; 嗜热: 喜好高温的, 喜好热的。

Etymology Gr. adj. *thermos*, hot; N.L. adj. *philus -a -um* (from Gr. adj. *philos -ê -on*), friend, loving; N.L. fem. adj. *thermophila*, heat-loving.

厌氧缕菌科(*Anaerolineaceae*) Yamada 等, 2006, 新科。

模式属 厌氧缕菌属(*Anaerolinea*) Sekiguchi 等, 2003, 新属。

词源 厌氧缕菌属: 此科之模式属; 科: 用于定义一个比属高、比目低的分类级和尾词; 在中文科的命名中, 把模式属属名中的尾字"属"代换为尾字"科", 即为模式属所在的科名; 厌氧缕菌科: 厌氧缕菌属之科。

Etymology N.L. fem. n. *Anaerolinea*, type genus of the family; suff. *-aceae*, ending to denote a family; N.L. fem. pl. n. Anaerolineaceae, family of the genus *Anaerolinea*.

厌氧缕菌纲(*Anaerolineae*) Yamada 等, 2006, 新纲。

模式目 厌氧缕菌目(*Anaerolineales*) Yamada 等, 2006, 新目。

词源　厌氧缕菌目:此纲之模式目;纲:(原核)生物分类的一个级别,门之下,目之上的一个分类级,纲之尾词;厌氧缕菌纲:厌氧缕菌目之纲。

Etymology　N.L. fem. pl. n. *Anaerolineales*, type order of the class; N.L. fem. pl. n. *Anaerolineae*, the *Anaerolineales* class.

厌氧缕菌目(*Anaerolineales*)Yamada 等,2006,新目。

此目是厌氧缕菌纲(*Anaerolineae*)Yamada 等,2006 的模式目。

模式属　厌氧缕菌属(*Anaerolinea*)Sekiguchi 等,2003,新属。

词源　厌氧缕菌属:此目之模式属;目:用于定义一个比科高、比纲低的分类级和尾词;在中文目的命名中,把模式属属名中的尾字"属"代换为尾字"目",即为模式属所在的目名;厌氧缕菌目:厌氧缕菌属之目。

Etymology　N.L. fem. n. *Anaerolinea*, type genus of the order; suff. *-ales* ending to denote an order; N.L. fem. pl. n. *Anaerolineales*, order of the genus *Anaerolinea*.

厌氧芭蕉菌属(*Anaeromusa*)Baena 等,1999,新属。此属已定 1 种。

词源　厌:无,非;氧:空气,氧气;芭蕉:植物学科学属名,芭蕉属,香蕉;菌:表示微小的事物,微生物(细菌、古菌、真菌);属:属名的尾词;厌氧芭蕉菌属:厌氧的香蕉形生物。

Etymology　L.v. Gr. pref. *an*, not; Gr. n. *aer aeros*, air; N.L. fem. n. *musa*, a scientific botanical genus name, a banana(*Musa* spp.); N.L. fem. n. *Anaeromusa*, an anaerobic banana.

模式种　嗜氨基酸厌氧芭蕉菌(*Anaeromusa acidaminophila*)(*ex* Nanninga 等,1997)Baena 等,1999,新种。

词源　嗜:嗜好的,喜好的,友好的,爱好的;氨基酸:一类 α 羧酸;嗜氨基酸:喜好氨基酸的,以氨基酸为底物。

Etymology　N.L. n. *acidum aminum*, amino acid; N.L. adj. *philus -a -um*(from Gr. adj. *philos -ê -on*), friend, loving; N.L. fem. adj. *acidaminophila*, amino acid-loving.

厌氧黏杆菌属(*Anaeromyxobacter*)Sanford 等,2002,新属。此属已定 1 种。

此属 2014 年从腺杆菌科(Cystobacteraceae)独立出来,成为厌氧黏杆菌科(Anaeromyxobacteraceae)Yamamoto 等,2014 的模式属。

词源　厌:无,非;氧:空气,氧气;黏:黏液,粘液,黏质物,分泌物;杆:棒;菌:表示微小的事物,微生物(细菌、古菌、真菌);属:属名的尾词;厌氧黏杆菌属:生活在没有空气环境中的带黏液的棒形生物。

Etymology　Gr. prep. *an*, not or without; Gr. n. *aer aeros*, air; Gr. n. *muxa*, mucus, slime; N.L. masc. n. *bacter*, rod; N.L. masc. n. *Anaeromyxobacter*, slime rod(living)without air.

模式种　脱卤厌氧黏杆菌(*Anaeromyxobacter dehalogenans*)Sanford 等,2002,新种。

词源 脱卤:脱除卤素。

Etymology　N.L. adj. part. *dehalogenans*, dehalogenating.

厌氧黏杆菌科(*Anaeromyxobacteraceae*)Yamamoto 等,2014,新科。

命名模式　厌氧黏杆菌属(*Anaeromyxobacter*)Yamamoto 等,2014,新属。

词源　厌氧黏杆菌属:此科之模式属;科:用于定义一个比属高、比目低的分类级和尾词;在中文科的命名中,把模式属属名中的尾字"属"代换为尾字"科",即为模式属所在的科名;厌氧黏杆菌科:厌氧黏杆菌属之科。

Etymology　N.L. masc. n. *Anaeromyxobacter*, the type genus of the family; *-aceae*, ending to denote a family; N.L. fem. pl. n. *Anaeromyxobacteraceae*, the family of the genus *Anaeromyxobacter*.

厌氧噬菌属(*Anaerophaga*)Denger 等,2002,新属。此属已定 1 种。

词源　厌:无,非;氧:空气,氧气;噬:吞噬,吞食,吃光;菌:表示微小的事物,微生物(细菌、古菌、真菌);属:属名的尾词;厌氧噬菌属:厌氧的吞噬者。

Etymology　Gr. pref. *an*, not; Gr. n. *aer aeros*, air; Gr. v. *phagein*, to devour, to eat up; N.L. fem. n. *Anaerophaga*, an anaerobic eater.

模式种　嗜热卤厌氧噬菌(*Anaerophaga thermohalophila*)Denger 等,2002,新种。

词源　嗜:嗜好的,喜好的,友好的,爱好的;热:高温;卤:卤素,盐;嗜热卤:喜热的和喜卤素的。

Etymology　Gr. n. *thermê*, heat; Gr. n. *hals halos*, salt; N.L. adj. *philus -a -um*(from Gr. adj. *philos -ê -on*), friend, loving; N.L. fem. adj. *thermohalophila*, heat and salt loving.

厌氧原体属(*Anaeroplasma*)Robinson 等,1975,属。或厌氧支原体属。此属已定 4 种。

此属是厌氧原体目(*Anaeroplasmatales*)Robinson and Freundt,1987 和厌氧原体科(*Anaeroplasmataceae*)Robinson and Freundt,1987)的模式属。

词源　厌:无,非;氧:空气,氧气;原体:形成的或模塑的东西;属:属名的尾词;厌氧原体属:不在空气中生长的原体,意即厌氧支原体。

Etymology　Gr. prefix *an*, not, without; Gr. n. *aer*, air; Gr. neut. n. *plasma*, anything formed or moulded, image, figure, form; N.L. neut. n. *Anaeroplasma*, a form not living in air, intended to mean anaerobic mycoplasma.

模式种　非劈杆厌氧原体(*Anaeroplasma abactoclasticum*)Robinson 等,1975,种;《1980 年细菌名确认单》,种。

词源　非:不,没有,表示否定;杆:棒(表示细菌);劈:劈开,剁,破碎成碎片,破碎;非杆劈:不劈杆的,不溶解细菌的。

Etymology　Gr. prefix *a*, not, without; Gr. *bakt-*(Latin transliteration *bact-*), part of the stem of the Gr. dim. n. *bakterion* (Latin transliteration *bacterium*), a small rod; N.L. adj. *clasticus -a -um* (from Gr. adj. *klastos -ê -on*, broken in pieces), breaking; N.L. neut. adj. *abactoclasticum*, intended to mean not bacteriolytic.

注:"厌氧原体属"或"厌氧支原体属"应当是有区别的,但在中文微生物学中似乎不加以区别。

厌氧原体科(*Anaeroplasmataceae*) Robinson and Freundt, 1987, 新科。

模式属　厌氧原体属(*Anaeroplasma*) Robinson 等, 1975,《1980 年细菌名确认单》,属。

词源　厌氧原体属:此科之模式属;科:用于定义一个比属高、比目低的分类级和尾词;在中文科的命名中,把属名中的尾字"属"代换为尾字"科",即为模式属所对应的科;厌氧原体科:厌氧原体属之科。

Etymology　N.L. neut. n. *Anaeroplasma -atos*, type genus of the family; suff. *-aceae*, ending to denote a family; N.L. fem. pl. n. *Anaeroplasmataceae*, the *Anaeroplasma* family.

厌氧原体目(*Anaeroplasmatales*) Robinson and Freundt, 1987, 新目。

模式属　厌氧原体属(*Anaeroplasma*) Robinson 等, 1975,《1980 年细菌名确认单》。

词源　厌氧原体属:此目之模式属;目:用于定义一个比科高、比纲低的分类级和尾词;在中文目的命名中,把属名中的尾字"属"代换为尾字"目",即为模式属所对应的目;厌氧原体目:厌氧原体属之目。

Etymology　N.L. neut. n. *Anaeroplasma -atos*, type genus of the order; suff. *-ales*, ending denoting an order; N.L. fem. pl. n. *Anaeroplasmatales*, the *Anaeroplasma* order.

厌氧杆菌属(*Anaerorhabdus*) Shah and Collins, 1986, 新属。此属已定 1 种。

词源　厌:无,非;氧:空气,氧气;杆:中国古代舂米或捶衣的木棒,表示棒,棒形;菌:表示微小的事物,微生物(细菌、古菌、真菌);属:属名的尾词;厌氧杆菌属:不在空气中生活的棒形细菌。

Etymology　Gr. pref. *an*, not; Gr. n. *aer*, air; Gr. fem. n. *rhabdos*, rod; N.L. fem. n. *Anaerohabdus*, rod-shaped bacterium not living in air.

模式种　全叉厌氧杆菌(*Anaerorhabdus furcosa*)勘误,(Veillon and Zuber, 1898) Shah and Collins, 1986, 新种。

词源　全叉:全部是叉状的。

Etymology　L. fem. adj. *furcosa*, full of forks, forbed (pertaining to cell shape).

厌氧盐杆菌属(*Anaerosalibacter*) Rezgui 等, 2012, 新属。此属已定 1 种。

词源　厌:无,非;氧:空气,氧气;盐:食盐,氯化钠,NaCl;杆:棒;菌:表示微小的事物,微生物(细菌、古菌、真菌);属:属名的尾词;厌氧盐杆菌属:厌氧生长的耐卤的棒形生物。

Etymology　Gr. pref. *an*, not; Gr. n. *aer aeros*, air; L. n. *sal salis*, salt; N.L. masc. n. *bacter*, a rod; N.L. masc. n. *Anaerosalibacter*, a halotolerant rod not living in air.

模式种 比塞大厌氧盐杆菌(*Anaerosalibacter bizertensis*)Rezgui 等,2012,新种。
词源 比塞大:突尼斯北部的一个港口城市,表示此菌从那里分离。
Etymology N.L. masc. adj. *bizertensis*, of or belonging to Bizerte, pertaining to the Bizerte area of north Tunisia where the organism was isolated.

厌氧弯菌属(*Anaerosinus*)Strömpl 等,1999,新属。此属已定 1 种。

词源 厌:无,非;氧:空气,氧气;弯:屈曲不直,弯曲;菌:表示微小的事物,微生物(细菌、古菌、真菌);属:属名的尾词;厌氧弯菌属:不在空气中生长的弯曲生物。
Etymology Gr. pref. *an*, not; Gr. n. *aer aeros*, air; L. masc. n. *sinus*, a bent surface, curve; N.L. masc. n. *Anaerosinus*, a curved organism not living in air.

模式种 甘油厌氧弯菌(*Anaerosinus glycerini*)(Schauder and Schink,1996)Strömpl 等,1999,新合并。
词源 甘油:甘油,醋精,丙三醇,与甘油有关的,指的是此菌利用甘油作为唯一底物。
Etymology N.L. n. *glycerinum*, glycerine, glycerol; N.L. gen. n. *glycerini*, of glycerol, referring to utilization of glycerol as sole substrate.

厌氧球菌属(*Anaerosphaera*)Ueki 等,2009,新属。此属已定 1 种。

词源 厌:无,非;氧:空气,氧气;球:球体,球形,地球;菌:表示微小的事物,微生物(细菌、古菌、真菌);属:属名的尾词;厌氧球菌属:不在空气中生长的球形生物。
Etymology Gr. prep. *an*, not; Gr. n. *aer*, air; L. fem. n. *sphaera*, a sphere; N.L. fem. n. *Anaerosphaera*, a sphere not living in air.

模式种 嗜胺厌氧球菌(*Anaerosphaera aminiphila*)Ueki 等,2009,新种。
词源 嗜:嗜好;胺:有机氨化合物,氨基酸;嗜胺:嗜好氨基酸的。
Etymology N.L. n. *aminum*, amine; N.L. fem. adj. *phila* (from Gr. fem. adj. *philê*), friend, loving; N.L. fem. adj. *aminiphila*, amino acid-loving.

厌氧孢杆菌属(*Anaerosporobacter*)Jeong 等,2007,新属。此属已定 1 种。

词源 厌:不,非,无;氧:氧气,空气;厌氧:无氧,无空气;孢:孢子;杆:棒;菌:表示微小的事物,微生物(细菌、古菌、真菌);属:属名的尾词;厌氧孢杆菌属:厌氧的,形成孢子的,棒形细菌。
Etymology Gr. pref. *an-*, without; Gr. n. *aer aeros*, air; Gr. n. *spora*, a seed, and, in biology, a spore; N.L. masc. n. *bacter*, a rod; N.L. masc. n. *Anaerosporobacter*, an anaerobic, spore-forming, rod-shaped bacterium.

模式种 动厌氧孢杆菌(*Anaerosporobacter mobilis*)Jeong 等,2007,新种。
词源 动:运动的,移动的,活动的,游动的。
Etymology L. masc. adj. *mobilis*, motile.

厌氧柄菌属(*Anaerostipes*)Schwiertz 等,2002,新属;Eeckhaut 等,2010 修改。此属已定 4 种。

词源 厌:无,非;氧:空气,氧气;柄:原木,树杆,棍棒;菌:表示微小的事物,微生物(细菌、古菌、真菌);属:属名的尾词;厌氧柄菌属:不在空气中生长的柄性生物。

Etymology　Gr. pref. *an*, not; Gr. n. *aer aeros*, air; L. masc. n. *stipes*, a log, trunk, stick; N.L. masc. n. *Anaerostipes*, a stick not living in air.

模式种　屎厌氧柄菌(*Anaerostipes caccae*)Schwiertz 等,2002,新种。

词源　屎:粪,便,(人的)粪便。

Etymology　Gr. n. *kakkê*, human ordure, feces; N.L. gen. n. *caccae*, of feces.

厌氧干菌属(*Anaerotruncus*)Lawson 等,2004,新属。此属已定 1 种。

词源　厌:无,非;氧:空气,氧气;干:树干,主干,主干状;菌:表示微小的事物,微生物(细菌、古菌、真菌);属:属名的尾词;厌氧干菌属:不在空气中生长的树干状生物。

Etymology　Gr. pref. *an*, without; Gr. masc. n. *aer*, air; L. masc. n. *truncus*, stick; N.L. masc. n. *Anaerotruncus*, a stick that lives without air.

模式种　人肠厌氧干菌(*Anaerotruncus colihominis*)Lawson 等,2004,新种。

词源　人:人类,人体;肠:肠道,结肠,大肠;人肠:人的肠道。

Etymology　L. n. *colum*, colon; L. gen. n. *hominis*, of man; N.L. gen. n. *colihominis*, of the gut of man.

厌氧弧菌属(*Anaerovibrio*)Hungate,1966,属。此属已定 3 种。

词源　厌:无,非;氧:空气,氧气;弧:作动词表示弧动,像手中舞动的绳子状振动;弧:作名词也表示细菌的一个属名,表示弧状的菌,弧菌属;菌:表示微小的事物,微生物(细菌、古菌、真菌);属:属名的尾词;厌氧弧菌属:不在空气中生长的弧形生物。

Etymology　Gr. pref. *an*, not; Gr. n. *aer aeros*, air; L. v. *vibro*, to set in tremulous motion, move to and fro, vibrate; N.L. masc. n. *vibrio*, that which vibrates, and also a bacterial genus name of bacteria possessing a curved rod shape(*Vibrio*); N.L. masc. n. *Anaerovibrio*, vibrio not living in air.

模式种　解脂厌氧弧菌(*Anaerovibrio lipolyticus*)勘误,Hungate,1966,《1980 年细菌名确认单》,种。

词源　解:溶解的,分解的,降解的,化解的;脂:脂肪;解脂:溶解脂肪的。

Etymology　Gr. n. *lipos*, fat; N.L. masc. adj. *lyticus*(from Gr. masc. adj. *lutikos*), able to loosen, able to dissolve; N.L. masc. adj. *lipolyticus*, fat-dissolving.

厌氧小幡菌属(*Anaerovirgula*)Pikuta 等,2006,新属。此属已定 1 种。

词源　厌:无,非;氧:空气,氧气;幡:小枝,分枝,幡状,即一种带杆的旗子状;菌:表示微小的事物,微生物(细菌、古菌、真菌);属:属名的尾词;厌氧小幡菌属:厌氧的小枝棒形生物。
Etymology　Gr. pref. *an*, not; Gr. n. *aer aeros*, air; L. fem. n. *virgula*, a small rod; N.L. fem. n. *Anaerovirgula*, an anaerobic small rod.

模式种　多吞厌氧幡菌(*Anaerovirgula multivorans*)Pikuta 等,2006,新种。
词源　多:许多,很多;吞:吞噬的,吞吃的,吞食的,吞没的,狼吞虎咽(般的吃光);多吞:吞噬很多类型的底物。
Etymology　L. adj. *multus*, many; L. part. adj. *vorans*, devouring; N.L. part. adj. *multivorans*, devouring numerous kinds of substrates.

厌氧吞菌属(*Anaerovorax*)Matthies 等,2000,新属。此属已定 1 种。

词源　厌氧:无氧;吞:吞噬,吞吃,吞食;菌:表示微小的事物,微生物(细菌、古菌、真菌);属:属名的尾词。
Etymology　Gr. pref. *an*, not; Gr. n. *aer aeros*, air; L. adj. *vorax*, voracious; N.L. masc. n. *Anaerovorax*, an anaerobic voracious bacterium.

模式种　变味厌氧吞菌(*Anaerovorax odorimutans*)Matthies 等,2000,新种。
词源　变:变化,改变;味:气味,臭味;变味:气味改变,指的是从腐胺到丁酸的化学转变(降解)伴随着气味的变化。
Etymology　L. masc. n. *odor*, smell, odor; L. v. *mutare*, to change; L. part. adj. *mutans*, changing; L. part. adj. *odorimutans*, odor-changing, referring to the degradation of the odorous compound putrescine to form another odorous one, butyric acid.

无原体属(*Anaplasma*)Theiler,1910,属;Dumler 等,2001 修改。此属已定 7 种。

此属是无原体科(*Anaplasmataceae*)Philip,1957,《1980 年细菌名确认单》的模式属。

词源　无:没有;原体:形成的或模塑的东西;属:属名的尾词;无原体属:没有(固定)形体的东西(细菌)。
Etymology　Gr. pref. *an*, without; Gr. neut. n. *plasma*, anything formed or molded, image, figure; N.L. neut. n. *Anaplasma*, a thing (a bacterium) without form.

模式种　边缘无原体(*Anaplasma marginale*)Theiler,1910,《1980 年细菌名确认单》,种。
词源　边:物体的周围部分;缘:边;边缘:物体的周围部分,边界,指的是此生物处于红细胞的边缘位置。
Etymology　L. n. *margo marginis*, border, margin; L. neut. suff. *-ale*, suffix denoting pertaining to; N.L. neut. adj. *marginale*, marginal, referring to location of the organism within the erythrocytes.

无原体科(*Anaplasmataceae*)Philip,1957,科。

模式属　无原体属(*Anaplasma*)Theiler,1910,《1980 年细菌名确认单》,属。
词源　无原体属:此科之模式属;科:用于定义一个比属高、比目低的分类级和尾词;在中文科的命名中,把属名中的尾字"属"代换为尾字"科",即为模式属所对应的科;无原体科:无原体属之科。

Etymology　N.L. neut. n. *Anaplasma*, type genus of the family; suff. *-aceae*, ending to denote a family; N.L. fem. pl. n. *Anaplasmataceae*, the *Anaplasma* family.

臂绿菌属(*Ancalochloris*)Gorlenko and Lebedeva,1971,属。此属已定1种。

词源　臂:臂膀,手臂;绿:绿色的,绿颜色的;菌:表示微小的事物,微生物(细菌、古菌、真菌);属:属名的尾词;臂绿菌属:(产生)臂膀的绿色微生物。

Etymology　Gr. n. *ancalos*, arm; Gr. adj. *chlôros*, green; N.L. neut. (*sic*) n. *Ancalochloris*, arm (-producing) green (microbe).

模式种　普菲列夫氏臂绿菌(*Ancalochloris perfilievii*)Gorlenko and Lebedeva,1971,种;《1980年细菌名确认单》。

词源　氏:姓氏;普菲列夫氏:以俄罗斯微生物学家B.V.普菲列夫的姓氏命名。

Etymology　N.L. masc. gen. n. *perfilievii*, of Perfil′ev, named after B.V. Perfil′ev, a Russian microbiologist.

推荐的属名三字母简写　*Anc*. 见"命名规则:属名简写"[属名简写三字母准则(Three-letter code for abbreviations of generic names)]。

臂微菌属(*Ancalomicrobium*)Staley,1968,属。此属已定1种。

词源　臂:臂膀,手臂;微:微小的,微生物;菌:表示微小的事物,微生物(细菌、古菌、真菌);微菌:微生物;属:属名的尾词;臂微菌属:(产)臂膀的微生物。

Etymology　Gr. masc. n. *ankalis*, arm; N.L. neut. n. *microbium*, microbe; N.L. neut. n. *Ancalomicrobium*, arm (-producing) microorganism.

模式种　游离臂微菌(*Ancalomicrobium adetum*)Staley,1968,种;《1980年细菌名确认单》。

词源　游离:不固定的,游离的。

Etymology　N.L. neut. adj. *adetum* (from. Gr. neut. adj. *adeton*), free, unattached.

麯杆菌属(*Ancylobacter*)Raj,1983,新属。此属已定7种。

词源　麯:同曲,弯曲的;杆:棒;菌:表示微小的事物,微生物(细菌、古菌、真菌);属:属名的尾词;麯杆菌属:弯曲的棒形生物。

Etymology　Gr. adj. *ankulos*, crooked, curved; N.L. masc. n. *bacter*, rod; N.L. masc. n. *Ancylobacter*, a curved rod.

模式种　水生麯杆菌(*Ancylobacter aquaticus*),(Ørskov,1928)Raj,1983,新合并。

不合规同义词　(*Microcyclus*)Ørskov,1928,属;《1980年细菌名确认单》。

词源　水生:生活、生长或发现在水中或水域。

Etymology　L. masc. adj. *aquaticus*, living, growing, or found in or by the water, aquatic.

安德荪姓菌属（*Anderseniella*）Brettar 等，2007，新属。此属已定 1 种。

词源　姓：姓氏；安德荪：纪念已故的法国滨海自由城海洋天文台的海洋科学家瓦莱丽·安德荪，以记录她对海洋生态系统重要的工作；菌：表示微小的事物，微生物（细菌、古菌、真菌）；属：属名的尾词；安德荪姓菌属：以安德荪姓氏命名的菌属。

Etymology　N.L. fem. dim. n. *Anderseniella*, named in honour of the late marine scientist Valérie Andersen, Observatoire Océanologique de Villefranche sur Mer, France, in recognition of her valuable work on marine ecosytems.

模式种　波罗的海安德荪姓菌（*Anderseniella baltica*）Brettar 等，2007，新种。

词源　波罗的海：来自波罗的海的，指的是此模式菌株的来源。

N.L. fem. adj. *baltica*, from the Baltic Sea, referring to the source of the type strain.

注：sen 与 son 类似，在姓氏中连接父姓，表示上辈的子孙，因此用"荪"表示。

安德雷普雷沃特氏菌属（*Andreprevotia*）Weon 等，2007，新属。此属已定 2 种。

词源　氏：姓氏；安德雷普雷沃特氏：以法国微生物学家安德雷·罗曼·普雷沃特的姓氏命名，其首先命名了奈瑟氏菌科；菌：表示微小的事物，微生物（细菌、古菌、真菌）；属：属名的尾词；安德雷普雷沃特氏菌属：以安德雷·普雷沃特的姓名命名的菌属。

Etymology　N.L. fem. n. *Andreprevotia*, named after André Romain Prévot, the French microbiologist who first named the family *Neisseriaceae*.

模式种　解几丁质安德雷普雷沃特氏菌（*Andreprevotia chitinilytica*）Weon 等，2007，新种。

词源　解：溶解的，分解的，降解的；几丁质：甲壳素；解几丁质：分解/溶解几丁质的。

Etymology　N.L. n. *chitinum*, chitin; N.L. adj. *lyticus*（from Gr. adj. *lutikos*）, dissolving; N.L. fem. adj. *chitinilytica*, chitin-dissolving.

硫胺竿菌属（*Aneurinibacillus*）Shida 等，1996，新属。此属已定 6 种。

词源　硫胺：硫胺素，维生素 B_1；竿：在本书中对译于拉丁文 ***bacillus***，表示棒形，以示与常见的"杆"的区别，表示以出芽孢为特征的棒形；菌：表示微小的事物，微生物（细菌、古菌、真菌）；属：属名的尾词；硫胺竿菌属：降解硫胺的小棒形生物。

Etymology　N.L. n. *aneurinum*, thiamine; L. dim. n. *bacillus*, small rod; N.L. masc. n. *Aneurinibacillus*, thiamine-decomposing small rod.

模式种　解硫胺硫胺竿菌（*Aneurinibacillus aneurinilyticus*）勘误，（Shida 等，1994）Shida 等，1996，新合并。

词源　解：分解的，溶解的，破解的；硫胺：维生素 B1；解硫胺：降解硫胺/维生素 B1 的。

Etymology　N.L. n. *aneurinum*, thiamine; N.L. adj. *lyticus*（from Gr. adj. *lutikos*）, able to dissolve; N.L. masc. adj. *aneurinolyticus*, decomposing thiamine.

注：以往常见的中文。同义词。硫胺芽孢杆菌属或硫胺杆菌。

囊果菌属（*Angiococcus*）（ex Jahn，1924）Hook 等，1980，新属，命名修改。此属已定 1 种。

词源　囊：容器，器皿，囊形；果：浆果，表示浆果形（圆球或椭球）；菌：表示微小的事物，微生物（细菌、古菌、真菌）；属：属名的尾词；囊果菌属：带囊浆果状的生物。

Etymology　Gr. n. *angeion*（Latin transliteration *angium*），vessel；N.L. masc. n. *coccus*（from Gr. masc. n. *kokkos*，grain，seed），coccus；N.L. masc. n. *Angiococcus*，vessel coccus.

模式种　磁盘形囊果菌（*Angiococcus disciformis*）（Thaxter，1904）Hook 等，1980，新合并。

词源　磁盘：圆盘，环形的盘；形：状，形状，外形，外貌，形容某物在外貌上像……；磁盘形：像圆盘的，圆盘形的。

Etymology　Gr. n. *diskos*，anything quoit-shaped，a disk；L. adj. suffix *-formis -is -e*，-like，in the shape of；N.L. masc. adj. *disciformis*，disk-shaped.

同义词　"*Angiococcus*" Jahn，1924。

角微菌属（*Angulomicrobium*）Vasil'eva 等，1986，新属。此属已定 2 种。

词源　角：麟角的，菱角的，带角的；微：微小的，微生物；菌：表示微小的事物，微生物（细菌、古菌、真菌）；微菌：微生物；属：属名的尾词；角微菌属：带角的微生物。

Etymology　L. adj. *angularis*，having corners or angles，angular；N.L. neut. n. *microbium*，microbe；N.L. neut. n. *Angulomicrobium*，angular microbe.

模式种　四面体角微菌（*Angulomicrobium tetraedrale*）Vasil'eva 等，1986，新种。

词源　四面体：有四个面的物体，这里指的是四面体的。

Etymology　Gr. adj. *tetraedros*，having four faces：N.L. neut. adj. *tetraedrale*，tetrahedral.

窄杆菌属（*Angustibacter*）Tamura 等，2010，新属；Kim 等，2013 修改，Lee，2013 修改。此属已定 3 种。

词源　窄：狭窄的；杆：棒；菌：表示微小的事物，微生物（细菌、古菌、真菌）；属：属名的尾词；窄杆菌属：狭窄的细菌。

Etymology　L. adj. *angustus*，narrow；N.L. masc. n. *bacter*，rod；N.L. masc. n. *Angustibacter*，narrow bacterium.

模式种　橙黄色窄杆菌（*Angustibacter luteus*）Tamura 等，2010，新种。

词源　橙黄色：橙色的，橙黄色的。

Etymology　L. masc. adj. *luteus*，orange-coloured.

无氧竿菌属（*Anoxybacillus*）Pikuta 等，2000，新属；Pikuta 等，2003 修改。此属已定 21 种，2 亚种。

词源　无：无，非，没有；氧：氧气；竿：在本书中对译于拉丁文 ***bacillus***，表示棒形，以示与常见的"杆"的区别，表示以出芽孢为特征的棒形；菌：表示微小的事物，微生物（细菌、古菌、真菌）；属：属名的尾词；无氧竿菌属：在没有氧气的环境条件下生长的竿形菌。
Etymology　　Gr. pref. *an*, without; Gr. adj. *oxus*, acid or sour and in combined words indicating oxygen; L. masc. n. *bacillus*, small rod; N.L. masc. n. *Anoxybacillus*, small rod that lives without oxygen.
同义词　无氧芽孢杆菌属。
模式种　普希诺无氧芽孢杆菌（*Anoxybacillus pushchinoensis*）勘误，Pikuta 等，2000，新种。
词源　普希诺：俄罗斯莫斯科附近的一个地名，与普希诺有关的，此生物分离自此地。
Etymology　　N.L. masc. adj. *pushchinoensis*, pertaining to Pushchino, a research center near Moscow, Russia, where the organism was isolated.

无氧泡碱菌属（*Anoxynatronum*）Garnova 等，2003（全部作者 Garnova, Zhilina and Tourova），新属。此属已定 1 种。

词源　无：无，非，没有；氧：氧气；泡碱：与苏打基本同义，常混用，主要以十水碳酸钠（苏打灰的一种）、约 17% 碳酸氢钠（发酵粉或小苏打）、少量的氯化钠和硫酸钠组成的混合物；菌：表示微小的事物，微生物（细菌、古菌、真菌）；属：属名的尾词；无氧苏打菌属：居住（生活）在厌氧和苏打（碳酸钠）环境中的生物。
Etymology　　Gr. pref. *an*-, without; Gr. adj. *oxus*, acid or sour, and in combined words indicating oxygen; N.L. neut. n. *natron*（arbitrarily derived from the Arabic n. *natrun* or *natron*）soda; N.L. neut. n. *Anoxynatronum*, organism which inhabits anaerobic and soda environment.
模式种　西伯利亚无氧泡碱菌（*Anoxynatronum sibiricum*）Garnova and Zhilina, 2003, 新种。
词源　西伯利亚：与西伯利亚有关的，西伯利亚位于亚洲西北部，其名字可能来自古代鞑靼人在托博尔河（源自东乌拉尔山东部，流经图尔盖高原）和额尔齐斯河（源自新疆富蕴县阿尔泰山南坡）交汇处建立的鞑靼城堡，西比尔（在中国古文中可能是鲜卑或锡伯）。
Etymology　　N.L. neut. adj. *sibiricum*, pertaining to Siberia（region in northwestern Asia, the name said to come from Sibir, ancient Tatar fortress at the confluence of the rivers Tobol and Irtysh）.

无氧光杆菌纲（*Anoxyphotobacteria*）（Gibbons and Murray, 1978）Murray, 1988, 新合并。

模式目　玫小螺体目（*Rhodospirillales*）Pfennig and Trüper, 1971,《1980 年细菌名确认单》，目。
基名　无氧光杆菌亚纲（*Anoxyphotobacteriae*）Gibbons and Murray, 1978,《1980 年细菌名确认单》，亚纲。
词源　无：无，非，没有；氧：氧气；光：光线，日光；杆：杖，棂；菌：表示微小的事物，微生物（细菌、古菌、真菌）；纲：（原核）生物分类的一个级别，门之下，目之上的一个分类级，纲之尾词；无氧光杆菌纲：不产氧气的需光细菌。
Etymology　　Gr. pref. *an*, not, without; Gr. adj. *oxus*, acid or sour and in combined words

indicating oxygen; Gr. n. *phos photos*, light; Gr. n. *baktêria*, staff, cane; suff. -*ia*, ending to denote a class; N.L. neut. pl. n. *Anoxyphotobacteria*, light-requiring bacteria that do not produce oxygen.

无氧光杆菌亚纲(*Anoxyphotobacteriae*) Gibbons and Murray, 1978, 亚纲。

此亚纲 1988 年已归纲到→无氧光杆菌纲(*Anoxyphotobacteria*) (Gibbons and Murray, 1978) Murray, 1988, 新合并。

模式目 玫小螺体目(*Rhodospirillales*) Pfennig and Trüper, 1971,《1980 年细菌名确认单》,目。

词源 无:无,非,没有;氧:氧气;光:光线,日光;杆:杖,枂;亚纲:亚纲的尾词,纲之下,目之上的一个分类级,纲的二级分类;无氧光杆菌亚纲:不产氧气的需光细菌。

Etymology Gr. pref. *an*, *not*, *without*; Gr. adj. *oxus*, acid or sour and in combined words indicating oxygen; Gr. n. *phos photos*, light; Gr. n. *baktêria*, staff, cane; N.L. fem. pl. n. *Anoxyphotobacteriae*, light-requiring bacteria that do not produce oxygen.

南极单胞菌属(*Antarcticimonas*) Yang 等, 2014, 新属。此属已定 1 种。

词源 南极:最南端的,最南部的,指的是南极洲;单胞:单细胞,单元;菌:表示微小的事物,微生物(细菌、古菌、真菌);属:属名的尾词;南极单胞菌属:南极单细胞,分离自南极海水的细菌。

Etymology L. adj. *antarcticus*, Antarctic; L. fem. n. *monas*, a unit, monad; N.L. fem. n. *Antarcticimonas*, an Antarctic monad, a bacterium isolated from Antarctic sea water.

模式种 黄色南极单胞菌(*Antarcticimonas flava*) Yang 等, 2014, 新种。

词源 黄色:黄色的,黄颜色的,指的是此菌落的颜色。

Etymology L. fem. adj. *flava*, yellow, referring to the color of the colony.

来源 环境——海(Environmental—marine)。

南极杆菌属(*Antarctobacter*) Labrenz 等, 1998, 新属。此属已定 1 种。

词源 南极:最南端的,最南部的,指的是南极洲;杆:棒;菌:表示微小的事物,微生物(细菌、古菌、真菌);属:属名的尾词;南极杆菌属:分离自南极洲的棒形细菌。

Etymology Gr. adj. *antarktikos*, antarctic; N.L. masc. n. *bacter*, a rod or staff; N.L. masc. n. *Antarctobacter*, a rod-shaped bacterium from Antarctica.

模式种 阳热南极杆菌(*Antarctobacter heliothermus*) Labrenz 等, 1998, 新种。

词源 阳:太阳;热:高温的;阳热:太阳加热的,指的是菌种来源地,南极厄科湖(**Ekho Lake**)的阳光加热水层。

Etymology Gr. n. *hêlios*, sun; Gr. adj. *thermos*, hot; N.L. masc. adj. *heliothermus*, heated by the sun, referring to the heliothermal water layers of Ekho Lake, the source.

Aq

水杆菌属(*Aquabacter*)Irgens 等,1993,新属。此属已定 1 种。

词源　水:水(分子),水(域),水(体),H_2O;杆:棒;菌:表示微小的事物,微生物(细菌、古菌、真菌);属:属名的尾词;水杆菌属:水生棒形生物。

Etymology　L. n. *aqua*, water; N.L. masc. n. *bacter*, a rod; N.L. masc. n. *Aquabacter*, aquatic rod.

模式种　斯皮里特湖水杆菌(*Aquabacter spiritensis*)Irgens 等,1993,新种。或灵湖水杆菌。

词源　斯皮里特湖:位于美国华盛顿州,此菌株分离自此湖。

Etymology　N.L. masc. adj. *spiritensis*, pertaining to Spirit Lake, Washington, USA, from which the strain was isolated.

注:斯皮里特湖的字面意思是灵湖或精灵湖,此模式种也可以称为灵湖水杆菌。

水小杆菌属(*Aquabacterium*)Kalmbach 等,1999,新属;Chen 等,2012 修改。此属已定 5 种。

词源　水:水(分子),水(域),水(体),H_2O;小杆:小棒;菌:表示微小的事物,微生物(细菌、古菌、真菌);属:属名的尾词;水小杆菌属:分离自水,即分离自饮用水生物膜的棒形细菌。

Etymology　L. n. *aqua*, water; L. neut. n. *bacterium*, rod; N.L. neut. n. *Aquabacterium*, a rod-shaped bacterium isolated from water, i.e. isolated from drinking water biofilms.

模式种　普通水小杆菌(*Aquabacterium commune*)Kalmbach 等,1999,新种。

词源　普通:普通的,广泛分布的;指的是这种菌在柏林饮用水生物膜分布系统中占统治地位。

Etymology　L. neut. adj. *commune*, common, referring to the predominance of the species in drinking water biofilms of the Berlin distribution system.

水微菌属(*Aquamicrobium*)Bambauer 等,1998,新属;Lipski and Kämpfer,2012 修改。此属已定 7 种。

词源　水:水(分子),水(域),水(体),H_2O;微:微小的,微生物;菌:表示微小的事物,微生物(细菌、古菌、真菌);微菌:微生物;属:属名的尾词;水微菌属:生活在水(废水)中的细菌。

Etymology　L. n. *aqua*, water; N.L. neut. n. *microbium*, a microbe; N.L. neut. n. *Aquamicrobium*, a bacterium living in water (in wastewater).

模式种　污水水微菌(*Aquamicrobium defluvii*)Bambauer 等,1998,新种。

词源　污水:废水,用过之后的排泄水。

Etymology　L. gen. n. *defluvii*, of sewage, of wastewater.

水小螺体属(*Aquaspirillum*) Hylemon 等,1973,属。此属已定 19 种,4 亚种。

词源　水:水(分子),水(域),水(体),H_2O;螺:螺形,螺旋,螺纹;小螺:与螺相对,表示比螺在尺寸上小,小螺旋,小螺纹;体:整体,身体,菌体,在微生物学属名中的作用与"菌"类似;属:属名的尾词;水小螺体属:小的水螺形生物。

Etymology　L. n. *aqua*, water; L. n. *spira*, a spiral; N.L. neut. dim. n. *spirillum*, a small spiral; N.L. dim. neut. n. *Aquaspirillum*, a small water spiral.

模式种　爬行水小螺体(*Aquaspirillum serpens*) Müller (1786) Hylemon 等,1973,《1980 年细菌名确认单》,种。

词源　爬行:缓慢前进,匍匐前进的。

Etymology　L. part. adj. *serpens* (from L. v. *serpo*), creeping, crawling.

水竿菌属(*Aquibacillus*) Amoozegar 等,2014,新属。此属已定 3 种。

词源　水:水(分子),水(域),水(体),H_2O;竿:在本书中对译于拉丁文 ***bacillus***,表示棒形,以示与常见的"杆"的区别,表示以出芽孢为特征的棒形;菌:表示微小的事物,微生物(细菌、古菌、真菌);属:属名的尾词;水竿菌属:属于竿菌科和分离自水的棒形生物。

Etymology　L. n. *aqua* water; L. masc. n. *bacillus*, a rod and also a bacterial genus name (*Bacillus*); N.L. masc. n. *Aquibacillus*, a rod belonging to the family *Bacillaceae* and isolated from water.

模式种　嗜卤水竿菌(*Aquibacillus halophilus*) Amoozegar 等,2014,新种。

词源　嗜:嗜好的,喜好的,友好的,爱好的。

Etymology　Gr. n. *hals halos*, salt; Gr. adj. *philos*, loving; N.L. masc. adj. *halophilus*, salt-loving.

来源　环境。

注:此属的另两种,素色水竿菌(*Aquibacillus albus*) Amoozegar 等,2014,新合并,和韩国水竿菌(*Aquibacillus koreensis*) Amoozegar 等,2014,新合并。

水杆菌属(*Aquibacter*) Hameed 等,2014,新属。此属已定 1 种。

词源　水:水(分子),水(域),水(体),H_2O;杆:棒;菌:表示微小的事物,微生物(细菌、古菌、真菌);属:属名的尾词;水杆菌属:分离自水的棒形生物。

Etymology　L. n. *aqua*, water; N.L. masc. n. *bacter*, from Gr. neut. n. *baktron*, rod; N.L. masc. n. *Aquibacter*, rod isolated from water.

模式种　玉米黄素化水杆菌(*Aquibacter zeaxanthinifaciens*) Hameed 等,2014,新种。

词源　玉米黄素:一种代谢产生的天然化合物;化:变化,产生;玉米黄素化:化作玉米黄素的,产生玉米黄素的。

Etymology　N.L. neut. n. *zeaxanthinum*, zeaxanthin; L. part. pres. *faciens*, making/producing; N.L. part. adj. *zeaxanthinifaciens*, zeaxanthin-producing.

来源　环境——海（Source：Environmental—marine）。

注：此属菌命名，在词源学上完全与水杆菌属（*Aquabacter*）Irgens 等，1993 相同，拉丁文仅相差一个字母（第四个字母"i"和"a"的差别），在中文命名中难以区分，因此未加以区分，但种属是不一样的。

水胞菌属（*Aquicella*）Santos 等，2004，新属。此属已定 2 种。

词源　水：水（分子），水（域），水（体），H_2O；胞：细胞；菌：表示微小的事物，微生物（细菌、古菌、真菌）；属：属名的尾词；水胞菌属：分离自水的细胞生物。

Etymology　L. fem. n. *aqua*, water; L. fem. n. *cella*, a chamber, closet, cabinet（in biology, a cell）; N.L. fem. n. *aquicella*, a cell from a water.

模式种　路西塔尼亚水胞菌（*Aquicella lusitana*）Santos 等，2004，新种。

词源　路西塔尼亚：卢西塔尼亚，古罗马伊比利亚西北部的一个省，这里表示此菌从这里分离得到。

Etymology　L. fem. adj. *lusitana*, pertaining to *Lusitania*, the Roman province in western Iberia.

注：路西塔尼亚，大致相当于现在西班牙的西部和葡萄牙的大部分。

水化菌属（*Aquifex*）Huber and Stetter，1992，新属。此属已定 1 种。

此属是**水化菌目**（*Aquificales*）Reysenbach，2002 和**水化菌科**（*Aquificaceae*）Reysenbach，2002 的模式属。

词源　水：无色无味透明的液体，H_2O 分子聚集体，水域，水体，水汽；化：变化，生产，制造；菌：表示微小的事物，微生物（细菌、古菌、真菌）；属：属名的尾词；水化菌属：能制造水的生物（细菌）。

Etymology　L. fem. n. *aqua*, water; L. suff. *-fex* from L. v. *facio*, to make; N.L. masc. n. *Aquifex*, the water maker.

模式种　嗜火水化菌（*Aquifex pyrophilus*）Huber and Stetter，1992，新种。

词源　嗜：嗜好的，喜好的，友好的，爱好的；火：火焰，火源，燃烧；菌：表示微小的事物，微生物（细菌、古菌、真菌）；属：属名的尾词；嗜火：喜好火的，喜好高温的。

Etymology　Gr. neut. n. *pur*, fire; N.L. masc. adj. *philus*（from Gr. masc. adj. *philos*）, friend, loving; N.L. masc. adj. *pyrophilus*, fire loving.

注：此属生物被认为是最古老的细菌之列，嗜超热生物之一。

水化菌科（*Aquificaceae*）Reysenbach，2002，新科。

模式属　水化菌属（*Aquifex*）Huber and Stetter，1992，新属。

词源　水化菌属：此科之模式属；科：用于定义一个比属高、比目低的分类级和尾词；在中文科的命名中，把模式属属名中的尾字"属"代换为尾字"科"，即为模式属所在的科名；水化菌科：水化菌属之科。

Etymology　N.L. masc. n. *Aquifex*, type genus of the family; suff. *-aceae*, ending to denote a family; N.L. fem. pl. n. *Aquificaceae*, the *Aquifex* family.

水化菌纲(*Aquificae*)Reysenbach,2002,新纲。

模式目　水化菌目(*Aquificales*)Reysenbach,2002,新目。

词源　水化菌目:此纲的模式目;纲:(原核)生物分类的一个级别,门之下,目之上的一个分类级,纲之尾词;水化菌纲:水化菌目之纲。

Etymology　N.L. fem. pl. n. *Aquificales*, type order of the class; N.L. fem. pl. n. *Aquificae*, the class of *Aquificales*.

水化菌目(*Aquificales*)Reysenbach,2002,新目。

此目是水化菌纲(*Aquificae*)Reysenbach,2002 的模式目。

模式属　水化菌属(*Aquifex*)Huber and Stetter,1992,新属。

词源　水化菌属:此目之模式属;目:用于定义一个比科高、比纲低的分类级和尾词;在中文目的命名中,把模式属属名中的尾字"属"代换为尾字"目",即为模式属所在的目名;水化菌目:水化菌属之目。

Etymology　N.L. masc. n. *Aquifex*, type genus of the order; suff. -*ales*, ending denoting an order; N.L. fem. pl. n. *Aquificales*, the *Aquifex* order.

水屈菌属(*Aquiflexum*)Brettar 等,2004,新属;Bhumika 等,2013 修改。此属已定 1 种。

词源　水:无色无味透明的液体,H_2O 分子聚集体,水域,水体,水汽;屈:屈:使弯曲的,与"伸"相对,弯曲的,蜿蜒的;菌:表示微小的事物,微生物(细菌、古菌、真菌);属:属名的尾词;水屈菌属:表示此细菌的水源特征和长而柔弯的棒形特征。

Etymology　L. fem. n. *aqua*, water; L. part. adj. *flexus -a -um*, bent, winding; N.L. neut. n. *Aquiflexum*, to indicate the bacterium's aquatic origin and its long flexible rods.

模式种　波罗的海水屈菌(*Aquiflexum balticum*)Brettar 等,2004,新种。

词源　波罗的海:来自或属于波罗的海,指的是此模式株的来源,分离地。

Etymology　N.L. neut. adj. *balticum*, of or belonging to the Baltic Sea, referring to the source of the type strain.

水居菌属(*Aquihabitans*)Jin 等,2013,新属。此属已定 1 种。

词源　水:无色无味透明的液体,H_2O 分子聚集体,水域,水体,水汽;居:居民,居住者,栖居者;菌:表示微小的事物,微生物(细菌、古菌、真菌);属:属名的尾词;水居菌属:淡水的居民,淡水生活的生物。

Etymology　L. fem. n. *aqua*, water; L. part. adj. *habitans*, inhabiting; N.L. masc. n. *aquihabitans*, an inhabitant of freshwater.

模式种　大青水居菌(*Aquihabitans daechungensis*)Jin 等,2013,新种。

词源　大青:韩国大青水库,此模式株的分离地。

Etymology　N.L. masc. adj. *daechungensis*, pertaining to Daechung Reservoir, where the type strain was isolated.

海水菌属(*Aquimarina*)Nedashkovskaya 等,2005,新属。此属已定 16 种。

词源　海:海的,大海的,海洋的;水:无色无味透明的液体,H_2O 分子聚集体,水域,水体,水汽;菌:表示微小的事物,微生物(细菌、古菌、真菌);属:属名的尾词;海水菌属:海水中的生物。

Etymology　L. fem. n. *aqua*, water; L. fem. adj. *marina*, marine; N.L. fem. n.(N.L. fem. adj. used as a substantive)*aquimarina*, an organism of the sea water.

模式种　米勒氏海水菌(*Aquimarina muelleri*)Nedashkovskaya 等,2005,新种。

词源　氏:姓氏;米勒氏:或缪勒氏,以丹麦著名的博物学家奥托·弗里德里希·米勒(1730—1784)的姓氏命名,以纪念他对发展海洋微生物学的贡献。

Etymology　N.L. gen. masc. n. *muelleri*, of Müller, in honour of Otto Friedrich Müller(1730—1784), the famous Danish naturalist, for his contributions to the development of marine microbiology.

水单胞菌属(*Aquimonas*)Saha 等,2005,新属。此属已定 1 种。

词源　水:无色无味透明的液体,H_2O 分子聚集体,水域,水体,水汽;单胞:单细胞,单元;菌:表示微小的事物,微生物(细菌、古菌、真菌);属:属名的尾词;水单胞菌属:水的单细胞生物,指的是此模式种的分离来自一份温泉水水样。

Etymology　L. n. *aqua*, water; L. fem. n. *monas*, a unit, monad; N.L. fem. n. *Aquimonas*, a water monad, referring to the isolation of the type species from a warm spring water sample.

模式种　呒啦氏水单胞菌(*Aquimonas voraii*)Saha 等,2005,新种。

词源　氏:姓氏;呒啦氏:以 V.V. 呒啦的姓氏命名,印度北部城市昌迪加尔(旁遮普邦和哈里亚纳邦首府)微生物技术研究所的创始人,生物技术学家。

Etymology　N.L. gen. n. *voraii*, of Vora, named after V.V. Vora, a distinguished biotechnologist and founder director of the Institute of Microbial Technology, Chandigarh, India.

水栖菌属(*Aquincola*)Lechner 等,2007,新属。此属已定 1 种。

词源　水:无色无味透明的液体,H_2O 分子聚集体,水域,水体,水汽;栖:居住,栖居,栖居者,栖息者;菌:表示微小的事物,微生物(细菌、古菌、真菌);属:属名的尾词;水栖菌属:水(域)的栖居者(生物)。

Etymology　L. n. *aqua*, water; L. masc. n. *incola*, inhabitant; N.L. masc. n. *Aquincola*, inhabitant, dweller of water.

模式种　叔碳水栖菌(*Aquincola tertiaricarbonis*)Lechner 等,2007,新种。

词源 叔：排行第三（伯仲叔）；碳：一种元素，碳的；叔碳：从叔碳开始，微生物对底物的利用特征。

Etymology N.L. adj. (numeral) *tertiarius*, tertiary (the third of the kind); L. gen. n. *carbonis*, of carbon; N.L. gen. n. *tertiaricarbonis*, from tertiary carbon, the characteristic utilized substrate.

纯水杆菌属（*Aquipuribacter*）Tóth 等,2012,新属。此属已定 1 种。

词源 纯：纯粹的，完全的；水：无色无味透明的液体，H_2O 分子聚集体，水域，水体，水汽；杆：棒；菌：表示微小的事物，微生物（细菌、古菌、真菌）；属：属名的尾词；纯水杆菌属：分离自纯水的棒形生物。

Etymology L. n. *aqua*, water; L. adj. *purus*, clean, pure; N.L. masc. n. *bacter*, a rod; N.L. masc. n. *Aquipuribacter*, a rod isolated from pure water.

模式种 匈牙利纯水杆菌（*Aquipuribacter hungaricus*）Tóth 等,2012,新种。

词源 匈牙利：匈牙利的，属于或来自匈牙利的，此模式菌株的分离地。

Etymology M.L. masc. adj. *hungaricus*, of or belonging to Hungary, where the type strain was isolated.

盐水竿菌属（*Aquisalibacillus*）Márquez 等,2008,新属。此属已定 1 种。

词源 盐：食盐，氯化钠，**NaCl**；水：无色无味透明的液体，H_2O 分子聚集体，水域，水体，水汽；竿：在本书中对译于拉丁文 *bacillus*，表示棒形，以示与常见的"杆"的区别，表示以出芽孢为特征的棒形；菌：表示微小的事物，微生物（细菌、古菌、真菌）；属：属名的尾词；盐水竿菌属：生活在盐水中的竿棒形生物。

Etymology L. n. *aqua*, water; L. n. *sal salis*, salt; L. masc. n. *bacillus*, rod; N.L. masc. n. *Aquisalibacillus*, a rod living in salt water.

模式种 延长盐水竿菌（*Aquisalibacillus elongatus*）Márquez 等,2008,新种。

词源 延长：延长：延长的，伸长的，加长的。

Etymology L. masc. part. adj. *elongatus*, elongated, stretched out.

盐水单胞菌属（*Aquisalimonas*）Márquez 等,2007,新属。此属已定 2 种。

词源 盐：食盐，氯化钠，**NaCl**；水：无色无味透明的液体，H_2O 分子聚集体，水域，水体，水汽；单胞：单细胞，单元；菌：表示微小的事物，微生物（细菌、古菌、真菌）；属：属名的尾词；盐水单胞菌属：生活在盐水中的细菌。

Etymology L. n. *aqua*, water; L. n. *sal salis*, salt; L. fem. n. *monas*, a unit, a monad; N.L. fem. n. *Aquisalimonas*, a bacterium living in salted water.

模式种 亚洲盐水单胞菌（*Aquisalimonas asiatica*）Márquez 等,2007,新种。

词源　亚洲：与亚洲有关的，亚洲生长的，此模式菌株的分离地。
Etymology　L. fem. adj. *asiatica*, Asian.

水球菌属（*Aquisphaera*）Bondoso 等，2011，新属。此属已定 1 种。

词源　水：无色无味透明的液体，H_2O 分子聚集体，水域，水体，水汽；球：球体，球形，地球；菌：表示微小的事物，微生物（细菌、古菌、真菌）；属：属名的尾词；水球菌属：生活在淡水中的球形细菌。
Etymology　L. n. *aqua*, water; L. fem. n. *sphaera*, a ball, globe, sphere; N.L. fem. n. *Aquisphaera*, a spherical bacterium living in freshwater.

模式种　侨万诺尼氏水球菌（*Aquisphaera giovannonii*）Bondoso 等，2011，新种。

词源　氏：姓氏；侨万诺尼氏：侨万诺尼的，以纪念美国微生物学家斯蒂芬·侨万诺尼，以其姓氏命名。
Etymology　N.L. gen. masc. n. *giovannonii*, of Giovannoni, in honour of the American microbiologist Stephen Giovannoni.

水针菌属（*Aquitalea*）Lau 等，2006，新属。此属已定 2 种。

词源　水：无色无味透明的液体，H_2O 分子聚集体，水域，水体，水汽；针：棒；菌：表示微小的事物，微生物（细菌、古菌、真菌）；属：属名的尾词；水针菌属：水中的棒形生物。
Etymology　L. fem. n. *aqua -ae*, water; L. fem. n. *talea*, a slender staff, rod, stick; N.L. fem. n. *Aquitalea*, a rod of water.

模式种　马格努逊氏水针菌（*Aquitalea magnusonii*）Lau 等，2006，新种。

词源　氏：姓氏；马格努逊氏：马格努逊之名来自父名马格努，表示马格努之子（孙），这里是以威斯康星大学—麦迪逊的生态学家约翰·J. 马格努逊的姓氏命名，其对湖泊生态系统的生物多样性，生物地理学和气候变化分析有很大贡献。
Etymology　N.L. gen. n. *magnusonii*, of Magnuson, in honour of John J. Magnuson, an ecologist at the University of Wisconsin-Madison who has contributed greatly to the study of the biodiversity, biogeography and climate-change analysis of lake ecosystems.

注：马格努逊来自父名马格努（Magnus），表示马格努的儿孙。"son"这里译为"逊"表示……之子孙（后代）。

Ar

阿拉伯小杆菌纲（*Arabobacteria*）Cavalier-Smith，2002，新纲。或阿拉伯糖菌纲。

模式目　分枝杆菌目（*Mycobacteriales*）Janke，1924，《1980 年细菌名确认单》，目。

词源　阿拉伯：该词来自形容词"阿拉伯的"；小杆：小杖，小拐，小棒；阿拉伯小杆菌纲：与其他细菌不一样，这群细菌的细胞或细胞壁中，总是包含阿拉伯糖（阿拉伯糖最初从阿拉伯胶中分离出来）。

Etymology N.L. *arabo-*, combining form of arabic; Gr. n. *baktêria*, staff, cane; suff. *-ia*, ending to denote a class; N.L. neut. pl. n. *Arabobacteria*, a group of bacteria which, unlike other bacteria, always contain arabinose in their cells or walls (arabinose was originally isolated from gum arabic).

蛛网菌属(*Arachnia*)Pine and Georg, 1969, 属。此属已定1种。

此属已归属到→**丙酸小杆菌属**(*Propionibacterium*)Orla-Jensen, 1909, 《1980年细菌名确认单》, 属; Charfreitag 等, 1988 修改。

词源 蛛网: 蜘蛛网; 菌: 表示微小的事物, 微生物(细菌、古菌、真菌); 属: 属名的尾词; 蛛网菌属: 指的是像蛛网的、丝状的微生物菌落。

Etymology Gr. n. *arachnion*, spider's web; N.L. fem. n. *Arachnia*, referring to filamentous microcolonies.

模式种 丙酸蛛网菌(*Arachnia propionica*)(Buchanan and Pine, 1962)Pine and Georg, 1969, 《1980年细菌名确认单》, 种。

此种已归种到→**丙酸滋丙酸小杆菌**(*Propionibacterium propionicum*)勘误(Buchanan and Pine, 1962)Charfreitag 等, 1988, 新合并。

词源 丙酸: 丙酸, CH_3CH_2COOH; 滋: 滋生, 与……有关的; 丙酸滋: 与丙酸有关的, 滋生丙酸的。

Etymology N.L. n. *acidum propionicum*, propionic acid; L. fem. suff. *-ica*, suffix used with the sense of pertaining to; N.L. fem. adj. *propionica*, pertaining to propionic acid.

秘小杆菌属(*Arcanobacterium*)Collins 等, 1983, 新属; Lehnen 等, 2006 修改, Yassin 等, 2011 修改, Hijazin 等, 2012 修改。此属已定11种。

词源 秘: 隐秘的, 隐蔽的, 隐藏的, 隐匿的; 小杆: 小棒; 菌: 表示微小的事物, 微生物(细菌、古菌、真菌); 属: 属名的尾词; 秘小杆菌属: 隐秘的细菌。

Etymology L. adj. *arcanus*, secret, hidden, secretive; L. neut. n. *bacterium*, a small rod; N.L. neut. n. *Arcanobacterium*, secretive bacterium.

模式种 解血秘小杆菌(*Arcanobacterium haemolyticum*)(*ex* Mac Lean 等, 1946)Collins 等, 1983, 新合并。

词源 解: 溶解的, 分解的, 降解的; 血: 鲜血, 血液, 血浆, 动物体内循环的不透明红色液体; 解血: 血液溶解的, 血球分解的。

Etymology Gr. n. *haima* (Latin transliteration *haema*), blood; N.L. adj. *lyticus -a -um* (from Gr. adj. *lutikos -ê -on*), able to loosen, able to dissolve; N.L. neut. adj. *haemolyticum*, blood-dissolving, haemolytic.

注: 解血的常见中文同义词是溶血。此属名以往常见名是隐秘杆菌属。

古杆菌纲(*Archaeobacteria*)Murray,1988,新纲。

模式目 甲烷小杆菌目(*Methanobacteriales*)Balch and Wolfe,1981,新目。
词源 古:远古的,古代的,过去的;杆:棒;纲:(原核)生物分类的一个级别,门之下,目之上的一个分类级,纲之尾词;古杆菌纲:古代的细菌。
Etymology Gr. adj. *archaios* (Latin transliteration *archaeos*), ancient; N.L. n. *bacter*, a small rod; suff. *-ia*, ending to denote a class; N.L. neut. pl. n. *Archaeobacteria*, ancient bacteria.
注:或译古菌纲;古细菌纲。

古球菌科(*Archaeoglobaceae*)Huber and Stetter,2002,新科。

模式属 古球菌属(*Archaeoglobus*)Stetter,1988。
词源 古球菌属:此科之模式属;科:用于定义一个比属高、比目低的分类级和尾词;在中文科的命名中,把模式属属名中的尾字"属"代换为尾字"科",即为模式属所在的科名;古球菌科:古球菌属之科。
Etymology N.L. masc. n. *Archaeoglobus*, type genus of the family; suff. *-aceae*, ending to denote a family; N.L. fem. pl. n. *Archaeoglobaceae*, the *Archaeoglobus* family.

古球菌目(*Archaeoglobales*)Huber and Stetter,2002,新目。

此目是古球菌纲(*Archaeoglobi*)Garrity and Holt,2002 的模式目。
模式属 古球菌属(*Archaeoglobus*)Stetter,1988,新属。
词源 古球菌属:此目之模式属;目:用于定义一个比科高、比纲低的分类级和尾词;在中文目的命名中,把模式属属名中的尾字"属"代换为尾字"目",即为模式属所在的目名;古球菌目:古球菌属之目。
Etymology N.L. masc. n. *Archaeoglobus*, type genus of the order; suff. *-ales*, ending denoting an order; N.L. fem. pl. n. *Archaeoglobales*, the *Archaeoglobus* order.

古球菌纲(*Archaeoglobea*)Cavalier-Smith,2002,新纲。

模式目 古球菌目("*Archaeoglobales*")Stetter,1989,新目。此目并未合格发表,直至 2002 年。
词源 古球菌目:此纲之模式目;纲:(原核)生物分类的一个级别,门之下,目之上的一个分类级,纲之尾词;古球菌纲:古球菌目之纲。
Etymology N.L. fem. pl. n. *Archaeoglobales*, the type order of the class; N.L. neut. pl. n. *Archaeoglobea*, the *Archaeoglobales* class.
注:此纲名属于不合规命名,因为模式目尚未合格发表。见"古球菌纲(*Archaeoglobi*)Garrity and Holt,2002"条目。

古球菌纲(*Archaeoglobi*)Garrity and Holt,2002,新纲。

模式目 古球菌目(*Archaeoglobales*)Huber and Stetter,2002,新目。

词源　古球菌目：此纲之模式目；纲：(原核)生物分类的一个级别，门之下，目之上的一个分类级，纲之尾词；古球菌纲：古球菌目之纲。

Etymology　N.L. fem. pl. n. *Archaeoglobales*, type order of the class; N.L. masc. pl. n. *Archaeoglobi*, the class of *Archaeoglobales*.

注：古球菌目(*Archaeoglobi*) Garrity and Holt, 2002 可能一直被认为是稍后与 *Archaeoglobea* Cavalier-Smith, 2002 同形同义词(homotypic synonym)命名的，不过 *Archaeoglobea* Cavalier-Smith, 2002 是不合规的(illegitimate)。因为，模式目 "*Archaeoglobales*" Stetter, 1989 并没有出现在 1980 年的《细菌名确认单》(the Approved Lists of Bacterial Names)，简称《确认单》中，当 Cavalier-Smith 建议纲名 *Archaeoglobea*（2002 年 1 月 14 日）时并没有合格发表。而古球菌目(*Archaeoglobales*) Huber and Stetter, 2002（此前被误以为是 "*Archaeoglobales*" Stetter, 1989）则在 IJSEM 的 2002 年 5 月份那期中合格发表(Validation List no. 85)。因此，纲名 *Archaeoglobea* Cavalier-Smith, 2002 是不合规的。

古球菌属(*Archaeoglobus*) Stetter, 1988, 新属。此属已定 5 种。

此属是古球菌目(*Archaeoglobales*) Huber and Stetter, 2002 和古球菌科(*Archaeoglobaceae*) Huber and Stetter, 2002 的模式属。

词源　古：远古的，古代的，过去的；球：通球，球形，球体，圆球；菌：表示微小的事物，微生物(细菌、古菌、真菌)；属：属名的尾词；古球菌属：古代的球形生物。

Etymology　Gr. masc. adj. *archaios*（Latin transliteration *archaeos*), ancient; L. masc. n. *globus*, sphere; N.L. masc. n. *Archaeoglobus*, the ancient sphere.

模式种　光亮古球菌(*Archaeoglobus fulgidus*) Stetter, 1988, 新种。

词源　光亮：发光的，闪闪发光的，由于其在紫外显微镜下的荧光特性。

Etymology　L. masc. adj. *fulgidus*, shining, on account of its fluorescence under the UV microscope.

注：此属是古菌域的一属，嗜超高温生物。

古囊菌科(*Archangiaceae*) Jahn, 1924, 科。

模式属　古囊菌属(*Archangium*) Jahn, 1924, 属；《1980 年细菌名确认单》。

词源　古囊菌属：此科之模式属；科：用于定义一个比属高、比目低的分类级和尾词；在中文科的命名中，把模式属属名中的尾字"属"代换为尾字"科"，即为模式属所在的科名；古囊菌科：古囊菌属之科。

Etymology　N.L. neut. n. *Archangium*, type genus of the family; suff. *-aceae*, ending to denote a family; N.L. fem. pl. n. *Archangiaceae*, the *Archangium* family.

首囊菌属(*Archangium*) Jahn, 1924, 属。此属已定 1 种。

此属是首囊菌科(*Archangiaceae*) Jahn, 1924, 科,《1980 年细菌名确认单》的模式属。

词源　首：首先，首次，初始，开始，原始；囊：袋，容器；菌：表示微小的事物，微生物(细菌、古菌、真菌)；属：属名的尾词；首囊菌属：(具有)原始的袋子生物。

Etymology Gr. v. *archô*, to be first, begin, make a beginning; Gr. neut. n. *angeion* (Latin transliteration *angium*), vessel; N.L. neut. n. *Archangium*, primitive vessel.

模式种 桥首囊菌(*Archangium gephyra*)Jahn,1924,种;《1980年细菌名确认单》。

词源 桥:新拉丁文名词*gephyra*来自希腊文名词*gephura*,表示桥。

Etymology N.L. fem. n. *gephyra* (from Gr. fem. n. *gephura*), bridge.

弓胞菌属(*Arcicella*)Nikitin 等,2004,新属;Chen 等,2013修改。此属已定4种。

词源 弓:弓,弧,弯,弓形,弧形;胞:同胞,生物学中,细胞;菌:表示微小的事物,微生物(细菌、古菌、真菌);属:属名的尾词;弓胞菌属:弓形或弧形的细胞。

Etymology L. masc. n. *arcus*, a bow, arc; L. fem. n. *cella*, a store-room and in biology a cell; N.L. fem. n. *Arcicella*, arc-shaped cell.

模式种 水生弓胞菌(*Arcicella aquatica*)Nikitin 等,2004,新种。

词源 水生:来自水的,产自水的,来自水的弓胞属。

Etymology L. fem. adj. *aquatica*, aquatic; *Arcicella* species from water.

弓杆菌属(*Arcobacter*)Vandamme 等,1991,新属;Vandamme 等,1992修改,Sasi Jyothsna 等,2013修改。此属已定18种。

词源 弓:弓,弧,弯,弓形,弧形;杆:棒;菌:表示微小的事物,微生物(细菌、古菌、真菌);属:属名的尾词;弓杆菌属:弓形的(弯曲的)棒形生物。

Etymology L. n. *arcus*, bow; N.L. masc. n. *bacter*, rod; N.L. masc. n. *Arcobacter*, a curved rod.

模式种 固氮弓杆菌(*Arcobacter nitrofigilis*)(McClung 等,1983)Vandamme 等,1991,新合并。

词源 固:固定,稳固;氮:这里指的是硝酸盐,苏打或天然苏打;固氮:把氮气固定(转变)为硝酸盐。

Etymology L. n. *nitrum*, native soda, natron, nitrate; L. v. *figo*, to fix, attach; L. masc. adj. suff. *-ilis*, suffix denoting an active quality, able to; N.L. masc. adj. *nitrofigilis*, able to fix (nitrogen as) nitrate.

注:固氮菌或双氮营养体(diazotrophs)指的是能够利用空气中的氮气,转变为不稳定的氮化合物如氨的微生物,包括细菌和古菌域中都有发现。也就是说固氮菌无需外界添加可利用的氮源即可生长代谢。氮小螺体属(*Azospirillum*)弗兰克氏菌属(*Frankia*)和根瘤菌[绝大部分在α-变形菌纲根瘤菌目(Rhizobiales),另一部分在β-变形菌纲伯克氏菌科(Burkholderiaceae)]都是固氮菌。

北极杆菌属(*Arcticibacter*)Prasad 等,2013,新属。此属已定2种。

词源 北极:北极的;杆:棒或杖;菌:表示微小的事物,微生物(细菌、古菌、真菌);属:属名的尾词;北极杆菌属:北极的棒形生物。

Etymology　L. adj. *arcticus*, northern, arctic; N.L. masc. n. *bacter*, rod or staff; N.L. masc. n. *Arcticibacter*, an arctic rod.

模式种　斯瓦尔巴德北极杆菌（*Arcticibacter svalbardensis*）Prasad 等，2013，新种。

词源　斯瓦尔巴德：北极圈内的一个群岛，挪威管辖。

Etymology　N.L. masc. adj. *svalbardensis*, of or belonging to Svalbard, from where the type strain was isolated.

烫链菌属（*Ardenticatena*）Kawaichi 等，2013，新属。

词源　烫：高温；链：链，链（状）；菌：表示微小的事物，微生物（细菌、古菌、真菌）；属：属名的尾词；烫链菌属：高温链状生物。

Etymology　L. adj. *ardens -entis*, hot; L. fem. n. *catena* chain; N.L. fem. n. *Ardenticatena*, hot chain-shaped organism.

模式种　海烫链菌（*Ardenticatena maritima*）Kawaichi 等，2013，新种。

词源　海：海的，来自或属于海的。

Etymology　L. fem. adj. *maritima*, of or belonging to the sea, maritime.

来源　环境——海（Source：Environmental—marine）。

烫链菌科（*Ardenticatenaceae*）Kawaichi 等，2013，新科。

模式属　烫链菌属（*Ardenticatena*）Kawaichi 等，2013，新属。

词源　烫链菌属：此科之模式属；科：用于定义一个比属高、比目低的分类级和尾词；在中文科的命名中，把模式属属名中的尾字"属"代换为尾字"科"，即为模式属所在的科名；烫链菌科：烫链菌属之科。

Etymology　N.L. fem. n. *Ardenticatena*, type genus of the family; suff. *-aceae*, ending to denote a family; N.L. fem. pl. n. *Ardenticatenaceae*, the family of the genus *Ardenticatena*.

烫链菌目（*Ardenticatenales*）Kawaichi 等，2013，新目。

模式属　烫链菌属（*Ardenticatena*）Kawaichi 等，2013，新属。

词源　烫链菌属：此目之模式属；目：用于定义一个比科高、比纲低的分类级和尾词；在中文目的命名中，把模式属属名中的尾字"属"代换为尾字"目"，即为模式属所在的目名；烫链菌目：烫链菌属之目。

Etymology　N.L. fem. n. *Ardenticatena*, type genus of the order; suff. *-ales*, ending to denote an order; N.L. fem. pl. n. *Ardenticatenales*, order of the genus *Ardenticatena*.

烫链菌纲（*Ardenticatenia*）Kawaichi 等，2013，新纲。

模式目　烫链菌目（*Ardenticatenales*）Kawaichi 等，2013，新目。

词源　烫链菌属：此纲之模式目之模式属；纲：(原核)生物分类的一个级别，门之下，目之上的一个分类级，纲之尾词；烫鏈菌纲：烫鏈菌目之纲。

Etymology　N.L. fem. n. *Ardenticatena*, type genus of the type order of the class; suff. *-ia*, ending to denote a class; N.L. neut. pl. n. *Ardenticatenia*, the *Ardenticatenales* class.

注：一个纲的命名，应当在之前或同时包含模式属和模式目的连贯性。

沙杆菌属(*Arenibacter*) Ivanova 等，2001，Nedashkovskaya 等，2006 修改。此属已定 6 种。

词源　沙：沙子；杆：棒；菌：表示微小的事物，微生物(细菌、古菌、真菌)；属：属名的尾词；沙杆菌属：在沙子中栖居的棒形生物。

Etymology　L. fem. n. *arena*, sand; N.L. masc. n. *bacter* rod; N.L. masc. n. *Arenibacter*, sand-dwelling rod.

模式种　砖色沙杆菌(*Arenibacter latericius*) Ivanova 等，2001，新种。

词源　砖：由砖组成或构成；色：颜色；砖色：这里指的是菌种的暗橙色色素化。

Etymology　L. masc. adj. *latericius*, made or consisting of bricks, here pertaining to the dark orange pigmentation.

沙胞菌属(*Arenicella*) Romanenko 等，2010，新属。此属已定 2 种。

词源　沙：沙子；胞：细胞；菌：表示微小的事物，微生物(细菌、古菌、真菌)；属：属名的尾词；沙胞菌属：来自沙子的细胞。

Etymology　L. n. *arena*, sand; L. fem. n. *cella*, a chamber, and in biology a cell; N.L. fem. n. *Arenicella*, a cell from sand.

模式种　黄色沙胞菌(*Arenicella xantha*) Romanenko 等，2010，新种。

词源　黄色：此黄色，新拉丁文阴性形容词 **xantha** 来自希腊文阴性形容词 **xanthê**，表示黄颜色的。

Etymology　N.L. fem. adj. *xantha* (from Gr. fem. adj. *xanthê*), yellow-coloured.

沙单胞菌属(*Arenimonas*) Kwon 等，2007，新属。此属已定 8 种。

词源　沙：沙子；单胞：单细胞，单元；菌：表示微小的事物，微生物(细菌、古菌、真菌)；属：属名的尾词；沙单胞菌属：沙子单细胞，指的是分离自沙子/沙地的细菌。

Etymology　L. fem. n. *arena*, sand; L. fem. n. *monas*, a unit, monad; N.L. fem. n. *Arenimonas*, a sand monad, referring to a bacterium isolated from sand.

模式种　东海沙单胞菌(*Arenimonas donghaensis*) Kwon 等，2007，新种。

词源　东海：与东海有关的，韩国称的东海国际上一般称为日本海，此模式菌株的分离地。

Etymology　N.L. fem. adj. *donghaensis*, pertaining to Donghae, the Korean name of the East Sea of Korea, where the type strain was isolated.

沙针菌属（*Arenitalea*）Zhang 等，2013，新属。此属已定 1 种。

词源　沙：沙子，沙土；针：棒，细棒；菌：表示微小的事物，微生物（细菌、古菌、真菌）；属：属名的尾词；沙针菌属：沙棒生物，指的是分离自潮滩沙子的细菌。

Etymology　L. fem. n. *arena*, sand; L. fem. n. *talea*, a rod; N.L. fem. n. *Arenitalea*, a sand rod, referring to a bacterium isolated from intertidal sand.

模式种　橙黄沙针菌（*Arenitalea lutea*）Zhang 等，2013，新种。

词源　橙黄：橙黄色的，金黄色的，指的是它的菌落黄颜色。

Etymology　L. fem. adj. *lutea*, yellow, referring to its yellow colour.

勿玫单胞菌属（*Arhodomonas*）Adkins 等，1993，新属。此属已定 2 种。

词源　勿：非，不，没，表示否定；玫：玫瑰，玫瑰色；单胞：单细胞，单元；菌：表示微小的事物，微生物（细菌、古菌、真菌）；属：属名的尾词；勿玫单胞菌属：不是玫瑰色的单细胞生物。

Etymology　Gr. pref. *a-*, not; Gr. n. *rhodon*, the rose; L. fem. n. *monas*, a unit, monad; N.L. fem. n. *Arhodomonas*, the monas that is not rose colored.

模式种　油水勿玫单胞菌（*Arhodomonas aquaeolei*）Adkins 等，1993，新种。

词源　油：动植物或矿产的高碳氢含量的易燃黏滑的混合物；水：H_2O，水（分子），水（域），水（体）；油水：来自油的水，油包水，指的是此生物分离自油田卤水（浓盐水）中的。

Etymology　a.quae.o′le.i. L. n. *aqua*, water; L. n. *oleum*, oil; M.L. gen. n. *aquaeolei*, from water of oil, isolated from an oil field brine.

旱杆菌属（*Aridibacter*）Huber 等，2014，新属。此属已定 2 种。

词源　旱：干，旱，干旱；杆：杆/棒（形，状）；菌：表示微小的事物，微生物（细菌、古菌、真菌）；属：属名的尾词；旱杆菌属：从干旱（土壤）分离的杆形细菌。

Etymology　L. masc. adj. *aridus*, dry; N.L. masc. n. *bacter*, a short rod; N.L. masc. n. *Aridibacter*, rod-shaped bacterium isolated from dry（soil）.

模式种　耐饥旱杆菌（*Aridibacter famidurans*）Huber 等，2014，新种。

词源　耐：耐性，耐力，忍耐，持久；饥：饿，饥饿。

Etmology：fa.mi.du′rans. L. fem. n. *fames* hunger; L. part. adj. *durans* enduring; N.L. part. adj. *famidurans* surviving hunger.

铠单胞菌属（*Armatimonas*）Tamaki 等，2011。此属已定 1 种。

此属是铠单胞菌目（*Armatimonadales*）Tamaki 等，2011 和铠单胞菌科（*Armatimonadaceae*）Tamaki 等，2011 的模式属。

词源　铠：铠甲的，装甲的，甲胄的；单胞：单细胞，单元；菌：表示微小的事物，微生物（细菌、古菌、真菌）；属：属名的尾词；铠单胞菌属：铠甲的单元，指的是很硬的群落/菌落。

Etymology　L. adj. *armatus*, armoured or armour-clad; L. fem. n. *monas*, a unit; N.L. fem. n. *Armatimonas*, an armour-clad unit, referring to the hard colonies.

模式种　玫色铠单胞菌(*Armatimonas rosea*)Tamaki 等,2011,新种。

词源　玫色:玫色的,玫瑰色的,粉色的,粉红色的,指的是此菌落的粉红色。

Etymology　L. fem. adj. *rosea*, rose-coloured or rosy, referring to the pinkish colour of the colonies.

砷果菌属(*Arsenicicoccus*)Collins 等,2004,新属。此属已定 3 种。

词源　砷:三氧化二砷,砷;果:浆果,表示浆果形(圆球或椭球);菌:表示微小的事物,微生物(细菌、古菌、真菌);属:属名的尾词;砷果菌属:三氧化二砷浆果生物,因此此模式种是从一种三氧化二砷的富集培养基中分离出来。

Etymology　L. n. *arsenicum*, arsenic; N.L. masc. n. *coccus*(from Gr. masc. n. *kokkos*, grain, seed), coccus; N.L. masc. n. *Arsenicicoccus*, arsenic coccus, because the type species was recovered from an arsenic enrichment.

模式种　布利登砷果菌(*Arsenicicoccus bolidensis*)Collins 等,2004,新种。

词源　布利登:瑞典北部的西博滕省的一个地区,布利登,是此模式菌株的分离地。

Etymology　N.L. masc. adj. *bolidensis*, pertaining to the Boliden region in Vasterbotten district of northern Sweden, where the type strain was isolated.

灭雄菌属(*Arsenophonus*)Gherna 等,1991,新属。此属已定 1 种。

词源　灭:消灭,杀灭;雄:雄性,阳性;菌:表示微小的事物,微生物(细菌、古菌、真菌);属:属名的尾词;灭雄菌属:雄性的杀灭者(生物)。

Etymology　Gr. n. *arsên*, a male; Gr. masc. n. *phonos*, murder, slaughter; N.L. masc. n. *Arsenophonus*, male-killer.

模式种　胡蜂灭雄菌(*Arsenophonus nasoniae*)Gherna 等,1991,新种。

词源　胡蜂:拟寄生的胡蜂属,胡蜂的。

Etymology　N.L. n. *Nasonia*, a genus of parasitoid wasps; N.L. gen. n. *nasoniae*, of *Nasonia*.

节杆菌属(*Arthrobacter*)Conn and Dimmick,1947,属;Koch 等,1995 修改。此属已定 84 种。

词源　节:关节,连接处;杆:棒;菌:表示微小的事物,微生物(细菌、古菌、真菌);属:属名的尾词;节杆菌属:连接起来的棒形生物。

Etymology　Gr. n. *arthron*, a joint; N.L. masc. n. *bacter*, a rod; N.L. masc. n. *Arthrobacter*, a jointed rod.

模式种　璆形节杆菌(*Arthrobacter globiformis*)(Conn,1928)Conn and Dimmick,1947,种;《1980 年细菌名确认单》。

词源　璆:通球,球形,球体,圆球;形:状,形状,外形,外貌,形容某物在外貌上像……;璆形:像球的,球形的。

Etymology   L. n. *globus*, ball, globe; L. adj. suffix *-formis -is -e*（from L. n. *forma*, figure, shape, appearance）, -like, in the shape of; N.L. masc. adj. *globiformis*, like a ball, spherical.

注：此属是嗜冷微生物中的一属。

节杆菌纲（*Arthrobacteria*）Cavalier-Smith, 2002, 新纲。

模式目　放线菌目（*Actinomycetales*）Buchanan, 1917,《1980 年细菌名确认单》, 目。

词源　节杆菌属：此纲之模式属；杆：棒, 杖；纲：（原核）生物分类的一个级别, 门之下, 目之上的一个分类级, 纲之尾词；节杆菌纲：节杆菌属之纲。

Etymology   N.L. masc. n. *Arthrobacter*, one genus of the class; Gr. n. *baktêria*, staff, cane; suff. *-ia*, ending to denote a class; N.L. neut. pl. n. *Arthrobacteria*, the *Arthrobacter* class.

As

勿糖杆菌属（*Asaccharobacter*）Minamida 等, 2008, 新属。此属已定 1 种。

词源　勿：非, 不, 没, 表示否定；糖：一般性名词, 通常指的是甜的、短链的、可溶解的和由碳氢氧元素构成的碳水化合物, 日常用语中即指食糖（蔗糖, 一种二糖）, 生物化学中进一步细分为单糖（葡萄糖、果糖和半乳糖等）, 二糖（麦芽糖、乳糖和蔗糖等）, 寡糖和多糖等；杆：棒；菌：表示微小的事物, 微生物（细菌、古菌、真菌）；属：属名的尾词；勿糖杆菌属：不消解糖的棒形生物。

Etymology   Gr. pref. *a-*, not; Gr. n. *saccharon*, sugar; N.L. masc. n. *bacter*, a rod; N.L. masc. n. *Asaccharobacter*, rod that does not digest sugar.

模式种　隐秘勿糖杆菌（*Asaccharobacter celatus*）Minamida 等, 2008, 新种。

词源　隐秘：秘密, 隐匿, 隐瞒, 隐藏, 保密。

Etymology   L. masc. adj. *celatus*, conceal, hide, keep secret.

朝井氏菌属（*Asaia*）Yamada 等, 2000, 新属。此属已定 8 种。

词源　氏：姓氏；朝井氏：以日本细菌学家朝井勇宣的姓氏命名, 其致力于乙酸细菌的系统学；菌：表示微小的事物, 微生物（细菌、古菌、真菌）；属：属名的尾词；朝井氏菌属：以朝井氏命名的生物菌属。

Etymology   N.L. fem. n. *Asaia*, named after Toshinobu Asai, a Japanese bacteriologist who contributed to the systematics of acetic acid bacteria.

模式种　茂物市朝井氏菌（*Asaia bogorensis*）Yamada 等, 2000, 新种。

词源　茂物市：印度尼西亚爪哇岛西部的一个城市, 音译博果尔, 此属大多数菌株是从此地分离的。

Etymology   N.L. fem. adj. *bogorensis*, pertaining to Bogor, Java, Indonesia, where most of the strains were isolated.

浅野氏菌属（*Asanoa*）Lee and Hah，2002，新属；Xu 等，2011 修改。此属已定 5 种。

词源　氏：姓氏；浅野氏：以日本微生物学家浅野行藏的姓氏命名，其首先描述了小链孢菌属（*Catellatospora*）；菌：表示微小的事物，微生物（细菌、古菌、真菌）；属：属名的尾词；浅野氏菌属：以浅野氏命名的生物菌属。

Etymology　N.L. fem. n. *Asanoa*, named after Kozo Asano, the Japanese microbiologist who made the original description of the genus *Catellatospora*.

模式种　铁锈浅野氏菌（*Asanoa ferruginea*）（Asano and Kawamoto，1986）Lee and Hah，2002，新合并。

词源　铁锈：铁锈的颜色，铁锈色，暗红色。

Etymology　L. fem. adj. *ferruginea*, of the color of iron-rust, dark-red.

海鞘纲居菌属（*Ascidiaceihabitans*）Kim 等，2014，新属。

词源　海鞘纲：动物的一个纲名；居：居住，栖居，居住者，栖居者；海鞘纲居菌属：海鞘纲的居住者（生物）。

Etymology　N.L. fem. n. Ascidiacea, name of a zoological class; L. part. adj. *habitans*, a dweller, an inhabitant; N.L. masc. n. *Ascidiaceihabitans*, Ascidiacea dweller.

模式种　东海海鞘纲居菌（*Ascidiaceihabitans donghaensis*）Kim 等，2014，新种。

词源　东海：韩国东海（国际上称日本海），东海的，从这里捕获了金海鞘（*Halocynthia aurantium*）。

Etymology　N.L. masc. adj. *donghaensis*, of Donghae, the Korean name for the East Sea of Korea, from where golden sea squirt *Halocynthia aurantium* was collected.

来源　动物（Source：Animal）。

驴小杆菌属（*Asinibacterium*）Lee 等，2013，新属。此属已定 1 种。

词源　驴：驴子；小杆：小棒或杖；菌：表示微小的事物，微生物（细菌、古菌、真菌）；属：属名的尾词；驴小杆菌属：分离自驴子的细菌。

Etymology　L. n. *asinus*, a donkey（*Equus asinus*）; L. neut. n. *bacterium*, a small rod or staff and, in biology, a bacterium（so called because the first ones observed were rod-shaped）; N.L. neut. n. *Asinibacterium*, a bacterium isolated from *Equus asinus*.

模式种　乳驴小杆菌（*Asinibacterium lactis*）Lee 等，2013，新种。

词源　乳：奶的，乳汁的，分离自一头驴奶的。

Etymology　L. gen. n. *lactis*, of milk, isolated from milk of a donkey.

素单胞菌属（*Aspromonas*）Jin 等，2007，新属。此属已定 1 种。

此属已被 Aslam 等，2009 归属到→沙单胞菌属（*Arenimonas*）Kwon 等，2007，新属。

词源　素：素色的，白色；单胞：单细胞，单元；菌：表示微小的事物，微生物（细菌、古菌、真菌）；属：属名的尾词；素单胞菌属：白色单细胞生物。

Etymology　Gr. adj. *aspros*, white; L. fem. n. *monas*, a unit, monad; N.L. fem. n. *Aspromonas*, a white monad.

模式种　堆肥素单胞菌（*Aspromonas composti*）Jin 等，2007，新种。

此种已归种到→**堆肥沙单胞菌**（*Arenimonas composti*）（Jin 等，2007）Aslam 等，2009，新合并。

词源　堆肥：堆肥的，混合料的。

Etymology　N.L. n. *compostum -i*, compost; N.L. gen. n. *composti*, of compost.

无固醇原体属（*Asteroleplasma*）Robinson and Freundt，1987，新属。此属已定 1 种。

词源　无：没有；固醇：甾醇，类固醇的一类（胆固醇即为最知名的动物固醇）；原体：形成的或模塑的东西；属：属名的尾词；无固醇原体属：意即不需要固醇即可生长的一类生物。

Etymology　Gr. pref. *a*, not; N.L. n. *sterolum*, sterol; -*e*- connecting vowel; Gr. neut. n. *plasma*, anything formed or moulded, image, figure, form; N.L. neut. n. *Asteroleplasma*, name intended to indicate that sterol is not required for growth.

模式种　厌氧生无固醇原体（*Asteroleplasma anaerobium*）Robinson and Freundt，1987，新种。此模式种已经不存在了。

词源　厌：无，非；氧：空气，氧气；生：生命，生物；厌氧生：不在空气中生长的生物/生命。

Etymology　Gr. pref. *an*, not; Gr. n. *aer*, air; Gr. n. *bios*, life; N.L. neut. adj. *anaerobium*, not living in air.

不黏柄菌属（*Asticcacaulis*）Poindexter，1964，属。此属已定 5 种。

模式种　离中不黏柄菌（*Asticcacaulis excentricus*）Poindexter，1964，《1980 年细菌名确认单》，种。

词源　不：否，非，没有；黏：黏，粘，粘性，黏性；柄：树杆，指的是菌柄（非菌毛、性毛、非鞭毛）；菌：表示微小的事物，微生物（细菌、古菌、真菌）；属：属名的尾词；不黏柄属：没有黏性的柄状生物。

Etymology　Gr. pref. *a*, not; N.L. n. *sticca*, stick; L. masc. n. *caulis*, stalk; N.L. masc. n. *Asticcacaulis*, stalk that does not stick.

At

陌杆菌属（*Atopobacter*）Lawson 等，2000，新属。此属已定 1 种。

词源　陌：陌生的，生疏的，奇怪的；杆：棒；菌：表示微小的事物，微生物（细菌、古菌、真菌）；属：属名的尾词；陌杆菌属：陌生而奇怪的棒形生物。

Etymology　Gr. adj. *atopos*, having no place, strange; N.L. masc. n. *bacter*, rod; N.L. masc. n. *Atopobacter*, strange rod.

模式种　海豹陌杆菌（*Atopobacter phocae*）Lawson 等，2000，新种。
词源　海豹：海豹的，来自普通海豹，港海豹（*Phoca vitulina*），此生物分离自这种海豹。
Etymology　L. gen. n. *phocae*, of a seal, of the common seal *Phoca vitulina*, from which the organism was first isolated.

陌菌科（*Atopobiaceae*）Gupta 等，2013，新科。

模式属　陌菌属（*Atopobium*）Collins and Wallbanks，1993，新属。
词源　陌菌属：此科之模式属；科：用于定义一个比属高、比目低的分类级和尾词；在中文科的命名中，把模式属属名中的尾字"属"代换为尾字"科"，即为模式属所在的科名；陌菌科：陌菌属之科。
Etymology　N.L. neut. n. *Atopobium*, type genus of the family; suff. -*aceae*, ending to denote a family; N.L. fem. pl. n. *Atopobiaceae*, the family of the genus *Atopobium*.

陌菌属（*Atopobium*）Collins and Wallbanks，1993，新属；Cools 等，2014 修改。此属已定 6 种。
词源　陌：陌生的，奇怪的；菌：表示微小的事物，微生物（细菌、古菌、真菌）；属：属名的尾词；陌菌属：奇怪的活的东西（生物）。
Etymology　Gr. adj. *atopos*, having no place, strange; Gr. neu. part. used as noun *bion*, living thing; N.L. neu. n.; *Atopobium* strange living thing.
模式种　藐陌菌（*Atopobium minutum*）（Hauduroy 等，1937）Collins and Wallbanks，1993，新合并。
词源　藐：小的，藐小的，渺小的，微小的，蕞眇的，眇微的，极小的，微不足道的。
Etymology　L. neut. adj. *minutum*, little, small.
注：藐陌菌可能是所有中文菌名中最简洁的用名。

陌果菌属（*Atopococcus*）Collins 等，2005，新属。此属已定 1 种。
词源　陌：陌生的，奇怪的；果：浆果，表示浆果形（圆球或椭球）；菌：表示微小的事物，微生物（细菌、古菌、真菌）；属：属名的尾词；陌果菌属：奇怪的浆果形生物。
Etymology　Gr. adj. *atopos*, having no place, strange; N.L. masc. n. *coccus*（from Gr. masc. n. *kokkos*, grain, seed），coccus; N.L. masc. n. *Atopococcus*, a strange coccus.
模式种　烟草陌果菌（*Atopococcus tabaci*）Collins 等，2005，新种。
词源　烟草：烟叶，烟草制品。
Etymology　N.L. gen. n. *tabaci*, of tobacco.

陌柄菌属（*Atopostipes*）Cotta 等，2004，新属。此属已定 1 种。
词源　陌：陌生的，不合适的；柄：在微生物学中一般指的是菌柄（非菌毛、性毛、非鞭毛），本意是植物的柄或树杆；菌：表示微小的事物，微生物（细菌、古菌、真菌）；属：属名的尾词；陌柄菌属：陌生的不常见的棒形生物。

Etymology　Gr. adj. *atopos*, out of place, out of the way, strange; L. masc. n. *stipes*, a log, stump, trunk of a tree, a branch and, in bacteriology, a rod; N.L. masc. n. *atopostipes*, a strange rod.

模式种　猪肛陌柄菌（*Atopostipes suicloacalis*）勘误，Cotta 等，2004，新种。

词源　猪：豕，一种动物；肛：肛门，肛肠（粪便的排泄口）；猪肛：与猪的粪便有关的。

Etymology　L. n. *sus*, a pig; L. adj. *cloacalis -e*, pertaining to a cloaca（manure sewer）; N.L. masc. adj. *suicloacalis*, pertaining to swine manure.

Au

金橙单胞菌属（*Aurantimonas*）Denner 等，2003，新属；Rathsack 等，2011 修改。此属已定 5 种。

词源　金橙：金橙色的，橙色的，橙黄色的；单胞：单细胞，单元；菌：表示微小的事物，微生物（细菌、古菌、真菌）；属：属名的尾词；金橙单胞菌属：橙色的单细胞生物。

Etymology　N.L. adj. *aurantus*, orange-coloured; Gr. fem. n. *monas*, a unit; N.L. fem. n. *Aurantimonas*, orange-coloured unicellular organism.

模式种　杀珊金橙单胞菌（*Aurantimonas coralicida*）Denner 等，2003，新种。

词源　杀：杀灭，消灭；珊：珊瑚，珊瑚虫的骨骼聚集物；杀珊：珊瑚杀手。

Etymology　L. n. *coralium*,（red）coral; L. suffix *-cida*, murderer, killer; N.L. n. *coralicida*, coral-killer.

金橙果菌属（*Auraticoccus*）Alonso-Vega 等，2011，新属。此属已定 1 种。

词源　金橙：金色的，金橙色的，橙色的，橙黄色的；果：浆果，表示浆果形（圆球或椭球）；菌：表示微小的事物，微生物（细菌、古菌、真菌）；属：属名的尾词；金橙果菌属：金橙色的浆果形生物。

Etymology　L. adj. *auratus*, golden; N.L. masc. n. *coccus*（from Gr. masc. n. *kokkos*, a grain, seed）, a coccus; N.L. masc. n. *Auraticoccus*, golden coccus.

模式种　碑橙果菌（*Auraticoccus monumenti*）Alonso-Vega 等，2011，新种。

词源　碑：墓碑，石碑。

Etymology　L. gen. n. *monumenti*, of a monument.

金杆菌属（*Aureibacter*）Yoon 等，2011，新属。此属已定 1 种。

词源　金：金色的，金黄色的；杆：棒；菌：表示微小的事物，微生物（细菌、古菌、真菌）；属：属名的尾词；金杆菌属：金色的棒形生物。

Etymology　L. adj. *aureus*, golden; N.L. masc. n. *bacter*, rod; N.L. masc. n. *Aureibacter*, golden rod.

模式种　被囊类金杆菌（*Aureibacter tunicatorum*）Yoon 等，2011，新种。

词源　被囊类：分离自被囊类的。

Etymology　N.L. gen. pl. n. *tunicatorum*, of Tunicata, isolated from tunicates.

注：被囊类属于被囊亚门（曾称为尾索动物亚门，其属于脊索动物门），是海洋无脊椎动物。

金果菌属（*Aureicoccus*）Park 等，2013，新属。此属已定 1 种。

词源　金：金色的，金黄色的；果：浆果，表示浆果形（圆球或椭球）；菌：表示微小的事物，微生物（细菌、古菌、真菌）；属：属名的尾词；金果菌属：金黄色的浆果形生物。

Etymology　L. adj. *aureus*, of the colour of gold, golden; N.L. masc. n. *coccus* (from Gr. n. *kokkos*, grain or berry) a coccus; N.L. masc. n. *Aureicoccus*, a golden coccus.

模式种　海金果菌（*Aureicoccus marinus*）Park 等，2013，新种。

词源　海：属于或来自海的，大海的。

Etymology　L. masc. adj. *marinus*, of or belonging to the sea, marine.

注：属名区别于金橙果菌属（*Auraticoccus*）。

金单胞菌属（*Aureimonas*）Rathsack 等，2011，新属。此属已定 7 种。

词源　金：金色的，金黄色的；单胞：单细胞，单元；菌：表示微小的事物，微生物（细菌、古菌、真菌）；属：属名的尾词；金单胞菌属：金黄色的细菌。

Etymology　L. adj. *aureus*, golden; L. fem. n. *monas*, a unit; N.L. fem. n. *Aureimonas*, golden-coloured bacterium.

模式种　阿尔塔米拉金单胞菌（*Aureimonas altamirensis*）Rathsack 等，2011，新种。

词源　阿尔塔米拉：指的是西班牙坎塔布里亚的阿尔塔米拉洞，此模式菌株的分离地。

Etymology　N.L. fem. adj. *altamirensis*, referring to Altamira Cave (Cantabria, Spain), where the type strain was isolated.

金螺体属（*Aureispira*）Hosoya 等，2006，Hosoya 等，2007 修改。此属已定 1 种。

词源　金：金的，金色的，金黄色的；螺：螺形，螺旋，螺纹；菌：表示微小的事物，微生物（细菌、古菌、真菌）；属：属名的尾词；金螺体属：金黄色的螺形生物。

Etymology　L. adj. *aureus*, golden; L. fem. n. *spira*, a spiral; N.L. fem. n. *Aureispira*, golden spiral.

模式种　海金螺体（*Aureispira marina*）Hosoya 等，2006，新种。

词源　海：海的，大海的，海洋的，与海有关的。

Etymology　L. fem. adj. *marina*, of or belonging to the sea, marine.

金针菌属（*Aureitalea*）Park 等，2012，新属。此属已定 1 种。

词源　金：金色的；针：细棒；菌：表示微小的事物，微生物（细菌、古菌、真菌）；属：属名的尾词；金针菌属：金黄色的棒形生物。

Etymology L. adj. *aureus*, golden; L. fem. n. *talea*, a rod; N.L. fem. n. *Aureitalea*, golden rod.
模式种 海金针菌(*Aureitalea marina*)Park 等,2012,新种。
词源 海:属于或来自海的,大海的或海洋的。
Etymology L. fem. adj. *marina*, of or belonging to the sea, marine.

金幡菌属(*Aureivirga*)Haber 等,2013,新属。此属已定 1 种。
词源 金:金色的;幡:幡状,棒;菌:表示微小的事物,微生物(细菌、古菌、真菌);属:属名的尾词;金幡菌属:金黄色的棒形生物。
Etymology L. adj. *aureus*, golden; L. fem. n. *virga*, rod; N.L. fem. n. *Aureivirga*, the golden rod.
模式种 海金幡菌(*Aureivirga marina*)Haber 等,2013,新种。
词源 海:海的,大海的,海洋的,海上的,海事的。
Etymology L. fem. adj. *marina*, of or belonging to the sea, marine.

金小杆菌属(*Aureobacterium*)Collins 等,1983,新属;Yokota 等,1993 修改。此属已定 14 种。
此属 1998 年已归属到→微小杆菌属(*Microbacterium*)Orla-Jensen,1919,《1980 年细菌名确认单》,Takeuchi and Hatano,1998 修改。
词源 金:金黄色的,金色的;小杆:小棒;菌:表示微小的事物,微生物(细菌、古菌、真菌);属:属名的尾词;金小杆菌属:金黄色的小棒菌类。
Etymology L. adj. *aureus*, golden; L. neut. n. *bacterium*, a small rod; N.L. neut. n. *Aureobacterium*, a golden small rod.
模式种 液化金小杆菌(*Aureobacterium liquefaciens*)(*ex* Orla-Jensen,1919)Collins 等,1983,新合并。此模式种 1998 年已归种到→液化微小杆菌(*Microbacterium liquefaciens*)(Collins 等,1983)Takeuchi and Hatano,1998,新合并。
词源 液:液体;化:变化,产生;液化:化作液体的,变成液体的,溶解的。
Etymology L. part. adj. *liquefaciens*, dissolving.
注:金小杆菌属(*Aureobacterium*)中文名与金小杆菌属(*Chryseobacterium*)重名。由于金小杆菌属(*Aureobacterium*)已经被归属废止,可把其命名为金色小杆菌属。

耳炎杆菌属(*Auritidibacter*)Yassin 等,2011,新属。此属已定 1 种。
词源 耳:耳朵;炎:炎症,发炎;杆:棒;菌:表示微小的事物,微生物(细菌、古菌、真菌),中文微生物所特有字;属:属名的尾词;耳炎杆菌属:引起耳朵炎症的棒形细菌,也指的是此属分离源。
Etymology L. n. *auris* -*is*, the ear; L. suff. -*itis* -*itidis*, suffix used for inflammation; N.L. masc. n. *bacter*, a rod; N.L. masc. n. *Auritidibacter*, rod-shaped bacterium causing inflammation of the ear, also referring to the source of isolation.

模式种　懒耳炎杆菌（*Auritidibacter ignavus*）Yassin 等,2011,新种。
词源　懒:惰性,不活跃,不易改变。
Etymology　L. masc. adj. *ignavus*, inactive.

奥斯特维克氏菌属（*Austwickia*）Hamada 等,2011,新属。或奥斯特氏菌属。此属已定 1 种。

词源　氏:姓氏;奥斯特维克氏:以植物学家皮特·奥斯特维克的姓氏命名,他推荐命名了嗜肤菌科;菌:表示微小的事物,微生物(细菌、古菌、真菌);属:属名的尾词;奥斯特维克氏菌属:以奥斯特维克的姓氏命名的生物菌属。
Etymology　N.L. fem. n. *Austwickia*, named in honor of Peter K.C. Austwick, a botanist who proposed the family *Dermatophilaceae*.

模式种　龟奥斯特维克氏菌（*Austwickia chelonae*）（Masters 等,1995）Hamada 等,2011,新合并。
词源　龟:海龟或陆龟,此第一种分离物的分离源。
Etymology　L. gen. n. *chelonae*, of a turtle or tortoise, the source of the first isolates.

Av

鸟小杆菌属（*Avibacterium*）Blackall 等,2005,新属。此属已定 5 种。

词源　鸟:鸟(类);小杆:小棒;菌:表示微小的事物,微生物(细菌、古菌、真菌);属:属名的尾词;鸟小杆菌属:来自鸟类的细菌。
Etymology　L. gen. pl. n. *avium*, of birds; L. neut. n. *bacterium*, rod; N.L. neut. n. *Avibacterium*, bacterium of birds.

模式种　母鸡鸟小杆菌（*Avibacterium gallinarum*）（Hall 等,1955）Blackall 等,2005,新合并。
词源　母鸡:雌性成年鸡,能下鸡蛋,不善飞行。
Etymology　L. gen. pl. n. *gallinarum*, of hens.
注:此属中文属名与1994年定的鸟小杆菌属（*Ornithobacterium*）重名,因为拉丁文名词 *avium* 与希腊文名词 *ornis -ithos* 都表示鸟类。如果想区分这种情况,或许可以把希腊文名词用繁体汉字表示,比如这里可以写成鳥小杆菌属（*Ornithobacterium*）。

Az

氮弓菌属（*Azoarcus*）Reinhold-Hurek 等,1993,新属。此属已定 9 种。

词源　氮:一种元素,N;弓:弯、弧、穹、弓形、弧形;菌:表示微小的事物,微生物(细菌、古菌、真菌);属:属名的尾词;氮弓菌属:弓形的(固)氮生物。
Etymology　N.L. n. *azotum* [from Fr. n. *azote* (from Gr. prep. *a*, not; Gr. n. *zôê*, life; N.Gr. n. *azôê*, not sustaining life)], nitrogen; N.L. pref. *azo-*, pertaining to nitrogen; L. masc. n. *arcus*, arch, bow; N.L. masc. n. *Azoarcus*, nitrogen (-fixing) bow.

模式种 全需氮弓菌（*Azoarcus indigens*）Reinhold-Hurek 等,1993,新种。
词源 全需:需要全部东西,指的是需要维生素。
Etymology L. v. *indigere*, to need, want, to stand in need or want of any thing; N.L. part. adj. *indigens*, being in need of, referring to the vitamin requirements.

氮氢单胞菌属（*Azohydromonas*）Xie and Yokota,2005,新属。此属已定 2 种。

词源 氮:一种元素,**N**;氢:一种气体元素,氢,**H**,氢气,产水(因为氢与氧结合产生水,因此新拉丁文的本意即为产水);单胞:单细胞,单元;菌:表示微小的事物,微生物(细菌、古菌、真菌);属:属名的尾词;氮氢单胞菌属:固氮和氢自营单细胞菌生物。
Etymology N.L. n. *azotum* [from Fr. n. *azote* (from Gr. prep. *a*, not; Gr. n. *zôê*, life; N.Gr. n. *azôê*, not sustaining life)], nitrogen; N.L. pref. *azo-*, pertaining to nitrogen; Gr. n. *hudôr*, water; Gr. n. *monas*, a unit, monad; N.L. fem. n. *Azohydromonas*, nitrogen-fixing and hydrogen autotrophic monad.
模式种 宽氮水单胞菌（*Azohydromonas lata*）（Palleroni and Palleroni,1978）Xie and Yokota,2005,新合并。
词源 宽:横向距离大、阔、广的。
Etymology L. fem. adj. *lata*, broad.
注:新拉丁文名词 *azotum* 该词来自法文 *azote*,而该法文又来自希腊文介词"勿/非"*a* 和希腊文名词"生命"*zôê* 组成的新希腊文名词 *azôê*。

氮单胞菌属（*Azomonas*）Winogradsky,1938,属。此属已定 3 种。

词源 氮:一种元素,**N**;单胞:单细胞,单元;菌:表示微小的事物,微生物(细菌、古菌、真菌);属:属名的尾词;氮单胞菌属:氮单细胞生物。
Etymology N.L. n. *azotum* [from Fr. n. *azote* (from Gr. prep. *a*, not; Gr. n. *zôê*, life; N.Gr. n. *azôê*, not sustaining life)], nitrogen; N.L. pref. *azo-*, pertaining to nitrogen; L. fem. n. *monas*, a unit, monad; N.L. fem. n. *Azomonas*, nitrogen monad.
模式种 快氮单胞菌（*Azomonas agilis*）（Beijerinck,1901）Winogradsky,1938,《1980 年细菌名确认单》,种。
词源 快:快的,迅速的,灵巧的,敏捷的。
Etymology L. fem. adj. *agilis*, quick, agile.
同义词 "*Azotococcus*" Tchan,1953。
注:1982 年新合并的大胞生氮单胞菌（*Azomonas macrocytogenes*）也是此属一种,耗氧,非共生,固氮。标记氮单胞菌（*Azomonas insignis*）也是其中之一,与大胞生氮单胞菌类似。

氮单发菌属（*Azomonotrichon*）Thompson and Skerman,1981,新属。此属已定 1 种。

此属 1982 年已归属到→氮单胞菌属（*Azomonas*）Winogradsky,1938,属;《1980 年细菌名确

认单》。

词源 氮：一种元素，N；单：单个、单一、一；发：毛发，头发；菌：表示微小的事物，微生物（细菌、古菌、真菌）；属：属名的尾词；氮单发菌属：(固)氮的单一发丝形生物。

Etymology not found.

模式种 大胞生氮单发菌（*Azomonotrichon macrocytogenes*）（Jensen,1955）Thompson and Skerman,1981,新合并。此种1982年已变称(归种)为→大胞生氮单胞菌（*Azomonas macrocytogenes*）（Jensen,1955）New and Tchan,1982,新合并。

词源 大：长度、广度都很大；胞：细胞；生：产,生产,生成,产生,导致,制造；大胞生：大细胞生成的。

Etymology Gr. adj. *makros*, length, large; Gr. n. *kutos*, hollow, vessel, jar and, in biology, a cell; N.L. suff. *-genes*（from Gr. v. *gennaô*, to produce）, producing; N.L. part. adj. *macrocytogenes*, large cell producing.

氮圈菌属（*Azonexus*）Reinhold-Hurek and Hurek,2000,新属。此属已定3种。

词源 氮：一种元素，N；圈：线圈；菌：表示微小的事物,微生物(细菌、古菌、真菌)；属：属名的尾词；氮圈菌属：固氮的线圈形生物。

Etymology N.L. n. *azotum*［from Fr. n. *azote*（from Gr. prep. *a*, not; Gr. n. *zôe*, life; N.Gr. n. *azôê*, not sustaining life）］, nitrogen; N.L. pref. *azo-*, pertaining to nitrogen; L. masc. n. *nexus*, coil（only poet. and in post-Aug. prose）; N.L. masc. n. *Azonexus*, nitrogen-fixing coil.

模式种 嗜菇氮圈菌（*Azonexus fungiphilus*）Reinhold-Hurek and Hurek,2000,新种。

词源 嗜：嗜好的,喜好的,友好的,爱好的；菇：蘑菇,真菌；嗜菇：喜好蘑菇或真菌的,指的是其分离源。

Etymology L. masc. n. *fungus*, a mushroom, fungus; N.L. adj. *philus -a -um*（from Gr. adj. *philos -ê -on*）, friend, loving; N.L. masc. adj. *fungiphilus*, mushrooms or fungi loving, referring to its source of isolation.

氮根瘤菌属（*Azorhizobium*）Dreyfus等,1988,新属。此属已定3种。

词源 氮：一种元素，N；根瘤菌属：细菌的一个属名；氮根瘤菌属：(利用)氮气的根瘤菌属。

Etymology N.L. n. *azotum*［from Fr. n. *azote*（from Gr. prep. *a*, not; Gr. n. *zôe*, life; N.Gr. n. *azôê*, not sustaining life）］, nitrogen; N.L. pref. *azo-*, pertaining to nitrogen; N.L. neut. n. *Rhizobium*, a bacterial generic name; N.L. neut. n. *Azorhizobium*, a nitrogen（using）*Rhizobium*.

模式种 柄瘤氮根瘤菌（*Azorhizobium caulinodans*）Dreyfus等,1988,新种。

词源 柄：在微生物学中一般指的是菌柄(非菌毛、性毛、非鞭毛),本意是植物的柄或树杆；瘤：根瘤,肿块,节瘤；柄瘤：树杆或枝杆的节瘤,根瘤。

Etymology L. n. *caulis*; the stalk or stem of a plant; L. part. adj. *nodans*, furnishing with knots, nodulating; N.L. part. adj. *caulinodans*, stem-nodulating.

嗜氮根菌属(*Azorhizophilus*) Thompson and Skerman,1981,新属。此属已定1种。

词源　嗜:嗜好的,喜好的,友好的,爱好的;嗜氮:喜好氮的;菌:表示微小的事物,微生物(细菌、古菌、真菌);属:属名的尾词;根菌:与植物根部有关的菌;嗜氮根菌属:喜好氮的根部生物。

Etymology　not found.

模式种　雀稗嗜氮根菌(*Azorhizophilus paspali*)(Döbereiner,1966) Thompson and Skerman,1981,新合并。

词源　雀稗:一种草的属名,雀稗属,雀稗的。

Etymology　N.L. gen. n. *paspali*, of *Paspalum*(the generic name of a grass).

氮螺体属(*Azospira*) Reinhold-Hurek and Hurek,2000,新属;Bae等,2007修改。此属已定2种。

词源　氮:一种元素,N;螺:螺形,螺旋,螺纹;菌:表示微小的事物,微生物(细菌、古菌、真菌);属:属名的尾词;氮螺体属:氮气固定螺形生物(固氮菌)。

Etymology　N.L. n. *azotum* [from Fr. n. *azote* (from Gr. prep. *a*, not; Gr. n. *zôê*, life; N.Gr. n. *azôê*, not sustaining life)], nitrogen; N.L. pref. *azo-*, pertaining to nitrogen; L. fem. n. *spira*, coil, spire; N.L. fem. n. *Azospira*, nitrogen-fixing spiral.

模式种　稻氮螺体(*Azospira oryzae*) Reinhold-Hurek and Hurek,2000,新种。

词源　稻:水稻,稻米,指的是其通常与稻根联系在一起的。

Etymology　L. gen. n. *oryzae*, of rice, referring to its frequent occurrence in association with rice roots.

氮小螺体属(*Azospirillum*) Tarrand等,1979,属;Falk等,1985修改。此属已定17种。

词源　氮:一种元素,N;螺:螺形,螺旋,螺纹;小螺:与螺相对,表示比螺在尺寸上小,小螺形,小螺旋,小螺纹;菌:表示微小的事物,微生物(细菌、古菌、真菌);属:属名的尾词;氮小螺体属:小氮气螺形生物。

Etymology　N.L. n. *azotum* [from Fr. n. *azote* (from Gr. prep. *a*, not; Gr. n. *zôê*, life; N.Gr. n. *azôê*, not sustaining life)], nitrogen; N.L. pref. *azo-*, pertaining to nitrogen; L. n. *spira*, a spiral; N.L. dim. neut. n. *spirillum*, a small spiral; N.L. neut. n. *Azospirillum*, a small nitrogen spiral.

模式种　含脂氮小螺体(*Azospirillum lipoferum*)(Beijerinck,1925) Tarrand等,1979,《1980年细菌名确认单》,种。

词源　含:包含,携带,携有;脂:脂肪,动物脂肪,猪油,牛脂;含脂:含有脂肪的,携带脂肪的。

Etymology   Gr. n. *lipos*, animal fat, lard, tallow; L. suff. *-ferus -a -um* (from L. v. *fero*, to carry), bringing, bearing; N.L. neut. adj. *lipoferum*, fat bearing.

注：亚马逊氮小螺体(*Azospirillum amazonense*) Magalhães 等，1984，新种→在 2014 年已被归种为亚马逊硝化小螺体(*Nitrospirillum amazonense*) Lin 等，2014，新合并。

氮杆菌属(*Azotobacter*) Beijerinck，1901，此属已定 8 种，2 亚种。

此属是氮杆菌科(*Azotobacteraceae*) Pribram，1933，《1980 年细菌名确认单》的模式属。

词源　氮：一种元素，N；杆：棒；菌：表示微小的事物，微生物(细菌、古菌、真菌)；属：属名的尾词；氮杆菌属：(固) 氮的棒形生物。

Etymology   N.L. n. *azotum* [from Fr. n. *azote* (from Gr. prep. *a*, not; Gr. n. *zôê*, life; N.Gr. n. *azôê*, not sustaining life)], nitrogen; N.L. masc. n. *bacter*, a rod; N.L. masc. n. *Azotobacter*, a nitrogen rod.

模式种　色果氮杆菌(*Azotobacter chroococcum*) Beijerinck，1901，《1980 年细菌名确认单》。

词源　色：颜色；果：浆果，表示浆果形(圆球或椭球)；色果：着色的有颜色的浆果(生物)。

Etymology   Gr. n. *chroa*, color; N.L. masc. n. *coccus* (from Gr. masc. n. *kokkos*, grain, seed), coccus; N.L. neut. n. *chroococcum*, colored coccus.

同义词　"*Parachromatium*" Beijerinck，1903，"*Azotomonas*" Orla-Jensen，1909。

氮杆菌科(*Azotobacteraceae*) Pribram，1933，科。

模式属　氮杆菌属(*Azotobacter*) Beijerinck，1901，属，《1980 年细菌名确认单》。

词源　氮杆菌属：此科之模式属；科：用于定义一个比属高、比目低的分类级和尾词；在中文科的命名中，把模式属属名中的尾字"属"代换为尾字"科"，即为模式属所在的科名；氮杆菌科：氮杆菌属之科。

Etymology   N.L. masc. n. *Azotobacter*, type genus of the family; suff. *-aceae*, ending to denote a family; N.L. fem. pl. n. *Azotobacteraceae*, the *Azotobacter* family.

氮弧菌属(*Azovibrio*) Reinhold-Hurek and Hurek，2000，新属。此属已定 1 种。

词源　弧：作动词表示弧动，像手中舞动的绳子状振动；作名词也表示细菌的一个属名，表示弧状的菌，弧菌属；菌：表示微小的事物，微生物(细菌、古菌、真菌)；属：属名的尾词；氮弧菌属：固氮的弧动/振动的生物。

Etymology   N.L. n. *azotum* [from Fr. n. *azote* (from Gr. prep. *a*, not; Gr. n. *zôê*, life; N.Gr. n. *azôê*, not sustaining life)], nitrogen; N.L. pref. *azo-*, pertaining to nitrogen; L. v. *vibro*, to set in tremulous motion, move to and fro, vibrate; N.L. masc. n. *vibrio*, that which vibrates; N.L. masc. n. *Azovibrio*, nitrogen-fixing organism which vibrates.

模式种　局氮弧菌(*Azovibrio restrictus*) Reinhold-Hurek and Hurek，2000，种。

词源　局：局限，受限，有限的，受约束的，指的是对于此菌的生长所用的碳源谱的制约（局部利用碳谱）。

Etymology　L. masc. adj. *restrictus*, limited, restricted, referring to the restricted spectrum of carbon sources used for growth.

B 部

Ba

竿菌科（*Bacillaceae*）Fischer, 1895, 科。中文同义词: 芽孢杆菌科。

模式属　竿菌属（*Bacillus*）Cohn, 1872, 属;《1980 年细菌名确认单》。

词源　竿菌属: 此科之模式属; 科: 用于定义一个比属高、比目低的分类级和尾词; 在中文科的命名中, 把模式属属名中的尾字"属"代换为尾字"科", 即为模式属所在的科名; 竿菌科: 竿菌属之科。

Etymology　N.L. masc. n. *Bacillus*, type genus of the family; suff. *-aceae*, ending to denote a family; N.L. fem. pl. n. *Bacillaceae*, the *Bacillus* family.

竿菌目（*Bacillales*）Prévot, 1953, 目。

此目是厚壁菌纲（*Firmibacteria*）Murray, 1988, 垒杆菌纲（*Teichobacteria*）Cavalier-Smith, 2002 和竿菌纲（*Bacilli*）Ludwig 等, 2010 的模式目。

模式属　竿菌属（*Bacillus*）Cohn, 1872,《1980 年细菌名确认单》, 属。

词源　竿菌属: 此目之模式属; 目: 用于定义一个比科高、比纲低的分类级和尾词; 在中文目的命名中, 把模式属属名中的尾字"属"代换为尾字"目", 即为模式属所在的目名; 竿菌目: 竿菌属之目。

Etymology　N.L. masc. n. *Bacillus*, type genus of the order; suff. *-ales*, ending denoting an order; N.L. fem. pl. n. *Bacillales*, the *Bacillus* order.

竿菌纲（*Bacilli*）Ludwig 等, 2010, 新纲。

模式目　竿菌目（*Bacillales*）Prévot, 1953,《1980 年细菌名确认单》, 目。

词源　竿菌属: 此纲之模式目之模式属; 纲: (原核)生物分类的一个级别, 门之下, 目之上的一个分类级, 纲之尾词; 竿菌纲: 竿菌属之纲。

Etymology　N.L. masc. n. *Bacillus*（from L. masc. n. *bacillus*）, type genus of the type order of the class; N.L. masc. pl. n. *Bacilli*, the *Bacillus* class.

竿菌属（*Bacillus*）Cohn, 1872, 属。此属已定 312 种, 7 亚种。

此属是竿菌目（*Bacillales*）Prévot, 1953,《1980 年细菌名确认单》, 竿菌科（*Bacillaceae*）Fischer, 1895,《1980 年细菌名确认单》的模式属。

词源　竿: 在本书中对译于拉丁文 ***bacillus***, 表示棒形, 以示与常见的"杆"的区别, 表示以出芽孢为特征的棒形; 菌: 表示微小的事物, 微生物(细菌、古菌、真菌); 属: 属名的尾词; 竿菌

属：小竿杖形生物。

Etymology　L. masc. n. *bacillus*, a small staff, a wand, a rod.

模式种　纤细竿菌（*Bacillus subtilis*）（Ehrenberg, 1835）Cohn, 1872, 种；《1980 年细菌名确认单》。

词源　纤细：纤细的，细小的。

Etymology　L. masc. adj. *subtilis*, slender.

注1：此菌在以往中文微生物学中常用的名字是枯草芽孢杆菌、枯草芽胞杆菌或枯草杆菌，据陶天申教授回忆，当初陈华癸院士定此中文名时是根据其在中国的培养方式是通过枯草（稻草）很容易就培养出来了，因此定名。但实际上，作者首先是根据形态和尺寸来定名的，也是迄今最小的微生物之一。

注2：此属下有很多赫赫有名的菌种，比如图林根竿菌（*Bacillus thuringiensis*），简称 *Bt*。它有个非常中国化的名词"苏云金杆菌"或"苏云金芽孢杆菌"或"苏云金芽胞杆菌"，很多人误以为是一个叫"苏云金"的中国人命名的，或者是以为德国有一个"苏云金省"的地方，但实际上是因为最初发现在德国图林根州而得名的。图林根竿菌作为生物农药的开发是目前市场上最成功也是最成熟的一种。**炭疽竿菌**（*Bacillus anthraci*）又是一种高知名度的菌种。**地衣形竿菌**（*Bacillus licheniformis*）对于肠道健康极为重要。

小杆菌纲（*Bacteria*）Haeckel, 1894。或细菌纲，或杆菌纲。

模式目　没有给出。

词源　小杆：因为发现的第一种微生物的形态是小杆/棒形的小东西，因此在微生物学中，就命名为小杆菌，在中文中译为细菌；纲：（原核）生物分类的一个级别，门之下，目之上的一个分类级，纲之尾词；小杆菌纲：细菌之纲，小杆菌之纲。

Etymology　L. n. *bacterium*, staff, rod and, in biology, a bacterium（so called because the first ones observed were rod-shaped）; L. neut. pl. n. *Bacteria*, baceria, the class of bacteria.

注：根据条文 15, 22 和 27（3），命名的小杆菌纲（*Bacteria*）不合规，因为它并没有推荐相应的模式目属。

解杆菌属（*Bacteriolyticum*）Piñeiro 等, 2008, 新属。不合规属名（Illegitimate genus name）。此属已定 1 种。

词源　解：溶解的，分解的，降解的；杆：棒，在生物学中表示细菌；菌：表示微小的事物，微生物（细菌、古菌、真菌）；属：属名的尾词；解杆菌属：细菌的溶解分解者，溶解分解细菌的微生物。

Etymology　Gr. n. *baktêria*, staff, cane and in biology, a bacterium; Gr. adj. *lutikos*, able to loosen, able to dissolve; N.L. neut. n. *Bacteriolyticum*, a dissolver of bacteria.

模式种　斯道颇氏解杆菌（*Bacteriolyticum stolpii*）（Seidler 等, 1972）Piñeiro 等, 2008, 新合并。

词源　氏：姓氏；斯道颇氏：以美国微生物学家斯道颇命名。

Etymology　N.L. masc. gen. n. *stolpii*, of Stolp, named after the American microbiologist Stolp.

注：Piñeiro 等, 2008 年建议，把吞小杆菌属（*Bacteriovorax*）的模式种，斯道颇氏吞小杆菌（*Bacteriovorax stolpii*)(Seidler 等,1972)Baer 等,2000 转移到,新属,**解菌属**(*Bacteriolyticum*)Piñeiro 等,2008,作为斯道颇氏解菌(*Bacteriolyticum stolpii*)(Seidler 等,1972)Piñeiro 等,2008。不过,根据原则 1,条文 15,37a 和条文 51b(1),解杆菌属(*Bacteriolyticum*)Piñeiro 等,2008 并不合规。

杆线体属(*Bacterionema*)Gilmour 等,1961,属。此属 1 种。

此属已归属到→**棒小杆菌属**(*Corynebacterium*)Lehmann and Neumann,1896,《1980 年细菌名确认单》。

词源　线:线形,线状物;菌:表示微小的事物,微生物(细菌、古菌、真菌);属:属名的尾词;杆线菌属:线形的(长)棒形生物。

Etymology　N.L. n. *bacter*, rod; Gr. neut. n. *nêma*, a thread; N.L. neut. n. *Bacterionema*, a thread-shaped (long) rod.

模式种　玛特吕少氏线杆菌(*Bacterionema matruchotii*)(Mendel,1919)Gilmour 等,1961,《1980 年细菌名确认单》。此模式种已归种到→**玛特吕少氏棒小杆菌**(*Corynebacterium matruchotii*)(Mendel,1919)Collins,1983,新种。

词源　氏:姓氏;玛特吕少氏:以法国真菌学家玛特吕少的姓氏命名,玛特吕少的。

Etymology　N.L. gen. masc. n. *matruchotii*, of Matruchot, named for professor Matruchot, a French mycologist.

吞小杆菌科(*Bacteriovoracaceae*)Davidov and Jurkevitch,2004,新科。

模式属　吞小杆菌属(*Bacteriovorax*)Baer 等,2000,新属。

词源　吞小杆菌属:此科之模式属;科:用于定义一个比属高、比目低的分类级和尾词;在中文科的命名中,把模式属属名中的尾字"属"代换为尾字"科",即为模式属所在的科名;吞小杆菌科:吞小杆菌属之科。

Etymology　N.L. masc. n. *Bacteriovorax*, type genus of the family; suff. *-aceae*, ending to denote a family; N.L. fem. pl. n. *Bacteriovoracaceae*, the *Bacteriovorax* family.

吞小杆菌属(*Bacteriovorax*)Baer 等,2000,新属。此属已定 4 种。或吞菌属。

此属是**吞小杆菌科**(*Bacteriovoracaceae*)Davidov and Jurkevitch,2004 的模式属。

词源　吞:吞噬的,吞食的,吞吃的,大吃的;杆:棒;菌:表示微小的事物,微生物(细菌、古菌、真菌);属:属名的尾词;吞杆菌属:细菌的吞噬者。

Etymology　L. neut. n. *bacterium*, rod or staff and, in biology, a bacterium (so called because the first ones observed were rod-shaped); L. adj. *vorax*, devouring, ravenous, voracious; N.L. masc. n. *Bacteriovorax*, devourer of bacteria.

模式种　斯道颇氏吞杆菌(*Bacteriovorax stolpii*)(Seidler 等,1972)Baer 等,2000,新合并。或斯道颇氏吞菌。

词源　氏:姓氏;斯道颇氏:以美国微生物学家斯道颇命名。

Etymology　　N.L. masc. gen. n. *stolpii*, of Stolp, named after the American microbiologist Stolp.

杆状菌科(*Bacteroidaceae*)Pribram,1933,科。或拟杆菌科。

模式属　杆状菌属(*Bacteroides*)Castellani and Chalmers,1919,《1980年细菌名确认单》,属。
词源　杆状菌属:此科之模式属;科:用于定义一个比属高、比目低的分类级和尾词;在中文科的命名中,把模式属属名中的尾字"属"代换为尾字"科",即为模式属所在的科名;杆状菌科:杆状菌属之科。
Etymology　　N.L. masc. n. *Bacteroides*, type genus of the family; suff. -*aceae*, ending to denote a family; N.L. fem. pl. n. *Bacteroidaceae*, the *Bacteroides* family.

杆状菌目(*Bacteroidales*)Krieg,2012,新目。或拟杆菌目。

此目是杆状菌纲(*Bacteroidia*)Krieg,2012的模式目。
模式属　杆状菌属(*Bacteroides*)Castellani and Chalmers,1919,《1980年细菌名确认单》,属。
词源　杆状菌属:此目之模式属;目:用于定义一个比科高、比纲低的分类级和尾词;在中文目的命名中,把模式属属名中的尾字"属"代换为尾字"目",即为模式属所在的目名;杆状菌目:杆状菌属之目。
Etymology　　N.L. masc. n. *Bacteroides*, type genus of the order; suff. -*ales*, ending to denote an order; N.L. fem. pl. n. *Bacteroidales*, the *Bacteroides* order.

杆状菌族(*Bacteroideae*)Castellani and Chalmers,1919,族。

模式属　杆状菌属(*Bacteroides*)Castellani and Chalmers,1919,《1980年细菌名确认单》,属。
词源　杆状菌属:此族之模式属;族:原核生物分类的一个级别,现已停用;杆状菌族:杆状菌属之族。
Etymology　　N.L. masc. n. *Bacteroides*, type genus of the tribe; suff. -*eae*, ending to denote a tribe; N.L. fem. pl. n. *Bacteroideae*, the *Bacteroides* tribe.

杆状菌属(*Bacteroides*)Castellani and Chalmers,1919,属;Shah and Collins,1989修改。此属已定95种,5亚种。

此属是**杆状菌目**(*Bacteroidales*)Krieg,2012,**杆状菌科**(*Bacteroidaceae*)Pribram,1933,《1980年细菌名确认单》和**杆状菌族**(*Bacteroideae*)Castellani and Chalmers,1919,《1980年细菌名确认单》的模式属。
词源　杆:棒;状:形状,类似……,(看起来)像……;菌:表示微小的事物,微生物(细菌、古菌、真菌);属:属名的尾词;杆状菌属:杆形/棒形的生物。
Etymology　　N.L. n. *bacter*, rod; L. suff. -*oides* (from Gr. suff. -*eides*, from Gr. n. *eidos*, that which is seen, form, shape, figure), ressembling, similar; N.L. masc. n. *Bacteroides*, rodlike.
模式种　脆杆状菌(*Bacteroides fragilis*)(Veillon and Zuber,1898)Castellani and Chalmers,

1919,种;《1980年细菌名确认单》。

词源 脆:干,脆,干脆,脆弱,松脆,易碎的,指的是在某些培养条件下,有关菌落可形成松脆特性。

Etymology L. masc. adj. *fragilis*, easily broken, brittle, fragile (relating to the brittle colonies that may form under some culture conditions).

同义词 "*Ristella*" Prévot,1938。

注:中文常见名是拟杆菌属(其族、科、目、纲的相应命名也对应于此)。此属一些菌种也被重新归属,如超巨杆状菌(*Bacteroides hypermegas*)1982年已归属到超巨巨单胞菌(*Megamonas hypermegale*)命名修改(Harrison and Hansen,1963)Shah and Collins,1983,新合并。超巨巨单胞菌为非运动棒形,0.8-3μm×3.0-20μm,目前看来并不算很大。

杆状菌纲(*Bacteroidia*)Krieg,2012,新纲。或拟杆菌纲。

模式目 杆状菌目(*Bacteroidales*)Krieg,2012,新目。

词源 杆状菌属:此纲模式目杆状菌目之模式属;纲:(原核)生物分类的一个级别,门之下,目之上的一个分类级,纲之尾词;杆状菌纲:杆状菌目之纲。

Etymology N.L. masc. n. *Bacteroides*, type genus of the type order *Bacteroidales*; suff. -*ia*, ending to denote a class; N.L. neut. pl. n. *Bacteroidia*, the *Bacteroidales* class.

皮肤杆菌属(*Bactoderma*)Tepper and Korshunova,1973,属。此属已定2种。

模式种 素色皮肤杆菌(*Bactoderma alba*)Tepper and Korshunova,1973,《1980年细菌名确认单》。

同义词 "*Bactoderma*" Winogradsky and Winogradsky,1933。

注:此属模式种已不可得。即此属名实际上已经不再使用。

浴室菌属(*Balnearium*)Takai 等,2003,新属。此属已定1种。

词源 浴室:与浴室有关的;菌:表示微小的事物,微生物(细菌、古菌、真菌);属:属名的尾词;浴室菌属:与浴室有关的生物。

Etymology N.L. neut. subst. from L. neut. adj. *balnearium*, pertaining to a bath.

模式种 石营浴室菌(*Balnearium lithotrophicum*)Takai 等,2003,新种。

词源 石:石头,岩石;营:营养,营生,养育,抚育;石营:石化营养,利用石头(无有机营养的)作为营养环境,即无机营养,指的是无机代谢(石营代谢)。

Etymology Gr. n. *lithos*, stone; Gr. adj. *trophikos*, nursing, tending or feeding; N.L. neut. adj. *lithotrophicum*, referring to its lithotrophic metabolism.

浴工菌属(*Balneatrix*)Dauga 等,1993,新属。此属已定1种。

词源 浴工:从事洗浴的员工,澡室里的人,洗浴者;菌:表示微小的事物,微生物(细菌、古菌、真菌）；属：属名的尾词；浴工菌属：与浴工有关的生物。
Etymology　L. fem. n. *Balneatrix*, she who has the care of a bath, bather.
模式种　阿尔卑斯浴工菌（*Balneatrix alpica*）Dauga 等，1993，新种。
词源　阿尔卑斯：阿尔卑斯山，与阿尔卑斯山有关的。
Etymology　L. fem. adj. *alpica*, Alpine, pertaining to the Alps.

浴室单胞菌属（*Balneimonas*）勘误，Takeda 等，2004，新属。此属已定 1 种。

此属 2010 年已归属到→微幡菌属（*Microvirga*）（Takeda 等，2004）Weon 等，2010，新合并。
词源　浴室：澡房，洗浴间；单胞：单细胞，单元；菌：表示微小的事物，微生物（细菌、古菌、真菌）；属：属名的尾词；浴室单胞菌属：栖居在浴室的单细胞生物。
Etymology　L. n. *balneum*, bath, a place for bathing; L. fem. n. *monas*, unit, monad; N.L. fem. n. *Balneimonas*, bathhouse (-inhabiting) monad.
模式种　凝结浴室单胞（*Balneimonas flocculans*）Takeda 等，2004，新种。
此种已被归种到→凝结微幡菌（*Microvirga flocculans*）（Takeda 等，2004）Weon 等，2010，新合并。
词源　凝结：絮凝的，凝聚的。
Etymology　N.L. fem. part. adj. *flocculans*, flocculating.

巴牛拉菌属（*Balneola*）Urios 等，2006，新属。此属已定 2 种。

词源　巴牛拉；（法国南部靠地中海的滨海）巴尼尔斯的古代名字，指的是此首株表征菌株的分离地；菌：表示微小的事物，微生物（细菌、古菌、真菌）；属：属名的尾词；巴牛拉菌属：与巴牛拉（滨海巴尼尔斯）有关的菌属。
Etymology　M.L. fem. n. *Balneola*, the ancient name of Banyuls, referring to the area of isolation of the first characterized strain.
模式种　普通巴牛拉菌（*Balneola vulgaris*）Urios 等，2006，新种。
词源　普通：平凡的，普通的，指的是缺乏专有特征，很普通的。
Etymology　L. fem. adj. *vulgaris*, common, referring to the lack of specific characteristics.

巴恩斯姓菌属（*Barnesiella*）Sakamoto 等，2007，新属。此属已定 2 种。

词源　姓：姓氏；巴恩斯：英国微生物学家艾拉·M. 巴恩斯，其对我们（作者）肠道细菌学和一般厌氧细菌学知识有帮助；菌：表示微小的事物，微生物（细菌、古菌、真菌）；属：属名的尾词；巴恩斯姓菌属：以巴恩斯的姓氏命名的菌属。
Etymology　N.L. dim. fem. n. *Barnesiella*, named after the British microbiologist Ella M. Barnes, who has contributed much to our knowledge of intestinal bacteriology and anaerobic bacteriology in general.

模式种　肠栖巴恩斯姓菌（*Barnesiella viscericola*）Sakamoto等，2007，新种。
词源　肠：肠子，肠道，大小肠；栖：居住，栖居，栖居者，栖息者；肠栖：栖息/生活在肠道的。
Etymology　L. n. *viscus visceris*, intestine; L. suff. n. *-cola* (from L. n. *incola*), inhabitant; N.L. fem. n. *viscericola*, inhabitant of the intestine.

巴里恩托斯岛单胞菌属（*Barrientosiimonas*）Lee等，2013，新属。此属已定1种。

词源　巴里恩托斯岛：南极洲的一个岛；单胞：单细胞，单元；菌：表示微小的事物，微生物（细菌、古菌、真菌）；属：属名的尾词；巴里恩托斯岛单胞菌属：分离自巴里恩托斯岛的细菌。
Etymology　N.L. n. *Barrientosia*, Barrientos Island, an island in the Antarctic; L. fem. n. *monas*, a unit, a monad; N.L. fem. n. *Barrientosiimonas*, a bacterium isolated from Barrientos Island.

模式种　腐土巴里恩托斯岛单胞菌（*Barrientosiimonas humi*）Lee等，2013，新种。
词源　腐土：腐殖质，腐殖土，土壤。
Etymology　L. gen. n. *humi*, of soil, ground.

巴通姓菌属（*Bartonella*）Strong等，1915，属；Brenner等，1993修改，Birtles等，1995修改。此属已定31种，3亚种。

此属是**巴通姓菌科**（*Bartonellaceae*）Gieszczykiewicz，1939，《1980年细菌名确认单》的模式种。

词源　菌：表示微小的事物，微生物（细菌、古菌、真菌）；属：属名的尾词。
Etymology　N.L. fem. dim. n. *Bartonella*, named after Alberto L. Barton, who described these organisms in 1909, after studying the agent of Carrion's disease.

模式种　竿形巴通姓菌（*Bartonella bacilliformis*）（Strong等，1913）Strong等，1915，《1980年细菌名确认单》。

词源　竿：在本书中对译于拉丁文 *bacillus*，表示棒形，以示与常见的"杆"的区别，表示以出芽孢为特征的棒形；形：状，形状，外形，外貌，形容某物在外貌上像……；竿形：出芽孢的竿棒形。
Etymology　L. dim. n. *bacillus*, a small staff, rodlet; L. adj. suffix *-formis -is -e* (from L. n. *forma*, figure, shape, appearance), -like, in the shape of; N.L. fem. adj. *bacilliformis*, rod-shaped.

同义词　"*Bartonia*" Strong等，1913。

巴通姓菌科（*Bartonellaceae*）Gieszczykiewicz，1939，科；Brenner等，1993修改。

模式属　巴通姓菌属（*Bartonella*）Strong等，1915，《1980年细菌名确认单》，属。
词源　巴通姓菌属：此科之模式属；科：用于定义一个比属高、比目低的分类级和尾词；在中文科的命名中，把模式属属名中的尾字"属"代换为尾字"科"，即为模式属所在的科名；巴通姓菌科：巴通姓菌属之科。
Etymology　N.L. fem. n. *Bartonella*, type genus of the family; suff. -*aceae*, ending to denote a family; N.L. fem. pl. n. *Bartonellaceae*, the *Bartonella* family.

巴斯夫厂菌属（*Basfia*）Kuhnert 等，2010，新属。此属已定 1 种。

词源　巴斯夫厂：总部坐落于德国路德维希港的化学公司巴斯夫；菌：表示微小的事物，微生物（细菌、古菌、真菌）；属：属名的尾词；巴斯夫厂菌属：此菌在巴斯夫公司首次表征。

Etymology　N.L. fem. n. *Basfia*, derived from the chemical company BASF SE in Ludwigshafen, Germany, in reference to the origin of the first strain characterized.

模式种　造琥珀酸巴斯夫厂菌（*Basfia succiniciproducens*）Kuhnert 等，2010，新种。

词源　造：产，产生的，生产的，制造的；琥珀酸：丁二酸；造琥珀酸：制造、产生琥珀酸的。

Etymology　N.L. n. *acidum succinicum*, succinic acid; L. part. adj. *producens*, producing; N.L. part. adj. *succiniciproducens*, succinic acid producing.

巴塞尔菌属（*Basilea*）Whiteson 等，2014，新属。此属已定 1 种。

词源　巴塞尔：瑞士城市名，从那里分离得到此模式菌株；菌：表示微小的事物，微生物（细菌、古菌、真菌）；属：属名的尾词；巴塞尔菌属：模式菌株的分离地，与巴塞尔有关的生物。

Etymology　N.L. fem. n. *Basilea*, referring to the Swiss town Basel, where the type strain was isolated.

模式种　长尾小鹦鹉巴塞尔菌（*Basilea psittacipulmonis*）Whiteson 等，2014，新种。

词源　长尾小鹦鹉：此模式菌株和迄今唯一已知的菌株是分离自长尾巴的小鹦鹉，虎皮鹦鹉（*Melopsittacus undulatus*）。

Etymology　N.L. fem. n. *psittacipulmonis*, named because the type and only known strain was isolated from the lung of a parakeet, *Melopsittacus undulatus*.

葆尔得氏菌属（*Bauldia*）Yee 等，2010，新属。此属已定 1 种。

词源　氏：姓氏；葆尔得氏：以澳大利亚微生物学家约翰·葆尔得的姓氏命名，其分离、研究和命名了突柄微菌属（*Prosthecomicrobium*）的菌种和海浮霉菌（*Planctomyces maris*）；菌：表示微小的事物，微生物（细菌、古菌、真菌）；属：属名的尾词；葆尔得氏菌属：以葆尔得姓氏命名的微生物。

Etymology　N.L. fem. n. *Bauldia*, of Bauld, named in honour of John Bauld, an Australian microbiologist who isolated, investigated and named members of the genus *Prosthecomicrobium* and *Planctomyces maris*.

模式种　岸葆尔得氏菌（*Bauldia litoralis*）（Bauld 等，1983）Yee 等，2010，新合并。

词源　岸：滨，海岸，（湖）海（滨）岸，属于或来自海岸的。

Etymology　L. fem. adj. *litoralis*, of or belonging to the sea-shore.

巴伐利亚果菌属（*Bavariicoccus*）Schmidt 等，2009，新属。此属已定 1 种。

词源　巴伐利亚：德国巴伐利亚州；果：浆果，表示浆果形（圆球或椭球）；菌：表示微小的事物，微生物（细菌、古菌、真菌）；属：属名的尾词；巴伐利亚果菌属：分离自巴伐利亚的浆果形细菌。

Etymology　L. fem. n. *Bavaria*, Bavaria（Germany）; N.L. masc. n. *coccus*（from Gr. masc. n. *kokkos*, grain, seed）, coccus; N.L. masc. n. *Bavariicoccus*, a coccoid-shaped bacterium isolated in Bavaria.

模式种　塞勒氏巴伐利亚果菌（*Bavariicoccus seileri*）Schmidt 等，2009，新种。

词源　氏：姓氏；塞勒氏：慕尼黑工业大学的前微生物学家赫伯特·塞勒，其擅长 **FT—IR** 光谱鉴定微生物。

Etymology　N.L. gen. masc. n. *seileri*, of Seiler, named in honour of Herbert Seiler, former microbiologist of the Technical University of Munich with great merit in FT-IR spectroscopic identification of micro-organisms.

Bd

蛭弧菌属（*Bdellovibrio*）Stolp and Starr，1963，属。此属已定 4 种。

此属是蛭弧菌目（*Bdellovibrionales*）Garrity 等，2006 和蛭弧菌科（*Bdellovibrionaceae*）Garrity 等，2006 的模式属。

词源　蛭：水蛭，蚂蟥；弧：作动词表示弧动，像手中舞动的绳子状振动；弧：作名词也表示细菌的一个属名，表示弧状的菌，弧菌属；属：属名的尾词；蛭弧菌属：水蛭状弧动的生物。

Etymology　Gr. n. *bdella*, leech, sucker; L. v. *vibro*, to set in tremulous motion, move to and fro, vibrate; N.L. masc. n. *vibrio*, that which vibrates, and also a bacterial genus name of bacteria possessing a curved rod shape（*Vibrio*）; N.L. n. *Bdellovibrio*, a leechlike vibrio.

模式种　吞小杆蛭弧菌（*Bdellovibrio bacteriovorus*）Stolp and Starr，1963，《1980 年细菌名确认单》，种。

词源　吞：吞食，吞噬，大吃，吞没；小杆：小棒，在生物学中即为细菌[这样说是因为首次观察到的（细菌）微生物是棒形的]。

Etymology　L. neut. n. *bacterium*, rod or staff and, in biology, a bacterium（so called because the first ones observed were rod-shaped）; L. v. *voro*, to eat, to devour; N.L. masc. adj. *bacteriovorus*, bacteria devouring.

蛭弧菌科（*Bdellovibrionaceae*）Garrity 等，2006，新科。

模式属　蛭弧菌属（*Bdellovibrio*）Stolp and Starr，1963，《1980 年细菌名确认单》，属。

词源　蛭弧菌科：此科之模式属；科：用于定义一个比属高、比目低的分类级和尾词；在中文科的命名中，把模式属属名中的尾字"属"代换为尾字"科"，即为模式属所在的科名；蛭弧菌科：蛭弧菌属之科。

Etymology   N.L. masc. n. *Bdellovibrio*, type genus of the family; suff. *-aceae*, ending to denote family; N.L. fem. pl. n. *Bdellovibrionaceae*, the *Bdellovibrio* family.

蛭弧菌目(*Bdellovibrionales*) Garrity 等,2006,新目。

模式属　蛭弧菌属(*Bdellovibrio*) Stolp and Starr,1963,《1980 年细菌名确认单》,属。

词源　蛭弧菌属：此目之一模式属；目：用于定义一个比科高、比纲低的分类级和尾词；在中文目的命名中,把模式属属名中的尾字"属"代换为尾字"目",即为模式属所在的目名；蛭弧菌目：蛭弧菌属之目。

Etymology   N.L. masc. n. *Bdellovibrio*, type genus of the order; suff. *-ales*, ending denoting an order; N.L. fem. pl. n. *Bdellovibrionales*, the *Bdellovibrio* order.

Be

贝日阿托氏菌属(*Beggiatoa*) Trevisan,1842,属。此属已定 1 种。

此属是贝日阿托氏菌目(*Beggiatoales*) Buchanan,1957,《1980 年细菌名确认单》和贝日阿托氏菌科(*Beggiatoaceae*) Migula,1894,《1980 年细菌名确认单》的模式属。

词源　氏：姓氏；贝日阿托：一名(意大利)维琴察医生,**F.S.** 贝日阿托,它是《威尼斯温泉》的作者；菌：表示微小的事物,微生物(细菌、古菌、真菌)；属：属名的尾词；贝日阿托氏菌属：为纪念贝日阿托以其姓氏命名的菌属。

Etymology   N.L. fem. n. *Beggiatoa*, a genus of bacteria; named in remembrance of F.S. Beggiato, a physician of Vicenza, (g.b,1807), who authored the *Delle Terme Euganea*.

模式种　素色贝日阿托氏菌(*Beggiatoa alba*)(Vaucher,1803) Trevisan,1845,《1980 年细菌名确认单》。

词源　素色：素色的,白色的。

Etymology   L. fem. adj. *alba*, white.

注1：或说贝日阿托是医药植物学家。

注2：迄今为止此属也仅一种。这种菌氧化硫化氢,在细胞内转变为小硫滴,这是典型的石营(无机营养)方式,也可能是世界上首次发现的石营方式。素色贝日阿托氏菌细胞无色(白色),碟形或圆筒形,有长鞭毛,直径 12～160μm,能滑行。

贝日阿托氏菌科(*Beggiatoaceae*) Migula,1894,科。

模式属　贝日阿托氏菌属(*Beggiatoa*) Trevisan,1842,《1980 年细菌名确认单》,属。

词源　贝日阿托氏菌属：此科之模式属；科：用于定义一个比属高、比目低的分类级和尾词；在中文科的命名中,把模式属属名中的尾字"属"代换为尾字"科",即为模式属所在的科名；贝日阿托氏菌科：贝日阿托氏菌属之科。

Etymology N.L. fem. n. *Beggiatoa*, type genus of the family; suff. -*aceae*, ending to denote a family; N.L. fem. pl. n. *Beggiatoaceae*, the *Beggiatoa* family.

贝日阿托氏菌目(*Beggiatoales*)Buchanan,1957,目。

模式属 贝日阿托氏菌属(*Beggiatoa*)Trevisan,1842,《1980年细菌名确认单》,属。

词源 贝日阿托氏菌属:此目之模式属;目:用于定义一个比科高、比纲低的分类级和尾词;在中文目的命名中,把模式属属名中的尾字"属"代换为尾字"目",即为模式属所在的目名;贝日阿托氏菌目:贝日阿托氏菌属之目。

Etymology N.L. fem. n. *Beggiatoa*, type genus of the order; suff. -*ales*, ending denoting an order; N.L. fem. pl. n. *Beggiatoales*, the *Beggiatoa* order.

拜叶林氏菌属(*Beijerinckia*)Derx,1950,属。此属已定5种,4亚种。

此属是**拜叶林氏菌科**(*Beijerinckiaceae*)Garrity等,2006的模式属。

词源 氏:姓氏;拜叶林氏:以荷兰微生物学M.W.拜叶林(1851—1931)的姓氏命名;菌:表示微小的事物,微生物(细菌、古菌、真菌);属:属名的尾词;拜叶林氏菌属:以拜叶林的姓氏命名的菌属。

Etymology N.L. fem. n. *Beijerinckia*, named after M.W.Beijerinck, the Dutch microbiologist (1851—1931).

模式种 印度拜叶林氏菌(*Beijerinckia indica*)(Starkey and De,1939)Derx,1950,《1980年细菌名确认单》,种。

词源 印度:印度的,与印度有关的。

Etymology L. fem. adj. *indica*, Indian, pertaining to India.

注:拜叶林是荷兰著名的微生物学家和植物学家,以氮循环、化能自养、病毒学(烟草花叶病毒)、硫酸盐还原菌和细菌培养等著称,其贡献不亚于其同时代的科赫、巴斯德等。

拜叶林氏菌科(*Beijerinckiaceae*)Garrity等,2006,新科。

模式属 拜叶林氏菌属(*Beijerinckia*)Derx,1950,《1980年细菌名确认单》,属。

词源 拜叶林氏菌属:此科之模式属;科:用于定义一个比属高、比目低的分类级和尾词;在中文科的命名中,把模式属属名中的尾字"属"代换为尾字"科",即为模式属所在的科名;拜叶林氏菌科:拜叶林氏菌属之科。

Etymology N.L. fem. n. *Beijerinckia*, type genus of the family; suff. -*aceae*, ending to denote family; N.L. fem. pl. n. *Beijerinckiaceae*, the *Beijerinckia* family.

贝尔姓菌属(*Belliella*)Brettar等,2004,新属;Anil Kumar等,2012修改。此属已定2种。

词源 姓:姓氏;贝尔氏:以乌普萨拉大学水微生物学家拉塞尔·贝尔的姓氏命名;菌:表示

微小的事物,微生物(细菌、古菌、真菌);属:属名的尾词;贝尔姓菌属:以贝尔的姓氏命名菌属。

Etymology N.L. fem. dim. n. *Belliella*, named in honour of the aquatic microbiologist Russell Bell (University of Uppsala).

模式种 波罗的海贝尔姓菌(*Belliella baltica*)Brettar 等,2004,新种。

词源 波罗的海:属于或来自波罗的海的,此模式菌株的来源。

Etymology N.L. fem. adj. *baltica*, of or belonging to the Baltic Sea (the source of the type strain).

美缕菌属(*Bellilinea*)Yamada 等,2007,新属。此属已定 1 种。

词源 美:美丽的;缕:缕条;菌:表示微小的事物,微生物(细菌、古菌、真菌);属:属名的尾词;美线菌属:美丽的线形生物。

Etymology L. adj. *bellus*, beautiful; L. fem. n. *linea*, line; N.L. fem. n. *Bellilinea*, beautifully line-shaped organism.

模式种 烫管美缕菌(*Bellilinea caldifistulae*)Yamada 等,2007,新种。

词源 烫:热的,高温的;管:管线,管道,管状物;烫管:高温的管道,指的是废水/废物处理器,压力容器,从中分离出嗜热的模式菌株。

Etymology L. adj. *caldus*, hot; L. n. *fistula*, a tube, pipe; N.L. gen. n. *caldifistulae*, of a hot pipe, referring to a thermophilic reactor vessel for wastewater/waste treatment, from where the type strain was isolated.

贝尔纳普氏菌属(*Belnapia*)Reddy 等,2006,新属;Jin 等,2012 修改。此属已定 3 种。

词源 氏:姓氏;贝尔纳普氏:以 J. 贝尔纳普的姓氏命名,她对生物土壤壳层(BSCs)研究有贡献;菌:表示微小的事物,微生物(细菌、古菌、真菌);属:属名的尾词;贝尔纳普氏菌属:以贝尔纳普的姓氏命名的菌属。

Etymology N.L. fem. n. *Belnapia*, after J.Belnap, in honour of her contributions to the study of biological soil crusts (BSCs).

模式种 摩押贝尔纳普氏菌(*Belnapia moabensis*)Reddy 等,2006,新种。

词源 摩押:美国犹他州的一个小镇名,表明是从这里分离得到的菌株。

Etymology N.L. fem. adj. *moabensis*, pertaining to Moab, UT, USA, where the type strain was isolated.

贝纳克氏菌属(*Beneckea*)Campbell,1957,属。此属已定 11 种。

此属已被 Baumann 等,1981 归属到→弧菌属(*Vibrio*)Pacini,1854,属;《1980 年细菌名确认单》。

词源 氏:姓氏;贝纳克氏:以德国细菌学家 W. 贝纳克的姓氏命名,其第一个分离几丁质降解细菌;菌:表示微小的事物,微生物(细菌、古菌、真菌);属:属名的尾词;贝纳克氏菌属:以贝纳克的姓氏命名菌属。

Etymology　N.L. fem. n. *Beneckea*, named for W.Benecke, the German bacteriologist who was the first to isolate chitin-decomposing bacteria.

模式种　坎贝尔氏贝纳克氏菌(*Beneckea campbellii*)Baumann 等,1971,《1980 年细菌名确认单》。

此种已归种到→坎贝尔氏弧菌(*Vibrio campbellii*)(Baumann 等,1971)Baumann 等,1981,新合并。

词源　氏:姓氏;坎贝尔氏:以美国细菌学家 L.L. 坎贝尔的姓氏命名。

Etymology　N.L. gen. n. *campbelli*, of Campbell, named to honor L.L.Campbell, an American bacteriologist.

贝尔格姓菌属(*Bergeriella*)Xie and Yokota,2005,新属。此属已定 1 种。

词源　姓:姓氏;贝尔格氏:以 U. 贝尔格的姓氏命名,其首次描述了这些生物;菌:表示微小的事物,微生物(细菌、古菌、真菌);属:属名的尾词;贝尔格姓菌属:以贝尔格的姓氏命名的菌属。

Etymology　N.L. fem. dim. n. *Bergeriella*, named after U.Berger, who first described these organisms.

模式种　脱硝贝尔格姓菌(*Bergeriella denitrificans*)(Berger,1962)Xie and Yokota,2005,新合并。

词源　脱硝:反硝化,硝化的一种反过程。

Etymology　N.L. part. adj. *denitrificans*, denitrifying.

伯杰姓菌属(*Bergeyella*)Vandamme 等,1994,新属。此属已定 1 种。

词源　伯杰姓:以大卫·H. 伯杰的姓氏命名,他与合作者在 1923 年一起创立了黄小杆菌属(*Flavobacterium*),以及对黄小杆菌属和相关细菌分类学有贡献;菌:表示微小的事物,微生物(细菌、古菌、真菌);属:属名的尾词;伯杰姓菌属:以伯杰的姓氏命名的菌属。

Etymology　N.L. fem. dim. n. *Bergeyella*, named in honor of David H. Bergey, who created, together with his coworkers, the genus *Flavobacterium* in 1923, for his contributions to the taxonomy of the genus *Flavobacterium* and related bacteria.

模式种　动物创伤伯杰姓菌(*Bergeyella zoohelcum*)(Holmes 等,1987)Vandamme 等,1994,新合并。

词源　动物:动物;创伤:(皮肤破了的)创伤部位;动物创伤:被动物创伤的,因为菌株分离自猫狗撕咬的部位。

Etymology　Gr. n *zoon*, an animal; Gr. neut. n. *helkos*, a wound; N.L. gen. pl. n. *zoohelcum*, of animal wounds, because strains are isolated from cat and dog bites and scratches.

注：伯杰(1860—1937)是1923年第一版《伯杰氏鉴定细菌学手册》(*Bergey's Manual of Determinative Bacteriology*)主编，1907年左右，他可能是第一个从人体中分离出放线菌的医生。《伯杰氏鉴定细菌学手册》依靠信托基金运作，到1994年已出了第九版。作为对《伯杰氏鉴定细菌学手册》经验性的发展，自1984年起，《伯杰氏系统细菌学手册》(*Bergey's Manual of Systematic Bacteriology*)第一版第一卷出版。2001年第二版第一卷《古菌》出版，2005年出版第二卷《变形菌门》，2009年出版第三卷《厚壁菌门》，2011年出版第四卷《杆状菌门、螺旋菌门、无壁菌门(柔膜菌门)、酸杆菌门、纤杆菌门、梭杆菌门、网球菌门、芽单胞菌门、黏球菌门、疣微菌门、衣原体门、浮霉菌门》，到2012年已经出版了第五卷《放线菌门》。

伯曼姓菌属(*Bermanella*) Pinhassi 等，2009，新属。

词源　姓：姓氏；伯曼氏：以水生微生物生态学家汤姆·伯曼博士的姓氏命名；菌：表示微小的事物，微生物(细菌、古菌、真菌)；属：属名的尾词；伯曼姓菌属：以伯曼的姓氏命名的菌属。

Etymology　N.L. fem. dim. n. *Bermanella*, named after the aquatic microbial ecologist Dr Tom Berman.

模式种　红海伯曼姓菌(*Bermanella marisrubri*) Pinhassi 等，2009，新种。

词源　红：红色的；海：海，大海；红海：红色的海，特指非洲东北部与阿拉伯半岛之间的狭长海域，西北部通过苏伊士运河与地中海相连。

Etymology　L. n. *mare -is*, sea; L. adj. *ruber -bra -brum*, red; N.L. gen. n. *marisrubri*, of the Red Sea.

贝塔变形杆菌纲(*Betaproteobacteria*) Garrity 等，2006，新纲。β—变形菌纲，贝塔变形菌纲。

模式目　伯克氏菌目(*Burkholderiales*) Garrity 等，2006，新目。

词源　贝塔：希腊字母表的第二个字母，β；变形：希腊神话中的海神普罗狄斯(**Proteus**)，(像中国神话中的孙悟空)能够随意改变形态或外形；杆：棒；纲：(原核)生物分类的一个级别，门之下，目之上的一个分类级，纲之尾词；贝塔变形杆菌纲：一个细菌纲，包括在变形菌门或变形杆菌门中，与螺体目的菌类有类似的 **16S rRNA** 基因序列。

Etymology　Gr. n. *beta*, name of the second letter of Greek alphabet; Gr. or L. n. *Proteus*, Greek god of the sea, capable of assuming many different shapes; N.L. n. *bacter*, a rod; suff. *-ia*, ending to denote a class; N.L. neut. pl. n. *Betaproteobacteria*, a class of bacteria included in the phylum "*Proteobacteria*" and having 16S rRNA gene sequences related to those of the members of the order *Spirillales*.

宝腾堡菌属(*Beutenbergia*) Groth 等，1999，新属。此属已定1种。

此属是**宝腾堡菌科**(*Beutenbergiaceae*) Zhi 等，2009 的模式属。

词源　宝腾堡：指的是所研究土壤样品开展研究的地理位置，德国宝腾堡(也有译作比腾堡）；菌：表示微小的事物，微生物（细菌、古菌、真菌）；属：属名的尾词；宝腾堡菌属：研究此土壤样品的研究所所在的地理位置。

Etymology　N.L. fem. n. *Beutenbergia*, referring to Beutenberg, the geographical location of the institute in which the soil sample was studied.

模式种　洞穴宝腾堡菌（*Beutenbergia cavernae*）Groth 等，1999，新种。

词源　洞穴：指的是此生物的栖息环境；实际上此土壤样品是来自广西桂林的芦笛岩喀斯特洞穴，但开展研究的地理位置是以德国耶拿附近的一座山为基础建造的宝腾堡研究院。

Etymology　L. gen. n. *cavernae*, of a cave, referring to the habitat of the organism.

注：德文中的宝腾堡（Beutenberg）容易与瑞士的贝阿滕贝格或贝阿滕堡（Beatenberg）极易混淆。

宝腾堡菌科（*Beutenbergiaceae*）Zhi 等，2009，新科；Hamada 等，2009 修改，Ue 等，2011 修改。

模式属　宝腾堡菌属（*Beutenbergia*）Groth 等，1999，新属。

词源　宝腾堡菌属：此科之模式属；科：用于定义一个比属高、比目低的分类级和尾词；在中文科的命名中，把模式属属名中的尾字"属"代换为尾字"科"，即为模式属所在的科名；宝腾堡菌科：宝腾堡菌属之科。

Etymology　N.L. fem. n. *Beutenbergia*, type genus of the family; suff. *-aceae*, ending to denote a family; N.L. fem. pl. n. *Beutenbergiaceae*, the *Beutenbergia* family.

Bh

布哈加瓦氏菌属（*Bhargavaea*）Manorama 等，2009，新属；Verma 等，2012，修改。

词源　氏：姓氏；布哈加瓦氏：印度知名的生物学家 **PM**. 布哈加瓦；菌：表示微小的事物，微生物（细菌、古菌、真菌）；属：属名的尾词；布哈加瓦氏菌属：以布哈加瓦的姓氏命名的菌属。

Etymology　N.L. fem. n. *Bhargavaea*, named in honour of Pushpa Mittra Bhargava, the renowned Indian biologist.

模式种　细胞分子所布哈加瓦氏菌（*Bhargavaea cecembensis*）Manorama 等，2009，新种。

词源　细胞分子所：细胞和分子生物学中心的缩写的随机简称。

Etymology　N.L. fem. adj. *cecembensis*, pertaining to CCMB, arbitrary adjective formed from the acronym of the Centre for Cellular and Molecular Biology（CCMB）, where the taxonomic studies on this novel species were performed.

Bi

比贝尔斯泰氏菌属（*Bibersteinia*）Blackall 等，2007，新属。此属已定 1 种。

词源　氏：姓氏；比贝尔斯泰氏：恩斯特 **L**. 比贝尔斯泰，他做了此生物很多早期的表征工作，包括创制了血清模式图和一些最早的 DNA—DNA 关联性研究,表明了此分类的独特性;菌:表示微小的事物,微生物(细菌、古菌、真菌);属:属名的尾词;比贝尔斯泰氏菌属:以比贝尔斯泰的姓氏命名的菌属。

Etymology N.L. fem. n. *Bibersteinia*, bacterial genus named after Ernst L. Biberstein, who did much of the early characterization work on this organism, including the creation of the serotyping scheme and some of the earliest DNA-DNA relatedness studies that indicated the unique nature of this taxon.

模式种 海藻糖比贝尔斯泰氏菌(*Bibersteinia trehalosi*)(Sneath and Stevens,1990)Blackall 等,2007,新种。

词源 海藻糖:属于或与海藻糖有关的。

Etymology N.L. n. *trehalosum*, trehalose; N.L.gen. n. *trehalosi*, of trehalose, pertaining to trehalose.

注:海藻糖,又称特里哈糖,由马塞兰·贝特洛在1859年从象鼻虫产生的特里哈甘蜜(trehala manna)中分离出来,因此命名为特里哈糖。由两个 α-葡萄糖单元通过 α,α-1,1-糖苷键链接而成的天然二糖。细菌、真菌、植物和无脊椎动物都可以合成这种天然阿尔法二糖。

岐小杆菌科(*Bifidobacteriaceae*)Stackebrandt 等,1997,新科;Zhi 等,2009 修改。

模式属 岐小杆菌属(*Bifidobacterium*)Orla-Jensen,1924,《1980 年细菌名确认单》,属。

词源 岐小杆菌属:此科之模式属;科:用于定义一个比属高、比目低的分类级和尾词;在中文科的命名中,把模式属属名中的尾字"属"代换为尾字"科",即为模式属所在的科名;岐小杆菌科:岐小杆菌属之科。

Etymology N.L. neut. n. *Bifidobacterium*, type genus of the family; suff. *-aceae*, ending to denote a family; N.L. fem. pl. n. *Bifidobacteriaceae*, the *Bifidobacterium* family.

岐小杆菌目(*Bifidobacteriales*)Stackebrandt 等,1997,新目;Zhi 等,2009 修改。

模式属 岐小杆菌属(*Bifidobacterium*)Orla-Jensen,1924,《1980 年细菌名确认单》,属。

词源 岐小杆菌属:此目之模式属;目:用于定义一个比科高、比纲低的分类级和尾词;在中文目的命名中,把模式属属名中的尾字"属"代换为尾字"目",即为模式属所在的目名;岐小杆菌目:岐小杆菌属之目。

Etymology N.L. neut. n. *Bifidobacterium*, type genus of the order; suff. *-ales*, ending denoting an order; N.L. fem. pl. n. *Bifidobacteriales*, the *Bifidobacterium* order.

岐小杆菌属(*Bifidobacterium*)Orla-Jensen,1924,属。此属已定 51 种,9 亚种。

此属是**岐小杆菌目**(*Bifidobacteriales*)Stackebrandt 等,1997 和**岐小杆菌科**(*Bifidobacteriaceae*)Stackebrandt 等,1997 的模式属。

词源 岐:劈叉的,三岔路口形的,劈开的,分裂的;小杆:小棒;菌:表示微小的事物,微生物

（细菌、古菌、真菌）；属：属名的尾词；岐小杆菌属：分叉的小棒形生物。

Etymology　L. adj. *bifidus*, cleft, split, divided；L. neut. n. *bacterium*, a small rod；N.L. neut. n. *Bifidobacterium*, a cleft rodlet.

模式种　岐岐小杆菌（*Bifidobacterium bifidum*）（Tissier, 1900）Orla-Jensen, 1924,《1980年细菌名确认单》，种。

词源　岐：劈叉的，三岔路口形的，劈开的，分裂的。

Etymology　L. neut. adj. *bifidum*, cleft, split, divided.

同义词　"*Tissieria*" Pribram, 1929, "*Bifidibacterium*" Prévot, 1938。

注：中文中常用中文名双岐杆菌属或双岐杆菌属。实际上，岐字即可表示二分、岔、分叉、分裂之意，再说"双岐"显得画蛇添足，因为双岐并不能说明究竟是两个分叉还是四个分叉，而且拉丁文原意也不是为了表示"双叉"，反而容易混淆。至于为何会译为双岐，可能是因为受该词中的词头"bi"影响。

嗜胆菌属（*Bilophila*）Baron 等，1990，新属。此属已定1种。

词源　嗜：嗜好的，喜好的，友好的，爱好的；胆：胆汁；菌：表示微小的事物，微生物（细菌、古菌、真菌）；属：属名的尾词；嗜胆菌属：喜好胆汁的生物。

Etymology　L. n. *bilis*, bile；N.L. adj. *philus -a -um*（from Gr. adj. *philos -ê -on*）, friend, loving；N.L. fem. n. *Bilophila*, bile-loving organism.

模式种　沃兹沃斯嗜胆菌（*Bilophila wadsworthia*）Baron 等，1990，新种。

词源　沃兹沃斯：美国一个地名，这里是指沃兹沃斯老兵管理医疗中心沃兹沃斯厌氧实验室分离获得的菌种。

Etymology　N.L. fem. adj. *wadsworthia*, belonging to Wadsworth, originating from the Wadsworth Anaerobe Laboratories of the Wadsworth Veterans Administration Medical Center.

生膜栖菌属（*Biostraticola*）Verbarg 等，2008，新属。此属已定1种。

词源　生：生物，生命；膜：膜层；生膜：菌膜，生物膜；栖：居住，栖居，栖居者，栖息者；菌：表示微小的事物，微生物（细菌、古菌、真菌）；属：属名的尾词；生膜栖菌属：生物膜的栖居者。

Etymology　Gr. n. *bios*, life；L. n. *stratum*, layer；L. masc. suff. *-cola*（from L. n. *incola*）, inhabitant；N.L. masc. n. *Biostraticola*, inhabitant of a biofilm.

模式种　钙华生膜栖菌（*Biostraticola tofi*）Verbarg 等，2008，新种。

词源　钙华：属于或来自钙华的。

Etymology　L. gen. n. *tofi*, of/from tufa.

注：钙华，指的是石灰岩的变种，在水体的环境温度中，由碳酸盐矿物进过沉积形成的，美国的莫诺湖（Mono Lake）是典型的钙华。地热热泉（Geothermally heated hot springs）有时也能形成类似的碳酸盐沉积，但称为石灰华（与钙华相比空隙少，钙华是环境温度，石灰华则是热成因）。这些东西笼统的称为火山岩是不严谨或错误的。

比斯高氏菌属（*Bisgaardia*）Foster 等，2011，新属。此属已定1种。

词源　氏：姓氏；比斯高氏：以当代丹麦微生物学家玛涅·比斯高的姓氏命名，他对巴斯德氏菌科的分类学有贡献；菌：表示微小的事物,微生物(细菌、古菌、真菌)；属：属名的尾词；比斯高氏菌属：以比斯高的姓氏命名的菌属。

Etymology　N.L. fem. n. *Bisgaardia*, to honour Magne Bisgaard, a contemporary Danish microbiologist, for his contributions to the taxonomy of the family *Pasteurellaceae*.

模式种　哈德逊比斯高氏菌(*Bisgaardia hudsonensis*)Foster 等,2011,新种。

词源　哈德逊：属于或来自加拿大哈德逊湾的,此菌株的来源地。

Etymology　N.L. fem. adj. *hudsonensis*, of or belonging to Hudson Bay, the area of Canada where the strains originated.

比其奥氏菌属(*Bizionia*)Nedashkovskaya 等,2005,新属。此属已定 8 种。

词源　氏：姓氏；比其奥氏：以著名的意大利博物学家巴特罗姆·比其奥的姓氏命名,他对微生物学的发展有重要贡献；菌：表示微小的事物,微生物(细菌、古菌、真菌)；属：属名的尾词；比其奥氏菌属：以比其奥的姓氏命名的菌属。

Etymology　N.L. fem. n. *Bizionia*, named in honour of the famous Italian naturalist Bartolomeo Bizio, for his important contribution to the development of microbiology.

模式种　珊瑚比其奥氏菌(*Bizionia paragorgiae*)Nedashkovskaya 等,2005,新种。

词源　珊瑚：这里指的是一种软珊瑚,树形泡泡糖(*Paragorgia arborea*),珊瑚虫的骨骼聚集物,从软珊瑚树形泡泡糖中分离获得此模式株菌株。

Etymology　N.L. gen. n. *paragorgiae*, of *Paragorgia*, the generic name of the soft coral *Paragorgia arborea* from which the type strain was isolated.

Bl

芽杆菌属(*Blastobacter*)Zavarzin,1961,属；《1980 年细菌名确认单》,Sly,1985 修改。此属已定 5 种。

词源　芽：蓓蕾,嫩芽,幼苗,萌芽,发芽；杆：棒；菌：表示微小的事物,微生物(细菌、古菌、真菌)；属：属名的尾词；芽杆菌属：出芽的棒形生物。

Etymology　Gr. n. *blastos*, bud shoot; N.L. masc. n. *bacter*, rod; N.L. masc. n. *Blastobacter*, a budding rod.

模式种　亨利氏芽杆菌(*Blastobacter henricii*)Zavarzin,1961,种；《1980 年细菌名确认单》。

词源　氏：姓氏；亨利氏：以美国微生物学家 A. 亨利的姓氏命名,他是第一个观察到芽杆菌属细菌的人。

Etymology　N.L. gen. masc. n. *henricii*, of Henrici; named for A.Henrici, an American microbiologist who may have been the first to see bacteria belonging to the genus *Blastobacter*.

芽小鏈菌属(*Blastocatella*)Foesel 等,2013,新属。此属已定 1 种。

词源　芽：蓓蕾,嫩芽,幼苗,萌芽,发芽；小鏈：小链,小链子,小型的链条(状/形)；菌：表示微小的事物,微生物(细菌、古菌、真菌);属:属名的尾词;芽小链菌属:出芽的小链形生物。
Etymology　Gr. n. *blastos*, bud shoot; L. fem. n. *catella*, small chain; N.L. fem. n. *Blastocatella*, a budding small chain.

模式种　苛刻芽小链菌(*Blastocatella fastidiosa*)Foesel 等,2013,新种。

词源　苛刻:挑剔的,苛刻的,指的是此菌株对于营养需求的苛刻特征。
Etymology　L. fem. adj. *fastidiosa*, *fastidious*, used to refer to the fastidious character of the strain.

芽绿菌属(*Blastochloris*)Hiraishi,1997,新属。此属已定3种。

词源　芽:蓓蕾,嫩芽,幼苗,萌芽,发芽;绿:绿色的,绿颜色的;菌:表示微小的事物,微生物(细菌、古菌、真菌);属:属名的尾词;芽绿菌属:绿色的发育嫩芽。
Etymology　Gr. n. *blastos*, bud shoot; Gr. adj. *chlôros*, green; N.L. fem. n. *Blastochloris*, green bud shoot.

模式种　绿色芽绿菌(*Blastochloris viridis*)(Drews and Giesbrecht,1966)Hiraishi,1997,新合并。

词源　绿色:绿色,绿颜色;在种名中,表示颜色的词,用双汉字词"绿色"表示,以示与属名的区别和区分。
Etymology　L. fem. adj. *viridis*, green.

推荐的属名三字母简写　Blc. 见"命名规则:属名简写"[属名简写三字母准则(Three-letter code for abbreviations of generic names)]。

注:在属名中表示颜色的词,用单汉字"绿"表示,不加"色"来表示颜色。

芽果菌属(*Blastococcus*)Ahrens and Moll,1970,属;Urzì 等,2004 修改,Lee,2006 修改。此属已定4种。

词源　芽:蓓蕾,嫩芽,幼苗,萌芽,发芽;果:浆果,表示浆果形(圆球或椭球);菌:表示微小的事物,微生物(细菌、古菌、真菌);属:属名的尾词;芽果菌属:出芽的浆果形生物。
Etymology　Gr. n. *blastos*, bud, shoot; N.L. masc. n. *coccus* (from Gr. masc. n. *kokkos*, grain, seed), coccus; N.L. masc. n. *Blastococcus*, budding coccus.

模式种　聚芽果菌(*Blastococcus aggregatus*)Ahrens and Moll,1970,种;《1980 年细菌名确认单》。

词源　聚:叠加的,连接的,指的是此生物有形成果球形团聚体的趋势。
Etymology　L. masc. part. adj. *aggregatus*, added to, joined together, referring to the tendency to form coccoid aggregates.

芽单胞菌属(*Blastomonas*)Sly and Cahill,1997,新属。此属已定2种。此属经过几次归属。

此属1999年已归属到→鞘氨醇单胞属(*Sphingomonas*)Yabuuchi 等,1990,新属;Yabuuchi

等，1999 修改。但此属 2000 年又归回到→芽单胞菌属（*Blastomonas*）Sly and Cahill，1997，新属；Hiraishi 等，2000 修改。

词源 芽：蓓蕾，嫩芽，幼苗，萌芽，发芽；单胞：单细胞，单元；菌：表示微小的事物，微生物（细菌、古菌、真菌）；属：属名的尾词；芽单胞菌属：出芽的单细胞生物。

Etymology Gr. n. *blastos*, bud shoot; Gr. fem. n. *monas*, a unit, monad; N.L. fem. n. *Blastomonas*, a budding monad.

模式种 泳池芽单胞菌（*Blastomonas natatoria*）（Sly，1985）Sly and Cahill，1997，新合并。此种经过几次归种。

此种 1999 年已归种到→泳池鞘氨醇单胞菌（*Sphingomonas natatoria*）（Sly，1985）Yabuuchi 等，1999，新合并；但 2000 年，此种又被归回到→泳池芽单胞菌（*Blastomonas natatoria*）（Sly，1985）Sly and Cahill，1997，新合并；Hiraishi 等，2000 修改。

词源 泳池：游泳池，游泳的地方，表示与游泳者有关的地方。

Etymology L. fem. adj. *natatoria*, of or belonging to a swimmer, that serves to swim with, natatory; intended to mean pertaining to a swimming place (pool).

芽小梨菌属（*Blastopirellula*）Schlesner 等，2004，新属。此属已定 2 种。

词源 芽：蓓蕾，嫩芽，幼苗，萌芽，发芽；小梨：小梨形；小梨菌属：一个细菌属名；芽小梨菌属：出芽的小梨菌属。

Etymology Gr. masc. n. *blastos*, bud, shoot; N.L. fem. n. *Pirellula*, name of a bacterial genus; N.L. fem. n. *Blastopirellula*, a budding *Pirellula*.

模式种 海芽小梨菌（*Blastopirellula marina*）（Schlesner，1987）Schlesner 等，2004，新合并。

词源 海：属于或来自海/洋的。

Etymology L. fem. adj. *marina*, of, or belonging to, the sea, marine.

昆虫小杆菌科（*Blattabacteriaceae*）Kambhampati，2012，新科。

模式属 昆虫小杆菌属（*Blattabacterium*）Hollande and Favre，1931，《1980 年细菌名确认单》，属。

词源 昆虫小杆菌属：此科之模式属；科：用于定义一个比属高、比目低的分类级和尾词；在中文科的命名中，把模式属属名中的尾字"属"代换为尾字"科"，即为模式属所在的科名；昆虫小杆菌科：昆虫小杆菌属之科。

Etymology N.L. n. *Blattabacterium*, type genus of the family; suff. -*aceae*, ending to denote a family; N.L. fem. pl. n. *Blattabacteriaceae*, the *Blattabacterium* family.

昆虫小杆菌属（*Blattabacterium*）Hollande and Favre，1931，属。此属已定 1 种。

此属是**昆虫小杆菌科**（*Blattabacteriaceae*）Kambhampati，2012 的模式属。

词源 昆虫：趋避光的昆虫，如蟑螂，金龟子，飞蛾等；小杆：小棒；菌：表示微小的事物，微生物(细菌、古菌、真菌);属:属名的尾词;昆虫小杆菌属:蟑螂和一种白蚁中内共生的细菌。
Etymology L. fem. n. *blatta*, an insect that shuns the light, the cockroach, chafer, moth, etc.; L. neut. n. *bacterium*, rod; N.L. neut. n. *Blattabacterium*, an endosymbiotic bacterium harbored by cockroaches and one termite species.

模式种 逑诺特氏昆虫小杆菌(*Blattabacterium cuenoti*)(Mercier,1906)Hollande and Favre,1931,《1980年细菌名确认单》,种。
词源 氏:姓氏;逑诺特氏:以L.逑诺特的姓氏命名,其研究了直翅目昆虫内的胞内内含物。
Etymology N.L. gen. masc. n. *cuenoti*, of Cuenot, named after L. Cuenot, who studied intracellular inclusions in orthopteran insects.

布劳特氏菌属(*Blautia*)Liu等,2008,新属。此属已定10种。

词源 氏:姓氏;布劳特氏:德国微生物学家米歇尔·布劳特的姓氏命名,用以记述他对人类肠道微生物学的许多贡献;菌:表示微小的事物,微生物(细菌、古菌、真菌);属:属名的尾词;布劳特氏菌属:以布劳特的姓氏命名的菌属。
Etymology N.L. fem. n. *Blautia*, of Blaut, in honour of Michael Blaut, a German microbiologist, in recognition of his many contributions to human gastrointestinal microbiology.

模式种 果状布劳特氏菌(*Blautia coccoides*)(Kaneuchi等,1976)Liu等,2008,新合并。
词源 果:浆果,表示浆果形(圆球或椭球);状:(看起来)像……,类似;果状:类似浆果状的。
Etymology N.L. masc. n. *coccus*(from Gr. masc. n. *kokkos*, grain, seed), coccus; L. suff. *-oides*(from Gr. suff. *-eides*, from Gr. n. *eidos*, that which is seen, form, shape, figure), ressembling, similar; N.L. fem. adj. *coccoides*, similar to a berry, berry-shaped.

Bo

博高利尔菌属(*Bogoriella*)Groth等,1997,新属。此属已定1种。

此属是博高利尔菌科(*Bogoriellaceae*)Schumann and Stackebrandt,2000的模式属。

词源 博高利尔:以肯尼亚博高利尔湖命名,这个地方是分离株HKI 0088[T]的分离处;菌:表示微小的事物,微生物(细菌、古菌、真菌);属:属名的尾词;博高利尔菌属:分离自博高利尔的生物。
Etymology N.L. dim. fem. n. *Bogoriella*, named after Lake Bogoria in Kenya, the place from which isolate HKI 0088[T] originated.

模式种 解酪朊博高利尔菌(*Bogoriella caseilytica*)Groth等,1997,新种。
词源 解:分解的,溶解的,降解的;酪朊:相关磷朊(αS1,αS2,β,κ)的复合物;解酪朊:溶解/分解酪朊的。
Etymology L. n. *caseus*, cheese; N.L. adj. *lyticus -a -um*(from Gr. adj. *lutikos -ê -on*), able

to loosen, able to dissolve; N.L. fem. adj. *caseilytica*, loosening or dissolving casein.

注：所谓磷肽是指肽在转译（遗传翻译）后被磷酸基（单一磷酸基、复合磷酸基）修饰改性，磷酸修饰位点真核生物一般是丝氨酸、苏氨酸或酪氨酸残基，原核生物一般是天冬氨酸或组氨酸残基。

博高利尔菌科（*Bogoriellaceae*）Schumann and Stackebrandt, 2000, 新科；Zhi 等, 2009 修改, Hamada 等, 2009 修改。

模式属 博高利尔菌属（*Bogoriella*）Groth 等, 1997, 新属。

词源 博高利尔菌：此科之模式属；科：用于定义一个比属高、比目低的分类级和尾词；在中文科的命名中，把模式属属名中的尾字"属"代换为尾字"科"，即为模式属所在的科名；博高利尔菌科：博高利尔菌属之科。

Etymology N.L. fem. n. *Bogoriella*, type genus of the family; suff. *-aceae*, ending to denote a family; N.L. fem. pl. n. *Bogoriellaceae*, the *Bogoriella* family.

熊蜂菌属（*Bombella*）Li 等, 2015, 新属。此属已定 1 种。

词源 熊蜂：动物名，膜翅目蜜蜂科；菌：表示微小的事物，微生物（细菌、古菌、真菌）；属：属名的尾词；熊蜂菌属：分离自熊蜂的生物。

Etymology N.L. fem. dim. n. *Bombella*, named after the bumble bee genus, *Bombus*, from which the first isolate of this genus was obtained.

模式种 肠熊蜂菌（*Bombella intestini*）Li 等, 2015, 新种。

词源 肠：肠子，肠道。

Etymology L. gen. n. *intestini*, of the gut.

熊蜂斯卡多维氏菌属（*Bombiscardovia*）Killer 等, 2014, 新属。此属已定 1 种。

词源 熊蜂：动物名，膜翅目蜜蜂科；氏：姓氏；斯卡多维氏：为纪念意大利微生物学家维托里奥·斯卡多维，以其姓氏命名；菌：表示微小的事物，微生物（细菌、古菌、真菌）；属：属名的尾词；斯卡多维氏菌属：细菌的一个属名；熊蜂斯卡多维氏菌属：分离自熊蜂消化道与斯卡多维氏菌属相关的生物。

Etymology Bom.bi.scar.do′vi.a. N.L. n. *Bombus*, a scientific generic name which encompasses the bumblebees; N.L. fem. n. *Scardovia*, a bacterial generic name to honour Vittorio Scardovi, an Italian microbiologist; N.L. fem. n. *Bombiscardovia* organism related to the genus *Scardovia* isolated from the digestive tract of bumblebees (*Bombus lapidarius*).

模式种 胶结熊蜂斯卡多维氏菌（*Bombiscardovia coagulans*）Killer 等, 2014, 新种。

词源 胶结：凝结的，凝固的，胶结的，稠化的。

Etymology co.a′gu.lans. N.L. v. *coagulo*, to curdle or coagulate; N.L. part. adj. *coagulans* curdling, coagulating.

来源（Source） 动物（Animal）。

博尔代姓菌属（*Bordetella*）Moreno-López,1952,属；Von Wintzingerode 等,2001 修改。此属已定 8 种。

词源　姓：姓氏；博尔代氏：以朱尔斯·博尔代的姓氏命名，其和 **O**. 金格尔首次分离导致百日咳的这种生物；菌：表示微小的事物，微生物（细菌、古菌、真菌）；属：属名的尾词；博尔代姓菌属：以博尔代姓氏命名的生物。

Etymology　N.L. fem. dim. n. *Bordetella*, named after Jules Bordet, who with O.Gengou first isolated the organism causing pertussis.

模式种　百日咳博尔代姓菌（*Bordetella pertussis*）（Bergey 等,1923）Moreno-López,1952,属；《1980 年细菌名确认单》。

词源　百日咳：咳嗽一百天的，咳嗽很久的，引喻导致严重咳嗽的。

Etymology　L. pref. *per*, very, exceedingly, extremely; L. n. *tussis -is*, cough; N.L. gen. n. *pertussis*, of a severe cough, of whooping cough.

注：以往中文常见属名有宝特氏菌属、包特氏菌属等。博尔代（1870—1961）是比利时免疫学家和微生物学家，1906 年发现了这种微生物，1919 年的诺贝尔生理学或医学奖得主。

宝莱氏菌属（*Borrelia*）Swellengrebel,1907,属。此属已定 37 种。

词源　氏：姓氏；宝莱氏：以法国细菌学家 **A**. 宝莱的姓氏命名；菌：表示微小的事物，微生物（细菌、古菌、真菌）；属：属名的尾词；宝莱氏菌属：以宝莱姓氏命名的菌属。

Etymology　N.L. fem. n. *Borrelia*, named after A.Borrel, a French bacteriologist.

模式种　鹅宝莱氏菌（*Borrelia anserina*）（Sakharoff,1891）Bergey 等,1925,属；《1980 年细菌名确认单》。

词源　鹅：属于或与鹅有关的。

Etymology　L. fem. adj. *anserina*, of or pertaining to geese.

宝莱氏菌科（*Borreliaceae*）Gupta 等,2014,新科。

模式属　宝莱氏菌属（*Borrelia*）Swellengrebel,1907,属。

词源　宝莱氏菌属：此科之模式属；科：用于定义一个比属高、比目低的分类级和尾词；在中文科的命名中，把模式属属名中的尾字"属"代换为尾字"科"，即为模式属所在的科名；宝莱氏菌科：宝莱氏菌属之科。

Etymology　N.L. fem. n. *Borrelia*, type genus of the family; *-aceae*, ending to denote a family; N.L. fem. pl. n. *Borreliaceae*, the *Borrelia* family.

博斯氏菌属（*Bosea*）Das 等,1996,新属。此属已定 8 种。

词源　氏：姓氏；博斯氏：以 **J.C**. 博斯的姓氏命名，其是博斯研究院的创立者，模式种硫氧化博斯氏菌（*Bosea thiooxidans*）的分离地；菌：表示微小的事物，微生物（细菌、古菌、真菌）；

属：属名的尾词；博斯氏菌属：以博斯的姓氏命名的菌属。
Etymology N.L. fem. n. *Bosea*, named in honour of J.C.Bose, the founder of the Bose Institute, where the type species *Bosea thiooxidans* was isolated.

模式种 硫氧化博斯氏菌（*Bosea thiooxidans*）Das 等，1996，新种。

词源 硫：硫磺，硫黄，元素 S；氧化：物质（分子、原子或离子）失去电子或增加氧化态；硫氧化：氧化硫的，硫氧化的。
Etymology Gr. n. *theion*（Latin transliteration *thium*），sulfur；N.L. v. *oxido*（from Gr. adj. *oxus*, sour, acid），to oxidize；N.L. part. adj. *thiooxidans*, oxidizing sulfur.

宝城栖菌属（*Boseongicola*）Park 等，2014，新属。此属已定 1 种。

词源 宝城：这里指的是韩国一城市名，此模式菌株分离自宝城的；栖：居住，栖居，栖居者，栖息者；菌：表示微小的事物，微生物（细菌、古菌、真菌）；属：属名的尾词；宝城栖菌属：栖居在宝城的生物。
Etymology Bo.seong.i′co.la. N.L. n. *Boseongum* Boseong, South Korea, from where the type strain was isolated；L. suff. *-cola*（from L. n. *incola*）a dweller, inhabitant；N.L. masc. n. *Boseongicola* a dweller of Boseong in South Korea.

模式种 潮滩宝城栖菌（*Boseongicola aestuarii*）Park 等，2014，新种。

词源 潮滩：潮汐（形成的）滩，潮汐地，潮汐坪，海滩，江河入海口，此模式株从潮滩地分离到。
Etymology L. gen. n. *aestuarii*, of the tidal flat, from where the type strain was isolated.

来源 环境——海（Source：Environmental—marine）。

苞曼姓菌属（*Bowmanella*）Jean 等，2006，新属。此属已定 2 种。

词源 姓：姓氏；苞曼氏：以约翰·P.苞曼的姓氏命名，以示对他海洋微生物学工作的敬意；菌：表示微小的事物，微生物（细菌、古菌、真菌）；属：属名的尾词；苞曼姓菌属：以苞曼的姓氏命名的菌属。
Etymology N.L. fem. dim. n. *Bowmanella*, named after John P.Bowman, to honour his work in marine microbiology.

模式种 脱硝苞曼姓菌（*Bowmanella denitrificans*）Jean 等，2006，新种。

词源 脱硝：反硝化，硝化的一种反过程。
Etymology N.L. v. *denitrificare*, to denitrify；N.L. part. adj. *denitrificans*, denitrifying.

Br

矮小杆菌属（*Brachybacterium*）Collins 等，1988，新属。此属已定 16 种。

词源 矮：矮的，短的，矬的；小杆：小棒；菌：表示微小的事物，微生物（细菌、古菌、真菌）；

属:属名的尾词;矮小杆菌属:小棒形的生物。

Etymology　Gr. adj. *brachys*, short; L. neut. n. *bacterium*, a rod; N.L. neut. n. *Brachybacterium*, a small rod.

模式种　渣矮小杆菌(*Brachybacterium faecium*)Collins 等,1988,新种。

词源　渣:渣滓的,残渣的,表示与粪便相关的,粪渣的,排泄物的。

Etymology　L. n. *faex faecis*, feces, dregs; L. gen. pl. n. *faecium*, of feces.

矮单胞菌属(*Brachymonas*)Hiraishi 等,1995,新属;Halpern 等,2009 修订。此属已定 2 种。

词源　矮:矮的,短的,矬的;单胞:单细胞,单元;菌:表示微小的事物,微生物(细菌、古菌、真菌);属:属名的尾词;矮单胞菌属:小矮(短)的单细胞生物。

Etymology　Gr. adj. *brachus*, short; L. fem. n. *monas*, a monad, unit; N.L. fem. n. *Brachymonas*, a small short unit.

模式种　脱硝矮单胞菌(*Brachymonas denitrificans*)Hiraishi 等,1995,新种。

词源　脱硝:反硝化,硝化的一种反过程。

Etymology　N.L. part. adj. *denitrificans*, denitrifying.

矮螺体属(*Brachyspira*)Hovind-Hougen 等,1983,新属。此属已定 7 种。

此属是矮螺体科(*Brachyspiraceae*)Paster,2012 的模式属。

词源　矮:矮的,短的,矬的;螺:螺形,螺旋,螺纹;菌:表示微小的事物,微生物(细菌、古菌、真菌);属:属名的尾词;矮螺体属:短小的螺形生物,描述的是像一个短螺形的细菌。

Etymology　Gr. adj. *brachys*, short; L. fem. n. *spira*, a coil, spiral; N.L. fem. n. *Brachyspira*, a short spiral, describing a bacterium that resembles a short spiral.

模式种　奥尔堡矮螺体(*Brachyspira aalborgi*)Hovind-Hougen 等,1983,新种。

词源　奥尔堡:奥尔堡的,以丹麦城镇奥尔堡为名,从此地腹泻病人的直肠活组织中获取的这种螺旋形生物。

Etymology　N.L. gen. n. *aalborgi*, of Aalborg, named for the Danish town Aalborg in which the rectal biopsies containing the spirochete were taken from human diarrheic patients.

矮螺体目(*Brachyspirales*)勘误,Gupta 等,2014,新目。

模式属　矮螺体属(*Brachyspira*)Gupta 等,2014,新属。

词源　矮螺体属:此目之模式属;目:用于定义一个比科高、比纲低的分类级和尾词;在中文目的命名中,把属名中的尾字"属"代换为尾字"目",即为模式属所对应的目;矮螺体目:矮螺体属之目。

Etymology　N.L. fem. n. *Brachyspira*, type genus of the order; suff. -*ales* ending to denote an order; N.L. fem. pl. n. *Brachyspirales*, the order of *Brachyspira*.

布拉克姓菌属(*Brackiella*)Willems 等,2002,新属。此属已定 1 种。

词源 姓:姓氏;布拉克氏:以德国病理学家曼弗莱德·布拉克的姓氏命名,**1978—1999** 年之间担任哥廷根德国灵长类中心有限公司病理学部的主任;菌:表示微小的事物,微生物(细菌、古菌、真菌);属:属名的尾词;布拉克姓菌属:以布拉克的姓氏命名的菌属。

Etymology　N.L. fem. n. *Brackiella*, named in honour of Manfred Brack, German pathologist, head of the Department of Pathology of the Deutsches Primatenzentrum GmbH, Göttingen, from 1978 to 1999.

模式种　棉顶狨布拉克姓菌(*Brackiella oedipodis*)Willems 等,2002,新种。

词源　棉顶狨:绒顶柽柳猴(*Saguinus oedipus*),指的是此菌的分离源。

Etymology　N.L. gen. n. *oedipodis*, of *oedipus*, referring to the first isolation source, the tamarin *Saguinus oedipus*.

慢根瘤菌科(*Bradyrhizobiaceae*)Garrity 等,2006,新科。

模式属　慢根瘤菌属(*Bradyrhizobium*)Jordan,1982,新属。

词源　慢根瘤菌属:此科之模式属;科:用于定义一个比属高、比目低的分类级和尾词;在中文科的命名中,把模式属属名中的尾字"属"代换为尾字"科",即为模式属所在的科名;慢根瘤菌科:慢根瘤菌属之科。

Etymology　N.L. neut. n. *Bradyrhizobium*, type genus of the family; suff. -aceae, ending to denote family; N.L. fem. pl. n. *Bradyrhizobiaceae*, the *Bradyrhizobium* family.

慢生根瘤菌属(*Bradyrhizobium*)Jordan,1982,新属。此属已定 25 种。

此属是慢根瘤菌科(*Bradyrhizobiaceae*)Garrity 等,2006 的模式属。

词源　慢:慢的,缓慢的,迟缓的;根瘤菌属:细菌的一个属名;慢根瘤菌属:(生长)缓慢的根瘤菌属。

Etymology　Gr. adj. *bradys*, slow; N.L. neut. n. *Rhizobium*, a bacterial generic name; N.L. neut. n. *Bradyrhizobium*, the slow (growing) *Rhizobium*.

模式种　日本慢生根瘤菌(*Bradyrhizobium japonicum*)(Kirchner,1896)Jordan,1982,新合并。

词源　日本:与日本有关的。

Etymology　N.L. neut. adj. *japonicum*, pertaining to Japan.

注:此属中文属名根据陈文新院士,建议为慢根瘤菌属。

鳃菌属(*Branchiibius*)Sugimoto 等,2011,新属。此属已定 2 种。

词源　鳃:鱼鳃;菌:表示微小的事物,微生物(细菌、古菌、真菌);属:属名的尾词;鳃菌属:存在于鱼鳃中的生命。

Etymology L. pl. n. *branchiae*, the gills of fish; N.L. masc. n. *bius* (from Gr. masc. n. *bios*), life; N.L. masc. n. *Branchiibius*, a life existing in gills of fish.

模式种 户田鳃菌(*Branchiibius hedensis*)Sugimoto 等,2011,新种。

词源 户田:日本国静冈县户田市,指的是此菌是从这里的鳕鱼中分离的。

Etymology N.L. masc. adj. *hedensis*, of or belonging to Heda, a town in Shizuoka prefecture, Japan, from where the codfish providing the source of the type strain was collected.

布兰姆姓菌科(*Branhamaceae*)Catlin,1991,新科。

模式属 布兰姆姓菌属(*Branhamella*)Catlin,1970,《1980 年细菌名确认单》,属。

词源 布兰姆姓菌属:此科之模式属;科:用于定义一个比属高、比目低的分类级和尾词;在中文科的命名中,把模式属属名中的尾字"属"代换为尾字"科",即为模式属所在的科名;布兰姆姓菌科:布兰姆姓菌属之科。

Etymology N.L. fem. n. *Branhamella*, type genus of the family; suff. *-aceae*, ending to denote a family; N.L. fem. pl. n. *Branhamaceae* (sic), the *Branhamella* family.

布兰姆姓菌属(*Branhamella*)Catlin,1970,属。此属已定 1 种。

此属是布兰姆姓菌科(*Branhamaceae*)Catlin,1991 的模式属。

词源 姓:姓氏;布兰姆:以萨拉·布兰姆(女,**1888—1962**)的姓氏命名,以示对其致力于奈瑟氏菌属菌科研究的敬意;菌:表示微小的事物,微生物(细菌、古菌、真菌);属:属名的尾词;布兰姆姓菌属:以布兰姆的姓氏命名的菌。

Etymology N.L. fem. dim. n. *Branhamella*, named in honor of Sara Branham, who contributed to the knowledge of the *Neisseria* family.

模式种 黏膜炎布兰姆姓菌(*Branhamella catarrhalis*)(Frosch and Kolle,1896)Catlin,1970,《1980 年细菌名确认单》,属。

词源 黏膜炎:黏膜炎,黏液流淌,口鼻腔、咽喉部黏膜分泌过多产生的一种症状,与黏膜炎有关的。

Etymology L. n. *catarrhus*, a flowing down, the catarrh, rheum; L. fem. suff. *-alis*, suffix denoting pertaining to; N.L. fem. adj. *catarrhalis*, pertaining to a catarrh.

注 1:根据规则 24a 和 24b(1),黏膜炎布兰姆氏菌(*Branhamella catarrhalis*)(Frosch and Kolle,1896)Catlin,1970,《1980 年细菌名确认单》和黏膜炎莫拉姓菌(*Moraxella catarrhalis*)(Frosch and Kolle,1896)Henriksen and Bøvre,1968,《1980 年细菌名确认单》有相同的模式菌,因此是同形同义词(homotypic synonyms)。

注 2:建议创造一个新汉字"女氏",表示女士的姓氏。

芸苔杆菌属(*Brassicibacter*)Fang 等,2012,新属。此属已定 1 种。

词源 芸苔:植物的一个科学属名,包括包心菜,芥菜,这里指的是首次分离的菌株是从芥菜

(*Brassica juncea*)中分离的;杆:棒(形);菌:表示微小的事物,微生物(细菌、古菌、真菌);属:属名的尾词;芸苔杆菌属:从芸苔植物中分离得到的杆形细菌。

Etymology　L. n. *brassica*, a cabbage, and also a scientific genus name; N.L. masc. n. *bacter*, a rod; N.L. masc. n. *Brassicibacter*, rod-shaped bacterium from *Brassica*, referring to the isolation of the first strain from wastewater of the preserved vegetable *Brassica juncea*.

模式种　嗜中芸苔杆菌(*Brassicibacter mesophilus*)Fang 等,2012,新种。

词源　嗜:嗜好的,喜好的,友好的,爱好的;中:中间的(温度),温和的,中等,不高不低的(温度);嗜中:嗜中温的,喜好不高不低温度的。

Etymology　Gr. adj. *mesos*, middle; N.L. adj. *philus* -a -um (from Gr. adj. *philos* -ê -on), friend to, loving; N.L. masc. adj. *mesophilus*, middle (temperature)-loving, mesophilic.

布伦纳氏菌属(*Brenneria*)Hauben 等,1999,新属;Brady 等,2012 修改。此属已定 7 种。

词源　氏:姓氏;布伦纳氏:以苓·J. 布伦纳的姓氏命名的;菌:表示微小的事物,微生物(细菌、古菌、真菌);属:属名的尾词;布伦纳氏菌属:以布伦纳的姓氏命名的菌属。

Etymology　N.L. fem. n. *Brenneria*, named after Don J. Brenner.

模式种　柳树布伦纳氏菌(*Brenneria salicis*)(Day,1924)Hauben 等,1999,新合并。

词源　柳树:柳树的,来自柳树的。

Etymology　L. n. *salix*, the willow; L. gen. n. *salicis*, of the willow.

布雷奥干菌属(*Breoghania*)Gallego 等,2011,新属。此属已定 1 种。

词源　布雷奥干:凯尔特人神话中,他们的第一位国王加利西亚建造的一尊雕塑名,(据说)站在上面可以望见冰岛;菌:表示微小的事物,微生物(细菌、古菌、真菌);属:属名的尾词;布雷奥干菌属:以布雷奥干命名的菌属。

Etymology　N.L. fem. n. *Breoghania*, named after Breoghan, according to Celtic mythology (Leabhar Ghabhala, XII century), the first Celtic king of Gallaecia (actual Galicia), founder of the city of Brigantia (probably A Coruña) that built a tower on the coast from where Eire (Ireland) could be seen.

模式种　克鲁维多布雷奥干菌(*Breoghania corrubedonensis*)Gallego 等,2011,新种。

词源　克鲁维多:西班牙的一个地名,指的是此菌从这里分离。

Etymology　N.L. fem. adj. *corrubedonensis*, of or belonging to Corrubedo, northwest Spain, isolated from the beach of Corrubedo, the location where the sand sample used to inoculate the enrichment cultures from which strain UBF-P1^T was isolated.

短竿菌属(*Brevibacillus*)Shida 等,1996,新属。此属已定 20 种。

词源　短:短的;竿:在本书中对译于拉丁文 *bacillus*,表示棒形,以示与常见的"杆"的区别,表示以出芽孢为特征的棒形;菌:表示微小的事物,微生物(细菌、古菌、真菌);属:属名的尾词;短竿菌属:短的,小竿棒形的生物。

Etymology　L. adj. *brevis*, short; L. dim. n. *bacillus*, small rod; N.L. masc. n. *Brevibacillus*, short, small rod.

模式种　短短竿菌(*Brevibacillus brevis*)(Migula,1900)Shida 等,1996,新合并。

词源　短:(尺寸)短的。

Etymology　L. masc. adj. *brevis*, short.

短小杆菌科(*Brevibacteriaceae*)Breed,1953,科;Stackebrandt 等,1997 修改,Zhi 等,2009 修改。

模式属　短小杆菌属(*Brevibacterium*)Breed,1953,《1980 年细菌名确认单》,属。

词源　短小杆菌属:此科之模式属;科:用于定义一个比属高、比目低的分类级和尾词;在中文科的命名中,把模式属属名中的尾字"属"代换为尾字"科",即为模式属所在的科名;短小杆菌科:短小杆菌属之科。

Etymology　N.L. neut. n. *Brevibacterium*, type genus of the family; suff. -*aceae*, ending to denote a family; N.L. fem. pl. n. *Brevibacteriaceae*, the *Brevibacterium* family.

短小杆菌族(*Brevibacterieae*)Prévot,1961,族。

模式属　短小杆菌属(*Brevibacterium*)Breed,1953,《1980 年细菌名确认单》,属。

词源　短小杆菌属:此族之模式属;族:原核生物分类的一个级别,现已停用;短小杆菌族:短小杆菌属之族。

Etymology　N.L. neut. n. *Brevibacterium*, type genus of the tribe; suff. -*eae*, ending to denote a tribe; N.L. fem. pl. n. *Brevibacterieae*, the *Brevibacterium* tribe.

短小杆菌属(*Brevibacterium*)Breed,1953,属。此属已定 50 种。

此属是短小杆菌科(*Brevibacteriaceae*)Breed,1953,《1980 年细菌名确认单》和短小杆菌族(*Brevibacterieae*)Prévot,1961,《1980 年细菌名确认单》的模式属。

词源　短:短的;小杆:小棒;菌:表示微小的事物,微生物(细菌、古菌、真菌);属:属名的尾词;短小杆菌属:短小的棒形生物。

Etymology　L. adj. *brevis*, short; L. neut. n. *bacterium*, a rod; N.L. neut. n. *Brevibacterium*, a short rod.

模式种　蔓延短小杆菌(*Brevibacterium linens*)(Wolff,1910)Breed,1953,《1980 年细菌名确认单》,种。

词源　蔓延:扩展,拖尾(类似产生污点)。

Etymology　L. part. adj. *linens*, spreading over, smearing.

短卵菌属（*Brevifollis*）Otsuka 等,2013,新属。此属已定 1 种。

词源　短:短的,小的,短小的；卵:卵形；菌:表示微小的事物,微生物（细菌、古菌、真菌）；属:属名的尾词；短卵菌属:短小的卵形细菌。

Etymology　L. adj. *brevis*, short, small; L. masc. n. *follis*, a windball; N.L. masc. n. *Brevifollis*, a short ball, intended to mean a small ovoid cell.

模式种　解结兰糖短卵菌（*Brevifollis gellanilyticus*）Otsuka 等,2013,新种。

词源　解:溶解的,分解的,降解的；结兰糖:一种由伊乐藻属鞘氨醇单胞菌（*Sphingomonas elodea*）细菌产生的四糖聚合物，L—鼠李糖,D—葡萄糖醛酸和两个 D—葡萄糖,经（α1→3）糖苷键相连；解结兰糖:溶解/分解结兰糖的。

Etymology　N.L. neut. n. *gellanum*, gellan; N.L. masc. adj. *lyticus*（from Gr. adj. *lutikon*）able to loosen, able to dissolve; N.L. masc. adj. *gellanilyticus*, gellan-dissolving.

注:伊乐藻属（*Elodea*）:水生植物,源自美洲,伊乐藻属鞘氨醇单胞菌表示分离自水生植物伊乐藻属的鞘氨醇单胞菌,此菌尚未合格发表。

短线体属（*Brevinema*）Defosse 等,1995,新属。此属已定 1 种。

此属是短线体科（*Brevinemataceae*）Paster,2012 的模式科。

词源　短:（尺寸）短的；线:线条,绳；体:整体,身体,菌体,在微生物学属名中的作用与"菌"类似；属:属名的尾词；短线体属:短的线条形生物。

Etymology　L. adj. *brevis*, short; Gr. neut. n. *nema*, thread; N.L. neut. n. *Brevinema*, a short thread.

模式种　安德逊氏短线体（*Brevinema andersonii*）Defosse 等,1995,新种。

词源　氏:姓氏；安德逊氏:以约翰·F.安德逊的姓氏命名,其首次描述了此生物。

Etymology　N.L. masc. gen. n. *andersonii*, of Anderson, named after John F. Anderson, who first described the organism.

注:安德逊来自父名安德,表示安德的儿孙。"son"这里译为"逊"表示……之子孙（后代）。

短线体科（*Brevinemataceae*）Paster,2012,新科。

模式属　短线体属（*Brevinema*）Defosse 等,1995,新属。

词源　短线体属:此科之模式属；科:用于定义一个比属高、比目低的分类级和尾词；在中文科的命名中,把属名中的尾字"属"代换为尾字"科",即为模式属所对应的科；短线体科:短线体属之科。

Etymology　N.L. fem. n. *Brevinema - atos*, type genus of the family; suff. - *aceae*, ending to denote a family; N.L. fem. pl. n. *Brevinemataceae*, the *Brevinema* family.

短线体目（*Brevinematales*）Gupta 等,2014,新目。

模式属　短线体属（*Brevinema*）Defosse 等,1995,新属。

词源 短线体属:此目之模式属;目:用于定义一个比科高、比纲低的分类级和尾词;在中文目的命名中,把属名中的尾字"属"代换为尾字"目",即为模式属所对应的目;短线体目:短线体属之目。

Etymology N.L. fem. n. *Brevinema*, type genus of the order; suff. *-ales* ending to denote an order; N.L. fem. pl. n. *Brevinematales*, the order of *Brevinema*.

短波单胞菌属(*Brevundimonas*) Segers 等,1994,新属;Abraham 等,1999 修改。此属已定25 种。

词源 短:短的,小的,短小的;波:波,波形,波长;单胞:一个细胞,单细胞,单元;菌:表示微小的事物,微生物(细菌、古菌、真菌);属:属名的尾词;短波单胞菌属:具有短小波浪形鞭毛的单细胞细菌。

Etymology L. adj. *brevis*, short; L. fem. n. *unda*, a wave; L. fem. n. *monas*, a unit, monad; N.L. fem. n. *Brevundimonas*, bacteria with short wavelength flagella.

模式种 缺蕞短波单胞菌(*Brevundimonas diminuta*)(Leifson and Hugh,1954) Segers 等,1994,新合并。

词源 缺:缺的,缺陷的;蕞:小的,微小的,蕞眇的,微不足道的;缺蕞:小有缺陷的,微不足道的。

Etymology L. adj. *minutus*, small; N.L. fem. adj. *diminuta*, defective, minute.

索发菌属(*Brochothrix*) Sneath and Jones,1976,属。此属已定 2 种。或索丝菌属。

词源 索:吊索,绳索,指的是绳子打的节,环形;发:头发,毛发,丝线,线,细小的线;菌:表示微小的事物,微生物(细菌、古菌、真菌);属:属名的尾词;索发菌属:环状/圆形的头发状/丝状生物。

Etymology Gr. n. *brochos*, a slip-knot, a loop; Gr. fem. n. *thrix*, a thread; N.L. fem. n. *Brochothrix*, loop(ed)thread.

模式种 热杀索发菌(*Brochothrix thermosphacta*)(McLean and Sulzbacher,1953) Sneath and Jones,1976,《1980 年细菌名确认单》,种。

词源 热:高温,烫;杀:宰,杀灭,屠宰,一种比较残忍的杀灭方式;热杀:被热杀灭。

Etymology Gr. n. *thermê*, heat; Gr. adj. *sphaktos*, slain; N.L. fem. adj. *thermosphacta*, killed by heat.

布劳克氏菌属(*Brockia*) Perevalova 等,2013,新属。此属已定 1 种。

词源 氏:姓氏;布劳克氏:以美国微生物学家托马斯·代尔·布劳克(1926—)的姓氏命名,他对我们(作者)理解生活在火山环境的嗜热原核生物,有无价的影响;菌:表示微小的事物,微生物(细菌、古菌、真菌);属:属名的尾词;布劳克氏菌属:以布劳克的姓氏命名的菌属。

Etymology N.L. fem. n. *Brockia*, named in honour of the American microbiologist Thomas Dale Brock for his invaluable impact to our knowledge of thermophilic prokaryotes inhabiting volcanic environments.

模式种 石营布劳克氏菌（*Brockia lithotrophica*）Perevalova 等，2013，新种。

词源 石：石头，岩石；营：营养，营生，养育，抚育；石营：无机代谢，消耗无机底物的，以无机底物进行代谢的。

Etymology Gr. n. *lithos*, stone; N.L. fem. adj. *trophica* (from Gr. fem. adj. *trophikê*), nursing, tending or feeding; N.L. fem. adj. *lithotrophica*, inorganic-substrate-consuming.

布鲁克劳菌属（*Brooklawnia*）Rainey 等，2006（全部作者名单 Rainey, da Costa and Moe），新属。此属已定 1 种。

词源 布鲁克劳：美国新泽西州的一个地名，从此地一个受污染的场地分离出此属第一株菌；菌：表示微小的事物，微生物（细菌、古菌、真菌）；属：属名的尾词；布鲁克劳菌属：分离自布鲁克劳的，与其有关的生物。

Etymology N.L. fem. n. *Brooklawnia*, named after Brooklawn, the contaminated site from which members of the genus were first isolated.

模式种 综环补责法布鲁克劳菌（*Brooklawnia cerclae*）Rainey 等，2006，新种。

词源 综环补责法：《综合环境响应、补偿和责任法案》，美国 1980 年颁布的一部法案，依据此法对很多受污染场地进行清洁和修复。

Etymology N.L. gen. fem. n. *cerclae*, of CERCLA, an arbitrary name formed from CERCLA, the acronym for the Comprehensive Environmental Response, Compensation, and Liability Act, which has mandated the clean-up of many hazardous waste sites in the USA.

布鲁斯姓菌属（*Brucella*）Meyer and Shaw，1920，属。此属已定 11 种。

此属是布鲁斯姓菌科（*Brucellaceae*）Breed 等，1957，《1980 年细菌名确认单》和布鲁斯姓菌族（*Brucelleae*）Murray，1948，《1980 年细菌名确认单》的模式属。

词源 姓：姓氏；布鲁斯氏：以大卫·布鲁斯的姓氏命名，其第一次认识到此生物导致波状热（马耳他热）；菌：表示微小的事物，微生物（细菌、古菌、真菌）；属：属名的尾词；布鲁斯姓菌属：以布鲁斯命名的生物。

Etymology N.L. fem. dim. n. *Brucella*, named after Sir David Bruce, who first recognized the organism causing undulant (Malta) fever.

模式种 马耳他布鲁斯姓菌（*Brucella melitensis*）（Hughes, 1893）Meyer and Shaw, 1920，《1980 年细菌名确认单》，种。

词源 马耳他：拉丁文迈利泰，地中海的一个小岛国，靠近突尼斯，中文中曾把迈利泰归为突尼斯是不严谨的。

Etymology L. fem. adj. *melitensis*, of or pertaining to the Island of Malta (*Melita*) where first isolated (Bruce, 1893).

注：此菌的常见宿主是家畜羊、牛、猪、狗等。

布鲁斯氏菌科(*Brucellaceae*) Breed 等,1957,科。

模式属 布鲁斯氏菌属(*Brucella*) Meyer and Shaw,1920,《1980 年细菌名确认单》,属。

词源 布鲁斯氏菌属：此科之模式属；科：用于定义一个比属高、比目低的分类级和尾词；在中文科的命名中,把模式属属名中的尾字"属"代换为尾字"科",即为模式属所在的科名；布鲁斯氏菌科：布鲁斯氏菌属之科。

Etymology N.L. fem. n. *Brucella*, type genus of the family; suff. -*aceae*, ending to denote a family; N.L. fem. pl. n. *Brucellaceae*, the *Brucella* family.

布鲁斯氏菌族(*Brucelleae*) Murray,1948,族。

模式属 布鲁斯氏菌属(*Brucella*) Meyer and Shaw,1920,《1980 年细菌名确认单》,属。

词源 布鲁斯氏菌属：此族之模式属；族：原核生物分类的一个级别,现已停用；布鲁斯氏菌族：布鲁斯氏菌属之族。

Etymology N.L. fem. n. *Brucella*, type genus of the tribe; suff. -*eae*, ending to denote a tribe; N.L. fem. pl. n. *Brucelleae*, the *Brucella* tribe.

冬微菌属(*Brumimicrobium*) Bowman 等,2003,新属；Yang 等,2013 修改。此属已定 2 种。

词源 冬：冬天；微：微小的,微生物；菌：表示微小的事物,微生物(细菌、古菌、真菌)；属：属名的尾词；微菌：微生物；冬微菌属：冬天的微生物。

Etymology L. fem. n. *bruma*, winter; N.L. neut. n. *microbium*, microbe; N.L. neut. n. *Brumimicrobium*, winter microbe.

模式种 冰冬微菌(*Brumimicrobium glaciale*) Bowman 等,2003,新种。

词源 冰：冰冻,冰冻的,冷冻的。

Etymology L. neut. adj. *glaciale*, icy, frozen.

布莱恩特氏菌属(*Bryantella*) Wolin 等,2004,新属。此属已定 1 种。

此命名并不合规,已被→玛文布莱恩特菌属(*Marvinbryantia*) Wolin 等,2008 取代。

词源 氏：姓氏；布莱恩特氏：以美国微生物学家玛文·P. 布莱恩特的姓名命名,他对厌氧生态系统的微生物生态学有突出的贡献；菌：表示微小的事物,微生物(细菌、古菌、真菌)；属：属名的尾词；布莱恩特氏菌属：以布莱恩特的姓氏命名的菌属。

Etymology N.L. dim. fem. n. *Bryantella*, named in honour of the American microbiologist Marvin P. Bryant in recognition of his outstanding contributions to the microbial ecology of anaerobic ecosystems.

模式种　需甲酸布莱恩特氏菌（*Bryantella formatexigens*）Wolin 等，2004，新种。

此种 2008 年已归种到→需甲酸玛文布莱恩特氏菌（*Marvinbryantia formatexigens*）（Wolin 等，2004）Wolin 等，2008，新合并。

词源　需：需要，需求；甲酸：甲酸，甲酸盐，甲酸酯；需甲酸：需要甲酸盐的。

Etymology　N.L. n. *formas -atis*, formate；L. part. adj. *exigens*, demanding；N.L. fem. part. adj. *formatexigens*, formate-demanding.

注：因为此拉丁文属名与 1946 年的动物节足动物门蜘蛛纲蜘蛛目跳蛛科的布赖恩特氏属（*Bryantella*）Chickering 和 1957 年的动物节足动物门类金龟子纲的布赖恩特氏属（*Bryantella*）Britton 重名。

藓杆菌属（*Bryobacter*）Kulichevskaya 等，2010，新属。此属已定 1 种。

词源　藓：苔藓；杆：棒；菌：表示微小的事物，微生物（细菌、古菌、真菌）；属：属名的尾词；藓杆菌属：与苔藓有关的棒形细菌。

Etymology　Gr. neut. n. *bruon*, moss；N.L. masc. n. *bacter*, a rod；N.L. masc. n. *Bryobacter*, rod-shaped moss-associated bacterium.

模式种　聚藓杆菌（*Bryobacter aggregatus*）Kulichevskaya 等，2010，新种。

词源　聚：连接起来的，指的是此生物细胞通常形成聚集体。

Etymology　L. masc. part. adj. *aggregatus*, joined together, referring to the frequent formation of cell aggregates.

藓胞菌属（*Bryocella*）Dedysh 等，2012，新属。此属已定 1 种。

词源　藓：苔藓；胞：细胞；菌：表示微小的事物，微生物（细菌、古菌、真菌）；属：属名的尾词；藓胞菌属：与苔藓有关的细胞。

Etymology　Gr. neut. n. *bruon*, moss；L. fem. n. *cella*, a storeroom, chamber and, in biology, a cell；N.L. fem. n. *Bryocella*, moss（-associated）cell.

模式种　延长藓胞菌（*Bryocella elongata*）Dedysh 等，2012，新种。

词源　延长：延长的，伸长的，加长的。

Etymology　L. fem. part. adj. *elongata*, elongated, stretched out, pertaining to the elongated cell shape.

Bu

布赫纳氏菌属（*Buchnera*）Munson 等，1991，新属。此属已定 1 种。

词源　氏：姓氏；布赫纳氏：以德国生物学家保尔·布赫纳的姓氏命名，其对研究内共生有众多贡献；菌：表示微小的事物，微生物（细菌、古菌、真菌）；属：属名的尾词；布赫纳氏菌属：以布赫纳的姓氏命名的菌属。

Etymology N.L. fem. n. *Buchnera*, named for Paul Buchner, German biologist who made extensive contributions to the study of endosymbiosis.

模式种 蚜虫栖布赫纳氏菌(*Buchnera aphidicola*)Munson 等,1991,新种。

词源 蚜虫:一类植食性昆虫;栖:居住,栖居,栖居者,栖息者;蚜虫栖:蚜虫的栖居者。

Etymology N.L. n. *aphidum*, an aphid; L. suff. *-cola*(from L. n. *incola*), inhabitant, dweller; N.L. n. *aphidicola*, aphid dweller (eof the aphid *Schizaphis graminum*).

布德韦斯菌属(*Budvicia*)Bouvet 等,1985,新属;Lang 等,2013 修改。此属已定 3 种。

词源 布德韦斯:衍生自布德韦斯,捷克布杰约维采(České Budějovice)的拉丁文,此细菌的首次分离地;菌:表示微小的事物,微生物(细菌、古菌、真菌);属:属名的尾词;布德韦斯菌属:分离自布德韦斯,与布德韦斯(布杰约维采)有关的细菌。

Etymology N.L. fem. n. *Budvicia*, derived from *Budvicium*, the Latin name of the city Cěské Budějovice where the bacterium was first isolated.

模式种 水生布德维斯菌(*Budvicia aquatica*)Bouvet 等,1985,新种。

词源 水生:生活、生长或发现在水中或水域中的。

Etymology L. fem. adj. *aquatica*, living in water; named to show the aquatic habitat of the organism, since all but one of the original strains were isolated from water.

布雷德氏菌属(*Bulleidia*)Downes 等,2000,新属。此属已定 1 种。

词源 氏:姓氏;布雷德氏:以英国卓越的口腔微生物学家亚瑟·布雷德的姓氏命名;菌:表示微小的事物,微生物(细菌、古菌、真菌);属:属名的尾词;布雷德氏菌属:以布雷德的姓氏命名的菌属。

Etymology N.L. fem. n. *Bulleidia*, named to honor Arthur Bulleid, a distinguished British oral microbiologist.

模式种 慢布雷德氏菌(*Bulleidia extructa*)Downes 等,2000,新种。

词源 慢:缓慢的,指的是此生物的生长速度很慢。

Etymology L.(sic)fem. adj. *extructa*, slow, referring to the slow growth of the organism.

伯克氏菌属(*Burkholderia*)Yabuuchi 等,1993,新属;Gillis 等,1995 修改。此属已定 90 种。

此属是伯克氏菌目(*Burkholderiales*)Garrity 等,2006,伯克氏菌科(*Burkholderiaceae*)Garrity 等,2006 的模式属。

词源 氏:姓氏;伯克氏:以美国细菌学家 W.H. 伯克的姓氏命名,其发现了洋葱腐烂的病原;菌:表示微小的事物,微生物(细菌、古菌、真菌);属:属名的尾词;伯克氏菌属:以伯克的姓氏命名的菌属。

Etymology N.L. fem. n. *Burkholderia*, named after W.H. Burkholder, American bacteriologist who discovered the etiological agent of onion rot.

模式种　洋葱伯克氏菌(*Burkholderia cepacia*)(Palleroni and Holmes,1981)Yabuuchi 等,1993,新合并。
词源　洋葱:属于或来自洋葱的,形状像洋葱。
Etymology　L. fem. n. *caepa* or *cepa*, onion; N.L. fem. adj. *cepacia*, of or like an onion.

伯克氏菌科(*Burkholderiaceae*)Garrity 等,2006,新科。

模式属　伯克氏菌属(*Burkholderia*)Yabuuchi 等,1993,新属。
词源　伯克氏菌属:此科之模式属;科:用于定义一个比属高、比目低的分类级和尾词;在中文科的命名中,把模式属属名中的尾字"属"代换为尾字"科",即为模式属所在的科名;伯克氏菌科:伯克氏菌属之科。
Etymology　N.L. fem. n. *Burkholderia*, type genus of the family; suff. *-aceae*, ending to denote family; N.L. fem. pl. n. *Burkholderiaceae*, the *Burkholderia* family.

伯克氏菌目(*Burkholderiales*)Garrity 等,2006,新目。

此目是贝塔变形菌纲(*Betaproteobacteria*)Garrity 等,2006 的模式目。
模式属　伯克氏菌属(*Burkholderia*)Yabuuchi 等,1993,新属。
词源　伯克氏菌属:此目之模式属;目:用于定义一个比科高、比纲低的分类级和尾词;在中文目的命名中,把模式属属名中的尾字"属"代换为尾字"目",即为模式属所在的目名;伯克氏菌目:伯克氏菌属之目。
Etymology　N.L. fem. n. *Burkholderia*, type genus of the order; suff. *-ales*, ending denoting an order; N.L. fem. pl. n. *Burkholderiales*, the *Burkholderia* order.

布丘姓菌属(*Buttiauxella*)Ferragut 等,1982,新属。此属已定 7 种。

词源　姓:姓氏;布丘氏:以法国微生物学家勒内·布丘的姓氏命名,其对肠小杆菌属的分类学有很多贡献;菌:表示微小的事物,微生物(细菌、古菌、真菌);属:属名的尾词;布丘姓菌属:以布丘的姓氏命名的菌属。
Etymology　N.L. fem. dim. n. *Buttiauxella*, named after René Buttiaux, a French microbiologist for his numerous contributions to the taxonomy of *Enterobacteriaceae*.
模式种　原野布丘姓菌(*Buttiauxella agrestis*)Ferragut 等,1982,新种。
词源　原野:原始的旷野,指的是所有这些菌株都分离自没有污染的土壤和水域,即这些生物生存于旷野中。
Etymology　L. fem. adj. *agrestis*, pertaining to land, fields; intended to mean living in the fields, so named because all original strains were isolated from unpolluted soils and water.

丁酸果菌属(*Butyricicoccus*)Eeckhaut 等,2008,新属。此属已定 1 种。

词源　丁酸:四碳的羧酸;果:浆果,表示浆果形(圆球或椭球);菌:表示微小的事物,微生物(细菌、古菌、真菌);属:属名的尾词;丁酸果菌属:产丁酸盐的浆果形细菌。
Etymology　N.L. n. *acidum butyricum*, butyric acid; N.L. masc. n. *coccus* (from Gr. masc. n. *kokkos*, grain, seed), coccus; N.L. masc. n. *Butyricicoccus*, coccoid-shaped bacterium that produces butyrate.

模式种　鸡盲肠丁酸果菌(*Butyricicoccus pullicaecorum*)Eeckhaut等,2008,新种。
词源　鸡:雏鸡,鸡;盲肠:大肠中最粗最短的一部分;鸡盲肠:鸡的盲肠。
Etymology　L. n. *pullus*, a chicken; N.L. n. *caecum* (from Latin *caecum intestinum*, caecum), caecum; L. gen. pl. n. *caecorum*, of caeca; N.L. gen. pl. n. *pullicaecorum*, of the caeca of chickens.

丁酸单胞菌属(*Butyricimonas*)Sakamoto等,2009,新属;Sakamoto等,2014修改。此属已定4种。

词源　丁酸:这里指的是四碳的一元羧酸,酪酸,$CH_3CH_2CH_2COOH$(BTA);单胞:单细胞;菌:表示微小的事物,微生物(细菌、古菌、真菌);属:属名的尾词;丁酸单胞菌属:产正丁酸(酪酸)的单细胞生物。
Etymology　N.L. n. *acidum butyricum*, butyric acid; L. fem. n. *monas*, a unit, monad; N.L. fem. n. *Butyricimonas*, a butyric acid-producing monad.

模式种　协生丁酸单胞菌(*Butyricimonas synergistica*)Sakamoto等,2009,新种。
词源　协生:协作,合作,一起工作,一起生存。
Etymology　N.L. fem. adj. *synergistica*, (from Gr. *sunergês*, working with, co-operating), synergistic.
注:对于该种加名(种名)新拉丁文的来源,1993年定的协生菌属(*Synergistes*)中注释为来自英文。

丁酸弧菌属(*Butyrivibrio*)Bryant and Small,1956,属。此属已定4种。

词源　丁酸:丁酸的,酪酸的,奶油酸的(希腊文中**butyric**表示奶油);弧:作动词表示弧动,像手中舞动的绳子状振动;弧:作名词也表示细菌的一个属名,表示弧状的菌,弧菌属;菌:表示微小的事物,微生物(细菌、古菌、真菌);属:属名的尾词;丁酸弧菌属:丁酸弧菌。
Etymology　N.L. adj. *butyricus*, butyric; L. v. *vibro*, to vibrate; N.L. n. *vibrio*, that which vibrates, and also a bacterial genus name of bacteria possessing a curved rod shape(*Vibrio*); N.L. masc. n. *Butyrivibrio*, a butyric vibrio.

模式种　溶纤丁酸弧菌(*Butyrivibrio fibrisolvens*)Bryant and Small,1956,《1980年细菌名确认单》,种。
词源　溶:溶解的;纤:纤维,长丝,细而长、呈丝线状的结构,在化学中,是指由成百上千的β(1→4)链接的D—葡萄糖单元构成的多糖分子;溶纤:溶解纤维的,纤维溶解的。
Etymology　L. n. *fibra*, a fibre, filament; L. part. adj. *solvens*, dissolving; N.L. part. adj. *fibrisolvens*, fiber-dissolving.

By

吞绲菌属（*Byssovorax*）Reichenbach, 2006, 新属。此属已定 1 种。

模式种 （*Byssovorax cruenta*）（*ex* Thaxter, 1897）Reichenbach, 2006, 新合并。

词源 吞：吞噬,吞食；绲：细麻,布,细麻布,表示纤维；吞绲：吞噬麻布,吞噬纤维；菌：表示微小的事物,微生物（细菌、古菌、真菌）；属：属名的尾词；吞绲菌属：吞噬纤维的细菌。
Etymology Gr. n. *byssos*, cotton, fine linen (for cellulose); L. adj. *vorax*, voracious, devouring; N.L. fem. n. *Byssovorax*, devourer of cellulose.

C 部

Ca

屠杆菌属（*Caedibacter*）（*ex* Preer 等,1974）Preer and Preer,1982,新属,命名修改。此属已定 5 种。

词源　屠:屠杀,屠宰,大屠杀,蓄意攻击/谋杀；杆:棒；菌:表示微小的事物,微生物(细菌、古菌、真菌)；属:属名的尾词；屠杆菌属:此属细菌杀害……

Etymology　L. n. *caedes -is*, a killing, slaughter, carnage, massacre, a murderous attack; N.L. masc. n. *bacter*, a rod; N.L. masc. n. *Caedibacter*, the bacterium which kills.

模式种　螺带屠杆菌（*Caedibacter taeniospiralis*）（*ex* Preer 等,1974）Preer and Preer,1982,新种,命名修改。

词源　带:带子,丝带；螺:螺丝形的；螺带:卷带,缠带,绑带。

Etymology　Gr. n. *tainia*（Latin transliteration *taenia*）,a band, ribbon; N.L. adj. *spiralis*（from L. n. *spira*, coil; and L. suff. *alis -is -e*, suffix denoting pertaining to）, coiled; N.L. masc. adj. *taeniospiralis*, coiled ribbon.

同义词　"*Caedobacter*"（*sic*）Preer 等,1974。

注:此属 5 种菌,仅仅两种得到了 16S rDNA 的系统发育分析,这些菌种的归属仍然存在不确定性。

淤小杆菌属（*Caenibacterium*）Manaia 等,2003,新属。此属已定 1 种。

词源　淤:淤泥,泥浆；小杆:小棒；菌:表示微小的事物,微生物(细菌、古菌、真菌)；属:属名的尾词；淤小杆菌属:分离自淤泥的小棒形细菌。

Etymology　L. n. *caenum*, mud, sludge; L. neut. n. *bacterium*, rod; N.L. neut. n. *Caenibacterium*, a rod-shaped bacterium isolated from sludge.

此属已被 Lütke-Eversloh 等,2004 归属到→席乐阁氏菌属（*Schlegelella*）Elbanna 等,2003,新属。

模式种　嗜热淤小杆菌（*Caenibacterium thermophilum*）Manaia 等,2003,新种。

此种已被归种到→热降聚席乐阁氏菌（*Schlegelella thermodepolymerans*）Elbanna 等,2003,新种；Lütke-Eversloh 等,2004 修改。

词源　嗜:嗜好的,喜好的,友好的,爱好的；热:高温,温暖；嗜热:喜好温暖的,嗜热的。

Etymology　Gr. n. *thermê*, warm; N.L. adj. *philus -a -um*（from Gr. adj. *philos -ê -on*）, friend, loving; N.L. neut. adj. *thermophilum*, loving warmth, thermophilic.

淤单胞菌属（*Caenimonas*）Ryu 等,2008,Kim 等,2012 修改。此属已定 2 种。

词源　淤:淤泥,泥浆；单胞:单细胞,单元；菌:表示微小的事物,微生物(细菌、古菌、真菌）；属：属名的尾词；淤单胞菌属：分离自淤泥泥浆的单细胞生物。

Etymology　L. n. *caenum*, mud, sludge; L. fem. n. *monas*, a unit, monad; N.L. fem. n. *Caenimonas*, monad isolated from sludge.

模式种　韩国淤单胞菌（*Caenimonas koreensis*）Ryu 等，2008，新种。

词源　韩国：与韩国有关的，此模式株的分离地。

Etymology　N.L. fem. adj. *koreensis*, pertaining to Korea, where the type strain was isolated.

淤小螺体属（*Caenispirillum*）Yoon 等，2007，新属。此属已定 2 种。

词源　淤：淤泥，泥浆；螺：螺形，螺旋，螺纹；小螺：与螺相对，表示比螺在尺寸上小，小螺形，小螺旋，小螺纹；菌：表示微小的事物，微生物（细菌、古菌、真菌）；属：属名的尾词；淤小螺体属：分离自泥浆的小螺形生物。

Etymology　L. n. *caenum*, sludge, mud; L. n. *spira*, a spiral; N.L. dim. neut. n. *spirillum*, a small spiral; N.L. neut. n. *Caenispirillum*, a small spiral isolated from sludge.

模式种　壁山淤小螺体（*Caenispirillum bisanense*）Yoon 等，2007，新种。

词源　壁山：韩国大邱一地名，此模式株的分离地。

Etymology　N.L. neut. adj. *bisanense*, of Bisan, Daegu, Korea, from where the type strain was isolated.

烫碱竿菌属（*Caldalkalibacillus*）Xue 等，2006，新属。此属已定 2 种。

词源　烫：热的，暖的，高温的；碱：盐碱植物的灰分，碱性，碱类（阴离子全为氢氧根）；竿：在本书中对译于拉丁文 ***bacillus***，表示棒形，以示与常见的"杆"的区别，表示以出芽孢为特征的棒形；菌：表示微小的事物，微生物（细菌、古菌、真菌）；属：属名的尾词；烫碱竿菌属：生活在高温和碱性条件的竿菌。

Etymology　L. adj. *caldus*, hot; N.L. n. *alkali*, alkali; L. masc. n. *bacillus*, small rod; N.L. masc. n. *Caldalkalibacillus*, bacillus living under hot and alkaline conditions.

模式种　热泉烫碱竿菌（*Caldalkalibacillus thermarum*）Xue 等，2006，新种。

词源　热泉：温泉。

Etymology　L. gen. pl. n. *thermarum*, of warm springs.

烫厌氧杆菌属（*Caldanaerobacter*）Fardeau 等，2004，新属。此属已定 2 种，4 亚种。

词源　烫：热的，暖的，高温的；厌：无，非；氧：空气，氧气；杆：棒；菌：表示微小的事物，微生物（细菌、古菌、真菌）；属：属名的尾词；烫厌氧杆菌属：在高温下无氧生长的棒形生物。

Etymology　L. adj. *caldus*, hot; Gr. pref. *an*, not; Gr. n. *aer aeros*, air; N.L. masc. n. *bacter*, rod, staff; N.L. masc. n. *Caldanaerobacter*, rod that grows in the absence of air at high temperatures.

模式种 下土烫厌氧杆菌(*Caldanaerobacter subterraneus*)(Fardeau 等,2000)Fardeau 等,2004,新合并。

词源 下土:中文常译为地下,这里根据本书的标准化翻译,下土,下部的土,即地下,指菌株分离位。

Etymology L. masc. adj. *subterraneus*, underground, subterranean, describing its site of isolation.

烫厌氧菌属(*Caldanaerobius*)Lee 等,2008,新属。此属已定 3 种。

词源 烫:热的,暖的,高温的;厌:无,非;氧:空气,氧气;菌:表示微小的事物,微生物(细菌、古菌、真菌);属:属名的尾词;烫厌氧菌属:在无氧(空气),高温下生长的细菌。

Etymology L. adj. *caldus*, warm, hot; Gr. pref. *an*, not; Gr. n. *aer aeros*, air; Gr. masc. n. *bios*, life; N.L. masc. n. *Caldanaerobius*, a bacterium which grows in the absence of air at high temperature.

模式种 斐济烫厌氧菌(*Caldanaerobius fijiensis*)Lee 等,2008,新种。

词源 斐济:斐济岛,与斐济岛有关的,指的是此模式菌株的分离源。

Etymology N.L. masc. adj. *fijiensis*, pertaining to the Fiji islands, reflecting the source of isolation of the type strain.

烫厌氧幡菌属(*Caldanaerovirga*)Wagner 等,2009,新属。此属已定 1 种。

词源 烫:热的,暖的,高温的;厌:无,非;氧:空气,氧气;幡:幡状,棒;菌:表示微小的事物,微生物(细菌、古菌、真菌);属:属名的尾词;烫厌氧幡菌属:在没有空气的高温下生长的幡棒形生物。

Etymology L. adj. *caldus*, hot; Gr. pref. *an*, not; Gr. n. *aer*, air; L. fem. n. *virga*, rod; N.L. fem. n. *Caldanaerovirga*, rod that grows in the absence of air at elevated temperatures.

模式种 制醋烫厌氧幡菌(*Caldanaerovirga acetigignens*)Wagner 等,2009,新种。

词源 制:制造,产生;醋:醋酸,乙酸;制醋:产生醋或乙酸。

Etymology L. n. *acetum*, vinegar, used to refer to acetic acid; L. v. *gignere*, to produce; N.L. part. adj. *acetigignens*, vinegar- or acetic acid-producing.

釜居菌属(*Calderihabitans*)Yoneda 等,2013,新属。此属已定 1 种。

词源 釜:新拉丁文阴性名词 caldera 来自葡萄牙语,表示大锅,釜,火山口就类似于一个高温的大锅或反应釜;居:居民,居住者,栖居者;菌:表示微小的事物,微生物(细菌、古菌、真菌);属:属名的尾词;釜居菌属:火山口的栖居者,指的是此模式种的模式菌株的分离源。

Etymology N.L. fem. n. *caldera*, from the Portuguese n. *caldera*, cauldron; *-i-*, connecting vowel; L. masc. n. *habitans*, dweller, inhabitant; N.L. masc. n. *Calderihabitans*, inhabitant of caldera, referring to the isolation source of the type strain of the type species.

模式种　海中釜居菌(*Calderihabitans maritimus*)Yoneda 等,2013,新种。

词源　海中:与地中相对,指的是在大海中间,即海属性的。

Etymology L. masc. adj. *maritimus*, of the sea, marine.

来源　环境——海(Source:Environmental—marine)。

釜小杆菌属(*Calderobacterium*)Kryukov 等,1984,新属。此属已定1种。

此属已被 Stöhr 等,2001 归属到→氢杆菌属(*Hydrogenobacter*)Kawasumi 等,1984。

词源　釜:新拉丁文阴性名词 caldera 来自葡萄牙语,表示大锅,釜,火山口就类似于一个高温的大锅或反应釜;小杆:小棒;菌:表示微小的事物,微生物(细菌、古菌、真菌);属:属名的尾词;釜小杆菌属:生活在大锅(火山口)的棒形生物。

Etymology N.L. fem. n. *caldera* (from the Portuguese n. *caldera*), cauldron; L. neut. n. *bacterium*, a small rod; N.L. neut. n. *Calderobacterium*, a rod living in a cauldron.

模式种　嗜氢釜小杆菌(*Calderobacterium hydrogenophilum*)Kryukov 等,1984,新种。

此种已被 Stöhr 等2001年归种到→嗜氢氢杆菌(*Hydrogenobacter hydrogenophilus*)(Kryukov 等,1984)Stöhr 等,2001,新合并。

词源　嗜:嗜好的,喜好的,友好的,爱好的;氢:元素氢,H,氢气,产水(因为氢与氧结合产生水,因此新拉丁文的本意即为产水);嗜氢:喜好氢/氢气的。

Etymology N.L. n. *hydrogenum* (from Gr. n. *hudôr*, water; and Gr. v. *gennaô*, to produce), hydrogen (that which produces water, so called because it forms water when exposed to oxygen); N.L. neut. adj. *philum* (from Gr. neut. adj. *philon*), friend, loving; N.L. neut. adj. *hydrogenophilum*, hydrogen loving.

烫竿菌属(*Caldibacillus*)Coorevits 等,2012,新属。此属已定1种。

词源　烫:热的,暖的,高温的;竿:在本书中对译于拉丁文 *bacillus*,表示棒形,以示与常见的"杆"的区别,表示以出芽孢为特征的棒形;菌:表示微小的事物,微生物(细菌、古菌、真菌);属:属名的尾词;烫竿菌属:高温竿菌,指的是此生物的嗜热性。

Etymology L. adj. *caldus*, warm, hot; L. masc. n. *bacillus*, a small staff or rod; N.L. masc. n. *Caldibacillus*, warm bacillus, referring to the organism's thermophily.

模式种　虚弱烫竿菌(*Caldibacillus debilis*)Coorevits 等,2012,新种。

词源　虚弱:指的是此菌对底物的严格限制性。

Etymology L. masc. adj. *debilis*, feeble, weak, referring to the restricted substrate range for this species.

烫纤维破解菌属（*Caldicellulosiruptor*）Rainey 等，1995，新属；Onyenwoke 等，2006 修改。此属已定 9 种。

词源　烫：热的，暖的，高温的；纤维：纤维素；破解：分解，降解；菌：表示微小的事物，微生物（细菌、古菌、真菌）；属：属名的尾词；烫纤维破解菌属：在高温条件下破解/分解纤维素生存的生物。

Etymology　L. adj. *caldus*, hot；N.L. n. *cellulosum*, cellulose；L. masc. n. *ruptor*, breaker；N.L. masc. n. *Caldicellulosiruptor*, cellulose-breaker living under hot conditions.

模式种　解糖烫纤维破解菌（*Caldicellulosiruptor saccharolyticus*）Rainey 等，1995，新种。

词源　解：分解的，溶解的，破解的，消解的；糖：一般性名词，通常指的是甜的、短链的、可溶解的和由碳氢氧元素构成的碳水化合物，日常用语中即指食糖（蔗糖，一种二糖），生物化学中进一步细分为单糖（葡萄糖、果糖和半乳糖等），二糖（麦芽糖、乳糖和蔗糖等），寡糖和多糖等；解糖：分解多糖的。

Etymology　Gr. n. *sakchâr*, sugar；N.L. masc. adj. *lyticus*（from Gr. masc. adj. *lutikos*），able to loosen, able to dissolve；N.L. masc. adj. *saccharolyticus*, breaking up polysaccharides.

烫粪杆菌属（*Caldicoprobacter*）Yokoyama 等，2010，新属；Bouanane-Darenfed 等，2011 修改。此属已定 3 种。

此属是烫动粪杆菌科（*Caldicoprobacteraceae*）Yokoyama 等，2010 的模式属。

词源　烫：热的，暖的，高温的；粪：动物粪便；杆：棒；菌：表示微小的事物，微生物（细菌、古菌、真菌）；属：属名的尾词；烫粪杆菌属：分离自逐渐升温/高温的动物粪便的棒形生物。

Etymology　L. adj. *caldus*, hot；Gr. n. *kopros*, dung, N.L. masc. n. *bacter*, rod；N.L. masc. n. *Caldicoprobacter*, a rod from dung growing at elevated temperatures.

模式种　大岛氏烫粪杆菌（*Caldicoprobacter oshimai*）Yokoyama 等，2010，新种。

词源　氏：姓氏；大岛氏：以日本微生物学家大岛泰郎的姓氏命名，其原作者理解嗜热菌和这些生物的生物化学有许多帮助。

Etymology　N.L. gen. masc. n. *oshimai*, of Oshima, named after the Japanese microbiologist Tairo Oshima, in honour of his many contributions to our knowledge of thermophiles and their biochemistry.

烫粪杆菌科（*Caldicoprobacteraceae*）Yokoyama 等，2010，新科。

模式属　烫粪杆菌属（*Caldicoprobacter*）Yokoyama 等，2010，新属。

词源　烫粪杆菌属：此科之模式属；科：用于定义一个比属高、比目低的分类级和尾词；在中文科的命名中，把模式属属名中的尾字"属"代换为尾字"科"，即为模式属所在的科名；烫粪杆菌科：烫粪杆菌属之科。

Etymology　N.L. masc. n. *Caldicoprobacter*, type genus of the family；suff. -*aceae*, ending to denote a family；N.L. fem. pl. n. *Caldicoprobacteraceae*, the *Caldicoprobacter* family.

烫缕菌属（*Caldilinea*）Sekiguchi 等，2003，新属。此属已定 2 种。

此属是烫缕菌科（*Caldilineaceae*）Yamada 等，2006 和烫缕菌目（*Caldilineales*）Yamada 等，2006 的模式属。

词源　烫：热的，暖的，高温的；缕：线条；菌：表示微小的事物，微生物（细菌、古菌、真菌）；属：属名的尾词；烫缕菌属：生活在高温环境中的线形生物。

Etymology　L. adj. *caldus*, hot; L. fem. n. *linea*, line; N.L. fem. n. *Caldilinea*, line-shaped living in a hot environment.

模式种　嗜气烫缕菌（*Caldilinea aerophila*）Sekiguchi 等，2003，新种。

词源　嗜：嗜好，喜好，爱好；气：空气。

Etymology　Gr. n. *aer aeros*, air; N.L. fem. adj. *phila*（from Gr. fem. adj. *philê*）, friend, loving; N.L. fem. adj. *aerophila*, air-loving.

烫缕菌科（*Caldilineaceae*）Yamada 等，2006，新科。

模式属　烫缕菌属（*Caldilinea*）Sekiguchi 等，2003，新属。

词源　烫缕菌属：此科之模式属；科：用于定义一个比属高、比目低的分类级和尾词；在中文科的命名中，把模式属属名中的尾字"属"代换为尾字"科"，即为模式属所在的科名；烫缕菌科：烫缕菌属之科。

Etymology　N.L. fem. n. *Caldilinea*, type genus of the family; suff. -*aceae*, ending to denote a family; N.L. fem. n. *Caldilineaceae*, family of the genus *Caldilinea*.

烫缕菌纲（*Caldilineae*）Yamada 等，2006，新纲。

模式目　烫缕菌目（*Caldilineales*）Yamada 等，2006，新目。

词源　烫缕菌目：此纲之模式目；纲：（原核）生物分类的一个级别，门之下，目之上的一个分类级，纲之尾词；烫缕菌纲：烫缕菌目之纲。

Etymology　N.L. fem. pl. n. *Caldilineales*, type order of the class; N.L. fem. pl. n. *Caldilineae*, the *Caldilineales* class.

烫缕菌目（*Caldilineales*）Yamada 等，2006，新目。

此目是烫缕菌纲（*Caldilineae*）Yamada 等，2006 的模式目。

模式属　烫缕菌属（*Caldilinea*）Sekiguchi 等，2003，新属。

词源　烫缕菌属：此目之模式属；目：用于定义一个比科高、比纲低的分类级和尾词；在中文目的命名中，把模式属属名中的尾字"属"代换为尾字"目"，即为模式属所在的目名；烫缕菌目：烫缕菌属之目。

Etymology　N.L. fem. n. *Caldilinea*, type genus of the order; suff. -*ales*, ending to denote a order; N.L. fem. pl. n. *Caldilineales*, order of the genus *Caldilinea*.

烫微菌属（*Caldimicrobium*）Miroshnichenko 等，2009，新属。此属已定 1 种。

词源 烫：热的，暖的，高温的；微：微小的，微生物；菌：表示微小的事物，微生物（细菌、古菌、真菌）；微菌：微生物；属：属名的尾词；烫微菌属：生活在高温地方的微生物。

Etymology L. adj. *caldus*, hot; N.L. neut. n. *microbium*, microbe; N.L. neut. n. *Caldimicrobium*, microbe living in hot places.

模式种 裂隙烫微菌（*Caldimicrobium rimae*）Miroshnichenko 等，2009，新种。

词源 因为是从堪察加半岛的乌宗火山（**Uzon Caldera**）最烫的裂隙泉（**Treshchinnyi Spring**，即裂隙泉）沉积物中分离，故名。

Etymology L. gen. n. *rimae*, of a crack or fissure, referring to the English translation of Treshchinnyi, the hot spring from which the type strain was isolated.

烫单胞菌属（*Caldimonas*）Takeda 等，2002，新属。此属已定 2 种。

词源 烫：热的，暖的，高温的；单胞：单细胞，单元；菌：表示微小的事物，微生物（细菌、古菌、真菌）；属：属名的尾词；烫单胞菌属：高温（喜热）的单细胞生物。

Etymology L. adj. *caldus*, hot; L. fem. n. *monas*, unit, monad; N.L. fem. n. *Caldimonas* hot (heat-loving) monad.

模式种 锰氧化烫单胞菌（*Caldimonas manganoxidans*）Takeda 等，2002，新种。

词源 锰：一种金属元素，锰；氧化：氧化，物质（原子、分子、离子）失去电子或增加氧化态的过程，一般就是与氧结合的过程；锰氧化：氧化锰的，锰氧化的。

Etymology N.L. n. *manganum*, manganese; N.L. v. *oxido* (from Gr. adj. *oxus*, acid or sour and in combined words indicating oxygen), to oxidize; N.L. part. adj. *manganoxidans*, manganese-oxidizing.

烫丝菌科（*Caldisericaceae*）Mori 等，2009，新科。

模式属 烫丝菌属（*Caldisericum*）Mori 等，2009，新属。

词源 烫丝菌属：此科之模式属；科：用于定义一个比属高、比目低的分类级和尾词；在中文科的命名中，把模式属属名中的尾字"属"代换为尾字"科"，即为模式属所在的科名；烫丝菌科：烫丝菌属之科。

Etymology N.L. neut. n. *Caldisericum*, type genus of the family; suff. -*aceae*, ending to denote a family; N.L. fem. pl. n. *Caldisericaceae*, the *Caldisericum* family.

烫丝菌目（*Caldisericales*）Mori 等，2009，新目。

此目是**烫丝菌纲**（*Caldisericia*）Mori 等，2009 的模式目。

模式属 烫丝菌属（*Caldisericum*）Mori 等，2009，新属。

词源 烫丝菌属：此目之模式属；目：用于定义一个比科高、比纲低的分类级和尾词；在中文目的命名中,把模式属属名中的尾字"属"代换为尾字"目",即为模式属所在的目名;烫丝菌目:烫丝菌属之目。

Etymology　N.L. neut. n. *Caldisericum*, type genus of the order; suff. *-ales*, ending denoting an order; N.L. fem. pl. n. *Caldisericales*, the *Caldisericum* order.

烫丝菌纲(*Caldisericia*) Mori 等,2009,新纲。

模式目　烫丝菌目(*Caldisericales*) Mori 等,2009,新目。

词源　烫丝菌属:此纲模式目烫丝菌目之模式属;纲:(原核)生物分类的一个级别,门之下,目之上的一个分类级,纲之尾词;烫丝菌纲:烫丝菌目之纲。

Etymology　N.L. neut. n. *Caldisericum*, type genus of the type order of the class; suff. *-ia*, ending to denote a class; N.L. neut. pl. n. *Caldisericia*, the class of the order *Caldisericales*.

烫丝菌属(*Caldisericum*) Mori 等,2009,新属。此属已定 1 种。

此属是烫丝菌目(*Caldisericales*) Mori 等,2009 和烫丝菌科(*Caldisericaceae*) Mori 等,2009 的模式属。

词源　烫:热的,暖的,高温的;丝:丝绸,真丝;菌:表示微小的事物,微生物(细菌、古菌、真菌);属:属名的尾词;烫丝菌属:存在于高温环境中的丝线生物。

Etymology　L. adj. *caldus*, hot; L. neut. n. *sericum*, silk; N.L. neut. n. *Caldisericum*, a silk existing in a hot environment.

模式种　纤细烫丝菌(*Caldisericum exile*) Mori 等,2009,新种。

词源　纤细:细小的,纤细的。

Etymology　L. neut. adj. *exile*, slender.

注:表示形容词的拉丁文 *exile* 和 *subtilis* 同样用的并不多,意义近似,表示纤细的,苗条的,瘦削的。

烫球菌属(*Caldisphaera*) Itoh 等,2003,新属。此属已定 1 种。

此属是烫球菌科(*Caldisphaeraceae*) Prokofeva 等,2009 的模式属。

词源　烫:热的,暖的,高温的;球:球体,球形,地球;菌:表示微小的事物,微生物(细菌、古菌、真菌);属:属名的尾词;烫球菌属:高温球形细胞。

Etymology　L. adj. *caldus*, hot; L. fem. n. *sphaera*, sphere; N.L. fem. n. *Caldisphaera*, a hot spherical cell.

模式种　拉古纳烫球菌(*Caldisphaera lagunensis*) Itoh 等,2003,新种。

词源　拉古纳:菲律宾的一个省。

Etymology　N.L. fem. adj. *lagunensis*, pertaining to Laguna, the province in the Philippines where the type strain was isolated.

烫球菌科(*Caldisphaeraceae*) Prokofeva 等,2009,新科。

模式属　烫球菌属(*Caldisphaera*) Itoh 等,2003,新属。

词源　烫球菌属:此科之模式属;科:用于定义一个比属高、比目低的分类级和尾词;在中文科的命名中,把模式属属名中的尾字"属"代换为尾字"科",即为模式属所在的科名;烫球菌科:烫球菌属之科。

Etymology　N.L. fem. n. *Caldisphaera*, the type genus of the family; suff. *-aceae*, ending denoting a family; N.L. fem. pl. n. *Caldisphaeraceae*, the family of *Caldisphaera*.

烫土栖菌属(*Calditerricola*)Moriya 等,2011,新属。此属已定2种。

词源　烫:热的,暖的,高温的;土:土壤;栖:居住,栖居,栖居者,栖息者;菌:表示微小的事物,微生物(细菌、古菌、真菌);属:属名的尾词;烫土栖菌属:高温土壤中的栖居者。

Etymology　L. adj. *caldus*, hot; L. n. *terra*, soil; L. suff. *-cola* (from L. n. *incola*), dweller, inhabitant; N.L. masc. n. *Calditerricola*, a dweller of a hot soil.

模式种　萨摩烫土栖菌(*Calditerricola satsumensis*)Moriya 等,2011,新种。

词源　萨摩:鹿儿岛县(日本的一个县)的旧名,现在也是鹿儿岛县内的一个地名,此模式菌株是从那里分离的。

Etymology　N.L. masc. n. *satsumensis*, pertaining to Satsuma, the old name of Kagoshima prefecture, from where the type strain was isolated.

烫土弧菌属(*Calditerrivibrio*)Iino 等,2008,新属。此属已定1种。

词源　烫:热的,暖的,高温的;弧:作动词表示弧动,像手中舞动的绳子状振动;弧:作名词也表示细菌的一个属名,表示弧状的菌,弧菌属;菌:表示微小的事物,微生物(细菌、古菌、真菌);属:属名的尾词;烫土弧菌属:高温陆生环境中生存的弧菌。

Etymology　L. adj. *caldus*, hot; L. fem. n. *terra*, the earth; N.L. masc. n. *vibrio*, a vibrio; N.L. masc. n. *Calditerrivibrio*, a vibrio existing in a hot terrestrial environment.

模式种　硝酸盐还原烫土弧菌(*Calditerrivibrio nitroreducens*)Iino 等,2008,新种。

词源　还原:返回,回到某种状态或条件,在化学中,(分子、原子或离子)获得电子或降低氧化态,转变为一种还原的氧化态。

Etymology　Gr. n. *nitron*, nitre, nitrate; L. part. adj. *reducens*, drawing backwards, bringing up to a state or condition; N.L. part. adj. *nitroreducens*, nitrate-reducing.

烫发菌属(*Caldithrix*)Miroshnichenko 等,2003,新属;Miroshnichenko 等,2010修改。此属已定2种。

词源　烫:热的,暖的,高温的;发:头发,毛发;菌:表示微小的事物,微生物(细菌、古菌、真菌);属:属名的尾词;烫发菌属:存在于高温环境的毛发(丝线)状菌。

Etymology　L. adj. *caldus*, hot; Gr. fem. n. *thrix*, thread; N.L. fem. n. *Caldithrix*, a thread existing in a hot environment.

模式种　深渊烫线菌（*Caldithrix abyssi*）Miroshnichenko 等，2003，新种。
词源　深渊：极深的，生活在大洋深处的。
Etymology　L. gen. n. *abyssi*, of immense depths, living in the depth of the ocean.

烫幡菌属（*Caldivirga*）Itoh 等，1999，新属。此属已定1种。

词源　烫：热的，暖的，高温的；菌：表示微小的事物，微生物（细菌、古菌、真菌）；属：属名的尾词。
Etymology　L. adj. *caldus*, warm, hot; L. fem. n. *virga*, rod; N.L. fem. n. *Caldivirga*, a hot rod.
模式种　马基灵山烫幡菌（*Caldivirga maquilingensis*）Itoh 等，1999，新种。
词源　马基灵山：菲律宾的一个火山，表示此菌与此地有关。
Etymology　N.L. fem. adj. *maquilingensis*, pertaining to Mount Maquiling, a volcano in the Phillippines.

烫泉杆菌属（*Calidifontibacter*）Ruckmani 等，2011，新属。此属已定1种。

词源　烫：热的，暖的，高温的；泉：泉水，喷泉，源泉；杆：棒；菌：表示微小的事物，微生物（细菌、古菌、真菌）；属：属名的尾词；烫泉杆菌属：分离自烫泉（热泉）的棒形生物。
Etymology　L. adj. *calidus*, hot; L. n. *fons fontis*, spring, fountain; N.L. masc. n. *bacter*, a rod; N.L. masc. n. *Calidifontibacter*, a rod isolated from hot spring.
模式种　印度烫泉杆菌（*Calidifontibacter indicus*）Ruckmani 等，2011，新种。
词源　印度：指的是此模式菌株分离地，印度。
Etymology　L. masc. adj. *indicus*, Indian, referring to the isolation of the type strain from India.

灼爱菌属（*Caloramator*）Collins 等，1994，新属；Ogg and Patel，2011 修改。此属已定9种。

词源　灼：热，炙，灼热，高温；爱：喜欢，喜爱；菌：表示微小的事物，微生物（细菌、古菌、真菌）；属：属名的尾词；灼爱菌属：喜爱灼热的生物。
Etymology　L. n. *calor*, heat; L. masc. n. *amator*, lover; N.L. masc. n. *Caloramator*, heat lover.
模式种　炽灼爱菌（*Caloramator fervidus*）（Patel 等，1987）Collins 等，1994，新合并。
词源　炽：燃烧的，炙热的，炽热的。
Etymology　L. masc. adj. *fervidus*, hot.

灼厌氧杆菌属（*Caloranaerobacter*）Wery 等，2001（全部作者名单：Wery, Cambon-Bonavita and Barbier），新属。此属已定1种。

词源　灼：热，炙，灼热，高温；厌：无，非；氧：空气，氧气；杆：棒；菌：表示微小的事物，微生物（细菌、古菌、真菌）；属：属名的尾词；灼厌氧杆菌属：嗜热的厌氧棒形生物。

Etymology　L. n. *calor*, heat; Gr. pref. *an*, not; Gr. n. *aer aeros*, air; N.L. masc. n. *bacter*, rod or staff; N.L. masc. n. *Caloranaerobacter*, a thermophilic, anaerobic rod.

模式种　亚速尔岛灼厌氧杆菌（*Caloranaerobacter azorensis*）Wery 等，2001，新种。

词源　亚速尔岛：亚速尔岛或亚速尔群岛，与亚速尔有关的，表示此菌与此地有关。

Etymology　N.L. masc. adj. *azorensis*, pertaining to the Azores.

注：亚速尔：或亚述尔，官方名字亚速尔自治区，葡萄牙的两个自治区之一，位于北大西洋，葡萄牙西边1360km，加拿大纽芬兰东南1925km，与葡萄牙的另一个自治区马德拉（Madeira）西北向880km，有九个火山岛组成，面积约2333km^2，2011年人口约24.6万。

灼小杆菌属（*Caloribacterium*）Slobodkina 等，2012，新属。此属已定1种。

词源　灼：热，炙，灼热，高温；小杆：小棒；菌：表示微小的事物，微生物（细菌、古菌、真菌）；属：属名的尾词；灼小杆菌属：嗜热的小棒形生物。

Etymology　L. n. *calor*, heat; L. neut. n. *bacterium*, a small rod; N.L. neut. n. *Caloribacterium*, a thermophilic rod.

模式种　库灼小杆菌（*Caloribacterium cisternae*）Slobodkina 等，2012，新种。

词源　库：这里指的是地下储气库，属于或来自储气库，指的是此模式株的分离源（储气库的产出水）。

Etymology　L. fem. n. *cisterna*, a reservoir; L. gen. n. *cisternae*, of/from a reservoir, referring to the source of the type strain.

鞘小杆菌属（*Calymmatobacterium*）Aragão and Vianna，1913，属。此属已定1种。

此属1999年已归属到→克雷伯氏菌属（*Klebsiella*）Trevisan，1885，《1980年细菌名确认单》，Carter 等，1999修改。

词源　鞘：帽盖，头盖，兜帽，面纱；小杆：小棒；菌：表示微小的事物，微生物（细菌、古菌、真菌）；属：属名的尾词；鞘小杆菌属：带鞘的小棒形生物。

Etymology　Gr. n. *kalumma*, a head-covering, hood, veil; L. neut. n. *bacterium*, a small rod; N.L. neut. n. *Calymmatobacterium*, the sheathed rodlet.

模式种　肉芽肿鞘小杆菌（*Calymmatobacterium granulomatis*）Aragão and Vianna，1913，《1980年细菌名确认单》，种。

此种1999年已归种到→肉芽肿克雷伯氏菌（*Klebsiella granulomatis*）（Aragão and Vianna，1913）Carter 等，1999，新合并。

词源　肉芽肿：小粒，小颗粒，肉芽，肉芽肿。

Etymology　L. dim. n. *granulum*, a small grain; N.L. n. *granuloma*, a granuloma; N.L. gen. n. *granulomatis*, of a granuloma.

同义词　"*Donovania*" Anderson 等，1944。

注：以往中文常见名鞘杆菌属。

驼单胞菌属（*Camelimonas*）Kämpfer 等，2010，新属。此属已定 2 种。

词源　驼：骆驼；单胞：单细胞，单元；菌：表示微小的事物，微生物（细菌、古菌、真菌）；属：属名的尾词；驼单胞菌属：分离自骆驼的单细胞生物。

Etymology　L. n. *camelus*, a camel with either one or two humps; L. fem. n. *monas*, a unit, monad; N.L. fem. n. *Camelimonas*, a monad isolated from camels.

模式种　乳驼单胞菌（*Camelimonas lactis*）Kämpfer 等，2010，新种。

词源　乳：来自/属于奶，指的是乳是此首次报道菌株的分离源。

Etymology　L. gen. n. *lactis*, of/from milk, referring to milk as the isolation source of the first reported strains.

炉杆菌属（*Caminibacter*）Alain 等，2002，新属。此属已定 3 种。

词源　炉：炉子；杆：棒；菌：表示微小的事物，微生物（细菌、古菌、真菌）；属：属名的尾词；炉杆菌属：来自热液烟囱（指的是此模式种的来源）的棒形生物。

Etymology　L. n. *caminus*, a furnace; N.L. masc. n. *bacter*, rod, staff; N.L. masc. n. *Caminibacter*, rod from a hydrothermal chimney, relating to the origin of the type species.

模式种　嗜氢炉杆菌（*Caminibacter hydrogeniphilus*）Alain 等，2002，新种。

词源　嗜：嗜好的，喜好的，友好的，爱好的；氢：一种气体元素氢，H，氢气，产水（因为氢与氧结合产生水，因此新拉丁文的本意即为产水）；嗜氢：喜好氢的，指的是此生物依赖氢气石营（无机）生长。

Etymology　N.L. n. *hydrogenum*（from Gr. n. *hudôr*, water; and Gr. v. *gennaô*, to produce）, hydrogen（that which produces water, so called because it forms water when exposed to oxygen）; N.L. masc. adj. *philus*（from Gr. masc. adj. *philos*）, friend, loving; N.L. masc. adj. *hydrogeniphilus*, hydrogen-liking, referring to its ability to grow lithotrophically on H_2.

炉胞菌属（*Caminicella*）Alain 等，2002，新属。此属已定 1 种。

词源　炉：壁炉，烟囱，与海底水热烟囱源有关的；胞：细胞；菌：表示微小的事物，微生物（细菌、古菌、真菌）；属：属名的尾词；炉胞菌属：来自热液口的细胞。

Etymology　L. n. *caminus*, a furnace, a chimney, relating to the hydrothermal chimney origin; L. fem. n. *cella*, a storeroom, chamber, and in biology a cell; N.L. fem. n. *caminicella*, cell from a hydrothermal chimney.

模式种　孢生炉胞菌（*Caminicella sporogenes*）Alain 等，2002，新种。

词源　孢：孢子；生：产，生产，产生，导致，制造；孢生：孢子生成的，产生孢子的。

Etymology　Gr. n. *spora*, a spore; Gr. v. *gennaô*, produce, engender; N.L. part. adj. *sporogenes*, spore-producing.

弯曲杆菌属(*Campylobacter*) Sebald and Véron, 1963, 属;《1980年细菌名确认单》, Tanner 等, 1981修改, Vandamme 等, 1991修改, Vandamme 等, 2010修改。此属已定33种, 14亚种。

此属是弯曲杆菌目(*Campylobacterales*) Garrity 等, 2006和弯曲杆菌科(*Campylobacteraceae*) Vandamme and De Ley, 1991的模式属。

词源　弯曲：不直；杆：棒；菌：表示微小的事物, 微生物(细菌、古菌、真菌)；属：属名的尾词；弯曲杆菌属：弯曲的棒形生物。

Etymology　Gr. adj. *kampulos*, bent, curved; N.L. masc. n. *bacter*, rod; N.L. masc. n. *Campylobacter*, a curved rod.

模式种　胎儿弯曲杆菌(*Campylobacter fetus*)(Smith and Taylor, 1919) Sebald and Véron, 1963, 种;《1980年细菌名确认单》。

词源　胎儿：胎儿的, 与胎儿有关的。

Etymology　L. n. *fetus -us*, young, offspring, fruit; L. gen. n. *fetus*, of a fetus.

弯曲杆菌科(*Campylobacteraceae*) Vandamme and De Ley, 1991, 新科。

模式属　弯曲杆菌属(*Campylobacter*) Sebald and Véron, 1963,《1980年细菌名确认单》, 属。

词源　弯曲杆菌属：此科之模式属；科：用于定义一个比属高、比目低的分类级和尾词；在中文科的命名中，把模式属属名中的尾字"属"代换为尾字"科"，即为模式属所在的科名；弯曲杆菌科：弯曲杆菌属之科。

Etymology　N.L. masc. n. *Campylobacter*, type genus of the family; suff. -*aceae*, ending to denote a family; N.L. fem. pl. n. *Campylobacteraceae*, the *Campylobacter* family.

弯曲杆菌目(*Campylobacterales*) Garrity 等, 2006, 新目。

此目是埃普西隆变性杆菌纲(*Epsilonproteobacteria*) Garrity 等, 2006的模式目。

模式属　弯曲杆菌属(*Campylobacter*) Sebald and Véron, 1963,《1980年细菌名确认单》, 属。

词源　弯曲杆菌属：此目之模式属；目：用于定义一个比科高、比纲低的分类级和尾词；在中文目的命名中，把模式属属名中的尾字"属"代换为尾字"目"，即为模式属所在的目名；弯曲杆菌目：弯曲杆菌属之目。

Etymology　N.L. masc. n. *Campylobacter*, type genus of the order; suff. -*ales*, ending denoting an order; N.L. fem. pl. n. *Campylobacterales*, the *Campylobacter* order.

犬杆菌属(*Canibacter*) Aravena-Romá 等, 2014, 新属。此属已定1种。

词源　犬：狗；杆：棒；菌：表示微小的事物, 微生物(细菌、古菌、真菌)；属：属名的尾词；犬杆菌属：来自狗的棒形生物。

Etymology　L. gen. n. *canis*, of the dog; N.L. masc. n. *bacter*, rod; N.L. masc. n. *Canibacter*, rod of the dog.

模式种　口犬杆菌(*Canibacter oris*)Aravena-Romá 等,2014,新种。
词源　口:空腔,嘴巴。
Etymology　L. gen. n. *oris*, of the mouth.

白单胞菌属(*Candidimonas*)Vaz-Moreira 等,2011,新属;Zhang 等,2012 修改。此属已定 3 种。

词源　白:白色的;单胞:单细胞,单元;菌:表示微小的事物,微生物(细菌、古菌、真菌);属:属名的尾词;白单胞菌属:产白色菌落的单元(棒形)生物。
Etymology　L. adj. *candidus -a -um*, white; L. fem. n. *monas*, a unit, monad; N.L. fem. n. *Candidimonas*, a unit (rod) that produces white colonies.
模式种　硝酸盐还原白单胞菌(*Candidimonas nitroreducens*)Vaz-Moreira 等,2011,新种。
词源　还原:返回,回到某种状态或条件,在化学中,(分子、原子或离子)获得电子或降低氧化态,转变为一种还原的氧化态。
Etymology　N.L. n. *nitras -atis*, nitrate; N.L. pref. *nitro-*, pertaining to nitrate; L. part. adj. *reducens*, leading back, bringing back and, in chemistry, converting to a different oxidation state; N.L. part. adj. *nitroreducens*, reducing nitrate.

烟噬胞菌属(*Capnocytophaga*)Leadbetter 等,1982,新属。此属已定 8 种。

词源　烟:烟,烟气;噬胞菌属:一个细菌的属名;烟噬胞菌属:表示需要二氧化碳并与噬胞菌属有关的细菌。
Etymology　Gr. n. *kapnos*, smoke; N.L. fem. n. *Cytophaga*, a bacterial genus name; N.L. fem. n. *Capnocytophaga*, bacteria requiring carbon dioxide and related to the cytophagas.
模式种　赭色烟噬胞菌(*Capnocytophaga ochracea*)(Prévot 等,1956)Leadbetter 等,1982,新合并。
词源　赭色:红褐色,黄褐色,赭石(土状赤铁矿)的颜色。
Etymology　L. n. *ochra*, ochre, yellow ochre; N.L. fem. adj. *ochracea*, of the color of ochre.

胶囊形菌属(*Capsularis*)Prévot,1938,属。此属已定 1 种。

此属已两次归属,即 1982 年归属到→杆状菌属(*Bacteroides*)Castellani and Chalmers,1919,《1980 年细菌名确认单》;1990 年归属到→普雷沃特姓菌属(*Prevotella*)Shah and Collins,1990。
词源　胶囊:小盒,腔;形:形状;菌:表示微小的事物,微生物(细菌、古菌、真菌);属:属名的尾词;胶囊形菌属:胶囊状的细菌,包覆胶囊状物的细菌。
Etymology　L. n. *capsula*, a small box or chest; L. masc. suff. *-aris*, suffix denoting pertaining to; N.L masc. n. *Capsularis*, intended to mean a capsulated bacterium.

模式种　成活胶胶囊形菌(*Capsularis zoogleoformans*)勘误,(Weinberg 等,1937)Prévot,1938,《1980 年细菌名确认单》。

此种也两次归种,即 1982 年归种到→成活胶杆状菌(*Bacteroides zoogleoformans*)勘误,(Weinberg 等,1937)Cato 等,1982,1990 年归种到→成活胶普雷沃特姓菌(*Prevotella zoogleoformans*)(Weinberg 等,1937)Shah and Collins,1990。

词源　成:形成,产生;活:活的,活着的;胶:任何黏的物质,树胶,胶水,胶着物;活胶:胶着物(中的)居住者,凝胶团菌,活胶菌属;成活胶:细菌形成凝胶团状,指的是在肉汤培养基中,产生的黏性活胶菌属物质。

Etymology　Gr. adj. *zôos*, alive, living; Gr. masc. noun *gloios*, any glutinous substance, gum, glue; N.L. fem. n. *zoogleoea*, inhabitant of glue, zoogloea; L. part. adj. *formans*, forming; N.L. part. adj. *zoogleoformans*, forming zoogloea (pertaining to the glutinous mass produced in broth cultures).

嗜炭菌属(*Carbophilus*)Meyer 等,1994,新属。此属已定 1 种。

词源　嗜:嗜好的,喜好的,友好的,爱好的;炭:木炭,煤炭,化学元素碳(C);菌:表示微小的事物,微生物(细菌、古菌、真菌);属:属名的尾词;嗜炭菌属:喜好碳水化合物和其他碳质底物。

Etymology　L. *carbo*, a coal, charcoal and, in chemistry carbon; N.L. masc. adj. *philus* (from Gr. masc. adj. *philos*), friend, loving; N.L. masc. n. *Carbophilus*, loving carbohydrates and other carbonaceous substrates.

模式种　氧化碳嗜炭菌(*Carbophilus carboxidus*)(ex Nozhevnikova and Zavarzin,1974)Meyer 等,1994,新种。

词源　氧化:氧化,物质(原子、分子、离子)失去电子或增加氧化态的过程,一般就是与氧结合的过程;氧化碳:只有碳和氧元素组成的化合物,如 CO、CO_2、二氧化三碳(C_3O_2),指的是与氧化碳连接的。

Etymology　L. masc. adj. *carboxidus*, intended to mean connected with carbon oxides.

碳氧枝菌属(*Carboxydibrachium*)勘误,Sokolova 等,2001,新属。此属已定 1 种。

此属已归属为→烫厌氧杆菌属(*Caldanaerobacter*)Fardeau 等,2004,新属。

词源　碳氧:CO,一氧化碳;枝:臂,分枝,臂状(即分开,叉状);小杆:小棒;菌:表示微小的事物,微生物(细菌、古菌、真菌);属:属名的尾词;碳氧枝菌属:利用一氧化碳的,分枝形的细菌。

Etymology　N.L. n. *carboxydum*, carbon monoxide; N.L. neut. n. *brachium* (from Gr. neut. n. *brachiôn*), arm, branch; N.L. neut. n. *Carboxydobrachium*, CO branch, i.e. CO-utilizing, branching bacterium.

Carboxydobrachium – 见:碳氧枝菌属(*Carboxydibrachium*)。

模式种 太平碳氧枝菌（*Carboxydibrachium pacificum*）勘误，Sokolova 等，2001，新种。

此种已归亚种为→下土烫厌氧杆菌太平亚种（*Caldanaerobacter subterraneus* subsp. *pacificus*）（Sokolova 等，2001）Fardeau 等，2004，新合并。

词源 太平：平安，和平，太平洋，地球四大洋之一，这里指的是从西太平洋分离获得此菌。

Etymology L. neut. adj. *pacificum*, peaceful; referring to the Pacific Ocean, from the western part of which the type strain was isolated.

注：此属名拼写错误，IJSEM 的主编将其更正。

碳氧胞菌属（*Carboxydocella*）Sokolova 等，2002，新属。此属已定 3 种。

词源 碳氧：CO，一氧化碳；胞：细胞；菌：表示微小的事物，微生物（细菌、古菌、真菌）；属：属名的尾词；碳氧胞菌属：利用一氧化碳的细菌。

Etymology N.L. neut. n. *carboxydum*, carbon monoxide; L. fem. n. *cella*, a storeroom, chamber, and in biology a cell; N.L. fem. n. *Carboxydocella*, carbon monoxide-utilizing bacterium.

模式种 热自营碳氧胞菌（*Carboxydocella thermautotrophica*）Sokolova 等，2002，新种。

词源 热：高温；自：自己；营：营养，营生，养育，抚育；自营：自我营生；热自营；热自养，嗜热和自我营养，表明此生物生长在高温，唯一利用一氧化碳（CO）作为碳源和能源。

Etymology Gr. adj. *thermos*, hot; Gr. adv. *autos*, self; Gr. adj. *trophikos*, nursing, tending; N.L. fem. adj. *thermautotrophica*, indicating that the organism grows at elevated temperatures and uses carbon monoxide as sole source for carbon and energy.

碳氧热菌属（*Carboxydothermus*）Svetlichny 等，1991，新属；Slobodkin 等，2006 修改，Novikov 等，2011 修改。此属已定 5 种。

词源 碳氧：CO，一氧化碳；热：高温，烫，表示高温之处；菌：表示微小的事物，微生物（细菌、古菌、真菌）；属：属名的尾词；碳氧热菌属：利用一氧化碳、生活在高温之处的细菌。

Etymology N.L. n. *carboxydum*, carbon monoxide; Gr. adj. *thermos*, hot; N.L. masc. n. *Carboxydothermus*, utilizing carbone monoxide and living in hot places.

模式种 成氢碳氧热菌（*Carboxydothermus hydrogenoformans*）Svetlichny 等，1991，新种。

词源 成：形成，产生；氢：来自于希腊文的 "*hudôr*" 和 "*gennaô*"，意即 "水" 和 "生"，即产生水的东西，氢与氧结合产生水；成氢：形成氢的，产生水的。

Etymology N.L. n. *hydrogenum*（from Gr. n. *hudôr*, water; and Gr. v. *gennaô*, to produce）, hydrogen（that which produces water, so called because it forms water when exposed to oxygen）; L. part. adj. *formans*, forming; N.L. part. adj. *hydrogenoformans*, hydrogen-forming.

羧酸幡菌属（*Carboxylicivirga*）Yang 等，2014，新属。此属已定 1 种。

词源 羧酸：-COOH，羧酸；幡：幡状，棒形；菌：表示微小的事物，微生物（细菌、古菌、真菌）；属：属名的尾词；羧酸幡菌属：（利用）羧酸的幡状细菌。

Etymology N.L. neut. n. *acidum carboxylicum*, carboxylic acid; L. fem. n. *virga*, a rod; N.L. fem. n. *Carboxylicivirga*, carboxylic acid（utilizing）rod.

模式种 嗜中羧酸幡菌（*Carboxylicivirga mesophila*）Yang 等，2014，新种。

词源 嗜：喜，爱，嗜好，喜好，爱好；中：中间的（温度），温和的，中等，不高不低的（温度）；嗜中：嗜中温的，喜好不高不低温度的。

Etymology Gr. adj. *mesos*, middle, in the middle; N.L. adj. *philus -a -um*（from Gr. adj. *philos on*）, friend, loving; N.L. fem. adj. *mesophila*, middle temperature-loving, i.e. mesophilic.

来源 环境——海（Source: Environmental—marine）。

心小杆菌科（*Cardiobacteriaceae*）Dewhirst 等，1990，新科。

模式属 心小杆菌属（*Cardiobacterium*）Slotnick and Dougherty，1964，《1980 年细菌名确认单》，属。

词源 心小杆菌属：此科之模式属；科：用于定义一个比属高、比目低的分类级和尾词；在中文科的命名中，把模式属属名中的尾字"属"代换为尾字"科"，即为模式属所在的科名；心小杆菌科：心小杆菌属之科。

Etymology N.L. neut. n. *Cardiobacterium*, type genus of the family; suff. *-aceae*, ending to denote a family; N.L. fem. pl. n. *Cardiobacteriaceae*, the *Cardiobacterium* family.

心小杆菌目（*Cardiobacteriales*）Garrity 等，2005，新目。

模式属 心小杆菌属（*Cardiobacterium*）Slotnick and Dougherty，1964，《1980 年细菌名确认单》，属。

词源 心小杆菌属：此目之模式属；目：用于定义一个比科高、比纲低的分类级和尾词；在中文目的命名中，把模式属属名中的尾字"属"代换为尾字"目"，即为模式属所在的目名；心小杆菌目：心小杆菌属之目。

Etymology N.L. neut. n. *Cardiobacterium*, type genus of the order; suff. *-ales*, ending to denote order; N.L. fem. pl. n. *Cardiobacteriales*, the *Cardiobacterium* order.

心小杆菌属（*Cardiobacterium*）Slotnick and Dougherty，1964，属。此属已定 2 种。

此属是心杆菌目（*Cardiobacteriales*）Garrity 等，2005 和心杆菌科（*Cardiobacteriaceae*）Dewhirst 等，1990 的模式属。

词源 心：心脏；小杆：小棒；菌：表示微小的事物，微生物（细菌、古菌、真菌）；属：属名的尾词；心小杆菌属：心脏的小杆形细菌。

Etymology　Gr. n. *kardia*, heart; L. neut. n. *bacterium*, small rod; N.L. neut. n. *Cardiobacterium*, bacterium of the heart.

模式种　人心小杆菌(*Cardiobacterium hominis*)Slotnick and Dougherty,1964,《1980年细菌名确认单》,种。

词源　人:人类的,人的。

Etymology　L. gen. n. *hominis*, of a human being, of a man.

肉单胞菌属(*Carnimonas*)Garriga等,1998,新属。此属已定1种。

词源　肉:肉,鲜肉,肉体;单胞:单细胞,单元;菌:表示微小的事物,微生物(细菌、古菌、真菌);属:属名的尾词;肉单胞菌属:肉的单细胞生物。

Etymology　L. n. *caro carnis*, flesh, meat; L. fem. n. *monas*, a unit, monad; N.L. fem. n. *Carnimonas*, a monad of meat.

模式种　产黑肉单胞菌(*Carnimonas nigrificans*)Garriga等,1998,新种。

词源　产黑:产生黑色的,制造黑色的。

Etymology　L. part. adj. *nigrificans*, making black.

肉小杆菌科(*Carnobacteriaceae*)Ludwig等,2010,新科。

模式属　肉小杆菌属(*Carnobacterium*)Collins等,1987,新属。

词源　肉小杆菌属:此科之模式属;科:用于定义一个比属高、比目低的分类级和尾词;在中文科的命名中,把模式属属名中的尾字"属"代换为尾字"科",即为模式属所在的科名;肉小杆菌科:肉小杆菌属之科。

Etymology　N.L. neut. n. *Carnobacterium*, type genus of the family; suff. -*aceae*, ending to denote a family; N.L. fem. pl. n. *Carnobacteriaceae*, family of the genus *Carnobacterium*.

肉小杆菌属(*Carnobacterium*)Collins等,1987,新属。此属已定12种。

此属是肉小杆菌科(*Carnobacteriaceae*)Ludwig等,2010的模式属。

词源　肉:肉体;小杆:小棒;菌:表示微小的事物,微生物(细菌、古菌、真菌);属:属名的尾词;肉小杆菌属:肉体的小棒形生物。

Etymology　L. n. *caro carnis*, flesh; L. neut. n. *bacterium*, a small rod; N.L. neut. n. *Carnobacterium*, flesh rodlet.

模式种　分岐肉小杆菌(*Carnobacterium divergens*)(Holzapfel and Gerber,1984)Collins等,1987,新合并。

词源　分岐:分开,偏离,分叉。

Etymology　L. part. adj. *divergens*, deviating, diverging.

显核菌科（*Caryophanaceae*）Peshkoff, 1939, 科。

模式属　显核菌属（*Caryophanon*）Peshkoff, 1939,《1980 年细菌名确认单》, 属。

词源　显核菌属：此科之模式属；科：用于定义一个比属高、比目低的分类级和尾词；在中文科的命名中，把模式属属名中的尾字"属"代换为尾字"科"，即为模式属所在的科名；显核菌科：显核菌属之科。

Etymology　N.L. neut. n. *Caryophanon*, type genus of the family; suff. -*aceae*, ending to denote a family; N.L. fem. pl. n. *Caryophanaceae*, the *Caryophanon* family.

显核菌目（*Caryophanales*）Peshkoff, 1939, 目。

模式属　显核菌属（*Caryophanon*）Peshkoff, 1939,《1980 年细菌名确认单》, 属。

词源　显核菌属：此目之模式属；目：用于定义一个比科高、比纲低的分类级和尾词；在中文目的命名中，把模式属属名中的尾字"属"代换为尾字"目"，即为模式属所在的目名；显核菌目：显核菌属之目。

Etymology　N.L. neut. n. *Caryophanon*, type genus of the order; suff. -*ales*, ending denoting an order; N.L. fem. pl. n. *Caryophanales*, the *Caryophanon* order.

显核菌属（*Caryophanon*）Peshkoff, 1939, 属。此属已定 2 种。

此属是显核菌目（*Caryophanales*）Peshkoff, 1939,《1980 年细菌名确认单》和显核菌科（*Caryophanaceae*）Peshkoff, 1939,《1980 年细菌名确认单》的模式属。

词源　显：亮的，显著的，明显的；核：内核，细胞核；菌：表示微小的事物，微生物（细菌、古菌、真菌）；属：属名的尾词；显核菌属：具有明显细胞核的细菌。

Etymology　Gr. n. *karyon*, nut, kernel, nucleus; Gr. adj. *phaneros*, bright, conspicuous; N.L. neut. n. *Caryophanon*, that which has a conspicuous nucleus.

模式种　阔显核菌（*Caryophanon latum*）Peshkoff, 1939,《1980 年细菌名确认单》, 属。

词源　阔：宽阔，明显。

Etymology　L. neut. adj. *latum*, broad.

奶酪杆菌属（*Caseobacter*）Crombach, 1978, 属。此属已定 1 种。

此属 1987 年已归属到→棒小杆菌属（*Corynebacterium*）Lehmann and Neumann, 1896, 属；《1980 年细菌名确认单》。

词源　奶酪：牛奶、羊奶等发酵制品；杆：棒；菌：表示微小的事物，微生物（细菌、古菌、真菌）；属：属名的尾词；奶酪杆菌属：奶酪棒形生物。

Etymology　L. n. *caseus*, cheese; N.L. masc. n. *bacter*, a rod; N.L. masc. n. *Caseobacter*, cheese rod.

模式种　多形奶酪杆菌（*Caseobacter polymorphus*）Crombach, 1978, 属；《1980 年细菌名确

认单》。

此种 1987 年已归种到 → 变棒小杆菌（*Corynebacterium variabile*）勘误,（Müller,1961）Collins,1987,新种。

词源　多形：多态,多姿,微生物具有许多形状,形态。

Etymology　N.L. masc. adj. *polymorphus*（from Gr. adj. *polumorphos -on*）, having many shapes, multiform.

卡斯特兰尼姓菌属（*Castellaniella*）Kämpfer 等,2006,新属。此属已定 6 种。

词源　姓：姓氏；卡斯特兰尼氏：以英国裔的意大利细菌学家阿尔多·卡斯特兰尼先生的姓氏命名,其在 1919 年首先描述了碱生菌属这个细菌属；菌：表示微小的事物,微生物（细菌、古菌、真菌）；属：属名的尾词；卡斯特兰尼姓菌属：以卡斯特兰尼的姓氏命名的菌属。

Etymology　N.L. fem. dim. n. *Castellaniella*, named after Sir Aldo Castellani, a British-Italian bacteriologist, who first described the bacterial genus *Alcaligenes* in 1919.

模式种　脱芳卡斯特兰尼姓菌（*Castellaniella defragrans*）（Foss 等,1998）Kämpfer 等,2006,新合并。

词源　脱：脱除；芳：芳香；脱芳：芳香脱除的,指的是此菌有能力降解单萜化合物。

Etymology　L. prep. *de*, away; L. part. adj. *fragrans*, emitting a smell, sweet-smelling, fragrant; N.L. part. adj. *defragrans*, annihilating fragrance, referring to the capicity to degrade monoterpenes.

过氧化氢酶杆菌属（*Catabacter*）Lau 等,2014,新属。此属已定 1 种。

词源　过氧化氢酶：催化过氧化氢的酶；杆：棒；菌：表示微小的事物,微生物（细菌、古菌、真菌）；属：属名的尾词；过氧化氢酶杆菌属：过氧化氢酶阳性的棒形生物。

Etymology　N.L. *cata-*, abbreviation for catalase-positive, derived from Gr. *kata*, down; N.L. masc. n. *bacter*, rod; N.L. masc. n. *Catabacter*, catalase-positive rod.

模式种　香港过氧化氢酶杆菌（*Catabacter hongkongensis*）Lau 等,2014,新种。

词源　香港：中国的一个特别行政区,此模式菌种的分离之地。

Etymology　N.L. masc. adj. *hongkongensis*, in honor of Hong Kong, the place where the type strain was isolated.

来源（Source）　临床的（Clinical）。

卡塔利娜单胞菌科（*Catalimonadaceae*）Choi 等,2013,新科。

模式属　卡塔利娜单胞菌属（*Catalinimonas*）Choi 等,2013,新属。

词源　卡塔利娜单胞菌属：此科之模式属；科：用于定义一个比属高、比目低的分类级和尾词；在中文科的命名中,把模式属属名中的尾字"属"代换为尾字"科",即为模式属所在的科名；卡塔利娜单胞菌科：卡塔利娜单胞菌属之科。

Etymology N.L. fem. n. *Catalinimonas*, type genus of the family; suff. *-aceae*, ending to denote a family; N.L. fem. pl. n. *Catalimonadaceae*, the family of the genus *Catalinimonas*.

卡塔利娜单胞菌属(*Catalinimonas*) Choi 等,2013,新属。此属已定 2 种。

此属是卡塔利娜单胞菌科(*Catalimonadaceae*) Choi 等,2013 的模式属。

词源 卡塔利娜：卡塔利娜岛,属于美国加利福尼亚州海峡群岛；单胞：单细胞,单元；菌：表示微小的事物,微生物(细菌、古菌、真菌)；属：属名的尾词；卡塔利娜单胞菌属：指的是此模式种是分离自卡塔利娜岛的单细胞菌。

Etymology N.L. n. *Catalina*, Catalina Island in the Channel Islands, CA, USA; L. fem. n. *monas*, a unit, monad; N.L. fem. n. *Catalinimonas*, a monad from Catalina Island, referring to the isolation of the type strain of the type species.

模式种 生物碱生卡塔利娜单胞菌(*Catalinimonas alkaloidigena*) Choi 等,2013,新种。

词源 生物碱：含大量碱性氮原子的天然产物,可分为 5 大类；生：产生,生成,制造；生物碱生：产生或制造生物碱类的。

Etymology N.L. n. *alkaloidum*, alkaloid; L. fem. suff. *-gena* (from L. v. *gigno*, to produce), producing; N.L. fem. adj. *alkaloidigena*, producing alkaloids.

注：美国加利福尼亚州的海峡群岛又称圣巴巴拉群岛。这个海峡群岛区别于英国皇家属地的海峡群岛,其又称盎格鲁诺曼底群岛。

小链孢菌属(*Catellatospora*) Asano and Kawamoto,1986,新属；Lee and Hah,2002 修改,Ara 等,2008 修改。此属已定 9 种,2 亚种。

词源 小链：小链,小链子,小型的链条(状/形)；孢：孢子；菌：表示微小的事物,微生物(细菌、古菌、真菌)；属：属名的尾词；小链孢菌属：(生物形成)孢子的小链条形。

Etymology L. n. *catella*, a small chain; Gr. fem. n. *spora*, a seed and in biology a spore; N.L. fem. n. *Catellatospora*, (organism forming) small chain of spores.

模式种 柠檬小链孢菌(*Catellatospora citrea*) Asano and Kawamoto,1986,新种。

词源 柠檬：柠檬树,这里指的是柠檬黄(色)。

Etymology L. fem. adj. *citrea*, of or pertaining to the citrus-tree, intended to mean lemon yellow.

小链小杆菌属(*Catellibacterium*) Tanaka 等,2004,新属；Liu 等,2010 修改,Zheng 等,2011 修改,Zhang 等,2012 修改。此属已定 5 种。

此属 2013 年已归属到→芽杆菌属(*Gemmobacter*) Rothe 等,1988。

词源 小链：小链,小链子,小型的链条(状/形)；小杆：小棒；菌：表示微小的事物,微生物(细菌、古菌、真菌)；属：属名的尾词；小链小杆菌属：小链状的小棒形生物。

Etymology L. fem. n. *catella*, a small chain; L. neut. n. *bacterium*, a rod; N.L. neut. n. *Catellibacterium*, a chained small rod.

模式种 嗜花蜜小链小杆菌(*Catellibacterium nectariphilum*)Tanaka 等,2004,新种。

此种 2013 年已归种到→嗜花蜜芽杆菌(*Gemmobacter nectariphilus*)(Tanaka 等,2004) Chen 等,2013,新合并。

词源 嗜:嗜好的,喜好的,友好的,爱好的;花蜜:花蜜腺分泌的糖水溶液;嗜花蜜:喜好花蜜的,指的是通过其他细菌分泌物促进生长。

Etymology L. neut. n. *nectar*, nectar; N.L. adj. *philus -a -um*(from Gr. adj. *philos -ê -on*), friend, loving; N.L. neut. adj. *nectariphilum*, loving nectar, referring to the stimulation of growth by excretions of other bacteria.

小链果菌属(*Catellicoccus*)Lawson 等,2006,新属。此属已定 1 种。

词源 小链:小链,小链子,小型的链条(状/形);果:浆果,表示浆果形(圆球或椭球);菌:表示微小的事物,微生物(细菌、古菌、真菌);属:属名的尾词;小链果菌属:形成小链条形的浆果形生物。

Etymology L. fem. n. *catella*, small chain; N.L. masc. n. *coccus*(from Gr. masc. n. *kokkos*), berry; N.L. masc. n. *Catellicoccus*, coccus forming small chains.

模式种 海哺乳动物小链果菌(*Catellicoccus marimammalium*)Lawson 等,2006,新种。

词源 海:海的,大海,海生的,海洋的;哺乳:哺乳动物;海哺乳:海中的哺乳动物。

Etymology L. neut. n. *mare*, the sea; N.L. neut. gen. pl. n. *mammalium*, of mammals; N.L. gen. pl. n. *marimammalium*, of marine mammals.

小链璆孢菌属(*Catelliglobosispora*)Ara 等,2008,新属。此属已定 1 种。

词源 小链:小链,小链子,小型的链条(状/形);璆:球(形)的;孢:孢子;菌:表示微小的事物,微生物(细菌、古菌、真菌);属:属名的尾词;小链璆孢菌属:(生物形成)小链和璆形孢子的。

Etymology L. n. *catella*, small chain; L. adj. *globosus*, spherical; Gr. fem. n. *spora*, a seed and in biology a spore; N.L. fem. n. *Catelliglobosispora*(organism forming)small chain and spherical spores.

模式种 韩国小链璆孢菌(*Catelliglobosispora koreensis*)(Lee 等,2000)Ara 等,2008,新合并。

词源 韩国:与韩国有关的,此生物分离自韩国。

Etymology N.L. fem. adj. *koreensis*, pertaining to Korea(pertaining to Korean soil from which the organism was isolated).

链小杆菌属(*Catenibacterium*)Kageyama and Benno,2000,新属。此属已定 1 种。

词源 链:链,链条;小杆:小棒;菌:表示微小的事物,微生物(细菌、古菌、真菌);属:属名的尾词；鏈小杆菌属：链条状小棒形生物。
Etymology　L. n. *catena*, chain; L. neut. n. *bacterium*, a small rod; N.L. neut. n. *Catenibacterium*, chain rodlet.

模式种　光冈氏鏈小杆菌（*Catenibacterium mitsuokai*）Kageyama and Benno, 2000, 新种。
词源　氏：姓氏；光冈氏：以日本微生物学家光冈·K 的姓氏命名。
Etymology　N.L. gen. masc. n. *mitsuokai*, of Mitsuoka, named after K. Mitsuoka, a Japanese microbiologist.

鏈果菌属（*Catenococcus*）Sorokin, 1994, 新属。此属已定 1 种。

词源　鏈：链条；果：浆果，表示浆果形（圆球或椭球）；菌：表示微小的事物，微生物（细菌、古菌、真菌）；属：属名的尾词；鏈果菌属：链形的浆果生物。
Etymology　L. n. *catena*, chain; N.L. masc. n. *coccus*（from Gr. masc. n. *kokkos*, grain, seed）, coccus, berry; N.L. masc. n. *Catenococcus*, a chain of berries.

模式种　硫环鏈果菌（*Catenococcus thiocycli*）勘误，Sorokin, 1994, 新种。
词源　硫：硫磺，硫黄，元素 S；环：圆，圈；硫环：硫原子形成环形的。
Etymology　Gr. n. *theion*（Latin transliteration *thium*）, sulfur; L. n. *cyclus*, circle, cycle; N.L. gen. n. *thiocycli*, of a sulphur circle.
注：此鏈是为了区别于区别于链果菌属（*Streptococcus*）。

鏈小卵菌属（*Catenovulum*）Yan 等, 2011, 新属。此属已定 1 种。

词源　鏈：链条；小卵：小蛋；菌：表示微小的事物，微生物（细菌、古菌、真菌）；属：属名的尾词；鏈小卵菌属：链状的蛋形生物。
Etymology　L. n. *catena*, chain; N.L. dim. neut. n. *ovulum*（from L. n. *ovum*, an egg）, a small egg; N.L. dim. neut. n. *Catenovulum*, chain egg.

模式种　吞琼鏈小卵菌（*Catenovulum agarivorans*）Yan 等, 2011, 新种。
词源　吞：吞噬的，吞食的，大吃的，吞没的；琼：琼胶，琼脂，由琼脂糖和琼脂胶构成，是目前配制固体培养基最好的凝固剂，因最早来自海南而得名；吞琼：吞食/分解琼脂的。
Etymology　N.L. neut. n. *agarum*, agar; L. part. adj. *vorans*, devouring, destroying; N.L. part. adj. *agarivorans*, agar-devouring.

薄鏈孢菌属（*Catenulispora*）Busti 等, 2006, 新属；Tamura 等, 2008 修改。

此属是薄鏈孢菌亚目（*Catenulisporineae*）Cavaletti 等, 2006 和薄鏈孢菌科（*Catenulisporaceae*）Busti 等, 2006 的模式属。

词源　孢：孢子；鏈：链条；菌：表示微小的事物，微生物（细菌、古菌、真菌）；属：属名的尾词。
Etymology　L. fem. n. *catenula*, small chain; Gr. fem. n. *spora*, seed, and in biology a spore;

N.L. fem. n. *Catenulispora*, a thin chain of spores.

模式种　嗜酸薄链孢菌(*Catenulispora acidiphila*)Busti 等,2006,新种。

词源　嗜:嗜好的,喜好的,友好的,爱好的;酸:醋,像醋一样的味道,酸味,化学中在水溶液中能产生氢离子的化合物;嗜酸:喜好酸的。

Etymology　N.L. n. *acidum*(from L. adj. *acidus*,sour),an acid; N.L. adj. *philus -a -um*(from Gr. adj. *philos -ê -on*),friend,loving; N.L. fem. adj. *acidiphila*,acid-loving.

薄链孢菌科(*Catenulisporaceae*)Busti 等,2006,新科;Zhi 等,2009 修改。

模式属　薄链孢菌属(*Catenulispora*)Busti 等,2006,新属。

词源　薄链孢菌属:此科之模式属;科:用于定义一个比属高、比目低的分类级和尾词;在中文科的命名中,把模式属属名中的尾字"属"代换为尾字"科",即为模式属所在的科名;薄链孢菌科:薄链孢菌属之科。

Etymology　N.L. fem. n. *Catenulispora*, type genus of the family; suff. *-aceae*, ending to denote a family; N.L. fem. pl. n. *Catenulisporaceae*, the *Catenulispora* family.

薄链孢菌亚目(*Catenulisporineae*)Cavaletti 等,2006,新亚目。

模式属　薄链孢菌属(*Catenulispora*)Busti 等,2006,新属。

词源　薄链孢菌属:此亚目之模式属;亚目:用于定义一个比科高、比目低的分类级和尾词,目的二级分类级;在中文目的命名中,把属名中的尾字"属"代换为尾字"亚目",即为模式属所对应的亚目;薄链孢菌亚目:薄链孢菌属之亚目。

Etymology　N.L. fem. n. *Catenulispora*, type genus of the suborder; suff. *-ineae*, ending to denote a suborder; N.L. fem. pl. n. *Catenulisporineae*, the *Catenulispora* suborder.

薄链浮菌属(*Catenuloplanes*)Yokota 等,1993,新属;Kudo 等,1999 修改。此属已定 7 种。

词源　浮:浮游者,漂泊者,流浪者,漫无目的者;菌:表示微小的事物,微生物(细菌、古菌、真菌);属:属名的尾词。

Etymology　L. fem. n. *catenula*, a short chain; Gr. masc. n. *planes*, a wanderer; N.L. masc. n. *Catenuloplanes*, a short chain wanderer; intended to signify a motile short chain.

模式种　日本薄链浮菌(*Catenuloplanes japonicus*)Yokota 等,1993,新种。

词源　日本:属于或与日本国有关的。

Etymology　N.L. masc. adj. *japonicus*, of or pertaining to Japan.

加图姓菌属(*Catonella*)Moore and Moore,1994,新属。中文也有译为卡托氏菌属。此属已定 1 种。

词源　姓:姓氏;加图:可能是源自罗马的一个古老姓氏;加图姓:这里指的是美国微生物学

家伊丽莎白·加图;菌:表示微小的事物,微生物(细菌、古菌、真菌);属:属名的尾词;加图姓菌属:以加图的姓氏命名的菌属。

Etymology N.L. fem. dim. n. *Catonella*, in honor of Elizabeth P. Cato, an American microbiologist.

模式种 毛病加图姓菌(*Catonella morbi*)Moore and Moore,1994,新种。

词源 毛病:疾病的俗称,这里是对拉丁文 *morbi* (疾病)的音译与意译,此菌最初是从牙周袋疾病中分离出来的。

Etymology L. gen. n. *morbi*, of a disease, because originally the organism was isolated from diseased periodontal pockets.

柄杆菌属(*Caulobacter*)Henrici and Johnson,1935,《1980年细菌名确认单》,属;Abraham 等,1999修改。此属已定16种。

此属是**柄杆菌目**(*Caulobacterales*)Henrici and Johnson,1935,《1980年细菌名确认单》,**柄杆亚目**(*Caulobacterineae*)Breed 等,1944,《1980年细菌名确认单》和**柄杆菌科**(*Caulobacteraceae*)Henrici and Johnson,1935,《1980年细菌名确认单》的模式属。

词源 柄:指的是菌柄(非菌毛、性毛、非鞭毛);杆:棒;菌:表示微小的事物,微生物(细菌、古菌、真菌);属:属名的尾词;柄杆菌属:带柄的棒形生物。

Etymology L. n. *caulis*, stalk; N.L. masc. *bacter*, rod; N.L. masc. n. *Caulobacter*, stalk(ed) rod.

模式种 弧状柄杆菌(*Caulobacter vibrioides*)Henrici and Johnson,1935,《1980年细菌名确认单》,种。

词源 弧:作动词表示弧动,像手中舞动的绳子状振动;弧:作名词也表示细菌的一个属名,表示弧状的菌,弧菌属。

Etymology L. v. *vibro*, to set in tremulous motion, move to and fro, vibrate; N.L. masc. n. *vibrio*, that which vibrates, and also a bacterial genus name of bacteria possessing a curved rod shape(*Vibrio*); L. suff. -*oides*(from Gr. suff. -*eides*, from Gr. n. *eidos*, that which is seen, form, shape, figure), ressembling, similar; N.L. masc. adj. *vibrioides*, resembling a vibrio.

柄杆菌科(*Caulobacteraceae*)Henrici and Johnson,1935,科。

模式属 柄杆菌属(*Caulobacter*)Henrici and Johnson,1935,《1980年细菌名确认单》,属。

词源 柄杆菌属:此科之模式属;科:用于定义一个比属高、比目低的分类级和尾词;在中文科的命名中,把模式属属名中的尾字"属"代换为尾字"科",即为模式属所在的科名;柄杆菌科:柄杆菌属之科。

Etymology N.L. masc. n. *Caulobacter*, type genus of the family; suff. -*aceae*, ending to denote a family; N.L. fem. pl. n. *Caulobacteraceae*, the *Caulobacter* family.

柄杆菌目（*Caulobacterales*）Henrici and Johnson，1935，目。

此目是阿尔法变形杆菌纲（α-变形杆菌纲）（*Alphaproteobacteria*）Garrity 等，2006 的模式目。

模式属 柄杆菌属（*Caulobacter*）Henrici and Johnson，1935，《1980 年细菌名确认单》，属。

词源 柄杆菌属：此目之模式属；目：用于定义一个比科高、比纲低的分类级和尾词；在中文目的命名中，把模式属属名中的尾字"属"代换为尾字"目"，即为模式属所在的目名；柄杆菌目：柄杆菌属之目。

Etymology N.L. masc. n. *Caulobacter*, type genus of the order; suff. *-ales*, ending denoting an order; N.L. fem. pl. n. *Caulobacterales*, the *Caulobacter* order.

柄杆菌亚目（*Caulobacterineae*）Breed 等，1944，亚目。

模式属 柄杆菌属（*Caulobacter*）Henrici and Johnson，1935，《1980 年细菌名确认单》，属。

词源 柄杆菌属：此亚目之模式属；亚目：用于定义一个比科高、比目低的分类级和尾词，目的二级分类级；在中文目的命名中，把属名中的尾字"属"代换为尾字"亚目"，即为模式属所对应的亚目；柄杆菌亚目：柄杆菌属之亚目。

Etymology N.L. masc. n. *Caulobacter*, type genus of the suborder; suff. *-ineae*, ending denoting a suborder; N.L. fem. pl. n. *Caulobacterineae*, the *Caulobacter* suborder.

Ce

印细分菌属（*Cecembia*）Anil Kumar 等，2012，Albuquerque 等，2013 修改。此属已定 2 种。

词源 印细分菌属：是对印度细胞和分子生物学中心的随机简写，表示此属细菌的首次分离来自此研究单位；菌：表示微小的事物，微生物（细菌、古菌、真菌）；属：属名的尾词；印细分菌属：以印度细胞和分子生物学中心命名的生物。

Etymology N.L. fem. n. *Cecembia*, arbitrary name derived from the abbreviation CCMB (Centre for Cellular and Molecular Biology).

模式种 洛纳印细分菌（*Cecembia lonarensis*）Anil Kumar 等，2012，新种。

词源 洛纳：印度的一个著名陨石坑，在马哈拉施特拉邦洛纳市苏尔坦普尔镇附近。

Etymology N.L. fem. adj. *lonarensis*, of or belonging to Lonar lake, referring to the isolation source of the type strain.

美疾控菌属（*Cedecea*）Grimont 等，1981，新属。此属已定 3 种。

词源 美疾控菌属：是对美国乔治亚洲亚特兰大市疾控中心的随机简写，表示此属细菌的首次分离来自此研究单位；菌：表示微小的事物，微生物（细菌、古菌、真菌）；属：属名的尾词。

Etymology N.L. fem. n. *Cedecea*, arbitrarily derived from the abbreviation CDC. The named was coined by P.A.D. Grimont and F. Grimont for the Centers for Disease Control, Atlanta,

Georgia, where the organisms were originally recognized as a new group and named Enteric Group 15.

模式种　戴维斯氏美疾控菌(*Cedecea davisae*)Grimont 等,1981,新种。

词源　氏:姓氏;戴维斯氏:以美国佐治亚州亚特兰大市疾控中心肠道细菌学实验室的细菌学家贝蒂·戴维斯的姓氏命名,其对肠小杆菌科(*Enterobacteriaceae*)和弧菌科(*Vibrionaceae*)的生物化学和血清学鉴定做出许多贡献。

Etymology　N.L. gen. fem. n. *davisae*, named to honor Betty Davis, the American bacteriologist of the Enteric Bacteriology Laboratories, Centers for Disease Control and Prevention, Atlanta, Georgia, who made many contributions to the biochemical and serological identification of *Enterobacteriaceae* and *Vibrionaceae*.

快杆菌属(*Celeribacter*)Ivanova 等,2010,新属;Lee 等,2012 修改。此属已定 5 种。

词源　快:迅速,快速;杆:棒;菌:表示微小的事物,微生物(细菌、古菌、真菌);属:属名的尾词;快杆菌属:快速生长的棒形生物。

Etymology　L. adj. *celer -eris -e*, quick, rapid; N.L. masc. n. *bacter*, rod; N.L. masc. n. *Celeribacter*, rapidly growing rod.

模式种　尼普顿快杆菌(*Celeribacter neptunius*)Ivanova 等,2010,新种。

词源　尼普顿:罗马神话中的海神,指的是此菌的海生境。

Etymology　L. masc. adj. *neptunius*, pertaining to *Neptunus*(Roman god of the sea), referring to the habitat of the bacteria.

快游单胞菌科(*Celerinatantimonadaceae*)Cramer 等,2011,新科。

模式属　快游单胞菌属(*Celerinatantimonas*)Cramer 等,2011,新种。

词源　快游单胞菌属:此科之模式属;科:用于定义一个比属高、比目低的分类级和尾词;在中文科的命名中,把模式属属名中的尾字"属"代换为尾字"科",即为模式属所在的科名;快游单胞菌科:快游单胞菌属之科。

Etymology　N.L. fem. n. *Celerinatantimonas*, type genus of the family; L. suff. -*aceae*, ending to denote a family; N.L. fem. pl. n. *Celerinatantimonadaceae*, the *Celerinatantimonas* family.

快游单胞菌属(*Celerinatantimonas*)Cramer 等,2011,新属。此属已定 2 种。

此属是快游单胞菌科(*Celerinatantimonadaceae*)Cramer 等,2011 的模式属。

词源　快:快的,快速的,迅捷的;游:游泳的,游动的;单胞:单细胞,单元;菌:表示微小的事物,微生物(细菌、古菌、真菌);属:属名的尾词;快游单胞菌属:快速游动的单元(单细胞)生物。

Etymology　L. adj. *celer*, swift; L. adj. *natans*, swimming; L. fem. n. *monas*, unit; N.L. fem. n. *Celerinatantimonas*, the swift swimming unit.

模式种　重氮营养快游单胞菌(*Celerinatantimonas diazotrophica*)Cramer 等,2011,新种。

词源 重氮:叠氮,双氮,两个氮;营养:生计,养分,养料,吸取养料维持生命;重氮营养:以双氮为营养生长。

Etymology L. inseparable particle *dis*, twice, doubly; N.L. n. *azotum*, nitrogen; N.L. pref. *diazo-*, pertaining to dinitrogen; N.L. fem. adj. *trophica* (from Gr. fem. adj. *trophikê*), nursing, tending; N.L. fem. adj. *diazotrophica*, growing on dinitrogen.

纤维单胞菌科(*Cellulomonadaceae*) Stackebrandt and Prauser,1991,新科;Stackebrandt 等,1997 修改,Stackebrandt and Schumann,2000 修改,Zhi 等,2009 修改。

模式属 纤维单胞菌属(*Cellulomonas*) Bergey 等,1923,《1980 年细菌名确认单》,属。

词源 纤维单胞菌属:此科之模式属;科:用于定义一个比属高、比目低的分类级和尾词;在中文科的命名中,把模式属属名中的尾字"属"代换为尾字"科",即为模式属所在的科名;纤维单胞菌科:纤维单胞菌属之科。

Etymology N.L. fem. n. *Cellulomonas*, type genus of the family; suff. *-aceae*, ending to denote a family; N.L. fem. pl. n. *Cellulomonadaceae*, the *Cellulomonas* family.

纤维单胞菌属(*Cellulomonas*) Bergey 等,1923,属。此属已定 27 种。

此属是纤维单胞菌科(*Cellulomonadaceae*) Stackebrandt and Prauser,1991 的模式属。

词源 纤维:纤维素;单胞:单细胞,单元;菌:表示微小的事物,微生物(细菌、古菌、真菌);属:属名的尾词;纤维单胞菌属:纤维素单细胞生物。

Etymology N.L. n. *cellulosum*, cellulose; L. fem. n. *monas*, a unit, monad; N.L. fem. n. *Cellulomonas*, cellulose monad.

模式种 黄生纤维单胞菌(*Cellulomonas flavigena*)(Kellerman and McBeth,1912) Bergey 等,1923,种。

词源 黄:黄色的,黄颜色的。

Etymology L. adj. *flavus* yellow; L. suff. *genus -a -um* (from L. v. *gigno*, to produce, give birth to, beget), producing; N.L. fem. adj. *flavigena*, yellow-producing.

噬纤维菌属(*Cellulophaga*) Johansen 等,1999,新属。此属已定 8 种。

词源 噬:吞,食,吃;纤维:纤维素;菌:表示微小的事物,微生物(细菌、古菌、真菌);属:属名的尾词;噬纤维菌属:吞噬纤维的生物。

Etymology N.L. n. *cellulosum*, cellulose; Gr. v. *phagein*, to eat; N.L. fem. n. *Cellulophaga*, eater of cellulose.

模式种 解噬纤维菌(*Cellulophaga lytica*)(Lewin,1969) Johansen 等,1999,新合并。

词源 解:溶解的,分解的,降解的,破解的,消解的。

Etymology N.L. fem. adj. *lytica* (from Gr. fem. adj. *lutikê*, able to loosen, able to dissolve), loosening, dissolving.

纤维杆菌属(*Cellulosibacter*)Watthanalamloet等,2012,新属。此属已定1种。

词源　纤维:纤维素;杆:棒;菌:表示微小的事物,微生物(细菌、古菌、真菌);属:属名的尾词;纤维杆菌属:(降解)纤维素的棒形生物。

Etymology　N.L. n. *cellulosum*, cellulose; N.L. masc. n. *bacter*, a rod, staff; N.L. masc. n. *Cellulosibacter*, cellulose (degrading) rod.

模式种　嗜碱热纤维杆菌(*Cellulosibacter alkalithermophilus*)Watthanalamloet等,2012,新种。

词源　嗜:嗜好的,喜好的,友好的,爱好的;碱:盐碱植物的灰分,碱性,碱类(阴离子全为氢氧根);热:高温;嗜碱热:喜好碱性环境和高温的。

Etymology　N.L. n. *alkali* (from Arabic article *al*, the; Arabic n. *qaliy*, ashes of saltwort), *alkali*; Gr. n. *thermê*, heat; N.L. adj. *philus* -a -um (from Gr. adj. *philos* -ê -on), friend, loving; N.L. masc. adj. *alkalithermophilus*, loving alkaline environment and heat.

解纤维菌属(*Cellulosilyticum*)Cai and Dong,2010,新属。此属已定2种。

词源　解:溶解的,分解的,降解的;纤维:纤维,纤维素;解纤维:溶解/分解纤维的;菌:表示微小的事物,微生物(细菌、古菌、真菌);属:属名的尾词;解纤维菌属:能够溶解纤维的细菌。

Etymology　N.L. n. *cellulosum*, cellulose; N.L. neut. adj. *lyticum* (from Gr. neut. adj. *lutikon*), able to loosen, able to dissolve; N.L. neut. n. *Cellulosilyticum*, a bacterium able to dissolve cellulose.

模式种　瘤胃栖解纤维菌(*Cellulosilyticum ruminicola*)Cai and Dong,2010,新种。

词源　瘤胃:反刍动物消化道第一室,网状瘤胃最大的一部分,消化食料微生物发酵的最大场所;栖:居住,栖居,栖居者,栖息者;瘤胃栖:瘤胃的栖居者。

Etymology　L. n. *rumen* -inis, the rumen; L. suff. -cola (from L. n. *incola*), inhabitant, dweller; N.L. n. *ruminicola*, rumen dweller.

纤维微菌属(*Cellulosimicrobium*)Schumann等,2001,新属;Brown等,2006修改,Yoon等,2007修改。此属已定4种。

词源　纤维:纤维素;微:微小的,微生物;菌:表示微小的事物,微生物(细菌、古菌、真菌);微菌:微生物;属:属名的尾词;纤维微菌属:纤维素微生物。

Etymology　N.L. n. *cellulosum*, cellulose; N.L. n. *microbium*, microbe; N.L. neut. n. *Cellulosimicrobium*, cellulose microbe.

模式种　造胞纤维微菌(*Cellulosimicrobium cellulans*)(Metcalf and Brown,1957)Schumann等,2001,新合并。

词源　造胞:细胞制造的。

Etymology　N.L. part. adj. *cellulans*, cell-making.

纤维弧菌属(*Cellvibrio*)(*ex* Winogradsky,1929)Blackall 等,1986,新属,命名修改;Humphry 等,2003 修改,Suarez 等,2014 修改。此属已定 8 种,2 亚种。

词源 纤维:纤维素,纤维素被此属菌降解;弧:作动词表示弧动,像手中舞动的绳子状振动;作名词也表示细菌的一个属名,表示弧状的菌,弧菌属;菌:表示微小的事物,微生物(细菌、古菌、真菌);属:属名的尾词;纤维弧菌属:(降解)纤维素的弧形生物。

Etymology N.L. n. *cell* (abbreviation of N.L. n. *cellulosum*), cellulose, which is degraded by the organism; L. v. *vibro*, to set in tremulous motion, move to and fro, vibrate; N.L. masc. n. *vibrio*, that which vibrates, and also a bacterial genus name of bacteria possessing a curved rod shape (*Vibrio*); N.L. masc. n. *Cellvibrio*, cellulose (degrading) vibrio.

模式种 混鞭纤维弧菌(*Cellvibrio mixtus*)Blackall 等,1986,新种。

词源 混:混合,混杂;鞭:鞭毛;混鞭:鞭毛混合杂乱的一种状态。

Etymology L. masc. part. adj. *mixtus* (from L. v. *misceo*), mixed referring to the type of flagellation.

同义词 "*Cellvibrio*" Winogradsky,1929。

海绵古菌目(*Cenarchaeales*)Cavalier-Smith,2002,新目。

模式属 海绵古菌属(*Cenarchaeum*)DeLong and Preston,1996,新属。

词源 海绵古菌属:此目之模式属;目:用于定义一个比科高、比纲低的分类级和尾词;在中文目的命名中,把模式属属名中的尾字"属"代换为尾字"目",即为模式属所在的目名;海绵古菌目:海绵古菌属之目。

Etymology N.L. neut. n. "*Cenarchaeum*", type genus of the order; suff. *-ales*, ending denoting an order; N.L. fem. pl. n. *Cenarchaeales*, the "*Cenarchaeum*" order.

蜈蚣菌属(*Centipeda*)Lai 等,1983,新属。此属已定 1 种。

词源 蜈蚣:百脚虫;菌:表示微小的事物,微生物(细菌、古菌、真菌);属:属名的尾词;蜈蚣菌属:来自蜈蚣的生物。

Etymology L. fem. n. *Centipeda*, a centipede, a worm, called also millepeda or multipeda.

模式种 牙周蜈蚣菌(*Centipeda periodontii*)Lai 等,1983,新种。

词源 牙周:牙周组织,牙齿周围的组织,来自牙周的。

Etymology N.L. n. *periodontium* (from Gr. prep. *peri*, around; Gr. n. *odous -ontos*, tooth), periodontium; N.L. gen. n. *periodontii*, of the *periodontium*.

樱桃竿菌属(*Cerasibacillus*)Nakamura 等,2004,新属。此属已定 1 种。

词源 竿:在本书中对译于拉丁文 ***bacillus***,表示棒形,以示与常见的"杆"的区别,表示以出芽孢为特征的棒形;樱桃:樱桃(状);菌:表示微小的事物,微生物(细菌、古菌、真菌);属:

属名的尾词；樱桃竿菌属：芽孢呈现樱桃状的棒形菌；樱桃竿菌属：樱桃形的竿菌属，因为此生物的外形看起来像樱桃。

Etymology　L. neut. n. *cerasum*（or L. masc. n. *cerasus*），a cherry；L. masc. n. *bacillus*, a small staff, a wand（and in bacteriology a small rod）；N.L. masc. n. *Cerasibacillus*, a cherry *Bacillus*, as the appearance of its sporangium is cherry-like.

模式种　厨余樱桃竿菌（*Cerasibacillus quisquiliarum*）Nakamura 等，2004，新种。

词源　厨余：厨房的废弃物。

Etymology　L. gen. pl. n. *quisquiliarum*, of kitchen refuse.

樱桃果菌属（*Cerasicoccus*）Yoon 等，2007，新属。此属已定 1 种。

词源　樱桃：果木名，一种落叶乔木；果：浆果，表示浆果形（圆球或椭球）；菌：表示微小的事物，微生物（细菌、古菌、真菌）；属：属名的尾词；樱桃果菌属：樱桃色，白粉色浆果形生物，指的是此细菌的苍粉色。

Etymology　L. neut. n. *cerasum*, a cherry；Gr. masc. n. *kokkos*, berry；N.L. masc. n. *Cerasicoccus*, pale-pink colored coccus, referring to the pale-pink colour of the bacterium.

模式种　沙樱桃果菌（*Cerasicoccus arenae*）Yoon 等，2007，新种。

词源　沙：沙子，沙的，沙子的。

Etymology　L. gen. n. *arenae*, of sand.

印科工杆菌属（*Cesiribacter*）Srinivas 等，2011，新属。此属已定 2 种。

词源　印科工：印度科学和工业研究委员会（CSIR）的随机简写；杆：棒；菌：表示微小的事物，微生物（细菌、古菌、真菌）；属：属名的尾词；印科工杆菌属：以印度科学和工业研究委员会命名的杆棒生物。

Etymology　N.L. n. *cesirum*, arbitrary name derived from the acronym CSIR（Council of Scientific and Industrial Research）；N.L. masc. n. *bacter*, rod；N.L. masc. n. *Cesiribacter*, rod named in honour of the CSIR, the national funding agency which has augmented science and technology development in India.

模式种　安达曼岛印科工杆菌（*Cesiribacter andamanensis*）Srinivas 等，2011，新种。

词源　安达曼岛：现属于印度的安达曼群岛，指的是此模式株的分离地。

Etymology　N.L. masc. adj. *andamanensis*, of or belonging to Andaman Islands, India, referring to the isolation of the type strain.

鲸小杆菌属（*Cetobacterium*）Foster 等，1996，新属。此属已定 2 种。

词源　鲸：鲸鱼；小杆：小棒；菌：表示微小的事物，微生物（细菌、古菌、真菌）；属：属名的尾词；鲸小杆菌属：与鲸鱼有关的细菌。

Etymology　Gr. n. *kêtos*, any sea-monster, whale；L. neut. n. *bacterium*, a rod；N.L. neut. n.

Cetobacterium, a bacterium found in association with whales.

模式种 鲸鲸小杆菌（*Cetobacterium ceti*）Foster 等，1996，新种。

词源 鲸：鲸鱼。

Etymology L. gen. n. *ceti*, of a whale.

Ch

赛恩氏菌属（*Chainia*）Thirumalachar，1955，属。此属已定 13 种。

词源 氏：姓氏；赛恩氏：以德国/英国微生物学家赛恩姓氏命名；菌：表示微小的事物，微生物（细菌、古菌、真菌）；属：属名的尾词；赛恩氏菌属：以赛恩的姓氏命名的菌属。

Etymology N.L. fem. n. *Chainia*, named after Ernst Boris Mikaelovich Chain, a German/British microbiologist.

模式种 抗生素赛恩氏菌（*Chainia antibiotica*）Thirumalachar，1955，种；《1980 年细菌名确认单》。

词源 抗：反抗，对抗；生：生物，生命；素：某物质的基本成分；抗生素：与抗生素有关的。

Etymology Gr. prep. *anti*, against, in opposition to; Gr. n. *bios*, life; L. suff. *-icus -a -um*, suffix used in adjectives with the sense of belonging to, related to; N.L. fem. adj. *antibiotica*, related to antibiotic.

吞螯菌属（*Chelativorans*）Doronina 等，2010，新属。此属已定 2 种。

词源 吞：吞噬，吞食；螯：螯合物；菌：表示微小的事物，微生物（细菌、古菌、真菌）；属：属名的尾词；吞螯菌属：消解金属螯合物的细菌。

Etymology N.L. n. *chelatum*, a chelate; L. part. adj. *vorans*, devouring; N.L. masc. n. *Chelativorans*, a bacterium digesting metal chelates.

模式种 多营吞螯菌（*Chelativorans multitrophicus*）Doronina 等，2010，新种。

词源 多：多的，许多的；营：养，营生的，营养的；多营：多种营养，利用许多营养（底物作为生长剂）。

Etymology L. adj. *multus*, many; Gr. adj. *trophikos*, nursing, tending; N.L. masc. adj. *multitrophicus*, utilizing many growth substrates.

螯杆菌属（*Chelatobacter*）Auling 等，1993，新属。此属已定 1 种。

此属 2002 年已归属到→胺杆菌属（*Aminobacter*）Urakami 等，1992，新属；Kämpfer 等，2002 修改。

词源 螯：节足动物的爪，表示与二价阳离子形成爪状的络合物，即螯合；杆：棒或杖；菌：表示微小的事物，微生物（细菌、古菌、真菌）；属：属名的尾词；螯杆菌属：螯合的棒形生物。

Etymology N.L. v. *chelato* (from Gr. n. *chele*, claw), to form claw-like complexes with divalent cations, i.e. to chelate; N.L. masc. n. *bacter*, rod or staff; N.L. masc. n. *Chelatobacter*, chelating rod.

模式种　海因茨氏螯杆菌(*Chelatobacter heintzii*) Auling 等,1993,新种。

此种 2002 年已归种到 → 吞胺胺杆菌(*Aminobacter aminovorans*)(den Dooren de Jong, 1926) Urakami 等,1992,新种; Kämpfer 等,2002 修改。

词源　氏:姓氏;海因茨氏:以化学家海因茨的姓氏命名,他首次合成了螯合剂氨三乙酸(NTA,海因茨,1862,1865),并描述了它的一些特性。

Etymology　N.L. gen. n. *heintzii*, of Heintz; named after the chemist W. Heintz who was the first to synthesize the chelating agent NTA (Heintz, 1862, 1865) and to describe some of its properties.

螯果菌属(*Chelatococcus*) Auling 等,1993,新属; Yoon 等,2008 修改。此属已定 3 种。

词源　螯:节足动物的爪,表示与二价阳离子形成爪状的络合物,即螯合;果:浆果,表示浆果形(圆球或椭球);菌:表示微小的事物,微生物(细菌、古菌、真菌);属:属名的尾词;螯果菌属:螯合果形生物。

Etymology　N.L. v. *chelato* (from Gr. n. *chele*, claw), to form claw-like complexes with divalent cations, i.e. to chelate; N.L. masc. n. *coccus* (from Gr. masc. n. *kokkos*), berry and, in bacteriology, a coccus; N.L. masc. n. *Chelatococcus*, chelating coccus.

模式种　非吞糖螯果菌(*Chelatococcus asaccharovorans*) Auling 等,1993,新种。

词源　非:不,否定;吞:吞噬,吞食;糖:一般性名词,通常指的是甜的、短链的、可溶解的和由碳氢氧元素构成的碳水化合物,日常用语中即指食糖(蔗糖,一种二糖),生物化学中进一步细分为单糖(葡萄糖、果糖和半乳糖等),二糖(麦芽糖、乳糖和蔗糖等),寡糖和多糖等;非吞糖:不消解糖的。

Etymology　Gr. pref. *a*, not; Gr. n. *sakchâr*, sugar; L. v. *voro*, to eat, to devour; N.L. part. adj. *asaccharovorans*, not devouring sugars.

乌龟杆菌属(*Chelonobacter*) Gregersen 等,2009,新属。此属已定 1 种。

词源　乌龟:一种两栖的龟类动物;杆:棒;菌:表示微小的事物,微生物(细菌、古菌、真菌);属:属名的尾词;乌龟杆菌:从乌龟中分离的棒形生物。

Etymology　Gr. n. *chelone -es*, a tortoise; N.L. masc. n. *bacter*, a rod; N.L. masc. n. *Chelonobacter*, rod isolated from tortoise.

模式种　口乌龟杆菌(*Chelonobacter oris*) Gregersen 等,2009,新种。

词源　口:属于/来自口的,口腔。

Etymology　L. n. *os oris*, mouth; L. gen. n. *oris*, of/from the mouth.

嘉义幡菌属(*Chiayiivirga*) Hsu 等,2013,新属。此属已定 1 种。

词源　嘉义:台湾的一个市,此模式种的模式株是从这里分离的;幡:幡状,棒形;菌:表示微小的事物,微生物(细菌、古菌、真菌);属:属名的尾词;嘉义幡菌属:来自嘉义市的棒形细菌。

Etymology　N.L. n. *Chiayium*, Chiayi, a city in Taiwan, from where the type strain of the type species was isolated; L. fem. n. *virga*, stick; N.L. fem. n. *Chiayiivirga*, stick of Chiayi; a rod-shaped bacterium from Chiayi city.

模式种　黄色嘉义幡菌(*Chiayiivirga flava*)Hsu 等,2013,新种。

词源　黄色:黄颜色的,菌落颜色或此菌产生的色素颜色。

Etymology　L. fem. adj. *flava* yellow, the colour of colonies or pigments that the bacterium produces.

喀迈拉胞菌属(*Chimaereicella*)Tiago 等,2006。此属已定 2 种。

此属 2007 年已归属为→冰贪菌属(*Algoriphagus*)Bowman 等,2003, Nedashkovskaya 等,2007 修改。

词源　喀迈拉(Chimaera)或奇美拉:喷火的妖怪,又称喷火兽,为堤丰(Typhon)和厄喀德那(Echidna)所生,狮头,羊身,蛇尾;胞:细胞;菌:表示微小的事物,微生物(细菌、古菌、真菌);属:属名的尾词;喀迈拉胞菌属:曾被认为位于冷贪菌属和洪氏菌属之间的细胞,2007 年已归属到冷贪菌属。

Etymology　L. adj. *chimaereus*, of or pertaining to the Chimaera (a mythological monster with the fore part a lion, in the hinder a serpent, and in the middle a goat); L. fem. n. *cella*, chamber and in biology a cell; N.L. fem. n. *Chimaereicella*, a chimeric cell, a cell that lies between *Algoriphagus* and *Hongiella*.

模式种　嗜碱喀迈拉胞菌(*Chimaereicella alkaliphila*)Tiago 等,2006,新种。

此种 2007 年已归种到→嗜碱冰贪菌(*Algoriphagus alkaliphilus*)(Tiago 等,2006)Nedashkovskaya 等,2007,新合并。

词源　嗜:嗜好的,喜好的,友好的,爱好的;碱:盐碱植物的灰分,碱性,碱类(阴离子全为氢氧根);嗜碱:喜好碱性环境的。

Etymology　Arabic article *al*, the; Arabic n. *qaliy*, ashes of saltwort, soda; N.L. adj. *philus -a -um*(from Gr. adj. *philos -ē -on*), friend, loving; N.L. fem. adj. *alkaliphila*, loving alkaline environments.

赤水菌属(*Chishuiella*)Zhang 等,2014,新属。此属已定 1 种。

词源　赤水:中国赤水河,在贵州赤水市,此模式株是从这里分离出来的;菌:表示微小的事物,微生物(细菌、古菌、真菌);属:属名的尾词;赤水菌属:此模式菌株首次分离自中国赤水。

Etymology　N.L. dim. fem. n. *Chishuiella*, named after Chishui River, China, where the type strain was isolated.

模式种　李长文氏赤水菌（*Chishuiella changwenlii*）Zhang 等，2014，新种。
词源　氏：姓氏；李长文氏：中国微生物学家，他首先将现代分子生物学技术介入到中国传统液体发酵工业。
Etymology　N.L. gen. n. *changwenlii*, of Changwen Li, a Chinese microbiologist, who first introduced modern molecular biology techniques to the Chinese traditional liquor fermenting industry.

几丁杆菌属（*Chitinibacter*）Chern 等，2004，新属。此属已定 2 种。
词源　几丁：几丁质，甲壳素；杆：棒形；菌：表示微小的事物，微生物（细菌、古菌、真菌）；属：属名的尾词；几丁杆菌属：降解几丁质的棒形生物。
Etymology　N.L. neut. n. *chitinum*, chitin; N.L. masc. n. *bacter* from Gr. n. *bakteron*, rod; N.L. masc. n. *Chitinibacter*, rod that degrades chitin.
模式种　台南几丁杆菌（*Chitinibacter tainanensis*）Chern 等，2004，新种。
词源　台南：台湾南部的一个地区，台南市，此模式菌株分离土壤样品的来源地。
Etymology　N.L. masc. adj. *tainanensis*, pertaining to Tainan, a town in Southern Taiwan, the origine of the soil sample from which the type strain was isolated.

解几丁菌属（*Chitinilyticum*）Chang 等，2007，Chang 等，2009 修改。此属已定 2 种。
词源　解：分解的，溶解的，降解的；几丁：几丁质，甲壳素；菌：表示微小的事物，微生物（细菌、古菌、真菌）；属：属名的尾词；解几丁菌属：几丁质的溶解/分解细菌。
Etymology　N.L. n. *chitinum*, chitin; N.L. adj. *lyticus -a -um* (from Gr. adj. *lutikos -ê -on*), able to loosen, able to dissolve; N.L. neut. n. *Chitinilyticum*, chitin-dissolver.
模式种　水生解几丁菌（*Chitinilyticum aquatile*）Chang 等，2007，新种。
词源　水生：在水体中生活，生活在水中。
Etymology　L. neut. adj. *aquatile*, living in water.

几丁单胞菌属（*Chitinimonas*）Chang 等，2004，新属；Kim 等，2006 修改。此属已定 4 种。
词源　几丁：几丁质，甲壳素；单胞：单细胞，单元；菌：表示微小的事物，微生物（细菌、古菌、真菌）；属：属名的尾词；几丁单胞菌属：利用几丁质的单细胞细菌。
Etymology　N.L. neut. n. *chitinum*, chitin; L. fem. n. *monas*, unit, monad; N.L. fem. n. *Chitinimonas*, a chitin-utilizing monad.
模式种　台湾几丁单胞菌（*Chitinimonas taiwanensis*）Chang 等，2004，新种。
词源　台湾：属于台湾的，此模式菌株是从台湾分离的。
Etymology　N.L. fem. adj. *taiwanensis*, of Taiwan, where the type strain was isolated.

嗜几丁菌属（*Chitiniphilus*）Sato 等,2009,新属。此属已定 1 种。

词源　嗜:嗜好的,喜好的,友好的,爱好的;几丁:几丁质,甲壳素;菌:表示微小的事物,微生物(细菌、古菌、真菌);属:属名的尾词;嗜几丁菌属:喜好几丁质的,指的是用于分离此微生物的底物是几丁质。

Etymology　N.L. n. *chitinum*, chitin; N.L. masc. adj. *philus*（from Gr. masc. adj. *philos*）, friend, loving; N.L. masc. n. *Chitiniphilus*, chitin-loving, referring to the substrate used for the isolation of this organism.

模式种　信浓嗜几丁菌（*Chitiniphilus shinanonensis*）Sato 等,2009,新种。

词源　信浓:信浓,日本长野县的旧名,信浓町是长野县的一个城镇,此模式菌株是从这里的水样中分离的。

Etymology　N.L. masc. adj. *shinanonensis*, pertaining to Shinano, which is the old name of Nagano Prefecture, Japan（the source of water sample from which the type strain was isolated）.

几丁弧菌属（*Chitinivibrio*）Sorokin 等,2014,新属。此属已定 1 种。

词源　几丁:几丁质,甲壳素;弧:弧动,弧形,弧动的东西;菌:表示微小的事物,微生物(细菌、古菌、真菌);属:属名的尾词;几丁弧菌属:利用几丁质作为底物的弧形细菌。

Etymology　N.L. n. *chitinum*, chitin; N.L. n. *vibrio*, that which vibrates; N.L. masc. n. *Chitinivibrio*, vibrio-shaped bacterium utilizing chitin as substrate.

模式种　嗜碱几丁弧菌（*Chitinivibrio alkaliphilus*）Sorokin 等,2014,新种。

词源　嗜:嗜好的,喜好的,友好的,爱好的;碱:苏打灰;嗜碱:嗜好碱的。

Etymology　N.L. n. *alkali*, soda ash; N.L. adj. *philus -a -um*（from Gr. adj. *philos -ê -on*）, friend, loving; N.L. adj. *alkaliphilus*, alkali-loving.

几丁弧菌科（*Chitinivibrionaceae*）Sorokin 等,2014,新科。

命名模式　几丁弧菌属（*Chitinivibrio*）Sorokin 等,2014,新属。

词源　几丁弧菌属:此科之模式属;科:用于定义一个比属高、比目低的分类级和尾词;在中文科的命名中,把模式属属名中的尾字"属"代换为尾字"科",即为模式属所在的科名;几丁弧菌科:几丁弧菌属之科。

Etymology　N.L. masc. n. *Chitinivibrioaceae*, the family of *Chitinivibrio*.

几丁弧菌目（*Chitinivibrionales*）Sorokin 等,2014,新目。

命名模式　几丁弧菌属（*Chitinivibrio*）Sorokin 等,2014,新属。

词源　几丁弧菌属:此目之模式属;目:用于定义一个比科高、比纲低的分类级和尾词;在中文目的命名中,把模式属属名中的尾字"属"代换为尾字"目",即为模式属所在的目名;几丁弧菌目：几丁弧菌属之目。

Etymology　N.L. masc. n. *Chitinivibrionales*, the order of *Chitinivibrio*.

几丁弧菌纲（*Chitinivibrionia*）Sorokin 等，2014，新纲。

命名模式　几丁弧菌属（*Chitinivibrio*）Sorokin 等，2014，新属。

词源　几丁弧菌属：此门模式目几丁弧菌目之模式属；纲：(原核)生物分类的一个级别，门之下，目之上的一个分类级，纲之尾词；几丁弧菌纲：几丁弧菌属之纲。

Etymology　N.L. n. *Chitinivibrio*, type genus of the type order of the phylum; N.L. pl. n. *Chitinivibrionia*, the class of the genus *Chitinivibrio*.

吞几丁菌属（*Chitinivorax*）Chen 等，2012，新属。此属已定 1 种。

词源　吞：吞噬，吞食；几丁：几丁质，甲壳素；菌：表示微小的事物，微生物（细菌、古菌、真菌）；属：属名的尾词；吞几丁菌属：吞食几丁质的细菌。

Etymology　N.L. n. *chitinum*, chitin; L. adj. *vorax*, devouring, ravenous, voracious; N.L. masc. n. *Chitinivorax*, chitin-devouring.

模式种　热带吞几丁菌（*Chitinivorax tropicus*）Chen 等，2012，新种。

词源　热带：指的是此模式菌株是从一个亚热带湖中分离出来的。

Etymology　L. masc. adj. *tropicus*, tropical, relating to the isolation of the type strain from a subtropical lake.

噬几丁菌属（*Chitinophaga*）Sangkhobol and Skerman，1981，新属；Kämpfer 等，2006 修改。此属已定 21 种。

此属是噬几丁菌科（*Chitinophagaceae*）Kämpfer 等，2011 的模式属。

词源　噬：吞噬，吞食；几丁：几丁质，甲壳素；菌：表示微小的事物，微生物（细菌、古菌、真菌）；属：属名的尾词；噬几丁菌属：吞噬几丁质的，甲壳素的消解者。

Etymology　N.L. n. *chitinum*, chitin; Gr. v. *phagein*, to eat; N.L. fem. n. *Chitinophaga*, chitin eater, chitin destroyer.

模式种　松树噬几丁菌（*Chitinophaga pinensis*）Sangkhobol and Skerman，1981，新种。

词源　松树：与松树相关的，指的是来自松树的。

Etymology　L. n. *pinus*, a pine, pine-tree; N.L. fem. adj. *pinensis*, pertaining to pines.

噬几丁菌科（*Chitinophagaceae*）Kämpfer 等，2011，新科。

模式属　噬几丁菌属（*Chitinophaga*）Sangkhobol and Skerman，1981。

词源　噬几丁菌属：此科之模式属；科：用于定义一个比属高、比目低的分类级和尾词；在中文科的命名中，把模式属属名中的尾字"属"代换为尾字"科"，即为模式属所在的科名；噬几丁菌科：噬几丁菌属之科。

Etymology   N.L. fem. n. *Chitinophaga*, type genus of the family; *suff.* -aceae, ending to denote a family; N.L. fem. pl. n. *Chitinophagaceae*, the *Chitinophaga* family.

衣原体属（*Chlamydia*）Jones 等,1945,《1980 年细菌名确认单》,属；Everett 等,1999 修改。此属已定 6 种。

此属是**衣原体目**（*Chlamydiales*）Storz and Page,1971,《1980 年细菌名确认单》和**衣原体科**（*Chlamydiaceae*）Rake,1957,《1980 年细菌名确认单》的模式属。

词源　衣：衣服,披风,斗篷,覆盖物；原体：形成的或模塑的东西；属：属名的尾词；衣原体属：本意是一件披风,斗篷,类似披风的小生物体。

Etymology   Gr. n. *chlamus -udos*, a cloak, short mantle; N.L. fem. n. *Chlamydia*, a cloak.

模式种　沙眼衣原体（*Chlamydia trachomatis*）（Busacca, 1935）Rake, 1957,《1980 年细菌名确认单》,属。

词源　沙眼：颗粒状结膜炎,沙眼病,属于沙眼的。

Etymology   Gr. n. *trachusma -atos*, a roughness; N.L. n. *trachoma -atis*, the disease trachoma; N.L. gen. n.*trachomatis*, of trachoma.

同义词　"*Miyagawanella*" Brumpt, 1938, "*Rickettsiaformis*" Zhdanov and Korenblit, 1950, "*Prowazekia*" Coles, 1953, "*Bedsonia*" Meyer, 1953, "*Rakeia*" Levaditi 等, 1964。

衣原体科（*Chlamydiaceae*）Rake,1957,科；Everett 等,1999 修改。

模式属　衣原体属（*Chlamydia*）Jones 等,1945,《1980 年细菌名确认单》,属。

词源　衣原体属：此科之模式属；科：用于定义一个比属高、比目低的分类级和尾词；在中文科的命名中,把属名中的尾字"属"代换为尾字"科",即为模式属所对应的科；衣原体科：衣原体属之科。

Etymology   N.L. fem. n. *Chlamydia*, type genus of the family; suff. -aceae, ending to denote a family; N.L. fem. pl. n. *Chlamydiaceae*, the *Chlamydia* family.

衣原体纲（*Chlamydiae*）Cavalier-Smith,2002,新纲。

模式目　衣原体目（*Chlamydiales*）Storz and Page,1971,《1980 年细菌名确认单》,目；Everett 等,1999 修改。

词源　衣原体目：此纲之模式目；纲：(原核)生物分类的一个级别,门之下,目之上的一个分类级,纲之尾词；衣原体纲：衣原体目之纲。

Etymology   N.L. fem. pl. n. *Chlamydiales*, type order of the class; N.L. fem. pl. n. *Chlamydiae*, the *Chlamydiales* class.

衣原体目（*Chlamydiales*）Storz and Page,1971,目；Everett 等,1999 修改。

此目是**衣原体纲**（*Chlamydiae*）Cavalier-Smith,2002 的模式目。

模式属　衣原体属(*Chlamydia*)Jones 等,1945,《1980 年细菌名确认单》,属。
词源　衣原体属:此目之模式属;目:用于定义一个比科高、比纲低的分类级和尾词;在中文目的命名中,把属名中的尾字"属"代换为尾字"目",即为模式属所对应的目;衣原体目:衣原体属之目。
Etymology　N.L. fem. n. *Chlamydia*, type genus of the order; suff. *-ales*, ending denoting an order; N.L. fem. pl. n. *Chlamydiales*, the *Chlamydia* order.

嗜衣原体属(*Chlamydophila*)Everett 等,1999,新属。此属已定 6 种。
词源　嗜:嗜好的,喜好的,友好的,爱好的;衣:衣服,披风,斗篷,覆盖物;体:小体,小生命,微生物(细菌、古菌或真菌);原体:形成的或模塑的东西;属:属名的尾词;嗜衣原体属:亲近、喜好衣原体的菌属。
Etymology　Gr. n. *chlamus -udos*, a cloak, short mantle; N.L. adj. *philus -a -um* (from Gr. adj. *philos -ê -on*), friend, loving; N.L. fem. n. *Chlamydophila*, dear to the cloak.
模式种　鹦鹉嗜衣原体(*Chlamydophila psittaci*)(Lillie,1930)Everett 等,1999,新合并。
词源　鹦鹉:鹦鹉的。
Etymology　L. n. *psittacus*, a parrot; L. gen. n. *psittaci*, of a parrot.

绿杆菌纲(*Chlorobacteria*)Cavalier-Smith,2002,新纲。或绿菌纲。
模式目　"**绿屈菌目**"("*Chloroflexales*")。
词源　绿:绿色;杆:杖,茎,棒;纲:(原核)生物分类的一个级别,门之下,目之上的一个分类级,纲之尾词;绿杆菌纲:以光合菌种颜色命名的一类细菌群。
Etymology　Gr. adj. *khloros*, green; Gr. n. *baktêria*, staff, cane; suff. *-ia*, ending to denote a class; N.L. neut. pl. n. *Chlorobacteria*, group of bacteria named after the colour of the photosynthetic species.
注:因为"绿屈菌目"在 2002 年时尚未合格发表,所以绿杆菌纲也是不合规的。2013 年时,绿屈菌目合格发表,但制定的纲名是绿屈菌纲(*Chloroflexia*)Gupta 等,2013。

绿茎菌属(*Chlorobaculum*)Imhoff,2003,新属。此属已定 4 种(+"绿弧状绿茎菌""*Chlorobaculum chlorovibrioides*")。
词源　绿:绿黄色,白绿色;茎:棒;菌:表示微小的事物,微生物(细菌、古菌、真菌);属:属名的尾词;绿茎菌属:绿色的棒形生物。
Etymology　Gr. adj. *chlôros*, greenish-yellow, pale green; L. neut. n. *baculum*, rod; N.L. neut. n. *Chlorobaculum*, the green rod.
模式种　暖绿茎菌(*Chlorobaculum tepidum*)(Wahlund 等,1996)Imhoff,2003,新合并。
词源　暖:温热的,适度暖和,适度温度(最适生长温度 47~48℃,上限温度约 52℃)。
Etymology　L. neut. adj. *tepidum*, moderately warm, lukewarm, tepid (optimum growth

temperature: 47~48 ℃; upper temperature limit for growth: about 52 ℃).

推荐的属名三字母简写　*Cba*. 见"命名规则:属名简写"[属名简写三字母准则(Three-letter code for abbreviations of generic names)]。

注:模式菌株绿弧状绿菌(*Chlorobium chlorovibrioides*) Gorlenko 等,1974,《1980 年细菌名确认单》,DSM 1377 已经遗失,但一种新的分离物,UdG 6026,被认为是此菌种。英霍夫(Imhof),2003 年建议 UdG 6026 菌株可以胜任新的模式株,并建议合并到"绿弧状绿茎菌"("*Chlorobaculum chlorovibrioides*")(Gorlenko 等,1974) Imhoff,2003,新种。不过作者并没有推荐一个正式合格化的"绿弧状绿茎菌"("*Chlorobaculum chlorovibrioides*")。因此,这里以括号形式出现。"绿弧状绿茎菌"("*Chlorobaculum chlorovibrioides*")(Gorlenko 等,1974) Imhoff,2003 列在这里,以示完整性。

绿菌纲(*Chlorobea*) Cavalier-Smith,2002,新纲。

模式目　绿菌目(*Chlorobiales*) Gibbons and Murray,1978,《1980 年细菌名确认单》,目。

词源　绿菌属:此纲的一个属;纲:(原核)生物分类的一个级别,门之下,目之上的一个分类级,纲之尾词;绿菌纲:绿菌属之纲。

Etymology　N.L. neut. n. *Chlorobium*, one genus of the class; N.L. neut. pl. n. *Chlorobea*, the *Chlorobium* class.

绿菌科(*Chlorobiaceae*) Copeland,1956,科。

模式属　绿菌属(*Chlorobium*) Nadson,1906,《1980 年细菌名确认单》,属。

同义词　"*Chlorobiacea*"(*sic*) Copeland,1956。

词源　绿菌属:此科之模式属;科:用于定义一个比属高、比目低的分类级和尾词;在中文科的命名中,把模式属属名中的尾字"属"代换为尾字"科",即为模式属所在的科名;绿菌科:绿菌属之科。

Etymology　N.L. neut. n. *Chlorobium*, type genus of the family; suff. -*aceae*, ending to denote a family; N.L. fem. pl. n. *Chlorobiaceae*, the *Chlorobium* family.

绿菌目(*Chlorobiales*) Gibbons and Murray,1978,目。

此目是绿菌纲(*Chlorobea*) Cavalier-Smith,2002 的模式目。

模式属　绿菌属(*Chlorobium*) Nadson,1906,《1980 年细菌名确认单》,属。

词源　绿菌属:此目之模式属;目:用于定义一个比科高、比纲低的分类级和尾词;在中文目的命名中,把模式属属名中的尾字"属"代换为尾字"目",即为模式属所在的目名;绿菌目:绿菌属之目。

Etymology　N.L. neut. n. *Chlorobium*, type genus of the order; suff. -*ales*, ending denoting an order; N.L. fem. pl. n. *Chlorobiales*, the *Chlorobium* order.

绿菌属(*Chlorobium*) Nadson,1906,属;Imhoff,2003 修改。此属已定 8 种。

此属是绿菌目(*Chlorobiales*) Gibbons and Murray,1978,《1980 年细菌名确认单》和绿菌科

(*Chlorobiaceae*) Copeland,1956,《1980年细菌名确认单》的模式属。

词源　绿：绿黄色，白绿色；菌：表示微小的事物，微生物（细菌、古菌、真菌）；属：属名的尾词；绿菌属：绿色的生命/细菌。

Etymology　Gr. adj. *chlôros*, greenish-yellow, pale green; Gr. n. *bios*, life; N.L. neut. n. *Chlorobium*, green life.

模式种　泥栖绿菌（*Chlorobium limicola*）Nadson,1906,《1980年细菌名确认单》,种。

词源　泥：泥巴，泥淖，泥土，烂泥，泥沼；栖：居住，栖居，栖居者，栖息者；泥栖：栖息在泥淖中的生物。

Etymology　L. n. *limus*, mud; L. suff. -*cola* (from L. n. *incola*), dweller; N.L. n. *limicola*, the mud-dweller.

推荐的属名三字母简写　*Chl.* 见"命名规则：属名简写"[属名简写三字母准则（Three-letter code for abbreviations of generic names）]。

绿屈菌科（*Chloroflexaceae*）Gupta 等,2013,新科。

模式属　绿屈菌属（*Chloroflexus*）Pierson and Castenholz,1974,《1980年细菌名确认单》,属。

词源　绿屈菌属：此科之模式属；科：用于定义一个比属高、比目低的分类级和尾词；在中文科的命名中，把模式属属名中的尾字"属"代换为尾字"科"，即为模式属所在的科名；绿屈菌科：绿屈菌属之科。

Etymology　N.L. n. *Chloroflexus*, type genus of the family; suff. -*aceae*, ending to denote a family; N.L. fem. pl. n. *Chloroflexaceae*, the *Chloroflexus* family.

绿屈菌目（*Chloroflexales*）Gupta 等,2013,新目。

此目是绿屈菌纲（*Chloroflexia*）Gupta 等,2013 的模式目。

模式属　绿屈菌属（*Chloroflexus*）Pierson and Castenholz,1974,《1980年细菌名确认单》,属。

词源　绿屈菌属：此目之模式属；目：用于定义一个比科高、比纲低的分类级和尾词；在中文目的命名中，把模式属属名中的尾字"属"代换为尾字"目"，即为模式属所在的目名；绿屈菌目：绿屈菌属之目。

Etymology　N.L. n. *Chloroflexus*, type genus of the order; suff. -*ales*, ending to denote order; N.L. fem. pl. n. *Chloroflexales*, the *Chloroflexus* order.

绿屈菌纲（*Chloroflexia*）Gupta 等,2013,新纲。

模式目　绿屈菌目（*Chloroflexales*）Gupta 等,2013,新目。

词源　绿屈菌目：此纲模式目之模式属；纲：(原核)生物分类的一个级别，门之下，目之上的一个分类级，纲之尾词；绿屈菌纲：绿屈菌目之纲。

Etymology　N.L. n. *Chloroflexus*, type genus of the type order of the class; suff. -*ia*, ending to denote a class; N.L. neut. pl. n. *Chloroflexia*, class of the order *Chloroflexales*.

绿屈菌亚目（*Chloroflexineae*）Gupta 等，2013，新亚目。

模式属　绿屈菌属（*Chloroflexus*）Pierson and Castenholz, 1974，属。

词源　绿屈菌属：此亚目之模式属；亚目：用于定义一个比科高、比目低的分类级和尾词，目的二级分类级；在中文目的命名中，把属名中的尾字"属"代换为尾字"亚目"，即为模式属所对应的亚目；绿屈菌亚目：绿屈菌属之亚目。

Etymology　N.L. n. *Nannocystis*, type genus of the suborder; suff. *-ineae*, ending to denote a suborder; N.L. fem. pl. n. *Chloroflexineae*, the *Chloroflexus* suborder.

注：此词源注释有误。

绿屈菌属（*Chloroflexus*）Pierson and Castenholz, 1974，属。此属已定 2 种。

此属是绿屈菌目（*Chloroflexales*）Gupta 等，2013，绿屈菌科（*Chloroflexaceae*）Gupta 等，2013 和绿屈菌亚目（*Chloroflexineae*）Gupta 等，2013 的模式属。

词源　绿：绿色的，绿颜色的；屈：使弯曲的，与"伸"相对；菌：表示微小的事物，微生物（细菌、古菌、真菌）；属：属名的尾词；绿屈菌属：绿色的弯曲生物。

Etymology　Gr. adj. *chlôros*, green; L. masc. n. *flexus*, a bending; N.L. masc. n. *Chloroflexus*, green bending.

模式种　金橙色绿屈菌（*Chloroflexus aurantiacus*）Pierson and Castenholz, 1974，《1980 年细菌名确认单》，种。

词源　金橙色：（如同金子般）闪亮的橙色。

Etymology　N.L. masc. adj. *aurantiacus*, orange-colored.

推荐的属名三字母简写　Cfl. 见"命名规则：属名简写"[属名简写三字母准则（Three-letter code for abbreviations of generic names）]。

绿滑菌属（*Chloroherpeton*）Gibson 等，1985，新属。或绿爬菌属。此属已定 1 种。

词源　绿：绿黄色，白绿色；滑：爬虫，爬行生物，滑行，滑动，匍匐前进，爬行；菌：表示微小的事物，微生物（细菌、古菌、真菌）；属：属名的尾词；绿滑菌属：绿色的滑行/爬行生物。

Etymology　Gr. adj. *chlôros*, greenish-yellow, pale green; Gr. neut. n. *herpeton*, a creeping thing, reptile; N.L. neut. n. *Chloroherpeton*, green creeping organism.

模式种　塔拉萨绿滑菌（*Chloroherpeton thalassium*）Gibson 等，1985，新种。

词源　塔拉萨：在或来自海的，海洋的。

Etymology　Gr. adj. *thalassios -ê -on*, of, in, on, or from the sea; N.L. neut. adj. *thalassium*, marine.

推荐的属名三字母简写　Chp. 见"命名规则：属名简写"[属名简写三字母准则（Three-letter code for abbreviations of generic names）]。

注：希腊文中的海，或者现代西方文化中海洋的化身，来源于希腊神话中的原始神之一，海女神塔拉萨（Thalassa）的名字，因此海也称为塔拉萨。

绿线体属（*Chloronema*）Dubinina and Gorlenko,1975,属。此属已定 1 种。

词源　绿:绿色的,绿颜色的;线:线,线状物;体:整体,身体,菌体,在微生物学属名中的作用与"菌"类似;属:属名的尾词;绿线体属:绿色的丝线形生物。

Etymology　Gr. adj. *chlôros*, green; Gr. neut. n. *nema*, thread; N.L. neut. n. *Chloronema*, green filament.

模式种　巨大绿线体（*Chloronema giganteum*）Dubinina and Gorlenko,1975,《1980 年细菌名确认单》,种。

词源　巨大:巨大的。

Etymology　L. neut. adj. *giganteum*, gigantic.

推荐的属名三字母简写　Cln.见"命名规则:属名简写"[属名简写三字母准则（Three-letter code for abbreviations of generic names）]。

软骨霉菌属（*Chondromyces*）Berkeley and Curtis,1874,属。此属已定 6 种。

词源　软骨:动物体中的柔性连接组织,比骨头软比肌肉硬,骨头、胸腔、耳、鼻、支气管、椎间盘之间的连接;霉:霉菌（真菌）;菌:表示微小的事物,微生物（细菌、古菌、真菌）;属:属名的尾词;软骨霉菌属:软骨质的真菌。

Etymology　Gr. n. *chondros*, cartilage; Gr. masc. n. *mukês*, mushroom or other fungus; N.L. masc. n.*Chondromyces*, cartilaginous fungus.

模式种　藏红软骨霉菌（*Chondromyces crocatus*）Berkeley and Curtis,1874,种;《1980 年细菌名确认单》。

词源　藏红:藏红色的。

Etymology　L. n. *crocus*（or *crocum*）, saffron; L. masc. suff. *-atus*, suffix denoting provided with; N.L. masc. adj. *crocatus*, saffron-colored.

同义词　"*Polycephalum*" Kalchbrenner and Cooke,1880, "*Myxobotrys*" Zukal,1896。

克里斯滕森姓菌属（*Christensenella*）Morotomi 等,2012,新属。此属已定 1 种。

此属是克里斯滕森姓菌科（*Christensenellaceae*）Morotomi 等,2012 的模式属。

词源　姓:姓氏;克里斯滕森:以亨里克·克里斯滕森教授的姓氏命名,以纪念他对系统细菌学的许多贡献;菌:表示微小的事物,微生物（细菌、古菌、真菌）;属:属名的尾词;克里斯滕森姓菌属:以克里斯滕森命名的生物。

Etymology　N.L. fem. dim. n. *Christensenella*, named after Professor Henrik Christensen, in honour of his many contributions to systematic bacteriology.

模式种　蕞克里斯滕森姓菌（*Christensenella minuta*）Morotomi 等,2012,新种。

词源　蕞:小的,微小的,蕞眇的,微不足道的,极小的,指的是细胞和群落尺寸。

Etymology　L. fem. adj. *minuta*, little, small, minute, referring to the cell and colony size.

克里斯滕森姓菌科(*Christensenellaceae*) Morotomi 等,2012,新科。

模式属 克里斯滕森姓菌属(*Christensenella*) Morotomi 等,2012,新属。

词源 克里斯滕森姓菌属:此科之模式属;科:用于定义一个比属高、比目低的分类级和尾词;在中文科的命名中,把模式属属名中的尾字"属"代换为尾字"科",即为模式属所在的科名;克里斯滕森姓菌科:克里斯滕森氏菌属之科。

Etymology   N.L. fem. n. *Christensenella*, type genus of the family; suff. -*aceae*, ending to denote a family; N.L. fem. pl. n. *Christensenellaceae*, family of the genus *Christensenella*.

色菌科(*Chromatiaceae*) Bavendamm,1924,属;Imhoff,1984 修改。

模式属 色菌属(*Chromatium*) Perty,1852,《1980 年细菌名确认单》,属。

词源 色菌属:此科之模式属;科:用于定义一个比属高、比目低的分类级和尾词;在中文科的命名中,把模式属属名中的尾字"属"代换为尾字"科",即为模式属所在的科名;色菌科:色菌属之科。

Etymology   N.L. neut. n. *Chromatium*, type genus of the family; suff. -*aceae*, ending to denote a family; N.L. fem. pl. n. *Chromatiaceae*, the *Chromatium* family.

色菌目(*Chromatiales*) Imhoff,2005,新目。

模式属 色菌属(*Chromatium*) Perty,1852,《1980 年细菌名确认单》,属。

词源 色菌属:此目之模式属;目:用于定义一个比科高、比纲低的分类级和尾词;在中文目的命名中,把模式属属名中的尾字"属"代换为尾字"目",即为模式属所在的目名;色菌目:色菌属之目。

Etymology   N.L. neut. n. *Chromatium*, type genus of the order; suff. -*ales*, ending to denote order; N.L. fem. pl. n. *Chromatiales*, the *Chromatium* order.

色杆菌纲(*Chromatibacteria*) Cavalier-Smith,2002,新纲。

模式目 肠小杆菌目("*Enterobacteriales*")。

词源 色杆菌属:此纲之一属;杆:杖,棒;纲:(原核)生物分类的一个级别,门之下,目之上的一个分类级,纲之尾词;色杆菌纲:色杆菌属之纲。

Etymology   N.L. neut. n. *Chromatium*, one genus of the class; Gr. n. *baktêria*, staff, cane; suff. -*ia*, ending to denote a class; N.L. neut. pl. n. *Chromatibacteria*, the *Chromatium* class.

注:色杆菌纲的模式目肠小杆菌目("*Enterobacteriales*")并不在细菌的有效命名中,所以色杆菌纲(*Chromatibacteria*) Cavalier-Smith,2002 也是不合规的。

色菌属(*Chromatium*) Perty,1852,《1980 年细菌名确认单》,属;Imhoff 等,1998 修改。此属已定 13 种。

此属是**色菌目**(*Chromatiales*) Imhoff,2005 和**色菌科**(*Chromatiaceae*) Bavendamm,1924,

《1980年细菌名确认单》的模式属。

词源 色:(着)色;菌:表示微小的事物,微生物(细菌、古菌、真菌);属:属名的尾词;色菌属:被着色的细菌。

Etymology Gr. n. *chrôma -atos*, color; N.L. neut. n. *Chromatium*, one which is colored.

模式种 奥肯氏色菌(*Chromatium okenii*)(Ehrenberg,1838)Perty,1852,《1980年细菌名确认单》,种。

词源 氏:姓氏;奥肯氏:以德国博物学家L.奥肯的姓氏命名,奥肯的。

Etymology N.L. gen. n. *okenii*, of Oken, named for L.Oken, a German naturalist.

同义词 In part, "*Monas*" Müller,1786, includes "*Rhabdomonas*" Cohn,1875, "*Rhabdochromatium*" Winogradsky,1888。

推荐的属名三字母简写 *Chr.* 见"命名规则:属名简写"[属名简写三字母准则(Three-letter code for abbreviations of generic names)]。

色曲菌属(*Chromatocurvus*)勘误,Csotonyi等,2012,新属。此属已定1种。

词源 色:颜色;曲:弯曲;菌:表示微小的事物,微生物(细菌、古菌、真菌);属:属名的尾词;色曲菌属:有色的弯曲的微生物。

Etymology Gr. n. *chroma -atos*, color; L. masc. adj. *curvus*, curved, bent; N.L. masc. n. *chromatocurvus*, the colored curved microorganism.

模式种 耐卤色曲菌(*Chromatocurvus halotolerans*)勘误,Csotonyi等,2012,新种。

词源 耐:耐力的,耐性的,忍耐的;卤:卤素,盐;耐卤:耐盐,对盐有耐受的。

Etymology Gr. n. *hals halos*, salt; L. part. adj. *tolerans*, tolerating; N.L. part. adj. *halotolerans*, salt-tolerating.

色小杆菌科(*Chromobacteriaceae*)Adeolu and Gupta,2013,新科。

模式属 色小杆菌属(*Chromobacterium*)Bergonzini,1880,属;De Ley等,1978修改,Adeolu and Gupta,2013修改。

词源 色小杆菌属:此科之模式属;科:用于定义一个比属高、比目低的分类级和尾词;在中文科的命名中,把模式属属名中的尾字"属"代换为尾字"科",即为模式属所在的科名;色小杆菌科:色小杆菌属之科。

Etymology M.L. neut. n. *Chromobacterium* type genus of the family; -aceae ending to denote a family; M.L. fem. pl. n. *Chromobacteriaceae* the *Chromobacterium* family.

色小杆菌族(*Chromobacterieae*)Winslow等,1920,族。

模式属 色小杆菌属(*Chromobacterium*)Bergonzini,1880,《1980年细菌名确认单》,属。

词源 色小杆菌属:此族之模式属;族:原核生物分类的一个级别,现已停用;色小杆菌族:

色小杆菌属之族。

Etymology　N.L. neut. n. *Chromobacterium*, type genus of the tribe; suff. *-eae*, ending to denote a tribe; N.L. fem. pl. n. *Chromobacterieae*, the *Chromobacterium* tribe.

色小杆菌属(*Chromobacterium*)Bergonzini,1880,属。此属已定8种。

此属是色小杆菌族(*Chromobacterieae*)Winslow等,1920,《1980年细菌名确认单》和色小杆菌科(*Chromobacteriaceae*)Adeolu and Gupta,2013的模式属。

词源　色:色彩,颜色;小杆:小棒;菌:表示微小的事物,微生物(细菌、古菌、真菌);属:属名的尾词;色小杆菌属:微小的,有色的棒形生物。

Etymology　Gr. n. *chroma*, color; L. neut. n. *bacterium*, a small rod; N.L. neut. n. *Chromobacterium*, a small, colored rod.

模式种　紫色色小杆菌(*Chromobacterium violaceum*)Bergonzini,1880,《1980年细菌名确认单》。

词源　紫色:紫罗兰色,紫色。

Etymology　L. neut. adj. *violaceum*, violet colored.

同义词　not "*Cromobacterium*"(*sic*)Bergonzini,1879。

色卤杆菌属(*Chromohalobacter*)Ventosa等,1989,新属;Arahal等,2001修改。此属已定9种。

词源　色:颜色,色彩;卤:卤素,盐;杆:棒;菌:表示微小的事物,微生物(细菌、古菌、真菌);属:属名的尾词;色卤杆菌属:着色的盐棒形生物。

Etymology　Gr. n. *chroma*, color; Gr. n. *hals halos*, salt; N.L. masc. n. *bacter*, rod; N.L. masc. n.*Chromohalobacter*, colored salt rod.

模式种　死海色卤杆菌(*Chromohalobacter marismortui*)(*ex* Elazari-Volcani,1940)Ventosa等,1989,新合并。

词源　死:死亡;海:海的,大海的,海洋的;死海:这里是指约旦、巴勒斯坦、约旦交界处的、世界上最低、最深的咸水湖泊。

Etymology　L. n. *mare -is*, the sea; L. adj. *mortuus*, dead; N.L. gen. n. *marismortui*, of the Dead Sea.

色杆菌纲(*Chroobacteria*)Cavalier-Smith,2002,新纲。或绿细菌纲,绿菌纲。

模式目　色果藻目(*Chroococcales*)Cavalier-Smith,2002。

词源　色果藻目:此纲之模式目;纲:(原核)生物分类的一个级别,门之下,目之上的一个分类级,纲之尾词;色杆菌纲:色果藻目之纲。

Etymology　N.L. fem. pl. n. *Chroococcales*, type order of the class; Gr. n. *baktêria*, staff, cane; suff. -*ia*, ending to denote a class; N.L. neut. pl. n. *Chroobacteria*, the *Chroococcales* class.

注：因为此纲的模式目色果藻目(*Chroococcales*)Cavalier-Smith,2002 不合规,所以此纲色杆菌纲(*Chroobacteria*)Cavalier-Smith,2002,并不合规。

色果藻目(*Chroococcales*)Cavalier-Smith,2002,新目。

此目是色杆菌纲(*Chroobacteria*)Cavalier-Smith,2002 的模式目。

模式属　"色果藻属"(*Chroococcus*)Nägeli,1849,新属。

词源　色果藻属：此目之模式属；目：用于定义一个比科高、比纲低的分类级和尾词；在中文目的命名中,把属名中的尾字"属"代换为尾字"目",即为模式属所对应的目；色果藻目：色果藻属之目。

Etymology　N.L. masc. n. "*Chroococcus*", type genus of the order; suff. -*ales*, ending denoting an order; N.L. fem. pl. n. *Chroococcales*, the "*Chroococcus*" order.

注：模式属"色果藻属""*Chroococcus*"并没在《细菌名确认单》中,自从 1980 年 1 月 1 日以来,也没有得到合格发表。因此,色果藻目(*Chroococcales*)Cavalier-Smith,2002 是不合规的。

金小杆菌属(*Chryseobacterium*)Vandamme 等,1994,新属；Kämpfer 等,2009 修改,Wu 等,2013 修改。此属已定 90 种。

词源　金：金(色)的,金黄的,金黄色的；小杆：小棒(状)；菌：表示微小的事物,微生物(细菌、古菌、真菌)；属：属名的尾词；金小杆菌属：金黄色的棒形细菌。

Etymology　Gr. adj. *chruseos*, golden; L. neut. n. *bacterium*, a small rod; N.L. neut. n. *Chryseobacterium*, a yellow rod.

模式种　黏滑金小杆菌(*Chryseobacterium gleum*)(Holmes 等,1984)Vandamme 等,1994,新合并。

词源　黏滑：同粘滑,黏糊糊,滑溜溜的。

Etymology　Gr. neut. adj. *gloion*, slippery, sticky; N.L. neut. adj. *gleum*(sic), sticky.

注：此属中 2010 年从格陵兰岛 12 万年前的冰块中分离获得嗜冷超小微生物,格陵兰岛金小杆菌(*Chryseobacterium greenlandense*)。

金珞菌属(*Chryseoglobus*)Baik 等,2010,新属。此属已定 1 种。

词源　金：金(色)的,金黄的,金黄色的；珞：通球,球形,球体,圆球；菌：表示微小的事物,微生物(细菌、古菌、真菌)；属：属名的尾词；金珞菌属：黄色的球形生物。

Etymology　Gr. adj. *khruseos*, golden; L. masc. n. *globus*, ball; N.L. masc. n. *Chryseoglobus*, yellow ball.

模式种　冻水金珞菌(*Chryseoglobus frigidaquae*)Baik 等,2010,新种。

词源　冻：冷,冷的,寒冷；水：H_2O；冻水：冷水,低温的水,因为此模式菌株分离自一个水冷却系统。

Etymology　L. adj. *frigidus*, cold; L. fem. n. *aqua*, water; N.L. gen. n. *frigidaquae*, from/of cold water, as the type strain was isolated from a water-cooling system.

金线菌属(*Chryseolinea*)Kim 等,2013,新属。此属已定 1 种。
词源　金:金(色)的,金黄的,金黄色的;线:线条;菌:表示微小的事物,微生物(细菌、古菌、真菌);属:属名的尾词;金线菌属:金色的线形生物。
Etymology　Gr. adj. *khruseos*, golden; L. fem. n. *linea*, a linen thread, a string, line; N.L. fem. n. *Chryseolinea*, golden-coloured thread.
模式种　蛇状金线菌(*Chryseolinea serpens*)Kim 等,2013,新种。
词源　蛇状:指的是它的形状和滑行特征。
Etymology　L. n. *serpens* (nominative in apposition), a creeping thing, creeper, crawler, snake, serpent, referring to its shape and gliding motility.

金微菌属(*Chryseomicrobium*)Arora 等,2011,新属;Raj 等,2013 修改。此属已定 3 种。
词源　金:金(色)的,金黄的,金黄色的;微:微小的,微生物;菌:表示微小的事物,微生物(细菌、古菌、真菌);微菌:微生物;属:属名的尾词;金微菌属:金黄色的微生物。
Etymology　Gr. adj. *chruseos*, golden; N.L. neut. n. *microbium* (from Gr. adj. *mikros*, small and Gr. n. *bios*, life), microbe; N.L. neut. n. *Chryseomicrobium*, yellow microbe.
模式种　微技所金微菌(*Chryseomicrobium imtechense*)Arora 等,2011,新种。
词源　微技所:微生物技术研究所的随机缩写,此所对模式菌株进行了表征。
Etymology　N.L. neut. adj. *imtechense*, pertaining to the Institute of Microbial Technology (IMTECH), where the type strain was characterized.

金单胞菌属(*Chryseomonas*)Holmes 等,1986,新属;Holmes 等,1987 修改。此属已定 2 种。
词源　金:金色的,黄金色的;单胞:单细胞,单元;菌:表示微小的事物,微生物(细菌、古菌、真菌);属:属名的尾词;金单胞菌属:金黄色的单元生物。
Etymology　Gr. adj. *khruseos*, golden; Gr. n. *monas*, a unit, monad; N.L. fem. n. *Chryseomonas*, a yellow unit.
1997 年,通过 16S rRNA 序列分析,表明此属是假单胞属,即此属已归属到→假单胞菌属(*Pseudomonas*)Migula,1894,《1980 年细菌名确认单》。
模式种　多发金单胞菌(*Chryseomonas polytricha*)Holmes 等,1986,新种。
此种 1997 年已归种为→淡黄色假单胞菌(*Pseudomonas luteola*)Kodama 等,1985,新种。
词源　多发:多鞭毛的。
Etymology　N.L. fem. adj. *polytricha* (from Gr. adj. *polutrikhos*), very-haired, referring to the possession of multiple flagella.

金生菌科（*Chrysiogenaceae*）Garrity and Holt,2002,新科。

模式属 金生菌属（*Chrysiogenes*）Macy 等,1996,新属。

词源 金生菌属:此科之模式属;科:用于定义一个比属高、比目低的分类级和尾词;在中文科的命名中,把模式属属名中的尾字"属"代换为尾字"科",即为模式属所在的科名;金生菌科:金生菌属之科。

Etymology   N.L. masc. n. *Chrysiogenes*, type genus of the family; suff. *-aceae*, ending to denote a family; N.L. fem. pl. n. *Chrysiogenaceae*, the *Chrysiogenes* family.

金生菌目（*Chrysiogenales*）Garrity and Holt,2002,新目。

此目是金生菌纲（*Chrysiogenetes*）Garrity and Holt,2002 的模式目。

模式属 金生菌属（*Chrysiogenes*）Macy 等,1996,新属。

词源 金生菌属:此目之模式属;目:用于定义一个比科高、比纲低的分类级和尾词;在中文目的命名中,把模式属属名中的尾字"属"代换为尾字"目",即为模式属所在的目名;金生菌目:金生菌属之目。

Etymology   N.L. masc. n. *Chrysiogenes*, type genus of the order; suff. *-ales*, ending denoting an order; N.L. fem. pl. n. *Chrysiogenales*, the *Chrysiogenes* order.

金生菌属（*Chrysiogenes*）Macy 等,1996,新属。此属已定 1 种。

此属是金生菌目（*Chrysiogenales*）Garrity and Holt,2002 和金生菌科（*Chrysiogenaceae*）Garrity and Holt,2002 的模式属。

词源 金:金矿,采金子的矿场;生:产,生产,生成,产生,导致,源自……;菌:表示微小的事物,微生物(细菌、古菌、真菌);属:属名的尾词;金生菌属:源自/来自金矿的生物。

Etymology   Gr. n. *chruseion*, a gold mine; N.L. suff. *-genes* (from Gr. v. *gennaô*, to beget, engender, bear), sprung from, born from; N.L. masc. n. *Chrysiogenes*, sprung from a gold mine.

模式种 砷酸盐金生菌（*Chrysiogenes arsenatis*）Macy 等,1996,新种。

词源 砷酸盐:指的是此微生物具有把砷酸盐还原为亚砷酸盐的能力。

Etymology   N.L. gen. n. *arsenatis*, of arsenate, referring to the ability of the organism to reduce arsenate to arsenite.

金生菌纲（*Chrysiogenetes*）Garrity and Holt,2002,新纲。

模式目 金生菌目（*Chrysiogenales*）Garrity and Holt,2002,新目。

词源 金生菌目:此纲之模式目;纲:(原核)生物分类的一个级别,门之下,目之上的一个分类级,纲之尾词;金生菌纲:金生菌目之纲。

Etymology   N.L. fem. pl. n. *Chrysiogenales*, type order of the class; N.L. pl. n. *Chrysiogenetes*, the class of *Chrysiogenales*.

土壤单胞菌属（*Chthonomonas*）Lee 等,2011,新属。此属已定 1 种。

此属是**土壤单胞菌目**（*Chthonomonadales*）Lee 等,2011 和**土壤单胞菌科**（*Chthonomonadaceae*）Lee 等,2011 的模式属。

词源　土壤：土地,陆地,泥土；单胞：单细胞,单元；菌：表示微小的事物,微生物（细菌、古菌、真菌）；属：属名的尾词；土壤单胞菌属：来自土壤的单细胞细菌。

Etymology　Gr. n. *chthōn chthonos*, earth, soil, land; Gr. fem. n. *monas*, a unit, monad; N.L. fem. n.*Chthonomonas*, a unit（bacterium）from soil.

模式种　**烫玫色土壤单胞菌**（*Chthonomonas calidirosea*）Lee 等,2011,新种。

词源　烫：高温；玫色：玫色的,玫瑰色的,粉红色的；烫玫色：高温和玫瑰色的。

Etymology　L. adj. *calidus*, warm, hot; L. adj. *roseus -a -um*, rose-coloured, rosy; N.L. fem. adj. *calidirosea*, hot and rosy.

土壤单胞菌科（*Chthonomonadaceae*）Lee 等,2011,新科。

模式属　**土壤单胞菌属**（*Chthonomonas*）Lee 等,2011,新属。

词源　土壤单胞菌属：此科之模式属；科：用于定义一个比属高、比目低的分类级和尾词；在中文科的命名中,把模式属属名中的尾字"属"代换为尾字"科",即为模式属所在的科名；土壤单胞菌科：土壤单胞菌属之科。

Etymology　N.L. fem. n. *Chthonomonas*, type genus of the family; suff. *-aceae*, ending to denote a family; N.L. fem. pl. n. *Chthonomonadaceae*, family of the genus *Chthonomonas*.

土壤单胞菌目（*Chthonomonadales*）Lee 等,2011,新目。

此目是**土壤单胞菌纲**（*Chthonomonadetes*）Lee 等,2011 的模式目。

模式属　**土壤单胞菌属**（*Chthonomonas*）Lee 等,2011,新属。

词源　土壤单胞菌属：此目之模式属；目：用于定义一个比科高、比纲低的分类级和尾词；在中文目的命名中,把模式属属名中的尾字"属"代换为尾字"目",即为模式属所在的目名；土壤单胞菌目：土壤单胞菌属之目。

Etymology　N.L. fem. n. *Chthonomonas*, type genus of the order; suff. *-ales*, ending to denote an order; N.L. fem. pl. n. *Chthonomonadales*, order of the genus Chthonomonas.

土壤单胞菌纲（*Chthonomonadetes*）Lee 等,2011,新纲。

模式目　**土壤单胞菌目**（*Chthonomonadales*）Lee 等,2011,新目。

词源　土壤单胞菌目：此纲之模式目；纲：（原核）生物分类的一个级别,门之下,目之上的一个分类级,纲之尾词；土壤单胞菌纲：土壤单胞菌目之纲。

Etymology　N.L. fem. pl. n. *Chthonomonadales*, type order of the class; N.L. fem. pl. n. *Chthonomonadetes*, class of the order *Chthonomonadales*.

中央菌属（*Chungangia*）Kim 等，2012，新属。此属已定 1 种。

词源　中央：韩国首尔中央大学对此属的主要分类学作了研究；菌：表示微小的事物，微生物（细菌、古菌、真菌）；属：属名的尾词；中央菌属：与韩国首尔中央大学有关的，在此进行此属菌的最初分类学研究。

Etymology　N.L. fem. n. *Chungangia*, after Chung-Ang University, Seoul, Republic of Korea, where the initial taxonomic studies on this genus were performed.

模式种　韩国中央菌（*Chungangia koreensis*）Kim 等，2012，新种。

词源　韩国：此模式菌株分离自韩国。

Etymology　N.L. fem. adj. *koreensis*, of or pertaining to Korea, where the type strain was isolated.

Ci

柠檬胞菌属（*Citreicella*）Sorokin 等，2006，新属；Park 等，2011 修改。此属已定 3 种。

词源　菌：表示微小的事物，微生物（细菌、古菌、真菌）；属：属名的尾词。

Etymology　L. n. *citreum*, the citron, lemon; L. fem. n. *cella*, a storeroom, chamber and, in biology, a cell; N.L. fem. n. *Citreicella*, lemmon-shaped cell.

模式种　硫氧化柠檬胞菌（*Citreicella thiooxidans*）Sorokin 等，2006，新种。

词源　硫：硫磺，硫黄，元素 S；氧化：氧化，物质（原子、分子、离子）失去电子或增加氧化态的过程，一般就是与氧结合的过程；硫氧化：氧化硫的，硫氧化的。

Etymology　Gr. n. *thium*, sulfur; N.L. v. oxido, to *oxidize*; N.L. part. adj. *thiooxidans*, oxidizing sulfur.

注：原文词源中的"lemmon"应为"lemon"。

柠檬单胞菌属（*Citreimonas*）Choi and Cho，2006，新属。此属已定 1 种。

词源　柠檬：香橼，枸橼，柠檬果；单胞：单细胞，单元；菌：表示微小的事物，微生物（细菌、古菌、真菌）；属：属名的尾词；柠檬单胞菌属：柠檬果形的单细胞生物。

Etymology　L. n. *citreum*, lemon; L. fem. n. *monas*, a unit, monad; N.L. fem. n. *Citreimonas*, a lemon-shaped monad.

模式种　盐业柠檬单胞菌（*Citreimonas salinaria*）Choi and Cho，2006，新种。

词源　盐业：盐业的，与盐业有关的。

Etymology　L. fem. adj. *salinaria*, of or belonging to a salt-works.

柠檬果菌属（*Citricoccus*）Altenburger 等，2002，新属。Nielsen 等，2011 修改。此属已定 5 种。

词源　柠檬：柠檬树或柑橘树，一种非洲的树；果：浆果，表示浆果形（圆球或椭球）；菌：表示微小的事物，微生物（细菌、古菌、真菌）；属：属名的尾词；柠檬果菌属：柠檬黄色素浆果形生物。

Etymology　L. n. *citrus*, citrontree or citrus, an African tree; N.L. masc. n. *coccus*（from Gr. masc. n. *kokkos*, grain, seed）, coccus; N.L. masc. n. *Citricoccus*, lemon-yellow-pigmented coccus.

模式种　墙柠檬果菌（*Citricoccus muralis*）Altenburger 等, 2002, 新种。

词源　墙: 壁, 墙壁, 属于或与墙壁有关的。

Etymology　L. masc. adj. *muralis*, pertaining or belonging to walls.

柠檬针菌属（*Citreitalea*）Yoon 等, 2014, 新属。此属已定 1 种。

词源　柠檬: 柠檬树, 柠檬果; 针: 细棒; 菌: 表示微小的事物, 微生物（细菌、古菌、真菌）; 属: 属名的尾词; 柠檬针菌属: 柠檬色的棒形生物。

Etymology　Ci.tre.i.ta′lea. L. n. *citreum*, the citron, lemon; L. fem. n. *talea* a rod, staff; N.L. fem. n. *Citreitalea*, a lemon-coloured rod.

模式种　海柠檬针菌（*Citreitalea marina*）Yoon 等, 2014, 新种。

词源　海: 海的, 大海的, 海洋的, 与海有关的。

Etymology　ma.ri′na. L. fem. adj. *marina*, belonging to the sea, marine.

来源　植物（Plant）。

柠檬杆菌属（*Citrobacter*）Werkman and Gillen, 1932, 属。此属已定 11 种（+1 种拒绝名, 1 rejected name）。

词源　柠檬: 柠檬（酸, 盐, 果, 树）; 杆: 棒; 菌: 表示微小的事物, 微生物（细菌、古菌、真菌）; 属: 属名的尾词; 柠檬杆菌属: 为了表示利用柠檬酸盐的棒形生物。

Etymology　L. n. *citrus*, lemon; N.L. masc. n. *bacter*, a rod; N.L. masc. n. *Citrobacter*, intended to mean a citrate-utilizing rod.

模式种　弗因德氏柠檬杆菌（*Citrobacter freundii*）（Braak, 1928）Werkman and Gillen, 1932, 《1980 年细菌名确认单》, 种。

词源　氏: 姓氏; 弗因德氏: 以弗因德姓氏命名, 他是第一个观察到 1,3—丙二醇是发酵产物的细菌学家。

Etymology　N.L. gen. masc. n. *freundii*, of Freund, named after A. Freund, the bacteriologist who first observed that trimethylene glycol was a product of fermentation.

Cl

槌杆菌属（*Clavibacter*）Davis 等, 1984, 新属。此属已定 6 种, 8 亚种。

词源　槌: 棒槌, 一头大一头小的木棒, 棒杵, 棰,（洗衣服时）大头用于棰击衣服, 小头用于手握; 杆: 棒; 菌: 表示微小的事物, 微生物（细菌、古菌、真菌）; 属: 属名的尾词; 槌杆菌属:

槌形的棒形生物。

Etymology　L. n. *clava*, cudgel, club; N.L. masc. n. *bacter*, rod; N.L. masc. n. *Clavibacter*, club-shaped rod.

模式种　密歇根州槌杆菌（*Clavibacter michiganensis*）勘误,（Smith, 1910）Davis 等, 1984, 新种。

词源　密歇根州：源自或属于美国密歇根州的。

Etymology　N.L. masc. adj. *michiganensis*, of or belonging to Michigan（State, U.S.A.）.

克利夫兰氏菌属（*Clevelandina*）Bermudes 等, 1988, 新属。此属已定 1 种。

词源　氏：姓氏；克利夫兰氏：美国生物学家 L.R. 克利夫兰（1892—1969）；菌：表示微小的事物, 微生物（细菌、古菌、真菌）；属：属名的尾词；克利夫兰氏菌属：以克利夫兰的姓氏命名的菌属。

Etymology　N.L. fem. n. *Clevelandina*, named in honor of L.R.Cleveland（1892—1969）, an American biologist.

模式种　散白蚁克利夫兰氏菌（*Clevelandina reticulitermitidis*）Bermudes 等, 1988, 新种。

词源　散白蚁：以此微生物的宿主白蚁属散白蚁属命名, 表示是从此属生物中发现的。

Etymology　N.L. gen. n. *reticulitermitidis*, of *Reticulotermes*, named after the host termite genus *Reticulotermes* in which it is found.

注：英文词源中对散白蚁（*Reticulitermes*）的拉丁文 *Reticulotermes* 有误。

排污管竿菌属（*Cloacibacillus*）Ganesan 等, 2008, 新属；Looft 等, 2013 修改。此属已定 2 种。

词源　排污管：排水管, 排放污水、污物的管道；竿：在本书中对译于拉丁文 ***bacillus***, 表示棒形, 以示与常见的"杆"的区别, 表示以出芽孢为特征的棒形；菌：表示微小的事物, 微生物（细菌、古菌、真菌）；属：属名的尾词；排污管竿菌属：来自城市排污管的小杖形生物。

Etymology　L. n. *cloaca*, a sewer canal; L. masc. n. *bacillus*, a small staff; N.L. masc. n. *Cloacibacillus*, a small staff from a sewer canal.

模式种　埃夫里排污管竿菌（*Cloacibacillus evryensis*）Ganesan 等, 2008, 新种。

词源　埃夫里：法国的一个城市, 表示此分离物的分离源。

Etymology　N.L. masc. adj. *evryensis*, pertaining to Evry, the origin of the isolate.

排污管小杆菌属（*Cloacibacterium*）Allen 等, 2006, 新属。此属已定 3 种。

词源　排污管：排水管, 排放污水、污物的管道；小杆：小棒；菌：表示微小的事物, 微生物（细菌、古菌、真菌）；属：属名的尾词；排污管小杆菌属：排污管的小棒形生物。

Etymology　L. fem. n. *cloaca*, a sewer, canal; L. neut. n. *bacterium*, a small rod; N.L. neut. n. *Cloacibacterium*, a sewer rod.

模式种　诺曼排污管小杆菌（*Cloacibacterium normanense*）Allen 等, 2006, 新种。

词源　诺曼：美国俄克拉荷马州诺曼市，表示此微生物的首次分离地。
Etymology　N.L. neut. adj. *normanense*, pertaining to the city of Norman, OK, USA, where the organism was first isolated.

梭菌纲(*Clostridia*) Rainey, 2010, 新纲。

模式目　梭菌目(*Clostridiales*) Prévot, 1953,《1980 年细菌名确认单》, 目。
词源　梭菌属：此纲之模式目之模式属；纲：(原核)生物分类的一个级别，门之下，目之上的一个分类级，纲之尾词；梭菌纲：梭菌属梭菌目之纲。
Etymology　N.L. neut. n. *Clostridium*, type genus of the type order of the class; suff. *-ia*, ending to denote a class; N.L. neut. pl. n. *Clostridia*, the *Clostridium* class.

梭菌科(*Clostridiaceae*) Pribram, 1933, 科。

模式属　梭菌属(*Clostridium*) Prazmowski, 1880,《1980 年细菌名确认单》, 属。
词源　梭菌属：此科之模式属；科：用于定义一个比属高、比目低的分类级和尾词；在中文科的命名中，把模式属属名中的尾字"属"代换为尾字"科"，即为模式属所在的科名；梭菌科：梭菌属之科。
Etymology　N.L. neut. n. *Clostridium*, type genus of the family; suff. *-aceae*, ending to denote a family; N.L. fem. pl. n. *Clostridiaceae*, the *Clostridium* family.

梭菌目(*Clostridiales*) Prévot, 1953, 目。此目是梭菌纲(*Clostridia*) Rainey, 2010 的模式目。

模式属　梭菌属(*Clostridium*) Prazmowski, 1880,《1980 年细菌名确认单》, 属。
词源　梭菌属：此目之模式属；目：用于定义一个比科高、比纲低的分类级和尾词；在中文目的命名中，把模式属属名中的尾字"属"代换为尾字"目"，即为模式属所在的目名；梭菌目：梭菌属之目。
Etymology　N.L. neut. n. *Clostridium*, type genus of the order; suff. *-ales*, ending denoting an order; N.L. fem. pl. n. *Clostridiales*, the *Clostridium* order.

梭菌盐杆菌属(*Clostridiisalibacter*) Liebgott 等, 2008, 新属。此属已定 1 种。

词源　梭菌：细菌的一个属名，即梭菌属；盐：食盐，卤，表示嗜盐；杆：杆/棒形；菌：表示微小的事物，微生物(细菌、古菌、真菌)；属：属名的尾词；梭菌盐杆菌属：嗜盐的棒形细菌，属于梭菌亚门。
Etymology　N.L. n. *Clostridium*, a bacterial genus name; L. n. *sal salis*, salt; N.L. masc. n. *bacter*, a rod; N.L. masc. n. *Clostridiisalibacter*, a halophilic rod, belonging to the *Clostridium* subphylum.
模式种　缈吞梭菌盐杆菌(*Clostridiisalibacter paucivorans*) Liebgott 等, 2008, 新种。

词源　缈：缥缈的，虚无的，稀少的，寡的，不多的，一点点的；吞：食，噬，吃，吞食，吞噬，吞吃；缈吞：吃的很少的，观察到此生物利用很少的脂肪酸和很少的氨基酸。
Etymology　L. adj. *paucus*, little；L. v. *vorare*, to eat；N.L. part. adj. *paucivorans*, eating little, relating to the observation that the organism utilizes few fatty acids and few amino acids.

梭菌属（*Clostridium*）Prazmowski, 1880, 属。已定 206 种（+1 种废止名），5 亚种。

此属是梭菌目（*Clostridiales*）Prévot, 1953,《1980 年细菌名确认单》和梭菌科（*Clostridiaceae*）Pribram, 1933,《1980 年细菌名确认单》的模式属。

词源　梭：（织布工具）梭子（两头尖，中间粗大），梭形；菌：表示微小的事物，微生物（细菌、古菌、真菌）；属：属名的尾词；梭菌属：小的梭子形生物。
Etymology　Gr. n. *klôstêr*, a spindle；N.L. neut. dim. n. *Clostridium*, a small spindle.
模式种　奶油梭菌（*Clostridium butyricum*）Prazmowski, 1880,《1980 年细菌名确认单》, 种。
词源　奶油：黄油，奶油，表示此微生物与此相关。
Etymology　Gr. n. *bouturon*（Latin transliteration *butyrum*）, butter；L. neut. suff. *-icum*, suffix used with the sense of belonging to；N.L. neut. adj. *butyricum*, related to butter, butyric.

Cn

首师大菌属（*Cnuella*）Zhao 等, 2014, 新属。此属已定 1 种。

词源　首师大：首都师范大学的简写，对此微生物的分类做了研究；菌：表示微小的事物，微生物（细菌、古菌、真菌）；属：属名的尾词；首师大菌属：与首都师范大学有关的菌属。
Etymology　L. dim. suff. *-ella*；N.L. fem. n. *Cnuella*, arbitrary name after CNU, Capital Normal University, where taxonomic studies of this taxon were conducted.
模式种　藻苔首师大菌（*Cnuella takakiae*）Zhao 等, 2014, 新种。
词源　藻苔：藻苔植物，此模式菌株分离自此。
Etymology　N.L. gen. n. *takakiae*, of Takakia, referring to *Takakia lepidozioides*, the moss plant from which the type strain was isolated.

Co

科贝特氏菌属（*Cobetia*）Arahal 等, 2002, 新属；Romanenko 等, 2013 修改。此属已定 5 种。

词源　氏：姓氏；科贝特氏：以科学家科贝特姓氏命名，他最早描述了海节杆菌（*Arthrobacter marinus*）；菌：表示微小的事物，微生物（细菌、古菌、真菌）；属：属名的尾词；科贝特氏菌属：以科贝特的姓氏命名的菌属。
Etymology　N.L. fem. n. *Cobetia*, named after Cobet, scientist that described originally this organism as *Arthrobacter marinus*.
模式种　海科贝特氏菌（*Cobetia marina*）（Cobet 等, 1970）Arahal 等, 2002, 新合并。

词源 海：海的，大海的，海洋的，属于或与海有关的。

Etymology L. fem. adj. *marina*, of or belonging to the sea, marine.

蜗牛单胞菌属（*Cocleimonas*）Tanaka 等，2011，新属。此属已定 1 种。

词源 蜗牛：蜗牛；单胞：单细胞，单元；菌：表示微小的事物，微生物（细菌、古菌、真菌）；属：属名的尾词；蜗牛单胞菌属：来自蜗牛的单元（细菌）。

Etymology L. n. *coclea*, a snail; L. fem. n. *monas*, a unit, monad; N.L. fem. n. *Cocleimonas*, unit（bacterium）from a snail.

模式种 黄色蜗牛单胞菌（*Cocleimonas flava*）Tanaka 等，2011，新种。

词源 黄色：黄色的，黄颜色的。

Etymology L. fem. adj. *flava*, yellow.

联合菌属（*Coenonia*）Vandamme 等，1999，新属。此属已定 1 种。

词源 联合：与宿主构成一种联合体，群落；菌：表示微小的事物，微生物（细菌、古菌、真菌）；属：属名的尾词；联合菌属：与宿主联合/群落生长的细菌。

Etymology Gr. n. *koinônia*, community, association; N.L. fem. n. *Coenonia*, refers to the association between these bacteria and a host.

模式种 鸭联合菌（*Coenonia anatina*）Vandamme 等，1999，新种。

词源 鸭：属于或与鸭子有关的。

Etymology L. fem. adj. *anatina*, of or pertaining to the duck.

黏杆菌属（*Cohaesibacter*）Hwang and Cho，2008，新属；Qu 等，2011 修改，Sultanpuram 等，2013 修改。此属已定 3 种。

此属是黏杆菌科（*Cohaesibacteraceae*）Hwang and Cho，2008 的模式属。

词源 黏：黏的，粘的；杆：棒；菌：表示微小的事物，微生物（细菌、古菌、真菌）；属：属名的尾词；黏杆菌属：看起来是互相粘黏在一起的棒形生物。

Etymology L. part. adj. *cohaesus*（from L. v. *cohaereo*），pressed together, clung together; N.L. masc. n. *bacter*, a rod; N.L. masc. n. *Cohaesibacter*, rods that appear cohesive with each other.

模式种 解明胶黏杆菌（*Cohaesibacter gelatinilyticus*）Hwang and Cho，2008，新种。

词源 解：降解的，溶解的，分解的；明胶：凝聚性的胶状物，中文中有时译成凝胶（但不确切）。

Etymology N.L. n. *gelatinum*, gelatin; Gr. adj. *lutikos*, able to dissolve; N.L. adj. *lyticus -a -um*（from Gr. adj. *lutikos -ê -on*），able to loosen, able to dissolve; N.L. masc. adj. *gelatinilyticus*, gelatin-dissolving.

注：明胶是从多种动物源的胶原朊或胶原质（collagen）中衍生来的，含明胶或具有类似功能的物质，称为（明）胶状物（gelatinous）。

黏杆菌科（*Cohaesibacteraceae*）Hwang and Cho,2008,新科；Gallego 等,2010 修改。

模式属　黏杆菌属（*Cohaesibacter*）Hwang and Cho,2008,新属。

词源　黏杆菌属：此科之模式属；科：用于定义一个比属高、比目低的分类级和尾词；在中文科的命名中，把模式属属名中的尾字"属"代换为尾字"科"，即为模式属所在的科名；黏杆菌科：黏杆菌属之科。

Etymology　N.L. masc. n. *Cohaesibacter*, type genus of the family；-*aceae*, ending to denote a family；N.L. fem. pl. n. *Cohaesibacteraceae*, the *Cohaesibacter* family.

科恩姓菌属（*Cohnella*）Kämpfer 等,2006,García-Fraile 等,2008 修改,Khianngam 等,2010 修改。此属已定 23 种。

词源　姓：姓氏；科恩氏：以德国微生物学家费迪南德·科恩（1828—1898）姓氏命名，他在 1872 年首先描述了细菌的竿菌属；菌：表示微小的事物，微生物（细菌、古菌、真菌）；属：属名的尾词；科恩姓菌属：以科恩的姓氏命名的菌属。

Etymology　N.L. fem. dim. n. *Cohnella*, named after Ferdinand Cohn, the German microbiologist who first described the bacterial genus *Bacillus* in 1872.

模式种　耐热科恩姓菌（*Cohnella thermotolerans*）Kämpfer 等,2006,新种。

词源　耐：耐性，耐力，持久；热：高温；耐热：能够耐受高温的。

Etymology　Gr. n. *thermê*, heat；L. part. adj. *tolerans*, tolerating；N.L. part. adj. *thermotolerans*, able to tolerate high temperatures.

山岗单胞菌属（*Collimonas*）De Boer 等,2004,新属。此属已定 3 种。

词源　山岗：小山，山丘；单胞：单细胞，单元；菌：表示微小的事物，微生物（细菌、古菌、真菌）；属：属名的尾词；山岗单胞菌属：来自山丘的细胞。

Etymology　L. masc. n. *collis*, hill；L. fem. n. *monas*, a unit, monad；N.L. fem. n. *Collimonas*, cell from the hill.

模式种　吞菇山岗单胞菌（*Collimonas fungivorans*）De Boer 等,2004,新种。

词源　吞：吞噬的，吞食的，大吃的，吞没的；菇：蘑菇，真菌；吞菇：吞噬真菌的。

Etymology　L. masc. n. *fungus*, a mushroom, fungus；L. part. adj. *vorans*, devouring eating；N.L. fem. part. adj. *fungivorans*, fungus-eating.

柯林斯姓菌属（*Collinsella*）Kageyama 等,1999,新属；Kageyama and Benno,2000 修改。此属已定 4 种。

词源　姓：姓氏；柯林斯：以英国微生物学家马休·D. 柯林斯的姓氏命名；菌：表示微小的事物，微生物（细菌、古菌、真菌）；属：属名的尾词；柯林斯姓菌属：以柯林斯的姓氏命名的菌属。

Etymology　N.L. fem. dim. n. *Collinsella*, named to honour Matthew D. Collins, an English microbiologist, for his outstanding contribution to microbial taxonomy and phylogeny.

模式种　气化柯林斯姓菌(*Collinsella aerofaciens*)(Eggerth,1935)Kageyama 等,1999,新合并。

词源　气:空气,气体;化:变化,产生;气化:化作气体的,产生气体的。

Etymology　Gr. n. *aer aeros*, air, gas; L. part. adj. *faciens*, making, producing; N.L. part. adj. *aerofaciens*, gas producing.

科维尔氏菌属(*Colwellia*)Deming 等,1988,新属。此属已定 14 种。

此属是科维尔氏菌科(*Colwelliaceae*)Ivanova 等,2004 的模式属。

词源　氏:姓氏;科维尔:以示对美国微生物学家丽塔·R. 科维尔教授的敬意;菌:表示微小的事物,微生物(细菌、古菌、真菌);属:属名的尾词;科维尔氏菌属:以科威尔的姓氏命名的菌属。

Etymology　N.L. fem. dim. n. *Colwellia*, named in honor of the American microbiologist Professor Rita R. Colwell.

模式种　冷赤色科维尔氏菌(*Colwellia psychrerythraea*)勘误,(*ex* D'Aoust and Kushner,1972)Deming 等,1988,命名修改,新合并。

词源　冷:冷的,嗜冷的,低温的;赤色:红色的,赤色的;冷赤色:嗜冷的和赤色的。

Etymology　Gr. adj. *psuchros*, cold; L. adj. *erythraeus*, -*a*, -*um*, reddish; N.L. fem. adj. *psychrerythraea*, psychrophilic and reddish.

科维尔氏菌科(*Colwelliaceae*)Ivanova 等,2004,新科。

模式属　科维尔氏菌属(*Colwellia*)Deming 等,1988,新属。

词源　科维尔氏菌属:此科之模式属;科:用于定义一个比属高、比目低的分类级和尾词;在中文科的命名中,把模式属属名中的尾字"属"代换为尾字"科",即为模式属所在的科名;科维尔氏菌科:科维尔氏菌属之科。

Etymology　N.L. fem. n. *Colwellia*, type genus of the family; suff. -*aceae*, ending to denote a family; N.L. fem. pl. n. *Colwelliaceae*, the *Colwellia* family.

丛毛单胞菌科(*Comamonadaceae*)Willems 等,1991,新科。

模式属　丛毛单胞菌属(*Comamonas*)(*ex* Davis and Park,1962)De Vos 等,1985,新属。

词源　丛毛单胞菌属:此科之模式属;科:用于定义一个比属高、比目低的分类级和尾词;在中文科的命名中,把模式属属名中的尾字"属"代换为尾字"科",即为模式属所在的科名;丛毛单胞菌科:丛毛单胞菌属之科。

Etymology　N.L. fem. n. *Comamonas*, type genus of the family; suff. -*aceae*, ending to denote a family; N.L. fem. pl. n. *Comamonadaceae*, the *Comamonas* family.

丛毛单胞菌属(*Comamonas*)(*ex* Davis and Park,1962)De Vos 等,1985,新属,命名修改；Tamaoka 等,1987 修改,Willems 等,1991 修改,Zhang 等,2013 修改。此属已定 19 种。

此属是丛毛单胞菌科(*Comamonadaceae*)Willems 等,1991 的模式属。

词源　丛毛：头发；单胞：单元,单细胞；菌：表示微小的事物,微生物(细菌、古菌、真菌)；属：属名的尾词；丛毛单胞菌属：具有极性丛生鞭毛的细菌。

Etymology　L. n. *coma*, the hair of the head, hair; L. fem. n. *monas*, a unit, monad; N.L. fem. n. *Comamonas*, cell with a polar tuft of flagella.

模式种　土生丛毛单胞菌(*Comamonas terrigena*)(*ex* Hugh,1962)De Vos 等,1985,新种,命名修改。

词源　土生：土壤中生长。

Etymology　L. n. *terrigena*, earth-born.

同义词　"*Comamonas*" Davis and Park,1962。

堆肥单胞菌属(*Compostimonas*)Kim 等,2012,新属。此属已定 1 种。

词源　堆肥：；单胞：单细胞,单元；菌：表示微小的事物,微生物(细菌、古菌、真菌)；属：属名的尾词；堆肥单胞菌属：分离自堆肥的细菌。

Etymology　N.L. n. *compostum*, compost; L. fem. n. *monas*, a unit, monad; N.L. fem. n. *Compostimonas*, a bacterium isolated from compost.

模式种　水原堆肥单胞菌(*Compostimonas suwonensis*)Kim 等,2012,新种。

词源　水原：韩国水原地区,此菌首先发现在这里。

Etymology　N.L. fem. adj. *suwonensis*, of or belonging to Suwon region, where the bacterium was first found.

壳形菌属(*Conchiformibius*)勘误,Xie and Yokota,2005,新属。此属已定 2 种。

词源　壳：贝壳；形：状,形状,外形,外貌,形容某物在外貌上像……；菌：表示微小的事物,微生物(细菌、古菌、真菌)；属：属名的尾词；壳形菌属：外貌像贝壳的生命。

Etymology　L. n. *concha*, shell; L. adj. suffix *–formis –is –e*(from L. n. *forma*, figure, shape, appearance), -like, in the shape of; Gr. masc. n. *bios*, life; N.L. masc. n. *Conchiformibius*, shell-shaped life.

模式种　斯蒂德氏壳形菌(*Conchiformibius steedae*)勘误,(Kuhn and Gregory,1979)Xie and Yokota,2005,新合并。

词源　氏：姓氏；斯蒂德氏：以斯蒂德格拉斯特命名,他首先分离到无污染的西蒙姓菌属(*Simonsiella*)的培养物,并建立了西蒙姓菌科(**Simonsiellaceae**)。

Etymology　N.L. gen. fem. n. *steedae*, of Steed, named for Pamela D. M. Steed Glaister, who first isolated axenic cultures of *Simonsiella* and erected the family *Simonsiellaceae*.

缚杆菌属（*Conexibacter*）Monciardini 等，2003，新属。此属已定 2 种。

此属是**缚杆菌科**（*Conexibacteraceae*）Stackebrandt，2005 的模式属。

词源　缚：束缚；杆：棒；菌：表示微小的事物，微生物（细菌、古菌、真菌）；属：属名的尾词；缚杆菌属：被束缚的棒形生物。

Etymology　L. part. adj. *conexus*, bound, tied; N.L. masc. n. *bacter*, rod; N.L. masc. n. *Conexibacter*, a rod that is bound.

模式种　乌斯氏缚杆菌（*Conexibacter woesei*）Monciardini 等，2003，新种。

词源　氏：姓氏；乌斯氏：卡尔·乌斯（1928—2012），国内也有人译为伍思氏，是用 16S rRNA 作为系统发育分析的前驱，建立了乌斯三域分类。

Etymology　N.L. gen. masc. n. *woesei*, of Woese, named to honour Carl R. Woese, for his pioneering work on the use of 16S rRNA in phylogenetic analysis.

缚杆菌科（*Conexibacteraceae*）Stackebrandt，2005，新科；Zhi 等，2009 修改。

模式属　缚杆菌属（*Conexibacter*）Monciardini 等，2003，新属。

词源　缚杆菌属：此科之模式属；科：用于定义一个比属高、比目低的分类级和尾词；在中文科的命名中，把模式属属名中的尾字"属"代换为尾字"科"，即为模式属所在的科名；缚杆菌科：缚杆菌属之科。

Etymology　N.L. masc. n. *Conexibacter*, type genus of the family; suff. -*aceae*, ending to denote a family; N.L. fem. pl. n. *Conexibacteraceae*, the *Conexibacter* family.

聚单胞菌属（*Conglomeromonas*）Skerman 等，1983，新属。此属已定 1 种，2 亚种。

此属 1997 年已归属到→**氮小螺体属**（*Azospirillum*）Tarrand 等，1979，《1980 年细菌名确认单》。

词源　聚：聚集，团聚；单胞：单细胞，单元；菌：表示微小的事物，微生物（细菌、古菌、真菌）；属：属名的尾词；聚单胞菌属：单细胞的聚集形成圆形物质。

Etymology　L.v. *conglomero*, to roll together, conglomerate; L. fem. n. *monas*, a unit, monad; N.L. fem. n. *Conglomeromonas*, monad forming in a (rounded) mass.

模式种　慢动聚单胞菌（*Conglomeromonas largomobilis*）Skerman 等，1983，新种。

此种 1997 年已归种到→**慢动氮小螺体**（*Azospirillum largimobile*）勘误，（Skerman 等，1983）Ben Dekhil 等，1997，新合并。

词源　慢：慢拍，音乐中的慢节奏拍子；动：运动的，移动的，活动的，游动的；慢动：直译是慢拍/慢节奏运动，这里表示运动缓慢的，以非常缓慢的方式运动的。

Etymology　N.L. adv. *largo* (from Italian adv. *largo*; from L. adj. *largus*), in a very slow tempo (musical); L. adj. *mobilis* -*is* -*e*, movable, mobile; N.L. neut. adj. *largimobile*, moving in a very slow manner.

团杆菌属(*Congregibacter*) Spring 等,2009,新属。此属已定 1 种。

词源　团:团聚,群集;杆:棒;菌:表示微小的事物,微生物(细菌、古菌、真菌);属:属名的尾词;团杆菌属:扎堆生长的棒形生物。

Etymology　L. adj. *congregus -a -um*, united in flocks; N.L. masc. n. *bacter*, a rod; N.L. masc. n. *Congregibacter*, a rod that grows in flocks.

模式种　岸团杆菌(*Congregibacter litoralis*) Spring 等,2009,新种。

词源　岸:滨,海岸,海边,海岸,表示此微生物分离的栖息地。

Etymology　L. masc. adj. *litoralis*, of or belonging to the sea-shore, pertaining to the habitat from where the organism was isolated.

缩杆菌属(*Constrictibacter*) Yamada 等,2011,新属。此属已定 1 种。

词源　缩:压缩,紧缩;杆:棒;菌:表示微小的事物,微生物(细菌、古菌、真菌);属:属名的尾词;缩杆菌属:具有压缩部分的棒形生物。

Etymology　L. adj. *constrictus*, compressed, contracted; N.L. masc. n. *bacter*, a rod; N.L. masc. n. *Constrictibacter*, rod with compressed parts.

模式种　南极缩杆菌(*Constrictibacter antarcticus*) Yamada 等,2011,新种。

词源　南极:最南端的,最南部的,与南极有关的。

Etymology　L. masc. adj. *antarcticus*, southern, pertaining to Antarctica.

小蓬草栖菌属(*Conyzicola*) Kim 等,2014,新属。此属已定 1 种。

词源　小蓬草:菊科,加拿大蓬草;栖:居住,栖居,栖居者,栖息者;菌:表示微小的事物,微生物(细菌、古菌、真菌);属:属名的尾词;小蓬草栖菌属:小蓬草的栖居者。

Etymology　N.L. fem. n. *Conyza*, horseweed (*Conyza canadensis*); L. masc. suff. *-cola* (from L. n. *incola*), a dweller, inhabitant; N.L. fem. n. *Conyzicola*, dweller of *Conyza*.

模式种　白黄色小蓬草栖菌(*Conyzicola lurida*) Kim 等,2014,新种。

词源　白黄色:带苍白的黄色,苍黄,白黄。

Etymology　L. fem. adj. *lurida*, pale yellow.

粪竿菌属(*Coprobacillus*) Kageyama and Benno,2000,新属。此属已定 1 种。

词源　粪:排泄物,粪便,屎,大便;竿:在本书中对译于拉丁文 ***bacillus***,表示棒形,以示与常见的"杆"的区别,表示以出芽孢为特征的棒形;菌:表示微小的事物,微生物(细菌、古菌、真菌);属:属名的尾词;粪竿菌属:分离来自粪便的小棒形生物。

Etymology　Gr. n. *kopros*, excrement, ordure, feces; L. masc. dim. n. *bacillus*, a small rod; N.L. masc. n. *Coprobacillus*, rodlet isolated from feces.

模式种　链形粪竿菌(*Coprobacillus cateniformis*) 勘误,Kageyama and Benno,2000,新种。

词源　鏈:链,链条,链子;形:状,形状,外形,外貌,形容某物在外貌上像……;链形:链条般的。
Etymology　L. n. *catena*, chain; L. adj. suffix *-formis -is -e*（from L. n. *forma*, figure, shape, appearance）, -like, in the shape of; N.L. masc. adj. *cateniformis*, chain-like.

粪杆菌属（*Coprobacter*）Shkoporov 等,2013,新属。此属已定 1 种。

词源　粪:排泄物,粪便,屎,大便;杆:棒;菌:表示微小的事物,微生物(细菌、古菌、真菌);属:属名的尾词;粪杆菌属:从粪便排泄物中分离的棒形生物。
Etymology　Gr. n. *kopros*, excrement; N.L. masc. n. *bacter*, rod; N.L. masc. n. *Coprobacter*, a rod isolated from excrement.

模式种　苛刻粪杆菌（*Coprobacter fastidiosus*）Shkoporov 等,2013,新种。
词源　苛刻:指的是微生物对营养物的苛刻要求,即营养物的复杂性。
Etymology　L. masc. adj. *fastidiosus*, fastidious, referring to its fastidious character.

粪果菌属（*Coprococcus*）Holdeman and Moore,1974,属。此属已定 3 种。

词源　粪:排泄物,粪便,屎,大便;果:浆果,表示浆果形(圆球或椭球);菌:表示微小的事物,微生物(细菌、古菌、真菌);属:属名的尾词;粪果菌属:粪便的浆果形生物。
Etymology　Gr. n. *kopros*, excrement, feces; N.L. masc. n. *coccus*（fromGr. n. *kokkos*）berry; N.L. masc. n.*Coprococcus*, fecal coccus.

模式种　整齐粪果菌（*Coprococcus eutactus*）Holdeman and Moore,1974,种;《1980 年细菌名确认单》。
词源　整齐:有次序的,整齐的,指的是不同菌株的一致反应行为。
Etymology　N.L. masc. adj. *eutactus*（from Gr. masc. adj. *eutaktos*）, orderly, well-disciplined（referring to the uniform reactions of the different strains）.

粪热杆菌属（*Coprothermobacter*）Rainey and Stackebrandt,1993,新属。此属已定 2 种。

词源　粪:排泄物,粪便,屎,大便;热:温暖的,热的;杆:棒;菌:表示微小的事物,微生物(细菌、古菌、真菌);属:属名的尾词;粪热杆菌属:来自粪便的嗜热棒形生物。
Etymology　Gr. n. *kopros*, excrement, ordure, manure; Gr. adj. *thermos*, warm; N.L. masc. n. *bacter*, rod; N.L. masc. n. *Coprothermobacter*, a thermophilic rod from manure.

模式种　解朊粪热杆菌（*Coprothermobacter proteolyticus*）（Ollivier 等,1985）Rainey and Stackebrandt,1993,新合并。
词源　解:溶解的,分解的,降解的;朊:左月右元,表示生命的起源,早期生物学认为朊是生命的核心(现在是 DNA);解朊:分解朊的。
Etymology　Gr. n. *proteios*（from Gr. adj. *protos*, first）, the first quality（*protos* was used by Gerhard Johan Mulder in 1838 to coin the French n. protéine）; N.L. masc. adj. *lyticus*

(from Gr. masc. adj. *lutikos*), able to loosen, able to dissolve; N.L. masc. adj. *proteolyticus*, proteolytic.

珊珠菌属(*Coraliomargarita*)Yoon 等,2007,新属。或珊瑚珍珠菌属。此属已定 1 种。

词源　珊:珊瑚;珠:珍珠;菌:表示微小的事物,微生物(细菌、古菌、真菌);属:属名的尾词;珊珠菌属:珊瑚珍珠细菌,指的是从一个装海水的硬珊瑚样品瓶中分离得到的白色的菌落形态、浆果形(珠状)的微生物。

Etymology　Gr. n. *koralion*, coral; L. fem. n. *margarita*, a pearl; N.L. fem. n. *Coraliomargarita*, coral pearl, referring to a white-colony-forming, coccoid micro-organism isolated from seawater in a sample bottle of hard coral.

模式种　阿嘉岛珊珠菌(*Coraliomargarita akajimensis*)Yoon 等,2007,新种。

词源　阿嘉岛:琉球(冲绳)的一个岛,此模式菌株的分离地。

Etymology　N.L. fem. adj. *akajimensis*, pertaining to Akajima, an island in Okinawa, from where the type strain was isolated.

珊杆菌属(*Corallibacter*)Kim 等,2012,新属。此属已定 1 种。

词源　珊:珊瑚,珊瑚虫形成的珊瑚礁;杆:棒;菌:表示微小的事物,微生物(细菌、古菌、真菌);属:属名的尾词;珊杆菌属:来自珊瑚的棒形生物,指的是此首菌株分离自珊瑚菟葵种(或沙海葵种)。

Etymology　L. n. *corallum*, coral; N.L. masc. n. *bacter*, a rod; N.L. masc. n. *Corallibacter*, a rod from a coral, referring to the isolation of the first strains from the coral *Palythoa* sp.

模式种　越南珊杆菌(*Corallibacter vietnamensis*)Kim 等,2012,新种。

词源　越南:属于或来自越南的,此模式菌株的来源国。

Etymology　N.L. masc. adj. *vietnamensis*, of or belonging to Vietnam, the country of origin of the type strain.

珊果菌属(*Corallococcus*)Reichenbach,2007,新属。Lang and Stackebrandt,2009 修改。此属已定 3 种。

词源　珊:珊瑚;果:浆果,表示浆果形(圆球或椭球);菌:表示微小的事物,微生物(细菌、古菌、真菌);属:属名的尾词;珊果菌属:珊瑚形的浆果(即具有珊瑚形的果状形体)生物。

Etymology　Gr. n. *korallon*, coral; Gr. masc. n. *kokkos*, berry; N.L. masc. n. *Corallococcus* coral-shaped coccus (i.e. with coral-shaped fruiting bodies).

模式种　珊状珊果菌(*Corallococcus coralloides*)(Thaxter,1892)Reichenbach,2007,新合并。

词源　珊:珊瑚;状:拟似,形似,类似,像;珊状:类似珊瑚的,像珊瑚的,珊瑚状的。

Etymology　Gr. n. *korallon*, coral; L. suff. *-oides* [from Gr. suff. *-eides* (from Gr. n. *eidos*, that which is seen, form, shape, figure)], ressembling, similar; N.L. masc. adj. *coralloides*, coral-shaped.

珊单胞菌属（*Corallomonas*）Chen 等，2013，新属。此属已定 1 种。

词源　珊：珊瑚，珊瑚虫形成的珊瑚礁；单胞：单细胞，单元；菌：表示微小的事物，微生物（细菌、古菌、真菌）；属：属名的尾词；珊单胞菌属：分离自珊瑚的细菌。

Etymology　Gr. n. *korallon*, coral; Gr. fem. n. *monas*, a unit, monad; N.L. fem. n. *Corallomonas*, a bacterium isolated from a coral.

模式种　**海桩属珊单胞菌**（*Corallomonas stylophorae*）Chen 等，2013，新种。

词源　海桩属：海果类动物的一个属，此菌是从一种属于海桩属的珊瑚中分离的。

Etymology　N.L. gen. n. *stylophorae*, of *Stylophora*, isolated from a coral belonging to the genus *Stylophora*.

虫小杆菌科（*Coriobacteriaceae*）Stackebrandt 等，1997，新科。Zhi 等，2009 修改。

模式属　**虫小杆菌属**（*Coriobacterium*）Haas and König，1988，新属。

词源　虫小杆菌属：此科之模式属；科：用于定义一个比属高、比目低的分类级和尾词；在中文科的命名中，把模式属属名中的尾字"属"代换为尾字"科"，即为模式属所在的科名；虫小杆菌科：虫小杆菌属之科。

Etymology　N.L. neut. n. *Coriobacterium*, type genus of the family; suff. *-aceae*, ending to denote a family; N.L. fem. pl. n. *Coriobacteriaceae*, the *Coriobacterium* family.

虫小杆菌目（*Coriobacteriales*）Stackebrandt 等，1997，新目；Zhi 等，2009 修改。

此目是**虫小杆菌纲**（*Coriobacteriia*）König，2013 和**虫小杆菌亚纲**（*Coriobacteridae*）Stackebrandt 等，1997 的模式目。

模式属　**虫小杆菌属**（*Coriobacterium*）Haas and König，1988，新属。

词源　虫小杆菌属：此目之模式属；目：用于定义一个比科高、比纲低的分类级和尾词；在中文目的命名中，把模式属属名中的尾字"属"代换为尾字"目"，即为模式属所在的目名；虫小杆菌目：虫小杆菌属之目。

Etymology　N.L. neut. n. *Coriobacterium*, type genus of the order; suff. *-ales*, ending denoting an order; N.L. fem. pl. n. *Coriobacteriales*, the *Coriobacterium* order.

虫小杆菌亚纲（*Coriobacteridae*）Stackebrandt 等，1997，新亚纲；Zhi 等，2009 修改。

模式目　**虫小杆菌目**（*Coriobacteriales*）Stackebrandt 等，1997，新目。

词源　虫小杆菌目：此亚纲之模式目；亚纲：亚纲的尾词，纲之下，目之上的一个分类级，纲的二级分类；虫小杆菌亚纲：虫小杆菌目之亚纲。

Etymology　N.L. fem. pl. n. *Coriobacteriales*, type order of the subclass; suff. *-idae*, ending to denote a subclass; N.L. fem. pl. n. *Coriobacteridae*, the *Coriobacteriales* subclass.

虫小杆菌纲(*Coriobacteriia*) König, 2013, 新纲。

模式目　虫小杆菌目(*Coriobacteriales*) Stackebrandt 等, 1997, 新目。

词源　虫小杆菌属:此纲之模式目之模式属;纲:(原核)生物分类的一个级别,门之下,目之上的一个分类级,纲之尾词;虫小杆菌纲:虫小杆菌目之纲。

Etymology　N.L. n. *Coriobacterium*, type genus of the type order of the class; suff. *-ia*, ending to denote a class; N.L. neut. pl. n. *Coriobacteriia*, class of the order *Coriobacteriales*.

虫小杆菌属(*Coriobacterium*) Haas and König, 1988, 新属。此属已定1种。

此属是虫小杆菌目(*Coriobacteriales*) Stackebrandt 等, 1997 和虫小杆菌科(*Coriobacteriaceae*) Stackebrandt 等, 1997 的模式属。

词源　虫:希腊文 *koris* 表示虫;小杆:*bakterion* 表示小棒;菌:表示微小的事物,微生物(细菌、古菌、真菌);属:属名的尾词;虫小杆菌属:与虫有关的小杆形菌。

Etymology　Co.ri.o.bac.ter′i.um. Gr. fem. n. *koris*, bug; Gr. neut. n. *bakterion*, a small rod; M.L. neut. n. *Coriobacterium*, rodlet associated with bugs.

模式种　絮凝虫小杆菌(*Coriobacterium glomerans*) Haas and König, 1988, 新种。

词源　絮凝:凝聚的,聚集的,细胞形成絮凝状、羊毛状沉积物,在液体介质中具有透明悬浮。

Etymology　glo′me.rans. L. part. adj. *glomerans*, agglomerating; the cells form flocculent, wooly sediments with a clear supernatant in fluid media.

注1:曾名红蝽菌属,但这应该是错误的,因为红椿是一种植物,即使此分离落叶也是来自椴树树杆附近的死亡落叶,而不是红椿。

注2:此菌所分离源是一种昆虫。这种虫就是昆虫纲鞘翅目(Coleoptera)花萤科或士兵甲虫科(Cantharidae)的红士兵虫(Red soldier bugs)或普通红士兵甲虫(区别于吸血甲虫),拉丁名即 *Rhagonycha fulva*。此菌分离自椴树(*Tilia*)的树杆附近的死亡落叶中的这种甲虫,成年甲虫可长至1cm。椴树在英国称为酸橙树(lime tree),但实际上与酸橙没有关系。

棒小杆菌科(*Corynebacteriaceae*) Lehmann and Neumann, 1907, 属; Stackebrandt 等, 1997 修改, Zhi 等, 2009 修改。

模式属　棒小杆菌属(*Corynebacterium*) Lehmann and Neumann, 1896,《1980年细菌名确认单》,属。

词源　棒小杆菌属:此科之模式属;科:用于定义一个比属高、比目低的分类级和尾词;在中文科的命名中,把模式属属名中的尾字"属"代换为尾字"科",即为模式属所在的科名;棒小杆菌科:棒小杆菌属之科。

Etymology　N.L. neut. n. *Corynebacterium*, type genus of the family; suff. *-aceae*, ending to denote a family; N.L. fem. pl. n. *Corynebacteriaceae*, the *Corynebacterium* family.

棒小杆菌亚目(*Corynebacterineae*)Stackebrandt 等,1997,新亚目;Zhi 等,2009 修改。

模式属　棒小杆菌属(*Corynebacterium*)Lehmann and Neumann,1896,《1980 年细菌名确认单》,属。

词源　棒小杆菌属:此亚目之模式属;亚目:用于定义一个比科高、比目低的分类级和尾词,目的二级分类级;在中文目的命名中,把属名中的尾字"属"代换为尾字"亚目",即为模式属所对应的亚目;棒小杆菌亚目:棒小杆菌属之亚目。

Etymology　N.L. neut. n. *Corynebacterium*, type genus of the suborder; suff. *-ineae*, ending to denote a suborder; N.L. fem. pl. n. *Corynebacterineae*, the *Corynebacterium* suborder.

棒小杆菌属(*Corynebacterium*)Lehmann and Neumann,1896,属。此属已定 116 种,11 亚种。

词源　棒:小棒球;小杆:小棒;菌:表示微小的事物,微生物(细菌、古菌、真菌);属:属名的尾词;棒小杆菌属:棒球杆形的细菌。

Etymology　Gr. n. *korune*, a club; L. neut. n. *bacterium*, a rod, and in biology a bacterium(so called because the first ones observed were rod-shaped); N.L. neut. n. *Corynebacterium*, a club bacterium.

棒小杆菌属是棒小杆菌亚目(*Corynebacterineae*)Stackebrandt 等,1997 和棒小杆菌科(*Corynebacteriaceae*)Lehmann and Neumann,1907,《1980 年细菌名确认单》的模式属。

模式种　白喉棒小杆菌(*Corynebacterium diphtheriae*)(Kruse,1886)Lehmann and Neumann,1896,《1980 年细菌名确认单》,种。

词源　白喉:希腊文 **diphthera** 的原意是熟皮,皮革,这里指的是患此病在喉咙形成一层皮革状的膜,白色的皮膜。

Etymology　Gr. n. *diphthera*, prepared hide, piece of leather; N.L. fem. n. *diphtheria*, a disease in which a leathery membrane forms in the throat; N.L. gen. n. *diphtheriae*, of diphtheria.

注:此属以往常见中文名是白喉杆菌。1901 年贝林获得生理学或医学诺贝尔奖(首届诺贝尔奖)即是因为分理出抗白喉棒小杆菌的免疫血清,白喉抗毒素治疗白喉病。

科森扎氏菌属(*Cosenzaea*)Giammanco 等,2011,新属。此属已定 1 种。

词源　氏:姓氏;科森扎氏:以微生物学家科森扎的姓氏命名,他在 **1966** 年第一次将此微生物描述为黏化普罗狄斯菌(黏化变形菌);菌:表示微小的事物,微生物(细菌、古菌、真菌);属:属名的尾词;科森扎氏菌属:以科森扎的姓氏命名的菌属。

Etymology　N.L. fem. n. *Cosenzaea*, named after Benjamin J. Cosenza, the microbiologist who first described this micro-organism as *Proteus myxofaciens* in 1966.

模式种 黏化科森扎氏菌(*Cosenzaea myxofaciens*)(Cosenza and Podgwaite, 1966)Giammanco 等, 2011, 新合并。

基名 黏化普罗狄斯菌(*Proteus myxofaciens*)Cosenza and Podgwaite, 1966(Approved Lists, 1980)。

词源 黏:(动植物的)黏液,粘液,分泌物,黏质物;化:变化,产生;黏化:化作黏液的,产生黏液的(细菌)。

Etymology Gr. n. *muxa*, mucus slime; L. part. adj. *faciens*, producing; N.L. part. adj. *myxofaciens*, slime-producing (bacteria).

科斯特通氏菌属(*Costertonia*)Kwon 等, 2006, 新属。此属已定 1 种。

词源 氏:姓氏;科斯特通氏:以美国著名的生物膜微生物学家 J.W. 科斯特通的姓氏命名;菌:表示微小的事物,微生物(细菌、古菌、真菌);属:属名的尾词;科斯特通氏菌属:以科斯特通的姓氏命名的菌属。

Etymology N.L. fem. n. *Costertonia*, honouring J.W.Costerton, a famous American biofilm microbiologist.

模式种 聚科斯特通氏菌(*Costertonia aggregata*)Kwon 等, 2006, 新种。

词源 聚:聚集成团的,指的是菌落在液体培养基中培养的时候形成团聚(果球形)。

Etymology L. fem. adj. *aggregata*, joined together, referring to the formation of aggregates during cultivation in liquid medium.

科奇氏浮菌属(*Couchioplanes*)Tamura 等, 1994, 新属。此属已定 1 种, 2 亚种。

词源 氏:姓氏;科奇氏:以真菌学家 J.N. 科奇(1896—1986)的姓氏命名,其致力于放线浮游菌科分类学;浮:浮游者,漂泊者,流浪者,漫无目的者;菌:表示微小的事物,微生物(细菌、古菌、真菌);属:属名的尾词;科奇氏浮菌属:以 J.N. 科奇的姓氏命名的放线浮菌科的浮游生物。

Etymology N.L. masc. n. *Couchius*, a personal name, referring to J.N.Couch (1896—1986), a mycologist who contributed to the taxonomy of the family *Actinoplanaceae*; Gr. masc. n. *planes*, a wanderer; N.L. masc. n. *Couchioplanes*, a wanderer organism of the family *Actinoplanaceae* named after J.N. Couch.

模式种 蓝色科奇氏浮菌(*Couchioplanes caeruleus*)(Horan and Brodsky, 1986)Tamura 等, 1994, 新合并。

词源 蓝色:蓝色,暗蓝色,指的是蓝色的营养菌丝色素。

Etymology L. masc. adj. *caeruleus*, blue, dark blue, referring to the blue vegetative mycelial pigment.

考德里氏体属(*Cowdria*)Moshkovski, 1947, 属。此属已定 1 种。

此属 2001 年已归属为→埃里希氏体属(*Ehrlichia*)Moshkovski, 1945,《1980 年细菌名确认

单》，Dumler 等，2001 修改，新属。

词源 氏：姓氏；考德里氏：以 E.V. 考德里的姓氏命名，其在绵羊、山羊和牛的水心病中首先描述了此生物；属：属名的尾词；考德里氏菌属：以考德里的姓氏命名的菌属。

Etymology N.L. fem. n. *Cowdria*, named for E. V. Cowdry, who first described the organism in heartwater diseases of sheep, goats, and cattle.

模式种 反刍考德里氏体（*Cowdria ruminantium*）（Cowdry，1925）Moshkovski，1947,《1980 年细菌名确认单》。此种 2001 年已归种到→反刍埃里希氏体（*Ehrlichia ruminantium*）（Cowdry，1925）Dumler 等，2001。

词源 反：倒，回；刍：喂牲畜的草；反刍：倒嚼，反刍动物，反刍动物的。

Etymology L. part. adj. *ruminans -antis*, ruminating; N.L. gen. pl. n. *ruminantium*, of ruminants.

同义词 "*Ehrlichia*（subgen. *Cowdria*）" Moshkovski，1945，"*Nicollea*" Macchiavello，1947，"*Kurlovia*" Zhdanov，1953。

考克斯姓体属（*Coxiella*）（Philip，1943）Philip，1948，属。此属已定 1 种。

此属是考克斯姓体科（*Coxiellaceae*）Garrity 等，2005 的模式属。

词源 姓：姓氏；考克斯：以考克斯（Cox HR）命名。当在澳大利亚发现考克斯体后，考克斯与戴维斯（Davis GE）合作，引入鸡胚（chick embryo）的卵黄囊（yolk sac）培育技术，首先在美国分离到这种微生物。鸡胚卵黄囊培育技术大大的促进了此属和其他属微生物的研究；属：属名的尾词；考克斯姓体属：以考克斯的姓氏命名的生物。

Etymology N.L. fem. dim. n. *Coxiella*, named after Harold R. Cox, who in collaboration with G.E. Davis, first isolated this organism in the United States shortly after its discovery in Australia and who introduced the technique of yolk sac inoculation of the chick embryo, which greatly facilitated the study of this and other genera.

模式种 贝纳氏考克斯姓体（*Coxiella burnetii*）（Derrick，1939）Philip，1948,《1980 年细菌名确认单》。

词源 氏：姓氏；贝纳氏：贝纳的，以弗兰克·麦克法兰·贝纳的姓氏命名，其首先研究的此生物的特性。

Etymology N.L. gen. n. *burnetii*, of Burnet, named after Frank MacFarlane Burnet, who first studied the properties of this organism.

同义词 Subgenus "*Coxiella*" Philip，1943，属 "*Burnetia*" Macchiavello，1947。

考克斯姓体科（*Coxiellaceae*）Garrity 等，2005，新科。

模式属 考克斯姓体属（*Coxiella*）（Philip，1943）Philip，1948,《1980 年细菌名确认单》。

词源 考克斯姓体属：此科之模式属；科：用于定义一个比属高、比目低的分类级和尾词；在中文科的命名中，把属名中的尾字"属"代换为尾字"科"，即为模式属所对应的科；考克斯姓体科：考克斯姓体属之科。
Etymology N.L. fem. n. *Coxiella*, type genus of the family; suff. *-aceae*, ending to denote family; N.L. fem. pl. n. *Coxiellaceae*, the *Coxiella* family.

Cr

克拉布特里姓菌属（*Crabtreella*）Xie and Yokota, 2006, 新属。此属已定1种。

词源 姓：姓氏；克拉布特里：以美国微生物学家克拉布特里的姓氏命名，他分离到此模式种的模式菌株；菌：表示微小的事物，微生物（细菌、古菌、真菌）；属：属名的尾词；克拉布特里姓菌属：以克拉布特里的姓氏命名的菌属。

Etymology N.L. fem. dim. n. *Crabtreella*, named after Dr K. Crabtree, the American microbiologist who isolated the type strain of the type species.

模式种 嗜糖克拉布特里姓菌（*Crabtreella saccharophila*）Xie and Yokota, 2006, 新种。

词源 嗜：嗜好的，喜好的，友好的，爱好的；糖：一般性名词，通常指的是甜的、短链的、可溶解的和由碳氢氧元素构成的碳水化合物，日常用语中即指食糖（蔗糖，一种二糖），生物化学中进一步细分为单糖（葡萄糖、果糖和半乳糖等），二糖（麦芽糖、乳糖和蔗糖等），寡糖和多糖等；嗜糖：喜好糖的。

Etymology Gr. n. *sakchar -aros*, sugar; N.L. adj. *philus -a -um*（from Gr. adj. *philos -ê -on*）, friend, loving; N.L. fem. adj., *saccharophila*, sugar-loving.

脆果菌属（*Craurococcus*）Saitoh 等, 1998, 新属。此属已定1种。

词源 脆：干，脆，干脆，脆弱，松脆，易碎的；果：浆果，表示浆果形（圆球或椭球）；菌：表示微小的事物，微生物（细菌、古菌、真菌）；属：属名的尾词；脆果菌属：松脆的浆果形菌。

Etymology Gr. adj. *krauros*, dry, fragile; N.L. masc. n. *coccus*（from Gr. masc. n. *kokkos*, grain, seed）, coccus; N.L. masc. n. *Craurococcus*, fragile coccus.

模式种 玫色脆果菌（*Craurococcus roseus*）Saitoh 等, 1998, 新种。

词源 玫色：玫色的，玫瑰色的，粉色的，粉红色的。

Etymology L. masc. adj. *roseus*, rose-colored, pink.

推荐的属名三字母简写 Crc. 见"命名规则：属名简写"[属名简写三字母准则（Three-letter code for abbreviations of generic names）]。

泪古菌纲（*Crenarchaeota*）Cavalier-Smith, 2002, 新纲。或泉古菌纲。

模式目 热变形菌目（*Thermoproteales*）Zillig and Stetter, 1982, 新目。

词源 泪：泉，喷泉，泪泪而出，涌出的泉水；古：古代；纲：(原核)生物分类的一个级别，门之下，目之上的一个分类级，纲之尾词；泪古菌纲：热变形菌目之纲。

Etymology Gr. *kren*, spring, fount; Gr. *archae-*, ancient; N.L. neut. pl. n. *Crenarchaeota*.

泂杆菌属（*Crenobacter*）Dong 等，2015，新属。此属已定 1 种。

词源　泂：泉，喷泉，泂泂而出，涌出的泉水；杆：棒；菌：表示微小的事物，微生物（细菌、古菌、真菌）；属：属名的尾词；泂杆菌属：来自泉水的棒形菌。

Etymology　Gr. n. *krene*, a fountain, spring; L. dim. n. *bacter*, small rod; N.L. masc. n. *Crenobacter*, rod from a spring.

模式种　橙黄色泂杆菌（*Crenobacter luteus*）Dong 等，2015，新种。

词源　橙黄色：黄色的，橙黄色的，金黄色的。

Etymology　L. adj. *luteus*, yellow.

注：这里命名为泂杆菌属是为了与 2010 年的泉杆菌属（*Fontibacter*）相区别。

泂针菌属（*Crenotalea*）Hanada 等，2014，新属。此属已定 1 种。

词源　泂：泉，喷泉，泂泂而出，涌出的泉水；针：纤细的杖／杆／棒；菌：表示微小的事物，微生物（细菌、古菌、真菌）；属：属名的尾词；泂针菌属：热泉中的纤细的棒形古菌。

Etymology　Gr. n. *krene*, a spring; L. fem. n. *talea*, a slender staff, a rod; N.L. fem. n. *Crenotalea*, a slender rod in a hot spring.

模式种　嗜热泂针菌（*Crenotalea thermophila*）Hanada 等，2014，新种。

词源　嗜：嗜好的，喜好的，友好的，爱好的；热：高温的，温暖的；嗜热：喜热的，喜高温的。

Etymology　Gr. adj. *thermos*, hot; N.L. adj. *philus -a -um*（from Gr. adj. *philos -ê -on*）, friend, loving; N.L. fem. adj. *thermophila*, heat-loving.

泂发菌属（*Crenothrix*）Cohn，1870，属。或泉毛菌属。此属已定 1 种。或泉发菌属。此属是泂发菌科（*Crenotrichaceae*）Hansgirg，1888，《1980 年细菌名确认单》的模式属。

词源　泂：泉，喷泉，泂泂而出，涌出的泉水；发：头发，毛发；菌：表示微小的事物，微生物（细菌、古菌、真菌）；属：属名的尾词；泂发菌属：泉中的毛发形生物。

Etymology　Gr. n. *krene*, a fountain, spring; Gr. n. *thrix*, hair; N.L. fem. n. *Crenothrix*, fountain hair.

模式种　多孢泂发菌（*Crenothrix polyspora*）Cohn，1870，《1980 年细菌名确认单》，种。

词源　多：许多，量多；孢：孢子；多孢：很多的孢子。

Etymology　Gr. adj. *polus*, many, numerous; Gr. n. *spora*, a seed and, in biology, a spore; N.L. adj. *polysporus-a -um*, many-spored; N.L. fem. adj. *polyspora*, many-spored.

泂发菌科（*Crenotrichaceae*）Hansgirg，1888，科。

模式属　泂发菌属（*Crenothrix*）Cohn，1870，《1980 年细菌名确认单》，属。

词源　泂发菌属：此科之模式属；科：用于定义一个比属高、比目低的分类级和尾词；在中文科的命名中，把模式属属名中的尾字"属"代换为尾字"科"，即为模式属所在的科名；泂发菌科:泔发菌属之科。

Etymology N.L. fem. n. *Crenothrix*, type genus of the family; suff. *-aceae*, ending to denote a family; N.L. fem. pl. n. *Crenotrichaceae*, the *Crenothrix* family.

筛居菌属(*Cribrihabitans*)Chen 等,2014,新属;Hameed 等,2014 修改。此属已定 2 种。

词源 筛:筛子,漏斗,滤网,过滤器,筛漏;居:居民,居住者,栖居者;菌:表示微小的事物,微生物(细菌、古菌、真菌);属:属名的尾词;筛居菌属:筛漏/过滤器中的居住者。

Etymology L. neut. n. *cribrum*, a sieve, a filter; L. part. adj. *habitans*, inhabiting; N.L. part. adj. used as a masc. n. *Cribrihabitans*, inhabitant of a filter.

模式种 海筛居菌(*Cribrihabitans marinus*)Chen 等,2014,新种。

词源 海:海的,属于或来自海的,大海的,海洋的。

Etymology L. masc. adj. *marinus*, of or belonging to the sea, marine.

仓鼠属杆菌属(*Cricetibacter*)Christensen 等,2014,新属。此属已定 1 种。

词源 仓鼠属:仓鼠目仓鼠亚科的一鼠,仓鼠属;杆:棒;菌:表示微小的事物,微生物(细菌、古菌、真菌);属:属名的尾词;仓鼠属杆菌属:分离自仓鼠属的棒形细菌。

Etymology N.L. masc. n. *Cricetus*, a genus of hamster; N.L. masc. n. *bacter*, rod; N.L. masc. n. *cricetibacter*, a rod-shaped bacterium isolated from the hamster genus *Cricetus*.

模式种 骨髓炎仓鼠属杆菌(*Cricetibacter osteomyelitidis*)Christensen 等,2014,新种。

词源 脊髓炎:脊髓炎症。

Etymology N.L. gen. n. *osteomyelitidis*, of osteomyelitis, inflammation of bone marrow.

注:仓鼠属是仓鼠亚科唯一的属。欧洲仓鼠或普通仓鼠或黑腹仓鼠是仓鼠属唯一的种。

小头发藻属(*Crinalium*)(非合格发表)。

词源 小:小的,细小的;头发:头上的毛发;藻:用于描述藻类(原蓝绿藻门)的固定用字,类似于菌和体在属名中的用法;属:属名的尾词;小头发藻属:小的头发般的藻类生物。

Etymology Cri.na′li.um. L. adj. *crinalis* of hair; Gr. suff. *–ion* diminutive; ML neut. n. *Crinalium* small hairlike.

"*Crinalium*" Crow,1927,根据《细菌学准则》(1990 年修改版)的规则,此属是非合格发表。

沙上小头发藻(*Crinalium epipsammum*)De Winder 等,1991,新种。

词源 沙:沙子,沙地;上:上面,上侧;沙上:在沙子上。

Etymology Gr. prep. *epi*, upon; Gr. n. *psammos*, sand; N.L neut. adj. *epipsammum*, on sand.

注:沙上发毛针藻(*Crinalium epipsammum*)De Winder 等,1991 出现在第 38 期合格发表列表(Validation List no. 38)中,不过,由于发毛针藻属(*Crinalium*)没有合格发表,因此沙上发毛针藻(*Crinalium epipsammum*)并不合规。模式菌株:(see also StrainInfo.net)strain SAG 22.89 = ATCC 49662。获取序列号:(16S rRNA gene)for the type strain: AB115964。蓝细菌门的很多仍未合格发表。

脊螺体属（*Cristispira*）Gross,1910,属。此属已定1种。

词源　脊：鸡冠,颈脊；螺：螺形,螺旋,螺纹；体：整体,身体,菌体,在微生物学属名中的作用与"菌"类似；属：属名的尾词；脊螺体属：脊状螺旋形生物。

Etymology　L. fem. n. *crista*, a crest; L. fem. n. *spira*, a coil; N.L. fem. n. *Cristispira*, a crested coil.

模式种　扇贝脊螺体（*Cristispira pectinis*）Gross,1910,《1980年细菌名确认单》。

词源　扇贝：一种贝类动物,也是软体动物的一属（*Pecten*）,扇贝的。

Etymology　L. n. *pecten*, a kind of shell-fish, a scallop, and also a genus of mollusks（*Pecten*）; L. gen. n. *pectinis*, of a scallop, of *Pecten*.

藏红杆菌属（*Croceibacter*）Cho and Giovannoni,2003,新属。此属已定1种。

词源　藏红：沙黄色,藏红色,金黄色；杆：棒；菌：表示微小的事物,微生物（细菌、古菌、真菌）；属：属名的尾词；藏红杆菌属：藏红色的棒形生物。

Etymology　L. adj. *croceus*, saffron-colored; N.L. masc. n. *bacter*, rod; N.L. masc. n. *Croceibacter*, saffron-colored rod.

模式种　大西洋藏红杆菌（*Croceibacter atlanticus*）Cho and Giovannoni,2003,新种。

词源　大西洋：大西洋的,属于或与大西洋有关的,菌种分离自大西洋的。

Etymology　L. masc. adj. *atlanticus*, of or pertaining to the Atlantic Ocean（a species isolated from the Atlantic Ocean）.

藏红果菌属（*Croceicoccus*）Xu 等,2009,新属。此属已定1种。

词源　藏红：沙黄色,藏红色,金黄色；果：浆果,表示浆果形（圆球或椭球）；菌：表示微小的事物,微生物（细菌、古菌、真菌）；属：属名的尾词；藏红果菌属：黄色的浆果,指的是黄色的浆果形的细菌。

Etymology　L. adj. *croceus*, yellow, golden; N.L. masc. n. *coccus*（from Gr. masc. n. *kokkos*）, grain or berry; N.L. masc. n. *Croceicoccus*, yellow coccus, referring to a yellow coccoid-shaped bacterium.

模式种　海藏红果菌（*Croceicoccus marinus*）Xu 等,2009,新种。

词源　海：海的,属于或来自海的,大海的,海洋的。

Etymology　L. masc. adj. *marinus*, of or belonging to the sea, marine.

藏红针菌属（*Croceitalea*）Lee 等,2008,新属。Yoon and Oh,2012 修改。此属已定2种。

词源　藏红：沙黄色,藏红色,金黄色；菌：表示微小的事物,微生物（细菌、古菌、真菌）；属：属名的尾词；藏红针菌属：形成橘黄色菌落的棒形生物。

Etymology　L. adj. *croceus*, saffron-coloured, yellow, golden; L. fem. n. *talea*, a slender staff, rod, stick; N.L. fem. n. *Croceitalea*, a rod forming yellow-orange colonies.

模式种　昆布藏红针菌（*Croceitalea eckloniae*）Lee 等，2008，新种。

词源　昆布：海藻（俗名海带）的科学名，指的是此模式菌株分离自黑昆布（*Ecklonia kurome*）。

Etymology　N.L. fem. n. *Ecklonia*, scientific genus name of a marine alga; N.L. gen. n. *eckloniae*, of *Ecklonia*, referring to the isolation of the type strain from *Ecklonia kurome*.

藏红绳菌属（*Crocinitomix*）Bowman 等，2003，新属。此属已定 1 种。

词源　藏红：沙黄的，藏红色的，金黄色的；绳：绳索，丝线，线状；菌：表示微小的事物，微生物（细菌、古菌、真菌）；属：属名的尾词；藏红绳菌属：藏红色的线状生物。

Etymology　L. adj. *crocinus*, of or pertaining to saffron; L. fem. n. *tomix*, a string or thread; N.L. fem. n. *Crocinitomix*, saffron-coloured thread.

模式种　过氧化氢酶滋藏红绳菌（*Crocinitomix catalasitica*）Bowman 等，2003，新种。

词源　过氧化氢酶：接触酶，接触酵素，过氧化氢酶；滋。

Etymology　N.L. neut. n. *catalasum*, catalase; L. suff. -*ticus* -*a* -*um*, suffix used in adjectives with the sense of relating to; N.L. fem. adj. *catalasitica*, relating to catalase, pertaining to the ability of this species to produce catalase.

克洛诺斯杆菌属（*Cronobacter*）Iversen 等，2008，新属。Brady 等，2013 修改。此属已定 10 种，3 亚种。

词源　克洛诺斯：希腊神话中的泰坦族人之一，他吞食自己的每一个刚出生的孩子；杆：杆/棒（形）；菌：表示微小的事物，微生物（细菌、古菌、真菌）；属：属名的尾词；克洛诺斯杆菌属：导致（哺乳动物）新生儿感染的棒形生物。

Etymology　Gr. n. *Cronos*, one of the Titans of mythology who swallowed each of his children as soon as they were born; N.L. masc. n. *bacter*, a rod; N.L. masc. n. *Cronobacter*, a rod that can cause infection in neonates.

模式种　坂崎氏克洛诺斯杆菌（*Cronobacter sakazakii*）（Farmer 等，1980）Iversen 等，2008，新合并。

词源　氏：姓氏；坂崎氏：坂崎的，以示对日本微生物学家坂崎理一的敬意。

Etymology　N.L. gen. masc. n. *sakazakii*, of Sakazaki, in honour of the Japanese microbiologist Riichi Sakazaki.

克洛斯姓菌属（*Crossiella*）Labeda，2001，新属。此属已定 2 种。

词源　姓：姓氏；克洛斯姓：布拉德福德大学微生物学家克洛斯，他对放线菌生物学和分类学有许多贡献；菌：表示微小的事物，微生物（细菌、古菌、真菌）；属：属名的尾词；克洛斯姓菌属：以克洛斯的姓氏命名的菌属。

Etymology　N.L. fem. dim. n. *Crossiella*, named for Thomas Cross, a microbiologist at the

University of Bradford, who made many contributions to actinomycete biology and systematics.

模式种　嗜冰克洛斯姓菌（*Crossiella cryophila*）（Labeda and Lechevalier,1989）Labeda,2001,新合并。

词源　嗜：嗜好的,喜好的,友好的,爱好的；冰：冷的,冰冷的,有霜的；嗜冰：喜冷的,指的是允许在较宽泛的低温生长。

Etymology　Gr. n. *kruos*, icy cold, frost; N.L. adj. *philus -a -um*（from Gr. adj. *philos -ê -on*）, friend, loving; N.L. fem. adj. *cryophila*, cold-loving, referring to the low permissive temperature range for growth.

猎血菌属（*Cruoricaptor*）Yassin 等,2013,新属。此属已定 1 种。

词源　猎：猎人,猎手,狩猎；血：鲜血,血液,血浆,动物体内循环的不透明红色液体；猎血：猎取血液的；菌：表示微小的事物,微生物（细菌、古菌、真菌）；属：属名的尾词；猎血菌属：血液猎手,指的是此模式菌株的生长需要血液。

Etymology　L. n. *cruor*, blood; L. masc. n. *captor*, a hunter; N.L. masc. n. *Cruoricaptor*, blood hunter, referring to the requirement of blood for growth by the type strain.

模式种　懒猎血菌（*Cruoricaptor ignavus*）Yassin 等,2013,新种。

词源　懒：怠惰,惰性的,不活跃的。

Etymology　L. masc. adj. *ignavus*, inactive.

冰小杆菌属（*Cryobacterium*）Suzuki 等,1997,新属；Dastager 等,2008 修改。此属已定 8 种。

词源　冰：冰冷,霜冻；小杆：小棒；菌：表示微小的事物,微生物（细菌、古菌、真菌）；属：属名的尾词；冷小杆菌属：（嗜）冷的小棒形生物。

Etymology　Gr. n. *kruos*, icy cold; L. neut. n. *bacterium*, rod; N.L. neut. n. *Cryobacterium*, a cold（preferring）rod.

模式种　嗜冷冰小杆菌（*Cryobacterium psychrophilum*）（*ex* Inoue and Komagata,1976）Suzuki 等,1997,新合并。

词源　嗜：嗜好的,喜好的,友好的,爱好的；冷：冷的,低温的；嗜冷：喜好冷的。

Etymology　Gr. adj. *psuchros*, cold; N.L. neut. adj. *philum*（from Gr. neut. adj. *philon*）, friend, loving; N.L. neut. adj. *psychrophilum*, cold loving.

冰形菌属（*Cryomorpha*）Bowman 等,2003,新属。此属已定 1 种。

此属是冰形菌科（*Cryomorphaceae*）Bowman 等,2003 的模式属。

词源　冰：冰冷,霜冻；形：形态,形状；菌：表示微小的事物,微生物（细菌、古菌、真菌）；属：属名的尾词；冰形菌属：冷形生物。

Etymology　Gr. n. *kruos*, icy cold, frost; Gr. fem. n. *morphê*, shape or form; N.L. fem. n. *Cryomorpha*, cold shape.

模式种　懒冰形菌(*Cryomorpha ignava*)Bowman 等,2003,新种。
词源　懒:惰性,怠惰,此菌种在生化特征和营养特征上的惰性。
Etymology　L. fem. adj. *ignava*, lazy, pertaining to the biochemically and nutritionally inert nature of the species.

冰形菌科(*Cryomorphaceae*)Bowman 等,2003,新科。

模式属　冰形菌属(*Cryomorpha*)Bowman 等,2003,新属。
词源　冰形菌属:此科之模式属;科:用于定义一个比属高、比目低的分类级和尾词;在中文科的命名中,把模式属属名中的尾字"属"代换为尾字"科",即为模式属所在的科名;冰形菌科:冰形菌属之科。
Etymology　N.L. fem. n. *Cryomorpha*, type genus of the family; suff. *-aceae*, ending to denote a family; N.L. fem. pl. n. *Cryomorphaceae*, the *Cryomorpha* family.

隐厌氧杆菌属(*Cryptanaerobacter*)Juteau 等,2005,新属。此属已定 1 种。
词源　隐:隐秘的,隐匿的,密码的;厌:非,厌恶,讨厌;氧:氧气,空气;杆:棒;菌:表示微小的事物,微生物(细菌、古菌、真菌);属:属名的尾词;隐厌氧杆菌属:隐匿在共生生物中的厌氧棒形生物。
Etymology　Gr. adj. *kruptos*, hidden; Gr. pref. *an*, not; Gr. n. *aer aeros*, air; N.L. masc. n. *bacter*, rod; N.L. masc. n. *Cryptanaerobacter*, an anaerobic rod that is hidden within the consortium.
模式种　苯酚隐厌氧杆菌(*Cryptanaerobacter phenolicus*)Juteau 等,2005,新种。
词源　苯酚:一种有机物;滋:与……有关的(可省略);苯酚(滋):与苯酚有关的。
Etymology　N.L. n. *phenol -olis*, phenol; L. masc. suff. *-icus*, suffix used in adjectives with the sense of belonging to; N.L. masc. adj. *phenolicus*, belonging to phenol.

隐孢囊菌科(*Cryptosporangiaceae*)Zhi 等,2009,新科。

模式属　隐孢囊菌属(*Cryptosporangium*)Tamura 等,1998,新属。
词源　隐孢囊菌属:此科之模式属;科:用于定义一个比属高、比目低的分类级和尾词;在中文科的命名中,把模式属属名中的尾字"属"代换为尾字"科",即为模式属所在的科名;隐孢囊菌科:隐孢囊菌属之科。
Etymology　N.L. neut. n. *Cryptosporangium*, type genus of the family; suff. *-aceae* ending to denote a family; N.L. fem. pl. n. *Cryptosporangiaceae*, the *Cryptosporangium* family.

隐小杆菌属(*Cryptobacterium*)Nakazawa 等,1999,新属。此属已定 1 种。
词源　隐:隐秘的,隐匿的,密码的;小杆:小棒;菌:表示微小的事物,微生物(细菌、古菌、真菌);属:属名的尾词;隐小杆菌属:隐匿的棒形细菌。

Etymology   Gr. adj. *kruptos*, hidden; L. neut. n. *bacterium*, a rod; N.L. neut. n. *Cryptobacteriurn*, a hidden rod-shaped bacterium.

模式种   矬隐小杆菌（*Cryptobacterium curtum*）Nakazawa 等，1999，新种。

词源   矬：矮的，短的，矬的；表示缩短的，此生物的矮矬细胞。

Etymology   L. neut. adj. *curtum*, shortened（a shortened cell of this organism）.

隐孢囊菌属（*Cryptosporangium*）Tamura 等，1998，新属。此属已定 5 种。

此属是隐孢囊菌科（*Cryptosporangiaceae*）Zhi 等，2009 的模式属。

词源   隐：隐秘的，隐匿的，密码的；孢囊：孢子囊；菌：表示微小的事物，微生物（细菌、古菌、真菌）；属：属名的尾词；隐孢囊菌属：带孢囊（含孢子的囊，孢子囊）被菌丝覆盖或隐藏的生物。

Etymology   Gr. adj. *kruptos*, hidden; N.L. n. *sporangium* [from Gr. n. *spora*, a seed（and in biology a spore）, and Gr. n. *angeion*（Latin transliteration *angium*）, vessel], sporangium; N.L. neut. n. *Cryptosporangium*, an organism with sporangia（spore containing vessels）covered or hidden by mycelium.

模式种   田地隐孢囊菌（*Cryptosporangium arvum*）Tamura 等，1998，新种。

词源   田地：耕地，耕作土地，指的是从田地/耕地分离的菌。

Etymology   L. n. *arvum*, arable field, cultivated land, pertaining to isolate from arable land.

Cu

黄瓜杆菌属（*Cucumibacter*）Hwang and Cho，2008，新属。此属已定 1 种。

词源   黄瓜：一种可食的水果或蔬菜；杆：杆/棒形；菌：表示微小的事物，微生物（细菌、古菌、真菌）；属：属名的尾词；黄瓜杆菌属：黄瓜状的棒形菌。

Etymology   L. n. *cucumis*, cucumber; N.L. masc. n. *bacter*, rod; N.L. masc. n. *Cucumibacter*, a cucumber-like rod.

模式种   海黄瓜杆菌（*Cucumibacter marinus*）Hwang and Cho，2008，新种。

词源   海：海的，海洋的，大海的，指的是此模式株是海里分离的。

Etymology   L. masc. adj. *marinus*, referring to the sea, from where the type strain was isolated.

喜铜菌属（*Cupriavidus*）Makkar and Casida，1987，新属；Vandamme and Coenye，2004 修改。此属已定 13 种。

词源   喜：喜欢的，喜好的；铜：一种金属，元素 Cu；菌：表示微小的事物，微生物（细菌、古菌、真菌）；属：属名的尾词；喜铜菌属：喜好铜的生物。

Etymology   L. n. *cuprum*, copper; L. adj. *avidus*, eager for, loving; N.L. masc. n. *Cupriavidus*, lover of copper.

模式种　凶犯喜铜菌(*Cupriavidus necator*) Makkar and Casida,1987,新种。

词源　凶犯：凶手，杀人犯。

Etymology　L. n. *necator*, murderer, slayer.

注：此属生物对重金属具有耐受性，比如此属的另一种耐金属喜铜菌(*Cupriavidus metallidurans*)对铜、镉、砷和锌等都具有耐受或富集能力。

矬小杆菌属(*Curtobacterium*) Yamada and Komagata,1972,属。此属已定11种。

词源　矬：矮的，短的，矬的；小杆：小棒；菌：表示微小的事物，微生物(细菌、古菌、真菌)；属：属名的尾词；矬小杆菌属：矮矬的/短的棒形生物。

Etymology　L. adj. *curtus*, shortened; L. neut. n. *bacterium*, a rod; N.L. neut. n. *Curtobacterium*, a short rod.

模式种　柠檬短小杆菌(*Curtobacterium citreum*)(Komagata and Iizuka,1964) Yamada and Komagata,1972,种,《1980年细菌名确认单》。

词源　柠檬：柠檬树，与柠檬树有关的，指的是柠檬色。

Etymology　L. neut. adj. *citreum*, of or pertaining to the citrus-tree, intended to mean lemon colored.

曲杆菌属(*Curvibacter*) Ding and Yokota,2004,新属。此属已定4种。

词源　曲：弯曲的；杆：棒；菌：表示微小的事物，微生物(细菌、古菌、真菌)；属：属名的尾词；曲杆菌属：弯曲的棒形生物。

Etymology　L. adj. *curvus*, curved or crooked; N.L. masc. n. *bacter*, rod; N.L. masc. n. *curvibacter*, curved rod.

模式种　瘦曲杆菌(*Curvibacter gracilis*) Ding and Yokota,2004,新种。

词源　瘦：纤细，苗条的，薄的，瘦的，细小的。

Etymology　L. masc. adj. *gracilis*, slender, thin.

注1：此属中文属名与1983年定的豂杆菌属(*Ancylobacter*)重名。因为希腊文 ankuros 与拉丁文 curvus 同意。这种情况，为了区别，根据拉丁文和希腊文的历史渊源，或可用曲的繁体字或异体字表示希腊文，在此处，即用"豂"，即豂杆菌属(*Ancylobacter*)。

注2：2004年新合并的瘦哈利蒙氏菌(*Hylemonella gracilis*)和1971年的瘦硝化刺菌(*Nitrospina gracilis*)中，纤细(*gracilis*)词源注释为拉丁文阴性形容词。

Cy

轮小杆菌科(*Cyclobacteriaceae*) Nedashkovskaya and Ludwig,2012,新科。或环杆菌科。

模式属　轮小杆菌属(*Cyclobacterium*) Raj and Maloy,1990,新属。

词源　轮杆菌属：此科之模式属；科：用于定义一个比属高、比目低的分类级和尾词；在中文科的命名中，把模式属属名中的尾字"属"代换为尾字"科"，即为模式属所在的科名；轮杆菌科：轮杆菌属之科。

Etymology　N.L. neut. n. *Cyclobacterium*, type genus of the family; suff. -*aceae*, ending to denote a family; N.L. fem. pl. n. *Cyclobacteriaceae*, the *Cyclobacterium* family.

轮小杆菌属（*Cyclobacterium*）Raj and Maloy, 1990, 新属; Ying 等, 2006 修改, Jung 等, 2013 修改, Chen 等, 2014 修改。或环小杆菌属，环杆菌属。此属已定 8 种。

此属是轮小杆菌科（*Cyclobacteriaceae*）Nedashkovskaya and Ludwig, 2012 的模式属。

词源　轮：环，圆，圆环；小杆：小杆/棒；菌：表示微小的事物，微生物（细菌、古菌、真菌）；属：属名的尾词；轮小杆菌属：轮/环形的细菌。

Etymology　Gr. n. *kuklos*, a circle; L. neut. n. *bacterium*, a rod; N.L. neut. n. *Cyclobacterium*, a circle-shaped bacterium.

模式种　海轮小杆菌（*Cyclobacterium marinum*）勘误，（Raj, 1976）Raj and Maloy, 1990, 新合并。

词源　海：大海。

Etymology　L. neut. adj. *marinum*, of the sea, marine.

劈轮菌属（*Cycloclasticus*）Dyksterhouse 等, 1995, 新属。此属已定 1 种。

词源　劈：强力破开，劈裂，劈开，剁，指溶解，分解，破解；轮：环，圆，圆环；菌：表示微小的事物，微生物（细菌、古菌、真菌）；属：属名的尾词；劈轮菌属：劈裂圆环的菌，分解圆环的菌。

Etymology　Gr. n. *kuklos*, circle or ring; N.L. adj. *clasticus -a -um* (from Gr. adj. *klastos -ê -on*, broken in pieces), breaking; N.L. masc. n. *cycloclasticus*, ring-breaker.

模式种　皮盖特氏劈轮菌（*Cycloclasticus pugetii*）Dyksterhouse 等, 1995, 新种。

词源　氏：姓氏；皮盖特氏：以示对英国海军军官皮盖特的敬意，他参与温哥华远征（1791—1795），皮盖特湾就以他的名字命名。

Etymology　N.L. gen. masc. n. *pugetii*, of Puget, named in honor of Peter Puget, a British naval officer who participated in the Vancouver Expedition and for whom Puget Sound was named.

腺杆菌属（*Cystobacter*）Schroeter, 1886, 属。此属已定 9 种。

此属是腺杆菌亚目（*Cystobacterineae*）Reichenbach, 2007 和腺杆菌科（*Cystobacteraceae*）McCurdy, 1970,《1980 年细菌名确认单》的模式属。

词源　腺：囊，包，袋，腺体；杆：杆/棒；菌：表示微小的事物，微生物（细菌、古菌、真菌）；属：属名的尾词；腺杆菌属：形成腺体状的棒形生物。

Etymology　Gr. n. *kustis*, bladder; N.L. masc. n. *bacter*, rod; N.L. masc. n. *Cystobacter*, bladder-forming rod.

模式种 暗腺杆菌(*Cystobacter fuscus*) Schroeter,1886,《1980年细菌名确认单》,种。

词源 暗:黑暗,幽暗,昏暗,褐色。

Etymology L. masc. adj. *fuscus*, dark, swarthy, dusky, tawny.

腺杆菌科(*Cystobacteraceae*) McCurdy,1970,科。

模式属 腺杆菌属(*Cystobacter*) Schroeter,1886,《1980年细菌名确认单》,属。

词源 腺杆菌属:此科之模式属;科:用于定义一个比属高、比目低的分类级和尾词;在中文科的命名中,把模式属属名中的尾字"属"代换为尾字"科",即为模式属所在的科名;腺杆菌科:腺杆菌属之科。

Etymology N.L. masc. n. *Cystobacter*, type genus of the family; suff. *-aceae*, ending to denote a family; N.L. fem. pl. n. *Cystobacteraceae*, the *Cystobacter* family.

腺杆菌亚目(*Cystobacterineae*) Reichenbach,2007,新亚目。

模式属 腺杆菌属(*Cystobacter*) Schroeter,1886,《1980年细菌名确认单》,属。

词源 腺杆菌属:此亚目之模式属;亚目:用于定义一个比科高、比目低的分类级和尾词,目的二级分类级;在中文目的命名中,把属名中的尾字"属"代换为尾字"亚目",即为模式属所对应的亚目;腺杆菌亚目:腺杆菌属之亚目。

Etymology N.L. masc. n. *Cystobacter*, type genus of the suborder; suff. *-ineae*, ending to denote a suborder; N.L. fem. pl. n. *Cystobacterineae*, the *Cystobacter* suborder.

噬胞菌属(*Cytophaga*) Winogradsky,1929,属;《1980年细菌名确认单》,Nakagawa and Yamasato,1996修改。又名嗜纤维菌属。此属已定23种。

此属是噬胞菌目(*Cytophagales*) Leadbetter,1974,《1980年细菌名确认单》和噬胞菌科(*Cytophagaceae*) Stanier,1940,《1980年细菌名确认单》的模式属。

词源 噬:吞噬,消解,吃;胞:细胞;菌:表示微小的事物,微生物(细菌、古菌、真菌);属:属名的尾词;噬胞菌属:吞噬细胞的微生物,表示对细胞壁的吞噬,即对纤维的消解。

Etymology Gr. n. *kutos*, hollow, vessel, jar, and in biology a cell; Gr. v. *phagein*, to eat; N.L. fem. n. *Cytophaga*, devourer of cell; intended to mean devourer of cell wall, cellulose digester.

模式种 哈钦逊氏噬胞菌(*Cytophaga hutchinsonii*) Winogradsky,1929,《1980年细菌名确认单》,种。

词源 氏:姓氏;哈钦逊氏:以英国微生物学家H.B.哈钦逊的姓氏命名,与哈钦逊有关的。

Etymology N.L. masc. gen. n. *hutchinsonii*, of Hutchinson, named in honor of English microbiologist, H. B. Hutchinson.

同义词 "*Promyxobacterium*" Imshenetski and Solntseva,1945。

注:哈钦逊来自父名哈钦,表示哈钦的儿孙。"son"这里译为"逊"表示……之子孙(后代)。

噬胞菌科（*Cytophagaceae*）Stanier，1940，科。

模式属 噬胞菌属（*Cytophaga*）Winogradsky，1929，《1980年细菌名确认单》，属。

词源 噬胞菌属：此科之模式属；科：用于定义一个比属高、比目低的分类级和尾词；在中文科的命名中，把模式属属名中的尾字"属"代换为尾字"科"，即为模式属所在的科名；噬胞菌科：噬胞菌属之科。

Etymology　N.L. fem. n. *Cytophaga*, type genus of the family; suff. -*aceae*, ending to denote a family; N.L. fem. pl. n. *Cytophagaceae*, the *Cytophaga* family.

噬胞菌目（*Cytophagales*）Leadbetter，1974，目。

此目是**黄杆菌纲**（*Flavobacteria*）Cavalier-Smith，2002 和噬胞菌纲（*Cytophagia*）Nakagawa，2012 的模式目。

模式属 噬胞菌属（*Cytophaga*）Winogradsky，1929，《1980年细菌名确认单》，属。

词源 噬胞菌属：此目之模式属；目：用于定义一个比科高、比纲低的分类级和尾词；在中文目的命名中，把模式属属名中的尾字"属"代换为尾字"目"，即为模式属所在的目名；噬胞菌目：噬胞菌属之目。

Etymology　N.L. fem. n. *Cytophaga*, type genus of the order; suff. -*ales*, ending denoting an order; N.L. fem. pl. n. *Cytophagales*, the *Cytophaga* order.

噬胞菌纲（*Cytophagia*）Nakagawa，2012，新纲。

模式目 噬胞菌目（*Cytophagales*）Leadbetter，1974，《1980年细菌名确认单》，目。

词源 噬胞菌属：此纲之模式目噬胞菌目之模式属；纲：（原核）生物分类的一个级别，门之下，目之上的一个分类级，纲之尾词；噬胞菌纲：噬胞菌目之纲。

Etymology　N.L. fem. n. *Cytophaga*, type genus of the type order *Cytophagales*; suff. -*ia*, ending to denote a class; N.L. neut. pl. n. *Cytophagia*, the class of *Cytophagales*.

D 部

Da

指孢囊菌属(*Dactylosporangium*)Thiemann 等,1967,属。此属已定 13 种。

词源　指:手指;孢:种子,在生物学中表示孢子;囊:容器;菌:表示微小的事物,微生物(细菌、古菌、真菌);属:属名的尾词;指孢囊菌属:手指状的,含孢子的囊状微生物。

Etymology　Gr. n. *daktulos*, finger; Gr. n. *spora*, a seed, and in biology a spore; Gr. neut. n. *angeion* (Latin transliteration *angium*), vessel; N.L. neut. n. *Dactylosporangium* an organism with finger-shaped, spore-containing vessels (sporangia).

模式种　金橙色指孢囊菌(*Dactylosporangium aurantiacum*)Thiemann 等,1967,种;《1980 年细菌名确认单》。

词源　金橙色:(如同金子般)闪亮的橙色。

Etymology　N.L. neut. adj. *aurantiacum*, orange colored.

大邱菌属(*Daeguia*)Yoon 等,2008,新属。此属已定 1 种。

词源　大邱:韩国大邱,纺织染料业区;菌:表示微小的事物,微生物(细菌、古菌、真菌);属:属名的尾词;大邱菌属:从此地分离此模式种的模式株,与此地有关的菌属。

Etymology　N.L. fem. n. *Daeguia*, pertaining to Daegu, the location of the textile dye works from which the type strain of the type species was isolated.

模式种　淤大邱菌(*Daeguia caeni*)Yoon 等,2008,新种。

词源　淤:淤泥,泥浆。

Etymology　L. gen. n. *caeni*, of sludge.

茶山菌属(*Dasania*)Lee 等,2008,新属。此属已定 1 种。

词源　茶山:朝鲜古代学者(约 18—19 世纪)茶山(**Dasan**),韩国北极 **Ny-Ålesund** 科考站也以他的名字命名为茶山站(**Dasan Station**);菌:表示微小的事物,微生物(细菌、古菌、真菌);属:属名的尾词。

Etymology　N.L. fem. n. *Dasania*, named in honour of Dasan, a Korean scientist in 18th and 19th century and after the name of Korean Arctic research station, Dasan Station, in Ny-Ålesund.

模式种　海茶山菌(*Dasania marina*)Lee 等,2008,新种。

词源　海:属于或来自海/洋的,指的是此模式株的分离环境是大海,即来自于海的。

Etymology　L. fem. adj. *marina*, of the sea, marine, referring to the environment where the type strain was isolated.

De

脱氯单胞菌属(*Dechloromonas*)Achenbach 等,2001,新属。此属已定 3 种。

词源 脱:脱除,去除;氯:氯元素,与氯相关的;单胞:单元,单细胞;菌:表示微小的事物,微生物(细菌、古菌、真菌);属:属名的尾词;脱氯单胞菌属:脱除氯的单细胞生物。

Etymology L. pref. *de*, from; N.L. n. *chlorinum* (from Gr. adj. *chlorôs*, green), chlorine; N.L. pref. *chloro-*, pertaining to chlorine; L. fem. n. *monas*, unit, monad; N.L. fem. n. *Dechloromonas*, a dechlorinating monad.

模式种 颤动脱氯单胞菌(*Dechloromonas agitata*)Achenbach 等,2001,新种。

词源 颤动:兴奋,激动,颤抖,高度活跃的。

Etymology L. fem. part. adj. *agitata*, excited, agitated, highly active.

脱氯体属(*Dechlorosoma*)Achenbach 等,2001,新属。此属已定 1 种。

此属 2003 年已归属到→氮螺体属(*Azospira*)Reinhold-Hurek and Hurek,2000。

词源 脱:脱除,去除;氯:氯化物,一种元素 Cl;体:体(形),身体,整体,小体,小生命;属:属名的尾词;脱氯体属:脱除氯的菌体。

Etymology L. pref. *de*, from; N.L. n. *chlorinum* (from Gr. adj. *chlorôs*, green), chlorine; N.L. pref. *chloro-*, pertaining to chlorine; Gr. neut. n. *soma*, body; N.L. neut. n. *Dechlorosoma*, dechlorinating body.

模式种 猪脱氯体(*Dechlorosoma suillum*)Achenbach 等,2001,新种。

此种 2003 年已归种到→稻氮螺体(*Azospira oryzae*)Reinhold-Hurek and Hurek,2000,新属;Tan and Reinhold-Hurek,2003 修改。

词源 猪:属于或与猪相关的。

Etymology L. neut. adj. *suillum*, of or belonging to swine.

德科基菌属(*Deefgea*)Stackebrandt 等,2007,新属。此属已定 2 种。

词源 科:科学;基:基金;德:德国;科基德:德国科学基金的随机缩写;菌:表示微小的事物,微生物(细菌、古菌、真菌);属:属名的尾词;德科基菌属:与德国科学基金有关的(在其资助下)鉴定的菌。

Etymology N.L. fem. n. *Deefgea*, arbitrary name derived from the acronym DFG for Deutsche Forschungsgemeinschaft (German Science Foundation).

模式种 小溪科基德菌(*Deefgea rivuli*)Stackebrandt 等,2007,新种。

词源 小溪:属于或与小溪有关的。

Etymology L. gen. masc. n. *rivuli*, of/from a rivulet, a small brook.

脱铁杆菌属（*Deferribacter*）Greene 等,1997,新属。此属已定 4 种。

此属是脱铁杆菌目（*Deferribacterales*）Huber and Stetter,2002 和脱铁杆菌科（*Deferribacteraceae*）Huber and Stetter,2002 的模式属。

词源　脱:脱除,去除;铁:一种金属,元素 Fe,铁;杆:棒;菌:表示微小的事物,微生物(细菌、古菌、真菌);属:属名的尾词;脱铁杆菌属:还原铁的棒形生物。

Etymology　L. pref. *de-*, from; L. n. *ferrum*, iron; N.L. masc. n. *bacter*, rod; N.L. masc. n. *Deferribacter*, rod that reduces iron.

模式种　嗜热脱铁杆菌（*Deferribacter thermophilus*）Greene 等,1997,新种。

词源　嗜:嗜好的,喜好的,友好的,爱好的;热:高温,温暖;嗜热:喜好热的,喜好高温的。

Etymology　Gr. n. *thermê*, heat; N.L. masc. adj. *philus*（from Gr. masc. adj. *philos*）, friend, loving; N.L. masc. adj. *thermophilus*, heat loving.

脱铁杆菌科（*Deferribacteraceae*）Huber and Stetter,2002,新科。

模式属　脱铁杆菌属（*Deferribacter*）Greene 等,1997,新属。

词源　脱铁杆菌属:此科之模式属;科:用于定义一个比属高、比目低的分类级和尾词;在中文科的命名中,把模式属属名中的尾字"属"代换为尾字"科",即为模式属所在的科名;脱铁杆菌科:脱铁杆菌属之科。

Etymology　N.L. masc. n. *Deferribacter*, type genus of the family; suff. *-aceae*, ending to denote a family; N.L. fem. pl. n. *Deferribacteraceae*, the *Deferribacter* family.

脱铁杆菌目（*Deferribacterales*）Huber and Stetter,2002,新目。

此目是脱铁杆菌纲（*Deferribacteres*）Huber and Stetter,2002 的模式目。

模式属　脱铁杆菌属（*Deferribacter*）Greene 等,1997,新属。

词源　脱铁杆菌属:此目之模式属;目:用于定义一个比科高、比纲低的分类级和尾词;在中文目的命名中,把模式属属名中的尾字"属"代换为尾字"目",即为模式属所在的目名;脱铁杆菌目:脱铁杆菌属之目。

Etymology　N.L. masc. n. *Deferribacter*, type genus of the order; suff. *-ales*, ending denoting an order; N.L. fem. pl. n. *Deferribacterales*, the *Deferribacter* order.

脱铁杆菌纲（*Deferribacteres*）Huber and Stetter,2002,新纲。

模式目　脱铁杆菌目（*Deferribacterales*）Huber and Stetter,2002,新目。

词源　脱铁杆菌目:此纲之模式目;纲:(原核)生物分类的一个级别,门之下,目之上的一个分类级,纲之尾词;脱铁杆菌纲:脱铁杆菌目之纲。

Etymology　N.L. fem. pl. n. *Deferribacterales*, type order of the class; N.L. pl. n. *Deferribacteres*, the class of *Deferribacterales*.

脱铁体属(*Deferrisoma*)Slobodkina 等,2012,新属。此属已定 1 种。

词源　脱:脱除,去除;铁:一种金属元素,Fe,铁;体:体(形),身体,整体,小体,小生命;属:属名的尾词;脱铁体属:还原铁的菌体。

Etymology　L. pref. *de-*, from; L. n. *ferrum*, iron; N.L. pref. *deferri-*, prefix used to characterize dissimilatory iron reduction; Gr. neut. n. *soma*, body; N.L. neut. n. *Deferrisoma*, iron-reducing body.

模式种　炉脱铁体(*Deferrisoma camini*)Slobodkina 等,2012,新种。

词源　炉:火炉,炉子,来自炉子的,指的是此模式株是从热液囱中分离的。

Etymology　L. n. *caminus*, a furnace; L. gen. n. *camini*, from a furnace, referring to the isolation of the type strain from a hydrothermal chimney.

污水杆菌属(*Defluvibacter*)Fritsche 等,1999,新属。此属已定 1 种。

此属 2009 年已归属到→水微菌属(*Aquamicrobium*)Bambauer 等,1998,新属。

词源　污水:废水,污染水,脏水;杆:棒;菌:表示微小的事物,微生物(细菌、古菌、真菌);属:属名的尾词;污水杆菌属:指的是来源于污水处理厂活性污泥的。

Etymology　L. n. *defluvium*, sewage, waste water; N.L. masc. n. *bacter*, rod; N.L. masc. n. *Defluvibacter*, referring to its origin from activated sludge of a waste water treatment plant.

模式种　卢萨蒂亚污水杆菌(*Defluvibacter lusatiensis*)勘误,Fritsche 等,1999,新种。

此种 2009 年已归到→卢萨蒂亚水微菌(*Aquamicrobium lusatiense*)(Fritsche 等,1999) Kämpfer 等,2009,新合并。

词源　卢萨蒂亚:与德国的一个行政区劳西茨(拉丁名卢萨蒂亚)有关,此微生物是从这里分离得到的。

Etymology　N.L. masc. adj. *lusatiensis*, pertaining to the German province of Lausitz(Latin name *Lusatia*), where the organism was isolated.

注:卢萨蒂亚实际上是一个历史名字了,因为在 1945 年以后,部分的划分给了波兰。

污水果菌属(*Defluvicoccus*)– 见:**污水果菌属**(*Defluviicoccus*)。

污水果菌属(*Defluviicoccus*)勘误,Maszenan 等,2005,新属。些属已定 1 种。

词源　污水:(下水道的)排泄废水;果:浆果,表示浆果形(圆球或椭球);菌:表示微小的事物,微生物(细菌、古菌、真菌);属:属名的尾词;污水果菌属:来自废水/污水的浆果形生物。

Etymology　L. n. *defluvium*, sewage; N.L. masc. n. *coccus*(from Gr. masc. n. *kokkos*, grain, seed), coccus; N.L. masc. n. *Defluviicoccus*, a coccus from sewage.

模式种　空污水果菌(*Defluviicoccus vanus*)勘误,Maszenan 等,2005,新种。

词源　空:空的,虚无的,指的是它的染色行为,空染的。

Etymology　L. adj. *vanus*, empty, idle, referring to its staining behaviour.

污水单胞菌属(*Defluviimonas*)Foesel 等,2013,新属;Math 等,2013 修改。此属已定 4 种。

词源　污水:污水,排污水;单胞:单细胞,单元;菌:表示微小的事物,微生物(细菌、古菌、真菌);属:属名的尾词;污水单胞菌属:分离自污水的单细胞生物。

Etymology　L. n. *defluvium*, sewage; L. fem. n. *monas*, a unit, monad; N.L. fem. n. *Defluviimonas*, monad isolated from sewage.

模式种　脱硝污水单胞菌(*Defluviimonas denitrificans*)Foesel 等,2013,新种。

词源　脱硝:反硝化,硝化的一种反过程。

Etymology　N.L. v. *denitrifico*, to denitrify; N.L. part. adj. *denitrificans*, denitrifying.

污水针菌属(*Defluviitalea*)Jabari 等,2012,新属。此属已定 1 种。

此属是污水针菌科(*Defluviitaleaceae*)Jabari 等,2012 的模式属。

词源　污水:脏水,排污水;针:棒;菌:表示微小的事物,微生物(细菌、古菌、真菌);属:属名的尾词;污水针菌属:分离自污水的针棒形生物。

Etymology　L. n. *defluvium*, sewage, wastewater; L. fem. n. *talea*, a rod; N.L. fem. n. *Defluviitalea*, a rod isolated from wastewater.

模式种　嗜糖污水针菌(*Defluviitalea saccharophila*)Jabari 等,2012,新种。

词源　嗜:嗜好,喜好,爱好,表示一种习性;糖:一般性名词,通常指的是甜的、短链的、可溶解的和由碳氢氧元素构成的碳水化合物,日常用语中即指食糖(蔗糖,一种二糖),生物化学中进一步细分为单糖(葡萄糖、果糖和半乳糖等)、二糖(麦芽糖、乳糖和蔗糖等),寡糖和多糖等;嗜糖:喜好糖的。

Etymology　Gr. n. *sakchar -aros*, sugar; N.L. fem. adj. *phila*（from Gr. fem adj. *philê*）, friendly to, loving; N.L. fem. adj. *saccharophila*, sugar-loving.

污水针菌科(*Defluviitaleaceae*)Jabari 等,2012,新科。

模式属　污水针菌属(*Defluviitalea*)Jabari 等,2012,新属。

词源　污水针菌:此科之模式属;科:用于定义一个比属高、比目低的分类级和尾词;在中文科的命名中,把模式属属名中的尾字"属"代换为尾字"科",即为模式属所在的科名;污水针菌科:污水针菌属之科。

Etymology　N.L. n. *Defluviitalea*, type genus of the family; suff. *-aceae*, ending to denote a family; N.L. fem. pl. n. *Defluviitaleaceae*, the *Defluviitalea* family.

污水袍菌属(*Defluviitoga*)Ben Hania 等,2012,新属。此属已定 1 种。

词源　污水:废水,下水道的排污水,受污染的水;袍:长袍;菌:表示微小的事物,微生物(细菌、古菌、真菌);属:属名的尾词;污水袍菌属:分离自废水的带袍的生物。

Etymology　L. n. *defluvium*, sewage, wastewater; L. fem. n. *toga*, a toga; N.L. fem. n. *Defluviitoga*, a toga isolated from wastewater.

模式种　突尼斯污水袍菌(*Defluviitoga tunisiensis*)Ben Hania 等,2012,新种。

词源　突尼斯:属于或与突尼斯有关的,此细菌首次从此国家分离到。

Etymology　N.L. fem. adj. *tunisiensis*, of or belonging to Tunisia, the country where the bacterium was first isolated.

脱卤杆菌属(*Dehalobacter*)Holliger 等,1998,新属。此属已定 1 种。

词源　脱:脱除,去除;卤:卤素,盐;杆:棒;菌:表示微小的事物,微生物(细菌、古菌、真菌);属:属名的尾词;脱卤杆菌属:去除卤素的棒形细菌。

Etymology　L. pref. *de*, from; N.L. n. *halogenum*, halogen; N.L. masc. n. *bacter*, a rod; N.L. masc. n. *Dehalobacter*, a halogen-removing rod-shaped bacterium.

模式种　局脱卤杆菌(*Dehalobacter restrictus*)Holliger 等,1998,新种。

词源　局:局限,受限,有限的,约束的,局限的,指的是所利用底物范围有限(局部)。

Etymology　L. masc. adj. *restrictus*, limited, restricted, confined, referring to the limited substrate range utilized.

脱卤果状菌科(*Dehalococcoidaceae*)Löffler 等,2013,新科。

模式属　脱卤果状菌属(*Dehalococcoides*)Löffler 等,2013,新属。

词源　脱卤果状菌属:此科之模式属;科:用于定义一个比属高、比目低的分类级和尾词;在中文科的命名中,把模式属属名中的尾字"属"代换为尾字"科",即为模式属所在的科名;脱卤果状菌科:脱卤果状菌属之科。

Etymology　N.L. masc. n. *Dehalococcoides*, type genus of the family; suff. *-aceae*, ending to denote a family; N.L. fem. pl. n. *Dehalococcoidaceae*, family of the genus *Dehalococcoides*.

脱卤果状菌目(*Dehalococcoidales*)Löffler 等,2013,新目。

此目是脱卤果状菌纲(*Dehalococcoidia*)Löffler 等,2013 的模式目。

模式属　脱卤果状菌属(*Dehalococcoides*)Löffler 等,2013,新种。

词源　脱卤果状菌属:此目之模式属;目:用于定义一个比科高、比纲低的分类级和尾词;在中文目的命名中,把模式属属名中的尾字"属"代换为尾字"目",即为模式属所在的目名;脱卤果状菌目:脱卤果状菌属之目。

Etymology　N.L. masc. n. *Dehalococcoides*, type genus of the order; suff. *-ales*, ending to denote an order; N.L. fem. pl. n. *Dehalococcoidales*, order of the genus *Dehalococcoides*.

脱卤果状菌属(*Dehalococcoides*)Löffler 等,2013,新属。此属已定 1 种。

此属是脱卤果状菌目(*Dehalococcoidales*)Löffler 等,2013 和脱卤果状菌科(*Dehalococcoidaceae*)Löffler 等,2013 的模式属。

词源　脱：脱除，去除；卤：卤素；果：浆果；状：……形状，像……，类似……；菌：表示微小的事物，微生物(细菌、古菌、真菌)；属：属名的尾词；脱卤果状菌属：浆果形的脱卤生物。

Etymology　L. prep. *de*, away, off; N.L. pref. *halo-* (from N.L. n. *halogenum*), halogen; N.L. masc. n. *coccus* (from Gr. masc. n. *kokkus*, grain, seed), coccus; L. suff. *-oides*, resembling, similar; N.L. masc.n. *Dehalococcoides*, coccus-shaped dehalogenating organism.

模式种　麦卡蒂氏脱卤果状菌(*Dehalococcoides mccartyi*) Löffler 等, 2013, 新种。

词源　氏：姓氏；麦卡蒂氏：以示对麦卡蒂的纪念，他对环境科学与工程、工程实践和教育、包括微生物还原脱卤的场地工作，有显见的贡献。

Etymology　N.L. gen. masc. n. *mccartyi*, of McCarty, in honour of Dr Perry L. McCarty for his visionary contributions to environmental science and engineering, engineering practice and education, including the field of microbial reductive dehalogenation.

脱卤果状菌纲(*Dehalococcoidia*) Löffler 等, 2013, 新纲。

模式目　脱卤果状菌目(*Dehalococcoidales*) Löffler 等, 2013, 新目。

词源　脱卤果状菌属：此纲之模式目之模式属；纲：(原核)生物分类的一个级别，门之下，目之上的一个分类级，纲之尾词；脱卤果状菌纲：脱卤果状菌目之纲。

Etymology　N.L. masc. n. *Dehalococcoides*, type genus of the type order of the class; suff. *-ia*, ending to denote a class; N.L. neut. pl. n. *Dehalococcoidia*, the *Dehalococcoides* class.

脱卤单胞菌属(*Dehalogenimonas*) Moe 等, 2009, 新属。此属已定 2 种。

词源　脱：脱除，去除；卤：卤素；单胞：单细胞，单元；菌：表示微小的事物，微生物(细菌、古菌、真菌)；属：属名的尾词；脱卤单胞菌属：脱除卤素的单细胞，指示的是这些细菌具有脱除氯代烷烃卤素的能力。

Etymology　L. prep. *de*, away, off; N.L. n. *halogenum*, halogen; L. fem. n. *monas*, unit, monad; N.L. fem. n. *Dehalogenimonas*, dehalogenating monad, reflecting the ability of these bacteria to dehalogenate chlorinated alkanes.

模式种　驱狼人脱卤单胞菌(*Dehalogenimonas lykanthroporepellens*) Moe 等, 2009, 新种。

词源　驱：驱逐，驱离；狼人：(故事中)变成狼的人，狼人；驱狼人：因为当有 **1, 2, 3**—三氯丙烷作为电子供体，硫化物作还原剂时，这些微生物能够产生辛辣的洋葱芳香的化合物，而在一些小说中，洋葱类能够驱逐狼人。

Etymology　Gr. n. *lykanthropos*, werewolf; L. part. adj. *repellens*, repelling; N.L. part. adj. *lykanthroporepellens*, repelling werewolves, because compounds exhibiting a pungent garlic aroma are produced when these organisms grow in the presence of 1, 2, 3-trichloropropane as an electron acceptor and sulfide as a reducing agent, garlic being said to repel werewolves in some fiction literature.

脱卤小螺体属(*Dehalospirillum*)Scholz-Muramatsu 等,2002,新属。此属已定 1 种。

此属 2003 年已归属到→**硫小螺体属**(*Sulfurospirillum*)Schumacher 等,1993,新属;Luijten 等,2003 修改。

词源　脱:脱除,去除;卤:卤素,盐;螺:螺形,螺旋,螺纹;小螺:与螺相对,表示比螺在尺寸上小,小螺形,小螺旋,小螺纹菌:表示微小的事物,微生物(细菌、古菌、真菌);属:属名的尾词;脱卤小螺体属:脱除卤素的小螺形生物。

Etymology　L. pref. *de*, from; N.L. n. *halogenum*, halogen; L. fem. n. *spira*, a spiral; N.L. dim. neut. n.*spirillum* a small spiral; N.L. dim. neut. n. *Dehalospirillum*, a dehalogenating small spiral.

模式种　多吞脱卤小螺体(*Dehalospirillum multivorans*)Scholz-Muramatsu 等,2002,新种。

此种 2003 年已归种到→**多吞硫小螺体**(*Sulfurospirillum multivorans*)(Scholz-Muramatsu 等,2002)Luijten 等,2003,新合并。

词源　多:许多,很多;吞:吞噬的,吞吃的,吞食的,吞没的,狼吞虎咽(般的吃光);多吞:吞噬很多类型的底物。

Etymology　L. adj. *multus*, many; L. part. adj. *vorans*, devouring; N.L. part. adj. *multivorans*, devouring numerous kinds of substrates.

奇杆菌属(*Deinobacter*)Oyaizu 等,1987,新属。此属已定 1 种。

此属 1997 年已归属到→**奇果菌属**(*Deinococcus*)Brooks and Murray,1981,新属。

词源　奇:奇怪的,陌生的,不同寻常的;杆:棒;菌:表示微小的事物,微生物(细菌、古菌、真菌);属:属名的尾词;奇杆菌属:不寻常的棒形生物。

Etymology　Gr. adj. *deinos*(derived from a noun meaning fear, through the idea of forgetting the name of a fearful, i.e. strange), strange or unusual; N.L. masc. n. *bacter*, rod; N.L. masc. n. *Deinobacter*, unusual rod.

模式种　大奇杆菌(*Deinobacter grandis*)Oyaizu 等,1987,新种。

此种 1997 年已归种到→**大奇果菌**(*Deinococcus grandis*)(Oyaizu 等,1987)Rainey 等,1997,新合并。

词源　大:大的。

Etymology　L. masc. adj. *grandis*, large.

奇小杆菌属(*Deinobacterium*)Ekman 等,2011,新属。此属已定 1 种。

词源　奇:奇怪的,陌生的,不同寻常的;小杆:小棒;菌:表示微小的事物,微生物(细菌、古菌、真菌);属:属名的尾词;奇小杆菌属:不寻常的细菌。

Etymology　Gr. adj. *deinos*(derived from a noun meaning fear, through the idea of forgetting the name of a fearful, i.e. strange), strange, unusual; L. neut. n. *bacterium*, rod, N.L. neut. n.

Deinobacterium, an unusual bacterium.

模式种 纸奇小杆菌（*Deinobacterium chartae*）Ekman 等，2011，新种。

词源 纸：属于或来自纸的。

Etymology L. gen. n. *chartae*, of/from paper.

奇果菌科（*Deinococcaceae*）Brooks and Murray，1981，新科；Rainey 等，1997 修改。

模式属 奇果菌属（*Deinococcus*）Brooks and Murray，1981，新属。

词源 奇果菌属：此科之模式属；科：用于定义一个比属高、比目低的分类级和尾词；在中文科的命名中，把模式属属名中的尾字"属"代换为尾字"科"，即为模式属所在的科名；奇果菌科：奇果菌属之科。

Etymology N.L. masc. n. *Deinococcus*, type genus of the family; suff. -*aceae*, ending to denote a family; N.L. fem. pl. n. *Deinococcaceae*, the *Deinococcus* family.

奇果菌目（*Deinococcales*）Rainey 等，1997，新目。

此目是奇果菌纲（*Deinococci*）Garrity and Holt，2002 的模式目。

模式属 奇果菌属（*Deinococcus*）Brooks and Murray，1981，新属。

词源 奇果菌属：此目之模式属；目：用于定义一个比科高、比纲低的分类级和尾词；在中文目的命名中，把模式属属名中的尾字"属"代换为尾字"目"，即为模式属所在的目名；奇果菌目：奇果菌属之目。

Etymology N.L. masc. n. *Deinococcus*, type genus of the order; suff. -*ales*, ending denoting an order; N.L. fem. pl. n. *Deinococcales*, the *Deinococcus* order.

奇果菌纲（*Deinococci*）Garrity and Holt，2002，新纲。

模式目 奇果菌目（*Deinococcales*）Rainey 等，1997，新种。

词源 奇果菌目：此纲之模式目；纲：（原核）生物分类的一个级别，门之下，目之上的一个分类级，纲之尾词；奇果菌纲：奇果菌目之纲。

Etymology N.L. fem. pl. n. *Deinococcales*, type order of the class; N.L. masc. pl. n. *Deinococci*, the class of *Deinococcales*.

奇果菌属（*Deinococcus*）Brooks and Murray，1981，新属；Rainey 等，1997 修改。此属已定 57 种。

此属是奇果菌目（*Deinococcales*）Rainey 等，1997 和奇果菌科（*Deinococcaceae*）Brooks and Murray，1981 的模式属。

词源 奇：奇怪的，非凡的；果：浆果，表示浆果形（圆球或椭球）；菌：表示微小的事物，微生物（细菌、古菌、真菌）；属：属名的尾词；奇果菌属：不寻常的浆果形生物。

Etymology Gr. adj. *deinos* (derived from a noun meaning fear, through the idea of forgetting the name of a fearful, i.e. strange), strange or unusual; N.L. masc. n. *coccus* (from Gr. masc. n. *kokkos*, grain, seed), coccus; N.L. masc. n. *Deinococcus*, unusual coccus.

模式种 抗辐射奇果菌(*Deinococcus radiodurans*) (*ex* Raj 等,1960) Brooks and Murray,1981,新种。

词源 抗:忍耐,抗;辐射:射线,辐射,辐照;抗辐射:抗辐射。

Etymology L. n. *radius*, a beam or ray; N.L. pref. *radio-*, pertaining to radiation; L. part. adj. *durans*, enduring; N.L. part. adj. *radiodurans*, resisting radiation.

德莱氏菌属(*Deleya*) Baumann 等,1983,新属;Akagawa and Yamasato,1989 修改。此属已定 8 种。

此种 1996 年已归种到→海水卤单胞菌(*Halomonas aquamarina*) (ZoBell and Upham,1944) Dobson and Franzmann,1996,新合并。

词源 氏:姓氏;德莱氏:比利时微生物约瑟夫·德·莱的冠姓命名;菌:表示微小的事物,微生物(细菌、古菌、真菌);属:属名的尾词;德莱氏菌属:以德·莱的冠姓命名的菌属。

Etymology N.L. fem. n. *Deleya*, named for Jozef De Ley, a Belgian microbiologist.

此属 1996 年已归属到→卤单胞菌属(*Halomonas*) Vreeland 等,1980,属;Dobson and Franzmann,1996 修改。

模式种 潮德莱氏菌(*Deleya aesta*) (Baumann 等,1972) Baumann 等,1983,新合并。

词源 潮:海水周期性的涨落和流动,潮水,潮汐。

Etymology L. n. *aestus -us*, the periodical flux and reflux or ebb and flow of the sea, the tide; N.L. fem. adj. *aesta*, pertaining to the tide, of the tide.

代夫特菌属(*Delftia*) Wen 等,1999,新属。此属已定 4 种。

词源 代夫特:荷兰的一个城市,从这里分离到此种,同时也是标记代夫特研究组在发展细菌学中的角色;菌:表示微小的事物,微生物(细菌、古菌、真菌);属:属名的尾词;代夫特菌属:与代夫特有关的菌属。

Etymology N.L. fem. n. *Delftia*, referring to the city of Delft, the site of isolation of the type species, and in recognition of the role of Delft research groups in the development of bacteriology.

模式种 吞酸代夫特菌(*Delftia acidovorans*) (den Dooren de Jong,1926) Wen 等,1999,新合并。

词源 吞:吞噬,吞食,大吃;酸:醋,像醋一样的味道,酸味,化学中在水溶液中能产生氢离子的化合物;吞酸:吞噬酸的。

Etymology N.L. neut. n. *acidum* (from L. adj. *acidus -a -um*, sour), an acid; L. v. *voro*, to eat, to devour; N.L. part. adj. *acidovorans*, acid devouring.

德尔塔杆菌纲(*Deltabacteria*)Cavalier-Smith,2002,新纲。或 δ—杆菌纲,德尔塔细菌纲。

模式目 黏果菌目(*Myxococcales*)Tchan 等,1948《1980 年细菌名确认单》。

词源 德尔塔:英文字母 d,希腊字母 δ;杆:杖,手杖;纲:(原核)生物分类的一个级别,门之下,目之上的一个分类级,纲之尾词;德尔塔杆菌纲:此名是用于将习惯名德尔塔变形杆菌纲正式化。

Etymology　Gr. *delta*, the letter d; Gr. n. *baktêria*, staff, cane; suff. *-ia*, ending to denote a class; N.L. neut. pl. n. *Deltabacteria*, name proposed to formalize the customary designation as δ-proteobacteria.

注 1:德尔塔杆菌纲(*Deltabacteria*)以前是"德尔塔杆菌纲"("*Deltabacteria*")Cavalier-Smith,1992。

注 2:德尔塔杆菌纲(*Deltabacteria*)Cavalier-Smith,2002 是比德尔塔变形杆菌纲(*Deltaproteobacteria*)Kuever 等,2006 更早的同型同义词(an earlier homotypic synonym)。

德尔塔变形杆菌纲(*Deltaproteobacteria*)Kuever 等,2006,新纲。

模式目 黏果菌目(*Myxococcales*)Tchan 等,1948,《1980 年细菌名确认单》,目。

词源 德尔塔:希腊字母表中的第四个字母,δ;变形:希腊神话中的海神普罗狄斯,能够随意改变形态或外形(像中国神话中的孙悟空);杆:棒;菌:表示微小的事物,微生物(细菌、古菌、真菌);纲:(原核)生物分类的一个级别,门之下,目之上的一个分类级,纲之尾词;德尔塔变形杆菌纲:是细菌门变形(杆)菌门中的一个纲,**16S rRNA** 基因序列与黏果菌目之菌类相关。

Etymology　Gr. n. *delta*, name of the fourth letter of Greek alphabet; Gr. or L. n. *Proteus*, Greek god of the sea, capable of assuming many different shapes; N.L. n. *bacter*, a rod; suff. *-ia*, ending to denote a class; N.L. neut. pl. n. *Deltaproteobacteria*, a class of bacteria included in the phylum "*Proteobacteria*" and having 16S rRNA gene sequences related to those of the members of the order *Myxococcales*.

异戊二烯醌菌属(*Demequina*)Yi 等,2007,新属;Ue 等,2011 修改。此属已定 8 种。

此属是异戊二烯醌菌科(*Demequinaceae*)Ue 等,2011 的模式属。

词源 异戊二烯醌:在这类微生物中发现的一种非常独特的醌,并以此醌名随机缩写命名;菌:表示微小的事物,微生物(细菌、古菌、真菌);属:属名的尾词;异戊二烯醌菌属:带有异戊二烯醌的生物。

Etymology　N.L. fem. n. *Demequina*, arbitrary name derived from demethylmenaquinone, an unusual quinone found in this organism.

模式种 潮滩异戊二烯醌菌(*Demequina aestuarii*)Yi 等,2007,新种。

词源 潮滩:潮汐(形成的)滩,潮汐地,潮汐坪,海滩,江河入海口,分离自潮滩地的沉积物中。

Etymology　L. gen. n. *aestuarii*, of a tidal flat, isolated from tidal flat sediment.

异戊二烯醌菌科(*Demequinaceae*)Ue 等,2011,新科。

模式属　异戊二烯醌菌属(*Demequina*)Yi 等,2007,新属。

词源　异戊二烯醌菌属:此科之模式属;科:用于定义一个比属高、比目低的分类级和尾词;在中文科的命名中,把模式属属名中的尾字"属"代换为尾字"科",即为模式属所在的科名;异戊二烯醌菌科:异戊二烯醌菌属之科。

Etymology　N.L. fem. n. *Demequina*, type genus of the family, suff. *-aceae*, ending to denote a family: N.L. fem. pl. n. *Demequinaceae*, the *Demequina* family.

得墨忒耳菌属(*Demetria*)Groth 等,1997,新属。或丰收菌属。此属已定 1 种。

词源　得墨忒耳:希腊神话中掌管农业和妇人的女神;菌:表示微小的事物,微生物(细菌、古菌、真菌);属:属名的尾词;得墨忒耳菌属:意指此菌对土壤肥沃有益。

Etymology　Gr. fem. n. *Dêmêtêr*, Greek female god of agriculture and wives; L. fem. suff. *-ia*, suff. denoting belonging to; N.L. fem. n. *Dernetria*, belonging to *Dêmêtêr*, intended to mean a bacterium being responsible for fertility.

模式种　土生得墨忒耳菌(*Demetria terragena*)Groth 等,1997,新种。

词源　土生:来自土壤,从土里生长的。

Etymology　L. n. *terra*, soil; L. suff. *-genus -a -um*, suffix denoting an origin; N.L. fem. adj. *terragena*, coming from soil.

树孢杆菌属(*Dendrosporobacter*)Strömpl 等,2000,新属。此属已定 1 种。

词源　树:树,树木,树林;孢:种子,孢子;杆:棒;菌:表示微小的事物,微生物(细菌、古菌、真菌);属:属名的尾词;树孢杆菌属:来自树木的含孢子的棒形生物。

Etymology　Gr. n. *dendron*, tree; Gr. n. *spora*, a seed, and in biology a spore; N.L. n. *bacter*, rod, staff; N.L. masc. n. *Dendrosporobacter*, a spore-bearing rod from a tree.

模式种　栎树树孢杆菌(*Dendrosporobacter quercicolus*)(Stankewich 等,1971)Strömpl 等,2000,新合并。

词源　栎树:橡树,意指与栎树有关的菌。橡原指栎树的果实。

Etymology　L. n. *quercus*, oak; N.L. masc. adj. *quercicolus*, intended to mean associated with oak trees.

脱硝体属(*Denitratisoma*)Fahrbach 等,2006,新属。此属已定 1 种。

词源　脱:脱除;硝:硝基,硝酸盐;脱硝:反硝化,脱除硝酸盐,还原硝酸盐;体:体(形),身体,整体,小体,小生命;属:属名的尾词;脱硝体属:还原硝酸盐的菌体。

Etymology　L. pref. *de-*, away from; N.L. n. *nitras -atis*, nitrate; Gr. neut. n. *soma*, body; N.L. neut. n. *Denitratisoma*, a body that reduces nitrate.

模式种　雌二醇脱硝体（*Denitratisoma oestradiolicum*）Fahrbach 等, 2006, 新种。
词源　雌二醇: 也叫甾二醇, 一种醇类有机物, 指的是此菌对雌二醇的利用。
Etymology　N.L. n. *oestradiol*, oestradiol; L. neut. suff. -*icum*, belonging to; N.L. neut. adj. *oestradiolicum*, belonging to oestradiol, referring to oestradiol utilization.

脱氮小杆菌属（*Denitrobacterium*）Anderson 等, 2000, 新属。此属已定 1 种。

词源　脱: 脱除, 去除; 氮: 元素 N, 氮类化合物; 小杆: 小棒; 菌: 表示微小的事物, 微生物（细菌、古菌、真菌）; 属: 属名的尾词; 脱氮小杆菌属: 还原氮化合物的棒形生物。
Etymology　L. pref. *de*, from; N.L. pref. *nitro-*, pertaining to nitrocompound; L. neut. n. *bacterium*, a small rod; N.L. neut. n. *Denitrobacterium*, nitrocompound-reducing rod.
模式种　脱毒脱氮小杆菌（*Denitrobacterium detoxificans*）Anderson 等, 2000, 新种。
词源　脱: 脱除, 去除; 毒: 毒性, 毒害; 脱毒: 意指降解毒性的菌类。
Etymology　L. pref. *de*, from; L. n. *toxicum*, poison; N.L. n. *detoxificans*（sic）, intended to mean poison-reducer.

脱硝弧菌属（*Denitrovibrio*）Myhr and Torsvik, 2000, 新属。此属已定 1 种。

词源　脱: 脱除; 硝: 硝基, 硝酸盐, 与硝酸盐有关的; 弧: 作动词表示弧动, 像手中舞动的绳子状振动; 弧: 作名词也表示细菌的一个属名, 表示弧状的菌, 弧菌属; 菌: 表示微小的事物, 微生物（细菌、古菌、真菌）; 属: 属名的尾词; 脱硝弧菌属: 还原硝酸盐的菌体。
Etymology　L. pref. *de*, from; N.L. pref. *nitro-*, pertaining to nitrate; L. v. *vibro*, to set in tremulous motion, move to and fro, vibrate; N.L. masc. n. *vibrio*, that which vibrates, and also a bacterial genus name of bacteria possessing a curved rod shape（*Vibrio*）; N.L. masc. n. *Denitrovibrio*, a vibrio that reduces nitrate.
模式种　嗜醋脱硝弧菌（*Denitrovibrio acetiphilus*）Myhr and Torsvik, 2000, 新种。
词源　嗜: 嗜好的, 喜好的, 友好的, 爱好的; 醋: 食醋, 醋酸, 乙酸; 嗜醋: 喜好醋酸, 指的是需要或喜好醋酸盐生长的。
Etymology　N.L. n. *acidum aceticum*（from L. n. *acetum*, vinegar）, acetic acid; N.L. masc. adj. *philus*（from Gr. masc. adj. *philos*）, friend, loving; N.L. masc. adj. *acetiphilus*, loving or requiring acetate.

肤杆菌属（*Dermabacter*）Jones and Collins, 1989, 新属。或皮杆菌属。此属已定 1 种。

此属是肤杆菌科（*Dermabacteraceae*）Stackebrandt 等, 1997 的模式属。
词源　肤: 皮, 皮肤; 杆: 棒; 菌: 表示微小的事物, 微生物（细菌、古菌、真菌）; 属: 属名的尾词; 肤杆菌属: 生活在皮肤上的棒形生物。
Etymology　Gr. n. *derma*, skin; N.L. masc. n. *bacter*, a rod; N.L. masc. n. *Dermabacter*, a rod living on skin.

模式种 人肤杆菌(*Dermabacter hominis*) Jones and Collins,1989,新种。

词源 人:人类,强调是从人类皮肤上分离出来的。

Etymology   L. gen. n. *hominis*, of man, signifying the isolation of strains from human skin.

肤杆菌科(*Dermabacteraceae*) Stackebrandt 等,1997,新科;Zhi 等,2009 修改。或皮杆菌科。

模式属 肤杆菌属(*Dermabacter*) Jones and Collins,1989,新属。

词源 肤杆菌属:此科之模式属;科:用于定义一个比属高、比目低的分类级和尾词;在中文科的命名中,把模式属属名中的尾字"属"代换为尾字"科",即为模式属所在的科名;肤杆菌科:肤杆菌属之科。

Etymology   N.L. masc. n. *Dermabacter*, type genus of the family; suff. -*aceae*, ending to denote a family; N.L. fem. pl. n. *Dermabacteraceae*, the *Dermabacter* family.

肤果菌科(*Dermacoccaceae*) Schumann and Stackebrandt,2000,新科;Zhi 等,2009 修改,Ruckmani 等,2011 修改。

模式属 肤果菌属(*Dermacoccus*) Stackebrandt 等,1995,新属。

词源 肤果菌属:此科之模式属;科:用于定义一个比属高、比目低的分类级和尾词;在中文科的命名中,把模式属属名中的尾字"属"代换为尾字"科",即为模式属所在的科名;肤果菌科:肤果菌属之科。

Etymology   N.L. masc. n. *Dermacoccus*, type genus of the family; suff. -*aceae*, ending to denote a family; N.L. fem. pl. n. *Dermacoccaceae*, the *Dermacoccus* family.

肤果菌属(*Dermacoccus*) Stackebrandt 等,1995,新属。此属已定 4 种。

此属是肤果菌科(*Dermacoccaceae*) Schumann and Stackebrandt,2000 的模式属。

词源 肤:皮,皮肤;果:浆果,表示浆果形(圆球或椭球);菌:表示微小的事物,微生物(细菌、古菌、真菌);属:属名的尾词;肤果菌属:生活在皮肤上的果菌。

Etymology   Gr. n. *derma*, skin; N.L. masc. n. *coccus* (from Gr. masc. n. *kokkos*, grain, seed), coccus; N.L. masc. n. *Dermacoccus*, coccus living on skin.

模式种 西宫肤果菌(*Dermacoccus nishinomiyaensis*) (Oda,1935) Stackebrandt 等,1995,新合并。

词源 西宫:日本国西宫市,此菌从此地分离获得。

Etymology   N.L. masc. adj. *nishinomiyaensis*, of or belonging to Nishinomiya, a city in Japan.

嗜肤菌科(*Dermatophilaceae*) Austwick,1958,科;Stackebrandt 等,1997 修改,Stackebrandt and Schumann,2000 修改,Zhi 等,2009 修改。

模式属 嗜肤菌属(*Dermatophilus*) (van Saceghem,1915) Gordon,1964,《1980 年细菌名确认单》,属。

词源　嗜肤菌属：此科之模式属；科：用于定义一个比属高、比目低的分类级和尾词；在中文科的命名中，把模式属属名中的尾字"属"代换为尾字"科"，即为模式属所在的科名；嗜肤菌科：嗜肤菌属之科。

Etymology　N.L. masc. n. *Dermatophilus*, type genus of the family; suff. *-aceae*, ending to denote a family; N.L. fem. pl. n. *Dermatophilaceae*, the *Dermatophilus* family.

嗜肤菌属（*Dermatophilus*）（van Saceghem, 1915）Gordon, 1964, 属；Hamada 等, 2010 修改。此属已定 2 种。

此属是嗜肤菌科（*Dermatophilaceae*）Austwick, 1958,《1980 年细菌名确认单》的模式属。

词源　嗜：嗜好的，喜好的，友好的，爱好的；肤：皮肤；菌：表示微小的事物，微生物（细菌、古菌、真菌）；属：属名的尾词；嗜肤菌属：喜好皮肤的生物。

Etymology　Gr. n. *derma -atos*, skin; N.L. masc. adj. *philus*（from Gr. masc. adj. *philos*）, friend, loving; N.L. masc. n. *Dermatophilus*, skin loving.

模式种　刚果嗜肤菌（*Dermatophilus congolensis*）（van Saceghem, 1915）Gordon, 1964,《1980 年细菌名确认单》, 种。

词源　刚果：地名，这里指的是比利时的刚果，此菌分离与此。

Etymology　N.L. masc. adj. *congolensis*, pertaining to the Congo（named for the Belgian Congo）.

同义词　"*Dermatophylus*"（sic）van Saceghem, 1915。

德克斯氏菌属（*Derxia*）Jensen 等, 1960, 属。此属已定 2 种。

词源　氏：姓氏；德克斯氏：以荷兰微生物学家德克斯（1894—1953）的姓氏命名；菌：表示微小的事物，微生物（细菌、古菌、真菌）；属：属名的尾词；德克斯氏菌属：以德克斯的姓氏命名的菌属。

Etymology　N.L. fem. n. *Derxia*, named after the Dutch microbiologist H.G. Derx（1894—1953）.

模式种　产黏德克斯氏菌（*Derxia gummosa*）Jensen 等, 1960,《1980 年细菌名确认单》。

词源　产：产生，生产；黏：黏性，黏胶，黏液；产黏：产生黏液（黏胶）。

Etymology　L. fem. adj. *gummosa*, full of gum, gummy; intended to mean slime（gum）producing.

德典培菌属（*Desemzia*）Stackebrandt 等, 1999, 新属。此属已定 1 种。

词源　德：德国；典：典藏；培：培养；德典培：德国微生物典藏与细胞培养中心；菌：表示微小的事物，微生物（细菌、古菌、真菌）；属：属名的尾词；德典培菌属：与德国微生物典藏与细胞培养中心有关的生物。

Etymology　N.L. fem. n. *Desemzia*, arbitrary name, derived from the abbreviation DSMZ (Deutsche Sammlung von Mikroorganismen und Zellkulturen).

模式种　未定典培德菌(*Desemzia incerta*)(Steinhaus,1941)Stackebrandt 等,1999,新合并。

词源　未定:未确定的,不确定的,可疑的。

Etymology　L. fem. adj. *incerta*, not firmly established, uncertain, undetermined, doubtful, dubious.

漠杆菌属(*Desertibacter*)Liu 等,2011,新属;Jiang 等,2014 修改。此属已定 2 种。

词源　漠:沙漠,大漠,荒漠;杆:棒;菌:表示微小的事物,微生物(细菌、古菌、真菌);属:属名的尾词;漠杆菌属:沙漠棒形生物。

Etymology　L. n. *desertum*, desert; N.L. masc. n. *bacter*, rod; N.L. masc. n. *Desertibacter*, a desert bacterium.

模式种　玫色漠杆菌(*Desertibacter roseus*)Liu 等,2011,新种。

词源　玫色:玫色的,玫瑰色的,粉色的,粉红色的。

Etymology　L. masc. adj. *roseus*, rose-coloured, pink.

链孢菌属(*Desmospor*)Yassin 等,2009,新属。此属已定 1 种。

词源　链:链条;孢:孢子,种子;菌:表示微小的事物,微生物(细菌、古菌、真菌);属:属名的尾词;链孢菌属:孢子成链形的菌体。

Etymology　Gr. n. *desmos*, chain; Gr. fem. n. *spora*, seed; N.L. fem. n. *Desmospora*, spore chain.

模式种　活跃链孢菌(*Desmospora activa*)Yassin 等,2009,新种。

词源　活跃:活泼的,活跃的,指的是此模式株的代谢活性。

Etymology　L. fem. adj. *activa*, active, referring to the metabolic activity of the type strain.

脱硫葡菌属(*Desulfacinum*)Rees 等,1995,新属;Sievert and Kuever,2000 修改。此属已定 2 种。

词源　脱:脱除,去除;硫:硫磺,硫黄,元素 S;葡:葡萄,葡萄形;菌:表示微小的事物,微生物(细菌、古菌、真菌);属:属名的尾词;脱硫葡菌属:脱除硫的葡萄形的生物,硫酸盐还原细菌。

Etymology　L. pref. *de*, from; L. n. *sulfur*, sulfur; L. neut. n. *acinum*, a berry, especially a grape; N.L. neut. n. *Desulfacinum*, a berry-shaped, sulfate-reducing bacterium.

模式种　地狱脱硫葡菌(*Desulfacinum infernum*)Rees 等,1995,新种。

词源　地狱:地下,地面以下的,低洼处,与低下处相关的。

Etymology　L. neut. adj. *infernum*, underground, belonging to the Lower Regions.

脱硫小弓菌科(*Desulfarculaceae*)Kuever 等,2006,新科。

模式属 脱硫小弓菌属(*Desulfarculus*)Kuever 等,2006,新属。

词源 脱硫小弓菌属:此科之模式属;科:用于定义一个比属高、比目低的分类级和尾词;在中文科的命名中,把模式属属名中的尾字"属"代换为尾字"科",即为模式属所在的科名;脱硫小弓菌科:脱硫小弓菌属之科。

Etymology N.L. masc. n. *Desulfarculus*, type genus of the family; suff. -*aceae*, ending to denote family; N.L. fem. pl. n. *Desulfarculaceae*, the *Desulfarculus* family.

脱硫小弓菌目(*Desulfarculales*)勘误,Kuever 等,2006,新目。

模式属 脱硫小弓菌属(*Desulfarculus*)Kuever 等,2006,新属。

词源 脱硫小弓菌属:此目之模式属;目:用于定义一个比科高、比纲低的分类级和尾词;在中文目的命名中,把模式属属名中的尾字"属"代换为尾字"目",即为模式属所在的目名;脱硫小弓菌目:脱硫小弓菌属之目。

Etymology N.L. masc. n. *Desulfarculus*, type genus of the order; suff. -*ales*, ending denoting an order; N.L. fem. pl. n. *Desulfarculales*, the *Desulfarculus* order.

脱硫小弓菌属(*Desulfarculus*)Kuever 等,2006,新属。此属已定 1 种。

此属是脱硫小弓菌目(*Desulfarculales*)勘误,Kuever 等,2006 和脱硫小弓菌科(*Desulfarculaceae*)Kuever 等,2006 的模式属。

词源 脱:脱除,去除,还原;硫:硫磺,硫黄,元素 S;小弓:小弯,小弧,小穹,小弓形,小弧形;菌:表示微小的事物,微生物(细菌、古菌、真菌);属:属名的尾词;脱硫小弓菌属:小弓形的硫酸盐还原菌。

Etymology L. pref. *de*, from; L. n. *sulfur*, sulfur; N.L. masc. n. *arculus*, a small bow; N.L. masc. n. *Desulfarculus*, a bow-shaped sulfate-reducer.

模式种 巴斯氏脱硫小弓菌(*Desulfarculus baarsii*)(Widdel,1981)Kuever 等,2006,新合并。

词源 氏:姓氏;巴斯氏:以荷兰微生物学家 J.K.巴斯的姓氏命名,他首次对硫酸盐还原细菌的营养做了综合研究。

Etymology N.L. gen. n. *baarsii*, of Baars, named after J.K.Baars, a Dutch microbiologist, who did the first comprehensive studies on nutrition of sulfate-reducing bacteria.

脱硫酸盐竿菌属(*Desulfatibacillum*)Cravo-Laureau 等,2004,新属;Cravo-Laureau 等,2004 修改。此属已定 2 种。

词源 脱:脱除,去除,还原;硫酸盐:含硫酸根与阳离子形成的盐类;竿:拉丁文中性名词 *bacillum*,小杖,指挥棒,棒,以示与常见的"杆"的区别,表示以出芽孢为特征的棒形;菌:表示微小的事物,微生物(细菌、古菌、真菌);属:属名的尾词;脱硫竿菌属:硫酸盐还原棒形生物。

Etymology　L. pref. *de-*, from; N.L. masc. n. *sulfas*, sulfate; L. neut. n. *bacillum*, a small staff, a wand, a rod; N.L. neut. n. *Desulfatibacillum*, a sulfate-reducing rod.

模式种　吞脂肪脱硫酸盐竿菌(*Desulfatibacillum aliphaticivorans*)Cravo-Laureau 等,2004,新种。

词源　吞:吞噬的,吞食的,大吃的,吞没的;脂肪:脂肪烃,脂肪族;吞脂肪:吞食或消解脂肪烃的。

Etymology　N.L. adj. *alphaticus*, aliphatic; L. part. adj. *vorans*, devouring; N.L. neut. part. adj. *aliphaticivorans*, aliphatic hydrocarbon-devouring.

脱硫酸盐杖菌属(*Desulfatiferula*)Cravo-Laureau 等,2007,新属。此属已定 2 种。

词源　脱:脱除,去除,还原;硫酸盐:含硫酸根与阳离子形成的盐类;杖:杆,小棒;菌:表示微小的事物,微生物(细菌、古菌、真菌);属:属名的尾词;脱硫酸盐杖菌属:棒形的硫酸盐还原菌。

Etymology　L. pref. *de*, from; N.L. n. *sulfas -atis*, sulfate; L. fem. n. *ferula*, a staff, a small rod; N.L. fem. n. *Desulfatiferula*, a rod-shaped sulfate-reducer.

模式种　吞蜡脱硫酸盐杖菌(*Desulfatiferula olefinivorans*)Cravo-Laureau 等,2007,新种。

词源　吞:吞噬的,吞食的,大吃的,消解的;蜡:石蜡,石蜡烯,烯烃;吞蜡:消解石蜡烯(烯烃)的。

Etymology　N.L. n. *olefinum*, olefin; L. part. adj. *vorans*, devouring; N.L. part. adj. *olefinivorans*, olefin (alkene) devouring.

脱硫酸盐橡菌属(*Desulfatiglans*)Suzuki 等,2014,新属。此属已定 2 种。

词源　脱:脱除,去除,还原;硫酸盐:含硫酸根与阳离子形成的盐类;橡:橡树,橡子,栎树的果实,橡树的果实;菌:表示微小的事物,微生物(细菌、古菌、真菌);属:属名的尾词;脱硫橡子菌属:硫酸盐还原橡子形细菌。

Etymology　L. pref. *de*, from; N.L. masc. n. *sulfas*, sulfate; L. fem. n. *glans*, acorn; N.L. fem. n. *Desulfatiglans*, sulfate-reducing acorn.

模式种　苯胺脱硫酸盐橡菌(*Desulfatiglans anilini*)Suzuki 等,2014,新种。

词源　苯胺:氨基苯,指的是能够氧化苯胺的硫酸盐还原细菌。

Etymology　N.L. adj. *anilini*, pertaining to aniline (aminobenzene), a sulfate-reducing bacterium oxidizing aniline.

脱硫酸盐杵菌属(*Desulfatirhabdium*)Balk 等,2008,新属。此属已定 1 种。

词源　脱:脱除,去除,还原;硫酸盐:含硫酸根与阳离子形成的盐类;杵:中国古代舂米或捶衣的木棒,表示棒,棒形;菌:表示微小的事物,微生物(细菌、古菌、真菌);属:属名的尾词;脱硫酸杆菌属:一种硫酸盐还原的小棒形生物。

Etymology　L. pref. *de-*, from; N.L. n. *sulfas -atis*, sulfate; Gr. neut. n. *rhabdium*, a little rod; N.L. neut. n. *Desulfatirhabdium*, a sulfate-reducing small rod.

模式种　吞丁酸脱硫酸盐杆菌(*Desulfatirhabdium butyrativorans*) Balk 等,2008,新种。

词源　吞:吞噬的,吞食,大吃的,消解的;丁:天干中的第四个字,4;酸:酸性,水溶液中能产生氢离子的基团;丁酸:四个碳的一种羧酸;吞丁酸:吞食丁酸的。

Etymology　N.L. n. *butyras -atis*, butyrate; L. part. adj. *vorans*, devouring; N.L. part. adj. *butyrativorans*, butyrate-devouring.

脱硫酸盐针菌属(*Desulfatitalea*) Higashioka 等,2013,新属。此属已定 1 种。

词源　脱:脱除,去除,还原;硫酸盐:含硫酸根与阳离子形成的盐类;菌:表示微小的事物,微生物(细菌、古菌、真菌);属:属名的尾词;脱硫酸盐针菌属:针棒形的硫酸盐还原生物。

Etymology　L. pref. *de*, from; N.L. n. *sulfas -atis*, sulfate; L. fem. n. *talea*, a slender staff, rod, stick; N.L. fem. n. *Desulfatitalea*, a rod-shaped sulfate-reducer.

模式种　嗜暖脱硫酸盐针菌(*Desulfatitalea tepidiphila*) Higashioka 等,2013,新种。

词源　嗜:嗜好,喜好,爱好;暖:中温,暖和;嗜暖:嗜好中温的,嗜好暖和的。

Etymology　L. adj. *tepidus*, moderately warm; N.L. fem. adj. *phila* (from Gr. fem. adj. philê), loving; N.L. fem. adj. *tepidiphila*, loving warmth.

脱亚硫酸盐杆菌属(*Desulfitibacter*) Nielsen 等,2006,新属。此属已定 1 种。

词源　脱:脱除,去除,还原;亚硫酸盐:含亚硫酸根离子(SO_3^-)的化合物;杆:棒;菌:表示微小的事物,微生物(细菌、古菌、真菌);属:属名的尾词;脱亚硫杆菌属:还原亚硫酸盐的棒形细菌。

Etymology　L. pref. *de*, from, off, away; N.L. n. *sulfis -itis*, sulfite; N.L. masc. n. *bacter*, a rod; N.L. masc. n. *Desulfitibacter*, rod-shaped bacterium that reduces sulfite.

模式种　耐碱脱亚硫酸盐杆菌(*Desulfitibacter alkalitolerans*) Nielsen 等,2006,新种。

词源　耐:耐受的,忍耐的,持久的;碱:盐碱植物的灰分,碱性,碱类(阴离子全为氢氧根);耐碱:对碱耐受的。

Etymology　N.L. n. *alkali*, alkali; L. part. adj. *tolerans*, tolerating; N.L. part. adj., *alkalitolerans* alkali-tolerating.

脱亚硫酸盐孢菌属(*Desulfitispora*) Sorokin and Muyzer,2010,新属。此属已定 1 种。

词源　脱:脱除,去除,还原;亚硫酸盐:含亚硫酸根离子(SO_3^-)的化合物;孢:孢子,种子;菌:表示微小的事物,微生物(细菌、古菌、真菌);属:属名的尾词;脱亚硫酸盐孢菌属:还原亚硫酸盐的形成孢子的细菌。

Etymology L. pref. *de*, from, off, away; N.L. n. *sulfis -itis*, sulfite; N.L. fem. n. *spora*（from Gr. n. *spora*）, a seed and in biology a spore; N.L. fem. n. *Desulfitispora*, spore-forming bacterium-reducing sulfite.

模式种 嗜碱脱亚硫酸盐孢菌（*Desulfitispora alkaliphila*）Sorokin and Muyzer,2010,新种。
词源 嗜:嗜好的,喜好的,友好的,爱好的;碱:盐碱植物的灰分(苏打灰),碱性,碱类(阴离子全为氢氧根);嗜碱:喜碱性条件的。

Etymology Arabic article *al*, the; Arabic n. *qaliy*, ashes of saltwort, soda; N.L. adj. *philus -a -um*（from Gr. adj.*philos -ê -on*）, friend, loving; N.L. fem. adj. *alkaliphila*, loving alkaline conditions.

脱亚硫酸盐小杆菌属（*Desulfitobacterium*）Utkin 等,1994,新属。此属已定 6 种。

词源 脱:脱除,去除,还原;亚硫酸盐:含亚硫酸根离子（SO_3^-）的化合物;小杆:小棒;菌:表示微小的事物,微生物(细菌、古菌、真菌);属:属名的尾词;脱亚硫酸盐小杆菌属:还原亚硫酸盐的棒形细菌。

Etymology L. pref. *de*, from, off, away; N.L. n. *sulfis -itis*, sulfite; L. neut. n. *bacterium*, rod; N.L. *Desulfitobacterium*, rod-shaped bacterium that reduces sulfite.

模式种 脱卤脱亚硫酸盐小杆菌（*Desulfitobacterium dehalogenans*）Utkin 等,1994,新种。
词源 脱:脱除,去除,还原;卤:卤素,盐;脱卤:脱除卤素,去除卤原子,指的是此微生物去除氯代酚化合物卤素的特征。

Etymology L. pref. *de*, off, away; N.L. n. *halogenum*, halogen; N.L. part. adj. *dehalogenans*, dehalogenating, split off halogens, referring to the characteristic property of the micro-organism to dehalogenate various chlorophenolic compounds.

脱硫化橄菌属（*Desulfobacca*）Oude Elferink 等,1999,新属。此属已定 1 种。

词源 脱:脱除,去除,还原;硫:硫磺,硫黄,元素 S;化:一个连字,变化,起……作用的;脱硫化:用于表示原核生物对硫酸盐的异化还原;橄:果,浆果,特别是橄榄;菌:表示微小的事物,微生物(细菌、古菌、真菌);属:属名的尾词;脱硫化橄菌属:硫酸盐还原的橄形细菌。

Etymology L. pref. *de-*, from; L. n. *sulfur*, sulfur; N.L. pref. *desulfo-*, desulfuricating（prefix used to characterize a dissimilatory sulfate-reducing procaryote）; L. fem. n. *bacca*, berry, especially olive; N.L. fem. n. *Desulfobacca*, a sulfate-reducing olive-shaped bacterium.

模式种 醋氧化脱硫化橄菌（*Desulfobacca acetoxidans*）Oude Elferink 等,1999,新种。
词源 醋:醋酸/乙酸(-盐,-基);氧化:氧化,物质(原子、分子、离子)失去电子或增加氧化态的过程,一般就是与氧结合的过程。

Etymology L. n. *acetum*, vinegar; N.L. v. *oxido*（from Gr. adj. *oxus*, acid or sour and in combined words indicating oxygen）, to oxidize; N.L. part. adj. *acetoxidans*, acetate-oxidizing.

脱硫化杆菌属(*Desulfobacter*)Widdel,1981,新属。此属已定6种。

此属脱硫化杆菌目(*Desulfobacterales*)Kuever 等,2006 和脱硫化杆菌科(*Desulfobacteraceae*)Kuever 等,2006 的模式属。

词源　脱:脱除,去除,还原;硫:硫磺,硫黄,元素 S;化:变化,一个连字,起……作用的;脱硫化:用于表示原核生物对硫酸盐的异化还原;杆:棒或杖;菌:表示微小的事物,微生物(细菌、古菌、真菌);属:属名的尾词;脱硫化杆菌属:棒形的硫酸盐还原细菌。

Etymology　L. pref. *de*, from; L. n. *sulfur*, sulfur; N.L. pref. *desulfo-*, desulfuricating（prefix used to characterize a dissimilatory sulfate-reducing procaryote）; N.L. masc. n. *bacter*, rod or staff; N.L. masc. n. *Desulfobacter*, a rod-shaped sulfate-reducing bacterium.

模式种　波斯特盖氏脱硫化杆菌(*Desulfobacter postgatei*)Widdel,1981,新种。

词源　氏:姓氏;波斯特盖氏:以英国微生物学家 J.R. 波斯特盖姓氏命名,与波斯特盖有关的。

Etymology　N.L. gen. masc. n. *postgatei*, of Postgate, named in honor of J.R. Postgate, an English microbiologist.

脱硫化杆菌科(*Desulfobacteraceae*)Kuever 等,2006,新科。

模式属　脱硫化杆菌属(*Desulfobacter*)Widdel,1981,新属。

词源　脱硫化杆菌属:此科之模式属;科:用于定义一个比属高、比目低的分类级和尾词;在中文科的命名中,把模式属属名中的尾字"属"代换为尾字"科",即为模式属所在的科名;脱硫化杆菌科:脱硫化杆菌属之科。

Etymology　N.L. masc. n. *Desulfobacter*, type genus of the family; suff. *-aceae*, ending to denote family; N.L. fem. pl. n. *Desulfobacteraceae*, the *Desulfobacter* family.

脱硫化杆菌目(*Desulfobacterales*)Kuever 等,2006,新目。

模式属　脱硫化杆菌属(*Desulfobacter*)Widdel,1981,新属。

词源　脱硫化杆菌属:此目之模式属;目:用于定义一个比科高、比纲低的分类级和尾词;在中文目的命名中,把模式属属名中的尾字"属"代换为尾字"目",即为模式属所在的目名;脱硫化杆菌目:脱硫化杆菌属之目。

Etymology　N.L. masc. n. *Desulfobacter*, type genus of the order; suff. *-ales*, ending denoting an order; N.L. fem. pl. n. *Desulfobacterales*, the *Desulfobacter* order.

脱硫化小杆菌属(*Desulfobacterium*)Bak and Widdel,1988,新属。此属已定9种。

词源　脱:脱除,去除,还原;硫:硫磺,硫黄,元素 S;化:变化,一个连字,起……作用的;脱硫化:用于表示原核生物对硫酸盐的异化还原;小杆:小棒或小杖;菌:表示微小的事物,微生物(细菌、古菌、真菌);属:属名的尾词;脱硫化小杆菌属:小棒形的硫酸盐还原者(生物)。

Etymology L. pref. *de*, from; L. n. *sulfur*, sulfur; N.L. pref. *desulfo-*, desulfuricating (prefix used to characterize a dissimilatory sulfate-reducing procaryote); L. neut. n. *bacterium*, a rod; N.L. neut. n. *Desulfobacterium*, a rod-shaped sulfate reducer.

模式种 吲哚滋脱硫小杆菌(*Desulfobacterium indolicum*) Bak and Widdel,1988,新种。

词源 吲哚:一种有机物,C_8H_7N;滋:滋润,滋生,与……有关的;吲哚滋:与吲哚有关的,指的是此菌有能力降解吲哚。

Etymology N.L. n. *indolum*, indol; L. masc. suff. *-icus -a -um*, suffix used with the sense of pertaining to; N.L. neut. adj. *indolicum*, pertaining to indole, referring to the ability of the organism to degrade indole.

脱硫化小橄菌属(*Desulfobacula*) Rabus 等,2000,新属。Kuever 等,2001修改。此属已定2种。

词源 脱:脱除,去除,还原;硫:硫磺,硫黄,元素 S;化:变化,一个连字,起……作用的;脱硫化:用于表示原核生物对硫酸盐的异化还原;小橄:小橄榄,小浆果;菌:表示微小的事物,微生物(细菌、古菌、真菌);属:属名的尾词;脱硫化小橄菌属:硫酸盐还原的小型浆果/橄榄形生物。

Etymology L. pref. *de*, from; L. n. *sulfur*, sulfur; N.L. pref. *desulfo-*, desulfuricating (prefix used to characterize a dissimilatory sulfate-reducing procaryote); L. fem. dim. n. *bacula*, a small berry; N.L. fem. n. *Desulfobacula*, sulfate-reducing small berry.

模式种 妥鲁香脱硫化小橄菌(*Desulfobacula toluolica*) Rabus 等,2000,新种。

词源 妥鲁:来自圣地亚哥德妥鲁(法语或西班牙语种,妥鲁(**tulo**)就是香膏,香树脂,香脂树);妥鲁香:妥鲁醇,甲苯,指的是与甲苯有关的。

Etymology N.L. n. *toluol* (from Fr. or Sp. *tolu*, balsam from Santiago de Tolu), toluol, toluene; L. fem. suff. *-ica*, suffix used with the sense of pertaining to; N.L. fem. adj. *toluolica*, pertaining to toluene.

脱硫化茎菌属(*Desulfobaculum*) Zhao 等,2012,新属。此属已定1种。

词源 脱:脱除,去除,还原;硫:硫磺,硫黄,元素 S;化:变化,一个连字,起……作用的;脱硫化:用于表示原核生物对硫酸盐的异化还原;茎:棒,小棒;菌:表示微小的事物,微生物(细菌、古菌、真菌);属:属名的尾词;脱硫化茎菌属:棒形的硫酸盐还原细菌。

Etymology L. pref. *de*, from; L. n. *sulfur*, sulfur; L. neut. n. *baculum*, a stick or rod; N.L. neut. n. *Desulfobaculum*, a rod sulfate-reducing bacterium.

模式种 厦门脱硫化茎菌(*Desulfobaculum xiamenense*) 勘误,Zhao 等,2012,新种。

词源 厦门:属于或与厦门有关的,此菌的分离地。

Etymology N.L. neut. adj. *xiamenense*, of or belonging to Xiamen, the place of isolation.

脱硫化香肠菌属(*Desulfobotulus*)Kuever 等,2009,新属。此属已定 2 种。

词源 脱:脱除,去除,还原;硫:硫磺,硫黄,元素 S;化:变化,一个连字,起……作用的;脱硫化:用于表示原核生物对硫酸盐的异化还原;香肠:香肠形;菌:表示微小的事物,微生物(细菌、古菌、真菌);属:属名的尾词;脱硫化香肠菌属:香肠形的硫酸盐还原者(生物)。

Etymology　L. pref. *de-*, from; L. n. *sulfur*, sulfur; N.L. pref. *desulfo-*, desulfuricating（prefix used to characterize a dissimilatory sulfate-reducing procaryote）; L. masc. n. *botulus*, a sausage; N.L. masc. n.*Desulfobotulus*, a sausage-shaped sulfate reducer.

模式种　吞皂脱硫化香肠菌(*Desulfobotulus sapovorans*)（Widdel,1981）Kuever 等,2009,新合并。

词源　吞:吞噬的,吞食的,大吃的,吞没的;皂:肥皂,香皂,高级脂肪酸;吞皂:消解肥皂的,即分解高级脂肪酸的。

Etymology　L. n. *sapo*, soap; L. part. adj. *vorans*, eating, devouring; N.L. part. adj. *sapovorans*, devouring soap（i.e. higher fatty acids）.

脱硫化球茎菌科(*Desulfobulbaceae*)Kuever 等,2006,新科。

模式属　脱硫化球茎菌属(*Desulfobulbus*)Widdel,1981,新属。

词源　脱硫化球茎菌属:此科之模式属;科:用于定义一个比属高、比目低的分类级和尾词;在中文科的命名中,把模式属属名中的尾字"属"代换为尾字"科",即为模式属所在的科名;脱硫化球茎菌科:脱硫化球茎菌属之科。

Etymology　N.L. masc. n. *Desulfobulbus*, type genus of the family; suff. *-aceae*, ending to denote family; N.L. fem. pl. n. *Desulfobulbaceae*, the *Desulfobulbus* family.

脱硫化球茎菌属(*Desulfobulbus*)Widdel,1981,新属。此属已定 7 种。

此属是脱硫化球茎菌科(*Desulfobulbaceae*)Kuever 等,2006 的模式属。

词源　脱:脱除,去除,还原;硫:硫磺,硫黄,元素 S;化:一个连字,变化,起……作用的;脱硫化:用于表示原核生物对硫酸盐的异化还原;球茎:洋葱,鳞茎,玉葱;球茎:形状像圆盘,扁圆球形;菌:表示微小的事物,微生物(细菌、古菌、真菌);属:属名的尾词;脱硫化球茎菌属:洋葱形的硫酸盐还原菌属。

Etymology　L. pref. *de-*, from; L. n. *sulfur*, sulfur; N.L. pref. *desulfo-*, desulfuricating（prefix used to characterize a dissimilatory sulfate-reducing procaryote）; L. masc. n. *bulbus*, a bulb, an onion; N.L. masc. n. *Desulfobulbus*, onion-shaped sulfate reducer.

模式种　丙酸滋脱硫化球茎菌(*Desulfobulbus propionicus*)Widdel,1981,新种。

词源　丙:天干第三位;酸:醋,像醋一样的味道,酸味,化学中在水溶液中能产生氢离子的化合物;丙酸:三个碳的(一元)羧酸,CH_3CH_2COOH;丙酸滋:与丙酸有关的,滋生丙酸的。

Etymology　N.L. n. *acidum propionicum*, propionic acid; L. masc. suff. *-icus*, suffix used with the sense of pertaining to; N.L. masc. adj. *propionicus*, pertaining to propionic acid.

脱硫化胶囊菌属(*Desulfocapsa*)Janssen 等,1997,新属。此属已定 2 种。

词源　脱:脱除,去除,还原;硫:硫磺,硫黄,元素 S;化:一个连字,变化,起……作用的;脱硫化:用于表示原核生物对硫酸盐的异化还原;胶囊:装药的一种胶质小囊,两端圆滑小棍,盒子,荚膜,囊,包囊,盒;菌:表示微小的事物,微生物(细菌、古菌、真菌);属:属名的尾词;脱硫化胶囊菌属:一种硫酸盐还原的胶囊形生物。

Etymology　L. pref. *de-*, from; L. n. *sulfur*, sulfur; N.L. pref. *desulfo-*, desulfuricating（prefix used to characterize a dissimilatory sulfate-reducing procaryote); L. fem. n. *capsa*, box; N.L. fem. n. *Desulfocapsa*, a sulfate-reducing box.

模式种　硫酵生脱硫化胶囊菌(*Desulfocapsa thiozymogenes*)Janssen 等,1997,新种。

词源　硫:硫磺,硫黄,元素 S;酵:酶,酵母,酵素,发酵;生:产,生产,生成,产生,导致,源自……;硫酵生:导致硫发酵(代谢)的。

Etymology　Gr. n. *theion*（Latin transliteration *thium*), sulfur; Gr. n. *zumê*, leaven, ferment; N.L. suff. *-genes*（from Gr. v. *gennaô*, to produce), producing; N.L. part. adj. *thiozymogenes*, causing a fermentation of sulfur.

脱硫化煤菌属(*Desulfocarbo*)An and Picardal,2014,新属。此属已定 1 种。

词源　脱:脱除,去除,还原;硫:硫磺,硫黄,元素 S;化:一个连字,变化,起……作用的;脱硫化:用于表示原核生物对硫酸盐的异化还原;煤:煤炭;菌:表示微小的事物,微生物(细菌、古菌、真菌);属:属名的尾词;脱硫化煤菌属:一种硫酸盐还原细菌,分离自煤层/煤床的。

来源　环境(Source：Environmental)。

Etymology　L. pref. *de*, from; L. n. *sulfur*, sulfur; N.L. pref. *desulfo-*, desulfuricating, a prefix used to characterize a dissimilatory sulfate-reducing prokaryote; L. masc. n. *carbo*, coal; N.L. masc. n. *Desulfocarbo*, a sulfate-reducing bacterium isolated from a coal bed.

模式种　印第安纳脱硫化煤菌(*Desulfocarbo indianensis*)An and Picardal,2014,新种。

词源　印第安纳:印第安纳州,美国的一个州,此模式株从此地分离。

Etymology　N.L. masc. adj. *indianensis*, pertaining to the state of Indiana, USA, where the type strain was isolated.

注:该菌也能降解安息香酸(苯甲酸)。

脱硫化胞菌属(*Desulfocella*)Brandt 等,1999,新属。此属已定 1 种。

词源　脱:脱除,去除,还原;硫:硫磺,硫黄,元素 S;化:一个连字,变化,起……作用的;脱硫化:用于表示原核生物对硫酸盐的异化还原;菌:表示微小的事物,微生物(细菌、古菌、真菌);属:属名的尾词;脱硫胞化菌属:硫酸盐还原细胞(生物)。

Etymology　L. pref. *de*, from; L. n. *sulfur*, sulfur; N.L. pref. *desulfo-*, desulfuricating（prefix used to characterize a dissimilatory sulfate-reducing procaryote); L. fem. n. *cella*, a store-room, a chamber, and in biology a cell; N.L. fem. n. *Desulfocella*, sulfate-reducing cell.

模式种　嗜卤脱硫化胞菌(*Desulfocella halophila*)Brandt 等,1999,新种。

词源　嗜:友好的,爱好的,喜好的,嗜好的;卤:卤素,盐;嗜卤:喜好盐的。

Etymology　Gr. n. *hals halos*, salt; N.L. fem. adj. *phila* (from Gr. fem. adj. *philê*), friend, loving; N.L. fem. adj. *halophila*, salt-loving.

脱硫化果菌属(*Desulfococcus*)Widdel,1981,新属。此属已定 2 种。

词源　脱:脱除,去除,还原;硫:硫磺,硫黄,元素 S;化:一个连字,变化,起……作用的;脱硫化:用于表示原核生物对硫酸盐的异化还原;果:浆果,表示浆果形(圆球或椭球);菌:表示微小的事物,微生物(细菌、古菌、真菌);属:属名的尾词;脱硫化果菌属:一种浆果形(球形)的硫酸盐还原生物。

Etymology　L. pref. *de*, from; L. n. *sulfur*, sulfur; N.L. pref. *desulfo-*, desulfuricating (prefix used to characterize a dissimilatory sulfate-reducing procaryote); N.L. masc. n. *coccus* (from Gr. masc. n. *kokkos*, grain, seed), berry, coccus; N.L. masc. n. *Desulfococcus*, a berry shaped (spherical) sulfate-reducer.

模式种　多吞脱硫果菌(*Desulfococcus multivorans*)Widdel,1981,新种。

词源　多:许多,很多;吞:吃,吞噬,吞吃,吞食,吞没,狼吞虎咽(般的吃光);多吞:吞噬很多类型的底物。

Etymology　L. adj. *multus*, much, great, many; L. v. *voro*, to devour, eat; N.L. part. adj. *multivorans*, devouring numerous kinds of substrates.

脱硫化凸菌属(*Desulfoconvexum*)Könneke 等,2013,新属。此属已定 1 种。

词源　脱:脱除,去除,还原;硫:硫磺,硫黄,元素 S;化:一个连字,变化,起……作用的;脱硫化:用于表示原核生物对硫酸盐的异化还原;凸:凸状,曲线;菌:表示微小的事物,微生物(细菌、古菌、真菌);属:属名的尾词;脱硫化凸菌属:形状像凸曲线的硫酸盐还原者(生物)。

Etymology　L. pref. *de*, from; N.L. pref. *sulfo-*, prefix used for N.L. masc. n. *sulfas - atis*, sulfate; L. neut. n.*convexum*, bow, curve; *Desulfoconvexum*, sulfate reducer shaped like a curve.

模式种　冰冷脱硫化凸菌(*Desulfoconvexum algidum*)Könneke 等,2013,新种。

词源　冰冷:冰冷的,寒冷的,此菌株生活在冰冷的条件中。

Etymology　L neut. adj. *algidum*, ice-cold, algid, living in ice-cold conditions.

脱硫化曲菌属(*Desulfocurvus*)Klouche 等,2009,新属。此属已定 2 种。

词源　脱:脱除,去除,还原;硫:硫,硫磺,硫黄,元素 S;化:一个连字,变化,起……作用的;脱硫化:用于表示原核生物对硫酸盐的异化还原;曲:弯曲;脱硫化曲菌属:弯曲的硫酸盐还原细菌。

Etymology　L. pref. *de*, from; L. n. *sulfur*, sulfur; N.L. pref. *desulfo-*, desulfuricating, used to characterize a dissimilatory sulfate-reducing prokaryote; L. adj. *curvus*, curved; N.L. masc. n. *Desulfocurvus*, a curved sulfate-reducing bacterium.

模式种　维克桑脱硫化曲菌(*Desulfocurvus vexinensis*)Klouche 等,2009,新种。

词源　维克桑:法国巴黎盆地的维克桑,是此分离物的地理源。

Etymology　N.L. masc. adj. *vexinensis*, pertaining to the geographical origin of the isolate, the Vexin, an area of the Paris Basin, France.

脱硫化豆菌属(*Desulfofaba*)Knoblauch 等,1999,新属;Abildgaard 等,2004 修改。此属已定 3 种。

词源　脱:脱除,去除,还原;硫:硫磺,硫黄,元素 S;化:一个连字,变化,起……作用的;脱硫化:用于表示原核生物对硫酸盐的异化还原;豆:豆(状);菌:表示微小的事物,微生物(细菌、古菌、真菌);属:属名的尾词;脱硫化豆菌属:一种硫酸盐还原的豆(形)细菌。

Etymology　L. prefix *de*, off; L. n. *sulfur*, sulfur; N.L. pref. *desulfo-*, desulfuricating (prefix used to characterize a dissimilatory sulfate-reducing procaryote); L. fem. n. *faba*, a bean; N.L. fem. n. *Desulfofaba*, a sulfate-reducing bean.

模式种　冰冷脱硫化豆菌(*Desulfofaba gelida*)Knoblauch 等,1999,新种。

词源　冰冷:冰冷的,非常冷的,寒冷的,冰的,指的是此菌生长的低温最适性。

Etymology　L. fem. adj. *gelida*, icy cold, very cold; referring to the low temperature optimal for growth.

脱硫化冻菌属(*Desulfofrigus*)Knoblauch 等,1999,新属。此属已定 2 种。

词源　脱:脱除,去除,还原;硫:硫磺,硫黄,元素 S;化:一个连字,变化,起……作用的;脱硫化:用于表示原核生物对硫酸盐的异化还原;冻:冷,寒;菌:表示微小的事物,微生物(细菌、古菌、真菌);属:属名的尾词;脱硫化冻菌属:生活在寒冷环境中的硫酸盐还原者(生物)。

Etymology　L. pref. *de*, from; L. n. *sulfur*, sulfur; N.L. pref. *desulfo-*, desulfuricating (prefix used to characterize a dissimilatory sulfate-reducing procaryote); L. neut. n. *frigus*, cold; N.L. neut. n. *Desulfofrigus*, sulfate reducer living in the cold.

模式种　洋脱硫化冻菌(*Desulfofrigus oceanense*)Knoblauch 等,1999,新种。

词源　洋:大洋,与大洋相关的。

Etymology　L. n. *oceanus*, ocean; N.L. neut. adj. *oceanense*, pertaining to the ocean.

脱硫化棒菌属(*Desulfofustis*)Friedrich 等,1996,新属。此属已定 1 种。

词源　脱:脱除,去除,还原;硫:硫磺,硫黄,元素 S;化:一个连字,变化,起……作用的;脱硫化:用于表示原核生物对硫酸盐的异化还原;棒:棍棒,棒球棍;菌:表示微小的事物,微生物(细菌、古菌、真菌);属:属名的尾词;脱硫化棒菌属:棒形的硫酸盐还原者(生物)。
Etymology　L. pref. *de-*, from; L. n. *sulfur*, sulfur; N.L. pref. *desulfo-*, desulfuricating (prefix used to characterize a dissimilatory sulfate-reducing procaryote); L. masc. n. *fustis*, club; N.L. masc. n. *Desulfofustis*, a club-shaped sulfate reducer.

模式种　乙醇酸脱硫化棒菌(*Desulfofustis glycolicus*)Friedrich 等,1996,新种。
词源　乙醇酸:与乙醇酸有关的,指的是乙醇酸作为此菌种最主要的底物。
Etymology　N.L. n. *acidum glycolicum*, glycolic acid; L. masc. suff. *-icus*, suffix used with the sense of pertaining to; N.L. masc. adj. *glycolicus*, referring to glycolic acid as the key substrate of this species.

脱硫化集菌属(*Desulfoglaeba*)Davidova 等,2006,新属。此属已定1种。

词源　脱:脱除,去除,还原;硫:硫磺,硫黄,元素 S;化:一个连字,变化,起……作用的;脱硫化:用于表示原核生物对硫酸盐的异化还原;菌:表示微小的事物,微生物(细菌、古菌、真菌);属:属名的尾词;脱硫化集菌属:硫酸盐还原凝结/聚集菌。
Etymology　L. prep. *de*, from; N.L. pref. *sulfo-*, prefix used for N.L. masc. n. *sulfas -atis* (sulfate) in genus names of sulfate-reducing prokaryotes; L. fem. n. *glaeba*, clump, crumb, aggregate; N.L. fem. n. *Desulfoglaeba*, sulfate-reducing clump/aggregate.

模式种　蚀烷脱硫化集菌(*Desulfoglaeba alkanexedens*)Davidova 等,2006,新种。
词源　蚀:侵蚀,剥蚀,吞蚀,吃完,耗尽;烷:烷烃;蚀烷:耗尽烃类。
Etymology　N.L. n. *alkanum*, alkane; L. part. adj. *exedens*, eating up; N.L. part. adj. *alkanexedens*, eating up alkanes.

脱硫化卤菌科(*Desulfohalobiaceae*)Kuever 等,2006,新科。

模式属　脱硫化卤菌属(*Desulfohalobium*)Ollivier 等,1991,新属。
词源　脱硫化卤菌属:此科之模式属;科:用于定义一个比属高、比目低的分类级和尾词;在中文科的命名中,把模式属属名中的尾字"属"代换为尾字"科",即为模式属所在的科名;脱硫化卤菌科:脱硫化卤菌属之科。
Etymology　N.L. neut. n. *Desulfohalobium*, type genus of the family; suff. *-aceae*, ending to denote family; N.L. fem. pl. n. *Desulfohalobiaceae*, the *Desulfohalobium* family.

脱硫化卤菌属(*Desulfohalobium*)Ollivier 等,1991,新属。此属已定2种。

此属是脱硫化卤菌科(*Desulfohalobiaceae*)Kuever 等,2006 的模式属。
词源　脱:脱除,去除,还原;硫:硫磺,硫黄,元素 S;化:一个连字,变化,起……作用的;脱硫化:用于表示原核生物对硫酸盐的异化还原;菌:表示微小的事物,微生物(细菌、古菌、真菌)；属：属名的尾词；脱硫化卤菌属：需盐、棒形的硫酸盐还原细菌。

Etymology L. pref. *de*, from; L. n. *sulfur*, sulfur; N.L. pref. *desulfo-*, desulfuricating (prefix used to characterize a dissimilatory sulfate-reducing procaryote); Gr. n. *hals halos*, salt; Gr. n. *bios*, life; N.L. adj. *halobius -a -um*, living on salt; N.L. neut. n. *Desulfohalobium*, a sulfate-reducing, salt-requiring, rod-shaped bacterium.

模式种　雷特巴湖脱硫化卤菌(*Desulfohalobium retbaense*)Ollivier 等,1991,新种。

词源　雷特巴湖：塞内加尔雷特巴湖,此菌与此湖有关,即分离自此。

Etymology N.L. neut. adj. *retbaense*, pertaining to Retba Lake in Senegal.

脱硫化月芽菌属(*Desulfoluna*)Suzuki 等,2008,新属。或脱硫月牙菌属。此属已定2种。

词源　脱：脱除,去除,还原；硫：硫磺,硫黄,元素S；化：一个连字,变化,起……作用的；脱硫化：用于表示原核生物对硫酸盐的异化还原；菌：表示微小的事物,微生物(细菌、古菌、真菌)；属：属名的尾词；脱硫化月芽菌属：月芽形(新月形)的硫酸盐还原生物。

Etymology L. pref. *de*, from; L. n. *sulfur*, sulfur; L. fem. n. *luna*, the figure of a half-moon, a crescent, lune; N.L. fem. n. *Desulfoluna*, a sulfate-reducing crescent.

模式种　丁酸氧化脱硫化月芽菌(*Desulfoluna butyratoxydans*)Suzuki 等,2008,新种。

词源　氧化：氧化,物质(原子、分子、离子)失去电子或增加氧化态的过程,一般就是与氧结合的过程。

Etymology N.L. n. *butyras -atis*, butyrate; N.L. part. adj. *oxydans*, oxidizing; N.L. part. adj. *butyratoxydans*, butyrate-oxidizing.

脱硫化微菌科(*Desulfomicrobiaceae*)Kuever 等,2006,新科。

模式属　脱硫化微菌属(*Desulfomicrobium*)Rozanova 等,1994,新属。

词源　脱硫化微菌属：此科之模式属；科：用于定义一个比属高、比目低的分类级和尾词；在中文科的命名中,把模式属属名中的尾字"属"代换为尾字"科",即为模式属所在的科名；脱硫化微菌科：脱硫化微菌属之科。

Etymology N.L. neut. n. *Desulfomicrobium*, type genus of the family; suff. *-aceae*, ending to denote family; N.L. fem. pl. n. *Desulfomicrobiaceae*, the *Desulfomicrobium* family.

脱硫化微菌属(*Desulfomicrobium*)Rozanova 等,1994,新属。此属已定7种。

此属是脱硫微菌科(*Desulfomicrobiaceae*)Kuever 等,2006 的模式属。

词源　脱：脱除,去除,还原；硫：硫磺,硫黄,元素S；化：一个连字,变化,起……作用的；脱硫化：用于表示原核生物对硫酸盐的异化还原；微：微小的,微生物；菌：表示微小的事物,微生物(细菌、古菌、真菌)；微菌：微生物；脱硫化微菌属：硫酸盐还原的微生物。

Etymology L. pref. *de*, from; L. n. *sulfur*, sulfur; N.L. pref. *desulfo-*, desulfuricating (prefix used to characterize a dissimilatory sulfate-reducing procaryote); N.L. neut. n. *microbium* (from Gr. adj. *mikros*, small and Gr. n. *bios*, life), a microbe; N.L. neut. n. *Desulfomicrobium*, sulfate-reducing, small life.

模式种 茎脱硫化微菌(*Desulfomicrobium baculatum*)勘误,(Rozanova and Nazina,1984) Rozanova 等,1994,新合并。

词源 茎:茎,杖,棒,表示形态像茎状的,棒形的。

Etymology　L. n. *baculum*, a stick, staff; L. neut. suff. *-atum*, suffix denoting provided with; N.L. neut. adj. *baculatum*, shaped like a rod.

脱硫化单胞菌属(*Desulfomonas*)Moore 等,1976,属。此属已定 1 种。

此属 2002 年已归属到→脱硫化弧菌属(*Desulfovibrio*)Kluyver and van Niel,1936,《1980 年细菌名确认单》,Loubinoux 等,2002 修改。

词源 脱硫:脱硫化,去除硫;单胞:单元,单细胞;菌:表示微小的事物,微生物(细菌、古菌、真菌);微菌:微生物;脱硫化单胞菌:还原硫化合物的单细胞。

Etymology　L. pref. *de*, from; L. n. *sulfur*, sulfur; N.L. pref. *desulfo-*, desulfuricating; L. fem. n. *monas*, unit, monad; N.L. fem. n. *Desulfomonas*, a cell that reduces sulfur compounds.

模式种 懒脱硫单胞菌(*Desulfomonas pigra*)Moore 等,1976,种;《1980 年细菌名确认单》。

此种 2002 年已归种到→懒脱硫化弧菌(*Desulfovibrio piger*)(Moore 等,1976)Loubinoux 等,2002,新合并。

词源 懒:懒惰的,慵懒的,行动迟缓的,不活泼的,指的是此菌种利用有限种类的底物。

Etymology　L. adj. *piger -gra -grum*, lazy, indolent, sluggish, inactive; L. fem. adj. *pigra*, lazy (referring to the limited number of substrates utilized by the species).

脱硫化念珠菌属(*Desulfomonile*)DeWeerd 等,1991,新属。此属已定 2 种。

词源 脱:脱除,去除,还原;硫:硫磺,硫黄,元素 S;化:一个连字,变化,起……作用的;脱硫化:用于表示原核生物对硫酸盐的异化还原;菌:表示微小的事物,微生物(细菌、古菌、真菌);属:属名的尾词;脱硫化念珠菌属:念珠状的硫酸盐还原者(生物)。

Etymology　L. pref. *de*, from; L. n. *sulfur*, sulfur; N.L. pref. *desulfo-*, desulfuricating (prefix used to characterize a dissimilatory sulfate-reducing procaryote); L. neut. n. monile, a necklace, a collar; N.L. neut. n. *Desulfomonile*, a "collared" sulfate-reducer.

模式种 迪杰氏脱硫化念珠菌(*Desulfomonile tiedjei*)DeWeerd 等,1991,新种。

词源 氏:姓氏;迪杰氏:以迪杰的姓氏命名,为了标记迪杰和他的实验室对微生物生态学的贡献。迪杰是现代微生物生态学的开创者之一,在微生物脱卤方面有突出贡献。

Etymology　N.L. gen. masc. n. *tiedjei*, of Tiedje, named to recognize the contributions of James M. Tiedje and his laboratory to the field of microbial ecology.

脱硫化芭蕉菌属(*Desulfomusa*)Finster 等,2001,新属。此属已定 1 种。

此属已归属到→脱硫化豆菌属(*Desulfofaba*)Knoblauch 等,1999,Abildgaard 等,2004 修改。

词源　脱:脱除,去除,还原;硫:硫磺,硫黄,元素 S;化:一个连字,变化,起……作用的;脱硫化:用于表示原核生物对硫酸盐的异化还原;芭蕉:植物学科学属名,芭蕉属,香蕉;菌:表示微小的事物,微生物(细菌、古菌、真菌);属:属名的尾词;脱硫化芭蕉菌属:香蕉形细菌,硫酸盐还原。

Etymology　L. pref. *de*, from; L. n. *sulfur*, sulfur; N.L. pref. *desulfo-*, desulfuricating (prefix used to characterize a dissimilatory sulfate-reducing procaryote); N.L. fem. n. *Musa*, generic name of banana; N.L. fem. n. *Desulfomusa*, banana-shaped bacterium that reduces sulfate.

模式种　汉森氏脱硫化香蕉菌(*Desulfomusa hansenii*)Finster 等,2001,新种。

词源　氏:姓氏;汉森氏:纪念荷兰的西奥·汉森,他对我们(作者)理解硫酸盐还原细菌有机质氧化途径有重要贡献。

Etymology　N.L. gen. masc. n. *hansenii*, of Hansen, named to honour Theo Hansen of The Netherlands, who made important contributions to our understanding of the pathways of organic matter oxidation in sulfate-reducing bacteria.

脱硫化泡碱菌科(*Desulfonatronaceae*)勘误,Kuever 等,2006,新科。

模式属　脱硫化泡碱菌属(*Desulfonatronum*)Pikuta 等,1998,新属。

词源　脱硫化泡碱菌属:此科之模式属;科:用于定义一个比属高、比目低的分类级和尾词;在中文科的命名中,把模式属属名中的尾字"属"代换为尾字"科",即为模式属所在的科名;脱硫化泡碱菌科:脱硫化泡碱菌属之科。

Etymology　N.L. neut. n. *Desulfonatronum*, type genus of the family; suff. *-aceae*, ending to denote family; N.L. fem. pl. n. *Desulfonatronaceae*, the *Desulfonatronum* family.

脱硫化泡碱杆菌属(*Desulfonatronobacter*)Sorokin 等,2012,新属。此属已定 1 种。

词源　脱:脱除,去除,还原;硫:硫磺,硫黄,元素 S;化:一个连字,变化,起……作用的;脱硫化:用于表示原核生物对硫酸盐的异化还原;泡碱:与苏打基本同义,常混用,但泡碱常指以十水碳酸钠(苏打灰的一种)、约 **17%** 碳酸氢钠(发酵粉或小苏打)、少量的氯化钠和硫酸钠组成的混合物;菌:表示微小的事物,微生物(细菌、古菌、真菌);属:属名的尾词;脱硫化泡碱杆菌属:硫酸盐还原,嗜苏打的棒形生物。

Etymology　L. prep. *de*, from; N.L. pref. *sulfo-*, prefix used for N.L. masc. n. *sulfas -atis*, sulfate; N.Gr. n. *natron*, arbitrarily derived from the Arabic n. *natrun* or *natron*, soda; N.L. masc. n. *bacter*, a rod; N.L. masc. n. *Desulfonatronobacter*, sulfate-reducing natronophilic rod.

模式种　吞酸脱硫化泡碱杆菌(*Desulfonatronobacter acidivorans*)Sorokin 等,2012,新种。

词源　吞:吞噬的,吞食的,大吃的,吞没的;吞酸:吞食(脂肪)酸。

Etymology   N.L. neut. n. *acidum*, acid; L. part. adj. *vorans*, devouring; N.L. part. adj. *acidivorans*, devouring (fatty) acids.

脱硫化泡碱螺体属(*Desulfonatronospira*) Sorokin 等,2008,新属。此属已定 2 种。

词源   脱:脱除,去除,还原;硫:硫磺,硫黄,元素 S;化:一个连字,变化,起……作用的;脱硫化:用于表示原核生物对硫酸盐的异化还原;泡碱:与苏打基本同义,常混用,这里指的是碳酸钠;螺:螺旋,螺形;菌:表示微小的事物,微生物(细菌、古菌、真菌);属:属名的尾词;脱硫化泡碱螺体属:脱硫化,嗜苏打的小螺形菌。

Etymology   L. prep. *de*, from; N.L. pref. *sulfo-*, prefix used for N.L. n. *sulfas -atis*, sulfate; N.L. n. *natron* (arbitrarily derived from the Arabic n. *natrun* or *natron*) soda, sodium carbonate; N.L. pref. *natrono-*, pertaining to soda; L. fem. n. *spira*, a spire; N.L. fem. n. *Desulfonatronospira*, desulfurizing soda-loving spirillum.

模式种   硫歧化脱硫化泡碱螺体(*Desulfonatronospira thiodismutans*) Sorokin 等,2008,新种。

词源   硫:硫,硫磺,硫黄,元素 S;歧:岐,二分,分枝,岔道,歧途;化:一个连字,变化,起……作用;歧化:自身氧化还原反应;硫歧化:硫的自身氧化还原,即硫的价态同时有升高和降低的情况。

Etymology   Gr. n. *theion* (Latin transliteration *thium*), sulfur; L. particle *dis*, in two; L. part. adj. *mutans*, changing, altering; N.L. part. adj. *thiosismutans*, dismutating sulfur.

脱硫化泡碱弧菌属(*Desulfonatronovibrio*) Zhilina 等,1997,新属;Sorokin 等,2011 修改。此属已定 4 种。

词源   泡碱:与苏打基本同义,常混用,这里指的是碳酸钠;弧:作动词表示弧动,像手中舞动的绳子状振动;弧:作名词也表示细菌的一个属名,表示弧状的菌,弧菌属;菌:表示微小的事物,微生物(细菌、古菌、真菌);属:属名的尾词;脱硫化泡碱弧菌属:硫酸盐还原、弧状、源自苏打环境的菌。

Etymology   L. pref. *de*, from; L. n. *sulfur*, sulfur; N.L. pref. *desulfo-*, desulfuricating (prefix used to characterize a dissimilatory sulfate-reducing procaryote); N.L. n. *natron* (arbitrarily derived from the Arabic n. *natrun* or *natron*) soda, sodium carbonate; N.L. pref. *natrono-*, pertaining to soda; L. v. *vibro*, to set in tremulous motion, move to and fro, vibrate; N.L. masc. n. *vibrio*, that which vibrates, and also a bacterial genus name of bacteria possessing a curved rod shape (*Vibrio*); N.L. masc. n. *Desulfonatronovibrio*, sulfate-reducing vibrio from soda environment.

模式种   吞氢脱硫化泡碱弧菌(*Desulfonatronovibrio hydrogenovorans*) Zhilina 等,1997,新种。

词源   吞:吞噬的,吞食的,大吃的,利用的;氢:元素氢,H,氢气,产水(因为氢与氧结合产生水,因此新拉丁文的本意即为产水);吞氢:吞食氢,利用氢气,消解氢的。

Etymology　N.L. n. *hydrogenum*（from Gr. n. *hudôr*, water; and Gr. v. *gennaô*, to produce）, hydrogen（that which produces water, so called because it forms water when exposed to oxygen）; L. part. adj. *vorans*, devouring, eating; N.L. part. adj. *hydrogenovorans*, hydrogen devouring, hydrogen utilizing.

脱硫化泡碱菌属（*Desulfonatronum*）Pikuta 等,1998,新属。此属已定 7 种。

此属是脱硫化泡碱菌科（*Desulfonatronaceae*）勘误, Kuever*et al*,2006 的模式属。

词源　脱:脱除,去除,还原;硫:硫磺,硫黄,元素 S;化:一个连字,变化,起……作用的;脱硫化:用于表示原核生物对硫酸盐的异化还原;泡碱:与苏打基本同义,常混用,但常指主要以十水碳酸钠(苏打灰的一种)、约 **17%** 碳酸氢钠(发酵粉或小苏打)、少量的氯化钠和硫酸钠组成的混合物;菌:表示微小的事物,微生物(细菌、古菌、真菌);属:属名的尾词;脱硫化泡碱菌属:硫酸盐还原,栖息苏打湖的菌。

Etymology　L. pref. *de*, from; L. n. *sulfur*, sulfur; N.L. pref. *desulfo-*, desulfuricating（prefix used to characterize a dissimilatory sulfate-reducing procaryote）; N.L. neut. n. *natron*（arbitrarily derived from the Arabic n. *natrun* or*natron*）soda; N.L. neut. n. *Desulfonatronum*, a sulfate reducer inhabiting soda lakes.

模式种　湖脱硫化泡碱菌（*Desulfonatronum lacustre*）Pikuta 等,1998,新种。

词源　湖:湖,泊,湖泊,指的是属于湖泊的,栖息于湖泊的。

Etymology　L. n. *lacus*, basin, lake; L. suff. *-ter -tris -tre*, suffix meaning in a general way belonging to（especially of places）; N.L. neut. adj. *lacustre*, belonging to lakes, inhabiting lakes.

脱硫化航海菌属（*Desulfonauticus*）Audiffrin 等,2003,新属;Mayilraj 等,2009 修改。此属已定 2 种。

词源　脱:脱除,去除,还原;硫:硫磺,硫黄,元素 S;化:一个连字,变化,起……作用的;脱硫化:用于表示原核生物对硫酸盐的异化还原;航海:航海的,在海里航行;菌:表示微小的事物,微生物(细菌、古菌、真菌);属:属名的尾词;脱硫化航海菌属:来自海洋的硫酸盐还原者(生物)。

Etymology　L. pref. *de*, from; L. n. *sulfur*, sulfur; N.L. pref. *Desulfo-*, desulfuricating, use to characterize a dissimilatory sulfate-reducing prokaryote; L. adj. *nauticus*, nautical; N.L. masc. n. *Desulfonauticus*, a marine sulfate-reducer.

模式种　潜艇脱硫化航海菌（*Desulfonauticus submarinus*）Audiffrin 等,2003,新种。

词源　潜:潜水,水下;艇:(小)船,舰;潜艇:潜水艇,潜水舰,指的是来自于海水潜艇活动区域(深水区域)的。

Etymology　L. pref. *sub-*, under; L. adj. *marinus*, marine; N.L. adj. *submarinus*, from a submarine area.

脱硫化线体属（*Desulfonema*）Widdel,1981,新属。此属已定3种。

词源　脱:脱除,去除,还原;硫:硫磺,硫黄,元素S;化:一个连字,变化,起……作用的;脱硫化:用于表示原核生物对硫酸盐的异化还原;线:线条,线状物,绳;体:整体,身体,菌体,在微生物学属名中的作用与"菌"类似;属:属名的尾词;脱硫化线体属:线形硫酸盐还原者(生物)。

Etymology　L. pref. *de*, from; L. n. *sulfur*, sulfur; N.L. pref. *desulfo-*, desulfuricating（prefix used to characterize a dissimilatory sulfate-reducing procaryote）; Gr. neut. n. *nema*, thread; N.L. neut. n. *Desulfonema*, thread-forming sulfate reducer.

模式种　泥栖脱硫化线体（*Desulfonema limicola*）Widdel,1981,新种。

词源　泥:泥淖,泥土;栖:居住,栖居,栖居者,栖息者;泥栖:栖息在泥土中的生物。

Etymology　L. n. *limus*, mud; L. suff. *-cola*（from L. n. *incola*）, inhabitant, dweller; N.L. n. *limicola*, mud-dweller.

脱磺化孢菌属（*Desulfonispora*）Denger等,1999,新属。或脱硫化孢菌属。此属已定1种。

词源　脱:脱除,去除,还原;磺:磺酸,磺酸盐;化:一个连字,变化,起……作用的;脱磺化:脱磺化的,脱除磺酸盐的;孢:孢子;菌:表示微小的事物,微生物(细菌、古菌、真菌);属:属名的尾词;脱磺化孢菌属:脱除磺酸盐的孢子形成者(生物)。

Etymology　N.L. pref. *desulfono-*（from N.L. part. adj. *desulfonans*）, desulfonating; N.L. fem. n. *spora*（from Gr. fem. *spora*, a seed）, a spore; N.L. fem. n. *Desulfonispora*, desulfonating spore（-former）.

模式种　硫代硫酸盐生脱磺化孢菌（*Desulfonispora thiosulfatigenes*）Denger等,1999,新种。

词源　硫代:代是一个连字,表示硫取代的,化合物中的某个元素被硫取代;硫酸盐:硫酸中氢离子被取代后形成的盐类化合物,（SO_4^{2-}）;硫代硫酸盐:硫酸根中的一个氧原子被硫原子取代形成的化合物,（$S_2O_3^{2-}$）;生:产,产生,生产,生成,导致;硫代硫酸盐生:硫代硫酸盐生成的。

Etymology　N.L. n. *thiosulfas -atis*, thiosulfate; Gr. v. *gennaô*, produce, engender; N.L. part. adj. *thiosulfatigenes*, thiosulfate-producing.

脱硫化柱菌属（*Desulfopila*）Suzuki等,2007,新属。此属已定2种。

词源　脱:脱除,去除,还原;硫:硫磺,硫黄,元素S;化:一个连字,变化,起……作用的;脱硫化:用于表示原核生物对硫酸盐的异化还原;柱:柱子,柱状;菌:表示微小的事物,微生物(细菌、古菌、真菌);属:属名的尾词;脱硫化柱菌属:柱形的硫酸盐还原生物。

Etymology　L. pref. *de*, from; L. n. *sulfur*, sulfur; L. fem. n. *pila*, pillar; N.L. fem. n. *Desulfopila*, a sulfate-reducing pillar.

模式种　潮滩脱硫化柱菌（*Desulfopila aestuarii*）Suzuki等,2007,新种。

词源　潮滩：潮汐（形成的）滩，潮汐地，潮汐坪，海滩，江河入海口。
Etymology　L. gen. n. *aestuarii*, of an estuary.

脱硫化李子菌属（*Desulfoprunum*）Junghare and Schink，2015，新属。此属已定1种。

词源　脱：脱除，去除，还原；硫：硫磺，硫黄，元素S；化：一个连字，变化，起……作用的；脱硫化：用于表示原核生物对硫酸盐的异化还原；李子：蔷薇科李属植物的一种，李子也是一种水果；菌：表示微小的事物，微生物（细菌、古菌、真菌）；属：属名的尾词；脱硫化李子菌属：李子形的硫酸盐还原细菌。
Etymology　L. pref. *de-*, off, from; L. n. *sulfur*, sulfur, L. neut. n. *prunum*, plum; N.L. neut. n. *Desulfoprunum*, a plum-shaped sulfate-reducing bacterium.

模式种　解安息香脱硫化李子菌（*Desulfoprunum benzoelyticum*）Junghare and Schink，2015，新种。

词源　解：溶解的，分解的，裂解的，降解的；安息香：来源于中亚古国安息国，因此名之，即，2-羟基-1,2-双苯基乙酮，可通过两分子苯甲醛的安息香缩合获得；解安息香：分解/降解安息香酸盐的。
Etymology　N.L. n. *benzoe*（from Arabic *luban dschawi*），benzoic resin; N.L. adj. *lyticum*（from Gr. adj. *lytikos*），dissolving; N.L. neut. adj. *benzoelyticum*, degrading benzoate.

来源　工业（Source：Industrial）。

注：安息香（benzoin），分子式PhCH(OH)C(O)Ph，但它并不是安息香树脂（benzoin resin）的构成成分。安息香树脂是来自安息香树（Styrax，即安息香科苏合青属植物）或安息香酊（Tincture of benzoin），其主要成分是安息香酸（苯甲酸）。安息香酸的盐或酯又称为安息香酸盐（benzoate）。

脱硫化尺菌属（*Desulforegula*）Rees and Patel，2001，新属。此属已定1种。

词源　脱：脱除，去除，还原；硫：硫磺，硫黄，元素S；化：一个连字，变化，起……作用的；脱硫化：用于表示原核生物对硫酸盐的异化还原；菌：表示微小的事物，微生物（细菌、古菌、真菌）；属：属名的尾词；脱硫化尺菌属：尺形的硫酸盐还原细菌。
Etymology　L. pref. *de*, from; L. n. *sulfur*, sulfur; N.L. pref. *desulfo-*, desulfuricating（prefix used to characterize a dissimilatory sulfate-reducing procaryote）; L. n. fem *regula*, a straight piece of wood or ruler; N.L. fem. n. *Desulforegula*, a sulfate-reducing bacterium shaped like a ruler.

模式种　储存脱硫化尺菌（*Desulforegula conservatrix*）Rees and Patel，2001，新种。

词源　储存：孕育，指的是脂质细胞内含物的储存。
Etymology　L. fem. n. *conservatrix*（nominative in apposition）, she who preserves, describing the storage of lipid cell inclusions.

脱硫化杵菌属(*Desulforhabdus*)Oude Elferink 等,1997,新属。此属已定 1 种。

词源　脱:脱除,去除,还原;硫:硫磺,硫黄,元素 S;化:一个连字,变化,起……作用的;脱硫化:用于表示原核生物对硫酸盐的异化还原;杵:中国古代舂米或捶衣的木棒,表示棒,棒形;菌:表示微小的事物,微生物(细菌、古菌、真菌);属:属名的尾词;脱硫化杵菌属:杵/棒形的硫酸盐还原者(生物)。

Etymology　L. pref. *de*, from; L. n. *sulfur*, sulfur; Gr. fem. n. *rhabdos*, rod; N.L. fem. n. *Desulforhabdus*, a rod-shaped sulfate reducer.

模式种　流水生脱硫化杵菌(*Desulforhabdus amnigena*)勘误,Oude Elferink 等,1997,新种。

词源　流:流动,流体;水:H_2O,一种无色、无臭、无味、透明液体;流水:任何宽广和深部快速流动的水;生:出生,源自;流水生:与流动水体相关的,源自流水的。

Etymology　L. n. *amnis*, any broad and deep-flowing, rapid water; L. suff. *genus -a -um* (from L. v. *gigno*, to produce, give birth to, beget), born from; N.L. fem. adj. *amnigena*, coming from water.

脱硫化秆菌属(*Desulforhopalus*)Isaksen and Teske,1999,新属。此属已定 2 种。

词源　脱:脱除,去除,还原;硫:硫磺,硫黄,元素 S;化:一个连字,变化,起……作用的;脱硫化:用于表示原核生物对硫酸盐的异化还原;秆:稻麦等植物的茎,指的棒(形);菌:表示微小的事物,微生物(细菌、古菌、真菌);属:属名的尾词;脱硫化秆菌属:秆/棒形的硫酸盐还原者(生物)。

Etymology　L. pref. *de-*, from; L. n. *sulfur*, sulfur; N.L. pref. *desulfo-*, desulfuricating (prefix used to characterize a dissimilatory sulfate-reducing procaryote); L. masc. n. *rhopalus*, cudgel; N.L. masc. n. *Desulforhopalus*, cudgel-formed sulfate reducer.

模式种　空泡脱硫化秆菌(*Desulforhopalus vacuolatus*)Isaksen 等,1999,新种。

词源　空:空的;泡:水泡,气泡;空泡:由于细胞形态显得像是空泡。

Etymology　N.L. masc. adj. *vacuolatus* (from L. v. *vacuo*, to make empty or void), vacuolated due to the morphology of the cells.

脱硫化盐单胞菌属(*Desulfosalsimonas*)Kjeldsen 等,2010,新属。此属已定 1 种。

词源　脱:脱除,去除,还原;硫:硫磺,硫黄,元素 S;化:一个连字,变化,起……作用的;脱硫化:用于表示原核生物对硫酸盐的异化还原;盐:卤的,盐的;单胞:单细胞,单元;菌:表示微小的事物,微生物(细菌、古菌、真菌);属:属名的尾词;脱硫化盐单胞菌属:生活在(超)盐环境的硫酸盐还原单细胞生物。

Etymology　L. pref. *de*, from; L. n. *sulfur*, sulfur; L. adj. *salsus*, salty, saline; L. fem. n. *monas*, unit, monad; N.L. fem. n. *Desulfosalsimonas*, a sulfate-reducing monad that thrives in (hyper)saline environments.

模式种　丙酸脱硫化盐单胞菌(*Desulfosalsimonas propionicica*)Kjeldsen 等,2010,新种。

词源　丙：天干第三位；酸：醋，像醋一样的味道，酸味，化学中在水溶液中能产生氢离子的化合物；丙酸：三个碳的(一元)羧酸，CH_3CH_2COOH；丙酸滋：与丙酸有关的，滋生丙酸的。
Etymology　N.L. n. *acidum propionicum*, propionic acid; L. fem. suff. *-ica*, suffix used with the sense of pertaining to; N.L. fem. adj. *propionicica*, belonging to propionic acid.

脱硫化八球菌属(*Desulfosarcina*) Widdel, 1981, 新属。此属已定3种。

词源　脱：脱除，去除，还原；硫：硫磺，硫黄，元素S；化：一个连字，变化，起……作用的；脱硫化：用于表示原核生物对硫酸盐的异化还原；八球：八迭球，八叠球，表示成束的；菌：表示微小的事物，微生物(细菌、古菌、真菌)；属：属名的尾词；脱硫化八球菌：八迭球形的硫酸盐还原菌。
Etymology　L. pref. *de-*, from; L. n. *sulfur*, sulfur; N.L. pref. *desulfo-*, desulfuricating (prefix used to characterize a dissimilatory sulfate-reducing procaryote); L. fem. n. *sarcina*, a package, bundle, and also a generic name (*Sarcina*); N.L. fem. n. *Desulfosarcina*, sarcina-shaped sulfate reducer.

模式种　多形脱硫化八球菌(*Desulfosarcina variabilis*) Widdel, 1981, 新种。
词源　多形：(形态)变化的，多变的，多种形态的。
Etymology　L. fem. adj. *variabilis*, changeable, variable.

脱硫化体属(*Desulfosoma*) Baena 等, 2011, 新属。此属已定2种。

词源　脱：脱除，去除，还原；硫：硫磺，硫黄，元素S；化：一个连字，变化，起……作用的；脱硫化：用于表示原核生物对硫酸盐的异化还原；体：体(形)，身体，整体，小体，小生命；属：属名的尾词；脱硫化体属：硫酸盐还原的菌体。
Etymology　L. pref. *de*, from; L. n. *sulfur*, sulfur; N.L. pref. *desulfo-*, prefix used to characterize a dissimilatory sulfate-reducing prokaryote; Gr. neut. n. *soma*, body; N.L. neut. n. *Desulfosoma*, sulfate-reducing body.

模式种　烫脱硫化体(*Desulfosoma caldarium*) Baena 等, 2011, 新种。
词源　烫：热的，高温的，与高温有关的，适合于高温生长的。
Etymology　L. neut adj. *caldarium*, pertaining to warmth, suitable for warming.

脱硫化螺体属(*Desulfospira*) Finster 等, 1997, 新属。此属已定1种。

词源　脱：脱除，去除，还原；硫：硫磺，硫黄，元素S；化：一个连字，变化，起……作用的；脱硫化：去除硫的一种过程，用于表示原核生物对硫酸盐的异化还原；螺：螺形，螺旋，螺体；菌：表示微小的事物，微生物(细菌、古菌、真菌)；属：属名的尾词；脱硫化螺体属：硫酸盐还原的螺形(线圈)生物。
Etymology　L. pref. *de-*, from; L. n. *sulfur*, sulfur; N.L. pref. *desulfo-*, desulfuricating (prefix used to characterize a dissimilatory sulfate-reducing procaryote); L. fem. n. *spira*, a coil, spire;

N.L. fem. n. *Desulfospira*, a sulfate-reducing coil.

模式种 侨根森氏脱硫化螺体(*Desulfospira joergensenii*)Finster 等,1997,新种。

词源 氏:姓氏;侨根森氏:以侨根森的姓氏命名,丹麦微生物学家,他对促进我们(作者)现在的硫循环知识有重要贡献。

Etymology N.L. gen. masc. n. *joergensenii*, of Joergensen; named after B.B. Jørgensen, a Danish microbiologist who has made important contributions to our current knowledge of the sulfur cycle.

脱硫化孢弯菌属(*Desulfosporosinus*)Stackebrandt 等,1997,新属;Robertson 等,2001 修改,Stackebrandt 等,2003 修改,Vatsurina 等,2008 修改。此属已定 8 种。

词源 脱:脱除,去除,还原;硫:硫磺,硫黄,元素 S;化:一个连字,变化,起……作用的;脱硫化:用于表示原核生物对硫酸盐的异化还原;孢:孢子;弯:屈曲不直,弯曲;菌:表示微小的事物,微生物(细菌、古菌、真菌);属:属名的尾词;脱硫化孢弯菌属:形成孢子的弯曲形微生物,使含硫化合物还原。

Etymology L. pref. *de*, from; L. n. *sulfur*, sulfur; N.L. n. *spora* (from Gr. n. *spora*, a seed), spore; L. n. *sinus*, bend; N.L. masc. n. *Desulfosporosinus*, a spore-forming curved (organism) that reduces sulfur compounds.

模式种 东方脱硫化孢弯菌(*Desulfosporosinus orientis*)Stackebrandt 等,1997,新种。

词源 东:东,方位词;方:方向;东方:表示来自东方的,东边的,与西方相对的一个模糊地理称谓。

Etymology L. n. *oriens -entis*, the East, the Orient; L. gen. n. *orientis*, of the orient.

脱硫化针菌属(*Desulfotalea*)Knoblauch 等,1999,新属。此属已定 2 种。

词源 脱:脱除,去除,还原;硫:硫磺,硫黄,元素 S;化:一个连字,变化,起……作用的;脱硫化:用于表示原核生物对硫酸盐的异化还原;菌:表示微小的事物,微生物(细菌、古菌、真菌);属:属名的尾词;脱硫化针菌属:硫酸盐还原棒形菌。

Etymology L. pref. *de-*, from; L. n. *sulfur*, sulfur; N.L. pref. *desulfo-*, desulfuricating (prefix used to characterize a dissimilatory sulfate-reducing procaryote); L. fem. n. *talea*, a slender staff, a rod; N.L. fem. n. *Desulfotalea*, a sulfate-reducing rod.

模式种 嗜冷脱硫化针菌(*Desulfotalea psychrophila*)Knoblauch 等,1999,新种。

词源 嗜:嗜好的,喜好的,友好的,爱好的;冷:冷的,寒冷的;嗜冷:喜好冷的。

Gr. adj. *psuchros*, cold; N.L. adj. *philus -a -um* (from Gr. adj. *philos -ê -on*), friend, loving; N.L. fem. adj. *psychrophila*, cold loving.

脱硫化热菌属(*Desulfothermus*)Kuever 等,2006,新属。此属已定 2 种。

词源 脱:脱除,去除,还原;硫:硫磺,硫黄,元素 S;化:一个连字,变化,起……作用的;脱硫化：用于表示原核生物对硫酸盐的异化还原；热：高温的，烫的；菌：表示微小的事物，微生物（细菌、古菌、真菌）；属：属名的尾词；脱硫化热菌属：生活在高温处的硫酸盐还原菌。

Etymology　L. pref. *de*, from; L. n. *sulfur*, sulfur; N.L. pref. *desulfo-*, desulfuricating（prefix used to characterize a dissimilatory sulfate-reducing procaryote）; Gr. adj. *thermos*, hot; N.L. masc. n. *Desulfothermus*, sulfate reducer living in hot places.

模式种　石油脱硫化热菌（*Desulfothermus naphthae*）Kuever 等，2006，新种。

词源　石油：原油（能够氧化原油的）。

Etymology　L. gen. n. *naphthae*, of crude oil（able to oxidize crude oil）.

脱硫化枝菌属（*Desulfotignum*）Kuever 等，2001，新属。此属已定 3 种。

词源　脱：脱除，去除，还原；硫：硫磺，硫黄，元素 S；化：一个连字，变化，起……作用的；脱硫化：用于表示原核生物对硫酸盐的异化还原；枝：树木的一枝或一片，枝状；菌：表示微小的事物，微生物（细菌、古菌、真菌）；属：属名的尾词；脱硫化枝菌属：硫酸盐还原枝形生物。

Etymology　L. pref. *de-*, from; L. n. *sulfur*, sulfur; N.L. pref. *desulfo-*, desulfuricating（prefix used to characterize a dissimilatory sulfate-reducing procaryote）; L. neut. n. *tignum*, a piece or stick of timber; N.L. neut. n. *Desulfotignum*, sulfate-reducing stick.

模式种　波罗的海脱硫化枝菌（*Desulfotignum balticum*）Kuever 等，2001，新种。

词源　波罗的海：与波罗的海相关的。

Etymology　N.L. neut. adj. *balticum*, pertaining to the Baltic Sea.

脱硫化肠菌属（*Desulfotomaculum*）Campbell and Postgate，1965，属。此属已定 32 种，2 亚种。

词源　脱：脱除，去除，还原；硫：硫磺，硫黄，元素 S；化：一个连字，变化，起……作用的；脱硫化：用于表示原核生物对硫酸盐的异化还原；肠：香肠，腊肠，灌肠，一类香肠；菌：表示微小的事物，微生物（细菌、古菌、真菌）；属：属名的尾词；脱硫化肠菌属：香肠形的硫酸盐还原者（生物）。

Etymology　L. pref. *de*, from; L. n. *sulfur*, sulfur; L. n. *tomaculum*, a kind of sausage; N.L. neut. n. *Desulfotomaculum*, a sausage-shaped sulfate reducer.

模式种　墨化脱硫化肠菌（*Desulfotomaculum nigrificans*）（Werkman and Weaver，1927）Campbell and Postgate，1965，《1980 年细菌名确认单》。

词源　墨：墨色，黑色；化：变化，一种过程；墨化：产生黑色的，黑化。

Etymology　L. part. adj. *nigrificans*, making black, blackening.

脱硫化蠕菌属（*Desulfovermiculus*）Belyakova 等，2007，新属。此属已定 1 种。

词源　脱：脱除，去除，还原；硫：硫磺，硫黄，元素 S；化：一个连字，变化，起……作用的；脱硫化：用于表示原核生物对硫酸盐的异化还原；蠕：蠕虫，小虫，蚯蚓；菌：表示微小的事物，微生物（细菌、古菌、真菌）；属：属名的尾词；脱硫化蠕菌属：蠕虫形的硫酸盐还原细菌。

Etymology   L. pref. *de*, from; L. n. *sulfur*, sulfur; L. masc. n. *vermiculus*, a little worm; N.L. masc. n. *Desulfovermiculus*, vermiform sulfate-reducing bacterium.

模式种　嗜卤脱硫蠕菌(*Desulfovermiculus halophilus*)Belyakova 等,2007,新种。

词源　嗜:嗜好的,喜好的,友好的,爱好的;卤:盐;嗜卤:喜好盐的。

Etymology   Gr. n. *hals halos*, salt; N.L. adj. *philus -a -um* (from Gr. adj. *philos -ê -on*), friend, loving; N.L. masc. adj. *halophilus*, salt-loving.

脱硫化弧菌属(*Desulfovibrio*)Kluyver and van Niel,1936,属;Loubinoux 等,2002 修改。此属已定 65 种,8 亚种。

此属是脱硫化弧菌目(*Desulfovibrionales*)Kuever 等,2006 和脱硫化弧菌科(*Desulfovibrionaceae*)Kuever 等,2006 的模式属。

词源　脱:脱除,去除,还原;硫:硫磺,硫黄,元素 S;化:一个连字,变化,起……作用的;弧:作动词表示弧动,像手中舞动的绳子状振动;弧:作名词也表示细菌的一个属名,表示弧形的菌,弧菌属;菌:表示微小的事物,微生物(细菌、古菌、真菌);属:属名的尾词;脱硫化弧菌属:还原硫化合物的弧形生物。

Etymology   L. pref. *de*, from; L. n. *sulfur*, sulfur; L. v. *vibro*, to set in tremulous motion, move to and fro, vibrate; N.L. masc. n. *vibrio*, that which vibrates, and also a bacterial genus name of bacteria possessing a curved rod shape (*Vibrio*); N.L. masc. n. *Desulfovibrio*, a vibrio that reduces sulfur compounds.

模式种　脱硫脱硫化弧菌(*Desulfovibrio desulfuricans*)(Beijerinck,1895)Kluyver and van Niel,1936,《1980 年细菌名确认单》,种。

词源　脱:脱除,去除,还原;硫:硫磺,硫黄,元素 S;脱硫:还原硫化合物的。

Etymology   L. pref. *de*, from; L. n. *sulfur*, sulfur; N.L. part. adj. *desulfuricans* (from N.L. v. *desulfurico*, to reduce sulfur), reducing sulfur compounds.

同义词　"*Sporovibrio*" Starkey,1938。

注 1:拜叶林(1851—1931)在 1895 年首次分离鉴定了世界上第一种硫酸盐还原菌,曾被命名为脱硫小螺体,即此脱硫脱硫化弧菌。

注 2:荷兰微生物生物化学家克鲁维(Kluyver)(1888—1956)在 1926 年提出,从细菌到大象,所有生物(在生物化学上)都是一样的(From elephant to butyric acid bacterium – it is all the same)。Kluyver, Albert J.; Donker, H.J.L. 1926. Die Einheit in der Biochemie. Chem. Zelle Gewebe 13:134–190。转引自 Kamp, A.F.; La Rivière, J.W.M.; Verhoeven, W. (1959). Albert Jan Kluyver: his life and work. Interscience Publishers. p. 20。

注 3:此属中也有耗氧的菌种,如氧跃层脱硫化弧菌(*Desulfovibrio oxyclinae*)等。

脱硫化弧菌科(*Desulfovibrionaceae*)Kuever 等,2006,新科。

模式属　脱硫化弧菌属(*Desulfovibrio*)Kluyver and van Niel,1936,《1980 年细菌名确认单》,属。

词源 脱硫化弧菌属：此科之模式属；科：用于定义一个比属高、比目低的分类级和尾词；在中文科的命名中，把模式属属名中的尾字"属"代换为尾字"科"，即为模式属所在的科名；脱硫化弧菌科：脱硫化弧菌属之科。

Etymology N.L. masc. n. *Desulfovibrio*, type genus of the family; suff. *-aceae*, ending to denote family; N.L. fem. pl. n. *Desulfovibrionaceae*, the *Desulfovibrio* family.

脱硫化弧菌目（*Desulfovibrionales*）Kuever 等，2006，新目。

模式属 脱硫化弧菌属（*Desulfovibrio*）Kluyver and van Niel，1936，《1980年细菌名确认单》，属。

词源 脱硫化弧菌属：此目之模式属；目：用于定义一个比科高、比纲低的分类级和尾词；在中文目的命名中，把模式属属名中的尾字"属"代换为尾字"目"，即为模式属所在的目名；脱硫化弧菌目：脱硫化弧菌属之目。

Etymology N.L. masc. n. *Desulfovibrio*, type genus of the order; suff. *-ales*, ending denoting an order; N.L. fem. pl. n. *Desulfovibrionales*, the *Desulfovibrio* order.

脱硫化幡菌属（*Desulfovirga*）Tanaka 等，2000，新属。此属已定1种。

词源 脱：脱除，去除，还原；硫：硫磺，硫黄，元素 S；化：一个连字，变化，起……作用的；脱硫化：用于表示原核生物对硫酸盐的异化还原；菌：表示微小的事物，微生物（细菌、古菌、真菌）；属：属名的尾词；脱硫化幡菌属：硫酸盐还原幡/棒形生物。

Etymology L. pref. *de*, from; L. n. *sulfur*, sulfur; N.L. pref. *desulfo-*, desulfuricating（prefix used to characterize a dissimilatory sulfate-reducing procaryote）; L. fem. n. *virga*, twig, rod; N.L. fem. n. *Desulfovirga*, a sulfate-reducing rod.

模式种 肥酸脱硫化幡菌（*Desulfovirga adipica*）Tanaka 等，2000，新种。

词源 肥酸：己二酸，指的是与肥酸有关的，以及微生物具有降解它的能力。

Etymology N.L. n. *acidum adipinum*, adipic acid（adipate）; L. fem. suff. *-ica*, suffix used with the sense of pertaining to; N.L. fem. adj. *adipica*, pertaining to adipic acid and the organism's ability to degrade it.

脱硫化小幡菌属（*Desulfovirgula*）Kaksonen 等，2007，新属。此属已定1种。

词源 脱：脱除，去除，还原；硫：硫磺，硫黄，元素 S；化：一个连字，变化，起……作用的；脱硫化：用于表示原核生物对含硫化合物的异化还原；菌：表示微小的事物，微生物（细菌、古菌、真菌）；属：属名的尾词；脱硫小幡菌属：还原硫化物的幡/棒形生物。

Etymology L. pref. *de*, from; L. n. *sulfur*, sulfur; L. fem. n. *virgula*, twig or rod; N.L. fem. n. *Desulfovirgula*, a rod that reduces sulfur compounds.

模式种 热矿脱硫化小幡菌（*Desulfovirgula thermocuniculi*）Kaksonen 等，2007，新种。

词源 热：热的，高温的；矿：矿物，矿场，矿井；热矿：高温矿井的。

Etymology　Gr. adj. *thermos*, hot; L. n. *cuniculus*, mine; N.L. gen. n. *thermocuniculi*, of a hot mine.

脱硫菌属(*Desulfurella*)Bonch-Osmolovskaya 等,1993,新属;Miroshnichenko 等,1998 修改。此属已定 4 种。

此属是脱硫菌目(*Desulfurellales*)Kuever 等,2006 和脱硫菌科(*Desulfurellaceae*)Kuever 等,2006 的模式属。

词源　脱:脱除,去除,还原;硫:硫磺,硫黄,元素 S;菌:表示微小的事物,微生物(细菌、古菌、真菌);属:属名的尾词;脱硫菌属:硫还原者(生物)。

Etymology　L. pref. *de*, from; L. n. *sulfur*, sulfur; L. fem. dim. ending -*ella*; N.L. fem. n. *Desulfurella*, a small sulfur reducer.

模式种　吞醋脱硫菌(*Desulfurella acetivorans*)Bonch-Osmolovskaya 等,1993,新种。

词源　吞:吞噬的,吞食的,大吃的,吞没的;醋:乙酸,醋酸;吞醋:吃醋的,意即消耗乙酸盐的。

Etymology　L. n. *acetum*, vinegar; L. part. adj. *vorans*, devouring, eating; L. part. adj. *acetivorans*, vinegar-eating; intended to mean acetate-eating.

脱硫菌科(*Desulfurellaceae*)Kuever 等,2006,新科。

模式属　脱硫菌属(*Desulfurella*)Bonch-Osmolovskaya 等,1993,新属。

词源　脱硫菌属:此科之模式属;科:用于定义一个比属高、比目低的分类级和尾词;在中文科的命名中,把模式属属名中的尾字"属"代换为尾字"科",即为模式属所在的科名;脱硫菌科:脱硫菌属之科。

Etymology　N.L. fem. n. *Desulfurella*, type genus of the family; suff. -*aceae*, ending to denote family; N.L. fem. pl. n. *Desulfurellaceae*, the *Desulfurella* family.

脱硫菌目(*Desulfurellales*)Kuever 等,2006,新目。

模式属　脱硫菌属(*Desulfurella*)Bonch-Osmolovskaya 等,1993,新属。

词源　脱硫菌属:此目之模式属;目:用于定义一个比科高、比纲低的分类级和尾词;在中文目的命名中,把模式属属名中的尾字"属"代换为尾字"目",即为模式属所在的目名;脱硫菌目:脱硫菌属之目。

Etymology　N.L. fem. n. *Desulfurella*, type genus of the order; suff. -*ales*, ending denoting an order; N.L. fem. pl. n. *Desulfurellales*, the *Desulfurella* order.

脱硫竿菌属(*Desulfuribacillus*)Sorokin 等,2014,新属。此属已定 1 种。

词源　脱:脱除,去除,还原;硫:硫,硫磺,硫黄,元素 S;竿:在本书中对译于拉丁文 *bacillus*,

表示棒形,以示与常见的"杆"的区别,表示以出芽孢为特征的棒形;菌:表示微小的事物,微生物(细菌、古菌、真菌);属:属名的尾词;脱硫竿菌属:硫还原竿棒形生物。

Etymology　De.sul.fu.ri.bacil′ lus. L. pref. *de-*, from; L.n. *sulfur*, sulfur; L. masc.n. *bacillus*, a rod; N. L. masc n. *Desulfuribacillus* a sulfur-reducing rod.

模式种　碱砷酸盐脱硫竿菌(*Desulfuribacillus alkaliarsenatis*)Sorokin 等,2014,新种。

词源　碱:盐碱植物的灰分,苏打灰,碱性,碱类(阴离子全为氢氧根);砷酸盐:指的是此生物能将砷酸盐还原为亚砷酸盐;碱砷酸盐:在碱性条件下还原砷酸盐。

Etymology　al.ka.li.ar.sena′ tis N.L. n. *alkali* soda ash; N.L. gen. n. *arsenatis*, of arsenate, referring to the ability of the organism to reduce arsenate to arsenite; N.L. adj. *alkaliarsenatis* reducing arsenate at alkaline conditions.

来源　环境——淡水(Source:Environmental—freshwater)。

脱硫螺体属(*Desulfurispira*)Sorokin and Muyzer,2010,新属。此属已定 1 种。

词源　脱:脱除,去除,还原;硫:硫磺,硫黄,元素 S;螺:螺形,螺体,螺旋;菌:表示微小的事物,微生物(细菌、古菌、真菌);属:属名的尾词;脱硫螺体属:硫还原的小螺状菌。

Etymology　L. pref. *de-*, from; L. n. *sulfur*, sulfur; L. fem. n. *spira*, a coil; N.L. fem. n. *Desulfurispira*, a sulfur-reducing spirillum.

模式种　嗜泡碱脱硫螺体(*Desulfurispira natronophila*)Sorokin and Muyzer,2010,新种。

词源　嗜:嗜好的,喜好的,友好的,爱好的;泡碱:苏打,与苏打有关的;嗜泡碱:喜好苏打的。

Etymology　N.L. n. *natron* (arbitrarily derived from the Arabaic noun *natron* or *natrun*), soda; N.L. pref. *natrono-*, pertaining to soda; N.L. fem. adj. *phila* (from Gr. fem. adj. *philê*), friend, loving; N.L. fem. adj. *natronophila*, soda-loving.

脱硫小螺体属(*Desulfurispirillum*)Sorokin 等,2010,新属。此属已定 2 种。

词源　脱:脱除,去除,还原;硫:硫磺,硫黄,元素 S;小螺:与螺相对,表示比螺在尺寸上小,小螺纹,小螺旋,小螺体;菌:表示微小的事物,微生物(细菌、古菌、真菌);属:属名的尾词;脱硫小螺体属:元素硫还原的小螺形生物。

Etymology　L. pref. *de*, from; L. n. *sulfur*, sulfur; N.L. dim. neut. n. *spirillum*, a small spiral (from L. n. *spira*, spiral); N.L. neut. n. *Desulfurispirillum*, a spirillum that reduces elemental sulfur.

模式种　嗜碱脱硫小螺体(*Desulfurispirillum alkaliphilum*)Sorokin 等,2010,新种。

词源　嗜:嗜好的,喜好的,友好的,爱好的;碱:盐碱植物的灰分,碱性,碱类(阴离子全为氢氧根);嗜碱:喜好碱性条件的。

Etmology　N.L. n. *alkali*, alkali (from Arabic article *al*, the; Arabic n. *qaliy*, ashes of saltwort), alkali; N.L. adj. *philus -a -um* (from Gr. adj. *philos -ê -on*), friend, loving; N.L. neut. adj. *alkaliphilum*, loving alkaline conditions.

脱硫孢菌属（*Desulfurispora*）Kaksonen 等,2007,新属。此属已定 1 种。

词源　脱:脱除,去除,还原;硫:硫磺,硫黄,元素 S;孢:孢子;菌:表示微小的事物,微生物（细菌、古菌、真菌）;属:属名的尾词;脱硫孢菌属:还原硫化物、形成孢子的微生物。

Etymology　L. pref. *de*, from; L. n. *sulfur*, sulfur; Gr. fem. n. *spora*, a seed and, in biology, a spore; N.L. fem. n. *Desulfurispora*, a spore-forming organism that reduces sulfur compounds.

模式种　嗜热脱硫孢菌（*Desulfurispora thermophila*）Kaksonen 等,2007,新种。

词源　嗜:嗜好的,喜好的,友好的,爱好的;热:高温,温暖;嗜热:喜好高温的,喜好热的。

Etymology　Gr. fem. n. *thermê*, heat; N.L. adj. *philus -a -um*（from Gr. adj. *philos -ê -on*）, friend, loving; N.L. fem. adj. *thermophila*, heat-loving.

脱硫弧菌属（*Desulfurivibrio*）Sorokin 等,2008,新属。此属已定 1 种。

词源　脱:脱除,去除,还原;硫:硫磺,硫黄,元素 S;弧:作动词表示弧动,像手中舞动的绳子状振动;弧:作名词也表示细菌的一个属名,表示弧状的菌,弧菌属;菌:表示微小的事物,微生物（细菌、古菌、真菌）;属:属名的尾词;脱硫弧菌属:硫化合物还原的弧形生物。

Etymology　L. pref. *de-*, from, off, away; L. n. *sulfur*, sulfur; N.L. masc. n. *vibrio*, that which vibrates, a vibrio; N.L. masc. n. *Desulfurivibrio*, vibrio that reduces sulfur compounds.

模式种　嗜碱脱硫弧菌（*Desulfurivibrio alkaliphilus*）Sorokin 等,2008,新种。

词源　嗜:嗜好的,喜好的,友好的,爱好的;碱:盐碱植物的灰分,碱性,碱类（阴离子全为氢氧根）;嗜碱:喜好碱性条件的。

Etymology　N.L. n. *alkali*, soda ash; N.L. adj. *philus -a -um*（from Gr. adj. *philos -ê -on*）, friend, loving; N.L. masc. adj. *alkaliphilus*, loving alkaline conditions.

脱硫小杆菌科（*Desulfurobacteriaceae*）L'Haridon 等,2006,新科。

模式属　脱硫小杆菌属（*Desulfurobacterium*）L'Haridon 等,1998,新属。

词源　脱硫小杆菌属:此科之模式属;科:用于定义一个比属高、比目低的分类级和尾词;在中文科的命名中,把模式属属名中的尾字"属"代换为尾字"科",即为模式属所在的科名;脱硫小杆菌科:脱硫小杆菌属之科。

Etymology　N.L. neut. n. *Desulfurobacterium*, type genus of the family; suff. *-aceae*, ending to denote a family; N.L. fem. pl. n. *Desulfurobacteriaceae*, the *Desulfurobacterium* family.

脱硫小杆菌目（*Desulfurobacteriales*）Gupta and Lali,2014,新目。

模式属　脱硫小杆菌属（*Desulfurobacterium*）Gupta and Lali,2014,新属。

词源　脱硫小杆菌属:此目之模式属;目:用于定义一个比科高、比纲低的分类级和尾词;在中文目的命名中,把模式属属名中的尾字"属"代换为尾字"目",即为模式属所在的目名;脱硫小杆菌目:脱硫小杆菌属之目。
Etymology　N.L. neut. n. *Desulfurobacterium*, type genus of the order; suff. -*ales*, ending to denote an order; N.L. fem. pl. n. *Desulfurobacteriales*, the order of *Desulfurobacterium*.

脱硫小杆菌属(*Desulfurobacterium*)L'Haridon 等,1998,新属;Alain 等,2003 修改,L'Haridon 等,2006 修改。此属已定 3 种。

此属是脱硫小杆菌目(*Desulfurobacteriales*)Gupta and Lali,2014 和脱硫小杆菌科(*Desulfurobacteriaceae*)L'Haridon 等,2006 的模式属。

词源　脱:脱除,去除,还原;硫:硫磺,硫黄,元素 S;小杆:小棒,小杖;菌:表示微小的事物,微生物(细菌、古菌、真菌);属:属名的尾词;脱硫小杆菌属:硫还原的棒形细菌。
Etymology　L. pref. *de*, from; L. n. *sulfur*, sulphur; L. neut. n. *bacterium*, a stick, staff; N.L. neut. n. *Desulfurobacterium*, sulphur-reducing rod-shaped bacterium.

模式种　热石营脱硫小杆菌(*Desulfurobacterium thermolithotrophum*)L'Haridon 等,1998,新种。

词源　热:高温;石:石头;营:营养,营生,养育,抚育;石营:无机营养,指的是无机代谢(石营代谢);热石营:指的是其嗜热生存方式和无机营养代谢(石营代谢)。
Etymology　Gr. n. *thermê*, heat; Gr. masc. n. *lithos*, stone; Gr. n. trophos, feeder, rearer, one who feeds; N.L. neut. adj. *thermolithotrophum*, referring to its thermophilic way of life and lithotrophic metabolism.

脱硫果菌科(*Desulfurococcaceae*)Zillig and Stetter,1983,新科;Burggraf 等,1997 修改。

模式属　脱硫果菌属(*Desulfurococcus*)Zillig and Stetter,1983,新属。

词源　脱硫果菌属:此科之模式属;科:用于定义一个比属高、比目低的分类级和尾词;在中文科的命名中,把模式属属名中的尾字"属"代换为尾字"科",即为模式属所在的科名;脱硫果菌科:脱硫果菌属之科。
Etymology　N.L. masc. n. *Desulfurococcus*, type genus of the family; suff. -*aceae*, ending to denote a family; N.L. fem. pl. n. *Desulfurococcaceae*, the *Desulfurococcus* family.

脱硫果菌目(*Desulfurococcales*)Huber and Stetter,2002,新目。

模式属　脱硫果菌属(*Desulfurococcus*)Zillig and Stetter,1983,新属。

词源　脱硫果菌属:此目之模式属;目:用于定义一个比科高、比纲低的分类级和尾词;在中文目的命名中,把模式属属名中的尾字"属"代换为尾字"目",即为模式属所在的目名;脱硫果菌目:脱硫果菌属之目。
Etymology　N.L. masc. n. *Desulfurococcus*, type genus of the order; suff. -*ales*, ending denoting an order; N.L. fem. pl. n. *Desulfurococcales*, the *Desulfurococcus* order.

脱硫果菌属(*Desulfurococcus*)Zillig and Stetter,1983,属;Perevalova 等,2005 修改。此属已定 5 种。

此属是脱硫果菌目(*Desulfurococcales*)Huber and Stetter,2002 和脱硫果菌科(*Desulfurococcaceae*)Zillig and Stetter ,1983 的模式属。

词源　脱:脱除,去除,还原;硫:硫磺,硫黄,元素 S;脱硫化:用于表示原核生物对含硫化合物的异化还原(化:一个连字,变化,起……作用的);果:浆果,表示浆果形(圆球或椭球);菌:表示微小的事物,微生物(细菌、古菌、真菌);属:属名的尾词;脱硫果菌属:硫还原的浆果形生物。

Etymology　L. pref. *de*, from; L. n. *sulfur*, sulfur; N.L. pref. *desulfo-*, desulfuricating, suffix used to characterize a dissimilatory sulfate-reducing prokaryote; N.L. masc. n. *coccus*（from Gr. masc. n. *kokkos*, grain, seed）, coccus; N.L. masc. n. *Desulfurococcus*, the sulfur-reducing coccus.

模式种　黏液脱硫果菌(*Desulfurococcus mucosus*)Zillig and Stetter ,1983,新种。

词源　黏液:黏液的,黏滑的,粘液的,粘滑的。

Etymology　L. masc. adj. *mucosus*, slimy.

注:此属是古菌域的一属。其细胞壁可能仅有一层肮,表层肮构成。

脱硫璆菌属(*Desulfuroglobus*)Zillig and Böck,1987,新属。此属已定 1 种。

此属 1996 年已归属到→酸亚纳斯菌属(*Acidianus*)Segerer 等,1986,新属。

词源　脱:脱除,去除,还原;硫:硫磺,硫黄,元素 S;璆:通球,球形,球体,圆球;菌:表示微小的事物,微生物(细菌、古菌、真菌);属:属名的尾词;脱硫璆菌属:还原含硫化合物的球形菌。

Etymology　L. pref. *de*, from; L. n. *sulfur*, sulfur; L. masc. n. *globus*, a round body, a ball, sphere, globe; N.L. masc. n. *Desulfuroglobus*, a sphere that reduces sulfur compounds.

模式种　双面脱硫璆菌(*Desulfuroglobus ambivalens*)Zillig 等,1987,新种。

此种已归种到→双面酸亚纳斯菌(*Acidianus ambivalens*)(Zillig and Böck,1987)Fuchs 等,1996,新合并。

词源　双面:同时具备两种功能,即对硫既能氧化,又能还原。

Etymology　L. masc. adj. *ambo ambae*, both; L. part. adj. *valens*, being able to do; N.L. part. adj. *ambivalens*, ambivalent.

脱硫单胞菌科(*Desulfuromonadaceae*)勘误,Kuever 等,2006 修改,Greene 等,2009 修改。

模式属　脱硫单胞菌属(*Desulfuromonas*)Pfennig and Biebl,1977,《1980 年细菌名确认单》。

词源　脱硫单胞菌:此科之模式属;科:用于定义一个比属高、比目低的分类级和尾词;在中文科的命名中,把模式属属名中的尾字"属"代换为尾字"科",即为模式属所在的科名;脱硫单胞菌科：脱硫单胞菌属之科。

Etymology　N.L. fem. n. *Desulfuromonas* -*adis*, type genus of the family; suff. -*aceae*, ending to denote family; N.L. fem. pl. n. *Desulfuromonadaceae*, the *Desulfuromonas* family.

脱硫单胞菌目(*Desulfuromonadales*)勘误，Kuever 等，2006，新目。

模式属　脱硫单胞菌属(*Desulfuromonas*)Pfennig and Biebl，1977，《1980 年细菌名确认单》。
词源　脱硫单胞菌属：此目之模式属；目：用于定义一个比科高、比纲低的分类级和尾词；在中文目的命名中，把模式属属名中的尾字"属"代换为尾字"目"，即为模式属所在的目名；脱硫单胞菌目：脱硫单胞菌属之目。

Etymology　N.L. fem. n. *Desulfuromonas* -*adis*, type genus of the order; suff. -*ales*, ending denoting an order; N.L. fem. pl. n. *Desulfuromonadales*, the *Desulfuromonas* order.

脱硫单胞菌属(*Desulfuromonas*)Pfennig and Biebl，1977，属。此属已定 7 种。

此属是脱硫单胞菌目(*Desulfuromonadales*)勘误，Kuever 等，2006 和脱硫单胞菌科(*Desulfuromonadaceae*)勘误，Kuever 等，2006 的模式属。
词源　脱：脱除，去除，还原；硫：硫磺，硫黄，元素 S；单胞：单细胞，单元；菌：表示微小的事物，微生物(细菌、古菌、真菌)；属：属名的尾词；脱硫单胞菌属：还原硫的单细胞生物。
Etymology　L. pref. *de*, from; L. n. *sulfur*, sulfur; L. fem. n. *monas*, a unit, monad; N.L. fem. n. *Desulfuromonas*, a monad that reduces sulfur.

模式种　醋氧化脱硫单胞菌(*Desulfuromonas acetoxidans*)Pfennig and Biebl，1977，《1980 年细菌名确认单》，种。
词源　氧化：氧化，物质(原子、分子、离子)失去电子或增加氧化态的过程，一般就是与氧结合的过程。
Etymology　L. n. *acetum*, vinegar; N.L. n. *acidum aceticum*, acetic acid; N.L. v. *oxido*（from Gr. adj. *oxus*, acid or sour and in combined words indicating oxygen）, to make acid, oxidize; N.L. part. adj. *acetoxidans*, oxidizing acetate.

脱硫芭蕉菌属(*Desulfuromusa*)Liesack and Finster，1994，新属。此属已定 4 种。

词源　脱：脱除，去除，还原；硫：硫磺，硫黄，元素 S；芭蕉：植物学科学属名，芭蕉属，香蕉；菌：表示微小的事物，微生物(细菌、古菌、真菌)；属：属名的尾词；脱硫芭蕉菌属：还原硫的香蕉形的细菌。
Etymology　L. pref. *de*, from; L. n. *sulfur*, sulfur; N.L. fem. n. *Musa*, generic name of banana; N.L. fem. n. *Desulfuromusa*, a banana-shaped bacterium that reduces sulfur.

模式种　科瑟脱硫芭蕉菌(*Desulfuromusa kysingii*)Liesack and Finster，1994，新种。
词源　科瑟：以丹麦日德兰半岛东岸的奥尔胡斯南部峡湾命名，此微生物从这里分离。

Etymology   N.L. gen. n. *kysingii*, of kysing; named after the Fjord south of Århus (Jutland, Denmark) from which the organism was isolated.

脱硫杆菌属(*Dethiobacter*)Sorokin 等,2008,新属。此属已定 1 种。

词源　脱:脱除,去除,还原;硫:硫,硫磺,硫黄,元素 S;菌:表示微小的事物,微生物(细菌、古菌、真菌);属:属名的尾词;脱硫杆菌属:还原硫化物的棒形细菌。

Etymology   L. pref. *de-*, from, off, away; Gr. n. *theion* (Latin transliteration *thium*), sulfur; N.L. masc. n. *bacter*, rod; N.L. masc. n. *Dethiobacter*, rod-shaped bacterium that reduces sulfur compounds.

模式种　嗜碱脱硫杆菌(*Dethiobacter alkaliphilus*)Sorokin 等,2008,新种。

词源　嗜:嗜好的,喜好的,友好的,爱好的;碱:盐碱植物的灰分,碱性,碱类(阴离子全为氢氧根);嗜碱:喜好碱性条件的。

Etymology   N.L. n. *alkali*, soda ash; N.L. adj. *philus -a -um* (from Gr. adj. *philos -ê -on*), friend, loving; N.L. masc. adj. *alkaliphilus*, loving alkaline conditions.

脱硫代硫酸盐杆菌属(*Dethiosulfatibacter*)Takii 等,2007,新属。此属已定 1 种。

词源　脱:脱除,去除,还原;硫代硫酸盐:硫酸盐中的硫酸根(SO_4^{2-})的一个氧原子被一个硫原子取代,($S_2O_3^{2-}$);杆:棒;菌:表示微小的事物,微生物(细菌、古菌、真菌);属:属名的尾词;脱硫代硫酸盐杆菌属:棒形的硫代硫酸盐还原者(生物)。

Etymology   L. pref. *de*, from; N.L. n. *thiosulfas -atis*, thiosulfate; N.L. masc. n. *bacter*, a rod or staff; N.L. masc. n. *Dethiosulfatibacter*, a rod-shaped thiosulfate-reducer.

模式种　吞胺脱硫代硫酸盐杆菌(*Dethiosulfatibacter aminovorans*)Takii 等,2007,新种。

词源　吞:吞噬的,吞食的,大吃的,吞没的;胺:含一个带孤对电子的碱性氮原子的有机化合物,胺基;吞胺:吞噬/降解氨基酸的。

Etymology   N.L. neut. n. *aminum*, amine; L. part. adj. *vorans*, devouring; N.L. part. adj. *aminovorans*, devouring amino acids.

脱硫代硫酸盐弧菌属(*Dethiosulfovibrio*)Magot 等,1997,新属。此属已定 5 种。

词源　脱:脱除;硫代硫酸盐:硫酸盐中的硫酸根(SO_4^{2-})的一个氧原子被一个硫原子取代,($S_2O_3^{2-}$);弧:作动词表示弧动,像手中舞动的绳子状振动;弧:作名词也表示细菌的一个属名,表示弧状的菌,弧菌属;菌:表示微小的事物,微生物(细菌、古菌、真菌);属:属名的尾词;脱硫代硫酸盐弧菌属:硫代硫酸盐还原的弧形生物。

Etymology   L. pref. *de*, from; N.L. n. *thiosulfas -atis*, thiosulfate; L. v. *vibro*, to vibrate; N.L. n. *vibrio*, that which vibrates, and also a bacterial genus name of bacteria possessing a curved rod shape (*Vibrio*); N.L. masc. n. *Dethiosulfovibrio*, a vibrio that reduces thiosulfate.

模式种　吞肽脱硫代硫酸盐弧菌(*Dethiosulfovibrio peptidovorans*) Magot 等,1997,新种。
词源　吞:吞噬,吞食,大吃,吞没;肽:由短链氨基酸通过肽键(酰胺键)链接的有机物,朊的水解物;吞肽:吞噬肽的。
Etymology　N.L. n. *peptidum*(Gr. adj. *peptos*, cooked), peptide; L. v. *voro*, to devour; N.L. part. adj. *peptidovorans*, devouring peptides.

德沃斯氏菌属(*Devosia*) Nakagawa 等,1996,新属; Rivas 等,2003 修改, Yoo 等,2006 修改, Yoon 等,2007 修改, Zhang 等,2012 修改。此属已定 16 种。
词源　氏:姓氏;德沃斯氏:纪念比利时微生物学家德沃斯,他对假单胞菌的分类有基础贡献;菌:表示微小的事物,微生物(细菌、古菌、真菌);属:属名的尾词;德沃斯氏菌属:以德沃斯的姓氏命名的菌属。
Etymology　N.L. fem. n. *Devosia*, honoring Paul De Vos, a Belgian microbiologist, for his basic contribution to the taxonomy of pseudomonads.
模式种　核黄素德沃斯氏菌(*Devosia riboflavina*) (*ex* Foster,1944) Nakagawa 等,1996,新合并。
词源　核黄素:维生素的一种,VB_2(VG);核黄素:指的是此生物有能力氧化核黄素。
Etymology　N.L. n. *riboflavinum*, riboflavin; N.L. fem. adj. *riboflavina*, referring to the ability of the organism to oxidize riboflavin.

德弗里西氏菌属(*Devriesea*) Martel 等,2008,新属。此属已定 1 种。
词源　氏:姓氏;德弗里西氏:指的是以兽医微生物学家 L.A. 德弗里西的姓氏命名;菌:表示微小的事物,微生物(细菌、古菌、真菌);属:属名的尾词;德弗里西氏菌属:以德弗里西的姓氏命名的菌属。
Etymology　N.L. fem. n. *Devriesea*, referring to the veterinary microbiologist L.A. Devriese.
模式种　蜥蜴德弗里西氏菌(*Devriesea agamarum*) Martel 等,2008,新种。
词源　蜥蜴:一种旧世界(指非欧亚大陆)爬行动物蜥蜴属,指的是飞龙科蜥蜴属。
Etymology　N.L. n. *Agama*, an Old World reptile genus of *Sauria*; N.L. gen. pl. n. *agamarum*, of lizards of the genus *Agama*, of agamid lizards.

Di

岱阿里斯特菌属(*Dialister*) (*ex* Bergey 等,1923) Moore and Moore,1994,新属,命名修改; Downes 等,2003 修改, Jumas-Bilak 等,2005 修改, Morotomi 等,2008 修改。或有译为小杆菌属,嗜血杆菌属。此属已定 5 种。
词源　岱阿里斯特:原文并没有给出解释;菌:表示微小的事物,微生物(细菌、古菌、真菌）；属：属名的尾词；岱阿里斯特菌属。

Etymology　unknown.

模式种　气阻岱阿里斯特菌（*Dialister pneumosintes*）（Olitsky and Gates，1921）Moore and Moore，1994，新合并。

词源　气：空气，风；阻：阻隔，阻挡；气阻：空气被阻挡的，呼吸破坏，侵入肺部。或肺阻。

Etymology　Gr. n. *pneuma*, wind, breathed air; Gr. n. *sintes*, a spoiler, thief; N.L. masc. adj. *pneumosintes*, breath destroying.

同义词　"*Dialister*" Bergey 等，1923。

二氨基丁酸杆菌属（*Diaminobutyricibacter*）Kim 等，2014，新属。此属已定1种。

词源　二氨基丁酸：一种酸，杆：棒；菌：表示微小的事物，微生物（细菌、古菌、真菌）；属：属名的尾词；二氨基丁酸杆菌：含有二氨基丁酸肽聚糖的棒形生物。

Etymology　N.L. n. *acidum diaminobutyricum*, DAB; N.L. masc. n. *bacter*, a rod; N.L. masc. n. *Diaminobutyricibacter*, a rod with DAB-containing peptidoglycan.

模式种　统营二氨基丁酸杆菌（*Diaminobutyricibacter tongyongensis*）Kim 等，2014，新种。

词源　统营：韩国庆尚南道统营市，因境内有三道水军统制使的统制营而得名，此模式株从此地分离。

Etymology　N.L. masc. adj. *tongyongensis*, referring to the Tongyong region where the type strain was isolated.

来源　环境——土壤（Source：Environmental—soil）。

二氨基丁酸单胞菌属（*Diaminobutyricimonas*）Jang 等，2013，新属。此属已定1种。

词源　二氨基丁酸：丁酸中的两个氢原子被两个氨基取代的化合物，一般指的是2,4位取代丁酸；单胞：单细胞，单元；菌：表示微小的事物，微生物（细菌、古菌、真菌）；属：属名的尾词；二氨基丁酸单胞菌：肽聚糖含2,4-二氨基丁酸的单胞细菌。

Etymology　N.L. n. *acidum diaminobutyricum*, diaminobutyric acid; L. fem. n. *monas*, a unit, monad; N.L. fem. n. *Diaminobutyricimonas*, a unit (bacterium) with 2,4-diaminobutyric acid in the peptidoglycan.

模式种　气携二氨基丁酸单胞菌（*Diaminobutyricimonas aerilata*）Jang 等，2013，新种。

词源　气：空气；携：携带；气携：空气携带的，气生的。

Etymology　L. n. *aer*, air; L. fem. part. adj. *lata*, carried; N.L. fem. part. adj. *aerilata*, airborn.

益杆菌属（*Diaphorobacter*）Khan and Hiraishi，2003，新属；Kim 等，2014修改。此属已定3种。

词源　益：有益的，重要的；杆：棒；菌：表示微小的事物，微生物（细菌、古菌、真菌）；属：属名的尾词；益杆菌属：有益的棒形菌，指的是对氮去除有用。

Etymology Gr. adj. *diaphoros*, different, and, in good sense, advantageous, profitable, important; N.L. masc. n. *bacter*, rod; N.L. masc. n. *Diaphorobacter*, profitable rod, referring to usefulness in nitrogen removal.

模式种 硝酸还原益杆菌（*Diaphorobacter nitroreducens*）Khan and Hiraishi，2003，新种。

词源 硝酸：硝酸根，硝酸盐；还原：放回，带回，在化学中表示转变为不同（应为下降）的氧化态；硝酸还原：还原硝酸盐。

Etymology N.L. n. *nitras -atis*, nitrate; N.L. pref. *nitro-*, pertaining to nitrate; L. part. adj. *reducens*, leading back, bringing back and, in chemistry, converting to a different oxidation state; N.L. part. adj. *nitroreducens*, reducing nitrate.

腐蹄杆菌属（*Dichelobacter*）Dewhirst 等，1990，新属。此属已定 1 种。

词源 腐：腐烂，腐裂；蹄：有角质层保护的脚，动物的足；杆：杆／棒；菌：表示微小的事物，微生物（细菌、古菌、真菌）；属：属名的尾词；腐蹄杆菌属：导致蹄腐烂开裂的棒形菌，因为这种棒形微生物能导致绵羊、山羊和牛的蹄腐烂。

Etymology Gr. adj. *dichelos*, cloven hoofed; N.L. masc. n. *bacter*, a rod; N.L. masc. n. Dichelobacter, clovenhoofed rod, because this organism is the rod-shaped bacterium that causes footrot in sheep, goats, and cattle.

模式种 多节腐蹄杆菌（*Dichelobacter nodosus*）（Beveridge，1941）Dewhirst 等，1990，新合并。

词源 多节：很多的结，绳结；意指此生物细胞的形状。

Etymology L. masc. adj. *nodosus*, full of knots, refers to the shape of the cells.

叉微菌属（*Dichotomicrobium*）Hirsch and Hoffman，1989，新属。此属已定 1 种。

词源 叉：叉子的，分叉的，二分叉的，二等分的；微：微小的，微生物；菌：表示微小的事物，微生物（细菌、古菌、真菌）；微菌：微生物；属：属名的尾词；叉微菌属：叉形的微生物。

Etymology Gr. adj. *dichotomos*, cutting in two, divided equally; N.L. neut. n. *microbium*, microbe; N.L. neut. n. *Dichotomicrobium*, a forked microbe.

模式种 嗜热卤叉微菌（*Dichotomicrobium thermohalophilum*）Hirsch and Hoffman，1989，新种。

词源 嗜：嗜好的，喜好的，友好的，爱好的；热：热，高温，温暖；卤：卤素，盐；嗜热卤：喜好热和盐环境的。

Etymology Gr. n. *thermê*, heat; Gr. n. *hals halos*, salt; N.L. adj. *philus -a -um*（from Gr. adj. *philos -ê -on*），friend, loving; N.L. neut. adj. *thermohalophilum*, heat and salt loving.

迪克氏菌属(*Dickeya*)Samson 等,2005,新属。此属已定8种,2亚种。

词源　氏:姓氏;迪克氏:美国植物病理学家迪克,他对研究菊欧文氏菌(*Erwinia chrysantemi*)复合物有贡献;菌:表示微小的事物,微生物(细菌、古菌、真菌);属:属名的尾词;迪克氏菌属:以迪克的姓氏命名的菌属。

Etymology　N.L. fem. n. *Dickeya*, after the American phytopathologist Robert S. Dickey, for his contribution to research on the *Erwinia chrysantemi* complex.

模式种　菊迪克氏菌(*Dickeya chrysanthemi*)(Burkholder 等,1953)Samson 等,2005,新合并。

词源　菊:菊花,植物的一属,菊属。

Etymology　N.L. gen. n. *Chrysanthemi*, of the plant genus *Chrysanthemum*.

网球菌科(*Dictyoglomaceae*)Patel,2012,新科。

模式属　网球菌属(*Dictyoglomus*)Saiki 等,1985,新属。

词源　网球菌属:此科之模式属;科:用于定义一个比属高、比目低的分类级和尾词;在中文科的命名中,把模式属属名中的尾字"属"代换为尾字"科",即为模式属所在的科名;网球菌科:网球菌属之科。

Etymology　N.L. neut. n. *Dictyoglomus*, type genus of the family; suff. - *aceae*, ending to denote a family; N.L. fem. pl. n. *Dictyoglomaceae*, the family of *Dictyoglomus*.

网球菌目(*Dictyoglomales*)Patel,2012,新目。

此目是网球菌纲(*Dictyoglomia*)Patel,2012 的模式目。

模式属　网球菌属(*Dictyoglomus*)Saiki 等,1985,新属。

词源　网球菌属:此目之模式属;目:用于定义一个比科高、比纲低的分类级和尾词;在中文目的命名中,把模式属属名中的尾字"属"代换为尾字"目",即为模式属所在的目名;网球菌目:网球菌属之目。

Etymology　N.L. neut. n. *Dictyoglomus*, type genus of the order; suff. - *ales*, ending to denote an order; N.L. fem. pl. n. *Dictyoglomales*, the order of *Dictyoglomus*.

网球菌纲(*Dictyoglomia*)Patel,2012,新纲。

模式目　网球菌目(*Dictyoglomales*)Patel,2012,新目。

词源　网球菌属:此纲之模式目之模式属;纲:(原核)生物分类的一个级别,门之下,目之上的一个分类级,纲之尾词;网球菌纲:网球菌目之纲。

Etymology　N.L. neut. n. *Dictyoglomus*, type genus of the type order of the class; suff. - *ia*, ending to denote a class; N.L. neut. pl. n. *Dictyoglomia*, the class of the order *Dictyoglomales*.

网球菌属（*Dictyoglomus*）Saiki 等，1985，新属。此属已定 2 种。

此属是网球菌目（*Dictyoglomales*）Patel，2012 和网球菌科（*Dictyoglomaceae*）Patel，2012 的模式属。

词源　网：网络，网状物；球：球（状／形）；网球：网状球形；菌：表示微小的事物，微生物（细菌、古菌、真菌）；属：属名的尾词；网球菌属：网状的球形生物。

Etymology　Gr. n. *diktuon*, a net; L. neut. n. *glomus*, a ball; N.L. neut. n. *Dictyoglomus*, net ball.

模式种　嗜热网球菌（*Dictyoglomus thermophilum*）Saiki 等，1985，新种。

词源　嗜：嗜好的，喜好的，友好的，爱好的；热：热，高温，温暖；嗜热：喜好热的。

Etymology　Gr. n. *thermê*, heat; N.L. neut. adj. *philum*（from Gr. neut. adj. *philon*）, friend, loving; N.L. neut. adj. *thermophilum*, heat loving.

迪茨氏菌属（*Dietzia*）Rainey 等，1995，新属；Kämpfer 等，2010 修改。此属已定 13 种。

此属是迪茨氏菌科（*Dietziaceae*）Rainey 等，1997 的模式属。

词源　氏：姓氏；迪茨氏：以美国微生物学家迪茨姓氏命名；菌：表示微小的事物，微生物（细菌、古菌、真菌）；属：属名的尾词；迪茨氏菌属：以迪茨的姓氏命名的菌属。

Etymology　N.L. fem. n. *Dietzia*, named after Alma Dietz, an American microbiologist.

模式种　海迪茨氏菌（*Dietzia maris*）（Nesterenko 等，1982）Rainey 等，1995，新合并。

词源　海：海的，大海的，海洋的。

Etymology　L. gen. n. *maris*, of the sea.

迪茨氏菌科（*Dietziaceae*）Rainey 等，1997（全部作者名单 Rainey, Ward-Rainey and Stackebrandt），新科；Zhi 等，2009 修改。

模式属　迪茨氏菌属（*Dietzia*）Rainey 等，1995，新属。

词源　迪茨氏菌属：此科之模式属；科：用于定义一个比属高、比目低的分类级和尾词；在中文科的命名中，把模式属属名中的尾字"属"代换为尾字"科"，即为模式属所在的科名；迪茨氏菌科：迪茨氏菌属之科。

Etymology　N.L. fem. n. *Dietzia*, type genus of the family; suff. -*aceae*, ending to denote a family; N.L. fem. pl. n. *Dietziaceae*, the *Dietzia* family.

沟鞭玫杆菌属（*Dinoroseobacter*）Biebl 等，2005，新属。此属已定 1 种。

词源　沟鞭：沟鞭藻；玫：玫瑰，玫色，玫瑰色；杆：杆／棒；菌：表示微小的事物，微生物（细菌、古菌、真菌）；属：属名的尾词；玫杆菌：玫瑰色棒形细菌，玫杆菌属也是细菌的一个属名；沟鞭玫杆菌属：源自沟鞭藻的与玫杆菌属类似的微生物。

Etymology　Gr. n. *dinos*, whirling, rotation, and the first compound of the Protozoan name

Dinophyceae (dinoflagellates), the source from which the isolates were obtained; N.L. masc. n. *Roseobacter*, a bacterial genus; N.L. masc. n. *Dinoroseobacter*, a *Roseobacter*-like organism originating from dinoflagellates.

模式种　柴氏沟鞭玫杆菌(*Dinoroseobacter shibae*)Biebl 等,2005,新种。

词源　柴:以柴恒雄教授的姓氏命名,他发现海洋好氧不产氧光合细菌,对这群细菌的生理学描述做了基础贡献。

Etymology　N.L. gen. n. *shibae*, of Shiba, named after Professor Tsuneo Shiba, who discovered the marine aerobic anoxygenic phototrophic bacteria and provided fundamental contributions to the description of this physiological group of bacteria.

双罩菌属(*Diplocalyx*)(*ex* Gharagozlou,1968)Bermudes 等,1988,新属,命名修改。此属已定 1 种。

词源　双:双倍,二倍,两倍;罩:覆盖物,罩子;菌:表示微小的事物,微生物(细菌、古菌、真菌);属:属名的尾词;双罩菌属:双倍覆盖的菌。

Etymology　Gr. adj. *diplos* (or *diploos*), twofold, double; L. masc. n. *calyx*, cup, calyx, covering; N.L. masc. n. *Diplocalyx*, twofold cover.

模式种　木白蚁双罩菌(*Diplocalyx calotermitidis*)(*ex* Gharagozlou,1968)Bermudes 等,1988,新种。

词源　木白蚁:以其宿主白蚁,黄颈干木白蚁命名。

Etymology　N.L. gen. n. *calotermitidis*, of *Calotermes*, named after the termite host *Calotermes flavicollis*.

同义词　"*Diplocalyx*" Gharagozlou,1968。

双立克次体(*Diplorickettsia*)Mediannikov 等,2011,新属。此属已定 1 种。

词源　双:双倍,二倍,两倍;立克次体:细菌的一个属名;属:属名的尾词;双立克次体:两倍立克次体,因为这种分离菌株在吉美尼兹染色法(**Gimenez staining**)染色后,与立克次体表型相似。

Etymology　Gr. adj. *diplos* (or *diploos*), twofold, double; N.L. fem. n. *Rickettsia*, a bacterial generic name; N.L. fem. n. *Diplorickettsia*, doubled rickettsia, for the phenotypic resemblance of the isolated strain with rickettsiae shown by Gimenez staining.

模式种　马西利亚双立克次体(*Diplorickettsia massiliensis*)Mediannikov 等,2011,新种。

词源　马西利亚:马赛的拉丁名:法国马赛,此微生物从此地分离和表征。

Etymology　L. fem. adj. *massiliensis* of or belonging to *Massilia*, the Latin name of Marseille, France, were the organism was first grown, identified and characterized.

歧硫杆菌属（*Dissulfuribacter*）Slobodkin 等，2013，新属。此属已定 1 种。

词源　歧：岐，二分，分枝，岔道，歧途，歧化；硫：硫黄，硫磺，一种元素 S；杆：杆/棒；菌：表示微小的事物，微生物（细菌、古菌、真菌）；属：属名的尾词；歧硫杆菌属：使硫非对称歧化的棒形生物。

Etymology　L. inseparable particle *dis*, in two; L. n. *sulfur*, sulfur; N.L. masc. n. *bacter*, rod; N.L. masc. n. *Dissulfuribacter*, a rod that disproportionates sulfur.

模式种　嗜热歧硫杆菌（*Dissulfuribacter thermophilus*）Slobodkin 等，2013，新种。

词源　嗜：嗜好的，喜好的，友好的，爱好的；热：高温，温暖；嗜热：喜好高温的，喜好热的。

Etymology　Gr. n. *thermê*, heat; N.L. masc. adj. *philus*（from Gr. masc. adj. *philos*），friend, loving; N.L. masc. adj. *thermophilus*, heat loving.

Do

独岛菌属（*Dokdonella*）Yoon 等，2006，新属；Ten 等，2009 修改，Li 等，2013 修改，Hsu 等，2013 修改。此属已定 6 种。

词源　独岛：韩国东海（日本海）中的一个小岛，日本称为竹岛；菌：表示微小的事物，微生物（细菌、古菌、真菌）；属：属名的尾词；独岛菌属：从独岛分离到的微生物。

Etymology　N.L. fem. dim. n. *Dokdonella*, named after Dokdo, an island located on the East Sea in Korea, from where the organisms were isolated.

模式种　韩国独岛菌（*Dokdonella koreensis*）Yoon 等，2006，新种。

词源　韩国：与韩国有关的，独岛的所在国。韩国人认为独岛是韩国的，日本人认为是日本的。

Etymology　N.L. fem. adj. *koreensis*, pertaining to Korea, where Dokdo is located.

独岛姓菌属（*Dokdonia*）Yoon 等，2005，新属；Yoon 等，2012 修改。此属已定 4 种。

词源　独岛：韩国东海（日本海）中的一个小岛，日本称为竹岛；菌：表示微小的事物，微生物（细菌、古菌、真菌）；属：属名的尾词；独岛姓菌属：从独岛分离到的微生物。

Etymology　N.L. fem. n. *Dokdonia*, named after Dokdo, an island located on the East Sea in Korea, fom where the organisms were isolated.

模式种　东海独岛姓菌（*Dokdonia donghaensis*）Yoon 等，2005，新种。

词源　东海：韩国称的东海，国际上称为日本海，独岛位于其中，这里指的是与东海相关的，此微生物从这里分离。

Etymology　N.L. fem. adj. *donghaensis*, pertaining to Donghae, the Korean name of the East Sea, where Dokdo is located and from where the organism was isolated.

诡果菌属(*Dolosicoccus*)Collins 等,1999,新属。此属已定 1 种。

词源 诡:诡异,诡计,狡黠;果:浆果,表示浆果形(圆球或椭球);菌:表示微小的事物,微生物(细菌、古菌、真菌);属:属名的尾词;诡果菌属:狡黠的浆果形生物。

Etymology L. adj. *dolosus*, crafty, deceptive; N.L. masc. n. *coccus* (from Gr. masc. n. *kokkos*, grain, seed), coccus; N.L. masc. n. *dolosicoccus*, a deceptive coccus.

模式种 缈吞诡果菌(*Dolosicoccus paucivorans*)Collins 等,1999,新种。

词源 缈:缥缈的,虚无的,稀少的,寡的,不多的,一点点的;吞:吞噬的,吞食的,大吃的,吞没的;缈吞:吃得少,消解的少,指的是此微生物对碳水化合物利用的很少。

Etymology L. adj. *paucus*, few, little; L. part. adj. *vorans*, eating, devouring; N.L. part. adj. *paucivorans*, eating little, relating to the observation that the organism utilizes few carbohydrates.

诡小粒菌属(*Dolosigranulum*)Aguirre 等,1994,新属。此属已定 1 种。

词源 诡:诡计,狡黠;谷:谷粒,颗粒;菌:表示微小的事物,微生物(细菌、古菌、真菌);属:属名的尾词;诡小粒菌属:狡黠的小谷粒状生物。

Etymology L. adj. *dolosus*, crafty, deceitful; L neut. n. *granulum*, a small grain; N.L. neu. n. *Dolosigranulum*, a deceptive small grain.

模式种 懒诡小粒菌(*Dolosigranulum pigrum*)Aguirre 等,1994,新种。

词源 懒:懒惰的,慵懒的,行动迟缓的,不活泼的。

Etymology L. neut. adj. *pigrum*, lazy.

房竿菌属(*Domibacillus*)Seiler 等,2013,新属;Sharma 等,2014 修改,Sonalkar 等,2014 修改。此属已定 3 种。

词源 房:屋,房子;竿:在本书中对译于拉丁文 *bacillus*,表示棒形,以示与常见的"杆"的区别,表示以出芽孢为特征的棒形;菌:表示微小的事物,微生物(细菌、古菌、真菌);属:属名的尾词;竿菌属:细菌的一个属名,出芽孢的棒形菌;房竿菌属:分离自房子的类似出芽孢的竿属的微生物。

Etymology N. masc. n. *domus*, house; L. masc. n. *bacillus*, a rod, and also a bacterial genus name; N.L. masc. n. *Domibacillus*, a Bacillus-like organism isolated from a house.

模式种 锈色房竿菌(*Domibacillus robiginosus*)Seiler 等,2013,新种。

词源 锈色:铁锈色,生锈后的颜色,指的是菌落的颜色。

Etymology L. masc. adj. *robiginosus*, rusty, referring to the colony colour.

东海菌属(*Donghaeana*)Yoon 等,2006,新属。此属已定 1 种。

此属 2009 年被归属为→桃幡菌属(*Persicivirga*)O'sullivan 等,2006,但此属 2012 年被归属

到→非滑菌属（*Nonlabens*）Lau 等，2005，新属。

词源 东海：韩国称的东海（国际上称为日本海，本书注）；菌：表示微小的事物，微生物（细菌、古菌、真菌）；属：属名的尾词；东海菌属：独岛位于其中，这里指的是与东海相关的，此微生物从这里分离。

Etymology N.L. n. *Donghae*, the Korean name of the East Sea in Korea; L. fem. suff. *-ana*, suffix used with the sense of belonging to; N.L. fem. n.（N.L. fem. adj. used as a substantive）*Dhongaeana*, named after the East Sea of Korea, where Dokdo is located.

模式种 独岛东海菌（*Donghaeana dokdonensis*）Yoon 等，2006，新种。

2009 年，此种被归种为→独岛桃幡菌（*Persicivirga dokdonensis*）（Yoon 等，2006）Nedashkovskaya 等，2009；2012 年，此种被归种为→独岛非滑菌（*Nonlabens dokdonensis*）（Yoon 等，2006）Yi and Chun，2012。

词源 独岛：韩国东海（日本海）中的一个岛，日本称为竹岛，此模式株的分离地。

Etymology N.L. fem. adj. *dokdonensis*, pertaining to Dokdo, a Korean island, where the type strain was isolated.

东氏菌属（*Dongia*）Liu 等，2010，新属。此属已定 2 种。

词源 氏：姓氏；东氏：以东秀珠教授的姓氏命名，她是中国的一位细菌学家和细菌分类学家；菌：表示微小的事物，微生物（细菌、古菌、真菌）；属：属名的尾词；东氏菌属：以东的姓氏命名的菌属。

Etymology N.L. fem. n. *Dongia*, named after Professor Xiu-Zhu Dong, a bacteriologist and bacterial taxonomist in China.

模式种 动东氏菌（*Dongia mobilis*）Liu 等，2010，新种。

词源 动：运动的，移动的，活动的，游动的，指的是与此模式株的运动特性。

Etymology L. fem. adj. *mobilis*, motile, pertaining to the motility of the type strain.

东海栖菌属（*Donghicola*）Yoon 等，2007，新属；Hameed 等，2014 修改。此属已定 2 种。

词源 东海：韩国称的东海（国际上多称为日本海，本书注）；栖：居住，栖居，栖居者，栖息者；菌：表示微小的事物，微生物（细菌、古菌、真菌）；属：属名的尾词；栖东海菌属：东海居民，这里指的是从东海分离的微生物丛。

Etymology N.L. n. *Donghae*, the Korean name of the East Sea in Korea; L. suff. *-cola*（from L. n. *incola*），a dweller, inhabitant; N.L. masc. n. *Donghicola*, a dweller of the East Sea in Korea.

模式种 象牙白栖东海菌（*Donghicola eburneus*）Yoon 等，2007，新种。

词源 象牙白：像象牙一样白色的。

Etymology L. masc. adj. *eburneus*, white as ivory.

多尔氏菌属（*Dorea*）Taras 等，2002，新属。此属已定 2 种。

词源　氏：姓氏；多尔氏：为了纪念法国微生物学家多尔，以他的姓氏命名，记述他对肠道微生物学的许多贡献；菌：表示微小的事物，微生物（细菌、古菌、真菌）；属：属名的尾词；多尔氏菌属：以多尔的姓氏命名的菌属。

Etymology　N.L. fem. n. *Dorea*, named in honour of the French microbiologist Joel Doré, in recognition of his many contributions to gut microbiology.

模式种　蚁酸生多尔氏菌（*Dorea formicigenerans*）（Holdeman and Moore, 1974）Taras 等，2002，新合并。

词源　生：产，产生，生产，制造；蚁酸：一种一元一碳酸，甲酸，因最初从蚂蚁中发现而得名，这里指的是此微生物经过碳水化合物发酵，产生大量的甲酸；蚁酸生：产生蚁酸，指的是此生物从碳水化合物的发酵中产生大量的甲酸。

Etymology　N.L. n. *acidum formicum*, formic acid; L. part. adj. *generans*, producing; N.L. adj. *formicigenerans*, formic acid-producing; referring to its production of large amounts of formic acid from carbohydrate fermentation.

Dr

龙小杆菌科（*Draconibacteriaceae*）Du 等，2014，新科。

模式目　龙小杆菌属（*Draconibacterium*）Du 等，2014，新属。

词源　龙小杆菌属：此科之模式属；科：用于定义一个比属高、比目低的分类级和尾词；在中文科的命名中，把模式属属名中的尾字"属"代换为尾字"科"，即为模式属所在的科名；龙小杆菌科：龙小杆菌属之科。

Etymology　N.L. neut. n. *Draconibacterium*, type genus of the family; suff. *-aceae* ending to denote family; N.L. pl. n. *Draconibacteriaceae*, the *Draconibacterium* family.

龙小杆菌属（*Draconibacterium*）Du 等，2014，新属。此属已定 1 种。

词源　龙：蛇，蛇形的一种可能已经灭绝的动物，在中国具有象征性的属相物种；小杆：小棒；菌：表示微小的事物，微生物（细菌、古菌、真菌）；属：属名的尾词；龙小杆菌属：龙形细菌。

Etymology　L. masc. n. *draco -onis*, snake; L. n. *bacterium*, staff, rod and, in biology, a bacterium; N.L. neut. n. *Draconibacterium*, the dragon bacterium.

模式种　东方龙小杆菌（*Draconibacterium orientale*）Du 等，2014，新种。

词源　东：东，方位词；方：方向；东方：属于或来自东方的，东边的，与西方相对的一个模糊地理称谓。

Etymology　L. neut. adj. *orientale*, of or belonging to the east, oriental.

Du

芝擀氏菌属（*Duganella*）Hiraishi 等,1997,新属；Kämpfer 等,2012 修改。此属已定 5 种。

词源　氏：姓氏；芝擀氏：以美国微生物学家芝擀姓氏命名,他分离到此微生物；菌：表示微小的事物,微生物（细菌、古菌、真菌）；属：属名的尾词；芝擀氏菌属：以芝擀的姓氏命名的菌属。

Etymology　N.L. fem. dim. n. *Duganella*, named after P.R. Dugan, the American microbiologist who isolated the organism.

模式种　活胶状芝擀氏菌（*Duganella zoogloeoides*）Hiraishi 等,1997,新种。

词源　活胶：活的胶状物,指的是活胶菌属；状：拟似,形似,类,似,类似,像；活胶状：类似活胶菌属。

Etymology　N.L. n. *Zoogloea*, bacterial genus name; L. suff. -*oides*（from Gr. suff. -*eides*, from Gr. n. *eidos*, that which is seen, form, shape, figure）, ressembling, similar; N.L. fem. adj. *zoogloeoides*, similar to *Zoogloea*.

Dy

双杆菌属（*Dyadobacter*）Chelius and Triplett,2000,新属；Reddy and Garcia-Pichel,2005 修改。此属已定 12 种。

词源　双：对,两；杆：杆/棒；菌：表示微小的事物,微生物（细菌、古菌、真菌）；属：属名的尾词；双杆菌属：成对出现的棒形或杖状生物。

Etymology　G. fem. n. *dyas* -*ados*, the number two, pair; N.L. masc. n. *bacter*, rod or staff; N.L. masc. n. *Dyadobacter*, rod or staff occurring in pairs.

模式种　发酵双杆菌（*Dyadobacter fermentans*）Chelius and Triplett,2000,新种。

词源　发酵：发酵的定义广泛,在微生物学中可指微生物在培养基上的大量生长,一般是指（在厌氧条件下）将糖转变为酸,醇和气体。

Etymology　L. part. adj. *fermentans*, causing fermentation.

带姓菌属（*Dyella*）Xie and Yokota,2005,新属。此属已定 10 种。

词源　姓：姓姓；带姓：为了纪念新西兰道格拉斯·带博士,以他的姓氏命名,他致力于黄单胞菌属（*Xanthomonas*）分类学研究；菌：表示微小的事物,微生物（细菌、古菌、真菌）；属：属名的尾词；带姓菌属：以带的姓氏命名的菌属。

Etymology　N.L. fem. dim. n. *Dyella*, in honour of Dr Douglas W. Dye, of New Zealand, who contributed to the taxonomic study of the genus *Xanthomonas*.

模式种　日本带姓菌（*Dyella japonica*）Xie and Yokota,2005,新种。

词源　日本：与日本有关的,此模式菌株和其他相关菌株的来源地。

Etymology　N.L. fem. adj. *japonica*, pertaining to Japan, from where the type strain and other strains originated.

难生单胞菌属（*Dysgonomonas*）Hofstad 等，2000，新属。此属已定 6 种。

词源　难：艰难，困难；生：生长，繁殖；单胞：单细胞，单元；菌：表示微小的事物，微生物（细菌、古菌、真菌）；属：属名的尾词；难生单胞菌属：表示生长力很弱的单细胞。

Etymology　Gr. pref. *dys-*, with notion of hard, bad, unlucky; Gr. n. *gonos*, that which is begotten, reproduction; Gr. fem. n. *monas*, a monad, unit; N.L. fem. n. *Dysgonomonas*, intended to mean a weakly growing monad.

模式种　盖得难生单胞菌（*Dysgonomonas gadei*）Hofstad 等，2000，新种。

词源　盖得：挪威卑尔根盖得研究所，此微生物从此地分离。

Etymology　N.L. gen. masc. n. *gadei*, of the Gade Institute, Bergen, Norway, where the organism was first isolated.

E 部

Ec

海胆栖菌属（*Echinicola*）Nedashkovskaya 等，2006，新属。此属已定 3 种。

词源　海胆：棘皮动物门下的一个纲，是一类生活在海洋浅水区的无脊椎动物；栖：居住，栖居，栖居者，栖息者；菌：表示微小的事物，微生物（细菌、古菌、真菌）；属：属名的尾词；海胆栖菌属：栖居在海胆中的一类生物。

Etymology　L. masc. n. *echinus*, sea urchin; L. suff. *-cola*（derived from L. masc. or fem. n. *incola*）, a dweller; N.L. fem. n. *Echinicola*, a sea-urchin dweller.

模式种　太平海胆栖菌（*Echinicola pacifica*）Nedashkovskaya 等，2006，新种。

词源　太平：平安，和平，太平洋，地球四大洋之一，指的是此模式菌株的分离源，太平洋。

Etymology　L. fem. adj. *pacifica*, pacific, and by extension referring to the Pacific Ocean, from which the type strain was isolated.

海胆单胞菌属（*Echinimonas*）Nedashkovskaya 等，2013，新属。此属已定 1 种。

词源　海胆：棘皮动物门下的一个纲，是一类生活在海洋浅水区的无脊椎动物；单胞：单元，单细胞；菌：表示微小的事物，微生物（细菌、古菌、真菌）；属：属名的尾词；海胆单胞菌属：分离自海胆的单细胞生物。

Etymology　L. n. *echinus*, sea urchin; L. fem. n. *monas*, a unit, monad; N.L. fem. n. *Echinimonas*, monad isolated from a sea urchin.

模式种　解琼海胆单胞菌（*Echinimonas agarilytica*）Nedashkovskaya 等，2013，新种。

词源　解：分解的，溶解的，降解的；琼：琼胶，琼脂，由琼脂糖和琼脂胶构成，是目前配制固体培养基最好的凝固剂，因最早来自海南而得名；解琼：溶解琼脂的。

Etymology　N.L. n. *agarum* agar; N.L. adj. *lyticus -a -um*（from Gr. adj. *lutikos –ê -on*）able to loosen, able to dissolve; N.L. fem. adj. *agarilytica* agar-dissolving.

外磹玫弯菌属（*Ectothiorhodosinus*）Gorlenko 等，2007，新属。此属已定 1 种。

词源　外：外面，外侧；磹：硫，硫磺，硫黄，元素 S；玫：玫瑰；弯：屈曲不直，弯曲；菌：表示微小的事物，微生物（细菌、古菌、真菌）；属：属名的尾词；外磹玫弯菌属：（分泌）胞外硫的红色弯曲棒形生物。

Etymology　Gr. prep. *ectos*, outside; Gr. n. *theion*（Latin transliteration *thium*）, sulfur; Gr. n. *rhodon*, rose; L. masc. n. *sinus*, a bending, curve, fold; N.L. masc. n. *Ectothiorhodosinus*, red curved rod with extracellular sulfur.

模式种　蒙古外磹玫弯菌（*Ectothiorhodosinus mongolicus*）勘误，Gorlenko 等，2007，新种。

词源 蒙古：属于蒙古的，与蒙古有关的。

Etymology　N.L. masc. adj. *mongolicus*, belonging to Mongolia.

推荐的属名三字母简写　*Ets.* 见"命名规则：属名简写"[属名简写三字母准则（Three-letter code for abbreviations of generic names）]。

外瑙玫螺体属（*Ectothiorhodospira*）Pelsh, 1936, 属。此属已定 12 种。

此属是**外瑙玫螺体科**（*Ectothiorhodospiraceae*）Imhoff, 1984 的模式属。

词源　外：外面，外侧；瑙：硫，硫磺，硫黄，元素 S；玫：玫瑰；螺：螺纹，螺形，螺旋，螺体；菌：表示微小的事物，微生物（细菌、古菌、真菌）；属：属名的尾词；外瑙玫螺体属：（分泌）胞外硫的螺形玫瑰生物。

Etymology　Gr. prep. *ektos*, outside; Gr. n. *theion*（Latin transliteration *thium*）, sulfur; Gr. n. *rhodon*, the rose; L. fem. n. *spira*, the spiral; N.L. fem. n. *Ectothiorhodospira*, spiral rose with sulfur outside.

模式种　动外瑙玫螺体（*Ectothiorhodospira mobilis*）Pelsh, 1936,《1980 年细菌名确认单》, 种。

词源　动：运动的，移动的，活动的，游动的。

Etymology　L. fem. adj. *mobilis*, movable, mobile.

同义词　Include the "autotrophic" "*Rhodopseudomonas*" species of Kondrat′eva, 1956, "*Ectothiorhodospira*" Trüper, 1968。

推荐的属名三字母简写　*Ect.* 见"命名规则：属名简写"[属名简写三字母准则（Three-letter code for abbreviations of generic names）]。

外瑙玫螺体科（*Ectothiorhodospiraceae*）Imhoff, 1984, 新科。

模式属　外瑙玫螺体属（*Ectothiorhodospira*）Pelsh, 1936,《1980 年细菌名确认单》, 属。

词源　外瑙玫螺体属：此科之模式属；科：用于定义一个比属高、比目低的分类级和尾词；在中文科的命名中，把属名中的尾字"属"代换为尾字"科"，即为模式属所对应的科；外瑙玫螺体科：外瑙玫螺体属之科。

Etymology　N.L. fem. n. *Ectothiorhodospira*, type genus of the family; suff. *-aceae*, ending to denote a family; N.L. fem. pl. n. *Ectothiorhodospiraceae*, the *Ectothiorhodospira* family.

Ed

土壤杆菌属（*Edaphobacter*）Koch 等, 2008, 新属。此属已定 2 种。

词源　土壤：土壤，土地；杆：棒；菌：表示微小的事物，微生物（细菌、古菌、真菌）；属：属名的尾词；土壤杆菌属：棒形土壤细菌。

Etymology　Gr. neut. n. *edaphos*, soil; N.L. masc. n. *bacter*, a rod; N.L. masc. n.

Edaphobacter, rod-shaped soil bacterium.

模式种 适土杆菌（*Edaphobacter modestus*）Koch 等，2008，新种。

词源 适：适度的，中度的，温和的，有限的，指的是此模式株对低浓度底物的适应性。

Etymology L. masc. adj. *modestus*, moderate, referring to the adaptation of the type strain to low substrate concentrations.

爱德华姓菌属（*Edwardsiella*）Ewing and McWhorter，1965，属。此属已定 5 种。

词源 姓：姓氏；爱德华姓：以美国细菌学家爱德华（1901—1966）姓氏命名；菌：表示微小的事物，微生物（细菌、古菌、真菌）；属：属名的尾词；爱德华姓菌属：以爱德华的姓氏命名的菌属。

Etymology N.L. fem. dim. n. *Edwardsiella*, named after the American bacteriologist P.R. Edwards（1901—1966）.

模式种 慢爱德华姓菌（*Edwardsiella tarda*）Ewing and McWhorter，1965，《1980 年细菌名确认单》。

词源 慢：缓慢，意指不活跃的，相对于许多其他肠杆菌科，此属菌仅对一些碳水化合物发酵。

Etymology L. fem. adj. *tarda*, slow（intended meaning was "inactive", referring to the fermentation on only a few carbohydrates compared to many other *Enterobacteriaceae*）.

同义词 "Asakusa group" Sakazaki and Murata，1962，"Bartholomew group" King and Adler，1964。

Ef

流出杆菌属（*Effluviibacter*）Suresh 等，2006，新属。此属已定 1 种。

此属 2010 年已归属到→夷杆菌属（*Pontibacter*）Nedashkovskaya 等，2005，新属。

词源 流出：外流，流出，流出物；杆：棒；菌：表示微小的事物，微生物（细菌、古菌、真菌）；属：属名的尾词；外流杆菌属：来自外流出物的棒形菌，指的是此首株分离源。

Etymology L. neut. n. *effluvium*, outflow; N.L. masc. n. *bacter*, rod; N.L. masc. n. *Effluviibacter*, rod from an outflow, referring to the source of isolation of the first strain.

模式种 玫色流出杆菌（*Effluviibacter roseus*）Suresh 等，2006，新种。

此种已归种到→玫色夷杆菌（*Pontibacter roseus*）（Suresh 等，2006）Wang 等，2010，新合并。

词源 玫色：玫色的，玫瑰色的，粉色的，粉红色的。

Etymology L. masc. adj. *roseus*, rose-coloured, pink.

杂竿菌属（*Effusibacillus*）Watanabe 等，2014，新属。此属已定 3 种。

词源 杂：多样化的，不纯的，杂乱；竿：在本书中对译于拉丁文 *bacillus*，表示棒形，以示与常见的"杆"的区别,表示以出芽孢为特征的棒形;菌:表示微小的事物,微生物(细菌、古菌、真菌);属:属名的尾词;竿菌属:出芽孢的棒形菌,细菌的一个属;杂竿菌属:杂乱的棒形菌,指的是各种长度的细胞。

Etymology L. adj. *effusus*, disorderly; N.L. masc. n. *bacillus*, small rod, N.L. masc. n. *Effusibacillus*, disorderly rod, referring to the various lengths of cells.

模式种 湖杂竿菌(*Effusibacillus lacus*)Watanabe 等,2014,新种。

词源 湖:湖的,湖泊的。

Etymology L. gen. n. *lacus*, of a lake.

Eg

爱格士姓菌(*Eggerthella*)Wade 等,1999,新属;Maruo 等,2008 修改,Würdemann 等,2009 修改。此属已定 4 种。

词源 姓:姓氏;爱格士姓:为纪念阿诺德·爱格士,以其姓氏命名,他首先描述了后来命名为慢优小杆菌[(*Eubacterium lentum*)爱格士,**1935**]的这种微生物;菌:表示微小的事物,微生物(细菌、古菌、真菌);属:属名的尾词;爱格士姓菌属:以爱格士的姓氏命名的生物。

Etymology N.L. fem. dim. n. *Eggerthella*, named to honour Arnold Eggerth, who first described the organism later named *Eubacterium lentum* (Eggerth, 1935).

模式种 慢爱格士姓菌(*Eggerthella lenta*)(Eggerth,1935)Wade 等,1999,新合并。

词源 慢:缓慢的。

Etymology L. fem. adj. *lenta*, slow.

注: 同样根据规则,瓦德(Wade)等发表的比景山(Kageyama)等发表的具有优选权。(*Eggerthella lenta*)(Eggerth,1935)Kageyama 等,1999。

爱格士姓菌科(*Eggerthellaceae*)Gupta 等,2013,新科。

模式属 爱格士姓菌属(*Eggerthella*)Wade 等,1999,新属。

词源 爱格士姓菌属:此科之模式属;科:用于定义一个比属高、比目低的分类级和尾词;在中文科的命名中,把模式属属名中的尾字"属"代换为尾字"科",即为模式属所在的科名;爱格士姓菌科:爱格士姓菌属之科。

Etymology N.L. fem. n. *Eggerthella*, type genus of the family; suff. -*aceae*, ending to denote a family; *Eggerthellaceae*, the *Eggerthella* family.

爱格士姓菌目(*Eggerthellales*)Gupta 等,2013,新目。

模式属 爱格士姓菌属(*Eggerthella*)Wade 等,1999,新属。

词源 爱格士姓菌属:此目之模式属;目:用于定义一个比科高、比纲低的分类级和尾词;在中文目的命名中,把模式属属名中的尾字"属"代换为尾字"目",即为模式属所在的目名;爱格士姓菌目：爱格士姓菌属之目。
Etymology N.L. fem. n. *Eggerthella*, type genus of the order; suff. *-ales*, ending to denote an order; N.L. fem. pl. n. *Eggerthellales*, the order of *Eggerthella*.

爱格士氏菌属(*Eggerthia*)Salvetti 等,2011,新属。此属已定 1 种。

词源 氏:姓氏;爱格士氏:为纪念阿诺德·H.爱格士,以其姓氏命名,他 1935 年首先鉴定了链形乳竿菌(*Lactobacillus catenaformis*);菌:表示微小的事物,微生物(细菌、古菌、真菌);属:属名的尾词;爱格士氏菌属:以爱格士姓氏命名的菌属。

Etymology N.L. fem. n. *Eggerthia*, named after Arnold H. Eggerth, who first identified the species *Lactobacillus catenaformis*.

模式种 鏈形爱格士氏菌(*Eggerthia catenaformis*)(Eggerth,1935)Salvetti 等,2011,新合并。此种是 2011 年从链形乳竿菌属移属移种过来的。

词源 鏈:链,链子;形:状,形状,外形,外貌,形容某物在外貌上像……;鏈形:链条形。

Etymology L. n. *catena*, chain; L. suff. *-formis* (from L. n. *forma*, figure, shape, appearance), -like, in the shape of; N.L. fem. adj. *catenaformis*, chain-shaped.

Eh

埃里希氏体属(*Ehrlichia*)Moshkovski,1945,属;《1980 年细菌名确认单》,Dumler 等,2001 修改。此属已定 9 种。

此属是埃里希氏体科(*Ehrlichiaceae*)Moshkovski,1945,《1980 年细菌名确认单》和埃里希氏体族(*Ehrlichieae*)Philip,1957,《1980 年细菌名确认单》的模式属。

词源 氏:姓氏;埃里希氏:以德国细菌学家保尔·埃里希(1854—1915)的姓氏命名;菌:表示微小的事物,微生物(细菌、古菌、真菌);属:属名的尾词;埃里希氏菌属:以埃里希的姓氏命名的菌属。

Etymology N.L. fem. n. *Ehrlichia*, named after Paul Ehrlich, a German bacteriologist.

模式种 犬埃里希氏菌(*Ehrlichia canis*)(Donatien and Lestoquard,1935)Moshkovski,1945,种;《1980 年细菌名确认单》。

词源 犬:狗。

Etymology L. gen. n. *canis*, of the dog.

同义词 "*Rickettsia*(subgen. *Ehrlichia*)" Moshkovski,1937,"*Nicollea*"(in part)Macchiavello,1947, possibly "*Donatienella*" Rousselot,1948.

埃里希氏体科(*Ehrlichiaceae*)Moshkovski,1945,科。

模式属 埃里希氏体属(*Ehrlichia*)Moshkovski,1945,《1980 年细菌名确认单》。

词源 埃里希氏体属:此科之模式属;科:用于定义一个比属高、比目低的分类级和尾词;在中文科的命名中,把属名中的尾字"属"代换为尾字"科",即为模式属所对应的科;埃里希氏体科:埃里希氏体属之科。

Etymology　N.L. fem. n. *Ehrlichia*, type genus of the family; suff. *-aceae*, ending to denote a family; N.L. fem. pl. n. *Ehrlichiaceae*, the *Ehrlichia* family.

埃里希氏体族(*Ehrlichieae*) Philip, 1957, 族。

模式属　埃里希氏体属(*Ehrlichia*) Moshkovski, 1945,《1980年细菌名确认单》,属。

词源　埃里希氏体属:此族之模式属;族:原核生物分类的一个级别,现已停用;埃里希氏体族:埃里希氏体属之族。

Etymology　N.L. fem. n. *Ehrlichia*, type genus of the tribe; suff. *-eae*, ending to denote a tribe; N.L. fem. pl. n. *Ehrlichieae*, the *Ehrlichia* tribe.

Ei

艾肯姓菌属(*Eikenella*) Jackson and Goodman, 1972, 属。此属已定1种。

词源　姓:姓氏;艾肯氏:以艾肯的姓氏命名,他首先命名了此属的模式种;菌:表示微小的事物,微生物(细菌、古菌、真菌);属:属名的尾词;艾肯姓菌属:以艾肯的姓氏命名的菌属。

Etymology　N.L. fem. dim. n. *Eikenella*, named after M. Eiken, who first named the type species of the genus.

模式种　啮蚀艾肯姓菌(*Eikenella corrodens*)(Eiken, 1958) Jackson and Goodman, 1972, 种;《1980年细菌名确认单》。

词源　啮:咬;蚀:侵蚀,腐蚀;啮蚀:撕咬侵蚀,指的是菌落对琼脂表面的腐蚀。

Etymology　L. part. adj. *corrodens*, gnawing (colonies may appear to corrode the surface of the agar).

埃拉特单胞菌属(*Eilatimonas*) Paramasivam 等, 2013, 新属。此属已定1种。

词源　埃拉特:以色列埃拉特海湾;单胞:单元,单细胞;菌:表示微小的事物,微生物(细菌、古菌、真菌);属:属名的尾词;埃拉特单胞菌属:分离自埃拉特海湾的单细胞(细菌)。

Etymology　N.L. n. *Eilatum*, Gulf of Eilat; L. fem. n. *monas*, a monad, unit; N.L. fem. n. *Eilatimonas*, a unit (bacterium) isolated from Gulf of Eilat.

模式种　千孔珊埃拉特单胞菌(*Eilatimonas milleporae*) Paramasivam 等, 2013, 新种。

词源　千孔珊:分离自水螅珊瑚叉形千孔珊的。

Etymology　N.L. gen. n. *milleporae*, of *Millepora*, isolated from the hydrocoral *Millepora dichotoma*.

艾欧尼亚菌属(*Eionea*) Urios 等, 2011, 新属。或海仙女菌属。此属已定1种。

词源　艾欧尼亚:海仙女之一,海,海源;菌:表示微小的事物,微生物(细菌、古菌、真菌);

属：属名的尾词；艾欧尼亚菌属：指的是此模式株的来源地，海源的。

Etymology　N.L. fem. n. *Eionea*, a nymph of the sea, referring to the marine origin of the type strain.

模式种　墨艾欧尼亚菌（*Eionea nigra*）Urios 等，2011，新种。

词源　墨：黑色，墨色，指的是此模式株群落的颜色。

Etymology　L. fem. adj. *nigra*, black, referring to the colour of the colonies of the type strain.

艾森堡氏菌属（*Eisenbergiella*）Amir 等，2014，新属。此属已定 1 种。

词源　艾森堡氏：为纪念波兰医生和细菌学家菲利普·艾森堡（1876—1942），以他的姓氏命名，他死于大屠杀；菌：表示微小的事物，微生物（细菌、古菌、真菌）；属：属名的尾词；艾森堡氏菌属：以艾森堡的姓氏命名的菌属。

Etymology　N.L. fem. dim. n. *Eisenbergiella*, named in memory of the Polish physician and bacteriologist Filip Eisenberg (1876—1942) who perished during the Holocaust.

模式种　泰氏艾森堡氏菌（*Eisenbergiella tayi*）Amir 等，2014，新种。

词源　氏：姓氏；泰氏：以瓦伦·泰（1843—1927）的姓氏命名，他描述了泰 - 萨克斯病（Tay-Sachs disease）。

Etymology　N.L. gen. masc. n. *tayi*, of Tay, named after Waren Tay 1843—1927, who described Tay-Sachs disease.

注：泰 - 萨克斯病：一种罕见的常染色体隐性遗传混乱，又称为（酶缺乏引起的）GM2 神经节苷脂沉积症，或己糖胺酶 A 缺乏症。

Ek

伊吉娜菌属（*Ekhidna*）Alain 等，2010，新属。此属已定 1 种。

词源　伊吉娜：希腊神话中的海仙女，半人半蛇独居洞穴，与希腊神话中最著名、最恐怖的怪物堤丰（Typhon）交合，是怪物之母，产生黏液；菌：表示微小的事物，微生物（细菌、古菌、真菌）；属：属名的尾词；伊吉娜菌属：指的是此菌落的乳脂状和光滑性。

Etymology　N.L. fem. n. *Ekhidna*, a sea nymph-dragon of Greek mythology producing slime, referring to the creaminess and smoothness of the colonies.

模式种　橙黄色伊吉娜菌（*Ekhidna lutea*）Alain 等，2010，新种。

词源　橙黄色：橙黄色的，金黄色的，指的是在海琼脂上菌落的颜色。

Etymology　L. fem. adj. *lutea*, gold yellow, the colour of the colonies on marine agar.

El

伊洛拉氏菌属（*Elioraea*）Albuquerque 等，2008，新属。此属已定 1 种。

词源　氏：姓氏；伊洛拉氏：以色列微生物学家伊洛拉·Z. 容的名字命名，以示对他的尊敬；

菌：表示微小的事物，微生物（细菌、古菌、真菌）；属：属名的尾词；伊洛拉氏菌属：以伊洛拉的姓氏命名的菌属。

Etymology　N.L. fem. n. *Elioraea*, named in honour of Israeli microbiologist Eliora Z. Ron.

模式种　嗜暖伊洛拉氏菌（*Elioraea tepidiphila*）Albuquerque 等，2008，新种。

词源　嗜：嗜好的，喜好的，友好的，爱好的；暖：中温、温和、温暖、暖和；嗜暖：嗜好中温的，嗜好暖和的，喜温暖的。

Etymology　L. adj. *tepidus*, warm; N.L. adj. *philus -a -um*（from Gr. adj. *philos -ê -on*）, friend, loving; N.L. fem. adj. *tepidiphila*, loving warmth.

伊丽莎白瑲氏菌属（*Elizabethkingia*）Kim 等，2005，新属。此属已定 3 种。

词源　氏：姓氏；伊丽莎白瑲氏：以示对伊丽莎白·瑲的尊敬，他在 1959 年首先描述了与婴儿脑膜炎相关的细菌，即著名的黄小杆菌；菌：表示微小的事物，微生物（细菌、古菌、真菌）；属：属名的尾词；伊丽莎白瑲氏菌属：以伊丽莎白·瑲的姓名命名的菌属。

Etymology　N.L. fem. n. *Elizabethkingia*, in honour of Elizabeth O. King, who first described bacteria associated with infant meningitis, notably [*Flavobacterium*] *meningosepticum* in 1959.

模式种　脑膜败血伊丽莎白瑲氏菌（*Elizabethkingia meningoseptica*）（King, 1959）Kim 等，2005，新合并。

词源　脑膜：覆盖大脑的膜；败血：由于外源物质（病毒或细菌）侵入而血质败坏；脑膜败血：脑膜炎和败血症。

Etymology　Gr. n. *meninx meningos*, meninges, membrane covering the brain; Gr. adj. *septikos*, putrefactive; N.L. fem. adj. *meningoseptica*, apparently referring to association of the bacterium with both *meningitis* and *septicaemia*, but not septic meningitis as the name implies.

注：将 king 写成"瑲"而不是通常的"金"，一是为了同中国的"金"姓相区别，以免将来很多可能的菌名重名，二是因为 king 的确有国王之意。

埃尔斯特氏菌属（*Elstera*）Rahalkar 等，2012，新属。此属已定 1 种。

词源　氏：姓氏；埃尔斯特氏：以德国湖泊学家汉斯·埃尔斯特的姓氏命名，他对康斯坦茨湖（德国、瑞士、奥地利三国界湖）进行研究，是建立湖泊生态系统岸区重要性的发起人之一；菌：表示微小的事物，微生物（细菌、古菌、真菌）；属：属名的尾词；埃尔斯特氏菌属：以埃尔斯特的姓氏命名的菌属。

Etymology　N.L. fem. n. *Elstera*, named after Hans-Joachim Elster, a German limnologist working on Lake Constance who was one of the first to establish the importance of the littoral zone for the lake ecosystem.

模式种　岸埃尔斯特氏菌（*Elstera litoralis*）Rahalkar 等，2012，新种。

词源　岸：沿岸，海岸，滨，（湖）海（滨）岸边。

Etymology　L. fem. adj. *litoralis*, belonging to the shore or the littoral.

诈微菌纲（*Elusimicrobia*）Geissinger 等，2010，新纲。

模式目　诈微菌目（*Elusimicrobiales*）Geissinger 等，2010，新目。

词源　诈微菌属：此纲之模式目诈微菌目之模式属；纲：（原核）生物分类的一个级别，门之下，目之上的一个分类级，纲之尾词；诈微菌纲：诈微菌属之纲。

Etymology　N.L. neut. n. *Elusimicrobium*, type genus of the type order *Elusimicrobiales*; suff. -*ia*, ending to denote a class; N.L. neut. pl. n. *Elusimicrobia*, class of the genus *Elusimicrobium*.

诈微菌科（*Elusimicrobiaceae*）Geissinger 等，2010，新科。

模式属　诈微菌属（*Elusimicrobium*）Geissinger 等，2010，新属。

词源　诈微菌属：此科之模式属；科：用于定义一个比属高、比目低的分类级和尾词；在中文科的命名中，把模式属属名中的尾字"属"代换为尾字"科"，即为模式属所在的科名；诈微菌科：诈微菌属之科。

Etymology　N.L. neut. n. *Elsusimicrobium*, type genus of the family; suff. -*aceae*, ending to denote a family; N.L. fem. pl. n. *Elusimicrobiaceae*, family of the genus *Elusimicrobium*.

诈微菌目（*Elusimicrobiales*）Geissinger 等，2010，新目。

此目是诈微菌纲（*Elusimicrobia*）Geissinger 等，2010 的模式目。

模式属　诈微菌属（*Elusimicrobium*）Geissinger 等，2010，新属。

词源　诈微菌属：此目之模式属；目：用于定义一个比科高、比纲低的分类级和尾词；在中文目的命名中，把模式属属名中的尾字"属"代换为尾字"目"，即为模式属所在的目名；诈微菌目：诈微菌属之目。

Etymology　N.L. neut. n. *Elsusimicrobium*, type genus of the order; suff. -*ales*, ending to denote an order; N.L. fem. pl. n. *Elusimicrobiales*, order of the genus *Elusimicrobium*.

诈微菌属（*Elusimicrobium*）Geissinger 等，2010，新属。此属已定 1 种。

此属是诈微菌目（*Elusimicrobiales*）Geissinger 等，2010 和诈微菌科（*Elusimicrobiaceae*）Geissinger 等，2010 的模式属。

词源　诈：欺骗，欺诈，愚弄，这里意指此菌很狡黠，难以扑捉，难以培养获得；微：微小的，微生物；菌：表示微小的事物，微生物（细菌、古菌、真菌）；属：属名的尾词；微菌：微生物；诈微菌属：难以捉摸的微生物，难以发现、扑捉或分离。

Etymology　L. part. adj. *elusus* (from L. verb. *eludo*), to delude, deceive, mock (with the accessory notion of mockery); here intended to mean escaped from capture; N.L. neut. n. *microbium*, a microbe; N.L. neut. n. *Elusimicrobium*, an elusive microbe, hard to find, capture or isolate.

模式种　藐诈微菌（*Elusimicrobium minutum*）Geissinger 等，2010，新种。

词源　藐:小的,藐小的,渺小的,微小的,蕞眇的,眇微的,极小的,微不足道的。
Etymology　L. neut. adj. *minutum*, very small, minute.

鞘孢囊菌属(*Elytrosporangium*)Falcão de Morais 等,1966,属。此属已定 3 种。

此属 1986 年已归属到→链霉菌属(*Streptomyces*)Waksman and Henrici,1943,属;《1980 年细菌名确认单》。

词源　鞘:(装刀剑的)套子;孢:孢子;囊:袋子;孢囊:孢子袋子,孢子囊;菌:表示微小的事物,微生物(细菌、古菌、真菌);属:属名的尾词;鞘孢囊菌属:具有鞘套孢囊的微生物。
Etymology　Gr. n. *elutron*, sheath, capsule; N.L. n. *sporangium* [from Gr. n. *spora*, a seed(and in biology a spore), and Gr. n. *angeion*(Latin transliteration *angium*), vessel], sporangium; N.L. neut. n. *Elytrosporangium*, an organism with sheathed sporangium.

模式种　巴西鞘孢囊菌(*Elytrosporangium brasiliense*)勘误,Falcão de Morais 等,1966,属;《1980 年细菌名确认单》。

此种 1986 年已归种到→巴西链霉菌(*Streptomyces brasiliensis*)(Falcão de Morais 等,1966)Goodfellow 等,1986,新合并。

词源　巴西:来自或属于巴西的。
Etymology　N.L. neut. adj. *brasiliense*, of or pertaining to Brazil.

Em

固杆菌属(*Empedobacter*)(*ex* Prévot,1961)Vandamme 等,1994,新属,命名修改;Zhang 等,2014 修改。此属已定 2 种。

词源　固:固定,不运动,不移动;杆:杆/棒;菌:表示微小的事物,微生物(细菌、古菌、真菌);属:属名的尾词;固杆菌属:非运动的棒形生物。
Etymology　Gr. adj. *empedos*, fixed, immovable; N.L. masc. n. *bacter*, a small rod; N.L. masc. n. *Empedobacter*, nonmotile rod.

模式种　短固杆菌(*Empedobacter brevis*)(Holmes and Owen,1982)Vandamme 等,1994,新合并。

词源　短:短的,短小。
Etymology　L. masc. adj. *brevis*, short.

同义词　"*Empedobacter*" Prévot,1961。

印典基菌属(*Emticicia*)Saha and Chakrabarti,2006,新属。此属已定 2 种。

词源　印典基:印度微生物典藏和基因库的随机缩写;菌:表示微小的事物,微生物(细菌、古菌、真菌);属:属名的尾词;印典基菌属:在印度微生物典藏和基因库开展此菌研究。
Etymology　N.L. fem. n. *Emticicia*, arbitrarily formed from the acronym MTCC for Microbial

Type Culture Collection and Gene Bank, where this investigation was carried out.

模式种 寡营印典基菌(*Emticicia oligotrophica*) Sha and Chakrabarti, 2006, 新种。

词源 寡：少的，不多；营：营养，营生，养育，抚育；寡营：吃得很少，仅吃一点，指的是生活在低营养培养基上的细菌。

Etymology Gr. adj. *oligos*, few; Gr. adj. *trophikos*, nursing, tending or feeding; N.L. fem. adj. *oligotrophica*, eating little, referring to a bacterium living on low-nutrient media.

En

内杆菌属(*Endobacter*) Ramírez-Bahena 等, 2013, 新属。此属已定 1 种。

词源 内：内部；杆：杆/棒；菌：表示微小的事物，微生物(细菌、古菌、真菌)；属：属名的尾词；内杆菌属：分离自紫苜蓿(*Medicago sativa*)根瘤中的生物。

Etymology Gr. pref. *endo*, within; N.L. masc. n. *bacter*, a rod; N.L. masc. n. *Endobacter*, a rod isolated from the inside of a root nodule of *Medicago sativa*.

模式种 苜蓿内杆菌(*Endobacter medicaginis*) Ramírez-Bahena 等, 2013, 新种。

词源 苜蓿：苜蓿属，分离自紫苜蓿(*Medicago sativa*)。

Etymology N.L. gen. n. *medicaginis*, of *Medicago*, isolated from *Medicago sativa*.

兽内单胞菌属(*Endozoicomonas*) Kurahashi and Yokota, 2007, 新属；Nishijima 等, 2013 修改。此属已定 6 种。

词源 兽：兽类，动物；内：内部；单胞：单细胞，单元；菌：表示微小的事物，微生物(细菌、古菌、真菌)；属：属名的尾词；兽内单胞菌属：生活在动物体内的单细胞生物。

Etymology Gr. adj. *endo*, inside; Gr. adj. *zoicos*, animal; Gr. fem. n. *monas*, a unit, monad; N.L. fem. n. *Endozoicomonas*, monad living inside an animal.

模式种 海天牛栖兽内单胞菌(*Endozoicomonas elysicola*) Kurahashi and Yokota, 2007, 新种。

词源 海天牛：动物的一个属名，海天牛属；栖：居住，栖居，栖居者，栖息者；海天牛栖：栖居在海天牛中。

Etymology N.L. n. *elysia*, *Elysia*, name of a zoological genus; L. suff. *-cola*, dweller; N.L. n. *elysicola*, *Elysia* dweller.

水生杆菌属(*Enhydrobacter*) Staley 等, 1987, 新属。此属已定 1 种。

词源 水生：生活、生长或发现在水中或水域；杆：棒；菌：表示微小的事物，微生物(细菌、古菌、真菌)；属：属名的尾词；水生杆菌属：生活在水中的棒形生物。

Etymology Gr. adj. *enudros* (Latin transliteration *enhydros*) living in or by water, aquatic N.L. masc. n. *bacter*, a rod; N.L. masc. n. *Enhydrobacter*, aquatic rod.

模式种 气泡水生杆菌(*Enhydrobacter aerosaccus*) Staley 等, 1987, 新种。

词源　气:空气;泡:泡沫,泡影,表示袋状物;气泡:充气的泡状物,气囊,气液泡。
Etymology　Gr. n. *aer aeros*, air; Gr. n. *sakkos*, sack, bag; N.L. n. *aerosaccus*, bag filled with air, gas vacuolate.

水生黏菌属(*Enhygromyxa*)Iizuka 等,2003,新属。此属已定 1 种。

词源　水生:生活、生长或发现在水中或水域;黏:黏液;粘液,分泌物,黏质物;菌:表示微小的事物,微生物(细菌、古菌、真菌);属:属名的尾词;水生黏菌属:水或湿潮栖息的黏液,意指水生黏细菌。
Etymology　Gr. adj. *enugros*, in the water, aquatic; Gr. fem. n. *muxa*, mucus, slime; N.L. fem. n. *Enhygromyxa*, slime of wet or moist habitat; intended to mean aquatic myxobacteria.
模式种　盐水生黏菌(*Enhygromyxa salina*)Iizuka 等,2003,新种。
词源　盐:含盐的,咸的,盐腌的,指的是此微生物的栖息环境是含盐的。
Etymology　L. fem. adj. *salina*, salted.

剑菌属(*Ensifer*)Casida,1982,新属;Young,2003 修改。此属已定 14 种。

词源　剑:带剑;菌:表示微小的事物,微生物(细菌、古菌、真菌);属:属名的尾词;剑菌属:带剑的生物。
Etymology　L. adj. *ensifer*, sword-bearing; N.L. masc. *Ensifer*, sword bearer.
模式种　黏剑菌(*Ensifer adhaerens*)Casida,1982,新种。
词源　黏:黏着,黏附。
Etymology　L. part. adj. *adhaerens*, adhering to.

肠放线果菌属(*Enteractinococcus*)Cao 等,2012,新属。此属已定 2 种。

词源　肠:肠道;放线:射线,放射线;果:浆果,表示浆果形(圆球或椭球);菌:表示微小的事物,微生物(细菌、古菌、真菌);属:属名的尾词;肠放线果菌属:肠道放射状浆果形生物。
Etymology　Gr. n *enteron*, intestine; Gr. n. *actis actinos*, a ray; N.L. masc. n. *coccus*(from Gr. masc; n. kokkos, a grain or berry), coccus; N.L. masc. n. *Enteractinococcus*, intestinal and ray coccus.
模式种　嗜粪肠放线果菌(*Enteractinococcus coprophilus*)Cao 等,2012,新种。
词源　嗜:嗜好的,喜好的,友好的,爱好的;粪:排泄物,粪便,屎,大便;嗜粪:喜好粪便的。
Etymology　Gr. n. *kopros*, dung, faeces; N.L. masc. adj. *philus*(from Gr. masc. adj. *philos*)friend, loving; N.L. masc. adj. *coprophilus*, faeces-loving.

肠杆菌属(*Enterobacter*)Hormaeche and Edwards,1960,属;Brady 等,2013 修改。此属已定 31 种,2 亚种。

词源　肠:肠道;杆:棒;菌:表示微小的事物,微生物(细菌、古菌、真菌);属:属名的尾词;

肠杆菌属：肠道小棒生物。

Etymology　Gr. n. *enteron*, intestine; N.L. masc. n. *bacter*, a small rod; N.L. masc. n. *Enterobacter*, intestinal small rod.

模式种　阴沟肠杆菌（*Enterobacter cloacae*）（Jordan, 1890）Hormaeche and Edwards, 1960, 种；《1980年细菌名确认单》。

词源　阴沟：排污管道，下水道，污水管。

Etymology　L. gen. n. *cloacae*, of a sewer.

同义词　"*Cloaca*" Castellani and Chalmers, 1919, "*Aerobacter*" Hormaeche and Edwards, 1958, not "*Aerobacter*" Beijerinck, 1900, not "*Enterobacter*" Rahn, 1937。

肠杆菌科（*Enterobacteraceae*）（*ex* Lapage, 1979）Lapage, 1982, 新科, 命名修改。

模式属　肠杆菌属（*Enterobacter*）Hormaeche and Edwards, 1960,《1980年细菌名确认单》, 属。

同义词　"*Enterobacteraceae*" Lapage, 1979。

词源　肠杆菌属：此科之模式属；科：用于定义一个比属高、比目低的分类级和尾词；在中文科的命名中，把模式属属名中的尾字"属"代换为尾字"科"，即为模式属所在的科名；肠杆菌科：肠杆菌属之科。

Etymology　N.L. masc. n. *Enterobacter*, one genus of the family *Enterobacteriaceae*; suff. -*aceae*, ending to denote a family; N.L. fem. pl. n. *Enterobacteriaceae*, the *Enterobacter* family.

肠小杆菌科（*Enterobacteriaceae*）Rahn, 1937, 科。

模式属　埃希氏菌属（*Escherichia*）Castellani and Chalmers, 1919,《1980年细菌名确认单》, 属。

词源　肠杆菌属：此科之模式属；科：用于定义一个比属高、比目低的分类级和尾词；在中文科的命名中，把模式属属名中的尾字"属"代换为尾字"科"，即为模式属所在的科名；肠小杆菌科：肠杆菌属之科。

Etymology　N.L. masc. n. *Enterobacter*, one genus of the family *Enterobacteriaceae*; suff. -*iaceae*（*sic*）, ending to denote a family; N.L. fem. pl. n. *Enterobacteriaceae*, the *Enterobacter* family.

注1：肠小杆菌科（*Enterobacteriaceae*）和肠杆菌科（*Enterobacteraceae*），无论在中文还是拉丁文中，都十分相似，极易混淆。中文只差一个"小"，拉丁文只差一个字母"i"。关于肠小杆菌科（*Enterobacteriaceae*），在1957年第七版《伯杰氏鉴定细菌学手册》（*Bergey's Manual of Determinative Bacteriology*）和1984年首版《伯杰氏系统细菌学手册》（*Bergey's Manual of Systematic Bacteriology*）中，给出的词源是：新拉丁文名词肠小杆菌属（*enterobacterium*），一种肠道细菌（an intestinal bacterium）；-*aceae*用于定义科的词尾，新拉丁文阴性复数名词（*Enterobacteriaceae*），肠细菌的科（the family of the enterobacteria）。这可能是肠小杆菌科有"i"，而肠杆菌科无"i"的原因。当然，这两个科的模式属是完全不同的。

注2：肠小杆菌科（*Enterobacteriaceae*）这个科名在《1980年细菌名确认单》中被忽略了，但是在第236页的脚注中指出了由拉佩奇（Lapage）建议的该名尚在审议中（sub judice）。这也导致该名地位的争议性。裁定委员会（Judicial Commission）因此重新评定，1981年确认1937年由拉恩（Rahn）建立的肠小杆菌科

(*Enterobacteriaceae*)合格,应当视同在《1980 年细菌名确认单》中列目。

注3:根据第15条裁定意见,拉恩1937年建立的肠小杆菌科(*Enterobacteriaceae* Rahn,1937)(《1980 年细菌名确认单》列目)的模式属是卡斯特拉尼和查墨斯(Castellani and Chalmers)在1919建立的埃希氏菌属(*Escherichia*)(《1980 年细菌名确认单》细菌名列目),而不是肠杆菌属(*Enterobacter* Hormaeche and Edwards,1960)(《1980 年细菌名确认单》列目)。

肠果菌科(*Enterococcaceae*)Ludwig 等,2010,新科。

模式属 肠果菌属(*Enterococcus*)(*ex* Thiercelin and Jouhaud,1903)Schleifer and Kilpper-Bälz,1984,新属。

词源 肠果菌属:此科之模式属;科:用于定义一个比属高、比目低的分类级和尾词;在中文科的命名中,把模式属属名中的尾字"属"代换为尾字"科",即为模式属所在的科名;肠果菌科:肠果菌属之科。

Etymology N.L. masc. n. *Enterococcus*, type genus of the family; suff. *-aceae*, ending to denote a family; N.L. fem. pl. n. *Enterococcaceae*, family of the genus *Enterococcus*.

肠果菌属(*Enterococcus*)(*ex* Thiercelin and Jouhaud,1903)Schleifer and Kilpper-Bälz,1984,新属,命名修改。此属已定54种,2亚种。

此属是肠果菌科(*Enterococcaceae*)Ludwig 等,2010 的模式属。

词源 果:浆果,表示浆果形(圆球或椭球);菌:表示微小的事物,微生物(细菌、古菌、真菌);属:属名的尾词;肠果菌属:肠道浆果状菌。

Etymology Gr. n. *enteron*, intestine; N.L. masc. n. *coccus* (from Gr. masc. n. *kokkos*, grain, seed), coccus; N.L. masc. n. *Enterococcus*, intestinal coccus.

模式种 渣肠果菌(*Enterococcus faecalis*)(Andrewes and Horder,1906)Schleifer and Kilpper-Bälz,1984,新合并。

词源 渣:渣滓的,残渣的,表示与粪便相关的,屎,粪,便,粪渣的。

Etymology L. n. *faex faecis*, dregs; L. masc. suff. *-alis*, suffix denoting pertaining to; N.L. masc. adj. *faecalis*, pertaining or relating to feces.

同义词 "*Enterococcus*" Thiercelin and Jouhaud,1903.

肠杵菌属(*Enterorhabdus*)Clavel 等,2009,Clavel 等,2010 修改。此属已定2种。

词源 肠:肠道;杵:中国古代舂米或捣衣的木棒,表示棒,棒形;菌:表示微小的事物,微生物(细菌、古菌、真菌);属:属名的尾词;肠杵菌属:分离自肠道的杵状/棒形菌。

Etymology Gr. n. *enteron*, intestine; Gr. fem. n. *rhabdos*, a rod; N.L. fem. n. *Enterorhabdus*, a rod isolated from the intestine.

模式种 黏膜栖肠杵菌(*Enterorhabdus mucosicola*)Clavel 等,2009,新种。

词源 黏膜:黏液,黏滑,粘液,粘滑,黏膜;栖:栖息,栖居,栖息者,栖居者;黏膜栖:肠黏膜的栖居者(生物)。

Etymology　N.L. n. *mucosa* (from L. adj. *mucosus -a -um*, mucous), mucosa; L. suff. *-cola* (from L. n. *incola*), inhabitant, dweller; N.L. n. *mucosicola*, inhabitant of the intestinal mucosa.

肠弧菌属(*Enterovibrio*)Thompson 等,2002,新属;Pascual 等,2009 修改。此属已定 4 种。

词源　弧:作动词表示弧动,像手中舞动的绳子状振动;弧:作名词也表示细菌的一个属名,表示弧状的菌,弧菌属;菌:表示微小的事物,微生物(细菌、古菌、真菌);属:属名的尾词;肠弧菌属:肠道弧形生物。

Etymology　Gr. n. *enteron*, intestine; L. v. *vibro*, to set in tremulous motion, move to and fro, vibrate; N.L. n.*vibrio*, that which vibrates, and also a bacterial genus name of bacteria possessing a curved rod shape (*Vibrio*); N.L. masc. n. *Enterovibrio*, enteric vibrio.

模式种　挪威肠弧菌(*Enterovibrio norvegicus*)Thompson 等,2002,新种。

词源　挪威:与挪威有关的,此生物的分离地。

Etymology　N.L. masc. adj. *norvegicus*, pertaining to Norway, where the organism was isolated.

昆虫原体属(*Entomoplasma*)Tully 等,1993,新属。此属已定 6 种。

此属是昆虫原体目(*Entomoplasmatales*)Tully 等,1993 和昆虫原体科(*Entomoplasmataceae*)Tully 等,1993 的模式属。

词源　昆虫:无脊椎动物中的节肢动物,一般分头、胸、腹三部分;原体:形成的或模塑的东西;属:属名的尾词;昆虫原体属:意指与昆虫有关的。

Etymology　Gr. n. *entomon*, insect; Gr. neut. n. *plasma*, something formed or molded, a form, an image; N.L. neut. n. *Entomoplasma*, intended to mean associated with insects.

模式种　萤火虫昆虫原体(*Entomoplasma ellychniae*)(Tully 等,1989)Tully 等,1993,新合并。

词源　萤火虫:甲壳虫类,***Ellychnia*** 是萤火虫的一属名,此微生物是从萤火虫中分离出来的。

Etymology　N.L. n. *Ellychnia*, a genus of firefly beetles; N.L. gen. n. *ellychniae*, of *Ellychnia*, from which the organism was first isolated.

注:该属有的文献称为虫原体属,不够精确,因为虫也可以不是昆虫,也包括原生动物鞭毛虫等。

昆虫原体科(*Entomoplasmataceae*)Tully 等,1993,新科。

模式属　昆虫原体属(*Entomoplasma*)Tully 等,1993,新属。

词源　昆虫原体属:此科之模式属;科:用于定义一个比属高、比目低的分类级和尾词;在中文科的命名中,把属名中的尾字"属"代换为尾字"科",即为模式属所对应的科;昆虫原体科:昆虫原体属之科。

Etymology　N.L. neut. n. *Entomoplasma -atos*, type genus of the family; suff. *-aceae*, ending to denote a family; N.L. fem. pl. n. *Entomoplasmataceae*, the *Entomoplasma* family.

昆虫原体目（*Entomoplasmatales*）Tully 等,1993,新目。

模式属　昆虫原体属（*Entomoplasma*）Tully 等,1993,新属。

词源　昆虫原体属：此目之模式属；目：用于定义一个比科高、比纲低的分类级和尾词；在中文目的命名中,把属名中的尾字"属"代换为尾字"目",即为模式属所对应的目；昆虫原体目：昆虫原体属之目。

Etymology　N.L. neut. n. *Entomoplasma -atos*, type genus of the order; suff. *-ales*, ending denoting an order; N.L. fem. pl. n. *Entomoplasmatales*, the *Entomoplasma* order.

Eo

厄缶氏菌属（*Eoetvoesia*）Felföldi 等,2014,新属。此属已定 1 种。

词源　氏：姓氏；厄缶氏：以匈牙利物理学家男爵洛兰·厄缶的姓氏命名,厄缶大学就是以其姓氏命名,此模式种的模式株就是从这个大学分离的,并以其名字命名；菌：表示微小的事物,微生物（细菌、古菌、真菌）；属：属名的尾词；厄缶氏菌属：以厄缶的姓氏命名的菌属。

Etymology　N.L. fem. n. *Eoetvoesia*, of Eötvös; named after baron Loránd Eötvös（1848—1919）(commonly called Roland von Eötvös in English), the Hungarian physicist after whom the university where the type strain of the type species was isolated is named.

模式种　淤厄缶氏菌（*Eoetvoesia caeni*）Felföldi 等,2014,新种。

词源　淤：泥,淤泥,泥浆,指的是此模式株是从活性淤泥中分离出来的。

Etymology　L. gen. n. *caeni*, of mud, referring to the isolation of the type strain from activated sludge.

Ep

附赤兽体属（*Eperythrozoon*）Schilling,1928,属。此属已定 5 种。

词源　附：附着,意指在某物的表面上吸附；赤：红,赤色,红色；兽：动物,活生物；属：属名的尾词；附赤兽体属：大概想要表达的是附着在动物上的红色（血细胞）的生物。

Etymology　Gr. pref. *epi-*, on; Gr. adj. *eruthros*, red; Gr. neut. n. *zoon*, living being, animal; N.L. neut. n. *Eperythrozoon*, presumably intended to mean animals on red（blood cells）.

模式种　果状附赤兽体（*Eperythrozoon coccoides*）Schilling,1928,《1980 年细菌名确认单》,种。

词源　果：浆果；状：……形状,像……,类似……；果状：类似浆果状的。

Etymology　N.L. masc. n. *coccus*（from Gr. masc. n. *kokkos*, grain, seed）, coccus; L. suff. *-oides*（from Gr. suff. *eides*, from Gr. n. *eidos*, that which is seen, form, shape, figure）, ressembling, similar; N.L. neut. adj. *coccoides*, coccus-shaped.

附小杆菌属（*Epibacterium*）Penesyan 等,2013,新属。此属已定 1 种。

词源　附：附着,意指在某物的表面上吸附；小杆：小棒；菌：表示微小的事物,微生物（细菌、古菌、真菌）；属：属名的尾词；附小杆菌属：附着在表面上的棒形生物。

Etymology　Gr. pref. *epi-*, on; L. neut. n. *bacterium*, a small rod or staff; N.L. neut. n. *Epibacterium*, rod on a surface.

模式种　石莼附小杆菌（*Epibacterium ulvae*）Penesyan 等，2013，新种。

词源　石莼：一种海藻，澳洲石莼（*Ulva australis*），分离自海藻澳洲石莼的。

Etymology　N.L. gen. n. *ulvae*, of/from *Ulva*, isolated from a marine alga *Ulva australis*.

附岩单胞菌属（*Epilithonimonas*）O'sullivan 等，2006，新属。此属已定 4 种。

词源　附：附着，意指在某物的表面上吸附；岩：岩石，石头；单胞：单元，单细胞；菌：表示微小的事物，微生物（细菌、古菌、真菌）；属：属名的尾词；附岩单胞菌属：附着于岩石表面的单细胞生物。

Etymology　N.L. n. *epilithon -onis*（or *epilithonum -i*），epilithon; L. fem. n. *monas*, a unit, monad; N.L. fem. n. *Epilithonimonas*, a monad isolated from epilithon.

模式种　黏附岩单胞菌（*Epilithonimonas tenax*）O'sullivan 等，2006，新种。

词源　黏：同粘，胶，黏着，紧紧抓住，不动，指的是这种生物的黏性菌落。

Etymology　L. fem. adj. *tenax*, sticky, holding firm, referring to the organism's viscous colonies.

埃普西隆杆菌纲（*Epsilobacteria*）Cavalier-Smith，2002，新纲。或 ε-杆菌纲，埃普西隆细菌纲，ε-细菌纲，ε-变形菌纲。

模式目　"*Aquificales*" Reysenbach，2001。

词源　埃普西隆：希腊字母表中第五个字母 ε，相当于英文中的 e；杆：杖，棒；纲：（原核）生物分类的一个级别，门之下，目之上的一个分类级，纲之尾词；埃普西隆菌纲：此推荐名用于正式化习惯性命名绝大部分 ε-变形菌纲。

Etymology　Gr. *epsilon*, the letter e; Gr. n. *baktêria*, staff, cane; suff. *-ia*, ending to denote a class; N.L. neut. pl. n. *Epsilobacteria*, name proposed to formalize the customary designation of most members of the class as ε-proteobacteria.

埃普西隆变形杆菌纲（*Epsilonproteobacteria*）Garrity 等，2006，新纲。

模式目　弯曲杆菌目（*Campylobacterales*）Garrity 等，新目。

词源　埃普西隆：希腊字母表中第五个字母 ε，相当于英文中的 e；变形：希腊神话中的海神普罗狄斯，（像中国神话中的孙悟空）能够随意改变形态或外形；杆：杖，棒；纲：（原核）生物分类的一个级别，门之下，目之上的一个分类级，纲之尾词；埃普西隆变形杆菌纲：变形杆菌门的一个细菌纲，**16S rRNA** 基因序列与弯曲杆菌目之菌类有关。

Etymology　Gr. n. *epsilon*, name of the fifth letter of Greek alphabet; Gr. or L. n. *Proteus*,

Greek god of the sea, capable of assuming many different shapes; N.L. n. *bacter*, a rod; suff. *-ia*, ending to denote a class; N.L. neut. pl. n. *Epsilonproteobacteria*, a class of bacteria included in the phylum "*Proteobacteria*" and having 16S rRNA gene sequences related to those of the members of the order *Campylobacterales*.

Er

欧研委菌属(*Ercella*) van Gelder 等,2014,新属。或 ERC 菌属。此属已定 1 种。

词源　欧研委:欧洲研究委员会基金(资助);菌:表示微小的事物,微生物(细菌、古菌、真菌);属:属名的尾词;欧研委菌属:此菌的获得受到了欧研委基金的资助。
Etymology　N.L. fem. dim. n. *Ercella*, arbitrary name formed from the acronym ERC(European Research Council) grant.

模式种　琥珀酸生欧研委菌(*Ercella succinigenes*) van Gelder 等,2014,新种。

词源　琥珀酸:一种有机酸,丁二酸;生:产,生产,生成,产生,导致,源自……;琥珀酸生:琥珀酸生成的。
Etymology　N.L. n. *acidum succinum*, succinic acid; N.L. suff. *-genes* (from Gr. v. *gennaiô*, to produce), producing; N.L. part. adj. *succinigenes*, succinic acid-producing.

孤果菌属(*Eremococcus*) Collins 等,1999,新属。此属已定 1 种。

词源　孤:孤,独,孤独,孤立,单独;果:浆果,表示浆果形(圆球或椭球);菌:表示微小的事物,微生物(细菌、古菌、真菌);属:属名的尾词;孤果菌属:单独或隔离浆果形生物,指的是其独特的系统发育树位置。
Etymology　Gr. adj. *eremos*, lonely; N.L. masc. n. *coccus* (from Gr. masc. n. *kokkos*, grain, seed), coccus; N.L. masc. n. *Eremococcus*, a lonely or isolated coccus, referring to its distinct phylogenetic position.

模式种　阴道栖孤果菌(*Eremococcus coleocola*) Collins 等,1999,新种。

词源　阴道:雌性性器官;栖:居住,栖居,栖居者,栖息者;阴道栖:栖居在阴道的,指的是此模式株的分离源。
Etymology　Gr. n. *colea*, vagina; L. suffix *-cola* (from L. n. *incola*), inhabitant; N.L. n. *coleocola*, inhabitant of the vagina, referring to the isolation of the type strain.

欧文氏菌属(*Erwinia*) Winslow 等,1920,属; Hauben 等,1998 修改。此属已定 35 种,5 亚种。

此属是欧文氏菌族(*Erwinieae*) Winslow 等,1920,《1980 年细菌名确认单》的模式属。

词源　氏:姓氏;欧文氏:欧文·F. 史密斯;菌:表示微小的事物,微生物(细菌、古菌、真菌);属:属名的尾词;欧文氏菌属:以欧文·F. 史密斯的名字命名的生物。
Etymology　N.L. fem. n. *Erwinia*, named after Erwin F. Smith.

模式种 吞淀粉欧文氏菌(*Erwinia amylovora*)(Burrill,1882)Winslow 等,1920,《1980 年细菌名确认单》,种。

词源 吞:吞噬,吞食,吃,消解;淀粉:大量的葡萄糖单元通过糖苷键链接而成的天然高分子多糖(碳水化合物),大部分绿色植物的能量储存方式;吞淀粉:分解淀粉(高分子的)。

Etymology　Gr. n. *amulon*, starch; L. v. *voro*, to eat, to devour; N.L. fem. adj. *amylovora*, starch-destroying.

欧文氏菌族(*Erwinieae*)Winslow 等,1920,族。

模式属 欧文氏菌属(*Erwinia*)Winslow 等,1920,《1980 年细菌名确认单》,属。

词源 欧文氏菌属:此族之模式属;族:原核生物分类的一个级别,现已停用;欧文氏菌族:欧文氏菌属之族。

Etymology　N.L. fem. n. *Erwinia*, type genus of the tribe; suff. *-eae*, ending to denote a tribe; N.L. fem. pl. n. *Erwinieae*, the *Erwinia* tribe.

丹毒发菌属(*Erysipelothrix*)Rosenbach,1909,属。此属已定 3 种。

此属是**丹毒发菌目**(*Erysipelotrichales*)Ludwig 等,2010 和**丹毒发菌科**(*Erysipelotrichaceae*)Verbarg 等,2004 的模式属。

词源 丹毒:火丹;发:头发,毛发;菌:表示微小的事物,微生物(细菌、古菌、真菌);属:属名的尾词;丹毒发菌属:引发丹毒的发状生物。

Etymology　Gr. n. *erusipelas -pelatos*, erysipelas; Gr. fem. n. *thrix*, hair; N.L. fem. n. *Erysipelothrix*, erysipelas thread.

模式种 红斑丹毒发菌(*Erysipelothrix rhusiopathiae*)(Migula,1900)Buchanan,1918,《1980 年细菌名确认单》,种。

词源 红斑:曾红色状的疾病,是猪长患病菌。

Etymology　Gr. adj. *rhousios* (Latin transliteration *rhusios*), reddish; Gr. n. *pathos*, accident, misfortune, calamity; here intended to mean disease; N.L. gen. n. *rhusiopathiae*, of red disease.

注:丹毒,为一种急性浅表型蜂窝织炎,真皮淋巴管亦受累及,一般为贝塔溶血 A 族链果菌感染所致,主要表现为境界明显的局限性斑块,边缘发硬、隆起,病损潮红、水肿、发热而具浸润性,向周围蔓延。

丹毒发菌科(*Erysipelotrichaceae*)Verbarg 等,2004,新科。

模式属 丹毒发菌属(*Erysipelothrix*)Rosenbach,1909,《1980 年细菌名确认单》,属。

词源 丹毒发菌属:此科之模式属;科:用于定义一个比属高、比目低的分类级和尾词;在中文科的命名中,把模式属属名中的尾字"属"代换为尾字"科",即为模式属所在的科名;丹毒发菌科:丹毒发菌属之科。

Etymology　N.L. fem. n. *Erysipelothrix*, type genus of the family; suff. *-aceae*, ending denoting a family; N.L. fem. pl. n. *Erysipelotrichaceae*, the family of *Erysipelothrix*.

丹毒发菌目(*Erysipelotrichales*)Ludwig 等,2010,新目。

此目是**丹毒发菌纲**(*Erysipelotrichia*)Ludwig 等,2010 的模式目。

模式属　丹毒发菌属(*Erysipelothrix*)Rosenbach,1909,《1980 年细菌名确认单》,属。

词源　丹毒发菌属:此目之模式属;目:用于定义一个比科高、比纲低的分类级和尾词;在中文目的命名中,把模式属属名中的尾字"属"代换为尾字"目",即为模式属所在的目名;丹毒发菌目:丹毒发菌属之目。

Etymology　N.L. fem. n. *Erysipelothrix* -*trichos*, type genus of the order; suff. -*ales*, ending to denote an order; N.L. fem. pl. n. *Erysipelothrichales*, order of the genus *Erysipelothrix*.

丹毒发菌纲(*Erysipelotrichia*)Ludwig 等,2010,新纲。

模式目　丹毒发菌目(*Erysipelotrichales*)Ludwig 等,2010,新目。

词源　丹毒发菌属:此纲之模式目之模式属;纲:(原核)生物分类的一个级别,门之下,目之上的一个分类级,纲之尾词;丹毒发菌纲:丹毒发菌属之纲。

Etymology　N.L. fem. n. *Erysipelothrix* -*trichos*, type genus of the type order of the class; suff. -*ia*, ending to denote a class; N.L. neut. pl. n. *Erysipelotrichia*, the *Erysipelothrix* class.

赤杆菌属(*Erythrobacter*)Shiba and Simidu,1982,新属。此属已定 16 种。

此属是**赤杆菌科**(*Erythrobacteraceae*)Lee 等,2005 的模式属。

词源　赤:赤色的,红色的;杆:棒;菌:表示微小的事物,微生物(细菌、古菌、真菌);属:属名的尾词;赤杆菌属:红色的棒形生物。

Etymology　Gr. adj. *eruthros*, red; N.L. masc. n. *bacter*, rod; N.L. masc. n. *Erythrobacter*, red rod.

推荐的属名三字母简写　*Erb*. 见"命名规则:属名简写"[属名简写三字母准则(Three-letter code for abbreviations of generic names)]。

模式种　长赤杆菌(*Erythrobacter longus*)Shiba and Simidu,1982,新种。

词源　长:长的,形态(尺寸)长的。

Etymology　L. masc. adj. *longus*, long.

赤杆菌科(*Erythrobacteraceae*)Lee 等,2005,新科;Xu 等,2009 修改。

模式属　赤杆菌属(*Erythrobacter*)Shiba and Simidu,1982,新属。

词源　赤杆菌属:此科之模式属;科:用于定义一个比属高、比目低的分类级和尾词;在中文科的命名中,把模式属属名中的尾字"属"代换为尾字"科",即为模式属所在的科名;赤杆菌科:赤杆菌属之科。

Etymology　N.L. masc. n. *Erythrobacter*, type genus of the family; suff. -*aceae*, ending to denote a family; N.L. fem. pl. n. *Erythrobacteraceae*, the *Erythrobacter* family.

赤微菌属（*Erythromicrobium*）Yurkov 等，1994，新属。此属已定 1 种。

词源 赤：赤色的，红色的；微：微小的，微生物；菌：表示微小的事物，微生物（细菌、古菌、真菌）；属：属名的尾词；微菌：微生物；赤微菌属：红色的微生物。

Etymology   Gr. adj. *eruthros*, red; N.L. neut. n. *microbium*, a microbe; N.L. neut. n. *Erythromicrobium*, red microbe.

模式种 分枝赤微菌（*Erythromicrobium ramosum*）Yurkov 等，1994，新种。

词源 分枝：有许多叉枝的，分枝的，指的是此细胞的形态学。

Etymology   L. neut. adj. *ramosum*, having many branches, branching, referring to the morphology of the cells.

推荐的属名三字母简写 Erm. 见"命名规则：属名简写"[属名简写三字母准则（Three-letter code for abbreviations of generic names）]。

赤单胞菌属（*Erythromonas*）Yurkov 等，1997，新属。此属已定 1 种。

此属被 Yabuuchi 等，在 1999 年和 2002 年先后归属到→鞘氨醇单胞菌属（*Sphingomonas*）Yabuuchi 等，1990，Yabuuchi 等，2002 修改；2000 年曾归属到→芽单胞菌属（*Blastomonas*）Sly and Cahill，1997，新属；Hiraishi 等，2000 修改。

词源 赤：赤色的，红色的；单胞：单元，单细胞；菌：表示微小的事物，微生物（细菌、古菌、真菌）；属：属名的尾词；赤单胞菌属：红色的单细胞生物。

Etymology   Gr. adj. *eruthros*, red; Gr. fem. n. *monas*, a unit, monad; N.L. fem. n. *Erythromonas*, red monad.

模式种 熊栖赤单胞菌（*Erythromonas ursincola*）Yurkov 等，1997，新种。

此种已归种到→熊栖鞘氨醇单胞菌（*Sphingomonas ursincola*）（Yurkov 等，1997）Yabuuchi 等，1999，新合并。

词源 熊：熊；栖：栖息，栖居，栖息者，栖居者；熊栖：与熊一起居住或相邻的。

Etymology   L. n. *ursus*, bear; L. n. *incola*, inhabitant, dweller; N.L. n. *ursincola*, intended top mean neighbor or compatriot of bears.

推荐的属名三字母简写 Emn. 见"命名规则：属名简写"[属名简写三字母准则（Three-letter code for abbreviations of generic names）]。

Es

埃希氏菌属（*Escherichia*）Castellani and Chalmers，1919，属。此属已定 7 种。

此属是肠小杆菌科（*Enterobacteriaceae*）Rahn，1937，《1980 年细菌名确认单》和埃希氏菌族（*Escherichieae*）Bergey 等，1939，《1980 年细菌名确认单》的模式属。

词源 氏：姓氏；埃希氏：以特奥多尔·埃希（1857—1911）的姓氏命名，其首先分离出此属的模式种；菌：表示微小的事物，微生物（细菌、古菌、真菌）；属：属名的尾词；埃希氏菌属：

以埃希的姓氏命名的菌属。

Etymology　N.L. fem. n. *Escherichia*, named after Theodor Escherich, who isolated the type species of the genus.

模式种　结肠埃希氏菌(*Escherichia coli*)(Migula,1895)Castellani and Chalmers,1919,《1980年细菌名确认单》,种。

词源　结肠：大肠。

Etymology　L. n. *colon* or *colum*, the colon; L. gen. n. *coli*, of the colon.

注：结肠埃希氏菌的以往中文名经常是大肠埃希氏菌或大肠杆菌,但大肠杆菌这种俗称似乎不够严谨的,应当避免。

埃希氏菌族(*Escherichieae*)Bergey等,1939,族。

模式属　埃希氏菌属(*Escherichia*)Castellani and Chalmers,1919,《1980年细菌名确认单》,属。

词源　埃希氏菌属：此族之模式属；族：原核生物分类的一个级别,现已停用；埃希氏菌族：埃希氏菌属之族。

Etymology　N.L. fem. n. *Escherichia*, type genus of the tribe; suff. *-eae*, ending to denote a tribe; N.L. fem. pl. n. *Escherichieae*, the *Escherichia* tribe.

Et

乙醇生菌属(*Ethanoligenens*)Xing等,2006,新属。此属已定1种。

词源　乙醇：酒精；生：产,产生,生产,生成,导致；菌：表示微小的事物,微生物(细菌、古菌、真菌)；属：属名的尾词；乙醇生菌属：产生乙醇的(细菌)。

Etymology　N.L. n. *ethanol -is*, ethanol; L. part. adj. *genens* (from L. v. *genere* to produce) producing; N.L. neut. n. *Ethanoligenens*, ethanol-producing (bacterium).

模式种　哈尔滨产乙醇菌(*Ethanoligenens harbinense*)Xing等,2006,新种。

词源　哈尔滨：中国黑龙江省哈尔滨市,此模式菌株的分离地。

Etymology　N.L. neut. adj. *harbinense*, pertaining to Harbin, from Harbin, where the type strain was isolated.

Eu

优小杆菌科(*Eubacteriaceae*)Ludwig等,2010,新科。

模式属　优小杆菌属(*Eubacterium*)Prévot,1938,《1980年细菌名确认单》,属。

词源　优小杆菌属：此科之模式属；科：用于定义一个比属高、比目低的分类级和尾词；在中文科的命名中,把模式属属名中的尾字"属"代换为尾字"科",即为模式属所在的科名；优小杆菌科：优小杆菌属之科。

Etymology N.L. neut. n. *Eubacterium*, type genus of the family; suff. *-aceae*, ending to denote a family; N.L. fem. pl. n. *Eubacteriaceae*, family of the genus *Eubacterium*.

优小杆菌目(*Eubacteriales*)Buchanan,1917,目。Gerritsen 等,2014 修改。

模式属 优小杆菌属(*Eubacterium*)Prévot,1938,《1980 年细菌名确认单》,属。

词源 优小杆菌属:此目之模式属;目:用于定义一个比科高、比纲低的分类级和尾词;在中文目的命名中,把模式属属名中的尾字"属"代换为尾字"目",即为模式属所在的目名;优小杆菌目:优小杆菌属之目。

Etymology N.L. neut. n. *Eubacterium*, type genus of the order; suff. *-ales*, ending denoting an order; N.L. fem. pl. n. *Eubacteriales*, the *Eubacterium* order.

优小杆菌族(*Eubacterieae*)Prévot,1961,族。

模式属 优小杆菌属(*Eubacterium*)Prévot,1938,《1980 年细菌名确认单》,属。

词源 优小杆菌属:此族之模式属;族:原核生物分类的一个级别,现已停用;优小杆菌族:优小杆菌属之族。

Etymology N.L. neut. n. *Eubacterium*, type genus of the tribe; suff. *-eae*, ending to denote a tribe; N.L. fem. pl. n. *Eubacterieae*, the *Eubacterium* tribe.

优小杆菌亚目(*Eubacteriineae*)Breed 等,1944,亚目。

模式属 优小杆菌属(*Eubacterium*)Prévot,1938,《1980 年细菌名确认单》,属。

词源 优小杆菌属:此亚目之模式属;亚目:原核生物分类的一个级别,在目之下,科之上;优小杆菌亚目:优小杆菌属之亚目。

Etymology N.L. neut. n. *Eubacterium*, type genus of the suborder; suff. *-ineae*, ending to denote a suborder; N.L. fem. pl. n. *Eubacteriineae*, the *Eubacterium* suborder.

优小杆菌属(*Eubacterium*)Prévot,1938,属;《1980 年细菌名确认单》,Cato 等,1983 修改。此属已定 53 种,3 亚种。

此属是**优小杆菌目**(*Eubacteriales*)Buchanan,1917,《1980 年细菌名确认单》,优小杆菌亚目(*Eubacteriineae*)Breed 等,1944,《1980 年细菌名确认单》,Cato 等,1983 修改,优小杆菌科(*Eubacteriaceae*)Ludwig 等,2010 和优小杆菌族(*Eubacterieae*)Prévot,1961,《1980 年细菌名确认单》的模式属。

词源 优:好的,好地,有益的(不是与"假"相对的);小杆:小棒;菌:表示微小的事物,微生物(细菌、古菌、真菌);属:属名的尾词;优小杆菌属:有益的细菌。

Etymology Gr. pref. *eu-*, good, well, beneficial (not as opposed to *pseudês*); L. neut. n. *bacterium*, rod or staff and, in biology, a bacterium (so called because the first ones observed were rod-shaped）; N.L. neut. n. *Eubacterium*, beneficial bacterium.

模式种 （"*Eubacterium foedans*"）（Klein,1908）Prévot,1938,种。此种并不在《1980年细菌名确认单》中,不是合格种。

新模式种 烂泥优小杆菌（*Eubacterium limosum*）（Eggerth,1935）Prévot,1938,《1980年细菌名确认单》,属。

词源 烂泥:泥浆的,充满烂泥的,似黏液的,黏泥的。

Etymology L. neut. adj. *limosum*, full of slime, slimy.

尤朵拉菌属（*Eudoraea*）Alain等,2008,新属。此属已定1种。

词源 尤朵拉:希腊神话中海女神,以她的名字命名;菌:表示微小的事物,微生物(细菌、古菌、真菌);属:属名的尾词;尤朵拉菌属:表示来自海的微生物。

Etymology N.L. fem. n. *Eudora*, a sea goddess in Greek mythology; N.L. fem. n. *Eudoraea*, named after Eudora.

模式种 亚得里亚海尤朵拉菌（*Eudoraea adriatica*）Alain等,2008,新种。

词源 亚得里亚海:此模式菌株的分离源。

Etymology L. fem. adj. *adriatica*, of the Adriatic Sea, where the type strain was isolated.

注:亚得里亚海:意大利和巴尔干半岛之间的一个海湾。

尤泽柏女氏菌属（*Euzebya*）Kurahashi等,2010。此属已定1种。

此属是尤泽柏女氏菌目（*Euzebyales*）Kurahashi等,2010和尤泽柏女氏菌科（*Euzebyaceae*）Kurahashi等,2010的模式属。

词源 女氏:女姓氏;尤泽柏女氏:以法国微生物学家简·保尔·玛利·尤泽柏(J.P. 尤泽柏的女儿)的姓氏命名,她对微生物分类学,包括微生物名的拉丁化有重要贡献;菌:表示微小的事物,微生物(细菌、古菌、真菌);属:属名的尾词;尤泽柏女氏菌属:以尤泽柏的姓氏命名的生物。

Etymology N.L. fem. n. *Euzebya*, named for Jean Paul Marie Euzéby, a French microbiologist who has contributed significantly to microbial systematics, including the Latinization of microbial names.

模式种 柑橘尤泽柏女氏菌（*Euzebya tangerina*）Kurahashi等,2010,新种。

词源 柑橘:柑橘色,指的是菌落的颜色。

Etymology N.L. fem. adj. *tangerina*, tangerine-coloured, referring to the colony colour.

注:菌属中,加入"女"字,是为了与尤泽柏氏菌属（*Euzebyella*）相区别。拉丁文中表示女性属名用 -a,而且此尤泽柏正是J.P. 尤泽柏的女儿。汉字中或可创造一个新字"女氏"。

尤泽柏女氏菌科（*Euzebyaceae*）Kurahashi等,2010,新科。

模式属 尤泽柏女氏菌属（*Euzebya*）Kurahashi等,2010,新属。

词源　尤泽柏女氏菌属:此科之模式属;科:用于定义一个比属高、比目低的分类级和尾词;在中文科的命名中,把模式属属名中的尾字"属"代换为尾字"科",即为模式属所在的科名;尤泽柏女氏菌科:尤泽柏女氏菌属之科。

Etymology　N.L. fem. n. *Euzebya*, type genus of the family; suff. *-aceae* ending to denote a family; N.L. fem. pl. n. *Euzebyaceae*, the family of the genus *Euzebya*.

尤泽柏女氏菌目(*Euzebyales*)Kurahashi 等,2010,新目。

模式属　尤泽柏女氏菌属(*Euzebya*)Kurahashi 等,2010,新属。

词源　尤泽柏女氏菌属:此目之模式属;目:用于定义一个比科高、比纲低的分类级和尾词;在中文目的命名中,把模式属属名中的尾字"属"代换为尾字"目",即为模式属所在的目名;尤泽柏女氏菌目:尤泽柏女氏菌属之目。

Etymology　N.L. fem. n. *Euzebya*, type genus of the family; suff. *-ales*, ending to denote an order; N.L. fem. pl. n. *Euzebyales*, the order of the genus *Euzebya*.

注:女氏,表示该人为女士,本书建议新造一个汉字"女氏",与氏同义,但专指女士。

尤泽柏氏菌属(*Euzebyella*)Lucena 等,2010,新属。此属已定 1 种。

词源　尤泽柏氏:以法国微生物学家 **J.P.** 尤泽柏(玛利·尤泽柏的父亲)(1920—2010)的姓氏命名,以纪念他在原核生物命名和细菌分类学中的杰出贡献。菌:表示微小的事物,微生物(细菌、古菌、真菌);属:属名的尾词;尤泽柏氏菌属:以尤泽柏的姓氏命名的菌属。

Etymology　N.L. fem. n. *Euzebyella*, named after the French microbiologist J. P. Euzéby, for his outstanding contribution to the nomenclature of Prokaryotes and to bacterial taxonomy in general.

模式种　嗜糖尤泽柏氏菌(*Euzebyella saccharophila*)Lucena 等,2010,新种。

词源　嗜:嗜好的,喜好的,友好的,爱好的;糖:一般性名词,通常指的是甜的、短链的、可溶解的和由碳氢氧元素构成的碳水化合物,日常用语中即指食糖(蔗糖,一种二糖),生物化学中进一步细分为单糖(葡萄糖、果糖和半乳糖等),二糖(麦芽糖、乳糖和蔗糖等),寡糖和多糖等;嗜糖:喜好糖的。

Etymology　Gr. n. *sakchâr*, sugar; N.L. adj. *philus -a -um* (from Gr. adj. *philos -ê -on*), friend, loving; N.L. fem. adj. *saccharophila*, sugar-loving.

Ew

埃尔文姓菌属(*Ewingella*)Grimont 等,1984,新属。此属已定 1 种。

词源　姓:姓氏;埃尔文姓:威廉·**H**.埃尔文,美国细菌学家,在肠小杆菌科和弧菌科的命名和分类中有许多贡献;菌:表示微小的事物,微生物(细菌、古菌、真菌);属:属名的尾词;埃尔文姓菌属:以埃尔文的姓氏命名的菌属。

Etymology   N.L. fem. dim. n. *Ewingella*, named to honor William H. Ewing an American bacteriologist who made many contributions to the nomenclature and classification of the families *Enterobacteriaceae* and *Vibrionaceae*.

模式种　美洲埃尔文姓菌(*Ewingella americana*)Grimont 等,1984,新种。

词源　美洲:美国人以美洲的主人自居,这里指的是 **10** 株菌株分离自美利坚合众国(美国)。

Etymology   N.L. fem. adj. *americana*, pertaining to America, to denote that the original 10 strains were isolated in the United States of America.

Ex

卓孢菌属(*Excellospora*)Agre and Guzeva,1975,属。此属已定 1 种。

此属 2001 年已归属到→放线马杜拉菌属(*Actinomadura*)Lechevalier and Lechevalier,1968,《1980 年细菌名确认单》。

词源　卓:卓越,优秀;孢:孢子;菌:表示微小的事物,微生物(细菌、古菌、真菌);属:属名的尾词;卓孢菌属:好孢子菌属。

Etymology   原文俄文。

模式种　金橙黄色卓孢菌(*Excellospora viridilutea*)Agre and Guzeva,1975,《1980 年细菌名确认单》,种。

此种已归种到→金橙黄色放线马杜拉菌(*Actinomadura viridilutea*)(Agre and Guzeva,1975)Zhang 等,2001,新合并。

词源　金:金色;橙:橙色,橙黄色的;金橙黄色:金黄色的,金橙色的。

Etymology   原文俄文。

毫小杆菌属(*Exiguobacterium*)Collins 等,1984,新属。此属已定 15 种。

词源　毫:小的,短的;小杆:小棒;菌:表示微小的事物,微生物(细菌、古菌、真菌);属:属名的尾词;毫小杆菌属:短小的棒形生物。

Etymology   L. adj. *exiguus*, short, small; L. neut. n. *bacterium*, a small rod; N.L. neut. n. *Exiguobacterium*, small rod.

模式种　金橙色毫小杆菌(*Exiguobacterium aurantiacum*)Collins 等,1984,新种。

词源　金:金子,金色;橙:橙子或橘子的属名;色:颜色,种名表示颜色的尾词;金橙色:闪亮的橙色。

Etymology   L. n. *aurum*, gold; N.L. n. *Aurantium*, generic name of the orange; L. neut. suff. *-acum*, adjectival suffix used with the sense of belonging to; N.L. neut. adj. *aurantiacum*, orange-colored.

纤细螺体属(*Exilispira*)Imachi 等,2008,新属。此属已定 1 种。

词源　纤细:细小的,纤细的;螺:螺旋;菌:表示微小的事物,微生物(细菌、古菌、真菌);

属：属名的尾词；纤细螺体属：纤细的螺旋，指的是此生物的细胞形状。

Etymology　L. adj. *exilis*, slender; L. fem. n. *spira*, helix; N.L. fem. n. *Exilispira*, slender helix, referring to the cell shape.

模式种　嗜热纤细螺体（*Exilispira thermophila*）Imachi 等，2008，新种。

词源　嗜：嗜好的，喜好的，友好的，爱好的；热：高温，温暖；嗜热：喜好高温的，喜好热的。

Etymology　Gr. fem. n. *thermê*, heat; N.L. adj. *philus -a -um*（from Gr. adj. *philos -ê -on*）, friend, loving; N.L. fem. adj. *thermophila*, heat-loving.

延单胞菌属（*Extensimonas*）Zhang 等，2013，新属。此属已定 1 种。

词源　延：延生，延展，延长；单胞：单细胞，单元；菌：表示微小的事物，微生物（细菌、古菌、真菌）；属：属名的尾词；延单胞菌属：延展的单元（细菌）。

Etymology　L. part. *extensus*, extended; L. fem. n. *monas*, a unit, monad; N.L. fem. n. *Extensimonas*, extended unit（bacterium）.

模式种　普通延单胞菌（*Extensimonas vulgaris*）Zhang 等，2013，新种。

词源　普通：平凡的，普通的，指的是缺乏专有特征的，很普通的。

Etymology　L. fem. adj. *vulgaris*, common, referring to the lack of specific characteristics.

注：词源 L. part. *extensus* 注释有误。晚期拉丁文分词 *extensivus*，来自拉丁文动词 *extendere*。这种用法很少见。

F 部

Fa

豆杆菌属（*Fabibacter*）Lau 等，2006，新属。此属已定 2 种。

词源　豆：豆子，豆类；杆：杆/棒；菌：表示微小的事物，微生物（细菌、古菌、真菌）；属：属名的尾词；豆杆菌属：豆（状）棒形生物。

Etymology　L. fem. n. *faba*, bean; N.L. masc. n. *bacter*, rod; N.L. masc. n. *Fabibacter*, bean(-like) rod.

模式种　耐卤豆杆菌（*Fabibacter halotolerans*）Lau 等，2006，新种。

词源　耐：耐力的，耐性的，忍耐的；卤：卤素，盐；耐卤：耐盐，对盐有耐受的。

Etymology　Gr. n. *hals halos*, salt; L. part. adj. *tolerans*, tolerating; N.L. part. adj. *halotolerans*, salt-tolerating.

法克兰氏菌属（*Facklamia*）Collins 等，1997，新属。此属已定 6 种。

词源　氏：姓氏；法克兰氏：以美国微生物学家理查德·法克兰姓氏命名；菌：表示微小的事物，微生物（细菌、古菌、真菌）；属：属名的尾词；法克兰氏菌属：以法克兰的姓氏命名的菌属。

Etymology　N.L. fem. n. *Facklamia*, named after Richard R. Facklam, an American microbiologist.

模式种　人法克兰氏菌（*Facklamia hominis*）Collins 等，1997，新种。

词源　人：人体，人类，从人体中分离到的微生物。

Etymology　L. gen. n. *hominis*, of a human being, from which the organisms were first isolated.

渣小杆菌属（*Faecalibacterium*）Duncan 等，2002，新属。此属已定 1 种。

词源　渣：渣滓的，残渣的，表示与粪便/屎相关的，粪渣的；小杆：小棒；菌：表示微小的事物，微生物（细菌、古菌、真菌）；属：属名的尾词；渣小杆菌属：来自粪便的小棒形菌，因为这种细菌在粪便中大量存在，结肠是它的推定栖息地。

Etymology　N.L. adj. *faecalis* (from L. n. *faex faecis*), pertaining to feces; L. neut. n. *bacterium*, a small rod; N.L. neut. n. *Faecalibacterium*, rod from feces, as this bacterium is abundant in feces, with the colon its presumed habitat.

模式种　普劳斯尼茨氏渣小杆菌（*Faecalibacterium prausnitzii*）（Hauduroy 等，1937）Duncan 等，2002，新合并。

词源　氏：姓氏；普劳斯尼茨氏：以细菌学家普劳斯尼茨的姓氏命名，他首先分离到此微生物。

Etymology　N.L. gen. n. *prausnitzii*, of Prausnitz; named for C. Prausnitz, the bacteriologist who first isolated this organism.

渣果菌属（*Faecalicoccus*）De Maesschalck 等，2014，新属。此属已定 2 种。

词源　渣：渣滓的，残渣的，表示与粪便/屎相关的，粪渣的；果：浆果，表示浆果形（圆球或椭球）；菌：表示微小的事物，微生物（细菌、古菌、真菌）；属：属名的尾词；渣果菌属：分离自粪渣物质的浆果形细菌。

Etymology　N.L. adj. *faecalis*, pertaining to faeces（from L. n. *faex*, faeces）; N.L. masc. n. *coccus* a coccus（from Gr. masc. n. *kokkus* a grain or seed）; N.L. masc. n. *Faecalicoccus* coccoid bacterium isolated from faecal material.

模式种　成酸渣果菌（*Faecalicoccus acidiformans*）De Maesschalck 等，2014，新种。

词源　成：形成，产生；酸：醋，像醋一样的味道，酸味，化学中在水溶液中能产生氢离子的化合物；成酸：形成酸的，产生酸的。

Etymology　N.L. n. *acidum*, an acid, from L. adj. *acidus*, sour; L. part. adj. *formans*, forming; N.L. part. adj. *acidiformans*, acid-forming.

来源　动物（Source：Animal）。

注：此属的另一种，多形渣果菌（*Faecalicoccus pleomorphus*），2014 年新合并自多形链果菌（*Streptococcus pleomorphus*）Barnes 等，1977（Approved Lists，1980）。

渣针菌属（*Faecalitalea*）De Maesschalck 等，2014，新属。此属已定 1 种。

词源　渣：渣滓的，残渣的，表示与粪便/屎相关的，粪渣的；针：纤细的杆或棒；菌：表示微小的事物，微生物（细菌、古菌、真菌）；属：属名的尾词；渣针菌属：分离自粪便/屎的棒形生物。

Etymology　N.L. adj. *faecalis*, pertaining to faeces（from L. n. *faex*, faeces）; L. fem. n. *talea*, a rod; N.L. fem. n. *Faecalitalea*, a rod isolated from faeces.

模式种　筒状渣针菌（*Faecalitalea cylindroides*）De Maesschalck 等，2014，新合并。

词源　筒：柱，圆筒，圆柱；状：拟似，形似，似，类似，像；筒状：类似筒形的。

Etymology　Gr. n. *kulindros*, a cylinder; L. suff. -*oides*, resembling, similar to（from Gr. suff. -*eides*, from Gr. n. *eidos*, that which is seen, form, shape, figure）; N.L. fem. adj. *cylindroides*, cylinder-shaped.

来源　人（Source：Human）。

注：此菌种新合并自筒状优小杆菌（*Eubacterium cylindroides*）（Rocchi，1908）Holdeman and Moore，1970（Approved Lists，1980）。

干草菌属(*Faenia*)Kurup and Agre,1983,新属。此属已定 1 种。

此属 1989 年已归属到→**甘蔗属多孢菌属**(*Saccharopolyspora*)Lacey and Goodfellow,1975,属;《1980 年细菌名确认单》。

词源　干草:失去水分的枯草;菌:表示微小的事物,微生物(细菌、古菌、真菌);属:属名的尾词;干草菌属:与干草有关的一属细菌。

Etymology　L. n. *faenum*, hay; L. (*sic*) fem (*sic*) pl. n. *Faenia*, a genus of bacteria associated with hay.

模式种　直幡干草菌(*Faenia rectivirgula*)(Krasil'nikov and Agre,1964)Kurup and Agre,1983,新合并。

此种 1989 年已归种到→**直幡甘蔗属多孢菌**(*Saccharopolyspora rectivirgula*)(Krasil'nikov and Agre,1964)Korn-Wendisch 等,1989,新合并。

词源　直:不弯曲,竖;幡:用竹竿等直杆举挂的旗,这里指直杆,棒;直幡:直杆,直棒。

Etymology　L. adj. *rectus*, straight; L. n. *virgula*, twig; N.L. n. *rectivirgula*, straight twig.

镰弧菌属(*Falcivibrio*)Hammann 等,1984,新属。此属已定 2 种。

此属 2004 年已归属到→**移钩菌属**(*Mobiluncus*)Spiegel and Roberts,1984。

词源　镰:刀,镰刀,从金,廉声,一种很锋利的从事农业收割的弯曲状工具;弧:弧形,弧状,弯曲;弧菌:细菌的一个属名;菌:表示微小的事物,微生物(细菌、古菌、真菌);属:属名的尾词;镰弧菌属:镰刀状的弧形菌。

Etymology　not found.

模式种　大镰弧菌(*Falcivibrio grandis*)Hammann 等,1984,新种。

此种 2004 年已归种为→**妇女移钩菌**(*Mobiluncus mulieris*)Spiegel and Roberts,1984.

词源　大:大的。

Etymology　L. masc. adj. *grandis*, large.

错竿菌属(*Falsibacillus*)Zhou 等,2009,新属。此属已定 1 种。

词源　错:假;竿:在本书中对译于拉丁文 *bacillus*,表示棒形,以示与常见的"杆"的区别,表示以出芽孢为特征的棒形;菌:表示微小的事物,微生物(细菌、古菌、真菌);属:属名的尾词;竿菌属:细菌的一个属名;错竿菌属:假的竿棒形菌。

Etymology　L. adj. *falsus*, false; N.L. masc. n. *Bacillus*, a bacterial generic name; N.L. masc. n. *Falsibacillus*, false *Bacillus*.

模式种　苍白错竿菌(*Falsibacillus pallidus*)(Zhou 等,2008)Zhou 等,2009,新合并。

词源　苍:草色,青色,天色;白:明亮,清楚,雪花或乳汁那样的颜色;苍白:灰白色。

Etymology　L. masc. adj. *pallidus*, pale, the light pink colour of colonies.

错玫杆菌属（*Falsirhodobacter*）Subhash 等，2013，新属。此属已定 1 种。

词源　错：假；玫杆菌属：细菌的一个属；错玫杆菌属：指的是系统发育树近似于玫杆菌属的生物。

Etymology　L. adj. *falsus*, false; N.L. masc. n. *Rhodobacter*, a bacterial generic name; N.L. masc. n. *Falsirhodobacter*, false *Rhodobacter*, referring to its phylogenetic proximity to *Rhodobacter*.

模式种　耐卤错玫杆菌（*Falsirhodobacter halotolerans*）Subhash 等，2013，新种。

词源　耐：耐力的，耐性的，忍耐的；卤：卤素，盐；耐卤：耐盐，对盐有耐受的。

Etymology　Gr. n. *hals halos*, salt; L. part. adj. *tolerans*, tolerating; N.L. part. adj. *halotolerans*, salt tolerating.

错卟单胞菌属（*Falsiporphyromonas*）Wagener 等，2014，新属。此属已定 1 种。

词源　错：假的，伪的，非真的；卟：一种化合物，是叶绿素、血红朊的重要组成部分，卟啉；单胞：单细胞，单元，大细胞；菌：表示微小的事物，微生物（细菌、古菌、真菌）；属：属名的尾词；卟单胞菌属：一个细菌的属名；错卟单胞菌属：错/假的卟啉单细胞菌。

Etymology　L. adj. *falsus*, false; N.L. fem. n. *Porphyromonas*, a bacterial genus name; N.L. fem. n. *Falsiporphyromonas*, false *Porphyromonas*.

模式种　子宫内膜错卟单胞菌（*Falsiporphyromonas endometrii*）Wagener 等，2014，新种。

词源　子宫内膜：子宫内膜的，指的是此第一株菌株的分离源。

Etymology　N.L. gen. n. *endometrii*, of the endometrium, referring to the isolation of the first strains.

错苍棍菌属（*Falsochrobactrum*）Kämpfer 等，2013，新属。此属已定 1 种。

词源　错：假的，伪的，非真的；苍棍菌属：细菌的一个属名；错苍棍菌属：非真的、假的苍棍菌属。

Etymology　L. adj. *falsus*, false; N.L. neut. n. *Ochrobactrum*, a bacterial generic name; N.L. neut. n. *Falsochrobactrum*, false *Ochrobactrum*.

模式种　绵羊错苍棍菌（*Falsochrobactrum ovis*）Kämpfer 等，2013，新种。

词源　绵羊：绵羊的。

Etymology　L. gen. n. *ovis*, of a sheep.

方氏菌属（*Fangia*）Lau 等，2007，新属。此属已定 1 种。

词源　氏：姓氏；方氏：以方心芳教授姓氏命名，他是中国科学院微生物所的创立者；菌：表示微小的事物，微生物（细菌、古菌、真菌）；属：属名的尾词；方氏菌属：以方的姓氏命名的菌属。

Etymology N.L. fem. n. *Fangia*, named after Professor Xinfang Fang, founder of the Institute of Microbiology of the Chinese Academy of Sciences.

模式种 香港方氏菌(*Fangia hongkongensis*)Lau 等,2007,新种。

词源 香港:中国香港特别行政区,来自或属于香港特别行政区的,此地是此细菌的首次分离源。

Etymology N.L. fem. adj. *hongkongensis*, pertaining to Hong Kong SAR, PR China, where the bacterium was first isolated.

苛柱菌属(*Fastidiosipila*)Falsen 等,2005,新属。此属已定 1 种。

词源 苛:苛刻,挑剔,讲究,指的是微生物学需要复杂营养的;柱:柱子,圆柱,这里指圆球;菌:表示微小的事物,微生物(细菌、古菌、真菌);属:属名的尾词;苛柱菌属:苛刻的球(浆果)形生物,指的这种微生物很难生长。

Etymology L. adj. *fastidiosus*, fastidious; L. fem. n. *pila*, ball; N.L. fem. n. *fastidiosipila*, a fastidious ball (coccus), because the organisms are difficult to grow.

模式种 血苛柱菌(*Fastidiosipila sanguinis*)Falsen 等,2005,新种。

词源 血:鲜血,血液,血浆,动物体内循环的不透明红色液体;指的是此微生物的分离源,来自于血的。

Etymology L. gen. n. *sanguinis*, of blood, referring to the source of the organism.

喉栖菌属(*Faucicola*)Humphreys 等,2015,新属。此属已定 1 种。

词源 喉:喉咙;栖:居住,栖居,栖居者,栖息者;菌:表示微小的事物,微生物(细菌、古菌、真菌);属:属名的尾词;喉栖菌属:喉咙的栖居者。

Etymology L. pl. n. *fauces*, the throat; L. suff. *-cola* (from L. masc. or fem. n. *incola*), inhabitant or dweller; N.L. fem. n. *Faucicola*, throat dweller.

模式种 曼彻斯特喉栖菌(*Faucicola mancuniensis*)Humphreys 等,2015。

词源 曼彻斯特:英国英格兰西北部的一个地名,港市,与曼彻斯特相关的,此首株分离物在此地培养出来。

Etymology N.L. fem. adj. *mancuniensis*, pertaining to Manchester where the first isolate was cultured.

Fe

铁小杆菌属(*Ferribacterium*)Cummings 等,2000,新属。此属已定 1 种。

词源 铁:一种金属,元素 Fe,铁;小杆:小棒;菌:表示微小的事物,微生物(细菌、古菌、真菌);属:属名的尾词;铁小杆菌属:棒形的铁细菌。

Etymology L. n. *ferrum*, iron; L. neut. n. *bacterium*, a small rod; N.L. neut. n. *Ferribacterium*, rod-shaped iron bacterium.

模式种　塘铁小杆菌(*Ferribacterium limneticum*)Cummings 等,2000,新种。
词源　塘:池塘,静水池,小湖,来自或属于湖或池塘的。
Etymology　Gr. n. *limnê*, pool of standing water, lake; L. neut. suff. *-ticum*, suffix denoting made of or belonging to; N.L. neut. adj. *limneticum*, from or belonging to a lake.

铁微菌属(*Ferrimicrobium*)Johnson 等,2009,新属。此属已定 1 种。
词源　铁:一种金属元素,Fe,铁;微:微小的,微生物;菌:表示微小的事物,微生物(细菌、古菌、真菌);属:属名的尾词;微菌:微生物;铁微菌属:铁微生物,指的是它能够进行亚铁氧化反应。
Etymology　L. n. *ferrum*, iron; N.L. neut. n. *microbium*, microbe; N.L. neut. n. *Ferrimicrobium*, iron microbe, referring to its capacity for ferrous iron oxidation.
模式种　嗜酸铁微菌(*Ferrimicrobium acidiphilum*)Johnson 等,2009,新种。
词源　嗜:嗜好的,喜好的,友好的,爱好的;酸:醋,像醋一样的味道,酸味,化学中在水溶液中能产生氢离子的化合物;嗜酸:嗜好酸的,喜好酸的。
Etymology　N.L. neut. n. *acidum*(from L. adj. *acidus*, sour), an acid; N.L. adj. *philus -a -um*(from Gr. adj. *philos -ê -on*), friend, loving; N.L. neut. adj. *acidiphilum*, acid-loving.

铁单胞菌科(*Ferrimonadaceae*)Ivanova 等,2004,新科。
模式属　铁单胞菌属(*Ferrimonas*)Rosselló-Mora 等,1996,新属。
词源　铁单胞菌属:此科之模式属;科:用于定义一个比属高、比目低的分类级和尾词;在中文科的命名中,把模式属属名中的尾字"属"代换为尾字"科",即为模式属所在的科名;铁单胞菌科:铁单胞菌属之科。
Etymology　N.L. fem. n. *Ferrimonas*, type genus of the family; suff. *-aceae*, ending to denote a family; N.L. fem. pl. n. *Ferrimonadaceae*, the *Ferrimonas* family.

铁单胞菌属(*Ferrimonas*)Rosselló-Mora 等,1996,新属。此属已定 8 种。
此属是铁单胞菌科(*Ferrimonadaceae*)Ivanova 等,2004 的模式属。
词源　铁:一种金属元素,铁,Fe;单胞:单元,单细胞;菌:表示微小的事物,微生物(细菌、古菌、真菌);属:属名的尾词;铁单胞菌属:三价铁 $Fe(III)$ 还原细胞。
Etymology　L. n. *ferrum*, iron; L. fem. n. *monas*, monad, unit; N.L. fem. n. *Ferrimonas*, iron(III)-reducing cell.
模式种　巴利阿里铁单胞菌(*Ferrimonas balearica*)Rosselló-Mora 等,1996,新种。
词源　巴利阿里:西班牙东部(地中海西部),巴利阿里群岛,此微生物从此地分离。
Etymology　L. fem. adj. *balearica*, pertaining to the Balearaic Islands where the organism was isolated.

铁豆菌属(*Ferriphaselus*) Kato 等,2014,新属。此属已定 1 种。

词源　铁:一种金属元素,铁,**Fe**;豆:豆子,豆形种子;菌:表示微小的事物,微生物(细菌、古菌、真菌);属:属名的尾词;铁豆菌属:铁豆生物。

Etymology　L. neut. n. *ferrum*, iron; L. masc. n. *phaselus*, bean; N.L. masc. n. *Ferrifaselus*, iron bean.

模式种　溪栖铁豆菌(*Ferriphaselus amnicola*) Kato 等,2014,新种

词源　溪:溪水,小河;栖:居住,栖居,栖居者,栖息者;溪栖:小溪的栖居者。

Etymology　L. masc. n. *amnis*, a stream, a small river; L. suff. *-cola* (from L. n. *incola*), a dweller, an inhabitant; N.L. masc. n. *amnicola*, an inhabitant of a stream.

铁发菌属(*Ferrithrix*) Johnson 等,2009,新属。此属已定 1 种。

词源　铁:一种金属元素,铁,**Fe**;发:头发,毛发,丝线;菌:表示微小的事物,微生物(细菌、古菌、真菌);属:属名的尾词;铁发菌属:指的是此菌的毛发(丝线)状特点,能够对亚铁进行氧化。

Etymology　L. n. *ferrum*, iron; Gr. fem. n. *thrix*, hair, thread; N.L. fem. n. *Ferrithrix*, iron thread, referring to filamentous nature and capacity for ferrous iron oxidation.

模式种　耐热铁发菌(*Ferrithrix thermotolerans*) Johnson 等,2009,新种。

词源　耐:耐性的,持久的,忍耐的;热:高温;耐热:耐受热的,能够忍耐高温的。

Etymology　Gr. n. *thermê*, heat; L. part. adj. *tolerans*, tolerating; N.L. part. adj. *thermotolerans*, heat-tolerating, able to tolerate high temperatures.

铁杆菌纲(*Ferrobacteria*) Cavalier-Smith,2002,新纲。

模式目　地弧菌目(*Geovibriales*) Cavalier-Smith,2002,新目。

词源　铁:一种金属元素,**Fe**,铁;杆:杖,棒;纲:(原核)生物分类的一个级别,门之下,目之上的一个分类级,纲之尾词;铁杆菌纲:一类能还原铁的细菌。

Etymology　L. neut. n. *ferrum*, iron; Gr. n. *baktêria*, staff, cane; suff. *-ia*, ending to denote a class; N.L. neut. pl. n. *Ferrobacteria*, a group of bacteria able to reduce iron.

铁璆菌属(*Ferroglobus*) Hafenbradl 等,1997,新属。此属已定 1 种。

词源　铁:一种金属元素,铁,**Fe**;璆:通球,球形,球体,圆球;菌:表示微小的事物,微生物(细菌、古菌、真菌);属:属名的尾词;铁璆菌属:铁球形的生物。

Etymology　L. neut. n. *ferrum*, iron; L. masc. n. *globus*, ball; N.L. masc. n. *Ferroglobus*, the iron ball.

模式种　和平铁璆菌(*Ferroglobus placidus*) Hafenbradl 等,1997,新种。

词源　和平:爱好和平,因为能够还原硝酸盐,火药的一种成分。

Etymology　L. masc. adj. *placidus*, placid, peace loving（because of reduction of nitrate, a component of gun powder）.

亚铁原体属（*Ferroplasma*）Golyshina 等,2000,新属;Hawkes 等,2008 修改。此属已定 2 种。
此属是亚铁原体科（*Ferroplasmaceae*）Golyshina 等,2000 的模式属。
词源　亚铁:指的是与亚铁有关的,亚铁:二价铁,Fe（Ⅱ）;原体:任何的原始形体,模刻模具;属:属名的尾词;亚铁原体属:亚铁氧化原体。
Etymology　N.L. pref. *ferro-*, pertaining to ferrous iron; Gr. neut. n. *plasma*, anything formed or moulded, image, figure; N.L. neut. n. *Ferroplasma*, a ferrous-iron-oxidizing form.
模式种　嗜酸亚铁原体（*Ferroplasma acidiphilum*）Golyshina 等,2000,新种。
词源　嗜:嗜好的,喜好的,友好的,爱好的;酸:醋,像醋一样的味道,酸味,化学中在水溶液中能产生氢离子的化合物;嗜酸:嗜好酸的,喜好酸的。
Etymology　N.L. n. *acidum*（from L. adj. *acidus*, sour）, an acid; N.L. adj. *philus -a -um*（from Gr. adj. *philos -ê-on*）, friend, loving; N.L. neut. adj. *acidiphilum*, acid-loving.
注:此属生物对重金属污染具有耐受性。

亚铁原体科（*Ferroplasmaceae*）Golyshina 等,2000,新科。
模式属　亚铁原体属（*Ferroplasma*）Golyshina 等,2000,新属。
词源　亚铁原体属:此科之模式属;科:用于定义一个比属高、比目低的分类级和尾词;在中文科的命名中,把属名中的尾字"属"代换为尾字"科",即为模式属所对应的科;亚铁原体科:亚铁原体属之科。
Etymology　N.L. neut. n. *Ferroplasma*, type genus of the family; suff. *-aceae*, ending to denote a family; N.L. fem. pl. n. *Ferroplasmaceae*, the *Ferroplasma* family.

铁弧菌属（*Ferrovibrio*）Sorokina 等,2013,新属。此属已定 1 种。
词源　铁:一种金属元素,铁,Fe;弧:弧形,弧动,强烈的前后运动;弧菌:具有弯曲形态的细菌的一个属名;菌:表示微小的事物,微生物（细菌、古菌、真菌）;属:属名的尾词;铁弧菌属:（氧化）铁的弧形生物。
Etymology　L. n. *ferrum*, iron; L. v. *vibro*, to set in tremulous motion, move to and fro, vibrate; N.L. masc. n.*vibrio*, that which vibrates, and also a bacterial genus name of bacteria possessing a curved rod shape（*Vibrio*）; N.L. masc. n. *Ferrovibrio*, an iron（-oxidizing）organism of vibrioid shape.
模式种　脱硝铁弧菌（*Ferrovibrio denitrificans*）Sorokina 等,2013,新种。或反硝化铁弧菌。
词源　脱:脱除,去除,还原;硝:硝石,硝酸,硝化,硝酸盐;脱硝:脱除硝基,反硝化。
Etymology　N.L. v. *denitrifico*, to denitrify; N.L. part. adj. *denitrificans*, denitrifying.

铁锈杆菌属(*Ferruginibacter*)Lim 等,2009,新属。此属已定 3 种。

词源　铁锈:铁锈的颜色,铁锈色,铁红,暗红;杆:棒;菌:表示微小的事物,微生物(细菌、古菌、真菌);属:属名的尾词;铁锈杆菌属:铁锈色的棒形生物。

Etymology　L. n. *ferrugo -inis*, iron-rust, the color of iron-rust, dark-red; N.L. masc. n. *bacter*, a rod; N.L. masc. n. *Ferruginibacter*, rust-coloured rod.

模式种　碱慢铁锈杆菌(*Ferruginibacter alkalilentus*)Lim 等,2009,新种。

词源　碱:盐碱植物的灰分,碱性,碱类(阴离子全为氢氧根);慢:缓慢的,行动迟缓的,漠不关心的,顽抗的;碱慢:与碱液不反应,指的是弯红素—氢氧化钾测试呈阴性反应。

Etymology　N.L. n. *alkali* (from Arabic article *al*, the; Arabic n. *qaliy*, ashes of saltwort), alkali; L. adj. *lentus -a -um*, slow, sluggish, indifferent, unconcerned, reluctant; N.L. masc. adj. *alkalilentus*, indifferent to alkaline solution, referring to negative reaction for the flexirubin-KOH test.

炽胞菌属(*Fervidicella*)Ogg and Patel,2010,新属。此属已定 1 种。

词源　炽:燃烧的,炙热的,炽热的;胞:细胞;菌:表示微小的事物,微生物(细菌、古菌、真菌);属:属名的尾词;炽胞菌属:炽热的细胞,嗜热生物。

Etymology　L. adj. *fervidus*, glowing, hot, burning; L. fem. n. *cella*, a storeroom, chamber, and, in biology, a cell; N.L. fem. n. *Fervidicella*, a glowing cell, a thermophile.

模式种　金属还原炽胞菌(*Fervidicella metallireducens*)Ogg and Patel,2010,新种。

词源　金属:一类具有特有光泽,良好导电、导热、可熔性,除汞外,常温下是固体,可煅而又延展性;还原:带回来,返回,在化学中,导致不同(下降)的氧化态;金属还原:还原金属。

Etymology　L. n. *metallum*, metal; L. part. adj. *reducens*, leading back, bringing back, and, in chemistry, converting to a different oxidation state; N.L. part. adj. *metallireducens*, reducing metal.

炽果菌科(*Fervidicoccaceae*)Perevalova 等,2010,新科。

模式属　炽果菌属(*Fervidicoccus*)Perevalova 等,2010,新属。

词源　炽果菌属:此科之模式属;科:用于定义一个比属高、比目低的分类级和尾词;在中文科的命名中,把模式属属名中的尾字"属"代换为尾字"科",即为模式属所在的科名;炽果菌科:炽果菌属之科。

Etymology　N.L. masc. n. *Fervidicoccus*, the type genus of the family; suff. *-aceae*, ending to denote a family; N.L. fem. pl. n. *Fervidicoccaceae*, the family of the genus *Fervidicoccus*.

炽果菌目(*Fervidicoccales*)Perevalova 等,2010,新目。

模式属　炽果菌属(*Fervidicoccus*)Perevalova 等,2010,新属。

词源 炽果菌属:此目之模式属;目:用于定义一个比科高、比纲低的分类级和尾词;在中文目的命名中,把模式属属名中的尾字"属"代换为尾字"目",即为模式属所在的目名;炽果菌目:炽果菌属之目。

Etymology　N.L. masc. n. *Fervidicoccus*, the type genus of the order; suff. *-ales*, ending to denote an order; N.L. fem. pl. n. *Fervidicoccales*, the order of the genus *Fervidicoccus*.

炽果菌属(*Fervidicoccus*)Perevalova 等,2010,新属。此属已定 1 种。

此属是炽果菌目(*Fervidicoccales*)Perevalova 等,2010 和炽果菌科(*Fervidicoccaceae*)Perevalova 等,2010 的模式属。

词源　炽:燃烧的,炙热的,炽热的;果:浆果,指形状像浆果的;菌:表示微小的事物,微生物(细菌、古菌、真菌);属:属名的尾词;炽果菌属:高温下生长的浆果形生物。

Etymology　L. adj. *fervidus*, hot; N.L. masc. n. *coccus*(from Gr. masc. n. *kokkos*), a grain or berry; N.L. masc. n. *Fervidicoccus*, coccus which grows at high temperatures.

模式种　泉炽果菌(*Fervidicoccus fontis*)Perevalova 等,2010,新种。

词源　泉:泉水,喷泉,源泉;指的是此模式菌株分离自一个陆地热泉。

Etymology　L. gen. n. *fontis*, of a spring or fountain, referring to the isolation of the type strain from a terrestrial hot spring.

炽栖菌属(*Fervidicola*)Ogg and Patel,2009,新属。此属已定 1 种。

词源　炽:燃烧的,炙热的,炽热的;栖:栖居,居住,栖息者,栖居者;菌:表示微小的事物,微生物(细菌、古菌、真菌);属:属名的尾词;炽栖菌属:高温水中的栖息者,嗜热的细菌。

Etymology　L. adj. *fervidus*, glowing, burning; L. suff. *-cola*(from L. masc. or fem. n. *incola*)inhabitant, dweller; N.L. masc. n. *Fervidicola*, inhabitant of thermal waters, a thermophilic bacterium.

模式种　铁还原炽栖菌(*Fervidicola ferrireducens*)Ogg and Patel,2009,新种。

词源　铁:一种金属元素,Fe,铁;还原:返回,回到某种状态或条件,在化学中,(分子、原子或离子)获得电子或降低氧化态,转变为一种还原的氧化态;铁还原:还原铁的,这里指的是 Fe(III)还原到 Fe(II)。

Etymology　L. n. *ferrum*, iron; L. part. adj. *reducens*, leading back, bringing back and in chemistry converting to a different oxidation state; N.L. part. adj. *ferrireducens*, reducing Fe(III) to Fe(II).

炽小杆菌属(*Fervidobacterium*)Patel 等,1985,新属。此属已定 6 种。

词源　炽:燃烧的,炙热的,炽热的;小杆:小棒;菌:表示微小的事物,微生物(细菌、古菌、真菌);属:属名的尾词;炽小杆菌属:在更高温度下生长的棒形生物。

Etymology　L. adj. *fervidus*, hot; L. neut. n. *bacterium*, a small rod; N.L. neut. n. *Fervidobacterium*, rods which grow at higher temperatures.

模式种　多节炽小杆菌（*Fervidobacterium nodosum*）Patel 等, 1985, 新种。

词源　多节：很多节, 绳结, 意指膨胀的, 细胞形态。

Etymology　L. neut. adj. *nodosum*, full of knots, knotty; intended to mean swollen.

Fi

纤菌属（*Fibrella*）Filippini 等, 2011, 新属。此属已定 1 种。

词源　纤：纤维, 线状物, 丝状物; 菌：表示微小的事物, 微生物（细菌、古菌、真菌）; 属：属名的尾词; 纤菌属：微小的纤维, 指的是此模式种能产生纤维丝。

Etymology　L. fem. n. *fibra*, a fibre or filament; L. dim. suff. *-ella*; N.L. fem. n. *Fibrella*, a small fibre, referring to the ability of the type species to produce filaments.

模式种　潮沼纤菌（*Fibrella aestuarina*）Filippini 等, 2011, 新种。

词源　潮沼：滩涂, 潮汐地, 湿地。

Etymology　L. n. *aestuarium*, a tidal marsh; L. suff. *-inus -a -um*, suffix used with the sense of belonging to; N.L. fem. adj. *aestuarina*, belonging to a marsh, referring to the location where the type strain was isolated.

注：撮：量词, 千分之一升, 微生物学中, 可专用于对拉丁文小词后缀 *-ella* 在表示非姓氏和地名中需要表示小、少的用字, 但一般情况下, 可不译。中文微生物学中, 对于姓氏后面加 *-ella* 一般用"姓"表示（对于女性, 建议创造一个新词"女氏"）。

纤体属（*Fibrisoma*）Filippini 等, 2011, 新属。此属已定 1 种。

词源　纤：纤维, 纤丝, 纤维体, 纤维物质: 体（形）, 身体, 整体; 属：属名的尾词; 纤体属：丝线体（细菌）。

Etymology　L. n. *fibra*, a fibre, filament; Gr. neut. n. *soma*, body; N.L. neut. n. *Fibrisoma*, filamentous body（bacterium）.

模式种　泥纤体（*Fibrisoma limi*）Filippini 等, 2011, 新种。

词源　泥：泥巴, 泥土, 泥淖, 泥浆, 泥沼, 来自或属于泥的。

Etymology　L. gen. n. *limi*, of/from mud.

纤杆菌属（*Fibrobacter*）Montgomery 等, 1988, 新属。此属已定 2 种, 2 亚种。

此属是纤杆菌目（*Fibrobacterales*）Spain 等, 2012 和纤杆菌科（*Fibrobacteraceae*）Spain 等, 2012 的模式属。

词源　纤：纤维, 丝线, 纤维体, 纤维物质; 杆：棒; 菌：表示微小的事物, 微生物（细菌、古菌、真菌）; 属：属名的尾词; 纤杆菌属：以示与纤维杆菌属的区别, 表示以纤维为食, 在纤维上生存的细菌。

Etymology　L. fem. n. *fibra*, a fibre or filament; N.L. masc. n. *bacter*, rod or staff; N.L. masc n. *Fibrobacter*, bacterial rod that subsists on fiber.

模式种　琥珀酸生纤杆菌(*Fibrobacter succinogenes*)(Hungate,1950)Montgomery 等,1988,新合并。

词源　琥珀酸：一有机酸,丁二酸；生：产,产生,生产,生成,导致；琥珀酸生：琥珀酸生成的。

Etymology　N.L. n. *acidum succinum*, succinic acid; N.L. suff. –*genes*（from Gr. v. *gennaô*, to produce）, producing; N.L. part. adj. *succinogenes*, succinic acid producing.

纤杆菌科(*Fibrobacteraceae*)Spain 等,2012,新科。

模式属　纤杆菌属(*Fibrobacter*)Montgomery 等,1988,新属。

词源　纤杆菌属：此科之模式属；科：用于定义一个比属高、比目低的分类级和尾词；在中文科的命名中,把模式属属名中的尾字"属"代换为尾字"科",即为模式属所在的科名；纤杆菌科：纤杆菌属之科。

Etymology　N.L. masc. n. *Fibrobacter*, type genus of the family, suff. - *aceae*, ending to denote a family; N.L. fem. pl. n. *Fibrobacteraceae*, the *Fibrobacter* family.

纤杆菌目(*Fibrobacterales*)Spain 等,2012,新目。

此目是纤杆菌纲(*Fibrobacteria*)Spain 等,2012 的模式目。

模式属　纤杆菌属(*Fibrobacter*)Montgomery 等,1988,新属。

词源　纤杆菌属：此目之模式属；目：用于定义一个比科高、比纲低的分类级和尾词；在中文目的命名中,把模式属属名中的尾字"属"代换为尾字"目",即为模式属所在的目名；纤杆菌目：纤杆菌属之目。

Etymology　N.L. masc. n. *Fibrobacter*, type genus of the order; suff. - *ales*, ending to denote order; N.L. fem. pl. n. *Fibrobacterales*, the *Fibrobacter* order.

纤杆菌纲(*Fibrobacteria*)Spain 等,2012,新纲。

模式目　纤杆菌目(*Fibrobacterales*)Spain 等,2012,新目。

词源　纤杆菌属：此纲之模式目之模式属；纲：(原核)生物分类的一个级别,门之下,目之上的一个分类级,纲之尾词；纤杆菌纲：纤杆菌属之纲。

Etymology　N.L. masc. n. *Fibrobacter*, type genus of the type order of the class; suff. - *ia*, ending to denote a class; N.L. neut. pl. n. *Fibrobacteria*, the *Fibrobacter* class.

伪竿菌属(*Fictibacillus*)Glaeser 等,2013,新属。此属已定 9 种。

词源　伪：假的,错的,非真的；竿：在本书中对译于拉丁文 ***bacillus***,表示棒形,以示与常见的"杆"的区别,表示以出芽孢为特征的棒形;菌:表示微小的事物,微生物(细菌、古菌、真菌);属:属名的尾词;竿菌属:(出芽孢的)棒形菌,也是细菌的一个属名;伪竿菌属:假的、非真的芽孢棒形菌。

Etymology　　L. adj. *fictus*, false; L. masc. n. *bacillus*, a rod and also a bacterial generic name; N.L. masc. n.*Fictibacillus*, false bacillus.

模式种　葩伪竿菌(*Fictibacillus barbaricus*)(Täubel 等,2003)Glaeser 等,2013,新合并。

词源　葩:奇葩,陌奇,陌生,奇特,奇怪,外来的,指的是在不同 pH 值下生长的奇特行为。

Etymology　　L. adj. *barbaricus*, strange, foreign, referring to the strange behaviour towards growth at different pH.

丝杆菌属(*Filibacter*)Maiden and Jones,1985,新属。此属已定 1 种。

词源　丝:线,丝状(物),线形(物);杆:棒;菌:表示微小的事物,微生物(细菌、古菌、真菌);属:属名的尾词;丝杆菌属:丝线般的棒形生物。

Etymology　　L. n. *filum*, a thread; N.L. masc. n. *bacter*, a rod; N.L. masc. n. *Filibacter*, thread rod.

模式种　泥栖丝杆菌(*Filibacter limicola*)Maiden and Jones,1985,新种。

词源　泥:泥土,泥淖;栖:栖息,栖居,居住,指的是栖居者,居民;泥栖:泥土的栖居者。

Etymology　　L. n. *limus*, mud; L. suff. *-cola*(from L. n. *incola*), dweller; N.L. masc. n. *limicola*, mud-dweller.

产丝菌属(*Filifactor*)Collins 等,1994,新属。此属已定 2 种。

词源　产:生,生成,生成;丝:线,丝状(物),线形(物);菌:表示微小的事物,微生物(细菌、古菌、真菌);属:属名的尾词;产丝菌属:产生丝线的,丝线的制造者(生物)。

Etymology　　L. n. *filum*, thread; L. masc. n. *factor*, a maker; N.L. masc. n. *Filifactor*, thread-maker.

模式种　蓬发产丝菌(*Filifactor villosus*)(Love 等,1979)Collins 等,1994,新合并。

词源　蓬发:乱发,蓬松,粗糙,指的是菌落的形态。

Etymology　　L. masc. adj. *villosus*, hairy, shaggy, rough(referring to the colonial morphology).

丝单胞菌属(*Filimonas*)Shiratori 等,2009,新属。此属已定 1 种。

词源　丝:线,丝状(物),线形(物);单胞:单细胞,单元;菌:表示微小的事物,微生物(细菌、古菌、真菌);属:属名的尾词;丝单胞菌属:丝线状的单细胞(生物)。

Etymology　　L. n. *filum*, a thread; L. fem. n. *monas*, a unit, a monad; N.L. fem. n. *Filimonas*, a thread-like monad.

模式种　塘丝单胞菌(*Filimonas lacunae*)Shiratori 等,2009,新种。

词源　塘:池塘,指的是此模式株是从浅浅的淡水中分离的。

Etymology　L. gen. n. *lacunae*, of a pool, referring to the isolation of the type strain from shallow fresh water.

丝竿菌属(*Filobacillus*)Schlesner 等,2001,新属。此属已定 1 种。

词源　丝:线,丝状(物),线形(物);竿:在本书中对译于拉丁文 ***bacillus***,表示棒形,以示与常见的"杆"的区别,表示以出芽孢为特征的棒形;菌:表示微小的事物,微生物(细菌、古菌、真菌);属:属名的尾词;丝竿菌属:丝线般的棒形生物。

Etymology　L. neut. n. *filum*, thread; L. masc. n. *bacillus*, rod; N.L. masc. n. *Filobacillus*, a thread-like rod.

模式种　米洛斯岛丝竿菌(*Filobacillus milosensis*)勘误,Schlesner 等,2001,新种。

词源　米洛斯岛:希腊的米洛斯岛,此微生物是从这里分离的。

Etymology　N.L. masc. adj. *milosensis*, from the island Milos, Greece, where the organism was isolated.

丝微菌属(*Filomicrobium*)Schlesner,1988,新属。此属已定 2 种。

词源　丝:线,丝状(物),线形(物);微:微小的,微生物;菌:表示微小的事物,微生物(细菌、古菌、真菌);属:属名的尾词;微菌:微生物;丝微菌属:丝线般的微生物。

Etymology　L. n. *filum*, thread; N.L. neut. n. *microbium*, microbe; N.L. neut. n. *Filomicrobium*, thread-like microbe.

模式种　纺锤形丝微菌(*Filomicrobium fusiforme*)Schlesner,1988,新种。

词源　纺锤:纺丝线的一种工具;纺锤形:(两端细中间粗大)纺锤状的。

Etymology　L. n. *fusus*, spindle; L. adj. suffix *-formis -is -e* (from L. n. *forma*, figure, shape, appearance), -like, in the shape of; N.L. neut. adj. *fusiforme*, spindle-shaped.

伞单胞菌科(*Fimbriimonadaceae*)Im 等,2012,新科。

模式属　伞单胞菌属(*Fimbriimonas*)Im 等,2012,新属。

词源　伞单胞菌属:此科之模式属;科:用于定义一个比属高、比目低的分类级和尾词;在中文科的命名中,把模式属属名中的尾字"属"代换为尾字"科",即为模式属所在的科名;伞单胞菌科:伞单胞菌属之科。

Etymology　N.L. n. *Fimbriimonas*, type genus of the family; suff. *-aceae*, ending to denote a family; N.L. fem. pl. n. *Fimbriimonadaceae*, family of the genus *Fimbriimonas*.

伞单胞菌目(*Fimbriimonadales*)Im 等,2012,新目。

此目是伞单胞菌纲(*Fimbriimonadia*)Im 等,2012 的模式目。

模式属 伞单胞菌属(*Fimbriimonas*)Im 等,2012,新属。

词源 伞单胞菌属:此目之模式属;目:用于定义一个比科高、比纲低的分类级和尾词;在中文目的命名中,把模式属属名中的尾字"属"代换为尾字"目",即为模式属所在的目名;伞单胞菌目:伞单胞菌属之目。

Etymology　N.L. n. *Fimbriimonas*, type genus of the order; suff. -ales, ending to denote an order; N.L. fem. pl. n. *Fimbriimonadales*, order of the genus *Fimbriimonas*.

伞单胞菌纲(*Fimbriimonadia*)Im 等,2012,新纲。

模式目 伞单胞菌目(*Fimbriimonadales*)Im 等,2012,新目。

词源 伞单胞菌属:此纲之模式目之模式属;纲:(原核)生物分类的一个级别,门之下,目之上的一个分类级,纲之尾词;伞单胞菌纲:伞单胞菌目之纲。

Etymology　N.L. n. *Fimbriimonas*, type genus of the type order of the class; suff. -ia, ending to denote a class; N.L. neut. pl. n. *Fimbriimonadia*, class of the order *Fimbriimonadales*.

伞单胞菌属(*Fimbriimonas*)Im 等,2012,新属。此属已定 1 种。

此属是伞单胞菌目(*Fimbriimonadales*)Im 等,2012 和伞单胞菌科(*Fimbriimonadaceae*)Im 等,2012 的模式属。

词源 伞:伞,毛缘;单胞:单元,细胞;菌:表示微小的事物,微生物(细菌、古菌、真菌);属:属名的尾词;伞单胞菌属:伞形的毛缘细菌。

Etymology　L. pl. n. *fimbriae*, fibres, threads, fringe, and in biology, fimbriae; L. fem. n. *monas*, a unit, monad; N.L. fem. n. *Fimbriimonas*, fimbriae-shaped bacterium (unit).

模式种 参壤伞单胞菌(*Fimbriimonas ginsengisoli*)Im 等,2012,新种。

词源 参:人参,高丽参;壤:壤,土,土壤;参壤:种人参的田地土壤,此模式菌株的分离源。

Etymology　N.L. n. *ginsengum*, ginseng; L. n. solum, soil; N.L. gen. n. *ginsengisoli*, of soil of a ginseng field, the source of the type strain.

芬戈尔德氏菌属(*Finegoldia*)Murdoch and Shah,2000,新属。此属已定 1 种。

词源 氏:姓氏;芬戈尔德氏:美国微生物学家悉尼·芬戈尔德的姓氏命名;菌:表示微小的事物,微生物(细菌、古菌、真菌);属:属名的尾词;芬戈尔德氏菌属:以芬戈尔德的姓氏命名的菌属。

Etymology　N.L. fem. n. *Finegoldia*, name after Sydney M. Finegold, an American microbiologist.

模式种 大芬戈尔德氏菌(*Finegoldia magna*)(Prévot,1933)Murdoch and Shah,2000,新合并。

词源 大:(体型)巨大的。

Etymology　L. fem. adj. *magna*, large.

厚杆菌纲(*Firmibacteria*)Murray,1988,新纲。

模式目　竿菌目(*Bacillales*)Prévot,1953,《1980年细菌名确认单》,目。

词源　厚:强,强壮,坚实;杆:杖,棒;菌:表示微小的事物,微生物(细菌、古菌、真菌);纲:(原核)生物分类的一个级别,门之下,目之上的一个分类级,纲之尾词;厚杆菌纲:具有坚实细胞壁的细菌。

Etymology　L. adj. *firmus*, strong; Gr. n. *baktêria*, staff, cane; N.L. neut. pl. n. *Firmibacteria*, bacteria with a strong cell wall.

Fl

鞭单胞菌属(*Flagellimonas*)Bae等,2007,新属;Yoon and Oh,2012修改。此属已定1种。

词源　鞭:鞭子,在细菌学中,鞭毛;单胞:单元,单细胞;菌:表示微小的事物,微生物(细菌、古菌、真菌);属:属名的尾词;鞭单胞菌属:通过鞭毛运动的细菌,通常是黄小杆菌科的成员。

Etymology　L. n. *flagellum*, a whip and in bacteriology, a flagellum; L. fem. n. *monas*, a unit, monad; N.L. fem. n. *Flagellimonas*, a bacterium motile by means of a flagellum which is unusual for a member of the family *Flavobacteriaceae*.

模式种　昆布鞭单胞菌(*Flagellimonas eckloniae*)Bae等,2007,新种。

词源　昆布:海藻的科学属名,此细菌从此分离,昆布源的。

Etymology　N.L. n. *Ecklonia*, scientific genus name of the marine alga from which the bacterium was isolated; N.L. gen. n. *eckloniae*, of *Ecklonia*.

焰幡菌属(*Flammeovirga*)Nakagawa等,1997,新属;Takahashi等,2006修改。此属已定5种。

此属是焰幡菌科(*Flammeovirgaceae*)Yoon等,2011的模式属。

词源　焰:火焰,焰火,火焰色;幡:棒;菌:表示微小的事物,微生物(细菌、古菌、真菌);属:属名的尾词;焰幡菌属:火焰色的棒形菌。

Etymology　L. adj. *flammeus*, flame-colored; L. fem. n. *virga*, rod; N.L. fem. n. *flammeovirga*, fire-colored rod.

模式种　阳焰幡菌(*Flammeovirga aprica*)(Reichenbach,1989)Nakagawa等,1997,新合并。

词源　阳:光,阳光,光生,暴露到阳光的,在阳光下生长的。

Etymology　L. fem. adj. *aprica*, exposed to the sun, growing in the sunshine.

焰幡菌科(*Flammeovirgaceae*)Yoon等,2011,新科。

模式属　焰幡菌属(*Flammeovirga*)Nakagawa等,1997,新属。

词源　焰幡菌属:此科之模式属;科:用于定义一个比属高、比目低的分类级和尾词;在中文科的命名中,把模式属属名中的尾字"属"代换为尾字"科",即为模式属所在的科名;焰幡菌科:焰幡菌属之科。

Etymology N.L. fem. n. *Flammeovirga*, type genus of the family; suff. -*aceae*, ending to denote a family; N.L fem. pl. n. *Flammeovirgaceae*, the *Flammeovirga* family.

黄屈菌属(*Flaviflexus*)Du 等,2013,新属。此属已定2种。

词源　黄:黄色的,黄颜色的;屈:使弯曲的,与"伸"相对;菌:表示微小的事物,微生物(细菌、古菌、真菌);属:属名的尾词;黄弯菌属:黄色的弯曲形生物。

Etymology L. adj. *flavus*, yellow; L. masc. n. *flexus*, bend, curve; N.L. masc. n. *Flaviflexus*, a yellow-coloured bend.

模式种　黄海黄弯菌(*Flaviflexus huanghaiensis*)Du 等,2013,新种。

词源　黄海,源自或属于黄海,中国黄海是此模式株的地理源。

Etymology N.L. masc. adj. *huanghaiensis*, of or pertaining to Huanghai, the Chinese name for the Yellow Sea, the geographical origin of the type strain.

黄腐土杆菌属(*Flavihumibacter*)Zhang 等,2010,新属。此属已定3种。

词源　黄:黄色;腐土:土壤,腐土;杆:棒;菌:表示微小的事物,微生物(细菌、古菌、真菌);属:属名的尾词;黄腐土杆菌属:来自土壤的黄色的、棒形细菌。

Etymology L. adj. *flavus*, yellow; L. n. *humus*, soil; L. masc. n. *bacter*, a rod; N.L. masc. n. *Flavihumibacter*, a yellow, rod-shaped bacterium from soil.

模式种　帽形黄腐土杆菌(*Flavihumibacter petaseus*)Zhang 等,2010,新种。

词源　帽:帽子;属于帽子,指的是形成的帽形菌落。

Etymology L. n. *petasus*, hat; L. adj. suff. -*eus* -*ea* -*eum*, suffix used with various meanings; N.L. masc. adj. *petaseus*, belonging to a hat, referring to the formation of hat-shaped colonies.

注:根据中文的意境,或可称为黄土杆菌属。

黄单胞菌属(*Flavimonas*)Holmes 等,1987,新属。此属已定1种。

此属1997年已归属到→假单胞菌属(*Pseudomonas*)Migula,1894,属;《1980年细菌名确认单》。

词源　黄:黄的,黄色的,黄颜色的;单胞:单细胞,单元;菌:表示微小的事物,微生物(细菌、古菌、真菌);属:属名的尾词;黄单胞菌属:黄色的单细胞生物。

Etymology L. adj. *flavus*, yellow; Gr. n. *monas*, a unit, monad; N.L. fem. n. *Flavimonas*, a yellow unit.

模式种　稻居黄单胞菌(*Flavimonas oryzihabitans*)(Kodama 等,1985)Holmes 等,1987,新合并。

此种根据16S rRNA序列已归种到→稻居假单胞菌(*Pseudomonas oryzihabitans*)Kodama等,1985,新种。

词源　稻:水稻,稻米;居:居民,居住者,栖居者;稻居:栖居稻的。

Etymology　L. n. *oryza*, rice; L. part. adj. *habitans*, inhabiting, dwelling; N.L. part. adj. *oryzihabitans*, rice-inhabiting.

黄枝菌属(*Flaviramulus*)Einen and Øvreås,2006,新属;Zhang等,2013修改。此属已定2种。

词源　黄:黄色;枝:小分枝;菌:表示微小的事物,微生物(细菌、古菌、真菌);属:属名的尾词;黄枝菌属:小黄色的分枝生物。

Etymology　L. adj. *flavus*, yellow; L. masc. dim. n. *ramulus*, small branch; N.L. masc. n. *Flaviramulus*, small yellow branch.

模式属　玄武岩黄枝菌(*Flaviramulus basaltis*)Einen and Øvreas,2006,新种。

词源　玄武岩:玄武岩的,与此菌的分离源有关的。

Etymology　L. gen. n. *basaltis*, of basalt, pertaining to the source of isolation.

黄壤杆菌属(*Flavisolibacter*)Yoon and Im,2007,Baik等,2014修改。此属已定3种。

词源　黄:黄色的,黄颜色的;壤:土壤;杆:棒;菌:表示微小的事物,微生物(细菌、古菌、真菌);属:属名的尾词;黄壤杆菌属:来自土壤的黄色、棒形细菌。

Etymology　L. adj. *flavus*, yellow; L. n. *solum*, soil; N.L. masc. n. *bacter*, a rod; N.L. masc. n. *Flavisolibacter*, a yellow, rod-shaped bacterium from soil.

模式种　参土黄壤杆菌(*Flavisolibacter ginsengiterrae*)Yoon and Im,2007,新种。

词源　参:人参,高丽参;土:土壤,土壤;参土:来自人参田的土壤。

Etymology　N.L. n. *ginsengum*, ginseng; L. n. *terra*, soil; N.L. gen. n. *ginsengiterrae*, of soil from a ginseng field.

黄针菌属(*Flavitalea*)Wang等,2011,新属;Zhang等,2013修改。此属已定2种。

词源　黄:黄的,黄色,黄色的;针:纤细,纤细的杖,棒;菌:表示微小的事物,微生物(细菌、古菌、真菌);属:属名的尾词;黄针菌属:黄色的纤细棒形菌。

Etymology　L. adj. *flavus*, yellow; L. fem. n. *talea*, a slender staff, a rod; N.L. fem. n. *Flavitalea*, a yellow-coloured rod.

模式种　杨树属黄针菌(*Flavitalea populi*)Wang等,2011,新种。

词源　杨树:杨树的科学属名,杨树的,属于杨树的,在森林中的杨树中分离出此菌。

Etymology　L. gen. n. *populi*, of a poplar, pertaining to *Populus*, the genus name of the poplar trees that grow in the forest the strain was isolated from.

黄幡菌属（*Flavivirga*）Yi 等，2012，新属。此属已定 2 种。

词源　黄：黄的，黄色，黄色的；菌：表示微小的事物，微生物（细菌、古菌、真菌）；属：属名的尾词；黄幡菌属：黄色的棒形菌。

Etymology　L. adj. *flavus*, yellow; L. fem. n. *virga*, a rod; N.L. fem. n. *Flavivirga*, a yellow rod.

模式种　济州黄幡菌（*Flavivirga jejuensis*）Yi 等，2012，新种。

词源　济州：韩国济州岛，此模式株从此地分离。

Etymology　N.L. fem. adj. *jejuensis*, of or pertaining to Jeju Island, from where the type strain was isolated.

黄杆菌纲（*Flavobacteria*）Cavalier-Smith，2002，新纲。

模式目　噬胞菌目（*Cytophagales*）Leadbetter，1974，《1980 年细菌名确认单》，目。

词源　黄小杆菌属：此纲之一属；纲：(原核)生物分类的一个级别，门之下，目之上的一个分类级，纲之尾词；黄杆菌纲：黄小杆菌属之纲。

Etymology　N.L. neut. n. *Flavobacterium*, one genus of the class; suff. -*ia*, ending to denote a class; N.L. neut. pl. n. *Flavobacteria*, the *Flavobacterium* class.

黄小杆菌科（*Flavobacteriaceae*）Reichenbach 等，1992，新科；Bernardet 等，1996 修改，Bernardet 等，2002 修改。

模式属　黄小杆菌属（*Flavobacterium*）Bergey 等，1923，《1980 年细菌名确认单》，属。

词源　黄小杆菌属：此科之模式属；科：用于定义一个比属高、比目低的分类级和尾词；在中文科的命名中，把模式属属名中的尾字"属"代换为尾字"科"，即为模式属所在的科名；黄小杆菌科：黄小杆菌属之科。

Etymology　N.L. neut. n. *Flavobacterium*, type genus of the family; suff. -*aceae*, ending to denote a family; N.L. fem. pl. n. *Flavobacteriaceae*, the *Flavobacterium* family.

黄小杆菌目（*Flavobacteriales*）Bernardet，2012，新目。

此目是黄小杆菌纲（*Flavobacteriia*）Bernardet，2012 的模式目。

模式属　黄小杆菌属（*Flavobacterium*）Bergey 等，1923，《1980 年细菌名确认单》，属。

词源　黄小杆菌属：此目之模式属；目：用于定义一个比科高、比纲低的分类级和尾词；在中文目的命名中，把模式属属名中的尾字"属"代换为尾字"目"，即为模式属所在的目名；黄小杆菌目：黄小杆菌属之目。

Etymology　N.L. neut. n. *Flavobacterium*, type genus of the order; suff. -*ales*, ending to denote an order; N.L. fem. pl. n. *Flavobacteriales*, the *Flavobacterium* order.

黄小杆菌纲(*Flavobacteriia*)Bernardet,2012,新纲。

模式目　黄小杆菌目(*Flavobacteriales*)Bernardet,2012,新目。

词源　黄小杆菌属:此纲之模式目之模式属;纲:(原核)生物分类的一个级别,门之下,目之上的一个分类级,纲之尾词;黄小杆菌纲:黄小杆菌目之纲。

Etymology　N.L. neut. n. *Flavobacterium*, type genus of the type order of the class; N.L. neut. pl. n.*Flavobacteriia*, class of the order *Flavobacteriales*.

黄小杆菌属(*Flavobacterium*)Bergey 等,1923,属;Bernardet 等,1996 修改,Dong 等,2013 修改,Kang 等,2013 修改。此属已定 144 种。

此属是黄小杆菌目(*Flavobacteriales*)Bernardet,2012 和黄小杆菌科(*Flavobacteriaceae*)Reichenbach 等,1992 的模式属。

词源　黄:黄色,黄颜色的;小杆:小棒;菌:表示微小的事物,微生物(细菌、古菌、真菌);属:属名的尾词;黄小杆菌属:黄色的细菌。

Etymology　L. adj. *flavus*, yellow; L. neut. n. *bacterium*, a small rod or staff and, in biology, a bacterium (so called because the first ones observed were rod-shaped); N.L. neut. n. *Flavobacterium*, a yellow bacterium.

模式种　水生黄小杆菌(*Flavobacterium aquatile*)(Frankland and Frankland,1889)Bergey 等,1923,《1980 年细菌名确认单》,种。

词源　水生:生活,生长或发现在水中的。

Etymology　L. neut. adj. *aquatile*, living, growing, or found in water, aquatic.

破黄酮菌属(*Flavonifractor*)Carlier 等,2010,新属。此属已定 1 种。

词源　破:破碎,分解,溶解,破解;黄酮:黄酮;菌:表示微小的事物,微生物(细菌、古菌、真菌);属:属名的尾词;破黄酮菌属:黄酮的分解者,破碎者。

Etymology　N.L. n. *flavonum*, flavone; L. masc. n. *fractor*, breaker; N.L. masc. n. *Flavonifractor*, flavone-breaker.

模式种　普劳特氏破黄酮菌(*Flavonifractor plautii*)(Séguin,1928)Carlier 等,2010,新种。

词源　氏:姓氏;普劳特氏:以细菌学家普劳特的姓氏命名,他首次描述了此生物。

Etymology　N.L. masc. gen. n. *plautii*, of Plaut; named for H.C. Plaut, the bacteriologist who first described this organism.

屈竿菌属(*Flectobacillus*)Larkin 等,1977,属;Raj and Maloy,1990 修改。此属已定 5 种。

词源　屈:使弯曲的,与"伸"相对;竿:在本书中对译于拉丁文 ***bacillus***,表示棒形,以示与常见的"杆"的区别,表示以出芽孢为特征的棒形;菌:表示微小的事物,微生物(细菌、古菌、真菌);属:属名的尾词;屈竿菌属:小的弯曲棒形生物。

Etymology　L. v. *flecto*, to bend, to curve; L. masc. n. *bacillus*, a little staff, rod; N.L. masc. n. *Flectobacillus* (*sic*), little curved rod.

模式种　大屈竿菌(*Flectobacillus major*)(Gromov,1963)Larkin 等,1977,种;《1980 年细菌名确认单》。

词源　大:大号的,更大的。

Etymology　L. masc. comp. adj. *major* (comp. of *magnus*), larger.

屈杆菌属(*Flexibacter*)Soriano,1945,属。此属已定 17 种。

词源　屈:使弯曲的,与"伸"相对;杆:棒;菌:表示微小的事物,微生物(细菌、古菌、真菌);属:属名的尾词;屈杆菌属:意指易弯的棒形生物。

Etymology　L. part. adj. *flexus* (from. L. v. *flecto*), bent, winding; N.L. masc. n. *bacter*, rod; N.L. masc. n. *Flexibacter*, intended to mean flexible rod.

模式种　屈屈杆菌(*Flexibacter flexilis*)Soriano,1945,种;《1980 年细菌名确认单》。

词源　屈:易弯的,柔顺的。

Etymology　L. masc. adj. *flexilis*, pliable, flexible.

屈柄菌属(*Flexistipes*)Fiala 等,2000,新属。此属已定 1 种。

词源　屈:使弯曲的,与"伸"相对;柄:树的枝杈,棍;菌:表示微小的事物,微生物(细菌、古菌、真菌);属:属名的尾词;弯柄菌属:易弯的柄状菌;屈柄菌属:弯曲的棍形生物。

Etymology　L. n. *flexus*, a bending, turning, winding; L. masc. n. *stipes*, a branch of a tree, stick; N.L. masc. n. *Flexistipes*, the flexible stick.

模式种　阿拉伯湾屈柄菌(*Flexistipes sinusarabici*)Fiala 等,2000,新种。

词源　阿拉伯湾:这里指的是红海,此菌的分离源。

Etymology　L. n. *sinus*, a curve or fold in land, a gulf; L. masc. adj. *arabicus*, arabic; N.L. gen. n. *sinusarabici*, of the Arabic gulf, of the Red Sea, describing the place of isolation.

屈发菌属(*Flexithrix*)Lewin,1970,属;Hosoya and Yokota,2007 修改。此属已定 1 种。

词源　屈:使弯曲的,与"伸"相对;发:头发,毛发,丝线;菌:表示微小的事物,微生物(细菌、古菌、真菌);属:属名的尾词;屈发菌属:易弯的头发形生物。

Etymology　L. part. adj. *flexus*, flexible; Gr. fem. n. *thrix*, hair; N.L. fem. n. *Flexithrix*, flexible hair (flexible rod).

模式种　桃乐茜氏屈发菌(*Flexithrix dorotheae*)Lewin,1970,种;《1980 年细菌名确认单》。

词源　氏:姓氏;桃乐茜氏:以技术助理桃乐茜·怀特的名字命名。

Etymology　N.L. gen. fem. n. *dorotheae*, of Dorothy, named after Mrs. Dorothy White, a technical assistant.

屈幡菌属(*Flexivirga*) Anzai 等,2012,新属。此属已定 1 种。

词源　屈:使弯曲的,与"伸"相对;幡:旗杆,棒;菌:表示微小的事物,微生物(细菌、古菌、真菌);属:属名的尾词;屈幡菌属:弯曲的棒形生物。

Etymology　L. adj. *flexus*, bent; L. fem. n. *virga*, a rod; N.L. fem. n. *Flexivirga*, a bent rod.

模式种　素色屈幡菌(*Flexivirga alba*) Anzai 等,2012,新种。

词源　素色:素色的,白色的,指的是菌落的颜色。

Etymology　L. fem. adj. *alba*, white, referring to the color of the colonies.

弗林德斯菌属(*Flindersiella*) Kaewkla and Franco,2011,新属。

词源　弗林德斯:以弗林德斯大学命名,强调宿主植物的生长地,从中分离到此模式种;菌:表示微小的事物,微生物(细菌、古菌、真菌);属:属名的尾词;弗林德斯菌属:强调此模式菌株宿主植物的生长位置。

Etymology　N.L. fem. dim. n. *Flindersiella*, named after Flinders University, signifying the site of the host tree from which the type strain originated.

模式种　内植弗林德斯菌(*Flindersiella endophytica*) Kaewkla and Franco,2011,新种。

词源　内:内部,内源;植:植物;内植:植物体内,源自于植物组织中分离。

Etymology　Gr. pref. *endo*, within; Gr. n. *phuton*, plant; L. fem. suff. *-ica*, adjectival suffix used with the sense of belonging to; N.L. fem. adj. *endophytica*, within plant, endophytic, pertaining to the original isolation from plant tissue.

注:弗林德斯大学位于澳大利亚南部阿德莱德市。

荧杆菌属(*Fluoribacter*) Garrity 等,1980,新属。此属已定 3 种。

词源　荧:荧光,因为此微生物的荧光特性;杆:棒或杖;菌:表示微小的事物,微生物(细菌、古菌、真菌);属:属名的尾词;荧杆菌属:荧光棒形生物。

Etymology　N.L. n. *fluorum*, fluor (because of the fluorescence of this organism); N.L. masc. n. *bacter*, a rod or staff; N.L. masc. n. *Fluoribacter*, fluorescent rod.

模式种　博兹曼氏荧杆菌(*Fluoribacter bozemanae*) Garrity 等,1980,新种。

词源　氏:姓氏;博兹曼氏:博兹曼的,以微生物学家 F. 玛丽琳·博兹曼(女)姓氏命名,她分离并首先研究了此微生物。

Etymology　N.L. gen. fem. n. *bozemanae*, of Bozeman, named after F. Marilyn Bozeman, the microbiologist who isolated and first studied the organism.

流栖菌属(*Fluviicola*) O'sullivan 等,2005,新属;Muramatsu 等,2012 修改。此属已定 2 种。

词源　流:河,河流,流域,流水;栖:栖息,栖居,居住,指的是栖息者,栖居者;菌:表示微小的事物,微生物(细菌、古菌、真菌);属:属名的尾词;流栖菌属:河流的栖居者(生物)。

Etymology　L. n. *fluvius*, river; L. suff. *-cola*（from L. masc. or fem. n. *incola*）, inhabitant, dweller; N.L. masc. n. *Fluviicola*, river dweller.

模式种　塔夫流栖菌（*Fluviicola taffensis*）O'sullivan 等,2005,新种。

词源　塔夫:(英国)威尔士的一条河,塔夫河。

Etymology　N.L. masc. adj. *taffensis*, pertaining to the River Taff, a river in Wales.

注:区别于拉丁文名词 *rivus*（译为河）。

流单胞菌属（*Fluviimonas*）Sheu 等,2013,新属。此属已定 1 种。

词源　流:河,河流,流域,流水;单胞:单元,单细胞;菌:表示微小的事物,微生物(细菌、古菌、真菌);属:属名的尾词;流单胞菌属:来自河流的单细胞(生物)。

Etymology　L. n. *fluvius*, river; L. fem. n. *monas*, a unit, monad; N.L. fem. n. *Fluviimonas*, a monad from a river.

模式种　苍橙流单胞菌（*Fluviimonas pallidilutea*）Sheu 等,2013,新种。

词源　苍:苍白,天色,灰白色;橙:橙色的;苍橙:苍白橙色,指的是菌落的颜色。

Etymology　L. adj. *pallidus*, pale; L. adj. *luteus*, orange; N.L. fem. adj. *pallidilutea*, pale orange, referring to the colony color.

Fo

矿杆菌属（*Fodinibacter*）Wang 等,2009,新属。此属已定 1 种。

词源　矿:矿场,矿山;杆:棒;菌:表示微小的事物,微生物(细菌、古菌、真菌);属:属名的尾词;矿杆菌属:分离自矿场的棒形细菌。

Etymology　L. fem. n. *fodina*, mine; N.L. masc. n. *bacter*, rod; N.L. masc. n. *Fodinibacter*, rod bacterium isolated from a mine.

模式种　橙黄色矿杆菌（*Fodinibacter luteus*）Wang 等,2009,新种。

词源　橙黄色:橙黄色的,橘黄色的,金黄色的,指的是菌落的颜色。

Etymology　L. masc. adj. *luteus*, orange–yellow, referring to the colony colour.

矿菌属（*Fodinibius*）Wang 等,2012,新属。此属已定 1 种。

词源　矿:矿场,矿山;菌:表示微小的事物,微生物(细菌、古菌、真菌);属:属名的尾词;矿菌属:源自矿场的活生物。

Etymology　L. fem. n. *fodina*, mine; N.L. masc. n. *bius*（from Gr. masc. n. *bios*）, life; N.L. masc. n. *Fodinibius*, a living（one）from a mine.

模式种　盐矿菌（*Fodinibius salinus*）Wang 等,2012,新种。

词源　盐:属于或源自盐的。

Etymology　L. masc. adj. *salinus*, of or belonging to salt.

矿栖菌属（*Fodinicola*）Carlsohn 等，2008，新属。此属已定 1 种。

词源　矿：矿场，矿山；栖：栖息，栖居，栖息者，栖居者；菌：表示微小的事物，微生物（细菌、古菌、真菌）；属：属名的尾词；矿栖菌属：矿场的栖居者（生物）。

Etymology　L. n. *fodina*, a pit, mine; L. suff. *-cola* (from L. n. *incola*), dweller; N.L. masc. n. *Fodinicola*, a mine dweller.

模式种　仙女洞矿栖菌（*Fodinicola feengrottensis*）Carlsohn 等，2008，新种。

词源　仙女洞：德国图林根州的仙女洞（或音译为凤阁姥誉洞），此模式种的分离源。

Etymology　N.L. masc. adj. *feengrottensis*, of or pertaining to the Thuringian cave Feengrotten, the origin of the type strain.

矿曲菌属（*Fodinicurvata*）Wang 等，2009，新属。此属已定 2 种。

词源　矿：矿场，矿山；曲：弯曲；菌：表示微小的事物，微生物（细菌、古菌、真菌）；属：属名的尾词；矿曲菌属：分离自矿场的弯曲形细菌。

Etymology　L. fem. n. *fodina*, mine; L. adj. *curvatus -a -um*, curved; N.L. fem. n. (N.L. fem. adj. used as a substantive); *Fodinicurvata*, curved-shaped bacterium isolated from a mine.

模式种　沉积物矿曲菌（*Fodinicurvata sediminis*）Wang 等，2009，新种。

词源　沉积：沉积物的，沉积作用的，属于或来自沉积物的；物：物质；沉积物：自然（通常是水、风、冰川等）作用下，天然物质通过风蚀、侵蚀、腐蚀和运输作用，沉积形成的物质。

Etymology　L. n. *sedimen -inis*, sediment; L. gen. n. *sediminis*, of sediment.

泉竿菌属（*Fontibacillus*）Saha 等，2010，新属；Lee 等，2011 修改。此属已定 3 种。

词源　泉：泉水，喷泉，源泉；竿：在本书中对译于拉丁文 *bacillus*，表示棒形，以示与常见的"杆"的区别，表示以出芽孢为特征的棒形；菌：表示微小的事物，微生物（细菌、古菌、真菌）；属：属名的尾词；泉竿菌属：分离自泉水的棒形细菌。

Etymology　L. masc. n. *fons fontis*, a spring, fountain; L. masc. n. *bacillus*, a rod; N.L. masc. n. *Fontibacillus*, a rod-shaped bacterium isolated from a spring.

模式种　水生泉竿菌（*Fontibacillus aquaticus*）Saha 等，2010，新种。

词源　水生：生活、生长或发现在水中或水域，指的是此模式株分离自水。

Etymology　L. masc. adj. *aquaticus*, living, growing, or found in or by water, aquatic, referring to the isolation of the type strain from water.

泉杆菌属（*Fontibacter*）Kämpfer 等，2010，新属。此属已定 2 种。

词源　泉：泉水，喷泉，源泉；杆：棒；菌：表示微小的事物，微生物（细菌、古菌、真菌）；属：属名的尾词；泉杆菌属：分离自泉水样品的棒形生物。

Etymology　L. n. *fons fontis*, a spring; N.L. masc. n. *bacter*, a rod; N.L. masc. n. *Fontibacter*, a rod isolated from a spring sample.

模式种　黄色泉杆菌(*Fontibacter flavus*)Kämpfer 等,2010,新种。

词源　黄色:黄色的,黄颜色的。

Etymology　L. masc. adj. *flavus*, yellow.

泉胞菌属(*Fonticella*)Fraj 等,2013,新属。此属已定 1 种。

词源　泉:泉水,喷泉,源泉;胞:细胞;菌:表示微小的事物,微生物(细菌、古菌、真菌);属:属名的尾词;泉胞菌属:分离自泉水的细胞(细菌)。

Etymology　L. n. *fons fontis*, a spring, fountain; L. fem. n. *cella*, a storeroom, in biology a cell; N.L. fem. n.*Fonticella*, a cell（bacterium）isolated from a spring.

模式种　突尼斯泉胞菌(*Fonticella tunisiensis*)Fraj 等,2013,新种。

词源　突尼斯:北非洲的一个国家,与意大利隔地中海相望,属于或来自突尼斯的。

Etymology　N.L. fem adj. *tunisiensis*, of or belonging to Tunisia.

泉单胞菌属(*Fontimonas*)Losey 等,2013,新属。此属已定 1 种。

词源　泉:泉水,喷泉,源泉;菌:表示微小的事物,微生物(细菌、古菌、真菌);属:属名的尾词;泉单胞菌属:分离自泉水的单细胞(细菌)。

Etymology　L. n. *fons fontis*, a spring, fountain; L. fem. n. *monas*, a unit, monad; N.L. fem. n. *Fontimonas*, a monad（bacterium）isolated from a spring.

模式种　嗜热泉单胞菌(*Fontimonas thermophila*)Losey 等,2013,新种。

词源　嗜:嗜好的,喜好的,友好的,爱好的;热:高温,温暖;嗜热:喜好高温的,喜好热的。

Etymology　Gr. adj. *thermos*, hot; N.L. adj. *philus -a -um*（from Gr. adj. *philos -ê -on*), friend, loving; N.L. fem. adj. *thermophila*, heat-loving.

蚁酸弧菌属(*Formivibrio*)Tanaka 等,1991,新属。此属已定 1 种。

词源　蚁酸:甲酸;弧:作动词表示弧动,像手中舞动的绳子状振动;弧:作名词也表示细菌的一个属名,表示弧状的菌,弧菌属;菌:表示微小的事物,微生物(细菌、古菌、真菌);属:属名的尾词;蚁酸弧菌属:形成蚁酸的弧状生物。

Etymology　N.L. n. *acidum formicum*, formic acid; L. v. *vibro*, to set in tremulous motion, move to and fro, vibrate; N.L. masc. n. *vibrio*, that which vibrates, and also a bacterial genus name of bacteria possessing a curved rod shape（*Vibrio*）; N.L. masc. n. *Formivibrio*, the formic acid forming vibrio.

模式种　柠檬蚁酸弧菌(*Formivibrio citricus*)Tanaka 等,1991,新种。

词源　柠檬:柠檬酸,有关于柠檬酸的。

Etymology　N.L. n. *acidum citricum*, citric acid; N.L. masc. adj. *citricus*, pertaining to citric acid.

福摩萨菌属（*Formosa*）Ivanova 等，2004，Nedashkovskaya 等，2006 修改。此属已定 5 种。

词源　福摩萨：葡萄牙语中表示美丽的，英俊的；菌：表示微小的事物，微生物（细菌、古菌、真菌）；属：属名的尾词；福摩萨菌属：体型优美的，美丽的，英俊的生物。

Etymology　N.L. fem. n.（L. fem. adj. used as a substantive）*Formosa*, finely formed, beautiful, handsome.

模式种　藻福摩萨菌（*Formosa algae*）Ivanova 等，2004，新种。

词源　藻：水藻，藻类；指的是此菌的分离源，褐藻。

Etymology　L. fem. gen. n. *algae* of an alga, pertaining to the source of isolation, brown algae.

Fr

弗朗西斯姓菌属（*Francisella*）Dorofe′ev，1947，属；Huber 等，2010 修改。此属已定 8 种，8 亚种。

此属是弗朗西斯姓菌科（*Francisellaceae*）Sjöstedt，2005 的模式属。

词源　姓：姓氏；弗朗西斯姓：以美国细菌学家爱德华·弗朗西斯的姓氏命名，其对图莱里病（野兔病）的病原作用和致病机理有广泛的研究，并命名了此疾病；菌：表示微小的事物，微生物（细菌、古菌、真菌）；属：属名的尾词；弗朗西斯姓菌属：以弗朗西斯命名的生物。

Etymology　N.L. fem. dim. n. *Francisella*, named after Edward Francis, American bacteriologist, who extensively studied the etiologic agent and pathogenesis of tularemia and is credited with naming the disease.

模式种　图莱里弗朗西斯姓菌（*Francisella tularensis*）（McCoy and Chapin，1912）Dorofe′ev，1947，种；《1980 年细菌名确认单》。

词源　图莱里：美国加利福尼亚州图莱里县，此地是图莱里病的发现地，在啮齿动物中首先发现。

Etymology　N.L. fem. adj. *tularensis*, pertaining to Tulare County, California, where the disease was first described in rodents.

弗朗西斯姓菌科（*Francisellaceae*）Sjöstedt，2005，新科；Boscaro 等，2012 修改。

模式属　弗朗西斯姓菌属（*Francisella*）Dorofe′ev，1947，《1980 年细菌名确认单》，属。

词源　弗朗西斯姓菌属：此科之模式属；科：用于定义一个比属高、比目低的分类级和尾词；在中文科的命名中，把模式属属名中的尾字"属"代换为尾字"科"，即为模式属所在的科名；弗朗西斯姓菌科：弗朗西斯姓菌属之科。

Etymology　N.L. fem. n. *Francisella*, type genus of the family; suff. -*aceae*, ending to denote family; N.L. fem. pl. n. *Francisellaceae*, the *Francisella* family.

弗朗克氏杆菌属（*Franconibacter*）Stephan 等，2014，新属。此属已定 2 种。

词源　氏：姓氏；弗朗克氏：以纪念微生物学家奥古斯特·弗朗克—莫拉；杆：棒；菌：表示微

小的事物,微生物(细菌、古菌、真菌);属:属名的尾词;弗朗克氏杆菌属:纪念弗朗克的棒形生物。

Etymology N.L. masc. n. *bacter*, a rod; N.L. masc. n. *Franconibacter*, a rod named in memory of microbiologist Augusto Franco-Mora.

模式种 赫尔维梯弗朗克氏杆菌(*Franconibacter helveticus*) Stephan 等,2014,新种

词源 赫尔维梯:赫尔维梯,即瑞士,此种首次分离地。

Etymology L. masc. adj. *helveticus*, of Helvetica (Switzerland), from where the species was first isolated.

弗兰克氏菌属(*Frankia*) Brunchorst,1886,属。此属已定 1 种。

此属是弗兰克氏亚目(*Frankineae*) Stackebrandt 等,1997 和弗兰克氏菌科(*Frankiaceae*) Becking,1970,《1980 年细菌名确认单》的模式属。

词源 氏:姓氏;弗兰克氏:以阿尔伯特·伯恩哈德·弗兰克(1839—1900)的姓氏命名,瑞士植物生物学家,从 1877—1892,其广泛的研究的豆科植物的氮营养和微生物导致的根瘤,并创造了"共生"一词;菌:表示微小的事物,微生物(细菌、古菌、真菌);属:属名的尾词;弗兰克氏菌属:以弗兰克的姓氏命名的菌属。

Etymology N.L. fem. n. *Frankia*, named after Albert Bernhard Frank (1839—1900), a Swiss plant biologist, who studied extensively nitrogen nutrition in legumes and the micro-organisms causing root nodulation from 1877 to 1892 and who coined the term "symbiosis".

模式种 桤木弗兰克氏菌(*Frankia alni*)(Woronin,1866) Von Tubeuf,1895,《1980 年细菌名确认单》,种。

词源 桤木:赤杨,也是一个属名,桤木属,即赤杨属,表示桤木的。

Etymology L. n. *alnus*, the alder and also a genus name (*Alnus*); L. gen. n. *alni*, of the alder (or of *Alnus*).

同义词 "*Frankiella*" Maire and Tison,1909。

注:此属菌与其他生物共生固氮。

弗兰克氏菌科(*Frankiaceae*) Becking,1970,属;Normand 等,1996 修改,Stackebrandt 等,1997 修改,Zhi 等,2009 修改。

模式属 弗兰克氏菌属(*Frankia*) Brunchorst,1886,属。

词源 弗兰克氏菌属:此科之模式属;科:用于定义一个比属高、比目低的分类级和尾词;在中文科的命名中,把模式属属名中的尾字"属"代换为尾字"科",即为模式属所在的科名;弗兰克氏菌科:弗兰克氏菌属之科。

Etymology N.L. fem. n. *Frankia*, type genus of the family; suff. *-aceae*, ending to denote a family; N.L. fem. pl. n. *Frankiaceae*, the *Frankia* family.

弗兰克氏菌目(*Frankiales*) Sen 等,2014,新目。

命名模式 弗兰克氏菌属(*Frankia*) Sen 等,2014,新属。

词源 弗兰克氏菌属:此目之模式属;目:用于定义一个比科高、比纲低的分类级和尾词;在中文目的命名中,把模式属属名中的尾字"属"代换为尾字"目",即为模式属所在的目名;弗兰克氏菌目:弗兰克氏菌属之目。

Etymology　N.L. masc. n. *Frank*, surname of the German botanist Albert Bernhard Frank (1839—1900), who studied root symbioses; suff. *-ales*, ending to denote order; N.L. fem. pl. n. *Frankiales*, the *Frankia* order.

弗兰克氏菌亚目(*Frankineae*) Stackebrandt 等,1997,新亚目;Zhi 等,2009 修改。

模式属 弗兰克氏菌目(*Frankia*) Brunchorst,1886,《1980 年细菌名确认单》,目。

词源 弗兰克氏菌属:此亚目之模式属;亚目:用于定义一个比科高、比目低的分类级和尾词,目的二级分类级;在中文目的命名中,把属名中的尾字"属"代换为尾字"亚目",即为模式属所对应的亚目;弗兰克氏菌亚目:弗兰克氏菌属之亚目。

Etymology　N.L. fem. n. *Frankia*, type genus of the suborder; suff. *-ineae*, ending to denote a suborder; N.L. fem. pl. n. *Frankineae*, the *Frankia* suborder.

弗拉特氏菌属(*Frateuria*) Swings 等,1980,新属;Zhang 等,2011 修改。此属已定 2 种。

词源 氏:姓氏;弗拉特氏:以约瑟夫·弗拉特(1903—1974)的姓氏命名,知名的比利时微生物学家;菌:表示微小的事物,微生物(细菌、古菌、真菌);属:属名的尾词;弗拉特氏菌属:以弗拉特的姓氏命名的菌属。

Etymology　N.L. fem. n. *Frateuria*, named after Joseph Frateur (1903—1974), eminent Belgian microbiologist.

模式种 金橙色弗拉特氏菌(*Frateuria aurantia*)(*ex* Kondô and Ameyama,1958) Swings 等,1980,命名修改,新合并。

词源 金橙色:涂金的,金色的,指的是此菌株在甘露醇—卵黄—多黏菌素(MYP)琼脂上菌落所呈现的金黄色。

Etymology　N.L. fem. adj. *aurantia* (from L. v. *auro*, to overlay with gold), gold colored, refers to the gold-yellow color of the strains on MYP agar.

弗里德里克森氏菌属(*Frederiksenia*) Korczak 等,2014,新属。或**弗德克森氏菌属**。此属已定 1 种。

词源 氏:姓氏;弗里德里克森氏:致敬丹麦微生物学家威廉·弗德克森,他致力于巴斯德氏菌科的研究;菌:表示微小的事物,微生物(细菌、古菌、真菌);属:属名的尾词;弗里德里克森氏菌属:以弗里德里克森的姓氏命名的菌属。

Etymology N.L. fem. n. *Frederiksenia*, to honour Wilhelm C. Frederiksen, a Danish microbiologist, for his involvement in and contribution to research on the *Pasteurellaceae*.
模式种 犬栖弗里德里克森氏菌(*Frederiksenia canicola*)Korczak 等,2014,新种。
词源 栖:栖息,栖居,栖息者,栖居者。
Etymology L. n. *canis*, dog; L. suff. *-cola* (from L. n. *incola*),inhabitant,dweller; N.L. fem. n. *canicola*, inhabitant of a dog.

傍小杆菌属(*Fretibacterium*)Vartoukian 等,2013,新属。此属已定 1 种。

词源 傍:靠,依赖,依靠;小杆:小棒;菌:表示微小的事物,微生物(细菌、古菌、真菌);属:属名的尾词;傍小杆菌属:依赖棒形菌,指的是要想良好生长此微生物依赖共培养。
Etymology L. adj. *fretus*, depending, depending on; L. neut. n. *bacterium*, a rod; N.L. neut. n. *Fretibacterium*, depending rod, referring to the dependence of this organism on co-culture for good growth.
模式种 苛傍小杆菌(*Fretibacterium fastidiosum*)Vartoukian 等,2013,新种。
词源 苛:苛刻,指的是此微生物的营养需求,苛刻的。
Etymology L. neut. adj. *fastidiosum*, fastidious, referring to the nutritional requirements of the organism.

弗里德曼氏菌属(*Friedmanniella*)Schumann 等,1997,新属。此属已定 9 种。

词源 氏:姓氏;弗里德曼氏:以美国微生物学家弗里德曼(1921—2007)姓氏命名,以记述他对南极微生物学的贡献;菌:表示微小的事物,微生物(细菌、古菌、真菌);属:属名的尾词;弗里德曼氏菌属:以弗里德曼的姓氏命名的菌属。
Etymology N.L. fem. dim. n. *Friedmanniella*, named after E. Imre Friedmann,(1921—2007) an American microbiologist, in recognition of his contributions to Antarctic microbiology.
模式种 南极弗里德曼氏菌(*Friedmanniella antarctica*)Schumann 等,1997,新种。
词源 南极:南极的,南极洲的,分离自南极洲的。
Etymology L. fem. adj. *antarctica*, southern, isolated from Antarctica.

冻小杆菌属(*Frigoribacterium*)Kämpfer 等,2000,新属。此属已定 2 种。

词源 冻:冷,冷的,霜冻的,寒冷的;小杆:小棒;菌:表示微小的事物,微生物(细菌、古菌、真菌);属:属名的尾词;冻小杆菌属:生长在寒冷条件的小棒形生物。
Etymology L. n. *frigor -oris*, frost, cold; L. neut. n. *bacterium*, small rod; N.L. neut. n. *Frigoribacterium*, a small rod growing in the cold.
模式种 干草冻小杆菌(*Frigoribacterium faeni*)Kämpfer 等,2000,新种。
词源 干草:枯草,晒干/风干的草。
Etymology L. n. *faenum*, hay; L. gen. n. *faeni*, of hay.

弗里希姓菌属(*Frischella*)Engel 等,2013,新属。此属已定 1 种。

词源　姓:姓氏;弗里希姓:以卡尔·里特·冯·弗里希(1889—1982)的姓氏命名,他对研究蜜蜂行为有卓越的贡献;菌:表示微小的事物,微生物(细菌、古菌、真菌);属:属名的尾词;弗里希姓菌属:以弗里希的姓氏命名的菌属。

Etymology　N.L. dim. fem. n. *Frischella*, named after Karl Ritter von Frisch,1889—1982, for his prominent role in the study of honeybee behaviour.

模式种　稀有弗里希姓菌(*Frischella perrara*)Engel 等,2013,新种。

词源　稀有:非常少,稀少,极例外,指的是此生物仅存于蜜蜂肠道中。

Etymology　L. fem. adj. *perrara*, very rare/exceptional, referring to its restricted occurrence in the honeybee gut.

树叶栖菌属(*Frondicola*)Zhang 等,2007,新属。此属已定 1 种。此属命名 2009 年已更改为→树叶居菌属(*Frondihabitans*)Greene 等,2009,新属。

词源　树叶:枯黄掉落的树叶;栖:栖息,栖居,栖息者,栖居者;菌:表示微小的事物,微生物(细菌、古菌、真菌);属:属名的尾词;树叶栖菌属:叶子的栖居者(生物)。

Etymology　L. n. *frons frondis*, fallen leaves;L. masc. suffix -*cola* (from L. n. *incola*) inhabitant;N.L. masc. n.*Frondicola*, inhabitant of leaves, leaf dweller.

模式种　澳大利亚树叶栖菌(*Frondicola australicus*)Zhang 等,2007,新种。

词源　澳大利亚:与澳大利亚有关的,此模式菌株分离地。

Etymology　N.L. masc. adj. *australicus*, pertaining to Australia, from where the type strain was isolated.

注:此菌的拉丁文命名 *Frondicola* 并不合规,因为 1992 年此名词已由一种真菌,落叶栖菌属(*Frondicola*)Hyde,1992[*Frondicola* K.D. Hyde, *J. Linn. Soc.*, Bot. 1992,110(2):100],优先占用。因此此菌的拉丁文 2009 年更改为树叶居菌属(*Frondihabitans*)。

树叶居菌属(*Frondihabitans*)Greene 等,2009,新属;Lee,2010 修改,Cardinale 等,2011 修改。此属已定 4 种。

词源　树叶:叶子,植物的叶子;居:栖居的;菌:表示微小的事物,微生物(细菌、古菌、真菌);属:属名的尾词;树叶居菌属:栖居在植物叶子中的生物。

Etymology　L. n. *frons frondis*, a leaf, foliage;L. part. adj. *habitans*, inhabiting;N.L. part. adj. used as a masc. n. *Frondihabitans*, inhabitant of leaves, leaf dweller.

模式种　澳大利亚树叶居菌(*Frondihabitans australicus*)(Zhang 等,2007)Greene 等,2009,新合并。

词源　澳大利亚:与澳大利亚有关的,此模式菌株分离地。

Etymology　N.L. masc. adj. *australicus*, of or pertaining to Australia, from where the type strain was isolated.

注：对于拉丁文名词 *frons frondis* 的注释，Zhang 等 2007 年解释为落叶，而 Greene 等 2009 则为叶子，所有植物的叶子，但实际上，该词可能仅指一些大的、分叉的复叶，以羊齿植物（蕨类植物）为主，可能也包括棕榈科（槟榔科）植物和苏铁植物。

果糖竿属（*Fructobacillus*）Endo and Okada，2008，新属。此属已定 5 种。

词源　竿：在本书中对译于拉丁文 *bacillus*，表示棒形，以示与常见的"杆"的区别，表示以出芽孢为特征的棒形；菌：表示微小的事物，微生物（细菌、古菌、真菌）；属：属名的尾词；果糖竿菌属：随机简写自果糖和乳竿菌属，意指喜好果糖、产生乳酸的竿菌。

Etymology　N.L. masc. n. *Fructobacillus*, arbitrarily derived from fructose and *Lactobacillus*, intended to mean fructose-loving lactic acid-producing bacillus.

模式种　果糖果糖竿菌（*Fructobacillus fructosus*）（Kodama，1956）Endo and Okada，2008，新合并。

词源　果糖：与果糖有关的。

Etymology　N.L. masc. adj. *fructosus*, pertaining to fructose.

Fu

富克斯姓菌属（*Fuchsiella*）Zhilina 等，2012，新属。此属已定 1 种。

词源　姓：姓氏；富克斯姓：为了对德国弗莱堡的格奥尔格·富克斯教授表示尊敬，其对我们（作者）理解微生物对 CO_2 的多种同化作用，做出了重要贡献；菌：表示微小的事物，微生物（细菌、古菌、真菌）；属：属名的尾词；富克斯姓菌属：以富克斯的姓氏命名的菌属。

Etymology　N.L. fem. dim. n. *Fuchsiella*, named in honour of Professor Georg Fuchs（Freiburg, Germany）, who made a most serious contribution to our understanding of multiple pathways of CO_2 assimilation by micro-organisms.

模式种　碱醋生富克斯姓菌（*Fuchsiella alkaliacetigena*）Zhilina 等，2012，新种。

词源　碱：盐碱植物的灰分，碱性，碱类（阴离子全为氢氧根）；醋：乙酸，醋酸；生：产生，制造；碱醋生：此菌在苏打灰底物中产生乙酸／醋。

Etymology　N.L. n. *alkali*, soda ash; N.L. n. *acidum aceticum*, acetic acid; L. suff. *-genus -a -um*（from L. v. *gigno*）producing; N.L. fem. adj. *alkaliacetigena*, producing acetic acid in soda ash.

黄棕杆菌属（*Fulvibacter*）Khan 等，2008，新属；Yoon 等，2013 修改。此属已定 1 种。

词源　黄棕：黄棕色，黄褐色；杆：棒；菌：表示微小的事物，微生物（细菌、古菌、真菌）；属：属名的尾词；黄棕杆菌属：产生黄棕色色素的棒形生物。

Etymology　L. adj. *fulvus*, yellowish brown; N.L. masc. n. *bacter*, a rod; N.L. masc. n. *Fulvibacter*, a rod that produces yellowish brown pigment.

模式种　鸟取黄棕杆菌(*Fulvibacter tottoriensis*) Khan 等,2008,新种。

词源　鸟取:日本国一地名,鸟取县,此模式株从此地分离。

Etymology　N.L. masc. adj. *tottoriensis*, pertaining to Tottori, from where the type strain was isolated.

黄棕海菌属(*Fulvimarina*) Cho and Giovannoni,2003,Rathsack 等,2011修改。此属已定2种。

词源　黄棕:黄棕色,黄褐色;海:海的,大海的,海洋的;菌:表示微小的事物,微生物(细菌、古菌、真菌);属:属名的尾词;黄棕海菌属:分离自海水的棕黄色细菌。

Etymology　L. adj. *fulvus*, brownish-yellow; L. fem. adj. *marina*, of the sea; N.L. fem. n. *Fulvimarina*, brownish-yellow bacterium isolated from sea water.

模式种　远海黄棕海菌(*Fulvimarina pelagi*) Cho and Giovannoni,2003,新种。

词源　远海:非近岸海,公海,来自公海的。

Etymology　L. gen. n. *pelagi*, from the open sea.

黄棕单胞菌属(*Fulvimonas*) Mergaert 等,2002,新属; Ahn 等,2014修改。此属已定2种。

词源　黄棕:黄棕色,黄褐色;单胞:单元,单细胞;菌:表示微小的事物,微生物(细菌、古菌、真菌);属:属名的尾词;黄棕单胞菌属:深黄色的单细胞。

Etymology　L. adj. *fulvus*, deep-yellow; L. fem. n. *monas*, a unit, monad; N.L. fem. n. *Fulvimonas*, deep-yellow monad.

模式种　土壤黄棕单胞菌(*Fulvimonas soli*) Mergaert 等,2002,新种。

词源　土壤:与壤同义,土壤,此微生物的分离源。

Etymology　L. gen. n. *soli*, of soil, the source of the organism.

黄棕针菌属(*Fulvitalea*) Haber 等,2013,新属。此属已定1种。

词源　黄棕:黄棕色,黄褐色;针:纤细,棒;菌:表示微小的事物,微生物(细菌、古菌、真菌);属:属名的尾词;黄棕针菌属:棕黄色的纤细棒形菌。

Etymology　L. adj. *fulvus*, yellow; L. fem. n. *talea*, rod; N.L. fem. n. *Fulvitalea*, yellow-coloured rod.

模式种　海绵黄棕针菌(*Fulvitalea axinellae*) Haber 等,2013,新种。

词源　海绵:此模式株分离自海绵(*Axinella verrucosa*)。

Etymology　N.L. gen. n. *axinellae*, of *Axinella*, referring to the isolation of the type strain from the marine sponge *Axinella verrucosa*.

黄棕幡菌属(*Fulvivirga*) Nedashkovskaya 等,2007,新属。此属已定2种。

词源　黄棕:黄棕色,黄褐色;幡:幡状,棒;菌:表示微小的事物,微生物(细菌、古菌、真菌);属:属名的尾词;黄棕幡菌属:黄棕色的幡状/棒形生物。

Etymology　L. adj. *fulvus*, yellow-brownish; L. fem. n. *virga*, rod; N.L. fem. n. *fulvivirga*, a yellow-brownish-coloured rod.

模式种　卡西亚诺夫氏黄棕幡菌(*Fulvivirga kasyanovii*)Nedashkovskaya 等,2007,新种。

词源　氏:姓氏;卡西亚诺夫氏:为了表示对弗拉基米尔·卡西亚诺夫(1940—2005)的尊敬,俄罗斯著名的海洋生物学家,对远东海洋生物学和微生物学的发展做出了他的贡献。

Etymology　N.L. gen. masc. n. *kasyanovii*, of Kasyanov, in honour of Vladimir L. Kasyanov (1940—2005), the famous Russian marine biologist, for his contributions to the development of marine biology and microbiology in the Far East.

底杆菌属(*Fundibacter*)Bruns and Berthe-Corti,1999,新属。此属已定1种。

此属 2003 年已归属到→吞烷菌属(*Alcanivorax*)Yakimov 等,1998,新属。

词源　底:底部,这里表示海底、海床;杆:棒;菌:表示微小的事物,微生物(细菌、古菌、真菌);属:属名的尾词;底杆菌属:海床棒形菌。

Etymology　L. masc. n. *fundus*, the bottom, in this case the sea bed; N.L. masc. n. *bacter*, rod or staff; N.L. masc. n. *Fundibacter*, rod of the sea bed.

模式种　亚德底杆菌(*Fundibacter jadensis*)Bruns and Berthe-Corti,1999,新种。

此种 2003 年已归种到→亚德吞烷菌(*Alcanivorax jadensis*)(Bruns and Berthe-Corti,1999) Fernández-Martínez 等,2003,新合并。

词源　亚德:指的是构成德国北海海岸亚德湾的一部分地区,此菌从此地分离。

Etymology　N.L. masc. adj. *jadensis*, referring to the region Jade which forms part of the bay "Jadebusen", which belongs to the German North Sea coast.

纺锤杆菌属(*Fusibacter*)Ravot 等,1999,新属。此属已定3种。

词源　纺锤:纺锤形;杆:棒;菌:表示微小的事物,微生物(细菌、古菌、真菌);属:属名的尾词;纺锤杆菌属:小型的纺锤形棒形生物。

Etymology　L. n. *fusus*, a spindle; N.L. masc. n. *bacter*, rod; N.L. masc. n. *Fusibacter*, a small spindle-shaped rod.

模式种　缈吞纺锤杆菌(*Fusibacter paucivorans*)Ravot 等,1999,新种。

词源　缈:缥缈的,虚无的,稀少的,寡的,不多的,一点点的;吞:食,噬,吃;缈吞:吃的很少的,意指此细菌利用很少的底物。

Etymology　L. adj. *paucus*, few; L. v. *voro*, to devour; N.L. part. adj. *paucivorans*, intended to mean a bacterium that utilizes few substrates.

纺锤链杆菌属(*Fusicatenibacter*)Takada 等,2013,新属。此属已定1种。

词源　纺锤:纺锤形;鏈:链、链条、链形;杆:棒;菌:表示微小的事物,微生物(细菌、古菌、真菌);属:属名的尾词;纺锤链杆菌属:纺锤形的链式棒形生物。

Etymology L. n. *fusus*, a spindle; L. n. *catena*, chain; N.L. masc. n. *bacter*, a rod; N.L. masc. n.*Fusicatenibacter*, a spindle-shaped chain rod.

模式种 吞糖纺锤链杆菌(*Fusicatenibacter saccharivorans*)Takada 等,2013,新种。

词源 吞:吞噬的,吞食的,大吃的,吞没的;糖:一般性名词,通常指的是甜的、短链的、可溶解的和由碳氢氧元素构成的碳水化合物,日常用语中即指食糖(蔗糖,一种二糖),生物化学中进一步细分为单糖(葡萄糖、果糖和半乳糖等)、二糖(麦芽糖、乳糖和蔗糖等)、寡糖和多糖等;吞糖:吞食消解糖的。

Etymology L. n. *saccharum*, sugar; L. part. adj. *vorans*, devouring, digesting; N.L. part. adj. *saccharivorans*, sugar-digesting.

纺锤小杆菌科(*Fusobacteriaceae*)Staley and Whitman,2012,新科。

模式属 纺锤小杆菌属(*Fusobacterium*)Knorr,1922,《1980 年细菌名确认单》,属。

词源 纺锤小杆菌属:此科之模式属;科:用于定义一个比属高、比目低的分类级和尾词;在中文科的命名中,把模式属属名中的尾字"属"代换为尾字"科",即为模式属所在的科名;纺锤小杆菌科:纺锤小杆菌属之科。

Etymology N. L. neut. n. *Fusobacterium*, type genus of the family; suff. - *aceae*, ending denoting family; N.L. fem. pl. n. *Fusobacteriaceae*, the *Fusobacterium* family.

纺锤小杆菌目(*Fusobacteriales*)Staley and Whitman,2012,新目。

此目是**纺锤小杆菌纲**(*Fusobacteriia*)Staley and Whitman,2012 的模式目。

模式属 纺锤小杆菌属(*Fusobacterium*)Knorr,1922,《1980 年细菌名确认单》,属。

词源 纺锤小杆菌属:此目之模式属;目:用于定义一个比科高、比纲低的分类级和尾词;在中文目的命名中,把模式属属名中的尾字"属"代换为尾字"目",即为模式属所在的目名;纺锤小杆菌目:纺锤小杆菌属之目。

Etymology N.L. neut. n. *Fusobacterium*, type genus of the order; suff. - *ales*, ending denoting order; N.L. fem. pl. n. *Fusobacteriales*, the *Fusobacterium* order.

纺锤小杆菌纲(*Fusobacteriia*)Staley and Whitman,2012,新纲。

模式目 纺锤小杆菌目(*Fusobacteriales*)Staley and Whitman,2012,新目。

词源 纺锤小杆菌属:此纲之模式目之模式属;纲:(原核)生物分类的一个级别,门之下,目之上的一个分类级,纲之尾词;纺锤小杆菌纲:纺锤小杆菌目之纲。

Etymology N L. neut. n. *Fusobacterium*, type genus of the type order of the class; N.L. neut. pl. n.*Fusobacteriia*, class of the order *Fusobacteriales*.

纺锤小杆菌属（*Fusobacterium*）Knorr，1922，属。此属已定 20 种，7 亚种。

此属是纺锤小杆菌目（*Fusobacteriales*）Staley and Whitman，2012 和纺锤小杆菌科（*Fusobacteriaceae*）Staley and Whitman，2012 的模式属。

词源　纺锤：纺锤形；小杆：小棒；菌：表示微小的事物，微生物（细菌、古菌、真菌）；属：属名的尾词；纺锤小杆菌属：小型纺锤形的棒形生物。

Etymology　L. n. *fusus*, a spindle; L. neut. n. *bacterium*, a small rod; N.L. neut. n. *Fusobacterium*, a small spindle-shaped rod.

模式种　核纺锤小杆菌（*Fusobacterium nucleatum*）Knorr，1922，《1980 年细菌名确认单》，种。

词源　核：有核或石的，意指成核的。

Etymology　L. neut. adj. *nucleatum*, having a kernel or stone, intended to mean nucleated.

G 部

Ga

潮坪杆菌属（*Gaetbulibacter*）Jung 等，2005，新属；Yang and Cho，2008 修改，Park 等，2012 修改，Jeong 等，2013 修改，Hameed 等，2014 修改。此属已定 4 种。

词源　潮坪：潮滩，潮汐滩地，潮成坪地；杆：棒；菌：表示微小的事物，微生物（细菌、古菌、真菌）；属：属名的尾词；潮坪杆菌属：分离自潮滩的棒形生物。

Etymology　N.L. n. *gaetbulum*, gaetbul, the Korean name for a tidal flat; N.L. masc. n. *bacter*, rod; N.L. masc. n. *Gaetbulibacter*, rod isolated from a tidal flat.

模式种　新万景潮坪杆菌（*Gaetbulibacter saemankumensis*）Jung 等，2005，新种。

词源　新万景：韩国地名，一个潮汐滩地，属于或来自新万景的，此生物的最初分离地。

Etymology　N.L. masc. adj. *saemankumensis*, pertaining to Saemankum, from where the organism was originally isolated.

潮坪栖菌属（*Gaetbulicola*）Yoon 等，2010，新属。此属已定 1 种。

词源　栖：栖息，栖居，栖息者，栖居者；菌：表示微小的事物，微生物（细菌、古菌、真菌）；属：属名的尾词。

Etymology　N.L. n. *gaetbulum*, gaetbul, the Korean name for a tidal flat; L. suff. -*cola*（from L. masc. or fem. n.*incola*), a dweller, inhabitant; N.L. masc. n. *Gaetbulicola*, a dweller of a tidal flat.

模式种　边山潮坪栖菌（*Gaetbulicola byunsanensis*）Yoon 等，2010，新种。

词源　边山：全罗北道扶安郡边山半岛，此模式株的分离地。

Etymology　N.L. masc. adj. *byunsanensis*, of Byunsan, where the type strain was isolated.

潮坪微菌属（*Gaetbulimicrobium*）Yoon 等，2006，新属。此属已定 1 种。

此属 2006 年已被归属到→海水菌属（*Aquimarina*）Nedashkovskaya 等，2005，新属。

词源　潮坪：潮汐地；微：微小的，微生物；菌：表示微小的事物，微生物（细菌、古菌、真菌）；属：属名的尾词；微菌：微生物；潮坪微菌属：分离自潮汐地的微生物。

Etymology　N.L. n. *gaetbulum*, gaetbul, the Korean name for a tidal flat; N.L. neut. n. *microbium*, a microbe; N.L. neut. n. *Gaetbulimicrobium*, a microbe isolated from a tidal flat.

模式种　短命潮坪微菌（*Gaetbulimicrobium brevivitae*）Yoon 等，2006，新种。

此种 2006 年已被归种到→短命海水菌（*Aquimarina brevivitae*）（Yoon 等，2006）Nedashkovskaya 等，2006，新合并。

词源　短：简短，短暂；命：生命；短命：短暂的生命，指的是此模式株的培养物的短暂生命。
Etymology　L. adj. *brevis*, short; L. gen. n. *vitae*, of life; N.L. gen. n. *brevivitae*, of a short life, referring to the short-lived cultures of the type strain.

盖亚菌属(*Gaiella*) Albuquerque 等，2012，新属。此属已定 1 种。

此属是**盖亚菌目**(*Gaiellales*) Albuquerque 等，2012 和**盖亚菌科**(*Gaiellaceae*) Albuquerque 等，2012 的模式属。

词源　盖亚：希腊神话中的土地(大地)女神；菌：表示微小的事物，微生物(细菌、古菌、真菌)；属：属名的尾词；盖亚菌属：指的是此微生物的分离源，即来自土地(大地)的。
Etymology　N.L. fem. dim. n. *Gaiella*, named after Gaia, Greek goddess of the earth, referring to the origin of the organism (i.e. the earth).

模式种　**隐盖亚菌**(*Gaiella occulta*) Albuquerque 等，2012，新种。
词源　隐：隐秘，隐藏，隐藏在含水层中。
Etymology　L. fem. adj. *occulta*, hidden, hidden in an aquifer.

盖亚菌科(*Gaiellaceae*) Albuquerque 等，2012，新科。

模式属　**盖亚菌属**(*Gaiella*) Albuquerque 等，2012，新属。
词源　盖亚菌属：此科之模式属；科：用于定义一个比属高、比目低的分类级和尾词；在中文科的命名中，把模式属属名中的尾字"属"代换为尾字"科"，即为模式属所在的科名；盖亚菌科：盖亚菌属之科。
Etymology　N.L. fem. dim. n. *Gaiella*, type genus of the family; suff. *aceae*, ending to denote a family; N.L. fem. pl. n. *Gaiellaceae*, the *Gaiella* family.

盖亚菌目(*Gaiellales*) Albuquerque 等，2012，新目。

模式属　**盖亚菌属**(*Gaiella*) Albuquerque 等，2012，新属。
词源　盖亚菌属：此目之模式属；目：用于定义一个比科高、比纲低的分类级和尾词；在中文目的命名中，把模式属属名中的尾字"属"代换为尾字"目"，即为模式属所在的目名；盖亚菌目：盖亚菌属之目。
Etymology　N.L. fem. dim. n. *Gaiella*, type genus of the order; suff. *-ales*, ending denoting an order; N.L. fem. pl. n. *Gaiellales*, the *Gaiella* order.

鲜黄杆菌属(*Galbibacter*) Khan 等，2007，新属；2014 年，Hameed 等，对此属属性描述有修改。此属已定 2 种。

词源　鲜黄：浅绿色的黄色，绿黄(与鲜黄色链霉菌中的词义同译，非纯黄色的)；杆：棒；菌：

表示微小的事物,微生物(细菌、古菌、真菌);属:属名的尾词;鲜黄杆菌属:黄色的细菌。
Etymology L. adj. *galbus*, yellow; N.L. masc. n. *bacter*, rod; N.L. masc. n. *Galbibacter*, a yellow bacterium.

模式种 嗜中鲜黄杆菌(*Galbibacter mesophilus*)Khan 等,2007,新种。

词源 嗜:嗜好的,喜好的,友好的,爱好的;中:中间的(温度),温和的,中等,不高不低的(温度);嗜中:嗜中温的,喜好不高不低温度的。

Etymology Gr. adj. *mesos*, middle; N.L. adj. *philus -a -um* (from Gr. adj. *philos -ê -on*), friend, loving; N.L. masc. adj. *mesophilus*, middle(temperature)-loving, i.e. mesophilic.

鲜黄针菌属(*Galbitalea*)Kim 等,2014,新属。此属已定 1 种。

词源 鲜黄:浅绿色的黄色,绿黄(与鲜黄色链霉菌中的词义同译,非纯黄色的);针:纤细的杆或棒;菌:表示微小的事物,微生物(细菌、古菌、真菌);属:属名的尾词;鲜黄针菌属:黄色的针棒形菌。

Etymology L. adj. *galbus*, yellow; L. fem. n. *talea*, rod; N.L. fem. n. *Galbitalea*, a yellow rod.

模式种 土壤鲜黄针菌(*Galbitalea soli*)Kim 等,2014,新种。

词源 土壤:与壤或土同义,土壤,此微生物的分离源。

Etymology L. gen. n. *soli*, of soil.

葭伦妮菌属(*Galenea*)Giovannelli 等,2012,新属。此属已定 1 种。

词源 葭伦妮:葭伦妮(**Galene**)代表平静海洋和浅水的仙女,是涅瑞伊得斯(海仙女)之一,一般与爱琴海(地中海的一部分,在希腊和土耳其之间)有关;菌:表示微小的事物,微生物(细菌、古菌、真菌);属:属名的尾词;葭伦妮菌属:海水源的菌。

Etymology N.L. fem. n. *Galenea*, named after Gr. fem. n. *Galene*, one of the Nereids, generally associated with the Aegean Sea. *Galene* was known as the goddess of calm seas and shallow water.

模式种 嗜微气葭伦妮菌(*Galenea microaerophila*)Giovannelli 等,2012,新种。

词源 嗜:嗜好的,喜好的,友好的,爱好的;微:小的,少的,细微的;气:气体,空气;嗜微气:喜好少量空气的。

Etymology Gr. adj. *mikros*, small, little; Gr. n. *aer*, gas; Gr. adj. *philos -ê -on*, loving; N.L. fem. adj. *microaerophila*, low-air-loving.

加叻西单胞菌属(*Gallaecimonas*)Rodríguez-blanco 等,2010,新属。此属已定 2 种。

词源 加叻西(**Gallaeci**):西班牙西北部的一个旧县名,现在称为加利西亚(**Galicia**);单胞:单细胞,单元;菌:表示微小的事物,微生物(细菌、古菌、真菌);属:属名的尾词;加叻西单胞菌属:分离自加利西亚的单细胞生物。

Etymology L. n. *Gallaecia*, the country of the *Gallaeci*, now Galicia, a region of north-west Spain; L. fem. n.*monas*, a monad, unit; N.L. fem. n. *Gallaecimonas*, single microbe isolated from Galicia.

模式种 吞五芳加叻西单胞菌(*Gallaecimonas pentaromativorans*)Rodríguez-blanco 等,2010,新种。

词源 吞:吞噬,吞食,吃,消解;五:5;芳:芳香,芳烃,调料;吞五芳:吞噬/降解五环芳香化合物。

Etymology Gr. numeral *pente*, five; L. n. *aroma -atis*, spice; L. v. *voro*, to devour; N.L. part. adj.*pentaromativorans*, degrading/devouring aromatic compounds with five rings.

鸡小杆菌属(*Gallibacterium*)Christensen 等,2003,Bisgaard 等,2009 修改。此属已定 4 种。

词源 鸡:鸡;小杆:小棒;菌:表示微小的事物,微生物(细菌、古菌、真菌);属:属名的尾词;鸡小杆菌属:鸡(源)细菌。

Etymology L. n. *gallus*, chicken; L. neut. n. *bacterium*, rod; N.L. neut. n. *Gallibacterium*, bacterium of chicken.

模式种 鸭鸡小杆菌(*Gallibacterium anatis*)(Mutters 等,1985)Christensen 等,2003,新合并。

词源 鸭:鸭子的。

Etymology L. gen. n. *anatis*, of a duck.

鸡栖菌属(*Gallicola*)Ezaki 等,2001,新属。此属已定 1 种。

词源 鸡:公鸡/小鸡;栖:栖息者,居住者;菌:表示微小的事物,微生物(细菌、古菌、真菌);属:属名的尾词;鸡栖菌属:栖居于(小)鸡的,指的是此模式种的分离源,来自鸡的粪便。

Etymology L. n. *gallus*, rooster/chicken; L. masc. suff. *-cola* (from L. n. *incola*), inhabitant, dweller; N.L. masc. n. *Gallicola*, inhabitant of chickens, referring to the isolation of the type species from chicken feces.

模式种 巴恩斯氏鸡栖菌(*Gallicola barnesae*)(Schiefer-Ullrich and Andreesen,1986)Ezaki 等,2001,新合并。

词源 氏:姓氏;巴恩斯:微生物学家 E.M. 巴恩斯;巴恩斯氏:以巴恩斯的姓氏命名的。

Etymology N.L. gen. n. *barnesae*, of Barnes, named after E.M. Barnes, a microbiologist.

嘉利温姓菌属(*Gallionella*)Ehrenberg,1838,属。此属已定 1 种。

此属是**嘉利温姓菌科**(*Gallionellaceae*)Henrici and Johnson,1935,《1980 年细菌名确认单》的模式属。

词源 嘉利温(**Gallion B,1782—1839**),法国迪耶普(**Dieppe**)的动物学家和税收制定者(税

务员）；菌：表示微小的事物，微生物（细菌、古菌、真菌）；属：属名的尾词；嘉利温氏菌属：以嘉利温的姓氏命名的菌属。

Etymology　N.L. fem. dim. n. *Gallionella*, named for B. Gallion, a customs agent and zoologist（1782—1839）in Dieppe, France.

模式种　锈色嘉利温姓菌（*Gallionella ferruginea*）Ehrenberg,1838,《1980 年细菌名确认单》,种。

词源　锈色：铁色的，铁锈色的，锈色的。

Etymology　L. fem. adj. *ferruginea*, of the color of iron-rust, rust-colored.

嘉利温姓菌科（*Gallionellaceae*）Henrici and Johnson,1935,科。

模式属　嘉利温姓菌属（*Gallionella*）Ehrenberg,1838,《1980 年细菌名确认单》,属。

词源　嘉利温姓菌属：此科之模式属；科：用于定义一个比属高、比目低的分类级和尾词；在中文科的命名中，把模式属属名中的尾字"属"代换为尾字"科"，即为模式属所在的科名；嘉利温姓菌科：嘉利温氏菌属之科。

Etymology　N.L. fem. n. *Gallionella*, type genus of the family; suff. -*aceae*, ending to denote a family; N.L. fem. pl. n. *Gallionellaceae*, the *Gallionella* family.

伽马变形菌纲（*Gammaproteobacteria*）Garrity 等,2005,新纲；Williams and Kelly,2013 修改。或 γ-变形菌纲。

模式目　假单胞菌目（*Pseudomonadales*）Orla-Jensen,1921,《1980 年细菌名确认单》,目。

词源　伽马：希腊字母表中的第三个字母，γ；变形：希腊神话中的海神普罗狄斯,（像中国神话中的孙悟空）能够随意改变形态或外形；杆：杖，棒；纲：（原核）生物分类的一个级别,门之下，目之上的一个分类级，纲之尾词；伽马变形菌纲：包含在变形菌门内的一个细菌纲，**16S rRNA** 基因序列与假单胞菌目之菌种有关联性。

Etymology　Gr. n. *gamma*, name of the third letter of Greek alphabet; Gr. or L. n. *Proteus*, Greek god of the sea, capable of assuming many different shapes; N.L. n. *bacter*, rod; suff. -*ia*, ending to denote a class; N.L. neut. pl. n. *Gammaproteobacteria*, a class of bacteria included in the phylum "*Proteobacteria*" and having 16S rRNA gene sequences related to those of the members of the order *Pseudomonadales*.

康津菌属（*Gangjinia*）Lee 等,2011,Yoon 等,2014 修改。此属已定 1 种。

词源　康津：韩国南海（即中国黄海靠近韩国的一部分）的康津湾；菌：表示微小的事物，微生物（细菌、古菌、真菌）；属：属名的尾词；康津菌属：以韩国康津湾命名，此生物从此地首次分离。

Etymology　N.L. fem. n. *Gangjinia*, named after Gangjin Bay, located on the South Sea in Korea, from where the organism was isolated.

模式种　海栖康津菌(*Gangjinia marincola*)Lee 等,2011,新种。

词源　海:海的,大海的,海洋的;栖:栖息,栖居,栖息者,栖居者;海栖:栖居于海中的。

Etymology　L. n. *mare -is*, the sea; L. n. *incola*, inhabitant; N.L. n. *marincola*, inhabitant of the sea.

加西亚姓菌属(*Garciella*)Miranda-Tello 等,2003,新属。此属已定1种。

词源　姓:姓氏;加西亚姓:以法国微生物学家加西亚的姓氏命名,以对他对厌氧菌分类学的重要贡献表示敬意;菌:表示微小的事物,微生物(细菌、古菌、真菌);属:属名的尾词;加西亚姓菌属:以加西亚的姓氏命名的菌属。

Etymology　N.L. fem. dim. n. *Garciella*, named in honour of the French microbiologist Jean-Louis Garcia, for his important contribution to the taxonomy of anaerobes.

模式种　硝酸盐还原加西亚姓菌(*Garciella nitratireducens*)Miranda-Tello 等,2003,新种。

词源　硝酸盐:硝酸氢离子被金属离子或阳离子取代组成的化合物;还原:返回,回到某种状态或条件,在化学中,(分子、原子或离子)获得电子或降低氧化态,转变为一种还原的氧化态;硝酸盐还原:还原硝酸盐的。

Etymology　N.L. n. *nitratum*, nitrate; L. v. *reduco*, to draw backwards, bring up to a state or condition; N.L. part. adj. *nitratireducens*, nitrate-reducing.

加德纳姓菌属(*Gardnerella*)Greenwood and Pickett,1980,新属。此属已定1种。

词源　姓:姓氏;加德纳姓:以美国微生物学家加德纳姓氏命名;菌:表示微小的事物,微生物(细菌、古菌、真菌);属:属名的尾词;加德纳姓菌属:以加德纳的姓氏命名的菌属。

Etymology　N.L. fem. dim. n. *Gardnerella*, named after H.L. Gardner.

模式种　阴道加德纳氏菌(*Gardnerella vaginalis*)(Gardner and Dukes,1955)Greenwood and Pickett,1980,新合并。

词源　阴道:叶鞘,阴道,指的是与阴道有关的,属于阴道的。

Etymology　L. n. *vagina*, sheath, vagina; L. fem. suff. *-alis*, suffix denoting pertaining to; N.L. fem. adj. *vaginalis*, pertaining to vagina, of the vagina.

Ge

冰冷杆菌属(*Gelidibacter*)Bowman 等,1997,新属。此属已定4种。

词源　冰冷:冰冷的,非常冷的,寒冷的,冰的;杆:棒;菌:表示微小的事物,微生物(细菌、古菌、真菌);属:属名的尾词;冰冷杆菌属:冰冷的棒形生物。

Etymology　L. adj. *gelidus*, ice-cold, very cold, icy; N.L. masc. n. *bacter*, rod; N.L. masc. n. *Gelidibacter*, icy rod.

模式种　凛冽冰冷杆菌（*Gelidibacter algens*）Bowman 等，1997，新种。

词源　凛冽：寒冷，凛若冰霜，指的是此模式种典型栖息环境是低温。

Etymology　L. part. adj. *algens*（from L. v. *algeo*, to be cold, feel cold）, feeling cold, referring to the low temperature of the typical habitats of this species.

格尔菌属（*Gelria*）Plugge 等，2002，新属。此属已定 1 种。

词源　格尔：格尔，或格尔德兰，荷兰的 12 个省之一，瓦赫宁恩即位于格尔德兰；菌：表示微小的事物，微生物（细菌、古菌、真菌）；属：属名的尾词；格尔菌属：分离自或与格尔德兰省有关的菌。

Etymology　N.L. fem. n. *Gelria*, Gelre or Gelderland, one of the 12 provinces in The Netherlands, in which Wageningen is located.

模式种　谷氨酸格尔菌（*Gelria glutamica*）Plugge 等，2002，新种。

词源　谷氨酸：一种负电荷 α 氨基酸，通常参与肽的合成；此处指此细菌生长在谷氨酸上。

Etymology　N.L. n. *acidum glutamicum*, glutamic acid; L. fem. suff. *-ica*, suffix used with the sense of pertaining to; N.L. fem. adj. *glutamica*, referring to glutamic acid, on which the bacterium grows.

小孪菌属（*Gemella*）Berger，1960，属。此属已定 9 种。

词源　小：小的；孪：孪生，成双；菌：表示微小的事物，微生物（细菌、古菌、真菌）；属：属名的尾词；小孪菌属：小的孪生生物。

Etymology　L. n. *gemellus*, a twin; N.L. fem. n. *Gemella*, a little twin.

模式种　溶血小孪菌（*Gemella haemolysans*）（Thjøtta and Bøe, 1938）Berger，1960，种；《1980 年细菌名确认单》。

词源　溶：溶解，破解；血：鲜血，血液，血浆，动物体内循环的不透明红色液体；溶血：血液溶解，血球溶解的。

Etymology　Gr. n. *haima*（Latin transliteration *haema*）, blood; Gr. v. *luo*, dissolve, break up; N.L. part. adj. *hemolysans*, dissolving blood.

孪果菌属（*Geminicoccus*）Foesel 等，2008，新属。此属已定 1 种。

词源　孪：孪生，双倍；果：浆果，指形状像浆果的；菌：表示微小的事物，微生物（细菌、古菌、真菌）；属：属名的尾词；孪果菌属：成双的果球形细胞。

Etymology　L. adj. *geminus*, twin, double; N.L. masc. n. *coccus*（from Gr. masc. n. *kokkos*, grain, seed）, coccus; N.L. masc. n. *Geminicoccus*, two coccoid cells.

模式种　玫色孪果菌（*Geminicoccus roseus*）Foesel 等，2008，新种。

词源　玫色：玫色的，玫瑰色的，粉色的，粉红色的。
Etymology　L. masc. adj. *roseus*, rose colored, pink.

芽殖菌属（*Gemmata*）Franzmann and Skerman，1985，新属。此属已定 1 种。

词源　芽：芽孢，出芽；殖：繁殖；芽殖：出芽生殖，指的是此细菌的细胞分裂模式；菌：表示微小的事物，微生物（细菌、古菌、真菌）；属：属名的尾词；芽殖菌属：出芽生长，指的是此细菌细胞的分裂模式。
Etymology　L. v. *gemmare*, to put forth buds, to bud; N.L. fem. n. *Gemmata*（from L. fem. part. adj.*gemmata*, put forth buds, budded）, budded（bacteria）, referring to the cell division mode of the bacterium.

模式种　暗璆芽殖菌（*Gemmata obscuriglobus*）Franzmann and Skerman，1985，新种。
词源　暗：暗色，黑暗；璆：通球，球形，球体，圆球；暗璆：暗色的/黑色的球体。
Etymology　L. adj. *obscurus*, dark; L. n. *globus*, a ball, sphere, globe; N.L. n. *obscuriglobus*, a dark sphere.

芽殖单胞菌科（*Gemmatimonadaceae*）Zhang 等，2003，新科。

模式属　芽殖单胞菌属（*Gemmatimonas*）Zhang 等，2003，新属。
词源　芽殖单胞菌属：此科之模式属；科：用于定义一个比属高、比目低的分类级和尾词；在中文科的命名中，把模式属属名中的尾字"属"代换为尾字"科"，即为模式属所在的科名；芽殖单胞菌科：芽殖单胞菌属之科。
Etymology　N.L. fem. n. *Gemmatimonas*, type genus of the family; suff. -*aceae*, ending to denote a family; N.L. fem. pl. n. *Gemmatimonadaceae*, the *Gemmatimonas* family.

芽殖单胞菌目（*Gemmatimonadales*）Zhang 等，2003，新目。

此目是芽殖单胞菌纲（"*Gemmatimonadetes*"）Zhang 等，2003 和（*Gemmatimonadetes*）Zhang 等，2003 的模式目。
模式属　芽殖单胞菌属（*Gemmatimonas*）Zhang 等，2003，新属。
词源　芽殖单胞菌属：此目之模式属；目：用于定义一个比科高、比纲低的分类级和尾词；在中文目的命名中，把模式属属名中的尾字"属"代换为尾字"目"，即为模式属所在的目名；芽殖单胞菌目：芽殖单胞菌属之目。
Etymology　N.L. fem. n. *Gemmatimonas*, type genus of the order; suff. -*ales*, ending denoting an order; N.L. fem. pl. n. *Gemmatimonadales*, the *Gemmatimonas* order.

芽殖单胞菌纲（*Gemmatimonadetes*）Zhang 等，2003，新纲。

模式目　芽殖单胞菌目（*Gemmatimonadales*）Zhang 等，2003，新目。

词源　芽殖单胞菌目：此纲之模式目；纲：（原核）生物分类的一个级别，门之下，目之上的一个分类级，纲之尾词；芽殖单胞菌纲：芽殖单胞菌目之纲。

Etymology　N.L. fem. pl. n. *Gemmatimonadales*, type order of the class; N.L. pl. n. *Gemmatimonadetes*, the class of *Gemmatimonadales*.

芽殖单胞菌属（*Gemmatimonas*）Zhang 等，2003，新属。此属已定 1 种。

此属是芽殖单胞菌目（*Gemmatimonadales*）Zhang 等，2003 和芽殖单胞菌科（*Gemmatimonadaceae*）Zhang 等，2003 的模式属。

词源　芽：芽孢，出芽；殖：繁殖；芽殖：出芽生殖，指的是此细菌的细胞分裂模式；单胞：单细胞，单元；菌：表示微小的事物，微生物（细菌、古菌、真菌）；属：属名的尾词；芽殖单胞菌属：出芽繁殖的单细胞菌。

Etymology　L. adj. *gemmatus*, provided with buds; L. fem. n. *monas*, a unit; N.L. fem. n. *Gemmatimonas*, a budding unit.

模式种　金橙色芽殖单胞菌（*Gemmatimonas aurantiaca*）Zhang 等，2003，新种。

词源　金橙色：（如同金子般）闪亮的橙色。

Etymology　N.L. fem. adj. *aurantiaca*, orange-coloured.

芽携菌属（*Gemmiger*）Gossling and Moore，1975，属。此属已定 1 种。

词源　芽：芽孢，萌芽，蓓蕾，嫩芽；携：携带，携带者；菌：表示微小的事物，微生物（细菌、古菌、真菌）；属：属名的尾词；芽携菌属：芽/蓓蕾的携带者（生物）。

Etymology　L. n. *gemma*, a bud; L. suff. *-ger* (from L. v. *gero*, to bear), one who carries, carrier; N.L. masc. n. *Gemmiger*, bud bearer.

模式种　蚁酸芽携菌（*Gemmiger formicilis*）Gossling and Moore，1975，《1980 年细菌名确认单》。

词源　蚁酸：甲酸；指的是与甲酸有关的。

Etymology　N.L. n. *acidum formicum*, acid formic; L. masc. suff. *-ilis*, suffix denoting pertaining to; N.L. masc. adj. *formicilis*, pertaining to formic acid.

芽杆菌属（*Gemmobacter*）Rothe 等，1988，新属；Chen 等，2013 修改。此属已定 10 种。

词源　芽：芽孢，出芽，蓓蕾，嫩芽；杆：棒；菌：表示微小的事物，微生物（细菌、古菌、真菌）；属：属名的尾词；芽杆菌属：出芽的棒形生物。

Etymology　L. n. *gemma*, a bud; N.L. masc. n. *bacter*, a rod; N.L. masc. n. *Gemmobacter*, a budding rod.

模式种　水生芽杆菌（*Gemmobacter aquatilis*）Rothe 等，1988，新种。

词源　水生：生活、生长或发现在水中或水域，描述的是此水生境特征。

Etymology L. masc. adj. *aquatilis*, living, growing, or found, in or near water, aquatic, describing its biotope.

地碱杆菌属(*Geoalkalibacter*) Zavarzina 等,2007,新属;Greene 等,2009 修改。此属已定 2 种。

词源 地:土地;碱:盐碱植物的灰分,碱性,碱类(阴离子全为氢氧根);杆:棒;菌:表示微小的事物,微生物(细菌、古菌、真菌);属:属名的尾词;地碱杆菌属:来自碱土的棒形生物。
Etymology Gr. n. *ge*, earth; Arabic article *al*, the; Arabic n. *qaliy*, ashes of saltwort; N.L. n. *alkali*, alkali; N.L. masc. n. *bacter*, rod; N.L. masc. n. *Geoalkalibacter*, a rod from alkaline earth.

模式种 水铁地碱杆菌(*Geoalkalibacter ferrihydriticus*) Zavarzina 等,2007,新种。
词源 水铁:水铁化物(Fh),一种在地表上分布广泛的水性铁氧羟基化合物,$(Fe^{3+})_2O_3 \cdot 0.5H_2O$;这里指的是与水铁化物有关的,这种弱晶状的铁羟基化合物能够被此种菌还原的。
Etymology N.L. n. *ferrihydritum*, ferrihydrite; L. suff. *-icus -a -um*, suffix used with the sense of pertaining to; N.L. masc. adj. *ferrihydriticus*, pertaining to ferrihydrite, weakly crystalline iron hydroxyde, which is reduced by the species.

地竿菌属(*Geobacillus*) Nazina 等,2001,新属;Coorevits 等,2012 修改。此属已定 20 种,4 亚种。

词源 地:土地;竿:在本书中对译于拉丁文 **bacillus**,表示棒形,以示与常见的"杆"的区别,表示以出芽孢为特征的棒形;菌:表示微小的事物,微生物(细菌、古菌、真菌);属:属名的尾词。
Etymology Gr. n. *Gê*, the Earth; L. masc. n. *bacillus*, small rod; N.L. masc. n. *Geobacillus*, earth or soil small rod.

模式种 嗜脂热地竿菌(*Geobacillus stearothermophilus*)(Donk,1920) Nazina 等,2001,新合并。
词源 嗜:嗜好的,喜好的,友好的,爱好的;脂:脂肪;热:高温;嗜脂热:(大概是想表示)喜好高温和脂肪的。
Etymology Gr. n. *stear*, fat; Gr. n. *thermê*, heat; N.L. adj. *philus -a -um* (from Gr. adj. *philos -ê -on*), friend, loving; N.L. masc. adj. *stearothermophilus*,(presumably intended to mean) heat- and fat-loving.

地杆菌属(*Geobacter*) Lovley 等,1995,新属。此属已定 19 种,2 亚种。

此属是地杆菌科(*Geobacteraceae*) Holmes 等,2004 和(*Geobacteraceae*) Garrity 等,2006 的模式属。

词源　地:土地;杆:棒;菌:表示微小的事物,微生物(细菌、古菌、真菌);属:属名的尾词;地杆菌属:来自土地的棒形生物。

Etymology　Gr. n. gê, the earth; N.L. masc. n. *bacter*, a small rod; N.L. masc. n. *Geobacter*, a rod from the earth.

模式种　金属还原地杆菌(*Geobacter metallireducens*)Lovley 等,1995,新种。

词源　金属:金属;还原:返回,回到某种状态或条件,在化学中,(分子、原子或离子)获得电子或降低氧化态,转变为一种还原的氧化态;金属还原:还原金属的。

Etymology　L. n. *metallum*, metal; L. part. adj. *reducens*, leading back, bringing back and in chemistry converting to a different oxidation state; N.L. part. adj. metallireducens, reducing metal.

注:硫还原地杆菌(*Geobacter sulfurreducens*)可能受益于金属还原地杆菌,通过金属还原地杆菌获取电子共生。

地杆菌科(*Geobacteraceae*)Holmes 等,2004,新科。

模式属　地杆菌属(*Geobacter*)Lovley 等,1995,新属。

词源　地杆菌属:此科之模式属;科:用于定义一个比属高、比目低的分类级和尾词;在中文科的命名中,把模式属属名中的尾字"属"代换为尾字"科",即为模式属所在的科名;地杆菌科:地杆菌属之科。

Etymology　N.L. masc. n. *Geobacter*, the type genus of the family; suff. -aceae, ending to denote a family; N.L. fem. pl. n. *Geobacteraceae*, the Geobacter family.

注:2006 年,加里蒂(Garrity)等也以地杆菌属(*Geobacter*)Lovley 等,1995,为模式属同名命名了地杆菌科,但根据规则,霍姆斯(Holmes)等人 2004 年命名的地杆菌科(*Geobacteraceae*)比加里蒂(Garrity)等人的有优选权。

嗜地肤菌科(*Geodermatophilaceae*)Normand,2006,新科;Zhi 等,2009 修改。

模式属　嗜地肤菌属(*Geodermatophilus*)Luedemann,1968,《1980 年细菌名确认单》,属。

词源　嗜地肤菌属:此科之模式属;科:用于定义一个比属高、比目低的分类级和尾词;在中文科的命名中,把模式属属名中的尾字"属"代换为尾字"科",即为模式属所在的科名;嗜地肤菌科:嗜地肤菌属之科。

Etymology　N.L. masc. n. *Geodermatophilus*, type genus of the family; suff. -aceae, ending to denote a family; N.L. fem. pl. n. *Geodermatophilaceae*, the Geodermatophilus family.

嗜地肤菌目(*Geodermatophilales*)Sen 等,2014,新目。

命名模式　嗜地肤菌属(*Geodermatophilus*)Luedemann,1968,属。

词源　嗜地肤菌属:此目之模式属;目:用于定义一个比科高、比纲低的分类级和尾词;在中文目的命名中,把模式属属名中的尾字"属"代换为尾字"目",即为模式属所在的目名;嗜地肤菌目:嗜地肤菌属之目。

Etymology N.L. fem. pl. n. *Geodermatophilus*, type genus of the order; suff. *-ales*, ending to denote order; N.L. fem. n. *Geodermatophilales*, the *Geodermatophilus* order.

嗜地肤菌属(*Geodermatophilus*)Luedemann,1968,属。此属已定15种。

此属是嗜地肤菌科(*Geodermatophilaceae*)Normand,2006和嗜地肤菌目(*Geodermatophilales*)Sen等,2014的模式属。

词源 嗜:嗜好的,喜好的,友好的,爱好的;地:土地;肤:皮肤;菌:表示微小的事物,微生物(细菌、古菌、真菌);属:属名的尾词;嗜地肤菌属:喜好土地和皮肤的细菌(一类生活在土壤,也喜好皮肤的微生物,与导致皮肤病的放线菌类——嗜肤菌属相比,具有相似的形态学特征)。

Etymology Gr. n. *gê*, earth; Gr. n. *derma -atos*, skin; N.L. masc. adj. *philus* (from Gr. masc. adj. *philos*), friend, loving; N.L. masc. n. *Geodermatophilus*, (bacteria) loving earth and skin (a group of microorganisms that live in the soil, yet that love the skin, by analogy to the genus *Dermatophilus*, the actinobacterial genus causing a skin disease, that has similar morphological features).

模式种 模糊嗜地肤菌(*Geodermatophilus obscurus*)Luedemann,1968,《1980年细菌名确认单》,种。

词源 模糊:昏暗的,模糊的,不清楚的。

Etymology L. masc. adj. *obscurus*, dark, obscure, indistinct.

地丝菌属(*Geofilum*)Miyazaki等,2012,新属。此属已定1种。

词源 地:土地,土壤,地球;丝:线,丝状(物),线形(物);菌:表示微小的事物,微生物(细菌、古菌、真菌);属:属名的尾词;地丝菌属:来自土地的丝线生物。

Etymology Gr. n. *ge*, the earth; L. neut. n. *filum*, a thread; N.L. neut. n. *Geophilum*, a thread from the earth.

模式种 红色地丝菌(*Geofilum rubicundum*)Miyazaki等,2012,新种。

词源 红色:赤色的,红色的。

Etymology L. neut. adj. *rubicundum*, red, ruddy.

地璆菌属(*Geoglobus*)Kashefi等,2002,新属。此属已定2种。

词源 地:土地,地球;璆:通球,球形,球体,圆球;菌:表示微小的事物,微生物(细菌、古菌、真菌);属:属名的尾词;地璆菌属:来自地球的球形生物。

Etymology Gr. n. *gê*, the Earth; L. masc. n. *globus*, ball; N.L. masc. n. *Geoglobus*, a ball from the Earth.

模式种　铁匠地瑈菌(*Geoglobus ahangari*)Kashefi 等,2002,新种。

词源　铁匠:神话中的波斯英雄卡位·阿含噶(**Ahangar**),也是一位铁匠商,指的是能够利用三价铁 Fe(III)作为电子受体的菌。

Etymology　N.L. gen. n. *ahangari*, of ahangar a blacksmith or a smith who works with iron, named after Kaveh Ahangar, the mythical Persian hero who was also a blacksmith by trade; arbitrary name referring to the ability to use Fe(III) as an electron acceptor.

巨济岛菌属(*Geojedonia*)Park 等,2013,新属。

词源　巨济岛:韩国南部庆尚南道的一个岛屿(在韩国所谓的南海—即黄海位于韩国海域的一部分中),巨济市的所在地,此模式种分离自此;菌:表示微小的事物,微生物(细菌、古菌、真菌);属:属名的尾词;巨济岛菌属:分离自巨济岛的生物。

Etymology　Ge.o.je.do′ni.a. N.L. fem. n. *Geojedonia* named after Geojedo, an island located on the South Sea in South Korea, from where the organism was isolated.

模式种　海岸巨济岛菌(*Geojedonia litorea*)Park 等,2013,新种。

词源　海岸:属于海岸,海滨。

Etymology　L. fem. adj. *litorea* belonging to the seashore, coast.

来源　环境——海(Environmental—marine)。

地微菌属(*Geomicrobium*)Echigo 等,2010,新属;Xiong 等,2014 修改。此属已定 2 种。

词源　地:地球,土地/土壤;微:微小的,微生物;菌:表示微小的事物,微生物(细菌、古菌、真菌);属:属名的尾词;微菌:微生物;地微菌属:来自土壤的微生物。

Etymology　Gr. n. *gê*, earth, soil; N.L. neut. n. *microbium*, a microbe; N.L. neut. n. *Geomicrobium*, a microbe from soil.

模式种　嗜卤地微菌(*Geomicrobium halophilum*)Echigo 等,2010,新种。

词源　嗜:嗜好的,喜好的,友好的,爱好的;卤:卤素,盐;嗜卤:喜好盐的。

Etymology　Gr. n. *hals halos*, salt; N.L. neut. adj. *philum*(from Gr. neut. adj. *philon*), friend, loving; N.L. neut. adj. *halophilum*, salt-loving.

地冷杆菌属(*Geopsychrobacter*)Holmes 等,2005,新属。此属已定 1 种。

词源　地:地球,土地;冷:冷的;杆:棒;菌:表示微小的事物,微生物(细菌、古菌、真菌);属:属名的尾词;地冷杆菌属:来自寒冷土地的棒形生物。

Etymology　Gr. fem. n. *gê*, earth; Gr. adj. *psukhros*, cold; N.L. masc. n. *bacter*, stick, rod; N.L. masc. n.*Geopsychrobacter*, a rod from cold earth.

模式种　嗜电极地冷杆菌(*Geopsychrobacter electrodiphilus*)Holmes 等,2005,新种。

词源　嗜:嗜好的,喜好的,友好的,爱好的;电:电,电子,电极;电极:带电的导体;嗜电极:

喜好电极的。

Etymology　N.L. neut. n. *electrodum*, electrode; N.L. adj. *philus -a -um*（from Gr. adj. *philos -ê -on*）, friend, loving; N.L. masc. adj. *electrodiphilus*, electrode loving.

格奥富克斯氏菌属（*Georgfuchsia*）Weelink 等,2011,新属。此属已定 1 种。

词源　氏:姓氏;格奥富克斯氏:以格奥·富克斯（**Georg Fuchs**）姓名命名,一位德国细菌学家,对我们(作者)理解厌氧微生物在芳烃上的生长有贡献;菌:表示微小的事物,微生物(细菌、古菌、真菌);属:属名的尾词;格奥富克斯氏菌属:以格奥·富克斯的姓名命名的菌属。

Etymology　N.L. fem. n. *Georgfuchsia*, named after Georg Fuchs, for his contribution to our present understanding of anaerobic microbial growth on aromatic hydrocarbons.

模式种　妥鲁格奥富克斯氏菌（*Georgfuchsia toluolica*）Weelink 等,2011,新种。

词源　妥鲁:来自圣地亚哥德妥鲁[法语或西班牙语种,妥鲁（**tulo**）就是香膏,香树脂,香脂树];妥鲁香:妥鲁醇,甲苯,指的是与甲苯有关的。

Etymology　N.L. n. *toluol*（from Fr. or Sp. *tolu*, balsam from Santiago de Tolu）, toluol, toluene; L. fem. suff. *-ica*, suffix used with the sense of pertaining to; N.L. fem. adj. *toluolica*, pertaining to toluene.

格奥根菌属（*Georgenia*）Altenburger 等,2002,新属;Li 等,2007 修改。此属已定 8 种。

词源　格奥根:奥地利施蒂利亚州(施泰尔马克州)圣格奥根;菌:表示微小的事物,微生物(细菌、古菌、真菌);属:属名的尾词;格奥根菌属:从圣格奥根村分离模式菌株 **1A-CT** 和 **3A-1**。

Etymology　N.L. fem. n. *Georgenia*, referring to the village St Georgen in Styria, where strains 1A-CT and 3A-1 were isolated.

模式种　墙格奥根菌（*Georgenia muralis*）Altenburger 等,2002,新种。

词源　墙:壁,墙壁,属于墙壁的,或与墙壁有关的。

Etymology　L. fem. adj. *muralis*, pertaining or belonging to walls.

地孢杆菌属（*Geosporobacter*）Klouche 等,2007,新属。此属已定 1 种。

词源　地:地球,土地;孢:孢子;杆:棒;菌:表示微小的事物,微生物(细菌、古菌、真菌);属:属名的尾词;地孢杆菌属:来自土地的产孢子的棒形生物。

Etymology　Gr. n. *ge*, the earth; Gr. n. *spora*, a seed and, in biology, a spore; N.L. masc. n. *bacter*, a rod; N.L. masc. n. *Geosporobacter*, a sporulated rod from the earth.

模式种　下土地孢杆菌（*Geosporobacter subterraneus*）Klouche 等,2007,新种。

词源　下土:中文常译为地下,这里根据本书的标准化翻译,下土,下部的土,即地下。

Etymology　L. masc. adj. *subterraneus*, underground, subterranean.

地热杆菌属（*Geothermobacter*）Kashefi 等,2005,新属。此属已定 1 种。

词源　地:地球,土地;热:高温的;杆:棒;菌:表示微小的事物,微生物(细菌、古菌、真菌);属:属名的尾词;地热杆菌属:来自高温土地的棒形生物。

Etymology　Gr. fem. n. *gê*, earth; Gr. adj. *thermos*, hot; N.L. masc. n. *bacter*, stick, rod; N.L. masc. n.*Geothermobacter*, a rod from hot earth.

模式种　埃里希氏地热杆菌（*Geothermobacter ehrlichii*）Kashefi 等,2005,新种。

词源　氏:姓氏;埃里希:亨利·鲁兹·埃里希;埃里希氏:以纪念埃里希对于地质微生物学领域,和他在微生物相互作用,特别是与金属的相互作用领域的基础贡献。

Etymology　N.L. gen. n. *ehrlichii*, of Ehrlich, in honor of Henry Lutz Ehrlich, in recognition of his fundamental contributions to the field of geomicrobiology and the area of microbial interactions with metals in particular.

地热微菌属（*Geothermomicrobium*）Zhou 等,2014,新属。此属已定 1 种。

词源　土:地球,土地;热:高温;微:微小的,微生物;菌:表示微小的事物,微生物(细菌、古菌、真菌);属:属名的尾词;微菌:微生物;地热微菌属:表示来自高温土地的微生物。

Etymology　Gr. n. *ge*, the Earth; Gr. n. *thermos*, heat; N.L. pref. *micro-*, from Gr. adj. *mikros*, small; Gr. n.*bios*, life; N.L. neut. n. *Geothermomicrobium*, a microbe from hot earth.

模式种　土地地热微菌（*Geothermomicrobium terrae*）Zhou 等,2014,新种。

词源　土,土地:土地,土壤,此模式菌株的分离源。

Etymology　L. gen. n. *terrae*, of the soil, the source of the type strain.

地发菌属（*Geothrix*）Coates 等,1999,新属。此属已定 1 种。

词源　地:地球,土地;发:头发,毛发,丝线;菌:表示微小的事物,微生物(细菌、古菌、真菌);属:属名的尾词;地发菌属:来自土地的头发般的细胞,指的是在富马酸盐(延胡索酸盐)还原条件下的细胞形态。

Etymology　Gr. n. *gê*, earth; Gr. fem. n. *thrix*, hair; N.L. fem. n. *Geothrix*, hair-like cell from the earth, referring to the cell morphology under fumarate-reducing conditions.

模式种　发酵地发菌（*Geothrix fermentans*）Coates 等,1999,新种。

词源　发酵:发酵的定义广泛,在微生物学中可指微生物在培养基上的大量生长,一般是指(在厌氧条件下)将糖转变为酸,醇和气体。

Etymology　L. part. adj.*fermentans*, fermenting.

地袍菌属（*Geotoga*）Davey 等,1993,新属。此属已定 2 种。

词源　地:地球,土地;袍:一层覆盖物,僧袍,(中式)长衣,长袍;菌:表示微小的事物,微生物(细菌、古菌、真菌);属:属名的尾词;地袍菌属:土地外袍的生物。

Etymology　Gr. fem. n. *gê*, earth; L. fem. n. *toga*, Roman outer garment; N.L. fem. n. *Geotoga*, the earth outer garment.

模式种　石生地袍菌(*Geotoga petraea*)Davey 等,1993,新种。

词源　石:岩,石;生:生长;石生:在岩石上生长的,指的是分离自岩石层的。

Etymology　L. fem. adj. *petraea*, that grows among rocks, describing its isolation from a rock formation.

注:地袍菌属的另一种是下土地袍菌(*Geotoga subterranea*)。

地弧菌目(*Geovibriales*)Cavalier-Smith,2002,新目。

此目是铁杆菌纲(*Ferrobacteria*)Cavalier-Smith,2002 的模式目。

模式属　地弧菌属(*Geovibrio*)Caccavo 等,2000,新属。

词源　地弧菌属:此目之模式属;目:用于定义一个比科高、比纲低的分类级和尾词;在中文目的命名中,把模式属属名中的尾字"属"代换为尾字"目",即为模式属所在的目名;地弧菌目:地弧菌属之目。

Etymology　N.L. masc. n. *Geovibrio*, type genus of the order; suff. *-ales*, ending denoting an order; N.L. fem. pl. n. *Geovibriales*, the *Geovibrio* order.

地弧菌属(*Geovibrio*)Caccavo 等,2000,新属。此属已定 2 种。

此属是地弧菌目(*Geovibriales*)Cavalier-Smith,2002 的模式属。

词源　地:地球,土地;弧:作动词表示弧动,像手中舞动的绳子状振动;弧:作名词也表示细菌的一个属名,表示弧状的菌,弧菌属;菌:表示微小的事物,微生物(细菌、古菌、真菌);属:属名的尾词;地弧菌属:来自土地的弧动的生物。

Etymology　Gr. n. *gê*, the earth; L. v. *vibro*, to vibrate; N.L. masc. n. *Geovibrio*, vibrating from the earth.

模式种　铁还原地弧菌(*Geovibrio ferrireducens*)Caccavo 等,2000,新种。

词源　铁:一种金属元素,**Fe**,铁;还原:返回,回到某种状态或条件,在化学中,(分子、原子或离子)获得电子或降低氧化态,转变为一种还原的氧化态;铁还原:还原铁的。

Etymology　L. n. *ferrum*, iron; L. part. adj. *reducens*, leading back, bringing back and, in chemistry, converting to a different oxidation state; N.L. part. adj. *ferrireducens*, reducing iron.

Gi

吉布斯氏菌属(*Gibbsiella*)Brady 等,2011,新属;Kim 等,2013 修改。此属已定 3 种。

词源　氏:姓氏;吉布斯氏:以英国森林病理学家约翰·**N**.吉布斯的姓氏命名,以纪念他对森林病理学的贡献;菌:表示微小的事物,微生物(细菌、古菌、真菌);属:属名的尾词;吉布斯氏菌属：以吉布斯的姓氏命名的菌属。

Etymology　N.L. fem. n. *Gibbsiella*, named in honour of British forest pathologist John N. Gibbs for his contribution to forest pathology.

模式种　杀栎树吉布斯氏菌（*Gibbsiella quercinecans*）Brady 等，2011，新种。

词源　栎树：橡树，意指与栎树有关的菌。橡原指栎树的果实。

Etymology　L. n. *quercus*, oak, oaktree; L. v. *necare*, to kill, to destroy; N.L. part. adj. *quercinecans*, oak-destroying（causing necrosis of oak）.

吉斯伯格氏菌属（*Giesbergeria*）Grabovich 等，2006，新属。此属已定 5 种。

词源　氏：姓氏；吉斯伯格氏：以研究员 G. 吉斯伯格的姓氏命名，其对研究杂养螺体生理学研究做了很多贡献；菌：表示微小的事物，微生物（细菌、古菌、真菌）；属：属名的尾词；吉斯伯格氏菌属：以吉斯伯格的姓氏命名的菌属。

Etymology　N.L. fem. n. *Giesbergeria*, named after the researcher G. Giesberger, who made a great contribution to the study of physiology of heterotrophic spirilla.

模式种　沃罗涅什吉斯伯格氏菌（*Giesbergeria voronezhensis*）Grabovich 等，2006，新种。

词源　沃罗涅什：沃罗涅日，约在顿河中流的位置，与沃罗涅什有关的，此首株菌株的分离地。

Etymology　N.L. fem. adj. *voronezhensis*, pertaining to Voronezh, the place from where the first strains were isolated.

吉列姆姓菌属（*Gilliamella*）Kwong and Moran，2013，新属。此属已定 1 种。

词源　姓：姓氏；吉列姆姓：以玛莎·吉列姆的姓氏命名，她对早期研究蜂蜜微生物有贡献；菌：表示微小的事物，微生物（细菌、古菌、真菌）；属：属名的尾词；吉列姆姓菌属：以吉列姆的姓氏命名的菌属。

Etymology　N.L. dim. fem. n. *Gilliamella*, named after Martha A. Gilliam, for her contributions to the early study of honey bee microbes.

模式种　蜂栖吉列姆姓菌（*Gilliamella apicola*）Kwong and Moran，2013，新种。

词源　峰：蜜蜂；栖：栖息，栖居，栖息者，栖居者；蜂栖：蜜蜂的栖息者，栖居于蜜蜂的。

Etymology　L. fem. n. *apis*, bee; L. suff. *-cola*（from L. n. *incola*），inhabitant, dweller; N.L. n.（nominative in apposition）*apicola*, bee-dweller.

吉利斯氏菌属（*Gillisia*）Van Trappen 等，2004，新属；Roh 等，2013 修改。此属已定 7 种。

词源　氏：姓氏；吉利斯氏：比利时细菌学家莫尼克·吉利斯，其对细菌分类学有重要贡献；菌：表示微小的事物，微生物（细菌、古菌、真菌）；属：属名的尾词；吉利斯氏菌属：以吉利斯的姓氏命名的菌属。

Etymology　N.L. fem. n. *Gillisia*, named after Monique Gillis, a Belgian bacteriologist who has made major contributions to bacterial taxonomy.

模式种　沼泽吉利斯氏菌(*Gillisia limnaea*)Van Trappen 等,2004,新种。

词源　沼泽:来自或属于沼泽的,生活在水中的,指的是此菌的分离源,在弗里克塞尔湖的微生物垫。弗里克塞尔湖(**Lake Fryxell**)是一个南极洲的湖,长 4.5km,在维多利亚地的泰勒谷下端,加拿大冰川和联邦冰川(**Commonwealth Glaciers**)之间。

Etymology　Gr. adj. *limnaios*, of or from the marsh; N.L. fem. adj. *limnaea*, living in the water, referring to the isolation source, microbial mats in Lake Fryxell.

褐杆菌属(*Gilvibacter*)Khan 等,2007,新属。此属已定 1 种。

词源　褐:虽然英文注解是黄色,但此词的拉丁文本意为紫褐色,黄褐色,译为褐,也是为了同其他各种黄色杆菌相区别;杆:棒;菌:表示微小的事物,微生物(细菌、古菌、真菌);属:属名的尾词;褐杆菌属:黄色的棒形生物。

Etymology　L. adj. *gilvus*, yellow; N.L. masc. n. *bacter*, rod; N.L. masc. n. *Gilvibacter*, yellow rod.

模式种　沉积物褐杆菌(*Gilvibacter sediminis*)Khan 等,2007,新种。

词源　沉积:沉积物的,沉积作用的,属于或来自沉积物的;物:物质;沉积物:自然(通常是水、风、冰川等)作用下,天然物质通过风蚀、侵蚀、腐蚀和运输作用,沉积形成的物质。

Etymology　L. gen. n. *sediminis*, of a sediment.

黄海菌属(*Gilvimarinus*)Du 等,2009,新属。此属已定 1 种。

词源　黄:这里根据中文意义语境,译为黄;海:海的,大海,海洋;黄海:特指中国山东、江苏两省外海与朝鲜半岛之间的海域(受黄河泥沙影响呈现黄色);菌:表示微小的事物,微生物(细菌、古菌、真菌);属:属名的尾词;黄海菌属:属于或生活在黄海中的细菌。

Etymology　L. adj. *gilvus*, faint yellow; L. adj. *marinus*, of or belonging to the sea, marine; N.L. masc. n.*Gilvimarinus*, a bacterium belonging to or living in the Yellow Sea.

模式种　中国黄海菌(*Gilvimarinus chinensis*)Du 等,2009,新种。

词源　中国:与中国有关的,此模式株的分离地。

Etymology　N.L. masc. adj. *chinensis* pertaining to China, where the type strain was isolated.

注:此处对于拉丁文形容词 *gilvus* 虽然英文注解是淡黄色,但此词的拉丁文本意为紫褐色,黄褐色。

Gl

冰栖菌属(*Glaciecola*)Bowman 等,1998,新属;Van Trappen 等,2004 修改,Shivaji and Reddy,2014 修改。此属已定 11 种。

词源　冰:0℃下水凝结成的固体,冰块;栖:栖息,栖居,栖息者,栖居者;菌:表示微小的事物,微生物(细菌、古菌、真菌);属:属名的尾词;冰栖菌属:栖居在冰上的生物。

Etymology　L. fem. n. *glacies*, ice; L. suff. *-cola* (from L. masc. or fem. n. *incola*), an inhabitant; N.L. fem. n. *Glaciecola*, inhabitant of ice.

模式种　桃红冰栖菌(*Glaciecola punicea*)Bowman 等,1998,新种。

词源　桃红:桃红色,指的是菌种的色素。

Etymology　L. fem. adj. *punicea*, red, referring to the species pigmentation.

冰杆菌属(*Glaciibacter*)Katayama 等,2009,新属。此属已定 1 种。

词源　冰:0℃下水凝结成的固体,冰块;杆:棒;菌:表示微小的事物,微生物(细菌、古菌、真菌);属:属名的尾词;冰杆菌属:冰块中的棒形生物。

Etymology　L. n. *glacies*, ice; N.L. masc. n. *bacter*, rod; N.L. masc. n. *Glaciibacter*, a rod of the ice.

模式种　存活冰杆菌(*Glaciibacter superstes*)Katayama 等,2009,新种。

词源　存活:存活的,生存下来的。

Etymology　L. masc. adj. *superstes*, surviving.

冰居菌属(*Glaciihabitans*)Li 等,2014,新属。此属已定 1 种。

词源　冰:0℃下水凝结成的固体,冰块;居:居民,居住者,栖居者;菌:表示微小的事物,微生物(细菌、古菌、真菌);属:属名的尾词;冰居菌属:冰块的栖居者(生物)。

Etymology　L. fem. n. *glacies*, ice; L. masc. n. *habitans*, an inhabitant; N.L. masc. n. *Glaciihabitans*, an inhabitant of ice.

模式种　西藏冰居菌(*Glaciihabitans tibetensis*)Li 等,2014,新种。

词源　西藏:来自或属于西藏的。

Etymology　N.L. masc. adj. *tibetensis*, of or belonging to Tibet.

冰单胞菌属(*Glaciimonas*)Zhang 等,2011,新属。此属已定 2 种。

词源　冰:0℃下水凝结成的固体,冰块;单胞:单细胞,单元;菌:表示微小的事物,微生物(细菌、古菌、真菌);属:属名的尾词;冰单胞菌属:来自冰川的一个细胞(生物)。

Etymology　L. fem. n. *glacies*, ice; L. n. *monas*, a unit, monad; N.L. fem. n. *Glaciimonas*, a cell from the glacier.

模式种　不动冰单胞菌(*Glaciimonas immobilis*)Zhang 等,2011,新种。

词源　不:非,否定;动:运动的,移动的,活动的,游动的;不动:不运动的,不移动的,不活动的,不游动的,固定的。

Etymology　L. fem. adj. *immobilis*, motionless.

璆小鏈菌属(*Globicatella*)Collins 等,1995,新属。此属已定 2 种。

词源　璆:通球,球形,球体,圆球;小鏈:小链,小链子,小型的链条(状/形);菌:表示微小的事物,微生物(细菌、古菌、真菌);属:属名的尾词;璆小链菌属:由球体组成的短链形,指的是此属生物的形态特征。

Etymology   L. n. *globus*, a ball, sphere, globe; L. fem. n. *catella*, a small chain; N.L. fem. n. *Globicatella*, a short chain made up of spheres.

模式种　血璆小链菌(*Globicatella sanguinis*)勘误,Collins 等,1995,新种。

词源　血:鲜血,血液,血浆,动物体内循环的不透明红色液体。

Etymology   L. gen. n. *sanguinis*, of the blood.

璆杆菌目(*Gloeobacterales*)Cavalier-Smith,2002,新目。

此目是璆杆菌纲(*Gloeobacteria*)Cavalier-Smith,2002 的模式目。

模式属　球杆菌属("*Gloeobacter*")Rippka 等,1974,属。

词源　璆杆菌属:此目之模式属;目:用于定义一个比科高、比纲低的分类级和尾词;在中文目的命名中,把模式属属名中的尾字"属"代换为尾字"目",即为模式属所在的目名;璆杆菌目:璆杆菌属之目。

Etymology   N.L. masc. n. "*Gloeobacter*", type genus of the order; suff. *-ales*, ending denoting an order; N.L. fem. pl. n. *Gloeobacterales*, the "*Gloeobacter*" order.

注: 因模式属"*Gloeobacter*"在细菌专有名中仍无身份,因此球杆菌目(*Gloeobacterales*)Cavalier-Smith,2002 是不合规的。

璆杆菌纲(*Gloeobacteria*)Cavalier-Smith,2002,新纲。

模式目　璆杆菌目(*Gloeobacterales*)Cavalier-Smith,2002,新目。

词源　球杆菌目:此纲之模式目;纲:(原核)生物分类的一个级别,门之下,目之上的一个分类级,纲之尾词;球杆菌纲:球杆菌目之纲。

Etymology   N.L. fem. pl. n. *Gloeobacterales*, type order of the class; suff. *-ia*, ending to denote a class; N.L. pl. n. *Gloeobacteria*, the class of *Gloeobacterales*.

注: 模式目璆杆菌目(*Gloeobacterales*)Cavalier-Smith,2002 是不合规的,因此璆杆菌纲(*Gloeobacterales*)Cavalier-Smith,2002 是不合规的。

葡糖酸醋杆菌属(*Gluconacetobacter*)勘误,Yamada 等,1998,新属。此属已定 24 种。

词源　葡糖酸:分子式为 $C_6H_{12}O_7$ 的酸性分子,化学式 $HOCH_2(CHOH)_4COOH$;醋:乙酸,醋酸;杆:棒;菌:表示微小的事物,微生物(细菌、古菌、真菌);属:属名的尾词;葡萄酸醋杆菌属:葡糖酸盐—醋棒形生物。

Etymology   N.L. n. *acidum gluconicum*, gluconic acid; L. n. *acetum*, vinegar; N.L. masc. n. *bacter*, rod; N.L. masc. n. *Gluconacetobacter*, gluconate-vinegar rod.

模式种　液化葡糖酸醋杆菌(*Gluconacetobacter liquefaciens*)勘误,(Asai,1935)Yamada 等,1998,新合并。

词源　液：溶液，液体；化：变化，制造，产生；液化：物质从其他形态（一般是固态或气态）转变为液体的过程，化作液体的，产生液体的。

Etymology　L. part. adj. *liquefaciens*（from L. v. *liquefacio*），liquefying.

同义词　［*Acetobacter*（subgen. *Gluconoacetobacter*）］Yamada and Kondo, 1985。

葡糖酸乙酸杆菌属（*Gluconoacetobacter*）- 见：葡糖酸醋杆菌属（*Gluconacetobacter*）。

葡糖酸杆菌属（*Gluconobacter*）Asai, 1935，属。此属已定 16 种, 5 亚种。

词源　葡糖酸：分子式为 $C_6H_{12}O_7$ 的酸性分子，化学式 $HOCH_2(CHOH)_4COOH$；杆：棒；菌：表示微小的事物，微生物（细菌、古菌、真菌）；属：属名的尾词；葡糖酸杆菌属：葡糖酸盐棒形生物。

Etymology　N.L. n. *acidum gluconicum*, gluconic acid; N.L. masc. n. *bacter*, rod; N.L. masc. n. *Gluconacetobacter*, gluconate rod.

模式种　氧化葡糖酸杆菌（*Gluconobacter oxydans*）（Henneberg, 1897）De Ley, 1961，种。

词源　氧化：氧化，物质（原子）失去电子的过程，一般就是与氧结合的过程。

Etymology　N.L. v. *oxydo*（from Gr. adj. *oxus*, sour, acid），to oxidize; N.L. part. adj. *oxydans*, oxidizing.

同义词　"*Acetomonas*" Leifson, 1954。

糖柄菌属（*Glycocaulis*）Abraham 等, 2013，新属。此属已定 2 种。

词源　糖：一般性名词，通常指的是甜的、短链的、可溶解的和由碳氢氧元素构成的碳水化合物，日常用语中即指食糖（蔗糖，一种二糖），生物化学中进一步细分为单糖（葡萄糖、果糖和半乳糖等），二糖（麦芽糖、乳糖和蔗糖等），寡糖和多糖等；柄：指的是菌柄（非菌毛、性毛、非鞭毛）；菌：表示微小的事物，微生物（细菌、古菌、真菌）；属：属名的尾词；糖柄菌属：糖食（食糖，蔗糖）柄状生物。

Etymology　Gr. adj. *glukus*, sweet（used to coin the noun glucose）; L. masc. n. *caulis*, stalk; N.L. masc. n. *Glycocaulis*, sweet（sugar）stalk.

模式种　深渊糖柄菌（*Glycocaulis abyssi*）Abraham 等, 2013，新种。

词源　深渊：深潭，深海海渊，深部，深处，属于或来自深渊的，这里指的是深海。

Etymology　L. n. *abyssus*, depth; L. gen. n. *abyssi*, of/from the depth.

糖霉菌属（*Glycomyces*）Labeda 等, 1985，新属；Labeda and Kroppenstedt, 2004 修改。此属已定 14 种。

此属是糖霉菌亚目（*Glycomycineae*）Rainey 等, 1997 和糖霉菌科（*Glycomycetaceae*）Rainey 等, 1997 的模式属。

词源　霉：霉菌（蘑菇）；菌：表示微小的事物，微生物（细菌、古菌、真菌）；属：属名的尾词；

糖霉菌属:(含糖脂的)甜蘑菇。

Etymology　Gr. adj. *glukus*, sweet to the taste or smell; Gr. masc. n. *mukês*, a mushroom; N.L. masc. n.*Glycomyces*, a sweet (glycolipid-containing) mushroom.

模式种　哈尔滨糖霉菌(*Glycomyces harbinensis*) Labeda 等,1985,新种。

词源　哈尔滨:属于或来自中国哈尔滨,从哈尔滨土壤的样本中首次分离到此生物。

Etymology　N.L. masc. adj. *harbinensis*, of or belonging to Harbin, China (the source of the soil sample from which this organism was first isolated).

糖霉菌科(*Glycomycetaceae*) Rainey 等,1997(全部作者名单 Rainey, Ward-Rainey and Stackebrandt),新科;Labeda and Kroppenstedt,2005 修改,Zhi 等,2009 修改。

模式属　糖霉菌属(*Glycomyces*) Labeda 等,1985,新属。

词源　糖霉菌属:此科之模式属;科:用于定义一个比属高、比目低的分类级和尾词;在中文科的命名中,把模式属属名中的尾字"属"代换为尾字"科",即为模式属所在的科名;糖霉菌科:糖霉菌属之科。

Etymology　N.L. masc. n. *Glycomyces*, type genus of the family; suff. -*aceae*, ending to denote a family; N.L. fem. pl. n. *Glycomycetaceae*, the *Glycomyces* family.

糖霉菌亚目(*Glycomycineae*) Rainey 等,1997(全部作者名单 Rainey, Ward-Rainey and Stackebrandt),新亚目;Zhi 等,2009 修改。

模式属　糖霉菌属(*Glycomyces*) Labeda 等,1985,新属。

词源　糖霉菌属:此亚目之模式属;亚目:用于定义一个比科高、比目低的分类级和尾词,目的二级分类级;在中文目的命名中,把属名中的尾字"属"代换为尾字"亚目",即为模式属所对应的亚目;糖霉菌亚目:糖霉菌属之亚目。

Etymology　N.L. masc. n. *Glycomyces*, type genus of the suborder; suff. -*ineae*, ending to denote a suborder; N.L. fem. pl. n. *Glycomycineae*, the *Glycomyces* suborder.

Go

古德菲洛氏菌属(*Goodfellowia*) Labeda and Kroppenstedt,2006,新合并。此属已定1种。

此菌名后缀 ia 已改成 ella,即→**古德菲洛姓氏菌属**(*Goodfellowiella*) Labeda 等,2008,新属。

词源　氏:姓氏;古德菲洛氏:以纽卡斯特大学微生物学家米歇尔·古德菲洛姓氏命名,以记述他对微生物系统学的贡献;菌:表示微小的事物,微生物(细菌、古菌、真菌);属:属名的尾词;古德菲洛氏菌属:以古德菲洛的姓氏命名的菌属。

Etymology　N.L. fem. n. *Goodfellowia*, named for Michael Goodfellow, a microbiologist at the University of Newcastle, in recognition of his contributions to microbial systematics.

模式种　(*Goodfellowia coeruleoviolacea*) (Preobrazhenskaya and Terekhova,1987) Labeda and

Kroppenstedt,2006。

此种名已改为暗紫色古德菲洛姓菌(*Goodfellowiella coeruleoviolacea*)(Preobrazhenskaya and Terekhova,1987)Labeda 等,2008 合并。

词源 暗:暗色的,暗蓝色的;紫:紫色的,紫色;色:颜色;暗紫色:暗紫色的。

Etymology L. adj. *coeruleus*, dark-colored, dark blue; L. adj. *violaceus*, violet-colored, violet; N.L. fem. adj.*coeruleoviolacea*, dark violet-colored.

古德菲洛姓菌属(*Goodfellowiella*)Labeda 等,2008,合并。此属已定 1 种。

词源 古德菲洛姓:以纽卡斯特大学微生物学家米歇尔·古德菲洛的姓氏命名,以记述他对微生物系统学的贡献;菌:表示微小的事物,微生物(细菌、古菌、真菌);属:属名的尾词;古德菲洛姓菌属:以古德菲洛的姓氏命名的菌属。

Etymology N.L. fem. dim. n. *Goodfellowiella*, named for Michael Goodfellow, a microbiologist at the University of Newcastle, in recognition of his contributions to microbial systematics.

模式种 暗紫色古德菲洛姓菌(*Goodfellowiella coeruleoviolacea*)(Preobrazhenskaya and Terekhova,1987)Labeda 等,2008,合并。

词源 暗:暗色的,暗蓝色的;紫:紫色的,紫色;色:颜色;暗紫色:暗紫色的。

Etymology L. adj. *coeruleus*, dark-colored, dark blue; L. adj. *violaceus*, violet-colored, violet; N.L. fem. adj.*coeruleoviolacea*, dark violet-colored.

不合规同义词 (*Goodfellowia*)Labeda and Kroppenstedt,2006。

Gordona – 见:戈登氏菌属(*Gordonia*)

戈登氏菌属(*Gordonia*)勘误,(*ex* Tsukamura,1971)Stackebrandt 等,1989,命名修改。此属已定 38 种。

此属是戈登氏菌科(*Gordoniaceae*)Rainey 等,1997 的模式属。

词源 氏:姓氏;戈登氏:以著名的细菌系统学如斯·E.戈登的姓氏命名;菌:表示微小的事物,微生物(细菌、古菌、真菌);属:属名的尾词;戈登氏菌属:以戈登的姓氏命名的生物。

Etymology N.L. fem. n. *Gordonia*, named after Ruth E. Gordon, a famous bacterial systematist.

模式种 支气管戈登氏菌(*Gordonia bronchialis*)(Tsukamura,1971)Stackebrandt 等,1989,新合并,命名修改。

词源 支气管:支气管的,来自支气管的,与支气管有关的。

Etymology L. pl. n. *bronchia*, the bronchial tubes; L. fem. suff. -*alis*, suffix used with the sense of pertaining to; N.L. fem. adj. *bronchialis*, pertaining to the bronchi, coming from the bronchi.

同义词 "*Gordona*(*sic*)"Tsukamura 等,1970。

戈登氏杆菌属(*Gordonibacter*) Würdemann 等,2009,新属。此属已定 2 种。

词源　氏:姓氏;戈登氏:拉丁文人名,以医学博士杰弗里·戈登的姓氏命名,他是美国密苏里州圣路易斯华盛顿大学医学院罗伯特·J. 格拉泽博士杰出大学教授,基因组学中心主任;菌:表示微小的事物,微生物(细菌、古菌、真菌);属:属名的尾词;戈登氏杆菌属:以戈登的姓氏和杆棒形命名的生物。

Etymology　N.L. masc. n. *Gordon* (personal name considered as a Latin word), Gordon, named after Jeffrey I. Gordon, MD, the Dr Robert J. Glaser Distinguished University Professor and Director of the Center for Genome Sciences at Washington University School of Medicine, St. Louis, MO, USA; N.L. masc. n. *bacter*, a rod; N.L. masc. n. *Gordonibacter*, a rod named after Jeffrey I. Gordon.

模式种　帕梅拉氏戈登氏杆菌(*Gordonibacter pamelaeae*) Würdemann 等,2009,新种。

词源　氏:姓氏;帕梅拉氏:帕梅拉的,以生物化学家、环境学家、教师和导师帕梅拉·里·奥克斯利(父姓,弗莱德里斯克斯)的名字命名。

Etymology　N.L. fem. gen. n. *pamelaeae*, of Pamela, named after Dr Pamela Lee Oxley (née Fredericks), biochemist, environmentalist, teacher and mentor.

注:单独以人的姓氏命名的菌名应当避免,因为区分度和特种太小太少,此属以人名和形状命名较好。

戈登氏菌科(*Gordoniaceae*) Rainey 等,1997(全部作者名单 Rainey, Ward-Rainey and Stackebrandt),新科。

模式属　戈登氏菌属(*Gordonia*)勘误,(*ex* Tsukamura 等,1970) Stackebrandt 等,1989,命名修改。

词源　戈登氏菌属:此科之模式属;科:用于定义一个比属高、比目低的分类级和尾词;在中文科的命名中,把模式属属名中的尾字"属"代换为尾字"科",即为模式属所在的科名;戈登氏菌科:戈登氏菌属之科。

Etymology　N.L. fem. n. *Gordonia*, type genus of the family; suff. *-aceae*, ending to denote a family; N.L. fem. pl. n. *Gordoniaceae*, the *Gordonia* family.

Gr

瘦竿菌属(*Gracilibacillus*) Wainø 等,1999,新属;Hirota 等,2014 修改。此属已定 12 种。

词源　瘦:细,细的,纤细的;竿:在本书中对译于拉丁文 *bacillus*,表示棒形,以示与常见的"杆"的区别,表示以出芽孢为特征的棒形;菌:表示微小的事物,微生物(细菌、古菌、真菌);属:属名的尾词;瘦竿菌属:瘦的、纤细的竿/棒形生物。

Etymology　L. adj. *gracilis*, slender; L. masc. n. *bacillus*, a rod; N.L. masc. n. *Gracilibacillus*, the slender bacillus/rod.

模式种　耐卤瘦竿菌(*Gracilibacillus halotolerans*) Wainø 等,1999,新种。

词源　耐:耐力的,耐性的,忍耐的;卤:卤素,盐;耐卤:耐盐,对盐有耐受的。
Etymology　Gr. n. *hals halos*, salt; L. part. adj. *tolerans*, tolerating; N.L. part. adj. *halotolerans*, salt-tolerating.

瘦杆菌属(*Gracilibacter*)Lee 等,2006,新属。此属已定 1 种。

此属是瘦杆菌科(*Gracilibacteraceae*)Lee 等,2010 的模式属。

词源　瘦:细,细的,纤细的;杆:棒;菌:表示微小的事物,微生物(细菌、古菌、真菌);属:属名的尾词;瘦杆菌属:瘦小、纤细的棒形生物,指的是其细胞形状。
Etymology　L. adj. *gracilis*, slender; N.L. masc. n. *bacter*, rod or staff; N.L. masc. n. *Gracilibacter*, slender rod, referring to its cell shape.

模式种　耐热瘦杆菌(*Gracilibacter thermotolerans*)Lee 等,2006,新种。
词源　耐:耐的,耐久的,耐性的,持久的;热:高温;耐热:对热具有耐受性的。
Etymology　Gr. n. *thermê*, heat; L. part. adj. *tolerans*, tolerating; N.L. part. adj. *thermotolerans*, heat-tolerating.

瘦杆菌科(*Gracilibacteraceae*)Lee 等,2010,新科。

模式属　瘦杆菌属(*Gracilibacter*)Lee 等,2006,新属。
词源　瘦杆菌属:此科之模式属;科:用于定义一个比属高、比目低的分类级和尾词;在中文科的命名中,把模式属属名中的尾字"属"代换为尾字"科",即为模式属所在的科名;瘦杆菌科:瘦杆菌属之科。
Etymology　N.L. masc. n. *Gracilibacter*, type genus of the family; suff. -*aceae*, ending to denote a family; N.L. fem. pl. n. *Gracilibacteraceae*, family of the genus *Gracilibacter*.

瘦单胞菌属(*Gracilimonas*)Choi 等,2009,新属;Cho 等,2013 修改。此属已定 3 种。

词源　瘦:细,瘦的,细的,细小的;单胞:单细胞,单元;菌:表示微小的事物,微生物(细菌、古菌、真菌);属:属名的尾词;瘦单胞菌属:与细胞的形状相关,瘦薄细菌。
Etymology　L. adj. *gracilis*, slender, thin; L. fem. n. *monas*, a unit, monad; N.L. fem. n. *Gracilimonas*, thin unit (bacterium), relating to its shape.

模式种　热带瘦单胞菌(*Gracilimonas tropica*)Choi 等,2009,新种。
词源　热带:热带的,属于或来自热带地区的,关于它的分离源是来自热带大洋。
Etymology　L. fem. adj. *tropica*, tropical, of or pertaining to the tropic(s), relating to its isolation from a tropical ocean.

格拉汉姆氏菌属(*Grahamella*)(*ex* Brumpt,1911)Ristic and Kreier,1984,新属,命名修改。此属已定 2 种。

此种已归种到→鼹巴通氏菌(*Bartonella talpae*)(Ristic and Kreier,1984)Birtles 等,1995,合

并修改。

词源 氏：姓氏；格拉汉姆氏：以示对格拉汉姆—史密斯的敬意，其观察到此生物，因此把在鼹鼠血液中的(菌)命名为格拉汉姆氏菌属；菌：表示微小的事物，微生物(细菌、古菌、真菌)；属：属名的尾词；格拉汉姆氏菌属：以格拉汉姆的姓氏命名的菌属。

Etymology N.L. fem. dim. n. *grahamella*, named in honor of G.S. Graham-Smith who observed the organisms subsequently named *Grahamella* in the blood of moles.

此属已归属到→巴通氏菌属(*Bartonella*) Strong 等,1915,《1980年细菌名确认单》,Birtles 等,1995合并修改。

模式种 鼹格拉汉姆氏菌(*Grahamella talpae*)(*ex* Brumpt,1911) Ristic and Kreier,1984,新种,命名修改。

词源 鼹：鼹鼠,也是鼹鼠的属名,鼹属,鼹属的。

Etymology L. n. *talpa*, a mole, and also a genus of moles (*Talpa*); L. gen. n. *talpae*, of *Talpa*.

同义词 "*Grahamella*" Brumpt,1911。

其他同义词 "*Grahmia*" Tartakowsky,1910。

革兰姓菌属(*Gramella*) Nedashkovskaya 等,2005,新属。此属已定7种。

词源 姓：姓氏；革兰：丹麦著名药学家和病理学家,汉斯·克里斯蒂安·革兰(1853—1938)；菌：表示微小的事物,微生物(细菌、古菌、真菌)；属：属名的尾词；革兰姓菌属：以革兰姓氏命名的生物。

Etymology N.L. fem. dim. n. *Gramella*, named in honour of the famous Danish pharmacologist and pathologist, Hans Christian Gram (1853—1938), who proposed the differentiating staining of bacteria.

模式种 猬栖革兰姓菌(*Gramella echinicola*) Nedashkovskaya 等,2005,新种。

词源 猬：刺猬；栖：栖息,栖居,居住,栖居者；猬栖：刺猬栖息者。

Etymology L. n. *echinus*, a hedgehog, urchin; L. suff. -*cola* (from L. n. *incola*), dweller; N.L. n. *echinicola*, a urchin-dweller.

小粒杆菌属(*Granulibacter*) Greenberg 等,2006,新属。此属已定1种。

词源 小粒：小谷粒,小颗粒；杆：棒；菌：表示微小的事物,微生物(细菌、古菌、真菌)；属：属名的尾词；小粒杆菌属：引起颗粒或肉芽肿的棒形生物。

Etymology L. n. *granulum*, grain; N.L. masc. n. *bacter*, rod; N.L. masc. n. *Granulibacter*, a rod that causes granules or granuloma formation.

模式种 贝塞斯达小粒杆菌(*Granulibacter bethesdensis*) Greenberg 等,2006,新种。

词源 贝塞斯达：美国马里兰州中西部一个城市,美国国家健康研究所和海军医疗中心驻地,从此地分离出此模式株。

Etymology　N.L. masc. adj. *bethesdensis*, pertaining to Bethesda, MD, USA, where the type strain was isolated.

小粒小鏈菌属(*Granulicatella*)Collins and Lawson,2000,新属。此属已定3种。

词源　小粒：小颗粒；小鏈：小链,小链子,小型的链条(状/形)；菌：表示微小的事物,微生物(细菌、古菌、真菌)；属：属名的尾词；小粒小鏈菌属：小颗粒形成的小鏈条生物。

Etymology　L. dim. n. *granulum*, small grain; L. fem. dim. n. *catella*, small chain; N.L. fem. dim. n.*Granulicatella*, small chain of small grains.

模式种　毗小粒小鏈菌(*Granulicatella adiacens*)(Bouvet 等,1989)Collins and Lawson,2000,新合并。

词源　毗：毗连,毗邻,意指此生物能以卫星菌落的形式在其他细菌生长区生长。

Etymology　L. fem. adj. *adiacens*, adjacent, indicating that this organism can grow as satellite colonies adjacent to other bacterial growth.

小粒胞菌属(*Granulicella*)Pankratov and Dedysh,2010,新属；Männistö 等,2012 修改。此属已定 8 种。

词源　小粒：小颗粒；胞：细胞；菌：表示微小的事物,微生物(细菌、古菌、真菌)；属：属名的尾词；小粒胞菌属：颗粒状的细胞。

Etymology　L. n *granulum*, a small grain; L. fem. n. *cella*, a storeroom, chamber and, in biology, a cell; N.L. fem. n. *Granulicella*, a grain-like cell.

模式种　沼栖小粒胞菌(*Granulicella paludicola*)Pankratov and Dedysh,2010,新种。

词源　沼：沼泽,泥洼地；栖：栖息,栖居,栖息者,栖居者；沼栖：沼泽栖,生活在沼泽中的栖居者。

Etymology　L. n. *palus -udis*, swamp, bog; L. suff. *-cola* (from L. n. *incola*), inhabitant, dweller; N.L. n.*paludicola*, an inhabitant of bogs.

小粒果菌属(*Granulicoccus*)Maszenan 等,2007,新属。此属已定 1 种。

词源　小粒：小谷粒,小颗粒；果：浆果,指形状像浆果的；菌：表示微小的事物,微生物(细菌、古菌、真菌)；属：属名的尾词；小粒果菌属：来自(泥浆)小颗粒(指的是其分离源)的浆果形生物。

Etymology　L. neut. n. *granulum*, a small grain; N.L. masc. n. *coccus* (from Gr. masc. n. *kokkos*, grain, seed), coccus; N.L. masc. n. *Granulicoccus*, a coccus from (sludge) granules (referring to the isolation source).

模式种　吞苯酚小粒果菌(*Granulicoccus phenolivorans*)Maszenan 等,2007,新种。

词源　吞：吞噬的,吞食的,大吃的,吞没的。

Etymology N.L. neut. n. *phenol -olis*, phenol; L. part. adj. *vorans*, devouring, consuming; N.L. part. adj.*phenolivorans*, consuming phenol.

粒果菌科(*Granulosicoccaceae*)Lee 等,2008,新科。

模式属 粒果菌属(*Granulosicoccus*)Lee 等,2008,新属。

词源 粒果菌科:此科之模式属;科:用于定义一个比属高、比目低的分类级和尾词;在中文科的命名中,把模式属属名中的尾字"属"代换为尾字"科",即为模式属所在的科名;粒果菌科:粒果菌属之科。

Etymology N.L. masc. n. *Granulosicoccus*, type genus of the family; suff. *-aceae*, ending to denote a family; N.L. fem. pl. n. *Granulosicoccaceae*, the family of the genus *Granulosicoccus*.

粒果菌属(*Granulosicoccus*)Lee 等,2008,新属;Baek 等,2014 修改。此属已定 3 种。

此属是粒果菌科(*Granulosicoccaceae*)Lee 等,2008 的模式属。

词源 粒:颗粒,颗粒状;果:浆果,指形状像浆果的;菌:表示微小的事物,微生物(细菌、古菌、真菌);属:属名的尾词;粒果菌属:颗粒浆果形生物。

Etymology N.L. adj. *granulosus*, granular; N.L. masc. n. *coccus*(from Gr. masc. n. *kokkos*, grain, seed), coccus; N.L. masc. n. *Granulosicoccus*, a granular coccus.

模式种 南极粒果菌(*Granulosicoccus antarcticus*)Lee 等,2008,新种。

词源 南极:南极的,指的是南极环境,此生物的分离地。

Etymology L. masc. adj. *antarcticus*, of the Antarctic environment, where the organism was isolated.

格里蒙特氏菌属(*Grimontia*)Thompson 等,2003,新属。此属已定 2 种。

词源 氏:姓氏;格里蒙特氏:以法国微生物学家格里蒙特姓氏命名;菌:表示微小的事物,微生物(细菌、古菌、真菌);属:属名的尾词;格里蒙特氏菌属:以格里蒙特的姓氏命名的菌属。

Etymology N.L. fem. n. *Grimontia*, named after the French microbiologist P. A. D. Grimont.

模式种 霍利斯氏格里蒙特氏菌(*Grimontia hollisae*)(Hickman 等,1982)Thompson 等,2003,新合并。

词源 氏:姓氏;霍利斯氏:以丹尼尔·霍利斯的姓氏命名,其首次识别此生物作为一种新的和独特的弧菌。

Etymology N.L. gen. fem. n. *hollisae*, of Hollis; named to honor Dannie G. Hollis, who first recognized this organism as a new and distinct vibrio.

蝼蛄栖菌属(*Gryllotalpicola*)Kim 等,2012,新属。此属已定 6 种。

词源 蝼蛄:昆虫的一个科学属名;栖:栖息,栖居,居住,生活,栖居者;菌:表示微小的事物,微生物(细菌、古菌、真菌);属:属名的尾词;蝼蛄栖菌属:蝼蛄的栖居者,指的是此菌株从非洲蝼蛄的肠道中分离。

Etymology   N.L. n. *Gryllotalpa*, scientific name of a genus of insects; L. suff. *-cola* (from L. masc. or fem. n.*incola*), inhabitant, dweller; N.L. masc. n. *Gryllotalpicola*, *Gryllotalpa*-dweller, referring to the isolation of strains from the gut of the African mole cricket, *Gryllotalpa Africana*.

模式种   韩国蝼蛄栖菌(*Gryllotalpicola koreensis*) Kim 等,2012,新种。

词源   韩国:属于或来自韩国的。

Etymology   N.L. masc. adj. *koreensis*, of or belonging to Korea.

注:把 Korea 译为韩国是不准确的,因为朝鲜和韩国的英文中均相同,但现在发表类似文章的绝大部分是韩国的学者,这样译也是可接受的。

Gu

古根海姆姓菌属(*Guggenheimella*) Wyss 等,2005,新属。此属已定 1 种。

词源   姓:姓氏;古根海姆姓:以瑞士微生物学家伯恩哈德·古根海姆的姓氏命名,他对健康研究有贡献;菌:表示微小的事物,微生物(细菌、古菌、真菌);属:属名的尾词;古根海姆姓菌属:以古根海姆的姓氏命名的菌属。

Etymology   N.L. fem. dim. n. *Guggenheimella*, named after the Swiss microbiologist Bernhard Guggenheim, for his contributions to health research.

模式种   牛古根海姆姓菌(*Guggenheimella bovis*) Wyss 等,2005,新种。

词源   牛:奶牛,母牛,指的是此生物的分离源。

Etymology   L. gen. n. *bovis*, of a cow, referring to the source of isolation.

古本茳氏菌属(*Gulbenkiania*) Vaz-Moreira 等,2007,新属。此属已定 2 种。

词源   氏:姓氏;古本茳氏:以示对卡洛斯特·古本茳(1869—1955)的敬意,葡萄牙艺术和科学的保护者,卡洛斯特·古本茳基金的创立者。该葡萄牙私人基金聚焦和服务于全球艺术、慈善、教育和科学的公共事业。菌:表示微小的事物,微生物(细菌、古菌、真菌);属:属名的尾词;古本茳氏菌属:以古本茳的姓氏命名的菌属。

Etymology   N.L. fem. n. *Gulbenkiania*, in honour of Calouste Gulbenkian (1869—1955), a protector of the arts and sciences in Portugal, and founder of the Fundação Calouste Gulbenkian.

模式种   动古本茳氏菌(*Gulbenkiania mobilis*) Vaz-Moreira 等,2007,新种。

词源   动:运动的,移动的,活动的,游动的。

Etymology   L. fem. adj. *mobilis*, movable, motile.

精料杆菌属(*Gulosibacter*) Manaia 等,2004,新属;Park 等,2012 修改。此属已定 2 种。

词源   精料:精挑细选的食品;杆:棒;菌:表示微小的事物,微生物(细菌、古菌、真菌);属:

· 383 ·

属名的尾词；精料杆菌属：喜好精料的棒形生物。

Etymology　L. adj. *gulosus*, gluttonous, luxurious, dainty, fond of titbits; N.L. masc. n. *bacter*, rod; N.L. masc. n. *Gulosibacter*, rod fond of titbits.

模式种　吞草达灭精料杆菌（*Gulosibacter molinativorax*）Manaia 等，2004，新种。

词源　吞：吞噬，吞噬，吃，消解；草达灭：一种除草剂。

Etymology　N.L. masc. n. *molinas -atis*, molinate (a herbicide); L. adj. *vorax*, devouring, ravenous, voracious; N.L. masc. adj. *molinativorax*, molinate-degrading.

H 部

Ha

地狱杆菌纲(*Hadobacteria*) Cavalier-Smith, 2002, 新纲。

模式目　热菌目("*Thermales*") Rainey and Da Costa, 2001, 新目。
词源　地狱:阴间,地下监狱;杆菌:棒形菌;纲:(原核)生物分类的一个级别,门之下,目之上的一个分类级,纲之尾词;地狱杆菌纲:能在极热或极度辐射条件下生存的细菌群。
Etymology　Gr. n. *hades*, hell; Gr. n. *baktêria*, staff, cane; suff. *-ia*, ending to denote a class; N.L. neut. pl. n.*Hadobacteria*, group of bacteria which can resist extremes of heat or radiation.
注:热菌目(*Thermales*) Rainey and Da Costa, 2002 已在 2002 年 5 月合格化发表在 IJSEM, 合格化单第 85 期(Validation List no. 85)。

血杆菌属(*Haematobacter*) Helsel 等, 2007, 新属。此属已定 2 种。
词源　血:鲜血,血液,血浆,动物体内循环的不透明红色液体;杆:棒;菌:表示微小的事物,微生物(细菌、古菌、真菌);属:属名的尾词;血杆菌属:来自血的棒形生物。
Etymology　Gr. n. *haima -atos*(Latin transliteration *haema -atos*), blood; N.L. masc. n. *bacter*, rod; N.L. masc. n. *Haematobacter*, rod from blood.
Wang 等, 2014 在描述似玫杆菌属(*Paenirhodobacter*) Helsel 等, 2007 时对此属有修改。
模式种　密苏里州血杆菌(*Haematobacter missouriensis*) Helsel 等, 2007, 新种。
词源　密苏里州:美国密苏里州,与密苏里州有关的,从此地分离到此模式株。
Etymology　N.L. masc. adj. *missouriensis*, pertaining to Missouri, where the type strain was isolated.
注:根据原始文献资料,此属仅有的两种,密苏里州血杆菌(*Haematobacter missouriensis*)和马西利亚血杆菌(*Haematobacter massiliensis*)不能彼此区别。

血巴通氏菌属(*Haemobartonella*) Tyzzer and Weinman, 1939, 属。此属已定 3 种。
此属 2002 年已归属到→支原体属(*Mycoplasma*) Nowak, 1929,《1980 年细菌名确认单》,属。
词源　血:鲜血,血液,血浆,动物体内循环的不透明红色液体;巴通氏菌属:细菌的一个属名;血巴通氏菌属:栖居在血中的巴通氏菌属。
Etymology　Gr. n. *haima*(Latin transliteration *haema*), blood; N.L. fem. n. *Bartonella*, a bacterial generic name; N.L. fem. n. *Haemobartonella*, the blood(-inhabiting)*Bartonella*.
模式种　老鼠血巴通氏菌(*Haemobartonella muris*)(Mayer, 1921) Tyzzer and Weinman, 1939,《1980 年细菌名确认单》,种。

此种 2002 年已归种到→血老鼠支原体(*Mycoplasma haemomuris*) Neimark 等, 2002, 命名修改。

词源　老鼠: 老鼠的, 来自老鼠的, 与老鼠有关的。

Etymology　L. n. *mus muris*, the mouse; L. gen. n. *muris*, of the mouse.

注: 此菌种的模式菌株不能培养, 因为是一种无细胞壁的在宿主红细胞上的寄生性细菌。

嗜血菌族(*Haemophileae*) Castellani and Chalmers, 1919, 族。

模式属　嗜血菌属(*Haemophilus*) Winslow 等, 1917, 《1980 年细菌名确认单》, 属。

词源　嗜血菌属: 此族之模式属; 族: 原核生物分类的一个级别, 现已停用; 嗜血菌族: 嗜血菌属之族。

Etymology　N.L. masc. n. *Haemophilus*, type genus of the tribe; suff. *-eae*, ending to denote a tribe; N.L. fem. pl. n. *Haemophileae*, the *Haemophilus* tribe.

嗜血菌属(*Haemophilus*) Winslow 等, 1917, 属。此属已定 23 种。

此属是嗜血菌族(*Haemophileae*) Castellani and Chalmers, 1919, 《1980 年细菌名确认单》的模式属。

词源　嗜: 嗜好的, 喜好的, 友好的, 爱好的; 血: 鲜血, 血液, 血浆, 动物体内循环的不透明红色液体; 菌: 表示微小的事物, 微生物(细菌、古菌、真菌); 属: 属名的尾词; 嗜血菌属: 嗜血者, 喜欢血的生物。

Etymology　Gr. n. *haima* (Latin transliteration *haema*), blood; N.L. masc. adj. *philus* (from Gr. masc. adj. *philos*), friend, loving; N.L. masc. n. *Haemophilus*, blood-lover.

模式种　流感嗜血菌(*Haemophilus influenzae*) (Lehmann and Neumann, 1896) Winslow 等, 1917, 种; 《1980 年细菌名确认单》。

词源　流感: 流行性感冒, 由流感病毒引起的急性呼吸道传染病。

Etymology　N.L. n. *influenza* (from Italian n. *influenza*), influenza; N.L. gen. n. *influenzae*, of influenza.

注: 以往常见中文名嗜血杆菌属。

哈夫尼亚菌属(*Hafnia*) 1954, 属。此属已定 2 种。

词源　哈夫尼亚: 哥本哈根的旧名, 金属元素铪(Hf, Hafnium), 就是来自此; 菌: 表示微小的事物, 微生物(细菌、古菌、真菌); 属: 属名的尾词; 哈夫尼亚菌属: 与哈夫尼亚(哥本哈根)有关的微生物。

Etymology　N.L. fem. n. *Hafnia*, the old name for Copenhagen.

模式种　蜂窝哈夫尼亚菌(*Hafnia alvei*) Møller, 1954, 种; 《1980 年细菌名确认单》。

词源　蜂窝: 蜜蜂窝, 蜂巢。

Etymology　L. gen. n. *alvei*, of a beehive.

河姓菌属（*Hahella*）Lee 等,2001,新属；Baik 等,2005 修改。此属已定 3 种。

此属是河姓菌科（*Hahellaceae*）Garrity 等,2005 的模式属。

词源　姓:姓氏；河姓:以韩国细菌学家河永春姓氏命名,其是韩国微生物学研究的先锋；菌:表示微小的事物,微生物(细菌、古菌、真菌)；属:属名的尾词；河姓菌属:以河的姓氏命名的菌属。

Etymology　N.L. fem. dim. n. *Hahella*, named after Yung Chil Hah, a Korean bacteriologist who pioneered microbiological research in Korea.

模式种　济州河姓菌（*Hahella chejuensis*）Lee 等,2001,新种。

词源　济州:与韩国济州岛有关的,此模式种模式株的最初分离地理源。

Etymology　N.L. fem. adj. *chejuensis*, pertaining to Cheju Island, Republic of Korea, geographical origin of the type strain of the species.

河姓菌科（*Hahellaceae*）Garrity 等,2005,新科。

模式属　河姓菌属（*Hahella*）Lee 等,2001,新属。

词源　河姓菌属:此科之模式属；科:用于定义一个比属高、比目低的分类级和尾词；在中文科的命名中,把模式属属名中的尾字"属"代换为尾字"科",即为模式属所在的科名；河姓菌科:河姓菌属之科。

Etymology　N.L. fem. n. *Hahella*, type genus of the family; suff. *-aceae*, ending to denote family; N.L. fem. pl. n. *Hahellaceae*, the *Hahella* family.

卤适菌属（*Haladaptatus*）Savage 等,2007,新属；Cui 等,2010 修改,Roh 等,2010 修改。此属已定 3 种。

词源　卤:卤素,盐；适:适应；菌:表示微小的事物,微生物(细菌、古菌、真菌)；属:属名的尾词；卤适菌属:适应于盐环境的细菌。

Etymology　Gr. n. *hals halos*, salt; L. part. adj. *adaptatus*, adapted to a thing; N.L. masc. n. *Haladaptatus*, a bacterium adapted to salt.

模式种　嗜缈卤卤适菌（*Haladaptatus paucihalophilus*）Savage 等,2007,新种。

词源　嗜:嗜好的,喜好的,友好的,爱好的；缈:缥缈的,虚无的,稀少的,寡的,不多的,一点点的；卤:卤素,盐；嗜缈卤:喜好低盐的,喜好少盐的。

Etymology　L. adj. *paucus*, little; Gr. n. *hals halos*, salt; N.L. adj. *philus -a -um*（from Gr. adj. *philos -ê -on*）, friend, loving; N.L. masc. adj., *paucihalophilus* low-salt loving.

推荐的属名三字母简写　Hap. 见"命名规则:属名简写"[属名简写三字母准则（Three-letter code for abbreviations of generic names）]。

卤碱竿菌属（*Halalkalibacillus*）Echigo 等,2007,新属。此属已定 1 种。

词源　卤:卤素,盐；碱:盐碱植物的灰分,苏打灰；竿:在本书中对译于拉丁文 *bacillus*,表示棒形，以示与常见的"杆"的区别，表示以出芽孢为特征的棒形；菌：表示微小的事物，微生物（细菌、古菌、真菌）；属：属名的尾词；卤碱竿菌属：喜好盐水／卤水和碱性培养基的棒形生物。

Etymology Gr. n. *hals halos*, salt; Arabic n. *al qaliy*, soda ash; L. masc. n. *bacillus*, rod; N.L. masc. n.*Halalkalibacillus*, briny and alkaline media loving rods.

模式种 嗜卤卤碱竿菌（*Halalkalibacillus halophilus*）Echigo 等，2007，新种。

词源 嗜：嗜好的，喜好的，友好的，爱好的；卤：卤素，盐；嗜卤：喜好盐的，喜盐的。

Etymology Gr. n. *hals halos*, salt; N.L. adj. *philus -a -um*（from Gr. adj. *philos -ê -on*），friend, loving; N.L. masc. adj. *halophilus*, salt loving.

卤碱果菌属（*Halalkalicoccus*）Xue 等，2005，新属。此属已定 3 种。

词源 卤：卤素，盐；碱：盐碱植物的灰分，碱性，碱类（阴离子全为氢氧根）；果：浆果，指形状像浆果的；菌：表示微小的事物，微生物（细菌、古菌、真菌）；属：属名的尾词；卤碱果菌属：在盐和碱性环境中生存的浆果形生物。

Etymology Gr. n. *hals halos*, salt; Arabic n. alkali（al-qaliy），the ashes of saltwort; N.L. masc. n. *coccus*（from Gr. masc. n. *kokkos*, grain, seed），coccus; N.L. masc. n. *Halalkalicoccus*, coccus existing in salted and alkaline environment.

模式种 西藏卤碱果菌（*Halalkalicoccus tibetensis*）Xue 等，2005，新种。

词源 西藏：与中国西藏有关的。

Etymology N.L. masc. adj. *tibetensis*, pertaining to Tibet.

推荐的属名三字母简写 Hac. 见"命名规则：属名简写"［属名简写三字母准则（Three-letter code for abbreviations of generic names）］。

卤厌氧杆菌属（*Halanaerobacter*）勘误，Liaw and Mah, 1996, 新属；Mouné 等，1999 修改。此属已定 4 种。

词源 卤：卤素，盐；厌：无，非；氧：空气，氧气；菌：表示微小的事物，微生物（细菌、古菌、真菌）；属：属名的尾词；卤厌氧杆菌属：厌氧环境中生长的盐棒形生物。

Etymology Gr. n. *hals halos*, salt; Gr. pref. *an*, not; Gr. n. *aer aeros*, air; N.L. masc. n. *bacter*, rod; N.L. masc. n. *Halanaerobacter*, salt rod which grows in the absence of air.

模式种 吞几丁卤厌氧杆菌（*Halanaerobacter chitinovorans*）勘误，Liaw and Mah, 1996，新种。

词源 吞：吞噬的，吞食的，大吃的，吞没的；几丁：几丁质，甲壳素；吞几丁：消解／分解几丁质的。

Etymology N.L. n. *chitinum*, chitin; L. part. adj. *vorans*, devouring; N.L. part. adj. *chitinivorans*, chitin-devouring.

卤厌氧茎菌属(*Halanaerobaculum*)Hedi 等,2009,新属。此属已定 1 种。

词源 卤:卤素,盐;厌:无,非;氧:空气,氧气;茎:茎,杖,棒;菌:表示微小的事物,微生物(细菌、古菌、真菌);属:属名的尾词;卤厌氧茎菌属:厌氧生长的细盐杆形生物。

Etymology　Gr. n. *hals halos*, salt; Gr. pref. *an-*, not; Gr. n. *aer aeros*, air; L. neut. n. *baculum*, stick; N.L. neut. n. *Halanaerobaculum*, salt stick not living in air.

模式种 突尼斯卤厌氧茎菌(*Halanaerobaculum tunisiense*)Hedi 等,2009,新种。

词源 突尼斯:与突尼斯有关的,此细菌在此国首次发现。

Etymology　N.L. neut. adj. *tunisiense*, pertaining to Tunisia, the country where the bacterium was first recovered.

卤厌氧菌科(*Halanaerobiaceae*)勘误,Oren 等,1984,新科。

模式属 卤厌氧菌属(*Halanaerobium*)勘误,Zeikus 等,1984,新属。

词源 卤厌氧菌属:此科之模式属;科:用于定义一个比属高、比目低的分类级和尾词;在中文科的命名中,把模式属属名中的尾字"属"代换为尾字"科",即为模式属所在的科名;卤厌氧菌科:卤厌氧菌属之科。

Etymology　N.L. neut. n. *Halanaerobium*, type genus of the family; suff. *-aceae*, ending to denote a family; N.L. fem. pl. n. *Halanaerobiaceae*, the *Halanaerobium* family.

卤厌氧菌目(*Halanaerobiales*)勘误,Rainey and Zhilina,1995,新目。

模式属 卤厌氧菌属(*Halanaerobium*)勘误,Zeikus 等,1984,新属。

词源 卤厌氧菌属:此目之模式属;目:用于定义一个比科高、比纲低的分类级和尾词;在中文目的命名中,把模式属属名中的尾字"属"代换为尾字"目",即为模式属所在的目名;卤厌氧菌目:卤厌氧菌属之目。

Etymology　N.L. neut. n. *Halanaerobium*, type genus of the order; suff. *-ales*, ending denoting an order; N.L. fem. pl. n. *Halanaerobiales*, the *Halanaerobium* order.

卤厌氧菌属(*Halanaerobium*)勘误,Zeikus 等,1984,新属。此属已定 10 种,2 亚种。

此属是**卤厌氧菌目**(*Halanaerobiales*)勘误,Rainey and Zhilina,1995 和**卤厌氧菌科**(*Halanaerobiaceae*)勘误,Oren 等,1984 的模式属。

词源 卤:卤素,盐;厌:无,非;氧:空气,氧气;菌:表示微小的事物,微生物(细菌、古菌、真菌);属:属名的尾词;卤厌氧菌属:厌氧生长的盐微生物。

Etymology　Gr. n. *hals halos*, salt; Gr. pref. *an-*, not; Gr. n. *aer*, air; Gr. n. *bios*, life; N.L. neut. n. *Halanaerobium*, salt organism which grows in the absence of air.

模式种 强盛卤厌氧菌(*Halanaerobium praevalens*)勘误,Zeikus 等,1984,新种。

词源 强盛:非常强大的,很强的,这里表示普遍存在的。

Etymology　L. part. adj. *praevalens*, very powerful, very strong, here prevalent.

卤阳菌属（*Halapricum*）Song 等，2014，新属。此属已定 1 种。

词源　卤：卤素，盐；阳：阳光或喜好阳光的；菌：表示微小的事物，微生物（细菌、古菌、真菌）；属：属名的尾词；卤阳菌属：盐和喜阳或太阳盐生生物。

Etymology　Gr. n. *hals halos* salt; L. neut. adj. *apricum* sunny or loves the sun; N.L. neut. n. *Halapricum* salt and sun-loving or solar salt.

模式种　盐卤阳菌（*Halapricum salinum*）Song 等，2014，新种。

词源　盐：盐的，盐浸的，含盐的。

Etymology　L. neut. adj. *salinum* salted, saline.

推荐的三字母缩写　Hpr（Recommended three-letter abbreviation：Hpr）。

卤古菌属（*Halarchaeum*）Minegishi 等，2010，新属。此属已定 5 种。

词源　卤：卤素，盐；古：古代；菌：表示微小的事物，微生物（细菌、古菌、真菌）；属：属名的尾词；古菌：可能是最古老的生命，不同于细菌和真菌；卤古菌属：盐咸古菌。

Etymology　Gr. n. *hals halos*, salt, salt water; N.L. neut. n. *archaeum*（from Gr. adj. *archaios -ê -on*, ancient）, ancient one, archaeon; N.L. neut. n. *Halarchaeum*, a saline archaeon.

模式种　嗜酸卤古菌（*Halarchaeum acidiphilum*）Minegishi 等，2010，新种。

词源　嗜：嗜好的，喜好的，友好的，爱好的；酸：醋，像醋一样的味道，酸味，化学中在水溶液中能产生氢离子的化合物；嗜酸：嗜好酸的，喜好酸的。

Etymology　N.L. neut. n. *acidum*（from L. adj. *acidus*, sour）, an acid; N.L. adj. *philus -a -um*（from Gr. adj. *philos -ê -on*）, friend, loving; N.L. neut. adj. *acidiphilum*, acid-loving.

卤砷酸盐杆菌属（*Halarsenatibacter*）Switzer Blum 等，2010，新属。此属已定 1 种。

词源　卤：卤素，盐；砷酸盐：As[V] 砷酸形成的盐或酯 AsO_4^{3-}；杆：棒；菌：表示微小的事物，微生物（细菌、古菌、真菌）；属：属名的尾词；卤砷酸盐杆菌属：嗜卤的砷酸盐利用棒形生物。

Etymology　Gr. n. *hals halos*, salt; N.L. n. *arsenas -atis*, arsenate; N.L. masc. n. *bacter*, rod; N.L. masc. n. *Halarsenatibacter*, halophilic arsenate-utilizing rod.

模式种　西尔弗曼氏卤砷酸盐杆菌（*Halarsenatibacter silvermanii*）Switzer Blum 等，2010，新种。

词源　氏：姓氏；西尔弗曼氏：西尔弗曼的，以示对美国微生物学家美国宇航局（NASA）（艾姆斯研究中心）梅尔文·西尔弗曼的敬意，他在地质微生物学领域，特别是嗜极细菌对无机铁和硫化物代谢有贡献。

Etymology　N.L. gen. masc. n. *silvermanii*, of Silverman, to honor the American microbiologist Melvin P. Silverman of NASA（Ames Research Center）for his contributions to the field of geomicrobiology, especially with regard to the metabolism of inorganic iron and sulfur compounds by extremophilic bacteria.

哈莉囊菌属（*Haliangium*）Fudou 等，2002，新属。此属已定 2 种。

词源 哈莉：以希腊神话中的一位海仙女哈莉命名，代指海，指的是此模式株的海源性质；囊：容器，袋子；菌：表示微小的事物，微生物（细菌、古菌、真菌）；属：属名的尾词；哈莉囊菌属：海中发现的容器形生物。

Etymology　Gr. adj. *halios*, of the sea; Gr. neut. n. *angeion*（Latin transliteration *angium*）, vessel; N.L. neut. n. *Haliangium*, vessel found in the sea.

模式种　赭色卤囊菌（*Haliangium ochraceum*）Fudou 等，2002，新种。

词源　赭色：红褐色，黄褐色，赭石的颜色，这里指的是苍褐色。

Etymology　L. n. *ochra*, ochre, yellow ochre; N.L. neut. adj. *ochraceum*, of the color of ochre, here intended to mean pale.

哈莉菌属（*Haliea*）Urios 等，2008，新属。此属已定 3 种。

词源　哈莉：以希腊神话中的一位海仙女哈莉命名，代指海，指的是此模式株的海源性质；菌：表示微小的事物，微生物（细菌、古菌、真菌）；属：属名的尾词；哈莉菌属：来自海的生物，指的是此首株菌株的大海来源。

Etymology　N.L. fem. n. *Haliea*, named after Halie, a sea nymph in Greek mythology, referring to the marine source of the first strain.

模式种　需盐哈莉菌（*Haliea salexigens*）Urios 等，2008，新种。

词源　需盐：需要海水的。

Etymology　L. n. *sal salis*, salt, seawater; L. v. *exigo*, to demand; N.L. part. adj. *salexigens*, seawater-demanding.

哈莉璆菌属（*Halioglobus*）Park 等，2012，新属。此属已定 2 种。

词源　哈莉：以希腊神话中的一位海仙女哈莉命名，代指海，指的是此模式株的海源性质；璆：通球，球形，球体，圆球；菌：表示微小的事物，微生物（细菌、古菌、真菌）；属：属名的尾词；哈莉璆菌属：海中的浆果形生物。

Etymology　Gr. adj. *halios*, belonging to the sea or marine; L. masc. n. *globus*, a ball, sphere, globe; N.L. masc. n. *Halioglobus*, a marine coccus.

模式种　日本哈莉璆菌（*Halioglobus japonicus*）Park 等，2012，新种。

词源　日本：与日本国有关的，此分离物的来源地。

Etymology　N.L. masc. adj. *japonicus*, pertaining to Japan, from where the isolate originated.

束缚杆菌属（*Haliscomenobacter*）van Veen 等，1973，属。此属已定 1 种。

词源　束缚：禁锢，囚禁，监禁，关押；杆：棒；菌：表示微小的事物，微生物（细菌、古菌、真菌）；属：属名的尾词；束缚杆菌属：束缚的棒形生物。

Etymology　Gr. v. *haliskomai*, to fall into the hands of the enemy, to be imprisoned; N.L. masc. n. *bacter*, a rod or staff; N.L. masc. n. *Haliscomenobacter*, imprisoned rod.

模式种　奥斯水禁束缚菌（*Haliscomenobacter hydrossis*）van Veen 等,1973,种;《1980 年细菌名确认单》。

词源　奥斯:荷兰的一个镇,奥斯;水:水;奥斯水:来自奥斯的水。

Etymology　Gr. n. *hudôr*, water; *Oss*, a town in the Netherlands; N.L. gen. n. *hydrossis*, from water of Oss.

豪尔姓菌属（*Hallella*）Moore and Moore,1994,新属。此属已定 1 种。

词源　姓:姓氏;豪尔:以美国微生物学家伊万·豪尔的姓氏命名;菌:表示微小的事物,微生物(细菌、古菌、真菌);属:属名的尾词;豪尔姓菌属:以豪尔的姓氏命名的生物。

Etymology　N.L. fem. n. *Hallella*, named in honor of Ivan C. Hall, a United States microbiologist.

模式种　需血清豪尔姓菌（*Hallella seregens*）Moore and Moore,1994,新种。

词源　需:需求的,需要的,必需的;血清:除去纤维朊的血浆;需血清:需要血清的。

Etymology　L. n. *serum*, serum; L. part. adj. *egens*, needing, being in need; N.L. part. adj. *seregens*, needing serum.

卤放线小杆菌属（*Haloactinobacterium*）Tang 等,2010,新属。此属已定 1 种。

词源　卤:卤素,盐;放线:射线,在微生物学中特指放线菌;小杆:小棒;菌:表示微小的事物,微生物(细菌、古菌、真菌);属:属名的尾词;卤放线小杆菌属:嗜卤的放线菌。

Etymology　Gr. n. *hals halos*, salt; Gr. n. *actis actinos*, a ray; L. neut n. *bacterium*, a rod; N.L. neut. n. *Haloactinobacterium*, a halophilic actinobacterium.

模式种　素色卤放线小杆菌（*Haloactinobacterium album*）Tang 等,2010,新种。

词源　素色:白色。

Etymology　L. neut. adj. *album*, white.

卤放线多孢菌属（*Haloactinopolyspora*）Tang 等,2011,新属;Zhang 等,2014 修改。此属已定 2 种。

词源　孢:孢子;菌:表示微小的事物,微生物(细菌、古菌、真菌);属:属名的尾词;卤放线多孢菌属:喜盐和多孢子的放射线状菌。

Etymology　Gr. n. *hals halos*, salt; Gr. n. *actis actinos*, a ray; Gr. adj. *poly*, many; Gr. n. *spora*, a seed and, in biology, a spore; N.L. fem. n. *Haloactinopolyspora*, salt-loving and the many-spored ray.

模式种　素色卤放线多孢菌（*Haloactinopolyspora alba*）Tang 等,2011,新种。

词源　素色：素色的，白色的。
Etymology　L. fem. adj. *alba*, white.

卤放线孢菌属(*Haloactinospora*) Tang 等，2008，新属。此属已定 1 种。

词源　孢：孢子；菌：表示微小的事物，微生物（细菌、古菌、真菌）；属：属名的尾词；卤放线孢菌属：喜盐和孢子放射线状的菌，指的是嗜卤和形成孢子的放线菌。
Etymology　Gr. n. *hals halos*, salt; Gr. n. *aktis -inos*, a ray; Gr. n. *spora*, a seed and, in biology, a spore; N.L. fem. n. *Haloactinospora*, salt-loving and spored ray, referring to a halophilic and spore-forming actinomycete.

模式种　素色卤放线孢菌(*Haloactinospora alba*) Tang 等，2008，新种。
词源　素色：素色的，白色的。
Etymology　L. fem. adj. *alba*, white.

卤厌氧杆菌属(*Haloanaerobacter*) – 见：**卤厌氧杆菌属**(*Halanaerobacter*)
卤厌氧杆菌科(*Haloanaerobiaceae*) – 见：**卤厌氧杆菌科**(*Halanaerobiaceae*)
卤厌氧菌目(*Haloanaerobiales*) – 见：**卤厌氧菌目**(*Halanaerobiales*)
卤厌氧菌属(*Haloanaerobium*) – 见：**卤厌氧菌属**(*Halanaerobium*)

卤古生菌属(*Haloarchaeobius*) Makhdoumi-Kakhki 等，2012，新属。此属已定 2 种。

词源　卤：卤素，盐；古：古代的；生：生物，生命；菌：表示微小的事物，微生物（细菌、古菌、真菌）；属：属名的尾词；卤古生菌属：嗜卤的古老生命（古生）菌。
Etymology　Gr. n. *hals halos*, salt; N.L. adj. *archaeos*（from Gr. adj. *archaios*), ancient; N.L. masc. n. *bius*（from Gr. masc. n. *bios*), life; N.L. masc. n. *Haloarchaeobius*, halophilic ancient (archaeal) life.

模式种　伊朗卤古生菌(*Haloarchaeobius iranensis*) Makhdoumi-Kakhki 等，2012，新种。
词源　伊朗：属于或来自伊朗的，指的是此模式菌株的分离源。
Etymology　N.L. masc. adj. *iranensis*, of or belonging to Iran, referring to the isolation of the type strain.

卤盒菌属(*Haloarcula*) Torreblanca 等，1986，新属；Oren 等，2009 修改。此属已定 10 种。

词源　卤：卤素，盐；盒：小盒（原文如此），小弓；菌：表示微小的事物，微生物（细菌、古菌、真菌）；属：属名的尾词；卤盒菌属：(需)盐的小盒(小弓)形生物。
Etymology　Gr. n. *hals halos*, the sea, salt; L. fem. n. *arcula*, small box; N.L. fem. n. *Haloarcula*, salt（-requiring）small box.

模式种　死谷卤盒菌(*Haloarcula vallismortis*)（González 等，1979）Torreblanca 等，1986，新种。

词源　死谷：死亡之谷，以加利福尼亚州的死谷命名，分离至此的菌。
Etymology　L. gen. n. *vallis*, of the valley; L. gen. n. *mortis*, of death; N.L. gen. n. *vallismortis*, of the valley of death; named after Death Valley, California.

推荐的属名三字母简写　*Har*. 见"命名规则：属名简写"[属名简写三字母准则（Three-letter code for abbreviations of generic names）]。

卤竿菌属（*Halobacillus*）Spring 等，1996，新属；Yoon 等，2007 修改。此属已定 19 种。

词源　卤：卤素，盐；竿：在本书中对译于拉丁文 *bacillus*，表示棒形，以示与常见的"杆"的区别，表示以出芽孢为特征的棒形；菌：表示微小的事物，微生物（细菌、古菌、真菌）；属：属名的尾词；卤竿菌属：（喜）盐的竿/棒生物。
Etymology　Gr. n. *hals halos*, salt; L. masc. n. *bacillus*, rod; N.L. masc. n. *Halobacillus*, a salt (-loving) rod.

模式种　嗜卤卤竿菌（*Halobacillus halophilus*）（Claus 等，1984）Spring 等，1996，新合并。
词源　嗜：嗜好的，喜好的，友好的，爱好的；卤：盐；嗜卤：喜盐的，喜好盐的。
Etymology　Gr. n. *hals halos*, salt; N.L. adj. *philus -a -um* (from Gr. adj. *philos -ê -on*), friend, loving; N.L. masc. adj. *halophilus* salt-loving.

卤杆菌纲（*Halobacteria*）Grant 等，2002，新纲。根据规则，此纲应当命名为卤小杆菌纲，但原命名如此。

模式目　卤小杆菌目（*Halobacteriales*）Grant and Larsen，1989，新目。
词源　卤小杆菌目：此纲之模式目；纲：（原核）生物分类的一个级别，门之下，目之上的一个分类级，纲之尾词；卤杆菌纲：卤小杆菌目之纲。
Etymology　N.L. fem. pl. n. *Halobacteriales*, type order of the class; suff. *-ia*, ending to denote a class; N.L. pl. n. *Halobacteria*, the class of *Halobacteriales*.

卤小杆菌科（*Halobacteriaceae*）Gibbons，1974，科。

模式属　卤小杆菌属（*Halobacterium*）Elazari-Volcani，1957，《1980 年细菌名确认单》，属。
词源　卤小杆菌属：此科之模式属；科：用于定义一个比属高、比目低的分类级和尾词；在中文科的命名中，把模式属属名中的尾字"属"代换为尾字"科"，即为模式属所在的科名；卤小杆菌科：卤小杆菌属之科。
Etymology　N.L. neut. n. *Halobacterium*, type genus of the family; suff. *-aceae*, ending to denote a family; N.L. fem. pl. n. *Halobacteriaceae*, the *Halobacterium* family.

卤小杆菌目（*Halobacteriales*）Grant and Larsen，1989，新目。
此目是卤甲烷杆菌纲（*Halomebacteria*）Cavalier-Smith，2002 和卤小杆菌纲（*Halobacteria*）

Grant 等,2002 的模式目。

模式属　卤小杆菌属(*Halobacterium*)Elazari-Volcani,1957,《1980 年细菌名确认单》,属。

词源　卤小杆菌属:此目之模式属;目:用于定义一个比科高、比纲低的分类级和尾词;在中文目的命名中,把模式属属名中的尾字"属"代换为尾字"目",即为模式属所在的目名;卤小杆菌目:卤小杆菌属之目。

Etymology　N.L. neut. n. *Halobacterium*, type genus of the order; suff. -*ales*, ending denoting an order; N.L. fem. pl. n. *Halobacteriales*, the *Halobacterium* order.

卤小杆菌属(*Halobacterium*)Elazari-Volcani,1957,　属;Kamekura and Dyall-Smith,1995 修改,Oren 等,2009 修改。此属已定 16 种。

此属是卤小杆菌目(*Halobacteriales*)Grant and Larsen,1989 和卤小杆菌科(*Halobacteriaceae*)Gibbons,1974,《1980 年细菌名确认单》的模式属。

词源　卤:卤素,盐;小杆:小棒;菌:表示微小的事物,微生物(细菌、古菌、真菌);属:属名的尾词;卤小杆菌属:(需)盐的细菌。

Etymology　Gr. n. *hals halos*, the sea, salt; L. neut. n. *bacterium*, a small rod; N.L. neut. n. *Halobacterium* salt (-requiring) bacterium.

模式种　盐业卤小杆菌(*Halobacterium salinarum*)勘误,(Harrison and Kennedy,1922)ElazariVolcani,1957,《1980 年细菌名确认单》,种。

词源　盐业:盐业的,从事食盐开采加工等的行业,此菌的分离源。

Etymology　L. gen. pl. n. *salinarum*, of salt works.

同义词　Not "*Halobacterium*" Schoop,1935 (*nomen nudum*), "*Flavobacterium* (subgen. *Halobacterium*)" Elazari-Volcani,1940, "*Halobacter*" Anderson,1954。

推荐的属名三字母简写　Hbt. 见"命名规则:属名简写"[属名简写三字母准则(Three-letter code for abbreviations of generic names)]。

注:由于历史的原因,此属虽然被定义为"小杆",即细菌,但是现在已经归到古菌域。其细胞壁结构与细菌不同,是由糖肽构成的,并高含氨基酸而使得整个菌体呈负电荷,必须有大量的阳离子 Na^+ 来中和才能生存,因此只能在高盐环境下生存。

卤杆状菌科(*Halobacteroidaceae*)Zhilina and Rainey,1995,新科。

模式属　卤杆状菌属(*Halobacteroides*)Oren 等,1984,新属。

词源　卤杆状菌属:此科之模式属;科:用于定义一个比属高、比目低的分类级和尾词;在中文科的命名中,把模式属属名中的尾字"属"代换为尾字"科",即为模式属所在的科名;卤杆状菌科:卤杆状菌属之科。

Etymology　N.L. masc. n. *Halobacteroides*, type genus of the family; suff. -*aceae*, ending to denote a family; N.L. fem. pl. n. *Halobacteroidaceae*, the *Halobacteroides* family.

卤杆状菌属(*Halobacteroides*)Oren 等,1984,新属。此属已定 4 种。

此属是卤杆状菌科(*Halobacteroidaceae*)Zhilina and Rainey,1995 的模式属。

词源　卤:卤水,盐(水);杆:棒;状:(看起来)像……,类似;菌:表示微小的事物,微生物(细菌、古菌、真菌);属:属名的尾词;卤杆状菌属:棒形的盐生生物。

Etymology　Gr. n. *hals halos*, salt; N.L. masc. n. *bacter*, a staff or rod; L. suff. -*oides* (from Gr. suff. *eides*, from Gr. n. *eidos*, that which is seen, form, shape, figure), ressembling, similar; N.L. masc. n. *Halobacteroides*, rod-like salt organism.

模式种　卤生卤杆状菌(*Halobacteroides halobius*)Oren 等,1984,新种。

词源　卤:卤水,盐(水);生:生命,生物;卤生:生活在盐上的生命。

Etymology　Gr. n. *hals halos*, salt; Gr. n. *bios*, life; N.L. masc. adj. *halobius*, living on salt.

卤茎菌属(*Halobaculum*)Oren 等,1995,新属。此属已定 2 种。

词源　卤:海,卤素,盐;茎:茎,杖,棒;菌:表示微小的事物,微生物(细菌、古菌、真菌);属:属名的尾词;卤茎菌属:盐茎生物。

Etymology　Gr. n. *hals halos*, sea, salt; L. neut. n. *baculum*, stick; N.L. neut. n. *Halobaculum*, salt stick.

模式种　格莫拉卤茎菌(*Halobaculum gomorrense*)Oren 等,1995,新种。

词源　格莫拉:格莫拉是圣经中描述的被毁灭的罪恶之城,死海附近,属于格莫拉的。

Etymology　N.L. neut. adj. *gomorrense*, pertaining to Gomorra, a biblical city near the Dead Sea.

推荐的属名三字母简写　Hbl. 见"命名规则:属名简写"[属名简写三字母准则(Three-letter code for abbreviations of generic names)]。

卤美菌属(*Halobellus*)Cui 等,2011,新属。此属已定 7 种。

词源　卤:盐,卤素;美:美丽的;菌:表示微小的事物,微生物(细菌、古菌、真菌);属:属名的尾词;卤美菌属:美丽的盐生生物。

Etymology　Gr. n. *hals halos*, salt; L. masc. adj. *bellus*, beautiful; N.L. masc. n. *Halobellus*, beautiful salt organism.

模式种　槌卤美菌(*Halobellus clavatus*)Cui 等,2011,新种。

词源　槌:槌:棒槌,一头大一头小的木棒,棒杵,棰,(洗衣服时)大头用于棰击衣服,小头用于手握,这里指带椭圆尖末端的棒槌或棒球杆。

Etymology　L. part. adj. *clavatus*, furnished with points or nails intended, here, to mean club-shaped.

卤双形菌属(*Halobiforma*)Hezayen 等,2002,新属;Oren 等,2009 修改。此属已定 3 种。

词源　卤:卤素,盐;双:二,两;形:形状,形态;菌:表示微小的事物,微生物(细菌、古菌、真菌）；属：属名的尾词；卤双形菌属：具有两种不同形状的嗜卤生物。
Etymology　　Gr. n. *hals halos*, salt; L. adv. num. *bis*, twice; L. fem. n. *forma*, form, shape; N.L. fem. n. *Halobiforma*, the halophile with two different shapes.

模式种　　卤土卤双形菌（*Halobiforma haloterrestris*）Hezayen 等，2002，新种。

词源　　卤：卤素，盐；土：地球，土地；卤土：盐土，含盐的土壤。
Etymology　　Gr. n. *hals halos*, salt; L. adj. *terrestris*, belonging to the soil; N.L. fem. adj. *haloterrestris*, pertaining or belonging to a salty soil.

推荐的属名三字母简写　　Hbf. 见"命名规则：属名简写"[属名简写三字母准则（Three-letter code for abbreviations of generic names）]。

卤胞菌属（*Halocella*）Simankova 等，1994，新属。此属已定 1 种。

词源　　卤：卤素，盐；胞：细胞；菌：表示微小的事物，微生物（细菌、古菌、真菌）；属：属名的尾词；卤胞菌属：盐细胞。
Etymology　　Gr. n. *hals halos*, salt; L. fem. n. *cella*, a store-room and in biology a cell; N.L. fem. n. *Halocella*, salt cell.

模式种　　解纤维卤胞菌（*Halocella cellulosilytica*）勘误，Simankova 等，1994，新种。
词源　　解：溶解的，分解的，降解的；纤维：纤维素；解纤维：分解/溶解纤维的生物。
Etymology　　N.L. n. *cellulosum*, cellulose; N.L. fem. adj. *lytica*（from Gr. fem. adj. *lutikê*), able to loosen, able to dissolve; N.L. fem. adj. *cellulosilytica*, organism which dissolves cellulose.

卤色菌属（*Halochromatium*）Imhoff 等，1998，新属；Anil Kumar 等，2007 修改。此属已定 3 种。

词源　　卤：卤素，盐；色菌属：一个属名；卤色菌属：(喜)盐的色菌属生物。
Etymology　　Gr. n. *hals halos*, salt; N.L. neut. n. *Chromatium*, a genus name; N.L. neut. n. *Halochromatium*, the *Chromatium* of the salt.

模式种　　需盐卤色菌（*Halochromatium salexigens*）（Caumette 等，1989）Imhoff 等，1998，新合并。

词源　　需：需要，需求；盐：食盐，氯化钠，**NaCl**；需盐：(生长)需要氯化钠的。
Etymology　　L. n. *sal salis*, salt; L. part. adj. *exigens*, demanding; N.L. part. adj. *salexigens*, salt-demanding.

推荐的属名三字母简写　　Hch. 见"命名规则：属名简写"[属名简写三字母准则（Three-letter code for abbreviations of generic names）]。

卤果菌属（*Halococcus*）Schoop，1935，属；Oren 等，2009 修改。此属已定 9 种。

词源　　卤：卤素，盐；果：浆果，指形状像浆果的；菌：表示微小的事物，微生物（细菌、古菌、真菌）；属：属名的尾词；卤果菌属：(需)盐的浆果形生物。
Etymology　　Gr. n. *hals halos*, the sea, salt; N.L. masc. n. *coccus*（from Gr. masc. n. *kokkos* a berry), coccus; N.L. masc. n. *Halococcus* salt（-requiring）coccus.

模式种　鳕卤果菌（*Halococcus morrhuae*）（Farlow，1880）Kocur and Hodgkiss，1973《1980年细菌名确认单》，种。

词源　鳕：鳕鱼，鳕属，鳕鱼的。

Etymology　N.L. n. *morrhua*, morrhua, the specific epithet of the codfish, *Gadus morhua* L.（often misspelled morrhua）; N.L. gen. n. *morrhuae*, of the codfish.

同义词　Not "*Halococcus*" Sturges and Heideman，1924，not "*Halococcus*" Hayashi 等，1966。

推荐的属名三字母简写　Hcc. 见"命名规则：属名简写"[属名简写三字母准则（Three-letter code for abbreviations of generic names）]。

注：此属是古菌域的产甲烷菌的一个菌属。其细胞壁与甲烷八球菌属类似，全部由（硫酸化的）多糖构成，结构复杂，有待进一步研究。

海鞘杆菌属（*Halocynthiibacter*）Kim 等，2014，新属。此属已定 1 种。

词源　海鞘：分离自海鞘类的真海鞘（*Halocynthia roretzi*）；杆：棒；菌：表示微小的事物，微生物（细菌、古菌、真菌）；属：属名的尾词；海鞘杆菌属：来自海鞘的棒形生物。

Etymology　N.L. fem. n. *Halocynthia* generic name of the sea squirt *H. roretzi*; N.L. masc. n. *bacter* rod; N.L. masc. n. *Halocynthiibacter* rod from the sea squirt *H. roretzi*.

模式种　南海真海鞘杆菌（*Halocynthiibacter namhaensis*）Kim 等，2014，新种。

词源　南海：这里指的是韩国称谓的南海（即中国黄海靠近韩国的一部分），真海鞘的捕获地。

Etymology　N.L. masc. adj. *namhaensis* of or belonging to Namhae, the Korean name for the South Sea in Korea, from where the sea squirt *H. roretzi* was collected.

来源　动物（Source：Animal）。

卤脱硫化菌属（*Halodesnlfovibrio*）Shivani 等，2017，新属。此属已定。

模式种　（*Halodesnlfovibrio Spirochaetisodais*）。

卤刺发菌属（*Haloechinothrix*）Tang 等，2010，新属。此属已定 1 种。

词源　卤：卤素，盐；刺：刺猬；发：头发，毛发，丝线；菌：表示微小的事物，微生物（细菌、古菌、真菌）；属：属名的尾词；卤刺发菌属：嗜卤的，刺猬般的发丝，指的是嗜卤的、发丝状、具有刺状气生菌丝体的放线菌。

Etymology　Gr. n. *hals halos*, salt; Gr. n. *ekhinos*, hedgehog; Gr. fem. n. *thrix*, hair; N.L. fem. n.*Haloechinothrix*, halophilic, hedgehog-like filament, referring to halophilic filamentous actinomycetes with spiny aerial mycelium.

模式种　素色卤刺发菌（*Haloechinothrix alba*）Tang 等，2010，新种。

词源　素色：白色的，素色的。

Etymology　L. fem. adj. *alba*, white.

卤肥菌属(*Haloferax*) Torreblanca 等,1986,新属;Oren 等,2009 修改。此属已定 12 种。

词源　卤:卤素,盐;肥:肥沃,肥料;菌:表示微小的事物,微生物(细菌、古菌、真菌);属:属名的尾词;卤肥菌属:(需)盐和肥料(营养)的生物。

Etymology　Gr. n. *hals halos*, salt; L. adj. *ferax -acis*, fertile; N.L. neut. n. *Haloferax*, salt (-requiring) and fertile.

模式种　沃凯尼氏卤肥菌(*Haloferax volcanii*) (Mullakhanbhai and Larson, 1975) Torreblanca 等,1986,新合并。

词源　氏:姓氏;沃凯尼氏:以色列微生物学家沃凯尼的姓氏命名,其发现了死海中的生命。

Etymology　N.L. gen. n. *volcanii*, of Volcani; named after Israeli microbiologist B.E. Volcani, discoverer of life in the Dead Sea.

推荐的属名三字母简写　*Hfx*. 见"命名规则:属名简写"[属名简写三字母准则(Three-letter code for abbreviations of generic names)]。

卤杖菌属(*Haloferula*) Yoon 等,2008,新属;Bibi 等,2011 修改,Kang 等,2013 修改。此属已定 7 种。

词源　卤:卤素,盐;杖:杆,柱,棒,拐杖;菌:表示微小的事物,微生物(细菌、古菌、真菌);属:属名的尾词;卤杖菌属:来自海的棒形细菌。

Etymology　Gr. n. *hals halos*, salt, brine; L. fem. n. *ferula*, a stick, cane; N.L. fem. n. *Haloferula*, a rod-shaped bacterium from the sea.

模式种　玫色卤杖菌(*Haloferula rosea*) Yoon 等,2008,新种。

词源　玫色:玫瑰色的,玫色的,粉色的,指的是此细菌产生的色素。

Etymology　L. fem. adj. *rosea*, rose-coloured, rosy.

注:此属模式种没有给出细胞形态图,其他几种也无一给出培养菌株的电镜形态图。

卤几何菌属(*Halogeometricum*) Montalvo-Rodríguez 等,1998,新属;Cui 等,2010 修改。此属已定 4 种。

词源　卤:卤素,盐;几何:几何形的,几何图形的;菌:表示微小的事物,微生物(细菌、古菌、真菌);属:属名的尾词;卤几何菌属:咸的几何图形的生物。

Etymology　Gr. n. *hals halos*, the sea, salt; L. neut. adj. *geometricum*, geometrical; N.L. neut. n. *Halogeometricum*, salty geometrical shape.

模式种　柏林克卤几何菌(*Halogeometricum borinquense*) Montalvo-Rodríguez 等,1998,新种。

词源　柏林克:波多黎各的印度语名,柏林克的。

Etymology　N.L. neut. adj. *borinquense*, of Borinquen, the native Indian name for Puerto Rico.

推荐的属名三字母简写　*Hgm*. 见"命名规则:属名简写"[属名简写三字母准则(Three-letter code for abbreviations of generic names)]。

卤糖霉菌属(*Haloglycomyces*)Guan 等,2009,新属。此属已定 1 种。

词源　卤:卤素,盐;糖霉菌属:细菌的一个属名;卤糖霉菌属:(喜)盐的类似糖霉菌属的细菌。

Etymology　Gr. n. *hals halos*, salt; N.L. masc. n. *Glycomyces*, a bacterial genus name; N.L. masc. n.*Haloglycomyces*, a salt-(loving)*Glycomyces*-like bacterium.

模式种　素色卤糖霉菌(*Haloglycomyces albus*)Guan 等,2009,新种。

词源　素色:素色的,白色的,指的是此菌的白色气生菌丝。

Etymology　L. masc. adj. *albus*, white, referring to the white aerial mycelium.

卤粒菌属(*Halogranum*)Cui 等,2010,新属;Cui 等,2011 修改。此属已定 4 种。

词源　卤:卤素,盐;粒:颗粒;菌:表示微小的事物,微生物(细菌、古菌、真菌);属:属名的尾词;卤粒菌属:(喜)盐的颗粒形生物。

Etymology　Gr. n. *hals halos*, salt; L. neut. n. *granum*, granule; N.L. neut. n. *Halogranum*, salty granule shape.

模式种　红色卤粒菌(*Halogranum rubrum*)Cui 等,2010,新种。

词源　红色:赤色的,红色的。

Etymology　L. neut. adj. *rubrum*, red.

卤秸菌属(*Halohasta*)Mou 等,2013,新属。此属已定 2 种。

词源　卤:卤素,盐;菌:表示微小的事物,微生物(细菌、古菌、真菌);属:属名的尾词;卤秸属:生长在盐咸环境中的杆棒形细胞(生物)。

Etymology　Ha.lo.has'ta. Gr. n. *hals halos*, salt; L. fem. n. *hasta*, a rod; N.L. fem. n. *Halohasta*, rod-shaped cells living in saline conditions.

模式种　海岸快卤菌(*Halohasta litorea*)Mou 等,2013,新种。

词源　海岸:属于或来自海岸,海滨的。

Etymology　li.to′re.a. L. fem. adj. *litorea*, of or belonging to the sea-shore.

来源　环境——海(Source: Environmental—marine)。

注:此属另一种 *Halohasta litchfieldiae*(litch.fi.el.di′a.e. N.L. fem. n. *litchfieldiae*, of Litchfield, named after Carol D. Litchfield, a prominent microbial ecologist.

卤栖菌属(*Haloincola*)Zhilina 等,1992,新属。此属已定 1 种,2 亚种。

此属 1995 年已归属到→卤厌氧菌属(*Halanaerobium*)勘误,Zeikus 等,1984。

词源　卤:卤素,盐;栖:栖息,栖居,栖息者,栖居者;菌:表示微小的事物,微生物(细菌、古菌、真菌);属:属名的尾词;卤栖菌属:盐的栖居者。

Etymology　Gr. n. *hals halos*, salt; L. masc. or fem. n. *incola*, inhabitant, dweller; N.L. masc. n. *Haloincola*, salt-dweller.

模式种　解糖卤栖菌（*Haloincola saccharolyticus*）勘误，Zhilina 等，1992，新种。
此种 1995 年已归种到→解糖卤厌氧菌（*Halanaerobium saccharolyticum*）勘误，（Zhilina 等，1992）Rainey 等，1995，新合并。

词源　解：分解的，溶解的，破解的，消解的；糖：一般性名词，通常指的是甜的、短链的、可溶解的和由碳氢氧元素构成的碳水化合物，日常用语中即指食糖（蔗糖，一种二糖），生物化学中进一步细分为单糖（葡萄糖、果糖和半乳糖等），二糖（麦芽糖、乳糖和蔗糖等），寡糖和多糖等；解糖：分解／溶解多糖的。

Etymology　Gr. n. *sakchâr*, sugar; N.L. masc. adj. *lyticus*（from Gr. masc. adj. *lutikos*）, able to loosen, able to dissolve; N.L. masc. adj. *saccharolyticus*, sugar-dissolving.

卤乳竿菌属（*Halolactibacillus*）Ishikawa 等，2005，新属；Cao 等，2008 修改。此属已定 3 种。

词源　卤：卤素，盐；乳：奶；竿：在本书中对译于拉丁文 **bacillus**，表示棒形，以示与常见的"杆"的区别，表示以出芽孢为特征的棒形；菌：表示微小的事物，微生物（细菌、古菌、真菌）；属：属名的尾词；卤乳竿菌属：盐生（喜）乳酸的小棒形生物。

Etymology　Gr. n. *hals halos*, salt; L. n. *lac lactis*, milk; L. masc. n. *bacillus*, stick, a small rod; N.L. masc. n. *Halolactibacillus*, salt（loving）lactic acid rodlet.

模式种　嗜卤卤乳竿菌（*Halolactibacillus halophilus*）Ishikawa 等，2005，新种。

词源　嗜：嗜好的，喜好的，友好的，爱好的；卤：卤素，盐；嗜卤：喜盐的，喜好盐的。

Etymology　Gr. n. *hals halos*, salt; N.L. adj. *philus -a -um*（from Gr. adj. *philos -ê -on*）, friend, loving; N.L. masc. adj. *halophilus*, salt loving.

卤薄片菌属（*Halolamina*）Cui 等，2011，新属。此属已定 4 种。

词源　卤：卤素，盐；薄片：很薄的切片；菌：表示微小的事物，微生物（细菌、古菌、真菌）；属：属名的尾词；卤薄片菌属：（喜）盐的薄片形的生物。

Etymology　Gr. n. *hals halos*, salt; L. fem. n. *lamina*, a thin slice; N.L. fem. n. *Halolamina*, thin-slice-shaped salt（organism）.

模式种　远海卤薄片菌（*Halolamina pelagica*）Cui 等，2011，新种。

词源　远海：属于或来自海的。

Etymology　L. fem. adj. *pelagica*, of or belonging to the sea.

卤海菌属（*Halomarina*）Inoue 等，2011，新属。此属已定 1 种。

词源　卤：卤素，盐；海：海的，大海的，海洋的；菌：表示微小的事物，微生物（细菌、古菌、真菌）；属：属名的尾词；卤海菌属：存在于海环境的嗜卤生物。

Etymology　Gr. n. *hals halos*, salt; L. adj. *marinus -a -um*, marine; N.L. fem. n. *Halomarina*, a halophile existing in the marine environment.

模式种　洋研所卤海菌(*Halomarina oriensis*) Inoue 等,2011,新种。
词源　洋研所:东京大学大洋研究所的随机简写,此生物的最初分离地。
Etymology　N.L. fem. adj. *oriensis*, pertaining to ORI, an arbitrary adjective formed from the acronym for the Ocean Research Institute (University of Tokyo), where the organism was originally isolated.

卤甲烷杆菌纲(*Halomebacteria*) Cavalier-Smith,2002,新纲。
模式目　卤小杆菌目(*Halobacteriales*) Grant and Larsen,1989,新目。
词源　卤:卤素,盐;甲烷:一种单碳气体化合物,CH_4;杆:杖,棒;纲:(原核)生物分类的一个级别,门之下,目之上的一个分类级,纲之尾词;卤甲烷杆菌纲:包含嗜卤菌和一定程度上嗜卤产甲烷菌的一个纲。
Etymology　Gr. n. *hals halos*, salt; me-, common scientific abbreviation for methane; Gr. n. *baktêria*, staff, cane; suff. *-ia*, ending proposed by Gibbons and Murray and by Stackebrandt *et al.*, to denote a class; N.L. neut. pl. n. *Halomebacteria*, a class which comprises both halophiles and somewhat halophilic methanogen.

卤甲烷果菌属(*Halomethanococcus*) Yu and Kawamura,1988,新属。此属已定1种。
词源　卤:卤素,盐;甲烷:甲表示天干第一,烷为饱和烃,即单碳的烷烃气体,CH_4;果:浆果,指形状像浆果的;菌:表示微小的事物,微生物(细菌、古菌、真菌);属:属名的尾词;卤甲烷果菌属:(喜)盐(产)甲烷的浆果形生物。
Etymology　Gr. n. *hals halos*, salt; N.L. n. *methanum* [from French n. *méth* (*yle*) and chemical suffix *-ane*], methane; N.L. pref. *methano-*, pertaining to methane; N.L. masc. n. *coccus* (from Gr. n. *kokkos*), a grain or berry; N.L. masc. n. *Halomethanococcus*, the salt-methane coccus.
模式种　土肥氏卤甲烷果菌(*Halomethanococcus doii*) Yu and Kawamura,1988,新种。
词源　氏:姓氏;土肥氏:以 R.H. 土肥姓氏命名,致力于微生物学的科学家。
Etymology　N.L. masc. gen. n. *doii*, of Doi, named for R. H. Doi, a scientist who has contributed to microbiology.

卤微盒菌属(*Halomicroarcula*) Echigo 等,2013,新属;Zhang and Cui,2014 修改。此属已定2种。
词源　卤:卤素,盐;微:小的;盒:盒子;菌:表示微小的事物,微生物(细菌、古菌、真菌);属:属名的尾词;卤微盒菌属:盐生的微小盒形生物。
Etymology　Gr. n. *hals*, *halos*, salt; Gr. adj. *mikros*, small; L. fem. n. *arcula*, a box; N.L. fem. n.*Halomicroarcula*, salt small box.
模式种　透明卤微盒菌(*Halomicroarcula pellucida*) Echigo 等,2013,新种。

词源　透明：透明的，指的是菌落的通透性。
Etymology　L. fem. adj. *pellucida*, transparent, referring to the transparent colonies.

卤微菌属(*Halomicrobium*)Oren 等,2002,新属。此属已定 3 种。

词源　卤：卤素,盐；微：微小的,微生物；菌：表示微小的事物,微生物(细菌、古菌、真菌)；微菌：微生物；属：属名的尾词；卤微菌属：微小的,卤(盐)生命形态。
Etymology　Gr. n. *hals halos*, salt; N.L. neut. n. *microbium* (from Gr. adj. *mikros*, small and Gr. n. *bios*, life), a microbe; N.L. neutr. n. *Halomicrobium*, small, salt-life form.

模式种　武氏卤微菌(*Halomicrobium mukohataei*)(Ihara 等,1997)Oren 等,2002,新合并。
词源　氏：姓氏；向畑氏：日本生化学家和生物物理学家向畑靖男的姓氏命名。
Etymology　N.L. gen. masc. n. *mukohataei*, of Mukohata, named after Yasuo Mukohata, Japanese biochemist and biophysicist.

推荐的属名三字母简写　*Hmc*. 见"命名规则：属名简写"[属名简写三字母准则(Three-letter code for abbreviations of generic names)]。

注：武和松义(Matsunoyagi)和向畑靖男最早发现了卤玫素或卤视紫质(halo-rhodopsin),对光遗传学的发展有贡献。

卤单胞菌科(*Halomonadaceae*)Franzmann 等,1989,新科；Dobson and Franzmann,1996 修改,Ntougias 等,2007 修改,Ben Ali Gam 等,2007 修改。

模式属　**卤单胞菌属**(*Halomonas*)Vreeland 等,1980,新属。
词源　卤单胞菌属：此科之模式属；科：用于定义一个比属高、比目低的分类级和尾词；在中文科的命名中,把模式属属名中的尾字"属"代换为尾字"科",即为模式属所在的科名；卤单胞菌科：卤单胞菌属之科。
Etymology　N.L. fem. n. *Halomonas*, type genus of the family; suff. -*aceae*, ending to denote a family; N.L. fem. pl. n. *Halomonadaceae*, the *Halomonas* family.

卤单胞菌属(*Halomonas*)Vreeland 等,1980,新属；Dobson and Franzmann,1996 修改。此属已定 89 种。

此属是**卤单胞菌科**(*Halomonadaceae*)Franzmann 等,1989 的模式属。

词源　卤：卤素,盐；单胞：单细胞,单元；菌：表示微小的事物,微生物(细菌、古菌、真菌)；属：属名的尾词；卤单胞菌属：(耐)盐的单细胞生物。
Etymology　Gr. n. *hals halos*, salt; Gr. fem. n. *monas*, a unit, monad; N.L. fem. n. *Halomonas*, salt(-tolerant)monad.

模式种　延长卤单胞菌(*Halomonas elongata*)Vreeland 等,1980,新种。
词源　延长：延长的,伸长的,加长的。
Etymology　L. fem. part. adj. *elongata*, elongated.

卤泡碱菌属（*Halonatronum*）Zhilina 等，2001，新属。此属已定 1 种。

词源　卤：卤素，盐；泡碱：与苏打基本同义，常混用，但常指主要以十水碳酸钠（苏打灰的一种）、约 17% 碳酸氢钠（发酵粉或小苏打）、少量的氯化钠和硫酸钠组成的混合物；菌：表示微小的事物，微生物（细菌、古菌、真菌）；属：属名的尾词；卤泡碱菌属：以盐和苏打生长的生物。

Etymology　Gr. n. *hals halos*, salt; N.L. neut. n. *natron*, arbitrarily derived from the Arabic n. *natrun* or *natron* soda; N.L. neut. n. *Halonatronum*, an organism growing with salt and soda.

模式种　嗜糖卤泡碱菌（*Halonatronum saccharophilum*）Zhilina 等，2001，新种。

词源　嗜：嗜好的，喜好的，友好的，爱好的；糖：一般性名词，通常指的是甜的、短链的、可溶解的和由碳氢氧元素构成的碳水化合物，日常用语中即指食糖（蔗糖，一种二糖），生物化学中进一步细分为单糖（葡萄糖、果糖和半乳糖等）、二糖（麦芽糖、乳糖和蔗糖等）、寡糖和多糖等；嗜糖：喜好糖的。

Etymology　Gr. n. *sakchâr*, sugar; N.L. adj. *philus -a -um*（from Gr. adj. *philos -ê -on*），friend, loving; N.L. neut. adj. *saccharophilum*, sugar-loving.

卤南方菌属（*Halonotius*）Burns 等，2010，新属。此属已定 1 种。

词源　卤：卤素，卤水，盐（水）；南方：南方的，南部的；菌：表示微小的事物，微生物（细菌、古菌、真菌）；属：属名的尾词；卤南方菌属：咸的南方生物。

Etymology　Gr. masc. n. *hals halos*, salt; L. masc. adj. *notius*, southern; N.L. masc. n. *Halonotius*, a salty southern one.

模式种　翼状卤南方菌（*Halonotius pteroides*）Burns 等，2010，新种。

词源　翼：翅膀；状：（看起来）像……，类似；翼状：像翅膀的，以此种许多细胞的形态命名，这些细胞呈扁棒，带圆圆的末端，像许多小昆虫的翅膀。

Etymology　Gr. n. *pteron*, wing; L. suff. *-oides*（from Gr. suff. *-eides*, from Gr. n. *eidos*, that which is seen, form, shape, figure），ressembling, similar; N.L. masc. adj. *pteroides*, wing-like, named after the shape of many of the cells, which are flattened rods with rounded ends that appear similar to the wings of small insects.

推荐的属名三字母简写　Hns. 见"命名规则：属名简写"[属名简写三字母准则（Three-letter code for abbreviations of generic names）]。

卤远海菌属（*Halopelagius*）Cui 等，2010，新属；Zhang 等，2013 修改。此属已定 3 种。

词源　卤：卤素，卤水，盐（水）；远海：外海，来自或属于海的；菌：表示微小的事物，微生物（细菌、古菌、真菌）；属：属名的尾词；卤远海菌属：来自海的盐生生物。

Etymology　Gr. n. *hals halos*, salt; L. masc. adj. *pelagius*, of or pertaining to the sea; N.L. masc. n. *Halopelagius*, salt organism from the sea.

模式种 无规卤远海菌(*Halopelagius inordinatus*)Cui 等,2010,新种。

词源 无规:无规则的,没有固定形态的。

Etymology　L. masc. adj. *inordinatus*, not arranged, irregular.

卤内陆菌属(*Halopenitus*)Amoozegar 等,2012,新属。此属已定 2 种。

词源 卤:卤素,卤水,盐(水);内陆:内陆的;菌:表示微小的事物,微生物(细菌、古菌、真菌);属:属名的尾词;卤内陆菌属:用于表示分离自内陆盐湖的古菌。

Etymology　Gr. n. *hals halos*, salt; L. masc. adj. *penitus*, inner, interior; N.L. masc. n. *Halopenitus*, intended to mean an archaeon isolated from an inland salt lake.

模式种 波斯卤内陆菌(*Halopenitus persicus*)Amoozegar 等,2012,新种。

词源 波斯:波斯的,大致上是现在的伊朗,此模式菌株的分离地。

Etymology　L. masc. adj. *persicus*, of Persia, where the type strain was isolated.

卤懒菌属(*Halopiger*)Gutiérrez 等,2007,新属。此属已定 3 种。

词源 卤:卤素,卤水,盐(水);懒:懒惰的,慵懒的,行动迟缓的,不活泼的;菌:表示微小的事物,微生物(细菌、古菌、真菌);属:属名的尾词;卤懒菌属:懒惰的嗜卤生物,指的是在实验室条件下生长缓慢。

Etymology　Gr. n. *hals halos*, salt; L. masc. adj. *piger*, lazy; N.L. masc. n. *Halopiger*, lazy halophile, referring to the slow growth under laboratory conditions.

模式种 元上都卤懒菌(*Halopiger xanaduensis*)Gutiérrez 等,2007,新种。

词源 元上都:内蒙古元上都,忽必烈时代的废址,此模式株从此地分离。

Etymology　N.L. masc. adj. *xanaduensis*, referring to Xanadu, the lost city of Kublai Khan, located in Inner Mongolia, from where the type strain was isolated.

推荐的属名三字母简写　*Hpg*. 见"命名规则:属名简写"[属名简写三字母准则(Three-letter code for abbreviations of generic names)]。

卤平菌属(*Haloplanus*)Bardavid 等,2007,新属;Cui 等,2010 修改,Qiu 等,2014 修改。此属已定 6 种。

词源 卤:卤素,卤水,盐(水);平:平坦,扁平,平面;菌:表示微小的事物,微生物(细菌、古菌、真菌);属:属名的尾词;卤平菌属:扁平的盐生生命形态。

Etymology　Gr. n. *hals halos*, salt; L. adj. *planus*, flat; N.L. masc. n. *Haloplanus*, flat salt-life form.

模式种 浮游卤平菌(*Haloplanus natans*)Elevi Bardavid 等,2007,新种。

词源 浮游:漂泊,游荡。

Etymology　L. part. adj. *natans*, swimming, floating.

推荐的属名三字母简写 *Hpn.* 见"命名规则:属名简写"[属名简写三字母准则(Three-letter code for abbreviations of generic names)]。

卤原体属(*Haloplasma*) Antunes 等,2008(全部作者名单 Antunes, Rainey, da Costa and Huber),新属。

此属是**卤原体目**(*Haloplasmatales*) Rainey 等,2008 和**卤原体科**(*Haloplasmataceae*) Rainey 等,2008 的模式属。此属已定 1 种。

词源 卤:卤素,卤水,盐(水);原体:任何原始形成的或模塑的东西,形体;菌:表示微小的事物,微生物(细菌、古菌、真菌);属:属名的尾词;卤原体属:喜欢盐的原体生物。

Etymology Gr. n. *hals halos*, salt; Gr. neut. n. *plasma*, something formed or molded, a form; N.L. neut. n. *Haloplasma*, a salt-loving form.

模式种 收缩卤原体(*Haloplasma contractile*) Antunes 等,2008,新种。

词源 收缩:能收缩的,有收缩性的。

Etymology N.L. neut. adj. *contractile*, contractile.

卤原体科(*Haloplasmataceae*) Rainey 等,2008(全部作者名单 Rainey, da Costa, Antunes and Huber),新科。

模式属 卤原体属(*Haloplasma*) Antunes 等,2008。

词源 卤原体属:此科之模式属;科:用于定义一个比属高、比目低的分类级和尾词;在中文科的命名中,把属名中的尾字"属"代换为尾字"科",即为模式属所对应的科;卤原体科:卤原体属之科。

Etymology N.L. neut. n. *Haloplasma -atos*, type genus of the family; L. suff. *-aceae*, ending to denote a family; N.L. fem. pl. n. *Haloplasmataceae*, the *Haloplasma* family.

卤原体目(*Haloplasmatales*) Rainey 等,2008(全部作者名单 Rainey, da Costa, Antunes and Huber),新目。

模式属 卤原体属(*Haloplasma*) Antunes 等,2008,新属。

词源 卤原体属:此目之模式属;目:用于定义一个比科高、比纲低的分类级和尾词;在中文目的命名中,把属名中的尾字"属"代换为尾字"目",即为模式属所对应的目;卤原体目:卤原体属之目。

Etymology N.L. neut. n. *Haloplasma -atos*, type genus of the order; suff. *-ales*, ending to denote an order; N.L. fem. pl. n. *Haloplasmatales*, the *Haloplasma* order.

卤多孢菌属(*Halopolyspora*) Lai 等,2014,新属。此属已定 1 种。

词源 卤:卤素,卤水,盐(水);多:许多;孢:孢子;菌:表示微小的事物,微生物(细菌、古菌、真菌）；属：属名的尾词；卤多孢菌属：咸的多孢子细菌。

Etymology　　Gr. n. *hals*, salt; Gr. adj. *polus*, many; Gr. fem. n. *spora*, seed and in biology a spore; N.L. fem. n.*Halopolyspora*, saline many-spored bacteria.

模式种　　素色卤多孢菌（*Halopolyspora alba*）Lai 等,2014,新种。

词源　　素色：素色的,白色的。

Etymology　　L. fem. adj. *alba*, white.

卤方菌属（*Haloquadratum*）Burns 等,2007,新属。此属已定 1 种。

词源　　卤：卤素,卤水,盐（水）；方：四方,方形,方格；菌：表示微小的事物,微生物（细菌、古菌、真菌）；属：属名的尾词；卤方菌属：咸的四方形生物。

Etymology　　Gr. masc. n. *hals halos*, salt; L. neut. n. *quadratum*, square; N.L. neut. n. *Haloquadratum*, salt square.

模式种　　瓦尔斯比氏卤方菌（*Haloquadratum walsbyi*）Burns 等,2007,新种。

词源　　氏：姓氏；瓦尔斯比氏：瓦尔斯比的,以 A. E. 瓦尔斯比的姓氏命名,其首先发表了对这种微生物的观察文章。

Etymology　　N.L. gen. masc. n. *walsbyi*, of Walsby, named after A. E. Walsby, who first published observations on this organism.

推荐的属名三字母简写　　Hqr. 见"命名规则：属名简写"［属名简写三字母准则（Three-letter code for abbreviations of generic names）］。

卤杵菌属（*Halorhabdus*）Wainø 等,2000,新属。Antunes 等,2008 修改。此属已定 2 种。

词源　　卤：卤素,卤水,盐（水）；杵：中国古代春米或捣衣的木棒,表示棒,棒形；菌：表示微小的事物,微生物（细菌、古菌、真菌）；属：属名的尾词；卤杵菌属：(喜)盐的棒形生物。

Etymology　　Gr. n. *hals halos*, salt; Gr. fem. n. *rhabdos*, rod, stick; N.L. fem. n. *Halorhabdus*, salt (-loving) rod.

模式种　　犹他州卤杵菌（*Halorhabdus utahensis*）Wainø 等,2000,新种。

词源　　犹他州：属于或来自美国犹他州的,此菌株的分离地。

Etymology　　N.L. fem. adj. *utahensis*, of or belonging to the state of Utah, USA, where the strain was isolated.

推荐的属名三字母简写　　Hrd. 见"命名规则：属名简写"［属名简写三字母准则（Three-letter code for abbreviations of generic names）］。

卤玫螺体属（*Halorhodospira*）Imhoff and Süling,1997,新属。Hirschler-Réa 等,2003 修改。此属已定 4 种。

词源　　卤：卤素,卤水,盐（水）；玫：玫瑰；螺：螺旋,螺形,螺体；菌：表示微小的事物,微生物

(细菌、古菌、真菌);属:属名的尾词;卤玫螺体属:来自盐湖的螺形玫瑰(生物)。

Etymology　Gr. n. *hals halos*, salt; Gr. n. *rhodon*, the rose; L. fem. n. *spira*, the spiral; N.L. fem. n.*Halorhodospira*, the spiral rose from salt lakes.

模式种　嗜卤卤玫螺体(*Halorhodospira halophila*)(Raymond and Sistrom,1969)Imhoff and Süling,1997,新合并。

词源　嗜:嗜好的,喜好的,爱好的;卤:卤素,盐;嗜卤:嗜盐的,喜好盐的,喜好卤的。

Etymology　Gr. n. *hals halos*, salt; N.L. fem. adj. *phila* (from Gr. fem. adj. *philê*), friend, loving; N.L. fem. adj.*halophila*, salt-loving.

推荐的属名三字母简写　*Hlr*. 见"命名规则:属名简写"[属名简写三字母准则(Three-letter code for abbreviations of generic names)]。

卤东方菌属(*Halorientalis*)Cui 等,2011,新属;Amoozegar 等,2014 修改。此属已定 2 种。

词源　卤:卤素,卤水,盐(水);东方:属于或来自东方的,东边的,与西方相对的一个模糊地理称谓;菌:表示微小的事物,微生物(细菌、古菌、真菌);属:属名的尾词;卤东方菌属:来自东方的喜盐的生物。

Etymology　Gr. n. *hals halos*, salt; L. fem. adj. *orientalis*, of the east; N.L. fem. n. *Halorientalis*, salt loving organism from the east, the orient.

模式种　尺卤东方菌(*Halorientalis regularis*)Cui 等,2011,新种。

词源　尺:尺条,尺子,尺形,属于或来自尺子的。

Etymology　L. fem. adj. *regularis*, of or belonging to a bar, regular.

卤淡红菌属(*Halorubellus*)Cui 等,2014,新属。此属已定 2 种。

词源　卤:卤素,卤水,盐(水);淡红:淡红色的,淡红颜色的,浅红色的,浅红颜色的;菌:表示微小的事物,微生物(细菌、古菌、真菌);属:属名的尾词;卤淡红菌属:咸的红色生物。

Etymology　(Ha.lo.ru. bel'lus. Gr. n. *hals halos*, salt; L. masc. adj. *rubellus* reddish; N.L. masc. n. *Halorubellus* reddish salt organism.

模式种　滨卤淡红菌(*Halorubellus litoreus*)Cui 等,2014,新种。

词源　滨:海滨,海岸的,海滨的,沿海岸线的。

Etymology　li.to're.us. L. masc. adj. *litoreus*, of or belonging to the seashore.

注:此属另一种盐卤淡红菌(*Hrb. salinus*)。

卤红小杆菌属(*Halorubrobacterium*)Kamekura and Dyall-Smith,1996,新属。此属已定 5 种。

此属 1996 年已归属到→卤红菌属(*Halorubrum*)McGenity and Grant,1996。

词源　卤:盐;红:红色的;小杆:小棒;菌:表示微小的事物,微生物(细菌、古菌、真菌);属:属名的尾词;卤红小杆菌属:需盐的和红色的小棒形细菌。

Etymology　Gr. n. *hals halos*, salt; L. adj. *ruber -bra brum*, red; L. neut. n. *bacterium*, rod; N.L. neut. n. *Halorubrobacterium* salt（-requiring）and red bacterium.

模式种　吞糖卤红小杆菌（*Halorubrobacterium saccharovorum*）（Tomlinson and Hochstein, 1977）Kamekura and Dyall-Smith, 1996, 新合并。

此种 1996 年已归种到→吞糖卤红菌（*Halorubrum saccharovorum*）（Tomlinson and Hochstein, 1977）McGenity and Grant, 1996, 新合并。

词源　吞: 吞噬, 吞食, 大吃。

Etymology　Gr. n. *sakchâr*, sugar; L. v. *voro*, to devour; N.L. neut. adj. *saccharovorum*, sugar-devouring.

卤红菌属（*Halorubrum*）McGenity and Grant, 1996, 新属; Oren 等, 2009 修改。此属已定 28 种。

词源　卤: 卤素, 卤水, 盐(水); 红: 红色的; 菌: 表示微小的事物, 微生物(细菌、古菌、真菌); 属: 属名的尾词; 卤红菌属: 需盐的和红色的生物。

Etymology　Gr. n. *hals halos*, salt; L. neut. adj. *rubrum*, red; N.L. neut. n. *Halorubrum* salt（-requiring）and red.

模式种　吞糖卤红菌（*Halorubrum saccharovorum*）（Tomlinson and Hochstein, 1977）McGenity and Grant, 1996, 新合并。

词源　吞: 吞噬, 吞食, 大吃; 糖: 一般性名词, 通常指的是甜的、短链的、可溶解的和由碳氢氧元素构成的碳水化合物, 日常用语中即指食糖(蔗糖, 一种二糖), 生物化学中进一步细分为单糖(葡萄糖、果糖和半乳糖等), 二糖(麦芽糖、乳糖和蔗糖等), 寡糖和多糖等; 吞糖: 吞食糖的。

Etymology　Gr. n. *sakchâr*, sugar; L. v. *voro*, to devour; N.L. neut. adj. *saccharovorum*, sugar-devouring.

推荐的属名三字母简写　Hrr. 见 "命名规则: 属名简写" [属名简写三字母准则（Three-letter code for abbreviations of generic names）]。

卤丹菌属（*Halorussus*）Cui 等, 2014, 新属。此属已定 3 种。

词源　卤: 卤素, 卤水, 盐(水); 丹: 红, 红色; 菌: 表示微小的事物, 微生物(细菌、古菌、真菌); 属: 属名的尾词; 卤丹菌属: 红色的(喜)盐(生)生物。

Etymology　Ha.lo.rus′sus. Gr. masc. n. *hals*, *halos*, salt; L. masc. adj. *russus* red; N.L. masc. n. *Halorussus* red salt organism.

模式种　罕卤丹菌（*Halorussus rarus*）Cui 等, 2014, 新种。

词源　罕: 罕见的, 稀奇的, 不寻常的, 特有的。

Etymology　*ra'rus*. L. masc. adj. rare.

卤八球菌属(*Halosarcina*)Savage 等,2008,新属;Cui 等,2010 修改。此属已定 2 种。

词源 卤:卤素,卤水,盐(水);八球:八迭球,表示成束的;菌:表示微小的事物,微生物(细菌、古菌、真菌);属:属名的尾词;卤八球菌属:(嗜)盐八迭球状(成束)的菌。

Etymology　Gr. n. *hals halos*, salt; L. fem. n. *sarcina*, a package; N.L. fem. n. *Halosarcina*, a salt (-loving) package.

模式种 苍白卤八球菌(*Halosarcina pallida*)Savage 等,2008,新种。

词源 苍白:苍白的。

Etymology　L. fem. adj. *pallida*, pale.

卤简菌属(*Halosimplex*)Vreeland 等,2003(全部作者名单 Vreeland, Rosenzweig, Straight, Krammes, Dougherty and Kamekura),新属;Han and Cui,2014 修改。此属已定 3 种。

词源 卤:卤素,卤水,盐(水);简:简单(在道义上),不要与复杂混淆;菌:表示微小的事物,微生物(细菌、古菌、真菌);属:属名的尾词;卤简菌属:精简的盐,清楚的嗜盐生物。

Etymology　Gr. n. *hals halos*, salt; L. adj. *simplex -icis*, simple (in a moral sense), without dissimulation, uncomplicated; N.L. neut. n. *Halosimplex*, simple salts, the simple halophile.

推荐的属名三字母简写 Hsx. 见"命名规则:属名简写"[属名简写三字母准则(Three-letter code for abbreviations of generic names)]。

模式种 卡尔斯巴德卤简菌(*Halosimplex carlsbadense*)Vreeland 等,2003,新种。

词源 卡尔斯巴德:美国新墨西哥州卡尔斯巴德,此菌分离自此地附近。

Etymology　N.L. neut. adj. *carlsbadense*, pertaining to Carlsbad, isolated near Carlsbad, New Mexico, USA.

卤脊菌属(*Halospina*)Sorokin 等,2006,新属。此属已定 1 种。

词源 卤:卤素,卤水,盐(水);脊:脊柱;菌:表示微小的事物,微生物(细菌、古菌、真菌);属:属名的尾词;卤脊菌属:(喜)盐的脊柱(长瘦的棒)形生物。

Etymology　Gr. n. *hals halos*, salt; L. fem. n. *spina*, spine; N.L. fem. n. *Halospina*, a salt (loving) spine (long thin rod).

模式种 脱硝卤脊菌(*Halospina denitrificans*)Sorokin 等,2006,新种。

词源 脱:脱除,去除,还原;硝:硝石,硝酸,硝化,硝酸盐;脱硝:脱除硝基,反硝化。

Etymology　N.L. v. *denitrifico*, to denitrify; N.L. part. adj. *denitrificans*, denitrifying.

卤小螺线菌属(*Halospirulina*)Nübel 等,2000,新属。此属已定 1 种。或,卤小螺线属。

词源 卤:卤素,卤水,盐(水);小螺:与螺相对,表示比螺在尺寸上小;线:线条;菌:表示微小的事物,微生物(细菌、古菌、真菌);属:属名的尾词;卤小螺线菌属:耐盐的小线圈形生物。

Etymology　Gr. n. *hals halos*, salt; N.L. dim. fem. n. *spirulina*, a small coil; N.L. fem. n. *Halospirulina*, salt-tolerant small coil.

模式种　地毯栖卤小螺线菌（*Halospirulina tapeticola*）Nübel 等,2000,新种。

词源　地毯:毯子,垫子,席;栖:栖息,栖居,栖息者,栖居者;地毯栖:微生物—地毯的栖居者。

Etymology　L. n. *tapete -is*, a carpet, mat; L. suff. *-cola*（from L. n. *incola*）, dweller; N.L. n. *tapeticola*, microbial-mat dweller.

卤湖栖菌属（*Halostagnicola*）Castillo 等,2006,新属。此属已定 3 种。

词源　卤:卤素,卤水,盐(水);湖:湖泊,池塘,一片不流动的水域;栖:栖息,栖居,栖息者,栖居者;菌:表示微小的事物,微生物(细菌、古菌、真菌);属:属名的尾词;卤湖栖菌属:盐水湖的栖居者(生物)。

Etymology　Gr. n. *hals halos*, salt; L. neut. n. *stagnum*, a piece of standing water, pond, lake; L. suff. *-cola*（from L. n. *incola*）, inhabitant, dweller; N.L. fem. n. *Halostagnicola*, a dweller of a saline lake.

模式种　拉森氏卤湖栖菌（*Halostagnicola larsenii*）Castillo 等,2006,新种。

词源　氏:姓氏;拉森氏:以挪威微生物学家拉森的姓氏命名,其是研究卤古菌的先锋之一。

Etymology　N.L. gen. n. *larsenii*, of Larsen, named for the Norwegian microbiologist H. Larsen, one of the pioneers in the study of haloarchaea.

推荐的属名三字母简写　Hst. 见"命名规则:属名简写"[属名简写三字母准则（Three-letter code for abbreviations of generic names）]。

卤针菌属（*Halotalea*）Ntougias 等,2007,新属。此属已定 1 种。

词源　卤:卤素,卤水,盐(水);针:细棒;菌:表示微小的事物,微生物(细菌、古菌、真菌);属:属名的尾词;卤针菌属:生活在卤盐环境中的针棒形细胞。

Etymology　Gr. n. *hals halos*, salt; L. fem. n. *talea*, a staff, rod; N.L. fem. n. *Halotalea*, rod-shaped cells living in saline conditions.

模式种　碱慢卤针菌（*Halotalea alkalilenta*）Ntougias 等,2007,新种。

词源　碱:盐碱植物的灰分,苏打灰;慢:缓慢的,行动迟缓的,漠不关心的,顽抗的;碱慢:在碱性条件下(生长活动)缓慢,耐碱的。

Etymology　N.L. n. *alkali*（from Arabic *al qaliy*）, soda ash; L. adj. *lentus*, slow; N.L. n. *alkalilenta*, slow in alkaline conditions/alkalitolerant.

卤土生菌属（*Haloterrigena*）Ventosa 等,1999,新属;Oren 等,2009 修改。此属已定 9 种。

词源　卤:卤素,卤水,盐(水);土:地球,土地;菌:表示微小的事物,微生物(细菌、古菌、真菌）；属：属名的尾词；卤土生菌属：需盐的和从土壤里生长出来的。

Etymology　　Gr. n. *hals halos*, the sea, salt; L. fem. n. *terrigena*, born from the earth; N.L. fem. n.*Haloterrigena*, salt（-requiring）and born from the earth.

模式种　土库曼卤土生菌（*Haloterrigena turkmenica*）（Zvyagintseva and Tarasov, 1989）Ventosa 等, 1999, 新合并。

词源　土库曼：土库曼斯坦，此细菌最初从此地分离。

Etymology　　N.L. fem. adj. *turkmenica*, of Turkmen（Turkmenistan）, from where the bacterium was originally isolated.

推荐的属名三字母简写　　*Htg*. 见"命名规则：属名简写"［属名简写三字母准则（Three-letter code for abbreviations of generic names）］。

卤热发菌属（*Halothermothrix*）Cayol 等, 1994, 新属。此属已定 1 种。

词源　卤：卤素，卤水，盐（水）；热：高温；发：头发，毛发；菌：表示微小的事物，微生物（细菌、古菌、真菌）；属：属名的尾词；卤热发菌属：嗜热（发酵）发形嗜卤菌。

Etymology　　Gr. n. *hals halos*, salt; Gr. adj. *thermos*, hot; Gr. fem. n. *thrix*, hair; N.L. fem. n. *Halothermothrix*, a thermophilic（fermentative）halophile.

模式种　奥伦氏卤热发菌（*Halothermothrix orenii*）Cayol 等, 1994, 新种。

词源　氏：姓氏；奥伦氏：以以色列的阿哈·奥伦的姓氏命名，其对嗜卤厌氧细菌的认识做出了重要贡献。

Etymology　　N.L. gen. masc. n. *orenii*, of Oren, named after Aharon Oren who has made important contributions to the knowledge of halophilic anaerobic bacteria.

卤䂳竿菌科（*Halothiobacillaceae*）Kelly and Wood, 2005, 新科。

模式属　卤䂳竿菌属（*Halothiobacillus*）Kelly and Wood, 2000, 新属。

词源　卤䂳竿菌属：此科之模式属；科：用于定义一个比属高、比目低的分类级和尾词；在中文科的命名中，把模式属属名中的尾字"属"代换为尾字"科"，即为模式属所在的科名；卤䂳竿菌科：卤䂳竿菌属之科。

Etymology　　N.L. masc. n. *Halothiobacillus*, type genus of the family; suff. *-aceae*, ending to denote family; N.L. fem. pl. n. *Halothiobacillaceae*, the *Halothiobacillus* family.

卤䂳竿菌属（*Halothiobacillus*）Kelly and Wood, 2000, 新属；Sievert 等, 2000 修改。此属已定 4 种。

此属是**卤䂳竿菌科**（*Halothiobacillaceae*）Kelly and Wood, 2005 的模式属。

词源　卤：卤素，卤水，盐（水）；䂳：硫，硫磺，硫黄，元素 S；竿：在本书中对译于拉丁文 *bacillus*，表示棒形，以示与常见的"杆"的区别，表示以出芽孢为特征的棒形；菌：表示微小的事物,微生物(细菌、古菌、真菌);属:属名的尾词;卤䂵竿菌属:喜盐的硫小棒形生物。

Etymology　Gr. n. *hals* halos, salt; Gr. n. *theion* (Latin transliteration *thium*), sulfur; L. masc. n. *bacillus*, a small rod; N.L. masc. n. *Halothiobacillus*, salt-loving sulfur rodlet.

模式种　那不勒斯卤䂵竿菌(*Halothiobacillus neapolitanus*)(Parker,1957)Kelly and Wood,2000,新合并。

词源　那不勒斯:意大利那不勒斯,此菌可能从此地的海水中,由南森荪氏在1902年首次分离到。

Etymology　N.L. masc. adj. *neapolitanus*, Neapolitan; pertaining to the seawater at Naples from which this species was probably first isolated by Nathansohn in, 1902.

注:此属模式种和其他几种,嗜卤卤䂵竿菌(*Halothiobacillus halophilus*)和热液口卤䂵竿菌(*Halothiobacillus hydrothermalis*)是从䂵竿菌属重新合并出来的。

卤雅菌属(*Halovenus*)Makhdoumi-Kakhki 等,2012,新属。此属已定1种。

词源　卤:卤素,卤水,盐(水);雅:优雅,雅致,美观;菌:表示微小的事物,微生物(细菌、古菌、真菌);属:属名的尾词;卤雅菌属:喜盐的美人,指代此菌落令人迷恋的外貌。

Etymology　Gr. n. *hals* halos, salt; L. fem. n. *venus*, beauty, grace, elegance; N.L. fem. n. *Halovenus*, a salt-loving beauty, reflecting the attractive appearance of colonies.

模式种　阿伦卤雅菌(*Halovenus aranensis*)Makhdoumi-Kakhki 等,2012,新种

词源　阿伦:属于或来自伊朗伊斯法罕地区阿伦—比的沟盐湖,此模式株分离自此。

Etymology　N.L. fem. adj. *aranensis*, of or belonging to Aran-Bidgol salt lake, from where the type strain was isolated.

卤弧菌属(*Halovibrio*)Fendrich,1989,新属;Sorokin 等,2006 修改。此属已定2种。

此属1996年已被 Dobson 和 Franzmann 归属到→卤单胞菌属(*Halomonas*)Vreeland 等,1980。

词源　卤:卤素,卤水,盐(水);弧:作动词表示弧动,像手中舞动的绳子状振动;弧:作名词也表示细菌的一个属名,表示弧状的菌,弧菌属;菌:表示微小的事物,微生物(细菌、古菌、真菌);属:属名的尾词;卤弧菌属:嗜卤的弧形生物。

Etymology　Gr. n. *hals* halos, salt; L. v. *vibro*, to set in tremulous motion, move to and fro, vibrate; N.L. n.*vibrio*, that which vibrates, and also a bacterial genus name of bacteria possessing a curved rod shape (*Vibrio*); N.L. masc. n. *Halovibrio*, halophilic vibrio.

模式种　多形卤弧菌(*Halovibrio variabilis*)Fendrich,1989,新种。

此模式种已归种到→多形卤单胞菌(*Halomonas variabilis*)(Fendrich,1989)Dobson and Franzmann,1996,新合并。

词源　多形:变化,多变,指的是细胞尺寸随着盐度条件的改变而改变。

Etymology   L. masc. adj. *variabilis*, changeable, variable; referring to variation of the cell diameter with changing salt concentrations.

注：但此属 2006 年增加一新种,脱硝卤弧菌(*Halovibrio denitrificans*) Sorokin 等,2006,即此属的归属仍然存在争议,可能并不适合合并到卤单胞菌属中。

卤旺菌属(*Halovivax*) Castillo 等,2006,新属。此属已定 4 种。

词源   卤：卤素,卤水,盐(水)；旺：(生命力)旺盛的,长久的,顽强的；菌：表示微小的事物,微生物(细菌、古菌、真菌)；属：属名的尾词；卤旺菌属：生命力长久的嗜盐菌。

Etymology   Gr. n. *hals halos*, salt; L. adj. *vivax*, long-lived, tenacious of life; N.L. masc. n. *Halovivax*, long-living halophile.

模式种   亚洲卤旺菌(*Halovivax asiaticus*) Castillo 等,2006,新种。

词源   亚洲：与亚洲有关的,亚洲生长的,此模式菌株的分离地。

Etymology   L. masc. adj. *asiaticus*, pertaining to Asia, where the type strain was isolated.

推荐的属名三字母简写   *Hvx*. 见"命名规则：属名简写"[属名简写三字母准则(Three-letter code for abbreviations of generic names)]。

滨田氏菌属(*Hamadaea*) Ara 等,2008,新属。此属已定 1 种。

词源   氏：姓氏；滨田氏：以日本微生物学家滨田麻纱姓氏命名,其对放线菌研究有许多贡献；菌：表示微小的事物,微生物(细菌、古菌、真菌)；属：属名的尾词；滨田氏菌属：以滨田的姓氏命名的菌属。

Etymology   N.L. fem. n. *Hamadaea*, named after Masa Hamada, the Japanese microbiologist who made a tremendous contribution to actinomycete research.

模式种   都浓滨田氏菌(*Hamadaea tsunoensis*)(Asano 等,1989) Ara 等,2008,新合并。

词源   都浓：日本国山口县都浓郡,此模式株从此地土壤样品中分离。

Etymology   N.L. fem. adj. *tsunoensis*, pertaining to Tsuno-gun, Yamaguchi, Japan, the origin of the soil sample from which the type strain was isolated.

汉斯希里戈尔氏菌属(*Hansschlegelia*) Ivanova 等,2010,新属。此属已定 3 种。

词源   氏：姓氏；汉斯希里戈尔氏：以德国著名的微生物学家汉斯·希里戈尔的姓名命名,其以自营细菌的经典研究著称；菌：表示微小的事物,微生物(细菌、古菌、真菌)；属：属名的尾词；汉斯希里戈尔氏菌属：以汉斯·希里戈尔的姓名命名的菌属。

Etymology   N.L. fem. n. *Hansschlegelia*, named after Hans Schlegel, the famous German microbiologist, Professor Hans G. Schlegel, known for his classic studies on autotrophic bacteria.

模式种   嗜植汉斯希里戈尔氏菌(*Hansschlegelia plantiphila*) Ivanova 等,2010,新种。

词源   嗜：嗜好的,喜好的,友好的,爱好的；植：任何传播种子的植物,幼植,植物；嗜植：喜好植物的。

Etymology　L. n. *planta*, any vegetable production that serves to propagate the species, a young plant, a plant; N.L. fem. adj. *phila* (from Gr. fem. adj. *philê*), friend, loving; N.L. fem. adj. *plantiphila*, plant-loving.

哈特曼氏杆菌属（*Hartmannibacter*）Suarez 等,2014,新属。此属已定 1 种。

词源　氏:姓氏;哈特曼氏:指的是德国微生物学家安东·哈特曼,以其姓氏命名,以可定其在根际微生物学中的很多贡献;杆:棒;菌:表示微小的事物,微生物(细菌、古菌、真菌);属:属名的尾词;哈特曼氏杆菌属:以哈特曼命名的棒形细菌。

Etymology　N.L. masc. n. *bacter* (from Gr. n. *bakterion*), a rod-shaped bacterium; N.L. masc. n. *Hartmannibacter*, Hartmann's rod-shaped bacterium, referring to Anton Hartmann, a German microbiologist, in recognition of his many contributions to rhizosphere microbiology.

模式种　重氮营哈特曼氏杆菌（*Hartmannibacter diazotrophicus*）Suarez 等,2014,新种。

词源　重:二,双;氮:一种气体元素氮,氮气;重氮:叠氮,双氮,两个氮,氮气;营:生计,营养,养分,养料,吸取养料维持生命;重氮营:以双氮(氮气)为营养生长,固氮的。

Etymology　Gr. pref. *di*, two, double; Fr. n. *azote*, nitrogen; Gr. adj. *trophikos*, nursing, tending or feeding; N.L. masc. adj. *diazotrophicus*, feeding on dinitrogen, diazotrophic.

阿瑟罗杆菌属（*Hasllibacter*）Kim 等,2012,新属。此属已定 1 种。

词源　阿瑟罗:江陵原为秽国的一部分,后为新罗国的一部分,阿瑟罗是新罗国(大部分在现在韩国境内)时期江陵一带的别称或古名,位于韩国东海岸,表示从此处获得此生物;杆:棒;菌:表示微小的事物,微生物(细菌、古菌、真菌);属:属名的尾词;阿瑟罗杆菌属:分离自阿瑟罗的棒形生物。

Etymology　N.L. n. *Haslla*, Haslla, ancient name of the city of Gangneung, located on the coast of the East Sea in Korea, from which the organism was collected; N.L. masc. n. *bacter*, rod; N.L. masc. n. *Hasllibacter*, rod isolated from Haslla.

模式种　真海鞘阿瑟罗杆菌（*Hasllibacter halocynthiae*）Kim 等,2012,新种。

词源　真海鞘:分离自海鞘类的真海鞘（*Halocynthia roretzi*）。

Etymology　N.L. gen. n. *halocynthiae*, of *Halocynthia*, isolated from the ascidian *Halocynthia roretzi*.

黑曾姓菌属（*Hazenella*）Buss 等,2013,新属。此属已定 1 种。

词源　姓:姓氏;黑曾:以伊丽莎白·黑曾的姓氏命名,她是纽约州卫生署的微生物学家,她对放线菌细菌的研究导致第一种抗真菌药,制真菌素的产生;菌:表示微小的事物,微生物(细菌、古菌、真菌);属:属名的尾词;黑曾姓菌属:以黑曾的姓氏命名的生物。

Etymology　N.L. fem. n. *Hazenella*, named to honour Elizabeth Hazen, a New York State

Department of Health microbiologist, for her work on actinomycete bacteria that led to the development of the first anti-fungal drug, nystatin.

模式种 似皮革黑曾姓菌（*Hazenella coriacea*）Buss 等，2013，新种。

词源 似：类似，像……；皮革：动物（经常是牛）的皮制品，皮革制品；似皮革：类似于皮革的，像皮革的。

Etymology L. n. *corium*, leather; L. suff. *-aceus*, looking like, resembling; N.L. fem. adj. *coriacea*, resembling leather.

He

创伤竿菌属（*Helcobacillus*）Renvoise 等，2009，新属。此属已定 1 种。

词源 创伤：（皮肤破了的）创伤部位；竿：在本书中对译于拉丁文 *bacillus*，表示棒形，以示与常见的"杆"的区别，表示以出芽孢为特征的棒形；菌：表示微小的事物，微生物（细菌、古菌、真菌）；属：属名的尾词；创伤竿菌属：在创伤部位发现的竿棒形生物。

Etymology Gr. n. *helkos*, wound; L. masc. n. *bacillus*, rod; N.L. masc. n. *Helcobacillus*, a rod found in wounds.

模式种 马西利亚创伤竿菌（*Helcobacillus massiliensis*）Renvoise 等，2009，新种。

词源 马西利亚：法国马赛的古罗马名，此模式菌株的分离地。

Etymology L. masc. adj. *massiliensis*, of *Massilia*, the old Roman name for Marseille, where the type strain was isolated.

创伤果菌属（*Helcococcus*）Collins 等，1993，新属。此属已定 3 种。

词源 创伤：（皮肤破了的）创伤部位；果：浆果，指形状像浆果的；菌：表示微小的事物，微生物（细菌、古菌、真菌）；属：属名的尾词；创伤果菌属：在创伤部位发现的浆果形生物。

Etymology Gr. n. *helkos*, wound; N.L. masc. n. *coccus* (Gr. mas. n. *kokkos*), berry; N.L. masc. n. *Helcococcus*, a coccus found in wounds.

模式种 昆兹氏创伤果菌（*Helcococcus kunzii*）Collins 等，1993，新种。

词源 氏：姓氏；昆兹氏：以美国细菌学家劳伦斯·昆兹的姓氏命名。

Etymology N.L. gen. n. *kunzii*, of Kunz, named after Lawrence J. Kunz, an American bacteriologist.

蜘杆菌属（*Helicobacter*）Goodwin 等，1989，新属；Vandamme 等，1991 修改。此属已定 35 种。此属是蜘杆菌科（*Helicobacteraceae*）Garrity 等，2006 的模式属。

词源 蜘：螺蛳，与螺同意，螺的，螺形的，螺旋的；杆：棒；菌：表示微小的事物，微生物（细菌、古菌、真菌）；属：属名的尾词；蜘杆菌属：螺蛳形的棒形生物。

Etymology Gr. adj. *helix -îkos*, twisted, curved, spiral; N.L. masc. n. *bacter*, a rod, a staff; N.L.

masc. n. *Helicobacter*, a spiral rod.

模式种 幽门蛳杆菌（*Helicobacter pylori*）（Marshall 等，1985）Goodwin 等，1989，新合并。

词源 幽门：胃的阴窍，幽门，幽门的。

Etymology L. n. *pylorus*（from Gr. n. *pulôros*, gate keeper），the lower orifice of the stomach, the pylorus; L. gen. n. *pylori*, of the pylorus.

注1：希腊文形容词 *helix–ikos* 表示螺形的、螺旋的、螺体的，与拉丁文 *spira* 意义相同，为了以示区别，启用螺的同义词蛳，蛳在中文中除了这种用法外，很少涉及其他。这种用法应当没有问题，唯一的问题是这种菌比较特别，传播比较广泛。但这种处理也更加使得此属此种更加特别。

注2：幽门蛳杆菌（以往是幽门螺杆菌）的发现令马歇尔和沃伦获得 2005 年的诺贝尔生理学或医学奖。在 1982 年之前，没有人认为细菌可以在人的胃酸（pH 值可低至 1）中存活。

蛳杆菌科（*Helicobacteraceae*）Garrity 等，2006，新科。

模式属 蛳杆菌属（*Helicobacter*）Goodwin 等，1989，新属。

词源 蛳杆菌属：此科之模式属；科：用于定义一个比属高、比目低的分类级和尾词；在中文科的命名中，把模式属属名中的尾字"属"代换为尾字"科"，即为模式属所在的科名；蛳杆菌科：蛳杆菌属之科。

Etymology N.L. masc. n. *Helicobacter*, type genus of the family; suff. *-aceae*, ending to denote family; N.L. fem. pl. n. *Helicobacteraceae*, the *Helicobacter* family.

阳竿菌属（*Heliobacillus*）Beer-Romero and Gest, 1998, 新属。此属已定 1 种。

词源 阳：阳光，太阳，日，日光；竿：在本书中对译于拉丁文 *bacillus*，表示棒形，以示与常见的"杆"的区别，表示以出芽孢为特征的棒形；菌：表示微小的事物，微生物（细菌、古菌、真菌）；属：属名的尾词；阳竿菌属：阳光棒形生物。

Etymology Gr. n. *helios*, sun; L. dim. n. *bacillus*, a small rod; N.L. masc. n. *Heliobacillus*, sun rod.

模式种 动阳竿菌（*Heliobacillus mobilis*）Beer-Romero and Gest, 1998, 新种。

词源 动：运动的，移动的，活动的，游动的，这里指的是它快速的运动特性。

Etymology L. masc. adj. *mobilis*, movable, moving, named for its rapid motility.

推荐的属名三字母简写 Hba. 见"命名规则：属名简写"[属名简写三字母准则（Three-letter code for abbreviations of generic names）]。

阳小杆菌科（*Heliobacteriaceae*）Madigan and Asao, 2010, 新科。

模式属 阳小杆菌属（*Heliobacterium*）Gest and Favinger, 1985, 新属。

词源 阳小杆菌属：此科之模式属；科：用于定义一个比属高、比目低的分类级和尾词；在中文科的命名中，把模式属属名中的尾字"属"代换为尾字"科"，即为模式属所在的科名；阳小杆菌科：阳小杆菌属之科。

Etymology   N.L. neut. n. *Heliobacterium*, type genus of the family; suff. *-aceae*, ending to denote a family; N.L. fem. pl. n. *Heliobacteriaceae*, the *Heliobacterium* family.

阳小杆菌属(*Heliobacterium*) Gest and Favinger,1985,新属。此属已定 5 种。

此属是阳小杆菌科(*Heliobacteriaceae*) Madigan and Asao,2010 的模式属。

词源 阳:阳光,太阳,日,日光;小杆:小棒;菌:表示微小的事物,微生物(细菌、古菌、真菌);属:属名的尾词;阳小杆菌属:阳光细菌。

Etymology   Gr. n. *helios*, sun; L. neut. n. *bacterium*, rod; N.L. neut. n. *Heliobacterium*, sun bacterium.

模式种 绿色阳小杆菌(*Heliobacterium chlorum*) Gest and Favinger,1985,新种。

词源 绿色:绿色的,绿颜色的。

Etymology   N.L. neut. adj. *chlorum* (from Gr. neut. adj. *chloron*), green.

推荐的属名三字母简写 *Hbt*. 见"命名规则:属名简写"[属名简写三字母准则(Three-letter code for abbreviations of generic names)]。

嗜阳菌属(*Heliophilum*) Ormerod 等,1996,新属。此属已定 1 种。

词源 嗜:嗜好的,喜好的,友好的,爱好的;阳:阳光,太阳,日,日光;菌:表示微小的事物,微生物(细菌、古菌、真菌);属:属名的尾词;嗜阳菌属:喜好阳光的生物。

Etymology   Gr. n. *helios*, sun; N.L. adj. *philus -a -um* (from Gr. adj. *philos -ê -on*), friend, loving; N.L. neut. n. *Heliophilum*, sun lover.

模式种 成批嗜阳菌(*Heliophilum fasciatum*) Ormerod 等,1996,新种。

词源 成批:成束,成捆,这些细胞运动时形成一个束队成批运动。

Etymology   L. n. *fascis*, bundle; N.L. neut. adj. *fasciatum*, bundled, named for the fact that cells form into bundles that move as a unit.

推荐的属名三字母简写 *Hph*. 见"命名规则:属名简写"[属名简写三字母准则(Three-letter code for abbreviations of generic names)]。

阳索菌属(*Heliorestis*) Bryantseva 等,2000,新属。此属已定 2 种。

词源 阳:阳光,太阳,日,日光;索:绳子;阳索:阳光绳索;菌:表示微小的事物,微生物(细菌、古菌、真菌);属:属名的尾词;阳索菌属:太阳(阳光)绳索形的生物。

Etymology   Gr. n. *helios*, sun; L. fem. n. *restis*, a rope; N.L. fem. n. *Heliorestis*, sun rope.

模式种 达斡尔阳索菌(*Heliorestis daurensis*) Bryantseva 等,2000,新种。

词源 达斡尔:俄罗斯达斡尔地区(**Daur Steppe**),此模式株分离自此。

Etymology   N.L. fem. adj. *daurensis*, pertaining to the region Dauria (Daur Steppe, Russia), from which the type strain was isolated.

推荐的属名三字母简写　Hrs. 见"命名规则：属名简写"〔属名简写三字母准则（Three-letter code for abbreviations of generic names）〕。

阳发菌属（*Heliothrix*）Pierson 等，1986，新属。此属已定 1 种。

词源　阳：太阳，阳光，日，日光；发：头发，毛发，丝线；阳发：阳光头发；菌：表示微小的事物，微生物（细菌、古菌、真菌）；属：属名的尾词；阳发菌属：阳光头发形的生物。

Etymology　Gr n. *helios*, sun; Gr. fem. n. *thrix*, hair; N.L. fem. n. *Heliothrix*, sun hair.

模式种　俄勒冈州阳发菌（*Heliothrix oregonensis*）Pierson 等，1986，新种。

词源　俄勒冈州：美国的一个州，与俄勒冈州有关的。

Etymology　N.L. fem. adj. *oregonensis*, pertaining to Oregon, a state in the U.S.A.

推荐的属名三字母简写　Htr. 见"命名规则：属名简写"〔属名简写三字母准则（Three-letter code for abbreviations of generic names）〕。

赫勒菌属（*Hellea*）Alain 等，2008，新属。此属已定 1 种。

词源　赫勒：希腊神话中的海女神；菌：表示微小的事物，微生物（细菌、古菌、真菌）；属：属名的尾词；赫勒菌属：以神话海女神赫勒命名，以示此第一株的海洋来源属性。

Etymology　L. fem. n. *Helle*, a sea goddess in Greek mythology; N.L. fem. n. *Hellea*, named after *Helle* in reference to the marine origin of the first strain.

模式种　巴尔纽伦赫勒菌（*Hellea balneolensis*）Alain 等，2008，新种。

词源　巴尔纽伦：滨海巴尔纽斯（**Banyuls-sur-mer**）的古名，此模式株的分离地。

Etymology　M.L. n. *Balneola*, the ancient name of Banyuls-sur-mer; N.L. fem. adj. *balneolensis*, pertaining to *Balneola*, from where the type strain was isolated.

亨里赛姓菌属（*Henriciella*）Quan 等，2009，新属；Lee 等，2011 修改。此属已定 3 种。

词源　姓：姓氏；亨里赛：以亨里赛姓氏命名，其首先描述了柄状细菌属，柄杆菌属；菌：表示微小的事物，微生物（细菌、古菌、真菌）；属：属名的尾词；亨里赛姓菌属：以亨里赛的姓氏命名的菌属。

Etymology　N.L. dim. fem. n. *Henriciella*, named after Henrici A.T., who first described stalked bacteria genus *Caulobacter*.

模式种　海亨里赛氏菌（*Henriciella marina*）Quan 等，2009，新种。

词源　海：海的，大海的，海洋的，属于或来自海的。

Etymology　L. fem. adj. *marina*, belonging to the sea, marine.

赫菲斯托斯菌属（*Hephaestia*）Felfoldi 等，2014，新属。此属已定 1 种。

词源　赫菲斯托斯：属于赫菲斯托斯的，以赫菲斯托斯命名，火和金属之神，希腊神话中的铁匠和工匠守护者；菌：表示微小的事物，微生物（细菌、古菌、真菌）；属：属名的尾词；赫菲斯托斯菌属：指的是此模式株分离自处理焦化厂炼钢流出液的活性泥浆系统。
Etymology　N.L. fem. n. *Hephaestia*, belonging to Hephaestus; named after Hephaestus (Hephaistos), the god of fire and metals, the protector of blacksmiths and craftsmen in Greek mythology; and refers to the fact that the type strain was isolated from an activated sludge system treating the coke plant effluent of a steelworks.

模式种　淤赫菲斯托斯菌（*Hephaestia caeni*）Felfoldi 等，2014，新种。
词源　淤：泥，泥浆，淤泥，指的是此模式菌株分离自活性泥浆。
Etymology　L. gen. n. *caeni*, of mud, referring to that the type strain was isolated from activated sludge.
来源　工业。

草小螺体属（*Herbaspirillum*）Baldani 等，1986，新属；Baldani 等，1996 修改，Carro 等，2012 修改。此属已定 16 种，2 亚种。

词源　草：草，草本植物，不产生长久木质组织的带种子的植物；小螺：与螺相对，表示比螺在尺寸上小，小螺形，小螺旋，小螺体；菌：表示微小的事物，微生物（细菌、古菌、真菌）；属：属名的尾词；草小螺体属：来自草本的、种子植物的、小的螺旋形细菌。
Etymology　L. fem. n. *herba*, an herb, grass, seed-bearing plant that does not produce persistent woody tissue; N.L. dim. neut. n. *spirillum* (from L. n. *spira*, a coil, spiral), small spiral; N.L. neut. n. *Herbaspirillum*, small, spiral-shaped bacteria from herbaceous, seed-bearing plants.

模式种　塞洛佩迪卡草小螺体（*Herbaspirillum seropedicae*）Baldani 等，1986，新种。
词源　塞洛佩迪卡：巴西里约热内卢的塞洛佩迪卡，此种的首次分离地。
Etymology　N.L. gen. n. *seropedicae*, of Seropédica, Rio de Janeiro, Brazil, where the species was first isolated.

草妻菌属（*Herbiconiux*）Behrendt 等，2011，Hamada 等，2012 修改。此属已定 4 种。

词源　草：草，草本植物，不产生长久木质组织的带种子的植物；妻：妻子，夫人；菌：表示微小的事物，微生物（细菌、古菌、真菌）；属：属名的尾词；草妻菌属：与植物有关联的，植物配偶（如果把植物作为高大的夫，草就是娇小的妻），草本的配偶生物。
Etymology　L. n. *herba*, grass, herb, a green plant; L. fem. n. *coniux*, wife, female spouse; N.L. fem. n.*Herbiconiux*, the associate of a plant, plant spouse.

模式种　人参草妻菌（*Herbiconiux ginsengi*）（Qiu 等，2007）Behrendt 等，2011，新合并。
词源　人参：人参的，此菌种的模式菌株的分离源。
Etymology　N.L. gen. n. *ginsengi*, of ginseng, the source of the type strain of this species.

草孢菌属（*Herbidospora*）Kudo 等，1993，新属。此属已定 6 种。

词源　草：草，草本植物，不产生长久木质组织的带种子的植物；孢：孢子；菌：表示微小的事物,微生物(细菌、古菌、真菌);属:属名的尾词;草孢菌属:此生物形成孢子像草一样。
Etymology L. adj. *herbidus*, full of grass, grassy; Gr. n. *spora*, a seed and in biology a spore; N.L. fem. n.*Herbidospora*, organism forming spores like grass.

模式种 粉笔状草孢菌(*Herbidospora cretacea*)Kudo 等,1993,新种。

词源 粉笔状:像粉笔的。
Etymology L. fem. adj. *cretacea*, chalk-like.

赫米尼乌斯单胞菌属(*Herminiimonas*)Fernandes 等,2005,新属。此属已定 6 种。

词源 赫米尼乌斯:路西塔尼亚山脉(在葡萄牙和西班牙之间)的赫米尼乌斯山,现在的名字叫色拉达埃斯特雷拉(**Serra da Estrela**);单胞:单细胞,单元;菌:表示微小的事物,微生物(细菌、古菌、真菌);属:属名的尾词;赫米尼乌斯单胞菌属:分离自葡萄牙赫米尼乌斯山矿泉水的单胞菌。
Etymology L. masc. n. *Mons Herminius*, a mountain range of Lusitania; L. fem. n. *monas*, a unit, monad; N.L. fem. n. *Herminiimonas*, a monad isolated from mineral water coming from the Portuguese mountain *Mons Herminius* that is now known as the Serra da Estrela.

模式种 泉栖赫米尼乌斯单胞菌(*Herminiimonas fonticola*)Fernandes 等,2005,新种。

词源 泉:泉水,喷泉,源泉;栖:栖息,栖居,栖息地,栖居者;泉栖:泉源的栖居者。
Etymology L. masc. n. *fons fontis*, a spring, fountain; L. suff. *-cola* (from Latin masculine or feminine noun*incola*), an inhabitant of a place, a resident; N.L. n. *fonticola*, an inhabitant of a fountain.

滑管菌属(*Herpetosiphon*)Holt and Lewin,1968,属。此属已定 5 种。

此属是滑管菌目(*Herpetosiphonales*)Gupta 等,2013 和滑管菌科(*Herpetosiphonaceae*)Gupta 等,2013 的模式属。

词源 滑:滑行/滑翔动物,爬行动物;管:管子,管道;菌:表示微小的事物,微生物(细菌、古菌、真菌);属:属名的尾词;滑管菌属:滑行的管状生物。
Etymology Gr. n. *herpeton*, gliding animal, reptile; Gr. masc. n. *siphôn*, tube, pipe; N.L. masc. n.*Herpetosiphon*, gliding tube.

模式种 金橙色滑管菌(*Herpetosiphon aurantiacus*)Holt and Lewin,1968,《1980 年细菌名确认单》。

词源 金橙色:(如同金子般)闪亮的橙色。
Etymology N.L. masc. adj. *aurantiacus*, orange-colored.

滑管菌科(*Herpetosiphonaceae*)Gupta 等,2013,新科。

模式属 滑管菌属(*Herpetosiphon*)Holt and Lewin,1968,《1980 年细菌名确认单》,属。

词源 滑管菌属:此科之模式属;科:用于定义一个比属高、比目低的分类级和尾词;在中文科的命名中,把模式属属名中的尾字"属"代换为尾字"科",即为模式属所在的科名;滑管菌科:滑管菌属之科。

Etymology　N.L. n. *Herpetosiphon*, type genus of the family; suff. *-aceae*, ending to denote a family; N.L. fem. pl. n. *Herpetosiphonaceae*, the *Herpetosiphon* family.

滑管菌目(*Herpetosiphonales*) Gupta 等,2013,新目。

模式属　滑管菌属(*Herpetosiphon*) Holt and Lewin, 1968,《1980 年细菌名确认单》,属。

词源　滑管菌属:此目之模式属;目:用于定义一个比科高、比纲低的分类级和尾词;在中文目的命名中,把模式属属名中的尾字"属"代换为尾字"目",即为模式属所在的目名;滑管菌目:滑管菌属之目。

Etymology　N.L. n. *Herpetosiphon*, type genus of the family; suff. *-aceae*, ending to denote a family; N.L. fem. pl. n. *Herpetosiphonales*, the *Herpetosiphon* family.

赫斯佩尔氏菌属(*Hespellia*) Whitehead 等,2004,新属。此属已定 2 种。

词源　氏:姓氏;赫斯佩尔氏:以美国微生物学家罗伯特·赫斯佩尔的姓氏命名,以示他对厌氧微生物学的许多贡献;菌:表示微小的事物,微生物(细菌、古菌、真菌);属:属名的尾词;赫斯佩尔氏菌属:以赫斯佩尔的姓氏命名的菌属。

Etymology　N.L. fem. n. *Hespellia*, named in honour of the American microbiologist Robert B. Hespell, in recognition of his many contributions to anaerobic microbiology.

模式种　猪便赫斯佩尔氏菌(*Hespellia stercorisuis*) Whitehead 等,2004,新种。

词源　猪:亥,豕,彘;便:粪,屎,排泄物,污物,粪便;猪便:来自猪的粪便/粪肥。

Etymology　L. masc. n. *stercus -oris*, faeces, manure; L. gen. n. *suis*, of a pig; N.L. gen. n. *stercorisuis*, from faeces/manure of a pig.

Hi

希普氏菌属(*Hippea*) Miroshnichenko 等,1999,新属;Flores 等,2012 修改。此属已定 3 种。

词源　氏:姓氏;希普氏:以汉斯·希普的姓氏命名,一位德国微生物学家,他在表征新的严格厌氧原核生物和理解其生理生化性能上有重要贡献;菌:表示微小的事物,微生物(细菌、古菌、真菌);属:属名的尾词;希普氏菌属:以希普的姓氏命名的菌属。

Etymology　N.L. fem. n. *Hippea*, named after Hans Hippe, a German microbiologist, in recognition of his significant contribution to the characterization of new, obligately anaerobic procaryotes and the understanding of their physiology.

模式种　海希普氏菌(*Hippea maritima*) Miroshnichenko 等,1999,新种。

词源　海:属于或来自海的,大海的,描述的是其栖居的海洋环境(生境)。

Etymology　L. fem. adj. *maritima*, of the sea, marine; i.e. inhabiting marine environments.

赫希氏菌属(*Hirschia*) Schlesner 等,1990,新属; Park and Yoon,2013 修改。此属已定 3 种。

词源　氏:姓氏;赫希:德国微生物学家皮特·赫希;菌:表示微小的事物,微生物(细菌、古菌、真菌);属:属名的尾词;赫希氏菌属:以赫希姓氏命名的生物。

Etymology　N.L. fem. n. *Hirschia*, honoring Peter Hirsch, a German microbiologist, who is an expert on budding and hyphal bacteria.

模式种　波罗的海赫希氏菌(*Hirschia baltica*) Schlesner 等,1990,新种。

词源　波罗的海:与波罗的海有关的,源自波罗的海的。

Etymology　N.L. fem. adj. *baltica*, pertaining to the Baltic Sea.

嗜组织菌属(*Histophilus*) Angen 等,2003,新属。此属已定 1 种。

词源　嗜:嗜好的,喜好的,友好的,爱好的;组织:身体(器官)组织;菌:表示微小的事物,微生物(细菌、古菌、真菌);属:属名的尾词;嗜组织菌属:喜好(身体)组织的生物。

Etymology　Gr. n. *histos*, tissue; N.L. adj. *philus* (from Gr. adj. *philos* friendly); N.L. masc. n. *Histophilus*, the tissue friend.

模式种　绵羊嗜组织菌(*Histophilus somni*) Angen 等,2003,新种。

词源　绵羊:绵羊的,指的是与此细菌有关的疾病条件之一。

Etymology　L. gen. n. *somni*, of sleep, referring to one of the disease conditions associated with the bacterium.

Ho

赫缶氏菌属(*Hoeflea*) Peix 等,2005,新属。此属已定 6 种。

词源　氏:姓氏;赫缶氏:以德国微生物学家曼弗雷德·赫缶姓氏命名,以记述他对海洋细菌分类学的贡献;菌:表示微小的事物,微生物(细菌、古菌、真菌);属:属名的尾词;赫缶氏菌属:以赫缶的姓氏命名的菌属。

Etymology　N.L. fem. n. *Hoeflea*, honouring Manfred Höfle, German microbiologist, in recognition of his contribution to the taxonomy of marine bacteria.

模式种　海赫缶氏菌(*Hoeflea marina*) Peix 等,2005,新种。

词源　海:海的,大海的,海洋的,指的是此微生物的分离源是海水。

Etymology　L. fem. adj. *marina*, of the sea, marine, referring to the isolation source of this micro-organism, sea water.

霍尔德曼姓菌属(*Holdemanella*) De Maesschalck 等,2014,新属。此属已定 1 种。

词源　姓:姓氏;霍尔德曼姓:以当代美国微生物学家莉莲·霍尔德曼·摩尔的父辈姓氏命名,她对厌氧细菌学有突出的贡献;菌:表示微小的事物,微生物(细菌、古菌、真菌);属:属名的尾词;霍尔德曼姓菌属:以霍尔德曼姓氏命名的生物。

Etymology   N.L. fem. dim. n. *Holdemanella*, named in honour of Lillian V. Holdeman Moore, a contemporary American microbiologist, for her outstanding contribution to the bacteriology of anaerobes.

模式种　双形霍尔德曼姓菌（*Holdemanella biformis*）De Maesschalck 等,2014,新合并。

词源　双：一对,成双,两个；形：状,形状,外形,外貌,形容某物在外貌上像……；双形：双形的,两状的,两种形状的,指的是细胞的形态学。

Etymology   L. fem. adj. *biformis*, two-shaped, two-formed（pertaining to cellular morphology）.

注：此菌种合并自双形优小杆菌（*Eubacterium biforme*）（Eggerth,1935）Pre´vot,1938（Approved Lists,1980）。

霍尔德曼氏菌属（*Holdemania*）Willems 等,1997,新属。此属已定 1 种。

词源　氏：姓氏；霍尔德曼氏：以当代美国微生物学家莉莲·霍尔德曼·摩尔的父姓命名,她对厌氧细菌学有突出的贡献；菌：表示微小的事物,微生物（细菌、古菌、真菌）；属：属名的尾词；霍尔德曼氏菌属：以霍尔德曼的姓氏命名的生物。

Etymology   N.L. fem. n. *Holdemania*, named in honor of Lillian V. Holdeman Moore, a contemporary American microbiologist, for her outstanding contribution to anaerobic bacteriology.

模式种　丝形霍尔德曼氏菌（*Holdemania filiformis*）Willems 等,1997,新种。

词源　丝：线,细线,极细小的纤维状的；形：状,形状,外形,外貌,形容某物在外貌上像……；丝形：丝形的,丝状的,线形的；指的是分成细小的棒形细胞。

Etymology   L. n. *filum*, thread; L. adj. suffix *-formis -is -e*, -like, in the shape of; N.L. fem. adj. *filiformis*, filiform, thread-shaped.

霍兰德氏菌属（*Hollandina*）（*ex* To 等,1978）Bermudes 等,1988,命名修改。此属已定 1 种。

词源　氏：姓氏；霍兰德氏：以安德烈·霍兰德的姓氏命名,法国原生生物学家；菌：表示微小的事物,微生物（细菌、古菌、真菌）；属：属名的尾词；霍兰德氏菌属：以霍兰德的姓氏命名的菌属生物。

Etymology   N.L. fem. n. *Hollandina*, named in honor of André Hollande, a French protistologist.

模式种　翼白蚁霍兰德氏菌（*Hollandina pterotermitidis*）（*ex* To 等,1978）Bermudes 等,1988,新合并。

词源　翼白蚁：翼白蚁的,以此菌的宿主翼白蚁命名。

Etymology   N.L. gen. n. *pterotermitidis*, of *Pterotermes*, named for the host termite *Pterotermes occidentis*.

同义词　"*Hollandina*" To 等,1978。

全噬菌属(*Holophaga*)Liesack 等,1995,新属。此属已定 1 种。

此属是全噬菌目(*Holophagales*)Fukunaga 等,2008 和全噬菌科(*Holophagaceae*)Fukunaga 等,2008 的模式属。

词源　全:全部,整体;噬:吞,食,吃;菌:表示微小的事物,微生物(细菌、古菌、真菌);属:属名的尾词;全噬菌属:什么都吃,全吃的菌,通吃的生物。

Etymology　Gr. adj. *holos*, entire; Gr. v. *phagein*, to eat; N.L. fem. n. *Holophaga*, eating all.

模式种　烂臭全噬菌(*Holophaga foetida*)Liesack 等,1995,新种。

词源　烂臭:臭的,恶臭的,这里指的是产生恶臭的甲硫醇和二甲基硫醚。

Etymology　L. fem. adj. *foetida*, stinking, fetid, here referring to the production of malodorous methanethiol and dimethylsulfide.

全噬菌科(*Holophagaceae*)Fukunaga 等,2008,新科。

模式属　全噬菌属(*Holophaga*)Liesack 等,1995,新属。

词源　全噬菌属:此科之模式属;科:用于定义一个比属高、比目低的分类级和尾词;在中文科的命名中,把模式属属名中的尾字"属"代换为尾字"科",即为模式属所在的科名;全噬菌科:全噬菌属之科。

Etymology　N.L. fem. n. *Holophaga*, type genus of the family; suff. *-aceae*, ending to denote a family; N.L. fem. pl. n. *Holophagaceae*, the family of the genus *Holophaga*.

全噬菌纲(*Holophagae*)Fukunaga 等,2008,新纲。

模式目　全噬菌目(*Holophagales*)Fukunaga 等,2008,新目。

词源　全噬菌属:此纲之模式目全噬菌目之模式属;纲:(原核)生物分类的一个级别,门之下,目之上的一个分类级,纲之尾词;全噬菌纲:全噬菌目之纲。

Etymology　N.L. fem. n. *Holophaga*, type genus of the type order *Holophagales*; N.L. fem. pl. n. *Holophagae*, the class of the order *Holophagales*.

全噬菌目(*Holophagales*)Fukunaga 等,2008,新目。

此属是全噬菌纲(*Holophagae*)Fukunaga 等,2008 的模式目。

模式属　全噬菌属(*Holophaga*)Liesack 等,1995,新属。

词源　全噬菌属:此目之模式属;目:用于定义一个比科高、比纲低的分类级和尾词;在中文目的命名中,把模式属属名中的尾字"属"代换为尾字"目",即为模式属所在的目名;全噬菌目:全噬菌属之目。

Etymology　N.L. fem. n. *Holophaga*, type genus of the order; suff. *-ales*, ending to denote an order; N.L. fem. pl. n. *Holophagales*, the order of genus *Holophaga*.

全孢菌属（*Holospora*）（*ex* Hafkine,1890）Gromov and Ossipov,1981,新属,命名修改。此属已定 6 种。

此属是全孢菌科（*Holosporaceae*）Görtz and Schmidt,2006 的模式属。

词源　全：全部,整体；孢：孢子；菌：表示微小的事物,微生物（细菌、古菌、真菌）；属：属名的尾词；全孢菌属：全部是孢子的生物。

Etymology　Gr. adj. *holos -ê -on*, whole, entire, complete in all its parts; Gr. fem. n. *spora*, seed (in biology, a spore); N.L. fem. n. *Holospora*, whole spore.

模式种　波动全孢菌（*Holospora undulata*）（*ex* Hafkine,1890）Gromov and Ossipov,1981,新种,命名修改。

词源　波动：由于波的（波峰、波长）不同而多种多样,显得非常动态。

Etymology　L. fem. adj. *undulata*, undulated, diversified as with waves.

同义词　"*Holospora*" Hafkine,1890。

全孢菌科（*Holosporaceae*）Görtz and Schmidt,2006,新科。

模式属　全孢菌属（*Holospora*）（*ex* Hafkine,1890）Gromov and Ossipov,1981,新属,命名修改。

词源　全孢菌属：此科之模式属；科：用于定义一个比属高、比目低的分类级和尾词；在中文科的命名中,把模式属属名中的尾字"属"代换为尾字"科",即为模式属所在的科名；全孢菌科：全孢菌属之科。

Etymology　N.L. fem. n. *Holospora*, type genus of the family; suff. *-aceae*, ending to denote family; N.L. fem. pl. n. *Holosporaceae*, the *Holospora* family.

同丝氨酸杆菌属（*Homoserinibacter*）Kim 等,2014,新属。此属已定 1 种。

词源　同丝氨酸：与丝氨酸相比多了一个亚甲基（—CH_2—）,$HOCH_2CH_2CH(NH_2)COOH$；杆：棒；菌：表示微小的事物,微生物（细菌、古菌、真菌）；属：属名的尾词；同丝氨酸杆菌属：指的是细胞壁中有同丝氨酸的细菌。

Etymology　N.L. n. *homoserinum*, homoserine; N.L. masc. n. *bacter*, a rod; N.L. masc. n. *Homoserinibacter*, referring to the presence of homoserine in the cell wall.

模式种　公州同丝氨酸杆菌（*Homoserinibacter gongjuensis*）Kim 等,2014,新种。

词源　公州：指的是（韩国）公州市,此模式株的分离地。

Etymology　N.L. masc. adj. *gongjuensis*, referring to Gongju city where the type strain was isolated.

同丝氨酸单胞菌属（*Homoserinimonas*）Kim 等,2012,新属。此属已定 1 种。

词源　同丝氨酸：与丝氨酸相比多了一个亚甲基（—CH_2—）,$HOCH_2CH_2CH(NH_2)COOH$；

单胞：单细胞，单元；菌：表示微小的事物，微生物(细菌、古菌、真菌)；属：属名的尾词；同丝氨酸单胞菌属：同丝氨酸单细胞，指的是在细胞壁中存在同丝氨酸。

Etymology　N.L. n. *homoserinum*, homoserine; L. fem. n. *monas*, a unit, monad; N.L. fem. n.*Homoserinimonas*, homoserine unit, referring to the presence of homoserine in the cell wall.

模式种　气播同丝氨酸单胞菌(*Homoserinimonas aerilata*) Kim 等,2012,新种。

词源　气：空气；播：播种,携带；气播：通过空气传播,表明由空气携带,气生的。

Etymology　L. n. *aer*, air; L. part. adj. *latus -a -um*, carried; N.L. fem. part. adj. *aerilata*, airborne.

注：拉丁文形容词 latum 另有阔,宽阔的意思,比如 1939 年的阔显核菌(*Caryophanon latum*)。

洪氏菌属(*Hongia*) Lee 等,2000,新属。此属已定 1 种。

此属 2003 年已归属到→韩生科所小菌属(*Kribbella*) Park 等,1999,Sohn 等,2003 修改。

词源　洪氏：以韩国微生物学家洪顺禹(1927—1988)的姓氏命名,其致力于研究土壤微生物学；菌：表示微小的事物,微生物(细菌、古菌、真菌)；属：属名的尾词；洪氏菌属：以洪的姓氏命名的菌属。

Etymology　N.L. fem. n. *Hongia*, named after Soon-Woo Hong (1927—1988), a Korean microbiologist who devoted his life to the study of soil micro-organisms.

模式种　韩国洪姓菌(*Hongia koreensis*) Lee 等,2000。

此种 2003 年已归种到→韩国韩生科所小菌(*Kribbella koreensis*) (Lee 等,2000) Sohn 等,2003,新合并。

词源　韩国：与韩国有关的,分离此模式株土壤的来源地。

Etymology　N.L. fem. adj. *koreensis*, pertaining to Korea, the location of the soil sample from which the type strain was isolated.

洪姓菌属(*Hongiella*) Yi and Chun,2004,Nedashkovskaya 等,2004 修改。此属已定 4 种。

此属 2007 年已归属到→冰贪菌属(*Algoriphagus*) Bowman 等,2003,Nedashkovskaya 等,2007 修改。

词源　姓：姓氏；洪姓：以韩国微生物学家洪顺禹的姓氏命名,其致力于研究土壤微生物学；菌：表示微小的事物,微生物(细菌、古菌、真菌)；属：属名的尾词；洪姓菌属：以洪的姓氏命名的菌属。

Etymology　N.L. dim. fem. n. *Hongiella*, named in honour of Soon-Woo Hong, a Korean microbiologist who devoted his life to the study of soil micro-organism.

模式种　吞甘露醇洪氏菌(*Hongiella mannitolivorans*) Yi and Chun,2004,新种。

此种 2007 年已归种到→吞甘露醇冰贪菌(*Algoriphagus mannitolivorans*) (Yi and Chun,2004) Nedashkovskaya 等,2007,新合并。

词源　吞：吞噬的,吞食的,大吃的,吞没的；甘露醇：一种糖醇,即从甘露糖还原而成的,与山梨醇是同分异构体,仅在2位碳上的羟基取向有差异;吞甘露醇:吞食甘露醇,利用甘露醇。

Etymology　N.L. neut. n. *mannitolum*, mannitol; L. part. adj. *vorans*, devouring; N.L. fem. part. adj. *mannitolivorans*, mannitol-devouring, utilizing mannitol.

霍普氏菌属(*Hoppeia*)Kwon 等,2014,新属。此属已定1种。

词源　氏:姓氏;霍普氏:德国微生物学家汉斯—格奥·霍普的姓氏命名,他对海洋微生物学研究做出贡献;菌:表示微小的事物,微生物(细菌、古菌、真菌);属:属名的尾词;霍普氏菌属:以霍普的姓氏命名的菌属。

Etymology　N.L. fem. n. *Hoppeia*, of Hoppe, after the German microbiologist Hans-Georg Hoppe, for his contribution to the study of marine microbiology.

模式种　灵兴岛霍普氏菌(*Hoppeia youngheungensis*)Kwon 等,2014,新种。

词源　灵兴岛:韩国灵兴岛,此模式株的分离地。

Etymology　N.L. fem. adj. *youngheungensis*, belonging to Youngheung Island, Korea, where the type strain was isolated.

藻殖体纲(*Hormogoneae*)Cavalier—Smith,2002,新纲。

模式目　念珠藻目(*Nostocales*)Cavalier—Smith,2002,新目。

词源　藻:藻类;殖:繁殖后代;体:整体,身体,菌体,小体,小生命;纲:用于定义一个比目高、比门低的分类级和尾词,在中文纲的命名中,把模式目名中的尾字"目"代换为尾字"纲",即为模式目所对应的纲;藻殖体纲:一群以藻殖体或段殖体的形式分裂扩增的细菌。

Etymology　Gr. *hormos*, cord; Gr. *gonos*, offspring; N.L. fem. pl. n. *Hormogoneae*, group of bacteria which multiply by hormogonia.

霍华德姓菌属(*Howardella*)Cook 等,2007,新属。此属已定1种。

词源　姓:姓氏;霍华德:以新西兰微生物学家伯纳德·霍华德的姓氏命名,以纪念他在厌氧微生物学中的许多贡献;菌:表示微小的事物,微生物(细菌、古菌、真菌);属:属名的尾词;霍华德姓菌属:以霍华德的姓氏命名的菌属。

Etymology　N.L. fem. dim. *Howardella*, to honour the New Zealand microbiologist Bernard Howard, in recognition of his many contributions to anaerobic microbiology.

模式种　解脲霍华德姓菌(*Howardella ureilytica*)Cook 等,2007,新种。

词源　解:溶解的,分解的,降解的;脲:尿素;解脲:溶解尿素。

Etymology　N.L. n. *urea*, urea; Gr. adj. *lutikos*, able to dissolve; N.L. adj. *lyticus -a -um* (from Gr. adj. *lutikos -ê -on*), able to loosen, able to dissolve; N.L. fem. adj. *ureilytica*, urea dissolving.

奥约斯姓菌属（*Hoyosella*）Jurado 等,2009,新属。此属已定 1 种。

词源　姓:姓氏;奥约斯:曼纽尔·奥约斯博士,一位研究保护西班牙阿尔塔米拉洞窟画像（Altamira Cave paintings）的先行者;菌:表示微小的事物,微生物（细菌、古菌、真菌）;属:属名的尾词;奥约斯姓菌属:以奥约斯的姓氏命名的菌属。

Etymology　N.L. fem. dim. n. *Hoyosella*, named in honour of Dr Manuel Hoyos, a pioneer in research towards the protection of the Altamira Cave paintings.

模式种　阿尔塔米拉奥约斯姓菌（*Hoyosella altamirensis*）Jurado 等,2009,新种。

词源　阿尔塔米拉:阿尔塔米拉洞窟,西班牙坎塔布里亚,此模式株的分离地。

Etymology　N.L. fem. adj. *altamirensis*, referring to Altamira Cave（Cantabria, Spain）, where the type strain was isolated.

Hu

怀恕氏菌属（*Huaishuia*）Wang 等,2012,新属。此属已定 1 种。

词源　氏:姓氏;怀恕氏:以徐怀恕教授（1936—2001）的名字命名,其发现细菌的特殊存活形式,活的非可培养状态;菌:表示微小的事物,微生物（细菌、古菌、真菌）;属:属名的尾词;怀恕氏菌属:以徐怀恕的名字命名的菌属。

Etymology　N.L. fem. n. *Huaishuia*, named after Professor Huai-Shu Xu, who discovered the special live form viable but non-culturable state of bacteria.

模式种　嗜卤怀恕氏菌（*Huaishuia halophila*）Wang 等,2012,新种。

词源　嗜:嗜好的,喜好的,友好的,爱好的;卤:卤素,卤水,盐（水）;嗜卤:喜好盐的。

Etymology　Gr. n. *hals halos*, salt; N.L. adj. *philus -a -um*（from Gr. adj. *philos -ê -on*）, friend, loving; N.L. fem. adj. *halophila*, salt-loving.

黄河菌属（*Huanghella*）Jiang 等,2013,新属。此属已定 1 种。

词源　黄河:这里指的是中国北极黄河站;菌:表示微小的事物,微生物（细菌、古菌、真菌）;属:属名的尾词;黄河菌属:以中国北极黄河站命名的菌属,意即源自北极黄河站的生物。

Etymology　N.L. fem. dim. n. *Huanghella*, named after the Chinese Arctic Huanghe Station.

模式种　北极黄河菌（*Huanghella arctica*）Jiang 等,2013,新种。

词源　北极:最北部的,来自北极的,指的是此模式菌株的分离地点。

Etymology　L. fem. adj. *arctica*, northern, from the Arctic, referring to the site where the type strain was isolated.

腐土竿菌属（*Humibacillus*）Kageyama 等,2008,新属。此属已定 1 种。

词源　腐:腐殖质;土:土壤;腐土:富有腐殖质型有机质的土壤;竿:在本书中对译于拉丁

文 *bacillus*，表示棒形，以示与常见的"杆"的区别，表示以出芽孢为特征的棒形；菌：表示微小的事物，微生物（细菌、古菌、真菌）；属：属名的尾词；腐土竿菌属：分离自土壤的竿形生物。

Etymology　L. fem. n. *humus*, soil; L. masc. n. *bacillus*, rod; N.L. masc. n. *Humibacillus*, rod isolated from soil.

模式种　苍黄色腐土竿菌（*Humibacillus xanthopallidus*）Kageyama 等，2008，新种。

词源　苍：苍白的；黄：黄色的；色：颜色；苍黄色：苍黄色的。

Etymology　Gr. adj. *xanthos*, yellow; L. adj. *pallidus*, pale; N.L. masc. adj. *xanthopallidus*, pale yellow.

腐土杆菌属（*Humibacter*）Vaz-Moreira 等，2008，新属。此属已定 2 种。

词源　腐：腐殖质；土：土壤；腐土：富有腐殖质型有机质的土壤；杆：棒；菌：表示微小的事物，微生物（细菌、古菌、真菌）；属：属名的尾词；腐土杆菌属：生活在腐殖质土壤中的棒形生物。

Etymology　L. masc. n. *humus*, earth, soil and, in earth sciences or agriculture, humus; N.L. masc. n. *bacter*, rod; N.L. masc. n. *Humibacter*, rod living in humus.

模式种　素色腐土杆菌（*Humibacter albus*）Vaz-Moreira 等，2008，新种。

词源　素色：素色的，白色的。

Etymology　L. masc. adj. *albus*, white.

腐土果菌属（*Humicoccus*）Yoon 等，2007，新属。此属已定 1 种。

词源　腐：腐殖质；土：土壤；腐土：富有腐殖质型有机质的土壤；果：浆果，指形状像浆果的；菌：表示微小的事物，微生物（细菌、古菌、真菌）；属：属名的尾词；腐土果菌属：分离自土壤的浆果形生物。

Etymology　L. n. *humus*, the soil; N.L. masc. n. *coccus*（from Gr. masc. n. *kokkos*, grain, seed）, coccus; N.L. masc. n. *Humicoccus*, coccus isolated from soil.

模式种　苍黄色腐土果菌（*Humicoccus flavidus*）Yoon 等，2007，新种。

词源　苍黄色：浅黄色的，浅黄颜色的，略带苍白的黄色。

Etymology　L. masc. adj. *flavidus*, pale yellow.

腐土居菌属（*Humihabitans*）Kageyama 等，2007，新属。此属已定 1 种。

词源　腐：腐殖质；土：土壤；腐土：富有腐殖质型有机质的土壤；居：居民，居住者，栖居者；菌：表示微小的事物，微生物（细菌、古菌、真菌）；属：属名的尾词；腐土居菌属：土壤的栖居菌。

Etymology　L. masc. n. *humus*, soil; L. masc. n. *habitans*, an inhabitant; N.L. masc. n. *Humihabitans*, an inhabitant of soil.

模式种　稻腐土居菌（*Humihabitans oryzae*）Kageyama 等，2007，新种。

词源　稻：水稻的，稻米的，指的是此模式株分离自水稻土。
Etymology　L. gen. n. *oryzae*, of rice, pertaining to the isolation of the type strain from rice paddy soil.

腐土针菌属（*Humitalea*）Margesin and Zhang，2013，新属。此属已定1种。

词源　腐：腐殖质；土：土壤；腐土：富有腐殖质型有机质的土壤；针：细棒；菌：表示微小的事物，微生物（细菌、古菌、真菌）；属：属名的尾词；腐土针菌属：来自腐土的细棒形生物。
Etymology　L. n. *humus*, soil; L. fem. n. *talea*, a rod, stick; N.L. fem. n. *Humitalea*, a rod from soil.

模式种　玫色腐土针菌（*Humitalea rosea*）Margesin and Zhang，2013，新种。
词源　玫色：玫瑰色的，玫色的，粉色的，粉红色的，指的是此细菌产生的色素。
Etymology　L. fem. adj. *rosea*, rose-coloured, pink, referring to the pigmentation of the bacterium.

亨盖特姓菌属（*Hungatella*）Kaur 等，2014，新属。此属已定1种。

词源　姓：姓氏；亨盖特：为了纪念罗伯特·爱德华·亨盖特（1906—2004）以其姓氏命名，他对厌氧细菌学有许多贡献；菌：表示微小的事物，微生物（细菌、古菌、真菌）；属：属名的尾词；亨盖特姓菌属：以亨盖特的姓氏命名的菌属。
Etymology　N.L. fem. dim. n. *Hungatella*, in honour of Robert Edward Hungate (1906—2004), who contributed much to anaerobic bacteriology.

模式种　外流亨盖特姓菌（*Hungatella effluvii*）Kaur 等，2014，新种。
词源　外流：流出去的事物，流出物，外流口的东西。
Etymology　L. gen. n. *effluvii*, of a flowing out, of an outlet.

Hw

黄岛菌属（*Hwangdonia*）Jung 等，2013，新属。此属已定1种。

词源　黄岛：具体地理位置不明，原作者声称位于韩国侧的黄海中；菌：表示微小的事物，微生物（细菌、古菌、真菌）；属：属名的尾词；黄岛菌属：来自此生物的分离地——黄岛的生物。
Etymology　N.L. fem. n. *Hwangdonia* named after Hwangdo, an island located in the Yellow Sea in Korea, from where the organism was isolated.

模式种　西海黄岛菌（*Hwangdonia seohaensis*）Jung 等，2013，新种。
词源　西海，黄海的韩国名字（似乎与 **Kim** 等，**2010** 对黄海栖菌属的描述有出入），黄岛位于其中。
Etymology　N.L. fem. adj. *seohaensis*, of Seohae, the Korean name of the Yellow Sea of South Korea, where Hwangdo is located and from where the type strain was isolated.

黄海栖菌属（*Hwanghaeicola*）Kim 等，2010，新属。此属已定 1 种。

词源　黄海：韩国对位于韩国一侧的黄海部分也称为黄海；栖：栖息，栖居，栖息者，栖居者；菌：表示微小的事物，微生物（细菌、古菌、真菌）；属：属名的尾词；黄海栖菌属：黄海的栖居者。

Etymology　N.L. n. *Hwanghaeum*, Hwanghae, the Korean name of the Yellow Sea in Korea; L. suff. -*cola*（from L. n. *incola*）, a dweller, inhabitant; N.L. masc. n. *Hwanghaeicola*, a dweller of the Yellow Sea.

模式种　潮坪黄海栖菌（*Hwanghaeicola aestuarii*）Kim 等，2010，新种。

词源　潮滩：潮汐（形成的）滩，潮汐地，潮汐坪，海滩，江河入海口，是此生物的首次分离源/地。

Etymology　L. gen. n. *aestuarii*, of the tidal flat, from where the organism was first isolated.

Hy

玻囊菌属（*Hyalangium*）Reichenbach，2007，新属。此属已定 1 种。

词源　玻：玻璃；囊：器皿，容器，囊；菌：表示微小的事物，微生物（细菌、古菌、真菌）；属：属名的尾词；玻囊菌属：玻璃般的囊形菌。

Etymology　Gr. n. *hualos*, glass; Gr. neut. n. *angeion*（Latin transliteration *angium*）, vessel; N.L. neut. n. *hyalangium*, glassy vessel.

模式种　藐玻囊菌（*Hyalangium minutum*）Reichenbach，2007，新种。

词源　藐：小的，藐小的，渺小的，微小的，蕞眇的，眇微的，极小的，微不足道的。

Etymology　L. neut. adj. *minutum*, small, tiny.

噬烃菌属（*Hydrocarboniphaga*）Palleroni 等，2004，新属。此属已定 2 种。

词源　噬：吞，食，吃；烃：碳氢化合物，烃类；菌：表示微小的事物，微生物（细菌、古菌、真菌）；属：属名的尾词；噬烃菌属：消耗烃类的生物。

Etymology　N.L. neut. n. *hydrocarbonum*, hydrocarbon; Gr. v. *phagein*, to eat; N.L. fem. n. *Hydrocarboniphaga*, eater of hydrocarbons.

模式种　广播噬烃菌（*Hydrocarboniphaga effusa*）Palleroni 等，2004，新种。

词源　广播：广泛传播，在小琼脂培养基中菌落生长的扩散趋势。

Etymology　L. fem. adj. *effusa*, wide-spread, extensive, diffuse, making reference to the spreading tendency of colonies growing on minimal agar medium.

氢竿菌属（*Hydrogenibacillus*）Kämpfer 等，2013，新属。此属已定 1 种。

词源　氢：氢气，元素氢，**H**；竿：在本书中对译于拉丁文 *bacillus*，表示棒形，以示与常见的"杆"的区别，表示以出芽孢为特征的棒形；菌：表示微小的事物，微生物（细菌、古菌、真菌）；属：属名的尾词；竿菌属：细菌的一个属名；氢竿菌属：氢的竿菌，指的是此生物能够氧化氢气。

Etymology　N.L. n. *hydrogenum*, hydrogen; L. masc. n. *bacillus*, a small staff, a wand, a rod, and also a generic name; N.L. masc. n. *Hydrogenibacillus*, hydrogen bacillus, referring to the ability of the organisms to oxidize hydrogen.

模式种　席乐阁氏氢竿菌(*Hydrogenibacillus schlegelii*)(Schenk and Aragno,1981)Kämpfer 等,2013,新合并。

词源　氏:姓氏;席乐阁氏:席乐阁的,以德国细菌学家席乐阁的姓氏命名。

Etymology　N.L. gen. masc. n. *schlegelii*, of Schlegel, named after H. G. Schlegel, a German bacteriologist.

氢单胞菌属(*Hydrogenimonas*)Takai 等,2004,新属。此属已定1种。

词源　氢:氢气,元素氢,H;单胞:单细胞,单元;菌:表示微小的事物,微生物(细菌、古菌、真菌);属:属名的尾词;氢单胞菌属:氢气单细胞生物。

Etymology　N.L. n. *hydrogenum* (from Gr. n. *hudôr*, water; and Gr. v. *gennaô*, to produce), hydrogen (that which produces water, so called because it forms water when exposed to oxygen); Gr. fem. n. *monas*, a unit, monad; N.L. fem. n. *Hydrogenimonas*, hydrogen monad.

模式种　嗜热氢单胞菌(*Hydrogenimonas thermophila*)Takai 等,2004,新种。

词源　嗜:嗜好的,喜好的,友好的,爱好的;热:热的,高温的,温暖的;嗜热:喜好高温的,喜好热的。

Etymology　Gr. adj. *thermos*, hot; N.L. adj. *philus -a -um* (from Gr. adj. *philos -ê -on*), friend, loving; N.L. fem. adj. *thermophila*, heat-loving.

氢孢菌属(*Hydrogenispora*)Liu 等,2014,新属。此属已定1种。

词源　氢:氢气,元素氢,H;孢:孢子;菌:表示微小的事物,微生物(细菌、古菌、真菌);属:属名的尾词;氢孢菌属:形成孢子,产生氢气的细菌。

Etymology　N.L. n. *hydrogenum* (from Gr. n. *hudôr*, water; and Gr. v. *gennaio*, to produce) hydrogen; Gr. n. *spora*, a seed, and, in biology, a spore; *Hydrogenispora*, a spore-forming, hydrogen-producing bacterium.

模式种　乙醇氢孢菌(*Hydrogenispora ethanolica*)Liu 等,2014,新种。

词源　乙醇:乙醇,与乙醇有关的,属于乙醇的,指的是此菌产生乙醇。

Etymology　N.L. n. *ethanol*, ethanol; L. fem. suff. *-ica*, suffix used with the sense of pertaining to; N.L. fem. adj. *ethanolica*, belonging to ethanol, referring to ethanol, which is produced by the species.

氢幡菌属(*Hydrogenivirga*)Nakagawa 等,2004,新属。此属已定2种。

词源　氢:氢气,元素氢,H;幡:幡状,棒;菌:表示微小的事物,微生物(细菌、古菌、真菌);属:属名的尾词;氢幡菌属:氢气棒形生物。

Etymology　N.L. n. *hydrogenum* (from Gr. n. *hudôr*, water; and Gr. v. *gennaô*, to produce), hydrogen (that which produces water, so called because it forms water when exposed to oxygen); L. fem. n. *virga*, a slender green branch, a twig, rod; N.L. fem. n. *Hydrogenivirga*, hydrogen rod.

模式种　烫岸氢幡菌(*Hydrogenivirga caldilitoris*) Nakagawa 等, 2004, 新种。

词源　烫:热的,暖的,高温的;岸:滨,岸边,沙滩;烫岸:热的(高温的)海岸,沙滩。

Etymology　L. adj. *caldus*, hot; L. n. *litus -oris*, beach; N.L. gen. n. *caldilitoris*, of a hot beach.

氢厌氧小杆菌属(*Hydrogenoanaerobacterium*) Song and Dong, 2009, 新属。此属已定 1 种。

词源　氢:元素氢,**H**,氢气,产水(因为氢与氧结合产生水,因此新拉丁文的本意即为产水);厌:无,非;氧:空气,氧气;小杆:小棒;菌:表示微小的事物,微生物(细菌、古菌、真菌);属:属名的尾词;氢厌氧小杆菌属:厌氧的,产氢(氢生成)的棒形细菌。

Etymology　N.L. n. *hydrogenum* (from Gr. n. *hudôr*, water; and Gr. v. *gennaô*, to produce), hydrogen (that which produces water, so called because it forms water when exposed to oxygen); Gr. pref. *an-*, without; Gr. n. *aer aeros*, air; L. neut. n. *bacterium*, a small rod; N.L. neut. n. *Hydrogenoanaerobacterium*, an anaerobic, hydrogenogenic, rod-shaped bacterium.

模式种　吞糖氢厌氧小杆菌(*Hydrogenoanaerobacterium saccharovorans*) Song and Dong, 2009, 新种。

词源　吞:吞噬的,吞食的,大吃的,吞没的。

Etymology　Gr. n. *saccharon*, sugar; L. part. adj. *vorans*, devouring, digesting; N.L. part. adj. *saccharovorans*, sugar-digesting.

氢杆菌属(*Hydrogenobacter*) Kawasumi 等, 1984, 新属。此属已定 4 种。

词源　氢:元素氢,**H**,氢气,产水(因为氢与氧结合产生水,因此新拉丁文的本意即为产水);杆:棒;菌:表示微小的事物,微生物(细菌、古菌、真菌);属:属名的尾词;氢杆菌属:氢(产水)棒形生物。

Etymology　N.L. n. *hydrogenum* (from Gr. n. *hudôr*, water; and Gr. v. *gennaô*, to produce), hydrogen (that which produces water, so called because it forms water when exposed to oxygen); N.L. masc. n. *bacter*, a rod; N.L. masc. n. *hydrogenobacter*, hydrogen rod.

模式种　嗜热氢杆菌(*Hydrogenobacter thermophilus*) Kawasumi 等, 1984, 新种。

词源　嗜:嗜好的,喜好的,友好的,爱好的;热:高温,温暖;嗜热:喜好高温的,喜好热的。

Etymology　Gr. n. *thermê*, heat; N.L. masc. adj. *philus* (from Gr. masc. adj. *philos*), friend, loving; N.L. masc. adj. *thermophilus*, heat-loving.

氢茎菌属(*Hydrogenobaculum*) Stöhr 等, 2001, 新属。此属已定 1 种。

词源　氢:元素氢,**H**,氢气,产水(因为氢与氧结合产生水,因此新拉丁文的本意即为产水);茎:茎,杖,棒;菌:表示微小的事物,微生物(细菌、古菌、真菌);属:属名的尾词;氢茎菌属:

产水的小棒形生物。

Etymology　N.L. n. *hydrogenum*（from Gr. n. *hudôr*, water; and Gr. v. *gennaô*, to produce）, hydrogen（that which produces water, so called because it forms water when exposed to oxygen）; L. neut. n. *baculum*, small rod; N.L. neut. n. *Hydrogenobaculum*, water-producing small rod.

模式种　嗜酸氢茎菌（*Hydrogenobaculum acidophilum*）（Shima and Suzuki, 1993）Stöhr 等, 2001, 新合并。

词源　嗜: 嗜好的, 喜好的, 友好的, 爱好的; 酸: 醋, 像醋一样的味道, 酸味, 化学中在水溶液中能产生氢离子的化合物; 嗜酸: 嗜好酸的, 喜好酸的。

Etymology　N.L. neut. n. *acidum*（from L. adj. *acidus -a -um*, sour）, an acid; N.L. neut. adj. *philum*（from Gr. neut. adj. *philon*）, friend, loving; N.L. neut. adj. *acidophilum*, acid loving.

噬氢菌属（*Hydrogenophaga*）Willems 等, 1989, 新属。此属已定 9 种。

词源　噬: 吞噬, 吃, 大吃, 吞食; 氢: 元素氢, **H**, 氢气, 产水（因为氢与氧结合产生水, 因此新拉丁文的本意即为产水）; 菌: 表示微小的事物, 微生物（细菌、古菌、真菌）; 属: 属名的尾词; 噬氢菌属: 消耗氢的生物。

Etymology　N.L. n. *hydrogenum*（from Gr. n. *hudôr*, water; and Gr. v. *gennaô*, to produce）, hydrogen（that which produces water, so called because it forms water when exposed to oxygen）; Gr. v. phagein, to eat, to devour; N.L. fem. n. *Hydrogenophaga*, eater of hydrogen.

模式种　黄色噬氢菌（*Hydrogenophaga flava*）（Niklewski, 1910）Willems, 1989, 新合并。

词源　黄色: 黄色的, 黄颜色的。

Etymology　L. fem. adj. *flava*, yellow.

嗜氢菌科（*Hydrogenophilaceae*）Garrity 等, 2006, 新科。

模式属　氢嗜菌属（*Hydrogenophilus*）Hayashi 等, 1999, 新属。

词源　嗜氢菌属: 此科之模式属; 科: 用于定义一个比属高、比目低的分类级和尾词; 在中文科的命名中, 把模式属属名中的尾字"属"代换为尾字"科", 即为模式属所在的科名; 嗜氢菌科: 嗜氢菌属之科。

Etymology　N.L. masc. n. *Hydrogenophilus*, type genus of the family; suff. *-aceae*, ending to denote family; N.L. fem. pl. n. *Hydrogenophilaceae*, the *Hydrogenophilus* family.

嗜氢菌目（*Hydrogenophilales*）Garrity 等, 2006, 新目。

模式属　嗜氢菌属（*Hydrogenophilus*）Hayashi 等, 1999, 新属。

词源　嗜氢菌属: 此目之模式属; 目: 用于定义一个比科高、比纲低的分类级和尾词; 在中文目的命名中, 把模式属属名中的尾字"属"代换为尾字"目", 即为模式属所在的目名; 嗜氢菌目: 嗜氢菌属之目。

Etymology   N.L. masc. n. *Hydrogenophilus*, type genus of the order; suff. *-ales*, ending denoting an order; N.L. fem. pl. n. *Hydrogenophilales*, the *Hydrogenophilus* order.

嗜氢菌属(*Hydrogenophilus*)Hayashi 等,1999,新属。此属已定 3 种。

此属是嗜氢菌目(*Hydrogenophilales*)Garrity 等,2006 和嗜氢菌科(*Hydrogenophilaceae*)Garrity 等,2006 的模式属。

词源　嗜:嗜好的,喜好的,友好的,爱好的;氢:元素氢,H,氢气,产水(因为氢与氧结合产生水,因此新拉丁文的本意即为产水);嗜氢:喜好氢/氢气的;菌:表示微小的事物,微生物(细菌、古菌、真菌);属:属名的尾词;嗜氢菌属:氢气的爱好者。

Etymology   N.L. n. *hydrogenum* (from Gr. n. *hudôr*, water; and Gr. v. *gennaô*, to produce), hydrogen (that which produces water, so called because it forms water when exposed to oxygen); N.L. adj. *philus -a -um* (from Gr. adj. *philos -ê -on*), friend, loving; N.L. masc. n. *Hydrogenophilus*, hydrogen lover.

模式种　热淡黄色嗜氢菌(*Hydrogenophilus thermoluteolus*)Hayashi 等,1999,新种。

词源　热:高温;淡黄色:淡黄色的,浅黄色的;热淡黄色:高温的和淡黄色的。

Etymology   Gr. adj. *thermos*, hot; L. masc. adj. *luteolus*, light yellow, yellowish; N.L. masc. adj.*thermoluteolus*, hot and light yellow.

氢热菌科(*Hydrogenothermaceae*)Eder and Huber,2003,新科。

模式属　氢热菌属(*Hydrogenothermus*)Stöhr 等,2001,新属。

词源　氢热菌属:此科之模式属;科:用于定义一个比属高、比目低的分类级和尾词;在中文科的命名中,把模式属属名中的尾字"属"代换为尾字"科",即为模式属所在的科名;氢热菌科:氢热菌属之科。

Etymology   N.L. masc. n. *Hydrogenothermus*, type genus of the family; suff. *-aceae*, ending to denote a family; N.L. fem. pl. n. *Hydrogenothermaceae*, the *Hydrogenothermus* family.

氢热菌属(*Hydrogenothermus*)Stöhr 等,2001,新属。此属已定 1 种。

此属是氢热菌科(*Hydrogenothermaceae*)Eder and Huber,2003 的模式属。

词源　氢:元素氢,H,氢气,产水(因为氢与氧结合产生水,因此新拉丁文的本意即为产水);热:高温的,烫的;菌:表示微小的事物,微生物(细菌、古菌、真菌);属:属名的尾词;氢热菌属:高温和产水者(生物)。

Etymology   N.L. n. *hydrogenum* (from Gr. n. *hudôr*, water; and Gr. v. *gennaô*, to produce), hydrogen (that which produces water, so called because it forms water when exposed to oxygen); Gr. adj. *thermos*, hot; N.L. masc. n. *Hydrogenothermus*, hot and water producer.

模式种　海氢热菌(*Hydrogenothermus marinus*)Stöhr 等,2001,新种。

词源　海:属于或来自海的,大海的。

Etymology   L. masc. adj. *marinus*, of or belonging to the sea, marine.

氢弧菌属(*Hydrogenovibrio*)Nishihara 等,1991,新属。此属已定 1 种。

词源　氢:元素氢,**H**,氢气,产水(因为氢与氧结合产生水,因此新拉丁文的本意即为产水);弧:作动词表示弧动,像手中舞动的绳子状振动;弧:作名词也表示细菌的一个属名,表示弧状的菌,弧菌属;菌:表示微小的事物,微生物(细菌、古菌、真菌);属:属名的尾词;氢弧菌属:氢气弧形生物。

Etymology　N.L. n. *hydrogenum*（from Gr. n. *hudôr*, water; and Gr. v. *gennaô*, to produce）, hydrogen（that which produces water, so called because it forms water when exposed to oxygen）; L. v. *vibro*, to set in tremulous motion, move to and fro, vibrate; N.L. masc. n. *vibrio*, that which vibrates, and also a bacterial genus name of bacteria possessing a curved rod shape (*Vibrio*); N.L. masc. n. *Hydrogenovibrio*, hydrogen vibrio.

模式种　海氢弧菌(*Hydrogenovibrio marinus*)Nishihara 等,1991,新种。

词源　海:海的,大海的,海洋的。

Etymology　L. masc. adj. *marinus*, marine, of the sea.

水针菌属(*Hydrotalea*)Kämpfer 等,2011,新属,Albuquerque 等,2012 修改。此属已定 2 种。

词源　水:水(分子),水(域),水(体),**H₂O**;针:纤细的杆或棒;菌:表示微小的事物,微生物(细菌、古菌、真菌);属:属名的尾词;水针菌属:分离自水的棒形生物。

Etymology　Gr. n. *hudôr*, water; L. fem. n. *talea*, a rod; N.L. fem. n. *Hydrotalea*, a rod isolated from water.

模式种　黄色水针菌(*Hydrotalea flava*)Kämpfer 等,2011,新种。

词源　黄色:金黄色的,黄色的,黄颜色的。

Etymology　fem. adj. *flava*, golden-yellow.

哈利蒙姓属(*Hylemonella*)Spring 等,2004,新属。此属已定 1 种。

词源　姓:姓氏;哈利蒙:以菲利普·**B**.哈利蒙的姓氏命名,其对淡水螺体的分类学做出重要贡献;菌:表示微小的事物,微生物(细菌、古菌、真菌);属:属名的尾词;哈利蒙姓菌属:以哈利蒙的姓氏命名的菌属。

Etymology　N.L. fem. dim. n. *Hylemonella*, named in honour of Philip B. Hylemon who made important contributions to the taxonomy of freshwater spirilla.

模式种　瘦哈利蒙姓菌(*Hylemonella gracilis*)(Canale-Parola 等,1966)Spring 等,2004,新合并。

词源　瘦:纤细,苗条的,薄的,瘦的,细小的。

Etymology　L. fem. adj. *gracilis*, thin, slight, slender.

注:同样是 2004 年发表的瘦曲杆菌(*Curvibacter gracilis*)词源注释中,纤细(*gracilis*)的词源注释为拉丁文阴性形容词。

薄层杆菌属(*Hymenobacter*)Hirsch 等,1999,新属,Buczolits 等,2006 修改,Han 等,2014 修改。此属已定 33 种。

词源　薄层:浅浅的层面;杆:棒;菌:表示微小的事物,微生物(细菌、古菌、真菌);属:属名的尾词;薄层杆菌属:生长在薄层中的棒形生物。

Etymology　Gr. n. *humen*, pellicle, thin layer; N.L. masc. n. *bacter*, rod; N.L. masc. n. *Hymenobacter*, a rod growing in thin layers.

模式种　玫色黏滑薄层杆菌(*Hymenobacter roseosalivarius*)Hirsch 等,1999,新种。

词源　玫色:玫色的,玫瑰色的,粉色的,粉红色的;黏滑:黏滑的,黏液的;玫瑰黏滑:意指被很多高分子包围的玫瑰色的细菌。

Etymology　L. adj. *roseus*, rose-colored, pink; L. masc. adj. *salivarius*, slimy, clammy, salivary; N.L. masc. adj.*roseosalivarius*, intended to mean a rose colored bacterium surrounded by much polymer.

超热菌属(*Hyperthermus*)Zillig 等,1991,新属。此属已定 1 种。

词源　超:超过,超出,多余;热:高温的,烫的;菌:表示微小的事物,微生物(细菌、古菌、真菌);属:属名的尾词;超热菌属:生存在高温环境中的生物。

Etymology　Gr. prep. *hyper*, above; Gr. adj. *thermos*, hot; N.L. masc. n. *Hyperthermus*, an organism existing in a very hot environment.

模式种　丁醇超热菌(*Hyperthermus butylicus*)Zillig 等,1991,新种。

词源　丁醇:带羟基的四碳的烃,指的是此菌株产丁醇。

Etymology　N.L. masc. adj. *butylicus*, butylic, referring to the production of butanol.

网线微菌科(*Hyphomicrobiaceae*)Babudieri,1950,科。或生丝微菌科。

模式属　网线微菌属(*Hyphomicrobium*)Stutzer and Hartleb,1899,《1980 年细菌名确认单》,属。

词源　网线微菌属:此科之模式属;科:用于定义一个比属高、比目低的分类级和尾词;在中文科的命名中,把模式属属名中的尾字"属"代换为尾字"科",即为模式属所在的科名;网线微菌科:网线微菌属之科。

Etymology　N.L. neut. n. *Hyphomicrobium*, type genus of the family; suff. -*aceae*, ending to denote a family; N.L. fem. pl. n. *Hyphomicrobiaceae*, the *Hyphomicrobium* family.

网线微菌目(*Hyphomicrobiales*)Douglas,1957,目。或生丝微菌目。

模式属　网线微菌属(*Hyphomicrobium*)Stutzer and Hartleb,1899,《1980 年细菌名确认单》,属。

词源　网线微菌属:此目之模式属;目:用于定义一个比科高、比纲低的分类级和尾词;在中文目的命名中,把模式属属名中的尾字"属"代换为尾字"目",即为模式属所在的目名;网线微菌目:网线微菌属之目。

Etymology   N.L. neut. n. *Hyphomicrobium*, type genus of the order; suff. *-ales*, ending denoting an order; N.L. fem. pl. n. *Hyphomicrobiales*, the *Hyphomicrobium* order.

网线微菌属(*Hyphomicrobium*)Stutzer and Hartleb,1899,属。或生丝微菌属。此属已定13种,3亚种。

此属是网线微菌目(*Hyphomicrobiales*)Douglas,1957,《1980年细菌名确认单》和网线菌科(*Hyphomicrobiaceae*)Babudieri,1950,《1980年细菌名确认单》的模式属。

词源 网线:线,网络,网线;微:微小的,微生物;菌:表示微小的事物,微生物(细菌、古菌、真菌);微菌:微生物;属:属名的尾词;网线微菌属:产丝线的微生物。

Etymology   Gr. n. *huphê*, a web, thread; Gr. adj. *mikros*, small; Gr. masc. n. *bios*, life; N.L. neut. n.*Hyphomicrobium*, thread-producing microbe.

模式种 普通网线微菌(*Hyphomicrobium vulgare*)Stutzer and Hartleb,1899,《1980年细菌名确认单》。

词源 普通:平凡的,普通的,指的是平常的,没有专有特征的。

Etymology   L. neut. adj. *vulgare*, usual, common.

网线单胞菌科(*Hyphomonadaceae*)Lee 等,2005,新科。

模式属 网线单胞菌属(*Hyphomonas*)(*ex* Pongratz,1957)Moore 等,1984,新属,命名修改。

词源 网线单胞菌属:此科之模式属;科:用于定义一个比属高、比目低的分类级和尾词;在中文科的命名中,把模式属属名中的尾字"属"代换为尾字"科",即为模式属所在的科名;网线单胞菌科:网线单胞菌属之科。

Etymology   N.L. fem. n. *Hyphomonas*, type genus of the family; suff. -aceae, ending to denote a family; N.L. fem. pl. n. *Hyphomonadaceae*, the *Hyphomonas* family.

网线单胞菌属(*Hyphomonas*)(*ex* Pongratz,1957)Moore 等,1984,新属,命名修改,Weiner 等,2000 修改。此属已定 8 种。

此属是网线单胞菌科(*Hyphomonadaceae*)Lee 等,2005 的模式属。

词源 网线:网,丝,丝网;单胞:单细胞,单元;菌:表示微小的事物,微生物(细菌、古菌、真菌);属:属名的尾词;网线单胞菌属:带菌丝的单元。

Etymology   Gr. n. *huphos*, web, filament; Gr. fem. n.*monas*, a unit, monad; N.L. fem. n. *Hyphomonas*, hyphabearing unit.

模式种 多形网线单胞菌(*Hyphomonas polymorpha*)(*ex* Pongratz,1957)Moore 等,1984,新种。

词源 多形:多态,多姿,微生物具有不规则的形态。

Etymology   N.L. fem. adj. *polymorpha* (from Gr. adj. *polumorphos -on*), multiform, variable in form, of irregular shape.

同义词 "*Hyphomonas*" Pongratz, 1957。

玄顺氏菌属(*Hyunsoonleella*) Yoon 等, 2010, 新属, Park 等, 2013 修改。此属已定 1 种。

词源 氏: 姓氏; 玄顺氏: 以韩国微生物学家李玄顺的名字命名, 其致力于光合细菌的研究; 菌: 表示微小的事物, 微生物(细菌、古菌、真菌); 属: 属名的尾词; 玄顺氏菌属: 以李玄顺的名字命名的菌属。

Etymology N.L. fem. dim. n. *Hyunsoonleella*, named after Hyun-Soon Lee, a Korean microbiologist who devoted her life to the study of photosynthetic bacteria.

模式种 济州玄顺姓菌(*Hyunsoonleella jejuensis*) Yoon 等, 2010, 新种。

词源 济州: 韩国济州岛, 此模式株的分离地。

Etymology N.L. fem. adj. *jejuensis*, of or pertaining to Jeju Island in the Republic of Korea, from where the type strain was isolated.

注: 以名(即不以姓)命名微生物的菌属或种或其他分类级并不是常见的命名方式, 一般是为了避免较长的姓(西方有的姓很长, 东方人或汉语圈当不存在这种情况), 或者为了避免重名。但无论是以姓或名, 都以中文 "氏" 来表示该词的人名特性。在这种情况下, 除了对该人(大多数是微生物学者或自然科学者)的纪念以外, 仅仅是表示微生物的名字符号, 除非要区分 "姓(*-ella*)" 和 "氏(*-ia*)"。

I 部

Ia

日应微所菌属(*Iamia*)Kurahashi 等,2009,新属。此属已定 1 种。

此属是日应微所菌科(*Iamiaceae*)Kurahashi 等,2009 的模式属。

词源　日应微所:东京大学应用微生物学研究所的随机简称(加上"日"表示日本国),其对微生物学做出许多重要的贡献;菌:表示微小的事物,微生物(细菌、古菌、真菌);属:属名的尾词;日应微所菌属:与日本应用微生物学研究所有关的菌属。

Etymology　N.L.fem.n.*Iamia*, arbitrary name formed from the acronym of the Institute of Applied Microbiology at the University of Tokyo, which has made significant contributions to microbiology.

模式种　马蛇滨日应微所菌(*Iamia majanohamensis*)Kurahashi 等,2009,新种。

词源　马蛇滨:属于马蛇滨的,日本(原琉球国)阿嘉岛海岸的马蛇滨,此模式株的分离地。

Etymology　N.L.fem.adj.*majanohamensis*, pertaining to Majanohama, the site on the coast of Aka Island, Japan, where the type strain was isolated.

日应微所菌科(*Iamiaceae*)Kurahashi 等,2009,新科。

模式属　日应微所菌属(*Iamia*)Kurahashi 等,2009,新属。

词源　日应微所菌:此科之模式属;科:用于定义一个比属高、比目低的分类级和尾词;在中文科的命名中,把模式属属名中的尾字"属"代换为尾字"科",即为模式属所在的科名;日应微所菌科:日应微所菌属之科。

Etymology　N.L.masc.n.*Iamia*, type genus of the family; suff.-*aceae*, ending to denote a family; N.L.fem.pl.n.*Iamiaceae*, the *Iamia* family.

Id

伊叮菌属(*Ideonella*)Malmqvist 等,1994,新属,Noar and Buckley,2009 修改。此属已定 2 种。

词源　伊叮:瑞典伊叮研究中心,此细菌的分离地和表征地;菌:表示微小的事物,微生物(细菌、古菌、真菌);属:属名的尾词;伊叮菌属:与伊叮有关的菌属。

Etymology　N.L.fem.dim.n.*Ideonella*, derived from Ideon the research center where the bacterium was isolated and described.

模式种　氯酸盐伊叮菌(*Ideonella dechloratans*)Malmqvist 等,1994,新种。

词源　氯酸盐:与氯酸盐有关的,指的是能够利用氯酸盐的细菌。

Etymology　L.*de*, from; N.L.n.*chloras -atis*, chlorate; N.L.adj.*chloratans*, referring to chlorate; N.L.adj.*dechloratans*, derived from chlorate; intended to mean chlorate-utilizing bacterium.

海源菌属（*Idiomarina*）Ivanova 等，2000，新属；Taborda 等，2009 修改。此属已定 23 种。

此属是此属是海源菌科（*Idiomarinaceae*）Ivanova 等，2004 的模式属。

词源　海：海，大海，海洋；源：源头，来源；菌：表示微小的事物，微生物（细菌、古菌、真菌）；属：属名的尾词；海源菌属：来源于海洋海水的独特的、真实的海洋微生物。

Etymology　Gr.adj.*idios*, pertaining to oneself, private, personal; L.fem.adj.*marina*, of the sea, marine; N.L.fem.n.*Idiomarina*, pertaining to the peculiar, true marine nature of microorganisms from the ocean (seawater).

模式种　深海海源菌（*Idiomarina abyssalis*）Ivanova 等，2000，新种。

词源　深海：深渊，深部海洋，表示此生物分离自海洋深部（1000~6000m）。

Etymology　L.n.*abyssus*, an abyss, deep sea; L.fem.suff.-*alis*, suffix denoting pertaining to; N.L.fem.adj.*abyssalis*, pertaining to the abyssal depths of the ocean (1000~6000m) from which the organism was isolated.

海源菌科（*Idiomarinaceae*）Ivanova 等，2004，新科；Jean 等，2006 修改。

模式属　海源菌属（*Idiomarina*）Ivanova 等，2000，新属。

词源　海源菌属：此科之模式属；科：用于定义一个比属高、比目低的分类级和尾词；在中文科的命名中，把模式属属名中的尾字"属"代换为尾字"科"，即为模式属所在的科名；海源菌科：海源菌属之科。

Etymology　N.L.fem.n.*Idiomarina*, type genus of the family; suff.-*aceae*, ending to denote a family; N.L.fem.pl.n.*Idiomarinaceae*, the *Idiomarina* family.

Ig

伊格纳兹希纳氏菌属（*Ignatzschineria*）Tóth 等，2007，新属。此属已定 3 种。

词源　氏：姓氏；伊格纳兹希纳氏：以伊格纳兹·鲁道夫·希纳的第一名和姓命名，其在 1862 年描述了大污蝇（*Wohlfahrtia magnifica*）。

Etymology　N.L.fem.n.*Ignatzschineria*, in honour of Ignatz Rudolph Schiner, who described the fly *Wohlfahrtia magnifica* in 1862.

模式种　幼虫伊格纳兹希纳氏菌（*Ignatzschineria larvae*）（Tóth 等，2001）Tóth 等，2007，新合并。

词源　幼虫：此模式菌株分离自大污蝇的蛆。

Etymology　L.n.*larva*, a ghost, spectre and, in biology, a larva; L.gen.n.*larvae*, of a larva; the type strain was isolated from maggots of *Wohlfahrtia magnifica*.

不合规同义词　（*Schineria*）Tóth 等，2001。

注1：以姓名命名微生物的菌属或种或其他分类级是常见的命名方式，一般是为了避免一些常见的姓氏无区分度，或避免重名(东方人或汉语圈的姓名都不长，为了增加区分度，完全可以用姓名，尽管中国人都不太强调个人)。但无论是以姓或名或姓名，都以中文"氏"来表示该词的人名特性。在这种情况下，除了对该人(大多数是微生物学者或自然科学者)的纪念以外，仅仅是表示微生物的名字符号，除非要区分"姓(-ella)"和"氏(-ia)"。

注2：伊格纳兹希纳氏菌属(*Ignatzschineria*)，该属名太长，可以精简为伊希氏菌属(*Ignatzschineria*)。

懒小杆菌纲(*Ignavibacteria*) Iino 等，2010，新纲。

模式目　懒小杆菌目(*Ignavibacteriales*) Iino 等，2010，新目。

词源　懒小杆菌属：此纲之模式目之模式属；纲：(原核)生物分类的一个级别，门之下，目之上的一个分类级，纲之尾词；懒小杆菌纲：懒小杆菌目之纲。

Etymology　N.L.n.*Ignavibacterium*, type genus of the type order of the class; suff.-*ia*, ending to denote a class; N.L.neut.pl.n.*Ignavibacteria*, the class of the order *Ignavibacteriales*.

懒小杆菌科(*Ignavibacteriaceae*) Iino 等，2010，新科。

模式属　懒小杆菌属(*Ignavibacterium*) Iino 等，2010，新属。

词源　懒小杆菌属：此科之模式属；科：用于定义一个比属高、比目低的分类级和尾词；在中文科的命名中，把模式属属名中的尾字"属"代换为尾字"科"，即为模式属所在的科名；懒小杆菌科：懒小杆菌属之科。

Etymology　N.L.neut.n.*Ignavibacterium*, type genus of the family; suff.-*aceae*, ending to denote a family; N.L.fem.pl.n.*Ignavibacteriaceae*, family of the genus *Ignavibacterium*.

懒小杆菌门(*Ignavibacteriae*) Podosokorskaya 等，2013，新门。

模式目　懒小杆菌目(*Ignavibacteriales*) Iino 等，2010，新目；Podosokorskaya 等，2013 修改。

词源　懒小杆菌属：此门之模式目之模式属；懒小杆菌门：模式属懒小杆菌属之门。

Etymology　N.L.fem.pl.n.*Ignavibacterium* type genus of the type order of the phylum; N.L.fem.pl.n.*Ignavibacteriae* phylum of the genus *Ignavibacterium*.

懒小杆菌目(*Ignavibacteriales*) Iino 等，2010，新目。

此目是懒小杆菌门(*Ignavibacteriae*) Podosokorskaya 等，2013 和懒小杆菌纲(*Ignavibacteria*)等，2010 的模式目。

模式属　懒小杆菌属(*Ignavibacterium*) Iino 等，2010，新属。

词源　懒小杆菌属：此目之模式属；目：用于定义一个比科高、比纲低的分类级和尾词；在中文目的命名中，把模式属属名中的尾字"属"代换为尾字"目"，即为模式属所在的目名；懒小杆菌目：懒小杆菌属之目。

Etymology N.L.neut.n.*Ignavibacterium*, type genus of the order; suff.-*ales*, ending to denote an order; N.L.fem.pl.n.*Ignavibacteriales*, order of the genus *Ignavibacterium*.

懒小杆菌属（*Ignavibacterium*）Iino 等，2010，新属。此属已定 1 种。

此属是懒小杆菌目（*Ignavibacteriales*）Iino 等，2010 和懒小杆菌科（*Ignavibacteriaceae*）Iino 等，2010 的模式属。

词源 懒：懒惰的，慵懒的，行动迟缓的，不活泼的；小杆：小棒；菌：表示微小的事物，微生物（细菌、古菌、真菌）；属：属名的尾词；懒小杆菌属：懒惰的小棒形生物。

Etymology L.adj.*ignavus*, lazy; L.neut.n.*bacterium*, rod; N.L.neut.n.*Ignavibacterium*, a lazy rod.

模式种 素色懒小杆菌（*Ignavibacterium album*）Iino 等，2010，新种。

词源 素色：素色的，白色的，指的是菌落的颜色。

Etymology L.neut.adj.*album*, white.

懒粒菌属（*Ignavigranum*）Collins 等，1999，新属。此属已定 1 种。

词源 懒：懒惰的，慵懒的，懒散的，行动迟缓的，不活泼的；粒：颗粒；菌：表示微小的事物，微生物（细菌、古菌、真菌）；属：属名的尾词；懒粒菌属：懒惰的颗粒形生物。

Etymology L.adj.*ignavus*, lazy, non-reacting; L.neut.n.*granum*, grain, kernel; N.L.neut.n.*Ignavigranum*, lazy grain.

模式种 劳夫氏懒粒菌（*Ignavigranum ruoffiae*）Collins 等，1999，新种。

词源 氏：姓氏；劳夫氏：以美国微生物学家凯斯琳·劳夫的姓氏命名。

Etymology N.L.gen.n.*ruoffiae*, of Ruoff, named after Kathryn L.Ruoff, an American microbiologist.

炗果菌属（*Ignicoccus*）Huber 等，2000（全部作者名单：Huber, Burggraf and Stetter），新属。此属已定 3 种。

词源 炗：火，燃烧，火焰；果：浆果，指形状像浆果的；菌：表示微小的事物，微生物（细菌、古菌、真菌）；属：属名的尾词；炗果菌属：火球形生物。

Etymology L.n.*ignis*, fire; N.L.masc.n.*coccus*（from Gr.masc.n.*kokkos*, grain, seed), coccus; N.L.masc.n.*Ignicoccus*, the fireball.

模式种 冰岛炗果菌（*Ignicoccus islandicus*）Huber 等，2000，新种。

词源 冰岛：与冰岛有关，冰岛的，此分离株的分离地。

Etymology N.L.masc.adj.*islandicus*, pertaining to Iceland, Icelandic, describing the location of its first isolation.

炁球菌属（*Ignisphaera*）Niederberger 等, 2006, 新属。此属已定 1 种。

词源　炁：火, 燃烧, 火焰；球：球体, 球形, 地球；菌：表示微小的事物, 微生物（细菌、古菌、真菌）；属：属名的尾词；炁球菌属：火球形生物。

Etymology　L.n.*ignis*, fire; L.fem.n.*sphaera*, ball; N.L.fem.n.*Ignisphaera*, fire ball.

模式种　聚炁球菌（*Ignisphaera aggregans*）Niederberger 等, 2006, 新种。

词源　聚：聚集成形的, 聚集成团的, 聚集成丛的, 聚集成簇的。

Etymology　L.part.adj.*aggregans*, aggregate forming, aggregating clumping.

Il

水沉积杆菌属（*Ilumatobacter*）Matsumoto 等, 2009, 新属。此属已定 3 种。

词源　水沉积：水中沉积物；杆：棒；菌：表示微小的事物, 微生物（细菌、古菌、真菌）；属：属名的尾词；水沉积杆菌属：分离自沉积物的棒形生物。

Etymology　Gr.n.*iluma -atos*, sediment deposited in water; N.L.masc.n.*bacter*, a rod; N.L.masc.n.*Ilumatobacter*, a rod isolated from a sediment.

模式种　川水沉积杆菌（*Ilumatobacter fluminis*）Matsumoto 等, 2009, 新种。

词源　川：川的, 河流的, 这里指的是日本（原琉球国）冲绳县的贡五十川, 此模式菌株的沉积物样品来自此地。

Etymology　L.n.*flumen -inis*, a river; L.gen.n.*fluminis*, of a river（Kuiragawa River, Okinawa Prefecture, Japan, the origin of the sediment sample from which the type strain was isolated）.

泥杆菌属（*Ilyobacter*）Stieb and Schink, 1985, 新属。此属已定 4 种。

词源　泥：泥土；杆：棒；菌：表示微小的事物, 微生物（细菌、古菌、真菌）；属：属名的尾词；泥杆菌属：泥土中栖居的棒形生物。

Etymology　Gr.n.*ilus*, mud; N.L.masc.n.*bacter*, a rod; N.L.masc.n.*Ilyobacter*, a mud-inhabiting rod.

模式种　多途泥杆菌（*Ilyobacter polytropus*）Stieb and Schink, 1985, 新种。

词源　多途：多路径, 多途径, 多种多样, 指的是代谢多样性。

Etymology　N.L.masc.adj.*polytropus*（from Gr.masc.adj.*polutropos*）, turning many ways, versatile, referring to metabolic versatility.

Im

因皮里尔杆菌属（*Imperialibacter*）Wang 等, 2013, 新属。此属已定 1 种。

词源　因皮里尔：美国德克萨斯州因皮里尔镇, 此模式种的模式株分离自此；杆：棒；菌：表示微小的事物,微生物(细菌、古菌、真菌);属:属名的尾词;因皮里尔杆菌:分离自美国因皮里尔的棒形生物。

Etymology N.L.n.*Imperial*, Imperial, a town in Texas where the type strain of the type species was isolated; N.L.masc.n.*bacter*, a rod; N.L.masc.n.*Imperialibacter*, a rod isolated from Imperial, TX, USA.

模式种 玫色因皮里尔杆菌(*Imperialibacter roseus*)Wang 等,2013,新种。

词源 玫色:玫色的,玫瑰色的,粉色的,粉红色的。

Etymology L.masc.adj.*roseus*, rose-coloured.

印微技所菌属(*Imtechella*)Surendra 等,2012,新属。此属已定 1 种。

词源 印微技所:印度微生物技术研究所简称(微技所)的随机名字,此模式种模式株的表征机构;菌:表示微小的事物,微生物(细菌、古菌、真菌);属:属名的尾词;印微技所菌属:在印度微生物技术研究所表征了此模式种的模式菌株。

Etymology N.L.fem.dim.n.*Imtechella*, arbitrary name formed from the acronym of the Institute of Microbial Technology, IMTECH, where the type strain of the type species was characterized.

模式种 耐卤印微技所菌(*Imtechella halotolerans*)Surendra 等,2012,新种。

词源 耐:耐力的,耐性的,忍耐的;卤:卤素,盐;耐卤:耐盐,对盐有耐受的。

Etymology Gr.n.*hals halos*, salt; L.part.adj.*tolerans*, tolerating; N.L.part.adj.*halotolerans*, salt-tolerating.

In

印度杆菌属(*Indibacter*)Anil Kumar 等,2010,新属,Anil Kumar 等,2012,修改。此属已定 1 种。

词源 印度:印度国;杆:棒;菌:表示微小的事物,微生物(细菌、古菌、真菌);属:属名的尾词;印度杆菌属:来自印度的棒形生物,指的是此细菌菌株的分离地是印度。

Etymology L.n.*India*, India; N.L.masc.n.*bacter*, a rod; N.L.masc.n.*Indibacter*, a rod from India, referring to the isolation of the bacterial strain from India.

模式种 嗜碱印度杆菌(*Indibacter alkaliphilus*)Anil Kumar 等,2010,新种。

词源 嗜:嗜好的,喜好的,友好的,爱好的;碱:盐碱植物的灰分,碱性,碱类(阴离子全为氢氧根);嗜碱:喜好碱的。

Etymology N.L.n.*alkali*, soda ash; N.L.adj.*philus -a -um* (from Gr.adj.*philos -ê -on*), friend, loving; N.L.masc.adj.*alkaliphilus*, alkali-loving.

仁荷菌属（*Inhella*）Song 等，2009，新属，Chen 等，2012 修改。此属已定 2 种。

词源　仁荷：以仁荷大学命名，此模式株的分离源所在地。
Etymology　N.L.fem.dim.n.*Inhella*, named after Inha University, where the isolation source of the type strain is located.
模式种　仁和仁荷菌（*Inhella inkyongensis*）Song 等，2009，新种。
词源　仁和：与仁和水库有关的，此模式株的分离地。
Etymology　N.L.fem.adj.*inkyongensis*, pertaining to Inkyong Reservoir, where the type strain was isolated.

寄居菌属（*Inquilinus*）Coenye 等，2002，新属。此属已定 2 种。

词源　寄居：在自己的领地（房屋、住所）生活居住；菌：表示微小的事物，微生物（细菌、古菌、真菌）；属：属名的尾词；寄居菌属：寄生菌。
Etymology　L.masc.n.*inquilinus*, an inhabitant of a place that is not its own, a sojourner.
模式种　烂泥寄居菌（*Inquilinus limosus*）Coenye 等，2002，新种。
词源　烂泥：泥浆的，充满烂泥的，似黏液的，黏泥的。
Etymology　L.masc.adj.*limosus*, full of slime, slimy.

异常小螺体属（*Insolitispirillum*）Yoon 等，2007，新属。此属已定 1 种，2 亚种。

词源　异常：不平常的，不寻常的，不熟悉的，反常的；小螺：与螺相对，表示比螺在尺寸上小，小螺形，小螺旋，小螺体；菌：表示微小的事物，微生物（细菌、古菌、真菌）；属：属名的尾词；异常小螺体属：不寻常的小螺形生物。
Etymology　L.adj.*insolitus*, unaccustomed; N.L.dim.neut.n.*spirillum* a small spiral; N.L.neut.n.*Insolitispirillum* an unaccustomed small spiral.
模式种　陌生异常小螺体（*Insolitispirillum peregrinum*）（Pretorius, 1963）Yoon 等，2007，新合并。
词源　陌生：奇怪的，陌生的，外来的。
Etymology　L.neut.adj.*peregrinum*, strange, foreign.

间孢囊菌科（*Intrasporangiaceae*）Rainey 等，1997（全部作者名单 Rainey, Ward-Rainey and Stackebrandt），新科，Stackebrandt and Schumann，2000 修改，Zhi 等，2009 修改。

模式属　间孢囊菌属（*Intrasporangium*）Kalakoutskii 等，1967，《1980 年细菌名确认单》。
词源　间孢囊菌属：此科之模式属；科：用于定义一个比属高、比目低的分类级和尾词；在中文科的命名中，把模式属属名中的尾字"属"代换为尾字"科"，即为模式属所在的科名；间孢囊菌科：间孢囊菌属之科。
Etymology　N.L.neut.n.*Intrasporangium*, type genus of the family; suff.-*aceae*, ending to denote a family; N.L.fem.pl.n.*Intrasporangiaceae*, the *Intrasporangium* family.

间孢囊菌属(*Intrasporangium*)Kalakoutskii 等,1967,属;Liu 等,2012 修改,Yang 等,2012 修改。此属已定 4 种。

此属是间孢囊菌科(*Intrasporangiaceae*)Rainey 等,1997 的模式属。

词源　间:中间,在……之间;孢囊:孢子囊,孢子袋;菌:表示微小的事物,微生物(细菌、古菌、真菌);属:属名的尾词;间孢囊菌属:该属名是为了强调孢子囊在(真菌)菌丝间插形成的可能性。

Etymology　L.prep.*intra*, within; N.L.n.*sporangium*〔from Gr.n.*spora*, a seed（and in biology a spore）, and Gr.n.*angeion*（Latin transliteration *angium*）, vessel〕, sporangium; N.L.neut. n.*Intrasporangium*, a name coined to emphasize the possibility of intercalary formation of sporangia in mycelial filaments.

模式种　秃间孢囊菌(*Intrasporangium calvum*)Kalakoutskii 等,1967,《1980 年细菌名确认单》,种。

词源　秃:秃头,光秃,没有头发,指的是没有气生菌丝。

Etymology　L.neut.adj.*calvum*, bald, hairless, referring to the absence of aerial mycelium.

Io

紫杆菌属(*Iodobacter*)Logan,1989,新属。此属已定 3 种。

词源　紫:紫的,紫色的;杆:棒;菌:表示微小的事物,微生物(细菌、古菌、真菌);属:属名的尾词;紫杆菌属:紫色的,棒形生物。

Etymology　Gr.adj.*ioeides*, violet-colored; N.L.masc.n.*bacter*, a small rod; N.L.masc. n.*Iodobacter*, a violet-colored, small rod.

模式种　河紫杆菌(*Iodobacter fluviatilis*)勘误,Logan,1989,新种。

词源　河:流,江,来自或属于河流的。

Etymology　L.masc.adj.*fluviatilis*, of or belonging to a river.

Is

等茎菌属(*Isobaculum*)Collins 等,2002,新属。

词源　等:等同,类同,同类,类似,像……;茎:茎,杖,棒;菌:表示微小的事物,微生物(细菌、古菌、真菌);属:属名的尾词;等茎菌属:类似于茎或棒的生物。

Etymology　Gr.adj.*isos*, like, similar; L.neut.n.*baculum*, rod; N.L.neut.n.*Isobaculum*, the one like a stick or a rod.

模式种　獾等茎菌(*Isobaculum melis*)Collins 等,2002,新种。

词源　獾:属于獾的;与獾有关的。

Etymology　L.n.*meles*, badger; L.gen.n.*melis*, of the badger.

等色菌属(*Isochromatium*) Imhoff 等,1998,新属。此属已定 1 种。

词源 等:等同,类同,同类,类似,像……;色菌属:细菌的一个属名;等色菌属:与色菌属类似的/相似的细菌。

Etymology　Gr.adj.*isos*, equal, like, similar; N.L.neut.n.*Chromatium*, a genus name; N.L.neut.n.*Isochromatium*, the similar *Chromatium*, the bacterium similar to *Chromatium*.

模式种　布德氏等色菌(*Isochromatium buderi*)(Trüper and Jannasch, 1968)Imhoff 等,1998,新合并。

词源 氏:姓氏;布德氏:以德国植物生理学家布德的姓氏命名。

Etymology　N.L.gen.n.*buderi*, of Buder; named for J.Buder, a German plant physiologist.

推荐的属名三字母简写　*Isc*.见"命名规则:属名简写"[属名简写三字母准则(Three-letter code for abbreviations of generic names)]。

等翅目栖菌属(*Isoptericola*) Stackebrandt 等,2004,新属。或白蚁目栖菌属。此属已定 7 种。

词源 等翅目:白蚁的一个目;栖:栖息,栖居,栖息者,栖居者;菌:表示微小的事物,微生物(细菌、古菌、真菌);属:属名的尾词;等翅目栖菌属:栖居在等翅目白蚁中的生物。

Etymology　N.L.n.*Isoptera*, order of termites; L.masc.or fem.suff.-*cola* (from L.masc.or fem.n.*incola*), inhabitant; N.L.masc.n.*Isoptericola*, inhabitant of termites.

模式种　多形等翅目栖菌(*Isoptericola variabilis*)(Bakalidou 等,2002) Stackebrandt 等,2004,新合并。

词源 多形:多种形状的,形状变化多端的,因为细胞形状可能是棒或果。

Etymology　L.masc.adj.*variabilis*, variable, as cells can be rods or cocci.

等球菌属(*Isosphaera*) Giovannoni 等,1995,新属。此属已定 1 种。

词源 等:同等的,相等的,一样的;球:球体,球形,地球;菌:表示微小的事物,微生物(细菌、古菌、真菌);属:属名的尾词;等球菌属:相同尺寸的球形生物。

Etymology　Gr.adj.*isos* -*ê* -*on*, equal; L.fem.n.*sphaera*, a ball, globe, sphere; N.L.fem.n.*Isosphaera*, sphere of equal size.

模式种　苍白等球菌(*Isosphaera pallida*)(*ex* Woronichin,1927) Giovannoni 等,1995,新合并。

词源 苍白:苍白的,无色的。

Etymology　L.adj.*pallidus* -*a* -*um*, pale, pallid, colorless; L.fem.adj.*pallida*, pale.

注:此属以往菌名又为类球菌属。在此属菌名中,对译成为类球菌属或等球菌属均是妥帖的,但把同一个希腊文二译,即译成不同的汉字,是翻译中经常见到的,但是对于菌名的固定来说,十分地忌讳。

J 部

Ja

扬姓菌属(*Jahnella*)勘误,Reichenbach,2007,新属。此属已定1种。

词源 姓:姓氏;扬氏:以爱德华·阿道夫·威廉·扬的姓氏(1871—1942)命名,其在1911年写出黏细菌的第一部大纲,1924年写出黏细菌的第一部专著;菌:表示微小的事物,微生物(细菌、古菌、真菌);属:属名的尾词;扬姓菌属:以扬的姓氏命名的菌属。

Etymology N.L.fem.dim.n.*Jahnella*, named in honor of Eduard Adolf Wilhelm Jahn (1871—1942) who, in 1911, wrote the first synopsis, and, in 1924, the first monograph on myxobacteria.

模式种 撒克氏扬氏菌(*Jahnella thaxteri*)勘误,(*ex* Jahn,1924)Reichenbach,2007,新合并。

词源 氏:姓氏;撒克氏:以罗兰·撒克(1858—1932)的姓氏命名,其发现了黏细菌。

Etymology N.L.gen.masc.n.*thaxteri*, of Thaxter, in honor of Roland Thaxter (1858—1932), discoverer of myxobacteria.

雅努斯杆菌属(*Janibacter*)Martin 等,1997,新属。或双面杆菌属。此属已定10种。

词源 雅努斯(**Janus** 或 **Ianus**):罗马神话中的神,据说其有两个脸;杆:棒;菌:表示微小的事物,微生物(细菌、古菌、真菌);属:属名的尾词;雅努斯杆菌:指的是这种微生物形态的变化。

Etymology L.n.*Janus* (or *Ianus*), a god in roman mythology, who is said to have had two faces; N.L.masc.n.*bacter*, a rod; N.L.masc.n.*Janibacter*, referring to the changing morphology of the microorganisms.

模式种 烂泥雅努斯杆菌(*Janibacter limosus*)Martin 等,1997,新种。

词源 烂泥:充满泥浆,烂泥,与泥浆有关的,此种的天然栖息地。

Etymology L.masc.adj.*limosus*, full of mud, muddy, pertaining to sludge, the natural habitat of the species.

亚纳希氏菌属(*Jannaschia*)Wagner-Döbler 等,2003,新属。此属已定9种。

词源 氏:姓氏;亚纳希氏:以德国微生物学家霍尔格·亚纳希的姓氏命名,其是海洋微生物学家的先锋之一,在此领域有重要影响,特别致力于研究海水;菌:表示微小的事物,微生物(细菌、古菌、真菌);属:属名的尾词;亚纳希氏菌属:以亚纳希的姓氏命名的菌属。

Etymology N.L.fem.n.*Jannaschia*, after the German microbiologist Holger W.Jannasch, one of the pioneers of marine microbiology, who had a tremendous impact on the field and was particularly devoted to studying microbial growth kinetics in sea water and the microbial ecology of hydrothermal vents.

模式种 黑尔戈兰岛亚纳希氏菌(*Jannaschia helgolandensis*) Wagner-Döbler 等, 2003, 新种。
词源 黑尔戈兰岛: 德国北海中的一个岛, 此模式株的分离地。
Etymology   N.L.fem.adj.*helgolandensis*, of the island of Helgoland, where the type strain was isolated.

紫小杆菌属(*Janthinobacterium*) De Ley 等, 1978, 属; Lincoln 等, 1999 修改。此属已定 2 种。

词源 紫: 紫色的; 小杆: 小棒; 菌: 表示微小的事物, 微生物(细菌、古菌、真菌); 属: 属名的尾词; 紫小杆菌属: 紫色的小棒形生物; 紫小杆菌属: 紫色的小棒形生物。
Etymology   L.adj.*janthinus*, violet-blue, violet; L.neut.n.*bacterium*, rod or staff; N.L.neut. n.*Janthinobacterium*, a violet-colored rod.

模式种 蓝色紫小杆菌(*Janthinobacterium lividum*) (Eisenberg, 1891) De Ley 等, 1978, 《1980 年细菌名确认单》, 种。
词源 蓝色: 蓝色的, 铅色的, 或浅蓝色的。
Etymology   L.neut.adj.*lividum*, of a blue or leaden color, bluish, blue.

麻风树属居菌属(*Jatrophihabitans*) Madhaiyan 等, 2013, 新属。此属已定 1 种。

词源 麻风树属: 一个植物的科学属名, 麻风树属; 居: 居民, 居住者, 栖居者; 麻风树属居菌: 麻风树属的栖居者。
Etymology   N.L.n.*Jatropha*, scientific name of a botanical genus; L.masc.n.*habitans*, an inhabitant; N.L.masc.n.*Jatrophihabitans*, an inhabitant of *Jatropha*.

模式种 植内生麻风树属居菌(*Jatrophihabitans endophyticus*) Madhaiyan 等, 2013, 新种。
词源 植内生: 植物内部产生的, 内源性的, 表示最初是从植物组织中分离出来的。
Etymology   Gr.pref.*endo*, within; Gr.n.*phuton*, plant; L.masc.suff.-*icus*, adjectival suffix used with the sense of belonging to; N.L.masc.adj.*endophyticus*, within plant, endophytic, pertaining to the original isolation from plant tissues.

Je

济州岛菌属(*Jejudonia*) Park 等, 2013。此属已定 1 种。

此属与济州菌属都属于黄小杆菌科(*Flavobacteriaceae*), 都属于 CFB 群细菌。

词源 济州岛: 韩国最大的一个离域岛; 菌: 表示微小的事物, 微生物(细菌、古菌、真菌); 属: 属名的尾词; 济州岛菌属: 以韩国最大的岛—济州岛命名, 此生物的分离地。
Etymology   N.L.fem.n.*Jejudonia* named after Jejudo, the largest island located in South Korea, from where the organism was isolated.

模式种 牛沼河口济州岛菌(*Jejudonia soesokkakensis*) Park 等, 2013, 新种。

词源　牛沼河口：与西归浦市牛沼河口有关的，此模式菌株的分离地。

Etymology　N.L.fem.adj.*soesokkakensis* pertaining to Soesokkak, from where the type strain was isolated.

济州菌属（*Jejuia*）Lee 等,2009,新属；Park 等,2013 修改。此属已定 1 种。

词源　济州：济州岛；菌：表示微小的事物,微生物（细菌、古菌、真菌）；属：属名的尾词；济州菌属：以济州岛——韩国最大的岛命名，此生物的分离地。

Etymology　N.L.fem.n.*Jejuia*, named after Jeju, the largest island in Korea, where the organism was isolated.

模式种　苍橙济州菌（*Jejuia pallidilutea*）Lee 等,2009,新种。

词源　苍：苍白；橙：橙子,橙色；苍橙：苍白橙色,指的是菌落的颜色。

Etymology　L.adj.*pallidus*, pale; L.adj.*luteus*, orange; N.L.fem.adj.*pallidilutea*, pale orange, referring to the colony colour.

井邑菌属（*Jeongeupia*）Yoon 等,2010,新属。此属已定 2 种。

词源　井邑：以韩国的一个城市井邑命名,内藏山位于其内；菌：表示微小的事物,微生物（细菌、古菌、真菌）；属：属名的尾词；井邑菌属：以菌种分离地韩国内藏山的城市井邑命名的生物。

Etymology　N.L.fem.n.*Jeongeupia*, named after Jeongeup, a Korean city, the location of Naejang Mountain.

模式种　内藏山井邑菌（*Jeongeupia naejangsanensis*）Yoon 等,2010,新种。

词源　内藏山：韩国井邑的一座山名,此模式株的分离地。

Etymology　N.L.fem.adj.*naejangsanensis*, of or pertaining to Naejangsan, the Korean name of Naejang Mountain, from where the type strain was isolated.

鮨橄菌属（*Jeotgalibaca*）Lee 等,2014,新属。此属已定 1 种。

词源　鮨：中国古代称腌制鱼,盐鱼,西元前 3—5 世纪成书的《尔雅》就记述了鮨,后来传入日本称寿司或握鮨,朝韩称为 **jeotgal**,相当于全鱼食品；橄：橄榄,浆果,谷粒；鮨橄菌属：来自鮨的橄榄形生物。

Etymology　N.L.n.*jeotgalum*（from Korean n.*jeotgal*）jeotgal, traditional Korean food; L.fem.n.*baca*, a grain or berry, and in bacteriology a coccus; N.L.fem.n.*Jeotgalibaca*, coccus from jeotgal.

模式种　檀国鮨橄菌（*Jeotgalibaca dankookensis*）Lee 等,2014,新种。

词源　檀国：来自或属于檀国大学。

Etymology　N.L.fem.adj.*dankookensis*, of or belonging to Dankook University.

鮨竿菌属（*Jeotgalibacillus*）Yoon 等，2001，新属；Chen 等，2010 修改。此属已定 7 种。

词源　鮨：中国古代称腌制鱼，盐鱼，西元前 3—5 世纪成书的《尔雅》就记述了鮨，后来传入日本称寿司或握鮨，朝韩称为 **jeotgal**，相当于全鱼食品；竿：在本书中对译于拉丁文 ***bacillus***，表示棒形，以示与常见的"杆"的区别，表示以出芽孢为特征的棒形；竿属：细菌的一个属名，出芽孢的棒形菌；鮨竿菌属：来自鮨的芽孢棒形菌。

Etymology　N.L.n. *jeotgalum*（from Korean n. *jeotgal*）jeotgal, traditional Korean food; L.masc.n. *bacillus*, rod; N.L.masc.n. *Jeotgalibacillus*, rod from jeotgal.

模式种　食物鮨竿菌（*Jeotgalibacillus alimentarius*）Yoon 等，2001，新种。

词源　食物：与食物相关的。

Etymology　L.adj. *alimentarius*, relating to food.

鮨果菌属（*Jeotgalicoccus*）Yoon 等，2003，新属；Liu 等，2011 修改。此属已定 9 种。

词源　鮨：中国古代称腌制鱼，盐鱼，西元前 3—5 世纪成书的《尔雅》就记述了鮨，后来传入日本称寿司或握鮨，朝韩称为 **jeotgal**，相当于全鱼食品；果：浆果，表示浆果形（圆球或椭球）；菌：表示微小的事物，微生物（细菌、古菌、真菌）；属：属名的尾词；鮨果菌属：来自鮨的浆果形生物。

Etymology　N.L.n. *jeotgalum*（from Korean n. *jeotgal*）jeotgal, traditional Korean seafood; N.L.masc.n. *coccus*（Gr.masc.n. *kokkos*）, a grain or berry; N.L.masc.n. *Jeotgalicoccus*, coccus from jeotgal.

模式种　耐卤鮨果菌（*Jeotgalicoccus halotolerans*）Yoon 等，2003，新种。

词源　耐：耐力的，耐性的，忍耐的；卤：卤素，盐；耐卤：耐盐，对盐有耐受的。

Etymology　Gr.n. *hals halos*, salt; L.part.adj. *tolerans*, tolerating, enduring; N.L.part.adj. *halotolerans*, salt-tolerating.

Jh

朝日小菌属（*Jhaorihella*）Rekha 等，2011，新属。此属已定 1 种。

词源　朝日：以朝日温泉命名，朝日在中文中意思是早晨的太阳，朝日温泉位于中国台湾台东县的一个离岸火山岛——太平洋的一个小岛—绿岛中，此模式株的地理位置源；菌：表示微小的事物，微生物（细菌、古菌、真菌）；属：属名的尾词；朝日小菌属：与朝日岛有关的微生物。

Etymology　N.L.fem.dim.n. *Jhaorihella*, named after Jhaorih, or "morning sun" in Chinese, the name of a coastal hot spring on a small volcanic island（Green Island）in the Pacific Ocean, off the eastern coast of Taiwan, the geographical origin of the type strain.

模式种　嗜热朝日小菌（*Jhaorihella thermophila*）Rekha 等，2011，新种。

词源　嗜：嗜好的，喜好的，友好的，爱好的；热：热的，高温的，温暖的；嗜热：喜好高温的，喜好热的。

Etymology Gr.adj.*thermos*, hot; N.L.fem.adj.*phila*（from Gr.fem.adj.*philê*）, friend loving; N.L.fem.adj.*thermophila*, heat-loving.

Ji

姜氏菌属（*Jiangella*）Song 等，2005，新属。此属已定 4 种。

此属是**姜氏菌亚目**（*Jiangellineae*）Tang 等，2011 和**姜氏菌科**（*Jiangellaceae*）Tang 等，2011 的模式属。

词源 氏：姓氏；姜氏：以中国微生物学家姜成林的姓氏命名，以记述他在放线菌分类学中的工作；菌：表示微小的事物，微生物（细菌、古菌、真菌）；属：属名的尾词；姜氏菌属：以姜（中国）的姓氏命名的菌属。

Etymology N.L.fem.dim.n.*Jiangella*, named after Cheng-Lin Jiang, a Chinese microbiologist, in recognition of his work on actinomycete taxonomy.

模式种 **甘肃姜氏菌**（*Jiangella gansuensis*）Song 等，2005，新种。

词源 甘肃：中国西北的一个省，甘肃省，此模式菌株的分离地。

Etymology N.L.fem.adj.*gansuensis*, pertaining to Gansu, a province of north-west China from where the type strain was isolated.

注：此属中文属名与 2004 年的**姜姓菌属**（*Kangiella*）相区别。这种情况随着中国和韩国学者对微生物命名的增多，恐怕会一直延续。

姜氏菌科（*Jiangellaceae*）Tang 等，2011，新科。

模式属 **姜氏菌属**（*Jiangella*）Song 等，2005，新属。

词源 姜氏菌属：此科之模式属；科：用于定义一个比属高、比目低的分类级和尾词；在中文科的命名中，把模式属属名中的尾字"属"代换为尾字"科"，即为模式属所在的科名；姜氏菌科：姜氏菌属之科。

Etymology N.L.fem.n.*Jiangella*, type genus of the family; suff.-*aceae*, ending to denote a family; N.L.fem.pl.n.*Jiangellaceae*, the family of the genus *Jiangella*.

姜氏菌亚目（*Jiangellineae*）Tang 等，2011，新亚目。

模式属 **姜氏菌属**（*Jiangella*）Song 等，2005，新属。

词源 姜氏菌属：此亚目之模式属；亚目：用于定义一个比科高、比目低的分类级和尾词，目的二级分类级；在中文目的命名中，把属名中的尾字"属"代换为尾字"亚目"，即为模式属所对应的亚目；姜氏菌亚目：姜氏菌属之亚目。

Etymology N.L.fem.n.*Jiangella*, type genus of the suborder; suff.-*ineae*, ending to denote a suborder; N.L.fem.pl.n.*Jiangellineae*, the suborder of the genus *Jiangella*.

继生姓菌属（*Jishengella*）Xie 等,2011,新属。此属已定 1 种。

词源　姓:姓氏;继生氏:以中国微生物学家阮继生的名字命名;菌:表示微小的事物,微生物(细菌、古菌、真菌);属:属名的尾词;继生姓菌属:以阮继生的名命名的菌属。

Etymology　N.L.fem.n.*Jishengella*, named after Jisheng Ruan, the Chinese microbiologist.

模式种　植内继生姓菌(*Jishengella endophytica*)Xie 等,2011,新种。

词源　植内:植物内部,植物组织,指的是从植物组织中分离出来的。

Etymology　Gr.pref.*endo*, within; Gr.n.*phuton*, plant; L.fem.suff.*-ica*, adjectival suffix used with the sense of belonging to; N.L.fem.adj.*endophytica*, within plant, endophytic, pertaining to the original isolation from plant tissues.

注:以名(即不以姓)命名微生物的菌属或种或其他分类级并不是常见的命名方式,一般是为了避免较长的姓(西方有的姓很长,东方人或汉语圈当不存在这种情况),或者为了避免重名。此处就是为了避免与2007年已定的阮氏菌属(*Ruania*)重名,都是为了纪念阮继生的。

Jo

约翰逊姓菌属(*Johnsonella*)Moore and Moore,1994,新属。此属已定 1 种。

词源　姓:姓氏;约翰逊:以美国微生物学家约翰·L.约翰逊的姓氏命名;菌:表示微小的事物,微生物(细菌、古菌、真菌);属:属名的尾词;约翰逊氏菌属:以约翰逊的姓氏命名的菌属。

Etymology　N.L.fem.dim.n.*Johnsonella*, in honor of John L.Johnson, a microbiologist from the United States.

模式种　懒约翰逊姓菌(*Johnsonella ignava*)Moore and Moore,1994,新种。

词源　懒:懒惰的,不活跃的,行动迟缓的,因为这种生物在体外不活跃。

Etymology　L.fem.adj.*ignava*, inactive, lazy, sluggish, because of the inactivity of the organism *in vitro*.

注:约翰逊来自父名约翰,表示约翰的儿孙。"son" 这里译为 "逊" 表示……之子孙(后代)。

琼斯氏菌属(*Jonesia*)Rocourt and Stackebrandt,1987,新属。此属已定 2 种。

此属是琼斯氏菌科(*Jonesiaceae*)Stackebrandt 等,1997 的模式属。

词源　氏:姓氏;琼斯氏:以英国微生物学家桃乐茜·琼斯的姓氏命名;菌:表示微小的事物,微生物(细菌、古菌、真菌);属:属名的尾词;琼斯氏菌属:以琼斯的姓氏命名的菌属。

Etymology　N.L.fem.n.*Jonesia*, named after Dorothy Jones, British microbiologist.

模式种　脱硝琼斯氏菌(*Jonesia denitrificans*)(Prévot,1961)Rocourt 等,1987,新种

词源　脱:脱除,去除,还原;硝:硝石,硝酸,硝化,硝酸盐;脱硝:脱除硝基,反硝化。

Etymology　N.L.v.*denitrifico*, to denitrify; N.L.part.adj.*denitrificans*, denitrifying.

琼斯氏菌科(*Jonesiaceae*)Stackebrandt 等,1997,新科;Zhi 等,2009 修改。

模式属　琼斯氏菌属(*Jonesia*)Rocourt and Stackebrandt,1987,新属。

词源　琼斯氏菌属：此科之模式属；科：用于定义一个比属高、比目低的分类级和尾词；在中文科的命名中，把模式属属名中的尾字"属"代换为尾字"科"，即为模式属所在的科名；琼斯氏菌科：琼斯氏菌属之科。

Etymology　N.L.fem.n.*Jonesia*, type genus of the family; suff.-*aceae*, ending to denote a family; N.L.fem.pl.n.*Jonesiaceae*, the *Jonesia* family.

荣凯姓菌属（*Jonquetella*）Jumas-Bilak 等，2007，新属。此属已定 1 种。

词源　姓：姓氏；荣凯姓：以法国临床医生荣凯教授的姓氏命名，其首次诊断出此，新属引起的感染；菌：表示微小的事物，微生物（细菌、古菌、真菌）；属：属名的尾词；荣凯姓菌属：以荣凯的姓氏命名的菌属。

Etymology　N.L.fem.dim.n.*Jonquetella*, named in honour of Professor Jonquet, the clinician who first diagnosed infection involving this novel genus.

模式种　人类荣凯姓菌（*Jonquetella anthropi*）Jumas-Bilak 等，2007，新种。

词源　人类：人类，人类的，因为迄今为止，实际上所有的菌株都是从人类临床诊断样本中来的，也是协生菌门中第一种得到表征的人类临床分离菌种。

Etymology　Gr.n.*anthropos*, a human being; N.L.gen.n.*anthropi*, of a human being, since virtually all strains thus far recovered are from human clinical specimens and since it represents the first characterized species including human clinical isolates in the phylum "*Synergistetes*".

巨思特姓菌属（*Joostella*）Quan 等，2008，新属；Hameed 等，2014 修改。此属已定 1 种。

词源　姓：姓氏；巨思特：以南非 P.J. 巨思特教授的姓氏命名，其首先建议了黄小杆菌科的命名；菌：表示微小的事物，微生物（细菌、古菌、真菌）；属：属名的尾词；巨思特姓菌属：以巨思特的姓氏命名的菌属。

Etymology　N.L.fem.dim.n.*Joostella*, named after Professor P.J.Jooste, who first proposed the family *Flavobacteriaceae*.

模式种　海巨思特姓菌（*Joostella marina*）Quan 等，2008，新种。

词源　海：海的，大海的，海洋的，属于或来自海的。

Etymology　L.fem.adj.*marina*, belonging to the sea, marine.

K 部

Ka

韩高科所小菌属(*Kaistella*) Kim 等,2004,新属。此属已定 1 种。

此属 2009 年已归属到→金小杆菌属(*Chryseobacterium*) Vandamme 等,1994。

词源 韩高科所:韩国高等科学技术研究所的随机简称;菌:表示微小的事物,微生物(细菌、古菌、真菌);属:属名的尾词;韩高科所小菌属:与韩国高等科学技术研究所有关的微生物。

Etymology N.L.fem.dim.n.*Kaistella*, arbitrary name after KAIST, Korea Advanced Institute of Science and Technology.

模式种 韩国韩高科所小菌(*Kaistella koreensis*) Kim 等,2004,新种。

此种 2009 年已归种到→韩国金小杆菌(*Chryseobacterium koreense*)(Kim 等,2004)Kämpfer 等,2009,新合并。

词源 韩国:与韩国有关的,此生物分离地。

Etymology N.L.fem.adj.*koreensis*, pertaining to Korea, from where the organisms were isolated.

注:区别于韩高科所菌属(*Kaistia*)。

韩高科所菌属(*Kaistia*) Im 等,2005,新属。此属已定 8 种。

词源 韩高科所:韩国高等科学技术研究所的随机简称,此所开展了此分类研究;菌:表示微小的事物,微生物(细菌、古菌、真菌);属:属名的尾词;韩高科所菌属:与韩国高等科学技术研究所有关的微生物。

Etymology N.L.fem.n.*Kaistia*, arbitrary name formed from the acronym of the Korean Advanced Institute of Science and Technology, KAIST, where taxonomic studies of this taxon were performed.

模式种 油脂韩高科所菌(*Kaistia adipata*) Im 等,2005,新种。

词源 油脂:脂肪的,油腻的,油脂的。

Etymology L.fem.adj.*adipata*, fatty, greasy.

注:如上,区别于 2004 年的韩高科所小菌属(*Kaistella*)。

坎德勒氏菌属(*Kandleria*) Salvetti 等,2011,新属。此属已定 1 种。

词源 氏:姓氏;坎德勒氏:以奥托·坎德勒的姓氏命名,他对乳酸细菌的研究有突出的贡献,并最先鉴定了牛犊乳杆菌(*Lactobacillus vitulinus*)(此种 2011 年归属到坎德勒氏菌属,即此属,此种);坎德勒氏菌:即此前 1973 年的牛犊乳杆菌;坎德勒氏菌属:以坎德勒的姓氏命名的菌属。

Etymology　N.L.fem.n.*Kandleria*, named after Otto Kandler, for his outstanding contribution to the study of lactic acid bacteria and for the first identification of *Lactobacillus vitulinus*.

模式种　牛犊坎德勒氏菌（*Kandleria vitulina*）（Sharpe 等，1973）Salvetti 等，2011，新种。

词源　牛犊：小牛，乳牛。

Etymology　L.fem.adj.*vitulina*, of a calf.

姜姓菌属（*Kangiella*）Yoon 等，2004，新属。此属已定 8 种。

词源　姓：姓氏；姜姓：以韩国微生物学家姜国熙的姓氏命名，他对微生物学研究有贡献；菌：表示微小的事物，微生物（细菌、古菌、真菌）；属：属名的尾词；姜姓菌属：以姜（韩国）的姓氏命名的菌属。

Etymology　N.L.dim.fem.n.*Kangiella*, named to honour Professor Kook Hee Kang, a Korean microbiologist, for his contribution to microbial research.

模式种　韩国姜姓菌（*Kangiella koreensis*）Yoon 等，2004，新种。

词源　韩国：与韩国有关的，此生物的分离地。

Etymology　N.L.fem.adj.*koreensis*, pertaining to Korea, from where the organism was isolated.

注：区别于 2005 年定的姜氏菌属（*Jiangella*）。

Ke

克斯特氏菌属（*Kerstersia*）Coenye 等，2003，新属。此属已定 2 种。

词源　氏：姓氏；克斯特氏：以示对比利时杰出的微生物学家克斯特的尊敬，以他的姓氏命名，他对多相分类学和计算肌凝胶电泳引入有贡献；菌：表示微小的事物，微生物（细菌、古菌、真菌）；属：属名的尾词；克斯特氏菌属：以克斯特的姓氏命名的菌属。

Etymology　N.L.fem.n.*Kerstersia*, in honour of K.Kersters, an eminent Belgian microbiologist, for his contributions to polyphasic taxonomy and to the introduction of computerized protein gel electrophoresis.

模式种　肢克斯特氏菌（*Kerstersia gyiorum*）Coenye 等，2003，新种。

词源　肢：这里指腿；指的是此菌绝大部分分离自人腿伤口。

Etymology　Gr.n.*gyion*, limb; N.L.gen.n.*gyiorum*, from the limbs, referring to the fact that the majority of strains were isolated from human leg wounds.

酮古洛糖酸生菌属（*Ketogulonicigenium*）勘误，Urbance 等，2001，新属。此属已定 2 种。

词源　生：产，产生，生产；酮古洛糖酸：一种含酮基的有机酸；酮古洛糖酸生菌属：酮古洛糖酸生成的菌。

Etymology　N.L.n.*acidum ketogulonicum*, ketogulonic acid; L.suff.*genius -a -um*（from L.v.*geno*, to produce）, producing; N.L.neut.n.*Ketogulonicigenium*, that which produces ketogulonic acid.

模式种　普通酮古洛糖生酸菌（*Ketogulonicigenium vulgare*）勘误, Urbance 等, 2001, 新种。

词源　普通：平凡的, 普通的, 指的是平常的, 没有专有特征的。

Etymology　L.neut.adj.*vulgare*, usual, common.

Ketogulonigenium – 见：酮古洛糖酸生菌属（*Ketogulonicigenium*）

Ki

类孢囊菌属（*Kibdelosporangium*）Shearer 等, 1986, 新属。此属已定 4 种, 2 亚种。

词源　类：模糊不清的, 假的；孢囊：孢子囊, 孢子袋；菌：表示微小的事物, 微生物（细菌、古菌、真菌）；属：属名的尾词；类孢囊菌属：具有假的或模糊不清的孢囊的生物。

Etymology　Gr.adj.*kibdelos*, false, ambiguous; N.L.n.*sporangium*［from Gr.n.*spora*, a seed and in biology a spore, and Gr.n.*angeion*（Latin transliteration *angium*）, vessel］, sporangium; N.L.neut.n.*Kibdelosporangium*, false or ambiguous sporangium.

模式种　干旱类孢囊菌（*Kibdelosporangium aridum*）Shearer 等, 1986, 新种。

词源　干旱：干的, 旱的；干旱的。

Etymology　L.neut.adj.*aridum*, dry, arid.

基泷菌属（*Kiloniella*）Wiese 等, 2009, 新属；Yang 等, 2015 修改。此属已定 2 种。

此属是基泷菌目（*Kiloniellales*）Wiese 等, 2009 和基泷菌科（*Kiloniellaceae*）Wiese 等, 2009 的模式属。

词源　基泷：德国北部城市基尔的拉丁名（区别于中国台湾的基隆市）；菌：表示微小的事物, 微生物（细菌、古菌、真菌）；属：属名的尾词；基泷菌属：在靠近基尔的海水中发现的细菌, 德国一个重要的海洋研究机构莱布尼茨海洋科学研究所（IFM—GEOMAR）也位于基尔, 此首株模式菌株就是在这里发现的。

Etymology　L.n.*Kilonium*, Latin name of the northern German city of Kiel; N.L.fem.dim.n.*Kiloniella*, arbitrary name for a bacterium found in marine waters close to Kiel, the place of an important institution of marine research（the IFM-GEOMAR）, in which the first strain of the genus was discovered.

模式种　海带基泷菌（*Kiloniella laminariae*）Wiese 等, 2009, 新种。

词源　海带：一种大型的海藻, 也是一个植物属名, 与海带有关的, 此模式菌株分离自海带。

Etymology　N.L.fem.n.*Laminaria*, botanical name of a genus of macroalgae; N.L.gen.fem.n.*laminariae*, pertaining to the alga *Laminaria*, from which the type strain was isolated.

基泷菌科(*Kiloniellaceae*)Wiese 等,2009,新科。

模式属 基泷菌属(*Kiloniella*)Wiese 等,2009,新属。

词源 基泷菌属:此科之模式属;科:用于定义一个比属高、比目低的分类级和尾词;在中文科的命名中,把模式属属名中的尾字"属"代换为尾字"科",即为模式属所在的科名;基泷菌科:基泷菌属之科。

Etymology　N.L.fem.n.*Kiloniella*, name of a bacterial genus; suff.-*aceae*, ending to denote the name of a family; N.L.fem.pl.n.*Kiloniellaceae*, the *Kiloniella* family.

基泷菌目(*Kiloniellales*)Wiese 等,2009,新目。

模式属 基泷菌属(*Kiloniella*)Wiese 等,2009,新属。

词源 基泷菌属:此目之模式属;目:用于定义一个比科高、比纲低的分类级和尾词;在中文目的命名中,把模式属属名中的尾字"属"代换为尾字"目",即为模式属所在的目名;基泷菌目:基泷菌属之目。

Etymology　N.L.fem.n.*Kiloniella*, name of a bacterial genus; suff.-*ales*, ending to denote an order; N.L.fem.n.*Kiloniellales*, the order of *Kiloniella*.

运果菌属(*Kineococcus*)Yokota 等,1993,新属。此属已定 8 种。

词源 运:运动,活动,运力;果:浆果,表示浆果形(圆球或椭球);菌:表示微小的事物,微生物(细菌、古菌、真菌);属:属名的尾词;运果菌属:运动的浆果形生物。

Etymology　Gr.n.*kinesis*, motion; N.L.masc.n.*coccus*(from Gr.masc.n.*kokkos*, a grain, seed), coccus; N.L.masc.n.*Kineococcus*, a motile coccus.

模式种 金橙色运果菌(*Kineococcus aurantiacus*)Yokota 等,1993,新种。

词源 金橙色:(如同金子般)闪亮的橙色。

Etymology　N.L.masc.adj.*aurantiacus*, orange-colored.

运球菌属(*Kineosphaera*)Liu 等,2002,新属。此属已定 1 种。

词源 运:运动,活动,运力;球:球体,球形,地球;菌:表示微小的事物,微生物(细菌、古菌、真菌);属:属名的尾词;运球菌属:运动的球形生物。

Etymology　Gr.n.*kinesis*, motion; L.fem.n.*sphaera*, sphere; N.L.fem.n.*Kineosphaera*, a motile sphere.

模式种 烂泥运球菌(*Kineosphaera limosa*)Liu 等,2002,新种。

词源 烂泥:泥浆(状)的,与烂泥/泥浆有关的,此模式种的天然栖息地。

Etymology　L.fem.adj.*limosa*, muddy, pertaining to sludge, the natural habitat of the species.

运孢菌属(*Kineosporia*)Pagani and Parenti,1978,属;Itoh 等,1989 修改,Kudo 等,1998 修改。此属已定 7 种。

此属是运孢菌亚目(*Kineosporiineae*)Zhi 等,2009 和运孢菌科(*Kineosporiaceae*)Zhi 等,2009 的模式属。

词源　运:运动,活动,运力;孢:孢子;菌:表示微小的事物,微生物(细菌、古菌、真菌);属:属名的尾词;运孢菌属:有运动/移动性孢子的生物。

Etymology　Gr.n.*kinesis*, motion; N.L.fem.n.*spora*(from Gr.fem.n.*spora*, a seed), a spore; N.L.fem.n.*Kineosporia*, an organism that has motile spores.

模式种　金橙色运孢菌(*Kineosporia aurantiaca*)Pagani and Parenti,1978,种。

词源　金橙色:(如同金子般)闪亮的橙色。

Etymology　N.L.fem.adj.*aurantiaca*, of an orange color.

运孢菌科(*Kineosporiaceae*)Zhi 等,2009,新科。

模式属　运孢菌属(*Kineosporia*)Pagani and Parenti,1978,《1980 年细菌名确认单》,新属。

词源　运孢菌属:此科之模式属;科:用于定义一个比属高、比目低的分类级和尾词;在中文科的命名中,把模式属属名中的尾字"属"代换为尾字"科",即为模式属所在的科名;运孢菌科:运孢菌属之科。

Etymology　N.L.fem.n.*Kineosporia*, type genus of the family; suff.-*aceae*, ending to denote a family; N.L.fem.pl.n.*Kineosporiaceae*, the *Kineosporia* family.

运孢菌亚目(*Kineosporiineae*)Zhi 等,2009,新亚目。

模式属　运孢菌属(*Kineosporia*)Pagani and Parenti,1978,《1980 年细菌名确认单》,属。

词源　运孢菌属:此亚目之模式属;亚目:用于定义一个比科高、比目低的分类级和尾词,目的二级分类级;在中文目的命名中,把属名中的尾字"属"代换为尾字"亚目",即为模式属所对应的亚目;运孢菌亚目:运孢菌属之亚目。

Etymology　N.L.fem.n.*Kineosporia*, type genus of the suborder; suff.-*ineae*, ending to denote a suborder; N.L.fem.pl.n.*Kineosporiineae*, the *Kineosporia* suborder.

瑧姓菌属(*Kingella*)Henriksen and Bøvre,1976,属;Dewhirst 等,1993 修改。此属已定 5 种。

词源　姓:姓氏;瑧:以美国细菌学家伊丽莎白·瑧的姓氏命名,瑧的;菌:表示微小的事物,微生物(细菌、古菌、真菌);属:属名的尾词;瑧姓菌属:以瑧的姓氏命名的菌属。

Etymology　N.L.fem.dim.n.*Kingella*, named after Elizabeth O.King, an American bacteriologist.

模式种　瑧氏瑧姓菌(*Kingella kingae*)(Henriksen and Bøvre,1968)Henriksen and Bøvre,1976,《1980 年细菌名确认单》,种。

词源　氏:姓氏;瑧氏:以美国细菌学家伊丽莎白·瑧的姓氏命名,瑧氏的。

Etymology　N.L.gen.fem.n.*kingae*, of King, named after Elizabeth O.King, an American bacteriologist.

注：将 king 写成"珗"而不是通常的"金"是为了同中国的"金"姓相区别，以免将来很多可能的菌名重名。

珗呢勒特菌属（*Kinneretia*）Gomila 等，2010，新属。此属已定 1 种。

词源　珗呢勒特：珗呢勒特湖，此模式种模式株的分离地；菌：表示微小的事物，微生物（细菌、古菌、真菌）；属：属名的尾词；金妮勒特菌属：与金妮勒特湖有关的生物。

Etymology　N.L.fem.n.*Kinneretia*, named after Kinneret Lake, where the type strain of the type species was isolated.

模式种　勿嗜糖珗呢勒特菌（*Kinneretia asaccharophila*）Gomila 等，2010，新种。

词源　勿：非，不，没，表示否定；嗜：嗜好，喜好，爱好，表示一种习性；糖：一般性名词，通常指的是甜的、短链的、可溶解的和由碳氢氧元素构成的碳水化合物，日常用语中即指食糖（蔗糖，一种二糖），生物化学中进一步细分为单糖（葡萄糖、果糖和半乳糖等），二糖（麦芽糖、乳糖和蔗糖等），寡糖和多糖等；勿嗜糖：不喜好糖的。

Etymology　Gr.pref.*a-*, not；Gr.n.*saccharon*, sugar；N.L.fem.adj.*phila*（from Gr.fem.adj.*philê*），friend, loving；N.L.fem.adj.*asaccharophila*, not sugar loving.

注：珗呢勒特湖，周长约 53km，长 21km，宽 13km，满湖时总面积 166.7km^2，最深 43m，也译作金奈勒特湖、太巴里亚湖（Lake Tiberias），现常用名为加利利海（Sea of Galilee），低于海平面 215～209m，是世界上最低的淡水湖，第二低湖（仅次于盐水湖死海）。

韩科技所单胞菌属（*Kistimonas*）Choi 等，2010，新属；Lee 等，2012 修改。此属已定 2 种。

词源　韩科技所：韩国科学与技术研究所的英文简写；单胞：单细胞，单元；菌：表示微小的事物，微生物（细菌、古菌、真菌）；属：属名的尾词；韩科技所单胞菌属：与韩国科学与技术研究所有关的生物。

Etymology　N.L.n.*kistum*, acronym of the Korea Institute of Science and Technology（KIST）；L.fem.n.*monas*, a unit, monad；N.L.fem.n.*Kistimonas*, Kist monad.

模式种　海盘车韩科技所单胞菌（*Kistimonas asteriae*）Choi 等，2010，新种。

词源　海盘车：海星的一种，指的是多刺海盘车。

Etymology　N.L.gen.n.*asteriae*, of *Asterias amurensis*, a starfish.

北里氏菌属（*Kitasatoa*）Matsumae and Hata，1968，属。此属已定 4 种。

此属 1986 年已归属到→**链霉菌属**（*Streptomyces*）Waksman and Henrici，1943，《1980 年细菌名确认单》。

词源　氏：姓氏；北里氏：以日本细菌学家北里柴三郎（1852—1931）的姓氏命名；菌：表示微小的事物，微生物（细菌、古菌、真菌）；属：属名的尾词；北里氏菌属：以北里的姓氏命名的菌属。

Etymology　N.L.fem.n.*Kitasatoa*, named for Kitasato, a Japanese bacteriologist（1852—1931）.

模式种　紫色北里氏菌(*Kitasatoa purpurea*)Matsumae and Hata,1968,《1980年细菌名确认单》。

此种1986年已归种到→紫色链霉菌(*Streptomyces purpureus*)（Matsumae and Hata,1968）Goodfellow等,1986,新合并。

词源　紫色：紫色的,紫颜色的。

Etymology　L.fem.adj.*purpurea*, purple coloured.

北里氏孢菌属(*Kitasatospora*)勘误,Ōmura等,1983,新属;Zhang等,1997修改。此属已定23种。

此属1992年曾归属到→链霉菌属(*Streptomyces*)Waksman and Henrici,1943,《1980年细菌名确认单》Wellington等,1992修改;但Zhang等,1997认为仍应保留此属,是链霉菌属的姐妹属。

词源　氏：姓氏;北里氏：以日本细菌学家北里柴三郎(1852—1931)的姓氏命名;孢：孢子;菌：表示微小的事物,微生物(细菌、古菌、真菌);属：属名的尾词;北里氏孢菌属：以北里氏命名的孢子生物。

Etymology　N.L.fem.n.*Kitasatoa*, named for Kitasato, a Japanese bacteriologist（1852—1931）; Gr.fem.n.*spora*, a seed and, in biology, a spore; N.L.fem.n.*Kitasatospora*, Kitasato spore.

模式种　刚毛北里氏孢菌(*Kitasatospora setae*)勘误,Ōmura等,1983,新种。

词源　刚毛：刺毛,(猪)鬃毛。

Etymology　N.L.gen.n.*setae*, of Seta.

Kitasatosporia – 见：北里氏孢菌属(*Kitasatospora*)。

Kl

克雷伯姓菌属(*Klebsiella*)Trevisan,1885,属;Carter等,1999修改,Drancourt等,2001修改。此属已定14种,5亚种。

词源　姓：姓氏;克雷伯姓：以德国细菌学家埃德温·克雷伯(1834—1913)的姓氏命名;菌：表示微小的事物,微生物(细菌、古菌、真菌);属：属名的尾词;克雷伯姓菌属：以克雷伯的姓氏命名的生物。

Etymology　N.L.fem.dim.n.*Klebsiella*, named after Edwin Klebs（1834—1913）, a German bacteriologist.

模式种　肺炎克雷伯姓菌(*Klebsiella pneumoniae*)（Schroeter,1886）Trevisan,1887,《1980

年细菌名确认单》。

词源　肺炎：肺部的炎症，肺病。

Etymology　Gr.n.*pneumonia*, disease of the lungs, pneumonia (inflammation of the lungs); N.L.gen.n.*pneumoniae*, of pneumonia.

同义词　"*Hyalococcus*" Schroeter, 1886。

克鲁格姓菌属（*Klugiella*）Cook 等，2008，新属。此属已定1种。

词源　姓：姓氏；克鲁格姓：以美国昆虫学家/微生物学家米歇尔·克鲁格的姓氏命名，其和寇塔斯基一起，最先描述了幼虫肠道的微生物群落；菌：表示微小的事物，微生物（细菌、古菌、真菌）；属：属名的尾词；克鲁格姓菌属：以克鲁格姓氏命名的生物。

Etymology　N.L.fem.dim.n.*Klugiella*, named after Michael J.Klug, an American entomologist/microbiologist who, along with S.Kotarski, first described the microbial community of the *Tipula abdominalis* larval gut, from which strain 44C3^T was isolated.

模式种　黄大蚊克鲁格氏菌属（*Klugiella xanthotipulae*）Cook 等，2008，新种。

词源　黄：黄色的；大蚊：动物的一个属名；黄大蚊：分离自大蚊属的黄色，指的是分离自腹大蚊的形成黄色菌落的生物。

Etymology　Gr.adj.*xanthos*, yellow; N.L.fem.gen.n.*tipulae*, of *Tipula*, a zoological genus name; N.L.fem.gen.n.*xanthotipulae*, yellow from *Tipula*, referring to the isolation of a yellow-colony-forming organism from *Tipula abdominalis*.

克鲁瓦尔氏菌属（*Kluyvera*）Farmer 等，1981，新属。此属已定5种。

词源　氏：姓氏；克鲁瓦尔氏：朝井等**1956**年命名此属名，以示对荷兰微生物学家克鲁瓦尔的尊敬，克鲁瓦尔对微生物生理学和分类学做了很多贡献；菌：表示微小的事物，微生物（细菌、古菌、真菌）；属：属名的尾词；克鲁瓦尔氏菌属：以克鲁瓦尔的姓氏命名的菌属。

Etymology　N.L.fem.n.*Kluyvera*, named by Asai 等, (1956) to honor the Dutch microbiologist A.J.Kluyver, who made many contributions to microbial physiology and taxonomy.

模式种　抗坏血酸盐克鲁瓦尔氏菌（*Kluyvera ascorbata*）Farmer 等，1981，新种。

词源　抗坏血酸盐：维生素C（VC）的阴离子化合物，与抗坏血酸盐有关的。

Etymology　N.L.fem.adj.*ascorbata*, pertaining to ascorbate.

Kn

克诺氏菌属（*Knoellia*）Groth 等，2002，新属。此属已定5种。

词源　氏：姓氏；克诺氏：以德国抗生素研究的先锋汉斯·克诺（**1913—1978**）的姓氏命名；菌：表示微小的事物，微生物（细菌、古菌、真菌）；属：属名的尾词；克诺氏菌属：以克诺的姓氏命名的菌属。

Etymology　N.L.fem.n.*Knoellia*, named after Hans Knöll（1913—1978）, a German pioneer in antibiotic research.

模式种　中华克诺氏菌（*Knoellia sinensis*）Groth 等, 2002, 新种。

词源　中华：把 **sina** 译为中华或中国, 指的是与中国有关的, 此模式株的分离国, 分离源。

Etymology　N.L.fem.adj.*sinensis*, pertaining to China, the country of origin of the type strain.

Ko

考克氏菌属（*Kocuria*）Stackebrandt 等, 1995, 新属。此属已定 19 种。

词源　氏：姓氏；考克氏：以斯洛伐克微生物学家米罗斯拉夫·考克的姓氏命名, 其对革兰氏阳性果菌有先锋性研究；菌：表示微小的事物, 微生物（细菌、古菌、真菌）；属：属名的尾词；考克氏菌属：以考克的姓氏命名的菌属。

Etymology　N.L.fem.n.*Kocuria*, named after Miroslav Kocur, a Slovakian microbiologist for his pioneering studies on Gram-stain-positive cocci.

模式种　玫色考克氏菌（*Kocuria rosea*）（Flügge, 1886）Stackebrandt 等, 1995, 新合并。

词源　玫色：玫瑰色的, 玫色的, 粉色的, 粉红色的。

Etymology　L.fem.adj.*rosea*, rose-colored, rosy.

考夫勒氏菌属（*Kofleria*）Reichenbach, 2007, 新属。此属已定 1 种。

此属是考夫勒氏菌科（*Kofleriaceae*）Reichenbach, 2007 的模式属。

词源　氏：姓氏；考夫勒氏：以奥地利科学家路德维希·考夫勒的姓氏命名, 其在 **1913** 年描述了此属的第一种；菌：表示微小的事物, 微生物（细菌、古菌、真菌）；属：属名的尾词；考夫勒氏菌属：以考夫勒的姓氏命名的菌属。

Etymology　N.L.fem.n.*Koefleria*, named in honor of Ludwig Kofler, the Austrian scientist who, in 1913, described the firts species of the genus.

模式种　黄色考夫勒氏菌（*Kofleria flava*）（*ex* Kofler, 1913）Reichenbach, 2007, 新种。

词源　黄色：黄色的, 黄颜色的。

Etymology　L.fem.adj.*flava*, yellow.

考夫勒氏菌科（*Kofleriaceae*）Reichenbach, 2007, 新科。

模式属　考夫勒氏菌属（*Kofleria*）Reichenbach, 2007, 新属。

词源　考夫勒氏菌属：此科之模式属；科：用于定义一个比属高、比目低的分类级和尾词；在中文科的命名中, 把模式属属名中的尾字"属"代换为尾字"科", 即为模式属所在的科名；考夫勒氏菌科：考夫勒氏菌属之科。

Etymology N.L.fem.n.*Koefleria*, type genus of the family; suff.-*aceae*, ending to denote a family; N.L.fem.pl.n.*Koefleriaceae*, the *Koefleria* family.

驹形氏杆菌属(*Komagataeibacter*)Yamada 等,2013,新属。此属已定 14 种。

词源 氏:姓氏;驹形氏:以日本东京文京区东京大学著名微生物学家驹形和夫博士的姓氏命名,其对细菌分类学,特别是乙酸细菌有贡献;杆:棒;菌:表示微小的事物,微生物(细菌、古菌、真菌);属:属名的尾词;驹形氏杆菌属:以驹形的姓氏命名的细菌。

Etymology N.L.fem.n.*Komagataea*, Komagata (the name of a famous Japanese microbiologist); N.L.masc.n.*bacter*, a rod; N.L.masc.n.*Komagataeibacter*, a rod, which is named in honor of Dr.Kazuo Komagata, Professor, The University of Tokyo, Bunkyo-ku, Tokyo, Japan, who contributed to the bacterial systematics, especially of acetic acid bacteria.

模式种 木柴驹形氏杆菌(*Komagataeibacter xylinus*)(Brown,1886)Yamada 等,2013,新合并。

词源 木柴:砍伐备用的木头,用于柴火,木料,木材,与木材相关的,木材的。

Etymology Gr.n.*xulon*, wood cut and ready for use, firewood, timber; L.suff.-*inus* -*a* -*um*, suffix used with the sense of belonging to; N.L.masc.adj.*xylinus*, belonging to wood, woody.

韩海发所菌属(*Kordia*)Sohn 等,2004,新属;Choi 等,2011 修改,Hameed 等,2013 修改,Park 等,2014 修改。此属已定 5 种。

词源 韩海发所:韩国海洋研究和发展所的随机简称,英文 **KORDI**;菌:表示微小的事物,微生物(细菌、古菌、真菌);属:属名的尾词;韩海发所菌属:与韩国海洋研究和发展所有关的生物。

Etymology N.L.fem.n.*Kordia*, arbitrary name derived from the abbreviation KORDI, which stands for Korea Ocean Research and Development Institute.

模式种 杀藻韩海发所菌(*Kordia algicida*)Sohn 等,2004,新种。

词源 杀:杀灭,杀手;藻:藻类,海藻;杀藻:藻类的杀手。

Etymology L.fem.n.*alga*, alga; L.masc.or fem.suff.-*cida*, killer; N.L.n.*algicida*, alga-killer.

韩海发所单胞菌目(*Kordiimonadales*)Kwon 等,2005,新目。

模式属 韩海发所单胞菌属(*Kordiimonas*)Kwon 等,2005,新属。

词源 韩海发所单胞菌属:此目之模式属;目:用于定义一个比科高、比纲低的分类级和尾词;在中文目的命名中,把模式属属名中的尾字"属"代换为尾字"目",即为模式属所在的目名;韩海发所单胞菌目:韩海发所单胞菌属之目。

Etymology N.L.fem.n.*Kordiimonas*, type genus of the order; suff.-*ales*, ending denoting an order; N.L.fem.pl.n.*Kordiimonadales*, the *Kordiimonas* order.

韩海发所单胞菌属(*Kordiimonas*)Kwon 等,2005,新属;Xu 等,2011 修改,Yang 等,2013 修改。此属已定 4 种。

此属是韩海发所单胞菌目(*Kordiimonadales*)Kwon 等,2005 的模式属。

词源　韩海发所:韩国海洋研究和发展所的随机简称,英文 **KORDI**;单胞:单细胞,单元;菌:表示微小的事物,微生物(细菌、古菌、真菌);属:属名的尾词;韩海发所单胞菌属:与韩国海洋研究和发展所有关的单细胞生物。

Etymology　N.L.fem.n.*Kordia*, arbitrary name derived from the abbreviation KORDI, which stands for Korea Ocean Research and Development Institute; L.fem.n.*monas*, a monad, unit; N.L.fem.n.*Kordiimonas*, a micro-organism described by scientists working at KORDI.

模式种　光阳韩海发所单胞菌(*Kordiimonas gwangyangensis*)Kwon 等,2005,新种。

词源　光阳:与光阳湾有关的,此菌株的地理分离源。

Etymology　N.L.fem.adj.*gwangyangensis*, pertaining to Gwangyang Bay, the geographical origin of the strain.

韩国杆菌属(*Koreibacter*)Lee and Lee,2010,新属。此属已定 1 种。

此属 2013 年已归属到→副厄斯考维氏菌属(*Paraoerskovia*)Khan 等,2009,新属。

词源　韩国:韩国;杆:棒;菌:表示微小的事物,微生物(细菌、古菌、真菌);属:属名的尾词;韩国杆菌属:分离自韩国的棒形生物,指的是此模式种模式株的分离地理位置。

Etymology　N.L.n.*Korea*, Korea; N.L.masc.n.*bacter*, rod; N.L.masc.n.*Koreibacter*, a Korean rod, a rod isolated from Korea, referring to the site from which the type strain of the type species was isolated.

模式种　海藻韩国杆菌(*Koreibacter algae*)Lee and Lee,2010,新种。

此种 2013 年已归种到→海副厄斯考维氏菌(*Paraoerskovia marina*)Khan 等,2009,新种。

词源　海藻:海草,海藻,海藻的。

Etymology　L.gen.n.*algae*, of alga, seaweed.

小佐古姓菌属(*Kosakonia*)Brady 等,2013,新属;Gu 等,2014,修改。此属已定 5 种。

词源　姓:姓氏;小佐古姓:以小佐古义正的姓氏命名,他对细菌分类学有贡献;菌:表示微小的事物,微生物(细菌、古菌、真菌);属:属名的尾词;小佐古姓菌属:以小佐古的姓氏命名的菌属。

Etymology　N.L.fem.n.*Kosakonia*, named after Yoshimasa Kosako, for his contribution to bacterial taxonomy.

模式种　考恩氏小佐古氏菌(*Kosakonia cowanii*)Brady 等,2013,新种。

词源　氏:姓氏;考恩氏:以英国(苏格兰)细菌学家塞缪尔·特丢斯·考恩(**1905—1976**)的

姓氏命名。

Etymology　N.L.gen.masc.n.*cowanii*, of Cowan, named after Samuel Tertius Cowan（1905—1976）, a British bacteriologist.

科泽姓菌属（*Koserella*）Hickman-Brenner 等,1985,新属。此属已定 1 种。

词源　姓:姓氏;科泽姓:以美国细菌学家 A. 科泽的姓氏命名,以纪念其对肠道细菌学和微生物营养研究的贡献;菌:表示微小的事物,微生物(细菌、古菌、真菌);属:属名的尾词;科泽姓菌属:以科泽的姓氏命名的菌属。

Etymology　N.L.fem.dim.n.*Koserella*, named after Stuart A.Koser, an American bacteriologist, for his contribution to enteric bacteriology and to the nutrition of microorganisms.

模式种　特拉布尔斯氏科泽氏菌（*Koserella trabulsii*）Hickman-Brenner 等,1985,新种。此种也让位与具有优先权(或优先律)的异形同义菌种→雷根斯堡预研菌（*Yokenella regensburgei*）Kosako 等,1985,新种。

词源　氏:姓氏;特拉布尔斯氏:巴西细菌学家,他对肠道细菌学,特别是他在巴西对导致腹泻的大肠杆菌(大肠埃希氏菌)、沙门氏菌属和志贺姓菌属的研究都有他的贡献。

Etymology　N.L.gen.masc.n.*trabulsii*, of Trabulsi named after L.R.Trabulsi, a Brazilian bacteriologist for his contributions to enteric bacteriology, particularly his studies on the genera *Salmonella* and *Shigella* and on diarrhea-causing *Escherichia coli* in Brazil.

注1:微生物界建立优先权或优先律比较晚,实际上是 1980 年 1 月 1 日。因此之前命名的很多种属或者之后命名的种属,一旦发现与植物和动物或其他存在相同情况,均需要修改。这种情况在现在的微生物命名中也时常发生,因为微生物学家可能不熟悉动植物的命名情况。

注2:此属被认为是→预研菌属（*Yokenella*）Kosako 等,1985 的异形同义词,但预研菌属的发表比科泽氏菌属早 3 个月,根据优先权或优先律准则,具有优先命名权。

宇袍菌属（*Kosmotoga*）DiPippo 等,2009,新属;Nunoura 等,2010 修改。此属已定 3 种。

词源　宇:宇宙,疆域,全球;袍:(中式)长衣,长袍;菌:表示微小的事物,微生物(细菌、古菌、真菌);属:属名的尾词;宇袍菌属:世界性的长袍,指的是在热袍菌目中的此属生物的栖居环境广阔,比如油藏、海洋沉积物和低温生物反应器中均有发现。

Etymology　Gr.n.*kosmos*, universe or world; L.fem.n.*toga*, toga, a Roman outer garment; N.L.fem.n.*Kosmotoga*, a worldly toga, referring to the placement of the genus within a clade of the *Thermotogales* whose members appear to inhabit diverse environments such as oil reservoirs, marine sediments and low-temperature bioreactors.

模式种　油宇袍菌（*Kosmotoga olearia*）DiPippo 等,2009,新种。

词源　油:动植物或矿产的高碳氢含量的易燃黏滑的混合物,意指在油中,在油的环境中,描述此模式株的分离环境,从油环境中分离出来。

Etymology　L.fem.adj.*olearia*, of or belonging to oil, describing the environment from which the type strain was isolated.

木崎氏菌属（*Kozakia*）Lisdiyanti 等，2002，新属。此属已定1种。

词源　氏：姓氏；木崎氏：以日本微生物学家木崎道雄的姓氏命名，东京农业大学的荣休教授，以记述他对热带，特别是东南亚微生物研究的贡献；菌：表示微小的事物，微生物（细菌、古菌、真菌）；属：属名的尾词；木崎氏菌属：以木崎的姓氏命名的菌属。

Etymology　N.L.fem.n.*Kozakia*, named after Kozaki, to honour the Japanese microbiologist Michio Kozaki, Professor Emeritus of Tokyo University of Agriculture, in recognition of his contributions to the study of micro-organisms in tropical regions, especially Southeast Asia.

模式种　巴厘木崎氏菌（*Kozakia baliensis*）Lisdiyanti 等，2002，新种。

词源　巴厘：与印度尼西亚巴厘岛有关的，此模式株的分离地。

Etymology　N.L.fem.adj.*baliensis*, pertaining to Bali, Indonesia, where the type strain was isolated.

Kr

克拉希尼可夫氏菌属（*Krasilnikovia*）Ara and Kudo，2007，新属。此属已定1种。

词源　氏：姓氏；克拉希尼可夫氏：以俄罗斯放线菌学家 N.A. 克拉希尼可夫的姓氏命名，其致力于微单孢菌科的分类学；菌：表示微小的事物，微生物（细菌、古菌、真菌）；属：属名的尾词；克拉希尼可夫氏菌属：以克拉希尼可夫的姓氏命名的菌属。

Etymology　N.L.fem.n.*Krasilnikovia*, referring to N.A.Krasil'nikov, a Russian actinomycetologist who contributed to the taxonomy of the family *Micromonosporaceae*.

模式种　肉桂色克拉希尼可夫氏菌（*Krasilnikovia cinnamomea*）勘误，Ara and Kudo，2007，新种。

词源　肉桂：樟树的皮，肉桂，肉桂色；色：颜色；肉桂色：黄棕色的，肉桂色的。

Etymology　L.n.*cinnamomum*, cinnamon; L.suff.*-eus -a -um*, suffix used with various meanings; N.L.fem.adj.*cinnamomea*, cinnamon-coloured.

韩生科所小菌属（*Kribbella*）Park 等，1999，新属；Sohn 等，2003 修改，Everest 等，2013 修改。此属已定20种。

词源　韩生科所：韩国生物科学与生物技术研究所的随机简写，此属分类学研究的执行地；小：小的；菌：表示微小的生物，微生物（细菌、古菌、真菌）；属：属名的尾词；韩生科所小菌属：与韩国生物科学与生物技术研究所有关的菌属。

Etymology　N.L.fem.dim.n.*Kribbella*, arbitrary name formed from the acronym of the Korea Research Institute of Bioscience and Biotechnology, KRIBB, where taxonomic studies of this taxon were performed.

模式种　苍黄色韩生科所小菌（*Kribbella flavida*）Park 等，1999，新种。

词源　苍黄色:浅黄色的,浅黄颜色的,略带苍白的黄色。
Etymology　L.fem.adj.*flavida*, yellowish, pale yellow.

韩生科所菌属(*Kribbia*)Jung等,2006,新属。此属已定1种。

词源　韩生科所:韩国生物科学与生物技术研究所的随机简写,此属分类学研究的执行地;菌:表示微小的事物,微生物(细菌、古菌、真菌);属:属名的尾词;韩生科所菌属:与韩国生物科学与生物技术研究所有关的菌属。

Etymology　N.L.fem.n.*Kribbia*, arbitrary name formed from the acronym of the Korea Research Institute of Bioscience and Biotechnology, KRIBB, where taxonomic studies of this taxon were performed.

模式种　吞柴油韩生科氏菌(*Kribbia dieselivorans*)Jung等,2006,新种。

词源　吞:食,噬,吃,吞食,吞噬,吞吃;柴油:石油分馏的一种燃料油,密度比汽油轻,比润滑油重;吞柴油:吞食柴油,降解柴油。

Etymology　N.L.n.*dieselum*, diesel; L.v.*vorare*, to devour; N.L.part.adj.*dieselivorans*, diesel oil-devouring.

克里格姓菌属(*Kriegella*)Nedashkovskaya等,2008,新属。此属已定1种。

词源　姓:姓氏;克里格:以著名的美国微生物学家诺儿·R.克里格的姓氏命名,其对杆状菌门细菌分类学做出了重要贡献;菌:表示微小的事物,微生物(细菌、古菌、真菌);属:属名的尾词;克里格姓菌属:以克里格的姓氏命名的菌属。

Etymology　N.L.fem.dim.n.*Kriegella*, named in honour of Noel R.Krieg, a famous American microbiologist, who has made a great contribution to the taxonomy of bacteria belonging to the phylum *Bacteroidetes*.

模式种　海水克里格姓菌(*Kriegella aquimaris*)Nedashkovskaya等,2008,新种。

词源　海:大海,海洋,靠近大陆比洋小的盐水水域;水:无色无味透明液体,H_2O;海水:属于或来自海水的。

Etymology　L.n.*aqua*, water; L.gen.n.*maris*, of the sea; N.L.gen.n.*aquimaris*, of seawater.

黄色杆菌属(*Krokinobacter*)Khan等,2006,新属。此属已定3种。

此属2012年已归属到→独岛菌属(*Dokdonia*)Yoon等,2005,新属。

词源　黄色:黄色的,为了避免与黄杆菌属(*Xanthobacter*)重名,此属名中用黄色来表示;杆:棒;黄色杆菌属:黄色的,棒形细菌。

Etymology　Gr.adj.*krokinos*, yellow; N.L.masc.n.*bacter*, rod; N.L.masc.n.*Krokinobacter*, a yellow, rod-like bacterium.

模式种　典型黄色杆菌(*Krokinobacter genikus*)Khan等,2006,新种。

此种2012年已归种到→典型独岛菌（*Dokdonia genika*）（Khan等,2006）Yoon等,2012,新合并。

词源　典型：主要的,典型的,模型的。

Etymology　N.L.masc.adj.*genikus*（from Gr.masc.adj.*genikos*）, principal, typical.

克昊彭希泰特氏菌属（*Kroppenstedtia*）von Jan等,2011,新属。此属已定2种。

词源　氏：姓氏；克昊彭希泰特氏：以德国微生物学家赖纳·**M**.克昊彭希泰特的姓氏命名,其对细菌分类学领域有显著贡献；克昊彭希泰特氏菌属：以克昊彭希泰特的姓氏命名的菌属。

Etymology　N.L.fem.n.*Kroppenstedtia*, named in honour of Reiner M.Kroppenstedt, a German microbiologist, who has contributed significantly to the field of bacterial taxonomy.

模式种　象牙克昊彭希泰特氏菌（*Kroppenstedtia eburnea*）von Jan等,2011,新种。

词源　象牙：象牙的,指的是此模式株的菌落颜色,象牙白色的,乳白色的。

Etymology　L.fem.adj.*eburnea*, of ivory, referring to the colony colour of the type strain.

Kt

维杆菌属（*Ktedonobacter*）勘误, Cavaletti等,2007,新属。此属已定1种。

此属是维杆菌目（*Ktedonobacterales*）勘误, Cavaletti等,2007和维杆菌科（*Ktedonobacteraceae*）勘误, Cavaletti等,2007的模式属。

词源　维：纤,丝,绳,纤维；杆：棒；菌：表示微小的事物,微生物（细菌、古菌、真菌）；属：属名的尾词；维杆菌属：纤维状棒形生物。

Etymology　Gr.n.*ktedon -onos*, fiber; N.L.masc.n.*bacter*, a rod; N.L.masc.n.*Ktedonobacter*, filamentous rod.

模式种　成簇维杆菌（*Ktedonobacter racemifer*）勘误, Cavaletti等,2007,新种。

词源　成簇：葡萄串状,总状花序的。

Etymology　L.masc.adj.*racemifer*, carrying clusters of grapes.

维杆菌科（*Ktedonobacteraceae*）勘误, Cavaletti等,2007,新科。

模式属　维杆菌属（*Ktedonobacter*）勘误, Cavaletti等,2007,新属。

词源　维杆菌：此科之模式属；科：用于定义一个比属高、比目低的分类级和尾词；在中文目的命名中,把模式属属名中的尾字"属"代换为尾字"目",即为模式属所在的目名；维杆菌科：维杆菌属之科。

Etymology　N.L.masc.n.*Ktedonobacter*, type genus of the order; suff.-*aceae*, ending denoting a family; N.L.fem.pl.n.*Ktedonobacteraceae*, the *Ktedonobacter* family.

维杆菌目（*Ktedonobacterales*）勘误，Cavaletti 等，2007，新目。

此目是维杆菌纲（*Ktedonobacteria*）勘误，Cavaletti 等，2007 的模式目。

模式属 维杆菌属（*Ktedonobacter*）勘误，Cavaletti 等，2007，新属。

词源 维杆菌属：此目之模式属；目：用于定义一个比科高、比纲低的分类级和尾词；在中文目的命名中，把模式属属名中的尾字"属"代换为尾字"目"，即为模式属所在的目名；维杆菌目：维杆菌属之目。

Etymology N.L.masc.n.*Ktedonobacter*, type genus of the order; suff.-*ales*, ending denoting an order; N.L.fem.pl.n.*Ktedonobacterales*, the *Ktedonobacter* order.

维杆菌纲（*Ktedonobacteria*）勘误，Cavaletti 等，2007，新纲；Yabe 等，2010 修改。

模式目 维杆菌目（*Ktedonobacterales*）勘误，Cavaletti 等，2007，新目。

词源 维杆菌目：此纲之模式目；纲：（原核）生物分类的一个级别，门之下，目之上的一个分类级，纲之尾词；维杆菌纲：维杆菌目之纲。

Etymology N.L.pl.n.*Ktedonobacterales*, type order of the class; suff.-*ia*, ending to denote a class; N.L.neut.pl.n.*Ktedonobacteria*, the *Ktedonobacter*ales class.

Ku

库尔氏菌属（*Kurthia*）Trevisan，1885，属；Ruan 等，2014 修改。此属已定 5 种。

词源 氏：姓氏；库尔氏：以德国细菌学家库尔的姓氏命名，其描述了此模式种；菌：表示微小的事物，微生物（细菌、古菌、真菌）；属：属名的尾词；库尔氏菌属：以库尔的姓氏命名的菌属。

Etymology N.L.fem.n.*Kurthia*, named for H.Kurth, the German bacteriologist who described the type species.

模式种 措普夫氏库尔氏菌（*Kurthia zopfii*）（Kurth，1883）Trevisan，1885，《1980 年细菌名确认单》，种。

词源 氏：姓氏；措普夫氏：德国植物学家措普夫的姓氏命名。

Etymology N.L.gen.n.*zopfii*, of Zopf, named for W.Zopf, a German botanist.

同义词 "*Zopfius*" Wenner and Rettger，1919。

库什纳氏菌属（*Kushneria*）Sánchez-Porro 等，2009，新属。此属已定 5 种。

词源 氏：姓氏；库什纳氏：以加拿大微生物学家唐·J.库什纳的姓氏命名，其对嗜卤微生物进行了开拓性研究；菌：表示微小的事物，微生物（细菌、古菌、真菌）；属：属名的尾词；库什纳氏菌属：以库什纳的姓氏命名的菌属。

Etymology　N.L.fem.n.*Kushneria*, from the name Kushner, honouring Dr Donn J.Kushner, a Canadian microbiologist who carried out pioneering studies on halophilic micro-organisms.

模式种　金橙色库什纳氏菌(*Kushneria aurantia*) Sánchez-Porro 等,2009,新种。

词源　金橙色:(如同金子般)闪亮的橙色。

Etymology　N.L.fem.adj.*aurantia*, orange-pigmented.

库茨纳尔氏菌属(*Kutzneria*) Stackebrandt 等,1994,新属；Suriyachadkun 等,2013 修改。此属已定 4 种。

词源　氏:形式；库茨纳尔:德国微生物学家汉斯—亿恒·库茨纳尔的姓氏命名；菌:表示微小的事物,微生物(细菌、古菌、真菌)；属:属名的尾词；库茨纳尔氏菌属:以库茨纳尔姓氏命名的生物。

Etymology　N.L.fem.n.*Kutzneria*, named after Hans-Jiirgen Kutzner, a German microbiologist.

模式种　灰绿色库茨纳尔氏菌(*Kutzneria viridogrisea*)(Okuda 等,1966) Stackebrandt 等,1994,新合并。

词源　灰:灰色的；绿:绿色的；色:颜色；灰绿色:绿灰色的。

Etymology　L.adj.*viridis*, green; N.L.adj.*griseus*, gray; N.L.fem.adj.*viridogrisea*, greenish gray.

Ky

丘比德氏菌属(*Kyrpidia*) Klenk 等,2012,新属。此属已定 1 种。

词源　氏:姓氏；丘比德氏:以尼古拉斯·C.丘比德姓氏命名,希腊—美国基因学科学家,其共同发起基因百科全书的《古菌》和《细菌》；菌:表示微小的事物,微生物(细菌、古菌、真菌)；属:属名的尾词；丘比德氏菌属:以丘比德的姓氏命名的菌属。

Etymology　N.L.fem.n.*Kyrpidia*, of Kyrpides, named in honor of Nikolaos C.Kyrpides, a Greek-American genomics scientist, who co-initiated the Genomic Encyclopedia of *Archaea* and *Bacteria*.

模式种　托斯卡纳丘比德氏菌(*Kyrpidia tusciae*)(Bonjour and Aragno,1985) Klenk 等,2012,新合并。

词源　托斯卡纳:意大利的一个区,托斯卡纳区,此生物的分离地。

Etymology　L.gen.n.*tusciae*, referring to the Italian region of Tuscany, where all the organisms were isolated.

皮果菌属(*Kytococcus*) Stackebrandt 等,1995,新属。此属已定 3 种。

词源　皮:皮肤；果:浆果,表示浆果形(圆球或椭球)；菌:表示微小的事物,微生物(细菌、古菌、真菌)；属:属名的尾词；皮果菌属:来自皮肤的浆果形生物。

Etymology Gr.neut.n.*kytos*, skin (*sic*); N.L.masc.n.*coccus* (from Gr.masc.n.*kokkos*, grain, seed), coccus; N.L.masc.n.*Kytococcus*, a coccus from skin.

模式种 坐皮果菌(*Kytococcus sedentarius*)(ZoBell and Upham, 1944)Stackebrandt 等, 1995, 新合并。

词源 坐：来自或属于坐的，坐的，固定的，不爱动的。

Etymology L.masc.adj.*sedentarius*, of or belonging to sitting, sitting, sedentary.

L 部

La

拉比达氏菌属(*Labedaea*)Lee,2012,新属。此属已定1种。

词源　氏:姓氏;拉比达氏:以大卫·P.拉比达的姓氏命名,其对放线菌的分类学有显著的贡献;菌:表示微小的事物,微生物(细菌、古菌、真菌);属:属名的尾词;拉比达氏菌属:以拉比达的姓氏命名的菌属。

Etymology　N.L.fem.n.*Labedaea*, named after David P.Labeda, a microbiologist who has contributed significantly to the systematics of actinomycetes.

模式种　根球拉比达氏菌(*Labedaea rhizosphaerae*)Lee,2012,新种。

词源　根:(植物)根部;球:球体,球形,地球;根球:根际,根圈,根围,根际圈。

Etymology　Gr.n.*rhiza*, a root; L.n.*sphaera*, ball, sphere; N.L.n.*rhizosphaera*, the rhizosphere; N.L.gen.n.*rhizosphaerae*, of the rhizosphere.

拉比达姓菌属(*Labedella*)Lee,2007,新属。此属已定1种。

词源　姓:姓氏;拉比达:以大卫·P.拉比达的姓氏命名,其对放线菌的分类学有显著的贡献;菌:表示微小的事物,微生物(细菌、古菌、真菌);属:属名的尾词;拉比达姓菌属:以拉比达的姓氏命名的菌属。

Etymology　N.L.fem.dim.n.*Labedella*, named in honour of David P.Labeda, who has made significant contributions to the area of actinomycete taxonomy.

模式种　江华拉比达姓菌(*Labedella gwakjiensis*)Lee,2007,新种。

词源　江华:来自或属于江华的,位于韩国济州的江华海滩,此模式株的分离地。

Etymology　N.L.fem.adj.*gwakjiensis*, of or pertaining to Gwakji Beach, Jeju, Republic of Korea, from where the type strain was isolated.

滑发菌属(*Labilithrix*)Yamamoto 等,2014,新属。此属已定1种。

词源　滑:滑行的;发:头发,毛发,丝线;菌:表示微小的事物,微生物(细菌、古菌、真菌);属:属名的尾词;滑发菌属:滑行细菌形成密集的菌落,带有一圈像头发一样的边缘。

Etymology　L.adj.*labilis*, slippery, gliding; Gr.fem.n.*thrix*, hair; N.L.fem.n.*Labilithrix*, gliding bacterium that forms swarming colonies with a periphery that resembles hair.

模式种　淡黄色滑发菌(*Labilithrix luteola*)Yamamoto 等,2014,新种。

词源　淡黄色:微黄的,淡黄色的,微黄色的。

Etymology　L.fem.adj.*luteola*, light yellow.

拉布亨氏菌属（*Labrenzia*）Biebl 等,2007,新属；Bibi 等,2014 修改。此属已定 5 种。

词源　氏:姓氏；拉布亨氏:以德国海洋微生物学家马提亚·拉布亨博士的姓氏命名,利用多相方法,其从南极超盐厄科湖分离描述了许多有趣的细菌,包括两属好氧不产氧光合菌；菌:表示微小的事物,微生物(细菌、古菌、真菌)；属:属名的尾词；拉布亨氏菌属:以拉布亨的姓氏命名的菌属。

Etymology　N.L.fem.n.*Labrenzia*, from the name Labrenz, honouring Dr Matthias Labrenz, a German marine microbiologist who described many interesting bacterial isolates from hypersaline Ekho Lake, Antarctica, including three new genera of aerobic anoxygenic phototrophs, using a polyphasic approach.

模式种　亚历山大藻拉布亨氏菌（*Labrenzia alexandrii*）Biebl 等,2007,新种。

词源　亚历山大藻:一种鞭毛藻（*Alexandrium lusitanicum*）的属名,此模式菌株的分离源。

Etymology　N.L.gen.n.*alexandrii*, of *Alexandrium*, the genus name of the dinoflagellate *Alexandrium lusitanicum*, the source of isolation of the type strain.

双头斧菌属（*Labrys*）Vasilyeva and Semenov,1985,新属；Islam 等,2007 修改,Albert 等,2010 修改。此属已定 7 种。

词源　双头斧:有两个头的斧子；菌:表示微小的事物,微生物(细菌、古菌、真菌)；属:属名的尾词；双头斧菌属:细胞形态像双头斧的生物。

Etymology　N.L.masc.n.*Labrys*（from Gr.n.*labrus*）, double-headed ax, an organism resembling a double-headed ax by the shape of the cell.

模式种　独特双头斧菌（*Labrys monachus*）勘误,Vasilyeva and Semenov,1985,新种。

词源　独特:唯一的,仅有的,独一无二的。

Etymology　N.L.adj.*monachus*（from Gr.adj.*monachos*）, unique, single.

莱希姓菌属（*Laceyella*）Yoon 等,2005,新属。此属已定 4 种。

词源　姓:姓氏；莱希:以英国微生物学家约翰·莱希博士的姓氏命名,他对热放线菌属（*Thermoactinomyces*）和放线菌类分类学有贡献；菌:表示微小的事物,微生物(细菌、古菌、真菌)；属:属名的尾词；莱希姓菌属:以莱希的姓氏命名的菌属。

Etymology　N.L.dim.fem.n.*Laceyella*, named to honour Dr.John Lacey, an English microbiologist, for his contribution to the taxonomy of the genus *Thermoactinomyces* and actinomycetes.

模式种　甘蔗莱希姓菌（*Laceyella sacchari*）（Lacey,1971）Yoon 等,2005,新合并。

词源　甘蔗:甘蔗属,甘蔗的。

Etymology　N.L.n.*Saccharum*, generic name of sugar cane; N.L.gen.n.*scchari*, of sugar cane.

羊毛厌氧茎菌属(*Lachnoanaerobaculum*) Hedberg 等,2012,新属。此属已定 3 种。

词源　羊毛:羊毛(形/状);厌:无,非;氧:空气,氧气;茎:茎,杖,棒;羊毛厌氧茎菌属:形成羊毛状菌落的厌氧茎状菌。

Etymology　Gr.n.*lachnos*, wool; Gr.pref.*an-*, negating prefix; Gr.n.*aer*, air; L.neut.n.*baculum*, rod; N.L.neut.n.*Lachnoanaerobaculum*, anaerobic rod forming woolly colonies.

模式种　乌密欧羊毛厌氧茎菌(*Lachnoanaerobaculum umeaense*) Hedberg 等,2012,新种。

词源　乌密欧:属于或与乌密欧有关的,指的是此模式株的发现在瑞典乌密欧市的乌密欧大学。

Etymology　N.L.neut.n.*umeaense*, of or pertaining to Umeå, referring to the discovery of the type strain at Umeå University.

羊毛小杆菌属(*Lachnobacterium*) Whitford 等,2001,新属。此属已定 1 种。

词源　羊毛:羊身上的毛;小杆:小棒;菌:表示微小的事物,微生物(细菌、古菌、真菌);属:属名的尾词;羊毛小杆菌:琼脂上形成菌落,呈现羊毛状的棒形的生物。

Etymology　Gr.n.*lachnos*, wool; L.neut.n.*bacterium*, a small rod; N.L.neut.n.*Lachnobacterium*, woolly rod, after its colonial morphology on agar.

模式种　奶牛羊毛小杆菌(*Lachnobacterium bovis*) Whitford 等,2001,新种。

词源　奶牛:奶牛,母牛。

Etymology　L.n.*bos*, cow; L.gen.n.*bovis*, of a cow.

羊毛螺体属(*Lachnospira*) Bryant and Small,1956,属。此属已定 2 种。

此属是羊毛螺体科(*Lachnospiraceae*) Rainey,2010 的模式属。

词源　羊毛:羊身上的毛;螺:螺旋,螺形,螺体;体:整体,身体,菌体,在微生物学属名中的作用与"菌"类似;属:属名的尾词;羊毛螺体属:这样命名是因为多产羊毛螺体在琼脂上形成丝状或羊毛状菌落。

Etymology　Gr.n.*lachnos*, wool; L.fem.n.*spira* a coil; N.L.fem.n.*Lachnospira*, named for the filamentous or "wooly" colonies formed in agar by curved or helical cells of *Lachnospira multipara*.

模式种　多排羊毛螺体(*Lachnospira multipara*) 勘误,Bryant and Small,1956,《1980 年细菌名确认单》。

词源　多:很多,许多,大量;排:排出的,产出的;多排:排出很多产物的,产生很多产物的。

Etymology　L.adj.*multus*, much, many; L.v.*paro*, to produce; N.L.fem.adj.*multipara*, many products produced.

羊毛螺体科(*Lachnospiraceae*) Rainey,2010,新科。

模式属　羊毛螺体属(*Lachnospira*) Bryant and Small,1956,《1980 年细菌名确认单》,属。

词源　羊毛螺体属：此科之模式属；科：用于定义一个比属高、比目低的分类级和尾词；在中文科的命名中，把属名中的尾字"属"代换为尾字"科"，即为模式属所对应的科；羊毛螺体科：羊毛螺体属之科。

Etymology　N.L.fem.n.*Lachnospira*, type genus of the family; suff.-*aceae*, ending to denote a family; N.L.fem.pl.n.*Lachnospiraceae*, family of the genus *Lachnospira*.

湖杆菌属（*Lacibacter*）Qu 等，2009，新属。此属已定 2 种。

词源　湖：湖泊；杆：棒；菌：表示微小的事物，微生物（细菌、古菌、真菌）；属：属名的尾词；湖杆菌属：来自湖泊沉积物的棒形细菌。

Etymology　L.n.*lacus*, lake; N.L.masc.n.*bacter*, a rod; N.L.masc.n.*Lacibacter*, rod-shaped bacterium from lake sediment.

模式种　中农大湖杆菌（*Lacibacter cauensis*）Qu 等，2009，新种。

词源　中农大：中国农业大学的简称，此模式株的分类学研究在此处进行。

Etymology　N.L.masc.adj.*cauensis*, pertaining to CAU, the acronym of the China Agricultural University, where the taxonomic studies on the type strain were performed.

湖营养菌属（*Lacinutrix*）Bowman and Nichols，2005，新属；Nedashkovskaya 等，2008 修改，Yi 等，2012 修改，Srinivas 等，2013 修改。此属已定 4 种。

词源　湖：湖泊；营养：营养源，营养员，饲养者；菌：表示微小的事物，微生物（细菌、古菌、真菌）；属：属名的尾词；湖营养菌属：（就食物链而言，这些菌是）湖泊的饲养员，营养物。

Etymology　L.n.*lacus*, lake; L.fem.n.*nutrix*, feeder; N.L.fem.n.*Lacinutrix*, lake feeder (in the sense of being basically important for the food chain).

模式种　桡足栖湖营养菌（*Lacinutrix copepodicola*）Bowman and Nichols，2005，新种。

词源　桡足：桡足动物，桡脚动物，一些小型的甲壳类动物；栖：栖息，栖居，栖息者，栖居者；桡足栖：在桡足动物中的栖居者。

Etymology　N.L.pl.n.*copepoda*, copepods (small types of crustacea); L.suff.-*cola* (from L.n.*incola*), a dweller, inhabitant; N.L.n.*copepodicola*, the inhabitant of copepods.

乳酸生菌属（*Lacticigenium*）Iino 等，2009，新属。此属已定 1 种。

词源　乳酸：2—羟基丙酸；生：生产，生成，产生；菌：表示微小的事物，微生物（细菌、古菌、真菌）；属：属名的尾词；乳酸生菌属：产生乳酸的细菌。

Etymology　N.L.n.*acidum lacticum*, lactic acid; N.L.neut.suff.-*genium* (from Gr.v.*gennao*, to produce), that which produces; N.L.neut.n.*Lacticigenium*, a bacterium that produces lactic acid.

模式种　石油乳酸生菌（*Lacticigenium naphtae*）Iino 等，2009，新种。

词源　石油：原油，属于原始石油；把 *naphtha* 写成 *naphta* 应当是一种误写。
Etymology　L.n.*naphta*, crude petroleum; L.gen.n.*naphtae*, of crude petroleum.

乳弧菌属（*Lactivibrio*）Qiu 等，2014，新属。此属已定 1 种。

词源　乳：奶，乳汁，乳液，这里指的是乳酸；弧：作动词表示弧动，像手中舞动的绳子状振动；弧：作名词也表示细菌的一个属名，表示弧状的菌，弧菌属；乳弧菌属：降解乳酸的弧状菌。
Etymology　L.neut.n.*lact*, *lactis*, milk; N.L.masc.n.*vibrio*, vibrio, that which vibrates, the vibrating, darting organism; N.L.masc.n.*Lactivibrio*, a vibrio that degrades lactic acid.

模式种　酒精乳弧菌（*Lactivibrio alcoholicus*）Qiu 等，2014，新种。

词源　酒精：乙醇，酒精，属于酒精的，指的是酒精作为底物，能被此种代谢。
Etymology　N.L.n.*alcohol*, alcohol; L.suff.*-icus*, suffix used with the sense of pertaining to; N.L.masc.adj.*alcoholicus*, belonging to alcohol, referring to the substrate alcohols, which are metabolized by the species.

乳竿菌科（*Lactobacillaceae*）Winslow 等，1917，科。

模式属　乳竿菌属（*Lactobacillus*）Beijerinck，1901，《1980 年细菌名确认单》。

词源　乳竿菌属：此科之模式属；科：用于定义一个比科高、比目低的分类级和尾词；在中文科的命名中，把模式属属名中的尾字"属"代换为尾字"科"，即为模式属所在的科名；乳竿菌科：乳竿菌属之科。
Etymology　N.L.masc.n.*Lactobacillus*, type genus of the family; suff.*-aceae*, ending to denote a family; N.L.fem.pl.n.*Lactobacillaceae*, the *Lactobacillus* family.

乳竿菌目（*Lactobacillales*）Ludwig 等，2010，新目。

模式属　乳竿菌属（*Lactobacillus*）Beijerinck，1901，《1980 年细菌名确认单》，属。

词源　乳竿菌属：此目之模式属；目：用于定义一个比科高、比纲低的分类级和尾词；在中文目的命名中，把模式属属名中的尾字"属"代换为尾字"目"，即为模式属所在的目名；乳竿菌目：乳竿菌属之目。
Etymology　N.L.masc.n.*Lactobacillus*, type genus of the order; suff.*-ales*, ending to denote an order; N.L.fem.pl.n.*Lactobacillales*, order of the genus *Lactobacillus*.

乳竿菌族（*Lactobacilleae*）Winslow 等，1920，族。

模式属　乳竿菌属（*Lactobacillus*）Beijerinck，1901，《1980 年细菌名确认单》，属。

词源　乳竿菌属：此族之模式属；族：原核生物分类的一个级别，现已停用；乳竿菌族：乳竿菌属之族。

Etymology　N.L.masc.n.*Lactobacillus*, type genus of the tribe; suff.-*eae*, ending to denote a tribe; N.L.fem.pl.n.*Lactobacilleae*, the *Lactobacillus* tribe.

乳竿菌属(*Lactobacillus*)Beijerinck,1901,属;Haakensen 等,2009 修改,Cai 等,2012 修改。此属已定 217 种,29 亚种。

此属是乳竿菌目(*Lactobacillales*)Ludwig 等,2010,乳竿菌科(*Lactobacillaceae*)Winslow 等,1917,《1980 年细菌名确认单》的模式属,此属是乳竿菌族(*Lactobacilleae*)Winslow 等,1920,《1980 年细菌名确认单》的模式属。

词源　乳:奶,牛奶,乳制品;竿:在本书中对译于拉丁文 ***bacillus***,表示棒形,以示与常见的"杆"的区别,表示以出芽孢为特征的棒形;菌:表示微小的事物,微生物(细菌、古菌、真菌);属:属名的尾词;乳竿菌属:牛奶竿棒形生物。

Etymology　L.n.*lac lactis*, milk; L.masc.n.*bacillus*, a small rod; N.L.masc.n.*Lactobacillus*, milk rodlet.

模式种　德尔布吕克氏乳竿菌(*Lactobacillus delbrueckii*)(Leichmann, 1896)Beijerinck,1901,《1980 年细菌名确认单》,种。

词源　氏:姓氏;德尔布吕克氏:以德国细菌学家 M. 德尔布吕克的姓氏命名。

Etymology　N.L.gen.n.*delbrueckii*, of Delbrück, named for M.Delbrück, a German bacteriologist.

注:德尔布吕克(1906—1981)在 1937 年离开纳粹德国,1945 年加入美国籍,1969 年与其他两位科学家共同因"发现涉及病毒的复制机制和遗传结构"获得诺贝尔医学奖。

乳果菌属(*Lactococcus*)Schleifer 等,1986,新属。此属已定 9 种,4 亚种。

词源　果:浆果,表示浆果形(圆球或椭球);菌:表示微小的事物,微生物(细菌、古菌、真菌);属:属名的尾词;乳果菌属:(来自)奶的浆果形生物。

Etymology　L.n.*lac lactis*, milk; N.L.masc.n.*coccus*(from Gr.masc.n.*kokkos*, grain, seed), coccus; N.L.masc.n.*Lactococcus*, milk coccus.

模式种　乳乳果菌(*Lactococcus lactis*)(Lister, 1873)Schleifer 等,1986,新合并。

词源　乳:奶,乳液,牛奶,母乳。

Etymology　L.gen.*lactis*, of milk.

产内酯菌属(*Lactonifactor*)Clavel 等,2007,新属。此属已定 1 种。

词源　产:生,生产,产生,制造;内酯:羟基碳酸的环酯类;菌:表示微小的事物,微生物(细菌、古菌、真菌);属:属名的尾词;产内酯菌属:产生内酯的,内酯的制造者/生产者。

Etymology　N.L.n.*lactonum*, lactone; L.masc.n.*factor*, maker; N.L.masc.n.*Lactonifactor*, producer of lactone.

模式种　长卵形产酯制菌(*Lactonifactor longoviformis*)Clavel 等,2007,新种。

词源　长:长的,形态(尺寸)长的;卵:蛋;形:状,形状,外形,外貌,形容某物在外貌上像……；长卵形：像一个长的蛋。

Etymology　L.adj.*longus*, long; L.n.*ovum*, egg; L.adj.suff.-*formis*（from L.n.*forma*, figure, shape, appearance）, -like, in the shape of; N.L.masc.adj.*longoviformis*, shaped like a long egg.

乳球菌属（*Lactosphaera*）Janssen 等，1995，新属。此属已定 1 种。

此属 2002 年已归属到→发果菌属（*Trichococcus*）Scheff 等，1984，新属；Liu 等，2002 修改。

词源　乳：奶；球：球体，球形，地球；菌：表示微小的事物，微生物（细菌、古菌、真菌）；属：属名的尾词；表示属名的尾词；乳球菌属：具有乳酸发酵功能的球形生物。

Etymology　L.n.*lac lactis*, milk; L.fem.n.*sphaera*, a sphere; N.L.fem.n.*Lactosphaera*, a sphere with lactic acid fermentation.

模式种　巴斯德氏乳球菌（*Lactosphaera pasteurii*）（Schink, 1985）Janssen 等，1995，新种。

此种 2002 年已归种到→巴斯德氏发果菌（*Trichococcus pasteurii*）（Schink, 1985）Liu 等，2002，新合并。

词源　氏：姓氏；巴斯德氏：巴斯德的，指的是刘易斯·巴斯德，其可能首先在研究酒石酸发酵过程中，富集并观察到这种细菌。

Etymology　N.L.gen.n.*pasteurii*, of Pasteur, referring to Louis Pasteur, who probably first enriched and observed this bacterium during studies on tartrate fermentation.

乳卵菌属（*Lactovum*）Matthies 等，2005，新属。此属已定 1 种。

词源　卵：蛋；菌：表示微小的事物，微生物（细菌、古菌、真菌）；属：属名的尾词；乳卵菌：来自奶乳的卵状菌，或许因为此模式种的模式株是卵形细菌，与乳果菌属有关。

Etymology　L.n.*lac lactis*, milk; L.neut.n.*ovum*, egg; N.L.neut.n.*Lactovum*, egg from milk（perhaps because the type strain of the type species is an ovoid bacterium related to the genus *Lactococcus*.

模式种　混合乳卵菌（*Lactovum miscens*）Matthies 等，2005，新种。

词源　混合：表示混合发酵代谢机理。

Etymology　L.part.adj.*miscens*（from L.v.*misceo*）, mixing, to indicate a mixed fermentative metabolism.

亮杆菌属（*Lamprobacter*）Gorlenko 等，1988，新属。此属已定 1 种。

词源　亮：光亮的，明亮的，闪耀的；杆：棒；菌：表示微小的事物，微生物（细菌、古菌、真菌）；属：属名的尾词；亮杆菌属：明亮的棒形生物。

Etymology　Gr.adj.*lampros*, bright, brilliant; N.L.masc.n.*bacter*, rod; N.L.masc.n.*Lamprobacter*, brilliant rod.

模式种　嗜适卤亮杆菌（*Lamprobacter modestohalophilus*）Gorlenko 等，1988，新种。

词源 嗜：嗜好的，喜好的，友好的，爱好的；适：适度的，中度的，温和的，有限的；卤：卤素，盐；适卤：适度/适中的卤/盐含量；嗜适卤：中度或适度喜好盐/卤的。

Etymology L.adj.*modestus*, *moderate*; Gr.n.*hals halos*, salt; N.L.masc.adj.*philus*（from Gr.masc.adj.*philos*）, friend, loving; N.L.masc.adj.*modestohalophilus*, moderate salt-loving.

推荐的属名三字母简写 *Lpb*. 见"命名规则：属名简写"［属名简写三字母准则（Three-letter code for abbreviations of generic names）］。

亮腺菌属（*Lamprocystis*）Schroeter,1886,属；Imhoff,2001 修改。此属已定 2 种。

词源 亮：光亮的,明亮的,闪耀的；腺：腺体,袋囊；菌：表示微小的事物,微生物(细菌、古菌、真菌)；属：属名的尾词；亮腺菌属：明亮的袋菌属。

Etymology Gr.adj.*lampros*, bright, brilliant; Gr.fem.n.*kustis*, the bladder, a bag; N.L.fem.n.*Lamprocystis*, brilliant bag.

模式种 玫桃色亮腺菌（*Lamprocystis roseopersicina*）（Kützing,1849）Schroeter,1886,《1980 年细菌名确认单》,种。

词源 玫：玫色的；桃：桃树；色：颜色；玫桃色：玫瑰色桃色,粉桃色。

Etymology L.adj.*roseus*, rosy; L.n.*persicus*, peach-tree; L.suff.*-inus -a -um*, suffix used with the sense of belonging to; N.L.fem.adj.*roseopersicina*, rosy peach-colored.

推荐的属名三字母简写 *Lpc*. 见"命名规则：属名简写"［属名简写三字母准则（Three-letter code for abbreviations of generic names）］。

亮片菌属（*Lampropedia*）Schroeter,1886,属；Lee 等,2004 修改。此属已定 1 种。

词源 亮：明亮的,闪亮的；片：层,平面,片状；菌：表示微小的事物,微生物(细菌、古菌、真菌)；属：属名的尾词；亮片菌属：一种发光的扁平状细胞(生物)。

Etymology Gr.adj.*lampros*, bright; Gr.neut.n.*pedion*, a plain; N.L.fem.n.*Lampropedia*, a shining flat sheet（of cells）.

模式种 透明亮片菌（*Lampropedia hyalina*）（Ehrenberg,1832）Schroeter,1886,《1980 年细菌名确认单》。

词源 透明：晶体的,玻璃的,玻璃体的。

Etymology Gr.adj.*hyalinos*, of crystal or glass; N.L.fem.adj.*hyalina*, hyaline.

小石果菌属（*Lapillicoccus*）Lee and Lee,2007,新属。此属已定 1 种。

词源 小石：小石头,碎石；果：浆果,表示浆果形(圆球或椭球)；菌：表示微小的事物,微生物(细菌、古菌、真菌)；属：属名的尾词；小石果菌：附着在小石头上的浆果形生物。

Etymology L.masc.n.*lapillus*, a little stone; N.L.masc.n.*coccus*（from Gr.masc.n.*kokkos*, grain, seed）, coccus; N.L.masc.n.*Lapillicoccus*, a coccus attached to a little stone.

模式种　济州小石果菌（*Lapillicoccus jejuensis*）Lee and Lee，2007，新种。

词源　济州：属于或来自韩国济州岛，此模式株的分离地。

Etymology　N.L.masc.adj.*jejuensis*, of or belonging to Jeju, Republic of Korea, referring to the site from which the type strain was isolated.

海鸥杆菌属（*Laribacter*）Yuen 等，2002，新属。此属已定 1 种。

词源　海鸥：饥饿的海鸟，海鸥；杆：棒；菌：表示微小的事物，微生物（细菌、古菌、真菌）；属：属名的尾词；海鸥杆菌：形状像海鸥的棒形生物。

Etymology　L.n.*larus*, a ravenous sea-bird, the mew；N.L.masc.n.*bacter*, rod；N.L.masc.n.*Laribacter*, a rod in the shape of a seagull.

模式种　香港海鸥杆菌（*Laribacter hongkongensis*）Yuen 等，2002，新种。

词源　香港：中国的一个特别行政区，与香港有关的。

Etymology　N.L.masc.adj.*hongkongensis*, pertaining to Hong-Kong.

拉瑢姓菌属（*Larkinella*）Vancanneyt 等，2006，新属；Anandham 等，2011 修改。此属已定 3 种。

词源　姓：姓氏；拉瑢：以美国微生物学家约翰·M. 拉瑢的姓氏命名，其和芮妮·伯劳一起描述了螺体科；菌：表示微小的事物，微生物（细菌、古菌、真菌）；属：属名的尾词；拉瑢姓菌属：以拉瑢的姓氏命名的菌属。

Etymology　N.L.dim.fem.n.*Larkinella*, named in honour of the American microbiologist John M. Larkin, who described the family *Spirosomaceae* in co-authorship with Renée Borrall.

模式种　未期拉瑢姓菌（*Larkinella insperata*）Vancanneyt 等，2006，新种。

词源　未期：未期望的，未预料的，没有想到的，指的是并没有想到从这种源分离到这种细菌。

Etymology　L. fem.adj.*insperata*, unexpected, referring to the unexpected source from which the bacterium was isolated.

劳韬普氏菌属（*Lautropia*）Gerner-Smidt 等，1995，新属；此属已定 1 种。

词源　氏：姓氏；劳韬普氏：以汉斯·劳韬普的姓氏命名；菌：表示微小的事物，微生物（细菌、古菌、真菌）；属：属名的尾词；劳韬普氏菌属：以劳韬普的姓氏命名的菌属。

Etymology　N.L.fem.n.*Lautropia*, named after Hans Lautrop.

模式种　奇丽劳韬普氏菌（*Lautropia mirabilis*）Gerner-Smidt 等，1995，新种。

词源　奇丽：精妙的，绝妙的，奇丽的。

Etymology　L.fem.adj.*mirabilis*, wonderful, marvelous.

劳逊氏菌属(*Lawsonia*)McOrist 等,1995,新属。此属已定 1 种。

词源 氏:姓氏;劳逊氏:苏格兰高登·H.K.劳逊兽医;菌:表示微小的事物,微生物(细菌、古菌、真菌);属:属名的尾词;劳逊氏菌属;为了纪念苏格兰兽医 H.K.劳逊,其首先意识到了这种生物导致猪增生性肠病。

Etymology N.L.fem.n.*Lawsonia*, named after Gordon H.K.Lawson, the Scottish veterinarian who first recognized the organism causing porcine proliferative enteropathy.

模式种 胞内劳逊氏菌(*Lawsonia intracellularis*)McOrist 等,1995,新种。

词源 胞:同胞,细胞;内:内部;胞内:细胞内。

Etymology L.prep.*intra*, within; L.fem.n.*cella*, a store-room, a chamber and in biology a cell; L.fem.suff.*-aris*, suffix denoting pertaining to; N.L.fem.adj.*intracellularis*, intracellular.

Le

莱德贝特姓菌属(*Leadbetterella*)Weon 等,2005,新属。此属已定 1 种。

词源 姓:姓氏;莱德贝特:以爱德华·R.莱德贝特博士的姓氏命名,其研究 CFB 群细菌;菌:表示微小的事物,微生物(细菌、古菌、真菌);属:属名的尾词;莱德贝特姓菌属:以莱德贝特的姓氏命名的菌属。

Etymology N.L.fem.dim.n.*Leadbetterella*, in honour of Dr Edward R.Leadbetter, who studied bacteria belonging to the CFB group.

模式种 嗜棉莱德贝特姓菌(*Leadbetterella byssophila*)Weon 等,2005,新种。

词源 嗜:嗜好的,喜好的,友好的,爱好的;棉:棉线,棉布;嗜棉:喜欢棉/棉布/棉线的。

Etymology Gr.n.*bussos*, cotton; N.L.adj.*philus -a -um*(from Gr.adj.*philos -ê -on*), friend, loving; N.L.fem.adj.*byssophila*, liking cotton.

铜锅单胞菌属(*Lebetimonas*)Takai 等,2005,新属。此属已定 1 种。

词源 铜锅:铜质的锅或壶;单胞:单细胞,单元;菌:表示微小的事物,微生物(细菌、古菌、真菌);属:属名的尾词;铜锅单胞菌:来自铜锅的单细胞菌。

Etymology L.n.*lebes -etis*, a copper basin, kettle, caldron; L.fem.n.*monas*, a unit, monad; N.L.fem.n.*Lebetimonas*, cell from a caldron.

模式种 嗜酸铜锅单胞菌(*Lebetimonas acidiphila*)Takai 等,2005,新种。

词源 嗜:嗜好,喜好,爱好,表示一种习性;酸:醋,像醋一样的味道,酸味,化学中在水溶液中能产生氢离子的化合物;嗜酸:嗜好酸的,喜好酸的。

Etymology L.adj.*acidus*, sour; N.L.fem.adj.*phila*(from Gr.fem.adj.*philê*), loving; N.L.fem.adj.*acidiphila*, acid-loving.

列契瓦尼尔氏菌属(*Lechevalieria*)Labeda 等,2001,新属。此属已定 8 种。

词源　氏:姓氏;列契瓦尼尔氏:以美国微生物学家休伯特·列契瓦尼尔和玛丽·列契瓦尼尔的姓氏命名,他们在瓦克斯曼微生物研究所工作期间,对放线菌生物学领域有重要贡献;菌:表示微小的事物,微生物(细菌、古菌、真菌);属:属名的尾词;列契瓦尼尔氏菌属:以列契瓦尼尔的姓氏命名的菌属。

Etymology　N.L.fem.n.*Lechevalieria*, named after the American microbiologists Hubert and Mary Lechevalier, who contributed substantially to the field of actinomycete biology during their careers at the Waksman Institute of Microbiology.

模式种　气生菌落列契瓦尼尔氏菌(*Lechevalieria aerocolonigenes*)(Labeda,1986)Labeda 等,2001,新合并。

词源　气:空气;生:产,生产,生成,产生,导致,源自……;菌落:在固体培养基上由一种(单细胞)微生物发育生长而成的肉眼可见的聚集体;气生菌落:形成气生菌落。

Etymology　Gr.n.*aer*, air; L.n.*colonia*, a colony; N.L.suff.*-genes* (from Gr.v.*gennaô*, to produce), producing; N.L.fem.adj.*aerocolonigenes*, producing aerial colonies.

勒克勒氏菌属(*Leclercia*)Tamura 等,1987,新属。此属已定 1 种。

词源　氏:姓氏;勒克勒氏:以法国细菌学家 H. 勒克勒的姓氏命名,其在 1962 年率先描述和命名了非脱羧埃希氏菌,并对肠道细菌学有许多其他贡献;菌:表示微小的事物,微生物(细菌、古菌、真菌);属:属名的尾词;勒克勒氏菌属:以勒克勒的姓氏命名的菌属。

Etymology　N.L.fem.n.*Leclercia*, named to honor H.Leclerc, a French bacteriologist, who first described and named this organism *Escherichia adecarboxylata* in 1962, and who made many other contributions to enteric bacteriology.

模式种　非脱羧勒克勒氏菌(*Leclercia adecarboxylata*)(Leclerc,1962)Tamura 等,1987,新合并。

词源　非:不,不是,无;脱羧:从一个有机物中脱除一分子二氧化碳;非脱羧:没有脱羧酶活性,因为它(此菌)在赖氨酸脱羧酶、鸟氨酸脱羧酶和精氨酸双水解酶反应中呈阴性,即三种脱羧酶阴性实验。精氨酸双水解酶又称为精氨酸亚胺水解酶、西瓜氨酸亚胺酶、精氨酸脱亚胺酶,能把精氨酸水解为西瓜氨酸和氨,即此酶作用位点是 C—N 键而不是肽键。西瓜氨酸又称瓜氨酸,$H_2NC(O)NH(CH_2)_3CH(NH_2)CO_2H$。

Etymology　Gr.pref.*a*, not; N.L.n.*decarboxylum* [from new Fr.n.*decarboxyl* (from Fr.n.*carboxyl*)], removal of a molecule of carbon dioxide from an organic compound; L.suff.*-atus -a -um*, suffix meaning provided with; N.L.fem.adj.*adecarboxylata*, without decarboxylase activity; because it has negative reactions in lysine decarboxylase, ornithine decarboxylase and arginine dihydrolase; i.e., "triple decarboxylase negative".

李氏菌属(*Leeia*)Lim 等,2007,新属。此属已定 1 种。

词源　氏:姓氏;李氏:以韩国微生物学家李敬豪的姓氏命名,他致力于食品微生物研究;菌:表示微小的事物,微生物(细菌、古菌、真菌);属:属名的尾词;李氏菌属:以李(韩国)的姓氏命名的菌属。

Etymology　N.L.fem.n.*Leeia*, named after Keho Lee, a Korean microbiologist who devoted his life to the study of food micro-organisms.

模式种　稻李氏菌(*Leeia oryzae*)Lim 等,2007,新种。

词源　稻:水稻的,水稻田,指的是此菌株的分离源。

Etymology　L.gen.n.*oryzae*, of rice, referring to the rice-paddy fields where the strain was isolated.

列文虎克姓菌属(*Leeuwenhoekiella*)Nedashkovskaya 等,2005,新属。此属已定 4 种。

词源　姓:姓氏;列文虎克:以著名的荷兰人,微生物的发现者,安东尼·凡·列文虎克(1632—1723)的姓氏命名;菌:表示微小的事物,微生物(细菌、古菌、真菌);属:属名的尾词;列文虎克姓菌属:以列文虎克的姓氏命名的菌属。

Etymology　N.L.fem.dim.n.*Leeuwenhoekiella*, named in honour of the famous Dutchman Antonie van Leeuwenhoek (1632—1723), discoverer of micro-organisms.

模式种　海黄色列文虎克姓菌(*Leeuwenhoekiella marinoflava*)(Reichenbach,1989)Nedashkovskaya 等,2005,新合并。

词源　海:海的,海产的,海事的;黄色:金黄色的;海黄色:(来自)海的和产生黄色色素的。

Etymology　L.adj.*marinus*, marine; L.adj.*flavus*, golden yellow; N.L.fem.adj.*marinoflava*, marine and yellow-pigmented.

军团菌属(*Legionella*)Brenner 等,1979,属。此属已定 58 种,3 亚种。

此属是军团菌目(*Legionellales*)Garrity 等,2005 和军团菌科(*Legionellaceae*)Brenner 等,1979,《1980 年细菌名确认单》的模式属。

词源　军:军队,军人;团:团队,团体;军团:军人的集合体;菌:表示微小的事物,微生物(细菌、古菌、真菌);属:属名的尾词;军团菌属:一支像小型兵团的生物。

Etymology　L.n.*legio -onis*, a body of soldiers, legion; L.fem.dim.ending *-ella*; N.L.fem.n.*Legionella*, small legion or army.

模式种　嗜肺军团菌(*Legionella pneumophila*)Brenner 等,1979,《1980 年细菌名确认单》。

词源　嗜:嗜好的,喜好的,友好的,爱好的;肺:肺,肺部;嗜肺:喜好肺的。

Etymology　Gr.n.*pneumôn*, lung; N.L.fem.adj.*phila* (from Gr.fem.adj.*philê*), friend, loving; N.L.fem.adj.*pneumophila*, lung-loving.

军团菌科(*Legionellaceae*) Brenner 等,1979,科。

模式属　军团菌属(*Legionella*) Brenner 等,1979,《1980 年细菌名确认单》,属。

词源　军团菌属: 此科之模式属; 科: 用于定义一个比属高、比目低的分类级和尾词; 在中文科的命名中, 把模式属属名中的尾字"属"代换为尾字"科", 即为模式属所在的科名; 军团菌科: 军团菌属之科。

Etymology　N.L.fem.n. *Legionella*, type genus of the family; suff.-*aceae*, ending to denote a family; N.L.fem.pl.n. *Legionellaceae*, the *Legionella* family.

军团菌目(*Legionellales*) Garrity 等,2005,新目。

模式属　军团菌属(*Legionella*) Brenner 等,1979,《1980 年细菌名确认单》,属。

词源　军团菌属: 此目之模式属; 目: 用于定义一个比科高、比纲低的分类级和尾词; 在中文目的命名中, 把模式属属名中的尾字"属"代换为尾字"目", 即为模式属所在的目名; 军团菌目: 军团菌属之目。

Etymology　N.L.fem.n. *Legionella*, type genus of the order; suff.-*ales*, ending to denote order; N.L.fem.pl.n. *Legionellales*, the *Legionella* order.

莱夫逊氏菌属(*Leifsonia*) Evtushenko 等,2000,新属; Reddy 等,2008 修改, Dastager 等,2009 修改。此属已定 17 种,2 亚种。

词源　氏: 姓氏; 莱夫逊氏: 以艾纳·莱夫逊的姓氏命名, 其分离和描述了此属的第一种生物; 菌: 表示微小的事物, 微生物(细菌、古菌、真菌); 属: 属名的尾词; 莱夫逊氏菌属: 以莱夫逊的姓氏命名的菌属。

Etymology　N.L.fem.n. *Leifsonia*, named after Einar Leifson, who isolated and described the first organism of this genus.

模式种　水生莱夫逊氏菌(*Leifsonia aquatica*)(*ex* Leifson, 1962) Evtushenko 等,2000,新合并。

词源　水生: 生活、生长或发现在或/傍水和水域。

Etymology　L.fem.adj. *aquatica*, living, growing, or found in or by the water, aquatic.

注: 莱夫逊来自父名莱夫, 表示莱夫的儿孙。"son"这里译为"逊"表示……之子孙(后代)。

莱辛格氏菌属(*Leisingera*) Schaefer 等,2002,新属; Martens 等,2006 修改, Vandecandelaere 等,2008 修改, Breider 等,2014 修改。此属已定 6 种。

词源　氏: 姓氏; 莱辛格氏: 汤姆斯·莱辛格, 以纪念他的退休, 以及他对我们(原作者)细菌甲基氯化物代谢的生物化学理解的帮助; 菌: 表示微小的事物, 微生物(细菌、古菌、真菌); 属: 属名的尾词; 莱辛格氏菌属: 以莱辛格的姓氏命名的菌属。

Etymology　N.L.fem.n. *Leisingera*, in honour of Thomas Leisinger, on the occasion of his retirement and for his contributions to our understanding of the biochemistry of bacterial methyl halide metabolism.

模式种　吞甲基卤莱辛格氏菌(*Leisingera methylohalidivorans*)Schaefer 等,2002,新种。

词源　吞:吞噬的,吞食的,大吃的,吞没的;甲基卤:甲基卤化物;吞甲基卤:降解卤代甲烷/甲基卤化物。

Etymology　N.L.n.*methylohalidum*, methyl halide; L.part.adj.*vorans*, devouring; *methylohalidivorans*, degrading methyl halides.

莱利奥特氏菌属(*Lelliottia*)Brady 等,2013,新属。此属已定 2 种。

词源　氏:姓氏;莱利奥特氏:以莱利奥特姓氏命名,他对理解细菌植物疾病有贡献;菌:表示微小的事物,微生物(细菌、古菌、真菌);属:属名的尾词;莱利奥特氏菌属:以莱利奥特的姓氏命名的菌属。

Etymology　N.L.fem.n.*Lelliottia*, named after R.A.Lelliott for his contributions to the understanding of bacterial plant diseases.

模式种　超压莱利奥特氏菌(*Lelliottia nimipressuralis*)Brady 等,2013,新种。

词源　超:在一定程度以外,超过;压:压力;超压:超过一定的压力,太高的压力。

Etymology　L.adv.*nimis*, overmuch; L.n.*pressura*, pressure; L.fem.suff.*-alis*, suffix denoting pertaining to; N.L.fem.adj.*nimipressuralis*, pertaining to excessive pressure, with excessive pressure.

里米诺姓菌属(*Leminorella*)Hickman-Brenner 等,1985,新属。此属已定 2 种。

词源　姓:姓氏;里米诺氏:以法国微生物学家莱昂·里·米诺和西蒙妮·里·米诺的姓氏命名,莱昂对肠道细菌学有许多贡献,包括对沙门氏菌属的命名、分类和血清分型,溶原性,代谢质粒,以及新的和快速的生物化学测试,西蒙妮作为法国沙门氏菌属国家中心的主任对肠道细菌学也做出的许多的贡献,并在沙雷氏菌属血清分型中也做了很多贡献;菌:表示微小的事物,微生物(细菌、古菌、真菌);属:属名的尾词;里米诺姓菌属:以里·米诺的姓氏命名的菌属。

Etymology　N.L.fem.dim.n.*Leminorella*, named to honor Leon Le Minor, a French microbiologist, for his many contributions to enteric bacteriology including the nomenclature, classification, and serotyping of *Salmonella*; lysogeny; metabolic plasmids; and new and rapid biochemical tests.The name also honors Simone Le Minor, who also made many contributions to enteric bacteriology as head of the National *Salmonella* Centre of France and for her research on *Serratia* serotyping.

模式种　杰蒙氏里米诺氏菌(*Leminorella grimontii*)Hickman-Brenner 等,1985,新种。

词源　氏:姓氏;杰蒙氏:以法国微生物学家帕特里克·杰蒙和弗朗辛·杰蒙的姓氏命名,他们在巴斯德研究所对肠道细菌学有许多贡献。

Etymology　N.L.gen.masc.n.*grimontii*, of Grimont, named to honor Patrick Grimont and

Francine Grimont, French microbiologists at the Pasteur Institute for their many contributions to enteric bacteriology.

注：溶原性在中文中又称为溶源性，溶原化，是病毒复制的两个循环之一，即溶原性循环（lysogenic cycle）和裂解循环（lytic cycle）。所谓溶原性是指噬菌体核酸插入宿主细菌的基因组或在宿主细菌的细胞质中形成一个圆形的复制子，宿主细胞分裂复制时，每个子细胞都会带上噬菌体的核酸，但并不影响细菌的正常存活和复制。只有当噬菌体的遗传物质（即原噬菌体插入的核酸）受到外界环境影响（诸如紫外线、化学物质等），噬菌体将从子细胞中释放出来，并经过裂解循环进行新噬菌体的扩增，导致宿主细胞的分裂溶解。

慢竿菌属（*Lentibacillus*）Yoon 等，2002，新属；Jeon 等，2005 修改。此属已定 11 种。

词源　慢：缓慢的，行动迟缓的，漠不关心的，顽抗的；竿：在本书中对译于拉丁文 ***bacillus***，表示棒形，以示与常见的"杆"的区别，表示以出芽孢为特征的棒形；菌：表示微小的事物，微生物（细菌、古菌、真菌）；属：属名的尾词；慢竿菌属：缓慢的竿形生物，即缓慢生长的竿形生物。

Etymology　L.adj.*lentus*, slow; L.dim.masc.n.*bacillus*, small rod; N.L.masc.n.*Lentibacillus*, slow bacillus, i.e.slowly growing bacillus.

模式种　盐田慢竿菌（*Lentibacillus salicampi*）Yoon 等，2002，新种。

词源　盐：食盐，氯化钠，**NaCl**；田：田地，农田；盐田：含盐的田地。

Etymology　L.n.*sal salis*, salt; L.n.*campus*, field; N.L.gen.n.*salicampi*, of a salt field.

慢杆菌属（*Lentibacter*）Li 等，2012，新属。此属已定 1 种。

词源　慢：行动迟缓的，缓慢的；菌：表示微小的事物，微生物（细菌、古菌、真菌）；属：属名的尾词；慢杆菌属：缓慢生长的棒形细菌。

Etymology　L.adj.*lentus*, slow; N.L.masc.n.*bacter*, a rod; N.L.masc.n.*Lentibacter*, a slow-growing rod bacterium.

模式种　海草慢杆菌（*Lentibacter algarum*）Li 等，2012，新种。

词源　海草：海藻，海苔，分离自中国青岛。

Etymology　L.gen.pl.n.*algarum*, of/from sea-weeds, isolated from Qingdao, China.

慢岸杆菌属（*Lentilitoribacter*）Park 等，2013，新属。此属已定 1 种。

词源　慢：缓慢的，行动迟缓的，漠不关心的，顽抗的；岸：滨，河岸，湖滨，海滨，沙滩；杆：棒；菌：表示微小的事物，微生物（细菌、古菌、真菌）；属：属名的尾词；慢岸杆菌属：分离自滨岸的缓慢生长的棒形生物。

Etymology　L.masc.adj.*lentus* slow, delayed; L.n.*litus-oris* the seashore, coast; N.L.masc.n.*bacter* rod; N.L.masc.n.*Lentilitoribacter* slowly growing rod from the coast.

模式种　东海慢岸杆菌（*Lentilitoribacter donghaensis*）Park 等，2013，新种。

来源 环境——海（Source: Environmental—marine）。

词源 东海：韩国东海，国际上称为日本海，或者日本海的西部。

Etymology N.L.masc.adj. *donghaensis*, of Donghae, the Korean name for the East Sea in Korea from which the strains were isolated.

慢球菌属（*Lentisphaera*）Cho 等，2004，新属；Choi 等，2013 修改。此属已定 2 种。

此属是**慢球菌目**（*Lentisphaerales*）Cho 等，2004 和**慢球菌科**（*Lentisphaeraceae*）Cho and Hedlund, 2012 的模式属。

词源 慢：缓慢的，行动迟缓的，黏性的，不动的；球：球体，球形，地球；菌：表示微小的事物，微生物（细菌、古菌、真菌）；属：属名的尾词；慢球菌属：不动的/黏性的球形生物。

Etymology L.adj. *lentus*, sticky; L.fem.n. *sphaera*, sphere; N.L.fem.n. *Lentisphaera*, a sticky sphere.

模式种 蛛网慢球菌（*Lentisphaera araneosa*）Cho 等，2004，新种。

词源 蛛网：蜘蛛网，类似蜘蛛网，指的是此菌种产生透明的胞外聚合物颗粒的形态。

Etymology L.fem.adj. *araneosa*, similar to cobwebs, pertaining to the morphology of transparent exopolymer particles produced by the strain.

慢球菌科（*Lentisphaeraceae*）Cho and Hedlund, 2012，新科。

模式属 慢球菌属（*Lentisphaera*）Cho 等，2004，新属。

词源 慢球菌属：此科之模式属；科：用于定义一个比属高、比目低的分类级和尾词；在中文科的命名中，把模式属属名中的尾字"属"代换为尾字"科"，即为模式属所在的科名；慢球菌科：慢球菌属之科。

Etymology N.L.fem.n. *Lentisphaera*, type genus of the family; suff.- *aceae*, ending to denote a family; N.L.fem.pl.n. *Lentisphaeraceae*, the family of the genus *Lentisphaera*.

慢球菌目（*Lentisphaerales*）Cho 等，2004，新目。

此属是**慢球菌纲**（*Lentisphaeria*）Cho 等，2012 的模式目。

模式属 慢球菌属（*Lentisphaera*）Cho 等，2004，新属。

词源 慢球菌属：此目之模式属；目：用于定义一个比科高、比纲低的分类级和尾词；在中文目的命名中，把模式属属名中的尾字"属"代换为尾字"目"，即为模式属所在的目名；慢球菌目：慢球菌属之目。

Etymology N.L.fem.n. *Lentisphaera*, type genus of the order; suff.-*ales*, ending denoting an order; N.L.fem.pl.n. *Lentisphaerales*, the *Lentisphaera* order.

慢球菌纲（*Lentisphaeria*）Cho 等，2012，新纲。

模式目　慢球菌目（*Lentisphaerales*）Cho 等，2004，新目。

词源　慢球菌目：此纲之模式目；纲：（原核）生物分类的一个级别，门之下，目之上的一个分类级，纲之尾词；慢球菌纲：慢球菌目之纲。

Etymology　N.L.fem.n.*Lentisphaera*, type genus of the type order; suff.-*ia*, ending to denote a class; N.L.neut.pl.n.*Lentisphaeria*, class of the order *Lentisphaerales*.

伦策氏菌属（*Lentzea*）Yassin 等，1995，新属；Labeda 等，2001 修改。此属已定 8 种。

词源　氏：姓氏；伦策氏：以德国微生物学家弗雷德里希·A. 伦策的姓氏命名；菌：表示微小的事物，微生物（细菌、古菌、真菌）；属：属名的尾词；伦策氏菌属：以伦策的姓氏命名的菌属。

Etymology　N.L.fem.n.*Lentzea*, named after Friedrich A.Lentze, a German microbiologist who devoted a considerable part of his life to studying pathogenic actinomycetes.

模式种　素发伦策氏菌（*Lentzea albidocapillata*）Yassin 等，1995，新种。

词源　素：素色，白色；发：头发，毛发，丝线；素发：白发，白头发，指的是大量的白色气生菌丝。

Etymology　L.adj.*albidus*, white; L.adj.*capillatus*, hairy; N.L.fem.adj.*albidocapillata*, white haired, referring to the abundant whitish aerial hyphae.

注：2000 年，此属曾被归属到→**糖发菌属**（*Saccharothrix*）Labeda 等，1984，Labeda 等，2001 修改。但 2001 年，根据系统发育和化学分类学数据，认为并不支持归属到糖发菌属，因此此属名又重新使用。

细小杆菌属（*Leptobacterium*）Mitra 等，2009，新属。此属已定 1 种。

词源　细：细小的，瘦小的，狭窄的；小杆：小棒；菌：表示微小的事物，微生物（细菌、古菌、真菌）；属：属名的尾词；细小杆菌属：纤细的棒形生物。

Etymology　Gr.adj.*leptos*, thin, fine, narrow; L.neut.n.*bacterium*, rod; N.L.neut.n.*Leptobacterium*, a slender rod.

模式种　变黄色细小杆菌（*Leptobacterium flavescens*）Mitra 等，2009，新种。

词源　变黄色：（逐渐）变成金黄色的。

Etymology　L.part.adj.*flavescens*, becoming golden-yellow.

细线菌属（*Leptolinea*）Yamada 等，2006，新属。此属已定 1 种。

词源　细：细小的；线：线条，线状物；菌：表示微小的事物，微生物（细菌、古菌、真菌）；属：属名的尾词；细线菌属：细小的线形生物。

Etymology　Gr.adj.*leptos*, fine; L.fem.n.*linea*, line; N.L.fem.n.*Leptolinea*, fine, line-shaped organism.

模式种　慢活细线菌（*Leptolinea tardivitalis*）Yamada 等，2006，新种。

词源　慢：缓慢；活：活力，活着；慢活：慢慢生长，具有非常缓慢的生长方式。

Etymology　L.adj.*tardus*, slow; L.fem.adj.*vitalis*, vital, alive; N.L.fem.adj.*tardivitalis*, having a slow lifestyle.

注：区别于细线体属（*Leptonema*）。

细线体属（*Leptonema*）Hovind-Hougen, 1983，新属。此属已定 1 种。

词源　细：细小的，狭窄的，细薄的；线：线，线状物；体：整体，身体，菌体，在微生物学属名中的作用与"菌"类似；属：属名的尾词；细线体属：瘦薄的丝线，描述此细菌的形态像细小的丝或线。

Etymology　Gr.adj.*leptos*, thin, narrow, fine; Gr.neut.n.*nema*, a filament or thread; N.L.neut.n.*Leptonema*, a thin filament or thread, describing a bacterium that resembles a thin filament or thread.

模式种　伊利诺伊州细线体（*Leptonema illini*）Hovind-Hougen, 1983，新种。

词源　伊利诺伊州：美国的一个州，此分离物的首次分离地。

Etymology　Not given in the paper by Hovind-Hougen, 1979. The etymology seems to be the following: N.L.gen.n.*illini*, of Illinois, named after the state of Illinois, U.S.A., where the first isolate was obtained.

细螺体属（*Leptospira*）Noguchi, 1917，属；Faine and Stallman, 1982 修改。此属已定 23 种。

此属是细螺体科（*Leptospiraceae*）Hovind-Hougen, 1979，《1980 年细菌名确认单》的模式属。

词源　细：细小的，狭窄的，瘦小的；螺：螺旋，螺形，螺体；菌：表示微小的事物，微生物（细菌、古菌、真菌）；属：属名的尾词；细螺体属：细小的螺旋或螺丝，指的是此细菌的形态。

Etymology　Gr.adj.*leptos*, thin, narrow, fine; L.fem.n.*spira*, a coil, helix; N.L.fem.n.*Leptospira*, a thin helix or coil, referring to the morphology of the bacterium.

模式种　问号细螺体（*Leptospira interrogans*）（Stimson, 1907）Wenyon, 1926，《1980 年细菌名确认单》，种。

词源　问号：咨询，询问，这里指的是菌形像一个问号"？"。

Etymology　L.part.adj.*interrogans*, asking, inquiring, interrogating; here meaning shaped like a question mark.

注：此属以往常见中文名为钩端螺旋体属、细螺旋体属、钩螺（因其菌体一端或两端弯曲成钩形而得名），菌名为问号钩端螺旋体，肾脏钩端螺旋体等。区别于 2008 年定的纤细螺体属（*Exilispira*）。

细螺体科（*Leptospiraceae*）Hovind-Hougen, 1979，科。Levett 等，2005 修改。

模式属　细螺体属（*Leptospira*）Noguchi, 1917，《1980 年细菌名确认单》，属。

词源　细螺体属：此科之模式属；科：用于定义一个比属高、比目低的分类级和尾词；在中文科的命名中,把属名中的尾字"属"代换为尾字"科",即为模式属所对应的科;细螺体科:细螺体属之科。

Etymology　N.L.fem.n.*Leptospira*, type genus of the family; suff.-*aceae*, ending to denote a family; N.L.fem.pl.n.*Leptospiraceae*, the *Leptospira* family.

细螺体目(*Leptospirales*)勘误,Gupta 等,2014,新目。

模式目　细螺体属(*Leptospira*)Noguchi,1917,属。

词源　细螺体属:此目之模式属;目:用于定义一个比科高、比纲低的分类级和尾词;在中文目的命名中,把属名中的尾字"属"代换为尾字"目",即为模式属所对应的目;细螺体目:细螺体属之目。

Etymology　N.L.fem.n.*Brevinema*, type genus of the order;suff.-*ales* ending to denote an order; N.L.fem.pl.n.*Brevinematales*, the order of *Brevinema*.

细小螺体属(*Leptospirillum*)(ex Markosyan,1972)Hippe,2000,新属,命名修改。此属已定 3 种。

词源　细:薄薄的,细小,精细的;螺:螺形,螺旋,螺体;小螺:小螺形,小螺旋,小螺体;菌:表示微小的事物,微生物(细菌、古菌、真菌);属:属名的尾词;细小螺体属:细小的螺形生物。

Etymology　Gr.adj.*leptos*, thin, narrow, fine; L.n.*spira*, a spiral; N.L.neut.n.*Leptospirillum*, a thin spiral.

模式种　铁氧化细小螺体(*Leptospirillum ferrooxidans*)(ex Markosyan,1972)Hippe,2000,新种,命名修改。

词源　铁:一种金属元素,Fe,铁;氧化:(分子、原子或离子)失去电子或增加氧化态;铁氧化:铁的氧化。

Etymology　L.n.*ferrum*, iron; N.L.v.*oxido*, to oxidize; N.L.part.adj.*ferrooxidans*, iron-oxidizing.

同义词　"*Leptospirillum*" Markosyan,1972。

细发菌属(*Leptothrix*)Kützing,1843,属。此属已定 5 种。

词源;细:细小;发:头发,毛发,丝线;细发:细小的头发/毛发;菌:表示微小的事物,微生物(细菌、古菌、真菌);属:属名的尾词;细发菌属:纤细的头发形菌。

Etymology　Gr.adj.*leptos*, fine, small; Gr.fem.n.*thrix*, hair; N.L.fem.n.*Leptothrix*, fine hair.

模式种　赭色细发菌(*Leptothrix ochracea*)(Roth,1797)Kützing,1843,《1980 年细菌名确认单》,种。

词源;赭色:红褐色,黄褐色,赭石的颜色,像赭石的。

Etymology　N.L.fem.adj.*ochracea*(from Gr.n.*ochra*, yellow-ochre), like ochre.

同义词　"*Detoniella*" Trevisan in de Toni and Trevisan,1889,"*Chlamydothrix*" Migula,1900。

细发丝菌属（*Leptotrichia*）Trevisan,1879,属。此属已定 7 种。

此属是细发丝菌科（*Leptotrichiaceae*）Staley and Whitman,2012 的模式属。

词源　细：细小的；发：头发,毛发,丝线；菌：表示微小的事物,微生物（细菌、古菌、真菌）；属：属名的尾词；细发丝菌属：细的头发/毛发形生物。

Etymology　Gr.adj.*leptos*, fine, small; Gr.fem.n.*thrix thricos*, hair; N.L.fem.n.*Leptotrichia*, fine hair.

模式种　嘴细发丝菌（*Leptotrichia buccalis*）（Robin,1853）Trevisan,1879,《1980 年细菌名确认单》。

词源　嘴：口,与嘴有关的。

Etymology　L.n.*bucca*, the mouth; L.fem.suff.-*alis*, suffix denoting pertaining to; N.L.fem.adj.*buccalis*, buccal, pertaining to the mouth.

注：译为细发丝是为了与 1843 年的细发菌属相区别,词意上是完全一样的,细的头发/毛发形生物。

细发丝菌科（*Leptotrichiaceae*）Staley and Whitman,2012,新科。

模式属　细发丝菌属（*Leptotrichia*）Trevisan,1879,《1980 年细菌名确认单》,属。

词源　细发丝菌属：此科之模式属；科：用于定义一个比属高、比目低的分类级和尾词；在中文科的命名中,把模式属属名中的尾字"属"代换为尾字"科",即为模式属所在的科名；细发丝菌科：细发丝菌属之科。

Etymology　N.L.fem.n.*Leptotrichia*, type genus of the family; suff.-*aceae*, ending to denote a family; N.L.fem.pl.n.*Leptotrichiaceae*, the *Leptotrichia* family.

明杆菌属（*Leucobacter*）Takeuchi 等,1996,新属。此属已定 15 种,2 亚种。

词源　明：无色的,没有颜色的,透明的；杆：棒；菌：表示微小的事物,微生物（细菌、古菌、真菌）；属：属名的尾词；明杆菌属：没有颜色的棒形生物。

Etymology　Gr.adj.*leukos*, clear, light; N.L.masc.n.*bacter*, rod; N.L.masc.n.*Leucobacter*, colorless rod.

模式种　驹形氏名杆菌（*Leucobacter komagatae*）Takeuchi 等,1996,新种。

词源　氏：姓氏；驹形氏：驹形的,以日本微生物学家驹形和夫的姓氏命名,其首先识别到此菌株。

Etymology　N.L.gen.masc.n.*komagatae*, of Komagata, named in honor of Kazuo Komagata, the Japanese microbiologist who first recognized this strain.

明念珠菌属（*Leuconostoc*）van Tieghem,1878,属。此属已定 23 种,7 亚种。

此属是明念珠菌科（*Leuconostocaceae*）Schleifer,2010 的模式属。

词源　明：透明的,清亮的；菌：定义菌类的一个专有词；属：属名的尾词；明念珠菌属：没有颜色的念珠形生物。

Etymology Gr.adj.*leukos*, clear, light; N.L.neut.n.*Nostoc*, algal generic name; N.L.neut.n.*Leuconostoc*, colorless nostoc.

模式种 肠系膜状明念珠菌（*Leuconostoc mesenteroides*）（Tsenkovskii,1878）van Tieghem, 1878,《1980年细菌名确认单》。

词源 肠系膜：腹膜腔后壁的一种折叠的膜状组织，与肠道相连；状：(看起来)像……，类似；肠系膜状：像肠系膜的。

Etymology Gr.n.*mesenterion*, the mesentery; L.suff.*-oides*（from Gr.suff.*eides*, from Gr.n.*eidos*, that which is seen, form, shape, figure), ressembling, similar; N.L.neut.adj.*mesenteroides*, mesentery-like.

同义词 "*Betacoccus*" Orla-Jensen,1919。

明念珠菌科（*Leuconostocaceae*）Schleifer,2010,新科。

模式属 明念珠菌属（*Leuconostoc*）van Tieghem,1878,《1980年细菌名确认单》。

词源 明念珠菌属：此科之模式属；科：用于定义一个比属高、比目低的分类级和尾词；在中文科的命名中，把模式属属名中的尾字"属"代换为尾字"科"，即为模式属所在的科名；明念珠菌科：明念珠菌属之科。

Etymology N.L.neut.n.*Leuconostoc*, type genus of the family; suff.*-aceae*, ending to denote a family; N.L.fem.pl.n.*Leuconostocaceae*, family of the genus *Leuconostoc*.

明发菌属（*Leucothrix*）Oersted,1844,属。此属已定1种。

此属是**明发菌科**（*Leucotrichaceae*）Buchanan,1957,《1980年细菌名确认单》的模式属。

词源 明：明亮的，清楚的，光明的，无色的；发：头发，毛发，丝线；菌：表示微小的事物，微生物(细菌、古菌、真菌)；属：属名的尾词；明发菌属：无色的头发形生物。

Etymology Gr.adj.*leukos*, clear, light; Gr.fem.n.*thrix*, hair; N.L.fem.n.*Leucothrix*, colorless hair.

模式种 毛霉属明发菌（*Leucothrix mucor*）Oersted,1844,《1980年细菌名确认单》,种。

词源 毛霉属：霉菌的一个属名。

Etymology L.n.*mucor*, mold; N.L.n.*mucor*, a genus of molds.

同义词 "*Pontothrix*" Nadson and Krasil'nikov,1932。

明发菌科（*Leucotrichaceae*）Buchanan,1957,科。

模式属 明发菌属（*Leucothrix*）Oersted,1844,《1980年细菌名确认单》,属。

词源 明发菌属：此科之模式属；科：用于定义一个比属高、比目低的分类级和尾词；在中文科的命名中，把模式属属名中的尾字"属"代换为尾字"科"，即为模式属所在的科名；明发菌科：明发菌属之科。

Etymology　N.L.fem.n.*Leucothrix*, type genus of the family; suff.-*aceae*, ending to denote a family; N.L.fem.pl.n.*Leucotrichaceae*, the *Leucothrix* family.

滑缕菌属（*Levilinea*）Yamada 等，2006，新属。此属已定 1 种。

词源　滑：光滑；线：线条；菌：表示微小的事物，微生物（细菌、古菌、真菌）；属：属名的尾词；滑线菌属：光滑的，线形生物。

Etymology　L.adj.*levis*, smooth; L.fem.n.*linea*, line; N.L.fem.n.*Levilinea*, smooth, line-shaped organism.

模式种　解糖滑线菌（*Levilinea saccharolytica*）Yamada 等，2006，新种。

词源　解：溶解的，分解的，降解的。

Etymology　Gr.n.*saccharon*, sugar; N.L.adj.*lyticus* -a -um（from Gr.adj.*lutikos* -ê -on）, able to loosen, able to dissolve; N.L.fem.adj.*saccharolytica*, saccharolytic, using various sugars.

莱文氏菌属（*Levinea*）Young 等，1971，属。此属已定 2 种。

此属 1982 年已归属到→柠檬杆菌属（*Citrobacter*）Werkman and Gillen，1932，《1980 年细菌名确认单》。

词源　氏：姓氏；莱文氏：以美国细菌学家麦克斯·莱文的姓氏命名；菌：表示微小的事物，微生物（细菌、古菌、真菌）；属：属名的尾词；莱文氏菌属：以莱文的姓氏命名的生物。

Etymology　N.L.fem.n.*Levinea*, named after Max Levine, an American bacteriologist.

模式种　非丙二酸莱文氏菌（*Levinea amalonatica*）Young 等，1971，《1980 年细菌名确认单》。此种 1982 年已归种到→非丙二酸柠檬杆菌（*Citrobacter amalonaticus*）（Young 等，1971）Brenner and Farmer，1982，新合并。

词源　非：不；丙二酸：丙二酸，丙二酸盐，与丙二酸有关的；非丙二酸：与丙二酸无关的，即不能利用丙二酸或丙二酸盐。

Etymology　Gr.prefix *a*, not; N.L.n.*malonas* -atis, malonate; L.fem.suff.-*ica*, suffix used with the sense of pertaining to; N.L.fem.adj.*malonatica*, pertaining to malonate; N.L.fem.adj.*amalonatica*, not pertaining to malonate（i.e., not able to utilize malonate）.

勒温姓菌属（*Lewinella*）Sly 等，1998，新属；Khan 等，2007 修改。此属已定 7 种。

词源　姓：姓氏；勒温姓：以拉夫·勒温教授的姓氏命名；菌：表示微小的事物，微生物（细菌、古菌、真菌）；属：属名的尾词；勒温姓菌属：以勒温的姓氏命名的菌属。

Etymology　N.L.fem.dim.n.*Lewinella*, named after Professor Ralph Lewin, who first isolated these organisms.

模式种　黏合勒温姓菌(*Lewinella cohaerens*)(Lewin,1970)Sly 等,1998,新合并。

词源　黏合:粘合,粘和,联合在一起。

Etymology　L.part.adj.*cohaerens*, cohering, uniting together.

Li

游离杆菌属(*Liberibacter*)Fagen 等,2014,新属。此属已定1种。

词源　游离:自由,独立游动;杆:棒;菌:表示微小的事物,微生物(细菌、古菌、真菌);属:属名的尾词;游离杆菌:自由运动,独立运动的棒形菌。

Etymology　L.adj.*liber*, free; N.L.n.*bacter*, rod; N.L.masc.n.*Liberibacter*, free rod.

模式种　新月游离杆菌(*Liberibacter crescens*)Fagen 等,2014,新种。

词源　新月:生长,兴旺。

Etymology　L.part.adj.*crescens*, growing, thriving.

徐丽华姓菌属(*Lihuaxuella*)Yu 等,2013,新属。此属已定1种。

词源　徐丽华:以中国微生物学者徐丽华的姓名命名,她致力于微生物分类学的研究;菌:表示微小的事物,微生物(细菌、古菌、真菌);属:属名的尾词;徐丽华姓菌属:以徐丽华的姓名命名的菌属。

Etymology　N.L.fem.dim.n.*Lihuaxuella*, named after Li-Hua Xu (1954), a Chinese microbiologist who devoted herself to the study of microbial taxonomy.

模式种　嗜热徐丽华姓菌(*Lihuaxuella thermophila*)Yu 等,2013,新种。

词源　嗜:嗜好的,喜好的,友好的,爱好的;热:高温,温暖;嗜热:喜好高温的,喜好热的。

Etymology　Gr.fem.n.*thermê*, heat; N.L.adj.*philus -a -um* (from Gr.adj.*philos -ê -on*), friend, loving; N.L.fem.adj.*thermophila*, heat-loving.

泥杆菌属(*Limibacter*)Yoon 等,2008,新属。此属已定1种。

词源　泥:泥巴,烂泥,泥沼;杆:棒或杖;菌:表示微小的事物,微生物(细菌、古菌、真菌);属:属名的尾词;泥杆菌属:来自泥淖的棒形菌,指的是此首菌株的分离源。

Etymology　L.n.*limus*, mud; N.L.masc.n.*bacter*, rod or staff; N.L.masc.n.*Limibacter*, rod from mud, referring to the isolation source of the first strains.

模式种　杏色泥杆菌(*Limibacter armeniacum*)Yoon 等,2008,新种。

词源　杏:杏仁,杏树;色:颜色;杏色:这里指的是杏黄色。

Etymology　L.neut.n.*armeniacum* (nominative in apposition), an apricot, a rod called the apricot, intended to mean apricot-coloured.

泥单胞菌属(*Limimonas*)Amoozegar 等,2013,新属。此属已定 1 种。

词源　泥:泥巴,烂泥,泥沼;单胞:单细胞,单元;菌:表示微小的事物,微生物(细菌、古菌、真菌);属:属名的尾词;泥单胞菌属:分离自泥淖的单细胞(细菌)。

Etymology　L.n.*limus*, mud; L.fem.n.*monas*, a unit, monad; N.L.fem.n.*Limimonas*, a unit (bacterium) isolated from mud.

模式种　嗜卤泥单胞菌(*Limimonas halophila*)Amoozegar 等,2013,新种。

词源　嗜:嗜好的,喜好的,友好的,爱好的;卤:卤素,盐;嗜卤:喜好盐的。

Etymology　Gr.n.*hals halos*, salt; N.L.adj.*philus -a -um*(from Gr.adj.*philos -ê -on*), friend, loving; N.L.fem.adj.*halophila*, salt-loving.

池杆菌属(*Limnobacter*)Spring 等,2001,新属;Lu 等,2011 修改。此属已定 2 种。

词源　池:静水的池塘,湖,暗指淡水小湖泊;杆:棒;菌:表示微小的事物,微生物(细菌、古菌、真菌);属:属名的尾词;池杆菌属:池塘里的棒形菌,指的是此模式种分离自池塘沉积物。

Etymology　Gr.n.*limnos*(or *limnê*), pool of standing water, lake; N.L.masc.n.*bacter*, rod; N.L.masc.n.*Limnobacter*, lake rod, referring to the isolation of the type species from lake sediment.

模式种　硫氧化池杆菌(*Limnobacter thiooxidans*)Spring 等,2001,新种。

词源　硫:硫磺,硫黄,元素 S;氧化:氧化,物质(原子)失去电子的过程,一般就是与氧结合的过程;硫氧化:硫氧化的,氧化硫的。

Etymology　Gr.n.*theion*(Latin transliteration *thium*), sulfur; N.L.v.*oxido*, to oxidize; N.L.part.adj.*thiooxidans*, oxidizing sulfur.

池居菌属(*Limnohabitans*)Hahn 等,2010,新属;Kasalický 等,2010 修改,Hahn 等,2010 修改。此属已定 4 种。

词源　居:居民,居住者,栖居者;菌:表示微小的事物,微生物(细菌、古菌、真菌);属:属名的尾词;池居菌属:池塘栖居者,指的是此模式种的首次分离的典型生态系统。

Etymology　Gr.n.*limnê*, lake; L.part.adj.*habitans*, inhabiting; N.L.part.adj.used as a masc.n.*Limnohabitans*, lake dweller, referring to the type of ecosystem from which the type species was first isolated.

模式种　曲池居菌(*Limnohabitans curvus*)Hahn 等,2010,新种。

词源　曲:弯曲的,弯钩的。

Etymology　L.masc.adj.*curvus*, curved or crooked.

池发菌属(*Limnothrix*)(Van Goor)Meffert,1988,新属;Suda 等,2002 修改。非合格发表

(not validly published)。

注：蓝细菌门或蓝绿藻门。

李时珍氏菌属（*Lishizhenia*）Lau 等，2006，新属。此属已定 2 种。

词源　李时珍：以中国著名的博物学家李时珍（1518—1593）的姓名命名；菌：表示微小的事物，微生物（细菌、古菌、真菌）；属：属名的尾词；李时珍氏菌属：以李时珍命名的菌。

Etymology　N.L.fem.n.*Lishizhenia*, named after Li Shizhen（1518—1593）, the famous Chinese naturalist.

模式种　解酪朊李时珍氏菌（*Lishizhenia caseinilytica*）Lau 等，2006，新种。

词源　解：溶解的，分解的，降解的。

Etymology　N.L.n.*caseinum*, casein; N.L.adj.*lyticus* -a -um（from Gr.adj.*lutikos* -ê -on）, able to loosen, able to dissolve; N.L.fem.adj.*caseinilytica*, casein-dissolving.

里斯特氏菌属（*Listeria*）Pirie，1940，属。此属已定 19 种，6 亚种。

此属是里斯特氏菌科（*Listeriaceae*）Ludwig 等，2010 的模式属。

词源　氏：姓氏；里斯特氏：以里斯特勋爵的姓氏命名，他是英国外科医生和抗菌先锋性人物；菌：表示微小的事物，微生物（细菌、古菌、真菌）；属：属名的尾词；里斯特氏菌属：以里斯特的姓氏命名的菌属。

Etymology　N.L.fem.n.*Listeria*, named after Lord Lister, English surgeon and pioneer of antisepsis.

模式种　单核胞生里斯特氏菌（*Listeria monocytogenes*）（Murray 等，1926）Pirie，1940，《1980 年细菌名确认单》，种。

词源　单核胞：单核血细胞，单核白血细胞，白血球；生：产，产生，生产，生成，形成；单核胞生：产生白血球的。

Etymology　N.L.n.*monocytum*, a blood cell, monocyte; Gr.v.*gennaio*, to produce; N.L.adj.*monocytogenes*, monocyte-producing.

同义词　"*Listerella*" Pirie，1927（nom.rej.Opin 14），not "*Listerella*" Jahn，1906，not "*Listerella*" Cushman，1933。

注：建议中文对外国人名地名的翻译尽量避免与中国人名地名相重，此属名李斯特氏菌属虽然沿用已久，但宜改为"里斯特氏菌属"，因为李斯特氏菌属，一旦在文献中进一步简写，就成了"李氏菌属"。其相应的科名，李斯特氏菌科也随之更改为里斯特氏菌科。G+，O+，小杆有时呈球形，周生鞭毛，无芽孢无荚膜。有些对人畜致病。

里斯特氏菌科（*Listeriaceae*）Ludwig 等，2010，新科。

模式属　里斯特氏菌属（*Listeria*）Pirie，1940，《1980 年细菌名确认单》，属。

词源　里斯特氏菌属：此科之模式属；科：用于定义一个比属高、比目低的分类级和尾词；在中文科的命名中，把模式属属名中的尾字"属"代换为尾字"科"，即为模式属所在的科名；里斯特氏菌科：里斯特氏菌属之科。

Etymology　N.L.fem.n.*Listeria*, type genus of the family; suff.*-aceae*, ending to denote a family; N.L.fem.pl.n.*Listeriaceae*, family of the genus *Listeria*.

利斯顿姓菌属（*Listonella*）MacDonell and Colwell, 1986, 新属。此属已定3种。

词源　姓：姓氏；利斯顿：以美国细菌学家J. 利斯顿的姓氏命名；菌：表示微小的事物,微生物（细菌、古菌、真菌）；属：属名的尾词；利斯顿姓菌属：以利斯顿的姓氏命名的菌属。

Etymology　N.L.fem.dim.n.*Listonella*, named after J.Liston, an American bacteriologist.

模式种　鳗利斯顿姓菌（*Listonella anguillarum*）勘误,（Bergeman, 1909）MacDonell and Colwell, 1986, 新合并。

词源　鳗：鳗鱼。

Etymology　L.n.*anguilla*, an eel; L.gen.pl.n.*anguillarum*, of eels.

注：根据2011年（Thompson）等的文章,（*Listonella*）MacDonell and Colwell, 1986是弧菌属（*Vibrio*）Pacini, 1854,《1980年细菌名确认单》的一种后期异形同义词。

滨杆菌属（*Litoreibacter*）Romanenko等, 2011, 新属；Kim等, 2012修改。此属已定7种。

词源　滨：这里指濒海之处,海岸；杆：棒；菌：表示微小的事物,微生物（细菌、古菌、真菌）；属：属名的尾词；滨杆菌属：分离自海岸的棒形生物。

Etymology　L.adj.*litoreus*, belonging to the seashore; N.L.masc.n.*bacter*, a rod; N.L.masc.n.*Litoreibacter*, rod from the seashore.

模式种　素色滨杆菌（*Litoreibacter albidus*）Romanenko等, 2011, 新种。

词源　素色：素色的,白色的。

Etymology　L.masc.adj.*albidus*, white.

岸杆菌属（*Litoribacter*）Tian等, 2010, 新属。此属已定2种。

词源　岸：滨,河岸,湖滨,海滨,沙滩；杆：棒；菌：表示微小的事物,微生物（细菌、古菌、真菌）；属：属名的尾词；岸杆菌属：分离自滨岸的棒形生物。

Etymology　L.n.*litus -oris*, shore, beach, strand; N.L.masc.n.*bacter*, rod; N.L.masc.n.*Litoribacter*, rod from the shore.

模式种　红色岸杆菌（*Litoribacter ruber*）Tian等, 2010, 新种。

词源　红色：红色的,赤色的,指的是细胞的颜色是红色的。

Etymology　L.masc.adj.*ruber*, red.

岸竿菌属（*Litoribacillus*）Zhao 等，2014，新属。此属已定 1 种。

词源　岸：这里指海岸；竿：在本书中对译于拉丁文 ***bacillus***，表示棒形，以示与常见的"杆"的区别，表示以出芽孢为特征的棒形；菌：表示微小的事物，微生物（细菌、古菌、真菌）；属：属名的尾词；岸竿菌属：栖居在海岸的小棒形生物。

Etymology　L.n.*litus -oris*, seashore; L.dim.n.*bacillus*, small rod; N.L.masc.n.*Litoribacillus*, small rod inhabiting the seashore.

模式种　周发岸竿菌（*Litoribacillus peritrichatus*）Zhao 等，2014，新种。

词源　周：周围，周边；发：头发，毛发，丝线；周发：周毛，四周有边缘性发状鞭毛。

Etymology　Gr.prep.*peri*, around; Gr.n.*thrix*, *trichos*, hair; L.suff.-*atus*, suffix used with the sense provided with; N.L.masc.adj.*peritrichatus*, peritrichous, having peritrichous flagella.

岸栖菌属（*Litoricola*）Kim 等，2007，新属。此属已定 2 种。

此属是岸栖菌科（*Litoricolaceae*）Kim 等，2007 的模式属。

词源　岸：海岸；栖：栖息，栖居，栖息者，栖居者；菌：表示微小的事物，微生物（细菌、古菌、真菌）；属：属名的尾词；岸栖菌属：海岸的栖居者（生物）。

Etymology　L.n.*litus -oris*, seashore; L.suff.-*cola* from L.masc.or fem.n.*incola*, inhabitant; N.L.fem.n.*Litoricola*, inhabitant of the seashore.

模式种　解脂岸栖菌（*Litoricola lipolytica*）Kim 等，2007，新种。

词源　解：溶解的，分解的，降解的。

Etymology　Gr.n.*lipos*, fat; Gr.adj.*lutikos*, dissolving; N.L.fem.adj.*lipolytica*, fat-dissolving, pertaining to esterase lipase（C8）activity of the species.

岸栖菌科（*Litoricolaceae*）Kim 等，2007，新科。

模式属　岸栖菌属（*Litoricola*）Kim 等，2007，新属。

词源　岸栖菌属：此科之模式属；科：用于定义一个比属高、比目低的分类级和尾词；在中文科的命名中，把模式属属名中的尾字"属"代换为尾字"科"，即为模式属所在的科名；岸栖菌科：岸栖菌属之科。

Etymology　N.L.fem.n.*Litoricola*, type genus of the family; suff.-*aceae*, ending to denote a family; N.L.fem.pl.n.*Litoricolaceae*, the family of the genus *Litoricola*.

岸缕菌属（*Litorilinea*）Kale 等，2013，新属。此属已定 1 种。

词源　岸：海岸；线：线条；菌：表示微小的事物，微生物（细菌、古菌、真菌）；属：属名的尾词；岸线菌属：海岸生活的线形生物。

Etymology　L.n.*litus -oris*, seashore; L.fem.n.*linea*, line; N.L.fem.n.*Litorilinea*, a line-shaped organism of the seashore.

模式种　嗜气岸线菌（*Litorilinea aerophila*）Kale 等，2013，新种。
词源　嗜：嗜好的，喜好的，爱好的；气：空气；嗜气：喜好空气的。
Etymology　Gr.n.*aer*, air; Gr.adj.*philos*, loving; N.L.fem.adj.*aerophila*, air loving.

岸微菌属（*Litorimicrobium*）Jin 等，2011，新属。此属已定 1 种。

词源　岸：沙滩；微：微小的，微生物；菌：表示微小的事物，微生物（细菌、古菌、真菌）；微菌：微生物；属：属名的尾词；岸微菌属：生活在沙滩中的微生物。
Etymology　L.n.*litus -oris*, sand beach; N.L.neut.n.*microbium*, a microbe; N.L.neut.n.*Litorimicrobium*, microbe living in a sand beach.
模式种　泰安岸微菌（*Litorimicrobium taeanense*）Jin 等，2011，新种。
词源　泰安：韩国泰安郡或泰安邑，此模式株的分离地。
Etymology　N.L.neut.adj.*taeanense*, of or belonging to Taean, from where the organism was isolated.

岸单胞菌属（*Litorimonas*）Jung 等，2011，新属；Nedashkovskaya 等，2013 修改。此属已定 2 种。

词源　岸：海滩，沙滩；单胞：单细胞，单元；菌：表示微小的事物，微生物（细菌、古菌、真菌）；属：属名的尾词；岸单胞菌属：海滩细菌。
Etymology　L.n.*litus -oris*, beach; L.fem.n.*monas*, monad, unit; N.L.fem.n.*Litorimonas*, beach bacterium.
模式种　泰安岸单胞菌（*Litorimonas taeanensis*）Jung 等，2011，新种。
词源　泰安：韩国泰安郡或泰安邑，此模式株的分离地。
Etymology　N.L.fem.adj.*taeanensis*, of or belonging to Taean, from where the type strain was isolated.

岸沉积栖菌属（*Litorisediminicola*）Yoon 等，2013，新属。此属已定 1 种。

词源　岸：海岸，滨海；沉积：沉积物；栖：栖息，栖居，栖息者，栖居者；菌：表示微小的事物，微生物（细菌、古菌、真菌）；属：属名的尾词；岸沉积栖菌属：滨海沉积物的栖居者，指的是此生物的分离源。
Etymology　L.n.*litus -oris*, the seashore, coast; L.n.*sedimen -inis*, sediment; L.suff.-*cola*（from L.n.*incola*）, inhabitant; N.L.masc.n.*Litorisediminicola*, an inhabitant of coastal sediment, referring to the source of the organism.
模式种　筏桥岸沉积栖菌（*Litorisediminicola beolgyonensis*）Yoon 等，2013，新种。
词源　筏桥：韩国的一个地名，全罗南道宝城郡筏桥邑，此模式株的分离源。
Etymology　N.L.masc.adj.*beolgyonensis*, of or belonging to Beolgyo, from where the type strain was isolated.

岸生菌属(*Litorivivens*) Park 等,2015,新属。此属已定 1 种。

词源　岸:海岸,滨海;生:生活的,生命的;菌:表示微小的事物,微生物(细菌、古菌、真菌);属:属名的尾词;岸生菌属:生活在海岸的生物。

Etymology　L.n.*litus -oris*, the seashore, coast; L.part.adj.*vivens*, living; N.L.fem.adj.*Litorivivens*, living in seashore.

模式种　解脂岸生菌(*Litorivivens lipolytica*) Park 等,2015,新种。

词源　解:溶解的,分解的,降解的。

Etymology　Gr.n.*lipos*, fat; N.L.fem adj.*lytica* (from Gr.adj.*lytikos*, dissolving); N.L.fem.adj.*lipolytica*, fat dissolving.

Lo

洛克姓菌属(*Loktanella*) Van Trappen 等,2004,新属;Moon 等,2010 修改,Lee,2012 修改,Tsubouchi 等,2013 修改。此属已定 17 种。

词源　不来梅港阿尔弗莱德·魏格纳研究院(**Alfred Wegener Institute in Bremerhaven**)的洛克(**Tjhing—Lok Tan**)命名,他对我们(作者)理解海和极性细菌学和生态学有贡献;菌:表示微小的事物,微生物(细菌、古菌、真菌);属:属名的尾词;洛克氏菌属:以洛克的名字命名的菌。

Etymology　N.L.dim.fem.n.*Loktanella*, named after Tjhing-Lok Tan from the Alfred Wegener Institute in Bremerhaven, who contributed to our understanding of marine and polar bacteriology and ecology.

模式种　盐湖洛克姓菌(*Loktanella salsilacus*) Van Trappen 等,2004,新种。

词源　盐:含盐的,氯化钠的;湖:湖泊;盐湖:含盐的湖泊,指的是此模式菌株的分离源,南极西富尔德山(西福尔丘陵)的爱思湖和有机湖。

Etymology　L.adj.*salsus*, salted, salty; L.gen.n.*lacus*, of a lake; N.L.gen.n.*salsilacus*, of a salt lake, referring to the isolation source, Ace Lake and Organic Lake, Vestfold Hills, Antarctica.

龙帕恩菌属(*Lonepinella*) Osawa 等,1996,新属。此属已定 1 种。

词源　澳大利亚龙帕恩考拉保护区(私人动物园)(Lone Pine Koala Sanctuary [a private zoo], Australia);菌:表示微小的事物,微生物(细菌、古菌、真菌);属:属名的尾词;龙帕恩菌属:与龙帕恩考拉保护区有关的菌属。

Etymology　N.L.fem.dim.n.*Lonepinella*, named after Lone Pine Koala Sanctuary, a private zoo in Australia.

模式种　考拉龙帕恩菌(*Lonepinella koalarum*) Osawa 等,1996,新种。

词源　考拉:一种树上生活的有袋动物,树袋熊(*Phascolarctus cinereus*)。

Etymology N.L.n.*koala* -*ae* (from Eng.n.koala), an arboreal marsupial, *Phascolarctus cinereus*, called koala; N.L.gen.pl.*koalarum*, of koalas.

长缕菌属（*Longilinea*）Yamada 等，2007，新属。此属已定 1 种。

词源 长：长的，形态（尺寸）长的；线：线条；菌：表示微小的事物，微生物（细菌、古菌、真菌）；属：属名的尾词；长线菌属：长线形的生物。

Etymology L.adj.*longus*, long; L.fem.n.*linea*, line; N.L.fem.n.*Longilinea*, long line-shaped organism.

模式种 稻田长线菌（*Longilinea arvoryzae*）Yamada 等，2007，新种。

词源 稻：水稻，稻米；田：田地，耕地，可耕种的地；稻田：可种植的水稻地。

Etymology L.n.*arvum*, an arable field, cultivated land; L.n.*oryza*, rice; N.L.gen.n.*arvoryzae*, of a rice paddy field.

长菌丝体属（*Longimycelium*）Xia 等，2013，新属。此属已定 1 种。

词源 长：长的，形态（尺寸）长的；菌丝：真菌丝，真菌形成的细胞网络；体：整体，身体，菌体，在微生物学属名中的作用与"菌"类似；属：属名的尾词；长菌丝体属：具有很长菌丝体的放线菌。

Etymology L.adj.*longus*, long; N.L.n.*mycelium* (from Gr.n.*myces*, fungus) a cell net typical of a fungus; N.L.neut.n.*Longimycelium*, an actinomycete with long mycelium.

模式种 吐鲁番长菌丝体（*Longimycelium tulufanense*）Xia 等，2013，新种。

词源 吐鲁番：中国新疆的一个市，吐鲁番市，与吐鲁番市有关的，此模式菌株的分离地。

Etymology N.L.neut.adj.*tulufanense*, pertaining to Tulufan, a city in the north-west of China, where the strain was isolated.

长孢菌属（*Longispora*）Matsumoto 等，2003，新属。Shiratori-Takano 等，2011 修改。此属已定 2 种。

词源 长：长的，形态（尺寸）长的；孢：孢子；菌：表示微小的事物，微生物（细菌、古菌、真菌）；属：属名的尾词；长孢菌属：长的孢子菌。

Etymology L.adj.*longus*, long; Gr.fem.n.*spora*, a seed and in biology a spore; N.L.fem.n.*Longispora*, long spore.

模式种 淡素长孢菌（*Longispora albida*）Matsumoto 等，2003，新种。

词源 淡：浅，薄，含某种成分少；素：白；淡素：稍微素色/白色的，有点素色/白色的。

Etymology L.fem.adj.*albida*, somewhat white.

朗斯代尔氏菌属（*Lonsdalea*）Brady 等，2012，新属。此属已定 1 种，4 亚种。

词源　氏：姓氏；朗斯代尔氏：以大卫·朗斯代尔的姓氏命名，以示他对英国森林病理学贡献的尊敬；菌：表示微小的事物，微生物（细菌、古菌、真菌）；属：属名的尾词；朗斯代尔氏菌属：以朗斯代尔的姓氏命名的菌属。

Etymology　N.L.fem.n.*Lonsdalea*, named for David Lonsdale in honour of his contributions to British forest pathology.

模式种　栎树朗斯代尔氏菌（*Lonsdalea quercina*）（Hildebrand and Schroth, 1967）Brady 等，2012，新合并。

词源　栎树：橡树，意指与栎树有关的菌。橡原指栎树的果实。

Etymology　L.fem.adj.*quercina*, of or pertaining to oak.

Lu

光小杆菌属（*Lucibacterium*）Hendrie 等，1970，属。此属已定 1 种。

此属 1981 年已归属到→弧菌属（*Vibrio*）Pacini, 1854，《1980 年细菌名确认单》。

词源　光：光线；小杆：小棒；菌：表示微小的事物，微生物（细菌、古菌、真菌）；属：属名的尾词；光小杆菌属：（发）光的细菌。

Etymology　L.n.*lux lucis*, light; L.neut.n.*bacterium*, rod or staff and, in biology, a bacterium (so called because the first ones observed were rod-shaped); N.L.neut.n.*Lucibacterium*, light (-emitting) bacterium.

模式种　哈维氏光小杆菌（*Lucibacterium harveyi*）（Johnson and Shunk, 1936）Hendrie 等，1970，《1980 年细菌名确认单》。

此种 1981 年已归种到→哈维氏弧菌（*Vibrio harveyi*）（Johnson and Shunk, 1936）Baumann 等，1981，新合并。

词源　氏：姓氏；哈维氏：哈维的，以生物学家 E.N. 哈维的姓氏命名，其是系统研究生物发光的先锋。

Etymology　N.L.gen.masc.n.*harveyi*, of Harvey; named to honor E.N.Harvey, a biologist who was a pioneer in the systematic study of bioluminescence.

路德曼姓菌属（*Luedemannella*）Ara and Kudo, 2007，新属。此属已定 2 种。

词源；姓：姓氏；路德曼姓：俄罗斯放线菌学家 G.M. 路德曼，其致力于微单孢菌科的分类学研究；菌：表示微小的事物，微生物（细菌、古菌、真菌）；属：属名的尾词；路得曼姓菌属：以路德曼的姓氏命名的菌属。

Etymology　N.L.fem.dim.n.*Luedemannella*, referring to G.M.Luedemann, a Russian actinomycetologist who contributed to the taxonomy of the family *Micromonosporaceae*.

模式种　蜜黄色路德曼姓菌(*Luedemannella helvata*) Ara and Kudo,2007,新种。
词源；蜜黄：蜂蜜黄,像蜂蜜那样的黄颜色,指的是菌落的基内菌丝的颜色。
Etymology　N.L.fem.adj.*helvata*, honey yellow, referring to the color of the substrate mycelium.

嗜光菌属(*Luminiphilus*) Spring 等,2013,新属。此属已定1种。

词源　嗜：嗜好的,喜好的,友好的,爱好的;光：光线,阳光;菌：表示微小的事物,微生物(细菌、古菌、真菌);属：属名的尾词;嗜光菌属：喜好阳光的细菌,指的是此菌利用光促进生长。

Etymology　L.n.*lumen -inis*, light; N.L.masc.adj.*philus*(from Gr.masc.adj.*philos*), friend, loving; N.L.masc.n.*Luminiphilus*, bacterium loving light, referring to the utilization of light for the promotion of growth.
模式种　叙尔特岛嗜光菌(*Luminiphilus syltensis*) Spring 等,2013,新种。
词源　叙尔特岛：现属德国石勒苏益格—荷尔斯泰因州北弗里斯兰区的一个岛屿,此种的分离源。
Etymology　N.L.masc.adj.*syltensis*, of or pertaining to the Sylt island, the region of origin.

绿岛小菌属(*Lutaonella*) Arun 等,2009,新属。此属已定1种。

词源　绿岛：太平洋中的一个小火山岛,即台湾台东县的一个离岸岛;小：小的;菌：表示微小的事物,微生物(细菌、古菌、真菌);属：属名的尾词;绿岛小菌属：以绿岛命名的菌,表示此模式株的地理源。
Etymology　N.L.fem.dim.n.*Lutaonella*, named after Lutao(Green Island), a small volcanic island in the Pacific Ocean, the geographical origin of the type strain.
模式种　嗜热绿岛小菌(*Lutaonella thermophila*) Arun 等,2009,新种。
词源　嗜：嗜好的,喜好的,友好的,爱好的;热：高温,温暖;嗜热：喜好高温的,喜好热的。
Etymology　Gr.fem.n.*thermê*, heat; N.L.fem.adj.*phila*(from Gr.fem.adj.*philê*)loving; N.L.fem.adj.*thermophila*, heat-loving.

橙黄杆菌属(*Luteibacter*) Johansen 等,2005,新属。此属已定3种。

词源　橙黄：橙色的,橙黄色的;杆：棒;菌：表示微小的事物,微生物(细菌、古菌、真菌);属：属名的尾词;橙黄杆菌属：橙黄色的棒形生物。
Etymology　L.adj.*luteus*, yellow; N.L.masc.n.*bacter*, rod; N.L.masc.n.*Luteibacter*, yellow rod.
模式种　根邻橙黄杆菌(*Luteibacter rhizovicinus*) Johansen 等,2005,新种。
词源　根邻：根的邻居,即根际圈,微生物在这里与植物的根为邻,此模式株分离至此。
Etymology　Gr.n.*rhiza*, root; L.masc.adj.*vicinus*, neighbouring; N.L.masc.adj.*rhizovicinus*, neighbouring a root, referring to the rhizosphere, soil closely related to plant roots, from where the type strain was isolated.

橙黄微菌属(*Luteimicrobium*)Hamada 等,2010,新属;Hamada 等,2012修改。此属已定3种。

词源　橙黄:橙黄色的;微:微小的,微生物;菌:表示微小的事物,微生物(细菌、古菌、真菌);微菌:微生物;属:属名的尾词;橙黄微菌属:橙黄色的微生物。

Etymology　L.adj.*luteus*, yellow; N.L.neut.n.*microbium*, microbe; N.L.neut.n.*Luteimicrobium*, a yellow microbe.

模式种　亚北极橙黄微菌(*Luteimicrobium subarcticum*)Hamada 等,2010,新种。

词源　亚北极:下北极,北极附近,指的是亚北极区域的利尻岛(Rishiri Island),此模式株从此地分离。

Etymology　L.prep.*sub*, low, below, under; L.neut.adj.*arcticum*, northern, arctic; N.L.neut.adj.*subarcticum*, subarctic, referring to the isolation of the type strain from the subarctic Rishiri Island.

橙黄单胞菌属(*Luteimonas*)Finkmann 等,2000,新属。此属已定11种。

词源　橙黄:橙黄色的;单胞:单细胞,单元;菌:表示微小的事物,微生物(细菌、古菌、真菌);属:属名的尾词;橙黄单胞菌属:橙黄色的单元(单细胞)生物。

Etymology　L.adj.*luteus*, yellow; L.fem.n.*monas*, a unit, monad; N.L.fem.n.*Luteimonas*, a yellow unit.

模式种　毒味橙黄单胞菌(*Luteimonas mephitis*)Finkmann 等,2000,新种。

词源　毒味:有毒的气味。

Etymology　L.gen.n.*mephitis*, of harmful odor.

橙黄粉尘菌属(*Luteipulveratus*)Ara 等,2010,新属。此属已定1种。

词源　橙黄:橙黄色的,黄色的;粉尘:像粉尘到处撒开的;菌:表示微小的事物,微生物(细菌、古菌、真菌);属:属名的尾词;橙黄粉尘菌属:在橙黄色的菌落上形成白色粉尘状气生菌丝体。

Etymology　L.adj.*luteus*, yellow; L.part.adj.*pulveratus*, scattered with dust; N.L.masc.n.(N.L.masc.adj.used as a substantive)*Luteipulveratus*, a bacterium forming white powdery aerial mycelium on yellow colonies.

模式种　蒙古橙黄粉尘菌(*Luteipulveratus mongoliensis*)Ara 等,2010,新种。

词源　蒙古:与蒙古土壤有关的。

Etymology　N.L.masc.adj.*mongoliensis*, pertaining to soil from Mongolia.

橙黄幡菌属(*Luteivirga*)Haber 等,2013,新属。此属已定1种。

词源　橙黄:橙黄色的,黄色的;幡:幡状,棒;菌:表示微小的事物,微生物(细菌、古菌、真菌);属:属名的尾词;橙黄幡菌属:橙黄色的棒形菌。

Etymology　L.adj.*luteus*, yellow, orange; L.fem.n.*virga*, staff, rod; N.L.fem.n.*Luteivirga*, orange rod.

模式种　斯岛盐橙黄幡菌(*Luteivirga sdotyamensis*)Haber 等,2013,新种。

词源　斯岛盐(**Sdot Yam**):字面意思是海田,斯岛盐,以以色列集体农场(**Sdot Yam**)——采样最近的一个村子命名。

Etymology　N.L.fem.n.*sdotyamensis*, of or belonging to Sdot Yam, named after Kibbutz Sdot Yam, the nearest village to the collection site.

橙黄果菌属(*Luteococcus*)Tamura 等,1994,新属;Collins 等,2000 修改。此属已定 4 种。

词源　橙黄:黄色的,橙色的,橙黄色的;果:浆果,表示浆果形(圆球或椭球);菌:表示微小的事物,微生物(细菌、古菌、真菌);属:属名的尾词;橙黄果菌属:黄色的浆果形生物。

Etymology　L.adj.*luteus*, yellow; N.L.masc.n.*coccus*（from Gr.masc.n.*kokkos*, grain, seed）, coccus; N.L.masc.n.*Luteococcus*, yellow coccus.

模式种　日本橙黄果菌(*Luteococcus japonicus*)Tamura 等,1994,新种。

词源　日本:属于或与日本国有关的,此生物的首次分离地。

Etymology　N.L.masc.adj.*japonicus*, of or pertaining to Japan, where the organisms were isolated.

淡黄杆菌属(*Luteolibacter*)Yoon 等,2008,新属;Jiang 等,2012 修改。此属已定 5 种。

词源　淡黄:淡黄色的,浅黄色的;杆:棒;菌:表示微小的事物,微生物(细菌、古菌、真菌);属:属名的尾词;淡黄杆菌属:苍黄色的棒形生物。

Etymology　L.adj.*luteolus*, pale yellow; N.L.masc.n.*bacter*, rod; N.L.masc.n.*Luteolibacter*, a pale-yellow-coloured rod.

模式种　波纳佩岛淡黄杆菌(*Luteolibacter pohnpeiensis*)Yoon 等,2008,新种。

词源　波纳佩岛:密克罗尼西亚的一个岛,此模式株的分离地。

Etymology　N.L.masc.adj.*pohnpeiensis*, pertaining to Pohnpei Island, located in Micronesia, where the type strain was isolated.

泞杆菌属(*Lutibacter*)Choi and Cho,2006,新属;Lee 等,2012 修改。此属已定 5 种。

词源　泞:泥,泥泞,泥土,泥浆,泥淖;杆:棒;菌:表示微小的事物,微生物(细菌、古菌、真菌);属:属名的尾词;泞杆菌属:来自泥土的棒形生物。

Etymology　L.n.*lutum*, mud; N.L.masc.n.*bacter*, rod; N.L.masc.n.*Lutibacter*, rod from mud.

模式种　岸泞杆菌(*Lutibacter litoralis*)Choi and Cho,2006,新种。

词源　岸:滨,岸的,岸边的,滨水的,(湖)海(滨)岸。

Etymology　L.masc.adj.*litoralis*, of the shore.

泞茎菌属(*Lutibaculum*) Anil Kumar 等,2012,新属。此属已定 1 种。

词源　泞:泥,泥泞,泥土,泥浆,泥淖;茎:茎,杖,棒;菌:表示微小的事物,微生物(细菌、古菌、真菌);属:属名的尾词;泞茎菌属:分离自泥土的茎形生物。

Etymology　L.n.*lutum*, mud; L.neut.n.*baculum*, rod; N.L.neut.n.*Lutibaculum*, rod from mud.

模式种　巴拉坦噶泞茎菌(*Lutibaculum baratangense*) Anil Kumar 等,2012,新种。

词源　巴拉坦噶:安达曼群岛的一个岛,巴拉坦噶岛的,此模式株的分离地。

Etymology　N.L.neut.adj.*baratangense*, of or pertaining to Baratanga, an island of the Andaman group of islands, from where the type strain was isolated.

泞海杆菌属(*Lutimaribacter*) Yoon 等,2009,新属。此属已定 2 种。

词源　泞:泥,淖,泥泞,泥土,泥浆;海:靠近陆地的近岸盐水水域;泞海:这里指的是泥海,海泥;杆:棒;菌:表示微小的事物,微生物(细菌、古菌、真菌);属:属名的尾词;泞海杆菌属:分离自海泥土的棒形生物。

Etymology　L.n.*lutum*, mud; L.n.*mare*, the sea; N.L.masc.n.*bacter*, a rod; N.L.masc.n.*Lutimaribacter*, rod from sea mud.

模式种　新万景泞海杆菌(*Lutimaribacter saemankumensis*) Yoon 等,2009,新种。

词源　新万景:韩国地名,位于黄海靠近韩国的一个潮汐滩地,属于或来自新万景的,此生物的分离地。

Etymology　N.L.masc.adj.*saemankumensis*, from Saemankum, the location on the Yellow Sea in Korea where the type strain was isolated.

泞单胞菌属(*Lutimonas*) Yang 等,2007,新属。此属已定 3 种。

词源　泞:泥,泥泞,泥土,泥浆,泥淖;单胞:单细胞,单元;菌:表示微小的事物,微生物(细菌、古菌、真菌);属:属名的尾词;泞单胞菌属:来自泥浆的单元,与栖居这种菌种的动物生活地—海滩潮汐地有关的。

Etymology　L.n.*lutum*, mud; L.fem.n.*monas*, a unit; N.L.fem.n.*Lutimonas*, a unit from mud, pertaining to the habitat of the animal that harboured the type species, a marine tidal flat.

模式种　蠕虫栖泞单胞菌(*Lutimonas vermicola*) Yang 等,2007,新种。

词源　蠕虫:蠕虫;栖:栖息,栖居,栖息者,栖居者;蠕虫栖:栖居于蠕虫的,有关于此模式菌株的来源,海洋蠕虫(多毛目环节动物)。

Etymology　L.n.*vermis*, worm; L.suff.-*cola* from L.n.*incola*, inhabitant; N.L.n.*vermicola*, inhabitant of worms, pertaining to the origin of the type strain, a marine polychaete.

泞孢菌属(*Lutispora*) Shiratori 等,2008,新属。此属已定 1 种。

词源　泞:泥,泥泞,泥土,泥浆,泥淖;孢:孢子;菌:表示微小的事物,微生物(细菌、古菌、真菌）；属：属名的尾词；泞孢菌属：生活在厌氧泥浆中形成孢子的生物。

Etymology　L.n.*lutum*, mud, sludge; Gr.fem.n.*spora*, a seed and, in biology, a spore; N.L.fem.n.*Lutispora*, a spore-forming organism that lives in anaerobic sludge.

模式种　嗜热泞孢菌（*Lutispora thermophila*）Shiratori 等，2008，新种。

词源　嗜：嗜好的，喜好的，友好的，爱好的；热：高温，温暖；嗜热：喜好高温的，喜好热的。

Etymology　Gr.fem.n.*thermê*, heat; N.L.adj.*philus -a -um*（from Gr.adj.*philos -ê -on*）, friend, loving; N.L.fem.adj.*thermophila*, heat-loving.

Ly

赖氨酸竿菌属（*Lysinibacillus*）Ahmed 等，2007，新属；Jung 等，2012 修改。此属已定 19 种。

词源　赖氨酸：一个人体基本氨基酸，一个 α- 氨基酸，$HO_2CCH(NH_2)(CH_2)_4NH_2$；竿：在本书中对译于拉丁文 *bacillus*，表示棒形，以示与常见的"杆"的区别，表示以出芽孢为特征的棒形；菌：表示微小的事物，微生物（细菌、古菌、真菌）；属：属名的尾词；赖氨酸竿菌属：赖氨酸竿菌，指的是此菌细胞壁的肽聚糖中存在赖氨酸—精氨酸（**Lys—Asp**）。

Etymology　N.L.n.*lysinum*, lysine; L.masc.n.*bacillus*, a small staff or rod; N.L.masc.n.*Lysinibacillus*, lysine bacillus, referring to the presence of the Lys-Asp type of peptidoglycan in the cell wall.

模式种　耐硼赖氨酸竿菌（*Lysinibacillus boronitolerans*）Ahmed 等，2007，新种。

词源　耐：耐久的，忍耐的，持久的；硼：元素 B，硼；耐硼：耐受硼的。

Etymology　N.L.n.*boron -onis*, boron; L.part.adj.*tolerans*, tolerating; N.L.part.adj.*boronitolerans*, boron-tolerating.

赖氨酸微菌属（*Lysinimicrobium*）Hamada 等，2012，新属。此属已定 1 种。

词源　赖氨酸：一个人体基本氨基酸，一个 α- 氨基酸，$HO_2CCH(NH_2)(CH_2)_4NH_2$；微：微小的，微生物；菌：表示微小的事物，微生物（细菌、古菌、真菌）；微菌：微生物；属：属名的尾词；赖氨酸微菌属：细胞壁有赖氨酸的微生物。

Etymology　N.L.n.*lysinum*, lysine; N.L.neut.n.*microbium*, microbe; N.L.neut.n.*Lysinimicrobium*, a microbe with lysine in the cell wall.

模式种　红树赖氨酸微菌（*Lysinimicrobium mangrovi*）Hamada 等，2012，新种。

词源　红树：红树的，红树林的，指的是此模式菌株是从一棵红树的根际分离的。

Etymology　N.L.gen.n.*mangrovi*, of a mangrove, referring to the isolation of the type strain from the rhizosphere of a mangrove.

赖氨酸单胞菌属（*Lysinimonas*）Jang 等，2013，新属。此属已定 2 种。

词源　赖氨酸：一个人体基本氨基酸，一个 α- 氨基酸，$HO_2CCH(NH_2)(CH_2)_4NH_2$；单胞：

单细胞,单元;菌:表示微小的事物,微生物(细菌、古菌、真菌);属:属名的尾词;赖氨酸单胞菌属:赖氨酸单细胞,指的是细胞壁存在赖氨酸的生物。

Etymology　N.L.n.*lysinum*, lysine; L.fem.n.*monas*, a unit, monad; N.L.fem.n.*Lysinimonas*, lysine monad, referring to the presence of lysine in the cell wall.

模式种　土壤赖氨酸单胞菌(*Lysinimonas soli*)Jang 等,2013,新种。

词源　土壤:与壤或土同义,土壤,此微生物的分离源。

Etymology　L.gen.n.*soli*, of soil.

松散杆菌属(*Lysobacter*)Christensen and Cook,1978,属;Park 等,2008 修改。此属已定 27 种。

此属是**松散杆菌目**(*Lysobacterales*)Christensen and Cook,1978,《1980 年细菌名确认单》和**松散杆菌科**(*Lysobacteraceae*)Christensen and Cook,1978,《1980 年细菌名确认单》的模式属。

词源　松散:松散的,释放的;杆:棒;菌:表示微小的事物,微生物(细菌、古菌、真菌);属:属名的尾词;松散杆菌属:松散的棒形生物,意即表示溶解棒的。

Etymology　Gr.n.*lusis*, a loosing, releasing; N.L.masc.n.*bacter*, a rod; N.L.masc.n.*Lysobacter*, the loosing rod, intended to mean the lysing rod.

模式种　酶生松散杆菌(*Lysobacter enzymogenes*)Christensen and Cook,1978,《1980 年细菌名确认单》,种。

词源　酶:酵素;生:产,生产,生成,产生,导致,源自……;酶生:酶生成的。

Etymology　N.L.n.*enzyma*(from Gr.n.*zumê*, leaven), enzyme; N.L.suff.-*genes*(from Gr.v.*gennaô*, to produce), producing; N.L.adj.*enzymogenes*, enzyme-producing.

松散杆菌科(*Lysobacteraceae*)Christensen and Cook,1978,科。

模式属　松散杆菌属(*Lysobacter*)Christensen and Cook,1978,《1980 年细菌名确认单》,属。

词源　松散杆菌属:此科之模式属;科:用于定义一个比属高、比目低的分类级和尾词;在中文科的命名中,把模式属属名中的尾字"属"代换为尾字"科",即为模式属所在的科名;松散杆菌科:松散杆菌属之科。

Etymology　N.L.masc.n.*Lysobacter*, type genus of the family; suff.-*aceae*, ending to denote a family; N.L.fem.pl.n.*Lysobacteraceae*, the *Lysobacter* family.

松散杆菌目(*Lysobacterales*)Christensen and Cook,1978,目。

模式属　松散杆菌属(*Lysobacter*)Christensen and Cook,1978,《1980 年细菌名确认单》,属。

词源　松散杆菌属:此目之模式属;目:用于定义一个比科高、比纲低的分类级和尾词;在中文目的命名中,把模式属属名中的尾字"属"代换为尾字"目",即为模式属所在的目名;松散杆菌目:松散杆菌属之目。

Etymology   N.L.masc.n.*Lysobacter*, type genus of the order; suff.-*ales*, ending denoting an order; N.L.fem.pl.n.*Lysobacterales*, the *Lysobacter* order.

解菌属（*Lyticum*）（*ex* Preer 等，1974）Preer and Preer，1982，新合并，命名修改。此属已定 2 种。

词源   解：溶解的，分解的，降解的；菌：表示微小的事物，微生物（细菌、古菌、真菌）；属：属名的尾词；解菌属：溶解者（生物）。

Etymology   N.L.adj.*lyticus -a -um*（from Gr.adj.*lutikos -ê -on*），able to loosen, able to dissolve; N.L.neut.n.*Lyticum*, dissolver.

模式种   鞭毛解菌（*Lyticum flagellatum*）（*ex* Preer 等，1974）Preer and Preer，1982，新合并。

词源   鞭毛：细长而弯曲的，具有运动性的丝状物。

Etymology   L.n.*flagellum*, a whip, scourge, whip; L.neut.suff.-*atum*, suffix denoting provided with; N.L.neut.adj.*flagellatum*, with flagella.

同义词   "*Lyticum*" Preer 等，1974。

注：此属名的以往常见中文名是溶菌属。

M 部

Ma

屠场杆状菌属(*Macellibacteroides*)Jabari 等,2012,新属。此属已定 1 种。

词源　屠场:屠宰场,肉摊,肉市,屠宰房;杆:棒;状:(看起来)像……,类似;菌:表示微小的事物,微生物(细菌、古菌、真菌);属:属名的尾词;杆状菌属:一个细菌的属名,又称拟杆菌属;屠场杆状菌:分离自屠场的与杆状菌属相关的生物。

Etymology　L.n.*macellum*, a butcher's stall, meat-market, slaughterhouse;N.L.masc.n.*Bacteroides*, a bacterial genus name;N.L.masc.n.*Macellibacteroides*, a relative of the genus *Bacteroides* isolated from a slaughterhouse.

模式种　发酵屠场杆状菌(*Macellibacteroides fermentans*)Jabari 等,2012,新种。

词源　发酵:发酵的定义广泛,在微生物学中可指微生物在培养基上的大量生长,一般是指(在厌氧条件下)将糖转变为酸,醇和气体。

Etymology　L.part.adj.*fermentans*, fermenting.

大果菌属(*Macrococcus*)Kloos 等,1998,新属。此属已定 7 种。

词源　大:大的,巨大的;果:浆果,表示浆果形(圆球或椭球);菌:表示微小的事物,微生物(细菌、古菌、真菌);属:属名的尾词;大果菌属:巨大的浆果形生物(细菌)。

Etymology　Gr.adj.*makros*, large;N.L.masc.n.*coccus* (from Gr.masc.n.*kokkos*), a grain or berry;N.L.masc.n.*Macrococcus*, a large coccus.

模式种　马大果菌(*Macrococcus equipercicus*)Kloos 等,1998,新种。

词源　马:马的,与一匹名字叫佩西(Percy)的马有关的,此种首次从此马中分离获得。

Etymology　L.gen.n.*equi*, of horse;N.L.masc.adj.*equipercicus*, pertaining to a horse named Percy, from which this species was first isolated.

注:此菌属的细胞尺寸比较大,与金色葡萄果菌(*Staphylococcus aureus*)相比,一般大 4 倍甚至更大。

大单胞菌属(*Macromonas*)Utermöhl and Koppe,1924,属。或巨单胞菌属。此属已定 2 种。

词源　大:相对于小,巨大;单胞:单元,单细胞;大单胞:大单细胞菌;菌:表示微小的事物,微生物(细菌、古菌、真菌);属:属名的尾词;大单胞菌属:大的单细胞生物。

Etymology　Gr.adj.*makros*, large;Gr.fem.n.*monas*, a unit, monad;N.L.fem.n.*Macromonas*, a large monad.

模式种　动大单胞菌(*Macromonas mobilis*)(Lauterborn,1915)Utermöhl and Koppe,1924,《1980 年细菌名确认单》,种。

词源　动：运动的，移动的，活动的，游动的。
Etymology　L.fem.adj.*mobilis*, movable, motile.

磁果菌科（*Magnetococcaceae*）Bazylinski 等，2013，新科。

模式属　磁果菌属（*Magnetococcus*）Bazylinski 等，2013，新属。

词源　磁果菌属：此科之模式属；科：用于定义一个比属高、比目低的分类级和尾词；在中文科的命名中，把模式属属名中的尾字"属"代换为尾字"科"，即为模式属所在的科名；磁果菌科：磁果菌属之科。

Etymology　N.L.masc.n.*Magnetococcus*, type genus of the family; suff.-*aceae*, ending to denote a family; N.L.fem.pl.n.*Magnetococcaceae*, the family of the genus *Magnetococcus*.

磁果菌目（*Magnetococcales*）Bazylinski 等，2013，新目。

模式属　磁果菌属（*Magnetococcus*）Bazylinski 等，2013，新属。

词源　磁果菌属：此目之模式属；目：用于定义一个比科高、比纲低的分类级和尾词；在中文目的命名中，把模式属属名中的尾字"属"代换为尾字"目"，即为模式属所在的目名；磁果菌目：磁果菌属之目。

Etymology　N.L.masc.*Magnetococcus*, type genus of the order; suff.-*ales*, ending to denote an order; N.L.fem.pl.n.*Magnetococcales*, the order of *Magnetococcus*.

磁果菌属（*Magnetococcus*）Bazylinski 等，2013，新属。此属已定 1 种。

此属是磁果菌目（*Magnetococcales*）Bazylinski 等，2013 和磁果菌科（*Magnetococcaceae*）Bazylinski 等，2013 的模式属。

词源　磁：磁铁，磁性；果：浆果，表示浆果形（圆球或椭球）；菌：表示微小的事物，微生物（细菌、古菌、真菌）；属：属名的尾词；磁果菌属：磁铁浆果菌，指的是其浆果状形态和趋磁性行为。

Etymology　L.n.*magnes -etis*, a magnet; N.L.pref.*magneto-*, pertaining to a magnet; N.L.masc.n.*coccus*（from Gr.masc.n.*kokkos*, a grain, seed）, a coccus; N.L.masc.n.*Magnetococcus*, the magnetic coccus, referring to its coccoid morphology and magnetotactic behaviour.

模式种　海磁果菌（*Magnetococcus marinus*）Bazylinski 等，2013，新种。

词源　海：海的，海洋的，大海的，指的是此模式菌株海港口栖息环境。

Etymology　L.masc.adj.*marinus*, of the sea, referring to the estuarine habitat of the type strain.

磁螺体属（*Magnetospira*）Williams 等，2012，新属。此属已定 1 种。

词源　磁：磁铁；螺：螺旋，螺形，螺体；菌：表示微小的事物，微生物（细菌、古菌、真菌）；属：

属名的尾词；磁螺体属：磁性螺体，指的是此细菌的螺旋形态和趋磁行为。
Etymology　L.n.*magnes -etis*, a magnet; N.L.pref.*magneto-*, pertaining to a magnet; L.fem. n.*spira*, a spiral; N.L.fem.n.*Magnetospira*, the magnetic spiral, with reference to the spiral morphology and magnetotactic behaviour of this bacterium.

模式种　嗜硫磁螺体（*Magnetospira thiophila*）Williams 等，2012，新种。
词源　嗜：嗜好的，喜好的，友好的，爱好的；硫：硫磺，硫黄，元素 S；嗜硫：喜好硫的，以利用硫代硫酸盐作为化能无机自营生长能源。
Etymology　Gr.n.*theion*（Latin transliteration *thium*）, sulfur; N.L.adj.*philus -a -um*（from Gr.adj.*philos -ê -on*）, friend, loving; N.L.fem.adj.*thiophila*, sulfur-loving, with reference to the utilization of thiosulfate as an energy source for chemolithoautotrophic growth.

磁小螺体属（*Magnetospirillum*）Schleifer 等，1992，新属。此属已定 2 种。
词源　磁：磁铁；小螺：与螺相对，表示比螺在尺寸上小，小螺形，小螺旋，小螺体；菌：表示微小的事物，微生物（细菌、古菌、真菌）；属：属名的尾词；磁小螺体属：小磁性的螺体。
Etymology　L.n.*magnes -etis*, a magnet; N.L.pref.*magneto-*, pertaining to a magnet; L.n.*spira*, a spiral; N.L.dim.neut.n.*spirillum*, a small spiral; N.L.neut.n.*Magnetospirillum*, a small magnetic spiral.

模式种　格赖夫斯瓦尔德磁小螺体（*Magnetospirillum gryphiswaldense*）Schleifer 等，1992，新种。
词源　格赖夫斯瓦尔德：德国梅克伦堡—前波莫瑞州的格赖夫斯瓦尔德，此生物的分离地。
Etymology　N.L.neut.adj.*gryphiswaldense*, pertaining to Greifswald, a town in Germany where the organism was isolated.
注：此属以往被称为磁螺体属，但显然没有考虑到 2012 年又出现了真正的**磁螺体属**（*Magnetospira*）。

磁弧菌属（*Magnetovibrio*）Bazylinski 等，2013，新属。此属已定 1 种。
词源　磁：磁铁，磁石，与磁铁有关的；弧：作动词表示弧动，像手中舞动的绳子状振动；弧：作名词也表示细菌的一个属名，表示弧状的菌，弧菌属；菌：表示微小的事物，微生物（细菌、古菌、真菌）；属：属名的尾词；磁弧菌属：磁性弧菌，指的是此细菌弧状形态和磁趋性行为。
Etymology　Gr.n.*magnês -êtos*, a magnet; N.L.pref.*magneto-*, pertaining to a magnet; N.L.masc. n.*vibrio*, a vibrio; N.L.masc.n.*Magnetovibrio*, the magnetic vibrio, which references the vibrioid morphology and magnetotactic behaviour of this bacterium.

模式种　布莱克莫尔氏磁弧菌（*Magnetovibrio blakemorei*）Bazylinski 等，2013，新种。
词源　布莱克莫尔：以美国理查德·P.布莱克莫尔的姓氏命名，其首次科学描述和发表了具有磁学行为的细菌。

Etymology   N.L.gen.masc.n.*blakemorei*, of Blakemore, named in honour of US microbiologist Richard P. Blakemore, who was the first to describe scientifically and publish on magnetotactic behaviour in bacteria.

玛姓菌属(*Mahella*)Bonilla Salinas 等,2004,新属。此属已定1种。

词源 姓:姓氏;玛姓:以美国微生物学家 R.A. 玛教授的姓氏命名,他对厌氧菌的分类学有重要贡献;菌:表示微小的事物,微生物(细菌、古菌、真菌);属:属名的尾词;玛姓菌属:以玛的姓氏命名的菌属。

Etymology   N.L.fem.dim.n.*Mahella*, named in honour of the American microbiologist Professor R.A.Mah, for his important contribution to the taxonomy of anaerobes.

模式种   澳大利亚玛姓菌(*Mahella australiensis*)Bonilla Salinas 等,2004,新种。

词源 澳大利亚:与澳大利亚有关的。

Etymology   N.L.fem.adj.*australiensis*, related to Australia.

玛利克氏菌属(*Malikia*)Spring 等,2005,新属。此属已定2种。

词源 氏:姓氏;玛利克氏:以库尔希德·A. 玛利克的姓氏命名,他对我们(作者)在氢氧化和聚羟基脂肪酸酯积累变形杆菌的培养和分类学方面的知识有贡献;菌:表示微小的事物,微生物(细菌、古菌、真菌);属:属名的尾词;玛利克氏菌属:以玛利克的姓氏命名的菌属。

Etymology   N.L.fem.n.*Malikia*, named after Kuhrsheed A.Malik, for his contributions to our knowledge of the cultivation and taxonomy of hydrogen-oxidizing and polyhydroxyalkanoate-accumulating proteobacteria.

模式种   粒玛利克氏菌(*Malikia granosa*)Spring 等,2005,新种。

词源 粒:颗粒的,颗粒状的。

Etymology   L.fem.adj.*granosa*, granular.

丙二酸单胞菌属(*Malonomonas*)Dehning and Schink,1990,新属。此属已定1种。

词源 丙二酸:缩苹果酸,二元丙羧酸,$HOOCCH_2COOH$;单胞:单细胞,单元;菌:表示微小的事物,微生物(细菌、古菌、真菌);属:属名的尾词;丙二酸单胞菌属:利用丙二酸的单细胞生物。

Etymology   N.L.n.*acidum malonicum*, malonic acid; L.fem.n.*monas*, a unit, monad; N.L.fem.n.*Malonomonas*, malonic-acid-utilizing monad.

模式种   红色丙二酸单胞菌(*Malonomonas rubra*)Dehning and Schink,1990,新种。

词源 红色:红色的,赤色的,指的是细胞的红颜色。

Etymology   L.adj.*ruber -bra -brum*, red; L.fem.adj.*rubra*, red, referring to the red color of the cells.

海微生室菌属（*Mameliella*）Zheng 等，2010，新属。此属已定 1 种。

词源　海微生室：海洋微生物生态学实验室的随机简写；菌：表示微小的事物，微生物（细菌、古菌、真菌）；属：属名的尾词；海微生室菌属：以海洋微生物生态学实验室为名的菌属。

Etymology　N.L.fem.dim.n.*Mameliella*, arbitrary name derived from the acronym MMEL, marine microbial ecology laboratory.

模式种　素色海微生室菌（*Mameliella alba*）Zheng 等，2010，新种。

词源　素色：素色的，白色的。

Etymology　L.fem.adj.*alba*, white.

红树杆菌属（*Mangrovibacter*）Rameshkumar 等，2010，新属。此属已定 1 种。

词源　红树：（北纬 25°和南纬 25°热带沿海生长的）红树林；杆：棒；菌：表示微小的事物，微生物（细菌、古菌、真菌）；属：属名的尾词；红树杆菌属：红树林的棒形生物。

Etymology　N.L.n.*mangrovum*, mangrove; N.L.masc.n.*bacter*, rod; N.L.masc.n.*Mangrovibacter*, mangrove rod.

模式种　植保红树杆菌（*Mangrovibacter plantisponsor*）Rameshkumar 等，2010，新种。

词源　植保：植物保护者，指的是此模式株对植物潜在的受益特性。

Etymology　L.fem.n.*planta*, plant; L.masc.n.*sponsor*, sponsor, guarantor; N.L.masc.n.*plantisponsor*, sponsor of plants, referring to the potentially plant-beneficial properties of the type strain.

红树小杆菌属（*Mangrovibacterium*）Huang 等，2014，新属。此属已定 1 种。

词源　红树：（北纬 25°和南纬 25°热带沿海生长的）红树林；小杆：小棒；菌：表示微小的事物，微生物（细菌、古菌、真菌）；属：属名的尾词；红树小杆菌属：分离自红树林环境的细菌。

Etymology　N.L.n.*mangrovum*, mangrove; L.neut.n.*bacterium*, masc.equivalent of Gr.neut.n.*bacterion*, rod or staff; N.L.neut.n.*Mangrovibacterium*, a bacterium isolated from a mangrove environment.

模式种　重氮营红树小杆菌（*Mangrovibacterium diazotrophicum*）Huang 等，2014，新种。

词源　重：二，双；氮：一种气体元素，氮气；重氮：叠氮，双氮，两个氮，氮气；营：养，生计，养分，养料，吸取养料维持生命；重氮营养：以双氮（氮气）为营养生长，固氮的。

Etymology　L.pref.*dis*, *di*, in two; N.L.n.*azotum*（from Fr.n.*azote*）, nitrogen; N.L.pref.*diazo-*, pertaining to dinitrogen; Gr.adj.*trophikos -ê -on*, nursing, tending; N.L.neut.adj.*diazotrophicum*, feeding on dinitrogen.

红树屈菌属(*Mangroviflexus*)Zhao 等,2012,新属。此属已定 1 种。

词源 红树:红树林;屈:使弯曲的,与"伸"相对;菌:表示微小的事物,微生物(细菌、古菌、真菌);属:属名的尾词;红树屈菌属:来自红树林的弯曲细菌。

Etymology　N.L.n.*mangrovum*, mangrove; L.masc.n.*flexus*, a bending, turn, curve; N.L.masc. n.*Mangroviflexus*, a bending (curved) bacterium from mangrove.

模式种　厦门红树屈菌(*Mangroviflexus xiamenensis*)Zhao 等,2012,新种。

词源　厦门市:属于或与厦门有关的。

Etymology　N.L.masc.adj.*xiamenensis*, of or belonging to Xiamen.

红树单胞菌属(*Mangrovimonas*)Li 等,2013,新属。此属已定 1 种。

词源　红树:红树林;单胞:单细胞,单元;菌:表示微小的事物,微生物(细菌、古菌、真菌);属:属名的尾词;红树单胞菌属:分离自红树林的单元(细菌)。

Etymology　N.L.n.*mangrovum*, mangrove; L.fem.n.*monas*, a unit, monad; N.L.fem. n.*Mangrovimonas*, a unit (bacterium) isolated from a mangrove.

模式种　云霄红树单胞菌(*Mangrovimonas yunxiaonensis*)Li 等,2013,新种。

词源　云霄:属于或来自中国福建省云霄县红树林国家自然保护区的。

Etymology　N.L.fem.adj.*yunxiaonensis*, of or belonging to Yunxiao mangrove National Nature Reserve, Fujian Province, China.

曼海姆氏菌属(*Mannheimia*)Angen 等,1999,新属。此属已定 6 种。

词源　氏:姓氏;曼海姆氏:以德国微生物学家瓦尔特·曼海姆的姓氏命名,以示对其的尊敬;菌:表示微小的事物,微生物(细菌、古菌、真菌);属:属名的尾词;曼海姆氏菌属:以曼海姆的姓氏命名的菌属。

Etymology　N.L.fem.n.*Mannheimia*, named in tribute to the German microbiologist Walter Mannheim.

模式种　解血曼海姆氏菌(*Mannheimia haemolytica*)(Newsom and Cross,1932)Angen 等,1999,新合并。

词源　解:溶解的,分解的,降解的;血:鲜血,血液,血浆,动物体内循环的不透明红色液体;解血:溶解血的,指的是在血琼脂平板上看到的溶血现象。

Etymology　Gr.n.*haima* (Latin transliteration *haema*), blood; N.L.fem.adj.*lytica* (from Gr.fem.adj.*lutikê*), able to loosen, able to dissolve; N.L.fem.adj.*haemolytica*, blood dissolving, referring to the hemolysis seen on blood agar.

注:解血的常见同义词是溶血。

海杆菌属(*Maribacter*)Nedashkovskaya 等,2004,新属;Barbeyron 等,2008 修改,Nedashkovskaya 等,2010。

修改,Weerawongwiwat 等,2013 修改,Lo 等,2013 修改,Hu 等,2015 修改。此属已定 13 种。

词源　海:近大陆的比洋小的水域;杆:棒;菌:表示微小的事物,微生物(细菌、古菌、真菌);属:属名的尾词;海杆菌属:栖息在海域环境的棒形生物。

Etymology　L.neut.n.*mare*, the sea; N.L.masc.n.*bacter*, rod; N.L.masc.n.*Maribacter*, rod inhabiting marine environments.

模式种　沉淀栖海杆菌(*Maribacter sedimenticola*)Nedashkovskaya 等,2004,新种。

词源　沉:沉淀;淀:积累;沉淀:沉淀物,沉积物,沉淀积累物;栖:栖息,栖居,栖息者,栖居者;沉淀栖:沉淀物/沉积物中的栖居者。

Etymology　L.neut.n.*sedimentum*, a settling, sediment; L.suffix -*cola*（from L.n.*incola*）, dweller; N.L.masc.n.*sedimenticola*, sediment dweller.

注:此属中文菌属名与 1992 年定的海之杆菌属(*Marinobacter*)相同,与 2005 年定的海杆菌属(*Thalassobacter*)也相同。因此本文确定后者为塔拉萨杆菌属(*Thalassobacter*)。

海茎菌属(*Maribaculum*)Lai 等,2009,新属。此属已定 1 种。

此属 2011 年已归属到→亨里赛氏菌属(*Henriciella*)Quan 等,2009,新属。

词源　茎:茎,杖,棒;菌:表示微小的事物,微生物(细菌、古菌、真菌);属:属名的尾词;海茎菌属:来自海的茎棒形菌。

Etymology　L.n.*mare*, the sea; L.neut.n.*baculum*, a stick or rod; N.L.neut.n.*Maribaculum*, rod from the sea.

模式种　海海茎菌(*Maribaculum marinum*)Lai 等,2009,新种。

此种 2011 年已归种到→海水亨里赛氏菌(*Henriciella aquimarina*)Lee 等,2011,新命名。

词源　海:海的,大海的,属于或来自海的。

Etymology　L.neut.adj.*marinum*, of or belonging to the sea, marine.

海菌属(*Maribius*)Choi 等,2007,新属。此属已定 2 种。

词源　海:大海,海洋,靠近大陆比洋小的盐水水域;菌:表示微小的事物,微生物(细菌、古菌、真菌);属:属名的尾词;海菌属:大海的生物/生命。

Etymology　L.neut.n.*mare*, the sea; N.L.masc.n.*bius* from Gr.n.*bios*, life; N.L.masc.n.*Maribius*, sea life.

模式种　盐海菌(*Maribius salinus*)Choi 等,2007,新种。

词源　盐:盐的,盐腌的,含盐的。

Etymology　L.masc.adj.*salinus*, salted, salty.

海柄菌属（*Maricaulis*）Abraham 等，1999，新属。此属已定 5 种。

词源　海：大海，海洋，靠近大陆比洋小的盐水水域；柄：指的是菌柄（非菌毛、性毛、非鞭毛），树杆；菌：表示微小的事物，微生物（细菌、古菌、真菌）；属：属名的尾词。海柄菌属：来自海的柄状生物。

Etymology　L.n.*mare -is*, the sea; L.masc.n.*caulis*, stalk; N.L.masc.n.*Maricaulis*, stalk from the sea.

模式种　海海柄菌（*Maricaulis maris*）（Poindexter, 1964）Abraham 等，1999，新合并。

词源　海：大海，海洋，靠近大陆比洋小的盐水水域。

Etymology　L.n.*mare -is*, the sea; L.gen.n.*maris*, of the sea.

海色菌属（*Marichromatium*）Imhoff 等，1998，新属。此属已定 5 种。

词源　海：大海，海洋，靠近大陆比洋小的盐水水域；色菌属：一个属名；海色菌属：大海的色菌属，真正的海洋色菌属，海洋中与色菌属有关或类似的生物。

Etymology　L.n.*mare -is*, the sea; N.L.neut.n.*Chromatium*, a genus name; N.L.neut.n.*Marichromatium*, the *Chromatium* of the sea, the truly marine *Chromatium*.

模式种　瘦海色菌（*Marichromatium gracile*）（Strzeszewski, 1913）Imhoff 等，1998，新合并。

词源　瘦：纤细，纤细而薄薄的。

Etymology　L.neut.adj.*gracile*, thin, slender.

推荐的属名三字母简写　Mch. 见"命名规则：属名简写"［属名简写三字母准则（Three-letter code for abbreviations of generic names）］。

海曲菌属（*Maricurvus*）Iwaki 等，2012，新属。此属已定 1 种。

词源　海：大海，海洋，靠近大陆比洋小的盐水水域；曲：弯曲的，弯钩的；菌：表示微小的事物，微生物（细菌、古菌、真菌）；属：属名的尾词；海曲菌属：来自海的弯曲细菌。

Etymology　L.n.*mare*, the sea; L.masc.adj.*curvus*, bent; N.L.masc.n.*Maricurvus*, a bent bacterium from the sea.

模式种　壬基酚海曲菌（*Maricurvus nonylphenolicus*）Iwaki 等，2012，新种。

词源　壬基酚：壬基酚；指的是此种能利用壬基酚作为底物。

Etymology　N.L.n.*nonylphenolis*, nonylphenol; L.masc.suff.*-icus*, suffix used with the sense of belonging to; N.L.masc.adj.*nonylphenolicus*, belonging to nonylphenol, referring to the substrate nonylphenol that can be utilized by the species.

海居菌属（*Marihabitans*）Kageyama 等，2008，新属。此属已定 1 种。

词源　海：大海，海洋，靠近大陆比洋小的盐水水域；居：居民，居住者，栖居者；菌：表示微小的事物，微生物（细菌、古菌、真菌）；属：属名的尾词；海居菌属：海中的栖居者（生物）。

Etymology　L.neut.n.*mare*, sea; L.part.adj.*habitans*, inhabiting; N.L.adj.used as a neut.subst. *Marihabitans*, inhabitant of the sea.

模式种　亚洲海居菌（*Marihabitans asiaticum*）Kageyama 等，2008，新种。

词源　亚洲：与亚洲有关的，亚洲生长的，此模式菌株的分离地。

Etymology　L.neut.adj.*asiaticum*, of Asia, the source of the type strain.

海放线孢菌属（*Marinactinospora*）Tian 等，2009，新属。此属已定 1 种。

词源　海：海的，大海的，海洋的，属于或来自海的；孢：孢子；菌：表示微小的事物，微生物（细菌、古菌、真菌）；属：属名的尾词；海放线孢菌属：海源的和孢子放射线，指的是海洋的和形成孢子的放线菌。

Etymology　L.adj.*marinus*, of or belonging to the sea; Gr.n.*aktis -inos*, a ray; Gr.n.*spora*, a seed, and in biology a spore; N.L.fem.n.*Marinactinospora*, marine and spored ray, referring to marine spore-forming actinomycete.

模式种　耐热海放线孢菌（*Marinactinospora thermotolerans*）Tian 等，2009，新种。

词源　耐：耐力，耐性，持久；热：热的，高温的；耐热：能够仍受高温的。

Etymology　Gr.n.*thermê*, heat; L.part.adj.*tolerans*, tolerating; N.L.part.adj.*thermotolerans*, able to tolerate a high temperature.

海竿菌属（*Marinibacillus*）Yoon 等，2001，新属；Yoon 等，2004 修改。此属已定 2 种。

此属 2010 年已归属到→鮨竿菌属（*Jeotgalibacillus*）Yoon 等，2001，新属。

词源　海：海的，大海的，海洋的；竿：在本书中对译于拉丁文 *bacillus*，表示棒形，以示与常见的"杆"的区别，表示以出芽孢为特征的棒形；菌：表示微小的事物，微生物（细菌、古菌、真菌）；属：属名的尾词；海竿菌属：来自海的竿棒形生物。

Etymology　L.adj.*marinus*, of the sea, marine; L.masc.n.*bacillus*, a little staff, rod; N.L.masc.n.*Marinibacillus*, rod of the sea.

模式种　海海竿菌（*Marinibacillus marinus*）（Rüger and Richter,1979）Yoon 等，2001，新合并。

此种 2010 年已归种到→海鮨竿菌（*Jeotgalibacillus marinus*）（Rüger and Richter,1979）Yoon 等，2010，新合并。

词源　海：海的，大海的。

Etymology　L.masc.adj.*marinus*, of the sea, marine.

海尾菌属（*Marinicauda*）Zhang 等，2013，新属。此属已定 1 种。

词源　海：海的，大海的；尾：尾巴，尾部；菌：表示微小的事物，微生物（细菌、古菌、真菌）；属：属名的尾词；海尾菌属：来自海的尾巴。

Etymology　L.adj.*marinus*, of the sea, marine; L.fem.n.*cauda*, a tail; N.L.fem.n. *Marinicauda*, a tail from the sea.

模式种　太平海尾菌（*Marinicauda pacifica*）Zhang 等，2013，新种。

词源　太平：平安，和平，太平洋，地球四大洋之一，指的是此模式菌株的分离源，太平洋。

Etymology　L.fem.adj.*pacifica*, peaceful, referring to the Pacific Ocean, the origin of the type strain.

海胞菌属（*Marinicella*）Romanenko 等，2010，新属。此属已定 1 种。

词源　海：海的，大海的；胞：细胞；菌：表示微小的事物，微生物（细菌、古菌、真菌）；属：属名的尾词；海胞菌属：来自海的细胞。

Etymology　L.adj.*marinus*, of the sea; L.fem.n.*cella*, a chamber, and in biology a cell; N.L.fem.n.*Marinicella*, a cell from the sea.

模式种　岸海胞菌（*Marinicella litoralis*）Romanenko 等，2010，新种。

词源　岸：滨，海岸，（湖）海（滨）岸的。

Etymology　L.fem.adj.*litoralis*, of or belonging to the sea-shore.

海栖菌属（*Marinicola*）Yoon 等，2005，新属。此属已定 1 种。

此属 2005 年已归属到→玫瑰幡菌属（*Roseivirga*）Nedashkovskaya 等，2005，Nedashkovskaya 等，2005 修改。

词源　海：海的，大海的；栖：栖息，栖居；菌：表示微小的事物，微生物（细菌、古菌、真菌）；属：属名的尾词；海栖菌属：大海的栖居者。

Etymology　L.adj.*marinus*, of or belonging to the sea, marine; L.masc.suff.-*cola*, inhabitant; N.L.masc.n.*Marinicola*, inhabitant of the sea.

模式种　西海海栖菌（*Marinicola seohaensis*）Yoon 等，2005。

此种 2006 年已归种到→西海玫瑰幡菌（*Roseivirga seohaensis*）（Yoon 等，2005）Lau 等，2006，新合并。

词源　西海：属于或与西海有关的，韩国对属于韩国的黄海海域的称谓，此生物的分离源。

Etymology　N.L.masc.adj.*seohaensis*, of or pertaining to Seohae, the Korean name for the Yellow Sea in Korea, from where the organism was isolated.

海丝菌科（*Marinifilaceae*）Iino 等，2014，新科。

命名模式　海丝菌属（*Marinifilum*）Iino 等，2014，新属。

词源　海丝菌属：此科之模式属；科：用于定义一个比属高、比目低的分类级和尾词；在中文科的命名中，把模式属属名中的尾字"属"代换为尾字"科"，即为模式属所在的科名；海丝菌科：海丝菌属之科。

Etymology　N.L.neut.n.*Marinifilum*, type genus of the family; L.suff.*-aceae*, ending to denote a family; N.L.fem.pl.n.*Marinifilaceae*, family of the genus *Marinifilum*.

海丝菌属(*Marinifilum*) Na 等,2009,新属;Ruvira 等,2013 修改。此属已定 2 种。

词源　海:大海的,来自或属于海的;丝:(细)线,丝状(物),线形(物);菌:表示微小的事物,微生物(细菌、古菌、真菌);属:属名的尾词;海丝菌属:属于或生活在海洋的丝线形生物。

Etymology　L.adj.*marinus*, belonging to the sea; L.neut.n.*filum*, a thread; N.L.neut.n.*Marinifilum*, a thread belonging to or living in the sea.

模式种　脆海丝菌(*Marinifilum fragile*) Na 等,2009,新种。

词源　脆:干,脆,干脆,脆弱,松脆,易碎的。

Etymology　L.neut.adj.*fragile*, fragile.

海弯菌属(*Mariniflexile*) Nedashkovskaya 等,2006,新属;Jung 等,2012 修改,Jung and Yoon,2013 修改,Park 等,2014 修改。此属已定 5 种。

词源　海:海的,大海的;弯:(易)弯的,弯曲的,柔顺的;菌:表示微小的事物,微生物(细菌、古菌、真菌);属:属名的尾词;海弯菌属:柔顺易弯曲的海洋细菌。

Etymology　L.adj.*marinus*, marine; L.part.adj.*flexilis -e*, pliant, pliable, flexible; N.L.neut.n.*Mariniflexile*, a flexible marine bacterium.

模式种　格罗莫夫氏海弯菌(*Mariniflexile gromovii*) Nedashkovskaya 等,2006,新种。

词源　氏:姓氏;格罗莫夫氏:以俄罗斯水生和海微生物学家 B.V. 格罗莫夫的姓氏命名,以示对其的尊敬。

Etymology　N.L.gen.masc.n.*gromovii*, of Gromov, in honour of B.V.Gromov, the Russian aquatic and marine microbiologist.

海滑菌属(*Marinilabilia*) Nakagawa and Yamasato,1996,新属。此属已定 2 种。

此属是海滑菌科(*Marinilabiliaceae*) Ludwig 等,2012 的模式属。

词源　海:海的,大海的,来自或属于海的;滑:滑的,滑行的,菌:表示微小的事物,微生物(细菌、古菌、真菌);属:属名的尾词。

Etymology　L.adj.*marinus*, of or belonging to the sea, marine; L.adj.*labilis*, gliding; N.L.fem.n.*Marinilabilia*, marine gliding organisms.

模式种　鲑鱼色海滑菌(*Marinilabilia salmonicolor*) (Veldkamp,1961) Nakagawa and Yamasato,1996,新种。

词源　鲑鱼:鲑鱼有很多种,大马哈鱼,三文鱼等都是,肉色橘红色,桔红色,粉红色。

Etymology　L.masc.n.*salmo -onis*, salmon; L.n.*color*, color; N.L.adj.*salmonicolor*, intended to mean salmon-colored.

海滑菌科(*Marinilabiliaceae*)Ludwig 等,2012,新科。

模式属 海滑菌属(*Marinilabilia*)Nakagawa and Yamasato,1996,新属。

词源 海滑菌属:此科之模式属;科:用于定义一个比属高、比目低的分类级和尾词;在中文科的命名中,把模式属属名中的尾字"属"代换为尾字"科",即为模式属所在的科名;海滑菌科:海滑菌属之科。

Etymology N.L.fem.n.*Marinilabilia*, type genus of the family; suff.- *aceae*, ending to denote family; N.L.fem.pl.n.*Marinilabiliaceae*, the *Marinilabilia* family.

海乳竿菌属(*Marinilactibacillus*)Ishikawa 等,2003,新属。此属已定 2 种。

词源 海:海的;乳:奶;竿:在本书中对译于拉丁文 ***bacillus***,表示棒形,以示与常见的"杆"的区别,表示以出芽孢为特征的棒形;菌:表示微小的事物,微生物(细菌、古菌、真菌);属:属名的尾词;海乳竿菌属:海源的乳酸小棒形菌。

Etymology L.adj.*marinus*, marine; L.n.*lac lactis*, milk; L.masc.n.*bacillus*, a small rod; N.L.masc.n.*Marinilactibacillus*, marine lactic acid rodlet.

模式种 耐冷海乳竿菌(*Marinilactibacillus psychrotolerans*)Ishikawa 等,2003,新种。

词源 耐:耐久的,忍耐的,持久的;冷:冷的,低温的;耐冷:忍耐低温的,耐受寒冷的。

Etymology Gr.adj.*psuchros*, cold; L.part.adj.*tolerans*, tolerating; N.L.part.adj.*psychrotolerans*, tolerating cold temperature.

海橙黄果菌属(*Mariniluteicoccus*)Zhang 等,2014,新属。此属已定 1 种。

词源 海:海的,海事的,海运的;橙黄:橙黄色的;果:浆果,表示浆果形(圆球或椭球);菌:表示微小的事物,微生物(细菌、古菌、真菌);属:属名的尾词;海橙黄果菌属:生活在海中的橙黄色浆果形生物。

Etymology L.adj.*marinus*, of the sea; L.adj.*luteus*, yellow; N.L.masc.n.*coccus* (from Gr.masc.n.*kokkos*, a grain, a seed), a coccus; N.L.masc.n. *Mariniluteicoccus*, yellow coccus living in the sea.

模式种 黄色海黄果菌(*Mariniluteicoccus flavus*)Zhang 等,2014,新种。

词源 黄色:黄颜色的,指的是此模式株的菌落颜色。

Etymology L.masc.adj.*flavus*, yellow, reflecting the colour of colonies of the type strain.

海微菌属(*Marinimicrobium*)Lim 等,2006,新属;Yoon 等,2009 修改。此属已定 3 种。

词源 海:海的,大海的,海洋的;微:微小的,微生物;菌:表示微小的事物,微生物(细菌、古菌、真菌);微生:微生物;属:属名的尾词;海微菌属:生活在大海中的微生物。

Etymology L.adj.*marinus*, of the sea; N.L.neut.n.*microbium*, microbe; N.L.neut.n.*Marinimicrobium*, microbe living in the sea.

模式种　韩国海微菌(*Marinimicrobium koreense*)Lim 等,2006,新种。
词源　韩国:与韩国有关的。
Etymology　N.L.neut.adj.*koreense*, pertaining to Korea.

海线体属(*Marininema*)Li 等,2012,新属;Zhang 等,2013 修改。此属已定 2 种。
词源　海:大海的,海洋的;线:线,线状物;体:整体,身体,菌体,在微生物学属名中的作用与"菌"类似;属:属名的尾词;海线体属:海洋的丝线形生物。
Etymology　L.adj.*marinus*, of the sea, marine; Gr.neut.n.*nema*, a filament; N.L.neut.n.*Marininema*, a marine filament.
模式种　嗜中海线体(*Marininema mesophilum*)Li 等,2012,新种。
词源　嗜:嗜好的,喜好的,友好的,爱好的;中:中间的(温度),温和的,中等,不高不低的(温度);嗜中:嗜中温的,喜好不高不低温度的。
Etymology　Gr.adj.*mesos*, medium; N.L.neut.adj. *philum*(from Gr.neut.adj.philon), loving; N.L.neut.adj.*mesophilum*, medium-temperature-loving, mesophilic.

海噬菌属(*Mariniphaga*)Iino 等,2014,新属。此属已定 1 种。
词源　海:海的,大海的;噬:吞噬,消解,吃;菌:表示微小的事物,微生物(细菌、古菌、真菌);属:属名的尾词;海噬菌属:海洋中的吞噬者(生物)。
Etymology　L.adj.*marinus*, marine; Gr.v. *phagein*, to devour, to eat; N.L.fem.n.*Mariniphaga*, a marine eater.
模式种　嗜厌氧海噬菌(*Mariniphaga anaerophila*)Iino 等,2014,新种。
词源　嗜:嗜好的,喜好的,友好的,爱好的;厌:无,非,厌恶;氧:空气,氧气;嗜厌氧:喜好无氧的,不喜好空气/氧气的。
Etymology　Gr pref.*an*, non-, not; Gr.n.*aer*, *aeris*, air; N.L.fem.adj. *phila*, from Gr.fem.adj.*philê*, friend to, loving; N.L.fem.adj.*anaerophila*, not air-loving.

海径菌属(*Mariniradius*)Bhumika 等,2013,新属。此属已定 1 种。
词源　海:海,大海;径:路径,途径,半径,颈线,指的是线杖状,棒形;菌:表示微小的事物,微生物(细菌、古菌、真菌);属:属名的尾词;海径菌属:分离自海水养殖塘水的,海棒形菌。
Etymology　L.adj.*marinus*, of the sea, marine; L.masc.n.*radius*, a staff, rod; N.L.masc.n.*Mariniradius*, a marine rod, isolated from marine aquaculture pond water.
模式种　解糖海径菌(*Mariniradius saccharolyticus*)Bhumika 等,2013,新种。
词源　解:分解的,溶解的,破解的,消解的;糖:一般性名词,通常指的是甜的、短链的、可溶解的和由碳氢氧元素构成的碳水化合物,日常用语中即指食糖(蔗糖,一种二糖),生物化学中进一步细分为单糖(葡萄糖、果糖和半乳糖等),二糖(麦芽糖、乳糖和蔗糖等),寡糖和多糖等;解糖:分解多糖的。

Etymology　Gr.n.*sakchâr*, sugar; N.L.masc.adj.*lyticus* (from Gr.masc.adj.*lutikos*), able to loosen, able to dissolve; N.L.masc.adj.*saccharolyticus*, breaking up polysaccharides.

海热菌属(*Marinithermus*)Sako 等,2003,新属。此属已定 1 种。

词源　海:海的,大海的;热:高温的,烫的;菌:表示微小的事物,微生物(细菌、古菌、真菌);属:属名的尾词;海热菌属:生活在海洋高温地方的生物。

Etymology　L.adj.*marinus*, of the sea; Gr.adj.*thermos*, hot; N.L.masc.n.*Marinithermus*, an organism living in marine hot places.

模式种　热液海热菌(*Marinithermus hydrothermalis*)Sako 等,2003,新种。

词源　热液:热液,热水,水热,指的是(海底)热液口,热水口。

Etymology　N.L.masc.adj.*hydrothermalis*, pertaining to a hydrothermal vent.

海袍菌属(*Marinitoga*)Wery 等,2001,新属。此属已定 5 种。

词源　海:海的,大海的,属于或来自海的;袍:一层覆盖物,僧袍,(中式)长衣,长袍;菌:表示微小的事物,微生物(细菌、古菌、真菌);属:属名的尾词;海袍菌属:海的长袍,指的是此生物分离自海洋和其袍状的鞘。

Etymology　L.adj.*marinus*, of or belonging to the sea, marine; L.fem.n.*toga*, Roman outer garment; N.L.fem.n.*Marinitoga*, a marine toga, referring to the marine isolation of the organism and the presence of a 'toga'-like sheath.

模式种　烟囱海袍菌(*Marinitoga camini*)Wery 等,2001,新种。

词源　烟囱:囱的,烟囱的,灶突的,指的是此菌株分离自(深海)热液口。

Etymology　L.gen.n.*camini*, of a chimney, relating to its isolation from a hydrothermal chimney.

海之幡菌属(*Marinivirga*)Park 等,2013,新属。此属已定 1 种。

词源　海之:海的,大海的;幡:幡状,棒;菌:表示微小的事物,微生物(细菌、古菌、真菌);属:属名的尾词;海之幡菌属:海洋的棒形菌。

Etymology　L.adj.*marinus*, of the sea, marine; L.fem.n.*virga*, a slender green branch, a rod; N.L.fem.n.*Marinivirga*, a marine rod.

模式种　潮滩海之幡菌(*Marinivirga aestuarii*)Park 等,2013,新种。

词源　潮滩:潮汐(形成的)滩,潮汐地,潮汐坪,海滩,江河入海口,是此生物的分离地/源。

Etymology　L.gen.n.*aestuarii*, of a tidal flat, from where the organism was isolated.

注:此属中文属名简单地说,就是海幡菌属,属名与 2010 年的海幡菌属(*Marivirga*)一样,词源相同,词性不同而已。如果一定要区分的话,可以此类命名中可以加"之"或"的",比如"海的幡菌属"或"海之幡菌属"。

海之杆菌属(*Marinobacter*) Gauthier 等,1992,新属。此属已定 34 种。

词源 海之:海的,大海的,这里"之"是助词,为了避免重名;杆:棒;菌:表示微小的事物,微生物(细菌、古菌、真菌);属:属名的尾词;海杆菌属:来自大海的棒形生物。

Etymology L.adj.*marinus*, of the sea, marine; N.L.masc.n.*bacter*, rod or staff; N.L.masc.n.*Marinobacter*, rod of the sea.

模式种 劈烃海之杆菌(*Marinobacter hydrocarbonoclasticus*) Gauthier 等,1992,新种。

词源 劈:强力破开,劈裂,劈开,剁,指的是溶解,分解;烃:烷烃、烯烃、炔烃、芳烃等碳氢化合物的总称;劈烃:分解破解烃链,降解烃链。

Etymology N.L.n.*hydrocabonum*, hydrocarbon; N.L.adj.*clasticus -a -um* (from Gr.adj.*klastos -ê -on*, broken in pieces), breaking; N.L.masc.adj.*hydrocarbonoclasticus*, hydrocarbonoclastic, breaking hydrocarbon.

海小杆菌属(*Marinobacterium*) González 等,1997,新属。此属已定 13 种。

词源 海:海的,大海的;小杆:小棒;菌:表示微小的事物,微生物(细菌、古菌、真菌);属:属名的尾词;海小杆菌属:来自海的小棒形生物。

Etymology L.adj.*marinus*, of the sea, marine; L.neut.n.*bacterium*, a small rod; N.L.neut.n.*Marinobacterium*, small marine rod.

模式种 佐治亚州海小杆菌(*Marinobacterium georgiense*) González 等,1997,新种。

词源 佐治亚州:美国佐治亚州,是此细菌的首次分离地。

Etymology N.L.neut.adj.*georgiense*, pertaining to Georgia, U.S.A., the place where the bacterium was first isolated.

海果菌属(*Marinococcus*) Hao 等,1985,新属;Wang 等,2009 修改。此属已定 6 种。

词源 海:海的,大海的,海洋的;果:浆果,表示浆果形(圆球或椭球);菌:表示微小的事物,微生物(细菌、古菌、真菌);属:属名的尾词;海果菌属:海的(表示其来源属性)浆果形生物。

Etymology L.adj.*marinus*, marine; N.L.masc.n.*coccus* (from Gr.n.*kokkos*), a grain or berry; N.L.masc.n.*Marinococcus*, marine coccus.

模式种 嗜卤海果菌(*Marinococcus halophilus*) (Novitsky and Kushner,1976) Hao 等,1985,新合并。

词源 嗜:嗜好的,喜好的,友好的,爱好的;卤:卤素,盐;嗜卤:喜盐的,喜好盐的。

Etymology Gr.n.*hals halos*, salt; N.L.adj.*philus -a -um* (from Gr.adj.*philos -ê -on*), friend, loving; N.L.masc.adj.*halophilus*, salt-loving.

海单胞菌属(*Marinomonas*)van Landschoot and De Ley,1984,新属;Espinosa 等,2010 修改。此属已定 23 种。

词源　海:属于或来自海的,大海的,海洋的;单胞:单细胞,单元;菌:表示微小的事物,微生物(细菌、古菌、真菌);属:属名的尾词;海单胞菌属:大海的单细胞生物。

Etymology　L.adj.*marinus*, of or belonging to the sea, marine; Gr.fem.n.*monas*, a unit, monad; N.L.fem.n.*Marinomonas*, sea monad.

模式种　普通海单胞菌(*Marinomonas communis*)(Baumann 等,1972)van Landschoot and De Ley ,1984,新合并。

词源　普通:普通的,不稀奇的。

Etymology　L.fem.adj.*communis*, common.

海摇摆菌属(*Marinoscillum*)Seo 等,2009,新属。此属已定 3 种。

词源　海:海的,大海的,海洋的,属于或来自海的;菌:表示微小的事物,微生物(细菌、古菌、真菌);属:属名的尾词;海摇摆菌属:海中的摇摆状的生物。

Etymology　L.adj.*marinus*, of or belonging to the sea, marine; L.neut.n.*oscillum*, a swing; N.L.neut.n.*Marinoscillum*, a marine swing (-like organism).

模式种　太平海摇摆菌(*Marinoscillum pacificum*)Seo 等,2009,新种。

词源　太平:平安,和平,太平洋,地球四大洋之一,指的是世界最大洋——太平洋,菌种分离源。

Etymology　L.neut.adj.*pacificum*, pacific, used to refer to the Pacific Ocean.

海小螺体属(*Marinospirillum*)Satomi 等,1998,新属。此属已定 5 种。

词源　海:海的,海洋的;小螺:与螺相对,表示比螺在尺寸上小;菌:表示微小的事物,微生物(细菌、古菌、真菌);属:属名的尾词;海小螺体属:来自大海的小螺体。

Etymology　L.adj.*marinus*, of the sea, marine; L.n.*spira*, a spiral; N.L.dim.neut.n.*spirillum*, a small spiral; N.L.neut.n.*Marinospirillum*, a small spiral from the sea.

模式种　微小海小螺体(*Marinospirillum minutulum*)(Watanabe,1959)Satomi 等,1998,新合并。

词源　微小:微小的,非常的小。

Etymology　L.dim.neut.adj.*minutulum*, very little.

海卵菌属(*Marinovum*)Martens 等,2006,新属。此属已定 1 种。

词源　卵:蛋;菌:表示微小的事物,微生物(细菌、古菌、真菌);属:属名的尾词;海卵菌属:海洋的蛋形细菌。

Etymology　L.adj.*marinus*, of or belonging to the sea, marine; L.neut.n.*ovum*, an egg, an eggshape, oval; N.L.neut.n. *Marinovum*, a marine egg-shaped bacterium.

模式种　藻栖海卵菌（*Marinovum algicola*）(Lafay 等，1995) Martens 等，2006，新合并。

词源　栖：栖息，栖居，栖息者，栖居者。

Etymology　L.n.*alga*, alga; L.masc.suff.-*cola*（from L.masc.n.*incola*）, an inhabitant; N.L.n.*algicola*, alga dweller.

深海菌属（*Mariprofundus*）Emerson 等，2010，新属。此属已定 1 种。

词源　深：深部，深处，深渊；海：海洋，大海；菌：表示微小的事物，微生物（细菌、古菌、真菌）；属：属名的尾词；深海菌属：海洋深处，海洋深部，意指深海生物。

Etymology　L.n.*mare -is*, the sea; L.masc.adj. *profundus*, deep; N.L.masc.n.*Mariprofundus*（*sic*）, intended to mean a deep-sea organism.

模式种　铁氧化深海菌（*Mariprofundus ferrooxydans*）Emerson 等，2010，新种。

词源　铁：一种金属元素，Fe，铁；氧化：（分子、原子或离子）失去电子或增加氧化态；铁氧化：铁的氧化。

Etymology　L.n.*ferrum*, iron; Gr.adj.*oxus*, acid or sour and in combined words indicating oxygen; N.L.v.*oxydare*, to make acid, to oxidize; N.L.part.adj. *ferrooxydans*, iron-oxidizing.

海沉积栖菌属（*Marisediminicola*）Li 等，2010，新属。此属已定 1 种。

词源　沉积：沉积物；栖：栖息，栖居，栖息者，栖居者；菌：表示微小的事物，微生物（细菌、古菌、真菌）；属：属名的尾词；海沉积栖菌属：海沉积物中的栖居者（生物）。

Etymology　L.n.*mare -is*, the sea; L.n.*sedimen -inis*, sediment; L.suff.-*cola*（from L.masc.or fem.n.*incola*）inhabitant, dweller; N.L.fem.n.*Marisediminicola*, marine sediment dweller.

模式种　南极海沉积栖菌（*Marisediminicola antarctica*）Li 等，2010，新种。

词源　南极：最南端的，最南部的，指的是南极洲，此模式菌株的地理源。

Etymology　L.fem.adj.*antarctica*, southern, of the Antarctic, the geographical origin of the type strain.

海小螺体属（*Marispirillum*）Lai 等，2009，新属。此属已定 1 种。

词源　海：大海；小螺：与螺相对，表示比螺在尺寸上小；菌：表示微小的事物，微生物（细菌、古菌、真菌）；属：属名的尾词；海小螺体属：海的小螺体。

Etymology　L.n.*mare*, the sea; N.L.dim.neut.n. *spirillum*（from L.fem.n.*spira*, spiral）, a small spiral; N.L.neut.n.*Marispirillum*, a small spiral of the sea.

模式种　印度洋海小螺体（*Marispirillum indicum*）Lai 等，2009，新种。

词源　印度洋：与印度洋有关的，指的是此模式菌株的分离源。

Etymology　L.neut.adj.*indicum*, Indian, referring to the Indian Ocean, where the strain was isolated.

注：1998年的海小螺体属(*Marinospirillum*)与此中文同名，词源同义。

海针菌属(*Maritalea*) Hwang 等，2009，新属。此属已定3种。

词源　海：大海，洋；针：纤细的杆或棒；菌：表示微小的事物，微生物(细菌、古菌、真菌)；属：属名的尾词；海针菌属：栖居于海环境的棒形生物。

Etymology　L.neut.n.*mare*, the sea; L.fem.n.*talea*, a staff, rod; N.L.fem.n. *Maritalea*, rod inhabiting marine environments.

模式种　中缢虫海针菌(*Maritalea myrionectae*) Hwang 等，2009，新种。

词源　中缢虫：纤毛虫的一个属名，这里指的是红色中缢虫(*Myrionecta rubra*)，此模式株从红色中缢虫中分离出来。

Etymology　N.L.gen.n.*myrionectae*, of *Myrionecta*, the generic name of the ciliate (*Myrionecta rubra*) from which the type strain was isolated.

海中杆菌属(*Maritimibacter*) Lee 等，2007，新属。此属已定1种。

词源　海中：与地中相对，指的是在大海中间，即海属性的；杆：棒；菌：表示微小的事物，微生物(细菌、古菌、真菌)；属：属名的尾词；海中杆菌属：来自大海中的棒形细菌。

Etymology　L.adj.*maritimus*, of the sea; N.L.masc.n.*bacter*, a rod, bacterium; N.L.masc.n.*Maritimibacter*, a rod-shaped bacterium of the sea.

模式种　嗜碱海中杆菌(*Maritimibacter alkaliphilus*) Lee 等，2007，新种。

词源　嗜：嗜好的，喜好的，友好的，爱好的；碱：盐碱植物的灰分，苏打灰；嗜碱：喜好碱性条件的。

Etymology　N.L.n.*alkali* (from the Arabic word al-qaliy), the ashes of saltwort; N.L.adj.*philus -a -um* (from Gr.adj. *philos -ê -on*), friend, loving; N.L.masc.adj.*alkaliphilus*, loving alkaline conditions.

海中单胞菌属(*Maritimimonas*) Park 等，2009，新属。此属已定1种。

词源　海中：与地中相对，指的是在大海中间，即海属性的；单胞：单细胞，单元；菌：表示微小的事物，微生物(细菌、古菌、真菌)；属：属名的尾词；海中单胞菌属：来自大海中的单细胞，与栖居此模式种的动物，栖息在环境海岩石上相关的。

Etymology　L.adj.*maritimus*, of the sea, marine; L.fem.n.*monas*, a unit, a monad; N.L.fem.n.*Maritimimonas*, a monad from the sea, pertaining to the habitat of the animal that harboured the type species, a marine rock.

模式种　红螺属海中单胞菌(*Maritimimonas rapanae*) Park 等，2009，新种。

词源　红螺属：属名，软体动物骨螺科的一个属，海洋腹足纲软体动物，大型海生肉食蜗牛，岩石蜗牛,此模式株分离自此。

Etymology　N.L.gen.n.*rapanae*, of *Rapana*, the generic name of the mollusc from which the type strain was isolated.

海幡菌属(*Marivirga*)Nedashkovskaya等,2010,新属。此属已定2种。

词源　海:海的,大海的,海洋的;幡:幡状,棒;菌:表示微小的事物,微生物(细菌、古菌、真菌);属:属名的尾词;海幡菌属:栖居在海环境的棒形生物。

Etymology　L.n.*mare*, the sea, L.fem.n.*virga*, rod, N.L.fem.n.*Marivirga*, a rod that inhabits marine environments.

模式种　拖吸海幡菌(*Marivirga tractuosa*)(Lewin,1969)Nedashkovskaya等,2010,新合并。

词源　拖吸:自我拖吸,拖向自己,意指拖吸聚集在一起。

Etymology　L.fem.adj.*tractuosa*, that draws to itself; intended to mean drawn or clumped together.

海维生菌属(*Marivita*)Hwang等,2009,新属;Yoon等,2012修改。此属已定5种。

词源　海:大海,海洋;维生:生,命,生命,性命;菌:表示微小的事物,微生物(细菌、古菌、真菌);属:属名的尾词;海维生菌属:海洋的生命。

Etymology　L.n.*mare*, the sea; L.fem.n. *vita*, life; N.L.fem.n. *Marivita*, sea life.

模式种　隐藻属海维生菌(*Marivita cryptomonadis*)Hwang等,2009,新种。

词源　隐藻属:隐藻种(*Cryptomonas* sp)的属名,此模式株分离自此。

Etymology　N.L.gen.n.*cryptomonadis*, of the generic name of the *Cryptomonas* sp.from which the type strain was isolated.

注:维生素中文名是对vitamin该词的音译加意译,表示维持生命的要素,但实际上该词是1920年由波兰生物化学家卡什米尔·芬克(Casimir Funk,1884—1967)从拉丁文 *vita*(生)+ *amine*(氨基酸)组成的,因为维生素中含有氨基酸,直译生氨素。区别于2007年的海生菌属(*Maribius*)。

海黄单胞菌属(*Marixanthomonas*)Romanenko等,2007,新属。此属已定1种。

词源　海:大海,海洋;黄:黄色的,黄颜色的;单胞:单细胞,单元;菌:表示微小的事物,微生物(细菌、古菌、真菌);属:属名的尾词;海黄单胞菌属:海洋黄色单细胞。

Etymology　L.n.*mare*, the sea; Gr.adj.*xanthos*, yellow; Gr.fem.n.*monas*, a unit, monad; N.L.fem.n.*Marixanthomonas*, a marine yellow monad.

模式种　蛇尾属海黄单胞菌(*Marixanthomonas ophiurae*)Romanenko等,2007,新种。

词源　蛇尾属:蛇尾属(蛇尾海星),无脊椎动物蛇尾纲的一个属,此模式株的分离源。

Etymology　N.L.gen.n.*ophiurae*, of *Ophiura*, a genus of invertebrates belonging to the class Ophiuroidea, the source of isolation of the type strain.

大理石栖菌属（*Marmoricola*）Urzì 等，2000，新属；Dastager 等，2008 修改，Lee and Lee，2010 修改。此属已定 5 种。

词源　大理：云南大理；大理石：因生产于中国云南大理而得名；栖：栖息，栖居，栖息者，栖居者；菌：表示微小的事物，微生物（细菌、古菌、真菌）；属：属名的尾词；大理石栖菌属：大理石的栖居菌。

Etymology　L.n.*marmor*, marble; L.masc.suffix *-cola*（from L.n.*incola*）, inhabitant, dweller; N.L.masc.n.*Marmoricola*, inhabitant of marble.

模式种　金橙色大理石栖菌（*Marmoricola aurantiacus*）Urzì 等，2000，新种。

词源　金橙色：(如同金子般)闪亮的橙色。

Etymology　N.L.masc.adj.*aurantiacus*, orange-coloured.

马特尔姓菌属（*Martelella*）Rivas 等，2005，新属。此属已定 4 种。

词源　姓：姓氏；马特尔：为了纪念法国探险家马特尔（Martel E），其在 **1896** 年发现了西班牙马略卡岛德拉克（Drach）洞内的马特尔湖（Lake Martel），此属微生物的分离地；菌：表示微小的事物，微生物（细菌、古菌、真菌）；属：属名的尾词；马特尔姓菌属：以马特尔的姓氏命名并于马特尔湖有关的生物。

Etymology　N.L.fem.dim.n.*Martelella*, in honour of the French explorer E.Martel, who, in 1896, discovered Lake Martel inside the caves of Drach in Mallorca, the site where the microorganism was isolated.

模式种　地中海马特尔姓菌（*Martelella mediterranea*）Rivas 等，2005，新种。

词源　地中：地中间的，内陆的，远离海的（与海相反的），后来习惯上特指地中海，指的是此地中马特尔氏菌（*Martelella mediterranea*）模式菌株最初就是从地中海的一个岛上分离获得的。

Etymology　L.fem.adj.*mediterranea*, midland, inland, remote from the sea, mediterranean（opp.to maritimus）, and, in late Latin, used to refer to the Mediterranean Sea（*Mediterraneum mare*）, referring to the fact that the type strain was isolated from a mediterranean island.

玛文布莱恩特氏菌属（*Marvinbryantia*）Wolin 等，2008，新属。此属已定 1 种。

词源　玛文布莱恩特氏：以玛文·P.布莱恩特（1925—2000）的姓名命名，以记述他对厌氧生态系统的微生物生态学的突出贡献；菌：表示微小的事物，微生物（细菌、古菌、真菌）；属：属名的尾词；玛文布莱恩特氏菌属：以玛文·布莱恩特的姓名命名的菌属。

Etymology　N.L.fem.n.*Marvinbryantia*, in honour of Marvin P.Bryant（1925—2000）, in recognition of his outstanding contributions to the microbial ecology of anaerobic ecosystems.

模式种　需甲酸盐玛文布莱恩特氏菌（*Marvinbryantia formatexigens*）（Wolin 等，2004）Wolin

等,2008,新合并。

词源 需:需要的,需求的,必需的;甲酸盐:甲酸形成的盐;需甲酸盐:需要甲酸盐生长的。

Etymology   N.L.n. *formas -atis*, formate; L.part.adj.*exigens*, demanding; N.L.fem.part.adj. *formatexigens*, formate-demanding.

不合规同义词 (*Bryantella*)Wolin 等,2004。

注1:以姓名命名微生物的菌属或种或其他分类级是常见的命名方式,一般是为了避免一些常见的姓氏无区分度,或避免重名(西方一般用姓氏,东方人或汉语圈的姓名都不长,为了增加区分度,完全可以用姓名,尽管中国人都不太强调个人)。但无论是以姓或名或姓名,都以中文"氏"来表示该词的人名特性。在这种情况下,除了对该人(大多数是微生物学者或自然科学者)的纪念以外,仅仅是表示微生物的名字符号,除非要区分"姓(*-ella*)"和"氏(*-ia*)"。

注2:此属名就是为了避免与常见的布莱恩特姓氏命名的属,动物的两个属名,1946年的布赖恩特氏属 (*Bryantella*)Chickering 和1957年的布赖恩特氏属(*Bryantella*)Britton 重名。

马西利亚菌属(*Massilia*)La Scola 等,2000,新属;Kämpfer 等,2011 修改。此属已定25种。

词源 马西利亚:马赛的拉丁名,法国马赛;菌:表示微小的事物,微生物(细菌、古菌、真菌);属:属名的尾词;马西利亚菌属:与法国马赛(拉丁文名马西利亚)有关的菌属。

Etymology   L.fem.n.*Massilia*, Latin name of Marseille, France.

模式种 蒂莫马西利亚菌(*Massilia timonae*)La Scola 等,2000,新种。

词源 蒂莫:蒂莫的,因为此生物分离自马赛蒂莫医院的一个病人。

Etymology   N.L.gen.n.*timonae*, of Timone, because the organism was isolated from a patient at l'Hôpital de la Timone(Marseille).

Me

美屈岔霉菌属(*Mechercharimyces*)Matsuo 等,2006,新属。此属已定2种。

词源 美屈岔:在帕劳共和国的埃尔马尔克岛(Eil Malk)或美屈岔岛(Mecherchar)中的一个海湖,此生物分离自此;霉:霉菌(真菌);菌:表示微小的事物,微生物(细菌、古菌、真菌);属:属名的尾词;美屈岔霉菌:美屈岔的一种霉菌(真菌)。

Etymology   N.L.n.*Mecherchar*, a marine lake located on Mecherchar Island in the Republic of Palau, from where the organisms were isolated; Gr.masc.n.*mukês*, fungus; N.L.masc.n.*Mechercharimyces*, a fungus of Mecherchar.

模式种 嗜中美屈岔霉菌(*Mechercharimyces mesophilus*)Matsuo 等,2006,新种。

词源 嗜:嗜好的,喜好的,友好的,爱好的;中:中间的(温度),温和的,中等,不高不低的(温度);嗜中:嗜中温的,喜好不高不低温度的。

Etymology   Gr.adj.*mesos*, middle; N.L.adj.*philus -a -um*(from Gr.adj.*philos -ê -on*), friend, loving; N.L.masc.adj.*mesophilus*, middle(temperature)-loving, mesophilic.

巨单胞菌属（*Megamonas*）Shah and Collins，1983，新属。此属已定3种。

词源　巨：巨大的；单胞：单细胞，单元；菌：表示微小的事物，微生物（细菌、古菌、真菌）；属：属名的尾词；巨单胞菌属：巨大的单细胞生物。

Etymology　Gr.adj.*megas*，large，big；L.fem.n.*monas*，a unit，monad；N.L.fem.n. *Megamonas*，large monad.

模式种　超巨巨单胞菌（*Megamonas hypermegale*）勘误，（Harrison and Hansen，1963）Shah and Collins，1983，新合并。

词源　超：超过，超出，多余；巨：巨大的；超巨：非常大的。

Etymology　Gr.pref.*hyper*，over，more than；Gr.adj.*megas megale mega*，big；N.L.fem.adj. *hypermegale*，very big.

巨线体属（*Meganema*）Thomsen等，2006，新属。此属已定1种。

词源　巨：大的，巨大的；线：线，线状物；体：整体，身体，菌体，在微生物学属名中的作用与"菌"类似；属：属名的尾词；巨线体属：大的丝线般的微生物。

Etymology　Gr.adj.*megas*，big；Gr.neut.n.*nema*，thread；N.L.neut.n.*Meganema*，large thread-like micro-organism.

模式种　项链状巨线体（*Meganema perideroedes*）Thomsen等，2006，新种。

词源　项链状：项链般的。

Etymology　N.L.neut.adj.*perideroedes*（from Gr.neut.adj. *perideroedes*），necklace-like.

巨球菌属（*Megasphaera*）Rogosa，1971，属；Marchandin等，2003修改。此属已定6种。

词源　巨：大的，巨型的；球：球体，球形，地球；菌：表示微小的事物，微生物（细菌、古菌、真菌）；属：属名的尾词；藻球菌属；巨球菌属：大型的球形生物。

Etymology　Gr.adj.*megâs*，big；L.fem.n.*sphaera*，a sphere；N.L.fem.n.*Megasphaera*，big sphere.

模式种　埃尔斯登氏巨球菌（*Megasphaera elsdenii*）（Gutierrez等，1959）Rogosa，1971，《1980年细菌名确认单》，种。

词源　氏：姓氏；埃尔斯登氏：以S.R.埃尔斯登的姓氏命名，其首先分离了此生物。

Etymology　N.L.gen.n.*elsdenii*，of Elsden；named after S.R.Elsden who first isolated the organism.

稍热菌属（*Meiothermus*）Nobre等，1996，新属；Albuquerque等，2009修改。此属已定11种。

词源　稍：稍微，较少；热：高温的，烫的；菌：表示微小的事物，微生物（细菌、古菌、真菌）；属：属名的尾词；稍热菌属：指的是在稍微有点热的地方（生长）的微生物。

Etymology　Gr.prefix *meio-*［from *meiôn*（Gr.comp.of *oligos* or *mikros*，lesser，less）］，less；

Gr.adj.*thermos*, hot; N.L.masc.n.*Meiothermus*, to indicate an organism in a less hot place.

模式种　红色稍热菌（*Meiothermus ruber*）（Loginova 等，1984）Nobre 等，1996，新合并。

词源　红色：红色的，赤色的。

Etymology　L.masc.adj.*ruber*, red.

吞三聚氰胺菌属（*Melaminivora*）Wang 等，2014，新属。此属已定 1 种。

词源　吞：吞噬，吞食，吞没，大吃；三聚氰胺：密胺，胺精，蛋白精，$C_3N_3(NH_2)_3$；菌：表示微小的事物，微生物（细菌、古菌、真菌）；属：属名的尾词。吞三聚氰胺菌属：三聚氰胺的消费者（生物）。

Etymology　N.L.neut.n.*melaminum*, melamine; L.v.*voro*, to eat, to devour; N.L.fem.n. *Melaminivora*, melamine-eating.

模式种　嗜碱中吞三聚氰胺（*Melaminivora alkalimesophila*）Wang 等，2014，新种。

词源　嗜：嗜好的，喜好的，友好的，爱好的；碱：盐碱植物的灰分，苏打灰；中：中温，中等温度；嗜碱中：喜碱和嗜中温条件的。

Etymology　N.L.n.*alkali*（from Arabic *al-qalyi*, the ashes of saltwort）, soda ash; Gr.adj. *mesos*, middle; N.L.adj. *philus -a -um*（from Gr.adj.*philos -ê -on*）friend, loving; N.L.fem.adj. *alkalimesophila*, loving alkaline and mesophilic conditions.

Melisococcus – 见：蜜蜂果菌属（*Melissococcus*）。

迈勒吉尔霉菌属（*Melghirimyces*）Addou 等，2012，新属。此属已定 3 种。

词源　迈勒吉尔：阿尔及利亚东南部的一个名叫迈勒吉尔盐沼的盐湖，此生物分离自此；霉菌：真菌；迈勒吉尔霉菌：迈勒吉尔盐沼的一种真菌；菌：表示微小的事物，微生物（细菌、古菌、真菌）；属：属名的尾词：（阿尔及利亚）迈勒吉尔的真菌（形状类似于真菌）。

Etymology　N.L.n.*Melghir*, a salted lake named Chott Melghir in south-east of Algeria, from where the organism was isolated; Gr.masc.n.*mukês*, fungus; N.L.masc.n.*Melghirimyces*, a fungus of Chott Melghir.

模式种　阿尔及利亚迈勒吉尔霉菌（*Melghirimyces algeriensis*）Addou 等，2012，新种。

词源　阿尔及利亚：属于或来自阿尔及利亚的。

Etymology　N.L.masc.adj.*algeriensis*, of or belonging to Algeria.

超杆菌属（*Melioribacter*）Podosokorskaya 等，2013，新属。此属已定 1 种。

词源　超：较高（好／优／多）的，指的是此细菌拥有许多可能的优秀性能；杆：棒；菌：表示微小的事物，微生物（细菌、古菌、真菌）；属：属名的尾词；超杆菌属：较好的棒形生物革兰氏阴性。

Etymology　L.masc.adj.*melior* superior, good, referring to a bacterium that possesses numerous possibilities；L.masc.N.*bacter* rod；M.L.neut.N. *Melioribacter* a superior rod.Gram-negative, rod-shaped cells.

模式种 玫瑰色超杆菌（*Melioribacter roseus*）Podosokorskaya 等，2013，新种。

词源 玫瑰色：玫瑰色的，玫色的，粉色的，粉红色的，指的是此模式菌株在耗氧条件下的悬浮细胞的颜色。

Etymology　L.masc.adj.*roseus*, rose-coloured, the colour of cell suspensions of the type strain under aerobic conditions.

来源 环境（Source: Environmental）。

注：该文作者根据此属菌的特殊性，连同其他一些菌属，建议了一个新门，懒小杆菌门。

蜜蜂果菌属（*Melissococcus*）Bailey and Collins, 1983，新属。此属已定 1 种。

词源 蜜蜂：一类群居性膜翅目昆虫，以酿蜂蜜和授粉者的角色著称；果：浆果，表示浆果形（圆球或椭球）；菌：表示微小的事物，微生物（细菌、古菌、真菌）；属：属名的尾词；蜜蜂果菌属：（来自）蜜蜂的浆果形生物。

Etymology　Gr.n.*melissa*, bee；N.L.masc.n.*coccus*（from Gr.masc.n.*kokkos*, grain, seed）, coccus；N.L.masc.n.*Melissococcus*, coccus of the（honey）bee.

模式种 普鲁托蜜蜂果菌（*Melissococcus plutonius*）勘误，（*ex* White, 1912）Bailey and Collins, 1983，命名修改，新合并。

词源 普鲁托：属于或来自普鲁托的，普鲁托是阴间的王，冥王。

Etymology　L.masc.adj. *plutonius*, of or belonging to *Pluto*（the king of the Lower World）.

墨利忒菌属（*Melitea*）Urios 等，2008，新属。此属已定 1 种。

此属 2011 年已归属到→海绵杆菌属（*Spongiibacter*）Graeber 等，2008，新属。

词源 墨利忒：希腊神话中的一位海仙女墨利忒，指的是此属菌的海源特性；菌：表示微小的事物，微生物（细菌、古菌、真菌）；属：属名的尾词；墨利忒菌属：来自海的生物。

Etymology　N.L.fem.n.*Melitea*, named after Melite, a nymph of the sea in Greek mythology, referring to the marine origin.

模式种 需盐墨利忒菌（*Melitea salexigens*）Urios 等，2008，新种。

此种 2011 年已归种到→海海绵杆菌（*Spongiibacter marinus*）Graeber 等，2008，新种。

词源 需：需要，需求；盐：盐，海水；需盐：需要海水的。

Etymology　L.n.*sal salis*, salt, seawater；L.v.*exigo*, to demand；N.L.part.adj.*salexigens*, seawater-demanding.

注：希腊文中该词意即甜蜜。马耳他的拉丁文即为 Melite, 迈利泰。

蜂囊菌属（*Melittangium*）Jahn, 1924，属。此属已定 3 种。

词源 蜂：蜜蜂；囊：容器，袋囊；菌：表示微小的事物，微生物（细菌、古菌、真菌）；属：属名的尾词；蜂囊菌属：像蜜蜂窝/蜂巢的容器形生物。
Etymology Gr.n.*melitta*, bee; Gr.neut.n.*angeion*（Latin transliteration *angium*）, vessel; N.L.neut.n.*Melittangium*, a vessel resembling a honeycomb.
模式种 牛肝菌属蜜蜂囊菌（*Melittangium boletus*）Jahn,1924,《1980年细菌名确认单》,种。
词源 牛肝菌属：蘑菇的一个属，一类蘑菇。
Etymology L.masc.n.*boletus*, a kind of mushroom.

新月菌属（*Meniscus*）Irgens,1977,属。此属已定1种。

词源 新月：月芽，新生的月亮，弯月；菌：表示微小的事物，微生物（细菌、古菌、真菌）；属：属名的尾词；新月菌属：像新月的菌。
Etymology N.L.masc.n.*meniscus*（from Gr.masc.n.*mêniskos*）, lunar crescent, crescent moon.
模式种 明眸新月菌（*Meniscus glaucopis*）Irgens,1977,《1980年细菌名确认单》。
词源 明眸：闪亮的眼睛（对于好战女神雅典娜的描写），或许是对具有折射性气泡的参考。
Etymology N.L.masc.adj.*glaucopis*（from Gr.adj.*glaukôpis*）gleaming-eyed（an epithet of the warlike goddess *Athena*）, perhaps a reference to the presence of refractile gas vacuoles.

南海杆菌属（*Meridianimaribacter*）Wang等,2010,新属。此属已定1种。

词源 南：南方，南部；海：大海，海洋，靠近大陆比洋小的盐水水域；南海：中国南海，南中国海；杆：棒；菌：表示微小的事物，微生物（细菌、古菌、真菌）；属：属名的尾词；南海杆菌属：分离自南海的棒形生物。
Etymology L.adj.*meridianus*, of or belonging to the south, southern, meridional; L.n.*mare*, the sea; N.L.masc.n.*bacter*, a rod; N.L.masc.n. *Meridianimaribacter*, a rod of the southern sea, isolated from the South China Sea.
模式种 黄色南海杆菌（*Meridianimaribacter flavus*）Wang等,2010,新种。
词源 黄色：黄颜色的，指的是此菌落的颜色。
Etymology L.masc.adj.*flavus*, yellow, reflecting the colour of colonies.
注：用拉丁文形容词 meridional 这个词来表示南部似乎并不妥当，因为它在拉丁文和英文中有特定的意思，即南欧，南部欧洲的意思，因为地中海就是欧洲人的南海。建议中国学者直接以中文命名。

中仓鼠杆菌属（*Mesocricetibacter*）Christensen等,2014,新属。此属已定1种。

词源 中仓鼠：地中海仓鼠是仓鼠一个属；杆：棒；菌：表示微小的事物，微生物（细菌、古菌、真菌）；属：属名的尾词；中仓鼠杆菌属：分离自仓鼠的一个属，中仓鼠属的棒形生物。
Etymology N.L.masc.n.*Mesocricetus*, a genus of hamster; N.L.masc.n.bacter rod; N.L.masc.n. *Mesocricetibacter*, a rod-shaped bacterium isolated from the hamster genus *Mesocricetus*.
模式种 肠中仓鼠杆菌（*Mesocricetibacter intestinalis*）Christensen等,2014,新种。

词源　肠：肠的，与肠（道）有关的。
Etymology　N.L.masc.n.*intestinalis*, pertaining to the intestine.
注：此属菌名如果只是翻译为仓鼠的话，中文菌名与2014年定的仓鼠杆菌属（*Cricetibacter*）重名。中仓鼠是旧大陆仓鼠的一个属，现有四种，金仓鼠（也作叙利亚仓鼠，经常被作为宠物）、土耳其仓鼠、罗马尼亚仓鼠、北高加索仓鼠。

中黄杆菌属（*Mesoflavibacter*）Asker等，2008，新属。此属已定3种。

词源　中：中间的，中温的；黄：黄色的，黄颜色的；杆：棒；菌：表示微小的事物，微生物（细菌、古菌、真菌）；属：属名的尾词；中黄杆菌属：具有中温生长特性的，黄色的棒形细菌。

Etymology　Gr.adj.*mesos*, middle; L.adj. *flavus*, yellow; N.L.masc.n.*bacter*, rod; N.L.masc.n. *Mesoflavibacter*, a yellow, rod-like bacterium with middle temperature growth.

模式种　黍黄素化中黄杆菌（*Mesoflavibacter zeaxanthinifaciens*）Asker等，2008，新种。

词源　黍黄素：一种代谢产生的天然化合物；化：变化，产生；黍黄素化：化作黍黄素的，产生黍黄素的。

Etymology　N.L.n. *zeaxanthinum*, zeaxanthin; L.part.adj. *faciens*, making, producing; N.L.part. adj. *zeaxanthinifaciens*, zeaxanthin-producing.

俄海平台菌属（*Mesonia*）Nedashkovskaya等，2003，新属；Nedashkovskaya等，2006修改，Kang and Lee，2010修改，Lee等，2012修改。此属已定5种。

词源　俄海平台：俄罗斯太平洋生物有机化学研究所海洋实验平台（MES）；菌：表示微小的事物，微生物（细菌、古菌、真菌）；属：属名的尾词；俄海平台菌属：与俄罗斯太平洋生物有机化学研究所海洋实验平台有关的微生物。

Etymology　N.L.fem.n. *Mesonia*, arbitrary name derived from the abbreviation MES（Marine Experimental Station of the Pacific Institute of Bioorganic Chemistry, FEB RAS）near the site where the bacteria were first isolated.

模式种　藻类俄海平台菌（*Mesonia algae*）Nedashkovskaya等，2003，新种。

词源　藻类：水藻，海草，此细菌分离自藻类。

Etymology　L.gen.n.*algae*, of alga, seaweed; bacterium isolated from alga.

嗜中杆菌属（*Mesophilobacter*）Nishimura等，1989，新属。此属已定1种。

词源　嗜：嗜好的，喜好的，友好的，爱好的；中：中间的，本书中指中温的；杆：棒；菌：表示微小的事物，微生物（细菌、古菌、真菌）；属：属名的尾词；嗜中杆菌属：嗜好中温的棒形生物。

Etymology　Gr.adj.*mesos*, middle; N.L.adj.*philus -a -um*（from Gr.adj.*philos -ê -on*）, friend, loving; N.L.masc.n.*bacter*, rod, staff; N.L.masc.n., *Mesophilobacter*, mesophilic rod.

模式种　海嗜中杆菌（*Mesophilobacter marinus*）Nishimura 等，1989，新种。

词源　海：海的，大海的，海洋的。

Etymology　L.masc.adj.*marinus*, of the sea, marine.

中原体属（*Mesoplasma*）Tully 等，1993，新属。此属已定 12 种。

词源　中：中间，中等，中度；原体：任何原始形成的或模塑的东西；属：属名的尾词；中原体属：中间的原体生物，此属名意指菌对于甾醇或胆甾醇的需要处于适中位置。

Etymology　Gr.adj.*mesos*, medium, middle; Gr.neut.n.*plasma*, something formed or molded, a form, figure; N.L.neut.n.*Mesoplasma*, middle form, name intended to denote a middle position with respect to sterol or cholesterol requirement.

模式种　花中原体（*Mesoplasma florum*）（McCoy 等，1984）Tully 等，1993，新合并。

词源　花：花朵，鲜花，花的，意即此生物复采场所。

Etymology　L.n.*flos -oris*, a flower; L.gen.pl.n. *florum*, of flowers, indicating the recovery site of the organism.

中慢生根瘤菌属（*Mesorhizobium*）Jarvis 等，1997，新属。或中根瘤菌属。此属已定 32 种。

词源　中：中间的，中等的；根瘤菌属：细菌的一个属名；中根瘤菌属：中间/中等生长速度的根瘤菌属，指的是此属生物的生长速度在根瘤菌属和慢根瘤菌属之间。

Etymology　Gr.adj.*mesos*, middle; N.L.neut.n.*Rhizobium*, bacterial generic name; N.L.neut. n.*Mesorhizobium*, the meso-growing rhizobium, referring to the growth rate intermediate between those of the genera *Rhizobium* and *Bradyrhizobium*.

模式种　百脉根中慢生根瘤菌（*Mesorhizobium loti*）（Jarvis 等，1982）Jarvis 等，1997，新合并。

词源　百脉根：又名五叶草（四叶草），一些植物的名字可能都是它；也是豆科植物的一个属名，来自百脉根的。

Etymology　L.n.*Lotus*, the name of several plants and also the generic name of leguminous plants（*Lotus*）; L.gen.n.loti, of *Lotus*.

注：此菌名中文和拉丁文名为陈文新院士所定。本书建议中文名简写成**中根瘤菌属**。

中袍菌属（*Mesotoga*）Nesbø 等，2013，新属。此属已定 2 种。

词源　中：中间；袍：一层覆盖物，僧袍，（中式）长衣，长袍；菌：表示微小的事物，微生物（细菌、古菌、真菌）；属：属名的尾词；中袍菌属：中温生长、带袍状鞘的菌。

Etymology　Gr.adj.*mesos* middle; L.fem.n.*toga* Roman outer garment; N.L.fem.n.*Mesotoga* a garment in the middle, referring to its moderate optimal growth temperature and the presence of a 'toga'-like sheath.

模式种　首中袍菌（*Mesotoga prima*）Nesbø 等，2013，新种。

词源　首：首要，第一。

Etymology　L.fem.adj.*prima* first, referring to the fact that this is the first characterized and named mesophilic representative of the *Thermotogales*.

金属小杆菌属(*Metallibacterium*)Ziegler 等,2013,新属。此属已定 1 种。

词源　金属:金属,金属矿(场,藏);小杆:小棒;菌:表示微小的事物,微生物(细菌、古菌、真菌);属:属名的尾词;金属小杆菌属:来自金属矿的棒形生物。

Etymology　L.neut.n.*metallum*, mine; L.neut.n.*bacterium*, small rod; N.L.neut.n.*Metallibacterium*, a rod from a mine.

模式种　舍弗勒氏金属小杆菌(*Metallibacterium scheffleri*)Ziegler 等,2013,新种。

词源　氏:姓氏;舍弗勒氏:以地质学家霍斯特·舍弗勒的姓氏命名,以记述他在矿床地质学上的工作和对我们(作者)工作的帮助。

Etymology　N.L.gen.masc.n.*scheffleri*, of Scheffler, named in honour of the geologist Horst Scheffler and in recognition of his work on mine geology and commitment to our work.

金属球菌属(*Metallosphaera*)Huber 等,1989,新属。此属已定 4 种。

词源　金属:金属,金属矿(场,藏);球:球体,球形,地球;菌:表示微小的事物,微生物(细菌、古菌、真菌);属:属名的尾词;金属球菌属:调动金属的球形生物。

Etymology　L.neut.n.*metallum*, a mine or quarry, metal; L.fem.n.*sphaera*, sphere; N.L.fem.n.*Metallosphaera*, the metal-mobilizing sphere.

模式种　勤劳金属球菌(*Metallosphaera sedula*)Huber 等,1989,新种。

词源　勤劳:繁忙,忙碌,勤奋,描述的是此菌对金属固定化的高效率。

Etymology　L.fem.adj.*sedula*, busy, diligent, industrious, describing the efficient metal mobilization.

近斯卡多维氏菌属(*Metascardovia*)Okamoto 等,2007,新属。此属已定 1 种。

词源　近:接近,近似;斯卡多维氏菌:一个细菌的属名;菌:表示微小的事物,微生物(细菌、古菌、真菌);属:属名的尾词;近斯卡多维氏菌属:近似斯卡多维氏菌属的菌属。

Etymology　Gr.adv.*meta*, besides; N.L.fem.n.*Scardovia*, a bacterial genus name; N.L.fem.n.*Metacardovia*, a genus besides *Scardovia*.

模式种　仓鼠近斯卡多维氏菌(*Metascardovia criceti*)Okamoto 等,2007,新种。

词源　仓鼠:仓鼠属,仓鼠的。

Etymology　N.L.gen.n.*criceti*, of *Cricetus* (the zoological genus name of the hamster), of hamster.

甲烷微果菌属(*Methanimicrococcus*)勘误,Sprenger 等,2000,新属。此属已定 1 种。

词源　甲烷:甲表示天干第一,烷为饱和烃,即单碳的烷烃气体,CH_4;微:小的,微小的;果:

浆果,表示浆果形(圆球或椭球);菌:表示微小的事物,微生物(细菌、古菌、真菌);属:属名的尾词;甲烷微果菌属:微小的产甲烷的浆果形生物。

Etymology　N.L.n.*methanum*［from French n.*méth*（*yle*）and chemical suffix -*ane*］, methane; Gr.adj.*mikros*, small; N.L.masc.n.*coccus*（from Gr.masc.n.*kokkos*, grain, seed）, coccus; N.L.masc.n.*methanomicrococcus*, a small methane-forming coccus.

模式种　蟑螂栖甲烷微果菌(*Methanomicrococcus blatticola*)勘误, Sprenger 等,2000,新种。

词源　蟑螂:蟑螂;栖:栖息,栖居,栖息者,栖居者;蟑螂栖:栖息在蟑螂上的。

Etymology　L.n.*blatta*, cockroach; L.suff.-*cola*（from L.n.*incola*）, inhabitant, dweller; N.L.n.*blatticola*, inhabitant of the cockroach.

甲烷杆菌纲(*Methanobacteria*)Boone,2002,新纲。

模式目　甲烷小杆菌目(*Methanobacteriales*)Balch and Wolfe,1981,新目。

词源　甲烷小杆菌目:此纲之模式目;纲:(原核)生物分类的一个级别,门之下,目之上的一个分类级,纲之尾词;甲烷杆菌纲:甲烷小杆菌目之纲。

Etymology　N.L.fem.pl.n.*Methanobacteriales*, type order of the class; suff.-*ia*, ending to denote a class; N.L.pl.n.*Methanobacteria*, the class of *Methanobacteriales*.

甲烷小杆菌科(*Methanobacteriaceae*)Barker,1956,科。

模式属　甲烷小杆菌属(*Methanobacterium*)Kluyver and van Niel,1936,《1980年细菌名确认单》,属。

词源　甲烷小杆菌属:此科之模式属;科:用于定义一个比属高、比目低的分类级和尾词;在中文科的命名中,把模式属属名中的尾字"属"代换为尾字"科",即为模式属所在的科名;甲烷小杆菌科:甲烷小杆菌属之科。

Etymology　N.L.neut.n. *Methanobacterium*, type genus of the family; suff.-*aceae*, ending to denote a family; N.L.fem.pl.n.*Methanobacteriaceae*, the *Methanobacterium* family.

甲烷小杆菌目(*Methanobacteriales*)Balch and Wolfe,1981,新目。

此目是古杆菌纲(*Archaeobacteria*)Murray,1988 和甲烷小杆菌纲(*Methanobacteria*)Boone,2002 的模式目。

模式属　甲烷小杆菌属(*Methanobacterium*)Kluyver and van Niel,1936,《1980年细菌名确认单》,属。

词源　甲烷小杆菌属:此目之模式属;目:用于定义一个比科高、比纲低的分类级和尾词;在中文目的命名中,把模式属属名中的尾字"属"代换为尾字"目",即为模式属所在的目名;甲烷小杆菌目:甲烷小杆菌属之目。

Etymology　N.L.neut.n.*Methanobacterium*, type genus of the order; suff.-*ales*, ending denoting an order; N.L.fem.pl.n. *Methanobacteriales*, the *Methanobacterium* order.

甲烷小杆菌属（*Methanobacterium*）Kluyver and van Niel，1936。此属已定 34 种。

此属是甲烷小杆菌目（*Methanobacteriales*）Balch and Wolfe，1981 和甲烷小杆菌科（*Methanobacteriaceae*）Barker，1956，《1980 年细菌名确认单》的模式属。

词源　甲烷：甲表示天干第一，烷为饱和烃，即单碳的烷烃气体，CH_4；小杆：小棒；菌：表示微小的事物，微生物（细菌、古菌、真菌）；属：属名的尾词；甲烷小杆菌属：（产）甲烷的棒形生物。

Etymology　N.L.n.*methanum*［from French n.*méth*（*yle*）and chemical suffix -*ane*］, methane；N.L.pref.*methano-*, pertaining to methane；L.neut.n.*bacterium*, a rod；N.L.neut.n.*Methanobacterium*, methane（-producing）rod.

模式种　甲酸甲烷小杆菌（*Methanobacterium formicicum*）Schnellen，1947，《1980 年细菌名确认单》。

词源　甲酸：蚁酸，一种最简单的羧酸；滋：滋生，滋润，表示与甲酸的产生或滋润有关的（在中文中一般不译）。

Etymology　N.L.n.*acidum formicum*, formic acid；L.neut.suff.-*icum*, suffix used with the sense of pertaining to；N.L.neut.adj.*formicicum*, pertaining to formic acid.

注：由于历史的原因，此属虽然用"小杆"（细菌）定名，但现在归属于古菌域的产甲烷古菌。

甲烷短杆菌属（*Methanobrevibacter*）Balch and Wolfe，1981，新属。此属已定 15 种。

词源　甲烷：甲表示天干第一，烷为饱和烃，即单碳的烷烃气体，CH_4；短：（尺寸）短的；杆：棒；菌：表示微小的事物，微生物（细菌、古菌、真菌）；属：属名的尾词；甲烷短杆菌属：（产）甲烷的棒形生物。

Etymology　N.L.n.*methanum*［from French n.*méth*（*yle*）and chemical suffix -*ane*］, methane；N.L.pref.*methano-*, pertaining to methane；L.adj.*brevis*, short；N.L.masc.n.*bacter*, rod, staff；N.L.masc.n.*Methanobrevibacter*, short methane（-producing）rod.

模式种　反刍甲烷短杆菌（*Methanobrevibacter ruminantium*）（Smith and Hungate，1958）Balch and Wolfe，1981，新合并。

词源　反：倒，回；刍：喂牲畜的草；反刍：倒嚼，反刍动物，反刍动物的。

Etymology　L.part.adj.*ruminans -antis*, ruminating；N.L.pl.gen.n.*ruminantium*, of ruminants.

甲烷卵石菌属（*Methanocalculus*）Ollivier 等，1998，新属。此属已定 5 种。

词源　甲烷：甲表示天干第一，烷为饱和烃，即单碳的烷烃气体，CH_4；卵石：鹅卵石，蛋形石；菌：表示微小的事物，微生物（细菌、古菌、真菌）；属：属名的尾词；甲烷卵石菌属：（产）甲烷的卵石形生物。

Etymology　N.L.n.*methanum*［from French n.*méth*（*yle*）and chemical suffix -*ane*］, methane；N.L.pref.*methano-*, pertaining to methane；L.masc.n.*calculus*, pebble, gravel；N.L.masc.n.*Methanocalculus*, methane（-producing）pebble-shaped organism.

模式种　耐卤甲烷卵石菌(*Methanocalculus halotolerans*)Ollivier 等,1998,新种。
词源　耐:耐力的,耐性的,忍耐的;卤:卤素,盐;耐卤:耐盐,对盐有耐受的。
Etymology　Gr.n.*hals halos*, salt; L.part.adj.*tolerans*, tolerating; N.L.part.adj.*halotolerans*, salt tolerating.

甲烷卵石菌科(*Methanocalculaceae*)Zhilina 等,2014,新科。

模式目　甲烷卵石菌属(*Methanocalculus*)Zhilina 等,2014,新属。
词源　甲烷卵石菌属:此科之模式属;科:用于定义一个比属高、比目低的分类级和尾词;在中文科的命名中,把模式属属名中的尾字"属"代换为尾字"科",即为模式属所在的科名;甲烷卵石菌科:甲烷卵石菌属之科。
Etymology　Me.tha.no′cal.cu.la′ce.ae.N.L.neut.n.*Methanocalculus* the type genus of the family; the suffix *aceae* denotes a family; N.L.fem.pl.n. *Methanocalculaceae* the family of the genus *Methanocalculus*.

甲烷烫果菌科(*Methanocaldococcaceae*)Whitman 等,2002,新科。

模式属　甲烷烫果菌属(*Methanocaldococcus*)Whitman,2002,新属。
词源　甲烷烫果菌属:此科之模式属;科:用于定义一个比属高、比目低的分类级和尾词;在中文科的命名中,把模式属属名中的尾字"属"代换为尾字"科",即为模式属所在的科名;甲烷烫果菌科:甲烷烫果菌属之科。
Etymology　N.L.masc.n.*Methanocaldococcus*, type genus of the family; suff.-*aceae*, ending to denote a family; N.L.fem.pl.n.*Methanocaldococcaceae*, the *Methanocaldococcus* family.

甲烷烫果菌属(*Methanocaldococcus*)Whitman,2002,新属。此属已定 6 种。
此属是甲烷烫果菌科(*Methanocaldococcaceae*)Whitman 等,2002 的模式属。
词源　甲烷:甲表示天干第一,烷为饱和烃,即单碳的烷烃气体,CH_4;烫:热的,暖的,高温的;果:浆果,表示浆果形(圆球或椭球);菌:表示微小的事物,微生物(细菌、古菌、真菌);属:属名的尾词;甲烷烫果菌属:在超嗜热高温卜生长、产甲烷的浆果形生物。
Etymology　N.L.n.*methanum*[from French n.*méth*(*yle*)and chemical suffix -*ane*], methane; N.L.pref.*methano-*, pertaining to methane; L.adj.*caldus*, hot; N.L.masc.n.*coccus*(from Gr.masc. n.*kokkos*, grain, seed), coccus; N.L.masc.n.*Methanocaldococcus*, a coccus producing methane at hyperthermophilic growth temperatures.

模式种　简纳西氏甲烷烫果菌(*Methanocaldococcus jannaschii*)(Jones 等,1984)Whitman, 2002,新合并。
词源　氏:姓氏;简纳西氏:以海微生物学家 H.W. 简纳西的姓氏命名。
Etymology　N.L.gen.masc.n.*jannaschii*, of Jannasch; named for the marine microbiologist

H.W.Jannasch.

注：此属是古菌域的一属。简纳西氏烫果菌是一种嗜超热生物。

甲烷胞菌属(*Methanocella*)Sakai 等,2008,新属。此属已定 3 种。

此属是**甲烷胞菌目**(*Methanocellales*)Sakai 等,2008 和甲烷胞菌科(*Methanocellaceae*)Sakai 等,2008 的模式属。

词源 甲烷：甲表示天干第一，烷为饱和烃，即单碳的烷烃气体，CH_4；胞：细胞；菌：表示微小的事物，微生物（细菌、古菌、真菌）；属：属名的尾词；甲烷胞菌属：产甲烷的细胞。

Etymology　N.L.n.*methanum*［from French n.*méth*（*yle*）and chemical suffix -*ane*］, methane; N.L.pref.*methano*-, pertaining to methane; L.fem.n.*cella*, a room, and in biology a cell; N.L.fem.n.*Methanocella*, a methane-producing cell.

模式种 沼栖甲烷胞菌(*Methanocella paludicola*)Sakai 等,2008,新种。

词源 沼：沼泽；栖：栖息,栖居,栖息者,栖居者；沼栖：沼泽栖,生活在沼泽中的栖居者。

Etymology　L.n.*palus -udis*, swamp, muddy environment; L.suff.-*cola*（derived from L.n.*incola*）, inhabitant, dweller; N.L.masc.n. *paludicola*, an inhabitant of muddy environments.

甲烷胞菌科(*Methanocellaceae*)Sakai 等,2008,新科。

模式属 甲烷胞菌属(*Methanocella*)Sakai 等,2008,新属。

词源 浮霉菌属：此科之模式属；科：用于定义一个比属高、比目低的分类级和尾词；在中文科的命名中,把模式属属名中的尾字"属"代换为尾字"科",即为模式属所在的科名；浮霉菌科：浮霉菌属之科。

Etymology　N.L.fem.n.*Methanocella*, type genus of the family; -*aceae*, the ending to donate a family; N.L.fem.pl.n. *Methanocellaceae*, the family of the genus *Methanocella*.

甲烷胞菌目(*Methanocellales*)Sakai 等,2008,新目。

模式属 甲烷胞菌属(*Methanocella*)Sakai 等,2008,新属。

词源 甲烷胞菌属：此目之模式属；目：用于定义一个比科高、比纲低的分类级和尾词；在中文目的命名中,把模式属属名中的尾字"属"代换为尾字"目",即为模式属所在的目名；甲烷胞菌目：甲烷胞菌属之目。

Etymology　N.L.fem.n.*Methanocella*, type genus of the order; -*ales*, ending to donate an order; N.L.fem.pl.n.*Methanocellales*, the order of the genus *Methanocella*.

甲烷果菌科(*Methanococcaceae*)Balch and Wolfe,1981,新科。

模式属 甲烷果菌属(*Methanococcus*)Kluyver and van Niel,1936 emend.Barker,1936,《1980

年细菌名确认单》,属。

词源　甲烷果菌属:此科之模式属;科:用于定义一个比属高、比目低的分类级和尾词;在中文科的命名中,把模式属属名中的尾字"属"代换为尾字"科",即为模式属所在的科名;甲烷果菌科:甲烷果菌属之科。

Etymology　N.L.masc.n.*Methanococcus*, type genus of the family; suff.-*aceae*, ending to denote a family; N.L.fem.pl.n. *Methanococcaceae*, the *Methanococcus* family.

甲烷果菌目(*Methanococcales*) Balch and Wolfe,1981,新目。

此目是甲烷热菌纲(*Methanothermea*) Cavalier-Smith,2002 和甲烷果菌纲(*Methanococci*) Boone,2002 的模式目。

模式属　甲烷果菌属(*Methanococcus*) Kluyver and van Niel,1936 emend.Barker,1936,《1980年细菌名确认单》,属。

词源　甲烷果菌属:此目之模式属;目:用于定义一个比科高、比纲低的分类级和尾词;在中文目的命名中,把模式属属名中的尾字"属"代换为尾字"目",即为模式属所在的目名;甲烷果菌目:甲烷果菌属之目。

Etymology　N.L.masc.n. *Methanococcus*, type genus of the order; suff.-*ales*, ending denoting an order; N.L.fem.pl.n.*Methanococcales*, the *Methanococcus* order.

甲烷果菌纲(*Methanococci*) Boone,2002,新纲。

模式目　甲烷果菌目(*Methanococcales*) Balch and Wolfe,1981,新目。

词源　甲烷果菌目:此纲之模式目;纲:(原核)生物分类的一个级别,门之下,目之上的一个分类级,纲之尾词;甲烷果菌纲:甲烷果菌目之纲。

Etymology　N.L.fem.pl.n.*Methanococcales*, type order of the class; N.L.pl.n.*Methanococci*, the class of *Methanococcales*.

甲烷果状菌属(*Methanococcoides*) Sowers and Ferry,1985,新属;L'Haridon 等,2014 修改。此属已定 4 种。

词源　甲烷果菌属:细菌的一个属名;状:……形状,(看起来)像……,类似……;甲烷果状菌属:类似于甲烷果菌属生物的生物。

Etymology　N.L.masc.n. *Methanococcus*, a bacterial genus name; L.suff.-*oides*（from Gr.suff.-*eides*, from Gr.n.*eidos*, that which is seen, form, shape, figure）, ressembling, similar; N.L.neut.n. *Methanococcoides*, organism similar to *Methanococcus*.

模式种　耗甲基甲烷果状菌(*Methanococcoides methylutens*) Sowers and Ferry,1985,新种。

词源　耗:消耗,耗用;甲基:甲基基团,$-CH_3$;耗甲基:利用/消耗甲基的。

Etymology　N.L.n.*methyl*, methyl; L.part.adj.*utens*, using; N.L.part.adj.*methylutens*, using methyl.

甲烷果菌属(*Methanococcus*)Kluyver and van Niel,1936 emend.Barker,1936, 属;Mah and Kuhn,1984 修改。此属已定 14 种。

此属是甲烷果菌目(*Methanococcales*)Balch and Wolfe,1981 和甲烷果菌科(*Methanococcaceae*)Balch and Wolfe,1981 的模式属。

词源 甲烷:甲表示天干第一,烷为饱和烃,即单碳的烷烃气体,CH_4;果:浆果,表示浆果形(圆球或椭球);菌:表示微小的事物,微生物(细菌、古菌、真菌);属:属名的尾词;甲烷果菌属:(产)甲烷的浆果形生物。

Etymology N.L.n.*methanum* [from French n.*méth*(*yle*)and chemical suffix *-ane*], methane; N.L.pref.*methano-*, pertaining to methane; N.L.masc.n.*coccus*(from Gr.masc.n.*kokkos*, grain, seed), coccus; N.L.masc.n. *Methanococcus*, methane coccus.

模式种 梅泽氏甲烷果菌(*Methanococcus mazei*)Barker,1936,《1980 年细菌名确认单》。

词源 氏:姓氏;梅泽氏:以法国细菌学家 P. 梅泽的姓氏命名,其最终研究了此生物。

Etymology N.L.gen.n.*mazeii*, of Mazé, named for P.Mazé, the French bacteriologist who first studied the organism.

注:此属是古菌域的一属。此属是嗜热生物。

甲烷小体科(*Methanocorpusculaceae*)Zellner 等,1989,新科。

模式属 甲烷小体属(*Methanocorpusculum*)Zellner 等,1988,新属。

词源 甲烷小体属:此科之模式属;科:用于定义一个比属高、比目低的分类级和尾词;在中文科的命名中,把属名中的尾字"属"代换为尾字"科",即为模式属所对应的科;甲烷小体科:甲烷小体属之科。

Etymology N.L.neut.n.*Methanocorpusculum*, type genus of the family; suff.*-aceae*, ending to denote a family; N.L.fem.pl.n.*Methanocorpusculaceae*, the *Methanocorpusculum* family.

甲烷小体属(*Methanocorpusculum*)Zellner 等,1988,新属;Xun 等,1989 修改。此属已定 5 种。

此属是甲烷小体科(*Methanocorpusculaceae*)Zellner 等,1989 的模式属。

词源 甲烷:甲表示天干第一,烷为饱和烃,即单碳的烷烃气体,CH_4;小体:小身体,小颗粒,表示微小的事物,微生物;属:属名的尾词;甲烷小体属:产甲烷的小颗粒。

Etymology N.L.n.*methanum* [from French n.*méth*(*yle*)and chemical suffix *-ane*], methane; N.L.pref.*methano-*, pertaining to methane; L.neut.n.*corpusculum*, a little body, a particle; N.L.neut.n.*Methanocorpusculum*, a methane-producing particle.

模式种 渺甲烷小体(*Methanocorpusculum parvum*)Zellner 等,1988,新种。

词源 渺:藐,小的,渺小的,很小的。

Etymology L.neut.adj.*parvum*, small.

甲烷袋菌属(*Methanoculleus*)Maestroján 等,1990,新属。此属已定 11 种。

词源 甲烷：甲表示天干第一,烷为饱和烃,即单碳的烷烃气体,CH_4；袋：用于盛装液体的皮囊,革囊；菌：表示微小的事物,微生物(细菌、古菌、真菌)；属：属名的尾词；甲烷袋菌属：产甲烷的袋子形生物。

Etymology　N.L.n.*methanum*[from French n.*méth*(*yle*)and chemical suffix *-ane*], methane; N.L.pref.*methano-*, pertaining to methane; L.masc.n.*culleus*, a leather bag, a sack for holding liquids; N.L.masc.n. *Methanoculleus*, methane producing bag.

模式种 布尔格甲烷袋菌(*Methanoculleus bourgensis*)勘误,(Ollivier 等,1986)Maestroján 等,1990,新合并。

词源 布尔格：法国布尔格·布雷斯,布雷斯城堡,靠近里昂。

Etymology　N.L.masc.adj.*bourgensis*, pertaining to Bourg-en-Bresse, France, name of a locality in France.

甲烷垫菌属(*Methanofollis*)Zellner 等,1999,新属。此属已定 5 种。

词源 甲烷：甲表示天干第一,烷为饱和烃,即单碳的烷烃气体,CH_4；垫：充气垫子或枕头,靠垫；菌：表示微小的事物,微生物(细菌、古菌、真菌)；属：属名的尾词；甲烷垫菌属：产甲烷的充气垫形生物。

Etymology　N.L.n.*methanum*[from French n.*méth*(*yle*)and chemical suffix *-ane*], methane; N.L.pref.*methano-*, pertaining to methane; L.masc.n. *follis*, a cushion or pillow inflated with air, a bag; N.L.masc.n.*Methanofollis*, methane-producing bag.

模式种 塔迪欧甲烷垫菌(*Methanofollis tationis*)(Zabel 等,1986)Zellner 等,1999,新合并。

词源 塔迪欧：智利的塔迪欧山,是此菌分离样品的来源地。

Etymology　N.L.gen.n.*tationis*, of Tatio, to indicate the source of the sample used for isolation(Mount Tatio, Chile).

甲烷生菌属(*Methanogenium*)Romesser 等,1981,新属；Maestroján 等,1990 修改,Spring 等,2005 修改。此属已定 12 种。

词源 甲烷：甲表示天干第一,烷为饱和烃,即单碳的烷烃气体,CH_4；生：产生,制造；菌：表示微小的事物,微生物(细菌、古菌、真菌)；属：属名的尾词；甲烷生菌属：产生甲烷的生物。

Etymology　N.L.n.*methanum*[from French n.*méth*(*yle*)and chemical suffix *-ane*], methane; N.L.pref.*methano-*, pertaining to methane; L.suff.*genius -a -um*(from L.v.*geno*, to produce), producing; N.L.neut.n. *Methanogenium*, methane-producing.

模式种 卡里亚科甲烷生菌(*Methanogenium cariaci*)Romesser 等,1981,新种。

词源 卡里亚科：委内瑞拉卡里亚科,卡里亚科的。

Etymology　N.L.gen.n.*cariaci*(*sic*), of Cariaco.

甲烷卤菌属(*Methanohalobium*)Zhilina and Zavarzin,1988,新属。此属已定1种。

词源 甲烷:甲表示天干第一,烷为饱和烃,即单碳的烷烃气体,CH_4;卤:卤素,盐;菌:表示微小的事物,微生物(细菌、古菌、真菌);属:属名的尾词;甲烷卤菌属:产甲烷的生长在盐中的生物。

Etymology N.L.n.*methanum*［from French n.*méth*(*yle*)and chemical suffix -*ane*］, methane; N.L.pref.*methano-*, pertaining to methane; Gr.n.*hals halos*, salt; Gr.masc.n.*bios*, life; N.L.neut.n. *Methanohalobium*, methane-producing organism living in salt.

模式种 发现甲烷卤菌(*Methanohalobium evestigatum*)勘误, Zhilina and Zavarzin,1988,新种。

词源 发现:发现的,揭示的,找出来的。

Etymology L.neut.adj.*evestigatum*, founded out, discovered.

甲烷嗜卤菌属(*Methanohalophilus*)Paterek and Smith,1988,新属;Katayama等,2014修改。此属已定6种。

词源 甲烷:甲表示天干第一,烷为饱和烃,即单碳的烷烃气体,CH_4;嗜:嗜好的,喜好的,友好的,爱好的;卤:卤素,卤(水),盐;甲烷嗜卤菌:喜盐的产甲烷菌。

Etymology N.L.n.*methanum*［from French n.*méth*(*yle*)and chemical suffix -*ane*］, methane; N.L.pref.*methano-*, pertaining to methane; Gr.n.*hals halos*, salt; N.L.masc.adj. *philus*(from Gr.masc.adj. *philos*), friend, loving; N.L.masc.n. *Methanohalophilus*, salt-loving methanogen.

模式种 玛氏甲烷嗜卤菌(*Methanohalophilus mahii*)Paterek and Smith,1988,新种。

词源 氏:姓氏;玛氏:以美国微生物学家罗伯特·A.玛教授的姓氏命名,他在厌氧微生物学和产甲烷细菌研究中令人瞩目。

Etymology N.L.masc.gen.n.*mahii*, of Mah, in honor of Professor Robert A.Mah for his noteworthy research in anaerobic microbiology and on methanogenic bacteria.

甲烷衣襟菌属(*Methanolacinia*)Zellner等,1990,新属。此属已定1种。

词源 甲烷:甲表示天干第一,烷为饱和烃,即单碳的烷烃气体,CH_4;衣襟:花边,衣服的饰片、衣襟、边缘或边角;菌:表示微小的事物,微生物(细菌、古菌、真菌);属:属名的尾词;甲烷衣襟菌属:(产)甲烷的衣服,表示此生物外形的不规则。

Etymology N.L.n.*methanum*［from French n.*méth*(*yle*)and chemical suffix -*ane*］, methane; N.L.pref.*methano-*, pertaining to methane; L.fem.n.*lacinia*, the lappet, flap, edge, or corner of a garment, a garment; N.L.fem.n.*Methanolacinia*, methane(-producing)garnment, to indicate the irregular shape of the organism.

模式种 佩因特氏甲烷衣襟菌(*Methanolacinia paynteri*)(Rivard等,1984)Zellner等,1990,新

合并。

词源 氏:姓氏;佩因特氏:以 M.J.B. 佩因特的姓氏命名,其首先分离到甲烷微菌属的一种。

Etymology N.L.gen.masc.n. *paynteri*, of Paynter; named after M.J.B.Paynter, who first isolated a species of the genus *Methanomicrobium*.

注:英文"garnment"的拼写有误,当为 garment。

甲烷缕菌属(*Methanolinea*)Imachi 等,2008,新属。此属已定 2 种。

词源 甲烷:甲表示天干第一,烷为饱和烃,即单碳的烷烃气体,CH_4;缕:线条;菌:表示微小的事物,微生物(细菌、古菌、真菌);属:属名的尾词;甲烷缕菌属:产甲烷的线形形体。

Etymology N.L.n.*methanum* [from French n.*méth*(*yle*) and chemical suffix *-ane*], methane; N.L.pref.*methano-*, pertaining to methane; L.fem.n.*linea*, line; N.L.fem.n.*Methanolinea*, a methane-producing, line-shaped morphotype.

模式种 慢甲烷缕菌(*Methanolinea tarda*)Imachi 等,2008,新种。

词源 慢:缓慢,意指不活跃的,生长缓慢的。

Etymology L.fem.adj.*tarda*, slow, referring to its slow growth.

甲烷叶菌属(*Methanolobus*)König and Stetter,1983,新属。此属已定 8 种。

词源 甲烷:甲表示天干第一,烷为饱和烃,即单碳的烷烃气体,CH_4;叶:医学解剖学用词,特指任何器官的易区分的部分;表示一器官所分出的次级结构而言,尤指脑、肺和各种腺体之裂隙、沟或结缔组织隔所划分的部分;菌:表示微小的事物,微生物(细菌、古菌、真菌);属:属名的尾词;甲烷叶菌属:(产生)甲烷的叶形生物。

Etymology N.L.n.*methanum* [from French n.*méth*(*yle*) and chemical suffix *-ane*], methane; N.L.pref.*methano-*, pertaining to methane; L.masc.n.*lobus*, ball lobe; N.L.masc.n.*Methanolobus*, methane(-producing) lobe.

模式种 厅达里甲烷叶菌(*Methanolobus tindarius*)König and Stetter,1983,新种。

词源 厅达里:意大利西西里岛的厅达里,此生物的分离地。

Etymology N.L.masc.adj.*tindarius*, pertaining to Tindari, the place of isolation in Sicily, Italy.

甲烷马西利亚果菌科(*Methanomassiliicoccaceae*)Iino 等,2013,新科。

模式属 甲烷马西利亚果菌属(*Methanomassiliicoccus*)Iino 等,2013,新属。

词源 甲烷马西利亚果菌属:此科之模式属;科:用于定义一个比属高、比目低的分类级和尾词;在中文科的命名中,把模式属属名中的尾字"属"代换为尾字"科",即为模式属所在的科名;甲烷马西利亚果菌科:甲烷马西利亚果菌属之科。

Etymology　N.L.masc.n. *Methanomassiliicoccus*, type genus of the family; *-aceae*, ending to denote a family; N.L.fem.pl.n. *Methanomassiliicoccaceae*, family of the genus Methanomassiliicoccusi.

甲烷马西利亚果菌目（*Methanomassiliicoccales*）Iino 等，2013，新目。

模式属　甲烷马西利亚果菌属（*Methanomassiliicoccus*）Iino 等，2013，新属。

词源　甲烷马西利亚果菌属：此目之模式属；目：用于定义一个比科高、比纲低的分类级和尾词；在中文目的命名中，把模式属属名中的尾字"属"代换为尾字"目"，即为模式属所在的目名；甲烷马西利亚果菌目：甲烷马西利亚果菌属之目。

Etymology　N.L.masc.n.*Methanomassiliicoccus*, type genus of the order; *-ales*, ending to denote an order; N.L.fem.pl.n.*Methanomassiliicoccales* order of the genus *Methanomassiliicoccus*.

甲烷马西利亚果菌属（*Methanomassiliicoccus*）Dridi 等，2012，新属。此属已定 1 种。

词源　甲烷：甲表示天干第一，烷为饱和烃，即单碳的烷烃气体，CH_4；马西利亚：法国马赛的拉丁名；果：浆果，表示浆果形（圆球或椭球）；菌：表示微小的事物，微生物（细菌、古菌、真菌）；属：属名的尾词；甲烷马西利亚果菌属：来自法国马赛甲烷生成的浆果形生物。

Etymology　N.L.pref.*methano-*, pertaining to methane; L.n.*Massilia*, Latin name for Marseille; N.L.masc.n.*coccus*（from Gr.masc.n.*kokkos*, grain, seed）coccus; N.L.masc.n.*Methanomassiliicoccus*, a methane-forming coccus from Marseille.

模式种　录米尼甲烷马西利亚果菌（*Methanomassiliicoccus luminyensis*）Dridi 等，2012，新种。

词源　录米尼：法国马西利亚（马赛）的录米尼，此模式株的分离地。

Etymology　N.L.masc.adj.*luminyensis*, belonging to Luminy, the place where the type strain was isolated.

注：此属名长达 9 个汉字，菌名长达 11 个汉字。字母 21 个。

甲烷吞甲基菌属（*Methanomethylovorans*）Lomans 等，2004，新属。此属已定 3 种。

词源　甲烷：甲表示天干第一，烷为饱和烃，即单碳的烷烃气体，CH_4；吞：吞噬的，吞食的，大吃的，吞没的；甲基：甲基基团，$-CH_3$；甲烷吞甲基菌属：产甲烷，消耗甲基的生物。

Etymology　N.L.n.*methanum*［from French n.*méth*（*yle*）and chemical suffix *-ane*］, methane; N.L.pref.*methano-*, pertaining to methane; N.L.n.*methylum*（from French *méthyle*, back-formation from French*méthylène*, coined from Gr.n.*methu*, wine and Gr.n.*hulê*, wood）, the methyl group; N.L.pref.*methylo-*, pertaining to the methyl radical; L.part.adj.*vorans*, devouring; N.L.fem.part.adj. *Methanomethylovorans*, methane producing, methyl group consuming.

模式种　荷兰甲烷吞甲基菌（*Methanomethylovorans hollandica*）Lomans 等，2004，新种。

词源　荷兰：尼德兰王国，来自荷兰的，指的是此模式菌株的来源。

Etymology　N.L.fem.adj.*hollandica*, from The Netherlands (Holland), referring to the origin of the type strain.

甲烷微菌科(*Methanomicrobiaceae*) Balch and Wolfe, 1981, 新科。

模式属　甲烷微菌属(*Methanomicrobium*) Balch and Wolfe, 1981, 新属。

词源　甲烷微菌: 此科之模式属; 科: 用于定义一个比属高、比目低的分类级和尾词; 在中文科的命名中, 把模式属属名中的尾字"属"代换为尾字"科", 即为模式属所在的科名; 甲烷微菌科: 甲烷微菌属之科。

Etymology　N.L.neut.n.*Methanomicrobium*, type genus of the family; suff.-*aceae*, ending to denote a family; N.L.fem.pl.n.*Methanomicrobiaceae*, the *Methanomicrobium* family.

甲烷微菌目(*Methanomicrobiales*) Balch and Wolfe, 1981, 新目。

模式属　甲烷微菌属(*Methanomicrobium*) Balch and Wolfe, 1981, 新属。

词源　甲烷微菌: 此目之模式属; 目: 用于定义一个比科高、比纲低的分类级和尾词; 在中文目的命名中, 把模式属属名中的尾字"属"代换为尾字"目", 即为模式属所在的目名; 甲烷微菌目: 甲烷微菌属之目。

Etymology　N.L.neut.n.*Methanomicrobium*, type genus of the order; suff.-*ales*, ending denoting an order; N.L.fem.pl.n.*Methanomicrobiales*, the *Methanomicrobium* order.

甲烷微菌属(*Methanomicrobium*) Balch and Wolfe, 1981, 新属。此属已定2种。

此属是**甲烷微菌目**(*Methanomicrobiales*) Balch and Wolfe, 1981 和**甲烷微菌科**(*Methanomicrobiaceae*) Balch and Wolfe, 1981 的模式属。

词源　甲烷: 甲表示天干第一, 烷为饱和烃, 即单碳的烷烃气体, CH_4; 微: 微小的, 微生物; 菌: 表示微小的事物, 微生物(细菌、古菌、真菌); 微菌: 微生物; 属: 属名的尾词; 甲烷微菌属: (产)甲烷的微小生命(形式)。

Etymology　N.L.n.*methanum* [from French n.*méth* (*yle*) and chemical suffix -*ane*], methane; N.L.pref.*methano*-, pertaining to methane; N.L.neut.n.*microbium* (from Gr.adj.*mikros*, small, and Gr.n.*bios*, life), microbe; N.L.neut.n. *Methanomicrobium*, methane (-producing) small life (-form).

模式种　动甲烷微菌(*Methanomicrobium mobile*) (Paynter and Hungate, 1968) Balch and Wolfe, 1981, 新合并。

词源　动: 运动的, 移动的, 活动的, 游动的。

Etymology　L.neut.adj.*mobile*, motile, movable.

注: 此属是古菌域的一属。其细胞壁可能仅有一层肮, 表层肮构成。

Methanomicrococcus – 见: **甲烷微果菌属**(*Methanimicrococcus*)

甲烷平菌科(*Methanoplanaceae*)Wildgruber 等,1984(全部作者名单:Wildgruber, Thomm and Stetter),新科。

模式属 甲烷平菌属(*Methanoplanus*)Wildgruber 等,1984,新属。

词源 甲烷平菌属:此科之模式属;科:用于定义一个比属高、比目低的分类级和尾词在中文科的命名中,把模式属属名中的尾字"属"代换为尾字"科",即为模式属所在的科名;甲烷平菌科:甲烷平菌属之科。

Etymology　N.L.masc.n.*Methanoplanus*, type genus of the family; suff.-*aceae*, ending to denote a family; N.L.fem.pl.n. *Methanoplanaceae*, the *Methanoplanus* family.

甲烷平菌属(*Methanoplanus*)Wildgruber 等,1984(全部作者名单:Wildgruber, Thomm and Stetter),新属。此属已定3种。

此属是甲烷平菌科(*Methanoplanaceae*)Wildgruber 等,1984 的模式属。

词源 甲烷:甲表示天干第一,烷为饱和烃,即单碳的烷烃气体,CH_4;平:平的,扁平的;菌:表示微小的事物,微生物(细菌、古菌、真菌);属:属名的尾词;甲烷平菌属:(产)甲烷的平形生物。

Etymology　N.L.n.*methanum*〔from French n.*méth*(*yle*)and chemical suffix -*ane*〕, methane; N.L.pref.*methano*-, pertaining to methane; L.masc.adj. *planus*, flat, plane; N.L.masc.n. *Methanoplanus*, the methane(-producing)plate.

模式种 泥栖甲烷平菌(*Methanoplanus limicola*)Wildgruber 等,1984,新种。

词源 泥:泥巴,烂泥,泥土,泥淖,泥沼;栖:栖息,栖居,居住,指的是栖居者,居民;泥栖:泥土的栖居者,沼泽的栖居者。

Etymology　L.masc.n.*limicola*, a dweller in the mud, inhabitant of a swamp.

甲烷火菌科(*Methanopyraceae*)Huber and Stetter,2002,新科。

模式属 甲烷火菌属(*Methanopyrus*)Kurr 等,1992,新属。

词源 甲烷火菌属:此科之模式属;科:用于定义一个比属高、比目低的分类级和尾词;在中文科的命名中,把模式属属名中的尾字"属"代换为尾字"科",即为模式属所在的科名;甲烷火菌科:甲烷火菌属之科。

Etymology　N.L.masc.n.*Methanopyrus*, type genus of the family; suff.-*aceae*, ending to denote a family; N.L.fem.pl.n.*Methanopyraceae*, the *Methanopyrus* family.

甲烷火菌目(*Methanopyrales*)Huber and Stetter,2002,新目。

此目是甲烷火菌纲(*Methanopyri*)Garrity and Holt,2002 的模式目。

模式属 甲烷火菌属(*Methanopyrus*)Kurr 等,1992,新属。

词源 甲烷火菌属:此目之模式属;目:用于定义一个比科高、比纲低的分类级和尾词;在中文目的命名中,把模式属属名中的尾字"属"代换为尾字"目",即为模式属所在的目名;甲烷火菌目:甲烷火菌属之目。

Etymology　N.L.masc.n.*Methanopyrus*, type genus of the order; suff.-*ales*, ending denoting an order; N.L.fem.pl.n.*Methanopyrales*, the *Methanopyrus* order.

甲烷火菌纲(*Methanopyri*) Garrity and Holt,2002,新纲。

模式目　甲烷火菌目(*Methanopyrales*) Huber and Stetter,2002,新目。
词源　甲烷火菌目:此纲之模式目;纲:(原核)生物分类的一个级别,门之下,目之上的一个分类级,纲之尾词;甲烷火菌纲:甲烷火菌目之纲。

Etymology　N.L.fem.pl.n.*Methanopyrales*, type order of the class; N.L.pl.n.*Methanopyri*, the class of *Methanopyrales*.

甲烷火菌属(*Methanopyrus*) Kurr 等,1992,新属。此属已定 1 种。

此属是**甲烷火菌目**(*Methanopyrales*) Huber and Stetter,2002 和**甲烷火菌科**(*Methanopyraceae*) Huber and Stetter,2002 的模式属。
词源　甲烷:甲表示天干第一,烷为饱和烃,即单碳的烷烃气体,CH_4;火:火焰,火源,燃烧;菌:表示微小的事物,微生物(细菌、古菌、真菌);属:属名的尾词;甲烷火菌属:甲烷火焰(嗜超热的产甲烷生物)。

Etymology　N.L.n.*methanum* [from French n.*méth*(*yle*)and chemical suffix -*ane*], methane; N.L.pref.*methano*-, pertaining to methane; Gr.neut.n. *pur*, fire; N.L.masc.n.*Methanopyrus*, the "methane fire" (the hyperthermophilic methanogen).

模式种　坎德勒氏甲烷火菌(*Methanopyrus kandleri*) Kurr 等,1992,新种。
词源　氏:姓氏;坎德勒氏:以微生物学家和植物学家奥拓·坎德勒的姓氏命名。

Etymology　N.L.gen.masc.n.*kandleri*, of Kandler, honoring the microbiologist and botanist Otto Kandler.

注:此属是古菌域的一属。此属是嗜超热生物。坎德勒氏甲烷火菌来自中印度洋脊,在80~122℃之间生活。

甲烷尺菌属(*Methanoregula*) Bräuer 等,2011,新属。此属已定 2 种。

此属是**甲烷尺菌科**(*Methanoregulaceae*) Sakai 等,2012 的模式属。
词源　甲烷:单碳的气体烷烃,CH_4;尺:板条,尺子;菌:表示微小的事物,微生物(细菌、古菌、真菌);属:属名的尾词;甲烷尺菌属:产甲烷的瘦薄的尺形生物。

Etymology　N.L.pref.*methano*-, pertaining to methane; L.fem.n.*regula*, slat or ruler; N.L.fem.n.*Methanoregula*, methane-producing thin slat.

模式种　布恩氏甲烷尺菌(*Methanoregula boonei*) Bräuer 等,2011,新种。
词源　氏:姓氏;布恩氏:以大卫·布恩的姓氏命名,他在产甲烷古菌研究中有开拓性工作。

Etymology   N.L.masc.gen.n.*boonei*, of Boone, to honour the pioneering work of David Boone on methanogenic archaea.

甲烷尺菌科(*Methanoregulaceae*)Sakai 等,2012,新科。

模式属   甲烷尺菌属(*Methanoregula*)Bräuer 等,2011。

词源   甲烷尺菌属:此科之模式属;科:用于定义一个比属高、比目低的分类级和尾词;在中文科的命名中,把模式属属名中的尾字"属"代换为尾字"科",即为模式属所在的科名;甲烷尺菌科:甲烷尺菌属之科。

Etymology   N.L.fem.n.*Methanoregula*, type genus of the family; suff.-*aceae*, ending to donate a family; N.L.fem.pl.n.*Methanoregulaceae*, the *Methanoregula* family.

甲烷鬃菌属(*Methanosaeta*)(不合规名, Illegitimate name), Patel and Sprott, 1990, 新属。此属已定 4 种。

此属是甲烷鬃菌科(*Methanosaetaceae*)Boone 等,2002 的模式属。

词源   甲烷:甲表示天干第一,烷为饱和烃,即单碳的烷烃气体,CH_4;鬃:鬃毛、刚毛、短硬毛;菌:表示微小的事物,微生物(细菌、古菌、真菌);属:属名的尾词;甲烷鬃菌属:(产)甲烷的鬃毛生物。

Etymology   N.L.n.*methanum*〔from French n.*méth*(*yle*)and chemical suffix -*ane*〕, methane; N.L.pref.*methano*-, pertaining to methane; L.fem.n.*saeta*, bristle; N.L.fem.n.*Methanosaeta*, methane(-producing)bristle.

模式种   委员会甲烷鬃菌(*Methanosaeta concilii*)(Patel, 1985)Patel and Sprott, 1990, 新合并。

词源   委员会:以加拿大国家研究委员会命名,此模式株是在这个委员会的实验室中分离出来的。

Etymology   L.gen.n.*concilii*, of a council, named after the National Research Council of Canada, in whose laboratories the type strain was isolated.

注 1:根据裁决委员会 2008 年 8 月 3、4 和 6 日在土耳其伊斯坦布尔的召开的第十二届国际细菌学和应用微生物学大会会议备忘录,甲烷鬃菌属(*Methanosaeta*)是不合规的,因为其混淆性应当被驳回。该属名由**甲烷发菌属**(*Methanothrix*)取代,其属下菌种悉数转移至甲烷发菌属。详见 *Int.J.Syst.Evol.Microbiol.*,2011,61,2775-2780。

注 2:芦杆甲烷鬃菌(*Methanosaeta harundinacea*)与硫还原地杆菌存在协同共生的关系。硫还原地杆菌传递电子给芦杆甲烷鬃菌,芦杆甲烷鬃菌再将电子转移到二氧化碳。芦杆在此处的意思是细胞形状像芦苇茎杆。

甲烷鬃菌科(*Methanosaetaceae*)(不合规名)Boone 等,2002,新科(不合规)。

模式属   甲烷鬃菌属(*Methanosaeta*)Patel and Sprott, 1990。

词源　甲烷鬃菌属：此科之模式属；科：用于定义一个比属高、比目低的分类级和尾词；在中文科的命名中，把模式属属名中的尾字"属"代换为尾字"科"，即为模式属所在的科名；甲烷鬃菌科：甲烷鬃菌属之科。

Etymology　N.L.fem.n.*Methanosaeta*, type genus of the family; suff.*-aceae*, ending to denote a family; N.L.fem.pl.n.*Methanosaetaceae*, the *Methanosaeta* family.

注：因为其模式属甲烷鬃菌属（*Methanosaeta*）Patel and Sprott, 1990 不合规，所以此甲烷鬃菌科（*Methanosaetaceae*）Boone 等，2002 也不合规。

甲烷盐菌属（*Methanosalsum*）Boone and Baker, 2002，新属。此属已定 1 种。

词源　甲烷：甲表示天干第一，烷为饱和烃，即单碳的烷烃气体，CH_4；盐：盐的，含盐的，卤；菌：表示微小的事物，微生物（细菌、古菌、真菌）；属：属名的尾词；甲烷盐菌属：盐环境产甲烷的细菌。

Etymology　N.L.n.*methanum*［from French n.*méth*（*yle*）and chemical suffix *-ane*］, methane; N.L.pref.*methano-*, pertaining to methane; L.neut.adj.*salsum*, salted, salty; N.L.neut.n.*Methanosalsum*, the salty methane（bacterium）.

模式种　智丽娜氏甲烷盐菌（*Methanosalsum zhilinae*）（Mathrani 等，1988）Boone and Baker, 2002，新合并。

词源　氏：姓氏；智丽娜氏：以塔特亚娜·智丽娜的姓氏命名，其对嗜卤产甲烷菌做了许多决定性的研究。

Etymology　N.L.gen.n.*zhilinae*, of Zhilina; named for Tatjana Zhilina, who made many definitive studies of halophilic methanogens.

甲烷八球菌属（*Methanosarcina*）Kluyver and van Niel, 1936 emend.Barker, 1956, 属; Mah and Kuhn, 1984 修改，Ni 等，1994 修改。此属已定 12（+1 拒绝种名）种。

此属是甲烷八球菌目（*Methanosarcinales*）Boone 等，2002 和甲烷八球菌科（*Methanosarcinaceae*）Balch and Wolfe, 1981 的模式属。

词源　甲烷：甲表示天干第一，烷为饱和烃，即单碳的烷烃气体，CH_4；八球：八迭球，八叠球，表示成束的；菌：表示微小的事物，微生物（细菌、古菌、真菌）；属：属名的尾词；甲烷八球菌属：甲烷包束，甲烷八球生物。

Etymology　N.L.n.*methanum*［from French n.*méth*（*yle*）and chemical suffix *-ane*］, methane; N.L.pref.*methano-*, pertaining to methane; L.fem.n.*sarcina*, a package, bundle; N.L.fem.n.*Methanosarcina*, methane package, methane sarcina.

模式种　甲烷甲烷八球菌（*Methanosarcina methanica*）（Smit, 1930）Kluyver and van Niel, 1936,《1980 年细菌名确认单》，种。

词源　甲烷：甲表示天干第一，烷为饱和烃，即单碳的烷烃气体，CH_4，表示与甲烷有关的。

Etymology　N.L.n.*methanum*, methane; L.fem.suff.*-ica*, suffix used with the sense of pertaining to; N.L.fem.adj.*methanica*, pertaining to methane.

注：此属是古菌域的产甲烷菌的一个菌属。其细胞壁的全部由多糖构成厚厚的一层,细微结构有待于进一步研究。

甲烷八球菌科(*Methanosarcinaceae*) Balch and Wolfe,1981,新科。Sowers 等,1984 修改。

模式属 甲烷八球菌属(*Methanosarcina*) Kluyver and van Niel,1936, Barker,1956 修改,《1980 年细菌名确认单》,属。

词源 甲烷八球菌属：此科之模式属；科：用于定义一个比属高、比目低的分类级和尾词；在中文科的命名中,把模式属属名中的尾字"属"代换为尾字"科",即为模式属所在的科名；甲烷八球菌科：甲烷八球菌属之科。

Etymology　N.L.fem.n.*Methanosarcina*, type genus of the family; suff.-*aceae*, ending to denote a family; N.L.fem.pl.n.*Methanosarcinaceae*, the *Methanosarcina* family.

甲烷八球菌目(*Methanosarcinales*) Boone 等,2002,新目。

模式属 甲烷八球菌属(*Methanosarcina*) Kluyver and van Niel,1936 emend.Barker,1956,《1980 年细菌名确认单》,属。

词源 甲烷八球菌属：此目之模式属；目：用于定义一个比科高、比纲低的分类级和尾词；在中文目的命名中,把模式属属名中的尾字"属"代换为尾字"目",即为模式属所在的目名；甲烷八球菌目：甲烷八球菌属之目。

Etymology　N.L.fem.n.*Methanosarcina*, type genus of the order; suff.-*ales*, ending denoting an order; N.L.fem.pl.n.*Methanosarcinales*, the *Methanosarcina* order.

甲烷球菌属(*Methanosphaera*) Miller and Wolin,1985,新属。此属已定 2 种。

词源 甲烷：甲表示天干第一,烷为饱和烃,即单碳的烷烃气体,CH_4；球：球体,球形,地球；菌：表示微小的事物,微生物(细菌、古菌、真菌)；属：属名的尾词；甲烷球菌属：产甲烷的球形生物。

Etymology　N.L.n.*methanum*［from French n.*méth*(*yle*)and chemical suffix -*ane*］, methane; N.L.pref.*methano*-, pertaining to methane; L.fem.n.*sphaera*, a sphere; N.L.fem.n.*Methanosphaera*, methane-producing sphere.

模式种 斯塔特曼氏甲烷球菌(*Methanosphaera stadtmanae*) Miller and Wolin,1985,新种。

词源 氏：姓氏；斯塔特曼氏：以 T.C. 斯塔特曼的姓氏命名,她对产甲烷微生物学和生物化学有重要贡献。

Etymology　N.L.gen.fem.n.*stadtmanae*, of Stadtman; named in honor of T.C.Stadtman for her important contributions to the microbiology and biochemistry of methanogenesis.

甲烷小球菌属（*Methanosphaerula*）Cadillo-Quiroz 等，2009，新属。此属已定 1 种。

词源　甲烷：甲表示天干第一，烷为饱和烃，即单碳的烷烃气体，CH_4；小球：小球（形/状）；菌：表示微小的事物，微生物（细菌、古菌、真菌）；属：属名的尾词；甲烷小球菌属：小球星的产甲烷生物。

Etymology　N.L.n.*methanum*［from French n.*méth*（*yle*）and chemical suffix *-ane*］, methane; N.L.pref.*methano-*, pertaining to methane; L.fem.n.*sphaerula*, a small sphere; N.L.fem.n.*Methanosphaerula*, small spherical methane-producer.

模式种　沼泽甲烷小球菌（*Methanosphaerula palustris*）Cadillo-Quiroz 等，2009，新种。

词源　沼泽：沼泽的，湿地的，泥泞的，指的是分离的菌株生活在沼泽中。

Etymology　L.fem.adj.*palustris*, marshy, swampy or muddy, living in marshes.

甲烷小螺体科（*Methanospirillaceae*）Boone 等，2002，新科。

模式属　甲烷小螺体属（*Methanospirillum*）Ferry 等，1974，《1980 年细菌名确认单》，属。

词源　甲烷小螺体属：此科之模式属；科：用于定义一个比属高、比目低的分类级和尾词；在中文科的命名中，把属名中的尾字"属"代换为尾字"科"，即为模式属所对应的科；甲烷小螺体科：甲烷小螺体属之科。

Etymology　N.L.neut.n.*Methanospirillum*, type genus of the family; suff.*-aceae*, ending to denote a family; N.L.fem.pl.n.*Methanospirillaceae*, the *Methanospirillum* family.

甲烷小螺体属（*Methanospirillum*）Ferry 等，1974，属；Iino 等，2010 修改，Zhou 等，2014 修改。此属已定 4 种。

此属是甲烷小螺体科（*Methanospirillaceae*）Boone 等，2002 的模式属。

词源　甲烷：甲表示天干第一，烷为饱和烃，即单碳的烷烃气体，CH_4；小螺：与螺相对，表示比螺在尺寸上小，小螺形，小螺旋，小螺体；菌：表示微小的事物，微生物（细菌、古菌、真菌）；属：属名的尾词；甲烷小螺体属：（产）甲烷的螺体。

Etymology　N.L.n.*methanum*［from French n.*méth*（*yle*）and chemical suffix *-ane*］, methane; N.L.pref.*methano-*, pertaining to methane; L.fem.n.*spira*, a spire; N.L.neut.n.*spirillum*, a spiral; N.L.neut.n.*Methanospirillum*, methane（-producing）spiral.

模式种　亨盖特氏甲烷小螺体（*Methanospirillum hungatei*）勘误，Ferry 等，1974，《1980 年细菌名确认单》。

词源　氏：姓氏；亨盖特氏：以 R.E. 亨盖特的姓氏命名，其对产甲烷细菌的生态学研究有许多贡献。

Etymology　N.L.gen.masc.n.*hungateii*, of Hungate; named for R.E.Hungate who has made many contributions to the ecological study of methanogenic bacteria.

甲烷热菌科(*Methanothermaceae*)Stetter,1982,新科。

模式属　甲烷热菌属(*Methanothermus*)Stetter,1982,新属。

词源　甲烷热菌属:此科之模式属;科:用于定义一个比属高、比目低的分类级和尾词;在中文科的命名中,把模式属属名中的尾字"属"代换为尾字"科",即为模式属所在的科名;甲烷热菌科:甲烷热菌属之科。

Etymology　N.L.masc.n.*Methanothermus*, type genus of the family; suff.-*aceae*, ending to denote a family; N.L.fem.pl.n.*Methanothermaceae*, the *Methanothermus* family.

甲烷热菌纲(*Methanothermea*)Cavalier-Smith,2002,新纲。

模式目　甲烷热菌目(*Methanococcales*)Balch and Wolfe,1981,新目。

词源　甲烷:新拉丁文名词甲烷(*methanum*)来自法文名词甲基[*méth*(*yle*)]和化合物后缀烷(*-ane*),单碳的气体烃,CH_4;热:高温;纲:(原核)生物分类的一个级别,门之下,目之上的一个分类级,纲之尾词;甲烷热菌纲:产甲烷的一类细菌,有时是一些超嗜热的生物。

Etymology　N.L.n.*methanum*[from French n.*méth*(*yle*)and chemical suffix *-ane*], methane; N.L.pref.*methano*-, pertaining to methane; Gr.n.*thermê*, heat; N.L.neut.pl.n.*Methanothermea*, a group of bacteria which generate methane and sometimes are hyperthermophiles.

甲烷热杆菌属(*Methanothermobacter*)Wasserfallen 等,2000,新属。此属已定8种。

词源　甲烷:甲表示天干第一,烷为饱和烃,即单碳的烷烃气体,CH_4;热:热的,高温的;杆:棒;菌:表示微小的事物,微生物(细菌、古菌、真菌);属:属名的尾词;甲烷热杆菌属:嗜热的甲烷棒形生物。

Etymology　N.L.n.*methanum*[from French n.*méth*(*yle*)and chemical suffix *-ane*], methane; N.L.pref.*methano*-, pertaining to methane; Gr.adj.*thermos*, hot; N.L.masc.n.*bacter*, rod, staff; N.L.masc.n. *Methanothermobacter*, thermophilic methane rod.

模式种　热自营甲烷热杆菌(*Methanothermobacter thermautotrophicus*)(Zeikus and Wolfe,1972)Wasserfallen 等,2000,新合并。

词源　热:高温;自:自己;营:营养,营生,养育,抚育;自营:自我营生;热自营;热自养,嗜热和自我营养。

Etymology　Gr.adj.*thermos*, hot; Gr.pref.*auto*, self; Gr.masc.adj.*trophikos*, nursing, tending; N.L.masc.adj.*thermautotrophicus*, thermophilic and autotrophic.

同义词　"*Methanobacter*" Boone 等,1993。

甲烷热果菌属(*Methanothermococcus*)Whitman,2002,新属。此属已定2种。

词源　甲烷:甲表示天干第一,烷为饱和烃,即单碳的烷烃气体,CH_4;热:热的,高温的;果:浆果,表示浆果形(圆球或椭球);菌:表示微小的事物,微生物(细菌、古菌、真菌);属:属名的尾词；甲烷热果菌属：嗜高温生长的产甲烷的浆果形生物。

Etymology　N.L.n.*methanum*［from French n.*méth*（*yle*）and chemical suffix *-ane*］，methane；N.L.pref.*methano-*，pertaining to methane；Gr.adj.*thermos*，hot；N.L.masc.n.*coccus*（from Gr.masc.n.*kokkos*，grain，seed），coccus；N.L.masc.n.*Methanothermococcus*，a coccus producing methane at thermophilic growth temperatures.

模式种　热石营甲烷热果菌（*Methanothermococcus thermolithotrophicus*）（Huber 等，1984）Whitman，2002，新合并。

词源　热：高温；石：石头；营：营养的，营生的；石营：无机营养；热石营：高温下石营（无机）生长的。

Etymology　Gr.n.*thermê*，heat；Gr.n.*lithos*，stone；Gr.masc.adj.*trophikos*，nursing，tending；N.L.masc.adj.*thermolithotrophicus*，grows lithotrophically at elevated temperatures.

甲烷热菌属（*Methanothermus*）Stetter，1982，新属。

此属是甲烷热菌科（*Methanothermaceae*）Stetter，1982 的模式属。此属已定 2 种。

词源　甲烷：甲表示天干第一，烷为饱和烃，即单碳的烷烃气体，CH_4；热：高温的，烫的；菌：表示微小的事物，微生物（细菌、古菌、真菌）；属：属名的尾词；甲烷热菌属：(产)甲烷的嗜热生物。

Etymology　N.L.n.*methanum*［from French n.*méth*（*yle*）and chemical suffix *-ane*］，methane；N.L.pref.*methano-*，pertaining to methane；Gr.masc.adj.*thermos*，hot；N.L.masc.n.*Methanothermus*，methane-（producing）thermophile.

模式种　炽甲烷热菌（*Methanothermus fervidus*）Stetter，1982，新种。

词源　炽：燃烧的，炙热的，炽热的，因为此生物在接近沸腾的水中生长。

Etymology　L.masc.adj.*fervidus*，glowing hot，burning，fervent，because of its growth in almost-boiling water.

注：这是归属于古菌域的产甲烷菌属之一。其细胞壁是由假肽聚糖（或假胞壁质）构成。

甲烷发菌属（*Methanothrix*）Huser 等，1983，新属。此属已定 4 种。

词源　甲烷：甲表示天干第一，烷为饱和烃，即单碳的烷烃气体，CH_4；发：头发，毛发，丝线；菌：表示微小的事物，微生物（细菌、古菌、真菌）；属：属名的尾词；甲烷发菌属：(产)甲烷的头发形生物。

Etymology　N.L.n.*methanum*［from French n.*méth*（*yle*）and chemical suffix *-ane*］，methane；N.L.pref.*methano-*，pertaining to methane；Gr.fem.n.*thrix*，hair；N.L.fem.n.*Thermothrix*，methane（-producing）hair.

模式种　宗恩氏甲烷发菌（*Methanothrix soehngenii*）Huser 等，1983，新种。

词源　氏：姓氏；宗恩氏：以 N.L. 宗恩的姓氏命名，他在他的毕业论文（1906）中首先描述了这种生物。

Etymology　N.L.gen.masc.n.*soehngenii*, of Söhngen, named after N.L.Söhngen, who firts described this organism in his thesis（1906）.

甲烷烙菌属（*Methanotorris*）Whitman,2002,新属。此属已定2种。

词源　甲烷：甲表示天干第一，烷为饱和烃，即单碳的烷烃气体，CH_4；烙：烙印，火把；菌：表示微小的事物，微生物(细菌、古菌、真菌)；属：属名的尾词；甲烷烙菌属：在(烙铁般的)极高温度下生长的产甲烷生物。

Etymology　N.L.n.*methanum*［from French n.*méth*（*yle*）and chemical suffix *-ane*］, methane; N.L.pref.*methano-*, pertaining to methane; L.masc.n.*torris*, a brand, firebrand; N.L.masc.n.*Methanotorris*, the methane-producer at fiery temperatures.

模式种　燃甲烷烙菌（*Methanotorris igneus*）（Burggraf 等,1990）Whitman,2002,新合并。

词源　燃：燃火，燃烧的火，意即此菌高温生长的特性。

Etymology　L.masc.adj.*igneus*, belonging to the fire, denoting its high growth temperature.

注：甲烷鬃菌属2008年归属于此。

甲热果菌科（*Methermicoccaceae*）Cheng 等,2007,新科。

模式属　甲热果菌属（*Methermicoccus*）Cheng 等,2007,新属。

词源　甲热果菌属：此科之模式属；科：用于定义一个比属高、比目低的分类级和尾词；在中文科的命名中，把模式属属名中的尾字"属"代换为尾字"科"，即为模式属所在的科名；甲热果菌科：甲热果菌属之科。

Etymology　N.L.masc.n.*Methermicoccus*, type genus of the family; suff.-*aceae* ending to denote a family; N.L.fem.pl.n.*Methermicoccaceae*, the family of the genus *Methermicoccus*.

甲热果菌属（*Methermicoccus*）Cheng 等,2007,新属。此属已定1种。

此属是甲热果菌科（*Methermicoccaceae*）Cheng 等,2007 的模式属。

词源　（原文如此）甲热果菌属：一个随机的名字，用于表示微小的，嗜热的，产甲烷的浆果形生物。

Etymology　N.L.masc.n. *Methermicoccus*, arbitrary name referring to a small, thermophilic, methane-producing coccus.

模式种　胜利甲热果菌（*Methermicoccus shengliensis*）Cheng 等,2007,新种。

词源　胜利：与胜利油田有关的，此模式菌株的分离地。

Etymology　N.L.masc.adj.*shengliensis*, pertaining to Shengli oilfield, where the type strain was isolated.

注：此名可能来自于甲烷（*methanum*）和热（*thermos*）和浆果（*coccus*）的组合词，表示产甲烷的嗜热浆果形生物。

甲基盒菌属（*Methylarcula*）Doronina 等，2000，新属。此属已定 2 种。

词源　甲基：甲表示天干第一，基为单元，甲基表示-CH_3；盒：盒子，小箱子；菌：表示微小的事物，微生物（细菌、古菌、真菌）；属：属名的尾词；甲基盒菌属：利用甲基的小盒子形生物。

Etymology　N.L.n.*methylum*（from French *méthyle*, back-formation from French *méthylène*, coined from Gr.n.*methu*, wine and Gr.n.*hulê*, wood), the methyl group; N.L.pref.*methylo-*, pertaining to the methyl radical; L.fem.n.*arcula*, small box; N.L.fem.n.*Methylarcula*, methyl-using small box.

模式种　海甲基盒菌（*Methylarcula marina*）Doronina 等，2000，新种。

词源　海：海的，大海的，海洋的，属于或是海的，指的是海源环境。

Etymology　L.fem.adj.*marina*, of or belonging to the sea, sea-, marine.

注：新拉丁名词 *methylum* 来自法语 *méthyle*，该法语来自法语 *méthylène*，该法语又新创自希腊文名词 *methu*（酒）+希腊文名词 *hulê*（木），表示甲基基团（基本单元）。

甲基菌属（*Methylibium*）Nakatsu 等，2006，新属；Yoon 等，2007 修改，Stackebrandt 等，2009 修改。此属已定 4 种。

词源　甲基：甲基自由基，甲基基团；菌：表示微小的事物，微生物（细菌、古菌、真菌）；属：属名的尾词；甲基菌属：指的是甲基营生的（生物）。

Etymology　N.L.n.*methyl*, the methyl radical, the methyl group; Gr.n.*bios*, life; N.L.neut.n.*Methylibium*, referring to methylotroph.

模式种　嗜石油甲基菌（*Methylibium petroleiphilum*）Nakatsu 等，2006，新种。

词源　嗜：嗜好的，喜好的，友好的，爱好的；石：岩，岩石，石头；油：动植物或矿产的高碳氢含量的易燃黏滑的混合物；嗜石油：喜好石油，此处指的是喜好汽油的。

Etymology　Gr.n.*petra*, stone, rock; L.n.*oleum*, oil; N.L.adj.*philus -a -um*（from Gr.adj.*philos -ê -on*), friend, loving; N.L.neut.adj.*petroleiphilum*, petrol loving.

甲基竿菌属（*Methylobacillus*）Yordy and Weaver, 1977，属；Urakami and Komagata, 1986 修改。此属已定 5 种。

词源　甲基：甲基自由基；竿：在本书中对译于拉丁文 ***bacillus***，表示棒形，以示与常见的"杆"的区别，表示以出芽孢为特征的棒形；菌：表示微小的事物，微生物（细菌、古菌、真菌）；属：属名的尾词；甲基竿菌属：甲基小竿棒形生物。

Etymology　N.L.n.*methylum*（from French *méthyle*, back-formation from French *méthylène*, coined from Gr.n.*methu*, wine and Gr.n.*hulê*, wood), the methyl radical; N.L.pref.*methylo-*, pertaining to the methyl radical; L.masc.n.*bacillus*, a small rod; N.L.masc.n. *Methylobacillus*, methyl rodlet.

模式种　糖生甲基竿菌(*Methylobacillus glycogenes*) Yordy and Weaver, 1977,《1980 年细菌名确认单》。

词源　生: 产, 生产, 生成, 产生, 导致, 源自……; 糖生: 糖生成的, 产生糖的, 产糖的, 产糖元的。

Etymology　Gr.adj.*glûkus*, sweet; N.L.suff.-*genes* (from Gr.v.*gennaô*, to produce), producing; N.L.masc.adj.*glycogenes*, sweet-producing, intended to mean sugarproducing, glycogen-producing.

甲基杆菌属(*Methylobacter*) Bowman 等, 1993, 新属; Bowman 等, 1995 修改。此属已定 8 种。

词源　甲基: 甲基基团; 杆: 棒; 菌: 表示微小的事物, 微生物(细菌、古菌、真菌); 属: 属名的尾词; 甲基杆菌属: 甲基棒形生物。

Etymology　N.L.n.*methylum* (from French *méthyle*, back-formation from French *méthylène*, coined from Gr.n.*methu*, wine and Gr.n.*hulê*, wood), the methyl group; N.L.pref.*methylo-*, pertaining to the methyl radical; N.L.masc.n.*bacter*, rod; N.L.masc.n.*Methylobacter*, methyl rod.

模式种　橙黄色甲基杆菌(*Methylobacter luteus*) (Romanovskaya 等, 1981) Bowman 等, 1993, 新合并。

词源　橙黄色: 橙黄色的, 金黄色的, 闪亮的橙黄色的。

Etymology　L.masc.adj.*luteus*, golden-yellow.

甲基小杆菌科(*Methylobacteriaceae*) Garrity 等, 2006, 新科。

模式属　甲基小杆菌属(*Methylobacterium*) Patt 等, 1976,《1980 年细菌名确认单》, 属。

词源　甲基小杆菌属: 此科之模式属; 科: 用于定义一个比属高、比目低的分类级和尾词; 在中文科的命名中, 把模式属属名中的尾字"属"代换为尾字"科", 即为模式属所在的科名; 甲基小杆菌科: 甲基小杆菌属之科。

Etymology　N.L.neut.n.*Methylobacterium*, type genus of the family; suff.-*aceae*, ending to denote family; N.L.fem.pl.n.*Methylobacteriaceae*, the *Methylobacterium* family.

甲基小杆菌属(*Methylobacterium*) Patt 等, 1976, 属; Green and Bousfield, 1983 修改。此属已定 51 种。

此属是甲基小杆菌科(*Methylobacteriaceae*) Garrity 等, 2006 的模式属。

词源　甲基: 甲基自由基; 小杆: 小棒; 菌: 表示微小的事物, 微生物(细菌、古菌、真菌); 属: 属名的尾词; 甲基小杆菌属: 甲基细菌。

Etymology　N.L.n.*methylum* (from French *méthyle*, back-formation from French *méthylène*, coined from Gr.n.*methu*, wine and Gr.n.*hulê*, wood), the methyl radical; N.L.pref.*methylo-*, pertaining to the methyl radical; L.neut.n.*bacterium*, rod or staff and, in biology, a bacterium (so called because the first ones observed were rod-shaped); N.L.neut.n.*Methylobacterium*, methyl bacterium.

模式种　嗜有机甲基小杆菌(*Methylobacterium organophilum*)Patt 等,1976,《1980 年细菌名确认单》。

词源　嗜:嗜好的,喜好的,友好的,爱好的;有机:有机物,有机化合物;嗜有机:喜好有机物的,意指喜好复杂碳源的。

Etymology　N.L.pref.*organo-*（from Gr.adj.*organikos*, of or pertaining to an organ）, pertaining to organic chemical compounds; N.L.adj.*philus -a -um*（from Gr.adj.*philos -ê -on*）, friend, loving; N.L.neut.adj.*organophilum*, intended to mean preferring complex carbon sources.

推荐的属名三字母简写　*Mtb*. 见"命名规则:属名简写"[属名简写三字母准则（Three-letter code for abbreviations of generic names）]。

甲基烫菌属(*Methylocaldum*)Bodrossy 等,1998,新属。此属已定 4 种。

词源　甲基:甲基基团;烫:热的,暖的,高温的;菌:表示微小的事物,微生物(细菌、古菌、真菌);属:属名的尾词;甲基烫菌属:喜好高温的甲基营养菌。

Etymology　N.L.n.*methylum*（from French *méthyle*, back-formation from French *méthylène*, coined from Gr.n.*methu*, wine and Gr.n.*hulê*, wood）, the methyl group; N.L.pref.*methylo-*, pertaining to the methyl radical; L.adj.*caldus -a -um*, hot; N.L.neut.n.*Methylocaldum*, heat-loving methylotroph.

模式种　塞格德甲基烫菌(*Methylocaldum szegediense*)Bodrossy 等,1998,新种。

词源　塞格德:匈牙利南部的一个城市,与塞格德有关的。

Etymology　N.L.neut.adj.*szegediense*, pertaining to the town of Szeged.

甲基胶囊菌属(*Methylocapsa*)Dedysh 等,2002,新属;Dunfield 等,2010 修改。此属已定 2 种。

词源　甲基:甲基基团;胶囊:装药的一种胶质小囊,两端圆滑小棍,盒子,荚膜,这里指的是披覆的或包裹的胶囊;菌:表示微小的事物,微生物(细菌、古菌、真菌);属:属名的尾词;甲基胶囊菌属:披覆胶囊、利用甲基的细胞。

Etymology　N.L.n.*methylum*（from French *méthyle*, back-formation from French *méthylène*, coined from Gr.n.*methu*, wine and Gr.n.*hulê*, wood）, the methyl group; N.L.pref.*methylo-*, pertaining to the methyl radical; L.fem.*capsa*, a box; here intended to mean a cover or capsule; N.L.fem.n.*Methylocapsa*, methyl-using cell covered by a capsule.

模式种　嗜酸甲基胶囊菌(*Methylocapsa acidiphila*)Dedysh 等,2002,新种。

词源 嗜：嗜好的，喜好的，友好的，爱好的；酸：醋，像醋一样的味道，酸味，化学中在水溶液中能产生氢离子的化合物；嗜酸：嗜好酸的，喜好酸的。

Etymology N.L.neut.n.*acidum*（from L.adj.*acidus -a -um*, sour）, an acid; N.L.fem.adj.*phila*（from Gr.fem.adj.*philê*）, friend, loving; N.L.fem.adj.*acidophila*, acid-loving.

甲基洋杆菌属（*Methyloceanibacter*）Takeuchi 等，2014，新属。此属已定 1 种。

词源 甲基：甲基自由基，甲基基团；洋：大洋，远离大陆侧的远海水域；杆：棒；菌：表示微小的事物，微生物（细菌、古菌、真菌）；属：属名的尾词；甲基洋杆菌属：（来自）海洋的甲基营养棒形生物。

Etymology N.L.neut.n.*methylum*, the methyl radical, the methyl group; L.masc.n.*oceanus*, the sea; N.L.masc.n.*bacter*, rod; N.L.masc.n.*Methyloceanibacter*, a marine methylotrophic rod.

模式种 暖淤甲基洋杆菌（*Methyloceanibacter caenitepidi*）Takeuchi 等，2014，新种。

词源 暖：中温，温和，温暖，暖和，不冷不热的；淤：淤泥，烂泥；暖淤：温淤，不冷不热温暖的淤泥。

Etymology L.neut.n.*caenum*, mud; L.adj.*tepidus*, lukewarm; N.L.gen.neut.n.*caenitepidi*, of lukewarm mud.

甲基胞菌属（*Methylocella*）Dedysh 等，2000，新属；Dunfield 等，2003 修改，Dedysh 等，2004 修改。此属已定 3 种。

词源 甲基：甲基基团，甲基自由基；胞：细胞；菌：表示微小的事物，微生物（细菌、古菌、真菌）；属：属名的尾词；甲基胞菌属：利用甲基的细胞（生物）。

Etymology N.L.n.*methylum*（from French *méthyle*, back-formation from French *méthylène*, coined from Gr.n.*methu*, wine and Gr.n.*hulê*, wood）, the methyl group; N.L.pref.*methylo-*, pertaining to the methyl radical; L.n.*cella*, a chamber, a cell; N.L.n.*Methylocella*, methyl-using cell.

模式种 沼泽甲基胞菌（*Methylocella palustris*）Dedysh 等，2000，新种。

词源 沼泽：沼泽的，湿地的，泥潭的，指的是那些生活在沼泽中的生物。

Etymology L.adj.*paluster -tris -tre*, marshy, of the marsh or bog, which lives in the swamps; L.fem.adj.*palustris*, which lives in the swamps.

甲基果菌科（*Methylococcaceae*）Whittenbury and Krieg，1984，新科；Bowman 等，1993 修改。

模式属 甲基果菌属（*Methylococcus*）Foster and Davis，1966，《1980 年细菌名确认单》，属。

词源 甲基果菌属：此科之模式属；科：用于定义一个比属高、比目低的分类级和尾词；在中文科的命名中，把模式属属名中的尾字"属"代换为尾字"科"，即为模式属所在的科名；甲基果菌科：甲基果菌属之科。

Etymology　N.L.masc.n.*Methylococcus*, type genus of the family; suff.-*aceae*, ending to denote a family; N.L.fem.pl.n.*Methylococcaceae*, the *Methylococcus* family.

甲基果菌目(*Methylococcales*)Bowman,2005,新目。

模式属　甲基果菌属(*Methylococcus*)Foster and Davis,1966,《1980年细菌名确认单》,属。

词源　甲基果菌属:此目之模式属;目:用于定义一个比科高、比纲低的分类级和尾词;在中文目的命名中,把模式属属名中的尾字"属"代换为尾字"目",即为模式属所在的目名;甲基果菌目:甲基果菌属之目。

Etymology　N.L.masc.n.*Methylococcus*, type genus of the order; suff.-*ales*, ending to denote order; N.L.fem.pl.n.*Methylococcales*, the *Methylococcus* order.

甲基果菌属(*Methylococcus*)Foster and Davis,1966,属;Bowman等,1993修改。此属已定8种。

此属是甲基果菌目(*Methylococcales*)Bowman,2005 和甲基果菌科(*Methylococcaceae*)Whittenbury and Krieg,1984 的模式属。

词源　甲基:甲基基团,甲基自由基;果:浆果,表示浆果形(圆球或椭球);菌:表示微小的事物,微生物(细菌、古菌、真菌);属:属名的尾词;甲基果菌属:甲基浆果形生物。

Etymology　N.L.n.*methylum*(from French *méthyle*, back-formation from French *méthylène*, coined from Gr.n.*methu*, wine and Gr.n.*hulê*, wood), the methyl group; N.L.pref.*methylo-*, pertaining to the methyl radical; N.L.masc.n.*coccus*(from Gr.masc.n.*kokkos*, grain, seed), coccus; N.L.masc.n. *Methylococcus*, methyl coccus.

模式种　胶囊甲基果菌(*Methylococcus capsulatus*)Foster and Davis,1966,《1980年细菌名确认单》,种。

词源　胶囊:盒,箱,袋,这里指的是具有胶囊形结构的,带盒子的,披覆胶囊的。

Etymology　N.L.masc.adj.*capsulatus*, encapsulated.

甲基腺菌科(*Methylocystaceae*)Bowman,2006,新科。

模式属　甲基腺菌属(*Methylocystis*)(*ex* Whittenbury 等,1970)Bowman 等,1993,新属。

词源　甲基腺菌属:此科之模式属;科:用于定义一个比属高、比目低的分类级和尾词;在中文科的命名中,把模式属属名中的尾字"属"代换为尾字"科",即为模式属所在的科名;甲基腺菌科:甲基腺菌属之科。

Etymology　N.L.masc.(*sic*)n.*Methylocystis*, type genus of the family; suff.-*aceae*, ending to denote family; N.L.fem.pl.n.*Methylocystaceae*, the *Methylocystis* family.

甲基腺菌属(*Methylocystis*)(*ex* Whittenbury 等,1970)Bowman 等,1993,新属,命名修改；Dedysh 等,2007 修改,Belova 等,2013 修改。此属已定 6 种。

此属是甲基腺菌科(*Methylocystaceae*)Bowman,2006 的模式属。

词源 甲基：甲基基团，$-CH_3$，甲基自由基，CH_3^-；腺：腺体，袋囊；菌：表示微小的事物，微生物(细菌、古菌、真菌)；属：属名的尾词；甲基腺菌属：甲基腺体生物。

Etymology　N.L.n.*methylum*（from French *méthyle*, back-formation from French *méthylène*, coined from Gr.n.*methu*, wine and Gr.n.*hulê*, wood), the methyl group; N.L.pref.*methylo-*, pertaining to the methyl radical; N.L.fem.n.*cystis*（from Gr.fem.n.*kustis*), the bladder and in biology, a cyst; N.L.fem.n.*Methylocystis*, methyl cyst.

模式种 渺甲基腺菌(*Methylocystis parvus*)(*ex* Whittenbury 等,1970)Bowman 等,1993,新种,命名修改。

词源 渺：蔑,小的,渺小的,很小的。对于拉丁文阳性形容词 *parvus* 用法不妥,正确的应当是阴性形容词 *parva*。

Etymology　L.masc.adj.*parvus*, small.The correct epithet should be *parva*（L.fem.adj. *parva*, small).

同义词 "*Methylocystis*" Whittenbury 等,1970。

甲基杖菌属(*Methyloferula*)Vorobev 等,2011,新属。此属已定 1 种。

词源 甲基：甲基基团,甲基自由基；杖：棒；菌：表示微小的事物,微生物(细菌、古菌、真菌)；属：属名的尾词；甲基杖菌属：利用甲基的棒形生物。

Etymology　N.L.n.*methylum*, the methyl group（from French *methyle*, back-formation from French*methylène*, coined from Gr.n.*methu*, wine and Gr.n.*hulê*, wood); N.L.pref.*methylo-*, pertaining to the methyl radical; L.fem.n.*ferula*, a rod; N.L.fem.n.*Methyloferula*, methyl-using rod.

模式种 星甲基杖菌(*Methyloferula stellata*)Vorobev 等,2011,新种。

词源 星：满星,繁星,指的是细胞的排列像天上的星星。

Etymology　L.fem.adj.*stellata*, starry.

甲基盖亚菌属(*Methylogaea*)Geymonat 等,2011,新属。此属已定 1 种。

词源 甲基：甲基基团,甲基自由基；盖亚：希腊神话中的地球之母,女神；菌：表示微小的事物,微生物(细菌、古菌、真菌)；属：属名的尾词；甲基盖亚菌属：指的是土地来源的、利用甲基的细菌。

Etymology　N.L.n.*methylum*（from French *méthyle*, back-formation from French *méthylène*, coined from Gr.n.*methu*, wine and Gr.n.*hulê*, wood), the methyl group; N.L.pref.*methylo-*, pertaining to the methyl radical; N.L.fem.n.*Gaea*, the mother goddess of the earth in Greek mythology; N.L.fem.n.*Methylogaea*, referring to the terrestrial origin of a methyl-using bacterium.

模式种　稻甲基盖亚菌（*Methylogaea oryzae*）Geymonat 等,2011,新种。

词源　稻:水稻,稻米;指的是此模式菌株的分离自一个水淹的稻田。

Etymology　L.gen.n.*oryzae*, of rice, referring to the isolation of the type strain from a flooded rice field.

甲基卤菌属（*Methylohalobius*）Heyer 等,2005,新属。此属已定1种。

词源　甲基:甲基自由基,甲基基团;卤:卤素,盐;菌:表示微小的事物,微生物(细菌、古菌、真菌);属:属名的尾词;甲基卤菌属:需盐的,利用甲基的细菌。

Etymology　N.L.n.*methylum*（from French *méthyle*, back-formation from French *méthylène*, coined from Gr.n.*methu*, wine and Gr.n.*hulê*, wood）, the methyl group; N.L.pref.*methylo-*, pertaining to the methyl radical; Gr.n.*hals halos*, salt; Gr.masc.n.*bios*, life; N.L.masc.n.*Methylohalobius*, salt-requiring, methyl-using bacterium.

模式种　克里米亚甲基卤菌（*Methylohalobius crimeensis*）Heyer 等,2005,新种。

词源　克里米亚:与克里米亚有关的。

Etymology　N.L.masc.adj.*crimeensis*, pertaining to Crimea.

甲基卤单胞菌属（*Methylohalomonas*）Sorokin 等,2007,新属。此属已定1种。

词源　甲基:甲基基团,CH_3^-;卤:卤素,卤(水),盐(水);单胞:单细胞,单元;菌:表示微小的事物,微生物(细菌、古菌、真菌);属:属名的尾词;甲基卤单胞菌属:(耐)盐的,利用甲基基团的单细胞生物。

Etymology　N.L.n.*methylum* (from French *méthyle*, back-formation from French *méthylène*, coined from Gr.n.*methu*, wine and Gr.n.*hulê*, wood), the methyl group; N.L.pref.*methylo-*, pertaining to the methyl radical; Gr.n.*hals halos*, salt; Gr.fem.n.*monas*, a unit, monad; N.L.fem.n.*Methylohalomonas*, salt (-tolerant), methyl-group-utilizing monad.

模式种　湖甲基卤单胞菌（*Methylohalomonas lacus*）Sorokin 等,2007,新种。

词源　湖:湖泊,湖水。

Etymology　L.gen.n.*lacus*, of a lake.

甲基海卵菌属（*Methylomarinovum*）Hirayama 等,2014,新属。此属已定1种。

此属是甲基热菌科（Methylothermaceae）Hirayama 等,2014 的模式属。

词源　甲基:甲基基团,甲基自由基;海:海的,大海的,海洋的;卵:蛋,椭圆,椭球;菌:表示微小的事物,微生物(细菌、古菌、真菌);属:属名的尾词;甲基海卵菌属:来自海的、利用甲基基团的卵形细菌。

Etymology　N.L.n.*methylum*（from French *méthyle*）, the methyl group; N.L.pref.*methylo-*, pertaining to the methyl radical; N.L.adj.*marinus*, of the sea; L.neut.n.*ovum* egg, oval; N.L.neut. n.*Methylomarinovum*, a methyl (group)-using oval-shaped bacterium from the sea.

模式种　烫珊甲基海卵菌(*Methylomarinovum caldicuralii*)Hirayama 等,2014,新种。

词源　烫:热的,暖的,高温的;珊:珊瑚,珊瑚虫的骨骼聚集物;烫珊:高温珊瑚的,因为此模式菌株分离自一个浅海与珊瑚礁形成有关系的热液系统。

Etymology　L.adj.*caldus*, hot; L.neut.n.*curalium*, coral; N.L.neut.gen.n.*caldicuralii*, of a hot coral, as the type strain was isolated from a shallow marine hydrothermal system associated with coral reef formation.

来源　环境——海洋(Source: Environmental—marine)。

注:此属和甲基卤菌属(*Methylohalobius*)归属到新建的**甲基热菌科**(Methylothermaceae)Hirayama 等, 2014,新科。

甲基海菌属(*Methylomarinum*)Hirayama 等,2013,新属。此属已定 1 种。

词源　甲基:甲基基团,甲基自由基;海:海的;菌:表示微小的事物,微生物(细菌、古菌、真菌);属:属名的尾词;甲基海菌属:来自海的、利用甲基的细菌。

Etymology　N.L.n.*methylum* (from French *méthyle*), the methyl group; N.L.pref.*methylo-*, pertaining to the methyl radical; N.L.neut.adj.*marinum*, of the sea; N.L.neut.n.*Methylomarinum*, methyl-using bacterium from the sea.

模式种　浅海甲基海菌(*Methylomarinum vadi*)Hirayama 等,2013,新种。

词源　浅海:浅海的,海中水不深的部位。

Etymology　L.gen.n.*vadi*, of a shallow place in the sea.

甲基微菌属(*Methylomicrobium*)Bowman 等,1995,新属;Kalyuzhnaya 等,2008 修改。此属已定 7 种。

词源　甲基:甲基基团,CH_3^-,甲基自由基;微:微小的,微生物;菌:表示微小的事物,微生物(细菌、古菌、真菌);微菌:微生物;属:属名的尾词;甲基微菌属:甲基微生物。

Etymology　N.L.n.*methylum* (from French *méthyle*, back-formation from French *méthylène*, coined from Gr.n.*methu*, wine and Gr.n.*hulê*, wood), the methyl group; N.L.pref.*methylo-*, pertaining to the methyl radical; N.L.neut.n.*microbium*, microbe; N.L.neut.n.*Methylomicrobium*, methyl microbe.

模式种　灵巧甲基微菌(*Methylomicrobium agile*)(Bowman 等,1993)Bowman 等,1995,新合并。

词源　灵巧:灵巧的,灵活的,机敏的。

Etymology　L.neut.adj.*agile*, agile, nimble.

甲基单胞菌属(*Methylomonas*)(*ex* Leadbetter,1974)Whittenbury and Krieg,1984,新属,命名修改;Bowman 等,1993 修改。此属已定 8 种。

词源　甲基:甲基基团,CH_3^-,甲基自由基;单胞:单细胞,单元;菌:表示微小的事物,微生物(细菌、古菌、真菌);属:属名的尾词;甲基单胞菌属:甲基单细胞或甲基单元生物。

Etymology　N.L.n.*methylum*(from French *méthyle*, back-formation from French *méthylène*, coined from Gr.n.*methu*, wine and Gr.n.*hulê*, wood), the methyl group; N.L.pref.*methylo-*, pertaining to the methyl radical; L.fem.n.*monas*, monad, unit; N.L.fem.n.*Methylomonas*, methyl monad or methyl unit.

模式种　甲烷甲基单胞菌(*Methylomonas methanica*)(*ex* Söhngen,1906)Whittenbury and Krieg,1984,新种。

词源　甲烷:甲表示天干第一,烷为饱和烃,即单碳的烷烃气体,CH_4,与甲烷有关的。

Etymology　N.L.n.*methanum*, methane; L.fem.suff.*-ica*, suffix used with the sense of pertaining to; N.L.fem.adj.*methanica*, related to or associated with methane.

同义词　"*Methylomonas*" Leadbetter,1974。

其他同义词　"*Methamonas*" Orla-Jensen,1909。

甲基泡碱菌属(*Methylonatrum*)Sorokin 等,2007,新属。此属已定 1 种。

词源　甲基:甲基基团,甲基自由基;泡碱:与苏打基本同义,常混用,但常指主要以十水碳酸钠(苏打灰的一种)、约 **17%** 碳酸氢钠(发酵粉或小苏打)、少量的氯化钠和硫酸钠组成的混合物;菌:表示微小的事物,微生物(细菌、古菌、真菌);属:属名的尾词;甲基泡碱菌属:利用甲基的,(喜好)苏打的细菌。

Etymology　N.L.n.*methylum*(from French *méthyle*, back-formation from French *méthylène*, coined from Gr.n.*methu*, wine and Gr.n.*hulê*, wood), the methyl radical; N.L.pref.*methylo-*, pertaining to the methyl radical; N.L.neut.n.*natron*, arbitrarily derived from the Arabic n.*natrun* or *natron* soda; N.L.neut.n.*Methylonatrum*, methyl-group-utilizing, soda(-loving bacterium).

模式种　肯尼亚甲基泡碱菌(*Methylonatrum kenyense*)Sorokin 等,2007,新种。

词源　肯尼亚:与非洲国家肯尼亚有关的,此模式菌株的分离地。

Etymology　N.L.neut.adj.*kenyense*, pertaining to Kenya, where the type strain was isolated.

甲基副果菌属(*Methyloparacoccus*)Hoefman 等,2014,新属。此属已定 1 种。

词源　甲基:甲基自由基,甲基基团;副:副手,旁边,附近;果:浆果,表示浆果形(圆球或椭球);菌:表示微小的事物,微生物(细菌、古菌、真菌);属:属名的尾词;甲基副果菌属:指的是利用甲基的浆果形生物,与其他利用甲基的浆果形生物类似但区别明显。

Etymology　N.L.n.*methylum*(from French *méthyle*), the methyl group; N.L.pref.*methylo-*

pertaining to the methyl radical; Gr.prep.*para*, beside, alongside of, near, like; N.L.masc.n.*coccus* (from Gr.n.*kokkos*), a grain or berry; N.L.masc.n.*Methyloparacoccus*, referring to a methyl-using organism resembling but clearly different from other methyl-using cocci.

模式种 默雷尔氏甲基副果菌(*Methyloparacoccus murrellii*)Hoefman 等,2014,新种。

词源 氏:姓氏;默雷尔氏:以英国微生物学家科林默雷尔的姓氏命名,他对甲烷营养学有许多贡献。

Etymology N.L.masc.gen.n.*murrellii*, of Murrell, named in honour of the British microbiologist Colin Murrell for his contributions to the knowledge on methanotrophs.

噬甲基菌属(*Methylophaga*)Janvier 等,1985,新属;Boden,2012 修改。此属已定 10 种。

词源 噬:吞噬,大吃;甲基:甲基基团,甲基自由基;菌:表示微小的事物,微生物(细菌、古菌、真菌);属:属名的尾词;噬甲基菌属:吃甲基的生物。

Etymology N.L.n.*methylum*(from French *méthyle*, back-formation from French *méthylène*, coined from Gr.n.*methu*, wine and Gr.n.*hulê*, wood), the methyl radical; N.L.pref.*methylo-*, pertaining to the methyl radical; Gr.v.*phagein*, to eat, to devour; N.L.fem.n.*Methylophaga*, methyl eating.

模式种 海噬甲基菌(*Methylophaga marina*)Janvier 等,1985,新种。

词源 海:海的,大海的,海洋的。

Etymology L.fem.adj.*marina*, marine, of the sea.

嗜甲基菌科(*Methylophilaceae*)Garrity 等,2006,新科。

模式属 嗜甲基菌属(*Methylophilus*)Jenkins 等,1987,新属。

词源 嗜甲基菌属:此科之模式属;科:用于定义一个比属高、比目低的分类级和尾词;在中文科的命名中,把模式属属名中的尾字"属"代换为尾字"科",即为模式属所在的科名;嗜甲基菌科:嗜甲基菌属之科。

Etymology N.L.masc.n.*Methylophilus*, type genus of the family; suff.-*aceae*, ending to denote family; N.L.fem.pl.n.*Methylophilaceae*, the *Methylophilus* family.

嗜甲基菌目(*Methylophilales*)Garrity 等,2006,新目。

模式属 嗜甲基菌属(*Methylophilus*)Jenkins 等,1987,新属。

词源 嗜甲基菌属:此目之模式属;目:用于定义一个比科高、比纲低的分类级和尾词;在中文目的命名中,把模式属属名中的尾字"属"代换为尾字"目",即为模式属所在的目名;嗜甲基菌目:嗜甲基菌属之目。

Etymology N.L.masc.n.*Methylophilus*, type genus of the order; suff.-*ales*, ending denoting an order; N.L.fem.pl.n.*Methylophilales*, the *Methylophilus* order.

嗜甲基菌属（*Methylophilus*）Jenkins 等,1987,新属。此属已定 6 种。

此属是嗜甲基菌目（*Methylophilales*）Garrity 等,2006 和嗜甲基菌科（*Methylophilaceae*）Garrity 等,2006 的模式属。

词源　嗜:嗜好的,喜好的,友好的,爱好的;甲基:甲基基团,甲基自由基;菌:表示微小的事物,微生物（细菌、古菌、真菌）;属:属名的尾词;嗜甲基菌属:喜好甲基自由基的生物。

Etymology　N.L.n.*methylum*（from French *méthyle*, back-formation from French *méthylène*, coined from Gr.n.*methu*, wine and Gr.n.*hulê*, wood）, the methyl radical; N.L.pref.*methylo*-, pertaining to the methyl radical; N.L.adj.*philus -a -um*（from Gr.adj.*philos -ê -on*）, friend, loving; N.L.masc.n.*Methylophilus*, methyl radical loving.

模式种　甲基营养嗜甲基菌（*Methylophilus methylotrophus*）Jenkins 等,1987,新种。

词源　甲基:甲基基团,甲基自由基;营养:给予营养,喂食者;甲基营养:消耗甲基自由基的。

Etymology　N.L.n.*methylum*（from French *méthyle*, back-formation from French *méthylène*, coined from Gr.n.*methu*, wine and Gr.n.*hulê*, wood）, the methyl radical; N.L.pref.*methylo*-, pertaining to the methyl radical; Gr.n.*trophos*, feeder, rearer, one who feeds; N.L.masc.adj. *methylotrophus*, methyl radical-consuming.

甲基柱菌属（*Methylopila*）Doronina 等,1998,新属。此属已定 5 种。

词源　甲基:甲基基团,甲基自由基;柱:柱子,柱状,这里指圆柱,球状;菌:表示微小的事物,微生物（细菌、古菌、真菌）;属:属名的尾词;甲基柱菌属:利用甲基的球形生物。

Etymology　N.L.n.*methylum*（from French *méthyle*, back-formation from French *méthylène*, coined from Gr.n.*methu*, wine and Gr.n.*hulê*, wood）, the methyl group; N.L.pref.*methylo*-, pertaining to the methyl radical; L.fem.n.*pila*, ball or sphere; N.L.fem.n. *Methylopila*, methyl-using sphere.

模式种　胶囊甲基柱菌（*Methylopila capsulata*）Doronina 等,1998,新种。

词源　胶囊:盒,箱,袋,这里指的是具有胶囊形结构的,带盒子的,披覆胶囊的。

Etymology　L.n.*capsula*, a small box or chest; L.fem.suff.-*ata*, suffix denoting provided with; N.L.fem.adj.*capsulata*, with a chest, capsuled.

甲基深渊菌属（*Methyloprofundus*）Tavormina 等,2015,新属。此属已定 1 种。

词源　甲基:甲基基团,甲基自由基;深渊:深潭,深海海渊,深部,深处;菌:表示微小的事物,微生物（细菌、古菌、真菌）;属:属名的尾词;甲基深菌属:来自深海、利用甲基的细菌。

Etymology　N.L.pref.*methyl*-, pertaining to the methyl radical, from N.L.n.*methylum*（from Fr.adj.*méthyle*）the methyl group; L.masc.adj. *profundus*, of the deep; N.L.masc.n.

Methyloprofundus, a methyl-using bacterium from the deep sea.

模式种　沉淀物甲基深渊菌(*Methyloprofundus sedimenti*)Tavormina 等,2015,新种。

词源　沉淀物:沉淀物的,沉积物的,来自或属于沉积物的。

Etymology　N.L.masc.adj.*sedimenti*, of sediment.

甲基杵菌属(*Methylorhabdus*)Doronina 等,1996,新属。此属已定 1 种。

词源　甲基:甲基基团,甲基自由基;杵:中国古代舂米或捶衣的木棒,表示棒,棒形;菌:表示微小的事物,微生物(细菌、古菌、真菌);属:属名的尾词;甲基杵菌属:甲基棒形生物。

Etymology　N.L.n.*methylum*(from French *méthyle*, back-formation from French *méthylène*, coined from Gr.n.*methu*, wine and Gr.n.*hulê*, wood), the methyl group; N.L.pref.*methylo-*, pertaining to the methyl radical; G.fem.n.*rhabdos*, rod; N.L.fem.n. *Methylorhabdus*, methyl rod.

模式种　多吞甲基杵菌(*Methylorhabdus multivorans*)Doronina 等,1996,新种。

词源　多:许多,很多;吞:吞噬的,吞食的,大吃的,吞没的,狼吞虎咽(般的吃光);多吞:吞噬很多化合物。

Etymology　L.adj.*multus*, much; L.part.adj.*vorans*, devouring, eating; N.L.part.adj. *multivorans*, devouring many compounds.

甲基小玫菌属(*Methylorosula*)Berestovskaya 等,2012,新属。此属已定 1 种。

词源　甲基:甲基基团,甲基自由基;小玫:小玫瑰;菌:表示微小的事物,微生物(细菌、古菌、真菌);属:属名的尾词;甲基小玫菌属:利用甲基形成小玫色细胞的生物。

Etymology　N.L.n.*methylum*(from French *méthyle*, back-formation from French *méthylène*, coined from Gr.n.*methu*, wine and Gr.n.*hulê*, wood), the methyl radical; N.L.pref.*methylo-*, pertaining to the methyl radical; L.fem.n.*rosula*, a little rose; N.L.fem.n.*Methylorosula*, methyl-using forming rosette cells.

模式种　极地甲基小玫菌(*Methylorosula polaris*)Berestovskaya 等,2012,新种。

词源　极地:指的是北部俄罗斯的地理区域,此模式菌株的分离地。

Etymology　N.L.fem.adj.*polaris*, polar, referring to the geographical zone in Northern Russia, where the type strain was isolated.

甲基八球菌属(*Methylosarcina*)Wise 等,2001,新属;Kalyuzhnaya 等,2005 修改。此属已定 3 种。

词源　甲基:甲基自由基,甲基基团,CH_3^-;八球:八迭球,八叠球,表示成束的;菌:表示微小的事物,微生物(细菌、古菌、真菌);属:属名的尾词;甲基八球菌属:利用甲烷的成束状排列的细胞。

Etymology　N.L.n.*methylum*（from French *méthyle*, back-formation from French *méthylène*, coined from Gr.n.*methu*, wine and Gr.n.*hulê*, wood）, the methyl group; N.L.pref.*methylo-*, pertaining to the methyl radical; L.fem.n.*sarcina*, a package, bundle, pack; N.L.fem.n.*Methylosarcina*, methane-utilizing bundle of cells.

模式种　纤丝甲基八球菌（*Methylosarcina fibrata*）Wise 等,2001,新种。

词源　纤丝:含纤维的,纤维状的,丝状的,被纤维或纤丝覆盖的。

Etymology　L.fem.adj.*fibrata*, fibrous, covered with fibers or fibrils.

甲基弯菌属（*Methylosinus*）（*ex* Whittenbury 等,1970）Bowman 等,1993,新属,命名修改。此属已定 2 种。

词源　甲基:甲基自由基,甲基基团, CH_3^-; 弯:屈曲不直,弯曲;菌:表示微小的事物,微生物(细菌、古菌、真菌);属:属名的尾词;甲基弯菌属:甲基弯曲的生物。

Etymology　N.L.n.*methylum*（from French *méthyle*, back-formation from French *méthylène*, coined from Gr.n.*methu*, wine and Gr.n.*hulê*, wood）, the methyl radical; N.L.pref.*methylo-*, pertaining to to the methyl radical; L.masc.n.*sinus*, a bent surface, curve; N.L.masc.n.*Methylosinus*, methyl bender.

模式种　发孢甲基弯菌（*Methylosinus trichosporium*）（*ex* Whittenbury 等,1970）Bowman 等,1993,新种,命名修改。

词源　发:头发,毛发,丝线;孢:孢子;发孢:形成孢子的头发。

Etymology　Gr.n.*thrix trichos*, hair; Gr.fem.n.*spora*, seed（in biology, a spore）; N.L.neut.n.*trichosporium*, hair spore-former.

同义词　"*Methylosinus*" Whittenbury 等,1970。

甲基体属（*Methylosoma*）Rahalkar 等,2007,新属。此属已定 1 种。

词源　甲基:甲基基团,甲基自由基;体:体(形),身体,整体,小体,小生命;属:属的尾词;甲基体属:利用甲基基团的菌体。

Etymology　N.L.n.*methylum* (from French *méthyle*, back-formation from French *méthylène*, coined from Gr.n.*methu*, wine and Gr.n.*hulê*, wood), the methyl group; N.L.pref.*methylo-*, pertaining to to the methyl radical; Gr.neut.n.*soma*, body; N.L.neut.n.*Methylosoma*, a methyl group (-utilizing) body.

模式种　难养甲基体（*Methylosoma difficile*）Rahalkar 等,2007,新种。

词源　难养:难以培养的,指的是此菌株在培养过程中很难。

Etymology　L.neut.adj.*difficile*, difficult, referring to difficulties in cultivating the type strain.

甲基球菌属（*Methylosphaera*）Bowman 等，1998，新属。此属已定 1 种。

词源　甲基：甲表示首、一、第一，基为基团，甲基基团，即为单碳的基团，$-CH_3$；球：球体，球形，地球；菌：表示微小的事物，微生物（细菌、古菌、真菌）；属：属名的尾词；甲基球菌属：甲基球形生物。

Etymology　N.L.n.*methylum*（from French *méthyle*, back-formation from French *méthylène*, coined from Gr.n.*methu*, wine and Gr.n.*hulê*, wood）, the methyl radical; N.L.pref.*methylo-*, pertaining to the methyl radical; L.fem.n.*sphaera*, sphere; N.L.fem.n.*Methylosphaera*, methyl sphere.

模式种　汉逊氏甲基球菌（*Methylosphaera hansonii*）Bowman 等，1998，新种。

词源　氏：姓氏；汉逊氏：以美国生物学家 R.S. 汉逊的姓氏命名。

Etymology　N.L.gen.masc.n.*hansonii*, of Hanson, named after American microbiologist R.S.Hanson.

注：汉逊来自父名汉，表示汉的儿孙。"son"这里译为"逊"表示……之子孙（后代）。

甲基精细菌属（*Methylotenera*）Kalyuzhnaya 等，2006，新属。Kalyuzhnaya 等，2012 修改。此属已定 2 种。

词源　甲基：甲表示首、一、第一，基为基团，甲基基团，即为单碳的基团，$-CH_3$；精细：精致的，精细的；菌：表示微小的事物，微生物（细菌、古菌、真菌）；属：属名的尾词；甲基精细菌属：精细的甲基利用生物。

Etymology　N.L.n.*methylum*（from French *méthyle*, back-formation from French *méthylène*, coined from Gr.n.*methu*, wine and Gr.n.*hulê*, wood）, the methyl group; N.L.pref.*methylo-*, pertaining to the methyl radical; L.fem.adj.*tenera*, delicate; N.L.fem.n.*Methylotenera*, delicate methyl-utilizing organism.

模式种　动甲基精细菌（*Methylotenera mobilis*）Kalyuzhnaya 等，2006，新种。

词源　动：运动的，移动的，活动的，游动的。

Etymology　L.fem.adj.*mobilis*, motile.

甲基热菌科（*Methylothermaceae*）Hirayama 等，2014，新科。

模式属　甲基热菌属（*Methylothermus*）Hirayama 等，2014，新属。

词源　甲基热菌：此科之模式属；科：用于定义一个比属高、比目低的分类级和尾词；在中文科的命名中，把模式属属名中的尾字"属"代换为尾字"科"，即为模式属所在的科名；甲基热菌科：甲基热菌属之科。

Etymology　N.L.masc.n.Methylothermus the type genus of the family; suff.-aceae ending to denote a family; N.L.fem.pl.n.Methylothermaceae the family of the genus Methylothermus.

甲基热菌属（*Methylothermus*）Tsubota 等，2005，新属；Hirayama 等，2011 修改。此属已定 2 种。

词源　甲基：甲表示首、一、第一，基为基团，甲基基团，即为单碳的基团，$-CH_3$；热：热的，高温的；菌：表示微小的事物，微生物（细菌、古菌、真菌）；属：属名的尾词；甲基热菌属：利用甲基的耐热生物。

Etymology　N.L.n.*methylum*（from French *méthyle*, back-formation from French *méthylène*, coined from Gr.n.*methu*, wine and Gr.n.*hulê*, wood）, the methyl group; N.L.pref.*methylo-*, pertaining to the methyl radical; Gr.adj.*thermos*, hot; N.L.masc.n.*Methylothermus*, methyl-using thermotolerant organism.

模式种　热泉甲基热菌（*Methylothermus thermalis*）Tsubota 等，2005，新种。

词源　热泉：热泉的，与热泉相关的。

Etymology　N.L.masc.adj.*thermalis*, pertaining to a hot spring.

甲基多样菌属（*Methyloversatilis*）Kalyuzhnaya 等，2006，新属。此属已定 2 种。

词源　甲基：甲表示首、一、第一，基为基团，甲基自由基；多样：多功能的，多种多样的；菌：表示微小的事物，微生物（细菌、古菌、真菌）；属：属名的尾词；甲基多样菌属：挥发性甲基（的利用者），指的是此首次分离物的挥发性气体营生能力。

Etymology　N.Gr.n.*methyl*（from Gr.n.*methu*, wine and Gr.n.*hulê*, wood）, methyl radical; L.adj.*versatilis*, versatile; N.L.fem.n.*Methyloversatilis*, versatile methyl（utilizer）, reflecting the versatile trophic abilities of the first isolates.

模式种　广泛甲基多样菌（*Methyloversatilis universalis*）Kalyuzhnaya 等，2006，新种。

词源　广泛：广泛的，指的是此首次分离物在环境中的分布是无处不在的。

Etymology　L.fem.adj.*universalis*, universal, reflecting the ubiquitous distribution of the first isolates in the environment.

甲基小幡菌属（*Methylovirgula*）Vorob'ev 等，2009，新属。此属已定 1 种。

词源　甲基：甲表示首、一、第一，基为基团，甲基基团，即为单碳的基团，$-CH_3$；小幡：小棒；菌：表示微小的事物，微生物（细菌、古菌、真菌）；属：属名的尾词；甲基小幡菌属：利用甲基的小棒形细胞。

Etymology　N.L.n.*methylum*（from French *méthyle*, back-formation from French *méthylène*, coined from Gr.n.*methu*, wine and Gr.n.*hulê*, wood）, the methyl group; N.L.pref.*methylo-*, pertaining to the methyl radical; L.fem.n.*virgula*, a little rod; N.L.fem.n.*Methylovirgula*, methyl-using rod-shaped cell.

模式种　木质甲基小幡菌（*Methylovirgula ligni*）Vorob'ev 等，2009，新种。

词源　木质：木质素，木头，指的是此菌株分离自木头材料。

Etymology L.gen.n.*ligni*, of wood, referring to the isolation of known strains from wood material.

吞甲基菌属（*Methylovorus*）Govorukhina and Trotsenko,1991,新属；Doronina 等,2005 修改。此属已定 3 种。

词源　吞：吞噬,吞吃,吞食,吞没,狼吞虎咽(般的吃光)；甲基：甲表示首、一、第一,基为基团,甲基自由基；菌：表示微小的事物,微生物(细菌、古菌、真菌)；属：属名的尾词；吞甲基菌属：甲基的消耗者(生物)。

Etymology N.L.n.*methylum*（from French *méthyle*, back-formation from French *méthylène*, coined from Gr.n.*methu*, wine and Gr.n.*hulê*, wood), the methyl radical; N.L.pref.*methylo-*, pertaining to the methyl radical; L.v.*voro*, to eat, devour; N.L.masc.n.*methylovorus*, methyl-devourer.

模式种　葡糖营养吞甲基菌（*Methylovorus glucosotrophus*）Govorukhina and Trotsenko ,1991,新种。

词源　葡糖：葡萄糖；营养：护理的,营养的,互相喂养；菌：表示微小的事物,微生物(细菌、古菌、真菌)；属：属名的尾词；葡糖营养：以葡萄糖为食的生物。

Etymology N.L.n.*glucosum*, glucose; Gr.adj.*trophikos*, nursing, tending or feeding; N.L.masc. adj.*glucosotrophus*, feeding on glucose.

甲基小卵菌属（*Methylovulum*）Iguchi 等,2011,新属。此属已定 1 种。

词源　甲基：甲表示首、一、第一,基为基团,甲基基团,即为单碳的基团, $-CH_3$,甲基自由基；小卵：小蛋；菌：表示微小的事物,微生物(细菌、古菌、真菌)；属：属名的尾词；甲基小卵菌属：小的利用甲基的蛋形生物。

Etymology N.L.n.*methylum*（from French *méthyle*, back-formation from French *méthylène*, coined from Gr.n.*methu*, wine and Gr.n.*hulê*, wood), the methyl group; N.L.pref.*methylo-*, pertaining to the methyl radical; N.L.neut.n.*ovulum*, small egg; N.L.neut.n.*Methylovulum*, small methyl-using egg.

模式种　宫古甲基小卵菌（*Methylovulum miyakonense*）Iguchi 等,2011,新种。

词源　宫古：属于或来自日本古首都京都。

Etymology N.L.neut.adj.*miyakonense*, of or belonging to, Miyako, the ancient capital Kyoto.

Mi

微弧菌属（*Micavibrio*）Lambina 等,1989,新属。此属已定 1 种。

词源　微：微小,细小的东西,微粒；弧：作动词表示弧动,像手中舞动的绳子状振动；弧：作名词也表示细菌的一个属名,表示弧状的菌,弧菌属；菌：表示微小的事物,微生物(细菌、古菌、真菌）；属：属名的尾词；微弧菌属：微小的弧生物。

Etymology　L.n.*mica*, a little bit, a grain, a tiny thing; L.v.*vibro*, to set in tremulous motion, move to and fro, vibrate; N.L.masc.n.*vibrio*, that which vibrates, and also a bacterial genus name of bacteria possessing a curved rod shape（*Vibrio*）; N.L.masc.n.*Micavibrio*, a tiny vibrio.

模式种　惊奇微弧菌（*Micavibrio admirandus*）Lambina 等，1989，新种。

词源　惊奇：绝好的，精妙的，令人赞叹的。

Etymology　L.masc.*admirandus*, admirable, wonderful.

微气杆菌属（*Microaerobacter*）Khelifi 等，2011，新属。此属已定 1 种。

词源　微：微小的，少的；气：空气，微生物学中一般指氧气；杆：棒；菌：表示微小的事物，微生物（细菌、古菌、真菌）；属：属名的尾词；微气杆菌属：能在很少量氧气的环境中生长的棒形生物。

Etymology　Gr.adj.*mikros*, small, little; Gr.n.*aer aeros*, air; N.L.masc.n.*bacter*, a rod; N.L.masc.n.*Microaerobacter*, a rod able to live in the presence of small quantities of O_2.

模式种　地热微气杆菌（*Microaerobacter geothermalis*）Khelifi 等，2011，新种。

词源　地：地球，土地；热：高温；地热：地热的，指的是高温陆地泉井，热泉，此细菌的分离泉。

Etymology　Gr.n.*gê*, earth; Gr.n.*thermê*, heat; L.masc.suff.-*alis*, suffix used with the sense of pertaining to; N.L.masc.adj.*geothermalis*, geothermal, referring to hot terrestrial spring, the spring where the bacterium was isolated.

微杆菌属（*Microbacter*）Sánchez-Andrea 等，2014，新属。此属已定 1 种。

词源　微：微小的；杆：棒；菌：表示微小的事物，微生物（细菌、古菌、真菌）；属：属名的尾词；微杆菌属：微小的棒形生物。

Etymology　Gr.adj.*mikros*, small; N.L.masc.n.*bacter*, a rod; N.L.masc.n.*Microbacter*, a small rod.

模式种　玛古丽斯氏微杆菌（*Microbacter margulisiae*）Sánchez-Andrea 等，2014，新种。

词源　氏：姓氏；玛古丽斯氏：玛古丽斯的，以琳·玛古丽斯的姓氏命名。

Etymology　N.L.gen.fem.n.*margulisiae*, of Margulis, named after Lynn Margulis.

来源　环境（Source: Environmental）。

注：琳·玛古丽斯（1938—2011），女，内共生理论的主要构建者，真核生物起源于无核细菌的建立者。

微小杆菌科（*Microbacteriaceae*）Park 等，1995，新科；Rainey 等，1997（全部作者名单 Rainey, Ward-Rainey and Stackebrandt）修改，Zhi 等，2009 修改。

模式属　微小杆菌属（*Microbacterium*）Orla-Jensen，1919，《1980 年细菌名确认单》，属。

词源　微小杆菌属：此科之模式属；科：用于定义一个比属高、比目低的分类级和尾词；在中文科的命名中,把模式属属名中的尾字"属"代换为尾字"科",即为模式属所在的科名;微小杆菌科:微小杆菌属之科。

Etymology　　N.L.neut.n.*Microbacterium*, type genus of the family; suff.-*aceae*, ending to denote a family; N.L.fem.pl.n.*Microbacteriaceae*, the *Microbacterium* family.

微小杆菌属(*Microbacterium*)Orla-Jensen,1919,属;Takeuchi and Hatano,1998修改,Krishnamurthi等,2012修改。此属已定89种。

此属是微小杆菌科(*Microbacteriaceae*)Park等,1995的模式属。

词源　　微:微小的;小杆:小棒;菌:表示微小的事物,微生物(细菌、古菌、真菌);属:属名的尾词;微小杆菌属:微小的小棒形生物。

Etymology　　Gr.adj.*mikros*, small; L.neut.n.*bacterium*, a small rod; N.L.neut.n.*Microbacterium*, a small rodlet.

模式种　　乳微小杆菌(*Microbacterium lacticum*)Orla-Jensen,1919,《1980年细菌名确认单》,种。

词源　　乳:奶,乳汁,乳酸的,与乳液有关的。

Etymology　　L.n.*lac lactis*, milk; L.neut.suff.-*icum*, suffix used with the sense of pertaining to; N.L.neut.adj.*lacticum*, pertaining to milk, lactic.

微双孢菌属(*Microbispora*)Nonomura and Ohara,1957,属;Zhang等,1998修改。此属已定7种,2亚种。

词源　　微:微小的,小的;双:倍,二;孢:孢子;菌:表示微小的事物,微生物(细菌、古菌、真菌);属:属名的尾词;微双孢菌属:微小的双孢子生物。

Etymology　　Gr.adj.*mikros*, small; L.adv.num.*bis*, twice; Gr.n.*spora*, a seed and in biology a spore; N.L.fem.n. *Microbispora*, the small two-spored (organism).

模式种　　玫色微双孢菌(*Microbispora rosea*)Nonomura and Ohara,1957,《1980年细菌名确认单》,种。

词源　　玫色:玫瑰色的,玫色的,粉色的,粉红色的。

Etymology　　L.fem.adj.*rosea*, rose colored.

同义词　　"*Thermopolyspora*" Henssen,1957,"*Waksmania*" Lechevalier and Lechevalier,1957。

注1:此模式种已经进一步分成如下两个亚种。玫色微双孢菌玫色亚种(*Microbispora rosea* subsp.*rosea*)(Nonomura and Ohara,1957)Miyadoh等,1991,新亚种。玫色微双孢菌青铜色亚种(*Microbispora rosea* subsp.*aerata*)(Gerber and Lechevalier,1964)Miyadoh等,1991,新合并。

注2:这种亚种的中文命名就显得十分的不合形式和适宜,把种名提前,亚种置后,十分的突兀,不如顺序直译:微双孢属玫色菌青铜色亚种。且完全符合中文的习惯。

微携球茎菌属（*Microbulbifer*）González 等，1997，新属；Tang 等，2008 修改。此属已定 19 种。

词源　微：小；携：携带，载有；球茎：葱，洋葱，鳞茎，玉葱；菌：表示微小的事物，微生物（细菌、古菌、真菌）；属：属名的尾词；微携球茎属：球茎的小携带者。

Etymology　Gr.adj.*mikros*, small; L.n.*bulbus*, onion, bulb; L.suff.-*fer*, carrying, bearing; N.L.masc.n.*Microbulbifer*, small bearer of bulbs.

模式种　水解微携球茎菌（*Microbulbifer hydrolyticus*）González 等，1997，新种。

词源　解：溶解的，分解的，降解的；水解：水溶的，水解的，指的是此细菌的水解活性。

Etymology　Gr.n.*hudôr*, water; N.L.masc.adj.*lyticus* (from Gr.masc.adj.*lutikos*), able to loosen, able to dissolve; N.L.masc.adj.*hydrolyticus*, splitting with water, referring to the hydrolytic activity of the bacterium.

微胞菌属（*Microcella*）Tiago 等，2005，新属；Tiago 等，2006 修改。此属已定 2 种。

词源　微：小；胞：细胞，同胞；菌：表示微小的事物，微生物（细菌、古菌、真菌）；属：属名的尾词；微胞菌属：小细胞生物。

Etymology　Gr.adj.*mikros*, small; L.fem.n.*cella*, a store-room, chamber and in biology a cell; N.L.fem.n.*Microcella*, a small cell.

模式种　井微胞菌（*Microcella putealis*）Tiago 等，2005，新种。

词源　井：泉，属于或来自井泉的。

Etymology　L.fem.adj.*putealis*, of or belonging to a well.

微果菌科（*Micrococcaceae*）Pribram，1929，科；Stackebrandt 等，1997 修改，Zhi 等，2009 修改。

模式属　微果菌属（*Micrococcus*）Cohn，1872，《1980 年细菌名确认单》，属。

词源　微果菌属：此科之模式属；科：用于定义一个比属高、比目低的分类级和尾词；在中文科的命名中，把模式属属名中的尾字"属"代换为尾字"科"，即为模式属所在的科名；微果菌科：微果菌属之科。

Etymology　N.L.masc.n.*Micrococcus*, type genus of the family; suff.-*aceae*, ending to denote a family; N.L.fem.pl.n.*Micrococcaceae*, the *Micrococcus* family.

微果菌目（*Micrococcales*）Prévot，1940，目。

模式属　微果菌属（*Micrococcus*）Cohn，1872，《1980 年细菌名确认单》，属。

词源　微果菌属：此目之模式属；目：用于定义一个比科高、比纲低的分类级和尾词；在中文目的命名中，把模式属属名中的尾字"属"代换为尾字"目"，即为模式属所在的目名；微果菌目：微果菌属之目。

Etymology　N.L.masc.n.*Micrococcus*, type genus of the order; suff.-*ales*, ending denoting an order; N.L.fem.pl.n.*Micrococcales*, the *Micrococcus* order.

微果菌族（*Micrococceae*）Prévot，1961，族。

模式属 微果菌属（*Micrococcus*）Cohn，1872，《1980年细菌名确认单》，属。

词源 微果菌属：此族之模式属；族：原核生物分类的一个级别，现已停用；微果菌族：微果菌属之族。

Etymology N.L.masc.n.*Micrococcus*, type genus of the tribe; suff.-*eae*, ending to denote a tribe; N.L.fem.pl.n.*Micrococceae*, the *Micrococcus* tribe.

微果菌亚目（*Micrococcineae*）Stackebrandt 等，1997，新亚目；Zhi 等，2009 修改，Yassin 等，2011 修改。

模式属 微果菌属（*Micrococcus*）Cohn，1872，《1980年细菌名确认单》，属。

词源 微果菌属：此亚目之模式属；亚目：用于定义一个比科高、比目低的分类级和尾词，目的二级分类级；在中文目的命名中，把属名中的尾字"属"代换为尾字"亚目"，即为模式属所对应的亚目；微果菌亚目：微果菌属之亚目。

Etymology N.L.masc.n. *Micrococcus*, type genus of the suborder; suff.-*ineae*, ending to denote a suborder; N.L.fem.pl.n.*Micrococcineae*, the *Micrococcus* suborder.

微果菌属（*Micrococcus*）Cohn，1872，属；Stackebrandt 等，1995 修改，Wieser 等，2002 修改。此属已定 17 种。

此属是微果菌目（*Micrococcales*）Prévot，1940，《1980年细菌名确认单》，微果菌亚目（*Micrococcineae*）Stackebrandt 等，1997，微果菌科（*Micrococcaceae*）Pribram，1929，《1980年细菌名确认单》和微果菌族（*Micrococceae*）Prévot，1961，《1980年细菌名确认单》的模式属。

词源 微：微小的，小的；果：浆果，表示浆果形（圆球或椭球）；菌：表示微小的事物，微生物（细菌、古菌、真菌）；属：属名的尾词；微果菌属：微小的浆果形生物。

Etymology Gr.adj.*mikros*, small, little; N.L.masc.n.*coccus*（from Gr.masc.n.*kokkos*, grain, seed）, coccus; N.L.masc.n.*Micrococcus*, small coccus.

模式种 橙黄色微果菌（*Micrococcus luteus*）（Schroeter，1872）Cohn，1872，《1980年细菌名确认单》，种。

词源 橙黄色：橙黄色的，金黄色的，闪亮的橙黄色的。

Etymology L.masc.adj.*luteus*, golden yellow.

微环菌属（*Microcyclus*）Ørskov，1928，属；此属已定 1 种。

词源 微：小，微小；环：圈，圆；微环：小圆圈；菌：表示微小的事物，微生物（细菌、古菌、真菌）；属：属名的尾词；微环菌属：微小的圆圈形生物。

Etymology Gr.adj.*mikros*, small; L.masc.n.*cyclus*, a circle; N.L.masc.n.*Microcyclus*, a small circle.

此属 1983 年已归属到→**麯杆菌属**(*Ancylobacter*) Raj, 1983, 新属。

模式种 水生微环菌(*Microcyclus aquaticus*) Ørskov, 1928, 种;《1980 年细菌名确认单》。

此种 1983 年已归种到→**水生麯杆菌**(*Ancylobacter aquaticus*) (Ørskov, 1928) Raj, 1983, 新合并。

词源 水生:生活、生长或发现在或傍水和水域。

Etymology L.masc.adj.*aquaticus*, living, growing, or found in or by the water, aquatic.

注:微环菌属此属名并不合规,违背命名的唯一性,因为此前 Saccardo 在 1904 已把微环菌属(*Microcyclus*) 赋予一个真菌属名。

微腺藻属("*Microcystis*")(非合格发表, not validly published)。

铜锈微腺菌(*Microcystis aeruginosa*) Otsuka 等, 2001, 新种。

词源 铜锈:铜锈色的,铜绿色的。

Etymology L.fem.adj.*aeruginosa*, full of copper rust, verdigris, hence green.

注:关于蓝菌门的蓝—绿藻的有关分类,见浮发菌属的相关注释。曾用中文名微囊藻属。

微荚囊孢菌属(*Microellobosporia*) Cross 等, 1963, 属。此属已定 4 种。

此属 1986 年已归属到→**链霉菌属**(*Streptomyces*) Waksman and Henrici, 1943,《1980 年细菌名确认单》,属。

词源 微:小,微小的;荚囊:荚膜,豆荚一样的囊套,该词的拉丁文来源词 *ellobos* 缺乏明确意义;菌:表示微小的事物,微生物(细菌、古菌、真菌);属:属名的尾词;微荚囊菌属:来自微小的荚囊的生物。

Etymology The etymology provided by Cross 等, 1963 is the following: *from ellobos-enclosed in a pod.*

模式种 灰色微颊囊孢菌(*Microellobosporia cinerea*) Cross 等, 1963,《1980 年细菌名确认单》,种。

此种 1986 年已归种到→**灰色链霉菌**(*Streptomyces cinereus*) (Cross 等, 1963) Goodfellow 等, 1986, 新合并。

词源 灰色:灰色的。

Etymology L.fem.adj.*cinerea*, ash-colored.

同义词 "*Macrospora*" Tsyganov 等, 1964, "*Microechinospora*" Konev 等, 1967。

微月菌属(*Microlunatus*) Nakamura 等, 1995, 新属。此属已定 6 种。

词源 微:微小的,少的;月:半月形,月形,新月形;菌:表示微小的事物,微生物(细菌、古菌、真菌);属:属名的尾词;微月菌属:像微小的月形的微生物。

Etymology Gr.adj.*mikros*, small; L.masc.adj.*lunatus*, half-moon-shaped, crescent-shaped;

N.L.masc.n.*Microlunatus*, small moon-like microorganism.

模式种 吞磷微月菌(*Microlunatus phosphovorus*)Nakamura 等,1995,新种。

词源 吞:吞噬,吞吃,吞食,吞没,狼吞虎咽(般的吃光);磷:一种元素,**P**,磷,中文中的磷火或磷水中石与希腊文中的光明使者或晨星异曲同工;吞磷:吞噬磷素的,意即此微生物聚集磷元素,富集磷。

Etymology　L.n.*phosphorus*(from Gr.n.*phōsphoros*, the light-bringer), the morning-star and, in chemistry, phosphorus; L.masc.suff.-*vorus*, devouring; N.L.masc.adj.*phophovorus*, intended to mean phosphorus-accumulating (*sic*)microorganism.

微单胞菌属(*Micromonas*)Murdoch and Shah,2000,新属。此属已定1种。

此属 2006 年已归属到→渺单胞菌属(*Parvimonas*)Tindall and Euzéby,2006,新属。

词源 微:微小的;单胞:单细胞,单元;菌:表示微小的事物,微生物(细菌、古菌、真菌);属:属名的尾词;微单胞菌属:微小的细胞。

Etymology　Gr.adj.*mikros* -ê -*on*, small, little; L.fem.n.*monas*, a monad, unit; N.L.fem.n.*Micromonas*, tiny cell.

模式种 微微单胞菌(*Micromonas micros*)(Prévot,1933)Murdoch and Shah,2000。

此种 2006 年已归种到→微渺单胞菌(*Parvimonas micra*)(Prévot,1933)Tindall and Euzéby,2006,新合并。

词源 微:小的,微小的。

Etymology　Gr.adj.*mikros* -ê -*on*, small, little; N.L.masc.adj.*micros*, small, little.

注:微单胞藻属(*Micromonas*)在先,即 1960 年,曼顿和帕克(Manton 和 M.Parke)已把此拉丁文属名赋予微藻的一个属名。因此,根据唯一性命名原则[Rule 51b (4)],重名,把它赋予原核生物是不合规的。

微单孢菌属(*Micromonospora*)Ørskov,1923,属。此属已定 59 种,7 亚种。

此属是微单孢菌亚目(*Micromonosporineae*)Stackebrandt 等,1997 和微单孢菌科(*Micromonosporaceae*)Krasil′nikov,1938,《1980 年细菌名确认单》的模式属。

词源 微:小;单:单独,一个;孢:孢子;菌:表示微小的事物,微生物(细菌、古菌、真菌);属:属名的尾词;微单孢菌属:小的,单一孢子的生物。

Etymology　Gr.adj.*mikros*, small; Gr.adj.*monos*, single, solitary; Gr.fem.n.*spora*, a seed and in biology a spore; N.L.fem.n.*Micromonospora*, small, single-spored (organism).

模式种 黄铜微单孢菌(*Micromonospora chalcea*)(Foulerton,1905)Ørskov,1923,《1980 年细菌名确认单》,种。

词源 黄铜:黄铜色,黄铜的。

Etymology　L.fem.adj.*chalcea*, brazen, of brass.

微单孢菌科（*Micromonosporaceae*）Krasil'nikov，1938，科；Koch 等，1996 修改，Stackebrandt 等，1997 修改，Zhi 等，2009 修改。

模式属 微单孢菌属（*Micromonospora*）Ørskov，1923，《1980 年细菌名确认单》，属。

词源 微单孢菌属：此科之模式属；科：用于定义一个比属高、比目低的分类级和尾词；在中文科的命名中，把模式属属名中的尾字"属"代换为尾字"科"，即为模式属所在的科名；微单孢菌科：微单孢菌属之科。

Etymology　N.L.fem.n.*Micromonospora*, type genus of the family; suff.-*aceae*, ending to denote a family; N.L.fem.pl.n.*Micromonosporaceae*, the *Micromonospora* family.

微单孢菌亚目（*Micromonosporineae*）Stackebrandt 等，1997，新亚目；Zhi 等，2009 修改。

模式属 微单孢菌属（*Micromonospora*）Ørskov，1923，《1980 年细菌名确认单》，属。

词源 微单孢菌属：此亚目之模式属；亚目：用于定义一个比科高、比目低的分类级和尾词，目的二级分类级；在中文目的命名中，把属名中的尾字"属"代换为尾字"亚目"，即为模式属所对应的亚目；微单孢菌亚目：微单孢菌属之亚目。

Etymology　N.L.fem.n.*Micromonospora*, type genus of the suborder; suff.-*ineae*, ending to denote a suborder; N.L.fem.pl.n.*Micromonosporineae*, the *Micromonospora* suborder.

微多孢菌属（*Micropolyspora*）Lechevalier 等，1961，属。此属已定 5 种。

此属 1982 年已归属到→**诺卡氏菌属**（*Nocardia*）Trevisan，1889，《1980 年细菌名确认单》，属。

词源 微：小；多：许多；孢：孢子；菌：表示微小的事物，微生物（细菌、古菌、真菌）；属：属名的尾词；微多孢菌属：小的许多孢子的微生物。

Etymology　Gr.adj.*mikros*, small; Gr.adj.*polu*, many; Gr.fem.n.*spora*, a seed and in biology a spore; N.L.fem.n.*Micropolyspora*, the small many spored（organism）.

模式种 短链微多孢菌（*Micropolyspora brevicatena*）Lechevalier 等，1961，《1980 年细菌名确认单》，种。

此种 1982 年已归种到→**短链诺卡氏菌**（*Nocardia brevicatena*）（Lechevalier 等，1961）Goodfellow and Pirouz，1982，新合并。

词源 短：短小的；鏈：链，链条；短鏈：(有孢子的)短鏈。

Etymology　L.adj.*brevis*, short; L.n.*catena*, chain; N.L.n.*brevicatena*, short chain（of spores）.

注 1：此属，微多孢菌属，其模式种短链微多孢菌虽在 1982 年被 Goodfellow and Pirouz 建议归属归种到了诺卡氏菌属（*Nocardia*），但他们并没有对此属的其他菌种，囊孢微多孢菌（*Micropolyspora angiospora*）Zhukova 等，1968，《1980 年细菌名确认单》，干草微多孢菌（*Micropolyspora faeni*）Cross 等，1968，《1980 年细菌名确认单》，内部微多孢菌（*Micropolyspora internatus* Agre 等，1974，《1980 年细菌名确认单》和直幡微多孢菌（*Micropolyspora rectivirgula*）（Krasil'nikov and Agre，1964）Prauser and Momirova，1970，《1980 年细菌名确认单》，做出任何归属，无论是否归属到诺卡氏菌属或其他属。截至 2015 年，**内部微多孢菌**（*Micropolyspora internatus*）Agre 等，1974，《1980 年细菌名确认单》的归属尚不明确，仍一直保留着。

注2：囊孢微多孢菌（*Micropolyspora angiospora*）Zhukova等，1968，《1980年细菌名确认单》，1998年已归属种到→囊孢野村氏菌（*Nonomuraea* (corrig.) *angiospora*）（Zhukova等，1968）Zhang等，1998，新合并；干草微多孢菌（*Micropolyspora faeni*）Cross等，1968，《1980年细菌名确认单》和直幡微多孢菌（*Micropolyspora rectivirgula*）（Krasil′nikov and Agre，1964）Prauser and Momirova，1970，《1980年细菌名确认单》，1989年已合并归属种到→直幡甘蔗属多胞菌（*Saccharopolyspora rectivirgula*）（Krasil′nikov and Agre，1964）Korn-Wendisch等，1989，新合并。

微霜菌属（*Micropruina*）Shintani等，2000，新属。此属已定1种。

词源 微：小；霜：水汽凝结；菌：表示微小的事物，微生物（细菌、古菌、真菌）；属：属名的尾词；微霜菌属：细小的白霜菌。

Etymology　Gr.adj.*mikros* -*ê* -*on*, small, little; L.fem.n.*pruina*, hoar-frost, rime; N.L.fem.n.*Micropruina*, fine hoar-frost.

模式种　糖原微霜菌（*Micropruina glycogenica*）Shintani等，2000，新种。

词源　糖原：与糖原有关的，指的是此菌具有聚集糖原的能力。

Etymology　N.L.n.*glycogenum*, glycogen; L.fem.suff.-*ica*, suffix used with the sense of pertaining to; N.L.fem.adj.*glycogenica*, pertaining to glycogen, referring to the ability to accumulate glycogen.

微摇摆菌属（*Microscilla*）Pringsheim，1951，属。此属已定1种。

词源　微：小；摇摆：摇荡，摆动；菌：表示微小的事物，微生物（细菌、古菌、真菌）；属：属名的尾词；微摇摆菌属：意即微小摆动的生物。

Etymology　Gr.adj.*mikros*, small; L.n.*oscillum*, a swing; N.L.fem.n.*Microscilla*, intended to mean small swinging organisms.

模式种　海微摇摆菌（*Microscilla marina*）（Pringsheim，1951）Lewin，1969，《1980年细菌名确认单》，种。

词源　海：海的，大海的，海洋的，属于或来自海的。

Etymology　L.fem.adj.*marina*, of, or belonging to, the sea, marine.

微球菌属（*Microsphaera*）Yoshimi等，1996，新属。此属已定1种。

此属2004年已归属到→**中村姓菌属**（*Nakamurella*）Tao等，2004，新属。此属是**微球菌科**（*Microsphaeraceae*）Rainey等，1997的模式属。

词源　微：小的，微小的；球：球体，球形，地球；菌：表示微小的事物，微生物（细菌、古菌、真菌）；属：属名的尾词；微球菌属：微小的浆果形微生物。

Etymology　Mi.cro.sphae′ra.Gr.adj.*micros*, small; M.L.fem.n.*sphaera*, sphere; M.L.fem.n.*Microsphaera*, small coccoid microorganism.

模式种　多区微球菌（*Microsphaera multipartita*）Yoshimi等，1996，新种。

此种 2004 年已归种到→**多区中村姓菌**(*Nakamurella multipartita*)(Yoshimi 等,1996)Tao 等,2004,新合并。

词源　多区:微生物细胞内具有许多的分区。

Etymology　L.adj.*multus*, much, great, many;L.fem.part.adj. *partita*(from L.v.*partio partire*, to divide, part, distribute)divided, parted, distributed;N.L.fem.part.adj.*multipartita*, microorganisms having many divisions inside the cell.

注:此名修改是因为真菌菌属(*Microsphaera*)(Wallr.)Léveillé,1851 已经存在,根据规则 2,条文 51b(4)[Principle 2, Rule 51b(4)],改成**中村氏菌属**。

微球菌科(*Microsphaeraceae*)Rainey 等,1997(全部作者名单 Rainey, Ward-Rainey and Stackebrandt),新科。此科 2004 年已归科到→**中村姓菌科**(*Nakamurellaceae*)Tao 等,2004,新科。

模式属　微球菌属(*Microsphaera*)Yoshimi 等,1996,新属。

词源　微球菌属:此科之模式属;科:用于定义一个比属高、比目低的分类级和尾词;在中文科的命名中,把模式属属名中的尾字"属"代换为尾字"科",即为模式属所在的科名;微球菌科:微球菌属之科。

Etymology　N.L.fem.n.*Microsphaera*, type genus of the family;suff.-*aceae*, ending to denote a family;N.L.fem.pl.n.*Microsphaeraceae*, the *Microsphaera* family.

微菌纲(*Microtatobiotes*)Philip,1956,纲。

模式目　未给出。

词源　微:小,微小;菌:表示微小的事物,微生物(细菌、古菌、真菌);纲:(原核)生物分类的一个级别,门之下,目之上的一个分类级,纲之尾词;微菌纲:最小的活细菌纲。

Etymology　Gr.n.*mikrotes*, smallness;Gr.n.*biotos*, life;N.L.fem.pl.n.*Microtatobiotes*, smallest living bacteria.

注:根据规则 15,22 和 27(3),微菌纲(*Microtatobiotes*)并不合规,因为没有建议一个命名模式(without the designation of a nomenclatural type)。

微土栖菌属(*Microterricola*)Matsumoto 等,2008,新属。此属已定 1 种。

词源　微:微小,少量的;土:地球,土地;栖:栖息,栖居;土栖:土壤中的栖居者;菌:表示微小的事物,微生物(细菌、古菌、真菌);属:属名的尾词;微土栖菌属:土壤中的微小栖居者。

Etymology　Gr.adj.*mikros*, small;L.fem.n.*terricola*, dweller in soil;N.L.fem.n.*Microterricola*, a small dweller in soil.

模式种　乐园微土栖菌(*Microterricola viridarii*)Matsumoto 等,2008,新种。

词源　乐园:快乐的园地,娱乐游玩的地方,此模式株的分离地。

Etymology　L.gen.n.*viridarii*, of a pleasure-garden, the place where the type strain was isolated.

微四孢菌属（*Microtetraspora*）Thiemann 等,1968,属；Zhang 等,1998 修改。此属已定 21 种。

词源 微：微小；四：**4**,四个；孢：孢子；菌：表示微小的事物,微生物（细菌、古菌、真菌）；属：属名的尾词；微四孢菌属：微小的四个孢子生物。

Etymology Gr.adj.*mikros*, small; Gr.adj.*tetra*, four; Gr.n.*spora*, a seed and in biology a spore; N.L.fem.n.*Microtetraspora*, the small four-spored（organism）.

模式种 浅灰微四孢菌（*Microtetraspora glauca*）Thiemann 等,1968,《1980 年细菌名确认单》,种。

词源 浅灰：浅灰色的。

Etymology L.fem.adj.*glauca*, grayish.

微幡菌属（*Microvirga*）Kanso and Patel,2003,新属；Zhang 等,2009 修改,Weon 等,2010 修改, Ardley 等,2012 修改。此属已定 9 种。

词源 微：小；幡：幡状,棒；菌：表示微小的事物,微生物（细菌、古菌、真菌）；属：属名的尾词；微幡菌属：小棒形生物。

Etymology Gr.adj.*mikros*, small; L.fem.n.*virga*, rod; N.L.fem.n.*Microvirga*, a small rod.

模式种 下土微幡菌（*Microvirga subterranea*）Kanso and Patel,2003,新种。

词源 下土：中文常译为地下,这里根据本书的标准化翻译,下土,下部的土,即地下。

Etymology L.fem.adj.*subterranea*, underground, subterranean.

微小幡菌属（*Microvirgula*）Patureau 等,1998,新属。此属已定 1 种。

词源 微：小；小幡：小棒,小枝,细枝；菌：表示微小的事物,微生物（细菌、古菌、真菌）；属：属名的尾词；微小幡菌属：细枝或小棒生物。

Etymology Gr.adj.*mikros*, small; L.fem.n.*virgula*, a little twig, a small rod, a wand; N.L.fem.n.*Microvirgula*, small twig or rod.

模式种 气脱硝微小幡菌（*Microvirgula aerodenitrificans*）Patureau 等,1998,新种。

词源 气：空气；脱：脱除,去除,还原；硝：硝石,硝酸,硝化,硝酸盐；脱硝：脱除硝基,反硝化；气脱硝：用空气或在空气中反硝化。

Etymology Gr.n.*aer aeros*, air; N.L.v.*denitrificare*, to denitrify; N.L.part.*aerodenitrificans*, denitrifying with or in air.

米利斯氏菌属（*Millisia*）Soddell 等,2006,新属。此属已定 1 种。

词源 氏：姓氏；米利斯：南希·F. 米利斯 **AC, MBE**,享誉澳大利亚的微生物学家,其推动了废水微生物学在澳大利亚的发展；菌：表示微小的事物,微生物（细菌、古菌、真菌）；属：属名的尾词；米利斯氏菌属：以米利斯的姓氏命名的菌。

Etymology N.L.fem.n.*Millisia*, named after Nancy F.Millis AC, MBE, a celebrated Australian microbiologist who promoted wastewater microbiology in Australia.

模式种 短米利斯氏菌（*Millisia brevis*）Soddell 等，2006，新种。

词源 短：指的是此菌短而分枝的棒形。

Etymology L.fem.adj.*brevis*, short, denoting the formation of short, branched rods.

蕞腺菌属（*Minicystis*）Garcia 等，2014，新属。此属已定 1 种。

词源 蕞：更小的，更少的，更微的，次要的，下属的；腺：腺体，袋状物；菌：表示微小的事物，微生物（细菌、古菌、真菌）；属：属名的尾词；蕞腺菌属：意指此属生物的孢子囊袋尺寸比侏腺菌属更小。

Etymology L.comp.*minor -us*, less, smaller, inferior; N.L.n.*cystis*, from Gr.fem.n.*kystis*, the bladder, a bag; N.L.fem.n.*Minicystis*, small bladder, intended to mean that the sporangiole size is smaller than those of *Nannocystis*.

模式种 玫色蕞腺菌（*Minicystis rosea*）Garcia 等，2014，新种。

词源 玫色：玫色的，玫瑰色的，粉色的，粉红色的。

Etymology L.fem.adj.*rosea*, rose-coloured, rosy.

注：拉丁文比较形容词 *minor –us*，表示更小的，用"蕞"比用"小"或"微"更妥当。

丹单胞菌属（*Miniimonas*）Ue 等，2011，新属。此属已定 1 种。

词源 丹：丹色的，朱砂色的，丹砂色的，硫化汞色的，朱红色的；单胞：单细胞，单元；菌：表示微小的事物，微生物（细菌、古菌、真菌）；属：属名的尾词；丹单胞菌属：丹砂色单细胞生物，指的是此细胞生物量的颜色。

Etymology L.adj.*minius*, cinnabar-red, vermilion; L.fem.n.*monas*, a unit, monad; N.L.fem.n.*Miniimonas*, vermilion monad, referring to the colour of the cell mass.

模式种 沙丹单胞菌（*Miniimonas arenae*）Ue 等，2011，新种。

词源 沙：沙子，沙的，沙子的，指的是分离自海沙的。

Etymology L.gen.n.*arenae*, of sand, isolated from sea sand.

松江市菌属（*Mitsuaria*）Amakata 等，2005，新属。此属已定 1 种。

词源 松江市：（日本岛根县）松江市，属于松江市的，此生物分离自此地的土壤样品中；菌：表示微小的事物，微生物（细菌、古菌、真菌）；属：属名的尾词；松江市菌属：与松江市有关的菌。

Etymology L.suff.*-arius -a -um*, suffix meaning belonging to; N.L.fem.n.*Mitsuaria*, belonging to Matsue City, the source of the soil samples from which the organism was isolated.

模式种 溶壳聚糖松江市菌（*Mitsuaria chitosanitabida*）Amakata 等，2005，新种。

词源 溶：溶解，分解，降解，消解；壳聚糖：在甲壳类动物中发现的一种天然高分子，甲壳素的脱乙酰产物；溶壳聚糖：溶解壳聚糖的。

Etymology　N.L.n.*chitosanum*, chitosan; L.adj.*tabidus*, dissolving, decaying, consuming, putrefying; N.L.fem.adj.*chitosanitabida*, dissolving chitosan, a polysaccharide found in Crustacea, which is a deacetylated derivative of chitin.

光冈姓菌属（*Mitsuokella*）Shah and Collins，1983，新属。此属已定3种。

词源　姓：姓氏；光冈：以日本国细菌学家光冈·T.的姓氏命名，其首次描述了此生物；菌：表示微小的事物，微生物（细菌、古菌、真菌）；属：属名的尾词；光冈姓菌属：以光冈的姓氏命名的生物。

Etymology　N.L.fem.dim.n.*Mitsuokella*, named after T.Mitsuoka, the Japanese bacteriologist who first described the organism.

模式种　多酸光冈姓菌（*Mitsuokella multacida*）勘误，（Mitsuoka 等，1974）Shah and Collins，1983，新合并。

词源　多：许多，量多；酸：醋，像醋一样的味道，酸味，化学中在水溶液中能产生氢离子的化合物；多酸：产生很多酸（类化合物）。

Etymology　L.adj.*multus -a -um*, many; L.adj.*acidus -a -um*, sour; N.L.fem.adj.*multacida*, producing much acid.

水恒杆菌属（*Mizugakiibacter*）Kojima 等，2014，新属。此属已定1种。

词源　水恒：水恒湖；杆：棒；菌：表示微小的事物，微生物（细菌、古菌、真菌）；属：属名的尾词；水恒杆菌属：（日本国山梨县的）水恒湖分离的棒形生物。

Etymology　N.L.masc.n.*bacter*, a rod; N.L.masc.n.*Mizugakiibacter*, a rod isolated from Lake Mizugaki.

模式种　沉积物水恒杆菌（*Mizugakiibacter sediminis*）Kojima 等，2014，新种。

词源　沉积：沉积物的，沉积作用的，属于或来自沉积物的；物：物质；沉积物：自然（通常是水、风、冰川等）作用下，天然物质通过风蚀、侵蚀、腐蚀和运输作用，沉积形成的物质。

Etymology　L.gen.n.*sediminis*, of sediment.

来源　环境——淡水（Source: Environmental—freshwater）。

Mo

动果菌属（*Mobilicoccus*）Hamada 等，2011，新属。此属已定1种。

词源　动：运动的，移动的，活动的，游动的；果：浆果，表示浆果形（圆球或椭球）；菌：表示微小的事物，微生物（细菌、古菌、真菌）；属：属名的尾词；动果菌属：可移动的浆果形生物。

Etymology　L.adj.*mobilis*, mobile; N.L.masc.n.*coccus*（from Gr.masc.n.*kokkos*, grain, seed), coccus; N.L.masc.n.*Mobilicoccus*, a mobile coccus.

模式种　海动果菌(*Mobilicoccus pelagius*) Hamada 等,2011,新种。
词源　海:海的,海上的。
Etymology　L.masc.adj.*pelagius*, of the sea marine.

动针菌属(*Mobilitalea*) Podosokorskaya 等,2014,新属。此属已定1种。
词源　动:运动的,移动的,活动的,游动的;针:纤细的杆,棒;菌:表示微小的事物,微生物(细菌、古菌、真菌);属:属名的尾词;动针菌属:活动的针棒形生物。
Etymology　L.adj.*mobilis*, mobile; L.fem.n.*talea*, a slender staff, a rod; N.L.fem.n.*Mobilitalea*, a motile rod.

模式种　西伯利亚动针菌(*Mobilitalea sibirica*) Podosokorskaya 等,2014,新种。
词源　西伯利亚:与西伯利亚有关的,分离自西伯利亚的,此菌分离源。
Etymology　N.L.fem.adj.*sibirica*, originating from Siberia, referring to the site of isolation.

动钩菌属(*Mobiluncus*) Spiegel and Roberts,1984,新属;Hoyles 等,2004 修改。此属已定 2 种,2 亚种。
词源　动:运动的,移动的,活动的,游动的;钩:钩子,弯钩;动钩:移动的弯钩;菌:表示微小的事物,微生物(细菌、古菌、真菌);属:属名的尾词;动钩菌属:可移动的弯曲的棒形生物。
Etymology　L.adj.*mobilis*, movable, mobile; L.masc.n.*uncus*, a hook; N.L.masc.n.*Mobiluncus*, a motile curved rod.

模式种　柯蒂斯氏动钩菌(*Mobiluncus curtisii*) Spiegel and Roberts,1984,新种。
词源　氏:姓氏;柯蒂斯氏:以柯蒂斯的姓氏命名,他分离到此第一株菌。
Etymology　N.L.gen.masc.n.*curtisii*, of Curtis, named after A.H.Curtis, who isolated the first strain.

适杆菌属(*Modestobacter*) Mevs 等,2000,新属;Reddy 等,2007 修改,Xiao 等,2011 修改,Qin 等,2013 修改。此属已定 4 种。
词源　适:适度的,中度的,温和的,有限的;杆:棒;菌:表示微小的事物,微生物(细菌、古菌、真菌);属:属名的尾词;适杆菌属:具有适度生长需求(营养物质等)的棒形生物。
Etymology　L.adj.*modestus*, modest, humble; N.L.masc.n.*bacter*, a rod or staff; N.L.masc.n.*Modestobacter* a rod with modest growth requirements.

模式种　多栅适杆菌(*Modestobacter multiseptatus*) Mevs 等,2000,新种。
词源　多:许多,量多;栅:格栅,栅栏;多栅:许多格栅,有许多隔片/隔挡的。
Etymology　L.adj.*multus*, much; L.adj.*septatus*, fenced; N.L.masc.adj.*multiseptatus*, much fenced, with many septa.

适盐杆菌属(*Modicisalibacter*)Ben Ali Gam 等,2007,新属。此属已定 1 种。

词源　适:适度的,中度的,温和的,有限的;盐:氯化钠,**NaCl**;杆:棒;菌:表示微小的事物,微生物(细菌、古菌、真菌);属:属名的尾词;适盐杆菌属:适度/中度适卤的棒形生物。

Etymology　L.adj.*modicus*, moderate, limited; L.n.*sal salis*, salt; N.L.masc.n.*bacter*, a rod; N.L.masc.n.*Modicisalibacter*, a moderately halophilic rod.

模式种　突尼斯适盐杆菌(*Modicisalibacter tunisiensis*)Ben Ali Gam 等,2007,新种。

词源　突尼斯:突尼斯的,此首株菌的分离地。

Etymology　N.L.masc.adj.*tunisiensis*, of Tunisia, where the first strains were isolated.

莫勒姓菌属(*Moellerella*)Hickman-Brenner 等,1984,新属。此属已定 1 种。

词源　姓:姓氏;莫勒姓:以宛·莫勒的姓氏命名,他对肠道细菌学有贡献,特别是广泛用于鉴定肠小杆菌科(*Enterobacteriaceae*)的莫勒培养基(Moeller media),可测定赖氨酸脱羧酶、鸟氨酸脱羧酶和精氨酸双水解酶;菌:表示微小的事物,微生物(细菌、古菌、真菌);属:属名的尾词;莫勒姓菌属:以莫勒的姓氏命名的菌属。

Etymology　N.L.fem.dim.n.*Moellerella*, named to honor Vagn Møller for his contributions to enteric bacteriology, especially for Moeller media for the determination of lysine decarboxylase, ornithine decarboxylase, and arginine dihydrolase, that are widely used for the identification of *Enterobacteriaceae*.

模式种　威斯康星州莫勒姓菌(*Moellerella wisconsensis*)Hickman-Brenner 等,1984,新种。

词源　威斯康星州:美国威斯康星州,大多数原始菌株的分离地,分离源。

Etymology　N.L.fem.adj.*wisconsensis*, pertaining to the state of Wisconsin, U.S.A., where most of the original strains isolated.

难养小杆菌属(*Mogibacterium*)Nakazawa 等,2000,新属。此属已定 5 种。

词源　难养:辛劳而痛苦的抚养/培养(但仍难生长);小杆:小棒;菌:表示微小的事物,微生物(细菌、古菌、真菌);属:属名的尾词;难养小杆菌属:难以培养的棒形细菌。

Etymology　Gr.adj.*mogis*, with toil and pain, i.e.hardly, scarcely; L.neut.n.*bacterium*, a small rod; N.L.neut.n.*Mogibacterium*, a difficult-to-culture, rod-shaped bacterium.

模式种　细小难养小杆菌(*Mogibacterium pumilum*)Nakazawa 等,2000。

词源　细小:小而细的,指的是此生物形成的菌落/菌斑的形状极为细小。

Etymology　L.neut.adj.*pumilum*, small, little, referring to the tiny colonies formed by this organism.

漠河杆菌属(*Moheibacter*)Zhang 等,2014,新属。此属已定 1 种。

词源　漠河:中国黑龙江漠河,这里指的是漠河盆地;杆:棒;菌:表示微小的事物,微生物

（细菌、古菌、真菌）；属：属名的尾词；漠河杆菌属：来自中国漠河盆地的棒形生物。
Etymology　N.L.masc.n.*bacter*, a small rod; N.L.masc.n.*Moheibacter*, rod from the Mohe Basin, China.

模式种　沉积物漠河杆菌（*Moheibacter sediminis*）Zhang 等，2014，新种。

词源　沉积：沉积物的，沉积作用的，属于或来自沉积物的；物：物质；沉积物：自然（通常是水、风、冰川等）作用下，天然物质通过风蚀、侵蚀、腐蚀和运输作用，沉积形成的物质。
Etymology　L.gen.n.*sediminis*, of sediment.

柔膜菌纲（*Mollicutes*）Edward and Freundt, 1967, 纲。

模式目　未给出。
同义词　"*Paramycetes*" Sabin, 1941。
词源　柔：柔韧，易弯曲的，容易移动的；膜：皮，皮肤；纲：（原核）生物分类的一个级别，门之下，目之上的一个分类级，纲之尾词；柔膜菌纲：具有柔顺易弯曲细胞界限的菌纲。
Etymology　L.adj.*mollis*, easily movable, pliant, flexible; L.fem.n.*cutis*, the skin; N.L.fem.pl.n.*Mollicutes*, class with pliable cell boundary.

注1：根据规则 15，22 和 27（3），此柔膜菌纲是不合规命名，因为没有推荐指定命名模式种（without the designation of a nomenclatural type）。

注2：在《伯杰氏系统细菌学手册》（*Bergey's Manual of Systematic Bacteriology*）第四卷中，此柔膜菌纲（Mollicutes）已从厚壁菌门中删除，归到独立的柔膜菌门或软皮菌门中了。

蒙古果菌属（*Mongoliicoccus*）Liu 等，2012，新属。此属已定 2 种。

词源　蒙古：蒙古；果：浆果，表示浆果形（圆球或椭球）；菌：表示微小的事物，微生物（细菌、古菌、真菌）；属：属名的尾词；蒙古果菌属：来自蒙古的浆果状生物，指的是此模式株的分离来自蒙古高原。
Etymology　N.L.n.*Mongolia*, Mongolia; N.L.masc.n.*coccus* (from Gr.masc.n.*kokkos*, grain), coccus; N.L.masc.n.*Mongoliicoccus*, a coccus from Mongolia, referring to the isolation of the type strain from the Mongolia Plateau.

模式种　玫色蒙古果菌（*Mongoliicoccus roseus*）Liu 等，2012，新种。

词源　玫色：玫色的，玫瑰色的，粉色的，粉红色的。
Etymology　L.masc.adj.*roseus*, rose-coloured.

蒙古针菌属（*Mongoliitalea*）Yang 等，2012，新属。此属已定 1 种。

词源　蒙古：内外蒙古，蒙古高原；针：纤细的杆或棒；菌：表示微小的事物，微生物（细菌、古菌、真菌）；属：属名的尾词；蒙古针菌属：来自蒙古的针状生物，指的是此细菌菌株分离自蒙古高原。
Etymology　N.L.n.*Mongolia*, Mongolia; L.fem.n.*talea*, rod, stick; N.L.fem.n.*Mongoliitalea*, a

rod from Mongolia, referring to the isolation of the bacterial strain from Mongolia Plateau.

模式种　橙黄色蒙古针菌(*Mongoliitalea lutea*)Yang 等,2012,新种。

词源　橙黄色:橙黄色的,金黄色的。

Etymology　L.fem.adj.*lutea*, orange coloured.

摩尔氏菌属(*Mooreia*)Choi 等,2013,新属。此属已定 1 种。

此属是摩尔氏菌科(*Mooreiaceae*)Choi 等,2013 的模式属。

词源　氏:姓氏;摩尔氏:以戈登·摩尔和贝蒂·摩尔基金会命名;菌:表示微小的事物,微生物(细菌、古菌、真菌);属:属名的尾词;摩尔氏菌属:以摩尔命名的基金会的菌属。

Etymology　N.L.fem.n.*Mooreia*, named after the Gordon and Betty Moore Foundation.

模式种　生物碱生穆尔氏菌(*Mooreia alkaloidigena*)Choi 等,2013,新种。

词源　生物碱:天然存在的含氮的碱性有机物;生:产生,制造;生物碱生:产生生物碱。

Etymology　N.L.n.*alkaloidum*, alkaloid; L.fem.suff.-*gena* (from L.v.*gigno*, to produce), producing; N.L.fem.adj.*alkaloidigena*, producing alkaloids.

注1:区别于下面的摩尔姓菌属(*Moorella*),两个摩尔并非同一人。

注2:这里"摩尔"虽然一个基金会的名字,但摩尔基金会正是以人"摩尔"的姓氏命名的。如果理解为是一个机构,当然也可以省略"氏"或"姓"。反之,把机构拟人化,也许类似的情况也可以加上"氏"或"姓"。

注3:戈登·摩尔(1929—),摩尔定律的提出者,英特尔公司的共同创始人和荣誉主席,其个人全基因组已得到测定。

摩尔氏菌科(*Mooreiaceae*)Choi 等,2013,新科。

模式属　摩尔氏菌属(*Mooreia*)Choi 等,2013,新属。

词源　摩尔氏菌属:此科之模式属;科:用于定义一个比属高、比目低的分类级和尾词;在中文科的命名中,把模式属属名中的尾字"属"代换为尾字"科",即为模式属所在的科名;摩尔氏菌科:摩尔氏菌属之科。

Etymology　N.L.fem.n.*Mooreia*, type genus of the family; suff.-*aceae*, ending to denote a family; N.L.fem.pl.n.*Mooreiaceae*, the family of the genus *Mooreia*.

摩尔姓菌属(*Moorella*)Collins 等,1994,新属。此属已定 6 种。

词源　姓:姓氏;摩尔:以美国细菌学家 W.E.C.(Ed).摩尔的姓氏命名,其研究厌氧菌;菌:表示微小的事物,微生物(细菌、古菌、真菌);属:属名的尾词;摩尔姓菌属:以摩尔的姓氏命名的菌属。

Etymology　N.L.fem.dim.n.*Moorella*, in honor of W.E.C.(Ed).Moore, an American bacteriologist, who worked with anaerobes.

模式种　热醋摩尔姓菌(*Moorella thermoacetica*)(Fontaine 等,1942)Collins 等,1994,新合并。

词源 热:高温的,热的;醋:乙酸,与醋有关的;热醋:嗜热的产乙酸的生物。
Etymology Gr.adj.*thermos*, hot;N.L.fem.adj.*acetica*, pertaining to vinegar;N.L.fem.adj. *thermacetica*, producing acetic acid thermophilically.

莫拉姓菌属(*Moraxella*)Lwoff,1939,属。此属已定 22 种。

此属是莫拉姓菌科(*Moraxellaceae*)Rossau 等,1991 的模式属。
词源 姓:姓氏;莫拉姓:以瑞士眼科学者 V. 莫拉的姓氏命名,其是认识此模式种的先锋; 菌:表示微小的事物,微生物(细菌、古菌、真菌);属:属名的尾词;莫拉姓菌属:以莫拉的姓氏命名的菌属。
Etymology N.L.fem.dim.n.*Moraxella*, named after V.Morax, a Swiss ophthalmologist who pioneered the recognition of the type species.
模式种 腔隙莫拉姓菌(*Moraxella lacunata*)(Eyre,1900)Lwoff,1939,《1980 年细菌名确认单》,种。
同义词 "*Diplobacillus*" McNab,1904。
词源 腔隙:空隙,孔隙。
Etymology L.n.*lacuna*, pit, hole;N.L.fem.adj.*lacunata*, pitted.

莫拉姓菌科(*Moraxellaceae*)Rossau 等,1991,新科。

模式属 莫拉姓菌属(*Moraxella*)Lwoff,1939,《1980 年细菌名确认单》,新属。
词源 莫拉姓菌属:此科之模式属;科:用于定义一个比属高、比目低的分类级和尾词;在中文科的命名中,把模式属属名中的尾字"属"代换为尾字"科",即为模式属所在的科名;莫拉姓菌科:莫拉氏菌属之科。
Etymology N.L.fem.n.*Moraxella*, type genus of the family;suff.-*aceae*, ending to denote a family;N.L.fem.pl.n.*Moraxellaceae*, the *Moraxella* family.

摩根姓菌属(*Morganella*)Fulton,1943,属。此属已定 2 种,2 亚种。

词源 姓:姓氏;摩根氏:以英国细菌学家 H.de.R 摩根的姓氏命名,其首次研究了此生物; 菌:表示微小的事物,微生物(细菌、古菌、真菌);属:属名的尾词;摩根姓菌属:以摩根的姓氏命名的菌属。
Etymology N.L.fem.dim.n.*Morganella*, named after H.de R.Morgan, who first studied the organism.
模式种 摩根氏摩根姓菌(*Morganella morganii*)(Winslow 等,1919)Fulton,1943,《1980 年细菌名确认单》,种。
词源 姓:姓氏;摩根氏:以英国细菌学家 H.de R. 摩根的姓氏命名,其首次研究了此生物。
Etymology N.L.gen.n.*morganii*, of Morgan;named after H.de R.Morgan, a British bacteriologist who first studied the organism.

莫里塔姓菌属(*Moritella*)Urakawa 等,1999,新属。此属已定 7 种。

此属是莫里塔姓菌科(*Moritellaceae*)Ivanova 等,2004 的模式属。

词源　姓:姓氏;莫里塔姓:以理查德·Y.莫里塔的姓氏命名,他从事海洋微生物学工作;菌:表示微小的事物,微生物(细菌、古菌、真菌);属:属名的尾词;莫里塔姓菌属:以莫里塔的姓氏命名的菌属。

Etymology　N.L.fem.dim.n.*Moritella*, named after Richard Y.Morita to honor his work in marine microbiology.

模式种　海莫里塔姓菌(*Moritella marina*)(Baumann 等,1984)Urakawa 等,1999,新合并。

词源　海:海的,大海的,海洋的,属于或来自海的。

Etymology　L.fem.adj.*marina*, of or belonging to the sea, marine.

莫里塔姓菌科(*Moritellaceae*)Ivanova 等,2004,新科;Hosoya 等,2009 修改。

模式属　莫里塔姓菌属(*Moritella*)Urakawa 等,1999,新属。

词源　莫里塔姓菌属:此科之模式属;科:用于定义一个比属高、比目低的分类级和尾词;在中文科的命名中,把模式属属名中的尾字"属"代换为尾字"科",即为模式属所在的科名;莫里塔姓菌科:莫里塔氏菌属之科。

Etymology　N.L.fem.n.*Moritella*, type genus of the family; suff.-*aceae*, ending to denote a family; N.L.fem.pl.n.*Moritellaceae*, the *Moritella* family.

桑果菌属(*Morococcus*)Long 等,1981,新属。此属已定 1 种。

词源　桑:桑树;果:浆果,表示浆果形(圆球或椭球);菌:表示微小的事物,微生物(细菌、古菌、真菌);属:属名的尾词;桑果菌属:桑树浆果(桑葚)形菌,类似桑葚的菌属。

Etymology　L.n.*morum*, mulberry; N.L.masc.n.*coccus*(from Gr.masc.n.*kokkos*, grain, seed), coccus; N.L.masc.n.*Morococcus*, the mulberry coccus.

模式种　脑热桑果菌(*Morococcus cerebrosus*)Long 等,1981,新种。

词源　脑热:脑袋发热,头痛,高烧,意指与脑袋有关的,此生物的首次分离源。

Etymology　L.masc.adj.*cerebrosus*, having a madness of the brain, hare-brained, hotbrained, passionate; intended to mean pertaining to the brain, the original source of isolation of this organism.

莫里姓菌属(*Moryella*)Carlier 等,2007,新属。此属已定 1 种。

词源　姓:姓氏;莫里姓:以法国微生物学家弗朗辛·莫里的姓氏命名,其对我们(作者)理解厌氧微生物有贡献;菌:表示微小的事物,微生物(细菌、古菌、真菌);属:属名的尾词;莫里姓菌属:以莫里的姓氏命名的菌属。

Etymology　N.L.fem.dim.n.*Moryella*, named in honour of the French microbiologist Francine

Mory, who has contributed to our understanding of anaerobes.

模式种　吲哚生莫里姓菌（*Moryella indoligenes*）Carlier 等，2007，新种。

词源　吲哚：一种有机物，C_8H_7N；生：产，生产，生成，产生，导致，源自……；吲哚生：吲哚生成的，产生吲哚的。

Etymology　N.L.n.*indolum*, indole; N.L.suff.*-genes* (from Gr.v.*gennaô*, to produce), producing; N.L.part.adj.*indoligenes*, indole-producing.

移杆菌属（*Motilibacter*）Lee, 2012，新属；Lee, 2013 修改。此属已定 2 种。

词源　移：运动的，活动的，移动的；杆：棒；菌：表示微小的事物，微生物（细菌、古菌、真菌）；属：属名的尾词；移杆菌属：移动/运动的棒形生物。

Etymology　L.adj.*motilis*, motile; N.L.masc.n.*bacter*, a rod; N.L.masc.n.*Motilibacter*, a motile rod.

模式种　前胡移杆菌（*Motilibacter peucedani*）Lee, 2012，新种。

词源　前胡：植物猪的茴香，前胡属；前胡属：植物的一个属名，这里指此生物是从日本前胡中分离出来的。

Etymology　L.n.*peucedanum*, the plant hog's-fennel or sulphurwort and also a botanical genus name (*Peucedanum*); L.gen.n.peucedani of *Peucedanum*, isolated from *Peucedanum japonicum* Thunb.

Mu

黏液杆菌属（*Mucilaginibacter*）Pankratov 等，2007，新属；Urai 等，2008 修改，Baik 等，2010 修改。此属已定 32 种。

词源　黏液：粘液；杆：棒；菌：表示微小的事物，微生物（细菌、古菌、真菌）；属：属名的尾词；黏液杆菌属：产黏液的棒形生物。

Etymology　L.n.*mucilago -inis*, mucus; N.L.masc.n.*bacter*, rod; N.L.masc.n.*Mucilaginibacter*, mucus-producing rod.

模式种　沼泽黏液杆菌（*Mucilaginibacter paludis*）Pankratov 等，2007，新种。

词源　沼泽：沼泽的，湿地的，洼地的，泥沼的。

Etymology　L.gen.n.*paludis*, of a swamp, of a marsh, of a bog.

黏小螺体属（*Mucispirillum*）Robertson 等，2005，新属。此属已定 1 种。

词源　黏：黏液，粘液；小螺：与螺相对，表示尺寸比螺小，小螺旋，小螺形，小螺体；菌：表示微小的事物，微生物（细菌、古菌、真菌）；属：属名的尾词；黏小螺体属：黏液小螺棒生物。

Etymology　L.n.*mucus*, mucus; N.L.dim.neut.n.*spirillum*, a small spiral; N.L.neut.n.*mucispirillum*, a small spiral rod of the mucus.

模式种　萨迪氏黏小螺体(*Mucispirillum schaedleri*)Robertson 等,2005,新种。

词源　氏:姓氏;萨迪氏:以拉塞尔·萨迪的姓氏命名,其是哺乳动物肠道细菌研究的先锋之一。

Etymology　N.L.gen.n.*schaedleri*, of Schaedler, in honour of Russell Schaedler, one of the pioneers in the study of the bacteria of the intestinal tract of mammals.

莫大马菌属(*Mumia*)Lee 等,2014,新属。此属已定 1 种。

词源　莫大马:莫纳什大学—马来西亚的英文简写 **MUM**,中文简称莫大马;菌:表示微小的事物,微生物(细菌、古菌、真菌);属:属名的尾词;莫大马菌属:与莫纳什大学—马来西亚有关的菌属。

Etymology　N.L.fem.n. *Mumia* derived from the abbreviation MUM, for the Monash University Malaysia.

模式种　黄色莫大马菌(*Mumia flava*)Lee 等,2014,新种。

词源　黄色:黄颜色的,指的是菌落的颜色。

Etymology　L.fem.adj.*flava*, yellow, referring to the colour of the colonies.

来源　环境——土壤。

注:莫纳什大学是澳大利亚 1961 年成立的大学,在马来西亚设立了海外分校。

默多克姓菌属(*Murdochiella*)Ulger-Toprak 等,2010,新属。此属已定 1 种。

词源　姓:姓氏;默尔克姓:以英国微生物学家大卫·A.默多克博士的姓氏命名,其对我们(作者)厌氧细菌学知识有许多贡献;菌:表示微小的事物,微生物(细菌、古菌、真菌);属:属名的尾词;默多克姓菌属:以默多克的姓氏命名的菌属。

Etymology　N.L.fem.dim.n.*Murdochiella*, named to honour Dr David A.Murdoch, British microbiologist, who has contributed so much to our knowledge of anaerobic bacteriology.

模式种　勿解糖默多克姓菌(*Murdochiella asaccharolytica*)Ulger-Toprak 等,2010,新种。

词源　勿:非,不,没有,表示否定;解:分解的,降解的,溶解的;糖:一般性名词,通常指的是甜的、短链的、可溶解的和由碳氢氧元素构成的碳水化合物,日常用语中即指食糖(蔗糖,一种二糖),生物化学中进一步细分为单糖(葡萄糖、果糖和半乳糖等),二糖(麦芽糖、乳糖和蔗糖等),寡糖和多糖等;勿解糖:不分解糖的。

Etymology　Gr.pref.*a-*, not; Gr.n.*sakchâr*, sugar; N.L.fem.adj.*lytica*(from Gr.fem.adj.*lutikê*), able to dissolve, able to loose; N.L.fem.adj.*asaccharolytica*, not digesting sugar.

鼠尾菌属(*Muricauda*)Bruns 等,2001,新属;Yoon 等,2005 修改,Hwang 等,2009 修改。此属已定 10 种。

词源　鼠尾:老鼠的尾巴,指的是在一些细胞上观察到的附着物;菌:表示微小的事物,微生物(细菌、古菌、真菌);属:属名的尾词。

Etymology L.masc.gen.n.*muris*, of the mouse; L.fem.n.*cauda*, the tail; N.L.fem.n.*Muricauda*, tail of the mouse, referring to the cellular appendages observed on some cells.

模式种　卢斯厅埂鼠尾菌(*Muricauda ruestringensis*)Bruns 等,2001,新种。

词源　卢斯厅埂:与以前的卢斯厅埂村落有关的,卢斯厅埂村在 1362 年被海啸毁灭。

Etymology N.L.fem.adj.*ruestringensis*, pertaining to to the former village of Rüstringen, which was destroyed by a tidal wave in 1362.

墙果菌属(*Muricoccus*)Kämpfer 等,2003,新属。此属已定 1 种。

此属 2009 年已归属到→**玫瑰单胞菌属**(*Roseomonas*)Rihs 等,1998,新属。

词源　墙:墙壁;果:浆果,表示浆果形(圆球或椭球);菌:表示微小的事物,微生物(细菌、古菌、真菌);属:属名的尾词;墙果菌属:来自墙壁的浆果形生物。

Etymology L.n.*murus*, a wall; N.L.masc.n.*coccus*(from Gr.masc.n.*kokkos*, grain, seed), coccus; N.L.masc.n.*Muricoccus*, coccus from the wall.

模式种　玫色墙果菌(*Muricoccus roseus*)Kämpfer 等,2003。

此种 2009 年已归种到→**玫色玫瑰单胞菌**(*Roseomonas rosea*)(Kämpfer 等,2003)Sánchez-Porro 等,2009,不合规,新合并(illegitimate new combination)。

词源　玫色:玫瑰色,粉色的。

Etymology L.masc.adj.*roseus*, rose coloured, pink.

注:所谓不合规新合并是因为,规则 12b(Rule 12b)写道:如果基于不同的模式,在同一属内,种或亚种名不能相同。而**玫瑰单胞菌属**在 2003 年已经合格发表了吉拉迪氏玫瑰单胞菌玫色亚种(*Roseomonas gilardii* subsp.*rosea*)Han 等,2003,新亚种,因此,玫色玫瑰单胞菌(*Roseomonas rosea*)(Kämpfer 等,2003) Sánchez-Porro 等,2009,新合并,不合规。

盐液栖菌属(*Muriicola*)Kahng 等,2010,新属。此属已定 1 种。

词源　盐液:含盐液体,意即海水;栖:栖息,栖居,栖息者,栖居者;菌:表示微小的事物,微生物(细菌、古菌、真菌);属:属名的尾词;盐液栖菌属:生活在海水中的生物。

Etymology L.n.*muria*(or *muries*), salt liquor; L.suff.-*cola*(from L.n.*incola*), dweller, inhabitant; N.L.masc.n.*Muriicola*, dweller in salt water.

模式种　济州盐液栖菌(*Muriicola jejuensis*)Kahng 等,2010,新种。

词源　济州:韩国济州岛,此模式株的分离地。

Etymology N.L.masc.adj.*jejuensis*, of Jeju island, Republic of Korea, from where the type strain was isolated.

墙拟诺卡氏菌属(*Murinocardiopsis*)Kämpfer 等,2010,新属。此属已定 1 种。

模式种　苍黄色墙拟诺卡氏菌(*Murinocardiopsis flavida*)Kämpfer 等,2010,新种。

词源　苍黄色:浅黄色的,浅黄颜色的,略带苍白的黄色。

Etymology L.fem.adj.*flavida*, yellowish.
词源 墙：墙壁；拟：拟似，类似；诺卡氏菌属：细菌的一个属名；墙拟诺卡氏菌属：分离自墙壁的类似诺卡氏菌属的生物。
Etymology L.n.*murus*, wall; N.L.fem.n.*Nocardiopsis*, a bacterial genus name; N.L.fem.n.*Murinocardiopsis*, a *Nocardiopsis*-like organism isolated from a wall.

My

菌丝生菌属(*Myceligenerans*)Cui 等，2004，新属；Wang 等，2011修改。此属已定3种。
词源 菌丝：细胞的细丝的纤维；生：产，生产，产生，生成；菌：表示微小的事物，微生物(细菌、古菌、真菌)；属：属名的尾词；菌丝生菌属：形成菌丝的微生物。
Etymology N.L.neut.n.*mycelium*, filamentous cell; L.part.adj.*generans*, producing; N.L.neut.subst.*Myceligenerans*, hyphae-forming microbe.
模式种 希里沟菌丝生菌(*Myceligenerans xiligouense*)Cui 等，2004，新种。
词源 希里沟：位于中国青海省海西蒙古族藏族自治州乌兰县，属于或来自希里沟的，此模式菌株的分离地。
Etymology N.L.neut.adj.*xiligouense*, of or pertaining to Xiligou, a location in China where the type strain was isolated.

蕈栖菌属(*Mycetocola*)Tsukamoto 等，2001，新属。此属已定6种。
词源 蕈：高等菌类，蘑菇，这里指真菌；栖：栖息，栖居，栖息者，栖居者；菌：表示微小的事物，微生物(细菌、古菌、真菌)；属：属名的尾词；蕈栖菌属：栖息于真菌的生物，真菌栖居者。
Etymology Gr.n.*mukês -etis*, a mushroom, fungus; L.suff.-*cola* (from L.masc.or fem.n.*incola*), dweller, inhabitant; N.L.masc.n.*Mycetocola*, fungus-dweller.
模式种 嗜腐蕈栖菌(*Mycetocola saprophilus*)Tsukamoto 等，2001，新种。
词源 嗜：嗜好的，喜好的，友好的，爱好的。
Etymology Gr.adj.*sapros*, putrid; N.L.masc.adj.*philus* (from Gr.masc.adj.*philos*), friend, loving; N.L.masc.adj.*saprophilus*, putrid-loving.

分枝小杆菌科(*Mycobacteriaceae*)Chester，1897，科；Stackebrandt 等，1997修改，Zhi 等，2009修改。或：蕈小杆菌科。

模式属 分枝小杆菌属(*Mycobacterium*)Lehmann and Neumann，1896，《1980年细菌名确认单》，属。
词源 分枝小杆菌属：此科之模式属；科：用于定义一个比属高、比目低的分类级和尾词；在中文科的命名中，把模式属属名中的尾字"属"代换为尾字"科"，即为模式属所在的科名；分枝小杆菌科：分枝小杆菌属之科。

Etymology　N.L.neut.n.*Mycobacterium*, type genus of the family; suff.-*aceae*, ending to denote a family; N.L.fem.pl.n.*Mycobacteriaceae*, the *Mycobacterium* family.

分枝小杆菌目(*Mycobacteriales*)Janke,1924,目。或：蕈小杆菌目。

此目是阿拉伯小杆菌纲(*Arabobacteria*)Cavalier-Smith,2002 的模式目。

模式属　分枝小杆菌属(*Mycobacterium*)Lehmann and Neumann,1896,《1980 年细菌名确认单》,属。

词源　分枝小杆菌属：此目之模式属；目：用于定义一个比科高、比纲低的分类级和尾词；在中文目的命名中，把模式属属名中的尾字"属"代换为尾字"目"，即为模式属所在的目名；分枝小杆菌目：分枝小杆菌属之目。

Etymology　N.L.neut.n.*Mycobacterium*, type genus of the order; suff.-*ales*, ending denoting an order; N.L.fem.pl.n.*Mycobacteriales*, the *Mycobacterium* order.

注：2002 年,Cavalier-Smith 又推荐了同名同模式属的分枝杆目(*Mycobacteriales*)这个"新目"，但根据[Rule 24b（2）],分枝杆目(*Mycobacteriales*)Janke,1924 是有优选权的。

分枝小杆菌属(*Mycobacterium*)Lehmann and Neumann,1896,属。或：蕈小杆菌属。此属已定 174 种,13 亚种。

此属是**分枝小杆目或蕈小杆菌目**(*Mycobacteriales*)Janke,1924,《1980 年细菌名确认单》,分枝小杆目或蕈小杆菌目(*Mycobacteriales*)Cavalier-Smith,2002,分枝小杆菌科或蕈小杆菌科(*Mycobacteriaceae*)Chester,1897,《1980 年细菌名确认单》的模式属。

词源　分枝或蕈：枝条分生的,蘑菇,这里表示真菌状的菌丝生长形态,因此在中文微生物学中"分枝"或"蕈"，几乎等于真菌；小杆：小棒；菌：表示微小的事物,微生物(细菌、古菌、真菌)；属：属名的尾词；分枝小杆菌属或蕈小杆菌属：真菌状菌丝生长形态的小棒生物。

Etymology　Gr.n.*mukês* -*etis*, a mushroom, fungus; L.neut.n.*bacterium*, a rod; N.L.neut.n. *Mycobacterium*, a fungus rodlet.

模式种　结核分枝小杆菌(*Mycobacterium tuberculosis*)(Zopf,1883)Lehmann and Neumann,1896,《1980 年细菌名确认单》,属。或结核蕈小杆菌。

词源　结核：小肿块,小瘤,结节,指的是结核病,由结核类菌引起的疾病。

Etymology　L.dim.n.*tuberculum*, a small swelling, tubercle; Gr.suff.-*osis*, suffix expressing state or condition, in medical terminology denoting a state of disease; N.L.gen.n.*tuberculosis*, of tuberculosis.

注：根据命名规则,此属菌名应为"蕈小杆属"或"分枝小杆属"，但迄今菌属中仍没有"分枝杆菌属"("*Mycobacter*")属,以往有的文献中文命名为"分枝杆菌属"或可以接受,但不合规。值得一提的是,词头 *myco* 或在元音前的 *myc* 虽然是来自希腊文 *mukês* –*etis*,但实际上正确的用法是 *myceto*-(*mycet*-)。

分枝浮菌属(*Mycoplana*) Gray and Thornton, 1928, 属; Urakami 等, 1990 修改。或: **蕈浮菌属**。此属已定 4 种。

词源　分枝或蕈: 枝条分生的, 这里表示真菌状的菌丝生长形态, 因此在中文微生物学中"分枝"或"蕈", 几乎等于真菌; 浮: 浮游者, 漂泊者, 流浪者; 分枝浮菌属或蕈浮菌属: 真菌浮游生物。

Etymology　Gr.*mukês*, mushroom or other fungus; Gr.n.*planos*, a wandering; N.L.fem.n.*Mycoplana*, fungus wanderer.

模式种　双形分枝浮菌(*Mycoplana dimorpha*) Gray and Thornton, 1928,《1980 年细菌名确认单》, 种。或: 双形蕈浮菌。

词源　双形: 两种形态的。

Etymology　Gr.fem.adj.*dimorpha*, two-formed.

支原体属(*Mycoplasma*) Nowak, 1929, 属。或: **蕈原体**, 枝原体, 分枝原体。此属已定 124 (+ 果状支原体(*Mycoplasma coccoides*) 种, 4 亚种。

此属是支原体目(*Mycoplasmatales*) Freundt, 1955,《1980 年细菌名确认单》和支原体科(*Mycoplasmataceae*) Freundt, 1955,《1980 年细菌名确认单》的模式属。

词源　支: 即分枝或蕈, 枝条分生的, 这里表示真菌状的菌丝生长形态, 因此在中文微生物学中"支""分枝"或"蕈", 几乎等于真菌; 原体: 任何原始形成的或模塑的东西; 支原体属: 真菌形态的生物。

Etymology　Gr.n.*mukês*, mushroom or other fungus; Gr.neut.n.*plasma*, anything formed or moulded, image, figure; N.L.neut.n.*Mycoplasma*, fungus form.

模式种　蕈状支原体(*Mycoplasma mycoides*)(Borrel 等, 1910) Freundt, 1955,《1980 年细菌名确认单》, 种。

词源　蕈: 高等菌类, 蘑菇, 或其他真菌; 状: 拟似, 形状, 形似, 像, 类似; 蕈状: 真菌状。

Etymology　Gr.n.*mukês -êtos*, mushroom or other fungus; L.suff.-*oides*(from Gr.suff.-*eides*, from Gr.n.*eidos*, that which is seen, form, shape, figure), ressembling, similar; N.L.neut.adj.*mycoides*, fungus-like.

同义词　"*Asterococcus*" Borrel 等, 1910, "*Asteromyces*" Wroblewski, 1931, "*Borrelomyces*" Turner, 1935, "*Bovimyces*" Sabin, 1941, "*Pleuropneumonia*" Tulasne and Brisou, 1955。

注: 支原体, 或枝原体, 一度被视作最小的细菌, 其尺寸大约 0.3μm。但不管如何, 其应当被视作最小的细菌之列。2002 年发现的纳米古菌属的(*Nanoarchaeum equitans*)(尚未合格发表)直径 400nm, 是迄今发现的最小的古菌; 2015 年科学家们发现和培养的超微细菌(ultramicrobacteria), 可以通过 200nm 的滤膜, 体积仅 0.009μm^3。

支原体科(*Mycoplasmataceae*) Freundt, 1955, 科; Tully 等, 1993 修改。

模式属　支原体属(*Mycoplasma*) Nowak, 1929,《1980 年细菌名确认单》, 属。

同义词 "*Borrelomycetaceae*" Turner,1935,"*Parasitaceae*" Sabin,1941,"*Pleuropneumoniaceae*" Tulasne and Brisou,1955。

词源 支原体属:此科之模式属;科:用于定义一个比属高、比目低的分类级和尾词;在中文科的命名中,把属名中的尾字"属"代换为尾字"科",即为模式属所对应的科;支原体科:支原体属之科。

Etymology N.L.neut.n.*Mycoplasma -atos*, type genus of the family; suff.*-aceae*, ending to denote a family; N.L.fem.pl.n.*Mycoplasmataceae*, the *Mycoplasma* family.

支原体目(*Mycoplasmatales*) Freundt,1955,目; Tully 等,1993 修改。或:蕈原体目。

模式属 支原体属(*Mycoplasma*) Nowak,1929,《1980 年细菌名确认单》,属。

同义词 "*Borrelomycetales*" Turner,1935,"*Paramycetales*" Sabin,1941,"*Pleuropneumoniales*" Tulasne and Brisou,1955,"*Mollicutales*" Edward,1955。

词源 支原体属:此目之模式属;目:用于定义一个比科高、比纲低的分类级和尾词;在中文目的命名中,把属名中的尾字"属"代换为尾字"目",即为模式属所对应的目;支原体目:支原体属之目。

Etymology N.L.neut.n.*Mycoplasma -atos*, type genus of the order; suff.*-ales*, ending denoting an order; N.L.fem.pl.n. *Mycoplasmatales*, the *Mycoplasma* order.

香味状菌属(*Myroides*) Vancanneyt 等,1996,新属; Yan 等,2012 修改。此属已定 8 种。

词源 香味:香味,香料,香水;状:类似;菌:表示微小的事物,微生物(细菌、古菌、真菌);属:属名的尾词;香味状菌属:具有类似香味的菌。

Etymology Gr.n.*muron*, perfume; L.suff.*-oides*(from Gr.suff.*-eides*, from Gr.n.*eidos*, that which is seen, form, shape, figure), ressembling, similar; N.L.masc.n.*Myroides*, resembling perfume.

模式种 气味香味状菌(*Myroides odoratus*)(Stutzer,1929) Vancanneyt 等,1996,新合并。

词源 气味:香味的,香气味的。

Etymology L.part.masc.adj.*odoratus*, pcrfumcd.

黏果菌科(*Myxococcaceae*) Jahn,1924,科。

模式属 黏果菌属(*Myxococcus*) Thaxter,1892,《1980 年细菌名确认单》,属。

词源 黏果菌属:此科之模式属;科:用于定义一个比属高、比目低的分类级和尾词;在中文科的命名中,把模式属属名中的尾字"属"代换为尾字"科",即为模式属所在的科名;黏果菌科:黏果菌属之科。

Etymology N.L.masc.n. *Myxococcus*, type genus of the family; suff.*-aceae*, ending to denote a family; N.L.fem.pl.n.*Myxococcaceae*, the *Myxococcus* family.

黏果菌目（*Myxococcales*）Tchan 等,1948,目。

此目是德尔塔杆菌纲（*Deltabacteria*）Cavalier-Smith,2002 和德尔塔变形杆菌纲（*Deltaproteobacteria*）Kuever 等,2006 的模式目。

模式属 黏果菌属（*Myxococcus*）Thaxter,1892,《1980 年细菌名确认单》,属。

词源 黏果菌属:此目之模式属;目:用于定义一个比科高、比纲低的分类级和尾词;在中文目的命名中,把模式属属名中的尾字"属"代换为尾字"目",即为模式属所在的目名;黏果菌目:黏果菌属之目。

Etymology　N.L.masc.n.*Myxococcus*, type genus of the order; suff.-*ales*, ending denoting an order; N.L.fem.pl.n.*Myxococcales*, the *Myxococcus* order.

黏果菌属（*Myxococcus*）Thaxter,1892,属;Lang and Stackebrandt,2009 修改。此属已定 8 种。

此属是黏果菌目（*Myxococcales*）Tchan 等,1948,《1980 年细菌名确认单》和黏果菌科（*Myxococcaceae*）Jahn,1924 的模式属。

词源 黏:黏液,粘液,黏质物,分泌物,粘液质;果:浆果,表示浆果形(圆球或椭球);菌:表示微小的事物,微生物(细菌、古菌、真菌);属:属名的尾词;黏果菌属:黏液浆果形生物。

Etymology　Gr.n.*muxa*, mucus, slime; N.L.masc.n.*coccus* (from Gr.masc.n.*kokkos*, grain, seed), coccus; N.L.masc.n. *Myxococcus*, slime coccus.

模式种 深黄黏果菌（*Myxococcus fulvus*）(Cohn,1875) Jahn,1911,《1980 年细菌名确认单》,种。

词源 深黄:深黄色,红黄色的,金黄色的,黄褐色的。

Etymology　L.masc.adj.*fulvus*, deep yellow, reddish yellow, gold-colored, tawny.

N 部

Na

韩农科院菌属(*Naasia*)Weon 等,2013,新属。此属已定 1 种。

词源 韩农科院:(韩国)农业科学国家科学院的英文缩写,此分类学研究的执行地;菌:表示微小的事物,微生物(细菌、古菌、真菌);属:属名的尾词;韩农科院菌属:以韩国农科院命名的生物。

Etymology (LPSN 误)Na.a si.a.N.L.fem.n.*Naasia* derived from the abbreviation NAAS, for the National Academy of Agricultural Science, where taxonomic studies of this taxon were conducted.

模式种 气播韩农科院菌(*Naasia aerilata*)Weon 等,2013,新种。

词源 气播:通过空气传播,表明由空气携带,气生的。

Etymology L.n.*aer* air; L.part.adj.*latus -a -um* carried; N.L.fem.part.adj.*aerilata* airborne.

来源 环境(Source: Environmental)。

西北农大菌属(*Nafulsella*)Zhang 等,2013,新属。此属已定 1 种。

词源 西北农大:西北农林科技大学的随机简称,位于中国陕西咸阳市杨凌区,此模式种鉴定工作在西北农大生命科学学院进行;菌:表示微小的事物,微生物(细菌、古菌、真菌);属:属名的尾词;西北农大菌属:以西北农林科技大学命名的生物。

Etymology N.L.fem.dim.n.*Nafulsella*, arbitrary name derived from the acronym, NAFULS, used for the Northwest A&F University College of Life Sciences, where the type species was identified.

模式种 吐鲁番西北农大菌(*Nafulsella turpanensis*)Zhang 等,2013,新种。

词源 吐鲁番:中国新疆吐鲁番市,属于或来自吐鲁番的,此模式菌株的分离地。

Etymology N.L.fem.adj.*turpanensis*, of or pertaining to Turpan, the city in Xinjiang province, north-western China where the type strain was isolated.

中村姓菌属(*Nakamurella*)Tao 等,2004,新属;Kim 等,2012 修改。此属已定 4 种。

此属是中村姓菌科(*Nakamurellaceae*)Tao 等,2004 的模式属。

词源 姓:姓氏;中村:以日本微生物学家中村教授的姓氏命名,菌:表示微小的事物,微生物(细菌、古菌、真菌);属:属名的尾词;中村姓菌属:以中村的姓氏命名的生物。

Etymology N.L.fem.dim.n.*Nakamurella*, to honour the Japanese microbiologist Professor Kazunori Nakamura.

模式种　多区中村姓菌（*Nakamurella multipartita*）（Yoshimi 等，1996）Tao 等，2004，新合并。
词源　多：许多的，很多的，大量的；区：分割的，分隔的，分区的，部分的；多区：指的是微生物细胞内部有许多分隔的部分。
Etymology　L.adj.*multus*, much, great, many; L.fem.part.adj.*partita*（from L.v.*partio partire*, to divide, part, distribute）divided, parted, distributed; N.L.fem.part.adj.*multipartita*, microorganisms having many divisions inside the cell.
不合规同义词　（*Microsphaera*）Yoshimi 等，1996。

中村姓菌科（*Nakamurellaceae*）Tao 等，2004，新科；Zhi 等，2009 修改。

模式属　中村姓菌属（*Nakamurella*）Tao 等，2004，新属。
不合规同义词　（*Microsphaeraceae*）Rainey 等，1997。
词源　中村姓菌属：此科之模式属；科：用于定义一个比属高、比目低的分类级和尾词；在中文科的命名中，把模式属属名中的尾字"属"代换为尾字"科"，即为模式属所在的科名；中村姓菌科：中村姓菌属之科。
Etymology　N.L.fem.n.*Nakamurella*, type genus of the family; suff.-*aceae*, ending to denote a family; N.L.fem.pl.n.*Nakamurellaceae*, the *Nakamurella* family.

南海栖属（*Namhaeicola*）Jung 等，2012，新属。此属已定 1 种。

词源　南海：这里指的是韩国称谓的南海（即黄海的一部分）；栖：栖息，栖居，栖息者，栖居者；菌：表示微小的事物，微生物（细菌、古菌、真菌）；属：属名的尾词；南海栖菌属：韩国南海的栖居者（生物）。
Etymology　N.L.masc; or fem.n.*Namhaeum*, Namhae, the Korean name of the South Sea in Korea; L.suff.-*cola*（from L.n.*incola*）, a dweller, inhabitant; N.L.masc.n.*Namhaeicola*, a dweller of the South Sea in Korea.
模式种　滨南海栖菌（*Namhaeicola litoreus*）Jung 等，2012，新种。
词源　滨：海滨，海岸的，海滨的，属于或来自海岸的。
Etymology　L.masc.adj.*litoreus*, belonging to the seashore.

侏腺菌科（*Nannocystaceae*）Reichenbach，2006，新科。

模式属　侏腺菌属（*Nannocystis*）Reichenbach，1970，《1980 年细菌名确认单》。
词源　侏腺菌属：此科之模式属；科：用于定义一个比属高、比目低的分类级和尾词；在中文科的命名中，把模式属属名中的尾字"属"代换为尾字"科"，即为模式属所在的科名；侏腺菌科：侏腺菌属之科。
Etymology　N.L.fem.n.*Nannocystis*, type genus of the family; suff.-*aceae*, ending to denote family; N.L.fem.pl.n.*Nannocystaceae*, the *Nannocystis* family.

侏腺菌亚目（*Nannocystineae*）Reichenbach,2007,新亚目。

模式属 侏腺菌属（*Nannocystis*）Reichenbach,1970,《1980年细菌名确认单》,属。

词源 侏腺菌属:此亚目之模式属;亚目:用于定义一个比科高、比目低的分类级和尾词,目的二级分类级;在中文目的命名中,把属名中的尾字"属"代换为尾字"亚目",即为模式属所对应的亚目;侏腺菌亚目:侏腺菌属之亚目。

Etymology　N.L.fem.n.*Nannocystis*, type genus of the suborder; suff.*-ineae*, ending to denote a suborder; N.L.fem.pl.n.*Nannocystineae*, the *Nannocystis* suborder.

侏腺菌属（*Nannocystis*）Reichenbach,1970,属。此属已定2种。

此属是侏腺菌亚目（*Nannocystineae*）Reichenbach,2007和侏腺菌科（*Nannocystaceae*）Reichenbach,2006的模式属。

词源 侏:侏儒,极小;腺:腺体,袋囊;菌:表示微小的事物,微生物（细菌、古菌、真菌）;属:属名的尾词;侏腺菌属:极小的袋形生物。

Etymology　Gr.adj.*nannos*, dwarf; Gr.fem.n.*kustis*, bladder; N.L.fem.n.*Nannocystis*, tiny bag.

模式种 蚀侏腺菌（*Nannocystis exedens*）Reichenbach,1970,《1980年细菌名确认单》。

词源 蚀:侵蚀,剥离,溶蚀,剥蚀,这里指的是吃掉剥蚀（琼脂）。

Etymology　L.v.*exedere*, to go out, go forth or away, to depart, retire, withdraw; L.part.adj. *exedens*, retiring; intended to mean eating away, corroding（the agar）.

泡碱厌氧菌科（*Natranaerobiaceae*）Mesbah 等,2007,新科。

模式属 泡碱厌氧菌属（*Natranaerobius*）Mesbah 等,2007,新属。

词源 泡碱厌氧菌属:此科之模式属;科:用于定义一个比属高、比目低的分类级和尾词;在中文科的命名中,把模式属属名中的尾字"属"代换为尾字"科",即为模式属所在的科名;泡碱厌氧菌科:泡碱厌氧菌属之科。

Etymology　N.L.n.*Natranaerobius*, type genus of the family; *-aceae*, ending to denote a family; N.L.fem.pl.n.*Natranaerobiaceae*, the family of the genus *Natranaerobius*.

泡碱厌氧菌目（*Natranaerobiales*）Mesbah 等,2007,新目。

模式属 泡碱厌氧菌属（*Natranaerobius*）Mesbah 等,2007,新属。

词源 泡碱厌氧菌属:此目之模式属;目:用于定义一个比科高、比纲低的分类级和尾词;在中文目的命名中,把模式属属名中的尾字"属"代换为尾字"目",即为模式属所在的目名;泡碱厌氧菌目:泡碱厌氧菌属之目。

Etymology　N.L.masc.n.*Natranaerobius*, type genus of the order; *-ales*, ending to denote an order; N.L.fem.pl.n.*Natranaerobiales*, the order of the genus *Natranaerobius*.

泡碱厌氧菌属(*Natranaerobius*) Mesbah 等,2007,新属。此属已定 2 种。

此属是泡碱厌氧菌目(*Natranaerobiales*) Mesbah 等,2007 和泡碱厌氧菌科(*Natranaerobiaceae*) Mesbah 等,2007 的模式属。

词源 泡碱:与苏打基本同义,常混用,这里指的是碳酸钠;厌:无,非;氧:空气,氧气;菌:表示微小的事物,微生物(细菌、古菌、真菌);属:属名的尾词;泡碱厌氧菌属:需苏打的厌氧微生物。

Etymology N.L.n.*natron* derived from Arabic *natrun*, soda (sodium carbonate); Gr.pref. *an*, not; Gr.n.*aeraeros*, air; Gr.masc.n.*bios*, life; N.L.masc.n.*Natranaerobius*, a soda-requiring anaerobe.

模式种 嗜热泡碱厌氧菌(*Natranaerobius thermophilus*) Mesbah 等,2007,新种。

词源 嗜嗜:嗜好的,喜好的,友好的,爱好的;热:高温,温暖;嗜热:喜好高温的,喜好热的。
Etymology Gr.n.*thermê*, heat; N.L.adj.*philus -a -um* (from Gr.adj.*philos -ê -on*), friend, loving; N.L.masc.adj.*thermophilus*, heat-loving, referring to its growth temperature.

泡碱厌氧幡菌属(*Natranaerovirga*) Sorokin 等,2012,新属。此属已定 2 种。

词源 泡碱:与苏打基本同义,常混用,这里指碳酸钠;厌:无,非;氧:空气,氧气;幡:幡状,棒;菌:表示微小的事物,微生物(细菌、古菌、真菌);属:属名的尾词;泡碱厌氧幡菌属:生活在苏打中的厌氧棒形生物。

Etymology N.L.n.*natron* (derived from Arabic *natrun*), soda (sodium carbonate); Gr.pref. *an*, not; Gr.n.*aeraeros*, air; L.fem.n.*virga*, rod; N.L.fem.n.*Natranaerovirga*, an anaerobic rod living in soda.

模式种 吞果胶泡碱厌氧幡菌(*Natranaerovirga pectinivora*) Sorokin 等,2012,新种。

词源 吞:吞噬的,吞食的,大吃的,吞没的;果胶:胶质,构成陆生植物细胞壁结构的杂多糖,富含半乳糖醛酸;吞果胶:吞噬胶质物质的。
Etymology N.L.n.*pectinum*, pectin; L.fem.suff.-*vora*, devouring; N.L.fem.adj.*pectinovora*, pectin-devouring.

泡碱素菌属(*Natrialba*) Kamekura and Dyall-Smith,1996,新属;Oren 等,2009 修改。此属已定 6 种。

词源 泡碱:与苏打基本同义,常混用,这里指碳酸钠;素:素色的,白色的;菌:表示微小的事物,微生物(细菌、古菌、真菌);属:属名的尾词;泡碱素菌属:钠白色的,指的是需要大量的钠离子,和此模式种的无色菌落。
Etymology N.L.n.*natron* (arbitrarily derived from the Arabic n.*natrun* or *natron*) soda, sodium carbonate; L.adj.*alba*, white; L.fem.n.*Natrialba*, sodium white; referring to the high sodium ion requirement and the pigmentless colonies of the type species.

模式种 亚洲泡碱素菌(*Natrialba asiatica*)Kamekura and Dyall-Smith,1996,新种。
词源 亚洲：与亚洲有关的,亚洲生长的,指的是此模式菌株的分离源的地理区域。
Etymology L.fem.adj.*asiatica*, pertaining to Asia, referring to the geographical region from which these organisms were isolated.
推荐的属名三字母简写 *Nab*. 见"命名规则：属名简写"[属名简写三字母准则(Three-letter code for abbreviations of generic names)]。

泡碱竿菌属(*Natribacillus*)Echigo等,2012,新属。此属已定1种。

词源 泡碱：与苏打基本同义,常混用,这里指碳酸钠；竿：在本书中对译于拉丁文 *bacillus*,表示棒形,以示与常见的"杆"的区别,表示以出芽孢为特征的棒形；菌：表示微小的事物,微生物(细菌、古菌、真菌)；属：属名的尾词；泡碱竿菌属：需钠竿棒形生物,指的是需要大量的钠离子和细胞形态。
Etymology N.L.n.*natron* (arbitrarily derived from the Arabic n.*natrun* or *natron*), soda, sodium carbonate; L.masc.n.*bacillus*, rod; N.L.masc.n.*Natribacillus*, sodium (-requiring) rod, referring to the high sodium ion requirement and the cell shape.
模式种 嗜卤泡碱竿菌(*Natribacillus halophilus*)Echigo等,2012,新种。
词源 嗜：嗜好的,喜好的,友好的,爱好的；卤：盐；嗜卤：嗜好盐的,喜盐的,喜好盐的。
Etymology Gr.n.*hals halos*, salt; N.L.masc.adj. *philus* (from Gr.masc.adj. *philos*), friend, loving; N.L.masc.adj.*halophilus*, salt loving.

泡碱线体属(*Natrinema*)McGenity等,1998,新属；Xin等,2000修改。此属已定7种。

词源 泡碱：与苏打基本同义,常混用,这里指的是碳酸钠；线：线,线状物；体：整体,身体,菌体,在微生物学属名中的作用与"菌"类似；属：属名的尾词；泡碱线体属：需要钠的线形生物。
Etymology N.L.n.*natron* (arbitrarily derived from the Arabic n.*natrun* or *natron*) soda, sodium carbonate; Gr.neut.n.*nema*, a thread; N.L.neut.n.*Natrinema*, sodium (-requiring) thread.
模式种 红皮泡碱线体(*Natrinema pellirubrum*)McGenity等,1998,新种。
词源 红：红色的,红颜色的；皮：皮,皮肤,外皮；红皮：红色的皮肤。
Etymology L.n.*pellis*, skin or hide; L.neut.adj.rubrum, red; N.L.neut.adj.*pellirubrum*, red-hide.
推荐的属名三字母简写 *Nnm*. 见"命名规则：属名简写"[属名简写三字母准则(Three-letter code for abbreviations of generic names)]。

泡碱菌属(*Natroniella*)Zhilina等,1996,新属；Sorokin等,2011修改。此属已定2种。

词源 泡碱：与苏打基本同义,常混用,这里指的是碳酸钠；菌：表示微小的事物,微生物(细菌、古菌、真菌)；属：属名的尾词；泡碱菌属：在苏打沉积物中生长的生物。

Etymology N.L.n.*natron*（arbitrarily derived from the Arabic n.*natrun* or *natron*）soda, sodium carbonate; L.fem.n.*Natroniella*, organism growing in soda deposits.

模式种 醋生泡碱菌（*Natroniella acetigena*）Zhilina 等，1996，新种。

词源 醋：醋酸，乙酸；生：产生，制造；醋生：生物产生乙酸/醋的。

Etymology N.L.n.*acidum aceticum*, acetic acid; Gr.v.*gennaô*, produce, engender; N.L.fem.adj.*acetigena*, organism which produces acetic acid.

泡碱栖菌属（*Natronincola*）勘误，Zhilina 等，1999，新属。此属已定 3 种。

词源 泡碱：与苏打基本同义，常混用，这里指的是碳酸钠；栖：栖息，栖居，栖息者，栖居者；菌：表示微小的事物，微生物（细菌、古菌、真菌）；属：属名的尾词；泡碱栖菌属：原生与苏打沉积物中的生物。

Etymology N.L.n.*natron*（arbitrarily derived from the Arabic n.*natrun* or *natron*）soda, sodium carbonate; L.masc.or fem.n.*incola*, inhabitant, dweller; N.L.n.*Natronincola*, an organism indigenous to soda deposits.

模式种 吞组氨酸泡碱栖菌（*Natronincola histidinovorans*）勘误，Zhilina 等，1999，新种。

词源 吞：食，噬，吃，吞食，吞噬，吞吃；组氨酸：一种氨基酸；吞组氨酸：吞食组氨酸，利用组氨酸作为主要底物。

Etymology N.L.n.*histidinum*, histidine; L.v.*vorare*, to devour; N.L.part.adj.*histidinivorans*, histidine-devouring, utilizing histidine as the main substrate.

泡碱古菌属（*Natronoarchaeum*）Shimane 等，2010，新属。此属已定 2 种。

词源 泡碱：与苏打基本同义，常混用，这里指的是碳酸钠；古：古代；菌：表示微小的事物，微生物（细菌、古菌、真菌）；古菌：古生菌；属：属名的尾词；泡碱古菌属：泡碱古生菌。

Etymology N.L.n.*natron*（arbitrarily derived from Arabic n.*natrun* or *natron*）, soda, sodium carbonate; N.L.pref.*natrono-*, pertaining to soda; N.L.neut.n.*archaeum*（from Gr.adj.*archaios -ê -on*, ancient）, archaeon; N.L.neut.n.*Natronoarchaeum*, the soda archaeon.

模式种 解甘露聚糖泡碱古菌（*Natronoarchaeum mannanilyticum*）Shimane 等，2010，新种。

词源 解：溶解的，分解的，降解的；甘露聚糖：甘露糖的 β（1→4）聚合物（植物中）或碳骨架为 α（1→6）、支链为 α（1→2）和 α（1→3）聚合物（酵母菌中）；解甘露聚糖：溶解甘露聚糖的。

Etymology N.L.neut.n.*mannanum*, mannan; N.L.neut.adj.*lyticum*（from Gr.neut.adj.*lutikon*）, able to loosen, able to dissolve; N.L.neut.adj.*mannanilyticum*, mannan-dissolving.

泡碱竿菌属（*Natronobacillus*）Sorokin 等，2009，新属。此属已定 1 种。

词源 泡碱：与苏打基本同义，常混用，这里指的是碳酸钠；竿：在本书中对译于拉丁文

bacillus，表示棒形，以示与常见的"杆"的区别，表示以出芽孢为特征的棒形；菌：表示微小的事物，微生物（细菌、古菌、真菌）；属：属名的尾词；泡碱竿菌属：喜好苏打的棒形生物。

Etymology　N.L.n.*natron*（arbitrarily derived from the Arabic n.*natrun* or *natron*）soda, sodium carbonate; N.L.pref.*natrono-*, pertaining to soda; L.masc.n.*bacillus*, a small rod; N.L.masc. n.*Natronobacillus*, soda-loving rod.

模式种　固氮泡碱竿菌（*Natronobacillus azotifigens*）Sorokin 等，2009，新种。

词源　固：固定，附着；氮：元素氮，N，氮气；固氮：固定氮气／氮元素。

Etymology　N.L.n.*azotum*（from french noun azote）, nitrogen; L.part.adj.*figens*, fixing, attaching; N.L.part.adj.*azotifigens*, nitrogen-fixing.

泡碱小杆菌属（*Natronobacterium*）Tindall 等，1984，新属。此属已定 6 种。

词源　泡碱：与苏打基本同义，常混用，这里指的是碳酸钠；小杆：小棒；菌：表示微小的事物，微生物（细菌、古菌、真菌）；属：属名的尾词；泡碱小杆菌属：苏打小棒形生物。

Etymology　N.L.n.*natron*（arbitrarily derived from the Arabic n.*natrun* or *natron*）soda, sodium carbonate; N.L.pref.*natrono-*, pertaining to soda; L.neut.n.*bacterium*, a small rod; N.L.neut. n.*Natronobacterium*, soda rod.

模式种　格雷戈里氏泡碱小杆菌（*Natronobacterium gregoryi*）Tindall 等，1984，新种。

词源　氏：姓氏；格雷戈里氏：以苏格兰地学家 J.W. 格雷戈里的姓氏命名，其首先描述了裂谷地质学。

Etymology　N.L.gen.masc.n.*gregoryi*, of Gregory; named for J.W. Gregory, Scottish geologist who first described the geology of the rift valley.

推荐的属名三字母简写　*Nbt.* 见"命名规则：属名简写"［属名简写三字母准则（Three-letter code for abbreviations of generic names）］。

泡碱胞菌属（*Natronocella*）Sorokin 等，2007，新属。此属已定 1 种。

词源　泡碱：与苏打基本同义，常混用，这里指的是碳酸钠；胞：细胞；菌：表示微小的事物，微生物（细菌、古菌、真菌）；属：属名的尾词；泡碱胞菌属：能够耐受苏打的细胞。

Etymology　N.L.n.*natron*（arbitrarily derived from the Arabic n.*natrun* or *natron*）soda, sodium carbonate; N.L.pref.*natrono-*, pertaining to soda; L.fem.n.*cella*, a room, a store-room and in biology a cell; N.L.fem.n.*Natronocella*, a cell that can tolerate soda.

模式种　乙腈泡碱胞菌（*Natronocella acetinitrilica*）Sorokin 等，2007，新种。

词源　乙腈：氰化甲烷，CH_3CN；指的是此菌具有利用乙腈的能力。

Etymology　N.L.n.*acetinitrilum*, acetinitrile; L.suff.*-icus -a -um*, suffix used with the sense of belonging to; N.L.fem.adj.*acetinitrilica*, pertainig to the ability to utilize acetinitrile（acetonitrile）.

泡碱果菌属（*Natronococcus*）Tindall 等,1984,新属。此属已定 4 种。

词源　泡碱:与苏打基本同义,常混用,这里指的是碳酸钠;果:浆果,表示浆果形(圆球或椭球);菌:表示微小的事物,微生物(细菌、古菌、真菌);属:属名的尾词;泡碱果菌属:苏打浆果形生物。

Etymology　N.L.n.*natron*（arbitrarily derived from the Arabic n.*natrun* or *natron*）soda, sodium carbonate; N.L.pref.*natrono-*, pertaining to soda; N.L.masc.n.*coccus*（from Gr.masc.n.*kokkos*, grain, seed）, coccus; N.L.masc.n.*Natronococcus*, soda berry.

模式种　隐藏泡碱果菌（*Natronococcus occultus*）Tindall 等,1984,新种。

词源　隐藏:隐匿,躲藏,隐藏起来的苏打果菌。

Etymology　L.masc.adj.*occultus*, hidden, the hidden Natronococcus.

推荐的属名三字母简写　*Ncc.* 见"命名规则:属名简写"[属名简写三字母准则（Three-letter code for abbreviations of generic names）]。

泡碱屈菌属（*Natronoflexus*）Sorokin 等,2012,新属。此属已定 1 种。

词源　泡碱:与苏打基本同义,常混用,这里指的是碳酸钠;屈:使弯曲的,与"伸"相对;菌:表示微小的事物,微生物(细菌、古菌、真菌);属:属名的尾词;泡碱屈菌属:生活在苏打中的弯曲细胞。

Etymology　N.L.n.*natron*（arbitrarily derived from the Arabic n.*natrun* or *natron*）, soda, sodium carbonate; N.L.pref.*natro-*, pertaining to soda; L.masc.n.*flexus*, a bending; N.L.masc.n.*Natronoflexus*, bending/flexible cells living in soda.

模式种　吞果胶泡碱弯菌（*Natronoflexus pectinivorans*）Sorokin 等,2012,新种。

词源　吞:吞噬的,吞食的,大吃的,吞没的。

Etymology　N.L.n.*pectinum*, pectin; L.part.adj.*vorans*, devouring; N.L.part.adj.*pectinivorans*, pectin-devouring.

Natronoincola – 见:泡碱栖菌属（*Natronincola*）。

泡碱池菌属（*Natronolimnobius*）Itoh 等,2005,新属。此属已定 2 种。

词源　泡碱:与苏打基本同义,常混用,这里指的是碳酸钠;池:静水的池塘,湖;菌:表示微小的事物,微生物(细菌、古菌、真菌);属:属名的尾词;泡碱池菌属:生活在苏打湖中的生物。

Etymology　N.L.n.*natron*（arbitrarily derived from the Arabic n.*natrun* or *natron*）soda, sodium carbonate; N.L.pref.*natrono-*, pertaining to soda; Gr.n.*limnos*, a pool of standing water, lake; Gr.masc.n.*bios*, life; N.L.masc.n.*Natronolimnobius*, organism living in a soda lake.

模式种　巴尔虎泡碱池菌（*Natronolimnobius baerhuensis*）Itoh 等,2005,新种。

词源　巴尔虎：呼伦贝尔，中国历史上指大兴安岭以西地区，从此地的一个苏打湖中分离到此模式株。

Etymology　N.L.masc.adj.*baerhuensis*, pertaining to Baerhu, a soda lake where the type strain was isolated.

推荐的属名三字母简写　*Nln.* 见"命名规则：属名简写"［属名简写三字母准则（Three-letter code for abbreviations of generic names）］。

泡碱单胞菌属（*Natronomonas*）Kamekura 等，1997，新属；Burns 等，2010 修改。此属已定 3 种。

词源　泡碱：与苏打基本同义，常混用，这里指的是碳酸钠；单胞：单细胞；菌：表示微小的事物，微生物（细菌、古菌、真菌）；属：属名的尾词；泡碱单胞菌属：苏打单细胞生物。

Etymology　N.L.n.*natron*（arbitrarily derived from the Arabic n.*natrun* or *natron*）soda, sodium carbonate；N.L.pref.*natrono-*, pertaining to soda；L.fem.n.*monas*, monad, unit；N.L.fem.n.*Natronomonas*, the soda unit.

模式种　法老泡碱单胞菌（*Natronomonas pharaonis*）（Soliman and Trüper，1983）Kamekura 等，1997，新合并。

词源　法老：古埃及国王的头衔或称谓或尊称。

Etymology　L.gen.n.*pharaonis*, of Pharaoh, title of the kings of ancient Egypt.

推荐的属名三字母简写　*Nmn.* 见"命名规则：属名简写"［属名简写三字母准则（Three-letter code for abbreviations of generic names）］。

泡碱红菌属（*Natronorubrum*）Xu 等，1999，新属；Cui 等，2006 修改，Oren 等，2009 修改。此属已定 6 种。

词源　泡碱：与苏打基本同义，常混用，这里指的是碳酸钠；红：红色的；菌：表示微小的事物，微生物（细菌、古菌、真菌）；属：属名的尾词；泡碱红菌属：红色的苏打（在苏打中生活的，菌落形成后使得苏打看起来呈现红色）。

Etymology　N.L.n.*natron*（arbitrarily derived from the Arabic n.*natrun* or *natron*）soda, sodium carbonate；N.L.pref.*natrono-*, pertaining to soda；L.neut.adj.*rubrum*, red；N.L.neut.n.*Natronorubrum*, the red of soda.

模式种　班戈泡碱红菌（*Natronorubrum bangense*）Xu 等，1999，新种。

词源　班戈：中国西藏班戈县，与班戈有关的。

Etymology　N.L.neut.adj.*bangense*, pertaining to Bange, China.

推荐的属名三字母简写　*Nrr.* 见"命名规则：属名简写"［属名简写三字母准则（Three-letter code for abbreviations of generic names）］。

泡碱幡菌属(*Natronovirga*) Mesbah and Wiegel,2009,新属。此属已定1种。

词源　泡碱:与苏打基本同义,常混用,这里指的是碳酸钠;幡:幡状,棒;菌:表示微小的事物,微生物(细菌、古菌、真菌);属:属名的尾词;泡碱幡菌属:需要苏打的棒形生物。

Etymology　N.L.n.*natron*（arbitrarily derived from the Arabic n.*natrun* or *natron*）soda, sodium carbonate; L.fem.n.*virga*, rod; N.L.fem.n.*Natronovirga*, a soda-requiring rod.

模式种　瓦迪纳特伦泡碱幡菌(*Natronovirga wadinatrunensis*) Mesbah and Wiegel,2009,新种。

词源　瓦迪纳特伦:与埃及瓦迪纳特伦(该地盛产泡碱)有关的,此模式菌株的分离源。

Etymology　N.L.fem.adj.*wadinatrunensis*, pertaining to the Wadi An Natrun, the source of isolation.

瑙曼姓菌属(*Naumannella*) Rieser 等,2012,新属。此属已定1种。

词源　姓:姓氏;瑙曼姓:以柏林罗伯特科赫研究所生物医疗光谱学的前主任迪特·瑙曼的姓氏命名,其是 FTIR 光谱学鉴定微生物的先锋;菌:表示微小的事物,微生物(细菌、古菌、真菌);属:属名的尾词;瑙曼姓菌属:以瑙曼的姓氏命名的菌属。

Etymology　N.L.fem.dim.n.*Naumannella*, named in honour of Dieter Naumann, former head of biomedical spectroscopy at the Robert Koch-Institute, Berlin, a pioneer in the development of FTIR spectroscopy for the identification of micro-organisms.

模式种　耐卤瑙曼姓菌(*Naumannella halotolerans*) Rieser 等,2012,新种。

词源　耐:耐力的,耐性的,忍耐的;卤:卤素,盐;耐卤:耐盐,对盐有耐受的。

Etymology　Gr.n.*hals halos*, salt; L.part.adj.*tolerans*, tolerating; N.L.part.adj.*halotolerans*, salt-tolerating.

小海员菌属(*Nautella*) Vandecandelaere 等,2009,新属。此属已定1种。

词源　小:小的;海员:水手,水兵;菌:表示微小的事物,微生物(细菌、古菌、真菌);属:属名的尾词;小海员菌属:小海员菌,指的是此新细菌属的海洋栖息特征。

Etymology　L.n.*nauta*, seaman; L.dim.suff.*-ella*; N.L.fem.n.*Nautella*, the small seaman, referring to the marine habitat of this novel bacterial genus.

模式种　意大利小海员菌(*Nautella italica*) Vandecandelaere 等,2009,新种。

词源　意大利:来自意大利的,此菌种首次分离地。

Etymology　L.fem.adj.*italica*, from Italy, where this species was first isolated.

鹦鹉螺号菌属(*Nautilia*) Miroshnichenko 等,2002,新属。此属已定4种。

此属是鹦鹉螺号目(*Nautiliales*) Miroshnichenko 等,2004 和鹦鹉螺号科(*Nautiliaceae*) Miroshnichenko 等,2004 的模式属。

词源　鹦鹉螺号：以法国潜艇鹦鹉螺号命名，其用于深海热液区域的探索和研究；菌：表示微小的事物，微生物（细菌、古菌、真菌）；属：属名的尾词；鹦鹉螺号菌属：以法国舰艇鹦鹉螺号命名的生物，表示深海来源生物。

Etymology　N.L.fem.n.*Nautilia*, named after Nautile, the name of the French submersible used for the exploration and investigation of deep-sea hydrothermal areas.

模式种　石营鹦鹉螺号菌（*Nautilia lithotrophica*）Miroshnichenko 等，2002，新种。

词源　石：石头，岩石；营：营养，营生，养育，抚育；石营：无机营养，石化营养，来自石头（硅酸盐）的营养，也就是以无机物为营养，以无机底物作为菌类培养基（养料）。

Etymology　Gr.n.*lithos*, stone; N.L.fem.adj.*trophica*（from Gr.fem.adj.*trophikê*）, nursing, tending or feeding; N.L..fem.adj.*lithotrophica*, inorganic-substrate-consuming.

鹦鹉螺号菌科（*Nautiliaceae*）Miroshnichenko 等，2004，新科。

模式属　鹦鹉螺号菌属（*Nautilia*）Miroshnichenko 等，2002，新属。

词源　鹦鹉螺号菌属：此科之模式属；科：用于定义一个比属高、比目低的分类级和尾词；在中文科的命名中，把模式属属名中的尾字"属"代换为尾字"科"，即为模式属所在的科名；鹦鹉螺号菌科：鹦鹉螺号菌属之科。

Etymology　N.L.fem.n.*Nautilia*, the type genus of the family; suff.-*aceae*, ending denoting a family; *Nautiliaceae*, the family of *Nautilia*.

鹦鹉螺号菌目（*Nautiliales*）Miroshnichenko 等，2004，新目。

模式属　鹦鹉螺号属（*Nautilia*）Miroshnichenko 等，2002，新属。

词源　鹦鹉螺号菌属：此目之模式属；目：用于定义一个比科高、比纲低的分类级和尾词；在中文目的命名中，把模式属属名中的尾字"属"代换为尾字"目"，即为模式属所在的目名；鹦鹉螺号菌目：鹦鹉螺号菌属之目。

Etymology　N.L.fem.n.*Nautilia*, type genus of the order; suff.-*ales*, ending denoting an order; N.L.fem.pl.n.*Nautiliales*, the *Nautilia* order.

纳西杆菌属（*Naxibacter*）Xu 等，2005，新属；Kämpfer 等，2008 修改。此属已定 4 种。

词源　纳西：指的是纳西族，居住于中国云南丽江，此生物分离自此；杆：棒；菌：表示微小的事物，微生物（细菌、古菌、真菌）；属：属名的尾词；纳西杆菌属：纳西族居住之地的棒形微生物。

Etymology　N.L.n.*Naxi*, referring to the Naxi nationality, who lived in Lijiang, Yunnan Province, China, from where the organism was isolated; N.L.masc.n.*bacter*, rod; N.L.masc.n.*Naxibacter*, rod-shaped microbe from the place in which the Naxi nationality lived.

模式种　耐碱纳西杆菌（*Naxibacter alkalitolerans*）Xu 等，2005，新种。

词源　耐：耐受的，忍耐的，持久的；碱：盐碱植物的灰分，碱性，碱类（阴离子全为氢氧根）；耐碱：对碱有耐受性的。

Etymology　Arabic article *al*, the; Arabic n.*qaliy*, ashes of saltwort; French n.*alcali*, alkali; N.L.n.*alkali*, alkali; L.part.adj.*tolerans*, tolerating; N.L.part.adj.*alkalitolerans*, alkali-tolerating.

Ne

拟尸杆菌属（*Necropsobacter*）Christensen 等，2011，新属。此属已定 1 种。

词源　拟：拟似，类似；尸：尸体，死尸；拟尸：类似尸体的，指的是解剖用尸体；杆：棒；菌：表示微小的事物，微生物（细菌、古菌、真菌）；属：属名的尾词；拟尸杆菌属：分离自解剖尸体的棒形生物。

Etymology　Gr.n.*nekros*, dead body, corpse; Gr.n.*opsis*, appearance, view; N.L.masc.n.*bacter*, a rod; N.L.masc.n.*Necropsobacter*, a rod isolated from an autopsy.

模式种　啮齿拟尸杆菌（*Necropsobacter rosorum*）Christensen 等，2011，新种。

词源　啮齿：啮齿动物，啮齿动物的。

Etymology　L.n.*rosor -oris*, a rodent; L.gen.pl.n.*rosorum*, of rodents.

阴性果菌属（*Negativicoccus*）Marchandin 等，2010，新属。此属已定 1 种。

词源　阴性：阴性的；果：浆果，表示浆果形（圆球或椭球）；菌：表示微小的事物，微生物（细菌、古菌、真菌）；属：属名的尾词；阴性果菌属：电子显微镜观察到带有外膜的具有典型革兰氏阴性细胞壁结构的浆果形生物。

Etymology　L.adj.*negativus*, negative; N.L.masc.n.*coccus*（from Gr.masc.n.*kokkos*）, grain or berry; N.L.masc.n.*Negativicoccus*, coccus with a typical Gram-negative cell wall structure with an outer membrane observed by electron microscopy.

模式种　吞琥珀酸阴性果菌（*Negativicoccus succinicivorans*）Marchandin 等，2010，新种。

词源　吞：吞噬的，吞食的，大吃的，吞没的；琥珀酸：丁二酸；吞琥珀酸：吞食琥珀酸的。

Etymology　N.L.n.*acidum succinicum*, succinic acid; L.part.adj.*vorans*, devouring; N.L.part.adj.*succinicivorans*, succinic acid-devouring.

阴皮菌纲（*Negativicutes*）Marchandin 等，2010，新纲。

模式目　月单胞菌目（*Selenomonadales*）Marchandin 等，2010，新种。

词源　阴：阴性的；皮：皮肤，膜；菌：表示微小的事物，微生物（细菌、古菌、真菌）；纲：（原核）生物分类的一个级别，门之下，目之上的一个分类级，纲之尾词；阴皮菌纲：细胞由两层同轴的脂双层皮——胞质膜和外膜——包围，在厚壁菌门中，细胞壁呈革兰氏阴性的一类细菌。

Etymology　L.adj.*negativus*, negative; L.fem.n.*cutis*, skin; N.L.fem.pl.n.*Negativicutes*, division with cells bounded by skin with two concentric lipid bilayers, the cytoplasmic membrane and an outer membrane, to indicate Gram-negative type of cell wall in the *Firmicutes* division(phylum).

根井姓菌属(*Neiella*)Du 等,2013,新属。此属已定 1 种。

词源　姓:姓氏;根井姓:以根井正利的姓氏命名,他发展了系统发育树重建的邻接法,广泛用于细菌系统学和分类学;菌:表示微小的事物,微生物(细菌、古菌、真菌);属:属名的尾词;根井姓菌属:以根井的姓氏命名的生物。

Etymology　N.L.fem.n.*Neiella*, in honour of Masatoshi Nei for the development of the neighbour-joining method of phylogenetic tree reconstruction widely used in bacterial systematics and taxonomy.

模式种　海根井姓菌(*Neiella marina*)Du 等,2013,新种。

词源　海:海的,大海的,海洋的。

Etymology　L.fem.adj.*marina*, of the sea, marine.

奈瑟氏菌属(*Neisseria*)Trevisan,1885,属。此属已定 29 种,3 亚种。

此属是奈瑟氏菌目(*Neisseriales*)Tønjum,2006 和奈瑟氏菌科(*Neisseriaceae*)Prévot,1933,《1980 年细菌名确认单》的模式属。

词源　氏:姓氏;奈瑟氏:阿尔伯特·奈瑟的姓氏命名,其于 **1889** 年,在病人的脓水中,发现了淋病病原;菌:表示微小的事物,微生物(细菌、古菌、真菌);属:属名的尾词;奈瑟氏菌属:以奈瑟的姓氏命名的菌属。

Etymology　N.L.fem.n.*Neisseria*, named after Albert Neisser, who discovered the etiological agent of gonorrhea in the pus of patients in 1889.

模式种　淋病奈瑟氏菌(*Neisseria gonorrhoeae*)(Zopf,1885)Trevisan,1885,《1980 年细菌名确认单》。

词源　淋病:精子流,泌尿生殖系统化脓感染。

Etymology　Gr.n.*gonorrhoea*, a seminal flux, gonorrhoea;N.L.gen.n.*gonorrhoeae*, of gonorrhoea.

同义词　"*Merismopedia*" Zopf,1885,"*Gonococcus*" Lindau,1898。

奈瑟氏菌科(*Neisseriaceae*)Prévot,1933,科;Rossau 等,1989 修改,Dewhirst 等,1989 修改。

模式属　奈瑟氏菌属(*Neisseria*)Trevisan,1885,《1980 年细菌名确认单》。

词源　奈瑟氏菌属:此科之模式属;科:用于定义一个比属高、比目低的分类级和尾词;在中文科的命名中,把模式属属名中的尾字"属"代换为尾字"科",即为模式属所在的科名;奈瑟氏菌科:奈瑟氏菌属之科。

Etymology　N.L.fem.n.*Neisseria*, type genus of the family;suff.-*aceae*, ending to denote a family;N.L.fem.pl.n.*Neisseriaceae*, the *Neisseria* family.

奈瑟氏菌目(*Neisseriales*)Tønjum,2006,新目。

模式属 奈瑟氏菌属(*Neisseria*)Trevisan,1885,《1980年细菌名确认单》。

词源 奈瑟氏菌属:此目之模式属;目:用于定义一个比科高、比纲低的分类级和尾词;在中文科的命名中,把模式属属名中的尾字"属"代换为尾字"目",即为模式属所在的目名;奈瑟氏菌目:奈瑟氏菌属之目。

Etymology N.L.fem.n.*Neisseria*, type genus of the order; suff.-*ales*, ending denoting an order; N.L.fem.pl.n.*Neisseriales*, the *Neisseria* order.

注:2013年由Adeolu和Gupta建议从此目中单列出一个新科,色小杆菌科(*Chromobacteriaceae*)。

新朝井氏菌属(*Neoasaia*)Yukphan等,2006,新属。此属已定1种。

词源 新:新的;朝井氏菌属:细菌的一个属名;新朝井氏菌属:新的朝井氏菌属。

Etymology Gr.adj.*neos*, new; N.L.fem.n.*Asaia*, a bacterial genus name; N.L.fem.n.*Neoasaia*, a new *Asaia*.

模式种 清迈新朝井氏菌(*Neoasaia chiangmaiensis*)Yukphan等,2006,新种。

词源 清迈:泰国的一个地名,清迈府,与清迈有关的,此模式菌株的分离地。

Etymology N.L.fem.adj.*chiangmaiensis*, pertaining to Chiang Mai, Thailand, where the type strain was isolated.

新衣原体属(*Neochlamydia*)Horn等,2001,新属。此属已定1种。

词源 新:新的,与旧相对;衣原体属:细菌的一个属名;新衣原体属:一个新的衣原体属,指的是与衣原体科系统发育关系的相近。

Etymology Gr.pref. *neo*- (from.Gr.adj.*neos*), new; N.L.fem.n.*Chlamydia*, name of a bacterial genus; N.L.fem.n.*Neochlamydia*, a new *Chlamydia*, referring to the modest phylogenetic relationship to the *Chlamydiaceae*.

模式种 哈特曼氏属新衣原体(*Neochlamydia hartmannellae*)Horn等,2001,新种。

词源 哈特曼氏属:哈特曼氏属的,哈特曼氏科的一个属名,指的是此菌的宿主阿米巴虫(变形虫),从中首次发现此生物。

Etymology N.L.gen.n.*hartmannellae*, of *Hartmannella* (taxonomic name of a genus of *Hartmannellidae*), referring to the name of the host amoeba, *Hartmannella vermiformis* strain A1Hsp, in which the organism was first discovered.

新驹形氏菌属(*Neokomagataea*)Yukphan等,2011,新属。此属已定2种。

词源 新:新的;氏:姓氏;驹形氏:以日本微生物学家驹形和夫博士的姓氏命名,其致力于细菌,尤其是乙酸细菌的分类学和发育学;菌:表示微小的事物,微生物(细菌、古菌、真菌);属:属名的尾词;新驹形氏菌属:新的驹形氏菌属。

Etymology　N.L.fem.n. *Neokomagataea*, new Komagata, named after Dr.Kazuo Komagata, a Japanese microbiologist who contributed to bacterial systematics and phylogeny, especially of acetic acid bacteria.

模式种　泰国新驹形氏菌(*Neokomagataea thailandica*) Yukphan 等,2011,新种。

词源　泰国:属于或与泰国有关的,此模式菌株的分离地。

Etymology　N.L.fem.adj.*thailandica*, of or belonging to Thailand, where the type strain was isolated.

新立克次氏体属(*Neorickettsia*) Philip 等,1953,属;Dumler 等,2001 修改。此属已定 3 种。

词源　新:新的;立克次氏体属:细菌的一个属名,立克次氏体科的模式属;新立克次氏体属:新的立克次氏体属。

Etymology　Gr.pref.*neo*-(from.Gr.adj.*neos*), new;N.L.fem.n.*Rickettsia*, type genus of the family, *Rickettisaceae*; N.L.fem.n.*Neorickettsia* the new *Rickettsia*.

模式种　肠虫房新立克次氏体(*Neorickettsia helminthoeca*) Philip 等,1953,《1980 年细菌名确认单》。

词源　肠虫:肠道的蠕虫;房:窝,屋,房子,房间;肠虫房:肠虫栖居的地方。

Etymology　Gr.n.*helmins -inthos*, intestinal-worm;Gr.n.*oikos*, house;N.L.fem.adj. *helminthoeca*, worm-dwelling.

尼普顿杆菌属(*Neptuniibacter*) Arahal 等,2007,新属;Chen 等,2012 修改。此属已定 2 种。

词源　尼普顿:罗马神话中的海神,与尼普顿有关的;杆:棒;菌:表示微小的事物,微生物(细菌、古菌、真菌);属:属名的尾词;尼普顿杆属:指的是这些细菌的(海)栖息地。

Etymology　L.adj.*Neptunius*, Neptunian, pertaining to Neptune, Roman god of the sea; N.L.masc.n.*bacter*, a rod;N.L.masc.n.*Neptuniibacter*, a Neptunian rod, referring to the habitat of the bacteria.

模式种　凯撒尼普顿杆菌(*Neptuniibacter caesariensis*) Arahal 等,2007,新种。

词源　凯撒:现在以色列海发南部的罗马城凯撒玛丽提唛,此分离物的分离源。

Etymology　L.masc.adj.*caesariensis*, pertaining to Caesaria, as the isolate was found close to the Roman city Caesaria Maritima, south of Haifa in present day Israel.

尼普顿单胞菌属(*Neptunomonas*) Hedlund 等,1999,新属;Lee 等,2012 修改,Yang 等,2014 修改。此属已定 6 种。

词源　尼普顿:罗马的海神;单胞:单细胞,单元;菌:表示微小的事物,微生物(细菌、古菌、真菌);属:属名的尾词;尼普顿单胞菌属:尼普顿的单细胞。

Etymology　L.n.*Neptunus*, Neptune, the Roman god of the sea;L.fem.n.*monas*, a unit, monad;

N.L.fem.n.*Neptunomonas*, Neptune's monad.

模式种　吞萘尼普顿单胞菌（*Neptunomonas naphthovorans*）Hedlund 等,1999,新种。

词源　吞:吞噬的,吞食的,大吃的,吞没的;萘:卫生球,樟脑丸,一种白色的,结晶烃,两六元环稠合的芳烃;吞萘。

Etymology　N.L.suff.*naphtho-*, combining form of naphthalene, a white, crystalline hydrocarbon; L.part.adj.*vorans*, eating, devouring; N.L.part.adj.*naphthovorans*, naphthalene-devouring.

涅瑞伊得菌属（*Nereida*）Pujalte 等,2005,新属。此属已定 1 种。

词源　涅瑞伊得:或涅瑞伊得斯,海仙女,指的是这些细菌的(海)栖息地;菌:表示微小的事物,微生物(细菌、古菌、真菌);属:属名的尾词;涅瑞伊得菌属:指的是此细菌的栖息环境,是海源的。

Etymology　L.fem.n.*Nereida*（L.fem.n.*Nereis*）, a Nereid, a sea nymph, referring to the habitat of the bacteria.

模式种　懒涅瑞伊得菌（*Nereida ignava*）Pujalte 等,2005,新种。

词源　懒:懒惰的,慵懒的,行动迟缓的,不活泼的。

Etymology　L.fem.adj.*ignava*, lazy.

岛杆菌属（*Nesiotobacter*）Donachie 等,2006,新属。此属已定 1 种。

词源　岛:岛屿;杆:棒;菌:表示微小的事物,微生物(细菌、古菌、真菌);属:属名的尾词;岛杆菌属:来自岛屿的棒菌属,这里的岛屿指的是夏威夷的莱桑岛。

Etymology　Gr.adj.*nesiotes*, of an island, insular; N.L.masc.n.*bacter*, rod; N.L.masc.n.*Nesiotobacter*, rod from an island, in this case Laysan.

模式种　褪色岛杆菌（*Nesiotobacter exalbescens*）Donachie 等,2006,新种。

词源　褪色:褪色的,变成白色的,指的是成熟菌落的颜色逐渐褪色。

Etymology　L.part.adj.*exalbescens*（from L.v.*exalbesco*）, becoming white, growing white, referring to the fading colour of maturing colonies.

涅斯特伦科氏菌属（*Nesterenkonia*）Stackebrandt 等,1995,新属;Collins 等,2002 修改,Li 等,2005 修改。此属已定 13 种。

词源　氏:姓氏;涅斯特伦科:乌克兰微生物学家欧咖·涅斯特伦科;菌:表示微小的事物,微生物(细菌、古菌、真菌);属:属名的尾词;涅斯特伦科氏菌属:以涅斯特伦科的姓氏命名的生物。

Etymology　N.L.fem.n.*Nesterenkonia*, named in honour of Olga Nesterenko, an Ukrainian microbiologist.

模式种　卤生涅斯特伦科氏菌（*Nesterenkonia halobia*）（Onishi and Kamekura,1972）Stackebrandt 等,1995,新合并。

词源　卤：卤素,卤（水）,盐（水）；生：生物,生命；卤生：以盐为生的,在盐上生长的。

Etymology　Gr.n.*hals halos*, salt; Gr.n.*bios*, life; N.L.fem.adj.*halobia*, living on salt.

涅瓦河菌属（*Nevskia*）Famintzin,1892,属。此属已定 5 种。

此属是涅瓦河菌科（*Nevskiaceae*）Henrici and Johnson,1935,《1980 年细菌名确认单》的模式属。

词源　涅瓦河：以涅瓦命名的河,指的是在圣彼得堡段的河段；菌：表示微小的事物,微生物（细菌、古菌、真菌）；属：属名的尾词；涅瓦河菌属：与涅瓦河有关的菌属。

Etymology　N.L.fem.n.*Nevskia*, named after the Neva, a river in St.Petersburg.

模式种　多枝涅瓦河菌（*Nevskia ramosa*）Famintzin,1892,《1980 年细菌名确认单》。

词源　多枝：有许多分枝的,多枝的。

Etymology　L.fem.adj.*ramosa*, having many branches, branchy.

注：涅瓦河,语意可能来自芬兰语 *nevo*,表示海（沼泽）,指的是涅瓦河的源头拉多加湖（$1.77 \times 10^4 km^2$,俄罗斯和芬兰的界湖,欧洲最大湖泊）,全长 74km,流量居欧洲第三大。

涅瓦河菌科（*Nevskiaceae*）Henrici and Johnson,1935,科。

模式属　涅瓦河菌属（*Nevskia*）Famintzin,1892,《1980 年细菌名确认单》,属。

词源　涅瓦河菌属：此科之模式属；科：用于定义一个比属高、比目低的分类级和尾词；在中文科的命名中,把模式属属名中的尾字"属"代换为尾字"科",即为模式属所在的科名；涅瓦河菌科：涅瓦河菌属之科。

Etymology　N.L.fem.n.*Nevskia*, type genus of the family; suff.-*aceae*, ending to denote a family; N.L.fem.pl.n.*Nevskiaceae*, the *Nevskia* family.

Ng

阮氏杆菌属（*Nguyenibacter*）Thi Lan Vu 等,2013,新属。此属已定 1 种。

词源　氏：姓氏；阮氏：越南国立大学—河内微生物学家阮教授的姓氏命名；杆：棒；菌：表示微小的事物,微生物（细菌、古菌、真菌）；属：属名的尾词；阮氏杆菌属：以阮的姓氏命名的棒形生物。

Etymology　N.L.masc.n.*Nguyenius* Nguyen（the name of a famous Vietnamese microbiologist）; N.L.masc.n.*bacter*, a rod; N.L.masc.n.*Nguyenibacter* a rod, which is named in honor of Dr.Dung Lan Nguyen, Professor, Institute of Microbiology and Biotechnology, Vietnam National University-Hanoi, Hanoi, Vietnam, who contributed to the study of microorganisms, especially of strains isolated in Vietnam.

模式种　文浪阮氏杆菌（*Nguyenibacter vanlangensis*）Thi Lan Vu 等，2013，新种。
词源　文浪：越南文浪，与文浪有关的。
Etymology　N.L.masc.adj.*vanlangensis*, of or pertaining to Vanlang, the old name of Vietnam.
来源　植物（Source:Plant）。

Ni

韩农生所菌属（*Niabella*）Kim 等，2007，新属；Dai 等，2011 修改。此属已定 7 种。

词源　韩农生所：韩国国家农业生物技术研究所的随机简称，此分类学研究的执行地；菌：表示微小的事物，微生物（细菌、古菌、真菌）；属：属名的尾词；韩农生所菌属：与韩国国家农业生物技术研究所有关的生物。
Etymology　N.L.fem.dim.n.*Niabella*, arbitrary name, after NIAB, National Institute of Agricultural Biotechnology, where taxonomic studies of this taxon were conducted.

模式种　金橙色韩农生所菌（*Niabella aurantiaca*）Kim 等，2007，新种。
词源　金橙色：（如同金子般）闪亮的橙色。
Etymology　N.L.fem.adj.*aurantiaca*, orange-coloured.

韩农科技所菌属（*Niastella*）Weon 等，2006，新属；Zhang 等，2010 修改。此属已定 3 种。

词源　韩农科技所：韩国国家农业科学和技术研究所的随机简称，此分类学研究的执行地；菌：表示微小的事物，微生物（细菌、古菌、真菌）；属：属名的尾词；韩农科技所菌属：与韩国国家农业科学和技术研究所有关的生物。
Etymology　N.L.fem.dim.n.*Niastella*, arbitrary name after NIAST, the National Institute of Agricultural Science and Technology, where taxonomic studies of this taxon were conducted.

模式种　韩国韩农科技所菌（*Niastella koreensis*）Weon 等，2006，新种。
词源　韩国：韩国的，此模式株的分离地。
Etymology　N.L.fem.adj.*koreensis*, of Korea, where the type strain was isolated.

尼科利特姓菌属（*Nicoletella*）Kuhnert 等，2005，新属。此属已定 1 种。

词源　姓：姓氏；尼科利特姓：瑞士微生物学家贾克斯·尼科利特，以示对其研究巴斯德氏菌科贡献的敬意；菌：表示微小的事物，微生物（细菌、古菌、真菌）；属：属名的尾词；尼科利特姓菌属：以尼科利特的姓氏命名的生物。
Etymology　N.L.fem.dim.n.*Nicoletella*, named in tribute to Jacques Nicolet, a Swiss microbiologist, for his contribution to research on *Pasteurellaceae*.

模式种　粗面粉尼科利特姓菌（*Nicoletella semolina*）Kuhnert 等，2005，新种。
词源　粗面粉：意即典型的喜好粗面粉的菌落特征。

Etymology　N.L.fem.n.*semolina*（nominative in apposition）, semolina, indicating the typical semolina-like colony characteristic.

尼萨亚菌属（*Nisaea*）Urios 等,2008,新属。此属已定 2 种。

词源　尼萨亚:希腊神话中的海仙女之一,涅柔斯和多丽斯五十个女儿之一,指的是此属生物的海源属性;菌:表示微小的事物,微生物(细菌、古菌、真菌);属:属名的尾词;尼萨亚菌属:以海仙女命名,指的是此菌的海源属性。

Etymology　L.fem.n.*Nisaea*, nymph of the sea（one of the fifty daughters of Nereus and Doris）, referring to the marine origin.

模式种　脱硝尼萨亚菌（*Nisaea denitrificans*）Urios 等,2008,新种。

词源　脱:脱除,去除,还原;硝:硝石,硝酸,硝化,硝酸盐;脱硝:脱除硝基,反硝化。

Etymology　N.L.part.adj.*denitrificans*（from N.L.v.denitrifico）, denitrifying.

硝酸盐裂解菌属（*Nitratifractor*）Nakagawa 等,2005,新属。此属已定 1 种。

词源　硝酸盐:含硝酸根的盐类;裂解:破解(还原);菌:表示微小的事物,微生物(细菌、古菌、真菌);属:属名的尾词;硝酸盐裂解菌属:硝酸盐的破解者(硝酸盐还原者)。

Etymology　N.L.masc.n.*nitras -atis*, nitrate; L.masc.n.*fractor*, breaker; N.L.masc.n.*Nitratifractor*, nitrate-breaker（-reducer）.

模式种　卤水硝酸盐裂解菌（*Nitratifractor salsuginis*）Nakagawa 等,2005,新种。

词源　卤水:浓盐水的,卤水的。

Etymology　L.gen.n.*salsuginis*, of brine.

硝酸盐还原菌属（*Nitratireductor*）Labbé 等,2004,新属;Jang 等,2011 修改。此属已定 6 种。

词源　硝酸盐:硝酸形成的盐/酯类;还原:返回,回到某种状态或条件,在化学中,(分子、原子或离子)获得电子或降低氧化态,转变为一种还原的氧化态;菌:表示微小的事物,微生物(细菌、古菌、真菌);属:属名的尾词;硝酸盐还原菌属:还原硝酸盐的细菌。

Etymology　N.L.masc.n.*nitras*, nitrate; L.masc.n.*reductor*, one who leads or brings back; N.L.masc.n.*Nitratireductor*, nitrate-reducing bacterium.

模式种　生态馆水硝酸盐还原菌（*Nitratireductor aquibiodomus*）Labbé 等,2004,新种。

词源　生态馆水:来自蒙特利尔生态馆的水。

Etymology　L.fem.n.*aqua*, water; N.L.fem.n.*biodomus*, Biodome; N.L.gen.n.*aquibiodomus*, of the water of the Montreal Biodome.

硝酸盐破解菌属（*Nitratiruptor*）Nakagawa 等,2005,新属。此属已定 1 种。

词源　硝酸盐:硝酸形成的盐/酯类;破解:分解,降解;菌:表示微小的事物,微生物(细菌、古菌、真菌）；属：属名的尾词；硝酸盐破解菌属：硝酸盐/酯分解生物。

Etymology　N.L.masc.n.*nitras -atis*, nitrate; L.masc.n.*ruptor*, breaker; N.L.masc.n.*Nitratiruptor*, nitrate-breaker（-reducer）.

模式种　弧后硝酸盐破解菌（*Nitratiruptor tergarcus*）Nakagawa 等，2005，新种。

词源　弧后：地质学术语，火山弧（内弧）向陆一侧的构造地带，包括弧后盆地等构造单元。

Etymology　L.neut.n.*tergum*, back; L.gen.n.*arcus*, of an arc; N.L.gen.n.*tergarcus*, of a back arc（geological term）.

腈破解菌属（*Nitriliruptor*）Sorokin 等，2009，新属。此属已定 1 种。

此属是**腈破解菌目**（*Nitriliruptorales*）Sorokin 等，2009 和**腈破解菌科**（*Nitriliruptoraceae*）Sorokin 等，2009 的模式属。

词源　腈：腈（含腈基的有机化合物），腈基；破解：分解，裂解；菌：表示微小的事物，微生物（细菌、古菌、真菌）；属：属名的尾词；腈破解菌属：腈（基）的分解者（生物）。

Etymology　N.L.n.*nitrilum*, nitrile, nitrile group; L.masc.n.*ruptor*, breaker; N.L.masc.n.*nitriliruptor*, nitrile-breaker.

模式种　嗜碱腈破解菌（*Nitriliruptor alkaliphilus*）Sorokin 等，2009，新种。

词源　嗜：嗜好的，喜好的，友好的，爱好的；碱：盐碱植物的灰分，碱性，碱类（阴离子全为氢氧根）；嗜碱：嗜好碱的，喜好碱的。

Etymology　N.L.n.*alkali*, soda ash; N.L.adj.*philus -a -um*（from Gr.adj.*philos -ê -on*）, friend, loving; N.L.adj.*alkaliphilus*, alkali-loving.

腈破解菌科（*Nitriliruptoraceae*）Sorokin 等，2009，新科。

模式属　腈破解菌属（*Nitriliruptor*）Sorokin 等，2009，新属。

词源　腈破解菌属：此科之模式属；科：用于定义一个比属高、比目低的分类级和尾词；在中文科的命名中，把模式属属名中的尾字"属"代换为尾字"科"，即为模式属所在的科名；腈破解菌科：腈破解菌属之科。

Etymology　N.L.masc.n.*Nitriliruptor*, type genus of the family; suff.-*aceae*, ending to denote a family; N.L.fem.pl.n.*Nitriliruptoraceae*, the family of the genus *Nitriliruptor*.

腈破解菌目（*Nitriliruptorales*）Sorokin 等，2009，新目。

此目是**腈破解菌纲**（*Nitriliruptoria*）Ludwig 等，2013 和**腈破解亚菌纲**（*Nitriliruptoridae*）Kurahashi 等，2010 的模式目。

模式属　腈破解菌属（*Nitriliruptor*）Sorokin 等，2009，新属。

词源　腈破解菌属：此目之模式属；目：用于定义一个比科高、比纲低的分类级和尾词；在中文目的命名中,把模式属属名中的尾字"属"代换为尾字"目",即为模式属所在的目名;腈破解菌目:腈破解菌属之目。

Etymology　N.L.masc.n.*Nitriliruptor*, type genus of the order; suff.-*ales*, ending to denote an order; N.L.fem.pl.n.*Nitriliruptorales*, the order of the genus *Nitriliruptor*.

腈破解菌纲(*Nitriliruptoria*)Ludwig 等,2013,新纲。

模式目　腈破解菌目(*Nitriliruptorales*)Sorokin 等,2009,新目。

词源　腈破解菌属:此纲之模式目之模式属;纲:(原核)生物分类的一个级别,门之下,目之上的一个分类级,纲之尾词;腈破解菌纲:腈破解菌目之纲。

Etymology　N.L.n.*Nitriliruptor*, type genus of the type order of the class; suff.-*ia*, ending to denote a class; N.L.neut.pl.n.*Nitriliruptoria*, class of the order *Nitriliruptorales*.

腈破解菌亚纲(*Nitriliruptoridae*)Kurahashi 等,2010,新亚纲。

模式目　腈破解菌目(*Nitriliruptorales*)Sorokin 等,2009,新目。

词源　腈破解菌属:此亚纲之模式目之模式属;亚纲:亚纲的尾词,纲之下,目之上的一个分类级,纲的二级分类;腈破解菌亚纲:腈破解菌属之亚纲。

Etymology　N.L.masc.n.*Nitriliruptor*, type genus of the type order of the subclass; suff.-*idae*, ending to denote a subclass; N.L.fem.pl.n.*Nitriliruptoridae*, the *Nitriliruptor* subclass.

苏打栖菌属(*Nitrincola*)Dimitriu 等,2005,新属。此属已定1种。

词源　苏打:天然碳酸钠;栖:栖息,栖居,栖息者,栖居者;菌:表示微小的事物,微生物(细菌、古菌、真菌);属:属名的尾词;泡碱栖菌属:生活在苏打环境中的栖居者(生物)。

Etymology　L.n.*nitrum*, soda; L.masc.n.*incola*, inhabitant, dweller; N.L.masc.n.*Nitrincola*, an inhabitant of a soda environment.

模式种　肥皂湖苏打栖菌(*Nitrincola lacisaponensis*)Dimitriu 等,2005,新种。

词源　肥皂:皂,香皂,脂肪酸盐;湖:湖泊;肥皂湖:美国华盛顿州肥皂湖。

Etymology　L.n.*lacus*, lake; L.n.*sapo -onis*, soap; N.L.masc.adj.*lacisaponensis*, pertaining to Soap Lake.

注1:肥皂湖:美国华盛顿州肥皂湖(Soap Lake),中文有时译为索普莱克,或索普湖。
注2:此处对肥皂湖的拉丁化与2012年定的肥皂湖碱针菌(*Alkalitalea saponilacus*)拉丁化不同。
注3:菌名中根据词源释义,用苏打命名,但实际上,自16世纪之后,nitrum 用于苏打或泡碱已经不常用,更多的表示硝石或硝酸钾。此属中文命名区别于与1999年定的**泡碱栖菌属**(*Natronincola*)。
注4:苏打(soda)与泡碱(natron)基本同义,常混用,但泡碱常指天然的以十水碳酸钠(苏打灰的一种)为主、伴有约17% 碳酸氢钠(发酵粉或小苏打)和少量的氯化钠和硫酸钠组成的混合物。

苏打针菌属(*Nitritalea*)Anil Kumar 等,2010,新属;Anil Kumar 等,2012修改。此属已定1种。

词源　苏打:天然苏打,与泡碱基本同义,常混用;针:纤细的杆或棒;菌:表示微小的事物,微生物(细菌、古菌、真菌);属:属名的尾词;苏打针菌属:来自天然苏打的棒形或杖形生物,指的是此首菌株分离自一个苏打湖。

Etymology　L.n.*nitrum*, natural soda; L.fem.n.*talea*, a rod, a stick; N.L.fem.n.*Nitritalea*, a rod or stick from natural soda, referring to the isolation of the first strain from a soda lake.

模式种　嗜卤碱苏打针菌(*Nitritalea halalkaliphila*)Anil Kumar 等,2010,新种。

词源　嗜:嗜好的,喜好的,友好的,爱好的;卤:卤素,盐;碱:盐碱植物的灰分,碱性,碱类(阴离子全为氢氧根);嗜卤碱:喜好盐和碱性条件的。

Etymology　Gr.n.*hals halos*, salt; N.L.n.*alkali*, alkali; N.L.fem.adj.*phila* (from Gr.fem.adj.*philê*) friendly to, loving; N.L.fem.adj.*halalkaliphila*, loving salt and alkaline conditions.

注1:菌名中根据词源释义,用苏打命名,但实际上,自16世纪之后,*nitrum* 用于苏打或泡碱已经不常用,更多的表示硝石或硝酸钾。

注2:苏打(soda)与泡碱(natron)基本同义,常混用,但泡碱常指天然的以十水碳酸钠(苏打灰的一种)为主、伴有约17%碳酸氢钠(发酵粉或小苏打)和少量的氯化钠和硫酸钠组成的混合物。

硝化杆菌属(*Nitrobacter*)Winogradsky,1892,属。此属已定4种。

此属是**硝化杆菌科**(*Nitrobacteraceae*)Buchanan,1917,《1980年细菌名确认单》的模式属。

词源　硝化:无机或有机物转变为硝酸盐,硝酸化,与硝酸盐有关的;杆:棒;菌:表示微小的事物,微生物(细菌、古菌、真菌);属:属名的尾词;硝化杆菌属:硝酸盐棒形生物。

Etymology　N.L.n.*nitras -atis*, nitrate; N.L.pref.*nitro-*, pertaining to nitrate; N.L.masc.n.*bacter*, a rod; N.L.masc.n.*Nitrobacter*, nitrate rod.

模式种　维诺格拉德斯基氏硝化杆菌(*Nitrobacter winogradskyi*)Winslow 等,1917,《1980年细菌名确认单》,种。

词源　氏:姓氏;维诺格拉德斯基氏:以微生物学家维诺格拉德斯基的姓氏命名,其首先分离到这些细菌。

Etymology　N.L.gen.masc.n.*winogradskyi*, of Winogradsky; named after Winogradsky, the microbiologist who first isolated these bacteria.

硝化杆菌科(*Nitrobacteraceae*)Buchanan,1917,科。

模式属　硝化杆菌属(*Nitrobacter*)Winogradsky,1892,《1980年细菌名确认单》,属。

词源　硝化杆菌属:此科之模式属;科:用于定义一个比属高、比目低的分类级和尾词;在中文科的命名中,把模式属属名中的尾字"属"代换为尾字"科",即为模式属所在的科名;硝化杆菌科:硝化杆菌属之科。

Etymology　N.L.masc.n.*Nitrobacter*, type genus of the family; suff.-*aceae*, ending to denote a family; N.L.fem.pl.n.*Nitrobacteraceae*, the *Nitrobacter* family.

硝化果菌属(*Nitrococcus*)Watson and Waterbury,1971,属。此属已定1种。

词源 硝化:无机或有机物转变为硝酸盐,硝酸化,与硝酸盐有关的;果:浆果,表示浆果形(圆球或椭球);菌:表示微小的事物,微生物(细菌、古菌、真菌);属:属名的尾词;硝化果菌属:硝酸盐球形生物。

Etymology L.n.*nitrum*, native soda, natron, nitrate; N.L.masc.n.*coccus*(from Gr.masc.n.*kokkos*, grain, seed), coccus, sphere; N.L.masc.n.*Nitrococcus*, nitrate sphere.

模式种 动硝化果菌(*Nitrococcus mobilis*)Watson and Waterbury,1971,《1980年细菌名确认单》,种。

词源 动:运动的,移动的,活动的,游动的。

Etymology L.masc.adj.*mobilis*, movable, motile.

注:对于 nitrum 的词源释义中虽然保留了天然苏打,泡碱,但实际上,自16世纪之后,nitrum 用于苏打或泡碱已经不常用,更多的表示硝石或硝酸钾,在化学中表示将氮转化为硝酸盐的固氮行为。

硝化矛菌属(*Nitrolancea*)Sorokin 等,2014,新属。此属已定1种。

词源 硝化:无机或有机物转变为硝酸盐,硝酸化,与硝酸盐有关的;矛:长矛,标枪;菌:表示微小的事物,微生物(细菌、古菌、真菌);属:属名的尾词;硝化矛菌属:(形成)硝酸盐的矛形细菌。

Etymology L.n.*nitrum*, native soda, natron, nitrate; L.fem.n.*lancea*.a lance; N.L.fem.n.*Nitrolancea*, a nitrate(-forming)lance-shaped bacterium.

模式种 荷兰硝化矛菌(*Nitrolancea hollandica*)Sorokin 等,2014,新种。

词源 荷兰:来自荷兰,与荷兰有关的,此菌的最初分离地。

Etymology N.L.fem.n.*hollandica*, from Holland, pertaining to the country of origin.

注:对于 nitrum 的词源释义中虽然保留了天然苏打,泡碱,但实际上,自16世纪之后,nitrum 用于苏打或泡碱已经不常用,更多的表示硝石或硝酸钾,在化学中表示将氮转化为硝酸盐的固氮行为。

亚硝化果菌属(*Nitrosococcus*)Winogradsky,1892,属。此属已定2种。

词源 亚硝化:无机或有机分子转化为亚硝酸盐,亚硝酸化,与亚硝酸盐有关的;果:浆果,表示浆果形(圆球或椭球);菌:表示微小的事物,微生物(细菌、古菌、真菌);属:属名的尾词;亚硝化果菌属:亚硝酸球形生物。

Etymology L.adj.*nitrosus*, full of natron; here intended to mean nitrous; N.L.masc.n.*coccus*(from Gr.masc.n.*kokkos*, grain, seed), coccus, sphere; N.L.masc.n.*Nitrosococcus*, nitrous sphere.

模式种 亚硝酸亚硝化果菌(*Nitrosococcus nitrosus*)(Migula,1900)Buchanan,1925,《1980

年细菌名确认单》,种。

词源 亚硝酸:HNO_2。

Etymology L.adj.*nitrosus*, full of natron, nitrous.

亚硝化叶菌属(*Nitrosolobus*)Watson 等,1971,属。此属已定 1 种。

此属 1995 年已归属到→**亚硝化螺体属**(*Nitrosospira*)Winogradsky and Winogradsky,1933,《1980 年细菌名确认单》,种。

词源 亚硝化:无机或有机分子转化为亚硝酸盐,亚硝酸化,与亚硝酸盐有关的;叶:医学解剖学用词,特指任何器官的易区分的部分;表示一器官所分出的次级结构而言,尤指脑、肺和各种腺体之裂隙、沟或结缔组织隔所划分的部分;菌:表示微小的事物,微生物(细菌、古菌、真菌);属:属名的尾词;亚硝化叶菌:产生亚硝酸盐的叶。

Etymology L.adj.*nitrosus*, full of natron; here intended to mean nitrous; N.L.masc.n.*lobus* (from Gr.masc.n.*lobos*, lobe of the ear, or liver, or lung), a lobe; N.L.masc.n.*nitrosolobus*, nitrous lobe, a lobe producing nitrite.

模式种 多形亚硝化叶菌(*Nitrosolobus multiformis*)Watson 等,1971,《1980 年细菌名确认单》。

此模式种 1995 年已归种到→**多形亚硝化螺体**(*Nitrosospira multiformis*)(Watson 等,1971)Head 等,1995,新合并。

词源 多:许多,数量多;形:状,形状,外形,外貌,形容某物在外貌上像……;多形:多态的,多姿的,指的是此微生物具有许多形态的。

Etymology L.masc.adj.*multiformis*, manyshaped, multiform.

亚硝化单胞菌科(*Nitrosomonadaceae*)Garrity 等,2006,新科。

模式属 亚硝化单胞菌属(*Nitrosomonas*)Winogradsky,1892,《1980 年细菌名确认单》,属。

词源 亚硝酸单胞菌:此科之模式属;科:用于定义一个比属高、比目低的分类级和尾词;在中文科的命名中,把模式属属名中的尾字"属"代换为尾字"科",即为模式属所在的科名;亚硝酸单胞科:亚硝酸单胞属之科。

Etymology N.L.fem.n.*Nitrosomonas* -adis, type genus of the family; suff.-*aceae*, ending to denote family; N.L.fem.pl.n.*Nitrosomonadaceae*, the *Nitrosomonas* family.

亚硝化单胞菌目(*Nitrosomonadales*)Garrity 等,2006,新目。

模式属 亚硝化单胞菌属(*Nitrosomonas*)Winogradsky,1892,《1980 年细菌名确认单》,属。

词源 亚硝酸单胞菌属:此目之模式属;目:用于定义一个比科高、比纲低的分类级和尾词;在中文目的命名中,把属名中的尾字"属"代换为尾字"目",即为模式属所对应的目;亚硝酸单胞菌目:亚硝酸单胞菌属之目。

Etymology   N.L.fem.n.*Nitrosomonas -adis*, type genus of the order; suff.*-ales*, ending denoting an order; N.L.fem.pl.n.*Nitrosomonadales*, the *Nitrosomonas* order.

亚硝化单胞菌属(*Nitrosomonas*)Winogradsky,1892,属。此属已定9种。

此属是亚硝化单胞菌目(*Nitrosomonadales*)Garrity 等,2006 和亚硝化单胞菌科(*Nitrosomonadaceae*)Garrity 等,2006 的模式属。

词源   亚硝化:无机或有机分子转化为亚硝酸盐,亚硝酸化,与亚硝酸盐有关的;单胞:单细胞,单元;菌:表示微小的事物,微生物(细菌、古菌、真菌);属:属名的尾词;亚硝化单胞菌属:亚硝酸盐单细胞,即产生亚硝酸盐的单细胞生物。

Etymology   L.adj.*nitrosus*, full of natron; here intended to mean nitrous; L.fem.n.*monas*, a unit, monad; N.L.fem.n.*Nitrosomonas*, nitrite monad, i.e., the monad producing nitrite.

模式种   欧洲亚硝化单胞菌(*Nitrosomonas europaea*)Winogradsky,1892,《1980 年细菌名确认单》,种。

词源   欧洲:属于或来自欧洲的,欧洲的。

Etymology   L.fem.adj.*europaea*, of or belonging to Europe, European.

同义词   Not "*Nitrosomonas*" Winogradsky,1890(nom.rejic.Opin.23), not "*Nitrosomonas*" Orla-Jensen,1909。

注:此属生物是典型的无机氧化化能或化岩营生生物,仅依靠对岩石的风化获得营养和能量,对于风化母岩变成土壤的地球化学循环有重要作用。

亚硝化球菌属(*Nitrososphaera*)Stieglmeier 等,2014,新属。此属已定1种。

词源   亚硝化:无机或有机分子转化为亚硝酸盐,亚硝酸化,与亚硝酸盐有关的;球:球体,球形,地球;菌:表示微小的事物,微生物(细菌、古菌、真菌);属:属名的尾词;亚硝化球菌属:产亚硝酸的球形生物。

Etymology   N.L.adj.*nitrosus*, full of natron; here intended to mean nitrous; L.fem.n.*sphaera*, a ball, sphere; N.L.fem.n.*Nitrososphaera*, the sphere producing nitrite.

模式种   维也纳亚硝酸球菌(*Nitrososphaera viennensis*)Stieglmeier 等,2014,新种。

词源   维也纳:来自(奥地利)维也纳的,此模式菌株首次从此处分离和表征。

Etymology   N.L.fem.adj.*viennensis*, from Vienna, where the type strain was isolated and characterized.

亚硝化球菌科(*Nitrososphaeraceae*)Stieglmeier 等,2014,新科。

命名模式   亚硝化球菌属(*Nitrososphaera*)Stieglmeier 等,2014,新属。

词源   亚硝化球菌属:此科之模式属;科:用于定义一个比属高、比目低的分类级和尾词;在中文科的命名中,把模式属属名中的尾字"属"代换为尾字"科",即为模式属所在的科名;亚硝化球菌科:亚硝化球菌属之科。

Etymology　N.L.fem.n.*Nitrososphaera* type genus of the family; L.suff.*-aceae*, ending to denote a family; N.L.fem.pl.n.*Nitrososphaeraceae*, the family of the genus *Nitrososphaera*.

亚硝酸球菌纲(*Nitrososphaeria*) Stieglmeier 等, 2014, 新纲。

命名模式　亚硝酸球菌目(*Nitrososphaerales*) Stieglmeier 等, 2014, 新目。

词源　亚硝酸球菌属: 此纲之模式目之模式属; 纲:(原核)生物分类的一个级别, 门之下, 目之上的一个分类级, 纲之尾词; 亚硝酸球菌纲: 亚硝酸球菌目之纲。

Etymology　N.L.fem.n.*Nitrososphaera*, the type genus of the type order of the class; N.L.suff.*-ia*, ending to denote a class, N.L.neut.pl.n.*Nitrososphaeria*, the class of the order *Nitrososphaerales*.

亚硝化螺体属(*Nitrosospira*) Winogradsky and Winogradsky, 1933, 属。此属已定 4 种。

词源　亚硝化: 无机或有机分子转化为亚硝酸盐, 亚硝酸化, 与亚硝酸盐有关的; 螺: 螺旋, 螺形, 螺体; 体: 整体, 身体, 菌体, 在微生物学属名中的作用与"菌"类似; 属: 属名的尾词; 亚硝化螺体属: 亚硝酸盐螺体。

Etymology　L.adj.*nitrosus*, full of natron; here intended to mean nitrous; L.fem.n.*spira*, a coil, spiral; N.L.fem.n.*Nitrosospira*, nitrous spiral.

模式种　布里亚硝化螺体(*Nitrosospira briensis*) Winogradsky and Winogradsky, 1933,《1980 年细菌名确认单》, 种。

词源　布里: 法国的一个地方, 与布里有关的。

Etymology　N.L.fem.adj.*briensis*, pertaining to Brie, a French place name.

硝化刺菌属(*Nitrospina*) Watson and Waterbury, 1971, 属。此属已定 1 种。

此属是硝化刺菌科(*Nitrospinaceae*) Garrity 等, 2006 的模式属。

词源　硝化: 无机或有机物转变为硝酸盐, 硝酸化, 与硝酸盐有关的; 刺: 刺, 荆棘, 脊柱; 菌: 表示微小的事物, 微生物(细菌、古菌、真菌); 属: 属名的尾词; 硝化刺菌属: 硝酸盐脊柱生物。

Etymology　N.L.n.*nitras -atis*, nitrate; N.L.pref.*nitro-*, pertaining to nitrate; L.fem.n.*spina*, thorn, spine; N.L.fem.n.*Nitrospina*, nitrate spine.

模式种　瘦硝化刺菌(*Nitrospina gracilis*) Watson and Waterbury, 1971,《1980 年细菌名确认单》, 种。

词源　瘦: 纤细, 苗条的, 薄的, 瘦的, 细小的。

Etymology　L.fem.adj.*gracilis*, thin, slender.

硝化刺菌科(*Nitrospinaceae*) Garrity 等, 2006, 新科。

模式属　硝化刺菌属(*Nitrospina*) Watson and Waterbury, 1971,《1980 年细菌名确认单》, 属。

词源 硝化刺菌属：此科之模式属；科：用于定义一个比属高、比目低的分类级和尾词；在中文科的命名中，把模式属属名中的尾字"属"代换为尾字"科"，即为模式属所在的科名；硝化刺菌科：硝化刺菌属之科。

Etymology N.L.fem.n.*Nitrospina*, type genus of the family; suff.-*aceae*, ending to denote family; N.L.fem.pl.n.*Nitrospinaceae*, the *Nitrospina* family.

硝化螺体属（*Nitrospira*）Watson 等，1986，新属。此属已定 2 种。同义词：硝酸盐螺体属。

词源 硝化：无机或有机物转变为硝酸盐，硝酸化，与硝酸盐有关的；螺：螺旋，螺形，螺体；菌：表示微小的事物，微生物（细菌、古菌、真菌）；属：属名的尾词；硝化螺体属：硝酸盐螺体。

Etymology L.n.*nitrum*, native soda, natron, nitrate; L.fem.n.*spira*, a coil, spiral; N.L.fem.n.*Nitrospira*, nitrate spiral.

模式种 海硝化螺体（*Nitrospira marina*）Watson 等，1986，新种。

词源 海：海的，大海的，海洋的。

Etymology L.fem.adj.*marina*, of the sea, marine.

注：对于 nitrum 的词源释义中虽然保留了天然苏打，泡碱，但实际上，自 16 世纪之后，nitrum 用于苏打或泡碱已经不常用，更多的表示硝石或硝酸钾，在化学中表示将氮转化为硝酸盐的固氮行为。

硝化小螺体属（*Nitrospirillum*）Lin 等，2014，新属。此属已定 1 种。

词源 （原文如此）苏打：天然碳酸钠；小螺：螺旋；体：整体，身体，菌体，在微生物学属名中的作用与"菌"类似；硝化小螺体属：苏打螺旋体生物。

Etymology Ni.tro.spi.ril′lum.Gr.n.*nitron* soda; L.neut.n.*spirillum* spiral; N.L.neut.n.*Nitrospirillum* soda spiral.

模式种 亚马逊硝化小螺体（*Nitrospirillum amazonense*），Lin 等，2014，新种。

词源 亚马逊：与巴西亚马逊地区有关的。

Etymology a.ma.zon.en′se N.L.neut.adj.*amazonense*, pertaining to the Amazon region of Brazil.

注：硝化在一定程度上就是固氮。

雪白小螺体属（*Niveispirillum*）Lin 等，2014，新属。此属已定 2 种。

词源 雪白：雪白色的；小螺：与螺相对，表示尺寸比螺小，小螺旋，小螺形，小螺体；菌：表示微小的事物，微生物（细菌、古菌、真菌）；属：属名的尾词；雪白小螺属：雪白色的小螺状体。

Etymology L.adj.*niveus*, snow-white; L.fem.n.*spirillum*, spiral; N.L.neut.n.*Niveispirillum*, snow-white spiral.

模式种 发酵雪白小螺体（*Niveispirillum fermenti*）Lin 等，2014，新种。

词源 发酵：发酵的定义广泛，在微生物学中可指微生物在培养基上的大量生长，一般是指

（在厌氧条件下）将糖转变为酸、醇和气体，这里指的是一种发酵过程。

Etymology　L.neut.gen.n.*fermenti*, of a fermentation process.

No

诺卡氏菌属（*Nocardia*）Trevisan，1889，属。此属已定103种。

此属是诺卡氏菌科（*Nocardiaceae*）Castellani and Chalmers，1919，《1980年细菌名确认单》的模式属。

词源　氏：姓氏；诺卡氏：以法国兽医埃德蒙·诺卡（1850—1903）的姓氏命名，其首次分离到了此分类单元的菌株；菌：表示微小的事物，微生物（细菌、古菌、真菌）；属：属名的尾词；诺卡氏菌属：以诺卡的姓氏命名的生物。

Etymology　N.L.fem.n.*Nocardia*, named after Edmond Nocard（1850—1903）, a French veterinarian who first isolated members of this taxon.

模式种　星状诺卡氏菌（*Nocardia asteroides*）（Eppinger，1891）Blanchard，1896，《1980年细菌名确认单》。

词源　星状：类似星形的，像星星的。

Etymology　N.L.fem.adj.*asteroides*（from Gr.adj.*asteroeides -es*）, star-like.

诺卡氏菌科（*Nocardiaceae*）Castellani and Chalmers，1919，科；Rainey 等，1997（全部作者名单 Rainey, Ward-Rainey and Stackebrandt）修改，Zhi 等，2009修改。

模式属　诺卡氏菌属（*Nocardia*）Trevisan，1889，《1980年细菌名确认单》。

词源　诺卡氏菌属：此科之模式属；科：用于定义一个比属高、比目低的分类级和尾词；在中文科的命名中，把模式属属名中的尾字"属"代换为尾字"科"，即为模式属所在的科名；诺卡氏菌科：诺卡氏菌属之科。

Etymology　N.L.fem.n.*Nocardia*, type genus of the family; suff.-*aceae*, ending to denote a family; N.L.fem.pl.n.*Nocardiaceae*, the *Nocardia* family.

诺卡氏状菌科（*Nocardioidaceae*）Nesterenko 等，1990，新科；Rainey 等，1997（全部作者名单 Rainey, Ward-Rainey and Stackebrandt）修改，Zhi 等，2009修改。

模式属　诺卡氏状菌属（*Nocardioides*）Prauser，1976，《1980年细菌名确认单》。

词源　诺卡氏状菌属：此科之模式属；科：用于定义一个比属高、比目低的分类级和尾词；在中文科的命名中，把模式属属名中的尾字"属"代换为尾字"科"，即为模式属所在的科名；诺卡氏状菌科：诺卡氏状菌属之科。

Etymology　N.L.masc.n.*Nocardioides*, type genus of the family; suff.-*aceae*, ending to denote a family; N.L.fem.pl.n.*Nocardioidaceae*, the *Nocardioides* family.

诺卡氏状菌属(*Nocardioides*)Prauser,1976,属。此属已定75种。

此属是诺卡氏状菌科(*Nocardioidaceae*)Nesterenko 等,1990 的模式属。

模式种　素色诺卡氏状菌(*Nocardioides albus*)Prauser,1976,《1980 年细菌名确认单》。

词源　素色:素色的,白色的,指的是菌落的白色气生菌丝。

Etymology　L.masc.adj.*albus*, white, referring to the white aerial mycelium.

词源　诺卡氏菌属:一个属名;状:(看起来)像……,类似;诺卡氏状菌属:类似诺卡氏菌属的,指的是此属模式种和诺卡氏菌属相似的生命周期。

Etymology　N.L.fem.n.*Nocardia*, name of a genus;L.suff.-*oides*(from Gr.suff.-*eides*, from Gr.n.eidos, that which is seen, form, shape, figure)ressembling, similar;N.L.masc.n.*Nocardioides*, *Nocardia*-like, referring to the similarity of life cycles of the type species of this genus and *Nocardia*.

拟诺卡氏菌科(*Nocardiopsaceae*)Rainey 等,1996,新科;Rainey 等,1997(全部作者名单 Rainey, Ward-Rainey and Stackebrandt)修改,Zhang 等,1998 修改,Zhi 等,2009 修改。

模式属　拟诺卡氏菌属(*Nocardiopsis*)(Brocq-Rousseau,1904)Meyer,1976,《1980 年细菌名确认单》。

词源　拟诺卡氏菌属:此科之模式属;科:用于定义一个比属高、比目低的分类级和尾词;在中文科的命名中,把模式属属名中的尾字"属"代换为尾字"科",即为模式属所在的科名;拟诺卡氏菌科:拟诺卡氏菌属之科。

Etymology　N.L.fem.n.*Nocardiopsis*, type genus of the family;suff.-*aceae*, ending to denote a family;N.L.fem.pl.n.*Nocardiopsaceae*, the *Nocardiopsis* family.

拟诺卡氏菌属(*Nocardiopsis*)(Brocq-Rousseau,1904)Meyer,1976,属。或貌诺卡氏菌属。此属已定 45 种,5 亚种。

此属是拟诺卡氏菌科(*Nocardiopsaceae*)Rainey 等,1996 的模式属。

词源　拟:拟似,类似,貌,形貌;诺卡氏菌属:放线菌目的一属;拟诺卡氏菌属:有诺卡氏菌属形貌的生物。

Etymology　N.L.fem.n.*Nocardia*, a genus of the order *Actinomycetales*;Gr.fem.n.*opsis*, appearance;N.L.fem.n.*Nocardiopsis*, that which has the appearance of *Nocardia*.

模式种　达森维勒氏拟诺卡氏菌(*Nocardiopsis dassonvillei*)(Brocq-Rousseau,1904)Meyer,1976,《1980 年细菌名确认单》。

词源　氏:姓氏;达森维勒氏:以法国巴斯德研究院的微生物学家和兽医查尔斯·达森维勒的姓氏命名。

Etymology　N.L.gen.masc.n.*dassonvillei*, of Dassonville, named after Charles Dassonville(a French microbiologist and veterinarian at the Pasteur Institute).

同义词 作为拟诺卡氏菌属（*Nocardiopsis*）的模式种，此生物在 1904 年，首先被 Brocq-Rousseau 分离和命名为（"*Streptothrix dassonvillei*"）。

非滑菌属（*Nonlabens*）Lau 等，2005，新属；Yi and Chun，2012 修改。此属已定 10 种。

词源 非：不，否；滑：滑的，滑动的；菌：表示微小的事物，微生物（细菌、古菌、真菌）；属：属名的尾词；非滑菌属：不滑动的菌。

Etymology L.adv.*non*, not; L.part.adj.*labens*, gliding; N.L.masc.n.（N.L.part.adj.used as a substantive）*Nonlabens*, non-gliding.

模式种 垫栖非滑菌（*Nonlabens tegetincola*）Lau 等，2005，新种。

词源 垫：毯子，垫子；栖：栖息，栖居，栖息者，栖居者；垫栖：垫子／地毯的栖居者。

Etymology L.n.*teges -etis*, mat; L.n.*incola*, an inhabitant; N.L.n.*tegetincola*, mat-inhabitant.

野村氏菌属（*Nonomuraea*）勘误，Zhang 等，1998，新属；Nakaew 等，2012 修改。此属已定 36 种，2 亚种。

词源 氏：姓氏；野村氏：以日本放线菌分类学家野村英朗的姓氏命名；菌：表示微小的事物，微生物（细菌、古菌、真菌）；属：属名的尾词；野村氏菌属：以野村的姓氏命名的生物。

Etymology N.L.fem.n. *Nonomuraea*, named after Hideo Nonomura, a Japanese taxonomist of actinomycetes.

模式种 纳野村氏菌（*Nonomuraea pusilla*）勘误，（Nonomura and Ohara，1971）Zhang 等，1998，新合并。

词源 纳：纳米的，很小的，极小的，微小的，指的是此生物的气生菌丝非常小的。

Etymology L.fem.adj.*pusilla*, very small, referring to the aerial mycelium of the organism.

Nonomuria – 见：野村氏菌属（*Nonomuraea*）。

医院果菌属（*Nosocomiicoccus*）Morais 等，2008（全部作者名单 Morais, Chung and da Costa），新属。此属已定 1 种。

词源 医院：与医院有关的；果：浆果，表示浆果形（圆球或椭球）；菌：表示微小的事物，微生物（细菌、古菌、真菌）；属：属名的尾词；医院果菌属：分离自一个医院的浆果形生物。

Etymology L.n.*nosocomium*, hospital; N.L.masc.n.*coccus*（from Gr.n.*kokkos*）, a coccus a grain, berry; N.L.masc.n.*Nosocomiicoccus*, a coccus isolated in a hospital.

模式种 安瓿医院果菌（*Nosocomiicoccus ampullae*）Morais 等，2008（全部作者名单 Morais, Chung and da Costa），新种。

词源 安瓿：安瓿瓶，一种专用的瓶子或烧瓶，指的是此生物首次分离源是从含生理盐水的安瓿瓶中分离出来的。

Etymology　L.gen.n.*ampullae*, of a bottle, of a flask, referring to the isolation of the first strains from bottles containing physiological saline.

念珠藻目（*Nostocales*）Cavalier-Smith,2002,新目。

此属是藻殖体纲（*Hormogoneae*）Cavalier-Smith,2002 的模式目。

模式属　念珠藻属（"*Nostoc*"）Vaucher,1803。

词源　念珠藻属:此目之模式属;目:用于定义一个比科高、比纲低的分类级和尾词,在中文目的命名中,把属名中的尾字"属"代换为尾字"目",即为模式属所对应的目;念珠藻目:念珠藻属之目。

Etymology　N.L.n."*Nostoc*", type genus of the order; suff.-*ales*, ending denoting an order; N.L.fem.pl.n.*Nostocales*, the "*Nostoc*" order.

注:念珠藻属生物,即葛仙米,由东晋学者葛洪（284—364）发现用于饮食和滋补,并由当时皇帝命名,已有1700 多年。西方学者不以此命名可能是不了解,但中华文化圈应当记述。

新草小螺体属（*Noviherbaspirillum*）Lin 等,2013,新属。此属已定 6 种。

词源　新:新的;草小螺体属:细菌的一个属名;新草小螺体属:新的草小螺体属生物。

Etymology　L.adj.*novus*, new; N.L.neut.n.*Herbaspirillum*, a bacterial genus name; N.L.neut.n.*Noviherbaspirillum*, the new *Herbaspirillum*.

模式种　软沥青新草小螺体（*Noviherbaspirillum malthae*）Lin 等,2013,新种。

词源　软沥青:稠石油的一种,石油的,因为此模式株分离自油污污染场地。

Etymology　L.fem.n.*maltha*, a kind of thick petroleum; L.gen.n.*malthae*, of petroleum, because the type strain was isolated from an oil-contaminated site.

注:尚未给出此属的纲目科分类。

新小螺体属（*Novispirillum*）Yoon 等,2007,新属。此属已定 1 种,2 亚种。

词源　新:新的;小螺:与螺相对,表示尺寸比螺小,小螺旋,小螺形,小螺休;菌:表示微小的事物,微生物（细菌、古菌、真菌）;属:属名的尾词;新小螺体属:新的小螺体。

Etymology　L.adj.*novus*, new; N.L.dim.neut.n.*spirillum*, a small spiral; N.L.neut.n.*Novispirillum*, a new small spiral.

模式种　伊特逊氏新小螺体（*Novispirillum itersonii*）（Giesberger,1936）Yoon 等,2007,新合并。

词源　氏:姓氏;伊特逊氏:以荷兰细菌学家 G. 凡·伊特逊的姓氏命名。

Etymology　N.L.gen.n.*itersonii*, of Iterson, named after G.Van Iterson, a Dutch bacteriologist.

注:伊特逊来自父名伊特,表示伊特的儿孙。"son" 这里译为"逊" 表示……之子孙（后代）。

新鞘氨醇菌属(*Novosphingobium*)Takeuchi 等,2001,新属。此属已定 30 种。

词源　新:新的;鞘氨醇:一种 18C 的氨基酸醇,2-氨基-十八烃-4-烯基-1,3-二醇,$CH_3(CH_2)_{12}CHCHCHOHCHNH_2CH_2OH$;菌:表示微小的事物,微生物(细菌、古菌、真菌);属:属名的尾词;新鞘氨醇菌属:新的含鞘氨醇的生命体。

Etymology　L.adj.*novus*, new; N.L.n.*sphingosinum* (from Gr.gen.n.*sphingos*, of sphinx, and suff.-*ine*) sphingosine; N.L.pref.*sphingo-*, pertaining to sphingosine; Gr.n.*bios*, life; N.L.neut.n.*Novosphingobium*, new sphingosine-containing life.

模式种　胶囊新鞘氨醇菌(*Novosphingobium capsulatum*)(Leifson,1962)Takeuchi 等,2001,新合并。

词源　胶囊:盒,箱,袋,这里指的是具有胶囊形结构的,带盒子的,披覆胶囊的。

Etymology　L.n.*capsula*, a small box or chest; L.neut.suff.-*atum*, suffix denoting provided with; N.L.neut.adj.*capsulatum*, with a chest, capsuled.

注:曾有人认为此属可归属到→鞘氨醇单胞属(*Sphingomonas*)Yabuuchi 等,1990,新属,Yabuuchi 等,2002 修改,但可能并无效力。

Nu

日大生科菌属(*Nubsella*)Asker 等,2008,新属。此属已定 1 种。

词源　日大生科:日本大学生物资源科学学院的随机简称,此模式种首先从此分离获得;菌:表示微小的事物,微生物(细菌、古菌、真菌);属:属名的尾词;日大生科菌属:此模式种首次分离自日本大学生物资源科学学院。

Etymology　N.L.fem.dim.n.*Nubsella*, arbitrary name derived from the acronym NUBS for Nihon University College of Bioresource Sciences, where the type species was first isolated.

模式种　黍黄素化日大生科菌(*Nubsella zeaxanthinifaciens*)Asker 等,2008,新种。

词源　黍黄素:一种代谢产生的天然化合物;化:变化,产生;黍黄素化:化作黍黄素的,产生黍黄素的。

Etymology　N.L.neut.n.*zeaxanthinum*, zeaxanthin; L.part.pres.*faciens*, making/producing; N.L.part.adj.*zeaxanthinifaciens*, zeaxanthin-producing.

O 部

Ob

肥小杆菌属（*Obesumbacterium*）Shimwell，1963，属。此属已定 1 种。

词源　肥：胖，肥胖；小杆：小棒；菌：表示微小的事物，微生物（细菌、古菌、真菌）；属：属名的尾词；肥小杆菌属：肥胖的，棒形细菌。

Etymology　L.neut.adj.*obesum*, fat; L.neut.n.*bacterium*, a rod; N.L.neut.n.*Obesumbacterium*, a fat, rod-shaped bacterium.

模式种　变形肥小杆菌（*Obesumbacterium proteus*）Shimwell，1963，《1980 年细菌名确认单》。或普罗狄斯肥小杆菌。

词源　变形：希腊神话中的海神普罗狄斯，能够随意改变形态或外形（像中国神话中的孙悟空），这里指的是此生物具有多变的能力。

Etymology　L.masc.n.*Proteus*, the ancient Greek sea-god noted for being able to change his form at will; L.masc.n.*proteus*, intended to mean one who is able to be pleomorphic.

Oc

洋小杆菌属（*Oceanibacterium*）Balcázar 等，2013，新属。此属已定 1 种。

词源　洋：大洋，远离大陆侧的远海水域；小杆：小棒；菌：表示微小的事物，微生物（细菌、古菌、真菌）；属：属名的尾词；洋小杆菌属：来自大洋（海水）的小棒形细菌。

Etymology　L.n.*oceanus*, the ocean; L.neut.n.*bacterium*, a rod; N.L.neut.n.*Oceanibacterium*, rod shaped bacterium from the ocean (sea water).

模式种　海马洋小杆菌（*Oceanibacterium hippocampi*）Balcázar 等，2013，新种。

词源　海马：分离自长吻海马（*Hippocampus guttulatus*）的菌。

Etymology　L.gen.n.*hippocampi*, of the seahorse, isolated from *Hippocampus guttulatus*.

洋茎菌属（*Oceanibaculum*）Lai 等，2009，新属；Dong 等，2010 修改。此属已定 2 种。

词源　洋：大洋，远离大陆侧的远海水域；茎：茎，杖，棒；菌：表示微小的事物，微生物（细菌、古菌、真菌）；属：属名的尾词；洋茎菌属：来自大洋的棒形细菌。

Etymology　L.n.*oceanus*, ocean; L.neut.n.*baculum*, stick; N.L.neut.n.*Oceanibaculum*, rod-shaped bacterium from the ocean.

模式种　印度洋洋茎菌（*Oceanibaculum indicum*）Lai 等，2009，新种。

词源　印度洋：指的是此模式菌株的分离地，印度洋的。

Etymology　L.neut.adj.*indicum*, Indian, referring to the Indian Ocean, from where the type strain was isolated.

洋球茎菌属(*Oceanibulbus*)Wagner-Döbler 等,2004,新属。此属已定 1 种。

词源　洋:大洋,远离大陆侧的远海水域;球茎:葱,洋葱,鳞茎,玉葱;菌:表示微小的事物,微生物(细菌、古菌、真菌);属:属名的尾词;洋球茎菌属:来自细菌的洋葱般的细菌。

Etymology　L.masc.n.*oceanus*, the ocean;L.masc.n.*bulbus*, a bulb, an onion;N.L.masc.n.*Oceanibulbus*, onion-like bacterium from the sea.

模式种　吲哚化洋球茎菌(*Oceanibulbus indolifex*)Wagner-Döbler 等,2004,新种。

词源　吲哚:一种有机物,C_8H_7N;化:变化,制造,产生;吲哚化:化作吲哚的,制造吲哚的,产生吲哚的。

Etymology　N.L.neut.n.*indolum*, indole;L.suffixe *–fex* from L.v.*facio ere*, to make;N.L.masc.adj.*indolifex*, making indole, the indole maker.

洋柄菌属(*Oceanicaulis*)Strömpl 等,2003,新属。此属已定 2 种。

词源　洋:大洋,远离大陆侧的远海水域;柄:树杆,指的是菌柄(非菌毛、性毛、非鞭毛);菌:表示微小的事物,微生物(细菌、古菌、真菌);属:属名的尾词;洋柄菌属:来自大洋的柄状生物。

Etymology　L.masc.n.*oceanus*, the ocean;L.masc.n.*caulis*, stalk, referring to a prostheca;N.L.masc.n.*Oceanicaulis*, stalk（ed organism）from the ocean.

模式种　亚历山大藻洋柄菌(*Oceanicaulis alexandrii*)Strömpl 等,2003,新种。

词源　亚历山大藻:分离自亚历山大港的藻类,这里指的是此菌的分离和假定的天然宿主源。

Etymology　L.n. *Alexandrium*, the (dinoflagellate) from Alexandria;L.masc.gen.*alexandrii*, of *Alexandrium*, the source of isolation and postulated natural habitat.

洋胞菌属(*Oceanicella*)Albuquerque 等,2012,新属。此属已定 1 种。

词源　洋:大洋,远离大陆侧的远海水域;胞:细胞,同胞;菌:表示微小的事物,微生物(细菌、古菌、真菌);属:属名的尾词;洋胞菌属:来自大洋的细胞。

Etymology　L.n.*oceanus*, ocean;L.fem.n.*cella*, a storeroom, chamber and, in biology, a cell;N.L.fem.n.*Oceanicella*, a cell from the ocean.

模式种　烎海岸洋胞菌(*Oceanicella actignis*)Albuquerque 等,2012,新种。

词源　烎:火;海岸:海旁,海边,海滩;烎海岸:火的海岸,因为此生物分离自一个名叫火海岸(**Praia do Fogo**)的海滩。

Etymology　L.n.*acta*, sea-shore, sea-beach; L.n.*ignis*, fire; N.L.gen.n.*actignis*, of beach of fire, because the organism was isolated from a beach called Praia do Fogo meaning Beach of Fire.

洋栖菌属（*Oceanicola*）Cho and Giovannoni, 2004, 新属。此属已定 9 种。

词源　洋: 大洋, 远离大陆侧的远海水域; 栖: 栖居, 栖息, 居住; 菌: 表示微小的事物, 微生物（细菌、古菌、真菌）; 属: 属名的尾词; 洋栖菌属: 生活在海洋中的生物。

Etymology　L.masc.n.*oceanus*, the ocean; L.masc.or fem.suffix -*cola*, inhabitant; N.L.masc.n.*Oceanicola*, inhabitant of the ocean.

模式种　粒洋栖菌（*Oceanicola granulosus*）Cho and Giovannoni, 2004, 新种。

词源　粒: 颗粒, 谷粒形的。

Etymology　N.L.masc.adj.*granulosus*, granular.

洋单胞菌属（*Oceanimonas*）勘误, Brown 等, 2001, 新属; Ivanova 等, 2005 修改。此属已定 3 种。

词源　洋: 大洋, 远离大陆侧的远海水域; 单胞: 单细胞, 单元; 菌: 表示微小的事物, 微生物（细菌、古菌、真菌）; 属: 属名的尾词; 洋单胞菌属: 大洋的单细胞生物。

Etymology　L.n.*oceanus*, ocean; L.fem.n.*monas*, monad, unit; N.L.fem.n.*Oceanimonas*, ocean monad.

模式种　多道夫氏洋单胞菌（*Oceanimonas doudoroffii*）勘误,（Baumann 等, 1972）Brown 等, 2001, 新合并。

词源　氏: 姓氏; 多道夫氏: 以 M. 多道夫的姓氏命名。

Etymology　N.L.gen.masc.n.*doudoroffii*, of Doudoroff; named after M.Doudoroff.

洋杵菌属（*Oceanirhabdus*）Pi 等, 2013, 新属。此属已定 1 种。

词源　洋: 大洋, 远离大陆侧的远海水域; 杵: 中国古代舂米或捶衣的木棒, 表示棒, 棒形; 菌: 表示微小的事物, 微生物（细菌、古菌、真菌）; 属: 属名的尾词; 洋杵菌属: 大洋的杵棒形菌。

Etymology　L.n.*oceanus*, ocean; Gr.fem.n.*rhabdos*, rod; N.L.fem.n.*Oceanirhabdus*, a rod of the ocean.

模式种　沉积栖洋杵菌（*Oceanirhabdus sediminicola*）Pi 等, 2013, 新种。

词源　沉积: 沉积物的, 沉淀积累物的; 栖: 栖息, 栖居, 栖息者, 栖居者; 沉积栖: 沉积物中的栖居者。

Etymology　L.n.*sedimen -inis*, sediment; L.suff.-*cola*（from L.n.*incola*）inhabitant, dweller; N.L.n.*sediminicola*, sediment dweller.

洋小蛇菌属（*Oceaniserpentilla*）Schlösser 等，2008，新属。此属已定 1 种。

词源　洋：大洋，远离大陆侧的远海水域；小蛇：小蛇；菌：表示微小的事物，微生物（细菌、古菌、真菌）；属：属名的尾词；洋小蛇菌属：大洋的小蛇，指的是此菌的形状和起源。

Etymology　L.n.*oceanus*, the ocean; L.fem.n.*serpens -tis*, a snake; N.L.fem.n.*serpentilla*, a small snake; N.L.fem.n.*Oceaniserpentilla*, small snake of the ocean, indicating shape and origin.

模式种　鲍属洋小蛇菌（*Oceaniserpentilla haliotis*）Schlösser 等，2008，新种。

词源　鲍属：一个科学属名，指的是此模式菌株分离自红鲍。

Etymology　N.L.n.*Haliotis*, scientific name of a genus; N.L.gen.n.*haliotis*, of *Haliotis*, referring to the isolation of the type strain from *Haliotis rubra*.

洋球菌属（*Oceanisphaera*）Romanenko 等，2003，新属；Choi 等，2011 修改，Srinivas 等，2012 修改，Xu 等，2014 修改。此属已定 6 种。

词源　洋：大洋，远离大陆侧的远海水域；球：球体，球形，地球；菌：表示微小的事物，微生物（细菌、古菌、真菌）；属：属名的尾词；洋球菌属：来自大洋的球形生物。

Etymology　L.masc.n.*oceanus*, ocean; L.fem.n.*sphaera*, ball, globe, sphere; N.L.fem.n.*Oceanisphaera*, oceanic sphere.

模式种　岸洋球菌（*Oceanisphaera litoralis*）Romanenko 等，2003，新种。

词源　岸：滨，海岸，（湖）海（滨）岸，属于或来自海岸的。

Etymology　L.fem.adj.*litoralis*, of or belonging to the seashore.

洋针菌属（*Oceanitalea*）Fu 等，2012，新属。此属已定 1 种。

词源　洋：大洋，远离大陆侧的远海水域；针：纤细的杆或棒；菌：表示微小的事物，微生物（细菌、古菌、真菌）；属：属名的尾词；洋针菌属：分离自大洋的针棒形菌，此模式菌种的模式菌株分离自中国南海。

Etymology　L.n.*oceanus*, ocean, great sea; L.fem.n.*talea*, a rod; N.L.fem.n.*Oceanitalea*, a rod isolated from the ocean, pertaining to the South China Sea, from where the type strain of the type species was isolated.

模式种　南海洋针菌（*Oceanitalea nanhaiensis*）Fu 等，2012，新种。

词源　南海：南中国海，属于或与南海相关的。

Etymology　N.L.fem.adj.*nanhaiensis*, of or pertaining to Nan Hai, the Chinese name for the South China Sea.

洋热菌属（*Oceanithermus*）Miroshnichenko 等，2003，新属；Mori 等，2004 修改。此属已定 2 种。

词源　洋：大洋，远离大陆侧的远海水域；热：高温的，烫的；菌：表示微小的事物，微生物（细菌、古菌、真菌）；属：属名的尾词；洋热菌属：喜热的、居住于大洋的生物。

Etymology　L.n.*oceanus*, the ocean; N.L.masc.substantive（from Gr.adj.*thermos*）*thermus*, hot; N.L.masc.n.*Oceanithermus*, warmth-loving organisms living in the ocean.

模式种　深渊洋热菌（*Oceanithermus profundus*）Miroshnichenko 等,2003,新种。

词源　深渊：深潭,深海海渊,深部,深处。

Etymology　L.masc.adj.*profundus*, deep（pertaining to the abyss, pertaining to the depths of the ocean）.

洋竿菌属（*Oceanobacillus*）Lu 等,2002,新属; Yumoto 等,2005 修改, Lee 等,2006 修改, Hirota 等,2013 修改, Hirota 等,2013 修改。此属已定 18 种,2 亚种。

词源　洋：大洋,远离大陆侧的远海水域；竿：在本书中对译于拉丁文 ***bacillus***,表示棒形,以示与常见的"杆"的区别,表示以出芽孢为特征的棒形；菌：表示微小的事物,微生物(细菌、古菌、真菌)；属：属名的尾词；洋竿菌属：大洋棒形生物。

Etymology　Gr.n.*okeanos*, ocean; L.masc.n.*bacillus*, rod; N.L.masc.n.*Oceanobacillus*, an ocean rod.

模式种　伊平屋洋竿菌（*Oceanobacillus iheyensis*）Lu 等,2002,新种。

词源　伊平屋：指的是日本(原琉球国)冲绳水槽伊平屋海脊,与伊平屋有关的,样品来自此地。

Etymology　N.L.masc.adj.*iheyensis*, pertaining to the Iheya Ridge, Okinawa Trough, Japan.

洋果菌属（*Oceanococcus*）勘误, Li 等,2014,新属。此属已定 1 种。

词源　洋：大洋,远离大陆侧的远海水域；果：浆果,表示浆果形(圆球或椭球)；菌：表示微小的事物,微生物(细菌、古菌、真菌)；属：属名的尾词；洋果菌属：来自大洋的浆果形生物。

Etymology　Gr.n.*okeanos*, ocean; N.L.masc.n.*coccus*（from Gr.masc.n.*kokkos*）, a grain or berry; N.L.masc.n.*Oceanococcus*, a coccus from the ocean.

模式种　大西洋洋果菌（*Oceanococcus atlanticus*）Li 等,2014,新种。

词源　大西洋：大西洋的,属于或与大西洋有关的。

Etymology　L.masc.adj.*atlanticus*, Atlantic, from the Atlantic Ocean.

洋杆菌属（*Oceanobacter*）Satomi 等,2002,新属。此属已定 1 种。

词源　洋：大洋,远离大陆侧的远海水域；杆：棒；菌：表示微小的事物,微生物(细菌、古菌、真菌)；属：属名的尾词；洋杆菌属：来自大洋的棒形生物。

Etymology　Gr.n.*okeanos*, the ocean; N.L.masc.n.*bacter*, rod; N.L.masc.n.*Oceanobacter*, rod of the sea.

模式种　克里格氏洋杆菌（*Oceanobacter kriegii*）（Bowditch 等,1984）Satomi 等,2002,新

合并。

词源　氏:姓氏;克里格氏:以 N.R. 克里格的姓氏命名。

Etymology　N.L.gen.masc.n.*kriegii*, of Krieg; named after N.R.Krieg.

Oceanomonas – 见:洋单胞菌属(*Oceanimonas*)。

洋小螺体科(*Oceanospirillaceae*) Garrity 等,2005,新科。

模式属　洋小螺体属(*Oceanospirillum*) Hylemon 等,1973,《1980 年细菌名确认单》,属。

词源　洋小螺体属:此科之模式属;科:用于定义一个比属高、比目低的分类级和尾词;在中文科的命名中,把属名中的尾字"属"代换为尾字"科",即为模式属所对应的科;洋小螺体科:洋小螺体属之科。

Etymology　N.L.neut.n.*Oceanospirillum*, type genus of the family; suff.-*aceae*, ending to denote family; N.L.fem.pl.n.*Oceanospirillaceae*, the *Oceanospirillum* family.

洋小螺体目(*Oceanospirillales*) Garrity 等,2005,新目。

模式属　洋小螺体属(*Oceanospirillum*) Hylemon 等,1973,《1980 年细菌名确认单》,属。

词源　洋小螺体属:此目之模式属;目:用于定义一个比科高、比纲低的分类级和尾词;在中文目的命名中,把属名中的尾字"属"代换为尾字"目",即为模式属所对应的目;洋小螺体目:洋小螺体属之目。

Etymology　N.L.neut.n.*Oceanospirillum*, type genus of the order; suff.-*ales*, ending to denote order; N.L.fem.pl.n.*Oceanospirillales*, the *Oceanospirillum* order.

洋小螺体属(*Oceanospirillum*) Hylemon 等,1973,属;Pot 等,1989 修改,Satomi 等,2002 修改。此属已定 13 种,5 亚种。

此属是洋小螺体目(*Oceanospirillales*) Garrity 等,2005 和洋小螺体科(*Oceanospirillaceae*) Garrity 等,2005 的模式属。

词源　洋:大洋,远离大陆侧的远海水域;小螺:与螺相对,表示尺寸比螺小,小螺旋,小螺形,小螺体;菌:表示微小的事物,微生物(细菌、古菌、真菌);属:属名的尾词;洋小螺体属:来自大洋(海水)的小螺体(生物)。

Etymology　G.n.*okeanos*, ocean; L.n.*spira*, a spiral; N.L.dim.neut.n.*spirillum*, a small spiral; N.L.neut.n.*Oceanospirillum*, a small spiral (organism) from the ocean (seawater).

模式种　线洋小螺体(*Oceanospirillum linum*)(Williams and Rittenberg,1957) Hylemon 等,1973,《1980 年细菌名确认单》,种。

词源　线:拉丁文名词 **linum** 有亚麻、亚麻布之意,也就有亚麻线、线形的意思。

Etymology　L.n.*linum*, flax, thread.

洋袍菌属(*Oceanotoga*)Jayasinghearachchi and Lal,2011,新属。此属已定1种。

词源　洋:大洋,远离大陆侧的远海水域;袍:一层覆盖物,僧袍,(中式)长衣,长袍;菌:表示微小的事物,微生物(细菌、古菌、真菌);属:属名的尾词;洋袍菌属:海洋长袍生物,指的是此生物分离自大洋,并具有袍形的鞘状外覆盖。

Etymology　Gr.n.*okeanos*, the ocean; L.fem.n.*toga*, a covering, garment; N.L.fem. n.*Oceanotoga*, an ocean toga, referring to the isolation of the organism from the ocean and the presence of a "toga" sheath-like outer cover.

模式种　德里洋袍菌(*Oceanotoga teriensis*)Jayasinghearachchi and Lal,2011,新种。

词源　德里:既指印度新德里能源资源研究所(TERI),又是TERI的英读,因此这里译为德里,表明是来自印度的地名。

Etymology　N.L.fem.adj.*teriensis*, pertaining to TERI, named in honour of The Energy and Resource Institute(TERI), New Delhi, India.

苍棍菌属(*Ochrobactrum*)Holmes 等,1988,新属。此属已定17种。

词源　苍:苍白、灰白、天色、无色;棍:杖,棒;苍棍菌属:无色的棍棒形菌;菌:表示微小的事物,微生物(细菌、古菌、真菌);属:属名的尾词;苍棍菌属:苍白无色的棒形生物。

Etymology　Gr.adj.*ochros*, pale, colorless; Gr.neut.n.*baktron*, a staff, stick, rod; N.L.neut. n.*Ochrobactrum*, a colorless rod.

模式种　人类苍棍菌(*Ochrobactrum anthropi*)Holmes 等,1988,新种。

词源　人类:与人类相关的,属于人类的。

Etymology　Gr.n.*anthropos*, a human being; N.L.gen.n.*anthropi*, of a human being.

十八杆菌属(*Octadecabacter*)Gosink 等,1998,新属;Park and Yoon,2014 修改。此属已定3种。

词源　十:数字,10;八:数字,8;十八:数字,18;杆:棒;菌:表示微小的事物,微生物(细菌、古菌、真菌);属:属名的尾词;十八杆菌:含一种十八碳脂肪酸的棒形生物。

Etymology　Gr.n.*oktô*, the number eight; Gr.n.*dekas*, the number ten; N.L.masc.n.*bacter*, rod; N.L.masc.n.*Octadecabacter*, an 18-carbon fatty acid-containing rod.

模式种　北极十八杆菌(*Octadecabacter arcticus*)Gosink 等,1998,新种。

词源　北极:最北部的,最北边的,地球的极北部弧区。

Etymology　L.masc.adj.*arcticus*, northern, arctic.

Od

气味杆菌属(*Odoribacter*) Hardham 等,2008,新属。此属已定 3 种。

词源 气味:气味,臭味,发出令人(难受)的味道;菌:表示微小的事物,微生物(细菌、古菌、真菌);属:属名的尾词;气味杆属:(散发坏)气味的棒形生物。

Etymology L.n.*odor*, smell; N.L.masc.n.*bacter*, rod; N.L.masc.n.*Odoribacter*, rod of (bad) smell.

模式种 内脏气味杆菌(*Odoribacter splanchnicus*)(Werner 等,1975) Hardham 等,2008,新合并。

词源 内脏:胸腔和腹腔内的器官,与内脏器官有关的。

Etymology Gr.pl.n.*splanchna*, the "innards"; L.masc.suff.-*icus*, suffix used with the sense of pertaining to; N.L.masc.adj.*splanchnicus*, pertaining to the internal organs.

Oe

酒果菌属(*Oenococcus*) Dicks 等,1995,新属;Endo and Okada,2006 修改。此属已定 2 种。

词源 酒:含乙醇的饮料;果:浆果,表示浆果形(圆球或椭球);菌:表示微小的事物,微生物(细菌、古菌、真菌);属:属名的尾词;酒果菌属:来自酒的浆果形生物。

Etymology Gr.n.*oinos*, wine; N.L.masc.n.*coccus* (from Gr.masc.n.*kokkos*), berry; N.L.masc.n.*Oenococcus*, coccus from wine.

模式种 酒酒果菌(*Oenococcus oeni*)(Garvie,1967) Dicks 等,1995,新合并。

词源 酒:酒的,与酒有关的。

Etymology Gr.n.*oinos*, wine; N.L.gen.n.*oeni*, of wine.

厄斯考维氏菌属(*Oerskovia*) Prauser 等,1970,属。此属已定 5 种。

此属 1983 年已归属到→纤维单胞菌属(*Cellulomonas*) Bergey 等,1923,《1980 年细菌名确认单》;但 Stackebrandt 等,2002 重建了此属,认为有别于一般的纤维单胞菌。

词源 氏:姓氏;厄斯考维氏:以 J. 厄斯考维的姓氏命名,纪念其率先描述此生物;菌:表示微小的事物,微生物(细菌、古菌、真菌);属:属名的尾词;厄斯考维氏菌属:以厄斯考维的姓氏命名的菌属。

Etymology N.L.fem.n.*Oerskovia*, in honor of J.Ørskov who first described this organism.

模式种 骚动厄斯考维氏菌(*Oerskovia turbata*)(Erikson,1954) Prauser 等,1970,《1980 年细菌名确认单》。

此种也经历了两次归属。1983 年被归种为骚动纤维单胞菌,2002 年又回归此名。

词源 骚动:颤抖的,摇动的,不安定的。

Etymology L.fem.adj.*turbata*, agitated.

Oh

吴大光氏菌属（*Ohtaekwangia*）Yoon 等，2011，新属。此属已定 2 种。

词源　氏：姓氏；吴大光：以韩国微生物学家吴大光的姓名命名，其对微生物学和细菌分类学有显著贡献；菌：表示微小的事物，微生物（细菌、古菌、真菌）；属：属名的尾词；吴大光氏菌属：以吴大光命名的菌。

Etymology　N.L.fem.n.*Ohtaekwangia*, named after Dr Oh Tae-Kwang, a Korean microbiologist who has contributed significantly to microbiology and bacterial systematics.

模式种　韩国吴大光氏菌（*Ohtaekwangia koreensis*）Yoon 等，2011，新种。

词源　韩国：韩国的或与韩国有关的，此模式株的分离地。

Etymology　N.L.fem.adj.*koreensis*, of or pertaining to Korea, where the type strain was isolated.

Ok

奥卡小杆菌属（*Okibacterium*）Evtushenko 等，2002，新属。此属已定 1 种。

词源　奥卡：一条河的名字，奥卡河，俄罗斯中部，伏尔加河水量最多的支流；小杆：小棒；菌：表示微小的事物，微生物（细菌、古菌、真菌）；属：属名的尾词；奥卡小杆菌属：奥卡河边植物中分离出来的细菌。

Etymology　N.L.n.*Oka*, the name of the river; L.neut.n.*bacterium*, rod or staff and, in biology, a bacterium (so called because the first ones observed were rod-shaped); N.L.neut.n.*Okibacterium*, a bacterium isolated from plants occurring near the Oka river.

模式种　贝母属奥卡小杆菌（*Okibacterium fritillariae*）Evtushenko 等，2002，新种。

词源　贝母属：植物百合科的一个属，贝母属，此模式种的模式株分离源。

Etymology　N.L.gen.n.*fritillariae*, of *Fritillaria*, generic name of plant, the source of isolation of the type strain of the species.

Ol

油杆菌属（*Oleibacter*）Teramoto 等，2011，新属。此属已定 1 种。

词源　油：动植物或矿产的高碳氢含量的易燃黏滑的混合物，石油；杆：棒；菌：表示微小的事物，微生物（细菌、古菌、真菌）；属：属名的尾词；油杆菌属：(降解)石油的棒形生物。

Etymology　L.n.*oleum*, oil; N.L.masc.n.*bacter*, rod; N.L.masc.n.*Oleibacter*, an oil (-degrading) rod.

模式种　海油杆菌（*Oleibacter marinus*）Teramoto 等，2011，新种。

词源　海：海的，大海的，海洋的。

Etymology　L.masc.adj.*marinus*, of the sea, marine.

嗜油菌科（*Oleiphilaceae*）Golyshin 等,2002,新科。

模式属 嗜油菌属（*Oleiphilus*）Golyshin 等,2002,新属。

词源 嗜油菌属：此科之模式属；科：用于定义一个比属高、比目低的分类级和尾词；在中文科的命名中,把模式属属名中的尾字"属"代换为尾字"科",即为模式属所在的科名；嗜油菌科：嗜油菌属之科。

Etymology N.L.masc.n.*Oleiphilus*, type genus of the family; suff.*-aceae*, ending to denote a family; N.L.fem.pl.n.*Oleiphilaceae*, the *Oleiphilus* family.

嗜油菌属（*Oleiphilus*）Golyshin 等,2002,新属。此属已定 1 种。

此属是嗜油菌科（*Oleiphilaceae*）Golyshin 等,2002 的模式属。

词源 嗜：嗜好的,喜好的,友好的,爱好的；油：动植物或矿产的高碳氢含量的易燃黏滑的混合物；菌：表示微小的事物,微生物（细菌、古菌、真菌）；属：属名的尾词；嗜油菌属：嗜油/喜油的生物。

Etymology L.n.*oleum*, oil; N.L.masc.adj.*philus*（from Gr.masc.adj.*philos*）, friend, loving; N.L.masc.n.*Oleiphilus*, oil-loving organism.

模式种 墨西拿嗜油菌（*Oleiphilus messinensis*）Golyshin 等,2002,新种。

词源 墨西拿：西西里岛的一个城市,西西里岛东北的一个港口城市。

Etymology N.L.masc.adj.*messinensis*, pertaining to Messina, the city in Sicily where the organism was isolated.

油螺体属（*Oleispira*）Yakimov 等,2003,新属。此属已定 2 种。

词源 油：动植物或矿产的高碳氢含量的易燃黏滑的混合物；螺：螺旋,螺形,螺体；菌：表示微小的事物,微生物（细菌、古菌、真菌）；属：属名的尾词；油螺体属：降解石油的螺形生物。

Etymology L.n.*oleum*, oil; Gr.fem.n.*spira*, a spire; N.L.fem.n.*Oleispira*, an oil-degrading, spiral-shaped organism.

模式种 南极油螺体（*Oleispira antarctica*）Yakimov 等,2003,新种。

词源 南极：最南端的,最南部的,指的是南极洲的,此生物的分离地。

Etymology N.L.fem.adj.*antarctica*, of the Antarctic, where the organism was isolated.

寡少菌属（*Oligella*）Rossau 等,1987,新属。或寡源属。此属已定 2 种。

词源 寡：少的,不多的,贫乏的；少：略微,少许；菌：表示微小的事物,微生物（细菌、古菌、真菌）；属：属名的尾词；寡少菌属：意指只需少许营养特征的小细菌。

Etymology Gr.adj.*oligos*, little, not copious, scanty; L.dim.ending *-ella*, little; N.L.fem.dim.n.*Oligella*, intended to mean a small bacterium with limited nutritional properties.

模式种 尿道寡少菌（*Oligella urethralis*）（Lautrop 等,1970）Rossau 等,1987,新合并。

词源　尿道：尿液的排出通道，尿路，指的是与尿道/尿路有关的。
Etymology　L.n.*urethra*, the excretory canal of the urine, the urethra; L.fem.suff.-*alis*, suffix denoting pertaining to; N.L.fem.adj.*urethralis*, of or pertaining to the urethra.

寡屈菌科（*Oligoflexaceae*）Nakai 等，2014，新科。

命名模式　寡屈菌属（*Oligoflexus*）Nakai 等，2014，新属。

词源　寡屈菌属：此科之模式属；科：用于定义一个比属高、比目低的分类级和尾词；在中文科的命名中，把模式属属名中的尾字"属"代换为尾字"科"，即为模式属所在的科名；寡屈菌科：寡屈菌属之科。

Etymology　N.L.masc.n.*Oligoflexus*, type genus of the family; suff.-*aceae*, ending to denote a family; N.L.fem.pl.n.*Oligoflexaceae*, the family of the genus *Oligoflexus*.

寡屈菌目（*Oligoflexales*）Nakai 等，2014，新目。

命名模式　寡屈菌属（*Oligoflexus*）Nakai 等，2014，新属。

词源　寡屈菌属：此目之模式属；目：用于定义一个比科高、比纲低的分类级和尾词；在中文目的命名中，把模式属属名中的尾字"属"代换为尾字"目"，即为模式属所在的目名；寡屈菌目：寡屈菌属之目。

Etymology　N.L.masc.n.*Oligoflexus*, type genus of the order; suff.-*ales*, ending to denote an order; N.L.fem.pl.n.*Oligoflexales*, the order of the genus *Oligoflexus*.

寡屈菌纲（*Oligoflexia*）Nakai 等，2014，新纲。

命名模式　寡屈菌目（*Oligoflexales*）Nakai 等，2014，新目。

词源　寡屈菌属：此纲之模式目之模式属；纲：（原核）生物分类的一个级别，门之下，目之上的一个分类级，纲之尾词；寡屈菌纲：寡屈菌目之纲。

Etymology　N.L.masc.n.*Oligoflexus*, type genus of the type order of the class; suff.-*ia*, ending to denote a class; N.L.fem.pl.n.*Oligoflexia*, the class of the order *Oligoflexales*.

寡屈菌属（*Oligoflexus*）Nakai 等，2014，新属。此属已定 1 种。

词源　寡：少，不多，贫乏；屈：使弯曲的，与"伸"相对；菌：表示微小的事物，微生物（细菌、古菌、真菌）；属：属名的尾词；寡屈菌属：利用少量底物的弯曲形菌。

Etymology　Gr.adj.*oligos*, little, few; L.part.adj.*flexus*, bent, curved; N.L.masc.n.*Oligoflexus*, flexible utilizer of few substrates.

模式种　突尼斯寡屈菌（*Oligoflexus tunisiensis*）Nakai 等，2014，新种。

词源　突尼斯：与突尼斯有关的，此模式菌株的分离地。

Etymology　N.L.masc.n.*tunisiensis*, pertaining to Tunisia, where the type strain was isolated.

寡球菌属(*Oligosphaera*) Qiu 等, 2013, 新属。此属已定 1 种。

此属是**寡球菌目**(*Oligosphaerales*) Qiu 等, 2013 和**寡球菌科**(*Oligosphaeraceae*) Qiu 等, 2013 的模式属。

词源 寡: 少, 不多, 贫乏; 球: 球体, 球形, 地球; 菌: 表示微小的事物, 微生物(细菌、古菌、真菌); 属: 属名的尾词; 寡球菌属: 有限营养特征的球形细菌。

Etymology　Gr.adj.*oligos*, little, not copious, scanty; L.fem.n.*sphaera*, sphere; N.L.fem.n.*Oligosphaera*, a spherical bacterium with limited nutritional properties.

模式种　乙醇寡球菌(*Oligosphaera ethanolica*) Qiu 等, 2013, 新种。

词源　乙醇: 酒精, 乙醇。

Etymology　N.L.n.*ethanol*, ethanol; L.fem.suff.-*ica*, suffix used with the sense of pertaining to; N.L.fem.adj.*ethanolica*, belonging to ethanol, referring to ethanol, which is produced by the species.

寡球菌科(*Oligosphaeraceae*) Qiu 等, 2013, 新科。

模式属　寡球菌属(*Oligosphaera*) Qiu 等, 2013, 新属。

词源　寡球菌属: 此科之模式属; 科: 用于定义一个比属高、比目低的分类级和尾词; 在中文科的命名中, 把模式属属名中的尾字"属"代换为尾字"科", 即为模式属所在的科名; 寡球菌科: 寡球菌属之科。

Etymology　N.L.fem.n.*Oligosphaera*, type genus of the family; suff.-*aceae*, ending to denote a family; N.L.fem.pl.n.*Oligosphaeraceae*, family of the genus *Oligosphaera*.

寡球菌目(*Oligosphaerales*) Qiu 等, 2013, 新目。

此目是**寡球菌纲**(*Oligosphaeria*) Qiu 等, 2013 的模式目。

模式属　寡球菌属(*Oligosphaera*) Qiu 等, 2013, 新属。

词源　寡球菌属: 此目之模式属; 目: 用于定义一个比科高、比纲低的分类级和尾词; 在中文目的命名中, 把模式属属名中的尾字"属"代换为尾字"目", 即为模式属所在的目名; 寡球菌目: 寡球菌属之目。

Etymology　N.L.fem.n.*Oligosphaera*, type genus of the order; suff.-*ales*, ending to denote an order; N.L.fem.pl.n.*Oligosphaerales*, order of the genus *Oligosphaera*.

寡球菌纲(*Oligosphaeria*) Qiu 等, 2013, 新纲。

模式目　寡球菌目(*Oligosphaerales*) Qiu 等, 2013, 新目。

词源　寡球菌属: 此纲之模式目之模式属; 纲: (原核)生物分类的一个级别, 门之下, 目之上的一个分类级, 纲之尾词; 寡球菌纲: 寡球菌目之纲。

Etymology　N.L.fem.n.*Oligosphaera*, type genus of the type order of the class; suff.-*ia*, ending to denote a class; N.L.pl.neut.n.*Oligosphaeria*, class of the order *Oligosphaerales*.

寡营菌属(*Oligotropha*)Meyer 等,1994,新属。此属已定 1 种。

词源　寡:少,不多,贫乏;营:营养,饲养,饲养者,饲养员,施肥的,营养的;菌:表示微小的事物,微生物(细菌、古菌、真菌);属:属名的尾词;寡营菌属:寡营养的,利用很少底物的菌。

Etymology　Gr.adj.*oligos*, little, few; Gr.n.*trophos*, feeder, rearer, that which nourishes; N.L.fem.n.*Oligotropha*, utilizer of few substrates.

模式种　吞碳氧寡营菌(*Oligotropha carboxidovorans*)(*ex* Meyer and Schlegel,1978)Meyer 等,1994,新合并。

词源　吞:吞噬的,吞食的,大吃的,吞没的;碳氧:**CO**,一氧化碳。

Etymology　N.L.n.*carboxidum*, carbon monoxide; L.part.adj.*vorans*, devouring; N.L.part.adj.*carboxidovorans*, carbone monoxide-devouring, named for its ability to use CO as a sole carbon and energy source.

注:原文注解为 L.n.*carbo* charcoal, carbon;Gr.adj.*oxys* sour, acid;L.v.*voro* devour;M.L.part.adj.*carboxidovorans* carbon acid devouring)。炭酸(carbon acid)区别于碳酸,指的是任何含 C-H 键的烃类,(理论上)因为这些分子都可能失去一个氢形成阴碳离子。

橄榄杆菌属(*Olivibacter*)Ntougias 等,2007,新属。此属已定 6 种。

词源　橄榄:橄榄(树,果,油);杆:棒;菌:表示微小的事物,微生物(细菌、古菌、真菌);属:属名的尾词;橄榄杆菌属:来自橄榄加工副产品的棒形细菌。

Etymology　L.n.*oliva*, olive; N.L.masc.n.*bacter*, a rod; N.L.masc.n.*Olivibacter*, a rod-shaped bacterium from olives/olive processing by-product.

模式种　西提亚橄榄杆菌(*Olivibacter sitiensis*)Ntougias 等,2007,新种。

词源　西提亚:希腊克里特岛东北部,又称锡蒂亚,从其橄榄油厂邻近采样获得其橄榄油厂副产物。

Etymology　N.L.masc.adj.*sitiensis*, pertaining to Sitia(north-east Crete, Greece)the vicinity in which the olive-oil mill by-product was obtained.

奥利氏菌属(*Olleya*)Mancuso Nichols 等,2005,新属;Lee 等,2010 修改,Lee 等,2013 修改。此属已定 3 种。

词源　氏:姓氏;奥利氏:以琼·奥利的姓氏命名,其在预测微生物学领域做出重要贡献;菌:表示微小的事物,微生物(细菌、古菌、真菌);属:属名的尾词;奥利氏菌属:以奥利的姓氏命名的菌属。

Etymology　N.L.fem.n.*Olleya*, named in honour of June Olley, who has made significant contributions to the area of predictive microbiology.

模式种　海烂泥奥利氏菌(*Olleya marilimosa*)Mancuso Nichols 等,2005,新种。

词源　海:大海,海洋,靠近大陆比洋小的盐水水域;烂泥:黏液状泥土,泥浆;海烂泥:来自海的和黏泥的。

Etymology　L.gen.n.*maris*, of the sea; L.adj.*limosus*, full of slime; N.L.fem.adj.*marilimosa*, of the sea and slimy.

奥尔森姓菌属(*Olsenella*)Dewhirst 等,2001,新属;Kraatz 等,2011 修改。此属已定 3 种。

词源　姓:姓氏;奥尔森姓:以挪威微生物学家英噶·奥尔森的姓氏命名,其首次描述了牙龈乳竿菌(*Lactobacillus uli*);菌:表示微小的事物,微生物(细菌、古菌、真菌);属:属名的尾词;奥尔森姓菌属:以奥尔森的姓氏命名的菌属。

Etymology　N.L.fem.dim.n.*Olsenella*, named to honour Ingar Olsen, a Norwegian microbiologist, who first described *Lactobacillus uli*.

模式种　牙龈奥尔森姓菌(*Olsenella uli*)(Olsen 等,1991)Dewhirst 等,2001,新合并。

词源　牙龈:齿龈,牙床的周围组织,牙的上龈和下龈。

Etymology　Gr.n.*oulon*, the gums; N.L.gen.n.*uli*, of the gum.

Op

奥普丝祐菌科(*Opitutaceae*)Choo 等,2007,新科。

模式属　奥普丝祐菌属(*Opitutus*)Chin 等,2001,新属。

词源　奥普丝祐菌属:此科之模式属;科:用于定义一个比属高、比目低的分类级和尾词;在中文科的命名中,把模式属属名中的尾字"属"代换为尾字"科",即为模式属所在的科名;奥普丝祐菌科:奥普丝祐菌属之科。

Etymology　N.L.masc.n.*Opitutus*, type genus of the family; suff.-*aceae*, ending to denote a family; N.L.fem.pl.n.*Opitutaceae*, the family of the genus *Opitutus*.

奥普丝祐菌纲(*Opitutae*)Choo 等,2007,新纲。

模式目　奥普丝祐菌目(*Opitutales*)Choo 等,2007,新目。

词源　奥普丝祐菌目:此纲之模式目;纲:(原核)生物分类的一个级别,门之下,目之上的一个分类级,纲之尾词;奥普丝祐菌纲:奥普丝祐菌目之纲。

Etymology　N.L.fem.pl.n.*Opitutales*, type order of the class; ending -*ae*; N.L.fem.pl.n.*Opitutae*, the class of the order *Opitutales*.

奥普丝祐菌目(*Opitutales*)Choo 等,2007,新目。

此目是奥普丝祐菌纲(*Opitutae*)Choo 等,2007 的模式目。

模式属　奥普丝祐菌属(*Opitutus*)Chin 等,2001,新属。

词源　奥普丝祐菌属:此目之模式属;目:用于定义一个比科高、比纲低的分类级和尾词;在中文目的命名中,把模式属属名中的尾字"属"代换为尾字"目",即为模式属所在的目名;奥普丝祐菌目:奥普丝祐菌属之目。

Etymology　N.L.masc.n.*Opitutus*, type genus of the order; -*ales*, ending to denote an order; N.L.fem.pl.n.*Opitutales*, the order of the genus *Opitutus*.

奥普丝祐菌属(*Opitutus*)Chin 等,2001,新属。此属已定 1 种。

此属是奥普丝祐菌目(*Opitutales*)Choo 等,2007 和奥普丝祐菌科(*Opitutaceae*)Choo 等,2007 的模式属。

词源　奥普丝:罗马的土地和丰收女神;祐:(天、神等的)佑护,祐助,保佑;菌:表示微小的事物,微生物(细菌、古菌、真菌);属:属名的尾词;奥普丝祐菌属:受到奥普丝祐助的生物。

Etymology　L.fem.n.*Ops Opis*, a Roman Earth and harvest goddess; L.part.adj.*tutus*（from L.v.*tueor*）, protected; N.L.masc.n.*Opitutus*, the one protected by *Ops*.

模式种　土地奥普丝祐菌(*Opitutus terrae*)Chin 等,2001,新种。

词源　土地:土地的。

Etymology　L.gen.n.*terrae*, of the earth.

Or

孤儿菌科(*Orbaceae*)Kwong and Moran,2013,新科。

模式属　孤儿菌属(*Orbus*)Volkmann 等,2010,新属。

词源　孤儿菌属:此科之模式属;科:用于定义一个比属高、比目低的分类级和尾词;在中文科的命名中,把模式属属名中的尾字"属"代换为尾字"科",即为模式属所在的科名;孤儿菌科:孤儿菌属之科。

Etymology　N.L.masc.n.*Orbus*, type genus of the family; suff.-*aceae*, ending to denote a family; N.L.fem.pl.n.*Orbaceae*, the family of the genus *Orbus*.

孤儿菌目(*Orbales*)Kwong and Moran,2013,新目。

模式属　孤儿菌属(*Orbus*)Volkmann 等,2010,新属。

词源　孤儿菌属:此目之模式属;目:用于定义一个比科高、比纲低的分类级和尾词;在中文目的命名中,把模式属属名中的尾字"属"代换为尾字"目",即为模式属所在的目名;孤儿菌目:孤儿菌属之目。

Etymology　N.L.masc.n.*Orbus*, type genus of the order; suff.-*ales*, ending to denote an order; N.L.fem.pl.n.*Orbales*, the order of the genus *Orbus*.

孤儿菌属(*Orbus*)Volkmann 等,2010,新属;Kim 等,2013 修改。此属已定 2 种。

此属是孤儿菌目(*Orbales*)Kwong and Moran,2013 和孤儿菌科(*Orbaceae*)Kwong and Moran,

2013 的模式属。

词源 孤儿:失去双亲的幼儿;菌:表示微小的事物,微生物(细菌、古菌、真菌);属:属名的尾词;孤儿菌属:与孤儿有关的微生物。

Etymology L.masc.n.*orbus*, orphan.

模式种 哈尔茨孤儿菌(*Orbus hercynius*)Volkmann 等,2010,新种。

词源 哈尔茨:德国哈尔茨山。

Etymology L.masc.adj.*hercynius*, pertaining to Hercynia, N.L.name of the Harz Mountains, Germany.

奥伦氏菌属(*Orenia*)Rainey and Stackebrandt,1995,新属。此属已定 4 种。

词源 氏:姓氏;奥伦氏:以以色列微生物学家阿哈·奥伦的姓氏命名;菌:表示微小的事物,微生物(细菌、古菌、真菌);属:属名的尾词;奥伦氏菌属:以奥伦的姓氏命名的菌属。

Etymology N.L.fem.n.*Orenia*, named after Aharon Oren, an Israeli microbiologist.

模式种 死海奥伦氏菌(*Orenia marismortui*)(Oren 等,1988)Rainey 等,1995,新合并。

词源 死:死亡;海:大海,海洋,靠近大陆比洋小的盐水水域;死海:死忘的大海(因其高盐度而没有普通生物而得名),死海在以色列和约旦之间,是世界上海拔最低的湖泊。

Etymology L.gen.n.*maris*, of the sea; L.adj.*mortus*, dead:N.L.gen.n.*marismortui*, of the Dead Sea.

口小杆菌属(*Oribacterium*)Carlier 等,2004,新属;Sizova 等,2014 修改。此属已定 3 种。

词源 口:嘴,口腔;小杆:小棒;菌:表示微小的事物,微生物(细菌、古菌、真菌);属:属名的尾词;口小杆菌属:分离自口腔的小棒生物。

Etymology L.neut.n.*os oris*, the mouth; L.neut.n.*bacterium*, a small rod; N.L.neut.n.*Oribacterium*, small rod from the mouth.

模式种 窦口小杆菌(*Oribacterium sinus*)Carlier 等,2004,新种。

词源 窦:指的是此模式株的分离源,是解剖学中称为窦或窦道的地方,即口腔上颌的一个地方,大概指鼻梁的鼻中隔。

Etymology L.gen.n.*sinus*, of the sinus, referring to the anatomical site from where the type strain was isolated.

注:拉丁文阳性名词 *sinus* 的本义就是身体中中空的弯曲或空穴。

口茎菌属(*Oribaculum*)Moore and Moore,1994,新属。此属已定 1 种。

此属 1995 年已归属到→卟单胞菌属(*Porphyromonas*)Shah and Collins,1988,新属。

词源 口:空腔,嘴;茎:茎,杖,棒;菌:表示微小的事物,微生物(细菌、古菌、真菌);属:属名的尾词;口茎菌属:来自空腔/嘴的棒形生物。

Etymology L.neut.n.*os oris*, the mouth; L.neut.n.*baculum*, a stick, staff; N.L.neut. n.*Oribaculum*, rod from the mouth.

模式种 卡托氏口茎菌(*Oribaculum catoniae*)Moore and Moore,1994,新种。

此种1995年已归种到→卡托氏卟单胞菌(*Porphyromonas catoniae*)(Moore and Moore,1994)Willems and Collins,1995,新合并。

词源 氏:姓氏;卡托氏:以美国微生物学家伊丽莎白·P.卡托的姓氏命名。

Etymology N.L.gen.fem.n.*catoniae*, of Cato, named in honor of Elizabeth P.Cato, an American microbiologist.

东方体属(*Orientia*)Tamura 等,1995,新属。此属已定1种。

词源 东方:属于或来自东方的,东边的,与西方相对的一个模糊地理称谓,如东亚各国;体:整体,身体,菌体,在微生物学属名中的作用与"菌"类似;属:属名的尾词;东方体属:来自东方的生物体。

Etymology N.L.fem.n.*Orientia*(from L.n.*oriens -entis*, the East, Orient), the Orient, the area where the organisms are widely distributed.

模式种 恙虫病东方体(*Orientia tsutsugamushi*)(Hayashi,1920)Tamura 等,1995,新合并。

词源 恙虫:即致病的虫;在日语中,**tsutuga** 表示一些危险的小东西,**mushi** 即虫,螨虫;因为最早在日本发现了所谓的这种致病虫,有所谓的恙虫三角(tsutsugamushi triangle)。

Etymology Japanese n.*tsutsugamushi*(from two Japanese ideographs transliterated *tsutuga* something small and dangerous, and *mushi* a creature, now known to be a mite), popular name of the disease caused by this species, generally interpreted to mean "mite disease"; N.L.gen. n.*tsutsugamushi*, of a mite disease(of tsutsugamushi).

帅缕菌属(*Ornatilinea*)Podosokorskaya 等,2013,新属。此属已定1种。

词源 帅:英俊,潇洒;缕:线条;菌:表示微小的事物,微生物(细菌、古菌、真菌);属:属名的尾词;帅缕菌属:英俊的线形生物。

Etymology L.adj.*ornatus*, adorned, handsome; L.fem.n.*linea*, line; N.L.fem.n.*Ornatilinea*, handsome, line-shaped organism.

模式种 首次帅缕菌(*Ornatilinea apprima*)Podosokorskaya 等,2013,新种。

词源 首次:第一次,此属的第一种代表。

Etymology L.adj.*apprimus -a -um*, the very first; L.fem.adj.*apprima*, the very first representative of the genus.

鸟氨酸竿菌属(*Ornithinibacillus*)Mayr 等,2006,新属。此属已定6种。

词源 鸟氨酸:非合成肽的氨基酸,在尿素循环中有重要作用,$NH_2(CH_2)_3CH(NH_2)$

COOH；竿：在本书中对译于拉丁文 *bacillus*，表示棒形，以示与常见的"杆"的区别，表示以出芽孢为特征的棒形；菌：表示微小的事物，微生物（细菌、古菌、真菌）；属：属名的尾词；鸟氨酸竿菌属：具有鸟氨酸的棒形生物。

Etymology　N.L.n.*ornithinum*, ornithine; L.masc.n.*bacillus*, a small staff, a wand; N.L.masc.n.*Ornithinibacillus*, a rod with ornithine.

模式种　巴伐利亚鸟氨酸竿菌（*Ornithinibacillus bavariensis*）Mayr 等，2006，新种。

词源　巴伐利亚：德国巴伐利亚，表示此模式菌株的起源。

Etymology　N.L.masc.adj.*bavariensis*, of Bavaria, indicating the source of the type strain.

鸟氨酸杆菌属（*Ornithinibacter*）Xiao 等，2011，新属。此属已定 1 种。

词源　鸟氨酸：一种在尿素循环中有重要作用的氨基酸，$NH_2(CH_2)_3CH(NH_2)COOH$；杆：棒；菌：表示微小的事物，微生物（细菌、古菌、真菌）；属：属名的尾词；鸟氨酸杆菌属：（含）鸟氨酸的棒形生物。

Etymology　N.L.n.*ornithinum*, ornithine; N.L.masc.n.*bacter*, a rod; N.L.masc.n.*Ornithinibacter*, ornithine (-containing) rod.

模式种　金色鸟氨酸杆菌（*Ornithinibacter aureus*）Xiao 等，2011，新种。

词源　金色：金色的，金黄色的，指的是此亮黄色的菌株。

Etymology　L.masc.adj.*aureus*, golden, referring to the bright yellow colour of the strain.

鸟氨酸果菌属（*Ornithinicoccus*）Groth 等，1999，新属。此属已定 1 种。

词源　果：浆果，表示浆果形（圆球或椭球）；菌：表示微小的事物，微生物（细菌、古菌、真菌）；属：属名的尾词；鸟氨酸果菌属：具有鸟氨酸的浆果形生物。

Etymology　N.L.n.*ornithinum*, ornithine (an amino acid named after the Gr.n.*ornithos*, bird); N.L.masc.n.*coccus* (from Gr.masc.n.*kokkos*, grain, seed), coccus; N.L.masc.n.*Ornithinicoccus*, a coccus with ornithine.

模式种　花园鸟胺酸果菌（*Ornithinicoccus hortensis*）Groth 等，1999，新种。

词源　花园：属于或与花园有关的，此生物的分离地。

Etymology　L.masc.adj.*hortensis*, of or belonging to a garden, the place where the organism was isolated.

鸟氨酸微菌属（*Ornithinimicrobium*）Groth 等，2001，新属。此属已定 5 种。

词源　鸟氨酸：一种氨基酸，$NH_2(CH_2)_3CH(NH_2)COOH$，在人尿素循环中有重要作用；微：微小的，微生物；菌：表示微小的事物，微生物（细菌、古菌、真菌）；微菌：微生物；属：属名的尾词；鸟氨酸微菌属：（细胞壁）具有鸟氨酸的微生物。

Etymology　N.L.n.*ornithinum*, ornithine (an amino acid named after the Gr.n.*ornithos*, bird);

N.L.neut.n.*microbium*（from Gr.adj.*mikros*，small and Gr.n.*bios*，life），a microbe；N.L.neut.n.*Ornithinimicrobium*，a microbe with ornithine.

模式种　嗜腐土鸟氨酸微菌（*Ornithinimicrobium humiphilum*）Groth 等，2001，新种。

词源　嗜：嗜好的，喜好的，友好的，爱好的；腐土：腐殖质般富含有机质的土壤；嗜腐土：喜好土壤的。

Etymology　L.n.*humus*，soil；N.L.neut.adj.*philum*（from Gr.neut.adj.*philon*），friend，loving；N.L.neut.adj.*humiphilum*，loving soil.

鸟小杆菌属（*Ornithobacterium*）Vandamme 等，1994，新属。此属已定 1 种。

词源　鸟：鸟，鸟类；小杆：小棒；菌：表示微小的事物，微生物（细菌、古菌、真菌）；属：属名的尾词；鸟小杆菌属：鸟类细菌，因为此菌最初从鸟类分离。

Etymology　Gr.n.*ornis -ithos*，bird；L.neut.n.*bacterium*，rod；N.L.neut.n.*Ornithobacterium*，bird bacterium，because it was first isolated from birds.

模式种　鼻孔气管鸟小杆菌（*Ornithobacterium rhinotracheale*）Vandamme 等，1994，新种。

词源　鼻：鼻子；孔：空洞，孔洞；鼻孔：鼻道，鼻管，鼻腔，与鼻道和鼻腔有关的，因为此生物首次分离自此。

Etymology　Gr.n.*rhis rhinos*，nose，nostril；L.n.*trachia*，windpipe；L.neut.adj.suff.*-ale*，suffix denoting pertaining to；N.L.neut.adj.*rhinotracheale*，relating to the nostrils and windpipe，because the organism was first isolated there.

注：区别于 2005 年的鸟小杆菌属（*Avibacterium*）。

稻腐土菌属（*Oryzihumus*）Kageyama 等，2005，新属；Lim 等，2014 修改。此属已定 2 种。

词源　稻：水稻，稻米；腐土：腐殖质般富有有机质的土壤；菌：表示微小的事物，微生物（细菌、古菌、真菌）；属：属名的尾词；稻腐土菌属：水稻土中的菌属。

Etymology　L.fem.n.*oryza*，rice；L.masc.n.*humus*，soil；N.L.masc.n.*Oryzihumus*，rice soil.

模式种　细生稻腐土菌（*Oryzihumus leptocrescens*）Kageyama 等，2005，新种。

词源　细：细小的，纤细的，精致的；生：生长；细生：纤细的生长。

Etymology　Gr.adj.*leptos*，thin，fine，delicate，slender；L.part.adj.*crescens*，growing；N.L.part.adj.*leptocrescens*，slender growing.

Os

颤菌目（*Oscillatoriales*）Cavalier-Smith，2002，新目。

模式属　颤菌属（"*Oscillatoria*"）Vaucher，1803。

词源　颤菌属：此目之模式属；目：用于定义一个比科高、比纲低的分类级和尾词；在中文目的命名中,把模式属属名中的尾字"属"代换为尾字"目",即为模式属所在的目名;颤菌目:颤菌属之目。

Etymology N.L.fem.n. "*Oscillatoria*", type genus of the order; suff.-*ales*, ending denoting an order; N.L.fem.pl.n.*Oscillatoriales*, the "*Oscillatoria*" order.

颤杆菌属(*Oscillibacter*)Iino 等,2007,新属。此属已定 2 种。

词源 颤:震颤,振颤,弧动;杆:棒;菌:表示微小的事物,微生物(细菌、古菌、真菌);属:属名的尾词;颤杆菌属:弧动的棒形生物。

Etymology L.n.*oscillum*, a swing; N.L.masc.n.*bacter*, rod; N.L.masc.n.*Oscillibacter*, the oscillating rod.

模式种 缬酸生颤杆菌(*Oscillibacter valericigenes*)Iino 等,2007,新种。

词源 缬酸:来自缬草的酸,戊酸;生:产,生产,生成,产生,导致,源自……;缬酸生:缬酸/戊酸生成的。

Etymology N.L.n.*acidum valericum*, valeric acid; N.L.suff.-*genes*(from Gr.v.*gennaô* to produce), producing; N.L.part.adj.*valericigenes*, producing valeric acid.

注:此处的颤,表示一种螺旋形的弧动。

颤绿菌科(*Oscillochloridaceae*)Keppen 等,2000,新科。

模式属 颤绿菌属(*Oscillochloris*)Gorlenko and Pivovarova,1989,新属。

词源 颤绿菌属:此科之模式属;科:用于定义一个比属高、比目低的分类级和尾词;在中文科的命名中,把模式属属名中的尾字"属"代换为尾字"科",即为模式属所在的科名;颤绿菌科:颤绿菌属之科。

Etymology N.L.fem.n.*Oscillochloris*, type genus of the family; suff.-*aceae*, ending to denote a family; N.L.fem.pl.n.*Oscillochloridaceae*, the *Oscillochloris* family.

颤绿菌属(*Oscillochloris*)Gorlenko and Pivovarova,1989,新属;Keppen 等,2000 修改。此属已定 2 种。

此属是颤绿菌科(*Oscillochloridaceae*)Keppen 等,2000 的模式属。

词源 颤:震颤的,振颤的,弧动的;绿:绿色的;菌:表示微小的事物,微生物(细菌、古菌、真菌);属:属名的尾词;颤绿菌属:弧动的绿色细菌。

Etymology L.part.adj.*oscillans*, oscillating; Gr.adj.*chlôros*, green; N.L.fem.n.*Oscillochloris*, oscillating green (bacterium).

模式种 金色颤绿菌(*Oscillochloris chrysea*)(*ex* Gicklhorn,1921)Gorlenko and Pivovarova,1989,新种。

词源 金色:金色的,金黄色的。

Etymology L.fem.adj.*chrysea*, golden, gold-colored.

推荐的属名三字母简写 *Osc.* 见"命名规则：属名简写"[属名简写三字母准则（Three-letter code for abbreviations of generic names）]。

注：此模式种没有纯培养，是描述性的，因此没有模式种菌株可以获得。

颤螺体属(*Oscillospira*) Chatton and Pérard, 1913, 属。此属已定 1 种。

此属是颤螺体科(*Oscillospiraceae*) Peshkoff, 1940,《1980 年细菌名确认单》的模式属。

词源 颤：震颤，振颤，弧动；螺：螺旋，螺形，螺体；菌：表示微小的事物，微生物（细菌、古菌、真菌）；属：属名的尾词；颤螺体属：弧动的螺体。

Etymology L.n.*oscillum*, a swing; L.fem.n.*spira*, a spiral; N.L.fem.n.*Oscillospira*, the oscillating spiral.

模式种 吉利蒙氏颤螺体(*Oscillospira guilliermondii*) 勘误, Chatton and Pérard, 1913,《1980 年细菌名确认单》, 种。

词源 氏：姓氏；吉利蒙氏：以法国生物学家 A. 吉利蒙的姓氏命名，吉利蒙的。

Etymology N.L.gen.n.*guilliermondii*, of Guilliermond, named for A.Guilliermond, a French biologist.

颤螺体科(*Oscillospiraceae*) Peshkoff, 1940, 科。

模式属 颤螺体属(*Oscillospira*) Chatton and Pérard, 1913,《1980 年细菌名确认单》。

词源 颤螺体属：此科的模式属；科：用于定义一个比属高、比目低的分类级和尾词；在中文科的命名中，把模式属属名中的尾字"属"代换为尾字"科"，即为模式属所在的科名；颤螺体科：颤螺体属之科。

Etymology N.L.fem.n.*Oscillospira*, type genus of the family; suff.-*aceae*, ending to denote a family; N.L.fem.pl.n.*Oscillospiraceae*, the *Oscillospira* family.

Ot

海象狮科杆菌属(*Otariodibacter*) Hansen 等, 2012, 新属。此属已定 1 种。

词源 海象狮科：由海狮科和海象科两科组成的超科；杆：棒；菌：表示微小的事物，微生物（细菌、古菌、真菌）；属：属名的尾词；海象狮科杆菌属：分离自海象狮科的棒形生物。

Etymology *Otarioidea*, taxonomic name for the superfamily consisting of the families *Otariidae* (sea lions and fur seals) and *Odobenidae* (walruses); N.L.masc.n.*bacter*, a rod; N.L.masc.n.*Otariodibacter*, rod isolated from *Otarioidea*.

模式种 口海象狮科杆菌(*Otariodibacter oris*) Hansen 等, 2012, 新种。

词源 口：嘴，口腔，来自口腔的。

Etymology L.n.*os oris*, mouth; L.gen.n.*oris*, of/from mouth.

奥拓氏菌属（*Ottowia*）Spring 等，2004，新属；Felföldi 等，2011 修改，Cao 等，2014 修改。此属已定 3 种。

词源　氏：姓氏；奥拓氏：约翰内斯·C.G. 奥拓的姓氏命名，其对我们（作者）在土壤和活性泥浆反硝化方面的知识有许多贡献；菌：表示微小的事物，微生物（细菌、古菌、真菌）；属：属名的尾词；奥拓氏菌属：以奥拓的姓氏命名的菌属。

Etymology　N.L.fem.n.*Ottowia*, named in honour of Johannes C.G.Ottow, who made several contributions to our knowledge of denitrification in soil and activated sludge.

模式种　硫氧化奥拓氏菌（*Ottowia thiooxydans*）Spring 等，2004，新种。

词源　硫：硫磺，硫黄，元素 S；氧化：氧化，物质（原子、分子、离子）失去电子或增加氧化态的过程，一般就是与氧结合的过程；硫氧化：氧化硫的（硫与氧的结合）。

Etymology　Gr.n.*theion*（Latin transliteration *thium*）, sulfur; N.L.part.adj.*oxydans*, oxidizing; N.L.fem.part.adj.*thiooxydans*, oxidizing sulfur.

Ow

欧文维克氏菌属（*Owenweeksia*）Lau 等，2005，新属；Shahina 等，2013 修改，Zhou 等，2013 修改。此属已定 1 种。

词源　氏：姓氏；欧文维克氏：以欧文·B. 维克的姓名命名，其在 20 世纪 50、60、70 年代在黄小杆菌属，噬胞菌属和其他相关种研究中作了很多工作；菌：表示微小的事物，微生物（细菌、古菌、真菌）；属：属名的尾词；欧文维克氏菌属：以欧文·维克的姓名命名的菌属。

Etymology　N.L.fem.n.*Owenweeksia*, named after Owen B.Weeks, who did a lot of work in the 1950s, 1960s and 1970s on *Flavobacterium*, *Cytophaga* and related species.

模式种　香港欧文维克氏菌（*Owenweeksia hongkongensis*）Lau 等，2005，新种。

词源　香港：中国的一个特别行政区，（此生物）与香港有关的。

Etymology　N.L.fem.adj.*hongkongensis*, pertaining to Hong Kong.

注：以姓名命名微生物的菌属或种或其他分类级是常见的命名方式，一般是为了避免一些常见的姓氏无区分度，或避免重名（东方人或汉语圈的姓名都不长，为了增加区分度，完全可以用姓名，尽管中国人都不太强调个人）。但无论是以姓或名或姓名，都以中文"氏"来表示该词的人名特性。在这种情况下，除了对该人（大多数是微生物学者或自然科学者）的纪念以外，仅仅是表示微生物的名字符号，除非要区分"姓（-ella）"和"氏（-ia）"。

Ox

草酸小杆菌属（*Oxalicibacterium*）Tamer 等，2003，新属。此属已定 4 种。

词源　草酸：乙二酸，$H_2C_2O_4$；小杆：小棒；菌：表示微小的事物，微生物（细菌、古菌、真菌）；属：属名的尾词；草酸小杆菌属：（利用）草酸的小棒形生物。

Etymology　N.L.n.*acidum oxalicum*, oxalic acid; L.neut.n.*bacterium*, a rod; N.L.neut.

n.*Oxalicibacterium*, oxalic acid (-utilizing) rod.

模式种 黄色草酸小杆菌（*Oxalicibacterium flavum*）Tamer 等，2003，新种。

词源 黄色：黄色的，金黄色的，指的是菌落的颜色。

Etymology L.neut.adj.*flavum*, golden yellow, referring to the colony colour.

草酸盐杆菌属（*Oxalobacter*）Allison 等，1985，新属。此属已定 2 种。

此属是草酸盐杆菌科（*Oxalobacteraceae*）Garrity 等，2006 的模式属。

词源 草酸盐：$(COO)_2^{2-}$，草酸形成盐类；杆：棒；菌：表示微小的事物，微生物（细菌、古菌、真菌）；属：属名的尾词；草酸盐杆菌属：草酸盐棒形生物。

Etymology N.L.n.*oxalas -atis*（from Gr.n.*oxalis*, sorrel）, oxalate; N.L.pref.*oxalo-*, pertaining to oxalate; N.L.masc.n.*bacter*, a rod; N.L.masc.n.*Oxalobacter*, an oxalate rod.

模式种 蚁酸生草酸盐杆菌（*Oxalobacter formigenes*）Allison 等，1985，新种。

词源 蚁酸：一种一元一碳酸，甲酸，因最初从蚂蚁中发现而得名，这里指的是此微生物经过碳水化合物发酵，产生大量的甲酸；生：产，生产，生成，产生，导致，源自……；蚁酸生：产生甲酸的。

Etymology N.L.n.*acidum formicum*, formic acid; N.L.suff.-*genes*（from Gr.v.*gennaô*, to produce）, producing; N.L.part.adj.*formigenes*, formic acid producing.

草酸盐杆菌科（*Oxalobacteraceae*）Garrity 等，2006，新科。

模式属 草酸盐杆菌（*Oxalobacter*）Allison 等，1985，新属。

词源 草酸盐杆菌属：此科之模式属；科：用于定义一个比属高、比目低的分类级和尾词；在中文科的命名中，把模式属属名中的尾字"属"代换为尾字"科"，即为模式属所在的科名；草酸盐杆菌科：草酸盐杆菌属之科。

Etymology N.L.masc.n.*Oxalobacter*, type genus of the family; suff.-*aceae*, ending to denote family; N.L.fem.pl.n.*Oxalobacteraceae*, the *Oxalobacter* family.

噬草酸盐菌属（*Oxalophagus*）Collins 等，1994，新属。此属已定 1 种。

词源 噬：吞，食，吃；草酸：酢浆草，草酸的来源植物之一，也是英文草酸一词的来源；盐：盐类；菌：表示微小的事物，微生物（细菌、古菌、真菌）；属：属名的尾词；噬草酸盐菌属：草酸盐的吞噬者（生物）。

Etymology Gr.n.*oxalis*, wood sorrel（from which the name of oxalic acid is derived）; Gr.masc.n.*phagos*, glutton; N.L.masc.n.*Oxalophagus*, oxalate eater.

模式种 草酸噬草酸盐菌（*Oxalophagus oxalicus*）（Dehning and Schink, 1990）Collins 等，1994，新合并。

词源 草酸：乙二酸，指的是草酸的代谢。

Etymology　N.L.n.*acidum oxalicum*, oxalic acid; N.L.masc.adj.*oxalicus*, referring to the metabolism of oxalic acid.

醋杆菌属(*Oxobacter*) Collins 等, 1994, 新属。此属已定 1 种。或酢杆菌属。

词源　醋: 醋, 酢, 醋酸; 杆: 棒; 菌: 表示微小的事物, 微生物(细菌、古菌、真菌); 属: 属名的尾词; 醋杆菌属或酢杆菌属: 产醋的棒形生物。

Etymology　Gr.n.*oxos*, vinegar; N.L.masc.n.*bacter*, small rod; N.L.masc.n.*Oxobacter*, acetogenic rod.

模式种　芬尼氏醋杆菌(*Oxobacter pfennigii*)(Krumholz and Bryant, 1985) Collins 等, 1994, 新合并。

词源　氏: 姓氏; 芬尼氏: 以诺伯特·芬尼姓氏命名, 其首次记述了厌氧细菌对苯类化合物的甲基基团的代谢。

Etymology　N.L.gen.n.*pfennigii*, of Pfennig, named after Norbert Pfennig, who first documented the catabolism of methyl groups of benzenoid compounds by an anaerobic bacterium.

注: 此属中文属名与 1898 年的**醋杆菌属**(*Acetobacter*)重名, 因为拉丁文 *acetum* 和希腊文 *oxos* 均表示醋、醋酸。为了以示区别, 此属可用醋的同义词 "酢" 取代, 即酢杆菌属(*Oxobacter*)。

氧光杆菌纲(*Oxyphotobacteria*)(*ex* Gibbons and Murray, 1978) Murray, 1988, 新纲, 命名修改。

模式目　绿果菌目("*Chroococcales*") Gibbons and Murray。
同义词　氧光杆菌亚纲("*Oxyphotobacteria*") Gibbons and Murray, 1978。

词源　氧: 元素 O, 氧气; 光: 光线, 阳光; 杆: 棒, 杖; 菌: 表示微小的事物, 微生物(细菌、古菌、真菌); 纲: (原核)生物分类的一个级别, 门之下, 目之上的一个分类级, 纲之尾词; 氧光杆菌纲: 产生氧气的需光细菌。

Etymology　Gr.adj.*oxus*, acid or sour and in combined words indicating oxygen; Gr.n.*phos photos*, light; Gr.n.*baktêria*, staff, cane; suff.-*ia*, ending to denote a class; N.L.neut.pl.n.*Oxyphotobacteria*, light-requiring bacteria that produce oxygen.

P 部

Pa

太平杆菌属（*Pacificibacter*）Romanenko 等，2011，新属。此属已定 1 种。

词源　太平：平安，和平，指的是地球四大洋之一太平洋；杆：棒；菌：表示微小的事物，微生物（细菌、古菌、真菌）；属：属名的尾词；太平杆菌属：分离自太平洋的棒形生物。

Etymology　L.masc.adj.*pacificus*, pacific, pertaining to the Pacific Ocean; N.L.masc.n.bacter, a rod; N.L.masc.n.*Pacificibacter*, a rod isolated from the Pacific Ocean.

模式种　海中太平杆菌（*Pacificibacter maritimus*）Romanenko 等，2011，新种。

词源　海中：与地中相对，指的是在大海中间，即海属性的，菌株的分离源。

Etymology　L.masc.adj.*maritimus*, maritime, marine.

似碱生菌属（*Paenalcaligenes*）Kämpfer 等，2010，新属；Lee 等，2013 修改。此属已定 3 种。

词源　似：近似，几乎，差不多，快要；碱生菌属：细菌的一个属名；似碱生菌属：几乎是与碱生菌属一样的，快要成为碱生菌属的生物。

Etymology　L.adv.*paene*, nearly, almost; N.L.masc.n.*Alcaligenes*, a bacterial genus name; N.L.masc.n.*Paenalcaligenes*, almost *Alcaligenes*.

模式种　人似碱生菌（*Paenalcaligenes hominis*）Kämpfer 等，2010，新种。

词源　人：人的，人类的，因为此模式种和模式株目前为止仅来自人类。

Etymology　L.gen.n.*hominis*, of a man, of a human being, named because the type and only known strain is of human origin.

似竿菌科（*Paenibacillaceae*）De Vos 等，2010，新科。

模式属　似竿菌属（*Paenibacillus*）Ash 等，1994，新属。

词源　似竿菌属：此科之模式属；科：用于定义一个比属高、比目低的分类级和尾词；在中文科的命名中，把模式属属名中的尾字"属"代换为尾字"科"，即为模式属所在的科名；似竿菌科：似竿菌属之科。

Etymology　N.L.masc.n.*Paenibacillus*, type genus of the family; suff.-*aceae*, ending to denote a family; N.L.fem.pl.n.*Paenibacillaceae*, family of the genus *Paenibacillus*.

似竿菌属（*Paenibacillus*）Ash 等，1994，新属；Shida 等，1997 修改，Behrendt 等，2010 修改。此属已定 174 种，4 亚种。

此属是似竿菌科（*Paenibacillaceae*）De Vos 等，2010 的模式属。

词源 似：近似，几乎，差不多，快要；竿：在本书中对译于拉丁文 *bacillus*，表示棒形，以示与常见的"杆"的区别，表示以出芽孢为特征的棒形；菌：表示微小的事物，微生物（细菌、古菌、真菌）；属：属名的尾词；似竿菌属：几乎是竿菌属的，与竿菌属差不多的生物。

Etymology　L.adv.*paene*, almost; L.masc.n.*bacillus*, a rod and also a bacterial genus name (*Bacillus*); N.L.masc.n.*Paenibacillus*, almost a *Bacillus*.

模式种　多黏似竿菌（*Paenibacillus polymyxa*）（Prazmowski, 1880）Ash 等，1994，新合并。

词源　多：许多，很多；黏：黏液，粘液；多黏：许多的黏液。

Etymology　Gr.pref.*polu*, many; Gr.n.*myxa*, slime or mucus; N.L.n.*polymyxa*, much slime.

注：竿菌属中不少菌被重新归属到此属。如黏滑竿菌（*Bacillus mucilaginosus*）Avakyan 等，1998 emend. Shelobolina 等，1998 年至 2010 年已合并到→黏滑似竿菌（*Paenibacillus mucilaginosus*）（Avakyan 等，1998）Hu 等，2010，新合并。

似玫杆菌属（*Paenirhodobacter*）Wang 等，2014，新属。此属已定 1 种。

词源　似：接近，拟似；玫杆菌属：细菌的一个属名；似玫杆菌属：接近、拟似玫杆菌属的生物。

Etymology　L.adv.*paene*, almost; -i-, connecting vowel; L.masc.n.*Rhodobacter*, a bacterial genus name; N.L.masc.n.*Paenirhodobacter*, almost a *Rhodobacter*.

模式种　恩施似玫杆菌（*Paenirhodobacter enshiensis*）Wang 等，2014，新种。

词源　恩施：属于或来自中国湖北省恩施市的，此模式株的分离地。

Etymology　N.L.masc.adj.*enshiensis*, of or belonging to Enshi, Hubei province, PR China, where the type strain was isolated.

似孢八球属（*Paenisporosarcina*）Krishnamurthi 等，2009，新属；Reddy 等，2013 修改。此属已定 4 种。

词源　似：近似，几乎，差不多，快要；孢：孢子；八球：八迭球，表示成束的；菌：表示微小的事物，微生物（细菌、古菌、真菌）；属：属名的尾词；孢八球菌属：细菌的一个属名；似孢八球菌属：几乎是孢八球菌属，因为除了系统发育上的差异外，它与孢八球菌属的近缘关系十分紧密。

Etymology　L.adv.*paene*, almost; N.L.fem.n.*Sporosarcina*, a bacterial genus name; N.L.fem.n.*Paenisporosarcina*, almost a *Sporosarcina*, because it is closely related to this genus but is phylogenetically distinct.

模式种　垃圾似孢八球菌（*Paenisporosarcina quisquiliarum*）Krishnamurthi 等，2009，新种。

词源　垃圾：废物，垃圾，指的是此模式菌株分离自一个城市垃圾填埋场。

Etymology　L.gen.pl.n.*quisquiliarum*, of wastes, referring to the isolation of the type strain from a municipal landfill site.

似苍棍菌属（*Paenochrobactrum*）Kämpfer 等,2010,新属。此属已定 3 种。

词源　似:近似,几乎,差不多,快要;苍棍菌属:细菌的一个属名;似苍棍菌属:近似于苍棍菌的菌类,几乎是苍棍菌属的。

Etymology　L.adv.*paene*, nearly, almost; N.L.neut.n.*Ochrobactrum*, a bacterial genus name; N.L.neut.n.*Paenochrobactrum* almost *Ochrobactrum*.

模式种　笼舍似苍棍菌（*Paenochrobactrum gallinarii*）Kämpfer 等,2010,新种。

词源　笼舍:关家禽的笼子,栏舍,笼舍的,指的是此模式菌株分离自一个鸭棚的。

Etymology　L.n.*gallinarium*, a coop; L.gen.n.*gallinarii*, of a coop, referring to the isolation of the type strain from a duck barn.

古果菌属（*Palaeococcus*）Takai 等,2000,新属。此属已定 3 种。

词源　古:古代的,古时候的;果:浆果,表示浆果形（圆球或椭球）;菌:表示微小的事物,微生物（细菌、古菌、真菌）;属:属名的尾词;古果菌属:古代的球形细胞生物,定义的是此生物的古谱系特征。

Etymology　Gr.adj.*palaios*, ancient; N.L.masc.n.*coccus*（from Gr.masc.n.*kokkos*, grain, seed）, coccus; N.L.masc.n.*Palaeococcus*, ancient spherical cell, denoting the ancient lineage of this organism.

模式种　嗜铁古果菌（*Palaeococcus ferrophilus*）Takai 等,2000,新种。

词源　嗜:嗜好的,喜好的,友好的,爱好的;铁:一种金属元素,**Fe**,铁;嗜铁:喜好铁的,意即此菌生长在缺乏硫的情况下,需要铁。

Etymology　L.n.*ferrum*, iron; N.L.adj.*philus -a -um*（from Gr.adj.*philos -ê -on*）, friend, loving; N.L.masc.adj.*ferrophilus*, iron-loving, indicating that it requires iron for growth in the absence of sulfur.

帕勒隆尼氏菌属（*Palleronia*）Martínez-Checa 等,2005,新属。此属已定 1 种。

词源　氏:姓氏;帕勒隆尼氏:纪念诺维托·帕勒隆尼教授,以其姓氏命名,他是利用分子鉴定技术进行原核生物分类学的先锋之一;菌:表示微小的事物,微生物（细菌、古菌、真菌）;属:属名的尾词;帕勒隆尼氏菌属:以帕勒隆尼的姓氏命名的菌属。

Etymology　N.L.fem.n.*Palleronia*, named in honour of Professor Norberto Palleroni, a pioneer in the use of molecular identification techniques in prokaryote taxonomy.

模式种　蕞海帕勒隆尼氏菌（*Palleronia marisminoris*）Martínez-Checa 等,2005,新种。

词源　蕞:更小的,更少的,更微的,次要的,下属的;海:海,大海,洋;蕞海:指的是西班牙东南部位于穆尔西亚自治区的梅诺尔小海（**el Mar Menor**）,实际上是一个泻湖或咸水湖,**22km** 长的沙带把此咸水湖与地中海相隔,此模式菌株的分离地。

Etymology　L.gen.n.*maris*, of the sea; L.adj.comp.*minor*, smaller; N.L.gen.n.*marisminoris*, of the smaller sea, i.e.from el Mar Menor, a shallow area of sea highly sheltered from the Mediterranean sea on the south-eastern coast of Spain, from whence the type strain was isolated.
注：拉丁文比较形容词*minor*，表示更小的，用"蕞"表示比"小"或"微"更妥当。这里称蕞海，却是欧洲面积最大的咸水湖。

沼杆菌属（*Paludibacter*）Ueki 等，2006，新属。此属已定 1 种。

词源　沼：沼泽，湿地，洼地；杆：棒；菌：表示微小的事物，微生物（细菌、古菌、真菌）；属：属名的尾词；沼杆菌属：生活在沼泽中的棒形生物。

Etymology　L.n.*palus -udis*, a swamp, marsh; N.L.masc.n.*bacter*, a rod; N.L.masc.n. *Paludibacter*, rod living in swamps.

模式种　丙酸生沼杆菌（*Paludibacter propionicigenes*）Ueki 等，2006，新种。

词源　丙：天干第三位；酸：醋，像醋一样的味道，酸味，化学中在水溶液中能产生氢离子的化合物；丙酸：三个碳的（一元）羧酸，CH_3CH_2COOH；生：产，生产，生成，产生，导致，源自……；丙酸生：丙酸生成的，产生丙酸的。

Etymology　N.L.n.*acidum propionicum*, propionic acid; N.L.suff.-*genes*（from Gr.v.*gennaô*, to produce）, producing; N.L.part.adj.*propionicigenes*, propionic acid producing.

沼小杆菌属（*Paludibacterium*）Kwon 等，2008，新属。此属已定 2 种。

词源　沼：沼泽，湿地，洼地；小杆：小棒；菌：表示微小的事物，微生物（细菌、古菌、真菌）；属：属名的尾词；沼小杆菌属：分离自沼泽的小棒形生物。

Etymology　L.n.*palus -udis*, a marsh; L.neut.n.*bacterium*, a rod; N.L.neut.n.*Paludibacterium*, a rod isolated from peat.

模式种　龙静沼小杆菌（*Paludibacterium yongneupense*）Kwon 等，2008，新种。

词源　龙静：韩国的一个湿地，此生物首次分离地。

Etymology　N.L.neut.adj. *yongneupense*, pertaining to Yongneup, a wetland in Korea where the organism was first isolated.

沼茎菌属（*Paludibaculum*）Kulichevskaya 等，2014，新属。此属已定 1 种。

词源　沼：沼泽，湿地，洼地；茎：茎，杖，棒；菌：表示微小的事物，微生物（细菌、古菌、真菌）；属：属名的尾词；沼茎菌属：来自湿地的棒形细菌。

Etymology　L.n.*palus -udis*, a swamp, marsh; N.L.neut.n.*baculum*, a stick, rod; N.L.neut.n.*Paludibaculum*, rod-shaped bacterium from wetland.

模式种　发酵沼茎菌（*Paludibaculum fermentans*）Kulichevskaya 等，2014，新种。

词源　发酵：发酵的定义广泛，在微生物学中可指微生物在培养基上的大量生长，一般是指

（在厌氧条件下）将糖转变为酸,醇和气体。

Etymology　L.part.adj.*fermentans*, fermenting.

参农单胞菌属（*Panacagrimonas*）Im 等,2011,新属。此属已定 1 种。

词源　参:人参；农:农田,田地；单胞:单细胞,单元；菌:表示微小的事物,微生物(细菌、古菌、真菌)；属:属名的尾词；参农单胞菌属:来自人参田/地的单胞生物。

Etymology　N.L.n.*Panax -acis*, scientific name of ginseng；L.n.*ager -gri*, a field；L.fem.n.*monas*, a unit, monad；N.L.fem.n.*Panacagrimonas*, monad of a ginseng field.

模式种　清亮色参农单胞菌（*Panacagrimonas perspica*）Im 等,2011,新种。

词源　清亮色:明亮和透明色的。

Etymology　N.L.fem.adj.*perspica*（from L.fem.adj. *perspicua*）, bright and clear coloured.

潘多拉菌属（*Pandoraea*）Coenye 等,2000,新属。此属已定 9 种。

词源　潘多拉:指的是希腊神话中的潘多拉盒,人类疾病的源头；菌:表示微小的事物,微生物(细菌、古菌、真菌)；属:属名的尾词；潘多拉菌属:指的是其病原属性。

Etymology　N.L.fem.n.*Pandoraea*, referring to Pandora's box in Greek mythology, the origin of diseases of mankind.

模式种　没谱潘多拉菌（*Pandoraea apista*）Coenye 等,2000,新种。

词源　没谱:不可靠的,不忠的,背叛的,欺骗的。

Etymology　N.L.fem.adj.*apista*（from.Gr.adj.*apistos*）, disloyal, unfaithful, treacherous.

潘浓杆菌属（*Pannonibacter*）Borsodi 等,2003,新属；Biebl 等,2007 修改。此属已定 2 种。

词源　潘浓:罗马的一个省,现在是匈牙利,也指现在在匈牙利西部的一个浅苏打湖,潘浓湖；杆:棒；菌:表示微小的事物,微生物(细菌、古菌、真菌)；属:属名的尾词；潘浓杆菌属:分离自匈牙利潘浓的一个苏打湖的棒形微生物。

Etymology　L.n.*Pannonia*, Roman province in what is now Hungary, also referring to "Pannon lakes", shallow soda lakes found in the western part of Hungary；N.L.masc.n.*bacter*, rod；N.L.masc.n.*Pannonibacter*, rod-shaped microbe from a Hungarian soda lake.

模式种　香蒲潘浓杆菌（*Pannonibacter phragmitetus*）Borsodi 等,2003,新种。

词源　香蒲:芦苇植物,这种微生物的栖息源。

Etymology　N.L.masc.adj.*phragmitetus*, of the plant association *Scirpo-Phragmitetum*, the habitat of the micro-organism.

潘塔纳线体属（*Pantanalinema*）Vaz 等,2015,新属。此属已定 1 种。

词源　潘塔纳尔或潘塔纳:巴西的一个湿地,潘塔纳湿地,潘塔纳在葡语中的意思是湿地；

线:线,线状物;体:整体,身体,菌体,在微生物学属名中的作用与"菌"类似;属:属名的尾词;潘塔纳线体属:来自潘塔纳的丝线形生物。

Etymology　N.L.n.*Pantanal*, a Brazilian wetland; Gr.neut.n.*nema*, thread, filament; N.L.neut.n.*Pantanalinema*, a filament from the Pantanal.

模式种　偌三氏潘塔纳线体(*Pantanalinema rosaneae*) Vaz 等,2015,新种。

词源　偌三:诺三·阿贵;氏:姓氏;诺三氏:以巴西已故藻类学家和蓝细菌生理学家偌三·阿贵的名字命名,以示对其的纪念。

Etymology　N.L.gen.n.*rosaneae*, of Rosane; named after the late Rosane Aguiar, a Brazilian phycologist and cyanobacterial physiologist, *in memoriam*.

注:此属为蓝细菌门。

泛菌属(*Pantoea*) Gavini 等,1989,新属;Mergaert 等,1993 修改,Brady 等,2010 修改。此属已定 23 种,2 亚种。

词源　菌:表示微小的事物,微生物(细菌、古菌、真菌);属:属名的尾词;泛菌属:各种各样,所有的来源,指的是这种细菌来自各种地理和生态源。

Etymology　Gr.adj.*pantoios*, of all sorts or sources; N.L.fem.n.*Pantoea*, (bacteria) from diverse (geographical and ecological) sources.

模式种　聚团泛菌(*Pantoea agglomerans*) (Ewing and Fife, 1972) Gavini 等,1989,新合并。

词源　聚团:聚集成团,类似于聚集成球状,指的是有关细菌聚集后被不产气菌的透明鞘包围。

Etymology　L.v.*agglomerare*, to wind on (as on a ball); L.part.adj.*agglomerans*, forming into a ball (referring to the occurrence of symplasmata bacteria in aggregates surrounded by a translucent sheath in anaerogenic strains).

乳头杆菌属(*Papillibacter*) Defnoun 等,2000,新属。此属已定 1 种。

词源　乳头:奶头;杆:棒;菌:表示微小的事物,微生物(细菌、古菌、真菌);属:属名的尾词;乳头杆菌属:棒形的末端看起来像乳头的生物。

Etymology　L.fem.n.*papilla*, teat; N.L.masc.n.*bacter*, rod or staff; N.L.masc.n.*Papillibacter*, a rod with ends looking like a teat.

模式种　吞肉桂酸乳头杆菌(*Papillibacter cinnamivorans*) Defnoun 等,2000,新种。

词源　吞:吞噬的,吞食的,大吃的,吞没的;肉桂酸:β 苯丙烯酸,3 苯基 2 丙烯酸;吞肉桂酸:吞噬肉桂酸的,指的是其消解肉桂酸的能力。

Etymology　N.L.n.*acidum cinnamicum*, cinnamic acid; L.part.adj.*vorans*, devouring, digesting; N.L.part.adj.*cinnamivorans*, referring to the ability to digest cinnamic acid.

副杆状菌属(*Parabacteroides*)Sakamoto and Benno,2006,新属。此属已定7种。

词源　副：旁侧；杆状菌属：一个属名；副杆状菌属：在杆状菌属旁侧的,表示类似于杆状菌属的。

Etymology　Gr.prep.*para*, beside; N.L.masc.n.*Bacteroides*, a genus name; N.L.masc.n.*Parabacteroides*, resembling the genus *Bacteroides*.

模式种　迪斯塔索氏副杆状菌(*Parabacteroides distasonis*)(Eggerth and Gagnon,1933)Sakamoto and Benno,2006,新合并。

词源　氏：姓氏；迪斯塔索氏：以罗马尼亚细菌学家A.迪斯塔索的姓氏命名。

Etymology　N.L.gen.n.*distasonis*, of Distaso, named after A.Distaso, a Romanian bacteriologist.

副芽单胞菌属(*Parablastomonas*)Ren等,2015,新属。此属已定1种。

词源　副：旁侧,在……边上；芽单胞菌属：细菌的一个属名；副芽单胞菌属：在芽单胞菌属旁侧的生物。

Etymology　Gr.prep.*para*, beside, alongside of, near, like; N.L.fem.n.*Blastomonas*, a bacterial generic name; N.L.fem.n.*Parablastomonas*, beside *Blastomonas*.

模式种　北极副芽单胞菌(*Parablastomonas arctica*)Ren等,2015,新种。

词源　北极：来自最北方的,北极的,指的是此模式菌株分离场所。

Etymology　L.fem.adj.*arctica*, northern, from the Arctic, referring to the site where the type strain was isolated.

副衣原体属(*Parachlamydia*)Everett等,1999,新属。此属已定1种。

此属是副衣原体科(*Parachlamydiaceae*)Everett等,1999的模式属。

词源　副：旁侧,在……边上；衣原体属：细菌的一个分类学属名；副衣原体属：像/类似衣原体属的生物。

Etymology　Gr.prep.*para*, beside, alongside of, near, like; N.L.fem.n.*Chlamydia*, taxonomic name of a bacterial genus; N.L.fem.n.*Parachlamydia*, resembling the genus *Chlamydia*.

模式种　刺阿米巴副衣原体(*Parachlamydia acanthamoebae*)Everett等,1999,新种。

词源　刺阿米巴：分类学一个属名,(生活在)刺阿米巴属成员中的。

Etymology　N.L.n.*Acanthamoeba*, taxonomic name of a genus of *Acanthamoebidae*; N.L.gen.n.*acanthamoebae*, of (living in) members of the genus *Acanthamoeba*.

副衣原体科(*Parachlamydiaceae*)Everett等,1999,新科。

模式属　副衣原体属(*Parachlamydia*)Everett等,1999,新属。

词源 副衣原体属：此科之模式属；科：用于定义一个比属高、比目低的分类级和尾词；在中文科的命名中，把属名中的尾字"属"代换为尾字"科"，即为模式属所对应的科；副衣原体科：副衣原体属之科。

Etymology N.L.fem.n.*Parachlamydia*, type genus of the family; L.suff.-*aceae*, ending to denote a family; N.L.fem.pl.n.*Parachlamydiaceae*, the *Parachlamydia* family.

副果菌属(*Paracoccus*) Davis,1969,属；Ludwig 等,1993 修改,Liu 等,2008 修改。此属已定40 种。

词源 副：旁侧，在……边上，类似；果：浆果，表示浆果形（圆球或椭球）；菌：表示微小的事物，微生物（细菌、古菌、真菌）；属：属名的尾词；副果菌属：像浆果形的生物。

Etymology Gr.prep.*para*, alongside of, resembling; N.L.masc.n.*coccus*（from Gr.n.*kokkos*）, a grain, berry; N.L.masc.n.*Paracoccus*, like a coccus.

模式种 脱硝副果菌(*Paracoccus denitrificans*)（Beijerinck and Minkman,1910）Davis,1969,《1980 年细菌名确认单》,种。

词源 脱硝：反硝化，硝化的反过程，脱氮，去除氮的一种作用。

Etymology L.prep.*de*, away from; N.L.v.*denitrifico*, to denitrify; N.L.part.adj.*denitrificans*, denitrifying.

副脆果菌属(*Paracraurococcus*) Saitoh 等,1998,新属。此属已定 1 种。

词源 副：旁侧，在……边上；脆果菌属：一个属名；副脆果菌属：像脆果菌属的生物。

Etymology Gr.prep.*para*, beside, alongside of, near, like; N.L.masc.n.*Craurococcus*, a generic name; N.L.masc.n.*Paracraurococcus*, like *Craurococcus*.

模式种 红色副脆果菌(*Paracraurococcus ruber*) Saitoh 等,1998,新种。

词源 红色：红色的，红颜色的，赤色的。

Etymology L.masc.adj.*ruber*, red, red-colored.

推荐的属名三字母简写 Pcr. 见"命名规则：属名简写"[属名简写三字母准则（Three-letter code for abbreviations of generic names）]。

副爱格士姓菌属(*Paraeggerthella*) Würdemann 等,2009,新属。此属已定 1 种。

词源 副：旁侧，在……边上，像，类似；爱格士姓菌属：细菌的一个属名；副爱格士姓菌属：在爱格士姓菌属旁侧的，像爱格士姓菌属的，这样命名是因为此属与爱格士姓菌属的近缘关系。

Etymology Gr.prep.*para*, beside, alongside of, near, like; N.L.fem.n.*Eggerthella*, a bacterial genus name; N.L.fem.n.*Paraeggerthella*, beside *Eggerthella*, named in recognition of the close relationship to the genus *Eggerthella*.

模式种　香港副爱格士姓菌（*Paraeggerthella hongkongensis*）（Lau 等,2006）Würdemann 等,2009,新合并。

词源　香港:中国的一个特别行政区,与香港有关的,此城市是此细菌的发现地。

Etymology　N.L.fem.adj.*hongkongensis*, pertaining to Hong Kong, the city where the bacterium was discovered.

副铁单胞菌属（*Paraferrimonas*）Khan and Harayama,2007,新属。此属已定 1 种。

词源　副:旁侧,在……边上;铁单胞菌属:一个细菌的属名;副铁单胞菌属:在铁单胞菌属旁侧的生物。

Etymology　Gr.prep.*para*, beside; N.L.fem.n.*Ferrimonas*, a bacterial genus name; N.L.fem.n.*Paraferrimonas*, beside *Ferrimonas*.

模式种　沉淀栖副铁单胞菌（*Paraferrimonas sedimenticola*）Khan and Harayama,2007,新种。

词源　沉:沉淀;淀:积累;沉淀:沉淀物,沉积物,沉淀积累物;栖:栖居者;沉淀栖:沉淀物/沉积物的栖居者,指的是此菌株分离自冲绳岛的沉积物中。

Etymology　L.neut.n.*sedimentum*, a settling, sediment; L.suffix -*cola*, dweller; N.L.masc.n.*sedimenticola*, sediment dweller, referring to the isolation of the strains from sediment at Okinawa Island.

副丝单胞菌属（*Parafilimonas*）Kim 等,2014,新属。此属已定 1 种。

词源　副:副手,旁侧,在……边上;丝单胞菌属:细菌的一个属名;副丝单胞菌属:在丝单胞菌属旁侧的生物,类似丝单胞菌属的生物。

Etymology　Pa.ra.fi.li.mo'nas.Gr.prep.*para* beside; N.L.fem.n.*Filimonas* the name of a bacterial genus; N.L.fem.n. *Parafilimonas* resembling the genus Filimonas.

模式种　土地副丝单胞菌（*Parafilimonas terrae*）Kim 等,2014,新种。

词源　土,土地:地球,土地,土壤,来自或属于土地的,土壤的。

Etymology　L.gen.n.*terrae*, of/from soil.

副冰栖菌属（*Paraglaciecola*）Shivaji and Reddy,2014,新属。此属已定 8 种。

词源　副:旁侧,在……边上;冰栖菌属:细菌的一个属名;副冰栖菌属:在冰栖菌属旁侧的,指的是这两个属之间的相似性。

Etymology　Gr.prep.*para*, beside, near, like; N.L.fem.n.*Glaciecola*, a bacterial genus name; N.L.fem.n.*Paraglaciecola*, beside *Glaciecola*, referring to the similarity of the two genera.

模式种　嗜中副冰栖菌（*Paraglaciecola mesophila*）Shivaji and Reddy,2014,新种。

词源　嗜：喜，爱，嗜好，喜好，爱好；中：中间的（温度），温和的，中等，不高不低的（温度）；嗜中：嗜中温的，喜好不高不低温度的。

Etymology　Gr.adj.*mesos*, medium; Gr.adj.*philos*, loving; N.L.fem.adj.*mesophila*, medium temperature-loving, mesophilic.

副草小螺体属（*Paraherbaspirillum*）Anandham 等，2013，新属。此属已定 1 种。

词源　副：副手，旁侧，在……边上；草小螺体属：细菌的一个属名；副草小螺体属：类似草小螺体属的生物，指的是此属生物与草小螺体属的近缘关系。

Etymology　Pa′ra′her.ba.spi′ril.lum.Gr.Prep.*Para* like, beside; N.L.mas.n.*Herbaspirillum* a bacterial genus; N.L.masc.n.*Paraherbaspirillum* like *Herbaspirillum*, referring to the close relationship to the genus.

模式种　壤副草小螺体（*Paraherbaspirillum soli*）Anandham 等，2013，新种。

词源　壤：与壤或土同义，土壤，此微生物的分离源。

Etymology　so′li.L.gen.n.*soli* of soil.

注：Anandham 等，2013 把此属分类在草酸盐小杆菌科（*Oxalobacteriaceae*）下。但是，这个科并不存在，在贝塔变形菌纲下，只有草酸盐杆菌属（*Oxalobacteraceae*）。从中或可见，即使是微生物学家，对于拉丁文命名也并不是很熟悉的。

副乳竿菌属（*Paralactobacillus*）Leisner 等，2000，新属。此属已定 1 种。

此属 2011 年已归属到→**乳竿菌属**（*Lactobacillus*）Beijerinck, 1901,《1980 年细菌名确认单》。

词源　副：副手，在……近旁，类似……；乳竿菌属：细菌的一个属名；副乳竿菌属：类似于 / 像乳竿菌属的生物。

Etymology　Gr.prep.*para*, resembling; N.L.n.*Lactobacillus*, a bacterial genus; N.L.masc. n.*Paralactobacillus*, resembling the genus Lactobacillus.

模式种　雪兰莪省副乳竿菌（*Paralactobacillus selangorensis*）Leisner 等，2000。

此种 2011 年已归种到→**雪兰莪省乳竿菌**（*Lactobacillus selangorensis*）（Leisner 等，2000）Haakensen 等，2011，新合并。

词源　雪兰莪省：马来西亚的一个省，雪兰莪省。

Etymology　N.L.masc.adj.*selangorensis*, pertaining to the province of Selangor, Malaysia.

副碱生菌属（*Paralcaligenes*）Kim 等，2011，新属。此属已定 1 种。

词源　副：副手，旁侧；碱生菌属：细菌的一个属名；副碱生菌属：在碱生菌属的旁侧的菌属生物。

Etymology　Gr.prep.*para*, beside; N.L.masc.n.*Alcaligenes*, a bacterial genus name; N.L.masc. n.*Paralcaligenes*, beside *Alcaligenes*.

模式种　解脲副碱生菌（*Paralcaligenes ureilyticus*）Kim 等，2011，新种。

词源　解：分解的，溶解的，降解的，裂解的；脲：尿素；解脲：溶解尿素的。
Etymology　N.L.n.*urea* -ae, urea; N.L.masc.adj.*lyticus*（from Gr.masc.adj.*lutikos*）, able to loosen, able to dissolve; N.L.masc.adj.*ureilyticus*, urea-dissolving.

海岸竿菌属（*Paraliobacillus*）Ishikawa 等, 2003, 新属。此属已定 2 种。

词源　海岸：沿海的，沿岸的，海滨的；竿：在本书中对译于拉丁文 *bacillus*, 表示棒形，以示与常见的"杆"的区别，表示以出芽孢为特征的棒形；菌：表示微小的事物，微生物（细菌、古菌、真菌）；属：属名的尾词；海岸竿菌属：栖居在海滨环境的棒形生物。
Etymology　Gr.adj.*paralios*, littoral; L.masc.n.*bacillus*, rod; N.L.masc.n.*Paraliobacillus*, rod inhabiting littoral（marine）environment.
模式种　琉球海岸竿菌（*Paraliobacillus ryukyuensis*）Ishikawa 等, 2003, 新种。
词源　琉球：琉球群岛，原琉球国，1972 年起在日本的治理之下，此模式菌株的分离地。
Etymology　N.L.masc.adj.*ryukyuensis*, from the Ryukyu Islands, Japan, where the type strain was isolated.

副莫里塔姓菌属（*Paramoritella*）Hosoya 等, 2009, 新属; Yang 等, 2013 修改。此属已定 2 种。

词源　副：旁侧，在……边上；莫里塔姓菌属：细菌的一个属名；副莫里塔姓菌属：在莫里塔姓菌属旁侧的生物，类似莫里塔姓菌属的。
Etymology　Gr.prep.*para*, beside; N.L.fem.n.*Moritella*, a bacterial genus name; N.L.fem.n.*Paramoritella*, beside *Moritella*.
模式种　嗜碱副莫里塔姓菌（*Paramoritella alkaliphila*）Hosoya 等, 2009, 新种。
词源　嗜：嗜好的，喜好的，友好的，爱好的；碱：盐碱植物的灰分，碱性，碱类（阴离子全为氢氧根）；嗜碱：嗜好碱的，喜好碱的。
Etymology　N.L.n.*alkali*, alkali; N.L.adj.*philus* -a -um（from Gr.adj.*philos* -ê -on）, friend, loving; N.L.fem.adj.*alkaliphila*, loving alkaline conditions.

副厄斯考维氏菌属（*Paraoerskovia*）Khan 等, 2009, 新属; Schumann 等, 2013 修改, Hamada 等, 2013 修改。此属已定 2 种。

词源　副：旁侧，在……边上，接近，近似；厄斯考维氏菌：细菌的一个属名；副厄斯考维氏菌：接近或近似于厄斯考维氏菌属的，在厄斯考维氏菌属旁侧的生物。
Etymology　Gr.prep.*para*, beside; N.L.fem.n.*Oerskovia*, a bacterial genus name; N.L.fem.n.*Paraoerskovia*, beside or close to *Oerskovia*.
模式种　海副厄斯考维氏菌（*Paraoerskovia marina*）Khan 等, 2009, 新种。
词源　海：海的，大海的，海洋的。
Etymology　L.fem.adj.*marina*, of the sea, marine.

副基地杆菌属(*Parapedobacter*)Kim 等,2007,新属;Zhao 等,2013 修改。此属已定 6 种。

词源　副:旁侧,在……边上,接近,近似;基地杆菌属:细菌的一个属名;副基地杆菌属:像基地杆菌属的,指的是与基地杆菌属的近缘关系。

Etymology　Gr.pref.*para-*, like, beside; N.L.masc.n.*Pedobacter*, a bacterial genus; N.L.masc.n.*Parapedobacter*, like *Pedobacter*, referring to the close relationship to the genus.

模式种　韩国副地杆菌(*Parapedobacter koreensis*)Kim 等,2007,新种。

词源　韩国:韩国的,此模式株的分离地。

Etymology　N.L.masc.adj.*koreensis*, of Korea, from where the type strain was isolated.

副透橄菌属(*Paraperlucidibaca*)Oh 等,2011,新属;Yoon 等,2013 修改。此属已定 2 种。

词源　副:旁侧,在……边上,接近,近似;透橄菌属:细菌的一个属名;副透橄菌属:类似透橄菌属的,在透橄菌属旁侧的。

Etymology　Gr.prep.*para*, like, beside; N.L.fem.n.*Perlucidibaca*, a bacterial generic name; N.L.fem.n.*Paraperlucidibaca*, resembling *Perlucidibaca*.

模式种　白岛副透橄菌(*Paraperlucidibaca baekdonensis*)Oh 等,2011,新种。

词源　白岛:韩国的一个地名,此模式株的分离地;白岛可能是指全罗南道丽水市的白岛。

Etymology　N.L.fam.adj.*baekdonensis*, of or belonging to Baekdo, from where the type strain was isolated.

副普雷沃特姓菌属(*Paraprevotella*)Morotomi 等,2009,新属。此属已定 2 种。

词源　副:旁侧,在……边上,接近,近似;普雷沃特姓菌属:细菌的一个属名;副普雷沃特姓菌属:近似于普雷沃特姓菌属的生物。

Etymology　Gr.prep. *para*, beside, next to; N.L.fem.n.*Prevotella*, name of a bacterial genus; N.L.fem.n.*Paraprevotella*, a genus similar to *Prevotella*.

模式种　清亮副普雷沃特姓菌(*Paraprevotella clara*)Morotomi 等,2009,新种。

词源　清亮:清楚的,明亮的,闪亮的或耀眼的,指的是此菌落的特征。

Etymology　L.fem.adj.*clara*, clear, bright, shining or brilliant, referring to the colony characteristics.

副纳单胞菌属(*Parapusillimonas*)Kim 等,2010,新属。此属已定 1 种。

词源　副:旁侧,在……边上,接近,近似;纳单胞菌属:细菌的一个属名;副纳单胞菌属:类似纳单胞菌属的细菌。

Etymology　Gr.prep.*para*, beside, alongside of, near, like; N.L.fem.n. *Pusillimonas*, bacterial genus name; N.L.fem.n.*Parapusillimonas*, a bacterium like *Pusillimonas*.

模式种　粒副纳单胞菌(*Parapusillimonas granuli*)Kim 等,2010,新种。

词源　粒：颗粒，小粒，与小颗粒有关的，此模式菌株分离自小颗粒。

Etymology　L.gen.n.*granuli*, of a small grain, pertaining to a granule, from which the type strain was isolated.

副玫杆菌属（*Pararhodobacter*）Foesel 等，2013，新属。此属已定 1 种。

词源　副：旁侧，在……边上，接近，近似；玫竿菌属：细菌的一个属名；副玫杆菌属：在玫杆菌属旁侧的，即类似于玫杆菌属的。

Etymology　Gr.prep.*para*, next to, resembling; N.L.masc.n.*Rhodobacter*, a bacterial genus; N.L.masc.n.*Pararhodobacter*, next to *Rhodobacter*.

模式种　聚副玫杆菌（*Pararhodobacter aggregans*）Foesel 等，2013，新种。

词源　聚：团聚或聚集在一起的，形成团聚体的。

Etymology　L.part.adj.*aggregans*, forming aggregates.

副玫小螺体属（*Pararhodospirillum*）Lakshmi 等，2014，新属。此属已定 3 种。

词源　副：副手，旁侧，类似；玫：玫瑰，玫瑰色；小螺：与螺相对，表示比螺在尺寸上小；体：整体，身体，菌体，在微生物学属名中的作用与"菌"类似；属：属名的尾词；玫小螺体属：细菌的一个属；副玫小螺体属：接近、类似于玫小螺体属的生物。

Etymology　Pa.ra.rho.do.spi.ril′lum.Gr.prep.*Para* beside, alongside of, near, like; N.L.neut.n.*Rhodospirillum* a bacterial generic name; N.L.neut.n.*Pararhodospirillum* resembling *Rhodospirillum*.

模式种　稻副玫小螺体（*Pararhodospirillum oryzae*）Lakshmi 等，2014，新种。

词源　稻：水稻，稻米；指的是此模式菌株的分离来自稻田土壤。

Etymology　L.gen.n.*oryzae*, of rice, pertaining to the isolation of the type strain from rice paddy soil.

来源　环境——土壤（Source: environment—soil）。

副斯卡多维氏菌属（*Parascardovia*）Jian and Dong，2002，新属。此属已定 1 种。

词源　副：旁侧，在……边上，接近，近似；斯卡多维氏菌属：细菌的一个属名；菌：表示微小的事物，微生物（细菌、古菌、真菌）；属：属名的尾词；副斯卡多维氏菌属：像斯卡多维氏菌属的生物。

Etymology　Gr.prep.*para*, beside, alongside of, near, like; N.L.fem.n.*Scardovia*, a bacterial generic name; N.L.fem.n.*Parascardovia*, resembling *Scardovia*.

模式种　牙栖副斯卡多维氏菌（*Parascardovia denticolens*）（Crociani 等，1996）Jian and Dong，2002，新合并。

词源　牙：牙齿；栖：居住，生活，栖息；牙栖：牙齿栖息的，栖居于牙齿的。
Etymology　L.n.*dens dentis*, tooth; L.v.*colere*, to dwell; L.part.adj.*colens*, dwelling; N.L.part. adj.*denticolens*, tooth-dwelling.

副壤杆菌属（*Parasegetibacter*）Zhang 等，2009，新属；Kim 等，2015 修改。此属已定 2 种。

词源　副：旁侧，在……边上，接近，近似；壤杆菌属：细菌的一个属名；副壤杆菌属：类似于壤杆菌属的生物。
Etymology　Gr.prep.*para*, beside, alongside of, near, like; N.L.masc.n.*Segetibacter*, the name of a bacterial genus; N.L.masc.n. *Parasegetibacter*, resembling the genus *Segetibacter*.

模式种　珞珈山副壤杆菌（*Parasegetibacter luojiensis*）Zhang 等，2009，新种。
词源　珞珈山：武汉大学的一座山，校园的一部分，表示开展此模式菌株研究的所在地。
Etymology　N.L.masc.adj.*luojiensis*, pertaining to Luojia hill, where the campus of Wuhan University is located, where studies of the type strain were conducted.

副鞘氨醇盒菌属（*Parasphingopyxis*）Uchida 等，2012，新属。此属已定 1 种。

词源　副：旁侧，在……边上，接近，近似；鞘氨醇盒菌属：细菌的一个属名；副鞘氨醇盒菌属：在鞘氨醇盒菌属旁侧的生物，类似于鞘氨醇盒菌属的生物。
Etymology　Gr.prep.*para*, beside, alongside of, near, like; N.L.fem.n.*Sphingopyxis*, a bacterial generic name; N.L.fem.n.*Parasphingopyxis*, beside *Sphingopyxis*.

模式种　瓣鳃属副鞘氨醇盒菌（*Parasphingopyxis lamellibrachiae*）Uchida 等，2012，新种。
词源　瓣鳃属：管状蠕虫的一个属，从中分离出此细菌。
Etymology　N.L.gen.n.*lamellibrachiae*, of *Lamellibrachia*, the genus of the tubeworm from which the bacterium was isolated.

副孢小杆菌属（*Parasporobacterium*）Lomans 等，2004，新属。此属已定 1 种。

词源　副：旁侧，在……边上，接近，近似；孢小杆菌属：细菌的一个属名；副孢小杆菌属：一个类似于孢小杆菌属的属。
Etymology　Gr.prep. *para*, besides, next to; N.L.neut.n.*Sporobacterium*, name of a bacterial genus; N.L.neut.n.*Parasporobacterium*, a genus similar to *Sporobacterium*.

模式种　缈吞副孢小杆菌（*Parasporobacterium paucivorans*）Lomans 等，2004，新种。
词源　缈：缥缈的，虚无的，稀少的，寡的，不多的，一点点的；吞：吞噬的，吞食的，大吃的，吞没的；缈吞：吃的很少的，即只降解有限的底物。
Etymology　L.adj.*paucus*, few, little; L.part.adj.*vorans*, devouring; N.L.neut.part.adj. *paucivorans*, degrading a limited number of substrates.

副萨特姓菌属（*Parasutterella*）Nagai 等，2009，新属。此属已定 2 种。

词源　副：旁侧，在……边上，接近，近似；萨特姓菌属：细菌的一个属名；副萨特姓菌属：类似于萨特姓菌属的属。

Etymology　Gr.prep.*para*, beside, alongside of, near, like; N.L.fem.n.*Sutterella*, name of a bacterial genus; N.L.fem.n.*Parasutterella*, a genus similar to *Sutterella*.

模式种　人排泄物副萨特姓菌（*Parasutterella excrementihominis*）Nagai 等，2009，新种。

词源　人：人类；排泄物：粪便；人排泄物：人的粪便。

Etymology　L.n.*excrementum*, excrement; L.n.*homo -inis*, human being, man; N.L.gen. n.*excrementihominis*, of faeces of a human.

渺杆菌属（*Parvibacter*）Clavel 等，2013，新属。此属已定 1 种。

词源　渺：蔑，小的，渺小的；杆：棒；菌：表示微小的事物，微生物（细菌、古菌、真菌）；属：属名的尾词；渺杆菌属：渺小的棒形生物。

Etymology　L.adj.*parvus* small; N.L.masc.n.*bacter* rod; N.L.masc.n.*Parvibacter* small rod.

模式种　盲肠栖渺杆菌（*Parvibacter caecicola*）Clavel 等，2013，新种。

词源　栖：栖息，栖居，栖息者，栖居者。

Etymology　N.L.n.*caecum*（from L.caecum intestinum caecum）caecum; L.suff.-*cola*（from L.n.*incola*）dweller, inhabitant; N.L.n.*caecicola* caecum-dweller.

渺茎菌属（*Parvibaculum*）Schleheck 等，2004，新属。此属已定 3 种。

词源　渺：小的，渺小的；茎：茎，杖，棒；菌：表示微小的事物，微生物（细菌、古菌、真菌）；属：属名的尾词；渺茎菌属：渺小的茎/棒形生物。

Etymology　L.adj.*parvus*, small; L.neut.n.*baculum*, stick; N.L.neut.n.*Parvibaculum*, small stick.

模式种　吞洗涤渺茎菌（*Parvibaculum lavamentivorans*）Schleheck 等，2004，新种。

词源　洗涤：洗涤剂，用于洗涤的；吞洗涤：消解用于洗涤的化学品；分解洗涤剂。

Etymology　L.v.*lavo*, to wash; L.neut.suff.-*mentum*, agent of（specified）action; L.part.adj. *vorans*, consuming; N.L.part.adj.*lavamentivorans*, consuming（chemicals）used for washing.

渺单胞菌属（*Parvimonas*）Tindall and Euzéby，2006，新属。此属已定 1 种。

词源　渺：小的，渺小的；单胞：单细胞，单元；菌：表示微小的事物，微生物（细菌、古菌、真菌）；属：属名的尾词；渺单胞菌属：小的单细胞生物。

Etymology　L.adj.*parvus*, little, small; L.fem.n.*monas*, a unit, monad; N.L.fem.n.*Parvimonas*, a small monad.

模式种　微渺单胞菌（*Parvimonas micra*）（Prévot, 1933）Tindall and Euzéby，2006，新合并。

不合规同义词　微单胞菌属（*Micromonas*）Murdoch and Shah，2000。
词源　微：微小的，小的，少的。
Etymology　Gr.adj.*mikros -ê -on*, small, little; N.L.fem.adj.*micra*, small, little.

渺框菌属（*Parvularcula*）Cho and Giovannoni，2003，新属。此属已定 3 种。

词源　渺：小的，渺小的；框：珠宝盒；菌：表示微小的事物，微生物（细菌、古菌、真菌）；属：属名的尾词；渺框菌属：非常小的珠宝盒形生物。
Etymology　L.adj.*parvulus*, very small; L.fem.n.*arcula*, a jewel-casket; N.L.fem.n.*Parvularcula*, a very small jewel-casket.
模式种　百慕大渺框菌（*Parvularcula bermudensis*）Cho and Giovannoni，2003，新种。
词源　百慕大：分离自百慕大群岛的，此种模式菌株的地理源。
Etymology　N.L.fem.adj.*bermudensis*, from the Bermuda Islands, the geographical origin of the type strain of the species.

巴斯德姓菌属（*Pasteurella*）Trevisan，1887，属。Mutters 等，1985 修改。此属已定 22（+ one rejected name）种，3 亚种。

此属是巴斯德姓菌目（*Pasteurellales*）Garrity 等，2005，巴斯德姓菌科（*Pasteurellaceae*）Pohl，1981 和巴斯德姓菌族（*Pasteurelleae*）Castellani and Chalmers，1919，《1980 年细菌名确认单》的模式属。
词源　姓：姓氏；巴斯德：以刘易斯·巴斯德（1822—1895）的姓氏命名的；菌：表示微小的事物，微生物（细菌、古菌、真菌）；属：属名的尾词；巴斯德氏菌属：以巴斯德的姓氏命名的菌属。
Etymology　N.L.dim.fem.n.*Pasteurella*, named after Louis Pasteur.
模式种　多杀巴斯德姓菌（*Pasteurella multocida*）（Lehmann and Neumann，1899）Rosenbusch and Merchant，1939，《1980 年细菌名确认单》，种。
词源　多杀：杀灭很多，即对许多动物都是致病的。
Etymology　L.adj.*multus*, many; L.v.*caedo*, to cut or kill; N.L.fem.adj.*multocida*, many killing, i.e., pathogenic for many species of animals.
注：此属以往中文常见名有巴氏杆菌属、巴氏菌属等，似都不够严谨和唯一。

巴斯德姓菌科（*Pasteurellaceae*）Pohl，1981，新科。

模式属　巴斯德姓菌属（*Pasteurella*）Trevisan，1887，《1980 年细菌名确认单》，新属。
词源　巴斯德姓菌属：此科之模式属；科：用于定义一个比属高、比目低的分类级和尾词；在中文科的命名中，把模式属属名中的尾字"属"代换为尾字"科"，即为模式属所在的科名；巴斯德姓菌科：巴斯德姓菌属之科。

Etymology　　N.L.fem.n.*Pasteurella*, type genus of the family; L.suff.-*aceae*, ending to denote a family; N.L.fem.pl.n.*Pasteurellaceae*, the *Pasteurella* family.

巴斯德姓菌目（*Pasteurellales*）Garrity 等，2005，新目。

模式属　巴斯德姓菌属（*Pasteurella*）Trevisan，1887，《1980 年细菌名确认单》，属。

词源　巴斯德姓菌属：此目之模式属；目：用于定义一个比科高、比纲低的分类级和尾词；在中文目的命名中，把模式属属名中的尾字"属"代换为尾字"目"，即为模式属所在的目名；巴斯德姓菌目：巴斯德姓菌属之目。

Etymology　　N.L.fem.n.*Pasteurella*, type genus of the order; suff.-*ales*, ending to denote order; N.L.fem.pl.n.*Pasteurellales*, the *Pasteurella* order.

巴斯德姓菌族（*Pasteurelleae*）Castellani and Chalmers，1919，族。

模式属　巴斯德姓菌属（*Pasteurella*）Trevisan，1887，《1980 年细菌名确认单》，属。

词源　巴斯德姓菌属：此族之模式属；族：原核生物分类的一个级别，现已停用；巴斯德姓菌族：巴斯德姓菌属之族。

Etymology　　N.L.fem.n.*Pasteurella*, type genus of the tribe; suff.-*eae*, ending to denote a tribe; N.L.fem.pl.n.*Pasteurelleae*, the *Pasteurella* tribe.

巴斯德氏菌属（*Pasteuria*）Metchnikoff，1888，属。此属已定 4 种。

此属是巴斯德氏菌科（*Pasteuriaceae*）Laurent，1890，科，《1980 年细菌名确认单》的模式属。

词源　氏：姓氏；巴斯德氏：以刘易斯·巴斯德（1822—1895）的姓氏命名的；菌：表示微小的事物，微生物（细菌、古菌、真菌）；属：属名的尾词；巴斯德姓菌属：以巴斯德的姓氏命名的菌属。

Etymology　　N.L.fem.n.*Pasteuria*, named after Louis Pasteur, French savant and scientist.

模式种　多枝巴斯德氏菌（*Pasteuria ramosa*）Metchnikoff，1888，《1980 年细菌名确认单》，种。

词源　多枝：许多分枝的。

Etymology　　L.fem.adj.*ramosa*, much-branched.

注：区别于 1887 年的巴斯德姓菌属。

巴斯德氏菌科（*Pasteuriaceae*）Laurent，1890，科。

模式属　巴斯德氏菌属（*Pasteuria*）Metchnikoff，1888，《1980 年细菌名确认单》，属。

词源　巴斯德氏菌属：此科之模式属；科：用于定义一个比属高、比目低的分类级和尾词；在中文科的命名中，把模式属属名中的尾字"属"代换为尾字"科"，即为模式属所在的科名；巴斯德氏菌科：巴斯德氏菌属之科。

Etymology　　N.L.fem.n.*Pasteuria*, type genus of the family; L.suff.-*aceae*, ending to denote a family; N.L.fem.pl.n.*Pasteuriaceae*, the *Pasteuria* family.

传播杆菌属(*Patulibacter*)Takahashi等,2006,新属;Reddy and Garcia-Pichel,2009修改,Kim等,2012修改。此属已定4种。

此属是传播杆菌科(*Patulibacteraceae*)Takahashi等,2006的模式属。

词源　传播:传播的,扩散的;杆:棒;菌:表示微小的事物,微生物(细菌、古菌、真菌);属:属名的尾词;传播杆菌属:到处扩散生长的细菌。

Etymology　L.adj.*patulus*, spreading; N.L.masc.n.*bacter*, a rod; N.L.masc.n.*Patulibacter* bacterium with spreading growth.

模式种　港区传播杆菌(*Patulibacter minatonensis*)Takahashi等,2006,新种。

词源　港区:日本东京都的一个特别区,外国大使馆的聚集区,此模式株从此地分离。

Etymology　N.L.masc.adj.*minatonensis*, pertaining to Minato-ku, the ward of Tokyo, Japan, where the type strain was isolated.

传播杆菌科(*Patulibacteraceae*)Takahashi等,2006,新科;Zhi等,2009修改。

模式属　传播杆菌属(*Patulibacter*)Takahashi等,2006,新属。

词源　传播杆菌属:此科之模式属;科:用于定义一个比属高、比目低的分类级和尾词;在中文科的命名中,把模式属属名中的尾字"属"代换为尾字"科",即为模式属所在的科名;传播杆菌科:传播杆菌属之科。

Etymology　N.L.masc.n.*Patulibacter*, type genus of the family; suff.-*aceae*, ending to denote family; N.L.fem.pl.n.*Patulibacteraceae*, the *Patulibacter* family.

缈杆菌属(*Paucibacter*)Rapala等,2005,新属。此属已定1种。

词源　缈:缥缈的,虚无的,稀少的,寡的,不多的,一点点的;杆:棒;菌:表示微小的事物,微生物(细菌、古菌、真菌);属:属名的尾词;缈杆菌属:(利用)很少碳源的棒形生物。

Etymology　L.adj.*paucus*, few, little; N.L.masc.n.*bacter*, rod; N.L.masc.n.*Paucibacter*, a rod that is content with a few carbon sources.

模式种　吞毒素缈杆菌(*Paucibacter toxinivorans*)Rapala等,2005,新种。

词源　吞:吞噬的,吞食的,大吃的,吞没的;毒素:有毒成分或物质;吞毒素:吞食毒素,指的是此菌能降解蓝细菌肝毒素(蓝藻肝毒素)。

Etymology　N.L.n.*toxinum*, toxin; L.part.adj.*vorans*, devouring; N.L.part.adj.*toxinivorans*, eating toxins, pertaining to its ability to degrade cyanobacterial hepatotoxins.

缈单胞菌属(*Paucimonas*)Jendrossek,2001,新属。此属已定1种。

词源　缈:缥缈的,虚无的,稀少的,寡的,不多的,一点点的;单胞:单细胞,单元;菌:表示微小的事物,微生物(细菌、古菌、真菌);属:属名的尾词;缈单胞菌属:有限代谢能力的单元(细菌)。

Etymology　L.adj.*paucus*, little, few; L.fem.n.*monas*, unit, monad; N.L.fem.n.Paucimonas, a unit (bacterium) with restricted (few) metabolic capacities.

模式种　勒莫聂氏缈单胞菌(*Paucimonas lemoignei*)(Delafield 等,1965)Jendrossek,2001,新合并。

词源　氏:姓氏;勒莫聂氏:以法国细菌学家 M.H.勒莫聂的姓氏命名。

Etymology　N.L.gen.masc.n.*lemoignei*, of Lemoigne; named after M.H.Lemoigne, a French bacteriologist.

缈盐竿菌属(*Paucisalibacillus*)Nunes 等,2006,新属。此属已定 1 种。

词源　缈:缥缈的,虚无的,稀少的,寡的,不多的,一点点的;盐:食盐,氯化钠,NaCl;竿:在本书中对译于拉丁文 *bacillus*,表示棒形,以示与常见的"杆"的区别,表示以出芽孢为特征的棒形;菌:表示微小的事物,微生物(细菌、古菌、真菌);属:属名的尾词;缈盐竿菌属:仅需要少量盐的棒形生物。

Etymology　L.adj.*paucus*, few, little; L.n.*sal salis*, salt; L.masc.n.*bacillus*, a small staff, a wand; N.L.masc.n.*Paucisalibacillus*, a rod that needs only small amounts of salt.

模式种　小球缈盐竿菌(*Paucisalibacillus globulus*)Nunes 等,2006,新种。

词源　小球:小球的,小球形的,因为此细菌形成的菌落很像一个小球。

Etymology　L.n.*globulus* (nominative in apposition), a little ball, a globule, because the bacterium forms colonies that are similar to a little ball, a globule.

Pe

精梳属(*Pectinatus*)Lee 等,1978,属;Juvonen and Suihko,2006 修改。此属已定 6 种。

词源　精梳:梳理的;菌:表示微小的事物,微生物(细菌、古菌、真菌);属:属名的尾词;精梳属:梳理/梳子般的细菌。

Etymology　L.part.adj.*pectinatus*, combed; N.L.masc.n.*Pectinatus*, combed (bacterium).

模式种　嗜啤酒精梳菌(*Pectinatus cerevisiiphilus*)Lee 等,1978,《1980 年细菌名确认单》。

词源　嗜:嗜好的,喜好的,友好的,爱好的。

Etymology　L.n.*cerevisia*, beer; N.L.adj.*philus-a-um* (from Gr.adj.*philos-ê-on*), friend, loving; N.L.masc.adj.*cerevisiiphilus*, beer-loving (bacteria).

果胶小杆菌属(*Pectobacterium*)Waldee,1945,属;Hauben 等,1998 修改。此属已定 10 种,5 亚种。

词源　果胶:胶质,陆地植物细胞壁所含的杂多糖,富含半乳糖醛酸;小杆:小棒;菌:表示微小的事物,微生物(细菌、古菌、真菌);属:属名的尾词;果胶小杆菌属:果胶分解细菌。

Etymology　N.L.suff.*pecto-* (from Gr.adj.*pêktos*, curdled, congealed), pertaining to pectin;

L.neut.n.*bacterium*, a small rod; N.L.neut.n.*Pectobacterium*, a pectolytic bacterium.

模式种　吞胡萝卜果胶小杆菌(*Pectobacterium carotovorum*)(Jones,1901)Waldee,1945,《1980年细菌名确认单》。

词源　吞：食,噬,吃,吞食,吞噬,吞吃；胡萝卜：胡萝卜；吞胡萝卜：吞食胡萝卜的。

Etymology　L.n.*carota*, carrot; L.v.*vorare*, to devour; N.L.neut.adj.*carotovorum*, carrot-devouring.

平面果菌属(*Pediococcus*)Claussen,1903,属。此属已定 15 种。

词源　平面：一个平面的表面；果：浆果,表示浆果形(圆球或椭球)；菌：表示微小的事物,微生物(细菌、古菌、真菌)；属：属名的尾词；平面果菌属：生长在一个平面上的浆果形生物。

Etymology　Gr.n.*pedium*, a plane surface; N.L.masc.n.*coccus* (from Gr.masc.n.*kokkos*, grain, seed), coccus; N.L.masc.n.*Pediococcus*, coccus growing in one plane.

模式种　破坏平面果菌(*Pediococcus damnosus*)Claussen,1903,《1980 年细菌名确认单》,种。

词源　破坏：破坏的,破坏性的。

Etymology　L.masc.adj.*damnosus*, destructive.

基地杆菌属(*Pedobacter*)Steyn 等,1998,新属；Vanparys 等,2005 修改,Hwang 等,2006 修改,Gallego 等,2006 修改,Zhou 等,2012 修改,Farfán 等,2014 修改。此属已定 49 种。

词源　基地：希腊文 pedon 有表示足、脚或根基的意思,基地就表示地面,地球,土地；杆：棒；菌：表示微小的事物,微生物(细菌、古菌、真菌)；属：属名的尾词；基地杆菌属：来自土壤/土地的棒形菌,以示与地杆菌属(*Geobacter*)的区别。

Etymology　Gr.n.*pedon*, the ground, earth; N.L.masc.n.*bacter*, rod; N.L.masc.n.*Pedobacter*, rod from soil.

模式种　肝素基地杆菌(*Pedobacter heparinus*)(Payza and Korn,1956)Steyn 等,1998,新合并。

词源　肝素：肝磷脂,带硫酸根的酸性黏杂多糖,来自各种动物组织。

Etymology　Gr.n.*hêpar*, liver; N.L.masc.adj.*heparinus*, of or pertaining to degradation of heparin, acidic mucoheteropolysaccharide with sulfate groups from various animal tissues.

基地微菌属(*Pedomicrobium*)Aristovskaya,1961,属；Gebers,1981 修改,Gebers and Beese,1988 修改。此属已定 4 种。

词源　基地：希腊文 **pedon** 有表示足、脚或根基的意思,基地就表示地面,地球,土地；微：微小的,微生物；菌：表示微小的事物,微生物(细菌、古菌、真菌)；微菌：微生物；属：属名的尾词；基地杆菌属：来自土壤/土地的棒形菌,以示与地微菌属(*Geomicrobium*)的区别。

Etymology　Gr.n.*pedon*, ground, earth soil; N.L.neut.n.*microbium*, microbe; N.L.neut.n.*Pedo-*

microbium, soil microbe.

模式种 铁锈基地微菌(*Pedomicrobium ferrugineum*)Aristovskaya,1961,《1980年细菌名确认单》,种。

词源 铁锈:像铁一样黑色的,铁黑的,铁黑色的。

Etymology L.neut.adj. *ferrugineum*, like iron, of iron color.

外海橄菌属(*Pelagibaca*)Cho and Giovannoni,2006,新属。此属已定1种。

词源 外海:远海,远离大陆一侧的海;橄:橄榄,浆果,谷粒;菌:表示微小的事物,微生物(细菌、古菌、真菌);属:属名的尾词;外海橄菌属:公海/大洋的橄榄形细菌。

Etymology L.n.*pelagus*, the open sea, the ocean; L.fem.n.*baca*, berry, especially olive; N.L.fem.n.*Pelagibaca*, an olive-shaped bacterium of the open ocean.

模式种 百慕大外海橄菌(*Pelagibaca bermudensis*)Cho and Giovannoni,2006,新种。

词源 百慕大:与百慕大有关的,来自百慕大的。

Etymology N.L.fem.adj.*bermudensis*, pertaining to Bermuda, from Bermuda.

外海竿菌属(*Pelagibacillus*)Kim 等,2007,新属。此属已定1种。

此属2009年已归属到→土竿菌属(*Terribacillus*)An 等,2007,Krishnamurthi and Chakrabarti 等,2008修改。

词源 外海:远海,远离大陆一侧的海;竿:在本书中对译于拉丁文*bacillus*,表示棒形,以示与常见的"杆"的区别,表示以出芽孢为特征的棒形;菌:表示微小的事物,微生物(细菌、古菌、真菌);属:属名的尾词;外海竿菌属:与公海有关的竿菌。

Etymology L.n.*pelagus*, the sea; L.dim.n.*bacillus*, small rod; N.L.masc.n.*Pelagibacillus*, bacillus pertaining to the sea.

模式种 哥里外海竿菌(*Pelagibacillus goriensis*)Kim 等,2007,新种。

此种2009年已归种到→哥里土竿菌(*Terribacillus goriensis*)(Kim 等,2007)Krishnamurthi and Chakrabarti,2009,新合并。

词源 哥里:格鲁吉亚中部城市,斯大林故乡,此模式株从此地分离。

Etymology N.L.masc.adj.*goriensis*, from Gori, where the type strain was isolated.

外海小杆菌属(*Pelagibacterium*)Xu 等,2011,新属。此属已定2种。

词源 外海:远海,远离大陆一侧的海;小杆:小棒;菌:表示微小的事物,微生物(细菌、古菌、真菌);属:属名的尾词;外海小杆菌属:分离自海的小棒形生物。

Etymology L.n.*pelagus*, the sea; L.neut.n.*bacterium*, a small rod; N.L.neut.n.*Pelagibacterium*, a rod isolated from the sea.

模式种 耐卤外海小杆菌(*Pelagibacterium halotolerans*)Xu 等,2011,新种。

词源　耐：耐力的，耐性的，忍耐的；卤：卤素，盐；耐卤：耐盐，对盐有耐受的，指的是此生物对高盐度的耐受能力。

Etymology　Gr.n.*hals halos*, salt; L.part.adj.*tolerans*, *tolerating*; N.L.part.adj.*halotolerans*, salttolerating, referring to the organism's ability to tolerate high salt concentrations.

外海菌属（*Pelagibius*）Choi 等，2009，新属。此属已定 1 种。

词源　外海：远海，远离大陆一侧的海；菌：表示微小的事物，微生物（细菌、古菌、真菌）；属：属名的尾词；外海菌属：大海生物/生命。

Etymology　L.n.*pelagus*, the sea; N.L.masc.n.*bius*（from Gr.masc.n.*bios*）, life; N.L.masc.n.*Pelagibius*, sea life.

模式种　岸外海菌（*Pelagibius litoralis*）Choi 等，2009，新种。

词源　岸：滨，海岸，（湖）海（滨）岸，属于或来自海岸的。

Etymology　L.masc.adj.*litoralis*, of or pertaining to the shore.

外海果菌属（*Pelagicoccus*）Yoon 等，2007，新属。此属已定 4 种。

词源　外海：远海，远离大陆一侧的海；果：浆果，表示浆果形（圆球或椭球）；菌：表示微小的事物，微生物（细菌、古菌、真菌）；属：属名的尾词；外海果菌属：指的是分离自海的浆果形的细菌。

Etymology　L.n.*pelagus*, the open sea, the ocean; N.L.masc.n.*coccus*（from Gr.masc.n.*kokkos*）, berry; N.L.masc.n.*Pelagicoccus*, referring to a coccoid-shaped bacterium isolated from the sea.

模式种　动外海果菌（*Pelagicoccus mobilis*）Yoon 等，2007，新种。

词源　动：运动的，移动的，活动的，游动的，指的是此菌株通过鞭毛具有移动能力。

Etymology　L.masc.adj.*mobilis*, movable, mobile, referring to the ability to move by means of flagella.

外海栖菌属（*Pelagicola*）Kim 等，2008，新属。此属已定 2 种。

词源　外海：远海，远离大陆一侧的海；栖：栖息，栖居，栖息者，栖居者；菌：表示微小的事物，微生物（细菌、古菌、真菌）；属：属名的尾词；外海栖菌属：大海中栖息的生物。

Etymology　L.n.*pelagus*, the sea; L.suff.-*cola*（from L.n.*incola*）, inhabitant; N.L.masc.n. *Pelagicola*, inhabitant of the sea.

模式种　岸外海栖菌（*Pelagicola litoralis*）Kim 等，2008，新种。

词源　岸：滨，海岸，（湖）海（滨）岸，属于或来自海岸的。

Etymology　L.masc.adj.*litoralis*, of the shore.

外海单胞菌属（*Pelagimonas*）Hahnke 等，2013，新属。此属已定 1 种。

词源　外海：远海，远离大陆一侧的海；单胞：单细胞，单元；菌：表示微小的事物，微生物（细菌、古菌、真菌）；属：属名的尾词；外海单胞菌属：远海单细胞生物。

Etymology   L.n.*pelagus*, the sea; L.fem.n.*monas*, a unit, monad; N.L.fem.n.*Pelagimonas*, a sea monad.

模式种   多变外海单胞菌（*Pelagimonas varians*）Hahnke 等，2013，新种。

词源   多变：指的是底物利用的多样性。

Etymology   L.part.adj.*varians*, changing, being various, with respect to substrate utilization.

佩克查氏菌属（*Pelczaria*）（被拒名）Poston，1994，新属；*Pelczaria* Poston，1994，已拒绝名（2002年此名已列入拒绝命名单种）。此属已定1（被拒名）种。

模式种   金橙色佩克查氏菌（*Pelczaria aurantia*）Poston，1994，新种。

注1：与玫色考克氏菌（*Kocuria rosea*）（Flügge，1886）Stackebrandt 等，1995 是同种的菌株。

注2：2000年，基于16S rDNA 序列数据，DNA—DNA 杂交数据，化学分类学数据和形态学数据，发现金橙色佩克查氏菌（*Pelczaria aurantia*）Poston，1994 的模式菌株（ATCC 49321=DSM 12801）和**玫色考克氏菌**（*Kocuria rosea*）（Flügge，1886）Stackebrandt 等，1995 的模式菌株（DSM 20447=ATCC 186=CCM 679）是同种菌株。根据规则42（Rule，42），这两种应当合并为同种同属，两种都为各自属的模式种，并且金橙色佩克查氏菌（*Pelczaria aurantia*）具有优选权。然而，金橙色佩克查氏菌（*Pelczaria aurantia*）的模式菌株当前的分布储存并没有遵守波斯顿1993年对金橙色佩克查氏菌（*Pelczaria aurantia*）所描述模式菌株的方式配置。由于两年内没有发现代替菌株或新模式菌株，2005年被裁决委员会列为拒绝名。

注3：波士顿（Poston）1993年描述此菌为果形菌，直径 $0.6 \sim 0.8 \mu m$，单个出现，但经常互相紧挨着而表现的成对出现，富集培养基中呈现橙色。平板菌落圆形、凸起、光滑、闪亮、不透明、边缘呈奶油状。化能有机营养。

鸽笼菌属（*Pelistega*）Vandamme 等，1998，新属。此属已定2种。

词源   鸽：鸽子；笼：禽类的小屋；菌：表示微小的事物，微生物（细菌、古菌、真菌）；属：属名的尾词；鸽笼菌属：居住在鸽笼中的细菌。

Etymology   Gr.n.*peleia*, pigeon; Gr.fem.n.*stegê*（or *stega*），roof, chamber, house; N.L.fem.n.*Pelistega*, refers to the bacteria living in pigeons.

模式种   欧洲鸽笼菌（*Pelistega europaea*）Vandamme 等，1998，新种。

词源   欧洲：属于或与欧洲有关的，因为首次菌株的收集和分离在欧洲不同的国家进行。

Etymology   L.fem.adj.*europaea*, of or belonging to Europe, because the first collection of strains was isolated in different European countries.

淖杆菌属（*Pelobacter*）Schink and Pfennig，1983，新属。此属已定7种。

词源   淖：泥，泥土，泥浆，淤泥，泥淖；杆：棒；菌：表示微小的事物，微生物（细菌、古菌、真菌）；属：属名的尾词；淖杆菌属：栖居在泥淖中的棒形生物。

Etymology   Gr.n.*pelos*, mud; N.L.masc.n.*bacter*, a small rod; N.L.masc.n.*Pelobacter*, a mud-inhabiting rod.

模式种 没食子酸泥杆菌（*Pelobacter acidigallici*）Schink and Pfennig，1983，新种。
词源 没食子酸：五倍子酸，鞣酸，3,4,5-三羟基苯甲酸。
Etymology N.L.neut.n.*acidum gallicum*, gallic acid; N.L.gen.n.*acidigallici*, of gallic acid.

淖网菌属（*Pelodictyon*）Lauterborn，1913，属。此属已定4种。

此属2003年已归属到→绿菌属（*Chlorobium*）Nadson，1906，《1980年细菌名确认单》，Imhoff，2003修改。
词源 淖：泥，烂泥，暗色的厌氧泥浆；网：网络，网状物；淖网：暗色泥浆状的网；菌：表示微小的事物，微生物（细菌、古菌、真菌）；属：属名的尾词；淖网菌属：暗色泥浆状的网络生物。
Etymology Gr.adj.*pelos*, dark-coloured, dusky, ash-coloured; Gr.neut.n.*diktuon*, a net; N.L.neut.n.*Pelodictyon*, dark-coloured net.
模式种 格形淖网菌（*Pelodictyon clathratiforme*）（Szafer，1911）Lauterborn，1913，《1980年细菌名确认单》。

此种2003年已归种到→格形绿菌（*Chlorobium clathratiforme*）（Szafer，1911）Imhoff，2003，新合并。
词源 格：格子，方格；形：状，形状，外形，外貌，形容某物在外貌上像……；格形：格子状的，像格子的。
Etymology L.part.adj.*clathratus*（from L.v.*clathro*, to furnish with a grate or lattice）; L.adj. suffix -*formis*-is -e（from L.n.*forma*, figure, shape, appearance）, -like, in the shape of; N.L.neut. adj.*clathratiforme*, lattice-like.
推荐的属名三字母简写 *Pld.* 见"命名规则：属名简写"[属名简写三字母准则（Three-letter code for abbreviations of generic names）]。
注：英霍夫2003淖网菌属的模式种和其他两种归种到绿菌属，但他并没有对该属中的褐色淖网菌（*Pelodictyon phaeum*）做出任何归属，因此应该说此种归属不定。不过据说在2012年，褐色淖网菌在DSMZ的目录中已经无法获得。

淖缕菌属（*Pelolinea*）Imachi等，2014，新属。此属已定1种。
词源 淖：泥，泥浆，烂泥，泥淖，暗色的厌氧泥浆；缕：线条；菌：表示微小的事物，微生物（细菌、古菌、真菌）；属：属名的尾词；淖缕菌属：生活在厌氧（泥浆）环境中线形的生物。
Etymology Gr.adj.*pelos*, dark-coloured, hence anaerobic mud; L.fem.n.*linea*, line; N.L.fem. n.*Pelolinea* line-shaped organism living in anaerobic environments.
模式种 海下淖缕菌（*Pelolinea submarina*）Imachi等，2014，新种。
词源 海下：海水下的，海底的，属于或来自海底区域的。
Etymology L.prep.*sub*, under; L.adj.*marina*, marine; N.L.fem.adj.*submarina*, from a submarine area.
来源 环境——海（Source: Environmental—marine）。
注：此属中文名常被误译为暗线菌属。但"暗"无法体现其生境的泥淖属性。

淖单胞菌属（*Pelomonas*）Xie and Yokota，2005，新属。此属已定3种。

词源　淖：泥，泥土，黏土，泥浆，淤泥，泥淖；单胞：单细胞，单元；菌：表示微小的事物，微生物（细菌、古菌、真菌）；属：属名的尾词；淖单胞菌属：分离自泥淖的单细胞生物。

Etymology　Gr.n.*pelos*，mud；Gr.n.*monas*，a unit，monad；N.L.fem.n.*Pelomonas*，a monad isolated from mud.

模式种　嗜糖淖单胞菌（*Pelomonas saccharophila*）（Doudoroff，1940）Xie and Yokota，2005，新合并。

词源　嗜：嗜好的，喜好的，友好的，爱好的；糖：一般性名词，通常指的是甜的、短链的、可溶解的和由碳氢氧元素构成的碳水化合物，日常用语中即指食糖（蔗糖，一种二糖），生物化学中进一步细分为单糖（葡萄糖、果糖和半乳糖等），二糖（麦芽糖、乳糖和蔗糖等），寡糖和多糖等；嗜糖：喜好糖的。

Etymology　Gr.n.*saccharon*，sugar；N.L.adj.*philus-a-um*（from Gr.adj.*philos-ê-on*），friend，loving；N.L.fem.adj.*saccharophila*，sugar-loving.

淖弯菌属（*Pelosinus*）Shelobolina等，2007，新属。Moe等，2012修改。此属已定3种。

词源　淖：泥，泥土，黏土，泥浆，淤泥，泥淖；弯：屈曲不直，弯曲；菌：表示微小的事物，微生物（细菌、古菌、真菌）；属：属名的尾词；淖弯菌属：来自黏泥的弯曲生物。

Etymology　Gr.masc.n.*pelos*，mud or clay；L.masc.n.*sinus*，bend；N.L.masc.n.*Pelosinus*，a curved organism from clay.

模式种　发酵泥弯菌（*Pelosinus fermentans*）Shelobolina等，2007，新种。

词源　发酵：发酵的定义广泛，在微生物学中可指微生物在培养基上的大量生长，一般是指（在厌氧条件下）将糖转变为酸，醇和气体。

Etymology　L.part.adj.*fermentans*，fermenting.

淖孢菌属（*Pelospora*）Matthies等，2000，新属。此属已定1种。

词源　淖：泥，泥土，黏土，泥浆，淤泥，泥淖；孢：孢子；菌：表示微小的事物，微生物（细菌、古菌、真菌）；属：属名的尾词；淖孢菌属：来自泥淖的形成孢子的细菌。

Etymology　Gr.n.*pelos*，mud；Gr.fem.n.*spora*，a seed，and in biology a spore；N.L.fem.n.*Pelospora*，a sporeforming bacterium originating from mud.

模式种　戊二酸淖孢菌（*Pelospora glutarica*）Matthies等，2000，新种。

词源　戊二酸：指的是戊二酸盐作为此种的关键底物。

Etymology　N.L.n.*acidum glutaricum*，glutaric acid；N.L.fem.adj.*glutarica*，referring to glutarate as the key substrate of this species.

淖肠菌属（*Pelotomaculum*）Imachi 等，2002，新属；de Bok 等，2005 修改，Qiu 等，2006 修改。此属已定 5 种。

词源 淖：泥，烂泥，泥浆，淤泥，泥淖，暗色的厌氧泥浆；肠：香肠，腊肠，灌肠，一类香肠；菌：表示微小的事物，微生物（细菌、古菌、真菌）；属：属名的尾词；淖肠菌属：生活在厌氧（泥浆）环境中的香肠形原核生物。

Etymology Gr.adj.*pelos*, dark-coloured, hence anaerobic mud; L.neut.n.*tomaculum*, sausage; N.L.neut.n.*pelotomaculum*, sausage-shaped prokaryotes living in anaerobic environments.

模式种 热丙酸盐淖肠菌（*Pelotomaculum thermopropionicum*）Imachi 等，2002，新种。

词源 热：高温；丙酸盐：丙酸脱氢形成的盐；热丙酸盐：嗜热并于丙酸盐有关的。

Etymology Gr.adj.*thermos*, hot; N.L.n.*propionas-atis*, propionate; L.neut.suff.-*icum*, pertaining to; N.L.neut.adj.*thermopropionicum*, thermophilic and pertaining to propionate.

消果菌科（*Peptococcaceae*）Rogosa，1971，科。

模式属 消果菌属（*Peptococcus*）Kluyver and van Niel，1936，《1980 年细菌名确认单》，属。

词源 消果菌属：此科之模式属；科：用于定义一个比属高、比目低的分类级和尾词；在中文科的命名中，把模式属属名中的尾字"属"代换为尾字"科"，即为模式属所在的科名；消果菌科：消果菌属之科。

Etymology N.L.masc.n.*Peptococcus*, type genus of the family; L.suff.-*aceae*, ending to denote a family; N.L.fem.pl.n.*Peptococcaceae*, the *Peptococcus* family.

消果菌属（*Peptococcus*）Kluyver and van Niel，1936，属。此属已定 8 种。

此属是消果菌科（*Peptococcaceae*）Rogosa，1971，《1980 年细菌名确认单》的模式属。此属已定 8 种。

词源 消：蒸煮，消解；果：浆果，表示浆果形（圆球或椭球）；菌：表示微小的事物，微生物（细菌、古菌、真菌）；属：属名的尾词；消果菌属：消解的浆果形生物。

Etymology Gr.v.*peptô*, cook, digest; N.L.masc.n.*coccus*（from Gr.masc.n.*kokkos*）, a grain berry; N.L.masc.n.*Peptococcus*, the digesting coccus.

模式种 黑色消果菌（*Peptococcus niger*）（Hall，1930）Kluyver and van Niel，1936，《1980 年细菌名确认单》。

词源 黑色：黑色的，黑颜色的。

Etymology L.masc.adj.*niger*, black.

嗜胨菌科（*Peptoniphilaceae*）Johnson 等，2014，新科。

命名模式 嗜胨菌属（*Peptoniphilus*）Ezaki 等，2001 Johnson 等，2014，新属。

词源　嗜胨菌属:此科之模式属;科:用于定义一个比属高、比目低的分类级和尾词;在中文科的命名中,把模式属属名中的尾字"属"代换为尾字"科",即为模式属所在的科名;嗜胨菌科:嗜胨菌属之科。

Etymology　N.L.masc.n.*Peptoniphilus*, type genus of the family; L.suff.*-aceae*, ending to denote a family; N.L.fem.pl.n.*Peptoniphilaceae*, the family of the genus *Peptoniphilus*.

嗜胨菌属(*Peptoniphilus*)Ezaki 等,2001,新属。此属已定 13 种。

词源　嗜:嗜好的,喜好的,友好的,爱好的;胨:朊胨,该词来自于希腊文的蒸煮,消解,表示由朊水解产生的产物;菌:表示微小的事物,微生物(细菌、古菌、真菌);属:属名的尾词;嗜胨菌属:喜好朊胨的,指的是其能够利用朊胨作为主要能源。

Etymology　N.L.n.*peptonum*, peptone; N.L.adj.*philus-a-um*(from Gr.adj.*philos-ê-on*), friend, loving; N.L.masc.n.*Peptoniphilus*, friend of peptone, referring to the use of peptone as a major energy source.

模式种　**非解糖嗜胨菌**(*Peptoniphilus asaccharolyticus*)(Distaso,1912)Ezaki 等,2001,新合并。

词源　非:不,没有,表示否定;解:分解的,溶解的,破解的,消解的;糖:一般性名词,通常指的是甜的、短链的、可溶解的和由碳氢氧元素构成的碳水化合物,日常用语中即指食糖(蔗糖,一种二糖),生物化学中进一步细分为单糖(葡萄糖、果糖和半乳糖等)、二糖(麦芽糖、乳糖和蔗糖等)、寡糖和多糖等;非解糖:不溶解/分解/消解多糖的。

Etymology　Gr.pref.*a*, not; Gr.n.*sakchâr*, sugar; N.L.masc.adj.*lyticus*(from Gr.masc.adj.*lutikos*), able to loosen, able to dissolve; N.L.masc.adj.*asaccharolyticus*, not digesting sugar.

消链果菌科(*Peptostreptococcaceae*)Ezaki,2010,新科。

模式属　**消链果菌属**(*Peptostreptococcus*)Kluyver and van Niel,1936,《1980 年细菌名确认单》,属。

词源　消链果菌属:此科之模式属;科:用于定义一个比属高、比目低的分类级和尾词;在中文科的命名中,把模式属属名中的尾字"属"代换为尾字"科",即为模式属所在的科名;消链果菌科:消链果菌属之科。

Etymology　N.L.masc.n.*Peptostreptococcus*, type genus of the family; suff.*-aceae*, ending to denote a family; N.L.fem.pl.n.*Peptostreptococcaceae*, family of the genus *Peptostreptococcus*.

消链果菌属(*Peptostreptococcus*)Kluyver and van Niel,1936,属;Ezaki 等,1983 修改,Ezaki 等,2001 修改。此属已定 21 种。

此属是消链果菌科(*Peptostreptococcaceae*)Ezaki,2010 的模式属。

词源 消:蒸煮,消解,消化;链果菌属:细菌的一个属名;消链果菌属:消解的链果菌属。
Etymology　Gr.v.*peptô*, cook, digest; N.L.masc.n.*Streptococcus*, a bacterial genus name; N.L.masc.n.*Peptostreptococcus*, the digesting streptococcus.

模式种　厌氧生消链果菌(*Peptostreptococcus anaerobius*)(Natvig,1905)Kluyver and van Niel,1936,《1980年细菌名确认单》,种。

词源　厌氧:无氧;生:生命,生活;厌氧生:不在空气中生长,厌氧生长的。
Etymology　Gr.pref.*an*, not; Gr.n.*aer aeros*, air; Gr.n.*bios*, life; N.L.masc.adj.*anaerobius*, not living in air, anaerobic.

饕杆菌属(*Peredibacter*)Davidov and Jurkevitch,2004,新属。此属已定1种。

此属是饕杆菌科(*Peredibacteraceae*)Piñeiro等,2008的模式属。

词源　饕:贪吃,贪食;杆:棒;菌:表示微小的事物,微生物(细菌、古菌、真菌);属:属名的尾词;饕杆菌属:细菌的吞噬者(生物)。
Etymology　L.v.*peredere*, to eat up, to devour; N.L.masc.n.*bacter*, rod; N.L.masc.n.*Peredibacter*, bacterium-devourer.

模式种　斯塔氏饕杆菌(*Peredibacter starrii*)(Seidler等,1972)Davidov and Jurkevitch,2004,新合并。

词源　氏:姓氏;斯塔氏:以M.P.斯塔的姓氏命名,一位蛭弧菌的研究者。
Etymology　N.L.gen.masc.n.*starrii*, of Starr, named after M.P.Starr, an investigator of the bdellovibrios.

饕杆菌科(*Peredibacteraceae*)Piñeiro等,2008,新科。不合规科名(Illegitimate family name)。

模式属　饕杆菌属(*Peredibacter*)Davidov and Jurkevitch,2004,新属。

词源　饕杆菌属:此科之模式属;科:用于定义一个比属高、比目低的分类级和尾词;在中文科的命名中,把模式属属名中的尾字"属"代换为尾字"科",即为模式属所在的科名;饕杆菌科:饕杆菌属之科。
Etymology　N.L.masc.n.*Peredibacter*, type genus of the family; suff.-*aceae*, suffix denoting a family; N.L.fem.pl.n.*Peredibacteraceae*, the *Peredibacter* family.

过纤细杆菌属(*Perexilibacter*)Yoon等,2007,新属。此属已定1种。

词源　过纤细:非常细小的,过于纤细的;杆:棒;菌:表示微小的事物,微生物(细菌、古菌、真菌);属:属名的尾词;过纤细杆菌属:非常细小的棒,指的是细胞形状。
Etymology　L.adj.*perexilis*, very slender; N.L.masc.n.*bacter*, rod or staff; N.L.masc.n.*Perexilibacter*, very slender rod, referring to its cell shape.

模式种　金橙色过纤细杆菌(*Perexilibacter aurantiacus*)Yoon等,2007,新种。

词源　金橙色:(如同金子般)闪亮的橙色。
Etymology　N.L.masc.adj.*aurantiacus*, orange-coloured.

透橄菌属(*Perlucidibaca*) Song 等,2008,新属。此属已定 1 种。

词源　透:透明,通透;橄:橄榄,浆果,谷粒;菌:表示微小的事物,微生物(细菌、古菌、真菌);属:属名的尾词;透橄菌属:透明的橄榄果形生物。

Etymology　L.adj.*perlucidus*, transparent, pellucid; L.fem.n.*baca*, a small round fruit, a berry; N.L.fem.n.*Perlucidibaca*, a transparent berry.

模式种　鱼塘透橄菌(*Perlucidibaca piscinae*) Song 等,2008,新种。
词源　鱼塘:养鱼的水塘,池塘。
Etymology　L.gen.n.*piscinae*, of a fish-pond.

二叠纪杆菌属(*Permianibacter*) Wang 等,2014,新属。此属已定 1 种。

词源　二叠纪:古生代的最后一个记,2.9 亿年前至 2.5 亿年前;杆:棒;菌:表示微小的事物,微生物(细菌、古菌、真菌);属:属名的尾词;二叠纪杆菌属:二叠纪棒形生物,指的是分离自二叠纪地下水的模式种。

Etymology　N.L.adj.*permianus*, referring to the Permian era; N.L.masc.n.bacter a rod.; N.L.masc.n.*Permianibacter*, the Permian rod, referring to the isolation of the type species from Permian groundwater.

模式种　聚二叠纪杆菌(*Permianibacter aggregans*) Wang 等,2014,新种。
词源　聚:团聚的,聚集在一起的。
Etymology　L.part.adj.*aggregans*, aggregating.

小珀耳塞福涅菌属(*Persephonella*) Götz 等,2002,新属。此属已定 3 种。

词源　小:微,小的;珀耳塞福涅:希腊神话女神,冥王后,冥后,其每年花半年在地下,半年在地上;菌:表示微小的事物,微生物(细菌、古菌、真菌);属:属名的尾词;小珀耳塞福涅菌属:小珀耳塞福涅,表示其来源属性。

Etymology　N.L.fem.dim.n.*Persephonella* (from L.n.*Persephone-es*), little Persephone, after the Greek mythological goddess, who spent half of each year in the Underworld and the other half on Earth.

模式种　海小珀耳塞福涅菌(*Persephonella marina*) Götz 等,2002,新种。
词源　海:海的,大海的,海洋的,属于或来自海的。
Etymology　L.fem.adj.*marina*, of or belonging to the sea, marine.

桃杵菌属(*Persicirhabdus*) Yoon 等, 2008, 新属。此属已定 1 种。

词源 桃: 桃子; 杵: 中国古代舂米或捶衣的木棒, 表示棒, 棒形; 菌: 表示微小的事物, 微生物(细菌、古菌、真菌); 属: 属名的尾词; 桃杵菌属: 桃色的棒形生物, 因为其菌落是桃色的。
Etymology L.n.*persicum*, a peach; N.L.fem.n.*rhabdus* (from Gr.fem.n.rhabdos), a rod; N.L.fem.n.*Persicirhabdus*, peach-coloured rod, because the colonies are peach-coloured.

模式种 沉积物桃杵菌(*Persicirhabdus sediminis*) Yoon 等, 2008, 新种。
词源 沉积: 沉积物的, 沉积作用的, 属于或来自沉积物的; 物: 物质; 沉积物: 自然(通常是水、风、冰川等)作用下, 天然物质通过风蚀、侵蚀、腐蚀和运输作用, 沉积形成的物质。
Etymology L.gen.n.*sediminis*, of sediment.

桃针菌属(*Persicitalea*) Yoon 等, 2007, 新属。此属已定 1 种。

词源 桃: 桃子; 针: 纤细的杆或棒; 菌: 表示微小的事物, 微生物(细菌、古菌、真菌); 属: 属名的尾词; 桃针菌属: 桃色的棒形生物, 因为其菌落是桃色的。
Etymology L.n.*persicum*, a peach; L.suff.*-icus-a-um*, suffix used with the sense of belonging to; L.fem.n.*talea*, a slender staff, a rod; N.L.fem.n.*Persicitalea*, peach-coloured rod, because the colonies are peach-coloured.

模式种 净土滨桃针菌(*Persicitalea jodogahamensis*) Yoon 等, 2007, 新种。
词源 净土滨: 净土之滨, 意即纯土的海滩, 十分干净的海滩, 日本岩手县宫古市的一个国立海滩。
Etymology N.L.fem.adj.*jodogahamensis*, pertaining to Jodogahama, a beach located on Iwate in Japan, where the type strain was isolated.

桃幡菌属(*Persicivirga*) O'Sullivan 等, 2006, 新属; Nedashkovskaya 等, 2009 修改。此属已定 3 种。

此属 2012 年已归属到→非滑菌属(*Nonlabens*) Lau 等, 2005, 新属。
词源 桃: 桃子; 幡: 幡状, 棒; 菌: 表示微小的事物, 微生物(细菌、古菌、真菌); 属: 属名的尾词; 桃幡菌属: 桃色的棒形生物。
Etymology L.n.*persicum*, peach; L.fem.n.*virga*, rod; N.L.fem.n.*Persivirga*, peach-coloured rod.

模式种 破木聚糖桃幡菌(*Persicivirga xylanidelens*) O'Sullivan 等, 2006, 新种。
此种 2012 年已归种到→破木聚糖非滑菌(*Nonlabens xylanidelens*)(O'Sullivan 等, 2006) Yi and Chun, 2012, 新合并。
词源 木聚糖: 半纤维素, 一种由木糖(一种戊糖)构成的多糖。
Etymology N.L.n.*xylanum*, xylan; L.part.adj.*delens*, destroying; N.L.part.adj.*xylanidelens*, xylan-destroying.

桃杆菌属（*Persicobacter*）Nakagawa 等，1997，新属；Muramatsu 等，2010 修改。此属已定 2 种。

词源 桃：桃子；杆：棒；菌：表示微小的事物，微生物（细菌、古菌、真菌）；属：属名的尾词；桃杆菌属：桃子棒形生物，因为此生物外貌呈桃色的棒形。

Etymology Gr.n.*persikos* or *persikon*, peach; N.L.masc.n.*bacter*, rod; N.L.masc.n.*Persicobacter*, peach rod, because the organism is a peach-colored rod.

模式种 流失桃杆菌（*Persicobacter diffluens*）（Reichenbach，1989）Nakagawa 等，1997，新合并。

词源 流失：流失的，溜走的，流走的。

Etymology L.part.adj.*diffluens*, flowing away.

石单胞菌属（*Petrimonas*）Grabowski 等，2005，新属。此属已定 1 种。

词源 石：岩，岩石，石头；单胞：单细胞，单元；菌：表示微小的事物，微生物（细菌、古菌、真菌）；属：属名的尾词；石单胞菌属：来自石头的单细胞生物。

Etymology L.fem.n.*petra*, rock, stone; L.fem.n.*monas*, a unit, monad; N.L.fem.n.*Petrimonas*, stone monad.

模式种 嗜硫石单胞菌（*Petrimonas sulfuriphila*）Grabowski 等，2005，新种。

词源 嗜：嗜好的，喜好的，友好的，爱好的；硫：硫磺，硫黄，元素 S；嗜硫：喜好硫的，表示硫刺激此菌株生长。

Etymology L.n.*sulfur*, sulfur; N.L.adj.*philus-a-um*（from Gr.adj.*philos-ê-on*），friend, loving; N.L.fem.adj.sulfuriphila, sulfur-loving, indicating that sulfur stimulates growth.

石杆菌属（*Petrobacter*）Bonilla Salinas 等，2004，新属。此属已定 1 种。

词源 石：岩，岩石，石头；杆：棒，杖；菌：表示微小的事物，微生物（细菌、古菌、真菌）；属：属名的尾词；石杆菌属：石头细菌。

Etymology Gr.fem.n.*petra*, rock, stone; N.L.masc.n.*bacter*, rod, staff; N.L.masc.n.*Petrobacter*, the stone bacterium.

模式种 吃琥珀酸盐石杆菌（*Petrobacter succinatimandens*）Bonilla Salinas 等，2004，新种。

词源 吃：消耗的，吃的；琥珀酸盐：琥珀酸形成的盐类；吃琥珀酸盐：消耗琥珀酸盐的。

Etymology N.L.masc.n.*succinas*, succinate; L.part.adj.*mandens*, eating; N.L.masc.part.adj. *succinatimandens*, consuming succinate.

石袍菌属（*Petrotoga*）Davey 等，1993，新属。此属已定 6 种。

词源 石：岩，岩石，石头；袍：一层覆盖物，僧袍，（中式）长衣，长袍，棉袍；菌：表示微小的事物，微生物（细菌、古菌、真菌）；属：属名的尾词；石袍菌属：生长在石头上类似外袍的生物。

Etymology Gr.n.*petra*, rock, stone; L.fem.n.*toga*, Roman outer garment; N.L.fem.n.*Petrotoga*, the stone outer garment.

模式种 稍热石袍菌(*Petrotoga miotherma*)Davey 等,1993,新种。

词源 稍:稍微,较少;热:高温的,烫的;稍热:不是很高的温度,指的是此菌的最适温度不是很高。

Etymology N.L.fem.adj.*miotherma*(from Gr.adj.*meiôn*, less; and Gr.adj.*thermos*, hot), less hot, referring to the optimum temperature for growth.

Pf

芬尼氏菌属(*Pfennigia*)Tindall,1999,新属。此属已定 1 种。

此属 2001 年已归属到→亮腺菌属(*Lamprocystis*)Schroeter,1886,《1980 年细菌名确认单》,Imhoff,2001 修改。

词源 氏:姓氏;芬尼氏:以诺伯特·芬尼的姓氏命名,以记述他对无氧光营养细菌生物学和分类学的贡献,他并首次记述了厌氧细菌对苯类化合物甲基基团的代谢;菌:表示微小的事物,微生物(细菌、古菌、真菌);属:属名的尾词;芬尼氏菌属:以芬尼的姓氏命名的菌属。

Etymology N.L.fem.n.*Pfennigia*, named after Norbert Pfennig, in recognition of his contribution to the biology and taxonomy of anoxygenic phototrophic bacteria.

模式种 紫色芬尼氏菌(*Pfennigia purpurea*)(Eichler and Pfennig,1989)Tindall,1999,新种。

此种 2001 年已归种到→**紫色亮腺菌**(*Lamprocystis purpurea*)(Eichler and Pfennig,1989)Imhoff,2001,新合并。

词源 紫色:紫色的或紫颜色的。

Etymology L.fem.adj.*purpurea*, purple or purple-red.

Ph

棕杆菌属(*Phaeobacter*)Martens 等,2006,新属;Yoon 等,2007。此属已定 6 种。

词源 棕:棕色,褐色;杆:棒;菌:表示微小的事物,微生物(细菌、古菌、真菌);属:属名的尾词;棕杆菌属:棕色/褐色的棒形生物。

Etymology Gr.adj.*phaeos*, dark, brown; N.L.masc.n.*bacter*, rod; N.L.masc.n.*Phaeobacter*, a brown rod.

模式种 加利西亚棕杆菌(*Phaeobacter gallaeciensis*)(Ruiz-Ponte 等,1998)Martens 等,2006,新合并。

词源 加利西亚:西班牙西北部的一个地区,与加利西亚有关的。

Etymology L.masc.adj.*gallaeciensis*, pertaining to Gallaecia the roman name for Galicia, the north-west region of Spain.

棕色菌属(*Phaeochromatium*) Shivali 等,2012,新属。此属已定 1 种。

词源　棕:棕色,褐色,暗色;色菌属:一个属名;棕色菌属:一个棕色的色菌属。

Etymology　Gr.adj.*phaeos*, dark, brown; N.L.neut.n.*Chromatium*, a genus name; N.L.neut.n.*Phaeochromatium*, a brown *Chromatium*.

模式种　河流棕色菌(*Phaeochromatium fluminis*) (Sucharita 等,2010) Shivali 等,2012,新合并。

词源　河流:指的是此模式菌株的分离源,印度奥利萨邦卡里班吉森林(Kalibanj forest)白塔烂泥河的沉积物。

Etymology　L.n. *flumen-inis*, a river; L.gen.n. *fluminis*, of a river, referring to the isolation of the type strain from sediment of the Baitarani River, located in Kalibanj forest, Orissa, India.

棕腺藻属杆菌属(*Phaeocystidibacter*) Zhou 等,2013,新属。此属已定 1 种。

词源　腺:腺体,袋囊;棕腺藻属:一种藻类的科学属名,又称褐腺藻属;杆:棒;菌:表示微小的事物,微生物(细菌、古菌、真菌);属:属名的尾词;棕腺藻属杆菌属:分离自棕腺藻属的一种藻(*Phaeocystis globosa*)的棒形生物。

Etymology　N.L.n.*Phaeocystis-idis*, scientific generic name of an alga; N.L.masc.n.*bacter*, a rod; N.L.masc.n.*Phaeocystidibacter*, a rod isolated from *Phaeocystis globosa*.

模式种　橙黄色棕腺藻属杆菌(*Phaeocystidibacter luteus*) Zhou 等,2013,新种。

词源　橙黄色:橙黄色的,金黄色的,指的是菌落的颜色。

Etymology　L.masc.adj.*luteus*, orange-coloured, referring to the colour of the colonies.

棕指藻属杆菌属(*Phaeodactylibacter*) Chen 等,2014,新属。此属已定 2 种。

词源　棕指藻属:一种藻类的科学属名,褐指藻属,三角褐指藻属;杆:棒;菌:表示微小的事物,微生物(细菌、古菌、真菌);属:属名的尾词;棕指藻属杆菌属:分离自棕指藻属的棒形菌。

Etymology　N.L.neut.n.*Phaeodactylum*, generic name of an alga; N.L.masc.n.*bacter*, a rod; N.L.masc.n.*Phaeodactylibacter*, rod isolated from a culture of *Phaeodactylum*.

模式种　厦门褐指藻属杆菌属(*Phaeodactylibacter xiamenensis*) Chen 等,2014,新种。

词源　厦门:中国福建省的厦门市,与厦门有关的。

Etymology　N.L.neut.adj.*xiamenense*, of or belonging to Xiamen, the city where the organism was first isolated.

棕小螺体属(*Phaeospirillum*) Imhoff 等,1998,新属。此属已定 5 种。

词源　棕:棕色的,褐色的;小螺:小螺体属:细菌的一个属名;棕小螺体属:棕褐色的小螺体属。

Etymology　Gr.adj.*phaios*（Latin transliteration *phaeos*），brown；N.L.neut.n.*Spirillum*，a bacterial genus；N.L.neut.n.*Phaeospirillum*，brown *Spirillum*.

模式种　黄棕色小螺体（*Phaeospirillum fulvum*）（van Niel，1944）Imhoff 等，1998，新合并。

词源　黄棕色：深黄色,红黄色,黄褐色。

Etymology　L.neut.adj. *fulvum*，deep yellow，reddish yellow，tawny.

推荐的属名三字母简写　*Phs.* 见"命名规则：属名简写"[属名简写三字母准则（Three-letter code for abbreviations of generic names）]。

棕弧菌属（*Phaeovibrio*）Lakshmi 等，2011，新属。此属已定 1 种。

词源　棕：棕色,褐色；弧：作动词表示弧动,像手中舞动的绳子状振动；弧：作名词也表示细菌的一个属名,表示弧状的菌,弧菌属；菌：表示微小的事物,微生物（细菌、古菌、真菌）；属：属名的尾词；棕弧菌属：棕色的弧菌。

Etymology　Gr.adj.*phaeos*，brown；L.v.*vibro*，to set in tremulous motion，move to and fro，vibrate；N.L.masc.n.*vibrio*，that which vibrates，and also a genus name of bacteria possessing a curved rod shape；N.L.masc.n.*Phaeovibrio*，brown vibrio.

模式种　嗜硫化物棕弧菌（*Phaeovibrio sulfidiphilus*）Lakshmi 等，2011，新种。

词源　嗜：嗜好的,喜好的,友好的,爱好的；硫化物：含硫的化合物,或特定的含二价硫离子的无机化合物；嗜硫化物：喜好硫化物的。

Etymology　N.L.n.*sulfidum*，sulfide；N.L.masc.adj.*philus*（from Gr.masc.adj.*philos*），friendly to，loving；N.L.masc.adj.*sulfidiphilus*，sulfide-loving.

树袋熊属小杆菌属（*Phascolarctobacterium*）Del Dot 等，1994，新属。此属已定 2 种。

词源　树袋熊属：一个科学属名,考拉；小杆：小棒；菌：表示微小的事物,微生物（细菌、古菌、真菌）；属：属名的尾词；树袋熊属小杆菌属：考拉的细菌。

Etymology　N.L.n.*Phascolarctos*，a scientific genus name，koala（*Phascolarctos cinereus*）；L.neut.n.*bacterium*，rod；N.L.neu.n.*Phascolarctobacterium*，bacterium of koalas.

模式种　粪树袋熊属小杆菌（*Phascolarctobacterium faecium*）Del Dot 等，1994，新种。

词源　粪：粪便,分离自考拉的粪便。

Etymology　L.gen.pl.n.*faecium*，of feces，isolated from the feces of koalas.

菜豆腺菌科（*Phaselicystidaceae*）Garcia 等，2009（全部作者名单 Garcia，Reichenbach and Müller），新科。

模式属　菜豆腺菌属（*Phaselicystis*）Garcia 等，2009，新属。

词源　菜豆腺菌属：此科之模式属；科：用于定义一个比属高、比目低的分类级和尾词；在中文科的命名中，把模式属属名中的尾字"属"代换为尾字"科"，即为模式属所在的科名；菜豆腺菌科：菜豆腺菌属之科。

Etymology　N.L.fem.n.*Phaselicystis-idis*, type genus of the family; L.suff.-aceae, ending to denote a family; N.L.pl.fem.n.*Phaselicystidaceae*, the *Phaselicystis* family.

菜豆腺菌属（*Phaselicystis*）Garcia 等，2009（全部作者名单 Garcia, Reichenbach and Müller），新属。此属已定 1 种。

此属是菜豆腺菌科（*Phaselicystidaceae*）Garcia 等，2009 的模式属。

词源　菜豆：可以食用的豆，四季豆，芸豆；腺：腺体，袋囊；菌：表示微小的事物，微生物（细菌、古菌、真菌）；属：属名的尾词；菜豆腺菌属：菜豆形的腺体，与其小孢子囊的形状有关。

Etymology　L.n.*phaselos* or *phaselus*, an edible bean, kidney bean; Gr.fem.n.*kustis*, bladder; N.L.fem.n.*Phaselicystis*, bean-shaped bladder, pertaining to the shape of the sporangiole.

模式种　黄色菜豆腺菌（*Phaselicystis flava*）Garcia 等，2009，新种。

词源　黄色：金黄色的。

Etymology　L.fem.adj.*flava*, golden-yellow.

注：英文 sporangiole 多专指特定真菌形成的小孢子囊，与 sporangium（复数 sporangia）是有区别的，并不在该范围内。

菜豆杆菌属（*Phaseolibacter*）Halpern 等，2013，新属。此属已定 1 种。

词源　杆：棒；菌：表示微小的事物，微生物（细菌、古菌、真菌）；属：属名的尾词；菜豆杆菌属：分离自法国菜豆（普通菜豆）的棒形生物。

Etymology　L.n.*phaseolus*, a kind of bean with an edible pod and also a botanical genus name; N.L.masc.n.*bacter*, a rod; N.L.masc.n.*Phaseolibacter*, a rod isolated from French bean (*Phaseolus vulgaris* L.).

模式种　屈菜豆杆菌（*Phaseolibacter flectens*）（Johnson, 1956）Halpern 等，2013，新合并。

词源　屈：弯曲的，屈折的。

Etymology　L.v.*flectere*, to bend, to curve; L.part.adj.*flectens*, bending.

苯基小杆菌属（*Phenylobacterium*）Lingens 等，1985，新属；Kanso and Patel, 2004 修改，Tiago 等，2005 修改，Abraham 等，2008 修改，Oh and Roh, 2012 修改。此属已定 8 种。

词源　苯基：苯基团；小杆：小棒；菌：表示微小的事物，微生物（细菌、古菌、真菌）；属：属名的尾词；苯基小杆菌属：（利用）苯基的细菌。

Etymology　N.L.n.*phenyl*, the phenyl radical; L.neut.n.*bacterium*, a small rod; N.L.neut.n.*Phenylobacterium*, phenyl-［utilizing］bacterium.

模式种　不动苯基小杆菌（*Phenylobacterium immobile*）Lingens 等，1985，新种。

词源　不：非，否，表示否定；动：运动的，移动的，活动的，游动的；不动：不动的，非活跃的，不移动的。

Etymology　L.neut.adj.*immobile*, immovable, nonmotile.

福西亚栖菌属（*Phocaeicola*）Al Masalma 等，2009，新属。此属已定 1 种。

词源　福西亚：现在土耳其的福恰，古代曾经是希腊的殖民地伊奥尼亚的一个海城；栖：栖息，栖居，栖息者，栖居者；菌：表示微小的事物，微生物（细菌、古菌、真菌）；属：属名的尾词；福西亚栖菌属：福西亚的栖居者（生物）。

Etymology　L.n.*Phocaea*, a maritime town of Ionia, modern-day Foça in Turkey; L.suff.-*cola* (from L.n.*incola*), inhabitant, dweller; N.L.masc.n.*Phocaeicola*, an inhabitant of *Phocaea*.

模式种　脓肿福西亚栖菌（*Phocaeicola abscessus*）Al Masalma 等，2009，新种。

词源　脓肿。

Etymology　L.gen.n.*abscessus*, of an abscess.

鼠海豚杆菌属（*Phocoenobacter*）Foster 等，2000，新属。此属已定 1 种。

词源　鼠海豚：海洋动物，通常成群活动，看起来像大型灰色鱼类；杆：棒；菌：表示微小的事物，微生物（细菌、古菌、真菌）；属：属名的尾词；鼠海豚杆菌属：来自鼠海豚的棒形生物。

Etymology　Gr.n.*phôkaina*, porpoise; N.L.masc.n.*bacter*, rod; N.L.masc.n.*phocoenobacter*, a rod from a porpoise.

模式种　子宫鼠海豚杆菌（*Phocoenobacter uteri*）Foster 等，2000，新种。

词源　子宫：胞宫，指的是属于子宫的。

Etymology　L.n.*uterus-i*, the womb, matrix; L.gen.n.*uteri*, of uterus.

佛撒西亚菌属（*Phorcysia*）Pérez-Rodríguez 等，2012，新属。此属已定 1 种。

词源　佛撒西亚：罗马神话中海神尼普顿的儿子，美杜莎（水母）和戈尔宫们（三个长有尖牙，头生毒蛇的恐怖女妖，引申为可怕丑陋的女人）的父亲，其在死后成为海神，指的是此模式种的栖息地。

Etymology　N.L.fem.n.*Phorcysia*, named after Phorcys, son of Neptune, father of Medusa and the other Gorgons, who was changed after death into a sea-god, referring to the habitat of the type species.

模式种　嗜热氢佛撒西亚菌（*Phorcysia thermohydrogeniphila*）Pérez-Rodríguez 等，2012，新种。

词源　嗜：嗜好的，喜好的，友好的，爱好的；热：高温，温暖；氢：一种气体元素氢，**H**，氢气，产水（因为氢与氧结合产生水，因此新拉丁文的本意即为产水）；嗜热氢：喜好高温和氢的，指的是喜好热的。

Etymology　Gr.fem.n.*thermê*, heat; N.L.n.*hydrogenum*, hydrogen; N.L.fem.adj.*philus-a-um*（from Gr.adj.*philos-ê-on*）, friend, loving; N.L.fem.adj.*thermohydrogeniphila*, heat- and hydrogen-liking, referring to its ability to grow lithotrophically on H_2 at elevated temperature.

光杆菌纲（*Photobacteria*）Gibbons and Murray,1978,纲。

模式目　未给出。

词源　光:光线,阳光;杆:棒,杖;菌:表示微小的事物,微生物(细菌、古菌、真菌);纲:(原核)生物分类的一个级别,门之下,目之上的一个分类级,纲之尾词;光杆菌纲:需光的细菌。

Etymology　Gr.n.*phos photos*, light; Gr.n.*baktêria*, staff, cane; suff.-*ia*, ending to denote a class; N.L.neut.pl.n.*Photobacteria*, light-requiring bacteria.

光小杆菌属（*Photobacterium*）Beijerinck,1889,属。此属已定25种,2亚种。

词源　光:光线,阳光;小杆:小棒;菌:表示微小的事物,微生物(细菌、古菌、真菌);属:属名的尾词;光小杆菌属:(产生,发)光的细菌。

Etymology　Gr.n.*phôs-otos*, light; L.neut.n.*bacterium*, rod or staff and, in biology, a bacterium (so called because the first ones observed were rod-shaped); N.L.neut.n.*Photobacterium*, light(-producing)bacterium.

模式种　发光光小杆菌（*Photobacterium phosphoreum*）(Cohn,1878)Beijerinck,1889,《1980年细菌名确认单》。

词源　发光:表示自生发光的物质或生物。

Etymology　Gr.adj.*phosphoros*, bringing or giving light; N.L.neut.adj.*phosphoreum*, light-bearing.

同义词　"*Photobacter*" Beijerinck,1900, "*Photomonas*" Orla-Jensen,1921。

注:希腊文 *phosphoros* 的意思是启明星,因此也有引领者的意思。西方把该词的拉丁文 *phosphorus* 专一的用于表示元素磷的时间大约是西元十八世纪五十年代。中文中的磷光也具有类似的意思。

光杆菌属（*Photorhabdus*）Boemare 等,1993,新属。此属已定4种,17亚种。

词源　杆:中国古代舂米或捶衣的木棒,表示棒,棒形;菌:表示微小的事物,微生物(细菌、古菌、真菌);属:属名的尾词;光杆菌属:生物荧光棒形细菌。

Etymology　Gr.n.*phos photos*, light; Gr.fem.n.*rhabdos*, rod; N.L.fem.n.*Photorhabdus*, bioluminescent rod-shaped bacterium.

模式种　冷光光杆菌（*Photorhabdus luminescens*）(Thomas and Poinar,1979)Boemare 等,1993,新合并。

词源　冷光:发冷光的,以其发冷光特性命名。

Etymology　N.L.part.adj.*luminescens*, luminescing, named for its luminescence.

井杆菌属（*Phreatobacter*）Tóth 等,2014,新属。此属已定1种。

词源　井:取水用向地下挖的深洞,蓄水洞穴;杆:棒;菌:表示微小的事物,微生物(细菌、古菌、真菌);属:属名的尾词;井杆菌属:来自井的棒形生物。

Etymology　Gr.neut.n.*phrear-atos*, cistern, well; N.L.masc.n.*bacter*, rod; N.L.masc.n.*Phreatobacter*, rod from a well.

模式种　寡营井杆菌(*Phreatobacter oligotrophus*)Tóth 等,2014,新种。

词源　寡:寡的,少的,很低的;营:营养;寡营:利用很低营养浓度即可生长的。

Etymology　Gr.adj.*oligos*, little, small; Gr.suff.*trophos* (from Gr.v.*trepho*, to feed), feeder; N.L.masc.adj.*oligotrophus*, growing with low nutrient concentrations.

海草果菌属(*Phycicoccus*)Lee,2006,新属;Zhang 等,2011 修改。此属已定 7 种。

词源　海草:海里的草;果:浆果,表示浆果形(圆球或椭球);菌:表示微小的事物,微生物(细菌、古菌、真菌);属:属名的尾词;海草果菌属:来自海草的浆果形生物。

Etymology　L.n.*phycos* (from Gr.n.*phukos*), seaweed; N.L.masc.n.*coccus* (from Gr.n.*kokkos*) a grain or berry; N.L.masc.n.*Phycicoccus*, coccus from seaweed.

模式种　济州海草果菌(*Phycicoccus jejuensis*)Lee,2006,新种。

词源　济州:属于或来自韩国济州,此模式株的分离地。

Etymology　N.L.masc.adj.*jejuensis*, of or belonging to Jeju, Republic of Korea, the site at which the type strain was isolated.

海草栖菌属(*Phycicola*)Lee 等,2008,新属。此属已定 1 种。

词源　海草:生长于海底的大型多细胞海藻,包括红藻、褐藻、绿藻;栖:栖息,栖居,栖息者,栖居者;菌:表示微小的事物,微生物(细菌、古菌、真菌);属:属名的尾词;海草栖菌属:栖居于海草的生物。

Etymology　L.n.*phycos*, seaweed; L.masc.or fem.suffix -*cola* (from L.n.*incola*), inhabitant; N.L.masc.n.*Phycicola*, inhabitant of seaweed.

模式种　褐色海草栖菌(*Phycicola gilvus*)Lee 等,2008,新种。

词源　褐色:苍黄色的,淡黄色的。

Etymology　L.masc.adj.*gilvus*, pale yellow-coloured.

海草球菌属(*Phycisphaera*)Fukunaga 等,2010,新属。此属已定 1 种。

此属是海草球菌目(*Phycisphaerales*)Fukunaga 等,2010 和海草球菌科(*Phycisphaeraceae*)Fukunaga 等,2010 的模式属。

词源　海草:生长在海中的草;球:球体,球形,地球;菌:表示微小的事物,微生物(细菌、古菌、真菌);属:属名的尾词;海草球菌属:分离自海草的球形细菌。

Etymology　L.n.*phycos* (from Gr.n.*phukos*), seaweed; L.n.*sphaera*, sphere; N.L.fem.n.*Phycisphaera*, a spherical bacterium isolated from a seaweed.

模式种 御藏海草球菌（*Phycisphaera mikurensis*）Fukunaga 等，2010，新种。
词源 御藏：御藏岛，日本东京湾以南的太平洋中一个岛屿，此模式株从此地分离。
Etymology　N.L.fem.adj.*mikurensis*, of or belonging to Mikura Island, Japan, from where the type strain was isolated.

海草球菌科（*Phycisphaeraceae*）Fukunaga 等，2010，新科。
模式属 海草球菌属（*Phycisphaera*）Fukunaga 等，2010，新属。
词源 海草球菌：此科之模式属；科：用于定义一个比属高、比目低的分类级和尾词；在中文科的命名中，把模式属属名中的尾字"属"代换为尾字"科"，即为模式属所在的科名；海草球菌科：海草球菌属之科。
Etymology　N.L.fem.n.*Phycisphaera*, type genus of the family; suff.-*aceae*, ending to denote a family; N.L.fem.adj.*Phycisphaeraceae*, the family of the genus *Phycisphaera*.

海草球菌纲（*Phycisphaerae*）Fukunaga 等，2010，新纲。
模式目 海草球菌目（*Phycisphaerales*）Fukunaga 等，2010，新目。
词源 海草球菌属：此纲之模式目之模式属；纲：(原核)生物分类的一个级别，门之下，目之上的一个分类级，纲之尾词；海草球菌纲：海草球菌目之纲。
Etymology　N.L.fem.n.*Phycisphaera*, type genus of the type order *Phycisphaerales*; ending -*ae*; N.L.fem.pl.n.*Phycisphaerae*, the class of the order *Phycisphaerales*.

海草球菌目（*Phycisphaerales*）Fukunaga 等，2010，新目。
此目是海草球菌纲（*Phycisphaerae*）Fukunaga 等，2010 的模式目。
模式属 海草球菌属（*Phycisphaera*）Fukunaga 等，2010，新属。
词源 海草球菌属：此目之模式属；目：用于定义一个比科高、比纲低的分类级和尾词；在中文目的命名中，把模式属属名中的尾字"属"代换为尾字"目"，即为模式属所在的目名；海草球菌目：海草球菌属之目。
Etymology　N.L.fem.n.*Phycisphaera*, type genus of the family; suff.-*ales*, ending to denote an order; N.L.fem.adj.*Phycisphaeraceae*, the order of the genus *Phycisphaera*.

叶小杆菌科（*Phyllobacteriaceae*）Mergaert and Swings，2006，新科。
模式属 叶小杆菌属（*Phyllobacterium*）(ex Knösel，1962) Knösel，1984，新属。
词源 叶小杆菌属：此科之模式属；科：用于定义一个比属高、比目低的分类级和尾词；在中文科的命名中，把模式属属名中的尾字"属"代换为尾字"科"，即为模式属所在的科名；叶小杆菌科：叶小杆菌属之科。
Etymology　N.L.neut.n.*Phyllobacterium*, type genus of the family; suff.-*aceae*, ending to denote family; N.L.fem.pl.n.*Phyllobacteriaceae*, the *Phyllobacterium* family.

叶小杆菌属(*Phyllobacterium*)(*ex* Knösel,1962)Knösel,1984,新属,命名修改；Jurado等,2005修改,Mantelin等,2006修改,Flores-Félix等,2013修改。此属已定10种。

此属是叶小杆菌科(*Phyllobacteriaceae*)Mergaert and Swings,2006的模式属。

词源 叶：叶片,叶子；小杆：小棒；菌：表示微小的事物,微生物(细菌、古菌、真菌)；属：属名的尾词；叶小杆菌属：叶子棒形生物(出现在高等植物的叶子节瘤处)。

Etymology　Gr.neut.n.*phullon*, leaf; L.neut.n.*bacterium*, rod; N.L.neut.n.phyllobacterium, leaf rod (occur in leaf nodules of higher plants).

模式种　紫金牛科叶小杆菌(*Phyllobacterium myrsinacearum*)(*ex* Knösel,1962)Knösel,1984,新合并。

词源　紫金牛科：植物的一个科,来自紫金牛科植物的。

Etymology　N.L.fem.pl.n.*Myrsinaceae*, family of plants; N.L.fem.gen.pl.n.*myrsinacearum*, of *Myrsinaceae*, of the myrsine family.

同义词　"*Phyllobacterium*" Knösel,1962。

植居菌属(*Phytohabitans*)Inahashi等,2010,新属；Inahashi等,2012修改。此属已定4种。

词源　植：植物；居：居民,居住者,栖居者；菌：表示微小的事物,微生物(细菌、古菌、真菌)；属：属名的尾词；植居菌属：植物的栖居者,分离自植物的细菌。

Etymology　Gr.n.*phuton*, plant; L.masc.n.*habitans*, inhabitant; N.L.masc.n.*Phytohabitans*, plant-inhabitant, a bacterium isolated from plants.

模式种　棕色植居菌(*Phytohabitans suffuscus*)Inahashi等,2010,新种。

词源　棕色：棕色的,以其气生菌丝的棕色为名。

Etymology　L.masc.adj.*suffuscus*, brownish, named after the brownish colour of the vegetative mycelium.

植单孢菌属(*Phytomonospora*)Li等,2011,新属。此属已定1种。

词源　孢：孢子；菌：表示微小的事物,微生物(细菌、古菌、真菌)；属：属名的尾词；植单孢菌属：首次分离自植物组织的形成单孢子的放线菌。

Etymology　Gr.n.*phuton*, a plant; Gr.adj.*monos*, single, solitary; Gr.fem.n.*spora*, a seed, and in biology a spore; N.L.fem.n.*Phytomonospora*, pertaining to a spore-forming actinomycete originally isolated from plant tissues.

模式种　植内生植单孢菌(*Phytomonospora endophytica*)Li等,2011,新种。

词源　植内生：植物内部产生的,内源性的,表示最初是从植物组织中分离出来的。

Etymology　Gr.pref.*endo-*, within; Gr.n.*phuton*, plant; L.fem.suff.*-ica*, adjectival suffix used with the sense of belonging to; N.L.fem.adj.*endophytica*, within plant, endophytic.

Pi

俄太生化菌属(*Pibocella*)Nedashkovskaya 等,2005,新属。此属已定 1 种。

词源　俄太生化:来自俄罗斯科学院远东分局太平洋生物有机化学研究所的简写 **PIBOC**;菌:表示微小的事物,微生物(细菌、古菌、真菌);属:属名的尾词;俄太生化菌属:以 **PIBOC** 命名的生物。

Etymology　N.L.fem.n.*Pibocella*, arbitrary name, derived from the acronym PIBOC (Pacific Institute of Bioorganic Chemistry of the Far-Eastern Branch of the Russian Academy of Sciences).

模式种　海俄太生化菌(*Pibocella ponti*)Nedashkovskaya 等,2005,新种。

词源　海:海的,大海的。

Etymology　L.gen.n.*ponti*, of the sea.

嗜苦菌科(*Picrophilaceae*)Schleper 等,1996(全部作者名单:Schleper, Zillig and Pühler),新科。

模式属　嗜苦菌属(*Picrophilus*)Schleper 等,1996,新属。

词源　嗜苦菌属:此科之模式属;科:用于定义一个比属高、比目低的分类级和尾词;在中文科的命名中,把模式属属名中的尾字"属"代换为尾字"科",即为模式属所在的科名;嗜苦菌科:嗜苦菌属之科。

Etymology　N.L.masc.n.*Picrophilus*, type genus of the family; L.suff.-*aceae*, ending to denote a family; N.L.fem.pl.n.*Picrophilaceae*, the *Picrophilus* family.

嗜苦菌目(*Picrophilales*)Cavalier-Smith,2002,新目。

此目是嗜苦菌纲(*Picrophilea*)Cavalier-Smith,2002 的模式目。

模式属　嗜苦菌属(*Picrophilus*)Schleper 等,1996,新属。

词源　嗜苦菌属:此目之模式属;目:用于定义一个比科高、比纲低的分类级和尾词;在中文目的命名中,把模式属属名中的尾字"属"代换为尾字"目",即为模式属所在的目名;嗜苦菌目:嗜苦菌属之目。

Etymology　N.L.masc.n.*Picrophilus*, type genus of the order; suff.-*ales*, ending denoting an order; N.L.fem.pl.n.*Picrophilales*, the *Picrophilus* order.

嗜苦菌纲(*Picrophilea*)Cavalier-Smith,2002,新纲。

模式目　嗜苦菌目(*Picrophilales*)Cavalier-Smith,2002,新目。

词源　嗜苦菌目:此纲之模式目;纲:(原核)生物分类的一个级别,门之下,目之上的一个分类级,纲之尾词;嗜苦菌纲:嗜苦菌目之纲。

Etymology　N.L.fem.pl.n.*Picrophilales*, type order of the class; N.L.neut.pl.n.*Picrophilea*, the class of *Picrophilales*.

嗜苦菌属(*Picrophilus*)Schleper 等,1996(全部作者名单:Schleper, Zillig and Pühler),新属。此属已定 2 种。

此属是嗜苦菌目(*Picrophilales*)Cavalier-Smith,2002 和嗜苦菌科(*Picrophilaceae*)Schleper 等,1996 的模式属。

词源　嗜:嗜好的,喜好的,友好的,爱好的;苦:苦味,尖端,酸;嗜苦:嗜酸,喜酸;菌:表示微小的事物,微生物(细菌、古菌、真菌);属:属名的尾词;嗜苦菌属:嗜酸的生物。

Etymology　Gr.adj.*pikros*, pointed, sharp, acid; N.L.masc.adj.*philus*(from Gr.masc.adj.*philos*), friend, loving; N.L.masc.n.*Picrophilus*, acid-loving organism.

模式种　大岛氏嗜苦菌(*Picrophilus oshimae*)Schleper 等,1996,新种。

词源　氏:姓氏;大岛氏:与大岛有关的,指的是日本生物化学家大岛泰郎。

Etymology　N.L.gen.n.*oshimae*, of Oshima, referring to the Japanese biochemist Tairo Oshima.

噬染料菌属(*Pigmentiphaga*)Blümel 等,2001,新属;Yoon 等,2007 修改。此属已定 3 种。

词源　噬:吞,食,吃;染料:染料;能在纤维上着色的物质;菌:表示微小的事物,微生物(细菌、古菌、真菌);属:属名的尾词;噬染料菌属:消解染料的菌。

Etymology　L.n.*pigmentum*, dye; Gr.n.*phagos*, eater, glutton; N.L.fem.n.*Pigmentiphaga*, eating dyes.

模式种　库拉氏噬染料菌(*Pigmentiphaga kullae*)Blümel 等,2001,新种。

词源　氏:姓氏;库拉氏:以汉斯·G.库拉的姓氏命名,其率先开展了含氮染料的细菌耗氧降解,并由此分离到 K24 菌株。

Etymology　N.L.gen.masc.n.*kullae*, of Kulla, in honor of Hans G.Kulla, who initiated the work about the aerobic degradation of azo dyes by bacteria, which resulted in the isolation of strain K24.

镖杆菌属(*Pilibacter*)Higashiguchi 等,2006,新属。此属已定 1 种。

词源　镖:旧时投掷用的武器,形状像长枪、长矛的头,类似于现代标枪的头;杆:棒;菌:表示微小的事物,微生物(细菌、古菌、真菌);属:属名的尾词;镖杆菌属:外形带锥尖的,像梭镖或长矛的棒形生物。

Etymology　L.n.*pilum*, a heavy javelin; N.L.masc.n.*bacter*, rod; N.L.masc.n.*Pilibacter*, a rod that appears tapered and pointed, like the head of a spear.

模式种　白蚁镖杆菌(*Pilibacter termitis*)Higashiguchi 等,2006,新种。

词源　白蚁：吃木头的一种蚂蚁，也是动物学中的蚂蚁的一个属名，白蚁的。
Etymology　L.n.*termes -itis*, a worm that eats wood, and in zoology the scientific name of a genus of termite; N.L.gen.n.*termitis*, of a termite.

墨利埃发菌属（*Pilimelia*）Kane，1966，属。此属已定3种，2亚种。

词源　墨利埃：古希腊神话中的一个仙女，被河神伊纳科斯所爱；发：头发，毛发；墨利埃发菌属：在头发基质（底物）上生长的水生生物；菌：表示微小的事物，微生物（细菌、古菌、真菌）；属：属名的尾词；墨利埃发菌属：意即以头发底物生长的水生生物。
Etymology　L.n.*pilus*, a hair; Gr.fem.n.*melia*, *Melia*, a nymph loved by the river god *Inachus*; N.L.fem.n.*Pilimelia*, an aquatic organism growing on hair substrate.

模式种　圆皿墨利埃发菌（*Pilimelia terevasa*）Kane，1966，《1980年细菌名确认单》，种。

词源　圆：圈，圆圈；皿：器皿，囊；圆皿：滚圆的器皿，意即球形孢子囊。
Etymology　L.adj.*teres*, rounded (i.e., circular in transverse sections, tapering or narrow cylindric); L.pl.n.*vasa* vessels; N.L.n.*terevasa*, rounded vessels, indicating "rounded," spherical sporangia.

皮洛氏菌属（*Pillotina*）(ex Hollande and Gharagozlou, 1967) Bermudes 等，1988，新属，命名修改。此属已定1种。

词源　氏：姓氏；皮洛氏：以法国微生物学家J.皮洛的姓氏命名；菌：表示微小的事物，微生物（细菌、古菌、真菌）；属：属名的尾词；皮洛氏菌属：以皮洛的姓氏命名的菌属。
Etymology　N.L.fem.n.*Pillotina*, named in honor of J.Pillot, a French microbiologist.

模式种　木白蚁属皮洛氏菌（*Pillotina calotermitidis*）(ex Gharagozlou, 1968) Bermudes 等，1988，新合并。

词源　木白蚁：以此菌的宿主木白蚁为名。
Etymology　N.L.gen.n.*calotermitidis*, of *Calotermes*, named after the termite host *Calotermes praecox*.

同义词　"*Pillotina*" Hollande and Gharagozlou，1967。

猪油杆菌属（*Pimelobacter*）Suzuki and Komagata，1983，新属。此属已定3种。

词源　猪油：软脂肪；杆：棒；菌：表示微小的事物，微生物（细菌、古菌、真菌）；属：属名的尾词；猪油杆菌属：意即栖居于（猪）油中的棒形生物。
Etymology　Gr.n.*pimelê*, soft fat, lard; N.L.masc.n.*bacter*, a rod; N.L.masc.n.*Pimelobacter*, intended to mean oil inhabiting rod.

模式种　简单猪油杆菌（*Pimelobacter simplex*）(Jensen, 1934) Suzuki and Komagata，1983，新合并。

词源　简单：简单的。
Etymology　L.masc.adj.*simplex*, simple.

梨菌属（*Pirella*）Schlesner and Hirsch，1984，新属。此属已定 2 种。

此属名已改为→小梨菌属（*Pirellula*）Schlesner and Hirsch，1987，新属。见小梨菌属（*Pirellula*）词条。

词源　梨：梨头；菌：表示微小的事物，微生物（细菌、古菌、真菌）；属：属名的尾词；梨菌属：小梨头状的生物，指的是此细菌的形态像梨头。

Etymology　L.n.*pirum*, pear; L.fem.dim.ending *-ella*; N.L.fem.n.*Pirella*, a small pear, referring to the shape of the bacterium.

模式种　斯特利氏梨菌（*Pirella staleyi*）Schlesner and Hirsch，1984，新种。
此种名也已相应的改为斯特利氏小梨菌。

词源　氏：姓氏；斯特利氏：以詹姆斯·T.斯特利的姓氏命名，其分离到 ATCC27377 菌株，命名为多枝巴斯德氏菌。

Etymology　N.L.gen.masc.n.*staleyi*, of Staley, named after James T.Staley, who isolated strain ATCC 27377, under the name *Pasteuria ramose*.

小梨菌属（*Pirellula*）Schlesner and Hirsch，1987，新属。此属已定 2 种。

词源　小：小的；梨：梨头；菌：表示微小的事物，微生物（细菌、古菌、真菌）；属：属名的尾词；小梨菌属：很小的梨头形生物，指的是此细菌的形状。

Etymology　L.n.*pirum*, pear; L.fem.dim.ending *-ella*; L.fem.dim.ending *-ula*; N.L.fem.n.*Pirellula*, very small pear, referring to the shape of the bacterium.

模式种　斯特利氏小梨菌（*Pirellula staleyi*）（Schlesner and Hirsch，1984）Schlesner and Hirsch，1987，新合并。

词源　氏：姓氏；斯特利氏：以詹姆斯·T.斯特利的姓氏命名，其分离到 **ATCC27377** 菌株，命名为多枝巴斯德氏菌。

Etymology　N.L.gen.masc.n.*staleyi*, of Staley, named after James T.Staley, who isolated strain ATCC 27377, under the name *Pasteuria ramosa*.

不合规同义词　（*Pirella*）Schlesner and Hirsch，1984。

注 1：Schlesner 和 Hirsch，1984 年命名的 *Pirella staleyi* 不合规，是因为在其之前，已有真菌属，**梨形菌属**（*Pirella*）Bainier，1883［Rule 51b（4）］。因此改为现名。

注 2：ATCC 27377 菌株 =DSM 6068 菌株，之前是多枝巴斯德氏菌（*Pasteuria ramosa*）Metchnikoff，1888，《1980 年细菌名确认单》的模式株．

鱼竿菌属（*Piscibacillus*）Tanasupawat 等，2007，新属。此属已定 2 种。

词源　鱼：有鳞有鳍用鳃呼吸的水生脊椎动物；竿：在本书中对译于拉丁文 *bacillus*，表示棒形，以示与常见的"杆"的区别，表示以出芽孢为特征的棒形；菌：表示微小的事物，微生物（细菌、古菌、真菌）；属：属名的尾词；鱼竿菌属：来自鱼的竿/棒形生物。

Etymology　L.n.*piscis*, fish; L.masc.n.*bacillus*, small rod; N.L.masc.n.*Piscibacillus*, a rod from fish.

模式种　盐鱼鱼竿菌（*Piscibacillus salipiscarius*）Tanasupawat 等，2007，新种。

词源　盐鱼：用盐腌制的鱼，来自或属于盐鱼的。

Etymology　L.n.*sal salis*, salt; L.adj.*piscarius*, of or belonging to fish; N.L.masc.adj.*salipiscarius*, of or belonging to a salted fish.

鱼果菌属（*Piscicoccus*）Hamada 等，2011，新属。此属已定 1 种。

词源　鱼：有鳞有鳍用鳃呼吸的水生脊椎动物；果：浆果，表示浆果形（圆球或椭球）；菌：表示微小的事物，微生物（细菌、古菌、真菌）；属：属名的尾词；鱼果菌属：来自鱼的浆果形生物。

Etymology　L.n.*piscis*, a fish; N.L.masc.n.*coccus*（from Gr.masc.n.*kokkos*, grain, seed）, coccus; N.L.masc.n.*Piscicoccus*, a coccus from a fish.

模式种　肠鱼果菌（*Piscicoccus intestinalis*）Hamada 等，2011，新种。

词源　肠：肠，肠子，内肠，肠道。

Etymology　L.n.*intestinum*, gut, intestines; L.masc.suff.-*alis*, suffix denoting pertaining to; N.L.masc.adj.*intestinalis*, pertaining to the intestines.

鱼璆菌属（*Pisciglobus*）Tanasupawat 等，2011，新属。此属已定 1 种。

词源　鱼：有鳞有鳍用鳃呼吸的水生脊椎动物；璆：通球，球形，球体，圆球；菌：表示微小的事物，微生物（细菌、古菌、真菌）；属：属名的尾词；鱼璆菌属：来自鱼的球体（浆果）形生物。

Etymology　L.n.*piscis*, fish; L.masc.n.*globus*, ball, sphere, globe; N.L.masc.n.*Pisciglobus*, a sphere（coccus）from fish.

模式种　耐卤鱼璆菌（*Pisciglobus halotolerans*）Tanasupawat 等，2011，新种。

词源　耐：耐力的，耐性的，忍耐的；卤：卤素，盐；耐卤：耐盐，对盐有耐受的。

Etymology　Gr.n.*hals halos*, salt; L.part.adj.*tolerans*, tolerating; N.L.part.adj.*halotolerans*, salt-tolerating.

塘杆菌属（*Piscinibacter*）Stackebrandt 等，2009，新属。此属已定 1 种。

词源　塘：池塘，蓄水的洞穴，水库；菌：表示微小的事物，微生物（细菌、古菌、真菌）；属：属名的尾词；塘杆菌属：来自池塘的棒形生物。

Etymology　L.fem.n.*piscina*, a pond, cistern, tank, reservoir; N.L.masc.n.*bacter*, a rod; N.L.masc.n.*Piscinibacter*, a rod from a pond.

模式种　水生塘杆菌（*Piscinibacter aquaticus*）（Song and Cho, 2007）Stackebrandt 等，2009，

新合并。

词源　水生：生活、生长或发现在或/傍水和水域。

Etymology　L.masc.adj.*aquaticus*, living, growing or found in or by the water, aquatic.

鱼立克次体属（*Piscirickettsia*）Fryer 等，1992，新属。此属已定 1 种。

此属是鱼立克次体科（*Piscirickettsiaceae*）Fryer and Lannan, 2005 的模式属。

词源　鱼：有鳞有鳍用鳃呼吸的水生脊椎动物；立克次体属:(细菌的)一个属名；鱼立克次体：感染鱼类的类似立克次体的生物。

Etymology　L.n.*piscis*, a fish; N.L.fem.n.*Rickettsia*, a generic name; N.L.fem.n.*Piscirickettsia*, rickettsia-like organism affecting fish.

模式种　鲑鱼立克次体（*Piscirickettsia salmonis*）Fryer 等，1992，新种。

词源　鲑：鲑鱼，鲑鱼有很多种，大马哈鱼、三文鱼等都是，这里指的是此种菌首先在鲑鱼中发现分离。

Etymology　L.n.*salmo-onis*, salmon; L.gen.n.*salmonis*, of salmon, since it was first discovered in salmon.

鱼立克次体科（*Piscirickettsiaceae*）Fryer and Lannan, 2005，新科。

模式属　鱼立克次体属（*Piscirickettsia*）Fryer 等，1992，新种。

词源　鱼立克次体属：此科之模式属；科：用于定义一个比属高、比目低的分类级和尾词；在中文科的命名中，把属名中的尾字"属"代换为尾字"科"，即为模式属所对应的科；鱼立克次体科：鱼立克次体属之科。

Etymology　N.L.fem.n.*Piscirickettsia*, type genus of the family; suff.-*aceae*, ending to denote family; N.L.fem.pl.n.*Piscirickettsiaceae*, the *Piscirickettsia* family.

Pl

浮霉菌纲（*Planctomycea*）Cavalier-Smith, 2002，新纲。

模式目　浮霉菌目（*Planctomycetales*）Schlesner and Stackebrandt, 1987，新目。

词源　浮霉菌目：此纲之模式目；纲:(原核)生物分类的一个级别，门之下，目之上的一个分类级，纲之尾词；浮霉菌纲：浮霉菌目之纲。

Etymology　N.L.fem.pl.n.*Planctomycetales*, type order of the class; N.L.neut.pl.n.*Planctomycea*, the *Planctomycetales* class.

浮霉菌属（*Planctomyces*）Gimesi, 1924，属。此属已定 6 种。

此属是浮霉菌目（*Planctomycetales*）Schlesner and Stackebrandt, 1987 和浮霉菌科（*Planctomycet-*

aceae）Schlesner and Stackebrandt,1987 的模式属。

词源　浮：浮游的,漂泊的,漂浮的,游荡的；霉：真菌；菌：表示微小的事物,微生物（细菌、古菌、真菌）；属：属名的尾词；浮霉菌属：流动的真菌。

Etymology　Gr.adj.*planktos*, wandering, floating; Gr.masc.n.*mukês*, fungus; N.L.masc.n.*Planctomyces*, floating fungus.

模式种　贝克菲氏浮霉菌（*Planctomyces bekefii*）Gimesi,1924,种；《1980 年细菌名确认单》,种。

词源　氏：姓氏；贝克菲氏：雷米吉斯·贝克菲（1858—1924）的姓氏命名,文化史学家,大学教授,西妥教团住持。

Etymology　N.L.gen.masc.n.*bekefii*, of Békefi, named for Remigius Békefi（1858—1924）, cultural historian, university professor, and abbot of the Hungarian Cistercian Order.

同义词　"*Blastocaulis*" Henrici and Johnson,1935, "*Acinothrix*" Novácek,1938。

浮霉菌科（*Planctomycetaceae*）Schlesner and Stackebrandt,1987,新科。

模式属　浮霉菌属（*Planctomyces*）Gimesi,1924,《1980 年细菌名确认单》,属。

词源　浮霉菌属：此科之模式属；科：用于定义一个比属高、比目低的分类级和尾词；在中文科的命名中,把模式属属名中的尾字"属"代换为尾字"科",即为模式属所在的科名；浮霉菌科：浮霉菌属之科。

Etymology　N.L.masc.n.*Planctomyces -etis*, type genus of the family; L.suff.-*aceae*, ending to denote a family; N.L.fem.pl.n.*Planctomycetaceae*, the *Planctomyces* family.

浮霉菌目（*Planctomycetales*）Schlesner and Stackebrandt,1987,新目。

此目是浮霉菌纲（*Planctomycea*）Cavalier-Smith,2002 的模式目。

模式属　浮霉菌属（*Planctomyces*）Gimesi,1924,《1980 年细菌名确认单》,属。

词源　浮霉菌属：此目之模式属；目：用于定义一个比科高、比纲低的分类级和尾词；在中文目的命名中,把模式属属名中的尾字"属"代换为尾字"目",即为模式属所在的目名；浮霉菌目：浮霉菌属之目。

Etymology　N.L.masc.n.*Planctomyces -etis*, type genus of the order; suff.-*ales*, ending denoting an order; N.L.fem.pl.n.*Planctomycetales*, the *Planctomyces* order.

平丝菌属（*Planifilum*）Hatayama 等,2005,新属。此属已定 4 种。

词源　平：扁平,平面；丝：(细)线,丝状(物),线形(物)；菌：表示微小的事物,微生物（细菌、古菌、真菌）；属：属名的尾词；平丝菌属：扁平的丝线形生物。

Etymology　L.adj.*planus*, flat; L.neut.n.*filum*, a thread; N.L.neut.n.*Planifilum*, a flat thread.

模式种　粪山栖平丝菌（*Planifilum fimeticola*）Hatayama 等,2005,新种。

词源　粪山：粪便积聚而成的小山，延伸意义即堆肥；栖：栖息，栖居，栖息者，栖居者；粪堆栖：粪堆的栖息者，指的是此模式菌株的栖息地。

Etymology　L.n.*fimetum*, a dung-hill and, by extension, compost; L.suff.-*cola* (from L.n.*incola*), inhabitant; N.L.n.*fimeticola*, inhabitant of compost, referring to the habitat of the type strain.

浮海菌属(*Planktomarina*) Giebel 等,2013,新属。此属已定 1 种。

词源　浮：浮游的,漂泊的,漂浮的,游荡的；海：属于或来自海的,大海的,海洋的；菌：表示微小的事物,微生物(细菌、古菌、真菌)；属：属名的尾词；浮海菌属：分离自海水的浮游 / 漂浮细菌。

Etymology　Gr.adj.*planktos*, drifting, wandering; L.adj.*marinus*, of or belonging to the sea, marine; N.L.fem.n.*Planktomarina*, a planktonic/drifting bacterium isolated from seawater.

模式种　中温浮海菌(*Planktomarina temperata*) Giebel 等,2013,新种。

词源　中温：适宜温度,中温带,指的是此菌种出现的维度在中温带。

Etymology　L.fem.part.adj.*temperata*, moderate, referring to the occurrence of the species at latitudes with moderate temperature.

浮针菌属(*Planktotalea*) Hahnke 等,2012,新属。此属已定 1 种。

词源　浮：浮游的,漂泊的,漂浮的,游荡的；针：纤细的杆或棒；菌：表示微小的事物,微生物(细菌、古菌、真菌)；属：属名的尾词；浮针菌属：浮游 / 游荡的棒形生物。

Etymology　Gr.adj.*planktos*, roaming, wandering; L.fem.n.*talea*, a slender staff, a rod; N.L.fem.n.*Planktotalea*, a planktonic/roaming rod.

模式种　弗里西亚浮针菌(*Planktotalea frisia*) Hahnke 等,2012,新种。

词源　弗里西亚：弗里西亚的,北海东南部的滨海区域,即德国湾,此生物从此地获得。

Etymology　N.L.fem.adj.*frisia*, Frisian, pertaining to Frisia, a coastal region along the southeastern corner of the North Sea, i.e.the German Bight, from where the organism was obtained.

浮发状藻属(*Planktothricoides*) Suda and Watanabe,2002,新属。此属已定 1 种。

词源　浮发藻属：蓝细菌门的一个属；状：拟似,类似,……状的；浮发状藻属：浮发藻属般的生物。

Etymology　N.L.n.*Planktothrix*, a genus of cyanobacteria; L.suff.-*oides* (from Gr.suff.-*eides*, from Gr.n.*eidos*, that which is seen, form, shape, figure), ressembling, similar; N.L.fem.n.*Planktothricoides*, resembling *Planktothrix* Anagnostidis et Koma!rek.

模式种　拉西波斯基氏浮发状藻(*Planktothricoides raciborskii*) Suda 等,2002,新种。

词源　氏：姓氏；拉西波斯基氏：拉西波斯基的。

Etymology　Not given in the paper by Suda 等,2002.N.L.gen.masc.n.*raciborskii*, of Raciborski.
注：蓝细菌门或蓝绿藻门。但这是一个新属，而不是一个新合并属。

浮发藻属（"*Planktothrix*"）Suda 等,2002 修改。此属名未合格发表(not validly published)。或浮发菌属。此属已定 4 种［其中两种修改种以《植物命名国际准则》(*International Code of Botanical Nomenclature*)合格发表］。

词源　浮：浮游的,漂泊的,漂浮的,游荡的；发：头发,毛发,丝线；藻：藻类用词；属：属名的尾词；浮发藻属：漂泊的(浮游的)的头发形生物。

Etymology　Gr.adj.*planktos -ê -on*, wandering, roaming; Gr.fem.n.*thrix*, thread, hair; N.L.fem.n.*Planktothrix*, wandering (planktonic) hair.

模式种　("*Planktothrix agardhii*") Suda 等,2002 修改。

基名："*Oscillatoria agardhii*".

词源　待定。

Etymology　not found.

注 1.1985 年 6 月,光营细菌分类分委员会(the Subcommittee on the taxonomic of Phototrophic Bacteria)建议,以《植物命名国际准则》❶描述和合格发表为蓝—绿藻的蓝细菌门的这些名字,视作已经以《细菌学准则》(1990 年修改版)合格发表。1986 年 9 月,裁决委员会(the Judicial Commission)毫无异议的全体同意推荐如下意见给 ICSB(现在是 ICSP)：那些已经基于《植物命名国际准则》合格发表的蓝细菌门(Cyanobacteria)和蓝藻门(Cyanophyta)分类命名,为了与《细菌名确认单》相同,准备起草一份接受列表,可被视作基于《细菌学准则》规则的合格发表。然而,这份裁定委员会的意图申明(Declarations of intent)并没有被 ICSB（现在是 ICSP）接受。在 2003 年,光营细菌分类学分委员会提议起草一份基于《细菌学准则》规则的蓝细菌门名字的批准清单,并任命了一个小型委员会去准备这样的一份清单。不过,迄今为止,尚未提供这样的清单。因此,基于《植物命名国际准则》作为蓝绿藻描述和合格发表的蓝细菌门的名字在细菌学命名中仍未立足,除非它们再次基于《细菌学准则》(1990 年修改版)规则描述。

注 2.2002 年修改的浮发菌属("*Planktothrix*")并不能在《细菌学准则》(1990 年修改版)规则中立足。1988 年 *Planktothrix* 已经根据《植物命名国际准则》合格发表。蓝细菌门或蓝绿藻门。

浮小杆菌属(*Planobacterium*) Peng 等,2009,新属。此属已定 1 种。

词源　浮：浮游的,漂泊的,漂浮的,游荡的；小杆：小棒；菌：表示微小的事物,微生物(细菌、古菌、真菌)；属：属名的尾词；浮小杆菌属：漂浮的小棒形生物。

Etymology　Gr.adj.*planos*, wandering; L.neut.n.*bacterium*, a rod; N.L.neut.n.*Planobacterium*, motile rod.

模式种　塔克拉玛干浮小杆菌(*Planobacterium taklimakanense*) Peng 等,2009,新种。

词源　塔克拉玛干：位于中国新疆,是中国最大的沙漠,此模式株分离自此。

Etymology　N.L.neut.adj.*taklimakanense*, pertaining to the desert of Taklimakan, Xinjiang, China, where the type strain was isolated.

---

❶ 国内有些人译为《国际植物命名法规》或《国际植物命名准则》,基于同样的原因,是不妥的。实际上,在中国使用的动植物名从来不是这样的。

浮双孢菌属(*Planobispora*)Thiemann and Beretta,1968,属。此属已定4种。

词源　浮:浮游者,漂泊者,流浪者;双:二,两;孢:孢子;菌:表示微小的事物,微生物(细菌、古菌、真菌);属:属名的尾词;浮双孢菌属:浮游移动的,双孢子的生物。

Etymology　Gr.n.*planos*, wanderer; L.adv.num.*bis*, twice (double); Gr.fem.n.*spora*, a seed, and in biology a spore; N.L.fem.n.*Planobispora*, a motile, double-spored organism.

模式种　长孢浮双孢菌(*Planobispora longispora*)Thiemann and Beretta,1968,《1980年细菌名确认单》,种。

词源　长:长的,形态(尺寸)长的,与短相对,距离、跨度大;孢:孢子;长孢:长孢子。

Etymology　L.adj.*longus*, long; Gr.n.*spora*, a seed, and in biology a spore; N.L.n.*longispora* (nominative in apposition), the long spore.

浮果菌科(*Planococcaceae*)Krasil′nikov,1949,科。

模式属　浮果菌属(*Planococcus*)Migula,1894,《1980年细菌名确认单》,属。

词源　浮果菌属:此科之模式属;科:用于定义一个比属高、比目低的分类级的尾词;在中文科的命名中,把模式属属名中的尾字"属"代换为尾字"科",即为模式属所在的科名;浮果菌科:浮果菌属之科。

Etymology　N.L.masc.n.*Planococcus*, type genus of the family; L.suff.-*aceae*, ending to denote a family; N.L.fem.pl.n.*Planococcaceae*, the *Planococcus* family.

浮果菌属(*Planococcus*)Migula,1894,属;Nakagawa 等,1996修改,Yoon 等,2010修改。此属已定17种。

此属是浮果菌科(*Planococcaceae*)Krasil′nikov,1949,《1980年细菌名确认单》的模式属。

词源　浮:浮游者,漂泊者,流浪者;果:浆果,表示浆果形(圆球或椭球);菌:表示微小的事物,微生物(细菌、古菌、真菌);属:属名的尾词;浮果菌属:浮游运动的浆果形生物。

Etymology　Gr.n.*planos*, wandering; N.L.masc.n.*coccus* (from Gr.masc.n.*kokkos*, grain, seed), coccus; N.L.masc.n.*Planococcus*, motile coccus.

模式种　柠檬浮果菌(*Planococcus citreus*)Migula,1894,《1980年细菌名确认单》,种。

词源　柠檬:来自或与柠檬有关的,意即柠檬黄。

Etymology　L.masc.adj.*citreus*, of or pertaining to the citrus, intended to mean lemon yellow.

浮微菌属(*Planomicrobium*)Yoon 等,2001,新属。此属已定10种。

词源　浮:浮游者,漂泊者,流浪者;微:微小的,微生物;菌:表示微小的事物,微生物(细菌、古菌、真菌);微菌:微生物;属:属名的尾词;浮微菌属:移动的(运动的)微生物。

Etymology　Gr.n.*planos*, wanderer; Gr.adj.*micros*, small; Gr.n.*bios*, life; N.L.neut.n.*microbium*, microbe; N.L.neut.n.*Planomicrobium*, motile microbe.

模式种　韩国浮微菌(*Planomicrobium koreense*) Yoon 等,2001,新种。
词源　韩国:与韩国有关的。
Etymology　N.L.neut.adj.*koreense*, pertaining to Korea.

浮单孢菌属(*Planomonospora*) Thiemann 等,1967,属。此属已定 4 种,2 亚种。
词源　浮:浮游者,漂泊者,流浪者;单:一,单个;孢:孢子;菌:表示微小的事物,微生物(细菌、古菌、真菌);属:属名的尾词;浮单孢菌属:浮游移动的,产单一孢子的生物。
Etymology　Gr.n.*planos*, wanderer, vagabond; Gr.adj.*monos*, solitary, single; Gr.fem.n.*spora*, a seed, and in biology a spore; N.L.fem.n.*Planomonospora*, a motile, single spored organism.
模式种　排孢浮单孢菌(*Planomonospora parontospora*) Thiemann 等,1967,《1980 年细菌名确认单》,种。
词源　排:排列,排队,一个接着一个;孢:孢子;排孢:孢子接着孢子整齐排列。
Etymology　Gr.v.*pareimi*, to be by or near one, to be side by side; Gr.n.*spora*, a seed, and in biology a spore; N.L.n.*parontospora* (nominative in apposition), spores side by side.

浮多孢菌属(*Planopolyspora*) Petrolini 等,1993,新属。此属已定 1 种。
此属 1999 年已归属到→薄链浮菌属(*Catenuloplanes*) Yokota 等,1993, Kudo 等,1999 修改。
词源　浮:浮游,漂泊,游荡;多:许多,量多;孢:孢子;菌:表示微小的事物,微生物(细菌、古菌、真菌);属:属名的尾词;浮多孢菌属:漂浮的多孢子生物。
Etymology
模式种　卷曲浮多孢菌(*Planopolyspora crispa*) Petrolini 等,1993,新种。
此种 1999 年已归种到→卷曲薄链浮菌(*Catenuloplanes crispus*)(Petrolini 等,1993) Kudo 等,1999,新合并。
词源　卷曲:卷曲状的。
Etymology　L.fem.adj.*crispa*, curled.

浮孢囊菌属(*Planosporangium*) Wiese 等,2008,新属。此属已定 3 种。
词源　浮:浮游者,漂泊者,流浪者,漫无目的者;孢囊:孢子囊,孢子袋;菌:表示微小的事物,微生物(细菌、古菌、真菌);属:属名的尾词;浮孢囊菌属:漂浮的孢囊,指的是孢囊产生具有运动能力的孢子。
Etymology　Gr.n.*planes*, a wanderer; N.L.neut.n.*sporangium*, sporangium, spore case; N.L.neut.n.Planosporangium, wandering sporangium, referring to the production of sporangia with motile spores.
模式种　黄灰色浮孢囊菌(*Planosporangium flavigriseum*) Wiese 等,2008,新种。
词源　黄:黄色的,黄颜色的;灰:灰色的,灰白色的;色:颜色;黄灰色:带淡黄色的灰白色,指的是此模式株的基内菌丝的颜色。
Etymology　L.adj.*flavus*, yellow; N.L.neut.adj.*griseum*, grey; N.L.neut.adj. *flavigriseum*, yellowish grey, referring to the colour of substrate mycelium of the type strain.

浮四孢菌属（*Planotetraspora*）Runmao 等,1993,新属；Tamura and Sakane,2004 修改,Suriyachadkun 等,2009 修改。此属已定 5 种。

词源　浮：浮游者,漂泊者,流浪者；四：4,四个；孢：孢子；菌：表示微小的事物,微生物（细菌、古菌、真菌）；属：属名的尾词；浮四孢菌属：运动的产四孢子的生物。
Etymology　Gr.n.*planos*, a wanderer; Gr.adj.*tetra*, four; Gr.fem.n.*spora*, a seed and in biology a spore; N.L.fem.n.*Planotetraspora*, a mobile, four-spored organism.

模式种　奇异浮四孢菌（*Planotetraspora mira*）Runmao 等,1993,新种。

词源　奇异：奇妙的,奇异的,壮丽的。
Etymology　L.fem.adj.*mira*, extraordinary, marvellous.

植放线孢菌属（*Plantactinospora*）Qin 等,2009,新属；Zhu 等,2012 修改。此属已定 3 种。

词源　植：植物；放线：射线；孢：孢子；菌：表示微小的事物,微生物（细菌、古菌、真菌）；属：属名的尾词；植放线孢菌属：分离自植物组织形成孢子的放线菌。
Etymology　L.n.*planta*, a plant; Gr.n.*actis actinos*, a ray; Gr.fem.n.*spora*, a seed, and in biology a spore; N.L.fem.n.*Plantactinospora*, pertaining to a spore-forming actinomycete isolated from plant tissues.

模式种　美登木属植放线孢菌（*Plantactinospora mayteni*）Qin 等,2009,新种。

词源　美登木属：植物学的一个属名,植物的一个属,美登木属的。
Etymology　N.L.n.*Maytenus*, a botanical genus name; N.L.gen.n.*mayteni*, of the plant genus *Maytenus*.

植杆菌属（*Plantibacter*）Behrendt 等,2002,新属。此属已定 2 种。

词源　植：任何营养体作为传播体去传播种子（芽,苗,嫩枝,幼枝,吸芽,接枝,接穗,滑裂,插枝）,幼小植物,植物；杆：棒；菌：表示微小的事物,微生物（细菌、古菌、真菌）；属：属名的尾词；植杆菌属：来自或属于植物的棒形生物。
Etymology　L.fem.n.*planta*, any vegetable production that serves to propagate the species（a sprout, shoot, twig, sprig, sucker, graft, scion, slip, cutting）, a young plant; here intended to mean a plant; N.L.masc.n.*bacter*, rod; N.L.masc.n.*Plantibacter*, rod of/from plants.

模式种　黄色植杆菌（*Plantibacter flavus*）Behrendt 等,2002,新种。

词源　黄色：金黄色的,带浅红色的黄色,指的是此菌落的颜色。
Etymology　L.masc.adj. *flavus*, golden yellow, reddish yellow, referring to the colony colour.

塑聚菌属（*Plasticicumulans*）Jiang 等,2011,新属。此属已定 2 种。

词源　塑:塑料;聚:积累,聚集;菌:表示微小的事物,微生物(细菌、古菌、真菌);属:属名的尾词;塑聚菌属:积累塑料的菌。

Etymology　N.L.n.*plasticum*, plastic; L.part.adj.*cumulans*, accumulating; N.L.part.adj.used as a masc.n.*Plasticicumulans*, accumulating plastic.

模式种　吞酸塑聚菌（*Plasticicumulans acidivorans*）Jiang 等,2011,新种。

词源　吞:吞噬的,吞食的,大吃的,吞没的。

Etymology　N.L.n.*acidum*, an acid; L.part.adj.*vorans*, eating, devouring; N.L.part.adj.*acidivorans*, acid-devouring.

普勒俄涅菌属（*Pleionea*）Fagervold 等,2013,新属。此属已定 1 种。

词源　普勒俄涅:希腊神话中的涅瑞伊得斯(海仙女),帆行保护女神,阿特拉斯(**Atlas**)之妻;菌:表示微小的事物,微生物(细菌、古菌、真菌);属:属名的尾词;普勒俄涅菌属:意即此菌的海源属性。

Etymology　N.L.fem.n.*Pleionea*, named after Pleione, a Nereid in Greek mythology, referring to the marine origin.

模式种　地中普勒俄涅菌（*Pleionea mediterranea*）Fagervold 等,2013,新种。

词源　地中:特指地中海,此菌种与地中海有关的。

Etymology　L.fem.adj.*mediterranea*, pertaining to the Mediterranean Sea.

多形小杆菌属（*Pleomorphobacterium*）Yin 等,2013,新属。此属已定 1 种。

词源　多形:多态,多姿,微生物具有许多形态;小杆:小棒;菌:表示微小的事物,微生物(细菌、古菌、真菌);属:属名的尾词;多形小杆菌属:形态多样的细菌。

Etymology　Gr.comp.adj.*pleon*, more; Gr.n.*morphê*, form, shape; L.neut.n.bacterium, rod or staff and, in biology, a bacterium（so called because the first ones observed were rod-shaped）; N.L.neut.n.*pleomorphobacterium*, a pleomorphic bacterium.

模式种　厦门多形小杆菌（*Pleomorphobacterium xiamenense*）Yin 等,2013,新种。

词源　厦门:来自或属于厦门的,此菌株的首次分离地。

Etymology　N.L.neut.adj.*xiamenense*, of or belonging to Xiamen, the city where the organism was first isolated.

多形单胞菌属（*Pleomorphomonas*）Xie and Yokota,2005,新属。此属已定 3 种。

词源　多形:多态,多姿,微生物具有许多形态;单胞:单细胞,单元;菌:表示微小的事物,微生物(细菌、古菌、真菌);属:属名的尾词;多形单胞菌属:形态多样的单细胞生物。

Etymology　N.L.masc.adj.*pleomorphus*（from Gr.adj.*pleos*, full, and Gr.n.*morphê*, form, shape), pleomorphic; Gr.fem.n.*monas*, monad, unit; N.L.fem.n.*Pleomorphomonas*, pleomorphic monad.

模式种 稻多形单胞菌(Pleomorphomonas oryzae)Xie and Yokota, 2005, 新种。

词源 稻:水稻,稻米,从中分离得到菌株。

Etymology   L.gen.n.*oryzae*, of rice, from which the strains were isolated.

Pleisomonas – 见:邻单胞菌属(*Plesiomonas*)。

邻腺菌属(*Plesiocystis*)Iizuka 等,2003,新属。此属已定1种。

词源 邻:邻近的,附近的,邻居的;腺:腺体,袋囊,膀胱;菌:表示微小的事物,微生物(细菌、古菌、真菌);属:属名的尾词;邻腺菌属:紧邻腺体的生物,意指此属生物从系统发育分析的系统图上是紧邻侏腺菌属的。

Etymology   Gr.adj.*plesios*, near, close, neighbouring; Gr.fem.n.*kustis*, bladder; N.L.fem.n.*Plesiocystis*, neighbour bladder(to imply the genus is phylogenetically clustered next to the genus *Nannocystis* on the dendrogram).

模式种 太平邻腺菌(*Plesiocystis pacifica*)Iizuka 等,2003,新种。

词源 太平:平安,和平,太平洋,地球四大洋之一,与太平洋有关的。

Etymology   L.fem.adj.*pacifica*, pacific, pertaining to the Pacific Ocean.

邻单胞菌属(*Plesiomonas*)勘误, Habs and Schubert, 1962, 属。此属已定1种。

词源 邻:紧邻的,近邻的,靠近的;单胞:单元,单细胞;菌:表示微小的事物,微生物(细菌、古菌、真菌);属:属名的尾词;邻单胞菌属:与(气单胞菌属)近邻的单细胞生物。

Etymology   Gr.adj.*plesios*, near, close, neighbouring; Gr.fem.n.*monas*, unit, monad; N.L.fem.n.*Plesiomonas*, neighbouring monad(to *Aeromonas*).

模式种 志贺姓菌属状邻单胞菌(*Plesiomonas shigelloides*)勘误,(Bader, 1954)Habs and Schubert, 1962,《1980年细菌名确认单》。

词源 志贺姓菌属:一个科学属名;状:(看起来)像……,类似;志贺姓菌属状:类似志贺姓菌属。

Etymology   N.L.fem.n.*Shigella*, a generic name; L.suff.-*oides*(from Gr.suff.-*eides*, from Gr.n.*eidos*, that which is seen, form, shape, figure), ressembling, similar; N.L.fem.adj.*shigelloides*, Shigella-like.

同义词 "Fergusonia" Sebald and Véron, 1963, "C27 Group" Ferguson and Henderson, 1947。

宽胶囊藻目(*Pleurocapsales*)Cavalier-Smith, 2002, 新目。

模式属 宽胶囊藻属("*Pleurocapsa*")。

词源 宽胶囊藻属:此目的模式属;科:科名的尾词;把模式属中的尾词"属"替换为"科",即为科名;宽胶囊藻目:宽胶囊藻属之目。

Etymology N.L.fem.n. "*Pleurocapsa*", type genus of the order; suff.-*ales*, ending denoting an order; N.L.fem.pl.n.*Pleurocapsales*, the "*Pleurocapsa*" order.

注:此目以往常见中文名为宽球藻目。但显然中文的"球"字被用的太宽泛了。

多杆菌属(*Pluralibacter*)Brady 等,2013,新属。此属已定 2 种。

词源 多:比一多就算多,许多;杆:棒;菌:表示微小的事物,微生物(细菌、古菌、真菌);属:属名的尾词;多杆菌属:多种来源的杆状细菌。

Etymology L.adj.*pluralis*, belonging or relating to more than one, relating to many; N.L.masc.n.*bacter*, equivalent of bacterium, a small rod; N.L.masc.n.*Pluralibacter*, a bacteria (rod) from many sources.

模式种 佐戈维亚多杆菌(*Pluralibacter gergoviae*)Brady 等,2013,新种。

词源 佐戈维亚:法国佐戈维亚高地。

Etymology N.L.gen.n.*gergoviae*, of Gergovie (Gergovia) Highland, France.

Po

极杆菌属(*Polaribacter*)Gosink 等,1998,新属;Fukui 等,2013 修改,Kim 等,2013 修改,Li 等,2014 修改。此属已定 12 种。

词源 极:极端,极地,两极,指的是地球的两极;杆:棒;菌:表示微小的事物,微生物(细菌、古菌、真菌);属:属名的尾词;极杆菌属:来自基地生境的棒形的细菌。

Etymology N.L.adj.*polaris* (from L.n.*polus*, a pole), pertaining to the geographic poles; N.L.masc.n.*bacter*, rod or staff; N.L.masc.n.*Polaribacter*, rod-shaped bacteria from polar habitats.

模式种 丝状极杆菌(*Polaribacter filamentus*)Gosink 等,1998,新种。

词源 丝:丝线;丝状:丝线状的,如丝状的。

Etymology L.n.*filum*, thread; N.L.masc.adj.*filamentus*, threadlike, filamentous.

极单胞菌属(*Polaromonas*)Irgens 等,1996,新属。此属已定 7 种。

词源 极:极端,极地,两极,指的是地球的两极;单胞:单细胞,单元;菌:表示微小的事物,微生物(细菌、古菌、真菌);属:属名的尾词;极单胞菌属:极地的细菌。

Etymology N.L.adj.*polaris* (from L.n.*polus*, the end of an axis, a pole; and L.suff.-*aris*, suffix denoting pertaining to), pertaining to the geographic poles; L.fem.n.monas, a monad, unit; N.L.fem.n.*Polaromonas*, polar bacterium.

模式种 气泡极单胞菌(*Polaromonas vacuolata*)Irgens 等,1996,新种。

词源　气泡：具有气泡的，气囊的。

Etymology　N.L.fem.adj.*vacuolata*, equipped with gas vacuoles.

多囊菌科（*Polyangiaceae*）Jahn，1924，科。

模式属　多囊菌属（*Polyangium*）Link，1809，《1980 年细菌名确认单》，属。

词源　多囊菌属：此科之模式属；科：用于定义一个比属高、比目低的分类级和尾词；在中文科的命名中，把模式属属名中的尾字"属"代换为尾字"科"，即为模式属所在的科名；多囊菌科：多囊菌属之科。

Etymology　N.L.neut.n.*Polyangium*, type genus of the family; L.suff.-*aceae*, ending to denote a family; N.L.fem.pl.n.*Polyangiaceae*, the *Polyangium* family.

多囊菌属（*Polyangium*）Link，1809，属。此属已定 10 种。

此属是多囊菌科（*Polyangiaceae*）Jahn，1924，《1980 年细菌名确认单》的模式属。

词源　多：许多的，很多的；囊：袋，容器；菌：表示微小的事物，微生物（细菌、古菌、真菌）；属：属名的尾词；多囊菌属：许多袋的生物。

Etymology　Gr.adj.*polu*, many; Gr.neut.n.*angeion*（Latin transliteration *angium*）, vessel; N.L.neut.n.*Polyangium*, many vessels.

模式种　卵黄多囊菌（*Polyangium vitellinum*）Link，1809，《1980 年细菌名确认单》。

词源　卵黄：蛋黄，这里指的是蛋黄色的。

Etymology　L.masc.n.*vitellus*, the yolk of an egg; L.neut.suff.-*inum*, suffix used with the sense of belonging to; N.L.neut.adj.*vitellinum*, in the color of egg yolk.

多枝霉菌属（*Polycladomyces*）Tsubouchi 等，2013，新属。此属已定 1 种。

词源　多：许多的，很多的；枝：分枝，树枝，枝条；霉：这里表示真菌；菌：表示微小的事物，微生物（细菌、古菌、真菌）；属：属名的尾词；多枝霉菌属：拥有许多分枝的真菌。

Etymology　Gr.adj.*polus*, many; Gr.masc.n.*klados*, a branch; Gr.masc.n.*mukês*, fungus; N.L.masc.n.*Polycladomyces*, a fungus that possesses many branches.

模式种　深海栖多枝霉菌（*Polycladomyces abyssicola*）Tsubouchi 等，2013，新种。

词源　深海：很深的海，海的深部；栖：栖息，栖居，栖息者，栖居者；深海栖：深海的栖居者，指的是此模式菌株的分离源。

Etymology　L.n.*abyssus*, deep sea; L.masc.suffix -*cola*, inhabitant; N.L.masc.n.*abyssicola*, inhabitant of the deep sea, referring to the source of isolation of the type strain.

多形杆菌属（*Polymorphobacter*）Fukuda 等，2014，新属。此属已定 1 种。

词源　多形：多形的，多态的，多姿的；杆：棒；菌：表示微小的事物，微生物（细菌、古菌、真菌）；属：属名的尾词；多形杆菌属：多态的棒形生物。

Etymology　Gr.adj.*polumorphos*, multiform; N.L.masc.n.*bacter*, rod; N.L.masc.n.*polymorphobacter*, a polymorphic rod.

模式种　含多手多形杆菌（*Polymorphobacter multimanifer*）Fukuda 等，2014，新种。

词源　含：含有，携带；多手：多手状的凸起，触手状凸起；含多手：含有许多手，指的是触手状凸起。

Etymology　L.adj.*multus*, many; L.n.*manus*, hand; L.suff.–*fer*（from L.v.*fero*）, bearing, carrying, producing; N.L.masc.adj.n.*multimanifer*, many hands bearer, referring to tentacle-like projections.

多形孢菌属（*Polymorphospora*）Tamura 等，2006，新属。此属已定 1 种。

词源　多形：多态，多姿；孢：孢子；菌：表示微小的事物，微生物（细菌、古菌、真菌）；属：属名的尾词；多形孢菌属：多形态的孢子生物。

Etymology　Gr.adj.*polumorphos*, multiform; Gr.fem.n.*spora*, seed, and in biology a spore; N.L.fem.n.*Polymorphospora*, polymorphic spore.

模式种　红色多形孢菌（*Polymorphospora rubra*）Tamura 等，2006，新种。

词源　红色：红色的，赤色的，红颜色的。

Etymology　L.fem.adj.*rubra*, red.

多核杆菌属（*Polynucleobacter*）Heckmann and Schmidt, 1987，新属；Hahn 等，2009 修改。此属已定 5 种，2 亚种。

词源　多：许多的，多数的；核：坚果，核仁，核心；杆：棒；菌：表示微小的事物，微生物（细菌、古菌、真菌）；属：属名的尾词；多核杆菌属：有许多拟核的棒形细菌。

Etymology　Gr.adj.*polus*, many, numerous; L.masc.n.*nucleus*, a little nut, kernel; N.L.masc.n.*bacter*, a rod; N.L.masc.n.*polynucleobacter*, the rod（bacterium）with many nucleoids.

模式种　必需多核杆菌（*Polynucleobacter necessarius*）Heckmann and Schmidt, 1987，新种。

词源　必需：不可缺少的，必需的。

Etymology　L.masc.adj.*necessarius*, indispensable, necessary.

夷橄菌属（*Pontibaca*）Kim 等，2010，新属。此属已定 1 种。

词源　夷：外夷，海；橄：浆果，谷粒，特别是橄榄；菌：表示微小的事物，微生物（细菌、古菌、真菌）；属：属名的尾词；夷橄菌属：来自海的橄榄形细菌。

Etymology　L.n.*pontus*, the sea; L.fem.n.*baca*, a berry, especially an olive; N.L.fem.n.*Pontibaca*, olive-shaped (bacterium) of the sea.

模式种　吞甲胺夷橄菌（*Pontibaca methylaminivorans*）Kim 等，2010，新种。

词源　吞：吞噬的，吞食的，大吃的，吞没的；甲：甲基；胺：含一个带孤对电子的碱性氮原子的有机化合物，胺基；甲胺：CH_3NH_2-，$(CH_3)_2NH$-，$(CH_3)_3N$-；吞甲胺：降解/分解甲胺的。

Etymology　N.L.n.*methyl*, the methyl radical, the methyl group; N.L.n.*aminum*, the amine group; L.part.adj.*vorans*, devouring; N.L.part.adj.*methylaminivorans*, degrading methylated amines.

夷竿菌属（*Pontibacillus*）Lim 等，2005，新属；Lim 等，2005 修改，Chen 等，2010 修改。此属已定 5 种。

词源　夷：外夷，外海；竿：在本书中对译于拉丁文 *bacillus*，表示棒形，以示与常见的"杆"的区别，表示以出芽孢为特征的棒形；菌：表示微小的事物，微生物（细菌、古菌、真菌）；属：属名的尾词；夷竿菌属：与海有关的竿菌。

Etymology　L.n.*pontus*, the sea; L.masc.n.*bacillus*, a small staff, a wand; N.L.masc.n.*Pontibacillus*, bacillus pertaining to the sea.

模式种　中华夷竿菌（*Pontibacillus chungwhensis*）Lim 等，2005，新种。

词源　中华：与中华（中国）有关的，此生物的分离地。

Etymology　N.L.masc.adj.*chungwhensis*, pertaining to Chungwha, where the organism was isolated.

夷杆菌属（*Pontibacter*）Nedashkovskaya 等，2005，新属；Wang 等，2010 修改。此属已定 18 种。

词源　夷：外夷，外海；杆：杆/棒；菌：表示微小的事物，微生物（细菌、古菌、真菌），中文命名中独有字；属：属名的尾词；夷杆菌属：海棒形细菌。

Etymology　L.n.*pontus*, the sea; N.L.masc.n.*bacter*, rod; N.L.masc.n.*Pontibacter*, a marine bacterium.

模式种　海葵夷杆菌（*Pontibacter actiniarum*）Nedashkovskaya 等，2005，新种。

词源　海葵：海葵和相关动物的。

Etymology　N.L.gen.pl.n.*actiniarum*, of sea anemones or related animals.

夷柄菌属（*Ponticaulis*）Kang and Lee，2009，新属。此属已定 1 种。

词源　夷：外夷，海，外海；柄：树杆，指的是菌柄（非菌毛、性毛、非鞭毛）；菌：表示微小的事物，微生物（细菌，古菌，真菌），中文命名中独有字；属：属名的尾词；夷柄菌属：来自大海的柄形生物。

Etymology　L.n.*pontus*, the sea; L.masc.n.*caulis*, a stalk, referring to a prostheca; N.L.masc.n.*Ponticaulis*, stalk from the sea.

模式种　韩国夷柄菌（*Ponticaulis koreensis*）Kang and Lee，2009，新种。

词源　韩国：韩国的，与韩国有关的，此模式株的分离地。

Etymology　N.L.masc.adj.*koreensis*, pertaining to Korea, where the type strain was isolated.

夷果菌属(*Ponticoccus*)Hwang and Cho,2008,新属。此属已定1种。

词源　夷:外夷,外海;果:浆果,表示浆果形(圆球或椭球);菌:表示微小的事物,微生物(细菌、古菌、真菌);属:属名的尾词;夷果菌属:来自海的浆果形生物。

Etymology　L.n.*pontus*, the sea; N.L.masc.n.*coccus*（from Gr.masc.n.*kokkos*, grain, seed）, coccus; N.L.masc.n.*Ponticoccus*, coccus from the sea.

模式种　岸夷果菌(*Ponticoccus litoralis*)Hwang and Cho,2008,新种。

词源　岸:滨,海岸,(湖)海(滨)岸,海岸的。

Etymology　L.masc.adj.*litoralis*, of the shore.

夷单胞菌属(*Pontimonas*)Jang 等,2013,新属。此属已定1种。

词源　夷:外夷,外海;单胞:单细胞,单元;菌:表示微小的事物,微生物(细菌、古菌、真菌);属:属名的尾词;夷单胞菌属:海单细胞生物。

Etymology　L.n.*pontus*, the sea; L.fem.n.*monas*, a unit, monad; N.L.fem.n.*Pontimonas*, a sea monad.

模式种　盐弧夷单胞菌(*Pontimonas salivibrio*)Jang 等,2013,新种。

词源　盐:食盐,氯化钠,**NaCl**;弧:作动词表示弧动,像手中舞动的绳子状振动;弧:作名词也表示细菌的一个属名,表示弧状的菌,弧菌属;盐弧:来自盐环境的弧形生物。

Etymology　L.n.*sal salis*, salt; N.L.n.*vibrio*, that which vibrates, and also a genus name of bacteria possessing a curved rod shape; N.L.masc.n.（nominative in apposition）*salivibrio*, vibrio-shaped organism from a saline environment.

夷杆菌属(*Pontirhabdus*)Yi 等,2011,新属;Park 等,2013 修改。此属已定1种。

此属 2013 年已归属为→**藻杆菌属**(*Algibacter*)Nedashkovskaya 等,2004,新属。

词源　杆:中国古代舂米或捶衣的木棒,表示棒,棒形;菌:表示微小的事物,微生物(细菌、古菌、真菌);属:属名的尾词;夷杆菌属:生活在海中的杆棒形生物。

Etymology　L.n.*pontus*, the sea; N.L.fem.n.*rhabdus*, a rod, wand; N.L.fem.n.*Pontirhabdus*, a rod that grows in the sea.

模式种　吞果胶夷杆菌(*Pontirhabdus pectinivorans*)Yi 等,2011,新种。

此种 2013 年已归种到→**吞果胶藻杆菌**(*Algibacter pectinivorans*)（Yi 等,2011）Park 等,2013,新合并。

词源　吞:吞噬的,吞食的,大吃的,吞没的;果胶:陆地植物细胞壁所含的杂多糖,富含半乳糖醛酸;吞果胶:消解果胶的。

Etymology　N.L.n.*pectinum*, pectin; L.part.adj.*vorans*, devouring; N.L.part.adj.*pectinivorans*, pectin-devouring.

卟杆菌属（*Porphyrobacter*）Fuerst 等,1993,新属。此属已定 7 种。

词源　卟：卟啉,一种化合物,是叶绿素、血红朊的重要组成部分；杆：棒；菌：表示微小的事物,微生物(细菌、古菌、真菌)；属：属名的尾词；卟杆菌属：产卟啉的棒形生物。

Etymology　N.L.n.*porphyrinum*（Gr.adj.*porphureos*, purple）, *porphyrine*; N.L.pref.*porphyro-*, pertaining to porphyrine; N.L.masc.n.*bacter*, a rod; N.L.masc.n.*Porphyrobacter*, porphyrin-producing rod.

模式种　浮游卟杆菌（*Porphyrobacter neustonensis*）Fuerst 等,1993,新种。

词源　浮游：游动的,流动的,漂浮的,用于表示出现在气—水界面层的生物。

Etymology　Gr.adj.*neustos*, swimming, floating; N.L.masc.adj.*neustonensis*, intended to mean occurring at the air-water interface layer.

推荐的属名三字母简写　*Por*. 见"命名规则：属名简写"[属名简写三字母准则（Three-letter code for abbreviations of generic names）]。

卟单胞菌科（*Porphyromonadaceae*）Krieg,2012,新科。

模式属　卟单胞菌属（*Porphyromonas*）Shah and Collins,1988,新属。

词源　卟单胞菌属：此科之模式属；科：用于定义一个比属高、比目低的分类级和尾词；在中文科的命名中,把模式属属名中的尾字"属"代换为尾字"科",即为模式属所在的科名；卟单胞菌科：卟单胞菌属之科。

Etymology　N.L.fem.n.*Porphyromonas*, type genus of the family; suff.-*aceae*, ending to denote a family; N.L.fem.pl.n.*Porphyromonadaceae*, the *Porphyromonas* family.

卟单胞菌属（*Porphyromonas*）Shah and Collins,1988,新属；Willems and Collins,1995 修改,Wagener 等,2014 修改。此属已定 17 种。

词源　卟：一种化合物,是叶绿素、血红朊的重要组成部分,卟啉；单胞：单元,单细胞；菌：表示微小的事物,微生物(细菌、古菌、真菌)；属：属名的尾词；卟单胞菌属：卟啉单位的细胞生物。

Etymology　Gr.adj.*porphureos*, purple; Gr.fem.n.*monas*, monad, unit; N.L.fem.n.*Porphyromonas*, porphyrin unit（cell）.

此属是卟单胞菌科（*Porphyromonadaceae*）Krieg,2012 的模式属。

模式种　非糖解卟单胞菌（*Porphyromonas asaccharolytica*）（Holdeman and Moore,1970）Shah and Collins,1988,新合并。

词源　非：不；糖：一般性名词,通常指的是甜的、短链的、可溶解的和由碳氢氧元素构成的碳水化合物,日常用语中即指食糖(蔗糖,一种二糖),生物化学中进一步细分为单糖(葡萄糖、果糖和半乳糖等),二糖(麦芽糖、乳糖和蔗糖等),寡糖和多糖等;解:溶解的,分解的,降解的;非糖解:不消解糖的。

Etymology　Gr.pref.*a*, not; Gr.n.*sakchâr*, sugar; N.L.fem.adj.*lytica* (from Gr.fem.adj.*lutikê*), able to loosen, able to dissolve; N.L.fem.adj.*asaccharolytica*, not digesting sugar.

港杆菌属(*Portibacter*)Yoon 等,2014,新属。此属已定 1 种。

词源　港:海港,港湾,港口;杆:杆/棒;菌:表示微小的事物,微生物(细菌、古菌、真菌);属:属名的尾词;港杆菌属:分离自海港的棒形生物。

Etymology　L.n.*portus*, a harbor, haven, port; N.L.masc.n.*bacter*, a rod; N.L.masc.n.*Portibacter*, a rod isolated from a harbor.

模式种　湖港杆菌(*Portibacter lacus*)Yoon 等,2014,新种。

词源　湖:属于或来自湖的。

Etymology　L.gen.n.*lacus*, of/from a lake.

港果菌属(*Porticoccus*)Oh 等,2010,新属。此属已定 1 种。

词源　港:海港,港湾,港口;果:浆果,表示浆果形(圆球或椭球);菌:表示微小的事物,微生物(细菌、古菌、真菌);属:属名的尾词;港果菌属:来自一个港口的浆果形生物。

Etymology　L.n.*portus*, a harbour, haven, port; N.L.masc.n.*coccus* (from Gr.masc.n.*kokkos*, grain, seed), a coccus; N.L.masc.n.*Porticoccus*, a coccus isolated from a harbour.

模式种　岸港果菌(*Porticoccus litoralis*)Oh 等,2010,新种。

词源　岸:滨,海岸,(湖)海(滨)岸,属于或来自海岸的。

Etymology　L.masc.adj.*litoralis*, of or belonging to the sea shore.

波西登胞菌属(*Poseidonocella*)Romanenko 等,2012,新属。此属已定 2 种。

词源　波西登:(希腊)神话中的海神;胞:细胞;菌:表示微小的事物,微生物(细菌、古菌、真菌);属:属名的尾词;波西登胞菌属:波西登细胞,指的是此细菌属的海源栖息环境。

Etymology　Gr.n.*Poseidon*, Poseidon, God of the sea; L.fem.n.*cella*, a store room and in biology, a cell; N.L.fem.n.*Poseidonocella*, a Poseidonian cell, referring to the marine habitat of this bacterial genus.

模式种　太平波西登胞菌(*Poseidonocella pacifica*)Romanenko 等,2012,新种。

词源　太平:平安,和平,太平洋,地球四大洋之一,与太平洋有关的,指的是此生物从太平洋分离的。

Etymology　L.fem.adj.*pacifica*, peaceful, referring to the Pacific Ocean from which the organism was isolated.

浦工大菌属(*Postechiella*)Lee 等,2012,新属。此属已定 1 种。

词源　浦工大:韩国浦项理工大学的随机简称;浦工大菌属:此菌属在韩国浦项理工大学进行分类学研究;菌:表示微小的事物,微生物(细菌、古菌、真菌);属:属名的尾词;浦工大菌属:以(韩国)浦工大命名的生物。

Etymology　N.L.dim.fem.n.*Postechiella*, arbitrarily developed from the acronym POSTECH formed from the initial letters of the Pohang University of Science and Technology, where the initial taxonomic studies on this genus were conducted.

模式种　海浦工大菌(*Postechiella marina*)Lee 等,2012,新种。

词源　海:海的,大海的,海洋的,属于或来自海的。

Etymology　L.fem.adj.*marina*, of or belonging to the sea, marine.

聚乙烯醇杆菌属(*Povalibacter*)Nogi 等,2014,新属。此属已定 1 种。

词源　聚乙烯醇:水溶性的合成高分子,$[CH_2CH(OH)]_n$;杆:棒;菌:表示微小的事物,微生物(细菌、古菌、真菌);属:属名的尾词;聚乙烯醇杆菌属:降解聚乙烯醇的棒形细菌。

Etymology　N.L.neut.n.*povalum*, poval (polyvinyl alcohol); N.L.masc.n.*bacter*, a rod; N.L.masc.n.*Povalibacter*, rod-shaped bacterium that degrades poval.

模式种　葡萄聚乙烯醇杆菌(*Povalibacter uvarum*)Nogi 等,2014,新种。

词源　葡萄:与葡萄有关的,指的是此生物的分离源。

Etymology　L.gen.n.*uvarum*, of grapes, referring to the source of isolation.

Pr

布拉格菌属(*Pragia*)Aldová 等,1988,新属。此属已定 1 种。

词源　布拉格:捷克首都布拉格,此属模式株的分离和鉴定地;菌:表示微小的事物,微生物(细菌、古菌、真菌);属:属名的尾词;布拉格菌属:以布拉格有关的生物。

Etymology　N.L.fem.n.*Pragia*, named after Prague, the city in which strains of the genus were identified.

模式种　泉布拉格菌(*Pragia fontium*)Aldová 等,1988,新种。

词源　泉:泉水,喷泉,源泉;来自泉或喷泉,表示此模式菌株的分离源。

Etymology　L.gen.pl.n.*fontium*, from springs or fountains, the mean source of isolation.

普劳塞姓菌属(*Prauserella*)Kim and Goodfellow,1999,新属;Li 等,2003 修改。此属已定 11 种。

词源　姓:姓氏;普劳塞:以德国微生物学家赫尔穆特·普劳塞的姓氏命名,其对放线菌分类学做出了许多贡献;菌:表示微小的事物,微生物(细菌、古菌、真菌);属:属名的尾词;普劳塞姓菌属：以普劳塞的姓氏命名的生物。

Etymology　N.L.fem.dim.n.*Prauserella*, named after Helmut Prauser, a German microbiologist who made many contributions to actinomycete systematics.

模式种　皱纹普劳塞姓菌（*Prauserella rugosa*）（Lechevalier 等，1986）Kim and Goodfellow, 1999，新合并。

词源　皱纹：皱纹的，褶皱的。

Etymology　L.fem.adj.*rugosa*, wrinkled.

普雷沃特姓菌属（*Prevotella*）Shah and Collins，1990，新属；Sakamoto and Ohkuma，2012 修改。或普雷氏菌属。此属已定 49 种。

此属为此属是普雷沃特姓菌科（*Prevotellaceae*）Krieg，2012 的模式属。

词源　姓：姓氏；普雷沃特：法国微生物学家 A.R. 普雷沃特，厌氧微生物学研究的先锋；菌：表示微小的事物，微生物（细菌、古菌、真菌）；属：属名的尾词；普雷沃特姓菌属：以普雷沃特的姓氏命名的生物。

Etymology　N.L.fem.n.*Prevotella*, named after the French microbiologist, A.R.Prévot, a pioneer in anaerobic microbiology.

模式种　黑色素生普雷沃特姓菌（*Prevotella melaninogenica*）（Oliver and Wherry，1921）Shah and Collins，1990，新合并。

词源　黑色素：在大多数生物的细胞中都能发现的概念宽泛的天然色素；生：生产，生成，产生；黑色素生：产生黑色素的（最初人们认为黑色素是由于正铁血红素而不是黑色素）。

Etymology　N.L.n.*melaninum*, melanin; N.L.adj.*genicus -a -um*, producing（probably derived from Gr.n.*genetês*, a begetter）; N.L.fem.adj.*melaninogenica*, melanin producing（black pigment is due to protoheme and not to melanin, as originally thought）.

普雷沃特姓菌科（*Prevotellaceae*）Krieg，2012，新科。

模式属　普雷沃特姓菌属（*Prevotella*）Shah and Collins，1990，新属。

词源　普雷沃特姓菌属：此科之模式属；科：用于定义一个比属高、比目低的分类级和尾词；在中文科的命名中，把模式属属名中的尾字"属"代换为尾字"科"，即为模式属所在的科名；普雷沃特姓菌科：普雷沃特姓菌属之科。

Etymology　N.L.fem.n.*Prevotella*, type genus of the family; suff.-*aceae*, ending to denote a family; N.L.fem.pl.n.*Prevotellaceae*, the *Prevotella* family.

极研所菌属（*Pricia*）Yu 等，2012，新属。此属已定 1 种。

词源　极研所：中国极地研究所（现名中国极地研究中心）的随机简称，此菌种首先在这里得到分离和鉴定；菌：表示微小的事物，微生物（细菌、古菌、真菌）；属：属名的尾词；极研所菌属：与极研所有关并定名的生物。
Etymology　N.L.fem.n.*Pricia*, arbitrary name derived from the acronym for the Polar Research Institute of China（PRIC）, where the type species was first isolated and examined.
模式种　南极极研所菌（*Pricia antarctica*）Yu 等，2012，新种。
词源　南极：最南端的，最南部的，指的是南极洲，此模式菌株的地理源。
Etymology　L.fem.adj.*antarctica*, southern and, by extension, pertaining to Antarctic, the geographical origin of the type strain.

滨海边疆杆菌属（*Primorskyibacter*）Romanenko 等，2011，新属。此属已定1种。

词源　滨海边疆：这里指的是现在属于俄联邦的远东地区，即中国曾经的三江出海口区域（包括海兰泡、伯力、庙街、双城子、海参崴等），此属第一菌株从此地分离；杆：棒；菌：表示微小的事物，微生物（细菌、古菌、真菌）；属：属名的尾词；滨海边疆杆菌属：分离自滨海边疆的棒形生物。
Etymology　N.L.n.*Primorsky -yos*, Primorsky Kray, a Far-Eastern region of the Russian Federation, where the first strains were isolated; N.L.masc.n.*bacter*, rod; N.L.masc.n.*Primorskyibacter*, rod isolated from Primorsky Kray.
模式种　坐滨海边疆菌（*Primorskyibacter sedentarius*）Romanenko 等，2011，新种。
词源　坐：不运动的，非运动的，久坐的。
Etymology　L.masc.adj.*sedentarius*, sedentary, non-motile.

原绿藻科（*Prochloraceae*）（*ex* Lewin, 1977）Florenzano 等，1986，新科，命名修改。拒绝命名（nom.rejic）。

模式属　原绿藻属（*Prochloron*）（*ex* Lewin, 1977）Florenzano 等，1986，新种。
同义词　"*Prochloraceae*" Lewin, 1977。
词源　原绿藻属：此科之模式属；科：用于定义一个比属高、比目低的分类级和尾词；在中文科的命名中，把模式属属名中的尾字"属"代换为尾字"科"，即为模式属所在的科名；原绿藻科：原绿藻属之科。
Etymology　N.L.neut.n.*Prochloron*, type genus of the family; L.suff.-*aceae*, ending to denote a family; N.L.fem.pl.n.*Prochloraceae*, the *Prochloron* family.

原绿藻目（*Prochlorales*）（*ex* Lewin, 1977）Florenzano 等，1986，新目，命名修改；Burger-Wiersma 等，1989，Burger-Wiersma 等，1989，nom. rejic。

模式属　原绿藻属（*Prochloron*）（*ex* Lewin, 1977）Florenzano 等，1986，新合并。
词源　原绿藻属：此目之模式属；目：用于定义一个比科高、比纲低的分类级和尾词；在中文目的命名中，把模式属属名中的尾字"属"代换为尾字"目"，即为模式属所在的目名；原绿藻目：原绿藻属之目。

Etymology　N.L.neut.n.*Prochloron*, type genus of the order; suff.-*ales*, ending denoting an order; N.L.fem.pl.n.*Prochlorales*, the *Prochloron* order.

原绿果藻属（*Prochlorococcus*）Chisholm 等,2001,新属。此属已定1种,4亚种。

词源　原：原始的,初始的；绿：绿色的；果：浆果,表示浆果形（圆球或椭球）；藻：蓝藻,绿藻,藻类；属：属名的尾词；原绿果藻属：原始的绿色核（细胞）。

Etymology　Gr.prep.and pref. *pro*, before, primitive; Gr.adj.*chlôros*, green; Gr.n.*kokkos*, grain or kernel; N.L.masc.n.*Prochlorococcus*, primitive green kernel（cell）.

模式种　海原绿果藻（*Prochlorococcus marinus*）Chisholm 等,2001,新种。

词源　海：海的,大海的,海洋的,与海有关的。

Etymology　L.masc.adj. *marinus*, of the sea, marine.

原绿藻属（*Prochloron*）（*ex* Lewin,1977）Florenzano 等,1986,新属,命名修改。此属已定1种。

此属是原绿藻目（*Prochlorales*）（*ex* Lewin,1977）Florenzano 等,1986 和原绿藻科（*Prochloraceae*）（*ex* Lewin,1977）Florenzano 等,1986 的模式属。

词源　原：以前的,原始的,初始的；绿：绿色的；藻：蓝藻,绿藻,藻类；属：属名的尾词；原绿藻属：原始的绿色细胞。

Etymology　Gr.prep.and pref.*pro*, before, primitive; Gr.adj.*chlôros*, green; N.L.neut.n.*Prochloron*, primitive green（cell）.

模式种　海鞘属原绿藻（*Prochloron didemni*）（*ex* Lewin,1975）Florenzano 等,1986,新种。

词源　海鞘属：一个动物界科学属名。

Etymology　N.L.gen.n.*didemni*, of *Didemnum*（a zoological scientific genus name）.

同义词　"*Prochloron*" Lewin,1977。

原绿发藻属（*Prochlorothrix*）Burger-Wiersma 等,1989,新属。此属已定1种。

此属是原绿发藻科（*Prochlorotrichaceae*）Burger-Wiersma 等,1989 的模式属。

词源　原：原始的,首次的；绿：绿色的,绿颜色的；发：头发,毛发,丝线；藻：蓝藻,绿藻,藻类；原绿发菌属：原始的绿色头发形生物。

Etymology　Gr.adj.*protos*, first, primordial; Gr.adj.*chlôros*, green; Gr.fem.n.*thrix*, hair or thread; N.L.fem.n.*Prochlorothrix*, primordial green hair.

模式种　荷兰原绿发藻（*Prochlorothrix hollandica*）Burger-Wiersma 等,1989,新种。

词源　荷兰：与荷兰有关的。

Etymology　N.L.fem.adj.*hollandica*, pertaining to Holland, part of The Netherlands.

注：此属为蓝细菌门或蓝绿藻门,但已经合格发表。

原绿发藻科(*Prochlorotrichaceae*)Burger-Wiersma 等,1989,新科。

模式属　原绿发藻属(*Prochlorothrix*)Burger-Wiersma 等,1989,新属。

词源　原绿发藻属:此科之模式属;科:用于定义一个比属高、比目低的分类级和尾词;在中文科的命名中,把模式属属名中的尾字"属"代换为尾字"科",即为模式属所在的科名;原绿发藻科:原绿发藻属之科。

Etymology　N.L.fem.n.*Prochlorothrix*, type genus of the family; L.suff.-*aceae*, ending to denote a family; N.L.fem.pl.n.*Prochlorotrichaceae*, the *Prochlorothrix* family.

注:*Prochlorotrichaceae* Burger-Wiersma 等,1989,命名拒绝(nom.rejic)。

深渊小杆菌属(*Profundibacterium*)Lai 等,2013,新属。此属已定 1 种。

词源　深渊:深潭,深海海渊,深部,深处;小杆:小棒;菌:表示微小的事物,微生物(细菌、古菌、真菌);属:属名的尾词;深渊小杆菌属:来自海洋深部的细菌。

Etymology　L.n.*profundum*, the depths of the sea; L.neut.n.*bacterium*, staff, rod and, in biology, a bacterium; N.L.neut.n.*Profundibacterium*, a bacterium from the depths of the sea.

模式种　嗜中深渊小杆菌(*Profundibacterium mesophilum*)Lai 等,2013,新种。

词源　嗜:嗜好的,喜好的,友好的,爱好的;中:中间的(温度),温和的,中等,不高不低的(温度);嗜中:嗜中温的,喜好不高不低温度的。

Etymology　Gr.adj.*mesos*, medium; N.L.masc.adj.*philus* (from Gr.masc.adj.*philos*), friend, loving; N.L.neut.adj.*mesophilum*, medium-temperature-loving, mesophilic.

脯氨酸饕菌属(*Prolinoborus*)Pot 等,1992,新属。此属已定 1 种。

词源　脯氨酸:一种氨基酸;饕:饕餮,大吃,贪吃;菌:表示微小的事物,微生物(细菌、古菌、真菌);属:属名的尾词;脯氨酸饕菌属:很容易消耗脯氨酸的细菌。

Etymology　N.L.n.*prolinum*, the amino acid proline; Gr.adj.*boros*, gluttonous, voracious N.L.masc.n.*Prolinoborus*(bacteria)that readily consume proline.

模式种　小束脯氨酸饕菌(*Prolinoborus fasciculus*)(Strength 等,1976)Pot 等,1992,新合并。

词源　小束:小捆,小的束状。

Etymology　L.masc.dim.n.*fasciculus*, a small bundle.

涨杆菌属(*Prolixibacter*)Holmes 等,2007,新属。此属已定 1 种。

词源　涨:长的,延长的,增长的;杆:棒;菌:表示微小的事物,微生物(细菌、古菌、真菌);属:属名的尾词;涨杆菌属:长的棒形生物。

Etymology　L.adj.*prolixus*, long, extended; N.L.masc.n.*bacter*, a rod; N.L.masc.n.*Prolixibacter*, a long rod.

模式种 吞甜点涨杆菌（*Prolixibacter bellariivorans*）Holmes 等，2007，新种。

词源 吞：吞噬的，吞食的，大吃的，吞没的。

Etymology L.pl.n.*bellaria*, sweets, dessert; L.part.adj.*vorans*, devouring; N.L.part.adj.*bellariivorans*, sweet-devouring, consuming sweet things.

注：拉丁文形容词 *prolixus* 的字面意思是（液体）涌出，即 *pro*（出）+*liquere*（流），单单用"长"字无法表意，因此用中文"涨"表示增长。

涨杆菌科（*Prolixibacteraceae*）Huang 等，2014，新科。

模式属 涨杆菌属（*Prolixibacter*）Huang 等，2014，新属。

词源 涨杆菌属：此科之模式属；科：用于定义一个比属高、比目低的分类级和尾词；在中文科的命名中，把模式属属名中的尾字"属"代换为尾字"科"，即为模式属所在的科名；涨杆菌科：涨杆菌属之科。

Etymology N.L.masc.n.*Prolixibacter*, type genus of the family; suff.-*aceae*, ending to denote a family; N.L.fem.pl.n.*Prolixibacteraceae*, the family of the genus *Prolixibacter*.

原微单孢菌属（*Promicromonospora*）Krasil′nikov 等，1961，属。此属已定 13 种。

此属是原微单孢菌科（*Promicromonosporaceae*）Rainey 等，1997 的模式属。

词源 原：原始的，初始的，最初的；微：微小的；单：单一的，单个的，唯一的；孢：孢子；菌：表示微小的事物，微生物（细菌、古菌、真菌）；属：属名的尾词；原微单孢菌属：创造这个属名是想反映原放线菌属（菌丝具有碎裂倾向）和微单孢菌属（基内菌丝形成单一孢子）的联合特征。

Etymology Gr.pref.*pro*, before, primitive; Gr.adj.*mikros*, small; Gr.adj.*monos*, single, solitary; Gr.fem.n.*spora*, a seed, and in biology a spore; N.L.fem.n.*Promicromonospora*, the genus name was coined to reflect the combination of traits then thought to be characteristic of the actinomycete form-genera *Proactinomyces*（the tendency of the mycelium to fragment）and *Micromonospora*（the formation of single spores on the substrate mycelium）.

模式种 柠檬原微单孢菌（*Promicromonospora citrea*）Krasil′nikov 等，1961，《1980 年细菌名确认单》，种。

词源 柠檬：属于或与柠檬树有关的，意即柠檬黄。

Etymology L.fem.adj.*citrea*, of or pertaining to the citron-tree; intended to mean lemon-yellow.

注：原放线菌属已经不存在了，此属的菌种也被重新归属到诸如**玫果菌属**、**链霉菌属**等中。

原微单孢菌科（*Promicromonosporaceae*）Rainey 等，1997，（全部作者名单 Rainey, Ward-Rainey and Stackebrandt），新科；Zhi 等，2009 修改。

模式属 原微单孢菌属（*Promicromonospora*）Krasil′nikov 等，1961，《1980 年细菌名确认

单》,属。

词源 原微单孢菌属:此科之模式属;科:用于定义一个比属高、比目低的分类级和尾词;在中文科的命名中,把模式属属名中的尾字"属"代换为尾字"科",即为模式属所在的科名;原微单孢菌科:原微单孢菌属之科。

Etymology N.L.fem.n.*Promicromonospora*, type genus of the family; L.suff.-*aceae*, ending to denote a family; N.L.fem.pl.n.*Promicromonosporaceae*, the *Promicromonospora* family.

丙酸杆菌属(*Propionibacter*)Meijer 等,1999,新属。此属已定 1 种。

此属 2002 年已归属到→丙酸弧菌属(*Propionivibrio*)Tanaka 等,1991 emend.Brune 等,2002,新属。

词源 丙酸:三个碳的(一元)羧酸,CH_3CH_2COOH;杆:棒;菌:表示微小的事物,微生物(细菌、古菌、真菌),中文命名中独有字;属:属名的尾词;丙酸杆菌属:丙酸棒形菌类。

Etymology N.L.n.*acidum propionicum*, propionic acid; N.L.masc.n.*bacter*, rod; N.L.masc.n.*Propionibacter*, propionic acid rod.

模式种 嗜淖丙酸杆菌(*Propionibacter pelophilus*)Meijer 等,1999,新种。

此种→嗜淖丙酸弧菌(*Propionivibrio pelophilus*)(Meijer 等,1999)Brune 等,2002,新合并。

词源 嗜:嗜好的,喜好的,友好的,爱好的;淖:泥,泥浆,泞,淤泥;嗜淖:嗜好泥浆的。

Etymology Gr.n.*pêlos*, mud, mire; N.L.adj.*philus -a -um*(from Gr.adj.*philos -ê -on*), friend, loving; N.L.masc.adj.*pelophilus*, mud-loving.

丙酸小杆菌科(*Propionibacteriaceae*)Delwiche,1957,科;Rainey 等,1997(全部作者名单 Rainey,Ward-Rainey and Stackebrandt)修改,Zhi 等,2009 修改。

模式属 丙酸小杆菌属(*Propionibacterium*)Orla-Jensen,1909,《1980 年细菌名确认单》,属。

词源 丙酸小杆菌属:此科之模式属;科:用于定义一个比属高、比目低的分类级和尾词;在中文科的命名中,把模式属属名中的尾字"属"代换为尾字"科",即为模式属所在的科名;丙酸小杆菌科:丙酸小杆菌属之科。

Etymology N.L.neut.n.*Propionibacterium*, type genus of the family; L.suff.-*aceae*, ending to denote a family; N.L.fem.pl.n.*Propionibacteriaceae*, the *Propionibacterium* family.

丙酸小杆菌亚目(*Propionibacterineae*)Rainey 等,1997(全部作者名单 Rainey, Ward-Rainey and Stackebrandt),新亚目。Zhi 等,2009 修改。

模式属 丙酸小杆菌属(*Propionibacterium*)Orla-Jensen,1909,《1980 年细菌名确认单》,属。

词源 丙酸小杆菌属:此亚目之模式属;亚目:用于定义一个比科高、比目低的分类级和尾词,目的二级分类级;在中文目的命名中,把属名中的尾字"属"代换为尾字"亚目",即为模式属所对应的亚目;丙酸小杆菌亚目:丙酸小杆菌属之亚目。

Etymology　N.L.neut.n.*Propionibacterium*, type genus of the suborder; suff.*-ineae*, ending to denote a suborder; N.L.fem.pl.n.*Propionibacterineae*, the *Propionibacterium* suborder.

丙酸小杆菌属(*Propionibacterium*)Orla-Jensen,1909,属;Charfreitag 等,1988 修改。此属已定 16 种,2 亚种。

此属是丙酸小杆菌亚目(*Propionibacterineae*)Rainey 等,1997 和丙酸小杆菌科(*Propionibacteriaceae*)Delwiche,1957,《1980 年细菌名确认单》的模式属。

词源　丙酸:三个碳的(一元)羧酸,**CH₃CH₂COOH**;小杆:小棒;菌:表示微小的事物,微生物(细菌、古菌、真菌);属:属名的尾词;丙酸小杆菌属:丙酸小杆菌类(细菌)。

Etymology　N.L.n.*acidum propionicum*, propionic acid; L.neut.n.*bacterium*, a small rod; N.L.neut.n.*Propionibacterium*, propionic (acid) bacterium.

模式种　佛登哈希氏丙酸小杆菌(*Propionibacterium freudenreichii*)van Niel,1928,《1980 年细菌名确认单》,种。

词源　氏:姓氏;佛登哈希氏:以瑞士细菌学家埃德华·冯·佛登哈希的姓氏命名,其首先分离了此种。

Etymology　N.L.gen.masc.n.*freudenreichii*, of Freudenreich; named after Edouard von Freudenreich, the Swiss bacteriologist who first isolated this species.

丙酸胞菌属(*Propionicicella*)Bae 等,2006,新属。此属已定 1 种。

词源　丙酸:三个碳的(一元)羧酸,**CH₃CH₂COOH**;胞:细胞;菌:表示微小的事物,微生物(细菌、古菌、真菌);属:属名的尾词;丙酸胞菌属:产丙酸的细胞。

Etymology　N.L.n.*acidum propionicum*, priopionic acid; L.fem.n.*cella*, a store-room and in biology a cell; N.L.fem.n.*Propionicicella*, a propionic acid producing cell.

模式种　超级基金场并酸胞菌(*Propionicicella superfundia*)Bae 等,2006,新种。

词源　超级基金:指的是美国环保署的超级基金;超级基金场:由超级基金拥有的污染修复场地。

Etymology　L.prep.*super*, above/on top; L.masc.n.*fundus*, land owned by someone; L.adjectival ending *-ius-ia -ium*, indicating the meaning of "belonging to"; N.L.fem.adj.*superfundia*, referring to land designated as an Environmental Protection Agency Superfund Site.

丙酸槌菌属(*Propioniciclava*)Sugawara 等,2011,新属。此属已定 1 种。

词源　丙酸:三个碳的(一元)羧酸,**CH₃CH₂COOH**;槌:棒槌,一头大一头小的木棒,棒杵,棰,(洗衣服时)大头用于棰击衣服,小头用于手握;菌:表示微小的事物,微生物(细菌、古菌、真菌);属:属名的尾词;丙酸槌菌属:产丙酸的棒槌形生物。

Etymology　N.L.n.*acidum propionicum*, propionic acid; N.L.fem.n.*clava*, club; N.L.fem.

Propioniciclava, propionic acid-producing club.

模式种　迟缓丙酸槌菌（*Propioniciclava tarda*）Sugawara 等，2011，新种。

词源　迟缓：缓慢的，不活跃的，指的是此模式株迟缓的生长习性。

Etymology　L.fem.adj.*tarda*, slow or inactive, referring to the slow growth of the type strain.

丙酸单胞菌属（*Propionicimonas*）Akasaka 等，2003，新属。此属已定1种。

词源　丙酸：初油酸，三个碳的（一元）羧酸，CH_3CH_2COOH；单胞：单细胞，单元；菌：表示微小的事物，微生物（细菌、古菌、真菌）；属：属名的尾词；丙酸单胞菌属：产丙酸的单细胞生物。

Etymology　N.L.n.*acidum propionicum*, propionic acid; L.fem.n.*monas*, a unit, monad; N.L.fem.n.*Propionicimonas*, propionic acid-producing monad.

模式种　沼栖丙酸单胞（*Propionicimonas paludicola*）Akasaka 等，2003，新种。

词源　沼：沼泽；沼栖：栖：栖息，栖居，栖息者，栖居者；沼泽栖，生活在沼泽中的栖居者。

Etymology　L.n.*palus -udis*, swamp, marsh; L.suff.*-cola* (from L.n.*incola*), inhabitant, dweller; N.L.masc.n.*paludicola*, an inhabitant of swamps.

丙酸肥菌属（*Propioniferax*）Yokota 等，1994，新属。此属已定1种。

词源　丙酸：三个碳的（一元）羧酸，CH_3CH_2COOH；肥：肥沃的；菌：表示微小的事物，微生物（细菌、古菌、真菌）；属：属名的尾词；丙酸肥菌属：产丙酸的生物。

Etymology　N.L.n.*acidum propionicum*, propionic acid; L.adj.*ferax* fertile; N.L.fem.n.*propioniferax*, propionic acid-producing.

模式种　无害丙酸肥菌（*Propioniferax innocua*）（Pitcher and Collins, 1992）Yokota 等，1994，新种。

词源　无害：无害的，没有害的。

Etymology　L.fem.adj.*innocua*, harmless.

丙酸生菌属（*Propionigenium*）Schink and Pfennig, 1983，新属。此属已定2种。

词源　丙酸：三个碳的（一元）羧酸，CH_3CH_2COOH；生：产生；菌：表示微小的事物，微生物（细菌、古菌、真菌）；属：属名的尾词；丙酸生菌属：丙酸的生产者。

Etymology　N.L.n.*acidum propionicum*, propionic acid; L.v.*genere*, to engender, produce; N.L.neut.n.*Propionigenium*, propionic acid maker.

模式种　适宜丙酸生菌（*Propionigenium modestum*）Schink and Pfennig, 1983，新种。

词源　适宜：适宜的，节制的，指的是极端适度的代谢模式。

Etymology　L.neut.adj.*modestum*, moderate, sober, referring to an extremely modest type of metabolism.

丙酸微菌属（*Propionimicrobium*）Stackebrandt 等，2002，新属。此属已定 1 种。

词源　丙酸：三个碳的（一元）羧酸，**CH₃CH₂COOH**；微：微小的，微生物；菌：表示微小的事物，微生物（细菌、古菌、真菌）；微菌：微生物；属：属名的尾词；丙酸微菌属：产丙酸的微生物。

Etymology　N.L.n.*acidum propionicum*, propionic acid; N.L.neut.n.*microbium*（from Gr.adj.*mikros*, small and Gr.n.*bios*, life）, a microbe; N.L.neut.n.*Propionimicrobium*, propionic acid-producing microbe.

模式种　嗜淋巴丙酸微菌（*Propionimicrobium lymphophilum*）（Torrey, 1916）Johnson and Cummins, 1972, 合并种。

词源　嗜：嗜好的，喜好的，友好的，爱好的；淋巴：淋巴（液）；嗜淋巴：喜好淋巴的。

Etymology　L.fem.n.*lympha*, water, clear water, and in biology lymph; N.L.neut.adj.*philum*（from Gr.neut.adj.*philon*）, friend, loving; N.L.neut.adj.*lymphophilum*, lymph-loving.

丙酸螺体属（*Propionispira*）Schink 等，1983，新属。此属已定 4 种。

词源　丙酸：三个碳的（一元）羧酸，**CH₃CH₂COOH**；螺：螺旋，螺形，螺体；菌：表示微小的事物，微生物（细菌、古菌、真菌）；属：属名的尾词；丙酸螺体属：形成丙酸的螺体。

Etymology　N.L.n.*acidum propionicum*, propionic acid; L.fem.n.*spira*, a coil; N.L.fem.n.*Propionispira*, a propionic acid forming coil.

模式种　树丙酸螺体（*Propionispira arboris*）Schink 等，1983，新种。

词源　树：树木，树木的，指的是此细菌出现在湿木材或生木材中。

Etymology　L.n.*arbor*, tree; L.gen.n.*arboris*, of a tree, referring to the occurrence of this bacterium in wetwood.

丙酸孢菌属（*Propionispora*）Biebl 等，2001，新属。此属已定 2 种。

词源　丙酸：三个碳的（一元）羧酸，**CH₃CH₂COOH**；孢：孢子；菌：表示微小的事物，微生物（细菌、古菌、真菌）；属：属名的尾词；丙酸孢菌属：形成孢子的生物。

Etymology　N.L.n.*acidum propionicum*, propionic acid; Gr.n.*spora*, a seed, and in biology a spore; N.L.fem.n.*Propionispora*, a propionic-acid-forming, spore-forming organism.

模式种　弧状丙酸孢菌（*Propionispora vibrioides*）Biebl 等，2001，新种。

词源　弧：作动词表示弧动，像手中舞动的绳子状振动；弧：作名词也表示细菌的一个属名，表示弧状的菌，弧菌属；状：（看起来）像……，类似；弧状：弧形的。

Etymology　L.v.*vibro*, to set in tremulous motion, move to and fro, vibrate; N.L.n.*vibrio*, that which vibrates, and also a bacterial genus name of bacteria possessing a curved rod shape（*Vibrio*）; L.suff.-*oides*（from Gr.suff.-*eides*, from Gr.n.*eidos*, that which is seen, form, shape, figure）, ressembling, similar; N.L.fem.adj.*vibrioides*, vibrio-shaped.

丙酸弧菌属(*Propionivibrio*)Tanaka 等,1991,新属;Brune 等,2002 修改。此属已定 3 种。

词源 丙酸:三个碳的(一元)羧酸,CH_3CH_2COOH;弧:作动词表示弧动,像手中舞动的绳子状振动;弧:作名词也表示细菌的一个属名,表示弧状的菌,弧菌属;丙酸弧菌属:丙酸弧菌。

Etymology N.L.n.*acidum propionicum*, propionic acid; L.v.*vibro*, to set in tremulous motion, move to and fro, vibrate; N.L.masc.n.*vibrio*, that which vibrates, and also a bacterial genus name of bacteria possessing a curved rod shape (*Vibrio*); N.L.masc.n.*Propionivibrio*, the propionic acid vibrio.

模式种 双羧酸滋丙酸弧菌(*Propionivibrio dicarboxylicus*)Tanaka 等,1991,新种。

词源 双羧酸:与双羧酸有关的;滋:滋润,滋生,产生。

Etymology N.L.n.*acidum dicarboxilicum*, dicarboxylic acid; L.masc.suff.*-icus*, suffix used with the sense of pertaining to; N.L.masc.adj.*dicarboxylicus*, pertaining to dicarboxylic acid.

注:自然界中常见的双羧酸化合物有草酸(乙二酸)、苹果醋(丙二酸)、琥珀酸(丁二酸)、谷酸(戊二酸)、肥酸(己二酸)、蒲桃酸(庚二酸)、软木酸(辛二酸)、壬二酸、牛油酸(癸二酸)等。富马酸(反式丁烯二酸)和马来酸(顺式丁烯二酸)也是常见的双羧酸。苹果酸(羟基丁二酸)在 C4 碳固定的卡尔文循环和柠檬酸循环中都有重要作用。此属另两种为 2002 年定的泥栖丙酸弧菌(*Propionivibrio limicola*)和 2002 年新合并的嗜淖丙酸弧菌(*Propionivibrio pelophilus*)。

突柄杆菌属(*Prosthecobacter*)(*ex* Staley 等,1976)Staley 等,1980,新属,命名修改;Takeda 等,2008 修改。此属已定 6 种。

词源 突柄:凸出部分的柄状体;杆:棒;菌:表示微小的事物,微生物(细菌、古菌、真菌);属:属名的尾词;突柄杆菌属:凸出的柄棒形生物。

Etymology Gr.n.*prosthece*, appendage; N.L.masc.n.*bacter*, a rod; N.L.masc.n.*Prosthecobacter*, appendage (d) rod.

模式种 纺锤形突柄杆菌(*Prosthecobacter fusiformis*)(*ex* Staley 等,1976)Staley 等,1980,新种,命名修改。

词源 形:状,形状,外形,外貌,形容某物在外貌上像……。

Etymology L.n.*fusus*, spindle; L.masc.adj.suffix *-formis*(from L.n.*forma*, shape, form)-like, in the shape of; N.L.masc.adj.*fusiformis*, spindle-shaped.

同义词 "*Prosthecobacter*" Staley 等,1976。

突柄绿菌属(*Prosthecochloris*)Gorlenko,1970,属;Imhoff,2003 修改。此属已定 2 种。

词源 突柄:凸出部分的柄状体;绿:绿色的,淡绿—黄色的,苍绿的;菌:表示微小的事物,微生物(细菌、古菌、真菌);属:属名的尾词;突柄绿菌属:具有凸出柄的绿色生物。

Etymology Gr.n.*prosthece*, appendage; Gr.adj.*chlôros*, greenish-yellow, pale green; N.L.fem.n.*Prosthecochloris*, green (organism) with appendages.

模式种　潮滩突柄绿菌（*Prosthecochloris aestuarii*）Gorlenko,1970,《1980年细菌名确认单》。
词源　潮滩：潮汐（形成的）滩,潮汐地,潮汐坪,海滩,江河入海口。
Etymology　L.gen.n.*aestuarii*, of an estuary.
推荐的属名三字母简写　*Ptc*. 见"命名规则：属名简写"[属名简写三字母准则（Three-letter code for abbreviations of generic names）]。

突柄微菌属（*Prosthecomicrobium*）Staley,1968,属;Staley,1984修改。此属已定6种。
词源　突柄：突出的柄,凸出的柄,附件；微：微小的,微生物；菌：表示微小的事物,微生物（细菌、古菌、真菌）；微菌：微生物；属：属名的尾词；突柄微菌属：（带）凸出/突出部位的微生物。
Etymology　Gr.fem.n.*prosthêkê*, appendage; N.L.neut.n.*microbium*, microbe; N.L.neut.n.*Prosthecomicrobium*, appendage（-bearing）microbe.
模式种　膨胀突柄微菌（*Prosthecomicrobium pneumaticum*）Staley,1968,《1980年细菌名确认单》。
词源　膨胀：膨胀的,含气泡的。
Etymology　N.L.neut.adj.*pneumaticum*（from Gr.neut.adj.*pneumatikon*, of the nature of wind or air）, inflated, containing gas vacuoles.

变形菌族（*Proteeae*）Castellani and Chalmers,1919,族。

模式属　变形菌属（*Proteus*）Hauser,1885,《1980年细菌名确认单》,属。
词源　变形菌属：此族之模式属；族：原核生物分类的一个级别,现已停用；变形菌族：变形菌属之族。
Etymology　N.L.masc.n.*Proteus*, type genus of the tribe; suff.-*eae*, ending to denote a tribe; N.L.fem.pl.n.*Proteeae*, the *Proteus* tribe.

朊饕菌属（*Proteiniborus*）Niu等,2008,新属。此属已定1种。
词源　朊：蛋白质；饕：饕餮的,贪吃的；菌：表示微小的事物,微生物（细菌、古菌、真菌）；属：属名的尾词；朊饕菌属：蛋白质的消耗生物。
Etymology　N.L.n.*proteinum*, protein; Gr.adj.*boros*, gluttonous; N.L.masc.n.*Proteiniborus*, protein-consumer.
模式种　乙醇生朊饕菌（*Proteiniborus ethanoligenes*）Niu等,2008,新种。
词源　乙醇：酒精；生：产生,制造；乙醇生：产生乙醇的。
Etymology　N.L.n.*ethanol -is*, ethanol; Gr.v.*gennao*, to produce; N.L.part.adj.*ethanoligenes*, ethanol-producing.

肮碎菌属（*Proteiniclasticum*）Zhang 等，2010，新属。此属已定 1 种。

词源　肮：蛋白质；碎：破碎成碎片，破碎；菌：表示微小的事物，微生物（细菌、古菌、真菌）；属：属名的尾词；肮碎菌属：能够消解肮的细菌。

Etymology　N.L.neut.n.*proteinum*, protein; N.L neut adj.*clasticum*（from Gr neut adj *klaston*, broken in pieces）breaking; N.L.neut.n.*Proteiniclasticum*, a bacterium able to digest proteins.

模式种　瘤胃肮碎菌（*Proteiniclasticum ruminis*）Zhang 等，2010，新种。

词源　瘤胃：反刍动物消化道第一室，网状瘤胃最大的一部分，消化食料微生物发酵的最大场所。

Etymology　L.gen.n.*ruminis*, of the rumen.

嗜肮菌属（*Proteiniphilum*）Chen and Dong，2005，新属。此属已定 1 种。

词源　嗜：嗜好的，喜好的，友好的，爱好的；肮：蛋白质；菌：表示微小的事物，微生物（细菌、古菌、真菌）；属：属名的尾词；嗜肮菌属：喜好蛋白质的生物。

Etymology　N.L.neut.n.*proteinum*, protein; N.L.adj.*philus -a -um*（from Gr.adj.*philos -ê -on*）, friend, loving; N.L.neut.n.*Proteiniphilum*, protein loving.

模式种　醋生嗜肮菌（*Proteiniphilum acetatigenes*）Chen and Dong，2005，新种。

词源　醋：醋酸/乙酸(-盐，-基)；生：产，生产，生成，产生，导致，源自……；醋生：醋酸生成的。

Etymology　N.L.n.*acetas -atis*, acetate; N.L.suff.*-genes*（from Gr.v.*gennaô*, to produce）, producing; N.L.part.adj.*acetatigenes*, acetate-producing.

吞肮菌科（*Proteinivoraceae*）Kevbrin 等，2014，新科。

模式属　吞肮菌属（*Proteinivorax*）Kevbrin 等，2014，新属。

词源　吞肮菌属：此科之模式属；科：用于定义一个比属高、比目低的分类级和尾词；在中文科的命名中，把模式属属名中的尾字"属"代换为尾字"科"，即为模式属所在的科名；吞肮菌科：吞肮菌属之科。

Etymology　N.L.neut.n.*Proteinivorax*, type genus of the family; suff.*-aceae*, ending to denote a family; N.L.fem.pl.n.*Proteinivoraceae*, the *Proteinivorax* family.

吞肮菌属（*Proteinivorax*）Kevbrin 等，2014，新属。

词源　吞：吞噬的，吞吃的，吞食的，吞没的，狼吞虎咽（般的吃光）的；肮：蛋白质；菌：表示微小的事物，微生物（细菌、古菌、真菌）；属：属名的尾词；吞肮菌属：蛋白质的吞噬者（生物）。

Etymology　Pro.te.i.ni.vo'rax.N.L.neut.n.*proteinum*, protein; L.adj.*vorax*, devouring, ravenous, voracious; N.L.neut.n.*Proteinivorax* protein devouring.

模式种　塔纳踏吞朊菌(*Proteinivorax tanatarense*)Kevbrin 等,2014,新种。
词源　塔纳踏:现在俄罗斯阿尔泰草原地区的碱湖,塔纳踏 VI(51°37′29.75″N,79°48′28.37″E),此模式菌株分离自此。
Etymology　ta.na.ta.ren′se.N.L.neut.adj.*tanatarense* pertaining to the alkaline lake Tanatar VI, from which the type strain was isolated.

变形杆菌纲(*Proteobacteria*)Stackebrandt 等,1988,新纲。或变形菌纲,普罗狄斯菌纲。
模式目　没有指定模式目。
词源　变形:希腊神话中的海神普罗狄斯,(像中国神话中的孙悟空)能够随意改变形态或外形;杆:杖,棒;菌:表示微小的事物,微生物(细菌、古菌、真菌);纲:(原核)生物分类的一个级别,门之下,目之上的一个分类级,纲之尾词;变形杆菌纲:尽管有相同的祖先,但是特性各异的变形类细菌。
Etymology　Gr.n.*Proteus*, a Greek god of the sea, capable of assuming many different shapes; Gr.n.*baktêria*, staff, cane; suff.-*ia*, ending to denote a class; N.L.neut.pl.n.*Proteobacteria*, protean group of bacteria of diverse properties despite a common ancestry.

朊小链菌属(*Proteocatella*)Pikuta 等,2009,新属。此属已定 1 种。
词源　朊:蛋白质;小链:小链,小链子,小型的链条(状/形);菌:表示微小的事物,微生物(细菌、古菌、真菌);属:属名的尾词;朊小链菌属:利用蛋白质的小链生物。
Etymology　N.L.n.*proteinum*, protein; N.L.pref.*proteo-*, prefix referring to protein used in compound words; L.fem.n.*catella*, small chain; N.L.fem.n.*Proteocatella*, a small chain using proteins.
模式种　环企鹅朊小链菌(*Proteocatella sphenisci*)Pikuta 等,2009,新种。
词源　环企鹅:动物企鹅的一个属名,指的是从麦哲伦环企鹅(麦哲伦企鹅)鸟粪中分离的此模式株。
Etymology　N.L.gen.n.*sphenisci*, of Spheniscus, zoological name of a genus of penguin, referring to the isolation of the type strain from guano of *Spheniscus magellanicus*, the Magellanic penguin.

变形菌属(*Proteus*)Hauser,1885,属。或普罗狄斯菌属。此属已定 8 种。
此属是变形菌族(*Proteeae*)Castellani and Chalmers,1919,《1980年细菌名确认单》的模式属。
词源　变形:希腊神话中的海神普罗狄斯,能够随意改变形态或外形(这一点像中国神话中的孙悟空);菌:表示微小的事物,微生物(细菌、古菌、真菌);属:属名的尾词;变形菌属或普罗狄斯菌属:能改变形状的生物。
Etymology　L.masc.n.*Proteus*, an ocean god able to change himself into different shapes.

模式种 普通变形菌(*Proteus vulgaris*)Hauser,1885,《1980年细菌名确认单》,种。或普通普罗狄斯菌。

词源 普通:正常的,平常的,平凡的,普通的。

Etymology L.masc.adj.*vulgaris*, usual, common.

同义词 "*Liquidobacterium*" Orla-Jensen,1908。

原古菌纲(*Protoarchaea*)Cavalier-Smith,2002,新纲。

模式目 热果菌目(*Thermococcales*)Zillig,1988,新目。

词源 原:原始,第一,首先;古:古代,古时候,过去;纲:(原核)生物分类的一个级别,门之下,目之上的一个分类级,纲之尾词;原古菌纲:命名为原古菌纲,是因为此纲的细菌都被推断为与古细菌先祖具有同样的超嗜热,组氨酸和硫还原这些特征。

Etymology Gr.*proto*, first; Gr.*archae-*, ancient; N.L.neut.pl.n.*Protoarchaea*, named *Protoarchaea* because bacteria have all retained the putatively ancestral archaebacterial phenotype of hyperthermophily, histones and sulphur reduction.

原单胞菌属(*Protomonas*)Urakami and Komagata,1984,新属。此属已定1种。

此属1985年已归属到→甲基小杆菌属(*Methylobacterium*)Patt 等,1976,《1980年细菌名确认单》。

词源 原:原始,初始;单胞:单元,单细胞;菌:表示微小的事物,微生物(细菌、古菌、真菌);属:属名的尾词;原单胞菌属:原始的单细胞生物。

Etymology Pro.to.mo'nas.Gr.n.*protos* original; Gr.n.*rnonas* unit, monad; M.L.fem.n.*Protomonas* the original monad.

模式种 扭曲原单胞菌(*Protomonas extorquens*)(ex Bassalik,1913)Urakami and Komagata,1984,新种。

此种1985年已归种到→扭曲甲基小杆菌(*Methylobacterium extorquens*)(Urakami and Komagata,1984)Bousfield and Green,1985,新合并。

词源 扭曲:扭曲的,歪曲的。

Etymology L.part.adj.*extorquens*, twisting out.

普罗维登斯菌属(*Providencia*)Ewing,1962,属。此属已定10种。

词源 普罗维登斯:美国罗德岛普罗维登斯市;菌:表示微小的事物,微生物(细菌、古菌、真菌);属:属名的尾词;普罗维登斯菌属:与普罗维登斯有关并命名的生物。

Etymology N.L.fem.n.*Providencia*, named after the city of Providence, Rhode Island, U.S.A.

模式种 碱化普罗维登斯菌(*Providencia alcalifaciens*)(de Salles Gomes,1944)Ewing,1962,《1980年细菌名确认单》。

词源　碱:盐碱植物的灰分,碱性,碱类(阴离子全为氢氧根);化:变化,产生;碱化:化作碱,产生碱的。

Etymology　N.L.n.*alcali*(from Arabic article *al*, the; Arabic n.*qaliy*, ashes of saltwort), alkali; L.part.adj.*faciens*, making; N.L.part.adj.*alcalifaciens*, alkali-producing.

Ps

假吞酸菌属(*Pseudacidovorax*)Kämpfer 等,2008,新属。此属已定 1 种。

词源　假:假的,非真的;吞酸菌属:细菌的一个属名;假吞酸菌属:假的吞酸菌属。

Etymology　Gr.adj.*pseudês*, false; N.L.masc.n.*acidovorax*, a bacterial genus name (*Acidovorax*); N.L.masc.n.*Pseudacidovorax*, the false *Acidovorax*.

模式种　中间假吞酸菌(*Pseudacidovorax intermedius*)Kämpfer 等,2008,新种。

词源　中间:中间的,因为这种菌种的系统发育树的位置在中间。

Etymology　L.masc.adj.*intermedius*, intermediate, because of the intermediate phylogenetic position of the species.

假阿伦斯氏菌属(*Pseudahrensia*)Jung 等,2012,新属。此属已定 1 种。

词源　假:假的,非真的;阿伦斯氏菌属:细菌的一个属名;假阿伦斯氏菌属:假的阿伦斯氏菌属。

Etymology　Gr.adj.*pseudês*, false; N.L.fem.n.*Ahrensia*, a bacterial genus name; N.L.fem.n.*Pseudahrensia*, the false *Ahrensia*.

模式种　海水假阿伦斯氏菌(*Pseudahrensia aquimaris*)Jung 等,2012,新种。

词源　海:大海,海洋,靠近大陆比洋小的盐水水域;水:无色无味透明液体,H_2O;海水:属于或来自海水的。

Etymology　L.n.*aqua*, water; L.gen.n.*maris*, of the sea; N.L.gen.n.*aquimaris*, of the water of the sea.

假胺杆菌属(*Pseudaminobacter*)Kämpfer 等,1999,新属。此属已定 2 种。

词源　假:假的,错的,非真的;胺杆菌属:氨基酸杆菌,指的是发酵谷氨酸盐等有机化合物,产生氢气的菌,细菌的一个属名;假胺杆菌属:非真的胺杆菌属。

Etymology　Gr.adj.*pseudês*, false; N.L.masc.n.*Aminobacter*, generic name of a bacterium; N.L.masc.n.*Pseudaminobacter*, false *Aminobacter*.

模式种　水杨酸氧化假胺杆菌(*Pseudaminobacter salicylatoxidans*)Kämpfer 等,1999,新种。

词源　氧化:氧化,物质(原子、分子、离子)失去电子或增加氧化态的过程,一般就是与氧结合的过程。

Etymology   N.L.n.*salicylas -atis*, salicylate; N.L.v.*oxido*（from Gr.adj.*oxus*, sour, acid）, to oxidize; N.L.part.adj.*salicylatoxidans*, oxidizing salicylate, because the organism oxidizes salicylate in an unusual manner.

假弓胞菌属（*Pseudarcicella*）Kämpfer 等,2012,新属。此属已定 1 种。

词源　假:假的,错的,非真的;弓胞菌属:弓形或弧形的细胞,细菌的一个属名;假弓胞菌属:非真的弓胞菌属。

Etymology   Gr.adj.*pseudês*, false; N.L.fem.n.*Arcicella*, a bacterial generic name; N.L.fem.n.*Pseudarcicella*, the false *Arcicella*.

模式种　水蛭假弓胞菌（*Pseudarcicella hirudinis*）Kämpfer 等,2012,新种。

词源　水蛭:蚂蟥,与水蛭有关的。

Etymology   L.n.*hirudo -inis*, a leech; L.gen.n.*hirudinis*, of a leech.

假水生黏菌属（*Pseudenhygromyxa*）Iizuka 等,2013,新属。此属已定 1 种。

词源　假:伪,错;水生:生活、生长或发现在或/傍水和水域;黏:黏液,粘液,黏质物,分泌物;菌:表示微小的事物,微生物(细菌、古菌、真菌);属:属名的尾词;水生黏菌属:海源黏细菌的一个属;假水生黏菌属:非真的水生黏菌属。

Etymology   Gr.adj.*pseudês*, false; N.L.fem.n.*Enhygromyxa*, a genus of marine myxobacteria; N.L.fem.n.*Pseudenhygromyxa*, a false *Enhygromyxa*.

模式种　盐水假水生黏菌（*Pseudenhygromyxa salsuginis*）Iizuka 等,2013,新种。

词源　盐水:卤水,含盐的水,此菌株分离自盐水。

Etymology   L.gen.n.*salsuginis*, of brackish water, pertaining to the salty water from which the strain was isolated.

假海源菌属（*Pseudidiomarina*）Jean 等,2006,新属。此属已定 9 种。

此属 2010 年已归属到→海源菌属（*Idiomarina*）Ivanova 等,2000。

词源　假:假的,非真的;海源菌属:细菌的一个属名;假海源菌属:非真的海源菌属。

Etymology   Gr.adj. *pseudês*, false; N.L.fem.n.*Idiomarina*, a name of a bacterial genus; N.L.fem.n.*Pseudidiomarina*, false *Idiomarina*.

模式种　台湾假海源菌（*Pseudidiomarina taiwanensis*）Jean 等,2006,新种。

此种 2010 年已归种到→台湾海源菌（*Idiomarina taiwanensis*）（Jean 等,2006）Taborda 等,2010,新合并。

词源　台湾:与中国台湾有关的,此模式株的分离地。

Etymology   N.L.fem.adj.*taiwanensis*, pertaining to Taiwan, where the type strain was isolated.

假另单胞菌科(*Pseudoalteromonadaceae*) Ivanova 等, 2004, 新科。

模式属 假另单胞菌属(*Pseudoalteromonas*) Gauthier 等, 1995, 新属。

词源 假另单胞属: 此科之模式属; 科: 用于定义一个比属高、比目低的分类级和尾词; 在中文科的命名中, 把模式属属名中的尾字"属"代换为尾字"科", 即为模式属所在的科名; 假另单胞科: 假另单胞属之科。

Etymology　N.L.fem.n.*Pseudoalteromonas*, type genus of the family; suff.-*aceae*, ending to denote a family; N.L.fem.pl.n.*Pseudoalteromonadaceae*, the *Pseudoalteromonas* family.

假另单胞菌属(*Pseudoalteromonas*) Gauthier 等, 1995, 新属; Ivanova 等, 2002 修改。此属已定 41 种, 2 亚种。

此属是假另单胞科(*Pseudoalteromonadaceae*) Ivanova 等, 2004 的模式属。

词源 假: 假的, 错的, 伪的, 非真的; 另单胞菌属: 另单胞菌属的属名; 假另单胞菌属: 假的、非真的另单胞菌属。

Etymology　Gr.adj.*pseudês*, false; N.L.fem.n.*Alteromonas*, the genus *Alteromonas*; N.L.fem.n.*Pseudoalteromonas*, false *Alteromonas*.

模式种 海浮假另单胞(*Pseudoalteromonas haloplanktis*)(ZoBell and Upham, 1944) Gauthier 等, 1995, 新合并。

词源 海: 海的, 海上的; 浮: 浮游的, 漂泊的, 漂浮的, 游荡的; 海浮: 海上浮游的(生物)。

Etymology　Gr.n.*hals halos*, sea; Gr.adj.*planktos -ê -on*, wandering, roaming; N.L.fem.adj.*haloplanktis*, sea-wandering.

假无覃酸菌属(*Pseudoamycolata*) Akimov 等, 1989, 新属。或: 假无分枝酸菌属。此属已定 1 种。

此属 1994 年已归属到→假诺卡氏菌属(*Pseudonocardia*) Henssen, 1957,《1980 年细菌名确认单》的模式属。

词源 假: 假的、错的、伪的、非真的; 无覃酸菌属: 一个细菌的属名; 假无覃酸菌属: 假的无覃酸菌属。

Etymology　Gr.adj. *pseudês*, false; N.L.fem.n.*Amycolata*, a bacterial genus name; N.L.fem.n.*Pseudoamycolata*, false *Amycolata*.

模式种 惧卤假无覃酸菌(*Pseudoamycolata halophobica*) Akimov 等, 1989, 新种。

此种 1994 年已归种到→惧卤假诺卡氏菌(*Pseudonocardia halophobica*)(Akimov 等, 1989) McVeigh 等, 1994, 新合并。

词源 惧: 恐惧; 卤: 盐, 卤水; 惧卤: 对盐水/卤水恐惧的, 指的是此生物不能够在 3% NaCl 的盐溶液中生长。

Etymology　Gr.n.*hals halos*, salt, the sea; Gr.n.*phobos*, fear, dread; L.fem.suff.-*ica*, suffix used with the sense of pertaining to; N.L.fem.adj.*halophobica*, salt-fearing, referring to the inability to grow in the presence of 3%NaCl.

假杆菌属(*Pseudobacter*)Siddiqi and Im 2016,新属。

模式种 (*Pseudobacter ginsenosidimutans*)Siddiqi and Im 2016,新种。

假杆状菌属(*Pseudobacteroides*)Horino 等,2014,新属。此属已定 1 种。

词源　假:假的,错的,伪的,非真的;杆状菌属:细菌的一个属名;假杆状菌属:非真的杆状菌属,这样命名的原因是此模式种最初就是被错误的归类(到杆状菌属)。

Etymology　Gr.adj.*pseudês*, false; N.L.n.masc.*Bacteroides*, a bacterial generic name; N.L.masc.n.*Pseudobacteroides*, false *Bacteroides*, so named for the original misclassification of the type species.

模式种　溶纤维假杆状菌(*Pseudobacteroides cellulosolvens*)Horino 等,2014,新种。

词源　溶:溶解;纤维:纤维素;溶纤维:溶解纤维素的,因为它能够对纤维素底物进行发酵。

Etymology　N.L.n.*cellulosum*, cellulose; L.v.*solvere*, to dissolve; N.L.part.adj.*cellulosolvens*, cellulose-dissolving, so named because of its ability to ferment cellulosic substrates.

假丁酸弧菌属(*Pseudobutyrivibrio*)van Gylswyk 等,1996,新属。此属已定 2 种。

词源　假:假的,错的,伪的,非真的;丁酸弧菌属:细菌的一个属名;假丁酸弧菌属:非真的丁酸弧菌属。

Etymology　Gr.adj.*pseudês*, false; N.L.masc.n.*Butyrivibrio*, a bacterial genus name; N.L.masc.n.*Pseudobutyrivibrio*, not a true *Butyribvibrio*.

模式种　瘤胃假丁酸弧菌(*Pseudobutyrivibrio ruminis*)van Gylswyk 等,1996,新种。

词源　瘤胃:反刍动物消化道第一室,网状瘤胃最大的一部分,消化食料微生物发酵的最大场所。

Etymology　L.neut.gen.n.*ruminis*, of the rumen.

假屠杆菌属(*Pseudocaedibacter*)Quackenbush,1982,新属。此属已定 3 种。

词源　假:假的,错的,伪的,非真的;屠杆菌属:细菌的一个属名,内共生体,包括通常称为卡帕粒子(病毒)的生物在内;假屠杆菌属:非真的屠杆菌属,假的卡帕粒子(生物)。

Etymology　Gr.adj.*pseudês*, false; N.L.masc.n.*Caedibacter*, genus of endosymbionts that include organisms commonly known as kappa; N.L.masc.n.*Pseudocaedibacter*, false *Caedibacter*, false kappa particles.

模式种　成对假屠杆菌(*Pseudocaedibacter conjugatus*)(*ex* Preer 等,1974)Quackenbush,1982,新种。

词源　成对：相互连接在一起的，联合体，共轭的。

Etymology　L.masc.part.adj.*conjugatus*, joined together, united, conjugated.

假螯果菌属（*Pseudochelatococcus*）Kämpfer 等，2015，新属。此属已定 2 种。

词源　假：假的，错的，伪的，非真的；螯果菌属：细菌的一个属名；假螯果菌属：非真的螯果菌属。

Etymology　Pseu.do.che.la.to.coc′cus.Gr.adj.*pseudês* false; *Chelatococcus* a genus name; N.L.masc.n.*Pseudochelatococcus* the false Chelatococcus.

模式种　污染假螯果菌（*Pseudochelatococcus contaminans*）Kämpfer 等，2015，新种。

词源　污染：受污染，视作污染物从一种工业冷却润滑剂中分离出来的（菌）。

Etymology　L.part.adj.*contaminans*, contaminating, polluting, isolated as a contaminant of an industrial coolant lubricant.

注：此属另一种是 2015 年同文确定的润滑剂假螯果菌（*Pseudochelatococcus lubricantis*）。

假苍棍菌属（*Pseudochrobactrum*）Kämpfer 等，2006，新属。此属已定 5 种。

词源　假：错，伪，非真；苍棍菌属：细菌的一个属名；假苍杖菌属：非真的苍棍棒形菌。

Etymology　Gr.adj. *pseudês*, false; N.L.neut.n.*Ochrobactrum*, a bacterial genus name; N.L.neut.n.*Pseudochrobactrum*, false *Ochrobactrum*.

模式种　非解糖假苍棍菌（*Pseudochrobactrum asaccharolyticum*）Kämpfer 等，2006，新种。

词源　非：不，没有；解：溶解的，分解的，降解的；糖：一般性名词，通常指的是甜的、短链的、可溶解的和由碳氢氧元素构成的碳水化合物，日常用语中即指食糖（蔗糖，一种二糖），生物化学中进一步细分为单糖（葡萄糖、果糖和半乳糖等），二糖（麦芽糖、乳糖和蔗糖等），寡糖和多糖等；非解糖：不消解糖的。

Etymology　Gr.pref.*a*, not; Gr.n.*saccharon*, sugar; N.L.adj.*lyticus -a -um*（from Gr.adj.*lutikos -ê -on*）, able to loosen, able to dissolve; N.L.neut.adj.*asaccharolyticum*, not digesting sugar.

假柠檬杆菌属（*Pseudocitrobacter*）Kämpfer 等，2014，新属。此属已定 1 种。

词源　假：假的，错的，伪的，非真的；柠檬杆菌属：细菌的一个属名；假柠檬杆菌属：非真的柠檬杆菌属。

Etymology　Gr.adj.*pseudês*, false; N.L.masc.n.*Citrobacter*, a bacterial generic name; N.L.fem.n.*Pseudocitrobacter*, the false *Citrobacter*.

模式种　渣假柠檬杆菌（*Pseudocitrobacter faecalis*）Kämpfer 等，2014，新种。

词源　渣：渣滓的，残渣的，表示与粪便／屎相关的，粪渣的。

Etymology　L.n. *faex faecis*, dregs; L.masc.suff.-*alis*, suffix denoting pertaining to; N.L.masc.adj.*faecalis*, fecal.

假槌杆菌属（*Pseudoclavibacter*）Manaia 等，2004，新属。此属已定 4 种。

词源　假：假的，错的，伪的，非真的；槌杆菌属：细菌的一个属名；假槌杆菌属：非真的槌杆菌属。

Etymology　Gr.adj.*pseudês*, false; N.L.masc.n.*Clavibacter*, a bacterial generic name; N.L.masc.n.*Pseudoclavibacter*, false *Clavibacter*.

模式种　苍黄色假槌杆菌（*Pseudoclavibacter helvolus*）Manaia 等，2004，新种。

词源　苍黄色：苍白的黄色，浅黄色的。

Etymology　L.masc.adj.*helvolus*, pale yellow, yellowish.

假脱硫化弧菌属（*Pseudodesulfovibrio*）Cao 等，2016，新属。

模式种　印度假脱硫化弧菌（*Pseudodesulfovibrio indicus*）Cao 等，2016，新种。

假东海栖菌属（*Pseudodonghicola*）Hameed 等，2014，新属，新合并。此属已定 1 种。

词源　假：假的，错的，伪的，非真的；东海栖菌属：细菌的一个属名；假东海栖菌属：非真的东海栖菌属。

Etymology　Gr.adj.*pseudês*, false; N.L.masc.n.*Donghicola*, a bacterial genus name; N.L.masc.n.*Pseudodonghicola*, the false *Donghicola*.

模式种　厦门假东海栖菌（*Pseudodonghicola xiamenensis*）Hameed 等，2014，新种。

词源　厦门：与中国厦门有关的。

Etymology　N.L.masc.adj.*xiamenensis*, pertaining to Xiamen.

假芊擀姓菌属（*Pseudoduganella*）Kämpfer 等，2012，新属。此属已定 1 种。

词源　假：假的，错的，伪的，非真的；芊擀姓菌属：细菌的一个属名；假芊擀姓菌属：非真的芊擀姓菌属。

Etymology　Gr.adj.*pseudês*, false; N.L.fem.n.*Duganella*, a bacterial genus name; N.L.fem.n.*Pseudoduganella*, false *Duganella*.

模式种　紫黑假芊擀姓菌（*Pseudoduganella violaceinigra*）（Li 等，2004）Kämpfer 等，2012，新合并。

词源　紫：紫色的；黑：黑色的；紫黑：紫黑色的，以菌落的颜色命名。

Etymology　L.adj.*violaceus*, violet; L.adj.*niger -gra -grum*, black; N.L.fem.adj.*violaceinigra*, violet-black, after the colour of the colonies.

假破黄酮菌属（*Pseudoflavonifractor*）Carlier 等，2010，新属。此属已定 1 种。

词源　假：假的，非真的；破黄酮菌属：细菌的一个属名；假破黄酮菌属：非真的破黄酮菌属。

Etymology　Gr.adj.*pseudês*, false; N.L.masc.n.*Flavonifractor*, a bacterial genus name; N.L.masc.n.*Pseudoflavonifractor*, a false *Flavonifractor*.

模式种　全毛假破黄酮菌(*Pseudoflavonifractor capillosus*)(Tissier,1908)Carlier 等,2010,新种。
词源　全毛:全部是头发,毛发的,很多毛的。
Etymology　L.masc.adj.*capillosus*, full of hair, very hairy.

假黄棕杆菌属(*Pseudofulvibacter*)Yoon 等,2013,新属。此属已定1种。

词源　假:假的,错的,伪的,非真的;黄棕杆菌:细菌的一个属名;假黄棕杆菌属:非真的黄棕杆菌属。

Etymology　Gr.adj.*pseudes*, false; N.L.masc.n.*Fulvibacter*, a bacterial generic name; N.L.masc.n.*Pseudofulvibacter*, false *Fulvibacter*.

模式种　巨济岛假黄棕杆菌(*Pseudofulvibacter geojedonensis*)Yoon 等,2013,新种。
词源　巨济岛:韩国的一个岛,与巨济岛有关的,从此处分离到此模式菌株。
Etymology　N.L.masc.adj.*geojedonensis*, of or pertaining to Geojedo, an island of South Korea, from where the type strain was isolated.

假黄棕单胞菌属(*Pseudofulvimonas*)Kämpfer 等,2010,新属。此属已定1种。

词源　假:假的,错的,伪的,非真的;黄棕单胞菌属:细菌的一个属名;假黄棕单胞菌属:非真的黄棕单胞菌属。

Etymology　Gr.adj.*pseudês*, false; N.L.fem.n.*Fulvimonas*, generic name of a bacterium; N.L.fem.n.*Pseudofulvimonas*, a false *Fulvimonas*.

模式种　鸡舍假黄棕单胞菌(*Pseudofulvimonas gallinarii*)Kämpfer 等,2010,新种。
词源　鸡舍:鸡窝,鸡房。
Etymology　L.gen.n.*gallinarium*, a hen house; L.gen.n.*gallinarii*, of a hen house.

假瘦竿菌属(*Pseudogracilibacillus*)Glaeser 等,2014,新属。此属已定1种。

词源　假:假的,错的,伪的,非真的;瘦竿菌属:细菌的一个属名;假瘦竿菌属:非真的瘦竿菌属。

Etymology　Gr.adj.*pseudês*, false; N.L.masc.n.*Gracilibacillus*, a bacterial genus; N.L.masc.n.*Pseudogracilibacillus* the false *Gracilibacillus*.

模式种　奥本假瘦竿菌(*Pseudogracilibacillus auburnensis*)Glaeser 等,2014,新种。
词源　奥本:美国亚特兰大州的一个地名,此模式株的分离地。
Etymology　N.L.masc.adj.*auburnensis*, of or pertaining to Auburn, named after the place of origin of the type strain, Auburn, AL, U.S.A.

假古本茌氏菌属(*Pseudogulbenkiania*)Lin 等,2008,新属。此属已定2种。

词源　假:假的,错的,伪的,非真的;古本茌氏菌属:细菌的一个属名;假古本茌氏菌属:非真的古本茳氏菌属。

Etymology　Gr.adj.*pseudês*, false; N.L.fem.n.*Gulbenkiania*, a bacterial generic name; N.L.fem.n.*Pseudogulbenkiania*, false *Gulbenkiania*.

模式种　亚黄色假古本茳氏菌(*Pseudogulbenkiania subflava*) Lin等,2008,新种。

词源　亚黄色:亚黄色的,比黄色浅的,浅黄色的。

Etymology　L.fem.adj.*subflava*, yellowish.

假哈莉菌属(*Pseudohaliea*) Spring等,2013,新属。此属已定1种。

词源　假:假的,错的,伪的,非真的;哈莉菌属:细菌的一个属名;假哈莉菌属:非真的哈莉菌属。

Etymology　Gr.adj.*pseudês*, false; N.L.fem.n.*Haliea*, a bacterial genus name; N.L.fem.n.*Pseudohaliea*, false *Haliea*.

模式种　红色假哈莉菌(*Pseudohaliea rubra*) Spring等,2013,新种。

词源　红色:红色的,赤色的,红颜色的。

Etymology　L.fem.adj.*rubra*, red.

假运果菌属(*Pseudokineococcus*) Jurado等,2011,新属。此属已定2种。

词源　假:假的,错的,伪的,非真的;运果菌属:细菌的一个属名;假运果菌属:非真的运果菌属。

Etymology　Gr.adj.*pseudês*, false; NL.masc.n.*Kineococcus*, a bacterial genus name; N.L.masc.n.*Pseudokineococcus*, the false *Kineococcus*.

模式种　路西塔尼亚假运果菌(*Pseudokineococcus lusitanus*) Jurado等,2011,新种。

词源　路西塔尼亚:葡萄牙的拉丁名,此生物的分离地。

Etymology　L.masc.adj.*lusitanus*, belonging to *Lusitania* the Latin name for Portugal, where the organism was isolated.

注:路西塔尼亚:或卢西塔尼亚,古罗马的一个省,大致相当于今天的葡萄牙大部分和西班牙的一部分。

假双头斧菌属(*Pseudolabrys*) Kämpfer等,2006,新属。此属已定1种。

词源　假:假的,错的,伪的,非真的;双头斧菌属:细菌的一个属名;假双头斧菌属:非真的双头斧菌属。

Etymology　Gr.adj. *pseudês*, false; N.L.masc.n.*Labrys*, a bacterial genus name; N.L.masc.n.*Pseudolabrys*, the false *Labrys*.

模式种　台湾假双头斧菌(*Pseudolabrys taiwanensis*) Kämpfer等,2006,新种。

词源　台湾:台湾的,与台湾有关的,此模式菌株的分离地。

Etymology　N.L.masc.adj.*taiwanensis*, of Taiwan, where the type strain was isolated.

假海曲菌属（*Pseudomaricurvus*）Iwaki 等，2014，新属。此属已定 1 种。

词源　假：假的，错的，伪的，非真的；海曲菌属：细菌的一个属名；假海曲菌属：非真的海曲菌属，表示与海曲菌属类似。

Etymology　Gr.adj.pseudês, false; N.L.masc.n.*Maricurvus*, a bacterial genus name; N.L.masc. n.*Pseudomaricurvus*, false *Maricurvus*.

模式种　烷基酚假海曲菌（*Pseudomaricurvus alkylphenolicus*）Iwaki 等，2014，新种。

词源　烷基酚：烷基酚，指的是此种能利用烷基酚作为底物。

Etymology　N.L.n.*alkylphenolis*, alkylphenol; L.suff.*-icus -a -um*, suffix used with the sense of belonging to; N.L.masc.adj.*alkylphenolicus*, referring to the substrate alkylphenol that can be utilized by the species.

假单胞菌科（*Pseudomonadaceae*）Winslow 等，1917，科。

模式属　假单胞菌属（*Pseudomonas*）Migula，1894，《1980 年细菌名确认单》。

词源　假单胞菌属：此科之模式属；科：用于定义一个比属高、比目低的分类级和尾词；在中文科的命名中，把模式属属名中的尾字"属"代换为尾字"科"，即为模式属所在的科名；假单胞菌科：假单胞属之科。

Etymology　N.L.fem.n.*Pseudomonas*, type genus of the family; L.suff.*-aceae*, ending to denote a family; N.L.fem.pl.n.*Pseudomonadaceae*, the *Pseudomonas* family.

假单胞菌目（*Pseudomonadales*）Orla-Jensen，1921，目。

此目是伽马变形菌纲（*Gammaproteobacteria*）Garrity 等，2005 的模式目。

模式属　假单胞菌属（*Pseudomonas*）Migula，1894，《1980 年细菌名确认单》，属。

词源　假单胞菌属：此目之模式属；目：用于定义一个比科高、比纲低的分类级和尾词；在中文目的命名中，把模式属属名中的尾字"属"代换为尾字"目"，即为模式属所在的目名；假单胞菌目：假单胞菌属之目。

Etymology　N.L.fem.n.*Pseudomonas*, type genus of the order; suff.*-ales*, ending denoting an order; N.L.fem.pl.n.*Pseudomonadales*, the *Pseudomonas* order.

假单胞菌族（*Pseudomonadeae*）Kluyver and Van Niel，1936，族。

模式属　假单胞菌属（*Pseudomonas*）Migula，1894，《1980 年细菌名确认单》，属。

词源　假单胞菌属：此族之模式属；族：原核生物分类的一个级别，现已停用；假单胞菌族：假单胞菌属之族。

Etymology　N.L.fem.n.*Pseudomonas*, type genus of the tribe; suff.*-eae*, ending to denote a tribe; N.L.fem.pl.n.*Pseudomonadeae*, the *Pseudomonas* tribe.

假单胞菌亚目（*Pseudomonadineae*）Breed 等,1957,亚目。

模式属 假单胞菌属（*Pseudomonas*）Migula,1894,《1980 年细菌名确认单》,属。

词源 假单胞菌属:此亚目之模式属;亚目:用于定义一个比科高、比目低的分类级和尾词,目的二级分类级;在中文目的命名中,把属名中的尾字"属"代换为尾字"亚目",即为模式属所对应的亚目;假单胞菌亚目:假单胞菌属之亚目。

Etymology   N.L.fem.n.*Pseudomonas*, type genus of the suborder; suff.-*ineae*, ending to denote a suborder; N.L.fem.pl.n.*Pseudomonadineae*, the *Pseudomonas* suborder.

假单胞菌属（*Pseudomonas*）Migula,1894,属;Yang 等,2013 修改。此属已定 230 种,18 亚种。

此属是假单胞菌目（*Pseudomonadales*）Orla-Jensen,1921,《1980 年细菌名确认单》,假单胞菌亚目（*Pseudomonadineae*）Breed 等,1957,《1980 年细菌名确认单》,假单胞菌科（*Pseudomonadaceae*）Winslow 等,1917,《1980 年细菌名确认单》和假单胞菌族（*Pseudomonadeae*）Kluyver and Van Niel,1936,《1980 年细菌名确认单》的模式属。

词源 假:假的,错的,伪的,非真的;单胞:单细胞,单元;菌:表示微小的事物,微生物(细菌、古菌、真菌);属:属名的尾词;假单胞菌属:非真的单细胞。

Etymology   Gr.adj. *pseudês*, false; Gr.fem.n.*monas*, a unit, monad; N.L.fem.n.*Pseudomonas*, false monad.

模式种 铜绿假单胞菌（*Pseudomonas aeruginosa*）(Schroeter,1872)Migula,1900,《1980 年细菌名确认单》,种。

词源 铜绿:充满铜锈,铜绿,因此呈现绿色。

Etymology   L.fem.adj.*aeruginosa*, full of copper rust, verdigris, hence green.

同义词 "*Chlorobacterium*" Guillebeau,1890,nom.rejic.Opin.6(not "*Chlorobacterium*" Lauterborn,1916),"*Liquidomonas*" Orla-Jensen,1909,"*Loefflerella*" Holden,1935.

注:该属 G-,O+,无芽孢,杆形或略弯,端鞭毛,能动。铜绿假单胞菌是条件致病菌。该属数量庞大,也存在许多被重新归属的菌种,如吞碳氧假单胞菌([*Pseudomonas*]*carboxydovorans*)→1993 年归属到吞碳氧寡营菌(*Oligotropha carboxidovorans*),餐伴假单胞菌([*Pseudomonas*]*compransoris*)→1993 年归到餐伴扎瓦尔金氏菌(*Zavarzinia compransoris*)等。

假诺卡氏菌属（*Pseudonocardia*）Henssen,1957,属;Warwick 等,1994 修改,Reichert 等,1998 修改,Huang 等,2002 修改,Park 等,2008 修改。此属已定 28 种。

此属是假诺卡氏菌亚目（*Pseudonocardineae*）Stackebrandt 等,1997 和假诺卡氏菌科（*Pseudonocardiaceae*）Embley 等,1989 的模式属。

词源 假:假的,错的,伪的,非真的;诺卡氏菌属:细菌的一个属名;假诺卡氏菌属:非真的诺卡氏菌属。

Etymology   Gr.adj. *pseudês*, false; N.L.fem.n.*Nocardia*, a bacterial genus name; N.L.fem.n.*Pseudonocardia*, false *Nocardia*.

模式种 嗜热假诺卡氏菌（*Pseudonocardia thermophila*）Henssen,1957,《1980 年细菌名确

认单》。

词源　嗜：嗜好的，喜好的，爱好的；热：热的，高温的；嗜热：喜热的，喜高温的。

Etymology　Gr.n.*thermê*, heat; N.L.fem.adj.*phila*（from Gr.fem.adj.p*hilê*）, friend, loving; N.L.fem.adj.*thermophila*, heat loving.

假诺卡氏菌科（*Pseudonocardiaceae*）Embley 等，1989，新科；Stackebrandt 等，1997 修改，Zhi 等，2009 修改，Labeda 等，2011 修改。

模式属　假诺卡氏菌属（*Pseudonocardia*）Henssen，1957，《1980 年细菌名确认单》，属。

词源　假诺卡氏菌属：此科之模式属；科：用于定义一个比属高、比目低的分类级和尾词；在中文科的命名中，把模式属属名中的尾字"属"代换为尾字"科"，即为模式属所在的科名；假诺卡氏菌科：假诺卡氏菌属之科。

Etymology　N.L.fem.n.*Pseudonocardia*, type genus of the family; L.suff.-*aceae*, ending to denote a family; N.L.fem.pl.n.*Pseudonocardiaceae*, the *Pseudonocardia* family.

假诺卡氏菌亚目（*Pseudonocardineae*）Stackebrandt 等，1997，新亚目；Zhi 等，2009 修改，Labeda 等，2011 修改。

模式属　假诺卡氏菌属（*Pseudonocardia*）Henssen，1957，《1980 年细菌名确认单》，属。

词源　假诺卡氏菌属：此亚目之模式属；亚目：用于定义一个比科高、比目低的分类级和尾词，目的二级分类级；在中文目的命名中，把属名中的尾字"属"代换为尾字"亚目"，即为模式属所对应的亚目；假诺卡氏菌亚目：假诺卡氏菌属之亚目。

Etymology　N.L.fem.n.*Pseudonocardia*, type genus of the suborder; suff.-*ineae*, ending to denote a suborder; N.L.fem.pl.n.*Pseudonocardineae*, the *Pseudonocardia* suborder.

假基地杆菌属（*Pseudopedobacter*）Cao 等，2014，新属。此属已定 2 种。

词源　假：假的，错的，伪的，非真的；基地杆菌属：细菌的一个属名；假基地杆菌属：非真的基地杆菌属，指的是与基地杆菌属的近缘关系。

Etymology　Gr.adj.*pseudês*, false; N.L.masc.n.*Pedobacter*, a bacterial genus; N.L.masc.n.*Pseudopedobacter*, like *Pedobacter*, referring to the close relationship to the genus.

模式种　北京假基地杆菌（*Pseudopedobacter beijingensis*）Cao 等，2014，新种。

词源　北京：中国首都，北京的，与北京有关的，此模式菌株首次分离地。

Etymology　N.L.masc.adj.*beijingensis*, of Beijing, the capital of PR China, where the type strain was first isolated.

假外海栖菌属（*Pseudopelagicola*）Kim 等，2014，新属。此属已定 1 种。

词源　假：假的，错的，伪的，非真的；外海栖菌属：细菌的一个属名；假外海栖菌属：非真的外海栖菌属。

Etymology　Gr.adj.*pseudes*, false; N.L.masc.n.*Pelagicola*, a bacterial generic name; N.L.masc.n.*Pseudopelagicola*, the false *Pelagicola*.

模式种　机张假外海栖菌(*Pseudopelagicola gijangensis*)Kim 等,2014,新种。

词源　机张:韩国的一个地名,韩国渔业研究和发展研究所的所在地,此模式株在此地表征。

Etymology　N.L.masc.adj.*gijangensis*, pertaining to Gijang, the location of the National Fisheries Research and Development Institute, where the type strain was characterized.

假棕杆菌属(*Pseudophaeobacter*)Breider 等,2014,新属。此属已定 2 种。

词源　假:假的,错的,伪的,非真的;棕杆菌属:细菌的一个属名;假棕杆菌属:非真的棕杆菌属。

Etymology　Pseu.do.phae.o.bac′ter.Gr.adj.*pseudes* false; N.L.masc.n.*Phaeobacter*, a bacterial genus; N.L.masc.n.*Pseudophaeobacter* false *Phaeobacter*.

模式种　北极假棕杆菌(*Pseudophaeobacter arcticus*)Breider 等,2014,新种。

词源　北极:最北部的,最北边的,地球最北部的弧圈,指的是此模式菌株的分离场所。

Etymology　L.masc.adj.*arcticus*, northern, arctic, referring to the site from where the type strain was isolated.

假枝杆菌属(*Pseudoramibacter*)Willems and Collins,1996,新属。此属已定 1 种。

词源　假:假的,错的,伪的,非真的;枝:分枝,树枝;杆:棒;菌:表示微小的事物,微生物(细菌、古菌、真菌);属:属名的尾词;假枝杆菌属:非真的分枝形棒形生物。

Etymology　Gr.adj. *pseudês*, false; L.masc.n.*ramus*, a branch; N.L.masc.n.*bacter*, rod, staff; N.L.masc.n.*Pseudoramibacter*, false branching rod.

模式种　非解乳假枝杆菌(*Pseudoramibacter alactolyticus*)(Prévot and Taffanel,1942)Willems and Collins,1996,新合并。

词源　非:不,表示否定;解:溶解的,分解的,降解的;乳:奶,乳酸,乳液,乳汁;非解乳:不消解奶的。

Etymology　Gr.prep.*a*, not; L.n.*lac lactis*, milk; N.L.masc.adj.*lyticus*(from Gr.masc.adj.*lutikos*), able to loosen, able to dissolve; N.L.masc.adj.*alactolyticus*, not milk digesting.

假玫杆菌属(*Pseudorhodobacter*)Uchino 等,2003,新属;Jung 等,2012 修改,Chen 等,2013 修改,Lee 等,2013 修改。此属已定 4 种。

词源　假:假的,错的,伪的,非真的;玫杆菌属:细菌的一个属名;假玫杆菌属:非真的玫杆菌属。

Etymology　Gr.adj. *pseudês*, false; N.L.masc.n.*Rhodobacter*, a bacterial generic name; N.L.masc.n.*Pseudorhodobacter*, false *Rhodobacter*.

模式种　铁锈假玫杆菌（*Pseudorhodobacter ferrugineus*）（Rüger and Höfle，1992）Uchino 等，2003，新合并。

词源　铁锈：铁锈色的，暗红色的。

Etymology　L.masc.adj.*ferrugineus*, of the color of iron-rust, dark-red.

假玫肥菌属（*Pseudorhodoferax*）Bruland 等，2009，新属。此属已定 3 种。

词源　假：假的，错的，伪的，非真的；玫肥菌属：细菌的一个属名；假玫肥菌属：非真的玫肥菌属。

Etymology　Gr.adj.*pseudês*, false; N.L.masc.n.*Rhodoferax*, a bacterial genus name; N.L.masc.n.*Pseudorhodoferax*, the false *Rhodoferax*.

模式种　土壤假玫肥菌（*Pseudorhodoferax soli*）Bruland 等，2009，新种。

词源　土壤：与壤或土同义，土壤，此微生物模式菌株的分离源。

Etymology　L.gen.n.*soli*, of soil, the source of the type strain.

假鲁戈氏菌属（*Pseudoruegeria*）Yoon 等，2007，新属；Jung 等，2010 修改。此属已定 4 种。

词源　假：假的，错的，伪的，非真的；鲁戈氏菌属：细菌的一个属名；假鲁戈氏菌属：非真的鲁戈氏菌属。

Etymology　Gr.adj. *pseudês*, false; N.L.fem.n.*Ruegeria*, a bacterial generic name; N.L.fem.n.*Pseudoruegeria*, false *Ruegeria*.

模式种　海水假鲁戈氏菌（*Pseudoruegeria aquimaris*）Yoon 等，2007，新种。

词源　海：大海，海洋，靠近大陆比洋小的盐水水域；水：无色无味透明液体，H_2O；海水：属于或来自海水的。

Etymology　L.n.*aqua*, water; L.gen.n.*maris*, of the sea; N.L.gen.n.*aquimaris*, of the water of the sea.

假斯卡多维氏菌属（*Pseudoscardovia*）Killer 等，2014，新属。此属已定 2 种。

词源　假：假的，错的，伪的，非真的；斯卡多维氏菌属：细菌的一个属名；假斯卡多维氏菌属：非真的斯卡多维氏菌属。

Etymology　Gr.adj.*pseudes*, false; N.L.fem.n.*Scardovia*, a bacterial generic name; N.L.fem.n.*Pseudoscardovia*, not a true *Scardovia*.

模式种　猪假斯卡多维氏菌（*Pseudoscardovia suis*）Killer 等，2014，新种。

词源　猪：一种普通家养或野生的动物，亥，豕，豨。

Etymology　L.n.*sus*, pig; L.gen.n.*suis*, of a pig.

注：对于拉丁文 *sus* 和 *suis* 的注释是有问题的，后者一般不作为名词。

假鞘氨醇小杆菌属（*Pseudosphingobacterium*）Vaz-Moreira 等，2007，新属。此属已定1种。

词源　假：假的，错的，伪的，非真的；鞘氨醇小杆菌属：细菌的一个属名；假鞘氨醇小杆菌属：非真的鞘氨醇小杆菌属。

Etymology　Gr.adj. *pseudês*, false; N.L.neut.n.*Sphingobacterium*, a bacterial generic name; N.L.neut.n.*Pseudosphingobacterium*, false *Sphingobacterium*.

模式种　家居假鞘氨醇小杆菌（*Pseudosphingobacterium domesticum*）Vaz-Moreira 等，2007，新种。

词源　家居：来自或属于房子的，家里的。

Etymology　L.neut.adj.*domesticum*, of or belonging to the house.

假小螺体属（*Pseudospirillum*）Satomi 等，2002，新属。此属已定1种。

词源　假：假的，错的，伪的，非真的；小螺体属：小螺形的细菌属，细菌的一个属名；假小螺体属：非真的小螺体属。

Etymology　Gr.adj.*pseudês*, false; N.L.neut.n.*Spirillum*, genus of spiral-shaped bacteria; N.L.neut.n.*Pseudospirillum*, false *Spirillum*.

模式种　日本假小螺体（*Pseudospirillum japonicum*）（Watanabe, 1959）Satomi 等，2002，新合并。

词源　日本：与日本国有关的。

Etymology　N.L.neut.adj.*japonicum*, pertaining to Japan.

假孢囊菌属（*Pseudosporangium*）Ara 等，2008，新属。此属已定1种。

词源　假：假的，错的，伪的，非真的；孢：孢子；菌：表示微小的事物，微生物（细菌、古菌、真菌）；属：属名的尾词。

Etymology　Gr.adj. *pseudês*, false; Gr.n.*spora*, seed; Gr.neut.n.*angeion*, a vessel; N.L.neut.n.*Pseudosporangium*, false sporangium.

模式种　铁锈假孢囊菌（*Pseudosporangium ferrugineum*）Ara 等，2008，新种。

词源　铁锈：铁锈褐色，指的是橙黄色—暗褐色—丁香棕色的基内菌丝。

Etymology　L.neut.adj. *ferrugineum*, rusty brown, referring to the orange-dark brown- to clove brown-coloured substrate mycelium.

假船蛆科杆菌属（*Pseudoteredinibacter*）Chen 等，2011，新属。此属已定1种。

词源　假：假的，错的，伪的，非真的；船蛆科杆菌属：细菌的一个属名；假船蛆科杆菌属：非真的船蛆科杆菌属。

Etymology　Gr.adj.*pseudês*, false; N.L.masc.n.*Teredinibacter*, a bacterial generic name; N.L.masc.n.*Pseudoteredinibacter*, false *Teredinibacter*.

模式种　等孢属假船蛆科杆菌（*Pseudoteredinibacter isoporae*）Chen 等,2011,新种。

词源　等孢属:珊瑚的一个科学属名,同孔珊瑚,球虫等孢属;指的是此模式株分离自等孢属的珊瑚。

Etymology　N.L.n.*Isopora*, the scientific name of a genus of coral; N.L.gen.n.*isoporae*, of *Isopora*, referring to the isolation of the type strain from a coral belonging to the genus *Isopora*.

假热袍菌属（*Pseudothermotoga*）Bhandari and Gupta,2014,新属。此属已定 4 种。

词源　假:假的,错的,伪的,非真的;热袍菌属:细菌的一个属名;假热袍菌属:非真的热袍菌属,曾被错误的归属为热袍菌属。

Etymology　Gr.adj.*pseudês*, false; N.L.fem.n.*Thermotoga*, a bacterial genus; N.L.fem.n.*Pseudothermotoga*, a genus falsely（or incorrectly）classified as *Thermotoga*.

模式种　热泉假热袍菌（*Pseudothermotoga thermarum*）Bhandari and Gupta,2014,新种。

词源　热泉:温泉,温浴,(微生物)生活在高温陆地低离子强度的泉水中。

Etymology　L.gen.pl.n.*thermarum*, of warm springs, of warm baths; living in hot continental springs with low ionic strength.

假弧菌属（*Pseudovibrio*）Shieh 等,2004,新属。此属已定 4 种。

词源　假:假的,错的,伪的,非真的;弧菌属:细菌的一个属名;假弧菌属:非真的弧菌属,表示与弧菌有类似特征的生物。

Etymology　Gr.adj. *pseudês*, false; N.L.masc.n.*Vibrio*, a name of a bacterial genus; N.L.masc.n.*Pseudovibrio*, false *Vibrio*.

模式种　脱硝假弧菌（*Pseudovibrio denitrificans*）Shieh 等,2004,新种。

词源　脱硝:反硝化,硝化的一种反过程。

Etymology　N.L.part.adj.*denitrificans*（from N.L.v.*denitrifico*）, denitrifying.

假黄杆菌属（*Pseudoxanthobacter*）Arun 等,2008,新属。此属已定 2 种。

词源　假:假的,错的,伪的,非真的;黄杆菌属:细菌的一个属名;假黄杆菌属:假的黄杆菌属,类似但非真的黄杆菌属。

Etymology　Gr.adj. *pseudês*, false; N.L.masc.n.*Xanthobacter*, a bacterial genus name; N.L.masc.n.*Pseudoxanthobacter*, the false Xanthobacter.

模式种　土壤假黄杆菌（*Pseudoxanthobacter soli*）Arun 等,2008,新种。

词源　土壤:与壤或土同义,土壤,此微生物模式菌株的分离源。

Etymology　L.gen.n.*soli*, of soil, the source of the type strain.

假黄单胞菌属（*Pseudoxanthomonas*）Finkmann 等,2000,新属;Thierry 等,2004 修改,Lee 等,2008 修改。此属已定 16 种。

词源　假:假的,错的,伪的,非真的;黄单胞属:细菌的一个属名;假黄单胞菌属:非真的黄单胞菌属。

Etymology　Gr.adj. *pseudês*, false; N.L.n.*Xanthomonas*, a bacterial generic name; N.L.fem. n.*Pseudoxanthomonas*, false *Xanthomonas*.

模式种　布豪格本假黄单胞菌（*Pseudoxanthomonas broegbernensis*）Finkmann 等,2000,新种。

词源　布豪格本:德国林根(Lingen)附近的布豪格本(Brögbern),此生物的分离地。

Etymology　N.L.fem.adj.*broegbernensis*, pertaining to Brögbern（location near Lingen）Germany, where the organism was isolated.

假佐贝尔氏菌属（*Pseudozobellia*）Nedashkovskaya 等,2009,新属。此属已定 1 种。

词源　假:假的,错的,伪的,非真的;佐贝尔氏菌属:细菌的一个属名;假佐贝尔氏菌属:非真的佐贝尔氏菌属。

Etymology　Gr.adj. *pseudês*, false; N.L.fem.n.*Zobellia*, the name of a bacterial genus; N.L.fem. n.*Pseudozobellia*, the false *Zobellia*.

模式种　嗜热假佐贝尔氏菌（*Pseudozobellia thermophila*）Nedashkovskaya 等,2009,新种。

词源　嗜:嗜好的,喜好的,友好的,爱好的;热:热的,高温的;嗜热:喜热的,喜高温的。

Etymology　Gr.n.*thermê*, heat; N.L.adj.*philus-a-um*（from Gr.adj.*philos-ê-on*）, friend, loving; N.L.fem.adj.*thermophila*, heat-loving.

冷泥杆菌属（*Psychrilyobacter*）Zhao 等,2009,新属。此属已定 1 种。

词源　冷:冷的,低温的;泥杆菌属:细菌的一个属名;冷泥杆菌属:与泥杆菌属有关联性的嗜冷的细菌。

Etymology　Gr.adj.*psuchros*, cold; N.L.masc.n.*Ilyobacter*, a bacterial genus name; N.L.masc. n.*Psychrilyobacter*, a psychrotrophic bacterium related to the genus *Ilyobacter*.

模式种　大西洋冷泥杆菌（*Psychrilyobacter atlanticus*）Zhao 等,2009,新种。

词源　大西洋:大西洋的,属于或与大西洋有关的。

Etymology　L.masc.adj.*atlanticus*, of or pertaining to the Atlantic Ocean.

冷竿菌属（*Psychrobacillus*）Krishnamurthi 等,2011,新属。此属已定 3 种。

词源　冷:冷的,低温的;竿:在本书中对译于拉丁文 **bacillus**,表示棒形,以示与常见的"杆"的区别,表示以出芽孢为特征的棒形;菌:表示微小的事物,微生物(细菌、古菌、真菌);属:属名的尾词;冷竿菌属:喜冷的棒形生物。

Etymology　gr.adj.*psuchros*, cold; L.masc.n.*bacillus*, rod; N.L.masc.n.*psychrobacillus*, cold loving rod.

模式种 异常冷竿菌（*Psychrobacillus insolitus*）（Larkin and Stokes, 1967）Krishnamurthi 等, 2011, 新合并。

词源 异常：不平常的, 不寻常的, 不熟悉的, 反常的。

Etymology L.masc.adj.*insolitus*, unaccustomed, unusual, unfamiliar, strange.

冷杆菌属（*Psychrobacter*）Juni and Heym, 1986, 新属。此属已定 34 种。

词源 冷：冷的, 低温的; 杆：棒; 菌：表示微小的事物, 微生物（细菌、古菌、真菌）; 属：属名的尾词; 冷杆菌属：喜冷的, 生活在低温环境中的棒形生物。

Etymology Gr.adj.*psuchros*, cold; N.L.masc.n.*bacter*, rod; N.L.masc.n.*Psychrobacter*, a rod that grows at low temperatures.

模式种 不动冷杆菌（*Psychrobacter immobilis*）Juni and Heym, 1986, 新种。

词源 不：非的, 否的; 动：运动的, 移动的, 活动的, 游动的; 不动：不移动的, 不活动的, 静止的。

Etymology L.masc.adj.*immobilis*, immovable, motionless.

注：此属是嗜热微生物的一属。

冷屈菌属（*Psychroflexus*）Bowman 等, 1999, 新属。此属已定 7 种。

词源 冷：冷的, 低温的, 寒冷的; 屈：使弯曲的, 与"伸"相对; 菌：表示微小的事物, 微生物（细菌、古菌、真菌）; 属：属名的尾词; 冷屈菌属：冷的弯曲生物。

Etymology Gr.adj.*psuchros*, cold cold; L.masc.n.*flexus*, a bending, turning, curve; N.L.masc.n.*Psychroflexus*, cold bending.

模式种 扭链冷弯菌（*Psychroflexus torquis*）Bowman 等, 1999, 新种。

词源 扭链：扭曲的项链, 指的是细胞丝互相卷曲缠绕。

Etymology L.n.*torquis*, a twisted neck-chain, referring to coiling of cellular filaments.

冷冰栖菌属（*Psychroglaciecola*）Qu 等, 2014, 新属。此属已定 1 种。

词源 冷：冷的, 低温的; 冰：冰块, 冰冻; 栖：栖息, 栖居, 栖息者, 栖居者; 菌：表示微小的事物, 微生物（细菌、古菌、真菌）; 属：属名的尾词; 冷冰栖菌属：适应寒冷、冰上的栖居者（生物）。

Etymology Gr.adj.*psychros*, cold; L.fem.n.*glacies*, ice; L.gen.n.*incola*, an inhabitant; N.L.fem.n.*Psychroglaciecola*, cold-adapted, inhabitant of ice.

模式种 北极冷冰栖菌（*Psychroglaciecola arctica*）Qu 等, 2014, 新种。

词源 北极：最北部的, 最北边的, 地球最北部的弧圈, 指的是此模式菌株的分离场所。

Etymology L.fem.adj.*arctica*, northern, from the Arctic, referring to the site where the type

strain was isolated.
来源　环境——土壤（Source：Environmental—soil）。

冷单胞菌科（*Psychromonadaceae*）Ivanova 等，2004，新科。

模式属　冷单胞菌属（*Psychromonas*）Mountfort 等，1998。
词源　冷单胞菌属：此科之模式属；科：用于定义一个比属高、比目低的分类级和尾词；在中文科的命名中，把模式属属名中的尾字"属"代换为尾字"科"，即为模式属所在的科名；冷单胞菌科：冷单胞菌属之科。
Etymology　N.L.fem.n.*Psychromonas*, type genus of the family; L.suff.-*aceae*, ending to denote a family; N.L.fem.pl.n.*Psychromonadaceae*, the *Psychromonas* family.

冷单胞菌属（*Psychromonas*）Mountfort 等，1998，新属；Nogi 等，2002 修改。此属已定 14 种。
此属是冷单胞菌科（*Psychromonadaceae*）Ivanova 等，2004 的模式属。
词源　冷：冷的，低温的；单胞：单细胞，单元；菌：表示微小的事物，微生物（细菌、古菌、真菌）；属：属名的尾词；冷单胞菌属：低温的单细胞生物。
Etymology　Gr.adj.*psuchros*, cold; Gr.fem.n.*monas*, a monad, unit; N.L.fem.n.*Psychromonas*, a cold monad.
模式种　南极冷单胞菌（*Psychromonas antarctica*）勘误，Mountfort 等，1998，新种。
词源　南极：最南端的，最南部的，指的是南极洲，此生物的分离地。
Etymology　L.fem.adj.*antarctica*, southern (in this instance pertaining to the Antarctic environment, where the organism was isolated).

冷蛇菌属（*Psychroserpens*）Bowman 等，1997，新属；Yi 等，2012 修改。此属已定 4 种。
词源　冷：冷的，低温的；蛇：蛇，虺；菌：表示微小的事物，微生物（细菌、古菌、真菌）；属：属名的尾词；冷蛇菌属：低温的蛇类生物。
Etymology　Gr.adj.*psuchros*, cold; L.masc.or fem.n.*serpens*, serpent; N.L.masc.n.*Psychroserpens*, cold serpent.
模式种　巴誉湖冷蛇菌（*Psychroserpens burtonensis*）Bowman 等，1997，新种。
词源　巴誉湖：位于南极东部的西福尔丘陵（**Vestfold Hills**），湖最深 **18.3m**，平均 **7.16m**，湖面积 **1.35km²**，容积 **969×10⁴m³**。
Etymology　N.L.masc.adj.*burtonensis*, pertaining to Burton Lake, Antarctica, the body of water from where the organism was first isolated.

冷球菌属（*Psychrosphaera*）Park 等，2011，新属；Lee 等，2014 修改。此属已定 3 种。
词源　冷：冷的，寒冷的；球：球体，球形，地球；菌：表示微小的事物，微生物（细菌、古菌、真菌）；属：属名的尾词；冷球菌属：喜低温球形生物。

Etymology　Gr.adj.*psuchros*, cold; L.fem.n.*sphaera*, sphere; N.L.fem.n.*Psychrosphaera*, a cold sphere.

模式种　佐吕间冷球菌（*Psychrosphaera saromensis*）Park 等，2011，新种。

词源　佐吕间：以日本国第三大湖泊佐吕间湖命名，在北海道佐吕间，北见和涌别町之间，在日本阿伊努语中的意思是芦苇荡，芦蒿地。

Etymology　N.L.fem.adj.*saromensis*, of or belonging to Lake Saroma, where organisms were collected.

Pu

普鲁兰竿菌属（*Pullulanibacillus*）Hatayama 等，2006，新属；Pereira 等，2013 修改。此属已定 2 种。

词源　普鲁兰：普鲁兰糖，支链淀粉，由麦芽三糖（α-1,4-，α-1,6- 葡聚糖）单元通过 α-1,4- 糖苷键构成的多糖聚合物；竿：在本书中对译于拉丁文 *bacillus*，表示棒形，以示与常见的"杆"的区别，表示以出芽孢为特征的棒形；菌：表示微小的事物，微生物（细菌、古菌、真菌）；属：属名的尾词。

Etymology　N.L.n.*pullulanum*, pullulan; L.masc.n.*bacillus*, a small staff; N.L.masc.n.*Pullulanibacillus*, a small staff hydrolysing pullulan.

模式种　长野普鲁兰竿菌（*Pullulanibacillus naganoensis*）（Tomimura 等，1990）Hatayama 等，2006，新合并。

词源　长野：日本国本州岛中部的长野县，与长野县有关的。

Etymology　N.L.masc.adj.*naganoensis*, of Nagano, a Japanese Prefecture.

桃红小杆菌属（*Puniceibacterium*）Liu 等，2014，新属。此属已定 1 种。

词源　桃红：桃红的，桃红色的；小杆：小棒；菌：表示微小的事物，微生物（细菌、古菌、真菌）；属：属名的尾词；桃红小杆菌属：桃红色的小棒形生物。

Etymology　L.adj.*puniceus*, pinkish red; L.neut.n.*bacterium*, a rod; N.L.neut.n.*Puniceibacterium*, a pinkish-red rod.

模式种　南极桃红小杆菌（*Puniceibacterium antarcticum*）Liu 等，2014，新种。

词源　南极：最南端的，最南部的，与最北部相对的，指的是南极洲。

Etymology　L.neut.adj.*antarcticum*, from the opposite of the North, of the Antarctic.

桃红果菌科（*Puniceicoccaceae*）Choo 等，2007，新科。

模式属　桃红果菌属（*Puniceicoccus*）Choo 等，2007，新属。

词源　桃红果菌属:此科之模式属;科:用于定义一个比属高、比目低的分类级和尾词;在中文科的命名中,把模式属属名中的尾字"属"代换为尾字"科",即为模式属所在的科名;桃红果菌科:桃红果菌属之科。

Etymology　N.L.masc.n.*Puniceicoccus*, type genus of the family; -*aceae*, ending to denote a family; N.L.fem.pl.n.*Puniceicoccaceae*, the family of the genus *Puniceicoccus*.

桃红果菌目(*Puniceicoccales*)Choo 等,2007,新目。

模式属　桃红果菌属(*Puniceicoccus*)Choo 等,2007,新属。

词源　桃红果菌属:此目之模式属;目:用于定义一个比科高、比纲低的分类级和尾词;在中文目的命名中,把模式属属名中的尾字"属"代换为尾字"目",即为模式属所在的目名;桃红果菌目:桃红果菌属之目。

Etymology　N.L.masc.n.*Puniceicoccus*, type genus of the order; -*ales*, ending to denote an order; N.L.fem.pl.n.*Puniceicoccales*, the order of the genus *Puniceicoccus*.

桃红果菌属(*Puniceicoccus*)Choo 等,2007,新属。此属已定 1 种。

此属是桃红果菌目(*Puniceicoccales*)Choo 等,2007 和桃红果菌科(*Puniceicoccaceae*)Choo 等,2007 的模式属。

词源　桃红:桃红的,桃红色的;果:浆果,表示浆果形(圆球或椭球);菌:表示微小的事物,微生物(细菌、古菌、真菌);属:属名的尾词;桃红果菌属:桃红色的浆果形生物。

Etymology　L.adj.*puniceus*, pinkish red; N.L.masc.n.*coccus*(from Gr.masc.n.*kokkos*), a berry; N.L.masc.n.*Puniceicoccus*, a pinkish-red-coloured coccus.

模式种　蠕虫栖桃红果菌(*Puniceicoccus vermicola*)Choo 等,2007,新种。

词源　蠕虫:虫,蠕虫;栖:栖息,栖居,栖息者,栖居者;蠕虫栖:蠕虫上的栖居者。

Etymology　L.n.*vermis*, worm; L.suff.-*cola*(from L.n.*incola*), inhabitant; N.L.n.*vermicola*, inhabitant of worms.

纳单胞菌属(*Pusillimonas*)Stolz 等,2005,新属;Park 等,2011 修改。此属已定 4 种。

词源　纳:纳米的,很小的,极小的,微小的;单胞:单元,单细胞;菌:表示微小的事物,微生物(细菌、古菌、真菌);属:属名的尾词;纳单胞菌属:非常小的单细胞,指的是细胞的小尺寸和此模式种的菌落尺寸。

Etymology　L.adj.*pusillus*, very small, minute; L.fem.n.*monas*, unit, monad; N.L.fem.n.*Pusillimonas*, very small monad, referring to the small size of cells and colonies of the type species.

模式种　瑙特曼氏纳单胞菌(*Pusillimonas noertemannii*)Stolz 等,2005,新种。

词源　氏：姓氏；瑙特曼氏：以贝恩德·瑙特曼的姓氏命名，其分离了此菌，以及其他多种具有超常降解能力的细菌菌株。

Etymology　N.L.gen.n.*noertemannii*, of Nörtemann, in honour of Bernd Nörtemann, who isolated this and various other bacterial strains that had extraordinary degradative abilities.

疱小杆菌属（*Pustulibacterium*）Wang 等，2013，新属。此属已定 1 种。

词源　疱：脓疱，粉刺，水疱，丘疹；小杆：小棒；菌：表示微小的事物，微生物（细菌、古菌、真菌）；属：属名的尾词；疱小杆菌属：像粉刺的小杆形细菌，指的是菌落在 SMA 平板上的形态。

Etymology　L.n.*pustula*, a blister, pimple, pustule; L.neut.n.*bacterium*, a rod; N.L.neut. n.*Pustulibacterium*, a bacterium like pustule, referring to morphology of colonies on SMA.

模式种　海疱小杆菌（*Pustulibacterium marinum*）Wang 等，2013，新种。

词源　海：属于大海，海的。

Etymology　L.neut.adj.*marinum*, belonging to the sea, marine.

Py

金字塔杆菌属（*Pyramidobacter*）Downes 等，2009，新属。此属已定 1 种。

词源　金字塔：金字形的塔，（埃及等的）金字塔；杆：棒；菌：表示微小的事物，微生物（细菌、古菌、真菌）；属：属名的尾词；金字塔杆菌属：菌落形状像金字塔的棒形生物。

Etymology　Gr.n.*puramis-idos*, pyramid; N.L.masc.n.*bacter*, a rod; N.L.masc.n.*Pyramidobacter*, a rod that forms pyramid-like colonies.

模式种　臭鱼金字塔杆菌（*Pyramidobacter piscolens*）Downes 等，2009，新种。

词源　臭：臭的，臭味的，有异味的；鱼：有鳞有鳍用鳃呼吸的水生脊椎动物；臭鱼：鱼变质后发臭的。

Etymology　L.n.*piscis-is*, fish; L.part.adj.*olens*, smelling; N.L.part.adj.*piscolens*, smelling of fish.

火单胞菌属（*Pyrinomonas*）Crowe 等，2014，新属。此属已定 1 种。

词源　火：着火的，引燃的，火热的；单胞：单细胞，单元；菌：表示微小的事物，微生物（细菌、古菌、真菌）；属：属名的尾词；火单胞菌属：火单元（细菌），指的是它的火山栖息环境。

Etymology　Gr.adj.*pyrinos*, born of fire, igneous, fiery; Gr.fem.n.*monas*, a unit, monad; N.L.fem.n.*Pyrinomonas*, fire unit (bacterium), referring to its volcanic habitat.

模式种　甲基脂生火单胞菌（*Pyrinomonas methylaliphatogenes*）Crowe 等，2014，新种。

词源　甲基：甲烷中一个氢原子被取代，甲基基团，CH_3-；脂：油脂，脂肪；生：产，生产，生成，产生，导致，源自……；甲基脂生：（异）甲基 - 支链脂肪和甘油醚脂类物质生成的。

Etymology　N.L.n.*methylum*（from French *méthyle* back-formation from French *méthylène*, coined from Gr.n.*methu*, wine and Gr.n.*hulê*, wood）the methyl group; Gr.n.*aliphar*, *-atos*, oil, fat; N.L.suff.*-genes*（from Gr.v.*gennaô*, to produce）producing; N.L.n.*methylaliphatogenes*, producing（iso）methyl-branching fats and glyceryl ether lipids.

火茎菌属（*Pyrobaculum*）Huber 等,1988,新属; Chan 等,2013 修改。此属已定 7 种。

词源　火:火焰,燃烧;茎:茎,杖,棒;菌:表示微小的事物,微生物(细菌、古菌、真菌);属:属名的尾词;火茎菌属:火把形的菌落。

Etymology　Gr.n.*pur*, fire; L.neut.n.*baculum*, stick; N.L.neut.n.*Pyrobaculum*, the fire stick.

模式种　冰岛火茎菌（*Pyrobaculum islandicum*）Huber 等,1988,新种。

词源　冰岛:属于或与冰岛有关的,指的是此菌首次分离地。

Etymology　N.L.neut.adj.*islandicum*, of Iceland, describing the place of its first isolation.

火果菌属（*Pyrococcus*）Fiala and Stetter,1986,新属。此属已定 5 种。

词源　火:火焰,燃烧;果:浆果,表示浆果形(圆球或椭球);菌:表示微小的事物,微生物(细菌、古菌、真菌);属:属名的尾词;火果菌属:火球生物。

Etymology　Gr.n.*pur*, fire; N.L.masc.n.*coccus*（from Gr.masc.n.*kokkos*, grain, seed）, coccus, berry; N.L.masc.n.*Pyrococcus*, fireball.

模式种　猛烈火果菌（*Pyrococcus furiosus*）Fiala and Stetter,1986,新种。

词源　猛烈:狂热的,激烈的。

Etymology　L.masc.adj.*furiosus*, furious, raging.

注:此属是古菌域,嗜超热生物,最初发现于一个意大利的火山口,在 100℃中生长。

火网菌科（*Pyrodictiaceae*）Burggraf 等,1997,新科。

模式属　火网菌属（*Pyrodictium*）Stetter 等,1984,新属。

词源　火网菌属:此科之模式属;科:用于定义一个比属高、比目低的分类级和尾词;在中文科的命名中,把模式属属名中的尾字"属"代换为尾字"科",即为模式属所在的科名;火网菌科:火网菌属之科。

Etymology　N.L.neut.n.*Pyrodictium*, type genus of the family; L.suff.*-aceae*, ending to denote a family; N.L.fem.pl.n.*Pyrodictiaceae*, the *Pyrodictium* family.

火网菌属（*Pyrodictium*）Stetter 等,1984,新属。

此属是火网菌科（*Pyrodictiaceae*）Burggraf 等,1997 的模式属。此属已定 3 种。

词源　火:火焰,燃烧;网:网络,格子状,网状物;菌:表示微小的事物,微生物(细菌、古菌、真菌);属:属名的尾词;火网菌属:喜火的网状物。

Etymology　Gr.n.*pur*, fire; Gr.neut.n.*diktûon*, lattice-work, network; N.L.neut.n.*Pyrodictium*, fire-loving network.

模式种　隐蔽火网菌(*Pyrodictium occultum*)Stetter 等,1984,新种。

词源　隐蔽:隐蔽的,躲藏的,秘密的,隐藏的,表示在相差显微镜中网络结构不可见。

Etymology　L.neut.adj.*occultum*, hidden, concealed, secret, indicating the invisibility of the network in the phase-contrast microscope.

火叶菌属(*Pyrolobus*)Blöchl 等,1999,新属。此属已定 1 种。

词源　火:火焰,燃烧;叶:医学解剖学用词,特指任何器官的易区分的部分;表示一器官所分出的次级结构而言,尤指脑、肺和各种腺体之裂隙、沟或结缔组织隔所划分的部分;菌:表示微小的事物,微生物(细菌、古菌、真菌);属:属名的尾词;火叶菌属:火焰叶(嗜超热的叶形生物)。

Etymology　Gr.n.*pur*, fire; L.masc.n.*lobus*, lobe; N.L.masc.n.*Pyrolobus*, the "fire lobe" (the hyperthermophilic lobe).

模式种　烟囱火叶菌(*Pyrolobus fumarii*)Blöchl 等,1999,新种。

词源　烟囱:烟囱的,指的是其(海底)黑烟柱栖息地。

Etymology　L.gen.n.*fumarii*, of a chimney, referring to its black smoker habitat.

注:此属是古菌域的一属,来自大西洋热液口,生活在 113℃高温环境中。

匣果菌属(*Pyxidicoccus*)勘误,Reichenbach,2007,新属。此属已定 1 种。

词源　匣:匣子,盒子,箱子,容器;果:浆果,表示浆果形(圆球或椭球);菌:表示微小的事物,微生物(细菌、古菌、真菌);属:属名的尾词;匣果菌属:匣装的浆果形生物。

Etymology　L.n.*pyxis-idis*, box, case, container; Gr.masc.n.*kokkos*, berry; N.L.masc.n.*Pyxidicoccus*, boxed coccus.

模式种　迷惑匣果菌(*Pyxidicoccus fallax*)勘误,Reichenbach,2007,新种。

词源　迷惑:迷惑的,欺骗的。

Etymology　L.masc.adj.*fallax*, deceptive.

Q 部

Qu

方果菌属（*Quadricoccus*）Maszenan 等,2002,新属。此属已定 1 种。

此属名为非合规,改为→方果菌属（*Quatrionicoccus*）Tindall and Euzéby,2006,新属。

词源　四:四方,四,四个,四倍;果:浆果,表示浆果形(圆球或椭球);菌:表示微小的事物,微生物(细菌、古菌、真菌);属:属名的尾词;四果菌属:四个球形细胞。

Etymology　N. L. n. *quadro*, four; N. L. masc. n. *coccus* (from Gr. masc. n. kokkos), grain, seed; N. L. masc. n. *Quadricoccus*, four spherical cells.

模式种　澳大利亚四果菌（*Quadricoccus australiensis*）Maszenan 等,2002。

此种拼写已改名为→澳大利亚方果菌（*Quatrionicoccus australiensis*）（Maszenan 等,2002）Tindall and Euzéby,2006,新合并。

词源　澳大利亚:澳大利亚的,此分离物的来源地。

Etymology　N. L. masc. adj. *australiensis*, of Australia, where the isolate originated.

注:根据原则 2,条文 51b（4）,原则 2,条文 51b（4）,此属名—方果菌属（*Quadricoccus*）Maszenan 等,2002 并不合规,因为之前在藻类属名中已经有了,方果藻属（*Quadricoccus*）Fott 1948。因此,廷德尔和欧泽柏（Tindall 和 Euzéby）2006 年建议了新属名,方果菌属（*Quatrionicoccus*）。

方球菌属（*Quadrisphaera*）Maszenan 等,2005,新属。此属已定 1 种。

词源　方:方形,表示四,四倍,四个,四重;球:球体,球形,地球;菌:表示微小的事物,微生物(细菌、古菌、真菌);属:属名的尾词;方球菌属:四重球,四倍浆果形生物。

Etymology　L. pref. numer. adj. *quadr-*, four; L. fem. n. *sphaera*, a ball, globe, sphere; N. L. fem. n. *quadrisphaera*, fourfold balls, coccus in tetrad.

模式种　粒方球菌（*Quadrisphaera granulorum*）Maszenan 等,2005,新种。

词源　粒:颗粒,来自或属于颗粒的。

Etymology　L. gen. pl. n. *granulorum*, from, or of granules.

方果菌属（*Quatrionicoccus*）Tindall and Euzéby,2006,新属。此属已定 1 种。

词源　方:方形,表示四,数字 4;果:浆果,表示浆果形(圆球或椭球);菌:表示微小的事物,微生物(细菌、古菌、真菌);属:属名的尾词;方果菌属:四个球形细胞。

Etymology　L. masc. n. *quatrio -onis*, the number four; N. L. masc. n. *coccus* (from Gr. masc. n. *kokkos*, grain, seed), coccus; N. L. masc. n. *Quatrionicoccus*, four spherical cells.

模式种 澳大利亚方果菌（*Quatrionicoccus australiensis*）（Maszenan 等,2002）Tindall and Euzéby,2006,新合并。

词源 澳大利亚:澳大利亚的,此分离物的来源地。

Etymology   N. L. masc. adj. *australiensis*, of Australia, where the isolate originated.

不合规同义词 （*Quadricoccus*）Maszenan 等,2002。

注:区别于方球菌属（*Quadrisphaera*）和肆果菌属（*Tessaracoccus*）。

奎因姓菌属（*Quinella*）Krumholz 等,1993,新属。此属已定1种。

词源 姓:姓氏;奎因姓:以先锋瘤胃学家 J.L.奎因的姓氏命名,其在1943年已在某些细节上对此生物做了描述;菌:表示微小的事物,微生物(细菌、古菌、真菌);属:属名的尾词;奎因姓菌属:以奎因的姓氏命名的生物。

Etymology   N. L. fem. dim. n. *Quinella*, named after the pioneering ruminologist, J. I. Quin, who described the organism in some detail (Quin, 1943).

模式种 卵奎因姓菌（*Quinella ovalis*）Krumholz 等,1993,新种。

词源 卵:蛋,卵形,蛋形,与卵有关的。

Etymology   L. fem. adj. *ovalis*, pertaining to an egg, egg-shaped.

R 部

Ra

拉恩姓菌属（*Rahnella*）Izard 等，1981，新属。此属已定 1 种。

词源 姓：姓氏；拉恩：以德国—美国微生物学家奥拓·拉恩的姓氏命名的，其在 **1937** 年推荐了肠小杆菌科（*Enterobacteriaceae*）；菌：表示微小的事物，微生物（细菌、古菌、真菌）；属：属名的尾词；拉恩姓菌属：以拉恩的姓氏命名的生物。

Etymology　N. L. fem. dim. n. *Rahnella*, named after Otto Rahn, the German—American microbiologist and who proposed the name *Enterobacteriaceae* in, 1937.

模式种 水生拉恩姓菌（*Rahnella aquatilis*）Izard 等，1981，新种。

词源 水生：生活、生长或发现在或傍水和水域。

Etymology　L. fem. adj. *aquatilis*, living, growing, or found in water, aquatic.

罗尔斯顿氏菌属（*Ralstonia*）Yabuuchi 等，1996，新属。此属已定 16 种，3 亚种。

词源 氏：姓氏；罗尔斯顿氏：以美国细菌学家 E. 罗尔斯顿的姓氏命名，其首次描述了皮克特氏假单胞菌（*Pseudomonas pickettii*）；菌：表示微小的事物，微生物（细菌、古菌、真菌）；属：属名的尾词；罗尔斯顿氏菌属：以罗尔斯顿的姓氏命名的生物。

Etymology　N. L. fem. dim. n. *Ralstonia*, named after E. Ralston, the American bacteriologist who first described *Pseudomonas pickettii*.

模式种 皮克特氏罗尔斯顿氏菌（*Ralstonia pickettii*）（Ralston 等，1973）Yabuuchi 等，1996，新合并。

词源 氏：姓氏；皮克特氏：以 **M.J.** 皮克特的姓氏命名。

Etymology　N. L. gen. masc. n. *pickettii*, of Pickett; named after M.J.Pickett.

沙杆菌属（*Ramlibacter*）Heulin 等，2003，新属。此属已定 4 种。

词源 沙：沙子，沙地；杆：棒；菌：表示微小的事物，微生物（细菌、古菌、真菌）；属：属名的尾词；沙杆菌属：分离自沙壤土的棒形生物。

Etymology　N. L. n. *ramlis*（from Arabic *raml*）, sand; N. L. masc. n. *bacter*, rod; N. L. masc. n. *Ramlibacter*, rod isolated from sandy soil.

模式种 泰塔温沙杆菌（*Ramlibacter tataouinensis*）Heulin 等，2003，新种。

词源 泰塔温：突尼斯泰塔温，与泰塔温地区有关的。

Etymology　N. L. masc. adj. *tataouinensis*, pertaining to Tataouine, Tunisia.

劳尔特姓菌属(*Raoultella*)Drancourt 等,2001,新属。此属已定 4 种。

词源 姓:姓氏;劳尔特姓:以法国细菌学家迪迭·劳尔特(1952—)的姓氏命名,法国马赛地中海大学;菌:表示微小的事物,微生物(细菌、古菌、真菌);属:属名的尾词;劳尔特姓菌属:以劳尔特的姓氏命名的生物。

Etymology　N. L. fem. dim. n. *Raoultella*, named after the French bacteriologist Didier Raoult, Université de la Méditerranée, Marseille, France.

模式种 植栖劳尔特姓菌(*Raoultella planticola*)(Bagley 等,1982)Drancourt 等,2001,新合并。

词源 植:植物,小植物,任何蔬菜类的生产都是此菌种传播的途径;栖:栖息,栖居,栖息者,栖居者;植栖:植物上的栖居者。

Etymology　L. fem. n. *planta*, any vegetable production that serves to propagate the species, a young plant, a plant; L. suff. -*cola* (from L. n. *incola*), dweller; N. L. n. *planticola*, plant-dweller.

迅发菌属(*Rapidithrix*)Srisukchayakul 等,2007,新属。此属已定 1 种。

词源 迅:迅速,快捷;发:头发,毛发,丝线;菌:表示微小的事物,微生物(细菌、古菌、真菌);属:属名的尾词;迅发菌属:快速移动的头发状生物。

Etymology　L. adj. *rapidus*, rapid; Gr. n. *thrix*, hair; N. L. fem. n. *Rapidithrix*, rapidly moving hair.

模式种 泰国迅发菌(*Rapidithrix thailandica*)Srisukchayakul 等,2007,新种。

词源 泰国:与泰国有关的,此生物的分离地。

Etymology　N. L. fem. adj. *thailandica*, pertaining to Thailand, from where the organisms were isolated.

罕杆菌属(*Rarobacter*)Yamamoto 等,1988,新属。此属已定 2 种。或稀有杆菌属。

此属是罕杆菌科(*Rarobacteraceae*)Stackebrandt and Schumann,2000 的模式属。

词源 罕:罕见的,稀奇的,不寻常的,特有的;杆:棒;菌:表示微小的事物,微生物(细菌、古菌、真菌);属:属名的尾词;罕杆菌属:稀奇的,罕见的,稀有的棒形生物。

Etymology　L. adj. *rarus*, rare, extraordinary, remarkable, curious; N. L. masc. n. *bacter*, a rod; N. L. masc. n. *rarobacter*, curious rod.

模式种 溶渣罕杆菌(*Rarobacter faecitabidus*)Yamamoto 等,1988,新种。

词源 溶:溶解的,分解的;渣:渣滓的,残渣的,表示与粪便/尿相关的,粪渣的;溶渣:溶解残渣,残渣溶解的。

Etymology　L. n. *faex faecis*, dreg; L. adj. *tabidus*, dissolving; N. L. masc. adj. *faecitabidus*, dreg dissolving.

罕杆菌科(*Rarobacteraceae*) Stackebrandt and Schumann, 2000, 新科; Zhi 等, 2009 修改。或稀有杆菌科。

模式属 罕杆菌属(*Rarobacter*) Yamamoto 等, 1988, 新属。

词源 罕杆菌属: 此科之模式属; 科: 用于定义一个比属高、比目低的分类级和尾词; 在中文科的命名中, 把模式属属名中的尾字"属"代换为尾字"科", 即为模式属所在的科名; 罕杆菌科: 罕杆菌属之科。

Etymology　N. L. masc. n. *Rarobacter*, type genus of the family; L. suff. -aceae, ending to denote a family; N. L. fem. pl. n. *Rarobacteraceae*, the *Rarobacter* family.

拉特黑氏杆菌属(*Rathayibacter*) Zgurskaya 等, 1993, 新属。此属已定 6 种。

词源 氏: 姓氏; 拉特黑氏: 指的是澳大利亚植物病理学家 E. 拉特黑, 其首先分离到此属的模式株; 杆: 棒; 菌: 表示微小的事物, 微生物(细菌、古菌、真菌); 属: 属名的尾词; 拉特黑氏杆菌属: 拉特黑分离的棒形生物。

Etymology　N. L. n. *Rathaya*, Rathay, referring to E. Rathay, Australian plant pathologist who first isolated strains of the genus; N. L. masc. n. *bacter*, rod; N. L. masc. n. *Rathayibacter*, a rod isolated by Rathay.

模式种 拉特黑氏拉特黑氏杆菌(*Rathayibacter rathayi*) (Smith, 1913) Zgurskaya 等, 1993, 新合并。

词源 氏: 姓氏; 拉特黑氏: 指的是澳大利亚植物病理学家 E. 拉特黑, 其首先分离到此属的模式株。

Etymology　N. L. gen. masc. n. *rathayi*, of Rathay, named for E. Rathay, an Australian plant pathologist, who first isolated the organism.

Re

热海小杆菌属(*Rehaibacterium*) Yu 等, 2013, 新属。此属已定 1 种。

词源 热海: 指的是中国云南腾冲的热海国家公园(属于腾冲地热火山风景名胜区), 此生物分离自此地; 小杆: 小棒; 菌: 表示微小的事物, 微生物(细菌、古菌、真菌); 属: 属名的尾词; 热海小杆菌属: 分离自热海国家公园的小棒形生物。

Etymology　N. L. n. *Rehaus*, Rehai, referring to the isolation of the organism from Rehai National Park, Tengchong, Yunnan Province, south-west China; L. neut. n. *bacterium*, a small rod; N. L. neut. n. *Rehaibacterium*, a small rod from Rehai National Park.

模式种 土地热海小杆菌(*Rehaibacterium terrae*) Yu 等, 2013, 新种。

词源 土, 土地: 地, 地球, 土地。

Etymology　L. gen. n. *terrae*, of the earth.

注：除了台湾地区实行了国家公园概念，中国大陆的"国家公园"概念尚在试点，基本等同于国家级风景名胜区。

赖兴巴赫氏菌属（*Reichenbachia*）Nedashkovskaya 等，2003，新属。此属已定 1 种。

此属名非合规，已改为→**赖兴巴赫姓菌属**（*Reichenbachiella*）Nedashkovskaya 等，2005，新属。

模式种　凿琼赖兴巴赫氏菌（*Reichenbachia agariperforans*）Nedashkovskaya 等，2003，新种。

词源　氏：姓氏；赖兴巴赫氏：以德国微生物学家汉斯·赖兴巴赫的姓氏命名，其对归属于超门 CFB 的细菌分类学做出重大贡献；菌：表示微小的事物，微生物（细菌、古菌、真菌）；属：属名的尾词；赖兴巴赫氏菌属：以赖兴巴赫的姓氏命名的生物。

Etymology　N. L. fem. n. *Reichenbachia*, after Hans Reichenbach, a German microbiologist, who has made a great contribution to the taxonomy of bacteria belonging to the phylum CFB.

词源　凿：穿孔，造洞穴，挖掘窟窿；琼：琼胶，琼脂，由琼脂糖和琼脂胶构成，是目前配制固体培养基最好的凝固剂，因最早来自海南而得名；凿琼：在琼脂上钻洞，细菌在琼脂上制造深窟窿。

Etymology　Malayan n. *agar*, agar; N. L. n. *agarum*, agar（algal polysaccharide）; L. part. adj. *perforans*, perforating（making holes）; N. L. part. adj. *agariperforans*, making holes in agar, bacterium making deep hollows in agar.

注：此菌名拉丁文 *Reichenbachia* 并不合规，因为发现此拉丁文已经是一种植物［紫茉莉科（*Nyctaginaceae*）的兰花（*Reichenbachia*）Sprengel，1823］和一种昆虫［隐翅虫科（Staphylinidae）的盲蟓（*Reichenbachia*）Leach，1826］的已有命名了。

赖兴巴赫姓菌属（*Reichenbachiella*）Nedashkovskaya 等，2005，新属；Cha 等，2011 修改。此属已定 2 种。

词源　姓：姓氏；赖兴巴赫姓：以德国微生物学家汉斯·赖兴巴赫的姓氏命名，其对归属与超门 **CFB** 的细菌分类学做出重大贡献；菌：表示微小的事物，微生物（细菌、古菌、真菌）；属：属名的尾词；赖兴巴赫姓菌属：以赖兴巴赫的姓氏命名的生物，并与赖兴巴赫氏菌属相区别。

Etymology　N. L. fem. dim. n. *Reichenbachiella*, named in honour of Hans Reichenbach, a German microbiologist who has made a great contribution to the taxonomy of bacteria belonging to the phylum"*Bacteroidetes*".

模式种　凿琼赖兴巴赫姓菌（*Reichenbachiella agariperforans*）Nedashkovskaya 等，2005，新种。

词源　凿：穿孔，造洞穴，挖掘窟窿；琼：琼胶，琼脂，由琼脂糖和琼脂胶构成，是目前配制固体培养基最好的凝固剂，因最早来自海南而得名；凿琼：在琼脂上钻洞，细菌在琼脂上制造深窟窿。

Etymology N. L. n. *agarum*, agar; L. part. adj. *perforans*, perforating, making holes; N. L. part. adj. *agariperforans*, making holes in agar, i. e. bacterium making deep hollows in agar.

不合规同义词 （*Reichenbachia*）Nedashkovskaya 等,2003。

瑞英克岛菌属（*Reinekea*）Romanenko 等,2004,新属。此属已定 3 种。

词源 瑞英克岛:位于日本海西北部彼得大帝湾,此细菌首先从这里分离,此菌的分离地理位置;菌:表示微小的事物,微生物(细菌、古菌、真菌);属:属名的尾词;瑞英克岛菌属:分离自瑞英克岛的生物。

Etymology N. L. fem. n. *Reinekea* derived from Reineke, geographical name of Reineke Island, Peter the Great Bay, Sea of Japan, Russia, the place where the bacterium was first isolated.

模式种 海沉淀瑞英克岛菌（*Reinekea marinisedimentorum*）Romanenko 等,2004,新种。

词源 海:海的,大海的,海洋的,海上的;沉:沉积;淀:积累;物:物质;沉淀:沉淀物的,沉淀积累物的;海沉积:海洋沉积物的。

Etymology L. adj. *marinus*, of or belonging to the sea, marine; L. neut. n. *sedimentum*, settling, sediment; N. L. gen. pl. n. *marinisedimentorum*, of marine sediments.

注:彼得大帝湾是日本海最大的海湾,面积约 6000 km^2,位于俄罗斯远东滨海边疆区南部,已经同现在的中国绥芬河接壤。

肾小杆菌属（*Renibacterium*）Sanders and Fryer,1980,新属。此属已定 1 种。

词源 肾:肾脏,肾部;小杆:小棒;菌:表示微小的事物,微生物(细菌、古菌、真菌);属:属名的尾词;肾小杆菌属:肾细菌。

Etymology L. pl. n. *renes*, the kidneys; L. neut. n. *bacterium*, a rod; N. L. neut. n. *Renibacterium*, kidney bacterium.

模式种 鲑亚科肾小杆菌（*Renibacterium salmoninarum*）Sanders and Fryer,1980,新种。

词源 鲑亚科:鲑鱼的一个亚科,鲑科的一个亚科。

Etymology N. L. pl. n. *salmoninae*, subfamily of the *Salmonidae*; N. L. gen. pl. n. *salmoninarum*, of the *Salmoninae*.

莱朗河菌属（*Reyranella*）Pagnier 等,2011,新属。此属已定 3 种。

词源 莱朗河:法国东南部瓦尔（**Var**）省的莱朗河,此模式株从此河分离;菌:表示微小的事物,微生物(细菌、古菌、真菌);属:属名的尾词;莱朗河菌属:分离自莱朗河的生物。

Etymology   N. L. fem. dim. n. *Reyranella*, named after Reyran, the river where the type strain was isolated.

模式种   马西利亚莱朗河菌(*Reyranella massiliensis*)Pagnier 等,2011,新种。

词源   马西利亚：属于或来自马西利亚的,马西利亚是马赛的拉丁文,此模式菌株是在马赛表征的。

Etymology   L. fem. adj. *massiliensis*, of or belonging to *Massilia*, Latin name of Marseille, where the strain was characterized.

Rh

杵色菌属(*Rhabdochromatium*)(*ex* Winogradsky,1888)Dilling 等,1996,新合并,命名修改。此属已定 1 种。

词源   杵：中国古代舂米或捣衣的木棒,表示棒,棒形；色：颜色,着色；菌：表示微小的事物,微生物(细菌、古菌、真菌)；属：属名的尾词；杵色菌属：着色的棒形生物。

Etymology   Gr. n. *rhabdos*, a rod; Gr. n. *chrôma -atos*, color; N. L. neut. n. *Rhabdochromatium*, colored rod.

模式种   海杵色菌(*Rhabdochromatium marinum*)Dilling 等,1996,新种。

词源   海：海的,大海的,海洋的。

Etymology   L. neut. adj. *marinum*, of the sea, marine.

同义词   "*Rhabdochromatium*" Winogradsky,1888。

推荐的属名三字母简写   Rbc. 见"命名规则:属名简写"[属名简写三字母准则(Three-letter code for abbreviations of generic names)]。

杵热菌属(*Rhabdothermus*)Steinsbu 等,2011,新属。此属已定 1 种。

词源   杵：中国古代舂米或捣衣的木棒,表示棒,棒形；热：热的,高温的,烫的；菌：表示微小的事物,微生物(细菌、古菌、真菌)；属：属名的尾词；杵热菌属：高温棒形生物。

Etymology   Gr. n. *rhabdos*, rod; Gr. adj. *thermos*, hot; N. L. masc. n. *Rhabdothermus*, a hot rod.

模式种   北极杵热菌(*Rhabdothermus arcticus*)Steinsbu 等,2011,新种。

词源   北极：最北部的,最北边的,地球最北的弧圈,此模式菌株的分离源。

Etymology   L. masc. adj. *arcticus*, northern, Arctic, the place of origin of the type strain.

莱茵海默氏菌属(*Rheinheimera*)Brettar 等,2002,新属；Merchant 等,2007 修改,Chen 等,2010 修改,Li 等,2011 修改,Liu 等,2012 修改。此属已定 16 种。

词源   氏：姓氏；莱茵海默氏：以德国微生物学家格哈德·莱茵海默的姓氏命名,以记述他对海洋和河口细菌的研究工作；菌：表示微小的事物，微生物（细菌、古菌、真菌）；属：属名的尾词；莱茵海默氏菌属：以莱茵海默的姓氏命名的生物。

Etymology N. L. fem. n. *Rheinheimera*, named after the German marine microbiologist Gerhard Rheinheimer, in recognition of his work on marine and estuarine bacteria.

模式种 波罗的海莱茵海默氏菌（*Rheinheimera baltica*）Brettar 等，2002，新种。

词源 波罗的海：与波罗的海有关的，此模式菌株的分离源。

Etymology N. L. fem. adj. *baltica*, pertaining to the Baltic Sea, referring to the source of the type strain.

根杆菌属（*Rhizobacter*）Goto and Kuwata,1988,新属；Stackebrandt 等,2009 修改。或根瘤杆菌属。此属已定 2 种。

词源 根：树根，根部；杆：棒；菌：表示微小的事物，微生物（细菌、古菌、真菌）；属：属名的尾词；根杆菌属：根部的棒形生物。

Etymology Gr. n. *rhiza*, a root; N. L. masc. n. *bacter*, rod, staff; N. L. masc. n. *Rhizobacter*, root rod.

模式种 胡萝卜根杆菌（*Rhizobacter dauci*）勘误，Goto and Kuwata,1988,新种。

词源 胡萝卜：萝卜的一种，胡萝卜属，胡萝卜的，此模式菌株的宿主植物。

Etymology L. n. *daucus*, a kind of carrot, and also the generic name of carrot (*Daucus*); L. masc. gen. n. *dauci*, of the carrot, host plant.

根瘤菌科（*Rhizobiaceae*）Conn,1938,科。

模式属 根瘤菌属（*Rhizobium*）Frank,1889,《1980 年细菌名确认单》,属。

词源 根瘤菌属：此科之模式属；科：用于定义一个比属高、比目低的分类级和尾词；在中文科的命名中，把模式属属名中的尾字"属"代换为尾字"科"，即为模式属所在的科名；根瘤菌科：根瘤菌属之科。

Etymology N. L. neut. n. *Rhizobium*, type genus of the family; L. suff. *-aceae*, ending to denote a family; N. L. fem. pl. n. *Rhizobiaceae*, the *Rhizobium* family.

根瘤菌目（*Rhizobiales*）Kuykendall,2006,新目。

模式属 根瘤菌属（*Rhizobium*），Frank,1889,《1980 年细菌名确认单》,属。

词源 根瘤菌属：此目之模式属；目：用于定义一个比科高、比纲低的分类级和尾词；在中文目的命名中，把模式属属名中的尾字"属"代换为尾字"目"，即为模式属所在的目名；根瘤菌目：根瘤菌属之目。

Etymology N. L. neut. n. *Rhizobium*, type genus of the order; suff. *-ales*, ending denoting an order; N. L. fem. pl. n. *Rhizobiales*, the *Rhizobium* order.

根瘤菌族(*Rhizobieae*) Prévot,1948,族。

模式属 根瘤菌属(*Rhizobium*) Frank,1889,《1980年细菌名确认单》,属。

词源 根瘤菌属:此族之模式属;族:原核生物分类的一个级别,现已停用;根瘤菌族:根瘤菌属之族。

Etymology　N. L. neut. n. *Rhizobium*, type genus of the tribe; suff. *-eae*, ending to denote a tribe; N. L. fem. pl. n. *Rhizobieae*, the *Rhizobium* tribe.

根瘤菌属(*Rhizobium*) Frank,1889,属;Young等,2001修改。或根菌属。此属已定92种。

此属是根瘤菌目(*Rhizobiales*) Kuykendall,2006,根瘤菌科(*Rhizobiaceae*) Conn,1938,《1980年细菌名确认单》,根瘤菌族(*Rhizobieae*) Prévot,1948,《1980年细菌名确认单》的模式属。

模式种 豆类根瘤菌(*Rhizobium leguminosarum*) (Frank,1879) Frank,1889,《1980年细菌名确认单》,种。

同义词 "*Phytomyxa*" Schroeter,1886,"*Rhizobacterium*" Kirchner,1896。

词源 根:树根,根部;根瘤:根部瘤状的东西;菌:表示微小的事物,微生物(细菌、古菌、真菌);属:属名的尾词;根菌:根部的生命(菌落);根瘤菌属或根菌属:菌落在根部生长后呈瘤状,从中分离出来的生物。

Etymology　Gr. n. *rhiza*, a root; Gr. masc. n. *bios*, life; N. L. neut. n. *Rhizobium*, that which lives in a root.

根栖菌属(*Rhizocola*) Matsumoto等,2014,新属。此属已定1种。

词源 根:树根,根部;栖:栖息,栖居,栖息者,栖居者;菌:表示微小的事物,微生物(细菌、古菌、真菌);属:属名的尾词;根栖菌属:根部的栖居者(生物)。

Etymology　Gr. n. *rhiza*, a root; L. suffix *-cola*, a dweller, inhabitant; N. L. masc. n. *Rhizicola*, a root inhabitant.

模式种 铁筷子属根栖菌(*Rhizocola hellebori*) Matsumoto等,2014,新种。

词源 铁筷子属:铁筷子属的,植物的一个属名。

Etymology　N. L. fem. n. *hellebori*, of *Helleborus*, a plant genus name.

根微菌属(*Rhizomicrobium*) Ueki等,2010,新属。此属已定2种。

词源 根:树根,根部;微:微小的,微生物;菌:表示微小的事物,微生物(细菌、古菌、真菌);微菌:微生物;属:属名的尾词;根微菌属:生活在根部或根际圈的微生物。

Etymology　Gr. n. *rhiza*, a root; N. L. neut. n. *microbium*, a microbe; N. L. neut. n. *Rhizomicrobium*, microbe living in a root or rhizosphere.

模式种 沼泽根微菌(*Rhizomicrobium palustre*) Ueki等,2010,新种。

词源 沼泽:沼泽的,湿地的,洼地的,栖息在沼泽地的。

Etymology　L. neut. adj. *palustre*, marshy, swamp-inhabiting.

根单胞菌属（*Rhizomonas*）（受拒名，rejected name）van Bruggen 等，1990，新属。此属已定 1 种。

词源 根：根部，树根；单胞：单细胞，单元；菌：表示微小的事物，微生物（细菌、古菌、真菌）；属：属名的尾词；根单胞菌属：与根有关的单细胞生物。

Etymology Gr. n. *rhiza*, a root; Gr. fem. n. *monas*, a unit, monad; N. L. fem. n. *Rhizomonas*, a unit associated with roots.

模式种 软木化根单胞菌（*Rhizomonas suberifaciens*）van Bruggen 等，1990，新种。

词源 软木：栓皮栎树茎的外层组织；化：变化，产生；软木化：化作软木的，产生软木的。

Etymology L. n. *suber -eris*, cork; L. part. adj. *faciens*, making, producing; N. L. part. adj. *suberifaciens*, cork making.

注：此拉丁文属名被拒绝，因为它是原生动物根单胞属（*Rhizomonas*）Kent，1880 之后的同名异物。

根杆菌属（*Rhizorhabdus*）Francis 等，2014，新属。此属已定 1 种。

词源 根：树根，根部；杵：中国古代舂米或捶衣的木棒，表示棒，棒形；菌：表示微小的事物，微生物（细菌、古菌、真菌）；属：属名的尾词；根杵菌属：与树根根部有关的棒形生物。

Etymology Gr. n. *rhiza*, root; Gr. fem. n. *rhabdus*, rod; N. L. fem. n. *Rhizorhabdus*, a rod associated with roots.

模式种 银色根杵菌（*Rhizorhabdus argentea*）Francis 等，2014，新种。

词源 银色：银色的，银白/灰色的。

Etymology L. fem. adj. *argentea*, silvery.

根秆菌属（*Rhizorhapis*）Francis 等，2014，新属。此属已定 1 种。

词源 根：树根，根部；秆：稻麦等植物的茎，指的棒（状）；希腊文阴性名词 *rhapis* 是棕竹，这里表示棒（状）；菌：表示微小的事物，微生物（细菌、古菌、真菌）；属：属名的尾词；根秆菌属：与根部茎秆有关的棒形生物。

Etymology Gr. n. *rhiza*, root; Gr. fem. n. *rhapis*, rod; N. L. fem. n. *Rhizorhapis*, a rod associated with roots.

模式种 软木化根秆菌（*Rhizorhapis suberifaciens*）Francis 等，2014，新种。

词源 软木：栓皮栎树茎的外层组织；化：变化，产生；软木化：化作软木的，产生软木的。

Etymology L. gen. n. *suberis*, of cork, corky; L. part. adj. *faciens*, making, producing; N. L. part. adj. *suberifaciens*, cork-making.

隆河杆菌属（*Rhodanobacter*）Nalin 等，1999，新属。此属已定 13 种。

词源 隆河：或罗讷河；杆：棒；菌：表示微小的事物，微生物（细菌、古菌、真菌）；属：属名的尾词；隆河杆菌属：隆河边分离的棒形生物。

Etymology   L. n. *Rhodanus*, River Rhône; N. L. masc. n. *bacter*, a rod; N. L. masc. n. *Rhodanobacter*, rod isolated close to the River Rhône.

模式种　劈林丹隆河杆菌(*Rhodanobacter lindaniclasticus*) Nalin 等,1999,新种。

词源　劈:强力破开,劈裂,劈开,剁,指的是溶解,分解,破解;林丹:法国 γ-六氯环己烷的商品名。

Etymology   N. L. n. *lindanun*, lindane, French commercial name of γ-HCH; N. L. adj. *clasticus -a -um* (from Gr. adj. *klastos -ê -on*, broken in pieces), breaking; N. L. masc. adj. *lindaniclasticus*, lindane-breaking.

注:隆河,或罗讷河,起源于瑞士境内南阿尔卑斯的隆冰川,流经瑞士和法国,最后注入地中海,全长813km。

玫橄菌属(*Rhodobaca*) Milford 等,2001,新属。此属已定2种。

词源　玫:玫瑰,玫瑰色;橄:橄榄,浆果,谷粒;菌:表示微小的事物,微生物(细菌、古菌、真菌);属:属名的尾词;玫橄菌属:红色(玫瑰色)的橄榄状生物。

Etymology   Gr. n. *rhodon*, the rose; L. fem. n. *baca*, berry; N. L. fem. n. *Rhodobaca*, red (rose) berry.

模式种　博戈里亚湖玫橄菌(*Rhodobaca bogoriensis*) Milford 等,2001,新种。

词源　博戈里亚湖:非洲肯尼亚的一个苏打湖,与博戈里亚湖有关的。

Etymology   N. L. fem. adj. *bogoriensis*, pertaining to Lake Bogoria, a soda lake in Kenya, Africa.

推荐的属名三字母简写　Rca. 见"命名规则:属名简写"[属名简写三字母准则(Three-letter code for abbreviations of generic names)]。

玫杆菌属(*Rhodobacter*) Imhoff 等,1984,新属;Srinivas 等,2007 修改,Wang 等,2014 修改。此属已定17种。

此属是**玫杆菌目**(*Rhodobacterales*) Garrity 等,2006 和**玫杆菌科**(*Rhodobacteraceae*) Garrity 等,2006 的模式属。

词源　玫:玫瑰,玫瑰色;杆:棒;菌:表示微小的事物,微生物(细菌、古菌、真菌);属:属名的尾词;玫杆菌属:红色的棒形生物。

Etymology   Gr. n. *rhodon*, a rose; N. L. masc. n. *bacter*, rod; N. L. masc. n. *Rhodobacter*, red-colored rod.

模式种　胶囊玫杆菌(*Rhodobacter capsulatus*) (Molisch,1907) Imhoff 等,1984,新种。

词源　胶囊:盒,箱,袋,这里指的是具有胶囊形结构的,带盒子的。

Etymology   L. n. *capsula*, a small box or chest; L. masc. suff. *-atus*, suffix denoting provided with; N. L. masc. adj. *capsulatus*, with a chest, capsuled.

推荐的属名三字母简写　Rba. 见"命名规则:属名简写"[属名简写三字母准则(Three-letter code for abbreviations of generic names)]。

玫杆菌科(*Rhodobacteraceae*) Garrity 等,2006,新科。

模式属　玫杆菌属(*Rhodobacter*) Imhoff 等,1984,新属。

词源　玫杆菌属:此科之模式属;科:用于定义一个比属高、比目低的分类级和尾词;在中文科的命名中,把模式属属名中的尾字"属"代换为尾字"科",即为模式属所在的科名;玫杆菌科:玫杆菌属之科。

Etymology　N. L. masc. n. *Rhodobacter*, type genus of the family; suff. *-aceae*, ending to denote family; N. L. fem. pl. n. *Rhodobacteraceae*, the *Rhodobacter* family.

玫杆菌目(*Rhodobacterales*) Garrity 等,2006,新目。

模式属　玫杆属(*Rhodobacter*) Imhoff 等,1984,新属。

词源　玫杆菌属:此目之模式属;目:用于定义一个比科高、比纲低的分类级和尾词;在中文目的命名中,把模式属属名中的尾字"属"代换为尾字"目",即为模式属所在的目名;玫杆菌目:玫杆菌属之目。

Etymology　N. L. masc. n. *Rhodobacter*, type genus of the order; suff. *-ales*, ending denoting an order; N. L. fem. pl. n. *Rhodobacterales*, the *Rhodobacter* order.

玫菌科(*Rhodobiaceae*) Garrity 等,2006,新科。

模式属　玫菌属(*Rhodobium*) Hiraishi 等,1995,新属。

词源　玫菌属:此科之模式属;科:用于定义一个比属高、比目低的分类级和尾词;在中文科的命名中,把模式属属名中的尾字"属"代换为尾字"科",即为模式属所在的科名;玫菌科:玫菌属之科。

Etymology　N. L. neut. n. *Rhodobium*, type genus of the family; suff. *-aceae*, ending to denote family; N. L. fem. pl. n. *Rhodobiaceae*, the *Rhodobium* family.

玫菌属(*Rhodobium*) Hiraishi 等,1995,新属;Urdiain 等,2008 修改。此属已定 4 种。

此属是玫菌科(*Rhodobiaceae*) Garrity 等,2006 的模式属。

词源　玫:玫瑰,玫瑰色;菌:表示微小的事物,微生物(细菌、古菌、真菌);属:属名的尾词;玫菌属:红色的生命/生物。

Etymology　Gr. n. *rhodos*, rose; Gr. n. *bios*, life; N. L. neut. n. *Rhodobium*, red life.

模式种　东方玫菌(*Rhodobium orientis*) Hiraishi 等,1995,新种。

词源　东:东,方位词;方:方向;东方:属于或来自东方的,东边的,与西方相对的一个模糊地理称谓。

Etymology　L. gen. n. *orientis*, of the orient.

推荐的属名三字母简写　Rbi. 见"命名规则:属名简写"[属名简写三字母准则(Three-letter code for abbreviations of generic names)]。

玫芽菌属(*Rhodoblastus*)Imhoff,2001,新属。此属已定 2 种。

词源　玫:玫瑰,玫色,玫瑰色;芽:蓓蕾,幼苗,嫩芽;菌:表示微小的事物,微生物(细菌、古菌、真菌);属:属名的尾词;玫芽菌属:发芽的玫瑰菌类。

Etymology　Gr. n. *rhodon*, the rose; Gr. masc. n. *blastos*, bud shoot; N. L. masc. n. *Rhodoblastus*, the budding rose.

模式种　嗜酸玫芽菌(*Rhodoblastus acidophilus*)(Pfennig,1969)Imhoff,2001,新合并。

词源　嗜:嗜好,喜好,爱好,表示一种习性;酸:醋,像醋一样的味道,酸味,化学中在水溶液中能产生氢离子的化合物;嗜酸:嗜好酸的,喜好酸的。

Etymology　N. L. n. *acidum*(from L. adj. *acidus* sour), an acid; N. L. adj. *philus -a -um*(from Gr. adj. *philos -ê -on*), friend, loving; N. L. masc. adj. *acidophilus*, acid-loving.

推荐的属名三字母简写:*Rbl*。见"命名规则:属名简写"[属名简写三字母准则(Three-letter code for abbreviations of generic names)]。

玫篓菌属(*Rhodocista*)Kawasaki 等,1994,新属。或玫篮菌属。此属已定 2 种。

词源　玫:玫瑰,玫瑰色;篓:篮,一种中间大的两端小的背篓;菌:表示微小的事物,微生物(细菌、古菌、真菌);属:属名的尾词;玫篓菌属:玫瑰背篓形生物。

Etymology　Gr. n. *rhodon*, the rose; L. fem. n. *cista*, a basket; N. L. fem. n. *Rhodocista*, the rose basket.

模式种　百年玫篓菌(*Rhodocista centenaria*)Kawasaki 等,1994,新种。

词源　百年:100 年,纪念 1887 年对光营细菌首次描述发表一个世纪。

Etymology　L. fem. adj. *centenaria*, relating to a hundred, to commemorate a century after the publication of the first description of a phototrophic bacterium in,1887.

玫果菌属(*Rhodococcus*)Zopf,1891,属。此属已定 53 种。

词源　玫:玫瑰;果:浆果,表示浆果形(圆球或椭球);菌:表示微小的事物,微生物(细菌、古菌、真菌);属:属名的尾词;玫果菌属:玫瑰色(红色)的浆果形生物。

Etymology　Gr. n. *rhodon*, the rose; N. L. masc. n. *coccus* (from Gr. masc. n. *kokkos*, grain, seed), coccus; N. L. masc. n. *Rhodococcus* a red coccus.

模式种　玫色玫果菌(*Rhodococcus rhodochrous*)(Zopf,1891)Tsukamura,1974,《1980 年细菌名确认单》,种。

词源　玫色:玫色的,玫瑰色的,粉色的。

Etymology　N. L. masc. adj. *rhodochrous*, rose colored.

玫环菌科(*Rhodocyclaceae*)Garrity 等,2006,新科。

模式属　玫环菌属(*Rhodocyclus*)Pfennig,1978,《1980 年细菌名确认单》,新属。

词源　玫环菌属:此科之模式属;科:用于定义一个比属高、比目低的分类级和尾词;在中文科的命名中,把模式属属名中的尾字"属"代换为尾字"科",即为模式属所在的科名;玫环菌科:玫环菌属之科。

Etymology　N. L. masc. n. *Rhodocyclus*, type genus of the family; suff. *-aceae*, ending to denote family; N. L. fem. pl. n. *Rhodocyclaceae*, the *Rhodocyclus* family.

玫环菌目(*Rhodocyclales*)Garrity 等,2006,新目。

模式属　玫环菌属(*Rhodocyclus*),Pfennig,1978,《1980 年细菌名确认单》,属。

词源　玫环菌属:此目之模式属;目:用于定义一个比科高、比纲低的分类级和尾词;在中文目的命名中,把模式属属名中的尾字"属"代换为尾字"目",即为模式属所在的目名;玫环菌目:玫环菌属之目。

Etymology　N. L. masc. n. Rhodocyclus, type genus of the order; suff. -ales, ending denoting an order; N. L. fem. pl. n. Rhodocyclales, the Rhodocyclus order.

玫环菌属(*Rhodocyclus*)Pfennig,1978,属;Imhoff 等,1984 修改。此属已定 3 种。

此属是**玫环菌目**(*Rhodocyclales*)Garrity 等,2006 和**玫环菌科**(*Rhodocyclaceae*)Garrity 等,2006 的模式属。

词源　玫:玫瑰,玫瑰色;环:圆圈,圆环;菌:表示微小的事物,微生物(细菌、古菌、真菌);属:属名的尾词;玫环菌属:红色的圆环状生物。

Etymology　Gr. n. *rhodon*, the rose; L. masc. n. *cyclus*, a circle; N. L. masc. n. *Rhodocyclus*, red circle.

模式种　紫色玫环菌(*Rhodocyclus purpureus*)Pfennig,1978,《1980 年细菌名确认单》。

词源　紫色:紫色的,紫颜色的。

Etymology　L. masc. adj. *purpureus*, purple-colored, purple, violet.

推荐的属名三字母简写　Rcy. 见"命名规则:属名简写"[属名简写三字母准则(Three-letter code for abbreviations of generic names)]。

玫噬胞菌属(*Rhodocytophaga*)Anandham 等,2010,新属。此属已定 1 种。

词源　玫:玫瑰,玫瑰色;噬胞菌属:细菌的一个属名;玫噬胞菌属:玫瑰红色的噬胞菌属,指的是菌落的粉红色和与其噬胞菌属在系统发育中的关联性。

Etymology　Gr. n. *rhodon*, a rose; N. L. fem. n. *Cytophaga*, a bacterial genus; N. L. fem. n. *Rhodocytophaga*, rose-red *Cytophaga*, referring to the reddish pink colour of colonies and to the phylogenetic relationship with the genus *Cytophaga*.

模式种　气生玫噬胞菌(*Rhodocytophaga aerolata*)Anandham 等,2010,新种。

词源　气:空气;生:产生,携带;气生:空气产生的,空气携带的。

Etymology   Gr. n. *aer*, air; L. fem. part. adj. *lata*, carried; N. L. fem. part. adj. *aerolata*, airborne.

玫肥菌属（*Rhodoferax*）Hiraishi 等,1992,新属。此属已定 4 种。

词源   玫:玫瑰,玫瑰色;肥:肥沃的,多产的;菌:表示微小的事物,微生物(细菌、古菌、真菌);属:属名的尾词;玫肥菌属:红色的和多产的生物。

Etymology   Gr. n. *rhodon*, the rose; L. adj. *ferax*, fertile; N. L. masc. n. *Rhodoferax*, red and fertile.

模式种   发酵玫肥菌（*Rhodoferax fermentans*）Hiraishi 等,1992,新种。

词源   发酵:发酵的定义广泛,在微生物学中可指微生物在培养基上的大量生长,一般是指(在厌氧条件下)将糖转变为酸,醇和气体。

Etymology   L. part. adj. *fermentans*, fermenting.

推荐的属名三字母简写   *Rfx*. 见"命名规则:属名简写"[属名简写三字母准则（Three-letter code for abbreviations of generic names）]。

玫璆菌属（*Rhodoglobus*）Sheridan 等,2003,新属。此属已定 2 种。

词源   玫:玫瑰,玫色,玫瑰色;璆:通球,球形,球体,圆球;菌:表示微小的事物,微生物(细菌、古菌、真菌);属:属名的尾词;玫璆菌属:红色的球形生物。

Etymology   Gr. n. *rhodon*, the rose; L. masc. n. *globus*, ball; N. L. masc. n. *rhodoglobus*, red ball.

模式种   维斯涛氏玫璆菌（*Rhodoglobus vestalii*）Sheridan 等,2003,新种。

词源   氏:姓氏;维斯涛氏:以J.罗比·维斯涛的姓氏命名,其研究南极微生物。

Etymology   N. L. gen. masc. n. *vestalii*, of Vestal, in honour of J. Robie Vestal, who studied Antarctic micro-organisms.

玫寡营菌属（*Rhodoligotrophos*）Fukuda 等,2012,新属。此属已定 2 种。

词源   玫:玫瑰,玫瑰色;寡:少,不多;营:营养;菌:表示微小的事物,微生物(细菌、古菌、真菌);属:属名的尾词;玫寡营菌属:红色的利用很少底物的生物。

Etymology   Gr. n. *rhodon*, the rose; Gr. adj. *oligos*, little, few; Gr. masc. or fem. n. *trophos*, feeder, rearer, that which nourishes; N. L. masc. n. *Rhodoligotrophos*, red utilizer of few substrates.

模式种   带突柄玫寡营菌（*Rhodoligotrophos appendicifer*）Fukuda 等,2012,新种。

词源   带:携带;突柄:突出的柄,(相对整体的)附件,配件;带突柄:携带的附件(凸出物)。

Etymology   L. n. *appendix -icis*, an appendage; L. masc. suff. *-fer*（from L. v. *fero*）, bearing, carrying; N. L. masc. adj. *appendicifer*, carrying appendages.

玫月菌属（*Rhodoluna*）Hahn 等，2014，新属。此属已定 2 种。

词源 玫：玫瑰，玫瑰色；月：月亮；菌：表示微小的事物，微生物（细菌、古菌、真菌）；属：属名的尾词；玫月菌属：红色的月亮，指的是红色的色素和此菌株外形看起来像一轮新月。

Etymology　Gr. n. *rhodon*, the rose; L. fem. n. *luna*, the moon; N. L. fem. n. *Rhodoluna*, red-coloured moon, referring to the red pigmentation and the seemingly selenoid (crescent shape) morphology of the strain.

模式种　湖栖玫月菌（*Rhodoluna lacicola*）Hahn 等，2014，新种。

词源　湖：湖泊；栖：栖息，栖居，栖息者，栖居者；湖栖：湖泊中的栖息者。

Etymology　L. masc. n. *lacus*, lake; L. suffix n. *-cola* (from *incola*, the inhabitant); N. L. masc. n. *lacicola*, inhabitant of lakes.

玫微菌属（*Rhodomicrobium*）Duchow and Douglas，1949，属；Imhoff 等，1984 修改。此属已定 2 种。

词源　玫：玫瑰，玫瑰色；微：微小的，微生物；菌：表示微小的事物，微生物（细菌、古菌、真菌）；微菌：微生物；属：属名的尾词；玫微菌属：红色的微生物。

Etymology　Gr. n. *rhodon*, the rose; N. L. neut. n. *microbium*, microbe; N. L. neut. n. *Rhodomicroibum*, red microbe.

模式种　范尼尔氏玫微菌（*Rhodomicrobium vannielii*）Duchow and Douglas，1949，《1980 年细菌名确认单》，种。

词源　氏：姓氏；范尼尔氏：范尼尔的，以美国微生物学家 C. B. 范·尼尔的姓氏命名。

Etymology　N. L. gen. masc. n. *vannielii*, of van Niel; named for C. B. van Niel, an American microbiologist.

推荐的属名三字母简写　Rmi. 见"命名规则：属名简写"[属名简写三字母准则（Three-letter code for abbreviations of generic names）]。

小玫菌属（*Rhodonellum*）Schmidt 等，2006，新属。此属已定 1 种。

词源　小：小的；玫：玫瑰，玫瑰色；菌：表示微小的事物，微生物（细菌、古菌、真菌）；属：属名的尾词；小玫菌属：小玫瑰状的生物，指的是此菌落的红色外形。

Etymology　Gr. neut. n. *rhodon*, a rose; L. neut. suff. *-ellum*, diminutive ending; N. L. dim. neut. n. *Rhodonellum*, a small rose, referring to the red colour of the colonies.

模式种　嗜冷小玫菌（*Rhodonellum psychrophilum*）Schmidt 等，2006，新种。

词源　嗜：嗜好的，喜好的，友好的，爱好的；冷：冷的，寒的，低温的；嗜冷：喜好冷的。

Etymology　Gr. adj. *psuchros*, cold; N. L. adj. *philus -a -um* (from Gr. adj. *philos -ê -on*), friend, loving; N. L. neut. adj. *psychrophilum*, cold-loving.

玫柱菌属(*Rhodopila*) Imhoff 等,1984,新属。此属已定 1 种。

词源　玫:玫瑰,玫瑰色;柱:柱子,柱状,这里指球状;菌:表示微小的事物,微生物(细菌、古菌、真菌);属:属名的尾词;玫柱菌属:红色的球形生物。

Etymology　Gr. n. *rhodon*, the rose; L. fem. n. *pila*, a ball or globe; N. L. fem. n. *Rhodopila*, red sphere.

模式种　璆形玫柱菌(*Rhodopila globiformis*)(Pfennig,1974) Imhoff 等,1984,新合并。

词源　璆:通球,球形,球体,圆球;形:状,形状,外形,外貌,形容某物在外貌上像……璆形:形状像球的,球形的。

Etymology　L. n. *globus*, ball, sphere, globe; L. adj. suffix -*formis* -*is* -*e* (from L. n. *forma*, figure, shape, appearance), -like, in the shape of; N. L. fem. adj. *globiformis*, sphere-shaped.

推荐的属名三字母简写　Rpi. 见"命名规则:属名简写"[属名简写三字母准则(Three-letter code for abbreviations of generic names)]。

玫小梨菌属(*Rhodopirellula*) Schlesner 等,2004,新属。此属已定 4 种。

词源　玫:玫瑰,玫瑰色;小梨菌属:细菌的一个属名;玫小梨菌属:红色的小梨菌属。

Etymology　Gr. neut. n. *rhodon*, a rose; N. L. fem. n. *Pirellula*, name of a bacterial genus; N. L. fem. n. *Rhodopirellula*, a red *Pirellula*.

模式种　波罗的海玫小梨菌(*Rhodopirellula baltica*) Schlesner 等,2004,新种。

词源　波罗的海:与波罗的海有关的,此菌株的分离地。

Etymology　N. L. fem. adj. *baltica*, pertaining to the Baltic Sea, the place of isolation.

玫浮菌属(*Rhodoplanes*) Hiraishi and Ueda,1994,新属。此属已定 6 种。

词源　玫:玫瑰,玫瑰色;浮:浮游者,漂泊者,流浪者;菌:表示微小的事物,微生物(细菌、古菌、真菌);属:属名的尾词;玫浮菌属:红色的浮游者(生物)。

Etymology　Gr. n. *rhodon*, the rose; Gr. masc. n. *planos*, a vagabond, a wanderer; N. L. masc. n. *Rhodoplanes*, a red wanderer.

模式种　玫色玫浮菌(*Rhodoplanes roseus*)(Janssen and Harfoot,1991) Hiraishi and Ueda,1994,新合并。

词源　玫色:玫色的,玫瑰色的,粉色的,粉红色的。

Etymology　L. masc. adj. *roseus*, rose-colored, pink.

推荐的属名三字母简写　Rpl. 见"命名规则:属名简写"[属名简写三字母准则(Three-letter code for abbreviations of generic names)]。

玫假单胞菌属(*Rhodopseudomonas*) Czurda and Maresch,1937,属;Imhoff 等,1984 修改。此属已定 22 种。

词源　玫:玫瑰,玫瑰色;假单胞菌属:细菌的一个属名;玫假单胞菌属:红色的假单胞菌属。

Etymology　Gr. n. *rhodon*, the rose; N. L. fem. n. *Pseudomonas*, a bacterial genus; N. L. fem. n. *Rhodopseudomonas*, the red *Pseudomonas*.

模式种　沼泽玫假单胞菌(*Rhodopseudomonas palustris*)(Molisch,1907)van Niel,1944,《1980年细菌名确认单》,种。

词源　沼泽:沼泽的,湿地的,洼地的。

Etymology　L. fem. adj. *palustris*, marshy, swampy.

同义词　"*Rhodobacillus*" Molisch,1907,"*Rhodomonas*" Kluyver and van Niel,1936。

推荐的属名三字母简写　*Rps.* 见"命名规则:属名简写"[属名简写三字母准则(Three-letter code for abbreviations of generic names)]。

玫螺体属(*Rhodospira*)Pfennig 等,1998,新属。此属已定1种。

词源　玫:玫瑰,玫瑰色;螺:螺旋,螺形;菌:表示微小的事物,微生物(细菌、古菌、真菌);属:属名的尾词;玫螺体属:玫瑰色的螺旋体。

Etymology　Gr. n. *rhodon*, the rose; L. fem. n. *spira*, a spiral; N. L. fem. n. *Rhodospira*, the rose spiral.

模式种　图颇氏玫螺体(*Rhodospira trueperi*)Pfennig 等,1998,新种。

词源　氏:姓氏;图颇氏:以德国微生物学家汉斯·格奥戈·图颇的姓氏命名,其对我们(作者)无氧光合细菌的知识有重要贡献。

Etymology　N. L. gen. masc. n. *trueperi*, of Trüper, named for Hans Georg Trüper, a German microbiologist who contributed significantly to our knowledge of the anoxygenic phototrophic bacteria.

推荐的属名三字母简写　*Rsa.* 见"命名规则:属名简写"[属名简写三字母准则(Three-letter code for abbreviations of generic names)]。

玫小螺体科(*Rhodospirillaceae*)Pfennig and Trüper,1971,科。

模式属　玫小螺体属(*Rhodospirillum*)Molisch,1907,《1980年细菌名确认单》,属。

词源　玫小螺体属:此科之模式属;科:用于定义一个比属高、比目低的分类级和尾词;在中文科的命名中,把属名中的尾字"属"代换为尾字"科",即为模式属所对应的科;玫小螺体科:玫小螺体属之科。

Etymology　N. L. neut. n. *Rhodospirillum*, type genus of the family; L. suff. *-aceae*, ending to denote a family; N. L. fem. pl. n. *Rhodospirillaceae*, the *Rhodospirillum* family.

玫小螺体目(*Rhodospirillales*)Pfennig and Trüper,1971,目。

此目是无氧光杆菌纲(*Anoxyphotobacteria*)(Gibbons and Murray,1978)Murray,1988 和无氧光杆菌亚纲(*Anoxyphotobacteriae*)Gibbons and Murray,1978 的模式目。

模式属　玫小螺体属(*Rhodospirillum*), Molisch, 1907,《1980年细菌名确认单》, 属。

词源　玫小螺体属: 此目之模式属; 目: 用于定义一个比科高、比纲低的分类级和尾词; 在中文目的命名中, 把属名中的尾字"属"代换为尾字"目", 即为模式属所对应的目; 玫小螺体目: 玫小螺体属之目。

Etymology　N. L. neut. n. *Rhodospirillum*, type genus of the order; suff. *-ales*, ending denoting an order; N. L. fem. pl. n. *Rhodospirillales*, the *Rhodospirillum* order.

玫小螺体属(*Rhodospirillum*) Molisch, 1907, 属; Imhoff等, 1984, Imhoff等, 1998修改。此属已定11种。

此属是**玫小螺体目**(*Rhodospirillales*) Pfennig and Trüper, 1971,《1980年细菌名确认单》, 玫小螺体科(*Rhodospirillaceae*) Pfennig and Trüper, 1971,《1980年细菌名确认单》的模式属。

词源　玫: 玫瑰; 小螺: 与螺相对, 表示比螺在尺寸上小; 小螺体属: 细菌的一个属名; 玫小螺体属: 玫瑰(色)小螺体属生物。

Etymology　Gr. n. *rhodon*, the rose; N. L. neut. n. *Spirillum*, a bacterial genus; N. L. neut. n. *Rhodospirillum*, the rose *Spirillum*.

模式种　红色玫小螺体(*Rhodospirillum rubrum*)(Esmarch, 1887) Molisch, 1907,《1980年细菌名确认单》, 种。

词源　红色: 红色的, 红颜色的, 赤色的。

Etymology　L adj. *ruber -bra -brum*, red; L. neut. adj. *rubrum*, red.

推荐的属名三字母简写　Rsp. 见"命名规则: 属名简写"[属名简写三字母准则(Three-letter code for abbreviations of generic names)]。

注: 此属的测光玫小螺体(*Rhodospirillum photometricum*) Molisch, 1907, 需磴玫小螺体(*Rhodospirillum sulfurexigens*) Anil Kumar等, 2008和稻玫小螺体(*Rhodospirillum oryzae*) Lakshmi等, 2013这3种, 在2014年已被归种到副玫小螺体属(*Pararhodospirillum*)。

玫塔拉萨菌科(*Rhodothalassiaceae*) Venkata Ramana等, 2014, 新科。或玫海菌科。

命名模式　玫塔拉萨菌属(*Rhodothalassium*) Venkata Ramana等, 2014, 新属。

词源　玫塔拉萨菌属: 此科之模式属; 科: 用于定义一个比属高、比目低的分类级和尾词; 在中文科的命名中, 把模式属属名中的尾字"属"代换为尾字"科", 即为模式属所在的科名; 玫塔拉萨菌科: 玫塔拉萨菌属之科。

Etymology　N. L. neut. n. *Rhodothalassium*, type genus of the family; suff. *-aceae*, ending to denote a family; N. L. fem. pl. n. *Rhodothalassiaceae*, the family of *Rhodothalassium*.

玫塔拉萨菌目(*Rhodothalassiales*) Venkata Ramana等, 2014, 新目。或玫海菌目。

命名模式　玫塔拉萨菌属(*Rhodothalassium*), Venkata Ramana等, 2014, 新属。

词源　玫塔拉萨菌属: 此目之模式属; 目: 用于定义一个比科高、比纲低的分类级和尾词; 在中文目的命名中,把模式属属名中的尾字"属"代换为尾字"目",即为模式属所在的目名;玫塔拉萨菌目:玫塔拉萨菌属之目。

Etymology N. L. neut. n. *Rhodothalassium*, type genus of the family; suff. -*aceae*, ending to denote a family; N. L. fem. pl. n. *Rhodothalassiaceae*, the family of *Rhodothalassium*.

玫塔拉萨菌属(*Rhodothalassium*)Imhoff 等,1998,新属。此属已定 1 种。或玫海菌属。

词源 玫:玫瑰,玫瑰色;塔拉萨:属于海的;菌:表示微小的事物,微生物(细菌、古菌、真菌);属:属名的尾词;玫塔拉萨菌属:属于海的玫瑰色的生物。

Etymology Gr. n. *rhodon*, the rose; Gr. adj. *thalassios*, belonging to the sea; N. L. neut. n. *Rhodothalassium*, the rose belonging to the sea.

模式种 需盐玫海菌(*Rhodothalassium salexigens*)(Drews,1982)Imhoff 等,1998,新种。或需盐玫海菌。

词源 需:需要,需求;盐:盐,海水;需盐:需要盐的。

Etymology L. n. *sal salis*, salt, seawater; L. v. *exigo*, to demand; N. L. part. adj. *salexigens*, salt-demanding.

推荐的属名三字母简写 Rts. 见"命名规则:属名简写"[属名简写三字母准则(Three-letter code for abbreviations of generic names)]。

注:希腊文中的海,或者现代西方文化中海洋的化身,来源于希腊神话中的原始神之一,海女神塔拉萨(Thalassa)的名字,因此海也称为塔拉萨。

玫热菌科(*Rhodothermaceae*)Ludwig 等,2012,新科。

模式属 玫热菌属(*Rhodothermus*)Alfredsson 等,1995,新属。

词源 玫热菌属:此科之模式属;科:用于定义一个比属高、比目低的分类级和尾词;在中文科的命名中,把模式属属名中的尾字"属"代换为尾字"科",即为模式属所在的科名;玫热菌科:玫热菌属之科。

Etymology N. L. masc. n. *Rhodothermus*, type genus of the family; suff. - *aceae*, ending to denote a family; N. L. fem. pl. n. *Rhodothermaceae*, the *Rhodothermus* family.

玫热菌属(*Rhodothermus*)Alfredsson 等,1995,新属。此属已定 3 种。

此属是玫热菌科(*Rhodothermaceae*)Ludwig 等,2012 的模式属。

词源 玫:玫瑰,玫瑰色;热:高温的,烫的;菌:表示微小的事物,微生物(细菌、古菌、真菌);属:属名的尾词;玫热菌属:红色的嗜热生物。

Etymology Gr. n. *rhodon*, the rose; Gr. masc. adj. *thermos*, hot; N. L. masc. n. *Rhodothermus*, the red thermophile.

模式种 海玫热菌(*Rhodothermus marinus*)Alfredsson 等,1995,新种。

词源 海:海的,海上的,大海的,海洋的,海事的。

Etymology L. masc. adj. *marinus*, of the sea, marine.

玫变菌属(*Rhodovarius*) Kämpfer 等,2004,新属。此属已定 1 种。

词源　玫:玫瑰,玫瑰色;变:变化的,变幻的;菌:表示微小的事物,微生物(细菌、古菌、真菌);属:属名的尾词;玫变菌属:变幻形态的(各种形态的)红色生物。

Etymology　Gr. n. *rhodon*, the rose; L. adj. *varius*, diverse, varied; N. L. masc. n. *Rhodovarius*, the varying red-colored one.

模式种　脂环玫变菌(*Rhodovarius lipocyclicus*) Kämpfer 等,2004,新种。

词源　脂:脂肪;环:圆环,圆圈;脂环:与环形脂肪酸有关的,指的是环形脂肪酸。

Etymology　Gr. n. *lipos*, fat; N. L. masc. adj. *cyclus*, cyclic; L. masc. suff. *-icus*, suffix used with the sense of pertaining to; N. L. masc. adj. *lipocyclus*, reffering to cyclic fatty acids.

推荐的属名三字母简写　Rvs. 见"命名规则:属名简写"[属名简写三字母准则(Three-letter code for abbreviations of generic names)]。

玫弧菌属(*Rhodovibrio*) Imhoff 等,1998,新属。此属已定 2 种。

模式种　盐场玫弧菌(*Rhodovibrio salinarum*)(Nissen and Dundas,1985) Imhoff 等,1998,新合并。

词源　盐场:从事盐加工的地方,盐厂,盐田,盐井,盐业,来自盐场的。

Etymology　L. pl. n. *salinae*, saltpits, saltworks; N. L. gen. pl. n. *salinarum*, of saltworks.

推荐的属名三字母简写　Rhv. 见"命名规则:属名简写"[属名简写三字母准则(Three-letter code for abbreviations of generic names)]。

词源　玫:玫瑰,玫瑰色;弧:作名词也表示细菌的一个属名,表示弧状的菌,弧菌属;玫弧菌属:玫瑰色的弧菌。

Etymology　Gr. n. *rhodon*, the rose; N. L. masc. n. *Vibrio*, a bacterial genus of bacteria possessing a curved rod shape; N. L. masc. n. *Rhodovibrio*, the rose *Vibrio*.

玫小卵菌属(*Rhodovulum*) Hiraishi and Ueda,1994,新属。此属已定 18 种。

词源　玫:玫瑰,玫瑰色;小卵:小蛋;菌:表示微小的事物,微生物(细菌、古菌、真菌);属:属名的尾词;玫小卵菌属:红色的小蛋形生物。

Etymology　Gr. n. *rhodon*, the rose; N. L. dim. neut. n. *ovulum*(from L. n. *ovum*, an egg), a small egg; N. L. neut. dim. n. *Rhodovulum*, small red egg.

模式种　嗜硫化物玫小卵菌(*Rhodovulum sulfidophilum*)(Hansen and Veldkamp,1973) Hiraishi and Ueda,1994,新合并。

词源　嗜:嗜好的,喜好的,友好的,爱好的;硫化物:含硫的化合物,或特定的含二价硫离子的无机化合物;嗜硫化物:喜好硫化物的。

Etymology　N. L. n. *sulfidum*, sulfide; N. L. neut. adj. *philum*(from Gr. neut. adj. *philon*), friend, loving; N. L. neut. adj. *sulfidophilum*, sulfide loving.

推荐的属名三字母简写　　*Rdv.* 见"命名规则：属名简写"[属名简写三字母准则（Three-letter code for abbreviations of generic names）]。

Ri

立克次氏体属（*Rickettsia*）da Rocha-Lima，1916，属。此属已定28种。

此属是立克次氏体目（*Rickettsiales*）Gieszczykiewicz，1939，《1980年细菌名确认单》，立克次氏体科（*Rickettsiaceae*）Pinkerton，1936，《1980年细菌名确认单》和立克次氏体族（*Rickettsieae*）Philip，1957，《1980年细菌名确认单》的模式属。

词源　氏：姓氏；立克次氏：以霍华德·泰勒·立克次的姓氏命名，其首次将此生物与斑疹热和斑疹伤寒联系起来，并在研究过程中死于斑疹伤寒；体：整体，身体，菌体，在微生物学属名中的作用与"菌"类似；属：属名的尾词；立克次氏体属：为纪念立克次而定名的属。

Etymology　N. L. fem. n. *Rickettsia*, named after Howard Taylor Ricketts, who first associated organisms of this description with spotted fever and typhus and who died of typhus contracted in the course of his studies.

模式种　扑喽瓦泽克氏立克次氏体（*Rickettsia prowazekii*）da Rocha-Lima，1916，《1980年细菌名确认单》，种。

词源　氏：姓氏；扑喽瓦泽克氏：以斯坦尼斯拉夫·冯·扑喽瓦泽克的姓氏命名，早期斑疹伤寒病因的研究中之一，死于斑疹伤寒的研究过程中。

Etymology　N. L. gen. masc. n. *prowazekii*, of Prowazek; named after Stanislav von Prowazek, an early investigator of the etiology of typhus who died of typhus contracted in the course of his studies.

立克次氏体科（*Rickettsiaceae*）Pinkerton，1936，科；Brenner 等，1993 修改，Dumler 等，2001 修改。

模式属　立克次氏体属（*Rickettsia*）da Rocha-Lima，1916，《1980年细菌名确认单》，属。

词源　立克次氏体属：此科之模式属；科：用于定义一个比属高、比目低的分类级和尾词；在中文科的命名中，把属名中的尾字"属"代换为尾字"科"，即为模式属所对应的科；立克次氏体科：立克次氏体属之科。

Etymology　N. L. fem. n. *Rickettsia*, type genus of the family; L. suff. -aceae, ending to denote a family; N. L. fem. pl. n. *Rickettsiaceae*, the *Rickettsia* family.

立克次氏体目（*Rickettsiales*）Gieszczykiewicz，1939，目；Brenner 等，1993 修改，Dumler 等，2001 修改。

此目是阿尔法杆菌纲（*Alphabacteria*）Cavalier-Smith，2002 的模式目。

模式属　立克次体属（*Rickettsia*）da Rocha-Lima，1916，《1980年细菌名确认单》，属。

词源　立克次体属：此目之模式属；目：用于定义一个比科高、比纲低的分类级和尾词；在中文目的命名中，把属名中的尾字"属"代换为尾字"目"，即为模式属所对应的目；立克次体目：立克次体属之目。

Etymology　N. L. fem. n. *Rickettsia*, type genus of the order; suff. *-ales*, ending denoting an order; N. L. fem. pl. n. *Rickettsiales*, the *Rickettsia* order.

立克次氏体族(*Rickettsieae*) Philip, 1957, 族; Brenner 等, 1993 修改。

模式属　立克次氏体属(*Rickettsia*) da Rocha-Lima, 1916,《1980 年细菌名确认单》, 属。

词源　立克次氏体属：此族之模式属；族：原核生物分类的一个级别，现已停用；立克次氏体族：立克次氏体属之族。

Etymology　N. L. fem. n. Rickettsia, type genus of the tribe; suff. -eae, ending to denote a tribe; N. L. fem. pl. n. Rickettsieae, the Rickettsia tribe.

立克次姓体属(*Rickettsiella*) Philip, 1956, 属。此属已定 4 种。

词源　姓：姓氏；立克次氏体属：寄生细菌的一个属名；立克次姓体属：微小的立克次氏体属。

Etymology　N. L. fem. n. *Rickettsia*, genus of parasitic bacteria; L. fem. dim. ending *-ella*; N. L. fem. dim. n. *Rickettsiella*, small *Rickettsia*.

模式种　金龟甲属立克次姓体(*Rickettsiella popilliae*) (Dutky and Gooden, 1952) Philip, 1956,《1980 年细菌名确认单》, 种。

词源　金龟甲属：日本甲壳虫的属名，一种带壳昆虫，立克次姓体的宿主之一。金龟甲幼虫称为蛴螬。

Etymology　N. L. gen. n. *popilliae*, of *Popillia*, the generic name of the Japanese beetle, one of its hosts.

注：区别于 1916 年的立克次氏体属(*Rickettsia*)。

里默姓菌属(*Riemerella*) Segers 等, 1993, 新属; Vancanneyt 等, 1999 修改, Rubbenstroth 等, 2013 修改。此属已定 3 种。

词源　姓：姓氏；里默：以里默的姓氏命名，其在 1904 年首次描述了鹅的鸭瘟里默尔氏菌(*Riemerella anatipestifer*) 感染，当时里默把此病称作鹅渗出性败血症(*septicemia anserum exsudativa*)；菌：表示微小的事物，微生物（细菌、古菌、真菌）；属：属名的尾词；里默姓菌属：以里默的姓氏命名的生物。

Etymology　N. L. fem. n. *Riemerella*, named in honor of Riemer, who first described *Riemerella anatipestifer* infections in geese in 1904 and referred to the disease as *septicemia anserum exsudativa* (Riemer, 1904)。

模式种　鸭瘟里默姓菌(*Riemerella anatipestifer*) (Hendrickson and Hilbert, 1932) Segers 等,

1993，新合并。

词源　鸭：鸭子；瘟：瘟疫，瘟病；鸭瘟：导致鸭子毁灭的瘟疫。

Etymology　L. n. *anas -atis*, duck; L. adj. *pestifer*, that brings destruction, noxious, pernicious; N. L. n. *anatipestifer*, one who brings destruction of ducks.

理研所菌属（*Rikenella*）Collins 等，1985，新属。此属已定 1 种。

此属是**理研所菌科**（*Rikenellaceae*）Krieg 等，2012 的模式属。

词源　理研所：日本理研研究所的简称，此生物的分离地；菌：表示微小的事物，微生物（细菌、古菌、真菌）；属：属名的尾词；理研所菌属：与理研所有关并定名的生物。

Etymology　N. L. fem. dim. n. *Rikenella*, named after the RIKEN-Institute, Japan, where the organisms were originally isolated.

模式种　微纺锤理研所菌（*Rikenella microfusus*）（Kaneuchi and Mitsuoka, 1978）Collins 等，1985，新合并。

词源　微：小的，微小的；纺锤：一细长针，纺线在上面缠绕形成的中间大两头小锤子；微纺锤：微小的纺锤，指的是细胞的形态。

Etymology　Gr. adj. *mikros*, small; L. n. *fusus*, a spindle; N. L. n. *microfusus* (nominative in apposition), a small spindle (referring to cellular morphology).

理研所菌科（*Rikenellaceae*）Krieg 等，2012，新科。

模式属　理研所菌属（*Rikenella*）Collins 等，1985，新属。

词源　理研所菌属：此科之模式属；科：用于定义一个比属高、比目低的分类级和尾词；在中文科的命名中，把模式属属名中的尾字"属"代换为尾字"科"，即为模式属所在的科名；理研所菌科：理研所菌属之科。

Etymology　N. L. fem. n. *Rikenella*, type genus of the family; suff. - *aceae*, ending to denote family; N. L. fem. pl. n. *Rikenellaceae*, the *Rikenella* family.

河杆菌属（*Rivibacter*）Stackebrandt 等，2009，新属。此属已定 1 种。

词源　河：溪，小河，小流，小江；杆：棒；菌：表示微小的事物，微生物（细菌、古菌、真菌）；属：属名的尾词；河杆菌属：分离自河流的棒形生物。

Etymology　L. masc. n. *rivus*, creek or small river, N. L. masc. n. *bacter*, a rod, N. L. masc. n. *Rivibacter*, rod from a small river.

模式种　下萨克森河杆菌（*Rivibacter subsaxonicus*）（Stackebrandt 等，2008）Stackebrandt 等，2009，新合并。

词源　下：下面，下部；萨克森：与萨克森有关的；下萨克森：德国的一个州，下萨克森州，与下萨克森州有关的。

Etymology　L. prep. *sub*, low, below, under; N. L. adj. *saxonicus-a-um*, pertaining to Saxony; N. L. masc. adj. *subsaxonicus*, pertaining to Lower Saxony, a state of Germany.
注：德国人对每一条水,每一条溪,每一条沟都有十分良好的管理。

河栖菌属(*Rivicola*)Sheu 等,2014,新属。此属已定 1 种。

词源　河:溪,小河,小流,小江;栖:栖息,栖居,栖息者,栖居者;菌:表示微小的事物,微生物(细菌、古菌、真菌);属:属名的尾词;河栖菌属:溪流的栖居者(生物)。
Etymology　L. masc. n. *rivus*, creek or small river; L. suff. *-cola* (from L. masc. or fem. n. *incola*), inhabitant, dweller; N. L. masc. n. *Rivicola*, river dweller.
模式种　屏东河栖菌(*Rivicola pingtungensis*)Sheu 等,2014,新种。
词源　屏东:中国台湾南部的一个城市,屏东县。
Etymology　N. L. masc. adj. *pingtungensis*, pertaining to Pingtung, a town in Southern Taiwan.

Ro

罗伯特科赫氏菌属(*Robertkochia*)Hameed 等,2014,新属。简称罗科氏菌属。此属已定 1 种。

词源　氏:姓氏;罗伯特科赫氏:德国微生物学的先锋性人物,罗伯特·科赫(1843—1910);菌:表示微小的事物,微生物(细菌、古菌、真菌);属:属名的尾词;罗伯特科赫氏菌属:以罗伯特科赫的姓名命名的生物。
Etymology　N. L. fem. n. *Robertkochia*, after Robert Koch (1843—1910), a German pioneer in microbiology.
模式种　海罗伯特科赫氏菌(*Robertkochia marina*)Hameed 等,2014,新种。
词源　海:属于或来自海,海的,大海的,海洋的。
Etymology　L. fem. adj. *marina*, of or belonging to the sea, marine.

锈针菌属(*Robiginitalea*)Cho and Giovannoni,2004,新属;Manh 等,2008 修改。此属已定 2 种。

词源　锈:锈迹,锈色;针:纤细的杆或棒;菌:表示微小的事物,微生物(细菌、古菌、真菌);属:属名的尾词;锈针菌属:锈色的棒形生物。
Etymology　L. fem. n. *robigo -inis*, rust; L. fem. n. *talea*, a slender staff, rod, stick; N. L. fem. n. *Robiginitalea*, a rust-coloured rod.
模式种　双形锈针菌(*Robiginitalea biformata*)Cho and Giovannoni,2004,新种。
词源　双形:双形的,两种形状的,在不同生长阶段有不同的细胞形态的。
Etymology　L. fem. adj. *biformata*, double formed, two-shaped, pertaining to the different cell morphology in different growth phases.

锈肠菌属(*Robiginitomaculum*)Lee 等,2007,新属。此属已定 1 种。

词源　锈:锈迹,锈色;肠:香肠,腊肠,灌肠,一类香肠;菌:表示微小的事物,微生物(细菌、古菌、真菌);属:属名的尾词;锈肠菌属:锈色的肠形生物。

Etymology　L. n. *robigo -inis*, rust; L. neut. n. *tomaculum*, a kind of sausage; N. L. neut. n. *Robiginitomaculum*, a rust-coloured sausage.

模式种　南极锈肠菌(*Robiginitomaculum antarcticum*)Lee 等,2007,新种。

词源　南极:最南端的,最南部的,指的是南极洲,此生物的分离地。

Etymology　L. neut. adj. *antarcticum*, of the Antarctic environment, from where the organism was isolated.

罗宾逊姓菌属(*Robinsoniella*)Cotta 等,2009,新属。此属已定 1 种。

词源　姓:姓氏;罗宾逊:以纪念伊萨多·M. 罗宾逊,以记述他在猪微生物学中的许多贡献;菌:表示微小的事物,微生物(细菌、古菌、真菌);属:属名的尾词;罗宾逊姓菌属:以罗宾逊的姓氏命名的生物。

Etymology　N. L. fem. dim. n. *Robinsoniella*, in honour of Isadore M. Robinson, in recognition of his many contributions to swine microbiology.

模式种　皮奥利亚罗宾逊姓菌(*Robinsoniella peoriensis*)Cotta 等,2009,新种。

词源　皮奥利亚:美国伊利诺伊斯州的城市,此模式株从中分离。

Etymology　N. L. fem. adj. *peoriensis*, pertaining to Peoria, a city in Illinois, USA, from where the type strain was isolated.

注:罗宾逊来自父名罗宾,表示罗宾的儿孙。"son"这里译为"逊"表示……之子孙(后代)。

罗刹利马氏菌属(*Rochalimaea*)(Macchiavello,1947)Krieg,1961,属。此属已定 4 种。

此属 1993 年已归属到→巴通氏菌属(*Bartonella*)Strong 等,1915,《1980 年细菌名确认单》,Brenner 等,1993 修改。

词源　氏:姓氏;罗刹利马氏:以 H. da 罗刹利马的姓氏命名,立克次病病因学早期研究者之一;菌:表示微小的事物,微生物(细菌、古菌、真菌);属:属名的尾词;罗刹利马氏菌属:以罗刹利马的姓氏命名的生物。

Etymology　N. L. fem. n. *Rochalimaea*, named for H. da Rocha-Lima, one of the early investigators of the etiology of rickettsial diseases.

模式种　五日罗刹利马氏菌(*Rochalimaea quintana*)(Schmincke,1917)Krieg,1961,《1980 年细菌名确认单》,种。

此种 1993 年已归种到→**五日巴通氏菌**(*Bartonella quintana*)(Schmincke,1917)Brenner 等,1993,新合并。

词源　五日:指的是此菌种临床疾病的现象是五日发烧。

Etymology L. fem. adj. *quintana*, of or belonging to the fifth, referring to 5-day fever and the clinical disease produced by the species.

同义词 "*Rocha-Limae*"(*sic*)Machiavello,1947。

玫瑰缺菌属(*Roseateles*)Suyama 等,1999,新属;Gomila 等,2008 修改。此属已定 3 种。

词源 玫瑰:玫瑰色,粉色;缺:缺陷,不完整;菌:表示微小的事物,微生物(细菌、古菌、真菌);属:属名的尾词;玫瑰缺菌属:玫瑰色的不完全(光合细菌);属名中为了避免与希腊文"*rhodon*"可能的重复,拉丁文"*roseus*"统一称为玫瑰。

Etymology L. adj. *roseus*, rose-coloured, pink; Gr. adj. *ateles*, defective, incomplete; N. L. masc. n. *roseateles*, the rose-coloured incomplete (photosynthetic bacterium).

模式种 降聚合物玫瑰缺菌(*Roseateles depolymerans*)Suyama 等,1999,新种。

词源 降:降解,分解;聚合物:高分子;降聚合物:降解聚合物的,分解聚合物的。

Etymology N. L. v. *depolymerare*, to depolymerize; N. L. part. adj. *depolymerans*, depolymerizing.

推荐的属名三字母简写 Rst. 见"命名规则:属名简写"[属名简写三字母准则(Three-letter code for abbreviations of generic names)]。

锣西白离氏菌属(*Roseburia*)Stanton and Savage,1983,新属。此属已定 5 种。

词源 氏:姓氏;锣西白离氏:以美国微生物学家西奥多·锣西白离的姓氏命名,其研究和描述了人体本源微生物;菌:表示微小的事物,微生物(细菌、古菌、真菌);属:属名的尾词;锣西白离氏菌属:以锣西白离姓氏命名的生物。

Etymology N. L. fem. n. *Roseburia*, named in honor of Theodor Rosebury, an American microbiologist who studied and described micro-organisms indigenous to humans.

模式种 盲肠栖锣西白离氏菌(*Roseburia cecicola*)Stanton and Savage,1983,新种。

词源 盲肠:大肠的起始部;栖:栖息,栖居,栖息者,栖居者;盲肠栖:盲肠的栖居者。

Etymology N. L. n. *cecum* [from Latin *caecum* (or *cecum*) *intestinum*, caecum], caecum; L. suff. -*cola* (from L. n. *incola*), dweller, inhabitant; N. L. n. *cecicola*, caecum-dweller.

注:"锣西白离"是对"rosebury"的音译加意译,意思是荣重的玫瑰葬,也就是亡后"西去"白色哀乐葬礼。

玫瑰弓菌科(*Roseiarcaceae*)Kulichevskaya 等,2014,新科。

命名模式 玫瑰弓菌属(*Roseiarcus*)Kulichevskaya 等,2014,新属。

词源 玫瑰弓菌属:此科之模式属;科:用于定义一个比属高、比目低的分类级和尾词;在中文科的命名中,把模式属属名中的尾字"属"代换为尾字"科",即为模式属所在的科名;玫瑰弓菌科:玫瑰弓菌属之科。属名中为了避免与希腊文"*rhodon*"可能的重复,拉丁文"*roseus*"统一称为玫瑰。

Etymology　N. L. masc. n. *Roseiarcus*, type genus of the family; *-aceae*, ending to denote a family; N. L. fem. pl. n. *Roseiarcaceae*, the *Roseiarcus* family.

玫瑰弓菌属(*Roseiarcus*) Kulichevskaya 等,2014,新属。此属已定 1 种。

词源　玫瑰:玫瑰色的,粉红色的;弓:弯,弧,穹,弓形,弧形;菌:表示微小的事物,微生物(细菌、古菌、真菌);属:属名的尾词;玫瑰弓菌属:粉红色的弓形生物。属名中为了避免与希腊文"*rhodon*"可能的重复,拉丁文"*roseus*"统一称为玫瑰。

Etymology　L. adj. *roseus*, rose-coloured, pink; L. masc. n. *arcus*, an arch, a bow; N. L. masc. n. *Roseiarcus*, a pink bow.

模式种　发酵玫瑰弓菌(*Roseiarcus fermentans*) Kulichevskaya 等,2014,新种。

词源　发酵:发酵的定义广泛,在微生物学中可指微生物在培养基上的大量生长,一般是指(在厌氧条件下)将糖转变为酸,醇和气体。

Etymology　L. part. adj. *fermentans*, fermenting.

玫瑰橄菌属(*Roseibaca*) Labrenz 等,2009,新属。此属已定 1 种。

词源　玫瑰:玫瑰色的;橄:橄榄,浆果,谷粒;菌:表示微小的事物,微生物(细菌、古菌、真菌);属:属名的尾词;玫瑰橄菌属:玫瑰色的橄榄形生物,注意此属与厌氧产 bchl α 的玫橄菌属的密切联系。属名中为了避免与希腊文"*rhodon*"可能的重复,拉丁文"*roseus*"统一称为玫瑰。

Etymology　L. adj. *roseus*, rose-coloured; L. fem. n. *baca*, berry; N. L. fem. n. *Roseibaca*, the rose-coloured berry, recognizing the close relationship to the anaerobic bchl *a*-producing genus *Rhodobaca*.

模式种　厄科湖玫瑰橄菌(*Roseibaca ekhonensis*) Labrenz 等,2009,新种。

词源　厄科湖:与南极洲东部的厄科湖有关的,此湖是此生物的首次分离地;厄科湖的名字可能来自希腊神话中的山岳仙女厄科(Echo 或 Ekho)。

Etymology　N. L. fem. adj. *ekhonensis*, pertaining to Ekho Lake, the lake in Antarctica from which the organism was isolated.

玫瑰竿菌属(*Roseibacillus*) Yoon 等,2008,新属。此属已定 3 种。

词源　玫瑰:玫瑰色的;竿:在本书中对译于拉丁文 *bacillus*,表示棒形,以示与常见的"杆"的区别,表示以出芽孢为特征的棒形;菌:表示微小的事物,微生物(细菌、古菌、真菌);属:属名的尾词;玫瑰竿菌属:玫瑰色的竿状生物。属名中为了避免与希腊文"*rhodon*"可能的重复,拉丁文"*roseus*"统一称为玫瑰。

Etymology　L. adj. *roseus*, rose-coloured, rosy; L. masc. n. *bacillus*, a small staff or rod; N. L. masc. n. *Roseibacillus*, a rose-coloured rod.

模式种 石垣岛玫瑰竿菌（*Roseibacillus ishigakijimensis*）Yoon 等，2008，新种。

词源 石垣岛：冲绳（琉球）的一个岛，与石垣岛有关的，此模式株的分离地。

Etymology　N. L. masc. adj. *ishigakijimensis*, pertaining to Ishigakijima, an island in Okinawa, from where the type strain was isolated.

玫瑰小杆菌属（*Roseibacterium*）Suzuki 等，2006，新属。此属已定 1 种。

词源 玫瑰：玫瑰色的，粉色的；小杆：小棒；菌：表示微小的事物，微生物（细菌、古菌、真菌）；属：属名的尾词；玫瑰小杆菌属：粉红色的，小棒形的细菌。属名中为了避免与希腊文 "***rhodon***" 可能的重复，拉丁文 "***roseus***" 统一称为玫瑰。

Etymology　L. adj. *roseus*, rose, pink; L. neut. n. *bacterium*, rod; N. L. neut. n. *Roseibacterium*, pink, rod-shaped bacterium.

模式种 延长玫瑰小杆菌（*Roseibacterium elongatum*）Suzuki 等，2006，新种。

词源 延长：延长的，伸长的，加长的。

Etymology　L. part. neut. adj. *elongatum*, elongated, stretched out.

推荐的属名三字母简写 *Rim*. 见 "命名规则：属名简写" ［属名简写三字母准则（Three-letter code for abbreviations of generic names）］。

玫瑰菌属（*Roseibium*）Suzuki 等，2000，新属；Biebl 等，2007 修改。此属已定 3 种。

词源 玫瑰：玫瑰色是，粉色的；菌：表示微小的事物，微生物（细菌、古菌、真菌）；属：属名的尾词；玫瑰菌属：粉色的生物。属名中为了避免与希腊文 "***rhodon***" 可能的重复，拉丁文 "***roseus***" 统一称为玫瑰。

Etymology　L. adj. *roseus*, rose, pink; Gr. n. *bios*, life; N. L. neut. n. *Roseibium*, pink life.

模式种 德纳姆玫瑰菌（*Roseibium denhamense*）Suzuki 等，2000，新种。

词源 德纳姆：澳大利亚德纳姆，此模式株的分离地。

Etymology　N. L. neut. adj. *denhamense*, referring to Denham, Australia, the source of the type strain.

推荐的属名三字母简写 *Rib*. 见 "命名规则：属名简写" ［属名简写三字母准则（Three-letter code for abbreviations of generic names）］。

玫瑰柠檬菌属（*Roseicitreum*）Yu 等，2011，新属。此属已定 1 种。

词源 玫瑰：玫瑰色的；柠檬：香橼，枸橼，柠檬；菌：表示微小的事物，微生物（细菌、古菌、真菌）；属：属名的尾词；玫瑰柠檬菌属：粉红色的柠檬状生物。属名中为了避免与希腊文 "***rhodon***" 可能的重复，拉丁文 "***roseus***" 统一称为玫瑰。

Etymology　L. adj. *roseus*, rose-coloured; L. n. *citreum*, citron, lemon; N.L.neut.n.*Roseicitreum*, pink lemon.

模式种　南极玫瑰柠檬菌(*Roseicitreum antarcticum*)Yu 等,2011,新种。
词源　南极:南极的,属于南极洲的。
Etymology　L. neut. adj. *antarcticum*, southern, belonging to Antarctica.

玫瑰环菌属(*Roseicyclus*)Rathgeber 等,2005,新属。此属已定 1 种。
词源　玫瑰:玫瑰色的,粉色的;环:圆圈,圆环;菌:表示微小的事物,微生物(细菌、古菌、真菌);属:属名的尾词;玫瑰环菌属:粉红色的环状细菌。属名中为了避免与希腊文"*rhodon*"可能的重复,拉丁文"*roseus*"统一称为玫瑰。
Etymology　L. adj. *roseus*, pink; L. masc. n. *cyclus*, a circle, cycle; N. L. masc. n. *Roseicyclus*, pink cyclic bacterium.
模式种　马奥尼湖玫瑰环菌(*Roseicyclus mahoneyensis*)Rathgeber 等,2005,新种。
词源　马奥尼湖:加拿大英属哥伦比亚奥坎纳甘瀑布附近。
Etymology　N. L. masc. adj. *mahoneyensis*, from Mahoney Lake, where the species was originally isolated.
推荐的属名三字母简写　*Ric*. 见"命名规则:属名简写"[属名简写三字母准则(Three-letter code for abbreviations of generic names)]。

玫瑰屈菌科(*Roseiflexaceae*) Gupta 等,2013,新科。
模式属　玫瑰屈菌属(*Roseiflexus*)Hanada 等,2002,新属。
词源　玫瑰屈菌属:此科之模式属;科:用于定义一个比属高、比目低的分类级和尾词;在中文科的命名中,把模式属属名中的尾字"属"代换为尾字"科",即为模式属所在的科名;玫瑰屈菌科:玫瑰屈菌属之科。
Etymology　N. L. n. *Roseiflexus*, type genus of the family; suff. -*aceae*, ending to denote a family; N. L. fem. pl. n. *Roseiflexaceae*, the *Roseiflexus* family.

玫瑰屈菌亚目(*Roseiflexineae*) Gupta 等,2013,新亚目。
模式属　玫瑰屈菌属(*Roseiflexus*)Hanada 等,2002,新属。
词源　玫瑰屈菌属:此亚目之模式属;亚目:用于定义一个比科高、比目低的分类级和尾词,目的二级分类级;在中文目的命名中,把属名中的尾字"属"代换为尾字"亚目",即为模式属所对应的亚目;玫瑰屈菌亚目:玫瑰屈菌属之亚目。
Etymology　N. L. n. *Roseiflexus*, type genus of the suborder; suff. -*ineae*, ending to denote a suborder; N. L. fem. pl. n. *Roseiflexineae*, the *Roseiflexus* suborder.

玫瑰屈菌属(*Roseiflexus*)Hanada 等,2002,新属。此属已定 1 种。
此属是玫瑰屈菌亚目(*Roseiflexineae*)Gupta 等,2013 和玫瑰屈菌科(*Roseiflexaceae*)Gupta

等,2013 的模式属。

词源 玫瑰:玫瑰色的;屈:使弯曲的,与"伸"相对;菌:表示微小的事物,微生物(细菌、古菌、真菌);属:属名的尾词;玫瑰屈菌属:玫瑰色的弯曲生物。

Etymology L. adj. *roseus*, rose-coloured; L. masc. n. *flexus*, a bending, turning; N. L. masc. n. *Roseiflexus*, rose-coloured bending.

模式种 卡斯滕霍尔兹氏玫瑰屈菌(*Roseiflexus castenholzii*)Hanada 等,2002,新种。

词源 氏:姓氏;卡斯滕霍尔兹氏:以美国微生物学家理查德 W. 卡斯滕霍尔兹的姓氏命名,其对我们(作者)理解嗜热丝状光营菌知识有突出的贡献。

Etymology N. L. gen. masc. n. *castenholzii*, of Castenholz, named after Richard W. Castenholz, an American microbiologist who notably contributed to our knowledge of thermophilic filamentous phototrophs.

推荐的属名三字母简写 *Rof.* 见"命名规则:属名简写"[属名简写三字母准则(Three-letter code for abbreviations of generic names)]。

注:属名中为了避免与希腊文"*rhodon*"可能的重复,拉丁文"*roseus*"统一称为玫瑰。

玫瑰微菌属(*Roseimicrobium*)Otsuka 等,2013,新属。此属已定 1 种。

词源 玫瑰:玫瑰色的;微:微小的,微生物;菌:表示微小的事物,微生物(细菌、古菌、真菌);微菌:微生物;属:属名的尾词;玫瑰微菌属:玫瑰色的微生物。属名中为了避免与希腊文"*rhodon*"可能的重复,拉丁文"*roseus*"统一称为玫瑰。

Etymology L. adj. *roseus*, rose-coloured, rosy; N. L. neut. n. *microbium*, a microbe; N. L. neut. n. *Roseimicrobium*, a rose-coloured microbe.

模式种 解葛兰胶玫瑰微菌(*Roseimicrobium gellanilyticum*)Otsuka 等,2013,新种。

词源 解:溶解的,分解的,降解的;葛兰胶:由鞘氨醇单胞属细菌产生的一种非离子多糖,其重复结构单元是四糖,即两个 D- 葡萄糖残基,一个 L- 鼠李糖残基和一个葡糖醛酸残基通过 α(1→3)糖苷键组成。

Etymology *gellanum*, gellan; N. L. neut. adj. *lyticum* (from Gr. neut. adj. *lutikon*), able to loosen, able to dissolve; N. L. neut. adj. *gellanilyticum*, gellan-dissolving.

玫瑰泡碱杆菌属(*Roseinatronobacter*)Sorokin 等,2000,新属。此属已定 2 种。

词源 玫瑰:玫瑰色的,粉色的;泡碱:与苏打基本同义,常混用,这里指天然碳酸钠;杆:棒;菌:表示微小的事物,微生物(细菌、古菌、真菌);属:属名的尾词;玫瑰泡碱杆菌属:来自苏打湖的粉红色的棒形生物。

Etymology L. adj. *roseus*, rose-colored, rosy; N. L. n. *natron* (arbitrarily derived from the Arabic n. natrun or natron) soda; N. L. masc. n. *bacter*, rod; N. L. masc. n. *Roseinatronobacter*, pink rod from soda lake.

模式种 硫氧化玫瑰泡碱杆菌(*Roseinatronobacter thiooxidans*)Sorokin 等,2000,新种。

词源　硫：硫磺，硫黄，元素 S；氧化：氧化，物质（原子、分子、离子）失去电子或增加氧化态的过程，一般就是与氧结合的过程。

Etymology　Gr. n. *theion*（Latin transliteration *thium*），sulfur；N. L. v. *oxido*（from Gr. adj. *oxus*，sour，acid），to oxidize；N. L. part. adj. *thiooxidans*，sulfur-oxidizing.

推荐的属名三字母简写　Rna. 见"命名规则：属名简写"［属名简写三字母准则（Three-letter code for abbreviations of generic names）］。

注：中文属名中为了避免与希腊文"*rhodon*"可能的重复，拉丁文"*roseus*"统一称为玫瑰。

玫瑰盐菌属（*Roseisalinus*）Labrenz 等，2005，新属。此属已定 1 种。

词源　玫瑰：玫瑰色的；盐：盐的，咸的；菌：表示微小的事物，微生物（细菌、古菌、真菌）；属：属名的尾词；玫瑰盐菌属：依赖于盐离子的玫瑰色细菌。属名中为了避免与希腊文"*rhodon*"可能的重复，拉丁文"*roseus*"统一称为玫瑰。

Etymology　L. adj. *roseus*，rose-coloured；L. adj. *salinus*，saline；N. L. masc. n. *Roseisalinus*，the rose-coloured bacterium depending on ions.

模式种　南极玫瑰盐菌（*Roseisalinus antarcticus*）Labrenz 等，2005，新种。

词源　南极：最南端的，最南部的，指的是南极洲。

Etymology　L. masc. adj. *antarcticus*，southern，and by extension pertaining to Antarctic.

推荐的属名三字母简写　Ris. 见"命名规则：属名简写"［属名简写三字母准则（Three-letter code for abbreviations of generic names）］。

玫瑰幡菌属（*Roseivirga*）Nedashkovskaya 等，2005，新属；Nedashkovskaya 等，2005 修改，Nedashkovskaya 等，2008 修改。此属已定 4 种。

词源　玫瑰：属名中为了避免与希腊文"*rhodon*"可能的重复，拉丁文"*roseus*"统一称为玫瑰；幡：幡状，棒；菌：表示微小的事物，微生物（细菌、古菌、真菌）；属：属名的尾词；玫瑰幡菌属：粉红色的幡棒生物。

Etymology　L. adj. *roseus*，pink-coloured；L. fem. n. *virga*，rod；N. L. fem. n. *Roseivirga*，pink-coloured rod.

模式种　埃伦堡氏玫瑰幡菌（*Roseivirga ehrenbergii*）Nedashkovskaya 等，2005，新种。

词源　氏：姓氏；埃伦堡氏：以德国生物学家克里斯汀·戈特弗里德·埃伦堡（1795—1876）的姓氏命名，他发展了微生物学。

Etymology　N. L. gen. masc. n. *ehrenbergii*，of Ehrenberg，named after the German biologist Christian Gottfried Ehrenberg（1795—1876），for his contribution to the development of microbiology.

推荐的属名三字母简写　Riv. 见"命名规则：属名简写"［属名简写三字母准则（Three-letter code for abbreviations of generic names）］。

玫瑰旺菌属(*Roseivivax*) Suzuki 等,1999,新属;Park 等,2010 修改,Chen 等,2012 修改。此属已定 8 种。

词源 玫瑰:玫瑰色的,玫色的;旺:(生命力)旺盛的,长久的,顽强的;菌:表示微小的事物,微生物(细菌、古菌、真菌);属:属名的尾词;玫瑰旺菌属:粉红色的旺盛生物。属名中为了避免与希腊文 "*rhodon*" 可能的重复,拉丁文 "*roseus*" 统一称为玫瑰。

Etymology　L. adj. *roseus*, rose-colored, rosy; L. masc. adj. *vivax*, tenacious of life, lively, vigorous, vivacious; N. L. masc. n. *Roseivivax*, pink living organism.

模式种 耐卤玫瑰旺菌(*Roseivivax halodurans*) Suzuki 等,1999,新种。

词源 耐:耐力的,耐性的,忍耐的;卤:卤素,盐;耐卤:耐盐,对盐有耐受的。

Etymology　Gr. n. *hals halos*, salt; L. part. adj. *durans*, enduring; N. L. part. adj. *halodurans*, salt enduring.

推荐的属名三字母简写　Rsv. 见"命名规则:属名简写"[属名简写三字母准则(Three-letter code for abbreviations of generic names)]。

罗森堡氏菌属(*Rosenbergiella*) Halpern 等,2013,新属。此属已定 1 种。

词源 氏:姓氏;罗森堡氏:以以色列微生物学家尤金·罗森堡的姓氏命名,以记述他在微生物生态学中的工作和成绩;菌:表示微小的事物,微生物(细菌、古菌、真菌);属:属名的尾词;罗森堡氏菌属:以罗森堡的姓氏命名的生物。

Etymology　N. L. fem. dim. n. *Rosenbergiella*, named to honour Eugene Rosenberg, an Israeli microbiologist, in recognition of his work and achievements in microbial ecology.

模式种 花蜜罗森堡氏菌(*Rosenbergiella nectarea*) Halpern 等,2013,新种。

词源 花蜜:花蜜腺分泌的糖水溶液,来自花蜜的,指的是此模式菌株的来源。

Etymology　L. fem. adj. *nectarea*, from nectar, referring to the source of the type strain.

玫瑰杆菌属(*Roseobacter*) Shiba,1991,新属;Martens 等,2006 修改。此属已定 4 种。

词源 玫瑰:玫瑰色的,玫色的;杆:棒;菌:表示微小的事物,微生物(细菌、古菌、真菌);属:属名的尾词;玫瑰杆菌属:玫瑰色的棒形生物。

Etymology　L. adj. *roseus*, rose-colored, rosy; N. L. masc. n. *bacter*, rod; N. L. masc. n. *Roseobacter*, rose-colored rod.

模式种 岸玫瑰杆菌(*Roseobacter litoralis*) Shiba,1991,新种。

词源 岸:滨,海岸,(湖)海(滨)岸,海岸的,属于或来自海岸的。

Etymology　L. masc. adj. *litoralis*, of or belonging to the sea-shore.

推荐的属名三字母简写　Rsb. 见"命名规则:属名简写"[属名简写三字母准则(Three-letter code for abbreviations of generic names)]。

注:属名中为了避免与希腊文 "*rhodon*" 可能的重复,拉丁文 "*roseus*" 统一称为玫瑰。

玫瑰果菌属（*Roseococcus*）Yurkov 等，1994，新属。此属已定 2 种。

词源　玫瑰：玫瑰色，粉色；果：浆果，表示浆果形（圆球或椭球）；菌：表示微小的事物，微生物（细菌、古菌、真菌）；属：属名的尾词；玫瑰果菌属：粉红色的球形细菌。

Etymology　L. adj. *roseus*, rose, pink; N. L. masc. n. *coccus*（from Gr. masc. n. *kokkos*, grain, seed）, coccus; N. L. masc. n. *Roseococcus*, pink spherical bacterium.

模式种　嗜硫代硫酸盐玫瑰果菌（*Roseococcus thiosulfatophilus*）Yurkov 等，1994，新种。

词源　嗜：嗜好的，喜好的，友好的，爱好的；硫代硫酸盐：硫酸根离子中的一个氧原子被一个硫原子取代，$S_2O_3^{2-}$；嗜硫代硫酸盐：喜好硫代硫酸盐的。

Etymology　N. L. n. *thiosulfas -atis*, thiosulfate; N. L. masc. adj. *philus*（from Gr. masc. adj. *philos*）, friend, loving; N. L. masc. adj. *thiosulfatophilus*, thiosulfate liking.

推荐的属名三字母简写　Rsc. 见"命名规则：属名简写"［属名简写三字母准则（Three-letter code for abbreviations of generic names）］。

玫瑰单胞菌属（*Roseomonas*）Rihs 等，1998，新属；Sánchez-Porro 等，2009 修改，Venkata Ramana 等，2010 修改。此属已定 20 种，2 亚种。

词源　玫瑰：玫瑰色，粉色；单胞：单元，单细胞；菌：表示微小的事物，微生物（细菌、古菌、真菌）；属：属名的尾词；玫瑰单胞菌属：粉红色色素的单细胞细菌。

Etymology　L. adj. *roseus*, rosy, rose-colored, pink; L. fem. n. *monas*, a monad, unit; N. L. fem. n. *Roseomonas*, a pink-pigmented unit（bacterium）.

模式种　吉拉迪氏玫瑰单胞菌（*Roseomonas gilardii*）Rihs 等，1998，新种。

词源　氏：姓氏；吉拉迪氏：杰拉德·L. 吉拉迪的姓氏命名，其在 1978 年首先描述了这些生物。

Etymology　N. L. gen. masc. n. *gilardii*, of Gilardi, named after Gerald L. Gilardi, who first described these organisms in 1978.

玫瑰螺体属（*Roseospira*）Imhoff 等，1998，新属；Guyoneaud 等，2003 修改。此属已定 5 种。

词源　玫瑰：玫瑰色的，玫色的；螺：螺旋，螺形，螺体；体：整体，身体，菌体，在微生物学属名中的作用与"菌"类似；属：属名的尾词；玫瑰螺体属：玫瑰色的螺体。

Etymology　L. adj. *roseus*, rosy; L. fem. n. *spira*, a spiral; N. L. fem. n. *Roseospira*, the rosy spiral.

模式种　中盐玫瑰螺体（*Roseospira mediosalina*）Imhoff 等，1998，新种。

词源　中：中间的，中部的，适度的；盐：含盐的，咸的，盐腌的；中盐：中度含盐的，适度含盐的，指的是此微生物的栖息在适度含盐的环境中的，适度嗜卤的。

Etymology　L. adj. *medius*, in the middle, middle, moderate; L. fem. adj. *salina*, salted, salty; N. L. fem. adj. *mediosalina*, moderate salted; intended to mean living at a moderate salinity, moderate halophile.

推荐的属名三字母简写　　Ros. 见"命名规则：属名简写"[属名简写三字母准则（Three-letter code for abbreviations of generic names）]。

玫瑰小螺体属（*Roseospirillum*）Glaeser and Overmann，2001，新属。此属已定 1 种。

词源　　玫瑰：玫瑰色的；小螺：与螺相对，表示尺寸比螺小，小螺旋，小螺形，小螺体；小螺体属：细菌的一个属名；玫瑰小螺体属：玫瑰色的小螺体属生物。

Etymology　　L. adj. *roseus*, rosy; N. L. neut. dim. n. *spirillum*（from L. n. *spira*, a spiral）, a little spiral, and also a bacterial genus; N. L. neut. n. *Roseospirillum*, the rosy spiral（the rosy *Spirillum*）.

模式种　　渺玫瑰小螺体（*Roseospirillum parvum*）Glaeser and Overmann，2001，新种。

词源　　渺：藐，小的，渺小的，很小的。

Etymology　　L. neut. adj. *parvum*, small.

推荐的属名三字母简写　　Rss. 见"命名规则：属名简写"[属名简写三字母准则（Three-letter code for abbreviations of generic names）]。

玫瑰变菌属（*Roseovarius*）Labrenz 等，1999，新属。此属已定 18 种。

词源　　玫瑰，玫瑰色的；变：变化的，变幻的，多样的；菌：表示微小的事物，微生物（细菌、古菌、真菌）；属：属名的尾词；玫瑰变菌属：变幻形态的（各种形态的）玫瑰色的细菌。

Etymology　　L. adj. *roseus*, rose-colored, rosy; L. masc. adj. *varius*, diverse, various; N. L. masc. n. *Roseovarius*, a variably rosy bacterium.

模式种　　耐受玫瑰变菌（*Roseovarius tolerans*）Labrenz 等，1999，新种。

词源　　耐受：（压力条件下）耐受性的，持久的（生存）。

Etymology　　L. part. adj. *tolerans*, enduring（stress conditions）.

推荐的属名三字母简写　　Rva. 见"命名规则：属名简写"[属名简写三字母准则（Three-letter code for abbreviations of generic names）]。

逻丝氏菌属（*Rothia*）Georg and Brown，1967，属。此属已定 7 种。

词源　　氏：姓氏；逻丝氏：以美国吉娜维芙·逻丝的姓氏命名，其对这些生物做了基础研究；菌：表示微小的事物，微生物（细菌、古菌、真菌）；属：属名的尾词；逻丝氏菌属：以逻丝的姓氏命名的生物。

Etymology　　N. L. fem. n. *Rothia*, named for Genevieve D. Roth, who performed basic studies with these organisms.

模式种　　蛀牙逻丝氏菌（*Rothia dentocariosa*）（Onishi，1949）Georg and Brown，1967，《1980 年细菌名确认单》。

词源　蛀：蛀蚀，腐蚀；牙：牙齿；蛀牙：牙齿被蛀蚀的。

Etymology　L. n. *dens dentis*, tooth; L. adj. *cariosus -a -um*, decayed, rotten; N. L. fem. adj. *dentocariosa*, tooth-decaying.

Ru

阮氏菌属(*Ruania*) Gu 等,2007,新属。

此属是阮氏菌科(*Ruaniaceae*) Tang 等,2010 的模式属。此属已定 1 种。

词源　氏：姓氏；阮氏：以中国微生物学家阮继生的姓氏命名,其对中国发展放线菌分类学做出很大的贡献；菌：表示微小的事物,微生物(细菌、古菌、真菌)；属：属名的尾词；阮氏菌属：以阮继生的姓氏命名的生物。

Etymology　N. L. fem. n. *Ruania*, named after Ji-Sheng Ruan, a Chinese microbiologist who has made great contributions to the development of actinomycete taxonomy in China.

模式种　素黄色阮氏菌(*Ruania albidiflava*) Gu 等,2007,新种。

词源　素：白,白色；黄：黄色,黄颜色；色：颜色；素黄色：发白的黄色的。

Etymology　L. adj. *albidus*, white; L. fem. adj. *flava*, yellow; N. L. fem. adj. *albidiflava*, whitish yellow.

阮氏菌科(*Ruaniaceae*) Tang 等,2010,新科。

模式属　阮氏菌属(*Ruania*) Gu 等,2007,新属。

词源　阮氏菌属：此科之模式属；科：用于定义一个比属高、比目低的分类级和尾词；在中文科的命名中,把模式属属名中的尾字"属"代换为尾字"科",即为模式属所在的科名；阮氏菌科：阮氏菌属之科。

Etymology　N. L. fem. n. *Ruania*, type genus of the family; suff. *-aceae*, ending to denote a family; N. L. fem. pl. n. *Ruaniaceae*, the *Ruania* family.

淡红微菌属(*Rubellimicrobium*) Denner 等,2006,新属。此属已定 4 种。

词源　淡：浅,薄；红：红色；淡红：浅红色的,淡红色的,有点红的；微：微小的,微生物；菌：表示微小的事物,微生物(细菌、古菌、真菌)；微菌：微生物；属：属名的尾词；淡红微菌属：淡红色的小微生物。

Etymology　L. adj. *rubellus*, somewhat red, reddish; N. L. neut. n. *microbium*, microbe; N. L. neut. n. *Rubellimicrobium*, reddish-coloured microbe.

模式种　嗜热淡红微菌(*Rubellimicrobium thermophilum*) Denner 等,2006,新种。

词源　嗜：嗜好的,喜好的,友好的,爱好的；热：高温,温暖；嗜热：喜好高温的,喜好热的。

Etymology　Gr. n. *thermê*, heat; N. L. adj. *philus -a -um* (from Gr. adj. *philos -ê -on*), friend, loving; N. L. neut. adj. *thermophilum*, heat-loving.

浅红杆菌属（*Rubidibacter*）Choi 等，2008，新属。此属已定 1 种。

词源　浅红：红色的，淡红色的；杆：棒；菌：表示微小的事物，微生物（细菌、古菌、真菌）；属：属名的尾词；浅红杆菌属：红色棒形生物。

Etymology　L. adj. *rubidus*, red, reddish; N. L. masc. n. *bacter*, rod; N. L. masc. n. *Rubidibacter*, red-coloured rod.

模式种　池水浅红杆菌（*Rubidibacter lacunae*）Choi 等，2008，新种。

词源　池水：池塘的，池水的。

Etymology　L. gen. n. *lacunae*, a pool of water, of a pond.

红小杆菌属（*Rubribacterium*）Boldareva 等，2010，新属。此属已定 1 种。

词源　红：红色的；小杆：小棒；菌：表示微小的事物，微生物（细菌、古菌、真菌）；属：属名的尾词；红小杆菌属：红色的小棒形生物。

Etymology　L. adj. *ruber -bra -brum*, red; L. neut. n. *bacterium*, a rod; N. L. neut. n. *Rubribacterium*, red rod.

模式种　多形红小杆菌（*Rubribacterium polymorphum*）Boldareva 等，2010，新种。

词源　多形：多态，多姿，微生物具有许多形态。

Etymology　N. L. neut. adj. *polymorphum*（from Gr. adj. *polumorphos -on*）, having many shapes, polymorphous.

红果菌属（*Rubricoccus*）Park 等，2011，新属。此属已定 1 种。

词源　红：红色的；果：浆果，表示浆果形（圆球或椭球）；菌：表示微小的事物，微生物（细菌、古菌、真菌）；属：属名的尾词；红果菌属：红色的浆果状生物。

Etymology　L. adj. *ruber*, reddish; N. L. n. *coccus*（from Gr. masc. n. *kokkos*）a berry; N. L. masc. n. *Rubricoccus*, reddish coccus.

模式种　海红果菌（*Rubricoccus marinus*）Park 等，2011，新种。

词源　海：海的，大海的，海洋的，与海有关的。

Etymology　L. masc. adj. *marinus*, of the sea, marine.

红单胞菌属（*Rubrimonas*）Suzuki 等，1999，新属。此属已定 1 种。

词源　红：红色的；单胞：单元，单细胞；菌：表示微小的事物，微生物（细菌、古菌、真菌）；属：属名的尾词；红单胞菌属：红色的单细胞生物。

Etymology　L. adj. *ruber -bra -brum*, red; L. fem. n. *monas*, monad, unit; N. L. fem. n. *Rubrimonas*, reddish monad.

模式种　克利夫顿湖红单胞菌（*Rubrimonas cliftonensis*）Suzuki 等，1999，新种。

词源　克利夫顿湖：澳大利亚克利夫顿湖，此模式株的分离源。

Etymology   N. L. fem. adj. *cliftonensis*, pertaining to Lake Clifton, Australia, the source of the type strain.

推荐的属名三字母简写   *Rum*. 见"命名规则：属名简写"［属名简写三字母准则（Three-letter code for abbreviations of generic names）］。

红针菌属（*Rubritalea*）Scheuermayer 等，2006，新属。此属已定 6 种。

此属是红针菌科（*Rubritaleaceae*）Hedlund，2012 的模式属。

词源   红：红色的；针：纤细的杆或棒；菌：表示微小的事物，微生物（细菌、古菌、真菌）；属：属名的尾词；红针菌属：红色的针状生物。

Etymology   L. adj. *ruber -bra -brum*, red; L. fem. n. *talea*, a rod, staff; N. L. fem. n. *Rubritalea*, a red-coloured rod.

模式种   海红针菌（*Rubritalea marina*）Scheuermayer 等，2006，新种。

词源   海：海的，大海的，海洋的，属于或来自海的。

Etymology   L. fem. adj. *marina*, of or belonging to the sea, marine.

红针菌科（*Rubritaleaceae*）Hedlund，2012，新科。

模式属   红针菌属（*Rubritalea*）Scheuermayer 等，2006，新属。

词源   红针菌属：此科之模式属；科：用于定义一个比属高、比目低的分类级和尾词；在中文科的命名中，把模式属属名中的尾字"属"代换为尾字"科"，即为模式属所在的科名；红针菌科：红针菌属之科。

Etymology   N. L. fem. n. *Rubritalea*, type genus of the family; suff. - *aceae*, ending to denote a family; N. L. fem. pl. n. *Rubritaleaceae*, the *Rubritalea* family.

红暖菌属（*Rubritepida*）Alarico 等，2002，新属。此属已定 1 种。

词源   红：红色的；暖：中温的，温暖的，微温的，暖和的，不冷不热的；菌：表示微小的事物，微生物（细菌、古菌、真菌）；属：属名的尾词；红暖菌属：红色的微温的生物。

Etymology   L. adj. *ruber -bra -brum*, red; L. adj. *tepidus -a -um*, moderately warm, lukewarm, tepid; N. L. fem. n. *Rubritepida*, the redwarm one.

模式种   凝结红暖菌（*Rubritepida flocculans*）Alarico 等，2002，新种。

词源   凝结：絮凝的，凝聚的，指的是此生物在液体培养基中的聚集特征。

Etymology   N. L. adj. part. *flocculans* (from L. n. *flocculus*, a small lock or flock) flocculating, pertaining to the organism's trait to flocculate in liquid cultures.

推荐的属名三字母简写   *Rut*. 见"命名规则：属名简写"［属名简写三字母准则（Three-letter code for abbreviations of generic names）］。

红幡菌属(*Rubrivirga*) Park 等,2013,新属。此属已定 1 种。

词源　红:红色的;幡:幡状,棒;菌:表示微小的事物,微生物(细菌、古菌、真菌);属:属名的尾词;红幡菌属:红色的幡状/棒形生物。

Etymology　L. adj. *ruber -bra -brum*, red; L. fem. n. *virga*, a rod; N. L. fem. n. *Rubrivirga*, a red rod.

模式种　海红幡菌(*Rubrivirga marina*) Park 等,2013,新种。

词源　海:海的,大海的,海洋的,属于或来自海的。

Etymology　L. fem. adj. *marina*, of the sea, marine.

红旺菌属(*Rubrivivax*) Willems 等,1991,新属。此属已定 2 种。

词源　红:红色的;旺:(生命力)旺盛的,长久的,顽强的;菌:表示微小的事物,微生物(细菌、古菌、真菌);属:属名的尾词;红旺菌属:红色的旺盛生长(长久生存)的细菌。

Etymology　L. adj. *ruber -bra -brum*, red; L. masc. adj. *vivax*, tenacious of life, long-lived, vivacious; N. L. masc. n. *Rubrivivax*, the red and long living (bacterium).

模式种　明胶类红旺菌(*Rubrivivax gelatinosus*) (Molisch, 1907) Willems 等,1991,新合并。

词源　明胶:凝聚性的胶状物,中文中有时译成凝胶(但不确切);类:类似、相似的事物;明胶类:明胶是从多种动物源的胶原肬或胶原质(collagen)中衍生来的,含明胶或具有类似功能的物质,称为(明)胶状物或明胶类(**gelatinous**)。

Etymology　N. L. n. *gelatinum* (from L. part. adj. *gelatus*, frozen), gelatin; L. suff. *-osus -a -um*, suffix used with the sense of full of, prone to; N. L. masc. adj. *gelatinosus*, gelatinous.

推荐的属名三字母简写　Rvi. 见"命名规则:属名简写"[属名简写三字母准则(Three-letter code for abbreviations of generic names)]。

红杆菌属(*Rubrobacter*) Suzuki 等,1989,新属。此属已定 6 种。

此属是红杆菌目(*Rubrobacterales*) Rainey 等,1997 和红杆菌科(*Rubrobacteraceae*) Rainey 等,1997 的模式属。

词源　红:红色的,杆:棒;菌:表示微小的事物,微生物(细菌、古菌、真菌);属:属名的尾词;红杆菌属:红色的棒形生物。

Etymology　L. adj. *ruber -bra -brum*, red; N. L. masc. n. *bacter*, rod; N. L. masc. n. *Rubrobacter*, red rod.

模式种　耐辐射红杆菌(*Rubrobacter radiotolerans*) (Yoshinaka 等,1973) Suzuki 等,1989,新种。

词源　耐:忍耐的,耐力的,耐性的,持久的;辐射:射线,辐照,辐射线;耐辐射:忍耐 γ-射线的。

Etymology　L. n. *radius*, a beam or ray; N. L. pref. *radio-*, pertaining to radiation; L. part. adj. *tolerans*, tolerating; N. L. part. adj. *radiotolerans*, (γ-ray) radiation-tolerating.

红杆菌科(*Rubrobacteraceae*)Rainey 等,1997(全部作者名单 Rainey, Ward-Rainey and Stackebrandt),新科;Stackebrandt,2004 修改,Zhi 等,2009 修改。

模式属 红杆菌属(*Rubrobacter*)Suzuki 等,1989,新属。

词源 红杆菌属:此科之模式属;科:用于定义一个比属高、比目低的分类级和尾词;在中文科的命名中,把模式属属名中的尾字"属"代换为尾字"科",即为模式属所在的科名;红杆菌科:红杆菌属之科。

Etymology   N. L. masc. n. *Rubrobacter*, type genus of the family; suff. -*aceae*, ending to denote a family; N. L. fem. pl. n. *Rubrobacteraceae*, the *Rubrobacter* family.

红杆菌目(*Rubrobacterales*)Rainey 等,1997(全部作者名单 Rainey, Ward-Rainey and Stackebrandt),新目;Reddy and Garcia-Pichel,2009 修改,Zhi 等,2009 修改。

此目是红杆菌纲(*Rubrobacteria*)Suzuki,2013 和红杆菌亚纲(*Rubrobacteridae*)Rainey 等,1997 的模式目。

模式属 红杆菌属(*Rubrobacter*)Suzuki 等,1989,新属。

词源 红杆菌属:此目之模式属;目:用于定义一个比科高、比纲低的分类级和尾词;在中文目的命名中,把模式属属名中的尾字"属"代换为尾字"目",即为模式属所在的目名;红杆菌目:红杆菌属之目。

Etymology   N. L. masc. n. *Rubrobacter*, type genus of the order; suff. -*ales*, ending denoting an order; N. L. fem. pl. n. *Rubrobacterales*, the *Rubrobacter* order.

红杆菌纲(*Rubrobacteria*)Suzuki,2013,新纲。

模式目 红杆菌目(*Rubrobacterales*)Rainey 等,1997(全部作者名单 Rainey, Ward-Rainey and Stackebrandt),新目。

词源 红杆菌属:此纲之模式目之模式属;纲:(原核)生物分类的一个级别,门之下,目之上的一个分类级,纲之尾词;红杆菌纲:红杆菌目之纲。

Etymology   N. L. n. *Rubrobacter*, type genus of the type order of the class; suff. -*ia*, ending to denote a class; N. L. neut. pl. n. *Rubrobacteria*, class of the order *Rubrobacterales*.

红杆菌亚纲(*Rubrobacteridae*)Rainey 等,1997(全部作者名单 Rainey, Ward-Rainey and Stackebrandt),新亚纲;Stackebrandt,2004 修改,Zhi 等,2009 修改。

模式目 红杆菌目(*Rubrobacterales*)Rainey 等,1997,新目。

词源 红杆菌目:此亚纲之模式目;亚纲:亚纲之尾词,纲的二级分类级;红杆菌亚纲:红杆菌目之亚纲。

Etymology   N. L. fem. pl. n. *Rubrobacterales*, type order of the subclass; suff. -*idae*, ending to denote a subclass; N. L. fem. pl. n. *Rubrobacteridae*, the *Rubrobacterales* subclass.

韩农发局菌属(*Rudaea*)Weon 等,2009,新属。此属已定 1 种。

词源　韩农发局:韩国农村发展管理局的随机简写;菌:表示微小的事物,微生物(细菌、古菌、真菌);属:属名的尾词;韩农发局菌属:以韩国农村发展管理局命名的生物。

Etymology　N. L. fem. n. *Rudaea*, an arbitrary name after RDA, Rural Development Administration, where taxonomic studies of this taxon were conducted.

模式种　解纤维韩农发局菌(*Rudaea cellulosilytica*)Weon 等,2009,新种。

词源　解:溶解的,分解的,降解的;纤维:纤维素;解纤维:溶解纤维素的。

Etymology　N. L. n. *cellulosum*, cellulose; N. L. adj. *lyticus -a -um* (from Gr. adj. *lutikos -ê -on*), able to loosen, able to dissolve; N. L. fem. adj. *cellulosilytica*, cellulose-dissolving.

韩农发局果菌属(*Rudaeicoccus*)Kim 等,2013,新属。此属已定 1 种。

词源　韩农发局:韩国农村发展管理局的随机简写(**RuDA**);果:浆果,表示浆果形(圆球或椭球);菌:表示微小的事物,微生物(细菌、古菌、真菌);属:属名的尾词;韩农发局果菌属:以韩国农村发展管理局命名的浆果形生物。

Etymology　N. L. fem. n. *Rudaea*, arbitrary name, derived from the abbreviation RuDA(Rural Development Administration); N. L. masc. n. *coccus* (from Gr. n. *kokkos*, a grain or berry), a coccus; N. L. masc. n. *Rudaeicoccus*, a coccus named in honour of the Rural Development Administration.

模式种　水原韩农发局果菌(*Rudaeicoccus suwonensis*)Kim 等,2013,新种。

词源　水原:属于或来自于韩国水原区的,此模式株的分离地。

Etymology　N. L. masc. adj. *suwonensis*, of or belonging to the Suwon region, Republic of Korea, where the type strain was found.

韩农发局杆菌属(*Rudaibacter*)Kim 等,2013,新属。此属已定 1 种。

词源　韩农发局:韩国农村发展管理局的随机简写(**RuDA**);杆:棒;菌:表示微小的事物,微生物(细菌、古菌、真菌);属:属名的尾词;韩农发局杆菌属:以韩国农村发展管理局命名的棒形生物。

Etymology　N. L. n. RuDA, acronym for Rural Development Administration; N. L. masc. n. *bacter*, a rod; N. L. masc. n. *Rudaibacter*, a rod named after RDA.

模式种　土地韩农发局杆菌(*Rudaibacter terrae*)Kim 等,2013,新种。

词源　土,土地:地球,土地,土壤,来自土壤的。

Etymology　L. gen. n. *terrae* of the soil.

韩农发局小菌属(*Rudanella*)eon 等,2008,新属;Filippini 等,2011 修改。此属已定 1 种。

词源　韩农发局:韩国农村发展管理局的随机简写(**RuDA**);菌:表示微小的事物,微生物

(细菌、古菌、真菌);属:属名的尾词;韩农发局小菌属:以韩国农村发展管理局命名的生物。
Etymology　N. L. fem. dim. n. *Rudanella*, arbitrary name, after RDA, Rural Development Administration, where taxonomic studies of this taxon were conducted.

模式种　橙黄色韩农发局菌(*Rudanella lutea*) Weon 等,2008,新种。

词源　橙黄色:橙黄色的,金黄色的。
Etymology　L. fem. adj. *lutea*, orange-coloured.

鲁戈氏菌属(*Ruegeria*) Uchino 等,1999,新属;Martens 等,2006 修改,Yi 等,2007 修改。此属已定 15 种。

词源　氏:姓氏;鲁戈氏:以德国微生物学家鲁戈的姓氏命名,他对农小杆菌属的海菌种分类学有贡献;菌:表示微小的事物,微生物(细菌、古菌、真菌);属:属名的尾词;鲁戈氏菌属:以鲁戈的姓氏命名的生物。
Etymology　N. L. fem. n. *Rugeria*, named after Rueger, a German microbiologist, for his contribution to the taxonomy of marine species of *Agrobacterium*.

模式种　大西洋鲁戈氏菌(*Ruegeria atlantica*)(Rüger and Höfle, 1992) Uchino 等,1999,新合并。

词源　大西洋:大西洋的,属于或与大西洋有关的。
Etymology　L. fem. adj. *atlantica*, of or pertaining to the Atlantic Ocean.

赤杆菌属(*Rufibacter*) Abaydulla 等,2014,新属。此属已定 3 种。

词源　赤:赤色,红色;杆:棒;菌:表示微小的事物,微生物(细菌、古菌、真菌);属:属名的尾词;赤杆菌属:红色的棒形生物。
Etymology　L. adj. *rufus a um*, red; N. L. masc. n. *bacter*, rod; N. L. masc. n. *Rufibacter*, a red rod).

模式种　西藏赤杆菌(*Rufibacter tibetensis*) Abaydulla 等,2014,新种。

词源　西藏:与中国西藏有关的,来自中国西藏的。
Etymology　N. L. masc. adj. *tibetensis* pertaining to Tibet.

来源　环境——土壤(Source:Environmental—soil)。

皱单胞菌属(*Rugamonas*) Austin and Moss,1987,新属。此属已定 1 种。

词源　皱:褶皱,皱纹;单胞:单细胞,单元;菌:表示微小的事物,微生物(细菌、古菌、真菌);属:属名的尾词;皱单胞菌属:褶皱的单元生物。
Etymology　L. n. *ruga*, wrinkle; L. fem. n. *monas*, unit, monad; N. L. fem. n. *Rugamonas*, wrinkled unit.

模式种　红色皱单胞菌(*Rugamonas rubra*) Austin and Moss,1987,新种。

词源　红色:红色的,赤色的,红颜色的。
Etymology　L. fem. adj. *rubra*, red.

皱单孢菌属(*Rugosimonospora*)Monciardini 等,2009,新属。此属已定2种。

词源　皱:褶皱的,皱纹的;单:单一的,单个的,唯一的;孢:孢子;菌:表示微小的事物,微生物(细菌、古菌、真菌);属:属名的尾词;皱单孢菌属:形成单个褶皱孢子的细菌。
Etymology　L. adj. *rugosus*, rugose, wrinkled; Gr. adj. *monos*, single; Gr. fem. n. *spora*, a seed and, in bacteriology, a spore; N. L. fem. n. *Rugosimonospora*, a bacterium forming single, rugose spores.

模式种　嗜酸皱单孢菌(*Rugosimonospora acidiphila*)Monciardini 等,2009,新种。

词源　嗜:嗜好的,喜好的,友好的,爱好的;酸:醋,像醋一样的味道,酸味,化学中在水溶液中能产生氢离子的化合物;嗜酸:嗜好酸的,喜好酸的。
Etymology　N. L. neut. n. *acidum*, acid; N. L. adj. *philus -a -um* (from Gr. adj. *philos -ê -on*), loving; N. L. fem. adj. *acidiphila*, acid-loving.

瘤胃杆菌属(*Ruminobacter*)(*ex* Sijpesteijn,1949) Stackebrandt and Hippe,1987,新属,命名修改。此属已定1种。

词源　瘤胃:反刍动物消化道第一室,网状瘤胃最大的一部分,消化食料微生物发酵的最大场所;杆:棒;菌:表示微小的事物,微生物(细菌、古菌、真菌);属:属名的尾词;瘤胃杆菌属:来自瘤胃的小棒形生物。
Etymology　L. n. *rumen -inis*, the rumen; N. L. masc. n. *bacter*, small rod; N. L. masc. n. *Ruminobacter*, small rod of the rumen.

模式种　嗜淀粉瘤胃杆菌(*Ruminobacter amylophilus*)(Hamlin and Hungate,1956)Stackebrandt and Hippe,1987,新合并。

词源　嗜:嗜好的,喜好的,友好的,爱好的;淀粉:大量的葡萄糖单元通过糖苷键链接而成的天然高分子多糖(碳水化合物),大部分绿色植物的能量储存方式;嗜淀粉:喜好淀粉的。
Etymology　Gr. n. *amulon*, starch; N. L. masc. adj. *philus* (from Gr. masc. adj. *philos*), friend, loving; N. L. masc. adj. *amylophilus*, starch loving.

同义词　"*Ruminobacter*" Sijpesteijn,1949。

瘤胃果菌科(*Ruminococcaceae*)Rainey,2010,新科。

模式属　瘤胃果菌属(*Ruminococcus*)Sijpesteijn,1948,《1980年细菌名确认单》,属。

词源　瘤胃果菌属:此科之模式属;科:用于定义一个比属高、比目低的分类级和尾词;在中文科的命名中,把模式属属名中的尾字"属"代换为尾字"科",即为模式属所在的科名;瘤胃果菌科:瘤胃果菌属之科。

Etymology　N. L. masc. n. *Ruminococcus*, type genus of the family; suff. *-aceae*, ending to denote a family; N. L. fem. pl. n. *Ruminococcaceae*, family of the genus *Ruminococcus*.

瘤胃果菌属（*Ruminococcus*）Sijpesteijn，1948，属。此属已定 18 种。

此属是瘤胃果菌科（*Ruminococcaceae*）Rainey，2010 的模式属。

词源　瘤胃：反刍动物消化道第一室，网状瘤胃最大的一部分，消化食料微生物发酵的最大场所；果：浆果，表示浆果形（圆球或椭球）；菌：表示微小的事物，微生物（细菌、古菌、真菌）；属：属名的尾词；瘤胃果菌属：来自瘤胃的果形生物。

Etymology　L. n. *rumen -inis*, the rumen; N. L. masc. n. *coccus*（from Gr. masc. n. *kokkos*, grain, seed）, coccus; N. L. masc. n. *Ruminococcus*, coccus of the rumen.

模式种　黄化瘤胃果菌（*Ruminococcus flavefaciens*）Sijpesteijn，1948，《1980 年细菌名确认单》，种。

词源　黄：黄色，黄色的，黄颜色的；化：变化，产生；黄化：化作黄色的，产生黄颜色的。

Etymology　L. adj. *flavus*, yellow; L. part. adj. *faciens*, producing; N. L. part. adj. *flavefaciens*, yellow-producing.

拉梅尔氏竿菌属（*Rummeliibacillus*）Vaishampayan 等，2009，新属。此属已定 3 种。

词源　氏：姓氏；拉梅尔氏：指的是前美国国家航空和宇航局（**NASA**）行星保护局官员，天体生物学家约翰·拉梅尔博士，其尽职的将行星保护带入公众领域；竿：在本书中对译于拉丁文 **bacillus**，表示棒形，以示与常见的"杆"的区别，表示以出芽孢为特征的棒形；菌：表示微小的事物，微生物（细菌、古菌、真菌）；属：属名的尾词；竿属或竿菌属，也是细菌的一个属名；拉梅尔氏竿属：用于纪念拉梅尔，并与竿菌属性质接近的细菌。

Etymology　N. L. n. *Rummelius*, Rummel; L. masc. n. *bacillus*, a rod, and also a bacterial genus name（*Bacillus*）; N. L. masc. n. *Rummeliibacillus*, a bacterium close to the genus *Bacillus* and named in honour of former NASA Planetary Protection Officer Dr John Rummel, an astrobiologist responsible for bringing planetary protection into the public domain.

模式种　斯塔奇氏拉梅尔氏竿菌（*Rummeliibacillus stabekisii*）Vaishampayan 等，2009，新种。

词源　氏：姓氏；斯塔奇氏：为了纪念佩里·斯塔奇，以其姓氏命名，其对 **NASA** 行星保护项目组和官员奉献了大量的建议和才智。

Etymology　N. L. gen. masc. n. *stabekisii*, of Stabekis, in honour of Perry Stabekis, a great source of advice and wisdom to the NASA Planetary Protection Program and its officers.

尼文菌属（*Runella*）Larkin and Williams，1978，属。此属已定 4 种。

词源　尼文：一种神秘符号，指的是古代北欧的文字，大约从三世纪到中世纪，斯堪的纳维亚地区的语言，神秘语言；菌：表示微小的事物，微生物（细菌、古菌、真菌）；属：属名的尾词；

尼文菌属：意即外形像尼文古字母的生物。

Etymology　M. E. n. *rune*, a runic letter (an ancient alphabet); L. fem. suff. *-ella*, diminutive ending; N. L. fem. n. *Runella*, intended to mean that which resembles figures of the runic alphabet.

模式种　柔黏形尼文菌（*Runella slithyformis*）Larkin and Williams, 1978《1980 年细菌名确认单》。

词源　柔：体态赋予柔美，曲线，婀娜；黏：黏，粘；形：状，形状，外形，外貌，形容某物在外貌上像……柔黏形：形状柔曲，带有黏性。无意义的词汇 **slithy** 一词来自刘易斯·卡洛的儿童作品《爱丽丝梦游仙境》中的《伽卜沃奇》（意即无意义的文字游戏，小说中指的是一条恶龙），可能是婀娜（**slinky**）和轻盈（**lithe**）的复合词。

Etymology　*slithy*, a nonsense word from Lewis Carroll's *Jabberwocky* for a fictional organism that is "slithy" (presumably a combination of slinky and lithe); L. adj. suffix *-formis -is -e* (from L. n. *forma*, figure, shape, appearance), -like, in the shape of; N. L. fem. adj. *slithyformis*, slithy in form.

S 部

Sa

沙岸杆菌属（*Sabulilitoribacter*）Park 等，2014，新属。此属已定 1 种。

词源 沙：沙子，沙地；岸：滨，河岸，湖滨，海滨，沙滩；杆：棒；菌：表示微小的事物，微生物（细菌、古菌、真菌）；属：属名的尾词；沙岸杆菌属：分离自滨岸沙子的棒形生物。

Etymology L. n. *sabulum* sand; L. n. *litus -oris* the seashore, coast; N. L. masc. n. *bacter* rod; N. L. masc. n. *Sabulilitoribacter* rod from sand of seashore.

模式种 多吞岸杆菌（*Sabulilitoribacter multivorans*）Park 等，2014，新种。

词源 多：许多，很多；吞：吞噬的，吞吃的，吞食的，吞没的，狼吞虎咽（般的吃光）的；多吞：吞噬很多多糖。

Etymology L. adj. *multus* many; L. part. adj. *vorans* devouring, eating; N. L. part. adj. *multivorans* devouring many polysaccharides.

来源 环境（Source: Environmental）。

甘蔗竿菌属（*Saccharibacillus*）Rivas 等，2008，新属。此属已定 2 种。

词源 甘蔗：甘蔗属，甘蔗糖；竿：在本书中对译于拉丁文 *bacillus*，表示棒形，以示与常见的"杆"的区别，表示以出芽孢为特征的棒形；菌：表示微小的事物，微生物（细菌、古菌、真菌）；属：属名的尾词；甘蔗竿菌属：分离自甘蔗（具体的是药房甘蔗，*Saccharum officinarum*）的小竿棒形生物。

Etymology N. L. n. *Saccharum*, a botanical genus name; L. masc. n. *bacillus*, a small staff or rod; N. L. masc. n. *Saccharibacillus*, a small rod isolated from *Saccharum officinarum*, sugar cane.

模式种 糖甘蔗竿菌（*Saccharibacillus sacchari*）Rivas 等，2008，新种。

词源 糖：糖的，指的是此模式菌株的分离源，甘蔗的内部组织。

Etymology L. gen. n. *sacchari*, of sugar, referring to the isolation source of the type strain, inner tissues of sugar cane.

注：糖：一般性名词，通常指的是甜的、短链的、可溶解的和由碳氢氧元素构成的碳水化合物，日常用语中即指食糖（蔗糖，一种二糖），生物化学中进一步细分为单糖（葡萄糖、果糖和半乳糖等），二糖（麦芽糖、乳糖和蔗糖等），寡糖和多糖等。

甘蔗杆菌属（*Saccharibacter*）Jojima 等，2004，新属。此属已定 1 种。

词源　甘蔗：一种糖，蔗糖，甘蔗糖；杆：棒；菌：表示微小的事物，微生物（细菌、古菌、真菌）；属：属名的尾词；甘蔗杆菌属：（甘）蔗糖棒形生物，在富蔗糖环境中生长良好的棒形生物。

Etymology　L. neut. n. *saccharum* or *saccharon*, a kind of sugar; N. L. masc. n. *bacter*, rod; N. L. masc. n. *Saccharibacter*, a sugar rod, a rod that grows well in a sugar-rich environment.

模式种　花栖甘蔗杆菌（*Saccharibacter floricola*）Jojima 等，2004，新种。

词源　花：植物的器官，花；栖：栖息，栖居，栖息者，栖居者；花栖：栖居于花的。

Etymology　L. n. *flos -oris*, a flower; L. suff. -*cola*（derived from L. masc. or fem. n. *incola*）, a dweller; N. L. n. *floricola*, flower-dweller.

甘蔗毛菌属（*Saccharicrinis*）Yang 等，2014，新属；Liu 等，2014 修改。此属已定 2 种。

词源　甘蔗：一种糖，蔗糖，甘蔗糖；毛：发，毛发，头发；菌：表示微小的事物，微生物（细菌、古菌、真菌）；属：属名的尾词；甘蔗毛菌属：利用蔗糖的毛发形生物。

Etymology　Sac. cha. ri. cri′nis. L. n. *saccharon -i* a kind of sugar; L. masc. n. *crinis* hair; N. L. masc. n. *Saccharicrinis* sugar（utilizing）hair.

模式种　发酵甘蔗毛菌（*Saccharicrinis fermentans*）Yang 等，2014，新合并。
此种是 2014 年，从发酵噬胞菌（*Cytophaga fermentans*）合并过来。

词源　发酵：发酵的定义广泛，在微生物学中可指微生物在培养基上的大量生长，一般是指（在厌氧条件下）将糖转变为酸，醇和气体。

Etymology　L. part. adj. *fermentans*, fermenting.

糖杆菌属（*Saccharobacter*）Yaping 等，1990，新属。此属已定 1 种。

词源　糖：（蔗）糖；杆：棒；菌：表示微小的事物，微生物（细菌、古菌、真菌）；属：属名的尾词；糖杆菌属：（发酵）糖的棒形生物。

Etymology　Gr. n. *sakchâr*, sugar; N. L. masc. n. *bacter*, a rod; N. L. masc. n. *Saccharobacter*, a sugar rod.

模式种　发酵糖杆菌（*Saccharobacter fermentatus*）Yaping 等，1990，新种。

词源　发酵：发酵的定义广泛，在微生物学中可指微生物在培养基上的大量生长，一般是指（在厌氧条件下）将糖转变为酸，醇和气体。

Etymology　L. masc. part. adj. *fermentatus*, fermentend; intended to mean fermentative.

糖果菌属（*Saccharococcus*）Nystrand，1984，新属。此属已定 2 种。

词源　糖：一般性名词，通常指的是甜的、短链的、可溶解的和由碳氢氧元素构成的碳水化合物，日常用语中即指食糖（蔗糖，一种二糖），生物化学中进一步细分为单糖（葡萄糖、果糖和半乳糖等），二糖（麦芽糖、乳糖和蔗糖等），寡糖和多糖等；果：浆果，表示浆果形（圆球或椭球）；菌：表示微小的事物，微生物（细菌、古菌、真菌）；属：属名的尾词；糖果菌属：分离自甜菜糖萃取物的浆果形生物。

Etymology　Gr. n. *sakchâr*, sugar; N. L. masc. n. *coccus*（from Gr. masc. n. *kokkos*, grain, seed）, coccus; N. L. masc. n. *Saccharococcus*, the sugar coccus, a coccus isolated from beet sugar extraction.

模式种　嗜热糖果菌（*Saccharococcus thermophilus*）Nystrand，1984，新种。

词源　嗜：嗜好的，喜好的，友好的，爱好的；热：高温，温暖；嗜热：喜好高温的，喜好热的。

Etymology　Gr. n. *thermê*, heat; N. L. adj. *philus -a -um*（from Gr. adj. *philos -ê -on*）, friend, loving; N. L. masc. adj. *thermophillus*, heat-loving.

糖发酵菌属（*Saccharofermentans*）Chen 等，2010，新属。此属已定 1 种。

词源　糖：一般性名词，通常指的是甜的、短链的、可溶解的和由碳氢氧元素构成的碳水化合物，日常用语中即指食糖（蔗糖，一种二糖），生物化学中进一步细分为单糖（葡萄糖、果糖和半乳糖等），二糖（麦芽糖、乳糖和蔗糖等），寡糖和多糖等；发酵：发酵的定义广泛，在微生物学中可指微生物在培养基上的大量生长，一般是指（在厌氧条件下）将糖转变为酸、醇和气体；菌：表示微小的事物，微生物（细菌、古菌、真菌）；属：属名的尾词；糖发酵菌属：糖的发酵生物。

Etymology　Gr. n. *sakchâr*, sugar; L. part. adj. *fermentans*, fermenting; N. L. neut. n. *Saccharofermentans*, sugar-fermenting.

模式种　醋生糖发酵菌（*Saccharofermentans acetigenes*）Chen 等，2010，新种。

词源　醋：醋的，醋酸的，乙酸的；生：产，生产，生成，产生，导致，源自……；醋生：醋或乙酸生成的。

Etymology　L. n. *acetum*, vinegar; N. L. suff. *-genes*（from Gr. v. *gennaô*, to produce）, producing; N. L. adj. *acetigenes*, vinegar- or acetic acid-producing.

糖单孢菌属（*Saccharomonospora*）Nonomura and Ohara，1971，属。此属已定 11 种。

词源　糖：一般性名词，通常指的是甜的、短链的、可溶解的和由碳氢氧元素构成的碳水化合物，日常用语中即指食糖（蔗糖，一种二糖），生物化学中进一步细分为单糖（葡萄糖、果糖和半乳糖等），二糖（麦芽糖、乳糖和蔗糖等），寡糖和多糖等；单：单一的，单个的，唯一的；孢：孢子；菌：表示微小的事物，微生物（细菌、古菌、真菌）；属：属名的尾词；糖单孢菌属：（含）糖的单一孢子的生物。

Etymology　Gr. n. *sakchâr*, sugar; Gr. adj. *monos*, single, solitary; Gr. fem. n. *spora* a seed and in biology a spore; N. L. fem. n. *Saccharomonospora*, the sugar（-containing）single-spored（organism）.

模式种　绿色糖单孢菌（*Saccharomonospora viridis*）（Schuurmans 等，1956）Nonomura and

Ohara,1971,《1980年细菌名确认单》。

词源 绿色:绿色,绿颜色;在种名中,表示颜色的词,用双汉字词"绿色"表示,以示与属名的区别和区分。

Etymology L. fem. adj. *viridis*, green.

噬糖菌属(*Saccharophagus*)Ekborg 等,2005,新属。此属已定1种。

词源 噬:吞噬的,贪吃的;糖:一般性名词,通常指的是甜的、短链的、可溶解的和由碳氢氧元素构成的碳水化合物,日常用语中即指食糖(蔗糖,一种二糖),生物化学中进一步细分为单糖(葡萄糖、果糖和半乳糖等),二糖(麦芽糖、乳糖和蔗糖等),寡糖和多糖等;菌:表示微小的事物,微生物(细菌、古菌、真菌);属:属名的尾词;噬糖菌属:糖的贪吃者(生物)。

Etymology Gr. n. *saccharon*, sugar; N. L. masc. adj. *phagus* (from Gr. masc. adj. *phagos*), glutton; N. L. masc. n. *Saccharophagus*, sugar-devourer.

模式种 降解噬糖菌(*Saccharophagus degradans*)Ekborg 等,2005,新种。

词源 降解:指的是此模式菌株分解许多复杂碳水化合物的能力。

Etymology L. part. adj. *degradans*, bringing back into the former order, used to refer to the ability of the type strain to degrade several complex carbohydrates.

甘蔗多孢菌属(*Saccharopolyspora*)Lacey and Goodfellow,1975,属;Korn-Wendisch 等,1989修改。此属已定26种,3亚种。

词源 甘蔗:甘蔗属,甘蔗的科学属名;多:许多,量多;孢:孢子;菌:表示微小的事物,微生物(细菌、古菌、真菌);属:属名的尾词;甘蔗多孢菌属:来自甘蔗的多孢子生物。

Etymology N. L. n. *Saccharum*, generic name of sugar cane; Gr. adj. *polus*, many; Gr. n. *spora*, a seed, and in biology a spore; N. L. fem. n. *Saccharopolyspora*, the many spored (organism) from sugar cane.

模式种 乱发甘蔗多孢菌(*Saccharopolyspora hirsuta*)Lacey and Goodfellow,1975,《1980年细菌名确认单》,种。

词源 乱发:蓬松、粗糙、矗立的毛发,指的是此生物产生的混乱头发状孢子链。

Etymology L. fem. adj. *hirsuta*, hairy, rough, shaggy, bristly, referring to the hairy spore chains produced by the organism.

糖小螺体属(*Saccharospirillum*)Labrenz 等,2003,新属;Choi 等,2011修改。此属已定3种。

词源 糖:一般性名词,通常指的是甜的、短链的、可溶解的和由碳氢氧元素构成的碳水化合物,日常用语中即指食糖(蔗糖,一种二糖),生物化学中进一步细分为单糖(葡萄糖、果糖和半乳糖等),二糖(麦芽糖、乳糖和蔗糖等),寡糖和多糖等;小螺:与螺相对,表示比螺在尺寸上小;体:整体,身体,菌体,在微生物学属名中的作用与"菌"类似;属:属名的尾词;糖小

螺体属：催化代谢糖的小螺体生物。
Etymology　Gr. n. *sakkharos*, sugar; Gr. n. *spira*, a spiral; N. L. dim. neut. n. *spirillum*, a small spiral; N. L. neut. n. *Saccharospirillum*, a small spiral that catabolizes sugars.
模式种　无耐性糖小螺体（*Saccharospirillum impatiens*）Labrenz 等，2003，新种。
词源　无耐性：不能耐受（抗生素），无抗性。
Etymology　L. adj. *impatiens*, unable to tolerate（antibiotics）.

糖发菌属（*Saccharothrix*）Labeda 等，1984，新属；Labeda and Lechevalier，1989 修改。此属已定 22 种，4 亚种。

词源　糖：一般性名词，通常指的是甜的、短链的、可溶解的和由碳氢氧元素构成的碳水化合物，日常用语中即指食糖（蔗糖，一种二糖），生物化学中进一步细分为单糖（葡萄糖、果糖和半乳糖等），二糖（麦芽糖、乳糖和蔗糖等），寡糖和多糖等；发：头发，毛发，丝线；菌：表示微小的事物，微生物（细菌、古菌、真菌）；属：属名的尾词；糖发菌属：含糖的头发形生物。
Etymology　Gr. n. *sakchâr*, sugar; Gr. fem. n. *thrix*, hair; N. L. fem. n. *Saccharothrix*, sugar-containing hair.
模式种　澳大利亚糖发菌（*Saccharothrix australiensis*）Labeda 等，1984，新种。
词源　澳大利亚：属于或与澳大利亚有关的，指的是此生物首次分离的土壤来自澳大利亚。
Etymology　N. L. fem. adj. *australiensis*, of or belonging to Australia, referring to the location of the soil sample from which the organism was first isolated.

箭头菌属（*Sagittula*）Gonzalez 等，1997，新属；1997 emend. Lee 等，2013 修改。此属已定 2 种。

词源　箭头：箭的顶端，指的是细菌的形态像箭头；菌：表示微小的事物，微生物（细菌、古菌、真菌）；属：属名的尾词；箭头菌属：小箭头生物，指的是此细菌的形态。
Etymology　L. fem. n. *sagittula*, small arrow, referring to the shape of the bacterium.
模式种　星箭头菌（*Sagittula stellata*）Gonzalez 等，1997，新种。
词源　星：满星，繁星，指的是细胞的排列像天上的星星。
Etymology　L. fem. adj. *stellata*, starry, here referring to the cell arrangement.

萨勒河菌属（*Salana*）Von Wintzingerode 等，2001，新属。此属已定 1 种。

词源　萨勒河：以德国萨勒河命名，生物反应器培养物的来源地；菌：表示微小的事物，微生物（细菌、古菌、真菌）；属：属名的尾词；萨勒河菌属：与萨勒河有关的生物。
Etymology　N. L. fem. n. *Salana*, named after the River Saale in Germany, the source of the bioreactor culture.
模式种　多吞萨勒河菌（*Salana multivorans*）Von Wintzingerode 等，2001，新种。
词源　多：许多，很多；吞：吞噬，吞吃，吞食，吞没，狼吞虎咽（般的吃光）；多吞：吞噬很多类型的底物。

Etymology　L. adj. *multus*, many, numerous; L. v. *vorare*, to devour, swallow; N. L. part. adj. *multivorans*, devouring many, referring to the utilization of numerous kinds of substrates.

注：萨勒河是易北河(Elbe)的左岸支流，长413km，也叫作萨克森萨勒河，图林根萨勒河。在德国有三条以萨勒命名的河，另两条分别是美因河的右岸支流弗兰肯萨勒(Franconian Saale)，位于下弗兰肯州的，长125km，以及位于下萨克森州萨勒河，是莱茵河的支流。

盐古菌属(*Salarchaeum*)Shimane 等，2011，新属。此属已定1种。

词源　盐：含盐，氯化钠，**NaCl**；古菌：古代的生物，古生菌；属：属名的尾词；盐古菌属：需盐的古菌／古生菌。

Etymology　L. n. *sal salis*, salt; N. L. neut. n. *archaeum* (from Gr. adj. *archaios*, ancient), ancient one, archaeon; N. L. neut. n. *Salarchaeum*, salt-requiring archaeon.

模式种　日本盐古菌(*Salarchaeum japonicum*)Shimane 等，2011，新种。

词源　日本：日本的，与日本有关的，指的是此模式菌株的分离地。

Etymology　N. L. neut. adj. *japonicum*, Japanese, pertaining to Japan, referring to the place of isolation of the type strain.

需盐杆菌属(*Salegentibacter*)McCammon and Bowman，2000，新属；Ying 等，2007 修改，Siamphan and Kim，2014 修改。此属已定10种。

词源　需：需要的，需求的，必需的；盐：食盐，氯化钠，**NaCl**；杆：棒；菌：表示微小的事物，微生物(细菌、古菌、真菌)；属：属名的尾词；需盐杆菌属：需盐的棒形生物，指的是此生物需要高盐度生存。

Etymology　L. n. *sal salis*, salt; L. part. adj. *egens*, being in need; N. L. masc. n. *bacter*, rod; N. L. masc. n. *Salegentibacter*, salt-needy rod, referring to the high level of salt requirement.

模式种　需盐需盐杆菌(*Salegentibacter salegens*)McCammon and Bowman，2000，新种。

词源　需：需要的，需求的，必需的；盐：食盐，氯化钠，**NaCl**；需盐：需要盐的。

Etymology　L. n. *sal salis*, salt; L. adj. *egens*, needy, necessitous; N. L. neut. adj. *salegens*, needing salt.

盐竿菌属(*Salibacillus*)Wainø 等，1999，新属。此属已定2种。

词源　盐：食盐，氯化钠，**NaCl**；竿：在本书中对译于拉丁文 ***bacillus***，表示棒形，以示与常见的"杆"的区别，表示以出芽孢为特征的棒形；菌：表示微小的事物，微生物(细菌、古菌、真菌)；属：属名的尾词；盐竿菌属：盐竿／棒生物。

Etymology　L. *sal salis*, salt; L. masc. n. *bacillus*, rod; N. L. masc. n. *Salibacillus*, the salt bacillus/rod.

模式种　需盐盐竿菌(*Salibacillus salexigens*)(Garabito 等，1997)Wainø 等，1999，新合并。

词源　需：需要，需求，必需；盐：食盐，氯化钠，**NaCl**；需盐：需要盐的。

Etymology　L. n. *sal salis*, salt; L. v. *exigere*, to demand; N. L. part. adj. *salexigens*, salt demanding.

盐栖菌属(*Salicola*)Maturrano 等,2006,新属。此属已定 2 种。

词源　盐:盐,盐水,卤水;栖:栖息,栖居,栖息者,栖居者;菌:表示微小的事物,微生物(细菌、古菌、真菌);属:属名的尾词;盐栖菌属:卤水中的栖居者。

Etymology　L. n. *sal salis*, salt, salt water, brine; L. masc. suff. *-cola* (from L. n. *incola*), an inhabitant; N. L. masc. n. *Salicola*, an inhabitant of brine.

模式种　马拉斯盐栖菌(*Salicola marasensis*)Maturrano 等,2006,新种。

词源　秘鲁安第斯山脉的一个地区,此首株菌株的分离地。

Etymology　N. L. masc. adj. *marasensis*, pertaining to Maras, a region of the Peruvian Andes, where the first strains were isolated.

盐中嗜杆菌属(*Salimesophilobacter*)Zhang 等,2013,新属。此属已定 1 种。

词源　盐:食盐,氯化钠,NaCl;嗜:嗜好的,喜好的,友好的,爱好的;中:中间的(温度);杆:棒;菌:表示微小的事物,微生物(细菌、古菌、真菌);属:属名的尾词;盐中嗜杆菌属:耐盐的,嗜中温的(温度不高的)棒形生物。

Etymology　L. n. *sal salis*, salt; Gr. adj. *mesos*, middle; N. L. adj. *philus -a -um* (from Gr. adj. *philos -ê -on*), friend to, loving; N. L. masc. n. *bacter*, rod, staff; N. L. masc. n. *Salimesophilobacter*, halotolerant, mesophilic rod.

模式种　普通盐中嗜杆菌(*Salimesophilobacter vulgaris*)Zhang 等,2013,新种。

词源　普通:普通的,平凡的,指的是缺乏专有特征的,很平凡的。

Etymology　L. masc. adj. *vulgaris*, common, referring to the lack of specific characteristics.

盐微菌属(*Salimicrobium*)Yoon 等,2007,新属。此属已定 6 种。

词源　盐:食盐,氯化钠,NaCl;微:微小的,微生物;菌:表示微小的事物,微生物(细菌、古菌、真菌);微菌:微生物;属:属名的尾词;盐微菌属:盐微生物。

Etymology　L. n. *sal salis*, salt; N. L. neut. n. *microbium*, a microbe; N. L. neut. n. *Salimicrobium*, a salt microbe.

模式种　素色盐微菌(*Salimicrobium album*)(Hao 等,1985)Yoon 等,2007,新合并。

词源　素色:素色的,白色的。

Etymology　L. neut. adj. *album*, white.

盐放线孢菌属(*Salinactinospora*)Chang 等,2012,新属。此属已定 1 种。

词源　盐:盐的,含盐的;放线:射线(形);孢:孢子;菌:表示微小的事物,微生物(细菌、古菌、真菌）；属：属名的尾词；盐放线孢菌属：来源于含盐生境的放线菌。

Etymology　　N. L. adj. *salinus*, saline; Gr. n. *actis actinos*, a ray; Gr. fem. n. *spora*, a seed; N. L. fem. n. *Salinactinospora*, an actinomycete originating from a saline habitat.

模式种　青岛盐放线孢菌（*Salinactinospora qingdaonensis*）Chang 等，2012，新种。

词源　青岛：属于或与中国山东的海岸城市青岛相关的。

Etymology　　N. L. fem. adj. *qingdaonensis*, of or pertaining to Qingdao, a city in the coastal region of East China, from which the type strain was isolated.

盐场古菌属（*Salinarchaeum*）Cui 等，2014，新属。此属已定 1 种。

词源　盐场：从事盐加工的地方，盐厂，盐田，盐井，盐业；古：古代；菌：表示微小的事物，微生物（细菌、古菌、真菌）；古菌：区别于真核生物、细菌之外的第三域；属：属名的尾词；盐田古菌属：分离自盐业/盐场的古菌。

Etymology　　L. fem. pl. n. *salinae* salterns, salt works; N. L. neut. n. *archaeum* archaeon from Gr. adj. *archaios-ê-on* ancient; N. L. neut. n. *Salinarchaeum* the archaeon from salt works.

模式种　海带盐场古菌（*Salinarchaeum laminariae*）Cui 等，2014，新种。

词源　海带：从褐藻，海带中分离嗜卤古菌的。

Etymology　　N. L. gen. n. *laminariae*, of *Laminaria*, the brown alga *Laminaria*, from which the halophilic archaea were isolated.

来源　植物（Source: Plant.）。

盐场单胞菌属（*Salinarimonas*）Liu 等，2010，新属。此属已定 2 种。

词源　盐场：盐场，从事盐加工的地方，盐厂，盐田，与盐加工有关的行业；单胞：单细胞，单元；菌：表示微小的事物，微生物（细菌、古菌、真菌）；属：属名的尾词；盐场单胞菌属：来自盐场的单细胞生物。

Etymology　　L. fem. pl. n. *salinae -arum*, salt works; L. fem. n. *monas*, a monad, unit; N. L. fem. n. *Salinarimonas*, a monad from salt works.

模式种　玫色盐场单胞菌（*Salinarimonas rosea*）Liu 等，2010，新种。

词源　玫色：玫瑰色的，玫色的，粉色的，指的是此细菌产生的色素。

Etymology　　L. fem. adj. *rosea*, rose-coloured, pink.

注：此属属名与 2005 年定的盐场单胞菌属（*Salinimonas*）在中拉词源词义上完全一样，为了区别，把中文属名定名为盐埸单胞菌属。

盐场竿菌属（*Salinibacillus*）Ren and Zhou，2005，新属。此属已定 3 种。

词源　盐：盐场的，这里可能表示用盐长期浸泡，腌制；竿：在本书中对译于拉丁文 ***bacillus***，表示棒形，以示与常见的"杆"的区别，表示以出芽孢为特征的棒形；盐场竿菌属：受盐浸渍的竿/棒生物。

Etymology　L. adj. *salinus*, salted; L. masc. n. *bacillus*, rod; N. L. masc. n. *Salinibacillus*, salted rod.

模式种　艾丁盐场竿菌(*Salinibacillus aidingensis*)Ren and Zhou,2005,新种。

词源　艾丁:与艾丁湖有关的,中国新疆的艾丁湖,此生物的分离地。

Etymology　N. L. masc. adj. *aidingensis*, pertaining to Ai-Ding Lake, Xin-Jiang, China, where the organism was isolated.

盐场杆菌属(*Salinibacter*)Antón 等,2002,新属;Makhdoumi-Kakhki 等,2012 修改。此属已定 3 种。

词源　盐场:从事盐加工的地方,盐厂,盐田,盐业;杆:棒;菌:表示微小的事物,微生物(细菌、古菌、真菌);属:属名的尾词;盐场杆菌属:来自盐场的棒形生物。

Etymology　L. fem. pl. n. *salinae*, salterns, salt-works; N. L. masc. n. *bacter*, a rod; N. L. masc. n. *Salinibacter*, a rod from salt-works.

模式种　红色盐场杆菌(*Salinibacter ruber*)Antón 等,2002,新种。

词源　红色:红的,红色的,赤色的。

Etymology　L. masc. adj. *ruber*, red.

盐场小杆菌属(*Salinibacterium*)Han 等,2003,新属。此属已定 2 种。

词源　盐场:从事盐加工的地方,盐厂,盐田,盐业,盐皿,盐窖;小杆:小棒;菌:表示微小的事物,微生物(细菌、古菌、真菌);属:属名的尾词;盐场小杆菌属:盐生的细菌。

Etymology　L. n. *salinum*, salt-cellar; L. neut. n. *bacterium*, rod or staff and, in biology, a bacterium (so called because the first ones observed were rod-shaped); N. L. neut. n. *Salinibacterium*, a saline bacterium.

模式种　阿穆斯基盐场小杆菌(*Salinibacterium amurskyense*)Han 等,2003,新种。

词源　阿穆斯基:阿穆斯基湾,即中国古称的金角湾,此生物首次分离的地理位置。

Etymology　N. L. neut. adj. *amurskyense*, of or belonging to Amursky Bay, the geographical location where the organism was first isolated.

注:阿穆斯基(金角湾)是中俄北京条约(1860 年)后割让给俄罗斯的。

盐果菌属(*Salinicoccus*)Ventosa 等,1990,新属。此属已定 15 种。

词源　盐:盐场的,指的是盐的,盐水的,盐碱的;果:浆果,表示浆果形(圆球或椭球);菌:表示微小的事物,微生物(细菌、古菌、真菌);属:属名的尾词;盐果菌属:盐生的浆果形生物。

Etymology　L. adj. *salinus*, saline; N. L. masc. n. *coccus* (from Gr. masc. n. *kokkos*), a grain or berry; N. L. masc. n. *Salinicoccus*, saline coccus.

模式种　玫瑰色盐场果菌(*Salinicoccus roseus*)Ventosa 等,1990,新种。

词源　玫瑰色：玫色，玫色的，粉色的，玫瑰色的。
Etymology　L. masc. adj. *roseus*, rose colored.

盐场栖菌属（*Salinicola*）Anan′ina 等，2008，新属。此属已定 4 种。
词源　盐场：从事盐加工的地方，盐厂，盐田，盐业；栖：栖息，栖居，栖息者，栖居者；菌：表示微小的事物，微生物（细菌、古菌、真菌）；属：属名的尾词；盐场栖菌属：盐场的栖居者（生物）。
Etymology　L. fem. pl. n. *salinae*, salt-works, salterns; N. L. suff. *-cola* (from Latin noun *incola*), inhabitant; N. L. masc. n. *Salinicola*, inhabitant of salterns.
模式种　团结盐场栖菌（*Salinicola socius*）Anan′ina 等，2008，新种。
词源　团结：相互关联的，指的是微生物群落之间的相互联系。
Etymology　L. masc. adj. *socius*, associated, referring to membership in a microbial association.

盐场粒菌属（*Salinigranum*）Cui and Wang，2014，新属。此属已定 1 种。
词源　盐场：从事盐加工的地方，盐厂，盐田，盐业；粒：颗粒；菌：表示微小的事物，微生物（细菌、古菌、真菌）；属：属名的尾词；盐场粒菌属：来自盐场的颗粒形古菌。
Etymology　Sa. li. ni. gra′num. L. fem. pl. n. *salinae* salterns, salt works; L. neut. n. *granum* granule; N. L. neut. n. *Salinigranum* the granule-shaped archaeon from salt works.
模式种　红色盐场粒菌（*Salinigranum rubrum*）Cui and Wang，2014，新种。
词源　红色：红色的，红颜色的。
Etymology　L. neut. adj. *rubrum*, red.

盐场居菌属（*Salinihabitans*）Yoon 等，2009，新属。此属已定 1 种。
词源　盐场：从事盐加工的地方，盐厂，盐田，盐业；居：居住的，栖居的，生活的；菌：表示微小的事物，微生物（细菌、古菌、真菌）；属：属名的尾词；盐场居菌属：盐场中的栖居者（生物）。
Etymology　L. fem. pl. n. *salinae*, salterns, salt-works; L. part. adj. *habitans*, inhabiting; N. L. masc. n.（ N. L. masc. part. adj. used as a substantive ）*Salinihabitans*, inhabitant of salt-works.
模式种　苍黄色盐场居菌（*Salinihabitans flavidus*）Yoon 等，2009，新种。
词源　苍黄色：浅黄色的，浅黄颜色的，略带苍白的黄色。
Etymology　L. masc. adj. *flavidus*, pale yellow.

盐场微菌属（*Salinimicrobium*）Lim 等，2008，新属；Chen 等，2008 修改，Nedashkovskaya 等，2010 修改。此属已定 6 种。
词源　盐场：从事盐加工的地方，盐厂，盐田，盐井，盐业；微：微小的，微生物；菌：表示微小的事物,微生物(细菌、古菌、真菌);微菌:微生物;属:属名的尾词;盐场微菌属:微小的,盐生微生物。

Etymology   L. pl. n. *salinae*, salt-works, salt-pits; N. L. neut. n. *microbium*, microbe; N. L. neut. n. *Salinimicrobium*, small, saline microbe.

模式种   链盐场微菌(*Salinimicrobium catena*)(Ying 等,2007)Lim 等,2008,新合并。

词源   链:链,链条,链子,指的是此细胞经常以链条形的面貌出现。

Etymology   L. n. *catena*, chain, referring to the fact that cells frequently occur in chains.

盐场单胞菌属(*Salinimonas*)Jeon 等,2005,新属。此属已定 2 种。

词源   盐场:从事盐加工的地方,盐厂,盐田,盐井,盐业;单胞:单细胞,单元;微:微小的,微生物;菌:表示微小的事物,微生物(细菌、古菌、真菌);微菌:微生物;属:属名的尾词;盐场单胞菌属:来自盐场的单细胞生物。

Etymology   L. fem. pl. n. *salinae*, salt-works, saltpits; L. fem. n. *monas*, unit, monad; N. L. fem. n. *Salinimonas*, monad from salterns.

模式种   中华盐场单胞菌(*Salinimonas chungwhensis*)Jeon 等,2005,新种。

词源   中华:中国,属于中华的,此模式菌株的分离地。

Etymology   N. L. fem. adj. *chungwhensis*, belonging to Chungwha, where the type strain was isolated.

盐爬菌属(*Salinirepens*)Muramatsu 等,2012,新属。此属已定 1 种。

词源   盐:盐的,含盐的,与盐有关的;爬:爬行,蠕行;菌:表示微小的事物,微生物(细菌、古菌、真菌);属:属名的尾词;盐爬菌属:需要含盐条件生长的滑行生物。

Etymology   L. adj. *salinus*, saline; L. part. adj. *repens*, crawling; N. L. masc. n. *Salinirepens*, gliding organisms that require saline conditions for growth.

模式种   奄美盐爬菌(*Salinirepens amamiensis*)Muramatsu 等,2012,新种。

词源   奄美:属于或与日本(原琉球国)奄美大岛有关的,此模式菌株的分离地。

Etymology   N. L. masc. adj. *amamiensis*, of or pertaining to the island of Amami-Oshima, Japan, where the type strain was isolated.

盐球菌属(*Salinisphaera*)Antunes 等,2003,新属;Crespo-Medina 等,2009,Shimane 等,2013 修改。此属已定 6 种。

词源   盐:盐的,含盐的,指的是高盐环境;球:球体,球形,地球;菌:表示微小的事物,微生物(细菌、古菌、真菌);属:属名的尾词;盐球菌属:盐生球体,指的是能在高盐环境中生长的浆果形微生物。

Etymology   L. adj. *salinus*, salted, salt; L. fem. n. *sphaera*, a ball, globe, sphere; N. L. fem. n. *Salinisphaera*, salted sphere, coccoid microorganism capable of growth at high salt.

模式种　休班盐球菌（*Salinisphaera shabanensis*）Antunes 等，2003，新种。

词源　休班：与休班有关的，红海的一个地点，以沙特阿拉伯的一个地名，休班农村区某某，休班深，红海底，指的是此菌分离地。

Etymology　N. L. fem. adj. *shabanensis*, pertaining to Shaban, referring to Shaban Deep, the place of isolation.

盐场小螺体属（*Salinispirillum*）Shahinpei 等，2014，新属。此属已定 1 种。

词源　盐场：从事盐加工的地方，盐厂，盐田，盐井，盐业；小螺：与螺相对，表示比螺在尺寸上小，小螺形，小螺体，小螺旋；体：整体，身体，菌体，在微生物学属名中的作用与"菌"类似；属：属名的尾词；盐场小螺体属：来自盐场的螺纹形的细菌。

Etymology　L. n. *salina*, a saltern; L. neut. n. *spirillum*, a screw; N. L. neut. n. *Salinispirillum*, a screw（-shaped bacterium）from a saltern.

模式种　海盐场小螺体（*Salinispirillum marinum*）Shahinpei 等，2014，新种。

词源　海：海的，大海的，海洋的，属于海的。

Etymology　L. neut. adj. *marinum*, belonging to the sea, marine.

盐孢菌属（*Salinispora*）Maldonado 等，2005，新属。此属已定 3 种。

词源　盐：盐的，含盐的，这里指的是一个虚化的含盐的生境，海源；孢：孢子；菌：表示微小的事物，微生物（细菌、古菌、真菌）；属：属名的尾词；盐孢菌属：来源于含盐生境的产孢子的细菌，表示此生物的海源生境。

Etymology　L. adj. *salinus*, saline; Gr. fem. n. *spora*, a seed and, in bacteriology, a spore; N. L. fem. n. *salinispora*, a spore-forming bacterium originating from a saline habitat, indicating the marine habitat of the organism.

模式种　沙栖盐孢菌（*Salinispora arenicola*）Maldonado 等，2005，新种。

词源　沙：沙子，沙土；栖：栖息，栖居，栖息者，栖居者；沙栖：栖息在沙上的，意即此菌分离自海沉积物。

Etymology　L. n. *arena*, sand; L. suff. -*cola*（from L. n. *tncola*）, inhabitant, dweller; N. L. n. *arenicola*, sand-dweller, indicating isolation from marine sediments.

盐弧菌属（*Salinivibrio*）Mellado 等，1996，新属。此属已定 4 种，3 亚种。

词源　盐：盐的，表示含盐环境，含盐的（地方）；弧：作动词表示弧动，像手中舞动的绳子状振动；弧：作名词也表示细菌的一个属名，表示弧状的菌，弧菌属；菌：表示微小的事物，微生物（细菌、古菌、真菌）；属：属名的尾词；盐弧菌属：盐生弧菌。

Etymology　L. adj. *salinus*, saline; L. v. *vibro*, to set in tremulous motion, move to and fro, vibrate; N. L. masc. n. *vibrio*, that which vibrates, and also a bacterial genus name of bacteria possessing a curved rod shape（*Vibrio*）; N. L. masc. n. *Salinivibrio*, saline vibrio.

模式种　肋栖盐弧菌(*Salinivibrio costicola*)(Smith,1938)Mellado 等,1996,新合并。
词源　肋:肋骨,肋部;栖:栖息,栖居,栖息者,栖居者;肋栖:肋骨/肋部的栖息者。
Etymology　L. n. *costa*, rib; L. suff. *-cola* (from L. n. *incola*), inhabitant, dweller; N. L. n. *costicola*, rib dweller.

盐懒菌属(*Salipiger*)Martínez-Cánovas 等,2004,新属。此属已定1种。

词源　盐:食盐,氯化钠,**NaCl**;懒:懒惰的,慵懒的,行动迟缓的,不活泼的;菌:表示微小的事物,微生物(细菌、古菌、真菌);属:属名的尾词;盐懒菌属:慵懒的嗜卤生物。
Etymology　L. n. *sal salis*, salt; L. masc. adj. *piger*, lazy; N. L. masc. n. *Salipiger*, lazy halophile.
模式种　黏液盐懒菌(*Salipiger mucosus*)勘误,Martínez-Cánovas 等,2004,新种。
词源　黏液:黏液的,黏滑的,粘液的,粘滑的。
Etymology　L. masc. adj. *mucosus*, slimy, mucous.

盐杆菌属(*Salirhabdus*)Albuquerque 等,2007,新属。此属已定1种。

词源　盐:食盐,氯化钠,**NaCl**;杆:中国古代舂米或捶衣的木棒,表示棒,棒形;菌:表示微小的事物,微生物(细菌、古菌、真菌);属:属名的尾词;盐杆菌属:生长在盐中的棒形生物。
Etymology　L. n. *sal salis*, salt; N. L. fem. n. *rhabdus* (from Gr. fem. n. *rhabdós*), a rod, wand; N. L. fem. n. *Salirhabdus*, a rod that grows in salt.
模式种　尤泽柏氏盐杆菌(*Salirhabdus euzebyi*)Albuquerque 等,2007,新种。
词源　氏:姓氏;尤泽柏氏:以法国细菌学家简·P.尤泽柏的姓氏命名。
Etymology　N. L. gen. masc. n. *euzebyi*, of Euzéby, in honour of the French bacteriologist Jean P. Euzéby.

盐鬃菌属(*Salisaeta*)Vaisman and Oren,2009,新属。此属已定1种。

词源　盐:食盐,氯化钠,**NaCl**;鬃:鬃毛,刚毛,短硬毛;菌:表示微小的事物,微生物(细菌、古菌、真菌);属:属名的尾词;盐鬃菌属:盐生鬃毛生物。
Etymology　L. masc. n. *sal salis*, salt; L. fem. n. *saeta*, a bristle; N. L. fem. n. *Salisaeta*, a salt bristle.
模式种　长盐鬃菌(*Salisaeta longa*)Vaisman and Oren,2009,新种。
词源　长:长的,形态(尺寸)长的。
Etymology　L. fem. adj. *longa*, long.

盐沉积小杆菌属(*Salisediminibacterium*)Jiang 等,2012,新属。此属已定1种。

词源　盐:食盐,氯化钠,**NaCl**;沉积:沉积物;小杆:小棒;菌:表示微小的事物,微生物(细菌、古菌、真菌）；属：属名的尾词；盐沉积小杆菌属：来自含盐沉积物的小棒形生物。

Etymology　L. n. *sal*, salt; L. n. *sedimen -inis*, sediment; L. neut. n. *bacterium*, a rod; N. L. neut. n. *Salisediminibacterium*, a rod from salt sediment.

模式种　耐卤盐沉积小杆菌（*Salisediminibacterium halotolerans*）Jiang 等，2012，新种。

词源　耐：耐力的，耐性的，忍耐的；卤：卤素，盐；耐卤：耐盐，对盐有耐受的，指的是对高盐度的耐受能力。

Etymology　Gr. n. *hals halos*, salt; L. part. adj. *tolerans*, tolerating; N. L. part. adj. *halotolerans*, salt-tolerating, referring to the ability to tolerate high salt concentrations.

盐土竿菌属（*Saliterribacillus*）Amoozegar 等，2013，新属。此属已定 1 种。

词源　盐：食盐，氯化钠，**NaCl**；土：土壤，土地；竿：在本书中对译于拉丁文 *bacillus*，表示棒形，以示与常见的"杆"的区别，表示以出芽孢为特征的棒形；菌：表示微小的事物，微生物（细菌、古菌、真菌）；属：属名的尾词；盐土竿菌属：分离自盐和土壤（即含盐土壤）的棒形生物。

Etymology　L. n. *sal salis*, salt; L. n. *terra*, soil; L. masc. n. *bacillus*, a rod; N. L. masc. n. *Saliterribacillus*, a rod isolated from salt and soil, i. e. isolated from saline soil.

模式种　波斯盐土竿菌（*Saliterribacillus persicus*）Amoozegar 等，2013，新种。

词源　波斯：波斯的，大致上是现在的伊朗。

Etymology　L. masc. adj. *persicus*, of Persia.

沙门姓菌属（*Salmonella*）Lignieres，1900，属。此属已定 9 种，14 亚种。

此属是沙门姓菌族（*Salmonelleae*）Kalz，1957，《1980 年细菌名确认单》的模式属。

词源　姓：姓氏；沙门姓：以美国细菌学家 D.E. 沙门的姓氏命名；菌：表示微小的事物，微生物（细菌、古菌、真菌）；属：属名的尾词；沙门姓菌属：以沙门的姓氏命名的生物。

Etymology　N. L. fem. dim. n. *Salmonella*, named after D.E.Salmon, an American bacteriologist.

模式种　霍乱猪沙门姓菌（*Salmonella choleraesuis*）勘误，（**Smith，1894**）Weldln，1927，种；《**1980 年细菌名确认单**》。

词源　霍乱：一种急性传染性肠炎；猪：亥，豕，豖；霍乱猪：患霍乱的猪。

Etymology　Gr. n. *cholera*, cholera; L. n. *sus*, hog; N. L. gen. n. *choleraesuis*, of cholera of a hog.

注 1：此处的拉丁文 sus 应当为 suis，因为一个是名词，一个是形容词。

注 2：根据规则，此菌名应当为沙门氏姓菌属，但是此属名迄今已经有几十年的历史，且拉丁文中并没有出现"Salmonia"。

注 3：此模式种 2005 年被认为是肠沙门姓菌（*Salmonella enterica*）的异名同物，因此此属的模式种应当是肠沙门姓菌（*Salmonella enterica*）。

沙门姓菌族(*Salmonelleae*)Kalz,1957,族。

模式属 沙门姓菌属(*Salmonella*)Lignieres,1900,《1980年细菌名确认单》,属。
词源 沙门姓菌属:此族之模式属;族:原核生物分类的一个级别,现已停用;沙门姓菌族:沙门姓菌属之族。
Etymology N. L. fem. n. *Salmonella*, type genus of the tribe; suff. *-eae*, ending to denote a tribe; N. L. fem. pl. n. *Salmonelleae*, the *Salmonella* tribe.

盐水竿菌属(*Salsuginibacillus*)Carrasco等,2007,新属。此属已定2种。

词源 盐水:含盐的水;竿:在本书中对译于拉丁文 *bacillus*,表示棒形,以示与常见的"杆"的区别,表示以出芽孢为特征的棒形;菌:表示微小的事物,微生物(细菌、古菌、真菌);属:属名的尾词;盐水竿菌属:生活在含盐水中的竿棒形生物。
Etymology L. n. *salsugo -inis*, salted water; L. masc. n. *bacillus*, rod; N. L. masc. n. *Salsuginibacillus*, a rod living in salted water.
模式种 科库尔氏盐水竿菌(*Salsuginibacillus kocurii*)Carrasco等,2007,新种。
词源 氏:姓氏;科库尔氏:以捷克微生物学家 M. 科库尔的姓氏命名,一位研究嗜卤微生物的先锋。
Etymology N. L. gen. n. *kocurii*, of Kocur, named for the Czech microbiologist M. Kocur, a pioneer in the study of halophilic micro-organisms.

叁逊氏菌属(*Samsonia*)Sutra等,2001,新属。此属已定1种。

词源 氏:姓氏;叁逊氏:法国昂吉植物细菌学家叁逊的姓氏命名,其研究溶解果胶的欧文氏菌属(*Erwinia*);菌:表示微小的事物,微生物(细菌、古菌、真菌);属:属名的尾词;叁逊氏菌属:以叁逊的姓氏命名的生物。
Etymology N. L. fem. n. *Samsonia*, named after the French phytobacteriologist Re!gine Samson, INRA, Angers, France, who works on pectolytic *Erwinia*.
模式种 刺桐属叁逊氏菌(*Samsonia erythrinae*)Sutra等,2001,新种。
词源 刺桐属:指的是植物豆科(**Fabaceae**)刺桐属(*Erythrina*),从中分离到此生物。
Etymology L. gen. n. *erythrinae*, of *Erythrina*, referring to plants of the genus *Erythrina*, family *Fabaceae*, from which the organism was isolated.
注:叁逊来自父名叁,表示叁的儿孙。"son"这里译为"逊"表示……之子孙(后代)。

橙色菌科(*Sandaracinaceae*)Mohr等,2012(全部作者名单 Mohr, Garcia, Gerth, Irschik and Müller),新科。

模式属 橙色菌属(*Sandaracinus*)Mohr等,2012,新属。
词源 橙色菌属:此科之模式属;科:用于定义一个比属高、比目低的分类级和尾词;在中文科的命名中,把模式属属名中的尾字"属"代换为尾字"科",即为模式属所在的科名;橙色菌科：橙色菌属之科。

Etymology　N. L. n. *Sandaracinus*, type genus of the family; L. suff. *-aceae*, ending to denote a family; N. L. fem. pl. n. *Sandaracinaceae*, the *Sandaracinus* family.

橙色杆菌属(*Sandaracinobacter*) Yurkov 等,1997,新属。此属已定 1 种。

词源　橙色：橙色的,橘色的,橙黄色的;杆：棒;菌：表示微小的事物,微生物(细菌、古菌、真菌);属：属名的尾词;橙色杆菌属：橙色的棒形生物。

Etymology　Gr. adj. *sandarakinos*, orange-colored; N. L. masc. n. *bacter*, a rod; N. L. masc. n. *Sandaracinobacter*, orange-colored rod.

模式种　西伯利亚橙色杆菌(*Sandaracinobacter sibiricus*) Yurkov 等,1997,新种。

词源　西伯利亚：与西伯利亚有关的,西伯利亚位于亚洲西北部,其名字可能来自古代鞑靼人在托博尔河(源自东乌拉尔山东部,流经图尔盖高原)和额尔齐斯河(源自新疆富蕴县阿尔泰山南坡)交汇处建立的鞑靼城堡,西比尔(在中国古文中可能是鲜卑或锡伯)。

Etymology　N. L. masc. adj. *sibiricus*, pertaining to Siberia (region in northwestern Asia, the name said to come from Sibir, ancient Tatar fortress at the confluence of the rivers Tobol and Irtysh).

推荐的属名三字母简写　San. 见"命名规则：属名简写"[属名简写三字母准则(Three-letter code for abbreviations of generic names)]。

橙色菌属(*Sandaracinus*) Mohr 等,2012(全部作者名单 Mohr, Garcia, Irschik, Gerth and Müller),新属。此属已定 1 种。

此属是橙色菌科(*Sandaracinaceae*) Mohr 等,2012 的模式属。

词源　橙色：橙色的,橘色的,橙黄色的;菌：表示微小的事物,微生物(细菌、古菌、真菌);属：属名的尾词;橙色菌属：指的是橙色的营养细胞。

Etymology　Gr. adj. *sandarakinos*, orange-coloured; N. L. masc. n. *Sandaracinus*, referring to orange-coloured vegetative cells.

模式种　解淀粉橙色菌(*Sandaracinus amylolyticus*) Mohr 等,2012,新种。

词源　解：溶解的,分解的,降解的;淀粉：大量的葡萄糖单元通过糖苷键链接而成的天然高分子多糖(碳水化合物),大部分绿色植物的能量储存方式;解淀粉：溶解淀粉的。

Etymology　Gr. n. *amulon*, starch; Gr. adj. *lutikos*, dissolving; N. L. masc. adj. *amylolyticus*, starch dissolving.

橙色杆菌属(*Sandarakinorhabdus*) Gich and Overmann,2006,新属。此属已定 1 种。

词源　橙色：橙色的,橘色的,橙黄色的;杆：中国古代舂米或捶衣的木棒,表示棒,棒形;菌：表示微小的事物,微生物(细菌、古菌、真菌);属：属名的尾词;橙色杆菌属：橙色的棒形生物。

Etymology　Gr. adj. *sandarakinos*, of orange colour; Gr. fem. n. *rhabdos*, rod; N. L. fem. n. *Sandarakinorhabdus*, orange-coloured rod.

模式种　嗜池橙色杆菌(*Sandarakinorhabdus limnophila*)Gich and Overmann,2006,新种。
词源　嗜:嗜好的,喜好的,友好的,爱好的;池:静水的池塘,湖;嗜池:喜好湖泊的,分离自淡水湖的。

Etymology　Gr. n. *limnos*, lake, pool of standing water; Gr. adj. *philos* loving; N. L. fem. adj. *limnophila*, lake-loving, isolated from a freshwater lake.

橙色针菌属(*Sandarakinotalea*)Khan 等,2006,新属。此属已定1种。
词源　橙色:橙色的,橘色的,橙黄色的;针:纤细的杆或棒;菌:表示微小的事物,微生物(细菌、古菌、真菌);属:属名的尾词;橙色针菌属:橙色的棒形生物。

Etymology　Gr. adj. *sandarakinos -e -on*, of orange colour; L. fem. n. *talea*, a slender staff, a rod; N. L. fem. n. *Sandarakinotalea*, an orange-coloured rod.

模式种　沉积物橙色针菌(*Sandarakinotalea sediminis*)Khan 等,2006,新种。
词源　沉积:沉积物的,沉积作用的,属于或来自沉积物的;物:物质;沉积物:自然(通常是水、风、冰川等)作用下,天然物质通过风蚀、侵蚀、腐蚀和运输作用,沉积形成的物质。

Etymology　L. gen. n. *sediminis*, of sediment.

血杆菌属(*Sanguibacter*)Fernández-Garayzábal 等,1995,新属。此属已定6种。
此属是血杆菌科(*Sanguibacteraceae*)Stackebrandt and Schumann,2000 的模式属。
词源　血:鲜血,血液,血浆,动物体内循环的不透明红色液体;杆:棒;菌:表示微小的事物,微生物(细菌、古菌、真菌);属:属名的尾词;血杆菌属:血棒形生物。

Etymology　L. n. *sanguis -inis*, blood; N. L. masc. n. *bacter*, a rod; N. L. masc. n. *Sanguibacter* (*sic*), a blood rod.

模式种　科迪氏血杆菌(*Sanguibacter keddieii*)Fernandez-Garayzabal 等,1995,新种。
词源　氏:姓氏;科迪氏:以英国细菌学家 R.M.科迪的姓氏命名,以纪念其。

Etymology　N. L. gen. masc. n. *keddieii*, of Keddie, named in honor of R.M.Keddie, a British bacteriologist.

血杆菌科(*Sanguibacteraceae*)Stackebrandt and Schumann,2000,新科。Zhi 等,2009修改。
模式属　血杆菌属(*Sanguibacter*)Fernández-Garayzábal 等,1995,新属。
词源　血杆菌属:此科之模式属;科:用于定义一个比属高、比目低的分类级和尾词;在中文科的命名中,把模式属属名中的尾字"属"代换为尾字"科",即为模式属所在的科名;血杆菌科:血杆菌属之科。

Etymology　N. L. masc. n. *Sanguibacter*, type genus of the family; L. suff. *-aceae*, ending to denote a family; N. L. fem. pl. n. *Sanguibacteraceae*, the *Sanguibacter* family.

腐螺体属(*Saprospira*)Gross,1911,属。此属已定1种。

此属是腐螺体科(*Saprospiraceae*)Krieg 等,2012 的模式属。

词源　腐:腐烂,腐化,腐烂的物质;螺:螺旋,螺形,螺体;菌:表示微小的事物,微生物(细菌、古菌、真菌);属:属名的尾词;腐螺体属:与腐烂物质关联的螺体。

Etymology　Gr. adj. *sapros*, rotten, putrid; L. fem. n. *spira*, a coil, spire, spiral; N. L. fem. n. *Saprospira*, spiral associated with decaying matter.

模式种　大腐螺体(*Saprospira grandis*)Gross,1911,《1980 年细菌名确认单》。

词源　大:大的。

Etymology　L. fem. adj. *grandis*, large.

腐螺体科(*Saprospiraceae*)Krieg 等,2012,新科。

模式属　腐螺体属(*Saprospira*)Gross,1911,《1980 年细菌名确认单》,属。

词源　腐螺体属:此科之模式属;科:用于定义一个比属高、比目低的分类级和尾词;在中文科的命名中,把属名中的尾字"属"代换为尾字"科",即为模式属所对应的科;腐螺体科:腐螺体属之科。

Etymology　N. L. fem. n. *Saprospira*, type genus of the family; suff. *-aceae*, ending to denote family; N. L. fem. pl. n. *Saprospiraceae*, the *Saprospira* family.

八球菌属(*Sarcina*)Goodsir,1842,属。此属已定2种。

词源　八球:八迭球,八叠球,表示成束的;菌:表示微小的事物,微生物(细菌、古菌、真菌);属:属名的尾词;八球菌属:成包的,成束的生物。

Etymology　L. fem. n. *Sarcina*, a package, bundle.

模式种　胃八球菌(*Sarcina ventriculi*)Goodsir,1842,《1980 年细菌名确认单》,种。

词源　胃:胃的,胃部的。

Etymology　L. n. *ventriculus*, the stomach; L. gen. n. *ventriculi*, of the stomach.

肉菌属(*Sarcobium*)Drozanski,1991,新属。此属已定1种。

词源　肉:肉质,肉体,微生物学中指的是原生质,细胞质;菌:表示微小的事物,微生物(细菌、古菌、真菌);属:属名的尾词;肉菌属:生活在原生质/细胞质中的生命。

Etymology　Gr. n. *sarx sarkos*, flesh; Gr. n. *bios*, life; N. L. neut. n. *Sarcobium*, that which lives in the sarcode or flesh (cytoplasm).

模式种　解肉菌(*Sarcobium lyticum*)Drozanski,1991,新种。

词源 解:溶解的,分解的,降解的,能溶解的,能松解的。
Etymology N. L. neut. adj. *lyticum* (from Gr. neut. adj. *lutikon*), able to loosen, able to dissolve.

岩杆菌属(*Saxeibacter*)Lee 等,2008,新属。此属已定 1 种。

词源 岩:岩石;杆:棒;菌:表示微小的事物,微生物(细菌、古菌、真菌);属:属名的尾词;岩杆菌属:分离自岩石的棒形菌。
Etymology L. adj. *saxeus*, of rock; N. L. masc. n. *bacter*, a rod; N. L. masc. n. *Saxeibacter*, a rod isolated from rock.

模式种 乳色岩杆菌(*Saxeibacter lacteus*)Lee 等,2008,新种。

词源 乳色:奶色,乳色的,奶色的,乳状的,奶状的。
Etymology L. masc. adj. *lacteus*, milk-coloured, milky.

Sc

斯卡多维氏菌属(*Scardovia*)Jian and Dong,2002,新属;Downes 等,2011 修改。此属已定 2 种。

词源 氏:姓氏;斯卡多维氏:以意大利微生物学家维托里奥·斯卡多维的姓氏命名,其对我们(作者)增进双歧杆菌类知识有许多贡献;菌:表示微小的事物,微生物(细菌、古菌、真菌);属:属名的尾词;斯卡多维氏菌属:以斯卡多维的姓氏命名的生物。
Etymology N. L. fem. n. *Scardovia*, named after Vittorio Scardovi, an Italian microbiologist who has made many contributions to our knowledge of bifidobacteria.

模式种 非预期斯卡多维氏菌(*Scardovia inopinata*)(Crociani 等,1996)Jian and Dong,2002,新合并。

词源 非预期:没有预期的,没有料想到的,指的是此生物非常奇特的形态。
Etymology L. fem. adj. *inopinata*, unexpected, referring to the very unusual morphology.

席讷氏菌属(*Schineria*)Tóth 等,2001,新属。此属已定 1 种。

词源 氏:姓氏;席讷氏:以席讷姓氏命名,其在 **1862** 年第一个描述了壮丽污蝇(*Wohlfahrtia magnifica*);菌:表示微小的事物,微生物(细菌、古菌、真菌);属:属名的尾词;席讷氏菌属:以席讷的姓氏命名的生物。
Etymology N. L. fem. n. *Schineria*, named after Schiner who first described the fly *Wohlfahrtia magnifica* in 1862.

模式种 幼虫席讷氏菌(*Schineria larvae*)Tóth 等,2001,新种。

词源 幼虫:拉丁文中的 **larva** 原意是幽灵,在生物学中是幼虫,幼虫的,此模式菌株分离自壮丽污蝇(***Wohlfahrtia magnifica***)的蛆。

Etymology L. n. *larva*, a ghost, spectre and, in biology, a larva; L. gen. n. *larvae*, of a larva; the type strain was isolated from maggots of *Wohlfahrtia magnifica*.

裂霉菌纲(*Schizomycetes*) Nägeli,1857,纲。

模式目 未给出。

词源 裂：裂缝，裂口，分裂(生殖)；霉：这里指蘑菇或其他真菌；纲：(原核)生物分类的一个级别，门之下，目之上的一个分类级，纲之尾词；裂霉菌纲：分裂生殖的真菌纲。

Etymology Gr. n. *schiza*, cleft, fission; Gr. n. *mukês -êtos*, mushroom or other fungus; N. L. masc. pl. n. *Schizomycetes*, the class of fission fungi.

席乐阁姓菌属(*Schlegelella*) Elbanna 等,2003,新属。此属已定 2 种。

词源 姓：姓氏；席乐阁氏：为纪念聚羟基脂肪酸酯(PHA)研究的先锋 H.G.席乐阁，以其姓氏命名；菌：表示微小的事物，微生物(细菌、古菌、真菌)；属：属名的尾词；席乐阁姓菌属：以席乐阁的姓氏命名的生物。

Etymology N. L. fem. dim. n. *Schlegelella*, named in honour of H.G.Schlegel, a pioneer in PHA research.

模式种 热降聚席乐阁姓菌(*Schlegelella thermodepolymerans*) Elbanna 等,2003,新种。

词源 热：高温；降聚：降解聚合物，分解聚合物；热降聚：在高温下降解聚合物，指的是此生物在高温时能够降解 3-羟基丁酸聚酯(PHB)。

Etymology Gr. n. *thermê*, heat; N. L. v. *depolymerare*, to depolymerize; N. L. part. adj. *thermodepolymerans*, depolymerizing in the heat, referring to the ability to degrade poly(3-hydroxybutyrate) at high temperatures.

西拉福氏菌属(*Schleiferia*) Albuquerque 等,2011,新属。此属已定 1 种。

此属是西拉福氏菌科(*Schleiferiaceae*) Albuquerque 等,2011 的模式属。

词源 氏：姓氏；西拉福氏：以德国微生物学家卡尔·海因茨·西拉福的姓氏命名，现任国际微生物学会联合会主席；菌：表示微小的事物，微生物(细菌、古菌、真菌)；属：属名的尾词；西拉福氏菌属：以西拉福的姓氏命名的生物分类菌。

Etymology N. L. fem. n. *Schleiferia*, named in honour of the German microbiologist Karl·Heinz Schleifer.

模式种 嗜热西拉福氏菌(*Schleiferia thermophila*) Albuquerque 等,2011,新种。

词源 嗜：嗜好的，喜好的，爱好的；热：热的，高温的；嗜热：喜热的，喜高温的。

Etymology Gr. adj. *thermos*, hot; N. L. fem. adj. *phila* (from Gr. fem. adj. *philê*), friend, loving; N. L. fem. adj. *thermophila*, heat-loving.

西拉福氏菌科（*Schleiferiaceae*）Albuquerque 等，2011，新科。

模式属　西拉福氏菌属（*Schleiferia*）Albuquerque 等，2011，新属。

词源　西拉福氏菌属：此科之模式属；科：用于定义一个比属高、比目低的分类级和尾词；在中文科的命名中，把模式属属名中的尾字"属"代换为尾字"科"，即为模式属所在的科名；西拉福氏菌科：西拉福氏菌属之科。

Etymology　N. L. fem. n. *Schleiferia*, type genus of the family; suff. *-aceae*, ending to denote a family; N. L. fem. pl. n. *Schleiferiaceae*, family of the genus *Schleiferia*.

席勒斯讷氏菌属（*Schlesneria*）Kulichevskaya 等，2007，新属。此属已定 1 种。

词源　氏：姓氏；席勒斯讷氏：以德国微生物学家海因茨·席勒斯讷的姓氏命名，他对增进我们（作者）的浮霉菌类多样性和生态学知识有突出贡献；菌：表示微小的事物，微生物（细菌、古菌、真菌）；属：属名的尾词；席勒斯讷氏菌属：以席勒斯讷的姓氏命名的生物。

Etymology　N. L. fem. n. *Schlesneria*, named in honour of the German microbiologist Heinz Schlesner, for his outstanding contribution to increasing our knowledge on planctomycete diversity and ecology.

模式种　沼栖席勒斯讷氏菌（*Schlesneria paludicola*）Kulichevskaya 等，2007，新种。

词源　沼：沼泽；栖：栖息，栖居，栖息者，栖居者；沼栖：沼泽栖，生活在沼泽中的栖居者。

Etymology　L. n. *palus -udis*, a marsh, bog; L. suff. *-cola* (from L. n. *incola*), inhabitant, dweller; N. L. n. *paludicola*, a bog-dweller.

舒曼姓菌属（*Schumannella*）An 等，2009，新属。此属已定 1 种。

词源　姓：姓氏；舒曼氏：以德国微生物学家 P. 舒曼的姓氏命名，其对放线菌分类学有贡献；菌：表示微小的事物，微生物（细菌、古菌、真菌）；属：属名的尾词；舒曼姓菌属：以舒曼的姓氏命名的生物。

Etymology　N. L. fem. dim. n. *Schumannella*, named after P. Schumann, a German microbiologist, who contributed to the taxonomy of actinobacteria.

模式种　淡黄舒曼姓菌（*Schumannella luteola*）An 等，2009，新种。

词源　淡黄：微黄的，淡黄色的，微黄色的。

Etymology　L. fem. adj. *luteola*, yellowish.

西瓦茨氏菌属（*Schwartzia*）van Gylswyk 等，1997，新属。此属已定 1 种。

词源　氏：姓氏；西瓦茨氏：西瓦茨，又译施瓦茨，以纪念南非瘤胃生理学家海伦·M. 西瓦茨，以其姓氏命名，其对瘤胃微生物学有强烈的兴趣；菌：表示微小的事物，微生物（细菌、古菌、真菌）；属：属名的尾词；西瓦茨氏菌属：以西瓦茨的姓氏命名的生物。

Etymology　N. L. fem. n. *Schwartzia*, named in memory of Helen. M. Schwartz, a South

African rumen physiologist who had a keen interest in rumen microbiology.

模式种　吞琥珀酸西瓦茨氏菌（*Schwartzia succinivorans*）van Gylswyk 等，1997，新种。

词源　吞：吞食的，吞噬的，大吃的，吞没的；琥珀酸：丁二酸；吞琥珀酸：吞食琥珀酸的。

Etymology　L. n. *acidum succinicum*, succinic acid; L. part. adj. *vorans*, devouring; L. part. adj. *succinivorans*, succinic aciddevouring.

南海所菌属（*Sciscionella*）Tian 等，2009，新属。此属已定 1 种。

词源　南海所：中国科学院南海海洋研究所，此菌属分类的分类学研究在这里进行；菌：表示微小的事物，微生物（细菌、古菌、真菌）；属：属名的尾词；南海所菌属：与南海所有关的生物。

Etymology　N. L. fem. dim. n. *Sciscionella*, arbitrary name formed from the acronym of the South China Sea Institute of Oceanology, SCISCIO, where taxonomic studies on this taxon were performed.

模式种　海南海所菌（*Sciscionella marina*）Tian 等，2009，新种。

词源　海：海的，大海的，海洋的，属于或来自海的。

Etymology　L. fem. adj. *marina*, of the sea.

暗杆菌纲（*Scotobacteria*）Gibbons and Murray，1978，纲。

模式目　未给出。

词源　暗：无光，黑暗；杆：杖，棒；菌：表示微小的事物，微生物（细菌、古菌、真菌）；纲：（原核）生物分类的一个级别，门之下，目之上的一个分类级，纲之尾词；暗杆菌纲：无需光即可进行代谢的细菌。

Etymology　Gr. n. *skotos*, darkness; Gr. n. *baktêria*, staff, cane; suff. *-ia*, ending to denote a class; N. L. neut. pl. n. *Scotobacteria*, bacteria that do not require light for metabolism.

Se

西博尔德姓菌属（*Sebaldella*）Collins and Shah，1986，新属。此属已定 1 种。

词源　姓：姓氏；西博尔德：以法国微生物学家玛德莱茵·西博尔德的姓氏命名，其首先描述了此生物；菌：表示微小的事物，微生物（细菌、古菌、真菌）；属：属名的尾词；西博尔德姓菌属：以西博尔德的姓氏命名的生物。

Etymology　N. L. fem. dim. n. *Sebaldella*, named after the French microbiologist Madeleine Sebald, who first described the organism.

模式种　白蚁西博尔德姓菌（*Sebaldella termitidis*）（Sebald，1962）Collins and Shah，1986，新合并。

词源　白蚁：以木头为食物的小虫，与白蚁有关的。

Etymology   L. n. *termes -itis*, wood-eating worm; N. L. fem. adj. *termitidis*, pertaining to the termite.

沉淀杆菌属（*Sedimentibacter*）Breitenstein 等，2002，新属。此属已定 2 种。

词源   沉淀：沉淀物，沉积物；杆：棒；菌：表示微小的事物，微生物（细菌、古菌、真菌）；属：属名的尾词；沉淀杆菌属：来自沉积物/沉淀物的棒形生物，指的是其分离源。

Etymology   L. n. *sedimentum*, a settling, sediment; N. L. masc. n. *bacter*, rod or staff; N. L. masc. n. *Sedimentibacter*, rod from sediment, referring to its origin.

模式种   羟基苯甲酸滋沉淀杆菌（*Sedimentibacter hydroxybenzoicus*）（Zhang 等，1994）Breitenstein 等，2002，新种。

词源   羟基苯甲酸：与羟基苯甲酸有关的；滋：滋润，滋生，与……有关的；羟基苯甲酸滋：指的是这种生物具有对 4-羟基苯酸盐和 3,4-二羟基苯酸盐的可逆脱羧特征。

Etymology   N. L. n. *acidum hydroxybenzoicum*, hydroxybenzoic acid; N. L. masc. adj. *hydroxybenzoicus*, pertaining to hydroxybenzoic acid, referring to the characteristic feature of this organism, the reversible decarboxylation of 4-hydroxybenzoate and 3,4-dibydroxybenzoate.

沉淀栖菌属（*Sedimenticola*）Narasingarao and Häggblom，2006，新属。此属已定 1 种。

词源   沉：沉淀；淀：积累渣滓；沉淀：沉淀物，沉积物，沉淀积累物；栖：栖居者；菌：表示微小的事物，微生物（细菌、古菌、真菌）；属：属名的尾词；沉淀栖菌属：沉淀物/沉积物的栖居者（生物）。

Etymology   L. n. *sedimentum*, sediment; L. suff. *-cola*, dweller; N. L. masc. n. *Sedimenticola*, sediment dweller.

模式种   硒酸盐还原沉淀栖菌（*Sedimenticola selenatireducens*）Narasingarao and Häggblom，2006，新种。

词源   硒酸盐：具有 SeO_4^{2-} 离子，与硫酸盐具有类似的化学性质；还原：返回，回到某种状态或条件，在化学中，（分子、原子或离子）获得电子或降低氧化态，转变为一种还原的氧化态；硒酸盐还原：还原硒酸盐的。

Etymology   L. n. *selenas -atis*, selenate; N. L. part. adj. *reducens*, reducing; N. L. part. adj. *selenatireducens*, reducing selenate.

沉淀针菌属（*Sedimentitalea*）Breider 等，2014，新属。此属已定 1 种。

词源   沉：沉淀；淀：积累渣滓；沉淀：沉淀物，沉积物，沉淀积累物；针：纤细的杆或棒；菌：表示微小的事物，微生物（细菌、古菌、真菌）；属：属名的尾词；沉淀针菌属：分离自沉淀物/沉积物的针状生物。

Etymology   L. n. *sedimentum*, sediment; L. fem. n. *talea*, a rod; N. L. *Sedimentitalea*, fem. a rod isolated from sediment.

模式种　南海沉积针菌(*Sedimentitalea nanhaiensis*)(Sun 等, 2010)Breider 等, 2014, 新合并。

词源　南海: 中国的四大近海之一, 南海, 此模式菌株的分离地。

Etymology　N. L. fem. adj. *nanhaiensis*, referring to Nanhai, the Chinese name for the South China Sea, from where the type strain was isolated.

沉积竿菌属(*Sediminibacillus*)Carrasco 等, 2008, 新属; Wang 等, 2009 修改。此属已定 2 种。

词源　沉: 沉淀; 积: 积累; 沉积: 沉积物, 沉淀物; 竿: 在本书中对译于拉丁文 ***bacillus***, 表示棒形, 以示与常见的"杆"的区别, 表示以出芽孢为特征的棒形; 菌: 表示微小的事物, 微生物 (细菌、古菌、真菌); 属: 属名的尾词; 沉积竿菌属: 生活在沉积物中的杆棒形生物。

Etymology　L. n. *sedimen -inis*, sediment; L. masc. n. *bacillus*, a small rod; N. L. masc. n. *Sediminibacillus*, a rod living in sediment.

模式种　嗜卤沉积竿菌(*Sediminibacillus halophilus*)Carrasco 等, 2008, 新种。

词源　嗜: 嗜好的, 喜好的, 友好的, 爱好的; 卤: 卤素, 盐; 嗜卤: 喜盐的, 喜好盐的。

Etymology　Gr. n. *hals halos*, salt; N. L. adj. *philus -a -um*(from Gr. adj. *philos -ê -on*), friend, loving; N. L. masc. adj. *halophilus*, salt-loving.

沉积杆菌属(*Sediminibacter*)Khan 等, 2007, 新属。此属已定 1 种。

词源　沉: 沉淀; 积: 积累; 沉积: 沉积物, 沉淀物; 杆: 棒; 菌: 表示微小的事物, 微生物(细菌、古菌、真菌); 属: 属名的尾词; 沉积杆菌属: 来自沉积物的棒形生物, 指的是其分离源。

Etymology　L. n. *sedimen -inis*, sediment; N. L. masc. *bacter*, rod; N. L. masc. n. *Sediminibacter*, a rod from sediment.

模式种　褐色沉积杆菌(*Sediminibacter furfurosus*)Khan 等, 2007, 新种。

词源　褐色: 褐色的, 呈现褐色的, 因为其种在连续生长过程中呈现褐色色调。

Etymology　L. masc. adj. *furfurosus*, brownish, because cells in confluent growth have a brownish tinge.

沉积小杆菌属(*Sediminibacterium*)Qu and Yuan, 2008, 新属。Kim 等, 2013 修改。此属已定 3 种。

词源　沉: 沉淀; 积: 积累; 沉积: 沉积物, 沉淀物; 小杆: 小棒; 菌: 表示微小的事物, 微生物(细菌、古菌、真菌); 属: 属名的尾词; 沉积小杆菌属: 分离自沉积物的小棒形生物。

Etymology　L. n. *sedimen -inis*, sediment; L. neut. n. *bacterium*, a rod; N. L. neut. n. *Sediminibacterium*, a rod from sediment.

模式种　鲑色沉积小杆菌(*Sediminibacterium salmoneum*)Qu and Yuan, 2008, 新种。

词源　鲑: 鲑鱼; 色: 颜色; 鲑色: 鲑鱼色。

Etymology   L. n. *salmo -onis*, salmon; L. adj. suff. *-eus -a -um*, suffix used with various meanings; N. L. neut. adj. *salmoneum*, salmon-coloured.

沉积栖菌属(*Sediminicola*)Khan 等,2006,新属。此属已定 1 种。

词源   沉:沉淀;积:积累;沉积:沉积物,沉淀物;栖:栖息,栖居,栖息者,栖居者;菌:表示微小的事物,微生物(细菌、古菌、真菌);属:属名的尾词;沉积栖菌属:沉积物中的栖息者,指的是此模式菌株的分离源。

Etymology   L. n. *sedimen -inis*, sediment; L. masc. suff. *-cola* (from L. n. *incola*), an inhabitant; N. L. masc. n. *Sediminicola*, an inhabitant of sediment, referring to the source of the strains.

模式种   橙黄色沉积栖菌(*Sediminicola luteus*)Khan 等,2006,新种。

词源   橙黄色:橙黄色的,金黄色的,因为其菌落颜色是金黄色的。

Etymology   L. masc. adj. *luteus*, golden yellow, because the colony colour is golden yellow.

沉积居菌属(*Sediminihabitans*)Hamada 等,2012,新属。此属已定 1 种。

词源   沉:沉淀;积:积累;沉积:沉积物,沉淀物;居:居民,居住者,栖居者;菌:表示微小的事物,微生物(细菌、古菌、真菌);属:属名的尾词;沉积居菌属:沉积物的栖居者。

Etymology   L. n. *sedimen -inis*, sediment; L. masc. n. *habitans*, inhabitant; N. L. masc. n. *Sediminihabitans*, an inhabitant of sediment.

模式种   橙黄色沉积居菌(*Sediminihabitans luteus*)Hamada 等,2012,新种。

词源   橙黄色:橙黄色的,黄颜色的。

Etymology   L. masc. adj. *luteus*, yellow.

沉积单胞菌属(*Sediminimonas*)Wang 等,2009,新属。此属已定 1 种。

词源   沉:沉淀;积:积累;沉积:沉积物,沉淀物;单胞:单细胞,单元;菌:表示微小的事物,微生物(细菌、古菌、真菌);属:属名的尾词;沉积单胞菌属:分离自沉积物的单细胞生物。

Etymology   L. n. *sedimen -inis*, sediment; L. fem. n. *monas*, monad unit; N. L. fem. n. *Sediminimonas*, monad isolated from sediment.

模式种   乔后沉积单胞(*Sediminimonas qiaohouensis*)Wang 等,2009,新种。

词源   乔后:云南大理州洱源县乔后镇乔后盐矿,此模式株的分离地。

Etymology   N. L. fem. adj. *qiaohouensis*, from the Qiaohou salt mine, where the type strain was isolated.

沉积绳菌属(*Sediminitomix*)Khan 等,2007,新属。此属已定 1 种。

词源   沉:沉淀;积:积累;沉积:沉积物,沉淀物;绳:绳索,丝线,线形;菌:表示微小的事物,微生物(细菌、古菌、真菌);属:属名的尾词;沉积绳菌属:分离自沉积物的丝线形生物。

Etymology　L. n. *sedimen -inis*, sediment; L. fem. n. *tomix*, a thread; N. L. fem. n. *Sediminitomix*, a thread isolated from sediment.

模式种　黄色沉积绳菌(*Sediminitomix flava*)Khan 等,2007,新种。

词源　黄色:带淡红色的黄色,指的是此菌落的黄色。

Etymology　L. fem. adj. *flava*, reddish yellow, the colour of the colonies.

壤杆菌属(*Segetibacter*)An 等,2007,新属。此属已定 2 种。

词源　壤:土壤;杆:棒;菌:表示微小的事物,微生物(细菌、古菌、真菌);属:属名的尾词;壤杆菌属:来自土壤的棒形生物。

Etymology　L. n. *seges -etis*, soil; N. L. n. *bacter*, a rod; N. L. masc. n. *Segetibacter*, rod from soil.

模式种　韩国壤杆菌(*Segetibacter koreensis*)An 等,2007,新种。

词源　韩国:韩国的,此新生物的分离源。

Etymology　N. L. masc. adj. *koreensis*, of Korea, from where the novel organism was isolated.

慢脂菌科(*Segniliparaceae*)Butler 等,2005,新科;Zhi 等,2009 修改。

模式属　慢脂菌属(*Segniliparus*)Butler 等,2005,新属。

词源　慢脂菌属:此科之模式属;科:用于定义一个比属高、比目低的分类级和尾词;在中文科的命名中,把模式属属名中的尾字"属"代换为尾字"科",即为模式属所在的科名;慢脂菌科:慢脂菌属之科。

Etymology　N. L. masc. n. *Segniliparus*, type genus of the family; suff. *-aceae*, ending to denote a family; N. L. fem. pl. n. *Segniliparaceae*, the *Segniliparus* family.

慢脂菌属(*Segniliparus*)Butler 等,2005,新属。此属已定 2 种。

此属是慢脂菌科(*Segniliparaceae*)Butler 等,2005 的模式属。

词源　慢:慢的,缓慢的;脂:脂的,脂肪的;菌:表示微小的事物,微生物(细菌、古菌、真菌);属:属名的尾词;慢脂菌属:慢脂肪生物,具有慢脂肪,表示拥有缓慢反应的脂肪酸,即用 HPLC 检测时蕈酸洗脱时间很晚。

Etymology　L. adj. *segnis*, slow; Gr. adj. *liparos*, fat, fatty; N. L. masc. n. *Segniliparus*, the slow fatty one, the one with slow fats, to indicate the possession of slowly reacting fatty acids, i. e. late-eluting mycolic acids detected with HPLC.

模式种　圆慢脂菌(*Segniliparus rotundus*)Butler 等,2005,新种。

词源　圆:圆形的,指的是形成的光滑的,圆形的菌落。

Etymology　L. masc. adj. *rotundus*, rounded, referring to the smooth, round-domed colony forms.

清野姓菌属（*Seinonella*）Yoon 等，2005，新属。此属已定 1 种。

词源　姓：姓氏；清野：以日本国微生物学家清野昭雄博士的姓氏命名，他对热放线菌属（*Thermoactinomyces*）和放线菌的分类学有贡献；菌：表示微小的事物，微生物（细菌、古菌、真菌）；属：属名的尾词；清野姓菌属：以清野的姓氏命名的生物。

Etymology　N. L. dim. fem. n. *Seinonella*, named to honour Dr. Akio Seino, a Japanese microbiologist, for his contribution to the taxonomy of the genus *Thermoactinomyces* and actinomycetes.

模式种　嗜胨清野姓菌（*Seinonella peptonophila*）（Nonomura and Ohara，1971）Yoon 等，2005，新合并。

词源　嗜：嗜好的，喜好的，友好的，爱好的；胨：胨胨，该词来自于希腊文的蒸煮，消解，由朊水解产生的产物；嗜胨：喜好胨胨的。

Etymology　Gr. adj. *peptos*, cooked; N. L. fem. adj. *philua*（from Gr. fem. adj. *philê*），loving; N. L. fem. adj. *peptonophila*, peptone loving.

世宗菌属（*Sejongia*）Yi 等，2005，新属。此属已定 3 种。

词源　世宗：以南极韩国世宗站命名，此模式株的分离地；菌：表示微小的事物，微生物（细菌、古菌、真菌）；属：属名的尾词；世宗菌属：以世宗命名的生物。

Etymology　N. L. fem. n. *Sejongia*, named after the King Sejong Station, where the type strain was isolated.

模式种　南极世宗菌（*Sejongia antarctica*）Yi 等，2005，新种。

词源　南极：最南端的，最南部的，指的是南极洲，此模式菌株的地理源。

Etymology　L. fem. adj. *antarctica*, southern, and by extension pertaining to Antarctic, the geographical origin of the type strain.

硒卤厌氧杆菌属（*Selenihalanaerobacter*）Switzer Blum 等，2001，新属。此属已定 1 种。

词源　硒：34 号元素，硒元素，**Se**；卤：卤素，盐；厌：无，非；氧：空气，氧气；杆：棒；菌：表示微小的事物，微生物（细菌、古菌、真菌）；属：属名的尾词；硒卤厌氧杆菌属：盐生厌氧硒棒形生物。

Etymology　N. L. n. *selenium*（from Gr. n. *selênê*, the moon），selenium, element 34; Gr. n. *hals halos*, salt; Gr. pref. *an*, not; Gr. n. *aer aeros*, air; N. L. masc. n. *bacter*, a staff or rod; N. L. masc. n. *Selenihalanaerobacter*, the salty anaerobic selenium rod.

模式种　希里夫氏硒卤厌氧杆菌（*Selenihalanaerobacter shriftii*）Switzer Blum 等，2001，新种。

词源　氏：姓氏；希里夫氏：以美国微生物学家阿历克斯·希里夫的姓氏命名。

Etymology　N. L. gen. n. *shriftii*, of Shriftii, named after Alex Shrift, an American microbiologist.

硒弧菌属(*Seleniivibrio*) Rauschenbach 等,2013,新属。此属已定 1 种。

词源 硒:34 号元素,硒元素,**Se**;弧:作动词表示弧动,像手中舞动的绳子状振动;弧:作名词也表示细菌的一个属名,表示弧状的菌,弧菌属;菌:表示微小的事物,微生物(细菌、古菌、真菌);属:属名的尾词;硒弧菌属:还原硒酸盐的弧菌。

Etymology   N. L. n. *selenium*, selenium; N. L. masc. n. *vibrio*, that which vibrates, and also a genus name of bacteria possessing a curved rod shape (*Vibrio*); N. L. masc. n. *Seleniivibrio*, a vibrio that reduces selenate.

模式种   伍德拉夫氏硒弧菌(*Seleniivibrio woodruffii*) Rauschenbach 等,2013,新种。

词源   氏:姓氏;伍德拉夫氏:伍德拉夫的,以罗格斯大学校友 **H**. 布德·伍德拉夫的姓氏命名,他一生致力于推进科学,土壤和微生物学,发现一些对人和动物健康和农业重要的天然产物。

Etymology   N. L. gen. masc. n. *woodruffii*, of Woodruff, named in honour of H. Boyd Woodruff, a Rutgers University alumnus, for his lifetime dedicated to the advancement of science and his contributions to soil and microbiology and the discovery of natural products important to human and animal health and agriculture.

来源   工业(Industrial)。

月单胞菌目(*Selenomonadales*) Marchandin 等,2010,新目。

此目是月单胞菌纲(*Negativicutes*) Marchandin 等,2010 的模式目。

模式属   月单胞菌属(*Selenomonas*) von Prowazek,1913,《1980 年细菌名确认单》。

词源   月单胞属:此目之模式属;目:用于定义一个比科高、比纲低的分类级和尾词;在中文目的命名中,把模式属属名中的尾字"属"代换为尾字"目",即为模式属所在的目名;月单胞菌目:月单胞菌属之目。

Etymology   N. L. fem. n. *Selenomonas -adis*, type genus of the order as the first characterized genus; suff. *-ales*, ending to denote an order; N. L. fem. pl. n. *Selenomonadales*, the *Selenomonas* order.

月单胞菌属(*Selenomonas*) von Prowazek,1913,属。此属已定 11 种,2 亚种。

此属是月单胞菌目(*Selenomonadales*) Marchandin 等,2010 的模式属。

词源   月:月亮(在英文中硒元素的词源);单胞:单元,单细胞;菌:表示微小的事物,微生物(细菌、古菌、真菌);属:属名的尾词;月单胞菌属:月形的单细胞生物。

Etymology   Gr. n. *selênê*, the moon; L. fem. n. *monas*, a unit, monad; N. L. fem. n. *Selenomonas*, moon (-shaped) monad.

模式种   痰生月单胞菌(*Selenomonas sputigena*) (Flügge,1886) Boskamp,1922,《1980 年细菌名确认单》,种。

词源　痰:呼吸道的分泌经口鼻排泄的黏液物;生:产生,制造;痰生:由痰产生的。
Etymology　L. n. *sputum*, spit, sputum; Gr. v. *gennaô*, produce, engender; N. L. fem. adj. *sputigena*, sputum-producing.

塞里伯氏菌属(*Seliberia*) Aristovskaya and Parinkina,1963,属。此属已定1种。

词源　氏:姓氏;塞里伯氏:以俄罗斯微生物学家G.L.塞里伯教授的姓氏命名;菌:表示微小的事物,微生物(细菌、古菌、真菌);属:属名的尾词;塞里伯氏菌属:以塞里伯的姓氏命名的生物。
Etymology　N. L. fem. n. *Seliberia*, named for the Russian microbiologist, Professor G. L. Seliber.

模式种　星塞里伯氏菌(*Seliberia stellata*) Aristovskaya and Parinkina,1963,《1980年细菌名确认单》,种。
词源　星:满星,繁星,指的是细胞的排列像天上的星星。
Etymology　L. fem. adj. *stellata*, starry.

塞内加尔马西利亚菌属(*Senegalimassilia*) Lagier等,2014,新属。此属已定1种。

词源　塞内加尔:塞内加尔共和国,样品(粪便)的采集地;马西利亚,马赛的拉丁文,菌株**JC110T**的培养地;菌:表示微小的事物,微生物(细菌、古菌、真菌);属:属名的尾词;塞内加尔马西利亚菌属:塞内加尔和马西利亚的联合词,与这两个地方有关的生物。
Etymology　N. L. fem. n. *Senegalimassilia*, combination of Senegal, where the stool was collected and massilia, the latin name of Marseille, where strain JC110T was cultivated.

模式种　厌氧生塞内加尔马西利亚菌(*Senegalimassilia anaerobia*) Lagier等,2014,新种。
词源　厌:厌氧:在缺氧或无氧条件下生长的厌氧菌,指的是此生物的呼吸代谢机制;生:生命,生物;厌氧生:厌氧菌,能在无氧或缺氧时生存的生物,指的是此生物的呼吸代谢机制。
Etymology　Gr. pref. *an*, not; Gr. n. *aer*, air; Gr. n. *bios*, life; N. L. adj. *anaerobia*, anaerobe, can live in the absence of oxygen, referring to the respiratory metabolism of organism.

黄海栖菌属(*Seohaeicola*) oon等,2009,新属。此属已定1种。

词源　黄海:中国四大海之一,黄海,其靠近韩国的部分,有的韩国人称之为西海;栖:栖息,栖居,栖息者,栖居者;菌:表示微小的事物,微生物(细菌、古菌、真菌);属:属名的尾词;黄海栖菌属:韩国境内部分黄海的栖居者(生物)。
Etymology　N. L. n. *Seohaeum*, Seohae, the Korean name of the Yellow Sea in Korea; L. suff. *-cola* (from L. n. *incola*), a dweller, inhabitant; N. L. masc. n. *Seohaeicola*, a dweller of the Yellow Sea in Korea.

模式种　新万景黄海栖菌(*Seohaeicola saemankumensis*) Yoon等,2009,新种。

词源　新万景：韩国地名，一个潮汐滩地，属于或来自新万景的，此生物的分离地。

N. L. masc. adj. *saemankumensis*, of or belonging to Saemankum, region where the organisms were isolated.

西南海栖菌属（*Seonamhaeicola*）Park 等，2014，新属。此属已定 1 种。

词源　西南海：指的是韩语中的西南海，即中国和国际上所称的黄海东南的一部分；栖：栖息，栖居，栖息者，栖居者；菌：表示微小的事物，微生物（细菌、古菌、真菌）；属：属名的尾词；西南海栖菌属：韩国西南海的栖居者（生物）。

Etymology　N. L. n. *Seonamhae*, the Korean name of the south-west sea in South Korea; L. suff. -*cola* (from L. n. *incola*), a dweller, inhabitant; N. L. masc. n. *Seonamhaeicola*, a dweller of the south-west sea in South Korea.

模式种　押海岛西南海栖菌（*Seonamhaeicola aphaedonensis*）Park 等，2014，新种。

词源　押海岛：属于或来自押海岛的，押海岛，韩国全罗南道新安郡的一个岛，面积 $44.3km^2$，此模式株的分离地。

Etymology　N. L. masc. adj. *aphaedonensis*, pertaining to Aphaedo, an island of South Korea, from where the type strain was isolated.

丝氨酸杆菌属（*Serinibacter*）Hamada 等，2009，新属。此属已定 1 种。

词源　丝氨酸：一种氨基酸，$HOCH_2CH(NH_2)COOH$；杆：棒；菌：表示微小的事物，微生物（细菌、古菌、真菌）；属：属名的尾词；丝氨酸杆菌属：细胞壁中有丝氨酸的棒形生物。

Etymology　N. L. n. *serinum*, serine; N. L. masc. n. *bacter*, rod; N. L. masc. n. *Serinibacter*, a rod with serine in the cell wall.

模式种　鲑色丝氨酸杆菌（*Serinibacter salmoneus*）Hamada 等，2009，新种。

词源　鲑：鲑鱼；色：颜色；鲑色：像鲑鱼的颜色，黄粉色，因为这些细胞在黄粉色的液体培养基中生长。

Etymology　N. L. masc. adj. *salmoneus*, salmon-coloured, yellowish pink, because the cells grown in liquid culture are yellowish pink.

丝氨酸果菌属（*Serinicoccus*）Yi 等，2004，新属；Xiao 等，2011 修改，Traiwan 等，2011 修改。此属已定 3 种。

词源　丝氨酸：一种氨基酸，$HOCH_2CH(NH_2)COOH$；果：浆果，表示浆果形（圆球或椭球）；菌：表示微小的事物，微生物（细菌、古菌、真菌）；属：属名的尾词；丝氨酸果菌属：细胞壁具有丝氨酸的浆果形生物。

Etymology　N. L. neut. n. *serinum*, serine; N. L. masc. n. *coccus* (from Gr. masc. n. *kokkos*), a grain, seed; N. L. masc. n. *serinicoccus*, a coccus with serine in the cell wall.

模式种　海丝氨酸果菌(*Serinicoccus marinus*) Yi 等,2004,新种。
词源　海:海的,大海的,海洋的,与海有关的。
Etymology　L. masc. adj. *marinus*, of or belonging to the sea, marine.

蛇菌属(*Serpens*) Hespell,1977,属。此属已定 1 种。

词源　蛇:蛇,虵;菌:表示微小的事物,微生物(细菌、古菌、真菌);属:属名的尾词;蛇菌属:(像)蛇的生物,指的是具有蛇的外形和运动性的生物。
Etymology　L. fem. n. *serpens*, snake, serpent.
模式种　弯蛇菌(*Serpens flexibilis*) Hespell,1977,《1980 年细菌名确认单》。
词源　弯:弯曲的,灵活的,柔韧的。
Etymology　L. fem. adj. *flexibilis*, flexible, pliant.

小蛇菌属(*Serpula*) Stanton 等,1991,新属。此属已定 2 种。

词源　小蛇:小的蛇,小的虵;菌:表示微小的事物,微生物(细菌、古菌、真菌);属:属名的尾词;小蛇菌属:(像)小蛇的生物。
Etymology　L. fem. n. *Serpula*, a little snake.
模式种　猪痢疾小蛇菌(*Serpula hyodysenteriae*)(Harris 等,1972) Stanton 等,1991,新合并。
词源　猪:十二生肖之一,亥,猪;痢疾:腹泻,由于细菌等多种原因导致的肠道炎症,常导致内急排血便和黏液;猪痢疾:(导致)猪痢疾的,即此种是引起猪痢疾的病原。
Etymology　Gr. n. *hus huos*, hog, pig; L. n. *dysenteria*, a flux, dysentery; N. L. gen. n. *hyodysenteriae*, of hog dysentery. In recognition of the species as the etiologic agent of swine dysentery.
注:因为此前已有拉丁文真菌属名(*Serpula*),根据规则 51b (4),此属的拉丁文名(*Serpula*) Stanton 等,1991 不合规,因此 1992 年斯坦顿建议了新属名(*Serpulina*) Stanton,1992。

小蛇般菌属(*Serpulina*) Stanton,1992,新属。此属已定 6 种。

词源　小蛇:小的蛇,小的虵;般:状,形,像……;菌:表示微小的事物,微生物(细菌、古菌、真菌);属:属名的尾词;小蛇般菌属:(像)小蛇的生物。
Etymology　L. n. *serpula*, a little snake; L. fem. suff. *-ina*, belonging to; N. L. fem. n. *Serpulina*, belonging to a little snake, snakelike.
模式种　猪痢疾小蛇般菌(*Serpulina hyodysenteriae*)(Harris 等,1972) Stanton,1992,新合并。
不合规同义词　(*Serpula*) Stanton 等,1991。
词源　猪:十二生肖之一,亥,猪;痢疾:腹泻,由于细菌等多种原因导致的肠道炎症,常导致内急排血便和黏液;猪痢疾:(导致)猪痢疾的,即此种是引起猪痢疾的病原。
Etymology　Gr. n. *hus huos*, hog, pig; L. n. *dysenteria*, a flux, dysentery; N. L. gen. n. *hyodysenteriae*, of hog dysentery. In recognition of the species as the etiologic agent of swine

dysentery.

注:拉丁文改名后的此属生物,在1998年又被合并到了矮螺体属(*Brachyspira*)(Kinyon and Harris,1979)Ochiai等,1998,新合并。此种菌名也称为豨痢疾矮螺体(*Brachyspira hyodysenteriae*)(Kinyon and Harris,1979)Ochiai等,1998,新合并。

沙雷氏菌属(*Serratia*)Bizio,1823,属。此属已定18种,4亚种。
此属是**沙雷氏菌族**(*Serratieae*)Bergey等,1939,《1980年细菌名确认单》的模式属。
词源　氏:姓氏;沙雷氏:以意大利物理学家塞拉菲若·沙雷的姓氏命名;菌:表示微小的事物,微生物(细菌、古菌、真菌);属:属名的尾词;沙雷氏菌属:以沙雷姓氏命名的生物。
Etymology　N. L. fem. n. *Serratia*, named after Serafino Serrati, an Italian physicist.
模式种　消退沙雷氏菌(*Serratia marcescens*)Bizio,1823,《1980年细菌名确认单》,种。
词源　消退:(颜色逐渐)变弱,褪色,衰弱,腐朽。
Etymology　L. part. adj. *marcescens*, becoming weak, fading away.
注:此属模式种消退沙雷氏菌曾又被命名为黏质单胞菌或灵菌素单胞菌(*Monas prodigiosus*)和黏质芽孢杆菌或灵菌素芽孢杆菌(*Bacillus prodigiosus*),因为消退沙雷氏菌会产生血红色的灵菌素。据说原作者定名为消退(*marcescens*)是因为所观察到的色素快速的腐化(认为此生物在达到成熟后会腐化成为黏液般的)。消退沙雷氏菌曾被认为是最小的细菌,尺寸一般宽为0.5μm,长是0.5~1.0μm。

沙雷氏菌族(*Serratieae*)Bergey等,1939,族。

模式属　沙雷氏菌属(*Serratia*)Bizio,1823,《1980年细菌名确认单》,属。
词源　沙雷氏菌属:此族之模式属;族:原核生物分类的一个级别,现已停用;沙雷氏菌族:沙雷氏菌属之族。
Etymology　N. L. fem. n. *Serratia*, type genus of the tribe; suff. *-eae*, ending to denote a tribe; N. L. fem. pl. n. *Serratieae*, the *Serratia* tribe.

Sh

夏普氏菌属(*Sharpea*)Morita等,2008,新属。此属已定1种。
词源　氏:姓氏;夏普氏:以米凯拉·E.夏普的姓氏命名,记述她在发展进化微生物学中所做的巨大努力;菌:表示微小的事物,微生物(细菌、古菌、真菌);属:属名的尾词;夏普氏菌属:以夏普的姓氏命名的生物。
Etymology　N. L. fem. n. *Sharpea*, named in honour of Michaela E. Sharpe, for her considerable efforts in the development of evolutionary microbiology.
模式种　麻布夏普氏菌(*Sharpea azabuensis*)Morita等,2008,新种。
词源　麻布:随机名字,指的是此菌种研究受麻布私立大学项目"学术前沿":匹配基金资助。
Etymology　N. L. fem. adj. *azabuensis*, arbitrary name referring to the fact that the study in

which the species was described was supported by the Azabu'Academic Frontier' Project for Private Universities: Matching Fund Subsidy.

希万姓菌属（*Shewanella*）MacDonell and Colwell，1986，新属。此属已定 63 种。

此属是希万姓菌科（*Shewanellaceae*）Ivanova 等，2004 的模式属。

词源　姓：姓氏；希万：以詹姆斯·希万的姓氏命名，以记述其在渔业微生物学中的研究；菌：表示微小的事物，微生物（细菌、古菌、真菌）；属：属名的尾词；希万姓菌属：以希万的姓氏命名的生物。

Etymology　N. L. fem. dim. n. *Shewanella*, named after James Shewan for his work in fisheries microbiology.

模式种　腐化希万姓菌（*Shewanella putrefaciens*）（Lee 等，1981）MacDonell and Colwell，1986，新合并。

词源　腐化：导致腐烂的，腐败的，化脓的。

Etymology　L. part. adj. *putrefaciens*, making rotten, putrefying.

注 1：迄今为止生物界尚无希万姓菌属（*Shewania*）这样的属名。

注 2：奥奈达湖希万姓菌（*Shewanella oneidensis*）1999 年之前曾经也被认为是腐化希万姓菌的菌株。这种菌在富氧环境呼吸氧气，在缺氧环境时呼吸氧化锰等矿物质。

希万姓菌科（*Shewanellaceae*）Ivanova 等，2004，新科。

模式属　希万姓菌属（*Shewanella*）MacDonell and Colwell，1986，新属。

词源　希万姓菌科：此科之模式属；科：用于定义一个比属高、比目低的分类级和尾词；在中文科的命名中，把模式属属名中的尾字"属"代换为尾字"科"，即为模式属所在的科名；希万姓菌科：希万姓菌属之科。

Etymology　N. L. fem. n. *Shewanella*, type genus of the family; L. suff. -aceae, ending to denote a family; N. L. fem. pl. n. *Shewanellaceae*, the *Shewanella* family.

志贺姓菌属（*Shigella*）Castellani and Chalmers，1919，属。此属已定 4 种。

词源　姓：姓氏；志贺：以日本细菌学家志贺洁（1871—1957）的姓氏命名，其首次揭示了竿菌的痢疾性；菌：表示微小的事物，微生物（细菌、古菌、真菌）；属：属名的尾词；志贺姓菌属：以志贺的姓氏命名的生物。

Etymology　N. L. fem. dim. n. *Shigella*, named after K. Shiga, the Japanese bacteriologist who first discovered the dysentery bacillus.

模式种　痢疾志贺姓菌（*Shigella dysenteriae*）（Shiga，1897）Castellani and Chalmers，1919，《1980 年细菌名确认单》。

词源　痢疾：腹泻，由于细菌等多种原因导致的肠道炎症，常导致内急排血便和黏液。

Etymology　L. gen. n. *dysenteriae*, of dysentery.

岛津姓菌属(*Shimazuella*)Park 等,2007,新属。此属已定 1 种。

词源　姓:姓氏;岛津:以日本东京大学微生物学家岛津昭的姓氏命名,其致力于原核微生物分类学领域;菌:表示微小的事物,微生物(细菌、古菌、真菌);属:属名的尾词;岛津姓菌属:以岛津的姓氏命名的生物。

Etymology　N. L. fem. dim. n. *Shimazuella*, named after Akira Shimazu, a Japanese microbiologist from Tokyo University, who has contributed to the field of prokaryotic taxonomy.

模式种　韩生科所岛津姓菌(*Shimazuella kribbensis*)Park 等,2007,新种。

词源　韩生科所:韩国生物科学和生物技术研究所的随机简称,此新属和新种的分类学研究的执行地。韩生科所与韩生科氏和韩生科姓都指的是同一个研究机构,韩国生物科学和生物技术研究所。

Etymology　N. L. fem. adj. *kribbensis*, pertaining to KRIBB, an arbitrary adjective formed from the acronym of the Korea Research Institute of Bioscience and Biotechnology, KRIBB, where the taxonomic studies on this new genus and novel species were performed.

沈氏菌属(*Shimia*)Choi and Cho,2006,新属;Hameed 等,2013 修改。此属已定 4 种。

词源　氏:姓氏;沈氏:以沈(沈载红?)博士的姓氏命名,他对韩国浮游生物生态学研究有贡献;菌:表示微小的事物,微生物(细菌、古菌、真菌);属:属名的尾词;沈氏菌属:以沈氏命名的生物。

Etymology　N. L. fem. n. *Shimia*, of Shim, named in honour of Dr Jae H. Shim, for his contributions to marine plankton ecology in Korea.

模式种　海沈氏菌(*Shimia marina*)Choi and Cho,2006,新种。

词源　海:海的,大海的,海洋的,属于或来自海的。

Etymology　L. fem. adj. *marina*, of or belonging to the sea, marine.

辛威尔氏菌属(*Shimwellia*)Priest and Barker,2010,新属。此属已定 2 种。

词源　氏:姓氏;辛威尔氏:以 J.L. 辛威尔的姓氏命名,其首先分离了此细菌;菌:表示微小的事物,微生物(细菌、古菌、真菌);属:属名的尾词;辛威尔氏菌属:以辛威尔的姓氏命名的生物。

Etymology　N. L. fem. n. *Shimwellia*, named after J.L.Shimwell who first isolated the bacterium.

模式种　假变形辛威尔氏菌(*Shimwellia pseudoproteus*)Priest and Barker,2010,新种。

词源　假变形:假的(肥小杆菌属)变形细菌。

Etymology　Gr. adj. *pseudês*, false; L. n. *proteus*, the ancient sea-god, noted for being able to change his form at will, and also a bacterial epithet; N. L. masc. n. *pseudoproteus*, the false (*Obesumbacterium*) proteus.

申姓菌属（*Shinella*）An 等，2006，新属；Matsui 等，2009 修改。此属已定 6 种。

词源　姓：姓氏；申：以申永国的姓氏命名，他 **1993** 年重新归类了活胶菌属；菌：表示微小的事物，微生物（细菌、古菌、真菌）；属：属名的尾词；申姓菌属：以申氏命名的生物。

Etymology　N. L. fem. dim. n. *Shinella*, named after Yong-Kook Shin, for his contributions to reclassification of the genus *Zoogloea*.

模式种　小粒申姓菌（*Shinella granuli*）An 等，2006，新种。

词源　小粒：小谷粒，与小颗粒有关的，此模式株的分离地。

Etymology　L. gen. n. *granuli*, of a small grain, pertaining to a granule, from which the type strain was isolated.

希瓦吉姓菌属（*Shivajiella*）Anil Kumar 等，2013，新属。此属已定 1 种。

词源　姓：姓氏；希瓦吉姓：以荣休印度微生物学家希瓦吉博士姓氏命名，其对我们（作者）对全球不同栖息环境杂营养细菌知识有重要贡献；菌：表示微小的事物，微生物（细菌、古菌、真菌）；属：属名的尾词；希瓦吉姓菌属：以希瓦吉的姓氏命名的生物。

Etymology　N. L. fem. n. *Shivajiella*, named after Dr. Shivaji, an eminent Indian microbiologist who has made a significant contribution to our knowledge of heterotrophic bacteria from different habitats worldwide.

模式种　印度希瓦吉姓菌（*Shivajiella indica*）Anil Kumar 等，2013，新种。

词源　印度：印度的，属于印度的。

Etymology　L. fem. adj. *indica*, of India, Indian.

沙特尔沃斯氏菌属（*Shuttleworthia*）Downes 等，2002，新属。此属已定 1 种。

词源　氏：姓氏；沙特尔沃斯氏：以接触的英国微生物学家西里尔·沙特尔沃斯的姓氏命名；菌：表示微小的事物，微生物（细菌、古菌、真菌）；属：属名的尾词；沙特尔沃斯氏菌属：以沙特尔沃斯的姓氏命名的生物。

Etymology　N. L. fem. n. *Shuttleworthia*, named to honor Cyril Shuttleworth, the distinguished British microbiologist.

模式种　随从沙特尔沃斯氏菌（*Shuttleworthia satelles*）Downes 等，2002，新种。

词源　随从：伟人的侍从，随员，指的是旧菌落的伴随形态。

Etymology　L. n. *satelles*, a satellite or attendant upon a distinguished person, referring to the satelliting appearance of older cultures.

Si

线西幡菌属（*Siansivirga*）Hameed 等，2013，新属。此属已定 1 种。

词源　线西：线西乡，中国台湾彰化县的一个乡镇；幡：幡状，棒；菌：表示微小的事物，微生物（细菌、古菌、真菌）；属：属名的尾词；线西幡菌属：来自线西的幡棒生物。
Etymology　N. L. n. *Siansi*, a township in Taiwan; L. fem. n. *virga*, stick; N. L. fem. n. *Siansivirga*, stick of Siansi.

模式种　黍黄素化线西幡菌(*Siansivirga zeaxanthinifaciens*) Hameed 等, 2013, 新种。
词源　黍黄素：一种代谢产生的天然化合物；化：变化，产生；黍黄素化：化作黍黄素的，产生黍黄素的。
Etymology　N. L. neut. n. *zeaxanthinum*, zeaxanthin; L. part. pres. *faciens*, making/producing; N. L. part. adj. *zeaxanthinifaciens*, zeaxanthin-producing.

干杆菌属(*Siccibacter*) Stephan 等, 2014, 新属。此属已定 1 种。

词源　干：干燥的；杆：棒；菌：表示微小的事物，微生物（细菌、古菌、真菌）；属：属名的尾词；干杆菌属：干燥的棒形生物。
Etymology　L. adj. *siccus*, dry; N. L. masc. n. *bacter*, rod; N. L. masc. n. *Siccibacter*, dry rod.

模式种　苏黎士干杆菌(*Siccibacter turicensis*) Stephan 等, 2014, 新种。
词源　苏黎士：瑞士首府苏黎世的旧称，拉丁名，指的是来自苏黎世的，此菌种首次分离自苏黎世。
Etymology　L. masc. adj. *turicensis*, from Turicum/Zurich, from where the species was first isolated.

喷泉单胞菌属(*Silanimonas*) Lee 等, 2005, 新属；Srinivas 等, 2013 修改。此属已定 2 种。

词源　喷泉：人造喷泉，泉水，源泉；单胞：单元，单细胞；菌：表示微小的事物，微生物（细菌、古菌、真菌）；属：属名的尾词；喷泉单胞菌属：分离自人造喷泉的单细胞生物。
Etymology　L. n. *silanus*, a fountain; L. fem. n. *monas*, a unit, monad; N. L. fem. n. *Silanimonas*, a monad isolated from a fountain.

模式种　黏喷泉单胞菌(*Silanimonas lenta*) Lee 等, 2005, 新种。
词源　黏：根据爱格士 1935 年对慢爱格士氏菌(*Eggerthella lenta*)(Eggerth, 1935) Wade 等, 1999 的描述，**lenta** 是缓慢之意，这里作者表述是黏、稠之意。
Etymology　L. fem. adj. *lenta*, sticky, viscous.
注：区别于 2013 年定的泉单胞菌属(*Fontimonas*)。

硅杆菌属(*Silicibacter*) Petursdottir and Kristjansson, 1999, 新属。此属已定 2 种。

词源　硅：硅胶，硅酸盐；杆：棒；菌：表示微小的事物，微生物（细菌、古菌、真菌）；属：属名的尾词；硅杆菌属：分离自富含硅酸盐的地热湖的棒形生物。
Etymology　L. n. *silex -icis*, any hard stone found in fields, here silica; N. L. masc. n. *bacter*, rod; N. L. masc. n. *Silicibacter*, a rod isolated from a silica-rich geothermal lake.

模式种 蓝湖硅杆菌（*Silicibacter lacuscaerulensis*）Petursdottir and Kristjansson，1999，新种。
词源 蓝：蓝色；湖：湖泊；蓝湖：蓝色的湖泊，与蓝湖有关的。
Etymology L. n. *lacus*, lake; L. adj. *caeruleus*, blue; N. L. masc. adj. *lacuscaerulensis*, pertaining to the blue lake.

森林单胞菌属（*Silvimonas*）Yang 等，2005，新属；Muramatsu 等，2010 修改。此属已定 3 种。

词源 森林：大片的树林；单胞：单元，单细胞；菌：表示微小的事物，微生物（细菌、古菌、真菌）；属：属名的尾词；森林单胞菌属：森林单细胞生物。
Etymology L. n. *silva*, forest; L. fem. n. *monas*, a unit, monad; N. L. fem. n. *Silvimonas*, forest monad.

模式种 土地森林单胞菌（*Silvimonas terrae*）Yang 等，2005，新种。
词源 土，土地：地，地球，陆地，土地，土壤，来自土地的。
Etymology L. gen. n. *terrae*, of the earth.

志津氏菌属（*Simiduia*）Shieh 等，2008，新属。此属已定 4 种。

词源 氏：姓氏；志津氏：以日本微生物学家志津宇盐的姓氏命名，以纪念其在海洋微生物学中的研究工作；菌：表示微小的事物，微生物（细菌、古菌、真菌）；属：属名的尾词；志津氏菌属：以志津氏命名的生物。
Etymology N. L. fem. n. *Simiduia*, named after Usio Simidu, a Japanese microbiologist, to honour his work in marine microbiology.

模式种 吞琼志津氏菌（*Simiduia agarivorans*）Shieh 等，2008，新种。
词源 吞：吞食的，吞噬的，大吃的，吞没的；琼：琼胶，琼脂，由琼脂糖和琼脂胶构成，是目前配制固体培养基最好的凝固剂，因最早来自海南而得名；吞琼：吞噬琼脂的，破坏琼脂的。
Etymology N. L. n. *agarum*, agar; L. part. adj. *vorans*, devouring, destroying; N. L. part. adj. *agarivorans*, agar-devouring.

西蒙卡氏菌属（*Simkania*）Everett 等，1999，新属。此属已定 1 种。

此属是**西蒙卡氏菌科**（*Simkaniaceae*）Everett 等，1999 的模式属。

词源 氏：姓氏；西蒙卡氏：人名西蒙娜·卡亨的随机缩写；菌：表示微小的事物，微生物（细菌、古菌、真菌）；属：属名的尾词；西蒙卡氏菌属：以人名西蒙卡定名的生物。
Etymology N. L. fem. n. *Simkania*, arbitrary name formed from the personal name Simona Kahane.

模式种 内盖夫西蒙卡氏菌（*Simkania negevensis*）Everett 等，1999，新种。
词源 内盖夫：属于或来自内盖夫的，内盖夫是以色列和巴勒斯坦之间的沙漠。
Etymology N. L. fem. adj. *negevensis*, of or pertaining to the Negev, a desert in southern Israel.

西蒙卡氏菌科(*Simkaniaceae*) Everett 等,1999,新科。

模式属 西蒙卡氏菌属(*Simkania*) Everett 等,1999,新属。

词源 西蒙卡氏菌属:此科之模式属;科:用于定义一个比属高、比目低的分类级和尾词;在中文科的命名中,把模式属属名中的尾字"属"代换为尾字"科",即为模式属所在的科名;西蒙卡氏菌科:西蒙卡氏菌属之科。

Etymology N. L. fem. n. *Simkania*, type genus of the family; L. suff. *-aceae*, ending to denote a family; N. L. fem. pl. n. *Simkaniaceae*, the *Simkania* family.

西蒙姓菌属(*Simonsiella*) Schmid,1922,属。此属已定3种。

此属是**西蒙姓菌科**(*Simonsiellaceae*) Steed,1962,《1980年细菌名确认单》的模式属。

词源 姓:姓氏;西蒙:以H.西蒙的姓氏命名,其研究了此属模式种;菌:表示微小的事物,微生物(细菌、古菌、真菌);属:属名的尾词;西蒙姓菌属:以西蒙的姓氏命名的生物。

Etymology N. L. fem. dim. n. *Simonsiella*, named for H. Simons, who studied the species of this genus.

模式种 米勒氏西蒙姓菌(*Simonsiella muelleri*) Schmid,1922,《1980年细菌名确认单》。

词源 氏:姓氏;米勒氏:以R.米勒的姓氏命名,其首先描述了这些生物。

Etymology N. L. gen. masc. n. *muelleri*, of Müller, named for R. Müller, who first described these organisms.

西蒙姓菌科(*Simonsiellaceae*) Steed,1962,科。

模式属 西蒙姓菌属(*Simonsiella*) Schmid,1922,《1980年细菌名确认单》,属。

词源 西蒙姓菌属:此科之模式属;科:用于定义一个比属高、比目低的分类级和尾词;在中文科的命名中,把模式属属名中的尾字"属"代换为尾字"科",即为模式属所在的科名;西蒙姓菌科:西蒙姓菌属之科。

Etymology N. L. fem. n. *Simonsiella*, type genus of the family; L. suff. *-aceae*, ending to denote a family; N. L. fem. pl. n. *Simonsiellaceae*, the *Simonsiella* family.

简螺体属(*Simplicispira*) Grabovich 等,2006,新属。此属已定3种。

词源 简:简单的;螺:螺旋,螺形,螺体;体:整体,身体,菌体,在微生物学属名中的作用与"菌"类似;属:属名的尾词;简螺体属:简单的螺体。

Etymology L. adj. *simplex -icis*, simple; L. fem. n. *spira*, a spiral; N. L. fem. n. *Simplicispira*, a simple spiral.

模式种 变形简螺体(*Simplicispira metamorpha*)(Terasaki,1961) Grabovich 等,2006,新合并。

词源 变形:形状变化的。

Etymology N. L. fem. adj. *metamorpha*, changing.

奇单胞菌属(*Singularimonas*) Friedrich and Lipski, 2008, 新属。此属已定 1 种。

词源　奇：非凡的，奇特的；单胞：单元，单细胞；菌：表示微小的事物，微生物（细菌、古菌、真菌）；属：属名的尾词；奇单胞菌属：非常奇特的单细胞生物。

Etymology　L. adj. *singularis*, extraordinary; L. fem. n. *monas*, unit, cell; N. L. fem. n. *Singularimonas*, extraordinary unit.

模式种　变色奇单胞菌(*Singularimonas variicoloris*) Friedrich and Lipski, 2008, 新种。

词源　变：许多，变化，改变；色：颜色；变色：改变颜色的，具有不同颜色的，多色的。

Etymology　L. adj. *varius*, varying; L. gen. n. *coloris*, of colour; N. L. gen. n. *variicoloris*, of varying colour.

单球菌属(*Singulisphaera*) Kulichevskaya 等, 2008, 新属；Kulichevskaya 等, 2012 修改。此属已定 2 种。

词源　单：单一的，单个的，单独的，唯一的；球：球体，球形，地球；菌：表示微小的事物，微生物（细菌、古菌、真菌）；属：属名的尾词；单球菌属：单个的球形细胞生物。

Etymology　L. adj. *singuli*, single, separate; L. fem. n. *sphaera*, sphere; N. L. fem. n. *Singulisphaera*, a single spherical cell.

模式种　嗜酸单球菌(*Singulisphaera acidiphila*) Kulichevskaya 等, 2008, 新种。

词源　嗜：嗜好的，喜好的，友好的，爱好的；酸：醋，像醋一样的味道，酸味，化学中在水溶液中能产生氢离子的化合物；嗜酸：嗜好酸的，喜好酸的。

Etymology　N. L. n. *acidum*（from L. adj. *acidus*, sour）, an acid; N. L. adj. *philus -a -um*（from Gr. adj. *philos -ê-on*）, friend, loving; N. L. fem. adj. *acidiphila*, acid-loving.

中华竿菌属(*Sinibacillus*) Yang and Zhou, 2014, 新属。此属已定 1 种。

词源　中华：中国；竿：在本书中对译于拉丁文 ***bacillus***，表示棒形，以示与常见的"杆"的区别，表示以出芽孢为特征的棒形；菌：表示微小的事物，微生物（细菌、古菌、真菌）；属：属名的尾词；中华竿菌属：分离自中国的竿棒形微生物。

Etymology　Si. ni. ba. cil′ lus. N. L. fem. pl. n. *Sinae* China; L. dim. n. *bacillus* a small rod; N. L. masc. n. *sinibacillus* a rodshaped microbe isolated from China.

模式种　土壤中华竿菌(*Sinibacillus soli*) Yang and Zhou, 2014, 新种。

词源　土壤：与壤或土同义，土壤，此微生物模式菌株的分离源。

Etymology　L. neut. gen. n. *soli*, of soil, the source of the type strain.

中华橄菌属(*Sinobaca*) Li 等, 2008, 新属。此属已定 1 种。

词源　中华：中国；橄：橄榄，浆果，谷粒，在细菌学中表示果或果状；菌：表示微小的事物，微生物（细菌、古菌、真菌）；属：属名的尾词；中华橄菌属：分离自中国一些地方的浆果形的微生物。

Etymology　M. L. n. *Sina*, China; L. fem. n. *baca*, a grain or berry, and in bacteriology a coccus; N. L. fem. n. *Sinobaca*, coccus-shaped microbe isolated from places in China.

模式种　青海中华橄菌(*Sinobaca qinghaiensis*)(Li 等,2006)Li 等,2008,新合并。

不合规同义词　(*Sinococcus*)Li 等,2006。

词源　青海:中国西北省之一,青海省,与青海有关的。

Etymology　N. L. fem. adj. *qinghaiensis*, pertaining to Qinghai, a province of north-west China.

中华杆菌属(*Sinobacter*)Zhou 等,2008,新属。此属已定 1 种。

此属 2011 年已归属到→**壤单胞菌属**(*Solimonas*)Kim 等,2007,新属。此属是**中华杆菌科**(*Sinobacteraceae*)Zhou 等,2008 的模式属。

词源　中华:中国;杆:棒;菌:表示微小的事物,微生物(细菌、古菌、真菌);属:属名的尾词;中华杆菌属:分离自中国的棒形微生物。

Etymology　M. L. *Sinae*, of China; N. L. masc. n. *bacter*, rod; N. L. masc. n. *Sinobacter*, rod-shaped microbe isolated from China.

模式种　黄色中华杆菌(*Sinobacter flavus*)Zhou 等,2008。

此种 2011 年已归种到→**黄色壤单胞菌**(*Solimonas flava*)(Zhou 等,2008)Sheu 等,2011,新合并。

词源　黄色:黄色的,黄颜色的。

Etymology　L. masc. adj. *flavus*, yellow, the colour of colonies or pigment that the bacterium produces.

注:2011 年 Sheu 等人建议将**中华杆菌科**(*Sinobacteraceae*)模式属的模式种转入壤单胞菌属(*Solimonas*)。根据规则 37a 条,遵守这个建议的细菌学家必须把**中华杆菌**(*Sinobacter*)改为壤单胞菌属。随着现在中华杆菌属的失效,中华杆菌科的命名就不一致了。因此,2013 年 Losey 等人建议壤单胞菌科(*Solimonadaceae*)新科包括**壤单胞菌属**(*Solimonas*)和泉单胞菌属(*Fontimonas*)。

中华杆菌科(*Sinobacteraceae*)Zhou 等,2008,新科。

模式属　中华杆菌属(*Sinobacter*)Zhou 等,2008,新属。

词源　中华杆菌属:此科之模式属;科:用于定义一个比属高、比目低的分类级和尾词;在中文科的命名中,把模式属属名中的尾字"属"代换为尾字"科",即为模式属所在的科名;中华杆菌科:中华杆菌属之科。

Etymology　N. L. masc. n. *Sinobacter*, type genus of the family; suff. *-aceae*, ending to denote a family; N. L. fem. pl. n. *Sinobacteraceae*, the *Sinobacter* family.

中华小杆菌属(*Sinobacterium*)Su 等,2013,新属。此属已定 1 种。

词源　中华:中国;小杆:小棒或杖,生物学中称为细菌;菌:表示微小的事物,微生物(细菌、古菌、真菌）；属：属名的尾词；中华小杆菌属：来自或分离自中国的细菌。

Etymology　　M. L. n. *Sina*, China; L. neut. n. *bacterium*, a small staff or rod and, in biology, a bacterium; N. L. neut. n. *Sinobacterium*, a bacterium from China.

模式种　　雾状中华小杆菌（*Sinobacterium caligoides*）Su 等，2013，新种。

词源　　雾：水汽的冷凝后漂浮在空气中的部分，像雾的东西；状：(看起来)像……，类似；雾状：看起来像雾的，指的是菌落形态看起来像雾。

Etymology　　L. n. *caligo*, fog; L. suff. *-oides*, looking like; N. L. neut. adj. *caligoides*, looking like fog, referring to the colony shape.

中华果菌属（*Sinococcus*）Li 等，2006，新属。此属已定 1 种。

词源　　中华：中国；果：浆果，表示浆果形(圆球或椭球)；菌：表示微小的事物，微生物(细菌、古菌、真菌)；属：属名的尾词；中华果菌属：分离自中国的浆果形微生物。

Etymology　　M. L. n. *Sina*, China; N. L. masc. n. *coccus* (from Gr. n. *kokkos*), a grain or berry; N. L. masc. n. *Sinococcus*, coccus-shaped microbe isolated from places in China.

模式种　　青海中华果菌（*Sinococcus qinghaiensis*）Li 等，2006，新种。

词源　　青海：与中国西北部的青海省有关的。

Etymology　　N. L. masc. adj. *qinghaiensis*, pertaining to Qinghai, a province of north-west China.

中华微菌属（*Sinomicrobium*）Xu 等，2013，新属。此属已定 2 种。

词源　　中华：中国；微：微小的，微生物；菌：表示微小的事物，微生物(细菌、古菌、真菌)；微菌：微生物；属：属名的尾词；中华微菌属：来自中国的微生物。

Etymology　　M. L. *Sinae*, of China; N. L. neut. n. *microbium*, a microbe; N. L. neut. n. *Sinomicrobum*, a microbe from China.

模式种　　洋中华微菌（*Sinomicrobiu oceani*）Xu 等，2013，新种。

词源　　洋：大洋，远离大陆侧的远海水域；指的是其最适生长条件是大洋环境。

Etymology　　L. gen. n. *oceani*, of an ocean, referring to its optimal growth under marine conditions.

注：虽然现实生活中，以及从这里也可见人们经常把海和洋混用，但本书作者不建议把"海"和"洋"混淆。

中华单胞菌属（*Sinomonas*）Zhou 等，2009，新属；Zhou 等，2012 修改。此属已定 5 种。

词源　　中华：中国；单胞：单元，单细胞；菌：表示微小的事物，微生物(细菌、古菌、真菌)；属：属名的尾词；中华单胞菌属：来自中国的单细胞生物。

Etymology　　M. L. n. *Sina*, China; L. fem. n. *monas*, a unit, monad; N. L. fem. n. *Sinomonas*, a monad from China.

模式种 黄色中华单胞菌(*Sinomonas flava*)Zhou 等,2009,新种。

词源 黄色:黄颜色的,指的是此菌落的颜色。

Etymology　L. fem. adj. *flava*, yellow, referring to the colour of the colonies.

中华根瘤菌属(*Sinorhizobium*)Chen 等,1988,新属;De Lajudie 等,1994 修改。此属已定 11 种。

词源 中华:中国;根瘤菌属:细菌的一个属名;中华根瘤菌属:在中国植物根部生活的菌,分离自中国的根瘤菌。

Etymology　M. L. n. *sina*, China; Gr. n. *rhiza*, a root; Gr. n. *bios*, life; N. L. neut. n. *Sinorhizobium*, which lives in a root in China; *Rhizobium* isolated in China.

Jarvis 等,1992 建议归属到→根瘤菌属(*Rhizobium*)Frank,1889,《1980 年细菌名确认单》。但 2010 年,J.M.Young 认为应该继续保留此属。

模式种 弗雷德氏中华根瘤菌(*Sinorhizobium fredii*)(Scholla and Elkan, 1984)Chen 等,1988,新合并。

词源 氏:姓氏;弗雷德氏:以 E.B.弗雷德的姓氏命名。

Etymology　N. L. gen. n. *fredii*, of Fred, named after of E.B.Fred.

注:此属的归属似乎是一个热门和难题。现在倾向于把此属模式种**弗雷德氏中华根瘤菌**(*Sinorhizobium fredii*)归种到费雷德氏剑菌(*Ensifer fredii*)(Scholla and Elkan, 1984)Young, 2003,新合并。也就是中华根瘤菌属属名被废止。但陈文新院士多次呼吁和阻止了这种归属/合并行为。

中华孢囊菌属(*Sinosporangium*)Zhang 等,2011,新属;Suriyachadkun 等,2014 修改。此属已定 2 种。

词源 中华:中国;孢囊:孢子囊,孢子袋;菌:表示微小的事物,微生物(细菌、古菌、真菌);属:属名的尾词;中华孢囊菌属:分离自中国带孢子囊的生物。

Etymology　M. L. n. *sina*, China; N. L. n. *sporangium* [from Gr. n. *spora*, a seed (and in biology a spore), and Gr. n. *angeion* (Latin transliteration *angium*), vessel], sporangium; N. L. neut. n. *Sinosporangium*, an organism isolated in China bearing sporangia.

模式种 素色中华孢囊菌(*Sinosporangium album*)Zhang 等,2011,新种。

词源 素色:白色的,素色的。

Etymology　L. neut. adj. *album*, white.

管杆菌属(*Siphonobacter*)Táncsics 等,2010,新属。此属已定 1 种。

词源 管:管道,管线;杆:棒;菌:表示微小的事物,微生物(细菌、古菌、真菌);属:属名的尾词;管杆菌属:分离自管道的棒形细菌,管道是此模式种模式株的分离源。

Etymology　Gr. n. *siphô –ônos*, tube, pipe; N. L. masc. n. *bacter*, rod; N. L. masc. n. *Siphonobacter*, rod-shaped bacterium from a pipeline, referring to the source of isolation of the type strain of the type species.

模式种　清水管杆菌（*Siphonobacter aquaeclarae*）Táncsics 等，2010，新种。

词源　清：清楚的，清澈的；水：无色无味透明的液体，H_2O 分子聚集体，水域，水体，水汽；清水：属于或来自清水的。

Etymology　L. n. *aqua* –*ae*, water; L. adj. *clarus* –*a* –*um*, clear, bright; N. L. gen. n. *aquaeclarae*, of/from a clear water.

Sk

斯克曼姓菌属（*Skermanella*）Sly and Stackebrandt，1999，新属；Weon 等，2007 修改，Luo 等，2012 修改。此属已定 4 种。

词源　姓：姓氏；斯克曼氏：以 V.B.D. 斯克曼的姓氏命名，其首先分离了此细菌，并纪念他对细菌分类学做出的贡献；世界菌种保藏联盟（WFCC）设有斯克曼微生物分类学奖（Skerman Award For Microbial Taxonomy），用于表彰在微生物分类学领域做出杰出贡献的全球青年科学家；水：无色无味透明的液体，H_2O 分子聚集体，水域，水体，水汽；斯克曼姓菌属：以斯克曼姓氏命名的生物。

Etymology　N. L. fem. dim. n. *Skermanella*, named after V. B. D. Skerman who first isolated this bacterium, and in honour of his contribution to bacterial systematics.

模式种　帕罗斯克曼姓菌（*Skermanella parooensis*）（Skerman 等，1983）Sly and Stackebrandt，1999，新合并。

词源　帕罗：澳大利亚昆士兰西南的帕罗海峡（Paroo Channel），此生物从此地的水中分离获得。

Etymology　N. L. fem. adj. *parooensis*, belonging/pertaining to the Paroo, referring to the Paroo Channel in southwest Queensland, Australia, the source of the water from which the organism was isolated.

斯克曼氏菌属（*Skermania*）Chun 等，1997，新属。此属已定 1 种。

词源　氏：姓氏；斯克曼氏：以澳大利亚分类学家维克多·斯克曼的姓氏命名。世界菌种保藏联盟（WFCC）设有斯克曼微生物分类学奖（Skerman Award For Microbial Taxonomy），用于表彰在微生物分类学领域做出杰出贡献的全球青年科学家；菌：表示微小的事物，微生物（细菌、古菌、真菌）；属：属名的尾词；斯克曼氏菌属：以斯克曼姓氏命名的生物。

Etymology　N. L. fem. n. *Skemania*, named after Victor Skerman, an Australian taxonomist.

模式种　松形斯克曼氏菌（*Skermania piniformis*）（Blackall 等，1989）Chun 等，1997，新合并。

词源　松：松树；形：状，形状，外形，外貌，形容某物在外貌上像……；松形：形状像松树，指的是新微菌落外形像松树。

Etymology　L. n. *pinus*, a pine, pine-tree; L. adj. suffix -*formis* -*is* -*e*（from L. n. *forma*, figure, shape, appearance), -like, in the shape of; N. L. fem. adj. *pinifomis*, pine-like, pertaining to the pine-like appearance of young microcolonies.

Sl

斯奈克氏菌属(*Slackia*) Wade 等,1999,新属;Nagai 等,2010 修改。此属已定 6 种。

词源　氏:姓氏;斯奈克氏:杰弗里·斯奈克,杰出的英国微生物学家和牙齿研究者;菌:表示微小的事物,微生物(细菌、古菌、真菌);属:属名的尾词;斯奈克氏菌属:以斯奈克姓氏命名的生物。

Etymology　N. L. fem. n. *Slackia*, named to honour Geoffrey Slack, distinguished British microbiologist and dental researcher.

模式种　稀小斯奈克氏菌(*Slackia exigua*)(Poco 等,1996)Wade 等,1999,新合并。

词源　稀小:稀疏,细小,指的是此生物生长稀疏或贫乏。

Etymology　L. fem. adj. *exigua*, scanty, small, referring to the scanty or poor growth of this organism.

Sm

孔雀石果菌属(*Smaragdicoccus*) Adachi 等,2007,新属。此属已定 1 种。

词源　孔雀石:孔雀石,孔雀绿;果:浆果,表示浆果形(圆球或椭球);菌:表示微小的事物,微生物(细菌、古菌、真菌);属:属名的尾词;孔雀石果菌属:孔雀石(色状)的浆果形生物。

Etymology　L. n. *smaragdus*, malachite; N. L. masc. n. *coccus* (from Gr. masc. n. *kokkos*), grain; N. L. masc. n. *Smaragdicoccus*, malachite (-coloured) coccus.

模式种　新潟孔雀石果菌(*Smaragdicoccus niigatensis*) Adachi 等,2007,新种。

词源　新潟:属于或与日本新潟县有关的,此生物分离土壤的来源地。

Etymology　N. L. masc. adj. *niigatensis*, of or pertaining to the Niigata Prefecture of Japan, the source of the soil from which the organism was isolated.

史密斯姓菌属(*Smithella*) Liu 等,1999,新属。此属已定 1 种。

词源　姓:姓氏;史密斯姓:以保尔·H. 史密斯的姓氏命名,以纪念他在产甲烷丙酸盐降解方面的许多贡献;菌:表示微小的事物,微生物(细菌、古菌、真菌);属:属名的尾词;史密斯姓菌属:以史密斯的姓氏命名的生物。

Etymology　N. L. fem. dim. n. *Smithella*, named for Paul H. Smith in honor of his many contributions to the understanding of methanogenic propionate degradation.

模式种　丙酸滋史密斯姓菌(*Smithella propionica*) Liu 等,1999,新种。

词源　丙酸:三个碳的(一元)羧酸,CH_3CH_2COOH;滋:滋润,滋生;丙酸滋:与丙酸有关的,在丙酸上生长，受丙酸滋润的，由丙酸滋生的，指的是此细菌在丙酸为底物的环境中生长。

Etymology N. L. n. *acidum propionicum*, propionic acid; L. fem. suff. *-ica*, suffix used with the sense of pertaining to; N. L. fem. adj. *propionica*, pertaining to propionic acid, on which the bacterium grows.

Sn

斯尼思氏菌属（*Sneathia*）Collins 等，2002，新属。此属已定 1 种。

词源 氏：姓氏；斯尼思氏：以英国微生物学家皮特·H.A. 斯尼思的姓氏命名，以记述他对于微生物系统学突出的贡献；菌：表示微小的事物，微生物（细菌、古菌、真菌）；属：属名的尾词；斯尼思氏菌属：以斯尼思姓氏命名的生物。

Etymology N. L. fem. n. *Sneathia*, named after the British microbiologist Peter H.A. Sneath, in recognition of his outstanding contributions to microbial systematics.

模式种 需血斯尼思氏菌（*Sneathia sanguinegens*）Collins 等，2002，新种。

词源 需：需要的，需求的，必需的；血：鲜血，血液，血浆，动物体内循环的不透明红色液体；需血：需要血的，因为此生物需要血液或血清。

Etymology L. n. *sanguis -inis*, blood; L. part adj. *egens*, needing, being in need; N. L part. adj *sanguinegens*, needing blood; because the organism requires blood or serum.

斯尼思姓菌属（*Sneathiella*）Jordan 等，2007，新属。此属已定 3 种。

此属是斯尼思姓菌目（*Sneathiellales*）和斯尼思姓菌科（*Sneathiellaceae*）的模式属。

词源 姓：姓氏；斯尼思姓：以英国微生物学家皮特·H.A. 斯尼思的姓氏命名，以记述他对于细菌系统学突出的贡献；菌：表示微小的事物，微生物（细菌、古菌、真菌）；属：属名的尾词；斯尼思姓菌属：以斯尼思姓氏命名的生物。

Etymology N. L. fem. dim. n. *Sneathiella*, honouring the British microbiologist Peter H.A. Sneath for his contributions to bacterial taxonomy.

模式种 中国斯尼思姓菌（*Sneathiella chinensis*）Jordan 等，2007，新种。

词源 中国：与中国有关的，此模式菌种的分离地。

Etymology N. L. fem. adj. *chinensis*, pertaining to China, where the type strain was isolated.

斯尼思姓菌科（*Sneathiellaceae*）Kurahashi 等，2008，新科。

模式属 斯尼思姓菌属（*Sneathiella*）Jordan 等，2007，新属。

词源 斯尼思姓菌：此科之模式属；科：用于定义一个比属高、比目低的分类级和尾词；在中文科的命名中，把模式属属名中的尾字"属"代换为尾字"科"，即为模式属所在的科名；斯尼思姓菌科：斯尼思姓菌属之科。

Etymology N. L. fem. n. *Sneathiella*, type genus of the family; L. suff. *-aceae*, ending to denote a family; N. L. fem. pl. n. *Sneathiellaceae*, the *Sneathiella* family.

斯尼思姓菌目(*Sneathiellales*) Kurahashi 等,2008,新目。

模式属 斯尼思姓菌属(*Sneathiella*) Jordan 等,2007,新属。

词源 斯尼思姓菌属:此目之模式属;目:用于定义一个比科高、比纲低的分类级和尾词;在中文目的命名中,把模式属属名中的尾字"属"代换为尾字"目",即为模式属所在的目名;斯尼思姓菌目:斯尼思姓菌属之目。

Etymology　N. L. fem. n. *Sneathiella*, type genus of the order; L. suff. *-ales*, ending to denote an order; N. L. fem. pl. n. *Sneathiellales*, the *Sneathiella* order.

斯诺德格拉斯姓菌属(*Snodgrassella*) Kwong and Moran,2013,新属。此属已定1种。

词源 姓:姓氏;斯诺德格拉斯姓:以罗伯特·伊凡斯·斯诺德格拉斯的姓氏命名,一位20世纪早期昆虫生理学研究的先锋;菌:表示微小的事物,微生物(细菌、古菌、真菌);属:属名的尾词;斯诺德格拉斯姓菌属:以斯诺德格拉斯的姓氏命名的生物。

Etymology　N. L. dim. fem. n. *Snodgrassella*, named after Robert Evans Snodgrass, a pioneer in the study of insect physiology in the early 20th century.

模式种 肠斯诺德格拉斯姓菌(*Snodgrassella alvi*) Kwong and Moran,2013,新种。

词源 肠:肠道,内脏,指的是此菌种分离自蜜蜂的肠道。

Etymology　L. gen. n. *alvi*, of the bowels, referring to the location of the species in the gut of bees.

首尔大菌属(*Snuella*) Yi and Chun,2011,新属。此属已定1种。

词源 首尔大:以韩国国立首尔大学的简称命名,此分类研究的开展地;菌:表示微小的事物,微生物(细菌、古菌、真菌);属:属名的尾词;首尔大菌属:与首尔大学有关的生物。

Etymology　N. L. fem. dim. n. *Snuella*, arbitrary name derived from the acronym of the Seoul National University, SNU, where this taxon was studied.

模式种 滑行首尔大菌(*Snuella lapsa*) Yi and Chun,2011,新种。

词源 滑行:移动的一种方式,像在冰雪等光滑平面上或鸟类的空中滑翔式的移动。

Etymology　L. fem. part. adj. *lapsa* (from L. v. *labor*, to glide), gliding.

So

同伴菌属(*Sodalis*) Dale and Maudlin,1999,新属。此属已定1种。

词源 同伴:伴侣;菌:表示微小的事物,微生物(细菌、古菌、真菌);属:属名的尾词;同伴菌属:伴生生物。

Etymology　L. masc. n. *sodalis*, a comrade, a companion.

模式种 舌蝇同伴菌(*Sodalis glossinidius*) Dale and Maudlin,1999,新种。

词源　舌蝇：舌蝇属。
Etymology　N. L. masc. adj. *glossinidius*, of the genus *Glossinia*.

泽恩根氏菌属（*Soehngenia*）Parshina 等，2003，新属。此属已定 1 种。

词源　氏：姓氏；泽恩根氏：以尼古拉斯·L. 泽恩根的姓氏命名，他是荷兰瓦赫宁恩大学微生物学实验室的创立者和首任领导（1911—1937），此模式株的分离和鉴定就在这个实验室进行；菌：表示微小的事物，微生物（细菌、古菌、真菌）；属：属名的尾词；泽恩根氏菌属：以泽恩根的姓氏命名的生物。
Etymology　N. L. fem. n. *Soehngenia*, named in honour of Nicolas L. Soehngen, the founder and first head (1911—1937) of the Laboratory of Microbiology of Wageningen University, The Netherlands, where this strain was isolated and described.

模式种　解糖泽恩根氏菌（*Soehngenia saccharolytica*）Parshina 等，2003，新种。
词源　解：溶解的，分解的，降解的；糖：一般性名词，通常指的是甜的、短链的、可溶解的和由碳氢氧元素构成的碳水化合物，日常用语中即指食糖（蔗糖，一种二糖），生物化学中进一步细分为单糖（葡萄糖、果糖和半乳糖等），二糖（麦芽糖、乳糖和蔗糖等），寡糖和多糖等；解糖：溶解糖的。
Etymology　Gr. n. *sakkharos*, sugar; Gr. adj. *lutikos*, loosening, dissolving; N. L. fem. adj. *saccharolytica*, sugar dissolving.

壤竿菌属（*Solibacillus*）Krishnamurthi 等，2009，新属。此属已定 1 种。

词源　壤：土壤；竿：在本书中对译于拉丁文 ***bacillus***，表示棒形，以示与常见的"杆"的区别，表示以出芽孢为特征的棒形；菌：表示微小的事物，微生物（细菌、古菌、真菌）；属：属名的尾词；壤竿菌属：分离自土壤的竿菌属般的生物。
Etymology　L. n. *solum*, soil; L. masc. n. *bacillus*, a rod, and also a bacterial genus (*Bacillus*); N. L. masc. n. *Solibacillus*, a *Bacillus*-like organism isolated from soil.

模式种　森木壤竿菌（*Solibacillus silvestris*）（Rheims 等，1999）Krishnamurthi 等，2009，新合并。
词源　森木：属于或来自木头或森林，分离自森林的。
Etymology　L. masc. adj. *silvestris*, of or belonging to a wood or forest, isolated from a forest.

壤单胞菌科（*Solimonadaceae*）Losey 等，2013，新科。

模式属　壤单胞菌属（*Solimonas*）Kim 等，2007，新属。
词源　壤单胞菌属：此科之模式属；科：用于定义一个比属高、比目低的分类级和尾词；在中文科的命名中，把模式属属名中的尾字"属"代换为尾字"科"，即为模式属所在的科名；壤单胞菌科：壤单胞菌属之科。

Etymology　N. L. masc. n. *Solimonas*, type genus for the family; suff. –*aceae*, ending to denote a family; N. L. fem. pl. n. *Solimonadaceae*, the *Solimonas* family.

壤单胞菌属（*Solimonas*）Kim 等,2007,新属；Sheu 等,2011 修改。此属已定 5 种。

此属是壤单胞菌科（*Solimonadaceae*）Losey 等,2013 的模式属。

词源　壤:土壤；单胞:单细胞,单元；菌:表示微小的事物,微生物(细菌、古菌、真菌)；属:属名的尾词；壤单胞菌属:土壤中的单细胞生物。

Etymology　L. n. *solum*, soil; L. fem. n. *monas*, a unit, monad; N. L. fem. n. *Solimonas*, a monad in soil.

模式种　土壤壤单胞菌（*Solimonas soli*）Kim 等,2007,新种。

词源　土壤:与壤或土同义,土壤,此微生物模式菌株的分离源。

Etymology　L. gen. n. *soli*, of soil, the source of the type strain.

壤红杆菌属（*Solirubrobacter*）Singleton 等,2003,新属。此属已定 5 种。

此属是壤红杆菌目（*Solirubrobacterales*）Reddy and Garcia-Pichel,2009 和壤红杆菌科（*Solirubrobacteraceae*）Stackebrandt,2005 的模式属。

词源　壤:土壤；红杆菌属:细菌的一个属名；壤红杆菌属:来自土壤的、与红杆菌属类似的细菌。

Etymology　L. n. *solum*, soil; N. L. n. *Rubrobacter*, a bacterial genus; N. L. masc. n. *Solirubrobacter*, a *Rubrobacter*-like bacterium from soil.

模式种　保尔氏壤红杆菌（*Solirubrobacter pauli*）Singleton 等,2003,新种。

词源　氏:姓氏；保尔氏:以著名的土壤微生物学家埃尔德·A. 保尔的姓氏命名。

Etymology　L. gen. n. *pauli*, of Paulus, named for the prominent soil microbiologist Eldor A. Paul.

壤红杆菌科（*Solirubrobacteraceae*）Stackebrandt,2005,新科。Zhi 等,2009 修改。

模式属　壤红杆菌属（*Solirubrobacter*）Singleton 等,2003,新属。

词源　壤红杆菌属:此科之模式属；科:用于定义一个比属高、比目低的分类级和尾词；在中文科的命名中,把模式属属名中的尾字"属"代换为尾字"科",即为模式属所在的科名；壤红杆菌科:壤红杆菌属之科。

Etymology　N. L. masc. n. *Solirubrobacter*, type genus of the family; suff. -*aceae*, ending to denote a family; N. L. fem. pl. n. *Solirubrobacteraceae*, the *Solirubrobacter* family.

壤红杆菌目（*Solirubrobacterales*）Reddy and Garcia-Pichel,2009,新目。

模式属　壤红杆菌属（*Solirubrobacter*）Singleton 等,2003,新属。

词源　壤红杆菌属：此目之模式属；目：用于定义一个比科高、比纲低的分类级和尾词；在中文目的命名中，把模式属属名中的尾字"属"代换为尾字"目"，即为模式属所在的目名；壤红杆菌目：壤红杆菌属之目。

Etymology　N. L. masc. n. *Solirubrobacter*, type genus of the order; suff. *-ales*, ending denoting an order; N. L. fem. pl. n. *Solirubrobacterales*, the *Solirubrobacter* order.

壤针菌属（*Solitalea*）Weon 等，2009，新属。此属已定 2 种。

词源　壤：土壤；针：纤细的杆或棒；菌：表示微小的事物，微生物（细菌、古菌、真菌）；属：属名的尾词；壤针菌属：分离自土壤的棒形生物。

Etymology　L. n. *solum*, soil; L. fem. n. *talea*, a rod; N. L. fem. n. *Solitalea*, a rod isolated from soil.

模式种　韩国壤针菌（*Solitalea koreensis*）Weon 等，2009，新种。

词源　韩国：与韩国有关的，此生物的分离地。

Etymology　N. L. fem. adj. *koreensis*, pertaining to Korea, from where the organism was isolated.

惟小杆菌属（*Solobacterium*）Kageyama and Benno，2000，新属。此属已定 1 种。

词源　唯：唯一的，仅此的，单独的；小杆：小棒；菌：表示微小的事物，微生物（细菌、古菌、真菌）；属：属名的尾词；惟小杆菌属：唯一的细菌。

Etymology　L. adj. *solus*, alone, only, single, sole; L. neut. n. *bacterium*, a rod; N. L. neut. n. *Solobacterium*, sole bacterium.

模式种　摩尔氏惟小杆菌（*Solobacterium moorei*）Kageyama and Benno，2000，新种。

词源　氏：姓氏；摩尔氏：以美国微生物学家 W.E.C.（Ed）摩尔的姓氏命名。

Etymology　N. L. gen. masc. n. *moorei*, of Moore, named in honor of W.E.C.（Ed）Moore, an American microbiologist.

顺禹氏菌属（*Soonwooa*）Joung 等，2010，新属。此属已定 1 种。

词源　氏：姓氏；顺禹氏：纪念微生物学家洪顺禹教授，其在韩国成立了首个大学微生物学系；菌：表示微小的事物，微生物（细菌、古菌、真菌）；属：属名的尾词；顺禹氏菌属：以顺禹名字命名的生物。

Etymology　N. L. fem. n. *Soonwooa*, named in memory of Professor Soon-Woo Hong, a microbiologist who founded the first university microbiology department in Korea.

模式种　扶安顺禹氏菌（*Soonwooa buanensis*）Joung 等，2010，新种。

词源　扶安：韩国扶安郡，与扶安的海滩有关的，此模式株的分离地。

Etymology　L. fem. adj. *buanensis*, pertaining to Buan beach, where the type strain was isolated.

堆囊菌亚目(*Sorangiineae*)勘误,Reichenbach,2007,新亚目。

模式属　堆囊菌属(*Sorangium*)(*ex* Jahn,1924)Reichenbach,2007,新合并。

词源　堆囊菌属:此亚目之模式属;亚目:用于定义一个比科高、比目低的分类级和尾词,目的二级分类级;在中文目的命名中,把属名中的尾字"属"代换为尾字"亚目",即为模式属所对应的亚目;堆囊菌亚目:堆囊菌属之亚目。

Etymology　N. L. neut. n. *Sorangium*, type genus of the suborder; suff. -*ineae*, ending to denote a suborder; N. L. fem. pl. n. *Sorangiineae*, the *Sorangium* suborder.

堆囊菌属(*Sorangium*)(*ex* Jahn,1924)Reichenbach,2007,新属,命名修改。此属已定1种。

此属是堆囊菌亚目(*Sorangiineae*)勘误,Reichenbach,2007的模式属。

词源　堆:堆积,堆叠;囊:容器,袋;菌:表示微小的事物,微生物(细菌、古菌、真菌);属:属名的尾词;堆囊菌属:堆积的囊生物。

Etymology　Gr. n. *soros*, heap, pile; Gr. neut. n. *angeion* (Latin transliteration *angium*), vessel; N. L. neut. n. *Sorangium*, piled up vessel.

模式种　纤维堆囊菌(*Sorangium cellulosum*)(Brockman,1989)Reichenbach,2007,新合并。

同义词　"*Sorangium*" Jahn,1924。

词源　纤维:纤维素。

Etymology　N. L. neut. n. *cellulosum*, cellulose.

Sp

穴果菌属(*Spelaeicoccus*)Lee,2013,新属。此属已定1种。

词源　穴:洞穴;果:浆果,表示浆果形(圆球或椭球);菌:表示微小的事物,微生物(细菌、古菌、真菌);属:属名的尾词;穴果菌属:来自洞穴的浆果形生物。

Etymology　L. neut. n. *spelaeum*, a cave; N. L. masc. n. *coccus* (from Gr. masc. n. *kokkos*, grain, seed), *coccus*; N. L. masc. n. *Spelaeicoccus*, a coccus from cave.

模式种　素色穴果菌(*Spelaeicoccus albus*)Lee,2013,新种。

词源　素色:素色的,白色的,指的是此菌落的颜色。

Etymology　L. masc. adj. *albus*, white, referring to the colour of the colonies.

球孢囊菌属(*Sphaerisporangium*)勘误,Ara and Kudo,2007,新属;Cao等,2009修改,Mingma等,2014修改。此属已定8种。

词源　球:球体,球形,地球;孢囊:孢子囊;菌:表示微小的事物,微生物(细菌、古菌、真菌);属:属名的尾词;球孢囊菌属:具有球形孢子囊的生物。

Etymology　L. n. *sphaera*, sphere; N. L. neut. n. *sporangium*, sporangia; N. L. neut. n.

Sphaerisporangium, an organism with spherical sporangia.

模式种 蜜黄球孢囊菌(*Sphaerisporangium melleum*)勘误, Ara and Kudo, 2007, 新种。

词源 蜜黄: 蜂蜜黄色。

Etymology L. neut. adj. *melleum*, *honey coloured*.

球杆菌属(*Sphaerobacter*) Demharter 等, 1989, 新属。此属已定1种。

此属是**球杆菌目**(*Sphaerobacterales*) Stackebrandt 等, 1997 和**球杆菌科**(*Sphaerobacteraceae*) Stackebrandt 等, 1997 的模式属。

词源 球: 球体, 球形, 地球; 杆: 棒; 菌: 表示微小的事物, 微生物(细菌、古菌、真菌); 属: 属名的尾词; 球杆菌属: (原文如此)球形的棒! 可能是想表示球形的细菌。

Etymology L. n. *sphaera*, sphere; N. L. masc. n. *bacter*, a rod; N. L. masc. n. *Sphaerobacter*, spherical rod (!), probably intended to mean spherical bacterium.

模式种 嗜热球杆菌(*Sphaerobacter thermophilus*) Demharter 等, 1989, 新种。

词源 嗜: 嗜好的, 喜好的, 友好的, 爱好的; 热: 高温, 温暖; 嗜热: 喜好高温的, 喜好热的。

Etymology Gr. n. *thermê*, heat; N. L. adj. *philus -a -um* (from Gr. adj. *philos -ê -on*), friend, loving; N. L. masc. adj. *thermophilus*, heat-loving.

球杆菌科(*Sphaerobacteraceae*) Stackebrandt 等, 1997, 新科。

模式属 球杆菌属(*Sphaerobacter*) Demharter 等, 1989, 新属。

词源 球杆菌属: 此科之模式属; 科: 用于定义一个比属高、比目低的分类级和尾词; 在中文科的命名中, 把模式属属名中的尾字"属"代换为尾字"科", 即为模式属所在的科名; 球杆菌科: 球杆菌属之科。

Etymology N. L. masc. n. *Sphaerobacter*, type genus of the family; L. suff. *-aceae*, ending to denote a family; N. L. fem. pl. n. *Sphaerobacteraceae*, the *Sphaerobacter* family.

球杆菌目(*Sphaerobacterales*) Stackebrandt 等, 1997, 新目。

此目是**球杆菌亚纲**(*Sphaerobacteridae*) Stackebrandt 等, 1997 的模式目。

模式属 球杆菌属(*Sphaerobacter*) Demharter 等, 1989, 新属。

词源 球杆菌属: 此目之模式属; 目: 用于定义一个比科高、比纲低的分类级和尾词; 在中文目的命名中, 把模式属属名中的尾字"属"代换为尾字"目", 即为模式属所在的目名; 球杆菌目: 球杆菌属之目。

Etymology N. L. masc. n. *Sphaerobacter*, type genus of the order; suff. *-ales*, ending denoting an order; N. L. fem. pl. n. *Sphaerobacterales*, the *Sphaerobacter* order.

球杆菌亚纲(*Sphaerobacteridae*) Stackebrandt 等, 1997, 新亚纲。

模式目 球杆菌目(*Sphaerobacterales*) Stackebrandt 等, 1997, 新目。

词源　球杆菌目：此亚纲之模式目；亚纲：亚纲的尾词，纲之下，目之上的一个分类级，纲的二级分类；球杆菌亚纲：球杆菌目之亚纲。

Etymology　N. L. fem. pl. n. *Sphaerobacterales*, type order of the subclass; suff. *-idae*, ending to denote a subclass; N. L. fem. pl. n. *Sphaerobacteridae*, the *Sphaerobacterales* subclass.

球旋体属（*Sphaerochaeta*）Ritalahti 等，2012，新属；Abt 等，2012（全部作者名单 Abt, Göker, Kyrpides and Klenk）, Miyazaki 等，2014 修改。此属已定 4 种。

词源　球：球体，球形，地球；旋：旋转体，表示长而（波浪形）飘逸的毛发；体：整体，身体，菌体，在微生物学属名中的作用与"菌"类似；属：属名的尾词；球旋体属：有着卷曲毛发丝的圆形细胞，表示具有源自螺旋体祖先的圆形形态学特征。

Etymology　Gr. n. *sphaira* (Latin transliteration *sphaera*), a sphere; Gr. fem. n. *chaitê* (Latin transliteration *chaeta*), long flowing hair; N. L. fem. n. *Sphaerochaeta*, round cells along threads of hair, indicative of a round morphology with a derivation from spirochaetal ancestry.

模式种　璆球旋体（*Sphaerochaeta globosa*）Ritalahti 等，2012，新种。

词源　球：球体的，球形的，地球的，表示球形的，指的是其形态学特征，在指数增长期间，其圆形细胞在球形"气泡"上形成。

Etymology　L. fem. adj. *globosa*, sphere-shaped, reflecting the characteristic morphology, wherein round cells form on spherical "bubbles" during exponential growth.

注：该词直译为球长毛菌属，但是由于其与螺旋体属的关系，根据历史渊源，译为球旋体属。

球尘菌属（*Sphaerotilus*）Kützing, 1833, 属；Gridneva 等，2011 修改。此属已定 3 种，2 亚种。

词源　球：球体，球形，地球；尘：尘土，用来表示微小且大量的漂浮颗粒，集群的；菌：表示微小的事物，微生物（细菌、古菌、真菌）；属：属名的尾词；球尘菌属：尘埃般的球形生物。

Etymology　Gr. n. *sphaera* (Latin transliteration *sphaera*), a sphere; Gr. masc. n. *tilos*, anything plucked, intended to mean flock (in Greek, the noun *tila* means "flocks or motes floating in the air"); N. L. masc. n. *Sphaerotilus*, spherical flock.

模式种　泳动球尘菌（*Sphaerotilus natans*）Kützing, 1833, 《1980 年细菌名确认单》，种。

词源　泳动：游泳的，游动的。

Etymology　L. part. adj. *natans*, swimming.

同义词　"*Cladothrix*" Cohn, 1875。

鞘氨醇小杆菌科（*Sphingobacteriaceae*）Steyn 等，1998，新科。

模式属　鞘氨醇小杆菌属（*Sphingobacterium*）Yabuuchi 等，1983，新属。

词源　鞘氨醇小杆菌属：此科之模式属；科：用于定义一个比属高、比目低的分类级和尾词；在中文科的命名中，把模式属属名中的尾字"属"代换为尾字"科"，即为模式属所在的科名；

鞘氨醇小杆菌科：鞘氨醇小杆菌属之科。

Etymology　N. L. neut. n. *Sphingobacterium*, type genus of the family; L. suff. *-aceae*, ending to denote a family; N. L. fem. pl. n. *Sphingobacteriaceae*, the *Sphingobacterium* family.

鞘氨醇小杆菌目（*Sphingobacteriales*）Kämpfer，2012，新目。

此目是鞘氨醇小杆菌纲（*Sphingobacteriia*）Kämpfer，2012 的模式目。

模式属　鞘氨醇小杆菌属（*Sphingobacterium*）Yabuuchi 等，1983，新属。

词源　鞘氨醇小杆菌属：此目之模式属；目：用于定义一个比科高、比纲低的分类级和尾词；在中文目的命名中，把模式属属名中的尾字"属"代换为尾字"目"，即为模式属所在的目名；鞘氨醇小杆菌目：鞘氨醇小杆菌属之目。

Etymology　N. L. neut. n. *Sphingobacterium*, type genus of the order; suff. *-ales*, ending to denote an order; N. L. fem. pl. n. *Sphingobacteriales*, the *Sphingobacterium* order.

鞘氨醇小杆菌纲（*Sphingobacteriia*）Kämpfer，2012，新纲。

模式目　鞘氨醇小杆菌目（*Sphingobacteriales*）Kämpfer，2012，新目。

词源　鞘氨醇小杆菌属：此纲之模式目之模式属；纲：(原核)生物分类的一个级别，门之下，目之上的一个分类级，纲之尾词；鞘氨醇小杆菌纲：鞘氨醇小杆菌目之纲。

Etymology　N. L. neut. n. *Sphingobacterium*, type genus of the type order; suff. *-ia*, ending to denote a class; N. L. neut. pl. n. *Sphingobacteriia*, the *Sphingobacterium* class.

注：2011 年前的鞘氨醇杆门（Sphingobacteria）已经废除，现在列于杆状菌门之下，为鞘氨醇小杆菌纲（Sphingobacteriia）。

鞘氨醇小杆菌属（*Sphingobacterium*）Yabuuchi 等，1983，新属；Wauters 等，2012 修改。此属已定 34 种。

此属是鞘氨醇小杆菌目（*Sphingobacteriales*）Kämpfer，2012 和鞘氨醇小杆菌科（*Sphingobacteriaceae*）Steyn 等，1998 的模式属。

词源　鞘氨醇：一种 18C 的氨基酸醇，2-氨基-十八烃-4-烯基-1，3-二醇，$CH_3(CH_2)_{12}CHCHCHOHCHNH_2CH_2OH$；小杆：小棒，在生物学中表示细菌；菌：表示微小的事物，微生物(细菌、古菌、真菌)；属：属名的尾词；鞘氨醇小杆菌属：含有鞘氨醇的细菌。

Etymology　N. L. n. *sphingosinum* (from Gr. gen. n. *sphingos*, of sphinx, and suff. *-ine*) sphingosine; N. L. pref. *sphingo-*, pertaining to sphingosine; L. neut. n. *bacterium*, a rod, and in biology a bacterium (so called because the first ones observed were rod-shaped); N. L. neut. n. *Sphingobacterium*, a sphingosine-containing bacterium.

模式种　吞烈酒鞘氨醇小杆菌（*Sphingobacterium spiritivorum*）(Holmes 等，1982) Yabuuchi 等，1983，新合并。

词源　吞：吞食地，吞噬地，大吃地，吞没地；烈酒：高浓度酒，烈性酒；吞烈酒：吞烈性酒，意即此菌对于烈酒如乙醇/酒精的攻击能力，并产生酸。

Etymology　L. n. *spiritus*, spirit; L. adj. suff. *-vorus -a -um*, devouring, eating; N. L. neut. adj. *spiritivorum*, spirit-devouring, intended to refer to the ability of the organism to attack spirits, i. e., alcohol, producing acid in the process.

鞘氨醇菌属（*Sphingobium*）Takeuchi 等，2001，新属；Li 等，2013 修改。此属已定 37 种。

词源　鞘氨醇：一种 18C 的氨基酸醇，2-氨基-十八烃-4-烯基-1,3-二醇，$CH_3(CH_2)_{12}CHCHCHOHCHNH_2CH_2OH$；菌：表示微小的事物，微生物（细菌、古菌、真菌）；属：属名的尾词；鞘氨醇菌属：含有鞘氨醇的生命/生物。

Etymology　N. L. n. *sphingosinum*（from Gr. gen. n. *sphingos*, of sphinx, and suff. *-ine*）sphingosine; N. L. pref. *sphingo-*, pertaining to sphingosine; Gr. n. *bios*, life; N. L. neut. n. *Sphingobium*, sphingosine-containing life.

模式种　矢野氏鞘氨醇菌（*Sphingobium yanoikuyae*）（Yabuuchi 等，1990）Takeuchi 等，2001，新合并。

词源　氏：姓氏；矢野氏：以日本细菌学家矢野郁也教授姓氏命名，其首先在 TLC 上识别出第二大斑点，碱稳定的糖脂［SGL-1′，现在称为半乳糖醛酰神经酰胺（**galacturonosyl ceramide, GalA-GSL**）］。

Etymology　N. L. gen. n. *yanoikuyae*, of Yano Ikuya, named in honor of Professor Ikuya Yano, the Japanese bacteriologist who first recognized the second major spot of alkaline-stable glycolipid（SGL-1′, now known as galacturonosyl ceramide）on TLC.

鞘氨醇微菌属（*Sphingomicrobium*）Kämpfer 等，2012，新属；Shahina 等，2013 修改。此属已定 4 种。

词源　鞘氨醇：一种 18C 的氨基酸醇，2-氨基-十八烃-4-烯基-1,3-二醇，$CH_3(CH_2)_{12}CHCHCHOHCHNH_2CH_2OH$；微：微小的，微生物；菌：表示微小的事物，微生物（细菌、古菌、真菌）；微菌：微生物；属：属名的尾词；鞘氨醇微菌属：含鞘氨醇的微生物。

Etymology　N. L. n. *sphingosinum*（from Gr. gen. n. *sphingos*, of sphinx, and suff. *-ine*）, sphingosine; N. L. pref. *sphingo-*, pertaining to sphingosine; N. L. neut. n. *microbium*, microbe; N. L. neut. n. *Sphingomicrobium*, a sphingosine-containing microbe.

模式种　绿岛鞘氨醇微菌（*Sphingomicrobium lutaoense*）Kämpfer 等，2012，新种。

词源　绿岛：属于或来自绿岛的，中国台湾的一个岛。

Etymology　N. L. neut. adj. *lutaoense*, of or belonging to Lutao, an island of Taiwan.

Sequence accession no.（16S rRNA gene）for the type strain：XXX.

鞘氨醇单胞菌科(*Sphingomonadaceae*) Kosako 等,2000,新科。

模式属 鞘氨醇单胞菌属(*Sphingomonas*) Yabuuchi 等,1990,新属。

词源 鞘氨醇单胞菌属:此科之模式属;科:用于定义一个比属高、比目低的分类级和尾词;在中文科的命名中,把模式属属名中的尾字"属"代换为尾字"科",即为模式属所在的科名;鞘氨醇单胞菌科:鞘氨醇单胞菌属之科。

Etymology　N. L. fem. n. *Sphingomonas*, type genus of the family; L. suff. *-aceae*, ending to denote a family; N. L. fem. pl. n. *Sphingomonadaceae*, the *Sphingomonas* family.

鞘氨醇单胞菌目(*Sphingomonadales*) Yabuuchi and Kosako,2006,新目。

模式属 鞘氨醇单胞菌属(*Sphingomonas*) Yabuuchi 等,1990,新属。

词源 鞘氨醇单胞菌属:此目之模式属;目:用于定义一个比科高、比纲低的分类级和尾词;在中文目的命名中,把模式属属名中的尾字"属"代换为尾字"目",即为模式属所在的目名;鞘氨醇单胞菌目:鞘氨醇单胞菌属之目。

Etymology　N. L. masc. n. *Sphingomonas -adis*, type genus of the order; suff. *-ales*, ending denoting an order; N. L. fem. pl. n. *Sphingomonadales*, the *Sphingomonas* order.

鞘氨醇单胞菌属(*Sphingomonas*) Yabuuchi 等,1990,新属;Yabuuchi 等,1999 修改,Takeuchi 等,2001 修改,Yabuuchi 等,2002 修改,Busse 等,2003 修改,Chen 等,2012 修改。此属已定 89 种。

此属是鞘氨醇单胞菌目(*Sphingomonadales*) Yabuuchi and Kosako,2006,鞘氨醇单胞菌科(*Sphingomonadaceae*) Kosako 等,2000 的模式属。

词源 鞘氨醇:一种 18C 的氨基酸醇,2-氨基-十八烃-4-烯基-1,3-二醇,$CH_3(CH_2)_{12}CHCHCHOHCHNH_2CH_2OH$;单胞:单元,单细胞;菌:表示微小的事物,微生物(细菌、古菌、真菌);属:属名的尾词;鞘氨醇单胞菌属:含有鞘氨醇的单细胞生物。

Etymology　N. L. n. *sphingosinum* (from Gr. gen. n. *sphingos*, of sphinx, and suff. *-ine*), sphingosine; N. L. pref. *sphingo-*, pertaining to sphingosine; L. fem. n. *monas*, unit, monad; N. L. fem. n. *Sphingomonas*, a sphingosine-containing monad.

模式种 缈动鞘氨醇单胞菌(*Sphingomonas paucimobilis*) (Holmes 等,1977) Yabuuchi 等,1990,新合并。

词源 缈:缥缈的,虚无的,稀少的,寡的,不多的,一点点的;动:运动的,移动的,活动的,游动的;缈动:很少动的,意指很少运动的细胞。

Etymology　L. adj. *paucus*, few, little; L. adj. *mobilis*, movable, mobile; N. L. fem. adj. *paucimobilis*, intended to mean few motile cells.

鞘氨醇盒菌属(*Sphingopyxis*) Takeuchi 等,2001,新属;Baik 等,2013 修改。此属已定 22 种。

词源 鞘氨醇:一种 18C 的氨基酸醇,2-氨基-十八烃-4-烯基-1,3-二醇,

$CH_3(CH_2)_{12}CHCHCHOHCHNH_2CH_2OH$；盒：盒子，箱子；菌：表示微小的事物，微生物（细菌、古菌、真菌）；属：属名的尾词；鞘氨醇盒菌属：意指含鞘脂类生物的盒子。

Etymology　N. L. n. *sphingosinum*（from Gr. gen. n. *sphingos*, of sphinx, and suff. *-ine*）sphingosine; N. L. pref. *sphingo-*, pertaining to sphingosine; L. fem. n. *pyxis -idis*, box, case, container; N. L. fem. n. *Sphingopyxis*, intended to mean box of sphingolipid-containing life.

模式种　解聚乙二醇鞘氨醇盒菌（*Sphingopyxis macrogoltabida*）（Takeuchi 等，1993）Takeuchi 等，2001，新合并。

词源　解：分解的，溶解的，降解的，裂解的；聚乙二醇：**macrogol** 是一个商标，聚乙二醇产品；解聚乙二醇：溶解聚乙二醇的。

Etymology　N. L. n. *macrogol*, a trade name for a polyethylene glycol product; L. adj. *tabidus*, dissolving; N. L. fem. adj. *macrogoltabida*, polyethylene glycol dissolving.

鞘氨醇杆菌属（*Sphingorhabdus*）Jogler 等，2013，新属。此属已定 4 种。

词源　鞘氨醇：一种 18C 的氨基酸醇，2-氨基-十八烃-4-烯基-1,3-二醇，$CH_3(CH_2)_{12}CHCHCHOHCHNH_2CH_2OH$；杆：中国古代春米或捣衣的木棒，表示棒，棒形；菌：表示微小的事物，微生物（细菌、古菌、真菌）；属：属名的尾词；鞘氨醇杆菌属：含鞘氨醇的棒形生物。

Etymology　N. L. n. *sphingosinum*（from Gr. gen. n. *sphingos*, of sphinx and suff. *-ine*）, sphingosine; N. L. pref. *sphingo-*, pertaining to sphingosine; Gr. fem. n. *rhabdos*, rod; N. L. fem. n. *Sphingorhabdus*, a sphingosine-containing rod.

模式种　浮生鞘氨醇杆菌（*Sphingorhabdus planktonica*）Jogler 等，2013，新种。

词源　浮：浮游的，漂泊的，漂浮的，游荡的；生：生物，自然界中动物、植物和微生物等有生命的物体；浮生：浮游生物的，生活在浮游生物中的生命。

Etymology　N. L. fem. adj. *planktonica*（from Gr. adj. *planktos*, wandering）, living in the plankton, planktonic.

鞘氨醇胞菌属（*Sphingosinicella*）Maruyama 等，2006，新属；Geueke 等，2007 修改，Yasir 等，2010 修改。此属已定 4 种。

词源　鞘氨醇：一种 18C 的氨基酸醇，2-氨基-十八烃-4-烯基-1,3-二醇，$CH_3(CH_2)_{12}CHCHCHOHCHNH_2CH_2OH$；胞：细胞；菌：表示微小的事物，微生物（细菌、古菌、真菌）；属：属名的尾词；鞘氨醇胞菌属：含鞘氨醇的细胞生物。

Etymology　N. L. n. *sphingosinum*, sphingosine; L. fem. n. *cella*, a store-room and in biology a cell; N. L. fem. n. *Sphingosinicella*, sphinosine-containing cell.

模式种　吞微囊藻素鞘氨醇胞菌（*Sphingosinicella microcystinivorans*）Maruyama 等，2006，新种。

词源　吞:吞食的,吞噬的,大吃的,吞没的;微囊藻素:微囊藻毒素;吞微囊藻素:吞食微囊藻毒素的。

Etymology　N. L. n. *microcystinum*, microcystin; L. part. adj. *vorans*, devouring; N. L. part. adj. *microcystinivorans*, microcystin-devouring.

脊孢菌属(*Spinactinospora*)Chang 等,2011,新属。此属已定 1 种。

词源　脊:脊柱,脊椎,动植物的刺;孢:孢子;菌:表示微小的事物,微生物(细菌、古菌、真菌);属:属名的尾词;脊孢菌属:具有脊状孢子的放线菌。

Etymology　L. n. *spina*, spine; Gr. n. *actis actinos*, a ray; Gr. n. *spora*, a seed and in biology a spore; N. L. fem. n. *Spinactinospora*, an actinomycete with spiny spores.

模式种　耐碱脊孢菌(*Spinactinospora alkalitolerans*)Chang 等,2011,新种。

词源　耐:耐受的,忍耐的,持久的;碱:盐碱植物的灰分,碱性,碱类(阴离子全为氢氧根);耐碱:对碱有耐受性的。

Etymology　N. L. n. *alkali*, alkali; L. part. adj. *tolerans*, tolerating; N. L. part. adj. *alkalitolerans*, alkali-tolerating.

螺杆菌属(*Spiribacter*)Leon 等,2014,新属。此属已定 1 种。

词源　螺:螺旋,螺形;杆:棒;菌:表示微小的事物,微生物(细菌、古菌、真菌);属:属名的尾词;螺杆菌属:螺旋形的棒形生物。

Etymology　L. n. *spira*, a spiral; N. L. masc. n. *bacter*, a rod; N. L. masc. n. *Spiribacter*, spiral rod.

模式种　盐螺杆菌(*Spiribacter salinus*)Leon 等,2014,新种。

词源　盐:盐的,咸的。

Etymology　L. masc. adj. *salinus*, salted, salty.

小螺体科(*Spirillaceae*) Migula,1894,科。

模式属　小螺体属(*Spirillum*)Ehrenberg,1832,《1980 年细菌名确认单》,属。

词源　小螺体属:此科之模式属;科:用于定义一个比属高、比目低的分类级和尾词;在中文科的命名中,把属名中的尾字"属"代换为尾字"科",即为模式属所对应的科;小螺体科:小螺体属之科。

Etymology　N. L. neut. n. *Spirillum*, type genus of the family; L. suff. *-aceae*, ending to denote a family; N. L. fem. pl. n. *Spirillaceae*, the *Spirillum* family.

小螺体目(*Spirillales*) Prévot,1940,目。

模式属　小螺体属(*Spirillum*), Ehrenberg,1832,《1980 年细菌名确认单》,属。

词源　小螺体属:此目之模式属;目:用于定义一个比科高、比纲低的分类级和尾词;在中文目的命名中,把属名中的尾字"属"代换为尾字"目",即为模式属所对应的目;小螺体目:小螺体属之目。

Etymology　N. L. neut. n. *Spirillum*, type genus of the order; suff. *-ales*, ending denoting an order; N. L. fem. pl. n. *Spirillales*, the *Spirillum* order.

小螺体族(*Spirilleae*) Kluyver and van Niel,1936,族。

模式属　小螺体属(*Spirillum*) Ehrenberg,1832,《1980年细菌名确认单》,属。

词源　小螺体属:此族之模式属;族:原核生物分类的一个级别,现已停用;小螺体族:小螺体属之族。

Etymology　N. L. neut. n. *Spirillum*, type genus of the tribe; suff. *-eae*, ending to denote a tribe; N. L. fem. pl. n. *Spirilleae*, the *Spirillum* tribe.

小螺浮菌属(*Spirilliplanes*) Tamura 等,1997,新属。此属已定1种。

词源　小螺:与螺相对,表示比螺在尺寸上小,小螺形,小螺旋,小螺体;浮:浮游者,漂泊者,流浪者,漫无目的者;菌:表示微小的事物,微生物(细菌、古菌、真菌);属:属名的尾词;小螺浮菌属:具有小螺形浮游细胞的生物。

Etymology　N. L. dim. neut. n. *spirillum*, a small spiral; Gr. masc. n. *planes*, a wanderer; N. L. fem. (*sic*) n. *Spirilliplanes*, an organism with wandering cells, in spirals.

模式种　山梨小螺浮菌(*Spirilliplanes yamanashiensis*) Tamura 等,1997,新种。

词源　山梨:日本国山梨县,属于或与山梨县有关的,分离此生物土壤的来源地。

Etymology　N. L. fem. adj. *yamanashiensis*, of or pertaining to Yamanashi Prefecture, Japan, the source of soil from which the organism was isolated.

螺孢菌属(*Spirillospora*) Couch,1963,属。此属已定2种。

词源　螺:螺旋,螺形;孢:孢子;菌:表示微小的事物,微生物(细菌、古菌、真菌);属:属名的尾词;螺孢菌属:有孢子的螺旋形生物。

Etymology　L. n. *spira*, a spiral; N. L. dim. n. *spirillum*, a short spiral; Gr. fem. n. *spora*, a seed and, in biology, a spore; N. L. fem. n. *Spirillospora*, an organism with spores in spirals.

模式种　淡素螺孢菌(*Spirillospora albida*) Couch,1963,《1980年细菌名确认单》,种。

词源　淡:浅,薄,含某种成分少;素:白;淡素:稍微素色/白色的,有点素色/白色的。

Etymology　L. fem. adj. *albida*, whitish.

小螺体属(*Spirillum*) Ehrenberg,1832,属;Podkopaeva 等,2009 修改。此属已定2种。

此属是小螺体目(*Spirillales*) Prévot,1940,《1980年细菌名确认单》,小螺体科(*Spirillaceae*) Migula,1894,《1980年细菌名确认单》,小螺体族(*Spirilleae*) Kluyver and van Niel,1936,

《1980年细菌名确认单》的模式属。

词源 氏:姓氏;维诺格拉德斯基氏:俄罗斯微生物学家谢尔盖·N.维诺格拉德斯基的姓氏命名,其在化能无机自养微生物的研究上做出了巨大贡献。

Etymology　N. L. masc. gen. n. *winogradskyi*, of Winogradsky, named after Sergey N. Winogradsky, a Russian microbiologist who made a great contribution to the study of chemolithoautotrophic micro-organisms.

模式种　迂回小螺体(*Spirillum volutans*)Ehrenberg,1832,《1980年细菌名确认单》,种。

词源　迂回:翻滚,翻转,扭曲/旋转,翻腾,翻来覆去。小:细小的;螺:螺旋,螺形,螺体;小螺:与螺相对,表示尺寸比螺小,小螺旋,小螺形,小螺体;体:整体,身体,菌体,在微生物学属名中的作用与"菌"类似;属:属名的尾词;小螺体属:细小的螺旋形生物。

Etymology　L. part. adj. *volutans*(from L. v. *voluto*, roll, turn, twist, or tumble about), tumbling about. L. n. *spira*, a spiral; N. L. dim. neut. n. *Spirillum*, a small spiral.

由于模式种迂回小螺体当前已无法获得(即消失)了,因此2009年有人建议用**维诺格拉德斯基氏小螺体**取代作为模式种。

模式种　维诺格拉德斯基氏小螺体(*Spirillum winogradskyi*)Podkopaeva等,2009,新种。

螺旋体属(*Spirochaeta*)Ehrenberg,1835,《1980年细菌名确认单》,Pikuta等,2009修改,Miyazaki等,2014修改。此属已定21种,2亚种。

此属是**螺旋体目**(*Spirochaetales*)Buchanan,1917,《1980年细菌名确认单》和**螺旋体科**(*Spirochaetaceae*)Swellengrebel,1907,《1980年细菌名确认单》的模式属。

词源　螺:线圈,螺纹,螺体;旋:旋转,卷曲;体:整体,身体,物体,在原核微生物学中与菌的用法类似;属:属名的尾词;螺旋体属:类似卷发状(螺旋卷曲)的生物体。

Etymology　Gr. n. *speira*(Latin transliteration *spira*), a coil; Gr. fem. n. *chaitê*(Latin transliteration *chaeta*), hair; N. L. fem. n. *Spirochaeta*, coiled hair.

模式种　柔韧螺旋体(*Spirochaeta plicatilis*)Ehrenberg,1835,《1980年细菌名确认单》。折叠螺旋体(曾用名)。

词源　柔韧:灵活的,易弯曲的,柔顺的。

Etymology　L. fem. adj. *plicatilis*, flexible, pliable.

同义词　卷发菌属(直译名)。

同义词　"*Spirochoeta*"Dujardin,1841(orthographic variant of *Spirochaeta*),"*Spirochaete*"Cohn,1872(orthographic variant of *Spirochaeta*),"*Ehrenbergia*"Gieszczykiewiez,1939。

注1:此模式种已不存在了,因此(Canale-Parola),1981年要求用**密卷螺旋体**(*Spirochaeta stenostrepta*)取代柔韧螺旋体(*Spirochaeta plicatilis*)作为 *Spirochaeta* 的模式种,但根据《细菌学准则》(1990年修改版)规则18a,允许用一种描述记录取代模式种(permit a description to serve in place of a type culture),因此裁决委员会(the Judicial Commission)否决了此项提议。

注2:此属名直译为**卷发菌属**,表示螺旋形的生物。

螺旋体科(*Spirochaetaceae*)Swellengrebel,1907,科;Abt 等,2012(全部作者名单 Abt, Göker, Kyrpides and Klenk),Gupta 等,2014 修改。

模式属 螺旋体属(*Spirochaeta*)Ehrenberg,1835,《1980 年细菌名确认单》。

词源 螺旋体属:此科之模式属;科:用于定义一个比属高、比目低的分类级和尾词;在中文科的命名中,把属名中的尾字"属"代换为尾字"科",即为模式属所对应的科;螺旋体科:螺旋体属之科。

Etymology　N. L. neut. n. *Spirochaeta*, type genus of the family; L. suff. *-aceae*, ending to denote a family; N. L. fem. pl. n. *Spirochaetaceae*, the *Spirochaeta* family.

螺旋体目(*Spirochaetales*)Buchanan,1917,目;Gupta 等,2014 修改。

此目是螺旋体纲(*Spirochaetes*)Cavalier-Smith,2002 的模式目。

模式属 螺旋体属(*Spirochaeta*)Ehrenberg,1835,《1980 年细菌名确认单》,属。

词源 螺旋体属:此目之模式属;目:用于定义一个比科高、比纲低的分类级和尾词;在中文目的命名中,把属名中的尾字"属"代换为尾字"目",即为模式属所对应的目;螺旋体目:螺旋体属之目。

Etymology　N. L. fem. n. *Spirochaeta*, type genus of the order; suff. *-ales*, ending denoting an order; N. L. fem. pl. n. *Spirochaetales*, the *Spirochaeta* order.

螺旋体纲(*Spirochaetes*)Cavalier-Smith,2002,新纲。

模式目 螺旋体目(*Spirochaetales*)Buchanan,1917,《1980 年细菌名确认单》。

词源 螺旋体目:此纲之模式目;纲:(原核)生物分类的一个级别,门之下,目之上的一个分类级,纲之尾词;螺旋体纲:螺旋体目之纲。

Etymology　N. L. fem. pl. n. *Spirochaetales*, type order of the class; N. L. pl. n. *Spirochaetes*, the class of *Spirochaetales*.

螺原体属(*Spiroplasma*)Saglio 等,1973,属。此属已定 38 种。

此属是螺原体科(*Spiroplasmataceae*)(*ex* Skripal', 1974) Skripal', 1983 的模式属。

词源 螺:线圈,螺纹,螺体;原体:任何原始形成的或模塑的东西;属:属名的尾词;螺原体属:螺旋体。

Etymology　Gr. n. *speira* (Latin transliteration *spira*), a coil, spiral; Gr. neut. n. *plasma*, something formed or molded, a form, figure; N. L. neut. n. *Spiroplasma*, spiral form.

模式种 柑橘属螺原体(*Spiroplasma citri*)Saglio 等,1973,《1980 年细菌名确认单》,种。

词源 柑橘属:植物的一个属名,表示此生物分离的植物源属性。

Etymology　L. masc. n. *citrus*, the citrus; N. L. masc. n. *Citrus*, generic name; N. L. gen. n. *citri*, of *Citrus*, to denote the plant host.

螺原体科（*Spiroplasmataceae*）（*ex* Skripal'，1974）Skripal'，1983，新科，命名修改。

模式属　螺原体属（*Spiroplasma*）Saglio 等，1973，《1980 年细菌名确认单》。

词源　螺原体属：此科之模式属；科：用于定义一个比属高、比目低的分类级和尾词；在中文科的命名中，把属名中的尾字"属"代换为尾字"科"，即为模式属所对应的科；螺原体科：螺原体属之科。

Etymology　N. L. neut. n. *Spiroplasma -atos*, type genus of the family; L. suff. *-aceae*, ending to denote a family; N. L. fem. pl. n. *Spiroplasmataceae*, the *Spiroplasma* family.

螺体属（*Spirosoma*）Migula，1894，属；Finster 等，2009 修改，Ahn 等，2014 修改。此属已定 8 种。

此属是螺体科（*Spirosomaceae*）Larkin and Borrall，1978，《1980 年细菌名确认单》的模式属。

词源　螺：螺纹、螺旋、螺形；体：整体、身体、菌体；属：属名的尾词；螺体属：螺纹形的菌体。

Etymology　L. n. *spira*, coil; Gr. neut. n. *soma*, body; N. L. neut. n. *Spirosoma*, coiled body.

模式种　舌源螺体（*Spirosoma linguale*）Migula，1894，《1980 年细菌名确认单》。

词源　舌：舌头；源：来源；舌源：属于或来自舌头的。

Etymology　L. n. *lingua*, the tongue; L. neut. suff. *-ale*, suffix denoting pertaining to; N. L. neut. adj. *linguale*, of or pertaining to the tongue.

螺体科（*Spirosomaceae*）Larkin and Borrall，1978，科。

模式属　螺体属（*Spirosoma*）Migula，1894，《1980 年细菌名确认单》，属。

词源　螺体属：此科之模式属；科：用于定义一个比属高、比目低的分类级和尾词；在中文科的命名中，把属名中的尾字"属"代换为尾字"科"，即为模式属所对应的科；螺体科：螺体属之科。

Etymology　N. L. neut. n. *Spirosoma*, type genus of the family; L. suff. *-aceae*, ending to denote a family; N. L. fem. pl. n. *Spirosomaceae*, the *Spirosoma* family.

海绵杆菌属（*Spongiibacter*）Graeber 等，2008，新属；Jang 等，2011 修改。此属已定 3 种。

词源　海绵：多孔门或海绵门的多细胞动物，身体充满空隙和通道，允许水在其间穿透和循环；杆：棒；菌：表示微小的事物，微生物（细菌、古菌、真菌）；属：属名的尾词；海绵杆菌属：分离自海绵的棒形细菌。

Etymology　L. fem. n. *spongia*, sponge; N. L. masc. n. *bacter*, a rod; N. L. masc. n. *Spongiibacter*, a rod-shaped bacterium isolated from a sponge.

模式种　海海绵杆菌（*Spongiibacter marinus*）Graeber 等，2008，新种。

词源　海：海的，大海的，海洋的。

Etymology　L. masc. adj. *marinus*, of the sea, marine.

海绵小杆菌属（*Spongiibacterium*）Yoon and Oh, 2012, 新属；Gao 等, 2015 修改。此属已定 2 种。

词源　海绵：多孔门或海绵门的多细胞动物,身体充满空隙和通道,允许水在其间穿透和循环；小杆：小棒；菌：表示微小的事物,微生物（细菌、古菌、真菌）；属：属名的尾词；海绵小杆菌属：分离自海绵的小棒形细菌。

Etymology　L. fem. n. *spongia*, sponge; L. neut. n. *bacterium*, a rod; N. L. neut. n. *Spongiibacterium*, a rod-shaped bacterium isolated from a sponge.

模式种　黄色海绵小杆菌（*Spongiibacterium flavum*）Yoon and Oh, 2012, 新种。

词源　黄色：黄色,菌落或色素的颜色。

Etymology　L. neut. adj. *flavum*, yellow, the colour of colonies or pigment.

海绵单胞菌属（*Spongiimonas*）Yoon 等, 2014, 新属。此属已定 1 种。

词源　海绵：多孔门或海绵门的多细胞动物,身体充满空隙和通道,允许水在其间穿透和循环；单胞：单元,单细胞；菌：表示微小的事物,微生物（细菌、古菌、真菌）；属：属名的尾词；海绵单胞：分离自海绵的细菌（单细胞）；海绵单胞菌属：分离自海绵的细菌（单细胞）。

Etymology　L. n. *spongia*, a sponge; L. fem. n. *monas*, a unit, a monad; N. L. fem. n. *Spongiimonas*, a bacterium (unit) isolated from a sponge.

模式种　黄色海绵单胞菌（*Spongiimonas flava*）Yoon 等, 2014, 新种。

词源　黄色：金黄色的。

Etymology　L. fem. adj. *flava*, golden-yellow.

海绵螺体属（*Spongiispira*）Kaesler 等, 2008, 新属。此属已定 1 种。

词源　海绵：多孔门或海绵门的多细胞动物,身体充满空隙和通道,允许水在其间穿透和循环；螺：螺旋,螺形；体：整体,身体,菌体,在微生物学属名中的作用与"菌"类似；属：属名的尾词；海绵螺体属：来自海绵的螺形细菌。

Etymology　L. fem. n. *spongia*, sponge; L. fem. n. *spira*, curvature, spiral; N. L. fem. n. *Spongiispira*, spiral-shaped bacterium from a sponge.

模式种　挪威海绵螺体（*Spongiispira norvegica*）Kaesler 等, 2008, 新种。

词源　挪威：挪威的,指的是此模式株分离自挪威滨海的海绵中。

Etymology　N. L. fem. adj. *norvegica*, Norwegian, referring to the collection off the Norwegian coast of the sponge from which the type strain was isolated.

孢醋生菌属（*Sporacetigenium*）Chen 等, 2006, 新属。此属已定 1 种。

词源　孢：孢子；醋：醋酸,乙酸；生：生产,产生,制作；菌：表示微小的事物,微生物（细菌、古菌、真菌）；属：属名的尾词；孢醋生菌属：带孢子的醋酸产生菌。

Etymology Gr. n. *spora*, seed; L. n. *acetum*, vinegar; Gr. v. *gennao*, to produce; N. L. neut. n. *Sporacetigenium*, spored vinegar (acetate) producer.

模式种 嗜中孢醋生菌(*Sporacetigenium mesophilum*) Chen 等,2006,新种。

词源 嗜:嗜好的,喜好的,友好的,爱好的;中:中间的(温度),温和的,中等,不高不低的(温度);嗜中:嗜中温的,喜好不高不低温度的。

Etymology Gr. adj. *mesos*, middle, in the middle; N. L. adj. *philus -a -um* (from Gr. adj. *philos -ê -on*), friend, loving; N. L. neut. adj. *mesophilum*, friendly to the middle, mesophilic, referring to its preference for moderate temperatures.

孢厌氧杆菌属(*Sporanaerobacter*) Hernandez-Eugenio 等,2002,新属。此属已定 1 种。

词源 孢:孢子;厌:无,非;氧:空气,氧气;杆:棒;菌:表示微小的事物,微生物(细菌、古菌、真菌);属:属名的尾词;孢厌氧杆菌属:形成孢子的厌氧棒形生物。

Etymology N. L. n. *spora* (from Gr. n. *spora*, a seed), spore; Gr. pref. *an*, not; Gr. n. *aer aeros*, air; N. L. masc. n. *bacter*, rod, staff; N. L. masc. n. *Sporanaerobacter*, a sporeforming anaerobic rod.

模式种 醋生孢厌氧杆菌(*Sporanaerobacter acetigenes*) Hernandez-Eugenio 等,2002,新种。

词源 醋:醋酸,乙酸;生:生产,产生,制作;乙酸生:产生乙酸(盐)的。

Etymology L. n. *acetum*, vinegar, acetic acid; Gr. v. *gennaô*, produce, engender; N. L. adj. *acetigenes*, producing acetate.

鱼孢菌属(*Sporichthya*) Lechevalier 等,1968,属。此属已定 2 种。

此属是**鱼孢菌科**(*Sporichthyaceae*) Rainey 等,1997 的模式属。

词源 鱼:鱼类;孢:孢子;菌:表示微小的事物,微生物(细菌、古菌、真菌);属:属名的尾词;鱼孢菌属:具有鱼般孢子的生物。

Etymology Gr. n. *spora*, a seed and, in biology, a spore; Gr. n. *ikhthus*, fish; N. L. fem. n. *Sporichthya*, an organism with fish-like spores.

模式种 多形鱼孢菌(*Sporichthya polymorpha*) Lechevalier 等,1968,《1980 年细菌名确认单》,种。

词源 多形:多态,多姿,微生物具有许多形态。

Etymology N. L. fem. adj. *polymorpha* (from Gr. adj. *polumorphos -on*), multiform, polymorphic, microorganism having many shapes.

鱼孢菌科(*Sporichthyaceae*) Rainey 等,1997(全部作者名单 Rainey, Ward-Rainey and Stackebrandt),新科;Zhi 等,2009 修改。

模式属 鱼孢菌属(*Sporichthya*) Lechevalier 等,1968,《1980 年细菌名确认单》,属。

词源 鱼孢菌属:此科之模式属;科:用于定义一个比属高、比目低的分类级和尾词;在中文科的命名中,把模式属属名中的尾字"属"代换为尾字"科",即为模式属所在的科名;鱼孢菌科:鱼孢菌属之科。

Etymology N. L. fem. n. *Sporichthya*, type genus of the family; L. suff. *-aceae*, ending to denote a family; N. L. fem. pl. n. *Sporichthyaceae*, the *Sporichthya* family.

孢杆菌属(*Sporobacter*)Grech-Mora 等,1996,新属。此属已定 1 种。

词源 孢:孢子;杆:棒;菌:表示微小的事物,微生物(细菌、古菌、真菌);属:属名的尾词;孢杆菌属:形成孢子的棒形生物。

Etymology N. L. n. *spora* (from Gr. n. *spora*, a seed), a spore; N. L. masc. n. *bacter*, rod; N. L. masc. n. *Sporobacter*, a spore-forming rod.

模式种 白蚁孢杆菌(*Sporobacter termitidis*)Grech-Mora 等,1996,新种。

词源 白蚁:吃木头的蚂蚁;与白蚁有关的。

Etymology L. n. *termes -itis*, wood-eating worm; N. L. masc. adj. *termitidis*, pertaining to the termite.

孢小杆菌属(*Sporobacterium*)Mechichi 等,1999,新属。此属已定 1 种。

词源 孢:孢子;小杆:小棒;菌:表示微小的事物,微生物(细菌、古菌、真菌);属:属名的尾词;孢小杆菌属:形成孢子的小棒形生物。

Etymology Gr. n. *spora*, a seed and, in biology, a spore; L. neut. n. *bacterium*, rod; N. L. neut. n. *Sporobacterium*, spore-forming rod.

模式种 油孢小杆菌(*Sporobacterium olearium*)Mechichi 等,1999,新种。

词源 油:来自或属于油的,指的是与橄榄油相关的。

Etymology L. neut. adj. *olearium*, of or belonging to oil, related to olive oil.

孢噬胞菌属(*Sporocytophaga*)Stanier,1940,属。此属已定 1 种。

词源 孢:孢子;噬胞菌属:细菌的一个属名;孢噬胞菌属:形成孢子的噬胞菌属。

Etymology Gr. n. *spora*, a seed, and in biology a spore; N. L. fem. n. *Cytophaga*, genus name of a bacterium; N. L. fem. n. *Sporocytophaga*, sporing *Cytophaga*.

模式种 黏果菌属状孢噬胞菌(*Sporocytophaga myxococcoides*)(Krzemieniewska,1933)Stanier,1940,《1980 年细菌名确认单》。

词源 黏果菌属:细菌的一个属名;状:……形状,(看起来)像……类似……;黏果状菌属:类似黏果菌属的。

Etymology N. L. masc. n. *Myxococcus*, genus name of a bacterium; L. suff. *-oides* (from Gr. suff. *eides* from Gr. n. *eidos*, that which is seen, form, shape, figure), resembling, similar; N. L. fem. adj. *myxococcoides*, resembling *Myxococcus*.

孢卤杆菌属（*Sporohalobacter*）Oren 等，1988，新属。此属已定 2 种。

词源　孢：孢子；卤：卤素，卤（水），盐（水）；杆：棒；菌：表示微小的事物，微生物（细菌、古菌、真菌）；属：属名的尾词；孢卤杆菌属：产生孢子的盐生棒形生物。

Etymology　Gr. n. *spora*, seed; Gr. n. *hals halos*, salt; N. L. masc. n. *bacter*, a staff or rod; N. L. masc. n. *Sporohalobacter*, spore-producing salt rod.

模式种　劳特氏孢卤杆菌（*Sporohalobacter lortetii*）（Oren，1984）Oren 等，1988，新合并。

词源　氏：姓氏；劳特氏：以法国微生物学家 M.L. 劳特的姓氏命名。

Etymology　N. L. gen. n. *lortetii*, of Lortet, named after M.L. Lortet, a French microbiologist.

孢乳竿菌科（*Sporolactobacillaceae*）Ludwig 等，2010，新科。

模式属　孢乳竿菌属（*Sporolactobacillus*）Kitahara and Suzuki，1963，《1980 年细菌名确认单》，属。

词源　孢乳竿菌属：此科之模式属；科：用于定义一个比属高、比目低的分类级和尾词；在中文科的命名中，把模式属属名中的尾字"属"代换为尾字"科"，即为模式属所在的科名；孢乳竿菌科：孢乳竿菌属之科。

Etymology　N. L. masc. n. *Sporolactobacillus*, type genus of the family; suff. *-aceae*, ending to denote a family; N. L. fem. pl. n. *Sporolactobacillaceae*, family of the genus *Sporolactobacillus*.

孢乳竿菌属（*Sporolactobacillus*）Kitahara and Suzuki，1963，属。此属已定 10 种，2 亚种。

此属是孢乳竿菌科（*Sporolactobacillaceae*）Ludwig 等，2010 的模式属。

词源　孢：孢子；乳：奶，乳汁，乳液；竿：在本书中对译于拉丁文 ***bacillus***，表示棒形，以示与常见的"杆"的区别，表示以出芽孢为特征的棒形；菌：表示微小的事物，微生物（细菌、古菌、真菌）；属：属名的尾词；孢乳竿菌属：出芽孢的乳汁小棒形生物。

Etymology　Gr. n. *spora*, seed; L. n. *lac lactis*, milk; L. dim. n. *bacillus*, a small rod; N. L. masc. n. *Sporolactobacillus*, sporing milk rodlet.

模式种　菊糖孢乳竿菌（*Sporolactobacillus inulinus*）（Kitahara and Suzuki，1963）Kitahara and Lai，1967，种。

词源　菊糖：菊糖的，与菊糖有关的；菊糖，一种由植物产生的多糖，工业上尤其从菊苣中提取，属于果聚糖膳食纤维。

Etymology　N. L. n. *inulum*, inulin; N. L. masc. adj. *inulinus*, pertaining to inulin.

孢曲棒菌属（*Sporolituus*）Ogg and Patel，2009，新属。此属已定 1 种。

词源　孢：孢子；曲棒：弯曲的棒，弯木；菌：表示微小的事物，微生物（细菌、古菌、真菌）；属：属名的尾词；孢曲棒菌属：形成孢子的弯曲的棒形生物。

Etymology　Gr. fem. n. *spora*, a seed and, in biology, a spore; L. masc. n. *lituus*, a curved rod, crook; N. L. masc. n. *Sporolituus*, a spore-forming, curved rod.

模式种　嗜热孢曲棒菌(*Sporolituus thermophilus*)Ogg and Patel, 2009, 新种。

词源　嗜：嗜好的, 喜好的, 友好的, 爱好的; 热：高温, 温暖; 嗜热：喜好高温的, 喜好热的。

Etymology　Gr. fem. n. *thermê*, heat; N. L. adj. *philus -a -um* (from Gr. adj. *philos -ê -on*), loving; N. L. masc. adj. *thermophilus*, heat-loving.

孢芭蕉菌属(*Sporomusa*)Möller 等, 1985, 新属。此属已定 9 种。

词源　孢：孢子; 芭蕉：植物学科学属名, 芭蕉属, 香蕉; 菌：表示微小的事物, 微生物(细菌、古菌、真菌); 属：属名的尾词; 孢芭蕉菌属：带孢子的芭蕉/香蕉生物。

Etymology　G. n. *spora*, a seed, and in biology a spore; N. L. n. *Musa*, a scientific genus name, a banana (*Musa* spp.); N. L. fem. n. *Sporomusa*, spore-bearing banana.

模式种　球状孢芭蕉菌(*Sporomusa sphaeroides*)Möller 等, 1985, 新种。

词源　球：球形, 球体, 地球; 状：(看起来)像……, 类似; 球状：球形的, 指的是芽孢的形状。

Etymology　L. fem. adj. *sphaeroides*, spherical, referring to the shape of the endospore.

孢盐小杆菌属(*Sporosalibacterium*)Rezgui 等, 2011, 新属。此属已定 1 种。

词源　孢：孢子; 盐：食盐, 氯化钠, **NaCl**; 小杆：小棒; 菌：表示微小的事物, 微生物(细菌、古菌、真菌); 属：属名的尾词; 孢盐小杆菌属：中度适卤的产孢子棒形生物。

Etymology　Gr. n. *spora*, a seed and, in bacteriology, a spore; L. n. *sal salis*, salt; L. neut. n. *bacterium*, a rod; N. L. neut. n. *Sporosalibacterium*, a moderately halophilic sporulated rod.

模式种　艾尔佛瓦孢盐小杆菌(*Sporosalibacterium faouarense*)Rezgui 等, 2011, 新种。

词源　艾尔佛瓦：突尼斯南部的一个城市, 属于或来自艾尔佛瓦的, 此模式株的分离地。

Etymology　N. L. neut. adj. *faouarense*, of or belonging to the El Faouar area in south Tunisia, where the type strain was isolated.

孢八球菌属(*Sporosarcina*)Kluyver and van Niel, 1936, 属; Yoon 等, 2001 修改。此属已定 16 种。

词源　孢：孢子; 八球：八迭球, 八叠球, 表示成束的; 菌：表示微小的事物, 微生物(细菌、古菌、真菌); 属：属名的尾词; 孢八球菌属：形成孢子束的生物。

Etymology　Gr. n. *spora*, a spore; L. fem. n. *sarcina*, a package, bundle; N. L. fem. n. *Sporosarcina*, a sporeforming package.

模式种　尿素孢八球菌(*Sporosarcina ureae*)(Beijerinck, 1901)Kluyver and van Niel, 1936,《1980 年细菌名确认单》, 种。

词源　尿素：脲, 尿素; 尿素的。

Etymology N. L. n. *urea*, urea; N. L. gen. n. *ureae*, of urea.

同义词 "*Sporosarcina*" Orla-Jensen,1909。

孢针菌属(*Sporotalea*)Boga 等,2007,新属。此属已定 1 种。

此属 2012 年已被归属到→**淖弯菌属**(*Pelosinus*)Shelobolina 等,2007。

词源 孢:孢子;针:纤细的杆或棒;菌:表示微小的事物,微生物(细菌、古菌、真菌);属:属名的尾词;孢针菌属:形成孢子的,针棒形的细菌。

Etymology Gr. n. *spora*, a seed and in biology a spore; L. fem. n. *talea*, a thin rod or stick; N. L. fem. n. *Sporotalea*, a spore-forming, stick-shaped bacterium.

模式种 丙酸滋孢针菌(*Sporotalea propionica*)Boga 等,2007,新种。

此种 2012 年已归种到→**丙酸滋淖弯菌**(*Pelosinus propionica*)(Boga 等,2007)Moe 等,2012,新合并。

词源 丙酸:CH_3CH_2COOH;滋:滋生;丙酸滋:与丙酸有关的,此生物从各种底物培养中均可产生丙酸。

Etymology N. L. neut. n. *acidum propionicum*, propionic acid; N. L. fem. adj. *propionica*, pertaining to propionic acid, which the organism produces from various substrates.

注 丙酸滋淖弯菌(*Pelosinus propionica*)的拉丁文种名有误,应为**丙酸滋淖弯菌**(*Pelosinus propionicus*)。

孢肠菌属(*Sporotomaculum*) Brauman 等,1998,新属。此属已定 2 种。

词源 孢:孢子;肠:香肠,腊肠,灌肠,一类香肠;菌:表示微小的事物,微生物(细菌、古菌、真菌);属:属名的尾词;孢肠菌属:形成孢子的肠形生物。

Etymology N. L. n. *spora* (from Gr. n. *spora*, seed), spore; L. n. *tomaculum*, sausage; N. L. neut. n. *Sporotomaculum*, a spore forming sausage-shaped organism.

模式种 羟基苯甲酸滋孢肠菌(*Sporotomaculum hydroxybenzoicum*)Brauman 等,1998,新种。

词源 羟基苯甲酸滋:指的是以羟基苯甲酸为唯一碳源和能源的。

Etymology N. L. neut. adj. *hydroxybenzoicum*, referring to hydroxybenzoic acid which is used as sole carbon and energy source.

St

斯塔克布兰德氏菌属(*Stackebrandtia*)Labeda and Kroppenstedt,2005,新属;Wang 等,2009 修改。此属已定 2 种。

词源 氏:姓氏;斯塔克布兰德氏:以德国微生物学家埃库·斯塔克布兰德(1944—)的姓氏命名,其对包括放线菌在内的原核生物分子系统分类学有突出的贡献;斯塔克布兰德现任是德国国家菌种保藏中心主任;菌:表示微小的事物,微生物(细菌、古菌、真菌);属:属名的尾词;斯塔克布兰德氏菌属:以斯塔克布兰德姓氏命名的生物。

Etymology   N. L. fem. n. *Stackebrandtia*, named for Erko Stackebrandt, a German microbiologist who has contributed significantly to the molecular systematics of prokaryotes, including actinobacteria.

模式种   拿骚斯塔克布兰德氏菌(*Stackebrandtia nassauensis*)Labeda and Kroppenstedt,2005,新种。

词源   拿骚:以巴哈马首都拿骚命名,属于或来自拿骚的,此模式株的分离源。

Etymology   N. L. fem. adj. *nassauensis*, of or pertaining to Nassau, named after the place of origin of the type strain, Nassau, Providence, Bahamas.

海环国重菌属(*Stakelama*)Chen 等,2010,新属。此属已定 2 种。

词源   海环国重:海洋环境科学国家重点实验室的随机简写;菌:表示微小的事物,微生物(细菌、古菌、真菌);属:属名的尾词;海环国重菌属:与海环国重有关的生物。

Etymology   N. L. fem. n. *Stakelama*, arbitrary name derived from State Key Laboratory of Marine Environment Science.

模式种   太平海环国重菌(*Stakelama pacifica*)Chen 等,2010,新种。

词源   太平:平安,和平,太平洋,地球四大洋之一,与太平洋有关的,指的是此生物从太平洋分离的。

Etymology   L. fem. adj. *pacifica*, peaceful, referring to the Pacific Ocean, the origin of the type strain.

斯特利氏菌属(*Staleya*)Labrenz 等,2000,新属。此属已定 1 种。

此属 2007 年已归属到→亚硫酸盐杆菌属(*Sulfitobacter*)Sorokin,1996。

词源   氏:姓氏;斯特利氏:以美国微生物学家 J.T.斯特利的姓氏命名,以记述他在出芽和带附器细菌中的出色研究,以及他对极地微生物学的贡献;菌:表示微小的事物,微生物(细菌、古菌、真菌);属:属名的尾词;斯特利氏菌属:以斯特利姓氏命名的生物。

Etymology   N. L. fem. n. *Staleya*, named after the American microbiologist J.T. Staley in recognition of his work on budding and appendaged bacteria and his contributions to polar microbiology.

模式种   滴形斯特利氏菌(*Staleya guttiformis*)Labrenz 等,2000,新种。

此种 2007 年已归种到→滴形亚硫酸盐杆菌(*Sulfitobacter guttiformis*)(Labrenz 等,2000)Yoon 等,2007,新合并。

词源   滴:水滴;形:状,形状,外形,外貌,形容某物在外貌上像……;滴形:外形像水滴的,滴状的。

Etymology   L. n. *gutta*, a drop; L. adj. suff. *-formis -is -e* (from L. n. *forma*, figure, shape, appearance), -like, in the shape of; N. L. fem. adj. *guttiformis*, drop-shaped.

推荐的属名三字母简写   Stl.见"命名规则:属名简写"[属名简写三字母准则(Three-letter code for abbreviations of generic names)]。

斯塔尼尔姓菌属(*Stanierella*)Nedashkovskaya 等,2005,新属。此属已定 1 种。

此属 2006 年已归属到→海水菌属(*Aquimarina*)Nedashkovskaya 等,2005,新属。

词源　姓:姓氏;斯塔尼尔姓:以加拿大微生物学家罗格·Y.斯塔尼尔(1916—1982)的姓氏命名,纪念他在发展海洋微生物学家和噬胞菌类细菌分类学中作出的重要贡献;菌:表示微小的事物,微生物(细菌、古菌、真菌);属:属名的尾词;斯塔尼尔姓菌属:以斯塔尼尔的姓氏命名的生物。

Etymology　N. L. fem. dim. n. *Stanierella*, named in honour of the famous Canadian microbiologist Roger Y. Stanier (1916—1982), for his important contributions to the development of marine microbiology and the taxonomy of the *Cytophaga*-like bacteria.

模式种　小砖斯塔尼尔姓菌(*Stanierella latercula*)(Lewin,1969)Nedashkovskaya 等,2005,新种。

此种 2006 年已归种到→小砖海水菌(*Aquimarina latercula*)(Lewin,1969)Nedashkovskaya 等,2006,新合并。

词源　小砖:小砖块,小砖头,即砖形的,砖红色的。

Etymology　L. masc. dim. n. *laterculus*, a small brick; N. L. fem. adj. *latercula*, brick-like, brick-red colour.

葡萄果菌科(*Staphylococcaceae*)Schleifer and Bell,2010,新科。

模式属　葡萄果菌属(*Staphylococcus*)Rosenbach,1884,《1980 年细菌名确认单》,属。

词源　葡萄果菌属:此科之模式属;科:用于定义一个比属高、比目低的分类级和尾词;在中文科的命名中,把模式属属名中的尾字"属"代换为尾字"科",即为模式属所在的科名;葡萄果菌科:葡萄果菌属之科。

Etymology　N. L. masc. n. *Staphylococcus*, type genus of the family; suff. -*aceae*, ending to denote a family; N. L. fem. pl. n. *Staphylococcaceae*, family of the genus *Staphylococcus*.

葡萄果菌族(*Staphylococceae*)Prévot,1940,族。

模式属　葡萄果菌属(*Staphylococcus*)Rosenbach,1884,《1980 年细菌名确认单》,属。

词源　葡萄果菌属:此族之模式属;族:原核生物分类的一个级别,现已停用;葡萄果菌族:葡萄果菌属之族。

Etymology　N. L. masc. n. *Staphylococcus*, type genus of the tribe; suff. -*eae*, ending to denote a tribe; N. L. fem. pl. n. *Staphylococceae*, the *Staphylococcus* tribe.

葡萄果菌属(*Staphylococcus*)Rosenbach,1884,属。此属已定 51 种,27 亚种。

此属是葡萄果菌科(*Staphylococcaceae*)Schleifer and Bell,2010,葡萄果菌族(*Staphylococceae*)Prévot,1940,《1980 年细菌名确认单》的模式属。

词源　葡萄：葡萄串；果：浆果，表示浆果形（圆球或椭球）；菌：表示微小的事物，微生物（细菌、古菌、真菌）；属：属名的尾词；葡萄果菌属：像葡萄（串）的浆果形生物。

Etymology　Gr. n. *staphulê*, bunch of grapes; N. L. masc. n. *coccus* (from Gr. masc. n. *kokkos*, grain, seed), coccus; N. L. masc. n. *Staphylococcus*, the grape-like coccus.

模式种　金色葡萄果菌（*Staphylococcus aureus*）Rosenbach, 1884,《1980年细菌名确认单》, 种。

词源　金色：金色的，金黄色的。

Etymology　L. masc. adj. *aureus*, golden.

同义词　"*Aurococcus*" Winslow and Rogers, 1906。

注：此属名的传统名字是葡萄球菌属，此模式种的传统中文名字是金黄色葡萄球菌。

葡萄热菌属（*Staphylothermus*）Stetter and Fiala, 1986, 新属。此属已定2种。

词源　葡萄：葡萄串；热：高温的，烫的；菌：表示微小的事物，微生物（细菌、古菌、真菌）；属：属名的尾词；葡萄热菌属：形成葡萄串的嗜热生物。

Etymology　Gr. n. *staphulê*, bunch of grapes; Gr. masc. adj. *thermos*, hot; N. L. masc. n. *Staphylothermus*, grape (-forming) thermophile.

模式种　海葡萄热菌（*Staphylothermus marinus*）Stetter and Fiala, 1986, 新种。

词源　海：海的，大海的，海洋的。

Etymology　L. masc. adj. *marinus*, of the sea, marine.

斯塔普氏菌属（*Stappia*）Uchino等, 1999, 新属；Biebl等, 2007修改。此属已定6种。

词源　氏：姓氏；斯塔普氏：以比利时微生物学家斯塔普的姓氏命名，以示对其尊敬，他对海菌种，农小杆菌属（*Agrobacterium*）的分类学有贡献；菌：表示微小的事物，微生物（细菌、古菌、真菌）；属：属名的尾词；斯塔普氏菌属：以斯塔普姓氏命名的生物。

Etymology　N. L. fem. n. *Stappia*, honoring Stapp, a Belgian microbiologist for his contribution to the taxonomy of marine species of *Agrobacterium*.

模式种　繁星斯塔普氏菌（*Stappia stellulata*）（Rüger and Höfle, 1992）Uchino等, 1999, 新合并。

词源　繁星：繁星满天的，布满星星的，此处是星形的。

Etymology　L. fem. adj. *stellulata*, starry, here star-shaped.

斯塔基氏菌属（*Starkeya*）Kelly等, 2000, 新属。此属已定2种。

词源　氏：姓氏；斯塔基氏：以罗伯特·L. 斯塔基的姓氏命名，其对研究土壤微生物学家和硫生物化学有重要贡献；菌：表示微小的事物，微生物（细菌、古菌、真菌）；属：属名的尾词；斯塔基氏菌属：以斯塔基姓氏命名的生物。

Etymology　N. L. fem. n. *Starkeya*, named after Robert L. Starkey, who made important

contributions to the study of soil microbiology and sulfur biochemistry.
模式种　新斯塔基氏菌（*Starkeya novella*）（Starkey,1934）Kelly 等,2000,新合并。
词源　新：新的。
Etymology　L. fem. adj. *novella*, new.

星菌属（*Stella*）Vasilyeva,1985,新属。此属已定 2 种。

词源　星：星星；菌：表示微小的事物,微生物（细菌、古菌、真菌）；属：属名的尾词；星菌属：表示细胞（菌落）呈现星形的形态。
Etymology　L. fem. n. *Stella*, a star, to denote star-shaped morphology of cells.
模式种　腐质星菌（*Stella humosa*）Vasilyeva,1985,新种。
词源　腐：腐殖质,腐土；质：质地；腐质：意即与土壤或土地有关的。
Etymology　L. n. *humus*, soil, earth; L. masc. suff. *-osus -a -um*, suffix used with the sense of full of, prone to; N. L. fem. adj. *humosa*, intended to mean pertaining to soil or earth.

窄热杆菌属（*Stenothermobacter*）Lau 等,2006,新属。此属已定 1 种。

此属 2012 年已归属到→**非滑菌属**（*Nonlabens*）Lau 等,2005,新属。
词源　窄：狭窄的；热：热的,高温的；杆：棒；菌：表示微小的事物,微生物（细菌、古菌、真菌）；属：属名的尾词；窄热杆菌属：温度范围很窄的棒形生物,此模式菌株的生长温度范围很窄。
Etymology　Gr. adj. *stenos*, narrow; Gr. adj. *thermos*, hot; N. L. masc. n. *bacter*, rod; N. L. masc. n. *Stenothermobacter*, a rod with narrow temperature range, pertaining to the narrow temperature range that supports growth of the type strain.
模式种　海绵窄热杆菌（*Stenothermobacter spongiae*）Lau 等,2006,新种。
此种 2012 年已归种为→**海绵非滑菌**（*Nonlabens spongiae*）（Lau 等,2006）Yi and Chun,2012,新合并。
词源　海绵：多孔门或海绵门的多细胞动物,身体充满空隙和通道,允许水在其间穿透和循环,与此模式株的分离源有关的。
Etymology　L. gen. n. *spongiae*, of a sponge, pertaining to the isolation source of the type strain.

窄营单胞菌属（*Stenotrophomonas*）Palleroni and Bradbury,1993,新属。此属已定 13 种。

词源　窄：狭窄的；营：营养；单胞：单元,单细胞；菌：表示微小的事物,微生物（细菌、古菌、真菌）；属：属名的尾词；窄营单胞菌属：以很少的底物作为营养的单细胞生物。
Etymology　Gr. adj. *stenos*, narrow; Gr. n. *trophos*, feeder, rearer, one who feeds; Gr. fem. n. *monas*, a unit, monad; N. L. fem. n. *Stenotrophomonas*, a unit feeding on few substrates.

模式种 嗜麦芽窄营单胞菌(*Stenotrophomonas maltophilia*)(Hugh,1981)Palleroni and Bradbury,1993,新合并。

词源 嗜:喜,爱,爱好,喜好,嗜好,友好;麦芽:麦子长出的芽;嗜麦芽:喜好麦芽的。

Etymology N. L. n. *maltum*, malt; Gr. n. *philia*, friendship; N. L. n. *maltophilia*, intended to mean friend of malt.

窄氧杆菌属(*Stenoxybacter*)Wertz and Breznak,2008,新属。此属已定1种。

词源 窄:狭窄的;氧:氧气;杆:棒;菌:表示微小的事物,微生物(细菌、古菌、真菌);属:属名的尾词;窄氧杆菌属:生长氧度范围很窄的棒形生物。

Etymology Gr. adj. *stenos*, narrow; Gr. adj. *oxus*, acid or sour and in combined words indicating oxygen; N. L. masc. n. *bacter*, rod; N. L. masc. n. *Stenoxybacter*, rod with a narrow oxygen range.

模式种 吞醋窄氧杆菌(*Stenoxybacter acetivorans*)Wertz and Breznak,2008,新种。

词源 吞:吞食的,吞噬的,大吃的,吞没的;醋:醋的,醋酸的,乙酸的;吞醋:消耗醋(乙酸)的。

Etymology L. n. *acetum*, vinegar; L. part. adj. *vorans*, devouring; N. L. part. adj. *acetivorans*, vinegar (acetate) consuming.

甾类杆菌属(*Steroidobacter*)Fahrbach等,2008,新属。此属已定2种。

词源 甾类:甾类化合物,类固醇;杆:棒;菌:表示微小的事物,微生物(细菌、古菌、真菌);属:属名的尾词;甾类杆菌属:降解甾类化合物的棒形细菌。

Etymology N. Gr. n. *steroides*, a steroid; N. L. masc. n. *bacter*, a rod; N. L. masc. n. *Steroidobacter*, rod-shaped bacterium that degrades steroids.

模式种 脱硝甾类杆菌(*Steroidobacter denitrificans*)Fahrbach等,2008,新种。

词源 脱硝:反硝化,硝化的一种反过程,脱氮,除氮,脱除氮的一种作用。

Etymology N. L. v. *denitrifico*, to denitrify; N. L. part. adj. *denitrificans*, denitrifying.

甾酮小杆菌属(*Sterolibacterium*)Tarlera and Denner,2003,新属。此属已定1种。

词源 甾酮:固醇,甾醇;小杆:小棒;菌:表示微小的事物,微生物(细菌、古菌、真菌);属:属名的尾词;甾酮小杆菌属:利用甾醇/固醇的小棒形生物。

Etymology N. L. neut. n. *sterolum*, sterol; L. neut. n. *bacterium*, small rod; N. L. neut. n. *Sterolibacterium*, sterol-utilizing small rod.

模式种 脱硝甾酮小杆菌(*Sterolibacterium denitrificans*)Tarlera and Denner,2003,新种。

词源 脱硝:反硝化,硝化的一种反过程,脱氮,除氮,脱除氮的一种作用。

Etymology N. L. part. adj. *denitrificans*, denitrifying.

斯泰特氏菌属(*Stetteria*)Jochimsen 等,1998(全部作者名单 Jochimsen, Peinemann-Simon and Thomm),新属。此属已定 1 种。

词源　氏:姓氏;斯泰特氏:以卡尔·奥拓·斯泰特的姓氏命名;菌:表示微小的事物,微生物(细菌、古菌、真菌);属:属名的尾词;斯泰特氏菌属:以斯泰特姓氏命名的生物。

Etymology　N. L. fem. n. *Stetteria*, named after Karl Otto Stetter.

模式种　嗜氢斯泰特氏菌(*Stetteria hydrogenophila*)Jochimsen 等,1998,新种。

词源　嗜:喜的,爱的,爱好的,喜好的,嗜好的,友好的;氢:元素氢,**H**,氢气,产水(因为氢与氧结合产生水,因此新拉丁文的本意即为产水);嗜氢:喜好氢/氢气的。

Etymology　N. L. n. *hydrogenum* (from Gr. n. *hudôr*, water; and Gr. v. *gennaô*, to produce), hydrogen (that which produces water, so called because it forms water when exposed to oxygen); N. L. fem. adj. *phila* (from Gr. fem. adj. *philê*), friend, loving; N. L. fem. adj. *hydrogenophila*, like hydrogen since growth depends upon on hydrogen.

锑杆菌属(*Stibiobacter*)Lyalikova,1974,属。此属已定 1 种。

模式种　方锑矿锑杆菌(*Stibiobacter senarmontii*)Lyalikova,1974,《1980 年细菌名确认单》。

词源　锑:一种金属元素 Sb;杆:棒;菌:表示微小的事物,微生物(细菌、古菌、真菌);属:属名的尾词;锑杆菌属:从锑矿种分离的棒形生物。

注:此菌发表原文为俄文。这也说明,其实发表论文的文字形式其实并不决定性的,让人看得懂的真实的原创创新即可。

斑菌属(*Stigmatella*)Berkeley and Curtis,1875,属。此属已定 3 种。

词源　斑:斑点,标记,烙印;菌:表示微小的事物,微生物(细菌、古菌、真菌);属:属名的尾词;斑菌属:小的暗色的斑点生物。

Etymology　L. neut. n. *stigma -atis*, brand, mark; L. fem. dim. ending *-ella*; N. L. fem. n. *Stigmatella*, small dark spot.

模式种　金橙色斑菌(*Stigmatella aurantiaca*)Berkeley and Curtis,1875,《1980 年细菌名确认单》。

词源　金橙色:(如同金子般)闪亮的橙色。

Etymology　N. L. fem. adj. *aurantiaca*, orange colored.

真线藻目(*Stigonematales*)(*ex* Geitler,1925)Cavalier-Smith,2002,新目,命名修改。

模式属　真线藻属("*Stigonema*")Agardh,1824。

同义词　("*Stigonematales*")Geitler,1925。

词源　真线藻属:此目之模式属;目:用于定义一个比科高、比纲低的分类级和尾词;在中文目的命名中,把属名中的尾字"属"代换为尾字"目",即为模式属所对应的目;真线藻目:真线藻属之目。

Etymology　N. L. neut. n. "*Stigonema*", type genus of the order; suff. *-ales*, ending denoting an order; N. L. fem. pl. n. *Stigonematales*, the "*Stigonema*" order.

注：模式属("*Stigonema*")并没有出现在《1980 年细菌名确认单》上,自从 1980 年 1 月 1 日以来,也没有得到合格发表,因此此目也是不合格发表。

口茎菌属(*Stomatobaculum*)Sizova 等,2013,新属。此属已定 1 种。

词源　口：口腔,嘴；茎：棒；菌：表示微小的事物,微生物(细菌、古菌、真菌)；属：属名的尾词；口茎菌属：口腔/嘴巴棒形生物,因为此生物最先从人的口腔分离出来。

Etymology　Gr. n. *stoma -atos*, mouth; L. neut. n. *baculum*, stick, rod; N. L. neut. n. *Stomatobaculum*, mouth rod, because the organism was first isolated from the human mouth.

模式种　长口茎菌(*Stomatobaculum longum*)Sizova 等,2013,新种。

词源　长：长的,形态(尺寸)长的。

Etymology　L. neut. adj. *longum*, long(in shape)。

口果菌属(*Stomatococcus*)Bergan and Kocur,1982,新属。此属已定 1 种。

此属 2000 年已归属到→**逻丝氏菌属**(*Rothia*)Georg and Brown,1967,《1980 年细菌名确认单》,属。

词源　口：口腔,嘴；果：浆果,表示浆果形(圆球或椭球)；菌：表示微小的事物,微生物(细菌、古菌、真菌)；属：属名的尾词；口果菌属：与口腔有关的浆果形生物。

Etymology　Gr. n. *stoma -atos*, mouth; N. L. masc. n. *coccus*(from Gr. masc. n. *kokkos*, a berry), coccus; N. L. masc. n. *Stomatococcus*, coccus pertaining to the mouth.

模式种　黏滑口果菌(*Stomatococcus mucilaginosus*)(*ex* Migula,1900)Bergan and Kocur,1982,新种。

此种 2000 年已归种到→**黏滑逻丝氏菌**(*Rothia mucilaginosa*)(Bergan and Kocur,1982)Collins 等,2000,新合并。

词源　黏滑：滑腻腻的。

Etymology　L. masc. adj. *mucilaginosus*, slimy.

链嗜酸菌属(*Streptacidiphilus*)Kim 等,2003,新属。此属已定 10 种。

词源　链：链条/链子等柔韧易弯曲的,绳索等环节连套而成的；嗜：嗜好的,喜好的,友好的,爱好的；酸：醋,像醋一样的味道,酸味,化学中在水溶液中能产生氢离子的化合物；嗜酸：嗜好酸的,喜好酸的；菌：表示微小的事物,微生物(细菌、古菌、真菌)；属：属名的尾词；链嗜酸菌属：链接在一起的,喜酸的生物。

Etymology　Gr. adj. *streptos*, pliant, easily twisted; N. L. neut. n. *acidum*(from L. adj. *acidus -a -um*, sour), an acid; N. L. adj. *philus -a -um*(from Gr. adj. *philos -ê -on*), friend, loving; N. L. masc. n.

Streptacidiphilus, twisted, acid-loving.

模式种 素色链嗜酸菌（*Streptacidiphilus albus*）Kim 等，2003，新种。

词源 素色：素色的，白色的。

Etymology L. masc. adj. *albus*, white.

Streptimonospora – 见：链单孢菌属（*Streptomonospora*）

链异垒菌属（*Streptoalloteichus*）（*ex* Tomita 等，1978）Tomita 等，1987，新属，命名修改；Tamura 等，2008 修改。此属已定 2 种。

词源 链：链条/链子等柔韧易弯曲的，绳索等环节连套而成的；异：不同的；垒：加强了的墙壁；菌：表示微小的事物，微生物（细菌、古菌、真菌）；微菌：微生物；属：属名的尾词；链异垒菌属：链接在一起的具有不同细胞壁的生物。

Etymology Gr. adj. *streptos*, bent; Gr. adj. *allos*, different; Gr. n. *teichos*, wall; N. L. masc. n. *Streptoalloteichus*, intended to mean streptomycete with different wall.

模式种 印度斯坦链异垒菌（*Streptoalloteichus hindustanus*）（*ex* Tomita 等，1978）Tomita 等，1987，新种，命名修改。

词源 印度斯坦：属于或来自印度斯坦的，一个印度的西部区地名。

Etymology N. L. masc. adj. *hindustanus*, of or belonging to Hindustan, northwest district of India.

同义词 "*Streptoalloteichus*" Tomita 等，1978。

链竿菌属（*Streptobacillus*）Levaditi 等，1925，属；Woo 等，2014 修改。此属已定 3 种。

词源 链：链条/链子等柔韧易弯曲的，绳索等环节连套而成的；竿：在本书中对译于拉丁文 ***bacillus***，表示棒形，以示与常见的"杆"的区别，表示以出芽孢为特征的棒形；菌：表示微小的事物，微生物（细菌、古菌、真菌）；属：属名的尾词；链竿菌属：扭链在一起的或弯曲的小竿/棒形生物。

Etymology Gr. adj. *streptos*, twisted, curved; L. masc. n. *bacillus*, a small rod; N. L. masc. n. *Streptobacillus*, a twisted or curved small rod.

模式种 项链形链竿菌（*Streptobacillus moniliformis*）Levaditi 等，1925，《1980 年细菌名确认单》，种。

词源 项链：项圈，挂脖子或颈部的链条形的首饰；形：状，形状，外形，外貌，形容某物在外貌上像……；项链形：像项链的。

Etymology L. n. *monile*, necklace; L. masc. suff. *-formis -is -e*（from L. n. *forma*, figure, shape, appearance），-like, in the shape of; N. L. masc. adj. *moniliformis*, necklace-shaped.

同义词 Not "*Streptobacillus*" Ucke 1898，"*Haverhillia*" Parker and Hudson，1926。

注：以往中文常用名链杆菌属，链芽孢杆菌属等。

链果菌科（*Streptococcaceae*）Deibel and Seeley, 1974, 科。

模式属 链果菌属（*Streptococcus*）Rosenbach, 1884,《1980 年细菌名确认单》, 属。

词源 链果菌属: 此科之模式属; 科: 用于定义一个比属高、比目低的分类级和尾词; 在中文科的命名中, 把模式属属名中的尾字"属"代换为尾字"科", 即为模式属所在的科名; 链果菌科: 链果菌属之科。

Etymology N. L. masc. n. *Streptococcus*, type genus of the family; L. suff. *-aceae*, ending to denote a family; N. L. fem. pl. n. *Streptococcaceae*, the *Streptococcus* family.

链果菌族（*Streptococceae*）Trevisan, 1889, 族。

模式属 链果菌属（*Streptococcus*）Rosenbach, 1884,《1980 年细菌名确认单》, 属。

词源 链果菌属: 此族之模式属; 族: 原核生物分类的一个级别, 现已停用; 沙雷氏族: 沙雷氏属之族。

Etymology N. L. masc. n. *Streptococcus*, type genus of the tribe; suff. *-eae*, ending to denote a tribe; N. L. fem. pl. n. *Streptococceae*, the *Streptococcus* tribe.

链果菌属（*Streptococcus*）Rosenbach, 1884, 属。此属已定 110 种, 22 亚种。

此属是链果菌科（*Streptococcaceae*）Deibel and Seeley, 1974,《1980 年细菌名确认单》和链果菌族（*Streptococceae*）Trevisan, 1889,《1980 年细菌名确认单》的模式属。

词源 链: 链条/链子等柔韧易弯曲的, 绳索等环节连套而成的; 果: 浆果, 表示浆果形（圆球或椭球）; 菌: 表示微小的事物, 微生物（细菌、古菌、真菌）; 属: 属名的尾词; 链果菌属: 链形柔软易弯曲的浆果形生物。

Etymology Gr. adj. *streptos*, pliant; N. L. masc. n. *coccus*（from Gr. masc. n. *kokkos*, grain, seed）, coccus; N. L. masc. n. *Streptococcus*, pliant coccus.

模式种 脓生链果菌（*Streptococcus pyogenes*）Rosenbach, 1884,《1980 年细菌名确认单》, 种。

词源 脓: 脓疮, 脓肿, 脓水, 来自创伤的; 生: 产, 生产, 生成, 产生, 导致, 源自……; 脓生: 脓生成的。

Etymology Gr. n. *puon*（Latin transliteration *pyum*）, discharge from a sore, pus; Gr. suff. *-genes*（from Gr. v. *gennaô*）, producing; N. L. masc. adj. *pyogenes*, pus-producing.

注: 此属生物容易引发丹毒, 急性皮肤感染。

链卤竿菌属（*Streptohalobacillus*）Wang 等, 2011, 新属。此属已定 1 种。

词源 链: 链条/链子等柔韧易弯曲的, 绳索等环节连套而成的; 卤: 卤素, 卤（水）, 盐（水）; 竿: 在本书中对译于拉丁文 *bacillus*, 表示棒形, 以示与常见的"杆"的区别, 表示以出芽孢为特征的棒形; 菌: 表示微小的事物, 微生物（细菌、古菌、真菌）; 属: 属名的尾词; 链卤竿菌属: 链形柔软易弯曲的嗜盐棒形生物。

Etymology　Gr. adj. *streptos*, pliant, bent; Gr. n. *hals halos*, salt; L. masc. n. *bacillus*, stick, a small rod; N. L. masc. n. *Streptohalobacillus*, a pliant or bent, salt (-loving) rod.

模式种　盐链卤竿菌(*Streptohalobacillus salinus*) Wang 等, 2011, 新种。

词源　盐: 盐的, 咸的。

Etymology　L. masc. adj. *salinus*, salted, salty.

链单孢菌属(*Streptomonospora*) 勘误, Cui 等, 2001, 新属; Li 等, 2003 修改, Zhang 等, 2013 修改。此属已定 9 种。

词源　链: 链条/链子等柔韧易弯曲的, 绳索等环节连套而成的; 单: 单一的, 单个的, 独立的, 唯一的; 孢: 孢子; 菌: 表示微小的事物, 微生物(细菌、古菌、真菌); 属: 属名的尾词; 链单孢菌属: 表示此生物形成气生菌丝和基内菌丝这两种表面褶皱的单孢子。

Etymology　Gr. adj. *streptos*, pliant, bent; Gr. adj. *monos*, single, solitary; Gr. fem. n. *spora*, a seed, spore; N. L. fem. n. *Streptomonospora*, indicating that this organism forms two type of single spore, with wrinkled surfaces, on aerial mycelium and substrate mycelium.

模式种　盐链单孢菌(*Streptomonospora salina*) 勘误, Cui 等, 2001, 新种。

词源　盐: 含盐的, 咸的, 盐腌的, 指的是此微生物的栖息环境是含盐的。

Etymology　L. fem. adj. *salina*, salted, referring to the saline habitat of the micro-organism.

链霉菌属(*Streptomyces*) Waksman and Henrici, 1943, 属。此属已定 774 种, 38 亚种。

此属是链霉菌目(*Streptomycetales*) Cavalier-Smith, 2002, 链霉菌亚目(*Streptomycineae*) Rainey 等, 1997, 链霉菌科(*Streptomycetaceae*) Waksman and Henrici, 1943,《1980 年细菌名确认单》的模式属。

词源　链: 链条/链子等柔韧易弯曲的, 绳索等环节连套而成的; 霉: 霉菌(真菌); 菌: 表示微小的事物, 微生物(细菌、古菌、真菌); 属: 属名的尾词; 链霉菌属: 链接而成的柔软易弯曲的真菌。

Etymology　Gr. adj. *streptos*, pliant, bent; Gr. masc. n. *mukês*, fungus; N. L. masc. n. *Streptomyces*, pliant or bent fungus.

模式种　素色链霉菌(*Streptomyces albus*) (Rossi Doria, 1891) Waksman and Henrici, 1943,《1980 年细菌名确认单》, 种。

词源　素色: 素色的, 白色的。

Etymology　L. masc. adj. *albus*, white.

注 1: 这是一个庞大的菌属, 此属经过多次修改, 最终还是确定不变名。由于此菌属过于庞大, 且发展迅速, 比如从 2015 年 2 月的 668 种, 8 个月后即 10 月就增长到 774 种。LPSN 为此按种名字母顺序分了三个文档: 链霉菌属(*Streptomyces*)文档 1: 链霉菌属(*Streptomyces*)−脱叶链霉菌(*Streptomyces exfoliatus*); 链霉菌(*Streptomyces*)文档 2: 苦链霉菌(*Streptomyces felleus*)−变种霉素链霉素(*Streptomyces mutomycini*); 霉菌属(*Streptomyces*)文档 3: 长西氏链霉菌(*Streptomyces naganishii*)−子午岭链霉菌

(*Streptomyces ziwulingensis*)。

注2：此菌属中，很多赫赫有名的菌种，比如，产生链霉素（1952年获得诺贝尔生理学或医学奖）的灰色链霉菌（*Streptomyces griseus*）、产生阿维菌素（2015年获得诺贝尔生理学或医学奖）的阿维菌素链霉菌（或除虫链霉菌）（*Streptomyces avermitilis*）等。

链霉菌科（*Streptomycetaceae*）Waksman and Henrici, 1943，科；Rainey 等，1997（全部作者名单 Rainey, Ward-Rainey and Stackebrandt）修改，Kim 等，2003 修改，Zhi 等，2009 修改。

模式属 链霉菌属（*Streptomyces*）Waksman and Henrici, 1943，《1980 年细菌名确认单》，属。
词源 链霉菌属：此科之模式属；科：用于定义一个比属高、比目低的分类级和尾词；在中文科的命名中，把模式属属名中的尾字"属"代换为尾字"科"，即为模式属所在的科名；链霉菌科：链霉菌属之科。
Etymology N. L. masc. n. *Streptomyces*, type genus of the family; L. suff. *-aceae*, ending to denote a family; N. L. fem. pl. n. *Streptomycetaceae*, the *Streptomyces* family.

链霉菌目（*Streptomycetales*）Cavalier-Smith, 2002，新目。

此目是**链霉菌纲**（*Streptomycetes*）Cavalier-Smith, 2002 的模式目。
模式属 链霉菌属（*Streptomyces*）Waksman and Henrici, 1943，《1980 年细菌名确认单》，属。
词源 链霉菌属：此目之模式属；目：用于定义一个比科高、比纲低的分类级和尾词；在中文目的命名中，把模式属属名中的尾字"属"代换为尾字"目"，即为模式属所在的目名；链霉菌目：链霉菌属之目。
Etymology N. L. masc. n. *Streptomyces*, type genus of the order; suff. *-ales*, ending denoting an order; N. L. fem. pl. n. *Streptomycetales*, the *Streptomyces* order.

链霉菌纲（*Streptomycetes*）Cavalier-Smith, 2002，新纲。

模式目 链霉菌目（*Streptomycetales*）Cavalier-Smith, 2002，新目。
词源 链霉菌目：此纲之模式目；纲：（原核）生物分类的一个级别，门之下，目之上的一个分类级，纲之尾词；链霉菌纲：链霉菌目之纲。
Etymology N. L. fem. pl. n. *Streptomycetales*, type order of the class; N. L. pl. n. *Streptomycetes*, the class of *Streptomycetales*.

链霉菌亚目（*Streptomycineae*）Rainey 等，1997（全部作者名单 Rainey, Ward-Rainey and Stackebrandt），新亚目；Zhi 等，2009 修改。

模式属 链霉菌属（*Streptomyces*）Waksman and Henrici, 1943，《1980 年细菌名确认单》，属。
词源 链霉菌属：此亚目之模式属；亚目：用于定义一个比科高、比目低的分类级和尾词，目的二级分类级；在中文目的命名中，把属名中的尾字"属"代换为尾字"亚目"，即为模式属所对应的亚目；链霉菌亚目：链霉菌属之亚目。

Etymology N. L. masc. n. *Streptomyces*, type genus of the suborder; suff. *-ineae*, ending to denote a suborder; N. L. fem. pl. n. *Streptomycineae*, the *Streptomyces* suborder.

链孢囊菌科（*Streptosporangiaceae*）Goodfellow 等，1990，新科；Ward-Rainey 等，1997（全部作者名单 Ward-Rainey, Rainey and Stackebrandt）修改，Zhi 等，2009 修改。

模式属 链孢囊菌属（*Streptosporangium*）Couch，1955，《1980 年细菌名确认单》，属。

词源 链孢囊菌属：此科之模式属；科：用于定义一个比属高、比目低的分类级和尾词；在中文科的命名中，把模式属属名中的尾字"属"代换为尾字"科"，即为模式属所在的科名；链孢囊菌科：链孢囊菌属之科。

Etymology N. L. neut. n. *Streptosporangium*, type genus of the family; L. suff. *-aceae*, ending to denote a family; N. L. fem. pl. n. *Streptosporangiaceae*, the *Streptosporangium* family.

链孢囊菌亚目（*Streptosporangineae*）Ward-Rainey 等，1997（全部作者名单 Ward-Rainey, Rainey and Stackebrandt），新亚目；Zhi 等，2009 修改。

模式属 链孢囊菌属（*Streptosporangium*）Couch，1955，《1980 年细菌名确认单》，属。

词源 链孢囊菌属：此亚目之模式属；亚目：用于定义一个比科高、比目低的分类级和尾词，目的二级分类级；在中文目的命名中，把属名中的尾字"属"代换为尾字"亚目"，即为模式属所对应的亚目；链孢囊菌亚目：链孢囊菌属之亚目。

Etymology N. L. neut. n. *Streptosporangium*, type genus of the suborder; suff. *-ineae*, ending to denote a suborder; N. L. fem. pl. n. *Streptosporangineae*, the *Streptosporangium* suborder.

链孢囊菌属（*Streptosporangium*）Couch，1955，属；Stackebrandt 等，1994 修改，Intra 等，2014 修改。此属已定 1 种，4 亚种。

此属是**链孢囊菌亚目**（*Streptosporangineae*）Ward-Rainey 等，1997 和**链霉菌科**（*Streptosporangiaceae*）Goodfellow 等，1990 的模式属。

词源 链：链条/链子等柔韧易弯曲的，绳索等环节连套而成的；孢囊：孢子囊，孢子袋；菌：表示微小的事物，微生物（细菌、古菌、真菌）；属：属名的尾词；链孢囊菌属：孢子链接排列在孢子囊中的生物。

Etymology Gr. adj. *streptos*, twisted; N. L. neut. n. *sporangium* [from Gr. n. *spora*, a seed (and in biology a spore), and Gr. n. *angeion* (Latin transliteration *angium*), vessel], sporangium; N. L. neut. n. *Streptosporangium*, spores coiled within a sporangium.

模式种 玫色链孢囊菌（*Streptosporangium roseum*）Couch，1955，《1980 年细菌名确认单》，属。

词源 玫色：玫色的，玫瑰色的，粉色的，粉红色的。

Etymology L. neut. adj. *roseum*, rose-colored.

链螺体属(*Streptoverticillium*) Baldacci,1958,属。此属已定43种,11亚种。

此属2001年已归属到→**链霉菌属**(*Streptomyces*) Waksman and Henrici,1943,《1980年细菌名确认单》,属。

词源　链:链条/链子等柔韧易弯曲的,绳索等环节连套而成的;螺:螺形,螺旋,螺纹;体:整体,身体,菌体,在微生物学属名中的作用与"菌"类似;属:属名的尾词;链螺体属:链接的柔软易弯曲的螺纹形放线菌。

Etymology　Gr. adj. *streptos*, pliant, easily twisted; L. n. *verticillus*, a whorl; N. L. neut. n. *Streptoverticillium*, a pliant whorled actinomycete.

模式种　保尔达奇氏链螺体(*Streptoverticillium baldaccii*) Farina and Locci,1966,《1980年细菌名确认单》。

此种1991年已归种到→**保尔达奇氏链霉菌**(*Streptomyces baldaccii*)勘误(Farina and Locci,1966) Witt and Stackebrandt,1991,新合并。

词源　氏:姓氏;保尔达奇氏:以E.保尔达奇教授的姓氏命名,其引入了链螺体属。

Etymology　N. L. gen. masc. n. *baldacii*, of Baldacci, named for Professor E. Baldacci, who introduced the genus *Streptoverticillium*.

冥河叶菌属(*Stygiolobus*) Segerer 等,1991,新属。此属已定1种。

词源　冥河:地狱,阴暗;叶:医学解剖学用词,特指任何器官的易区分的部分;表示一器官所分出的次级结构而言,尤指脑、肺和各种腺体之裂隙、沟或结缔组织隔所划分的部分;菌:表示微小的事物,微生物(细菌、古菌、真菌);属:属名的尾词;冥河叶菌属:来自哈迪斯(冥王)的叶形生物,表示此生境。在但丁的《神曲》中,冥王的居住地就是地狱之门。

Etymology　L. adj. *stygius*, of the Styx, Stygian, of the lower world; L. masc. n. *lobus*, lobe; N. L. masc. n. *Stygiolobus*, lobed organism from Hades (its habitat was the gate to hell in Dante's Divina Commedia).

模式种　亚速尔冥河叶菌(*Stygiolobus azoricus*) Segerer 等,1991,新种。

词源　亚速尔:亚述尔,大西洋中的葡萄牙亚速尔群岛,指的是此菌的分离地。

Etymology　N. L. masc. adj. *azoricus*, from the Azores, referring to the place of isolation.

Su

迷小粒菌属(*Subdoligranulum*) Holmstrøm 等,2004,新属。此属已定1种。

词源　迷:迷惑的,由于其具有迷惑性的和独特的拟果状(拟球状)形态;小粒:小颗粒,小谷粒;菌:表示微小的事物,微生物(细菌、古菌、真菌);属:属名的尾词;迷小粒菌属:具有欺骗性的/隐秘的小谷粒形生物。

Etymology　L. adj. *subdolus*, deceptive (alludes to the somewhat deceptive and unusual coccoid form); L. neut. n. *granulum*, a small grain; N. L. neut. n. *Subdoligranulum*, a deceptive small grain.

模式种　变迷小粒菌（*Subdoligranulum variabile*）Holmstrøm 等,2004,新种。

词源　变:可改变的,变化的,因为细胞形态是变化的。

Etymology　L. neut. adj. *variabile*, changeable, variable, because the cells are varied in shape.

石下杆菌属（*Subsaxibacter*）Bowman and Nichols,2005,新属。此属已定 1 种。

词源　石:石头,岩石;下:下方,下面;杆:棒;菌:表示微小的事物,微生物(细菌、古菌、真菌);属:属名的尾词;石下杆菌属:生活在石头下面的棒形细菌。

Etymology　L. pref. *sub*, below; L. neut. n. *saxum*, stone; N. L. masc. n. *bacter*, rod; N. L. masc. n. *Subsaxibacter*, bacterial rod living below stone.

模式种　布罗迪氏石下杆菌（*Subsaxibacter broadyi*）。

词源　氏:姓氏;布罗迪氏:布罗迪的,以新西兰南极微生物学家 **P.A**. 布罗迪的姓氏命名,其是研究南极许多陆地生物圈的先锋。

Etymology　N. L. gen. masc. n. *broadyi*, of Broady, named in honour of P.A.Broady, Antarctic microbiologist from New Zealand who pioneered the study of many Antarctic terrestrial biomes.

石下微菌属（*Subsaximicrobium*）Bowman and Nichols,2005,新属。此属已定 2 种。

词源　石:石头,岩石;下:下面,下部;微:微小的,微生物;菌:表示微小的事物,微生物(细菌、古菌、真菌);微菌:微生物;属:属名的尾词;石下微菌属:生活在石头下面的微生物。

Etymology　L. pref. *sub*, below; L. neut. n. *saxum*, stone; N. L. neut. n. *microbium*, microbe; N. L. neut. n. *Subsaximicrobium*, microbe living below stone.

模式种　温威廉姆斯氏石下微菌（*Subsaximicrobium wynnwilliamsii*）Bowman and Nichols, 2005,新种。

词源　氏:姓氏;温威廉姆斯氏:以英国南极微生物学家 **D.D**. 温·威廉姆斯的姓氏命名。

Etymology　N. L. gen. masc. n. *wynnwilliamsii*, of Wynn-Williams, named in honour of D.D. Wynn·Williams, Bristish Antarctic microbiologist.

低栖菌属（*Subtercola*）Männistö 等,2000,新属。此属已定 3 种。

词源　低:下面,低处,底部;栖:栖息,栖居,栖息者,栖居者;菌:表示微小的事物,微生物(细菌、古菌、真菌);属:属名的尾词;低栖菌属:栖居在低处的生物。

Etymology　L. prep. *subter*, below, underneath; L. suf. *-cola* (from L. n. *incola*), inhabitant; N. L. masc. n. *subtercola*, the one who lives underneath.

模式种　北方低栖菌（*Subtercola boreus*）Männistö 等,2000,新种。

词源　北方:北部,指的是芬兰北部地下水蓄水层,从中分离出此生物。

Etymology L. masc. adj. *boreus*, northern, referring to the boreal groundwater aquifer in Finland, from which the organism was isolated.

琥珀酸盐单胞菌属(*Succinatimonas*)Morotomi 等,2010,新属。此属已定 1 种。

词源 琥珀酸盐:琥珀酸形成的盐类;单胞:单元,单细胞;菌:表示微小的事物,微生物(细菌、古菌、真菌);属:属名的尾词;琥珀酸盐单胞菌属:(产生)琥珀酸盐的单细胞生物。

Etymology N. L. n. *succinas -atis*, succinate; L. fem. n. *monas*, a unit, monad; N. L. fem. n. *Succinatimonas*, succinate-(producing) monad.

模式种 希普氏琥珀酸盐单胞菌(*Succinatimonas hippei*)Morotomi 等,2010,新种。

词源 氏:姓氏;希普氏:以汉斯·希普博士的姓氏命名,他对细菌学,特别是对琥珀酸弧菌科的分类有贡献。

Etymology N. L. gen. masc. n. *hippei*, of Hippe, named after Dr Hans Hippe for his contribution to bacteriology, especially to the classification of the family *Succinivibrionaceae*.

注:区别于琥珀酸单胞菌属(*Succinimonas*)。

劈琥珀酸菌属(*Succiniclasticum*)van Gylswyk,1995,新属。此属已定 1 种。

词源 劈:强力破开,劈裂,劈开,剁,指的是溶解,分解,破解;琥珀酸:丁二酸;菌:表示微小的事物,微生物(细菌、古菌、真菌);属:属名的尾词;劈琥珀酸菌属:破碎或劈解琥珀酸的生物。

Etymology N. L. n. *acidum succinicum*, succinic acid; N. L. adj. *clasticus -a -um* (from Gr. adj. *klastos -ê -on*, broken in pieces), breaking; N. L. neut. n. *Succiniclasticum*, breaking or splitting succinic acid.

模式种 瘤胃劈琥珀酸菌(*Succiniclasticum ruminis*)van Gylswyk,1995,新种。

词源 瘤胃:反刍动物消化道第一室,网状瘤胃最大的一部分,消化食料微生物发酵的最大场所。

Etymology L. gen. n. *ruminis*, of the rumen.

琥珀酸单胞菌属(*Succinimonas*)Bryant 等,1958,属。此属已定 1 种。

词源 琥珀酸:丁二酸;单胞:单元,单细胞;菌:表示微小的事物,微生物(细菌、古菌、真菌);属:属名的尾词;琥珀酸单胞菌属:琥珀酸单细胞生物。

Etymology N. L. n. *acidum succinicum*, succinic acid; L. fem. n. *monas*, a unit, monad; N. L. fem. n. *Succinimonas*, succinic acid monad.

模式种 解淀粉琥珀酸单胞菌(*Succinimonas amylolytica*)Bryant 等,1958,《1980 年细菌名确认单》。

词源　解：溶解的，分解的，降解的；淀粉：大量的葡萄糖单元通过糖苷键链接而成的天然高分子多糖（碳水化合物），大部分绿色植物的能量储存方式；解淀粉：溶解淀粉的。

Etymology　Gr. n. *amulon*, starch; N. L. fem. adj. *lytica* (from Gr. fem. adj. *lutikê*), able to loosen, able to dissolve; N. L. fem. adj. *amylolytica*, starch dissolving.

琥珀酸螺体属（*Succinispira*）Janssen and O'Farrell, 1999, 新属。此属已定1种。

词源　琥珀酸：丁二酸；螺：螺旋，螺纹，螺体；体：整体，身体，菌体，在微生物学属名中的作用与"菌"类似；属：属名的尾词；琥珀酸螺体属：（利用）琥珀酸的螺形细菌。

Etymology　N. L. n. *acidum succinicum*, succinic acid; L. fem. *spira*, a coil; N. L. fem. n. *Succinispira*, succinate (utilizing) spiral (shaped bacterium).

模式种　动琥珀酸螺体（*Succinispira mobilis*）Janssen and O'Farrell, 1999, 新种。

词源　动：运动的，移动的，活动的，游动的。

Etymology　L. fem. adj. *mobilis*, movable, motile.

琥珀酸弧菌属（*Succinivibrio*）Bryant and Small, 1956, 属。此属已定1种。

此属是琥珀酸弧菌科（*Succinivibrionaceae*）Hippe等, 1999的模式属。

词源　琥珀酸：丁二酸；弧：作动词表示弧动，像手中舞动的绳子状振动；弧：作名词也表示细菌的一个属名，表示弧状的菌，弧菌属；菌：表示微小的事物，微生物（细菌、古菌、真菌）；属：属名的尾词；琥珀酸弧菌属：琥珀酸弧菌。

Etymology　N. L. n. *acidum succinicum*, succinic acid; L. v. *vibro*, to set in tremulous motion, move to and fro, vibrate; N. L. masc. n. *vibrio*, that which vibrates, and also a bacterial genus name of bacteria possessing a curved rod shape (*Vibrio*); N. L. masc. n. *Succinivibrio*, the succinic acid vibrio.

模式种　溶糊精琥珀酸弧菌（*Succinivibrio dextrinosolvens*）Bryant and Small, 1956,《1980年细菌名确认单》，种。

词源　溶：溶解的；糊精：淀粉或糖原水解后的一类低分子量的碳水化合物，一般是D-葡萄糖经 α-(1→4) 或 α-(1→6) 糖苷键链接而成的混合物。

Etymology　N. L. n. *dextrinum*, dextrin; L. part. adj. *solvens*, dissolving; N. L. part. adj. *dextrinosolvens*, dextrin-dissolving.

琥珀酸弧菌科（*Succinivibrionaceae*）Hippe等, 1999, 新科。

模式属　琥珀酸弧菌属（*Succinivibrio*）Bryant and Small, 1956,《1980年细菌名确认单》，属。

词源　琥珀酸弧菌属：此科之模式属；科：用于定义一个比属高、比目低的分类级和尾词；在中文科的命名中，把模式属属名中的尾字"属"代换为尾字"科"，即为模式属所在的科名；琥珀酸弧菌科：琥珀酸弧菌属之科。

Etymology   N. L. masc. n. *Succinivibrio*, type genus of the family; L. suff. *-aceae*, ending to denote a family; N. L. fem. pl. n. *Succinivibrionaceae*, the *Succinivibrio* family.

亚硫酸盐杆菌属(*Sulfitobacter*) Sorokin,1996,新属;Yoon 等,2007 修改。此属已定 14 种。

词源   亚硫酸盐:SO_3^{2-} 形成的盐;杆:棒;菌:表示微小的事物,微生物(细菌、古菌、真菌);属:属名的尾词;亚硫酸盐杆菌属:亚硫酸盐棒形生物。

Etymology   N. L. n. *sulfis -itis*, sulfite; N. L. masc. n. *bacter*, rod; N. L. masc. n. *Sulfitobacter*, sulfite rod.

模式种   黑海亚硫酸盐杆菌(*Sulfitobacter pontiacus*) Sorokin,1996,新种。

词源   黑海:欧亚大陆的一个内陆海,多瑙河等汇入其中。

Etymology   N. L. masc. adj. *pontiacus*, from the Black Sea.

硫化竿菌属(*Sulfobacillus*) Golovacheva and Karavaiko,1991,新属;Johnson 等,2008 修改。此属已定 6 种。

词源   硫:硫磺,硫黄,元素 S;化:一个连字,变化,起……作用;竿:在本书中对译于拉丁文 *bacillus*,表示棒形,以示与常见的"杆"的区别,表示以出芽孢为特征的棒形;菌:表示微小的事物,微生物(细菌、古菌、真菌);属:属名的尾词;硫化竿菌属:硫氧化的小竿/棒形生物。

Etymology   L. n. *sulfur*, sulfur; L. masc. n. *bacillus*, small rod; N. L. masc. n. *Sulfobacillus*, small sulfur-oxidizing rod.

模式种   热硫化物氧化硫化竿菌(*Sulfobacillus thermosulfidooxidans*) Golovacheva and Karavaiko,1991,新种。

词源   热:热的,高温的;硫化物:含硫的化合物,或特定的含二价硫离子的无机化合物;氧化:氧化,物质(原子、分子、离子)失去电子或增加氧化态的过程,一般就是与氧结合的过程;热硫化物氧化:嗜热的硫化物氧化的(菌),嗜热的、氧化硫化物的(菌)。

Etymology   Gr. adj. *thermos*, hot; N. L. n. *sulfidum*, sulfide; N. L. part. adj. *oxydans*, oxidizing; N. L. part. adj. *thermosulfidooxidans*, thermophilic sulfide oxidizing.

硫叶菌科(*Sulfolobaceae*) Stetter,1989,新科。

模式属   硫叶菌属(*Sulfolobus*) Brock 等,1972,《1980 年细菌名确认单》,属。

词源   硫叶菌属:此科之模式属;科:用于定义一个比属高、比目低的分类级和尾词;在中文科的命名中,把模式属属名中的尾字"属"代换为尾字"科",即为模式属所在的科名;硫叶菌科:硫叶菌属之科。

Etymology   N. L. masc. n. *Sulfolobus*, type genus of the family; L. suff. *-aceae*, ending to denote a family; N. L. fem. pl. n. *Sulfolobaceae*, the *Sulfolobus* family.

硫叶菌目(*Sulfolobales*) Stetter, 1989, 新目。

模式属　硫叶菌属(*Sulfolobus*) Brock 等, 1972,《1980 年细菌名确认单》, 属。

词源　硫叶菌属: 此目之模式属; 目: 用于定义一个比科高、比纲低的分类级和尾词; 在中文目的命名中, 把模式属属名中的尾字"属"代换为尾字"目", 即为模式属所在的目名; 硫叶菌目: 硫叶菌属之目。

Etymology　N. L. masc. n. *Sulfolobus*, type genus of the order; suff. *-ales*, ending denoting an order; N. L. fem. pl. n. *Sulfolobales*, the *Sulfolobus* order.

硫叶菌属(*Sulfolobus*) Brock 等, 1972, 属。此属已定 8 种。

此属是硫叶菌目(*Sulfolobales*) Stetter, 1989 和硫叶菌科(*Sulfolobaceae*) Stetter, 1989 的模式属。

词源　硫: 硫磺, 硫黄, 元素 S; 叶: 医学解剖学用词, 特指任何器官的易区分的部分; 表示一器官所分出的次级结构而言, 尤指脑、肺和各种腺体之裂隙、沟或结缔组织隔所划分的部分; 菌: 表示微小的事物, 微生物(细菌、古菌、真菌); 属: 属名的尾词; 硫叶菌属: 氧化硫的叶形的生物。

Etymology　L. n. *sulfur*, sulfur; L. masc. n. *lobus*, a ball, lobe; N. L. masc. n. *Sulfolobus*, lobed sulfur-oxidizing organism.

模式种　烫酸硫叶菌(*Sulfolobus acidocaldarius*) Brock 等, 1972,《1980 年细菌名确认单》, 种。

词源　烫: 烫温的, 与高温有关的; 酸: 醋, 像醋一样的味道, 酸味, 化学中在水溶液中能产生氢离子的化合物; 烫酸: 生物生活在酸性、高温环境。

Etymology　N. L. n. *acidum* (from L. adj. *acidus*, sour), an acid; L. masc. adj. *caldarius*, pertaining to warm or hot; N. L. masc. adj. *acidocaldarius*, organism living in acid-hot environments.

注: 此属是古菌域的一属。此属是嗜超热生物。

恐硫果菌属(*Sulfophobococcus*) Hensel 等, 1997, 新属。此属已定 1 种。

词源　恐: 惧, 惧怕, 恐惧; 硫: 硫磺, 硫黄, 元素 S; 果: 浆果, 表示浆果形(圆球或椭球); 菌: 表示微小的事物, 微生物(细菌、古菌、真菌); 属: 属名的尾词; 恐硫果菌属: 对硫恐惧的浆果形生物。

Etymology　L. n. *sulfur*, sulfur; Gr. v. *phobeô*, to be seized with fear, to fear, to avoid; N. L. masc. n. *coccus* (from Gr. masc. n. *kokkos*, grain, seed), coccus; N. L. masc. n. *Sulfophobococcus*, the sulfur fearing coccus.

模式种　之利希氏恐硫果菌(*Sulfophobococcus zilligii*) Hensel 等, 1997, 新种。

词源　氏: 姓氏; 之利希氏: 以沃尔夫拉姆·之利希的姓氏命名。

Etymology　N. L. masc. gen. n. *zilligii*, of Zillig, in honor of Wolfram Zillig.

硫胞菌属（*Sulfuricella*）Kojima and Fukui，2010，新属。此属已定 1 种。

词源　硫：硫磺，硫黄，元素 S；胞：细胞；菌：表示微小的事物，微生物（细菌、古菌、真菌）；属：属名的尾词；硫胞菌属：硫（氧化的）细胞生物。

Etymology　L. n. *sulfur*, sulfur; L. fem. n. *cella*, a small room and, in biology, a cell; N. L. fem. n. *Sulfuricella*, sulfur（-oxidizing）cell.

模式种　脱硝硫胞菌（*Sulfuricella denitrificans*）Kojima and Fukui，2010，新种。

词源　脱硝：反硝化，硝化的一种反过程，脱氮，除氮，脱除氮的一种作用。

Etymology　N. L. v. *denitrifico*, to denitrify; N. L. part. adj. *denitrificans*, denitrifying.

硫曲菌属（*Sulfuricurvum*）Kodama and Watanabe，2004，新属。此属已定 1 种。

词源　硫：磠，硫磺，硫黄，元素 S；曲：弯曲的，弯钩的；菌：表示微小的事物，微生物（细菌、古菌、真菌）；属：属名的尾词；硫曲菌属：利用硫的弯曲的细菌。

Etymology　L. neut. n. *sulfur -uris*, sulfur; L. adj. *curvus -a -um*, curved; N. L. neut. n. *Sulfuricurvum*, curved bacterium that utilizes sulfur.

模式种　久慈硫曲菌（*Sulfuricurvum kujiense*）Kodama and Watanabe，2004，新种。

词源　久慈：指的是日本国岩手县久慈市，此细菌的分离地。

Etymology　N. L. neut. adj. *kujiense*, referring to Kuji, Iwate Prefecture, Japan, where the bacterium was isolated.

硫氢菌属（*Sulfurihydrogenibium*）Takai 等，2003，新属；Nakagawa 等，2005 修改，O'Neill 等，2008 修改。此属已定 5 种。

词源　硫：硫磺，硫黄，元素 S；氢：一种气体元素氢，H，氢气，产水（因为氢与氧结合产生水，因此新拉丁文的本意即为产水）；菌：表示微小的事物，微生物（细菌、古菌、真菌）；属：属名的尾词；硫氢菌属：吃/消耗硫和氢的生物。

Etymology　L. n. *sulfur*, sulfur; N. L. n. *hydrogenum*（from Gr. n. *hudôr*, water; and Gr. v. *gennaô*, to produce）, hydrogen（that which produces water, so called because it forms water when exposed to oxygen）; Gr. masc. n. *bios*, life; N. L. neut.（sic）n. *Sulfurihydrogenibium*（sic）, sulfur- and hydrogen-eating life.

模式种　土下硫氢菌（*Sulfurihydrogenibium subterraneum*）Takai 等，2003，新种。

词源　土下：中文常译为地下，这里根据本书的标准化翻译，下土，下部的土，即地下，指菌株分离环境。

Etymology　L. neut. adj. *subterraneum*, under the earth, indicating the environment of isolation.

硫单胞菌属（*Sulfurimonas*）Inagaki 等，2003，新属；Takai 等，2006 修改，Labrenz 等，2013 修改。此属已定 4 种。

词源　硫：硫磺，硫黄，元素 S；单胞：单元，单细胞；菌：表示微小的事物，微生物（细菌、古菌、真菌）；属：属名的尾词；硫单胞菌属：硫氧化的/氧化硫的棒形生物。

Etymology　L. neut. n. *sulfur*, sulfur; Gr. n. *monas*, a unit, monad; N. L. fem. n. *Sulfurimonas*, sulfur-oxidizing rod.

模式种　自营硫单胞菌(*Sulfurimonas autotrophica*) Inagaki 等,2003,新种。

词源　自：自己；营：营养,营生,养育,抚育；自营：自我营生,自养生物。

Etymology　Gr. n. *autos*, self; Gr. adj. *trophikos*, nursing, tending or feeding; N. L. fem. adj. *autotrophica*, autotroph.

注：区别于1997年定的硫单胞菌属(*Thiomonas*)。

硫体属(*Sulfurisoma*) Kojima and Fukui,2014,新属。此属已定1种。

词源　硫：硫磺,硫黄,元素 S；体：整体,身体,菌体,在微生物学属名中的作用与"菌"类似；属：属名的尾词；硫体属：硫氧化的(菌)体,能氧化硫的(菌)体。

Etymology　L. neut. n. *sulfur*, sulfur; Gr. neut. n. *soma*, body; N. L. neut. n. *Sulfurisoma*, sulfur-oxidizing body.

模式种　沉积栖硫体(*Sulfurisoma sediminicola*) Kojima and Fukui,2014,新种。

词源　沉：沉淀；积：积累；物：物质；沉积：自然(通常是水、风、冰川等)作用下,天然物质通过风蚀、侵蚀、腐蚀和运输作用,沉积形成的物质；栖：栖息,栖居者；沉积栖：沉积物中的栖息者,指的是此模式菌种的来源。

Etymology　L. n. *sedimen -inis*, sediment; L. suff. *-cola*, inhabitant, dweller; N. L. n. *sediminicola*, sediment-dweller, referring to the source of the type strain.

来源　环境——淡水(Source: Environmental—freshwater)。

硫球菌属(*Sulfurisphaera*) Kurosawa 等,1998,新属。此属已定1种。

词源　硫：硫,硫磺,硫黄,元素 S；球：球体,球形,地球；菌：表示微小的事物,微生物(细菌、古菌、真菌)；属：属名的尾词；硫球菌属：来自硫酸盐田(**sulfataric fields**)的硫代谢的球形细胞(生物)。

Etymology　L. n. *sulfur*, sulfur; L. fem. n. *sphaera*, sphere; N. L. fem. n. *Sulfurisphaera*, sulfur-metabolizing spherical cells from sulfataric fields.

模式种　大涌硫球菌(*Sulfurisphaera ohwakuensis*) Kurosawa 等,1998,新种。

词源　大涌：大涌谷,指的是日本神奈川县箱根市的大涌谷,此模式生物的分离地。

Etymology　N. L. fem. adj. *ohwakuensis*, pertaining to Ohwaku Valley, referring to the place of isolation.

注：此菌属于1984年的硫球菌属(*Thiosphaera*)中文同名,词源同义,根据希腊文和拉丁文的历史渊源,此处或可定名硫球菌属(*Sulfurisphaera*)。

硫针菌属(*Sulfuritalea*) Kojima and Fukui,2011,新属。此属已定1种。

词源　硫：硫磺,硫黄,元素 S；针：纤细的杆或棒；菌：表示微小的事物,微生物(细菌、古菌、真菌）；属：属名的尾词；硫针菌属：硫氧化棒形生物。
Etymology　L. n. *sulfur*, sulfur; L. fem. n. *talea*, a rod; N. L. fem. n. *Sulfuritalea*, sulfur-oxidizing rod.

模式种　吞氢硫针菌（*Sulfuritalea hydrogenivorans*）Kojima and Fukui，2011，新种。
词源　吞：吞食的，吞噬的，大吃的，吞没的。
Etymology　N. L. n. *hydrogenum*, hydrogen; L. part. adj. *vorans*, devouring, consuming; N. L. part. *hydrogenivorans*, hydrogen-consuming.

硫幡菌属（*Sulfurivirga*）Takai 等，2006，新属。此属已定 1 种。
词源　硫：硫磺，硫黄，元素 S；幡：幡状，棒；菌：表示微小的事物，微生物（细菌、古菌、真菌）；属：属名的尾词；硫幡菌属：硫氧化棒形生物。
Etymology　L. n. *sulfur*, sulfur; L. fem. n. *virga*, rod; N. L. fem. n. *Sulfurivirga*, sulfur-oxidizing rod.

模式种　烫珊硫幡菌（*Sulfurivirga caldicuralii*）Takai 等，2006，新种。
词源　烫：热的，暖的，高温的；珊：珊瑚，珊瑚虫的骨骼聚集物；烫珊瑚：高温珊瑚的，因为此模式菌株分离自一个浅海与珊瑚礁形成有关系的热液系统。
Etymology　L. adj. *caldus*, hot; L. n. *curalium*, coral; N. L. gen. n. *caldicuralii*, of a hot coral, as the type strain was isolated from a shallow marine hydrothermal system associated with coral reef formation.

硫果菌属（*Sulfurococcus*）Golovacheva 等，1995，新属。此属已定 2 种。
词源　硫：硫磺，硫黄，元素 S；果：浆果，表示浆果形（圆球或椭球）；菌：表示微小的事物，微生物（细菌、古菌、真菌）；属：属名的尾词；硫果菌属：氧化硫（硫氧化）的浆果形生物。
Etymology　L. n. *sulfur*, sulfur; N. L. masc. n. *coccus*（from Gr. masc. n. *kokkos*, grain, seed），coccus; N. L. masc. n. *Sulfurococcus*, sulfur-oxidizing coccus.

模式种　奇丽硫果菌（*Sulfurococcus mirabilis*）Golovacheva 等，1995，新种。
词源　奇丽：精妙的，绝妙的，奇丽的。
Etymology　L. masc. adj. *mirabilis*, wonderful.
注：区别于 1983 年的脱硫果菌属（*Desulfurococcus*）。

硫小螺体属（*Sulfurospirillum*）Schumacher 等，1993，新属；Finster 等，1997 修改，Luijten 等，2003 修改。此属已定 8 种。
词源　硫：硫磺，硫黄，元素 S；小：细小的，短小的；螺：螺形，螺旋，螺体；小螺：与螺相对，表示尺寸比螺小，小螺旋，小螺形，小螺体；体：整体，身体，菌体，在微生物学属名中的作用与"菌"类似；属：属名的尾词；硫小螺体属：还原元素硫的小螺体生物。

Etymology L. n. *sulfur*, sulfur; L. n. *spira*, a spiral; N. L. dim. neut. n. *spirillum*, a short spiral; N. L. neut. n. *Sulfurospirillum*, a spirillum that reduces elemental sulfur.

模式种 德雷氏硫小螺体(*Sulfurospirillum deleyianum*) Schumacher 等,1993,新种。

词源 氏:姓氏;德雷氏:以 J. 德雷的姓氏命名,他对细菌系统学的基因分析有贡献。

Etymology N. L. neut. adj. *deleyianum*, named after J. De Ley, for his contributions to genetic analysis in bacterial systematics.

硫卵菌属(*Sulfurovum*) Inagaki 等,2004,新属;Mino 等,2014 修改。此属已定 2 种。

词源 硫:硫磺,硫黄,元素 S;卵:蛋,椭圆,椭球;菌:表示微小的事物,微生物(细菌、古菌、真菌);属:属名的尾词;硫卵菌属:硫(氧化)的蛋形生物。

Etymology L. neut. n. *sulfur*, sulfur; L. neut. n. *ovum*, egg; N. L. neut. n. *Sulfurovum*, sulfur (-oxidizing) egg.

模式种 石营硫蛋菌(*Sulfurovum lithotrophicum*) Inagaki 等,2004,新种。

词源 石:石头,岩石;营:营养,营生,养育,抚育;石营:无机营养,石化营养,来自石头(硅酸盐)的营养,也就是以无机物为营养,以无机底物作为菌类培养基(养料)。

Etymology Gr. masc. n. *lithos*, stone; Gr. adj. *trophicos*, nursing; tending, feeding; N. L. neut. adj. *lithotrophicum*, feeding on inorganic substrates.

注:区别于瘤小卵菌属(*Thiovulum*)。

成均馆菌属(*Sungkyunkwania*) Yoon 等,2013,新属。此属已定 1 种。

词源 成均馆:韩国成均馆大学;菌:表示微小的事物,微生物(细菌、古菌、真菌);属:属名的尾词;成均馆菌属:以此属分类学研究的执行地命名的菌。

Etymology N. L. fem. n. *Sungkyunkwania*, named after Sungkyunkwan University, where taxonomic studies of this taxon were performed.

模式种 多吞成均馆菌(*Sungkyunkwania multivorans*) Yoon 等,2013,新种。

词源 多:许多,很多;吞:吞食的,吞噬的,大吃的,狼吞虎咽(般的吃光);多吞:吞噬很多多糖。

Etymology L. adj. *multus*, many; L. part. adj. *vorans*, devouring, eating; N. L. part. adj. *multivorans*, devouring many polysaccharides.

孙修勤氏菌属(*Sunxiuqinia*) Qu 等,2011,新属。此属已定 3 种。

词源 氏:姓氏;孙修勤氏:以孙修勤的姓名命名,中国海洋生物学家,其致力于发展中国海洋水产养殖;菌:表示微小的事物,微生物(细菌、古菌、真菌);属:属名的尾词;孙修勤氏菌属:以孙修勤的姓名命名的菌属。

Etymology N. L. fem. n. *Sunxiuqinia*, named after Xiuqin Sun, a Chinese marine biologist who has contributed to the development of marine aquaculture in China.

模式种 椭圆孙修勤氏菌（*Sunxiuqinia elliptica*）Qu 等，2011，新种。
词源 椭圆：椭圆形的，指的是细胞的形态。
Etymology   N. L. fem. adj. *elliptica*（from Gr. n. *elleipsis*, ellipse），elliptic, referring to the cell shape.

萨特姓菌属（*Sutterella*）Wexler 等，1996，新属。此属已定 3 种。

此属是**萨特姓菌科**（*Sutterellaceae*）Morotomi 等，2011 的模式属。

词源 姓：姓氏；萨特：以维拉·萨特的姓氏命名，沃兹沃思厌氧实验室令人尊敬的 20 年同事和所长；菌：表示微小的事物，微生物（细菌、古菌、真菌）；属：属名的尾词；萨特姓菌属：以萨特的姓氏命名的菌属。
Etymology   N. L. dim. fem. n. *Sutterella*, named in memory of Vera Sutter, respected colleague and director of the Wadsworth Anaerobe Laboratory for twenty years.

模式种 沃兹沃思萨特姓菌（*Sutterella wadsworthensis*）Wexler 等，1996，新种。
词源 沃兹沃思：指的是西洛杉矶 VAMC 的沃兹沃思厌氧实验室，此菌株在此鉴定。
Etymology   N. L. fem. adj. *wadsworthensis*, pertaining to Wadsworth, referring to the Wadsworth Anaerobe Laboratories, VAMC, West Los Angeles, where the strains were identified.

萨特姓菌科（*Sutterellaceae*）Morotomi 等，2011，新科。

模式属 萨特姓菌属（*Sutterella*）Wexler 等，1996，新属。
词源 萨特姓菌属：此科之模式属；科：用于定义一个比属高、比目低的分类级和尾词；在中文科的命名中，把模式属属名中的尾字"属"代换为尾字"科"，即为模式属所在的科名；萨特姓菌科：萨特姓菌属之科。
Etymology   N. L. fem. n. *Sutterella*, type genus of the family; suff. *-aceae*, ending to denote a family; N. L. fem. pl. n. *Sutterellaceae*, the *Sutterella* family.

萨顿姓菌属（*Suttonella*）Dewhirst 等，1990，新属；Foster 等，2005 修改。此属已定 2 种。

词源 姓：姓氏；萨顿姓：以 R.G.A. 萨顿的姓氏命名；菌：表示微小的事物，微生物（细菌、古菌、真菌）；属：属名的尾词；萨顿姓菌属：以萨顿的姓氏命名的菌属。
Etymology   N. L. dim. fem. n. *Suttonella*, named after R.G.A.Sutton.

模式种 吲哚生萨顿姓菌（*Suttonella indologenes*）（Snell and Lapage, 1976）Dewhirst 等，1990，新合并。
词源 吲哚：一种有机物，C_8H_7N；生：产，生产，生成，产生，导致，源自……；吲哚生：吲哚生成的，制造吲哚的。
Etymology   N. L. n. *indolum*, indole; N. L. suff. *-genes*（from Gr. v. *gennaô*, to produce），producing; N. L. adj. *indologenes*, indole-producing.

Sw

斯瓦米纳坦氏菌属(*Swaminathania*) Loganathan and Nair,2004,新属。此属已定1种。

词源　氏:姓氏;斯瓦米纳坦氏:以印度绿色革命之父斯瓦米纳坦命名;菌:表示微小的事物,微生物(细菌、古菌、真菌);属:属名的尾词;斯瓦米纳坦氏菌属:以斯瓦米纳坦的姓氏命名的菌属。

Etymology　N. L. fem. n. *Swaminathania*, after Swaminathan, Indian biologist, the father of the Green Revolution in India.

模式种　耐盐斯瓦米纳坦氏菌(*Swaminathania salitolerans*) Loganathan and Nair,2004,新种。

词源　耐:耐力的,耐性的,忍耐的;盐:食盐,氯化钠,**NaCl**;耐盐:耐受盐的。

Etymology　L. n. *sal salis*, salt; L. part. adj. *tolerans*, tolerating; N. L. part. adj. *salitolerans*, salt tolerating.

斯温斯氏菌属(*Swingsia*) Malimas 等,2014,新属。此属已定1种。

词源　氏:姓氏;斯温斯氏:以比利时根特大学的简·斯温斯的姓氏命名,其致力于细菌,特别是乙酸细菌的系统学和系统发育学;菌:表示微小的事物,微生物(细菌、古菌、真菌);属:属名的尾词;斯温斯氏菌属:以斯温斯的姓氏命名的菌属。

Etymology　N. L. fem. n. *Swingsia*, after Jean Swings, Ghent University, Ghent, Belgium, who contributed to the systematics and phylogeny of bacteria, especially of acetic acid bacteria.

模式种　苏梅岛斯温斯氏菌(*Swingsia samuiensis*) Malimas 等,2014,新种。

词源　苏梅岛:泰国苏拉塔尼的苏梅岛,泰国第三大岛,此模式株的分离地。

Etymology　N. L. fem. adj. *samuiensis*, of or pertaining to Samui Island, Surathani, Thailand, where the type strain was isolated.

Sy

共生小杆菌科(*Symbiobacteriaceae*) Shiratori-takano 等,2014,新科。

命名模式　共生小杆菌属(*Symbiobacterium*) Shiratori-takano 等,2014,新属。

词源　共生小杆菌:此科之模式属;科:用于定义一个比属高、比目低的分类级和尾词;在中文科的命名中,把模式属属名中的尾字"属"代换为尾字"科",即为模式属所在的科名;共生小杆菌科:共生小杆菌属之科。

Etymology　N. L. neut. n. *Symbiobacterium*, type genus of the family; suff. -*aceae*, ending to denote a family; N. L. fem. pl. n. *Symbiobacteriaceae*, the *Symbiobacterium* family.

共生小杆菌属(*Symbiobacterium*) Ohno 等,2000,新属;Shiratori-takano 等,2014 修改。此属已定4种。

词源　共生:生活在一起的,共同生活的;小杆:小棒;菌:表示微小的事物,微生物(细菌、古菌、真菌）；属：属名的尾词；共生小杆菌属：共生的小棒形生物，指的是这些生物依赖与其他细菌共同生长的。

Etymology Gr. adj. *symbios*, living together, symbiotic; L. neut. n. *bacterium*, a small rod; N. L. neut. n. *Symbiobacterium*, symbiotic small rod, referring to the growth dependence upon co-culture with other bacteria.

模式种 嗜热共生小杆菌（*Symbiobacterium thermophilum*）Ohno 等，2000，新种。

词源 嗜：嗜好的，喜好的，友好的，爱好的；热：高温；嗜热：喜好高温的，指的是在高温中具有最适生长的。

Etymology Gr. n. *thermê*, heat; N. L. adj. *philus* –a –um（from Gr. adj. *philos* -ê -on），friend, loving; N. L. neut. adj. *thermophilum*, heat-loving, referring to the optimum growth at a high temperature.

共生菌属（*Symbiotes*）Philip，1956，属。此属已定 1 种。

词源 共生：一种生物域其他（一种）生物共同生活/生长的现象；菌：表示微小的事物，微生物（细菌、古菌、真菌）；属：属名的尾词；共生菌属：需要与其他生物共同生长的微生物。

Etymology N. L. masc. n. *Symbiotes*（from Gr. n. *sumbiotes*），one who lives with a companion, a partner.

模式种 臭虫共生菌（*Symbiotes lectularius*）（Arkwright 等，1921）Philip，1956，《1980 年细菌名确认单》。

词源 臭虫：宿主的专有名词，床虱。

Etymology N. L. n. *lectularius*, the specific name of the host, the common bedbug, *Cimex lectularius*.

同义词 "*Cowdryia*" Macchiavello，1947。

协生菌科（*Synergistaceae*）Jumas-Bilak 等，2009，新科。

模式属 协生菌属（*Synergistes*）Allison 等，1993，新属。

词源 协生菌属：此科之模式属；科：用于定义一个比属高、比目低的分类级和尾词；在中文科的命名中，把模式属属名中的尾字"属"代换为尾字"科"，即为模式属所在的科名；协生菌科：协生菌属之科。

Etymology N. L. masc. n. *Synergistes*, type genus of the order; suff. -aceae, ending denoting a family; N. L. fem. pl. n. *Synergistaceae*, the family of the genus *Synergistes*.

协生菌目（*Synergistales*）Jumas-Bilak 等，2009，新目。

此目是协生菌纲（*Synergistia*）Jumas-Bilak 等，2009 的模式目。

模式属 协生菌属（*Synergistes*）Allison 等，1993，新属。

词源　协生菌属:此目之模式属;目:用于定义一个比科高、比纲低的分类级和尾词;在中文目的命名中,把模式属属名中的尾字"属"代换为尾字"目",即为模式属所在的目名;协生菌目:协生菌属之目。

Etymology　N. L. masc. n. *Synergistes*, type genus of the order; suff. -*ales*, ending denoting an order; N. L. fem. pl. n. *Synergistales*, the order of the genus *Synergistes*.

协生菌属(*Synergistes*)Allison 等,1993,新属。此属已定 1 种。

此属是**协生菌目**(*Synergistales*)Jumas-Bilak 等,2009 和**协生菌科**(*Synergistaceae*)Jumas-Bilak 等,2009 的模式属。

词源　协生:协作,合作,一起工作,一起生存;菌:表示微小的事物,微生物(细菌、古菌、真菌);属:属名的尾词;协生菌属:新拉丁文名词来自英文协作者,表示协同生存的生物。

Etymology　N. L. masc. n. *synergistes* (arbitrarily derived from English n. synergist), a co-worker.

模式种　**琼斯氏协生菌**(*Synergistes jonesii*)Allison 等,1993,新种。

词源　氏:姓氏;琼斯氏:以澳大利亚科学家雷蒙德·J. 琼斯的姓氏命名,其鉴定了此细菌对 3,4-二氢吡啶酮(3,4-DHP)脱毒活性,并将此生物接种到牛瘤胃中,解决动物在吞食银合欢(*Leucaena leucocephala*)后的中毒问题。

Etymology　N. L. gen. masc. n. *jonesii*, of Jones, named in honor of Raymond J. Jones, the Australian scientist who identified the activity of this bacterium in detoxification of 3,4-DHP and inoculated the rumens of cattle with this organism to solve animal intoxication problems when *Leucaena leucocephala* is grazed.

注:对于该属名新拉丁文的来源,2009 年定的模式种**协生丁酸单胞菌**(*Butyricimonas synergistica*)中注释为来自希腊文。

协生菌纲(*Synergistia*)Jumas-Bilak 等,2009,新纲。

模式目　**协生菌目**(*Synergistales*)Jumas-Bilak 等,2009,新目。

词源　协生菌属:此纲之模式目之模式属;纲:(原核)生物分类的一个级别,门之下,目之上的一个分类级,纲之尾词;协生菌纲:协生菌目之纲。

Etymology　N. L. n. *Synergistes*, type genus of the type order of the class; suff. -*ia*, ending to denote a class; N. L. fem. pl. n. *Synergistia*, the *Synergistales* class.

互营醋菌科(*Syntrophaceae*)Kuever 等,2006,新科。

模式属　**互营醋菌属**(*Syntrophus*)Mountfort 等,1984,新属。

词源　互营醋菌属:此科之模式属;科:用于定义一个比属高、比目低的分类级和尾词;在中文科的命名中,把模式属属名中的尾字"属"代换为尾字"科",即为模式属所在的科名;互营醋菌科:互营醋菌属之科。

Etymology N. L. masc. n. *Syntrophus*, type genus of the family; suff. *-aceae*, ending to denote family; N. L. fem. pl. n. *Syntrophaceae*, the *Syntrophus* family.

互营醋菌属(*Syntrophaceticus*) Westerholm 等,2011,新属。此属已定1种。

词源 互:一起,互相;营:营养,饲养者;醋:醋酸,乙酸;菌:表示微小的事物,微生物(细菌、古菌、真菌);属:属名的尾词;互营醋菌属:互相营养的乙酸营养者。

Etymology Gr. prep. *sun* in company with, together with; Gr. n. *trophos* feeder, rearer, one who feeds; L. n. *acetum*, vinegar; L. masc. suff. *-icus*, suffix used with the sense of pertaining to; N. L. masc. n. *Syntrophaceticus* syntrophic acetate feeder.

模式种 辛克氏互营醋菌(*Syntrophaceticus schinkii*) Westerholm 等,2011,新种。

词源 氏:姓氏;辛克氏:以伯哈德·辛克的姓氏命名,感谢他在互营学中的贡献。

Etymology N. L. gen. masc. n. *schinkii*, of Schink, named after Prof. Bernhard Schink, to acknowledge his work on syntrophy.

互营杆菌属(*Syntrophobacter*) Boone and Bryant,1984,新属; Chen 等,2005 修改。此属已定4种。

此属是互营杆菌目(*Syntrophobacterales*) Kueve 等,2006 和互营杆菌科(*Syntrophobacteraceae*) Kuever 等,2006 的模式属。

词源 互营:生长过程中互相营养的;杆:棒;菌:表示微小的事物,微生物(细菌、古菌、真菌);属:属名的尾词;互营杆菌属:与(另一菌种)互营生长的棒形生物。

Etymology Gr. adj. *suntrophos*, having grown up with one; N. L. masc. n. *bacter*, a rod; N. L. masc. n. *Synthrophobacter*, a rod which feeds together with (an another species).

模式种 沃林氏互营杆菌(*Syntrophobacter wolinii*) Boone and Bryant,1984,新种。

词源 氏:姓氏;沃林氏:以美国微生物学家迈耶·J. 沃林的姓氏命名,其对种间氢传递的理解有实质性贡献。

Etymology N. L. gen. n. *wolinii*, of Wolin; named after Meyer J. Wolin, an American microbiologist who contributed substantially to the understanding of interspecies hydrogen transfer.

注:一属特殊的 SRB 菌。

互营杆菌科(*Syntrophobacteraceae*) Kuever 等,2006,新科。

模式属 互营杆菌属(*Syntrophobacter*) Boone and Bryant,1984,新属。

词源 互营杆菌属:此科之模式属;科:用于定义一个比属高、比目低的分类级和尾词;在中文科的命名中,把模式属属名中的尾字"属"代换为尾字"科",即为模式属所在的科名;互营杆菌科:互营杆菌属之科。

Etymology N. L. masc. n. *Syntrophobacter*, type genus of the family; suff. *-aceae*, ending to denote family; N. L. fem. pl. n. *Syntrophobacteraceae*, the *Syntrophobacter* family.

互营杆菌目(*Syntrophobacterales*) Kuever 等, 2006, 新目。

模式属 互营杆菌属(*Syntrophobacter*) Boone and Bryant, 1984, 属。

词源 互营杆菌属: 此目之模式属; 目: 用于定义一个比科高、比纲低的分类级和尾词; 在中文目的命名中, 把模式属属名中的尾字"属"代换为尾字"目", 即为模式属所在的目名; 互营杆菌目: 互营杆菌属之目。

Etymology N. L. masc. n. *Syntrophobacter*, type genus of the order; suff. *-ales*, ending denoting an order; N. L. fem. pl. n. *Syntrophobacterales*, the *Syntrophobacter* order.

互营肠菌属(*Syntrophobotulus*) Friedrich 等, 1996, 新属。此属已定 1 种。

词源 互营: 生长过程中互相营养的; 肠: 香肠, 腊肠, 灌肠; 菌: 表示微小的事物, 微生物(细菌、古菌、真菌); 属: 属名的尾词; 互营肠菌属: 互营的, 像香肠的细菌。

Etymology Gr. adj. *suntrophos*, having grown up with one; L. masc. n. *botulus*, sausage; N. L. masc. n. *Syntrophobotulus*, a syntrophic, sausage-like bacterium.

模式种 乙醇酸互营肠菌(*Syntrophobotulus glycolicus*) Friedrich 等, 1996, 新种。

词源 乙醇酸: 与乙醇酸有关的, 指的是乙醇酸作为此菌种最主要的底物。

Etymology N. L. n. *acidum glycolicum*, glycolic acid; N. L. masc. adj. *glycolicus*, referring to glycolic acid, the key substrate of this species.

互营果菌属(*Syntrophococcus*) Krumholz and Bryant, 1986, 新属。此属已定 1 种。

词源 互: 互相, 一起, 共同; 营: 营养, 饲养员; 互营: 互相喂养, 共同生长; 果: 浆果, 表示浆果形(圆球或椭球); 菌: 表示微小的事物, 微生物(细菌、古菌、真菌); 属: 属名的尾词; 互营果菌属: 与(另一种)一起喂养/共同生长的浆果形生物。

Etymology Gr. prep. *sun*, together with; Gr. n. *trophos*, feeder, rearer; N. L. masc. n. *coccus* (from Gr. masc. n. *kokkos*), a grain, berry; N. L. masc. n. *Syntrophococcus*, coccus which feeds together with (another species).

模式种 糖变互营果菌(*Syntrophococcus sucromutans*) Krumholz and Bryant, 1986, 新种。

词源 糖: 一般性名词, 通常指的是甜的、短链的、可溶解的和由碳氢氧元素构成的碳水化合物, 日常用语中即指食糖(蔗糖, 一种二糖), 生物化学中进一步细分为单糖(葡萄糖、果糖和半乳糖等)、二糖(麦芽糖、乳糖和蔗糖等)、寡糖和多糖等; 变: 变化, 改变; 糖变: 改变糖的, 转化糖的。

Etymology French n. *sucre*, sugar; L. part. adj. *mutans*, altering, changing, converting; N. L. part. adj. *sucromutans*, converting sugar.

互营单胞菌科(*Syntrophomonadaceae*)Zhao 等,1993,新科;Jumas-Bilak 等,2009 修改。

模式属 互营单胞菌属(*Syntrophomonas*)McInerney 等,1982,新属。

词源 互营单胞属:此科之模式属;科:用于定义一个比属高、比目低的分类级和尾词;在中文科的命名中,把模式属属名中的尾字"属"代换为尾字"科",即为模式属所在的科名;互营单胞科:互营单胞属之科。

Etymology N. L. fem. n. *Syntrophomonas*, type genus of the family; L. suff. -*aceae*, ending to denote a family; N. L. fem. pl. n. *Syntrophomonadaceae*, the *Syntrophomonas* family.

互营单胞菌属(*Syntrophomonas*)McInerney 等,1982,新属;Lorowitz 等,1989 修改,Wu 等,2006 修改。此属已定 8 种,2 亚种。

此属是互营单胞菌科(*Syntrophomonadaceae*)Zhao 等,1993 的模式属。

词源 互:互相,一起,共同;营:营养,饲养员;互营:互相喂养,共同生长;单胞:单元,单细胞;菌:表示微小的事物,微生物(细菌、古菌、真菌);属:属名的尾词;互营单胞菌属:与(另一种)互相营养的单细胞生物。

Etymology Gr. prep. *sun*, in company with, together with; Gr. n. *trophos*, one who feeds; L. fem. n. *monas*, a unit, monad; N. L. fem. n. *Syntrophomonas*, monad which feeds together with (another species).

模式种 乌尔夫氏互营单胞菌(*Syntrophomonas wolfei*)McInerney 等,1982,新种。

词源 氏:姓氏;乌尔夫氏:乌尔夫的,以拉夫·S. 乌尔夫的姓氏命名,其致力于理解厌氧细菌生物学。

Etymology N. L. gen. n. *wolfei*, of Wolfe, to honor Ralph S. Wolfe for his devotion towards the understanding of the biology of anaerobic bacteria.

互营杆菌科(*Syntrophorhabdaceae*)Qiu 等,2008,新科。

模式属 互营杆菌属(*Syntrophorhabdus*)Qiu 等,2008,新属。

词源 互营杆菌属:此科之模式属;科:用于定义一个比属高、比目低的分类级和尾词;在中文科的命名中,把模式属属名中的尾字"属"代换为尾字"科",即为模式属所在的科名;互营杆菌科:互营杆菌属之科。

Etymology N. L. masc. n. *Syntrophorhabdus*, type genus of the family; suff. -*aceae*, ending to denote family; N. L. fem. pl. n. *Syntrophorhabdaceae*, the *Syntrophorhabdus* family.

互营杆菌属(*Syntrophorhabdus*)Qiu 等,2008,新属。此属已定 1 种。

此属是互营杆菌科(*Syntrophorhabdaceae*)Qiu 等,2008 的模式属。

词源 互营:相互营养;杆:中国古代舂米或捣衣的木棒,表示棒,棒形;菌:表示微小的事物,微生物(细菌、古菌、真菌);属:属名的尾词;互营杆杆菌属:互相作为营养源的棒形生物。

Etymology Gr. adj. *syn*, together with; Gr. n. *trophos*, one who feeds; Gr. fem. n. *rhabdus*, rod; N. L. fem. n. *Syntrophorhabdus*, rod which feeds together with (another species).

模式种 吞芳互营杆菌(*Syntrophorhabdus aromaticivorans*) Qiu 等, 2008, 新种。

词源 吞: 吞食的, 吞噬的, 大吃的, 吞没的; 芳: 芳香, 芳香烃, 芳香化合物; 吞芳: 吞噬(利用) 芳香化合物的。

Etymology L. adj. *aromaticus*, aromatic, fragrant; L. part. adj. *vorans*, devouring; N. L. part. adj. *aromaticivorans*, devouring (utilizing) aromatic (compounds).

互营孢菌属(*Syntrophospora*) Zhao 等, 1990, 新属。此属已定 1 种。

此属 2006 年已归属到→**互营单胞属**(*Syntrophomonas*) McInerney 等, 1982, 新属。

词源 互: 互相, 一起, 共同; 营: 营养, 饲养员; 互营: 互相喂养, 共同生长; 孢: 孢子; 菌: 表示微小的事物, 微生物(细菌、古菌、真菌); 属: 属名的尾词; 互营孢菌属: 相互营养的产孢子生物。

Etymology Gr. prep. *sun*, in company with, together with; Gr. n. *trophos*, one who feeds; N. L. n. *spora* (from Gr. *spora*, a seed), a spore; N. L. fem. n. *Syntrophospora*, a spore former which feeds together with (another species).

模式种 布赖恩特氏互营孢菌(*Syntrophospora bryantii*) (Stieb and Schink, 1985) Zhao 等, 1990, 新种。

此种 2006 年已归种为→**布赖恩特氏互营孢菌**(*Syntrophomonas bryantii*) (Stieb and Schink, 1985) Wu 等, 2006, 新合并。

词源 氏: 姓氏; 布赖恩特氏: 以玛文·P. 布赖恩特的姓氏命名, 在其引领了互营产甲烷相关菌研究。

Etymology N. L. gen. n. *bryantii*, of Bryant, named after Marvin P. Bryant, who pioneered studies on syntrophic methanogenic associations.

互营热菌属(*Syntrophothermus*) Sekiguchi 等, 2000, 新属。此属已定 1 种。

词源 互: 互相, 一起, 共同; 营: 营养, 饲养员; 互营: 互相喂养, 共同生长; 热: 高温的, 烫的; 菌: 表示微小的事物, 微生物(细菌、古菌、真菌); 属: 属名的尾词; 互营热菌属: 嗜热的互营菌, 指的是在 55℃左右高温与氢营养生物互相营养生长的生物。

Etymology Gr. prep. *sun*, in company with, together with; Gr. n. *trophos*, feeder, rearer, one who feeds; Gr. adj. *thermos*, hot; N. L. masc. n. *Syntrophothermus*, thermophilic syntroph, referring to growth in syntrophic association with hydrogenotrophic organisms at high temperature of around 55℃.

模式种 烫脂互营热菌(*Syntrophothermus lipocalidus*) Sekiguchi 等, 2000, 新种。

词源　烫：热的，暖的，高温的，此原文注释为老练的。
Etymology　Gr. n. *lipos*, fat; L. adj. *calidus* (sic), expert; N. L. masc. adj. *lipocalidus*, fatty acid-specific, i. e., specifically utilizing fatty acids.

互营菌属（*Syntrophus*）Mountfort 等，1984，新属。此属已定 3 种。

此属是互营菌科（*Syntrophaceae*）Kuever 等，2006 的模式属。
词源　互：互相，一起，共同；营：营养，饲养员；互营：互相喂养，共同生长；菌：表示微小的事物，微生物（细菌、古菌、真菌）；属：属名的尾词；互营菌属：互相营养生长，一种菌产生另一种需要的营养。
Etymology　Gr. adj. *syntrophos*, having grown up with one, living with; N. L. masc. n. *Syntrophus*, one living syntrophically with another so that each produces a nutrient required by the other.
模式种　巴斯韦尔氏互营菌（*Syntrophus buswellii*）Mountfort 等，1984，新种。
词源　氏：姓氏；巴斯韦尔氏：以 A.M. 巴斯韦尔的姓氏命名，其首次从产甲烷生态系统的富集培养中证实安息香酸盐的降解。
Etymology　N. L. masc. gen. n. *buswellii*, of Buswell, named in honor of A.M.Buswell, who first demonstrated degradation of benzoate in enrichments from methanogenic ecosystems.

T 部

Ta

大不里士栖菌属(*Tabrizicola*)Tarhriz 等,2014,新属。此属已定 1 种。

词源　大不里士:伊朗西北部的城市;栖:栖息,栖居,栖息者,栖居者;菌:表示微小的事物,微生物(细菌、古菌、真菌);属:属名的尾词;大不里士栖菌属:大不里士的栖居者(在合格化名单中对词源有校正)。

Etymology　L. suff. *-cola* (from L. masc. or fem. n. *incola*), dweller; N. L. fem. n. *Tabrizicola*, inhabitant of Tabriz. (Etymology corrected on validation).

模式种　水生大不里士栖菌(*Tabrizicola aquatica*)Tarhriz 等,2014,新种。

词源　水生:生活、生长或发现在或/傍水和水域;正式发表的时候,(编辑部)校正了此词源。

Etymology　L. fem. adj. *aquatica*, living in water. (Etymology corrected on validation).

沓黑杆菌属(*Tahibacter*)Makk 等,2014,新属。此属已定 1 种。

词源　沓黑:匈牙利圣安德烈岛(布达佩斯和多瑙河弯道之间,长为 31km,面积为 56km^2)的一个地点,从沓黑分离到此生物;杆:棒;菌:表示微小的事物,微生物(细菌、古菌、真菌);属:属名的尾词;沓黑杆菌属:分离自沓黑的细菌。

Etymology　N. L. n. *Tahi*, place located on Szentendre Island in Hungary, from where the organisms were isolated; N. L. masc. n. *bacter*, a rod; N. L. masc. n. *Tahibacter*, a bacterium from Tahi.

模式种　水生沓黑杆菌(*Tahibacter aquaticus*)Makk 等,2014,新种。

词源　水生:生活、生长或发现在或/傍水和水域。

Etymology　L. masc. adj. *aquaticus*, living, growing or found in or by the water, aquatic.

太白菌属(*Taibaiella*)Zhang 等,2013,新属。此属已定 3 种。

词源　太白:以中国陕西太白山命名;菌:表示微小的事物,微生物(细菌、古菌、真菌);属:属名的尾词;太白菌属:此模式种的模式株分离自太白山,并以此命名。

Etymology　N. L. dim. fem. n. *Taibaiella*, named after Taibai Mountain in Shaanxi Province, China, where the type strain of the type species was isolated.

模式种　鹿药属太白菌(*Taibaiella smilacinae*)Zhang 等,2013,新种。

词源　鹿药属:植物学的一个属名,鹿药属的,从鹿药属中分离到此模式株。

Etymology　N. L. n. *Smilacina* a botanical genus name; N. L. gen. *smilacinae*, of the plant genus *Smilacina*, from which the type strain was isolated.

耽罗菌属(*Tamlana*)Lee,2007,新属;Jeong 等,2013 修改。此属已定 3 种。

词源　耽罗:(韩国)济州古名,耽罗国或儋罗国;菌:表示微小的事物,微生物(细菌、古菌、真菌);属:属名的尾词;耽罗菌属:指的是此细菌的分离地耽罗,并以此命名。

Etymology　N. L. fem. n. *Tamlana*, named after Tamla, the old name for Jeju Island, referring to the region where the bacterium was isolated.

模式种　藏红耽罗菌(*Tamlana crocina*)Lee,2007,新种。

词源　藏红:沙黄色,藏红色,金黄色。

Etymology　L. fem. adj. *crocina*, saffron-coloured.

耽罗果菌属(*Tamlicoccus*)Lee,2013,新属。此属已定 1 种。

词源　耽罗:济州古名,耽罗国,指的是此细菌的分离地;果:浆果,表示浆果形(圆球或椭球);菌:表示微小的事物,微生物(细菌、古菌、真菌);属:属名的尾词;耽罗果菌属:与耽罗有关的浆果形生物,指的是此模式菌株的分离地。

Etymology　N. L. n. *Tamla*, Tamla (old name of Jeju, Republic of Korea); N. L. masc. n. *coccus* (from Gr. n. *kokkos*, a grain or berry), coccus; N. L. masc. n. *Tamlicoccus*, coccus pertaining to Tamla, referring to the site that the type strain was isolated.

模式种　海耽罗果菌(*Tamlicoccus marinus*)Lee,2013,新种。

词源　海:海底,与海有关的,指的是此模式株的样品来源地。

Etymology　L. masc. adj. *marinus*, of the sea, referring to the sample from which the type strain was isolated.

汤飞凡氏菌属(*Tangfeifania*)Liu 等,2014,新属。此属已定 1 种。

词源　氏:姓氏;汤飞凡:中国微生物学家汤飞凡(1897—1958),其首次成功的分离并培养了沙眼衣原体(*Chlamydia trachomatis*);菌:表示微小的事物,微生物(细菌、古菌、真菌);属:属名的尾词;汤飞凡氏菌属:以汤飞凡姓名命名的菌属。

Etymology　N. L. fem. n. *Tangfeifania*, named in honour of Tang Feifan (1897—1958), a Chinese microbiologist who was the first scientist to successfully isolate and culture *Chlamydia trachomatis*.

模式种　多源汤飞凡氏菌(*Tangfeifania diversioriginum*)Liu 等,2014,新种。

词源　多:多种多样的,各不相同的;源:起源;多源:各种来源的。

Etymology　L. adj. *diversus*, diverse, different; *origo -inis*, origin; N. L. gen. pl. n. *diversioriginum*, of different origins.

坦纳姓菌属(*Tannerella*) Sakamoto 等,2002,新属。此属已定 1 种。

词源 姓:姓氏;坦纳:以美国微生物学家家安妮·C.R.坦纳的姓氏命名,她致力于牙周病的研究;菌:表示微小的事物,微生物(细菌、古菌、真菌);属:属名的尾词;坦纳姓菌属:以坦纳的姓氏命名的菌属。

Etymology N. L. fem. dim. n. *Tannerella*, named after the American microbiologist Anne C.R. Tanner, for her contributions to research on periodontal disease.

模式种 福赛斯坦纳姓菌(*Tannerella forsythia*)勘误,(Tanner 等,1986)Sakamoto 等,2002,新种。

词源 福赛斯:与福赛斯牙科中心有关的,此种首次分离地。

Etymology N. L. fem. adj. *forsythia*, pertaining to the Forsyth Dental Center, where the species was first isolated.

坦倪查隆氏菌属(*Tanticharoenia*) Yukphan 等,2008,新属。此属已定 1 种。

词源 氏:姓氏;以莫拉克·坦倪查隆博士的姓氏命名,他是位于泰国中南部的巴吞他尼府(**Pathum Thani**)国家科技发展署国家基因工程和生物技术中心的主管,其致力于乙酸菌的研究,尤其是乙酸菌的分类学研究;菌:表示微小的事物,微生物(细菌、古菌、真菌);属:属名的尾词;坦倪查隆氏菌属:以坦倪查隆的姓氏命名的菌属。

Etymology N. L. fem. n. *Tanticharoenia*, named after Dr Morakot Tanticharoen, National Center for Genetic Engineering and Biotechnology(BIOTEC),National Science and Technology Development Agency(NSTDA), Pathumthani, Thailand, who contributed to studies of acetic acid bacteria, and especially to their systematic study.

模式种 萨卡拉特坦倪查隆氏菌(*Tanticharoenia sakaeratensis*)Yukphan 等,2008,新种。

词源 萨卡拉特:泰国中部偏东的呵叻府(**Nakhon Ratchasima**,那空拉查司玛府)萨卡拉特县,此模式株的分离地。

Etymology N. L. fem. adj. *sakaeratensis*, pertaining to Sakaerat, Nakhon Ratchasima, Thailand, where the type strain was isolated.

陶姓菌属(*Taonella*)Xi 等,2013,新属。此属已定 1 种。

词源 姓:姓氏;陶姓:其发现了此生物;菌:表示微小的事物,微生物(细菌、古菌、真菌);属:属名的尾词;陶姓菌属:以陶的姓氏命名的菌属。

Etymology N. L. fem. dim. n. *Taonella*, named after Jian Tao, who discovered the organism.

模式种 微生态室陶姓菌(*Taonella mepensis*)Xi 等,2013,新种。

词源 微生态室:微生物生态学和肌工程实验室的随机简写。

Etymology N. L. fem. adj. *mepensis*, of or belonging to Mepe, short for the Laboratory of Microbial Ecology & Protein Engineering.

注:汉语拼音反推汉字并不成功,拼音的区分度也不高,建议中国学者命名菌名,先有中文菌名,再有拉丁文菌名。

慢噬菌属(*Tardiphaga*)De Meyer 等,2012,新属。此属已定 1 种。

词源　慢:慢的,缓慢的;噬:吞,食,吃;菌:表示微小的事物,微生物(细菌、古菌、真菌);属:属名的尾词;慢噬菌属:缓慢的吞噬者。

Etymology　L. adj. *tardus*, slow; Gr. v. *phagein*, to eat; N. L. fem. n. *Tardiphaga*, slow eater.

模式种　刺槐慢噬菌(*Tardiphaga robiniae*)De Meyer 等,2012,新种。

词源　刺槐:豆科植物的一个植物学属名,指的是此菌种首次分离的宿主植物刺槐。

Etymology　N. L. gen. n. *robiniae*, of *Robinia*, botanical name of a genus of leguminous plant, referring to *Robinia pseudoacacia*, the host from which this species was first isolated.

立山菌属(*Tateyamaria*)Kurahashi and Yokota,2008,新属;Sass 等,2010 修改。此属已定 2 种。

词源　立山:日本国富山县的立山市(存疑,是否是千叶县的馆山市);菌:表示微小的事物,微生物(细菌、古菌、真菌);属:属名的尾词;立山菌属:此生物分离源,宿主动物马蹄螺的来源地,日本立山命名。

Etymology　L. fem. suff. *-aria*, belonging to; N. L. fem. n. *Tateyamaria*, belonging to Tateyama City, the origin of the animal from which the organism was isolated.

模式种　钟螺立山菌(*Tateyamaria omphalii*)Kurahashi and Yokota,2008,新种。

词源　钟螺:马蹄螺,钟螺属,此模式株的分离宿主。

Etymology　N. L. gen. n. *omphalii*, of *Omphalius*, the genus of the top shell, from which the strain was isolated.

塔特洛克氏菌属(*Tatlockia*)Garrity 等,1980,新属。此属已定 2 种。

词源　氏:姓氏;塔特洛克氏:以休·塔特洛克的姓氏命名,其独立的最先分离到此生物;菌:表示微小的事物,微生物(细菌、古菌、真菌);属:属名的尾词;塔特洛克氏菌属:以塔特洛克的姓氏命名的菌属。

Etymology　N. L. fem. n. *Tatlockia*, named after Hugh Tatlock, the individual who originally isolated this organism.

模式种　麦克达德氏塔特洛克氏菌(*Tatlockia micdadei*)Garrity 等,1980,种。

词源　氏:姓氏;麦克达德氏:以约瑟夫·E.麦克达德的姓氏命名,其在 1976 年的美国宾夕法尼亚州费城的军团病(一种大叶性肺炎)爆发期间,分离到病原体。

Etymology　N. L. gen. masc. n. *micdadei*, of McDade, named after Joseph E. McDade, who isolated the etiologic agent of the 1976 Legionnaires' disease outbreak in Philadelphia.

塔特姆姓菌属(*Tatumella*)Hollis 等,1982(全部作者名单:Hollis, Hickman and Fanning),新属;Brady 等,2010 修改。此属已定 5 种。

词源　姓:姓氏;塔特姆:以美国细菌学家哈维·塔特姆的姓氏命名,其对我们(作者)理解具有医疗重要性的发酵和非发酵细菌的分类和鉴定有许多贡献;菌:表示微小的事物,微生物(细菌、古菌、真菌);属:属名的尾词;塔特姆姓菌属:以塔特姆的姓氏命名的菌属。
Etymology   N. L. fem. dim. n. *Tatumella*, named to honor Harvey·Tatum, an American bacteriologist who made many contributions to our understanding of the classification and identification of fermentative and nonfermentative bacteria of medical importance.

模式种 唾沫塔特姆姓菌(*Tatumella ptyseos*) Hollis 等,1982,新种。
词源 唾沫:口水,或痰,来自或属于唾沫的,痰或唾沫是临床分离物的最常见来源。
Etymology   N. L. gen. n. *ptyseos* (from. Gr. n. *ptusis -eôs*, spitting), of/from a spitting (or less literally from sputum, the most common source of clinical isolates).

泰勒姓菌属(*Taylorella*) Sugimoto 等,1984,新属。此属已定 2 种。
词源 姓:姓氏;泰勒:以 C.E.D. 泰勒的姓氏命名,其首次研究了此生物;菌:表示微小的事物,微生物(细菌、古菌、真菌);属:属名的尾词;泰勒姓菌属:以泰勒的姓氏命名的菌属。
Etymology   N. L. fem. dim. n. *Taylorella*, named after C.E.D. Taylor who first studied the organism.

模式种 马生殖器泰勒姓菌(*Taylorella equigenitalis*) (Taylor 等,1983) Sugimoto 等,1984, 新合并。
词源 马生殖器:与马的生殖器有关的。
Etymology   L. n. *equus*, horse; L. adj. *genitalis -is -e*, of or belonging to generation or birth, genital; N. L. fem. adj. *equigenitalis*, pertaining to horse genitalia.

Te

罩杆菌属(*Tectibacter*) (ex Preer 等,1974) Preer and Preer,1982,新属,命名修改。此属已定 1 种。

词源 罩:罩子,盖,盖子;杆:棒;菌:表示微小的事物,微生物(细菌、古菌、真菌);属:属名的尾词;罩杆菌属:具有盖子的细菌。
Etymology   L. n. *tectum*, a covering, cover; N. L. masc. n. *bacter*, a rod; N. L. masc. n. *Tectibacter*, the bacterium with a covering.

模式种 普通罩杆菌(*Tectibacter vulgaris*) (ex Preer 等,1974) Preer and Preer,1982,新种,命名修改。
词源 普通:平凡的,正常的,平常的,普通的。
Etymology   L. masc. adj. *vulgaris*, usual, common.
同义词 "*Tectobacter*" (sic) Preer 等,1974。

垒杆菌纲(*Teichobacteria*) Cavalier-Smith,2002,新纲。或壁细菌纲。
模式目 竿菌目(*Bacillales*) Prévot,1953,《1980 年细菌名确认单》,目。
词源 垒:堡垒,强化的墙壁;杆:杖,棒;菌:表示微小的事物,微生物(细菌、古菌、真菌);

属：属名的尾词；纲：(原核)生物分类的一个级别，门之下，目之上的一个分类级，纲之尾词；垒杆菌纲：一群细胞壁具有磷垒酸的细菌。

Etymology　Gr. n. *teichos*, wall; Gr. n. *baktêria*, staff, cane; suff. *-ia*, ending to denote a class; N. L. neut. pl. n. *Teichobacteria*, group of bacteria which encompass teichoic acid in their walls.

垒果菌属(*Teichococcus*) Kämpfer 等，2003，新属。此属已定 1 种。

词源　垒：堡垒，城墙，强化的墙壁；果：浆果，表示浆果形(圆球或椭球)；菌：表示微小的事物，微生物(细菌、古菌、真菌)；属：属名的尾词；垒果菌属：来自墙垒的浆果形生物。

Etymology　Gr. n. *teichos*, wall; N. L. masc. n. *coccus* (from Gr. masc. n. *kokkos*, grain, seed), coccus; N. L. masc. n. *Teichococcus*, coccus from the wall.

模式种　幼儿园垒果菌(*Teichococcus ludipueritiae*) Kämpfer 等，2003，新种。

词源　幼儿园：幼儿学习游乐的场所，指的是此菌的分离地。

Etymology　L. n. *ludus*, a place of exercise or practice, a school for elementary instruction; L. n. *puer -eri*, a child; N. L. gen. n. *ludipueritiae*, intended to mean of a kindergarten.

忒耳斯菌属(*Telluria*) Bowman 等，1993，新属。此属已定 2 种。

词源　忒耳斯：罗马神话中的土地女神，肥沃之神，相当于希腊神话中的盖亚(Gaia)，意即土地；菌：表示微小的事物，微生物(细菌、古菌、真菌)；属：属名的尾词；忒耳斯菌属：分离自土地的细菌。

Etymology　L. fem. n. *tellus -uris*, the ground, land, earth and also a Roman goddess of the earth (*Tellus*); N. L. fem. n. *Telluria*, a bacterium isolated from the earth.

模式种　混合忒耳斯菌(*Telluria mixta*) (Bowman 等，1989) Bowman 等，1993，新合并。

词源　混合：混合的，指的是混合的鞭毛运动。

Etymology　L. fem. part. adj. *mixta* (from L. v. *misceo*), mixed, referring to mixed flagellation.

泽杆菌属(*Telmatobacter*) Pankratov 等，2012，新属。此属已定 1 种。

词源　泽：沼泽，湿地，泥潭，泥塘；杆：棒；菌：表示微小的事物，微生物(细菌、古菌、真菌)；属：属名的尾词；泽杆菌属：沼泽栖居的棒形细菌。

Etymology　Gr. n. *telma –atos*, swamp, bog; N. L. masc. n. *bacter*, a rod; N. L. masc. n. *Telmatobacter*, rod-shaped bog-inhabiting bacterium.

模式种　慢泽杆菌(*Telmatobacter bradus*) Pankratov 等，2012，新种。

词源　慢：缓慢的，慢慢的，指的是此细菌的缓慢生长。

Etymology　N. L. masc. adj. *bradus* (from Gr. masc. adj. *bradys*), slow, referring to the slow growth of this bacterium.

泽栖菌属(*Telmatocola*)Kulichevskaya 等,2012,新属。此属已定 1 种。

词源　泽:沼泽,湿地,泥潭,泥塘;栖:栖息,栖居,栖息者,栖居者;菌:表示微小的事物,微生物(细菌、古菌、真菌);属:属名的尾词;泽栖菌属:沼泽的栖居者(生物)。

Etymology　Gr. n. *telma -atos*, swamp, bog; L. masc. or fem. suff. *-cola* (from L. n. *incola*), inhabitant dweller; N. L. fem. n. *Telmatocola*, a bog-dweller.

模式种　嗜泥炭藓属泽栖菌(*Telmatocola sphagniphila*)Kulichevskaya 等,2012,新种。

词源　泥炭藓属:泥炭苔藓属。

Etymology　N. L. n. *Sphagnum*, generic name of sphagnum moss; N. L. fem. adj. *phila* (from Gr. fem. adj. *philê*), friend, loving; N. L. fem. adj. *sphagniphila*, *Sphagnum*-loving.

泽小螺体属(*Telmatospirillum*)Sizova 等,2007,新属。此属已定 1 种。

词源　泽:沼泽,湿地,泥潭,泥塘,汾;小:细小的,短小的;螺:螺旋,螺旋形;小螺:细小/短小的螺旋形;体:整体,身体,菌体,在微生物学属名中的作用与"菌"类似;小螺体属:细菌的一个属名;泽小螺体属:(低洼汾地)沼泽中的小螺体属。

Etymology　Gr. n. *telma atos*, marsh, swamp; N. L. dim. neut. n. *spirillum*, a small spiral and the name of a bacterial genus; N. L. neut. n. *Telmatospirillum*, a fen *Spirillum*.

模式种　西伯利亚泽小螺体(*Telmatospirillum siberiense*)Sizova 等,2007,新种。

词源　西伯利亚:与(俄罗斯)西伯利亚有关的。

Etymology　N. L. neut. adj. *siberiense*, pertaining to Siberia, Russia.

温杆菌属(*Temperatibacter*)Teramoto and Nishijima,2014,新属。此属已定 1 种。

词源　温:温和的,适宜的,指的是此模式种生长温度范围比较适中;杆:棒;菌:表示微小的事物,微生物(细菌、古菌、真菌);属:属名的尾词;温杆菌属:(生长温度)温和的棒形生物。

Etymology　L. adj. *temperatus*, temperate, referring to the moderate growth temperature range of the type species; N. L. masc. n. *bacter*, rod; N. L. masc. n. *Temperatibacter*, the temperate rod.

模式种　海温杆菌(*Temperatibacter marinus*)Teramoto and Nishijima,2014,新种。

词源　海:海的,大海的,海洋的。

Etymology　L. masc. adj. *marinus*, of the sea, marine.

来源　环境——海洋(Environmental—marine)。

温杆菌科(*Temperatibacteraceae*)Teramoto 和 Nishijima,2014,新科。

模式属　温杆菌属(*Temperatibacter*)Teramoto 和 Nishijima,2014,新属。

模式种　海温杆菌(*Temperatibacter marinus*)Teramoto 和 Nishijima,2014,新种。

来源　表层海水。

词源　温杆菌属:此科之模式属;科:用于定义一个比属高、比目低的分类级和尾词;在中文科的命名中,把模式属属名中的尾字"属"代换为尾字"科",即为模式属所在的科名;温杆菌科:温杆菌属之科。

Etymology　N. L. masc. n. *Temperatibacter*, the type genus of the family; suff. *-aceae*, ending to denote a family; N. L. masc. pl. n. *Temperatibacteraceae*, the family of the genus *Temperatibacter*.

黏茎菌属(*Tenacibaculum*) Suzuki 等,2001,新属。此属已定 20 种。

词源　黏:粘,粘附,黏附,紧固;茎:茎,杖,棒;菌:表示微小的事物,微生物(细菌、古菌、真菌);属:属名的尾词;黏茎菌属:紧密的粘附于海洋生物表面的棒形细菌。

Etymology　L. adj. n. *tenax -acis*, holding fast, tenacious; L. neut. n. *baculum*, stick; N. L. neut. n. *Tenacibaculum*, rod-shaped bacterium that adheres to the surface of marine organisms.

模式种　海运黏茎菌(*Tenacibaculum maritimum*)(Wakabayashi 等,1986) Suzuki 等,2001,新合并。

词源　海运:海上运输的,海事的,船舶的。

Etymology　L. neut. adj. *maritimum*, of the sea, maritime.

修竿菌属(*Tenuibacillus*) Ren and Zhou,2005,新属。此属已定 1 种。

词源　修:细,纤细,细小;竿:在本书中对译于拉丁文 *bacillus*,表示棒形,以示与常见的"杆"的区别,表示以出芽孢为特征的棒形;菌:表示微小的事物,微生物(细菌、古菌、真菌);属:属名的尾词;修竿菌属:纤细的竿/棒生物。

Etymology　L. adj. *tenuis*, slender, fine, thin; L. masc. n. *bacillus*, a small staff, a wand; N. L. masc. n. *Tenuibacillus*, a slender rod.

模式种　多吞修竿菌(*Tenuibacillus multivorans*) Ren and Zhou,2005,新种。

词源　多:许多,很多;吞:吞食的,吞噬的,大吃的,吞没的,狼吞虎咽(般的吃光);多吞:吞食很多类型的底物。

Etymology　L. adj. *multus*, many; L. part. adj. *vorans*, devouring; N. L. part. adj. *multivorans*, devouring numerous kinds of substrates.

注:或细竿菌属,但用词不唯一。

暖无形菌属(*Tepidamorphus*) Albuquerque 等,2010,新属。此属已定 1 种。

词源　暖:中温的,温暖的,微温的,暖和的,不冷不热的;无形:无形的,没有形状的;菌:表示微小的事物,微生物(细菌、古菌、真菌);属:属名的尾词;暖无形菌属:在微温中生长的没有显著形态的生物。

Etymology　L. adj. *tepidus* -a -um, moderately warm, lukewarm, tepid; Gr. masc. adj.

amorphos, without form, shape-less; N. L. masc. n. *Tepidamorphus*, an organism without a distinctive morphology that grows at warm temeratures.

模式种　出芽暖无形菌(*Tepidamorphus gemmatus*) Albuquerque 等,2010,新种。

词源　出芽:供芽,长出芽的。

Etymology　L. masc. adj. *gemmatus*, provided with buds.

暖厌氧杆菌属(*Tepidanaerobacter*) Sekiguchi 等,2006,新属。此属已定 1 种。

词源　暖:中温的,温暖的,微温的,暖和的,不冷不热的;厌:无,非;氧:空气,氧气;杆:棒;菌:表示微小的事物,微生物(细菌、古菌、真菌);属:属名的尾词;暖厌氧杆菌属:中度嗜热的厌氧棒形生物。

Etymology　L. adj. *tepidus*, moderately warm; Gr. pref. *an*, not; Gr. n. *aêr*, air; N. L. masc. n. *bacter*, rod; N. L. masc. n. *Tepidanaerobacter*, moderately thermophilic anaerobic rod.

模式种　互营暖厌氧杆菌(*Tepidanaerobacter syntrophicus*) Sekiguchi 等,2006,新种。

词源　互:互相,共同;营:营养,营生;互营:互相营养的,指的是底物的相互利用。

Etymology　Gr. pref. *syn*, together with; Gr. adj. *trophikos*, nursing, tending or feeding; N. L. masc. adj. *syntrophicus*, pertaining to syntrophic substrate utilization.

暖竿菌属(*Tepidibacillus*) Slobodkina 等,2014,新属。此属已定 1 种。

词源　暖:中温的,温暖的,微温的,暖和的,不冷不热的;竿:在本书中对译于拉丁文 **bacillus**,表示棒形,以示与常见的"杆"的区别,表示以出芽孢为特征的棒形;菌:表示微小的事物,微生物(细菌、古菌、真菌);属:属名的尾词;暖竿菌属:分离自温暖栖息地的小竿棒形生物。

Etymology　L. adj. *tepidus*, warm, L. masc. n. *bacillus*, small rod, N. L. masc. n. *Tepidibacillus*, a small rod from a warm habitat.

模式种　发酵暖竿菌(*Tepidibacillus fermentans*) Slobodkina 等,2014,新种。

词源　发酵:发酵的定义广泛,在微生物学中可指微生物在培养基上的大量生长,一般是指(在厌氧条件下)将糖转变为酸,醇和气体。

Etymology　L. part. adj. *fermentans*, fermenting.

暖杆菌属(*Tepidibacter*) Slobodkin 等,2003,新属;Tan 等,2012 修改。此属已定 3 种。

词源　暖:中温的,温暖的,微温的,暖和的,不冷不热的;杆:棒;菌:表示微小的事物,微生物(细菌、古菌、真菌);属:属名的尾词;暖杆菌属:温暖的棒形生物。

Etymology　L. adj. *tepidus*, warm; N. L. masc. n. *bacter*, rod; N. L. masc. n. *Tepidibacter*, a warm rod.

模式种　塔拉萨暖杆菌(*Tepidibacter thalassicus*) Slobodkin 等,2003,新种。或海暖杆菌。

词源　海:海的;塔拉萨:海的。

Etymology　N. L. masc. adj. *thalassicus*, of the sea.

注:希腊文中的海,或者现代西方文化中海洋的化身,来源于希腊神话中的原始神之一,海女神塔拉萨(Thalassa)的名字,因此海也称为塔拉萨。

暖胞菌属(*Tepidicella*)França 等,2006,新属。此属已定 1 种。

词源　暖:中温的,温暖的,微温的,暖和的,不冷不热的;胞:细胞;菌:表示微小的事物,微生物(细菌、古菌、真菌);属:属名的尾词;暖胞菌属:生活在温暖环境中的细胞。

Etymology　L. adj. *tepidus*, warm; L. fem. n. *cella*, chamber and in biology a cell; N. L. fem. n. *Tepidicella*, a cell living in a warm environment.

模式种　泽维尔氏暖胞菌(*Tepidicella xavieri*)Franca 等,2006,新种。

词源　氏:姓氏;泽维尔氏:泽维尔的,以葡萄牙生化学家安东尼·V. 泽维尔的姓氏命名。

Etymology　N. L. gen. n. *xavieri*, of Xavier, in honour of the Portuguese biochemist António·V. Xavier.

暖微菌属(*Tepidimicrobium*)Slobodkin 等,2006,新属;Niu 等,2009 修改。此属已定 2 种。

词源　暖:中温的,温暖的,微温的,暖和的,不冷不热的;微:微小的,微生物;菌:表示微小的事物,微生物(细菌、古菌、真菌);微菌:微生物;属:属名的尾词;暖微菌属:来自热泉的微生物。

Etymology　L. adj. *tepidus*, moderately warm; N. L. neut. n. *microbium*, microbe; N. L. neut. n. *Tepidimicrobium*, a microbe from a hot spring.

模式种　嗜铁暖微菌(*Tepidimicrobium ferriphilum*)Slobodkin 等,2006,新种。

词源　嗜:嗜好的,喜好的,友好的,爱好的;铁:一种金属元素,Fe,铁;嗜铁:喜好铁的。

Etymology　L. n. *ferrum*, iron; N. L. adj. *philus -a -um* (from Gr. adj. *philos -ê -on*), friend, loving; N. L. neut. adj. *ferriphilum*, iron-loving.

暖单胞菌属(*Tepidimonas*)Moreira 等,2000,新属;Albuquerque 等,2006 修改。此属已定 5 种。

词源　暖:中温的,温暖的,微温的,暖和的,不冷不热的;单胞:单元,单细胞;菌:表示微小的事物,微生物(细菌、古菌、真菌);属:属名的尾词;暖单胞菌属:温暖的单细胞生物。

Etymology　L. adj. *tepidus*, warm; L. fem. n. *monas*, unit, monad; N. L. fem. n. *Tepidimonas*, warm monad.

模式种　懒暖单胞菌(*Tepidimonas ignava*)Moreira 等,2000,新种。

词源　懒:慵懒的,懒惰的,指的是此生物不利用糖生长的特点。

Etymology　L. fem. adj. *ignava*, lazy, pertaining to the organism's trait of not using sugars for growth.

嗜暖菌属（*Tepidiphilus*）Manaia 等，2003，新属。此属已定 2 种。

词源 嗜：嗜好的，喜好的，友好的，爱好的；暖：中温的，温暖的，微温的，暖和的，不冷不热的；菌：表示微小的事物，微生物（细菌、古菌、真菌）；属：属名的尾词；嗜暖菌属：喜温暖条件的生物。

Etymology L. adj. *tepidus*, lukewarm; N. L. adj. *philus -a -um* (from Gr. adj. *philos -ê -on*), friend, loving; N. L. masc. n. *Tepidiphilus*, liker of lukewarm conditions.

模式种 携珠嗜暖菌（*Tepidiphilus margaritifer*）Manaia 等，2003，新种。

词源 携：携带；珠：珍珠；携珠：携带珍珠的，指的是此菌落的珍珠般的外形。

Etymology L. n. *margarita*, pearl; L. masc. suffix *-fer*, carrying; N. L. masc. adj. *margaritifer*, pearl-carrying, referring to the nacre-like appearance of the colonies.

寺崎姓菌属（*Terasakiella*）Satomi 等，2002，新属。此属已定 1 种。

词源 姓：姓氏；寺崎姓：以日本国微生物学家 Y. 寺崎的姓氏命名，其对我们（作者）认识螺形细菌的分类和鉴定有许多贡献（本书中的贡献，在中文语境中类似于帮助）；菌：表示微小的事物，微生物（细菌、古菌、真菌）；属：属名的尾词；诗崎姓菌属：以诗崎的姓氏命名的菌属。

Etymology N. L. fem. dim. n. *Terasakiella*, named to honour Y. Terasaki, the Japanese microbiologist, who has made many contributions to our understanding of the classification and identification of spiral-shaped bacteria.

模式种 纳寺崎姓菌（*Terasakiella pusilla*）（**Terasaki, 1973**）**Satomi** 等，2002，新合并。

词源 纳：纳米的，很小的，极小的，微小的。

Etymology L. fem. adj. *pusilla*, very small.

船蛆科杆菌属（*Teredinibacter*）Distel 等，2002，新属。此属已定 1 种。

词源 船蛆科：钻木头的双壳类软体动物，船蛆的一个科名；杆：棒；菌：表示微小的事物，微生物（细菌、古菌、真菌）；属：属名的尾词；船蛆科杆菌属：分离自船蛆科的棒形生物。

Etymology N. L. fem. pl. n. *Teredinidae*, a family of wood-boring bivalve molluscs (shipworms); N. L. masc. n. *bacter*, a staff or rod; N. L. masc. n. *Teredinibacter*, a rod isolated from members of the family *Teredinidae*.

模式种 特纳氏船蛆科杆菌（*Teredinibacter turnerae*）Distel 等，2002，新种。

词源 特纳氏：以哈佛大学比较动物学博物馆的软体动物学家如斯 D. 特纳的姓氏命名。

Etymology N. L. fem. gen. n. *turnerae*, of Turner, named after Ruth D. Turner, malacologist at the Museum of Comparative Zoology, Harvard University.

土杆菌属（*Terrabacter*）Collins 等，1989，新属。此属已定 9 种。

词源 土：土地，土壤；杆：棒；菌：表示微小的事物，微生物（细菌、古菌、真菌）；属：属名的尾词；土杆菌属：土地(土壤)的棒形生物。
Etymology　L. n. *terra*, earth; N. L. masc. n. *bacter*, a rod; N. L. masc. n. *Terrabacter*, earth (soil) rod.

模式种　肿胀土杆菌(*Terrabacter tumescens*)(Jensen, 1934) Collins 等,1989,新合并。
词源　肿胀：涨,膨胀,鼓起,隆起。
Etymology　L. part. adj. *tumescens*, swelling up.

土果菌属(*Terracoccus*) Prauser 等,1997,新属。此属已定1种。
词源　土：土地,土壤；果：浆果,表示浆果形(圆球或椭球)；菌：表示微小的事物,微生物(细菌、古菌、真菌)；属：属名的尾词；土果菌属：分离自土壤的浆果形生物。
Etymology　L. fem. n. *terra*, soil; N. L. masc. n. *coccus* (from Gr. masc. n. *kokkos*), a grain, seed; N. L. masc. n. *Terracoccus*, coccus isolated from soil.

模式种　橙黄色土果菌(*Terracoccus luteus*) Prauser 等,1997,新种。
词源　橙黄色：橙黄色的,金黄色的。
Etymology　L. masc. adj. *luteus*, yellow.

土竿菌属(*Terribacillus*) An 等,2007,新属；Krishnamurthi and Chakrabarti,2008 修改。此属已定4种。
词源　土：土地,土壤；竿：在本书中对译于拉丁文 ***bacillus***,表示棒形,以示与常见的"杆"的区别,表示以出芽孢为特征的棒形；菌：表示微小的事物,微生物(细菌、古菌、真菌)；属：属名的尾词；土竿菌属：土地(土壤)的竿(棒)生物。
Etymology　L. n. *terra*, earth; L. masc. n. *bacillus*, a small staff; N. L. masc. n. *Terribacillus*, earth (soil) bacillus (rod).

模式种　嗜糖土竿菌(*Terribacillus saccharophilus*) An 等,2007,新种。
词源　嗜：嗜好的,喜好的,友好的,爱好的；糖：一般性名词,通常指的是甜的、短链的、可溶解的和由碳氢氧元素构成的碳水化合物,日常用语中即指食糖(蔗糖,一种二糖),生物化学中进一步细分为单糖(葡萄糖、果糖和半乳糖等),二糖(麦芽糖、乳糖和蔗糖等),寡糖和多糖等；嗜糖：喜好糖的。
Etymology　Gr. n. *sakkhar -aros*, sugar; N. L. adj. *philus -a -um* (from Gr. adj. *philos -ê -on*), friend, loving; N. L. masc. adj. *saccharophilus*, sugar-loving.

土璆菌属(*Terriglobus*) Eichorst 等,2007,新属。此属已定4种。
词源　土：地,土地,土壤；璆：通球,球形,球体,圆球,丛,簇,块；菌：表示微小的事物,微生物(细菌、古菌、真菌)；属：属名的尾词；土璆菌属：土壤块生物。
Etymology　L. n. *terra*, earth; L. masc. n. *globus*, ball, clump; N. L. masc. n. *Terriglobus*,

clump of earth.

模式种　玫色土璆菌(*Terriglobus roseus*)Eichorst 等,2007,新种。

词源　玫色:玫色的,玫瑰色的,粉色的,粉红色的。

Etymology　L. masc. adj. *roseus*, rose-colored, pink.

土微菌属(*Terrimicrobium*)Qiu 等,2014,新属。此属已定 1 种。

词源　土:地,土地,土壤;微:微小的,微生物;菌:表示微小的事物,微生物(细菌、古菌、真菌);微菌:微生物;属:属名的尾词;土微菌属:来自土壤的微生物。

Etymology　L. fem. n. *terra*, earth; N. L. neut. n. *microbium*, microbe; N. L. neut. n. *Terrimicrobium*, microbe from soil.

模式种　嗜糖土微菌(*Terrimicrobium sacchariphilum*)Qiu 等,2014,新种。

词源　嗜:嗜好的,喜好的,友好的,爱好的;糖:一般性名词,通常指的是甜的、短链的、可溶解的和由碳氢氧元素构成的碳水化合物,日常用语中即指食糖(蔗糖,一种二糖),生物化学中进一步细分为单糖(葡萄糖、果糖和半乳糖等)、二糖(麦芽糖、乳糖和蔗糖等),寡糖和多糖等;嗜糖:喜好糖的。

Etymology　L. neut. n. *saccharum* or *saccharon*, a kind of sugar; Gr. adj. *philos*, loving; N. L. neut. adj. *sacchariphilum*, sugar-loving.

土单胞菌属(*Terrimonas*)Xie and Yokota,2006,新属;Zhang 等,2012 修改,Jin 等,2013 修改。此属已定 6 种。

词源　土:地,土地,土壤;单胞:单元,单细胞;菌:表示微小的事物,微生物(细菌、古菌、真菌);属:属名的尾词;土单胞菌属:土壤单细胞生物。

Etymology　L. n. *terra*, soil; L. fem. n. *monas*, a unit, monad; N. L. fem. n. *Terrimonas*, soil monad.

模式种　铁锈土单胞菌(*Terrimonas ferruginea*)(Sickles and Shaw,1934)Xie and Yokota,2006,新合并。

词源　铁锈:铁锈色的。

Etymology　L. fem. adj. *ferruginea*, rust-coloured.

土孢杆菌属(*Terrisporobacter*)Gerritsen 等,2014,新属。此属已定 2 种。

词源　土:地,土地,土壤;孢:孢子;杆:棒;菌:表示微小的事物,微生物(细菌、古菌、真菌);属:属名的尾词;土孢杆菌属:在土壤中发现的形成孢子的棒形生物。

Etymology　L. n. *terra*, soil; Gr. fem. n. *spora*, a seed, and in biology a spore; N. L. masc. n. *bacter*, a rod; N. L. masc. n. *Terrisporobacter*, a spore-forming rod found in soil.

模式种　乙二醇土孢杆菌(*Terrisporobacter glycolicus*)Gerritsen 等,2014,新种。

词源　乙二醇：与乙二醇相关的，指的是此菌具有发酵乙二醇的能力。
Etymology　L. adj. suff. *-icus*，related to，belonging to；N. L. masc. adj. *glycolicus*，referring to the ability to ferment ethylene glycol.

净果菌属（*Tersicoccus*）Vaishampayan 等，2013，新属。此属已定 1 种。

词源　净：干净，洁净；果：浆果，表示浆果形（圆球或椭球）；菌：表示微小的事物，微生物（细菌、古菌、真菌）；属：属名的尾词；净果菌属：从十分洁净的房间分离出来的浆果形生物。
Etymology　L. part. adj. *tersus*（from L. v. *tergeo*），clean；N. L. masc. n. *coccus*（from Gr. n. *kokkos* a grain or berry），*coccus*；N. L. masc. n. *Tersicoccus*，clean coccus，intended to mean isolated from clean rooms.

模式种　菲尼克斯号净果菌（*Tersicoccus phoenicis*）Vaishampayan 等，2013，新种。

词源　菲尼克斯号：菲尼克斯号宇宙飞船，执行飞往火星的任务，从菲尼克斯号宇宙飞船的装配设施中分离出来。
Etymology　L. gen. n. *phoenicis* of phoenix，isolated from the surface of the Mars Phoenix spacecraft assembly facility.
注：这说明此生物对于辐射和真空环境有抗性，对营养需求极低。

肆果菌属（*Tessaracoccus*）Maszenan 等，1999，新属。此属已定 5 种。

词源　肆：数字四，4；果：浆果，表示浆果形（圆球或椭球）；菌：表示微小的事物，微生物（细菌、古菌、真菌）；属：属名的尾词；肆果菌属：四个圆形的细胞。
Etymology　Gr. adj. num. *tessares*，four；N. L. masc. n. *coccus*（from Gr. masc. n. *kokkos*，grain，seed），*coccus*；N. L. masc. n. *Tessaracoccus*，four round cells.

模式种　本迪戈肆果菌（*Tessaracoccus bendigoensis*）Maszenan 等，1999，新种。

词源　本迪戈：澳大利亚东南部城市本迪戈（墨尔本的西北向），属于或来自本迪戈的，此分离物的来源地。
Etymology　N. L. masc. adj. *bendigoensis*，of or belonging to Bendigo，Australia，the place of origin of the isolate.
注：区别于 2006 年定的方果菌属（*Quatrionicoccus*），根据希腊文和拉丁文的历史关系，把希腊文形容词数字 *tessares* 定义为数字"肆"。这种形容词数字的用法在拉丁文菌名命名中极为少见。

四生果菌属（*Tetragenococcus*）Collins 等，1993，新属。此属已定 5 种，2 亚种。

词源　四：数字四，4；生：产，生产，生成，产生，导致，源自……；果：浆果，表示浆果形（圆球或椭球）；菌：表示微小的事物，微生物（细菌、古菌、真菌）；属：属名的尾词；四生果菌属：四元排列的浆果形生物。
Etymology　Gr. pref. *tetra*，four；G. suff. *-genes*（from Gr. v. *gennaô*）producing or forming；N. L. masc. n. *coccus*（from Gr. masc. n. *kokkos*，grain，seed），*coccus*；N. L. masc. n.

Tetragenococcus, tetrad arrangement of cocci.

模式种　嗜卤四生果菌（*Tetragenococcus halophilus*）（Mees,1934）Collins 等,1993,新合并。

词源　嗜:嗜好的,喜好的,友好的,爱好的;卤:卤素,盐;嗜卤:喜盐的,喜好盐的。

Etymology　Gr. n. *hals halos*, salt; N. L. adj. *philus -a -um*（from Gr. adj. *philos -ê -on*）, friend, loving; N. L. masc. adj. *halophilus*, salt-loving.

四球菌属（*Tetrasphaera*）Maszenan 等,2000,新属;Ishikawa and Yokota,2006 修改。此属已定 8 种。

词源　四:4;球:球体,球形,地球;菌:表示微小的事物,微生物(细菌、古菌、真菌);属:属名的尾词;四球菌属:四个关联球形细菌细胞。

Etymology　Gr. n. *tetra*, four; L. fem. n. *sphaera*, sphere; N. L. fem. n. *Tetrasphaera*, four spherical bacterial cells.

模式种　日本四球菌（*Tetrasphaera japonica*）Maszenan 等,2000,新种。

词源　日本:与日本有关的,此模式株的分离地。

Etymology　N. L. fem. adj. *japonica*, pertaining to Japan, the source of the type strain.

四磠杆菌属（*Tetrathiobacter*）Ghosh 等,2005,新属。此属已定 2 种。

词源　四:4;磠:硫,硫磺,硫黄,元素 S;四磠:四连硫,四个相互连接的硫,指的是连四硫酸盐,四连硫代硫酸盐,$S_4O_6^{2-}$;杆:棒;菌:表示微小的事物,微生物(细菌、古菌、真菌);属:属名的尾词;四磠杆菌属:氧化四连硫酸盐的细菌。

Etymology　Gr. adj. *tetra*, four; Gr. n. *thium*, sulfur; N. L. masc. n. *bacter*, a rod; N. L. masc. n. *Tetrathiobacter*, a tetrathionate-oxidizing bacterium.

模式种　克什米尔四磠杆菌（*Tetrathiobacter kashmirensis*）Ghosh 等,2005,新种。

词源　克什米尔:印度和巴基斯坦争议地,大约印度控制 3/5,巴基斯坦控制 2/5,与中国接壤,此模式种的模式株分离自此。

Etymology　N. L. masc. adj. *kashmirensis*, of Kashmir, after the name of the province from where the original strains of the species were isolated.

特斯科科竿菌属（*Texcoconibacillus*）Ruiz-Romero 等,2013,新属。此属已定 1 种。

词源　特斯科科:墨西哥特斯科科湖;竿:在本书中对译于拉丁文 *bacillus*,表示棒形,以示与常见的"杆"的区别,表示以出芽孢为特征的棒形;菌:表示微小的事物,微生物(细菌、古菌、真菌);属:属名的尾词;特斯科科竿菌属:分离自特斯科科湖的竿棒形生物。

Etymology　N. L. n. *Texcoco -onis* lake Texcoco; L. masc. n. *bacillus*, a rod; N. L. masc. n. *Texcoconibacillus*, a rod isolated from lake Texcoco.

模式种　特斯科科特斯科科竿菌（*Texcoconibacillus texcoconensis*）Ruiz-Romero 等,2013,

新种。

词源 特斯科科：属于或来自墨西哥特斯科科湖的，特斯科科湖位于墨西哥城附近，一个浅滩盐碱湖。

Etymology N. L. masc. adj. *texcoconensis*, of or belonging to lake Texcoco, Mexico.

注1：此模式菌种，特斯科科特斯科科竿菌，菌名已长达10汉字，如果称为特斯科科特斯科科芽孢杆菌或特斯科科特斯科科芽胞杆菌，则长达12汉字。

注2：此模式种菌名，由于中文的书写特点，容易让人误读，如果为特斯科科竿属特斯科科菌，则为顺畅的多，建议中文中对于菌名按照"属→种"的顺序称呼，而不必要"种→属"这种倒译模式。

Th

塔拉萨竿菌属（*Thalassobacillus*）García 等, 2005, 新属。或海竿菌属。此属已定4种。

词源 塔拉萨：海，大海；竿：在本书中对译于拉丁文 *bacillus*，表示棒形，以示与常见的"杆"的区别，表示以出芽孢为特征的棒形；菌：表示微小的事物，微生物（细菌、古菌、真菌）；属：属名的尾词；塔拉萨竿菌属：来自海的竿棒形生物。

Etymology Gr. fem. n. *thalassa*, sea; L. masc. n. *bacillus*, rod; N. L. masc. n. *Thalassobacillus*, rod from the sea.

模式种 吞噬塔拉萨竿菌（*Thalassobacillus devorans*）García 等, 2005, 新种。或吞噬海竿菌。

词源 吞噬：吞没，狼吞虎咽的吃光，快速消耗完有机化合物。

Etymology L. part. adj. *devorans*, devouring (organic compounds).

注：希腊文中的海，或者现代西方文化中海洋的化身，来源于希腊神话中的原始神之一，海女神塔拉萨（Thalassa）的名字，因此海也称为塔拉萨（类似于中国古代神话中的原始神禺虢，或禺强/禺疆）。区别于2001年的海竿菌属（*Marinibacillus*）（已废止）。

塔拉萨杆菌属（*Thalassobacter*）Macián 等, 2005, 新属；Pujalte 等, 2005 修改。或海杆菌属。此属已定2种。

词源 塔拉萨：海，大海；杆：棒；菌：表示微小的事物，微生物（细菌、古菌、真菌）；属：属名的尾词；海杆菌属或塔拉萨杆菌属，来自海的棒形细菌。

Etymology Gr. n. *thalassa*, the sea; N. L. masc. n. *bacter* (from Gr. fem. n. *bakteria*), staff, cane; N. L. masc. n. *Thalassobacter*, a bacterium of the sea.

模式种 窄营塔拉萨杆菌（*Thalassobacter stenotrophicus*）Macián 等, 2005, 新种。或窄营海杆菌。

词源 窄：狭窄；营：营养，营生，养育，抚育；窄营：以非常狭窄（即有限）的化合物种类作为营养源。

Etymology Gr. adj. *stenos*, narrow; Gr. adj. *trophikos*, nursing, tending, feeding; N. L. masc. adj. *stenotrophicus*, feeding on a narrow range of compounds.

注1：希腊文中的海，或者现代西方文化中海洋的化身，来源于希腊神话中的原始神之一，海女神塔拉萨

（Thalassa）的名字,因此海也称为塔拉萨。

注2：此属中文命名"海杆菌属"与1992年的海杆菌属（*Marinobacter*）和2004年的海杆菌属（*Maribacter*）相同。"塔拉萨杆菌属"则有很好的区分度。

塔拉萨茎菌属（*Thalassobaculum*）Zhang等,2008,新属；Urios等,2010修改。或海茎菌属。此属已定2种。

词源　塔拉萨：海,大海；茎：茎,杖,棒；菌：表示微小的事物,微生物（细菌、古菌、真菌）；属：属名的尾词；塔拉萨茎菌属或海茎菌属：来自海的棒形细菌。

Etymology　Gr. n. *thalassa*, the sea; L. neut. n. *baculum*, stick; N. L. neut. n. *Thalassobaculum*, rod-shaped bacterium from the sea.

模式种　滨塔拉萨茎菌（*Thalassobaculum litoreum*）Zhang等,2008,新种。或海岸海茎菌。

词源　滨：海滨,海岸,海岸的,海滨的,沿海岸线的。

Etymology　L. neut. adj. *litoreum*, of the shore.

注：希腊文中的海,或者现代西方文化中海洋的化身,来源于希腊神话中的原始神之一,海女神塔拉萨（Thalassa）的名字,因此海也称为塔拉萨。

塔拉萨菌属（*Thalassobius*）Arahal等,2005,新属。或海菌属。此属已定4种。

词源　塔拉萨：海,大海；菌：表示微小的事物,微生物（细菌、古菌、真菌）；属：属名的尾词；海菌属或塔拉萨菌属：来自海的生命形式。

Etymology　Gr. fem. n. *thalassa*, the sea; Gr. masc. n. *bios*, life; N. L. masc. n. *Thalassobius*, life form of the sea.

模式种　地中塔拉萨菌（*Thalassobius mediterraneus*）Arahal等,2005,新种。或地中海菌。

词源　地中：特指地中海,与地中海有关的,来自地中海的。

Etymology　L. masc. adj. *mediterraneus*, pertaining to the Mediterranean Sea.

注：希腊文中的海,或者现代西方文化中海洋的化身,来源于希腊神话中的原始神之一,海女神塔拉萨（Thalassa）的名字,因此海也称为塔拉萨。

塔拉萨果菌属（*Thalassococcus*）Lee等,2007,新属。或海果菌属。此属已定2种。

词源　塔拉萨：海,大海；果：浆果,表示浆果形（圆球或椭球）；菌：表示微小的事物,微生物（细菌、古菌、真菌）；属：属名的尾词；海果菌属或塔拉萨果菌属：来自大洋的浆果形生物。

Etymology　Gr. n. *thalassa*, the ocean; N. L. masc. n. *coccus* from Gr. n. *kokkos*, berry, coccus; N. L. masc. n. *Thalassococcus*, coccus from the ocean.

模式种　耐卤塔拉萨果菌（*Thalassococcus halodurans*）Lee等,2007,新种。或耐卤海果菌。

词源　耐：耐力的,耐性的,忍耐的；卤：卤素,盐；耐卤：耐盐,对盐有耐受的。

Etymology　Gr. n. *hals halos*, salt; L. part. pres. *durans*, withstanding; N. L. part. adj. *halodurans*, withstanding salt.

注1：希腊文中的海，或者现代西方文化中海洋的化身，来源于希腊神话中的原始神之一，海女神塔拉萨（Thalassa）的名字，因此海也称为塔拉萨。

注2：中文"海果菌属"与1985年定的海果菌属（*Marinococcus*）重名，塔拉萨果菌属则区分明显。

塔拉萨枴菌属（*Thalassolituus*）Yakimov 等，2004，新属。或海枴菌属。此属已定2种。

词源 塔拉萨：海，大海；枴：拐杖，枴杖，这里指的是西方占卜师门所用的弯曲状的权杖；菌：表示微小的事物，微生物（细菌、古菌、真菌）；属：属名的尾词；海枴菌属或塔拉萨拐菌属：海生的，弯曲形的细菌。

Etymology　Gr. fem. n. *thalassa*, the sea; L. masc. n. *lituus*, the crooked staff borne by the augurs, an augur's crook, a crook; N. L. masc. n. *Thalassolituus*, a marine, curve-shaped bacterium.

模式种 **吞油塔拉萨枴菌**（*Thalassolituus oleivorans*）Yakimov 等，2004，新种。或吞油海枴菌。

词源 吞：吞食的，吞噬的，大吃的，吞没的；油：动植物或矿产的高碳氢含量的易燃黏滑的混合物；吞油：吞食油的。

Etymology　L. neut. n. *oleum*, oil; L. part. adj. *vorans*, devouring; N. L. masc. part. adj. *oleivorans*, oil-devouring.

注：希腊文中的海，或者现代西方文化中海洋的化身，来源于希腊神话中的原始神之一，海女神塔拉萨（Thalassa）的名字，因此海也称为塔拉萨。

塔拉萨单胞菌属（*Thalassomonas*）Macián 等，2001，新属；Jean 等，2006修改。或海单胞菌属。此属已定9种。

词源 塔拉萨：海，大海；单胞：单元，单细胞；菌：表示微小的事物，微生物（细菌、古菌、真菌）；属：属名的尾词；海单胞菌属或塔拉萨单胞菌属：来自海的单细胞生物。

Etymology　Gr. n. *thalassa*, the sea; Gr. n. *monas*, a unit; N. L. fem. n. *Thalassomonas*, a monad from the sea.

模式种 **绿化塔拉萨单胞菌**（*Thalassomonas viridans*）Macián 等，2001，新种。或绿化海单胞菌。

词源 绿：绿色，绿颜色；化：变化，产生；绿化：化作绿色的，产生绿色的。

Etymology　L. part. adj. *viridans*, making green, producing a green color.

注1：希腊文中的海，或者现代西方文化中海洋的化身，来源于希腊神话中的原始神之一，海女神塔拉萨（Thalassa）的名字，因此海也称为塔拉萨。

注2：此属中的种，江华塔拉萨单胞菌（*Thalassomonas ganghwensis*）Yi 等，2004，娄娅氏塔拉萨单胞菌（*Thalassomonas loyana*）Thompson 等，2006，吞琼塔拉萨单胞菌（*Thalassomonas agarivorans*）Jean 等，2006，和凿琼塔拉萨单胞菌（*Thalassomonas agariperforans*）Park 等，2011 这4种，已在2014年归到**塔拉萨针菌属**，分别定名为**江华塔拉萨针菌**（*Thalassotalea ganghwensis*）新合并，**娄娅氏塔拉萨针菌**（*Thalassotalea loyana*）新合并，**吞琼塔拉萨针菌**（*Thalassotalea agarivorans*）新合并，**凿琼塔拉萨针菌**（*Thalassotalea agariperforans*）新合并。

塔拉萨螺体属(*Thalassospira*)López-López 等,2002,新属;Liu 等,2007 修改。或海螺体属。此属已定 8 种。

词源　塔拉萨:海,大海;螺:螺形,螺旋,螺纹;体:整体,身体,菌体,在微生物学属名中的作用与"菌"类似;属:属名的尾词;海螺体属或塔拉萨螺体属:来自海的螺体生物。

Etymology　Gr. fem. n. *thalassa*, the sea; Gr. fem. n. *spira*, a spire; N. L. fem. n. *Thalassospira*, spiral-shaped organism from the sea.

模式种　阿利坎特塔拉萨螺体(*Thalassospira lucentensis*)López-López 等,2002,新种。或阿利坎特海螺体。

词源　阿利坎特:西班牙东南部的一个滨海城市,是此分离物最近的地点。该城市在罗马时代的拉丁文名是噜瑟顿。

Etymology　N. L. fem. adj. *lucentensis*, pertaining to *Lucentum*, the Latin name in Roman times for Alicante, a coastal town in the south-east of Spain, which is the nearest town to the site from which the isolate was retrieved.

注:希腊文中的海,或者现代西方文化中海洋的化身,来源于希腊神话中的原始神之一,海女神塔拉萨(Thalassa)的名字,因此海也称为塔拉萨。

塔拉萨针菌属(*Thalassotalea*)Zhang 等,2014,新属。或海针菌属。此属已定 5 种。

词源　塔拉萨:海,大海;针:纤细的杆或棒;菌:表示微小的事物,微生物(细菌、古菌、真菌);属:属名的尾词;海针菌属或塔拉萨针菌属:来自海的针棒形生物。

Etymology　(Tha. las. so. ta′le. a. Gr. n. *thalasso* the sea; L. fem. n. *talea* a rod; N. L. fem. n. *Thalassotalea* a rod from the sea.

模式种　凿琼塔拉萨针菌(*Thalassotalea agariperforans*)Zhang 等,2014,新种。或凿琼海针菌。

词源　凿:穿孔,造洞穴,挖掘窟窿;琼脂:琼胶,琼脂,由琼脂糖和琼脂胶构成,是目前配制固体培养基最好的凝固剂,因最早来自海南而得名;凿琼:在琼脂(平板)中穿孔,制造孔穴(即分解琼脂)。

Etymology　N. L. n. *agarum*, agar; L. part. adj. *perforans*, perforating, making holes in; N. L. part. adj. *agariperforans*, making holes in agar.

注 1:希腊文中的海,或者现代西方文化中海洋的化身,来源于希腊神话中的原始神之一,海女神塔拉萨(Thalassa)的名字,因此海也称为塔拉萨。

注 2:中文属名"海针菌属"与 2009 年定的海针菌属(*Maritalea*)重名,而塔拉萨针菌属则区分明显,避免了重名。

注 3:属名中如想表示海神(以示菌的海源属性),也并非只有希腊原始神,建议中国学者优先考虑中国古代早期水神共工、海神禺虢等。

索氏菌属(*Thauera*)Macy 等,1993,新属;Anders 等,1995 修改,Song 等,1998 修改。此属已定 10 种。

词源　氏:姓氏;索氏:以德国微生物学家 R.K.索的姓氏;菌:表示微小的事物,微生物(细菌、古菌、真菌）；属：属名的尾词；索氏菌属：以索氏命名的生物。

Etymology　N. L. fem. n. *Thauera*, named after R. K. Thauer, a German microbiologist.

模式种　硒酸盐索氏菌（*Thauera selenatis*）Macy 等，1993，新种。

词源　硒酸盐：具有 SeO_4^{2-} 离子，与硫酸盐具有类似的化学性质；根据电子受体，用于分离（微生物）。

Etymology　N. L. n. *selenas -atis*, selenate; N. L. gen. n. *selenatis*, of selenate, according to the electron acceptor used for isolation.

热菌科（*Thermaceae*）Da Costa and Rainey，2002，新科。

模式属　热菌属（*Thermus*）Brock and Freeze，1969，《1980 年细菌名确认单》，属。

词源　热菌属：此科之模式属；科：用于定义一个比属高、比目低的分类级和尾词；在中文科的命名中，把模式属属名中的尾字"属"代换为尾字"科"，即为模式属所在的科名；热菌科：热菌属之科。

Etymology　N. L. masc. n. *Thermus*, type genus of the family; L. suff. *-aceae*, ending to denote a family; N. L. fem. pl. n. *Thermaceae*, the *Thermus* family.

热醋生菌属（*Thermacetogenium*）Hattori 等，2000，新属。此属已定 1 种。

词源　醋：乙酸，醋酸；生：产生，制造；菌：表示微小的事物，微生物（细菌、古菌、真菌）；属：属名的尾词；热醋生菌属：嗜热的醋酸生产者。

Etymology　Gr. adj. *thermos*, hot; L. n. *acetum*, vinegar; Gr. v. *gennaô*, produce, engender; N. L. neut. n. *Thermacetogenium*, thermophilic vinegar producer.

模式种　褐色热醋生菌（*Thermacetogenium phaeum*）Hattori 等，2000，新种。

词源　褐色：褐色的，棕褐色的，指的是菌落的颜色。

Etymology　N. L. neut. adj. *phaeum*（from Gr. neut. adj. *phaion*），brown, referring to the color of the colonies.

注：希腊文 *phaion* 其实是暗色之意。

热气杆菌属（*Thermaerobacter*）Takai 等，1999，新属；Spanevello 等，2002 修改。此属已定 5 种。

词源　热：高温；气：气体，空气；杆：棒；菌：表示微小的事物，微生物（细菌、古菌、真菌）；属：属名的尾词；热气杆菌属：在有空气存在的氛围中，高温生长的棒形生物。

Etymology　Gr. adj. *thermos*, hot; Gr. n. *aer aeros*, air; N. L. masc. n. *bacter*, rod or staff; N. L. masc. n. *Thermaerobacter*, rod, which grows at high temperatures in the presence of air.

模式种　马里亚纳热气杆菌（*Thermaerobacter marianensis*）Takai 等，1999，新种。

词源　马里亚纳：与马里亚纳海沟有关的，此模式株的分离源。

Etymology　N. L. masc. adj. *marianensis*, pertaining to the Mariana Trench, the source of the type strain.

热菌目(*Thermales*) Rainey and Da Costa,2002,新目。

模式属　热菌属(*Thermus*) Brock and Freeze,1969,《1980年细菌名确认单》,属。

词源　热菌属:此目之模式属;目:用于定义一个比科高、比纲低的分类级和尾词;在中文目的命名中,把模式属属名中的尾字"属"代换为尾字"目",即为模式属所在的目名;热菌目:热菌属之目。

Etymology　N. L. masc. n. *Thermus*, type genus of the order; suff. *-ales*, ending denoting an order; N. L. fem. pl. n. *Thermales*, the *Thermus* order.

热厌氧单胞菌属(*Thermanaeromonas*) Mori 等,2002,新属。此属已定1种。

词源　热:热的,高温的;厌:无,非;氧:空气,氧气;单胞:单元,单细胞;菌:表示微小的事物,微生物(细菌、古菌、真菌);属:属名的尾词;热厌氧单胞菌属:嗜热的,厌氧单细胞生物。

Etymology　Gr. adj. *thermos*, hot; Gr. pref. *an*, not; Gr. n. *aer aeros*, air; L. fem. n. *monas*, a unit, monad; N. L. fem. n. *Thermanaeromonas*, a thermophilic, anaerobic monad.

模式种　丰羽热厌氧单胞菌(*Thermanaeromonas toyohensis*) Mori 等,2002,新种。

词源　丰羽:与丰羽有关的,指的是日本国北海道的丰羽矿山,一个生产铅精矿和锌精矿的矿山,此模式株的分离地。

Etymology　N. L. fem. adj. *toyohensis*, pertaining to Toyoha, referring to its isolation from the Toyoha Mines.

热厌氧弧菌属(*Thermanaerovibrio*) Baena 等,1999,新属;Zavarzina 等,2000 修改。此属已定2种。

词源　热:热的,高温的;厌:无,非;氧:空气,氧气;弧:作动词表示弧动,像手中舞动的绳子状振动;弧:作名词也表示细菌的一个属名,表示弧状的菌,弧菌属;菌:表示微小的事物,微生物(细菌、古菌、真菌);属:属名的尾词;热厌氧弧菌属:嗜热的弧动的厌氧生物。

Etymology　Gr. adj. *thermos*, hot; Gr. pref. *an*, not; Gr. n. *aer aeros*, air; N. L. masc. n. *vibrio*, that vibrates; N. L. masc. n. *Thermanaerovibrio*, a thermophilic vibrating anaerobe.

模式种　吞氨基酸热厌氧弧菌(*Thermanaerovibrio acidaminovorans*)(Guangsheng 等,1997) Baena 等,1999,新合并。

词源　吞:吞食的,吞噬的,大吃的,吞没的。

Etymology　N. L. neut. n. *acidum aminum*, amino acid; L. part. adj. *vorans*, devouring; N. L. part. adj. *acidaminovorans*, amino acid-devouring.

热勿孢霉菌属(*Thermasporomyces*) Yabe 等,2011,新属。此属已定 1 种。

词源　热:高温;勿:非,无,不,没有,表示否定;孢:孢子;霉:真菌,蘑菇,蕈;菌:表示微小的事物,微生物(细菌、古菌、真菌);属:属名的尾词;热勿孢霉菌属:(喜好)热的、无孢子/没有孢子(繁殖)的真菌。

Etymology　Gr. n. *thermê*, heat; Gr. prefix. *a-*, not; Gr. n. *spora*, a seed, and in biology a spore; Gr. masc. n. *mukês*, mushroom or other fungus; N. L. masc. n. *Thermasporomyces*, the heat(-loving) non-spored fungus.

模式种　堆肥热勿孢霉菌(*Thermasporomyces composti*) Yabe 等,2011,新种。

词源　堆肥:一般是指粪便、杂草、落叶等有机物堆砌起来发酵,堆肥的。

Etymology　N. L. n. *compostum -i*, compost; N. L. gen. n. *composti*, of compost.

热能菌属(*Thermicanus*) Gößner 等,2000,新属。此属已定 1 种。

词源　热:热的,高温的;能:能力,能够;菌:表示微小的事物,微生物(细菌、古菌、真菌);属:属名的尾词;热能菌属:具有嗜热能力的生物。

Etymology　Gr. adj. *thermos*, hot; N. L. masc. adj. *icanus* (from Gr. masc. adj. *hikanos*), capable; N. L. masc. n. *Thermicanus*, the capable thermophile.

模式种　埃及热能菌(*Thermicanus aegyptius*) Gößner 等,2000,新种。

词源　埃及:埃及的,来自埃及的,意即此模式种的来源。

Etymology　L. masc. adj. *aegyptius*, Egyptian, from Egypt (to indicate the origin of the type species).

热栖菌属(*Thermincola*) Sokolova 等,2005,新属。此属已定 2 种。

词源　热:热的,高温的;栖:栖息,栖居,栖息者,栖居者;菌:表示微小的事物,微生物(细菌、古菌、真菌);属:属名的尾词;热栖菌属:热泉的栖息者(生物)。

Etymology　Gr. adj. *thermos*, hot; L. fem. n. *incola*, inhabitant; N. L. fem. n. *Therminc ola*, inhabitant of a hot spring.

模式种　嗜碳氧热栖菌(*Thermincola carboxydiphila*) Sokolova 等,2005,新种。

词源　嗜:嗜好的,喜好的,友好的,爱好的;碳氧:CO,一氧化碳;嗜碳氧:喜好一氧化碳的。

Etymology　N. L. n. *carboxydum*, carbon monoxide; N. L. adj. *philus -a -um* (from Gr. adj. *philos -ê -on*), friend, loving; N. L. fem. adj. *carboxydiphila*, loving carbon monoxide.

热磠竿菌科(*Thermithiobacillaceae*) Garrity 等,2005,新科。

模式属　热磠竿菌属(*Thermithiobacillus*) Kelly and Wood,2000,新属。

词源　热磠竿菌属:此科之模式属;科:用于定义一个比属高、比目低的分类级和尾词;在中文科的命名中,把模式属属名中的尾字"属"代换为尾字"科",即为模式属所在的科名;热磠竿菌科:热磠竿菌属之科。

Etymology　N. L. masc. n. *Thermithiobacillus*, type genus of the family; suff. *-aceae*, ending to denote family; N. L. fem. pl. n. *Thermithiobacillaceae*, the *Thermithiobacillus* family.

热磠竿菌属(*Thermithiobacillus*)Kelly and Wood, 2000,新属。此属已定1种。

此属是热磠竿菌科(*Thermithiobacillaceae*)Garrity 等,2005 的模式属。

词源　热:高温;磠:硫,硫磺,硫黄,元素 S;竿:在本书中对译于拉丁文 *bacillus*,表示棒形,以示与常见的"杆"的区别,表示以出芽孢为特征的棒形;菌:表示微小的事物,微生物(细菌、古菌、真菌);属:属名的尾词;热磠竿菌属:喜好暖和的带硫小棒形生物。

Etymology　L. pl. n. *thermae*, warm baths; Gr. n. *theion* (Latin transliteration *thium*), sulfur; L. masc. n. *bacillus*, a small rod; N. L. masc. n. *Thermithiobacillus*, warmth-loving sulfur rodlet.

模式种　暖水热磠竿菌(*Thermithiobacillus tepidarius*)(Wood and Kelly, 1985)Kelly and Wood, 2000,新合并。

词源　暖:中温的,温暖的,微温的,暖和的,不冷不热的;水:与水有关的;暖水:属于或来自暖水或暖水沐浴的。

Etymology　L. masc. adj. *tepidarius*, of or belonging to tepid water or to a tepid bath.

热放线菌属(*Thermoactinomyces*)Tsilinsky, 1899,属;Yoon 等,2005 修改。此属已定9种。

此属是热放线菌科(*Thermoactinomycetaceae*)Matsuo 等,2006 的模式属。

词源　热:高温;放线:射线;菌:表示微小的事物,微生物(细菌、古菌、真菌);属:属名的尾词;热放线菌属:(喜)热的射线真菌。

Etymology　Gr. adj. *thermos*, hot; Gr. n. *aktis -inos*, ray, beam; Gr. masc. n. *mukês*, a mushroom, any thing shaped like a mushroom; N. L. masc. n. *Thermoactinomyces*, heat (loving) ray fungus.

模式种　普通热放线菌(*Thermoactinomyces vulgaris*)Tsilinsky, 1899,《1980 年细菌名确认单》。

词源　普通:平凡的,普通的。

Etymology　L. masc. adj. *vulgaris*, common.

热放线菌科(*Thermoactinomycetaceae*)Matsuo 等,2006,新科;Yassin 等,2009 修改, von Jan 等,2011 修改,Li 等,2012 修改。

模式属　热放线菌属(*Thermoactinomyces*)Tsilinsky, 1899,《1980 年细菌名确认单》,属。

词源　热放线菌属:此科之模式属;科:用于定义一个比属高、比目低的分类级和尾词;在中文科的命名中,把模式属属名中的尾字"属"代换为尾字"科",即为模式属所在的科名;热放线菌科:热放线菌属之科。

Etymology　N. L. masc. n. *Thermoactinomyces*, type genus of the family; *-aceae*, ending to denote a family; N. L. fem. pl. n. *Thermoactinomycetaceae*, the *Thermoactinomyces* family.

热放线孢菌属（*Thermoactinospora*）Zhou 等,2012,新属。此属已定 1 种。

词源　热:高温;放线:射线,阵列,习惯上指放线菌;孢:孢子;菌:表示微小的事物,微生物（细菌、古菌、真菌）;属:属名的尾词;热放线孢菌属:(喜)热的和含孢子的射线,指的是嗜热的、形成孢子的放线菌。

Etymology　Gr. n. *thermê*, heat; Gr. n. *aktis -inos*, a ray; Gr. fem. n. *spora*, a seed and, in biology, a spore; N. L. fem. n. *Thermoactinospora*, the heat（-loving）and spored ray, referring to a thermophilic and spore-forming actinomycete.

模式种　红色热放线孢菌（*Thermoactinospora rubra*）Zhou 等,2012,新种。

词源　赤:红,赤色,红色,指的是基内菌丝的颜色是红色。

Etymology　L. fem. adj. *rubra*, red, referring to the color of substrate mycelium.

热厌氧杆菌属（*Thermoanaerobacter*）Wiegel and Ljungdahl,1982,新属; Lee 等,2007 修改。此属已定 19 种,5 亚种。

此属是热厌氧杆菌目（*Thermoanaerobacterales*）Wiegel,2010 和热厌氧杆菌科（*Thermoanaerobacteraceae*）Wiegel,2010 的模式属。

词源　热:高温;厌:无,非;氧:空气,氧气;杆:棒;菌:表示微小的事物,微生物(细菌、古菌、真菌);属:属名的尾词;热厌氧杆菌属:在无空气(氧气)的情况下,高温(递增温度)中生长的棒形生物。

Etymology　Gr. adj. *thermos*, hot; Gr. pref. *an*, not; Gr. n. *aer aeros*, air; N. L. masc. n. *bacter*, rod; N. L. masc. n. *Thermoanaerobacter*, rod which grows in the absence of air at elevated temperatures.

模式种　产乙醇热厌氧杆菌（*Thermoanaerobacter ethanolicus*）Wiegel and Ljungdahl,1982,新种。

词源　产:生产,产生,生成;乙醇:酒精;产乙醇:表示产生/生成乙醇的。

Etymology　N. L. n. *ethanol*, ethanol; L. masc. suff. *-icus*, suffix used with the sense of pertaining to; N. L. masc. adj. *ethanolicus*, indicating the production of ethanol.

热厌氧杆菌科（*Thermoanaerobacteraceae*）Wiegel,2010,新科。

模式属　热厌氧杆菌属（*Thermoanaerobacter*）Wiegel and Ljungdahl,1982,新属。

词源　热厌氧杆菌属:此科之模式属;科:用于定义一个比属高、比目低的分类级和尾词;在中文科的命名中,把模式属属名中的尾字"属"代换为尾字"科",即为模式属所在的科名;热厌氧杆菌科:热厌氧杆菌属之科。

Etymology　N. L. masc. n. *Thermoanaerobacter*, type genus of the family; suff. *-aceae*, ending to denote a family; N. L. fem. pl. n. *Thermoanaerobacteraceae*, family of the genus *Thermoanaerobacter*.

热厌氧杆菌目（*Thermoanaerobacterales*）Wiegel，2010，新目。

模式属 热厌氧杆菌属（*Thermoanaerobacter*）Wiegel and Ljungdahl，1982，新属。

词源 热厌氧杆菌属：此目之模式属；目：用于定义一个比科高、比纲低的分类级和尾词；在中文目的命名中，把模式属属名中的尾字"属"代换为尾字"目"，即为模式属所在的目名；热厌氧杆菌目：热厌氧杆菌属之目。

Etymology　N. L. masc. n. *Thermoanaerobacter*, type genus of the order; suff. *-ales*, ending to denote an order; N. L. fem. pl. n. *Thermoanaerobacterales*, order of the genus *Thermoanaerobacter*.

热厌氧小杆菌属（*Thermoanaerobacterium*）Lee 等，1993，新属；Liu 等，1996 修改，Cann 等，2001 修改。此属已定 9 种。

词源　热：高温；厌：无，非；氧：空气，氧气；小杆：小棒；菌：表示微小的事物，微生物（细菌、古菌、真菌）；属：属名的尾词；热厌氧小杆菌属：在无空气（氧气）的高温环境中生长的小棒形生物。

Etymology　Gr. adj. *thermos*, hot, Gr. pref. *an*, not, Gr. n. *aer aeros*, air; L. neut. n. *bacterium*, a small rod; N. L. neut. n. *Thermoanaerobacterium*, a rod which grows in the absence of air at high temperatures.

模式种 热硫生热厌氧小杆菌（*Thermoanaerobacterium thermosulfurigenes*）（Schink and Zeikus，1983）Lee 等，1993，新合并。

词源　硫：硫磺，硫黄，元素 **S**。

Etymology　Gr. adj. *thermos*, hot; L. n. *sulfur*, sulfur; Gr. v. *gennaô*, produce, engender; N. L. neut. adj. *thermosulfurigenes*, releasing sulfur in heat.

热厌氧茎菌属（*Thermoanaerobaculum*）Losey 等，2013，新属。此属已定 1 种。

词源　热：热的，高温的；厌：无，非；氧：空气，氧气；茎：茎，杖，棒；菌：表示微小的事物，微生物（细菌、古菌、真菌）；属：属名的尾词；热厌氧茎菌属：在高温下，无空气的环境中生长的棒形菌。

Etymology　Gr. adj. *thermos*, hot; Gr. pref. *an*, not; Gr. n. *aer*, air; L. neut. n. *baculum*, rod; N. L. neut. n. *Thermoanaerobaculum*, rod that grows in the absence of air at high temperatures.

模式种 水生热厌氧茎菌（*Thermoanaerobaculum aquaticum*）Losey 等，2013，新种。

词源　水生：生活、生长或发现在或/傍水和水域。

Etymology　L. neut. adj. *aquaticum*, living, growing or found in or by the water, aquatic.

热厌氧菌属（*Thermoanaerobium*）Zeikus 等，1983，新属。此属已定 2 种。

词源　热：高温的，热的；厌：无，非；氧：空气，氧气；菌：表示微小的事物，微生物（细菌、古菌、真菌);属:属名的尾词;热厌氧菌属:无空气(氧气)环境下,在逐渐增加的温度(即高温)中生长的生物。

Etymology　Gr. adj. *thermos*, hot; Gr. pref. *an*, not; Gr. n. *aer aeros*, air; Gr. n. *bios*, life; N. L. neut. n. *Thermoanaerobium*, organism which grows in the absence of air at elevated temperatures.

模式种　布劳克氏热厌氧菌(*Thermoanaerobium brockii*)Zeikus 等,1983,新种。

词源　氏:姓氏;布劳克氏:以美国微生物学家托马斯·代尔·布劳克的姓氏命名,其是研究嗜热菌生理学和生态学的先锋。

Etymology　N. L. gen. n. *brockii*, of Brock, named for Thomas Dale Brock who pioneered studies on the physiology and ecology of thermophiles.

热竿菌属(*Thermobacillus*)Touzel 等,2000,新属。此属已定 2 种。

词源　热:热的,高温的;竿:在本书中对译于拉丁文 *bacillus*,表示棒形,以示与常见的"杆"的区别,表示以出芽孢为特征的棒形;菌:表示微小的事物,微生物(细菌、古菌、真菌);属:属名的尾词;热竿菌属:嗜热的小棒形菌。

Etymology　Gr. adj. *thermos*, hot; L.dim.n.*bacillus*, small rod; N.L.masc.n.*Thermobacillus*, small thermophilic rod.

模式种　解木聚糖热竿菌(*Thermobacillus xylanilyticus*)Touzel 等,2000,新种。

词源　解:溶解的,分解的,降解的;木聚糖:半纤维素,一种由木糖(一种戊糖)构成的多糖;解木聚糖:水解木聚糖的,溶解木聚糖的。

Etymology　N. L. n. *xylanum*, xylan, a plant polysaccharide; Gr. adj. *lutikos*, able to loosen, able to dissolve; N. L. masc. adj. *xylanilyticus*, hydrolyzing xylan.

热杆状菌属(*Thermobacteroides*)Ben-Bassat and Zeikus,1983,新属;Ollivier 等,1985 修改。此属已定 3 种。

词源　热:高温;杆:棒;状:(看起来)像……,类似;菌:表示微小的事物,微生物(细菌、古菌、真菌);属:属名的尾词;热杆状菌属:嗜热的,棒形细菌。

Etymology　Gr. adj. *thermos*, hot; N. L. n. *bacter*, a rod; L. suff. *-oides* (from Gr. suff. *-eides*, from Gr. n. *eidos*, that which is seen, form, shape, figure), ressembling, similar; N. L. masc. n. *Thermobacteroides*, thermophilic, rod-shaped bacterium.

模式种　醋乙醇滋热杆状菌(*Thermobacteroides acetoethylicus*)Ben-Bassat and Zeikus,1983,新种。

词源　醋:醋的,醋酸的,乙酸的;乙醇:与乙醇有关的;滋:滋生;醋乙醇滋:用于表示产生乙酸和乙醇的。

Etymology　L. n. *acetum*, vinegar; N. L. adj. *ethylicus*, pertaining to ethyl alcohol; N. L. masc. adj. *acetoethylicus*, intended to mean producing acetic acid and ethanol.

热岐菌属(*Thermobifida*)Zhang 等,1998,新属;Yang 等,2008 修改。此属已定 4 种。

词源　热:热的,高温的;岐:劈叉的,三岔路口形的,劈开的,分裂的;菌:表示微小的事物,微生物(细菌、古菌、真菌);属:属名的尾词;热岐菌属:(喜)热的叉形开裂的(孢囊柱)菌属。
Etymology　Gr. adj. *thermos*, hot; L. adj. *bifidus*, cleft; N. L. fem. n. *Thermobifida*, the heat (-loving) cleft (sporophores).

模式种　素色热岐菌(*Thermobifida alba*)(Locci 等,1967)Zhang 等,1998,新合并。
词源　素色:素色的,白色的,指的是菌落的颜色。
Etymology　L. fem. adj. *alba*, white.

注:孢囊柱(sporophore):子实体,产生孢囊或孢盒的功能部件。

热双孢菌属(*Thermobispora*)Wang 等,1996,新属。此属已定 1 种。

词源　热:热的,高温的;双:二,两,倍;孢:孢子;菌:表示微小的事物,微生物(细菌、古菌、真菌);属:属名的尾词;热双孢菌属:高温(生长)的双孢子的菌。
Etymology　Gr. adj. *thermos*, hot; L. adv. num. *bis*, twice; Gr. fem. n. *spora*, a seed and in biology a spore; N. L. fem. n. *Thermobispora*, high temperature two-spored organisms.

模式种　双孢热双孢菌(*Thermobispora bispora*)(Henssen,1957)Wang 等,1996,新种。
词源　双:二,两,倍;孢:孢子;双孢:两个孢子。
Etymology　L. adv. num. *bis*, twice; Gr. n. *spora*, a seed and in biology a spore; N. L. n. *bispora*, two spores.

热枝菌属(*Thermobrachium*)Engle 等,1996,新属。此属已定 1 种。

词源　热:热的,高温的;枝:树枝,分枝;菌:表示微小的事物,微生物(细菌、古菌、真菌);属:属名的尾词;热枝菌属:指的是经常观察到此嗜热细菌的分枝细胞。
Etymology　G. adj. *thermos*, hot; L. n. *brachium*, arm, branch; N. L. neut. n. *Thermobrachium*, referring to the branched cells observed frequently with this thermophilic bacterium.

模式种　快热枝菌(*Thermobrachium celere*)Engle 等,1996,新种。
词源　快:快的,迅速的。
Etymology　L. neut. adj. *celere*, fast.

热小链孢菌属(*Thermocatellispora*)Zhou 等,2012,新属。此属已定 1 种。

词源　热:高温;小鏈:小链子,小型的链条(状/形);孢:孢子;菌:表示微小的事物,微生物(细菌、古菌、真菌);属:属名的尾词;热小鏈孢菌属:形成短孢子链的(喜)热生物。
Etymology　Gr. n. *thermê*, heat; L. fem. n. *catella*, short chain; Gr. n. *spora*, a seed and in biology, a spore; N. L. fem. n. *Thermocatellispora*, heat (-loving) organism forming short spore chain.

模式种　腾冲热小链孢菌（*Thermocatellispora tengchongensis*）Zhou 等，2012，新种。
词源　腾冲：中国西南云南省腾冲县，属于或与腾冲有关的，此模式株的分离地。
Etymology　N. L. fem. adj. *tengchongensis*, of or pertaining to Tengchong county, Yunnan province, south-west China, where the type strain was collected.
Sequence accession no.（16S rRNA gene）for the type strain：XXX.

热色菌属（*Thermochromatium*）Imhoff 等，1998，新属。此属已定 1 种。
词源　热：热的，高温的；色菌属：一个属名；热色菌属：高温的色菌属，耐高温的色菌生物。
Etymology　Gr. adj. *thermos*, hot; N. L. neut. n. *Chromatium*, a genus name; N. L. neut. n. *Thermochromatium*, the hot *Chromatium*.
模式种　暖热色菌（*Thermochromatium tepidum*）（Madigan, 1986）Imhoff 等，1998，新合并。
词源　暖：中温的，温暖的，微温的，暖和的，不冷不热的。
Etymology　L. neut. adj. *tepidum*, moderately warm, lukewarm.
推荐的属名三字母简写　Tch. 见 "命名规则：属名简写"［属名简写三字母准则（Three-letter code for abbreviations of generic names）］。

热苗菌属（*Thermocladium*）Itoh 等，1998，新属。此属已定 1 种。
词源　热：热的，高温的；苗：芽，秧，幼小的东西；菌：表示微小的事物，微生物（细菌、古菌、真菌）；属：属名的尾词；热苗菌属：高温幼苗，意即在高温环境中生长的秧苗（分枝）细胞。
Etymology　Gr. adj. *thermos*, hot; Gr. dim. neut. n. *kladion*, twig or shoot; N. L. neut. n. *Thermocladium*, a hot twig, indicating branching cells in a hot environment.
模式种　适宜热苗菌（*Thermocladium modestius*）Itoh 等，1998，新种。
词源　适宜：适宜的，温和的，指的是相对温和的生长温度范围。
Etymology　L. comp. neut. adj. *modestius*, referring to relatively modest temperature growth range.
注：此属中文名，通常容易与热枝菌属（*Thermobrachium*）重名。

热果菌科（*Thermococcaceae*）Zillig, 1988，新科。

模式属　热果菌属（*Thermococcus*）Zillig, 1983，新属。
词源　热果菌属：此科之模式属；科：用于定义一个比属高、比目低的分类级和尾词；在中文科的命名中，把模式属属名中的尾字 "属" 代换为尾字 "科"，即为模式属所在的科名；热果菌科：热果菌属之科。
Etymology　N. L. masc. n. *Thermococcus*, type genus of the family; L. suff. -*aceae*, ending to denote a family; N. L. fem. pl. n. *Thermococcus*, the *Thermococcaceae* family.

热果菌目（*Thermococcales*）Zillig，1988，新目。

此目是原古菌纲（*Protoarchaea*）Cavalier-Smith，2002 和热果菌纲（*Thermococci*）Zillig and Reysenbach，2002 的模式目。

模式属 热果菌属（*Thermococcus*）Zillig，1983，属。

词源 热果菌属：此目之模式属；目：用于定义一个比科高、比纲低的分类级和尾词；在中文目的命名中，把模式属属名中的尾字"属"代换为尾字"目"，即为模式属所在的目名；热果菌目：热果菌属之目。

Etymology N. L. masc. n. *Thermococcus*, type genus of the order; suff. *-ales*, ending denoting an order; N. L. fem. pl. n. *Thermococcales*, the *Thermococcus* order.

热果菌纲（*Thermococci*）Zillig and Reysenbach，2002，新纲。

模式目 热果菌目（*Thermococcales*）Zillig，1988，新目。

词源 热果菌目：此纲之模式目；纲：（原核）生物分类的一个级别，门之下，目之上的一个分类级，纲之尾词；热果菌纲：热果菌目之纲。

Etymology N. L. fem. pl. n. *Thermococcales*, type order of the class; N. L. pl. n. *Thermococci*, the class of *Thermococcales*.

热果状菌属（*Thermococcoides*）Feng 等，2010，新属。此属已定 1 种。

词源 热：高温；果：浆果，表示浆果形（圆球或椭球）；状：……形状，（看起来）像……，类似……；菌：表示微小的事物，微生物（细菌、古菌、真菌）；属：属名的尾词；热果状菌属：喜好高温的浆果形细菌。

Etymology Gr. n. *thermê*, heat; N. L. n. *coccus* (from Gr. n. *kokkos*, a berry), coccus; L. suff. *-oides* (from Gr. suff. *-eides*, from Gr. n. *eidos*, that which is seen, form, shape, figure) resembling, similar; N. L. masc. n. *Thermococcoides*, a coccus-shaped bacterium which likes heat.

模式种 胜利热果状菌（*Thermococcoides shengliensis*）Feng 等，2010，新种。

词源 胜利：属于或来自胜利油田的，此模式菌株的分离地。

Etymology N. L. masc. adj. *shengliensis*, of or pertaining to Shengli oilfield, where the type strain was isolated.

热果菌属（*Thermococcus*）Zillig，1983，新属。此属已定 32 种。

此属是热果菌目（*Thermococcales*）Zillig，1988 和热果菌科（*Thermococcaceae*）Zillig，1988 的模式属。

词源 热：高温；果：浆果，表示浆果形（圆球或椭球）；菌：表示微小的事物，微生物（细菌、古菌、真菌）；属：属名的尾词；热果菌属：在高温环境中生存的浆果形生物。

Etymology　　Gr. fem. n. *thermê*, heat; N. L. masc. n. *coccus* (from Gr. masc. n. *kokkos*, grain, seed), coccus; N. L. masc. n. *Thermococcus*, coccus existing in hot environment.

模式种　　快热果菌(*Thermococcus celer*) Zillig, 1983, 新种。

词源　　快:迅速的,快速生长的。

Etymology　　L. masc. adj. *celer*, fast, due to high growth rate.

热毛菌属(*Thermocrinis*) Huber 等, 1999, 新属。此属已定 3 种。

词源　　热:高温;毛:发,毛发,头发,菌:表示微小的事物,微生物(细菌、古菌、真菌);属:属名的尾词;热毛菌属:高温头发形的生物。

Etymology　　Gr. fem. n. *thermê*, heat; L. masc. n. *crinis*, hair; N. L. masc. n. *Thermocrinis*, hot hair.

模式种　　红色热毛菌(*Thermocrinis ruber*) Huber 等, 1999, 新种。

词源　　红色:红色的,指的是细胞的颜色是红色的。

Etymology　　L. masc. adj. *ruber*, red, referring to the cell color.

热卷毛菌属(*Thermocrispum*) Korn-Wendisch 等, 1995, 新属。此属已定 2 种。

词源　　热:热的,高温的;卷毛:卷发,卷头发,卷毛发,紧密卷曲的;菌:表示微小的事物,微生物(细菌、古菌、真菌);属:属名的尾词;热卷毛菌属:喜热的,紧密卷曲的生物。

Etymology　　Gr. adj. *thermos*, warm, hot; L. neut. adj. *crispum*, having curled hair, tightly curled; N. L. neut. n. *Thermocrispum*, a heat-loving, tightly curled organism.

模式种　　市政热卷毛菌(*Thermocrispum municipale*) Korn-Wendisch 等, 1995, 新种。

词源　　市政:市政的,市府的,指的是此模式菌株分离的环境(来自城市)。

Etymology　　L. neut. adj. *municipale*, municipal, referring to the environment from which strains were isolated.

热脱硫酸盐菌属(*Thermodesulfatator*) Moussard 等, 2004, 新属。此属已定 2 种。或热硫酸盐还原菌属。

词源　　热:高温;脱:脱除,还原;脱硫酸盐:硫酸盐还原,还原硫酸盐;菌:表示微小的事物,微生物(细菌、古菌、真菌);属:属名的尾词;热脱硫酸盐菌属:嗜热的硫酸盐还原生物。

Etymology　　Gr. adj. *thermos*, hot; N. L. masc. n. *desulfatator*, sulfate-reducer; N. L. masc. n. *Thermodesulfatator*, thermophile sulfate-reducer.

模式种　　印度洋热脱硫酸盐菌(*Thermodesulfatator indicus*) Moussard 等, 2004, 新种。

词源　　印度洋:与印度洋有关的,此模式株的分离源是印度洋。

Etymology　　L. masc. adj. *indicus*, of India, Indian, referring to the Indian Ocean, from where the type strain was isolated.

热脱硫化小杆菌纲(*Thermodesulfobacteria*) Hatchikian 等,2002,新纲。

模式目　**热脱硫化小杆菌目**(*Thermodesulfobacteriales*) Hatchikian 等,2002,新目。

词源　热脱硫化小杆菌目:此纲之模式目;纲:(原核)生物分类的一个级别,门之下,目之上的一个分类级,纲之尾词;热脱硫化小杆菌纲:热脱硫化小杆菌目之纲。

Etymology　N. L. fem. pl. n. *Thermodesulfobacteriales*, type order of the class; suff. *-ia*, ending to denote a class; N. L. neut. pl. n. *Thermodesulfobacteria*, the class of *Thermodesulfobacteriales*.

热脱硫化小杆菌科(*Thermodesulfobacteriaceae*) Hatchikian 等,2002,新科。

模式属　**热脱硫化小杆菌属**(*Thermodesulfobacterium*) Zeikus 等,1995,新属。

词源　热脱硫化小杆菌属:此科之模式属;科:用于定义一个比属高、比目低的分类级和尾词;在中文科的命名中,把模式属属名中的尾字"属"代换为尾字"科",即为模式属所在的科名;热脱硫化小杆菌科:热脱硫化小杆菌属之科。

Etymology　N. L. neut. n. *Thermodesulfobacterium*, type genus of the family; L. suff. *-aceae*, ending to denote a family; N. L. fem. pl. n. *Thermodesulfobacteriaceae*, the *Thermodesulfobacterium* family.

热脱硫化小杆菌目(*Thermodesulfobacteriales*) Hatchikian 等,2002,新目。

此目是热脱硫化小杆菌纲(*Thermodesulfobacteria*) Hatchikian 等,2002 的模式目。

模式属　**热脱硫化小杆菌属**(*Thermodesulfobacterium*) Zeikus 等,1995,新属。

词源　热脱硫化小杆菌属:此目之模式属;目:用于定义一个比科高、比纲低的分类级和尾词;在中文目的命名中,把模式属属名中的尾字"属"代换为尾字"目",即为模式属所在的目名;热脱硫化小杆菌目:热脱硫化小杆菌属之目。

Etymology　N. L. neut. n. *Thermodesulfobacterium*, type genus of the order; suff. *-ales*, ending denoting an order; N. L. fem. pl. n. *Thermodesulfobacteriales*, the *Thermodesulfobacterium* order.

热脱硫化小杆菌属(*Thermodesulfobacterium*) Zeikus 等,1995,新属; Jeanthon 等,2002 修改。此属已定 5 种。

此属是热脱硫化小杆菌目(*Thermodesulfobacteriales*) Hatchikian 等,2002 和热脱硫化小杆菌科(*Thermodesulfobacteriaceae*) Hatchikian 等,2002 的模式属。

词源　热:高温;脱:脱除,去除,还原;硫:硫磺,硫黄,元素 S;化:一个连字,变化,起……作用的;脱硫化:用于表示原核生物对硫酸盐的异化还原;小杆:小棒;菌:表示微小的事物,微生物(细菌、古菌、真菌);属:属名的尾词;热脱硫化小杆菌属:嗜热的还原硫酸盐的小棒形生物。

Etymology　Gr. n. *thermê*, heat; L. pref. *de-*, from; L. n. *sulfur*, sulfur; L. neut. n. *bacterium*, a small rod; N. L. neut. n. *Thermodesulfobacterium*, a thermophilic rod reducing sulfate.

模式种　普通热脱硫化小杆菌(*Thermodesulfobacterium commune*)Zeikus 等,1995,新种。

词源　普通:普通的,广泛分布的。

Etymology　L. neut. adj. *commune*, common, widespread.

热脱硫化菌科(*Thermodesulfobiaceae*)Mori 等,2004,新科。

模式属　热脱硫化菌属(*Thermodesulfobium*)Mori 等,2004,新属。

词源　热脱硫化菌属:此科之模式属;科:用于定义一个比属高、比目低的分类级和尾词;在中文科的命名中,把模式属属名中的尾字"属"代换为尾字"科",即为模式属所在的科名;热脱硫化菌科:热脱硫化菌属之科。

Etymology　N. L. neut. n. *Thermodesulfobium*, type genus of the family; suff. *-aceae*, ending denoting a family; N. L. fem. pl. n. *Thermodesulfobiaceae*, the family of *Thermodesulfobium*.

热脱硫化菌属(*Thermodesulfobium*)Mori 等,2004,新属。此属已定 1 种。

此属是热脱硫化菌科(*Thermodesulfobiaceae*)Mori 等,2004 的模式属。

词源　热:高温;脱:脱除,去除,还原;硫:硫磺,硫黄,元素 S;化:一个连字,变化,起……作用的;菌:表示微小的事物,微生物(细菌、古菌、真菌);属:属名的尾词;热脱硫化菌属:还原硫化合物的嗜热生物。

Etymology　Gr. adj. *thermos*, hot; L. pref. *de-*, from; L. neut. n. *sulfur*, sulfur; Gr. masc. n. *bios*, life; N. L. neut. (sic) n. *Thermodesulfobium* (sic), a thermophilic organism that reduces a sulfur compound.

模式种　鸣乡热脱硫化菌(*Thermodesulfobium narugense*)Mori 等,2004,新种。

词源　鸣乡:日本国宫城县大崎市的鸣子火山群所在地。

Etymology　N. L. neut. adj. *narugense* (sic), from Narugo.

热脱硫化杵菌属(*Thermodesulforhabdus*)Beeder 等,1996,新属。此属已定 1 种。

词源　热:高温;脱:脱除,去除,还原;硫:硫磺,硫黄,元素 S;化:一个连字,变化,起……作用的;脱硫化:用于表示原核生物对硫酸盐的异化还原;杵:中国古代舂米或捶衣的木棒,表示棒,棒形;菌:表示微小的事物,微生物(细菌、古菌、真菌);属:属名的尾词;热脱硫化杵菌属:嗜热的,棒形的,硫酸盐还原菌。

Etymology　Gr. adj. *thermos*, warm, hot; L. pref. *de*, from; L. n. *sulfur*, sulfur; N. L. pref. *desulfo-*, desulfuricating (prefix used to characterize a dissimilatory sulfate-reducing procaryote); Gr. fem. n. *rhabdos*, rod; N. L. fem. n. *Thermodesulforhabdus*, thermophilic, rod-shaped, sulfate reducer.

模式种 挪威热脱硫化杵菌(*Thermodesulforhabdus norvegica*)勘误, Beeder等,1996,新种。
词源 挪威:挪威的,记述此菌的分离地。
Etymology　N. L. fem. adj. *norvegica*, Norwegian, describing the place of isolation.

热脱硫化弧菌属(*Thermodesulfovibrio*) Henry等,1994,新属; Sekiguchi等,2008修改。此属已定5种。

词源 热:热的,温暖的;脱:脱除,去除,还原;硫:硫磺,硫黄,元素S;化:一个连字,变化,起……作用的;弧:作动词表示弧动,像手中舞动的绳子状振动;弧:作名词也表示细菌的一个属名,表示弧状的菌,弧菌属;菌:表示微小的事物,微生物(细菌、古菌、真菌);属:属名的尾词;热脱硫化弧菌属:嗜热的还原硫的弯曲细菌。
Etymology　Gr. adj. *thermos*, warm, hot; L. pref. *de-*, from; L. n. *sulfur*, sulfur; L. v. *vibro*, to vibrate; N. L. masc. n. *Vibrio*, that which vibrates, and also the name of a bacterial genus which encompasses curved bacteria; N. L. masc. n. *Thermodesulfovibrio*, a thermophilic curved bacterium that reduces sulfur.

模式种 黄石热脱硫化弧菌(*Thermodesulfovibrio yellowstonii*) Henry等,1994,新种。
词源 黄石:美国黄石公园。
Etymology　N. L. gen. n. *yellowstonii*, of Yellowstone.

热盘菌属(*Thermodiscus*) Stetter,2003,新属。此属已定1种。

词源 热:热的,高温的;盘:磁盘,圆盘;菌:表示微小的事物,微生物(细菌、古菌、真菌);属:属名的尾词;热盘菌属:高温的圆盘形生物。
Etymology　Gr. adj. *thermos*, hot; L. masc. n. *discus*, disc; N. L. masc. n. *Thermodiscus*, the hot disc.

模式种 海中热盘菌(*Thermodiscus maritimus*) Stetter,2003,新种。
词源 海中:与地中相对,指的是在大海中间,即海属性的,描述的是其栖息源。
Etymology　L. masc. adj. *maritimus*, belonging to the sea; describing its habitat.

热丝菌科(*Thermofilaceae*) Burggraf等,1997,新科。

模式属 热丝菌属(*Thermofilum*) Zillig and Gierl,1983,新属。
词源 热丝菌属:此科之模式属;科:用于定义一个比属高、比目低的分类级和尾词;在中文科的命名中,把模式属属名中的尾字"属"代换为尾字"科",即为模式属所在的科名;热丝菌科:热丝菌属之科。
Etymology　N. L. neut. n. *Thermofilum*, type genus of the family; L. suff. *-aceae*, ending to denote a family; N. L. fem. pl. n. *Thermofilaceae*, the *Thermofilum* family.

热丝菌属(*Thermofilum*)Zillig and Gierl,1983,新属。此属已定1种。

词源　热:高温;丝:(细)线,丝状(物),线形(物);菌:表示微小的事物,微生物(细菌、古菌、真菌);属:属名的尾词;热丝菌属:存在于高温环境的丝线形生物。

Etymology　Gr. n. *thermê*, heat; L. neut. n. *filum*, thread, filament; N. L. neut. n. *Thermofilum*, filament existing in a hot environment.

此属是热丝菌科(*Thermofilaceae*)Burggraf 等,1997 的模式属。

模式种　依附热丝菌(*Thermofilum pendens*)Zillig and Gierl,1983,新种。

词源　依附:依赖的,依靠的(其生长依赖热变形菌属种的生长因素)。

Etymology　L. neut. part. adj. *pendens*, depending (growth depends on a factor from *Thermoproteus* species)。

热黄丝菌属(*Thermoflavifilum*)Anders 等,2014,新属。此属已定1种。

词源　热:高温;黄:黄色的,黄颜色的;丝:(细)线,丝状(物),线形(物);菌:表示微小的事物,微生物(细菌、古菌、真菌);属:属名的尾词;热黄丝菌属:嗜热的产黄色色素的丝线形生物。

Etymology　Gr. n. *thermê*, heat; L. adj. *flavus*, yellow; L. n. *filum*, thread, filament; N. L. neut. n. *Thermoflavifilum*, a thermophilic yellow-pigmented filament.

模式种　聚热黄丝菌(*Thermoflavifilum aggregans*)Anders 等,2014,新种。

词源　聚:团聚或聚集在一起,形成薄膜的,团聚集成堆的。

Etymology　L. v. *aggregare*, to flock or band together; L. part. adj. *aggregans*, pellicle-forming, aggregating.

热黄微菌属(*Thermoflavimicrobium*)Yoon 等,2005,新属。此属已定1种。

词源　热:高温的;黄:黄色的,黄颜色的;微:微小的,微生物;菌:表示微小的事物,微生物(细菌、古菌、真菌);微菌:微生物;属:属名的尾词;热黄微菌属:嗜热的黄颜色的微生物。

Etymology　Gr. adj. *thermos*, hot; L. adj. *flavus*, yellow; N. L. neut. n. *microbium*, microbe; N. L. neut. n. *Thermoflavimicrobium*, a thermophilic yellow-coloured microbe.

模式种　叉形热黄微菌(*Thermoflavimicrobium dichotomicum*)(Krasil'nikov and Agre,1964) Yoon 等,2005,新合并。

词源　叉:叉子的,分叉的,二分的,歧的,叉形的,分岐的;形:形状;叉形:叉子状的。

Etymology　Gr. adj. *dichotomos*, cut in two; N. L. neut. adj. *dichotomicum*, dichotomous.

热屈菌科(*Thermoflexaceae*)Dodsworth 等,2014,新科。

命名模式　热屈菌属(*Thermoflexus*)Dodsworth 等,2014,新属。

词源　热屈菌属:此科之模式属;科:用于定义一个比属高、比目低的分类级和尾词;在中文科的命名中,把模式属属名中的尾字"属"代换为尾字"科",即为模式属所在的科名;热屈菌科:热屈菌属之科。

Etymology　N. L. n. *Thermoflexus*, type genus of the family; L. suff. *-aceae*, ending to denote a family; N. L. fem. pl. n. *Thermoflexaceae*, the family of the genus *Thermoflexus*.

热屈菌目(*Thermoflexales*)Dodsworth 等,2014,新目。

命名模式　热屈菌属(*Thermoflexus*)Dodsworth 等,2014,新属。

词源　热屈菌属:此目之模式属;目:用于定义一个比科高、比纲低的分类级和尾词;在中文目的命名中,把模式属属名中的尾字"属"代换为尾字"目",即为模式属所在的目名;热屈菌目:热屈菌属之目。

Etymology　N. L. n. *Thermoflexus*, type genus of the order; L. suff. *-ales*, ending to denote an order; N. L. fem. pl. n. *Thermoflexales*, the order of the genus *Thermoflexus*.

热屈菌纲(*Thermoflexia*)Dodsworth 等,2014,新纲。

命名模式　热屈菌目(*Thermoflexales*)Dodsworth 等,2014,新目。

词源　热屈菌属:此纲之模式目之模式属;纲:(原核)生物分类的一个级别,门之下,目之上的一个分类级,纲之尾词;热屈菌纲:热屈菌目之纲。

Etymology　N. L. n. *Thermoflexus*, type genus of the class; L. suff. *-ia*, ending to denote a class; N. L. neut. pl. n *Thermoflexia*, the class of the order *Thermoflexales*.

热屈菌属(*Thermoflexus*)Dodsworth 等,2014,新属。此属已定 1 种。

词源　热:高温;屈:使弯曲的,与"伸"相对;菌:表示微小的事物,微生物(细菌、古菌、真菌);属:属名的尾词;热屈菌属:热的弯曲生物。

Etymology　Gr. fem. n. *therme*, heat; L. adj. *flexus*, curved from L. v. *flecto*, to bend, to curve; N. L. masc. n. *Thermoflexus*, the hot, curved one.

模式种　胡根霍茨氏热屈菌(*Thermoflexus hugenholtzii*)Dodsworth 等,2014,新种。

词源　氏:姓氏;胡根霍茨氏:胡根霍茨的,指的是澳大利亚微生物学家菲利普·胡根霍茨,其对地热环境细菌多样性有贡献。

Etymology　N. L. gen. n. *hugenholtzii*, of Hugenholtz, referring to Australian microbiologist Philip Hugenholtz, who contributed much to our understanding of bacterial diversity in geothermal environments.

热出芽孢菌属(*Thermogemmatispora*)Yabe 等,2011,新属。此属已定 3 种。

此属是热出芽孢菌目(*Thermogemmatisporales*)Yabe 等,2011 和热出芽孢菌科(*Thermogemmatisporaceae*)Yabe 等,2011 的模式属。

词源　热：热的,高温的；出芽：发芽,长蓓蕾；孢：孢子；菌：表示微小的事物,微生物（细菌、古菌、真菌）；属：属名的尾词；热出芽孢菌属：嗜热的出芽孢子的生物。

Etymology　Gr. adj. *thermos*, hot; L. adj. *gemmatus*, provided with buds; Gr. n. *spora*, a seed and, in biology, a spore; N. L. fem. n. *Thermogemmatispora*, thermophilic budding-spored organism.

模式种　鬼首热出芽孢菌（*Thermogemmatispora onikobensis*）Yabe 等,2011,新种。

词源　鬼首：属于或来自鬼首的,鬼首热泉,此模式株分离源地热土的来源地。

Etymology　N. L. fem. adj. *onikobensis*, of or pertaining to Onikobe, named for Onikobe hot springs, the source of the geothermal soils from which the type strain was isolated.

注：鬼首村是日本宫城县玉造郡的一个村,约在 1889 年建立。

热出芽孢菌科（*Thermogemmatisporaceae*）

模式属　热出芽孢菌属（*Thermogemmatispora*）Yabe 等,2011,新属。

词源　热出芽孢菌属：此科之模式属；科：用于定义一个比属高、比目低的分类级和尾词；在中文科的命名中,把模式属属名中的尾字"属"代换为尾字"科",即为模式属所在的科名；热出芽孢菌科：热出芽孢菌属之科。

Etymology　N. L. fem. n. *Thermogemmatispora*, type genus of the family; suff. *-aceae*, ending to denote a family; N. L. fem. n. *Thermogemmatisporaceae*, family of the genus *Thermogemmatispora*.

热出芽孢菌目（*Thermogemmatisporales*）Yabe 等,2011,新目。

模式属　热出芽孢菌属（*Thermogemmatispora*）Yabe 等,2011,新属。

词源　热出芽孢菌属：此目之模式属；目：用于定义一个比科高、比纲低的分类级和尾词；在中文目的命名中,把模式属属名中的尾字"属"代换为尾字"目",即为模式属所在的目名；热出芽孢菌目：热出芽孢菌属之目。

Etymology　N. L. fem. n. *Thermogemmatispora*, type genus of the order; suff. *-ales*, ending to denote an order; N. L. fem. pl. n. *Thermogemmatisporales*, the order of the genus *Thermogemmatispora*.

热裸单胞菌属（*Thermogymnomonas*）Itoh 等,2007,新属。此属已定 1 种。

词源　热：热的,高温的；裸：指的是细胞无细胞壁,无壁；单胞：单元,单细胞；菌：表示微小的事物,微生物（细菌、古菌、真菌）；属：属名的尾词；热裸单胞菌属：高温的,无细胞壁的单元（生物）。

Etymology　Gr. adj. *thermos*, hot; Gr. adj. *gymnos*, nude; Gr. fem. n. *monas*, unit; N. L. fem. n. *thermogymnomonas*, hot, cell wall-less unit.

模式种　酸栖热裸单胞菌(*Thermogymnomonas acidicola*)Itoh等,2007,新种。
词源　栖:栖息,栖居,栖息者,栖居者;酸栖:酸性环境的栖居者。
Etymology　N. L. n. *acidum*(from L. adj. *acidus*, sour), an acid; L. suff. *-cola* (from L. n. *incola*), an inhabitant; N. L. n. *acidicola*, an inhabitant of an acidic environment.

热卤杆菌属(*Thermohalobacter*)Cayol等,2000,新属。此属已定1种。

词源　热:高温;卤:卤素,卤(水),盐(水);杆:棒;菌:表示微小的事物,微生物(细菌、古菌、真菌);属:属名的尾词;热卤杆菌属:嗜热的发酵嗜卤生物。
Etymology　Gr. adj. *thermos*, heat; Gr. n. *hals halos*, salt; N. L. n. *bacter*, rod; N. L. masc. n. *Thermohalobacter*, a thermophilic fermentative halophile.
模式种　贝尔热卤杆菌(*Thermohalobacter berrensis*)Cayol等,2000,新种。
词源　贝尔:法国南部马赛附近的一个地区。
Etymology　N. L. masc. adj. *berrensis*, pertaining to Berre, South of France.

热氢菌属(*Thermohydrogenium*)Zacharova等,1996,新属。此属已定1种。

词源　词源学并没有在**Zacharova等,1996**年的论文中给出。可能的解释是,热:热的,高温的;氢:氢气,氢元素;菌:表示微小的事物,微生物(细菌、古菌、真菌);属:属名的尾词;热氢菌属:嗜热的产氢气的细菌。
Etymology　Not given in the paper by Zacharova et al,1996. The etymology seems to be the following: Gr. adj. *thermos*, hot; N. L. neut. n. *hydrogenium*, hydogen; N. L. neut. n. *Thermohydrogenium*, a thermophilic bacterium producing hydrogen.
模式种　基里希热氢菌(*Thermohydrogenium kirishiense*)Zacharova等,1996,新种。
词源　词源学并没有在Zacharova等,1996年的论文中给出。可能的解释是,基里希:属于或来自(俄罗斯)基里希的。
Etymology　Not given in the paper by Zacharova et al,1996. The etymology seems to be the following: N. L. neut. adj. *kirishiense*, of or belonging to Kirishi.
注:基里希,俄罗斯列宁格勒州的一个区,距离圣彼得堡115km,沃尔霍夫河(Volkhov River)右岸。

嗜热油菌科(*Thermoleophilaceae*)Stackebrandt,2005,新科。Zhi等,2009修改。

模式属　嗜热油菌属(*Thermoleophilum*)Zarilla and Perry,1986,新属。
词源　嗜热油菌属:此科之模式属;科:用于定义一个比属高、比目低的分类级和尾词;在中文科的命名中,把模式属属名中的尾字"属"代换为尾字"科",即为模式属所在的科名;嗜热油菌科:嗜热油菌属之科。
Etymology　N. L. neut. n. *Thermoleophilum*, type genus of the family; suff. *-aceae*, ending to denote a family; N. L. fem. pl. n. *Thermoleophilaceae*, the *Thermoleophilum* family.

嗜热油菌目(*Thermoleophilales*)Reddy and Garcia-Pichel,2009,新目。

此目是嗜热油菌纲(*Thermoleophilia*)Suzuki and Whitman,2013 的模式目。

模式属 嗜热油菌属(*Thermoleophilum*)Zarilla and Perry,1986,新属。

词源 嗜热油菌属:此目之模式属;目:用于定义一个比科高、比纲低的分类级和尾词;在中文目的命名中,把模式属属名中的尾字"属"代换为尾字"目",即为模式属所在的目名;嗜热油菌目:嗜热油菌属之目。

Etymology N. L. neut. n. *Thermoleophilum*, type genus of the order; suff. *-ales*, ending denoting an order; N. L. fem. pl. n. *Thermoleophilales*, the *Thermoleophilum* order.

嗜热油菌纲(*Thermoleophilia*)Suzuki and Whitman,2013,新纲。

模式目 嗜热油菌目(*Thermoleophilales*)Reddy and Garcia-Pichel,2009,新目。

词源 嗜热油菌属:此纲之模式目之模式属;纲:(原核)生物分类的一个级别,门之下,目之上的一个分类级,纲之尾词;嗜热油菌纲:嗜热油菌目之纲。

Etymology N. L. n. *Thermoleophilum*, type genus of the type order of the class; suff. *-ia*, ending to denote a class; N. L. neut. pl. n. *Thermoleophilia*, class of the order *Thermoleophilales*.

嗜热油菌属(*Thermoleophilum*)Zarilla and Perry,1986,新属。此属已定 2 种。

此属是嗜热油菌目(*Thermoleophilales*)Reddy and Garcia-Pichel,2009 和嗜热油菌科(*Thermoleophilaceae*)Stackebrandt,2005 的模式属。

词源 嗜:嗜好的,喜好的,友好的,爱好的;热:高温;油:动植物或矿产的高碳氢含量的易燃黏滑的混合物;菌:表示微小的事物,微生物(细菌、古菌、真菌);属:属名的尾词;嗜热油菌属:细热和油的微生物。

Etymology Gr. n. *thermê*, heat; L. n. *oleum*, oil; N. L. neut. adj. *philum* (from Gr. neut. adj. *philon*), friend, loving; N. L. neut. n. *Thermoleophilum*, heat- and oil-loving microbe.

模式种 素色嗜热油菌(*Thermoleophilum album*)Zarilla and Perry,1986,新种。

词源 素色:素色的,白色的。

Etymology L. neut. adj. *album*, white.

热石杆菌属(*Thermolithobacter*)Sokolova 等,2007,新属。此属已定 2 种。

此属是热石杆菌目(*Thermolithobacterales*)Sokolova 等,2007 和热石杆菌科(*Thermolithobacteraceae*)Sokolova 等,2007 的模式属。

词源 热:高温;石:石头,岩石,指的是无机;杆:棒;菌:表示微小的事物,微生物(细菌、古菌、真菌);属:属名的尾词;热石杆菌属:嗜热的无机营养生长的棒形生物。

Etymology Gr. adj. *thermos*, hot; Gr. n. *lithos*, stone; N. L. masc. n. *bacter*, rod; N. L. masc. n. *Thermolithobacter*, thermophilic lithotrophically growing rods.

模式种 铁还原热石杆菌(*Thermolithobacter ferrireducens*) Sokolova 等, 2007, 新种。

词源 铁:一种金属元素, **Fe**, 铁; 还原:返回, 回到某种状态或条件, 在化学中, (分子、原子或离子)获得电子或降低氧化态, 转变为一种还原的氧化态。

Etymology L. n. *ferrum*, iron; L. part. adj. *reducens*, leading back, bringing back, and in the chemistry converting to a different state; N. L. part. adj. *ferrireducens*, reducing iron (Ⅲ).

热石杆菌科(*Thermolithobacteraceae*) Sokolova 等, 2007, 新科。

模式属 热石杆菌属(*Thermolithobacter*) Sokolova 等, 2007, 新属。

词源 热石杆菌属:此科之模式属; 科:用于定义一个比属高、比目低的分类级和尾词; 在中文科的命名中, 把模式属属名中的尾字"属"代换为尾字"科", 即为模式属所在的科名; 热石杆菌科:热石杆菌属之科。

Etymology N. L. masc. n. *Thermolithobacter*, type genus of the family; N. L. suff. *-aceae*, ending denoting a family; N. L. fem. pl. n. *Thermolithobacteraceae*, the family of *Thermolithobacter*.

热石杆菌目(*Thermolithobacterales*) Sokolova 等, 2007, 新目。

此目是热石杆菌纲(*Thermolithobacteria*) Sokolova 等, 2007 的模式属。

模式属 热石杆菌属(*Thermolithobacter*) Sokolova 等, 2007, 新属。

词源 热石杆菌属:此目之模式属; 目:用于定义一个比科高、比纲低的分类级和尾词; 在中文目的命名中, 把模式属属名中的尾字"属"代换为尾字"目", 即为模式属所在的目名; 热石杆菌目:热石杆菌属之目。

Etymology N. L. masc. n. *Thermolithobacter*, type genus of the order; N. L. suff. *-ales*, ending denoting an order; N. L. fem. pl. n. *Thermolithobacterales*, the order of *Thermolithobacter*.

热石杆菌纲(*Thermolithobacteria*) Sokolova 等, 2007, 新纲。

模式目 热石杆菌目(*Thermolithobacterales*) Sokolova 等, 2007, 新目。

词源 热:烫, 高温; 石:岩石, 石头; 杆:棒; 菌:表示微小的事物, 微生物(细菌、古菌、真菌); 纲:(原核)生物分类的一个级别, 门之下, 目之上的一个分类级, 纲之尾词; 热石杆菌纲:嗜热无机营养(石营)生长的棒形生物。

Etymology Gr. adj. *thermos*, hot; Gr. n. *lithos*, stone; N. L. masc. n. *bacter*, rod; N. L. suff. *-ia*, ending to denote a class; N. L. neut. pl. n. *Thermolithobacteria*, thermophilic lithotrophically growing rods.

热长竿菌属(*Thermolongibacillus*) Cihan 等, 2014, 新属。此属已定 2 种。

词源 热:热的, 高温的; 长:长的, 形态(尺寸)长的; 竿:在本书中对译于拉丁文 ***bacillus***,

表示棒形,以示与常见的"杆"的区别,表示以出芽孢为特征的棒形;菌:表示微小的事物,微生物(细菌、古菌、真菌);属:属名的尾词;热长竿菌属:嗜热的长棒形生物。

Etymology　　Gr. adj. *thermos*, hot; L. adj. *longus*, long; L. dim. n. bacillus small rod; N. L. masc. n. *Thermolongibacillus*, long thermophilic rod.

模式种　埃尔提苏热长竿菌(*Thermolongibacillus altinsuensis*) Cihan 等,2014,新种。

词源　埃尔提苏:此模式株的分离栖息地,埃尔提苏热泉,位于土耳其中安纳托利亚地区(亚美尼亚或小亚细亚),即卡帕多西亚地区,内夫谢希尔省克扎克里的埃尔提苏热泉。

Etymology　　N. L. masc. adj. *altinsuensis*, pertaining to the isolation habitat, Altinsu hot spring located in Kozakli province of Nevsehir in the Middle Anatolian Region of Turkey (Cappadocia area).

热海缕菌属(*Thermomarinilinea*) Nunoura 等,2013,新属。此属已定 1 种。

词源　热:高温;海:海的,大海的,海洋的;缕线:线条;菌:表示微小的事物,微生物(细菌、古菌、真菌);属:属名的尾词;热海线菌属:嗜热的海洋线形生物。

Etymology　　Gr. fem. n. *therme*, heat; L. adj. *marinus*, of the sea; L. fem. n. *linea* line; N. L. fem. n. *Thermomarinilinea*, the "thermophilic marine line".

模式种　环礁泉热海线菌(*Thermomarinilinea lacunofontalis*) Nunoura 等,2013,新种。

词源　环礁:环形的(珊瑚)礁石;泉:泉水,喷泉,源泉;环礁泉:珊瑚环礁中的一个热泉,此模式株分离自珊瑚环礁中的一个热泉。

Etymology　　L. adj. *lacutosus*, lagoonal; L. adj. *fontalis*, of a spring; N. L. adj. *lacunofontalis*, the "lagoonal spring", as the strain was isolated from a hot spring in a coral lagoon.

热微菌纲(*Thermomicrobia*) Garrity and Holt,2002,新纲。Hugenholtz and Stackebrandt,2004 修改。

模式目　热微菌目(*Thermomicrobiales*) Garrity and Holt,2002,新目。

词源　热微菌目:此纲之模式目;纲:(原核)生物分类的一个级别,门之下,目之上的一个分类级,纲之尾词;热微菌纲:热微菌目之纲。

Etymology　　N. L. fem. pl. n. *Thermomicrobiales*, type order of the class; suff. *-ia*, ending to denote a class; N. L. neut. pl. n. *Thermomicrobia*, the class of *Thermomicrobiales*.

热微菌科(*Thermomicrobiaceae*) Garrity and Holt,2002,新科。

模式属　热微菌属(*Thermomicrobium*) Jackson 等,1973,《1980 年细菌名确认单》,属。

词源　热微菌:此科之模式属;科:用于定义一个比属高、比目低的分类级和尾词;在中文科的命名中,把模式属属名中的尾字"属"代换为尾字"科",即为模式属所在的科名;热微菌科:热微菌属之科。

Etymology   N. L. neut. n. *Thermomicrobium*, type genus of the family; L. suff. *-aceae*, ending to denote a family; N. L. fem. pl. n. *Thermomicrobiaceae*, the *Thermomicrobium* family.

热微菌目(*Thermomicrobiales*) Garrity and Holt, 2002, 新目。

此属是热微菌纲(*Thermomicrobia*) Garrity and Holt, 2002 的模式目。

模式属　热微菌属(*Thermomicrobium*) Jackson 等, 1973,《1980 年细菌名确认单》, 属。

词源　热微菌属: 此目之模式属; 目: 用于定义一个比科高、比纲低的分类级和尾词; 在中文目的命名中, 把模式属属名中的尾字"属"代换为尾字"目", 即为模式属所在的目名; 热微菌目: 热微菌属之目。

Etymology   N. L. neut. n. *Thermomicrobium*, type genus of the order; suff. *-ales*, ending denoting an order; N. L. fem. pl. n. *Thermomicrobiales*, the *Thermomicrobium* order.

热微菌属(*Thermomicrobium*) Jackson 等, 1973, 属。此属已定 3 种。

此属是热微菌目(*Thermomicrobiales*) Garrity and Holt, 2002 和热微菌科(*Thermomicrobiaceae*) Garrity and Holt, 2002 的模式属。

词源　热: 高温; 微: 微小的, 微生物; 菌: 表示微小的事物, 微生物(细菌、古菌、真菌); 微菌: 微生物; 属: 属名的尾词; 热微菌属: 表示生活在高温环境中的微生物。

Etymology   Gr. n. *thermê*, heat; N. L. neut. n. *microbium*, microbe; N. L. neut. n. *Thermomicrobium*, indicates a small organism living in hot environments.

模式种　玫色热微菌(*Thermomicrobium roseum*) Jackson 等, 1973,《1980 年细菌名确认单》。

词源　玫色: 玫瑰色的, 玫色的, 粉色的, 粉红色的, 指的是此细菌产生的色素。

Etymology   L. neut. adj. *roseum*, rose-colored, rosy.

热单胞菌属(*Thermomonas*) Busse 等, 2002, 新属; Mergaert 等, 2003 修改。此属已定 6 种。

词源　热: 高温, 热; 单胞: 单元, 单细胞; 菌: 表示微小的事物, 微生物(细菌、古菌、真菌); 属: 属名的尾词; 热单胞菌属: 嗜热的单细胞生物。

Etymology   Gr. n. *thermê*, heat; L. fem. n. *monas*, a unit, monad; N. L. fem. n. *Thermomonas*, a thermophilic monad.

模式种　解血热单胞菌(*Thermomonas haemolytica*) Busse 等, 2002, 新种。

词源　解: 溶解的, 分解的, 降解的; 血: 鲜血, 血液, 血浆, 动物体内循环的不透明红色液体; 解血: 溶解血的。

Etymology   Gr. n. *haima* (Latin transliteration *haema*), blood; N. L. fem. adj. *lytica* (from Gr. fem. adj. *lutikê*), able to loosen, able to dissolve; N. L. fem. adj. *haemolytica*, blood dissolving.

注: 解血的常见中文同义词是溶血。

热单孢菌属（*Thermomonospora*）Henssen，1957，属；Zhang 等，1998 修改。此属已定 7 种。

此属是热单孢菌科（*Thermomonosporaceae*）Rainey 等，1997 的模式属。

词源　热：高温；单：单个的，单一的，单独的；孢：孢子；菌：表示微小的事物，微生物（细菌、古菌、真菌）；属：属名的尾词；热单孢菌属：(喜)热的单一孢子生物。

Etymology　Gr. n. *thermê*, heat; Gr. adj. *monos*, single, solitary; Gr. fem. n. *spora*, a seed and, in biology, a spore; N. L. fem. n. *Thermomonospora*, the heat (-loving) single-spored (organism).

模式种　曲热单孢菌（*Thermomonospora curvata*）Henssen，1957，《1980 年细菌名确认单》，新种。

词源　曲：弯曲的，被弯曲的。

Etymology　L. v. *curvo*, to curve; L. part. fem. adj. *curvata*, curved.

热单孢菌科（*Thermomonosporaceae*）Rainey 等，1997（全部作者名单 Rainey, Ward-Rainey and Stackebrandt），新科；Zhang 等，2001 修改，Zhi 等，2009 修改。

模式属　热单孢菌属（*Thermomonospora*）Henssen，1957，《1980 年细菌名确认单》，属。

词源　热单孢菌属：此科之模式属；科：用于定义一个比属高、比目低的分类级和尾词；在中文科的命名中，把模式属属名中的尾字"属"代换为尾字"科"，即为模式属所在的科名；热单孢菌科：热单孢菌属之科。

Etymology　N. L. fem. n. *Thermomonospora*, type genus of the family; L. suff. -*aceae*, ending to denote a family; N. L. fem. pl. n. *Thermomonosporaceae*, the *Thermomonospora* family.

热线体属（*Thermonema*）Hudson 等，1989，新属。此属已定 2 种。

词源　热：热的，高温的；线：线条，线状物；体：整体，身体，菌体，在微生物学属名中的作用与"菌"类似；属：属名的尾词；热线体属：嗜热的线形生物。

Etymology　Gr. adj. *thermos*, hot; Gr. neut. n. *nema*, a thread; N. L. neut. n. *Thermonema*, a thermophilic thread.

模式种　滑行热线体（*Thermonema lapsum*）Hudson 等，1989，新种。

词源　滑行：移动的一种方式，像在冰雪等光滑平面上或鸟类的空中滑翔式的移动。

Etymology　L. neut. part. adj. *lapsum* (from L. v. *labor*, to glide), gliding.

热噬菌属（*Thermophagus*）Gao 等，2013，新属。此属已定 1 种。

词源　热：热的，高温的；噬：食用，吞噬者，食客；菌：表示微小的事物，微生物（细菌、古菌、真菌）；属：属名的尾词；热噬菌属：嗜热的吞噬者(生物)。

Etymology　Gr. adj. *thermos*, warm, hot; Gr. masc. n. *phagus*, an eater, a glutton; N. L. masc. n. *Thermophagus*, a thermophilic eater.

模式种　厦门热噬菌(*Thermophagus xiamenensis*)Gao 等,2013,新种。

词源　厦门:属于或与厦门有关的,此模式菌株分离自厦门的一个热泉。

Etymology　N. L. masc. adj. *xiamenensis*, of or pertaining to Xiamen, the location of the hot spring from which the type strain was isolated.

热原体属(*Thermoplasma*)Darland 等,1970,属。此属已定 2 种。

此属是热原体目(*Thermoplasmatales*)Reysenbach,2002 和热原体科(*Thermoplasmataceae*)Reysenbach,2002 的模式属。

词源　热:高温;原体:任何原始形成的或模塑的东西;属:属名的尾词;热原体属:(喜)高温的原体生物。

Etymology　Gr. n. *thermê*, heat; Gr. neut. n. *plasma*, something formed or molded, a form; N. L. neut. n. *Thermoplasma*, heat(-loving)form.

模式种　嗜酸热原体(*Thermoplasma acidophilum*)Darland 等,1970,《1980 年细菌名确认单》。

词源　嗜:嗜好的,喜好的,友好的,爱好的;酸:醋,像醋一样的味道,酸味,化学中在水溶液中能产生氢离子的化合物;嗜酸:嗜好酸的,喜好酸的。

Etymology　N. L. neut. n. *acidum*(from L. adj. *acidus -a -um*, sour), an acid; N. L. neut. adj. *philum*(from Gr. neut. adj. *philon*), friend, loving; N. L. neut. adj. *acidophilum*, acid-loving.

热原体纲(*Thermoplasmata*)Reysenbach,2002,新纲。

模式目　热原体目(*Thermoplasmatales*)Reysenbach,2002,新目。

词源　热原体目:此纲的模式目;纲:(原核)生物分类的一个级别,门之下,目之上的一个分类级,纲之尾词;热原体纲:热原体目之纲。

Etymology　N. L. fem. pl. n. *Thermoplasmatales*, type order of the class; N. L. neut. pl. n. *Thermoplasmata*, the class of *Thermoplasmatales*.

热原体科(*Thermoplasmataceae*)Reysenbach,2002,新科。

模式属　热原体属(*Thermoplasma*)Darland 等,1970,《1980 年细菌名确认单》。

词源　热原体属:此科之模式属;科:用于定义一个比属高、比目低的分类级和尾词;在中文科的命名中,把属名中的尾字"属"代换为尾字"科",即为模式属所对应的科;热原体科:热原体属之科。

Etymology　N. L. neut. n. *Thermoplasma -atos*, type genus of the family; L. suff. *-aceae*, ending to denote a family; N. L. fem. pl. n. *Thermoplasmataceae*, the *Thermoplasma* family.

热原体目(*Thermoplasmatales*)Reysenbach,2002,新目。

此目是热原体纲(*Thermoplasmata*)Reysenbach,2002 的模式目。

模式属　热原体属（*Thermoplasma*）Darland 等，1970，《1980 年细菌名确认单》。
词源　热原体属：此目之模式属；目：用于定义一个比科高、比纲低的分类级和尾词；在中文目的命名中，把属名中的尾字"属"代换为尾字"目"，即为模式属所对应的目；热原体目：热原体属之目。
Etymology　N. L. neut. n. *Thermoplasma* -atos, type genus of the order; suff. -ales, ending denoting an order; N. L. fem. pl. n. *Thermoplasmatales*, the *Thermoplasma* order.

热多孢菌属（*Thermopolyspora*）（ex Krasil′nikov and Agre, 1964）Goodfellow 等，2005，新属，命名修改。此属已定 1 种。

词源　热：高温；多：许多，很多；孢：孢子；菌：表示微小的事物，微生物（细菌、古菌、真菌）；属：属名的尾词；热多孢菌属：(喜)高温的多孢子生物。
Etymology　Gr. n. *thermê*, heat; Gr. adj. *polu*, many; Gr. fem. n. *spora*, a seed and, in biology, a spore; N. L. fem. n. *Thermopolyspora*, the heat (-loving) many-spored organism.
模式种　波屈热多孢菌（*Thermopolyspora flexuosa*）（ex Krasil′nikov and Agre, 1964）Goodfellow 等，2005，新合并。
词源　波屈：像波浪那样弯曲，蜿蜒，指的是孢子链的多态性。
Etymology　L. fem. adj. *flexuosa*, full of turns or windings, tortuous, flexuous, referring to the morphology of the spore chains.
同义词　"*Thermopolyspora*" Krassilnikov and Agre, 1964。

热变形菌科（*Thermoproteaceae*）Zillig and Stetter, 1982，新科。Burggraf 等，1997 修改。
模式属　热变形菌属（*Thermoproteus*）Zillig and Stetter, 1982，新属。
词源　热变形菌属：此科之模式属；科：用于定义一个比属高、比目低的分类级和尾词；在中文科的命名中，把模式属属名中的尾字"属"代换为尾字"科"，即为模式属所在的科名；热变形菌科：热变形菌属之科。
Etymology　N. L. masc. n. *Thermoproteus*, type genus of the family; L. suff. -aceae, ending to denote a family; N. L. fem. pl. n. *Thermoproteaceae*, the *Thermoproteus* family.

热变形菌目（*Thermoproteales*）Zillig and Stetter, 1982，新目；Burggraf 等，1997 修改。
此目是泉古菌纲（*Crenarchaeota*）Cavalier-Smith, 2002 和热变形菌纲（*Thermoprotei*）Reysenbach, 2002 的模式目。
模式属　热变形菌属（*Thermoproteus*）Zillig and Stetter, 1982，新属。
词源　热变形菌属：此目之模式属；目：用于定义一个比科高、比纲低的分类级和尾词；在中文目的命名中，把模式属属名中的尾字"属"代换为尾字"目"，即为模式属所在的目名；热变形菌目：热变形菌属之目。

Etymology N. L. masc. n. *Thermoproteus*, type genus of the order; suff. *-ales*, ending denoting an order; N. L. fem. pl. n. *Thermoproteales*, the *Thermoproteus* order.

热变形菌纲（*Thermoprotei*）Reysenbach，2002，新纲。

模式目　热变形菌目（*Thermoproteales*）Zillig and Stetter，1982，新目。

词源　热变形菌目：此纲之模式目；纲：(原核)生物分类的一个级别，门之下，目之上的一个分类级，纲之尾词；热变形菌纲：热变形菌目之纲。

Etymology N. L. fem. pl. n. *Thermoproteales*, type order of the class; N. L. masc. pl. n. *Thermoprotei*, the class of *Thermoproteales*.

热变形菌属（*Thermoproteus*）Zillig and Stetter，1982，新属。此属已定 3 种。

此属是热变形菌目（*Thermoproteales*）Zillig and Stetter，1982 和热变形菌科（*Thermoproteaceae*）Zillig and Stetter，1982 的模式属。

词源　热：高温；变形：希腊神话中的海神普罗狄斯，能够随意改变形态或外形(像中国神话中的孙悟空)；菌：表示微小的事物，微生物(细菌、古菌、真菌)；属：属名的尾词；热变形菌属：具有各种形态的嗜热细菌属。

Etymology Gr. n. *thermê*, heat; L. masc. n. *Proteus*, a mythical figure able to assume different forms; N. L. masc. n. *Thermoproteus*, the genus of thermophilic bacteria of various forms.

模式种　黏热变形菌（*Thermoproteus tenax*）Zillig and Stetter，1982，新种。

词源　黏：粘着力强的，顽强的，持久的。

Etymology L. masc. adj. *tenax*, tenacious, resistant.

热榾菌属（*Thermorudis*）King and King，2014，新属。此属已定 1 种。

词源　热：热的，高温的；榾：小杖，小杆；菌：表示微小的事物，微生物(细菌、古菌、真菌)；属：属名的尾词；热榾菌属：嗜热的小杖形菌。

Etymology Gr. adj. *thermos*, hot; L. n. fem. *rudis*, a small stick; N. L. fem. n. *Thermorudis*, a small, thermophilic stick.

模式种　佩莉热榾菌（*Thermorudis peleae*）King and King，2014，新种。

词源　佩莉：夏威夷人的火女神，意指火山，此模式株的分离地。

Etymology N. L. fem. gen. n. *peleae*, belonging to Pele, the Hawaiian goddess of fire, intended to mean volcanic.

热沉积杆菌属（*Thermosediminibacter*）Lee 等，2006，新属。此属已定 2 种。

词源　热：高温；沉：沉淀；积：积累；沉积：沉积物，沉淀物；杆：棒；菌：表示微小的事物，微生物(细菌、古菌、真菌)；属：属名的尾词；热沉积杆菌属：来自沉积物的嗜热棒形生物，指的是这种生物的来源和生长温度。

Etymology　Gr. adj. *thermos*, hot; L. n. *sedimen -inis*, sediment; N. L. masc. n. *bacter*, a rod; N. L. masc. n. *Thermosediminibacter*, thermophilic rod from sediment, referring to its origin and growth temperature.

模式种　洋热沉积杆菌(*Thermosediminibacter oceani*) Lee 等, 2006, 新种。

词源　洋:大洋的,指的是其来自于大洋的。

Etymology　L. gen. n. *oceani*, of an ocean, referring to its origin from the ocean.

热弯菌属(*Thermosinus*) Sokolova 等, 2004, 新属。此属已定1种。

词源　热:热的,高温的;弯:屈曲不直,弯曲;菌:表示微小的事物,微生物(细菌、古菌、真菌);属:属名的尾词;热弯菌属:嗜热的弯曲棒形生物。

Etymology　Gr. adj. *thermos*, hot; L. masc. n. *sinus*, a curve; N. L. masc. n. *Thermosinus*, thermophilic curved rod.

模式种　吞碳氧热弯菌(*Thermosinus carboxydivorans*) Sokolova 等, 2004, 新种。

词源　吞:吞食的,吞噬的,大吃的,吞没的;碳氧:CO,一氧化碳;吞碳氧:吞蚀一氧化碳,消解一氧化碳。

Etymology　N. L. n. *carboxydum*, carbon monoxide; L. part. adj. *vorans*, devouring, destroying; N. L. part. adj. *carboxydivorans*, destroying carbon monoxide.

热吸管菌属(*Thermosipho*) Huber 等, 1989, 新属; Ravot 等, 1996 修改。此属已定8种。

词源　热:热量,高温;吸管:吸饮料的小管;菌:表示微小的事物,微生物(细菌、古菌、真菌);属:属名的尾词;热吸管菌属:热的管状物,由于细菌被鞘包裹。

Etymology　Gr. fem. n. *thermê*, heat; L. masc. n. *sipho*, little pipe to suck drinks through, a tube; N. L. masc. n. *Thermosipho*, the hot tube, due to the sheath surrounding the bacteria.

模式种　非洲热吸管菌(*Thermosipho africanus*) Huber 等, 1989, 新种。

词源　非洲:与非洲有关的,描述的是其分离位置。

Etymology　L. masc. adj. *africanus*, pertaining to Africa, describing its place of isolation.

热球菌属(*Thermosphaera*) Huber 等, 1998, 新属。此属已定1种。

词源　热:热的,高温的;球:球体,球形,地球;菌:表示微小的事物,微生物(细菌、古菌、真菌);属:属名的尾词;热球菌属:高温球形生物。

Etymology　Gr. adj. *thermos*, hot; L. fem. n. *sphaera*, sphere; N. L. fem. n. *Thermosphaera*, the hot sphere.

模式种　聚热球菌(*Thermosphaera aggregans*) Huber 等, 1998, 新种。

词源　聚:互相连接在一起的,粘连的,团聚的,指的是这些细胞能形成葡萄串形的聚集体。

Etymology　L. part. adj. *aggregans*, attaching one's self to, adhering, referring to the ability of the cells to form grapelike aggregates.

热孢发菌属(*Thermosporothrix*) Yabe 等, 2010, 新属。此属已定 1 种。

此属是热孢发菌科(*Thermosporotrichaceae*) Yabe 等, 2010 的模式属。

词源　热: 高温; 孢: 孢子; 发: 头发, 毛发, 丝线; 菌: 表示微小的事物, 微生物(细菌、古菌、真菌); 属: 属名的尾词; 热孢发菌属: 嗜热的形成孢子的头发形生物。

Etymology　Gr. n. *thermê*, heat; Gr. n. *spora*, a seed and, in biology, a spore; Gr. fem. n. *thrix*, hair; N. L. fem. n. *Thermosporothrix*, thermophilic spore-forming hair.

模式种　叶坂热孢发菌(*Thermosporothrix hazakensis*) Yabe 等, 2010, 新种。

词源　叶坂: 指的是日本国叶坂植物研究中心, 属于或来自叶坂的。

Etymology　N. L. fem. adj. *hazakensis*, of or pertaining to Hazaka, referring to the isolation of the type strain at Hazaka Plant Research Center, Japan.

热孢发菌科(*Thermosporotrichaceae*) Yabe 等, 2010, 新科。

模式属　热孢发菌属(*Thermosporothrix*) Yabe 等, 2010, 新属。

词源　热孢发菌属: 此科之模式属; 科: 用于定义一个比属高、比目低的分类级和尾词; 在中文科的命名中, 把模式属属名中的尾字"属"代换为尾字"科", 即为模式属所在的科名; 热孢发菌科: 热孢发菌属之科。

Etymology　N. L. fem. n. *Thermosporothrix -trichos*, type genus of the family; suff. *-aceae*, ending to denote a family; N. L. fem. pl. n. *Thermosporotrichaceae*, the family of the genus *Thermosporothrix*.

热硫化物杆菌属(*Thermosulfidibacter*) Nunoura 等, 2008, 新属。此属已定 1 种。

词源　热: 高温; 硫化物: 含硫的化合物, 或特定的含二价硫离子的无机化合物; 杆: 棒; 菌: 表示微小的事物, 微生物(细菌、古菌、真菌); 属: 属名的尾词; 热硫化物杆菌属: 嗜热的, 产硫化物的, 棒形细菌。

Etymology　Gr. fem. n. *thermê*, heat; N. L. n. *sulfidum*, sulfide; L. masc. n. *bacter*, a rod; N. L. masc. n. *Thermosulfidibacter*, a thermophilic, sulfide-producing, rod-shaped bacterium.

模式种　高井氏热硫化物杆菌(*Thermosulfidibacter takaii*) Nunoura 等, 2008, 新种。

词源　氏: 姓氏; 高井氏: 以高井件博士的姓氏命名, 其献身于陆地和深海热液口微生物生态系统, 以及这些环境的化学无机营养研究。

Etymology　N. L. gen. n. *takaii*, of Takai, named after Dr Ken Takai, a microbiologist who has devoted himself to the study of terrestrial and deep-sea hydrothermal microbial ecosystems and chemolithoautotrophs present in those environments.

热硫单胞菌属(*Thermosulfurimonas*)Slobodkin 等,2012,新属。此属已定 1 种。

词源　热:热的,高温的;硫:硫磺,硫黄,元素 S;单胞:单元,单细胞;菌:表示微小的事物,微生物(细菌、古菌、真菌);属:属名的尾词;热硫单胞菌属:嗜热的硫单细胞生物。

Etymology　Gr. adj. *thermos*, hot; L. n. *sulfur*, sulfur; L. fem. n. *monas*, a unit, monad; N. L. fem. n. *Thermosulfurimonas*, thermophilic sulfur monad.

模式种　歧化热硫单胞菌(*Thermosulfurimonas dismutans*)Slobodkin 等,2012,新种。

词源　歧:岐,二分,分枝,岔道,歧途;化:一个连字,变化,起……作用;歧化:歧化的,自身氧化还原反应。

Etymology　L. inseparable particle *dis*, in two; L. part. adj. *mutans*, altering, changing; N. L. part. adj. *dismutans*, dismutating, splitting.

热互营菌属(*Thermosyntropha*)Svetlitshnyi 等,1996,新属。此属已定 2 种。

词源　热:热的,高温的;互营:互相喂养,共同生长;菌:表示微小的事物,微生物(细菌、古菌、真菌);属:属名的尾词;热互营菌属:喜热的、互相营养生长,一种菌产生另一种需要的营养,指的是此细菌生长在高温环境中,且仅在与 H_2 利用微生物共同生长时才存活。

Etymology　Gr. adj. *thermos*, hot; Gr. n. *syntrophos*, foster brother or sister; N. L. fem. n. *Thermosyntropha*, "foster sisters liking it hot", referring to the fact that the bacterium grows at elevated temperatures on fatty acids only in syntrophic cultures with H_2-utilizing microorganisms.

模式种　解脂热互营菌(*Thermosyntropha lipolytica*)Svetlitshnyi 等,1996,新种。

词源　解:溶解的,分解的,降解的;脂:脂肪;解脂:溶解脂肪的,指的是水解脂肪为甘油和脂肪酸的能力。

Etymology　Gr. n. *lipos*, fat; N. L. fem. adj. *lytica* (from Gr. fem. adj. *lutikê*), able to loosen, able to dissolve; N. L. fem. adj. *lipolytica*, referring to the ability to hydrolyze lipids to glycerol and fatty acids.

热针菌属(*Thermotalea*)Ogg and Patel,2009,新属。此属已定 1 种。

词源　热:热的,高温的;针:纤细的杆或棒;菌:表示微小的事物,微生物(细菌、古菌、真菌);属:属名的尾词;热针菌属:针棒形的嗜热菌。

Etymology　Gr. adj. *thermos*, hot; L. fem. n. *talea*, a slender staff, rod; N. L. fem. n. *Thermotalea*, a rod-shaped thermophile.

模式种　吞金属热针菌(*Thermotalea metallivorans*)Ogg and Patel,2009,新种。

词源　吞:食,噬,吃,吞食,吞噬,吞吃;金属:金属;吞金属:吞噬金属。

Etymology　L. n. *metallum*, metal; L. v. *vorare*, to devour; N. L. part. adj. *metallivorans*, metal-devouring.

热土小杆菌属(*Thermoterrabacterium*)Slobodkin 等,1997,新属。此属已定 1 种。

词源　热:高温;土:地,土地,土壤;小杆:小棒;菌:表示微小的事物,微生物(细菌、古菌、真菌);属:属名的尾词;热土小杆菌属:来自高温土地的棒形细菌。

Etymology　Gr. adj. *thermos*, hot; L. n. *terra*, earth, soil; L. neut. n. *bacterium*, rod; N. L. neut. n. *Thermoterrabacterium*, rod-shaped bacterium from heated land.

模式种　铁还原热土小杆菌(*Thermoterrabacterium ferrireducens*)Slobodkin 等,1997,新种。

词源　铁:一种金属元素,**Fe**,铁;还原:返回,回到某种状态或条件,在化学中,(分子、原子或离子)获得电子或降低氧化态,转变为一种还原的氧化态。

Etymology　L. n. *ferrum*, iron; L. part. adj. *reducens*, converting to a different state; N. L. part. adj. *ferrireducens*, reducing (ferric) iron.

热发菌属(*Thermothrix*)Caldwell 等,1981,新属。此属已定 2 种。

词源　热:热的,高温的;发:头发,毛发,丝线;菌:表示微小的事物,微生物(细菌、古菌、真菌);属:属名的尾词;热发菌属:高温的头发形生物。

Etymology　Gr. adj. *thermos*, hot; Gr. fem. n. *thrix*, hair; N. L. fem. n. *Thermothrix*, hot hair.

模式种　排硫热发菌(*Thermothrix thiopara*)Caldwell 等,1981,新种。

词源　排:排出的,产出的;硫:硫黄,硫磺,元素 **S**;排硫:提供硫的,产出硫的,硫沉积的(即硫化物矿化后产生硫黄)。

Etymology　Gr. n. *theion*(Latin transliteration *thium*), sulfur; L. v. *paro*, to make, to provide, produce; N. L. fem. adj. *thiopara*, sulfur-providing, sulfur-depositing.

热袍菌属(*Thermotoga*)Stetter and Huber,1986,新属。此属已定 11 种。

此属是热袍菌目(*Thermotogales*)Reysenbach,2002 和热袍菌科(*Thermotogaceae*)Reysenbach,2002 的模式属。

词源　热:热,高温;袍:长袍,(罗马)外套;菌:表示微小的事物,微生物(细菌、古菌、真菌);属:属名的尾词;热袍菌属:高温(带)外套的生物。

Etymology　Gr. fem. n. *thermê*, heat; L. fem. n. *toga*, Roman outer garment; N. L. fem. n. *Thermotoga*, the hot outer garment.

模式种　海热袍菌(*Thermotoga maritima*)Stetter and Huber,1986,新种。

词源　海:属于或来自海的,大海的,描述的是其生境。

Etymology　L. fem. adj. *maritima*, of the sea, marine, describing its biotope.

注:此属是嗜超热细菌。

热袍菌科(*Thermotogaceae*)Reysenbach,2002,新科。

模式属　热袍菌属(*Thermotoga*)Stetter and Huber,1986,新属。

词源　热袍菌属：此科之模式属；科：用于定义一个比属高、比目低的分类级和尾词；在中文科的命名中，把模式属属名中的尾字"属"代换为尾字"科"，即为模式属所在的科名；热袍菌科：热袍菌属之科。

Etymology　N. L. fem. n. *Thermotoga*, type genus of the family; L. suff. *-aceae*, ending to denote a family; N. L. fem. pl. n. *Thermotogaceae*, the *Thermotoga* family.

热袍菌纲（*Thermotogae*）Reysenbach，2002，新纲。

模式目　热袍菌目（*Thermotogales*）Huber and Stetter，2002，新目。

词源　热袍菌属：此纲之模式目之模式属；纲：(原核)生物分类的一个级别，门之下，目之上的一个分类级，纲之尾词；热袍菌纲：热袍菌目之纲。

Etymology　N. L. fem. pl. n. *Thermotogales*, type order of the class; N. L. pl. n. *Thermotogae*, the class of *Thermotogales*.

热袍菌目（*Thermotogales*）Reysenbach，2002，新目。

此目是热袍菌纲（*Thermotogae*）Reysenbach，2002 的模式目。

模式属　热袍菌纲（*Thermotoga*）Stetter and Huber，1986，新纲。

词源　热袍菌属：此目之模式属；目：用于定义一个比科高、比纲低的分类级和尾词；在中文目的命名中，把模式属属名中的尾字"属"代换为尾字"目"，即为模式属所在的目名；热袍菌目：热袍菌属之目。

Etymology　N. L. fem. n. *Thermotoga*, type genus of the order; suff. *-ales*, ending denoting an order; N. L. fem. pl. n. *Thermotogales*, the *Thermotoga* order.

热膜皮菌属（*Thermotunica*）Wu 等，2014，新属。此属已定 1 种。

词源　热：高温；膜皮：动植物的膜皮，短袍；菌：表示微小的事物，微生物(细菌、古菌、真菌)；属：属名的尾词；热膜皮菌属：具有膜皮的嗜热生物。

Etymology　Gr. adj. *thermos*, warm, hot; L. fem. n. *tunica*, tunic; N. L. fem. n. *Thermotunica*, a thermophilic organism with a tunic.

模式种　广西热膜皮菌（*Thermotunica guangxiensis*）Wu 等，2014，新种。

词源　广西：中国西南部的一个自治区，广西壮族自治区，此模式菌株的分离地。

Etymology　N. L. fem. adj. *guangxiensis*, pertaining to Guangxi Zhuang Autonomous Region, south-western China, where the type strain was isolated.

热矛菌属（*Thermovenabulum*）Zavarzina 等，2002，新属。此属已定 2 种。

词源　热：热的，高温的；矛：中国古代一种粗重的带尖头的兵器，狩猎用的梭镖；菌：表示微小的事物，微生物(细菌、古菌、真菌)；属：属名的尾词；热矛菌属：高温的猎梭镖形的细胞，指的是分枝的细胞形态。

Etymology　Gr. adj. *thermos*, hot; L. neut. n. *venabulum*, a hunting spear; N. L. neut. n. *Thermovenabulum*, hot hunting spear-shaped cell, referring to the branched cell morphology.

模式种　吞铁有机物热矛菌(*Thermovenabulum ferriorganovorum*)Zavarzina 等,2002,新种。

词源　吞:大吃,狼吞虎咽,吞食、吞吃、吞噬、吞没;铁:一种金属元素,**Fe**,铁;有机物:有机化合物;吞铁有机物:利用铁和有机化合物的。

Etymology　L. n. *ferrum*, iron; N. L. n. *organum*, organic compound; L. v. *voro*, to eat, devour; N. L. neut. adj. *ferriorganovorum*, using iron and organic compounds.

热弧菌属(*Thermovibrio*)Huber 等,2002,新属。此属已定 3 种。

词源　热:热,高温;弧:作动词表示弧动,像手中舞动的绳子状振动;弧:作名词也表示细菌的一个属名,表示弧状的菌,弧菌属;菌:表示微小的事物,微生物(细菌、古菌、真菌);属:属名的尾词;热弧菌属:嗜热的弯曲棒形生物。

Etymology　Gr. n. *thermê*, heat; L. v. *vibro*, to set in tremulous motion, move to and fro, vibrate; N. L. masc. n. *vibrio*, that which vibrates, and also a bacterial genus name of bacteria possessing a curved rod shape(*Vibrio*); N. L. masc. n. *thermovibrio*, a thermophilic curved rod.

模式种　红色热弧菌(*Thermovibrio ruber*)Huber 等,2002,新种。

词源　红色:红色的,指的是细胞的颜色是红色的。

Etymology　L. masc. adj. *ruber*, red, describing the colour of the cells.

热幡菌属(*Thermovirga*)Dahle and Birkeland,2006,新属。此属已定 1 种。

词源　热:高温;幡:幡状,棒;菌:表示微小的事物,微生物(细菌、古菌、真菌);属:属名的尾词;热幡菌属:高温棒形生物。

Etymology　Gr. fem. n. *thermê*, heat; L. fem. n. *virga*, rod; N. L. fem. n. *Thermovirga*, the hot rod.

模式种　里恩氏热幡菌(*Thermovirga lienii*)Dahle and Birkeland,2006,新种。

词源　氏:姓氏;里恩氏:以挪威微生物学家妥勒夫·里恩教授的姓氏命名,以纪念他在研究油藏厌氧微生物中的贡献。

Etymology　N. L. gen. n. *lienii*, of Lien, named in honour of the Norwegian microbiologist Professor Torleiv Lien, for his important contribution in the study of anaerobes from petroleum reservoirs.

热吞菌属(*Thermovorax*)Mäkinen 等,2012,新属。此属已定 1 种。

词源　热:热的,高温的;吞:吞蚀的,吞噬的,贪吃的;菌:表示微小的事物,微生物(细菌、古菌、真菌);属:属名的尾词;热吞菌属:高温下吞食的生物。

Etymology　Gr. adj. *thermos*, hot; L. adj. *vorax*, devouring, ravenous, voracious; N. L. masc. n. *Thermovorax*, eating at elevated temperature.

模式种　下土热吞菌（*Thermovorax subterraneus*）Mäkinen 等，2012，新种。
词源　下土：中文常译为地下，这里根据本书的标准化翻译，下土，下部的土，即地下。
Etymology　L. masc. adj. *subterraneus*, subterranean, inhabitant in the subsurface.

热卵菌属（*Thermovum*）Yabe 等，2012，新属。此属已定 1 种。
词源　热：高温；卵：蛋，椭圆，椭球；菌：表示微小的事物，微生物（细菌、古菌、真菌）；属：属名的尾词；热卵菌属：(喜)高温的椭球形生物。
Etymology　Gr. n. *thermê*, heat; L. neut. n. *ovum*, egg, oval; N. L. neut. n. *Thermovum*, a heat (-loving) oval-shaped organism.

模式种　堆肥热卵菌（*Thermovum composti*）Yabe 等，2012，新种。
词源　堆肥：厩肥，多种／各种有机残渣经混合堆置而成的有机肥料。
Etymology　N. L. n. *compostum -i*, compost; N. L. gen. n. *composti*, of compost.

热菌属（*Thermus*）Brock and Freeze，1969，属；《1980 年细菌名确认单》，Nobre 等，1996 修改。此属已定 18 种。
词源　热：高温的，烫的；热菌属：暗指的是此属微生物是生长在高温地方的，栖热的。
Etymology　Gr. adj. *thermos*, hot; N. L. masc. n. *Thermus*, to indicate an organism living in hot places.

此属是热菌目（*Thermales*）Rainey and Da Costa，2002 和热菌科（*Thermaceae*）Da Costa and Rainey，2002 的模式属。

模式种　水生热菌（*Thermus aquaticus*）Brock and Freeze，1969，《1980 年细菌名确认单》，种。
词源　水生：生活、生长或发现在或／傍水和水域。
Etymology　L. masc. adj. *aquaticus*, living, growing, or found in or by the water, aquatic.
注 1：中文中，有时用栖热菌属作为该属名。
注 2：模式种水生热菌是一种极其重要的嗜热菌，也是布劳克一生中最重要的贡献。大约在此菌发表 15 年后，聚合酶链式反应（PCR）所依赖的高温酶，来自水生热菌的水生热菌酶（即 *Taq* 酶）加速了 DNA 的复制，而此项技术的发明者木里斯（Mullis）则在 1993 年获得诺贝尔化学奖。

磂素菌属（*Thioalbus*）Park 等，2011，新属。此属已定 1 种。
词源　磂：硫，硫磺，硫黄，元素 S；素：素色的，白色的；菌：表示微小的事物，微生物（细菌、古菌、真菌）；属：属名的尾词；磂素菌属：表示氧化硫代硫酸钠，且其菌落呈现白色的细菌。
Etymology　Gr. n. *theion* (Latin transliteration *thium*), sulfur; L. masc. adj. *albus*, white; N. L. masc. n. *Thioalbus*, intended to mean a bacterium which oxidizes thiosulfate and whose colonies are white.

模式种　脱硝硫素菌(*Thioalbus denitrificans*)Park 等,2011,新种。
词源　脱硝:反硝化,硝化的一种反过程,脱氮,除氮,脱除氮的一种作用。
Etymology　N. L. part. adj. *denitrificans* (from N. L. v. *denitrifico*), denitrifying.

硫碱杆菌属(*Thioalkalibacter*)Banciu 等,2009,新属。此属已定 1 种。
词源　硫:硫,硫磺,硫黄,元素 S;碱:盐碱植物的灰分,碱性,碱类(阴离子全为氢氧根);杆:棒;菌:表示微小的事物,微生物(细菌、古菌、真菌);属:属名的尾词;硫碱杆菌属:喜好碱性条件和利用硫化合物的棒形细菌。
Etymology　Gr. n. *theion* (Latin transliteration *thium*), sulfur; N. L. n. *alkali* (from Arabic *al-qalyi*, the ashes of saltwort), soda ash; N. L. masc. n. *bacter*, rod; *Thioalkalibacter*, rod-shaped bacterium that loves alkaline conditions and utilizes sulfur compounds.
模式种　嗜卤硫碱杆菌(*Thioalkalibacter halophilus*)Banciu 等,2009,新种。
词源　嗜:嗜好的,喜好的,友好的,爱好的;卤:卤素,盐;嗜卤:喜盐的,喜好盐的。
Etymology　Gr. n. *hals halos*, salt; N. L. masc. adj. *philus* (from Gr. masc. adj. *philos*), friend, loving; N. L. masc. adj. *halophilus*, salt-loving.

Thialkalicoccus – 见:硫碱果菌属(*Thioalkalicoccus*)
Thialkalimicrobium – 见:硫碱微菌属(*Thioalkalimicrobium*)
Thialkalivibrio – 见:硫碱弧菌属(*Thioalkalivibrio*)

硫碱果菌属(*Thioalkalicoccus*)Bryantseva 等,2000,新属。此属已定 1 种。
词源　硫:硫,硫磺,硫黄,元素 S;碱:盐碱植物的灰分,碱性,碱类(阴离子全为氢氧根);果:浆果,表示浆果形(圆球或椭球);菌:表示微小的事物,微生物(细菌、古菌、真菌);属:属名的尾词;硫碱果菌属:来自苏打的硫球形生物。
Etymology　Gr. n. *theion* (Latin transliteration *thium*), sulfur; N. L. n. *alkali* (from Arabic article *al*, the; Arabic n. *qaliy*, ashes of saltwort), soda; N. L. masc. n. *coccus* (from Gr. masc. n. *kokkos*, grain, seed), coccus, sphere; N. L. masc. n. *Thioalkalicoccus*, sulfur sphere from soda.
模式种　湖沼硫碱果菌(*Thioalkalicoccus limnaeus*)Bryantseva 等,2000,新种。
词源　湖沼:属于或来自湖泊和沼泽的,生活在湖泊和沼泽中。
Etymology　Gr. n. *limnê*, lake, pond, swamp; Gr. adj. *limnaios*, of or from the marsh; N. L. masc. adj. *limnaeus*, living in lakes and swamps.
推荐的属名三字母简写　Tac. 见"命名规则:属名简写"[属名简写三字母准则(Three-letter code for abbreviations of generic names)]。

硫碱微菌属(*Thioalkalimicrobium*)Sorokin 等,2001,新属;Sorokin 等,2002 修改。此属已定 4 种。
词源　硫:硫,硫磺,硫黄,元素 S;碱:盐碱植物的灰分,碱性,碱类(阴离子全为氢氧根);微:

微小的,微生物;菌:表示微小的事物,微生物(细菌、古菌、真菌);微菌:微生物;属:属名的尾词;硫碱微菌属:带硫的碱性(生长)微生物。

Etymology　Gr. n. *theion* (Latin transliteration *thium*), sulfur; N. L. n. *alkali* (from Arabic *al-qalyi*, the ashes of saltwort), soda ash; N. L. neut. n. *microbium* (from Gr. adj. *mikros*, small and Gr. n. *bios*, life), a microbe; N. L. neut. n. *Thioalkalimicrobium*, sulfur alkaline microbe.

模式种　嗜气硫碱微菌(*Thioalkalimicrobium aerophilum*) Sorokin 等,2001,新种。

词源　嗜:嗜好的,喜好的,友好的,爱好的。

Etymology　Gr. masc. n. *aer*, air; N. L. neut. adj. *philum* (from Gr. neut. adj. *philon*), friend, loving; N. L. neut. adj. *aerophilum*, air-loving.

硫碱螺体属(*Thioalkalispira*) Sorokin 等,2002,新属。此属已定1种。

词源　硫:硫,硫磺,硫黄,元素 S;碱:盐碱植物的灰分,碱性,碱类(阴离子全为氢氧根);螺:螺旋,螺形;体:整体,身体,菌体,在微生物学属名中的作用与"菌"类似;属:属名的尾词;硫碱螺体属:硫碱性螺形的生物。

Etymology　Gr. n. *theion* (Latin transliteration *thium*), sulfur; N. L. n. *alkali* (from Arabic *al-qalyi*, the ashes of saltwort), soda ash; L. fem. n. *spira*, coil, spire; N. L. fem. n. *Thioalkalispira*, sulfur alkaline spiral.

模式种　嗜微气硫碱螺体(*Thioalkalispira microaerophila*) Sorokin 等,2002,新种。

词源　嗜:嗜好的,喜好的,友好的,爱好的;微:微小,微量;气:气体,空气;嗜微气:喜好微量空气。

Etymology　Gr. adj. *mikros*, small, little; Gr. n. *aer aeros*, air, gas; N. L. fem. adj. *phila* (from Gr. fem. adj. *philê*), friend, loving; N. L. fem. adj. *microaerophila*, low-air-loving.

硫碱螺体科(*Thioalkalispiraceae*) Mori 等,2011,新科。

模式属　硫碱螺体属(*Thioalkalispira*) Sorokin 等,2002,新属。

词源　硫碱螺体属:此科之模式属;科:用于定义一个比属高、比目低的分类级和尾词;在中文科的命名中,把属名中的尾字"属"代换为尾字"科",即为模式属所对应的科;硫碱螺体科:硫碱螺体属之科。

Etymology　N. L. fem. n. *Thioalkalispira*, the type genus of family; suff. *-aceae*, ending to denote a family; N. L. fem. pl. n. *Thioalkalispiraceae*, the family of the genus *Thioalkalispira*.

注:2008 年定的硫卤螺体属也是硫碱螺体科的模式属。

硫碱弧菌属(*Thioalkalivibrio*) Sorokin 等,2001,新属;Banciu 等,2004 修改。此属已定10种。

词源　硫:硫,硫磺,硫黄,元素 S;碱:盐碱植物的灰分,碱性,碱类(阴离子全为氢氧根);弧:作动词表示弧动,像手中舞动的绳子状振动;弧:作名词也表示细菌的一个属名,表示弧状的菌,弧菌属;菌:表示微小的事物,微生物(细菌、古菌、真菌);属:属名的尾词;硫碱弧菌属:硫碱性弧菌。

Etymology   Gr. n. *theion* (Latin transliteration *thium*), sulfur; N. L. n. *alkali* (from Arabic *al-qalyi*, the ashes of saltwort), soda ash; L. v. *vibro*, to set in tremulous motion, move to and fro, vibrate; N. L. masc. n. *vibrio*, that which vibrates, and also a bacterial genus name of bacteria possessing a curved rod shape (*Vibrio*); N. L. masc. n. *Thioalkalivibrio*, sulfur alkaline vibrio.

模式种　通用硫碱弧菌(*Thioalkalivibrio versutus*) Sorokin 等,2001,新种。

词源　通用:多用途的,多种才艺的,多种能力的。

Etymology   L. masc. adj. *versutus*, versatile.

硫橄菌属(*Thiobaca*) Rees 等,2002,新属。此属已定 1 种。

词源　硫:硫,硫磺,硫黄,元素 S;橄:橄榄,浆果,谷粒;菌:表示微小的事物,微生物(细菌、古菌、真菌);属:属名的尾词;硫橄菌属:带硫的浆果形生物。

Etymology   Gr. n. *theion* (Latin transliteration *thium*), sulfur; L. fem. n. *baca*, berry; N. L. fem. n. *Thiobaca*, a berry with sulfur.

模式种　图颇氏硫橄菌(*Thiobaca trueperi*) Rees 等,2002,新种。

词源　氏:姓氏;图颇氏:以德国微生物学家汉斯·格奥戈·图颇的姓氏命名,其对我们(作者)无氧光合细菌的知识有重要贡献。

Etymology   N. L. gen. masc. n. *trueperi*, of Trüper, named after Hans G. Trüper, a German microbiologist who has made a significant contribution to our knowledge of anoxygenic phototrophic bacteria.

推荐的属名三字母简写　*Tba*. 见"命名规则:属名简写"〔属名简写三字母准则(Three-letter code for abbreviations of generic names)〕。

硫竿菌科(*Thiobacilleae*) Pribram,1929,族。

模式属　硫竿菌属(*Thiobacillus*) Beijerinck,1904,《1980 年细菌名确认单》,属。

词源　硫竿菌属:此科之模式属;科:用于定义一个比属高、比目低的分类级和尾词;在中文科的命名中,把模式属属名中的尾字"属"代换为尾字"科",即为模式属所在的科名;硫竿菌科:硫竿菌属之科。

Etymology   N. L. masc. n. *Thiobacillus*, type genus of the tribe; suff. *-eae*, ending to denote a tribe; N. L. fem. pl. n. *Thiobacilleae*, the *Thiobacillus* tribe.

硫竿菌属(*Thiobacillus*) Beijerinck,1904,属。此属已定 5 种。

词源　硫:硫,硫磺,硫黄,元素 S;竿:在本书中对译于拉丁文 *bacillus*,表示棒形,以示与常见的"杆"的区别,表示以出芽孢为特征的棒形;菌:表示微小的事物,微生物(细菌、古菌、真菌）；属：属名的尾词；磠竿菌属：硫小棒形生物。

Etymology　Gr. n. *theion*（Latin transliteration *thium*），sulfur；L. masc. n. *bacillus*, a small rod；N. L. masc. n. *Thiobacillus*, sulfur rodlet.

此属是磠竿菌族（*Thiobacilleae*）Pribram, 1929,《1980 年细菌名确认单》的模式属。

模式种　排磠磠竿菌（*Thiobacillus thioparus*）Beijerinck, 1904,《1980 年细菌名确认单》，种。

词源　排：排出的，产出的；磠：硫，硫黄，硫磺，元素 S；排磠：提供硫，产出硫。

Etymology　Gr. n. *theion*（Latin transliteration *thium*），sulfur；N. L. masc. adj. *parus*（from L. v. *paro*, to furnish, provide）；N. L. masc. adj. *thioparus*, sulfur producing.

同义词　"*Sulfuromonas*" Orla-Jensen, 1909, not "*Thiobacillus*" Ellis, 1932。

注 1："排"字借用地球化学中的"排烃"，很有力度的字。

注 2：此属曾有 20 多种，但其中很多种根据现今的分类，分属到了阿尔法-、贝塔-、伽马-三个变形杆菌纲中，模式种排磠磠竿菌在贝塔-变形杆菌纲中，另有 8 种 2000 年已经重新归属到伽马——变形杆菌纲的三属中，即酸磠竿菌属（*Acidithiobacillus*）、卤磠竿菌属（*Halothiobacillus*）和热磠竿菌属（*Thermithiobacillus*）。

磠杆菌属（*Thiobacter*）Hirayama 等，2005, 新属。此属已定 1 种。

词源　磠：硫，硫磺，硫黄，元素 S；杆：棒；菌：表示微小的事物，微生物（细菌、古菌、真菌）；属：属名的尾词；磠杆菌属：硫棒形生物。

Etymology　Gr. n. *theion*（Latin transliteration *thium*），sulfur；N. L. masc. n. *bacter*, a rod；N. L. masc. n. *Thiobacter*, sulfur rod.

模式种　下土磠杆菌（*Thiobacter subterraneus*）Hirayama 等，2005, 新种。

词源　下土：中文常译为地下，这里根据本书的标准化翻译，下土，下部的土，即地下，指分离源。

Etymology　L. masc. adj. *subterraneus*, underground, subterranean, indicating the source of isolation.

磠小杆菌属（*Thiobacterium*）（*ex* Janke, 1924）La Riviere and Kuenen, 1989, 新属，命名修改。此属已定 1 种。

词源　磠：硫，硫磺，硫黄，元素 S；小杆：小棒；菌：表示微小的事物，微生物（细菌、古菌、真菌）；属：属名的尾词；磠小杆菌属：硫小棒形生物。

Etymology　Gr. n. *theion*（Latin transliteration *thium*），sulfur；L. neut. n. *bacterium*, a small rod；N. L. neut. n. *Thiobacterium*, small sulfur rod.

模式种　马勃磠小杆菌（*Thiobacterium bovistum*）勘误，（*ex* Molisch, 1912）La Riviere and Kuenen, 1989, 新种，命名修改。

词源　马勃：真菌界担子菌门马勃科，很多蘑菇都被称为马勃，有的称为牛屎菇、马蹄包等。

Etymology　N. L. fem. n. *Bovista*, a genus of puffballs；N. L. fem. n. *bovista*, puffball；N. L. neut.（?）adj.（?）*bovistum*, ?（see note below）.

同义词 "*Thiobacterium*" Janke, 1924, "*Thiodendron*" Lackey and Lackey, 1961。

注：最初的拉丁文拼写"*Thiobacterium bovista*"由 IJSB 的副主编订正的，其意义是"称作马勃的磂小杆菌"。

磂胶囊菌属(*Thiocapsa*) Winogradsky, 1888, 属; Guyoneaud 等, 1998 修改。此属已定 7 种。

此属是磂胶囊菌科(*Thiocapsaceae*) Bavendamm, 1924,《1980 年细菌名确认单》的模式属。

词源 磂：硫，硫磺，硫黄，元素 S；胶囊：装药的一种胶质小囊，两端圆滑小棍，盒子，荚膜；磂胶囊菌属：硫胶囊形(盒形)的生物。

Etymology Gr. n. *theion* (Latin transliteration *thium*), sulfur; L. fem. n. *capsa*, box; N. L. fem. n. *Thiocapsa*, sulfur box.

模式种 玫桃色磂胶囊菌(*Thiocapsa roseopersicina*) Winogradsky, 1888,《1980 年细菌名确认单》, 种。

词源 玫：玫色的；桃：桃树；色：颜色；玫桃色：玫瑰色桃色, 粉桃色。

Etymology L. adj. *roseus*, rosy; L. n. *persicus*, peach-tree; L. suff. -*inus* -*a* -*um*, suffix used with the sense of belonging to; N. L. fem. adj. *roseopersicina*, rosy peach-colored.

推荐的属名三字母简写 *Tca*. 见 "命名规则：属名简写" [属名简写三字母准则(Three-letter code for abbreviations of generic names)]。

磂胶囊菌科(*Thiocapsaceae*) Bavendamm, 1924, 科。

模式属 磂胶囊菌属(*Thiocapsa*) Winogradsky, 1888,《1980 年细菌名确认单》, 属。

词源 磂胶囊菌属：此科之模式属；科：用于定义一个比属高、比目低的分类级和尾词；在中文科的命名中，把模式属属名中的尾字"属"代换为尾字"科"，即为模式属所在的科名；磂胶囊菌科：磂胶囊菌属之科。

Etymology N. L. fem. n. *Thiocapsa*, type genus of the family; L. suff. -*aceae*, ending to denote a family; N. L. fem. pl. n. *Thiocapsaceae*, the *Thiocapsa* family.

磂槌菌属(*Thioclava*) Sorokin 等, 2005, 新属。此属已定 2 种。

词源 磂：硫，硫磺，硫黄，元素 S；槌：棒槌，一头大一头小的木棒，棒杵，棰,(洗衣服时)大头用于棰击衣服, 小头用于手握；菌：表示微小的事物, 微生物(细菌、古菌、真菌)；属：属名的尾词；磂槌菌属：磂氧化的棒槌形生物。

Etymology Gr. n. *theion* (Latin transliteration *thium*), sulfur; L. fem. n. *clava*, stick, staff, cudgel, club; N. L. fem. n. *Thioclava*, sulfur-oxidizing swollen rod.

模式种 太平磂槌菌(*Thioclava pacifica*) Sorokin 等, 2005, 新种。

词源 太平：平安，和平，太平洋，地球四大洋之一，平安的大洋，指的是此模式菌株的分离源, 太平洋。

Etymology L. fem. adj. *pacifica*, pacific, peacemaking, and, by extension, pertaining to the Pacific Ocean, where the type strain was isolated.

硫果菌属（*Thiococcus*）Imhoff 等，1998，新属，命名修改。或硫果菌属。此属已定 1 种。

词源　硫：硫，硫磺，硫黄，元素 S；果：浆果，表示浆果形（圆球或椭球）；菌：表示微小的事物，微生物（细菌、古菌、真菌）；属：属名的尾词；硫果菌属：带硫的球形生物。

Etymology　Gr. n. *theion*（Latin transliteration *thium*），sulfur；N. L. masc. n. *coccus*（from Gr. masc. n. *kokkos*，grain, seed），coccus, sphere；N. L. masc. n. *Thiococcus*, sphere with sulfur.

模式种　芬尼氏硫果菌（*Thiococcus pfennigii*）（Eimhjellen，1970）Imhoff 等，1998，新合并。

词源　氏：姓氏；芬尼氏：以德国微生物学家诺伯特·芬尼姓氏命名，其首次记述了厌氧细菌对苯类化合物的甲基基团的代谢。

Etymology　N. L. gen. n. *pfennigii*, of Pfennig, named after N. Pfennig, a German microbiologist.

同义词　"*Thiococcus*" Eimhjellen 等，1967。

推荐的属名三字母简写　Tco.　见"命名规则：属名简写"［属名简写三字母准则（Three-letter code for abbreviations of generic names）］。

注：此属中文属名易与 1995 年定的硫果菌属（*Sulfurococcus*）重名，根据希腊文和拉丁文的历史关系，把此属属名命名为硫果菌属。

硫腺菌属（*Thiocystis*）Winogradsky，1888，属；Imhoff 等，1998，修改。此属已定 6 种。

词源　硫：硫，硫磺，硫黄，元素 S；腺：腺体，袋囊；菌：表示微小的事物，微生物（细菌、古菌、真菌）；属：属名的尾词；硫腺菌属：硫袋形的生物。

Etymology　Gr. n. *theion*（Latin transliteration *thium*），sulfur；Gr. fem. n. *kustis*, the bladder, a bag；N. L. fem. n. *Thiocystis*, sulfur bag.

模式种　紫色硫腺菌（*Thiocystis violacea*）Winogradsky，1888，《1980 年细菌名确认单》，种。

词源　紫色：紫色的，紫颜色的。

Etymology　L. fem. adj. *violacea*, violet-colored.

同义词　Includes "*Thiothece*" Winogradsky，1888，"*Thiosphaera*" Miyoshi，1897。

推荐的属名三字母简写　Tcs.　见"命名规则：属名简写"［属名简写三字母准则（Three-letter code for abbreviations of generic names）］。

硫网菌属（*Thiodictyon*）Winogradsky，1888，属。此属已定 2 种。

词源　硫：硫，硫磺，硫黄，元素 S；网：网络，网状物；菌：表示微小的事物，微生物（细菌、古菌、真菌）；属：属名的尾词；硫网菌属：硫网生物。

Etymology　Gr. n. *theion*（Latin transliteration *thium*），sulfur；Gr. neut. n. *diktuon*, a net；N. L. neut. n. *Thiodictyon*, sulfur net.

模式种　精品硫网菌（*Thiodictyon elegans*）Winogradsky，1888，《1980 年细菌名确认单》，种。

词源　精品：精美，精选，精美的物品。

Etymology　L. adj. *elegans*, choice, elegant.

推荐的属名三字母简写: *Tdc*. 见"命名规则:属名简写"[属名简写三字母准则(Three-letter code for abbreviations of generic names)]。

硫豆菌属(*Thiofaba*) Mori and Suzuki, 2008, 新属。此属已定 1 种。

词源　硫:硫,硫磺,硫黄,元素 S;豆:豆子,豆形种子;菌:表示微小的事物,微生物(细菌、古菌、真菌);属:属名的尾词;硫豆菌属:硫豆形生物。

Etymology　Gr. n. *theion* (Latin transliteration *thium*), sulfur; L. fem. n. *faba*, bean; N. L. fem. n. *Thiofaba*, sulfur bean.

模式种　嗜暖硫豆菌(*Thiofaba tepidiphila*) Mori and Suzuki, 2008, 新种。

词源　嗜:嗜好的,喜好的,友好的,爱好的;暖:中温的,温暖的,微温的,暖和的,不冷不热的;嗜暖:喜好微温条件的。

Etymology　L. adj. *tepidus*, moderately warm; N. L. adj. *philus -a -um* (from Gr. adj. *philos -ê -on*), friend, loving; N. L. fem. adj. *tepidiphila*, loving lukewarm conditions.

硫黄果菌属(*Thioflavicoccus*) Imhoff and Pfennig, 2001, 新属。此属已定 1 种。

词源　硫:硫,硫磺,硫黄,元素 S;果:浆果,表示浆果形(圆球或椭球);菌:表示微小的事物,微生物(细菌、古菌、真菌);属:属名的尾词;硫黄果菌属:带硫的淡黄色(米黄色)的浆果形生物。

Etymology　Gr. n. *theion* (Latin transliteration *thium*), sulfur; L. masc. adj. *flavus*, golden-yellow, reddish yellow, flaxen-colored; N. L. masc. n. *coccus* (from Gr. masc. n. *kokkos*, grain, seed), coccus; N. L. masc. n. *Thioflavicoccus*, flaxen-yellow (beige-yellow) coccus with sulfur.

模式种　动硫黄果菌(*Thioflavicoccus mobilis*) Imhoff and Pfennig, 2001, 新种。

词源　动:运动的,移动的,活动的,游动的。

Etymology　L. masc. adj. *mobilis*, movable, mobile.

推荐的属名三字母简写　*Tfc*. 见"命名规则:属名简写"[属名简写三字母准则(Three-letter code for abbreviations of generic names)]。

硫粒菌属(*Thiogranum*) Mori 等, 2015, 新属。此属已定 1 种。

词源　硫:硫,硫磺,硫黄,元素 S;粒:颗粒;菌:表示微小的事物,微生物(细菌、古菌、真菌);属:属名的尾词;硫粒菌属:硫颗粒生物。

Etymology　Gr. n. *theion*, sulfur; L. neut. n. *granum*, grain; N. L. neut. n. *Thiogranum*, sulfur grain.

模式种　长硫粒菌(*Thiogranum longum*) Mori 等, 2015, 新种。

词源　长:长的,形态(尺寸)长的。

Etymology　L. neut. adj. *longum*, long.

硫卤杆菌属（*Thiohalobacter*）Sorokin 等，2010，新属。此属已定 1 种。

词源　硫：硫，硫磺，硫黄，元素 S；卤：卤素，盐；杆：棒；菌：表示微小的事物，微生物（细菌、古菌、真菌）；属：属名的尾词；硫卤杆菌属：嗜卤的硫棒形生物。

Etymology　Gr. n. *theion* (Latin transliteration *thium*), sulfur; Gr. n. *hals halos*, salt; N. L. masc. n. *bacter* a rod; N. L. masc. n. *Thiohalobacter*, halophilic sulfur rod.

模式种　硫代氰化物滋硫卤杆菌（*Thiohalobacter thiocyanaticus*）Sorokin 等，2010，新种。

词源　硫代氰化物：硫代氰酸盐，硫代氰酸根，[S—C≡N]⁻；滋：滋润，滋生，指的是此菌利用硫代氰化物的，即此菌受硫代氰化物滋润的。

Etymology　N. L. n. *thiocyanas -atis*, thiocyanate; L. masc. suff. *-icus*, suffix used in adjectives with the sense of belonging to; N. L. masc. adj. *thiocyanaticus*, related to thiocyanate, utilizing thiocyanate.

硫卤胶囊菌属（*Thiohalocapsa*）Imhoff 等，1998，新属。此属已定 2 种。

词源　硫：硫，硫磺，硫黄，元素 S；胶囊：装药的一种胶质小囊，两端圆滑的小棍，盒子，荚膜；菌：表示微小的事物，微生物（细菌、古菌、真菌）；属：属名的尾词；硫卤胶囊菌属：表示含盐的硫胶囊。

Etymology　Gr. n. *theion* (Latin transliteration *thium*), sulfur; Gr. n. *hals halos*, the salt; L. fem. n. *capsa*, a repository, box; N. L. fem. n. *Thiohalocapsa*, intended to mean the sulfur capsule of the salt.

模式种　嗜卤硫卤胶囊菌（*Thiohalocapsa halophila*）（Caumette 等，1991）Imhoff 等，1998，新合并。

词源　嗜：嗜好的，喜好的，友好的，爱好的；卤：卤素，盐；嗜卤：喜盐的，喜好盐的。

Etymology　Gr. n. *hals halos*, salt; N. L. fem. adj. *phila* (from Gr. fem. adj. *philê*), friend, loving; N. L. fem. adj. *halophila*, salt-loving.

推荐的属名三字母简写　Thc. 见"命名规则：属名简写"［属名简写三字母准则（Three-letter code for abbreviations of generic names）］。

硫卤单胞菌属（*Thiohalomonas*）Sorokin 等，2007，新属；Mori 等，2015 修改。此属已定 2 种。

词源　硫：硫，硫磺，硫黄，元素 S；卤：卤素，盐；单胞：单元，单细胞；菌：表示微小的事物，微生物（细菌、古菌、真菌）；属：属名的尾词；硫卤单胞菌属：(耐)盐的，利用硫的单细胞生物。

Etymology　Gr. n. *theion* (Latin transliteration *thium*), sulfur; Gr. n. *hals halos*, salt; Gr. n. *monas*, a unit, monad; N. L. fem. n. *Thiohalomonas*, salt(-tolerant), sulfur-utilizing monad.

模式种　脱硝硫卤单胞菌（*Thiohalomonas denitrificans*）Sorokin 等，2007，新种。

词源　脱硝：反硝化，硝化的一种反过程，脱氮，除氮，脱除氮的一种作用。

Etymology　N. L. v. *denitrifico*, to denitrify; N. L. part. adj. *denitrificans*, denitrifying.

嗜磂卤菌属(*Thiohalophilus*)Sorokin 等,2007,新属。此属已定 1 种。

词源　嗜:嗜好的,喜好的,友好的,爱好的;磂:硫,硫磺,硫黄,元素 S;卤:卤素,盐;菌:表示微小的事物,微生物(细菌、古菌、真菌);属:属名的尾词;嗜磂卤菌属:喜硫和盐的生物。

Etymology　Gr. n. *theion*(Latin transliteration *thium*), sulfur; Gr. n. *hals halos*, salt; N. L. adj. *philus -a -um*(from Gr. adj. *philos -ê -on*), friend, loving; N. L. masc. n. *Thiohalophilus*, sulfur and salt loving.

模式种　硫代氰化物氧化嗜磂卤菌(*Thiohalophilus thiocyanatoxydans*)勘误,Sorokin 等,2007,新种。

词源　硫代氰化物:硫代氰酸盐,硫代氰酸根,[S—C≡N];氧化:物质(原子、分子、离子)失去电子或增加氧化态,一般指的是与氧结合;硫代氰化物氧化:氧化硫代氰化物的。

Etymology　N. L. n. *thiocyanas -atis*, thiocyanate; N. L. part. adj. *oxydans*, oxidizing; N. L. part. adj. *thiocyanatoxydans*, thiocyanate-oxidizing.

磂卤杵菌属(*Thiohalorhabdus*)Sorokin 等,2008,新属。此属已定 1 种。

词源　磂:硫,硫磺,硫黄,元素 S;卤:卤素,盐;杵:中国古代舂米或捶衣的木棒,表示棒,棒形;菌:表示微小的事物,微生物(细菌、古菌、真菌);属:属名的尾词;磂卤杵菌属:嗜卤的硫杆棒形生物。

Etymology　Gr. n. *theion*(Latin transliteration *thium*), sulfur; Gr. n. *hals halos*, salt; Gr. fem. n. *rhabdos*, rod, stick; N. L. fem. n. *Thiohalorhabdus*, halophilic sulfur rod.

模式种　脱硝磂卤杵菌(*Thiohalorhabdus denitrificans*)Sorokin 等,2008,新种。

词源　脱硝:反硝化,硝化的一种反过程,脱氮,除氮,脱除氮的一种作用。

Etymology　N. L. v. *denitrifico*, to denitrify; N. L. part. adj. *denitrificans*, denitrifying.

磂卤螺体属(*Thiohalospira*)Sorokin 等,2008,新属。此属已定 2 种。

此属是磂碱螺体科(*Thioalkalispiraceae*)Mori 等,2011 的模式属。

词源　磂:硫,硫磺,硫黄,元素 S;螺:螺旋,螺形,螺体;体:整体,身体,菌体,在微生物学属名中的作用与"菌"类似;属:属名的尾词;磂卤螺体属:嗜卤的硫小螺体。

Etymology　Gr. n. *theion*(Latin transliteration *thium*), sulfur; Gr. n. *hals halos*, salt of the sea; L. fem. n. *spira*, spiral; N. L. fem. n. *Thiohalospira*, halophilic sulfur spirillum.

模式种　嗜卤磂卤螺体(*Thiohalospira halophila*)Sorokin 等,2008,新种。

词源　嗜:嗜好的,喜好的,友好的,爱好的。

Etymology　Gr. n. *hals halos*, salt; N. L. adj. *philus -a -um*(from Gr. adj. *philos -ê -on*), friend, loving; N. L. fem. adj. *halophila*, salt-loving.

注:2002 年定的磂碱螺体属是磂碱螺体目的模式属。

硫亮卵菌属(*Thiolamprovum*) Guyoneaud 等,1998,新属。此属已定 1 种。

词源　硫:硫,硫磺,硫黄,元素 S;亮:光亮的,闪亮的,明亮的;卵:蛋,椭圆,椭球;菌:表示微小的事物,微生物(细菌、古菌、真菌);属:属名的尾词;硫亮卵菌属:光亮的带硫的蛋形生物。

Etymology　Gr. n. *theion* (Latin transliteration *thium*), sulfur; Gr. adj. *lampros*, bright, brilliant; L. neut. n. *ovum*, egg; N. L. neut. n. *Thiolamprovum*, bright egg with sulfur.

模式种　平形硫亮卵菌(*Thiolamprovum pedioforme*)(Eichler and Pfennig,1987) Guyoneaud 等,1998,新合并。

词源　平:平面,扁平;形:状,形状,外形,外貌,形容某物在外貌上像……;平形:平面状,平面形,扁平形态。

Etymology　Gr. n. *pedion*, a plain, a flat area; L. adj. suffix *-formis -is -e* (from L. n. *forma*, figure, shape, appearance), -like, in the shape of; N. L. neut. adj. *pedioforme*, flat shaped.

推荐的属名三字母简写　*Tlp*. 见"命名规则:属名简写"[属名简写三字母准则(Three-letter code for abbreviations of generic names)]。

硫珍珠菌属(*Thiomargarita*) Schulz 等,1999,新属。此属已定 1 种。

词源　硫:硫,硫磺,硫黄,元素 S;珍珠:真珠,软壳动物由于外来物质侵入而分泌的稠密凝结物;菌:表示微小的事物,微生物(细菌、古菌、真菌);属:属名的尾词;硫珍珠菌属:含硫的珍珠形细菌。

Etymology　Gr. n. *theion* (Latin transliteration *thium*), sulfur; L. fem. n. *margarita*, pearl; N. L. fem. n. *Thiomargarita*, sulfur pearl.

模式种　纳米比亚硫珍珠菌(*Thiomargarita namibiensis*) Schulz 等,1999,新种。

词源　纳米比亚:非洲的一个国家,纳米比亚共和国,与纳米比亚有关的。

Etymology　N. L. fem. adj. *namibiensis*, pertaining to Namibia.

注:纳米比亚硫珍珠菌是迄今发现的最大的细菌,直径一般是 0.1~0.3mm,最大可达 0.75mm,肉眼可见。革兰氏阴性,浆果状,化能石营(氧化硫化氢成为元素硫,还原硝酸盐),变形菌门。可与此菌尺寸相媲美的是厚壁菌门梭菌目的菲协逊氏鱼夏菌(*Epulopiscium fishelsoni*)(但此菌根据《细菌学准则》规则,并无立足),此菌是 1985 年在红海中一种刺骨鱼的肠道中共生的,200~700mm 长,目前尚无实验室培养菌生长,但是因为大,科学家门已对其做了很多很好的观察和研究。这两种菌,在尺寸上约是结肠埃希氏菌或纤细竿菌的 300 万倍。尚不清楚最小的微生物及其尺寸,但据估计最小的微生物仍可达结肠埃希氏菌的 1/100 到 1/200。

硫微螺体属(*Thiomicrospira*) Kuenen and Veldkamp,1972,属。此属已定 11 种。

词源　硫:硫,硫磺,硫黄,元素 S;微:微小的,小的;螺:螺旋,螺形,螺体;菌:表示微小的事物,微生物(细菌、古菌、真菌);属:属名的尾词;硫微螺体属:微小的硫螺体。

Etymology　Gr. n. *theion* (Latin transliteration *thium*), sulfur; Gr. adj. *mikros*, small, little; L.

fem. n. *spira*, spiral; N. L. fem. n. *Thiomicrospira*, small sulfur spiral.

模式种 嗜淖硫微螺体(*Thiomicrospira pelophila*)Kuenen and Veldkamp,1972,《1980年细菌名确认单》。

词源 嗜:嗜好,喜好,爱好;淖:泥,泥浆,泞,淤泥;嗜淖:喜好泥淖的。

Etymology　Gr. n. *pelos*, mud; N. L. fem. adj. *phila*(from Gr. fem. adj. *philê*), friend, loving; N. L. fem. adj. *pelophila*, mud-loving.

硫单胞菌属(*Thiomonas*)Moreira and Amils,1997,新属;Kelly等,2007修改。此属已定8种。

词源 硫:硫,硫磺,硫黄,元素S;单胞:单元,单细胞;菌:表示微小的事物,微生物(细菌、古菌、真菌);属:属名的尾词;硫单胞菌属:硫单细胞生物。

Etymology　Gr. n. *theion*(Latin transliteration *thium*), sulfur; Gr. fem. n. *monas*, a unit, monad; N. L. fem. n. *Thiomonas*, sulfur monad.

模式种 中间硫单胞菌(*Thiomonas intermedia*)(London,1963)Moreira and Amils,1997,新合并。

词源 中间:中间的,在……之间的。

Etymology　L. fem. adj. *intermedia*, that is between, intermediate.

注:区别于2003年定的硫单胞菌属(*Sulfurimonas*)。

硫平菌属(*Thiopedia*)Winogradsky,1888,属。此属已定1种。

词源 硫:硫,硫磺,硫黄,元素S;平:平面,扁平;菌:表示微小的事物,微生物(细菌、古菌、真菌);属:属名的尾词;硫平菌属:(原文如此)硫平面生物。

Etymology　Gr. n. *theion*(Latin transliteration *thium*), sulfur; Gr. neut. n. *pedion*, a plain, a flat area; N. L. fem. n. *Thiopedia*(sic)sulfur plain.

模式种 玫色硫平菌(*Thiopedia rosea*)Winogradsky,1888,《1980年细菌名确认单》,种。

词源 玫色:玫瑰色的,玫色的,粉色的,指的是此细菌产生的素色。

Etymology　L. fem. adj. *rosea*, rose-colored, pink.

推荐的属名三字母简写　*Tpd*. 见"命名规则:属名简写"[属名简写三字母准则(Three-letter code for abbreviations of generic names)]。

硫棕果菌属(*Thiophaeococcus*)Anil Kumar等,2008,新属。此属已定2种。

词源 硫:硫,硫磺,硫黄,元素S;果:浆果,表示浆果形(圆球或椭球);菌:表示微小的事物,微生物(细菌、古菌、真菌);属:属名的尾词;硫棕果菌属:棕色硫(还原)浆果形生物。

Etymology　Gr. n. *theion*(Latin transliteration *thium*), sulfur; Gr. adj. *phaeos*, dark brown; N. L. masc. n. *coccus*(from Gr. n. *kokkos* a grain, berry), coccus; N. L. masc. n. *Thiophaeococcus*, brown sulfur(-reducing)coccus.

模式属 红树林硫棕果菌(*Thiophaeococcus mangrovi*) Anil Kumar 等,2008,新种。
词源 红树林:红树林的,指的是此模式株的分离来自一个红树林。
Etymology N. L. gen. n. *mangrovi*, of a mangrove, referring to the isolation of the type strain from a mangrove forest.

硫辫菌属(*Thioploca*) Lauterborn,1907,属。此属已定4种。
词源 硫:硫,硫磺,硫黄,元素S;辫:辫子,发辫,任何扭在一起的东西;菌:表示微小的事物,微生物(细菌、古菌、真菌);属:属名的尾词;硫辫菌属:硫辫子生物。
Etymology Gr. n. *theion* (Latin transliteration *thium*), sulfur; Gr. fem. n. *plokê*, a twist, anything twisted, a braid; N. L. fem. n. *Thioploca*, sulfur braid.
模式种 施密德氏硫辫菌(*Thioploca schmidlei*) Lauterborn,1907,《1980年细菌名确认单》,种。
词源 氏:姓氏;施密德氏:以施密德命名,施密德的,有关施密德的。
Etymology N. L. gen. n. *schmidlei*, of Schmidle.

硫深渊菌属(*Thioprofundum*) Takai 等,2010,新属。此属已定2种。
词源 硫:硫,硫磺,硫黄,元素S;深渊:深潭,深海海渊,深部,深处;菌:表示微小的事物,微生物(细菌、古菌、真菌);属:属名的尾词;硫深渊菌属:来自深海的硫氧化菌。
Etymology Gr. n. *theion* (Latin transliteration *thium*), sulfur; L neut n *profundum*, depth abyss; N. L. neut. n. *Thioprofundum*, sulfur oxidizer from deep sea.
模式种 石营硫深渊菌(*Thioprofundum lithotrophicum*)勘误,Takai 等,2010,新种。
词源 石:石头,岩石;营:营养,营生,养育,抚育;石营:石化营养,指的是此菌种的无机代谢(石营代谢)。
Etymology Gr. n. *lithos* stone; N. L. neut. adj. *trophicum* (from Gr. neut. adj. *trophikon*) nursing, tending or feeding; N. L. neut. adj. *lithotrophicum* lithotrophic, referring to lithotrophic metabolism of the species.

硫还原菌属(*Thioreductor*) Nakagawa 等,2005,新属。此属已定1种。
词源 硫:硫,硫磺,硫黄,元素S;还原:返回,回到某种状态或条件,在化学中,(分子、原子或离子)获得电子或降低氧化态,转变为一种还原的氧化态;菌:表示微小的事物,微生物(细菌、古菌、真菌);属:属名的尾词;硫还原菌属:硫的还原者(生物)。
Etymology Gr. neut. n. *thium*, sulfur; L. masc. n. *reductor*, one who leads or brings back; N. L. masc. n. *Thioreductor*, sulfur-reducer.
模式种 发泡底层硫还原菌(*Thioreductor micantisoli*) Nakagawa 等,2005,新种。
词源 发泡底层:来自发泡的海底,起泡的海床。

Etymology   L. part. adj. *micans -antis*, sparkling; L. gen. n. *soli*, of the lowest part of a thing, of the bottom, of the ground; N. L. gen. n. *micantisoli*, from the sparkling seafloor.

礌玫果菌属（*Thiorhodococcus*）Guyoneaud 等，1998，新属。此属已定 5 种。

词源　礌：硫，硫磺，硫黄，元素 S；玫：玫瑰，玫瑰色；果：浆果，表示浆果形（圆球或椭球）；菌：表示微小的事物，微生物（细菌、古菌、真菌）；属：属名的尾词；礌玫果菌属：带硫的玫瑰色的球形生物。

Etymology   Gr. n. *theion*（Latin transliteration *thium*），sulfur; Gr. n. *rhodon*, the rose; N. L. masc. n. *coccus*（from Gr. masc. n. *kokkos*, grain, seed），coccus, sphere; N. L. masc. n. *Thiorhodococcus*, rose sphere with sulfur.

模式种　蕞礌玫果菌（*Thiorhodococcus minor*）勘误，Guyoneaud 等，1998，新种。

词源　蕞：更小的，更少的，更微的，次要的，下属的。

Etymology   L. masc. comp. adj. *minor*, smaller.

推荐的属名三字母简写　*Trc*. 见"命名规则：属名简写"［属名简写三字母准则（Three-letter code for abbreviations of generic names）］。

注：拉丁文比较形容词 *minor*，表示更小的，用"蕞"表示比"小"或"微"更妥当。

礌玫螺体属（*Thiorhodospira*）Bryantseva 等，1999，新属。此属已定 1 种。

词源　礌：硫，硫磺，硫黄，元素 S；玫：玫瑰；螺：螺旋，螺形，螺体；菌：表示微小的事物，微生物（细菌、古菌、真菌）；属：属名的尾词；礌玫螺体属：带硫的螺旋玫瑰生物。

Etymology   Gr. n. *theion*（Latin transliteration *thium*），sulfur; Gr. n. *rhodon*, the rose; L. fem. n. *spira*, spiral; N. L. fem. n. *Thiorhodospira*, the spiral rose with sulfur.

模式种　西伯利亚礌玫螺体（*Thiorhodospira sibirica*）Bryantseva 等，1999，新种。

词源　西伯利亚：与西伯利亚有关的，西伯利亚位于亚洲西北部，其名字可能来自古代鞑靼人在托博尔河（源自东乌拉尔山东部，流经图尔盖高原）和额尔齐斯河（源自新疆富蕴县阿尔泰山南坡）交汇处建立的鞑靼城堡，西比尔（在中国古文中可能是鲜卑或锡伯）。

Etymology   N. L. fem. adj. *sibirica*, pertaining to Siberia（region in northwestern Asia, the name said to come from Sibir, ancient Tatar fortress at the confluence of the rivers Tobol and Irtysh）.

推荐的三字母缩写　*Trs*. 见"命名规则：属名简写"［属名简写三字母准则（Three-letter code for abbreviations of generic names）］。

礌玫弧菌属（*Thiorhodovibrio*）Overmann 等，1993，新属。此属已定 1 种。

词源　礌：硫，硫磺，硫黄，元素 S；玫：玫瑰，玫瑰色；弧：作动词表示弧动，像手中舞动的绳子状振动；弧：作名词也表示细菌的一个属名，表示弧状的菌，弧菌属；菌：表示微小的事物，微生物(细菌、古菌、真菌);属:属名的尾词;䃟玫弧菌属:带硫的玫瑰色弧菌。

Etymology　Gr. n. *theion* (Latin transliteration *thium*), sulfur; Gr. n. *rhodon*, the rose; L. v. *vibro*, to set in tremulous motion, move to and fro, vibrate; N. L. masc. n. *vibrio*, that which vibrates, and also a bacterial genus name of bacteria possessing a curved rod shape (*Vibrio*); N. L. masc. n. *Thiorhodovibrio*, rose vibrio with sulfur.

模式种　维诺格拉德斯基氏䃟玫弧菌(*Thiorhodovibrio winogradskyi*)Overmann 等,1993,新种。

词源　氏:姓氏;维诺格拉德斯基氏:以俄罗斯微生物学家 S.N. 维诺格拉德斯基(1856—1953)的姓氏命名,其对紫硫细菌做了首次综合研究。

Etymology　N. L. gen. masc. n. *winogradskyi*, of Winogradsky, named for S.N. Winogradsky, a Russian microbiologist, who did the first comprehensive studies on the purple sulfur bacteria.

推荐的属名三字母简写　*Trv.* 见"命名规则:属名简写"[属名简写三字母准则(Three-letter code for abbreviations of generic names)]。

䃟球菌属(*Thiosphaera*)Robertson and Kuenen,1984,新属。此属已定 1 种。

词源　䃟:硫,硫磺,硫黄,元素 S;球:球体,球形,地球;菌:表示微小的事物,微生物(细菌、古菌、真菌);属:属名的尾词;䃟球菌属:硫球形生物。

Etymology　Gr. n. *theion* (Latin transliteration *thium*), sulfur; L. fem. n. *sphaera*, sphere; N. L. fem. n. *Thiosphaera*, sulfur sphere.

模式种　杂营䃟球菌(*Thiosphaera pantotropha*)Robertson and Kuenen,1984,新种。

词源　杂营:杂食性的。

Etymology　N. L. fem. adj. *pantotropha* (from Gr. *pantotrophos*), omnivorous.

䃟螺体属(*Thiospira*)Visloukh,1914,属。此属已定 1 种。

词源　䃟:硫,硫磺,硫黄,元素 S;螺:螺旋,螺形,螺体;菌:表示微小的事物,微生物(细菌、古菌、真菌);属:属名的尾词;䃟螺体属:硫螺丝或螺体。

Etymology　Gr. n. *theion* (Latin transliteration *thium*), sulfur; L. fem. n. *spira*, a coil; N. L. fem. n. *Thiospira*, sulfur coil or spiral.

模式种　维诺格拉德斯基氏䃟螺体(*Thiospira winogradskyi*)(Omelianski,1905)Visloukh,1914,《1980 年细菌名确认单》,种。

词源　氏:姓氏;维诺格拉德斯基氏:以俄罗斯微生物学家 S.N. 维诺格拉德斯基的姓氏命名。

Etymology　N. L. gen. masc. n. *winogradskyi*, of Winogradsky; named for S.N. Winogradsky, a Russian microbiologist.

同义词　"*Sulfospirillum*" Kluyver and van Niel,1936,not "*Thiospirillum*" Winogradsky,1888。

硫小螺体属（*Thiospirillum*）Winogradsky，1888，属。此属已定1种。

词源　硫：硫，硫磺，硫黄，元素S；小螺体属：细菌的一个属；硫小螺体属：硫的小螺体属。

Etymology　Gr. n. *theion*（Latin transliteration *thium*），sulfur；N. L. neut. n. *Spirillum*, a bacterial genus；N. L. neut. n. *Thiospirillum*, sulfur *Spirillum*.

模式种　耶拿硫小螺体（*Thiospirillum jenense*）（Ehrenberg，1838）Migula，1900，《1980年细菌名确认单》，种。

词源　耶拿：德国耶拿，耶拿的埃伦堡是此生物的发现地。

Etymology　N. L. neut. adj. *jenense*, pertaining to Jena, Germany, the city where Ehrenberg discovered this organism.

同义词　"*Thiorhodospirillum*" Fuhrmann，1913，not "*Thiospirillum*" Janke，1924。

推荐的属名三字母简写　*Tsp.* 见"命名规则：属名简写"［属名简写三字母准则（Three-letter code for abbreviations of generic names）］。

硫发菌属（*Thiothrix*）Winogradsky，1888，属；Howarth等，1999修改，Aruga等，2002修改。此属已定9种。

此属是硫发菌目（*Thiotrichales*）Garrity等，2005和硫发菌科（*Thiotrichaceae*）Garrity等，2005）的模式属。

词源　硫：硫，硫磺，硫黄，元素S；发：头发，毛发，发状；菌：表示微小的事物，微生物（细菌、古菌、真菌）；属：属名的尾词；硫发菌属：硫头发形生物。

Etymology　Gr. n. *theion*（Latin transliteration *thium*），sulfur；Gr. fem. n. *thrix*, hair；N. L. fem. n. *Thiothrix*, sulfur hair.

模式种　雪白硫发菌（*Thiothrix nivea*）（Rabenhorst，1865）Winogradsky，1888，《1980年细菌名确认单》，属。

词源　雪白：雪白的，像雪一样的白色。

Etymology　L. fem. adj. *nivea*, snow-white.

硫发菌科（*Thiotrichaceae*）Garrity等，2005，新科。

模式属　硫发菌属（*Thiothrix*）Winogradsky，1888，《1980年细菌名确认单》，属。

词源　硫发菌属：此科之模式属；科：用于定义一个比属高、比目低的分类级和尾词；在中文科的命名中，把模式属属名中的尾字"属"代换为尾字"科"，即为模式属所在的科名；硫发菌科：硫发菌属之科。

Etymology　N. L. fem. n. *Thiothrix*, type genus of the family；suff. -*aceae*, ending to denote family；N. L. fem. pl. n. *Thiotrichaceae*, the *Thiothrix* family.

硫发菌目（*Thiotrichales*）Garrity等，2005，新目。

模式属　硫发菌属（*Thiothrix*）Winogradsky，1888，《1980年细菌名确认单》，属。

词源　磠发菌属：此目之模式属；目：用于定义一个比科高、比纲低的分类级和尾词；在中文目的命名中，把模式属属名中的尾字"属"代换为尾字"目"，即为模式属所在的目名；磠发菌目：磠发菌属之目。

Etymology　N. L. fem. n. *Thiothrix*, type genus of the order; suff. *-ales*, ending to denote order; N. L. fem. pl. n. *Thiotrichales*, the *Thiothrix* order.

磠幡菌属（*Thiovirga*）Ito 等，2005，新属。此属已定 1 种。

词源　磠：硫，硫磺，硫黄，元素 S；幡：幡状，棒；菌：表示微小的事物，微生物（细菌、古菌、真菌）；属：属名的尾词；磠幡菌属：硫棒形生物。

Etymology　Gr. n. *theion*（Latin transliteration *thium*），sulfur; L. fem. n. *virga*, rod; N. L. fem. n. *Thiovirga*, sulfur rod.

模式种　硫氧化磠幡菌（*Thiovirga sulfuroxydans*）Ito 等，2005，新种。

词源　氧化：氧化，物质（原子、分子、离子）失去电子或增加氧化态的过程，一般就是与氧结合的过程。

Etymology　L. n. *sulfur*, sulfur; N. L. part. adj. *oxydans*, oxidizing; N. L. part. adj. *sulfuroxydans*, sulfur-oxidizing.

磠小卵菌属（*Thiovulum*）Hinze，1913，属。此属已定 1 种。

词源　磠：硫，硫磺，硫黄，元素 S；小卵：小蛋，小椭圆，小椭球；菌：表示微小的事物，微生物（细菌、古菌、真菌）；属：属名的尾词；磠小卵菌属：小蛋形的硫生物。

Etymology　Gr. n. *theion*（Latin transliteration *thium*），sulfur; L. n. *ovum*, egg; N. L. neut. dim. n. *Thiovulum*, small sulfur egg.

模式种　大磠小卵菌（*Thiovulum majus*）Hinze，1913，《1980 年细菌名确认单》，种。

词源　大：大的，量多的。

Etymology　L. neut. comp. adj. *majus*, larger.

托塞尔氏菌属（*Thorsellia*）Kämpfer 等，2006，新属。此属已定 1 种。

词源　氏：姓氏；托塞尔氏：以瓦尔伯格·托塞尔的姓氏命名，瑞典一位研究蚊子趋避剂的先锋；菌：表示微小的事物，微生物（细菌、古菌、真菌）；属：属名的尾词；托塞尔氏菌属：以托塞尔的姓氏命名的菌属。

Etymology　N. L. fem. dim. n. *Thorsellia*, named in honour of Walborg Thorsell, a pioneer on mosquito repellent research in Sweden.

模式种　按蚊托塞尔氏菌（*Thorsellia anophelis*）Kämpfer 等，2006，新种。

词源　按蚊：传播疟疾寄生虫的蚊子，按蚊，蚊子的一个属。

Etymology　N. L. gen. n. *anophelis*, from a mosquito of the genus *Anopheles*.

Ti

廷德尔氏菌属(*Tindallia*)Kevbrin 等,1999,新属。此属已定 3 种。

词源 氏:姓氏;廷德尔氏:以布赖恩·J.廷德尔的姓氏命名,其率先研究马加迪湖的嗜碱微生物;菌:表示微小的事物,微生物(细菌、古菌、真菌);属:属名的尾词;廷德尔氏菌属:以廷德尔姓氏命名的菌属。

Etymology N. L. fem. n. *Tindallia*, named after Brian J. Tindall, who pioneered the study of alkaliphilic micro-organisms in Lake Magadi.

模式种 马加迪湖廷德尔氏菌(*Tindallia magadiensis*)勘误,Kevbrin 等,1999,新种。

词源 马加迪湖:赤道非洲(一个模糊的概念,有时称为热带非洲,下撒哈拉非洲赤道地带等)肯尼亚的一个湖,或马噶嘀湖,在肯尼亚裂谷的最南段,一个天然的碱湖。

Etymology N. L. fem. adj. *magadiensis*, pertaining to Lake Magadi in Kenya, Equatorial Africa.

蒂西耶姓菌属(*Tissierella*)Collins and Shah,1986,新属;Farrow 等,1995 修改,Bae 等,2004 修改。此属已定 4 种。

词源 姓:姓氏;蒂西耶:以 P.H.蒂西耶姓氏命名,其首先描述了此生物;菌:表示微小的事物,微生物(细菌、古菌、真菌);属:属名的尾词;蒂西耶姓菌属:以蒂西耶的姓氏命名的生物。

Etymology N. L. fem. dim. n. *Tissierella*, named after P. H. Tissier, who first described the organism.

模式种 尖端蒂西耶姓菌(*Tissierella praeacuta*)(Tissier,1908)Collins and Shah,1986,新合并。

词源 尖端:末端尖锐的,锋利的。

Etymology N. L. fem. adj. *praecuta*, sharpened to a point, sharpened.

提斯特氏菌属(*Tistlia*)Díaz-Cárdenas 等,2010,新属。此属已定 1 种。

词源 氏:姓氏;提斯特氏:以地理学家迈克尔·提斯特的姓氏命名,其发现了萨拉多的康索塔盐泉;菌:表示微小的事物,微生物(细菌、古菌、真菌);属:属名的尾词;提斯特氏菌属:以提斯特的姓氏命名的生物。

Etymology N. L. fem. n. *Tistlia*, named after Tistl, honouring Michael Tistl, a geologist for his rediscovery of the Salado de Consotá saline spring.

模式种 康索塔提斯特氏菌(*Tistlia consotensis*)Díaz-Cárdenas 等,2010,新种。

词源 康索塔:利萨拉尔达—哥伦比亚,萨拉多的康索塔盐泉,此生物首次分离的地理位置。

Etymology N. L. fem. adj. *consotensis*, pertaining to Salado de Consotá saline spring, Risaralda-Colombia, the geographical location from which the organism was first isolated.

泰科技所菌属(*Tistrella*) Shi 等,2003,新属。此属已定 2 种。

词源　泰科技所:泰国科学技术研究所的随机简写,此模式株分离执行地;菌:表示微小的事物,微生物(细菌、古菌、真菌);属:属名的尾词;泰科技所菌属:以泰科技所命名的生物。

Etymology　N. L. fem. dim. n. *Tistrella*, arbitrary name formed from the acronym of the Thailand Institute of Scientific and Technological Research, TISTR, where the isolation of the type strain was performed.

模式种　动泰科技所菌(*Tistrella mobilis*) Shi 等,2003,新种。

词源　动:运动的,移动的,活动的,游动的。

Etymology　L. fem. adj. *mobilis*, movable, motile.

To

袍杆菌纲(*Togobacteria*) Cavalier-Smith,2002,新纲。

模式目　热袍菌目("*Thermotogales*") Huber and Stetter,1992,新目。

词源　袍:宽松的外套,长袍,僧袍;杆:杖,棒;菌:表示微小的事物,微生物(细菌、古菌、真菌);纲:(原核)生物分类的一个级别,门之下,目之上的一个分类级,纲之尾词;袍杆菌纲:具有宽松的 S 层的一类细菌群。

Etymology　L. n. *toga*, a loose outer garment; Gr. n. *baktêria*, staff, cane; suff. *-ia*, ending to denote a class; N. L. neut. pl. n. *Togobacteria*, group of bacteria which can sometimes loose outer S-layer.

甲苯单胞菌属(*Tolumonas*) Fischer-Romero 等,1996,新属;Caldwell 等,2011 修改。此属已定 2 种。

词源　甲苯:带一个甲基的苯;单胞:单元,单细胞;菌:表示微小的事物,微生物(细菌、古菌、真菌);属:属名的尾词;甲苯单胞菌属:产生甲苯的单元(生物)。

Etymology　N. L. n. *toluolum*, toluol (German for toluene); L. fem. n. *monas*, monad unit; N. L. fem. n. *Tolumonas*, toluene-producing unit.

模式种　奥湖甲苯单胞菌(*Tolumonas auensis*) Fischer-Romero 等,1996,新种。

词源　奥湖:与奥湖有关的,此生物的首次分离地;瑞士苏黎世的奥村,苏黎世湖。

Etymology　N. L. fem. adj. *auensis*, pertaining to Lake Au, the location of the first isolation of this organism.

富田姓菌属(*Tomitella*) Katayama 等,2010,新属。此属已定 2 种。

词源　姓:姓氏;富田:以有名的日本微生物学家,荣休教授富田房雄的姓氏命名;菌:表示微小的事物,微生物(细菌、古菌、真菌);属:属名的尾词;富田姓菌属:以富田的姓氏命名的菌属。

Etymology　N. L. fem. n. *Tomitella*, named in honour of Emeritus Professor Fusao Tomita, a celebrated Japanese microbiologist.

模式种　双形富田姓菌(*Tomitella biformata*)Katayama 等,2010,新种。

词源　双形:具有两种形状的。

Etymology　L. fem. adj. *biformata*, two-shaped.

嗜扁桃体菌属(*Tonsilliphilus*)Azuma 等,2013,新属。此属已定 1 种。

词源　嗜:嗜好,喜好,友好,爱好;扁桃体:喉咙中的扁桃体;菌:表示微小的事物,微生物(细菌、古菌、真菌);属:属名的尾词;嗜扁桃体菌属:喜好扁桃体的。

Etymology　L. pl. n. *tonsillae* the tonsils in the throat; N. L. masc. n. *philus* (from Gr. masc. n. *philos*) a friend; N. L. masc. n. *Tonsilliphilus* a friend of tonsils.

模式种　猪嗜扁桃体菌(*Tonsilliphilus suis*)Azuma 等,2013,新种。

词源　猪:一种普通家养或野生的动物,亥,豕,彘。

Etymology　L. gen. n. *suis* of a pig.

卷发菌属(*Toxothrix*)Molisch,1925,属。此属已定 1 种。

词源　卷:卷曲,弓,艞;发:头发,毛发,丝线;菌:表示微小的事物,微生物(细菌、古菌、真菌);属:属名的尾词;卷发菌属:弯曲的发丝形生物。

Etymology　Gr. n. *toxon*, a bow; Gr. fem. n. *thrix*, a thread; N. L. fem. n. *Toxothrix*, bent thread.

模式种　发生卷发菌(*Toxothrix trichogenes*)(Cholodny,1924)Beger,1953,《1980 年细菌名确认单》,种。

词源　生:产,生产,生成,产生,导致,源自……;发生:毛发生成的,产生头发的。

Etymology　Gr. n. *thrix trichos*, hair; N. L. suff. *-genes* (from Gr. v. *gennaô*, to produce), producing; N. L. adj. *trichogenes*, hair-producing.

Tr

特拉布斯姓菌属(*Trabulsiella*)McWhorter 等,1992,新属。此属已定 2 种。

词源　姓:姓氏;特拉布斯:以巴西细菌学家 L.R. 特拉布斯的姓氏命名,其在肠道致病菌肠杆菌科的研究上做了很多工作;菌:表示微小的事物,微生物(细菌、古菌、真菌);属:属名的尾词;特拉布姓菌属:以特拉布的姓氏命名的菌属。

Etymology　N. L. fem. dim. n. *Trabulsiella*, named to honor L.R.Trabulsi, a Brazilian bacteriologist who did many important studies on the enteric pathogens of the family *Enterobacteriaceae*.

模式种　关岛特拉布斯氏菌(*Trabulsiella guamensis*)McWhorter 等,1992,新种。

词源　关岛：太平洋密克罗尼西亚群岛最大的岛，与关岛有关的，此模式株的首次分离地。
Etymology　N. L. fem. adj. *guamensis*, pertaining to Guam, the largest island of the Micronesian group of the Pacific Ocean, where the first strains were isolated.

静单胞菌属(*Tranquillimonas*) Harwati 等，2008，新属。此属已定 1 种。

词源　静：安静，平静，寂静，静态；单胞：单元，单细胞；菌：表示微小的事物，微生物(细菌、古菌、真菌)；属：属名的尾词；静单胞菌属：安静的单细胞生物。
Etymology　L. adj. *tranquillus*, quiet, calm, still; L. fem. n. *monas*, a unit, monad; N. L. fem. n. *Tranquillimonas*, a still monad.

模式种　吞烷静单胞菌(*Tranquillimonas alkanivorans*) Harwati 等，2008，新种。

词源　吞：吞食的，吞噬的，大吃的，吞没的；烷：烷烃；吞烷：降解烷烃的。
Etymology　N. L. neut. n. *alkanum*, alkane; L. part. adj. *vorans*, devouring; N. L. part. adj. *alkanivorans*, alkane-degrading.

旋线体属(*Treponema*) Schaudinn，1905，属；Abt，Göker and Klenk，2013 修改。或**密螺旋体属**。此属已定 28 种，3 亚种。

此属是**旋线体科**(*Treponemataceae*) Robinson，1948，《1980 年细菌名确认单》的模式属。或密螺旋体科。

词源　旋：旋转；线：线条，线状物；体：整体，身体，菌体，在微生物学属名中的作用与"菌"类似；属：属名的尾词；旋线体属：旋转的线体。
Etymology　Gr. v. *trepô*, to turn; Gr. neut. n. *nema*, a thread; N. L. neut. n. *treponema*, a turning thread.

模式种　苍白旋线体(*Treponema pallidum*) (Schaudinn and Hoffmann，1905) Schaudinn，1905，《1980 年细菌名确认单》，种。或梅毒密螺旋体，梅毒旋线体。

词源　苍白：苍白色的。
Etymology　L. neut. adj. *pallidum*, pale, pallid.

同义词　"*Spironema*" Vuillemin，1905，"*Microspironema*" Stiles and Pfender，1905。

注：中文中常见的属名是密螺旋体属。中文中**苍白旋线体**更常见的称谓是梅毒旋线体或梅毒密螺旋体。由于此最早的对 *nema* 的命名是"体属"，所有以此形态定名的属都遵照此。

旋线体科(*Treponemataceae*) Robinson，1948，科。或**密螺旋体科**。

模式属　旋线体属(*Treponema*) Schaudinn，1905，《1980 年细菌名确认单》。

词源　旋线体属：此科之模式属；科：用于定义一个比属高、比目低的分类级和尾词；在中文科的命名中，把属名中的尾字"属"代换为尾字"科"，即为模式属所对应的科；旋线体科：旋线体属之科。

Etymology N. L. neut. n. *Treponema*, type genus of the family; L. suff. *-aceae*, ending to denote a family; N. L. fem. pl. n. *Treponemataceae*, the *Treponema* family.

三氯杆菌属(*Trichlorobacter*) De Wever 等,2001,新属。此属已定 1 种。

词源 三:3;氯:希腊文中原意是绿色(氯气的颜色),指的是氯(Cl);杆:棒;菌:表示微小的事物,微生物(细菌、古菌、真菌);属:属名的尾词;三氯杆菌属:一种三氯乙酸脱氯棒形生物。

Etymology L. num. adj. *tris*, three; Gr. adj. *chlôros*, greenish-yellow, pale green; N. L. pref. *chloro-*, referring to chlorine (named for its color); N. L. masc. n. bacter, a rod; N. L. masc. n. *Trichlorobacter*, a TCA-dechlorinating rod.

模式种 硫生三氯杆菌(*Trichlorobacter thiogenes*) De Wever 等,2001,新种。

词源 硫:硫,硫磺,硫黄,元素 S;生:产,生产,产生,生成;硫生:产生硫的。

Etymology Gr. n. *theion* (Latin transliteration *thium*), sulfur; Gr. v. *gennao*, to produce; N. L. part. adj. *thiogenes*, producing sulfur.

发果菌属(*Trichococcus*) Scheff 等,1984,新属;Liu 等,2002 修改。此属已定 5 种。

词源 发:头发,毛发,丝线;果:浆果,表示浆果形(圆球或椭球);菌:表示微小的事物,微生物(细菌、古菌、真菌);属:属名的尾词;发果菌属:一头发的浆果形生物。

Etymology Gr. n. *thrix trichos*, hair; N. L. masc. n. *coccus* (from Gr. masc. n. *kokkos*, grain, seed), coccus; N. L. masc. n. *Trichococcus*, a hair of cocci.

模式种 簇毛形发果菌(*Trichococcus flocculiformis*) Scheff 等,1984,新种。

词源 簇毛:一簇羊毛,一束羊毛;形:状,形状,外形,外貌,形容某物在外貌上像……;簇毛形:像一小簇羊毛的。

Etymology L. n. *floccus*, a flock of wool; N. L. dim. adj. *flocculus*, like a small floc of wool; L. suff. *-formis* (from L. n. *forma*, figure, shape, appearance), -like, in the shape of; L. masc. adj. *flocculiformis*, small-floc-shaped.

营障菌属(*Tropheryma*) La Scola 等,2001,新属。此属已定 1 种。

词源 营:营养,食物;障:屏障,篱笆,围墙;营障菌属:营养屏障菌属,阻碍营养的菌属,因为此属生物导致营养吸收不良,营养吸收障碍。

Etymology Gr. n. *trophê*, nourishment, food; Gr. neut. n. *eruma*, fence, a defence against, barrier; N. L. fem. (*sic*) n. *Tropheryma*, barrier to nourishment, so named because it causes malabsorption.

模式种 惠普尔氏营障菌(*Tropheryma whipplei*) La Scola 等,2001,新种。

词源 氏:姓氏;惠普尔氏:以乔治·惠普尔的姓氏命名,其描述了第一例具有临床综合症的病例,现在被称为惠普尔氏病的病例。
Etymology N. L. gen. masc. n. *whipplei*, of Whipple, named after George Whipple, who described the first patient with the clinical syndrome that is today known as Whipple's disease.
注:乔治·惠普尔(1878—1976),美国病理学家,1934 年诺贝尔生理学或医学奖获得者。

热带杆菌属(*Tropicibacter*)Harwati 等,2009,新属。此属已定 5 种。
词源　热带:指的是地球的热带地区;杆:棒;菌:表示微小的事物,微生物(细菌、古菌、真菌);属:属名的尾词;热带杆菌属:属于热带地区的棒形生物。
Etymology   L. adj. *tropicus*, tropical, pertaining to the tropical zone of the Earth; N. L. masc. n. *bacter*, rod; N. L. masc. n. *Tropicibacter*, a rod belonging to the tropical zone.
模式种　吞萘热带杆菌(*Tropicibacter naphthalenivorans*)Harwati 等,2009,新种。
词源　吞:吞噬的,吞食的,大吃的,吞没的;萘:卫生球,樟脑丸,一种白色的,结晶烃,两六元环稠合的芳烃;吞萘:降解萘的。
Etymology   N. L. neut. n. *naphthalenum*, naphthalene; L. part. adj. *vorans*, devouring; N. L. part. adj. *naphthalenivorans*, degrading naphthalene.

热带单胞菌属(*Tropicimonas*)Harwati 等,2009,新属;Oh 等,2012 修改。此属已定 3 种。
词源　热带:地球的热带地区;单胞:单元,单细胞;菌:表示微小的事物,微生物(细菌、古菌、真菌);属:属名的尾词;热带单胞菌属:热带地区的单细胞生物。
Etymology   L. adj. *tropicus*, tropical, pertaining to the tropical zone of the Earth; L. fem. n. *monas*, unit, unicell; N. L. fem. n. *Tropicimonas*, a unicell belonging to the tropical zone.
模式种　吞支烷热带单胞菌(*Tropicimonas isoalkanivorans*)Harwati 等,2009,新种。
词源　吞:吞食的,吞噬的,大吃的,吞没的;支烷:支链烷烃;吞支烷:吞食/降解支链烷烃的。
Etymology   N. L. neut. n. *isoalkanum*, branched alkane; L. part. adj. *vorans*, devouring; N. L. part. adj. *isoalkanivorans*, degrading branched alkanes.

图颇氏菌属(*Truepera*)da Costa 等,2005(全部作者名单 da Costa, Rainey and Albuquerque),新属。此属已定 1 种。此属是图颇氏菌科(*Trueperaceae*)Rainey, da Costa and Albuquerque,2005 的模式属。
词源　氏:姓氏;图颇氏:以德国微生物学家汉斯·G. 图颇的姓氏命名;菌:表示微小的事物,微生物(细菌、古菌、真菌);属:属名的尾词;图颇氏菌属:以图颇的姓氏命名的菌属。
Etymology   N. L. fem. n. *Truepera*, named in honor of the German microbiologist Hans G. Trüper.
模式种　胜辐射图颇姓菌(*Truepera radiovictrix*)Albuquerque, da Costa and Rainey,2005,新种。

词源　胜：胜利；辐射：辐射线，辐照，射线；胜辐射：抗射线，图颇氏菌是对抗射线的胜利者，即耐辐射的。

Etymology　L. n. *radius*, beam or ray; N. L. pref. *radio-*, pertaining to radiation; L. fem. n. *victrix*, she that is victorious, a conqueress, victress; N. L. fem. n. (nominative in apposition) *radiovictrix*, the vanquisher of radiation.

图颇氏菌科(*Trueperaceae*) Rainey 等, 2005(全部作者名单 Rainey, da Costa and Albuquerque), 新科。

模式属　**图颇氏菌属**(*Truepera*) da Costa, Rainey and Albuquerque, 2005, 新属。

词源　图颇氏菌属：此科之模式属；科：用于定义一个比属高、比目低的分类级和尾词；在中文科的命名中，把模式属属名中的尾字"属"代换为尾字"科"，即为模式属所在的科名；图颇氏菌科：图颇氏菌属之科。

Etymology　N. L. fem. n. *Truepera*, the type genus of the family; suff. *-aceae*, ending to denote a family; N. L. fem. pl. n. *Trueperaceae*, the *Truepera* family.

图颇姓菌属(*Trueperella*) Yassin 等, 2011, 新属。此属已定 5 种。

词源　姓：姓氏；图颇姓：以德国微生物学家汉斯·格奥戈·图颇的姓氏命名；菌：表示微小的事物，微生物(细菌、古菌、真菌)；属：属名的尾词；图颇姓菌属：以图颇的姓氏命名的菌属。

Etymology　N. L. fem. dim. n. *Trueperella*, named after Hans Georg Trüper, the German microbiologist.

模式种　**脓生图颇姓菌**(*Trueperella pyogenes*)(Glage, 1903) Yassin 等, 2011, 新合并。

词源　脓：脓疮，脓肿，脓水，来自创伤的；生：产，生产，生成，产生，导致，源自……；脓生：脓生成的。

Etymology　Gr. n. *puon* (Latin transliteration *pyum*), discharge from a sore, pus; N. L. suff. *-genes* (from Gr. v. *gennaô*, to produce) producing; N. L. adj. *pyogenes*, pus-producing.

Ts

束村姓菌属(*Tsukamurella*) Collins 等, 1988, 新属。此属已定 12 种。

此属是**束村姓菌科**(*Tsukamurellaceae*) Rainey 等, 1997 的模式属。

词源　姓：姓氏；束村：束村的，以享有盛名的日本微生物学家束村道雄的姓氏命名；菌：表示微小的事物，微生物(细菌、古菌、真菌)；属：属名的尾词；束村姓菌属：以束村的姓氏命名的菌属。

Etymology　N. L. fem. dim. n. *Tsukamurella*, named in honor of Michio Tsukamura, a celebrated Japanese microbiologist.

模式种 稍变束村姓菌(*Tsukamurella paurometabola*) 勘误,(Steinhaus,1941) Collins 等, 1988,新合并。

词源 稍:稍微的,稍许的;变:变化的,可变的;稍变:稍微变化的。

Etymology Gr. adj. *pauros*, little; Gr. adj. *metabolos*, changeable; N. L. fem. adj. *paurometabola*, little changeable.

束村姓菌科(*Tsukamurellaceae*) Rainey 等,1997(全部作者名单 Rainey, Ward-Rainey and Stackebrandt),新科;Zhi 等,2009 修改。

模式属 束村姓菌属(*Tsukamurella*) Collins 等,1988,新属。

词源 束村姓菌属:此科之模式属;科:用于定义一个比属高、比目低的分类级和尾词;在中文科的命名中,把模式属属名中的尾字"属"代换为尾字"科",即为模式属所在的科名;束村姓菌科:束村姓菌属之科。

Etymology N. L. fem. n. *Tsukamurella*, type genus of the family; L. suff. -*aceae*, ending to denote a family; N. L. fem. pl. n. *Tsukamurellaceae*, the *Tsukamurella* family.

Tu

肿竿菌属(*Tuberibacillus*) Hatayama 等,2006,新属。此属已定 1 种。

词源 肿:肿胀的,膨胀的;竿:在本书中对译于拉丁文 ***bacillus***,表示棒形,以示与常见的"杆"的区别,表示以出芽孢为特征的棒形。

Etymology L. n. *tuber*, swelling; L. masc. n. *bacillus*, a small staff; N. L. masc. n. *Tuberibacillus*, a small staff with a swelling.

模式种 烫肿竿菌(*Tuberibacillus calidus*) Hatayama 等,2006,新种。

词源 烫:热的,暖的,高温的。

Etymology L. masc. adj. *calidus*, hot, due to their growth temperature.

胀竿菌属(*Tumebacillus*) Steven 等,2008,新属。此属已定 3 种。

词源 胀:肿胀的,膨胀的;竿:在本书中对译于拉丁文 ***bacillus***,表示棒形,以示与常见的"杆"的区别,表示以出芽孢为特征的棒形;菌:表示微小的事物,微生物(细菌、古菌、真菌);属:属名的尾词;胀竿菌属:肿胀的竿棒,指的是在显微镜观察过程中发现的大的,肿胀的末端芽孢/孢子囊。

Etymology L. adj. prefix *tume*- (as in tumefacere to make swollen), swollen; L. masc. n. *bacillus*, small rod; N. L. masc. n. *Tumebacillus*, swollen rod, referring to the large, swollen terminal sporangia observed during microscopy.

模式种 永冻胀竿菌(*Tumebacillus permanentifrigoris*) Steven 等,2008,新种。

词源 永:永久,永久的,长久的;冻:冻土,冰冻的土壤;永冻:永久的冻土,指的是不会化冻的土地,此模式菌株分离自永久冻土。

Etymology　L. part. adj. *permanens*, permanent; L. gen. n. *frigoris*, of/from frost; N. L. gen. neut. n. *permanentifrigoris*, from permanent frost, permafrost, referring to the isolation of the type strain from permafrost.

苏黎士菌属(*Turicella*)Funke等,1994,新属。此属已定1种。

词源　苏黎士:瑞士苏黎世的旧称,拉丁名,此分离物的首次分离地;菌:表示微小的事物,微生物(细菌、古菌、真菌);属:属名的尾词;苏黎士菌属:首株菌分离自苏黎世,分离自苏黎世的菌属。

Etymology　N. L. fem. dim. n. *Turicella*, pertaining to *Turicum*, the Latin name of Zurich, Switzerland, where the first isolates were collected.

模式种　耳炎苏黎士菌(*Turicella otitidis*)Funke等,1994,新种。

词源　耳:耳朵;炎:炎症;耳炎:耳朵发炎,耳朵炎症。

Etymology　Gr. n. *ous otos*, ear; N. L. suff. *-itis -idis*, suffix used in names of inflammations; N. L. gen. n. *otitidis*, of inflammation of the ear.

苏黎士杆菌属(*Turicibacter*)Bosshard等,2002,新属。此属已定1种。

词源　苏黎士:瑞士苏黎世的旧称,拉丁名;杆:棒;菌:表示微小的事物,微生物(细菌、古菌、真菌);属:属名的尾词;苏黎士杆菌属:分离自瑞士苏黎世的棒形生物,此分离物的首次分离地。

Etymology　L. n. *Turicum*, the Latin name of Zürich; N. L. masc. n. *bacter*, a rod; N. L. masc. n. *Turicibacter*, a rod-shaped organism from Zürich, Switzerland, where the bacterium was first isolated.

模式种　血苏黎士杆菌(*Turicibacter sanguinis*)Bosshard等,2002,新种。

词源　血:鲜血,血液,血浆,动物体内循环的不透明红色液体;表示此细菌分离自血培养基。

Etymology　L. n. *sanguis -inis*, blood; L. gen. n. *sanguinis*, of blood, indicating that the bacterium was isolated from a blood culture.

特纳姓体属(*Turneriella*)Levett等,2005,新属。此属已定1种。

词源　姓:姓氏;特纳:以英国微生物学家莱斯利·特纳的姓氏命名,其对细螺旋体病(钩端螺旋体病)做出了决定性贡献;体:整体,身体,菌体,在微生物学属名中的作用与"菌"类似;属:属名的尾词;特纳姓体属:以特纳的姓氏命名的菌属。

Etymology　N. L. fem. dim. n. *Turneriella*, to honour Leslie Turner, an English microbiologist who made definitive contributions to the knowledge of leptospirosis.

模式种　渺特纳姓体（*Turneriella parva*）（Hovind-Hougen 等，1982）Levett 等，2005，新合并。

词源　渺：小的，渺小的，很小的。

Etymology　L. fem. adj. *parva*, small.

Ty

常线藻属（*Tychonema*）（非合格发表）Suda 等，2002 修改，新属。或常线体属。

模式株　（see also StrainInfo. net）strain CCAP 1459/11B = NIES 846.

基名　"*Oscillatoria bourrellyi*"。

词源　线：线条，线状物。

Etymology　not found.

注 1：Suda 等，2002 propose an emendation of the species "*Tychonema bourrellyi*" which has no standing under the Rules of the *Bacteriological Code*（1990 Revision）。

注 2：(*Tychonema bourrellyi*)（Lund）Anagnostidis and Komárek，1988 已基于《植物命名国际准则》（International Code of Botanical Nomenclature）合格发表。

注 3：蓝细菌门，蓝藻门。

U 部

Ul

湿沼小杆菌属(*Uliginosibacterium*) Weon 等,2008,新属。此属已定 1 种。

词源 湿沼:潮湿的,沼泽地;小杆:小棒;菌:表示微小的事物,微生物(细菌、古菌、真菌);属:属名的尾词;湿沼小杆菌属:分离自沼泽的小棒形生物。

Etymology L.adj.*uliginosus*, wet, moist, marshy; L.neut.n.*bacterium*, a rod; N.L.neut. n.*Uliginosibacterium*, a rod isolated from peat.

模式种 江原湿沼小杆菌(*Uliginosibacterium gangwonense*) Weon 等,2008,新种。

词源 江原:韩国江原道,与江原有关的,指的是此模式种的模式株分离源的地理位置。

Etymology N.L.neut.adj.*gangwonense*, pertaining to Gangwon Province in Korea, the geographical origin of the type strain of the species.

石莼杆菌属(*Ulvibacter*) Nedashkovskaya 等,2004,新属。此属已定 3 种。

词源 石莼:绿藻孔石莼(*Ulva fenestra*)的属名;杆:棒;菌:表示微小的事物,微生物(细菌、古菌、真菌);属:属名的尾词;石莼杆菌属:分离自绿藻孔石莼的棒形生物。

Etymology N.L.fem.n.*Ulva*, generic name of the green alga *Ulva fenestra*; N.L.masc.n.*bacter*, rod; N.L.masc.n.*Ulvibacter*, rod isolated from the green alga *Ulva fenestra*.

模式种 岸石莼杆菌(*Ulvibacter litoralis*) Nedashkovskaya 等,2004,新种。

词源 岸:滨,海岸,(湖)海(滨)岸,海岸的,属于或来自海岸的。

Etymology L.masc.adj.*litoralis*, of or belonging to the sea-shore.

Um

昌螺杆菌属(*Umboniibacter*) Romanenko 等,2010,新属。此属已定 1 种。

词源 昌螺:海软体动物的一个科学名;杆:棒;菌:表示微小的事物,微生物(细菌、古菌、真菌);属:属名的尾词;昌螺杆菌属:来自昌螺的棒形菌,指的是此首株菌株分离自沙地螺,肋福螺[(*Umbonium costatum*(Valenciennes,1873)]。

Etymology N.L.n.*Umbonium*, scientific name of a genus of marine mollusc; N.L.masc.n.*bacter*, rod; N.L.masc.n.*Umboniibacter*, a rod from *Umbonium*, referring to the isolation of the first strains from the sand snail *Umbonium costatum*.

模式种 海桃红昌螺杆菌(*Umboniibacter marinipuniceus*) Romanenko 等,2010,新种。

词源 海:海的,大海的,海洋的;桃红:桃红色的,粉紫色的,紫颜色的,红色的;海桃红:源自海的和桃红色的。

Etymology L.masc.adj.*marinus*, marine;L.masc.adj.*puniceus*, purple, red;N.L.masc.adj.*marinipuniceus*, marine and red.

梅泽氏菌属(*Umezawaea*)Labeda and Kroppenstedt,2007,新属。此属已定1种。

词源 氏:姓氏;梅泽氏:以已故的梅泽滨夫(1914—1986)的姓氏命名,记述他在(日本国)东京微生物化学研究所的领导力和对放线菌生物学和天然产物研究的贡献;菌:表示微小的事物,微生物(细菌、古菌、真菌);属:属名的尾词;梅泽氏菌属:以梅泽的姓氏命名的菌属。

Etymology N.L.fem.n.*Umezawaea*, named for the late Hamao Umezawa, of the Institute of Microbial Chemistry, Tokyo, in recognition of his leadership and contributions to the study of the biology and natural products of actinomycetes.

模式种 橘黄色梅泽氏菌(*Umezawaea tangerina*)(Kinoshita 等,2000)Labeda and Kroppenstedt,2007,新合并。

词源 橘黄色:橘黄色的,指的是菌落的颜色。

Etymology N.L.fem.adj.*tangerina*, tangerine-coloured, referring to the colour of the vegetative growth.

Un

水小杆菌属(*Undibacterium*)Kämpfer 等,2007,新属;Eder 等,2011 修改。此属已定8种。

词源 水:水(分子),水(域),水(体),H_2O;小杆:小棒;菌:表示微小的事物,微生物(细菌、古菌、真菌);属:属名的尾词;水小杆菌属:水的小杆菌。

Etymology L.n.*unda*, water;L.neut.n.*bacterium*, rod;N.L.neut.n.*Undibacterium*, a rod of water.

模式种 懒水小杆菌(*Undibacterium pigrum*)Kämpfer 等,2007,新种。

词源 懒:懒惰的,慵懒的,不活泼的。

Etymology L.neut.adj.*pigrum*, inactive.

Ur

脲原体属(*Ureaplasma*)Shepard 等,1974,属。或脲支原体属。此属已定7种。

词源 脲:尿素,含氮有机物;原体:任何原始形成的或模塑的东西;属:属名的尾词;脲原体属:尿素形体(生物)。

Etymology N.L.fem.n.*urea*, urea;Gr.neut.n.*plasma*, anything formed or moulded, image, figure, form;N.L.neut.n.*Ureaplasma*, urea form.

模式种 解脲脲原体(*Ureaplasma urealyticum*)Shepard 等,1974,《1980 年细菌名确认单》。

词源 解:溶解的,分解的,降解的;脲:尿素;解脲:消解、溶解或分解尿素的。

Etymology　N.L.n.*urea*, urea; N.L.adj.*lyticus* -a -um (from Gr.adj.*lutikos* -ê -on), able to loosen, able to dissolve; N.L.neut.adj.*urealyticum*, urea-dissolving or urea-digesting.

脲竿菌属(*Ureibacillus*) Fortina 等, 2001, 新属。此属已定 6 种。

词源　脲: 尿素, 含氮有机物; 竿: 在本书中对译于拉丁文 *bacillus*, 表示棒形, 以示与常见的"杆"的区别, 表示以出芽孢为特征的棒形; 菌: 表示微小的事物, 微生物(细菌、古菌、真菌); 属: 属名的尾词; 脲竿菌属: 分解尿素的耗氧竿棒细菌。

Etymology　N.L.n.*urea*, urea; L.dim.n.*bacillus*, a rod, and also the name of a genus of aerobic endospore-forming bacteria (*Bacillus*); N.L.masc.n.*Ureibacillus*, a ureolytic aerobic bacillus.

模式种　热球脲竿菌(*Ureibacillus thermosphaericus*) (Andersson 等, 1996) Fortina 等, 2001, 新合并。

词源　热: 热的, 高温的; 球: 球体的, 球形的, 球的; 热球: 高温球体。

Etymology　Gr.adj.*thermos*, heat; L.adj.*sphaericus*, spherical; N.L.n.*thermosphaericus*, the hot sphere.

乌鲁布鲁姓菌属(*Uruburuella*) Vela 等, 2005, 新属。此属已定 1 种。

词源　姓: 姓氏; 乌鲁布鲁氏: 纪念西班牙微生物学家菲德里克·乌鲁布鲁(1934—2003), 他对推动和加强西班牙微生物典藏有重要贡献; 菌: 表示微小的事物, 微生物(细菌、古菌、真菌); 属: 属名的尾词; 乌鲁布鲁姓菌属: 以乌鲁布鲁的姓氏命名的菌属。

Etymology　N.L.fem.dim.n.*Uruburuella*, in memory of the Spanish microbiologist Federico Uruburu, for his contributions to the promotion and strengthening of the Spanish Type Culture Collection.

模式种　猪乌鲁布鲁姓菌(*Uruburuella suis*) Vela 等, 2005, 新种。

词源　猪: 亥, 豕, 彘。

Etymology　L.gen.n.*suis*, of a pig.

V 部

Va

浅胞菌属(*Vadicella*)Romanenko 等,2011,新属。此属已定 1 种。

词源 浅:浅地,浅滩,(水)浅的;胞:细胞,同胞;菌:表示微小的事物,微生物(细菌、古菌、真菌);属:属名的尾词;浅胞菌属:来自浅水之处的细胞。

Etymology L.n.*vadum*, a shallow place, a shallow; L.fem.n.*cella*, a chamber and in biology a cell; N.L.fem.n.*Vadicella*, a cell from a shallow place.

模式种 沙土浅胞菌(*Vadicella arenosi*)Romanenko 等,2011,新种。

词源 沙土:沙地,居住在海沙的。

Etymology L.gen.n.*arenosi*, of a sandy place, dwelling in marine sand.

游果菌属(*Vagococcus*)Collins 等,1990,新属。此属已定 9 种。

词源 游:游走的,浮游的,游动的;果:浆果,表示浆果形(圆球或椭球);菌:表示微小的事物,微生物(细菌、古菌、真菌);属:属名的尾词;游果菌属:浆果形浮游菌,指的是菌的运动性。

Etymology L.adj.*vagus*, wandering; N.L.masc.n.*coccus* (from Gr.masc.n.*kokkos*, grain, seed), coccus; N.L.masc.n.*Vagococcus*, wandering coccus, referring to motility.

模式种 河游果菌(*Vagococcus fluvialis*)Collins 等,1990,新种。

词源 河:流,江,属于或来自河的。

Etymology L.masc.adj.*fluvialis*, belonging to a river.

谷针菌属(*Vallitalea*)Lakhal 等,2013,新属。此属已定 2 种。

词源 谷:峡谷,沟,溪谷;针:棒;菌:表示微小的事物,微生物(细菌、古菌、真菌);属:属名的尾词;谷针菌属:分离白峡谷的棒形菌。

Etymology L.n.*vallis*, a valley, vale; L.fem.n.*talea* a rod; N.L.fem.n.*Vallitalea* a rod isolated from a vale.

模式种 瓜伊马斯谷针菌(*Vallitalea guaymasensis*)Lakhal 等,2013,新种。

词源 瓜伊马斯:墨西哥西北部索诺拉州港口城市瓜伊马斯,属于或来自瓜伊马斯的。

Etymology N.L.fem.adj.*guaymasensis*, of or belonging to Guaymas.

吸吮弧菌属(*Vampirovibrio*)Gromov and Mamkayeva,1980,新属。此属已定 1 种。

词源 吸吮:吸血鬼,吸收,榨取;弧:作动词表示弧动,像手中舞动的绳子状振动;弧:作名词也表示细菌的一个属名,表示弧状的菌,弧菌属;吸吮弧菌属:像吸血鬼那样的弧菌。

Etymology   N.L.n.*vampirum*（from Hung.*vampir*）, vampire; L.v.*vibro*, to set in tremulous motion, move to and fro, vibrate; N.L.masc.n.*vibrio*, that which vibrates, and also a bacterial genus name of bacteria possessing a curved rod shape（*Vibrio*）; N.L.masc.n.*Vampirovibrio*, a vampire-like vibrio.

模式种　吞绿藻属吸吮弧菌（*Vampirovibrio chlorellavorus*）（*ex* Gromov and Mamkayeva, 1972）Gromov and Mamkayeva, 1980,合并。

词源　吞:吞噬,吞食,大吃;绿藻属:藻类的一个属,小球藻属;吞绿藻属:吞噬绿藻的。

Etymology   N.L.fem.n.*Chlorella*, a genus of algae; L.v.*voro*, to eat, to devour; N.L.masc.adj. *chlorellavorus*, *Chlorella*-devouring.

曲茎菌属（*Varibaculum*）Hall 等,2003,新属。此属已定1种。

词源　曲:弯曲的,扭曲的;茎:茎,杖,棒;菌:表示微小的事物,微生物（细菌、古菌、真菌）;属:属名的尾词;曲茎菌属:小的弯曲的棒形生物。

Etymology   L.adj.*varus*, bent, crooked; L.neut.n.*baculum*, a small rod; N.L.neut.n. *Varibaculum*, small bent rod.

模式种　坎布里亚曲茎菌（*Varibaculum cambriense*）勘误, Hall 等,2003,新种。

词源　坎布里亚:与坎布里亚有关的,坎布里亚是威尔士的拉丁名。

Etymology   N.L.neut.adj.*cambriense*, pertaining to *Cambria*, the Latin name of Wales.

注:威尔士是英国的一个联合王国。

变杆菌属（*Variibacter*）Kim 等,2014,新属。此属已定1种。

词源　变:变化,改变,多样;杆:棒;菌:表示微小的事物,微生物（细菌、古菌、真菌）;属:属名的尾词;变杆菌属:形态多变的棒形生物。

Etymology   L.adj.*varius*, varying; N.L.masc.n.*bacter*, a rod; N.L.masc.n.*Variibacter*, a rod of varying morphology.

模式种　葛扎瓦变杆菌（*Variibacter gotjawalensis*）Kim 等,2014,新种。

词源　葛扎瓦:韩国济州岛的森林地带,实际上这可能并不是一个具体的地址,而是指岩石上长植物的一种生态现象,在济州岛中有4～5个地方。

Etymology   N.L.masc.adj.*gotjawalensis*, of or belonging to Gotjawal, a forest located in Jeju, Korea.

吞裕菌属（*Variovorax*）Willems 等,1991,新属。此属已定6种。

词源　吞:吞噬;裕:丰裕,富裕,多样,各种各样;菌:表示微小的事物,微生物（细菌、古菌、真菌);属:属名的尾词;吞裕菌属:细菌吞噬各种各样的底物。
Etymology L.adj.*varius*, diverse, various; L.masc.adj.*vorax*, voracious; N.L.masc.n.*Variovorax*, (bacteria) devouring a variety (of substrates).

模式种 悖论吞裕菌(*Variovorax paradoxus*) (Davis, 1969) Willems 等, 1991, 新合并。

词源 悖论:奇怪,与所有期望相反,指的是此生物的化能无机营养和/或有机营养代谢。
Etymology L.masc.adj.*paradoxus*, strange, contrary to all expectation, in reference to the chemolithotrophic and/or organotrophic metabolism of the organism.

瓦西里耶娃氏菌属(*Vasilyevaea*) Yee 等, 2010, 新属。此属已定 2 种。

词源 氏:姓氏;瓦西里耶娃氏:以俄罗斯微生物学家丽娜·瓦西里耶娃的姓氏命名,她献身于柄细菌的研究,并命名了此群细菌的好几属;菌:表示微小的事物,微生物(细菌、古菌、真菌);属:属名的尾词;瓦西里耶娃氏菌属:以瓦西里耶娃的姓氏命名的菌属。
Etymology N.L.fem.n.*Vasilyevaea*, of Vasilyeva, named in honour of Lina Vasilyeva, a Russian microbiologist who has dedicated her career to the investigation of prosthecate bacteria and has named several new genera within this group.

模式种 水生瓦西里耶娃氏菌(*Vasilyevaea enhydra*) (Staley, 1968) Yee 等, 2010, 新合并。

词源 水生:新拉丁文阴性形容词 *enhydra* 来自希腊文形容词 *enudros -on*, 在或/傍水和水域生活。
Etymology N.L.fem.adj.*enhydra* (from Gr.adj.*enudros -on*, living in or by water), living in water, aquatic.

Ve

韦荣姓菌属(*Veillonella*) Prévot, 1933, 属;Mays 等, 1982 修改, Aujoulat 等, 2014 修改。此属已定 14 种, 7 亚种。

此属是韦荣姓菌科(*Veillonellaceae*) Rogosa, 1971, 《1980 年细菌名确认单》的模式属。

词源 姓:姓氏;韦荣:以法国微生物学家阿德里安·韦荣的姓氏命名,其分离了此模式种;菌:表示微小的事物,微生物(细菌、古菌、真菌);属:属名的尾词;韦荣姓菌属:以韦荣的姓氏的菌属。
Etymology N.L.fem.dim.n.*Veillonella*, named after Adrien Veillon, the French microbiologist who isolated the type species.

模式种 渺韦荣姓菌(*Veillonella parvula*) (Veillon and Zuber, 1898) Prévot, 1933, 《1980 年细菌名确认单》。

词源 渺:小的,渺小的,很小的。
Etymology L.fem.adj.*parvula*, very small.

韦荣姓菌科(*Veillonellaceae*)Rogosa,1971,科;Marchandin 等,2010 修改。

模式属 韦荣姓菌属(*Veillonella*)Prévot,1933,《1980 年细菌名确认单》,属。

词源 韦荣姓菌属:此科之模式属;科:用于定义一个比属高、比目低的分类级和尾词;在中文科的命名中,把模式属属名中的尾字"属"代换为尾字"科",即为模式属所在的科名;韦荣姓菌科:韦荣姓菌属之科。

Etymology N.L.fem.n.*Veillonella*, type genus of the family; L.suff.-*aceae*, ending to denote a family; N.L.fem.pl.n.*Veillonellaceae*, the *Veillonella* family.

毒弧菌属(*Venenivibrio*)Hetzer 等,2008,新属。此属已定 1 种。

词源 毒:毒性,有毒;弧:作动词表示弧动,像手中舞动的绳子状振动;弧:作名词也表示细菌的一个属名,表示弧状的菌,弧菌属;菌:表示微小的事物,微生物(细菌、古菌、真菌);属:属名的尾词;毒弧菌属:有毒的弧菌。

Etymology L.neut.n.*venenum*, poison; L.v.*vibro*, to set in tremulous motion, move to and fro, vibrate; N.L.masc.n.*vibrio*, that which vibrates, and also a bacterial genus name of bacteria possessing a curved rod shape (*Vibrio*); N.L.masc.n.*Venenivibrio*, the vibrio of poison.

模式种 起泡池毒弧菌(*Venenivibrio stagnispumantis*)Hetzer 等,2008,新种。

词源 起泡池:来自发泡起泡的池塘,指的是香槟池,位于新西兰北岛哇奥塔普(**Waiotapu**)地热区域。

Etymology L.n.*stagnum*, pool; L.part.adj.*spumans*, foaming, frothing; N.L.gen.n.*stagnispumantis*, from a frothing pool, referring to Champagne Pool.

虫肾杆菌属(*Verminephrobacter*)Pinel 等,2012,新属。此属已定 2 种。

词源 虫:蠕虫,这里指蚯蚓;肾:肾部;杆:棒;菌:表示微小的事物,微生物(细菌、古菌、真菌);属:属名的尾词;虫肾杆菌属:与蚯蚓的肾相关的棒形细菌。

Etymology L.n.*vermis*, a worm; Gr.n.*nephros*, a kidney; N.L.masc.n.*bacter*, a rod; N.L.masc.n.*Verminephrobacter*, earthworm-kidney (associated) bacteria.

模式种 赤蚓虫肾杆菌(*Verminephrobacter eiseniae*)Pinel 等,2012,新种。

词源 赤蚓:蚯蚓的艾森氏属的一种,赤艾森氏蚓,指的是与这种蚓的肾共生的菌株。

Etymology N.L.gen.n.*eiseniae*, of *Eisenia*, a reference to being the nephridial symbiont of the earthworm species *Eisenia foetida*.

疣微菌科(*Verrucomicrobiaceae*)Ward-Rainey 等,1996,新科;Yoon 等,2008 修改,Takeda 等,2008 修改。

模式属 疣微菌属(*Verrucomicrobium*)Schlesner,1988,新属。

词源 疣微菌属:此科之模式属;科:用于定义一个比属高、比目低的分类级和尾词;在中文科的命名中,把模式属属名中的尾字"属"代换为尾字"科",即为模式属所在的科名;疣微菌科:疣微菌属之科。

Etymology N.L.neut.n.*Verrucomicrobium*, type genus of the family; L.suff.*-aceae*, ending to denote a family; N.L.fem.pl.n.*Verrucomicrobiaceae*, the *Verrucomicrobium* family.

疣微菌纲(*Verrucomicrobiae*) Hedlund 等,1998,新纲;Yoon 等,2008 修改。

模式目: 疣微菌目(*Verrucomicrobiales*) Ward-Rainey 等,1996,新目。

词源 疣微菌目:此纲之模式目;纲:(原核)生物分类的一个级别,门之下,目之上的一个分类级,纲之尾词;疣微菌纲:疣微菌目之纲。

Etymology N.L.fem.pl.n.*Verrucomicrobiales*, type order of the class; ending *-ae*;N.L.fem.pl.n.*Verrucomicrobiae*, the *Verrucomicrobiales* class.

疣微菌目(*Verrucomicrobiales*) Ward-Rainey 等,1996,新目;Yoon 等,2008 修改。

此目是疣微菌纲(*Verrucomicrobiae*) Hedlund 等,1998 的模式目。

模式属 疣微菌属(*Verrucomicrobium*) Schlesner,1988,新属。

词源 疣微菌属:此目之模式属;目:用于定义一个比科高、比纲低的分类级和尾词;在中文目的命名中,把模式属属名中的尾字"属"代换为尾字"目",即为模式属所在的目名;疣微菌目:疣微菌属之目。

Etymology N.L.neut.n.*Verrucomicrobium*, type genus of the order; suff.*-ales*, ending denoting an order;N.L.fem.pl.n.*Verrucomicrobiales*, the *Verrucomicrobium* order.

疣微菌属(*Verrucomicrobium*) Schlesner,1988,新属。此属已定 1 种。

此属是疣微菌目(*Verrucomicrobiales*) Ward-Rainey 等,1996 和疣微菌科(*Verrucomicrobiaceae*) Ward-Rainey 等,1996 的模式属。

词源 疣:瘊子,肉赘,皮肤上一种不痛不痒的小疙瘩;微:微小的,微生物;菌:表示微小的事物,微生物(细菌、古菌、真菌);微菌:微生物;属:属名的尾词;疣微菌属:疣微生物。

Etymology L.n.*verruca*, a wart; N.L.neut.n.*microbium* (from Gr.adj.*mikros*, small and Gr.n.*bios*, life), a microbe; N.L.neut.n.*Verrucomicrobium*, warty microbe.

模式种 刺疣微菌(*Verrucomicrobium spinosum*) Schlesner,1988,新种。

词源 刺:荆棘,刺状。

Etymology L.neut.adj.*spinosum*, thorny, spiny.

疣孢菌属(*Verrucosispora*) Rheims 等,1998,新属; Xi 等,2012 修改。此属已定 8 种。

词源 疣:瘊子,肉赘,皮肤上一种不痛不痒的小疙瘩;孢:孢子;菌:表示微小的事物,微生物(细菌、古菌、真菌);属:属名的尾词;疣孢菌属:带有小疙瘩的孢子的生物。

Etymology　L.adj.*verrucosus -a -um*, warty; Gr.fem.n.*spora*, a seed and in biology a spore; N.L.fem.n.*Verrucosispora*, an organism with warty spores.

模式种　吉夫霍恩疣孢菌(*Verrucosispora gifhornensis*)Rheims 等,1998,新种。

词源　吉夫霍恩:德国下萨克森州吉夫霍恩市,属于或来自吉夫霍恩,毗邻泥炭沼泽,此生物从中分离。

Etymology　N.L.fem.n.*gifhhornensis*, of or belonging to to the city of Gifhorn, adjacent to the peat bog from which the organism was isolated.

蝙蝠科杆菌属(*Vespertiliibacter*)Mühldorfer 等,2014,新属。此属已定 1 种。

词源　蝙蝠科:翼手目蝙蝠类最大的一个科,由食虫微型蝙蝠组成;杆:棒;菌:表示微小的事物,微生物(细菌、古菌、真菌);属:属名的尾词;蝙蝠科杆菌属:分离自蝙蝠科的棒形生物。

Etymology　N.L.pl.n.Vespertilionidae, taxonomic name for the largest family of bats, consisting of insectivorous microbats; N.L.masc.n.*bacter*, a rod; N.L.masc.n.*Vespertiliibacter*, rod isolated from vespertilionid bats.

模式种　肺蝙蝠科杆菌(*Vespertiliibacter pulmonis*)Mühldorfer 等,2014,新种。

词源　肺:肺,来自肺的。

Etymology　L.n.*pulmo*, the lung; L.gen.n.*pulmonis*, of the lung.

Vi

弧菌属(*Vibrio*)Pacini,1854,属。此属已定 119 种,2 亚种。

此属是弧菌科(*Vibrionaceae*)Véron,1965 的模式属。

模式种　霍乱弧菌(*Vibrio cholerae*)Pacini,1854,《1980 年细菌名确认单》。

同义词　"*Pacinia*" Trevisan,1885,"*Microspira*" Schroeter,1886。

词源　弧:以颤动方式运动,颤抖状运动,来来回回的运动,振动,弧形;菌:表示微小的事物,微生物(细菌、古菌、真菌);属:属名的尾词;弧菌属:具有振动,急速运动特征的生物。

Etymology　L.v.*vibro*, to set in tremulous motion, move to and fro, vibrate; N.L.masc.n.*Vibrio*, that which vibrates, the vibrating, darting organism.

弧菌科(*Vibrionaceae*)Véron,1965,科。

模式属　弧菌属(*Vibrio*)Pacini,1854,《1980 年细菌名确认单》,属。

词源　弧菌属:此科之模式属;科:用于定义一个比属高、比目低的分类级和尾词;在中文科的命名中,把模式属属名中的尾字"属"代换为尾字"科",即为模式属所在的科名;弧菌科:弧菌属之科。

Etymology　N.L.masc.n.*Vibrio*, type genus of the family; L.suff.-*aceae*, ending to denote a family; N.L.fem.pl.n.*Vibrionaceae*, the *Vibrio* family.

弧单胞菌属(*Vibrionimonas*)Albert 等,2014,新属。此属已定1种。

词源　弧:弯曲的棒形;单胞:单细胞,单元;菌:表示微小的事物,微生物(细菌、古菌、真菌);属:属名的尾词;弧单胞菌属:弧形的单细胞,指的是弯曲棒形的细菌。

Etymology　N.L.n.*vibrio* -*onis*, a bacterial genus name of bacteria possessing a curved rod shape (*Vibrio*); L.fem.n.*monas*, a unit, monad; N.L.fem.n.*Vibrionimonas*, a vibrio (-like) monad, referring to curved rod-shaped bacterium.

模式种　大湖居弧单胞菌(*Vibrionimonas magnilacihabitans*)Albert 等,2014,新种。

词源　大:大的;湖:湖泊;居:居民,居住者,栖居者;大湖居:栖息于大湖的,密西根湖,北美五大湖之一,此模式种首次从中分离。

Etymology　L.adj.*magnus*, great; L.n.*lacus*, lake; L.masc.n.*habitans*, a dweller; N.L.masc.n.*magnilacihabitans*, great lake dweller, referring to the lake, Lake Michigan, one of the Great Lakes, from which the type species was first isolated.

食谷菌科(*Victivallaceae*)Derrien 等,2012,新科。

模式属　食谷菌属(*Victivallis*)Zoetendal 等,2003,新属。

词源　食谷菌属:此科之模式属;科:用于定义一个比属高、比目低的分类级和尾词;在中文科的命名中,把模式属属名中的尾字"属"代换为尾字"科",即为模式属所在的科名;食谷菌科:食谷菌属之科。

Etymology　N.L.fem.n.*Victivallis*, type genus of the family; suff.-*aceae*, ending to denote a family; N.L.fem.pl.n.*Victivallaceae*, the family of the genus *Victivallis*.

食谷菌目(*Victivallales*)Cho 等,2004,新目。

模式属　食谷菌属(*Victivallis*)Zoetendal 等,2003,新属。

词源　食谷菌属:此目之模式属;目:用于定义一个比科高、比纲低的分类级和尾词;在中文目的命名中,把模式属属名中的尾字"属"代换为尾字"目",即为模式属所在的目名;食谷菌目:食谷菌属之目。

Etymology　N.L.fem.n.*Victivallis*, type genus of the order; suff.-*ales*, ending denoting an order; N.L.fem.pl.n.*Victivallales*, the *Victivallis* order.

食谷菌属(*Victivallis*)Zoetendal 等,2003,新属。此属已定1种。

此属是食谷菌目(*Victivallales*)Cho 等,2004 和食谷菌科(*Victivallaceae*)Derrien 等,2012 的模式属。

词源　食：食物；谷：峡谷；食谷：食物峡谷，指的是瓦赫宁恩食物谷（**Food Valley**），它包括瓦赫宁恩和周围地区，是荷兰食品科学的研究热区；菌：表示微小的事物，微生物（细菌、古菌、真菌）；属：属名的尾词；食谷菌属：同食物谷有关的菌。

Etymology　L.masc.n.*victus*, food; L.fem.n.*vallis*, valley; N.L.fem.n.*Victivallis*, food valley, referring to the Wageningen "Food Valley", which includes Wageningen and surroundings, an area of The Netherlands in which Food Science is a major research topic.

模式种　瓦达食谷菌（*Victivallis vadensis*）Zoetendal 等，2003，新种。

词源　瓦达：来自或属于瓦达的，指的是瓦赫宁恩，瓦达食谷菌就指的是瓦赫宁恩食物谷（**Food Valley**）。

Etymology　N.L.fem.adj.*vadensis*, of or belonging to Vada, referring to Wageningen (*Victivallis vadensis* refers to the Wageningen "Food Valley").

幡竿菌属（*Virgibacillus*）Heyndrickx 等，1998，新属；Wainø 等，1999 修改，Heyrman 等，2003 修改。此属已定 29 种。

词源　幡：幡状，棒，母树的一个分枝；竿：在本书中对译于拉丁文 *bacillus*，表示棒形，以示与常见的"杆"的区别，表示以出芽孢为特征的棒形；菌：表示微小的事物，微生物（细菌、古菌、真菌）；属：属名的尾词；幡竿菌属：竿菌属的一个分枝。

Etymology　L.n.*virga*, a green twig, transf., a branch in a family tree; L.masc.n.*bacillus*, a small rod and also a genus of aerobic endospore-forming bacteria; N.L.n.*Virgibacillus*, a branch of the genus *Bacillus*.

模式种　泛酸滋幡竿菌（*Virgibacillus pantothenticus*）（Proom and Knight, 1950）Heyndrickx 等，1998，新合并。

词源　泛酸：维生素 **B5**，与泛酸有关的；滋：滋润，滋生，产生，与……有关的。

Etymology　N.L.n.*acidum pantothenticum*, pantothenic acid; L.masc.suff.*-icus*, adjectival suffix used with the sense of belonging to; N.L.masc.adj.*pantothenticus*, relating to pantothenic acid.

幡孢囊菌属（*Virgisporangium*）勘误，Tamura 等，2001，新属；Otoguro 等，2010 修改。此属已定 3 种。

词源　幡：幡状，棒；孢囊：孢子囊，孢子袋；菌：表示微小的事物，微生物（细菌、古菌、真菌）；属：属名的尾词；幡孢囊菌属：含孢子囊的棒形生物。

Etymology　L.n.*virga*, a slender green branch, rod; N.L.neut.n.*sporangium* (from Gr.n.*spora*, a seed and in biology a spore; Gr.n.*angeion*, vessel), sporangium (spore-containing vessel); N.L.neut.n.*Virgosporangium*, an organism with rodshaped sporangia (spore-containing vessels).

模式种　赭色幡孢囊菌（*Virgisporangium ochraceum*）勘误，Tamura 等，2001，新种。

词源　赭色：红褐色，黄褐色，赭石（土状赤铁矿）的颜色，锈色的。

Etymology　L.n.*ochra*, ochre, yellow ochre; N.L.neut.adj.*ochraceum*, of the color of ochre, rust-colored.

Virgosporangium - 见：幡孢囊菌属(*Virgisporangium*)。

绿竿菌属(*Viridibacillus*)Albert 等,2007,新属。此属已定 3 种。

词源　绿：绿色,绿颜色；竿：在本书中对译于拉丁文 *bacillus*,表示棒形,以示与常见的"杆"的区别,表示以出芽孢为特征的棒形；菌：表示微小的事物,微生物(细菌、古菌、真菌)；属：属名的尾词；绿竿菌属：绿色的竿形菌属。

Etymology　L.adj.*viridis*, green; L.masc.n.*bacillus*, rod: N.L.masc.n.*Viridibacillus*, the green bacillus/rod.

模式种　田野绿竿菌(*Viridibacillus arvi*)(Heyrman 等,2005)Albert 等,2007,新合并。

词源　田野：田地,野外。

Etymology　L.gen.n.*arvi*, of a field.

注：在属名中表示颜色的词,用单汉字"绿"表示,不加"色"来表示颜色,以示与种名中表示颜色的词相区别。

卵黄杆菌属(*Vitellibacter*)Nedashkovskaya 等,2003,新属;Kim 等,2010 修改, Park 等,2014 修改。此属已定 3 种。

词源　卵黄：蛋黄；杆：棒；菌：表示微小的事物,微生物(细菌、古菌、真菌)；属：属名的尾词；卵黄杆菌属：卵黄色的棒形生物。

Etymology　L.n.*vitellus*, egg yolk; N.L.masc.n.*bacter*, rod; N.L.masc.n.*Vitellibacter*, egg-yolk-coloured rod.

模式种　海参崴卵黄杆菌(*Vitellibacter vladivostokensis*)Nedashkovskaya 等,2003,新种。或符拉迪沃斯托克卵黄杆菌。

词源　海参崴：库页岛中的最大城市,中国明清民国时期称为海参崴,现为俄罗斯的亚洲部分城市,符拉迪沃斯托克,此生物的首次从此地分离。

Etymology　N.L.masc.adj.*vladivostokensis*, pertaining to Vladivostok, a city in Asian Russia, where the organism was first isolated.

注：使用"符拉迪沃斯托克卵黄杆菌"长达 11 个汉字,不建议在中国使用。

透颤菌属(*Vitreoscilla*)Pringsheim,1949,属。此属已定 3 种。

此属是透颤菌科(*Vitreoscillaceae*)Pringsheim,1949,《1980 年细菌名确认单》的模式属。

词源　透：透明,通透；颤：颤抖,摇摆；菌：表示微小的事物,微生物(细菌、古菌、真菌)；属：属名的尾词；透颤菌属：透明的摇摆,透明的振荡者。

Etymology　L.adj.*vitreus*, vitreous, clear, transparent; L.neut.n.*oscillum*, a swing; N.L.fem.

n.*Vitreoscilla*, transparent swing, transparent oscillator.

模式种　贝日阿托氏菌属状透颤菌(*Vitreoscilla beggiatoides*)Pringsheim,1949,《1980年细菌名确认单》。

词源　贝日阿托氏菌属:细菌的一个属名;状:形状,类似,像;贝日阿托氏菌属状:类似贝日阿托氏菌属的。

Etymology　N.L.fem.n.*Beggiatoa*, a generic name; L.suff.-*oides* (from Gr.suff.-*eides*, from Gr.n.*eidos*, that which is seen, form, shape, figure), ressembling, similar; N.L.fem.adj.*beggiatoides*, *Beggiatoa*-like.

透颤菌科(*Vitreoscillaceae*)Pringsheim,1949,科。

模式属　透颤菌属(*Vitreoscilla*)Pringsheim,1949,《1980年细菌名确认单》,属。

词源　透颤菌属:此科之模式属;科:用于定义一个比属高、比目低的分类级和尾词;在中文科的命名中,把模式属属名中的尾字"属"代换为尾字"科",即为模式属所在的科名;透颤菌科:透颤菌属之科。

Etymology　N.L.fem.n.*Vitreoscilla*, type genus of the family; L.suff.-*aceae*, ending to denote a family; N.L.fem.pl.n.*Vitreoscillaceae*, the *Vitreoscilla* family.

Vo

福格斯姓菌属(*Vogesella*)Grimes等,1997,新属;Subhash等,2013修改,Sheu等,2013修改。此属已定6种。

词源　姓:姓氏;福格斯:以奥拓·福格斯的姓氏命名,以纪念他在1893年,于基尔从中央供水系统的自来水中,用明胶平板培养出靛蓝竿菌(*Bacillus indigoferus*);菌:表示微小的事物,微生物(细菌、古菌、真菌);属:属名的尾词;福格斯姓菌属:以福格斯的姓氏命名的菌属。

Etymology　N.L.fem.dim.n.*Vogesella*, named after Otto Voges to honor his original isolation of *Bacillus indigoferus* on gelatin plates inoculated with tap water from the central water supply system in Kiel, Germany in 1893.

模式种　含靛蓝福格斯姓菌(*Vogesella indigofera*)(Voges,1893)Grimes等,1997,新种。

词源　含:包含,携带,携有;靛蓝:染料靛蓝;含靛蓝:含有靛蓝的,携带靛蓝的。

Etymology　N.L.n.*indigo* (from Fr.n.*indigo*, derived from L.n.*indicum*, indigo) the dye indigo; L.suff.-*fer* -*fera* -*ferum* (from L.v.*fero*, to bear), bearing; N.L.fem.adj.*indigofera*, bearing indigo.

沃坎尼姓菌属(*Volcaniella*)Quesada等,1990,新属。此属已定1种。

词源　姓:姓氏;沃坎尼:以以色列微生物学家B.诶拉杂里·沃坎尼的姓氏命名,其首次从死海中分离描述了嗜卤微生物；菌：表示微小的事物,微生物（细菌、古菌、真菌）；属：属名的尾词；沃坎尼姓菌属：以沃坎尼的姓氏命名的菌属。

Etymology　N.L.fem.dim.n.*Volcaniella*, named for B.Elazari·Volcani, the microbiologist who first described halophilic microorganisms from the Dead Sea.

模式种　宽卤沃坎尼姓菌（*Volcaniella eurihalina*）Quesada 等,1990,新种。

词源　宽：宽广,广域；卤：盐；宽卤：生长在一种很宽的盐浓度中的菌,即盐度跨度很大的。

Etymology　Gr.adj.*eurus*, wide, broad; Gr.adj.*halinos*, of salt; N.L.fem.adj.*eurihalina*, growing at a wide range of salt concentrations.

鸟杆菌属（*Volucribacter*）Christensen 等,2004,新属。此属已定 2 种。

词源　鸟：飞禽；杆：棒；菌：表示微小的事物,微生物（细菌、古菌、真菌）；属：属名的尾词；鸟杆菌属：(源自)鸟类的棒形细菌。

Etymology　L.fem.n.*volucris -is*, bird; N.L.masc.n.*bacter*, rod; N.L.masc.n.*Volucribacter*, rod-shaped bacterium of birds.

模式种　杀鹦鹉鸟杆菌（*Volucribacter psittacicida*）Christensen 等,2004,新种。

词源　杀：杀灭,杀手；鹦鹉：能模仿人说话的一种鸟；杀鹦鹉：鹦鹉杀手。

Etymology　L.masc.n.*psittacus*, the parrot; L.masc.or fem.suff.-*cida*, killer; N.L.masc.n.*psittacida*, killer of parrots.

Vu

火山竿菌属（*Vulcanibacillus*）L'Haridon 等,2006,新属。或沃尔坎竿菌属。此属已定 1 种。

词源　火山：拉丁文中的沃尔坎,即罗马神话中的火神,火山；竿：在本书中对译于拉丁文 ***bacillus***,表示棒形,以示与常见的"杆"的区别,表示以出芽孢为特征的棒形；火山竿菌属或沃尔坎竿菌属：生活在火山附近的竿菌。

Etymology　L.n.*Vulcanus*, the Roman god of fire; L.dim.n.*bacillus*, a small rod; N.L.masc. *Vulcanibacillus*, a bacillus living in the vicinity of volcanic areas.

模式种　适烫火山竿菌（*Vulcanibacillus modesticaldus*）L'Haridon 等,2006,新种。

词源　烫：热的,暖的,高温的；适：适度的,中度的,温和的,有限的；适烫：中等热度的,适度/中度高温的。

Etymology　L.adj.*modestus*, moderate; L.adj.*caldus*, warm, hot; N.L.masc.adj.*modesticaldus*, moderately hot.

火山小杆菌属（*Vulcaniibacterium*）Yu 等,2014,新属。或沃尔坎小杆菌属。此属已定 2 种。

词源　火山：拉丁文中的沃尔坎,即罗马神话中的火神,火山；小杆：小棒；菌：表示微小的事物,微生物(细菌、古菌、真菌);属:属名的尾词;火山小杆菌属:分离自火山(高温地带)的小棒形生物。

Etymology　L.adj.*vulcanius*, belonging to Vulcan (the god of fire), intended to mean volcanic; L.neut.n.*bacterium*, a small rod; N.L.neut.n.*Vulcaniibacterium*, a small rod inhabiting volcanic areas.

模式种　腾冲火山小杆菌(*Vulcaniibacterium tengchongense*) Yu 等,2014,新种。

词源　腾冲:中国云南省的一个县,以热泉著称,此模式菌株分离自腾冲的。

Etymology　N.L.meut.adj.*tengchongense*, of or pertaining to Tengchong, Yunnan Province, south-west China, where the type strain was isolated.

火山鬃菌属(*Vulcanisaeta*) Itoh 等,2002,新属。或沃尔坎鬃菌属。此属已定 3 种。

词源　火山:拉丁文中的沃尔坎,即罗马神话中的火神,意指火山;鬃:鬃毛,矗立僵硬的头发;火山硬发菌属或火山鬃菌属:栖居在火山热泉中的僵硬棒形菌。

Etymology　L.adj.*vulcanius*, belonging to Vulcan (the god of fire), intended to mean volcanic; L.fem.n.*saeta*, stiff hair; N.L.fem.n.*Vulcanisaeta*, a rigid rod inhabiting volcanic hot springs.

模式种　散布火山鬃菌(*Vulcanisaeta distributa*) Itoh 等,2002,新种。

词源　散布:分布,广泛的分布,分散展布,指的是此菌的广泛分布。

Etymology　L.fem.part.adj.*distributa* (from L.v.*distribuo*), distributed, referring to the wide distribution of strains.

火山热菌属(*Vulcanithermus*) Miroshnichenko 等,2003,新属。沃尔坎热菌属。此属已定 1 种。

词源　火山:拉丁文中的沃尔坎,即罗马神话中的火神,意指火山;热:高温,烫;火山热菌属或沃尔坎热菌属:生活在火山区附近的,嗜热的生物。

Etymology　L.n.*Vulcanus*, the Roman god of fire; Gr.adj.*thermos*, hot; N.L.masc.n.*Vulcanithermus*, heat-loving organism, living in the vicinity of volcanic areas.

模式种　中大西洋火山热菌(*Vulcanithermus mediatlanticus*) Miroshnichenko 等,2003,新种。

词源　中:中间的;大西洋:大西洋的;中大西洋:大西洋中部的,分离或来自大西洋中部区域的。

Etymology　L.adj.*medius*, middle; L.masc.adj.*atlanticus*, Atlantic; N.L.adj.*mediatlanticus*, from the middle of the Atlantic.

流行杆菌属(*Vulgatibacter*) Yamamoto 等,2014,新属。此属已定 1 种。

词源　流行:流行的,大众的;杆:棒;菌:表示微小的事物,微生物(细菌、古菌、真菌);属:属名的尾词;流行杆菌属:流行的棒形细菌。

Etymology L.adj.*vulgatus*, popular; N.L.masc.n.*bacter*, a rod; N.L.masc.n.*Vulgatibacter*, a popular rod-shaped bacterium.

模式种 朴素流行杆菌（*Vulgatibacter incomptus*）Yamamoto 等，2014，新种。

词源 朴素：朴素的，未经雕琢的，璞。

Etymology L.masc.adj.*incomptus*, unadorned.

来源 环境——土壤（Source: Environmental—soil）。

W 部

Wa

华诊体属（*Waddlia*）Rurangirwa 等,1999,新属。此属已定 1 种。

此属是华诊体科（*Waddliaceae*）Rurangirwa 等,1999 的模式属。

词源　华:华盛顿;诊:就诊,诊断;体:整体,身体,菌体,在微生物学属名中的作用与"菌"类似;属:属名的尾词;华诊体属:美国华盛顿动物疾病诊断实验室 **WADDL**（Washington Animal Disease Diagnostic-Laboratory, USA）。

Etymology　N.L.fem.n.*Waddlia*, arbitrary name derived from the abbreviation WADDL (Washington Animal Disease Diagnostic-Laboratory).

模式种　嗜线粒体华诊体（*Waddlia chondrophila*）Rurangirwa 等,1999,新种。

词源　线粒体:**1898** 年,微生物学家卡尔·本达（**1857—1933**,一说 **1932** 年）,因为发现细胞质中数以百计的小颗粒形成链状的趋势,创造了"线粒体"一词。

Etymology　Gr.n.*chondros*, granule; N.L.fem.adj.*phila* (from Gr.fem adj.*philê*), friend, loving; N.L.fem.adj.*chondrophila*, liking granules, in reference to the association of the organism with cellular mitochondria [the noun mitochondria was coined in1898 by the microbiologist Carl Benda (1857—1933), from Gr.*mitos*, thread + Gr.*chondrion*, little granule].

华诊体科（*Waddliaceae*）Rurangirwa 等,1999,新科。

模式属　华诊体属（*Waddlia*）Rurangirwa 等,1999,新属。

词源　华诊体属:此科之模式属;科:用于定义一个比属高、比目低的分类级和尾词;在中文科的命名中,把属名中的尾字"属"代换为尾字"科",即为模式属所对应的科;华诊体科:华诊体属之科。

Etymology　N.L.fem.n.*Waddlia*, type genus of the family; L.suff.-*aceae*, ending to denote a family; N.L.fem.pl.n.*Waddliaceae*, the *Waddlia* family.

莞岛菌属（*Wandonia*）Lee 等,2010,新属;Muramatsu 等,2012 修改。此属已定 1 种。

词源　莞岛:韩国南海（即黄海的一部分）的一个岛,属于韩国最南端的全罗南道莞岛郡,从此地分离到此模式种的模式株;菌:表示微小的事物,微生物（细菌、古菌、真菌）;属:属名的尾词;莞岛菌属:与莞岛有关的微生物。

Etymology　N.L.fem.n.*Wandonia*, named after Wando, an island located on the Southern Sea in Korea, from where the type strain of the type species was isolated.

模式种　鲍属莞岛菌（*Wandonia haliotis*）Lee 等,2010,新种。

词源　鲍属:动物鲍的科学属名;指的是此模式生物分离自皱纹盘鲍（*Haliotis discus*）。

Etymology　N.L.n.*Haliotis*, scientific name of a genus; N.L.gen.n.*haliotis*, of *Haliotis*, referring to the isolation of the type strain from *Haliotis discus*.

沃特斯氏菌属(*Wautersia*) Vaneechoutte 等,2004,新属。此属已定 10 种。

词源　氏:姓氏;沃特斯氏:以比利时微生物学家格奥尔特·沃特斯的姓氏命名;菌:表示微小的事物,微生物(细菌、古菌、真菌);属:属名的尾词;沃特斯氏菌属:沃特斯氏菌属:以沃特斯的姓氏命名的菌属。

Etymology　N.L.fem.n.*Wautersia*, named in honour of the Belgian microbiologist Georges Wauters.

模式种　优养沃特斯氏菌(*Wautersia eutropha*)(Davis,1969) Vaneechoutte 等,2004,新合并。

词源　优养:优营,营养好的,条件良好的。

Etymology　Gr.prep.*eu*, good; Gr.n.*trophos*, feeder; N.L.fem.adj.*eutropha*, well nourished.

沃特斯姓菌属(*Wautersiella*) Kämpfer 等,2006,新属。此属已定 1 种。

词源　姓:姓氏;沃特斯:以比利时微生物学家格奥尔特·沃特斯的姓氏命名;菌:表示微小的事物,微生物(细菌、古菌、真菌);属:属名的尾词;沃特斯姓菌属:以沃特斯的姓氏命名的菌属。

Etymology　N.L.fem.dim.n.*Wautersiella*, named after Georges Wauters, a Belgian microbiologist, who first recognized this group of organisms as a separate entity and to honour him for his lifelong contribution to bacterial taxonomy.

模式种　佛森氏沃特斯姓菌(*Wautersiella falsenii*) Kämpfer 等,2006,新种。

词源　氏:姓氏;佛森氏:挪威当代微生物学家恩沃德·佛森,以示对他的尊敬,其在细菌分类学中投入终身兴趣,并在瑞典哥德堡的 CCUG 进行细菌的系统表征。

Etymology　N.L.gen.masc.n.*falsenii*, of Falsen, to honour the contemporary Norwegian microbiologist, Enevold Falsen, for his lifelong interest in bacterial taxonomy and for his systematic characterization of bacteria at the CCUG, Göteborg, Sweden.

We

维克姓菌属(*Weeksella*) Holmes 等,1987,新属。此属已定 2 种。

词源　姓:姓氏;维克:以 O.B. 维克教授的姓氏命名,他在黄小杆菌属的分类学中做出了贡献;菌:表示微小的事物,微生物(细菌、古菌、真菌);属:属名的尾词;维克姓菌属:以维克的姓氏的菌属。

Etymology　N.L.fem.dim.n.*Weeksella*, named after Professor O.B.Weeks for his contributions to the taxonomy of the genus *Flavobacterium*.

模式种　黏维克姓菌(*Weeksella virosa*) Holmes 等,1987,新种。

词源　黏：粘，黏粘的。
Etymology　L.fem.adj.*virosa*, slimy.

维斯姓菌属(*Weissella*) Collins 等,1994,新属；Padonou 等,2010 修改。此属已定 20 种。

词源　姓：姓氏；维斯氏：以德国微生物学家诺伯特·维斯的姓氏命名,他对乳酸细菌的分类学做出的许多研究贡献；菌：表示微小的事物,微生物(细菌、古菌、真菌)；属：属名的尾词；维斯姓菌属：以维斯的姓氏命名的菌属。

Etymology　N.L.dim.fem.n.*Weissella*, named after Norbert Weiss, a German microbiologist known for his many research contributions to the taxonomy of the lactic acid bacteria.

模式种　绿色维斯姓菌(*Weissella viridescens*)(Niven and Evans,1957) Collins 等,1994,新合并。

词源　绿色：绿色的,绿颜色的。
Etymology　L.part.adj.*viridescens*, growing green, greening.

文新氏菌属(*Wenxinia*) Ying 等,2007,新属。此属已定 2 种。

词源　氏：姓氏；文新氏：以中国科学院院士陈文新教授的名字命名,一位中国土壤微生物学的先锋,特别是在根瘤菌研究中有突出贡献,是中国微生物分类学的先行者之一；菌：表示微小的事物,微生物(细菌、古菌、真菌)；属：属名的尾词；文新氏菌属：以陈文新的名字命名的菌属。

Etymology　N.L.fem.n.*Wenxinia*, named after Professor Wen-Xin Chen, one of the academicians of the Chinese Academy of Sciences and a pioneer of soil microbiology in China.

模式种　海文新氏菌(*Wenxinia marina*) Ying 等,2007,新种。

词源　海：海的,大海的,海洋的,属于或来自大海的。
Etymology　L.fem.adj.*marina*, of or belonging to the sea.

注：以名(即不以姓)命名微生物的菌属或种或其他分类级并不是常见的命名方式,一般是为了避免较长的姓(西方有的姓很长,东方人或汉语圈当不存在这种情况),或者为了避免重名。但无论是以姓或名,都以中文"氏"来表示该词的人名特性。在这种情况下,除了对该人(大多数是微生物学者或自然科学者)的纪念以外,仅仅是表示微生物的名字符号,除非要区分"姓(*-ella*)"和"氏(*-ia*)"。

庄文颖氏菌属(*Wenyingzhuangia*) Liu 等,2014,新属。此属已定 1 种。

词源　氏：姓氏；庄文颖氏：以中国科学院院士庄文颖的姓名命名,一位中国微生物学家和真菌学家；菌：表示微小的事物,微生物(细菌、古菌、真菌)；属：属名的尾词；庄文颖氏菌属：以庄文颖的姓名命名的菌属。

Etymology　N.L.fem.n.*Wenyingzhuangia*, named after Wen-Ying Zhuang, one of the academicians of the Chinese Academy of Sciences and a microbiologist and mycologist in China.

模式种　海庄文颖氏菌(*Wenyingzhuangia marina*) Liu 等,2014,新种。

词源　海：海的，大海的，海洋的，属于或来自海的。
Etymology　L.fem.adj.*marina*, of or belonging to the sea.

注1：以姓名命名微生物的菌属或种或其他分类级是常见的命名方式，一般是为了避免一些常见的姓氏无区分度，或避免重名（东方人或汉语圈的姓名都不长，为了增加区分度，完全可以用姓名，尽管中国人都不太强调个人）。但无论是以姓或名或姓名，都以中文"氏"来表示该词的人名特性。在这种情况下，除了对该人（大多数是微生物学者或自然科学者）的纪念以外，仅仅是表示微生物的名字符号，除非要区分"姓（-ella）"和"氏（-ia）"。

注2：虽然按照拉丁文的书写此属菌名可以写成文颖庄氏菌属，但是这符合中文的姓名的习惯。在拉丁文的菌属命名中，不需要倒装中文的姓名拼音。

Wi

维格尔斯沃斯氏菌属（*Wigglesworthia*）Aksoy，1995，新属。此属已定1种。

词源　氏：姓氏；维格尔斯沃斯氏：以寄生虫学家**W.B.**维格尔斯沃斯的姓氏命名；菌：表示微小的事物，微生物（细菌、古菌、真菌）；属：属名的尾词；维格尔斯沃斯氏菌属：以维格尔斯沃斯的姓氏命名的菌属。

Etymology　N.L.fem.n.*Wigglesworthia*, named after the parasitologist W.B.Wigglesworth.

模式种　舌蝇维格尔斯沃斯氏菌（*Wigglesworthia glossinidia*）Aksoy，1995，新种。

词源　舌蝇：指的是采采蝇或螫螫蝇，舌蝇属。

Etymology　N.L.fem.adj.*glossinidia*, referring to *Glossina*, the genus of tsetse flies.

威廉斯氏菌属（*Williamsia*）Kämpfer等，1999，新属。此属已定9种。

词源　氏：姓氏；威廉斯氏：以英国微生物学家斯坦利·**T.**威廉斯的姓氏命名，他对放线菌的分类学和生态学做出了许多贡献；菌：表示微小的事物，微生物（细菌、古菌、真菌）；属：属名的尾词；威廉斯氏菌属：以威廉斯的姓氏命名的菌属。

Etymology　N.L.fem.n.*Williamsia*, named to honour Stanley T.Williams, a British microbiologist, for his numerous contributions to the taxonomy and ecology of catinomycetes.

模式种　墙威廉斯氏菌（*Williamsia muralis*）Kämpfer等，1999，新种。

词源　墙：壁，墙壁，属于或与墙壁有关的。

Etymology　L.fem.adj.*muralis*, pertaining or belonging to wall（s）.

维诺格拉德斯基姓菌属（*Winogradskyella*）Nedashkovskaya等，2005，新属；Ivanova等，2010修改，Yoon等，2011修改，Nedashkovskaya等，2012修改，Begum等，2013修改。此属已定19种。

词源　姓：姓氏；维诺格拉德斯基氏：以俄罗斯微生物学家谢尔盖·维诺格拉德斯基（1856—1953）的姓氏命名，其对超门嗜胞门—黄小杆菌门—杆状菌门（*Cytophaga-Flavobacterium-Bacteroides*，CFB）的分类做出了重要贡献；菌：表示微小的事物，微生物（细菌、古菌、真菌）；

属：属名的尾词；维诺格拉德斯基姓菌属：以维诺格拉德斯基的姓氏命名的菌属。

Etymology N.L.fem.dim.n.*Winogradskyella*, named after Sergey Winogradsky（1856—1953）, a Russian microbiologist who made a considerable contribution to the taxonomy of the phylum *Cytophaga-Flavobacterium-Bacteroides*.

模式种 塔拉萨栖维诺格拉德斯基姓菌（*Winogradskyella thalassocola*）Nedashkovskaya等,2005,新种。

词源 塔拉萨或海：海,大海；栖：栖息,栖居,栖息者,栖居者；塔拉萨栖或海栖：海中的栖居者。

Etymology Gr.n.*thalassa*, the sea; L.suff.-*cola*（from L.n.*incola*）, dweller; N.L.n.*thalassocola*, a sea-dweller.

注1：希腊文中的塔拉萨或海（thalassa）,或者现代西方文化中海洋的化身,来源于希腊神话中的原始神之一,海女神塔拉萨（Thalassa）的名字,因此海也可称为塔拉萨。

注2：此菌名定为塔拉萨栖维诺格拉德斯基氏菌,则长达13个汉字（27个字母）,即使称为海栖维诺格拉德斯基姓菌,也有11个汉字,可见以人名命名菌名,其一比较低效,其二意义不彰显,应当尽可能的避免。

Wo

污蝇单胞菌属（*Wohlfahrtiimonas*）Tóth等,2008,新属。此属已定2种。

词源 污蝇：污蝇属,麻蝇属；单胞：单细胞,单元；菌：表示微小的事物,微生物（细菌、古菌、真菌）；属：属名的尾词；污蝇单胞菌属：分离自一属苍蝇,污蝇属的单细胞生物。

Etymology N.L.n.*Wohlfahrtia*, the generic name of a sarcophagid fly; Gr.fem.n.*monas*, a unit, monad; N.L.fem.n.*Wohlfahrtiimonas*, a monad from a fly of the genus *Wohlfahrtia*.

模式种 劈几丁质污蝇单胞菌（*Wohlfahrtiimonas chitiniclastica*）Tóth等,2008,新种。

词源 劈：强力破开,劈裂,劈开,剁；几丁质：甲壳素；劈几丁质：破解几丁质/甲壳素的。

Etymology N.L.neut.n.*chitinum*, chitin; Gr.adj.*klastos*, broken in pieces; N.L.adj.*clasticus*, breaking; N.L.fem.adj.*chitiniclastica*, chitin-cleaving.

沃尔巴克氏菌属（*Wolbachia*）Hertig,1936,属。此属已定3种。

此属是沃尔巴克氏菌族（*Wolbachieae*）Philip,1955,《1980年细菌名确认单》的模式属。

词源 氏：姓氏；沃尔巴克氏：以S.伯特·沃尔巴克的姓氏命名,其描述了落基山斑疹热的立克次氏体,并于马歇尔·赫蒂希合作,研究昆虫的立克次氏体状微生物；菌：表示微小的事物,微生物（细菌、古菌、真菌）；属：属名的尾词；沃尔巴克氏菌属：以沃尔巴克的姓氏命名的菌属。

Etymology N.L.fem.n.*Wolbachia*, named after S.Burt Wolbach, who described the rickettsial agent of Rocky Mountain spotted fever and, in collaboration with Marshall Hertig, studied the rickettsia-like microorganisms of insects.

模式种 尖音沃尔巴克氏菌（*Wolbachia pipientis*）Hertig,1936,《1980年细菌名确认单》,族。

词源　尖音：指的是其宿主蚊子，尖音库蚊，尖音的。
Etymology　N.L.n.*pipiens -entis*（from L.part.adj.*pipiens*, peeping）specific epithet of the host mosquito, *Culex pipiens*; N.L.gen.n.*pipientis*, of *pipiens*.

沃尔巴克氏菌族（*Wolbachieae*）Philip, 1955, 族。

模式属　沃尔巴克氏菌属（*Wolbachia*）Hertig, 1936,《1980 年细菌名确认单》，属。
词源　沃尔巴克氏菌属：此族之模式属；族：原核生物分类的一个级别，现已停用；沃尔巴克氏菌族：沃尔巴克氏菌属之族。
Etymology　N.L.fem.n.*Wolbachia*, type genus of the tribe; suff.*-eae*, ending to denote a tribe; N.L.fem.pl.n.*Wolbachieae*, the *Wolbachia* tribe.

沃林姓菌属（*Wolinella*）Tanner 等, 1981, 新属。此属已定 3 种。

词源　姓：姓氏；沃林：以美国微生物学家 **M.J.** 沃林的姓氏命名，其首先分离到此模式种；菌：表示微小的事物，微生物（细菌、古菌、真菌）；属：属名的尾词；沃林氏菌属：以沃林的姓氏命名的菌属。
Etymology　N.L.fem.dim.n.*Wolinella*, named after M.J.Wolin, American bacteriologist who first isolated the type species.
模式种　琥珀酸生沃林姓菌（*Wolinella succinogenes*）（Wolin 等, 1961）Tanner 等, 1981, 新合并。
词源　琥珀酸：一种有机酸，丁二酸；生：产，生产，生成，产生，导致，源自……；琥珀酸生：琥珀酸生成的。
Etymology　N.L.n.*acidum succinicum*, succinic acid; N.L.suff.*-genes*（from Gr.v.*gennaô*, to produce）, producing; N.L.adj.*succinogenes*, succinic acid producing.

木洞所菌属（*Woodsholea*）Abraham 等, 2004, 新属。此属已定 1 种。

词源　木洞所：以美国马塞诸塞州木洞海洋学研究所命名；菌：表示微小的事物，微生物（细菌、古菌、真菌）；属：属名的尾词；木洞所菌属：以美国木洞海洋学研究所命名的菌属。
Etymology　N.L.fem.n.*Woodsholea*, named in honour of the Woods Hole Oceanographic Institution, Massachusetts, USA.
模式种　海木洞所菌（*Woodsholea maritima*）Abraham 等, 2004, 新种。
词源　海：海的，大海的，海洋的。
Etymology　L.fem.adj.*maritima*, marine.

X 部

Xa

黄杆菌属(*Xanthobacter*) Wiegel 等,1978,属。此属已定 6 种。

此属是黄杆菌科(*Xanthobacteraceae*) Lee 等,2005 的模式属。

词源　黄:黄色的;杆:棒;菌:表示微小的事物,微生物(细菌、古菌、真菌);属:属名的尾词;黄杆菌属:黄色的棒形生物。

Etymology　Gr.adj.*xanthos*, yellow; N.L.masc.n.*bacter*, rod, staff; N.L.masc.n.*Xanthobacter*, yellow rod.

模式种　自营黄杆菌(*Xanthobacter autotrophicus*)(Baumgarten 等,1974)Wiegel 等,1978,《1980 年细菌名确认单》,种。

词源　自:自己;营:营养,营生,养育,抚育;自营:自我营生,自养生物,指的是能够利用二氧化碳作为唯一碳源的生物。

Etymology　Gr.pref.*autos*, self; N.L.adj.*trophicus* (from Gr.adj.*trophikos*), nursing, tending or feeding; N.L.masc.adj.*autotrophicus*, self feeding, referring to the ability of the organism to use CO_2 as a sole carbon source.

黄杆菌科(*Xanthobacteraceae*) Lee 等,2005,新科。

模式属　黄杆菌属(*Xanthobacter*) Wiegel 等,1978,《1980 年细菌名确认单》,属。

词源　黄杆菌属:此科之模式属;科:用于定义一个比属高、比目低的分类级和尾词;在中文科的命名中,把模式属属名中的尾字"属"代换为尾字"科",即为模式属所在的科名;黄杆菌科:黄杆菌属之科。

Etymology　N.L.masc.n.*Xanthobacter*, type genus of the family; suff.-*aceae*, ending to denote a family; N.L.fem.pl.n.*Xanthobacteraceae*, the *Xanthobacter* family.

黄单胞菌科(*Xanthomonadaceae*) Saddler and Bradbury,2005,新科。

模式属　黄单胞菌属(*Xanthomonas*) Dowson,1939,《1980 年细菌名确认单》。

词源　黄单胞菌属:此科之模式属;科:用于定义一个比属高、比目低的分类级和尾词;在中文科的命名中,把模式属属名中的尾字"属"代换为尾字"科",即为模式属所在的科名;黄单胞菌科:黄单胞菌属之科。

Etymology　N.L.fem.n.*Xanthomonas -adis*, type genus of the family; suff.-*aceae*, ending to denote family; N.L.fem.pl.n.*Xanthomonadaceae*, the *Xanthomonas* family.

黄单胞菌目（*Xanthomonadales*）Saddler and Bradbury，2005，新目。

模式属 黄单胞菌属（*Xanthomonas*）Dowson，1939，《1980年细菌名确认单》，属。

词源 黄单胞菌属：此目之模式属；目：用于定义一个比科高、比纲低的分类级和尾词；在中文目的命名中，把模式属属名中的尾字"属"代换为尾字"目"，即为模式属所在的目名；黄单胞菌目：黄单胞菌属之目。

Etymology　N.L.fem.n.*Xanthomonas* -*adis*, type genus of the order; suff.-*ales*, ending to denote order; N.L.fem.pl.n.*Xanthomonadales*, the *Xanthomonas* order.

黄单胞菌属（*Xanthomonas*）Dowson，1939，属；van den Mooter and Swings，1990修改，Vauterin等，1995修改。此属已定32种，6亚种。

此属是黄单胞菌目（*Xanthomonadales*）Saddler and Bradbury，2005和黄单胞菌科（*Xanthomonadaceae*）Saddler and Bradbury，2005的模式属。

词源 黄：黄色的，黄颜色的；单胞：单细胞，单元；菌：表示微小的事物，微生物（细菌、古菌、真菌）；属：属名的尾词；黄单胞菌属：黄色的单细胞。

Etymology　Gr.adj.*xanthos*, yellow; L.fem.n.*monas*, unit, monad; N.L.fem.n.*Xanthomonas*, yellow monad.

模式种 平畴黄单胞菌（*Xanthomonas campestris*）（Pammel，1895）Dowson，1939，《1980年细菌名确认单》，种。

词源 平畴：平坦的田野，也指的是此模式株的宿主植物平畴芥（油菜）。

Etymology　L.fem.adj.*campestris*, of or pertaining to a level field, even, flat; also the specific epithet of *Brassica campestris*, a host plant.

同义词 "*Phytomonas*" Bergey等，1923.

Xe

嗜外菌属（*Xenophilus*）Blümel等，2001，新属。此属已定3种。

词源 外：外源，外来，陌生，非寻常；嗜：嗜好的，喜好的，友好的，爱好的；嗜外菌属：喜好外源的奇异的非寻常化合物的，指的是通过偶氮染料富集分离此模式种。

Etymology　Gr.adj.*xenos*, foreign; Gr.masc.n.*philos*, friend; N.L.masc.n.*Xenophilus*, friend of foreign compounds, referring to the isolation of the type species by enrichment on azo dyes.

模式种 吞偶氮嗜外菌（*Xenophilus azovorans*）Blümel等，2001，新种。

词源 吞：食，噬，吃，吞食，吞噬，吞吃；偶氮：含氮的，偶氮的；吞偶氮：指的是降解偶氮化合物的。

Etymology　N.L.pref.*azo*-, pertaining to azo compounds; L.v.*vorare*, to devour; N.L.part.adj. *azovorans*, azo-devouring.

外杆菌属(*Xenorhabdus*)Thomas and Poinar,1979,属;Akhurst,1983 修改,Thomas and Poinar,1983 修改。此属已定 25 种,4 亚种。

词源 外:外源,外来,陌生,非寻常,不是十分贴切的字面意思是致病的;杆:中国古代舂米或捶衣的木棒,表示棒,棒形;外杆菌属:致病的棒形细菌。

Etymology Gr.adj.*xenos*, foreign, strange, unusual, (less literally, pathogenic); Gr.fem.n.*rhabdos*, rod; N.L.fem.n. *Xenorhabdus*, pathogenic rod-shaped bacterium.

模式种 嗜线虫外杆菌(*Xenorhabdus nematophila*)勘误,(Poinar and Thomas,1965)Thomas and Poinar,1979,《1980 年细菌名确认单》,种。

词源 嗜:嗜好的,喜好的,友好的,爱好的;线虫:线虫类;嗜线虫:喜好线虫的。

Etymology N.L.n.*nematodum*, nematode; N.L.fem.adj.*phila* (from Gr.fem.adj.*philê*), friend, loving; N.L.fem.adj.*nematophila*, nematode-loving.

Xi

向姓菌属(*Xiangella*)Wang 等,2013,新属。此属已定 1 种。

词源 姓:姓氏;向:以中国微生物学家向华的姓氏命名;菌:表示微小的事物,微生物(细菌、古菌、真菌);属:属名的尾词;向姓菌属:以向华(音)的姓氏命名的菌属。

Etymology N.L.fem.dim.n.*Xiangella*, named after Hua Xiang, a Chinese microbiologist.

模式种 菜豆属向姓菌(*Xiangella phaseoli*)Wang 等,2013,新种。

词源 菜豆属:植物学的一个属名;指的是此首株模式株分离自普通菜豆(*Phaseolus vulgaris*)。

Etymology N.L.masc.n.*Phaseolus*, botanical genus name; N.L.gen.n.*phaseoli*, of *Phaseolus*, referring to the isolation of the first strains from *Phaseolus vulgaris*.

Xy

木聚糖杆菌属(*Xylanibacter*)Ueki 等,2006,新属。此属已定 1 种。

词源 木聚糖:半纤维素,一种由木糖(一种戊糖)构成的多糖;杆:棒;菌:表示微小的事物,微生物(细菌、古菌、真菌);属:属名的尾词;木聚糖杆菌属:降解木聚糖的棒形生物。

Etymology N.L.n.*xylanum*, xylan; N.L.masc.n.*bacter*, a rod; N.L.masc.n.*Xylanibacter*, rod decomposing xylan.

模式种 稻木聚糖杆菌(*Xylanibacter oryzae*)Ueki 等,2006,新种。

词源 稻:水稻,稻米,稻属;指的是来自稻米或水稻植物,从水稻植物的残留部分分离到此菌株。

Etymology L.fem.n.*oryza*, rice and the genus name of rice; L.gen.n.*oryzae*, from/of rice or rice plants, referring to rice-plant residue from which the strain was isolated.

木聚糖小杆菌属(*Xylanibacterium*)Rivas 等,2004,新属。此属已定 1 种。

词源　木聚糖:半纤维素,一种由木糖(一种戊糖)构成的多糖;小杆:小棒;菌:表示微小的事物,微生物(细菌、古菌、真菌);属:属名的尾词;木聚糖小杆菌属:水解木聚糖的小棒形生物。

Etymology　N.L.neut.n.*xylanum*, xylan, a polysaccharide; L.neut.n.*bacterium*, small rod; N.L.neut.n.*Xylanibacterium*, xylan-hydrolysing small rod.

模式种　榆树木聚糖小杆菌(*Xylanibacterium ulmi*)Rivas 等,2004,新种。

词源　榆树:指的是此模式菌株分离自此树种的。

Etymology　L.gen.n.*ulmi*, of the elm tree, referring to the isolation source of the type strain.

木聚糖微菌属(*Xylanimicrobium*)Stackebrandt and Schumann,2004,新属。此属已定 1 种。

词源　木聚糖:半纤维素,一种由木糖(一种戊糖)构成的多糖;微:微小的,微生物;菌:表示微小的事物,微生物(细菌、古菌、真菌);微菌:微生物;属:属名的尾词;木聚糖微菌属:(水解)木聚糖的微生物。

Etymology　N.L.neut.n.*xylanum*, xylan; N.L.neut.n.*microbium*, microbe; N.L.neut.n.*Xylanimicrobium*, xylan(-hydrolysing)microbe.

模式种　蜣螂木聚糖微菌(*Xylanimicrobium pachnodae*)(Cazemier 等,2004)Stackebrandt and Schumann,2004,新合并。

词源　蜣螂:一种甲壳虫,金龟子,英文的注解有误,它是一种动物界花金龟亚科(**Cetoniinae**)的生物,广泛分布在中非和西非,是此模式株的生物源。

Etymology　N.L.n.*Pachnoda*, a botanical generic name; N.L.gen.n.*pachnodae*, of *Pachnoda*, referring to the source of the micro-organism, *Pachnoda marginata*.

木聚糖单胞菌属(*Xylanimonas*)Rivas 等,2003,新属。此属已定 1 种。

词源　木聚糖:半纤维素,一种由木糖(一种戊糖)构成的多糖;单胞:单细胞,单元;菌:表示微小的事物,微生物(细菌、古菌、真菌);属:属名的尾词;木聚糖单胞菌属:来自木聚糖的单细胞生物。

Etymology　N.L.n.*xylanum*, xylan, a polysaccharide; L.fem.n.*monas*, a unit, a monad; N.L.fem.n.*Xylanimonas*, a monad from xylan.

模式种　解纤维木聚糖单胞菌(*Xylanimonas cellulosilytica*)Rivas 等,2003,新种。

词源　解:溶解的,分解的,降解的;纤维:纤维素;解纤维:溶解纤维素的。

Etymology　N.L.n.*cellulosum*, cellulose; N.L.adj.*lyticus -a -um*(from Gr.adj.*lutikos -ê -on*), able to loosen, able to dissolve; N.L.fem.adj.*cellulosilytica*, cellulose-dissolving.

小木菌属(*Xylella*)Wells 等,1987,新属。此属已定 1 种,2 亚种。

词源　小:小的,碎的;木:木头;菌:表示微小的事物,微生物(细菌、古菌、真菌);属:属名的尾词；小木菌属：一小片木头形的生物。

Etymology　Gr.n.*xulon*, piece of wood, log, beam; L.dim.fem.ending *-ella*; N.L.fem.n.*Xylella*, a small piece of wood, a small log.

模式种　苛刻小木菌（*Xylella fastidiosa*）Wells 等，1987，新种。

词源　苛刻：苛刻的，指的是此生物对营养条件的苛刻性，特别是在初次分离培养时。

Etymology　L.fem.adj.*fastidiosa*, fastidious; referring to the nutritional fastidiousness of the organism, particularly on primary isolation.

嗜木菌属（*Xylophilus*）Willems 等，1987，新属。此属已定 1 种。

词源　嗜：嗜好的，喜好的，友好的，爱好的；木：树木，木头；菌：表示微小的事物，微生物（细菌、古菌、真菌）；属：属名的尾词；嗜木菌属：喜好木头的菌。

Etymology　Gr.n.*xulon*, wood; N.L.adj.*philus -a -um*（from Gr.adj.*philos -ê -on*）, friend, loving; N.L.masc.adj. *Xylophilus*, friend of wood.

模式种　藤嗜木菌（*Xylophilus ampelinus*）（Panagopoulos, 1969）Willems 等，1987，新合并。

词源　藤：藤条，葡萄藤。

Etymology　L.masc.adj.*ampelinus*, of the vine.

Y 部

Ya

杨氏菌属（*Yangia*）Dai 等，2006，新属。此属已定 1 种。

词源 氏：姓氏；杨氏：以中国微生物学家杨惠芳（1932—2005）的姓氏命名，其于 20 世纪 60 年代早期，在中国推动成立了环境微生物学的研究；菌：表示微小的事物，微生物（细菌、古菌、真菌）；属：属名的尾词；杨氏菌属：以杨的姓氏命名的菌属。

Etymology N.L.fem.n. *Yangia*, named after the Chinese microbiologist H.-F.Yang, who founded the research of environmental microbiology in the early 1960s in China.

模式种 太平杨氏菌（*Yangia pacifica*）Dai 等，2006，新种。

词源 太平：平安，和平，太平洋，地球四大洋之一，平安的大洋，指的是此模式菌株的分离源，太平洋。

Etymology L.fem.adj. *pacifica*, peacemaking, pacific, and by extension pertaining to the Pacific Ocean, the origin of the type strain.

阎氏菌属（*Yania*）Li 等，2004，新属；Li 等，2005 修改。

此属名已经修改为阎氏菌属（*Yaniella*）。此属已定 2 种。

此属是阎氏菌科（*Yaniaceae*）Li 等，2005 的模式属。

词源 氏：姓氏；阎氏：以中国微生物学家阎逊初（1912—1994）的姓氏命名，他献身于放线菌分类学和抗生素研究；菌：表示微小的事物，微生物（细菌、古菌、真菌）；属：属名的尾词；阎氏菌属：以阎的姓氏命名的生物。

Etymology N.L.fem.n. *Yania*, named after Xun-Chu Yan (1912—1994), a Chinese microbiologist who devoted his life to the study of actinomycete taxonomy and antibiotics.

模式种 耐卤阎氏菌（*Yania halotolerans*）Li 等，2004，新种。

词源 耐：耐力的，耐性的，忍耐的；卤：卤素，盐；耐卤：耐盐，对盐有耐受的，指的是对高盐度的耐受能力。

Etymology Gr.n. *hals halos*, salt; L.part.adj. *tolerans*, tolerating; N.L.fem.part.adj. *halotolerans*, referring to the ability to tolerate high salt concentrations.

注：拉丁文属名不合规，因为与动物节肢动物门盲蛛目中的 1919 年的阎氏属（*Yania*）Roewer, 1919 和动物节肢动物门昆虫纲凤蝶科 1997 年的阎氏属（*Yania*）Huang, 1997 重名。

阎氏菌科（*Yaniaceae*）Li 等，2005，新科。

已改名为阎氏菌科（*Yaniellaceae*）Li 等，2008。

模式属　阎氏菌属(*Yania*)Li 等,2004,新属。

词源　阎氏菌属:此科之模式属;科:用于定义一个比属高、比目低的分类级和尾词;在中文科的命名中,把模式属属名中的尾字"属"代换为尾字"科",即为模式属所在的科名;阎氏菌科:阎氏菌属之科。

Etymology　N.L.fem.n.*Yania*, type genus of the family; suff.-*aceae*, ending to denote a family; N.L.fem.pl.n.*Yaniaceae*, the *Yania* family.

阎姓菌属(*Yaniella*)Li 等,2008,新属。此属已定 4 种。

此属是阎姓菌科(*Yaniellaceae*)Li 等,2008 的模式属。

词源　姓:姓氏;阎:以中国微生物学家阎逊初(1912—1994)的姓氏命名,他献身于放线菌分类学和抗生素研究;菌:表示微小的事物,微生物(细菌、古菌、真菌);属:属名的尾词;阎姓菌属:以阎的姓氏命名的生物。

Etymology　N.L.fem.dim.n.*Yaniella*, named after Xun-Chu Yan (1912—1994), a Chinese microbiologist who devoted his life to the study of actinomycete taxonomy and antibiotics.

模式种　耐卤阎姓菌(*Yaniella halotolerans*)(Li 等,2004)Li 等,2008,新合并。

词源　耐:耐力的,耐性的,忍耐的;卤:卤素,盐;耐卤:耐盐,对盐有耐受的,指的是此生物对高盐度的耐受能力。

Etymology　Gr.n.*hals halos*, salt; L.part.adj.*tolerans*, tolerating; N.L.part.adj.*halotolerans*, salt-tolerating, referring to the organism's ability to tolerate high salt concentrations.

不合规同义词:(Yania)Li 等,2004.

注:此阎姓菌属(*Yaniella*)Li 等,2008[阎姓菌科(*Yaniellaceae*)Li 等,2008 的模式属]其基于 16S rRNA 基因序列的系统发育树分析,与微果菌科[(*Micrococcaceae*)Pribram, 1929(Approved Lists, 1980)]最相似。根据 2009 年 Schumann 等人的文章,阎姓菌属是否有资格作为自身的阎氏菌科模式属是明显有争议的(it appears debatable whether it deserves the status as the type genus of its own family *Yaniellaceae*)。根据 2011 年 Yassin 等人的文章,阎姓菌科(*Yaniellaceae*)Li 等,2008 是微果菌科(*Micrococcaceae*)Pribram, 1929(Approved Lists, 1980)的后期异名同物(a later heterotypic synonym)。

阎姓菌科(*Yaniellaceae*)Li 等,2008,新科;Zhi 等,2009 修改。

模式属　阎姓菌属(*Yaniella*)Li 等,2008,新属。

不合规同义词:(*Yaniaceae*)Li 等,2005。

词源　阎姓菌属:此科之模式属;科:用于定义一个比属高、比目低的分类级和尾词;在中文科的命名中,把模式属属名中的尾字"属"代换为尾字"科",即为模式属所在的科名;阎姓菌科:阎姓菌属之科。

Etymology　N.L.fem.n.*Yaniella*, type genus of the family; suff.-*aceae*, ending to denote a family; N.L.fem.pl.n.*Yaniellaceae*, the *Yaniella* family.

Ye

丽水菌属（*Yeosuana*）Kwon 等，2006，新属。此属已定 1 种。

词源　丽水：以韩国丽水市命名，此模式种模式株的分离地；菌：表示微小的事物，微生物（细菌、古菌、真菌）；属：属名的尾词；丽水菌属：与丽水（韩国）有关的生物。

Etymology　N.L.fem.n.*Yeosuana*, named after Yeosu City, where the type strain of the type species was isolated.

模式种　吞芳丽水菌（*Yeosuana aromativorans*）Kwon 等，2006，新种。

词源　吞：吞食的，吞噬的，大吃的，吞没的；芳：芳香，香料，芳香族化合物，芳烃；吞芳：分解芳香族化合物。

Etymology　L.n.*aroma -atis*, spice; L.part.adj.*vorans*, devouring; N.L.part.adj.*aromativorans*, degrading aromatic compounds.

耶尔森氏菌属（*Yersinia*）van Loghem，1944，属。此属已定 19 种，亚种 3 种（+ 一个拒绝名，one rejected name）。

词源　氏：姓氏；耶尔森氏：以法国细菌学家 A.J.E. 耶尔森的姓氏命名，其在 1894 年首次分离到这种瘟疫的病原生物；菌：表示微小的事物，微生物（细菌、古菌、真菌）；属：属名的尾词；耶尔森氏菌属：以耶尔森的姓氏命名的菌属。

Etymology　N.L.fem.n.*Yersinia*, named for the French bacteriologist A.J.E.Yersin, who first isolated the causal organism of plague in 1894.

模式种　瘟疫耶尔森氏菌（*Yersinia pestis*）（Lehmann and Neumann，1896）van Loghem，1944，《1980 年细菌名确认单》，种。

词源　瘟疫：疫疠，流行性急性传染病，鼠疫是其中主要形式之一。

Etymology　L.n.*pestis -is*, an infectious or contagious disease, plague; L.gen.n.*pestis*, of plague.

注：此模式种的常见名是鼠疫杆菌。此模式种是一种致死性的病原微生物，革兰氏阴性，棒形果竿状，兼性厌氧细菌，能感染人畜。科赫的学生，日本人北里柴三郎在同时期也在研究这种瘟疫的病原体，但耶尔森真正的将这种病原微生物与瘟疫联系起来了。中国的伍连德在 1910 年冬天调研中国东北哈尔滨、蒙古瘟疫时发现了这种瘟疫起源于土拨鼠（旱獭），并首次确定其最恐怖传播形式，肺瘟疫或肺鼠疫（通过空气传播）。现代研究表明，这类菌对于铁有特殊的需求。

Yi

云微所菌属（*Yimella*）Tang 等，2010，新属。此属已定 1 种。

词源　云微所：云南微生物学研究所的随机简称，该所对此属微生物进行首次分类学研究；菌：表示微小的事物，微生物（细菌、古菌、真菌）；属：属名的尾词；云微所菌属：与云南微生物学研究所有关的菌属。

Etymology　N.L.fem.dim.n.*Yimella*, arbitrary name formed from the acronym of Yunnan Institute of Microbiology, YIM, where the first taxonomic studies of this taxon were performed.

模式种　橙黄色云微所菌(*Yimella lutea*)Tang 等,2010,新种。

词源　橙黄色:橙黄色的,金黄色的。

Etymology　L.fem.adj.*lutea*, orange-coloured.

Yo

预研菌属(*Yokenella*)Kosako 等,1985,新属。此属已定 1 种。

词源　预研:来自日本东京的国立预防卫生研究所的日文简写"预研",在这里开展了此新生物的分类学研究;菌:表示微小的事物,微生物(细菌、古菌、真菌);属:属名的尾词;预研菌属:与日本国立预防卫生研究所有关的菌属。

Etymology　N.L.fem.dim.n.*Yokenella*, named after the Japanese abbreviation "Yoken" that stands for the National Institute of Health, Tokyo, Japan where the new group of organisms was recognized and studied.

模式种　雷根斯堡预研菌(*Yokenella regensburgei*)Kosako 等,1985,新种。

词源　雷根斯堡:德国东南部的拜恩州雷根斯堡,此地是包括雷根斯堡预研菌模式株和其他五株在内的分离源,分离自此地的昆虫。

Etymology　N.L.gen.*regensburgei*, of Regensburg, Germany, where the type strain of *Yokenella regensburgei* and five other strains in the original paper (Kosako 等,1984) were isolated from insects.

朴龙河氏菌属(*Yonghaparkia*)Yoon 等,2006,新属。此属已定 1 种。

词源　氏:姓氏;朴龙河氏:以韩国微生物学家朴龙河的姓名命名,其建议了微小杆菌科(*Microbacteriaceae*),对细菌分类学有显著贡献;菌:表示微小的事物,微生物(细菌、古菌、真菌);属:属名的尾词;朴龙河氏菌属:以朴龙河的姓氏命名的菌属。

Etymology　N.L.fem.n.*Yonghaparkia*, named after Yong-Ha Park, a Korean microbiologist who proposed the family *Microbacteriaceae* and has contributed significantly to bacterial systematics.

模式种　嗜碱朴龙河氏菌(*Yonghaparkia alkaliphila*)Yoon 等,2006,新种。

词源　嗜:嗜好的,喜好的,友好的,爱好的;碱:盐碱植物的灰分,碱性,碱类(阴离子全为氢氧根);嗜碱:嗜好碱的,喜好碱的。

Etymology　Arabic article *al*, the; Arabic n.*qaliy*, ashes of saltwort; N.L.n.*alkali*, alkali; N.L.adj.*philus -a -um* (from Gr.adj.*philos -ê -on*), friend, loving; N.L.fem.adj.*alkaliphila*, loving alkaline conditions.

杨氏杆菌属(*Youngiibacter*)Lawson 等,2014,新属。此属已定 2 种。

词源　氏:姓氏;杨氏:以美国微生物学家丽莉·**Y.** 杨的姓氏命名,她对我们(作者)理解厌氧烃微生物学有贡献；杆：棒；菌：表示微小的事物，微生物（细菌、古菌、真菌）；属：属名的尾词；杨氏杆菌属：以杨的姓氏命名的棒形生物。

Etymology　N.L.fem.n.*Youngia*, Young; N.L.masc.n.*bacter*, a rod; N.L.masc.n.*Youngiibacter*, a rod named after Lily Y.Young, an American microbiologist, for her contributions to our understanding of anaerobic hydrocarbon microbiology.

模式种　脆杨氏杆菌（*Youngiibacter fragilis*）Lawson 等，2014，新种。

词源　脆：干，脆，干脆，脆弱，松脆，易碎的，指的是细胞壁的易碎特性。

Etymology　L.masc.adj.*fragilis*, easily broken, brittle, fragile, pertaining to the fragile nature of the cell wall.

注：中国的"杨"姓是个大姓氏，很普通，仅仅以"杨"作为属名已经没有区分度了。

杨氏单胞菌属（*Youngimonas*）Hameed 等，2014，新属。此属已定 1 种。

词源　氏：姓氏；杨氏：以中国台湾地区微生物学家杨秋忠的姓氏命名；单胞：单元，单细胞；菌：表示微小的事物，微生物（细菌、古菌、真菌）；属：属名的尾词；杨氏单胞菌属：以杨的姓氏命名的单细胞生物。

Etymology　Gr.fem.n.*monas*, a unit, monad; N.L.fem.n.*Youngimonas*, a monad named after Chiu-Chung Young, a Taiwanese microbiologist.

模式种　小泡杨氏单胞菌（*Youngimonas vesicularis*）Hameed 等，2014，新种。

词源　小泡：小泡状，小囊状，指的是此模式株的小液泡结构。

Etymology　L.fem.adj.*vesicularis*, pertaining to a small bladder, a vesicle, referring to a vesicle structure associated with the type strain.

注：中国的"杨"姓是个大姓氏，很普通，仅仅以"杨"作为属名已经没有区分度了。

Yu

石玉湖姓菌属（*Yuhushiella*）Mao 等，2011，新属。此属已定 1 种。

词源　姓：姓氏；石玉湖：以中国微生物学家石玉湖教授的姓名命名，以记述他在领导中国新疆维吾尔自治区微生物资源的开发中所做的贡献；菌：表示微小的事物，微生物（细菌、古菌、真菌）；属：属名的尾词；石玉湖姓菌属：以石玉湖的姓名命名的菌属。

Etymology　N.L.fem.dim.n.*Yuhushiella*, named after Professor Yuhu Shi, a Chinese microbiologist, in recognition of his leadership and contributions to the exploration of the microbial resources of Xinjiang Uigur Autonomous Region, China.

模式种　沙漠石玉湖姓菌（*Yuhushiella deserti*）Mao 等，2011，新种。

词源　沙漠：干旱缺水被沙所覆盖的荒芜之地。

Etymology　L.gen.n.*deserti*, of a desert.

注：作为拉丁文名，汉语姓名拼音无需倒置，这种情况下，微生物属名仅仅是一个符号，主要是对人的纪念，主要是让中国人看得懂。"石玉湖"这个词汇倒置"玉湖石"在中文中也成立，但肯定没有姓名的意义了。

Z 部

Za

扎瓦尔金姓菌属（*Zavarzinella*）Kulichevskaya 等，2009，新属。此属已定 1 种。

词源　姓：姓氏；扎瓦尔金：以俄罗斯微生物学家格奥尔基·A. 扎瓦尔金的姓氏命名，他对我们（作者）微生物多样性知识的增加有突出的贡献；菌：表示微小的事物，微生物（细菌、古菌、真菌）；属：属名的尾词；扎瓦尔金姓菌属：以扎瓦尔金的姓氏命名的菌属。

Etymology　N.L.fem.dim.n.*Zavarzinella*, named in honour of the famous Russian microbiologist George A.Zavarzin, for his outstanding contribution to increasing our knowledge of microbial diversity.

模式种　福摩萨扎瓦尔金姓菌（*Zavarzinella formosa*）Kulichevskaya 等，2009，新种。

词源　福摩萨：葡萄牙语，美丽的，漂亮的，精细的，又译福尔摩萨、福尔摩沙。

Etymology　L.fem.adj.*formosa*, beautiful, beautifully formed, finely formed.

扎瓦尔金氏菌属（*Zavarzinia*）Meyer 等，1994，新属。此属已定 1 种。

词源　氏：姓氏；扎瓦尔金氏：以俄罗斯微生物学家格奥尔基·亚力桑多维奇·扎瓦尔金的姓氏命名，他和他的同事对嗜中温革兰氏阴性羧基营养菌做了首次系统的研究；菌：表示微小的事物，微生物（细菌、古菌、真菌）；属：属名的尾词；扎瓦尔金氏菌属：以扎瓦尔金的姓氏命名的菌属。

Etymology　N.L.fem.n.*Zavarzinia*, named for Georgi Alexandrovich Zavarzin, the Russian microbiologist who with his co-workers made the first thorough investigation of mesophilic, Gram negative carboxidotrophic strains.

模式种　餐伴扎瓦尔金氏菌（*Zavarzinia compransoris*）(*ex* Nozhevnikova and Zavarzin, 1974) Meyer 等，1994，新合并。

词源　餐伴：宴会、餐食的伴侣。

Etymology　L.n.*compransor -oris*, a companion in a banquet, a boon companion; L.gen.n.*compransoris*, of a dinner companion.

Ze

黍黄素杆菌属（*Zeaxanthinibacter*）Asker 等，2007，新属。此属已定 1 种。

词源　黍黄素：玉米黄素，自然界中广泛存在的类胡萝卜醇，对于叶黄素循环有重要作用；杆：棒；菌：表示微小的事物，微生物（细菌、古菌、真菌）；属：属名的尾词；黍黄素杆菌属：产黍黄素的棒形细菌。

Etymology　N.L.neut.n.*zeaxanthinum*, zeaxanthin; N.L.masc.n.*bacter*, rod; N.L.masc.n.*Zeaxanthinibacter*, zeaxanthin-producing rod-like bacterium.

模式种　江之岛黍黄素杆菌(*Zeaxanthinibacter enoshimensis*)Asker 等,2007,新种。

词源　江之岛:位于日本神奈川县片濑川河口,相模湾的一个离岸岛,与东京和横滨都很近,周长4km。

Etymology　N.L.masc.adj.*enoshimensis*, pertaining to Enoshima Island in Japan, where the type strain was isolated.

Zh

张姓菌属(*Zhangella*)Xu 等,2009,新属。此属已定1种。

词源　姓:姓氏;张:以中国科学院院士张树政教授的姓氏命名,一位中国生物化学界的先锋(先行者);菌:表示微小的事物,微生物(细菌、古菌、真菌);属:属名的尾词;张姓菌属:以张的姓氏命名的菌属。

Etymology　N.L.fem.dim.n.*Zhangella*, named after Professor Shu-Zheng Zhang, one of the academicians of the Chinese Academy of Sciences and a pioneer of biochemistry in China.

模式种　动张姓菌(*Zhangella mobilis*)Xu 等,2009,新种。

词源　动:运动的,移动的,活动的,游动的,此模式菌株的运动性有关。

Etymology　L.fem.adj.*mobilis*, motile, pertaining to the motility of the type strain.

注:"张"是大姓,普通姓,作为属名已经不再有区分度。

刘志恒姓菌属(*Zhihengliuella*)Zhang 等,2007,新属;Tang 等,2009 修改,Hamada 等,2013 修改。此属已定4种。

词源　姓:姓氏;刘志恒:以中国微生物学家刘志恒的姓名命名,他致力于放线菌分类学研究;菌:表示微小的事物,微生物(细菌、古菌、真菌);属:属名的尾词;刘志恒姓菌属:以刘志恒的姓名命名的菌属。

Etymology　N.L.fem.dim.n.*Zhihengliuella*, named after Zhi-Heng Liu, a Chinese microbiologist who devotes himself to the study of actinomycete taxonomy.

模式种　耐卤刘志恒姓菌(*Zhihengliuella halotolerans*)Zhang 等,2007,新种。

词源　耐:耐力的,耐性的,忍耐的;卤:卤素,盐;耐卤:耐盐,对盐有耐受的,指的是此生物对高盐度的耐受能力。

Etymology　Gr.n.*hals halos*, salt; L.part.adj.*tolerans*, tolerating; N.L.part.adj.*halotolerans*, salt-tolerating, referring to the organism's ability to tolerate high salt concentrations.

注:作为拉丁文名,汉语姓名拼音无需倒置,这种情况下,微生物属名仅仅是一个符号,主要是对人的纪念,主要是让中国人看得懂。

何志忠姓菌属（*Zhizhongheella*）Dong 等，2014，新属。此属已定 1 种。

词源　姓：姓氏；何志忠：以中国微生物学家何志忠（**1939—2012**）的姓名命名，他献身于嗜热菌生物学研究；菌：表示微小的事物，微生物（细菌、古菌、真菌）；属：属名的尾词；何志忠姓菌属：以何志忠的姓名命名的菌属。

Etymology　N.L.fem.dim.n.*Zhizhongheella*, named after Zhi-Zhong He（1939—2012）, a Chinese microbiologist who devoted himself to the biology of thermophiles.

模式种　烫泉何志忠姓菌（*Zhizhongheella caldifontis*）Dong 等，2014，新种。

词源　烫：拉丁文形容 caldus 表示烫，为了表示中文习惯此处也可称为热；泉：泉水，喷泉，源泉；烫泉：热泉：高温泉。

Etymology　L.adj.*caldus*, hot; L.n.*fons fontis*, a spring; N.L.gen.n.*caldifontis*, of a hot spring.

注：作为拉丁文名，汉语姓名拼音无需倒置，这种情况下，微生物属名仅仅是一个符号，主要是对人的纪念，主要是让中国人看得懂。

中山菌属（*Zhongshania*）Li 等，2011，新属。此属已定 4 种。

词源　中山：以中国南极中山站命名；菌：表示微小的事物，微生物（细菌、古菌、真菌）；属：属名的尾词；中山菌属：与中山站有关的菌。

Etymology　N.L.fem.n.*Zhongshania*, named after the Chinese Antarctic Zhongshan Station.

模式种　南极中山菌（*Zhongshania antarctica*）Li 等，2011，新种。

词源　南极：最南端的，最南部的，指的是南极洲。

Etymology　L.fem.adj.*antarctica*, southern, of the Antarctic.

周氏菌属（*Zhouia*）Liu 等，2006，新属。此属已定 1 种。

词源　氏：姓氏；周氏：以周培瑾教授的姓氏命名，中国环境微生物学的一位先锋；菌：表示微小的事物，微生物（细菌、古菌、真菌）；属：属名的尾词；周氏菌属：以周的姓氏命名的生物。

Etymology　N.L.fem.n.*Zhouia*, named after Professor Pei-Jin Zhou, a pioneer of environmental microbiology in China.

模式种　解淀粉周氏菌（*Zhouia amylolytica*）Liu 等，2006，新种。

词源　解：溶解的，分解的，降解的；淀粉：大量的葡萄糖单元通过糖苷键链接而成的天然高分子多糖（碳水化合物），大部分绿色植物的能量储存方式；解淀粉：溶解淀粉的，此细菌能水解淀粉。

Etymology　Gr.n.*amulon*, starch; N.L.adj.*lyticus -a -um*（from Gr.adj.*lutikos -ê -on*）, able to loosen, able to dissolve; N.L.fem.adj.*amylolytica*, dissolving starch, pertaining to the ability of the bacterium to hydrolyse starch.

Zi

齐摩尔曼姓菌属（*Zimmermannella*）Lin 等，2004，新属。此属已定 4 种。

词源　姓：姓氏；齐摩尔曼：以德国微生物学家 O.E.R. 齐摩尔曼的姓氏命名，其首次确认了菌种"苍黄色短小杆菌"（"*Brevibacterium helvolum*"）；菌：表示微小的事物，微生物（细菌、古菌、真菌）；属：属名的尾词；齐摩尔曼姓菌属：以齐摩尔曼的姓氏命名的菌属。

Etymology　N.L.fem.dim.n.*Zimmermannella*, named after O.E.R.Zimmermann, a German microbiologist, who first recognized the species "*Brevibacterium helvolum*".

模式种　苍黄色齐摩尔曼姓菌（*Zimmermannella helvola*）Lin 等，2004，新种。

词源　苍黄色：苍白的黄色，浅黄色的。

Etymology　L.fem.adj.*helvola*, pale yellow.

Zo

佐贝尔姓菌属（*Zobellella*）Lin and Shieh，2006，新属；Yi 等，2011 修改。此属已定 3 种。

词源　姓：姓氏；佐贝尔：以海洋微生物学的先锋 C.E. 佐贝尔的姓氏命名；菌：表示微小的事物，微生物（细菌、古菌、真菌）；属：属名的尾词；佐贝尔姓菌属：以佐贝尔的姓氏命名的菌属。

Etymology　N.L.fem.dim.n.*Zobellella*, named after C.E.ZoBell, a pioneer marine microbiologist.

模式种　脱硝佐贝尔姓菌（*Zobellella denitrificans*）Lin and Shieh，2006，新种。

词源　脱硝：反硝化，硝化的一种反过程，脱氮，除氮，脱除氮的一种作用。

Etymology　N.L.part.adj.*denitrificans*, denitrifying.

佐贝尔氏菌属（*Zobellia*）Barbeyron 等，2001，新属。此属已定 5 种。

词源　氏：姓氏；佐贝尔氏：以 C.E. 佐贝尔的姓氏命名，其分离和表征了许多的海洋细菌，1944 年著名的湿沼（噬胞菌），以及他对海洋细菌分类学的基础贡献；菌：表示微小的事物，微生物（细菌、古菌、真菌）；属：属名的尾词；佐贝尔氏菌属：以佐贝尔的姓氏命名的菌属。

Etymology　N.L.fem.n.*Zobellia*, named after C.E.ZoBell, who has isolated and characterized numerous marine bacteria, notably (*Cytophaga*) *uliginosa* in 1944, and for his general contribution to the taxonomy of marine bacteria.

模式种　吞半乳糖苷佐贝尔氏菌（*Zobellia galactanivorans*）勘误，Barbeyron 等，2001，新种。

词源　吞：食，噬，吃，吞食，吞噬，吞吃；半乳糖苷：聚半乳糖；吞半乳糖苷：吞食聚半乳糖/半乳糖苷的。

Etymology　N.L.n.*galactanum*, galactan (polygalactose); L.v.*vorare*, to devour; N.L.part.adj.*galactanivorans*, galactan-devouring.

注：1944 年佐贝尔定名的湿沼噬胞菌在 2001 年也归种到单独新成立了佐贝尔氏菌属中，为湿沼佐贝尔氏菌。

活胶菌属(*Zoogloea*)Itzigsohn,1868(非 *Zoogloea* Cohn,1854),属;Shin 等,1993 修改。此属已定 5 种。

词源　活:活的,活着的;胶:(生物分泌的)黏性物质;菌:表示微小的事物,微生物(细菌、古菌、真菌);属:属名的尾词;活胶菌属:活的黏性物质(黏菌)。

Etymology　Gr.adj.zôos, alive, living; Gr.fem.n.*gloia*, glue; N.L.fem.n.*Zoogloea*, living glue.

模式种　枝携活胶菌(*Zoogloea ramigera*)Itzigsohn,1868,《1980 年细菌名确认单》。

词源　枝:分枝,树枝,枝杈;携:携带,携带者;枝携:携带分枝的,带有枝杈的。

Etymology　L.n.*ramus*, a branch; L.suff.-*gerus* -*a* -*um*（from L.v.*gero*, to bear）bearing; N.L.fem.adj.*ramigera*, branch-bearing.

注:中文中有时也称为菌胶团或冻胶菌,由于这些细菌具有分泌黏性物质的特性,根据一定的形态粘集在一起,并被类似于荚膜(一些果糖或多糖形成的菌胶液)包裹,而成所谓的冻胶或胶团。

宗植姓菌属(*Zooshikella*)Yi 等,2003,新属。此属已定 1 种。

词源　姓:姓氏;宗植氏:以韩国食品微生物学的先锋李宗植的名字命名;菌:表示微小的事物,微生物(细菌、古菌、真菌);属:属名的尾词;宗植姓菌属:以李宗植的名字命名的菌属。

Etymology　N.L.fem.dim.n.*Zooshikella*, named after Zoo Shik Lee, a Korean pioneer in food microbiology.

模式种　江华岛宗植姓菌(*Zooshikella ganghwensis*)Yi 等,2003,新种。

词源　江华岛:韩国江华岛,此模式种的模式株来源的地理位置。

Etymology　N.L.fem.adj.*ganghwensis*, named after Ganghwa Island in Korea, the geographical origin of the type strain of the species.

注:以名(即不以姓)命名微生物的菌属或种或其他分类级并不是常见的命名方式,一般是为了避免较长的姓(西方有的姓很长,东方人或汉语圈当不存在这种情况),或者为了避免重名。但无论是以姓或名,都以中文"氏"来表示该词的人名特性。在这种情况下,除了对该人(大多数是微生物学者或自然科学者)的纪念以外,仅仅是表示微生物的名字符号,除非一定要区分"姓(-*ella*)"和"氏(-*ia*)"。

Zu

王祖农氏菌属(*Zunongwangia*)勘误,Qin 等,2007,新属;Rameshkumar 等,2014 修改。此属已定 3 种。

词源　氏:姓氏;王祖农氏:以王祖农(1916—2008)的姓名命名,其对中国微生物学的发展做出巨大贡献;菌:表示微小的事物,微生物(细菌、古菌、真菌);属:属名的尾词;王祖农氏菌属:以王祖农的姓名命名的菌属。

Etymology　N.L.fem.n.*Zunongwangia*, named in honor of Zu-Nong Wang, who has made great contributions to the development of microbiology in China.

模式种　深渊王祖农氏菌(*Zunongwangia profunda*)勘误,Qin 等,2007,新种。

词源　深渊：深潭，深海海渊，深部，深处，指的是此模式株的分离环境为（地下或海下）深处。
Etymology　L.fem.adj.*profunda*, deep, profound, referring to the environment where the type strain was isolated.
注：作为拉丁文名，汉语姓名拼音无需倒置，这种情况下，微生物属名仅仅是一个符号，主要是对人的纪念，主要是让中国人看得懂。

Zy

酵杆菌属（*Zymobacter*）Okamoto 等，1995，新属。此属已定 1 种。

词源　酵：酵母，酵素；杆：棒；菌：表示微小的事物，微生物（细菌、古菌、真菌）；属：属名的尾词；酵杆菌属：发酵的棒形生物。
Etymology　Gr.n.*zumê*, leaven, ferment; N.L.masc.n.*bacter*, rod; N.L.masc.n.*Zymobacter*, the fermenting rod.
模式种　棕榈酵杆菌（*Zymobacter palmae*）Okamoto 等，1995，新种。
词源　棕榈：棕榈树。
Etymology　L.gen.n.*palmae* of palm.

酵单胞属（*Zymomonas*）Kluyver and van Niel，1936，属。此属已定 1 种，3 亚种。

词源　酵：酵母，酵素，酶；单胞：单细胞，单元；菌：表示微小的事物，微生物（细菌、古菌、真菌）；属：属名的尾词；酵单胞菌属：意即发酵的单细胞生物。
Etymology　Gr.n.*zumê*, leaven, ferment; Gr.fem.n.*monas*, a unit, monad; N.L.fem.n.*Zymomonas*, intended to mean fermenting monad.
模式种　动酵单胞菌（*Zymomonas mobilis*）（Lindner，1928）Kluyver and van Niel，1936，《1980 年细菌名确认单》，种。
词源　动：运动的，移动的，活动的，游动的。
Etymology　L.fem.adj.*mobilis*, movable, motile.

嗜酵菌属（*Zymophilus*）Schleifer 等，1990，新属。此属已定 2 种。

词源　嗜：嗜好的，喜好的，友好的，爱好的；酵：酵母，酵素；菌：表示微小的事物，微生物（细菌、古菌、真菌）；属：属名的尾词；嗜酵菌属：喜好酵母的菌。
Etymology　Gr.n.*zumê*, leaven, yeast; N.L.adj.*philus -a -um*（from Gr.adj.*philos -ê -on*）, friend, loving; N.L.masc.n.*Zymophilus*, yeast-lover.
模式种　吞棉子糖嗜酵菌（*Zymophilus raffinosivorans*）Schleifer 等，1990，新种。
词源　吞：食，噬，吃，吞食，吞噬，吞吃；棉子糖：蜜三糖，由半乳糖，葡萄糖和果糖构成。
Etymology　N.L.n.*raffinosum*, raffinose; L.v.*vorare*, to devour, to eat; N.L.part.adj.*raffinosivorans*, raffinose-devouring.

参考文献

杨瑞馥,陶天申,方呈祥,张利平.2010.细菌名称双解及分类词典.北京:化学工业出版社.

万云洋,张枝焕.2012.对国际化人才培养必须进行外语授课的反思.中国石油大学学报(社会科学版).12:19-20.

万云洋,董海良.2014.环境地质微生物学实验指导.北京:石油工业出版社.

IJSB/IJSEM 期刊.国际系统细菌学期刊/国际系统和进化微生物学期刊.1950—2015年间关于新菌鉴定的所有论文,具体引用见正文.

合格原核名清单(LPSN).[全名:确定/立足分类命名的原核微生物名清单(List of prokaryotic names with standing in nomenclature)].http://www.bacterio.net

中国大百科全书总编辑委员会《生物学》编辑委员会,中国大百科全书出版社编辑部.1992.北京:中国大百科全书.生物学(Ⅰ-Ⅲ).中国大百科全书出版社.

万云洋,赵国屏.2016.原核微生物之杆菌和小杆菌.微生物学通报.43(6):1315-1332.

万云洋,费佳佳,赵国屏.2016.原核微生物之竿菌.微生物学杂志.36(3):73-79.

万云洋,赵国屏.2016.原核微生物之菌和微菌.微生物学杂志.36(4):71-75.

附录一　中拉对译命名规则

命名规则：常见中文—拉丁文菌名唯一性对照，建立基于形态、颜色、生境和性状的微生物基本分类遵循"单汉字—单拉丁字"对照，遵循唯一性、简洁性对译。如"球"对译"*sphaera*"，"璆"对译"*globus*"，这两个，细微差异是有的，*globus* 更倾向表达"地球、全球"（大球）之意，*sphaera* 是圆球（球体）。从简洁性来说，1991 年定的模式种解肉菌（*Sarcobium lyticum*）和 1993 年新合并的模式种藐陌菌（*Atopobium minutum*）等三字菌名是中文菌名命名中最简洁的，1995 年定的模式种东方玫菌（*Rhodobium orientis*）等四字中文菌名也很简洁。

1 常用表示形态的中文—拉丁文用词及分类

1.1 常用表示"棍棒"形的中文—拉丁文用词及分类

棍棒，顾名思义表示类似于教室的教杆、孙悟空的金箍棒（能大能小）、火柴棍、农夫的柴棍、晾衣杆、或舞者的钢管等。这种形状中最常见的用语是杆或小杆或竿（详见万云洋和赵国屏，2016）。

杆：新拉丁文阳性名词 *bacter*。新拉丁文中的 *bacter* 来自 *bacterium*，因此该词有两层含义，第一表示细菌，第二表示杆棒形状。虽然以杆（*bacter*）命名的菌属大多数为细菌，但由于历史的原因，一些菌属，比如**甲烷短杆菌属**（*Methanobrevibacter*）和**甲烷热杆菌属**（*Methanothermobacter*），虽然以"杆（*bacter*）"命名，但属于古菌；而在表示杆/棒的形态意义时候，同样由于历史的原因，实际上，具体情况可能有所出入。现约有 350 多属以"杆"命名。很多以其他形态命名的菌属中，也同时以杆描述，表示形状的复合性，如**维杆菌属**（*Ktedonobacter*）、**曲杆菌属**（*Curvibacter*）等。

小杆：拉丁文中性名词 *bacterium*；该词来自希腊文"βακτήριον"（*bakterion*），表示棍、杆。该词（*bacterium*）作为后缀的时候（即 -*bacterium*）表示小棒、小杆，为了与"杆"相区别，用"小杆"对译，表示比"杆"更小。现有约 120 属以"小杆"状命名。属名如**醋厌氧小杆菌属**（*Acetanaerobacterium*）等。种名中如 1963 年的模式种**吞小杆蛭弧菌**（*Bdellovibrio bacteriovorus*）。

杆状：由杆（*bacter*）和状（*oides*）构成；表示类似杆棒形的。如 1919 年的**杆状菌属**（*Bacteroides*）、1983 年定的**热杆状菌属**（*Thermobacteroides*）、1984 年定的**卤杆状菌属**（*Halobacteroides*）、2006 年定的**副杆状菌属**（*Parabacteroides*）、2012 年定的**屠场杆状菌属**（*Macellibacteroides*）、2014 年定的**醋杆状菌属**（*Acetobacteroides*）、2014 年定的**假杆状菌属**（*Pseudobacteroides*）。

竿：新拉丁文阳性名词 *bacillus*；表示（出芽孢）的竹竿形、杆形。中文中此词在以往对应于芽孢杆菌或杆菌，但芽孢杆菌这样的称谓不符合中文简洁的特色，也不符合拉丁文原意,拉丁文原意就是杆、棒,而杆菌这样的称谓与杆菌(bacter)在中文菌名中极易重复混淆。因此,本书用"竿"来表达两层意思:第一是杆或棒形,第二是出芽孢,芽孢仅在逆境下产生,竹子(开花)的生活习惯和现象与此类似。同时,此拉丁文 Bacillus(首字母大写)在表示一个菌属时,就译为"竿属"或"竿菌属"。这使得其与陌菌属(Atopobium)、鳃菌属(Branchiibius)、绿菌属(Chlorobium)、色菌属(Chromatium)、梭菌属(Clostridium)、解菌属(Lyticum)、海菌属(Maribius)、泛菌属(Pantoea)、玫菌属(Rhodobium)、肉菌属(Sarcobium)、蛇菌属(Serpens)、星菌属(Stella)、斑菌属(Stigmatella)、硫体属(Sulfurisoma)、弧菌属(Vibrio)等成为所有属名命名中最简洁者之一,符合中文对于命名简洁的要求。竿属或竿菌属也是原核生物的一大生命表现类型,表现其逆境生存的一种生命形式,自科恩1872年鉴定竿菌属始,迄今已有近百属,一千一百多种。种名中,如1915年的模式种竿形巴通氏菌(Bartonella bacilliformis)。详见2016年《原核微生物之竿菌》。

茎:拉丁文中性名词 baculum;原意是阴茎,表示小棒形;现有24属,如放线茎菌属(Actinobaculum)、潮滩茎菌属(Aestuariibaculum)、碱茎菌属(Alkalibaculum)、异茎菌属(Allobaculum)、厌氧茎菌属(Anaerobaculum)、绿茎菌属(Chlorobaculum)、脱硫化茎菌属(Desulfobaculum)、卤厌氧茎菌属(Halanaerobaculum)、卤茎菌属(Halobaculum)、氢茎菌属(Hydrogenobaculum)、等茎菌属(Isobaculum)、羊毛厌氧茎菌属(Lachnoanaerobaculum)、泞茎菌属(Lutibaculum)、海茎菌属(Maribaculum)、洋茎菌属(Oceanibaculum)、沼茎菌属(Paludibaculum)、渺茎菌属(Parvibaculum)、火茎菌属(Pyrobaculum)、口茎菌属(Stomatobaculum)、黏茎菌属(Tenacibaculum)、塔拉萨茎菌属(Thalassobaculum)、热厌氧茎菌属(Thermoanaerobaculum)、曲茎菌属(Varibaculum)。**1模式种,茎脱硫化微菌**(Desulfomicrobium baculatum)。

棍:希腊文中性名词 baktron(拉丁化 bactrum -a);火棍,权杖,拐杖;现有4属,错苍棍菌属(Falsochrobactrum)、苍棍菌属(Ochrobactrum)、似苍棍菌属(Paenochrobactrum)、假苍棍菌属(Pseudochrobactrum),与此形态有关。

柄:caulis;菌柄;原指叶柄,柄部,(植物的)地上根部茎杆;类似于英文中的 stalk,有的文献认为是荚膜状,如图所示:

柄菌的外形示意图

现有6属和1种,不黏柄菌属(Asticcacaulis)、柄杆菌属(Caulobacter)、糖柄菌属(Glycocaulis)、海柄菌属(Maricaulis)、洋柄菌属(Oceanicaulis)、夷柄菌属(Ponticaulis)和模式种柄瘤氮根瘤菌(Azorhizobium caulinodans)与此形态有关。

槌:拉丁文名词 clava;棒槌,表示一头大一头小的棒杵,(洗衣服时)大头用于棰击(衣服),小头用于手握,如图所示: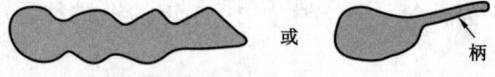。现有槌杆菌属(Clavibacter)、2004年定的假槌杆

菌属（*Pseudoclavibacter*）、丙酸槌菌属（*Propioniciclava*）、硫槌菌属（*Thioclava*）和槌卤美菌（*Halobellus clavatus*）与此形态有关。

杖：拉丁文阴性名词 *ferula*；擀面杖，小棒；现有3属［（2007年定的脱硫酸盐杖菌属（*Desulfatiferula*）、2008年定的卤杖菌属（*Haloferula*）和2011年定的甲基杖菌属（*Methyloferula*）］与此形态有关。

棒：拉丁文阳性名词 *fustis*；表示棍棒，棒球棍，可能与槌的形状类似。1996年定的脱硫化棒菌属（*Desulfofustis*）、2003年定的异棒菌属（*Allofustis*）、2004年定的厌氧棒菌属（*Anaerofustis*）。

径：拉丁文阳性名词 *radius*；"径"来自半径，意即棒、杆；如海径菌属（*Mariniradius*）。此字的另一个意思是辐射，射线，如胜辐射图颇姓菌（*Truepera radiovictrix*）。

杵：拉丁文 *rhabdus*；表示棒形；此字形十分容易与"杆"混淆，从试用的情况来看，用"杵"区分度更大，故用之。现有17属，如厌氧杵菌属（*Anaerorhabdus*）、脱硫化杵菌属（*Desulforhabdus*）、肠杵菌属（*Enterorhabdus*）、卤杵菌属（*Halorhabdus*）、甲基杵菌属（*Methylorhabdus*）、洋杵菌属（*Oceanirhabdus*）、桃杵菌属（*Persicirhabdus*）、光杵菌属（*Photorhabdus*）、夷杵菌属（*Pontirhabdus*）、2014年定的根杵菌属（*Rhizorhabdus*）、盐杵菌属（*Salirhabdus*）、橙色杵菌属（*Sandarakinorhabdus*）、鞘氨醇杵菌属（*Sphingorhabdus*）、互营杵菌属（*Syntrophorhabdus*）、热脱硫杵菌属（*Thermodesulforhabdus*）、镏卤杵菌属（*Thiohalorhabdus*）、外杵菌属（*Xenorhabdus*）。

秆：拉丁文阳性名词 *rhopalus*；表示棒形；此字形十分容易与"杆"混淆，出现频率低；现有1属，脱硫化秆菌属（*Desulforhopalus*）。2014年定的根秆菌属（*Rhizorhapis*）。

矛：拉丁文阴性名词 *lancea*；原意长矛，标枪，表示这种头部带尖的杆状菌；现有1属，硝化矛菌属（*Nitrolancea*）。

柱：拉丁文阴性名词 *pila*；表示圆柱体，因为微生物所展示的圆柱体非常小，有时候容易混淆成为圆球；现有4属。1984年定的玫柱菌属（*Rhodopila*）、1998年定的甲基柱菌属（*Methylopila*）、2005年定的苛柱菌属（*Fastidiosipila*）和2007年定的脱硫化柱菌属（*Desulfopila*）。其中玫柱菌属（*Rhodopila*）和甲基柱菌属（*Methylopila*）两属都呈圆柱球状。需要注意的是拉丁文阳性名词 *pilus* 注释为发、头发；拉丁文阴性名词 *pilum* 注释为标枪、梭镖、矛。如1966年的墨利埃发菌属（*Pilimelia*），表示的是生长在头发底物上的水生生物；2006年的镖杆菌属（*Pilibacter*），表示外形带锥尖的，像梭镖或长矛的棒形生物。

柄：拉丁文阳性名词 *stipe*；原意是表示圆木、树桩、树干，注意区别于 *caulis*。现有4属，异柄菌属（*Alistipes*）、厌氧柄菌属（*Anaerostipes*）、陌柄菌属（*Atopostipes*）、屈柄菌属（*Flexistipes*）。

针：拉丁文阴性名词 *talea*；纤细的扦、杆或棒；现有33属，如放线针菌属（*Actinotalea*）、碱针菌属（*Alkalitalea*）、沙针菌属（*Arenitalea*）、金针菌属（*Aureitalea*）、柠檬针菌属（*Citreitalea*）、泉针菌属（*Crenotalea*）、藏红针菌属（*Croceitalea*）、污水针菌属（*Defluviitalea*）、脱硫酸针菌属（*Desulfatitalea*）、脱硫化针菌属（*Desulfotalea*）、渣

针菌属(*Faecalitalea*)、黄针菌属(*Flavitalea*)、黄棕针菌属(*Fulvitalea*)、鲜黄针菌属(*Galbitalea*)、卤针菌属(*Halotalea*)、腐土针菌属(*Humitalea*)、水针菌属(*Hydrotalea*)、海针菌属(*Maritalea*)、动针菌属(*Mobilitalea*)、蒙古针菌属(*Mongoliitalea*)、苏打针菌属(*Nitritalea*)、洋针菌属(*Oceanitalea*)、桃针菌属(*Persicitalea*)、浮针菌属(*Planktotalea*)、锈针菌属(*Robiginitalea*)、红针菌属(*Rubritalea*)、橙色针菌属(*Sandarakinotalea*)、沉淀针菌属(*Sedimentitalea*)、壤针菌属(*Solitalea*)、硫针菌属(*Sulfuritalea*)、塔拉萨针菌属(*Thalassotalea*)、热针菌属(*Thermotalea*)、谷针菌属(*Vallitalea*)。

岐：拉丁文形容词 bifidus；表示类似于三岔路口，或汉字"丫"或英文大写字母"Y"形，用于描述这类微生物形态。注意与"歧"的差异，中文中此二字有时是相通的，但在本书中"歧"用于表示"歧化"，"岐"用于表示分岐、分叉。该词区别于"歧"，在本书中专有的表示歧化(反应)。如 1924 年的岐小杆菌属(*Bifidobacterium*)、1998 年定的热岐菌属(*Thermobifida*)。

幡：拉丁文阴性名词 virga；类似旗帜的杆状。现有 34 属，如，金幡菌属(*Aureivirga*)、烫厌氧幡菌属(*Caldanaerovirga*)、烫幡菌属(*Caldivirga*)、羧酸幡菌属(*Carboxylicivirga*)、嘉义幡菌属(*Chiayiivirga*)、脱硫化幡菌属(*Desulfovirga*)、焰幡菌属(*Flammeovirga*)、黄幡菌属(*Flavivirga*)、屈幡菌属(*Flexivirga*)、黄棕幡菌属(*Fulvivirga*)、氢幡菌属(*Hydrogenivirga*)、橙黄幡菌属(*Luteivirga*)、海幡菌属(*Marinivirga*)、海幡菌属(*Marivirga*)、微幡菌属(*Microvirga*)、微小幡菌属(*Microvirgula*)、泡碱厌氧幡菌属(*Natranaerovirga*)、泡碱幡菌属(*Natronovirga*)、玫瑰幡菌属(*Roseivirga*)、红幡菌属(*Rubrivirga*)、线西幡菌属(*Siansivirga*)、硫幡菌属(*Sulfurivirga*)、热幡菌属(*Thermovirga*)、硇幡菌属(*Thiovirga*)、幡竿菌属(*Virgibacillus*)、幡孢囊菌属(*Virgisporangium*)。

1.2 表示"丝线"形的菌属

丝线，顾名思义表示非常纤细的、长的、又可能是杂乱无规则的形状，如下图所示。但至于这个丝线到底有多长才算，并无定论。

丝线形的微生物示意图

丝：拉丁文名词 filum，表示丝、线，在微生物学中即细小的丝线形生物。英文 filum/fila 直接来自此拉丁文。如 1996 年定的厌氧丝菌属(*Anaerofilum*)、1985 年定的丝杆菌属(*Filibacter*)、1994 年定的产丝菌属(*Filifactor*)、2009 年定的丝单胞菌属(*Filimonas*)、2001 年定的丝竿菌属(*Filobacillus*)、1988 年定的丝微菌属(*Filomicrobium*)、2012 年定的地丝菌属(*Geofilum*)、2009 年定的海丝菌属(*Marinifilum*)、2014 年定的副丝单胞菌属(*Parafilimonas*)、2009 年定的平丝菌属(*Planifilum*)、1983 年定的热丝菌属(*Thermofilum*)、2014 年定的热黄丝菌属(*Thermoflavifilum*)。

种名(种加名)中,1923 年的模式种**丝形小链菌**(*Alysiella filiformis*)和 1997 年定的模式种**丝形霍尔德曼氏菌**(*Holdemania filiformis*)。另外,拉丁文中性名词 *filamentum*；也表示丝线。但这种用法不常见,也可能在词性的认识上有误。相关的有 1989 年定的**醋丝菌属**(*Acetofilamentum*)和 1998 年定的模式种**丝状极杆菌**(*Polaribacter filamentus*),采用了新拉丁文形容词 *filamentus*。

丝：拉丁文名词 *sericum*；类似于英文中的 silk,有蚕丝,丝绸,真丝之意；丝氨酸(serine)最初即来自蚕丝朊中,命名也来自于此；以此命名的目前仅一属,2009 年定的**烫丝菌属**(*Caldisericum*),此属已定 1 种。实际上,拉丁文 *sericum*（复数 *serica*)来自希腊文 *serikos*。在希腊文中 *serikos* 表示丝一般的,柔软的,丝质的,来自 *Seres*（即丝绸之国,丝国),希腊人可能就是从 *Seres*（中国)这个东亚国家得到丝绸的。

纤：拉丁文名词 *fibra*；该词和中世纪拉丁文 *fibre*,可能直接来自拉丁文 *filum*,表示纤维、丝、内肠之意,细小之物(不同于纤维素)。英文中 fibre 或 fiber、filament,都起源于此。在微生物菌属的定名中,使用并不广泛。如 1988 年定的**纤杆菌属**(*Fibrobacter*)［区别于 1985 年的定的**丝杆菌属**(*Filibacter*)］、2011 年定的**纤菌属**(*Fibrella*)、2011 年定的**纤体属**(*Fibrisoma*)。

种名(种加名)中,1956 年的模式种**溶纤丁酸弧菌**(*Butyrivibrio fibrisolvens*)和 2001 年定的模式种**纤丝甲基八球菌**(*Methylosarcina fibrata*)。后者是拉丁文阴性形容词 *fibrata*。

维：希腊文名词 *ktedon -onos*；表示维,纤维(不同于纤维素)。如 2007 年定的**维杆菌属**(*Ktedonobacter*),仅定 1 种。

缕：拉丁文阴性名词 *linea*；表示线条,与长度相比,宽度很窄的形状,通常两侧相互平行,如图所示：

与英文 line 同意。现有 12 属种。如 2003 年定的**厌氧缕菌属**(*Anaerolinea*)、2007 年定的**美缕菌属**(*Bellilinea*)、2003 年定的**烫缕菌属**(*Caldilinea*)、2013 年定的**金缕菌属**(*Chryseolinea*)、2006 年定的**细缕菌属**(*Leptolinea*)、2006 年定的**滑缕菌属**(*Levilinea*)、2013 年定的**岸缕菌属**(*Litorilinea*)、2007 年定的**长缕菌属**(*Longilinea*)、2008 年定的**甲烷缕菌属**(*Methanolinea*)、2013 年定的**帅缕菌属**(*Ornatilinea*)、2014 年定的**淖缕菌属**(*Pelolinea*)、2013 年定的**热海缕菌属**(*Thermomarinilinea*)。

线：希腊文中性名词 *nema*,表示长丝,线,与拉丁文 *linea* 可能不构成形状上本质的区别；与英文 thread 同意。现有 16 属,1 种,如 1992 年定的**醋线体属**(*Acetonema*)、1978 年的**放线伴线体属**(*Actinosynnema*)、2015 年定的**碱线体属**(*Alkalinema*)、2010 年定的**异放线伴线体属**(*Alloactinosynnema*)、1961 年的**杆线体属**(*Bacterionema*)（已归属棒小杆体属)、1995 年定的**短线体属**(*Brevinema*)、1975 年的**绿线体属**(*Chloronema*)、1981 年定的**脱硫化线体属**(*Desulfonema*)、1983 年定的**细线体属**(*Leptonema*)、2012 年定的**海线体属**(*Marininema*)、2006 年定的**巨线体属**(*Meganema*)、1998 年定的**泡碱线体属**(*Natrinema*)、2015 年定的**潘塔纳线体属**(*Pantanalinema*)、1989 年定的**热线体属**(*Thermonema*)、1905 年的**密螺旋体属**或**旋线体属**(*Treponema*),以及常线体属或常线藻属(*Tychonema*)。还有**嗜线虫外杆菌**

(*Xenorhabdus nematophila*)这种菌种来源线虫虽然不是微生物,但是命名方式相同。

发:希腊文阴性名词 *thrix*、*thricos*;(头)发(丝);现有 26 属,2 种,如 1976 年的**索发菌属**(*Brochothrix*),此属已定 2 种;2003 年定的**烫发菌属**(*Caldithrix*),此属已定 2 种;1870 年的**泪发菌属**或**泉发菌属**(*Crenothrix*),此属已定 1 种;1909 年的**丹毒发菌属**(*Erysipelothrix*),此属已定 3 种;2009 年定的**铁发菌属**(*Ferrithrix*),此属已定 1 种;1970 年的**屈发菌属**(*Flexithrix*),此属已定 1 种;1999 年定的**地发菌属**(*Geothrix*),此属已定 1 种;2010 年定的**卤刺发菌属**(*Haloechinothrix*),此属已定 1 种;1994 年定的**卤热发菌属**(*Halothermothrix*),此属已定 1 种;1986 年定的**阳发菌属**(*Heliothrix*),此属已定 1 种;2014 年定的**滑发菌属**(*Labilithrix*),此属已定 1 种;1843 年的**细发菌属**(*Leptothrix*),此属已定 5 种;1879 年的**细发丝菌属**(*Leptotrichia*),此属已定 7 种;1844 年的**明发菌属**(*Leucothrix*),此属已定 1 种;1988 年定的**池发菌属**("*Limnothrix*");1983 年定的**甲烷发菌属**(*Methanothrix*),此属已定 4 种;2002 年定的**浮发状藻属**(*Planktothricoides*),此属已定 1 种;2002 年的**浮发菌属**("*Planktothrix*");1989 年的**原绿发藻属**(*Prochlorothrix*);2007 年定的**迅发菌属**(*Rapidithrix*),此属已定 1 种;1984 年定的**糖发菌属**(*Saccharothrix*),此属已定 22 种,4 亚种;2010 年定的**热孢发菌属**(*Thermosporothrix*),此属已定 1 种;1981 年定的**热发菌属**(*Thermothrix*),此属已定 2 种;1888 年的**硫发菌属**(*Thiothrix*),此属已定 9 种;1925 年的**卷发菌属**(*Toxothrix*),此属已定 1 种;1984 年定的**发果菌属**(*Trichococcus*),此属已定 5 种。

种名(种加名)中,如 2014 年定的模式种**周发海岸竿菌**(*Litoribacillus peritrichatus*)和 1993 年行新合并的模式种**发孢甲基弯菌**(*Methylosinus trichosporium*)。

绳:拉丁文名词 *tomix*,表示绳子,线,带。该词应用并不多。如 2003 年定的**藏红绳菌属**(*Crocinitomix*)和 2007 年定的**沉积绳菌属**(*Sediminitomix*)。

1.3 常用表示球类(类球体)的拉丁文用词及分类

橄:拉丁文阴性名词 *baca*;表示橄榄(球)形,但其形状不会与果形有本质区别,实际上此名的出现很大程度上应当是为了与其他浆果形生物重名。现有 9 属;2014 年定的**鲊橄菌属**(*Jeotgalibaca*),此属已定 1 种;2011 年定的**副透橄菌属**(*Paraperlucidibaca*),此属已定 2 种;2006 年定的**外海橄菌属**(*Pelagibaca*),此属已定 1 种;2008 年定的**透橄菌属**(*Perlucidibaca*),此属已定 1 种;2010 年定的**夷橄菌属**(*Pontibaca*),此属已定 1 种;2001 年定的**玫橄菌属**(*Rhodobaca*),此属已定 2 种;2009 年定的**玫瑰橄菌属**(*Roseibaca*),此属已定 1 种;2008 年定的**中华橄菌属**(*Sinobaca*),此属已定 1 种;2002 年定的**硫橄菌属**(*Thiobaca*),此属已定 1 种。

果:新拉丁文阳性名词 *coccus* 或复数 *cocci*,来自希腊文阳性名词 *kokkos*(表示谷粒,种子,浆果);原意是浆果,表示浆果形,一般是(非正规)圆球形或椭球形的,蓝莓、葡萄、草莓等水果都是如此,但不排除有些情况下具有圆球形,有些情况下与球形是等同的。此类微生物直径在 0.5~2.5μm,一般是单个,成对,四倍体或无规则聚集的方式存在,与杆、小杆、竿、弧、螺、小螺等一样,也是原核生物生命形态中的一个基本形态;目前约 140 属,合格有效的约130属；如奇果菌属（*Deinococcus*）、肤果菌属（*Dermacoccus*）、脱硫化果菌属（*Desulfococcus*）、脱硫果菌属（*Desulfurococcus*）、诡果菌属（*Dolosicoccus*）等。

果状：新拉丁文阳性名词 *coccus*+ 拉丁文后缀 -*oides*（来自希腊文后缀 *eides*，来自希腊文名词 *eidos*）表示形状、外形、相貌看起来像……，*coccoides* 表示浆果状的，像浆果的，类似浆果的。如1985年定的甲烷果状菌属（*Methanococcoides*）、2010年定的热果状菌属（*Thermococcoides*）、2013年定的脱卤果状菌属（*Dehalococcoides*）、1928年的模式种果状附赤兽体（*Eperythrozoon coccoides*）、1940年的模式种黏果菌属状孢噬胞菌（*Sporocytophaga myxococcoides*）和2008年新合并的模式种果状布劳特氏菌（*Blautia coccoides*）。

珱（或球）：拉丁文阳性名词 *globus*；现有10属［不含脱硫化球菌属（*Desulfuroglobus*），此属已归属/合并到酸亚纳斯菌属（*Acidianus*）］。为了避免一些显而易见的重名［特别是与希腊文名词 *sphaira*（球）及其拉丁文直译字阴性名词 *sphaera*（球）］。因此，我们建议此类以 *globus* 定名生物为"珱"，以取代"球"。1988年定的古珱菌属（*Archaeoglobus*），此属已定5种；1995年定的珱小链菌属（*Globicatella*），此属已定2种；1997年定的铁珱菌属（*Ferroglobus*），此属已定1种；2002年定的厌氧珱菌属（*Anaeroglobus*），此属已定1种；2002年定的地珱菌属（*Geoglobus*），此属已定2种；2003年定的玫珱菌属（*Rhodoglobus*），此属已定2种；2007年定的土珱菌属（*Terriglobus*），此属已定4种；2010年定的金珱菌属（*Chryseoglobus*），此属已定1种；2012年定的哈莉珱菌属（*Halioglobus*），此属已定2种；2011年定的鱼珱菌属（*Pisciglobus*），此属已定1种。

以极少见的拉丁文形容词 *globosus* -*a* 定名的菌属：2008年定的小链珱孢菌属（*Catelliglobosispora*），此属已定1种；2012年定的模式种珱球旋体（*Sphaerochaeta globosa*）。

以极少见的拉丁文中性名词 *glomus*：1985年定的网珱菌属（*Dictyoglomus*），此属已定2种；3模式种，1947年的模式种珱形节杆菌（*Arthrobacter globiformis*）；1984年新合并的模式种珱形玫柱菌（*Rhodopila globiformis*）；1985年定的模式种暗珱芽殖菌（*Gemmata obscuriglobus*）。

卵：拉丁文中性名词 *ovum*，表示蛋。有1998年定的硫亮卵菌属（*Thiolamprovum*）、2004年定的硫卵菌属（*Sulfurovum*）、2005年定的乳卵菌属（*Lactovum*）、2006年定的海卵菌属（*Marinovum*）、2012年定的热卵菌属（*Thermovum*）、2014年定的甲基海卵菌属（*Methylomarinovum*）、2007年定的模式种长卵形产内酯菌（*Lactonifactor longoviformis*）等。

小卵：新拉丁文小词中性名词 *ovulum*，来自拉丁文名词 *ovum*，表示小蛋。有1913年的硫小卵菌属（*Thiovulum*）、1994年定的玫小卵菌属（*Rhodovulum*）、2003年定的素小卵菌属（*Albidovulum*）、2011年定的链小卵菌属（*Catenovulum*）等。

八球：拉丁文阴性名词 *Sarcina*；有的文献认为是八叠球，并不精确，这些生物可能并不以规则的叠状排列，而是以束状排列。现有7属42种。即1842年的八球菌属（*Sarcina*）、1936年的甲烷八球菌属（*Methanosarcina*）、1936年的孢八球菌属（*Sporosarcina*）、1981年定的脱硫化八球菌属（*Desulfosarcina*）、2001年定的甲基八球菌属（*Methylosarcina*）、2008年定的卤八球菌属（*Halosarcina*）、2009年定的似孢八球属（*Paenisporosarcina*）等。

球：拉丁文阴性名词 *sphaera*。注意，黏球菌属（*Lentisphaera*）和黏球菌纲（Lentisphaeria）在拉丁文中只差一字母"i"，但不是小球和大球的关系，是"属"与"纲"的关系。现有 27 属[含乳球菌属（*Lactosphaera*）、微球菌属（*Microsphaera*）等已另归属的]，如 2000 年定的酸球菌属（*Acidisphaera*）、2009 年定的厌氧球菌属（*Anaerosphaera*）、2011 年定的水球菌属（*Aquisphaera*）、2003 年定的烫球菌属（*Caldisphaera*）、2006 年定的炱球菌属（*Ignisphaera*）、1995 年定的等球菌属（*Isosphaera*）、2002 年定的运球菌属（*Kineosphaera*）、2004 年定的慢球菌属（*Lentisphaera*）、1971 年的巨球菌属（*Megasphaera*）、1989 年定的金属球菌属（*Metallosphaera*）、1985 年定的甲烷球菌属（*Methanosphaera*）、1998 年定的甲基球菌属（*Methylosphaera*）、2014 年定的亚硝化球菌属（*Nitrososphaera*）、2003 年定的洋球菌属（*Oceanisphaera*）、2013 年定的寡球菌属（*Oligosphaera*）、2010 年定的海草球菌属（*Phycisphaera*）、2011 年定的冷球菌属（*Psychrosphaera*）、2005 年定的方球菌属（*Quadrisphaera*）、2003 年定的盐球菌属（*Salinisphaera*）、2008 年定的单球菌属（*Singulisphaera*）、2007 年定的球孢囊菌属（*Sphaerisporangium*）、1989 年定的球杆菌属（*Sphaerobacter*）、1998 年定的硫球菌属（*Sulfurisphaera*）、2000 年定的四球菌属（*Tetrasphaera*）、1998 年定的热球菌属（*Thermosphaera*）、1984 年定的磠球菌属（*Thiosphaera*）。2 种，1985 年定的模式种球状孢芭蕉菌（*Sporomusa sphaeroides*）和 2012 年定的模式种根球拉比达氏菌（*Labedaea rhizosphaerae*）。

拉丁文阴性名词 *sphaerula*，表示小球。2009 年定的甲烷小球菌属（*Methanosphaerula*），此属已定 1 种。

希腊文名词 *sphaira*（拉丁文直译字 *sphaera*）定名的菌属，虽然出现的很早，但迄今仍很少。即 1833 年的球尘菌属（*Sphaerotilus*）、2012 年定的球旋体属（*Sphaerochaeta*）和 2014 年定的藻球菌属（*Algisphaera*）。

另外，可以一提的是，1998 年定的甲烷卵石菌属（*Methanocalculus*），此属已定 5 种。此属菌形态是鹅卵石形，与橄、卵等形态类似，如下图所示。

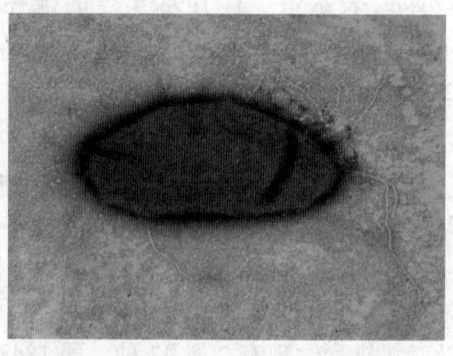

嗜泡碱甲烷卵石菌（*Methanocalculus natronophilus*）Z-7105^T 菌株细胞形态学：具有鞭毛的细胞，磷钨酸负染（Zhilina 等，2013）。不规则有角果形，直径 0.2~1.2μm，单一，成对或少量聚集，通过周生鞭毛运动。

1.4 常用表示卷曲形态的中文—拉丁文用词及分类

弓：拉丁文阳性名词 arcus，表示弓，弧，穹。现有 7 属，1999 年定的**厌氧弓菌属**（*Anaeroarcus*），此属已定 1 种；2004 年定的**弓胞菌属**（*Arcicella*），此属已定 4 种；1991 年定的**弓杆菌属**（*Arcobacter*），此属已定 18 种；1993 年定的**氮弓菌属**（*Azoarcus*），此属已定 9 种；2006 年定的**脱硫小弓菌属**（*Desulfarculus*），此属已定 1 种；2014 年定的**玫瑰弓菌属**（*Roseiarcus*），此属已定 1 种；2005 年定的模式种**弧后硝酸盐破解菌**（*Nitratiruptor tergarcus*）。

曲：拉丁文形容词 curvus -um、-a，拉丁文分词阴性形容词 curvata；表示弯曲，曲折。现有 7 属，2012 年定的**色曲菌属**（*Chromatocurvus*），此属已定 1 种；2004 年定的**曲杆菌属**（*Curvibacter*），此属已定 4 种；2009 年定的**脱硫化曲菌属**（*Desulfocurvus*），此属已定 2 种；2009 年定的**矿曲菌属**（*Fodinicurvata*），此属已定 2 种；2012 年定的**海曲菌属**（*Maricurvus*），此属已定 1 种；2014 年定的**假海曲菌属**（*Pseudomaricurvus*），此属已定 1 种；2004 年定的**硫曲菌属**（*Sulfuricurvum*），此属已定 1 种。2 菌种，2010 年定的模式种**曲池居菌**（*Limnohabitans curvus*），1957 年的**曲热单孢菌**（*Thermomonospora curvata*）。希腊文形容词 ankulos 也是表示"曲"，如 1983 年定的**麯杆菌属**（*Ancylobacter*），此属已定 7 种。

屈：拉丁文动词 Flecto，拉丁文分词形容词 flexus -um -a（来自于 flecto）。现有 15 属，2005 年定的**碱屈菌属**（*Alkaliflexus*），此属已定 1 种；2004 年定的**水屈菌属**（*Aquiflexum*），此属已定 1 种；1974 年的**绿屈菌属**（*Chloroflexus*），此属已定 2 种；2013 年定的**黄屈菌属**（*Flaviflexus*），此属已定 2 种；1977 年的**屈竿菌属**（*Flectobacillus*），此属已定 5 种；1945 年的**屈杆菌属**（*Flexibacter*），此属已定 17 种；2000 年定的**屈柄菌属**（*Flexistipes*），此属已定 1 种；1970 年的**屈发菌属**（*Flexithrix*），此属已定 1 种；2012 年定的**屈幡菌属**（*Flexivirga*），此属已定 1 种；2012 年定的**红树屈菌属**（*Mangroviflexus*），此属已定 1 种；2012 年定的**泡城屈菌属**（*Natronoflexus*），此属已定 1 种；2014 年定的**寡屈菌属**（*Oligoflexus*），此属已定 1 种；1999 年定的**冷屈菌属**（*Psychroflexus*），此属已定 7 种；2002 年定的**玫瑰屈菌属**（*Roseiflexus*），此属已定 1 种；2014 年定的**热屈菌属**（*Thermoflexus*），此属已定 1 种。1 菌种，2013 年新合并的模式种**屈菜豆杆菌**（*Phaseolibacter flectens*）。

弯：拉丁文阳性名词 sinus；表示弯曲；现有 6 属，1999 年定的**厌氧弯菌属**（*Anaerosinus*），此属已定 1 种；1997 年定的**脱硫化孢弯菌属**（*Desulfosporosinus*），此属已定 8 种；2007 年定的**外磲玫弯菌属**（*Ectothiorhodosinus*），此属已定 1 种；1993 年定的**甲基弯菌属**（*Methylosinus*），此属已定 2 种；2007 年定的**淖弯菌属**（*Pelosinus*），此属已定 3 种；2004 年定的**热弯菌属**（*Thermosinus*），此属已定 1 种。在 2004 年定的模式种**窦口小杆菌**（*Oribacterium sinus*）中，指的是口腔上颌的一个弯道，窦道；在 2000 年定的模式种**阿拉伯湾屈柄菌**（*Flexistipes sinusarabici*）中，用了阿拉伯湾的拉丁化拼写。

弯曲：希腊文形容词 kampulos，与拉丁文形容词 curvus、sinus 和 flexus 等同义，但为了避免重复，用"弯曲"表示，表示屈折、弯转、屈曲、曲折；如 1963 年的**弯曲杆菌属**

(Campylobacter),此属已定33种,14亚种。

"螺"和"小螺"在当前微生物界,如同"杆"和"小杆"一样,可能尚没有本质的区别,但今后宜进行区分命名;不论是螺或小螺,都是原核生物的特殊形态之一。根据习惯,这些属都称为"**体属"。

螺:拉丁文阴性名词 *spira*;现有34属。2014年定的**潮滩螺体属**(*Aestuariispira*),此属已定1种;2006年定的**金螺体属**(*Aureispira*),此属已定1种;2000年定的**氮螺体属**(*Azospira*),此属已定2种;1983年定的**矮螺体属**(*Brachyspira*),此属已定7种;1910年的**脊螺体属**(*Cristispira*),此属已定1种;2008年定的**脱硫化泡碱螺体属**(*Desulfonatronospira*),此属已定2种;1997年定的**脱硫化螺体属**(*Desulfospira*),此属已定1种;2010年定的**脱硫螺体属**(*Desulfurispira*),此属已定1种;1936年的**外磠玫螺体属**(*Ectothiorhodospira*),此属已定12种;2008年定的**纤细螺体属**(*Exilispira*),此属已定1种;1997年定的**卤玫螺体属**(*Halorhodospira*),此属已定4种;1956年的**羊毛螺体属**(*Lachnospira*),此属已定2种;1917年的**细螺体属**(*Leptospira*),此属已定23种;2012年定的**磁螺体属**(*Magnetospira*),此属已定1种;1933年的**亚硝化螺体属**(*Nitrosospira*),此属已定4种;1986年定的**硝化螺体属**(*Nitrospira*),此属已定2种;2003年定的**油螺体属**(*Oleispira*),此属已定2种;1913年的**颤螺体属**(*Oscillospira*),此属已定1种;1983年定的**丙酸螺体属**(*Propionispira*),此属已定4种;1998年定的**玫螺体属**(*Rhodospira*),此属已定1种;1998年定的**玫瑰螺体属**(*Roseospira*),此属已定5种;1911年的**腐螺体属**(*Saprospira*),此属已定1种;2006年定的**简螺体属**(*Simplicispira*),此属已定3种;2014年定的**螺杆菌属**(*Spiribacter*),此属已定1种;1963年的**螺孢菌属**(*Spirillospora*),此属已定2种;1835年的**螺旋体属**(*Spirochaeta*),此属已定21种,2亚种;1973年的**螺原体属**(*Spiroplasma*),此属已定38种;1894年的**螺体属**(*Spirosoma*),此属已定8种;2008年定的**海绵螺体属**(*Spongiispira*),此属已定1种;1999年定的**琥珀酸螺体属**(*Succinispira*),此属已定1种;2002年定的**塔拉萨螺体属**(*Thalassospira*),此属已定8种;2002年定的**磠碱螺体属**(*Thioalkalispira*),此属已定1种;2008年定的**磠卤螺体属**(*Thiohalospira*),此属已定2种;1972年的**磠微螺体属**(*Thiomicrospira*),此属已定11种;1999年定的**磠玫螺体属**(*Thiorhodospira*),此属已定1种;1914年的**磠螺体属**(*Thiospira*),此属已定1种。

小螺:新拉丁文中性名词 *spirillum*;31属。不包括已归属/合并的脱卤小螺体属(*Dehalospirillum*)等。2002年定的**碱小螺体属**(*Alkalispirillum*),此属已定1种;1976年定的**厌氧生小螺体属**(*Anaerobiospirillum*),此属已定1种;1973年的**水小螺体属**(*Aquaspirillum*),此属已定19种,4亚种;1979年的**氮小螺体属**(*Azospirillum*),此属已定17种;2007年定的**淤小螺体属**(*Caenispirillum*),此属已定2种;2010年定的**脱硫小螺体属**(*Desulfurispirillum*),此属已定2种;1986年定的**草小螺体属**(*Herbaspirillum*),此属已定16种,2亚种;2007年定的**异常小螺体属**(*Insolitispirillum*),此属已定1种,2亚种;2000年定的**细小螺体属**(*Leptospirillum*),此属已定3种;1992年定的**磁小螺体属**(*Magnetospirillum*),此属已定2种;1998年定的**海小螺体属**(*Marinospirillum*),此属已定5种;2009年定的海

小螺体属(*Marispirillum*),此属已定1种;1974年定的甲烷小螺体属(*Methanospirillum*),此属已定4种;2005年定的黏小螺体属(*Mucispirillum*),此属已定1种;2014年定的雪白小螺体属(*Niveispirillum*),此属已定1种;2007年定的新小螺体属(*Novispirillum*),此属已定1种,2亚种;1973年的洋小螺体属(*Oceanospirillum*),此属已定13种,5亚种;2013年定的副草小螺体属(*Paraherbaspirillum*),此属已定1种;2014年定的副玫小螺体属(*Pararhodospirillum*),此属已定3种;1998年定的棕小螺体属(*Phaeospirillum*),此属已定5种;2002年定的假小螺体属(*Pseudospirillum*),此属已定1种;1907年的玫小螺体属(*Rhodospirillum*),此属已定11种;2001年定的玫瑰小螺体属(*Roseospirillum*),此属已定1种;2003年定的糖小螺体属(*Saccharospirillum*),此属已定3种;2014年定的盐田小螺体属(*Salinispirillum*),此属已定1种;1997年定的小螺浮菌属(*Spirilliplanes*),此属已定1种;1832年的小螺体属(*Spirillum*),此属已定2种;1993年定的硫小螺体属(*Sulfurospirillum*),此属已定8种;2007年定的泽小螺体属(*Telmatospirillum*),此属已定1种;1888年的硫小螺体属(*Thiospirillum*),此属已定1种;1982年定的螺带屠杆菌(*Caedibacter taeniospiralis*);1989年定的螺杆菌属或蛳杆菌属(*Helicobacter*),此属已定35种;希腊文形容词helix-ikos表示螺形的,螺旋的,螺体的。

弧:拉丁文动词和新拉丁文名词*vibrio*;这也是一种十分重要的原核生物细胞形态之一,表示作名词时表示弧、弧形,作动词时表示以攒动方式运动,颤抖状运动,来来回回地运动,振动。现有40属(不含已被重新归属的镰弧菌属(*Falcivibrio*)、卤弧菌属(*Halovibrio*)等)。如1980年定的醋弧菌属(*Acetivibrio*),此属已定4种;2007年定的异弧菌属(*Aliivibrio*),此属已定6种;2013年定的胺弧菌属(*Aminivibrio*),此属已定1种;1966年的厌氧弧菌属(*Anaerovibrio*),此属已定3种;2000年定的氮弧动菌属(*Azovibrio*),此属已定1种;1963年的蛭弧菌属(*Bdellovibrio*),此属已定4种;1956年的丁酸弧菌属(*Butyrivibrio*),此属已定4种;2008年定的烫壤弧菌属(*Calditerrivibrio*),此属已定1种;1986年定的纤维弧菌属(*Cellvibrio*),此属已定8种,2亚种;2014年定的几丁弧菌属(*Chitinivibrio*),此属已定1种;2000年定的脱硝弧菌属(*Denitrovibrio*),此属已定1种;1997年定的脱硫化泡碱弧菌属(*Desulfonatronovibrio*),此属已定4种;1936年的脱硫化弧菌属(*Desulfovibrio*),此属已定65种,8亚种;2008年定的脱硫弧菌属(*Desulfurivibrio*),此属已定1种;1997年定的脱硫代硫酸盐弧菌属(*Dethiosulfovibrio*),此属已定5种;2002年定的肠弧菌属(*Enterovibrio*),此属已定4种;2013年定的铁弧菌属(*Ferrovibrio*),此属已定1种;1991年定的蚁酸弧菌属(*Formivibrio*),此属已定1种;2000年定的地弧菌属(*Geovibrio*),此属已定2种;1989年定的卤弧菌属(*Halovibrio*),此属已定2种;1991年定的氢弧菌属(*Hydrogenovibrio*),此属已定1种;2014年定的乳弧菌属(*Lactivibrio*),此属已定1种;2013年定的磁弧菌属(*Magnetovibrio*),此属已定1种;1989年定的微弧菌属(*Micavibrio*),此属已定1种;2011年定的棕弧菌属(*Phaeovibrio*),此属已定1种;1991年定的丙酸弧菌属(*Propionivibrio*),此属已定3种;1996年定的假丁酸弧菌属(*Pseudobutyrivibrio*),此属已定2种;2004年定的假弧菌属(*Pseudovibrio*),此属已定4种;1998年定的玫弧菌属(*Rhodovibrio*),此属已定 2 种；1996 年定的盐弧菌属（*Salinivibrio*），此属已定 4 种，3 亚种；2013 年定的硒弧菌属（*Seleniivibrio*），此属已定 1 种；1956 年的琥珀酸弧菌属（*Succinivibrio*），此属已定 1 种；1999 年定的热厌氧弧菌属（*Thermanaerovibrio*），此属已定 2 种；1994 年定的热脱硫化弧菌属（*Thermodesulfovibrio*），此属已定 5 种；2002 年定的热弧菌属（*Thermovibrio*），此属已定 3 种；2001 年定的硫碱弧菌属（*Thioalkalivibrio*），此属已定 10 种；1993 年定的硫玫弧菌属（*Thiorhodovibrio*），此属已定 1 种；1980 年定的吸吮弧菌属（*Vampirovibrio*），此属已定 1 种；2008 年定的毒弧菌属（*Venenivibrio*），此属已定 1 种；1854 年的弧菌属（*Vibrio*），此属已定 119 种，2 亚种；2014 年定的弧单胞菌属（*Vibrionimonas*），此属已定 1 种。以及弧形菌种，1935 年的弧状柄杆菌（*Caulobacter vibrioides*）；如 2013 年定的模式种盐弧夷单胞菌（*Pontimonas salivibrio*）、2001 年定的模式种弧状丙酸孢菌（*Propionispora vibrioides*）、2003 年新合并的种"绿弧状绿茎菌"（"*Chlorobaculum chlorovibrioides*"）。

除此之外，还有一些表示串联的用语，如链（希腊文形容词 *streptos*），表示呈弯曲链接的，如图所示：

1.5 常用表示特定细胞器的拉丁文用词及分类

这些细胞器在原核生物中一般表示形状，也具有特定的功能载体，是分类的一类依据。

胶囊：拉丁文阴性名词 *Capsa*：现有 5 属，酸胶囊菌属（*Acidicapsa*）、脱硫化胶囊菌属（*Desulfocapsa*）、甲基胶囊菌属（*Methylocapsa*）、磺胶囊菌属（*Thiocapsa*）、磺卤胶囊菌属（*Thiohalocapsa*）。

腺，腺体：希腊文阴性名词 *kustis*（Cystis, cysto）：表示囊状物，袋状物；现有 9 属，如腺杆菌属（*Cystobacter*）、亮腺菌属（*Lamprocystis*）、甲基腺菌属（*Methylocystis*）、微腺菌属（*Microcystis*）、迷你腺菌属（*Minicystis*）、侏腺菌属（*Nannocystis*）、菜豆腺菌属（*Phaselicystis*）、邻腺菌属（*Plesiocystis*）、磺腺菌属（*Thiocystis*）。

叶：拉丁文阳性名词 *Lobus*（区别于 *globus*），近似于英文 lobe；此词来自于解剖学，指心肺等器官的易区分的部分，在微生物学中表示难以用某种固有形态表示有特定结构；现有 5 属，如酸叶菌属（*Acidilobus*）、甲烷叶菌属（*Methanolobus*）、火叶菌属（*Pyrolobus*）、冥河叶菌属（*Stygiolobus*）、硫叶菌属（*Sulfolobus*）。1971 年的亚硝化叶菌属（*Nitrosolobus*）在 1995 年已归属到亚硝化螺体属（*Nitrosospira*）。

孢囊：新拉丁文名词 *Sporangium* 来自希腊文名词孢子（*spora*）和囊（*angeion*），表示孢囊：隐孢囊菌属（*Cryptosporangium*）、指孢囊菌属（*Dactylosporangium*）、间孢囊菌属（*Intrasporangium*）、类孢囊菌属（*Kibdelosporangium*）、浮孢囊菌属（*Planosporangium*）、假孢囊菌属（*Pseudosporangium*）、中华孢囊菌属（*Sinosporangium*）、球孢囊菌属（*Sphaerisporangium*）、链孢囊菌属（*Streptosporangium*）、幡孢囊菌属（*Virgisporangium*）。

孢：希腊文阴性名词 *Spora*，原意表示种子，颗粒，生物学中表示孢子，这与竿菌一起成为原核细胞抵抗外界环境变化的一种生存方式。孢子的一般形态是颗粒状（类球体），但可形成孢子串或链。现有 60 余属［包括已经另归属的无形孢囊菌属（*Amorphosporangium*）

等],如端果孢菌属(*Acrocarpospora*)、放线金孢菌属(*Actinaurispora*)、放线链孢菌属(*Actinocatenispora*)、放线运孢菌属(*Actinokineospora*)、放线孢菌属(*Actinomycetospora*)、放线多孢菌属(*Actinopolyspora*)、异链球孢菌属(*Allocatelliglobosispora*)、异盐放线孢菌属(*Allosalinactinospora*)、厌氧孢杆菌属(*Anaerosporobacter*)、小链孢菌属(*Catellatospora*)、小链球孢菌属(*Catelliglobosispora*)、薄链孢菌属(*Catenulispora*)、隐孢囊菌属(*Cryptosporangium*)、指孢囊菌属(*Dactylosporangium*)、链孢菌属(*Desmospora*)、脱硫孢菌属(*Desulfitispora*)、脱磺化孢菌属(*Desulfonispora*)、脱硫化孢弯菌属(*Desulfosporosinus*)、脱硫孢菌属(*Desulfurispora*)、地孢杆菌属(*Geosporobacter*)、卤放线多孢菌属(*Haloactinopolyspora*)、卤放线孢菌属(*Haloactinospora*)、卤多孢菌属(*Halopolyspora*)、草孢菌属(*Herbidospora*)、全孢菌属(*Holospora*)、氢孢菌属(*Hydrogenispora*)、间孢囊菌属(*Intrasporangium*)、类孢囊菌属(*Kibdelosporangium*)、运孢菌属(*Kineosporia*)、北里氏孢菌属(*Kitasatospora*)、长孢菌属(*Longispora*)、泞孢菌属(*Lutispora*)、海放线孢菌属(*Marinactinospora*)、微双孢菌属(*Microbispora*)、微单孢菌属(*Micromonospora*)、微土孢菌属(*Microtetraspora*)、淖孢菌属(*Pelospora*)、植单孢菌属(*Phytomonospora*)、浮双孢菌属(*Planobispora*)、浮单孢菌属(*Planomonospora*)、浮孢囊菌属(*Planosporangium*)、浮四孢菌属(*Planotetraspora*)、植放线孢菌属(*Plantactinospora*)、多形孢菌属(*Polymorphospora*)、原微单孢菌属(*Promicromonospora*)、丙酸孢菌属(*Propionispora*)、假孢囊菌属(*Pseudosporangium*)、皱单孢菌属(*Rugosimonospora*)、糖单孢菌属(*Saccharomonospora*)、甘蔗属多孢菌属(*Saccharopolyspora*)、盐放线孢菌属(*Salinactinospora*)、盐孢菌属(*Salinispora*)、中华孢囊菌属(*Sinosporangium*)、球孢囊菌属(*Sphaerisporangium*)、脊孢菌属(*Spinactinospora*)、螺孢菌属(*Spirillospora*)、孢醋生菌属(*Sporacetigenium*)、孢厌氧杆菌属(*Sporanaerobacter*)、鱼孢菌属(*Sporichthya*)、孢杆菌属(*Sporobacter*)、孢小杆菌属(*Sporobacterium*)、孢噬胞菌属(*Sporocytophaga*)、孢卤杆菌属(*Sporohalobacter*)、孢乳竿菌属(*Sporolactobacillus*)、孢曲菌属(*Sporolituus*)、孢芭蕉菌属(*Sporomusa*)、孢芭蕉菌属(*Sporomusa*)、孢盐小杆菌属(*Sporosalibacterium*)、孢八球菌属(*Sporosarcina*)、孢肠菌属(*Sporotomaculum*)、链单孢菌属(*Streptomonospora*)、链孢囊菌属(*Streptosporangium*)、土孢杆菌属(*Terrisporobacter*)、热勿孢霉菌属(*Thermasporomyces*)、热放线孢菌属(*Thermoactinospora*)、热双孢菌属(*Thermobispora*)、热链孢菌属(*Thermocatellispora*)、热出芽孢菌属(*Thermogemmatispora*)、热单孢菌属(*Thermomonospora*)、热多孢菌属(*Thermopolyspora*)、热孢发菌属(*Thermosporothrix*)、疣孢菌属(*Verrucosispora*)、幡孢囊菌属(*Virgisporangium*)。菌种,如产孢炉胞菌(*Caminicella sporogenes*)、多孢泉发菌(*Crenothrix polyspora*)、发孢甲基弯菌(*Methylosinus trichosporium*)等。

体:希腊文中性名词 *soma*;意即身体、形体,与英文中的 body 同意;在属名命名中,"体"后不加"菌",直接以"**体属"。中文中这种译法最著名的词是核糖体(ribosome)。现有8属[不含2003年已被归属/合并的脱氯体属(*Dechlorosoma*)],以此命名的菌属都十分简洁(最简洁),符合定名简短的要求。1894年的螺体属(*Spirosoma*),此属已定8种;2006

年定的**脱硝体属**(*Denitratisoma*),此属已定 1 种;2007 年定的**甲基体属**(*Methylosoma*),此属已定 1 种;2009 年定的**酸体属**(*Acidisoma*),此属已定 2 种;2011 年定的**脱硫化体属**(*Desulfosoma*),此属已定 2 种;2011 年定的**纤体属**(*Fibrisoma*),此属已定 1 种;2012 年定的**脱铁体属**(*Deferrisoma*),此属已定 1 种;2014 年定的**硫体属**(*Sulfurisoma*),此属已定 1 种。

这种方式显著的减少了属名的长度,更加方便记忆和学习。这种体形物不见得是球体或某种特定结构的。

原体:*plasma*;任何原始形成或模塑的东西,图,形;在属名命名中,"原体"后不加"菌",直接以"** 原体属";现有 13 属,如**勿胆原体属**(*Acholeplasma*)、**酸原体属**(*Acidiplasma*)、**厌氧原体属**(*Anaeroplasma*)、**无原体属**(*Anaplasma*)、**无固醇原体属**(*Asteroleplasma*)、**昆虫原体属**(*Entomoplasma*)、**亚铁原体属**(*Ferroplasma*)、**卤原体属**(*Haloplasma*)、**中原体属**(*Mesoplasma*)、**支原体属**(*Mycoplasma*)、**螺原体属**(*Spiroplasma*)、**热原体属**(*Thermoplasma*)、**脲原体属**(*Ureaplasma*)。这种方式显著地减少了属名的长度,更加方便记忆和学习。这种原体物不见得是球体或某种特定结构的。

上述"体"和"原体"属与螺和小螺一样,形式上均命名为"** 体属"。

菌:希腊文名词 *bios*,及其新拉丁文的名词 *bius bium*;表示生命,生物;该词作菌属词尾时,根据现在中文属名的习惯,可直接译为菌。表示尺寸大小的微菌(*microbium*)也是该名词的组合词。以此定名的拉丁文,尤其是中文属名,很简洁,比如绿菌、肉菌、陌菌、玫菌、海菌、鳃菌等各属。这些菌属的"菌"因为是实意字,不能如同杆(菌)或小杆(菌)那样省略。详见《原核微生物之菌和微菌》。

生:希腊文名词 *bios*;表示生命。这种用法有些是十分常见的,比如中文中的微生物,其英文 microbe 大约是在 1878 年左右,来自对希腊文 *micro+bios* 的不正确缩写,早期只用于病原微生物,但现在已经基本与 microorganism 通用。有些则可能因为一定语境中的省略而变得不常见,但体现该字有不少的方便。如 1956 年的**共生菌属**(*Symbiotes*);此属已定 1 种。详见《原核微生物之菌和微菌》。

1.6 对于真菌类或似真菌类形态的描述及分类

对于希腊文名词 *mukês -etis* 及其新拉丁化阳性名词 *myces*:此词的原意是蘑菇,蕈,真菌,但在中文译文中存在相当的混乱,有支、分枝、真菌、霉、菌或忽略不译等,比如**枝原体属**或**支原体属**(*Mycoplasma*)、**分枝小杆菌属**(*Mycobacterium*)、**分枝菌酸**(mycolic acid)(事实上,分枝菌与真菌在分子生物学上毫无关系,只是形态学上类似)、真菌学家(mycologist)、**链霉菌属**(*Streptomyces*)、**放线菌属**(*Actinomyces*)、菌丝或菌丝体(mycelium, mycelia)。本书无意改变这种现状,但是在实践中,对于在枝原体或支原体(1929 年)和链霉菌(1943 年)之后新出现的命名,词头"*myco*"都用"蕈"、或"分枝",词尾"*myces*"都用"霉",来表示类似真菌的、具有分枝状菌丝体的菌(蕈)类。

以"分枝"或"支"命名菌属:1929 年的**支原体属**(*Mycoplasma*);又称为蕈原体属,枝原体属,分枝原体属;1896 年的**分枝小杆菌属**(*Mycobacterium*),又称为蕈小杆菌属;1928

年的**分枝浮菌属**(*Mycoplana*)，又称为**蕈浮菌属**；1986年定的**无蕈酸菌属**(*Amycolata*)，此属1994年已被归属到**假诺卡氏菌属**(*Pseudonocardia*)；1986年定的**拟无蕈酸菌属**(*Amycolatopsis*)；1989年定的**假无蕈酸菌属**(*Pseudoamycolata*)，此属1994年已被归属到**假诺卡氏菌属**(*Pseudonocardia*)；2010年定的**无蕈酸果菌属**(*Amycolicicoccus*)。

以"霉"命名菌属：1874年的**软骨霉菌属**(*Chondromyces*)，《1980年细菌名确认单》列目；1924年的**浮霉菌属**(*Planctomyces*)；1943年的**链霉菌属**(*Streptomyces*)；1969年的**农霉菌属**(*Agromyces*)。1985年定的**糖霉菌属**(*Glycomyces*)；2006年定的**美屈岔霉菌属**(*Mechercharimyces*)；2009年定的**卤糖霉菌**(*Haloglycomyces*)；2011年定的**热勿孢霉菌属**(*Thermasporomyces*)；2012年定的**迈勒吉尔霉菌属**(*Melghirimyces*)；2013年定的**多枝霉菌属**(*Polycladomyces*)。

与放射/射线(*aktis aktinos*)联合使用时，保留放线菌命名(即不译)：1877年的**放线菌属**(*Actinomyces*)，《1980年细菌名确认单》列目；1899年的**热放线菌属**(*Thermoactinomyces*)，《1980年细菌名确认单》列目；2006年新合并**放线菌伴聚杆菌**(*Aggregatibacter actinomycetemcomitans*)。

1.7 胞(cell)和单胞(monas)及分类

胞，细胞：希腊文名词 *kutos*(*Cyto*)：现有4属,2种。1929年的**噬胞菌属**(*Cytophaga*)；1940年的**孢噬胞菌属**(*Sporocytophaga*)；1982年定的**烟噬胞菌属**(*Capnocytophaga*)；2010年定的**玫噬胞菌属**(*Rhodocytophaga*)。这四个属中，所谓噬胞，就是噬细胞壁，分解细胞壁，也就是噬纤维素。

两菌种为：1982年的**大胞生氮单胞菌**(*Azomonas macrocytogenes*)；1940年的模式种**单核胞生李斯特氏菌**(*Listeria monocytogenes*)。

单胞：monas；表示单细胞，单元。

以单胞(*monas*)尾缀命名的很多，是原核生物的一大生命特征(即单细胞)，目前约有170多属，如**弧单胞属**(*Vibrionimonas*)、**杨氏单胞属**(*Youngimonas*)、**酵单胞属**(*Zymomonas*)。"胞"后可不加"菌"，因为单细胞表示微生物的意义已经十分明确了，但本书为了照顾习惯，暂时并没有去这样尝试，还是加"菌"字表示。

1892年的**亚硝化单胞菌属**(*Nitrosomonas*)，此属已定9种；1894年的**假单胞菌属**(*Pseudomonas*)，此属已定218种,18亚种；1913年的**月单胞菌属**(*Selenomonas*)，此属已定11种,2亚种；1923年的**纤维单胞菌属**(*Cellulomonas*)，此属已定27种；1924年的**大单胞菌属**(*Macromonas*)，此属已定2种；1936年的**酵单胞菌属**(*Zymomonas*)，此属已定1种,3亚种；1937年的**玫假单胞菌属**(*Rhodopseudomonas*)，此属已定22种；1938年的**氮单胞菌属**(*Azomonas*)，此属已定3种；1939年的**黄单胞菌属**(*Xanthomonas*)，此属已定32种,6亚种；1943年的**气单胞菌属**(*Aeromonas*)，此属已定32种,12亚种；1958年的**琥珀酸单胞菌属**(*Succinimonas*)，此属已定1种；1962年的**邻单胞菌属**(*Plesiomonas*)，此属已定1种；1972年的**另单胞菌属**(*Alteromonas*)，此属已定31种；1977年的**脱硫单胞菌属**(*Desulfuromonas*)，

此属已定 7 种；1980 年定的**卤单胞菌属**（*Halomonas*），此属已定 89 种；1982 年定的**互营单胞菌属**（*Syntrophomonas*），此属已定 8 种，2 亚种；1983 年定的**巨单胞菌属**（*Megamonas*），此属已定 3 种；1984 年定的**异单胞菌属**（*Allomonas*），此属已定 1 种；1984 年定的**网线单胞菌属**（*Hyphomonas*），此属已定 8 种；1984 年定的**海单胞菌属**（*Marinomonas*），此属已定 23 种；1984 年定的**甲基单胞菌属**（*Methylomonas*），此属已定 8 种；1985 年定的**农单胞菌属**（*Agromonas*），此属已定 1 种；1985 年定的**丛毛单胞菌属**（*Comamonas*），此属已定 19 种；1987 年定的**皱单胞菌属**（*Rugamonas*），此属已定 1 种；1988 年定的**卟单胞菌属**（*Porphyromonas*），此属已定 17 种；1989 年定的**酸单胞菌属**（*Acidomonas*），此属已定 1 种；1990 年定的**丙二酸单胞菌属**（*Malonomonas*），此属已定 1 种；1990 年定的**鞘氨醇单胞菌属**（*Sphingomonas*），此属已定 89 种；1993 年定的**勿玫单胞菌属**（*Arhodomonas*），此属已定 2 种；1993 年定的**窄营单胞菌属**（*Stenotrophomonas*），此属已定 13 种；1994 年定的**短波单胞菌属**（*Brevundimonas*），此属已定 25 种；1995 年定的**矮单胞菌属**（*Brachymonas*），此属已定 2 种；1995 年定的**假另单胞菌属**（*Pseudoalteromonas*），此属已定 41 种，2 亚种；1996 年定的**铁单胞菌属**（*Ferrimonas*），此属已定 8 种；1996 年定的**极单胞菌属**（*Polaromonas*），此属已定 7 种；1996 年定的**甲苯单胞菌属**（*Tolumonas*），此属已定 2 种；1997 年定的**芽单胞菌属**（*Blastomonas*），此属已定 2 种；1997 年定的**泡碱单胞菌属**（*Natronomonas*），此属已定 3 种；1997 年定的**硫单胞菌属**（*Thiomonas*），此属已定 8 种；1998 年定的**肉单胞菌属**（*Carnimonas*），此属已定 1 种；1998 年定的**冷单胞菌属**（*Psychromonas*），此属已定 14 种；1998 年定的**玫瑰单胞菌属**（*Roseomonas*），此属已定 20 种，2 亚种；1999 年定的**胺单胞菌属**（*Aminomonas*），此属已定 1 种；1999 年定的**尼普顿单胞菌属**（*Neptunomonas*），此属已定 6 种；1999 年定的**红单胞菌属**（*Rubrimonas*），此属已定 1 种；2000 年定的**难生单胞菌属**（*Dysgonomonas*），此属已定 6 种；2000 年定的**橙黄单胞菌属**（*Luteimonas*），此属已定 11 种；2000 年定的**假黄单胞菌属**（*Pseudoxanthomonas*），此属已定 16 种；2000 年定的**暖单胞菌属**（*Tepidimonas*），此属已定 5 种；2001 年定的**脱氯单胞菌属**（*Dechloromonas*），此属已定 3 种；2001 年定的**洋单胞菌属**（*Oceanimonas*），此属已定 3 种；2001 年定的**缈单胞菌属**（*Paucimonas*），此属已定 1 种；2001 年定的**塔拉萨单胞菌属**（*Thalassomonas*），此属已定 9 种；2002 年定的**烫单胞菌属**（*Caldimonas*），此属已定 2 种；2002 年定的**黄棕单胞菌属**（*Fulvimonas*），此属已定 2 种；2002 年定的**热厌氧单胞菌属**（*Thermanaeromonas*），此属已定 1 种；2002 年定的**热单胞菌属**（*Thermomonas*），此属已定 6 种；2003 年定的**金橙单胞菌属**（*Aurantimonas*），此属已定 5 种；2003 年定的**芽殖单胞菌属**（*Gemmatimonas*），此属已定 1 种；2003 年定的**丙酸单胞菌属**（*Propionicimonas*），此属已定 1 种；2003 年定的**硫单胞菌属**（*Sulfurimonas*），此属已定 4 种；2003 年定的**木聚糖单胞菌属**（*Xylanimonas*），此属已定 1 种；2004 年定的**几丁单胞菌属**（*Chitinimonas*），此属已定 4 种；2004 年定的**山岗单胞菌属**（*Collimonas*），此属已定 3 种；2004 年定的**氢单胞菌属**（*Hydrogenimonas*），此属已定 1 种；2005 年定的**水单胞菌属**（*Aquimonas*），此属已定 1 种；2005 年定的**氮氢单胞菌属**（*Azohydromonas*），此属已定 2 种；2005 年定的**赫米尼乌斯单胞菌属**（*Herminiimonas*），

此属已定6种;2005年定的韩海发单胞菌属(*Kordiimonas*),此属已定4种;2005年定的铜锅单胞菌属(*Lebetimonas*),此属已定1种;2005年定的淖单胞菌属(*Pelomonas*),此属已定3种;2005年定的石单胞菌属(*Petrimonas*),此属已定1种;2005年定的多形单胞菌属(*Pleomorphomonas*),此属已定3种;2005年定的纳单胞菌属(*Pusillimonas*),此属已定4种;2005年定的盐场单胞菌属(*Salinimonas*),此属已定2种;2005年定的喷泉单胞菌属(*Silanimonas*),此属已定2种;2005年定的森林单胞菌属(*Silvimonas*),此属已定3种;2006年定的柠檬单胞菌属(*Citreimonas*),此属已定1种;2006年定的附岩单胞菌属(*Epilithonimonas*),此属已定4种;2006年定的渺单胞菌属(*Parvimonas*),此属已定1种;2006年定的土单胞菌属(*Terrimonas*),此属已定6种;2007年定的碱单胞菌属(*Alkalimonas*),此属已定3种;2007年定的盐水单胞菌属(*Aquisalimonas*),此属已定2种;2007年定的沙单胞菌属(*Arenimonas*),此属已定8种;2007年定的兽内单胞菌属(*Endozoicomonas*),此属已定6种;2007年定的鞭单胞菌属(*Flagellimonas*),此属已定1种;2007年定的泞单胞菌属(*Lutimonas*),此属已定3种;2007年定的海黄单胞菌属(*Marixanthomonas*),此属已定1种;2007年定的甲基卤单胞菌属(*Methylohalomonas*),此属已定1种;2007年定的副铁单胞菌属(*Paraferrimonas*),此属已定1种;2007年定的壤单胞菌属(*Solimonas*),此属已定5种;2007年定的热裸单胞菌属(*Thermogymnomonas*),此属已定1种;2007年定的硫卤单胞菌属(*Thiohalomonas*),此属已定2种;2008年定的素单胞菌属(*Albimonas*),此属已定2种;2008年定的奇单胞菌属(*Singularimonas*),此属已定1种;2008年定的静单胞菌属(*Tranquillimonas*),此属已定1种;2008年定的污蝇单胞菌属(*Wohlfahrtiimonas*),此属已定2种;2009年定的艾丁单胞菌属(*Aidingimonas*),此属已定1种;2009年定的丁酸单胞菌属(*Butyricimonas*),此属已定4种;2009年定的脱卤单胞菌属(*Dehalogenimonas*),此属已定2种;2009年定的丝单胞菌属(*Filimonas*),此属已定1种;2009年定的瘦单胞菌属(*Gracilimonas*),此属已定3种;2009年定的海中单胞菌属(*Maritimimonas*),此属已定1种;2009年定的沉积单胞菌属(*Sediminimonas*),此属已定1种;2009年定的中华单胞菌属(*Sinomonas*),此属已定5种;2009年定的热带单胞菌属(*Tropicimonas*),此属已定3种;2010年定的驼单胞菌属(*Camelimonas*),此属已定2种;2010年定的脱硫化盐单胞菌属(*Desulfosalsimonas*),此属已定1种;2010年定的脱硫化盐单胞菌属(*Desulfosalsimonas*),此属已定1种;2010年定的加叻西单胞菌属(*Gallaecimonas*),此属已定2种;2010年定的韩科技单胞菌属(*Kistimonas*),此属已定2种;2010年定的副纳单胞菌属(*Parapusillimonas*),此属已定1种;2010年定的假黄棕单胞菌属(*Pseudofulvimonas*),此属已定1种;2010年定的盐场单胞菌属(*Salinarimonas*),此属已定2种;2010年定的琥珀酸盐单胞菌属(*Succinatimonas*),此属已定1种;2010年定的硫深渊菌属(*Thioprofundum*),此属已定2种;2011年定的酸土单胞菌属(*Aciditerrimonas*),此属已定1种;2011年定的铠单胞菌属(*Armatimonas*),此属已定1种;2011年定的金单胞菌属(*Aureimonas*),此属已定7种;2011年定的白单胞菌属(*Candidimonas*),此属已定3种;2011年定的快游单胞菌属(*Celerinatantimonas*),此属已定2种;2011年定的土壤单胞菌属(*Chthonomonas*),此属已定1种;2011年定的蜗牛单胞菌属(*Cocleimonas*),此属已定1种;2011年定的冰单胞菌属(*Glaciimonas*),此属已定2种;2011年定的岸单胞菌属(*Litorimonas*),此属已定2种;2011年定的丹单胞菌属(*Miniimonas*),此属已定1种;2011年定的参农单胞菌属(*Panacagrimonas*),此属已定1种;2012年定的阿尔卑斯单胞菌属(*Alpinimonas*),此属已定1种;2012年定的淤单胞菌属(*Caenimonas*),此属已定2种;2012年定的堆肥单胞菌属(*Compostimonas*),此属已定1种;2012年定的伞单胞菌属(*Fimbriimonas*),此属已定1种;2012年定的同丝氨酸单胞菌属(*Homoserinimonas*),此属已定1种;2012年定的热硫单胞菌属(*Thermosulfurimonas*),此属已定1种;2013年定的藻单胞菌属(*Algimonas*),此属已定2种;2013年定的巴里恩托斯岛单胞菌属(*Barrientosiimonas*),此属已定1种;2013年定的卡塔利娜单胞菌属(*Catalinimonas*),此属已定2种;2013年定的珊单胞菌属(*Corallomonas*),此属已定1种;2013年定的污水单胞菌属(*Defluviimonas*),此属已定4种;2013年定的二氨基丁酸单胞菌属(*Diaminobutyricimonas*),此属已定1种;2013年定的海胆单胞菌属(*Echinimonas*),此属已定1种;2013年定的埃拉特单胞菌属(*Eilatimonas*),此属已定1种;2013年定的延单胞菌属(*Extensimonas*),此属已定1种;2013年定的河单胞菌属(*Fluviimonas*),此属已定1种;2013年定的赖氨酸单胞菌属(*Lysinimonas*),此属已定2种;2014年定的南极单胞菌属(*Antarcticimonas*),此属已定1种;2013年定的泉单胞菌属(*Fontimonas*),此属已定1种;2013年定的泥单胞菌属(*Limimonas*),此属已定1种;2013年定的红树单胞菌属(*Mangrovimonas*),此属已定1种;2013年定的外海单胞菌属(*Pelagimonas*),此属已定1种;2013年定的夷单胞菌属(*Pontimonas*),此属已定1种;2014年定的错卟单胞菌属(*Falsiporphyromonas*),此属已定1种;2014年定的副丝单胞菌属(*Parafilimonas*),此属已定1种;2014年定的火单胞菌属(*Pyrinomonas*),此属已定1种;2014年定的海绵单胞菌属(*Spongiimonas*),此属已定1种;2014年定的弧单胞菌属(*Vibrionimonas*),此属已定1种;2014年定的杨氏单胞菌属(*Youngimonas*),此属已定1种;2015年定的副芽单胞菌属(*Parablastomonas*),此属已定1种。

1.8 表示尺寸和运动性

一些其他特征,比如尽管都是"微"生物,但是明确的尺寸和运动姿态也被记录了下来,这也在菌名中有所体现。比如大、小、微、长、短、动、静、不动、固。

短:拉丁文形容词 *brevis*;表示短的,矮的,矬的。属名中如1953年的短小杆菌属(*Brevibacterium*),表示尺寸的长短,已定50种;1981年定的甲烷短杆菌属(*Methanobrevibacter*),表示尺寸的长短,已定15种;1994年定的短波单胞菌属(*Brevundimonas*),表示尺寸的长短,已定25种;1995年定的短线体属(*Brevinema*),表示尺寸的长短,已定1种;1996年定的短竿菌属(*Brevibacillus*),表示尺寸的长短,已定20种;2013年定的短卵菌属(*Brevifollis*),表示尺寸的长短,已定1种。种名中如1961年的模式种短链微多孢菌(*Micropolyspora brevicatena*)〔(1982年已归种到短链诺卡氏菌(*Nocardia brevicatena*)〕、1994年新合并的模式种**短固杆菌**(*Empedobacter brevis*)、1996 年新合并的模式种**短短竿菌**(*Brevibacillus brevis*)和 2006 年定的模式种**短米利斯氏菌**(*Millisia brevis*)，都是表示尺寸的长短。另外，2006 年定的模式种**短命潮坪微菌**(*Gaetbulimicrobium brevivitae*)[2006 年已归种到**短命海水菌**(*Aquimarina brevivitae*)]，此处的"短"，不是表示尺寸的长短，而是表示时间的长短。

矬：拉丁文形容词 *curtus -um -a*；表示短的，矮的，矬的；1972 年的**矬小杆菌属**(*Curtobacterium*)，此处的矬表示尺寸的长短，此属已定 11 种；1999 年定的模式种**矬隐小杆菌**(*Cryptobacterium curtum*)，此处的矬表示尺寸的长短，区别于 1983 年定的**秘小杆菌属**(*Arcanobacterium*)。

矮：希腊文形容词 *brachus brachys*；表示短的，矮的，矬的；如 1983 年定的**矮螺体属**(*Brachyspira*)，此属已定 7 种；1988 年定的**矮小杆菌属**(*Brachybacterium*)，此属已定 16 种；1995 年定的**矮单胞菌属**(*Brachymonas*)，此属已定 2 种。

上述三种表示短、矮、矬的三类菌，在以往的命名中从来不加以区别的命名为"短"，造成了很多的重名，对于识别和鉴别不利。

大：希腊文形容词 *makros*；表示（尺寸）大的。1924 年的**大单胞菌属**(*Macromonas*)，此属已定 2 种；1998 年的**大果菌属**(*Macrococcus*)，此属已定 7 种，比金色葡萄果菌大 4 倍；1981 年新合并的模式种**大细胞生氮单发菌**(*Azomonotrichon macrocytogenes*)，此种 1982 年已归种到**大细胞生氮单胞菌**(*Azomonas macrocytogenes*)。

长：拉丁文形容词 *longus -um -a*；如 2003 年定的**长孢菌属**(*Longispora*)、2007 年定的**长线菌属**(*Longilinea*)、2013 年定的**长菌丝体属**(*Longimycelium*)、2014 年定的**热长竿菌属**(*Thermolongibacillus*)。种名中，1968 年的模式种**长孢浮双孢菌**(*Planobispora longispora*)、1982 年定的模式种**长赤杆菌**(*Erythrobacter longus*)、1992 年定的模式种**长醋线菌**(*Acetonema longum*)、2007 年定的模式种**长卵形产内酯菌**(*Lactonifactor longoviformis*)、2009 年定的模式种**长盐鬃菌**(*Salisaeta longa*)、2013 年定的**长口茎菌**(*Stomatobaculum longum*)、2015 年定的模式种**长硫粒菌**(*Thiogranum longum*)。2007 年定的**涨杆菌属**(*Prolixibacter*)中，拉丁文形容词 *prolixus* 也表示增长的、延长的，不过这种用法尚比较少见。

延长：拉丁文分词形容词 *elongatus -um -a*，表示延长的，加长的，伸长的。如 1980 年定的模式种**延长卤单胞菌**(*Halomonas elongata*)、2004 年定的模式种**延长醋厌氧小杆菌**(*Acetanaerobacterium elongatum*)、2006 年定的模式种**延长玫瑰小杆菌**(*Roseibacterium elongatum*)、2008 年定的模式种**延长盐水竿菌**(*Aquisalibacillus elongatus*)、2012 年定的模式种**延长藓胞菌**(*Bryocella elongata*)。拉丁文分词 *extensivus*，也表示延展、延伸、延生、延长的，如 2013 年定的**延单胞菌属**(*Extensimonas*)，不过这种用法尚比较少见。

微菌：新拉丁文中性名词 *microbium*，来自新拉丁文介词 *micro*（来自……，from）+ 希腊文名词 *bios*（生命，life），来自希腊文形容词 *mikros*（μικρός）表示小的（small）+ 希腊文名词 *bios*（βίος）表示生命（life）；表示微生物。因此，这种菌属中的"菌"字不可省略，是实意，表示活体生物（生命）。如 1899 年的**网线微菌属**(*Hyphomicrobium*)等，详见 2016 年的《原核微生物之菌和微菌》。

藐：拉丁文形容词 minutus -um -a，表示小的，藐小的，渺小的，眇微的。如 1993 年新合并的模式种藐陌菌（Atopobium minutum）、1994 年新合并的模式种缺藐短波单胞菌（Brevundimonas diminuta）、2007 年定的模式种藐玻囊菌（Hyalangium minutum）、2010 年定的模式种藐诈微菌（Elusimicrobium minutum）和 2012 年定的模式种藐克里斯滕森姓菌（Christensenella minuta）。

蕞：拉丁文比较形容词 minor -us -um，表示更小的，更少的，次要的。如 2014 年定的蕞腺菌属（Minicystis）、1998 年定的模式种蕞磂玫果菌（Thiorhodococcus minor）和 2005 年定的模式种蕞海帕勒隆尼氏菌（Palleronia marisminoris）。

绲：拉丁文形容词 paucus。表示少，渺，眇，微。属名中用的少，目前仅 3 属，2001 年定的绲单胞菌属（Paucimonas）、2005 年定的绲杆菌属（Paucibacter）和 2006 年定的绲盐竿菌属（Paucisalibacillus）。种名（种加名）中用的较多（稍多）。如 1988 年定的模式种绲吞醋热菌（Acetothermus paucivorans）、1990 年新合并的模式种绲动鞘氨醇单胞菌（Sphingomonas paucimobilis）、1999 年定的模式种绲吞胺单胞菌（Aminomonas paucivorans）、1999 年定的模式种绲吞诡果菌（Dolosicoccus paucivorans）、1999 年定的模式种绲吞纺锤杆菌（Fusibacter paucivorans）、2004 年定的模式种绲吞副孢小杆菌（Parasporobacterium paucivorans）、2007 年定的模式种嗜绲卤卤适菌（Haladaptatus paucihalophilus）和 2008 年定的模式种绲吞梭菌盐杆菌（Clostridiisalibacter paucivorans）等。

渺：拉丁文中性形容词 parvus -um-a；表示小，蕞，绲，眇，微。目前有 4 属 8 种，分别为 3 年定的渺框菌属（Parvularcula），此属已定 3 种；2004 年定的渺茎菌属（Parvibaculum），此属已定 3 种；2006 年定的渺单胞菌属（Parvimonas），此属已定 1 种；2013 年定的渺杆菌属（Parvibacter），此属已定 1 种。另有 3 模式种，1988 年定的模式种渺甲烷小体（Methanocorpusculum parvum）、1993 年定的模式种渺甲基腺菌（Methylocystis parvus）和 2001 年定的模式种渺玫瑰小螺体（Roseospirillum parvum）。表示尺寸的另见，1989 年定的甲烷小体属（Methanocorpusculum），其中拉丁文中性名词 corpusculum 表示小体、小颗粒。

表示运动性的词，也能够直观的体现微生物的特性，有关词汇有运、动、浮、滑、摇等。

运：希腊文动词 kineô（kineo）、希腊文名词 kinesis；表示运动，活动；英文 to set in motion。

如 1954 年的不运杆菌属（Acinetobacter），此属已定 39 种。新拉丁文形容词 acinetus，来自希腊文介词 α+希腊文动词 kineô，表示不能移动的。如 1978 年的运孢菌属（Kineosporia），希腊文名词 kinesis；1988 年定的放线运孢菌属（Actinokineospora），希腊文动词 kineo；1993 年定的运果菌属（Kineococcus），希腊文名词 kinesis，此属区别于 2011 年的动果菌属（Mobilicoccus），此两属的中文名有时候会混淆，2002 年定的运球菌属（Kineosphaera）和 2011 年定的假果菌属（Pseudokineococcus）等。

动：拉丁文形容词 mobilis mobile；表示能动的，可移动的，活动的，英文 movable，motile。如 1984 年定的动钩菌属（Mobiluncus），此属已定 2 种，2 亚种；2011 年定的动果菌属（Mobilicoccus）、2014 年定的动针菌属（Mobilitalea），此属已定 1 种，都由拉丁文形容词

mobilis 构成。

种名中,无论是否复合名词,都用"动"表示。1924年的动大单胞菌(*Macromonas mobilis*)、1936年的动外䁔玫螺体(*Ectothiorhodospira mobilis*)、1936年的动酵单胞菌(*Zymomonas mobilis*)、1971年的动硝化果菌(*Nitrococcus mobilis*)、1981年新合并的模式种动甲烷微菌(*Methanomicrobium mobile*)、1983年定的模式种慢动聚单胞菌(*Conglomeromonas largomobilis*)[此种1997年已归种到慢动氮小螺体(*Azospirillum largimobile*)]、1990年新合并的模式种缈动鞘氨醇单胞菌(*Sphingomonas paucimobilis*)、1998年定的模式种动螺竿菌(*Heliobacillus mobilis*)、1999年定的模式种动琥珀酸螺体(*Succinispira mobilis*)、2001年定的模式种动硫黄果菌(*Thioflavicoccus mobilis*)、2002年定的模式种动碱小螺体(*Alkalispirillum mobile*)、2003年定的模式种动泰科技所菌(*Tistrella mobilis*)、2006年定的模式种动甲基精细菌(*Methylotenera mobilis*)、2007年定的模式种动厌氧孢杆菌(*Anaerosporobacter mobilis*)、2007年定的模式种动古本茬氏菌(*Gulbenkiania mobilis*)、2007年定的模式种动外海果菌(*Pelagicoccus mobilis*)、2009年定的模式种动张姓菌(*Zhangella mobilis*)、2010年定的模式种动东氏菌(*Dongia mobilis*)。

需要说明的是,对于拉丁文形容词 *mobilis* 的阴阳性,是根据属名来定的。如上所述,18种模式种中,有5种是定义为阳性,9种定义为阴性,3种为中性,另有1种与其他3属均未说明性别。

2012年,又有人新定义了一个与运(*kinesis*、*kineo*)和动(*mobilis*)类似的"移"。2012年定的移杆菌属(*Motilibacter*);拉丁文形容词 *motilis*,表示移动的,运动的,活动的,游动的。

浮:希腊文形容词 *planktos -ê -on*、希腊文阳性名词 *planes*、希腊文名词 *planos*;表示浮游(的),漂浮(的),有随波逐流之意,与英文 roaming、wandering、drifting 类似。所有浮菌命名的多具有运动性。

1894年的浮果菌属(*Planococcus*)、1928年的分枝浮菌属(*Mycoplana*)、1967年的浮单孢菌属(*Planomonospora*)、1968年的浮双孢菌属(*Planobispora*)、1993年定的浮四孢菌属(*Planotetraspora*)、1994年定的玫浮菌属(*Rhodoplanes*)、2001年定的浮微菌属(*Planomicrobium*)都是由希腊文名词 *planos* 构成的。另有2009年定的浮小杆菌属(*Planobacterium*),此属已定1种,注释为希腊文形容词 *planos* 构成,可能有误。

1924年的浮霉菌属(*Planctomyces*)、2002年定的浮发藻属("*Planktothrix*")、2002年定的浮发状藻属(*Planktothricoides*)、2012年定的浮针菌属(*Planktotalea*)和2013年定的浮海菌属(*Planktomarina*)都是希腊文形容词 *planktos -ê -on* 构成的。

1950年的放线浮菌属(*Actinoplanes*)、1993年定的浮多孢菌属(*Planopolyspora*)[此属1999年已归属到1993年定的薄链浮菌属(*Catenuloplanes*)]、1997年定的小螺浮菌属(*Spirilliplanes*)、2008年定的浮孢囊菌属(*Planosporangium*)都是由希腊文阳性名词 *planes* 构成的。

种名中,如1995年新合并的模式种海浮假另单胞(*Pseudoalteromonas haloplanktis*),希腊文形容词 *planktos -ê -on*,2013年定的模式种浮生鞘氨醇杆菌(*Sphingorhabdus planktonica*),来自新拉丁文阴性形容词 *planktonica*,来自希腊文形容词 *planktos*,表示生活在浮游生物中的,浮生。

首先,1981年定的**摇果菌属**(*Agitococcus*),此属已定1种,来自拉丁文动词 *agito*,表示摇,摇动,摇摆;2001年定的模式种**颤动脱氯单胞菌**(*Dechloromonas agitata*),来自拉丁文阴性分词形容词 *agitata*;1968年的**滑管菌属**(*Herpetosiphon*)和1985年定的**绿滑菌属**(*Chloroherpeton*),来自希腊文名词 *herpeton*,表示滑行/滑翔的动物,爬行动物,意指滑行/滑翔;1989年定的模式种**滑行热线体**(*Thermonema lapsum*)和2011年定的模式种**滑行首尔大菌**(*Snuella lapsa*),分别来自拉丁文中性分词形容词 *lapsum* 和拉丁文阴性分词形容词 *lapsa*,来自拉丁文动词 *labor*,表示滑行的(gliding);1990年定的**游果菌属**(*Vagococcus*),此属已定9种,来自拉丁文形容词 *vagus*,表示游走的、浮游的、游动的(wandering)。

其次,大部分以"弧"命名的菌,都具有运动性,因为"弧"(拉丁文动词 *vibro*)就像绳子的舞动一样,具有颤动/振动,往复运动的特征,比如1854年的**弧菌属**(*Vibrio*)、1963年的**蛭弧菌属**(*Bdellovibrio*)、2000年定的**氮弧菌属**(*Azovibrio*)。

再次,大部分带"鞭毛"的菌,都具有运动性,如包括2007年定的**鞭单胞菌属**(*Flagellimonas*)在内的黄小杆菌科(*Flavobacteriaceae*)都具有鞭毛运动的特性;1996年定的模式种**成批嗜阳菌**(*Heliophilum fasciatum*)是描述其细胞运动的成批成束;1970年的模式种**骚动厄斯考维氏菌**(*Oerskovia turbata*),拉丁文阴性形容词 *turbata*;骚动的、颤抖的、摇摆的、不安定的;1981年定的模式种**波动全孢菌**(*Holospora undulata*),描述其波动性;2014年定的**游离杆菌属**(*Liberibacter*),此属已定1种,拉丁文形容词 *liber*,表示自由的、游离的;1833年的**泳动球尘菌**(*Sphaerotilus natans*),拉丁文分词形容词 *natans*,表示泳动;1993年定的模式种**浮游卟杆菌**(*Porphyrobacter neustonensis*),希腊文形容词 *neustos*,表示游动的、漂浮的;2007年定的**迅发菌属**(*Rapidithrix*),此属已定1种,拉丁文形容词 *rapidus*,表示快速(移动的);1994年定的**固杆菌属**(*Empedobacter*),希腊文形容词 *empedos*,表示固定的、不运动的、不能移动的;2006年定的**附岩单胞菌属**(*Epilithonimonas*),新拉丁文名词 *epilithon-onis* 或 *epilithonum-i*,表示附着,固定;1985年定的**不动苯基小杆菌**(*Phenylobacterium immobile*)、1986年定的**不动冷杆菌**(*Psychrobacter immobilis*)、2011年定的**不动冰单胞菌**(*Glaciimonas immobilis*)分别来自拉丁文中性形容词 *immobile/immobilis*,表示不动的、不运动的;1994定的模式种**懒约翰逊姓菌**(*Johnsonella ignava*),拉丁文形容词 *ignavus-um-a*,表示懒惰的、不活跃的、迟缓的;1995年新合并的模式种**坐皮果菌**(*Kytococcus sedentarius*),拉丁文阳性形容词 *sedentarius*;表示坐的、不动的、固定的;2011年定的模式种**坐滨海边疆菌**(*Primorskyibacter sedentarius*),拉丁文阳性形容词 *sedentarius*,表示坐定的。

2 常用表示颜色的中文—拉丁文用词和分类

表示颜色的词,在属名中,用单汉字表示颜色,不加"色",并把"色"专门赋予"色属"。

色:希腊文名词 *chrôma-atos*、*chroa*,表示颜色。如1852年的**色菌属**(*Chromatium*)、1880年的**色小杆菌属**(*Chromobacterium*)、1893年的**勿色菌属**(*Achromatium*)、1981年定

的**勿色杆菌属**(*Achromobacter*)、1989年定的**色卤杆菌属**(*Chromohalobacter*)、1996年新合并的**杆色菌属**(*Rhabdochromatium*)、1998年定的**异色菌属**(*Allochromatium*)、1998年定的**卤色菌属**(*Halochromatium*)、1998年定的**等色菌属**(*Isochromatium*)、1998年定的**海色菌属**(*Marichromatium*)、1998年定的**热色菌属**(*Thermochromatium*)、2012年定的**色曲菌属**(*Chromatocurvus*)、2012年定的**棕色菌属**(*Phaeochromatium*)。

在种名中,表示颜色的加"色",用双汉字,即"*色",表示颜色,以示种名和属名的区别,并避免不必要的误解。但在复合词中,为了简洁和用词习惯,同属名的用法,如1901年的模式种**色果氮杆菌**(*Azotobacter chroococcum*)。

在一些属名中,为了避免可能的重名,也用"*色",表示颜色。如1983年的**金色小杆菌属**(*Aureobacterium*)(已被归属废止),以免同1994年的**金小杆菌属**(*Chryseobacterium*)重名,因为拉丁文形容 aureus 和希腊文形容 chruseos 都是表示金色的、金黄色的。

2.1 红颜色类及分类

赤色、玫色和红色都是表示红颜色类的。

赤:希腊文形容词 eruthros,表示赤的,赤色的,红色的。此词常用于属名中,用"赤"互译,现有5属(包括已被归属的赤单胞菌属)。如1928年的**附赤兽体属**(*Eperythrozoon*)、1982年的**赤杆菌属**(*Erythrobacter*)、1994年的**赤微菌属**(*Erythromicrobium*)、1997年的**赤单胞菌属**(*Erythromonas*)[此属2002年已被归属到鞘氨醇单胞菌属(*Sphingomonas*)]和2007年的**另赤杆菌属**(*Altererythrobacter*)等。此词在种名中用"赤色"表示,如1991年定的模式种**赤色气微菌**(*Aeromicrobium erythreum*)。此词在种名中也可以复合词出现,如**冷赤色科维尔氏菌**(*Colwellia psychrerythraea*)。

玫:希腊文名词 rhodon:玫,玫瑰,玫色,玫瑰色,粉红色。此词常用于在属名中,用"玫"表示。以发表年份列举如下"玫"属。1891年的**玫果菌属**(*Rhodococcus*)、1907年的**玫小螺体属**(*Rhodospirillum*)、1936年的**外硫玫螺体属**(*Ectothiorhodospira*)、1937年的**玫假单胞菌属**(*Rhodopseudomonas*)、1949年的**玫微菌属**(*Rhodomicrobium*)、1978年的**玫环菌属**(*Rhodocyclus*)、1984年定的**玫杆菌属**(*Rhodobacter*)、1984年定的**玫柱菌属**(*Rhodopila*)、1992年定的**玫肥菌属**(*Rhodoferax*)、1993年定的**勿玫单胞菌属**(*Arhodomonas*)、1993年定的**硫玫弧菌属**(*Thiorhodovibrio*)、1994年定的**玫浮菌属**(*Rhodoplanes*)、1994年定的**玫篓菌属**(*Rhodocista*)、1994年定的**玫小卵菌属**(*Rhodovulum*)、1995年定的**玫菌属**(*Rhodobium*)、1995年定的**玫热菌属**(*Rhodothermus*)、1997年定的**卤玫螺体属**(*Halorhodospira*)、1998年定的**玫螺体属**(*Rhodospira*)、1998年定的**玫海菌属**或**玫塔拉萨菌属**(*Rhodothalassium*)、1998年定的**玫弧菌属**(*Rhodovibrio*)、1998年定的**硫玫果菌属**(*Thiorhodococcus*)、2001年定的**玫橄菌属**(*Rhodobaca*)、2001年定的**玫芽菌属**(*Rhodoblastus*)、2003年定的**假玫杆菌属**(*Pseudorhodobacter*)、2003年定的**玫球菌属**(*Rhodoglobus*)、2004年定的**玫小梨菌属**(*Rhodopirellula*)、2004年定的**玫变菌属**(*Rhodovarius*)、2006年定的**小玫菌属**(*Rhodonellum*)、2007年定的**外硫玫弯菌属**(*Ectothiorhodosinus*)、2009年定的**假玫肥菌属**

(*Pseudorhodoferax*)、2012年定的**玫寡营菌属**(*Rhodoligotrophos*)、2013年定的**错玫杆菌属**(*Falsirhodobacter*)、2013年定的**副玫杆菌属**(*Pararhodobacter*)、2014年定的**似玫杆菌属**(*Paenirhodobacter*)、2014年定的**副玫小螺体属**(*Pararhodospirillum*)和2014年定的**玫月菌属**(*Rhodoluna*)。此词在种名(低频)出现,用"玫色"互译,如1974年的**玫色玫果菌**(*Rhodococcus rhodochrous*)。

玫瑰:拉丁文形容词 *roseus -um -a*:玫色的,玫瑰色的。尽管拉丁文玫瑰(*roseus*)与希腊文玫瑰(*rhodon*)的词义相近、在微生物中的使用历史相近,但最近微生物学家更频繁的使用此词(英文 rose 的来源)来描述菌落颜色,特别是种名。属名中为了避免与希腊文名词"rhodon"定名的菌属可能的重复,拉丁文"roseus"定名的菌属名统一称为"玫瑰"。如1991年定的**玫瑰杆菌属**(*Roseobacter*),以区别于1984年定的**玫杆菌属**(*Rhodobacter*);1994年定的**玫瑰果菌属**(*Roseococcus*),以区别于1891年的**玫果菌属**(*Rhodococcus*);1998年定的**玫瑰螺体属**(*Roseospira*),以区别于1998年定的**玫螺体属**(*Rhodospira*);1999年定的**玫瑰变菌属**(*Roseovarius*),以区别于2004年定的**玫变菌属**(*Rhodovarius*);2000年定的**玫瑰菌属**(*Roseibium*),以区别于1995年定的**玫菌属**(*Rhodobium*);2001年定的**玫瑰小螺体属**(*Roseospirillum*),以区别于1907年的**玫小螺体属**(*Rhodospirillum*);2009年定的**玫瑰橄菌属**(*Roseibaca*),以区别于2001年定的**玫橄菌属**(*Rhodobaca*);2013年定的**玫瑰微菌属**(*Roseimicrobium*),以区别于1949年的**玫微菌属**(*Rhodomicrobium*)。

拉丁文 *roseus -um -a* 因为是形容词,多用于种名中。如1888年的**玫瑰色变杆菌**(*Amoebobacter roseus*)、1888年的**玫瑰色硫平菌**(*Thiopedia rosea*)、1955年的**玫瑰色链孢囊菌**(*Streptosporangium roseum*)、1957年的**玫瑰色微双孢菌**(*Microbispora rosea*)、1973年的**玫瑰色热微菌**(*Thermomicrobium roseum*)、1990年定的**玫瑰色盐果菌**(*Salinicoccus roseus*)、1994年定的**玫瑰色玫浮菌**(*Rhodoplanes roseus*)、1995年定的**玫瑰色考克氏菌**(*Kocuria rosea*)、1998年定的**玫瑰色脆果菌**(*Craurococcus roseus*)、2007年定的**玫瑰色土球菌**(*Terriglobus roseus*)、2008年定的**玫瑰色孪果菌**(*Geminicoccus roseus*)、2008年定的**玫瑰色卤杖菌**(*Haloferula rosea*)、2009年定的**玫瑰色玫瑰单胞菌**(*Roseomonas rosea*)、2010年新合并的**玫瑰色夷杆菌**(*Pontibacter roseus*)、2010年定的**玫瑰色盐场单胞菌**(*Salinarimonas rosea*)、2011年定的**玫瑰色铠单胞菌**(*Armatimonas rosea*)、2011年定的**玫瑰色漠杆菌**(*Desertibacter roseus*)、2012年定的**玫色蒙古果菌**(*Mongoliicoccus roseus*)、2013年定的**玫瑰色异矿菌**(*Aliifodinibius roseus*)、2013年定的**玫瑰色因皮里尔杆菌**(*Imperialibacter roseus*)、2013年定的**玫瑰色腐土针菌**(*Humitalea rosea*)、2013年定的**玫瑰色超杆菌**(*Melioribacter roseus*)和2014年定的**玫瑰色迷你腺菌**(*Minicystis rosea*)等。此词在复合词中,仅用"玫"字表示:1886年的**玫桃色亮腺菌**(*Lamprocystis roseopersicina*)、1888年的**玫桃色磠胶囊菌**(*Thiocapsa roseopersicina*)、1999年定的**玫色黏滑薄层杆菌**(*Hymenobacter roseosalivarius*)和2011年定的**烫玫色土壤单胞菌**(*Chthonomonas calidirosea*)。

红:拉丁文形容词 *ruber*、*rubrum*、*rubra*:红,红色的,赤色的。此词在属名中用"红"表示。以发表年代列举如下。1989年定的**红杆菌属**(*Rubrobacter*)、1991年定的**红旺菌属**

(*Rubrivivax*)、1996年定的**卤红菌属**(*Halorubrum*)、1999年定的**红单胞菌属**(*Rubrimonas*)、1999年定的**泡碱红菌属**(*Natronorubrum*)、2002年定的**红暖菌属**(*Rubritepida*)、2003年定的**壤红杆菌属**(*Solirubrobacter*)、2006年定的**红针菌属**(*Rubritalea*)、2006年定的**淡红微菌属**(*Rubellimicrobium*)、2008年定的**浅红杆菌属**(*Rubidibacter*)[区别于1989年定的**红杆菌属**(*Rubrobacter*)]。

拉丁文形容词 *rubidus*、*rubellus* 都是表示浅红色,淡红色,与红色(*ruber rubra -um*)可能并无实际区别,应用的频率极低。如2010年定的**红小杆菌属**(*Rubribacterium*)、2011年定的**红果菌属**(*Rubricoccus*)、2013年定的**红幡菌属**(*Rubrivirga*)和2014年定的**卤淡红菌属**(*Halorubellus*)。

此词常用在种名中,作为单词出现时,用"红色"表示,以示种名特征。1907年的**红色玫小螺体**(*Rhodospirillum rubrum*)、1987年定的**红色皱单胞菌**(*Rugamonas rubra*)、1990年定的**红色丙二酸单胞菌**(*Malonomonas rubra*)、1996年定的**红色稍热菌**(*Meiothermus ruber*)、1998年定的**红色副脆果菌**(*Paracraurococcus ruber*)、1999年定的**红色热毛菌**(*Thermocrinis ruber*)、2002年定的**红色盐场杆菌**(*Salinibacter ruber*)、2002年定的**红色热弧菌**(*Thermovibrio ruber*)、2006年定的**红色多形孢菌**(*Polymorphospora rubra*)、2010年定的**红色卤粒菌**(*Halogranum rubrum*)、2010年定的**红色岸杆菌**(*Litoribacter ruber*)、2012年定的**红色热放线孢菌**(*Thermoactinospora rubra*)、2013年定的**红色假哈莉菌**(*Pseudohaliea rubra*)和2014年定的**红色盐粒菌**(*Salinigranum rubrum*)等。该词在种名中作复词出现时也用"红"表示,如2000年定的**红化酸球菌**(*Acidisphaera rubrifaciens*)、1998年定的**红皮泡碱线体**(*Natrinema pellirubrum*)和2009年定的**红海伯曼姓菌**(*Bermanella marisrubri*)。

丹:拉丁文形容词 *minius*;表示丹色,丹砂色,朱砂色,朱红色的,如2011年定的**丹单胞菌属**(*Miniimonas*)和2010年定的模式种**海桃红昌螺杆菌**(*Umboniibacter marinipuniceus*)等。

2.2 白颜色及分类

素:拉丁文形容词 *albus -um -a*:白色的,素色的。此词在属名中使用不多,用"素"表示,如1996年定的**泡碱素菌属**(*Natrialba*)、2001年定的**素杆菌属**(*Albibacter*)、2003年定的**素小卵菌属**(*Albidovulum*)、2008年定的**素单胞菌属**(*Albimonas*)、2009年定的**素沃菌属**(*Albidiferax*)、2011年定的**硫素菌属**(*Thioalbus*)。

此词常用于种名中,用"素色"互译,一般指的是菌落的颜色,如1943年的**素色链霉菌**(*Streptomyces albus*)、1945年的**素色贝日阿托氏菌**(*Beggiatoa alba*)、1973年的**素色皮肤杆菌**(*Bactoderma alba*)、1976年的**素色诺卡氏状菌**(*Nocardioides albus*)、1986年定的**素色嗜热油菌**(*Thermoleophilum album*)、1998年新合并的**素色热裂菌**(*Thermobifida alba*)、2003年定的**素色链嗜酸菌**(*Streptacidiphilus albus*)、2004年定的**素色吞琼菌**(*Agarivorans albus*)、2007年新合并的**素色盐微菌**(*Salimicrobium album*)、2008年定的**素色卤放线孢菌**(*Haloactinospora alba*)、2008年定的**素色腐土杆菌**(*Humibacter albus*)、2009年定的**素**

色卤糖霉菌（*Haloglycomyces albus*）、2010 年定的素色异放线伴线体（*Alloactinosynnema album*）、2010 年定的素色卤刺发菌（*Haloechinothrix alba*）、2010 年定的素色懒小杆菌（*Ignavibacterium album*）、2010 年定的素色海微生室菌（*Mameliella alba*）、2011 年定的素色卤放线多孢菌（*Haloactinopolyspora alba*）、2011 年定的素色滨杆菌（*Litoreibacter albidus*）、2011 年定的素色中华孢囊菌（*Sinosporangium album*）、2012 年定的素色屈幡菌（*Flexivirga alba*）、2013 年定的素色穴果菌（*Spelaeicoccus albus*）、2014 年新合并的素色水竿菌（*Aquibacillus albus*）和 2014 年定的素色卤多孢菌（*Halopolyspora alba*）。

种名中的复合词，用"素"表示，如 2008 年新合并的素衣异库茨纳尔氏菌（*Allokutzneria albata*）。

另外，2007 年定的素单胞菌属（*Aspromonas*）也用"素"表示，该属 2009 年已归属到沙单胞菌属（*Arenimonas*）。2010 年新合并的模式种苍白色气竿菌（*Aeribacillus pallidus*），也是表示白色概念。

2.3 黄颜色及分类

拉丁文中关于黄色或类似颜色的词有不少，形容词 *flavidus -um -a*、*galbus*、*gilvus*、*luteolus -um -a*、*helvata*、*Luteus -um -a*、*lurida*、希腊文形容词 *xanthos*、*krokinos* 等：黄色的，词型的变化，表示浅黄、苍黄等，在属名中用"黄"直译；此词常用于种名中，用黄色互译。

黄（色）：拉丁文形容词 *flavus -um -a*，黄色，黄色的，黄颜色的。此词在属名中，用"黄"互译，以时间顺序列举如下，1923 年的黄小杆菌属（*Flavobacterium*）、1987 年定的黄单胞菌属（*Flavimonas*）[1997 年被归属到假单胞菌属（*Pseudomonas*）]、2001 年定的硫黄果菌属（*Thioflavicoccus*）、2005 年定的热黄微菌属（*Thermoflavimicrobium*）、2006 年定的黄枝菌属（*Flaviramulus*）、2007 年定的黄壤杆菌属（*Flavisolibacter*）、2008 年定的中黄杆菌属（*Mesoflavibacter*）、2010 年定的黄腐土杆菌属（*Flavihumibacter*）、2010 年定的破黄酮菌属（*Flavonifractor*）、2010 年定的假破黄酮菌属（*Pseudoflavonifractor*）、2011 年定的黄针菌属（*Flavitalea*）、2012 年定的黄幡菌属（*Flavivirga*）、2013 年定的黄屈菌属（*Flaviflexus*）和 2014 年定的热黄丝菌属（*Thermoflavifilum*）等。

此词也多用于种名，以"黄色"表示：1989 年薪合并的黄色噬氢菌（*Hydrogenophaga flava*）、2002 年定的黄色植杆菌（*Plantibacter flavus*）、2003 年定的黄色草酸小杆菌（*Oxalicibacterium flavum*）、2007 年定的黄色考夫勒氏菌（*Kofleria flava*）、2007 年定的黄色沉积绳菌（*Sediminitomix flava*）、2008 年定的黄色中华杆菌（*Sinobacter flavus*）[此种 2011 年被种为黄色壤单胞菌（*Solimonas flava*）]、2009 年定的黄色菜豆腺菌（*Phaselicystis flava*）、2009 年定的黄色中华单胞菌（*Sinomonas flava*）、2010 年定的黄色泉杆菌（*Fontibacter flavus*）、2010 年定的黄色南海杆菌（*Meridianimaribacter flavus*）、2011 年定的黄色蜗牛单胞菌（*Cocleimonas flava*）、2011 年定的黄色水针菌（*Hydrotalea flava*）、2012 年定的黄色海绵小杆菌（*Spongiibacterium flavum*）、2014 年定的黄色莫大马菌（*Mumia flava*）和 2014 年定的黄色海绵单胞（*Spongiimonas flava*）等。

该词用于复合词中,如下:1948 年的**黄化瘤胃果菌**(*Ruminococcus flavefaciens*)、1996 年定的**核黄素德沃斯氏菌**(*Devosia riboflavina*)、2005 年新合并的**海黄色列文虎克姓菌** (*Leeuwenhoekiella marinoflava*)、2007 年定的**素黄色阮氏菌**(*Ruania albidiflava*)、2008 年定的**黄灰色浮孢囊菌**(*Planosporangium flavigriseum*)、2008 年定的**亚黄色假古本苁氏菌** (*Pseudogulbenkiania subflava*)和 2009 年定的**变黄色细小杆菌**(*Leptobacterium flavescens*)。

苍黄色:拉丁文形容词 *flavidus -um -a* 与 *flavus -um -a* 同词根,表示比黄色略淡的;多用于种名中。如 1985 年定的**苍黄色醋微菌**(*Acetomicrobium flavidum*)、1999 年定的**苍黄色韩生科姓菌**(*Kribbella flavida*)、2007 年定的**苍黄色腐土果菌**(*Humicoccus flavidus*)、2009 年定的**苍黄色盐业居菌**(*Salinihabitans flavidus*)、2010 年定的**苍黄色墙拟诺卡氏菌** (*Murinocardiopsis flavida*)等。

黄棕(色):拉丁文形容词 *fulvus*,表示黄棕色的,黄褐色的。此词多用于属名中,如 2002 年定的**黄棕单胞菌属**(*Fulvimonas*)、2003 年定的**黄棕海菌属**(*Fulvimarina*)、2007 年定的**黄棕幡菌属**(*Fulvivirga*)、2008 年定的**黄棕杆菌属**(*Fulvibacter*)、2010 年定的**假黄棕单胞菌属**(*Pseudofulvimonas*)、2013 年定的**黄棕针菌属**(*Fulvitalea*)、2013 年定的**假黄棕杆菌属** (*Pseudofulvibacter*)、1911 年的**深黄黏果菌**(*Myxococcus fulvus*)、1998 年新合并的**黄棕色小螺体**(*Phaeospirillum fulvum*)等。

淡黄(色):拉丁文形容词 *luteolus -um -a*,与橙黄色(*luteus*)同根,表示比橙黄色(*luteus*)颜色浅的。该词在属名中,用"淡黄"表示:2008 年定的**淡黄杆菌属**(*Luteolibacter*)。该词多用于种名,用"淡黄色"表示:1985 年定的**淡黄色假单胞**(*Pseudomonas luteola*)、2009 年定的**淡黄色舒曼姓菌**(*Schumannella luteola*)、2014 年定的**淡黄色滑发菌**(*Labilithrix luteola*)和 1999 年定的**热淡黄色嗜氢菌**(*Hydrogenophilus thermoluteolus*)等。

橙黄(色):拉丁文形容词 *luteus*,表示黄色,橙黄。该词多用于属名中:1994 年定的**橙黄果菌属**(*Luteococcus*)、2000 年定的**橙黄单胞菌属**(*Luteimonas*)、2005 年定的**橙黄杆菌属**(*Luteibacter*)、2010 年定的**橙黄微菌属**(*Luteimicrobium*)、2010 年定的**橙黄粉尘菌属**(*Luteipulveratus*)、2013 年定的**橙黄幡菌属**(*Luteivirga*)和 2014 年定的**海橙黄果菌属** (*Mariniluteicoccus*)等。

此词在种名中,仍然保持带"色",为"橙黄色",以示种名特征,如 1872 年的**橙黄色微果菌**(*Micrococcus luteus*)、1993 年新合并的**橙黄色甲基杆菌**(*Methylobacter luteus*)、1997 年定的模式种**橙黄色土果菌**(*Terracoccus luteus*)、2006 年定的模式种**橙黄色沉积栖菌**(*Sediminicola luteus*)、2008 年定的**橙黄色韩农发局菌**(*Rudanella lutea*)、2009 年定的**橙黄色矿杆菌**(*Fodinibacter luteus*)、2010 年定的**橙黄色伊吉娜菌**(*Ekhidna lutea*)、2010 年定的**橙黄色云微所菌**(*Yimella lutea*)、2012 年定的**橙黄色蒙古针菌**(*Mongoliitalea lutea*)、2012 年定的**橙黄色沉积居菌**(*Sediminihabitans luteus*)、2013 年定的**橙黄色棕腺藻属杆菌** (*Phaeocystidibacter luteus*)、2015 年定的**橙黄色汨杆菌**(*Crenobacter luteus*)和 2001 年新合并的**金橙黄色放线马杜拉菌**(*Actinomadura viridilutea*)等。

应该进一步说明,这些菌属的原作者对于拉丁文形容词 *luteus -um -a* 的英文注释已经十分混乱。如有黄色的(yellow)、橙色的(orange)、橙黄色的(orange-yellow)、金黄色的(golden-yellow)等,但实际上,这些用词可能仅仅是作者的主观感觉,所反映的应当是略带闪亮(以至于觉得是金色或金颜色)的橙黄,所以本书统一注释为橙黄(属名)和橙黄色(种名)。

白黄色:拉丁文 *luridus -um -a*,苍白的黄色,苍黄,白黄;如2014年定的**白黄色栖小蓬草菌**(*Conyzicola lurida*)。

鲜黄(色):拉丁文形容词 *galbus*,黄色的,如2007年定的**鲜黄杆菌属**(*Galbibacter*)和2014年定的**鲜黄针菌属**(*Galbitalea*)。

褐(色):拉丁文形容词 *gilvus*,淡黄色的,褐色的,如2007年定的**褐杆菌属**(*Gilvibacter*)、2009年定的**黄海菌属**(*Gilvimarinus*)(此词是根据中文语境来定的,黄海指朝鲜半岛与我国山东江苏两省之间的海域)和2008年定的模式种**褐色海草栖菌**(*Phycicola gilvus*)。

黄(色):希腊文形容词 *xanthos*,黄色的,如1939年的**黄单胞菌属**(*Xanthomonas*)、1978年的**黄杆菌属**(*Xanthobacter*)、2000年定的**假黄单胞菌属**(*Pseudoxanthomonas*)、2007年定的**黍黄素杆菌属**(*Zeaxanthinibacter*)、2007年定的**海黄单胞菌属**(*Marixanthomonas*)和2008年定的**假黄杆菌属**(*Pseudoxanthobacter*)。

种名中,2008年定的模式种**苍黄色腐土竿菌**(*Humibacillus xanthopallidus*)、2008年定的模式种**黄大蚊克鲁格姓菌**(*Klugiella xanthotipulae*)和2013年定的模式种**黍黄素化线西幡菌**(*Siansivirga zeaxanthinifaciens*)。

其他颜色的如2006年定的**黄色杆菌属**(*Krokinobacter*)〔此属2012年被归属到**独岛菌属**(*Dokdonia*)〕、2008年定的**杏色泥杆菌**(*Limibacter armeniacum*)、2004年定的**苍黄色假槌杆菌**(*Pseudoclavibacter helvolus*)、2004年定的**苍黄色齐摩尔曼姓菌**(*Zimmermannella helvola*)、2007年定的**蜜黄色路德曼姓菌**(*Luedemannella helvata*)和2007年新合并的**橘黄色梅泽氏菌**(*Umezawaea tangerina*)等。

藏红:拉丁文形容词 *croceus*:藏红色的,沙黄色的,金黄色的。此词在属名中用"藏红"表示,实际意义仍然是黄色的,以时间顺序列举如下。2003年定的**藏红杆菌属**(*Croceibacter*)、2003年定的**藏红绳菌属**(*Crocinitomix*)、2008年定的**藏红针菌属**(*Croceitalea*)和2009年定的**藏红果菌属**(*Croceicoccus*)。

2.4 金颜色及分类

金(色):拉丁文形容词 *aureus*,表示金色的,金黄色的。该词多用于属名中,用"金"表示,实质上仍然是一种亮黄色。如2006年定的**金螺体属**(*Aureispira*)、2011年定的**金杆菌属**(*Aureibacter*)、2011年定的**金单胞菌属**(*Aureimonas*)、2012年定的**金针菌属**(*Aureitalea*)、2013年定的**金果菌属**(*Aureicoccus*)和2013年定的**金幡菌属**(*Aureivirga*)。在种名中,以"金色"表示,1884年的**金色葡萄果菌**(*Staphylococcus aureus*)(此菌名的传统中文名为金黄色葡萄球菌)和2011年定的**金色鸟氨酸杆菌**(*Ornithinibacter aureus*)。

金:希腊文形容词 *chruseos* 或 *khruseos*;拉丁化阴性形容词 *chrysea*。属名中,如1986

年定的金单胞菌属(*Chryseomonas*),尽管此属1997年已被归属到假单胞菌属,即实际上废止了,但与2011年定的金单胞菌属(*Aureimonas*)在中文属名上是一样的;1994年定的金小杆菌属(*Chryseobacterium*)、1996年定的金矿菌属(*Chrysiogenes*)、2010年定的金球菌属(*Chryseoglobus*)、2011年定的金微菌属(*Chryseomicrobium*)和2013年定的金线菌属(*Chryseolinea*);种名中,如1989年新合并的模式种金色颤绿菌(*Oscillochloris chrysea*)。

金橙(色):拉丁文名词 *aurantium -a* 是橙子的属名,来自拉丁文名词金(*aurum*),中文中称为金橙,与拉丁文形容词 *aureus* 和动词 *auro* 同根,拉丁文后缀 *-acus -um-a* 形容词化表示属于或具有,形容词 *aurantiacus -um -a* 表示金橙色;该词全部用于种名,以时间顺序列举如下。1875年的金橙色斑菌(*Stigmatella aurantiaca*)、1963年的金橙色无形孢囊菌(*Amorphosporangium auranticolor*)〔此种1988年已被归种到金橙色放线浮菌(*Actinoplanes auranticolor*)〕、1967年的金橙色指孢囊菌(*Dactylosporangium aurantiacum*)、1968年的金橙色滑管菌(*Herpetosiphon aurantiacus*)、1974年的金橙色绿屈菌(*Chloroflexus aurantiacus*)、1978年的金橙色运孢菌(*Kineosporia aurantiaca*)、1980年定的金橙色弗拉特氏菌(*Frateuria aurantia*)、1984年定的金橙色毫小杆菌(*Exiguobacterium aurantiacum*)、1993年定的金橙色运果菌(*Kineococcus aurantiacus*)、2000年定的金橙色大理石栖菌(*Marmoricola aurantiacus*)、2003年定的金橙色芽殖单胞菌(*Gemmatimonas aurantiaca*)、2007年定的金橙色韩农生所菌(*Niabella aurantiaca*)、2007年定的金橙色过纤细杆菌(*Perexilibacter aurantiacus*)和2009年定的金橙色库什纳氏菌(*Kushneria aurantia*)。

需要说明的是,在2003年定的金橙单胞菌属(*Aurantimonas*)的英文注解中,*aurantus* 应当是有误的;在2011年定的金橙果菌属(*Auraticoccus*),*auratus* 应当也是有误的;1983年定的金色小杆菌属(*Aureobacterium*)(已被归属废止),以免同1994年的金小杆菌属(*Chryseobacterium*)中文菌名重名。

2.5 黑颜色及分类

1998年定的产黑肉单胞菌(*Carnimonas nigrificans*)、1886年的暗腺杆菌(*Cystobacter fuscus*)、1965年的墨化脱硫肠菌(*Desulfotomaculum nigrificans*)、2011年定的墨艾欧尼亚菌(*Eionea nigra*)、1985年定的暗球芽殖菌(*Gemmata obscuriglobus*)、1936年的黑色消果菌(*Peptococcus niger*)、1990年新合并的黑色素生普雷沃特姓菌(*Prevotella melaninogenica*)、2012年新合并的紫黑假芏擀姓菌(*Pseudoduganella violaceinigra*)、2001年定的烟囱海袍菌(*Marinitoga camini*)和1999年定的烟囱火叶菌(*Pyrolobus fumarii*)等。

2.6 蓝颜色及分类

1997年新合并的含靛蓝福格斯姓菌(*Vogesella indigofera*),靛蓝虽然不是指颜色,而是物质,但是靛蓝本身代表一种蓝颜色;1962年的蓝色放线孢器菌(*Actinopycnidium caeruleum*)、1994年新合并的蓝色科奇氏浮菌(*Couchioplanes caeruleus*)、1978年的蓝色紫小杆菌(*Janthinobacterium lividum*)、1999年定的蓝湖硅杆菌(*Silicibacter lacuscaerulensis*)、

1948年合并的灰色链霉菌(*Streptomyces griseus*)和2000年定的模式种青灰色放线异垒菌(*Actinoalloteichus cyanogriseus*)。

2.7　绿颜色及分类

属名中如1906年的绿菌属(*Chlorobium*)、1970年的突柄绿菌属(*Prosthecochloris*)、1971年的臂绿菌属(*Ancalochloris*)、1974年的绿屈菌属(*Chloroflexus*)、1975年的绿线体属(*Chloronema*)、1985年定的绿滑菌属(*Chloroherpeton*)、1986年定的原绿藻属(*Prochloron*)、1989年定的颤绿菌属(*Oscillochloris*)、1989年定的原绿发藻属(*Prochlorothrix*)、1997年定的芽绿菌属(*Blastochloris*)、2001年定的原绿果藻属(*Prochlorococcus*)、2003年定的绿茎菌属(*Chlorobaculum*)和2007年定的绿竿菌属(*Viridibacillus*)。

在种名中，如1900年的铜绿假单胞菌(*Pseudomonas aeruginosa*)、1953年的绿化气果菌(*Aerococcus viridans*)、1971年的绿色糖单孢菌(*Saccharomonospora viridis*)、1985年定的绿色螺小杆菌(*Heliobacterium chlorum*)、1994年新合并的绿色维斯姓菌(*Weissella viridescens*)、1997年新合并的绿色芽绿菌(*Blastochloris viridis*)和2001年定的绿化塔拉萨单胞菌(*Thalassomonas viridans*)等。

另外如2007年定的孔雀石果菌属(*Smaragdicoccus*)，这里也是用了孔雀石的颜色，大概是绿色的。

2.8　其他颜色及分类

2001年定的模式种双色阿格蕾氏菌(*Agreia bicolorata*)，指非单色色彩。2001年定的模式种砖色沙杆菌(*Arenibacter latericius*)，指的是暗橙色。1843年的模式种赭色细发菌(*Leptothrix ochracea*)，像赭石的。1982年定的模式种赭色烟噬胞菌(*Capnocytophaga ochracea*)，像赭石的。2001年定的模式种赭色幡孢囊菌(*Virgisporangium ochraceum*)，指的是锈色的。2002年定的模式种赭色卤囊菌(*Haliangium ochraceum*)，指的是红褐色，或是苍褐色。

3　表示环境条件和环境介质属性的中文—拉丁文用词及分类

3.1　环境介质及分类

3.1.1　泥土类介质

壤：拉丁文属性名词 solum -i、拉丁文名词：表示①土壤，②土地。属名中如2003年定的壤红杆菌属(*Solirubrobacter*)、2007年定的壤单胞菌属(*Solimonas*)、2007年定的黄壤杆菌属(*Flavisolibacter*)、2009年定的壤竿菌属(*Solibacillus*)和2009年定的壤针菌属(*Solitalea*)等。

种名中，为了习惯和区别，种名中为"土壤"：2002年定的模式种土壤黄棕单胞菌(*Fulvimonas soli*)、2007年定的模式种土壤壤单胞菌(*Solimonas soli*)、2008年定的模式种土壤假黄杆菌(*Pseudoxanthobacter soli*)、2009年定的模式种土壤假玫肥菌(*Pseudorhodoferax soli*)、2012年定的模式种参壤伞单胞菌(*Fimbriimonas ginsengisoli*)(在种名复合词中,仍为"壤")、2013年定的模式种土壤赖氨酸单胞菌(*Lysinimonas soli*)、2013年定的土壤副草小螺体(*Paraherbaspirillum soli*)、2014年定的模式种土壤鲜黄针菌(*Galbitalea soli*)和2014年定的模式种土壤中华竿菌(*Sinibacillus soli*)等。需要注意的是,拉丁文solus并非其阳性形容词,而是唯一的、仅此的、单独的,如唯小杆菌属(*Solobacterium*)。

拉丁文名词seges -etis,也译为"壤",出现的频率低。如2007年定的壤杆菌属(*Segetibacter*)和2009年定的副壤杆菌属(*Parasegetibacter*)。

土:拉丁文名词terra:表示①土地,②土壤。属名中如1989年定的土杆菌属(*Terrabacter*)、1997年定的土果菌属(*Terracoccus*)、1997年定的热土小杆菌属(*Thermoterrabacterium*)、1999年定的卤土生菌属(*Haloterrigena*)、2006年定的土单胞菌属(*Terrimonas*)、2007年定的土竿菌属(*Terribacillus*)、2007年定的土球菌属(*Terriglobus*)、2008年定的烫土弧菌属(*Calditerrivibrio*)、2008年定的微土栖菌属(*Microterricola*)、2011年定的酸土单胞菌属(*Aciditerrimonas*)、2011年定的烫土栖菌属(*Calditerricola*)、2013年定的盐土竿菌属(*Saliterribacillus*)、2014年定的土微菌属(*Terrimicrobium*)、2014年定的土孢杆菌属(*Terrisporobacter*)等。

种名中,为了习惯和区别,种名中定为"土地",但在复合词中,仍为"土":1985年定的土生丛毛单胞菌(*Comamonas terrigena*);1997年定的模式种土生得墨忒耳菌(*Demetria terragena*);1997年定的热土厌氧茎菌(*Anaerobaculum thermoterrenum*);2001年定的土地奥普丝祐菌(*Opitutus terrae*);2002年定的卤土卤双形菌(*Halobiforma haloterrestris*);2003年定的模式种下土微幡菌(*Microvirga subterranea*);2003年定的模式种下土硫氢菌(*Sulfurihydrogenibium subterraneum*);2004年新合并的下土烫厌氧杆菌(*Caldanaerobacter subterraneus*);2004年新合并的下土烫厌氧杆菌太平亚种(*Caldanaerobacter subterraneus* subsp. *pacificus*);2005年定的模式种土地森林单胞菌(*Silvimonas terrae*);2005年定的模式种地中马特尔姓菌(*Martelella mediterranea*),"地中"这里特指地中海;2005年定的模式种地中塔拉萨菌(*Thalassobius mediterraneus*),"地中"这里特指地中海,此菌或名地中海菌;2005年定的模式种下土硫杆菌(*Thiobacter subterraneus*);2007年定的模式种参土黄壤杆菌(*Flavisolibacter ginsengiterrae*);2007年定的模式种下土地孢杆菌(*Geosporobacter subterraneus*);2012年定的模式种下土热吞菌(*Thermovorax subterraneus*);2013年定的模式种地中普勒俄涅菌(*Pleionea mediterranea*),"地中"特指地中海;2013年定的土地热海小杆菌(*Rehaibacterium terrae*);2013年定的土地韩农发局杆菌(*Rudaibacter terrae*);2014年定的模式种土地地热微菌(*Geothermomicrobium terrae*);2014年定的模式种土地副丝单胞菌(*Parafilimonas terrae*)。

地:希腊文名词gê(拉丁化geo):表示①地球,②地质,③地理。此词主要在属名,如1968年的嗜地肤菌属(*Geodermatophilus*)、1993年定的地袍菌属(*Geotoga*)、1995年定的地杆菌属(*Geobacter*)、1999年定的地发菌属(*Geothrix*)、2000年定的地弧菌属

（*Geovibrio*）、2001年定的**地竿菌属**（*Geobacillus*）、2002年定的**地球菌属**（*Geoglobus*）、2005年定的**地热杆菌属**（*Geothermobacter*）、2005年定的**地冷杆菌属**（*Geopsychrobacter*）、2007年定的**地碱杆菌属**（*Geoalkalibacter*）、2007年定的**地孢杆菌属**（*Geosporobacter*）、2010年定的**地微菌属**（*Geomicrobium*）、2012年定的**地丝菌属**（*Geofilum*）、2014年定的**地热微菌属**（*Geothermomicrobium*）等。种名中极少，如2011年定的模式种**地热微气杆菌**（*Microaerobacter geothermalis*）。

腐土：拉丁文 humus、humi，这里称为腐土，不代表它一定就意味着腐烂而富有有机质的土壤，但大部分情况如此。属名中如2005年定的**稻腐土菌属**（*Oryzihumus*）、2007年定的**腐土果菌属**（*Humicoccus*）、2007年定的**腐土居菌属**（*Humihabitans*）、2008年定的**腐土竿菌属**（*Humibacillus*）、2008年定的**腐土杆菌属**（*Humibacter*）、2010年定的**黄腐土杆菌属**（*Flavihumibacter*）（根据中文的意境，或可称为黄土杆菌属）和2013年定的**腐土针菌属**（*Humitalea*）。种名中，如1985年定的模式种**腐质星形菌**（*Stella humosa*）、2001年定的模式种**嗜腐土鸟氨酸微菌**（*Ornithinimicrobium humiphilum*）和2013年定的模式种**腐土巴里恩托斯岛单胞菌**（*Barrientosiimonas humi*）等。

值得指出的是，希腊文名词 chthōn chthonos 也有此意，如2011年定的**土壤单胞菌属**（*Chthonomonas*），以示与**土单胞菌属**（*Terrimonas*）和**壤单胞菌属**（*Solimonas*）的中文菌名区别；希腊文中性名词 edaphos 也有此意，如2008年定的**土壤杆菌属**（*Edaphobacter*），以示与1989年定的**土杆菌属**（*Terrabacter*）的中文菌名区别。

基或基地：希腊文名词 pedon；表示地面，地球，土地；希腊文 pedon 有表示足、脚或根基的意思。如1961年的**基地微菌属**（*Pedomicrobium*），以示与**地微菌属**（*Geomicrobium*）中文菌名的差异；1998年定的**基地杆菌属**（*Pedobacter*），以示与**地杆菌属**（*Geobacter*）中文菌名的差异。

淤：拉丁文名词 caenum，表示淤泥，泥浆，与"泥""泞""淖"同义；属名中如2003年定的**淤小杆菌属**（*Caenibacterium*）[此属2004年已被归属到**席乐阁姓菌属**（*Schlegelella*）]、2007年定的**淤小螺体属**（*Caenispirillum*）和2008年定的**淤单胞菌属**（*Caenimonas*）。种名中如2014年定的模式种**温淤甲基洋杆菌**（*Methyloceanibacter caenitepidi*）。

泥：拉丁文名词 limus -i；表示烂泥，泥浆，泥土，淤泥，与"淤""泞""淖""溏"同义。最初用于种名中，现在也有用于属名中的。拉丁文形容词 limosus -um -i，表示烂泥的，泥浆的，黏泥的。属名中如2008年定的**泥杆菌属**（*Limibacter*）和2013年定的**泥单胞菌属**（*Limimonas*）。种名中多用拉丁文名词 limus，和拉丁文形容词 limosus -um -i。如1906年的模式种**泥栖绿菌**（*Chlorobium limicola*）、1938年的模式种**烂泥优小杆菌**（*Eubacterium limosum*）、1981年定的模式种**泥栖脱硫化线体**（*Desulfonema limicola*）、1984年定的模式种**泥栖甲烷平菌**（*Methanoplanus limicola*）、1985年定的模式种**泥栖丝杆菌**（*Filibacter limicola*）、2002年定的模式种**烂泥运球菌**（*Kineosphaera limosa*）、2005年定的模式种**海烂泥奥利氏菌**（*Olleya marilimosa*）和2011年定的模式种**泥纤体**（*Fibrisoma limi*）。

泞：拉丁文名词 lutum；表示泥泞，与"泥""淤""淖""溏"同义。目前只见于属名中。

如2006年定的泞杆菌属(*Lutibacter*)、2007年定的泞单胞菌属(*Lutimonas*)、2008年定的泞孢菌属(*Lutispora*)、2009年定的泞海杆菌属(*Lutimaribacter*)和2012年定的泞茎菌属(*Lutibaculum*)。

淖：希腊文名词*pelos*，与"泥""溏"等同义，泥土，烂泥，泥浆，表示暗色的厌氧泥浆环境；如1913年定的淖网菌属(*Pelodictyon*)[此属2003年已被归属到绿菌属(*Chlorobium*)，尽管这种归属多少令人生疑]、1983年定的淖杆菌属(*Pelobacter*)、2000年定的淖孢菌属(*Pelospora*)、2002年定的淖肠菌属(*Pelotomaculum*)、2005年定的淖单胞菌属(*Pelomonas*)、2007年定的淖弯菌属(*Pelosinus*)和2014年定的淖缕菌属(*Pelolinea*)。种名中，如1972年的模式种嗜淖硫微螺体(*Thiomicrospira pelophila*)。

农：希腊文名词*agros*；拉丁文名词*ager -gri*；表示农田，田地，土壤，农田。如1942年的农小杆菌属(*Agrobacterium*)[此属2001年被归属到根瘤菌属(*Rhizobium*)]、1969年的农霉菌属(*Agromyces*)、1985年定的农单胞菌属(*Agromonas*)、1996年定的农果菌属(*Agrococcus*)和2011年定的参农单胞菌属(*Panacagrimonas*)。

田：拉丁文名词*arvum*；表示可耕作地，田地。如1998年定的模式种田地隐孢囊菌(*Cryptosporangium arvum*)和2007年定的模式种稻田长线菌(*Longilinea arvoryzae*)。

沙：拉丁文阴性名词*arena*；表示沙子，沙石。属名中如2001年定的沙杆菌属(*Arenibacter*)、2007年定的沙单胞菌属(*Arenimonas*)、2010年定的沙胞菌属(*Arenicella*)和2013年定的沙针菌属(*Arenitalea*)。种名中如2005年定的模式种沙栖盐孢菌(*Salinispora arenicola*)、2007年定的模式种沙樱桃果菌(*Cerasicoccus arenae*)和2011年定的模式种沙丹单胞菌(*Miniimonas arenae*)。

沉淀：拉丁文名词*sedimentum*表示沉淀物，沉积物；等同于英文的sediment；用于属名和种名中。与"沉积"同意。属名中如2002年定的沉淀杆菌属(*Sedimentibacter*)、2006年定的沉淀栖菌属(*Sedimenticola*)、2014年定的沉淀针菌属(*Sedimentitalea*)。种名中如2004年定的模式种沉淀栖海杆菌(*Maribacter sedimenticola*)、2004年定的模式种海沉淀瑞英克岛菌(*Reinekea marinisedimentorum*)、2007年定的模式种沉淀栖副铁单胞菌(*Paraferrimonas sedimenticola*)等。2015年定的模式种沉淀物甲基深渊菌(*Methyloprofundus sedimenti*)，其中新拉丁文阳性形容词*sedimenti*表示沉淀物的。

沉积：拉丁文名词*sedimen -inis*；表示沉积物，自然（通常是水、风、冰川等）作用下，天然物质通过风蚀、侵蚀、腐蚀和运输作用，沉积形成的物质；等同于英文的sediment；用于属名中；与"沉淀"同意。属名中如2006年定的沉积栖菌属(*Sediminicola*)、2006年定的热沉积杆菌属(*Thermosediminibacter*)、2007年定的沉积杆菌属(*Sediminibacter*)、2007年定的沉积绳菌属(*Sediminitomix*)、2008年定的沉积竿菌属(*Sediminibacillus*)、2008年定的沉积小杆菌属(*Sediminibacterium*)、2009年定的沉积单胞菌属(*Sediminimonas*)、2010年定的海沉积栖菌属(*Marisediminicola*)、2012年定的盐沉积小杆菌属(*Salisediminibacterium*)、2012年定的沉积居菌属(*Sediminihabitans*)、2013年定的岸沉积栖菌属(*Litorisediminicola*)。用于种名中，则用沉积（复合词中）或沉积物（单用）表示，如2006年定的模式种沉积物橙色针菌(*Sandarakinotalea sediminis*)、2008年定的模式种沉积物海边杆菌(*Actibacter sediminis*)、2008年定的模式种沉积物桃杵菌(*Persicirhabdus sediminis*)、2009年定的模式种沉积物矿曲菌(*Fodinicurvata sediminis*)、2013年定的模式种沉积栖洋杵菌(*Oceanirhabdus sediminicola*)、2014年定的模式种沉积物水恒杆菌(*Mizugakiibacter sediminis*)、2014年定的模式种沉积物漠河杆菌(*Moheibacter sediminis*)和2014年定的模式种沉积栖硫体(*Sulfurisoma sediminicola*)等。

另外，2009年定的水沉积杆菌属(*Ilumatobacter*)，此处希腊文名词 iluma -atos 表示沉积在水中的沉积物/沉淀物。

3.1.2 粪便类介质

渣：拉丁文名词 faex faecis→ 新拉丁文形容词 faecalis faecium；表示与粪便有关的渣滓，残渣。注释的英文有 dregs、faeces、feces。属名中如2002年定的**渣小杆菌属**(*Faecalibacterium*)、2014年定的**渣果菌属**(*Faecalicoccus*)、2014年定的**渣针菌属**(*Faecalitalea*)等。种名(种加名)中如1919年的模式种**渣碱生菌**(*Alcaligenes faecalis*)、1984年新合并的模式种**渣肠果菌**(*Enterococcus faecalis*)、1988年定的模式种**渣矮小杆菌**(*Brachybacterium faecium*)、1988年定的模式种**溶渣罕杆菌**(*Rarobacter faecitabidus*)、1994年定的模式种**渣树袋熊属小杆菌**(*Phascolarctobacterium faecium*)和2014年定的模式种**渣假柠檬杆菌**(*Pseudocitrobacter faecalis*)。

便：拉丁文名词 stercus -oris；注释的英文有 feces、dung、excrements、ordure、manure。如2004年定的模式种**人便厌氧棒菌**(*Anaerofustis stercorihominis*)、2004年定的模式种**猪便赫斯佩尔氏菌**(*Hespellia stercorisuis*)和2006年定的模式种**犬便异茎菌**(*Allobaculum stercoricanis*)等。

屎：希腊文名词 kakkê 及其新拉丁文名词 caccae；如2002年定的模式种**屎厌氧柄菌**(*Anaerostipes caccae*)。

粪：希腊文名词 kopros；英文注释 excrement、ordure、feces。如1974年的**粪果菌属**(*Coprococcus*)、1993年定的**粪热杆菌属**(*Coprothermobacter*)、2000年定的**粪竿菌属**(*Coprobacillus*)、2010年定的**烫粪杆菌属**(*Caldicoprobacter*)和2013年定的**粪杆菌属**(*Coprobacter*)等。种名(种加名)中，2012年定的**嗜粪肠放线果菌**(*Enteractinococcus coprophilus*)等。

汨，泉：希腊文名词 krene；表示泉，喷泉；在与泉相重复的时候，译为汨。如1870年的**汨发菌属**(*Crenothrix*)(中文中以往常称泉发菌属)、2014年定的**汨针菌属**(*Crenotalea*)、2015年定的**汨杆菌属**(*Crenobacter*)[区别于2010年定的**泉杆菌属**(*Fontibacter*)]。把所有的"krene"译为"汨"是可行的，但为了尊重已经命名菌属的中文习惯，不与"fons fontis"译名相重的，或都可译为"泉"。

泉：拉丁文名词 fons fontis；表示泉水，喷泉，源泉。属名中如2010年定的**泉竿菌属**(*Fontibacillus*)、2010年定的**泉杆菌属**(*Fontibacter*)、2011年定的**烫泉杆菌属**(*Calidifontibacter*)、2013年定的**泉胞菌属**(*Fonticella*)和2013年定的**泉单胞菌属**

(*Fontimonas*)。种名中,如 1988 年定的模式种**泉布拉格菌**(*Pragia fontium*)、2005 年定的模式种**泉栖赫米尼乌斯单胞菌**(*Herminiimonas fonticola*)、2010 年定的模式种**泉灼果菌**(*Fervidicoccus fontis*)、2013 年定的模式种**环礁泉热海线菌**(*Thermomarinilinea lacunofontalis*)和 2014 年定的模式种**热泉何志忠姓菌**(*Zhizhongheella caldifontis*)。

3.1.3 卤盐类介质

卤:希腊文名词 hals halos;卤素,盐,海,表示盐环境。微生物分类学家对这个领域显示出持久的兴趣,从 1935 年的**卤果菌属**(*Halococcus*)开始,以此命名的有 80 多属,直到现在依然非常的活跃(另文发表)。

3.1.4 岩石类介质

石:希腊文名词 lithos;岩石,石头;化学中也表示无机条件。如 2007 年定的**热石杆菌属**(*Thermolithobacter*)。拉丁文阳性名词 lapillus,也表示此意,如**小石果菌属**(*Lapillicoccus*)。

石营:新拉丁文阳性、中性和阴性形容词分别为 lithotrophicus -um -a:利用石头作为营养环境,即无机营养,指的是无机代谢,石营代谢。如 1998 年定的模式种**热石营脱硫小杆菌**(*Desulfurobacterium thermolithotrophum*)、2002 年新合并的模式种**热石营甲烷热果菌**(*Methanothermococcus thermolithotrophicus*)、2002 年定的模式种**石营鹦鹉螺号菌**(*Nautilia lithotrophica*)、2003 年定的模式种**石营浴室菌**(*Balnearium lithotrophicum*)、2004 年定的模式种**石营硫蛋菌**(*Sulfurovum lithotrophicum*)、2010 年定的模式种**石营磂深渊菌**(*Thioprofundum lithotrophicum*)和 2013 年定的模式种**石营布劳克氏菌**(*Brockia lithotrophica*)等。

石:拉丁文/希腊文阴性名词 petra、拉丁文阴性形容词 petraea,表示岩、石、岩石(的),石头(的);属名中如 1993 年定的**石袍菌属**(*Petrotoga*)、2005 年定的**石单胞菌属**(*Petrimonas*)等,种名中如 1993 年定的模式种**石生地袍菌**(*Geotoga petraea*)和 2006 年定的模式种**嗜石油甲基菌**(*Methylibium petroleiphilum*)。

另外,2006 年定的模式种**玄武岩黄枝菌**(*Flaviramulus basaltis*),也是一种命名方式。

石:拉丁文名词 saxus -um -a;也表示岩石、石头,如 2005 年定的**石下杆菌属**(*Subsaxibacter*),此属已定 1 种。

3.2 地理位置及分类

3.2.1 沼泽类环境

沼:拉丁文名词 palus -udis:表示沼泽,沼居。与"泽"同意。在属名中用单汉字"沼",如 2006 年定的**沼杆菌属**(*Paludibacter*)、2008 年定的**沼小杆菌属**(*Paludibacterium*)和 2014 年定的**沼茎菌属**(*Paludibaculum*)。种名中,拉丁文形容词 paluster -tris -tre,即 paluster、palustris 和 palustre(阳/阴/中),在有歧义的情况下,可用双汉字"沼泽",其实际意义也就是居住于沼泽的,沼居的。如 1944 年的模式种**沼泽玫假单胞菌**(*Rhodopseudomonas palustris*)、2000 年定的模式种**沼泽甲基胞菌**(*Methylocella palustris*)、2003 年定的模

式种沼栖丙酸单胞（*Propionicimonas paludicola*）、2007年定的模式种沼泽黏液杆菌（*Mucilaginibacter paludis*）、2007年定的模式种沼栖席勒斯讷氏菌（*Schlesneria paludicola*）、2008年定的模式种沼栖甲烷胞菌（*Methanocella paludicola*）、2009年定的模式种沼泽甲烷小球菌（*Methanosphaerula palustris*）、2010年定的模式种沼栖小粒胞菌（*Granulicella paludicola*）和2010年定的模式种沼泽根微菌（*Rhizomicrobium palustre*）等。

泽：希腊文名词 telma -atos：在属名中用单汉字"泽"；在种名中非复合词用双汉字"沼泽"，复合词仍用单字；与"沼"同意。属名中如2007年定的泽小螺体属（*Telmatospirillum*）、2012年定的泽杆菌属（*Telmatobacter*）、2012年定的泽栖菌属（*Telmatocola*）等。

3.2.2 滨岸类环境

岸：拉丁文名词 litus -oris，指的是水边的陆地，同"滨"近似；属名中如2007年定的岸栖菌属（*Litoricola*）、2010年定的岸杆菌属（*Litoribacter*）、2011年定的岸微菌属（*Litorimicrobium*）、2011年定的岸单胞菌属（*Litorimonas*）、2013年定的岸线菌属（*Litorilinea*）、2013年定的岸沉积栖菌属（*Litorisediminicola*）、2014年定的岸竿菌属（*Litoribacillus*）和2015年定的岸生菌属（*Litorivivens*）等。种名中，如2004年定的模式种烫岸氢幡菌（*Hydrogenivirga caldilitoris*）。

滨：拉丁文形容词 litoreus，与拉丁文名词 litus -oris 词根相同，指的是水边，近水的地方，与"岸"近似，湖滨、海滨、水滨；如2011年定的滨杆菌属（*Litoreibacter*），从词根来讲，与岸杆菌属是一样的；2012年定的模式种滨南海栖菌（*Namhaeicola litoreus*）和2014年定的模式种滨卤淡红菌（*Halorubellus litoreus*）等。

稻：拉丁文属性名词 oryzae；表示稻属，水稻，米，稻米；多用于种名。也表示一种农业湿地环境。多见于种名中，如2000年定的模式种稻氮螺体（*Azospira oryzae*）、2005年定的模式种稻多形单胞菌（*Pleomorphomonas oryzae*）、2006年定的模式种稻木聚糖杆菌（*Xylanibacter oryzae*）、2007年定的模式种稻腐土居菌（*Humihabitans oryzae*）、2007年定的模式种稻李氏菌（*Leeia oryzae*）、2007年定的模式种稻田长线菌（*Longilinea arvoryzae*）、2010年定的模式种稻放线植栖菌（*Actinophytocola oryzae*）、2011年定的模式种稻甲基盖亚菌（*Methylogaea oryzae*）和2014年定的模式种稻副玫小螺体（*Pararhodospirillum oryzae*）等。

3.2.3 海洋类环境

海：拉丁文形容词的阳性、中性、阴性分别为 marinus -um -a。本书中"海"仅指靠近大陆一侧的大陆架附近的海水水域。如2000年定的模式种海甲基盒菌（*Methylarcula marina*）；虽然在海中单胞菌属（*Maritimimonas*）中对 maritimus 的解释是拉丁文形容词，也是海的意思，但这实际上是阳性形容词，表示海中间的。拉丁文阳性形容词 maritimus 也与此同义，如海中太平杆菌（*Pacificibacter maritimus*），详见《原核微生物资源和分类学》。

海中：拉丁文形容词 maritimus；表示海的，大海的，海上的，海中间的（与陆地中的相对）；与拉丁文形容 marinus -um -a 是同意的。属名中如2007年定的海中杆菌属（*Maritimibacter*）和2009年定的海中单胞菌属（*Maritimimonas*）。种名中如2003年定的模式种海中热盘菌

（*Thermodiscus maritimus*）、2011 年定的模式种海中太平杆菌（*Pacificibacter maritimus*）和 2013 年定的模式种海中釜居菌（*Calderihabitans maritimus*）。

海：拉丁文名词 *mare -is*；表示海，大海，海洋。属名中如 1998 年定的**海色菌属**（*Marichromatium*）、1999 年定的**海柄菌属**（*Maricaulis*）、2004 年定的**海杆菌属**（*Maribacter*）〔区别于 1992 年定的**海之杆菌属**（*Marinobacter*）〕、2007 年定的**海生菌属**（*Maribius*）、2007 年定的**海黄单胞菌属**（*Marixanthomonas*）、2008 年定的**海居菌属**（*Marihabitans*）、2009 年定的**泞海杆菌属**（*Lutimaribacter*）、2009 年定的**海茎菌属**（*Maribaculum*）〔此属 2011 年已归属到**亨里赛姓菌属**（*Henriciella*）〕、2009 年定的**海小螺体属**（*Marispirillum*）〔区别于 1998 年定的**海之小螺体属**（*Marinospirillum*）〕、2009 年定的**海针菌属**（*Maritalea*）、2009 年定的**海维生菌属**（*Marivita*）、2010 年定的**深海菌属**（*Mariprofundus*）、2010 年定的**海沉积栖菌属**（*Marisediminicola*）、2010 年定的**海幡菌属**（*Marivirga*）、2010 年定的**南海杆菌属**（*Meridianimaribacter*）（南海是一个固有地理名词，特指中国南海，或南中国海）和 2012 年定的**海曲菌属**（*Maricurvus*）等。种名中，如 1989 年定的模式种**死海色卤杆菌**（*Chromohalobacter marismortui*）、1995 年新合并的模式种**海迪茨氏菌**（*Dietzia maris*）、1995 年新合并的模式种**死海奥伦氏菌**（*Orenia marismortui*）、1999 年定的模式种**海海柄菌**（*Maricaulis maris*）、2005 年定的模式种**海烂泥奥利氏菌**（*Olleya marilimosa*）、2005 年定的模式种**蠹海帕勒隆尼氏菌**（*Palleronia marisminoris*）、2006 年定的模式种**海哺乳动物小链果菌**（*Catellicoccus marimammalium*）、2007 年定的模式种**海水假鲁戈氏菌**（*Pseudoruegeria aquimaris*）、2008 年定的模式种**海水克里格姓菌**（*Kriegella aquimaris*）、2009 年定的模式种**红海伯曼姓菌**（*Bermanella marisrubri*）、2011 年定的模式种**海栖康津菌**（*Gangjinia marincola*）和 2012 年定的模式种**海水假阿伦斯氏菌**（*Pseudahrensia aquimaris*）等。

洋：希腊文名词 *okeanos*、拉丁文名词 *oceanus -um -i*；类似于英文中的 ocean，表示比海更大、远离陆岸的咸水域，本书中洋仅指远离大陆一侧的远海水域，如太平洋、大西洋、印度洋、北冰洋，且这些洋不包括大陆附近海域的水域。如**洋脱硫冷菌**（*Desulfofrigus oceanense*）、**洋热沉积杆菌**（*Thermosediminibacter oceani*）、**甲基洋杆菌属**（*Methyloceanibacter*）、**洋小杆菌属**（*Oceanibacterium*）、**洋茎菌属**（*Oceanibaculum*）、**洋球茎属**（*Oceanibulbus*）、**洋柄属**（*Oceanicaulis*）等。但在**洋中华微菌**（*Sinomicrobiu oceani*）的英文解释中，作者把"洋"与"海"又混淆起来，我们是并不建议的。虽然最早出现的洋小螺体属是 1973 年，但对大洋微生物的研究绝大部分是 2000 年之后进行的，这可能是受研究条件的限制。这一点与"海"微生物相比表现的特别明显。

3.2.4 地球四大洋

太平：拉丁文名词 *pacificus -um -a*；表示太平洋。为了真实的表示拉丁文的原意，同时使得用词更加简洁，太平洋在属名和种名中都不加"洋"，用"太平"，因为不易引起歧义。

2011 年定的**太平杆菌属**（*Pacificibacter*）。有关太平洋的种：2003 年定的模式种**太平邻腺菌**（*Plesiocystis pacifica*）；2004 年新合并的亚种，**下土烫厌氧杆菌太平亚种**（*Caldanaerobacter subterraneus* subsp. *pacificus*）；2005 年定的模式种**太平硫槌菌**（*Thioclava pacifica*）；

2006年定的模式种太平栖海胆菌(*Echinicola pacifica*);2006年定的模式种太平杨氏菌(*Yangia pacifica*);2009年定的模式种太平海摇摆菌(*Marinoscillum pacificum*);2010年定的模式种太平海环国重室菌(*Stakelama pacifica*);2012年定的模式种太平波西登胞菌(*Poseidonocella pacifica*);2013年定的模式种太平海尾菌(*Marinicauda pacifica*)。

印度(洋):拉丁文名词 indicus -um -a;表示印度的,印度人的;本书为了与"印度"相区别,有关印度洋的种,都用"印度洋"表示。2004年定的模式种印度洋热脱硫酸盐菌(*Thermodesulfatator indicus*);2009年定的模式种印度洋海小螺体(*Marispirillum indicum*);2009年定的模式种印度洋洋茎菌(*Oceanibaculum indicum*)。

与之对应的:2010年定的印度杆菌属(*Indibacter*);1950年合并的印度拜叶林氏菌(*Beijerinckia indica*);2011年定的模式种印度烫泉杆菌(*Calidifontibacter indicus*);2013年定的模式种印度希瓦吉姓菌(*Shivajiella indica*)。

无关于印度洋,是来自印度的,所以用"印度"。1987年新合并的印度斯坦链异垒菌(*Streptoalloteichus hindustanus*)是印度的一个西部地区名。

大西洋、北冰洋两大洋在属名和种名中,为避免歧义,都用了全名。但从目前的情况来看,北冰洋的微生物研究寥寥无几,这与现实的研究情况是一致的。如下。大西洋:拉丁文形容词 atlanticus -um -a;表示大西洋的,来自大西洋的;1999年新合并的模式种大西洋鲁戈氏菌(*Ruegeria atlantica*);2003年定的模式种大西洋藏红杆菌(*Croceibacter atlanticus*);2003年定的模式种中大西洋火山热菌(*Vulcanithermus mediatlanticus*);2008年定的模式种大西洋洋仙女菌(*Amphritea atlantica*);2009年定的模式种大西洋冷泥杆菌(*Psychrilyobacter atlanticus*);2014年定的模式种大西洋洋果菌(*Oceanococcus atlanticus*)。

南极和北极的微生物研究。由于对南极洲的争议很少,有大片的陆地,南极洲的研究快于北极地区。文献中对南极和北极的论文也可见一斑。这是对极端微生物(嗜冷微生物)的一种发现和补充。

南极:拉丁文形容词 antarcticus -um -a;表示(最)南部的/南边的,南极洲的。1998年定的南极杆菌属(*Antarctobacter*);2014年定的南极单胞菌属(*Antarcticimonas*)。

种名中:1997年定的模式种南极弗里德曼姓菌(*Friedmanniella antarctica*);1998年定的模式种南极冷单胞菌(*Psychromonas antarctica*);2002年定的模式种南极海平静菌(*Aequorivita antarctica*);2003年定的模式种南极油螺体(*Oleispira antarctica*);2005年定的模式种南极玫瑰盐菌(*Roseisalinus antarcticus*);2005年定的模式种南极世宗菌(*Sejongia antarctica*);2007年定的模式种南极锈肠菌(*Robiginitomaculum antarcticum*);2008年定的模式种南极粒果菌(*Granulosicoccus antarcticus*);2010年定的模式种南极海沉积栖菌(*Marisediminicola antarctica*);2011年定的模式种南极缩杆菌(*Constrictibacter antarcticus*);2011年定的模式种南极玫瑰柠檬菌(*Roseicitreum antarcticum*);2011年定的模式种南极中山菌(*Zhongshania antarctica*);2012年定的模式种南极极研所菌(*Pricia antarctica*);2014年定的模式种南极桃红小杆菌(*Puniceibacterium antarcticum*)。

不以南极定名,但地理位置也在南极洲概念的:2013年定的巴里恩托斯岛单胞菌属

(*Barrientosiimonas*),其岛也位于南极洲;1997 年定的模式种巴誉湖冷蛇菌(*Psychroserpens burtonensis*),此湖也位于南极洲;2009 年定的模式种厄科湖玫瑰橄菌(*Roseibaca ekhonensis*),此湖也位于南极洲。

北极:拉丁文名形容词 *arcticus -um -a*;表示(最)北部/北边的,北极的。1998 年定的模式种北极十八杆菌(*Octadecabacter arcticus*);2010 年定的模式种亚北极橙黄微菌(*Luteimicrobium subarcticum*);2011 年定的模式种北极杆热菌(*Rhabdothermus arcticus*);2013 年定的模式种北极黄河菌(*Huanghella arctica*);2014 年定的模式种北极假棕杆菌(*Pseudophaeobacter arcticus*);2014 年定的模式种北极冷冰栖菌(*Psychroglaciecola arctica*);2015 年定的模式种北极副芽单胞菌(*Parablastomonas arctica*)。

3.2.5 与行政区划有关的地理位置

中日韩三国。中日韩三国的微生物学的发展历史上,像 1919 年定的志贺姓菌属(*Shigella*)等,说明日本微生物学的发展无疑三国中最早的,而且大村智获得 2015 年的诺贝尔生理学或医学奖,也说明日本发展微生物学的历史贡献。但日本在 1935 年起至第二次世界大战末在中国使用的细菌战(病菌战),对中国人民所造成的伤害也是不可遗忘的。中国和韩国在摆脱了战争的桎梏后,近年来正在迅速地而蓬勃的发展。

中国或中华之地理位置。1988 年定的**中华根瘤菌属**(*Sinorhizobium*);中华,中国;此属的确立说明陈文新院士确是我国微生物学的先驱之一,引领了改革开放后我国微生物分类学的发展。

还有一些,比如 2012 年定的**慢杆菌属**(*Lentibacter*)及其模式种海草慢杆菌(*Lentibacter algarum*)来自中国青岛,但是因为没有在菌属或菌名中体现,并没有罗列整理;2011 年定的**中山菌属**(*Zhongshania*)来自中国南极中山站站名,也没有整理进去。反之,不是有了中文名字,就是中国地名了,比如 2000 年定的**大理石栖菌属**(*Marmoricola*),不能因为大理石因中国云南大理得名而认为是中国大理的菌属。

日本之地理位置。相比于韩国,日本以地理位置命名的菌属十分之少,且多以研究机构命名,在(模式)种名中出现地名也不多。如 1985 年定的**理研所菌属**(*Rikenella*),此属已定 1 种。这里的理研所,即为日本国理研研究所的随机简称。

另外,尽管如 1988 年定的模式种**河岸放线运孢菌属**(*Actinokineospora riparia*)来自日本的阿土川等,1995 年定的**东方体属**(*Orientia*),此属已定 1 种,最早在日本的恙虫中发现,1956 年的**金龟甲属立克次姓体**(*Rickettsiella popilliae*),金龟甲属,即日本甲壳虫,但因未在菌名中体现,这些也不归列。日本人物命名的菌属菌种,实际上也是地理位置限制中的人物,如 1919 年的志贺姓菌属(*Shigella*)也是一大类。

韩国(朝鲜)之地理位置。韩国的地域面积并不大,但是韩国在近 10 年中,以韩国地理名分离命名的菌种和菌属数量很大,平均每年定两新属。这一方面说明近年来韩国微生物分类学的发展,另一方面也说明微生物多样性与生境密切相关,生境多样性导致的生物多样性还可以走得更远。

尽管在东亚三国科学家的地理位置命名中,包含了一些政治的特色,特别是韩国的微生物科学工作者,比如以独岛命名的 2005 年定的**独岛菌属**(*Dokdonia*)和 2006 年定的**小独岛菌属**(*Dokdonella*);国际上习惯称日本海的海域,韩国人部分的称为东海,如 2005 年定的**东海独岛菌**(*Dokdonia donghaensis*),以及现在已被归属到**非滑菌属**(*Nonlabens*)的东海菌属(*Donghaeana*)等,但这些争议客观上似乎也促进了这些地域的微生物学研究,而且也确为特定生境的属性,人作为生物也是特定生境的产物。

3.2.6 其他国家之地理位置

东南亚有关的种属。近年来,包括东南亚在内的一些新兴国家也开始涉足微生物领域,这些国家微生物分类学研究显然是与一些原来微生物学基础较好的发达国家合作一起合作的,比如日本与印度尼西亚和泰国的合作,泰国微生物分类学的发展,与日本科学家的合作十分紧密,带有日本等国明显的印迹和快速发展的特点。2000 年定的模式种**茂物朝井氏菌**(*Asaia bogorensis*),茂物,印度尼西亚的茂物市;2002 年定的模式种**巴厘岛木崎氏菌**(*Kozakia baliensis*),巴厘,印度尼西亚的巴厘岛;2003 年定的**泰科技所菌属**(*Tistrella*),与泰国科学技术研究所有关;2006 年定的模式种**泰国放线链孢菌**(*Actinocatenispora thailandica*),泰国,与缅甸和老挝接壤的一个南亚国家;2006 年定的模式种**清迈新朝井氏菌**(*Neoasaia chiangmaiensis*),清迈,泰国北部的一个城市;2007 年定的模式种**泰国迅发菌**(*Rapidithrix thailandica*),泰国,与缅甸和老挝接壤的一个南亚国家;2008 年定的模式种**清迈放线孢菌**(*Actinomycetospora chiangmaiensis*),清迈,泰国北部的一个城市;2008 年定的模式种**萨卡拉特坦偬查隆氏菌**(*Tanticharoenia sakaeratensis*),萨卡拉特:泰国中部的一个县;2010 年定的模式种**暹罗放线金孢菌**(*Actinaurispora siamensis*),暹罗,泰国的古名,1949 年改称泰国;2010 年定的模式种**清迈雨山氏菌**(*Ameyamaea chiangmaiensis*),清迈,泰国北部的一个城市;2011 年定的模式种**泰国新驹形氏菌**(*Neokomagataea thailandica*),泰国,与缅甸和老挝接壤的一个南亚国家;2014 年定的模式种**苏梅岛斯温斯氏菌**(*Swingsia samuiensis*),苏梅岛,泰国第三大岛;2012 年定的模式种**越南珊杆菌**(*Corallibacter vietnamensis*),越南,与中国广西和云南两省接壤的一个东南亚国家。

西北亚有关的种属。1995 年新合并的**死海奥伦氏菌**(*Orenia marismortui*),死海,在以色列和约旦之间。

俄罗斯(俄国)有关的种属。理解俄罗斯的地名,部分的要求理解中俄之间的历史。1892 年的**涅瓦河菌属**(*Nevskia*),涅瓦河流域分布与俄罗斯西北和芬兰南部;2002 年定的**奥卡小杆菌属**(*Okibacterium*),奥卡,俄罗斯中部伏尔加河水量最多的支流—奥卡河;2003 年定的**俄海平台菌属**(*Mesonia*),俄海平台,俄罗斯太平洋生物有机化学研究所海洋实验平台(MES);2004 年定的**瑞英克岛菌属**(*Reinekea*),瑞英克岛:位于日本海西北部彼得大帝湾,彼得大帝湾是日本海最大的海湾,面积约 6000 km^2,位于俄罗斯远东滨海边疆区南部,已经同现在的中国绥芬河接壤;2011 年定的**滨海边疆杆菌属**(*Primorskyibacter*),滨海边疆,滨海边疆区,现指俄联邦的远东地区约 16.46×10^4 km^2,1860 年前属于中国,范围包括曾经的海兰泡、海参崴、兴凯湖(中国现仅剩该湖约 1/3 面积)等;1996 年定的模式种**基里希热氢生菌**(*Thermohydrogenium kirishiense*),可能指的是俄罗斯列宁格勒州的一个区,基里希;2000 年定的模式种普希诺无氧芽孢杆菌(*Anoxybacillus pushchinoensis*),普希诺,俄罗斯莫斯科附近的一个地名;2000年定的模式种达斡尔阳索菌(*Heliorestis daurensis*),达斡尔,俄罗斯达斡尔地区;2003年定的模式种阿穆斯基盐场小杆菌(*Salinibacterium amurskyense*),阿穆斯基:阿穆斯基湾,即中国古称的金角湾,是中俄北京条约(1860年)后割让给俄罗斯的;2003年定的模式种海参崴卵黄杆菌(*Vitellibacter vladivostokensis*),直译是符拉迪沃斯托克卵黄杆菌,符拉迪沃斯托克即为原海参崴;2007年定的模式种西伯利亚泽小螺体(*Telmatospirillum siberiense*);2014年定的模式种塔纳踏吞肮菌(*Proteinivorax tanatarense*),塔纳踏,现在俄罗斯阿尔泰草原地区的碱湖,塔纳踏Ⅵ(51°37′29.75″N,79°48′28.37″E)。

欧洲各国有关的种属。1892年的模式种欧洲亚硝化单胞菌(*Nitrosomonas europaea*);1991年定的模式种亚速尔冥河叶菌(*Stygiolobus azoricus*),亚速尔(或亚述尔),大西洋中的亚速尔群岛,隶属葡萄牙;1998年定的模式种欧洲鸽笼菌(*Pelistega europaea*);1996年定的模式种巴利阿里铁单胞菌(*Ferrimonas balearica*),巴利阿里,西班牙东部的巴利阿里群岛;2001年定的模式种亚速尔岛灼厌氧杆菌(*Caloranaerobacter azorensis*),亚速尔(或亚述尔),大西洋中的亚速尔群岛,隶属葡萄牙;2002年定的模式种阿利坎特塔拉萨螺体(*Thalassospira lucentensis*),阿利坎特,西班牙东南部的一个滨海城市;2005年定的模式种蕞海帕勒隆尼氏菌(*Palleronia marisminoris*),蕞海,西班牙东南部的梅诺尔小海;2004年定的模式种路西塔尼亚水胞菌(*Aquicella lusitana*),路西塔尼亚(或卢西塔尼亚),古罗马的一个省,相当于现在西班牙的西部和葡萄牙的大部分;1999年定的隆河杆菌属(*Rhodanobacter*),隆河,或罗讷河,起源于瑞士境内南阿尔卑斯的隆冰川,流经瑞士和法国,最后注入地中海;2005年定的赫米尼乌斯单胞菌属(*Herminiimonas*),赫米尼乌斯,葡萄牙和西班牙之间的赫米尼乌斯山,现名色拉达埃斯特雷拉山;2006年新合并的模式种加利西亚棕杆菌(*Phaeobacter gallaeciensis*),加利西亚,西班牙西北部的一个地区;2009年定的模式种阿尔塔米拉奥约斯姓菌(*Hoyosella altamirensis*),阿尔塔米拉,西班牙坎塔布里亚的一个洞穴;2010年定的加叻西单胞菌属(*Gallaecimonas*),加叻西,即西班牙的加利西亚的旧名;2011年定的模式种阿尔塔米拉金单胞菌(*Aureimonas altamirensis*),阿尔塔米拉,西班牙坎塔布里亚的一个洞穴;2011年定的模式种克鲁维多布雷奥干菌(*Breoghania corrubedonensis*),克鲁维多,西班牙的一个地名;2011年定的模式种路西塔尼亚假远果菌(*Pseudokineococcus lusitanus*),路西塔尼亚(或卢西塔尼亚),葡萄牙的拉丁名,大致相当于现在的葡萄牙;2000年定的马西利亚菌属(*Massilia*),马西利亚,法国马赛的拉丁名;2006年定的巴牛拉菌属(*Balneola*),巴牛拉,法国南部近地中海的滨海巴尼尔斯的古名;2011年定的莱朗河菌属(*Reyranella*),莱朗河,法国东南部瓦尔省的一条河;1933年的模式种布里亚硝化螺体(*Nitrosospira briensis*),布里,法国的一个地名;1990年新合并的模式种布尔格甲烷袋菌(*Methanoculleus bourgensis*),布尔格,法国近里昂的布尔格布雷斯城堡;2000年定的模式种贝尔热卤杆菌(*Thermohalobacter berrensis*),贝尔,法国南部的一个地名;2008年定的模式种埃夫里排污管竿菌(*Cloacibacillus evryensis*),埃夫里,法国的一个城市;2009年定的模式种维克桑脱硫化曲菌(*Desulfocurvus vexinensis*),维克桑,法国巴黎盆地的一个地区；2009年定的模式种马西利亚创伤竿菌(*Helcobacillus massiliensis*)，马西利亚，法国马赛的拉丁名；2011年定的模式种马西利亚双立克次体(*Diplorickettsia massiliensis*)，马西利亚，法国马赛的拉丁名；2012年定的模式种录米尼甲烷马西利亚果菌(*Methanomassiliicoccus luminyensis*)，录米尼，法国马赛的一个地点；2013年定的模式种佐戈维亚多杆菌(*Pluralibacter gergoviae*)，佐戈维亚，法国佐戈维亚高地；1994年定的苏黎士菌属(*Turicella*)，苏黎士，瑞士苏黎世的旧称；2002年定的苏黎士杆菌属(*Turicibacter*)，苏黎士，瑞士苏黎世的旧称；2014年定的巴塞尔菌属(*Basilea*)，巴塞尔，瑞士的一个城市；1996年定的模式种奥湖甲苯单胞菌(*Tolumonas auensis*)，奥湖，瑞士苏黎世奥村，苏黎世湖；2014年定的模式种赫尔维梯弗朗克氏杆菌(*Franconibacter helveticus*)，赫尔维梯，瑞士；2014年定的模式种苏黎士干杆菌(*Siccibacter turicensis*)，苏黎士，瑞士苏黎世的旧称；1999年定的宝腾堡菌属(*Beutenbergia*)，宝腾堡，德国耶拿附近的一个地名；2001年定的萨勒河菌属(*Salana*)，萨勒河，德国的一条河；2009年定的巴伐利亚果菌属(*Bavariicoccus*)，巴伐利亚，德国巴伐利亚州；2009年定的基泷菌属(*Kiloniella*)，基泷，德国基尔的拉丁名；1900年合并的耶拿磂小螺体(*Thiospirillum jenense*)，耶拿，德国耶拿；1985年定的模式种雷根斯堡预研菌(*Yokenella regensburgei*)，雷根斯堡，德国东南部拜恩州的一个地名；1992年定的模式种格赖夫斯瓦尔德磁小螺体(*Magnetospirillum gryphiswaldense*)，格赖夫斯瓦尔德，德国的一个地名；1996年定得模式种耶拿农果菌(*Agrococcus jenensis*)，耶拿，德国图林根州的一个地名；1998年定的模式种博尔库姆吞烷菌(*Alcanivorax borkumensis*)，博尔库姆，博尔库姆岛，德国北海西埃尔默港的一个小岛；1998年定的模式种吉夫霍恩疣孢菌(*Verrucosispora gifhornensis*)，吉夫霍恩，德国下萨克森州的一个城市；1999年定的模式种基尔阿伦斯氏菌(*Ahrensia kielensis*)，基尔，德国北部的一个港口城市，基泷是它的拉丁名；2000年定的模式种布豪格本假黄单胞菌(*Pseudoxanthomonas broegbernensis*)，布豪格本，德国林根的一个地名；2003年新合并的模式种亚德吞烷菌(*Alcanivorax jadensis*)，亚德，德国北海的亚德湾；2003年定的模式种黑尔戈兰岛亚纳希氏菌(*Jannaschia helgolandensis*)，黑尔戈兰岛：德国北海的一个岛；2008年定的模式种仙女洞矿栖菌(*Fodinicola feengrottensis*)，仙女洞，德国图林根州，音译凤阁姥誊洞；2009年新合并的模式种卢萨蒂亚水微菌(*Aquamicrobium lusatiense*)，卢萨蒂亚，德国名叫劳西茨；2009年新合并的模式种下萨克森溪杆菌(*Rivibacter subsaxonicus*)，下萨克森，德国的一个州；2010年新合并的模式种哈尔茨孤儿菌(*Orbus hercynius*)，哈尔茨，德国哈尔茨山；2013年定的模式种熊湖喜甲壳素菌(*Amantichitinum ursilacus*)，熊湖，德国斯图加特的一个湖；2013年定的模式种叙尔特岛嗜光菌(*Luminiphilus syltensis*)，舒尔特岛，德国的一个岛；1985年定的布德韦斯菌属(*Budvicia*)，布德韦斯，捷克南波希米亚州首府布杰约维采的拉丁名；1988年定的布拉格菌属(*Pragia*)，布拉格，捷克首都；1997年定的模式种卡普利采沟果菌(*Amaricoccus kaplicensis*)，卡普利采，捷克的一个地名；1996年定的模式种挪威热脱硫化杆菌(*Thermodesulforhabdus norvegica*)，挪威：欧洲斯堪的纳维亚的一个国家；2000年定的模式种盖得难生单胞菌(*Dysgonomonas gadei*)，盖得，挪威卑尔根盖得研究所；2002年定的模式种挪威肠弧菌(*Enterovibrio norvegicus*)，挪威：欧洲斯堪的纳维亚的一个国家;2008年定的模式种**挪威海绵螺体**(*Spongiispira norvegica*),挪威:欧洲斯堪的纳维亚的一个国家;2013年定的模式种**斯瓦尔巴德北极杆菌**(*Arcticibacter svalbardensis*),斯瓦尔巴德,挪威管辖的一个北极圈内的岛;2003年定的模式种**坎布里亚曲茎菌**(*Varibaculum cambriense*),坎布里亚,威尔士的拉丁名,威尔士是英国的一个联合王国;2005年定的模式种**塔夫河栖菌**(*Fluviicola taffensis*),塔夫河,英国威尔士的一条河;2015年定的模式种**曼彻斯特喉栖菌**(*Faucicola mancuniensis*),曼彻斯特,英国英格兰西北部的一个港口城市。

  美国和加拿大有关的种属。2006年定的**布鲁克劳菌属**(*Brooklawnia*),布鲁克劳,美国新泽西州的一个地名;2013年定的**卡塔利娜单胞菌属**(*Catalinimonas*),卡塔利娜,卡塔利娜岛,美国加利福尼亚州海峡群岛的一个岛;1947年合并的模式种**图莱里弗朗西斯氏菌**(*Francisella tularensis*),图莱里,美国加利福尼亚州图莱里县;1984年定的模式种**美洲埃尔文氏菌**(*Ewingella americana*),美洲,这里指的是美利坚合众国(美国);1990年定的模式种**沃兹沃斯嗜胆菌**(*Bilophila wadsworthia*),沃兹沃斯,美国洛杉矶的一个地名,也是一个机构名;1993年定的模式种**斯皮里特湖水杆菌**(*Aquabacter spiritensis*),斯皮里特湖,或灵湖,美国华盛顿州的一个湖;1994年定的模式种**黄石热脱硫化弧菌**(*Thermodesulfovibrio yellowstonii*),黄石,美国的黄石国家公园;2003年定的模式种**伊利诺伊需烷烃菌**(*Alkanindiges illinoisensis*);2005年定的模式种**肥皂湖泡碱栖菌**(*Nitrincola lacisaponensis*),肥皂湖,美国华盛顿州的一个湖;2006年定的模式种**摩押贝尔纳普氏菌**(*Belnapia moabensis*),摩押,美国犹他州的一个小镇;2006年定的模式种**诺曼排污管小杆菌**(*Cloacibacterium normanense*),诺曼,美国俄克拉荷马州的诺曼市;2012年定的模式种**肥皂湖碱针菌**(*Alkalitalea saponilacus*),肥皂湖,美国华盛顿州的一个湖;2014年定的模式种**印第安纳脱硫化煤菌**(*Desulfocarbo indianensis*),印第安纳,印第安纳州,美国的一个州。

  非洲有关的种属。1997年定的**博高利尔菌属**(*Bogoriella*),博高利尔,非洲肯尼亚的一个湖,博高利尔湖;1920年合并的模式种**马耳他布鲁斯氏菌**(*Brucella melitensis*),马耳他,地中海的一个小国;1964年合并的模式种**刚果嗜肤菌**(*Dermatophilus congolensis*),刚果,比利时刚果;1983年定的模式种**基伍产醋菌**(*Acetogenium kivui*),基伍湖,在刚果和卢旺达边界;1989年定的模式种**非洲热吸管菌**(*Thermosipho africanus*);1999年新合并的模式种**布基纳厌氧弓菌**(*Anaeroarcus burkinensis*),布基纳,指的是非洲西部内陆国布基纳法索;1999年定的模式种**纳米比亚磳珍珠菌**(*Thiomargarita namibiensis*),纳米比亚,非洲的一个国家;1999年定的模式种**马加迪湖廷德尔氏菌**(*Tindallia magadiensis*),马加迪湖,非洲肯尼亚的一个湖;2001年定的模式种**博戈里亚湖玫橄菌**(*Rhodobaca bogoriensis*),博戈里亚湖,非洲肯尼亚的一个湖;2002年定的模式种**德兰士瓦嗜碱菌**(*Alkaliphilus transvaalensis*),德兰士瓦,南非的一个省;2003年定的模式种**泰塔温沙杆菌**(*Ramlibacter tataouinensis*),泰塔温,非洲北部国家突尼斯的一个地点;2007年定的模式种**肯尼亚甲基泡碱菌**(*Methylonatrum kenyense*),肯尼亚,非洲的一个国家;2007年定的模式种**突尼斯适盐杆菌**(*Modicisalibacter tunisiensis*),突尼斯,非洲北部的一个国家;2009年定的模式种**红海伯曼氏菌**(*Bermanella* *marisrubri*），红海，非洲东北部和亚洲阿拉伯半岛之间的海域；2009年定的模式种**突尼斯卤厌氧茎菌**（*Halanaerobaculum tunisiense*），突尼斯，非洲北部的一个国家；2011年定的模式种**艾尔佛瓦孢盐小杆菌**（*Sporosalibacterium faouarense*），艾尔佛瓦，突尼斯南部的一个城市；2012年定的模式种**比塞大厌氧盐杆菌**（*Anaerosalibacter bizertensis*），比塞大，突尼斯北部的一个港口城市；2012年定的模式种**突尼斯污水袍菌**（*Defluviitoga tunisiensis*），突尼斯，非洲北部的一个国家；2013年定的模式种**突尼斯泉胞菌**（*Fonticella tunisiensis*），突尼斯，非洲北部的一个国家；2014年定的模式种**突尼斯寡屈菌**（*Oligoflexus tunisiensis*），突尼斯，非洲北部的一个国家。

4 表示习性、行为（环境条件）的中文—拉丁文用词及分类

这类分类是功能性状上的差异分类。

厌氧：希腊文前缀 *an*+希腊文名词 *aer*；直译是表示无空气的，"厌空气"，与无氧气的有相同的意思，但不完全一样，无氧仅仅表示没有氧气，但是可能还有空气中的其他气体成分。厌氧生物的研究从1966年确定的厌氧弧菌属以来，一直是个研究的热点，因为厌氧生物是往往具有与有氧生物完全不同的特性。从其命名来看，厌氧生物作为一个功能特性的大类，各种形态的都有，如弧、小螺、杆、小杆、杵、爪（分枝）、丝、茎、弓、弯、果、球、柄、干（树干）、幡、线、棒等耗氧微生物的形态，厌氧生物也应具备；也有带孢子的等。同时厌氧生物的命名也突出的表现在一些极端环境条件和功能，如热、烫、硒、卤、盐等对一半生物恶劣的环境条件等。1966年的**厌氧弧菌属**（*Anaerovibrio*）、1975年的**厌氧原体属**（*Anaeroplasma*）、1976年的**厌氧生小螺体属**（*Anaerobiospirillum*）（或厌氧小螺体属）、1982年定的**热厌氧杆菌属**（*Thermoanaerobacter*）、1983年定的**热厌氧菌属**（*Thermoanaerobium*）、1984年定的**卤厌氧菌属**（*Halanaerobium*）、1985年定的**醋厌氧菌属**（*Acetoanaerobium*）、1986年定的**厌氧杆菌属**（*Anaerorhabdus*）、1993年定的**热厌氧小杆菌属**（*Thermoanaerobacterium*）、1995年定的**厌氧爪菌属**（*Anaerobranca*）、1996年定的**厌氧杆菌属**（*Anaerobacter*）、1996年定的**厌氧丝菌属**（*Anaerofilum*）、1996年定的**卤厌氧杆菌属**（*Halanaerobacter*）、1997年定的**厌氧茎菌属**（*Anaerobaculum*）、1999年定的**厌氧弓菌属**（*Anaeroarcus*）、1999年定的**厌氧芭蕉菌属**（*Anaeromusa*）、1999年定的**厌氧弯菌属**（*Anaerosinus*）、1999年定的**热厌氧弧菌属**（*Thermanaerovibrio*）、2000年定的**厌氧吞菌属**（*Anaerovorax*）、2001年定的**厌氧果菌属**（*Anaerococcus*）、2001年定的**灼厌氧杆菌属**（*Caloranaerobacter*）、2001年定的**硒卤厌氧杆菌属**（*Selenihalanaerobacter*）、2002年定的**厌氧球菌属**（*Anaeroglobus*）、2002年定的**厌氧黏杆菌属**（*Anaeromyxobacter*）、2002年定的**厌氧噬菌属**（*Anaerophaga*）、2002年定的**厌氧柄菌属**（*Anaerostipes*）、2002年定的**孢厌氧杆菌属**（*Sporanaerobacter*）、2003年定的**厌氧线菌属**（*Anaerolinea*）、2004年定的**醋厌氧小杆菌属**（*Acetanaerobacterium*）、2004年定的**厌氧棒菌属**（*Anaerofustis*）、2004年定的**厌氧干菌属**（*Anaerotruncus*）、2004年定的**烫厌氧杆菌属**（*Caldanaerobacter*）、2005年定的**隐厌氧杆菌属**（*Cryptanaerobacter*）、2006年定的**厌氧幡菌属**（*Anaerovirgula*）、2006年定的**暖厌氧杆菌属**（*Tepidanaerobacter*）、2007年定的**厌氧孢杆菌**

属(*Anaerosporobacter*)、2007年定的**苏打厌氧菌属**(*Natranaerobius*)、2008年定的**烫厌氧菌属**(*Caldanaerobius*)、2009年定的**厌氧球菌属**(*Anaerosphaera*)、2009年定的**烫厌氧幡菌属**(*Caldanaerovirga*)、2009年定的**卤厌氧茎菌属**(*Halanaerobaculum*)、2009年定的**氢厌氧小杆菌属**(*Hydrogenoanaerobacterium*)、2012年定的**厌氧盐杆菌属**(*Anaerosalibacter*)、2012年定的**卤古生菌属**(*Haloarchaeobius*)、2012年定的**羊毛厌氧茎菌属**(*Lachnoanaerobaculum*)、2012年定的**泡碱厌氧幡菌属**(*Natranaerovirga*)、2013年定的**厌氧胞菌属**(*Anaerocella*)、2013年定的**热厌氧茎菌属**(*Thermoanaerobaculum*)和2014年定的**厌氧小杆菌属**(*Anaerobacterium*)。种名中,如1936年合并的模式种**厌氧生消链果菌**(*Peptostreptococcus anaerobius*)、1987年定的模式种**厌氧生无固醇原体**(*Asteroleplasma anaerobium*)、2014年定的模式种**嗜厌氧海噬菌**(*Mariniphaga anaerophila*)和2014年定的模式种**厌氧生塞内加尔马西利亚菌**(*Senegalimassilia anaerobia*)。

无氧:希腊文前缀*an*+希腊文形容词*oxus*;表示无氧气的,没有氧的。在中文的词义中,无氧和厌氧是有共同之处,但也有不同之处,无氧仅仅表示没有氧气,但其他气体可能还有,而厌氧的原意是不在空气中(生长),排除了空气的所有成分(虽然一般操作来说,仅仅也是表示无氧生长)。如2000年定的**无氧竿菌属**(*Anoxybacillus*)和2003年定的**无氧泡碱菌属**(*Anoxynatronum*)。

水生:拉丁文阳性、中性、阴性形容词*aquaticus*、*aquatile*、*aquatica*;拉丁文阴性形容词*aquatilis*,表示生活在水中,喜水的。如1923年合并的模式种**水生黄小杆菌**(*Flavobacterium aquatile*)、1969年的模式种**水生热菌**(*Thermus aquaticus*)、1981年定的模式种**水生拉恩姓菌**(*Rahnella aquatilis*)、1983年新合并的模式种**水生麴杆菌**(*Ancylobacter aquaticus*)、1985年定的模式种**水生布德维斯菌**(*Budvicia aquatica*)、1988年定的模式种**水生芽杆菌**(*Gemmobacter aquatilis*)、2000年新合并的模式种**水生莱夫孙氏菌**(*Leifsonia aquatica*)、2004年定的模式种**水生弓胞菌**(*Arcicella aquatica*)、2005年定的模式种**水生黏杆菌**(*Adhaeribacter aquaticus*)、2007年定的模式种**水生解几丁菌**(*Chitinilyticum aquatile*)、2009年新合并的模式种**水生塘杆菌**(*Piscinibacter aquaticus*)、2010年定的模式种**水生泉竿菌**(*Fontibacillus aquaticus*)、2014年定的模式种**水生大不里士栖菌**(*Tabrizicola aquatica*)和2014年定的模式种**水生沓黑杆菌**(*Tahibacter aquaticus*)。

嗜:新拉丁文形容词*philus -um -a*;该拉丁文来自希腊文形容词*philos -ê -on*,表示嗜好的,喜好的,友好的,爱好的,表示一种习性。此词容易同"噬"混淆。这种微生物的习性面向的对象非常广泛,有喜好一些化合物如嗜氮、嗜胺、嗜氨、嗜脂环、嗜氢,有喜好特定物质嗜碱、嗜酸、嗜卤、嗜水、嗜血等,一些环境条件如嗜暖、嗜热、嗜冷,或者一些复合条件如嗜热卤等,也有喜好一些特定生物的如嗜衣原体等。如1917年的**嗜血菌属**(*Haemophilus*)等,1943年合并的模式种**嗜水气单胞菌**(*Aeromonas hydrophila*)等。详见《原核微生物资源和分类学词典》。

2012年定的**嗜藻菌属**(*Algiphilus*);此处原作者写成"*philos -a -um*"恐是有误。

脱:拉丁文前缀*de*;表示从……脱除,从……去除。此类有很多,硫酸盐还原菌和硝酸盐还原菌等都是如此。

噬：希腊文动词 phagein，希腊文阳性名词 phagos；表示吃，食，吞噬，吞吃，吞食，贪食。表示微生物的一种生活/生理习性。有意思的，现有命名中，此词绝大部分在属名中出现。如1929年的**噬胞菌属**（Cytophaga）、1940年的**孢噬胞菌属**（Sporocytophaga）、1981年定的**噬几丁菌属**（Chitinophaga）、1982年定的**烟噬胞菌属**（Capnocytophaga）、1985年定的**噬甲基菌属**（Methylophaga）、1989年定的**噬氢菌属**（Hydrogenophaga）、1994年定的**噬草酸盐菌属**（Oxalophagus）、1995年定的**全噬菌属**（Holophaga）、1999年定的**噬纤维菌属**（Cellulophaga）、2001年定的**噬染料菌属**（Pigmentiphaga）、2002年定的**厌氧噬菌属**（Anaerophaga）、2004年定的**噬烃菌属**（Hydrocarboniphaga）、2010年定的**玫噬胞菌属**（Rhodocytophaga）、2012年定的**慢噬菌属**（Tardiphaga）和2014年定的**海噬菌属**（Mariniphaga）。

吞：拉丁文分词形容词 vorans、拉丁文动词 voro-vorare-voravi-voro；表示大吃（的），狼吞虎咽（的），吞食、吞吃、吞噬、吞没（的）；这表示微生物的一种生活/生理习性。属名中如1991年定的**吞甲基菌属**（Methylovorus）等，种名中，如1920年合并的**吞淀粉欧文氏菌**（Erwinia amylovora）等。拉丁文分词形容词 devorans，也是与 vorans 同意，如2005年定的模式种**吞噬塔拉萨竿菌**（Thalassobacillus devorans）。

解：新拉丁文形容词 lyticus -um -a，来自希腊文阳性形容词 lutikos -on -ê；表示溶解的，分解的，降解的，破解的。在词义上该词可与"溶"互换。如1982年新合并的**解菌属**（Lyticum）（该菌属的以往常见中文名是溶菌属）、2007年定的**解几丁菌属**（Chitinilyticum）、2008年定的**解杆菌属**（Bacteriolyticum）、2010年定的**解纤维菌属**（Cellulosilyticum）等，种名中，如1958年的模式种**解淀粉琥珀酸单胞菌**（Succinimonas amylolytica）、1966年的模式种**解脂厌氧弧菌**（Anaerovibrio lipolyticus）、1974年的模式种**解脲脲原体**（Ureaplasma urealyticum）、1980年定的模式种**解纤维醋弧菌**（Acetivibrio cellulolyticus）、1983年新合并的模式种**解血秘小杆菌**（Arcanobacterium haemolyticum）、1986年定的模式种**解纤维酸热菌**（Acidothermus cellulolyticus）、1988年新合并的模式种**非糖解卟单胞菌**（Porphyromonas asaccharolytica）、1991年定的模式种**解肉菌**（Sarcobium lyticum）、1993年新合并的模式种**解朊粪热杆菌**（Coprothermobacter proteolyticus）、1994年定的模式种**解纤维卤胞菌**（Halocella cellulosilytica）、1995年定的模式种**解糖烫纤维破解菌**（Caldicellulosiruptor saccharolyticus）、1995年新合并的模式种**解糖卤厌氧菌**（Halanaerobium saccharolyticum）、1996年定的模式种**解硫胺硫胺竿菌**（Aneurinibacillus aneurinilyticus）、1996新合并的模式种**非解乳假枝杆菌**（Pseudoramibacter alactolyticus）、1996年定的模式种**解脂热互营菌**（Thermosyntropha lipolytica）、1997年定的模式种**解酪朊博高利尔菌**（Bogoriella caseilytica）、1997年定的模式种**水解微球茎菌**（Microbulbifer hydrolyticus）、1999年定的模式种**解琼另果菌**（Alterococcus agarolyticus）、1999年新合并的模式种**解噬纤维菌**（Cellulophaga lytica）、1999年新合并的模式种**解血曼海姆氏菌**（Mannheimia haemolytica）、2000年定的模式种**解木聚糖热竿菌**（Thermobacillus xylanilyticus）、2001年新合并的模式种**非解糖嗜胨菌**（Peptoniphilus asaccharolyticus)、2002年定的模式种解血热单胞菌(*Thermomonas haemolytica*)、2003年定的模式种解糖泽恩根氏菌(*Soehngenia saccharolytica*)、2003年定的模式种解纤维木聚糖单胞菌(*Xylanimonas cellulosilytica*)、2004年新合并的模式种解细菌藻栖菌(*Algicola bacteriolytica*)、2006年定的模式种解糖滑线菌(*Levilinea saccharolytica*)、2006年定的模式种解酪朊李时珍氏菌(*Lishizhenia caseinilytica*)、2006年定的模式种非解糖假苍棍菌(*Pseudochrobactrum asaccharolyticum*)、2006年定的模式种解淀周氏菌(*Zhouia amylolytica*)等，以及最近2014年定的模式种解琼藻球菌(*Algisphaera agarilytica*)、2015年定的模式种解安息香脱硫化李子菌(*Desulfoprunum benzoelyticum*)和2015年定的模式种解脂岸生菌(*Litorivivens lipolytica*)等。

溶：拉丁文分词形容词solvens、拉丁文动词solvere；表示溶解(的)，分解(的)。与"解"同义。目前仅在种名中出现，数量不多。如1956年的模式种**溶**纤维丁酸弧菌(*Butyrivibrio fibrisolvens*)、1956年的模式种**溶**糊精琥珀酸弧菌(*Succinivibrio dextrinosolvens*)、1984年定的模式种**溶**纤维醋弧菌(*Acetivibrio cellulosolvens*)、2014年定的模式种**溶**纸厌氧小杆菌(*Anaerobacterium chartisolvens*)和2014年定的模式种**溶**纤维假杆状菌(*Pseudobacteroides cellulosolvens*)等。

栖：拉丁文后缀-cola（来自拉丁文名词incola）；拉丁文动词colere；表示栖居，栖息，栖居者。该词的使用从1906年的泥**栖**绿菌(*Chlorobium limicola*)开始，已经100多年历史了，但第二种模式种的出现，则到了1981年定的模式种泥**栖**脱硫化线体(*Desulfonema limicola*)；其菌属中，从1998年定的冰栖菌属(*Glaciecola*)开始，更是不过十几年时间，但发展迅速，迄今已有二十几属。从这些菌属分析，已经被研究者挖掘的各种栖息生境已经包括了各种水域如水、低洼、沉积物、河流、沼泽、溪流、湖泊、碱池、盐湖、各个海域（东海、黄海、南海）等；特殊的环境如冰、泡碱（及其相应的环境）、矿、岸、潮滩、生物膜、岩石、火山口等；海陆动物如鸡、等翅目、桡足类、海胆、熊、蚜虫、刺猬、海天牛、蜜蜂、蠕虫、犬等，以及动物的某些部位如喉、盲肠、肋骨、阴道、牙、瘤胃、黏膜等；高等生物如花草、树、蘑菇、藻类、海草等。真可以说无所不包，有常见生命的地方，有微生物，没有常规生物的地方，也有微生物。

居：拉丁文阳性名词habitans；表示居民，居住者，栖居者。与"栖"同意。很明显，从1985年定的模式种稻居假单胞菌起始，该词的使用才刚刚开始，很明显与"栖"相比菌属数量尚不多。该词在一定程度上是"栖"的互换词，都是为了表示某环境或生境的。比如2007年定的树叶栖菌属(*Frondicola*)因与之前的真菌重名，2009年更改为**树叶居菌属**(*Frondihabitans*)。这些菌属也是对微生物栖息生境的有力补充。属名中如2007年定的腐土居菌属(*Humihabitans*)、2008年定的海居菌属(*Marihabitans*)、2009年定的树叶居菌属(*Frondihabitans*)、2009年定的盐场居菌属(*Salinihabitans*)、2010年定的潮坪栖菌属(*Gaetbulicola*)、2010年定的池居菌属(*Limnohabitans*)、2010年定的植居菌属(*Phytohabitans*)、2012年定的沉积居菌属(*Sediminihabitans*)、2013年定的水居菌属(*Aquihabitans*)、2013年定的釜居菌属(*Calderihabitans*)、2013年定的麻风树属居菌属(*Jatrophihabitans*)、2014年定的潮滩居菌属(*Aestuariihabitans*)、2014年定的海鞘纲居菌属(*Ascidiaceihabitans*)、2014年定的筛居菌属(*Cribrihabitans*)和2014年定的冰居菌属(*Glaciihabitans*)等。种名中如1985年定的模式种稻居假单胞菌(*Pseudomonas oryzihabitans*)和2014年定的模式种大湖居弧单胞菌(*Vibrionimonas magnilacihabitans*)。

-化：拉丁文分词形容词 *faciens*；表示变化，产生；迄今该词现在仅在种名中出现，中文菌名中可以作为种名和属名的明显区分。如1948年的模式种黄化瘤胃果菌(*Ruminococcus flavefaciens*)、1962年的模式种碱化普罗维登斯菌(*Providencia alcalifaciens*)、1986年新合并的模式种腐化希万姓菌(*Shewanella putrefaciens*)、1998年新合并的模式种液化葡糖酸杆菌(*Gluconacetobacter liquefaciens*)、1999年新合并的模式种气化柯林斯姓菌(*Collinsella aerofaciens*)、2000年定的模式种红化酸球菌(*Acidisphaera rubrifaciens*)、2008年定的模式种雌马酚化阿德勒氏菌(*Adlercreutzia equolifaciens*)、2008年定的模式种黍黄素化中黄杆菌(*Mesoflavibacter zeaxanthinifaciens*)、2008年定的模式种黍黄素化日大生科菌(*Nubsella zeaxanthinifaciens*)、2011年新合并的模式种黏化科森扎氏菌(*Cosenzaea myxofaciens*)、2013年定的模式种黍黄素化线西幡菌(*Siansivirga zeaxanthinifaciens*)、2014年定的模式种黍黄素化水杆菌(*Aquibacter zeaxanthinifaciens*)和2014年定的模式种软木化根杆菌(*Rhizorhapis suberifaciens*)。

生：新拉丁文后缀 -*genes*（来自希腊文动词 *gennaô* 或 *gennao*）；表示产，生，生成，产生，制造，源自；可与"产"字互换，但顺序不一样，词典这样安排是为了体现该词的后缀特性。属名中如1919年的碱生菌属(*Alcaligenes*)、1993年定的四生果菌属(*Tetragenococcus*)、2010年定的似碱生菌属(*Paenalcaligenes*)和2011年定的副碱生菌属(*Paralcaligenes*)等。种名中，如1884年的脓生链果菌(*Streptococcus pyogenes*)、1940年的模式种单核胞生李斯特氏菌(*Listeria monocytogenes*)、1953年的模式种发生卷发菌(*Toxothrix trichogenes*)、1977年的模式种糖生甲基竿菌(*Methylobacillus glycogenes*)、1978年的模式种酶生松散杆菌(*Lysobacter enzymogenes*)、1981年新合并的模式种大胞生氮单发菌(*Azomonotrichon macrocytogenes*)[此种1982年已归种到大胞生氮单胞菌(*Azomonas macrocytogenes*)]、1981年新合并的模式种琥珀酸生沃林姓菌(*Wolinella succinogenes*)、1985年定的模式种蚁酸生草酸盐杆菌(*Oxalobacter formigenes*)、1990年新合并的模式种吲哚生萨顿姓菌(*Suttonella indologenes*)、1997年定的模式种硫酵生脱硫化胶囊菌(*Desulfocapsa thiozymogenes*)、2001年新合并的模式种气生菌落列契瓦尼尔氏菌(*Lechevalieria aerocolonigenes*)、2005年定的模式种醋生嗜胨菌(*Proteiniphilum acetatigenes*)、2006年定的模式种丙酸生沼杆菌(*Paludibacter propionicigenes*)、2007年定的模式种吲哚生莫里姓菌(*Moryella indoligenes*)、2007年定的模式种缬酸生摇摆杆菌(*Oscillibacter valericigenes*)、2010年定的模式种醋生糖发酵菌(*Saccharofermentans acetigenes*)、2011年新合并的模式种脓生图颇姓菌(*Trueperella pyogenes*)、2014年定的模式种琥珀酸生欧研委菌(*Ercella succinigenes*)和2014年定的模式种甲基脂生火单胞菌(*Pyrinomonas methylaliphatogenes*)。

以下为直接用希腊文动词 *gennaô* 或 *gennao* 的菌属和菌种。作为动词，或可用"产"互换。

如2000年定的**热醋生菌属**(*Thermacetogenium*)、2006年定的**孢醋生菌属**(*Sporacetigenium*)和2009年定的**乳酸生菌属**(*Lacticigenium*)等。种名中，"生"可以作为与属名的分割标志，如1922年的模式种**痰生月单胞菌**(*Selenomonas sputigena*)、1993年新合并的模式种**热硫生热厌氧小杆菌**(*Thermoanaerobacterium thermosulfurigenes*)、1996年定的模式种**醋生泡碱菌**(*Natroniella acetigena*)、1999年定的模式种**硫代硫酸盐生脱磺化孢菌**(*Desulfonispora thiosulfatigenes*)、2001年定的模式种**硫生三氯杆菌**(*Trichlorobacter thiogenes*)、2002年定的模式种**孢生炉胞菌**(*Caminicella sporogenes*)、2002年定的模式种**醋生孢厌氧杆菌**(*Sporanaerobacter acetigenes*)和2008年定的模式种**乙醇生朊餐菌**(*Proteiniborus ethanoligenes*)等。

产：拉丁文阳性名词 factor，如1994年定的**产丝菌属**(*Filifactor*)、2007年定的**产内酯菌属**(*Lactonifactor*)和2013年定的**产醋菌属**(*Acetatifactor*)等。

造：拉丁文形容词 producens，如1976年的模式种**造琥珀酸厌氧生小螺体**(*Anaerobiospirillum succiniciproducens*)、2010年定的模式种**造琥珀酸巴斯夫厂菌**(*Basfia succiniciproducens*)等。

歧：拉丁文不可分小品词 dis；表示一分为二，分叉，中文化学中即为歧化。如2013年定的**歧硫杆菌属**(*Dissulfuribacter*)，2008年定的模式种**磂歧化脱硫化泡碱螺体**(*Desulfonatronospira thiodismutans*)和2012年定的模式种**歧化热硫单胞菌**(*Thermosulfurimonas dismutans*)等。

暖：拉丁文形容词 tepidus -um -a；表示冷暖的，微温的，温暖的，温度不高的。如2000年定的**暖单胞菌属**(*Tepidimonas*)、2002年定的**红暖菌属**(*Rubritepida*)、2003年定的**暖杆菌属**(*Tepidibacter*)、2003年定的**嗜暖菌属**(*Tepidiphilus*)、2006年定的**暖厌氧杆菌属**(*Tepidanaerobacter*)、2006年定的**暖胞菌属**(*Tepidicella*)、2006年定的**暖微菌属**(*Tepidimicrobium*)、2010年定的**暖无形菌属**(*Tepidamorphus*)和2014年定的**暖竿菌属**(*Tepidibacillus*)。种名中，如1998年新合并的模式种**暖热色菌**(*Thermochromatium tepidum*)、2003年新合并的模式种**暖绿茎菌**(*Chlorobaculum tepidum*)、2008年定的模式种**嗜暖伊洛拉氏菌**(*Elioraea tepidiphila*)、2008年定的模式种**嗜暖磂豆菌**(*Thiofaba tepidiphila*)、2013年定的模式种**嗜暖脱硫酸针菌**(*Desulfatitalea tepidiphila*)和2014年定的模式种**暖淤甲基洋杆菌**(*Methyloceanibacter caenitepidi*)等。2000年新合并的模式种**暖水热磂竿菌**(*Thermithiobacillus tepidarius*)，暖水这词根显然来自 tepidus。

灼：拉丁文名词 calor；表示热，炙，烫，灼热，高温；与英文 heat 同意；目前仅在属名中出现。如1994年定的**灼爱菌属**(*Caloramator*)、2001年定的**灼厌氧杆菌属**(*Caloranaerobacter*)和2012年定的**灼小杆菌属**(*Caloribacterium*)。

炽：拉丁文形容词 fervidus；表示燃烧的，炙热的，烫的，炽热的，高温的；与英文 hot 同意。如1985年定的**炽小杆菌属**(*Fervidobacterium*)、2009年定的**炽栖菌属**(*Fervidicola*)、2010年定的**炽胞菌属**(*Fervidicella*)和2010年定的**炽果菌属**(*Fervidicoccus*)。种名中，也用"炽"单字表示，如1982年定的模式种**炽甲烷热菌**(*Methanothermus fervidus*)和1994年

新合并的模式种炽灼爱菌(*Caloramator fervidus*)。

烫：拉丁文形容词 *caldus -um -a*、*caldarius -um -a*，表示热的，暖的，高温的；与英文 hot 同意。属名中如 1995 年定的**烫纤维破解菌属**(*Caldicellulosiruptor*)、1998 年定的**甲基烫菌属**(*Methylocaldum*)、1999 年定的**烫幡菌属**(*Caldivirga*)、2002 年定的**烫单胞菌属**(*Caldimonas*)、2002 年定的**甲烷烫果菌属**(*Methanocaldococcus*)、2003 年定的**烫缕菌属**(*Caldilinea*)、2003 年定的**烫球菌属**(*Caldisphaera*)、2003 年定的**烫发菌属**(*Caldithrix*)、2004 年定的**烫厌氧杆菌属**(*Caldanaerobacter*)、2006 年定的**酸烫菌属**(*Acidicaldus*)、2006 年定的**烫碱竿菌属**(*Caldalkalibacillus*)、2008 年定的**烫厌氧菌属**(*Caldanaerobius*)和**烫土弧菌属**(*Calditerrivibrio*)、2009 年定的**烫厌氧幡菌属**(*Caldanaerovirga*)、**烫微菌属**(*Caldimicrobium*)和**烫丝菌属**(*Caldisericum*)、2010 年定的**烫粪杆菌属**(*Caldicoprobacter*)、2011 年定的**烫土栖菌属**(*Calditerricola*)和**烫泉杆菌属**(*Calidifontibacter*)，以及 12 年定的**烫竿菌属**(*Caldibacillus*)。种名中，并不多，包括拉丁文形容词 *caldarius -um -a* 在内，现有模式种 10 种。即 1972 年的模式种**烫酸硫叶菌**(*Sulfolobus acidocaldarius*)、1992 年新合并的模式种**烫酸脂环杆菌**(*Alicyclobacillus acidocaldarius*)、2004 年定的模式种**烫岸氢幡菌**(*Hydrogenivirga caldilitoris*)、2006 年定的模式种**烫珊硫幡菌**(*Sulfurivirga caldicuralii*)、2006 年定的模式种**适烫火山竿菌**(*Vulcanibacillus modesticaldus*)、2007 年定的模式种**烫管美线菌**(*Bellilinea caldifistulae*)、2010 年定的模式种**烫脱硫化体**(*Desulfosoma caldarium*)和 2014 年定的模式种**烫珊甲基海卵菌**(*Methylomarinovum caldicuralii*)等。2014 年定的模式种**烫泉何志忠姓菌**(*Zhizhongheella caldifontis*)，原作者虽然用了烫来组成烫泉，但根据中文的习惯思维，其可能是想表示热泉。

以拉丁文形容词 *calidus* 的并不多，可能可以理解为对 *caldus* 的错误拼写。现有如下 1 属 3 种。即 2011 年定的**烫泉杆菌属**(*Calidifontibacter*)；种名中，2000 年定的模式种**烫脂互营热菌**(*Syntrophothermus lipocalidus*)，该词的原文注释为老练的(expert)似乎不符合逻辑；2006 年定的模式种**烫肿竿菌**(*Tuberibacillus calidus*)和 2011 年定的模式种**烫玫色土壤单胞菌**(*Chthonomonas calidirosea*)。

釜：新拉丁文名词 *caldera*；来自葡萄牙语，表示大锅，釜。火山口就像一个高温大锅，一个高温反应釜，也可称为火山口。1984 年定的**釜小杆菌属**(*Calderobacterium*)[此属 2001 年已被归属到氢杆菌属(*Hydrogenobacter*)]和 2013 年定的**釜居菌属**(*Calderihabitans*)。

火：希腊文中性名词 *pur*、希腊文形容词 *pyrinos*；表示火，火的；如 1986 年定的**火果菌属**(*Pyrococcus*)、1988 年定的**火茎菌属**(*Pyrobaculum*)、1992 年定的**甲烷火菌属**(*Methanopyrus*)、1996 年定的**气火菌属**(*Aeropyrum*)、1997 年定的**火网菌属**(*Pyrodictium*)、1999 年定的**火叶菌属**(*Pyrolobus*)和 2014 年定的**火单胞菌属**(*Pyrinomonas*)等。种名中，如 1992 年定的模式种**嗜火产水菌**(*Aquifex pyrophilus*)。

炁：拉丁文名词 *ignis*，也表示火，与希腊文 *pur* 同意。这里用汉字炁，第一是因为该字读音与拉丁文名词 *ignis* 首字母的发音相同，第二是该字表示火照耀下的光明之意，第三是该字形象直观的表示开火之意，即可表示火之意，本文即表示火。如 2000 年定的**炁果菌**

属(*Ignicoccus*)和2006年定的炎球菌属(*Ignisphaera*)等。种名中,如2012年定的模式种炎海岸洋胞菌(*Oceanicella actignis*)和2002年新合并的模式种炎甲烷烙菌(*Methanotorris igneus*)。

适:拉丁文形容 *modestus*;表示(对温度、盐度、底物浓度等条件)适度的,中度的,温和的,有限的。如2007年定的适杆菌属(*Modestobacter*)和2007年定的适盐杆菌属(*Modicisalibacter*)等。种名中如1988年定的模式种嗜适卤亮杆菌(*Lamprobacter modestohalophilus*)、2006年定的模式种适烫火山竿菌(*Vulcanibacillus modesticaldus*)和2008年定的模式种适土杆菌(*Edaphobacter modestus*)。

冷:希腊文形容词 *psuchros*(以此定名的现有9属、5模式种);大致上与英文 cold 同意,表示冷,低温。*psuchros* 是目前关于低温菌属中用得最多的希腊文形容词,目前有9属,5模式种。属名中如1986年定的冷杆菌属(*Psychrobacter*)、1997年定的冷蛇菌属(*Psychroserpens*)、1998年定的冷单胞菌属(*Psychromonas*)、1999年定的冷屈菌属(*Psychroflexus*)、2005年定的地冷杆菌属(*Geopsychrobacter*)、2009年定的冷泥杆菌属(*Psychrilyobacter*)、2011年定的冷竿菌属(*Psychrobacillus*)、2011年定的冷球菌属(*Psychrosphaera*)和2014年定的冷冰栖菌属(*Psychroglaciecola*)等。种名中,如1988年定的模式种冷赤色科维尔氏菌(*Colwellia psychrerythraea*)、1999年定的模式种嗜冷脱硫针菌(*Desulfotalea psychrophila*)、2003年定的模式种耐冷海乳竿菌(*Marinilactibacillus psychrotolerans*)、2006年定的模式种嗜冷小玫菌(*Rhodonellum psychrophilum*)和2012年定的模式种嗜冷阿尔卑斯单胞菌(*Alpinimonas psychrophila*)等。

冻:希腊文名词 *frigus*、*frigor-oris*、形容词 *frigidus* 希腊文形容词,表示寒冷,霜冻,以此定名的现有2属、2模式种)。属名中1999年定的脱硫化冻菌属(*Desulfofrigus*)和2000年定的冻小杆菌属(*Frigoribacterium*)。种名中2008年定的模式种永冻胀竿菌(*Tumebacillus permanentifrigoris*)和2010年定的模式种冻水金璆菌(*Chryseoglobus frigidaquae*)。

冰:希腊文名词 *kruos*(以此定名的现有2属、1模式种);表示冰冷,霜冻;拉丁文名词 *algor-oris*(以此定名的现有1属),拉丁文中性形容词 *algidum*(以此定名的现有1模式种),拉丁文分词形容词 *algens*(来自拉丁文动词 *algeo*)(以此定名的现有1模式种),拉丁文形容词 *gelidus-um-a*(以此定名的现有1属、1模式种),表示冰冷的,寒冷的。

以希腊文名词 *kruos* 定名的现有2属,1模式种,如1997年定的冰小杆菌属(*Cryobacterium*)、2003年定的冰形菌属(*Cryomorpha*)和2001年新合并的模式种嗜冰克洛斯姓菌(*Crossiella cryophila*)。

以拉丁文名词 *algor-oris* 命名的目前仅1属,如2003年定的冰贪菌属(*Algoriphagus*)。

以拉丁文形容词 *algidum* 定名的目前仅1模式种,2013年定的模式种冰冷脱硫化凸菌(*Desulfoconvexum algidum*)。

以拉丁文形容词 *gelidus-um-a* 定名的现有1属(以拉丁文分词形容词 *algens* 定名的唯一模式种也出现在这唯一的属中),1模式种,1997年定的冰冷杆菌属(*Gelidibacter*)、1997年定的模式种凛冽冰冷杆菌(*Gelidibacter algens*)和1999年定的模式种冰冷脱硫化豆菌

(*Desulfofaba gelida*)。

冰：拉丁文名词 *glacies*、表示冰冷,寒冻,如 1998 年定的冰栖菌属(*Glaciecola*)、2009 年定的冰杆菌属(*Glaciibacter*)、2011 年定的冰单胞菌属(*Glaciimonas*)、2013 年定的异冰栖菌属(*Aliiglaciecola*)、2014 年定的冰居菌属(*Glaciihabitans*)、2014 年定的副冰栖菌属(*Paraglaciecola*)、2014 年定的冷冰栖菌属(*Psychroglaciecola*)等。种名中,如 2003 年定的模式种冰冬微菌(*Brumimicrobium glaciale*)。

碱：新拉丁文名词 *alcali* 或 *alkali*（来自阿拉伯文 *al-qalyi*）；最初表示来自盐碱植物（见碱生菌属的注解）的灰分（包括碳酸钾和碳酸钠）,草木灰,苏打,苏打灰（纯碱）,碳酸钠,在化学中表示碱性、含碱、水溶液中电离出氢氧根离子的物质。顺便提及,除了 1919 年的碱生菌属(*Alcaligenes*)和其两个相关菌属似碱生菌属(*Paenalcaligenes*)和副碱生菌属(*Paralcaligenes*),以及 1962 年的模式种碱化普罗维登斯菌(*Providencia alcalifaciens*)之外,现在拉丁文菌名中与碱相关的命名均用 *alkali* 了,如 2000 年定的瑠碱果菌属(*Thioalkalicoccus*)、2001 年定的碱小杆菌属(*Alkalibacterium*)和最近 2015 年定的碱线体属(*Alkalinema*)等。种名中,也是如此,如 2005 年定的耐碱纳西杆菌(*Naxibacter alkalitolerans*)、2006 年定的模式种嗜碱喀迈拉胞菌(*Chimaereicella alkaliphila*)[此种 2007 年已归种到嗜碱冰贪菌(*Algoriphagus alkaliphilus*)]、2006 年定的模式种嗜碱朴龙河氏菌(*Yonghaparkia alkaliphila*)、2007 年定的模式种碱慢卤针菌(*Halotalea alkalilenta*)和新近 2014 年定的模式种碱砷酸盐脱硫竿菌(*Desulfuribacillus alkaliarsenatis*)和 2014 年定的模式种嗜碱中吞三聚氰胺(*Melaminivora alkalimesophila*)等。

泡碱：新拉丁文中性名词 *natron*（随机衍生自阿拉伯文 *natrun* 或 *natron*）,表示苏打。

在历史上拉丁文名词 *nitrum*、希腊文名词 *nitron* 等与 *natron* 很类似,很难区分真实的意思。比如拉丁文 *nitrum* 和英文 nitre（来自于 *nitrum*）等最初可能都表示天然碳酸钠,但也由于一些不清楚的原因,也表示硝石、钠或钾的硝酸盐或碳酸盐,在近代英文中 *nitrum* 也可以表示氮(nitrogen),现已不常用,但化学中专用的亚氮(nitrous)、氮(nitric)就来自于此,仍然保留着。英文 nitre 在 16 世纪之后比较固定的用于表示硝石或硝酸钾,因此 *nitrum* 更多的也表示硝石和硝酸钾。1984 年定的泡碱小杆菌属(*Natronobacterium*)；1984 年定的泡碱果菌属(*Natronococcus*)；1996 年定的泡碱素菌属(*Natrialba*)；1996 年定的泡碱菌属(*Natroniella*)；1997 年定的脱硫化泡碱弧菌属(*Desulfonatronovibrio*)；1997 年定的泡碱单胞菌属(*Natronomonas*)；1998 年定的脱硫化泡碱菌属(*Desulfonatronum*)；1998 年定的泡碱线体属(*Natrinema*)；1999 年定的泡碱栖菌属(*Natronincola*)；1999 年定的泡碱红菌属(*Natronorubrum*),区别于 2005 年定的苏打栖菌属(*Nitrincola*)；2000 年定的玫瑰泡碱杆菌属(*Roseinatronobacter*)；2001 年定的卤泡碱菌属(*Halonatronum*)；2003 年定的无氧泡碱菌属(*Anoxynatronum*)；2005 年定的泡碱池菌属(*Natronolimnobius*)；2007 年定的甲基泡碱菌属(*Methylonatrum*)；2007 年定的泡碱厌氧菌属(*Natranaerobius*)；2007 年定的泡碱胞菌属(*Natronocella*)；2009 年定的泡碱竿菌属(*Natronobacillus*)；2009 年定的泡碱幡菌属(*Natronovirga*)；2010 年定的泡碱古菌属(*Natronoarchaeum*)；2010 年定的苏打针菌属

(*Nitritalea*);2012年定的**脱硫化泡碱杆菌属**(*Desulfonatronobacter*);2012年定的**泡碱厌氧幡菌属**(*Natranaerovirga*);2012年定的**泡碱竿菌属**(*Natribacillus*),区别于2009年定的**泡碱竿菌属**(*Natronobacillus*);2012年定的**泡碱屈菌属**(*Natronoflexus*)。

种名中:2010年定的**嗜泡碱脱硫螺体**(*Desulfurispira natronophila*)。

酸:新拉丁文名词 *acidum*;表示醋,像醋一样的味道,酸味,化学中在水溶液中能产生氢离子的化合物。

4.1 某些更加具体的环境物质或条件

珊瑚:对应的有希腊文名词 *korallon*、*koralion*;拉丁文名词 *corallum*、*coralium*(*curalium*)、*corallium*、*coralli*。表示此生物与珊瑚有关的,或者在珊瑚中分离出来,或者与珊瑚有某种联系,或者与珊瑚生长环境条件,与珊瑚礁等有关。需要说明的是,这么多希腊文名词或拉丁文名词形式,很显然不是阴阳性,而是由于一些误差或错误产生的,对应同一事物有同一用词本来是拉丁文命名的初衷,但由于现代作者对拉丁文用词的陌生,这种问题是很难避免的,这也是拉丁文命名的一个弊端。

在属名中用"珊"表示珊瑚:1994年定的**放线珊菌属**(*Actinocorallia*),珊对应拉丁文名词 *corallium*;2007年定的**珊珠菌属**(*Coraliomargarita*),珊对应希腊文名词 *koralion*;2007年定的**珊果菌属**(*Corallococcus*),珊对应希腊文名词 *korallon*;2012年定的**珊杆菌属**(*Corallibacter*),珊对应拉丁文名词 *corallum*;2013年定的**珊单胞菌属**(*Corallomonas*),珊对应希腊文名词 *korallon*。

在种名中用"珊"(复合词中)或"珊瑚"(单词中)表示:2003年定的模式种**杀珊金橙单胞菌**(*Aurantimonas coralicida*),珊对应拉丁文名词 *coralium*;2005年定的模式种**珊瑚比其奥氏菌**(*Bizionia paragorgiae*),这里的珊瑚是特指一种珊瑚;2006年定的模式种**烫珊硫幡菌**(*Sulfurivirga caldicuralii*),珊对应拉丁文名词 *curalium*;2007年新合并的模式种**珊状珊果菌**(*Corallococcus coralloides*);2008年定的模式种**珊瑚无形菌**(*Amorphus coralli*),珊瑚对应拉丁文属性名词 *coralli*;2013年定的模式种**千孔珊埃拉特单胞菌**(*Eilatimonas milleporae*),这里的珊是特指一种珊瑚;2014年定的模式种**烫珊甲基海卵菌**(*Methylomarinovum caldicuralii*),珊对应拉丁文中性名词 *curalium*。

琼脂:新拉丁文名词 *agarum*;琼:在微生物学中表示琼胶,琼脂,由琼脂糖和琼脂胶构成,因最早来自海南而得名,目前是配自培养基最常用最好的凝固剂,因为常见菌不与其反应。已有的3属9种中,全部是微生物学家分离鉴定的分解琼脂的种。属名中如2004年定的**吞琼菌属**(*Agarivorans*)、2009年定的**异吞琼菌属**(*Aliagarivorans*)和2014年定的**琼杆菌属**(*Agaribacter*)等。种名中,单词用"琼脂",复合词也用"琼"表示琼脂。如1970年的模式种**蚀侏腺菌**(*Nannocystis exedens*)、1972年的模式种**啮蚀艾肯姓菌**(*Eikenella corrodens*)、1999年定的模式种**解琼另果菌**(*Alterococcus agarolyticus*)、2003年定的模式种**凿琼赖兴巴赫氏菌**(*Reichenbachia agariperforans*)[也即是2005年改名的和2005年定的模式种**凿琼赖兴巴赫姓菌**(*Reichenbachiella agariperforans*)]、2008年定的模式种**吞琼志津氏菌**(*Simiduia* *agarivorans*)、2011年定的模式种吞琼链小卵菌(*Catenovulum agarivorans*)、2013年定的模式种解琼海胆单胞菌(*Echinimonas agarilytica*)、2014年定的模式种解琼藻球菌(*Algisphaera agarilytica*)和2014年定的模式种凿琼塔拉萨针菌(*Thalassotalea agariperforans*)。

油：拉丁文形容词 *olearium -a*；拉丁文名词 *oleum*，与英文 oil 同意，其意义包括矿物油、植物油和动物油等一切中性非极性的，室温下呈现黏液态的疏水和亲脂的化学物质。在英文的很多场合中，oil(*oleum*)与 petroleum 是混用的。如1986年定的嗜热油菌属(*Thermoleophilum*)、2002年定的嗜油菌属(*Oleiphilus*)、2003年定的油螺体属(*Oleispira*)、2011年定的油杆菌属(*Oleibacter*)等。在种名中，也用"油"表示。如2004年定的模式种吞油塔拉萨枴菌(*Thalassolituus oleivorans*)、1993年定的模式种油水勿玫单胞菌(*Arhodomonas aquaeolei*)、1999年定的模式种油孢小杆菌(*Sporobacterium olearium*)、2009年定的模式种油宇袍菌(*Kosmotoga olearia*)等。

石油：拉丁文名词 *naphthae*、*petroleum*；拉丁文名词 *petroleum* 与英文 petroleum 同意，起源于中世纪(约15世纪或14世纪晚期)，几乎可以肯定的是来自于中文的石油(11世纪沈括《梦溪笔谈》中已明确记载)一词的直接翻译，表示石油，原油。拉丁文名词 *naphthae* 起源于波斯语，作为"可燃的烃类液体化合物"使用，仅约200多年的历史。有关菌属有2006年定的模式种石油脱硫热菌(*Desulfothermus naphthae*)、2006年定的模式种嗜石油甲基菌(*Methylibium petroleiphilum*)、2009年定的模式种石油乳酸生菌(*Lacticigenium naphtae*)。

脂：希腊文名词 *aliphar -atos*，如2014年定的模式种甲基脂生火单胞菌(*Pyrinomonas methylaliphatogenes*)。

磂(硫)：希腊文名词 *theion* 及其拉丁文译字 *thium*、拉丁文名词 *sulfur -uris*(实际上应当是 *sulpur*，但现在已经被误用)。硫及其硫化物是一类十分重要的生理性物质，对于其研究十分之多，但问题仍然十分之多。已被鉴定的各种硫功能菌十分丰富。以希腊文名词 *theion* 及其拉丁文译字 *thium* 定名的种属，用中文磂对译。如1888年的磂胶囊菌属(*Thiocapsa*)、磂腺菌属(*Thiocystis*)、磂网菌属(*Thiodictyon*)等。

铁：拉丁文名词 *ferrum*；如1996年定的铁单胞菌属(*Ferrimonas*)，此属已定8种。模式种有1838年的锈色嘉利温氏菌(*Gallionella ferruginea*)等。

5 表示像、类似的一类中文—拉丁文用词及分类

这些副词看似与分类无关，但实际上往往由于与特定对象的相似程度的区分来实现分类，而且这种分类可能更多地包含了分子生物学程度上的差异。

勿：希腊文前缀 *a-*，表示①不，不要；②无，没，没有；③非。属名如1893年的勿色菌属(*Achromatium*)(以往常见名为无色菌属)、1970年的勿胆原体属(*Acholeplasma*)(以往常见名为无胆原体属)、1981年定的勿色杆菌属(*Achromobacter*)(以往常见名为无色杆菌属)、1993年定的勿玫单胞菌属(*Arhodomonas*)、1995年定的勿生营菌属(*Abiotrophia*)、2008年定的勿糖杆菌属(*Asaccharobacter*)和2011年定的热勿孢霉菌属(*Thermasporomyces*)等，以及种名中如2010年定的模式种勿嗜糖琤呢勒特菌(*Kinneretia asaccharophila*)和2010年

定的模式种勿解糖默多克氏菌(*Murdochiella asaccharolytica*)等。

错-: 拉丁文形容词 *falsus-*: 错的, 伪的, 非真的。属名如2013年定的错玫杆菌属(*Falsirhodobacter*)、2013年定的错苍棍菌属(*Falsochrobactrum*)和2014年定的错卟单胞菌属(*Falsiporphyromonas*)。

伪-: 拉丁文形容词 *fictus-*: 伪的, 假的, 非真的, 如2013年定的伪竿菌属(*Fictibacillus*)。

-形: 拉丁文形容词后缀 *-formis -is -e*; 表示形: 状, 形状, 外形, 外貌, 形容某物在外貌上像……。属名如2005年定的壳形菌属(*Conchiformibius*)。种名中, 该词用的比较多, 且早期较多。如1913年的模式种格形淖网菌(*Pelodictyon clathratiforme*)[此种2003年归种为格形绿菌(*Chlorobium clathratiforme*)]、1915年的模式种竿形巴通姓菌(*Bartonella bacilliformis*)、1923年的模式种丝形小链菌(*Alysiella filiformis*)、1925年的模式种项链形链竿菌(*Streptobacillus moniliformis*)、1947年的模式种球形节杆菌(*Arthrobacter globiformis*)、1971年的模式种多形亚硝化叶菌(*Nitrosolobus multiformis*)[此种1995年归种为多形亚硝化螺体(*Nitrosospira multiformis*)]、1978年的模式种柔黏形古字菌(*Runella slithyformis*)、1980年新合并的模式种磁盘形囊果菌(*Angiococcus disciformis*)、1980年定的模式种纺锤形突柄杆菌(*Prosthecobacter fusiformis*)、1984年新合并的模式种球形玫柱菌(*Rhodopila globiformis*)、1984年定的模式种簇毛形发果菌(*Trichococcus flocculiformis*)、1988年定的模式种纺锤形丝微菌(*Filomicrobium fusiforme*)、1997年定的模式种丝形霍尔德曼氏菌(*Holdemania filiformis*)、1997年新合并的模式种松形斯克曼氏菌(*Skermania piniformis*)、1998年新合并的模式种平形硫亮卵菌(*Thiolamprovum pedioforme*)、2000年定的模式种链形粪杆菌(*Coprobacillus cateniformis*)、2000年定的模式种滴形斯特利氏菌(*Staleya guttiformis*)[此种2007年已归种为滴形亚硫酸盐杆菌(*Sulfitobacter guttiformis*)]、2007年定的模式种长卵形内酯制菌(*Lactonifactor longoviformis*)、2011年新合并的模式种链形爱格士氏菌(*Eggerthia catenaformis*)和2014年定的模式种双形霍尔德曼姓菌(*Holdemanella biformis*)等。

-状: *-oides*; 以往很多中文文献译作"拟", (看起来)类似, 拟似, 像……, …类。在属名和种名中均有不少例子。如1919年的杆状菌属(*Bacteroides*)(此属的中文名以往是拟杆菌属)、1955年的蕈状支原体(*Mycoplasma mycoides*)、1976年的诺卡氏状菌属(*Nocardioides*)、1983年定的热杆状菌属(*Thermobacteroides*)、1984年定的卤杆状菌属(*Halobacteroides*)、1985年定的甲烷果状菌属(*Methanococcoides*)、1995年定的卤杆状菌科(*Halobacteroidaceae*)、1996年定的香味状菌属(*Myroides*)、2002年定的浮发状藻属(*Planktothricoides*)、2006年定的副杆状菌属(*Parabacteroides*)、2008年定的甾类杆菌属(*Steroidobacter*)(习惯上化合物中用"类"来表示"状", 类似)、2010年定的热果状菌属(*Thermococcoides*)、2012年定的屠场杆状菌属(*Macellibacteroides*)、2013年定的脱卤果状菌属(*Dehalococcoides*)、2014年定的醋杆状菌属(*Acetobacteroides*)和2014年定的假杆状菌属(*Pseudobacteroides*)。

在种名中, 以"状"字结尾, 如1878年的模式种肠系膜状明念珠菌(*Leuconostoc*

mesenteroides)、1896年的模式种星状诺卡氏菌(Nocardia asteroides)、1928年的模式种果状附赤兽体(Eperythrozoon coccoides)、1935年的模式种弧状柄杆菌(Caulobacter vibrioides)、1940年的模式种黏果菌属状孢噬胞菌(Sporocytophaga myxococcoides)、1949年的模式种贝日阿托氏菌属状透颤菌(Vitreoscilla beggiatoides)、1962年的模式种志贺姓菌属状邻单胞菌(Plesiomonas shigelloides)、1974年的模式种绿弧状绿菌(Chlorobium chlorovibrioides)、1985年定的模式种球状孢芭蕉菌(Sporomusa sphaeroides)、1997年定的模式种活胶状茎擀姓菌(Duganella zoogloeoides)、2001年定的模式种弧状丙酸孢菌(Propionispora vibrioides)、2007年新合并的模式种珊状珊果菌(Corallococcus coralloides)、2008年新合并的模式种果状布劳特氏菌(Blautia coccoides)、2013年定的模式种雾状中华小杆菌(Sinobacterium caligoides)、2014年定的模式种筒状渣针菌(Faecalitalea cylindroides)。

拟-：希腊文名词 -opsis；表示像，类似，一般指的是外貌像；在中文中，往往把"拟"提前到词头译出。如1976年的拟诺卡氏菌属(Nocardiopsis)、1986年定的拟无薹酸菌属(Amycolatopsis)、2010年定的墙拟诺卡氏菌属(Murinocardiopsis)、2011年定的拟尸杆菌属(Necropsobacter)和2013年定的异拟诺卡氏菌属(Allonocardiopsis)。

副-：希腊文介词 para-，表示在……边上，旁侧。如1969年的副果菌属(Paracoccus)等。其他菌属一般都有其对应的参照菌属，如下所示：1998年定的副脆果菌属(Paracraurococcus)，此属与脆果菌属相参照；1999年定的副衣原体属(Parachlamydia)，此属与衣原体属相参照；2002年定的副斯卡多维氏菌属(Parascardovia)，此属与斯卡多维氏菌属相参照；2004年定的副孢小杆菌属(Parasporobacterium)，此属与孢小杆菌属相参照；2006年定的副杆状菌属(Parabacteroides)，此属与杆状菌属相参照；2007年定的副铁单胞菌属(Paraferrimonas)，此属与铁单胞菌属相参照；2007年定的副基地杆菌属(Parapedobacter)，此属与基地杆菌属相参照；2009年定的副爱格士姓菌属(Paraeggerthella)，此属与爱格士姓菌属相参照；2009年定的副莫里塔姓菌属(Paramoritella)，此属与莫里塔姓菌属相参照；2009年定的副厄斯考维氏菌属(Paraoerskovia)，此属与厄斯考维氏菌属相参照；2009年定的副普雷沃特姓菌属(Paraprevotella)，此属与普雷沃特姓菌属相参照；2009年定的副壤杆菌属(Parasegetibacter)，此属与壤杆菌属相参照；2009年定的副萨特姓菌属(Parasutterella)，此属与萨特姓菌属相参照；2010年定的副纳单胞菌属(Parapusillimonas)，此属与纳单胞菌属相参照；2011年定的副碱生菌属(Paralcaligenes)，此属与碱生菌属相参照；2011年定的副透橄菌属(Paraperlucidibaca)，此属与透橄菌属相参照；2012年定的副鞘氨醇盒菌属(Parasphingopyxis)，此属与鞘氨醇盒菌属相参照；2013年定的副草小螺体属(Paraherbaspirillum)，此属与草小螺体属相参照；2013年定的副玫杆菌属(Pararhodobacter)，此属与玫杆菌属相参照；2014年定的副丝单胞菌属(Parafilimonas)，此属与丝单胞菌属相参照；2014年定的副冰栖菌属(Paraglaciecola)，此属与冰栖菌属相参照；2014年定的副玫小螺体属(Pararhodospirillum)，此属与玫小螺体属相参照；2015年定的副芽单胞菌属(Parablastomonas)，此属与芽单胞菌属相参照。

似-：拉丁文副词 paeno-；近似，几乎，差不多；如1994年定的似竿菌属(Paenibacillus)、

2009年定的似孢八球属（*Paenisporosarcina*）、2010年定的似苍棍菌属（*Paenochrobactrum*）、2010年定的似碱生菌属（*Paenalcaligenes*）和2014年定的**似玫杆菌属**（*Paenirhodobacter*）。该类菌当然也有对应的参照菌属。

假-：希腊文形容词*pseudês*，拉丁化的*pseudo-*。该类菌当然也有对应的参照菌属，如1957年的**假诺卡氏菌属**（*Pseudonocardia*），此属与**诺卡氏菌属**相参照，1982年定的**假屠杆菌属**（*Pseudocaedibacter*）与1982年的**屠杆菌属**（*Caedibacter*）相参照。但也有例外，如1894年的**假单胞菌属**（*Pseudomonas*），迄今没有一个原核生物属称为"单胞菌属"，1996年定的**假枝杆菌属**（*Pseudoramibacter*），目前也没有一个原核生物属称为"枝杆菌属"。

这些词头表明了与参照菌属的类似或相似性，对于微生物的分类和资源有十分重要的意义。但这种分类方式，可能要十分小心，因为很可能仅仅是基因分析所导致的菌种膨胀的一个侧面。如2000年定的副乳竿菌属（*Paralactobacillus*）在2011年被归属到**乳竿菌属**（*Lactobacillus*），1989年定的假无蕈酸菌属（*Pseudoamycolata*）在1994年被归属到**假诺卡氏菌属**（*Pseudonocardia*）。

附录二　命名规则：菌名命名

1　门纲目科属种分类基础

卡尔·冯·林奈（Carl von Linné）所定义的每个原核物种（species）必须包含在一个属中。属（genus）理论上是连续高阶的亚族（subtribe）、族（tribe）、亚科（subfamily）、科（family）、亚目（suborder）、目（order）、亚纲（subclass）、纲（class）、门（division 或 phylum）和域（domain 或 empire）的一个成员。在动物界中的门为 phylum，植物界中的门为 division。

亚族和亚科中没有包括任何菌名。实际上已经废止了。

亚族和族分类现在已经停止使用了。实际上已经废止了。

门和域并不包括在《细菌学准则》（1990 修订版）规则 [the Rules of *Bacteriologocal Code* (1990 Revision)]❶。

必须要指出，许多当代系统分类学原核生物学家相当不愿意把新种和新属归到更高阶分类中，特别是中间级别（科、目、纲）中，因为分类学模式的不确定性（Garrity 等，2004）。

此书包括的菌名来自《1980 年细菌名确认单》❷ 和《国际系统细菌学杂志》/《国际系统和进化微生物学杂志》（IJSB/IJSEM 期刊）。根据《细菌学准则》（1990 修订版），属和纲之间的分类单元名，由模式属词干加相应的后缀组成；1997 年德国著名微生物学家斯塔克布兰德等（Stackebrandt 等，1997）建议了纲和亚纲的后缀。因此，目前的分类级及后缀如表 1 所示。

表 1　原核生物分类学级别及后缀尾字

分类学序列 （Taxonomic rank）	中文分类级	后缀 （Suffixe）	中文尾字	参考文献 （References）	备注
Species	种	–	–菌		不在准则规则中
Genus	属	–	–属		不在准则规则中
Subtribe	亚族	*-inae*	–亚族	《细菌学准则》（1990 修订版）	现已停用
Tribe	族	*-eae*	–族	《细菌学准则》（1990 修订版）	现已停用
Subfamily	亚科	*-oideae*	–亚科	《细菌学准则》（1990 修订版）	现已停用
Family	科	*-aceae*	–科	《细菌学准则》（1990 修订版）	
Suborder	亚目	*-ineae*	–亚目	《细菌学准则》（1990 修订版）	

---

❶ 陶天申教授认为，code 应当译为法规。但法规是法令、条例、规则、章程等法定文件的总称，法规指国家机关制定的规范性文件。而一个以西方几个国家科学家为主导的一般性科学规则，称为法规并不妥当。Code 在当今英文语境下相当于一个社会组织（不一定是具有法律效力的官方组织）制定的一种有编号或编码的规范，对于信奉和遵守它的人来说相当于一种准则。

❷ 陶天申教授认为，Approved Lists of Bacterial Names 应当译为《细菌名称确认名录》，但我们认为就是一个清单。

续表

分类学序列 (Taxonomic rank)	中文分类级	后缀 (Suffixe)	中文尾字	参考文献 (References)	备注
Order	目	*-ales*	-目	《细菌学准则》(1990修订版)	
Subclass	亚纲	Proposed suffix *-idae*	-亚纲	斯塔克布兰德等,IJSB,1997	
Class	纲	Proposed suffix *-ia*	-纲	斯塔克布兰德等,IJSB,1997	
Division or phylum	门或部	-	-门		不在准则规则中
Domain or empire	域或界	-	-域		不在准则规则中
Life	元	-	-		不在准则规则中

与真核生物命名不同,原核生物迄今尚无一个官方分类,仍属于科学判断和常识协定范畴。最接近所谓的原核生物"官方"分类应当是受到微生物学家广泛接受的分类方式。

2 菌、种、属基本定义

菌名命名中最重要的是确定种属。本书中,对菌、菌名、种名、属名及其用法规定如下:

菌:原意通"蕈",蘑菇,食用菌;微生物界一般表示很小的生物,细菌,古菌,真菌等;现在该"菌"字用来定义微生物名的尾词,表示小生物;这实际上是因为,中文菌名的书写方式既不斜体,也不繁体,与正文其他词境差异不大,容易混淆,用此低频字结尾,以示弥补吧。

菌名:以往中文中,有时也称为**菌种名**,是指由种名加属名双名法命名的微生物名字;**中文菌名**的表达方式:种名+属名,即种名在前,属名在后,绝大部分以"菌"字结尾。事实上,在中文菌名中,有时候似乎不分种名和属名,现有的一个中文菌名也很难区分种名和属名。我们在本书中虽然没有实践,但我们认为可以尝试的是,中文菌名的命名,以"*属*菌"的方式出现,比如贫勿生营菌,最好以"勿生营属贫菌"的方式命名,因为实际上,属名在功能上相当于姓,种名相当于名,拉丁文的双名法,其实最符合我国的文字"姓前名后"的特点,无需倒换顺序。这可能也是中文菌名首次出台的一种内在因果吧。而且这样十分严谨的用上了尾字,具有唯一性,也不至于在命名菌名的时候,还要去掉尾字"属"。因为倒换顺序的命名方式在中文中由来已久,贸然变化恐引起不必要的麻烦,本书暂时没有尝试,但如果学界有共识,再版时随时可以应用。

种:科学界微生物分类和分类级的基本单元之一。很难给种下个定义,有特征种(typological species)、进化种(evolutionary species)、基因系种[phylogenetic (cladistic) species]等,一般来说生物器官的最大集合体,通过有性繁殖,两个杂合体(hybrid)能产生繁殖体,微生物则以无性繁殖为主,因此要通过DNA、形态和生境等特征来进一步区分。种下分类称为同种分类,如亚种。

种名:以往中文中,有时也称为**菌种名**(即与菌名混用),是指微生物的种性特征词;通常由表示形态、来源、分离或值得纪念的人物等命名。其中，以人的姓名命名时候，与属名中的用法略有区别，为姓名后加 -ii，但中文中统一加"氏"，如巴斯德氏（*Pasteurii*）；种名中表示颜色的词汇，用"*色"双汉字表示，表示尺寸的词汇，用单汉字或双汉字表示，如"微""小""大"等。目前的习惯中中文菌名书写方式中，种名在前，属名在后。在本书中，"**模式种**"和"**模式菌**"同义。

属名：或菌属名，是指微生物的属性特征词；通常由表示形态、来源、分离或值得纪念的人物等命名；**中文属名**中，汉字是单音节发音，有时为了发音的方便，大量使用双词同义复词，如嗜好、沼泽、土壤/土地、火红；在微生物属名中，本书采用单汉字表意，而不是复词，使得菌名避免重复并更加简洁；在微生物种名中，有时使用同义复词。

中文属名中，在"属"之前，一般加"菌"，构成"****菌属**"，来表示微生物，特别是细菌、古菌、真菌的属名；在命名菌名时，直接省略"属"字即可；不加"菌"字，符合拉丁文属名原意，在不引起混淆的情况下，也是可以的。但如果属名不加"菌"，则菌名尾词加"菌"，成为中文菌名的特征词。

中文属名中，习惯上出现"**体""**原体"等（详见第一节 1.2 部分），即"体"后不加"菌"，以"**体属"表示，如**螺旋体属**（*Spirochaeta*），**旋线体属**或**密螺旋体属**（*Treponema*）；在种名或菌名中也不加"菌"，如菌种**柔韧螺旋体**（*Spirochaeta plicatilis*），**苍白旋线体**（*Treponema pallidum*）。

中文属名中，出现"**胞""**单胞""**竿"等容易区分为微生物的尾词，可不加"菌"，以"**胞属""**单胞属""**竿属"表示；但在菌名中，依然加"菌"。但实际上，本书操作中并无实施，因为与"菌名"词条保持一致，方便理解，如若取得一致，今后再改写。

中文属名中，为了区分人名，尤其是区分与外国地名等的差异，以姓氏命名的中文菌名，即种名和属名，在中西方人名之后加"氏"，但①中国、日本、韩国等姓名全名后，可不加"氏"，因为中文中，中、日、韩姓名一般已有足够的成熟度和区分度，符合语言习惯；②神话故事人物，不加"氏"，因为神话人物已经作为一种文化符号，并非一般人名，在某种程度上，已经众所周知的永久存在，背后的意义是明确的，在微生物学中除了作者可能有表达对文化的传承之意外，主要是表达这种神话人物的栖居地，无需加"氏"；③同时，因为拉丁文实践中存在同一个人的姓氏后加 -ia 或 -ella 的情况，为了区分这种情况，本书中分别对应的加"氏"或"姓"，如以巴斯德的名字命名的菌属有两属，分别定为**巴斯德姓菌属**（*Pasteurella*）和**巴斯德氏菌属**（*Pasteuria*），避免重复；并以此为标准，人名后缀 -ella 或 -lla 等的命名为"姓"，后缀 -ia 或 -a 或 -ea 等的命名为"氏"；④对于一个研究机构的简写，也存在同一个简称后加 -ia 或 -ella 的情况[这种命名方式的最早命名可能是 1981 年的**美疾控菌属**（*Cedecea*），姑且不论其命名是否妥当]，如 1999 年的**韩生科所小菌属**（*Kribbella*）和**韩生科所菌属** 2006 年的（*Kribbia*），"韩生科所"都来自韩国生物科学与生物技术研究所的英文简写，这种情况，加"氏"或"姓"并不妥当，为了不造成中文命名重名（在不重名的情况下不加词，并用"大"表示大学的简写，"所"表示研究院所的简写），对 -ia 不译，对 -ella 用"小"表示其他情况，加其他尾词尚未有合适选择；⑤对于一个地理位置拉丁文属名，也存在同一地名后加 -ia 或 -ella

的情况,处理方式与机构名一样。

中文属名中,对包括门纲目科的翻译中,遵循直译,即除了表达动词意义的词以外,不倒序,但为了语言的习惯和语境,很多也是倒序。①对于外国人名的翻译中以原文顺序,如玛文布莱恩特氏菌(*Marvinbryantia*),拉丁文属名中是名前姓后,翻译的时候理应译为布莱恩特玛文氏菌属,但为了避免增加使用者额外的理解和工作,直接原文顺序译出,但对于中国、日本和朝鲜、韩国等国人名,无论其写法,均以"姓前名后"译出,如**李时珍菌属**(*Lishizhenia*)、**徐丽华姓菌属**(*Lihuaxuella*);②动词属性,提前译出,如嗜酸菌属(*Acidiphilium*)、噬纤维菌属(*Cellulophaga*),但在某种语境下,仍直译,如厌氧噬菌属(*Anaerophaga*),表示厌氧条件下的食者,而不是吃食厌氧;再如 *Aquincola* 译为水栖菌属或栖水菌属都符合中文习惯和语境,这种情况下,本书优先直译,即译为**水栖菌属**(*Aquincola*)。③语境和语义。如把海水菌属(*Aquimarina*),写成水海菌属,就难以理解和明白了。**纯水杆菌属**(*Aquipuribacter*)、**盐水竿菌属**(*Aquisalibacillus*)、**盐水单胞菌属**(*Aquisalimonas*)等均是如此。如把油水勿玫瑰单胞菌(*Arhodomonas aquaeolei*),写成水油勿玫瑰单胞菌,在规则、语义和习惯上都是符合的,但因为这里强调的是从油包水,从油水中分离的,就只能以油水为准。总之,以直译为伯,以中文习惯为仲,以语境和语义为叔,不能偏颇。

中文属名中,硫酸盐还原菌是一类参与硫循环的特殊微生物,用"脱硫"和"脱硫化"表示不同的概念。"脱硫化":去除硫的一种过程,用于特征体现一种异化硫酸盐还原作用(厌氧呼吸)的原核生物。

词源:虽然类似于中文中的"释义",但首先的意义在于其历史源头,即该词的首创性,简单地说,第一次出现该词,它的最初意思,即为该词词源。因为本书中极大部分中文菌名及其意义,是本书首创的,虽然脱胎于拉丁文,但也构成了该词的第一次和最初之意(如若同以往中国同行已命名的相同,请这些作者不吝赐教,我们会标注出其首译或首创贡献)。对中文菌名进行定义,也是本书的一大科学性原创。从本书开始,中文菌名可以独立于拉丁文而存在,是除了拉丁文之外对菌名进行严格定义的第一种语言,也是第一种活语言,因为拉丁文基本是一种濒临消亡的语言了。本书中,**中文词源全部粗体字显示**,英文词源浅体字显示。由于微生物的命名已经逐渐偏离纯粹的拉丁文,渐成"世界语"(全世界语言的拼音化),即使是拉丁文的使用者没有词源也是无法理解的,对于中文菌名来说,也是如此,没有词源,恐怕无法理解"西海"是哪个海,"东海"是哪个海,"丽水"又是哪里。从这种角度来说,微生物定名的拉丁化之所以迄今流行,另一个很大的原因当归结于其词源释义。

中文科名、目名、纲名等用法与属名一致。

基名(basonym):微生物学中,最初已经命名为有效的科学命名,但后来经过各种分析、特别是分子生物学分析,认为需要变更的种属,原有效分类命名即为基名。如1966年已经有效的**黏化普罗狄斯菌**(*Proteus myxofaciens*)在2011年经过系统发育学比对分析,新合并为**黏化科森扎氏菌**(*Cosenzaea myxofaciens*);1978年已有效的无氧光杆菌亚纲(*Anoxyphotobacteriae*)在1988年成为无氧光杆菌纲(Anoxyphotobacteria)。

归属:把基名或原有效科学命名的属重新归类到新属。本书中用"→"指示归属前后的旧属和新属。

归种：把基名或原有效科学命名的种重新归类到新的属种。本书中用"→"指示归种前后的旧种和新种。

这里指的归属和归种，都是基于共同的科学理念，而不是必须的，如果有学者不这么认为，当然是可以不遵守的，完全可以提出不同的意见，发表相关的研究成果。

同义词（synonym）：微生物学中，同义词相当于异名同物，虽然名字不同，但表达同一类或同一种微生物。一般这类同义词在以往有效，且使用较广，今后不再应用和使用，为了文献检阅的方便，著入。

不合规同义词（Illegitimate synonym）：有效发表，但因为各种原因，比如与以往真菌等命名重复，不合规，被取代的词汇。

勘误：作者发表时候有误，编辑部或相应机构做出了一定的纠正，并明确的指出与作者缩写的出入。

附录三 属名简写

1 属名简写，拉丁文三字母准则（Three-letter code for abbreviations of generic names）

属名简写并不在 1990 年修改版《细菌学准则》(*Bacteriological Code*)规则中，不过在其中的第四章的建议注释（Advisory Notes）中，有如下建议：① 出版物中第一次出现具有专一特性的属名时，以及在出版物的概要中，不可简写；② 属于同一属的一系列种名，除了第一个菌种以外，习惯上属名简写，即使后续的菌种是第一次提及；③ 前述已经提及引用的种名，在后续使用时，通常属名简写，一般只写属名的首字母（大写）；④ 不过，如果所列种名属于两个或多个具有相同首字母的属，属名应当用全名。在出版物中，菌种不同属名如果具有相同首字母，非简写属名增加论文的长度，而是用单字母简写又造成混乱，为了避免这样的一种混乱，光营细菌分类学分委员会（"Subcommittee on the taxonomy of Phototrophic Bacteria"）推荐，在一个出版物或章节中，超过一个属的情况下，使用三字母简写，当然，属名也可以写全名。不过，单字母简写在很多情况下是不严谨的，应当避免，除非的确毫无疑问。分委员会在 1997 年、2000 年、2003 年、2004 年和 2007 年逐渐建立了无氧光营细菌的三字母简写（表 1）；在 1999 年、2002 年和 2007 年，"卤小杆菌科分类学分委员会"也推荐了卤小杆菌科的三字母属名简写（表 2）。作者、审稿人、期刊编辑应当采用这两个分委员会的建议。

表 2 光营细菌分类学分委员会推荐的无氧光营细菌菌属的简写

序号	属名	属名拉丁文	推荐的属名三字母简写
1.	嗜酸菌属	*Acidiphilium*	*Acp.*
2.	酸球菌属	*Acidisphaera*	*Acs.*
3.	异色菌属	*Allochromatium*	*Alc.*
4.	变杆菌属	*Amoebobacter*	*Amb.*
5.	臂绿菌属	*Ancalochloris*	*Anc.*
6.	芽绿菌属	*Blastochloris*	*Blc.*
7.	绿茎菌属	*Chlorobaculum*	*Cba.*
8.	绿菌属	*Chlorobium*	*Chl.*
9.	绿屈菌属	*Chloroflexus*	*Cfl.*
10.	绿滑菌属	*Chloroherpeton*	*Chp.*
11.	绿线体属	*Chloronema*	*Cln.*
12.	色菌属	*Chromatium*	*Chr.*
13.	柠檬微菌属	"*Citromicrobium*"	*Cmi.*
14.	格绿菌属	"*Clathrochloris*"	*Clt.*

续表

序号	属名	属名拉丁文	推荐的属名三字母简写
15.	脆果菌属	*Craurococcus*	*Crc.*
16.	外硫玫螺体属	*Ectothiorhodospira*	*Ect.*
17.	外硫玫弯菌属	*Ectothiorhodosinus*	*Ets.*
18.	赤杆菌属	*Erythrobacter*	*Erb.*
19.	赤微菌属	*Erythromicrobium*	*Erm.*
20.	赤单胞菌属	*Erythromonas*	*Emn.*
21.	卤色菌属	*Halochromatium*	*Hch.*
22.	卤玫螺体属	*Halorhodospira*	*Hlr.*
23.	螺竿菌属	*Heliobacillus*	*Hba.*
24.	螺小杆菌属	*Heliobacterium*	*Hbt.*
25.	嗜阳菌属	*Heliophilum*	*Hph.*
26.	阳索菌属	*Heliorestis*	*Hrs.*
27.	阳发菌属	*Heliothrix*	*Htr.*
28.	等色菌属	*Isochromatium*	*Isc.*
29.	亮杆菌属	*Lamprobacter*	*Lpb.*
30.	亮腺菌属	*Lamprocystis*	*Lpc.*
31.	海色菌属	*Marichromatium*	*Mch.*
32.	甲基小杆菌属	*Methylobacterium*	*Mtb.*
33.	颤绿菌属	*Oscillochloris*	*Osc.*
34.	副脆果菌属	*Paracraurococcus*	*Pcr.*
35.	淖网菌属	*Pelodictyon*	*Pld.*
36.	棕小螺体属	*Phaeospirillum*	*Phs.*
37.	卟杆菌属	*Porphyrobacter*	*Por.*
38.	突柄绿菌属	*Prosthecochloris*	*Ptc.*
39.	杆色菌属	*Rhabdochromatium*	*Rbc.*
40.	玫橄菌属	*Rhodobaca*	*Rca.**
41.	玫杆菌属	*Rhodobacter*	*Rba.*
42.	玫菌属	*Rhodobium*	*Rbi.*
43.	玫芽菌属	*Rhodoblastus*	*Rbl.*
44.	玫篓菌属	*Rhodocista*	*Rcs.*
45.	玫环菌属	*Rhodocyclus*	*Rcy.*

续表

序号	属名	属名拉丁文	推荐的属名三字母简写
46.	玫肥菌属	*Rhodoferax*	Rfx.
47.	玫微菌属	*Rhodomicrobium*	Rmi.
48.	玫柱菌属	*Rhodopila*	Rpi.
49.	玫浮菌属	*Rhodoplanes*	Rpl.
50.	玫假单胞菌属	*Rhodopseudomonas*	Rps.
51.	玫螺体属	*Rhodospira*	Rsa.
52.	玫小螺体属	*Rhodospirillum*	Rsp.
53.	玫海菌属	*Rhodothalassium*	Rts.
54.	玫变菌属	*Rhodovarius*	Rvs.
55.	玫弧菌属	*Rhodovibrio*	Rhv.
56.	玫小卵菌属	*Rhodovulum*	Rdv.
57.	玫瑰缺菌属	*Roseateles*	Rst.
58.	玫瑰小杆菌属	*Roseibacterium*	Rim.
59.	玫瑰菌属	*Roseibium*	Rib.
60.	玫瑰环菌属	*Roseicyclus*	Ric.
61.	玫瑰屈菌属	*Roseiflexus*	Rof.
62.	玫瑰泡碱杆菌属	*Roseinatronobacter*	Rna.
63.	玫瑰盐菌属	*Roseisalinus*	Ris.
64.	玫瑰幡菌属	*Roseivirga*	Riv.
65.	玫瑰旺菌属	*Roseivivax*	Rsv.
66.	玫瑰杆菌属	*Roseobacter*	Rsb.
67.	玫瑰果菌属	*Roseococcus*	Rsc.
68.	玫瑰螺体属	*Roseospira*	Ros.
69.	玫瑰小螺体属	*Roseospirillum*	Rss.
70.	玫瑰变菌属	*Roseovarius*	Rva.
71.	红单胞菌属	*Rubrimonas*	Rum.
72.	红暖菌属	*Rubritepida*	Rut.
73.	红旺菌属	*Rubrivivax*	Rvi.
74.	橙色杆菌属	*Sandaracinobacter*	San.
75.	斯特利氏菌属	*Staleya*	Stl.
76.	热色菌属	*Thermochromatium*	Tch.

续表

序号	属名	属名拉丁文	推荐的属名三字母简写
77.	瑠碱果菌属	Thioalkalicoccus	Tac.
78.	瑠橄菌属	Thiobaca	Tba.
79.	瑠胶囊菌属	Thiocapsa	Tca.
80.	瑠果菌属	Thiococcus	Tco.
81.	瑠腺菌属	Thiocystis	Tcs.
82.	瑠网菌属	Thiodictyon	Tdc.
83.	瑠黄果菌属	Thioflavicoccus	Tfc.
84.	瑠卤胶囊菌属	Thiohalocapsa	Thc.
85.	瑠亮卵菌属	Thiolamprovum	Tlp.
86.	瑠平菌属	Thiopedia	Tpd.
87.	瑠玫果菌属	Thiorhodococcus	Trc.
88.	瑠玫螺体属	Thiorhodospira	Trs.
89.	瑠玫弧菌属	Thiorhodovibrio	Trv.
90.	瑠小螺体属	Thiospirillum	Tsp.

注：20号赤单胞菌属2002年已归属到→鞘氨醇单胞菌属（*Sphingomonas*）

表3　卤小杆菌科分类学分委员会推荐的卤小杆菌科菌属的简写

序号	属名	属名拉丁文	推荐的属名三字母简写
1.	卤适菌属	Haladaptatus	Hap.
2.	卤碱果菌属	Halalkalicoccus	Hac.
3.	卤盒菌属	Haloarcula	Har.
4.	卤小杆菌属	Halobacterium	Hbt.
5.	卤茎菌属	Halobaculum	Hbl.
6.	卤双形菌属	Halobiforma	Hbf.
7.	卤果菌属	Halococcus	Hcc.
8.	卤肥菌属	Haloferax	Hfx.
9.	卤几何菌属	Halogeometricum	Hgm.
10.	卤微菌属	Halomicrobium	Hmc.
11.	卤懒菌属	Halopiger	Hpg.
12.	卤平菌属	Haloplanus	Hpn.
13.	卤方菌属	Haloquadratum	Hqr.

续表

序号	属名	属名拉丁文	推荐的属名三字母简写
14.	卤杆菌属	*Halorhabdus*	Hrd.
15.	卤红菌属	*Halorubrum*	Hrr.
16.	卤简菌属	*Halosimplex*	Hsx.
17.	卤湖栖菌属	*Halostagnicola*	Hst.
18.	卤土生菌属	*Haloterrigena*	Htg.
19.	卤旺菌属	*Halovivax*	Hvx.
20.	泡碱素菌属	*Natrialba*	Nab.
21.	泡碱线体属	*Natrinema*	Nnm.
22.	泡碱小杆菌属	*Natronobacterium*	Nbt.
23.	泡碱果菌属	*Natronococcus*	Ncc.
24.	泡碱池菌属	*Natronolimnobius*	Nln.
25.	泡碱单胞菌属	*Natronomonas*	Nmn.
26.	泡碱红菌属	*Natronorubrum*	Nrr.

2 中文菌名简写

在中文菌名中,用的最多的是属名和种名,因为繁长的外国人名字,有些菌名相当长,如 9 个汉字的**克昊彭希泰特氏菌属**(*Kroppenstedtia*),撰写比较繁琐,作首次交代后,在不引起歧义的情况下,后续论文中可以用其姓名的简写,如**克昊彭希泰特氏菌属**简称为**克昊氏菌属**。但中文简写上,尚无前例可循,尚待共同努力和挖掘,这里仅仅是抛砖引玉。

附录四 域和门分类——原核微生物(细菌和古菌)分类等级

[Classification of domains and phyla - Hierarchical classification of prokaryotes (bacteria and archaea)]

简介

两个原核生物域或界,细菌域(或真细菌域)和古菌域(或古细菌域),目前分成35个门(或部),其中细菌域30个门,古菌域5个门。

为了使前述属种有更清楚的分类等级,这里进一步以字母顺序,把细菌域中的30个门,古菌域中的5个门整理出,并把各个门下所包含的纲、亚纲、目、亚目、科和属全部列出,以使读者更加清晰属种的等级分类。

因为纲以上分类并不在1990修订的《细菌学准则》[*Bacteriological Code* (1990 Revision)]中,因此在拉丁文中加上引号,但在中文中不加引号,因为我们认为,这基本上已经是被广泛接受了。实际上,2013年定的懒小杆菌门已经正式发表在 IJSEM 中了,表示实际上已经合格发表了。中文菌属名粗体的表示现行合格的,正常字体表示已经归属或合并的。门纲目科属名中无论有无"菌"字,都是正常的。

细菌域(Domain "Bacteria")

细菌门(Phyla)31门

1. 酸杆菌门("*Acidobacteria*") 2. 放线菌门("*Actinobacteria*") 3. 水化菌门("*Aquificae*") 4. 铠单胞菌门("*Armatimonadetes*") 5. 杆状菌门("*Bacteroidetes*") 6. 烫丝菌门("*Caldiserica*") 7. 衣原体门("*Chlamydiae*") 8. 绿菌门("*Chlorobi*") 9. 绿屈菌门("*Chloroflexi*") 10. 金矿生菌门("*Chrysiogenetes*") 11. 蓝细菌门("*Cyanobacteria*") 12. 脱铁杆菌门("*Deferribacteres*") 13. 奇果-热菌门("*Deinococcus-Thermus*") 14. 网球菌门("*Dictyoglomi*") 15. 诈微菌门("*Elusimicrobia*") 16. 纤杆菌门("*Fibrobacteres*") 17. 厚壁菌门("*Firmicutes*") 18. 纺锤菌门("*Fusobacteria*") 19. 芽单胞菌门("*Gemmatimonadetes*") 20. **懒小杆菌门**("*Ignavibacteriae*") 21. 黏球菌门("*Lentisphaerae*") 22. 硝化螺体门("*Nitrospira*") 23. 浮霉菌门("*Planctomycetes*") 24. 变形菌门("*Proteobacteria*") 25. 螺旋体门("*Spirochaetes*") 26. 协生菌门("*Synergistetes*") 27. 软皮菌门("*Tenericutes*") 28. 热脱硫化杆菌门("*Thermodesulfobacteria*") 29. 热微菌门("*Thermomicrobia*") 30. 热袍菌门("*Thermotogae*") 31. 疣微菌门("*Verrucomicrobia*")

纲比门缩进一个字节,亚纲比纲缩进一个字符(即半个字),目比纲缩进一个字节,亚目比目缩进一个字符,科比目缩进一个字节,以此类推,示例如下:

酸杆菌门(Phylum "*Acidobacteria*")

  酸杆菌纲(Class Acidobacteria)

酸杆菌目（*Order Acidobacteriales*）

酸杆菌科（*Family Acidobacteriaceae*）：酸胶囊菌属（*Acidicapsa*）- 酸小杆菌属（*Acidobacterium*）- 藓胞菌属（*Bryocella*）- 土壤杆菌属（*Edaphobacter*）- 小粒胞菌属（*Granulicella*）- 泽杆菌属（*Telmatobacter*）- 土珴菌属（*Terriglobus*）

酸杆菌纲中尚未分类的（Unclassified Acidobacteria）藓杆菌属（*Bryobacter*）

全噬菌纲（*Class Holophagae*）

甲壳杆菌目（*Order Acanthopleuribacterales*）

甲壳杆菌科（*Family Acanthopleuribacteraceae*）：甲壳杆菌属（*Acanthopleuribacter*）

全噬菌目（*Order Holophagales*）

全噬菌科（*Family Holophagaceae*）：地发菌属（*Geothrix*）- 全噬菌属（*Holophaga*）

放线菌门（*Phylum "Actinobacteria"*）

放线菌纲（*Class Actinobacteria*）

酸微菌亚纲（*Subclass Acidimicrobidae*）

酸微菌目（*Order Acidimicrobiales*）

酸微菌亚目（*Suborder "Acidimicrobineae"*）

酸微菌科（*Family Acidimicrobiaceae*）：酸微菌属（*Acidimicrobium*）- 铁微菌属（*Ferrimicrobium*）- 铁发菌属（*Ferrithrix*）- 水沉积杆菌属（*Ilumatobacter*）

日应微所菌科（*Family Iamiaceae*）：日应微所菌属（*Iamia*）

酸微菌亚目中尚未分类的（Unclassified "Acidimicrobineae"）：酸土单胞菌属（*Aciditerrimonas*）

放线菌亚纲（*Subclass Actinobacteridae*）

放线菌目（*Order Actinomycetales*）

放线菌亚目（*Suborder Actinomycineae*）

放线菌科（*Family Actinomycetaceae*）：放线茎菌属（*Actinobaculum*）- 放线菌属（*Actinomyces*）- 秘小杆菌属（*Arcanobacterium*）- 镰弧菌属（*Falcivibrio*）- 黄弯菌属（*Flaviflexus*）- 动钩菌属（*Mobiluncus*）- 图颇姓菌属（*Trueperella*）- 曲茎菌属（*Varibaculum*）

放线多孢菌亚目（*Suborder Actinopolysporineae*）

放线多孢菌科（*Family Actinopolysporaceae*）：放线多孢菌属（*Actinopolyspora*）

薄链孢菌亚目（*Suborder Catenulisporineae*）

放线簇菌科（*Family Actinospicaceae*）：放线簇菌属（*Actinospica*）

薄链孢菌科（*Family Catenulisporaceae*）：薄链孢菌属（*Catenulispora*）

棒小杆菌亚目（*Suborder Corynebacterineae*）

棒小杆菌科（*Family Corynebacteriaceae*）：杆线体属（*Bacterionema*）- 奶酪杆菌属（*Caseobacter*）- 棒小杆菌属（*Corynebacterium*）- 苏黎士菌属（*Turicella*）

迪茨氏菌科（*Family Dietziaceae*）：迪茨氏菌属（*Dietzia*）

戈登氏菌科(Family Gordoniaceae)
见诺卡氏科(Nocardiaceae){Zhi 等,2009 建议合并诺卡氏科(Nocardiaceae)和戈登氏菌科(Gordoniaceae)[包括戈登氏菌属(Gordonia),米利斯氏菌属(Millisia)和斯克曼氏菌属(Skermania)],成为一个修改后的诺卡氏科(Nocardiaceae)}

分枝小杆科(Family Mycobacteriaceae):无覃酸果菌属(Amycolicicoccus)-分枝小杆菌属(Mycobacterium)

诺卡氏科(Family Nocardiaceae)也见登氏菌科{Gordoniaceae)[Zhi 等,2009 建议合并诺卡氏科(Nocardiaceae)和戈登氏菌科(Gordoniaceae)[包括戈登氏菌属(Gordonia)],米利斯氏菌属(Millisia)和斯克曼氏菌属(Skermania)到修改后的诺卡氏科(Nocardiaceae)}:戈登氏菌属(Gordonia)-微多孢菌属(Micropolyspora)-米利斯氏菌属(Millisia)-诺卡氏菌属(Nocardia)-玫果菌属(Rhodococcus)-斯克尔曼氏菌属(Skermania)-孔雀石果菌属(Smaragdicoccus)-威廉斯氏菌属(Williamsia)

慢脂菌科(Family Segniliparaceae):慢脂菌属(Segniliparus)

束村姓菌科(Family Tsukamurellaceae):束村姓菌属(Tsukamurella)

棒小杆菌亚目中未分类的属(Unclassified suborder Corynebacterineae):奥约斯姓菌属(Hoyosella)-富田姓菌属(Tomitella)

弗兰克氏亚目(Suborder Frankineae)

酸热菌科(Family Acidothermaceae):酸热菌属(Acidothermus)

隐孢囊菌科(Family Cryptosporangiaceae):隐孢囊菌属(Cryptosporangium)-矿栖菌属(Fodinicola)

弗兰克氏菌科(Family Frankiaceae):弗兰克氏菌属(Frankia)-麻风树属居菌属(Jatrophihabitans)

嗜地肤菌科(Family Geodermatophilaceae):芽果菌属(Blastococcus)-嗜地肤菌属(Geodermatophilus)-适杆菌属(Modestobacter)

中村姓菌科(Family Nakamurellaceae):腐土果菌属(Humicoccus)-中村姓菌属(Nakamurella)-岩杆菌属(Saxeibacter)

鱼孢菌科(Family Sporichthyaceae):鱼孢菌属(Sporichthya)

弗兰克氏亚目中未分类的属(Unclassified suborder Frankineae):移杆菌属(Motilibacter)

糖霉菌亚目(Suborder Glycomycineae)

糖霉菌科(Family Glycomycetaceae):糖霉菌属(Glycomyces)-卤糖霉菌属(Haloglycomyces)-斯塔克布兰德氏菌属(Stackebrandtia)

姜氏菌亚目(Suborder Jiangellineae)

姜姓菌科(Family Jiangellaceae):姜姓菌属(Jiangella)-卤放线多孢菌属(Haloactinopolyspora)

运孢菌亚目（*Suborder Kineosporiineae*）

运孢菌科（*Family Kineosporiaceae*）：窄杆菌属（*Angustibacter*）- 运果菌属（*Kineococcus*）- 运孢菌属（*Kineosporia*）- 假运果菌属（*Pseudokineococcus*）- 方球菌属（*Quadrisphaera*）

微果菌亚目（*Suborder Micrococcineae*）

宝腾堡菌科（*Family Beutenbergiaceae*）：宝腾堡菌属（*Beutenbergia*）- 丹单胞菌属（*Miniimonas*）- 萨勒河菌属（*Salana*）- 丝氨酸杆菌属（*Serinibacter*）

博高利尔菌科（*Family Bogoriellaceae*）：博高利尔菌属（*Bogoriella*）- 格奥根菌属（*Georgenia*）- 洋针菌属（*Oceanitalea*）

短小杆菌科（*Family Brevibacteriaceae*）：短小杆菌属（*Brevibacterium*）

纤维单胞菌科（*Family Cellulomonadaceae*）：放线针菌属（*Actinotalea*）- 纤维单胞菌属（*Cellulomonas*）- 厄斯考维氏菌属（*Oerskovia*）- 副厄斯考维氏菌属（*Paraoerskovia*）- 沉积居菌属（*Sediminihabitans*）- 营障菌属（*Tropheryma*）

异戊二烯醌菌科（*Family Demequinaceae*）：异戊二烯醌菌属（*Demequina*）- 赖氨酸微菌属（*Lysinimicrobium*）

肤杆菌科（*Family Dermabacteraceae*）：短小杆菌属（*Brachybacterium*）- 肤杆菌属（*Dermabacter*）- 德弗里西氏菌属（*Devriesea*）- 创伤竿菌属（*Helcobacillus*）

肤果菌科（*Family Dermacoccaceae*）：巴里恩托斯岛单胞菌属（*Barrientosiimonas*）- 鳃菌属（*Branchiibius*）- 烫泉杆菌属（*Calidifontibacter*）- 得墨忒耳菌属（*Demetria*）- 肤果菌属（*Dermacoccus*）- 屈幡菌属（*Flexivirga*）- 皮果菌属（*Kytococcus*）- 橙黄粉尘菌属（*Luteipulveratus*）- 韩农发局果菌属（*Rudaeicoccus*）- 耽罗果菌属（*Tamlicoccus*）- 云微所菌属（*Yimella*）

嗜肤菌科（*Family Dermatophilaceae*）：奥斯特维克氏菌属（*Austwickia*）- 嗜肤菌属（*Dermatophilus*）- 运球菌属（*Kineosphaera*）- 动果菌属（*Mobilicoccus*）- 鱼果菌属（*Piscicoccus*）

间孢囊菌科（*Family Intrasporangiaceae*）：纯水杆菌属（*Aquipuribacter*）- 砷果菌属（*Arsenicicoccus*）- 矿杆菌属（*Fodinibacter*）- 腐土竿菌属（*Humibacillus*）- 腐土居菌属（*Humihabitans*）- 间孢囊菌属（*Intrasporangium*）- 雅努斯杆菌属（*Janibacter*）- 克诺氏菌属（*Knoellia*）- 韩生科所菌属（*Kribbia*）- 小石果菌属（*Lapillicoccus*）- 海居菌属（*Marihabitans*）- 鸟氨酸杆菌属（*Ornithinibacter*）- 鸟氨酸果菌属（*Ornithinicoccus*）- 鸟氨酸微菌属（*Ornithinimicrobium*）- 稻腐土菌属（*Oryzihumus*）- 海草果菌属（*Phycicoccus*）- 丝氨酸果菌属（*Serinicoccus*）- 土杆菌属（*Terrabacter*）- 土果菌属（*Terracoccus*）- 四球菌属（*Tetrasphaera*）

琼斯氏菌科（*Family Jonesiaceae*）：琼斯氏菌属（*Jonesia*）

微小杆菌科（*Family Microbacteriaceae*）：阿格蕾氏菌属（*Agreia*）- 农果菌属（*Agrococcus*）- 农霉菌属（*Agromyces*）- 阿尔卑斯单胞菌属（*Alpinimonas*）-

河小杆菌属（Amnibacterium）- 金小杆菌属（Aureobacterium）- 金璆菌属（Chryseoglobus）- 槌杆菌属（Clavibacter）- 堆肥单胞菌属（Compostimonas）- 冰小杆菌属（Cryobacterium）- 短小杆菌属（Curtobacterium）- 二氨基丁酸单胞菌属（Diaminobutyricimonas）- 冻小杆菌属（Frigoribacterium）- 树叶居菌属（Frondihabitans）- 冰杆菌属（Glaciibacter）- 蝼蛄栖菌属（Gryllotalpicola）- 精料杆菌属（Gulosibacter）- 草妻菌属（Herbiconiux）- 同丝氨酸单胞菌属（Homoserinimonas）- 腐土杆菌属（Humibacter）- 克鲁格姓菌属（Klugiella）- 拉比达姓菌属（Labedella）- 莱夫逊氏菌属（Leifsonia）- 明杆菌属（Leucobacter）- 赖氨酸单胞菌属（Lysinimonas）- 海沉积栖菌属（Marisediminicola）- 微小杆菌属（Microbacterium）- 微胞菌属（Microcella）- 微土栖菌属（Microterricola）- 蕈栖菌属（Mycetocola）韩农科院菌属（Naasia）- 奥卡小杆菌属（Okibacterium）- 海草栖菌属（Phycicola）- 植杆菌属（Plantibacter）- 夷单胞菌属（Pontimonas）- 假槌杆菌属（Pseudoclavibacter）- 拉特黑氏杆菌属（Rathayibacter）- 玫璆菌属（Rhodoglobus）- 盐场小杆菌属（Salinibacterium）- 舒曼姓菌属（Schumannella）- 低栖菌属（Subtercola）- 朴龙河氏菌属（Yonghaparkia）- 齐摩尔曼姓菌属（Zimmermannella）

微果菌科（Family Micrococcaceae）：螨伴菌属（Acaricomes）- 节杆菌属（Arthrobacter）- 耳炎杆菌属（Auritidibacter）- 柠檬果菌属（Citricoccus）- 肠放线果菌属（Enteractinococcus）- 考克氏菌属（Kocuria）- 微果菌属（Micrococcus）- 涅斯特伦科氏属（Nesterenkonia）- Pelczaria（拒绝名）- 肾小杆菌属（Renibacterium）- 逻丝氏菌属（Rothia）- 中华单胞属（Sinomonas）- 口果菌属（Stomatococcus）- 阎姓菌属（Yaniella）- 刘志恒姓菌属（Zhihengliuella）

原微单孢菌科（Family Promicromonosporaceae）：纤维微菌属（Cellulosimicrobium）- 等翅目栖菌属（Isoptericola）- 菌丝生菌属（Myceligenerans）- 原微单孢菌属（Promicromonospora）- 木聚糖小杆菌属（Xylanibacterium）- 木聚糖微菌属（Xylanimicrobium）- 木聚糖单胞菌属（Xylanimonas）

稀有杆菌科（Family Rarobacteraceae）：罕杆菌属（Rarobacter）

阮氏菌科（Family Ruaniaceae）：卤放线小杆菌属（Haloactinobacterium）- 阮氏菌属（Ruania）

血杆菌科（Family Sanguibacteraceae）：血杆菌属（Sanguibacter）

阎姓菌科（Family Yaniellaceae）

微果菌亚目中未分类的属（Unclassified suborder Micrococcineae）：韩国杆菌属（Koreibacter）- 橙黄微菌属（Luteimicrobium）

微单孢菌亚目（Suborder Micromonosporineae）

微单孢菌科（Family Micromonosporaceae）：放线金孢菌属（Actinaurispora）- 放线链孢菌属（Actinocatenispora）- 放线浮菌属（Actinoplanes）- 异小链璆孢菌

属(Allocatelliglobosispora)-无形孢囊菌属(Amorphosporangium)-安瓿小菌属(Ampullariella)-浅野氏菌属(Asanoa)-小链孢菌属(Catellatospora)-小链球孢菌属(Catelliglobosispora)-薄链浮菌属(Catenuloplanes)-科奇氏浮菌属(Couchioplanes)-指孢囊菌属(Dactylosporangium)-滨田氏菌属(Hamadaea)-继生姓菌属(Jishengella)-克拉希尼可夫氏菌属(Krasilnikovia)-长孢菌属(Longispora)-路德曼姓菌属(Luedemannella)-微单孢菌属(Micromonospora)-植居菌属(Phytohabitans)-植单孢菌属(Phytomonospora)-墨利埃发菌属(Pilimelia)-浮多孢菌属(Planopolyspora)-浮孢囊菌属(Planosporangium)-植放线孢菌属(Plantactinospora)-多形孢菌属(Polymorphospora)-假孢囊菌属(Pseudosporangium)-皱单孢属(Rugosimonospora)-盐孢菌属(Salinispora)-小螺浮菌属(Spirilliplanes)-疣孢菌属(Verrucosispora)-幡孢囊菌属(Virgisporangium)-向姓菌属(Xiangella)）

丙酸小杆菌亚目(Suborder Propionibacterineae)

诺卡氏状科(Family Nocardioidaceae)：放线多形菌属(Actinopolymorpha)-气微菌属(Aeromicrobium)-洪氏菌属(Hongia)-弗林德斯菌属(Flindersiella)-韩生科所小菌属(Kribbella)-大理石栖菌属(Marmoricola)-诺卡氏状属(Nocardioides)-猪油杆菌属(Pimelobacter)-热勿孢霉菌属(Thermasporomyces)

丙酸小杆菌科(Family Propionibacteriaceae)：潮滩微菌属(Aestuariimicrobium)-蛛网菌属(Arachnia)-金橙果菌属(Auraticoccus)-布鲁克劳菌属(Brooklawnia)-弗里德曼姓菌属(Friedmanniella)-小粒果菌属(Granulicoccus)-橙黄果菌属(Luteococcus)-微月菌属(Microlunatus)-微霜菌属(Micropruina)-瑙曼姓属(Naumannella)-丙酸小杆菌属(Propionibacterium)-丙酸胞菌属(Propionicicella)-丙酸槌菌属(Propioniciclava)-丙酸单胞属(Propionicimonas)-丙酸肥菌属(Propioniferax)-丙酸微菌属(Propionimicrobium)-肆果菌属(Tessaracoccus)

假诺卡氏菌亚目(Suborder Pseudonocardineae)

放线伴线体科(Family Actinosynnemataceae)：放线伴线体属(Actinosynnema)-异放线伴线体属(Alloactinosynnema)

假诺卡氏菌科(Family Pseudonocardiaceae)：放线异垒菌属(Actinoalloteichus)-放线双孢菌属(Actinobispora)-放线运孢菌属(Actinokineospora)-放线孢菌属(Actinomycetospora)-放线植栖菌属(Actinophytocola)-异库茨纳尔氏菌属(Allokutzneria)-无蕈酸菌属(Amycolata)-拟无蕈酸菌属(Amycolatopsis)-克洛斯姓菌属(Crossiella)-干草菌属(Faenia)-古德菲洛姓菌属(Goodfellowiella)-卤刺发菌属(Haloechinothrix)-类孢囊菌属(Kibdelosporangium)-库茨纳尔氏菌属(Kutzneria)-拉比达氏菌属(Labedaea)-列契瓦尼尔氏菌属(Lechevalieria)-伦策氏菌属(Lentzea)-普劳塞姓菌属(Prauserella)-假

无蕈酸菌属(*Pseudoamycolata*) - 假诺卡氏菌属(*Pseudonocardia*) - 糖单孢菌属(*Saccharomonospora*) - 甘蔗多孢菌属(*Saccharopolyspora*) - 糖发菌属(*Saccharothrix*) - 南海所菌属(*Sciscionella*) - 链异垒菌属(*Streptoalloteichus*) - 热双孢菌属(*Thermobispora*) - 热卷毛菌属(*Thermocrispum*) - 梅泽氏菌属(*Umezawaea*) - 石玉湖姓菌属(*Yuhushiella*)

链霉菌亚目(*Suborder Streptomycineae*)

链霉菌科(*Family Streptomycetaceae*)：放线孢器菌属(*Actinopycnidium*) - 放线孢囊菌属(*Actinosporangium*) - 骞恩氏菌属(*Chainia*) - 鞘孢囊菌属(*Elytrosporangium*) - 北里氏菌属(*Kitasatoa*) - 北里氏孢菌属(*Kitasatospora*) - 微荚囊孢菌属(*Microellobosporia*) - 链嗜酸菌属(*Streptacidiphilus*) - 链霉菌属(*Streptomyces*) - 链螺体属(*Streptoverticillium*)

链孢囊菌亚目(*Suborder Streptosporangineae*)

拟诺卡氏科(*Family Nocardiopsaceae*)：卤放线孢菌属(*Haloactinospora*) - 海放线孢菌属(*Marinactinospora*) - 墙拟诺卡氏菌属(*Murinocardiopsis*) - 拟诺卡氏属(*Nocardiopsis*) - 盐放线孢菌属(*Salinactinospora*) - 脊孢菌属(*Spinactinospora*) - 链单孢菌属(*Streptomonospora*) - 热岐菌属(*Thermobifida*)

链孢囊菌科(*Family Streptosporangiaceae*)：端果孢菌属(*Acrocarpospora*) - 草孢菌属(*Herbidospora*) - 微双孢菌属(*Microbispora*) - 微四孢菌属(*Microtetraspora*) - 野村氏菌属(*Nonomuraea*) - 浮双孢菌属(*Planobispora*) - 浮单孢菌属(*Planomonospora*) - 浮四孢菌属(*Planotetraspora*) - 球孢囊菌属(*Sphaerisporangium*) - 链孢囊菌属(*Streptosporangium*) - 热放线孢菌属(*Thermoactinospora*) - 热链孢菌属(*Thermocatellispora*) - 热多孢菌属(*Thermopolyspora*)

热单孢菌科(*Family Thermomonosporaceae*)：放线异墙菌属(*Actinoallomurus*) - 放线珊菌属(*Actinocorallia*) - 放线马杜拉菌属(*Actinomadura*) - 卓孢菌属(*Excellospora*) - 螺孢属(*Spirillospora*) - 热单孢菌属(*Thermomonospora*)

链孢囊菌亚目中未分类的属(*Unclassified suborderStreptosporangineae*)：异拟诺卡氏菌属(*Allonocardiopsis*) - 中华孢囊菌属(*Sinosporangium*)

双歧小杆菌目(*Order Bifidobacteriales*)

双歧小杆菌科(*Family Bifidobacteriaceae*)：气斯卡多维氏菌属(*Aeriscardovia*) - 异斯卡多维氏菌属(*Alloscardovia*) - 岐小杆菌属(*Bifidobacterium*) - 熊蜂斯卡多维氏菌属(*Bombiscardovia*) - 加德纳姓菌属(*Gardnerella*) - 近斯卡多维氏菌属(*Metascardovia*) - 副斯卡多维氏菌属(*Parascardovia*) - 斯卡多维氏菌属(*Scardovia*)

虫小杆菌纲(*Coriobacteriia*)

虫小杆菌亚纲(*Subclass Coriobacteridae*)

虫小杆菌目（*Order Coriobacteriales*）

　　虫小杆菌亚目（*Suborder "Coriobacterineae"*）

　　　虫小杆菌科（*Family Coriobacteriaceae*）：- 柯林斯姓菌属（*Collinsella*）- 虫小杆菌属（*Coriobacterium*）

　　　陌菌科（*Family Atopobiaceae*）：陌菌属（*Atopobium*）- 奥尔森姓属（*Olsenella*）

　爱格士姓菌目（*Eggerthellales*）

　　　爱格士姓菌科（*Family Eggerthellaceae*）：- 阿德勒氏菌属（*Adlercreutzia*）- 勿糖杆菌属（*Asaccharobacter*）- 隐小杆菌属（*Cryptobacterium*）- 脱氮小杆菌属（*Denitrobacterium*）- 爱格士姓菌（*Eggerthella*）- 肠杆菌属（*Enterorhabdus*）- 戈登氏杆菌属（*Gordonibacter*）- 副爱格士姓菌属（*Paraeggerthella*）- 斯奈克氏菌属（*Slackia*）

腈破解菌纲（*Class Nitriliruptoria*）

　腈破解亚纲（*Subclass Nitriliruptoridae*）

　　尤泽柏氏菌目（*Order Euzebyales*）

　　　尤泽柏氏菌科（*Family Euzebyaceae*）：尤泽柏氏菌属（*Euzebya*）

　　腈破解目（*Order Nitriliruptorales*）

　　　腈破解科（*Family Nitriliruptoraceae*）：腈破解属（*Nitriliruptor*）

　红杆菌亚纲（*Subclass Rubrobacteridae*）

　　盖亚菌目（*Order Gaiellales*）

　　　盖亚菌科（*Family Gaiellaceae*）：盖亚菌属（*Gaiella*）

　　红杆菌目（*Order Rubrobacterales*）

　　　红杆菌亚目（*Suborder "Rubrobacterineae"*）

　　　　红杆菌科（*Family Rubrobacteraceae*）：红杆菌属（*Rubrobacter*）

　　壤赤杆菌目（*Order Solirubrobacterales*）

　　　缚杆菌科（*Family Conexibacteraceae*）：缚杆菌属（*Conexibacter*）

　　　传播杆菌科（*Family Patulibacteraceae*）：传播杆菌属（*Patulibacter*）

　　　壤赤杆菌科（*Family Solirubrobacteraceae*）：壤赤杆菌属（*Solirubrobacter*）

　　嗜热油菌目（*Order Thermoleophilales*）

　　　嗜热油菌科（*Family Thermoleophilaceae*）：嗜热油菌（*Thermoleophilum*）

水化菌门（*Phylum "Aquificae"*）同义词：产水菌门。

　水化菌纲（*Class Aquificae*）同义词：产水菌纲

　　水化菌目（*Order Aquificales*）同义词：产水菌目

　　　水化菌科（*Family Aquificaceae*）：水化菌属（*Aquifex*）- 釜小杆菌属（*Calderobacterium*）- 氢幡菌属（*Hydrogenivirga*）- 氢杆菌属（*Hydrogenobacter*）- 氢茎菌属（*Hydrogenobaculum*）- 热毛菌属（*Thermocrinis*）

　　　脱硫化小杆菌科（*Family Desulfurobacteriaceae*）：浴室菌属（*Balnearium*）- 脱

硫化小杆菌属(*Desulfurobacterium*) - 佛撒西亚菌属(*Phorcysia*) - 热弧菌属(*Thermovibrio*)

氢热菌科(*Family Hydrogenothermaceae*)：氢热菌属(*Hydrogenothermus*) - 小珀耳塞福涅菌属(*Persephonella*) - 硫氢菌属(*Sulfurihydrogenibium*) - 毒弧菌属(*Venenivibrio*)

水生菌目中未分类的属(*Unclassified Aquificales*)：热硫化物杆菌属(*Thermosulfidibacter*)

铠单胞菌门(*Phylum "Armatimonadetes"*)同义词：军单胞门。

凯单胞菌纲(*Class Armatimonadia*)

铠单胞菌目(*Order Armatimonadales*)

铠单胞菌科(*Family Armatimonadaceae*)：铠单胞菌属(*Armatimonas*)

土壤单胞菌纲(*Class Chthonomonadetes*)

土壤单胞菌目(*Order Chthonomonadales*)

土壤单胞菌科(*Family Chthonomonadaceae*)：土壤单胞菌属(*Chthonomonas*)

伞单胞菌纲(*Class Fimbriimonadia*)

伞单胞菌目(*Order Fimbriimonadales*)

伞单胞菌科(*Family Fimbriimonadaceae*)：伞单胞菌属(*Fimbriimonas*)

杆状菌门(*Phylum "Bacteroidetes"*)同义词：拟杆菌门。

杆状菌纲(*Class Bacteroidia*)

杆状菌目(*Order Bacteroidales*)

杆状菌科(*Family Bacteroidaceae*)：醋丝菌属(*Acetofilamentum*) - 醋微菌属(*Acetomicrobium*) - 醋热菌属(*Acetothermus*) - 厌氧杆菌属(*Anaerorhabdus*) - 杆状菌属(*Bacteroides*) - 胶囊形菌属(*Capsularis*)

海滑菌科(*Family Marinilabiliaceae*)：碱屈菌属(*Alkaliflexus*) - 碱针菌属(*Alkalitalea*) - 厌氧噬菌属(*Anaerophaga*) - 羧酸幡菌属(*Carboxylicivirga*) - 地丝菌属(*Geofilum*) - 红树屈菌属(*Mangroviflexus*) - 海滑菌属(*Marinilabilia*) - 泡碱屈菌属(*Natronoflexus*) - 热噬菌属(*Thermophagus*)

卟单胞菌科(*Family Porphyromonadaceae*)：巴恩斯姓菌属(*Barnesiella*) - 丁酸单胞菌属(*Butyricimonas*) - 难生单胞菌属(*Dysgonomonas*) - 屠场杆状菌属(*Macellibacteroides*) - 气味杆菌属(*Odoribacter*) - 口茎属(*Oribaculum*) - 沼杆菌属(*Paludibacter*) - 副杆状属(*Parabacteroides*) - 石单胞菌属(*Petrimonas*) - 卟单胞菌属(*Porphyromonas*) - 嗜朊菌属(*Proteiniphilum*) - 坦纳姓菌属(*Tannerella*)

普雷沃特姓菌科(*Family Prevotellaceae*)：异普雷沃特姓菌属(*Alloprevotella*) - 豪尔姓菌属(*Hallella*) - 副普雷沃特姓菌属(*Paraprevotella*) - 普雷沃特姓菌属(*Prevotella*) - 木聚糖杆菌属(*Xylanibacter*)

理研所菌科（Family Rikenellaceae）：异柄菌属（Alistipes）-厌氧胞菌属（Anaerocella）-理研所菌属（Rikenella）杆状菌目中未分类的属（Unclassified Bacteroidales）：福西亚栖菌属（Phocaeicola）-孙修勤氏菌属（Sunxiuqinia）

噬胞菌纲（Class Cytophagia）

噬胞菌目（Order Cytophagales）

卡塔利娜单胞菌科（Family Catalimonadaceae）：卡塔利娜单胞菌属（Catalinimonas）

轮小杆菌科（Family Cyclobacteriaceae）：冰贪菌属（Algoriphagus）-水屈菌属（Aquiflexum）-贝尔姓菌属（Belliella）-印细分菌属（Cecembia）-喀迈拉胞菌属（Chimaereicella）-轮小杆菌属（Cyclobacterium）-海胆栖菌属（Echinicola）-泉杆菌属（Fontibacter）-洪姓菌属（Hongiella）-印度杆菌属（Indibacter）-海径菌属（Mariniradius）-蒙古果菌属（Mongoliicoccus）-蒙古针菌属（Mongoliitalea）-苏打针属（Nitritalea）-希瓦吉姓菌属（Shivajiella）

噬胞菌科（Family Cytophagaceae）：黏杆菌属（Adhaeribacter）-弓胞属（Arcicella）-噬胞菌属（Cytophaga）-双杆菌属（Dyadobacter）-流出杆菌属（Effluviibacter）-伊吉娜菌属（Ekhidna）-印典基菌属（Emticicia）-纤菌属（Fibrella）-纤体属（Fibrisoma）-屈竿菌属（Flectobacillus）-屈杆菌属（Flexibacter）-流单胞菌属（Fluviimonas）-黄河菌属（Huanghella）-薄层杆菌属（Hymenobacter）-拉瑲姓菌属（Larkinella）-莱德贝特姓菌属（Leadbetterella）-岸杆菌属（Litoribacter）-新月菌属（Meniscus）-微摇摆菌属（Microscilla）-桃针菌属（Persicitalea）-夷杆菌属（Pontibacter）-假弓胞属（Pseudarcicella）-玫噬胞属 Rhodocytophaga-小玫属（Rhodonellum）-韩农发局小菌属（Rudanella）-尼文菌属（Runella）-管杆菌属（Siphonobacter）-螺体属（Spirosoma）-孢噬胞菌属（Sporocytophaga）

焰幡菌科（Family Flammeovirgaceae）：金杆菌属（Aureibacter）-印科工杆菌属（Cesiribacter）-豆杆菌属（Fabibacter）-焰幡菌属（Flammeovirga）-屈发菌属（Flexithrix）-黄棕针菌属（Fulvitalea）-黄棕幡菌属（Fulvivirga）-淖杆菌属（Limibacter）-海栖菌属（Marinicola）-海摇摆菌属（Marinoscillum）-海幡菌属（Marivirga）-西北农大属（Nafulsella）-过纤细杆菌属（Perexilibacter）-桃杆菌属（Persicobacter）-迅发菌属（Rapidithrix）-赖兴巴赫姓菌属（Reichenbachiella）-玫瑰幡菌属（Roseivirga）-沉积物菌属（Sediminitomix）-热线体属（Thermonema）

穆尔菌科（Family Mooreiaceae）：摩尔氏菌属（Mooreia）

玫热菌科（Family Rhodothermaceae）：玫热菌属（Rhodothermus）-红果菌属（Rubricoccus）-红幡菌属（Rubrivirga）-盐场杆菌属（Salinibacter）-盐鬏菌属（Salisaeta）

噬胞菌目中未分类的属（Unclassified Cytophagales）：金缕菌属（Chryseolinea）-橙黄幡菌属（Luteivirga）-吴大光氏菌属（Ohtaekwangia）

黄小杆菌纲(*Class Flavobacteriia*)
黄小杆菌目(*Order Flavobacteriales*)

昆虫小杆菌科(*Family Blattabacteriaceae*)：昆虫小杆菌属(*Blattabacterium*)
冰形菌科(*Family Cryomorphaceae*)：冬微菌属(*Brumimicrobium*)-藏红绳菌属(*Crocinitomix*)-冷形菌属(*Cryomorpha*)-流栖菌属(*Fluviicola*)-李时珍氏菌属(*Lishizhenia*)-欧文维克氏属(*Owenweeksia*)-棕腺藻属杆菌属(*Phaeocystidibacter*)-盐爬菌属(*Salinirepens*)-莞岛菌属(*Wandonia*)
黄小杆菌科(*Family Flavobacteriaceae*)：海边杆菌属(*Actibacter*)-水平生菌属(*Aequorivita*)-潮滩茎菌属(*Aestuariibaculum*)-潮滩栖菌属(*Aestuariicola*)-藻杆菌属(*Algibacter*)-海水菌属(*Aquimarina*)-沙杆菌属(*Arenibacter*)-金果菌属(*Aureicoccus*)-金针菌属(*Aureitalea*)-金幡菌属(*Aureivirga*)-伯杰姓菌属(*Bergeyella*)-比其奥氏菌属(*Bizionia*)-烟噬胞菌属(*Capnocytophaga*)-噬纤维菌属(*Cellulophaga*)-金小杆菌属(*Chryseobacterium*)-柠檬针菌属(*Citreitalea*)-排污管小杆菌属(*Cloacibacterium*)-联合菌属(*Coenonia*)-珊杆菌属(*Corallibacter*)-科斯特通氏菌属(*Costertonia*)-藏红杆菌属(*Croceibacter*)-藏红针菌属(*Croceitalea*)-猎血菌属(*Cruoricaptor*)-独岛菌属(*Dokdonia*)-东海菌属(*Donghaeana*)-伊丽莎白琔氏菌属(*Elizabethkingia*)-固杆菌属(*Empedobacter*)-附岩单胞菌属(*Epilithonimonas*)-尤朵拉菌属(*Eudoraea*)-尤泽柏姓菌属(*Euzebyella*)-鞭单胞菌属(*Flagellimonas*)-黄枝菌属(*Flaviramulus*)-黄幡菌属(*Flavivirga*)-黄小杆菌属(*Flavobacterium*)-福摩萨菌属(*Formosa*)-黄棕杆菌属(*Fulvibacter*)-潮坪杆菌属(*Gaetbulibacter*)-潮坪微菌属(*Gaetbulimicrobium*)-鲜黄杆菌属(*Galbibacter*)-康津菌属(*Gangjinia*)-冰冷杆菌属(*Gelidibacter*)-吉利斯氏菌属(*Gillisia*)-褐杆菌属(*Gilvibacter*)-革兰姓菌属(*Gramella*)-玄顺氏菌属(*Hyunsoonleella*)-印微技菌属(*Imtechella*)-济州菌属(*Jejuia*)-巨思特姓菌属(*Joostella*)-韩高科所小菌属(*Kaistella*)-韩海发所菌属(*Kordia*)-克里格姓菌属(*Kriegella*)-黄色杆菌属(*Krokinobacter*)-湖营养菌属(*Lacinutrix*)-列文虎克姓菌属(*Leeuwenhoekiella*)-细小杆菌属(*Leptobacterium*)-绿岛小菌属(*Lutaonella*)-泥杆菌属(*Lutibacter*)-泞单胞菌属(*Lutimonas*)-红树单胞菌属(*Mangrovimonas*)-海杆菌属(*Maribacter*)-海弯菌属(*Mariniflexile*)-海之幡菌属(*Marinivirga*)-海中单胞菌属(*Maritimimonas*)-海黄单胞属(*Marixanthomonas*)-南海杆菌属(*Meridianimaribacter*)-中黄杆菌属(*Mesoflavibacter*)-俄海平台菌属(*Mesonia*)-鼠尾菌属(*Muricauda*)-盐液栖菌属(*Muriicola*)-香味状属(*Myroides*)-南海栖属(*Namhaeicola*)-非滑菌属(*Nonlabens*)-奥利氏属(*Olleya*)-鸟小杆菌属(*Ornithobacterium*)-桃幡属(*Persicivirga*)-俄太生化菌属(*Pibocella*)-浮小杆菌属(*Planobacterium*)-极杆菌属(*Polaribacter*)-夷

杆菌属(*Pontirhabdus*)-浦工大菌属(*Postechiella*)-极研所菌属(*Pricia*)-假黄棕杆菌属(*Pseudofulvibacter*)-假佐贝尔氏菌属(*Pseudozobellia*)-冷屈菌属(*Psychroflexus*)-冷蛇菌属(*Psychroserpens*)-里默姓菌属(*Riemerella*)-锈针菌属(*Robiginitalea*)-盐场微菌属(*Salinimicrobium*)-需盐杆菌属(*Salegentibacter*)-橙色针菌属(*Sandarakinotalea*)-沉积杆菌属(*Sediminibacter*)-沉积栖菌属(*Sediminicola*)-世宗菌属(*Sejongia*)-线西幡菌属(*Siansivirga*)-中华微菌属(*Sinomicrobium*)-首尔大菌属(*Snuella*)-顺禹氏菌属(*Soonwooa*)-海绵小杆菌属(*Spongiibacterium*)-斯塔尼尔姓菌属(*Stanierella*)-窄热杆菌属(*Stenothermobacter*)-石下杆菌属(*Subsaxibacter*)-石下微菌属(*Subsaximicrobium*)-成均馆菌属(*Sungkyunkwania*)-耽罗菌属(*Tamlana*)-黏茎菌属(*Tenacibaculum*)-石莼杆菌属(*Ulvibacter*)-卵黄杆菌属(*Vitellibacter*)-沃特斯姓菌属(*Wautersiella*)-维克姓菌属(*Weeksella*)-维诺格拉德斯基姓菌属(*Winogradskyella*)-丽水菌属(*Yeosuana*)-黍黄素杆菌属(*Zeaxanthinibacter*)-周氏菌属(*Zhouia*)-佐贝尔氏菌属(*Zobellia*)-王祖农氏菌属(*Zunongwangia*)

西拉福氏菌科(*Family Schleiferiaceae*):西拉福氏菌属(*Schleiferia*)

鞘氨醇小杆菌纲(*Class Sphingobacteriia*)

鞘氨醇小杆菌目(*Order Sphingobacteriales*)

噬几丁菌科(*Family Chitinophagaceae*):巴中拉菌属(*Balneola*)-噬几丁菌属(*Chitinophaga*)-铁锈杆菌属(*Ferruginibacter*)-丝单胞菌属(*Filimonas*)-黄腐土杆菌属(*Flavihumibacter*)-黄壤杆菌属(*Flavisolibacter*)-黄针菌属(*Flavitalea*)-瘦单胞菌属(*Gracilimonas*)-水针菌属(*Hydrotalea*)-湖杆菌属(*Lacibacter*)-韩农生所属(*Niabella*)-韩农科技所属(*Niastella*)-副丝单胞菌属(*Parafilimonas*)-副壤杆菌属(*Parasegetibacter*)-沉积小杆菌属(*Sediminibacterium*)-壤杆菌属(*Segetibacter*)-土单胞菌属(*Terrimonas*)

腐孢菌科(*Family Saprospiraceae*):金螺体属(*Aureispira*)-束缚杆菌属(*Haliscomenobacter*)-勒温姓菌属(*Lewinella*)-腐螺菌属(*Saprospira*)

鞘氨醇小杆菌科(*Family Sphingobacteriaceae*):北极杆菌属(*Arcticibacter*)-黏液杆菌属(*Mucilaginibacter*)-日大生科属(*Nubsella*)-橄榄杆属(*Olivibacter*)-副基地杆菌属(*Parapedobacter*)-基地杆菌属(*Pedobacter*)-假鞘氨醇小杆菌属(*Pseudosphingobacterium*)-壤针菌属(*Solitalea*)-鞘氨醇小杆菌属(*Sphingobacterium*)

鞘氨醇小杆菌目中未分类的属(*Unclassified Sphingobacteriales*):矿菌属(*Fodinibius*)

杆状菌门中尚未分类(*Unclassified "Bacteroidetes"*):海丝菌属(*Marinifilum*)-涨杆菌属(*Prolixibacter*)-卷发菌属(*Toxothrix*)-热黄丝菌属(*Thermoflavifilum*)

烫丝菌门(*Phylum "Caldiserica"*)

烫丝菌纲(*Class Caldisericia*)
    烫丝菌目(*Order Caldisericales*)
        烫丝菌科(*Family Caldisericaceae*):烫丝菌属(*Caldisericum*)

衣原体门(*Phylum "Chlamydiae"*)
  衣原体纲(*Class Chlamydiae*)
    衣原体目(*Order Chlamydiales*)
      衣原体科(*Family Chlamydiaceae*):衣原体属(*Chlamydia*)-嗜衣原体属(*Chlamydophila*)
      副衣原体科(*Family Parachlamydiaceae*):新衣原体属(*Neochlamydia*)-副衣原体属(*Parachlamydia*)
      西蒙卡氏菌科(*Family Simkaniaceae*):西蒙卡氏菌属(*Simkania*)
      华诊体科(*Family Waddliaceae*):华诊体属(*Waddlia*)

绿菌门(*Phylum "Chlorobi"*)
  绿菌纲(*Class "Chlorobia" or Chlorobea*)
    绿菌目(*Order Chlorobiales*)
      绿菌科(*Family Chlorobiaceae*):臂绿菌属(*Ancalochloris*)-绿茎菌属(*Chlorobaculum*)-绿菌属(*Chlorobium*)-绿滑菌属(*Chloroherpeton*)-淖网菌属(*Pelodictyon*)-突柄绿菌属(*Prosthecochloris*)
  懒小杆菌纲(*Class Ignavibacteria*)
    懒小杆菌目(*Order Ignavibacteriales*)
      懒小杆菌科(*Family Ignavibacteriaceae*):懒小杆菌属(*Ignavibacterium*)

绿屈菌门(*Phylum "Chloroflexi"*)
  厌氧缕菌纲(*Class Anaerolineae*)
    厌氧缕菌目(*Order Anaerolineales*)
      厌氧缕菌科(*Family Anaerolineaceae*):厌氧缕菌属(*Anaerolinea*)-美缕菌属(*Bellilinea*)-细缕菌属(*Leptolinea*)-滑缕菌属(*Levilinea*)-长缕菌属(*Longilinea*)-帅缕菌属(*Ornatilinea*)
    厌氧缕菌纲未分类的属:热海缕菌属(*Thermomarinilinea*)
  烫缕菌纲(*Class Caldilineae*)
    烫缕菌目(*Order Caldilineales*)
      烫缕菌科(*Family Caldilineaceae*):烫缕菌属(*Caldilinea*)-岸缕菌属(*Litorilinea*)
  绿屈菌纲(*Class Chloroflexia*)
    绿屈菌目(*Order Chloroflexales*)
      绿屈菌亚目(*Suborder Chloroflexineae*)
        绿屈菌科(*Family Chloroflexaceae*):绿屈菌属(*Chloroflexus*)
        摇摆绿菌科(*Family Oscillochloridaceae*):绿线体属(*Chloronema*)-颤绿属

（*Oscillochloris*）

玫瑰屈菌亚目（*Suborder Roseiflexineae*）

玫瑰屈菌科（*Family Roseiflexaceae*）：阳发菌属（*Heliothrix*）- 玫瑰屈菌属（*Roseiflexus*）

滑管菌目（*Order Herpetosiphonales*）

滑管菌科（*Family Herpetosiphonaceae*）：滑管菌属（*Herpetosiphon*）

脱卤果状菌纲（*Class Dehalococcoidia*）

脱卤果状菌目（*Order Dehalococcoidales*）

脱卤果状菌科（*Family Dehalococcoidaceae*）：脱卤果状菌属（*Dehalococcoides*）- 脱卤单胞菌属（*Dehalogenimonas*）

维杆菌纲（*Class Ktedonobacteria*）

维杆菌目（*Order Ktedonobacterales*）

维杆菌科（*Family Ktedonobacteraceae*）：维杆菌属（*Ktedonobacter*）

热孢发菌科（*Family Thermosporotrichaceae*）：热孢发菌属（*Thermosporothrix*）

热出芽孢菌目（*Order Thermogemmatisporales*）

热出芽孢菌科（*Family Thermogemmatisporaceae*）：热出芽孢菌属（*Thermogemmatispora*）

热微菌纲（*Class Thermomicrobia*）

热微菌目（*Order Thermomicrobiales*）

热微菌科（*Family Thermomicrobiaceae*）：热微菌属（*Thermomicrobium*）

球杆菌亚纲（*Subclass Sphaerobacteridae*）

球杆菌目（*Order Sphaerobacterales*）

球杆菌亚目（*Suborder "Sphaerobacterineae"*）

球杆菌科（*Family Sphaerobacteraceae*）：球杆菌属（*Sphaerobacter*）

绿屈菌门未分类属：淖缕菌属（*Pelolinea*）

金生菌门（*Phylum "Chrysiogenetes"*）

金生菌纲（*Class Chrysiogenetes*）

金生菌目（*Order Chrysiogenales*）

金生菌科（*Family Chrysiogenaceae*）：金生菌属（*Chrysiogenes*）- 脱硫螺体属（*Desulfurispira*）- 脱硫小螺体属（*Desulfurispirillum*）

蓝细菌门（*Phylum "Cyanobacteria"*）见文件蓝细菌门分类（*Class ification of Cyanobacteria*）。在此附件中省略。

脱铁杆菌门（*Phylum "Deferribacteres"*）

脱铁杆菌纲（*Class Deferribacteres*）

脱铁杆菌目（*Order Deferribacterales*）

脱铁杆菌科（*Family Deferribacteraceae*）：烫土弧菌属（*Calditerrivibrio*）- 脱铁

杆菌属(*Deferribacter*)-脱硝弧菌属(*Denitrovibrio*)-屈柄菌属(*Flexistipes*)-地弧菌属(*Geovibrio*)-黏小螺体属(*Mucispirillum*)

脱铁杆菌目中未分类的属(Unclassified Deferribacterales)：烫发菌属(*Caldithrix*)

奇果-热菌门(***Phylum "Deinococcus-Thermus"***)

 奇果菌纲(***Class Deinococci***)

  奇果菌目(***Order Deinococcales***)

   奇果菌科(***Family Deinococcaceae***)：奇杆菌属(*Deinobacter*)-奇小杆菌属(*Deinobacterium*)-奇果菌属(*Deinococcus*)

   图颇姓菌科(***Family Trueperaceae***)：图颇氏菌属(*Truepera*)

  热菌目(***Order Thermales***)

   热菌科(*Family Thermaceae*)：海热菌属(*Marinithermus*)-稍热菌属(*Meiothermus*)-洋热属(*Oceanithermus*)-杵热菌属(*Rhabdothermus*)-热菌属(*Thermus*)-火山热菌属(*Vulcanithermus*)

网球菌门(***Phylum "Dictyoglomi"***)

 网球菌纲(***Class Dictyoglomia***)

  网球菌目(***Order Dictyoglomales***)

   网球菌科(***Family Dictyoglomaceae***)：网球菌属(*Dictyoglomus*)

诈微菌门(***Phylum "Elusimicrobia"***)

 诈微菌纲(***Class Elusimicrobia***)

  诈微菌目(***Order Elusimicrobiales***)

   诈微菌科(***Family Elusimicrobiaceae***)：诈微菌属(*Elusimicrobium*)

纤杆菌门(***Phylum "Fibrobacteres"***)

 纤杆菌纲(***Class Fibrobacteria***)

  纤杆菌目(***Order Fibrobacterales***)

   纤杆菌科(***Family Fibrobacteraceae***)：纤杆菌属(*Fibrobacter*)

厚壁菌门(*Phylum "Firmicutes"*)

 竿菌纲(***Class Bacilli***)或厚杆菌纲(*Firmibacteria*)

  竿菌目(*Order Bacillales*)

   脂环竿科(*Family Alicyclobacillaceae*)：脂环竿属(*Alicyclobacillus*)-丘比德氏菌属(*Kyrpidia*)-胀竿菌属(*Tumebacillus*)

   竿菌科(*Family Bacillaceae*)：气竿菌属(*Aeribacillus*)-碱竿菌属(*Alkalibacillus*)-异竿菌属(*Allobacillus*)-另竿菌属(*Alteribacillus*)-兼性竿菌属(*Amphibacillus*)-厌氧竿菌属(*Anaerobacillus*)-无氧竿菌属(*Anoxybacillus*)-盐水竿属(*Aquisalibacillus*)-竿菌属(*Bacillus*)-烫碱竿菌属(*Caldalkalibacillus*)-烫竿菌属(*Caldibacillus*)-烫土栖菌属(*Calditerricola*)-樱桃竿菌属(*Cerasibacillus*)-房竿菌属(*Domibacillus*)-错竿属(*Falsibacillus*)-丝竿菌属(*Filobacillus*)-

地竿菌属(*Geobacillus*)-瘦竿菌属(*Gracilibacillus*)-卤碱竿菌属(*Halalkalibacillus*)-卤竿菌属(*Halobacillus*)-卤乳竿菌属(*Halolactibacillus*)-氢竿菌属(*Hydrogenibacillus*)-慢竿属(*Lentibacillus*)-赖氨酸竿属(*Lysinibacillus*)-海果菌属(*Marinococcus*)-微气杆菌属(*Microaerobacter*)-泡城竿菌属(*Natribacillus*)-泡碱竿菌属(*Natronobacillus*)-洋竿属(*Oceanobacillus*)-鸟氨酸竿属(*Ornithinibacillus*)-海岸竿菌属(*Paraliobacillus*)-缈盐竿菌属(*Paucisalibacillus*)-外海竿菌属(*Pelagibacillus*)-鱼竿菌属(*Piscibacillus*)-夷竿菌属(*Pontibacillus*)-冷竿菌属(*Psychrobacillus*)-糖果菌属(*Saccharococcus*)-盐竿菌属(*Salibacillus*)-盐微菌属(*Salimicrobium*)-盐场竿菌属(*Salinibacillus*)-盐杆菌属(*Salirhabdus*)-盐沉积小杆菌属(*Salisediminibacterium*)-盐土菌属(*Saliterribacillus*)-盐水竿菌属(*Salsuginibacillus*)-沉积竿菌属(*Sediminibacillus*)-中华竿菌属(*Sinibacillus*)-链卤竿菌属(*Streptohalobacillus*)-修竿菌属(*Tenuibacillus*)-土竿菌属(*Terribacillus*)-海竿菌属或塔拉萨竿菌属(*Thalassobacillus*)-幡竿菌属(*Virgibacillus*)-绿竿菌属(*Viridibacillus*)-火山竿菌属(*Vulcanibacillus*)

里斯特氏菌科(Family Listeriaceae)：索发菌属(*Brochothrix*)-里斯特氏菌属(*Listeria*)

似竿科(**Family Paenibacillaceae**)：嗜氨菌属(*Ammoniphilus*)-硫胺竿菌属(*Aneurinibacillus*)-短竿菌属(*Brevibacillus*)-科恩姓菌属(*Cohnella*)-泉柱竿菌属(*Fontibacillus*)-噬草酸盐属(*Oxalophagus*)-似竿属(*Paenibacillus*)-甘蔗竿菌属(*Saccharibacillus*)-热竿菌属(*Thermobacillus*)

巴斯德姓菌科(Family Pasteuriaceae)：巴斯德氏菌属(*Pasteuria*)

浮果菌科(Family Planococcaceae)：布哈加瓦氏菌属(*Bhargavaea*)-显核菌属(*Caryophanon*)-金微菌属(*Chryseomicrobium*)-丝杆菌属(*Filibacter*)-鲐竿菌属(*Jeotgalibacillus*)-库尔氏菌属(*Kurthia*)-海竿菌属(*Marinibacillus*)-似孢八球属(*Paenisporosarcina*)-浮果菌属(*Planococcus*)-浮微菌属(*Planomicrobium*)-孢八球属(*Sporosarcina*)-脲竿菌属(*Ureibacillus*)

孢乳杆菌科(Family Sporolactobacillaceae)：普鲁兰竿菌属(*Pullulanibacillus*)-中华橄菌属(*Sinobaca*)-孢乳竿菌属(*Sporolactobacillus*)-肿竿菌属(*Tuberibacillus*)

葡萄果菌科(Family Staphylococcaceae)：鲐果菌属(*Jeotgalicoccus*)-大果菌属(*Macrococcus*)-医院果属(*Nosocomiicoccus*)-盐果菌属(*Salinicoccus*)-葡萄果菌属(*Staphylococcus*)

热放线菌科(Family Thermoactinomycetaceae)：链孢菌属(*Desmospora*)-克昊彭希泰特氏菌属(*Kroppenstedtia*)-莱希姓菌属(*Laceyella*)-徐丽华姓菌属(*Lihuaxuella*)-海线体属(*Marininema*)-美屈岔霉菌属(*Mechercharimyces*)-

迈勒吉尔霉菌属（Melghirimyces）- 平丝菌属（Planifilum）- 多枝霉菌属（Polycladomyces）- 清野姓菌属（Seinonella）- 岛津姓菌属（Shimazuella）- 热放线菌属（Thermoactinomyces）- 热黄微菌属（Thermoflavimicrobium）

竿菌目中未分类的属（Unclassified Bacillales）：中央菌属（Chungangia）- 毫小杆菌属（Exiguobacterium）- 小孪菌属（Gemella）- 地微菌属（Geomicrobium）- 拉梅尔氏竿菌属（Rummeliibacillus）- 壤竿菌属（Solibacillus）- 热能菌属（Thermicanus）

竿菌目中尚未分类的属：脱硫竿菌属（Desulfuribacillus）

乳竿目（Order Lactobacillales）

奇果菌科（Family Aerococcaceae）：勿生营菌属（Abiotrophia）- 气果菌属（Aerococcus）- 诡果菌属（Dolosicoccus）- 孤果菌属（Eremococcus）- 法克兰氏菌属（Facklamia）- 璆小链菌属（Globicatella）- 懒粒菌属（Ignavigranum）

肉小杆菌科（Family Carnobacteriaceae）：摇果菌属（Agitococcus）- 碱小杆菌属（Alkalibacterium）- 异棒菌属（Allofustis）- 差果菌属（Alloiococcus）- 陌杆菌属（Atopobacter）- 陌果菌属（Atopococcus）- 陌柄菌属（Atopostipes）- 肉小杆菌属（Carnobacterium）- 德典培菌属（Desemzia）- 诡小粒菌属（Dolosigranulum）- 小粒小链菌属（Granulicatella）- 等茎菌属（Isobaculum）- 鮨橄菌属（Jeotgalibaca）- 乳酸生菌属（Lacticigenium）- 乳球菌属（Lactosphaera）- 海乳竿属（Marinilactibacillus）- 鱼璆菌属（Pisciglobus）- 发果菌属（Trichococcus）

肠果菌科（Family Enterococcaceae）：巴伐利亚果菌属（Bavariicoccus）- 小链果菌属（Catellicoccus）- 肠果菌属（Enterococcus）- 蜜蜂果菌属（Melissococcus）- 镖杆菌属（Pilibacter）- 四生果菌属（Tetragenococcus）- 游果菌属（Vagococcus）

乳竿科（Family Lactobacillaceae）：乳竿属（Lactobacillus）- 副乳竿菌属（Paralactobacillus）- 平面果菌属（Pediococcus）- 夏普氏菌属（Sharpea）

明念珠菌科（Family Leuconostocaceae）：果糖竿属（Fructobacillus）- 明念珠菌属（Leuconostoc）- 酒果菌属（Oenococcus）- 维斯姓菌属（Weissella）

链果菌科（Family Streptococcaceae）：乳果菌属（Lactococcus）- 乳卵菌属（Lactovum）- 链果菌属（Streptococcus）

梭菌纲（**Class Clostridia**）

梭菌目（**Order Clostridiales**）

烫动粪杆菌科（**Family Caldicoprobacteraceae**）：烫粪杆菌属（Caldicoprobacter）

克里斯滕森姓菌科（**Family Christensenellaceae**）：克里斯滕森姓菌属（Christensenella）

梭菌科（**Family Clostridiaceae**）：嗜碱菌属（Alkaliphilus）- 厌氧杆菌属（Anaerobacter）- 厌氧盐杆菌属（Anaerosalibacter）- 厌氧孢杆菌属（Anaerosporobacter）- 无氧泡碱菌属（Anoxynatronum）- 芸苔杆菌属（Brassicibacter）- 丁酸果菌属（Butyricicoccus）- 灼爱菌属（Caloramator）-

灼厌氧杆菌属(Caloranaerobacter)-炉胞菌属(Caminicella)-纤维杆菌属(Cellulosibacter)-梭菌盐杆菌属(Clostridiisalibacter)-梭菌属(Clostridium)-炽胞菌属(Fervidicella)-泉胞菌属(Fonticella)-地孢杆菌属(Geosporobacter)-产内酯菌属(Lactonifactor)-泞孢菌属(Lutispora)-泡碱栖居属(Natronincola)-醋杆属(Oxobacter)-朊碎菌属(Proteiniclasticum)-糖发酵菌属(Saccharofermentans)-盐中嗜杆菌属(Salimesophilobacter)-八球菌属(Sarcina)-孢盐小杆菌属(Sporosalibacterium)-暖微菌属(Tepidimicrobium)-热枝菌属(Thermobrachium)-热卤杆菌属(Thermohalobacter)-热针菌属(Thermotalea)-廷德尔氏菌属(Tindallia)

污水针菌科(**Family Defluviitaleaceae**):污水针菌属(Defluviitalea)

优小杆菌科(**Family Eubacteriaceae**):醋小杆菌属(Acetobacterium)-碱杆菌属(Alkalibacter)-碱茎菌属(Alkalibaculum)-厌氧棒菌属(Anaerofustis)-优小杆菌属(Eubacterium)-加西亚姓菌属(Garciella)-假枝杆菌属(Pseudoramibacter)

瘦杆菌科(**Family Gracilibacteraceae**):瘦杆菌属(Gracilibacter)

阳小杆菌科(**Family Heliobacteriaceae**):阳竿菌属(Heliobacillus)-阳小杆菌属(Heliobacterium)-嗜阳菌属(Heliophilum)-阳索菌属(Heliorestis)

羊毛螺体科(**Family Lachnospiraceae**):产醋菌属(Acetatifactor)-醋肠菌属(Acetitomaculum)-厌氧柄菌属(Anaerostipes)-丁酸弧菌属(Butyrivibrio)-加图姓菌属(Catonella)-解纤维菌属(Cellulosilyticum)-粪果菌属(Coprococcus)-多尔氏菌属(Dorea)-赫斯佩尔氏菌属(Hespellia)-约翰逊姓菌属(Johnsonella)-羊毛厌氧茎菌属(Lachnoanaerobaculum)-羊毛小杆菌属(Lachnobacterium)-羊毛螺体属(Lachnospira)-玛文布莱恩特氏菌属(Marvinbryantia)-莫里姓菌属(Moryella)-口小杆属(Oribacterium)-副孢小杆菌属(Parasporobacterium)-假丁酸弧菌属(Pseudobutyrivibrio)-罗宾逊姓菌属(Robinsoniella)-锣西白离氏菌属(Roseburia)-沙特尔沃斯氏菌属(Shuttleworthia)-孢小杆菌属(Sporobacterium)-口茎菌属(Stomatobaculum)-互营果菌属(Syntrophococcus)

颤螺体科(**Family Oscillospiraceae**):颤杆菌属(Oscillibacter)-颤螺体属(Oscillospira)

消果菌科(**Family Peptococcaceae**):隐厌氧杆菌属(Cryptanaerobacter)-脱卤杆菌属(Dehalobacter)-脱亚硫酸盐杆菌属(Desulfitibacter)-脱亚硫酸盐孢菌属(Desulfitispora)-脱亚硫酸盐小杆菌属(Desulfitobacterium)-脱磺化孢菌属(Desulfonispora)-脱硫化孢弯菌属(Desulfosporosinus)-脱硫化肠菌属(Desulfotomaculum)-脱硫孢菌属(Desulfurispora)-淖肠菌属(Pelotomaculum)-消果菌属(Peptococcus)-孢肠菌属(Sporotomaculum)-互营肠菌属(Syntrophobotulus)-热栖菌属(Thermincola)-热土小杆菌属(Thermoterrabacterium)

消链果菌科（*Family Peptostreptococcaceae*）：厌氧球菌属（*Anaerosphaera*）-产丝菌属（*Filifactor*）-消链果菌属（*Peptostreptococcus*）-孢醋生菌属（*Sporacetigenium*）-暖杆菌属（*Tepidibacter*）

吞朊菌科（*Family Proteinivoraceae*）：吞朊菌属（*Proteinivorax*）

瘤胃果菌科（*Family Ruminococcaceae*）：醋厌氧小杆菌属（*Acetanaerobacterium*）-醋弧菌属（*Acetivibrio*）-厌氧丝菌属（*Anaerofilum*）-厌氧干菌属（*Anaerotruncus*）-乙醇生菌属（*Ethanoligenens*）-渣小杆菌属（*Faecalibacterium*）-苛柱菌属（*Fastidiosipila*）-氢厌氧小杆菌属（*Hydrogenoanaerobacterium*）-乳头杆属（*Papillibacter*）-瘤胃果菌属（*Ruminococcus*）-孢杆菌属（*Sporobacter*）-迷小粒菌属（*Subdoligranulum*）

互营单胞科（*Family Syntrophomonadaceae*）：脱硫杆菌属（*Dethiobacter*）-炽栖菌属（*Fervidicola*）-淖孢菌属（*Pelospora*）-互营单胞属（*Syntrophomonas*）-互营孢菌属（*Syntrophospora*）-互营热菌属（*Syntrophothermus*）-热氢菌属（*Thermohydrogenium*）-热互营菌属（*Thermosyntropha*）

梭菌目中未分类的属（Unclassified Clostridiales）：醋厌氧菌属（*Acetoanaerobium*）-胺酸杆菌属（*Acidaminobacter*）-厌氧爪菌属（*Anaerobranca*）-厌氧果菌属（*Anaerococcus*）-厌氧幡菌属（*Anaerovirgula*）-厌氧吞菌属（*Anaerovorax*）-布劳特氏菌属（*Blautia*）-碳氧胞菌属（*Carboxydocella*）-脱硫代硫酸盐杆菌属（*Dethiosulfatibacter*）-芬戈尔德氏菌属（*Finegoldia*）-破黄酮菌属（*Flavonifractor*）-纺锤杆菌属（*Fusibacter*）-鸡栖菌属（*Gallicola*）-古根海姆姓菌属（*Guggenheimella*）-创伤果菌属（*Helcococcus*）-霍华德姓菌属（*Howardella*）-难养小杆菌属（*Mogibacterium*）-默多克姓菌属（*Murdochiella*）-泡碱厌氧幡菌属（*Natranaerovirga*）-渺单胞菌属（*Parvimonas*）-嗜胨菌属（*Peptoniphilus*）-朊餐菌属（*Proteiniborus*）-朊小链菌属（*Proteocatella*）-假破黄酮菌属（*Pseudoflavonifractor*）-沉积杆菌属（*Sedimentibacter*）-泽恩根氏菌属（*Soehngenia*）-孢厌氧杆菌属（*Sporanaerobacter*）-硫化竿菌属（*Sulfobacillus*）-共生小杆菌属（*Symbiobacterium*）-热气杆菌属（*Thermaerobacter*）-蒂西耶姓菌属（*Tissierella*）

卤厌氧菌目（*Order Halanaerobiales*）

卤厌氧杆菌科（*Family Halanaerobiaceae*）：卤厌氧菌属（*Halanaerobium*）-卤砷酸盐杆菌属（*Halarsenatibacter*）-卤胞菌属（*Halocella*）-栖卤菌属（*Haloincola*）-卤热发菌属（*Halothermothrix*）

卤杆状菌科（*Family Halobacteroidaceae*）：醋卤菌属（*Acetohalobium*）-富克斯姓菌属（*Fuchsiella*）-卤厌氧杆菌属（*Halanaerobacter*）-卤厌氧茎菌属（*Halanaerobaculum*）-卤杆状菌属（*Halobacteroides*）-卤泡碱菌属（*Halonatronum*）-苏打属（*Natroniella*）-奥伦氏属（*Orenia*）-硒卤厌氧杆菌属（*Selenihalanaerobacter*）-

孢卤杆菌属(*Sporohalobacter*)

苏打厌氧菌目(**Order Natranaerobiales**)

　　苏打厌氧菌科(**Family Natranaerobiaceae**)：苏打厌氧菌属(*Natranaerobius*)-苏打幡属(*Natronovirga*)

热厌氧杆菌目(**Order Thermoanaerobacterales**)

　　热厌氧杆菌科(**Family Thermoanaerobacteraceae**)：产醋菌属(*Acetogenium*)-氨化菌属(*Ammonifex*)-布劳克氏菌属(*Brockia*)-烫厌氧杆菌属(*Caldanaerobacter*)-烫厌氧菌属(*Caldanaerobius*)-灼小杆菌属(*Caloribacterium*)-碳氧枝菌属(*Carboxydibrachium*)-碳氧热菌属(*Carboxydothermus*)-脱硫化小幡菌属(*Desulfovirgula*)-格尔菌属(*Gelria*)-摩尔姓菌属(*Moorella*)-暖厌氧杆菌属(*Tepidanaerobacter*)-热醋生菌属(*Thermacetogenium*)-热厌氧单胞菌属(*Thermanaeromonas*)-热厌氧杆菌属(*Thermoanaerobacter*)-热厌氧菌属(*Thermoanaerobium*)-热杆状菌属(*Thermobacteroides*)

　　热脱硫化菌科(**Family Thermodesulfobiaceae**)：粪热杆菌属(*Coprothermobacter*)-热脱硫化菌属(*Thermodesulfobium*)

　　热厌氧杆菌目中未分类的属(Unclassified Thermoanaerobacterales)：烫厌氧幡菌属(*Caldanaerovirga*)-烫纤维破解菌属(*Caldicellulosiruptor*)-玛姓菌属(*Mahella*)-互营醋菌属(*Syntrophaceticus*)-热厌氧小杆菌属(*Thermoanaerobacterium*)-热沉积杆菌属(*Thermosediminibacter*)-热矛菌属(*Thermovenabulum*)-热吞菌属(*Thermovorax*)

丹毒发菌纲(**Class Erysipelotrichia**)

　　丹毒发菌目(**Order Erysipelotrichales**)

　　　丹毒发菌科(**Family Erysipelotrichaceae**)：异茎菌属(*Allobaculum*)-布雷德氏菌属(*Bulleidia*)-链小杆菌属(*Catenibacterium*)-粪竿菌属(*Coprobacillus*)-爱格士氏菌属(*Eggerthia*)-丹毒发菌属(*Erysipelothrix*)-霍尔德曼氏菌属(*Holdemania*)-坎德勒氏菌属(*Kandleria*)-惟小杆菌属(*Solobacterium*)-苏黎士杆菌属(*Turicibacter*)

柔膜菌纲(**Class Mollicutes**)：见软皮菌门(**Phylum** "**Tenericutes**")

阴皮纲(**Class Negativicutes**)

　　月单胞目(**Order Selenomonadales**)

　　　胺酸果菌科(**Family Acidaminococcaceae**)：胺酸果菌属(*Acidaminococcus*)-树袋熊属小杆菌属(*Phascolarctobacterium*)-劈琥珀酸菌属(*Succiniclasticum*)-琥珀酸螺体属(*Succinispira*)

　　　韦荣姓菌科(**Family Veillonellaceae**)：醋线体属(*Acetonema*)-阿利逊姓菌属(*Allisonella*)-厌氧弓菌属(*Anaeroarcus*)-厌氧璆菌属(*Anaeroglobus*)-厌氧芭蕉菌属(*Anaeromusa*)-厌氧弯杆菌属(*Anaerosinus*)-厌氧弧菌属(*Anaerovibrio*)-

蜈蚣菌属(*Centipeda*) - 树孢杆菌属(*Dendrosporobacter*) - 岱阿里斯特菌属(*Dialister*) - 巨单胞菌属(*Megamonas*) - 巨球菌属(*Megasphaera*) - 光冈姓菌属(*Mitsuokella*) - 阴性果属(*Negativicoccus*) - 精梳菌属(*Pectinatus*) - 淖曲菌属(*Pelosinus*) - 丙酸螺体属(*Propionispira*) - 丙酸孢菌属(*Propionispora*) - 奎因姓菌属(*Quinella*) - 西瓦茨氏菌属(*Schwartzia*) - 月单胞属(*Selenomonas*) - 孢曲棒菌属(*Sporolituus*) - 孢芭蕉菌属(*Sporomusa*) - 孢针菌属(*Sporotalea*) - 热弯菌属(*Thermosinus*) - 韦荣姓菌属(*Veillonella*) - 嗜酵菌属(*Zymophilus*)

热石杆菌纲(**Class Thermolithobacteria**)
　热石杆菌目(**Order Thermolithobacterales**)
　　热石杆菌科(**Family Thermolithobacteraceae**)：热石杆菌属(*Thermolithobacter*)

纺锤菌门(*Phylum* "*Fusobacteria*")
　纺锤小杆菌纲(*Class Fusobacteriia*)
　　纺锤小杆菌目(*Order Fusobacteriales*)
　　　纺锤小杆菌科(**Family Fusobacteriaceae**)：鲸小杆菌属(*Cetobacterium*) - 纺锤小杆菌属(*Fusobacterium*) - 泥杆菌属(*Ilyobacter*) - 丙酸生菌属(*Propionigenium*) - 冷泥杆菌属(*Psychrilyobacter*)
　　　细发丝菌科(**Family Leptotrichiaceae**)：细发丝菌属(*Leptotrichia*) - 西博尔德姓菌属(*Sebaldella*) - 斯尼思氏菌属(*Sneathia*) - 链竿菌属(*Streptobacillus*)

芽殖单胞菌门(*Phylum* "*Gemmatimonadetes*")
　芽殖单胞菌纲(*Class Gemmatimonadetes*)
　　芽殖单胞菌目(*Order Gemmatimonadales*)
　　　芽殖单胞菌科(*Family Gemmatimonadaceae*)：芽殖单胞菌属(*Gemmatimonas*)

慢球菌门(*Phylum* "*Lentisphaerae*")
　慢球菌纲(*Class Lentisphaeria*)
　　慢球菌目(*Order Lentisphaerales*)
　　　慢球菌科(*Family Lentisphaeraceae*)：黏球菌属(*Lentisphaera*)
　　食谷菌目(*Order Victivallales*)
　　　食谷菌科(*Family Victivallaceae*)：食谷菌属(*Victivallis*)
　寡球纲(*Class Oligosphaeria*)
　　寡球目(*Order Oligosphaerales*)
　　　寡球科(*Family Oligosphaeraceae*)：寡球菌属(*Oligosphaera*)

硝化螺体门(*Phylum* "*Nitrospira*" or "*Nitrospirae*")
　硝化螺体纲(*Class* "*Nitrospira*")
　　硝化螺体目(*Order* "*Nitrospirales*")
　　　硝化螺体科(*Family* "*Nitrospiraceae*")：细小螺体属(*Leptospirillum*) - 硝化螺体属(*Nitrospira*) - 热脱硫化弧菌属(*Thermodesulfovibrio*)

浮霉菌门（*Phylum "Planctomycetes" or "Planctobacteria"*）
  浮霉菌纲（*Class "Planctomycetacia" or "Planctomycea"*）
    浮霉菌目（***Order Planctomycetales***）
      浮霉菌科（***Family Planctomycetaceae***）：水球菌属（*Aquisphaera*）- 芽小梨菌属（*Blastopirellula*）- 芽殖菌属（*Gemmata*）- 等球菌属（*Isosphaera*）- 小梨菌属（*Pirellula*）- 浮霉菌属（*Planctomyces*）- 玖小梨形菌属（*Rhodopirellula*）- 席勒斯讷氏菌属（*Schlesneria*）- 单球菌属（*Singulisphaera*）- 泽栖菌属（*Telmatocola*）- 扎瓦尔金姓菌属（*Zavarzinella*）
  海草球菌纲（***Class Phycisphaerae***）
    海草球菌目（***Order Phycisphaerales***）
      海草球菌科（***Family Phycisphaeraceae***）：海草球菌属（*Phycisphaera*）

变形菌门（***Phylum "Proteobacteria"***）
  阿尔法变形杆菌纲（***Class Alphaproteobacteria***）
    柄杆菌目（***Order Caulobacterales***）
      柄杆菌科（***Family Caulobacteraceae***）：不黏柄菌属（*Asticcacaulis*）- 短波单胞菌属（*Brevundimonas*）- 柄杆菌属（*Caulobacter*）- 苯基小杆菌属（*Phenylobacterium*）
      网线单胞菌科（***Family Hyphomonadaceae***）：藻单胞菌属（*Algimonas*）- 糖柄菌属（*Glycocaulis*）- 赫勒菌属（*Hellea*）- 亨里赛姓菌属（*Henriciella*）- 赫希氏菌属（*Hirschia*）- 网线单胞菌属（*Hyphomonas*）- 岸单胞菌属（*Litorimonas*）- 海茎菌属（*Maribaculum*）- 海柄属（*Maricaulis*）- 海尾菌属（*Marinicauda*）- 洋柄属（*Oceanicaulis*）- 夷柄属（*Ponticaulis*）- 锈肠菌属（*Robiginitomaculum*）- 木洞所菌属（*Woodsholea*）
    基泷菌目（***Order Kiloniellales***）
      基泷菌科（***Family Kiloniellaceae***）：基尔菌属（*Kiloniella*）
    韩海发所单胞菌目（***Order Kordiimonadales***）
      "韩海发所单胞菌科"（*Family "Kordiimonadaceae"*）：韩海发所单胞菌属（*Kordiimonas*）
    磁果菌目（***Order Magnetococcales***）
      磁果菌科（***Family Magnetococcaceae***）：磁果菌属（*Magnetococcus*）
    渺框菌目（***Order "Parvularculales"***）
      渺框菌科（***Family "Parvularculaceae"***）：渺框菌属（*Parvularcula*）
    根瘤菌目（*Order Rhizobiales*）
      橙单胞菌科（***Family "Aurantimonadaceae"***）：金橙单胞菌属（*Aurantimonas*）- 金单胞菌属（*Aureimonas*）- 黄棕海菌属（*Fulvimarina*）- 马特尔姓菌属（*Martelella*）
      巴通姓菌科（***Family Bartonellaceae***）：巴通姓菌属（*Bartonella*）- 格拉汉姆姓菌属（*Grahamella*）- 罗刹利马氏菌属（*Rochalimaea*）

拜叶林氏菌科(*Family Beijerinckiaceae*)：拜叶林氏菌属(*Beijerinckia*) - 驼单胞菌属(*Camelimonas*) - 螯果菌属(*Chelatococcus*) - 甲基胶囊菌属(*Methylocapsa*) - 甲基胞菌属(*Methylocella*) - 甲基杖菌属(*Methyloferula*) - 甲基小玫菌属(*Methylorosula*) - 甲基小幡菌属(*Methylovirgula*)

慢根瘤菌科/慢生根瘤菌科(*Family Bradyrhizobiaceae*)：美军所菌属(*Afipia*) - 农单胞菌属(*Agromonas*) - 浴室单胞属(*Balneimonas*) - 芽杆菌属(*Blastobacter*) - 博斯氏菌属(*Bosea*) - 慢根瘤菌属/慢生根瘤菌属(*Bradyrhizobium*) - 硝化杆属(*Nitrobacter*) - 寡营菌属(*Oligotropha*) - 玫芽菌属(*Rhodoblastus*) - 玫假单胞属(*Rhodopseudomonas*) - 盐场单胞菌属(*Salinarimonas*) - 慢噬菌属(*Tardiphaga*)

布鲁斯姓菌科(*Family Brucellaceae*)：布鲁斯姓菌属(*Brucella*) - 克拉布特里姓菌属(*Crabtreella*) - 大邱菌属(*Daeguia*) - 分枝浮菌属(*Mycoplana*) - 苍棍菌属(*Ochrobactrum*) - 似苍棍菌属(*Paenochrobactrum*) - 假苍棍菌属(*Pseudochrobactrum*)

黏杆菌科(*Family Cohaesibacteraceae*)：黏杆菌属(*Cohaesibacter*)

网线微菌科(*Family Hyphomicrobiaceae*)：臂微菌属(*Ancalomicrobium*) - 角微菌属(*Angulomicrobium*) - 水杆菌属(*Aquabacter*) - 芽绿菌属(*Blastochloris*) - 黄瓜杆菌属(*Cucumibacter*) - 德沃斯氏菌属(*Devosia*) - 叉微菌属(*Dichotomicrobium*) - 丝微菌属(*Filomicrobium*) - 芽携菌属(*Gemmiger*) - 网线微菌属(*Hyphomicrobium*) - 海针菌属(*Maritalea*) - 甲基杆菌属(*Methylorhabdus*) - 基地微菌属(*Pedomicrobium*) - 外海小杆菌属(*Pelagibacterium*) - 突柄微菌属(*Prosthecomicrobium*) - 玫微菌属(*Rhodomicrobium*) - 玫浮菌属(*Rhodoplanes*) - 塞里伯氏菌属(*Seliberia*) - 张姓菌属(*Zhangella*)

甲基小杆菌科(*Family Methylobacteriaceae*)：巨线体属(*Meganema*) - 甲基小杆菌属(*Methylobacterium*) - 微幡菌属(*Microvirga*) - 原单胞属(*Protomonas*)

甲基腺菌科(*Family Methylocystaceae*)：素杆菌属(*Albibacter*) - 汉斯希里戈尔氏菌属(*Hansschlegelia*) - 甲基腺菌属(*Methylocystis*) - 甲基柱菌属(*Methylopila*) - 甲基弯菌属(*Methylosinus*) - 多形单胞菌属(*Pleomorphomonas*) - 寺崎姓菌属(*Terasakiella*)

叶小杆菌科(*Family Phyllobacteriaceae*)：胺杆菌属(*Aminobacter*) - 水微菌属(*Aquamicrobium*) - 吞螯菌属(*Chelativorans*) - 污水杆菌属(*Defluvibacter*) - 赫缶氏菌属(*Hoeflea*) - 中慢生根瘤菌属(*Mesorhizobium*) - 硝酸盐还原属(*Nitratireductor*) - 叶小杆菌属(*Phyllobacterium*) - 假阿伦斯氏菌属(*Pseudahrensia*) - 假胺杆菌属(*Pseudaminobacter*) - 热卵菌属(*Thermovum*)

根瘤菌科(*Family Rhizobiaceae*)：农小杆菌属(*Agrobacterium*) - 异根瘤菌属(*Allorhizobium*) - 嗜炭菌属(*Carbophilus*) - 螯杆菌属(*Chelatobacter*) - 剑菌属(*Ensifer*) - 韩高科所菌属(*Kaistia*) - 根瘤菌属(*Rhizobium*) - 申姓菌属(*Shinella*) -

中华根瘤菌属(*Sinorhizobium*)

玫菌科(*Family Rhodobiaceae*)：阿费夫姓菌属(*Afifella*)-安德荪姓菌属(*Anderseniella*)-泞茎菌属(*Lutibaculum*)-渺茎菌属(*Parvibaculum*)-玫菌属(*Rhodobium*)-玫寡营菌属(*Rhodoligotrophos*)-玫瑰小螺体属(*Roseospirillum*)-暖无形菌属(*Tepidamorphus*)

玫瑰弓菌科(*Family Roseiarcaceae*)：玫瑰弓菌属(*Roseiarcus*)

黄杆菌科(***Family Xanthobacteraceae***)：麹杆菌属(*Ancylobacter*)-氮根瘤菌属(*Azorhizobium*)-双头斧菌属(*Labrys*)-假双头斧菌属(*Pseudolabrys*)-假黄杆菌属(*Pseudoxanthobacter*)-斯塔基氏菌属(*Starkeya*)-黄杆菌属(*Xanthobacter*)

根瘤菌目中未分类的属(Unclassified Rhizobiales)：无形菌属(*Amorphus*)-葆尔得氏菌属(*Bauldia*)-瓦西里耶娃氏菌属(*Vasilyevaea*)

玫杆菌目(Order Rhodobacterales)

玫杆菌科(*Family Rhodobacteraceae*)：海边小杆菌属(*Actibacterium*)-蕈栖菌属(*Agaricicola*)-阿伦斯氏菌属(*Ahrensia*)-素单胞菌属(*Albimonas*)-素小卵菌属(*Albidovulum*)-沟果菌属(*Amaricoccus*)-南极杆菌属(*Antarctobacter*)-小链小杆菌属(*Catellibacterium*)-快杆菌属(*Celeribacter*)-柠檬胞菌属(*Citreicella*)-柠檬单胞菌属(*Citreimonas*)-污水单胞菌属(*Defluviimonas*)-沟鞭玫杆菌属(*Dinoroseobacter*)-东海栖菌属(*Donghicola*)-附小杆菌属(*Epibacterium*)-错玫杆菌属(*Falsirhodobacter*)-潮坪栖菌属(*Gaetbulicola*)-芽杆菌属(*Gemmobacter*)-血杆菌属(*Haematobacter*)-阿瑟罗杆菌属(*Hasllibacter*)-怀恕氏菌属(*Huaishuia*)-黄海栖菌属(*Hwanghaeicola*)-亚纳希氏菌属(*Jannaschia*)-朝日小菌属(*Jhaorihella*)-酮古洛糖酸生菌属(*Ketogulonicigenium*)-拉布亨氏菌属(*Labrenzia*)-莱辛格氏菌属(*Leisingera*)-慢杆菌属(*Lentibacter*)-滨杆菌属(*Litoreibacter*)-岸微菌属(*Litorimicrobium*)-岸沉积栖菌属(*Litorisediminicola*)-洛克姓菌属(*Loktanella*)-泞海杆菌属(*Lutimaribacter*)-海微生室菌属(*Mameliella*)-海菌属(*Maribius*)-海卵菌属(*Marinovum*)-海中杆菌属(*Maritimibacter*)-海维生菌属(*Marivita*)-甲基盒菌属(*Methylarcula*)-小海员属(*Nautella*)-涅瑞伊得属(*Nereida*)-岛杆菌属(*Nesiotobacter*)-洋球茎属(*Oceanibulbus*)-洋胞属(*Oceanicella*)-洋栖属(*Oceanicola*)-十八杆菌属(*Octadecabacter*)-太平杆菌属(*Pacificibacter*)-帕勒隆尼氏属(*Palleronia*)-潘浓杆属(*Pannonibacter*)-副果属(*Paracoccus*)-副玫杆菌属(*Pararhodobacter*)-外海橄菌属(*Pelagibaca*)-外海栖菌属(*Pelagicola*)-外海单胞菌属(*Pelagimonas*)-棕杆菌属(*Phaeobacter*)-浮针菌属(*Planktotalea*)-多形小杆菌属(*Pleomorphobacterium*)-夷橄菌属(*Pontibaca*)-夷果菌属(*Ponticoccus*)-波西登胞菌属(*Poseidonocella*)-滨海边疆杆菌属(*Primorskyibacter*)-深渊小杆菌属(*Profundibacterium*)-假玫杆菌属(*Pseudorhodobacter*)-假鲁戈氏菌属

(*Pseudoruegeria*)-假弧菌属(*Pseudovibrio*)-玫橄菌属(*Rhodobaca*)-玫杆菌属(*Rhodobacter*)-玫海菌属或玫塔拉萨菌属(*Rhodothalassium*)-玫小卵菌属(*Rhodovulum*)-玫瑰橄菌属(*Roseibaca*)-玫瑰小杆菌属(*Roseibacterium*)-玫瑰菌属(*Roseibium*)-玫瑰柠檬菌属(*Roseicitreum*)-玫瑰环菌属(*Roseicyclus*)-玫瑰泡碱杆菌属(*Roseinatronobacter*)-玫瑰盐菌属(*Roseisalinus*)-玫瑰旺菌属(*Roseivivax*)-玫瑰杆菌属(*Roseobacter*)-玫瑰变菌属(*Roseovarius*)-淡红微菌属(*Rubellimicrobium*)-红小杆菌属(*Rubribacterium*)-红单胞菌属(*Rubrimonas*)-鲁戈氏菌属(*Ruegeria*)-箭头菌属(*Sagittula*)-盐场居菌属(*Salinihabitans*)-盐懒菌属(*Salipiger*)-沉积单胞菌属(*Sediminimonas*)-黄海栖菌属(*Seohaeicola*)-沈氏菌属(*Shimia*)-硅杆菌属(*Silicibacter*)-斯特利氏菌属(*Staleya*)-斯塔普氏菌属(*Stappia*)-亚硫酸盐杆菌属(*Sulfitobacter*)-立山菌属(*Tateyamaria*)-塔拉萨杆菌属(*Thalassobacter*)-塔拉萨菌属(*Thalassobius*)-塔拉萨果菌属(*Thalassococcus*)-磠槌菌属(*Thioclava*)-磠球菌属(*Thiosphaera*)-静单胞菌属(*Tranquillimonas*)-热带杆菌属(*Tropicibacter*)-热带单胞菌属(*Tropicimonas*)-浅胞菌属(*Vadicella*)-文新氏菌属(*Wenxinia*)-杨氏菌属(*Yangia*)

玫小螺体目(Order Rhodospirillales)

醋杆菌科(Family Acetobacteraceae):醋杆菌属(*Acetobacter*)-酸烫菌属(*Acidicaldus*)-嗜酸菌属(*Acidiphilium*)-酸体属(*Acidisoma*)-酸球菌属(*Acidisphaera*)-酸胞菌属(*Acidocella*)-酸单胞菌属(*Acidomonas*)-雨山氏菌属(*Ameyamaea*)-朝井氏菌属(*Asaia*)-贝尔纳普氏菌属(*Belnapia*)-脆果菌属(*Craurococcus*)-内杆菌属(*Endobacter*)-葡糖酸醋杆菌属(*Gluconacetobacter*)-葡糖酸杆菌属(*Gluconobacter*)-小粒杆菌属(*Granulibacter*)-腐土针菌属(*Humitalea*)-驹形氏杆菌属(*Komagataeibacter*)-木崎氏菌属(*Kozakia*)-墙果菌属(*Muricoccus*)-新朝井氏属(*Neoasaia*)-新驹形氏属(*Neokomagataea*)-副脆果菌属(*Paracraurococcus*)-玫柱菌属(*Rhodopila*)-玫变菌属(*Rhodovarius*)-玫瑰果菌属(*Roseococcus*)-玫瑰单胞属(*Roseomonas*)-红暖菌属(*Rubritepida*)-甘蔗杆菌属(*Saccharibacter*)-星菌属(*Stella*)-斯瓦米纳坦氏菌属(*Swaminathania*)-坦倔查隆氏菌属(*Tanticharoenia*)-垒果菌属(*Teichococcus*)-扎瓦尔金氏菌属(*Zavarzinia*)

玫小螺体科(Family Rhodospirillaceae):潮滩螺体属(*Aestuariispira*)-氮小螺体属(*Azospirillum*)-淤小螺体属(*Caenispirillum*)-聚单胞菌属(*Conglomeromonas*)-缩杆菌属(*Constrictibacter*)-污水果菌属(*Defluviicoccus*)-漠杆菌属(*Desertibacter*)-东氏菌属(*Dongia*)-埃尔斯特氏菌属(*Elstera*)-铁弧菌属(*Ferrovibrio*)-矿曲菌属(*Fodinicurvata*)-寄居菌属(*Inquilinus*)-异常小螺体属(*Insolitispirillum*)-泥单胞菌属(*Limimonas*)-磁螺体属(*Magnetospira*)-

磁小螺体属（*Magnetospirillum*）- 磁弧菌属（*Magnetovibrio*）- 海小螺体属（*Marispirillum*）- 尼萨亚属（*Nisaea*）- 硝化小螺体属（*Nitrospirillum*）- 雪白小螺体属（*Niveispirillum*）- 新小螺体属（*Novispirillum*）- 洋茎菌属（*Oceanibaculum*）- 副玫小螺体属（*Pararhodospirillum*）- 外海菌属（*Pelagibius*）- 棕小螺体属（*Phaeospirillum*）- 棕弧菌属（*Phaeovibrio*）- 玫篓菌属（*Rhodocista*）- 玫螺体属（*Rhodospira*）- 玫小螺体属（*Rhodospirillum*）- 玫弧菌属（*Rhodovibrio*）- 玫瑰螺体属（*Roseospira*）- 斯克曼姓菌属（*Skermanella*）- 泽小螺体属（*Telmatospirillum*）- 海茎菌属或塔拉萨茎菌属（*Thalassobaculum*）- 海螺体属或塔拉萨螺体属（*Thalassospira*）- 提斯特氏菌属（*Tistlia*）- 泰科技所菌属（*Tistrella*）

玫小螺体目中未分类的属（Unclassified Rhodospirillales）：伊洛拉氏菌属（*Elioraea*）- 莱朗河菌属（*Reyranella*）

立克次氏体目（**Order Rickettsiales**）

无原体科（**Family Anaplasmataceae**）：埃及小体属（*Aegyptianella*）- 无原体属（*Anaplasma*）- 考德里氏体属（*Cowdria*）- 埃里希氏体属（*Ehrlichia*）- 新立克次氏体属（*Neorickettsia*）- 沃尔巴克氏菌属（*Wolbachia*）

全孢菌科（**Family Holosporaceae**）：全孢菌属（*Holospora*）

立克次氏体科（**Family Rickettsiaceae**）：东方体属（*Orientia*）- 立克次氏体属（*Rickettsia*）

立克次体目中未分类的属（UnclassifiedRickettsiales）：解菌属（*Lyticum*）- 假屠杆菌属（*Pseudocaedibacter*）- 共生菌属（*Symbiotes*）- 罩杆菌属（*Tectibacter*）

斯尼思氏菌目（**Order Sneathiellales**）

斯尼思姓菌科（**Family Sneathiellaceae**）：洋小杆菌属（*Oceanibacterium*）- 斯尼思姓菌属（*Sneathiella*）

鞘氨醇单胞菌目（**Order Sphingomonadales**）

赤杆菌科（**Family Erythrobacteraceae**）：另赤杆菌属（*Altererythrobacter*）- 藏红果菌属（*Croceicoccus*）- 赤杆菌属（*Erythrobacter*）- 赤微菌属（*Erythromicrobium*）- 卟杆菌属（*Porphyrobacter*）

鞘氨醇单胞菌科（**Family Sphingomonadaceae**）：芽单胞菌属（*Blastomonas*）- 赤单胞菌属（*Erythromonas*）- 新鞘氨醇菌属（*Novosphingobium*）- 副鞘氨醇盒菌属（*Parasphingopyxis*）- 根单胞属（*Rhizomonas*）(rejected name) - 橙色杆菌属（*Sandaracinobacter*）- 橙色杆菌属（*Sandarakinorhabdus*）- 鞘氨醇菌属（*Sphingobium*）- 鞘氨醇微菌属（*Sphingomicrobium*）- 鞘氨醇单胞菌属（*Sphingomonas*）- 鞘氨醇盒菌属（*Sphingopyxis*）- 鞘氨醇杆菌属（*Sphingorhabdus*）- 鞘氨醇胞菌属（*Sphingosinicella*）- 海环国重菌属（*Stakelama*）- 酵单胞属（*Zymomonas*）

阿尔法变形杆菌纲中未分类的属（Unclassified Alphaproteobacteria）：布雷奥干菌属（*Breoghania*）- 埃拉特单胞菌属（*Eilatimonas*）- 孪果菌属（*Geminicoccus*）- 根微菌属（*Rhizomicrobium*）

贝塔变形菌纲（*Class Betaproteobacteria*）

  伯克氏菌目（*Order Burkholderiales*）

    产碱科（*Family Alcaligenaceae*）：勿色杆菌属（*Achromobacter*）- 陌小菌属（*Advenella*）- 碱生菌属（*Alcaligenes*）- 氮氢单胞菌属（*Azohydromonas*）- 博尔代姓菌属（*Bordetella*）- 布拉克姓菌属（*Brackiella*）- 白单胞菌属（*Candidimonas*）- 卡斯特兰尼姓菌属（*Castellaniella*）- 德克斯氏菌属（*Derxia*）- 克斯特氏菌属（*Kerstersia*）- 寡少属（*Oligella*）- 似碱生菌属（*Paenalcaligenes*）- 副碱生菌属（*Paralcaligenes*）- 副纳单胞菌属（*Parapusillimonas*）- 鸽笼菌属（*Pelistega*）- 噬染料菌属（*Pigmentiphaga*）- 纳单胞菌属（*Pusillimonas*）- 泰勒姓菌属（*Taylorella*）- 四硫杆菌属（*Tetrathiobacter*）

    伯克氏菌科（*Family Burkholderiaceae*）：伯克氏菌属（*Burkholderia*）- 几丁单胞菌属（*Chitinimonas*）- 喜铜菌属（*Cupriavidus*）- 劳韬普氏菌属（*Lautropia*）- 池杆菌属（*Limnobacter*）- 潘多拉属（*Pandoraea*）- 缈单胞菌属（*Paucimonas*）- 多核杆菌属（*Polynucleobacter*）- 罗尔斯顿氏菌属（*Ralstonia*）- 热发菌属（*Thermothrix*）- 沃特斯氏菌属（*Wautersia*）

    丛毛单胞菌科（*Family Comamonadaceae*）：吞酸菌属（*Acidovorax*）- 素沃菌属（*Albidiferax*）- 嗜脂环菌属（*Alicycliphilus*）- 矮单胞菌属（*Brachymonas*）- 淤单胞菌属（*Caenimonas*）- 淤小杆菌属（*Caenibacterium*）- 烫单胞菌属（*Caldimonas*）- 丛毛单胞菌属（*Comamonas*）- 曲杆菌属（*Curvibacter*）- 代夫特菌属（*Delftia*）- 益杆菌属（*Diaphorobacter*）- 延单胞菌属（*Extensimonas*）- 吉斯伯格氏属（*Giesbergeria*）- 噬氢菌属（*Hydrogenophaga*）- 哈利蒙姓属（*Hylemonella*）- 瑾呢勒特菌属（*Kinneretia*）- 亮片菌属（*Lampropedia*）- 池居菌属（*Limnohabitans*）- 大单胞菌属（*Macromonas*）- 玛利克氏菌属（*Malikia*）- 奥拓氏属（*Ottowia*）- 淖单胞菌属（*Pelomonas*）- 极单胞菌属（*Polaromonas*）- 假吞酸菌属（*Pseudacidovorax*）- 假玫肥菌属（*Pseudorhodoferax*）- 沙杆菌属（*Ramlibacter*）- 玫肥菌属（*Rhodoferax*）- 玫瑰缺菌属（*Roseateles*）- 席乐阁姓菌属（*Schlegelella*）- 简螺体属（*Simplicispira*）- 暖胞菌属（*Tepidicella*）- 吞裕菌属（*Variovorax*）- 虫肾杆菌属（*Verminephrobacter*）- 嗜外菌属（*Xenophilus*）

    草酸盐杆科（*Family Oxalobacteraceae*）：山岗单胞菌属（*Collimonas*）- 芏擀姓菌属（*Duganella*）- 冰单胞菌属（*Glaciimonas*）- 草小螺体属（*Herbaspirillum*）- 赫米尼乌斯单胞菌属（*Herminiimonas*）- 紫小杆菌属（*Janthinobacterium*）- 马西利亚菌属（*Massilia*）- 纳西杆属（*Naxibacter*）- 草酸小杆属（*Oxalicibacterium*）- 草酸盐杆属（*Oxalobacter*）- 副草小螺体属（*Paraherbaspirillum*）- 假芏擀姓菌属

(*Pseudoduganella*)-忒耳斯菌属(*Telluria*)-水小杆菌属(*Undibacterium*)

萨特姓菌科(**Family Sutterellaceae**)：副萨特姓菌属(*Parasutterella*)-萨特姓菌属(*Sutterella*)

伯克氏菌目中未分类的属(Unclassified Burkholderiales)：水小杆菌属(*Aquabacterium*)-水栖菌属(*Aquincola*)-伊叮菌属(*Ideonella*)-仁荷菌属(*Inhella*)-细发菌属(*Leptothrix*)-甲基菌属(*Methylibium*)-松江市菌属(*Mitsuaria*)-绷杆菌属(*Paucibacter*)-塘杆菌属(*Piscinibacter*)-河杆菌属(*Rivibacter*)-红旺菌属(*Rubrivivax*)-球尘属(*Sphaerotilus*)-暖单胞属(*Tepidimonas*)-磠杆菌属(*Thiobacter*)-磠单胞菌属(*Thiomonas*)-嗜木菌属(*Xylophilus*)

嗜氢菌目(***Order Hydrogenophilales***)

嗜氢菌科(**Family Hydrogenophilaceae**)：嗜氢菌属(*Hydrogenophilus*)-石杆菌属(*Petrobacter*)-硫胞属(*Sulfuricella*)-嗜暖菌属(*Tepidiphilus*)-磠竿菌属(*Thiobacillus*)

嗜甲基菌目(***Order Methylophilales***)

嗜甲基菌科(**Family Methylophilaceae**)：甲基竿属(*Methylobacillus*)-嗜甲基菌属(*Methylophilus*)-甲基精细菌属(*Methylotenera*)-吞甲基菌属(*Methylovorus*)

奈瑟氏目(***Order Neisseriales***)

奈瑟氏科(**Family Neisseriaceae**)：小链菌属(*Alysiella*)-喜甲壳素菌属(*Amantichitinum*)-安德雷普雷沃特氏菌属(*Andreprevotia*)-水小螺体属(*Aquaspirillum*)-水针菌属(*Aquitalea*)-贝尔格姓菌属(*Bergeriella*)-几丁杆菌属(*Chitinibacter*)-解几丁菌属(*Chitinilyticum*)-嗜几丁菌属(*Chitiniphilus*)-色小杆菌属(*Chromobacterium*)-壳形菌属(*Conchiformibius*)-德科基菌属(*Deefgea*)-艾肯姓菌属(*Eikenella*)-蚁酸弧菌属(*Formivibrio*)-古本茳氏菌属(*Gulbenkiania*)-紫杆菌属(*Iodobacter*)-井邑菌属(*Jeongeupia*)-珺姓菌属(*Kingella*)-海鸥杆菌属(*Laribacter*)-李氏菌属(*Leeia*)-微小幡菌属(*Microvirgula*)-桑果菌属(*Morococcus*)-奈瑟氏属(*Neisseria*)-沼小杆菌属(*Paludibacterium*)-脯氨酸饕菌属(*Prolinoborus*)-假古本茳氏菌属(*Pseudogulbenkiania*)-森林单胞属(*Silvimonas*)-西蒙姓菌属(*Simonsiella*)-斯诺德格拉斯姓菌属(*Snodgrassella*)-窄氧杆菌属(*Stenoxybacter*)-乌鲁布鲁姓菌属(*Uruburuella*)-透颤菌属(*Vitreoscilla*)-福格斯姓菌属(*Vogesella*)

亚硝化单胞目(***Order Nitrosomonadales***)

嘉利温姓菌科(**Family Gallionellaceae**)：嘉利温氏菌属(*Gallionella*)

亚硝化单胞科(**Family Nitrosomonadaceae**)：亚硝化叶属(*Nitrosolobus*)-亚硝化单胞属(*Nitrosomonas*)-亚硝化螺体属(*Nitrosospira*)

小螺体科(**Family Spirillaceae**)：小螺体属(*Spirillum*)

原核杆菌目(***Order "Procabacteriales"***)

· 1113 ·

原核杆菌科(*Family* ***"Procabacteriaceae"***):原核杆菌属("*Procabacter*")

玫环菌目(*Order Rhodocyclales*)

玫环菌科(*Family Rhodocyclaceae*):氮弓菌属(*Azoarcus*)-氮圈菌属(*Azonexus*)-氮螺体属(*Azospira*)-氮弧菌属(*Azovibrio*)-脱氯单胞菌属(*Dechloromonas*)-脱氯体属(*Dechlorosoma*)-脱硝体属(*Denitratisoma*)-铁小杆菌属(*Ferribacterium*)-格奥富克斯氏菌属(*Georgfuchsia*)-甲基多样菌属(*Methyloversatilis*)-丙酸杆菌属(*Propionibacter*)-丙酸弧菌属(*Propionivibrio*)-方果菌属(*Quatrionicoccus*)-玫环菌属(*Rhodocyclus*)-甾酮小杆菌属(*Sterolibacterium*)-硫针菌属(*Sulfuritalea*)-索氏菌属(*Thauera*)-湿沼小杆菌属(*Uliginosibacterium*)-活胶菌属(*Zoogloea*)

贝塔变形菌纲中未分类的属(Unclassified Betaproteobacteria):吞几丁菌属(*Chitinivorax*)-新草小螺体属(*Noviherbaspirillum*)-硫体属(*Sulfurisoma*)

德尔塔变形菌纲或德尔塔杆纲(*Class Deltaproteobacteria or Deltabacteria*)

蛭弧菌目(***Order Bdellovibrionales***)

吞菌科(***Family Bacteriovoracaceae***):解杆菌属(*Bacteriolyticum*)(illegitimate genus)-吞小杆菌属(*Bacteriovorax*)-饕杆菌属(*Peredibacter*)

蛭弧菌科(***Family Bdellovibrionaceae***):蛭弧菌属(*Bdellovibrio*)-微弧菌属(*Micavibrio*)-吸吮弧菌属(*Vampirovibrio*)

饕杆菌科(***Family Peredibacteraceae***)(illegitimate):See 吞菌科(*Bacteriovoracaceae*)

脱硫小弓菌目(***Order Desulfarculales***)

脱硫小弓菌科(*Family Desulfarculaceae*):脱硫小弓菌属(*Desulfarculus*)-脱硫化煤菌属(*Desulfocarbo*)

脱硫化杆菌目(*Order Desulfobacterales*)

脱硫化杆菌科(*Family Desulfobacteraceae*):脱硫盐酸竿菌属(*Desulfatibacillum*)-脱硫盐酸杖菌属(*Desulfatiferula*)-脱硫盐酸杆菌属(*Desulfatirhabdium*)-脱硫酸盐针菌属(*Desulfatitalea*)-脱硫化杆菌属(*Desulfobacter*)-脱硫化小杆菌属(*Desulfob-acterium*)-脱硫化橄菌属(*Desulfobacula*)-脱硫化香肠菌属(*Desulfobotulus*)-脱硫化胞菌属(*Desulfocella*)-脱硫化果菌属(*Desulfococcus*)-脱硫化凸菌属(*Desulfoconvexum*)-脱硫化豆菌属(*Desulfofaba*)-脱硫化冻菌属(*Desulfofrigus*)-脱硫化月芽菌属(*Desulfoluna*)-脱硫化芭蕉菌属(*Desulfomusa*)-脱硫化泡碱杆菌属(*Desulfonatronobacter*)-脱硫化线体属(*Desulfonema*)-脱硫化尺菌属(*Desuloregula*)-脱硫化盐单胞菌属(*Desulfosalsimonas*)-脱硫化八球菌属(*Desulfosarcina*)-脱硫化螺体属(*Desulfospira*)-脱硫化枝菌属(*Desulfotignum*)

脱硫球茎科(***Family Desulfobulbaceae***):脱硫化球茎属(*Desulfobulbus*)-脱硫化胶囊菌属(*Desulfocapsa*)-脱硫化棒菌属(*Desulfofustis*)-脱硫化柱菌属(*Desulfopila)-脱硫化李子菌属(*Desulfoprunum*)-脱硫化杆菌属(*Desulforhopalus*)-脱硫化针菌属(*Desulfotalea*)-脱硫弧菌属(*Desulfurivibrio*)

硝化刺科(**Family Nitrospinaceae**):硝化刺属(*Nitrospina*)

脱硫化弧菌目(*Order Desulfovibrionales*)

  脱硫化卤菌科(**Family Desulfohalobiaceae**):脱硫化卤菌属(*Desulfohalobium*)-脱硫化泡碱螺体属(*Desulfonatronospira*)-脱硫化泡碱弧菌属(*Desulfonatronovibrio*)-脱硫化航海菌属(*Desulfonauticus*)-脱硫化热菌属(*Desulfothermus*)-脱硫化蠕菌属(*Desulfovermiculus*)

  脱硫化微菌科(**Family Desulfomicrobiaceae**):脱硫化微菌属(*Desulfomicrobium*)

  脱硫化苏打菌科(**Family Desulfonatronaceae**):脱硫化泡碱菌属(*Desulfonatronum*)

  脱硫化弧菌科(**Family Desulfovibrionaceae**):嗜胆菌属(*Bilophila*)-脱硫化茎菌属(*Desulfobaculum*)-脱硫化曲菌属(*Desulfocurvus*)-脱硫化单胞菌属(*Desulfomonas*)-脱硫化弧菌属(*Desulfovibrio*)-劳逊氏菌属(*Lawsonia*)

脱硫菌目(**Order Desulfurellales**)

  脱硫菌科(**Family Desulfurellaceae**):脱硫菌属(*Desulfurella*)-希普氏菌属(*Hippea*)

脱硫化单胞目(**Order Desulfuromonadales**)

  脱硫化单胞菌科(*Family Desulfuromonadaceae*):脱硫单胞菌属(*Desulfuromonas*)-脱硫芭蕉菌属(*Desulfuromusa*)-丙二酸单胞菌属(*Malonomonas*)-淖杆菌属(*Pelobacter*)

  地杆菌科(*Family Geobacteraceae*):地碱杆菌属(*Geoalkalibacter*)-地杆菌属(*Geobacter*)-地冷杆菌属(*Geopsychrobacter*)-地热杆菌属(*Geothermobacter*)-三氯杆菌属(*Trichlorobacter*)

黏果菌目(*Order Myxococcales*)

  腺杆菌亚目(*Suborder Cystobacterineae*)

    厌氧黏杆菌科(*Anaeromyxobacteraceae*):厌氧黏杆菌属(*Anaeromyxobacter*)

    腺杆菌科(*Family Cystobacteraceae*):首囊菌属(*Archangium*)-腺杆菌属(*Cystobacter*)-玻囊菌属(*Hyalangium*)-蜂囊菌属(*Melittangium*)-斑菌属(*Stigmatella*)

    滑发菌科(*Labilitrichaceae*):滑发菌属(*Labilithrix*)

    黏果菌科(*Family Myxococcaceae*):囊果菌属(*Angiococcus*)-珊果菌属(*Corallococcus*)-黏果菌属(*Myxococcus*)-匣果菌属(*Pyxidicoccus*)

    流行杆菌科(*Vulgatibacteraceae*):流行杆菌属(*Vulgatibacter*)

  侏腺菌亚目(*Suborder Nannocystineae*)

    卤囊菌科(**Family "Haliangiaceae"**):哈莉囊菌属(*Haliangium*)

    考夫勒氏菌科(**Family Kofleriaceae**):考夫勒氏菌属(*Kofleria*)

    侏腺菌科(**Family Nannocystaceae**):水生黏菌属(*Enhygromyxa*)-侏腺菌属

（*Nannocystis*）- 邻腺菌属（*Plesiocystis*）- 假水生黏菌属（*Pseudenhygromyxa*）

堆囊菌亚目（**Suborder Sorangiineae**）

菜豆腺菌科（**Family Phaselicystidaceae**）：菜豆腺菌属（*Phaselicystis*）

多囊菌科（**Family Polyangiaceae**）：吞绶菌属（*Byssovorax*）- 软骨霉菌属（*Chondromyces*）- 扬姓菌属（*Jahnella*）- 多囊菌属（*Polyangium*）- 堆囊菌属（*Sorangium*）

橙色菌科（**Family Sandaracinaceae**）：橙色菌属（*Sandaracinus*）

互营杆菌目（**Order Syntrophobacterales**）

互营菌科（**Family Syntrophaceae**）：脱硫化橄菌属（*Desulfobacca*）- 脱硫化念珠菌属（*Desulfomonile*）- 史密斯姓菌属（*Smithella*）- 互营醋菌属（*Syntrophus*）

互营杆菌科（**Family Syntrophobacteraceae**）：脱硫葡菌属（*Desulfacinum*）- 脱硫化集菌属（*Desulfoglaeba*）- 脱硫化杆菌属（*Desulforhabdus*）- 脱硫化体属（*Desulfosoma*）- 脱硫化幡菌属（*Desulfovirga*）- 互营杆菌属（*Syntrophobacter*）- 热脱硫化杆菌属（*Thermodesulforhabdus*）

目尚未命名的（**Unnamed Order**）

互营杆菌科（**Family Syntrophorhabdaceae**）：互营杆菌属（*Syntrophorhabdus*）

德尔塔变形杆菌纲中未分类的（Unclassified Deltaproteobacteria）：脱铁体属（*Deferrisoma*）- 歧硫杆菌属（*Dissulfuribacter*）

埃普西隆变形菌纲（**Class Epsilonproteobacteria**）

弯曲杆菌目（**Order Campylobacterales**）

弯曲杆菌科（**Family Campylobacteraceae**）：弓杆菌属（*Arcobacter*）- 弯曲杆菌属（*Campylobacter*）- 脱卤小螺体属（*Dehalospirillum*）- 硫小螺体属（*Sulfurospirillum*）

蛳杆菌科（**Family Helicobacteraceae**）：蛳杆菌属（*Helicobacter*）- 硫曲菌属（*Sulfuricurvum*）- 硫单胞属（*Sulfurimonas*）- 硫卵菌属（*Sulfurovum*）- 瘤小卵菌属（*Thiovulum*）- 沃林姓菌属（*Wolinella*）

氢单胞菌科（**Family "Hydrogenimonaceae"**）：氢单胞菌属（*Hydrogenimonas*）

鹦鹉螺号目（**Order Nautiliales**）

鹦鹉螺号科（**Family Nautiliaceae**）：炉杆菌属（*Caminibacter*）- 铜锅单胞菌属（*Lebetimonas*）- 鹦鹉螺号属（*Nautilia*）- 硝酸盐裂解属（*Nitratifractor*）- 硝酸盐破解属（*Nitratiruptor*）- 瘤还原菌属（*Thioreductor*）

伽马变形菌纲（**Class Gammaproteobacteria**）

酸硫竿菌目（**Order Acidithiobacillales**）

酸瘤杆菌科（**Family Acidithiobacillaceae**）：酸瘤竿菌属（*Acidithiobacillus*）

热瘤竿菌科（**Family Thermithiobacillaceae**）：热瘤竿菌属（*Thermithiobacillus*）

气单胞菌目（**Order Aeromonadales**）

气单胞菌科（**Family Aeromonadaceae**）：气单胞菌属（*Aeromonas*）- 洋单胞属

（*Oceanimonas*）-洋球属（*Oceanisphaera*）-甲苯单胞菌属（*Tolumonas*）-佐贝尔姓菌属（*Zobellella*）

琥珀酸弧菌科（**Family Succinivibrionaceae**）：厌氧生小螺体属（*Anaerobiospirillum*）-瘤胃杆菌属（*Ruminobacter*）-琥珀酸盐单胞属（*Succinatimonas*）-琥珀酸单胞属（*Succinimonas*）-琥珀酸弧菌属（*Succinivibrio*）

另单胞目（**Order Alteromonadales**）

另单胞科（**Family Alteromonadaceae**）：潮滩杆菌属（*Aestuariibacter*）-吞琼菌属（*Agarivorans*）-异吞琼菌属（*Aliagarivorans*）-异希万姓菌属（*Alishewanella*）-另单胞属（*Alteromonas*）-苞曼姓菌属（*Bowmanella*）-链小卵菌属（*Catenovulum*）-冰栖菌属（*Glaciecola*）-哈莉菌属（*Haliea*）-海微菌属（*Marinimicrobium*）-海之杆菌属（*Marinobacter*）-海小杆菌属（*Marinobacterium*）-墨利忒菌属（*Melitea*）-微携球茎属（*Microbulbifer*）-噬糖菌属（*Saccharophagus*）-盐场单胞属（*Salinimonas*）

快游单胞菌科（**Family Celerinatantimonadaceae**）：快游单胞菌属（*Celerinatantimonas*）

科维尔氏菌科（**Family Colwelliaceae**）：科维尔氏菌属（*Colwellia*）-塔拉萨单胞菌属（*Thalassomonas*）

铁单胞菌科（**Family Ferrimonadaceae**）：铁单胞菌属（*Ferrimonas*）-副铁单胞菌属（*Paraferrimonas*）

海源菌科（**Family Idiomarinaceae**）：异海源菌属（*Aliidiomarina*）-海源菌属（*Idiomarina*）-假海源菌属（*Pseudidiomarina*）

莫里塔姓菌科（**Family Moritellaceae**）：莫里塔姓菌属（*Moritella*）-副莫里塔姓菌属（*Paramoritella*）

假另单胞科（**Family Pseudoalteromonadaceae**）：藻栖菌属（*Algicola*）-假另单胞属（*Pseudoalteromonas*）-冷球菌属（*Psychrosphaera*）

冷单胞科（**Family Psychromonadaceae**）：冷单胞属（*Psychromonas*）

希万姓菌科（**Family Shewanellaceae**）：希万姓菌属（*Shewanella*）

另单胞目中未分类的属（Unclassified Alteromonadales）：艾欧尼亚菌属（*Eionea*）-黄海菌属（*Gilvimarinus*）-海曲菌属（*Maricurvus*）-根井姓菌属（*Neiella*）-假船蛆科杆菌属（*Pseudoteredinibacter*）-船蛆科杆菌属（*Teredinibacter*）

心小杆菌目（**Order Cardiobacteriales**）

心杆菌科（**Family Cardiobacteriaceae**）：心小杆菌属（*Cardiobacterium*）-腐蹄杆菌属（*Dichelobacter*）-萨顿姓菌属（*Suttonella*）

色菌目（**Order Chromatiales**）

色菌科（**Family Chromatiaceae**）：异色菌属（*Allochromatium*）-变杆菌属（*Amoebobacter*）-色菌属（*Chromatium*）-卤色菌属（*Halochromatium*）-等色菌属（*Isochromatium*）-亮杆菌属（*Lamprobacter*）-亮腺菌属（*Lamprocystis*）-海色菌属

(*Marichromatium*)-亚硝化果属(*Nitrosococcus*)-芬尼氏菌属(*Pfennigia*)-棕色菌属(*Phaeochromatium*)-杵色菌属(*Rhabdochromatium*)-莱茵海默氏菌属(*Rheinheimera*)-热色菌属(*Thermochromatium*)-磠碱果菌属(*Thioalkalicoccus*)-磠橄菌属(*Thiobaca*)-磠胶囊菌属(*Thiocapsa*)-磠果菌属(*Thiococcus*)-磠腺菌属(*Thiocystis*)-磠网菌属(*Thiodictyon*)-磠黄果菌属(*Thioflavicoccus*)-磠卤胶囊菌属(*Thiohalocapsa*)-磠亮卵菌属(*Thiolamprovum*)-磠平菌属(*Thiopedia*)-磠棕果菌属(*Thiophaeococcus*)-磠玫果菌属(*Thiorhodococcus*)-磠玫弧菌属(*Thiorhodovibrio*)-磠小螺体属(*Thiospirillum*)

外磠玫螺体科(Family Ectothiorhodospiraceae):酸铁杆菌属(*Acidiferrobacter*)-碱池栖菌属(*Alkalilimnicola*)-碱小螺体属(*Alkalispirillum*)-盐水单胞菌属(*Aquisalimonas*)-勿玫瑰单胞菌属(*Arhodomonas*)-外磠玫弯菌属(*Ectothiorhodosinus*)-外磠玫螺体属(*Ectothiorhodospira*)-卤玫螺体属(*Halorhodospira*)-泡碱胞菌属(*Natronocella*)-硝化果菌属(*Nitrococcus*)-螺杆菌属(*Spiribacter*)-磠素菌属(*Thioalbus*)-磠碱弧菌属(*Thioalkalivibrio*)-磠卤螺体属(*Thiohalospira*)-磠玫螺体属(*Thiorhodospira*)

粒果菌科(**Family Granulosicoccaceae**):粒果菌属(*Granulosicoccus*)

卤磠竿菌科(Family Halothiobacillaceae):卤磠竿菌属(*Halothiobacillus*)-磠碱杆菌属(*Thioalkalibacter*)-磠豆菌属(*Thiofaba*)-磠幡菌属(*Thiovirga*)

磠碱螺体科(Family Thioalkalispiraceae):磠碱螺体属(*Thioalkalispira*)-嗜磠卤菌属(*Thiohalophilus*)-磠深渊菌属(*Thioprofundum*)

肠小杆菌目(Order "Enterobacteriales")

肠小杆菌科(Family Enterobacteriaceae):灭雄菌属(*Arsenophonus*)-生膜栖菌属(*Biostraticola*)-布伦纳氏菌属(*Brenneria*)-布赫纳氏菌属(*Buchnera*)-布德韦斯菌属(*Budvicia*)-布丘姓菌属(*Buttiauxella*)-鞘小杆菌属(*Calymmatobacterium*)-美疾控菌属(*Cedecea*)-柠檬杆菌属(*Citrobacter*)-科森扎氏菌属(*Cosenzaea*)-克洛诺斯杆菌属(*Cronobacter*)-迪克氏菌属(*Dickeya*)-爱德华姓菌属(*Edwardsiella*)-肠杆菌属(*Enterobacter*)-欧文氏菌属(*Erwinia*)-埃希氏菌属(*Escherichia*)-埃尔文姓菌属(*Ewingella*)-吉布斯姓菌属(*Gibbsiella*)-哈夫尼亚菌属(*Hafnia*)-克雷伯姓菌属(*Klebsiella*)-克鲁瓦尔氏菌属(*Kluyvera*)-勒克勒氏菌属(*Leclercia*)-里米诺姓菌属(*Leminorella*)-莱文氏菌属(*Levinea*)-朗斯代尔氏菌属(*Lonsdalea*)-红树杆菌属(*Mangrovibacter*)-莫勒姓菌属(*Moellerella*)-摩根姓菌属(*Morganella*)-肥小杆属(*Obesumbacterium*)-泛属(*Pantoea*)-果胶小杆菌属(*Pectobacterium*)-菜豆杆菌属(*Phaseolibacter*)-光杆菌属(*Photorhabdus*)-邻单胞菌属(*Plesiomonas*)-布拉格菌属(*Pragia*)-变形属(*Proteus*)-普罗维登斯菌属(*Providencia*)-拉恩姓菌属(*Rahnella*)-劳尔特姓菌属(*Raoultella*)-糖杆菌属(*Saccharobacter*)-沙门姓菌属(*Salmonella*)-

叁逊氏菌属（*Samsonia*）- 沙雷氏属（*Serratia*）- 志贺姓菌属（*Shigella*）- 辛威尔氏菌属（*Shimwellia*）- 同伴菌属（*Sodalis*）- 塔特姆姓菌属（*Tatumella*）- 托塞尔氏菌属（*Thorsellia*）- 特拉布斯姓菌属（*Trabulsiella*）- 维格尔斯沃斯氏菌属（*Wigglesworthia*）- 外杵菌属（*Xenorhabdus*）- 耶尔森氏菌属（*Yersinia*）- 预研菌属（*Yokenella*）

军团菌目（Order Legionellales）

考克斯姓体科（Family Coxiellaceae）：水胞菌属（*Aquicella*）- 考克斯姓体属（*Coxiella*）- 双立克次体（*Diplorickettsia*）

军团菌科（**Family Legionellaceae**）：荧杆菌属（*Fluoribacter*）- 军团菌属（*Legionella*）- 肉菌属（*Sarcobium*）- 塔特洛克氏菌属（*Tatlockia*）

军团菌目中未分类的属（Unclassified Legionellales）：立克次姓体属（*Rickettsiella*）

甲基果菌目（Order Methylococcales）

汩发菌科（Family Crenotrichaceae）：汩发菌属（*Crenothrix*）

甲基果菌科（Family Methylococcaceae）：甲基杆菌属（*Methylobacter*）- 甲基烫菌属（*Methylocaldum*）- 甲基果菌属（*Methylococcus*）- 甲基盖亚菌属（*Methylogaea*）- 甲基海菌属（*Methylomarinum*）- 甲基微菌属（*Methylomicrobium*）- 甲基单胞菌属（*Methylomonas*）- 甲基八球菌属（*Methylosarcina*）- 甲基体属（*Methylosoma*）- 甲基球菌属（*Methylosphaera*）- 甲基小卵菌属（*Methylovulum*）

甲基热菌科（*Methylothermaceae*）：甲基卤菌属（*Methylohalobius*）- 甲基海卵菌属（*Methylomarinovum*）- 甲基热菌属（*Methylothermus*）

洋小螺体目（Order Oceanospirillales）

吞烷菌科（**Family Alcanivoracaceae**）：吞烷菌属（*Alcanivorax*）- 底杆菌属（*Fundibacter*）- 姜姓菌属（*Kangiella*）

河姓菌科（**Family Hahellaceae**）：兽内单胞菌属（*Endozoicomonas*）- 河姓菌属（*Hahella*）- 卤脊菌属（*Halospina*）- 韩科技所单胞菌属（*Kistimonas*）- 宗植姓菌属（*Zooshikella*）

卤单胞菌科（Family Halomonadaceae）：艾丁单胞菌属（*Aidingimonas*）- 肉单胞菌属（*Carnimonas*）- 色卤杆菌属（*Chromohalobacter*）- 科贝特氏菌属（*Cobetia*）- 德莱氏菌属（*Deleya*）- 卤单胞菌属（*Halomonas*）- 卤针菌属（*Halotalea*）- 卤弧菌属（*Halovibrio*）- 库什纳氏菌属（*Kushneria*）- 适盐杆菌属（*Modicisalibacter*）- 盐场栖菌属（*Salinicola*）- 沃坎尼姓菌属（*Volcaniella*）- 酵杆菌属（*Zymobacter*）

栖海岸菌科（**Family Litoricolaceae**）：岸栖菌属（*Litoricola*）

洋小螺体科（Family Oceanospirillaceae）：洋仙女菌属（*Amphritea*）- 浴工菌属（*Balneatrix*）- 伯曼姓菌属（*Bermanella*）- 珊单胞菌属（*Corallomonas*）- 海单胞菌属（*Marinomonas*）- 海小螺体属（*Marinospirillum*）- 尼普顿杆属（*Neptuniibacter*）- 尼普顿单胞属（*Neptunomonas*）- 苏打栖属（*Nitrincola*）- 洋小蛇属（*Oceaniser-*

pentilla)-洋杆菌属(*Oceanobacter*)-洋小螺体属(*Oceanospirillum*)-油杆属(*Oleibacter*)-油螺体属(*Oleispira*)-假小螺体属(*Pseudospirillum*)-瑞英克岛菌属(*Reinekea*)-中华小杆菌属(*Sinobacterium*)-海枊菌属或塔拉萨枊菌属(*Thalassolituus*)

嗜油科(*Family Oleiphilaceae*):嗜油属(*Oleiphilus*)

糖小螺体科(*Family "Saccharospirillaceae"*):糖小螺体属(*Saccharospirillum*)-盐场小螺体属(*Salinispirillum*)

洋小螺体目中未分类的属(**Unclassified Oceanospirillales**):盐栖菌属(*Salicola*)-海绵螺体属(*Spongiispira*)

孤儿目(**Order Orbales**)

孤儿科(***Family Orbaceae***):吉列姆姓菌属(*Gilliamella*)-孤儿属(*Orbus*)

巴斯德姓菌目(**Order Pasteurellales**)

巴斯德姓菌科(***Family Pasteurellaceae***):放线竿菌属(*Actinobacillus*)-聚杆菌属(*Aggregatibacter*)-鸟小杆菌属(*Avibacterium*)-巴斯夫厂菌属(*Basfia*)-比贝尔斯泰氏菌属(*Bibersteinia*)-比斯高氏菌属(*Bisgaardia*)-乌龟杆菌属(*Chelonobacter*)-鸡小杆菌属(*Gallibacterium*)-嗜血菌属(*Haemophilus*)-嗜组织菌属(*Histophilus*)-龙帕恩菌属(*Lonepinella*)-曼海姆氏菌属(*Mannheimia*)-拟尸杆菌属(*Necropsobacter*)-尼科利特姓属(*Nicoletella*)-海象狮斜杆菌属(*Otari-odibacter*)-巴斯德姓菌属(*Pasteurella*)-鼠海豚杆菌属(*Phocoenobacter*)-鸟杆菌属(*Volucribacter*)

假单胞菌目(**Order Pseudomonadales**)

莫拉姓菌科(***Family Moraxellaceae***):不运杆菌属(*Acinetobacter*)-需烷菌属(*Alkanindiges*)-布兰姆姓菌属(*Branhamella*)-水生杆菌属(*Enhydrobacter*)-莫拉姓菌属(*Moraxella*)-副透橄菌属(*Paraperlucidibaca*)-透橄菌属(*Perlucidibaca*)-冷杆菌属(*Psychrobacter*)

假单胞科(***Family Pseudomonadaceae***):氮单胞菌属(*Azomonas*)-氮单发菌属(*Azomonotrichon*)-嗜氮根菌属(*Azorhizophilus*)-氮杆菌属(*Azotobacter*)-纤维弧菌属(*Cellvibrio*)-金单胞菌属(*Chryseomonas*)-黄单胞菌属(*Flavimonas*)-嗜中杆菌属(*Mesophilobacter*)-假单胞属(*Pseudomonas*)-根杆菌属(*Rhizobacter*)-皱单胞属(*Rugamonas*)-蛇菌属(*Serpens*)

假单胞菌目中未分类的(Unclassified Pseudomonadales):茶山菌属(*Dasania*)

盐球菌目(**Order "Salinisphaerales"**)

盐球菌科(***Family "Salinisphaeraceae"***):盐球菌属(*Salinisphaera*)

硫发菌目(**Order Thiotrichales**)

弗朗西斯姓菌科(***Family Francisellaceae***):弗朗西斯姓菌属(*Francisella*)

鱼立克次体科(***Family Piscirickettsiaceae***):劈轮菌属(*Cycloclasticus*)-葭伦妮

菌属(*Galenea*)-氢弧菌属(*Hydrogenovibrio*)-噬甲基菌属(*Methylophaga*)-鱼立克次体属(*Piscirickettsia*)-硫幡菌属(*Sulfurivirga*)-碯碱微菌属(*Thioalkalimicrobium*)-碯微螺体属(*Thiomicrospira*)

碯发菌科(**Family Thiotrichaceae**)：勿色菌属(*Achromatium*)-贝日阿托氏菌属(*Beggiatoa*)-蜗牛单胞菌属(*Cocleimonas*)-明发菌属(*Leucothrix*)-碯小杆菌属(*Thiobacterium*)-碯珍珠菌属(*Thiomargarita*)-碯辫菌属(*Thioploca*)-碯螺体属(*Thiospira*)-碯发菌属(*Thiothrix*)

硫发菌目中未分类的(Unclassified Thiotrichales)：屠杆菌属(*Caedibacter*)-方氏菌属(*Fangia*)

"弧菌目"(**Order "Vibrionales"**)

弧菌科(**Family Vibrionaceae**)：异弧菌属(*Aliivibrio*)-异单胞菌属(*Allomonas*)-贝纳克氏菌属(*Beneckea*)-链果菌属(*Catenococcus*)-海胆单胞菌属(*Echinimonas*)-肠弧菌属(*Enterovibrio*)-格里蒙特氏菌属(*Grimontia*)-利斯顿姓菌属(*Listonella*)-光小杆菌属(*Lucibacterium*)-光小杆菌属(*Photobacterium*)-盐弧菌属(*Salinivibrio*)-弧菌属(*Vibrio*)

黄单胞目(**Order Xanthomonadales**)

嗜藻菌科(**Family Algiphilaceae**)：嗜藻菌属(*Algiphilus*)

涅瓦河科(**Family Nevskiaceae**)：噬烃菌属(*Hydrocarboniphaga*)-涅瓦河属(*Nevskia*)

中华杆菌科(**Family Sinobacteraceae**)：见壤单胞菌科(*Solimonadaceae.*)

壤单胞菌科(**Family Solimonadaceae**)：泉单胞菌属(*Fontimonas*)-中华杆菌属(*Sinobacter*)-壤单胞菌属(*Solimonas*)

黄单胞科(**Family Xanthomonadaceae**)：水单胞菌属(*Aquimonas*)-沙单胞菌属(*Arenimonas*)-素单胞菌属(*Aspromonas*)-独岛菌属(*Dokdonella*)-带姓菌属(*Dyella*)-弗拉特氏菌属(*Frateuria*)-黄棕单胞菌属(*Fulvimonas*)-伊格纳兹希纳氏菌属(*Ignatzschineria*)-橙黄杆菌属(*Luteibacter*)-橙黄单胞菌属(*Luteimonas*)-松散杆菌属(*Lysobacter*)-金属小杆菌属(*Metallibacterium*)-水恒杆菌属(*Mizugakiibacter*)-参农单胞菌属(*Panacagrimonas*)-假黄棕胞属(*Pseudofulvimonas*)-假黄单胞属(*Pseudoxanthomonas*)-隆河杆菌属(*Rhodanobacter*)-韩农发局菌属(*Rudaea*)-喷泉单胞菌属(*Silanimonas*)-窄营单胞属(*Stenotrophomonas*)-热单胞菌属(*Thermomonas*)-污蝇单胞属(*Wohlfahrtiimonas*)-黄单胞属(*Xanthomonas*)-小木菌属(*Xylella*)

黄单胞目中未分类的属(Unclassified Xanthomonadales)：烷杆菌属(*Alkanibacter*)-奇单胞属(*Singularimonas*)-中华杆菌属(*Sinobacter*)-甾类杆菌属(*Steroidobacter*)

伽马变形菌纲中未分类的属(**Unclassified Gammaproteobacteria**)：碱单胞菌属(*Alkalimonas*)-沙胞菌属(*Arenicella*)-色曲菌属(*Chromatocurvus*)-团杆菌属

（*Congregibacter*）- 加叻西单胞菌属（*Gallaecimonas*）- 哈莉璆菌属（*Halioglobus*）- 海胞菌属（*Marinicella*）- 甲基卤单胞菌属（*Methylohalomonas*）- 甲基泡碱菌属（*Methylonatrum*）- 塑聚菌属（*Plasticicumulans*）- 港果菌属（*Porticoccus*）- 沉积栖菌属（*Sedimenticola*）- 志津氏菌属（*Simiduia*）- 壤单胞菌属（*Solimonas*）- 海绵杆菌属（*Spongiibacter*）- 硫卤杆菌属（*Thiohalobacter*）- 硫卤单胞菌属（*Thiohalomonas*）- 硫卤杆菌属（*Thiohalorhabdus*）- 昌螺杆菌属（*Umboniibacter*）- 中山菌属（*Zhongshania*）

泽塔变形菌纲（**Class "Zetaproteobacteria"**）或 ζ-变形菌纲

  深海菌目（**Order "Mariprofundales"**）

    深海菌科（**Family "Mariprofundaceae"**）：深海菌属（*Mariprofundus*）

螺旋体门（**Phylum "Spirochaetes" or "Spirochaetae"**）

  螺旋体纲（**Class Spirochaetes**）

    螺旋体目（**Order Spirochaetales**）

      矮螺体科（**Family Brachyspiraceae**）：矮螺体属（*Brachyspira*）- 小蛇般菌属（*Serpulina*）

      短线体科（**Family Brevinemataceae**）：短线体属（*Brevinema*）

      细螺体科（**Family Leptospiraceae**）：细线体属（*Leptonema*）- 细螺体属（*Leptospira*）- 特纳姓体属（*Turneriella*）

      螺旋体科（**Family Spirochaetaceae**）：宝莱氏菌属（*Borrelia*）- 克利夫兰氏菌属（*Clevelandina*）- 脊螺体属（*Cristispira*）- 霍兰德氏菌属（*Diplocalyx*）- 双罩菌属（*Hollandina*）- 皮洛氏菌属（*Pillotina*）- 球旋体属（*Sphaerochaeta*）- 螺旋体属（*Spirochaeta*）- 旋线体属或密螺旋体属（*Treponema*）

    螺旋体目中未分类的属（Unclassified Spirochaetales）：纤细螺体属（*Exilispira*）

协生菌门（**Phylum "Synergistetes"**）

  协生菌纲（**Class Synergistia**）

    协生菌目（**Order Synergistales**）

      协生菌科（**Family Synergistaceae**）：嗜胺菌属（*Aminiphilus*）- 胺小杆菌属（*Aminobacterium*）- 胺单胞菌属（*Aminomonas*）- 厌氧茎菌属（*Anaerobaculum*）- 排污管竿菌属（*Cloacibacillus*）- 脱硫代硫酸盐弧菌属（*Dethiosulfovibrio*）- 傍小杆菌属（*Fretibacterium*）- 荣凯姓菌属（*Jonquetella*）- 金字塔杆菌属（*Pyramidobacter*）- 协生菌属（*Synergistes*）- 热厌氧弧菌属（*Thermanaerovibrio*）- 热幡菌属（*Thermovirga*）

软皮菌门（**Phylum "Tenericutes"**）

  柔膜菌纲（**Class Mollicutes**）

    勿胆体目（**Order Acholeplasmatales**）

      勿胆体科（**Family Acholeplasmataceae**）：勿胆原体属（*Acholeplasma*）

    厌氧原体目（**Order Anaeroplasmatales**）

      厌氧原体科（**Family Anaeroplasmataceae**）：厌氧原体属（*Anaeroplasma*）- 无固

醇原体属（*Asteroleplasma*）

昆虫原体目（*Order Entomoplasmatales*）

　　昆虫原体科（*Family Entomoplasmataceae*）：昆虫原体属（*Entomoplasma*）- 中原体属（*Mesoplasma*）

　　螺原体科（*Family Spiroplasmataceae*）：螺原体属（*Spiroplasma*）

卤原体目（*Order Haloplasmatales*）

　　卤原体科（*Family Haloplasmataceae*）：卤原体属（*Haloplasma*）

支原体目（*Order Mycoplasmatales*）

　　支原体科（*Family Mycoplasmataceae*）：附赤兽体属（*Eperythrozoon*）- 血巴通姓菌属（*Haemobartonella*）- 支原体属（*Mycoplasma*）- 脲原体属（*Ureaplasma*）

热脱硫化小杆菌门（*Phylum* "*Thermodesulfobacteria*"）

热脱硫化小杆菌纲（*Class Thermodesulfobacteria*）

热脱硫化小杆菌目（*Order Thermodesulfobacteriales*）

　　热脱硫化小杆菌科（*Family Thermodesulfobacteriaceae*）：烫微菌属（*Caldimicrobium*）- 热脱硫酸盐菌属（*Thermodesulfatator*）- 热脱硫化小杆菌属（*Thermodesulfobacterium*）- 热硫单胞菌属（*Thermosulfurimonas*）

热微菌门（*Phylum* "*Thermomicrobia*"）

绿弯菌门见（*Phylum* "*Chloroflexi*"）

热袍菌门（*Phylum* "*Thermotogae*"）

热袍菌纲（*Class Thermotogae*）

热袍菌目（*Order Thermotogales*）

　　热袍菌科（*Family Thermotogaceae*）：污水袍菌属（*Defluviitoga*）- 炽小杆菌属（*Fervidobacterium*）- 地袍菌属（*Geotoga*）- 宇袍菌属（*Kosmotoga*）- 海袍菌属（*Marinitoga*）- 中袍菌属（*Mesotoga*）- 洋袍菌属（*Oceanotoga*）- 石袍菌属（*Petrotoga*）- 热果状菌属（*Thermococcoides*）- 热吸管菌属（*Thermosipho*）- 热袍菌属（*Thermotoga*）

疣微菌门（*Phylum* "*Verrucomicrobia*"）

疣微菌纲（*Class Verrucomicrobiae*）

疣微菌目（*Order Verrucomicrobiales*）

　　阿克曼氏菌科（*Family Akkermansiaceae*）：阿克曼氏菌属（*Akkermansia*）

　　红针菌科（*Family Rubritaleaceae*）：红针菌属（*Rubritalea*）

　　疣微菌科（*Family Verrucomicrobiaceae*）：卤杖菌属（*Haloferula*）- 淡黄杆菌属（*Luteolibacter*）- 桃杵属（*Persicirhabdus*）- 突柄杆菌属（*Prosthecobacter*）- 玫瑰竿菌属（*Roseibacillus*）- 玫瑰微菌属（*Roseimicrobium*）- 疣微菌属（*Verrucomicrobium*）

奥普丝祐纲（*Class Opitutae*）

奥普丝祐目（*Order Opitutales*）
　　奥普丝祐科（*Family Opitutaceae*）：另果菌属（*Alterococcus*）- 奥普丝祐菌属（*Opitutus*）
桃红果菌目（*Order Puniceicoccales*）
　　桃红果菌科（*Family Puniceicoccaceae*）：樱桃果菌属（*Cerasicoccus*）- 珊珠菌属（*Coraliomargarita*）- 外海果菌属（*Pelagicoccus*）- 桃红果菌属（*Puniceicoccus*）

古菌域（**Domain "Archaea"**）

古菌门：5门。

泉古菌门（*"Crenarchaeota"*）- 广古菌门（*"Euryarchaeota"*）- 初古菌门（*"Korarchaeota"*）- 纳古菌门（*"Nanoarchaeota"*）- 奇古菌门（*"Thaumarchaeota"*）

泉古菌门（*Phylum "Crenarchaeota"*）
　热变形菌纲或者泉古菌纲（*Class Thermoprotei or Crenarchaeota*）
　　酸叶菌目（*Order Acidilobales*）
　　　酸叶菌科（*Family Acidilobaceae*）：酸叶菌属（*Acidilobus*）
　　　烫球菌科（*Family Caldisphaeraceae*）：烫球菌属（*Caldisphaera*）
　　脱硫化果菌目（*Order Desulfurococcales*）
　　　脱硫化果菌科（*Family Desulfurococcaceae*）：气火菌属（*Aeropyrum*）- 脱硫果菌属（*Desulfurococcus*）- 焱果菌属（*Ignicoccus*）- 焱球菌属（*Ignisphaera*）- 葡萄热菌属（*Staphylothermus*）- 斯泰特氏菌属（*Stetteria*）- 恐硫果菌属（*Sulfophobococcus*）- 热盘菌属（*Thermodiscus*）- 热球菌属（*Thermosphaera*）
　　　火网菌科（*Family Pyrodictiaceae*）：超热菌属（*Hyperthermus*）- 火网菌属（*Pyrodictium*）- 火叶菌属（*Pyrolobus*）
　　灼果菌目（*Order Fervidicoccales*）
　　　灼果菌科（*Family Fervidicoccaceae*）：炽果菌属（*Fervidicoccus*）
　　硫叶菌目（*Order Sulfolobales*）
　　　硫叶菌科（*Family Sulfolobaceae*）：酸双面菌属（*Acidianus*）- 脱硫璆菌属（*Desulfwroglobus*）- 金属球菌属（*Metallosphaera*）- 冥河叶菌属（*Stygiolobus*）- 硫叶菌属（*Sulfolobus*）- 硫球菌属（*Sulfurisphaera*）- 硫果菌属（*Sulfurococcus*）
　　热变形菌目（*Order Thermoproteales*）
　　　热丝菌科（*Family Thermofilaceae*）：热丝菌属（*Thermofilum*）
　　　热变形菌科（*Family Thermoproteaceae*）：烫幡菌属（*Caldivirga*）- 火茎菌属（*Pyrobaculum*）- 热苗菌属（*Thermocladium*）- 热变形菌属（*Thermoproteus*）- 火山鬃菌属或沃尔坎鬃菌属（*Vulcanisaeta*）

广古菌门（*Phylum "Euryarchaeota"*）
　古璆菌纲（*Class Archaeoglobi*）
　　古璆菌目（*Order Archaeoglobales*）

古球菌科(*Family Archaeoglobaceae*)：古球菌属(*Archaeoglobus*) - 铁球菌属(*Ferroglobus*) - 地球菌属(*Geoglobus*)

卤杆菌纲或者卤甲烷杆菌纲(***Class Halobacteria or Halomebacteria***)

  卤小杆菌目(***Order Halobacteriales***)

    卤小杆菌科(*Family Halobacteriaceae*)：卤适菌属(*Haladaptatus*) - 卤碱果属(*Halalkalicoccus*) - 卤古菌属(*Halarchaeum*) - 卤阳菌属(*Halapricum*) - 卤古生菌属(*Haloarchaeobius*) - 卤盒菌属(*Haloarcula*) - 卤小杆菌属(*Halobacterium*) - 卤茎菌属(*Halobaculum*) - 卤美菌属(*Halobellus*) - 卤双形菌属(*Halobiforma*) - 卤果菌属(*Halococcus*) - 卤肥菌属(*Haloferax*) - 卤几何菌属(*Halogeometricum*) - 卤粒菌属(*Halogranum*) - 卤薄片菌属(*Halolamina*) - 卤海菌属(*Halomarina*) - 卤微菌属(*Halomicrobium*) - 卤南方菌属(*Halonotius*) - 卤远海菌属(*Halopelagius*) - 卤内陆菌属(*Halopenitus*) - 卤懒菌属(*Halopiger*) - 卤平菌属(*Haloplanus*) - 卤方菌属(*Haloquadratum*) - 卤杆菌属(*Halorhabdus*) - 卤东方菌属(*Halorientalis*) - 卤红菌属(*Halorubrum*) - 卤八球菌属(*Halosarcina*) - 卤简菌属(*Halosimplex*) - 卤湖栖菌属(*Halostagnicola*) - 卤土生菌属(*Haloterrigena*) - 卤雅菌属(*Halovenus*) - 卤旺菌属(*Halovivax*) - 泡碱素菌属(*Natrialba*) - 泡碱线体属(*Natrinema*) - 泡碱古菌属(*Natronoarchaeum*) - 泡碱小杆属(*Natronobacterium*) - 泡碱果属(*Natronococcus*) - 泡碱池菌属(*Natronolimnobius*) - 泡碱单胞属(*Natronomonas*) - 泡碱红菌属(*Natronorubrum*) - 盐古菌属(*Salarchaeum*) - 盐场粒菌属(*Salinigranum*)

甲烷小杆菌纲(*Class Methanobacteria*)

  甲烷小杆菌目(*Order Methanobacteriales*)

    甲烷小杆菌科(*Family Methanobacteriaceae*)：甲烷小杆菌属(*Methanobacterium*) - 甲烷短杆菌属(*Methanobrevibacter*) - 甲烷球菌属(*Methanosphaera*) - 甲烷热杆菌属(*Methanothermobacter*)

    甲烷热菌科(*Family Methanothermaceae*)：甲烷热菌属(*Methanothermus*)

甲烷果菌纲或者甲烷热菌纲(*Class Methanococci or Methanothermea*)

  甲烷果菌目(***Order Methanococcales***)

    甲烷烫果菌科(***Family Methanocaldococcaceae***)：甲烷烫果菌属(*Methanocaldococcus*) - 甲烷烙菌属(*Methanotorris*)

    甲烷果菌科(***Family Methanococcaceae***)：甲烷果菌属(*Methanococcus*) - 甲烷热果菌属(*Methanothermococcus*)

"甲烷微菌纲"(***Class "Methanomicrobia"***)

  甲烷胞菌目(***Order Methanocellales***)

    甲烷胞菌科(***Family Methanocellaceae***)：甲烷胞菌属(*Methanocella*)

  甲烷微菌目(***Order Methanomicrobiales***)

甲烷小体科(*Family Methanocorpusculaceae*)：甲烷小体属(*Methanocorpusculum*)
甲烷微菌科(*Family Methanomicrobiaceae*)：甲烷袋菌属(*Methanoculleus*)-甲烷垫菌属(*Methanofollis*)-甲烷生菌属(*Methanogenium*)-甲烷衣襟菌属(*Methanolacinia*)-甲烷微菌属(*Methanomicrobium*)-甲烷平菌属(*Methanoplanus*)
甲烷尺菌科(*Family Methanoregulaceae*)：甲烷缕菌属(*Methanolinea*)-甲烷尺菌属(*Methanoregula*)-甲烷小球菌属(*Methanosphaerula*)
甲烷小螺体科(*Family Methanospirillaceae*)：甲烷小螺体属(*Methanospirillum*)
甲烷卵石菌科(*Family Methanocalculaceae*)：甲烷卵石菌属(*Methanocalculus*)
甲烷八球菌目(*Order Methanosarcinales*)
甲烷鬃毛菌科(*Family Methanosaetaceae*)(不合规名)
甲烷鬃菌属(*Methanosaeta*)(不合规名)-甲烷发菌属(*Methanothrix*)
甲烷八球菌科(*Family Methanosarcinaceae*)：卤甲烷果菌属(*Halomethanococcus*)-甲烷微果菌属(*Methanimicrococcus*)-甲烷果状菌属(*Methanoco-ccoides*)-甲烷卤菌属(*Methanohalobium*)-甲烷嗜卤菌属(*Methanohalophilus*)-甲烷叶菌属(*Methanolobus*)-甲烷吞甲基菌属(*Methanomethylovorans*)-甲烷盐菌属(*Methanosalsum*)-甲烷八球菌属(*Methanosarcina*)
甲烷微果菌科(*Family Methermicoccaceae*)：甲热果菌属(*Methermicoccus*)
甲烷微菌纲中尚未分类的(Unclassified "Methanomicrobia")：甲烷马西利亚果菌属(*Methanomassiliicoccus*)
甲烷火菌纲(*Class Methanopyri*)
甲烷火菌目(*Order Methanopyrales*)
甲烷火菌科(*Family Methanopyraceae*)：甲烷火菌属(*Methanopyrus*)
热果菌纲或者原古菌属(*Class Thermococci or Protoarchaea*)
热果菌目(*Order Thermococcales*)
热果菌科(*Family Thermococcaceae*)：古果菌属(*Palaeococcus*)-火果菌属(*Pyrococcus*)-热果菌属(*Thermococcus*)
热原体纲(*Class Thermoplasmata*)
热原体目(*Order Thermoplasmatales*)
亚铁原体科(*Family Ferroplasmaceae*)：酸原体属(*Acidiplasma*)-亚铁原体属(*Ferroplasma*)
嗜苦菌科(*Family Picrophilaceae*)：嗜苦菌属(*Picrophilus*)
热原体科(*Family Thermoplasmataceae*)：热原体属(*Thermoplasma*)
热原体目中未分类的属(Unclassified Thermoplasmatales)：热裸单胞菌属(*Thermogymnomonas*)
初古菌门(*Phylum "Korarchaeota"*)

候选属初古菌属("*Candidatus Korarchaeum*")
纳古菌门(***Phylum* "*Nanoarchaeota*"**)
　　纳古菌属("*Nanoarchaeum*")
奇古菌门(***Phylum* "*Thaumarchaeota*"**)
　　海绵古菌目(***Order Cenarchaeales***)
　　　海绵古菌科(***Family* "*Cenarchaeaceae*"**)
　　　　海绵古菌属("*Cenarchaeum*")

附录五　中文名索引

A

阿德勒氏菌属　32
阿尔卑斯单胞菌属　62
阿尔法变形杆菌纲　62
阿尔法杆菌纲　61
阿费夫姓菌属　39
阿格蕾氏菌属　41
阿克曼氏菌科　44
阿克曼氏菌属　43
阿拉伯小杆菌纲　94
阿利逊姓菌属　57
阿伦斯氏菌属　43
阿瑟罗杆菌属　415
埃尔斯特氏菌属　300
埃尔文姓菌属　317
埃及小体属　33
埃拉特单胞菌属　298
埃里希氏体科　297
埃里希氏体属　297
埃里希氏体族　298
埃普西隆变形杆菌纲　309
埃普西隆杆菌纲　309
埃希氏菌属　313
埃希氏菌族　314
矮单胞菌属　140
矮螺体目　140
矮螺体属　140
矮小杆菌属　139
艾丁单胞菌属　43
艾肯姓菌属　298
艾欧尼亚菌属　298
艾森堡氏菌属　299
爱德华姓菌属　295
爱格士氏菌属　297
爱格士姓菌　296
爱格士姓菌科　296
爱格士姓菌目　296
安德雷普雷沃特氏菌属　84
安德荪姓菌属　84
氨化菌属　67
岸沉积栖菌属　502

岸单胞菌属　502
岸杆菌属　500
岸竿菌属　501
岸缕菌属　501
岸栖菌科　501
岸栖菌属　501
岸生菌属　503
岸微菌属　502
胺单胞菌属　67
胺杆菌属　66
胺弧菌属　66
胺酸杆菌属　10
胺酸果菌科　10
胺酸果菌属　10
胺小杆菌属　67
暗杆菌纲　825
鳌杆菌属　185
鳌果菌属　186
奥尔森姓菌属　648
奥卡小杆菌属　643
奥利氏菌属　647
奥伦氏菌属　650
奥普丝祐菌纲　648
奥普丝祐菌科　648
奥普丝祐菌目　648
奥普丝祐菌属　649
奥斯特维克氏菌属　110
奥拓氏菌属　656
奥约斯姓菌属　429

B

八球菌属　821
巴恩斯姓菌属　121
巴伐利亚果菌属　124
巴里恩托斯岛单胞菌属　122
巴牛拉菌属　121
巴塞尔菌属　123
巴斯德氏菌科　675
巴斯德氏菌属　675
巴斯德姓菌科　674
巴斯德姓菌目　675
巴斯德姓菌属　674

巴斯德姓菌族　675
巴斯夫厂菌属　123
巴通姓菌科　122
巴通姓菌属　122
白单胞菌属　167
拜叶林氏菌科　126
拜叶林氏菌属　126
斑菌属　876
棒小杆菌科　218
棒小杆菌亚目　219
棒小杆菌属　219
傍小杆菌　348
苞曼姓菌属　139
孢八球菌属　869
孢芭蕉菌属　869
孢肠菌属　870
孢醋生菌属　865
孢杆菌属　867
孢卤杆菌属　868
孢曲棒菌属　868
孢乳竿菌科　868
孢乳竿菌属　868
孢噬胞菌属　867
孢小杆菌属　867
孢盐小杆菌属　869
孢厌氧杆菌属　866
孢针菌属　870
宝城栖菌属　139
宝莱氏菌科　138
宝莱氏菌属　138
宝腾堡菌科　130
宝腾堡菌属　129
葆尔得氏菌属　123
北极杆菌属　98
北里氏孢菌属　463
北里氏菌属　462
贝尔格姓菌属　128
贝尔纳普氏菌属　127
贝尔姓菌属　126
贝纳克氏菌属　127
贝日阿托氏菌科　125
贝日阿托氏菌目　126
贝日阿托氏菌属　125
贝塔变形杆菌纲　129

苯基小杆菌属　693
比贝尔斯泰氏菌属　130
比其奥氏菌属　133
比斯高氏菌属　132
臂绿菌属　83
臂微菌属　83
蝙蝠科杆菌属　988
鞭单胞菌属　335
变杆菌属　68
变杆菌属　984
变形杆菌纲　733
变形菌属　733
变形菌族　731
镖杆菌属　700
滨杆菌属　500
滨海边疆杆菌属　722
滨田氏菌属　414
冰单胞菌属　373
冰杆菌属　373
冰居菌属　373
冰冷杆菌属　360
冰栖菌属　372
冰贪菌属　48
冰小杆菌属　227
冰形菌科　228
冰形菌属　227
丙二酸单胞菌属　516
丙酸孢菌属　729
丙酸胞菌属　727
丙酸槌菌属　727
丙酸单胞菌属　728
丙酸肥菌属　728
丙酸杆菌属　726
丙酸弧菌属　730
丙酸螺体属　729
丙酸生菌属　728
丙酸微菌属　729
丙酸小杆菌科　726
丙酸小杆菌亚目　726
丙酸小杆菌属　727
柄杆菌科　178
柄杆菌目　179
柄杆菌亚目　179
柄杆菌属　178

波西登胞菌属 719
玻囊菌属 432
伯杰姓菌属 128
伯克氏菌科 151
伯克氏菌目 151
伯克氏菌属 150
伯曼姓菌属 129
博尔代姓菌属 138
博高利尔菌科 137
博高利尔菌属 136
博斯氏菌属 138
薄层杆菌属 438
薄链孢菌科 177
薄链孢菌亚目 177
薄链孢菌属 176
薄链浮菌属 177
卜单胞菌科 718
卜单胞菌属 718
卜杆菌属 718
不黏柄菌属 105
不运杆菌属 20
布德韦斯菌属 150
布哈加瓦氏菌属 130
布赫纳氏菌属 149
布拉格菌属 720
布拉克姓菌属 141
布莱恩特氏菌属 148
布兰姆姓菌科 142
布兰姆姓菌属 142
布劳克氏菌属 146
布劳特氏菌属 136
布雷奥干菌属 143
布雷德氏菌属 150
布鲁克劳菌属 147
布鲁斯氏菌科 148
布鲁斯氏菌族 148
布鲁斯姓菌属 147
布伦纳氏菌属 143
布丘姓菌属 151

C

菜豆杆菌属 693
菜豆腺菌科 692
菜豆腺菌属 693
参农单胞菌属 663

叁逊氏菌属 818
仓鼠属杆菌属 224
苍棍菌属 641
藏红杆菌属 225
藏红果菌属 225
藏红绳菌属 226
藏红针菌属 225
草孢菌属 420
草妻菌属 420
草酸小杆菌属 656
草酸盐杆菌科 657
草酸盐杆菌属 657
草小螺体属 420
叉微菌属 283
茶山菌属 234
差果菌属 59
产醋菌属 3
产内酯菌属 480
产丝菌属 332
颤杆菌属 654
颤菌目 653
颤绿菌科 654
颤绿菌属 654
颤螺体科 655
颤螺体属 655
昌螺杆菌属 980
长孢菌属 504
长菌丝体属 504
长缕菌属 504
肠杵菌属 306
肠放线果菌属 304
肠杆菌科 305
肠杆菌属 304
肠果菌科 306
肠果菌属 306
肠弧菌属 307
肠小杆菌科 305
常线藻属 979
超杆菌属 535
超热菌属 438
朝井氏菌属 103
朝日小菌属 453
潮坪杆菌属 355
潮坪栖菌属 355

潮坪微菌属 355
潮滩杆菌属 36
潮滩茎菌属 37
潮滩居菌属 37
潮滩螺体菌属 38
潮滩栖菌属 37
潮滩生菌属 38
潮滩微菌属 38
沉淀杆菌属 826
沉淀栖菌属 826
沉淀针菌属 826
沉积单胞菌属 828
沉积杆菌属 827
沉积竿菌属 827
沉积居菌属 828
沉积栖菌属 828
沉积绳菌属 828
沉积小杆菌属 827
成均馆菌属 892
橙黄单胞菌属 507
橙黄幡菌属 507
橙黄粉尘菌属 507
橙黄杆菌属 506
橙黄果菌属 508
橙黄微菌属 507
橙色杵菌属 819
橙色杆菌属 819
橙色菌科 818
橙色菌属 819
橙色针菌属 820
池杆菌属 498
池居菌属 498
赤单胞菌属 313
赤杆菌科 312
赤杆菌属 312
赤杆菌属 800
赤水菌属 187
赤微菌属 313
炽胞菌属 328
炽果菌科 328
炽果菌目 328
炽果菌属 329
炽栖菌属 329
炽小杆菌属 329

虫肾杆菌属 986
虫小杆菌纲 218
虫小杆菌科 217
虫小杆菌目 217
虫小杆菌亚纲 217
虫小杆菌属 218
杵热菌属 765
杵色菌属 765
传播杆菌科 676
传播杆菌属 676
船蛆科杆菌属 912
创伤竿菌属 416
创伤果菌属 416
槌杆菌属 205
纯水杆菌属 93
磁果菌科 514
磁果菌目 514
磁果菌属 514
磁弧菌属 515
磁螺体属 514
磁小螺体属 515
丛毛单胞菌科 211
丛毛单胞菌属 212
醋肠菌属 3
醋杆菌科 5
醋杆菌属 4
醋杆菌属(醋杆菌亚属) 4
醋杆菌属(葡糖酸杆菌亚属) 5
醋杆菌属 658
醋杆菌族 5
醋杆状菌属 6
醋弧菌属 3
醋卤菌属 7
醋热菌属 8
醋生菌属 6
醋丝菌属 6
醋微菌属 7
醋线体属 7
醋小杆菌属 6
醋厌氧菌属 3
醋厌氧小杆菌属 2
脆果菌属 222
锉小杆菌属 230
错卟单胞菌属 323

错苍棍菌属 323
错竿菌属 322
错玫杆菌属 323

D

沓黑杆菌属 902
大不里士栖菌属 902
大单胞菌属 513
大果菌属 513
大理石栖菌属 532
大邱菌属 234
代夫特菌属 243
岱阿里斯特菌属 281
带姓菌属 291
丹单胞菌属 587
丹毒发菌纲 312
丹毒发菌科 311
丹毒发菌目 312
丹毒发菌属 311
单球菌属 842
耽罗果菌属 903
耽罗菌属 903
淡红微菌属 794
淡黄杆菌属 508
氮单胞菌属 111
氮单发菌属 111
氮杆菌科 114
氮杆菌属 114
氮根瘤菌属 112
氮弓菌属 110
氮弧菌属 114
氮螺体属 113
氮氢单胞菌属 111
氮圈菌属 112
氮小螺体属 113
岛杆菌属 618
岛津姓菌属 837
稻腐土菌属 653
得墨忒耳菌属 245
德典培菌属 248
德尔塔变形杆菌纲 244
德尔塔杆菌纲 244
德弗里西氏菌属 281
德科基菌属 235
德克斯氏菌属 248

德莱氏菌属 243
德沃斯氏菌属 281
等翅目栖菌属 449
等茎菌属 448
等球菌属 449
等色菌属 449
低栖菌属 884
迪茨氏菌科 285
迪茨氏菌属 285
迪克氏菌属 284
底杆菌属 352
地孢杆菌属 368
地发菌属 369
地杆菌科 365
地杆菌属 364
地竿菌属 364
地弧菌目 370
地弧菌属 370
地碱杆菌属 364
地冷杆菌属 367
地袍菌属 369
地璆菌属 366
地热杆菌属 369
地热微菌属 369
地丝菌属 366
地微菌属 367
地狱杆菌纲 385
蒂西耶姓菌属 970
淀杆菌属 72
丁酸单胞菌属 152
丁酸果菌属 151
丁酸弧菌属 152
东方体属 651
东海菌属 288
东海栖菌属 289
东氏菌属 289
冬微菌属 148
动钩菌属 589
动果菌属 588
动针菌属 589
冻小杆菌属 348
豆杆菌属 320
毒弧菌属 986
独岛菌属 287

独岛姓菌属 287
芏擀氏菌属 291
端果孢菌属 20
短波单胞菌属 146
短竿菌属 143
短卵菌属 145
短线体科 145
短线体目 145
短线体属 145
短小杆菌科 144
短小杆菌属 144
短小杆菌族 144
堆肥单胞菌属 212
堆囊菌亚目 853
堆囊菌属 853
多尔氏菌属 290
多杆菌属 713
多核杆菌属 715
多囊菌科 714
多囊菌属 714
多形孢菌属 715
多形单胞菌属 711
多形杆菌属 714
多形小杆菌属 711
多枝霉菌属 714

E

俄海平台菌属 538
俄太生化菌属 699
厄缶氏菌属 308
厄斯考维氏菌属 642
耳炎杆菌属 109
二氨基丁酸单胞菌属 282
二氨基丁酸杆菌属 282
二叠纪杆菌属 687

F

发果菌属 974
法克兰氏菌属 320
幡孢囊菌属 990
幡竿菌属 990
泛菌属 664
方果菌属 758
方果菌属 758
方球菌属 758

方氏菌属 323
房竿菌属 288
纺锤杆菌属 352
纺锤鏈杆菌属 352
纺锤小杆菌纲 353
纺锤小杆菌科 353
纺锤小杆菌目 353
纺锤小杆菌属 354
放线伴线体科 31
放线伴线体属 31
放线孢菌属 27
放线孢囊菌属 30
放线孢器菌属 30
放线簇菌科 30
放线簇菌属 30
放线多孢菌科 29
放线多孢菌亚目 29
放线多孢菌属 29
放线多形菌属 28
放线浮菌科 28
放线浮菌目 28
放线浮菌属 28
放线杆菌纲 23
放线杆菌亚纲 23
放线竿菌属 22
放线金孢菌属 21
放线茎菌属 23
放线菌纲 26
放线菌科 26
放线菌目 26
放线菌亚目 27
放线菌属 25
放线鏈孢菌属 24
放线马杜拉菌属 25
放线珊菌属 24
放线双孢菌属 24
放线异垒菌属 22
放线异墙菌属 22
放线运孢菌属 24
放线针菌属 32
放线植栖菌属 27
非滑菌属 632
肥小杆菌属 635
分枝浮菌属 600

分枝小杆菌科　598
分枝小杆菌目　599
分枝小杆菌属　599
芬戈尔德氏菌属　334
芬尼氏菌属　690
粪杆菌属　215
粪竿菌属　214
粪果菌属　215
粪热杆菌属　215
蜂囊菌属　536
佛撒西亚菌属　694
肤杆菌科　247
肤杆菌属　246
肤果菌科　247
肤果菌属　247
弗拉特氏菌属　347
弗兰克氏菌科　346
弗兰克氏菌目　347
弗兰克氏菌亚目　347
弗兰克氏菌属　346
弗朗克氏杆菌属　345
弗朗西斯姓菌科　345
弗朗西斯姓菌属　345
弗里德里克森氏菌属　347
弗里德曼氏菌属　348
弗里希姓菌属　349
弗林德斯菌属　341
浮孢囊菌属　709
浮单孢菌属　709
浮多孢菌属　709
浮发藻属　707
浮发状藻属　706
浮果菌科　708
浮果菌属　708
浮海菌属　706
浮霉菌纲　704
浮霉菌科　705
浮霉菌目　705
浮霉菌属　704
浮双孢菌属　708
浮四孢菌属　710
浮微菌属　708
浮小杆菌属　707
浮针菌属　706

福格斯姓菌属　992
福摩萨菌属　345
福西亚栖菌属　694
釜居菌属　156
釜小杆菌属　157
脯氨酸餐菌属　724
腐螺体科　821
腐螺体属　821
腐蹄杆菌属　283
腐土杆菌属　430
腐土竿菌属　429
腐土果菌属　430
腐土居菌属　430
腐土针菌属　431
附赤兽体属　308
附小杆菌属　308
附岩单胞菌属　309
副爱格士姓菌属　666
副孢小杆菌属　672
副冰栖菌属　667
副草小螺体属　668
副脆果菌属　666
副厄斯考维氏菌属　669
副杆状菌属　665
副果菌属　666
副基地杆菌属　670
副碱生菌属　668
副玫杆菌属　671
副玫小螺体属　671
副莫里塔姓菌属　669
副纳单胞菌属　670
副普雷沃特姓菌属　670
副鞘氨醇盒菌属　672
副壤杆菌属　672
副乳竿菌属　668
副萨特姓菌属　673
副丝单胞菌属　667
副斯卡多维氏菌属　671
副铁单胞菌属　667
副透橄菌属　670
副芽单胞菌属　665
副衣原体科　665
副衣原体属　665
富克斯姓菌属　350

富田姓菌属　971
缚杆菌科　213
缚杆菌属　213

G

伽马变形菌纲　359
盖亚菌科　356
盖亚菌目　356
盖亚菌属　356
干草菌属　322
干杆菌属　839
甘蔗多孢菌属　807
甘蔗杆菌属　805
甘蔗竿菌属　804
甘蔗毛菌属　805
杆线体属　118
杆状菌纲　120
杆状菌科　119
杆状菌目　119
杆状菌属　119
杆状菌族　119
竿菌纲　116
竿菌科　116
竿菌目　116
竿菌属　116
橄榄杆菌属　647
港杆菌属　719
港果菌属　719
戈登氏杆菌属　378
戈登氏菌科　378
戈登氏菌属　377
鸽笼菌属　681
革兰姓菌属　380
格奥富克斯氏菌属　368
格奥根菌属　368
格尔菌属　361
格拉汉姆氏菌属　379
格里蒙特氏菌属　382
根杵菌属　768
根单胞菌属　768
根杆菌属　766
根秆菌属　768
根井姓菌属　615
根瘤菌科　766
根瘤菌目　766

根瘤菌属　767
根瘤菌族　767
根栖菌属　767
根微菌属　767
弓胞菌属　98
弓杆菌属　98
共生菌属　895
共生小杆菌科　894
共生小杆菌属　894
沟鞭玫杆菌属　285
沟果菌属　65
孤儿菌科　649
孤儿菌目　649
孤儿菌属　649
孤果菌属　310
古本莊氏菌属　383
古德菲洛氏菌属　376
古德菲洛姓菌属　377
古杆菌纲　96
古根海姆姓菌属　383
古果菌属　661
古囊菌科　97
古璆菌纲　96
古璆菌纲　96
古璆菌科　96
古璆菌目　96
古璆菌属　97
谷针菌属　983
泪发菌科　223
泪发菌属　223
泪杆菌属　223
泪古菌纲　222
泪针菌属　223
固杆菌属　302
寡球菌纲　646
寡球菌科　646
寡球菌目　646
寡球菌属　646
寡屈菌纲　645
寡屈菌科　645
寡屈菌目　645
寡屈菌属　645
寡少菌属　644
寡营菌属　647

· 1135 ·

管杆菌属 845
光杵菌属 695
光杆菌纲 695
光冈姓菌属 588
光小杆菌属 505
光小杆菌属 695
硅杆菌属 839
诡果菌属 288
诡小粒菌属 288
果胶小杆菌属 677
果糖竿属 350
过纤细杆菌属 686
过氧化氢酶杆菌属 173

H

哈夫尼亚菌属 386
哈莉菌属 391
哈莉囊菌属 391
哈莉璟菌属 391
哈利蒙姓菌属 437
哈特曼氏杆菌属 415
海岸竿菌属 669
海胞菌属 522
海边杆菌属 21
海边小杆菌属 21
海柄菌属 520
海草果菌属 696
海草栖菌属 696
海草球菌纲 697
海草球菌科 697
海草球菌目 697
海草球菌属 696
海沉积栖菌属 529
海橙黄果菌属 524
海单胞菌属 528
海胆单胞菌属 293
海胆栖菌属 293
海幡菌属 531
海放线孢菌属 521
海杆菌属 519
海竿菌属 521
海果菌属 527
海滑菌科 524
海滑菌属 523
海环国重菌属 871

海黄单胞菌属 531
海茎菌属 519
海径菌属 525
海居菌属 520
海菌属 519
海卵菌属 528
海绵单胞菌属 865
海绵杆菌属 864
海绵古菌目 183
海绵螺体属 865
海绵小杆菌属 865
海鸥杆菌属 483
海袍菌属 526
海栖菌属 522
海鞘杆菌属 398
海鞘纲居菌属 104
海曲菌属 520
海热菌属 526
海乳竿菌属 524
海色菌属 520
海噬菌属 525
海水菌属 92
海丝菌科 522
海丝菌属 523
海弯菌属 523
海微菌属 524
海微生室菌属 517
海维生菌属 531
海尾菌属 521
海线体属 525
海象狮科杆菌属 655
海小杆菌属 527
海小螺体属 528
海小螺体属 529
海摇摆菌属 528
海源菌科 442
海源菌属 442
海针菌属 530
海之幡菌属 526
海之杆菌属 527
海中单胞菌属 530
海中杆菌属 530
韩高科所菌属 457
韩高科所小菌属 457

韩国杆菌属　467
韩海发所单胞菌目　466
韩海发所单胞菌属　467
韩海发所菌属　466
韩科技所单胞菌属　462
韩农发局杆菌属　799
韩农发局果菌属　799
韩农发局菌属　799
韩农发局小菌属　799
韩农科技所菌属　620
韩农科院菌属　603
韩农生所菌属　620
韩生科所菌属　470
韩生科所小菌属　469
罕杆菌科　762
罕杆菌属　761
汉斯希里戈尔氏菌属　414
旱杆菌属　101
毫小杆菌属　318
豪尔姓菌属　392
何志忠姓菌属　1014
河杆菌属　782
河栖菌属　783
河小杆菌属　68
河姓菌科　387
河姓菌属　387
赫菲斯托斯菌属　419
赫缶氏菌属　423
赫勒菌属　419
赫米尼乌斯单胞菌属　421
赫斯佩尔氏菌属　422
赫希氏菌属　423
褐杆菌属　372
黑曾姓菌属　415
亨盖特姓菌属　431
亨里赛姓菌属　419
红单胞菌属　795
红幡菌属　797
红杆菌纲　798
红杆菌科　798
红杆菌目　798
红杆菌亚纲　798
红杆菌属　797
红果菌属　795

红暖菌属　796
红树单胞菌属　518
红树杆菌属　517
红树屈菌属　518
红树小杆菌属　517
红旺菌属　797
红小杆菌属　795
红针菌科　796
红针菌属　796
洪氏菌属　427
洪姓菌属　427
喉栖菌属　324
厚杆菌纲　335
弧单胞菌属　989
弧菌科　988
弧菌属　988
湖杆菌属　478
湖营养菌属　478
琥珀酸单胞菌属　885
琥珀酸弧菌科　886
琥珀酸弧菌属　886
琥珀酸螺体属　886
琥珀酸盐单胞菌属　885
互营孢菌属　900
互营肠菌属　898
互营杆菌科　899
互营杆菌属　899
互营醋菌科　896
互营醋菌属　897
互营单胞菌科　899
互营单胞菌属　899
互营杆菌科　897
互营杆菌目　898
互营杆菌属　897
互营果菌属　898
互营菌属　901
互营热菌属　900
华诊体科　996
华诊体属　996
滑发菌属　475
滑管菌科　421
滑管菌目　422
滑管菌属　421
滑缕菌属　496

怀恕氏菌属　429
黄单胞菌科　1002
黄单胞菌目　1003
黄单胞菌属　1003
黄胞菌属　336
黄岛菌属　431
黄幡菌属　338
黄腐土杆菌属　336
黄杆菌纲　338
黄杆菌科　1002
黄杆菌属　1002
黄瓜杆菌属　229
黄海菌属　372
黄海栖菌属　432
黄海栖菌属　832
黄河菌属　429
黄屈菌属　336
黄壤杆菌属　337
黄色杆菌属　470
黄小杆菌纲　339
黄小杆菌科　338
黄小杆菌目　338
黄小杆菌属　339
黄针菌属　337
黄枝菌属　337
黄棕单胞菌属　351
黄棕幡菌属　351
黄棕杆菌属　350
黄棕海菌属　351
黄棕针菌属　351
活胶菌属　1016
火单胞菌属　755
火果菌属　756
火茎菌属　756
火山竿菌属　993
火山热菌属　994
火山小杆菌属　993
火山鬃菌属　994
火网菌科　756
火网菌属　756
火叶菌属　757
霍尔德曼氏菌属　424
霍尔德曼姓菌属　423
霍华德姓菌属　428

霍兰德氏菌属　424
霍普氏菌属　428

J

鸡栖菌属　358
鸡小杆菌属　358
基地杆菌属　678
基地微菌属　678
基泷菌科　460
基泷菌目　460
基泷菌属　459
吉布斯氏菌属　370
吉利斯氏菌属　371
吉列姆姓菌属　371
吉斯伯格氏菌属　371
极单胞菌属　713
极杆菌属　713
极研所菌属　721
几丁单胞菌属　188
几丁杆菌属　188
几丁弧菌纲　190
几丁弧菌科　189
几丁弧菌目　189
几丁弧菌属　189
脊孢菌属　860
脊螺体属　225
济州岛菌属　451
济州菌属　452
继生姓菌属　455
寄居菌属　447
加德纳姓菌属　360
加叻西单胞菌属　357
加图姓菌属　177
加西亚姓菌属　360
葭伦妮菌属　357
嘉利温姓菌科　359
嘉利温姓菌属　358
嘉义幡菌属　186
甲苯单胞菌属　971
甲基八球菌属　572
甲基胞菌属　564
甲基杄菌属　572
甲基单胞菌属　569
甲基多样菌属　575
甲基副果菌属　569

甲基盖亚菌属　566
甲基杆菌属　562
甲基竿菌属　561
甲基果菌科　564
甲基果菌目　565
甲基果菌属　565
甲基海菌属　568
甲基海卵菌属　567
甲基盒菌属　561
甲基胶囊菌属　563
甲基精细菌属　574
甲基菌属　561
甲基卤单胞菌属　567
甲基卤菌属　567
甲基泡碱菌属　569
甲基球菌属　574
甲基热菌科　574
甲基热菌属　575
甲基深渊菌属　571
甲基烫菌属　563
甲基体属　573
甲基弯菌属　573
甲基微菌属　568
甲基腺菌科　565
甲基腺菌属　566
甲基小幡菌属　575
甲基小杆菌科　562
甲基小杆菌属　562
甲基小卵菌属　576
甲基小玫菌属　572
甲基洋杆菌属　564
甲基杖菌属　566
甲基柱菌属　571
甲壳杆菌科　1
甲壳杆菌目　2
甲壳杆菌属　1
甲热果菌科　560
甲热果菌属　560
甲烷八球菌科　556
甲烷八球菌目　556
甲烷八球菌属　555
甲烷胞菌科　544
甲烷胞菌目　544
甲烷胞菌属　544

甲烷尺菌科　554
甲烷尺菌属　553
甲烷袋菌属　547
甲烷垫菌属　547
甲烷短杆菌属　542
甲烷发菌属　559
甲烷杆菌纲　541
甲烷果菌纲　545
甲烷果菌科　544
甲烷果菌目　545
甲烷果菌属　546
甲烷果状菌属　545
甲烷火菌纲　553
甲烷火菌科　552
甲烷火菌目　552
甲烷火菌属　553
甲烷烙菌属　560
甲烷卤菌属　548
甲烷缕菌属　549
甲烷卵石菌科　543
甲烷卵石菌属　542
甲烷马西利亚果菌科　549
甲烷马西利亚果菌目　550
甲烷马西利亚果菌属　550
甲烷平菌科　552
甲烷平菌属　552
甲烷球菌属　556
甲烷热杆菌属　558
甲烷热果菌属　558
甲烷热菌纲　558
甲烷热菌科　558
甲烷热菌属　559
甲烷生菌属　547
甲烷嗜卤菌属　548
甲烷烫果菌科　543
甲烷烫果菌属　543
甲烷吞甲基菌属　550
甲烷微果菌属　540
甲烷微菌科　551
甲烷微菌目　551
甲烷微菌属　551
甲烷小杆菌科　541
甲烷小杆菌目　541
甲烷小杆菌属　542

甲烷小螺体科 557
甲烷小螺体属 557
甲烷小球菌属 557
甲烷小体科 546
甲烷小体属 546
甲烷盐菌属 555
甲烷叶菌属 549
甲烷衣襟菌属 548
甲烷鬃菌科 554
甲烷鬃菌属 554
假阿伦斯氏菌属 735
假胺杆菌属 735
假鳌果菌属 739
假孢囊菌属 748
假苍棍菌属 739
假船蛆科杆菌属 748
假槌杆菌属 740
假单胞菌科 743
假单胞菌目 743
假单胞菌亚目 744
假单胞菌属 744
假单胞菌族 743
假丁酸弧菌属 738
假东海栖菌属 740
假茎擀姓菌属 740
假杆菌属 738
假杆状菌属 738
假弓胞菌属 736
假古本莊氏菌属 741
假哈莉菌属 742
假海曲菌属 743
假海源菌属 736
假弧菌属 749
假黄单胞菌属 750
假黄杆菌属 749
假黄棕单胞菌属 741
假黄棕杆菌属 741
假基地杆菌属 745
假另单胞菌科 737
假另单胞菌属 737
假鲁戈氏菌属 747
假玫肥菌属 747
假玫杆菌属 746
假柠檬杆菌属 739

假诺卡氏菌科 745
假诺卡氏菌亚目 745
假诺卡氏菌属 744
假破黄酮菌属 740
假鞘氨醇小杆菌属 748
假热袍菌属 749
假瘦竿菌属 741
假双头斧菌属 742
假水生黏菌属 736
假斯卡多维氏菌属 747
假屠杆菌属 738
假吞酸菌属 735
假脱硫化弧菌属 740
假外海栖菌属 745
假无蕈酸菌属 737
假小螺体属 748
假运果菌属 742
假枝杆菌属 746
假棕杆菌属 746
假佐贝尔氏菌属 750
间孢囊菌科 447
间孢囊菌属 448
兼性竿菌属 69
简螺体属 841
碱池栖菌属 46
碱池栖菌属 54
碱单胞菌属 54
碱杆菌属 53
碱竿菌属 52
碱茎菌属 53
碱屈菌属 54
碱生菌科 45
碱生菌属 46
碱线体属 55
碱小杆菌属 53
碱小螺体属 55
碱针菌属 56
剑菌属 304
箭头菌属 808
姜氏菌科 454
姜氏菌亚目 454
姜氏菌属 454
姜姓菌属 458
胶囊形菌属 167

角微菌属　85
酵单胞属　1017
酵杆菌属　1017
节杆菌纲　103
节杆菌属　102
解杆菌属　117
解几丁菌属　188
解菌属　512
解纤维菌属　182
金橙单胞菌属　107
金橙果菌属　107
金单胞菌属　108
金单胞菌属　201
金幡菌属　109
金杆菌属　107
金果菌属　108
金螺体属　108
金璆菌属　200
金生菌纲　202
金生菌科　202
金生菌目　202
金生菌属　202
金微菌属　201
金线菌属　201
金小杆菌属　109
金小杆菌属　200
金针菌属　108
金属球菌属　540
金属小杆菌属　540
金字塔杆菌属　755
琎呢勒特菌属　462
琎姓菌属　461
近斯卜多维氏菌属　540
腈破解菌纲　623
腈破解菌科　622
腈破解菌目　622
腈破解菌亚纲　623
腈破解菌属　622
精料杆菌属　383
精梳属　677
鲸小杆菌属　184
井杆菌属　695
井邑菌属　452
净果菌属　915

静单胞菌属　973
酒果菌属　642
驹形氏杆菌属　466
巨单胞菌属　534
巨济岛菌属　367
巨球菌属　534
巨思特姓菌属　456
巨线体属　534
聚单胞菌属　213
聚杆菌属　40
聚乙烯醇杆菌属　720
卷发菌属　972
军团菌科　487
军团菌目　487
军团菌属　486
菌丝生菌属　598

K

卡斯特兰尼姓菌属　173
卡塔利娜单胞菌科　173
卡塔利娜单胞菌属　174
喀迈拉胞菌属　187
铠单胞菌属　101
坎德勒氏菌属　457
康津菌属　359
考德里氏体属　220
考夫勒氏菌科　465
考夫勒氏菌属　465
考克氏菌属　465
考克斯姓体科　221
考克斯姓体属　221
苛柱菌属　324
柯林斯姓菌属　210
科贝特氏菌属　208
科恩姓菌属　210
科奇氏浮菌属　220
科森扎氏菌属　219
科斯特通氏菌属　220
科维尔氏菌科　211
科维尔氏菌属　211
科泽姓菌属　468
壳形菌属　212
克昊彭希泰特氏菌属　471
克拉布特里姓菌属　222
克拉希尼可夫氏菌属　469

克雷伯姓菌属 463
克里格姓菌属 470
克里斯滕森姓菌科 197
克里斯滕森姓菌属 196
克利夫兰氏菌属 206
克鲁格姓菌属 464
克鲁瓦尔氏菌属 464
克洛诺斯杆菌属 226
克洛斯姓菌属 226
克诺氏菌属 464
克斯特氏菌属 458
孔雀石果菌属 847
恐硫果菌属 888
口果菌属 877
口茎菌属 650
口茎菌属 877
口小杆菌属 650
库茨纳尔氏菌属 473
库尔氏菌属 472
库什纳氏菌属 472
快杆菌属 180
快游单胞菌科 180
快游单胞菌属 180
宽胶囊藻目 712
矿杆菌属 342
矿菌属 342
矿栖菌属 343
矿曲菌属 343
奎因姓菌属 759
昆虫小杆菌科 135
昆虫小杆菌属 135
昆虫原体科 307
昆虫原体目 308
昆虫原体属 307

L

拉比达氏菌属 475
拉比达姓菌属 475
拉布亨氏菌属 476
拉恩姓菌属 760
拉瑢姓菌属 483
拉梅尔氏竿菌属 802
拉特黑氏杆菌属 762
莱德贝特姓菌属 484
莱夫逊氏菌属 487

莱朗河菌属 764
莱利奥特氏菌属 488
莱文氏菌属 496
莱希姓菌属 476
莱辛格氏菌属 487
莱茵海默氏菌属 765
赖氨酸单胞菌属 510
赖氨酸竿菌属 510
赖氨酸微菌属 510
赖兴巴赫氏菌属 763
赖兴巴赫姓菌属 763
懒粒菌属 444
懒小杆菌纲 443
懒小杆菌科 443
懒小杆菌门 443
懒小杆菌目 443
懒小杆菌属 444
朗斯代尔氏菌属 505
劳尔特姓菌属 761
劳韬普氏菌属 483
劳逊氏菌属 484
勒克勒氏菌属 485
勒温姓菌属 496
垒杆菌纲 906
垒果菌属 907
类孢囊菌属 459
冷冰栖菌属 751
冷单胞菌科 752
冷单胞菌属 752
冷杆菌属 751
冷竿菌属 750
冷泥杆菌属 750
冷球菌属 752
冷屈菌属 751
冷蛇菌属 752
梨菌属 702
李时珍氏菌属 499
李氏菌属 486
里米诺姓菌属 488
里默姓菌属 781
里斯特氏菌科 499
里斯特氏菌属 499
理研所菌科 782
理研所菌属 782

立克次氏体科　780
立克次氏体目　780
立克次氏体属　780
立克次氏体族　781
立克次姓体属　781
立山菌属　905
丽水菌属　1009
利斯顿姓菌属　500
粒果菌科　382
粒果菌属　382
联合菌属　209
镰弧菌属　322
链孢菌属　249
链孢囊菌科　882
链孢囊菌亚目　882
链孢囊菌属　882
链单孢菌属　880
链竿菌属　878
链果菌科　879
链果菌属　879
链果菌族　879
链卤竿菌属　879
链螺体属　883
链霉菌纲　881
链霉菌科　881
链霉菌目　881
链霉菌亚目　881
链霉菌属　880
链嗜酸菌属　877
链异垒菌属　878
鏈果菌属　176
鏈小杆菌属　175
鏈小卵菌属　176
亮杆菌属　481
亮片菌属　482
亮腺菌属　482
列契瓦尼尔氏菌属　485
列文虎克姓菌属　486
猎血菌属　227
裂霉菌纲　823
邻单胞菌属　712
邻腺菌属　712
林杆菌属　62
另赤杆菌属　63

另单胞菌科　64
另单胞菌目　64
另单胞菌属　64
另竿菌属　63
另果菌属　63
刘志恒姓菌属　1013
流出杆菌属　295
流单胞菌属　342
流栖菌属　341
流行杆菌属　994
硫胺竿菌属　84
硫胞菌属　889
硫单胞菌属　889
硫幡菌属　891
硫果菌属　891
硫化竿菌属　887
硫卵菌属　892
硫氢菌属　889
硫球菌属　890
硫曲菌属　889
硫体属　890
硫小螺体属　891
硫叶菌科　887
硫叶菌目　888
硫叶菌属　888
硫针菌属　890
磂瓣菌属　965
磂槌菌属　958
磂单胞菌属　964
磂豆菌属　960
磂发菌科　968
磂发菌目　968
磂发菌属　968
磂幡菌属　969
磂杆菌属　957
磂竿菌科　956
磂竿菌属　956
磂橄菌属　956
磂果菌属　959
磂还原菌属　965
磂黄果菌属　960
磂碱杆菌属　954
磂碱果菌属　954
磂碱弧菌属　955

瑠碱螺体科　955
瑠碱螺体属　955
瑠碱微菌属　954
瑠胶囊菌科　958
瑠胶囊菌属　958
瑠粒菌属　960
瑠亮卵菌属　963
瑠卤杆菌属　962
瑠卤单胞菌属　961
瑠卤杆菌属　961
瑠卤胶囊菌属　961
瑠卤螺体属　962
瑠螺体属　967
瑠玫果菌属　966
瑠玫弧菌属　966
瑠玫螺体属　966
瑠平菌属　964
瑠球菌属　967
瑠深渊菌属　965
瑠素菌属　953
瑠网菌属　959
瑠微螺体属　963
瑠腺菌属　959
瑠小杆菌属　957
瑠小卵菌属　969
瑠小螺体属　968
瑠珍珠菌属　963
瑠棕果菌属　964
瘤胃杆菌属　801
瘤胃果菌科　801
瘤胃果菌属　802
龙帕恩菌属　503
龙小杆菌科　290
龙小杆菌属　290
隆河杆菌属　768
蝼蛄栖菌属　382
炉胞菌属　165
炉杆菌属　165
卤八球菌属　410
卤胞菌属　397
卤薄片菌属　401
卤杆菌属　407
卤刺发菌属　398
卤丹菌属　409

卤单胞菌科　403
卤单胞菌属　403
卤淡红菌属　408
卤东方菌属　408
卤多孢菌属　406
卤方菌属　407
卤放线孢菌属　393
卤放线多孢菌属　392
卤放线小杆菌属　392
卤肥菌属　399
卤杆菌纲　394
卤杆状菌科　395
卤杆状菌属　396
卤竿菌属　394
卤古菌属　390
卤古生菌属　393
卤果菌属　397
卤海菌属　401
卤盒菌属　393
卤红菌属　409
卤红小杆菌属　408
卤弧菌属　413
卤湖栖菌属　411
卤几何菌属　399
卤脊菌属　410
卤甲烷杆菌纲　402
卤甲烷果菌属　402
卤简菌属　410
卤碱竿菌属　387
卤碱果菌属　388
卤秸菌属　400
卤茎菌属　396
卤懒菌属　405
卤粒菌属　400
卤瑠竿菌科　412
卤瑠竿菌属　412
卤玫螺体属　407
卤美菌属　396
卤南方菌属　404
卤内陆菌属　405
卤泡碱菌属　404
卤平菌属　405
卤栖菌属　400
卤热发菌属　412

卤乳竿菌属　401
卤色菌属　397
卤砷酸盐杆菌属　390
卤适菌属　387
卤双形菌属　396
卤糖霉菌属　400
卤土生菌属　411
卤脱硫化菌属　398
卤旺菌属　414
卤微盒菌属　402
卤微菌属　403
卤小杆菌科　394
卤小杆菌目　394
卤小杆菌属　395
卤小螺线菌属　410
卤雅菌属　413
卤厌氧杆菌属　388
卤厌氧茎菌属　389
卤厌氧菌科　389
卤厌氧菌目　389
卤厌氧菌属　389
卤阳菌属　390
卤原体科　406
卤原体目　406
卤原体属　406
卤远海菌属　404
卤杖菌属　399
卤针菌属　411
鲁戈氏菌属　800
路德曼姓菌属　505
驴小杆菌属　104
绿岛小菌属　506
绿杆菌纲　192
绿竿菌属　991
绿滑菌属　195
绿茎菌属　192
绿菌纲　193
绿菌科　193
绿菌目　193
绿菌属　193
绿屈菌纲　194
绿屈菌科　194
绿屈菌目　194
绿屈菌亚目　195

绿屈菌属　195
绿线体属　196
李果菌属　361
卵黄杆菌属　991
伦策氏菌属　491
轮小杆菌科　230
轮小杆菌属　231
罗宾逊姓菌属　784
罗伯特科赫氏菌属　783
罗尔斯顿氏菌属　760
罗森堡氏菌属　791
罗刹利马氏菌属　784
逻丝氏菌属　793
锣西白离氏菌属　785
螺孢菌属　861
螺杆菌属　860
螺体科　864
螺体属　864
螺旋体纲　863
螺旋体科　863
螺旋体目　863
螺旋体属　862
螺原体科　864
螺原体属　863
洛克姓菌属　503

M

麻风树属居菌属　451
马特尔姓菌属　532
马西利亚菌属　533
玛利克氏菌属　516
玛文布莱恩特氏菌属　532
玛姓菌属　516
迈勒吉尔霉菌属　535
螨伴菌属　2
曼海姆氏菌属　518
慢岸杆菌属　489
慢杆菌属　489
慢竿菌属　489
慢根瘤菌科　141
慢球菌纲　491
慢球菌科　490
慢球菌目　490
慢球菌属　490
慢生根瘤菌属　141

慢噬菌属 905
慢脂菌科 829
慢脂菌属 829
玫变菌属 779
玫肥菌属 773
玫浮菌属 775
玫杆菌科 770
玫杆菌目 770
玫杆菌属 769
玫橄菌属 769
玫寡营菌属 773
玫瑰变菌属 793
玫瑰单胞菌属 792
玫瑰幡菌属 790
玫瑰杆菌属 791
玫瑰竿菌属 786
玫瑰橄菌属 786
玫瑰弓菌科 785
玫瑰弓菌属 786
玫瑰果菌属 792
玫瑰环菌属 788
玫瑰菌属 787
玫瑰螺体属 792
玫瑰柠檬菌属 787
玫瑰泡碱杆菌属 789
玫瑰屈菌科 788
玫瑰屈菌亚目 788
玫瑰屈菌属 788
玫瑰缺菌属 785
玫瑰旺菌属 791
玫瑰微菌属 789
玫瑰小杆菌属 787
玫瑰小螺体属 793
玫瑰盐菌属 790
玫果菌属 771
玫弧菌属 779
玫环菌科 771
玫环菌目 772
玫环菌属 772
玫假单胞菌属 775
玫菌科 770
玫菌属 770
玫篓菌属 771
玫螺体属 776

玫璆菌属 773
玫热菌科 778
玫热菌属 778
玫噬胞菌属 772
玫塔拉萨菌科 777
玫塔拉萨菌目 777
玫塔拉萨菌属 778
玫微菌属 774
玫小梨菌属 775
玫小卵菌属 779
玫小螺体科 776
玫小螺体目 776
玫小螺体属 777
玫芽菌属 771
玫月菌属 774
玫柱菌属 775
梅泽氏菌属 981
美疾控菌属 179
美军所菌属 39
美缕菌属 127
美屈岔霉菌属 533
蒙古果菌属 591
蒙古针菌属 591
迷小粒菌属 883
米利斯氏菌属 586
秘小杆菌属 95
蜜蜂果菌属 536
渺单胞菌属 673
渺杆菌属 673
渺茎菌属 673
渺框菌属 674
缈单胞菌属 676
缈杆菌属 676
缈盐竿菌属 677
灭雄菌属 102
明发菌科 495
明发菌属 495
明杆菌属 494
明念珠菌科 495
明念珠菌属 494
冥河叶菌属 883
摩尔氏菌科 592
摩尔氏菌属 592
摩尔姓菌属 592

摩根姓菌属 593
陌柄菌属 106
陌杆菌属 105
陌果菌属 106
陌菌科 106
陌菌属 106
陌小菌属 32
莫大马菌属 596
莫拉姓菌科 593
莫拉姓菌属 593
莫勒姓菌属 590
莫里塔姓菌科 594
莫里塔姓菌属 594
莫里姓菌属 594
溴杆菌属 249
溴河杆菌属 590
墨利埃发菌属 701
墨利忒菌属 536
默多克姓菌属 596
木洞所菌属 1001
木聚糖单胞菌属 1005
木聚糖杆菌属 1004
木聚糖微菌属 1005
木聚糖小杆菌属 1005
木崎氏菌属 469

N

纳单胞菌属 754
纳西杆菌属 613
奶酪杆菌属 172
奈瑟氏菌科 615
奈瑟氏菌目 616
奈瑟氏菌属 615
南海杆菌属 537
南海栖属 604
南海所菌属 825
南极单胞菌属 87
南极杆菌属 87
难生单胞菌属 292
难养小杆菌属 590
囊果菌属 85
瑙曼姓菌属 612
淖孢菌属 683
淖肠菌属 684
淖单胞菌属 683

淖杆菌属 681
淖缕菌属 682
淖弯菌属 683
淖网菌属 682
内杆菌属 303
尼科利特姓菌属 620
尼普顿单胞菌属 617
尼普顿杆菌属 617
尼萨亚菌属 621
尼文菌属 802
泥单胞菌属 498
泥杆菌属 445
泥杆菌属 497
拟诺卡氏菌科 631
拟诺卡氏菌属 631
拟尸杆菌属 614
拟无覃酸菌属 71
黏杆菌科 210
黏杆菌属 209
黏杆菌属 32
黏果菌科 601
黏果菌目 602
黏果菌属 602
黏茎菌属 909
黏小螺体属 595
黏液杆菌属 595
念珠藻目 633
鸟氨酸杆菌属 652
鸟氨酸竿菌属 651
鸟氨酸果菌属 652
鸟氨酸微菌属 652
鸟杆菌属 993
鸟小杆菌属 110
鳥小杆菌属 653
脲竿菌属 982
脲原体属 981
涅瑞伊得菌属 618
涅斯特伦科氏菌属 618
涅瓦河菌科 619
涅瓦河菌属 619
柠檬胞菌属 204
柠檬单胞菌属 204
柠檬杆菌属 205
柠檬果菌属 204

柠檬针菌属 205
泞孢菌属 509
泞单胞菌属 509
泞杆菌属 508
泞海杆菌属 509
泞茎菌属 509
农单胞菌属 42
农果菌属 42
农霉菌属 42
农小杆菌属 41
暖胞菌属 911
暖单胞菌属 911
暖杆菌属 910
暖竿菌属 910
暖微菌属 911
暖无形菌属 909
暖厌氧杆菌属 910
诺卡氏菌科 630
诺卡氏菌属 630
诺卡氏状菌科 630
诺卡氏状菌属 631

O

欧文氏菌属 310
欧文氏菌族 311
欧文维克氏菌属 656
欧研委菌属 310

P

帕勒隆尼氏菌属 661
排污管竿菌属 206
排污管小杆菌属 206
潘多拉菌属 663
潘浓杆菌属 663
潘塔纳线体属 663
袍杆菌纲 971
泡碱胞菌属 609
泡碱池菌属 610
泡碱单胞菌属 611
泡碱幡菌属 612
泡碱竿菌属 608
泡碱古菌属 608
泡碱果菌属 610
泡碱红菌属 611
泡碱菌属 607

泡碱栖菌属 608
泡碱屈菌属 610
泡碱素菌属 606
泡碱线体属 607
泡碱小杆菌属 609
泡碱厌氧幡菌属 606
泡碱厌氧菌科 605
泡碱厌氧菌目 605
泡碱厌氧菌属 606
泡城竿菌属 607
疱小杆菌属 755
佩克查氏菌属 681
喷泉单胞菌属 839
劈琥珀酸菌属 885
劈轮菌属 231
皮肤杆菌属 120
皮果菌属 473
皮洛氏菌属 701
平面果菌属 678
平丝菌属 705
破黄酮菌属 339
葡糖酸醋杆菌属 374
葡糖酸杆菌属 375
葡萄果菌科 872
葡萄果菌属 872
葡萄果菌族 872
葡萄热菌属 873
朴龙河氏菌属 1010
浦工大菌属 720
普劳塞姓菌属 720
普勒俄涅菌属 711
普雷沃特姓菌科 721
普雷沃特姓菌属 721
普鲁兰竿菌属 753
普罗维登斯菌属 734

Q

齐摩尔曼姓菌属 1015
岐小杆菌科 131
岐小杆菌目 131
岐小杆菌属 131
奇单胞菌属 842
奇杆菌属 241
奇果菌纲 242
奇果菌科 242

奇果菌目 242
奇果菌属 242
奇小杆菌属 241
歧硫杆菌属 287
气单胞菌科 35
气单胞菌目 35
气单胞菌属 36
气竿菌属 33
气果菌科 34
气果菌属 34
气火菌属 36
气斯卡多维氏菌属 34
气微菌属 35
气味杆菌属 642
骞恩氏菌属 185
浅胞菌属 983
浅红杆菌属 795
浅野氏菌属 104
墙果菌属 597
墙拟诺卡氏菌属 597
鞘氨醇胞菌属 859
鞘氨醇杵菌属 859
鞘氨醇单胞菌科 858
鞘氨醇单胞菌目 858
鞘氨醇单胞菌属 858
鞘氨醇盒菌属 858
鞘氨醇菌属 857
鞘氨醇微菌属 857
鞘氨醇小杆菌纲 856
鞘氨醇小杆菌科 855
鞘氨醇小杆菌目 856
鞘氨醇小杆菌属 856
鞘孢囊菌属 302
鞘小杆菌属 164
氢孢菌属 433
氢单胞菌属 433
氢幡菌属 433
氢杆菌属 434
氢竿菌属 432
氢弧菌属 437
氢茎菌属 434
氢热菌科 436
氢热菌属 436
氢厌氧小杆菌属 434

清野姓菌属 830
琼杆菌属 39
琼斯氏菌科 455
琼斯氏菌属 455
丘比德氏菌属 473
球孢囊菌属 853
球尘菌属 855
球杆菌科 854
球杆菌目 854
球杆菌亚纲 854
球杆菌属 854
球旋体属 855
璆杆菌纲 374
璆杆菌目 374
璆小鏈菌属 373
曲杆菌属 230
曲茎菌属 984
屈柄菌属 340
屈发菌属 340
屈幡菌属 341
屈杆菌属 340
屈竿菌属 339
麴杆菌属 83
全孢菌科 426
全孢菌属 426
全噬菌纲 425
全噬菌科 425
全噬菌目 425
全噬菌属 425
泉胞菌属 344
泉单胞菌属 344
泉杆菌属 343
泉竿菌属 343
犬杆菌属 166

R

壤单胞菌科 850
壤单胞菌属 851
壤杆菌属 829
壤竿菌属 850
壤红杆菌科 851
壤红杆菌目 851
壤红杆菌属 851
壤针菌属 852
热孢发菌科 948

热孢发菌属　948
热变形菌纲　946
热变形菌科　945
热变形菌目　945
热变形菌属　946
热长竿菌属　940
热沉积杆菌属　946
热出芽孢菌科　937
热出芽孢菌目　937
热出芽孢菌属　936
热醋生菌属　921
热带单胞菌属　975
热带杆菌属　975
热单孢菌科　943
热单孢菌属　943
热单胞菌属　942
热多孢菌属　945
热发菌属　950
热幡菌属　952
热放线孢菌属　925
热放线菌科　924
热放线菌属　924
热杆状菌属　927
热竿菌属　927
热果菌纲　930
热果菌科　929
热果菌目　930
热果菌属　930
热果状菌属　930
热海缕菌属　941
热海小杆菌属　762
热弧菌属　952
热互营菌属　949
热黄丝菌属　935
热黄微菌属　935
热卷毛菌属　931
热菌科　921
热菌目　922
热菌属　953
热硫单胞菌属　949
热硫化物杆菌属　948
热磺竿菌科　923
热磺竿菌属　924
热卤杆菌属　938

热橹菌属　946
热卵菌属　953
热裸单胞菌属　937
热毛菌属　931
热矛菌属　951
热苗菌属　929
热膜皮菌属　951
热能菌属　923
热盘菌属　934
热袍菌纲　951
热袍菌科　950
热袍菌目　951
热袍菌属　950
热栖菌属　923
热岐菌属　928
热气杆菌属　921
热氢菌属　938
热球菌属　947
热屈菌纲　936
热屈菌科　935
热屈菌目　936
热屈菌属　936
热色菌属　929
热石杆菌纲　940
热石杆菌科　940
热石杆菌目　940
热石杆菌属　939
热噬菌属　943
热双孢菌属　928
热丝菌科　934
热丝菌属　935
热土小杆菌属　950
热吞菌属　952
热脱硫化杆菌属　933
热脱硫化弧菌属　934
热脱硫化菌科　933
热脱硫化菌属　933
热脱硫化小杆菌纲　932
热脱硫化小杆菌科　932
热脱硫化小杆菌目　932
热脱硫化小杆菌属　932
热脱硫酸盐菌属　931
热弯菌属　947
热微菌纲　941

热微菌科 941
热微菌目 942
热微菌属 942
热勿孢霉菌属 923
热吸管菌属 947
热线体属 943
热小链孢菌属 928
热厌氧单胞菌属 922
热厌氧杆菌科 925
热厌氧杆菌目 926
热厌氧杆菌属 925
热厌氧弧菌属 922
热厌氧茎菌属 926
热厌氧菌属 926
热厌氧小杆菌属 926
热原体纲 944
热原体科 944
热原体目 944
热原体属 944
热针菌属 949
热枝菌属 928
仁荷菌属 447
日大生科菌属 634
日应微所菌科 441
日应微所菌属 441
荣凯姓菌属 456
柔膜菌纲 591
肉单胞菌属 171
肉菌属 821
肉小杆菌科 171
肉小杆菌属 171
乳竿菌科 479
乳竿菌目 479
乳竿菌属 480
乳竿菌族 479
乳果菌属 480
乳弧菌属 479
乳卵菌属 481
乳球菌属 481
乳酸生菌属 478
乳头杆菌属 664
阮氏杆菌属 619
阮氏菌科 794
阮氏菌属 794

软骨霉菌属 196
阮碎菌属 732
阮饕菌属 731
阮小链菌属 733
瑞英克岛菌属 764

S

萨顿姓菌属 893
萨勒河菌属 808
萨特姓菌科 893
萨特姓菌属 893
塞里伯氏菌属 832
塞内加尔马西利亚菌属 832
鳃菌属 141
三氯杆菌属 974
伞单胞菌纲 334
伞单胞菌科 333
伞单胞菌目 333
伞单胞菌属 334
桑果菌属 594
色杆菌纲 197
色杆菌纲 199
色果藻目 200
色菌科 197
色菌目 197
色菌属 197
色卤杆菌属 199
色曲菌属 198
色小杆菌科 198
色小杆菌属 199
色小杆菌族 198
森林单胞菌属 840
沙岸杆菌属 804
沙胞菌属 100
沙单胞菌属 100
沙杆菌属 100
沙杆菌属 760
沙雷氏菌属 835
沙雷氏菌族 835
沙门姓菌属 817
沙门姓菌族 818
沙特尔沃斯氏菌属 838
沙针菌属 101
筛居菌属 224
山岗单胞菌属 210

珊单胞菌属 217
珊杆菌属 216
珊果菌属 216
珊珠菌属 216
稍热菌属 534
蛇菌属 834
申姓菌属 838
砷果菌属 102
深海菌属 529
深渊小杆菌属 724
沈氏菌属 837
肾小杆菌属 764
生膜栖菌属 132
湿沼小杆菌属 980
十八杆菌属 641
石莼杆菌属 980
石单胞菌属 689
石杆菌属 689
石袍菌属 689
石下杆菌属 884
石下微菌属 884
石玉湖姓菌属 1011
食谷菌科 989
食谷菌目 989
食谷菌属 989
史密斯姓菌属 847
世宗菌属 830
适杆菌属 589
适盐杆菌属 590
嗜氨菌属 68
嗜胺菌属 66
嗜扁桃体菌属 972
嗜胆菌属 132
嗜氮根菌属 113
嗜地肤菌科 365
嗜地肤菌目 365
嗜地肤菌属 366
嗜胨菌科 684
嗜胨菌属 685
嗜肤菌科 247
嗜肤菌属 248
嗜光菌属 506
嗜几丁菌属 189
嗜甲基菌科 570

嗜甲基菌目 570
嗜甲基菌属 571
嗜碱菌属 55
嗜酵菌属 1017
嗜苦菌纲 699
嗜苦菌科 699
嗜苦菌目 699
嗜苦菌属 700
嗜磊卤菌属 962
嗜木菌属 1006
嗜暖菌属 912
嗜氢菌科 435
嗜氢菌目 435
嗜氢菌属 436
嗜热油菌纲 939
嗜热油菌科 938
嗜热油菌目 939
嗜热油菌属 939
嗜朊菌属 732
嗜酸菌属 14
嗜炭菌属 168
嗜外菌属 1003
嗜血菌属 386
嗜血菌族 386
嗜阳菌属 418
嗜衣原体属 192
嗜油菌科 644
嗜油菌属 644
嗜藻菌科 48
嗜藻菌属 48
嗜脂环菌属 49
嗜中杆菌属 538
嗜组织菌属 423
噬胞菌纲 233
噬胞菌科 233
噬胞菌目 233
噬胞菌属 232
噬草酸盐菌属 657
噬几丁菌科 190
噬几丁菌属 190
噬甲基菌属 570
噬氢菌属 435
噬染料菌属 700
噬糖菌属 807

噬烃菌属　432
噬纤维菌属　181
首尔大菌属　849
首囊菌属　97
首师大菌属　208
兽内单胞菌属　303
瘦单胞菌属　379
瘦杆菌科　379
瘦杆菌属　379
瘦竿菌属　378
舒曼姓菌属　824
黍黄素杆菌属　1012
鼠海豚杆菌属　694
鼠尾菌属　596
束村姓菌科　977
束村姓菌属　976
束缚杆菌属　391
树孢杆菌属　245
树袋熊属小杆菌属　692
树叶居菌属　349
树叶栖菌属　349
帅缕菌属　651
双杆菌属　291
双立克次体　286
双头斧菌属　476
双罩菌属　286
双折菌属　70
水胞菌属　90
水沉积杆菌属　445
水单胞菌属　92
水杆菌属　88
水杆菌属　89
水竿菌属　89
水恒杆菌属　588
水化菌纲　91
水化菌科　90
水化菌目　91
水化菌属　90
水居菌属　91
水平生菌属　33
水栖菌属　92
水球菌属　94
水屈菌属　91
水生杆菌属　303

水生黏菌属　304
水微菌属　88
水小杆菌属　88
水小杆菌属　981
水小螺体属　89
水针菌属　437
水针菌属　94
顺禹氏菌属　852
丝氨酸杆菌属　833
丝氨酸果菌属　833
丝单胞菌属　332
丝杆菌属　332
丝竿菌属　333
丝微菌属　333
斯卡多维氏菌属　822
斯克曼氏菌属　846
斯克曼姓菌属　846
斯奈克氏菌属　847
斯尼思氏菌属　848
斯尼思菌科　848
斯尼思姓菌目　849
斯尼思姓菌属　848
斯诺德格拉斯姓菌属　849
斯塔基氏菌属　873
斯塔克布兰德氏菌属　870
斯塔尼尔姓菌属　872
斯塔普氏菌属　873
斯泰特氏菌属　876
斯特利氏菌属　871
斯瓦米纳坦氏菌属　894
斯温斯氏菌属　894
蛳杆菌科　417
蛳杆菌属　416
四磲杆菌属　916
四球菌属　916
四生果菌属　915
寺崎姓菌属　912
似孢八球属　660
似苍棍菌属　661
似竿菌科　659
似竿菌属　659
似碱生菌属　659
似玫杆菌属　660
肆果菌属　915

松江市菌属　587
松散杆菌科　511
松散杆菌目　511
松散杆菌属　511
苏打栖菌属　623
苏打针菌属　624
苏黎士杆菌属　978
苏黎士菌属　978
素单胞菌属　104
素单胞菌属　45
素杆菌属　44
素沃菌属　44
素小卵菌属　45
塑聚菌属　711
酸胞菌属　18
酸单胞菌属　19
酸杆菌纲　17
酸胶囊菌属　12
酸磠竿菌纲　16
酸磠竿菌科　16
酸磠竿菌目　16
酸磠竿菌属　17
酸球菌属　15
酸热菌科　19
酸热菌目　19
酸热菌属　19
酸双面菌属　11
酸烫菌属　11
酸体属　15
酸铁杆菌属　12
酸土单胞菌属　16
酸微菌纲　14
酸微菌科　13
酸微菌目　13
酸微菌亚纲　14
酸微菌属　14
酸小杆菌科　17
酸小杆菌目　18
酸小杆菌属　18
酸叶菌科　12
酸叶菌目　12
酸叶菌属　13
酸原体属　15
孙修勤氏菌属　892

梭菌纲　207
梭菌科　207
梭菌目　207
梭菌盐杆菌属　207
梭菌属　208
羧酸幡属　170
缩杆菌属　214
索发菌属　146
索氏菌属　920

T

塔拉萨单胞菌属　919
塔拉萨杆菌属　917
塔拉萨竿菌属　917
塔拉萨枏菌属　919
塔拉萨果菌属　918
塔拉萨茎菌属　918
塔拉萨菌属　918
塔拉萨螺体属　920
塔拉萨针菌属　920
塔特洛克氏菌属　905
塔特姆姓菌属　905
太白菌属　902
太平杆菌属　659
泰科技所菌属　971
泰勒姓菌属　906
坦纳姓菌属　904
坦偈查隆氏菌属　904
碳氧胞菌属　169
碳氧热菌属　169
碳氧枝菌属　168
汤飞凡氏菌属　903
塘杆菌属　703
糖柄菌属　375
糖单孢菌属　806
糖发酵菌属　806
糖发菌属　808
糖杆菌属　805
糖果菌属　805
糖霉菌科　376
糖霉菌亚目　376
糖霉菌属　375
糖小螺体属　807
烫单胞菌属　160
烫发菌属　162

烫幡菌属 163
烫粪杆菌科 158
烫粪杆菌属 158
烫竿菌属 157
烫碱竿菌属 155
烫鏈菌纲 99
烫鏈菌科 99
烫鏈菌目 99
烫鏈菌属 99
烫缕菌纲 159
烫缕菌科 159
烫缕菌目 159
烫缕菌属 159
烫球菌科 161
烫球菌属 161
烫泉杆菌属 163
烫丝菌纲 161
烫丝菌科 160
烫丝菌目 160
烫丝菌属 161
烫土弧菌属 162
烫土栖菌属 162
烫微菌属 160
烫纤维破解菌属 158
烫厌氧幡菌属 156
烫厌氧杆菌属 155
烫厌氧菌属 156
饕杆菌科 686
饕杆菌属 686
桃杵菌属 688
桃幡菌属 688
桃杆菌属 689
桃红果菌科 753
桃红果菌目 754
桃红果菌属 754
桃红小杆菌属 753
桃针菌属 688
陶姓菌属 904
忒耳斯菌属 907
特拉布斯姓菌属 972
特纳姓体属 978
特斯科科竿菌属 916
锑杆菌属 876
提斯特氏菌属 970

铁单胞菌科 325
铁单胞菌属 325
铁豆菌属 326
铁发菌属 326
铁杆菌纲 326
铁弧菌属 327
铁珺菌属 326
铁微菌属 325
铁小杆菌属 324
铁锈杆菌属 328
廷德尔氏菌属 970
同伴菌属 849
同丝氨酸单胞菌属 426
同丝氨酸杆菌属 426
铜锅单胞菌属 484
酮古洛糖酸生菌属 458
透颤菌科 992
透颤菌属 991
透橄菌属 687
突柄杆菌属 730
突柄绿菌属 730
突柄微菌属 731
图颇氏菌科 976
图颇氏菌属 975
图颇姓菌属 976
屠场杆状菌属 513
屠杆菌属 154
土孢杆菌属 914
土单胞菌属 914
土杆菌属 912
土竿菌属 913
土果菌属 913
土珺菌属 913
土壤单胞菌纲 203
土壤单胞菌科 203
土壤单胞菌目 203
土壤单胞菌属 203
土壤杆菌属 294
土微菌属 914
团杆菌属 214
吞螯菌属 185
吞几丁菌属 190
吞甲基菌属 576
吞琼菌属 40

吞肮菌科 732
吞肮菌属 732
吞三聚氰胺菌属 535
吞缌菌属 153
吞酸菌属 20
吞烷菌科 46
吞烷菌属 46
吞小杆菌科 118
吞小杆菌属 118
吞裕菌属 984
托塞尔氏菌属 969
脱氮小杆菌属 246
脱磺化孢菌属 266
脱硫芭蕉菌属 279
脱硫孢菌属 276
脱硫单胞菌科 278
脱硫单胞菌目 279
脱硫单胞菌属 279
脱硫竿菌属 274
脱硫果菌科 277
脱硫果菌目 277
脱硫果菌属 278
脱硫弧菌属 276
脱硫化八球菌属 269
脱硫化芭蕉菌属 263
脱硫化棒菌属 259
脱硫化孢弯菌属 270
脱硫化胞菌属 257
脱硫化肠菌属 271
脱硫化尺菌属 267
脱硫化杵菌属 268
脱硫化单胞菌属 262
脱硫化冻菌属 259
脱硫化豆菌属 259
脱硫化幡菌属 273
脱硫化杆菌科 254
脱硫化杆菌目 254
脱硫化杆菌属 254
脱硫化秆菌属 268
脱硫化橄菌属 253
脱硫化果菌属 258
脱硫化航海菌属 265
脱硫化弧菌科 272
脱硫化弧菌目 273

脱硫化弧菌属 272
脱硫化集菌属 260
脱硫化胶囊菌属 257
脱硫化茎菌属 255
脱硫化李子菌属 267
脱硫化卤菌科 260
脱硫化卤菌属 260
脱硫化螺体属 269
脱硫化煤菌属 257
脱硫化念珠菌属 262
脱硫化泡碱杆菌属 263
脱硫化泡碱弧菌属 264
脱硫化泡碱菌科 263
脱硫化泡碱菌属 265
脱硫化泡碱螺体属 264
脱硫化球茎菌科 256
脱硫化球茎菌属 256
脱硫化曲菌属 258
脱硫化热菌属 270
脱硫化蠕菌属 271
脱硫化体属 269
脱硫化凸菌属 258
脱硫化微菌科 261
脱硫化微菌属 261
脱硫化线体属 266
脱硫化香肠菌属 256
脱硫化小幡菌属 273
脱硫化小杆菌属 254
脱硫化小橄菌属 255
脱硫化盐单胞菌属 268
脱硫化月芽菌属 261
脱硫化针菌属 270
脱硫化枝菌属 271
脱硫化柱菌属 266
脱硫菌科 274
脱硫菌目 274
脱硫菌属 274
脱硫螺体属 275
脱硫葡菌属 249
脱硫璆菌属 278
脱硫酸盐杆菌属 251
脱硫酸盐竿菌属 250
脱硫酸盐橡菌属 251
脱硫酸盐杖菌属 251

脱硫酸盐针菌属　252
脱硫小杆菌科　276
脱硫小杆菌目　276
脱硫小杆菌属　277
脱硫小弓菌科　250
脱硫小弓菌目　250
脱硫小弓菌属　250
脱硫小螺体属　275
脱磺代硫酸盐杆菌属　280
脱磺代硫酸盐弧菌属　280
脱磺杆菌属　280
脱卤单胞菌属　240
脱卤杆菌属　239
脱卤果状菌纲　240
脱卤果状菌科　239
脱卤果状菌目　239
脱卤果状菌属　239
脱卤小螺体属　241
脱氯单胞菌属　235
脱氯体属　235
脱铁杆菌纲　236
脱铁杆菌科　236
脱铁杆菌目　236
脱铁杆菌属　236
脱铁体属　237
脱硝弧菌属　246
脱硝体属　245
脱亚硫酸盐孢菌属　252
脱亚硫酸盐杆菌属　252
脱亚硫酸盐小杆菌属　253
驼单胞菌属　165

W

瓦西里耶娃氏菌属　985
外杆菌属　1004
外海单胞菌属　680
外海竿菌属　679
外海橄菌属　679
外海果菌属　680
外海菌属　680
外海栖菌属　680
外海小杆菌属　679
外磠玫螺体科　294
外磠玫螺体属　294
外磠玫弯菌属　293

弯曲杆菌科　166
弯曲杆菌目　166
弯曲杆菌属　166
烷杆菌属　56
莞岛菌属　996
王祖农氏菌属　1016
网球菌纲　284
网球菌科　284
网球菌目　284
网球菌属　285
网线单胞菌科　439
网线单胞菌属　439
网线微菌科　438
网线微菌目　438
网线微菌属　439
威廉斯氏菌属　999
微胞菌属　579
微单孢菌科　583
微单孢菌亚目　583
微单孢菌属　582
微单胞菌属　582
微多孢菌属　583
微幡菌属　586
微杆菌属　577
微果菌科　579
微果菌目　579
微果菌亚目　580
微果菌属　580
微果菌族　580
微弧菌属　576
微环菌属　580
微荚囊孢菌属　581
微菌纲　585
微气杆菌属　577
微球菌科　585
微球菌属　584
微双孢菌属　578
微霜菌属　584
微四孢菌属　586
微土栖菌属　585
微腺藻属　581
微小幡菌属　586
微小杆菌科　577
微小杆菌属　578

微携球茎菌属　579
微摇摆菌属　584
微月菌属　581
韦荣姓菌科　986
韦荣姓菌属　985
惟小杆菌属　852
维杆菌纲　472
维杆菌科　471
维杆菌目　472
维杆菌属　471
维格尔斯沃斯氏菌属　999
维克姓菌属　997
维诺格拉德斯基姓菌属　999
维斯姓菌属　998
伪竿菌属　331
温杆菌科　908
温杆菌属　908
文新氏菌属　998
蜗牛单胞菌属　209
沃尔巴克氏菌属　1000
沃尔巴克氏菌族　1001
沃坎尼姓菌属　992
沃林姓菌属　1001
沃特斯氏菌属　997
沃特斯姓菌属　997
乌龟杆菌属　186
乌鲁布鲁姓菌属　982
污水单胞菌属　238
污水杆菌属　237
污水果菌属　237
污水袍菌属　238
污水针菌科　238
污水针菌属　238
污蝇单胞菌属　1000
无固醇原体属　105
无形孢囊菌属　69
无形菌属　69
无䄂酸果菌属　71
无䄂酸菌属　71
无氧竿菌属　85
无氧光杆菌纲　86
无氧光杆菌亚纲　87
无氧泡碱菌属　86
无原体科　82

无原体属　82
吴大光氏菌属　643
蜈蚣菌属　183
勿胆原体科　8
勿胆原体目　9
勿胆原体属　8
勿玫单胞菌属　101
勿色杆菌属　9
勿色菌科　9
勿色菌属　9
勿生营菌属　1
勿糖杆菌属　103

X

西北农大菌属　603
西博尔德姓菌属　825
西拉福氏菌科　824
西拉福氏菌属　823
西蒙卡氏菌科　841
西蒙卡氏菌属　840
西蒙姓菌科　841
西蒙姓菌属　841
西南海栖菌属　833
西瓦茨氏菌属　824
吸吮弧菌属　983
希普氏菌属　422
希瓦吉姓菌属　838
希万姓菌科　836
希万姓菌属　836
硒弧菌属　831
硒卤厌氧杆菌属　830
席乐阁姓菌属　823
席勒斯讷氏菌属　824
席讷氏菌属　822
喜甲壳素菌属　65
喜铜菌属　229
细发菌属　493
细发丝菌科　494
细发丝菌属　494
细螺体科　492
细螺体目　493
细螺体属　492
细线菌属　491
细线体属　492
细小杆菌属　491

细小螺体属 493
匣果菌属 757
夏普氏菌属 835
纤杆菌纲 331
纤杆菌科 331
纤杆菌目 331
纤杆菌属 330
纤菌属 330
纤体属 330
纤维单胞菌科 181
纤维单胞菌属 181
纤维杆菌属 182
纤维弧菌属 183
纤维微菌属 182
纤细螺体属 318
鲜黄杆菌属 356
鲜黄针菌属 357
显核菌科 172
显核菌目 172
显核菌属 172
藓胞菌属 149
藓杆菌属 149
线西幡菌属 838
腺杆菌科 232
腺杆菌亚目 232
腺杆菌属 231
香味状菌属 601
向姓菌属 1004
消果菌科 684
消果菌属 684
消链果菌科 685
消链果菌属 685
硝化刺菌科 628
硝化刺菌属 628
硝化杆菌科 624
硝化杆菌属 624
硝化果菌属 625
硝化螺体属 629
硝化矛菌属 625
硝化小螺体属 629
硝酸盐还原菌属 621
硝酸盐裂解菌属 621
硝酸盐破解菌属 621
小安瓿菌属 70

小杆菌纲 117
小海员菌属 612
小梨菌属 702
小粒胞菌属 381
小粒杆菌属 380
小粒果菌属 381
小粒小鏈菌属 381
小链菌属 65
小鏈孢菌属 174
小鏈果菌属 175
小鏈珺孢菌属 175
小鏈小杆菌属 174
小李菌属 361
小螺浮菌属 861
小螺体科 860
小螺体目 860
小螺体属 861
小螺体族 861
小玫菌属 774
小木菌属 1005
小蓬草栖菌属 214
小珀耳塞福涅菌属 687
小蛇般菌属 834
小蛇菌属 834
小石果菌属 482
小头发藻属 224
小佐古姓菌属 467
协生菌纲 896
协生菌科 895
协生菌目 895
协生菌属 896
心小杆菌科 170
心小杆菌目 170
心小杆菌属 170
辛威尔氏菌属 837
新草小螺体属 633
新朝井氏菌属 616
新驹形氏菌属 616
新立克次氏体属 617
新鞘氨醇菌属 634
新小螺体属 633
新衣原体属 616
新月菌属 537
星菌属 874

熊蜂菌属　137
熊蜂斯卡多维氏菌属　137
修竿菌属　909
锈肠菌属　784
锈针菌属　783
需烷菌属　56
需盐杆菌属　809
徐丽华姓菌属　497
玄顺氏菌属　440
旋线体科　973
旋线体属　973
穴果菌属　853
雪白小螺体属　629
血巴通氏菌属　385
血杆菌科　820
血杆菌属　385
血杆菌属　820
迅发菌属　761
蕈栖菌属　40
蕈栖菌属　598

Y

芽单胞菌属　134
芽杆菌属　133
芽杆菌属　363
芽果菌属　134
芽绿菌属　134
芽小梨菌属　135
芽小鏈菌属　133
芽携菌属　363
芽殖单胞菌纲　362
芽殖单胞菌科　362
芽殖单胞菌目　362
芽殖单胞菌属　363
芽殖菌属　362
雅努斯杆菌属　450
亚硫酸盐杆菌属　887
亚纳希氏菌属　450
亚铁原体科　327
亚铁原体属　327
亚硝化单胞菌科　626
亚硝化单胞菌目　626
亚硝化单胞菌属　627
亚硝化果菌属　625
亚硝化螺体属　628

亚硝化球菌科　627
亚硝化球菌属　627
亚硝化叶菌属　626
亚硝酸球菌纲　628
烟噬胞菌属　167
延单胞菌属　319
岩杆菌属　822
盐孢菌属　815
盐场单胞菌属　814
盐场杆菌属　812
盐场竿菌属　811
盐场古菌属　811
盐场居菌属　813
盐场粒菌属　813
盐场栖菌属　813
盐场微菌属　813
盐场小杆菌属　812
盐场小螺体属　815
盐場单胞菌属　811
盐沉积小杆菌属　816
盐杆菌属　816
盐放线孢菌属　810
盐竿菌属　809
盐古菌属　809
盐果菌属　812
盐弧菌属　815
盐懒菌属　816
盐爬菌属　814
盐栖菌属　810
盐球菌属　814
盐水单胞菌属　93
盐水竿菌属　818
盐水竿菌属　93
盐土竿菌属　817
盐微菌属　810
盐液栖菌属　597
盐中嗜杆菌属　810
盐鬃菌属　816
阎氏菌科　1007
阎氏菌属　1007
阎姓菌科　1008
阎姓菌属　1008
厌氧芭蕉菌属　77
厌氧棒菌属　75

厌氧孢杆菌属 80
厌氧胞菌属 74
厌氧柄菌属 81
厌氧杵菌属 79
厌氧干菌属 81
厌氧杆菌属 73
厌氧竿菌属 72
厌氧弓菌属 72
厌氧果菌属 75
厌氧弧菌属 81
厌氧茎菌属 73
厌氧缕菌纲 76
厌氧缕菌科 76
厌氧缕菌目 77
厌氧缕菌属 76
厌氧黏杆菌科 78
厌氧黏杆菌属 77
厌氧球菌属 80
厌氧璆菌属 76
厌氧生小螺体属 74
厌氧噬菌属 78
厌氧丝菌属 75
厌氧吞菌属 82
厌氧弯菌属 80
厌氧小幡菌属 81
厌氧小杆菌属 73
厌氧盐杆菌属 79
厌氧原体科 79
厌氧原体目 79
厌氧原体属 78
厌氧爪菌属 74
焰幡菌科 335
焰幡菌属 335
扬姓菌属 450
羊毛螺体科 477
羊毛螺体属 477
羊毛小杆菌属 477
羊毛厌氧茎菌属 477
阳发菌属 419
阳竿菌属 417
阳索菌属 418
阳小杆菌科 417
阳小杆菌属 418
杨氏单胞菌属 1011

杨氏杆菌属 1010
杨氏菌属 1007
洋胞菌属 636
洋柄菌属 636
洋杵菌属 637
洋单胞菌属 637
洋杆菌属 639
洋竿菌属 639
洋果菌属 639
洋茎菌属 635
洋袍菌属 641
洋栖菌属 637
洋球茎菌属 636
洋球菌属 638
洋热菌属 638
洋仙女菌属 70
洋小杆菌属 635
洋小螺体科 640
洋小螺体目 640
洋小螺体属 640
洋小蛇菌属 638
洋针菌属 638
氧光杆菌纲 658
摇果菌属 41
耶尔森氏菌属 1009
野村氏菌属 632
叶小杆菌科 697
叶小杆菌属 698
伊叮菌属 441
伊格纳兹希纳氏菌属 442
伊吉娜菌属 299
伊丽莎白琏氏菌属 300
伊洛拉氏菌属 299
衣原体纲 191
衣原体科 191
衣原体目 191
衣原体属 191
医院果菌属 632
夷柄菌属 716
夷杵菌属 717
夷单胞菌属 717
夷杆菌属 716
夷竿菌属 716
夷橄菌属 715

夷果菌属　717
移杆菌属　595
乙醇生菌属　314
蚁酸弧菌属　344
异棒菌属　58
异冰栖菌属　51
异柄菌属　52
异常小螺体属　447
异单胞菌属　59
异放线伴线体属　57
异竿菌属　57
异根瘤菌属　60
异果菌属　50
异海源菌属　51
异弧菌属　51
异茎菌属　58
异库茨纳尔氏菌属　59
异矿菌属　51
异拟诺卡氏菌属　60
异普雷沃特姓菌属　60
异色菌属　58
异斯卡多维氏菌属　61
异吞琼菌属　49
异戊二烯醌菌科　245
异戊二烯醌菌属　244
异希万姓菌属　52
异小链珬孢菌属　58
异盐放线孢菌属　61
益杆菌属　282
鮨竿菌属　453
鮨橄菌属　452
鮨果菌属　453
因皮里尔杆菌属　445
阴皮菌纲　614
阴性果菌属　614
荧果菌属　444
荧球菌属　445
隐孢囊菌科　228
隐孢囊菌属　229
隐小杆菌属　228
隐厌氧杆菌属　228
印典基菌属　302
印度杆菌属　446
印科工杆菌属　184

印微技所菌属　446
印细分菌属　179
樱桃竿菌属　183
樱桃果菌属　184
鹦鹉螺号菌科　613
鹦鹉螺号菌目　613
鹦鹉螺号菌属　612
荧杆菌属　341
营障菌属　974
优小杆菌科　314
优小杆菌目　315
优小杆菌亚目　315
优小杆菌属　315
优小杆菌族　315
尤朵拉菌属　316
尤泽柏女氏菌科　316
尤泽柏女氏菌目　317
尤泽柏女氏菌属　316
尤泽柏氏菌属　317
油杆菌属　643
油螺体属　644
疣孢菌属　987
疣微菌纲　987
疣微菌科　986
疣微菌目　987
疣微菌属　987
游果菌属　983
游离杆菌属　497
淤单胞菌属　154
淤小杆菌属　154
淤小螺体属　155
鱼孢菌科　866
鱼孢菌属　866
鱼竿菌属　702
鱼果菌属　703
鱼立克次体科　704
鱼立克次体属　704
鱼珬菌属　703
宇袍菌属　468
雨山氏菌属　66
浴工菌属　120
浴室单胞菌属　121
浴室菌属　120
预研菌属　1010

原单胞菌属 734
原古菌纲 734
原绿发藻科 724
原绿发藻属 723
原绿果藻属 723
原绿藻科 722
原绿藻目 722
原绿藻属 723
原微单孢菌科 725
原微单孢菌属 725
约翰逊姓菌属 455
月单胞菌目 831
月单胞菌属 831
云微所菌属 1009
芸苔杆菌属 142
运孢菌科 461
运孢菌亚目 461
运孢菌属 461
运果菌属 460
运球菌属 460

Z

杂竿菌属 295
甾类杆菌属 875
甾酮小杆菌属 875
藻单胞菌属 47
藻杆菌属 47
藻栖菌属 47
藻球菌属 48
藻殖体纲 428
泽恩根氏菌属 850
泽杆菌属 907
泽栖菌属 908
泽小螺休属 908
渣果菌属 321
渣小杆菌属 320
渣针菌属 321
扎瓦尔金氏菌属 1012
扎瓦尔金姓菌属 1012
诈微菌纲 301
诈微菌科 301
诈微菌目 301
诈微菌属 301
窄杆菌属 85
窄热杆菌属 874

窄氧杆菌属 875
窄营单胞菌属 874
张姓菌属 1013
涨杆菌科 725
涨杆菌属 724
胀竿菌属 977
沼杆菌属 662
沼茎菌属 662
沼小杆菌属 662
罩杆菌属 906
真线藻目 876
支原体科 600
支原体目 601
支原体属 600
脂环竿菌科 50
脂环竿菌属 50
植单孢菌属 698
植放线孢菌属 710
植杆菌属 710
植居菌属 698
指孢囊菌属 234
志贺姓菌属 836
志津氏菌属 840
蛭弧菌科 124
蛭弧菌目 125
蛭弧菌属 124
中仓鼠杆菌属 537
中村姓菌科 604
中村姓菌属 603
中华孢囊菌属 845
中华单胞菌属 844
中华杆菌科 843
中华杆菌属 843
中华竿菌属 842
中华橄菌属 842
中华根瘤菌属 845
中华果菌属 844
中华微菌属 844
中华小杆菌属 843
中黄杆菌属 538
中慢生根瘤菌属 539
中袍菌属 539
中山菌属 1014
中央菌属 204

· 1163 ·

中原体属　539
肿竿菌属　977
周氏菌属　1014
皱单孢菌属　801
皱单胞菌属　800
侏腺菌科　604
侏腺菌亚目　605
侏腺菌属　605
猪油杆菌属　701
蛛网菌属　95
庄文颖氏菌属　998
卓孢菌属　318
灼爱菌属　163
灼小杆菌属　164

灼厌氧杆菌属　163
紫杆菌属　448
紫小杆菌属　451
宗植姓菌属　1016
棕杆菌属　690
棕弧菌属　692
棕色菌属　691
棕腺藻属杆菌属　691
棕小螺体属　691
棕指藻属杆菌属　691
蕞腺菌属　587
佐贝尔氏菌属　1015
佐贝尔姓菌属　1015